CW00486925

ISBN 978-0-260-92896-2
PIBN 10989227

HANDBUCH

DER

ORGANISCHEN CHEMIE

VON

LEOPOLD GMELIN,

Geh. Rath und Professor in Heidelberg.

Zweiter Band,

Organische Verbindungen mit 2, 4, 6, 8, 10 und 12 Atomen Kohlenstoff.

Vierte umgearbeitete und vermehrte Auflage.

HEIDELBERG.

Universitäts-Buchhandlung von Karl Winter.

1852.

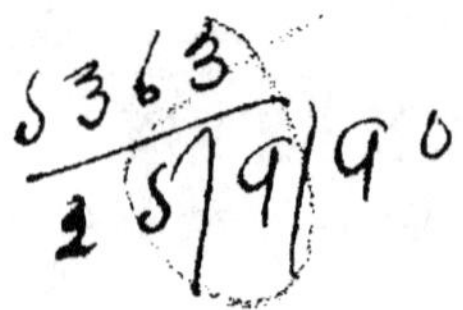

Druck von G. Reichard in Heidelberg.

Inhalt des fünften Bandes

(des zweiten Bandes der organischen Chemie).

Seite

f. Amidkerne.

Amidkern C^4AdH^3.

Acetamid. $C^4NH^5O^2 = C^4AdH^3,O^2$.

Dumas, Malaguti u. Leblanc. 1847. *Compt. rend.* 25, 657.

Entsteht reichlich beim Einwirken von wässrigem Ammoniak auf Essigvinester. $C^8H^8O^4 + NH^3 = C^4NH^5O^2 + C^4H^6O^2$.

Weifs, krystallisch; schmilzt bei 78°, beim Erkalten zu schönen Krystallen erstarrend; siedet bei 121° unter Bildung eines halbatomigen Dampfes.

Es wird durch wasserfreie Phosphorsäure leicht in Cyanformafer und Wasser verwandelt. $C^4NH^5O^2 = C^2H^3O,C^2N + 2HO$. — Beim Schmelzen mit Kalium entwickelt es, ohne C^2H^3K,O^2 zu bilden, Wasserstoffgas und Kohlenwasserstoffgas, und lässt Kali mit Cyankalium. Dumas, Malaguti, Leblanc.

Leimsüfs. $C^4NH^5O^4 = C^4AdH^3,O^4$.

Braconnot. *Ann. Chim. Phys.* 13, 114; auch *Schw.* 29, 344; auch *Gilb.* 79, 390.
Boussingault. *Compt. rend.* 7, 493; auch *J. pr. Chem.* 15, 453; auch *Ann. Pharm.* 28, 80. — *N. Ann. Chim. Phys.* 1, 257; auch *Ann. Pharm.* 39, 304; auch *J. pr. Chem.* 24, 173.
Mulder. *J. pr. Chem.* 16, 290; Ausz. *Ann. Pharm.* 28, 79. — *J. pr. Chem.* 38, 294.
Dessaignes. *Compt. rend.* 21, 1224; auch *N. Ann. Chim. Phys.* 17, 50; auch *J. pr. Chem.* 37, 244; auch *Ann Pharm.* 58, 322.
Laurent. *Compt. rend.* 22, 789.
E. N. Horsford. *Ann. Pharm.* 60, 1.
Gerhardt. *N. J. Pharm.* 11, 154.

Leimzucker, Glykokoll, Sucre de Gélatine. — Von Braconnot 1820 *entdeckt.*

Findet sich als Paarling in der Hippursäure, Dessaignes, und Cholsäure, Strecker.

Bildung. Beim Einwirken von Schwefelsäure auf Thierleim, Braconnot, oder von Kali auf Thierleim oder Fleisch, Mulder.

Darstellung. 1. Man stellt ein Gemenge von 1 Th. gepulvertem Tischlerleim und 2 Th. Vitriolöl 24 Stunden lang hin, verdünnt es dann mit 8 Th. Wasser, erhält die Flüssigkeit unter Ersetzung des Wassers 5 Stunden lang im Sieden, neutralisirt sie nach weiterer Verdünnung mit Kreide, und dampft das Filtrat bis zum Syrup ab, welcher bei längerem Stehen Krystalle liefert, die man mit schwachem Weingeist wäscht, zwischen Leinwand auspresst, und durch Krystallisiren aus Wasser reinigt. BRACONNOT. — Diese Krystalle halten noch lösliche Salze beigemengt, und geben daher 2 bis 11 Proc. Asche. Man koche sie daher einige Zeit mit Barytmilch, wobei sich kein Ammoniak entwickelt, fälle aus dem Filtrat durch behutsamen Zusatz von Schwefelsäure den Baryt, filtrire und dampfe zum Krystallisiren ab, welches schnell eintritt. BOUSSINGAULT. — MULDER erhielt nach dem Braconnot'schen Verfahren sehr wenig Leimsüfs, dagegen viel Leucin.

2. Man kocht Tischlerleim mit Kalilauge, wobei sich viel Ammoniak entwickelt, neutralisirt mit Kali, dampft ab, trennt die Flüssigkeit vom angeschossenen schwefelsauren Kali, dampft sie weiter ab, und zieht den Rückstand mit Weingeist aus, welcher Leimsüfs mit wenig Leucin aufnimmt. Da das Leucin viel leichter in Weingeist löslich ist, als das Leimsüss, so lassen sie sich leicht scheiden. MULDER. — Da sich hierbei kein (nach MULDER wenig) Leucin erzeugt, so ist die Reinigung leichter, als bei 1); auch das so erhaltene Leimsüfs lässt meistens etwas Asche. Statt der Kalilauge lässt sich auch Kalkmilch anwenden. BOUSSINGAULT.

3. Man erwärmt in einem Kolben, der 1 Liter fasst, 4 Unzen Hippursäure (nach BENSCH dargestellt) mit 16 Unzen concentrirter Salzsäure anfangs bis zur Lösung, dann noch eine halbe Stunde lang langsam weiter, und verdünnt dann mit Wasser, wobei sich schwere Oeltropfen von geschmolzener Benzoesäure niedersenken, filtrirt nach hinreichendem Erkälten von der gröfstentheils angeschossenen Benzoesäure ab, wäscht diese mit Wasser, so lange das Ablaufende noch sauer schmeckt, dampft das Filtrat, welches salzsaures Leimsüfs nebst Salzsäure und Benzoesäure hält, um die freien Säuren zu verjagen, in einer offenen Schale auf dem Wasserbade fast bis zur Trockne ab, fügt Wasser hinzu, dampft wieder ab, und wiederholt dieses einigemal, bis reines salzsaures Leimsüfs bleibt. Dieses, mit wässrigem Ammoniak bis zur alkalischen Reaction, dann mit absolutem Weingeist gemischt, und einige Zeit hingestellt, setzt fast alles Leimsüfs als Krystallpulver ab, während Salmiak nebst einer Spur Benzoesäure gelöst bleibt. Das Krystallpulver wird auf dem Filter so lange mit absolutem Weingeist gewaschen, bis das Ablaufende nicht mehr Silberlösung trübt. HORSFORD.

4. Auch durch Kochen der Cholsäure mit Salzsäure oder wässrigen Alkalien lässt sich Leimsüfs erhalten. STRECKER.

Eigenschaften. Krystallisirt leichter, als gemeiner Zucker, in farblosen, harten, zwischen den Zähnen krachenden, zusammengehäuften Tafeln. BRACONNOT. Grofse Säulen und Rhomboeder. MULDER. Die gesättigte Lösung in Wasser oder schwachem Weingeist liefert bei freiwilligem Verdunsten Krystalle des 2- u. 1gliedrigen

Systems. Horsford. — Schmilzt schwieriger, als gemeiner Zucker. Zeigt ungefähr die Süfsigkeit des Krümelzuckers, Braconnot; geruchlos und sehr süfs, Mulder; weniger süfs, als gemeiner Zucker, Horsford; schwach süfs und von unangenehmem Nachgeschmack, Boussingault. Neutral gegen Pflanzenfarben. Mulder, Horsford. Luftbeständig. Mulder. — Zeigt beim Erhitzen mit concentrirtem Kali eine prächtige feuerrothe Färbung, welche bei fortgesetztem Erhitzen verschwindet. Hindert schon in geringer Menge die Fällung des wässrigen Kupfervitriols durch Kali, indem ein blaues Gemisch entsteht; auch löst kochendes wässriges Leimsüfs das Kupferoxyd mit derselben blauen Farbe, und gibt beim Erkalten Nadeln. Horsford.

	Krystallisirt		Boussingault bei 120°	Mulder früher	Mulder später	Laurent	Horsford
4 C	24	32,00	33,85	34,18	32,11	32,10	31,98
N	14	18,67	20,00	19,84	18,73	18,95	18,79
5 H	5	6,67	6,44	6,49	6,85	6,66	6,87
4 O	32	42,66	39,71	39,49	42,31	42,29	42,36
$C^4NH^5O^4$	75	100,00	100,00	100,00	100,00	100,00	100,00

Mulder vermuthet, das früher von Ihm analysirte Leimsüfs, welches ihm die Formel $C^6N^2H^9O^7$ gab, sei mit Leucin verunreinigt gewesen; dasselbe war auch wohl der Fall mit Boussingault's Leimsüfs, welches Ihm die Formel $C^{16}N^4H^{18}O^{14}$ gab. Gerhardt (*Précis*, 2, 442) schlug zuerst die Formel $C^4NH^5O^4$ vor, welche bald durch die Untersuchungen von Dessaignes über die Hippursäure, und hierauf durch die Analysen von Laurent, Mulder und Horsford bestätigt wurde. Mulder verdoppelt jedoch die Formel zu $C^8N^2H^{10}O^8$. Horsford unterscheidet noch ein hypothetisch trocknes Leimsufs = $C^4NH^4O^3$, welches mit HO das krystallische Leimsüfs bilde. Dieses erscheint der Radicaltheorie gemäfs in so weit begründet, als 1 At. H im Leimsüfs durch 1 At. Metall vertretbar ist.

Die rationelle Formel C^4AdH^3,O^4 hat zwar das Unwahrscheinliche, dass das Leimsüfs nur beim Kochen mit sehr concentrirten Alkalien Ammoniak entwickelt, und dass es vermöge der 4 O aufserhalb des Kerns saurere Eigenschaften besitzen müsste. Andererseits spricht für seine saure Natur der Umstand, dass es sich mit trockenen Metalloxyden unter Bildung von 1 At. Wasser zu vereinigen vermag, und dass es in Verbindung mit 1 At. einer andern Säure eine gepaarte Säure bildet, welche, Gerhardt's Gesetz (IV, 188) gemäfs, 1 At. Basis sättigt. Das Leimsüfs wäre hienach Essigsäure, $C^4H^4O^4$, worin 1 H durch 1 Ad vertreten ist. — Demgemäfs betrachtet Gerhardt das Leimsüfs als das Amid einer 2-basischen Säure = $C^4H^4O^6$; $C^4H^4O^6 + NH^3 = C^4NH^5O^4 + 2HO$; gerade so wie Oxaminsäure aus Oxalsäure entsteht: $C^4H^2O^8 + NH^3 = C^4NH^3O^6 + 2HO$.

Zersetzungen. 1. Die im Vacuum bei Mittelwärme von anhängender Feuchtigkeit befreiten Krystalle verlieren bei 130°, Boussingault, und selbst bei 150°, Horsford, nichts an Gewicht. Sie liefern bei der trockenen Destillation ein ammoniakalisches Destillat und wenig weifses Sublimat. Braconnot. — Sie fangen bei 178° zu schmelzen an, und zersetzen sich dann unter Bildung thierisch brenzlich riechender Producte und einer aufgeblähten Kohle. Mulder. — Bei 170° bräunt sich der untere Theil der Krystalle unter Gasentwicklung, während der obere schmilzt und beim Erkalten wieder krystallisirt; bei 190° tritt theilweise Verkohlung ein. Horsford. — 2. Trennt man wässriges Leimsüfs mittelst einer Blase vom Wasser, und taucht den einen [welchen?] Polardrath einer 4paarigen Bunsen'schen Batterie in die Lösung, den andern in das Wasser, so erfolgt an beiden Gasentwicklung, und es zeigt sich bald am — Pol alkalische Reaction, am + Pol saure, vielleicht durch Bildung von Ammoniak und Fumarsäure [oder vielmehr Maleinsäure]. HORSFORD.

3. Die Krystalle werden in einem Strom von Chlorgas sogleich unter Entwicklung von Wasser und Salzsäure in einen braunen harten Körper verwandelt, welcher sich theilweise in Wasser löst. Die braune sehr saure Lösung setzt beim Filtriren in wenig Flüssigkeit [sic], nicht weiter untersuchte, grofse Säulen ab. Dieselbe Zersetzung bewirken Brom und Jod. MULDER. — Die gesättigte wässrige Lösung des Leimsüfses absorbirt rasch das Chlorgas unter Entwicklung von Kohlensäure, und verwandelt sich bei 3tägigem Durchleiten in einen Syrup, der eine eigenthümliche Säure hält, doch bleibt selbst nach weiterem 8tägigen Durchleiten noch etwas Leimsüfs unzersetzt. HORSFORD.

Um das Barytsalz dieser *eigenthümlichen Säure* zu erhalten, verdünnt man den Syrup mit wenig Wasser, neutralisirt mit Ammoniak, fällt durch Chlorbaryum, wäscht den Niederschlag ein wenig und trocknet ihn, wodurch er viel von seiner Löslichkeit im Wasser verliert. Das so erhaltene Salz ist frei von Stickstoff, und hält 51,65 Proc. BaO, 13,08 C, 1,98 H und 33,38 O, ist also = $BaO,C^3H^3O^6$. HORSFORD.

4. Salpetersäure zersetzt das Leimsüfs bei längerem Kochen in dieselbe eigenthümliche Säure, wie das Chlor. Ebenso Salzsäure, welcher man unter längerem Kochen öfters etwas chlorsaures Kali zufügt; auch wässriges übermangansaures Kali erzeugt dieselbe Säure. HORSFORD.

5. Vitriolöl schwärzt das Leimsüfs beim Erhitzen. MULDER. — Dampft man die Lösung des Leimsüfses in verdünnter Schwefelsäure zum Syrup ab, löst in Wasser, dampft wieder ab u. s. f., so erstarrt am Ende die abgedampfte Masse zu luftbeständigen, sauer schmeckenden rhombischen Säulen, welche nach dem Waschen mit Weingeist und Pulvern mit Kali Ammoniak entwickeln, und deren Lösung sowohl das Chlorbaryum, als das Zweifach-Chlorplatin fällt. — Diese Krystalle halten 12,87 Proc. C, 14,51 N, 5,42 H, 25,35 O und 41,85 SO^3; sie sind also = $C^4N^2H^{10}O^6, 2SO^3 = NH^4O,SO^3,HO + C^4NH^5O^4,SO^3$, d. h. schwefelsaures Ammoniak, mit schwefelsaurem Leimsufs verbunden. Also hatte wahrscheinlich 1 At. Leimsufs, unter Freiwerden von Fumarsäure [Maleinsäure] 1 At. Ammoniak geliefert, welches in dieses Doppelsalz einging. — Erhitzt man Leimsufs mit verdünnter Schwefelsäure mehrere Stunden lang gelinde unter Ersetzung des verdampfenden Wassers, fällt hierauf die meiste Schwefelsäure durch Bleioxyd und den Rest durch Barytwasser, so liefert das zuerst durch Abdampfen, dann uber Vitriolöl concentrirte Filtrat schöne rhombische Säulen, schwierig in kaltem Wasser, nicht in Weingeist und Aether löslich, welche mit Kali Ammoniak entwickeln, und in concentrirter Lösung mit salpetersaurem Silberoxyd einen in Salpetersäure nicht löslichen Niederschlag geben, mit Chlorcalcium erst bei Zusatz von Ammoniak einen krystallischen und mit Chlorbaryum einen in Salzsäure löslichen, während das Salz nach dem Schmelzen mit Kalihydrat und Uebersättigen mit Salzsäure aus Chlorbaryum schwefelsauren Baryt fällt. Die Krystalle dieses Salzes, welches eine gepaarte Schwefelsäure halten muss, halten 14,86 Proc. C, 15,28 N und 5,82 H. HORSFORD. [Da die übrigen Bestandtheile dieses Salzes nicht ermittelt sind, so erscheint HORSFORD's Vermuthung, es sei NH^4O,C^2H^2O,SO^3, sehr gewagt; ohnehin scheint Er sich nicht überzeugt zu haben, dass das Salz keinen Baryt hält.]

6. Aus salpetersaurer Quecksilberoxydullösung fällt das Leimsüfs metallisches Quecksilber.

7. Sehr concentrirtes Kali entwickelt beim Erhitzen mit Leimsüfs unter prächtiger feuerrother Färbung, die später verschwindet, Ammoniakgas. Aus der festgewordenen Masse entwickelt Salzsäure Blausäure, und in der Flüssigkeit zeigt sich Oxalsäure. HORSFORD. [Die hierfür von HORSFORD gegebene Gleichung setzt die, noch nicht nachgewiesene Entwicklung von Kohlenoxyd voraus; sollte nicht ameisensaures Kali entstehen? etwa nach folgender Gleichung: $2C^4NH^5O^4 + 4KO = NH^3 + C^2NK + C^2HKO^4 + C^4K^2O^8 + 6H$]. — Auch beim Erhitzen von Leimsüfs mit Barythydrat oder Bleioxyd zeigt sich die feuerrothe Färbung. Verdünntes Kali und Barytwasser entwickeln beim Erhitzen mit Leimsüfs kein Ammoniak. HORSFORD.

Hydrothion wirkt auf das wässrige Leimsüfs auch in längerer Zeit nicht zersetzend. Das in wässrigem Fünffach-Schwefelkalium gelöste und mit Weingeist versetzte Leimsüfs liefert beim Verdunsten einen Syrup, dann eine, nicht weiter untersuchte Krystallmasse. HORSFORD. — Die Leimsüfslösung lässt sich durch Hefe nicht in Gährung versetzen. BRACONNOT.

Verbindungen. — Das Leimsüfs löst sich in Wasser nicht viel reichlicher, als der Milchzucker, und schiefst schon während des Abdampfens der Lösung in Rinden an. BRACONNOT. Es löst sich in 4,4 Th., MULDER, in 4,3 Th., HORSFORD, kaltem Wasser.

Leimsüfs-Schwefelsäure oder *einfachschwefelsaures Leimsüfs.* — Die Lösung von 75 Th. (1 At.) Leimsüfs in 49 Th. (1 At.) Vitriolöl [und Wasser?] krystallisirt bis auf den letzten Tropfen in stark glänzenden dicken Säulen, aus dem sich das Leimsüfs durch kohlensauren Kalk oder kohlensaures Bleioxyd wieder erhalten lässt. DESSAIGNES. — Löst man Leimsüfs in warmem Weingeist, tröpfelt nach dem Erkalten Schwefelsäure hinzu, und stellt das Gemisch einige Tage hin, so erhält man Krystalle a, $= C^4NH^4O^3,SO^3$, und zwar bald in langen dünnen Säulen mit gerader Endfläche, bald in stark glänzenden Tafeln; die Krystalle schmecken sauer, sind luftbeständig, verlieren nichts bei 100°, und lösen sich in Wasser und warmem wässrigen Weingeist, nicht in absolutem Weingeist und Aether. — Verfährt man auf dieselbe Weise, nur dass man nach dem Zusatze der Schwefelsäure zum Kochen erhitzt, so erhält man bisweilen die Krystalle b, $= C^4NH^5O^4,SO^3$, in der Gestalt dem Kupfervitriol ähnlich. HORSFORD.

	Krystalle a.		HORSFORD
4 C	24	22,65	22,41
N	14	13,21	13,05
4 H	4	3,77	5,56
3 O	24	22,64	21,01
SO^3	40	37,73	37,97
	106	100,00	100,00

	Krystalle b.		HORSFORD
4 C	24	20,87	
N	14	12,17	12,37
5 H	5	4,35	
4 O	32	27,83	
SO^3	40	34,78	
	115	100,00	

Die grofse Menge von erhaltenem Wasserstoff macht die Analyse von a zweifelhaft. GERHARDT.

Aufserdem unterscheidet HORSFORD noch folgende 2 *basische Verbindungen:*

Halbschwefelsaures Leimsüfs. — Die Krystalle halten 25,70 Proc. C und 6,01 H, sind also: $2C^4NH^5O^4,SO^3$.

Zweidrittelschwefelsaures Leimsüfs. — *a.* Die Krystalle halten 27,74 Proc. Schwefelsäure, sind also $2C^4NH^5O^4,C^4NH^4O^3,2SO^3$. — *β.* Ein Gemisch der Lösungen von *a* und γ liefert Krystalle, welche 25,65 Proc. Schwefelsäure halten, also $= 2C^4NH^5O^4,2SO^3,HO$ sind. — γ. Die Lösung von Leimsüfs in schwachem Weingeist, mit selbst sehr überschüssiger Schwefelsäure gemischt, setzt in 24 Stunden lange rechtwinklige Säulen ab, welche sauer und luftbeständig sind. HORSFORD.

Krystalle γ, im Vacuum getr.			HORSFORD
12 C	72	22,29	22,58
3 N	42	13,00	13,31
17 H	17	5,26	5,62
14 O	112	34,69	34,03
2 SO^3	80	24,76	24,46
$3C^4NH^5O^4,2SO^3,2HO$	323	100,00	100,00

Leimsüfs-Salzsäure oder *einfach-salzsaures Leimsüfs.* — Kocht man die Hippursäure eine halbe Stunde lang mit Salzsäure, und dampft die von der beim Erkalten krystallisirten Benzoesäure abgegossene Mutterlauge ab, so erhält man lange Säulen, aus denen sich das Leimsüfs durch kohlensaures Bleioxyd wieder gewinnen lässt. DESSAIGNES. Die hierbei sich aus der bis zum Syrup abgedampften Mutterlauge beim Erkalten bildenden Säulen, nach dem Abgiefsen der Mutterlauge mit Weingeist gewaschen, sind durchsichtig, stark glänzend, lang und platt, von saurem und schwach schrumpfenden Geschmack, unveränderlich über Vitriolöl, an der Luft langsam zerfliefsend, und leicht in Wasser und wässrigem Weingeist, aber wenig in absolutem Weingeist löslich. HORSFORD.

Krystalle über Vitriolöl getrocknet			HORSFORD
4 C	24	21,54	21,20
N	14	12,57	12,57
6 H	6	5,39	5,95
4 O	32	28,72	28,34
Cl	35,4	31,78	31,94
$C^4NH^5O^4,HCl$	111,4	100,00	100,00

Auch hier sind nach HORSFORD noch einige *basische Verbindungen* zu unterscheiden:

Halbsalzsaures Leimsüfs. — *a. Mit weniger Wasser.* — Man fügt zu der concentrirten wässrigen Lösung des Leimsufses Salzsäure, dann so viel Weingeist, bis sich die Flüssigkeit schwach trübt. Es bilden sich bald Krystalle, die bei öfterem Zutröpfeln von etwas Weingeist zunehmen; durch langsames Verdunsten über Vitriolöl erhält man noch gröfsere Krystalle. Es sind rhombische Säulen: u : u' = 87°, von saurem und süfsem Geschmack; luftbeständig.

β. Mit mehr Wasser. — Man stellt die Lösung von Leimsüfs in wässriger Salzsäure, die nicht gerade im stöchiometrischen Verhältniss angewandt zu werden braucht, zum Krystallisiren hin. HORSFORD.

	Krystalle *a*		HORSFORD
8 C	48	27,06	27,59
2 N	28	15,78	15,37
10 H	10	5,63	5,52
7 O	56	31,57	31,94
Cl	35,4	19,96	19,58
$C^4NH^5O^4+C^4NH^4O^3,HCl$	177,4	100,00	100,00

	Krystalle β		Horsford
8 C	48	25,75	26,08
2 N	28	15,02	
11 H	11	5,90	6,02
8 O	64	34,34	
Cl	35,4	18,99	18,47
$2C^4NH^5O^4,HCl$	186,4	100,00	

Zweidrittel-salzsaures Leimsüfs. — *α. Mit weniger Wasser.* — 1. Man versetzt wässriges Leimsüfs mit überschüssiger Salzsäure, und stellt zum Krystallisiren hin. — 2. Man leitet salzsaures Gas über erhitztes Leimsüfs bis zur Sättigung; es schmilzt zwischen 150 und 170°, entwickelt Wasser und färbt sich gewöhnlich grünlich, durch einige Zersetzung. Die nach 1) erhaltenen Krystalle halten 25,43, und die Masse 2) hält 25,72 Proc. Chlor, beide sind also = $2C^4NH^4O^3,C^4NH^5O^4,HCl$.

β. Mit mehr Wasser. — Bildet sich in andern Fällen bei denselben zwei Weisen, bei welchen α erhalten wird, und zwar halten die Krystalle 24,59, und die in Salzsäuregas geschmolzene Masse 24,23 Proc. Cl, also = $C^4NH^4O^3$, $2C^4NH^5O^4,HCl$. Horsford.

Nach Mulder absorbirt bei 100° getrocknetes Leimsüfs in der Kälte kein salzsaures Gas.

Leimsüfs-Salpetersäure, salpetersaures Leimsüfs, Acide nitrosaccharique. — Das Leimsüfs löst sich in kalter oder warmer verdünnter Salpetersäure ohne Aufbrausen und ohne alle Zersetzung, und bei behutsamem Abdampfen und Erkälten erhält man eine Krystallmasse, viel mehr, als das angewendete Leimsüfs betragend, welche zwischen Papier ausgepresst und aus Wasser umkrystallisirt wird. Braconnot. — Wasserhelle, plattgedrückte, schwach gestreifte Säulen, dem Glaubersalz ähnlich, von saurem, schwach süfslichen Geschmack. Braconnot. — Gewöhnlich erhält man grofse durchsichtige rhombische Krystalle; aber bisweilen erkaltet die wässrige Lösung in der Ruhe ohne zu krystallisiren, und verwandelt sich dann beim Schütteln augenblicklich in eine aus Nadeln bestehende Masse. Mulder. — Beim Verdunsten des in Salpetersäure gelösten Leimsüfses über Vitriolöl erhält man bald luftbeständige grofse Tafeln des 2- und 1gliedrigen Systems, bald, besonders, wenn die Flüssigkeit erwärmt worden war, Nadeln. Horsford.

	Krystalle, kalt im Vacuum über Vitriolöl getr.		Boussingault	Mulder	Horsford
4 C	24	17,39	17,32	18,33	17,49
2 N	28	20,29	20,20		20,50
6 H	6	4,35	4,53	4,31	4,71
10 O	80	57,97	57,95		57,30
$C^4NH^5O^4,HO,NO^5$	138	100,00	100,00		100,00

Die kalt im Vacuum getrockneten Krystalle verlieren bei 110° im Luftstrome 4,5 Proc. Wasser. Boussingault [6,52 Proc. würden 1 At. Wasser sein]. Sie verlieren beim Erhitzen mit einer überschüssigen fixen Basis bei 120° 3,64 Proc.; bei 150° 3,03 Proc. weiter und bei 170° noch 6,36 Proc. weiter, also im Ganzen 13,03 Proc. = 2 At. Wasser. Mulder.

Die Leimsüfssalpetersäure schwillt beim Erhitzen stark auf und verpufft schwach, mit stechendem Dampfe. Braconnot. Sie löst sich in Wasser, aber nicht in Weingeist, selbst nicht in sehr verdünntem kochenden. Die Salze der Leimsüfssalpetersäure verpuffen auf glühenden Kohlen, wie Salpeter. Braconnot.

Das trockne Leimsüfs absorbirt kein *Ammoniakgas*, löst sich aber leicht in wässrigem Ammoniak. MULDER.

Leimsüfs-Kali. — Die Lösung von Leimsüfs in verdünntem Kali, im Wasserbade zum Syrup abgedampft, liefert sehr zerfliefsliche Nadeln, welche schnell mit Weingeist zu waschen sind. Ihre weingeistige Lösung reagirt stark alkalisch.

Leimsüfs-Chlorkalium. — Die wässrige Lösung von Leimsüfs und Chlorkalium, über Vitriolöl bis zu starker Concentration verdunstend, füllt sich mit sehr feinen Nadeln, welche an der Luft schnell feucht werden, und welche 16,58 Proc. C halten, also $C^4NH^4O^3$,KCl sind. HORSFORD.

Leimsüfs-schwefelsaures Kali. — Fällt aus dem wässrigen Gemisch von Leimsüfs und doppelt schwefelsaurem Kali beim Zusatz von Weingeist in durchscheinenden Säulen nieder, welche nach dem Trocknen über Vitriolöl 30,94 Proc. Schwefelsäure halten, also $KO,2C^4NH^4O^3,2SO^3$ sind. HORSFORD.

Leimsüfs-salpetersaures Kali. — Man neutralisirt die Leimsüfssalpetersäure mit Kali, BRACONNOT, oder versetzt die wässrige Lösung von Leimsüfs und Salpeter mit Weingeist, HORSFORD. Nadeln von salpeterartigem, dann schwach süfsen Geschmack, auf glühenden Kohlen wie Salpeter verpuffend. BRACONNOT. — BRACONNOT unterscheidet noch ein saures, ebenfalls in Nadeln krystallisirendes Salz.

	Getrocknet		BOUSSINGAULT
KO	47,2	28,23	27,83
4 C	24	14,35	14,24
2 N	28	16,75	16,61
4 H	4	2,39	2,50
8 O	64	38,28	38,82
$C^4NH^4KO^4,NO^5$	167,2	100,00	100,00

Leimsüfs-Chlornatrium. — Krystallisirt nach längerer Zeit aus der concentrirten wässrigen Lösung von Leimsüfs und Kochsalz, welche mit absolutem Weingeist versetzt ist. HORSFORD.

Leimsüfs-Baryt. Beim Zusammenreiben von Leimsüfs mit Barythydrat erhält man eine halbflüssige Masse, welche, mit Wasser versetzt, und ruhig hingestellt, nach einiger Zeit Krystalle von Leimsüfs-Baryt liefert. HORSFORD.

Leimsüfs-Chlorbaryum. — Durch Lösen von 1 At. Chlorbaryum und 1 At. Leimsüfs in heifsem Wasser und Abkühlen erhält man rhombische Säulen, und beim Fällen durch Weingeist platte Nadeln; bitter, neutral, luftbeständig; 55,34 Proc. Chlorbaryum haltend, also = $BaCl,C^4NH^5O^4,HO$. HORSFORD.

Leimsüfs-salpetersaurer Baryt. — 138 Th. (1 At.) im Vacuum getrocknete Leimsüfssalpetersäure, mit Barytwasser übersättigt, dann durch Kohlensäure und Kochen vom überschüssigen Baryt befreit, behalten 102 Th. (fast $1\frac{1}{2}$ At.) Baryt mit sich verbunden. MULDER.

Leimsüfs-salpetersaurer Kalk. — Die mit kohlensaurem Kalk gesättigte wässrige Leimsüfssalpetersäure gibt beim Abdampfen luftbeständige, wenig in Weingeist lösliche Nadeln, die auf glühenden

Kohlen erst im Krystallwasser schmelzen, dann wie Salpeter verpuffen. BRACONNOT.

Leimsüfssalpetersaure Bittererde. — Unkrystallisirbar, zerfliefslich, schäumt auf glühenden Kohlen stark auf, und lässt unter Verpuffen einen braunen, baumförmig aufgeblähten Rückstand. BRACONNOT.

Leimsüfs-chromsaures Kali? — Die wässrige Lösung von Leimsüfs und zweifach-chromsaurem Kali gibt nach dem Mischen mit absolutem Weingeist bald Krystalle, welche sich selbst unter der Flüssigkeit in einigen Tagen unter Ausscheidung von Kohle zersetzen. HORSFORD.

Leimsüfs-salpetersaures Zinkoxyd. — Das Zink löst sich in der Leimsüfssalpetersäure unter Wasserstoffgasentwicklung auf, ein krystallisirbares Salz bildend. BRACONNOT.

Leimsüfs-Einfachchlorzinn. — Krystallisirt aus einem Gemisch der gesättigten wässrigen Lösung des Leimsüfses und des Einfachchlorzinns. HORSFORD.

Leimsüfs-Bleioxyd. — Das Leimsüfs, mit überschüssigem Bleioxyd in der Hitze ausgetrocknet, verliert 12,5 Proc. Wasser. MULDER [12 Proc. sind 1 At.]. Durch Kochen von Bleioxyd mit wässrigem Leimsüfs, dann Filtriren und Abdampfen bei abgehaltener Luft, erhält man farblose Nadeln, welche, nach dem Trocknen bei 120°, kein Wasser mehr bei 150° entwickeln, und welche durch Kohlensäure zersetzbar sind. BOUSSINGAULT. Sie verwittern im Vacuum. MULDER. ihre Lösung reagirt alkalisch. BOUSSINGAULT. Mischt man das nach dem Kochen von wässrigem Leimsüfs mit Bleioxyd erhaltene Filtrat mit Weingeist bis zur anfangenden Trübung, so entstehen allmälig Säulen, dem Cyanquecksilber ähnlich, die bei öfterem Zusatz von Weingeist zunehmen. HORSFORD.

	Bei 120°		MULD. u. BALLOT	BOUSSING.
PbO	112	62,92	64,93	64,90
4 C	24	13,48	13,49	13,29
N	14	7,87		7,78
4 H	4	2,25	2,13	2,04
3 O	24	13,48		11,99
$C^4NH^4PbO^4$	178	100,00		100,00

	Krystalle, lufttrocken,		HORSFORD
PbO	112	59,90	57,60
4 C	24	12,83	12,07
N	14	7,49	
5 H	5	2,67	2,10
4 O	32	17,11	
$C^4NH^4PbO^4+HO$	187	100,00	

Leimsüfssalpetersaures Bleioxyd. — Durch Lösen von Bleioxyd in Leimsüfssalpetersäure. BRACONNOT, oder durch Lösen von Leimsüfs-Bleioxyd in Salpetersäure, BOUSSINGAULT. — Es ist nicht krystallisirbar, sondern gummiartig, und luftbeständig und verpufft im Feuer. BRACONNOT. — Es hält nach dem Trocknen bei 130° 45,92 Proc. Bleioxyd, MULDER, ist also = $PbO,C^4NH^5O^4,NO^5$.

Das *Eisen* verhält sich gegen die Leimsüfssalpetersäure wie das

Zink. BRACONNOT. Das Leimsüfs färbt das wässrige Anderthalbchloreisen rothbraun. MULDER.

Leimsüfs-Kupferoxyd. — 1. Man kocht Kupferoxyd anhaltend mit wässrigem Leimsüfs. MULDER. Das grünblaue Filtrat gesteht, nach hinreichendem Einkochen erkältet, zu einer Krystallmasse, BOUSSINGAULT; es füllt sich mit schönen blauen feinen Nadeln, HORSFORD. — 2. Man löst Kupferoxydhydrat in wässrigem Leimsüfs, und bewirkt die Abscheidung der Krystalle durch Weingeistzusatz. HORSFORD. — 3. Man fügt zu einer Lösung von Kupfervitriol und Leimsüfs in Wasser Kali, dann Weingeist, welcher bei hinreichender Concentration die Verbindung völlig niederschlägt. HORSFORD. — Die Krystalle verlieren bei 100° unter grüner und violetter Färbung 8,04 Proc. (1 At.) Wasser. HORSFORD. Sie verlieren bei 120° Wasser, dann nichts mehr bei 140°. BOUSSINGAULT. Nach dem Trocknen bei 100° verlieren sie bei 140° noch 3,34 Proc. Wasser, dann nichts mehr bei 160°. MULDER.

Wasserfrei			MULDER bei 160°	BOUSSINGAULT bei 140°
CuO	40	37,74	37,14	37,60
4 C	24	22,64	22,83	23,57
N	14	13,21		13,92
4 H	4	3,77	3,86	3,74
3 O	24	22,64		21,17
$C^4NH^4CuO^4$	106	100,00		100,00

Krystalle, kalt im Vac. getr.			HORSFORD
CuO	40	34,78	33,89
4 C	24	20,87	21,10
N	14	12,17	12,65
5 H	5	4,35	4,82
4 O	32	27,83	27,54
$C^4NH^4CuO^4+HO$	115	100,00	100,00

Leimsüfs-salpetersaures Kupferoxyd. — Kupferoxyd liefert mit Leimsüfssalpetersäure luftbeständige Krystalle. BRACONNOT. — Man erhält sie auch durch Lösen von Leimsüfs-Kupferoxyd in Salpetersäure. Es sind lasurblaue Nadeln, welche sich bei 150° unter schwachem Wasserverlust grün färben, und welche bei 180 bis 182° verpuffen. BOUSSINGAULT.

Krystalle, kalt im Vac. getr.			BOUSSINGAULT
2 CuO	80	36,70	36,27
4 C	24	11,01	11,04
2 N	28	12,84	12,75
6 H	6	2,75	2,89
10 O	80	36,70	37,05
$CuO + C^4NH^4CuO^4,NO^5 + 2Aq$	218	100,00	100,00

Leimsüfs-Silberoxyd. — Das Silberoxyd löst sich leicht in heifsem wässrigen Leimsüfs; man mufs dieses jedoch, um eine gesättigte Verbindung zu erhalten, mehrere Stunden zwischen 80 und 100° mit dem Oxyd digeriren, einige Augenblicke kochen, und heifs filtriren; die erhaltenen durchsichtigen körnigen Krystalle werden bei 110° in einem Strom trockener Luft getrocknet. BOUSSINGAULT. — Durch Mischen des mit Silberoxyd gekochten wässrigen Leimsüfses mit Weingeist erhält man warzige Krystalle, die sich im Lichte schwärzen. HORSFORD.

Bei 110° getrocknet			BOUSSINGAULT	BOUSSINGAULT b.
AgO	116	63,74	63,75	54,30
4 C	24	13,19	13,66	17,15
N	14	7,69	8,07	10,13
4 H	4	2,20	2,21	2,74
3 O	24	13,18	12,31	15,68
$C^4NH^4AgO^4$	182	100,00	100,00	100,00

War das wässrige Leimsüfs nicht völlig mit Silberoxyd gesättigt, und lässt man die von den beim Erkalten entstandenen Krystallen abgegossene Mutterlauge im Vacuum verdunsten, so erhält man eine körnige Masse, viel löslicher, als die normale Verbindung. Sie hat die in der vorstehenden Tabelle unter b gegebene Zusammensetzung, hält also 3 At. Silberoxyd auf 4 Leimsüfs. BOUSSINGAULT.

Leimsüfs-salpetersaures Silberoxyd. — Man löst Silberoxyd in Leimsüfssalpetersäure, oder Leimsüfs-Silberoxyd in Salpetersäure, oder Leimsüfs in wässrigem salpetersauren Silberoxyd. Schöne Nadeln, sich im Lichte schnell schwärzend, beim Erhitzen für sich nicht verpuffend. BOUSSINGAULT. Die Krystalle verpuffen lebhaft in der Hitze; sie ziehen an der Luft Feuchtigkeit an. HORSFORD.

	Krystalle		BOUSSINGAULT	HORSFORD
AgO	116	49,15	48,60	49,83
4 C	24	10,17	10,08	10,19
2 N	28	11,86	11,83	
4 H	4	1,70	1,86	2,22
8 O	64	27,12	27,63	
$C^4NH^4AgO^4,NO^5$	236	100,00	100,00	

Leimsüfs-Zweifachchlorplatin. — Man fügt zu wässrigem Leimsüfs die concentrirte Lösung von Zweifachchlorplatin in überschüssiger Salzsäure, und tröpfelt entweder absoluten Weingeist hinzu, wo sich das Gemisch trübt und Krystalle absetzt, oder verdunstet ohne Weingeist im Vacuum über Vitriolöl. —. Kirschrothe Säulen, die sich an der Luft durch Wasserverlust oberflächlich heller färben. Sie halten 33,03 Proc. Platin, sind also $PtCl^2,C^4NH^5O^4$ + HO. HORSFORD. [Oder vielmehr $PtCl^2,C^4NH^5O^4$ + 6HO.]

Das Leimsüfs löst sich nicht in selbst kochendem absoluten *Weingeist*, aber ziemlich in wässrigem. BRACONNOT. Es löst sich in 930 Th. Weingeist von 0,828 spec. Gew.; die kochend gesättigte Lösung trübt sich beim Erkalten. MULDER. Es löst sich nicht in Aether. MULDER. Es löst sich fast gar nicht in absolutem Weingeist und Aether. HORSFORD.

Es bildet eine Verbindung, die sich als leimsüfsschwefelsaures Aethyloxyd = $C^4H^5O,C^4NH^5O^4,SO^3$ betrachten lässt, und 17,27 Proc. Schwefelsäure, die sich durch Chlorbaryum fällen lässt, enthält. HORSFORD. [Wenn die Formel zur Analyse passen soll, so muss sie $C^4H^5O,2C^4NH^5O^4,SO^3$ heifsen.]

Leimsüfs-Essigsäure. — Fügt man zu der Lösung von Leimsüfs in Essigsäure Weingeist bis zur Trübung, so entstehen Krystalle, die bei öfterem Zusatz von wenig Weingeist zunehmen; auch kann man die Lösung rasch durch viel Weingeist fällen, und den Niederschlag aus Wasser umkrystallisiren lassen. HORSFORD.

	Krystalle		HORSFORD
8 C	48	33,33	33,33
N	14	9,73	
10 H	10	6,94	7,57
9 O	72	50,00	
$C^4NH^5O^4,C^4H^4O^4$+Aq	144	100,00	

Leimsüfs-Oxalsäure. — Durch Kochen von Hippursäure mit concentrirter Oxalsäure und Erkälten erhält man Krystalle von Benzoesäure und eine Mutterlauge, welche schöne Säulen der Leimsüfs-Oxalsäure liefert. DESSAIGNES. — Beim Abdampfen der Lösung von Leimsüfs in wässriger Oxalsäure erhält man eine strahlig krystallisirte, dem Wawellit ähnliche Masse; bei allmäligem Zusatz von Weingeist zu der Lösung erhält man schöne, luftbeständige Krystalle, welche 32,02 Proc. C halten, also $2C^4NH^5O^4,C^4O^6$ sind. HORSFORD.

β. Amidkern. C^4AdHO^2.

Oxaminsäure. $C^4NH^3O^6 = C^4AdHO^2,O^4$.

BALARD. *N. Ann. Chim. Phys.* 4, 93; auch *Ann. Pharm.* 42, 196; auch *J. pr. Chem.* 25, 84.

Acide oxamique. — Von BALARD 1842 entdeckt.

Bildung (IV, 828 u. 829).

Darstellung. Man erhitzt entwässertes saures oxalsaures Ammoniak in einer tubulirten Retorte im Oelbade behutsam bis zum anfangenden Schmelzen, mengt mittelst eines durch den Tubus eingeführten Stabes den geschmolzenen Theil mit dem noch starren, um die Wärme gleichförmiger zu verbreiten, bis sich Alles zu einer fast flüssigen Masse erweicht hat, welche dann unter fortschreitender Zersetzung teigig wird und sich stark aufbläht. Hat das Aufblähen aufgehört, und beginnt an der Stelle eines sauren Destillats, welches mit Kali kein Ammoniak entwickelt, blausaures und kohlensaures Ammoniak überzugehen, welches mit dem sauren Destillat Aufbrausen bewirkt, so unterbricht man die Destillation, und behandelt die rückständige porose Masse, welche nach behutsamem Erhitzen gelblich, nach zu raschem rothbraun erscheint, mit kaltem Wasser, welches, unter Rücklassung von gefärbtem Oxamid, die Oxaminsäure und bisweilen zugleich etwas unzersetzt gebliebenes saures oxalsaures Ammoniak löst.

Um die Säure reiner zu erhalten, dienen folgende Verfahrungsweisen:

1. Man neutralisirt obige kalte wässrige Lösung mit Ammoniak, stellt durch Abdampfen und Erkälten krystallisches oxaminsaures Ammoniak dar, löst dieses in möglichst wenig heifsem Wasser, fügt dazu die angemessene Menge von Schwefelsäure und kühlt rasch ab, wodurch die Oxaminsäure als weifses Pulver gefällt wird. — 2. Man fällt die mit Ammoniak neutralisirte Lösung durch die gesättigte Lösung eines Barytsalzes, reinigt den krystallischen Niederschlag durch Lösen in kochendem Wasser (auch Digeriren mit Thierkohle, wenn Färbung statt findet) und Krystallisiren, zersetzt diese Krystalle durch eine angemessene Menge von sehr verdünnter Schwefelsäure, und dampft das Filtrat gelinde zum Krystallisiren ab. — 3. Man leitet über das gelind erwärmte trockne oxaminsaure Silberoxyd überschüssiges trocknes salzsaures Gas, welches die Zersetzung unter

starker Wärmeentwicklung bewirkt, verjagt die überschüssige Salzsäure durch einen trocknen Luftstrom, kocht den Rückstand mit absolutem Weingeist aus, filtrirt vom Chlorsilber ab, und erhält durch Verdunsten des Filtrats die Säure als farbloses körniges Pulver. War bei der Zersetzung des Silbersalzes eine zu starke Erhitzung eingetreten, so ist die Säure gelblich.

Eigenschaften. Weifs, krystallisch körnig.

			BALARD
4 C	24	26,97	26,1
N	14	15,73	16,6
3 H	3	3,37	3,9
6 O	48	53,93	53,4
$C^4NH^3O^6$	89	100,00	100,0

Die hypothetisch trockne Säure ist = $C^4NH^2O^5$.

Die Oxaminsäure verwandelt sich beim Kochen ihrer wässrigen Lösung wieder in saures oxalsaures Ammoniak. $C^4NH^3O^6 + 2HO = C^4(NH^4,H)O^8$.

Verbindungen. Die Säure löst sich sehr wenig in kaltem Wasser.

Oxaminsaures Ammoniak. — Man kocht das Barytsalz mit einer angemessenen Menge von wässrigem schwefelsauren Ammoniak, und erhält beim Erkälten des abgedampften Filtrats sternförmig vereinigte kleine Säulen.

	Krystalle		BALARD
4 C	24	22,64	22,3
2 N	28	26,42	26,5
6 H	6	5,66	5,8
6 O	48	45,28	45,4
$C^4(NH^2,NH^4,O^2,)O^4 = C^4(Ad,Am,O^2)O^4$	106	100,00	100,0

Oxaminsaurer Baryt. — Der in kaltem Wasser gelöste Rückstand von der Destillation des sauren oxalsauren Ammoniaks fällt nach dem Neutralisiren mit Ammoniak nicht die verdünnten, aber die concentrirten Barytsalze (V, 12, 2). Der krystallische Niederschlag wird durch Umkrystallisiren aus heifsem Wasser gereinigt. Das Salz entwickelt beim Erhitzen mit Vitriolöl Kohlenoxydgas und kohlensaures Gas zu gleichen Maafsen, und lässt im Rückstande Ammoniak. Das Salz verliert bei 150° in einem trocknen Luftstrome 14,3 bis 15,45 Proc. Wasser.

	Krystallisirt		BALARD
BaO	76,6	39,98	41,65
4 C	24	12,53	
N	14	7,31	
2 H	2	1,04	
6 O	48	25,05	
3 Aq	27	14,09	14,87
C^4AdBaO^2,O^4+3Aq	191,6	100,00	

Oxaminsaurer Kalk. — Auch mit Kalksalzen gibt die mit Ammoniak neutralisirte wässrige Lösung der Säure nur bei gröfserer Concentration einen krystallischen Niederschlag. Hält die Lösung noch unzersetztes oxalsaures Ammoniak, so mengt sich dem Niederschlage oxalsaurer Kalk bei, welcher jedoch beim Lösen des oxaminsauren Kalks in kochendem Wasser zurückbleibt.

Oxaminsaures Silberoxyd. — Man fällt salpetersaures Silberoxyd durch das wässrige Ammoniak- oder Baryt-Salz. Das reichlich gebildete durchscheinende, gallertartige Magma wird bald undurchsichtig; es löst sich beim Erhitzen der Flüssigkeit auf, und scheidet sich dann beim Erkalten in weifsen seidenglänzenden Nadeln ab. Dieselben schwärzen sich im Lichte, indem sie sich mit Metall überziehen; eben so bei 150°, wobei sich kein Wasser entwickelt. BALARD.

	Krystallisirt		BALARD
4 C	24	12,25	12,23
N	14	7,14	7,29
2 H	2	1,02	1,17
Ag	108	55,10	54,99
6 O	48	24,49	24,32
$C^4(AdAgO^2)O^4$	196	100,00	100,00

γ. Amidkern $C^4Ad^2O^2$.

Oxamid. $C^4N^2H^4O^4 = C^4Ad^2O^2,O^2$.

BAUHOF. *Schw.* 19, 313.
DUMAS. *Ann. Chim. Phys.* 44, 129; auch *J. Chim. méd.* 6, 401; auch *Schw.* 61, 82; auch *Pogg.* 19, 474. — *Ann. Chim. Phys.* 54, 240.
O. HENRY u. PLISSON. *Ann. Chim. Phys.* 46, 190; auch *J. Pharm.* 17, 177; Ausz. *Schw.* 62, 168.
LIEBIG. *Ann. Pharm.* 9, 11 u. 129; auch *Pogg.* 39, 331 u. 359.
MOHR. *Ann. Pharm.* 18, 327.
PELOUZE. *Ann. Chim. Phys.* 79, 104; auch *J. pr. Chem.* 25, 486.
MALAGUTI. *Compt. rend.* 22, 852.

Oxamide. — Zwar zuerst 1817 von BAUHOF beim Mischen von Oxalvinester mit wässrigem Ammoniak erhalten, aber für eine Verbindung des Oxalvinesters mit Weingeist angesehen, bis es LIEBIG 1834 als das von DUMAS 1830 bei der Destillation des oxalsauren Ammoniaks entdeckte Oxamid erkannte.

Bildung. 1. Bei der Zersetzung des normal oxalsauren Ammoniaks in der Hitze. DUMAS. (IV, 828.) Unterbricht man die Erhitzung vor der völligen Verflüchtigung, so zeigt sich im Rückstande Oxamid; also entsteht es nicht erst bei der Sublimation. MOHR. — 2. Beim Mischen von wässrigem Ammoniak mit Oxalvinester. BAUHOF (IV, 87). Es entsteht sogleich ein starker weifser Niederschlag; war der Oxalvinester zuvor mit Weingeist gemischt, erst nach einigen Secunden. BAUHOF. Auch der in Aether gelöste Oxalvinester gibt diesen Niederschlag mit wässrigem Ammoniak. LIEBIG.

Darstellung. 1. Durch trockne Destillation des normal oxalsauren Ammoniaks bis zum Verschwinden des Rückstandes erhält man das Oxamid theils im Retortenhalse neben kohlensaurem Ammoniak sublimirt, theils in Flocken im wässrigen Destillate schwimmend. Man vertheilt Alles in Wasser, sammelt das 4 bis 5 Proc. des Ammoniaksalzes betragende Oxamid auf dem Filter und wäscht es mit Wasser. DUMAS. — Man kann auch Sauerkleesalz mit Ammoniak neutralisiren, nach dem Zusatz von schwefelsaurem oder salzsauren Ammoniak zur Trockne abdampfen und destilliren und das Sublimat durch Wasser vom kohlensauren Ammoniak befreien. 100 Th. Sauerkleesalz, mit Ammoniak neutralisirt und mit 60 Th. schwefelsauren Ammoniak gemischt, liefern unter Rücklassung aller Schwefelsäure in Gestalt von schwefelsaurem Kali, 8,25 Th. Oxamid. 100 Th. Sauerkleesalz mit 50 Th. Salmiak destillirt (hier ist das

Neutralisiren mit Ammoniak nicht nöthig, weil die Salzsäure ausgetrieben wird) liefern zuerst Wasser, dann Salzsäure, dann Oxamid mit kohlensaurem Ammoniak, und 5,52 Th. sublimirtes Oxamid, und der nicht völlig zersetzte kohlige Rückstand, mit Wasser gewaschen und wieder sublimirt, liefert noch etwas durch Brenzöl gebräuntes Oxamid. MOHR.

2. Man mischt wässriges Ammoniak mit reinem oder in Weingeist gelösten Oxalvinester, und wäscht das gefällte Oxamid mit Wasser und Weingeist. BAUHOF, LIEBIG. — Man kann auch ohne Weiteres das Destillat von 1 Th. Sauerkleesalz, 1 Th. Weingeist und 2 Th. Vitriolöl mit wässrigem Ammoniak zusammenschütteln. Aus dem sich erwärmenden klaren Gemisch setzt sich das Oxamid ab, welches erst mit Wasser, dann mit Weingeist zu waschen ist, durch welchen das anhängende, dem Oxamid den schwach ätherischen Geruch ertheilende, weinschwefelsaure Weinöl entzogen wird. LIEBIG.

Eigenschaften. Weifses, lockeres, zart anzufühlendes Pulver. BAUHOF. Weifse, verwirrt krystallisirte Blättchen oder körniges Pulver. DUMAS. Bisweilen durch eine paracyanartige Materie stellenweise gelblich und bräunlich gefärbt. DUMAS. — Lässt sich bei gelindem Erhitzen in einer offenen Proberöhre unzersetzt in undeutlichen Krystallen oder als weifses Pulver sublimiren. DUMAS, LIEBIG. Beim Erhitzen in einer Retorte schmilzt es unvollständig, kocht und sublimirt sich nur einem Theil nach unzersetzt. DUMAS. — Geruchlos, geschmacklos und neutral. BAUHOF, DUMAS.

			DUMAS		LIEBIG	VARRENTRAPP
	Bei 100°		1)	2)	2)	u. WILL
4 C	24	27,27	26,95	26,9	27,27	
2 N	28	31,82	31,67	31,9	31,58	31,7
4 H	4	4,55	4,59	4,5	4,62	
4 O	32	36,36	36,79	36,7	36,53	
$C^4Ad^2O^4$	88	100,00	100,00	100,0	100,00	

Zersetzungen. 1. Beim Erhitzen in einer Retorte schmilzt und kocht das Oxamid, jedoch nur an den heifsesten Stellen, und sublimirt sich theils unzersetzt, theils zerfällt es in Cyan und leichte, sehr lockere Kohle DUMAS. — Nur der kleinste Theil zersetzt sich und liefert ein geringes, aus Weingeist, Ammoniak und Brenzöl bestehendes Destillat. BAUHOF. — Das Oxamid entwickelt bei starkem Erhitzen deutlich den Geruch nach Cyansäure. Der Dampf, durch eine glühende, 2 Fufs lange Glasröhre geleitet, wird ohne Absatz von Kohle völlig in Kohlenoxydgas, kohlensaures Ammoniak, Blausäure und Harnstoff zersetzt, weicher als ein öliges, bald erstarrendes Destillat erscheint. LIEBIG. $2C^4N^2H^4O^4 = 2CO + 2CO^2 + NH^3 + C^2NH + C^2N^2H^4O^2$. LIEBIG. — In ein Metallrohr hermetisch eingeschlossen, und in einem Bade einige Minuten auf 310° erhitzt, zersetzt sich das Oxamid einem Theile nach, und zwar in Cyan, Kohlensäure und Ammoniak. MALAGUTI. Zuerst entsteht hierbei wohl Cyan und Wasser: $C^4N^2H^4O^4 = 2C^2N + 4HO$; aber das Wasser bildet mit einer andern Menge des Oxamids bei 200° oxalsaures Ammoniak: $C^4N^2H^4O^4 + 4HO = 2NH^3,C^4H^2O^8$, und dieses zersetzt sich dann bei 220° (IV, 828) in Kohlenoxyd und kohlensaures Ammoniak. — Ebenso liefert ein Gemenge von Oxamid und Sand, in einer Röhre auf 300 bis 330° erhitzt, blofs Cyan, Kohlenoxyd und kohlensaures Ammoniak. MALAGUTI.

2. Längere Zeit mit gesättigtem Chlorwasser in Berührung, verschwindet das Oxamid völlig unter Bildung von Salzsäure, Oxalsäure

und wahrscheinlich auch Chlorstickstoff, der sich dann weiter zersetzt, aber ohne Bildung von Salmiak. MALAGUTI.

3. Beim Kochen mit der 4fachen Menge von Salpetersäure von 1,35 spec. Gew. zerfällt das Oxamid in ein Gasgemenge von 1 Maafs Stickgas, 1 M. Stickoxydulgas und 2 M. kohlensaurem Gas. MALAGUTI. $C^4N^2H^4O^4 + 2NO^5 = 2N + 2NO + 4CO^2 + 4HO$. — Nach BAUHOF ist selbst heifse Salpetersäure ohne Wirkung; nach O. HENRY u. PLISSON erzeugt concentrirte Salpetersäure Ammoniak und Kohlensäure. — 4. Das Oxamid entwickelt mit Vitriolöl, jedoch blofs beim Erhitzen, Kohlenoxydgas und kohlensaures Gas zu gleichen Maafsen, während bei der farblos bleibenden Schwefelsäure Ammoniak zurückbleibt. DUMAS, LIEBIG. $C^4N^2H^4O^4 + 2HO = 2CO + 2CO^2 + 2NH^3$. — 5. Alle verdünnte stärkere Säuren zersetzen das Oxamid in ein Ammoniaksalz und in freie Oxalsäure. O. HENRY u. PLISSON. $C^4N^2H^4O^4 + 6HO + 2SO^3 = 2(NH^4O,SO^3) + C^4H^2O^8$. — So wirken verdünnte Schwefel-, Salz-, Salpeter- und Tarter-Säure, so wie die Oxalsäure selbst, aber nicht Essigsäure, die sich beim Kochen wirkungslos verflüchtigt. HENRY u. PLISSON.

6. Das Oxamid verändert sich nicht bei 14tägigem Hinstellen mit kaltem Wasser, oder beim Kochen damit; aber beim Erhitzen mit Wasser auf 224° unter verstärktem Druck liefert es eine Flüssigkeit, welche nach dem Abdampfen sauer ist, mit Bleioxydhydrat Ammoniak entwickelt, und die Kalksalze reichlich fällt. O. HENRY u. PLISSON. — 7. Beim Erhitzen mit wässrigen Alkalien zerfällt das Oxamid in oxalsaures Alkali und sich verflüchtigendes Ammoniak, ohne Spuren von Weingeist. DUMAS. Schon BAUHOF fand diese Zersetzung, nur glaubte er auch Weingeist wahrgenommen zu haben. $C^4N^2H^4O^4 + 2HO + 2KO = C^4K^2O^8 + 2NH^3$. Hiernach müssen 100 Th. Oxamid 102,28 Th. trockne Oxalsäure ($C^4H^2O^8$) und 38,63 Th. Ammoniak liefern; LIEBIG erhielt 102,5 Th. und 36 Th. — Sogar das wässrige Ammoniak zersetzt schon bei Mittelwärme das Oxamid unter allmäliger Auflösung auf dieselbe Weise. O. HENRY u. PLISSON. Kochendes kohlensaures Kali ist nach BAUHOF ohne Wirkung.

Die kochende wässrige Lösung des Oxamids fällt nicht das salpetersaure oder essigsaure Bleioxyd; aber beim Zusatz von wenig Ammoniak fällt es in der Hitze basisches oxalsaures Bleioxyd (IV, 853); die Zersetzung des Oxamids in Oxalsäure und Ammoniak erfolgt hier viel schneller, als durch Säuren oder Alkalien für sich, wohl wegen der Unlöslichkeit des Bleisalzes. PELOUZE.

8. Bei gelindem Erwärmen des Oxamids mit Kalium bildet sich unter lebhafter Feuerentwicklung Cyankalium. LÖWIG (*Pogg.* 40, 407). Etwa so: $C^4N^2H^4O^4 + 6K = 2C^2NK + 4KO + 4H$.

Verbindungen. — Das Oxamid braucht 10000 Th. kaltes Wasser zur Lösung, O. HENRY u. PLISSON; in kochendem löst es sich etwas besser, und scheidet sich beim Erkalten in undeutlich krystallischen Flocken aus, DUMAS. Die wässrige Lösung fällt nicht die Kalksalze. DUMAS.

Es lässt sich mit Bleioxyd und Silberoxyd nicht verbinden. PELOUZE.

Es löst sich nicht merklich in Weingeist und Vinäther. BAUHOF, DUMAS.

Allophansäure. $C^4N^2H^4O^6 = C^4Ad^2O^2,O^4$.

LIEBIG u. WÖHLER. *Ann. Pharm.* 59, 291.

Beim Einleiten von Cyansäuredampf in absolutem Weingeist erhielten

1830 Liebig u. Wöhler einen Ester, den Sie für Cyansäureäther hielten, bis Sie 1847 entdeckten, dass er als die Verbindung von Aethyloxyd mit einer eigenthümlichen Säure, der Allophansäure, als Allophanvinester, zu betrachten sei, so wie jetzt nach Denselben der (IV, 300) beschriebene Harnstoffkohlenformester als allophansaures Methyloxyd [Allophanformester = $C^2H^3O,C^4N^2H^3O^5$] zu betrachten ist. — Diese Säure ist bereits in der Formereihe (IV, 300) als Harnstoff-Kohlensäure beschrieben; da sie jedoch mit gröſserer Wahrscheinlichkeit in die Vinereihe gehört, und da jetzt die ausführlichere Abhandlung von Liebig u. Wöhler benutzt werden kann, so möge sie hier einen Platz finden. Sie verhält sich zum Oxamid, wie die Essigsäure zum Aldehyd.

Man kennt nicht die Säure für sich, sondern bloſs einige ihrer Salze, welche man durch Behandeln des Allophan-Formesters oder -Vinesters mit in Wasser oder Weingeist gelösten Alkalien erhält. Sie haben die rohe Formel: $C^4N^2H^3MO^6$. Nimmt man daher in der Säure für sich 2 At. Amid an, so hielten sie statt des einen Atoms Amid eine analoge Verbindung: NHM, und ihre rationelle Formel wäre hiernach $C^4(NH^2,NHM)O^2,O^4$. Sie zerfallen beim Erhitzen ihrer wässrigen Lösung in Kohlensäure, kohlensaures Salz und Harnstoff; sucht man aus ihnen die Allophansäure durch andere Säuren auszuscheiden, so zerfällt sie sogleich in Kohlensäure und Harnstoff. (s. das Barytsalz).

Allophansaures Kali. — Aus der Lösung des Allophanvinesters in weingeistigem Kali setzt sich das Salz bald in Blättchen ab, denen des chlorsauren Kalis ähnlich.

Allophansaures Natron. — Lässt sich wie das Kalisalz erhalten, oder durch kaltes Zusammenreiben des Barytsalzes mit der angemessenen Menge von wässrigem schwefelsauren Natron, und Uebergieſsen des Filtrats mit Weingeist, welcher das Krystallisiren des Natronsalzes in alkalisch reagirenden kleinen Säulen bewirkt. Die wässrige Lösung des Salzes, kalt im Vacuum verdunstet, lässt dasselbe als eine blau schillernde gallertartige Masse zurück; beim Verdunsten bei 40 bis 50° lässt sie es theils unverändert zurück, theils in kohlensaures Natron und Harnstoff zersetzt. Mit Salpetersäure gemischt, entwickelt die wässrige Lösung Kohlensäure und setzt glänzende Schuppen von salpetersaurem Harnstoff ab. Sie fällt nicht das Chlorbaryum, aber beim Erhitzen damit gibt sie sogleich einen Niederschlag von kohlensaurem Baryt.

Allophansaurer Baryt. — Durch Lösen des Allophan-Formesters oder -Vinesters in Barytwasser, wobei Holzgeist oder Weingeist frei wird. Am besten ist es, den Allophanvinester mit Krystallen von Barythydrat und mit Barytwasser kalt zusammenzureiben, bis der Ester verschwunden ist, von den übrigen Barytkrystallen abzufiltriren und das Filtrat in einem verschlossenen Gefäſse mehrere Tage hinzustellen, wo das Barytsalz allmälig in harten Krystall-Warzen und -Rinden anschieſst. Hierauf stöſst man die Krystalle unter der Flüssigkeit los, gieſst diese schnell ab, unter Abschlämmen des etwa erzeugten kohlensauren Baryts, wäscht die Krystalle einigemal mit wenig kaltem Wasser, und trocknet sie bei Mittelwärme auf Papier. — Das Barytsalz reagirt alkalisch. — Das Salz, für sich erhitzt, entwickelt keine Spur Wasser, sondern einfach-kohlensaures Ammoniak, während einfach-cyansaurer Baryt in klar geschmolzenem Zustande bleibt. $BaO,C^4N^2H^3O^5 = NH^3,2CO^2 + C^2NBaO^2$. —

Seine wässrige Lösung trübt sich noch unter 100°, entwickelt Kohlensäure unter Aufbrausen, setzt allen Baryt als kohlensauren ab, und hält jetzt nur noch Harnstoff gelöst. $BaO,C^4N^2H^3O^5+HO=BaO,CO^2 + CO^2 + C^2N^2H^4O^2$. — Beim Uebergiefsen mit einer Säure zersetzt sich das Salz unter starkem Aufbrausen in Kohlensäure und Harnstoff; selbst Kohlensäure bewirkt diese Zersetzung, nur langsam; weder Cyansäure, noch Ammoniak werden hierbei gebildet. Die freigemachte Allophansäure $C^4N^2H^4O^6$ zerfällt also sogleich in $2CO^2$ und $C^2N^2H^4O^2$. Selbst bei kaltem Zusammenstellen mit wässrigem [anderthalb?] kohlensauren Ammoniak bildet das Barytsalz kohlensauren Baryt und Harnstoff. Die wässrige Lösung mischt sich anfangs klar mit Bleizucker, fällt aber nach einer halben Stunde kohlensaures Bleioxyd. Die neutrale Silberlösung wird nicht dadurch gefällt. — Das Barytsalz löst sich schwierig, aber vollständig in kaltem Wasser. Liebig u. Wöhler.

	Krystallisirt		Liebig u. Wöhler
BaO	76,6	44,64	45,31
4 C	24	13,98	13,80
2 N	28	16,32	15,01
3 H	3	1,75	1,89
5 O	40	23,31	23,99
$C^4N^2H^3BaO^6$	171,6	100,00	100,00

Allophansaurer Kalk. — Wird wie das Barytsalz dargestellt. Krystallisirbar, schwierig in Wasser löslich. Liebig u. Wöhler.

Allophanvinester. $C^8N^2H^8O^6 = C^4H^5O,C^4N^2H^3O^5$.

Liebig u. Wöhler. *Pogg.* 20, 395. — *Ann. Pharm.* 58, 260 und 59, 291. Liebig. *Ann. Pharm.* 21, 125.

Allophansaures Aethyloxyd, sonst *Cyanäther.* — Das Geschichtliche siehe bei Allophansäure.

Bildung und *Darstellung.* 1. Der durch Erhitzen der Cyanursäure entwickelte Cyansäuredampf, in absoluten Weingeist geleitet, wird rasch und unter einer bis zum Kochen des Weingeistes gehenden Wärmeentwicklung verschluckt, und bewirkt den Absatz eines Krystallpulvers, welches beim Erkalten noch zunimmt. Man giefst die übrige Flüssigkeit vom Pulver ab, wäscht dieses einigemal mit kaltem Weingeist und trocknet es. Die abgegossene Flüssigkeit riecht anfangs stark nach Cyansäure, und röthet Lackmus; verliert jedoch beide Eigenschaften nach einiger Zeit, und beim Abdampfen lässt sie nach (*Ann. Pharm.* 54, 370) Uräthan. Liebig u. Wöhler. [Die Gleichung scheint einfach zu sein: $2C^2NHO^2 + C^4H^6O^2 = C^8N^2H^8O^6$; nach der Radicaltheorie könnte man sagen, dass der Weingeist HO abtritt, um mit 2 At. Cyansäure die hypoth. trockene Allophansäure zusammenzusetzen, die sich dann mit dem Weingeist — HO (dem Aethyloxyd) zum Ester vereinigt.] — 2. Man beladet wasserfreien Aether mit dem Dampfe der Cyansäure, welche ohne Wärmeentwicklung verschluckt wird, mischt die stark nach Cyansäure riechende Flüssigkeit mit dem halben Maafse 95procentigen Weingeists und erhält bei mehrtägigem Hinstellen regelmäfsige Krystalle des Esters an den Wandungen des Gefäfses. Liebig. — Eine heifse weingeistige Lösung des Harnstoffes, mit Vitriolöl gemischt, setzt beim Erkalten nichts ab. Liebig u. Wöhler.

Eigenschaften. Schneeweifses Krystallpulver; krystallisirt aus der heifsen Lösung in Weingeist oder ätherhaltigem Weingeist bei langsamem Erkalten oder freiwilligem Verdunsten in durchsichtigen periglänzenden Säulen. Schmilzt beim Erhitzen an der Luft zu einer klaren Flüssigkeit, die beim Erkalten krystallisch gesteht, und verdunstet hierbei theilweise als geruchloser Nebel, welcher sich in der Luft zu aus feinen Nadeln bestehenden voluminosen Flocken verdichtet, die wie Zinkblumen umherfliegen; auch auf der geschmolzenen Masse bildet sich beim Erkalten eine ähnliche wollige Vegetation. — Geruchlos, ohne merklichen Geschmack; neutral.

			LIEBIG u. WÖHLER
8 C	48	36,36	35,44
2 N	28	21,21	20,51
8 H	8	6,06	6,04
6 O	48	36,37	38,01
$C^8N^2H^8O^6$	132	100,00	100,00

Frühere Vermuthungen über die Constitution dieses Esters: LIEBIG u. WÖHLER (*Pogg.* 20, 399); BERZELIUS (*Ann. Pharm.* 21, 125); MALAGUTI (*Ann. Chim. Phys.* 63, 198); GERHARDT (*Ann. Chim. Phys.* 72, 184). — [Bei der Annahme von 2 At. Amid in der Allophansäure für sich ist es nicht möglich, die Formel des Esters nach der üblichen Weise der Radicaltheorie in Vinäther und hypoth. trockne Säure zu zerlegen, da diese auf 2 N blofs 3 H hält; ob dieser Umstand gegen die Annahme von 2 At. Amid im Ester spricht, oder gegen die erwähnte Zerlegung der Formel, bleibe dahingestellt.]

Zersetzungen. 1. Der Ester, in einer Retorte erhitzt, sublimirt sich zuerst einem Theile nach unzersetzt, entwickelt dann bei ungefähr 300° unter starkem Kochen Weingeist, nebst wenig Cyansäure, die dann mit Weingeist wieder ein wenig Ester regenerirt, und erstarrt endlich zu reiner Cyanursäure. 100 Th. Ester liefern hierbei 62,5 Th. Cyanursäure [die Rechnung gibt 65,15 Th.]; doch ist zu beachten, dass etwas Cyansäure entwickelt wurde. LIEBIG u. WÖHLER. $3C^8N^2H^8O^6 = 3C^4H^6O^2 + 2C^6N^3H^3O^6$. — 2. Der beim Erhitzen an der Luft entwickelte Esterdampf lässt sich entzünden und brennt mit einer Flamme, der des Cyangases ähnlich. LIEBIG u. WÖHLER. — 3. Der Ester wird durch weingeistiges Kali oder durch Barytwasser in der Kälte in allophansaures Alkali und Weingeist zersetzt; beim Kochen mit wässrigem Kali bildet sich unter Verflüchtigung von Weingeist cyansaures Kali. LIEBIG u. WÖHLER.

Verbindungen. Der Ester löst sich kaum in kaltem *Wasser*, aber ziemlich reichlich in kochendem, so dass die Lösung zu einer aus seidenglänzenden Nadeln bestehenden Masse erstarrt. LIEBIG u. WÖHLER.

Er löst sich in kochender verdünnter *Schwefelsäure* und *Salpetersäure*, wie es scheint, ohne Zersetzung. LIEBIG u. WÖHLER.

Er löst sich in wässrigem *Ammoniak* etwas leichter, als in Wasser, und krystallisirt daraus, frei von Ammoniak. LIEBIG. Fügt man zu seiner kochenden wässrigen Lösung Bleizucker, Bleiessig oder ammoniakalisches salpetersaures Silberoxyd, so schiefst er daraus unverändert und metallfrei an. LIEBIG.

Er löst sich etwas in *Weingeist*, und nur sehr wenig in selbst kochendem *Aether*. LIEBIG u. WÖHLER.

δ. Amidkern C^4AdCl^3.

Chloracetamid. $C^4NH^2Cl^3O^2 = C^4AdCl^3,O^2$.

Cloez. *Compt. rend.* 21, 69 u. 373. — *N. J. Pharm.* 8, 340. — *N. Ann. Chim. Phys.* 17, 300.
Malaguti. *Compt. rend.* 21, 291 und 22, 853. — *N. J. Pharm.* 8, 232. — *N. Ann. Chim. Phys.* 16, 13 u. 58.
Cahours. *N. Ann. Chim. Phys.* 19, 352.

Chloracétamide. — Von Cloez 1845 entdeckt.

Bildung. Beim Einwirken von Ammoniakgas oder wässrigem Ammoniak auf Perchlorameisenvinester. Cloez. $C^6Cl^6O^4 + NH^3 = C^4NH^2Cl^3O^2 + 2CClO + HCl$ — 2. Beim Destilliren des Trichloressigvinesters in einem Strome von Ammoniakgas, oder, in einigen Minuten, beim Zusammenstellen desselben mit wässrigem Ammoniak. Malaguti. $C^8H^5Cl^3O^4 + NH^3 = C^4NH^2Cl^3O^2 + C^4H^6O^2$. — 3. Beim Einwirken des gasförmigen oder wässrigen Ammoniaks auf Perchloressigvinester. Cloez. $C^8Cl^8O^4 + 4NH^3 = 2C^4NH^2Cl^3O^2 + 2NH^4Cl$. — 4. Beim Behandeln des Chloraldehyds mit Ammoniakgas. Malaguti. $C^4Cl^4O^2 + 2NH^3 = C^4NH^2Cl^3O^2 + NH^4Cl$. — 5. Beim Einwirken von Ammoniakgas auf Perchlorvinäther, Bichlorkohlenvinester, Perchloroxalvinester und Perchlorbernsteinvinester, sofern alle diese Verbindungen in der Hitze Chloraldehyd liefern. Malaguti. — 6. Auch der Perchlorameisenformester liefert nach Cloez mit Ammoniakgas Chloracetamid.

Darstellung. Der bei einer dieser Reactionen erhaltene weifse Körper wird, wofern er Salmiak beigemengt enthält, von diesem durch Wasser befreit, worauf man das zurückbleibende Chloracetamid in Aether löst, und daraus durch Verdunstenlassen krystallisiren lässt. Cloez, Malaguti. Man erhält das Chloracetamid am reichlichsten mittelst des Perchloressigvinesters. Malaguti.

Eigenschaften. Schneeweifse, perlglänzende Krystallblätter, oder, bei langsamem Verdunstenlassen der weingeistigen Lösung, platte rhombische Säulen. Cloez. Krystallisirt aus der kochenden wässrigen Lösung in rectangulären Tafeln des 2- und 2gliedrigen Systems. Malaguti. Schmilzt bei 135°, wobei sich schon ein Theil sublimirt. Cloez, Malaguti. Siedet über 230° und destillirt unzersetzt, nur eine Spur Rückstand lassend. Cloez. Siedet über 150°, sublimirt sich bei raschem Erhitzen in glänzenden Blättchen, und fängt schon bei 150° sich zu zersetzen an. Malaguti. Riecht ziemlich angenehm gewürzhaft, und schmeckt süfs. Cloez. Luftbeständig. Cloez.

	Krystallisirt		Cloez	Malaguti	Cahours
4 C	24	14,80	14,5	14,78	14,61
N	14	8,63	9,0	8,30	
2 H	2	1,23	1,2	1,40	1,24
3 Cl	106,2	65,48	66,0	65,50	65,11
2 O	16	9,86	9,3	10,02	
$C^4NH^2Cl^3O^2$	162,2	100,00	100,0	100,00	

Zersetzungen. 1. Das Chloracetamid beginnt nach dem Schmelzen sich bei 200° zu bräunen, und kocht völlig bei 238 bis 240°. Beim Durchleiten des Dampfes durch eine dunkelglühende Röhre erhält man Kohlenoxyd, Kohlensäure, Salzsäure, Chlor, flüchtiges Chlorcyan mit wenig Phosgen, und aufserdem Salmiak und Kohle. Es finden hierbei verschiedene Zersetzungsweisen statt, nach folgenden Gleichungen: $C^4NH^2Cl^3O^2 = 2CO + 2HCl + C^2NCl$; — $C^4NH^2Cl^3O^2 = Cl + HCl + HO + CO + C^2NCl + C$; — das hier gebildete HO kann weiter einen Theil des Chloracetamids in Chloroform und kohlensaures Ammoniak verwandeln (s. u.). Malaguti. — 2. Mit etwas Wasser in ein Glasrohr eingeschmolzen, und auf 100° [soll wohl heifsen: 200°] erhitzt, wird es zu Chloroform und kohlensaurem Ammoniak. $C^4NH^2Cl^3O^2 + 2HO = C^2HCl^3 + NH^3 + 2CO^2$; dieser Bildung geht die von chloressigsaurem Ammoniak keineswegs voraus; denn wenn man die Röhre nur auf 130° erhitzt, so zeigt sich das Chloracetamid unverändert, während sich chloressigsaures Ammoniak mit Wasser schon bei 112° bis 115° in Chloroform und kohlensaures Ammoniak zersetzt. Malaguti.

3. Trocknes Chlorgas wirkt selbst in der Sonne nicht auf das Chloracetamid; aber bei Gegenwart von wenig Wasser erzeugt es in der Sonne Chloracetamsäure, $C^4NHCl^4O^2$, welche sich nach einigen Tagen in der Flasche in langen Nadeln sublimirt. Cloez. $C^4NH^2Cl^3O^2 + 2Cl = C^4NHCl^4O^2 + HCl$. — 4. In verdünnter Salpetersäure gelöst, und damit abgedampft, lässt es nichts als trichloressigsaures Ammoniak. $C^4NH^2Cl^3O^2 + 2HO = C^4NH^4Cl^3O^4$.

5. Ebenso nimmt es beim Lösen in wässrigem Ammoniak, was in der Kälte langsam, in der Wärme schnell erfolgt, 2 At. HO auf, so dass die Lösung beim Verdunsten grofse Krystalle von trichloressigsaurem Ammoniak lässt. Cloez. Doch entsteht hierbei immer etwas Salmiak durch weitere Wirkung des Ammoniaks auf das trichloressigsaure Ammoniak. Malaguti. — 6. Es entwickelt beim kalten Zusammenreiben mit Kalihydrat kein Ammoniak; aber beim Kochen mit Kalilauge verliert es allen Stickstoff als Ammoniak, und bildet trichloressigsaures Kali, welches bei weiterem Kochen in ameisensaures Kali und Chloroform zerfällt. Cloez.

Verbindungen. Das Chloracetamid löst sich nicht in *Wasser*, Cloez; sehr wenig, Malaguti.

Es löst sich leicht in *Weingeist* und sehr leicht in *Aether*. Cloez, Malaguti.

Chloracetamsäure. $C^4NHCl^4O^2$.

Cloez (1845). *Ann. Chim. Phys.* 17, 305; Ausz. *N. J. Pharm.* 8, 341; auch *J. pr. Chem.* 37, 313.

Chloracetaminsäure, Acide chloracétamique.

Mit wenig Wasser befeuchtetes Chloracetamid, in einer mit Chlorgas gefüllten Flasche der Sonne dargeboten, lässt bald viele Nadeln der Chloracetamsäure sublimiren, welche man durch Krystallisiren aus Aether reinigt.

Farblose lange Nadeln, in der Wärme schmelzend und theilweise unzersetzt destillirbar. Fast geruchlos, von sehr unangenehm herbem Geschmack. Luftbeständig.

			Cloez
4 C	24	12,21	12,1
N	14	7,12	7,0
H	1	0,51	0,8
4 Cl	141,6	72,02	71,4
2 O	16	8,14	8,7
$C^4NHCl^4O^2$	196,6	100,00	100,0

[Ist es erlaubt, ein chlorhaltendes Amid anzunehmen, = NClH, so lässt sich die Säure als $C^4(NClH)Cl^3,O^2$ betrachten; jedenfalls ist sie, da sie blofs 2O hält, keine eigentliche Säure, sondern ein saures Aldid.]

Die Säure entwickelt beim Kochen mit wässrigem Kali allen Stickstoff in Gestalt von Ammoniak, und lässt nichts, als Chlorkalium und kohlensaures Kali. $C^4NHCl^4O^2 + 2HO + 8KO = NH^3 + 4KCl + 4(KO,CO^2)$.

Die Säure löst sich nicht in Wasser.

Sie löst sich unzersetzt in kalten wässrigen Alkalien, damit krystallisirbare Salze bildend.

Die *ammoniakalische* Lösung, im Vacuum verdunstet, lässt eine weifse amorphe Masse, welche an der Luft Feuchtigkeit anzieht, und sich dadurch in sehr glänzende Krystallblättchen verwandelt. Ihre wässrige Lösung ist neutral und fällt nicht die Blei- und Silber-Salze. — Auf dieselbe Weise erhält man das *Kalisalz.*

Die Säure löst sich ziemlich leicht in *Holzgeist* und *Weingeist,* und sehr leicht in *Aether.* Cloez.

ε. Amidkern C^4AdCl^2O.

Chlorsuccilamid.

$$C^4NH^2Cl^2O = C^4NCl^2H,HO = C^4AdCl^2O\,?$$

Malaguti (1846). *N. Ann. Chim. Phys.* 16, 76.

Chlorosuccilamide.

Man verdunstet die Lösung der Chlorazosuccsäure in wässrigem Ammoniak im Vacuum bis zum, mit Krystallen gemengten, Syrup, erhitzt diese so lange auf 100°, bis kein Aufbrausen mehr erfolgt, zieht mit Aether aus, filtrirt diesen vom Salmiak ab, lässt das Filtrat freiwillig verdunsten und erhält einen Syrup, der in Berührung mit Wasser sogleich krystallisirt. Die Krystalle werden durch dreimaliges Lösen in kochendem Wasser und Erkälten von Salmiak gereinigt.

[Ist der nach dem Verdunsten des Aethers bleibende Syrup etwa = C^4NHCl^2, und geht er erst durch Hinzutreten von HO in das Chlorsuccilamid über? Die Bildung dieses Körpers und der Chlorazosuccsäure = $C^6NH^2Cl^3O^2$ s. bei dieser.]

Weifse seidenglänzende lange feine Nadeln, zwischen 86 und 87° zu einer klaren Flüssigkeit schmelzend, in stärkerer Hitze unzersetzt als eine Flüssigkeit überzudestilliren, welche beim Erkalten zu schönen Krystallen erstarrt, welche anfangs durchsichtig sind, später undurchsichtig werden und das Ansehen des Asbestes erhalten. Zeigt nach einiger Zeit einen süfslichen Geschmack.

	Krystallisirt		Malaguti
4 C	24	20,20	20,07
N	14	11,79	11,73
2 H	2	1,68	1,68
2 Cl	70,8	59,59	59,45
O	8	6,74	7,07
$C^4NH^2Cl^2O$	118,8	100,00	100,00

Das Chlorsuccilamid entwickelt mit wässrigen fixen Alkalien nicht sogleich Ammoniak; erst bei längerem Kochen mit Kalilauge zerfällt es in Ammoniak und zurückbleibendes chlorsuccilsaures Kali

(s. u.). — Es löst sich in wässrigem Ammoniak erst in einigen Wochen vollständig, unter Bildung von Salmiak, zu einer braunen Flüssigkeit.

Es löst sich sehr wenig in kaltem *Wasser*, leicht in kochendem, und sehr leicht in *Weingeist* und *Aether*. MALAGUTI.

Anhang.

Chlorsuccilsäure, Acide chlorosuccilique.

Ihr *Kali*salz entsteht beim Kochen des Chlorsuccilamids mit Kalilauge, so lange sich Ammoniak entwickelt. Es ist in Wasser und Weingeist löslich. Seine Lösung fällt nicht die Salze von Baryt, Kalk, Bittererde, Manganoxydul und Zinkoxyd. Sie gibt weifse, in viel Wasser lösliche, Niederschläge mit Bleizucker, Kupfervitriol und Aetzsublimat; mit salpetersaurem Silberoxyd erzeugt sie einen aus Nadeln bestehenden Brei, ebenfalls in viel Wasser löslich. MALAGUTI.

[Nimmt man an, dass das Chlorsuccilamid auf folgende Weise durch Kali zersetzt wird: $C^4NH^2Cl^2O + KO + 2HO = C^4Cl^2HKO^4 + NH^3$, so ist die Chlorsuccilsäure für sich $= C^4Cl^2H^2O^4$, also $=$ *Bichloressigsäure*, und füllt also die Lücke zwischen der Chloressigsäure und Trichloressigsäure aus.]

Gepaarte Verbindungen der Amidkerne.

Kohlenvinamester oder Uräthan.

$$C^6NH^7O^4 = C^4AdH^5,2CO^2.$$

DUMAS. *Ann. Chim. Phys.* 54, 233; auch *Ann. Pharm.* 10, 284.
LIEBIG. *Ann. Pharm.* 10, 288.
LIEBIG u. WÖHLER. *Ann. Pharm.* 54, 370; 58, 260.
WURTZ. *Compt. rend.* 22, 503; auch *J. pr. Chem.* 38, 228.
CAHOURS. *Compt. rend.* 21, 629; auch *J. pr. Chem.* 36, 141.
GERHARDT. *Ann. Chim. Phys.* 72, 184. — *Précis Chim. org.* 1, 140. — *N. J. Pharm.* 9, 320.

Uréthane. — Von DUMAS 1833 entdeckt.

Bildung. 1. Beim Mischen von Chlorameisenvinester (IV, 919) mit wässrigem oder weingeistigem Ammoniak. DUMAS. (Die Gleichung: IV, 920.) — 2. Beim Zusammenstellen von Kohlenvinester mit wässrigem Ammoniak. CAHOURS. $2C^5H^5O^3 + NH^3 = C^6NH^7O^4 + C^4H^6O^2$. — 3. Beim Sättigen von Weingeist oder Aether mit dem Dampfe der Cyansäure; hierbei entsteht zugleich heraus krystallisirender Allophanvinester. LIEBIG u. WÖHLER. $C^2NHO^2 + C^4H^6O^2 = C^6NH^7O^4$. — 4. Der Weingeist absorbirt reichlich das Chlorcyangas, dessen Geruch er langsam bei längerem Hinstellen in verschlossenen Gefäfsen, schneller im Sonnenlichte oder bei gelindem Erwärmen verliert, unter Abscheidung von Salmiakkrystallen und Bildung einer, Chlorvinafer und Uräthan haltenden Flüssigkeit. WURTZ. $C^2NCl + 2C^4H^6O^2 = C^6NH^7O^4 + C^4H^5Cl$. Der Salmiak scheint von einer secundären Wirkung herzurühren. WURTZ.

Darstellung. 1. Man verdunstet das Gemisch von Chlorameisenvinester und überschüssigem weingeistigen Ammoniak im Vacuum bis zur Trockne, und destillirt im Oelbade vom beigemengten Salmiak das Uräthan als farblose, beim Erkalten krystallisirende Flüssigkeit ab. Sollte eine Probe des Destillats nach dem Lösen in Wasser Silberlösung trüben, so ist die Destillation zu wiederholen. DUMAS. — 2. Man stellt in einer verschlossenen Flasche Kohlenvinester mit einem gleichen Maafse wässrigen Ammoniaks zusammen, bis der Ester verschwunden ist, und lässt die Flüssigkeit im Vacuum zum Krystallisiren des Uräthans verdunsten. CAHOURS. — 3. Man sättigt Weingeist oder Aether mit den durch Erhitzen der Cyanursäure entwickelten Cyansäuredämpfen, lässt erkalten, damit der meiste Allophanvinester anschiefse, und erkältet die abgegossene Mutterlauge nach dem Abdampfen zum Krystallisiren des Uräthans. LIEBIG u. WÖHLER. — 4. Man stellt, mit flüchtigen Chlorcyan beladenen, Weingeist in einer verschlossenen Flasche 2 Tage in die Sonne, oder erhitzt ihn in einem starken Kolben, dessen langer Hals zugeschmolzen ist, mehrere Stunden im Wasserbade, bis der stechende Geruch nach Chlorcyan verschwunden ist, giefst nach dem Abkühlen die Flüssigkeit von den abgesetzten Salmiakkrystallen ab, und destillirt bei steigender Hitze und gewechselter Vorlage. Die Flüssigkeit beginnt bei 50° zu kochen und liefert zuerst Chlorvinafer; hierauf bei 80°, auf welchem Puncte ihre Temperatur längere Zeit bleibt, Weingeist, endlich über 100° Uräthan, welches sich im Retortenhalse und der Vorlage in Blättern sublimirt. WURTZ.

Eigenschaften. Das Uräthan krystallisirt, nach dem Schmelzen erkältet, zu einer weifsen blättrigen, perlglänzenden, dem Wallrath ähnlichen Masse. DUMAS. Es sublimirt sich in farblosen breiten Blättern. WURTZ. Es schmilzt unter 100° zu einer farblosen Flüssigkeit, und lässt sich bei 108°, wenn es völlig trocken ist, ohne Zersetzung destilliren; beim freiwilligen Verdunsten seiner wässrigen oder weingeistigen Lösung sublimirt es sich in sehr grofsen durchsichtigen Blättern. DUMAS. Sein Siedpunct liegt erst bei 180°. WURTZ. Dampfdichte = 3,14. DUMAS.

	Krystallisirt		DUMAS	CAHOURS	WURTZ
6 C	36	40,45	40,5	40,37	40,03
N	14	15,73	15,6	15,96	
7 H	7	7,86	7,9	8,08	7,84
4 O	32	35,96	36,0	35,59	
$C^6NH^7O^4$	89	100,00	100,0	100,00	

	Maafs	Dichte
C-Dampf	6	2,4960
N-Gas	1	0,9706
H-Gas	7	0,4851
O-Gas	2	2,2186
Uräthandampf	2	6,1703
	1	3,0851

Lässt sich betrachten als kohlensaures Vine-Ammoniak: $NH^3,C^4H^4,2CO^2$, oder als eine Verbindung von Harnstoff mit Kohlenvinester: $2C^6NH^7O^4 = C^2N^2H^4O^2 + 2C^5H^5O^3$, DUMAS; oder als eine Verbindung von Carbamid mit Kohlenvinester: $CAdO + C^5H^5O^3$, PERSOZ. — Metamer mit Sarkosin und Lactamid.

Zersetzung. Im feuchten Zustande destillirt, zersetzt sich das Uräthan theilweise unter Entwicklung von viel Ammoniak. DUMAS.

Verbindungen. Das Urälhan löst sich sehr leicht in kaltem und warmem Wasser, sowie in wässrigem und absolutem *Weingeist*. Dumas. — Es löst sich auch leicht in *Aether*. Liebig u. Wöhler.

Taurin. $C^4NH^7S^2O^6 = C^4AdH^5,2SO^3$.

L. Gmelin. *Tiedemann u. Gmelin. Die Verdauung.* 1, 43 u. 60.
Demarçay. *Ann. Pharm.* 27, 286.
Pelouze u. Dumas. *Ann. Pharm.* 27, 292.
Redtenbacher. *Ann. Pharm.* 57, 170; 65, 37.
Gorup-Besanez. *Ann. Pharm.* 59, 130.

Vorkommen. In der Galle des Ochsen und anderer Thiere, und zwar nach Strecker als Paarling in der Gallensäure oder Choleinsäure.

Darstellung. 1. Man mischt Ochsengalle mit viel Salzsäure, filtrirt das Gemisch vom schleimigen Niederschlage ab, und dampft es so weit ab, bis es in eine harzartige zähe Masse und eine saure wässrige Flüssigkeit zerfällt. Die saure Flüssigkeit, nach dem Abgiefsen noch weiter abgedampft, wobei sie wiederholt harzartige Massen absetzt, von denen man sie jedesmal abgiefst, liefert beim Erkälten mit viel Kochsalz gemengte Taurinkrystalle, welche mechanisch zu scheiden und durch Krystallisiren zu reinigen sind. Alle hierbei erhaltene harzige Massen, in wenig absolutem Weingeist gelöst und kalt auf das Filter gebracht, lassen auf diesem noch kleine Taurinkrystalle, die durch Waschen mit absolutem Weingeist und Krystallisiren aus der heifsen wässrigen Lösung gereinigt werden. Gm. Aehnlich verfährt Demarçay, nur dass Er die von der Harzmasse abgegossene saure Flüssigkeit soweit abdampft, bis das meiste Kochsalz herauskrystallisirt ist, die Mutterlauge, mit ihrem sechsfachen Maafse Weingeist vermischt, hinstellt, und das hierbei angeschossene Taurin mit Weingeist wäscht und aus kochendem Wasser krystallisiren lässt.

2. Man überlässt rohe Ochsengalle oder durch Thierkohle vom meisten Farbstoff befreite, aber mit etwas Darmschleim versetzte, Ochsengalle an der Luft bei 31 bis 37° 3 Wochen lang sich selbst, bis sie deutlich Lackmus röthet, fällt sie durch Essigsäure, dampft das Filtrat nebst Waschwasser zur Trockne ab, zieht den Rückstand mit 90procentigem Weingeist aus, löst das ungelöst Gebliebene in heifsem Wasser und lässt das Filtrat krystallisiren. Gorup-Besanez.

Eigenschaften. Wasserhelle grofse Säulen des 2- und 2gliedrigen Systems. *Fig.* 66, oft mit p-Flächen, aber ohne die Flächen zwischen a und t. u : u' = 68° 16'. Schwerer als Wasser, leichter als Vitriolöl. Zwischen den Zähnen knirschend. Geruchlos, von frischem, übrigens nicht ausgezeichneten Geschmacke; ohne Wirkung auf Pflanzenfarben. Luftbeständig und bei 100° unveränderlich. Gm.

			Redtenbacher	Besanez	Demarçay	Pelouze u. Dumas
4 C	24	19,2	19,28	18,92	19,57	19,18
N	14	11,2	11,25	11,32	11,20	11,19
7 H	7	5,6	5,73	5,77	5,68	5,63
2 S	32	25,6	25,70	26,48		
6 O	48	38,4	38,01	37,51	63,55	64,00
$C^4NH^7S^2O^6$	125	100,0	100,00	100,00	100,00	100,00

DEMARCAY und PELOUZE u. DUMAS übersahen den Schwefelgehalt, welchen REDTENBACHER entdeckte. HEINTZ (*Pogg.* 71, 150) fand 25,585 Proc. S; VARRENTRAPP u. WILL (*Ann. Pharm.* 39, 279) fanden 11,00 Proc. N. — REDTENBACHER gibt dem Taurin die rationelle Formel: $NH^3,C^4H^4O^2 + 2SO^2$, wonach es doppeltschwefligsaures Aldehydammoniak wäre. Hierfur spricht die Bildung von schwefligsaurem Kali beim Erhitzen des Taurins mit Kali; aber dagegen spricht das Verhalten des Taurins gegen erhitztes Vitriolöl, Salpetersäure und Salpetersalzsäure; s. u. Auch gelang es REDTENBACHER, ein doppelt schwefligsaures Aldehydammoniak künstlich darzustellen, s. u., welches aber ganz abweichende Verhältnisse zeigt. — Das Taurin möchte vielmehr als Schwefelvinamester zu betrachten sein $= C^4H^5Ad,2SO^3$, ganz dem Schwefelformamester oder Sulfomethylan, $C^2H^3Ad,2SO^3$ (IV, 259) entsprechend.

Zersetzungen. 1. Bei der trocknen Destillation liefert das Taurin unter Schmelzung, Bräunung und starkem Aufblähen viel braunes dickes Brenzöl und wenig farblose wässrige Flüssigkelt von süfslich brenzlichem Geruch, welche Ammoniak mit stark überschüssiger Essigsäure hält. GM. — 2. Im offnen Feuer kommt es in dicklichen Fluss, entwickelt unter Aufblähen einen süfslich brenzlichen Geruch, dem des erhitzten Indigs ähnlich, nur stechender, und lässt eine aufgeblähte, leicht und ohne Rückstand verbrennliche Kohle. GM.

3. Trocknes Chlorgas wirkt in der Kälte nicht auf das Taurin; erhitzt man es aber im Chlorgasstrom bis zur Zersetzung, so geht etwas Flüssigkeit über, welche Schwefelsäure hält. REDTENBACHER. — 4. Seine Lösung in Vitriolöl, bis zum Sieden erhitzt, färbt sich dunkel, ohne jedoch schwefligsaures Gas zu entwickeln, und ohne sich selbst bei Wasserzusatz zu trüben. GM. — Das Gemisch von Taurin mit Zuckerlösung und Vitriolöl färbt sich beim Erwärmen erst gelb, dann braunroth. BESANEZ. — Es wird durch Kochen und Abdampfen mit concentrirter Salpetersäure nicht zersetzt. GM. Auch nicht beim Kochen mit Salpetersalzsäure, selbst nicht bei Zusatz von chlorsaurem Kali, so dass die Flüssigkeit nach längerem Kochen den Baryt nicht fällt. Aber beim Verbrennen des mit Salpeter gemengten Taurins im glühenden Tiegel erhält man schwefelsaures Kali. REDTENBACHER.

5. Dampft man Taurin mit Kalilauge langsam zur Trockne ab, so tritt ein Moment ein, wo sich aller Stickstoff als Ammoniak entwickelt, ohne dass noch Schwärzung eintritt, und der nach der beendigten Ammoniakentwicklung sogleich erkältete Rückstand entwickelt jetzt mit verdünnter Schwefelsäure schwefligsaures Gas, frei von Hydrothion, und ohne dass Schwefel gefällt wird, und liefert dann bei der Destillation schweflige und Essig-Säure, während reines schwefelsaures Kali bleibt. REDTENBACHER. [Die Ammoniakentwicklung erfolgt unter starkem Aufblähen, und ist von einer Wasserstoffgasentwicklung begleitet. Demgemäfs ist die Gleichung wohl: $C^4NH^7S^2O^6 + 3KO + HO = NH^3 + 2H + C^4H^3KO^4 + 2(KO,SO^2)$.] — Trägt man dagegen das Taurin in schmelzendes Kali, so entwickelt die Masse, nach dem Erkalten mit verdünnter Schwefelsäure übergossen, unter Fällung von Schwefel, schwefligsaures und Hydrothiongas. REDTENBACHER. In der stärkeren Hitze scheint das essigsaure Kali auf das schwefligsaure reducirend gewirkt zu haben. — Beim Kochen mit Barytwasser bleibt das Taurin unverändert. REDTENBACHER.

Verbindungen. — Das Taurin löst sich in 15,5 Th. *Wasser* von 12°, in weniger heifsem, daraus beim Erkalten anschiefsend. GM.

Es löst sich langsam in kaltem *Vitriolöl* zu einer blassbraunen klaren dicklichen Flüssigkeit, die durch Wasser nicht getrübt wird. Gm.

Es löst sich in rauchender *Salpetersäure* ohne Gasentwicklung, und bleibt beim Abdampfen derselben unverändert zurück. Gm.

Die wässrige Lösung zeigt keine Reaction mit Salzsäure, Salpetersäure, Ammoniak, Kali, Kalkwasser, Alaun, Einfachchlorzinn, Anderthalbchloreisen, Kupfervitriol, Aetzsublimat, salpetersaurem Quecksilberoxydul und salpetersaurem Silberoxyd, nur dass sich letzteres Gemisch am Lichte in einigen Tagen bräunlichroth färbt und einige Flocken absetzt. Gm. — Auch wirkt die wässrige Lösung nicht auf ammoniakalisches salpetersaures Silberoxyd. Redtenbacher.

Anhang.

Zweifachschwefligsaures Aldehyd-Ammoniak.
$NH^3,C^4H^4O^2 + 2SO^2$.

Redtenbacher (1848). *Ann. Pharm.* 65, 37.

Darstellung. 1. Die weingeistige Lösung des Aldehydammoniaks absorbirt reichlich und unter Warmwerden hindurchgeleitetes schwefligsaures Gas, und liefert, wenn sie sauer zu werden beginnt, bei guter Abkühlung einen reichlichen weifsen krystallischen Niederschlag. — 2. Auch kann man zum weingeistigen Aldehydammoniak mit schwefliger Säure gesättigten Weingeist bis zur sauren Reaction fugen. — Die Krystalle, auf dem Filter mit starkem Weingeist gewaschen und im Vacuum getrocknet, sind die fast reine Verbindung, falls man reines Aldehydammoniak anwandte.

Eigenschaften. Weifse kleine Nadeln, von schwachem Geschmack nach schwefliger Säure und Aldehydammoniak, und von saurer Reaction.

			Redtenbacher
4 C	24	19,2	19,25
N	14	11,2	11,98
7 H	7	5,6	5,81
2 S	32	25,6	
6 O	48	38,4	
$C^4NH^7S^2O^6$	125	100,0	

Also metamer mit Taurin.

Zersetzungen. 1. Die Verbindung, in eine Röhre eingeschlossen, verändert sich nicht bei 100°; bei 120 bis 140° wird sie gelblich, und zeigt nach dem Oeffnen der Röhre den Geruch nach schwefliger Säure. — 2. Auf Platinblech erhitzt, bräunt und schwärzt sie sich unter Aufblähen, entwickelt den Geruch nach verbranntem Taurin und lässt eine schwammige Kohle. — 3. Im trocknen Zustande verändert sie sich nur langsam an der kalten Luft; aber bei 100° wird sie unter starkem Gewichtsverlust gelb, dann bräunlich, und zeigt den Geruch nach verbranntem Taurin. — 4. Mit stärkeren Säuren entwickelt sie schwefligsaures Gas mit einigem Geruch nach Aldehyd, während ein Ammoniaksalz bleibt. — 5. Mit Kalilauge erhitzt, zeigt sie die Reaction des Aldehyds. — 6. Ihre wässrige oder weingeistige Lösung liefert beim Verdunsten im Vacuum nur wenig Krystallrinden, und viel zähe gummiartige Materie; destillirt man von der weingeistigen Lösung den Weingeist ab, so hält dieser schweflige Säure; selbst wenn man die gesättigte wässrige Lösung mit überschüssigem starken Weingeist mischt, so senkt sich nur ein dicker Syrup nieder, in welchem sich erst nach längerer Zeit wenige Krystalle bilden. — 7 Die wässrige Lösung gibt mit Baryt-, Blei- und Silber-Salzen Niederschläge, welche sich theilweise oder ganz in Säuren lösen. Der Silberniederschlag ist nicht geschwärzt, hält nur Spuren von organischer Materie und liefert beim Glühen sogar mehr Silber, als einfachschwefligsaures Silberoxyd.

Verbindungen. Das schwefligsaure Aldehydammoniak löst sich sehr leicht in *Wasser*, leicht in wässrigem *Weingeist* und schwer in absolutem. REDTENBACHER.

Carbothialdin. $C^5NH^5S^2 = C^4AdH^3,CS^2$.

REDTENBACHER u. LIEBIG (1848). *Ann. Pharm.* 65, 43.

Fügt man Schwefelkohlenstoff zu der weingeistigen Lösung des Aldehydammoniaks, so erwärmt sie sich stark, verliert ihre alkalische Reaction und setzt nach einigen Minuten weifse, sehr glänzende Krystalle ab, welche mit etwas Weingeist zu waschen sind.

			REDTENB. u. LIEBIG
5 C	30	37,04	36,87
N	14	17,28	17,16
5 H	5	6,17	6,39
2 S	32	39,51	39,64
$C^5NH^5S^2$	81	100,00	100,06

Das Carbothialdin löst sich augenblicklich in verdünnter Salzsäure, und lässt sich daraus durch Ammoniak oder fixe Alkalien anfangs unzersetzt in krystallischem Zustande fällen. Aber bei längerem Stehen gerinnt die salzsaure Lösung zu einem weifsgelben, nicht in Wasser löslichen Brei. Beim Kochen mit überschüssiger Salzsäure zerfällt das Carbothialdin in Salmiak, Aldehyd und Schwefelkohlenstoff. Aus der beifsen weingeistigen Lösung des Carbothialdins fällt Oxalsäure sogleich haarförmige Krystalle von oxalsaurem Ammoniak. Die weingeistige Lösung gibt mit Kupfersalzen einen grünen dicken Niederschlag, mit Aetzsublimat dicke käsige Flocken, und mit salpetersaurer Silberlösung einen grünschwarzen Niederschlag, der sich bald in schwarzes Schwefelsilber verwandelt. REDTENBACHER u. LIEBIG.

Oxalvinamester oder Oxamäthan. $C^8NH^7O^6 = C^4AdH^5,C^4O^6$.

DUMAS u. BOULLAY. *Ann. Chim. Phys.* 37, 40; auch *J. Pharm.* 14, 131.
DUMAS. *Ann. Chim. Phys.* 54, 241.
LIEBIG. *Pogg.* 31, 359. — *Ann. Pharm.* 9, 129.

Weinkleesaures oder *ätheroxalsaures Ammoniak*, *Aetheroxamid*, *Oxaméthane*, *Oxalovinate d'Ammoniaque*, *Oxalate d'Ethyle et d'Ammoniaque*, *Oxamate d'Ethyle*. — Von DUMAS u. BOULLAY 1828 entdeckt, von DUMAS und LIEBIG genauer untersucht.

Bildung. (IV, 876). — Es lässt sich aus Oxaminsäure und Weingeist nicht darstellen. BALARD.

Darstellung. Man leitet völlig trocknes Ammoniakgas durch den Tubus in eine Retorte, welche völlig trocknen Oxalvinester enthält, bis zum Erstarren der Flüssigkeit, presst die Masse zwischen Fliefspapier aus, löst sie in möglichst wenig kochendem Weingeist, filtrirt kochend, wobei desto mehr Oxamid zurückbleibt, je länger das Ammoniakgas einwirkte, lässt zum Krystallisiren des Oxamäthans erkaiten, und trocknet die Krystalle nach dem Abtröpfeln an der Luft. DUMAS u. BOULLAY, DUMAS. — LIEBIG wäscht die erstarrte Masse mit absolutem Weingeist, bei dessen Verdunsten das Oxamäthan krystallisirt. — Oder Er erhitzt die erstarrte Masse in der Retorte unter fortwährendem Durchleiten von Ammoniakgas, bis zum Schmelzen und Ueberdestilliren des Oxamäthans. Das zugleich gebildete Oxamid, im geschmolzenen Oxamäthan herumschwimmend, bleibt, während das Oxamäthan nebst unverändertem Oxalvinester übergeht, zurück. — Oder Er löst trockenen Oxalvinester in mit Ammoniak gesättigtem absoluten Weingeist und lässt zum Krystallisiren verdunsten.

Eigenschaften. Farblose fettig perlglänzende Blättchen. DUMAS. Die Krystalle gehören zum 2- und 2gliedrigen System (*Fig.* 55). u:u' = 60°; u:t = 120°; i : t = 125° 30'. PREVOSTAYE (*Ann. Chim. Phys.* 75, 322). — Schmilzt unter 100° und sublimirt sich erst über 220° in strahligen Blättchen. DUMAS. Schmilzt bei sehr gelinder Wärme zu einer wasserhellen Flüssigkeit und verflüchtigt sich leicht ohne Rückstand. LIEBIG. Nach einer früheren Angabe von DUMAS u. BOULLAY zersetzt sich bei der Verflüchtigung ein kleiner Theil in Kohle und eine Spur Blausäure. Neutral. DUMAS u. BOULLAY.

	Krystallisirt		DUMAS		Maafs	Dichte
8 C	48	41,02	41,50	C-Dampf	8	3,3280
N	14	11,97	11,81	N-Gas	1	0,9706
7 H	7	5,99	6,06	H-Gas	7	0,4851
6 O	48	41,02	40,63	O-Gas	3	3,3279
$C^8NH^7O^6$	117	100,00	100,00	Oxam.-Dampf	2	8,1116
					1	4,0558 ?

Lässt sich betrachten als hypothetisch trocknes oxalsaures Ammoniak mit oxalsaurem Vine = $NH^3,C^2O^3 + C^4H^4,C^2O^3$, DUMAS u. BOULLAY; oder als Oxamid mit Oxalvinester = $C^2NH^2O^2 + C^6H^5O^4$, PERSOZ; oder als der Vinester der Oxaminsäure = $C^4H^5O,C^4NH^2O^5$, BALARD.

Zersetzungen. 1. Das Oxamäthan gibt beim Kochen mit Wasser eine sehr saure Lösung, wohl durch Bildung von saurem oxalsauren Ammoniak und Weingeist. DUMAS. $C^8NH^7O^6 + 4HO = NH^3,C^4H^2O^8 + C^4H^6O^2$. — 2. Tröpfelt man beim Kochen des wässrigen Oxamäthans wässriges Ammoniak nach und nach in dem Verhältnisse hinzu, dass die sich bildende Säure immer neutralisirt wird, so erhält man nichts als Weingeist und oxaminsaures Ammoniak. BALARD (*N. Ann. Chim. Phys.* 4, 101). — 3. Ueberschüssiges wässriges Ammoniak zersetzt das Oxamäthan schnell in Oxamid und Weingeist. LIEBIG. $C^8NH^7O^6 + NH^3 = C^4N^2H^4O^4 + C^4H^6O^2$. — 4. Beim Erhitzen mit Barytwasser bildet sich unter Ammoniakentwicklung ein schwer lösliches, beim Abdampfen krystallisirendes Barytsalz. DUMAS u. BOULLAY. Hierbei bilden die fixen Alkalien ein weinoxalsaures Salz. LIEBIG. BALARD's Vermuthung, dass hierbei ein oxaminsaures Salz entsteht, ist wegen der Ammoniakentwicklung unwahrscheinlich.

Verbindungen. Das Oxamäthan löst sich nach allen Verhältnissen in *Wasser*, und schiefst daraus beim Verdunsten unverändert an. LIEBIG. Es löst sich sehr wenig in kaltem, etwas mehr in heifsem Wasser. DUMAS u. BOULLAY. Die wässrige Lösung fällt weder die Kalksalze, LIEBIG, noch die Blei- und Quecksilber-Salze. DUMAS u. BOULLAY.

Es löst sich nach allen Verhältnissen in *Weingeist*, daraus krystallisirend, LIEBIG; es löst sich leichter in Weingeist, als in Wasser, DUMAS u. BOULLAY.

Chloroxamäthan. $C^8NH^2Cl^5O^6 = C^4AdCl^5,C^4O^6$.

MALAGUTI (1840). *Ann. Chim. Phys.* 74, 304; auch *J. pr. Chem.* 22, 205. — *N. Ann. Chim. Phys.* 16, 49; auch *J. pr. Chem.* 35, 430.

Chloroxäthamid, Chloroxaméthane, Chloroxéthamide.

Bildung. (IV, 931.)

Darstellung. Man sättigt gepulverten Perchloroxalvinester in einer tubulirten Retorte völlig mit trocknem Ammoniakgas, löst die weifse Masse in Aether, filtrirt vom Salmiak ab, presst die beim Verdunsten des Aethers entstehenden Krystalle zwischen Papier aus, und reinigt sie durch Lösen in heifsem Wasser, Behandeln mit Thierkohle und wiederholtes Umkrystallisiren. MALAGUTI.

Eigenschaften. Das Chloroxamäthan schiefst beim Erkalten der wässrigen Lösung in weifsen Nadeln an, beim Verdunsten der weingeistigen Lösung als in aus Nadeln und Blättern zusammengesetzter Schnee. MALAGUTI. Die Krystalle gehören dem 2- und 2gliedrigen Systeme an (*Fig.* 55, bisweilen die Kanten zwischen u und t abgestumpft). u : u' = 85° 20'; u : t = 132° 40': t : Fläche zwischen t und u = 151° 40'; i : t = 125° 30'. Letzterer Winkel ist also derselbe wie beim Oxamäthan. Die abweichenden lassen sich von derselben Grundgestalt ableiten, welche dem Oxamäthan zu Grunde liegt; hiernach scheinen Oxamäthan und Chloroxamäthan isomorph zu sein. PREVOSTAYE (*Ann. Chim. Phys.* 75, 322). — Das Chloroxamäthan schmilzt bei 134°, wobei sich schon ein grofser Theil als eine durchsichtige Flüssigkeit sublimirt, welche beim Erkalten zu einer wenig gefärbten Krystallmasse erstarrt; sein Siedpunct liegt über 200°. — Es schmeckt sehr süfs, und zeigt nur, wenn es nicht ganz rein ist, einen bittern Nachgeschmack. MALAGUTI.

		Sublimirt	MALAGUTI
8 C	48	16,61	16,85
N	14	4,84	4,84
2 H	2	0,69	0,74
5 Cl	177	61,25	60,79
6 O	48	16,61	16,78
$C^8NH^2Cl^5O^6$	289	100,00	100,00

GERHARDT (*Précis Chim. org.* 1, 119) und MALAGUTI vermuthen, dass die Constitution des Chloroxamäthans von der des Oxamäthans verschieden ist, dass sie verschiedenen Typen angehören, weil beide ein verschiedenes Verhalten gegen wässriges Ammoniak und Kali zeigen, wesshalb Sie den Namen in *Chloroxäthamid* umänderten.

Zersetzungen. 1. Bei längerem Kochen mit wässrigem Kali entwickelt das Chloroxamäthan viel Ammoniak und bildet Chlorkalium und ein anderes chlorhaltendes Salz, welches die Silberlösung nicht fällt. Das völlig reine gibt dabei nur eine Spur von oxalsaurem Kali, aber das mit bitterem Nachgeschmack versehene liefert eine kleine Menge. — 2. Es löst sich in wässrigem Ammoniak in einigen Tagen völlig zu chlorweinoxalsaurem Ammoniak auf (IV, 932). $C^8NH^2Cl^5O^6 + 2HO = NH^4O,C^4Cl^5O,C^4O^6$. MALAGUTI.

Verbindungen. Das Chloroxamäthan löst sich wenig in kaltem, leicht in kochendem *Wasser*. Die Lösung fällt nicht die Kalk- und Silber-Salze. — Es löst sich in *Weingeist* und *Aether*. MALAGUTI.

g. *Stickstoffkerne.*

α. Stickstoffkern C^4NH^3.

Acetonitril. C^4NH^3.

Dumas (1847). *Compt. rend.* 25, 383.
Dumas, Malaguti u. Leblanc. *Compt. rend.* 25, 442 u. 474.

Cyanformafer, Cyanmethyl, Azoture d'Acetyle, Cyanhydrale de Méthylène, Cyanure de Méthyle.

Bildung und *Darstellung.* 1. Man destillirt krystallisirtes essigsaures Ammoniak mit wasserfreier Phosphorsäure, digerirt das Destillat mit gesättigter wässriger Chlorcalciumlösung und destillirt es dann über trocknes Chlorcalcium und Bittererde. Dumas. $NH^3,C^4H^4O^4 = C^4NH^3 + 4HO$. — 2. Durch Destilliren von trocknem Cyankalium mit einem methylschwefelsauren fixen Alkali erhält man Acetonitril, mit Blausäure und ameisensaurem Ammoniak verunreinigt, welche ihm einen unerträglichen Geruch und Geschmack, so wie giftige Wirkung ertheilen, und von denen es durch Erhitzen zuerst über Quecksilberoxyd, dann über wasserfreier Phosphorsäure befreit wird, womit die giftige Wirkung gröfstentheils aufhört. Dumas, Malaguti u. Leblanc. $C^2NK + C^2H^3KO^2,2SO^3 = C^4NH^3 + 2(KO,SO^3.)$

Eigenschaften. Wasserhelle dünne Flüssigkeit. Siedet stetig bei 77°; Dampfdichte = 1,45. Dumas.

			Dumas		Maafs	Dichte
4 C	24	58,54	57,4	C-Dampf	4	1,6640
N	14	34,14	34,7	N-Gas	1	0,9706
3 H	3	7,32	7,4	H-Gas	3	0,2079
C^4NH^3	41	100,00	99,5	Acetonitrildampf	2	2,8425
					1	1,4212

Lässt sich auch als Cyanformafer = C^2H^2,HCy betrachten. Dumas. Die nach 2) erhaltene Verbindung zeigt ganz dieselben Eigenschaften und Zersetzungen, wie die nach 1) bereitete. Dumas, Malaguti u. Leblanc.

Zersetzungen. 1. Kochende Kalilauge bildet mit dem Acetonitril essigsaures Kali und Ammoniak. Dumas. $C^4NH^3 + 3HO + KO = C^4H^3KO^4 + NH^3$. — 2. Kalium wirkt schon bei gewöhnlicher Temperatur lebhaft darauf ein, und bildet unter Wärmeentwicklung Cyankalium und ein brennbares Gemenge von Wasserstoffgas und einem Kohlenwasserstoffgas. Dumas. Etwa so: $C^4NH^3 + K = C^2NK + C^2H^2 + H$; hiernach wäre das Kohlenwasserstoffgas = Formegas (IV, 209). — Salpetersäure wirkt selbst beim Kochen nicht zersetzend; auch Chromsäure ist ohne Wirkung. Dumas.

Verbindungen. Das Acetonitril ist mit Wasser mischbar. Dumas, Malaguti u. Leblanc.

β. Stickstoffkern C^4NCl^3.

Chloracetonitril. C^4NCl^3.

Dumas, Malaguti u. Leblanc (1847). *Compt. rend.* 25, 442.

Durch Destillation von trichloressigsaurem Ammoniak oder von

Chloracetamid mit wasserfreier Phosphorsäure. $NH^3,C^4Cl^3HO^4 = C^4NCl^3 + 4HO$, und: $C^4NCl^3H^2O^2 = C^4NCl^3 + 2HO$.

Flüssigkeit von 1,444 spec. Gewicht, bei 81° kochend und einen halbatomigen Dampf liefernd.

Das Chloracetonitril liefert beim Kochen mit Kalilauge trichloressigsaures Kali und Ammoniak. $C^4NCl^3 + 3HO + KO = C^4Cl^3KO^4 + NH^3$. — Kalium wirkt sehr heftig darauf ein. DUMAS, MALAGUTI u. LEBLANC.

γ. Stickstoffkern C^4NXH^2.

Knallsäure $C^4N^2H^2O^4 = C^4NXH^2$?

HOWARD. *Knallquecksilber und Knallsilber. Phil. Transact.* 1800; auch *Scher. J.* 5, 606; auch *Gilb.* 37, 75.

LIEBIG. *Repert.* 12, 412. — *Repert.* 15, 361; auch *Ann. Chim. Phys.* 24, 298; auch *Gilb.* 71, 393; auch *N. Tr.* 8, 2, 123. — *Schw.* 48, 376. — *Kastn. Arch.* 6, 327; auch *Ann. Chim. Phys.* 32, 316. — *Mag. Pharm.* 35, 227. — *Pogg.* 15, 564. — *Ann. Pharm.* 26, 146; 50, 429.

GAY-LUSSAC u. LIEBIG. *Ann. Chim. Phys.* 25, 285; auch *Schw.* 41, 179; auch *Pogg.* 1, 87; auch *Kastn. Arch.* 2, 58.

PAGENSTECHER. *Knallquecksilber. Br. Arch.* 7, 293.

HOWARD zeigte 1800, dass beim Erhitzen von salpetersaurem Quecksilberoxyd oder Silberoxyd mit Weingeist und überschüssiger Salpetersäure eigenthümliche krystallische, leicht verpuffende Niederschläge, das Knallquecksilber und das Knallsilber, erhalten werden, deren Zusammensetzung unbekannt blieb, bis sie 1824 LIEBIG, Dem sich später GAY-LUSSAC anschloss, ermittelte.

Immer aber herrschen noch verschiedene Ansichten über die rationelle Formel dieser Knallverbindungen, und zwar folgende:

Die rohe Formel des Knallsilbers ist entweder C^2NAgO^2 oder $C^4N^2Ag^2O^4$. Im ersten Falle wäre es mit dem cyansauren Silberoxyd, von dem es in seinen Eigenschaften bedeutend abweicht, isomer oder metamer. Nimmt man das Knallsilber = $C^4N^2Ag^2O^4$, welche Annahme nicht blofs zulässig erscheint, da das Knallsilber aus Weingeist, $C^4H^6O^2$, entsteht, sondern sogar nöthig, da sich bei gewissen Zersetzungen des Knallsilbers zeigt, dass sich die eine Hälfte des darin enthaltenen Silbers in einem anderen Zustande befindet, als die andere, so hat man noch eine Wahl zwischen der rationellen Formel von LIEBIG, der von BERZELIUS und der von LAURENT u. GERHARDT.

GAY-LUSSAC u. LIEBIG geben die Formel: $2AgO,Cy^2O^2$ und betrachten es als halbknallsaures Silberoxyd. Sie nehmen nämlich eine 2basische Knallsäure an, welche im hypothetisch trockenen Zustande = $C^4N^2O^2 = Cy^2O^2$, und für sich = $2HO,C^4N^2O^2 = 2HO,Cy^2O^2$ wäre, aber auch in letzterem Zustande nicht bekannt ist. Nach dieser Theorie ist, um einige der übrigen Verbindungen zu erwähnen, das Knallquecksilber halb-knallsaures Quecksilberoxyd = $2HgO,Cy^2O^2$; das saure knallsaure Silberoxyd = AgO,HO,Cy^2O^2; das knallsaure Silberoxyd-Kali = KO,AgO,Cy^2O^2. Zu Gunsten dieser Ansicht spricht, dass sich bei mehreren Zersetzungen des Knallsilbers Blausäure, also eine Cyanverbindung erzeugt.

GERHARDT (*Précis* 2, 445) und LAURENT betrachten das Knallsilber als $C^4N(NO^4)Ag^2 = C^4NXAg^2$, also als einen abgeleiteten Kern des Vine, wie Cyansilber C^2NAg ein abgeleiteter Kern des Forme ist. Wie C^2NAg von dem H haltenden Kern C^2NH (der Blausäure) abzuleiten ist, so liegt auch dem Knallsilber ohne Zweifel der Kern C^4NXH^2 zu Grunde, eine noch nicht bekannte Verbindung, welche mit LIEBIG's Knallsäure = $2HO,Cy^2O^2$ übereinkommt. Das Knallquecksilber ist hiernach = C^4NXHg^2; das sogenannte saure knallsaure Silberoxyd = C^4NXHAg und das knallsaure Silberoxyd-Kali = C^4NXKAg. Für diese Ansicht spricht, dass die hierhergehörenden Verbindungen durch Salpetersäure erzeugt werden, welche so gern unter Substitution von H die Untersalpetersäure = NO^4 = X in die zersetzte Verbindung überführt, und dass sich hierdurch die verpuffende Eigenschaft dieser Verbindungen, wodurch sie sich von den cyansauren Salzen unterscheiden, und wodurch sie mit den meisten übrigen Nitroverbindungen übereinkommen, am genugendsten erklären lässt.

Berzelius (*Jahresber.* 24, 87) nimmt in diesen knallenden Verbindungen ein Stickstoffmetall an. So wäre das saure knallsaure Silberoxyd von Gay-Lussac u. Liebig = HO,AgN,C^4NO^3; es geht durch AgO unter Ausscheidung von 1 HO in AgO,AgN,C^4NO^3 über. Da sich darin die 2 At. Silber in verschiedenen Zuständen befinden (das eine mit N als Paarling in der Saure, das andere mit O als Basis), so erklärt es sich, warum bei vielen Zersetzungen des Knallsilbers blofs das letztere Atom ausgeschieden wird. Auch erklärt es sich, warum das sogenannte knallsaure Silberoxydkali, KO,AgN,C^4NO^3, so stark verpufft, wie das Knallsilber, AgO,AgN,C^4NO^3; denn in beiden Salzen ist die Menge von AgN, dessen Zersetzung den Knall hervorbringt, dieselbe. Rührte die Verpuffung, der Ansicht von Gay-Lussac und Liebig gemäfs, davon her, dass der Sauerstoff des Silberoxyds oder Quecksilberoxyds mit Leichtigkeit und unter Feuerentwicklung an den Kohlenstoff übergeht, so musste $KO,AgO,C^4N^2O^2$ schwächer verpuffen, als $2AgO,C^4N^2O^2$. — Dieser Umstand spricht übrigens in gleichem Maafse für die Gerhardt-Laurent'sche Ansicht.

Wegen Kühn's Ansicht vgl. Kühn (*Schw.* 61, 503) und Liebig (*Mag. Pharm.* 35, 227).

Bei der Beschreibung der hierher gehörigen Verbindungen ist die Ansicht von Gerhardt u. Laurent zu Grund gelegt, doch wurden gröfstentheils die alten Namen beibehalten.

Knallzink oder neutrales knallsaures Zinkoxyd.
$C^4N^2Zn^2O^4 = C^4NXZn^2$.

Edm. Davy. *Transact. of the Dublin Soc.* 1829; Ausz. *Berz. Jahresber.* 12, 95 u. 120. — Fehling. *Ann. Pharm.* 27, 130.

Liebig zeigte, dass beim Kochen von Zink mit Knallquecksilber und Wasser unter Ausscheidung des Quecksilbers eine gelbe Flüssigkeit entsteht, die beim Erkalten gelbliche schwach verpuffende Krystalle absetzt. E. Davy erforschte 1829 die hierher gehörenden Verbindungen genauer.

Man stellt 1 Th. Knallquecksilber unter Wasser mit 2 Th. Zinkfeile unter öfterem Schütteln hin, bis alles Quecksilber unter Bildung von Amalgam gefällt ist, und lässt das Filtrat freiwillig verdunsten.

Wasserhelle rhombische Tafeln, geschmacklos, bei 195°, so wie durch den Stofs oder durch Berührung mit Vitriolöl sehr heftig explodirend, nicht in Wasser, aber in wässrigen Alkalien löslich. — Dampft man das Filtrat nicht kalt, sondern bei gelinder Wärme ab, so bleibt eine dunkelgelbe Rinde, mit gelben Nadeln, nicht durch Vitriolöl, aber beim Erhitzen gleich leicht, nur minder heftig verpuffend, nicht in kaltem Wasser und Weingeist, wenig in kochendem Wasser, und sehr leicht in Ammoniak löslich. — Das wässrige Knallzink, in eine mit Chlorgas gefüllte Flasche gegossen, scheidet ein flüchtiges, stark riechendes, süfs und herb schmeckendes, nicht verpuffendes, nicht in Wasser lösliches, und Lackmus erst nach einiger Zeit röthendes Oel ab. Davy. [C^4NXCl^2?]

Die vom Zinkamalgam abfiltrirte, das Knallzink haltende Flüssigkeit gibt mit Silberlösung einen weifsen in heifsem Wasser löslichen, in der Hitze heftig verpuffenden Niederschlag; sie entwickelt mit Salzsäure einen starken Geruch nach Blausäure und Cyansäure; sie zersetzt sich schon beim Abdampfen auf dem Wasserbade, indem sie ein gelbes Pulver liefert, dessen in Wasser löslicher Theil mit Silbersalzen einen weifsen nicht verpuffenden Niederschlag erzeugt, während der nicht lösliche Theil beim Erhitzen unter Ammoniakentwicklung zu weifsem Zinkoxyd wird, und sich in Säuren unter Blausäuregeruch löst. FEHLING.

Knallzinkwasserstoff oder saures knallsaures Zinkoxyd.

Man fällt das aus Knallquecksilber und Zink frisch bereitete wässrige Knallzink durch überschüssiges Barytwasser, welches viel Zinkoxyd ausscheidet, entfernt den Barytüberschuss mittelst Durchleitens von Kohlensäure, befreit das Filtrat, welches Knallzinkbaryum hält und aus Silberlösung Knallsilber fällt, durch eine angemessene Menge von Schwefelsäure, und filtrirt. Das Filtrat hält reichlich Zink. FEHLING.

Der Vorgang ist hiernach: $C^4NXHg^2 + Zn^2 = C^4NXZn^2 + Hg^2$; dann: $C^4NXZn^2 + BaO = C^4NXZnBa + ZnO$; endlich: $C^4NXZnBa + HO,SO^3 = C^4NXZnH + BaO,SO^3$. — Auf dieselbe Weise verfuhr schon früher E. DAVY; nur nahm Er an, der Baryt fälle alles Zink, und die nach der Fällung des Baryts durch Schwefelsäure bleibende Flüssigkeit sei die reine Knallsäure, C^4NXH^2.

Das Filtrat riecht stark, der Blausäure ähnlich; schmeckt anfangs angenehm süfs, dann stechend und zusammenziehend; es verflüchtigt sich an der Luft [?]. In einer Flasche aufbewahrt, färbt es sich unter Verlust des Geruches allmälig gelb und setzt ein gelbes Pulver ab, doch gibt es mit Silberlösung noch einen explodirenden, gelben Niederschlag. E. DAVY.

Indem man das Filtrat mit verschiedenen Basen sättigt, erhält man die knallsauren Zinkdoppelsalze, oder Knallzinkmetalle, in denen das eine At. Zink durch ein Metall oder durch Ammonium ersetzt ist (und welche DAVY als reine knallsaure Salze ansieht). Dieselben verpuffen nach DAVY zwischen 175 und 230°; sie sind meistens in Wasser löslich und schmecken süfslich herb; ihre Lösung fällt die Silberlösung.

Ammoniaksalz. — Die zum Syrup abgedampfte Lösung gesteht krystallisch. Das Salz reagirt alkalisch, verpufft beim Erhitzen mit gelber Flamme, und wird an der Luft feucht, ohne sich zu zersetzen. E. DAVY.

Kalisalz. — Wasserhelle rhombische Säulen, alkalisch, von süfsherbem Geschmacke, durch Hitze, Stofs oder Vitriolöl mit blassrother Flamme heftig explodirend, an der Luft zerfliefsend, nicht in Weingeist löslich. E. DAVY.

Natronsalz. — Verwitternde schief rhombische Säulen, die Enden mit 2 Flächen zugeschärft. Verpufft wie das Kalisalz.

Barytsalz. — Schiefst aus der syrupdicken Lösung in durchsichtigen platten 4seitigen Säulen an, alkalisch, gleich dem Kalisalz explodirend, sich an der Luft gelb färbend, in Weingeist löslich. E. DAVY.

Strontiansalz. Kleine, durchsichtige Nadeln.

Kalksalz. — Sehr kleine, alkalische, verpuffende Krystalle, die in der Wärme gelb und an der Luft feucht werden, und sich schwer in Wasser lösen.

Bittererdesalz. — Lange, platte vierseitige Säulen, undurchsichtig, neutral, durch Hitze oder Stofs, aber nicht durch Vitriolöl explodirbar, leicht in Wasser und Weingeist löslich.

Alaunerdesalz. — Gelb, undeutlich krystallisch, neutral, schwach verpuffend, leicht löslich.

Chromoxydsalz. — Kleine gelbgrüne, verpuffende, leicht in Wasser lösliche Krystalle.

Manganoxydulsalz. — Die zum Syrup abgedampfte Lösung trocknet zu einer amorphen zähen, leicht explodirenden Masse ein.

Kadmiumsalz. — Weifse, undurchsichtige Nadeln, sich an der Luft langsam, beim Erwärmen sogleich gelb färbend, stark verpuffend, etwas in Wasser löslich.

Bleisalz. — Das wässrige neutrale Knallzink liefert mit salpetersaurem Bleioxyd ein weifses, verpuffendes Krystallpulver.

Das *Eisenoxydulsalz* lässt sich wegen leichter Zersetzbarkeit nicht wohl darstellen.

Kobaltsalz. — Gelbe feine Nadeln, verpuffend, wenig in kaltem, etwas mehr in kochendem Wasser löslich.

Nickelsalz. — Durch doppelte Affinität; wird beim Verdunsten als gelbe oder gelbgrüne Krystallrinde erhalten; explodirt leicht; löst sich schwer in Wasser. E. Davy.

Knallkupfer.

1. Man kocht Knallquecksilber mit Wasser und Kupfer und filtrirt heifs; das grüne Filtrat liefert grüne Krystalle. — 2. Man wendet, statt des Knallquecksilbers, Knallsilber an, und erhält theils beim Erkälten, theils beim Abdampfen des Filtrats ein grünblaues Pulver von gleicher Zusammensetzung. — Die Verbindung 1) verpufft beim Erhitzen heftig, die Verbindung 2) schwächer, beide mit grünem Lichte. Beide lösen sich schwierig in selbst kochendem Wasser, 1) mit grüner, 2) mit lasurblauer Farbe. Liebig (*Ann. Chim. Phys.* 24, 304). Säuren geben keinen Niederschlag, weil das saure Knallkupfer in Wasser löslich ist. Liebig u. Gay-Lussac (*Ann. Chim. Phys.* 25, 304).

Bei öfterem Schütteln von Knallquecksilber mit Kupferfeile und Wasser in einer Flasche bildet sich ein *braunes Salz*, noch mit Kupferfeile gemengt, als schweres Pulver, mit grauen Flocken von reducirtem Quecksilber bedeckt, und die Lösung eines *grünen Salzes*. — Das *braune Salz*, welches dem Kupferoxydul zu entsprechen scheint, durch Abschlämmen von den grauen Flocken befreit, auf dem Filter gesammelt und getrocknet, verpufft nicht durch Vitriolöl, aber beim Erhitzen so stark, wie Knallsilber. Es lässt sich auch erhalten, wenn man fein vertheiltes Kupfer auf einer Glasscheibe mit Wasser anrührt, und damit 48 Stunden lang einen Becher bedeckt, in welchem sich ein Gemenge von Schwefelsäure und einem knallsauren Salze befindet. Hierbei verwandelt sich das Kupfer in eine braune Masse, welche heftig und mit grofser Flamme verpufft. — Die vom braunen Salze abfiltrirte Flüssigkeit liefert bei gelindem Abdampfen hell*grüne* doppelt 6seitige Pyramiden, welche beim Erhitzen mit grofser weifser Flamme und mit stärkerem Knall, als das Knallquecksilber verpuffen. — Wendet man zur Zersetzung des Knallquecksilbers statt der Kupferfeile unächtes Blattgold an, so setzen sich nach vierwöchentlichem Hinstellen und Schütteln aufser dem braunen Salze auch kleine glänzende Krystalle eines [zinkhaltenden?] bläulich weifsen Salzes ab, unter dem Mikroskop als Bipyramidaldodekaeder und rectanguläre Säulen erscheinend, besonders heftig verpuffend, nicht in kaltem und kochendem Wasser löslich. E. DAVY (*Berzelius Jahresb.* 12, 126).

Kupferfeile, mit Knallquecksilber und Wasser gekocht, scheint sich mit Quecksilber zu uberziehen; die heifs filtrirte Flüssigkeit ist blafsgrün und setzt beim Erkalten ein blafsgrünes Pulver ab, welches mit grüner Flamme verpufft, aber nur wenig Kupfer hält, und daher das Ammoniak nur wenig bläut; ein eigentliches Knallkupfer lässt sich nicht erhalten. PAGENSTECHER.

Knallkupferkalium. — Durch Digestion des Knallsilberkaliums mit Kupfer erhält man unter Fällung des Silbers eine Flüssigkeit, welche durch Kali nicht gefällt und durch Ammoniak nicht gebläut wird, wenn man sie nicht zuvor durch Salzsäure zersetzt. LIEBIG.

Knallquecksilber, HOWARD's Knallquecksilber oder knallsaures Quecksilberoxyd.

Bildung. Beim Erwärmen von Quecksilber oder Quecksilberoxyd mit concentrirter Salpetersäure und Weingeist entwickelt sich unter Aufwallen ein weifsgetrübter Dampf, das *ätherische Salpetergas* (IV, 564), welches aufser den bei diesem genannten Producten zugleich Quecksilber enthält), bei dessen Abnahme sich das Knallquecksilber in noch unreinen Krystallen abscheidet. HOWARD. — 2. Knallsilber verwandelt sich beim Kochen mit Quecksilber und Wasser in Knallquecksilber. LIEBIG. — 3. Wässriges Knallzink fällt aus wässrigem Einfachchlorquecksilber Knallquecksilber. E. DAVY.

Darstellung. Man mischt die Lösung von 1 Th. Quecksilber in 7,5 Th. erhitzter Salpetersäure von 1,30 spec. Gew. mit 10 Th. Weingeist von 0,85 spec. Gew., erwärmt bis zum anfangenden Aufbrausen, sammelt die beim Erkalten gebildeten Krystalle auf dem Filter, wäscht mit kaltem Wasser und trocknet. So erhält man 1,20 bis 1,32 Th. Knallquecksilber. HOWARD. — Beim Zufügen des Weingeistes fällt Quecksilbersalpeter als weifses Pulver nieder, welches sich beim Erhitzen wieder löst, worauf sich die Flüssigkeit auf einmal, durch metallische Ausscheidung von 30 bis 40 Proc. des angewandten Quecksilbers grau färbt; hierauf wird sie unter Entwicklung der dicken weifsen, Quecksilber haltenden Nebel gelb, und setzt grauweifse Krystalle von Knallquecksilber ab, die beim Erkalten noch zunehmen; die Mutterlauge liefert beim Abdampfen noch etwas Knallsilber, während oxalsaures Quecksilberoxyd, durch Salpetersäure gelöst, darin bleibt. LIEBIG. — Man muss nach dem Weingeistzusatz 2 Minuten lang kochen; bei zu kurzem und bei zu langem Erhitzen misslingt die Bereitung. FOURCROY, THÉNARD.

WRIGHT (*Gilb.* 76, 74) löst 1 Th. Quecksilber in 4 Th. kochender Salpetersäure, fügt nach fast gänzlichem Abkuhlen 3,5 Th. Weingeist hinzu, befördert, falls es erforderlich ist, durch kurzes Erwärmen das Aufwallen, welches man fortdauern lässt, bis der aufsteigende weifse Dunst röthlich wird, worauf man das Knallquecksilber durch kaltes Wasser fällt, und durch Decanthiren mit Wasser wäscht. — CREMASCOLI (*Ann. Pharm.* 10, 88) löst 1 Th. Quecksilber in 12 Th. Salpetersäure von 34° Bm., fügt nach dem Abkühlen bis auf 12,5° 8 Th. Weingeist von 36° Bm. hinzu, erhitzt den Kolben in kochendem Wasser 2 bis 3 Minuten, bis sich dicke weifse Dämpfe zu bilden anfangen, wobei sich übrigens nur eine unbedeutende Reaction zeigt, stellt ihn an einen kühlen Ort, sammelt die erzeugten Krystalle auf dem Filter, wäscht sie mit wenig Wasser, und trocknet sie zwischen Papier im Dunkeln. Sie betragen 1,25 Th. — GUTHRIE nimmt auf 1 Th. Quecksilber 13 Th. Salpetersäure von 1,34 spec. Gew. und 8 Th. Weingeist.

Bei der Bereitung des Knallquecksilbers im Grofsen, für die Zündhütchen, werden 1½ Pfund Quecksilber in einem grofsen Glaskolben in 18 Pfund reiner Salpetersäure von 36° Bm. bei gelinder Wärme gelöst, dann allmälig mit 8 bis 10 Liter Weingeist versetzt, und nöthigenfalls bis zum anfangenden Aufwallen erwärmt, worauf man nach Beendigung desselben und völligem Erkalten die Flüssigkeit abgiefst und das Knallquecksilber in leinenen Filtern auf gläsernen Trichtern abtröpfeln lässt und mit etwas reinem Wasser wäscht und trocknet. CHEVALLIER (*J. des Connaiss. usuelles;* auch *Ann. Pharm.* 23, 157.)

Reinigung. Man löst das Knallquecksilber in kochendem Wasser, filtrirt die gelbe Lösung vom metallischen Quecksilber ab, und reinigt die beim Erkalten anschiefsenden gelben Nadeln durch nochmaliges Lösen in heifsem Wasser und Krystallisiren. LIEBIG.

Eigenschaften. Weifse seidenglänzende, sehr zart anzufühlende Nadeln von süfslichem Metallgeschmack. LIEBIG.

Wahrscheinliche Berechnung.			HOWARD	LIEBIG
4 C	24	8,45		
2 N	28	9,86		
2 Hg	200	70,42	64,72	56,9
4 O	32	11,27		
C^4NXHg^2	284	100,00		

Vielleicht hält das krystallisirte Knallquecksilber Krystallwasser; hieraus würde es sich erklären, warum der Versuch weniger Quecksilber lieferte. — LIEBIG und BERZELIUS betrachten das Knallquecksilber als knallsaures Quecksilberoxydul = $C^4N^2Hg^4O^4$ = $2Hg^2O,Cy^2O^2$; dann müsste es aber gar 82,6 Proc. Quecksilber halten. Auch scheidet Kali nicht Quecksilberoxydul, sondern Oxyd aus.

Zersetzungen. 1. Das Knallquecksilber verpufft beim Erhitzen auf 187° (auf 145° THÉNARD, *Ann. Chim. Phys.* 41, 181), durch brennenden Zunder, durch den Funken aus Stahl und Stein (jedoch nur im ganz trockenen Zustande, SCHMIDT, *Schw.* 41, 73), durch den elektrischen Funken, beim Reiben oder Stofsen und in Berührung mit Vitriolöl. HOWARD. Die Verpuffung ist von einem röthlichen Lichte begleitet, und erzeugt einen schwarzen metallglänzenden Flecken. LIEBIG. Die durch Erhitzung, brennenden Zunder, oder durch Stahl und Stein bewirkte Verpuffung ist viel weniger heftig, als die durch Reiben, Stofsen oder durch den elektrischen Funken bewirkte, wohl weil letztere gleichzeitiger erfolgt. 10 Gran Knallquecksilber liefern beim Verpuffen, aufser Wasser und metallischem Quecksilber, blofs 4 CZ. engl. eines Gemenges von kohlensaurem Gas und Stickgas. 34 Gran Knallquecksilber reichen hin, starke Gewehre zu sprengen; kleinere Mengen treiben die Kugel viel schwächer, als Schiefspulver. HOWARD. Ueber die in der Nähe sehr heftige, aber bei geringer Entfernung schwache Wirkung des Knallquecksilbers vgl. *Schw.* 29, 88. — Ueber die verschieden leichte Entzündlichkeit des Knallquecksilbers und seine Anwendung zu Zündhütchen vgl. AUBERT, PELISSIER u. GAY-LUSSAC (*Ann. Chim. Phys.* 42, 8).

2. Erhitzte Salpetersäure zersetzt das Knallquecksilber in Kohlensäure, Essigsäure und salpetersaures Quecksilberoxyd. HOWARD. — 3. Mäfsig verdünnte Schwefelsäure zersetzt es ohne Verpuffung unter Wärme- und Gas-Entwicklung. HOWARD. Es scheiden sich hierbei 84 Proc. eines nicht verpuffenden weifsen Pulvers aus, welches mit Quecksilber gemengtes oxalsaures Quecksilberoxydul (schwefelsaures Quecksilberoxydul, BERTHOLLET) zu sein scheint, während sich nur wenig Quecksilber in der schwefelsauren Flüssigkeit gelöst zeigt. 100 Gran Knallquecksilber, mit einem Gemisch aus Vitriolöl und Wasser nach gleichen Theilen destillirt, liefern 28 bis 31 CZ. engl. eines Gasgemenges, welches das Quecksilber der Wanne mit einem schwarzen Pulver überzieht, und welches, aufser kohlensaurem Gas, 5 bis 7 CZ. eines mit grünblauer Flamme brennbaren, nicht mit Wasserstoffgas durch den elektrischen Funken verpuffenden, und nicht durch Wasser absorbirbaren Gases hält. HOWARD.

4. Wässrige Salzsäure zersetzt das Knallquecksilber ohne be-

trächtliche Gasentwicklung in sich lösendes Einfachchlorquecksilber und in oxalsaures Quecksilberoxydul. HOWARD. Sie erzeugt Einfach- und Halb-Chlorquecksilber und Salmiak. THÉNARD. Sie erzeugt reichlich Blausäure. ITTNER. — 5. Hydrothiongas verwandelt das mit wässrigem Ammoniak übergossene Knallquecksilber in Schwefelquecksilber und Schwefelblausäure. PAGENSTECHER. [$C^4N^2Hg^2O^4 + 6HS = 2HgS + 2C^2NHS^2 + 4HO$?].

6. Kochende Kalilauge scheidet ohne Ammoniakentwicklung viel Quecksilberoxyd ab, und liefert ein Filtrat, bei dessen Erkälten gelbe verpuffende Flocken und Nadeln niederfallen, die wahrscheinlich knallsaures Quecksilberoxyd-Kali [$C^4N^2HgKO^4$?] sind, und welches Filtrat mit Salpetersäure einen weifsen, durch den Stofs stark verpuffenden Niederschlag gibt. Wie Kali verhalten sich Baryt, Strontian und Kalk. LIEBIG. — Kalte Kalilauge wirkt nicht ein, heifse scheidet Quecksilberoxyd aus, aber das Filtrat liefert beim Abdampfen kein verpuffendes Salz, sondern blofs kohlensaures Kali. Auch kaltes Barytwasser ist ohne Wirkung; heifses löst, unverändertes Knallquecksilber zurücklassend, ein wenig auf, und setzt dann an der Luft allen Baryt als kohlensauren ab, so dass Schwefelsäure keinen Niederschlag mehr gibt, dagegen Hydrothion einen braunen, wie mit der Lösung des Knallquecksilbers in reinem Wasser. PAGENSTECHER. — Das Knallquecksilber, mit wenig concentrirtem Kali gemengt, verdickt sich in 1 bis 2 Stunden; fügt man so lange kleine Mengen Kali hinzu, bis nach ungefähr 48 Stunden das Gemenge aufhört, steif zu werden, so hat es das 4fache Volumen vom Knallquecksilber. Eine Probe des Gemenges, am Ende des ersten Tages herausgenommen, und, in Zeug gewickelt, im Schraubstock stark ausgepresst, lässt eine Masse, die bisweilen heifs ist, und nach einiger Zeit von selbst verpufft; ist dieses nicht der Fall, so zeigt sie nach dem Trocknen bei 100° eine so stark explodirende Kraft, wie Knallsilber. Nach 4 Tagen hat das Gemenge seine explodirende Kraft verloren, und verzischt, nach dem Trocknen erhitzt, nur gelinde. Auch kohlensaures Kali, Natron oder Ammoniak, so wie Kalkwasser erhöhen anfangs die fulminirende Kraft des Knallquecksilbers und zerstören sie dann. GUTHRIE (*Sill. amer. J.* 21, 289 u. 293).

7. Aus der Lösung des Knallquecksilbers in warmem wässrigen Ammoniak schiefsen beim Erkalten gelbe, stark verpuffende, körnige Krystalle an, aber nach längerem Kochen der Lösung fällt beim Erkalten ein gelbweifses, nicht verpuffendes Pulver nieder. LIEBIG. Das Knallquecksilber löst sich reichlich in Ammoniak, ohne Oxyd abzuscheiden; die Lösung bedeckt sich an der Luft unter Verdunsten des Ammoniaks mit einer Krystallhaut von unverändertem Knallquecksilber, die sich beim Niederstofsen beständig erneuert. PAGENSTECHER.

8. Verkleinertes Zink, Kupfer oder Silber (dieses mit Platinfeile in Berührung) zersetzen das Knallquecksilber beim Kochen mit Wasser in metallisches Quecksilber und in Knallzink, Knallkupfer oder Knallsilber. LIEBIG. Wegen Zink und Kupfer: (V, 33 u. 35.) — Durch Schütteln von Eisenfeile mit Knallquecksilber und Wasser erhält man nach einigen Stunden unter Abscheidung von Quecksilber eine gelbe Flussigkeit, welche mit Bleisalzen und Silbersalzen verpuffende Niederschläge und mit Kali einen dunkelgrünen, sich bald bräunenden Niederschlag liefert. Dieselbe färbt sich beim Kochen weinroth, dann schwarz und blau, und gibt einen eben so gefärbten Niederschlag, der zu einer braunen, nicht verpuffenden Masse austrocknet. Frisch dargestellt, färbt sich die gelbe Flüssigkeit mit Säuren tief roth, entfärbt sich nach einigen Stunden, und riecht dann nach Knallsäure [?]

und nach Blausäure. E. DAVY. — Ein breiförmiges Gemenge von Knallquecksilber mit gepulvertem Eisen und Wasser, mäfsig erwärmt, erhitzt sich stark und trocknet fast völlig zu einer rothbraunen Masse aus; diese mit lauem Wasser gemengt und filtrirt, liefert ein Filtrat, welches beim Abdampfen wenig salzigen, Ammoniak haltenden Rückstand lässt, und auf dem Filter bleibt ein schwarzbrauner Rückstand, der Quecksilberkugeln hält, der mit Salzsäure Berlinerblau gibt, und der, nach dem Trocknen erhitzt, mit starkem Funkensprühen, aber ohne Verpuffung verbrennt. PAGENSTECHER.

Das Knallquecksilber löst sich sehr wenig in kaltem Wasser, leichter in heifsem. HOWARD. Es löst sich etwas in wässrigem Ammoniak. LIEBIG, PAGENSTECHER.

Wegen Knallquecksilber-Kalium, -Baryum, -Strontium und -Calcium s. (V, 38, 6).

Salpetersaures Quecksilberoxydul gibt mit wässrigem Knallzink einen eisengrauen Niederschlag, der beim Erhitzen oder Stofsen schwach verpufft. E. DAVY.

Knallsilber, HOWARD's (BRUGNATELLI's) Knallsilber, oder neutrales knallsaures Silberoxyd.

Bildung. 1. Beim Erhitzen von wässrigem salpetersauren Silberoxyd mit starker Salpetersäure undWeingeist, wobei ähnliche Erscheinungen und Producte auftreten, wie bei der Bildung des Knallquecksilbers (V, 36). — Neutrales salpetersaures Silberoxyd liefert beim Kochen mit Weingeist kein Knallsilber; es ist zu seiner Bildung salpetrige Säure nöthig, sofern durch diese Cyan erzeugt wird; leitet man in die weingeistige Lösung des Silbersalpeters salpetrigsaure Dämpfe, so scheidet sich schnell, ohne dass die Flüssigkeit ins Kochen geräth, Knallsilber in grofsen Nadeln ab. LIEBIG (*Ann. Pharm.* 5, 287). $C^4H^6O^2 + 2(AgO,NO^5) + 2NO^3 = C^4N^2Ag^2O^4 + 6HO + 2NO^5$. — 2. Das Knallquecksilber wird beim Kochen mit Wasser, Silberpulver und Platinfeile in Knallsilber verwandelt. LIEBIG.

Darstellung. Man erhitzt salpetersaures Silberoxyd mit Weingeist und starker Salpetersäure bis zum anfangenden Aufwallen, sammelt die sich während des Aufwallens und beim Erkalten bildenden Krystalle des Knallsilbers auf einem Filter, wäscht sie mit kaltem Wasser und trocknet sie in der Kälte oder höchstens bei der Wärme des Wasserbades.

Bei der Bereitung des Knallsilbers ist die gröfste Vorsicht nöthig. Geräumige Gefäfse, damit beim Aufwallen nichts übersteige, was aufsen eintrocknen und dann verpuffen könnte; Entfernung alles Flammenden, damit sich die Dämpfe nicht entzünden; Umrühren blofs mit Holzstäben, nicht mit Glasstäben oder andern harten Körpern. Besonders nach dem Trocknen ist jede harte Berührung zu vermeiden. Papierschaufeln; Aufbewahrungsgefäfse von Papier oder Pappe, lose zugedeckt, nicht von Glas, wegen der Reibung des Stöpsels, so wie auch beim Aufdrücken des Schachteldeckels (*Gilb.* 37, 64) die Explosion erfolgen kann.

HOWARD und CRUIKSHANK lösen 1 Th. Silber in einem Gemisch von 24 Th. Wasser und 24 Th. der stärksten Salpetersäure, fügen 24 Th. Weingeist hinzu und erhalten 1,5 Th. Knallsilber. — BRUGNATELLI (*A. Gehl.* 1, 665) übergiefst 1 Th. Höllensteinpulver mit 5 Th. Weingeist, dann mit 5 Th. rauchender Salpetersäure, und kühlt das Gemisch, welches ins Sieden kommt, und Knallsilber absetzt, zur gehörigen Zeit mit Wasser ab, damit das Knallsilber nicht wieder zerstört werde. — ACCUM empfiehlt auf 1 Th. Silbersalpeter 2,5 Th. rauchende Salpetersäure und 7 Th. Weingeist. — DESCOTILS (*Ann.*

Chim. 62, 198; auch *Gilb.* 28, 44) fügt den Weingeist zu dem sich so eben in der Salpetersäure lösenden Silber. Weil aber der Weingeist die Lösung des Silbers erschwert, so wird hierdurch nach Liebig die Ausbeute sehr vermindert. — Wagenmann (*Gilb.* 31, 110) mischt die auf 50 bis 60° erhitzte Lösung von 1 Th. Silber in 8 Th. Salpetersäure von 1,18 spec. Gew. mit 8 Th. Weingeist von 0,85 spec. Gew., erhitzt wieder auf 50 bis 60° und fügt 4 Th. rauchende Salpetersäure hinzu, welche Aufwallen und Bildung von Knallsilber bewirkt, wenigstens 3/4 des Silbers betragend. — Die Weingeistmenge ist hierbei zu gering und es erfolgt zu starke Erhitzung, wodurch wieder Knallsilber zerstört wird. Liebig. — Gay-Lussac u. Liebig lösen 1 Th. Silber in 20 Th. Salpetersäure von 40° Bm., fügen zur Lösung 27 Th. 86-procentigen Weingeist, erhitzen bis zum Aufwallen, nehmen die sich trübende Flüssigkeit vom Feuer, versetzen sie, um das Aufwallen zu mäfsigen, noch mit 27 Th. Weingeist und erhalten nach vollständigem Erkalten ungefähr 1 Th. Knallsilber. Die Mutterlauge des Knallsilbers ist, wenn das Silber kupferhaltig war, grün, und lässt beim Abdampfen alles Kupfer als oxalsaures Kupferoxyd fallen; es bleibt dann eine silberhaltende Flüssigkeit, welche bei weiterem Abdampfen ein rothes, leicht in Wasser lösliches Salz lässt. Liebig.

Eigenschaften. Kleine, weifse undurchsichtige glänzende Nadeln, von starkem bitterlich metallischen Geschmacke. Descotils, Liebig. Nach Pajot-la-Forêt Katzen unter heftigen Convulsionen und nach Ittner zu 5 Gran unter narkotischen Zufällen tödtend. Nach gehörigem Waschen neutral und ohne ätzende Wirkung. Liebig.

	Krystallisirt		Gay-Luss. u. Lieb.	Descotils
4 C	24	8,00	7,92	
2 N	28	9,33	9,24	
2 Ag	216	72,00	72,19	71
4 O	32	10,67	10,65	
C^4NAg^2	300	100,00	100,00	

Oder:

			Gay-Luss. u. Lieb.
2 Cy	52	17,33	17,16
2 AgO	232	77,34	77,53
2 O	16	5,33	5,31
$2AgO,Cy^2O^2$	300	100,00	100,00

Zersetzungen. 1. Das Knallsilber schwärzt sich allmälig im weifsen und blauen Lichte, und lässt unter Entwicklung von kohlensaurem Gas, Stickgas und Wasserdampf [?] ein schwarzes Suboxyd [?], mit wenig unzersetztem Knallsilber gemengt. Liebig. — 2. Es verpufft bei weitem heftiger, als Knallquecksilber, in der Hitze, durch den elektrischen Funken, durch Reihen oder Stofsen, oder durch Vitriolöl. — Eine Hitze von 100 bis 130° bewirkt noch nicht die Verpuffung des trocknen Knallsilbers. Liebig. — Bei blofsem Druck verpufft es nicht, wenn dieser nicht sehr stark ist. Descotils. — Im feuchten Zustande bedarf es zum Verpuffen eines viel stärkeren Stofses, als im trocknen, doch kann es selbst unter Wasser beim Reiben mit einem Glasstabe verpuffen. Figuier (*Ann. Chim* 63, 104), Liebig. — Es verpufft besonders leicht beim Reiben mit Glasstaub oder Quarzsand; und auch, wenn es trocken ist, mit der Schärfe einer Spielkarte. Figuier. Dagegen lässt es sich im Porcellanmörser mittelst eines Korkstöpsels oder des Fingers zu Pulver zerreiben. Liebig. — Durch starkes Aussüfsen und Aussetzen an's Sonnenlicht wird das Knallsilber im trockenen Zustande durch die geringste Berührung entzundlich. Trommsdorff (*Gilb.* 31, 112). — Vitriolöl bringt das nasse Knallsilber zu eben so starkem Verpuffen, wie das trockne. Schmidt (*Schw.* 41, 72). — Das bei der Explosion, besonders im Dunkeln zu bemerkende, Licht ist blaurothweifs; hierauf zeigt sich ein grauer Rauch von eigenthümlichem elektrischen Geruche. Mit dem Knallsilber gemengtes Schiefspulver wird bei der Verpuffung nicht entzündet, sondern umhergeschleudert. LIEBIG. — Beim Verpuffen des Knallsilbers durch Vitriolöl und durch den Stofs (wenn es in letzterem Falle feucht ist) bemerkt man den Geruch nach Blausäure. ITTNER, DÖBEREINER. — Mit der 20fachen Menge feingepulverten schwefelsauren Kali's gemengtes Knallsilber, in einer Röhre durch Erhitzen allmälig zersetzt, liefert 2 Maafs kohlensaures auf 1 M. Stick-Gas (bei Gegenwart von Feuchtigkeit auch kohlensaures Ammoniak), und lässt ohne Zweifel Halbcyansilber, C^2NAg^2 [jetzt Paracyansilber, IV, 431]; denn der Rückstand, mit Kupferoxyd gemengt und geglüht, liefert nochmals dasselbe Gasgemenge, ungefähr eben so viel, wie beim ersten Glühen betragend, und nach demselben Verhältnisse zusammengesetzt. GAY-LUSSAC u. LIEBIG. Also zuerst: $C^4N^2Ag^2O^4 = C^2NAg^2 + 2CO^2 + N$; hierauf beim Glühen mit Kupferoxyd: $C^2NAg^2 + 4O = Ag^2 + 2CO^2 + N$. Das Gemenge von 1 Th. Knallsilber und 40 Th. Kupferoxyd liefert beim Erhitzen, ohne Verpuffung, sogleich sämmtliches kohlensaure und Stick-Gas im Maafsverhältnisse von 2 : 1. GAY-LUSSAC u. LIEBIG.

3. Wirft man Knallsilber in eine mit Chlorgas gefüllte Flasche, so verpufft es, ehe es noch den Boden berührt, und zersprengt daher nicht die Flasche. E. DAVY. — Stark mit Wasser befeuchtetes Knallsilber färbt sich in einem Strom von Chlorgas unter reichlicher Absorption gelb, und verwandelt sich endlich, ohne alle Bildung von Kohlensäure und Chlorsäure, in Chlorsilber und in gelbes Oel, schwerer als Wasser, von durchdringendem, die Augen schmerzhaft angreifenden Geruch und brennend scharfem, die Zunge beinahe lähmenden Geschmack. Schüttelt man das Gemenge mit Wasser und destillirt, so geht noch vor dem Kochen des Wassers unter einiger Gasentwicklung ein farbloses Oel über, welches etwas schwächer riecht, unter Wasser Gas entwickelt, sich nicht in wässrigen Alkalien, aber in Weingeist löst, und, in dieser Lösung mit Kali, dann mit einem Eisenoxydsalz, dann mit einer Säure versetzt, eine grüne Färbung zeigt. Also ist dieses Oel dem Chlorcyanöl verwandt. LIEBIG (*Pogg.* 15, 564). [Sollte das Oel nicht C^4NXCl^2 sein, nach folgender Gleichung? $C^4N^2Ag^2O^4 + 4Cl = C^4N^2Cl^2O^4 + 2AgCl$.] — 4. Salpetersäure zersetzt das Knallsilber bei längerem Kochen unter Bildung von salpetersaurem Ammoniak und salpetersaurem Silberoxyd. DESCOTILS. — 5. Verdünnte Schwefelsäure oder Oxalsäure zersetzen das Knallsilber ohne Aufbrausen, unter Bildung von Blausäure und Ammoniak. GAY-LUSSAC u. LIEBIG.

6. Wässrige Salzsäure verwandelt alles Silber des Knallsilbers sogleich in Chlorsilber unter Entwicklung von Blausäuregeruch. DESCOTILS. — Aufser Chlorsilber und Blausäure erhält man zugleich eine Spur Ammoniak, aber keine Oxalsäure. ITTNER. — Durch weniger Salzsäure wird das Knallsilber in Chlorsilber und in das saure knallsaure Silberoxyd AgO,HO,Cy^2O^2 [$= C^4NXAgH$] verwandelt; aber dieses wird durch soviel Salzsäure, dass das Filtrat nicht mehr dadurch getrübt wird, in Chlorsilber, in Blausäure und in eine eigenthümliche chlorhaltige Säure zersetzt; dabei bildet sich weder Ammoniak, noch Kohlensäure. GAY-LUSSAC u. LIEBIG. Dem Geruch nach zu urtheilen wird viel Blausäure erzeugt, leitet man aber Wasserstoffgas durch ein Gemenge von Knallsilber und Salzsäure, dann durch Marmor, dann in Silberlösung, so wird diese nicht gefällt. GAY-LUSSAC u. LIEBIG. [Also entsteht vielleicht ein der Blausäure ähnlich riechendes, aber davon verschiedenes Product.]

Die *chlorhaltende Säure* hält Kohlenstoff, Stickstoff, Chlor und auch wohl Wasserstoff. Das Chlor scheint in ihr 2,5mal soviel zu betragen, als das im erzeugten Chlorsilber enthaltene Chlor. Sie schmeckt stechend und sufslich, röthet stark Lackmus und fällt nicht die Silberlösung. Sie zersetzt sich bei mehrstündigem Stehen an der Luft, schneller in der Wärme, unter Bildung von Ammoniak, welches den unzersetzt gebliebenen Theil der Säure neutralisirt. Nach dem Neutralisiren mit Kali, wobei sie sich erst rosenroth, dann gelb färbt, oder nachdem sie durch die freiwillige Zersetzung mit Ammoniak gesättigt ist, färbt sie die Eisenoxydsalze dunkelroth. Die mit Kali gesättigte Säure entwickelt beim Abdampfen Ammoniak, und lässt einen Rückstand, welcher mit Säuren stark aufbraust, und dessen wässrige Lösung Silberlösung fällt. GAY-LUSSAC u. LIEBIG.

7. Wässriges Hydriod zersetzt das Knallsilber auf ähnliche Weise in Iodsilber, und in eine iodhaltende Säure, die sich der chlorhaltigen Säure ähnlich verhält, aber welche, ohne erst neutralisirt zu sein, Anderthalbchloreisen mit dunkelrother Farbe niederschlägt. Blausäure lässt sich bei der Zersetzung durch Hydriod auch durch den Geruch nicht erkennen. GAY-LUSSAC u. LIEBIG. — Flufssäure wirkt auf das Knallsilber nicht zersetzend. GAY-LUSSAC u. LIEBIG.

8. Wenig wässriges Hydrothion zersetzt das Knallsilber in Schwefelsilber und Cyansäure; mehr Hydrothion erzeugt Schwefelsilber und Schwefelblausäure. [$C^4N^2Ag^2O^4 + 2HS = 2C^2NHO^2 + 2AgS$; und: $C^4N^2Ag^2O^4 + 6HS = 2C^2NHS^2 + 2AgS + 4HO$. Oder wenn man annimmt, die anfangs erzeugte Cyansäure werde durch mehr Hydrothion zu Schwefelblausäure: $C^2NHO^2 + 4HS = 2C^2NHS^2 + 4HO$. Ein Theil der Cyansäure zerfällt in Kohlensäure und Ammoniak, welches dann der Schwefelblausäure beigemischt bleibt. So wage ich wenigstens folgende Versuche von LIEBIG, so wie von GAY-LUSSAC u. LIEBIG zu deuten, wiewohl diese Chemiker die sich bildende schwefelhaltige Säure nicht als Schwefelblausäure gelten lassen].

Leitet man durch in Wasser vertheiltes Knallsilber unter fleifsigem Schütteln eine unzureichende Menge von Hydrothion, so zeigt die Flüssigkeit einen durchdringenden Geruch wie nach Cyansäure, und gibt mit einem Ammoniakstöpsel Nebel. Aber mit völliger Zersetzung des Knallsilbers verliert die sich klärende Flüssigkeit allen Geruch. Hierauf vom Schwefelsilber abfiltrirt, zeigt sie folgende Verhältnisse: Sie schmeckt herb und röthet Lackmus; sie entwickelt mit Kalk Ammoniak; sie fällt nach dem Kochen mit Salpetersäure aus Barytsalzen schwefelsauren Baryt; sie färbt die Eisenoxydsalze dunkelroth und gibt mit Silberlösung einen reichlichen gelben Niederschlag [Schwefelcyansilber ist allerdings weifs]. Bei längerem Aussetzen an die Luft erhält sie unter Absatz eines gelben Pulvers den Geruch nach Blausäure und es bleibt endlich zerfliefsliches schwefelblausaures Ammoniak. LIEBIG (*Kastn. Arch.* 6, 327.) — [Zwar fanden GAY-LUSSAC u. LIEBIG in der aus 1 At. Knallsilber erzeugten schwefelhaltigen Säure blofs etwas über 2 At. Schwefel, da doch die 2 At. Schwefelblausäure, welche 1 At. Knallsilber nach obiger Gleichung zu liefern vermag, 4 At. Schwefel halten müssten; da sich aber immer ein Theil der anfangs gebildeten Cyansäure in kohlensaures Ammoniak zersetzt, so konnten nicht 2 At. Schwefelblausäure entstehen].

9. Wässrige alkalische Schwefelmetalle, z. B. Einfachschwefelbaryum, in ungenügender Menge einwirkend, zersetzen das Cyansilber in knallsaures Silberoxyd-Alkali und Schwefelsilber. LIEBIG. $C^4N^2Ag^2O^4 + BaS = C^4N^2AgBaO^4 + AgS$. — Bei einem gröfseren Verhältniss des Schwefelmetalls scheint in der Kälte knallsaures Alkali ($C^4N^2K^2O^4$), und in der Hitze die Verbindung des Alkalis mit einer, von der Schwefelblausäure verschiedenen schwefelhaltenden Säure zu entstehen. — Fügt man zu Knallsilber genau so viel wässriges Einfachschwefelkalium (oder Einfachschwefelammonium), dass die Flussigkeit weder durch Salzsäure getrübt, noch durch Silberlösung geschwärzt wird, so ist die vom Schwefelsilber abfiltrirte Flüssigkeit völlig neutral, schmeckt ganz wie

cyansaures Kali, und fällt aus salpetersaurem Silberoxyd Knallsilber, welches, falls die Flüssigkeit noch Schwefelkalium hält, durch Schwefelsilber geschwärzt ist. Beim Abdampfen des Filtrats wird das knallsaure Alkali zerstört. Liebig (*Pogg.* 15, 566). — Fügt man zu in kochendem Wasser vertheiltem Knallsilber genau so lange wässriges Einfachschwefelbaryum, als sich Schwefelsilber bildet, so erhält man ein alkalisch reagirendes gelbes Filtrat, aus welchem jedoch Kohlensäure nur sehr wenig kohlensauren Baryt niederschlägt. Dieses gelbe Barytfiltrat entwickelt mit Säuren kein Hydrothion; es lässt beim Abdampfen einen gelben Ruckstand, welcher sich bei 100°, sobald die letzte Feuchtigkeit entweicht, in eine graue Masse verwandelt, aus welcher Kalk Ammoniak entwickelt, aus welcher Wasser, unter Rücklassung von kohlensaurem Baryt, Schwefelcyanbaryum zieht, und welche beim Erhitzen in einer Röhre unter Schmelzen, sich sublimirendes, kohlensaures Ammoniak, dann Cyan entwickelt und Schwefelbaryum lässt. Verdünnte Schwefelsäure scheidet aus dem unzersetzten Barytsalze eine sich leicht zersetzende Säure. — Mit salpetersaurem Silberoxyd gibt das frische gelbe Barytfiltrat einen gelben Niederschlag, welcher gewaschen und dann mit Wasser auf 100° erhitzt, sich unter Entwicklung von kohlensaurem Ammoniak in Schwefelsilber verwandelt. Liebig (*Kastn. Arch.* 6, 330).

10. Wässrige fixe Alkalien, so wie Bittererde, scheiden beim Kochen allmälig nicht ganz die Hälfte des im Knallsilber enthaltenen Silbers als schwarzes Oxyd aus, während eine Lösung von Knallsilber-Kalium, -Natrium, -Baryum, -Strontium, -Calcium oder -Magnium gebildet wird. Gay-Lussac u. Liebig. $C^4N^2Ag^2O^4 + KO = C^4N^2AgKO^4 + AgO$. Selbst bei längerem Kochen mit überschüssigem Kali liefern 100 Th. Knallsilber höchstens 31,45 Th. Silberoxyd. Liebig. Die Rechnung verlangt 38,67 Th. 300 : 116 = 100 : 38,67. Also scheint ein Theil des Knallsilbers unzersetzt zu bleiben.

11. Wässrige alkalische Chlormetalle fällen, auch im Ueberschuss angewandt, nur genau die Hälfte des Silbers als Chlorsilber, unter Bildung von Knallsilber-Kalium u. s. w. Gay-Lussac u. Liebig. $C^4N^2Ag^2O^4 + KCl = C^4N^2AgKO^4 + AgCl$. — So liefern 100 Th. Knallsilber, durch etwas überschüssiges Chlorkalium zersetzt, 53,38 Th. Chlorsilber und eine Lösung, welche, durch Salzsäure zersetzt, auch noch 53,73 Th. Chlorsilber liefert. Also befinden sich die 2 At. Silber im Knallsilber in 2 verschiedenen Zuständen, da blofs das 1 At. durch Chlormetalle als Chlorsilber ausscheidbar ist. Gay-Lussac u. Liebig.

12. Kupfer oder Quecksilber, mit Knallsilber und Wasser gekocht, scheiden am Ende alles Silber metallisch aus, unter Bildung von Knallkupfer oder Knallquecksilber. Liebig. — Bei kürzerem Kochen mit Quecksilber entsteht Knallsilberquecksilber = $C^4N^2AgHgO^4$. Liebig. — Zink scheidet selbst bei mehrtägigem Kochen blofs die Hälfte des Silbers aus, so dass Knallsilberzink entsteht. Liebig (*Schw.* 48, 308). — Beim Kochen des Knallsilbers mit Wasser und Eisenfeile erhält man ein rothbraunes Filtrat, welches beim Abdampfen röthliche blättrige Krystalle von Knalleisen liefert. Liebig (*Ann. Chim. Phys.* 24, 308).

Verbindungen. Das Knallsilber löst sich sehr wenig in kaltem *Wasser*, dagegen in 36 Th. kochendem, beim Erkalten wieder anschiefsend. Gay-Lussac u. Liebig. — Es löst sich reichlicher in wässrigem *Ammoniak*, bei dessen kaltem Verdunsten es unverändert zurückbleibt. Descotils.

Knallsilberwasserstoff oder *saures knallsaures Silberoxyd.* $C^4NXAgH = AgO,HO,Cy^2O^2$. — Fällt beim Versetzen eines wässrigen Knallsilber-Alkalimetalls oder knallsauren Silberoxyd-Alkalis mit nicht überschüssiger Salpetersäure als weifses Pulver nieder.

$C^4N^2AgKO^4 + HO + NO^5 = C^4N^2AgHO^4 + KO,NO^5$. Löst sich leicht in kochendem Wasser, daraus beim Erkalten krystallisirend; röthet Lackmus. Verwandelt sich beim Kochen mit Silberoxyd in Knallsilber und beim Kochen mit Quecksilberoxyd in Knallsilberquecksilber. LIEBIG (*Ann. Chim. Phys.* 24, 302).

Knallsilber-Ammonium oder *knallsaures Silberoxyd-Ammoniak.* $C^4NXAgAm = NH^4O,AgO,Cy^2O^2$. — Schiefst beim Erkalten einer Lösung des Knallsilbers in heifsem wässrigen Ammoniak, während Silberoxyd-Ammoniak gelöst bleibt, in weifsen glänzenden Krystallkörnern von stechendem Metallgeschmack an. Verpufft 3mal heftiger als Knallsilber, und äufserst leicht, selbst noch unter der Flüssigkeit bei der Berührung mit einem Glasstabe; doch pflanzt sich die Verpuffung nicht fort, wenn die Flüssigkeit überschüssiges Ammoniak hält. Löst sich sehr schwierig in Wasser. LIEBIG (*Ann. Chim. Phys.* 24, 316).

Knallsilber - Kalium oder *knallsaures Silberoxyd - Kali.* $C^4NXAgK = KO,AgO,Cy^2O^2$. — Man zersetzt 300 Th. (1 At.) Knallsilber durch nicht ganz 74,6 Th. (1 At.) in Wasser gelöstes Chlorkalium, oder man fügt zu Wasser, welches mit Knallsilber im Kochen erhalten wird, genau so lange wässriges Chlorkalium, als dieses noch Trübung bewirkt, dampft die vom Chlorsilber decanthirte Flüssigkeit ab, und erkältet zum Krystallisiren. Filtrirt man, statt zu decanthiren, so erhält man eine bräunliche Flüssigkeit, welche bräunliche Krystalle liefert; kocht man sie jedoch nach dem Verdunnen mit Wasser einige Zeit, so entfärbt sie sich unter Absatz schwarzer Flocken, und liefert dann, von diesen abgegossen, farblose Krystalle. Weniger rein erhält man die Verbindung durch Kochen des Knallsilbers mit wässrigem Kali und Decanthiren vom gefällten Silberoxyd.

Weifse glänzende längliche Blätter von widrigem Metallgeschmack, geröthetes Lackmuspapier nicht bläuend. Sehr leicht und heftig verpuffend. Hält 14,92 Proc. Kali [= 12,39 Proc. Kalium]. Es löst sich in 8 Th. kochendem, in mehr kaltem Wasser. Aus der wässrigen Lösung fällt Salpetersäure, nicht im Ueberschuss angewandt, ein weifses Pulver von Knallsilberwasserstoff. Salzsäure gibt mit der mit Kali versetzten Lösung einen Niederschlag, der sich so lange wieder in der Flüssigkeit löst, bis alles Kalium in Chlorkalium verwandelt ist, worauf sie bei weiterem Zusatz Chlorsilber fällt, unter gleichzeitiger Bildung von Blausäure, Kohlensäure und Salmiak. Chlorkalium wirkt nicht zersetzend. Kupfer schlägt aus der wässrigen Lösung alles Silber nieder durch Bildung von Knallkupferkalium (knallsaurem Kupferoxyd-Kali). Die Lösung fällt nicht das schwefelsaure Eisenoxyd und liefert dann beim Zutröpfeln von Salzsäure kein Berlinerblau. LIEBIG (*Ann. Chim. Phys.* 24, 315).

Knallsilbernatrium oder *knallsaures Silberoxyd-Natron.* — Auf ähnliche Weise dargestellt. Kleine rothbraune metallglänzende Blättchen, 11,34 Proc. Natron [= 8,43 Proc. Natrium] haltend, leichter in Wasser löslich, als das Kalisalz, übrigens ähnliche Verhältnisse zeigend. LIEBIG (*Ann. Chim. Phys.* 24, 316).

Knallsilberbaryum oder *knallsaurer Silberoxyd-Baryt.* — Schmutzig weifse Krystallkörner, heftig verpuffend, schwierig in

Wasser löslich, durch Salzsäure zersetzbar, wobei die bei 100° getrocknete Verbindung 41,35 Proc. Chlorbaryum liefert. Aus der kochenden wässrigen Lösung fällt Zink das Silber; das Filtrat setzt beim Abdampfen ein gelbes Pulver ab, welches bei 150 bis 160° ohne Knall, gleich dem cyansauren Silberoxyd verbrennt, und kohlensauren Baryt mit Zink lässt, und welches mit Salzsäure unter Aufbrausen Salmiak liefert, also wohl kein knallsaures Salz ist. LIEBIG (*Ann. Chim. Phys.* 24, 315); *Schw.* 48, 380); GAY-LUSSAC u. LIEBIG (*Ann. Chim. Phys.* 25, 302).

Knallsilberstrontium oder *knallsaurer Silberoxyd-Strontian.* — Schmutzig weifse Krystallkörner, heftig verpuffend, schwierig in Wasser löslich. LIEBIG.

Knallsilbercalcium oder *knallsaurer Silberoxyd-Kalk.* — Kleine gelbe Krystallkörner, von grofsem spec. Gew., auch in kaltem Wasser sehr leicht löslich. LIEBIG.

Knallsilbermagnium oder *knallsaure Silberoxyd-Bittererde.* — a. *Basisch.* — Man kocht Knallsilber mit Bittererde und Wasser. Rosenrothes, nicht in Wasser lösliches Pulver, welches beim Erhitzen blofs verknistert, unter Entwicklung von Kohlensäure und Ammoniak und Rücklassung von Bittererde und Silber. — b. *Neutral.* — Weifse fadenförmige Krystalle, dem haarförmigen gediegenen Silber ähnlich, stark verpuffend. LIEBIG.

Knallsilberzink. — Durch Kochen des Knallsilbers mit Zink und Wasser, wobei auch in längerer Zeit blofs die Hälfte des Silbers gefällt wird, und Abdampfen des gelben Filtrats erhält man gelbe verpuffende Krystalle, und ein gelbes, nicht verpuffendes Pulver. LIEBIG (*Ann. Chim. Phys.* 24, 308; — *Schw.* 48, 380).

Knallsilberquecksilber oder *knallsaures Silberoxyd-Quecksilberoxyd.* — Man kocht Knallquecksilber-Wasserstoff mit Quecksilberoxyd und Wasser, oder man kocht nicht zu lange Knallsilber mit Quecksilber und Wasser. Aus dem Filtrat schiefst die Verbindung in kleinen glänzenden Nadeln an. LIEBIG (*Ann. Chim. Phys.* 24, 305).

Knallsaures Zinkoxyd-Goldoxyd? — Knallsaurer Zinkoxyd-Baryt fällt aus verdünntem normalen Dreifachchlorgold ein braunes, explodirendes Pulver, schon bei Mittelwärme in Ammoniak, Salzsäure und Vitriolöl löslich, aus welchem letzteren Wasser ein dunkelpurpurrothes Pulver fällt. — Die vom braunen Pulver abfiltrirte Flüssigkeit liefert beim Abdampfen gelbe, unter Rücklassung von metallischem Gold verpuffende 6seitige Säulen, nicht in Wasser und Salzsäure, aber in Salpetersalzsäure löslich. E. DAVY (*Jahresber.* 12, 128).

Knallsaures Platinoxyd-Zinkoxyd? — Knallsaurer Zinkoxyd-Baryt gibt mit schwefelsaurem Platinoxyd einen braunen Niederschlag, welcher aufser schwefelsaurem Baryt auch Platin und Knallsäure hält und beim Erhitzen zwar nicht verpufft, aber verzischt. — Die vom braunen Niederschlage abfiltrirte Flüssigkeit liefert bei Abdampfen die reine Verbindung in kleinen gelbbraunen, heftig verpuffenden Säulen. E. DAVY.

Knallsaures Palladoxydul-Zinkoxyd? — Knallzink gibt mit salpetersaurem Palladoxydul einen dunkelbraunen, nach dem Trocknen olivenbraunen, verpuffenden, nicht in Wasser löslichen Niederschlag. E. DAVY.

Gepaarte Verbindungen der Stickstoffkerne.

Trigensäure. $C^8N^3H^7O^4 = C^8N^2AdH^5,O^4$?

Liebig u. Wöhler (1846). *Ann. Pharm.* 59, 296.

Bildung. Beim Einwirken des Cyansäuredampfes auf trocknes Aldehyd (IV, 614).

Darstellung. Man leitet den durch Erhitzen von Cyanursäure erzeugten Cyansäuredampf in wenige Gramme trocknes Aldehyd, welches mit kaltem Wasser umgeben ist; dasselbe erwärmt sich, kommt durch Kohlensäurebildung in heftiges Aufbrausen, und erfüllt das Gefäfs mit einem Schaume, der endlich zu einer blasigen Masse erstarrt. Bei gröfseren Aldehydmengen ist das Aufkochen zu heftig. — Noch besser kühlt man das Aldehyd mit Eis ab, und bringt es nach der Beladung mit Cyansäuredampf, welche ganz ruhig von statten geht, an einen temperirten Ort, an welchem erst das Aufbrausen erfolgt, und, wie eine Gährung, Stunden und Tage lang fortdauert, bis entweder eine zähe halberstarrte Masse oder ein gelblicher Syrup bleibt, in welchem sich allmälig Krystallrinden bilden. — Man löst die auf eine dieser Weisen erhaltene Masse, welche auch Cyamelid, Aldehydammoniak und vielleicht noch andere Nebenproducte hält, in mäfsig starker Salzsäure, kocht so lange, als noch Aldehyddampf fort geht, und filtrirt heifs. Bei mehrtägigem Stehen des Filtrats in der Kälte schiefst die meiste Trigensäure an; die Mutterlauge liefert noch einige Krystalle. Sie werden in Wasser gelöst, durch Thierkohle entfärbt und wieder krystallisirt.

Eigenschaften. Weifse kleine Nadeln, meist sternförmig vereinigt, schwach sauer schmeckend und reagirend.

	Krystalle		Liebig u. Wöhler
8 C	48	37,21	38,15
3 N	42	32,56	31,24
7 H	7	5,42	5,94
4 O	32	24,81	24,67
$C^8N^3H^7O^4$	129	100,00	100,00

Zersetzungen. Die Säure schmilzt beim Erhitzen unter Zersetzung und Verkohlung, entwickelt alkalisch reagirende, stark nach Chinolin riechende Dämpfe, und gibt bei der trocknen Destillation zuerst ein alkalisch reagirendes, scharf schmeckendes, nach Chinolin riechendes Destillat, dann Dämpfe von Cyansäure. Das Destillat gesteht zu einer gelblichen weichen Masse, und liefert bei der Destillation mit Kali öliges Chinolin, während beim Kali Cyanursäure bleibt.

Verbindungen. Die Säure löst sich schwer in *Wasser*.

Trigensaures Silberoxyd. Das klare Gemisch von Trigensäure und neutralem salpetersauren Silberoxyd setzt bei allmäligem Zufügen von verdünntem Ammoniak trigensaures Silberoxyd als ein weifses Pulver ab, unter dem Mikroskop aus durchsichtigen kugelförmigen Krystallen zusammengefügt, sich im Lichte violett, bei 120 bis 130° unter Wasserverlust hellbraun und bei 160° unter Schmelzung und Ausstofsen eines dicken, nach Chinolin riechenden Dampfes schwarz färbend.

	Bei 116° getr.		LIEBIG u. WÖHLER
AgO	116	49,15	48,47
8 C	48	20,34	
3 N	42	17,80	
6 H	6	2,54	
3 O	24	10,17	
$C^8N^3H^6AgO^4$	236	100,00	

Die Trigensäure löst sich kaum in Weingeist. LIEBIG u. WÖHLER.

Thialdin. $C^{12}NH^{13}S^4$.

WÖHLER u. LIEBIG (1847). *Ann. Pharm.* 61, 1.

Bildung und Darstellung. Man leitet durch die Lösung von 1 Th. Aldehydammoniak in 12 bis 16 Th. Wasser, nachdem auf jede Unze Lösung 10 bis 15 Tropfen wässriges Ammoniak zugefügt sind, einen schwachen Strom Hydrothiongas 4 bis 5 Stunden lang. Die Flüssigkeit trübt sich in $\frac{1}{2}$ Stunde weifslich, und setzt allmälig unter Klärung, welche die Beendigung der Arbeit anzeigt, grofse campherartige Krystalle ab. Man wäscht diese nach dem Abtröpfeln auf dem Trichter mit Wasser, trocknet sie durch Pressen zwischen Papier zur Entfernung von Hydrothion-Ammoniak, löst sie in Aether, lässt die Lösung nach dem Zusatz von $\frac{1}{3}$ Maafs Weingeist an der Luft verdunsten, und giefst, sobald die sich bildenden Krystalle nicht mehr von der Mutterlauge bedeckt sind, diese ab, welche bei weiterem Verdunsten noch gelbliche Krystalle liefert, und endlich blofs noch Hydrothionammoniak enthält. $3(NH^3,C^4H^4O^2)+6HS=C^{12}NH^{13}S^4+2NH^4S+6HO$. — Bisweilen scheidet sich beim Durchleiten des Hydrothions statt der Krystalle ein farbloses, schweres, stinkendes öliges Gemisch von Thialdin mit einer besondern Flüssigkeit ab. Um hieraus das Thialdin zu erhalten, decanthirt man die meiste wässrige Flüssigkeit vom Oel, schüttelt dieses mit seinem halben Maafs Aether, welcher dasselbe sogleich löst, giefst diese Lösung von der übrigen wässrigen Flüssigkeit ab, schüttelt sie in einer verschlossenen Flasche stark mit etwas concentrirter Salzsäure, wäscht den aus Nadeln bestehenden Krystallbrei von salzsaurem Thialdin auf dem Filter mit Aether, benetzt die Krystalle nach dem Trocknen mit concentrirtem wässrigen Ammoniak, und erwärmt sie mit Aether, welcher das freigemachte Thialdin löst, und bei freiwilligem Verdunsten krystallisch absetzt.

Eigenschaften. Wasserhelle glänzende Krystalle von der Form des Gypses; stark das Licht brechend; von 1,191 spec. Gew. bei 18°. Es schmilzt bei 43° und erstarrt bei 42° wieder krystallisch; es verdunstet bei Mittelwärme an der Luft ohne Rückstand, und lässt sich mit Wasser unzersetzt überdestilliren, wird aber beim Erhitzen für sich zersetzt. Es riecht eigenthümlich gewürzhaft, auf die Dauer unangenehm, und ist neutral gegen Pflanzenfarben.

	Krystalle		WÖHLER u. LIEBIG
12 C	72	44,17	43,80
N	14	8,58	8,50
13 H	13	7,98	8,01
4 S	64	39,27	39,14
$C^{12}NH^{13}S^4$	163	100,00	99,48

$3C^4H^3S,NH^4S$. Wöhler u. Liebig. — $C^{12}NH^{11}S^4,H^2$? Gm.

Zersetzungen. 1. Bei der trocknen Destillation zerfällt das Thialdin in ein übelriechendes Oel, welches nach längerer Zeit zum Theil erstarrt, und in einen schwefelhaltenden dunkelbraunen syrupartigen Rückstand. — 2. Bei der bis zum Glühen gesteigerten Destillation mit Kalkhydrat liefert es Chinolin. — 3. Für sich, oder an Säuren gebunden, zerfällt es beim Erwärmen mit wässrigem salpetersauren Silberoxyd in sich verflüchtigendes Aldehyd, in niederfallendes Schwefelsilber und gelöst bleibendes saures salpetersaures Ammoniak. $C^{12}NH^{13}S^4 + 4(AgO,NO^5) + 2HO = 3C^4H^4O^2 + 4AgS + NH^3 + 4NO^5$. — 4. Das in Weingeist gelöste Thialdin fällt den Bleizucker nach einiger Zeit weifs, dann gelb, dann schwarz; den Aetzsublimat erst weifs, dann gelb; das Zweifachchlorplatin erst nach einiger Zeit schmutziggelb. — 5. Das Thialdin gibt mit wässrigem Cyanquecksilber einen weifsen Niederschlag, welcher beim Kochen zu schwarzem Schwefelquecksilber wird; hierbei sublimiren sich in der Retorte weifse feine Nadeln, sehr flüchtig, nicht in Wasser, aber in Weingeist und Aether löslich, vielleicht Thialdin, in welchem der Schwefel durch Cyan vertreten ist.

Verbindungen. Das Thialdin löst sich sehr wenig in *Wasser*.

Es löst sich in den *Säuren,* damit weifse krystallisirbare Salze bildend.

Salzsaures Thialdin. — Die mit Thialdin gesättigte Salzsäure behält saure Reaction. War das Thialdin durch die fremde Substanz (V, 47) verunreinigt, so zeigt diese in der salzsauren Lösung ihren Geruch stärker, lässt sich aber durch Schütteln mit Aether sogleich entziehen. — Die Lösung liefert, an der Luft verdunstet, oder im Wasserbade eingeengt, dann erkältet, wasserhelle, sehr glänzende, oft zolllange Säulen. Dieselben bräunen sich in der Hitze, ohne zu schmelzen, und liefern sublimirten Salmiak und ein sehr übelriechendes, mit trüber Flamme brennendes Gas. Sie lösen sich viel leichter in Wasser, als in Weingeist, besonders reichlich in der Hitze; nicht in Aether.

	Krystalle		Wöhler u. Liebig
12 C	72	36,11	35,35
N	14	7,02	6,79
14 H	14	7,02	6,92
4 S	64	32,10	31,97
Cl	35,4	17,75	17,47
$C^{12}NH^{13}S^4,HCl$	199,4	100,00	98,50

Salpetersaures Thialdin. — Man sättigt verdünnte Salpetersäure mit reinem Thialdin, dampft ab und erkältet; oder man verwandelt die ätherische Lösung des unreinen Thialdins durch Zusatz von Salpetersäure in einen Krystallbrei, den man mit Aether wäscht, in Wasser löst und krystallisiren lässt. — Weifse feine Nadeln, in der Hitze schmelzend und sich zersetzend. Sie lösen sich leichter in Wasser, als das salzsaure Thialdin; sie lösen sich leichter in heifsem, als in kaltem Weingeist, nicht in Aether.

	Krystalle		Wöhler u. Liebig
12 C	72	31,86	31,75
2 N	28	12,39	
14 H	14	6,19	6,36
4 S	64	28,32	28,40
6 O	48	21,24	
$C^{12}NH^{13}S^4,HO,NO^5$	226	100,00	

Das Thialdin löst sich leicht in *Weingeist*, und noch leichter in *Aether;* sein Pulver zerfliefst in mit Aetherdampf beladener Luft. Wöhler u. Liebig.

Selenaldin. $C^{12}NH^{13}Se^4$?

Wöhler u. Liebig (1847). *Ann. Pharm.* 61, 11.

Man leitet durch eine mäfsig gesättigte wässrige Lösung von Aldehydammoniak zuerst Wasserstoffgas, um die Luft aus dem Apparate auszutreiben, hierauf Hydroselengas, aus Seleneisen und verdünnter Schwefelsäure entwickelt. Was von diesem Gase unabsorbirt entweicht, wird in einem mit Kalilauge gefüllten Liebig'schen Kugelapparat verdichtet. Hat die Flüssigkeit nach vorausgegangener Trübung die Krystalle von Selenaldin abgesetzt, so treibt man das übrige Hydroselengas durch Wasserstoffgas aus dem Apparat, verdrängt dann die über den Krystallen befindliche, Hydroselenammoniak haltende, Mutterlauge, welche beim Luftzutritt Selen absetzen würde, durch einen Strom luftfreien kalten Wassers, sammelt die Krystalle auf dem Filter, drückt sie zwischen Papier, und trocknet sie über Vitriolöl.

Kleine farblose Krystalle, mit denen des Thialdins wohl isomorph; von schwachem unangenehmen Geschmacke.

Das Selenaldin zersetzt sich beim Erhitzen leicht, unter Entwicklung eines sehr stinkenden Gases. Es entwickelt beim Kochen mit Wasser eine sehr stinkende Materie, und setzt ein gelbes Pulver ab. Seine Lösung in Wasser, Weingeist oder Aether setzt an der Luft, wie es scheint, unter Bildung von Aldehydammoniak, ein pomeranzengelbes amorphes Pulver ab, welches unter kochendem Wasser zu einer rothgelben, lange weich bleibenden Masse schmilzt, welches beim Erhitzen für sich unter Verkohlung ein höchst stinkendes Selen-haltendes Oel liefert, und welches sich weder in Weingeist, noch in Aether löst.

Das Selenaldin löst sich wenig in *Wasser.* — Es löst sich leicht in verdünnter *Salzsäure* zu einer Flüssigkeit, aus der es durch Ammoniak wieder gefällt wird, und welche [an der Luft?] ebenfalls schnell ein gelbes Pulver absetzt, und einen sehr widrigen Geruch entwickelt. — Es löst sich leicht in Weingeist und Aether, krystallisirt aber daraus nicht mehr beim Verdunsten im Vacuum über Vitriolöl, sondern zersetzt sich dabei unter theilweiser Verflüchtigung, so dass das Vitriolöl Ammoniak aufnimmt, während das gelbe Pulver zurückbleibt. Wöhler u. Liebig.

h. Arsidkerne.

α. Arsidkern C^4ArH^3.

R. BUNSEN. *Pogg.* 40, 219; — 42, 145. — *Ann. Pharm.* 37, 1; — 42, 14; — 46, 1.

Unter Arsid, Ar wird mit LAURENT AsH^2 verstanden, wie Amid, Ad = NH^2 ist.

CADET fand 1760, dass bei der Destillation von essigsaurem Kali mit gleich viel arseniger Säure aufser metallischem Arsen und arsenhaltender Essigsäure eine schwerere braunrothe, sich an der Luft bei Mittelwärme entzündende Flüssigkeit (*CADET's rauchende arsenikalische Flüssigkeit*) überging. — DURANDE (*Morveau Anfangsgründe d. theor. u. prakt. Chem.* 3, 29) bestätigte diesen Versuch. THÉNARD untersuchte diese Flüssigkeit, welche der Hauptsache nach BUNSEN's Alkarsin oder Kakodyloxyd ist, genauer; aber erst BUNSEN's muhevollen und genauen Arbeiten gelang es, nicht blofs die Zusammensetzung dieser Flüssigkeit, sondern auch eine grofse Reihe damit verwandter Verbindungen, die der Kakodyl-Reihe, zu entdecken, welche Er von einem metallähnlichen Radical, dem Kakodyl, C^4AsH^6, ableitet. Dagegen betrachten LAURENT (*Rev. scient.* 14, 327), DUMAS (*N. Ann. Chim. Phys.* 8, 362) und GERHARDT (*Précis,* 1, 389; 2, 445) diese Verbindungen als der Vinereihe angehörig, und nehmen als Kern, von welchem diese Verbindungen ausgehen, die dem Vine analoge Verbindung $C^4AsH^5 = C^4ArH^3$ an, wie ja auch die Kakodylverbindungen aus einer Verbindung der Vinereihe, nämlich aus der Essigsäure gebildet werden, und wie Kakodyl durch Destillation mit Vitriolöl wieder weinschwefelsaures Weinöl zu liefern scheint.

Vinars. $C^4AsH^5 = C^4ArH^3$.

BUNSEN. *Ann. Pharm.* 42, 18.

Aréthase. LAURENT.

Darstellung. Durch die Behandlung von Chlorkakodyl, C^4AsH^6Cl mit weingeistigem Kali erhält man Chlorkalium und eine nicht mit concentrirtem Kali mischbare Flüssigkeit, welche sich durch wiederholte Behandlung mit Kali und gebrochene Destillation vom meisten Weingeist, der weniger flüchtig ist, befreien lässt. $C^4AsH^6Cl + KO = C^4AsH^5 + KCl + HO$.

Eigenschaften. Wasserhelle dünne Flüssigkeit, fast so flüchtig, wie Vinäther, von widrigem ätherischen Alkarsingeruch.

Verbindungen. Mischt sich mit *Wasser* und *Weingeist* nach allen Verhältnissen. BUNSEN.

Kakodyl. $C^4AsH^6 = C^4ArH^3,H$.

BUNSEN. *Ann. Pharm.* 42, 25.

Bildung. Lässt sich aus Chlorkakodyl durch Zink, Zinn oder Eisen bei 90 bis 100° ausscheiden, aus Schwefelkakodyl oder Bromkakodyl durch Quecksilber bei 200 bis 300°. $C^4AsH^6Cl + Zn = C^4AsH^6 + ZnCl$.

Darstellung. Man erhitzt bei völliger Abhaltung der Luft reines Zink mit reinem Chlorkakodyl 3 Stunden lang auf 100°, entzieht das gebildete Chlorzink durch Wasser und entwässert das sich als Oel niedersenkende Kakodyl durch Chlorcalcium.

Das Genauere dieser, wegen der Entzündlichkeit des Kakodyls an der Luft sehr schwierigen Arbeit ist Folgendes: Um völlig Alkarsin-freies Chlorkakodyl zu erhalten, digerirt man Alkarsin 3mal mit concentrirter Salzsäure, bis das gebildete Chlorkakodyl nicht im Geringsten mehr an der Luft raucht. Hierauf befreit man es durch mehrtägige Digestion über einem Gemenge von Chlorcalcium und Kalk von allem Wasser und Salzsäure. Zu diesem Zwecke wird eine von oben nach unten gehende Glasröhre in der Mitte zu einer Kugel erweitert, hierauf unten unter einem spitzen Winkel aufwärts gebogen, dann wieder unter demselben spitzen Winkel senkrecht abwärts; die Kugel hält Chlorcalcium mit Kalk. Man leitet durch das obere Ende dieses Apparats (1) trokues kohlensaures Gas hinein, um alle Luft auszutreiben, senkt das untere Ende in das unter der Salzsäure befindliche Chlorkakodyl und zieht es durch eine am oberen Ende mittelst eines Kautschukrohrs befestigte Handluftpumpe in den Apparat, worauf man seine beiden Enden zuschmelzt, und einige Tage hinstellt. Zur Zersetzung des so gereinigten Chlorkakodyls mittelst des Zinkes dient folgender Apparat (2): Eine Glasröhre geht eine kurze Strecke schräg aufwärts, dann unter einem spitzen Winkel vertical abwärts, dann unter demselben spitzen Winkel schräg aufwärts und ist auf dieser Strecke in der Mitte zu einer Kugel aufgeblasen; hierauf geht sie wieder unter demselben spitzen Winkel eine längere Strecke senkrecht abwärts und hält auch hier eine Kugel; endlich geht sie in kleinen Strecken unter spitzen Winkeln zuerst schräg aufwärts, dann senkrecht abwärts. Man füllt die obere Kugel dieses Apparats mit dünnem Zinkblech, welches, mit verdünnter Schwefelsäure behandelt, dann mit Wasser gewaschen, dann getrocknet und in gewundene Späne zerschnitten ist, füllt den Apparat sorgfältig mit trockenem kohlensauren Gas, saugt das Chlorkakodyl in die obere Kugel, schmelzt beide Enden der Röhre zu, und bringt den Apparat 3 Stunden lang ins Wasserbad. Das Zink löst sich schnell ohne Gasentwicklung unter einiger Verdunkelung der Flüssigkeit. Diese setzt anfangs beim Abkühlen auf + 50° grofse Würfel ab, wohl eine Verbindung von Chlorzink mit Chlorkakodyl, die beim Erhitzen der Flüssigkeit wieder verschwinden. Endlich nach völliger Entziehung des Chlors erscheint der Inhalt der Kugel bei 100° als eine weifse trockne Masse, welche erst bei 110 bis 120° wieder zu einem Oele schmilzt. Hierauf taucht man die untere Spitze des noch heifsen Apparats in ausgekochtes und erkältetes Wasser, bricht sie ab, so dass sich das Wasser beim Erkalten hineinzieht, schmelzt sie zu und lässt das Wasser durch Neigung des Apparats aus der unteren Kugel in die obere gelangen, wo es bei längerer Digestion das gebildete Chlorzink löst, während, aufser dem überschüssigen Zink, das Kakodyl als ein Oel zurückbleibt. Dieses wird hierauf im Apparat (1) getrocknet, hierauf nochmals in den Apparat (2) aufgesogen, und nochmals über reinem Zink digerirt, wobei sich nur noch wenig Chlorzink bildet. Man destillirt das Kakodyl dann von diesem in die untere Kugel ab, erkältet das wasserhelle Destillat auf —6°, bis $^2/_3$ krystallisirt sind, giefst den noch flüssig gebliebenen Theil in die obere Kugel zurück, digerirt wieder mit dem Zink und destillirt dann, und so noch 3mal. So erhält man endlich das reine Kakodyl in der untern Kugel.

Eigenschaften. Krystallisirt bei —6° in glänzenden grofsen quadratischen Säulen. Bei Mittelwärme wasserhelles, stark das Licht brechendes dünnes Oel, schwerer als Wasser. Siedet nahe bei 170°; Dampfdichte = 7,101. Vom Geruch des Alkarsins.

			Bunsen		Maafs	Dichte
4 C	24	22,86	22,27	C-Dampf	4	1,6640
As	75	71,43	71,15	As-Dampf	½	5,1998
6 H	6	5,71	5,40	H-Gas	6	0,4158
C^4ArH^3,H	105	100,00	98,82	Kakodyldampf	1	7,2796

Nach Bunsen ist das Kakodyl der Radikaltheorie gemäfs ein metallähnliches Radical, dem Aethyl, C^4H^5 und ähnlichen nicht fur sich bekannten Radicalen dieser Theorie entsprechend, und dass es gelungen ist, von diesen Radicalen aufser dem Cyan und etwa noch dem Mellon auch das Kakodyl fur sich darzustellen, wird als eine grofse Stütze der Radicaltheorie angesehen. Es ist übrigens auffallend, dass das Kakodyl erst bei 170° siedet, dagegen seine Verbindung mit 1 At. Sauerstoff, das Alkarsin, schon bei 150°, während sonst der Zutritt von Sauerstoff jedesmal den Siedpunct einer org. Verbindung erhöht. Es könnte daher das Kakodyl auch eine gepaarte Verbindung sein $= C^8As^2H^{12} = C^4ArH^3, C^4ArH^3, H^2$. — Bunsen gibt dem Kakodyl das Zeichen Kd, Berzelius (*Jahresber.* 24, 641) das Zeichen Kk; Letzterer betrachtet das Kakodyl als eine Verbindung von Acethyl mit Arsenwasserstoff $= C^4H^3, AsH^3$, und hiernach sind sämmtliche Verbindungen der Kakodylreihe Verbindungen von Arsenwasserstoff mit Acetyl und dessen Verbindungen.

Zersetzungen. 1. Das Kakodyl, in einer oben zugeschmolzenen gekrümmten Röhre etwas über den Siedpunct des Quecksilbers erhitzt, zersetzt sich, ohne Abscheidung von Kohle, in Arsen und in ein Gemenge von 2 Maafs Sumpfgas und 1 M. Vinegas. $2C^4AsH^6 = 2C^2H^4 + C^4H^4 + 2As$. Das Gasgemenge hält etwas Kakodyldampf beigemengt, daher es mit bunter leuchtender Flamme und unter Absatz von etwas Arsen verbrennt, und daher es sich, über Wasser mit Chlorgas gemengt, mit feuerrothem Lichte und unter Absatz von Kohle entflammt. Vitriolöl nimmt aus dem Gasgemenge das Vinegas nebst dem Kakodyldampf auf, und lässt das Sumpfgas. 6 Maafs des Gasgemenges, mit Sauerstoffgas verpufft, verzehren 14 M. Sauerstoffgas und erzeugen 8 M. kohlensaures Gas. [4 M. Sumpfgas verzehren 8 M. Sauerstoffgas und bilden 4 M. kohlensaures; 2 M. Vinegas verzehren 6 M. Sauerstoffgas und erzeugen 4 M. kohlensaures $= 4 + 2 : 8 + 6 : 4 + 4$.] — 2. Bei der Destillation des Kakodyls mit trocknem Chlorzink gehen Flüssigkeiten von verschiedenem Siedpunct über, welche Gemische von einem Kohlenwasserstoff, unzersetztem Kakodyl und einer besonderen Arsenverbindung zu sein scheinen. — Digerirt man in dem Apparat (2) (V, 51) so lange Zink mit Chlorkakodyl, bis es ganz in eine weifse Krystallmasse verwandelt ist, und erhitzt diese schnell im Oelbade, so geht von 200° an bis zu 260° ohne alle Gasentwicklung eine farblose Flüssigkeit über. Wird diese in einen frischen Apparat (2) aufgesogen und darin durch längere Digestion mit Zink vom Rest des Chlors befreit und hierauf im Oelbade erst bei 90 bis 100°, dann bei 100 bis 170°, dann bei 170 bis 200° destillirt, und jedes dieser 3 Destillate besonders aufgefangen, indem man nach der Gewinnung des ersten Destillats den Rückstand in einen frischen Apparat saugt, und darin die Destillation bis 170° fortsetzt, und hierauf den Ruckstand in einem frischen Apparat (2) bis zu 200° erhitzt, so zeigen sich alle 3 Destillate wasserhell und dünnflüssig. Das erste bleibt bei — 18° flüssig, riecht eigenthumlich, hält nur wenig Kakodyl und entzündet sich kaum an der Luft. Das zweite und dritte Destillat liefern bei — 8° grofse Säulen von Kakodyl und entzünden sich sehr leicht an der Luft. Diese Destillate haben folgende Zusammensetzung.

	bei 90 bis 100°	bei 100 bis 170°	bei 170 bis 200°
C	28,95	26,31	19,88
As	64,31	67,15	75,53
H	7,26	6,46	4,82
	100,52	99,92	100,23

3. An der Luft entzündet es sich bei Mittelwärme, noch leichter als Alkarsin. Bei der Verbrennung erhält man Kohlensäure, arsenige Säure und Wasser; fehlt es für die vollständige Verbrennung an Luft, so setzt sich zugleich Erythrarsin und eine schwarze Lage von übelriechendem Arsen ab. Versucht man, einen Tropfen auszugie-

fsen, so entzündet er sich, noch ehe er sich vom Rande der Flasche ablöst; ein mit Kakodyl befeuchteter Glasfaden entflammt sich sogleich an der Luft. — Bei sparsamem Luftzutritt stöfst das Kakodyl weifse Nebel aus, und verwandelt sich, je nach der Menge des hinzutretenden Sauerstoffs theils in Alkarsin, theils in Kakodylsäure. Aus dem so erhaltenen Alkarsin lässt sich durch Wasserstoffsäuren wieder Chlorkakodyl u. s. w., und aus diesem wieder Kakodyl herstellen.

4. Im Chlorgas entzündet sich das Kakodyl bei Mittelwärme mit heller Flamme und unter Absatz von Kohle. Durch Chlorwasser wird es augenblicklich in Chlorkakodyl verwandelt.

5. Durch Auflösen von weniger Schwefel wird es zu wasserhellem flüssigen Schwefelkakodyl, C^4AsH^6S, durch Aufnahme von mehr Schwefel zu Kakodylsulfid, $C^4AsH^6S^3$, welches aus Aether in grofsen Krystallen anschiefst.

6. Beim Lösen in Salpetersäure wird es zu Alkarsin und in der Hitze zu Kakodylsäure oxydirt.

7. Es löst sich in rauchendem Vitriolöl ohne Schwärzung, entwickelt aber schon in der Kälte viel schwefligsaures Gas und gibt dann bei der Destillation einen angenehm ätherisch riechenden Stoff, der weinschwefelsaures Weinöl zu sein scheint.

8. Bei der Digestion mit Salzsäure und Zink liefert es, neben andern Producten, auch Erythrarsin. Auch mit phosphoriger Säure, Einfachchlorzinn und andern kräftigen Reductionsmitteln scheint es diesen Körper zu liefern. BUNSEN.

Kakodyloxyd oder Alkarsin. $C^4AsH^6O = C^4ArH^3,HO$.

CADET. *Mem. de Math. et Phys. present. des Sçavants etrang.* 3, 633; auch *Crell Neust. chem. Arch.* 1, 212.
THÉNARD. *Ann. Chim.* 52, 54; auch *Bull. philom. Nr.* 86, 202; auch *A. Gehl.* 4, 292.
BUNSEN. *Pogg.* 40, 219; — 42, 145. — *Ann. Pharm.* 37, 6; 42, 19.
DUMAS. *Ann. Pharm.* 27, 148. — *N. Ann. Chim. Phys.* 8, 362.

Acétite oleoarsenical. THÉNARD. [*Lanavinars.*] — Das *Geschichtliche* s. (V, 50).

Bildung. Beim Erhitzen von essigsaurem Kali und mehreren andern essigsauren Salzen mit gleichviel arseniger Säure. — [Falls man die vielen andern Producte, die hierbei auftreten, nicht für wesentlich, sondern vielleicht durch den Ueberschuss von arseniger Säure und zu starke Hitze hervorgebracht halten darf, so ist die Gleichung: $2C^4H^3KO^4 + AsO^3 = C^4AsH^6O + 2(KO,CO^2 + 2CO^2]$. — BERZELIUS lässt, was ungefähr dasselbe ist, das Alkarsin aus der hypothetisch trockenen Essigsäure entstehen, nach folgender Gleichung: $2C^4H^3O^3 + AsO^3 = C^4AsH^6O + 4CO^2$; und BUNSEN aus dem sich aus dem essigsauren Kali entwickelnden Aceton nach folgender Gleichung: $C^6H^6O^2 + AsO^3 = C^4AsH^6O + 2CO^2$.

Bei der Destillation von essigsaurem Kali mit gleichviel arseniger Säure entwickelt sich reichlich kohlensaures, Kohlenwasserstoff- und Arsenwasserstoff-Gas, es sublimirt sich metallisches Arsen, und in der mit Eis und Kochsalz abgekühlten Vorlage verdichten sich 2 Destillate. Das untere blassgelbe, in welchem einige Theilchen von Arsen herumschwimmen, ist die CADET'sche Flüssigkeit [unreines Alkarsin], das obere braungelbe, wässrige saure und weniger rauchende Destillat ist als eine Lösung der unteren Schicht in wässriger Essigsäure zu betrachten. THÉNARD.

Bei dieser Destillation entwickelt sich viel kohlensaures Gas und Sumpfgas wenig Vinegas und viel Alkarsindampf, aber kein Arsenwasserstoffgas, und man erhält in der Vorlage zu unterst metallisches Arsen, darüber ein, 30 Proc. der arsenigen Säure betragendes, braunes ölartiges Gemisch von Alkarsin, mit etwas Erythrarsin, Essigsäure und arseniger Säure, und zu oberst eine Lösung von Alkarsin und arseniger Säure in Aceton, Essigsäure und Wasser. In der Retorte bleibt kohlensaures Kali. BUNSEN.

Darstellung. Man erhitzt essigsaures Kali mit gleich viel arseniger Säure im Freien in einer Glasretorte bei stark erkälteter Vorlage allmälig bis zum Glühen, bis sie zuletzt durch das gebildete kohlensaure Kali ins Schmelzen kommt, nimmt die Vorlage erst nach völligem Erkalten ab, damit sich die Flüssigkeit im Retortenhalse nicht entzündet, gießt das obere wässrige Destillat ab, bringt das braune ölige Destillat schnell in einen Kolben, schüttelt es wiederholt mit Wasser, und rectificirt es entweder, um den Rest der Essigsäure und arsenigen Säure und Erythrarsin zu entfernen, in einem mit kohlensaurem Gas gefüllten Apparate über Kalihydrat, oder besser, man destillirt es unter einer Schicht von luftfreiem Wasser. Das farblose Rectificat wird vom meisten Wasser mechanisch und vom Rest desselben durch Destillation über Baryt oder Kalk bei Abhaltung der Luft befreit. BUNSEN. Hierzu dient eine unter einem stumpfen Winkel knieförmig gebogene Glasröhre, deren rechter Schenkel länger ist, als der linke, an deren Enden Kugeln geblasen sind, die in Spitzen ausgehen. Nachdem die Kugel links mit kleinen Barytstücken gefüllt ist, füllt man diesen Apparat (3) mit kohlensaurem oder Wasserstoff-Gas, schmelzt die Spitze der leeren Kugel rechts zu, erhitzt diese Kugel und taucht die Spitze der Kugel links in die Flüssigkeit, welche beim Erkalten der Kugel rechts in die Kugel links aufsteigt. Hierauf schmelzt man auch die Spitze der Kugel links zu, bewirkt die Destillation durch behutsames Erhitzen der Kugel links mittelst einer Weingeistlampe, und Erkältung des Schenkels und der Kugel rechts mittelst kalten Wassers. (Bei zu starker, oder zu lange fortgesetzter Erhitzung entwickeln sich permanente Gase, welche ein Platzen des Apparates unter Bildung einer mehrere Fuſs hohen Flamme, welche die Gegenstände mit einer schwarzen Lage von stinkendem Arsen überzieht, veranlassen.) Endlich gieſst man 2mal das Destillat aus der Kugel rechts in die Kugel links zurück und destillirt 2mal wieder. — Die Umfüllung des so in der Kugel rechts erhaltenen reinen Alkarsins in andere kleinere Kugeln wird bei sorgfältiger Abhaltung der Luft in trockenem kohlensauren Gas vorgenommen, wobei man zuerst die Spitze der Kugel links öffnet, damit der eindringenden Luft durch die darin zurückgebliebene Flüssigkeit aller Sauerstoff entzogen werde, hierauf den rechten Schenkel der Röhre ritzt und abbricht, und von hier aus die langen Spitzen der zu füllenden Kugeln, nachdem diese mit kohlensaurem oder Wasserstoffgas gefüllt und erhitzt wurden, bis in das Destillat der Kugel rechts taucht, so dass es beim Erkalten in die Kugel eingesogen wird, worauf man deren Spitze zuschmelzt. Das Genauere s. (*Pogg.* 42, 147). Uebrigens lässt sich das Alkarsin auch unter Wasser in einer verschlossenen Flasche gut aufbewahren. BUNSEN.

THÉNARD reinigte die CADET'sche Flüssigkeit bloſs durch eine Rectification.

Eigenschaften. Gefriert bei —25° zu seidenglänzenden Krystallschuppen. Bei Mittelwärme wasserhelle Flüssigkeit von stark lichtbrechender Kraft; von 1,462 spec. Gew. bei 15°. Siedpunct ungefähr 150°; Dampfdichte 7,555. An der Luft stark rauchend. Zeigt einen furchtbar widrigen Geruch, der Monate lang den Kleidern anhaftet; reizt heftig zu Thränen und verursacht einen unerträglichen anhaltenden Reiz auf der Schleimmembran der Nase. Mit Luft eingeathmet, bewirkt der Dampf Uebelkeit und Brustbeklemmung, und bei empfindlichen Personen sogleich Erbrechen; er scheint vorzüglich die Nerven zu afficiren, jedoch der Gesundheit nicht bleibend zu schaden. Entflammt sich das Alkarsin nicht auf der Haut, so bewirkt es eine leichte Entzündung mit heftigem Jucken, durch Ueberschläge von essigsaurem Eisenoxyd zu beseitigen; aber gewöhnlich entflammt es sich darauf fast augenblicklich und erzeugt gefährliche Brandwunden. Neutral gegen Pflanzenfarben. BUNSEN. — Oelig, völlig verdampfbar, an der Luft dicke weifse Nebel von fürchterlich stinkendem arsenikalischen Geruch und betäubende Wirkung verbreitend. THÉNARD.

			BUNSEN	DUMAS		Maafs	Dichte
4 C	24	21,24	21,71	22,48	C-Dampf	4	1,6640
As	75	66,37	65,75	69,08	As-Dampf	$\frac{1}{2}$	5,1998
6 H	6	5,31	5,30	5,66	H-Gas	6	0,4158
O	8	7,08	7,24		O-Gas	$\frac{1}{2}$	0,5546
C^4ArH^3,HO	113	100,00	100,00	97,22	Alkarsindampf	1	7,8342

Vinäther, worin 1 H des Kerns durch AsH^2 oder Ar vertreten ist. — DUMAS betrachtet nach seiner Analyse das Alkarsin als C^4AsH^6 [dies wäre Kakodyl]. Auch BUNSEN übersah früher das O, bis BERZELIUS auf die Wahrscheinlichkeit seines Vorhandenseins aufmerksam machte.

Zersetzungen. 1. Aus dem Alkarsindampf schlägt sich beim Erhitzen nicht bis zum Glühen unter Bildung permanenter Gase Arsen und Erythrarsin nieder.

2. Das Alkarsin verbreitet an der freien Luft weifse Nebel, erhitzt sich durch rasche Sauerstoffabsorption und bricht schnell in eine fahle Flamme aus, unter Bildung von arseniger Säure, Kohlensäure und Wasser. Ein in der Luft herabfallender Tropfen entzündet sich, noch ehe er den Boden erreicht. Nach THÉNARD entzündet sich die Flüssigkeit an der Luft blofs, wenn Arsentheilchen in ihr herumschwimmen). Hindert man die Selbstentzündung des Alkarsins durch starke Erkältung, oder indem man die Luft nur sparsam durch eine kleine Oeffnung hinzutreten lässt, so verwandelt es sich allmälig unter Wärmeentwicklung in einen mit Krystallen von Kakodylsäure gemengten zähen Syrup, welcher die Zusammensetzung hat: $C^4AsH^6O^2 = C^4AsH^6O,C^4AsH^6O^3$, also als hypothetisch trockenes kakodylsaures Kakodyloxyd betrachtet werden kann. Dasselbe löst sich in wenig Wasser unzersetzt, setzt aber beim Zufügen von mehr Wasser Parakakodyloxyd als ein Oel ab, während die Kakodylsäure mit viel Parakakodyloxyd gelöst bleibt; bei 120 bis 130° lässt der Syrup das meiste Parakakodyloxyd überdestilliren. Der Syrup oxydirt sich an der Luft bei Mittelwärme kaum weiter, geht aber bei mehrtägigem Durchleiten von Sauerstoffgas oder Luft bei 60 bis 70° gröfstentheils in krystallisirte Kakodylsäure über. — [Das Parakakodyloxyd ist nach BUNSEN mit dem Kakodyloxyd isomer; die Kakodylsäure entsteht vielleicht nach folgender Gleichung; $C^4AsH^6O + 2O + HO = C^4AsH^7O^4$. Hiernach dürfte Alkarsin mit völlig trockner Luft keine Kakodylsäure bilden, es müsste denn zugleich ein Product mit weniger als 6H entstehen. Das Verhalten von Alkarsin gegen trockne Luft verdient daher geprüft zu werden.] — Bei zu raschem Luftzutritt bildet sich auch etwas arsenige Säure. — Unter Wasser in einem offenen Gefäfse verschwindet das Alkarsin langsam, in Wasser lösliche Verbindungen [Kakodylsäure ?] erzeugend. (Schon THÉNARD bemerkte die Bildung von Krystallen.)

3. Das Alkarsin entzündet sich im Chlorgas augenblicklich mit gelber, rufsender Flamme, unter Bildung von Chlorarsen und Salzsäure. Doch lässt sich aus der hierbei erzeugten Flüssigkeit, nach dem Verdünnen mit Wasser, nicht alles Arsen durch Hydrothion fällen, ein Zeichen, dass sich ein Theil desselben nicht als Chlorarsen, sondern noch in einer organischen Verbindung vorfindet. — Nach der Verbrennung zeigen sich Arsensäure, arsenige Säure und Essigsäure gebildet. THÉNARD. — 4. Brom erhitzt sich mit dem Alkarsin bis zur Entzündung, unter Fällung brauner Flocken. — 5. Iod löst sich darin zu einer farblosen Flüssigkeit auf, welche einen weifsen krystallischen Körper absetzt, in mehr Iod wieder löslich.

6. Mit rauchender Salpetersäure explodirt das Alkarsin, eine grofse lebhafte Flamme bildend. Durch kalte concentrirte oder durch heifse verdünnte Salpetersäure wird es in Kakodylsäure verwandelt. Diese lässt sich jedoch selbst bei längerem Erhitzen mit Salpetersäuse in einer zugeschmolzenen Glasröhre nicht wohl völlig zerstören. — Auch mit Salpetersalzsäure explodirt das Alkarsin. DUMAS.

7. Das Alkarsin reducirt auf nassem Wege [unter Bildung von Kakodylsäure?] das Quecksilber-, Silber- und Gold-Oxyd, die Arsensäure und das Indigblau. — Mit Kupferoxyd im Verbrennungsrohr geglüht, liefert es Kohlensäure, Wasser, Arsenkupfer in kleinen glänzenden Krystallen und nur wenig arsenige Säure und arsensaures Kupferoxyd.

8. Mit den Wasserstoffsäuren zersetzt sich das Alkarsin in Wasser und in einen Afer, in welchem der Sauerstoff des Alkarsins durch das Radical der Wasserstoffsäure vertreten ist.

9. Kalium, mit dem Alkarsin erhitzt, bewirkt eine feurige Explosion, wobei sich Kohle auszuscheiden und Arsenkalium zu bilden scheint; in der Kälte bleibt das Kalium anfangs blank, und verwandelt sich dann unter schwacher Gasentwicklung langsam in ein weifses Magma.

10. Mit wässrigem Cyanquecksilber bildet das Alkarsin, unter Reduction des Quecksilbers und theilweiser höherer Oxydation von Alkarsin, Cyankakodyl. BUNSEN.

Verbindungen. Das Alkarsin löst sich sehr sparsam in *Wasser*, unter Ertheilung seines durchdringenden Geruches.

Es löst *Phosphor* zu einer opalisirenden Flüssigkeit.

Es löst sich reichlich in wässriger *Phosphorsäure* zu einer stinkenden, sauer reagirenden, nicht krystallisirenden Flüssigkeit, welche beim Erhitzen in Wasser und Alkarsin und zurückbleibende Phosphorsäure zerfällt.

Es löst in der Wärme den *Schwefel* nach allen Verhältnissen zu einer rothen Flüssigkeit, aus welcher er beim Erkalten wieder strahlig krystallisirt.

Es liefert bei der Digestion mit nicht rauchendem *Vitriolöl* eine Flüssigkeit, welche beim Erkalten zu einer aus Nadeln bestehenden Krystallmasse erstarrt. Die Krystalle, durch Pressen zwischen Papier gereinigt, riechen höchst widrig, reagiren sauer und zerfliefsen an der Luft.

Es löst sich ohne Zersetzung in kalter mäfsig verdünnter *Sal-*

petersäure zu einer dicken Flüssigkeit, welche mit vielen schweren Metallsalzen eigenthümliche, jedoch sehr unbeständige Niederschläge liefert.

Es löst sich in wässrigem *Kali* zu einer braunen Flüssigkeit.

Alkarsin-Einfachbromquecksilber. Wahrscheinlich = 2HgBr, C^4ArH^4O. — Scheidet sich beim Mischen von [weingeistigem?] Einfachbromquecksilber mit in viel Weingeist gelöstem Alkarsin (auch mit solchem, welches sich bereits an der Luft langsam oxydirt hat) krystallisch aus, und lässt sich durch Umkrystallisiren reinigen. — Blassgelbweifses Krystallpulver oder Krystallblätter; geruchlos, von ekelkaft metallischem Geschmack. — Schmilzt bei gelindem Erhitzen im Verschlossenen unzersetzt, und liefert bei stärkerem unter Rücklassung von Kohle ein Sublimat von Halb- und Einfach-Bromquecksilber. und ein stinkendes bromhaltendes Destillat. Verflüchtigt sich beim Erhitzen an der Luft unter theilweiser Verbrennung, ohne Rückstand. Zersetzt sich beim Kochen der wässrigen Lösung. Zeigt übrigens dieselben Zersetzungen und dieselbe Löslichkeit in Wasser, wie die folgende Chlorverbindung.

Alkarsin - Einfachchlorquecksilber. 2HgCl,C^4ArH^4O. — Die verdünnte weingeistige Lösung des Alkarsins (auch des an der Luft langsam oxydirten) mit nur so viel verdünnter [weingeistiger?] Aetzsublimatlösung gemischt, dass der Alkarsingeruch nicht ganz aufgehoben wird, gibt einen weifsen voluminosen Niederschlag dieser Verbindung, mit Kalomel gemengt. Durch Auspressen des Niederschlages zwischen Papier, Auskochen mit Wasser, Filtriren und 3maliges Umkrystallisiren erhält man die Verbindung rein. Wendet man die Sublimatlösung im Ueberschuss an, so dass der Alkarsingeruch verschwindet, so wird die Verbindung durch diesen Ueberschuss zersetzt und man erhält dann oft blofs Kalomel. — Statt des Alkarsins lassen sich auch Cyankakodyl und andere Verbindungen von 1 At. Salzbilder mit 1 At. Kakodyl anwenden.

Die Verbindung schiefst bei schnellem Erkälten der wässrigen Lösung in zarten perlglänzenden Schuppen an, und bei sehr langsamem in kleinen rhombischen Tafeln mit Winkeln von ungefähr 60 und 120°. Uebrigens völlig geruchlos, verursacht sie beim Einziehen nur eines Stäubchens in die Nase einen lange anhaltenden, unerträglichen Geruch. Auf der Zunge erregt sie einen widrigen Metallgeschmack, und schon in der kleinsten Menge Uebelkeit, und sie wirkt in gröfserer Menge äufserst giftig.

			Bunsen
4 C	24	6,25	6,23
As	75	19,54	19,25
6 H	6	1,57	1,76
O	8	2,08	3,94
2 Hg	200	52,11	50,80
2 Cl	70,8	18,45	18,02
2HgCl+C^4ArH^3,HO	383,8	100,00	100,00

Wegen der Schwierigkeit der Analyse erhielt Bunsen zu viel Sauerstoff; neuerdings zieht Derselbe (*Ann. Pharm.* 46, 40) die unwahrscheinlichere Formel vor: $KkCl^2,Hg^2O$.

Die Verbindung zersetzt sich beim Erhitzen leicht, und liefert bei der trocknen Destillation, aufser stinkenden Dämpfen, ein aus Halb- und Einfach-Chlorquecksilber und Erythrarsin gemengtes Sublimat, eine lockere Kohle lassend, welche an der Luft unter Verbreitung von Arsengeruch ohne Rückstand verbrennt. Auch beim Erhitzen an der Luft verflüchtigt sich die Verbindung unter Zersetzung vollständig. — In wässriger Lösung für sich gekocht (schneller bei Gegenwart von überschüssigem Aetzsublimat) zerfällt die Verbindung in sich verflüchtigendes Chlorkakodyl, in niederfallendes Kalomel, und in Aetzsublimat und Kakodylsäure, welche gelöst bleiben. [Wohl so: $2(C^4AsH^6O,2HgCl) + 2HO = C^4AsH^6Cl + C^4AsH^7O^4 + 2Hg^2Cl + HCl$. Hiernach würde sich kein Einfachchlorquecksilber, sondern Salzsäure bilden, doch könnte diese beim Kochen einen Theil des Kalomels in Einfachchlorquecksilber und Quecksilber zersetzen. Es fragt sich daher, ob sich dem übrigen Kalomel Quecksilber beigemengt zeigt. Jedenfalls ist BUNSEN's (*Ann. Pharm.* 37, 46) Gleichung: $4(C^4AsH^6O,2HgCl) = 3C^4AsH^6Cl + 3Hg^2Cl + 2HgCl + C^4AsH^6O^4$ nicht zulässig, da sie in der Kakodylsäure blofs 6 H voraussetzt.] — Wässriges Hydriod bildet mit der Verbindung sogleich rothes Iodquecksilber, welches sich in der überschüssigen Säure unter Ausscheidung gelber Oeltropfen von Iodkakodyl löst. [$C^4AsH^6O,2HgCl + 3HJ = C^4AsH^6J + 2HgJ + 2HCl + HO$; BUNSEN gibt eine etwas abweichende Gleichung, wonach eine Verbindung von 2 At. Aetzsublimat mit 1 At. Hydriod entstände.] — Eben so zersetzt Salzsäure die Verbindung in Chlorkakodyl, Aetzsublimat und Wasser. $C^4AsH^6O,2HgCl + HCl = C^4AsH^6Cl + 2HgCl + HO$. — Andere Wasserstoffsäuren verhalten sich ähnlich. — Wässrige Phosphorsäure wirkt kaum zersetzend und liefert damit ein wässriges Destillat, welches nach Chlorkakodyl riecht, aber nur Spuren davon enthält. — Leicht reducirbare Metalloxyde, so wie Dreifachchlorgold werden durch die Verbindung, unter Bildung von Kakodylsäure eben so reducirt, wie durch freies Alkarsin. — Umgekehrt erhält man bei der Destillation mit phosphoriger Säure unter Abscheidung von Kalomel Chlorkakodyl, und eben so mit Zinn, Quecksilber und andern den Aetzsublimat reducirenden Substanzen. $2(C^4AsH^6O,2HgCl) + PO^3 = 2C^4AsH^6Cl + 2Hg^2Cl + PO^5$. — Zersetzt man die Lösung der Verbindung durch eine ungenügende Menge von Kali, so fällt gelbes Quecksilberoxyd nieder, welches durch das freigewordene Alkarsin und den unzersetzt gebliebenen Aetzsublimat in Kalomel verwandelt wird. Dieses geht bei weiterem Kalizusatz in Quecksilberoxydul über, welches dann wieder Alkarsin höher oxydirt und dadurch reducirt wird. — Die Verbindung löst sich in 477 Th. Wasser von 18°, in 288 Th. kochendem; auch löst sie sich in kaltem und reichlicher in heifsem Weingeist.

Alkarsin-salpetersaures Silberoxyd. $3C^4ArH^4O + AgO,NO^5$. — Löst man Alkarsin unter sorgfältiger Vermeidung aller Erhitzung in mäfsig starker Salpetersäure, verdünnt mit Wasser und mischt mit salpetersaurem Silberoxyd, so erfolgt ein reichlicher weifser körniger, schnell niedersinkender Niederschlag, welcher mit luftfreiem Wasser durch Decanthiren zu waschen ist. — Derselbe stellt im reinen Zustande ein weifses Krystallpulver dar, und zeigt sich unter der Linse aus demantglänzenden entscheitelten und entrandeten regelmäfsigen Oktaedern und aus Oktaedersegmenten bestehend. Er zersetzt sich im Lichte, an der Luft oder in Berührung mit organischen Körpern unter erst gelblicher, dann bräunlicher Färbung. Nach dem Trocknen über Vitriolöl erleidet er bei 90° keinen Wasserverlust und keine sonstige Veränderung. Bei 100° explodirt er mit Feuer, übelriechende Zersetzungsproducte liefernd. Er löst sich nicht in kalter Salpetersäure und wird durch warme rasch oxydirt. Er reducirt beim Kochen aus wässrigem salpetersauren Silberoxyd das Silber als einen Metallspiegel. Er wird nur schwierig durch wässriges Chlorbaryum zersetzt, wobei, aufser flüchtigen Kakodylverbindungen, Chlorsilber und salpetersaurer Baryt entstehen.

	Krystallisirt		BUNSEN
12 C	72	14,15	14,50
3 As	225	44,20	45,54
18 H	18	3,53	3,57
Ag	108	21,22	21,49
N	14	2,75	2,89
9 O	72	14,15	12,01
$3C^4AsH^6O+AgO,NO^5$	509	100,00	100,00

Das Alkarsin mischt sich mit *Weingeist* und *Aether* nach allen Verhältnissen, und wird aus dem Weingeist durch Wasser unverändert abgeschieden.

Es geht Verbindungen ein mit *Iodkakodyl*, *Bromkakodyl* und *Chlorkakodyl*. BUNSEN.

Parakakodyloxyd. $C^4AsH^6O = C^4ArH^3,HO$.

BUNSEN. *Pogg.* 42, 15.

Lässt man die Luft so sparsam zum Alkarsin treten, dass keine Erhitzung und Entzündung erfolgt, so verwandelt es sich in einen mit Krystallen von Kakodylsäure erfüllten Syrup, der immer langsamer den Sauerstoff absorbirt. Die so erhaltene zähe Masse, in Wasser gelöst und destillirt, liefert zuerst ein nach Alkarsin riechendes Wasser, dann zwischen 120 und 130° ein schwer in Wasser lösliches Oel, welches über Baryt getrocknet und durch Destillation bei abgehaltener Luft gereinigt wird. — Nach der ersten Destillation, die nicht bis zu 135° steigen darf, bleibt die Kakodylsäure und eine unwesentliche Menge arseniger Säure noch mit Parakakodyloxyd vermengt. — Wahrscheinlich vereinigt sich die bei der langsamen Oxydation des Alkarsins gebildete Kakodylsäure mit dem übrigen Alkarsin zu einer salzartigen Verbindung, welche der Oxydation hartnäckiger widersteht, und bei der Destillation trennt sich das Alkarsin in Gestalt des isomeren Parakakodyloxyds wieder von der Kakodylsäure; doch ist zu bemerken, dass sich das Alkarsin aus seiner Verbindung mit Phosphorsäure ebenfalls ungefähr bei 130° abdestilliren lässt, ohne sich hierbei in Parakakodyloxyd zu verwandeln.

Wasserhelles Oel, von eigenthümlich durchdringendem Geruch, ungefähr bei 120° siedend, nicht an der Luft rauchend. BUNSEN.

			BUNSEN
4 C	24	21,24	21,64
As	75	66,37	63,03
6 H	6	5,31	5,12
O	8	7,08	10,21
C^4AsH^6O	113	100,00	100,00

Bei der Bestimmung des Arsens fand ein kleiner Verlust statt.

Das Parakakodyloxyd geht an der Luft sehr schwierig, ohne merkliche Wärmeentwicklung, in Kakodylsäure über. Luft, bei 50 bis 70° mit dessen Dampf beladen, verpufft beim Anzünden sehr heftig. Es verhält sich gegen Wasserstoffsäuren wie das Alkarsin. — Dagegen gibt es mit wässrigem Cyanquecksilber, statt wie das Alkarsin Cyankakodyl zu liefern, einen braunen, pulvrigen Niederschlag, dem Paracyan ähnlich, nach getrockneten Morcheln riechend.

Es löst sich schwer in Wasser, und verhält sich auch gegen andere Lösungsmittel, so wie gegen Einfachchlorquecksilber, salpetersaures Silberoxyd und Zweifachchlorplatin wie das Alkarsin.

Kakodylsäure oder Alkargen. $C^4AsH^7O^4$.

BUNSEN. *Pogg.* 42, 145. — *Ann. Pharm.* 46, 2.

Bildet sich bei der langsamen Oxydation des Alkarsins an der Luft oder im Sauerstoffgas (V, 52 u. 55), so wie bei der Oxydation desselben durch concentrirte oder erhitzte Salpetersäure, durch Quecksilber-, Silber- oder Gold-Oxyd (*Ann. Pharm.* 37, 14) und, neben Kakodylsulfid, bei der Oxydation des Schwefelkakodyls an der Luft.

Darstellung. 1. Man lässt zum Alkarsin so langsam Luft treten, dass keine Entzündung erfolgt, leitet durch den erhaltenen Syrup in einer tubulirten Retorte mehrere Tage lang bei 60 bis 70° Sauerstoffgas oder Luft, bis fast Alles in krystallisirte Kakodylsäure verwandelt ist, entfernt das übrige Parakakodyloxyd gröfstentheils durch Abdestilliren desselben bei 130 bis 140°, und befreit die zurückbleibende Kakodylsäure vom Reste des Parakakodyloxyds durch Auspressen zwischen Papier, und 2maliges Krystallisiren aus absolutem Weingeist. So erhält man zwar reine, aber nur wenig Kakodylsäure, weil sich das Meiste beim Durchleiten des Sauerstoffgases durch den erhitzten Syrup verflüchtigt, wodurch zugleich die Luft unangenehm verpestet wird.

2. *Besser:* Man bringt Alkarsin mit Quecksilberoxyd unter Wasser zusammen, hindert durch Abkühlung von aufsen, oder Eingiefsen von kaltem Wasser, dass die Wärmeentwicklung nicht bis zum Kochen des Gemenges steigt, giefst die Flüssigkeit, wenn sie den Geruch nach Alkarsin verloren und sich geklärt hat, von dem reducirten Quecksilber ab, versetzt sie, um das gebildete kakodylsaure Quecksilberoxyd zu zerstören, so lange tropfenweise mit Alkarsin, bis sie beim Erhitzen kein Quecksilber mehr ausscheidet und bis sie einen schwachen Geruch nach Alkarsin zeigt, dampft sie ab, löst den Rückstand in Weingeist, lässt die Kakodylsäure daraus krystallisiren, und reinigt sie durch Umkrystallisiren aus Weingeist. So liefern 76 Th. Alkarsin mit 218 Th. Quecksilberoxyd 88 Th. Kakodylsäure. — [Nach BUNSEN's Formel der Kakodylsäure = $C^4AsH^7O^4$ ist die Gleichung: $C^4AsH^6O + 2HgO + HO = C^4AsH^7O^4 + 2Hg$. Hiernach hätten 113 Th. (1 At.) Alkarsin mit 216 Th. (2 At) Quecksilberoxyd 138 Th. (1 At.) Kakodylsäure zu liefern, = 76 (Alkarsin) : 145 (Quecksilberoxyd) : 92,8 (Alkarsin). — Nach der von GERHARDT (*Précis,* 2, 445) und früher auch von LAURENT vorgezogenen Formel der Kakodylsäure = $C^4AsH^5O^4$ ist die Gleichung: C^4AsH^6O

+ 4HgO = $C^4AsH^5O^4$ + 4Hg + HO. Hiernach liefern 113 Th. Alkarsin mit 432 Th. Quecksilberoxyd 136 Th. Kakodylsäure = 76 : 290,5 : 91,5. — Da nun nach Bunsen schon 218 Th. Quecksilberoxyd hinreichen, um 76 Th. Alkarsin in Kakodylsäure zu verwandeln, aber die Berechnung nach Gerhardt hierzu 290,5 Quecksilberoxyd verlangt, so ist dieser Umstand der Gerhardt-schen Formel der Kakodylsäure sehr ungünstig.]

Eigenschaften. Die Säure krystallisirt aus Weingeist in grofsen wasserhellen schiefen rhombischen Säulen. Ungefähr *Fig.* 106; i : t = 97° 27′; u : u nach hinten = 119° 52′. — Die Krystalle schmelzen bei 200°, ohne Wasser zu verlieren, jedoch unter Entwicklung eines stechenden arsenikalischen Geruchs und bräunlicher Färbung, zu einem Oel, welches erst bei 90° zu einer strahligen Masse erstarrt. Die Säure ist geruchlos, schmeckt und reagirt säuerlich, und zeigt keine giftige Wirkung. — 6 Gran Säure, in den Magen, oder 7 Gran, in die Jugularvene, oder 4 Gran, in die Lunge eines Kaninchens gespritzt, bewirken nicht das geringste Unwohlsein.

	Ber. nach Bunsen			Ber. nach Gerhardt		Bunsen
4 C	24	17,39	4 C	24	17,65	17,44
As	75	54,35	As	75	55,15	56,27
7 H	7	5,07	5 H	5	3,67	5,01
4 O	32	23,19	4 O	32	23,53	21,28
$C^4AsH^7O^4$	138	100,00	$C^4AsH^5O^4$	136	100,00	100,00

Der von Bunsen gefundene Arsengehalt stimmt besser zu Gerhardt's Formel, der Wasserstoffgehalt besser zu Bunsen's. — Bunsen nimmt noch eine hypothetisch trockene Kakodylsäure = $C^4AsH^6O^3$ an, welche mit HO die krystallisirte Säure liefere. Nach der Gerhardt'schen Formel ist die krystallisirte Kakodylsäure Eisessig, in welchem 1 At. Wasserstoff des Kerns durch 1 At. Arsid = Ar = AsH^2 vertreten ist. So einfach diese Annahme auch sein würde, so stimmen damit doch Bunsen's genaue Analysen der Kakodylsäure und ihrer Salze zu wenig überein, da diese immer mehr Wasserstoff liefern, als Gerhardt's Formel zulässt (s. die folgenden Tabellen). Auch werden bei dieser Annahme mehrere Gleichungen verwickelter, als bei der von Bunsen, und die oben beleuchtete Bereitung der Kakodylsäure aus Alkarsin und Quecksilberoxyd spricht ganz dagegen, wofern sich nicht in Bunsen's Angaben bedeutende Zahlenfehler eingeschlichen haben. — Bleibt man bei Bunsen's Formel $C^4AsH^7O^4$, so ist diese für die Radicaltheorie nicht minder störend, als für die Kerntheorie. Nach ersterer wird das Kakodyl C^4AsH^6 dem Aethyl C^4H^5 verglichen. C^4H^5 + O ist Aethyloxyd und C^4AsH^6 + O ist Kakodyloxyd; so weit passt es; aber C^4H^5 + O^5 ist $C^4H^3O^3$ (hypothetisch trockene Essigsäure oder Aethylsäure) + 2HO; dagegen ist C^4AsH^6 + O^5 = $C^4AsH^4O^3$ + 2HO und doch ist die hypothetisch trockene Kakodylsäure nicht $C^4AsH^4O^3$, sondern $C^4AsH^6O^3$.

Laurent (*N. Ann. Chim. Phys.* 22, 109) tritt neuerdings Bunsen's Formel der Kakodylsäure bei, und vergleicht dieselbe dem essigsauren Ammoniak $NH^3,C^4H^4O^4$, nur dass an die Stelle des Ammoniaks NH^3, Arsenwasserstoff AsH^3 getreten ist. Hiernach wäre die Kakodylsäure essigsaurer Arsenwasserstoff. Schreibt man die Formel der Essigsäure so, dass ihr eines At. H, welches durch Metalle vertretbar ist, an das Ende kommt, so ist die Essigsäure = $C^4O^4H^3,H$; das essigsaure Kali = $C^4O^4H^3K$; das essigsaure Ammoniak = $C^4O^4H^3,H$ + NH^3, und das essigsaure Kupferoxyd-Ammoniak [von welchem mir jedoch keine Analyse bekannt ist] = $C^4O^4H^3,Cu+NH^3$. Hier ist also das eine At. H durch ein Metall vertreten, und in diesem Sinne verhalten sich die Ammoniaksalze wie Säuren. — Ebenso ist die Kakodylsäure = $C^4O^4H^3,H$ + AsH^3; in dieser Verbindung ist also das eine At. H noch nicht durch ein Metall vertreten; dieses ist aber in den kakodylsauren Metallsalzen der Fall, und das kakodylsaure Silberoxyd z. B. ist = $C^4O^4H^3,Ag$ + AsH^3. Deswegen kann auch die Kakodylsäure keine Verbindung mit NH^3 eingehen;

denn die Stelle, die dieses einzunehmen hätte, ist bereits durch AsH^3 besetzt. — Wie ferner eine Amidverbindung durch Aufnahme von xHO in eine Ammoniakverbindung übergehen kann, eben so verwandeln sich die Arsidverbindungen oder Kakodylverbindungen bei der Bildung der Kakodylsäure in eine Arsenwasserstoffverbindung, und durch Verlust von xHO kann die Verwandlung rückwärts erfolgen. So weit LAURENT, für dessen Ansicht auch der Umstand spricht, dass die Kakodylsäure nach BUNSEN nur eine schwach saure Reaction zeigt.

Zersetzungen. 1. Die Kakodylsäure, über 200° erhitzt, zersetzt sich unter Entwicklung von arseniger Säure und stinkenden, Arsenhaltenden Producten. — 2. Mit trockener Chromsäure erhitzt, bewirkt sie eine feurige Explosion. Sie wird selbst beim Kochen nicht zersetzt durch rauchende Salpetersäure, durch Salpetersalzsäure und wässrige Chromsäure. — 3. Beim Erwärmen mit wässriger phosphoriger Säure entwickelt sie sogleich den durchdringenden Geruch nach Alkarsin, welches sich unter Trübung in Tropfen abscheidet und beim Kochen in Dämpfen entweicht. $C^4AsH^7O^4 + PO^3 = C^4AsH^6O + HO + PO^5$ (Oder, bei GERHARDT's Formel: $C^4AsH^5O^4 + HO + 2PO^3 = C^4AsH^6O + 2PO^5$). — Wasserstoffgas, Phosphorwasserstoffgas, Arsenwasserstoffgas, schweflige Säure, Ammoniak, Eisenvitriol und Oxalsäure sind ohne Wirkung. — 4. Völlig trocknes salzsaures Gas, über die trocknen Krystalle geleitet, bildet damit unter Wärmeentwicklung Wasser und ein basisches Superchlorid, das beim Erkalten zu grofsen Strahlen erstarrt. — Trocknes Hydrobromgas, über gut getrocknete Kakodylsäure geleitet, gibt Bromkakodyl, Brom und Wasser. $C^4AsH^7O^4 + 3HBr = C^4AsH^6Br + 2Br + 4HO$. (Oder: $C^4AsH^5O^4 + 5HBr = C^4AsH^6Br + 4Br + 4HO$). — Aber bei der Destillation der Kakodylsäure mit concentrirtem Hydrobrom erhält man basisches Kakodylsuperbromid. — Trockenes Hydriodgas gibt mit den trocknen Krystallen unter heftiger Wärmeentwicklung Iodkakodyl, Iod und Wasser. $C^4AsH^7O^4 + 3HJ = C^4AsH^6J + 2J + 4HO$ (Oder: $C^4AsH^5O^4 + 5HJ = C^4AsH^6J + 4J + 4HO$). — 4. Hydrothion liefert mit Kakodylsäure sowohl auf trocknem, als nassem Wege unter Wärmeentwicklung Kakodylsulfid, freien Schwefel und Wasser. Kuhlt man die krystallisirte Säure beim Einwirken des Hydrothiongases nicht gut ab, so entstehen durch die erzeugte Hitze noch andere Producte. $C^4AsH^7O^4 + 3HS = C^4AsH^6S^2 + S + 4HO$. (Oder: $C^4AsH^5O^4 + 4HS = C^4AsH^5S^2 + 2S + 4HO$). Leitet man jedoch Hydrothiongas, statt durch in Wasser, durch in schwachem Weingeist gelöste Kakodylsäure, so entsteht aufser dem Kakodylsulfid auch viel Schwefelkakodyl. $C^4AsH^7O^4 + 3HS = C^4AsH^6S + 2S + 4HO$. (Oder: $C^4AsH^5O^4 + 5HS = C^4AsH^6S + 4S + 4HO$). — 5. Beim Erwärmen mit saurer Einfachchlorzinnlösung bildet die Kakodylsäure sogleich Chlorkakodyl. $C^4AsH^7O^4 + 2SnCl + 3HCl = C^4AsH^6Cl + 2SnCl^2 + 4HO$ (Oder: $C^4AsH^5O^4 + 4SnCl + 5HCl = C^4AsH^7Cl + 4SnCl^2 + 4HO$). — 6. Beim Kochen der wässrigen Kakodylsäure mit Zink erhält man kakodylsaures Zinkoxyd und Alkarsin. $3C^4AsH^7O^4 + 2Zn = 2(ZnO,C^4AsH^6O^3) + C^4AsH^6O + 3HO$. (Oder: $5C^4AsH^5O^4 + 4Zn = 4C^4AsH^4ZnO^4 + C^4AsH^6O + 3HO$).

Verbindungen. Die Kakodylsäure hält sich in trockener Luft, zerfliefst aber in feuchter; sie löst sich in *Wasser* nach allen Verhältnissen.

Kakodylsaure Salze, Kakodylates. Die Kakodylsäure zersetzt beim Kochen die kohlensauren Salze. Die normalen kakodylsauren Salze halten an der Stelle eines Atoms Wasserstoff ein At. Metall. Die Salze sind seltner krystallisirbar, häufiger gummiartig. Sie werden erst durch stärkere Hitze zersetzt, als die freie Kakodylsäure, unter Entwicklung stinkender Producte und Rücklassung eines kohlensauren oder eines arsensauren Salzes. Sie sind in Wasser und Weingeist löslich. Hydrothion verwandelt sie in entsprechende Schwefelsalze, indem die 4 At. Sauerstoff durch 4 Schwefel vertreten werden.

Die krystallische Kakodylsäure absorbirt kein Ammoniakgas. LAURENT.

Kakodylsaures Kali. — Krystallisirt beim Abdampfen der wässrigen Lösung concentrisch strahlig, dem Wawellit ähnlich; zerfliefslich.

Kakodylsaures Natron. — Dem Kalisalz ähnlich; doch weniger zerfliefslich.

Kakodylsaures Eisenoxyd. — Die durch Kochen der wässrigen Säure mit Eisenoxydhydrat erzeugte braune Lösung zersetzt sich wieder beim Abdampfen.

Kakodylsaures Kupferoxyd. — Die Lösung des Kupferoxydhydrats in der Säure lässt beim Verdunsten im Vacuum ein blaues Gummi; die wässrige Lösung scheidet beim Kochen so fein vertheiltes metallisches Kupfer aus, dass es durch das Filter nicht zu scheiden ist.

Kakodylsaures Kupferoxyd-Chlorkakodyl. — Aus weingeistigem Einfachchlorkupfer fällt überschüssige weingeistige Kakodylsäure alles Kupfer als einen grüngelben schleimigen Niederschlag, der beim Kochen mit der darüber stehenden Flüssigkeit grüngelb und körnig wird, und sich jetzt leicht mit absolutem Weingeist auswaschen lässt. Derselbe stöfst beim Erhitzen kakodylartig riechende, sich an der Luft von selbst entflammende Dämpfe aus, und lässt Chlorkupfer, arsenigsaures Kupferoxyd, Arsen und Kohle. Er löst sich leicht in Wasser, und lässt sich beim Abdampfen desselben nicht krystallisch erhalten.

	Berechnung nach BUNSEN		BUNSEN
16 C	96	8,99	9,10
4 As	300	28,09	
24 H	24	2,25	2,13
9 Cu	288	26,97	26,94
7 Cl	247,8	23,21	23,12
14 O	112	10,49	
$7CuCl+2(CuO,2C^4AsH^6O^3)$ [?]	1067,8	100,00	

Kakodylsaures Quecksilberoxyd. — Die Lösung des frischgefällten Quecksilberoxyds in überschüssiger concentrirter Kakodylsäure liefert bei freiwilligem Verdunsten weifse, zarte, wollig gruppirte Nadeln. Dieselben entwickeln beim Erhitzen Quecksilber nebst stinkenden, Alkarsin haltenden Producten; sie lösen sich in Wasser und Weingeist nur theilweise, unter Rücklassung eines gelben basischen Salzes.

Kakodylsaures Einfachchlorquecksilber. — Beim Mischen der weingeistigen Lösungen von Kakodylsäure und Aetzsublimat erhält man perlglänzende Schuppen, die sich sowohl bei längerem Verweilen unter der Flüssigkeit, als auch beim Umkrystallisiren aus Weingeist in weiſse feine Nadeln verwandeln. Sie sind geruchlos, schmelzen in der Wärme zu einer wasserhellen Flüssigkeit, und zerfallen bei stärkerer Hitze in arsenikalisch riechende Dämpfe, Salzsäure und [Halb-?] Chlorquecksilber (*Ann. Pharm.* 46, 40).

	Ber. nach Bunsen			Ber. nach Gm.		Bunsen
4 C	24	5,50	4 C	24	5,87	5,89
As	75	17,20	As	75	18,35	
7 H	7	1,60	7 H	7	1,71	1,78
3 O	24	5,50	4 O	32	7,83	
2 Hg	200	45,85	2 Hg	200	48,92	47,84
3 Cl	106,2	24,35	2 Cl	70,8	17,32	20,54
	436,2	100,00		408,8	100,00	

Bunsen erhielt bei Seiner Berechnung nicht 24,35, sondern 21,60 Proc. Chlor, weil Er aus Versehen 3 At. Cl nicht zu 1327,95 (O = 100), sondern zu 1106,5 annahm. Nach Bunsen ist die Verbindung Quecksilberoxyd-Kakodylsuperchlorid $2HgO,C^4AsH^6Cl^3 + HO$, nach Gm. kakodylsaures Einfachchlorquecksilber = $2HgCl,C^4AsH^7O^4$.

Kakodylsaures Silberoxyd. — a. *Einfach.* — Man dampft die Lösung des Silberoxyds in wässriger Kakodylsäure mit einem Ueberschuss von Silberoxyd zur Trockne ab, löst den Rückstand in heiſsem Weingeist und lässt das Filtrat zum Krystallisiren erkalten. — Lange, sehr zarte, strahlig vereinigte Nadeln, geruchlos, luftbeständig. Sie schwärzen sich im Lichte, lassen sich ohne Zersetzung und Wasserverlust auf 100° erhitzen, entwickeln aber etwas über 100° Alkarsin-artige Dämpfe, die sich an der Luft entflammen, während Silber, frei von Arsen, zurückbleibt. Sehr leicht in Wasser löslich.

	Ber. nach Bunsen			Ber. nach Gerhardt		Bunsen bei 100° getr.
4 C	24	9,79	4 C	24	9,88	9,83
As	75	30,62	As	75	30,86	
6 H	6	2,45	4 H	4	1,64	2,43
AgO	116	47,35	AgO	116	47,74	47,30
3 O	24	9,79	3 O	24	9,88	
$AgO,C^4AsH^6O^3$	245	100,00	$C^4AsH^4AgO^4$	243	100,00	

b. *Dreifach.* — Durch mehrtägiges Erwärmen von kohlensaurem Silberoxyd mit wässriger Kakodylsäure, Abdampfen zur Trockne, und Ausziehen mit Wasser erhält man ein ähnliches, aber schwieriger in Nadeln krystallisirendes Salz.

	Ber. nach Bunsen			Ber. nach Gerhardt		Bunsen kalt im Vac. getr.
12 C	72	13,82	12 C	72	13,98	13,76
3 As	225	43,19	3 As	225	43,69	
20 H	20	3,84	14 H	14	2,72	3,53
AgO	116	22,26	AgO	116	22,52	22,08
11 O	88	16,89	11 O	88	17,09	
	521	100,00	$C^4AsH^4AgO^4,2C^4AsH^5O^4$	515	100,00	

[Nach Bunsen = $AgO,C^4AsH^6O^3 + 2(HO,C^4AsH^6O^3)$; nach Gerhardt = $C^4AsH^4AgO^4 + 2C^4AsH^5O^4$. Die erstere Berechnung gibt sowohl bei Salz a, als bei Salz b sogar mehr H, als der Versuch; und die letztere gibt viel zu wenig H.]

Salpeter- und kakodyl-saures Silberoxyd. — Beim Mischen der weingeistigen Lösungen von salpetersaurem Silberoxyd und Kakodylsaurem Silberoxyd scheiden sich grofse Nadeln aus, welche sich unter der Flüssigkeit bald in perlglänzende Schuppen verwandeln. Man wäscht sie schnell durch Decanthiren [mit Weingeist?], und trocknet sie im Dunkeln über Vitriolöl. — Sie färben sich im Lichte sehr schnell dunkelbraun; ebenso beim Erhitzen für sich oder unter Wasser auf 100°. Bei 210° verpuffen sie schwach. Sie lösen sich leicht in Wasser, schwierig in absolutem Weingeist.

	Ber. nach Bunsen			Ber. nach Gerhardt		Bunsen
4 C	24	5,78	4 C	24	5,81	6,16
As	75	18,07	As	75	18,16	
6 H	6	1,45	4 H	4	0,97	1,51
3 O	24	5,78	3 O	24	5,81	
2 AgO	232	55,91	2 AgO	232	56,17	55,84
NO^5	54	13,01	NO^5	54	13,08	
	415	100,00		413	100,00	

Nach Bunsen = $AgO,NO^5 + C^4ArH^4AgO^4$, nach Gerhardt = $AgO,NO^5 + C^4ArH^2AgO^4$.

Die Kakodylsäure löst sich sehr leicht in sehr verdünntem *Weingeist*, sparsamer in kaltem absoluten. — Sie löst sich sparsam in wasserhaltigem *Aether*, nicht in wasserfreiem, welcher sie aus der weingeistigen Lösung niederschlägt. Bunsen.

Schwefelkakodyl. $C^4AsH^6S = C^4ArH^3,HS$.

Bunsen. *Ann. Pharm.* 37, 16.

Bildet sich bei der Zersetzung der wässrigen Kakodylsäure (V, 62) oder des Alkarsins durch Hydrothion und des Chlorkakodyls durch wässriges Hydrothion-Schwefelbaryum. $C^4AsH^6Cl + BaS,HS = C^4AsH^6S + BaCl + HS$. Das Hydrothion entwickelt sich unter starkem Aufschäumen.

Darstellung. 1. Man destillirt Chlorkakodyl mit wässrigem Hydrothionschwefelbaryum, wobei das Schwefelkakodyl mit Wasser übergeht. Da das Chlorkakodyl Alkarsin beigemischt zu enthalten pflegt, welches nicht durch Schwefelbaryum, aber durch Hydrothion in Schwefelkakodyl verwandelbar ist, so ist das Hydrothionschwefelbaryum dem Einfachschwefelbaryum vorzuziehen, welches ein Alkarsin-haltendes Schwefelkakodyl liefern würde. In der Retorte bleibt aufser dem Chlorbaryum meistens eine kleine Menge einer zähen stinkenden Masse, aus Schwefel und einem Gemisch von Schwefelkakodyl mit Kakodylsulfid bestehend. Aus dem unterschwefligsauren Baryt und Zweifachschwefelbaryum, welche dem Hydrothionschwefelbaryum beigemischt zu sein pflegen, scheidet sich nämlich Schwefel ab, der dann mit einem Theil des Schwefelkakodyls Kakodylsulfid bildet. Hält das Hydrothionschwefelbaryum etwas Schwefeleisen, so ertheilt dieses dem Schwefelkakodyl eine indigblaue Farbe, die dieses jedoch bei der Destillation verliert. — Man destillirt das erhaltene Destillat zur vollständigen Umwandlung des Chlorkakodyls in Schwefelkakodyl noch einmal mit Hydrothionschwefelbaryum, befreit hierauf das Schwefelkakodyl durch Chlorcalcium vom Wasser und durch kohlensaures Bleioxyd vom Hydrothion. So lange bei diesen Destillationen das Schwefelkakodyl mit einer Wasserschicht bedeckt ist, welche Hydrothion enthält, braucht man die Luft nicht sorgfältig abzuhalten, da die Oxydationsproducte des Kakodyls durch Hydrothion wieder reducirt werden. Aber sobald das Schwefelkakodyl von allem Hydrothion befreit ist, hat man die Luft auf das Sorgfältigste abzuhalten. Man bringt endlich das Schwefelkakodyl beim Abschluss der Luft in den mit trocknem kohlensauren Gas gefüllten Destillationsapparat (V, 54; d. h. 2 Kugeln an den Enden einer gebogenen Glasröhre), und destillirt, wobei etwa beigemischtes Kakodylsulfid als eine gelbliche zähe stinkende, mit Krystallkörnern gemengte Flüssigkeit zurückbleibt. — 2. Man kann auch die saure wässrige Schicht, welche über der rohen CADET'schen Flüssigkeit schwimmt (V, 53) und welche Essigsäure und Alkarsin hält, mit wässrigem Hydrothion-Schwefelbaryum mischen. Das sich bildende, weiter zu reinigende Schwefelkakodyl senkt sich zu Boden, da es in der sauren Flüssigkeit nicht löslich ist. $C^4AsH^6O + C^4H^4O^4 + BaS,HS = C^4AsH^6S + C^4H^3BaO^4 + HO + HS$.

Eigenschaften. Wasserhelle ätherartige Flüssigkeit, noch nicht bei —40° gefrierend, schwerer als Wasser. Siedet erst weit über 100°, geht jedoch mit den Wasserdämpfen leicht über. Dampfdichte = 7,72. Raucht nicht an der Luft. Zeigt einen höchst widrigen durchdringenden, dem Mercaptan und Alkarsin ähnlichen, lange anhaftenden Geruch.

			BUNSEN		Maafs	Dichte
4 C	24	19,84	20,49	C-Dampf	4	1,6640
As	75	61,98		As-Dampf	½	5,1998
6 H	6	4,96	5,02	H-Gas	6	0,4158
S	16	13,22	12,17	S-Dampf	⅙	1,1093
C^4AsH^6S	121	100,00		Schwefelk.-Dampf	1	8,3889

Das Schwefelkakodyl, C^4ArH^3,HS entspricht dem Schwefelvinafer, C^4H^4,HS und liefert gleich diesem ein 1-atomiges Gas.

Zersetzungen. 1. Der Dampf, in einer Glaskugel bis zum Glühen erhitzt, setzt Arsen, Schwefelarsen und Kohle ab. — 2. Das Schwefelkakodyl lässt sich an der Luft leicht entzünden, und brennt mit, blassblau gesäumter, fahler Arsenflamme. — Bei Mittelwärme der Luft oder dem Sauerstoffgas dargeboten, verwandelt es sich in Kakodylsäure und in Kakodylsulfid, welches sich durch Aether ausziehen lässt (*Ann. Pharm.* 46, 4). $2C^4AsH^6S+HO+3O = C^4AsH^7O^4+C^4AsH^6S^2$ (Oder: $2C^4AsH^6S+6O=C^4AsH^5O^4+C^4AsH^5S^2+2HO$). — 3. Es liefert mit Iod eine eigenthümliche krystallische Substanz. — Es erzeugt mit Selen eine in grofsen farblosen Blättern krystallisirende Verbindung. — Es verwandelt sich in wasserfreiem oder in Weingeist gelöstem Zustande mit Schwefel zusammengebracht, in Kakodylsulfid. — 4. Mäfsig starke Salpetersäure oxydirt den Schwefel vollständig, das Kakodyl unvollständig. — 5. Schwefelsäure und Phosphorsäure bilden, unter Austreibung von Hydrothion, schwefelsaures oder phosphorsaures Alkarsin. $C^4AsH^6S+HO+SO^3 = C^4AsH^6O,SO^3+HS$. Essigsäure wirkt nicht zersetzend. — 6. Salzsäure erzeugt Chlorkakodyl und Hydrothiongas. $C^4AsH^6S+HCl = C^4AsH^6Cl+HS$. — 7. In einer gekrümmten Glocke über Quecksilber auf 200 bis 300° erhitzt, überzieht es ohne alle Gasbildung das Quecksilber mit Schwefelquecksilber, und verwandelt sich in ein rauchendes Gemisch von Kakodyl und unzersetztem Schwefelkakodyl. Bei dieser Hitze fängt jedoch das Kakodyl selbst an, sich zu zersetzen (*Ann. Pharm.* 42, 26).

Verbindungen. Das Schwefelkakodyl löst sich kaum in *Wasser*, ertheilt ihm jedoch seinen furchtbaren Geruch.

Es löst in der Wärme *Phosphor*, der sich beim Erkalten wieder ausscheidet.

Einfachschwefelkakodylkupfer. $3CuS,C^4AsH^6S$. Krystallisirt aus den gemischten weingeistigen Lösungen von Schwefelkakodyl und salpetersaurem Kupferoxyd in demantglänzenden luftbeständigen regelmäfsigen Oktaedern (*Ann. Pharm.* 46, 47). — [Hierbei entsteht wohl zugleich Alkarsin, nach folgender Gleichung: $4C^4AsH^6S+3CuO=3CuS,C^4AsH^6S+3C^4AsH^6O$.]

Das Kakodyloxyd mischt sich mit *Aether* und *Weingeist* nach allen Verhältnissen und wird aus letzterem durch Wasser niedergeschlagen. Bunsen.

Kakodylsulfid. $C^4AsH^6S^2$.

Bunsen. *Ann. Pharm.* 46, 16.

Bildung. 1. Das trockne oder das in Weingeist gelöste Schwefelkakodyl verwandelt sich beim Erwärmen mit Schwefel in Kakodylsulfid, und beim Aussetzen an die Luft in Kakodylsulfid und Kakodylsäure (V, 66). — 2. Hydrothiongas, über kaltgehaltene krystallisirte oder durch wässrige Kakodylsäure geleitet, erzeugt ein Gemenge von Kakodylsulfid und Schwefel (V, 62).

Darstellung. 1. Man befreit, durch 3malige Destillation mit Hydrothion-Schwefelbaryum dargestelltes, völlig Chlor-freies Schwefelkakodyl durch Chlorcalcium in einem mit kohlensaurem Gas gefällten Kolben von allem Wasser, wägt es nach dem Abgiefsen in einem ebenfalls mit Kohlensäure gefüllten Kolben genau ab, und erwärmt es mit $^1/_{7,56}$ [auf 121 Th. Schwefelkakodyl 16 Th. Schwefel] scharf getrockneten Schwefelblumen, welche sich zu einer blassgelben Flüssigkeit lösen, die beim Erkalten völlig zu einer aus weifsen Krystallschuppen bestehenden Masse erstarrt. Da diese bald noch etwas freien Schwefel, bald noch etwas Schwefelkakodyl, und auch Spuren von Kakodylsäure halten kann, so löst man sie in heifsem absoluten Weingeist, und fügt so lange Weingeist und Wasser hinzu, bis die Flüssigkeit bei 40° anfängt, Krystalle von Kakodylsulfid abzusetzen. Ueber 40° würde sich das Sulfid in flüssiger Gestalt abscheiden, und daher nicht durch die Krystallisation gereinigt werden können. Die Mutterlauge ist noch rein genug, um damit Kakodylsulfosalze darstellen zu können. 100 Th. Schwefelkakodyl liefern 113,2 Kakodylsulfid. [Dieses entspricht ganz der Berechnung: 121 : 138 = 100 : 123,2]. — 2. Man leitet Hydrothiongas durch wässrige Kakodylsäure, zieht aus dem gefällten Gemenge von freiem Schwefel und Kakodylsulfid letzteres durch heifsen schwachen Weingeist, filtrirt und lässt zum Krystallisiren erkalten.

Eigenschaften. Bei langsamerem Erkälten der weingeistigen Lösung krystallisirt das Kakodylsulfid in wasserhellen grofsen rhombischen Tafeln, bei schnellerem in kleinen Säulen. Die Krystalle sind weich und fett anzufühlen. Sie schmelzen bei 50° zu einer farblosen Flüssigkeit, die beim Erkalten zu einer krystallisch blättrigen Masse erstarrt. Von durchdringendem Geruch nach *Asa foetida.* Luftbeständig.

			BUNSEN
4 C	24	17,52	17,38
As	75	54,74	54,96
6 H	6	4,38	4,31
2 S	32	23,36	23,38
$C^4AsH^6S^2$	137	100,00	100,03

BUNSEN gibt der Verbindung die rationelle Formel $C^4AsH^6S,C^4AsH^6S^3$. Auch die Kerntheorie möchte dieser eine unpaare Atomzahl haltenden Verbindung eine besondere Formel zu ertheilen haben.

Zersetzungen. 1. Das Sulfid, über seinen Schmelzpunct hinaus erhitzt, entwickelt unter gelblicher Färbung Schwefelkakodyl mit wenig unzersetztem Sulfid und lässt ein Gemenge von Schwefel und Sulfid, durch Weingeist scheidbar; bei stärkerem Erhitzen destillirt Schwefelkakodyl mit etwas Sulfid über, und sublimirt sich Schwefel mit einer Spur Schwefelarsen; beim Erhitzen bis zum Glühen endlich bildet sich Schwefelarsen mit vielen stinkenden Zersetzungsproducten. — 2. Das Sulfid verbrennt beim Erhitzen an der Luft mit bläulich fahler Flamme zu Wasser, Kohlensäure, schwefliger Säure und arseniger Säure, die sich als weifser Rauch erhebt. — 3. Es wird durch Salpetersäure in sich ausscheidenden Schwefel, in Schwefelsäure und in Kakodylsäure verwandelt. $C^4AsH^6S^2 + HO + NO^5 = C^4AsH^7O^4 + 2S + NO^2$. — 4. Es löst sich in Vitriolöl unter Entwicklung von schwefliger Säure und reichlicher Abscheidung von Schwefel. — 5. Es wird durch Bleihyperoxyd in kakodylsaures Bleioxyd, Schwefelblei und Schwefel zersetzt. $2C^4AsH^6S^2 + 4PbO^2 = 2(PbO,C^4AsH^5O^3) + 2PbS + 2S$. [Wäre die Kakodylsäure $= C^4AsH^5O^4$, so dürfte kein Schwefel für sich abgeschieden werden, indem dann die Gleichung folgende sein würde: $C^4AsH^6S^2 + 3PbO^2 = C^4AsH^4PbO^4 + 2PbS + 2HO$]. — 6. Aus mehreren schweren Metallsalzen fällt das Sulfid ein Sulfokakodylat. [Wohl unter gleichzeitiger Bildung von Alkarsin, z. B. bei einem Bleisalze: $2C^4AsH^6S^2 + PbO = C^4AsH^6PbS^4 + C^4AsH^6O$.] — 7. Mit Quecksilber bildet es schon bei Mittelwärme unter starker Wärmeentwicklung Schwefelquecksilber und Schwefelkakodyl, welches sich dann beim Erhitzen auf 200° unter weiterer Bildung von Schwefelquecksilber in Kakodyl verwandelt.

Verbindungen. Das Kakodylsulfid löst sich nicht in Wasser.

Es löst sich in *Salzsäure,* wie es scheint, ohne Zersetzung.

Es löst sich wenig in *Aether*, aber leicht in wässrigem und absolutem *Weingeist.* Aus diesem scheidet es sich bei einem gewissen Grade der Verdünnung mit Wasser in öligen Tropfen ab, die in der Ruhe selbst beim Erkalten auf +20° noch flüssig bleiben, aber bei der leisesten Berührung unter heftiger Wärmeentwicklung zu schönen Krystallen erstarren. BUNSEN.

Es gelang BUNSEN nur unvollständig, ein *Kakodylsupersulfid* $= C^4AsH^6S^3$ für sich zu erhalten. Ein zusammengeschmolzenes Gemisch von 1 At. Schwefelkakodyl und 2 At. Schwefel gesteht beim Erkalten zu einer Krystallmasse, aus Schuppen bestehend, welche von dem auf ähnliche Weise erhaltenen und aus Weingeist krystallisirten Kakodylsulfid abweicht. Aber bei ihrer Behandlung mit heifsem absoluten Weingeist bleibt Schwefel zurück, weniger als 1 At. betragend, und der Weingeist lässt beim Erkalten neben freiem Schwefel und Krystallen von Kakodylsulfid einzelne Krystalle anschiefsen, die in der Form von denen des Sulfids abweichen, und mehr Schwefel halten, als dieses.

Sulfokakodylate. $MS,C^4AsH^6S^3 = C^4AsH^6MS^4$.

Bunsen. *Ann. Pharm.* 46, 23.

Da Bunsen diese Sulfosalze als $MS,C^4AsH^6S^3$ betrachtet, so nimmt Er die Existenz einer Kakodylsulfosäure, des Kakodylsupersulfids, $C^4AsH^6S^3$ an, welche der hypothetisch trocknen Kakodylsäure $C^4AsH^6O^3$ entspräche. Nach der Kerntheorie dagegen würde eine der krystallisirten Kakodylsäure entsprechende Sulfosäure $= C^4AsH^7S^4$ (oder nach der Gerhardt'schen Vermuthung $C^4AsH^5S^4$) anzunehmen sein, welche ein Sulfokakodylat bildet, wenn eines ihrer Wasserstoffatome durch 1 At. Metall ersetzt wird. Bei Antimon und Wismuth, welche 3-säurige Oxyde bilden, kommen nach der Radicaltheorie auf 1 At. Dreifach-schwefelmetall 3 At. der Sulfosäure $C^4AsH^6S^3$, oder nach der Kerntheorie vertritt 1 At. dieser Metalle 3 At. Wasserstoff in 3 At. der Sulfosäure $C^4AsH^7S^4$.

Bildung. 1. Beim Zusammenbringen mehrerer in Weingeist gelösten schweren Metallsalze mit Kakodylsulfid (V, 68). — 2. Beim Zersetzen eines kakodylsauren schweren Metalloxyds durch Hydrothion (V, 63).

Antimonsulfokakodylat. — Das Gemisch der concentrirten weingeistigen Lösungen von Kakodylsulfid und Dreifachchlorantimon (welches überschüssige Salzsäure hält) lässt hellgelbe kurze platte Nadeln anschiefsen, welche sich jedoch durch Weingeist nicht völlig vom Chlor befreien lassen, also vielleicht eine Chlorverbindung beigemischt enthalten. — Sind die weingeistigen Lösungen verdünnt, und halten sie keine überschüssige Salzsäure, so geben sie einen gelbweifsen Niederschlag, welcher sich nach einiger Zeit gelb, dann durch ausgeschiedenes Schwefelantimon orange färbt; diese Zersetzung erfolgt auch beim Auswaschen mit Weingeist.

	Krystalle		Bunsen
12 C	72	11,32	11,88
3 As	225	35,38	
18 H	18	2,83	3,00
Sb	129	20,28	
12 S	192	30,19	
$SbS^3,3C^4AsH^6S^3 = C^{12}As^3H^{18}SbS^{12}$	636	100,00	

Wismuthsulfokakodylat. — Man fügt die kochende verdünnte weingeistige Lösung von saurem salpetersauren Wismuthoxyd tropfenweise und unter beständigem Umschütteln zu der kochenden concentrirten weingeistigen Lösung des Kakodylsulfids. Das sich goldgelb färbende Gemisch setzt nach einigen Augenblicken voluminose zarte wollige Nadeln ab, die sich bald in Krystallschuppen verwandeln. Zu der davon abgegossenen Mutterlauge, die noch Kakodylsulfid hält, kann man noch einigemal unter denselben Vorsichtsmafsregeln Wismuthlösung tröpfeln, bis sich bei weiterem Zusatz die ersten Spuren eines schwarzen Niederschlages von Schwefelwismuth zeigen.

Goldgelbe, geruchlose, luftbeständige zarte Schuppen. Sie halten eine Hitze von 100° ohne Veränderung aus, zerfallen aber bei stärkerer in Schwefelwismuth, Schwefelkakodyl und Schwefel. Sie werden durch Hydrothion nicht verändert. Sie lösen sich nicht in Wasser und kaum in Weingeist und Aether.

	Krystalle		Bunsen
12 C	72	10,00	10,02
3 As	225	31,25	
18 H	18	2,50	2,56
Bi	213	29,58	30,13
12 S	192	26,67	
$BiS^3,3C^4AsH^6S^3=C^{12}As^3H^{18}BiS^{12}$	720	100,00	

Bleisulfokakodylat. — Beim Mischen weingeistiger Lösungen von Kakodylsulfid und Bleizucker erhält man weifse perlglänzende kleine geruchlose und luftbeständige Schuppen, durch Hydrothion nicht veränderbar, nicht in Wasser, kaum merklich in Weingeist löslich.

	Krystalle		Bunsen
4 C	24	8,79	8,95
As	75	27,47	
6 H	6	2,20	2,28
Pb	104	38,10	
4 S	64	23,44	
$PbS,C^4AsH^6S^3=C^4AsH^6PbS^4$	273	100,00	

Kupfersulfokakodylat. — Man fügt zum weingeistigen Kakodylsulfid weingeistiges salpetersaures Kupferoxyd in dem Verhältnisse, dass ersteres stark vorwaltet, und wäscht den Niederschlag mit absolutem Weingeist. $4C^4AsH^6S^2+(4CuO,NO^5)+HOl=2(Cu^2S,C^4AsH^6S^3)+C^4AsH^7O^4+C^4AsH^6O,NO^5+4NO^5$. Bunsen. — Bei zu viel salpetersaurem Kupferoxyd fällt Schwefelkupfer nieder, und oft auch ein in langen Nadeln krystallisirtes besonderes Schwefelsalz, welches sich nach einiger Zeit von selbst unter Bildung von Schwefelkupfer zersetzt.

Eigelbes zartes lockeres Pulver, welches nur schwierig das Wasser annimmt. — Es entwickelt beim Erhitzen zuerst Schwefelkakodyl, dann Schwefel und lässt Schwefelkupfer. Es wird durch Kali, nicht durch Hydrothion zersetzt. Es löst sich nicht in Wasser, wässrigen Säuren, Weingeist und Aether.

			Bunsen
4 C	24	10,30	10,4
As	75	32,19	31,5
6 H	6	2,57	2,5
2 Cu	64	27,47	27,1
4 S	64	27,47	28,5
$Cu^2S,C^4AsH^6S^3$	233	100,00	100,0

Goldsulfokakodylat. — Die weingeistigen Lösungen von Kakodylsulfid und Dreifachchlorgold geben einen braunen Niederschlag von Schwefelgold, der sich bei längerem Kochen mit der darüberstehenden Flüssigkeit in ein gelbgrauweifses sandiges schnell zu Boden sinkendes Pulver verwandelt, welches mit absolutem Weingeist gewaschen und kalt im Vacuum getrocknet wird. Das Filtrat hält Kakodylsäure: $2C^4AsH^6S^2+AuO^3+HO=C^4AsH^6AuS^4+C^4AsH^7O^4$. — Nach dem Trocknen gelbweifses, sehr zartes, unter dem Mikroskop völlig homogenes, geruchloses und geschmackloses Pulver. Es färbt sich beim Erhitzen dunkel, und lässt fast reines Schwefelkakodyl in Oeltropfen, hierauf Schwefel übergehen, während reines Gold bleibt. Es wird durch rauchende Salpetersäure entzündet, unter Ausscheidung von Schwefel und Gold. Es wird durch Kalihydrat, nicht durch Hydrothion zersetzt. Es löst sich nicht in Wasser, Salzsäure, Weingeist und Aether. Bunsen.

			Bunsen
4 C	24	6,52	6,61
As	75	20,38	
6 H	6	1,63	1,76
Au	199	54,08	53,73
4 S	64	17,39	17,75
$C^4AsH^6AuS^4$	368	100,00	

Selenkakodyl. $C^4AsH^6Se = C^4ArH^3,HSe$,

Bunsen. *Ann. Pharm.* 37, 21.

Man destillirt reines Chlorkakodyl 2 bis 3 Mal mit wässrigem Selennatrium, und reinigt das unter dem Wasser befindliche ölige Destillat, wie das Schwefelkakodyl (V, 65).

Gelbes klares Oel, schwerer als Wasser. An der Luft nicht rauchend, und von besonders hohem Siedpunct, aber sowohl für sich, als mit Wasser unzersetzt destillirbar. Von widrigem, höchst durchdringenden und etwas ätherartig gewürzhaften Geruch.

Der Dampf des Selenkakodyls durch ein glühendes Glasrohr geleitet, setzt einen Selen- und Arsen-Ring ab. An der Luft bildet das Selenkakodyl unter Aufnahme von Sauerstoff farblose Krystalle; entzündet, brennt es mit schön blauer Flamme und starkem Selengeruch. Es wird durch Salpetersäure leicht oxydirt; auch durch erhitztes Vitriolöl, unter Entwicklung von schwefliger Säure und Fällung von rothem Selen. Es fällt aus verschiedenen schweren Metallsalzen, wie aus Bleizucker oder salpetersaurem Silberoxyd, schwarzes Selenmetall, während Alkarsin, mit der Säure verbunden, gelöst bleibt. $C^4AsH^6Se + AgO,NO^5 = C^4AsH^6O,NO^5 + AgSe$. — Bei Zusatz von weniger Aetzsublimat gibt es einen schwarzen Niederschlag von Selenquecksilber, hierauf, bei weiterem Zusatz, einen weifsen von Alkarsin-Einfachchlorquecksilber, durch kochendes Wasser auszuziehen und hieraus in perlglänzenden Blättchen krystallisirend. $C^4AsH^6Se + 3HgCl + HO = HgSe + C^4AsH^6O,2HgCl + HCl$.

Das Selenkakodyl löst sich nicht in Wasser, aber leicht in *Weingeist* und *Aether*. Bunsen.

Iodkakodyl. $C^4AsH^6J = C^4ArH^3,HJ$.

Bunsen. *Ann. Pharm.* 37, 35.

Bei der Destillation von Alkarsin mit concentrirtem Hydriod sammelt sich in der Vorlage unter dem Wasser ein gelbliches Oel, welches beim Erkalten gelbliche Rinden und durchsichtige rhombische Tafeln von Alkarsin-Iodkakodyl absetzt. Ist dessen Ausscheidung mittelst Umgebung der Vorlage mit einer Kältemischung vollständiger bewirkt, so giefst man das ölige Iodkakodyl ab, und destillirt es nochmals mit concentrirtem Hydriod, stellt es zur Beseitigung des Wassers und Hydriods in eine mit kohlensaurem Gas gefüllte und zugeschmolzene Röhre einige Tage mit Chlorcalcium und gebranntem Kalk zusammen, und destillirt es endlich in dem mit kohlensaurem Gas gefüllten und zugeschmolzenen Apparat (3)

(V,54), bis 1/2 bis 2/3 übergegangen sind. — Das durch die Kältemischung in Eis verwandelte wässrige Destillat der Vorlage, vom Alkarsin-Iodkakodyl getrennt, und aufgethaut, liefert noch Iodkakodyl, jedoch weniger rein.

Gelbliche dünne Flüssigkeit, bei —10° noch nicht gefrierend, schwerer als Chlorcalcium, leichter als Kalk. Siedet erst weit über 100°, einen gelben Dampf bildend; lässt sich mit Wasser leicht überdestilliren; raucht nicht an der Luft. Riecht durchdringend widrig, dem Kakodyl ähnlich.

			BUNSEN
4 C	24	10,39	10,60
As	75	32,47	31,47
6 H	6	2,60	2,60
J	126	54,54	55,25
C^4AsH^6J	231	100,00	99,92

Das Iodkakodyl, an der Luft entzündet, brennt mit heller rufsender Flamme und unter Entwicklung von Ioddampf. Bei Mittelwärme bildet es an der Luft in kurzer Zeit schöne rhombische Säulen, wohl von Kakodylsäure. Es wird durch Salpetersäure und Schwefelsäure unter Abscheidung von Iod zersetzt. Es verhält sich gegen Aetzsublimat, wie die entsprechenden Verbindungen. Quecksilber entzieht ihm noch unter seinem Siedpuncte das Iod.

Es löst sich nicht in Wasser, aber in *Weingeist* und *Aether*. BUNSEN.

Alkarsin-Iodkakodyl, oder basisches Iodkakodyl.
Wahrscheinlich = $3C^4AsH^6J,C^4AsH^6O$.

BUNSEN. *Ann. Pharm.* 37, 54.

Bildung und *Darstellung*. 1. Geht bei der Destillation von Alkarsin mit concentrirtem Hydriod gleichzeitig mit dem Iodkakodyl über (V, 71). Um die Krystalle vom noch anhängenden öligen Iodkakodyl zu befreien, presst man sie öfters zwischen Papier aus, lässt sie aus der Lösung in kochendem absoluten Weingeist anschiefsen, befreit sie durch Pressen unter Wasser vom anhängenden Weingeist, lässt sie einige Tage mit Chlorcalciumstücken zusammen, und destillirt sie in dem mit kohlensaurem Gas gefüllten Destillirapparat (3) (V, 54), bis die Hälfte übergegangen ist. Bei ihrer schnellen Oxydation an der Luft lässt sich diese Verbindung nicht ganz frei von Oxydationsproducten erhalten. — 2. Dieselbe Verbindung entsteht beim Mischen von Alkarsin mit Iodkakodyl, die sich nach allen Verhältnissen vereinigen, und Zufügen von sehr wenig Wasser, welches das flüssige Gemisch sogleich in eine gelbe Krystallmasse verwandelt. — Dagegen erhält man die Verbindung nicht bei der Digestion oder Destillation von Iodkakodyl mit concentrirtem Hydriod.

Gelbe Krystallmasse oder durchsichtige rhombische Tafeln. Es schmilzt weit unter 100°, und lässt sich unzersetzt destilliren. Stöfst an der Luft einen weifsen Nebel aus.

Es erhitzt sich an der Luft durch rasche Sauerstoffabsorption bis zum Schmelzen und selbst bis zur Entzündung. Es verbrennt mit rufsender Flamme und Ioddämpfen. Es wird weder durch Digestion, noch durch Destillation mit Hydriod in Iodkakodyl verwandelt.

Löst sich wenig in Wasser, sehr leicht in Weingeist. BUNSEN.

Bromkakodyl. Wohl $C^4AsH^6Br = C^4ArH^3,HBr$.

BUNSEN. *Ann. Pharm.* 37, 38; 42, 26.

Durch Destillation von Einfachchlorquecksilber-Alkarsin mit höchst concentrirtem Hydrobrom erhält man ein gelbes, nicht rauchendes Destillat, von den Eigenschaften des Chlorkakodyls. — Erhitzt man das Bromkakodyl in einer gebogenen Glocke über Quecksilber auf 200 bis 300°, so verwandelt es sich unter Bildung von Halbbromquecksilber in ein an der Luft stark rauchendes und selbst entflammendes Gemisch von Kakodyl und Bromkakodyl, aber beim Kochen mit Wasser wird das Halbbromquecksilber wieder zu Metall reducirt und das Kakodyl wieder in Bromkakodyl verwandelt, welches sich mit den Wasserdämpfen verflüchtigt. — Mit Wasser erhitzt, verwandelt es sich in rauchendes Alkarsin-Bromkakodyl. BUNSEN.

Alkarsin-Bromkakodyl oder basisches Bromkakodyl. $3C^4AsH^6Br,C^4AsH^6O$.

BUNSEN. *Ann. Pharm.* 37, 52.

Man destillirt Alkarsin 2- bis 3mal mit mäfsig starkem Hydrobrom, rectificirt das erhaltene Destillat bei völlig abgehaltener Luft mit Kreidepulver und Wasser, trocknet es über Chlorcalcium und destillirt es noch einmal in dem mit kohlensaurem Gas gefüllten Destillirapparat (3) (V, 54).

Gelbe, beim jedesmaligen Erhitzen farblose Flüssigkeit, an der Luft rauchend; übrigens dem Bromkakodyl sehr ähnlich.

Es verwandelt sich beim Erhitzen mit Quecksilber ohne Gasentwicklung in eine citronengelbe, leicht schmelzbare Substanz, die sich ohne Zersetzung verdampfen lässt. Dieselbe zerfällt bei stärkerem Erhitzen für sich in Quecksilber, Halbbromquecksilber, und stinkende Arsen-haltende Producte, und beim Erhitzen mit Wasser in Quecksilber und eine mit dem Wasser verdampfende flüchtige Verbindung. BUNSEN.

			BUNSEN
16 C	96	14,37	14,60
4 As	300	44,91	45,15
24 H	24	3,59	3,61
3 Br	240	35,93	34,60
O	8	1,20	2,04
	668	100,00	100,00

Basisches Kakodylsuperbromid.

BUNSEN. *Ann. Pharm.* 46, 41.

Man löst in sehr concentrirtem Hydrobrom so viel Kakodylsäure, dass die Lösung noch stark sauer reagirt, und verdunstet sie kalt im Vacuum über Vitriolöl und Kalk. So bleibt das basische Kakodylsuperbromid; sonst wird nichts gebildet. War das Hydrobrom aus Brom und Hydrothion dargestellt, so hält es Schwefelsäure, welche durch Barytwasser zu fällen ist. Man destillirt hierauf vom wässrigen Hydrobrom so lange Wasser ab, bis das Destillat sauer zu reagiren beginnt und der Rückstand durch freies Brom gelblich wird. Dieser endlich, mit phosphatischer Säure destillirt, liefert farbloses für den Zweck hinreichend concentrirtes Hydrobrom.

Farbloser, zäher, geruchloser Syrup, Lackmuspapier nicht röthend, aufser bei Wasserzusatz.

a. Ber. nach BUNSEN			b. Ber. nach GM.			BUNSEN
16 C	96	11,43	24 C	144	12,31	11,78
4 As	300	35,71	6 As	450	38,46	
36 H	36	4,29	48 H	48	4,10	4,38
3 Br	240	28,57	4 Br	320	27,35	26,44
21 O	168	20,00	26 O	208	17,78	
	840	100,00		1170	100,00	

Nach BUNSEN = $C^4AsH^6Br^3,3C^4AsH^6O^3+12Aq$; nach GM. = $C^4AsH^7Br^4$, $5C^4AsH^7O^4+6Aq$, wonach die Bildung nach folgender Gleichung erfolgt: $6C^4AsH^7O^4+4HBr+2HO = C^4AsH^7Br^4,5C^4AsH^7O^4+6HO$. Da übrigens die Menge der in dem Hydrobrom zu lösenden Kakodylsäure keine scharf bestimmte ist, so kann das Gemisch veränderliche Mengen von Kakodylsäure und von der derselben entsprechenden Bromosäure $C^4AsH^7Br^4$ enthalten. Vorzüglich aus dem Umstande, dass die Verbindung in der Syrupgestalt nicht Lackmus röthet, sondern erst nach der Verdünnung mit Wasser, scheint BUNSEN zu folgern, der Syrup halte keine Säure mehr, werde aber durch das Wasser wieder in Säure verwandelt, aber diese Wirkungslosigkeit auf Lackmus kann von der dicken Beschaffenheit oder auch von derselben Ursache herrühren, aus welcher in absolutem Weingeist gelöste Tartersäure das Lackmuspapier nicht röthet.

Die Verbindung zerfällt bei mäfsigem Erhitzen in Wasser, gasförmigen Bromformafer (IV, 241), kakodylsaures Kakodylbromid und arsenige Säure. [Die hierfür von BUNSEN (*Ann. Pharm.* 46, 44) gegebene Gleichung kann nicht richtig sein. — Ueber das kakodylsaure Kakodylbromid findet sich weiter nichts erwähnt. — Legt man die Formel b zum Grund, so ist die Gleichung: $C^4AsH^7Br^4 + 5C^4AsH^7O^4 + 6HO = 9HO + 2C^2H^3Br + 2C^4AsH^6Br + 3C^4AsH^7O^4 + AsO^5$. Hiernach würde Wasser, Bromformafer, Bromkakodyl, Kakodylsäure und *Arsensäure* erhalten werden.] — Beim Lösen in Wasser zersetzt sich die Verbindung in Kakodylsäure und Hydrobrom, welches sich beim Verdunsten im Vacuum mit dem Wasser verflüchtigt. BUNSEN. [Gleichung nach der Formel b: $C^{24}As^6H^{48}Br^4O^{26} = 6C^4AsH^7O^4 + 4HBr + 2HO$.]

Chlorkakodyl. $C^4AsH^6Cl = C^4ArH^3,HCl$.

BUNSEN. *Ann. Pharm.* 37, 31.

Darstellung. Man destillirt Alkarsin-Einfachchlorquecksilber mit höchst concentrirter Salzsäure, trocknet das Destillat bei abgehaltener Luft über Chlorcalcium und Bittererde, und destillirt es für sich in dem mit trockenem kohlensauren Gas gefüllten zugeschmolzenen Apparat (V, 54). — Durch Destillation von Alkarsin mit concentrirter Salzsäure lässt sich das Chlorkakodyl nicht rein erhalten, weil sich zugleich Alkarsin-Chlorkakodyl bildet, welches auch bei wiederholter Destillation mit Salzsäure nicht zersetzt wird.

Eigenschaften. Wasserhelle ätherartige Flüssigkeit, noch bei —45° nicht erstarrend; schwerer als Wasser. Kocht nicht weit über 100° und bildet einen farblosen Dampf von 4,56 Gasdichte; raucht nicht an der Luft. Riecht durchdringend, betäubend, viel heftiger als Alkarsin; bewirkt bei reichlichem Einathmen Anschwellung der Schleimhaut der Nase und Unterlaufen der Augen mit Blut.

			BUNSEN		Maafs	Dichte
4 C	24	17,09	17,70	C-Dampf	4	1,6640
As	75	53,42		As-Dampf	½	5,1998
6 H	6	4,27	4,35	H-Gas	6	0,4158
Cl	35,4	25,22	22,90	Cl-Gas	1	2,4543
C^4AsH^6Cl	140,4	100,00		Chlork.-Dampf	2	9,7339
					1	4,8669

Wegen der Beimischung von Alkarsin-Chlorkakodyl fand BUNSEN etwas zu wenig Chlor.

Zersetzungen. 1. Das Chlorkakodyl verbrennt beim Entzünden mit fahler Arsenflamme unter Absatz von Arsen oder arseniger Säure, je nach dem Luftzutritt. Sein beim Kochen entwickelter Dampf entflammt sich von selbst an der Luft. In einem mit Sauerstoffgas gefüllten Gefäfse erhitzt, verpufft es sehr heftig. — Bei sparsamem Luftzutritt setzt es Krystalle ab. — 2. Es entflammt sich im Chlorgas von selbst, unter Absatz von viel Kohle. — 3. Es wird durch concentrirte Salpetersäure unter Explosion entzündet. — 4. Es wird durch Schwefelsäure und Phosphorsäure, nicht durch schwächere Säuren, unter Entwicklung von Salzsäure zersetzt. — 5. Es bildet mit trockenem Ammoniakgas eine weifse Salzmasse, bei deren Behandlung mit Weingeist Salmiak zurückbleibt. — 6. Durch weingeistiges Kali wird es unter Fällung von Chlorkalium zu dem Arsidkerne C^4AsH^5 (V, 50) reducirt. $C^4AsH^6Cl + KO = C^4AsH^5 + KCl + HO$. — Trockener Baryt oder Kalk entziehen kein Chlor; selbst dem Dampfe entzieht der erhitzte Kalk nicht eher Chlor, als bis eine Hitze einwirkt, in welcher sich das Chlorkakodyl für sich zersetzen würde. — 7. Silbersalze fällen aus dem Chlorkakodyl alles Chlor als Chlorsilber. — 8. Zink, Zinn und Eisen entziehen ohne Gasentwicklung alles Chlor, und lassen Kakodyl. Zink und Zinn bewirken dieses bei 90 bis 100°; die anfangs wasserhelle Flüssigkeit wird bei weiterem Auflösen des Metalls dunkel und undurchsichtig, und gesteht dann beim Erkalten zu einer feuchten Salzmasse, aus welcher Wasser das Chlormetall löst (*Ann. Pharm.* 42, 27).

Verbindungen. Das Chlorkakodyl löst sich nicht merklich in *Wasser*, ertheilt ihm jedoch seinen penetranten Geruch.

Es geht viele Verbindungen mit Chlormetallen ein, die jedoch mit Ausnahme der folgenden nicht beständig sind.

Chlorkakodyl-Halbchlorkupfer. — Weingeistiges Alkarsin gibt mit der Lösung des Halbchlorkupfers in Salzsäure einen weifsen dicken breiartigen Niederschlag, welcher zur Entziehung alles für sich gefällten Halbchlorkupfers in einer Reibschale einige Zeit mit concentrirter Salzsäure gerieben, dann möglichst schnell bei völliger Abhaltung der Luft mit concentrirter, dann mit verdünnter Salzsäure, endlich mit Wasser gewaschen, hierauf zwischen Papier ausgepresst, und im Vacuum getrocknet wird. Bei zu langem Auswaschen wird der Niederschlag zersetzt und endlich ganz gelöst. — Weifses, körniges, kakodylartig riechendes Pulver; häufig gelblich, durch anfangende Zersetzung. — Es lässt beim Erhitzen, unter Entwicklung von Chlorkakodyl, Halbchlorkupfer. Es färbt sich an der Luft grün unter Bildung von Einfachchlorkupfer und stinkenden arsenikalischen Producten. Es zersetzt sich beim Kochen mit Wasser. Es löst sich nicht in Weingeist und Aether (*Ann. Pharm.* 42, 22).

			Bunsen
4 C	24	10,01	9,68
As	75	31,28	
6 H	6	2,50	2,62
Cl	35,4	14,76	12,44
Cu^2Cl	99,4	41,45	40,49
Cu^2Cl,C^4AsH^6Cl	239,8	100,00	

Chlorkakodyl-Zweifachchlorplatin. — Chlorkakodyl gibt mit Platinlösung einen reichlichen ziegelrothen Niederschlag, wohl von $PtCl^2,C^4AsH^6Cl$. Derselbe löst sich im Wasser beim Kochen oder Auswaschen zu einer kaum gefärbten Flüssigkeit, in welcher sich weder Platin noch Kakodyl durch die gewöhnlichen Reagentien nachweisen lassen, und welche beim Abkühlen oder Abdampfen farblose lange Nadeln liefert. Diese Nadeln entsprechen den Reiset'schen Platinverbindungen, nur dass das Ammonium durch Kakodyl vertreten ist. Sie halten ein platinhaltiges Radical, welches mit Chlor, Brom und Cyan zusammentritt, und welches mit Sauerstoff eine Basis bildet, die sich mit Säuren zu krystallisirten Salzen vereinigt. Bunsen.

Alkarsin-Chlorkakodyl oder basisches Chlorkakodyl. $3C^4AsH^6Cl,C^4AsH^6O$.

Bunsen. *Ann. Pharm.* 37, 49.

Wird erhalten durch Behandlung des Chlorkakodyls mit Wasser, oder leichter durch Destillation von Alkarsin mit verdünnter Salzsäure, Rectification des Destillats mit Kreidepulver und Wasser, immer bei abgehaltener Luft, Trocknen des Rectificats über Chlorcalcium und nochmalige Destillation in dem mit kohlensaurem Gas gefüllten und zugeschmolzenen Destillirapparat (V, 54).

Die Flüssigkeit gleicht dem Chlorkakodyl, siedet jedoch bei 109°, zeigt 5,46 Dampfdichte, stöfst an der Luft weifse Nebel aus, und riecht lange nicht so stark, wie Alkarsin; aber immer noch furchtbar genug.

			Bunsen		Maafs	
16 C	96	17,97	17,74	C-Dampf	16	6,6560
4 As	300	56,16	55,15	As-Dampf	2	20,7994
24 H	24	4,49	4,31	H-Gas	24	1,6640
3 Cl	106,2	19,88	18,78	Cl-Gas	3	7,3629
O	8	1,50	4,02	O-Gas	½	0,5546
$3C^4AsH^6Cl,C^4AsH^6O$	534,2	100,00	100,00		8	37,0369
					1	4,6296

BUNSEN erhielt wegen der nicht ganz zu vermeidenden raschen Oxydation des Präparats an der Luft zu viel Sauerstoff. [BUNSEN's Berechnung der Dampfdichte ist nicht zulässig; Er rechnet nämlich zu 3 Dampfdichten des Chlorkakodyls 1 Dampfdichte des Alkarsins, und erhält durch Division mit 4 die Dampfdichte = 5,35, die allerdings mit der durch den Versuch gefundenen viel besser stimmt. Da jedoch der Alkarsindampf 1atomig ist und der Chlorkakodyldampf halbatomig, so finden sich im Dampf des Alkarsin-Chlorkakodyls mit 1 Maafs Alkarsindampf nicht 3, sondern 6 M. Chlorkakodyldampf vereinigt.]

Wasserhaltiges Chlorkakodyl [?].

BUNSEN (*Ann. Pharm.* 37, 34).

Salzsaures Gas, durch Vitriolöl und Chlorcalcium getrocknet, und bei sorgfältig abgehaltener Luft über reines Alkarsin geleitet, wird unter starker bis zum Kochen gehender Wärmeentwicklung rasch absorbirt und bildet 2 Schichten, wobei sich ein ziegelrothes Pulver von Erythrarsin ($^1/_2$ Proc. des angewandten Alkarsins betragend) niederschlägt. Wird das Alkarsin beim Sättigen mit salzsaurem Gas mit einer Kältemischung umgeben, so erhält man eine gleichartige Flüssigkeit, welche aber, wenn man sie in einem mit Kohlensäure gefüllten Destillirapparat erwärmt, bis sich kein salzsaures Gas mehr entwickelt (welches Wasserdampf mit sich führt), wieder in dieselben 2 Schichten zerfällt, von welchen ein Theil übergeht.

Die obere dünne Schicht ist Chlorkakodyl. Die untere zähe kann, da sonst nichts gebildet wird, nichts anderes sein als Chlorkakodyl in Verbindung mit einem Theil des Wassers, welches bei der Chlorkakodylbildung entstand. In der That zerfliefst Chlorcalcium darin, und lässt ein fast chemisch reines Chlorkakodyl. BUNSEN. [War die Materie, welche das Chlorcalcium zum Zerfliefsen brachte, wirklich Wasser? Warum entsteht die zähe Flüssigkeit nicht auch beim Zusammenbringen von Chlorkakodyl mit wenig Wasser?]

Kakodylsaures Kakodylchlorid [?].

BUNSEN. *Ann. Pharm.* 46, 36.

Geht bei der Destillation des basischen Kakodylsuperchlorids als ein Oel über. Man rectificirt dieses bei gelinder Wärme, bis der Rückstand sich etwas zu färben anfängt, befreit es über Baryt von Wasser und Salzsäure, und destillirt es noch einmal im zugeschmolzenen Apparat (V, 54).

Das Oel ist dem Chlorkakodyl ähnlich. Riecht man an einem damit befeuchteten Glasstäbchen blofs einige Secunden, so steigert sich der anfangs fast unmerkliche Geruch nach einiger Zeit zu einer unglaublichen Stärke; es erfolgt anhaltendes Niesen, profuse Schleimabsonderung, nebst Röthung von Nase und Augen. Riecht man etwas länger daran, so geht der Geruch in ein unerträgliches Gefühl über, mit bohrendem Schmerze im kleinen Gehirn. — Es gibt mit Aetzsublimat dieselben perlglänzenden Schuppen wie das Alkarsin (V, 57), aber ohne Bildung von Kalomel. BUNSEN.

	Berechnung nach BUNSEN		BUNSEN
20 C	120	15,28	14,90
5 As	375	47,75	45,65
30 H	30	3,82	3,81
6 Cl	212,4	27,04	26,21
6 O	48	6,11	9,43
	785,4	100,00	100,00

BUNSEN erklärt den von Ihm gefundenen Sauerstoffüberschuss aus der raschen Oxydation der Verbindung an der Luft, und gibt die Formel: $3C^4AsH^6Cl^2,2C^4AsH^6O^3$.

Kakodylsuperchlorid [?].

BUNSEN. *Ann. Pharm.* 46, 29.

Trocknes salzsaures Gas, über trockne Kakodylsäure geleitet, bildet unter starker Wärmeentwicklung eine Flüssigkeit, aus welcher beim Erkalten grofse glänzende Blättchen von basischem Kakodylsuperchlorid anschiefsen. Die Mutterlauge, welche noch etwas hiervon gelöst behält, ist übrigens als Kakodylsuperchlorid, und zwar als $C^4AsH^6Cl^3$ zu betrachten, da sich beim Leiten des salzsauren Gases zur Kakodylsäure erst dann Wasser abscheidet, wenn das Gas im Ueberschuss vorhanden ist und dadurch auf die erzeugte Verbindung zersetzend einwirkt. [Die Verbindung kann auch $C^4AsH^7Cl^4,4HO$ sein, nach folgender Gleichung: $C^4AsH^7O^4+4HCl=C^4AsH^7Cl^4+4HO$.]

Die Verbindung ist ein wasserheller, geruchloser, schwach an der Luft rauchender Syrup.

Der Syrup zerfällt bei starkem Erhitzen, ohne Bräunung, in ein flüchtiges Product, welches Chlorkakodyl hält, in arsenige Säure und in ein permanentes Gas, welches von Weingeist, nicht von Wasser absorbirt wird. Er lässt sich nur entzünden, wenn man ihn in die Weingeistflamme bringt. Zink reducirt ihn schon in der Kälte zu dem sich durch seinen Gestank auszeichnenden Chlorkakodyl und in der Wärme zu Kakodyl. Die wässrige Lösung des Syrups hält aufser einer Spur arseniger Säure (vom beigemischten basischen Kakodylsuperchlorid herrührend) Salzsäure und Kakodylsäure. BUNSEN.

Basisches Kakodylsuperchlorid.

BUNSEN. *Ann. Pharm.* 46, 30.

Entsteht beim Einwirken der gasförmigen oder der concentrirten wässrigen Salzsäure auf Kakodylsäure.

Darstellung. 1. Man sammelt die bei der Darstellung des Kakodylsuperchlorids (s. oben) sich ausscheidenden glänzenden Blättchen. — 2. Man verdunstet die Lösung der trocknen Kakodylsäure in höchst concentrirter Salzsäure kalt im Vacuum über Vitriolöl und Kalk, bis sie zu einem aus Blättchen bestehenden Brei erstarrt ist, presst diesen zwischen mehreren Bogen von stark getrocknetem warmen Fliefspapier in einer erwärmten Presse aus, bietet den Rückstand einigemal der Luft dar zum Anziehen von Feuchtigkeit, und presst wieder aus, und trocknet endlich im Vacuum über Vitriolöl und Kalk.

Eigenschaften. Farblose durchsichtige grofse Krystallblätter, etwas unter 100° zu einer farblosen Flüssigkeit schmelzend, geruchlos, von sehr saurem Geschmack.

	Ber. nach BUNSEN			Ber. nach GM.		BUNSEN
12 C	72	13,76	16 C	96	14,51	13,85
3 As	225	43,00	4 As	300	45,34	
24 H	24	4,59	28 H	28	4,24	4,61
3 Cl	106,2	20,30	4 Cl	141,6	21,40	20,12
12 O	96	18,35	12 O	96	14,51	
	523,2	100,00		661,6	100,00	

Nach BUNSEN = $C^4AsH^6Cl^3,2C^4AsH^6O^3+6HO$; nach GM. = $C^4AsH^7Cl^4,3C^4AsH^7O^4$. Nach letzterer Formel ist die Gleichung für das Entstehen dieser Verbindung: $4C^4AsH^7O^4+4HCl=C^{16}As^4H^{28}Cl^4O^{12}+4HO$.]

Das basische Kakodylsuperchlorid fängt schon vor dem Schmelzen an, sich ein wenig zu zersetzen, wobei es zwar sich nicht bräunt, aber ein permanentes Gas entwickelt. Daher tritt einige

Zersetzung ein, wenn man das salzsaure Gas über Kakodylsäure leitet, ohne abzukühlen. Dunstet man die Lösung der Kakodylsäure in concentrirter Salzsäure bis zum Syrup ab, und erwärmt ihn gelinde (bei 100 bis 109° erfolgt die Zersetzung schneller), so erhält man Chlorformafergas, welches nach dem Reinigen mittelst Leitens durch Wasser, Kalilauge und Kalihydrat von 1 Gramm Kakodylsäure gegen 25 CCM. beträgt, ein öliges Destillat, welches kakodylsaures Kakodylchlorid nebst etwas Wasser und Salzsäure ist, und als Rückstand arsenige Säure, welcher kakodylsaures Kakodylchlorid und unzersetztes basisches Kakodylsuperchlorid beigemengt zu sein pflegt. Die für diese Zersetzung von Bunsen (*Ann. Pharm.* 46, 38) gegebene Gleichung ist unrichtig]. — Das basische Kakodylsuperchlorid zerfliefst an der Luft schnell zu einer zähen Flüssigkeit, und seine wässrige Lösung hält nichts, als Kakodylsäure und Salzsäure. $C^{12}As^{3}H^{24}Cl^{3}O^{12} = 3C^{4}AsH^{7}O^{4} + 3HCl$ [Oder: $C^{16}As^{4}H^{28}Cl^{4}O^{12} + 4HO = 4C^{4}AsH^{7}O^{4} + 4HCl$]. — Mit Zink zersetzt es sich in Kakodylsäure, Kakodyl und Chlorzink. $C^{12}As^{3}H^{24}Cl^{3}O^{12} + 3Zn = 2C^{4}AsH^{7}O^{4} + C^{4}AsH^{6} + 3ZnCl + 4HO$. [Oder: $C^{16}As^{4}H^{28}Cl^{4}O^{12} + 4Zn = 3C^{4}AsH^{7}O^{4} + C^{4}AsH^{6} + 4ZnCl + H$; hiernach müsste 1 At. H als Gas frei werden: ob sich Gasentwicklung zeigt oder nicht, hierüber gibt Bunsen nichts an.]

Fluorkakodyl.

Bunsen. *Ann. Pharm.* 37, 38.

Durch Destillation von Alkarsin-Einfachchlorquecksilber mit concentrirter Flusssäure erhält man eine farblose Flüssigkeit von unerträglich widrigem und stechendem Geruch, welche wahrscheinlich $= C^{4}AsH^{6}F$ ist, jedoch, da sie das Glas angreift, nur in Platingefäfsen rein zu erhalten sein möchte. Sie löst sich nicht in Wasser, scheint aber dadurch zersetzt zu werden. Bunsen.

Basisches Kakodylsuperfluorid.

Bunsen. *Ann. Pharm.* 46, 45.

Concentrirte Flusssäure löst die Kakodylsäure reichlich und unter starker Wärmeentwicklung. Die Lösung, im Wasserbade abgedampft, wobei die überschüssige Flusssäure entweicht, lässt eine Flüssigkeit, welche beim Erkalten in Säulen gesteht. Diese werden zwischen Papier ausgepresst, im Vacuum über Vitriolöl und Kalk getrocknet, und in Platingefäfsen aufbewahrt.

Wasserhelle lange Säulen, oder, bei schnellem Krystallisiren, biegsame Nadeln. Geruchlos.

		Ber. nach Bunsen				Ber. nach Gm.		Bunsen
12	C	72	15,06	8	C	48	15,06	15,33
3	As	225	47,05	2	As	150	47,05	
21	H	21	4,39	14	H	14	4,39	4,42
6	F	112,2	23,46	4	F	74,8	23,46	23,38
6	O	48	10,04	4	O	32	10,04	
		478,2	100,00			318,8	100,00	

Nach Bunsen $= 2C^{4}AsH^{6}F^{3}, C^{4}AsH^{6}O^{3} + 3HO$; nach Gm. $= C^{4}AsH^{7}F^{4}, C^{4}AsH^{7}O^{4}$.

Die Verbindung schmilzt beim Erhitzen, entwickelt Flusssäure, dann alkarsinartig riechende Producte, und verbrennt endlich mit fahler Arsenflamme, eine leicht verbrennliche Kohle lassend. Sie greift das Glas an, zerfliefst an der Luft und löst sich leicht in Wasser zu einer stark Lackmus röthenden Flüssigkeit. BUNSEN.

Gepaarte Verbindung.

Cyankakodyl. $C^6NAsH^6 = C^4ArH^3,C^2NH$.

BUNSEN. *Ann. Pharm.* 27, 23.

Darstellung. Sie muss wegen der Gefahr der Vergiftung im Freien vorgenommen werden, während man bei den gefährlicheren Arbeiten die Luft durch ein langes Glasrohr einathmet, dessen anderes Ende weit vom aufsteigenden Cyankakodyldampfe entfernt ist. — 1. Man destillirt Alkarsin mit concentrirter Blausäure, und befreit das Cyankakodyl durch Krystallisiren vom beigemischten Alkarsin. Die Reinigung ist unvollständig und wegen der leichten Oxydirbarkeit des Alkarsins und der furchtbaren Giftigkeit des Cyankakodyls gefährlich. — 2. Besser: Man fügt zu concentrirtem wässrigen Cyanquecksilber Alkarsin, wobei Quecksilber niederfällt und sich ein Theil des Alkarsins höher oxydirt, und destillirt. Es geht, ohne alle Spur von Alkarsin und Blausäure, Wasser und darunter ein öliges Gemisch von Cyankakodyl und oxydirtem Alkarsin über, woraus beim Erkalten das Cyankakodyl in grofsen Säulen anschiefst. Man lässt von diesen das Wasser und den flüssig gebliebenen Theil des Oeles abfliefsen, presst sie zwischen Papier aus, schmelzt sie und destillirt sie zur Entziehung des Wassers in den mit trockenem kohlensauren Gas gefüllten Apparat (V, 54) bis zur Hälfte über. Da das so erhaltene, bald krystallisirende Destillat noch Spuren von Unreinigkeiten hält, so sprengt man die Röhre zunächst der als Vorlage dienenden Kugel ab, bringt den Inhalt in den kürzeren Schenkel einer rechtwinklig gebogenen mit kohlensaurem Gas gefüllten Röhre, schmelzt das offene Ende schnell zu, erwärmt den kürzeren Schenkel in Wasser auf 50 bis 60°, lässt die geschmolzene Masse erstarren, bis $^2/_3$ derselben krystallisirt sind, lässt das noch flüssig gebliebene Drittel in den längeren Schenkel abfliefsen, und wiederholt dieses Schmelzen und theilweise Erstarrenlassen der $^2/_3$ so oft, bis das Abfliefsende nicht mehr gelblich gefärbt ist. So bleibt im kürzeren Schenkel völlig reines Cyankakodyl.

Eigenschaften. Krystallisirt beim Erkalten nach dem Schmelzen in grofsen demantglänzenden Säulen; noch schöner beim Subliminiren bei Mittelwärme in einer Glasröhre, deren oberer Theil durch Benetzen mit Wasser abgekühlt wird, und zwar in schwach geschobenen Säulen, deren 2 scharfe Seitenkanten schwach abgestumpft und deren Enden mit 2 Flächen zugeschärft sind. Das Cyankakodyl schmilzt über 33° zu einer farblosen, ätherartigen, das Licht stark brechenden Flüssigkeit, welche bei 32,5° wieder krystallisirt.

Es siedet nahe bei 140°, und liefert einen Dampf von 4,63 Dichte. Es ist äufserst giftig und unterscheidet sich hierdurch von den übrigen Kakodylverbindungen. Zu einigen Gran, als Dampf in der Luft eines Zimmers verbreitet, erregt es beim Einathmen Schwindel, Betäubung, Bewusstlosigkeit, Ohnmachten und Einschlafen der Füfse; doch sind die Zufälle von kurzer Dauer, und ohne Nachwirkung, wenn man sich zeitig genug entfernt.

			Bunsen		Maafs	Dichte
6 C	36	27,48	28,01	C-Dampf	6	2,4960
N	14	10,69	11,05	N-Gas	1	0,9706
As	75	57,25	56,43	As-Dampf	½	5,1998
6 H	6	4,58	4,61	H-Gas	6	0,4158
C^6NAsH^6	131	100,00	100,10		2	9,0822
					1	4,5411

Zersetzungen. 1. Das Cyankakodyl verbrennt beim Entzünden mit rothblauer Flamme und starkem Rauch von arseniger Säure. — 2. Es reducirt aus salpetersaurem Quecksilberoxydul (nicht aus salpetersaurem Quecksilberoxyd) das Quecksilber. — 3. Es fällt aus Aetzsublimat sogleich viel Alkarsin-Einfachchlorquecksilber. — 4. Es fällt aus salpetersaurem Silberoxyd Cyansilber. — 5. Seine mit einem Eisenoxydulsalze gemischte Lösung gibt mit Kali einen Niederschlag, welcher beim Auflösen in stärkeren Säuren (nicht in Essigsäure) Berlinerblau zurücklässt.

Verbindungen. Das Cyankakodyl löst sich wenig in *Wasser*, sehr leicht in *Weingeist* und *Aether*.

Arsidkern C^4Ar^3O.

Erythrarsin. $C^4As^3H^6O^3 = C^4Ar^3O,O^2$.

Bunsen. *Ann. Pharm.* 42, 41.

Bildung. 1. Beim Leiten von Alkarsin- oder Kakodyl-Dampf durch eine schwach erhitzte Röhre. Bei Alkarsin: $3C^4AsH^6O = C^4As^3H^6O^3 + C^4H^4 + 2C^2H^4$ [beim Kakodyl hätte wohl die in der Röhre enthaltene Luft den nöthigen Sauerstoff zu liefern. — 2. Beim unvollkommenen Verbrennen von Alkarsin oder Kakodyl, wobei jedoch stets eine nicht zu beseitigende Verunreinigung mit metallischem Arsen eintritt. — 3. Bei der Bereitung des Chlorkakodyls. — 4. Auch aus der einmal unter einer Schicht Wasser destillirten Cadet'schen Flüssigkeit (V, 54) setzte sich Erythrarsin ab.

Darstellung. Uebergiefst man Alkarsin mit concentrirter Salzsäure, so setzt sich aus dem sich bildenden Chlorkakodyl Erythrarsin in ziegelrothen Flocken ab, welche nach dem Abdestilliren des Chlorkakodyls, zu dichteren Massen vereinigt, in der Retorte bleiben, und welche durch 6- bis 8-maliges (auch bei Luftzutritt vornehmbares) Auskochen mit absolutem Weingeist, bis dieser kein Chlor mehr entzieht, gereinigt, und an der Luft getrocknet werden. So geben 100 Th. Alkarsin ½ Th. Erythrarsin.

Eigenschaften. Dunkelroth, ins Stahlblaue spielend, zu einem ziegelrothen Pulver zereiblich.

			BUNSEN
4 C	24	8,60	8,58
3 As	225	80,65	81,56
6 H	6	2,15	2,08
3 O	24	8,60	7,78
$C^4As^3H^6O^3$	279	100,00	100,00

Zersetzungen. 1. Das Erythrarsin, an der Luft erhitzt, verbrennt ohne Rückstand mit fahler Arsenflamme. — 2. Als Pulver, der Luft ausgesetzt, bedeckt es sich unter langsamer Sauerstoffabsorption in mehreren Wochen mit einem weifsen Pulver, wohl von arseniger Säure. — 3. Es wird durch rauchende Salpetersäure entzündet und löst sich leicht in starker, nicht rauchender, unter Zersetzung.

Das Erythrarsin löst sich nicht in Wasser, Kalilauge (die dabei nicht zersetzend wirkt), Weingeist und Aether. BUNSEN.

Verbindungen, 6 At. Kohlenstoff haltend.

Kryle-Reihe.

A. Stammreihe.

Stammkern. Kryle. C^6H^4.

Acrène. LAURENT.

Allyloxyd. $C^6H^5O = C^6H^4,HO$.

WERTHEIM (1844). *Ann. Pharm.* 51, 309; — 55, 297.

Oxyde d'Allyle [Kryläther, Lanakryle].

Vorkommen. Ist in kleiner Menge dem Knoblauchöl beigemischt, daher beim Mischen concentrirter weingeistiger Lösungen von Knoblauchöl und sehr wenig salpetersaurem Silberoxyd salpetersaures Silberoxyd-Allyloxyd ohne alle Bildung von Schwefelsilber ausgeschieden wird.

Bildung. 1. Bei der Einwirkung von Knoblauchöl, C^6H^5S, auf salpetersaures Silberoxyd bildet sich unter Fällung von Schwefelsilber eine krystallische Verbindung von Allyloxyd und salpetersaurem Silberoxyd (V, 83). — 2. Beim Erhitzen von Senföl mit fixen Alkalien (s. *Senföl*).

Darstellung. Beim Lösen des krystallischen salpetersauren Silberoxyd-Allyloxyds in wässrigem Ammoniak erheben sich über die Lösung ölige Tropfen des Allyloxyds, welche man mit dem Stechheber abnimmt und rectificirt. — 2. Man erhitzt Senföl mit Kalknatronhydrat in dem einen Schenkel einer knieförmig gebogenen und zugeschmolzenen Glasröhre längere Zeit im Oelbade auf 120°, zuerst 12 Stunden lang in der Richtung, dass das verdampfende Senföl immer wieder zurückfliefst, dann so, dass der leere Schenkel etwas nach unten geneigt ist, und also das gebildete Allyloxyd in denselben überdestilliren kann.

Eigenschaften. Wasserhelles Oel, eigenthümlich, vom Knoblauchöl ganz verschieden riechend. Das nach 1) und das nach 2) erhaltene Oel sind sich ganz gleich.

	Berechn.	nach Wertheim
6 C	36	73,47
5 H	5	10,20
O	8	16,33
C^6H^5,HO	49	100,00

Das nach 2) erhaltene Oel liefert bei der Analyse auf 36 Th. Kohlenstoff 4,9 bis 5,1 Th. Wasserstoff. Wertheim.

Zersetzung. Es oxydirt sich an der Luft äufserst rasch.

Salpetersaures Silberoxyd-Allyloxyd. — Ein Tropfen Allyloxyd, mit weingeistigem salpetersauren Silberoxyd übergossen, füllt sich sogleich mit Krystallen dieser Verbindung. — Rectificirtes Knoblauchöl mit überschüssiger concentrirter weingeistiger Lösung des salpetersauren Silberoxyds gemischt, und an einen dunkeln Ort gestellt, setzt allmälig unter Freiwerden von Salpetersäure ein Gemenge von Schwefelsilber und salpetersaurem Silberoxyd-Allyloxyd ab. $C^6H^5S+2(AgO,NO^5)=C^6H^5O,AgO,NO^5+AgS+NO^5$. Man erhitzt nach 24 Stunden rasch zum Kochen, filtrirt heifs vom Schwefelsilber ab, und erhält beim Erkalten weifse, stark glänzende, fächerförmig vereinigte Säulen, welche nach dem Waschen mit Weingeist, dann mit wenig Wasser, und Auspressen zwischen Papier ein weifses glänzendes Krystallpulver darstellen. — Die Krystalle schwärzen sich ziemlich rasch im Lichte, oder bei 100°, ohne weitere merkliche Zersetzung. Sie brennen beim Erhitzen unter schwacher Verpuffung rasch ab, und lassen metallisches Silber. Sie werden durch rauchende Salpetersäure schnell zersetzt. Salzsäure scheidet aus ihnen alles Silber als Chlorsilber ab, unter Entwicklung eines eigenthümlichen Geruches. Hydrothion fällt aus ihrer Lösung Schwefelsilber. Sie lösen sich reichlich in wässrigem Ammoniak zu einer Flüssigkeit, welche salpetersaures und Silberoxyd-Ammoniak hält, und über welche sich Tropfen von Allyloxyd erheben. — Die Krystalle lösen sich leicht in Wasser, schwer in kaltem, viel reichlicher in heifsem Weingeist und Aether.

	Krystalle		Wertheim a.	Wertheim b.
6C	36	16,44	16,22	16,17
5H	5	2,28	2,26	2,29
Ag	108	49,32	49,21	49,61
N	14	6,39	6,35	
7 O	56	25,57	25,96	
C^6H^5O,AgO,NO^5	219	100,00	100,00	

Die Krystalle a waren mit Knoblauchöl bereitet, die Krystalle b mit dem nach 2) dargestellten Allyloxyd.

Acrol. C^6H^4,O^2.

BRANDES. *N. Br. Arch.* 15, 129.
REDTENBACHER. *Ann. Pharm.* 47, 114.

Acrolein, Acryloxydhydrat [Krylaldid, Nekryle].

Indem J. A. BUCHNER (*Mag. Pharm.* 4, 285) Schweinefett der trockenen Destillation unterwarf, und das Destillat über Kalk theilweise rectificirte, erhielt Er ein blassgelbes sehr flüchtiges neutrales Destillat von durchdringendem Geruch, welches in Säuren und reichlich in Weingeist löslich war. Eine Maus, 1 Minute lang in der mit dem Dampf geschwängerten Luft verweilend, dann herausgenommen, starb in 15 Minuten. Ohne Zweifel war dieses Destillat reich an Acrol. — BRANDES (1838) rectificirte das durch trockene Destillation von Cocostalg und andern Süfsfetten erhaltene brenzliche Oel wiederholt bei erkälteter Vorlage, wobei Er nur den zuerst übergehenden scharf riechenden Theil aufsammelte, entzog die beigemischte Säure und das Wasser durch Zusammenstellen mit kohlensaurem Kalk, dann mit Chlorcalcium, und erhielt endlich durch wiederholte gebrochene Destillation ein wasserhelles dünnes, an der Luft verdunstendes Oel von 0,781 spec. Gew., welches einen unerträglich scharfen Geruch, wie concentrirtes Senfwasser zeigte. Er betrachtete es mit Recht als eine neue Verbindung, *Acrol*, jedoch noch durch Brenzöl verunreinigt. Dieses unreine Acrol zeigte folgende Verhältnisse: Es verlor, in einer verschlossenen Flasche einige Jahre aufbewahrt, fast allen Geruch, und zeigte jetzt die Verhältnisse des Eupions. Es wurde durch Vitriolöl allmälig verharzt. Es löste sich nicht in Wasser, verlor aber beim Schütteln damit völlig seinen scharfen Geruch, wobei das Wasser schwach sauer wurde; aber bei der darauf folgenden Destillation mit dem darunter stehenden Wasser erhielt das Oel seinen Geruch wieder. Destillirte man das durch Schütteln mit Wasser von seinem scharfen Geruch befreite Oel mit Natron, so zeigte sich blofs das anfangs übergehende Oel etwas scharf, das folgende nicht mehr, und der Rückstand, nach dem Uebersättigen mit Phosphorsäure weiter destillirt, lieferte ein nicht scharfes Oel. Auch wässriges Ammoniak oder Kali benahmen dem unreinen Acrol den Geruch, ohne es zu lösen. Es löste sich in Aether und in starkem, nicht in 75-procentigen Weingeist. — Erst REDTENBACHER gelang es 1843, das reine Acrol darzustellen, und seine Natur gründlicher zu erforschen.

Bildung. Bei der trocknen Destillation des Glycerins und sämmtlicher Süfsfette (IV, 204); auch bei der Destillation von Glycerin mit wasserfreier Phosphorsäure, doppelt schwefelsaurem Kali, oder Schwefelsäure.

Darstellung. Das Acrol lässt sich durch trockene Destillation der Süfsfette nicht rein erhalten, da es von den zugleich erzeugten andern Brenzölen, welche zum Theil einen ähnlichen Siedpunct haben, nicht völlig zu scheiden ist. Auch die trockene Destillation des Glycerins ist nicht geeignet, da es gröfstentheils unverändert übergeht, und da der Rückstand übersteigt. — Man destillirt Glycerin mit einem Ueberschufs von wasserfreier Phosphorsäure oder zweifachschwefelsaurem Kali. — Bei Phosphorsäure geht blofs Acrol über, aber der zähe Rückstand steigt leicht über; bei zweifachschwefelsaurem Kali gehen zugleich Acrylsäure, schweflige Säure und andere Producte über. Die Dämpfe werden durch ein mit Wasser umgebenes Kühlrohr in eine stark erkältete tubulirte Vorlage geleitet, aus deren Tubus ein langes Rohr den unverdichteten Theil der Dämpfe zur Schonung der Augen in eine leere Blase, oder in den Schornstein oder zum Fenster hinaus leitet. — Man digerirt das ganze Destillat, welches aus einer unteren wässrigen Schicht besteht (einer wässrigen Lösung von Acrol, und etwa auch Acrylsäure und schwefliger Säure), und aus einer oberen öligen Schicht (einem Gemisch von Acrol und einem nach Acrylharz riechenden fixeren Oele) mit Bleioxyd, bis zum Verschwinden der sauren Reaction, und destillirt im Wasserbade das Acrol nebst wenig Wasser ab, stellt das Destillat mit völlig neutralem Chlorcalcium zusammen, und zieht es von diesem im Wasserbade ab. — Wegen der schnellen Oxydation des Acrols an der Luft müssen sämmtliche Arbeiten von der Digestion mit Bleioxyd an bis zur letzten Destillation in einem zusammenhängenden Apparate vorgenommen werden, der zuvor mit trocknem kohlensauren Gas gefüllt wurde. Auch muss, um die Augen zu schützen, die, übrigens verschlossene, letzte Vorlage durch ein Rohr mit einer Chlorcalciumröhre und diese luftdicht mit einer mit kohlensaurem Gas gefüllten Blase verbunden sein, durch deren Zusammendrücken vor dem Anfang dieser Arbeiten der Apparat mit kohlensaurem Gas gefüllt wird, welches dann bei der Destillation theilweise wieder von der Blase aufgenommen wird. Ohne diese Maafsregeln würde das Acrol sauer reagirend werden, und sein in der Luft verbreiteter Dampf wurde die Augen fürchterlich angreifen. — Die Ausbeute von Acrol wechselt je nach der Hitze bei der Destillation des Glycerins mit der Phosphorsäure oder dem doppelt schwefelsauren Kali und ist immer nur gering. Redtenbacher.

Eigenschaften. Wasserhelles Oel, stark das Licht brechend, leichter als Wasser. Siedet ungefähr bei 52°, und liefert einen Dampf von 1,897 Dichte. Der Dampf, mit sehr viel Luft verdünnt, riecht nicht ganz unangenehm, etwas ätherisch; aber schon wenige Tropfen Acrol, in einem Zimmer verdunstend, bringen eine ganze Gesellschaft zum Thränen, welches mit heftigem Brennen und Röthung der Augen und mit einem Gefühle von Mattigkeit, welches sich bei gröfseren Mengen zur Ohnmacht steigern kann, verbunden ist, aber keine weitere Folgen hinterlässt. Hat man sich jedoch wiederholt den Dämpfen ausgesetzt, so veranlasst jede neue Einwirkung derselben eine, einige Tage dauernde Augenentzündung. Das Acrol hat einen brennenden Geschmack. Für sich und in wässriger Lösung röthet es nicht Lackmuspapier, so lange sich durch Luftzutritt noch keine Acrylsäure gebildet hat. Redtenbacher.

			Redtenbacher		Maafs	Dichte
6 C	36	64,29	64,58	C-Dampf	6	2,4960
4 H	4	7,14	7,38	H-Gas	4	0,2772
2 O	16	28,57	28,04	O-Gas	1	1,1093
C^6H^4,O^2	56	100,00	100,00	Acroldampf	2	3,8825
					1	1,9412

Die in der Tabelle mitgetheilte Analyse Redtenbachers lieferte den meisten C; bei 4 andern Analysen schwankte der C-Gehalt zwischen 61,93 und 63,57. — Die Radicaltheorie nimmt im Acrol ein hypothetisches Radical, das *Acryl* $= C^6H^3$ an, welches mit 1 O das hypothetische *Acryloxyd* $= C^6H^3,O$ bildet, welches dann mit HO das Acrol oder *Acryloxydhydrat* $= C^6H^3,O + HO$ erzeugt. — Mit dem Acrol ist das Mesitaldehyd (IV, 797) isomer oder metamer.

Zersetzungen. 1. Das Acrol bleibt, selbst in verschlossenen Gefäfsen, nur kurze Zeit unverändert, indem es bald sich trübt und dann zu theils flockigem, theils dichtem Disacryl (oder statt dessen in seltenen Fällen zu Disacrylharz) erstarrt. Die Erstarrung erfolgt oft schon einige Minuten nach der Reindarstellung des Acrols, auch in einer zugeschmolzenen Glasröhre; dessgleichen unter Wasser, wobei dieses Acrylsäure, Ameisensäure und viel Essigsäure aufnimmt.

Die in der zugeschmolzenen Röhre erstarrte Masse zeigt selbst nach Wochen beim Oeffnen noch den Geruch nach Acrol, und röthet Lackmustinctur nicht sogleich, aber in kurzer Zeit. Nach REDTENBACHER's Ansicht zerfällt hierbei das Acrol in Disacryl und in einen Kohlenwasserstoff, der damit gemischt bleibt, aber bei Gegenwart von Wasser und Luft die 3 Säuren erzeugt: $2C^6H^4O^2 = C^{10}H^7O^4$ (Disacryl) + C^2H. — [Vielleicht ist das Disacryl eine mit dem Acrol polymere Verbindung, entsprechend den polymeren Verbindungen des Aldehyds (IV, 416), und seine Bildung ist von der unter Wasser zugleich stattfindenden Säurebildung unabhängig.]

2. Durch eine glühende Röhre geleitet, liefert das Acrol: Kohlenwasserstoffgas, Wasser und, an die Wände abgesetzte, Kohle. — 3. Es lässt sich leicht entzünden und verbrennt mit heller weifser Flamme. — 4. Bei Mittelwärme der Luft dargeboten, verwandelt es sich theils, wie nach 1), in Disacryl, theils durch rasche Absorption von Sauerstoff in Acrylsäure. Auch die wässrige Lösung wird an der Luft schnell sauer. Ein Tropfen Acrol auf Lackmuspapier gesteht zu einem weifsen Pulver, in dessen Umfang das Papier geröthet erscheint. In anderen Fällen entsteht kein Disacryl, sondern blofs ein rother Flecken. — 5. Mit Chlor oder Brom bildet das Acrol Hydrochlor oder Hydrobrom und ein schweres flüchtiges Oel, aus welchem die letzten Spuren der Wasserstoffsäure schwer zu entfernen sind.

6. Das Acrol löst sich in Salpetersäure unter reichlicher, bis zu einer Art von Verpuffung steigender Stickoxydentwicklung zu Acrylsäure. — 7. Es wird durch kaltes Vitriolöl sogleich unter Entwicklung schwefliger Säure geschwärzt und verkohlt. — 8. Es reducirt aus dem Silberoxyd das Metall unter einer bis zum Kochen steigenden Wärmeentwicklung und Bildung von acrylsaurem Silberoxyd. [$C^6H^4O^2 + 3AgO = C^6H^3AgO^4 + 2Ag + HO$]. Mit salpetersaurem Silberoxyd gibt das Acrol einen weifsen käsigen Niederschlag, der bei längerem Stehen unter einer Flüssigkeit oder beim Sammeln auf dem Filter und Waschen völlig zu Silber reducirt wird, während sich der Geruch nach Acrylsäure und Essigsäure entwickelt. Vielleicht ist dieser Niederschlag eine Verbindung von Silberoxyd mit der weiter nicht bekannten *acryligen Säure*, also = $AgO,C^6H^3O^2$. [Nach der Kerntheorie nicht wohl zulässig.] Fugt man zum Gemisch von Acrol und Silberlösung einige Tropfen Ammoniak, und kocht, so wird das Silber ebenfalls reducirt, aber nicht als Metallspiegel. — Ueber Bleihyperoxyd lässt sich das Acrol unverändert destilliren. — 9. Wässrige fixe Alkalien verwandeln unter starker Reaction den scharfen Acrol-Geruch in einen zimmetartigen und erzeugen 2 bis 3 verschiedene Acrylharze.

Verbindungen. Das Acrol löst sich in ungefähr 40 Th. *Wasser* von 15°, unter Ertheilung seines Geruches und Geschmackes; an der Luft wird die Lösung bald sauer.

Bringt man die ätherische Lösung des Acrols mit Ammoniakgas oder wässrigem *Ammoniak* zusammen, so scheidet sich unter allmäligem Verschwinden des Acrolgeruches ein weifser, amorpher, geruchloser und indifferenter Körper ab.

Aether ist das beste Lösungsmittel des Acrols. REDTENBACHER.

Anhang zu Acrol.

Disacryl.

REDTENBACHER. *Ann. Pharm.* 47, 141.

Bildung (V, 85 bis 86).

Darstellung. 1. Man stellt Acrol unter Wasser hin, bis es weifse käsige Flocken abgesetzt hat, die auf dem Filter mit Wasser gewaschen werden. — 2. Man stellt die flüchtigsten Producte eines destillirten Süfsfettes unter Wasser hin, bis sich unter Sauerwerden des Wassers das Disacryl gebildet hat, und befreit dieses durch Waschen auf dem Filter mit Weingeist und Aether von den Brenzölen.

Eigenschaften, Feines, lockeres amorphes Pulver, geschmacklos, geruchlos, beim Reiben stark elektrisch werdend.

Berechn. nach REDTENBACHER			REDTENBACHER
10 C	60	60,61	61,16
7 H	7	7,07	7,43
4 O	32	32,32	31,41
$C^{10}H^{7}O^{4}$	99	100,00	100,00

[Vielleicht polymer mit Acrol, also etwa = $C^{12}H^{8}O^{4}$.]

Das *Disacryl* löst sich langsam in schmelzendem Kalihydrat; aus der wässrigen Lösung der so erhaltenen Masse fällen Säuren weifsliche Flocken.

Es löst sich weder in Wasser, noch in Säuren, Alkalien, Schwefelkohlenstoff, und flüchtigen und fetten Oelen. REDTENBACHER.

Acrylharze.

Das Acrol verwandelt sich bei der Behandlung mit einem wässrigen fixen Alkali in eine Harzmasse, von welcher ein Theil im Alkali gelöst bleibt. Man kann statt des reinen Acrols das flüchtigste Destillationsproduct eines Süfsfettes anwenden. Kalkhydrat bräunt diese Flüssigkeit und umgibt sich mit einer braunen dendritischen Harzmasse. Von dieser ist ein Theil in einem Gemisch von Aether und Weingeist löslich, der andere nicht.

a. Das in Aetherweingeist lösliche Harz, nach dem Abdestilliren des Lösungsmittels mit Wasser und Salzsäure gewaschen, ist ein hellgelbes, nach Zimmet riechendes Pulver.

b. Das nicht in Aetherweingeist lösliche, mit Kalk gemengte und verbundene Harz, erst mit kaltem, dann mit heifsem Wasser behandelt, liefert einen wässrigen Harzkalk, aus welchem Salzsäure gelbe Flocken von Harz b, *α* fällt. — Der nicht in heifsem Wasser lösliche Theil, durch Salzsäure und Wasser gereinigt, liefert das Harz b, *β*.

Alle diese 3 Harze trocknen sehr schwer auf dem Wasserbade; sie werden beim Reiben stark elektrisch. REDTENBACHER (*Ann. Pharm.* 47, 146).

	REDTENBACHER		
	a	b, *α*	b, *β*
C	59,03	59,15	60,04
H	6,69	7,00	7,47
O	34,28	33,85	32,49
	100,00	100,00	100,00

Disacrylharz.

Wurde einmal beim Aufbewahren von Acryl an der Stelle des Disacryls erhalten, vielleicht weil die erstarrte Masse zu früh auf das Filter gebracht und gewaschen wurde.

Weifses Pulver; schmilzt bei 100° und erstarrt beim Erkalten zu einer blassgelben durchsichtigen spröden Masse. Scheidet sich beim Verdunsten der weingeistigen Lösung in glänzenden spröden amorphen Schuppen aus. Röthet in der weingeistigen Lösung Lackmus.

Löst sich nicht in Wasser, aber in wässrigen Alkalien, daraus durch Säuren unter Bildung einer Milch fällbar, aus der es beim Erwärmen sich unter Zusammenbacken scheidet. — Seine weingeistige Lösung fällt die Blei-, Kupfer- und andere schwere Metall-Salze. — Löst sich in Aether und Weingeist. Letztere Lösung bildet mit Wasser eine Milch, aus welcher sich das Harz beim Erwärmen in zusammengebackenem Zustande scheidet. Redtenbacher (*Ann. Pharm.* 47, 144).

Berechn. nach Redtenbacher			Redtenbacher
20 C	120	66,30	66,58
13 H	13	7,18	7,39
6 O	48	26,52	26,03
	181	100,00	100,00

Acrylsäure. C^6H^4,O^4.

Redtenbacher. *Ann. Pharm.* 47, 125.

Acide acrylique. — Von Redtenbacher 1843 entdeckt.

Bildung. Beim Einwirken der Luft, der Salpetersäure oder des Silberoxyds auf trocknes oder wässriges Acrol (V, 86).

Darstellung. a. *Bereitung des Silbersalzes.* Man unterwirft ein Süfsfett der trocknen Destillation, sammelt die flüchtigern Producte in einem erkälteten Woulfe'schen Apparat, rectificirt die darin verdichteten Brenzöle, sammelt dabei blofs das bis zu 60° Uebergehende, und erhält durch Rectification desselben über Chlorcalcium unreines Acrol. Man giefst dieses mittelst einer S-Röhre in einen Kolben, welcher Silberoxyd enthält, und in dessen Kork noch eine kühl zu haltende, in die Höhe gehende lange Röhre befestigt ist, damit die Acroldämpfe, die sich aus der bald ins Kochen kommenden Flüssigkeit entwickeln, sich verdichten und zurückfliefsen. Wenn nach längerem Stehen aller Acrol-Geruch verschwunden ist, wozu bisweilen mehrere Tage erforderlich sind, bringt man wiederholt etwas Wasser in den Kolben und destillirt wiederholt, bis kein Brenzöl (welches farblos ist und nach Eupion riecht) mehr übergeht, kocht den Rückstand im Kolben mit mehr Wasser auf, filtrirt heifs vom reducirten Silber ab, bewirkt das Krystallisiren des acrylsauren Silberoxyds durch Abkühlen im Dunkeln, und kocht den Rückstand im Kolben wiederholt mit der Mutterlauge der jedesmal erhaltenen Krystalle aus, so lange das Filtrat beim Erkalten noch Krystalle liefert. Die endlich übrig bleibende Mutterlauge setzt beim Gefrierenlassen noch einige weifse perlglänzende Krystallschuppen ab, aber beim Abdampfen liefert sie keine Krystalle mehr, weil sie dabei unter Reduction des Silbers Acrylsäure und Essigsäure entwickelt. Die beim wiederholten Erkälten erhaltenen Anschüsse des acrylsauren Silberoxyds sind nufsgrofse blumenkohlartige Drusen, welche, wenn sie mit einem feinen Staub von reducirtem Silber bedeckt sind, hiervon leicht durch Abschlämmen befreit werden können. Da sie noch Brenzöle beigemengt halten, und sie sich nicht durch Umkrystallisiren reinigen lassen, weil sie hierdurch gröfstentheils unter Silberreduction zersetzt werden, so löst man sie in Wasser, fällt daraus das Silber durch Hydrothion, neutralisirt das Filtrat durch kohlensaures Natron, dampft zur Trockne ab, destillirt das Natronsalz mit Schwefelsäure, sättigt die übergegangene Acrylsäure in der Siedhitze mit Silberoxyd, filtrirt kochend und erhält beim Erkalten das reine Silbersalz in glänzenden Nadeln.

b. *Bereitung der freien Säure.* Man leitet Hydrothiongas über das reine Silbersalz, welches sich in der Kugel einer in der Mitte aufgeblasenen Röhre befindet, und anfangs mit Eis umgeben ist, und nur zuletzt erwärmt wird, damit die Säure überdestillire. Diese wird durch Rectification vom Hydrothion befreit; der zuerst übergehende Theil hält mehr Wasser, als das letzte Drittel. — Kühlt man nicht ab, so erfolgt eine bis zu schwachen Verpuffungen steigende Wärmeentwicklung, womit theilweise Zersetzung der Säure und Wasserbildung verknüpft sind. Diese Zersetzung wird selbst durch die Umgebung mit Eis nicht ganz verhindert, und die erhaltene Säure ist daher nicht ganz wasserfrei.

Eigenschaften. Wasserhelle Flüssigkeit, bei 0° nicht erstarrend. Siedet über 100°, wie es scheint, leichter als Essigsäure, und geht unzersetzt über. [Dieses stimmt mit der Theorie vom Siedpunct nicht überein, nach welcher $C^6H^4O^4$ einen höheren Siedpunct haben sollte, als $C^4H^4O^4$.] — Riecht angenehm sauer, der Essigsäure ähnlich, doch zugleich etwas brenzlich, wie nach saurem Braten. Schmeckt rein sauer, im verdünnten Zustande wie Essigsäure, der etwas Brenzliches anhängt.

			REDTENBACHER.
6 C	36	50,00	47,57
4 H	4	5,56	6,04
4 O	32	44,44	46,39
C^6H^4,O^4	72	100,00	100,00

Wegen der unvermeidlichen Beimischung von etwas Wasser wurde zu wenig C erhalten. — Nach der Radicaltheorie $= C^6H^3,O^3+HO =$ Acrylsäurehydrat.

Zersetzungen. 1. Die Acrylsäure wird durch Salpetersäure und andere stark oxydirende Substanzen in Essigsäure, Ameisensäure und in die Oxydationsproducte dieser 2 Säuren verwandelt. $C^6H^4O^4+2HO+2O = C^4H^4O^4+C^2H^2O^4$. — Verdünnte Schwefelsäure und Salzsäure wirken nicht zersetzend. — 2. Bei längerer Behandlung mit [überschüssigen?] wässrigen fixen Alkalien bildet sie essigsaure Salze.

Verbindungen. Die Säure mischt sich mit *Wasser* nach allen Verhältnissen.

Die *acrylsauren Salze, Acrylates,* verhalten sich den essigsauren und ameisensauren Salzen ähnlich. Sie lösen sich alle leicht in Wasser, nur das Silbersalz schwierig.

Acrylsaures Natron. — Die mit kohlensaurem Natron neutralisirte Säure liefert beim Abdampfen kleine durchsichtige Säulen. Sie verwittern an der Luft, verlieren im Wasserbade 32,5 Proc. Wasser und blühen sich bei weiterem Erhitzen auf. Sie lösen sich leicht in Wasser.

	Bei 100°.		REDTEN-BACHER.				REDTEN-BACHER.
NaO	31,2	33,12	32,96	NaO	31,2	22,41	
$C^6H^3O^3$	63	66,88		$C^6H^3O^3$	63	45,27	
				5 HO	45	32,32	32,5
$C^6H^3NaO^4$	94,2	100,00		+ 5 Aq	139,2	100,00	

Acrylsaurer Baryt. — Die gesättigte Lösung des kohlensauren Baryts in der wässrigen Säure trocknet beim Verdunsten zu einem spröden amorphen Gummi ein, welches 54,36 Proc. Baryt hält, und sich leicht in Wasser und schwierig in Weingeist löst.

Acrylsaures Silberoxyd. — Das völlig reine Salz (V, 88 bis 89), im Vacuum über Vitriolöl getrocknet, erscheint in seidenglänzenden biegsamen Nadeln oder als ein aus feinen Säulen bestehendes sägspänartiges Pulver von schwach metallischem Geschmack. Es schwärzt sich im Lichte langsam, beim Erwärmen auf 100° sehr schnell, besonders im noch feuchten Zustande. Es verpufft sehr schwach über 100°, unter Entwicklung eines gelben sauren Dampfs und starkem Aufblähen, zu einem Geflecht von Kohlensilber, welches erst bei langem Glühen an der Luft die letzten Spuren des Kohlenstoffs verliert. Die wässrige Lösung des Salzes stöfst beim Verdunsten Dämpfe von Acrylsäure und Essigsäure aus und setzt fast alles Silber ab, daher es sich nur mit grofsem Verlust umkrystallisiren lässt. — Das noch mit Brenzöl verunreinigte, beim Erkalten anschiefsende Silbersalz (V, 88.) ist blumenkohlförmig und aus feinen 4seitigen Säulen mit abgerundeten Enden zusammengesetzt. — Das durch Gefrierenlassen der Mutterlauge erhaltene unreine Salz (V, 88) besteht aus weifsen perlglänzenden Schuppen. REDTENBACHER.

	Krystallisirt.		REDTENBACHER. a.	b.	c.	d.
AgO	116	64,80	64,63	64,15	62,81	63,34
6 C	36	20,11	20,32	20,31	20,71	20,54
3 H	3	1,68	1,86	2,00	1,96	1,98
3 O	24	13,41	13,19	13,54	14,52	14,14
$C^6H^3AgO^4$	179	100,00	100,00	100,00	100,00	100,00

a ist das reine nadelförmige, b das reine sägspänartige, c das unreine blumenkohlförmige, und d das unreine schuppige Salz.

Gepaarte Verbindung.

Acrylvinester. $C^{10}H^8O^4 = C^4H^5O,C^6H^3O^3$?

Es gelang REDTENBACHER nicht, diese Verbindung rein zu erhalten.

1. Destillirt man concentrirte Acrylsäure mit einem Gemisch von Vitriolöl und Weingeist, reinigt das Destillat durch wässriges kohlensaures Natron, trocknet es über Chlorcalcium und rectificirt, so erhält man eine blofs 49,5 Proc. C. haltende Flüssigkeit, die gröfstentheils aus Ameisenvinester besteht, jedoch einen schwachen Beigeruch nach Meerrettig zeigt. Vielleicht hielt die angewandte Acrylsäure Ameisensäure.

2. Destillirt man Vitriolöl und Weingeist mit acrylsaurem Natron oder Baryt, und reinigt das Destillat durch Wasser und kohlensaures Natron, so erhält man eine nicht sehr dünne Flussigkeit, bei 63° siedend, angenehm gewurzhaft und nach Ameisenvinester und Meerrettig riechend. Chlorcalcium,

damit zusammengestellt, wird durch Aufnahme von Wasser anfangs durchscheinend krystallisch, aber nach 12 Stunden weifs und pulverig; die darüber stehende Flüssigkeit ist jetzt, bei unverändertem Geruche, dunner und gibt bei der Rectification ein Product, welches 55,34 Proc. C, 9,38 H und 35,28 O hält, also die Zusammensetzung des Essigvinesters zeigt. Doch beweist der etwas zu grofse C-Gehalt und der nicht verschwundene Meerrettiggeruch, dafs etwas Acrylvinester unzersetzt geblieben ist. Entweder entstand gleich beim Einwirken der Schwefelsäure Essigsäure; oder der anfangs gebildete Acrylvinester wurde durch das Chlorcalcium, welches vielleicht freien Kalk hielt, in Essigvinester verwandelt. REDTENBACHER (*Ann. Pharm.* 47, 131).

Knoblauchöl. $C^6H^5S = C^6H^4,HS$.

WERTHEIM. *Ann. Pharm.* 51,289; 55,297.

Schwefelallyl [*Schwefelkrylafer, Lafakryle*]. — CADET (*J. Phys.* 95, 106; Ausz. *N. Gehl.* 5, 354) untersuchte schon früher das aus den Knoblauchzwiebeln durch Destillation erhaltene Oel, und FOURCROY u. VAUQUELIN das aus dem Safte der Zwiebeln von *Allium Cepa* erhaltene, wobei Sie Folgendes fanden: Das *Knoblauchöl* ist gelb, schwerer als Wasser, sehr flüchtig, von heftigem Geruch, scharfem Geschmack und rothmachender Wirkung auf die Haut. Es schwärzt frischgefälltes Eisenoxydulhydrat, nicht Wismuthoxyd und andere Metalloxyde. — Das *Zwiebelöl* ist farblos, flüchtig, von scharfem Geruch und Geschmack. Seine wässrige Lösung fällt Bleizucker gelb, überzieht bei der Destillation eine kupferne Blase mit Schwefelkupfer, und fällt nach der Behandlung mit Chlor die Barytsalze. — Aber erst WERTHEIM verdanken wir seit 1844 die genauere Kenntnifs des Knoblauchöls.

Vorkommen. In der Zwiebel von *Allium sativum*; in den Blättern von *Erysimum Alliaria* (*Alliaria off.*), während die Wurzel Senföl hält, WERTHEIM; zugleich mit 10 Proc. Senföl im Kraut und Samen von *Thlaspi arvense*, beim Zerstofsen mit Wasser und Destilliren übergehend. — Die Blätter von *Erysimum Alliaria* liefern bei der Destillation mit Wasser Knoblauchöl, die Samen Senföl. WERTHEIM. Der zerstofsene Samen, nach dem Einweichen mit Wasser destillirt, liefert ein Gemisch von 10 Proc. Knoblauchöl und 90 Senföl, aber der Samen von sonnigen Orten liefert blofs letzteres. Kraut und Samen von *Thlaspi arvense* liefern ein Gemisch von 90 Proc. Knoblauchöl und 10 Senföl. Auch Kraut und Samen von *Iberis amara* liefern ein Gemisch von beiden Oelen, und sehr geringe Mengen desselben gibt der Samen von *Capsella Bursa Pastoris*, *Raphanus Raphanistrum* und *Sisymbrium Nasturtium*. PLESS (*Ann. Pharm.* 58, 36).

Man hat die Pflanzentheile, besonders den Samen, vor der Destillation einige Zeit mit Wasser einzuweichen, um das Oelgemisch vollständig zu erhalten. Denn z. B. im Samen von *Thlaspi arvense* sind die Oele noch nicht gebildet enthalten, er zeigt nach dem Zerstofsen keinen Geruch, und wenn man ihn vor der Destillation mit Wasser entweder auf 100° erhitzt, oder mit Weingeist behandelt, so geht kein Oel über; wenn man ferner den Samen mit Weingeist auszieht und das Filtrat verdunstet, so bleibt ein mit Schleim gemengter krystallischer Rückstand, welcher beim Zerreiben mit Wasser und dem Samen von *Sinapis arvensis* zwar kein Knoblauchöl, aber Senföl bildet. Um die beiden Oele zu scheiden, und genau zu erkennen, kann man ihr Gemisch mit Ammoniakgas sättigen und mit Wasser destilliren; aus dem Rückstand schiefst Thiosinnamin an; das Destillat, nach der Neutralisation des Ammoniaks mit Schwefelsäure destillirt, liefert ein Oel von reinem Knoblauchgeruch, dessen weingeistige Lösung mit Zweifachchlorplatin den unten zu beschreibenden gelben Platin-Niederschlag gibt, aus dessen Menge sich die des Knoblauchöls berechnen lässt. Oder man fällt das Gemisch der beiden Oele nach dem Zusatz von etwas Weingeist sogleich durch das Chlorplatin, befördert die Fällung durch Schutteln, destillirt sogleich das Senföl mit Wasser uber, und bestimmt aus der Menge des Platinniederschlags die des Knoblauchöls. Destillirt man nicht sogleich, so wird bei überschüssigem Chlorplatin das Senföl in einigen Tagen zerstört und der Niederschlag etwas vermehrt. PLESS (*Ann. Pharm.* 58, 36).

Bildung. Bei der Behandlung des Senföls mit Einfachschwefelkalium nach demselben Verfahren, welches bei der Darstellung 2) des Allyloxyds angegeben ist. (vgl. aufserdem *Senföl*, Zersetzungen.)

Darstellung. a. *Bereitung des rohen Knoblauchöls.* Man destillirt die zerstofsenen Knoblauchzwiebeln mit Wasser in einer grofsen Blase. Das Oel geht mit den ersten Mengen des Wassers über; es beträgt von 100 Pfund Zwiebeln 3 bis 4 Unzen. Das mit ubergegangene milchige Wasser hält viel Oel gelöst und dient daher zum Cohobiren. Das rohe Oel ist schwerer als Wasser, dunkelbraungelb und vom heftigsten Knoblauchgeruche. Es zersetzt sich schon bei 140°, also etwas unter seinem, ungefähr 150° betragenden, Siedpuncte, indem es sich plötzlich erhitzt, dunkler färbt und Dämpfe von unerträglichem Gestank entwickelt, ohne eine Spur Knoblauchöl übergehen zu lassen; der Ruckstand ist eine schwarzbraune klebrige Masse. WERTHEIM.

b. *Bereitung des rectificirten Oels.* Man destillirt das rohe Oel im Kochsalzbade (im Wasserbade erfolgt die Destillation langsamer), so lange noch etwas übergeht. Es bleibt $\frac{1}{3}$ des rohen Oels in einem dunkelbraunen, dicken Zustande zurück. — Das rectificirte Oel ist leichter als Wasser und blafsgelb, oder nach 2maliger Rectification farblos, und riecht wie das rohe Oel, nur minder widrig. Es entwickelt beim Erhitzen mit Kalihydrat keine Spur Ammoniak. Es uberzieht Kalium mit einer leberbraunen Schicht von Schwefelkalium, setzt eine organische Materie ab und entwickelt dabei wenig, mit blafsblauer Flamme verbrennendes Gas. Es verhält sich gegen rauchende Salpetersäure, Vitriolöl, salzsaures Gas, verdünnte Säuren und Alkalien, gegen Aetzsublimat, Silbersalpeter, Zweifachchlorplatin und salpetersaures Palladoxydul, wie das reine Knoblauchöl (Schwefelallyl). Auch nach mehrmaligem Rectificiren und Trocknen mit Chlorcalcium zeigt es eine wechselnde Zusammensetzung und einen Gehalt an Sauerstoff, wonach es neben dem Schwefelallyl noch eine Sauerstoffverbindung, etwa Allyloxyd, auf dessen Gegenwart auch das Verhalten des Kaliums hindeutet, enthalten mufs. WERTHEIM.

Bei 3 Proben zeigten sich folgende Procente C und H:

C	55,39	59,06	60,57
H	7,70	8,19	8,40

c. *Bereitung des reinen Knoblauchöls oder des Schwefelallyls.* Man rectificirt das rectificirte Knoblauchöl noch einigemal, entwässert es über Chlorcalcium, giefst ab, bringt einige Stücke Kalium hinein und destillirt das Oel, wenn sich kein Gas mehr entwickelt, rasch vom gebildeten Bodensatze ab. So erhält man von 3 Th. rectificirtem Oel 2 Th. reines. Das rectificirte Oel scheint Allyloxyd und Schwefelallyl mit überschussigem Schwefel zu enthalten, welche entweder schon im rohen Knoblauchöl existirten, wie dieses vom Allyloxyd nachgewiesen ist (V, 82), oder auch aus Schwefelallyl durch den Sauerstoff der hinzutretenden Luft gebildet wurden, indem der Theil des Schwefelallyls, welcher Sauerstoff aufnahm, seinen Schwefel an den andern Theil abgab. Hatte das Kalium vor der Destillation nicht vollständig eingewirkt, so ist durch dasselbe blofs der überschussige Schwefel entzogen, aber nicht das Allyloxyd zersetzt, und man erhält ein Destillat, welches 65,17 bis 64,75 Proc. C und 9,22 bis 9,15 H hält. WERTHEIM.

Eigenschaften. Farbloses Oel, stark das Licht brechend, leichter als Wasser. Läfst sich unzersetzt destilliren. Riecht wie das rohe Oel, nur minder widrig, kurz ganz wie das rectificirte Oel.

			WERTHEIM.
6 C	36	63,16	63,22
5 H	5	8,77	8,86
S	16	28,07	27,23
C^6H^5S	57	100,00	99,31

Zersetzungen. 1. Das Schwefelallyl löst sich in rauchender Salpetersäure unter stürmischer Zersetzung; die Lösung setzt beim Verdünnen mit Wasser gelbweifse Flocken ab, und hält Oxalsäure und Schwefelsäure. — 2. Es gibt mit kaltem Vitriolöl eine purpurne Lösung, aus der es durch Wasser, wie es scheint, unverändert wieder geschieden wird. — 3. Es absorbirt reichlich das salzsaure Gas; das tief indigblaue Gemisch entfärbt sich allmälig an der Luft, sogleich beim gelinden Erwärmen oder Verdünnen mit Wasser. — 4. Es fällt aus salpetersaurem Silberoxyd viel Schwefelsilber, während salpetersaures Silberoxyd und Allyloxyd gelöst bleibt. WERTHEIM. — Durch verdünnte Säuren und Alkalien, so wie durch Kalium, wird es nicht verändert.

Verbindungen. Es löst sich schwierig in Wasser. WERTHEIM.

Das Schwefelallyl fällt nicht die wässrigen oder weingeistigen Lösungen von essigsaurem oder salpetersaurem Bleioxyd und von essigsaurem Kupferoxyd; auch nicht die Lösungen der arsenigen oder Arsen-Säure in wässrigem Schwefelammonium. WERTHEIM.

Quecksilberniederschlag. — Weingeistige Lösungen von Knoblauchöl und Aetzsublimat geben einen starken weifsen Niederschlag, der bei längerem Stehen und vorzüglich bei Verdünnen mit Wasser noch zunimmt. Er ist ein Gemenge der Verbindungen a und b, durch längeres Auskochen mit starkem Weingeist, worin sich blofs a löst, scheidbar. WERTHEIM.

a. Scheidet sich aus dem weingeistigen Filtrat bei längerem Hinstellen oder beim Verdünnen mit Wasser ab, und ist nach dem Waschen und Trocknen ein weifses Pulver. Dasselbe schwärzt sich in der Sonne oberflächlich; es entwickelt beim Erhitzen lauchartig riechende Dämpfe und gibt ein aus Kalomel und Quecksilber bestehendes Sublimat. Es färbt sich unter mäfsig starker Kalilauge durch Ausscheidung von Quecksilberoxyd hellgelb; entzieht man dann dieses durch verdünnte Salpetersäure, so bleibt ein weifser Körper, vielleicht $= C^6H^5S, 2HgS$. Es liefert bei der Destillation mit Schwefelcyankalium neben andern Producten Senföl. (s. *Bildung des Senföls.*) — Es löst sich nicht in Wasser, und ziemlich schwer in Weingeist und Aether. WERTHEIM.

			WERTHEIM.
12 C	72	11,32	10,91
10 H	10	1,57	1,61
4 Hg	400	62,87	63,67
3 S	48	7,54	
3 Cl	106,2	16,70	16,41
$C^6H^5S,2HgS+C^6H^5Cl,2HgCl$	636,2	100,00	

[Lässt sich auch schreiben: $2C^6H^5S,HgS,3HgCl$. — GERHARDT (*Compt. rend. mens.* 1, 12) zieht die allerdings einfachere Formel vor: $C^6H^5S,2HgCl$, die jedoch weniger Quecksilber und viel mehr Chlor voraussetzt, als WERTHEIM fand.]

b. Der in heifsem Weingeist unlösliche Theil des Quecksilberniederschlags hält zwar dieselben Bestandtheile, und den Kohlenstoff und Wasserstoff ebenfalls im Verhältnisse von 6 : 5 At., ist aber viel reicher an Quecksilber. WERTHEIM.

Silberniederschlag. — Beim Mischen einer Lösung von salpetersaurem Silberoxyd in wässrigem Ammoniak mit überschüssigem Schwefelallyl zersetzt sich zwar ein Theil der Verbindungen in sich als Oel erhebendes Allyloxyd und in salpetersaures Ammoniak; aber zugleich entsteht anfangs ein weifser oder blafsgelber Niederschlag, der vielleicht $C^6H^5S + x\,AgS$ ist. Denn wenn man ihn sogleich mit Weingeist wäscht, und zwischen Papier trocknet, so zerfällt er bei der Destillation in Schwefelallyl und zurückbleibendes Schwefelsilber. Verweilt er dagegen ½ Stunde unter der Flüssigkeit, so färbt er sich immer dunkler braun, und verwandelt sich endlich in schwarzes Schwefelsilber. WERTHEIM.

Goldniederschlag. — Das Schwefelallyl gibt mit wässrigem Dreifachchlorgold einen schönen gelben Niederschlag, dem des Platins ähnlich, der jedoch bald harzartig zusammenbackt und sich mit einem Goldhäutchen überzieht. WERTHEIM.

Platinniederschlag. — Knoblauchöl gibt mit Zweifachchlorplatin einen gelben Niederschlag. Man erhält diesen schöner gelb bei Anwendung weingeistiger Lösungen, nur bildet er sich bei starkem Weingeist erst allmälig, jedoch bei Wasserzusatz augenblicklich; wenn man aber das Wasser zu schnell und zu reichlich hinzufügt, so ist er gelbbraun, harzig und schwer zu reinigen; man höre daher mit dem Wasserzusatz auf, sobald sich eine starke Trübung zeigt; dann erhält man, falls das Knoblauchöl nicht vorwaltet, sicher einen reichlichen flockigen Niederschlag, dem Platinsalmiak ähnlich. Der Niederschlag wird auf dem Filter mit Weingeist, dann mit Wasser gewaschen und bei 100° getrocknet. — Weit über 100° erhitzt, wird der Niederschlag missfarbig und lässt ein so poroses Schwefelplatin, dafs es sich bei stärkerem Erhitzen entzündet und so lange fortglimmt, bis reines Platin übrig ist. Rauchende Salpetersäure zersetzt und löst den Niederschlag völlig zu schwefelsaurem Platinoxyd und Zweifachchlorplatin. Unter Hydrothion-Ammoniak verwandelt er sich allmälig in die gleich folgende kermesbraune Verbindung. Wässriges Kali, so wie Hydrothion wirken nicht ein. — Der Niederschlag ist in Wasser fast unlöslich, und nur schwierig löslich in Weingeist und Aether. WERTHEIM.

	Bei 100°.		WERTHEIM.
24 C	144	17,77	17,85
20 H	20	2,47	2,87
4 *Pt*	396	48,88	48,53
9 S	144	17,77	18,29
3 Cl	106,2	13,11	13,22
3 (C^6H^5S,PtS^2) + ($C^6H^5Cl,PtCl^2$)	810,2	100,00	100,76

Hiernach scheint die Bildung dieser Verbindung nach folgender Gleichung vor sich zu gehen: $9\,C^6H^5S + 9\,PtCl^2 = C^{24}H^{20}Pt^4S^9Cl^3 + 5\,(C^6H^5Cl,PtCl^2)$. In der That scheint das letzte Glied dieser Gleichung, $C^6H^5Cl,PtCl^2$, bei der Fällung zu entstehen; denn bei Anwendung von starkem Weingeist erhält man bisweilen goldglänzende Krystallschuppen, welche aber beim Verdünnen mit Wasser sogleich verschwinden. WERTHEIM.

Kermesbraune Verbindung. C^6H^5S,PtS^2. — Bildet sich, neben gelöst bleibendem Salmiak, beim Hinstellen und Schütteln des oben beschriebenen Platinniederschlags mit wässrigem Hydrothion-Ammoniak. $C^{24}H^{20}Pt^4S^9Cl^3 + 3NH^4S = 4(C^6H^5S,PtS^2) + 3NH^4Cl$. — Die braune Verbindung entwickelt bei 100° Knoblauchgeruch unter Verlust von 4,88 Proc. ($^1/_6$ At.) Schwefelallyl. Der bleibende dunklere Rückstand, in welchem das Schwefelplatin vorherrscht, bleibt bis 140° unverändert, verliert aber zwischen 150 und 160° weitere 5,17 Proc., also im Ganzen 9,55 Proc. ($^1/_3$ At.) Schwefelallyl, und lässt eine noch etwas dunklere Verbindung von $2C^6H^5S$ mit $3PtS^2$. Die kermesbraune Verbindung löst sich nicht in Wasser, Weingeist und Aether. WERTHEIM.

Kermesbraune Verbindung, im Vac. getr.			WERTHEIM.
6 C	36	19,15	19,37
5 H	5	2,66	3,11
Pt	99	52,66	52,09
3 S	48	25,53	
C^6H^5S,PtS^2	188	100,00	

Palladiumniederschlag. $2C^6H^5S,3PdS$. — Fällt nieder bei allmäligem Zufügen von gereinigtem Knoblauchöl zu wässrigem salpetersaurem Palladiumoxydul, welches überschüssig bleiben mufs. Beim Mischen der weingeistigen Lösungen der beiden Körper erhält man denselben Niederschlag, jedoch mit Palladium gemengt, welches durch den Weingeist aus dem salpetersauren Palladiumoxydul schnell reducirt wird. — Lockerer, licht kermesbrauner Niederschlag, der eben beschriebenen Platinverbindung sehr ähnlich; nach dem Waschen und Trocknen geruch- und geschmack-los. — Der Niederschlag entwickelt von 100° an den Geruch nach Knoblauchöl; er verglimmt bei stärkerem Erhitzen mit dem Geruch nach schwefliger Säure, und lässt metallisches Pallad. Er wird durch rauchende Salpetersäure unter Bildung von Schwefelsäure rasch oxydirt. Er löst sich nicht in Wasser und Weingeist. WERTHEIM.

		Bei 100° getrocknet.	WERTHEIM.
12 C	72	22,37	22,24
10 H	10	3,11	3,17
3 Pd	159,9	49,67	49.51
5 S	80	24,85	
$2C^6H^5S,3PdS$	321,9	100,00	

Die Bildung dieses Niederschlags erfolgt wohl nach folgender Gleichung: $5C^6H^5S + 3(PdO,NO^5) = 2C^6H^5S,3PdS + 3C^6H^5O + 3NO^5$. Schlägt man weingeistiges Knoblauchöl durch überschüssiges weingeistiges salpetersaures Palladoxydul nieder, so ist die Flüssigkeit über dem Niederschlage tief rubinroth, und setzt auch nach längerer Zeit kein Metall ab, wohl weil das übrige salpetersaure Palladoxydul durch seine Verbindung mit dem erzeugten Allyloxyd vor der Reduction durch Weingeist geschüzt wird. WERTHEIM.

Mit Einfachchlorpallad gibt das Schwefelallyl einen feuergelben Niederschlag, wohl eine Verbindung von Sulfosalz und Chlorosalz. WERTHEIM.

Das Schwefelallyl löst sich leicht in *Weingeist* und *Aether*. WERTHEIM.

Es scheint ein *Mehrfachschwefelallyl* zu geben, welches sich beim Erhitzen von Senföl mit Mehrfachschwefelkalium sublimirt, und durch einen höchst intensiven Geruch nach *Asa foetida* ausgezeichnet ist. WERTHEIM.

Stickstoffkern C^6N^4.

Mellon. C^6N^4.*)

LIEBIG. *Pogg.* 15, 557. — *Ann. Pharm.* 10, 4; auch *Pogg.* 34, 573. — *Ann. Pharm.* 30, 149; — 50, 337; — 53, 330; — 57, 93; — 58, 227; — 61, 262.
L. GMELIN. *Ann. Pharm.* 15, 252.
VÖLCKEL. *Pogg.* 58, 151; — 61, 375.
GERHARDT. *Compt. mensuels.* 1, 24. — *Compt. rend.* 18, 158; auch *J. Chim. méd.* 31, 438; auch *J. pr. Ch.* 31, 438.
LAURENT u. GERHARDT. *Compt. rend.* 21, 679. — *N. Ann. Chim. Phys.* 19, 85; Ausz. *Compt. rend.* 22, 453.

Mellan BERZELIUS, *Glaucen* VÖLCKEL. — Zuerst von BERZELIUS bei der Destillation des Einfachschwefelcyanquecksilbers erhalten (IV, 476) und von WÖHLER bei der des Halbschwefelcyanquecksilbers (IV, 475), aber erst von LIEBIG 1829 erkannt und genauer erforscht.

Bildung. Bei sehr gelindem Glühen von Pseudoschwefelcyan, Schwefelcyanquecksilber, schwefelblausaurem Ammoniak, Chlorcyanamid, Melamin, Ammelin, Ammelid oder Melam bei abgehaltener Luft. LIEBIG. Auch beim Erhitzen der Ueberschwefelblausäure, VÖLCKEL; des Iodcyan-Ammoniaks, des Bromcyan-Ammoniaks und des Chlorcyan-Ammoniaks (IV, 503, 505 u 508), BINEAU.

Die Gleichungen für diese Bildungsweisen sind: 1. Wenn man mit LIEBIG das Mellon = C^6N^4 setzt, bei *Pseudoschwefelcyan* (nach der früheren Annahme, es sei = C^2NS^2) : $4\,C^2NS^2 = C^6N^4 + 2CS^2 + 4S$. (Wenn aber das Pseudoschwefelcyan H hält, so mufs dieser, da sich keine H-haltenden Producte entwickeln, beim C^6N^4 zurückbleiben, und dann bewirken, dafs bei weiterem Erhitzen neben dem Stickgase statt des Cyangases anfangs Blausäuredampf entweicht. LIEBIG.) — Bei *Schwefelcyanquecksilber:* $4\,C^2NHgS^2 = C^6N^4 + 2\,CS^2 + 4\,HgS$. — Bei *schwefelblausaurem Ammoniak:* $4\,(NH^3,C^2NHS^2) = C^6N^4 + 2\,CS^2 + 4\,HS + 4\,NH^3$. — Bei *Ueberschwefelblausäure:* $4\,C^2NHS^3 = C^6N^4 + 2\,CS^2 + 4\,HS + 4\,S$. [Diese Gleichung nahm wenigstens GERHARDT (*Compt. rend.* 18, 158) an, als er noch das Mellon = C^6N^4 nahm; aber nach LIEBIG lässt die Ueberschwefelblausäure kein Mellon (IV, 485).] — Bei *Chlorcyanamid:* $C^6N^5H^4Cl = C^6N^4 + NH^4Cl$. [Hier zeigt sich die Schwierigkeit, dafs das Chlorcyanamid beim Erhitzen nach LAURENT u. GERHARDT nicht blofs Salmiak, sondern auch Salzsäure entwickelt]. — Bei *Melamin:* $C^6N^6H^6 = C^6N^4 + 2\,NH^3$. — Bei *Ammelin:* $C^6N^5H^5O^2 = C^6N^4 + NH^3 + 2\,HO$. — Bei *Ammelid:* $C^{12}N^9H^9O^6 = 2\,C^6N^4 + NH^3 + 6\,HO$. — 2. Wenn man mit LAURENT u. GERHARDT das Mellon = $C^{12}N^9H^3$ setzt: bei *Pseudoschwefelcyan:* $3\,C^6N^3HS^6 = C^{12}N^9H^3 + 6\,CS^2 + 6\,S$. — Bei *schwefelblausaurem Ammoniak:* Hier entsteht bei gelindem Erhitzen Polien (Melamin): $4\,C^2N^2H^4S^2 = C^6N^6H^6 + 2\,CS^2 + 4\,HS + 2\,NH^3$; dieses Melamin gibt bei stärkerem Erhitzen Mellon: $2\,C^6N^6H^6 = C^{12}N^9H^3 + 3\,NH^3$. — Bei *Ammelin:* $2\,C^6N^5H^5O^2 = C^{12}N^9H^3 + NH^3 + 4\,HO$; — bei *Ammelid,* welches LAURENT u. GERHARDT = $C^6N^4H^4O^4$ nehmen: $6\,C^6N^4H^4O^4 = C^{12}N^9H^3 + 3\,C^6N^3H^3O^6$ (Cyanursäure) $+ 3\,C^2NHO^2$ (Cyansäure) $+ 3\,NH^3$. — [Es erklärt sich aber nach LAURENT u. GERHARDT nicht

*) Vielleicht wäre es richtiger, die Formel des Mellons auf $C^{12}N^8$ zu erhöhen. GM.

die Bildung des Mellons $C^{12}N^9H^3$ aus *Schwefelcyanquecksilber*, so lange nicht in diesem die Gegenwart von Wasserstoff nachgewiesen ist.]

Darstellung. A. Des *rohen Mellons.* — LIEBIG stellte es vorzüglich durch Erhitzen des getrockneten Pseudoschwefelcyans bis zum gelinden Glühen dar, oder durch gelindes Erhitzen von mit trocknem Kochsalz gemengtem Schwefelcyankalium in einem Strome von trocknem Chlorgas und Ausziehen des Chlorkaliums und Chlornatriums aus dem Rückstande durch Wasser. Das auf eine dieser 2 Weisen erhaltene rohe Mellon wurde von LIEBIG gewöhnlich zu den zu beschreibenden Versuchen angewendet, wozu es sich so gut, wie das reine eignet. — 2. Weil man stark glühen muss, um aus den obengenannten Schwefelverbindungen allen Schwefel auszutreiben, wobei viel Mellon zerstört wird, so ziehen LAURENT und GERHARDT vor, das Chlorcyanamid zu erhitzen, bis die Entwicklung von Salzsäure und Salmiak aufhört, oder das Ammelin, bis sich kein Ammoniak und Wasser, oder das Ammelid, bis sich kein Ammoniak, Cyanursäure und Cyansäure mehr entwickeln. — 3. VÖLCKEL stellt sein Glaucen (Mellon) durch längeres Glühen seines Poliens (Melamins oder Melams?) dar; da jedoch der Punct, bei welchem die Entwicklung des Ammoniaks aufhört, mit dem zusammenfällt, bei welchem die Zersetzung des Glaucens anfängt, so geht von diesem viel verloren. Auch bereitet er es durch rasches Erhitzen von Ueberschwefelblausäure in einem Platintiegel bis zum starken Glühen.

Welchen der genannten Körper man auch erhitzen möge, so erhält man nie reines, sondern rohes Mellon, dessen Zusammensetzung je nach der Stärke und Dauer der Erhitzung bedeutend wechselt. So kann in dem aus Pseudoschwefelcyan erhaltenen Mellon der Kohlenstoffgehalt um 2 bis 3 Proc. abweichen, und kalte Kalilauge zieht aus demselben Hydromellon, unter Rücklassung von reinem Mellon. Wenn man jedoch das Mellon durch Glühen zersetzt, so liefern die letzten Mengen, die zurückbleiben, das richtige Verhältniss von 1 Maafs Stickgas auf 3 Maafs Cyangas, und beim Verbrennen mit Kupferoxyd das richtige Verhältnifs von 2 M. Stickgas auf 3 M. kohlensaures. LIEBIG. — Je nachdem man das Mellon aus verschiedenen Materialien bereitet, und verschieden stark und lange erhitzt, zeigt der Rückstand Verschiedenheiten in der zwischen blassgelb und braun schwankenden Farbe und in der Zusammensetzung (V, 98). Besonders ist langes Erhitzen nöthig, um bei Anwendung eines Schwefel-haltenden Materials den Schwefel völlig zu verjagen. Aber sämmtliche mellonartige Rückstände kommen darin überein, dafs sie sich bei weiterem Erhitzen völlig in Stickgas, Cyangas und Blausäuredampf auflösen, nur dass das Verhältniss dieser 3 Producte je nach der Natur des mellonartigen Rückstandes verschieden ist. VÖLCKEL.

B. Das *reine Mellon* erhält man am besten, wenn man Halb-Mellonquecksilber so lange in einer Retorte erhitzt, bis das sich entwickelnde Gemenge von Stickgas und Cyangas zu $^3/_4$ von Kalilauge absorbirt wird. LIEBIG.

Eigenschaften. Das reine Mellon ist ein hellgelbes, leichtes, stark abfärbendes, Geschmack- und Geruch-loses Pulver. LIEBIG. — Das aus Schwefelcyankalium, Kochsalz und Chlor, oder das aus Pseudoschwefelcyan erhaltene rohe Mellon 1) ist hellgelb, leicht und feinblättrig. LIEBIG. — Das aus Pollen dargestellte Mellon 3), das sogenannte Glaucen, ist gelbweifs. VÖLCKEL.

Formeln und Berechnungen nach:

Liebig.			Völckel.			Laurent u. Gerhardt.		
6 C	36	39,13	4 C	24	35,82	12 C	72	35,82
4 N	56	60,87	3 N	42	62,69	9 N	126	62,69
			H	1	1,49	3 H	3	1,49
C^6N^4	92	100,00	C^4N^3H	67	100,00	$C^{12}N^9H^3$	201	100,00

Die Formel von Laurent u. Gerhardt ist also die verdreifachte Formel von Völckel.

Analysen von Laurent u. Gerhardt.

	a	b	c	d
C	35,73	35,8	36,4	36,0
N	62,50	62,4	61,9	62,2
H	1,77	1,8	1,7	1,8
	100,00	100,0	100,0	

Analysen von Völckel.

	e	f	g	h	i	k	l	m	n
C	31,63	36,01	37,02	32,17	36,52	36,31	35,57	32,49	35,07
N						61,92	62,85		
H	1,42	1,75	1,91	2,03	1,71	1,77	1,58	1,89	2,09
						100,00	100,00		

Liebig begründete seine Formel durch das Verbrennen von aus Pseudoschwefelcyan erhaltenem rohen Mellon mit Kupferoxyd, wobei sich 3 Maafs kohlensaures Gas auf 2 M. Stickgas entwickelten, und durch die Zersetzung des Mellons durch Glühen für sich, wobei Er 1 Maafs Stickgas auf 3 M. Cyangas erhielt. — Laurent u. Gerhardt glühten ihr Mellon vor der Analyse einige Zeit, im Platintigel; a war aus Pseudoschwefelcyan, b aus Ammelin, c aus Ammelid und d aus Chlorcyanamid erhalten. — Das von Völckel analysirte rohe Mellon e, f und g war aus, durch Salpetersäure dargestelltem, Pseudoschwefelcyan durch verschieden langes Gluhen erhalten; h aus Schwefelcyankalium und Chlorgas; i und k aus Ueberschwefelblausäure; l aus Polien (d. h. aus dem beim Erhitzen von schwefelblausaurem Ammoniak bleibenden Rückstande); m und n aus Schwefelcyanquecksilber.

Zersetzungen. 1. Beim Glühen im Verschlossenen zerfällt das Mellon allmälig vollständig, indem es sich in ein Gemenge von 1 Maafs Stickgas und 3 Maafs Cyangas verwandelt. Liebig. $C^6N^4 = 3\,C^2N + N$. — Es zerfällt hierbei in Stickgas, Cyangas und Blausäuredampf. $C^4N^3H = C^2NH + C^2N + N$. Völckel. — Aus Ammelid oder aus Chlorcyanamid erhaltenes Mellon, in einer Röhre geglüht, entwickelt bis zu seinem völligen Verschwinden Nebel, die nach Blausäure und Ammoniak riechen, und ein rothes, dann gelbes, dann rothbraunes Sublimat absetzen. Das Sublimat entwickelt mit Kali Ammoniak, und fällt das salpetersaure Silberoxyd. Das dabei entwickelte Gasgemenge hält ein durch Salzsäure absorbirbares (Ammoniak-) Gas, ein durch Kali absorbirbares (Cyan-) und ein nicht absorbirbares (Stick-) Gas, deren Maafsverhältnifs im Anfang des Versuchs ist = 9 : 51 : 40, und am Ende = 10 : 30 : 60. Also ist die Zersetzung des Mellons in der Hitze nicht so einfach. Laurent u. Gerhardt.

2. Im trocknen Chlorgas erhitzt, bildet das Mellon eine weifse flüchtige Substanz von starkem Geruch, die Augen heftig angreifend. — 3. Das Mellon löst sich in kochender Salpetersäure allmälig unter fortwährender Entwicklung eines Gases, welches kein oder sehr wenig Stickoxyd hält, und zersetzt sich in Ammoniak und Cyanylsäure, die in langen Nadeln anschiefst. $C^6N^4 + 6\,HO = C^6N^3H^3O^6 + NH^3$. Die Gasentwicklung ist davon abzuleiten, dafs ein Theil des Mellons vollständiger zersetzt wird [etwa in Stickgas und kohlensaures Gas?], daher man auch

weniger Cyanylsäure erhält, als die Berechnung verlangt. Allerdings ist es auffallend, dass nicht auch andere Säuren das Mellon auf dieselbe Weise zersetzen, da keine Oxydation stattfindet. LIEBIG. — 4. Es löst sich in Vitriolöl unter Bildung von Ammoniak; Wasser schlägt daraus einen weifsen Körper nieder, der vom Mellon verschieden ist. LAURENT u. GERHARDT.

5. Das rohe Mellon tritt schon an kalte Kalilauge Hydromellon ab; aber in kochender löst es sich langsam völlig unter fortwährender Ammoniakentwicklung zu einem Kalisalze, welches beim Erkalten nach dem Abdampfen in langen Nadeln anschiefst, und welches eine eigenthümliche Säure hält. LIEBIG.

Diese *eigenthümliche Säure* lässt sich erhalten, wenn man das gereinigte Kalisalz (s. u.) in warmer verdünnter Salpetersäure löst, und die beim Erkalten anschiefsenden Nadeln durch Umkrystallisiren reinigt.

Berechnung nach LIEBIG.			Berechn. nach VÖLCKEL.			Berechnung nach LAURENT u. GERHARDT.		
8 C	48	31,58	8 C	48	31,37	12 C	72	32,73
5 N	70	46,05	5 N	70	45,75	8 N	112	50,91
2 H	2	1,32	3 H	3	1,96	4 H	4	1,82
4 O	32	21,05	4 O	32	20,92	4 O	32	14,54
	152	100,00		153	100,00		220	100,00

Analysen von LIEBIG.	a	b	c
C	32,30	32,30	30,76
N	48,00	48,00	46,20
H	1,57	1,86	2,00
O	18,13	17,84	21,04
Krystallisirte Säure	100,00	100,00	100,00

Die Säure a war durch einmaliges, b durch 2maliges und c durch 3maliges Umkrystallisiren [aus Wasser oder aus Salpetersäure?] gereinigt. LIEBIG. Nach LIEBIG lässt sich die Säure als eine Verbindung von Cyansäure mit einer Mellonsäure, $C^6N^4H^2O^2$ betrachten. Hierfür wurde VÖLCKELS Formel richtiger stimmen, die jedoch mehr H verlangt, als die meisten Analysen der Säure und ihres Silbersalzes geben. — Die Formel von LAURENT u. GERHARDT weicht von LIEBIGS Analysen bedeutend ab; auch muss die Säure nach dieser Formel als 3basisch genommen werden (s. das Silbersalz), während sie blofs 4 O hält. Andrerseits lässt sich durch dieselbe die Bildung der Säure unter Ammoniakentwicklung aus Mellon, dieses $= C^{12}N^9H^3$ gesetzt, einfach erklären: $C^{12}N^9H^3 + 4 HO = C^{12}N^8H^4O^4 + NH^3$. — Bei der Formel von VÖLCKEL hätte man, das Mellon nach VÖLCKEL $= C^4N^3H$ gesetzt, die Gleichung: $4C^4N^3H + 8 HO = 2 C^8N^5H^3O^4 + 2 NH^3$; nimmt man aber mit LIEBIG das Mellon $= C^6N^4$, so erhält man bei VÖLCKELS Formel die unwahrscheinliche Gleichung: $12 C^6N^4 + 36 HO = 9 C^8N^5H^3O^4 + 3 NH^3$. — Bei LIEBIGS Formel der Säure ist keine Gleichung möglich, es müssten sich denn noch andere Producte bilden.

Die Säure zersetzt sich beim Umkrystallisiren aus Salpetersäure, unter Bildung von Ammoniak und wahrscheinlich auch von Cyanursäure. LIEBIG. Hierfür geben LAURENT u. GERHARDT die Gleichung: $C^{12}N^8H^4O^4 + 8 HO = 2 C^6N^3H^3O^6 + 2 NH^3$.

Kalisalz. — a. *Neutral.* — Krystallisirt aus der Lösung des Mellons in kochendem Kali, oder lässt sich daraus durch ein gleiches Maafs Weingeist niederschlagen. Wird durch Umkrystallisiren gereinigt. Lange feine seidenglänzende Nadeln von sehr alkalischer Reaction. — Das Salz schmilzt beim Erhitzen, ohne sich zu schwärzen, entwickelt Ammoniak und lässt reines cyansaures Kali. Es löst sich sehr leicht in Wasser, nicht in Weingeist. — b. *Sauer.* — Aus der concentrirten Lösung von a fällt Essigsäure oder schwache Salpetersäure schwer lösliche Krystallschuppen. LIEBIG.

Silbersalz. — Das alkalische Kalisalz gibt mit saurer Silberlösung, und die freie Säure gibt mit neutraler Silberlösung einen weifsen käsigen Niederschlag, der sich in kochender Salpetersäure nicht merklich löst. LIEBIG.

Berechn. nach LIEBIG.			Ber. nach VÖLCKEL.			Berechnung nach LAURENT u. GERH.			LIEBIG.
8 C	48	13,11	8 C	48	13,08	12 C	72	13,31	13,55
5 N	70	19,13	5 N	70	19,07	8 N	112	20,70	
			H	1	0,27	H	1	0,18	0,15
2 Ag	216	59,02	2 Ag	216	58,86	3 Ag	324	59,89	58,50
4 O	32	8,74	4 O	32	8,72	4 O	32	5,92	
	366	100,00		367	100,00		541	100,00	

Das beim Verbrennen des Silbersalzes entwickelte kohlensaure Gas und Stickgas verhält sich dem Maafse nach = 8 : 5. LIEBIG.

Nach VÖLCKEL (*Ann. Pharm.* 62, 97) erhält man dasselbe Kalisalz, neben etwas cyanursaurem Kali, wenn man, statt des Mellons, das Polien (d. h. den durch gelinderes Erhitzen von schwefelblausaurem Ammoniak erhaltenen Rückstand) in kochendem Kali löst. Die aus dem Kalisalze durch eine stärkere Säure abgeschiedene Säure ist weifs, krystallisirt aus heifsem Wasser in glänzenden Nadeln, und röthet, in Wasser gelöst, schwach Lackmus. — Beim Erhitzen im Glasrohr entwickelt sie einen weifsen Nebel, dann Ammoniak und lässt einen gelblichen Rückstand, der unter Cyanentwicklung allmälig verschwindet. Sie löst sich schwer in kaltem, ziemlich leicht in kochendem Wasser und Weingeist. Ihre wässrige Lösung fällt salpetersaures Silberoxyd weifs. Die Gleichung für die Bildung aus Polien ist nach VÖLCKEL: $4\,C^6N^6H^6 + 12\,HO = 3\,C^8N^5H^3O^4 + 9\,NH^3$.

Wenn man das Erhitzen des Pseudoschwefelcyans oder der Ueberschwefelblausäure unterbricht, bevor sich aller Schwefel entwickelt hat, so löst sich der Rückstand, welcher Polien und nicht Mellon hält, schon in kalter Kalilauge, unter Ammoniakentwicklung, und die braungelbe Lösung gibt mit Essigsäure einen grauweifsen gallertartigen Niederschlag, der kein Hydromellon, sondern ein Gemenge von Schwefel und Ammelin ist. Denn seine Lösnng in heifser Salpetersäure, vom Schwefel abfiltrirt, gibt beim Erkalten farblose Nadeln, von salpetersaurem Ammelin, welche 19,0 Proc. C und 3,2 Proc. H halten, und aus welchen das Ammoniak das reine Ammelin scheidet. Die Bildung des Ammelins aus dem Polien mittelst der Kalilauge erfolgt nach der Gleichung: $C^6N^6H^6 + 2HO = C^6N^5H^5O^2 + NH^3$. LAURENT u. GERHARDT (*N. Ann. Chim. Phys.* 19, 102).

Das Mellon löst sich nicht in Wasser, kalten verdünnten Säuren und Alkalien, Weingeist und Aether. LIEBIG.

Hydromellon.

Hydromellonsäure, Mellonwasserstoffsäure, Acide mellonhydrique.

Darstellung. 1. Man fällt wässriges Mellonkalium durch salpetersaures Bleioxyd oder durch schwefelsaures Kupferoxyd, wäscht den Niederschlag sorgfältig durch Kochen mit Wasser aus, zersetzt ihn nach dem Vertheilen in heifsem Wasser durch Hydrothion und dampft das Filtrat ab. GM. Wenn der Niederschlag gut ausgekocht war, so ist das Hydromellon fast frei von Kalium. GM. — 2. Man fällt die heifse Lösung des Mellonkaliums durch Salz- oder Salpeter-Säure; das Gemisch trübt sich bald, und setzt das Hydromellon in weifsen Flocken ab, welche die Flüssigkeit bei gröfserer Concentration zu einem Brei verdicken. LIEBIG.

Eigenschaften. Nach 1), durch Abdampfen der wässrigen Lösung erhalten, weifse undurchsichtige Häute; nach 3), durch Fällung erhalten, weifses erdiges, abfärbendes Pulver. GM. Geschmacklos, geruchlos, röthet, in kochendem Wassser gelöst, Lackmus kaum merklich, Gm.; röthet es stark, Liebig.

Die *Zusammensetzung* des Hydromellons ist noch nicht mit Sicherheit ermittelt. Liebig (*Ann. Pharm.* 50, 337) nahm früher kein Kalium darin an, und betrachtete dasselbe als C^6N^4H. Er fand, dafs das bei 100° getrocknete Hydromellon bei seiner Verbrennung durch Kupferoxyd auf 100 Th. Kohlensäure blofs 23,44 Th. (oder vielmehr nach einer späteren Berichtigung (*Ann. Pharm.* 57, 103) 8,44 Th.) Wasser gebildet würden, und folgerte hieraus, dass darin auf 6 C blofs 1 H enthalten sei. 100 : 8,44 = 6 . 22 (Kohlensäure) : 10,14 (Wasser).

Neuerdings erklärt Liebig (*Ann. Pharm.* 57, 111) das nach 3) dargestellte Hydromellon für ein saures Kalisalz, welches, nach dem Trocknen bei 180°, in der Hitze Stickgas, Cyangas und Blausäure entwickelt, und 17 Proc. Cyankalium lässt, also = $C^{18}N^{12}H^2K$ ist. [Nach dieser Formel müsste das Kalium im Hydromellon etwas über 12 Proc. betragen, während die 17 Proc. Cyankalium nur etwas über 10 Proc. halten]. — Nach denselben neuern Angaben gibt es noch ein andres saures Kalisalz, welches in weifsen feinen Blättchen erhalten wird, wenn man zu der heifsen Mellonkaliumlösung so lange Salzsäure fügt, bis sich der Niederschlag wieder löst, und zum Krystallisiren erkalten lässt. Diese Blättchen halten 22 Proc. Kalium [hierbei ist es auffallend, dass bei diesem gröfseren Ueberschusse von Salzsäure sich ein viel Kalium-reicheres Salz bildet, als bei der Fällung nach 2.] — Versucht man endlich, dem Hydromellon durch längeres Behandeln mit Säure alles Kalium zu entziehen, so wird das Hydromellon nach Liebig in Ammoniak und neue in Wasser lösliche Producte zersetzt. — [Das Hydromellon möchte nur unter gewissen Umständen so viel Kalium halten, wie Liebig neuerdings fand; das nach 1) dargestellte liefs mir, wie bemerkt, beim Glühen nur Spuren, so wie auch früher Liebig (*Ann. Pharm.* 50, 359) nur Spuren von Cyankalium oder cyansaurem Kali erhielt.]

Laurent u. Gerhardt behandelten Mellon mit Kalilauge, fällten die Lösung durch eine Säure, wuschen den gallertartigen Niederschlag 3 Tage lang mit Wasser, und fanden darin nach dem Trocknen bei 135° 29,5 bis 30 Proc. C und 2,2 bis 2 Proc. H. Hiernach betrachten Sie das Hydromellon bei 135° als $C^{12}N^8H^4O^4,2Aq$, doch erklären Sie die Analyse für unsicher, da das so erhaltene Hydromellon ziemlich viel Kali hielt. [Aufserdem fragt es sich, ob das Mellon mit kaltem oder heifsem Kali behandelt wurde; im erstern Falle hatte dasselbe (Liebigs Versuchen gemäfs) blofs Hydromellon gelöst, welches dem rohen Mellon beigemengt zu sein pflegt; aber bei Anwendung von kochendem Kali müsste aus dem Mellon die (V, 99) beschriebene eigenthümliche Säure entstehen, welche bei ihrer Krystallisirbarkeit in Nadeln, bei ihrer Zersetzbarkeit durch Salpetersäure und bei der verschiedenen Zusammensetzung ihrer Salze, namentlich des Silbersalzes, nicht wohl für einerlei mit dem Hydromellon gehalten werden kann. — Ferner fanden Laurent u. Gerhardt in dem aus wässrigem reinen Mellonkalium durch eine Säure gefällten Kalium-haltenden Hydromellon 33,0 Proc. C und 1,3 H. Nachdem dieselbe noch mit schwacher Salzsäure 24 Stunden lang digerirt, gewaschen und bei 180° getrocknet worden war, zeigte sie bei weiterem Erhitzen folgende Erscheinungen, welche beweisen, dafs sie bei dieser Hitze noch fast 16 Proc. HO zurück hält: Zuerst gab sie 10 Proc. reines Wasser; hierauf noch 2 Proc. weiter, aber mit weifsen Nebeln; hierauf unter stärkeren Zeichen der Zersetzung noch 4 Proc. Der Rückstand hielt Kalium.

Früher nahmen Laurent u. Gerhardt obige Formel $C^{12}N^8H^4O^4$ halbirt, = $C^6N^4H^2,O^2$, wonach das Hydromellon ein saures Aldid sein würde. In beiden Fällen würde die Zusammensetzung sein:

	Bei 180°.	
6 C	36	32,73
4 N	56	50,91
2 H	2	1,82
2 O	16	14,54
$C^6N^4H^2O^2$	110	100,00

Zersetzungen. 1. Das Hydromellon, in einer Proberöhre erhitzt, zeigt schwaches Verknistern, entwickelt Wasser, viel blausaures Ammoniak, welches sich im obern Theile des Rohres absetzt, und bald bräunt, erzeugt im untern Theil des Rohres ein weifses undurchsichtiges festes Sublimat, das sich bei längerem Kochen in Kali löst, uud lässt einen citronengelben Rückstand (wohl Mellon), welches bei längerem Glühen verschwindet. Gm. — Das Hydromellon entwickelt zuerst Blausäure und Stickgas, wird dann gelb und liefert Cyangas, und lässt endlich eine Spur Cyankalium oder cyansaures Kali. Liebig. (Das Verhalten des Hydromellons in der Hitze nach Laurent u. Gerhardt s. oben.) — 2. Das Hydromellon, im frisch gefällten breiartigen Zustande mit Salzsäure oder Salpetersäure 3 bis 4 Stunden lang gekocht, liefert eine klare, sich beim Erkalten nicht mehr trübende Lösung, welche Salmiak hält. Liebig. Dagegen bleibt das Hydromellon beim Lösen in concentrirter Salpetersäure und kochenden Abdampfen unzersetzt. Gm., Liebig.

Verbindungen. Das Hydromellon löst sich sehr wenig in kaltem *Wasser*, etwas mehr in kochendem, welches dann beim Erkalten sich milchig trübt, aber nur wenig absetzt.

Es löst sich schnell und reichlich in concentrirter *Salpetersäure*, und etwas langsamer, doch ebenfalls reichlich in *Vitriolöl.* Beide Lösungen werden bei Wasserzusatz milchig. Gm.

Es löst sich nicht in Weingeist, Aether, flüchtigem Oel und fettem Oel. Liebig.

Mellonmetalle oder *Hydromellonsalze.*

Das Mellon treibt in der Wärme aus dem Iod-, Brom- oder Schwefelcyan-Kalium das Radical aus, unter Bildung von Mellonkalium. Liebig. — Das Hydromellon treibt beim Erhitzen mit Iodkalium Hydriod und Iod aus; es entzieht mehreren pflanzensauren Salzen die Basis, und löst sich daher in warmem wässrigen essigsauren Kali so leicht, wie in ätzendem oder kohlensaurem Kali, unter Bildung von Mellonkalium. Liebig. — Aus den in Wasser gelösten Verbindungen fällen Schwefel-, Salz- und Salpeter-Säure schneller, Essigsäure langsamer und unvollständig, das Hydromellon in dicken weifsen Flocken. Gm.

Mellon-Ammonium. — Durch Fällen des wässrigen Mellonbaryums mittelst kohlensauren Ammoniaks und Abdampfen des Filtrats. Gleicht äufserlich dem krystallisirten Mellonkalium. Entwickelt beim Erhitzen Krystallwasser, hierauf, unter gelber Färbung, Ammoniak, und dann die Producte des Hydromellons. Löst sich nicht in Weingeist. Liebig.

Mellon-Kalium. — *Bildung.* 1. Beim Erhitzen von Mellon mit Kalium. Die Verbindung erfolgt unter Feuerentwicklung und Bildung von etwas Ammoniak, wozu wohl das dem Kalium anhängende Steinöl den Wasserstoff liefert. Die gebildete durchsichtige, leicht schmelzbare Verbindung liefert mit Wasser eine Lösung von bittermandelartigem Geschmack, die aber kein Cyan hält, und mit Säuren einen dicken flockigen Niederschlag liefert. Liebig. — Auch wenn man, aus Ammelid oder aus Chlorcyanamid dargestelltes, Mellon im frisch geglühten Zustande mit Kalium gelinde erwärmt, welches mittelst eines Messers so herausgeschnitten wurde, dafs es frei von Steinöl ist, so entwickelt sich bei der feurigen Verbindung reichlich Ammoniak. Also hält das Mellon H und die Gleichung ist nicht: $C^6N^4 + K = C^6N^4K$, sondern: $C^{12}N^9H^3 + 2K = C^{12}N^8K^2 + NH^3$. LAURENT u. GERHARDT. [Da sich das Kalium während des Aussetzens an die Luft mit Kalihydrat bekleiden konnte, so lässt sich vielleicht hierin der Quell des Wasserstoffes suchen.] — 2. Bei dem Schmelzen von Mellon mit Iod- oder Brom-Kalium. LIEBIG. — 3. Beim Schmelzen von Kalium mit Melamin. LIEBIG. $C^6N^6H^6 + K = C^6N^4K + 2NH^3$. — 4. Beim glühenden Schmelzen von Schwefelcyankalium mit Mellon, Melam, Einfachschwefelcyaneisen, Halbschwefelcyankupfer oder Dreifachchlorantimon. LIEBIG. Das Mellon bildet mit Schwefelcyankalium Mellonkalium unter Freimachung von Schwefelcyan. Dieses zerfällt unter Aufbrausen in Schwefel, Schwefelkohlenstoff und Mellon, welches aus dem übrigen Schwefelcyankalium wieder Kalium bindet, und wieder Schwefelcyan frei macht. LIEBIG. [Die Zersetzung erfolgt bei der Zugrundelegung von LIEBIGS Formeln ohne Zweifel nach folgender Gleichung: $4C^2NKS^2 + 3C^6N^4 = 4C^6N^4K + 2CS^2 + 4S$. Hiernach sind zur völligen Umwandlung von 4 At. Schwefelcyankalium in Mellonkalium 3 At. Mellon nöthig; also auf (4 . 97,2) = 388,8 Th. Schwefelcyankalium (3 . 92) = 276 Th. Mellon; also in runder Zahl auf 3 Th. Schwefelcyankalium etwas über 2 Th. Mellon.] — Da Melam, Einfachschwefelcyaneisen ($4C^2NFeS^2 = C^6N^4 + 4FeS + 2CS^2$) und Halbschwefelcyankupfer (IV, 472 bis 473) beim Glühen Mellon liefern, so wirken sie wie dieses. Die Wirkungsweise des Dreifachchlorantimons ist (IV, 465,6) bereits angegeben. LIEBIG.

Darstellung. 1. Wenn man das zur Bereitung des Schwefelcyankaliums dienende Gemenge von 2 Th. Blutlaugensalz und 1 Th. Schwefel (IV, 461) einige Zeit über den Punct hinaus erhitzt, bei welchem eine in Wasser gelöste Probe die Eisenoxydsalze blau zu fällen aufhört, die erkaltete Masse in Wasser löst, das übrige Eisen aus dem Filtrat durch Kali fällt, das Filtrat abdampft und den Rückstand mit Weingeist auskocht, so setzt das Filtrat, längere Zeit an einen kühlen Ort gestellt, weifse blumenkohlförmige Massen des Mellonkaliums ab, welche durch Sammeln auf dem Filter, wiederholtes Krystallisiren aus heifsem Wasser und Auspressen vom Schwefelcyankalium zu befreien sind. GM. — G. REUSS (*Repert.* 69, 343) erhitzte das Gemenge bis zu dunklem Glühen, bis es ohne Blasenwerfen ruhig floss, löste es in heifsem Wasser, fällte das etwa in der Lösung noch vorhandene Eisen durch Kali, dampfte das Filtrat ab, und erhielt beim Erkalten dieselben blumenkohlartigen Massen. — LAURENT u. GERHARDT (*N. Ann. Chim. Phys.* 19, 107) erhitzen das Gemenge weit über den Punct hinaus, bei welchem es noch Eisenoxydsalze blau fällt, ziehen die erkaltete Masse mit kaltem Wasser aus, dampfen das Filtrat so weit ab, dass es beim Erkalten zu einer käsigen Masse erstarrt, ziehen aus dieser das Schwefelcyankalium durch [kalten?] Weingeist, waschen damit das ungelöst bleibende Mellonkalium, und reinigen dieses durch Umkrystallisiren aus Wasser. — 2. Man erhitzt 20 Th. gerüstetes Blutlaugensalz mit 10 Th. Schwefel in einem bedeckten eisernen Gefäfse, bis sich bei längerem Schmelzen keine blaue Flämmchen mehr zeigen, welche von dem sich bei der Zersetzung des Schwefelcyaneisens entwickelnden Schwefelkohlenstoff herrühren, fügt dann 1 Th. feingepulvertes frisch geglühtes kohlensaures Kali hinzu, wodurch die Masse wieder ganz dünnflüssig wird, lässt sie erkalten, löst sie in kochendem Wasser, verdampft und erkältet das Filtrat, und wäscht das krystallisirte Mellonkalium auf dem

Filter so lange mit Weingeist, bis das Ablaufende nicht mehr Eisenoxydsalze röthet. Der Zusatz von kohlensaurem Kali vermehrt die Ausbeute. LIEBIG. [Warum das kohlensaure Kali die Ausbeute vermehrt, und warum dasselbe die Masse dünnflüssiger macht, verdient noch erforscht zu werden]. — 3. Man fügt zu 3 bis 4 Th. ganz trocknem Schwefelcyankalium, welches in einer kleinen tubulirten Retorte von strengflüssigem Glase zum Schmelzen gebracht wird, nach und nach 1 Th. rohes Mellon (aus Pseudoschwefelcyan erhalten). Bei jedem Eintragen erfolgt lebhaftes Aufbrausen durch Entwicklung von Schwefel, Schwefelkohlenstoff und ammoniakalischen Producten; die Masse wird nach jedesmaligem Eintragen dickflüssiger, was sich bei weiterem Erhitzen wieder verliert. Ist alles Mellon eingetragen, so erhält man die Masse noch so lange in glühendem Flusse, als sich noch brennbare, beim Anzünden schweflige Säure bildende Dämpfe entwickeln, und bis die Entwicklung von Cyangas beginnt, worauf man erkalten lässt. Es ist ein gutes Zeichen, wenn sich, noch weit über dem Schmelzpuncte des Schwefelcyankaliums, viele Gruppen von sternförmig vereinigten Nadeln bilden. Entstehen dieselben nicht, so hatte man nicht stark genug erhitzt, oder nicht genug Mellon eingetragen. Man löst die erkaltete Masse in kochendem Wasser, lässt die Lösung durch Erkälten zu einem weifsen, aus feinen verfilzten Nadeln von Mellonkalium, bestehenden Brei erstarren, welches man durch Waschen mit Weingeist vom übrigen Schwefelcyankalium befreit und durch nochmaliges Umkrystallisiren aus Wasser völlig reinigt. [Nach obiger Berechnung (V, 103) ist die vorgeschriebene Menge des Mellons zu gering.] — 4. Man bereitet Melam durch gelindes Erhitzen des schwefelblausauren Ammoniaks oder eines Gemenges von 1 Th. Schwefelcyankalium und 1 Th. Salmiak, wäscht es gut aus, trägt es nach scharfem Trocknen in eine gleiche Menge von Schwefelcyankalium, welches sich in einer Retorte in mäfsig glühendem Fluss befindet, lässt die Masse, wenn sie in guten Fluss gekommen ist, erkalten, löst sie in kochendem Wasser, fällt aus der Lösung durch Weingeist das Mellonkalium, befreit dieses durch Waschen mit Weingeist von allem Schwefelcyankalium, löst es in Wasser, entfärbt durch Thierkohle, und erhält aus dem Filtrate durch Abdampfen und Erkälten schneeweifses krystallisirtes Mellonkalium. LIEBIG. — 5. Man fällt aus einem Gemisch von 2 Th. Kupfervitriol und 3 Th. Eisenvitriol durch Schwefelcyankalium Halbschwefelcyankupfer, wäscht es zuerst mit verdünnter Schwefelsäure, wodurch es ganz weifs wird, dann mit Wasser, trocknet es auf einem Ziegelstein, und erhitzt es zur völligen Entfernung des Wassers in einer Porcellanschale auf freiem Feuer, bis es sich bräunlich zu färben beginnt. Hiervon trägt man 9 Th. nach und nach und unter Umrühren in 6 Th. Schwefelcyankalium, welches in einem mit Deckel versehenen eisernen Tiegel bei allmälig zu verstärkendem Feuer in Fluss erhalten wird, erhitzt nach völligem Eintragen den zugedeckten Tiegel, bis der Boden roth glüht, und sich kein Schwefelkohlenstoff mehr entwickelt, und rührt dann noch 6 Th. feingepulvertes und frischgeglühtes kohlensaures Kali unter die dicke breiartige Masse, welche unter lebhafter Kohlensäureentwicklung wieder dünner wird und in ruhigen Fluss kommt, worauf man erkalten lässt. Durch

Auskochen der Masse mit Wasser, Filtriren, Abdampfen und Erkälten erhält man viel krystallisirtes Mellonkalium. LIEBIG. Der Zusatz von kohlensaurem Kali vermehrt die Ausbeute, welche bedeutend ist. LIEBIG. [Das Atomgewicht des Schwefelcyankaliums ist 97; das des Halbschwefelkupfers 122. Nimmt man bei diesem Processe die Gleichung an: $C^2NKS^2 + 3\,C^2NCu^2S^3 = C^6N^4K + 3\,Cu^2S + 2\,CS^2 + S$, wozu 97 Th. Schwefelcyankalium und 3 . 122 = 366 Th. Halbschwefelcyankupfer nöthig wären, so findet das gebildete Mellon genau die nöthige Menge Kalium zur Bildung von Mellonkalium. Aber bei der vorgeschriebenen Anwendung von 97 Schwefelcyankalium auf blofs 65 Th. Halbschwefelcyankupfer kann lange nicht genug Mellon für die Sättigung des Kaliums entstehen. Es bleibt daher noch zu erklären, warum in diesem Falle der Zusatz von kohlensaurem Kali die Ausbeute vermehrt, und warum sich hierbei kohlensaures Gas entwickelt.] GERHARDT gelang diese Darstellungsweise nicht. — 6. Man schmelzt 8 Th. Schwefelcyankalium mit 5 Th. Dreifachchlorantimon zusammen, bis aller Schwefelkohlenstoff und Schwefel entwickelt ist, löst den Rückstand in kochendem Wasser und lässt aus dem Filtrat das Mellonkalium krystallisiren. LIEBIG.

Bei allen diesen Darstellungsweisen ist es vortheilhaft, gröfsere Mengen, z. B. 1 bis 2 Pfund auf einmal in Arbeit zu nehmen. — Das so erhaltene, gut mit Weingeist gewaschene Mellonkalium ist zwar frei von Schwefelcyankalium, ist aber öfters etwas gelblich durch Beimischung einer schwefelhaltigen Kaliumverbindung, aus welcher Essigsäure dicke gallertartige Flocken fällt. Man hat solches unreine Mellonkalium in Wasser zu lösen, mit Essigsäure zu versetzen, so lange sie einen Niederschlag erzeugt, das Filtrat mit kohlensaurem Kali bis zur schwach alkalischen Reaction zu versetzen, abzudampfen und zum Krystallisiren, welches sehr langsam erfolgt, hinzustellen. Sollte die erhaltene Krystallmasse doch noch gefärbt sein, so versetzt man sie mit einigen Tropfen Essigsäure, kocht mit Thierkohle, filtrirt und erkältet. LIEBIG.

Eigenschaften. Das Mellonkalium erscheint im glühend geschmolzenen Zustande als eine gelbliche durchsichtige Flüssigkeit, welche beim Erkalten zu einer undurchsichtigen aus sternförmig vereinigten Nadeln bestehenden Masse erstarrt, weiche wegen ihres starken Zusammenziehens Höhlungen bildet, die mit Nadeln ausgefüllt sind. LIEBIG. Aus der heifsen wässrigen Lösung krystallisirt es bei langsamem Erkalten in wasserhaltigen weifsen seidenglänzenden, büschelförmig zu Flocken vereinigten Nadeln, die bei gröfserer Concentration die Flüssigkeit zu einem weifsen Brei verdicken. LIEBIG. Bitter und neutral gegen Pflanzenfarben. GM. Sehr bitter. LIEBIG.

Geschmolzen			LIEBIG	Krystallisirt			LIEBIG
6 C	36	27,44	26,10	C^6N^4K	131,2	74,46	
4 N	56	42,68					
K	39,2	29,88	28,51	5 Aq	45	25,54	25,41
H			0,19				
C^6N^4K	131,2	100,00		+ 5 Aq	176,2	100,00	

Da der H blofs 0,07 bis 0,30 Proc. beträgt, so ist er als zufällig zu betrachten. LIEBIG. — LAURENT u. GERHARDT nehmen dieselbe Formel an, nur verdoppelt = $C^{12}N^8K^2$. Nach Ihnen ist die aus Wasser krystallisirte Verbindung nach dem Trocknen = $C^{12}N^8K^2H^2O^2$. Sie fanden darin 27 Proc. Kalium.

Die Krystalle verwittern an der Luft, unter Verlust ihres Glanzes, und verlieren bei 120° 4 At. und bei 180° unter schwachem Aufblähen, so wie beim Schmelzen, das letzte Atom. Das rückständige trockne Mellonkalium, in einer Retorte über den Schmelzpunct hinaus erhitzt, lässt unter Entwicklung von Cyangas und Stickgas Cyankalium. LIEBIG. $C^6N^4K = C^2NK + 2 C^2N + N$. Bevor das krystallisirte Salz in Fluss kommt, entwickelt es kohlensaures und blausaures Ammoniak, GM.; doch ist die Bildung dieser Producte kaum bemerklich, wenn man das Salz zuvor gut trocknet, LIEBIG. — Beim Schmelzen an der Luft oxydirt sich das Mellonkalium, den Platintiegel angreifend, rasch unter Bildung von cyansaurem Kali und einem andern, viel schwieriger in Wasser löslichen Salze. Es verpufft mit chlorsaurem Kali unter Feuerentwicklung zu Chlorkalium, cyansaurem Kali und zu einem Salze, welches aus Wasser in perlglänzenden feinen Nadeln krystallisirt. Mit Salpeter lässt es sich anfangs unzersetzt zusammenschmelzen, aber allmälig verwandelt es sich theilweise in cyansaures Kali. LIEBIG. — Chlorgas, durch die wässrige Lösung des Mellonkaliums geleitet, gibt einen weifsen schleimigen Niederschlag, der sich durch Wasser nicht von allem Chlor befreien lässt, und der sich in Ammoniak unter Gasentwicklung mit gelber Farbe löst. Iod zersetzt das in Wasser gelöste Mellonkalium selbst beim Kochen nicht, sondern verdampft. LIEBIG. — Das Salz löst sich wenig in kaltem Wasser, reichlich in heifsem. Schwefelsäure, Salzsäure und Salpetersäure fällen aus der Lösung das Hydromellon in dicken weifsen Flocken. GM. Essigsäure bewirkt gar keinen Niederschlag, falls das Mellonkalium rein ist LIEBIG. — Das Mellonkalium löst sich selbst in kochendem Weingeist fast gar nicht, daher wird die wässrige Lösung durch Weingeist sogleich getrübt, worauf das Mellonkalium krystallisirt.

Mellonnatrium. — Durch Zersetzung von Mellonbaryum mittelst kohlensauren Natrons auf nassem Wege. Wasserhaltende weifse seidenglänzende Nadeln, ziemlich leicht in Wasser, nicht in Weingeist löslich. LIEBIG.

Mellonbaryum. — Wässriges Mellonkalium gibt mit Chlorbaryum dicke weifse Flocken. GM. Diese krystallisiren aus der Lösung in kochendem Wasser in durchsichtigen kurzen Nadeln, welche von ihren 6 At. Wasser 5 At. (20,87 Proc.) bei 130° verlieren, und welche viel kochendes Wasser zur Lösung brauchen. LIEBIG.

Mellonstrontium. — Wie das Mellonbaryum zu erhalten; löst sich leichter in Wasser; seine kochend gesättigte Lösung erstarrt zu einem aus feinen Nadeln bestehenden Brei. LIEBIG.

Melloncalcium. — Eben so dargestellt. Noch löslicher in heifsem Wasser, daraus leicht anschiefsend in Krystallen, welche von ihren 4 At. Wasser 3 At. (18,05 Proc.) bei 120° verlieren. LIEBIG.

Mellonmagnium. — Das wässrige Gemisch von Mellonkalium und Bittersalz setzt erst nach einiger Zeit das Salz in leicht löslichen weifsen feinen verfilzten Nadeln ab. LIEBIG.

Die Verbindungen des Mellons mit Baryum, Strontium Calcium und Magnium lösen sich leichter in reinem Wasser, als in Wasser, welches ein Baryt-, Strontian-, Kalk- oder Bittererde-Salz gelöst hält. LIEBIG.

Wässriges Mellonkalium fällt *Alaunerde*- und *Titanoxyd*-Salze weifs, *Chromoxyds*alze bläulichweifs, *Wismuth-*, *Zink-*, *Kadmium-* und *Blei*-Salze weifs, *Eisenoxyd*salze hellbraun, *Kobalt*salze blafs rosenroth, *Nickel*salze bläulichweifs, *Kupferoxydul*salze citronengelb, *Kupferoxyd*salze zeisiggrün, *Quecksilberoxydul* - und *Quecksilberoxyd* - Salze, sowie *Silber*salze weifs, *Chlorgold* gelbweifs, und *Zweifachchlorplatin* braungelb. Gm. — Es fällt *Chromoxyd*salze grün, *Manganoxydul*salze und *Brechweinstein* weifs, *Eisenoxydul*salze weifs, mit einem Stich ins Grünliche, *Eisenoxyd*salze dunkelgelb, Kobaltsalze pfirsichblüthroth und *Halbchlorkupfer* hochgelb. Liebig.

Mellonblei. — Man fällt wässriges salpetersaures Bleioxyd durch Mellonkalium, und befreit den weifsen pulverigen Niederschlag durch Auskochen mit Wasser vom anhängenden Kalisalz. Er backt beim Trocknen zu weifsen schweren Massen zusammen. Das lufttrockne Salz verliert bei 100° 11,09 Proc. Wasser (3 At.) und bei 120° im Ganzen 14,13 Proc. (4 At.). Bei weiterem Erhitzen an der Luft entwickelt es Wasser, Ammoniak und Blausäure, gibt ein weifses pulveriges Sublimat und lässt einen gelben Rückstand, der dann rothbraun,. halbgeschmolzen und mit Bleikörnern durchsäet wird. Beim Erhitzen mit Vitriolöl kommt das Bleisalz in ein Aufkochen, welches auch bei der Entfernung vom Feuer fortdauert, entwickelt viel saure Dämpfe, und erzeugt viel schwefelsaures Ammoniak. Gm.

Bei 20° an der Luft getrocknet.			Gm.
6 C	36	14,94	15,06
4 N	56	23,24	23,15
Pb	104	43,15	42,68
5 H	5	2,07	2,03
5 O	40	16,60	17,08
$C^6N^4Pb + 5HO$	241	100,00	100,00

Mellonkupfer. — Mellonkalium gibt mit Kupfervitriol einen schön papageigrünen Niederschlag. Derselbe ist nur wenig in kochendem Wasser löslich, und hält nach dem Trocknen bei 45° 23,94 Proc. (5 At.) Wasser, von welchem er bei 120° unter schwarzer Färbung 4 At. verliert. Liebig. [5 At. Wasser sind nach der Berechnung = 26,8 Procent.]

Halbmellonquecksilber. — Mellonkalium gibt mit salpetersaurem Quecksilberoxydul dicke schwere Flocken, die beim Trocknen grau werden, und beim Erhitzen, wahrscheinlich unter Bildung von Einfachmellonquecksilber, Quecksilber entwickeln. Beim Verbrennen durch Kupferoxyd gibt der Niederschlag viel Wasser, wohl weil er Hydromellon beigemengt enthält, durch die freie Säure der Quecksilberlösung gefällt. Liebig.

Einfachmellonquecksilber. — In der Kälte gibt Mellonkalium mit Aetzsublimat einen dicken gallertartigen Niederschlag, der sich aber beim geringsten Erwärmen, unter milchiger Trübung der Flüssigkeit in ein feines weifses Pulver verwandelt. Der auf eine dieser Weisen erhaltene Niederschlag hält Kalium. Mischt man jedoch beide Lösungen kochend, so trübt sich das Gemisch beim Erkalten und gibt einen kaliumfreien Niederschlag, dessen Quecksilbergehalt beim Waschen abnimmt. Dieser Niederschlag entwickelt beim Glühen anfangs Stickgas mit Cyangas und Blausäuredampf, und zuletzt 1 Maafs Stickgas auf 3 Maafs Cyangas. Liebig.

Mellonsilber. — Mellonkalium gibt mit Silberlösung einen weifsen gallertartigen Niederschlag, welcher bei 120° wasserfrei ist. Liebig. Der Niederschlag hält selbst nach dem Waschen mit kochendem Wasser noch Kalium. Laurent u. Gerhardt.

			Liebig bei 120°	Laurent u. Gerhardt bei 140°
6 C	36	18		
4 N	56	28		
Ag	108	54	53,030	52,20
H			0,016	0,43
	200	100		

Anhang zu Mellon.

Durch verschieden langes und starkes Erhitzen von schwefelblausaurem Ammoniak im verschlossenen Raum erhielt Völckel (*Pogg.* 61, 356) folgende Körper, deren Eigenthümlichkeit erst noch zu beweisen ist:

Alphensulfid = $C^{10}N^{10}H^{10}S^2$.
Phalensulfid = $C^{12}N^{12}H^{12}S^2$.
Phelensulfid = $C^{14}N^{14}H^{14}S^2$.
Argensulfid = $C^{16}N^{16}H^{16}S^2$.

Eben so erhielt Er (*Pogg.* 61, 151) aus der Ueberschwefelblausäure das:

Xanthensulfid = $C^6N^4H^4S^4$ (also wie Hydrothiomellon).
Leucensulfid = $C^6N^5H^5S^2$.
Melensulfid = $C^7N^4H^4S^6$.
Phalensulfid = $C^8N^6H^5S^4$.
Xuthensulfid = $C^{10}N^9H^7S^4$.

Sixe-Reihe.

A. Stammreihe.

Stammkern. Sixe. C^6H^6.

Vielleicht ist das mit Wasserstoffgas gemengte Kohlenwasserstoffgas, welches Kalium aus Butyronitril entwickelt, Sixe-Gas.

Sixaldid. C^6H^6,O^2.

Guckelberger (1847). *Ann. Pharm.* 64, 39.

Aldehyd der Metacetonsäure [Nesixe].

Geht bei der Destillation des Caseins, Albumins oder Fibrins mit Schwefelsäure und Braunstein, oder mit Schwefelsäure und chromsaurem Kali neben vielen andern Producten über.

Darstellung. Man destillirt 1 Th. trocknes Casein mit 3 Th. Braunstein, $4^1/_2$ Th. Vitriolöl und 30 Th. Wasser.

Das Genauere dieses Verfahrens, auf welches hinsichtlich der übrigen hierbei entstehenden Producte noch öfters Bezug zu nehmen ist, besteht in

Folgendem: Man lässt abgerahmte Milch freiwillig gerinnen, befreit das Gerinnsel durch Waschen mit Wasser und Auspressen möglichst von der Molke, löst es bei 60 bis 80° in verdünntem kohlensauren Natron, erhält die Lösung einige Stunden bei dieser Temperatur, hebt die gebildete Haut vorsichtig ab, fällt die nur wenig getrübte Flüssigkeit durch verdunnte Schwefelsäure, rührt das Gerinnsel wiederholt mit heifsem Wasser an und presst jedesmal aus, bis das Wasser ganz klar abläuft, und trocknet das so erhaltene, nur noch eine Spur Fett haltende, Casein. — Man verdunnt 4,5 Th. Vitriolöl, mit 9 Th. Wasser, trägt in das bis auf 30 bis 40° abgekuhlte Gemisch 1 Th. möglichst fein gepulvertes trocknes Casein allmälig unter beständigem Umrühren, bis es sich nach einigen Stunden mit brauner oder violetter Farbe gelöst hat, worauf man den Rest des Fettes, das sich hierbei erhoben hat, abnimmt. Man stellt die Lösung 1 Tag hin, weil dann die Destillation leichter von statten geht, und mehr flüchtige Producte liefert, verdünnt sie dann mit 10 Th. Wasser, bringt sie in eine Retorte von doppelter Capacität, welche $1\frac{1}{2}$ Th. Braunstein hält, fügt endlich noch (die für 30 Th. fehlenden) 11 Th. Wasser hinzu, destillirt unter gutem Abkühlen der Vorlage, so lange noch etwas Riechendes übergeht, bringt weitere $1\frac{1}{2}$ Th. Braunstein nebst so viel Wasser, wie übergegangen ist, in die Retorte, und destillirt wieder, so lange das Destillat noch Geruch zeigt.

Man neutralisirt das erhaltene sehr saure Destillat (welches durch einige weifse Flocken getrübt ist, und dem zuerst übergehenden Theile nach sehr scharf riecht und zu Thränen und Husten reizt, dem später übergehenden nach den Geruch des Bittermandelöls zeigt) mit Kreide, destillirt es zur Hälfte über, und destillirt das so erhaltene neutrale, aber sich an der Luft bald säuernde, die Reactionen des Aldehyds zeigende Destillat, welches Aldehyd, Sixaldid, Butyral und Bittermandelöl hält, bei gut erkälteter Vorlage unter Auffangen blofs des zuerst Uebergehenden, bis dieses als ein milchiges, mit gelbem Oel bedecktes Wasser erscheint, aus welchem sich in der Kälte, unter Klärung allmälig Bittermandelöl absetzt. Es bleibt nun noch das Sixaldid vom flüchtigeren Aldehyd, vom fixeren Butyral und Bittermandelöl und vom Wasser zu trennen. Um Ersteres zu bewirken, wird die milchige Flüssigkeit in einem Kolben oder in einer Retorte, von welcher eine lange Röhre aufwärts steigt, bevor sie die Dämpfe in den niedersteigenden Abkühlungsapparat überführt, im Wasserbade anfangs nur auf 40 bis 50° erhitzt, wobei blofs das Aldehyd übergeht, während sich das Sixaldid in der aufwärts steigenden Röhre verdichtet und wieder zurückfliefst. Hierauf destillirt man bei 65 bis 70° das Sixaldid über, dessen erste Antheile noch Aldehyd beigemischt halten, während die letzten, für sich zu sammelnden, frei davon sind, und angenehm ätherisch riechen. (Bei stärkerem Erhitzen geht dann das Butyral und über 100° das Bittermandelöl über.) Nachdem das bei 65 bis 75° erhaltene Destillat über Chlorcalcium entwässert wurde, destillirt man es in einer mit Thermometer versehenen Retorte, worin es bei 40° zu sieden anfängt. Das zwischen 50 und 70° für sich gesammelte Destillat ist erträglich reines Sixaldid, dessen Siedepunct jedoch noch nicht ganz stetig ist.

Nach dem Abdestilliren der Aldide bleibt in der Retorte die Lösung von ameisen-, essig-, metacet-, butter-, baldrian-, capron- und benzoe-saurem Kalk. Man verwandelt diese Kalksalze durch Fällung mit kohlensaurem Natron in Natronsalze, dampft das Filtrat immer weiter ab, um durch wiederholtes Erkälten Krystalle von essigsaurem und ameisensaurem Natron zu erhalten, versetzt die nicht mehr krystallisirende Mutterlauge mit Schwefelsäure, hebt das sich erhebende bräunliche ölige Gemisch von Buttersäure, Baldriansäure und Benzoesäure ab, entzieht ihm durch mehrmaliges Schütteln mit einem gleichen Maafs kalten Wassers die Buttersäure, destillirt die Baldriansäure, wobei sich die Benzoesäure sublimirt, vereinigt das Buttersäure haltende Waschwasser mit der durch die Schwefelsäure zersetzten Mutterlauge, nachdem diese vom schwefelsauren Natron abgegossen ist, neutralisirt dieses Gemisch mit kohlensaurem Natron, dampft es im Wasserbade zur Trockne ab, zersetzt es wieder durch verdünnte Schwefelsäure, wobei sich ein fast farbloses öliges Säuregemisch abscheidet, welches, für sich destillirt, über 100° zu kochen beginnt, und zwischen 130 bis 140° Metacetsäure, dann zwischen 160 und 165° Buttersäure liefert, und ein erst über 165° siedendes öliges Gemisch von Buttersäure, Baldriansäure und Capronsäure als Rückstand in der Retorte lässt.

Eigenschaften des Sixaldids. Wasserhelle Flüssigkeit, von 0,79 spec. Gew. bei 15°; zwischen 55 und 65° siedend. Dampfdichte = 2,111. Riecht angenehm ätherisch. Neutral.

			Gückelberger.	
			Bei 55 bis 60°.	Bei 60 bis 65° siedend.
6 C	36	62,07	61,90	62,18
6 H	6	10,34	10,39	10,63
2 O	16	27,59	27,71	27,19
C^6H^6,O^2	58	100,00	100,00	100,00

Metamer mit Aceton. Die Berechnung der Dampfdichte gibt, wie bei Aceton, (IV, 784) 2,0105.

Das Sixaldid wird an der Luft für sich langsam sauer, aber in Berührung mit Platinschwarz ziemlich schnell. Das unter 60° siedende wird durch Kali nicht merklich verändert, das über 60° siedende färbt sich damit gelb. Das Sixaldid reducirt nicht das salpetersaure Silberoxyd, ist also frei von Aldehyd. Gückelberger.

Bei der kleinen Menge, welche Gückelberger erhielt, war es Ihm nicht möglich, die Verschiedenheit dieser Verbindung vom Aceton bestimmter zu erweisen.

Metacetsäure. C^6H^6,O^4.

J. Gottlieb. *Ann. Pharm.* 52, 121.
Dumas, Malaguti u. Leblanc. *Compt. rend.* 25, 656 u. 781.
Redtenbacher. *Ann. Pharm.* 57, 174.

Metacetonsäure, Acide métacétonique, Acide propionique. — Von Gottlieb 1844 entdeckt.

Bildung. 1. Beim Erhitzen von Cyanvinafer (IV, 774) mit Kalilauge. Dumas, Malaguti u. Leblanc (*Compt. rend.* 25, 656). Frankland u. Kolbe (*Phil. Mag. J.* 31, 266; auch *Ann. Pharm.* 65, 300; auch *J. pr. Chem.* 42, 313). — $C^6NH^5 + 3HO + KO = C^6H^5KO^4 + NH^3$. — Auch bei der Destillation des Cyanvinafers mit einem Gemisch von 1 Th. Vitriolöl und 2 Th. Wasser erfolgt die Zersetzung in schwefelsaures Ammoniak und übergehende Metacetsäure. Frankland u. Kolbe. $C^6NH^5 + 4HO + SO^3 = C^6H^6O^4 + NH^3,SO^3$. — 2. Bei der Oxydation des Metacetons durch chromsaures Kali mit Schwefelsäure. Gottlieb. (s. Metaceton.) — 3. Beim Erhitzen von gemeinem Zucker, Mannit, Stärkmehl oder Gummi mit concentrirtem Kali. Gottlieb. — 4. Beim Hinstellen, mit Hefe versetzten, wässrigen Glycerins an die Luft. Redtenbacher. Wie es scheint, auch beim Aussetzen des mit Platinmohr versetzten Glycerins an die Luft. Döbereiner. — 5. Bei der Destillation der Oelsäure mit Salpetersäure, wobei, neben vielen andern flüchtigen Säuren, eine mäfsige Menge von Metacetsäure erhalten wird. Redtenbacher (*Ann. Pharm.* 59, 41). s. *Oelsäure.* — 6. Bei der Destillation von Casein oder Fibrin mit Braunstein und verdünnter Schwefelsäure. Gückelberger (V, 108 bis 109). — 7. Bei der Fäulnifs von Linsen oder Erbsen unter Wasser, in Gesellschaft von Buttersäure. Böhme (*J. pr. Chem.* 41, 278). — 8. Bei der trocknen Destillation des Bienenwachses. Polock.

Darstellung. 1. Man lässt zu mäfsig starker Kalilauge, welche in einer tubulirten Retorte erhitzt wird, Cyanvinafer tropfenweise fliefsen, giefst das Destillat so lange zurück, bis es nicht mehr nach Cyanvinafer, sondern nur nach Ammoniak riecht, und destillirt das in der Retorte bleibende metacetsaure Kali mit syrupdicker Phosphorsäure. Die hierbei zuletzt übergehende Metacetsäure ist krystallisch. DUMAS etc. FRANKLAND u. KOLBE nehmen statt der Phosphorsäure Schwefelsäure.

2. Man bringt Metaceton zu einem Gemisch von verdünnter Schwefelsäure und chromsauren Kali, welches sich in einer geräumigen Retorte befindet, und destillirt, wenn das durch Kohlensäurebildung veranlasste Aufbrausen nachgelassen hat. Anfangs geht unzersetztes Metaceton über, hierauf, bei gewechselter Vorlage, ein Gemisch von Metacetsäure und Essigsäure. Nach der Neutralisation des Gemisches mit kohlensaurem Natron verdunstet man zur Krystallisation des meisten essigsauren Natrons, verdünnt die dicke Mutterlauge, welche keine Krystalle mehr gibt, mit Wasser, und lässt sehr langsam verdunsten, wobei wiederum essigsaures Natron krystallisirt. Die von diesem gröfstentheils befreite Mutterlauge wird mit Schwefelsäure destillirt. GOTTLIEB.

3. Man kocht Kalilauge so weit ein, dafs sie beim Erkalten erstarren würde, und trägt unter fortwährendem Erhitzen gemeinen Zucker ein (auf 3 Th. Kalihydrat ungefähr 1 Th. Zucker). Das Gemisch entwickelt unter Bräunung fortwährend Wasserstoffgas, anfangs mit dem Geruch nach Caramel, später mit einem mehr aromatischen, wird nach einigen Minuten unter fortwährendem Schäumen dickflüssig, entfärbt sich und wird ziemlich fest. Man entfernt jetzt das Feuer, löst die blassgelbe Salzmasse nach dem Erkalten in wenig Wasser, übersättigt die Lösung allmälig, um die zu grofse Erhitzung zu vermeiden, mit mäfsig verdünnter Schwefelsäure, wobei sich viel Kohlensäure entwickelt, filtrirt, wobei saures oxalsaures Kali auf dem Filter bleibt, destillirt, kocht das, Ameisen-, Essig- und Metacet-Säure haltende, Destillat zur Zerstörung der Ameisensäure mit überschüssigem Quecksilberoxyd, so lange sich Kohlensäure entwickelt, entfernt das Quecksilber aus dem Filtrate durch Hydrothion, und behandelt jetzt das, Essig- und Metacet-Säure haltende, Filtrat mit kohlensaurem Natron u. s. f. wie bei 2). Die Ausbeute ist gering. GOTTLIEB.

4. Man setzt die Lösung des Glycerins in viel Wasser, mit gut gewaschener Hefe versetzt, bei 20 bis 30° mehrere Monate lang der Luft aus, unter Ersetzen des Wassers, und öfterem Umrühren, um die sich erhebende und schimmelnde Hefe zu vertheilen, und unter öfterer Neutralisation der sich bildenden Säure, bis die Flüssigkeit nicht mehr sauer wird, dampft ab, und destillirt die Salzmasse mit verdünnter Schwefelsäure. Die so erhaltene Säure hält etwas Essigsäure und Ameisensäure. REDTENBACHER.

5. Man destillirt Casein mit Braunstein und verdünnter Schwefelsäure. GUCKELBERGER (V, 108 bis 109).

6. Man setzt Linsen oder Erbsen unter Wasser der Sonne aus, destillirt die gefaulte Masse mit Schwefelsäure, welche das Ammoniak zurückhält, sättigt das Destillat mit kohlensaurem Baryt u. s. w. Uebrigens ist der so erhaltenen Metacetsäure Buttersäure beigemischt, besonders viel bei Anwendung von Erbsen. BÖHME.

Eigenschaften. Die möglichst entwässerte Säure krystallisirt in Blättern und kocht bei 140°. DUMAS etc. Die wässrige Säure riecht nach Buttersäure und Acrylsäure zugleich und schmeckt sehr sauer. GOTTLIEB.

Berechnung.		
6 C	36	48,65
6 H	6	8,11
4 O	32	43,24
C^6H^6,O^4	74	100,00

Verbindungen. Die Säure löst sich in Wasser nach allen Verhältnissen. DUMAS etc. Wasser löst nur eine gewisse Menge; der Ueberschuss der Säure schwimmt in Oeltropfen über dem Wasser. REDTENBACHER. Ueber wässriger Phosphorsäure oder Chlorcalciumlösung schwimmt sie als eine ölige Schicht. DUMAS etc.

Die *metacetsauren* Salze, *Métacétonates*, entwickeln beim Erhitzen für sich den Geruch des Alkarsins, und mit verdünnter Schwefelsäure den Geruch der Säure; sie sind in Wasser löslich und gröfstentheils krystallisirbar. Die der Alkalien fühlen sich nach DUMAS etc. fettig an.

Metacetsaures Ammoniak. — Es wird durch wasserfreie Phosphorsäure unter Wasserverlust in Cyanvinafer (= Metacetonitril) verwandelt. $NH^3,C^6H^6O^4 = C^6NH^5 + 4HO$. DUMAS etc.

Metacetsaures Kali. — Weifs, perlglänzend, fettig anzufühlen, sehr leicht in Wasser löslich. DUMAS etc.

Metacetsaures Natron. — Sehr leicht in Wasser löslich, wie es scheint, nicht krystallisirbar. GOTTLIEB.

Metacetsaures und essigsaures Natron. — Die Darstellung gelang nur einmal. Feine glänzende Nadeln, sehr leicht in Wasser löslich. Sie verlieren beim Trocknen 30,55 Proc. (9 At.) Wasser und das trockne Salz hält 35,13 Proc. Natron. Also sind die Krystalle = $C^6H^5NaO^4 + C^4H^3NaO^4 + 9Aq$. GOTTLIEB.

Metacetsaurer Baryt. — Segmente von Rectangularoktaedern, sehr leicht in Wasser löslich. BÖHME. Wegen der Krystallform vgl. PREVOSTAYE (*Compt. rend.* 25, 782).

	Krystalle		BÖHME.	FRANKLAND u. KOLBE.
BaO	76,6	54,10	54,10	53,65
6 C	36	25,42	23,40	24,98
5 H	5	3,53	3,66	3,79
3 O	24	16,95	18,84	17,58
C^6H^5Ba,O^4	141,6	100,00	100,00	100,00

Metacetsaures Bleioxyd. — Die süfs schmeckende Lösung trocknet, ohne Krystalle zu geben, zu einer weifsen Masse ein, welche nach dem Trocknen bei 100° 63,4 Proc. Bleioxyd hält. FRANKLAND u. KOLBE.

Metacetsaures Silberoxyd. — Man fügt zu der mäfsig concentrirten Lösung des Natronsalzes so lange salpetersaures Siberoxyd, als ein Niederschlag entsteht, kocht diesen mit der Flüssigkeit bis zur Lösung, wobei etwas Silber reducirt wird, filtrirt kochend, und erhält beim Erkalten weifse glänzende schwere Körner, unter dem Mikroskop aus Drusen von Nadeln bestehend. Durch Abdampfen der Mutterlauge gewinnt man noch einige Krystalle. Das Salz hält sich im Lichte mehrere Wochen, aber bei 100° wird es unter theilweiser Zersetzung schwarzbraun. Bei stärkerem Erhitzen schmilzt es ruhig und verbrennt ganz geräuschlos. GOTTLIEB. — Der durch das Kalisalz mit der Silberlösung erhaltene weifse krystallische Niederschlag krystallisirt aus der Lösung in heifsem Wasser in feinen glänzenden Büscheln. DUMAS, MALAGUTI u. LEBLANC. — Beim Lösen des Niederschlags in kochendem Wasser zersetzt sich ein grofser Theil; die daraus erhaltenen Krystalle zersetzen sich in der Hitze unter Entwicklung saurer Dämpfe. GUCKELBERGER. — Kleine Krystallblätter, sich sowohl im trocknen als gelösten Zustande im Licht oder bei 100° schwärzend; weniger als das essigsaure Salz in Wasser löslich. FRANKLAND u. KOLBE.

Krystallisirt. Im Vacuum getrocknet.			FRANKLAND u. KOLBE. 1)	GOTTLIEB. 2)	3)	REDTENBACHER. 4)
AgO	116	64,09	64,29	64,00	63,83	64,63
6 C	36	19,89	19,78	19,76	19,74	19,89
5 H	5	2,76	2,68	2,80	2,78	2,70
3 O	24	13,26	13,25	13,44	13,65	12,78
$C^6H^5AgO^4$	181	100,00	100,00	100,00	100,00	100,00

Die Zahlen 1), 2), 3) und 4) beziehen sich auf die Darstellungsweisen der zur Bildung des Silbersalzes angewandten Säure.

Metacet- und essig-saures Silberoxyd. — Man erhitzt eine Lösung, welche zugleich metacetsaures und essigsaures Natron hält, mit salpetersaurem Silberoxyd bis zum Kochen und filtrirt heifs. Beim Erkalten krystallisirt das Doppelsalz in glänzenden, nach dem Trocknen lockeren Dendriten. Sie lassen sich bei 100° ohne Zersetzung trocknen. Zersetzt man das Salz durch wässriges Chlornatrium, so liefert das Filtrat beim Abdampfen Krystalle von essigsaurem Natron. GOTTLIEB. Die Krystalle schmelzen nicht bei stärkerem Erhitzen. GUCKELBERGER. Sie lösen sich schwierig in Wasser und die Lösung schwärzt oder bräunt sich beim Sieden unter Reduction von Silber. FRANKLAND u. KOLBE, POLECK.

	Krystallisirt.		GOTTLIEB.	GUCKELBERGER.	POLECK.	REDTENBACHER.
2 AgO	232	66,67	66,43	67,06	64,75	66,87
10 C	60	17,24	17,45		16,87	17,64
8 H	8	2,30	2,40		2,45	2,23
6 O	48	13,79	13,72		15,93	13,26
$C^6H^5AgO^4,C^4H^3AgO^4$	348	100,00	100,00		100,00	100,00

Gepaarte Verbindung der Metacetsäure.

Metacetvinester.

$$C^{10}H^{10}O^4 = C^4H^5O,C^6H^5O^3.$$

GOTTLIEB. *Ann. Pharm.* 52, 126.

Metacetsaures Aethyloxyd, Ether métacétique.

Kocht man metacetsaures Silberoxyd mit einem Gemisch von absolutem Weingeist und Vitriolöl und fügt Wasser hinzu, so erhebt sich der Ester als eine leichte Flüssigkeit, angenehm nach Obst, jedoch vom Buttervinester verschieden riechend. GOTTLIEB.

Der Ester verwandelt sich in Berührung mit wässrigem Ammoniak schnell in Metacetamid und Weingeist. DUMAS, MALAGUTI u. LEBLANC.

Metaceton.

$$C^{10}H^{10}O^2 = C^4H^4,C^6H^6O^2.$$

FREMY. *Ann. Chim. Phys.* 59, 6; auch *Ann. Pharm.* 15, 278; auch *J. pr. Chem.* 5, 347.
GOTTLIEB. *Ann. Pharm.* 52, 127.
CHANCEL. *Compt. rend.* 20, 1582 und 21, 908.

Métacétone. — Von FREMY 1835 entdeckt.

Bildung. 1. Bei der Destillation von Zucker, Stärkmehl, Gummi, FREMY, oder Mannit, FAVRE, mit überschüssigem Kalk. — Wahrscheinlich bildet sich zuerst metacetsaurer Kalk, welcher sich bei stärkerem Erhitzen in kohlensauren Kalk, Wasser und Metaceton zersetzt. $2 C^6H^5CaO^4 = 2(CaO,CO^2) + C^{10}H^{10}O^2$. CHANCEL. — 2. Bei der Destillation von milchsaurem Kalk. FAVRE (*N. Ann. Chim. Phys.* 11, 80).

Darstellung. Man erhitzt in einer Retorte, die doppelt so viel fassen kann, ein inniges Gemenge von 1 Th. Zucker, Stärkmehl oder Gummi mit 8 Th. gebranntem Kalk gelinde, und entfernt das Feuer, sobald sich der Kalk durch das aus dem Zucker entwickelte Wasser erhitzt, wodurch die Destillation von selbst fort und zu Ende geführt wird. Man befreit das übergegangene ölige Product durch Schütteln mit Wasser vom meisten Aceton, destillirt das ungelöst bleibende Oel bei steigender Hitze und wechselt die Vorlage, wenn das Uebergehende sich nicht mehr in Wasser löslich zeigt, also das meiste Aceton über ist. Das letzte Destillat, mehrmals tüchtig mit Wasser geschüttelt, dann wieder gebrochen destillirt, 3 Tage über Chlorcalcium hingestellt, abgegossen und destillirt, liefert das reine Metaceton. FREMY. — Man erhält mehr Metaceton, wenn man auf 1 Th. Zucker nur 3 Th. Kalk anwendet, und sich einer Destillirblase mit gut erkältetem Kühlrohr bedient. GOTTLIEB.

Eigenschaften. Farbloses Oel von 84° Siedpunct und angenehmem Geruch. FREMY.

Berechnung nach CHANCEL.			Berechn. nach FREMY.			FREMY.
10 C	60	69,77	12 C	72	73,47	73,50
10 H	10	11,63	10 H	10	10,20	10,12
2 O	16	18,60	2 O	16	16,33	16,38
$C^{10}H^{10}O^2$	86	100,00	$C^{12}H^{10}O^2$	98	100,00	100,00

FREMY's Berechnung stimmt viel besser zu Seiner Analyse, aber CHANCELS Berechnung, wonach das Metaceton ein Keton (IV, 181) ist, hat viel mehr Wahrscheinlichkeit.

Zersetzungen. 1. Das Metaceton wird durch Salpetersäure in Nitrometacetsäure verwandelt. CHANCEL. — 2. Durch Schwefelsäure mit doppelt chromsaurem Kali wird es unter Wärmeentwicklung und Kohlensäureentwicklung in Metacetsäure und Essigsäure zersetzt. GOTTLIEB. [Betrachtet man die Kohlensäure als ein Product einer zu weit geschrittenen Oxydation, so hat man: $C^{10}H^{10}O^2 + O^6 = C^6H^6O^4 + C^4H^4O^4$.] — Tröpfelt man das Metaceton auf, in einer tubulirten Retorte schmelzendes, Kalihydrat, so destillirt es gröfstentheils unverändert über, und lässt nur Spuren von Metacetsäure beim Kali zurück. Aehnlich verhält sich erhitztes Kalkkalihydrat. Gottlieb.

Verbindungen. Das Metaceton löst sich nicht in Wasser, leicht in *Weingeist* und *Aether*. Fremy.

Anhang zur Metacetsäure.

Pseudoessigsäure.

Acide butyroacetique Nicklès. Nöllner entdeckte diese Säure 1841; Berzelius (*Jahresber.* 22, 233) erklärte sie für ein Gemisch von Buttersäure und Essigsäure, und Nicklès für eine gepaarte Verbindung dieser beiden Säuren = $C^6H^6O^4$ oder = $C^{12}H^{12}O^8$. Neuerdings erklären sie Dumas, Malaguti u. Leblanc (*Compt. rend.* 25, 781) für einerlei mit der Metacetsäure, da beide Säuren dieselbe Krystallform, denselben Siedpunct (140°), denselben Geruch, dieselbe leichte Löslichkeit in Wasser und dasselbe Verhalten über der wässrigen Lösung von Phosphorsäure oder Chlorcalcium zeigen, da die Salze beider Säuren beim Erhitzen den Alkarsingeruch entwickeln, und da ihr Barytsalz dieselbe Krystallgestalt, fast genau mit denselben Winkeln besitzt. So wahrscheinlich auch diese Ansicht ist, nach welcher nicht Gottlieb, sondern Nöllner der erste Entdecker der Metacetsäure sein würde, so zeigt doch die Pseudoessigsäure manche Eigenthümlichkeiten, welche bei der Metacetsäure wenigstens noch nicht nachgewiesen sind, z. B. das Zerfallen in Essigsäure und Buttersäure, daher es vor der Hand geeignet erscheint, beide Säuren noch getrennt zu halten. Demgemäfs folgen hier die Angaben von Nöllner und von Nicklès über die Pseudoessigsäure.

Nöllner erhielt die Pseudoessigsäure unter folgenden Umständen: Wenn man rohen Weinstein, welcher 20 Proc. hefige Theile hält, mit Kalkbrei neutralisirt, das davon abfiltrirte tartersaure Kali durch Kochen mit schwefelsaurem Kalk zersetzt, und den vom wässrigen schwefelsauren Kali getrennten noch feuchten tartersauren Kalk an heifsen Sommertagen sich selbst überlässt, so kommt er in Gährung und verwandelt sich unter reichlicher Kohlensäureentwicklung in ein Gemenge von kohlensaurem und pseudoessigsaurem Kalk, welches bei der Destillation mit Schwefelsäure die wässrige Pseudoessigsäure liefert. — Auch bei der Gährung einer Weinsteinmutterlauge, welche viel tartersauren Kalk nebst Spuren von salpetersauren Salzen hielt, entstand Pseudoessigsäure. Lässt man dagegen rohen oder gereinigten Weinstein gähren, so erhält man blofs Essigsäure, also scheint Kalk nöthig zu sein.

Die durch Destillation des trocknen Bleisalzes mit Vitriolöl erhaltene Säure ist farblos und riecht nach Essigsäure, aber nach dem Verdünnen mit Wasser durchdringend nach altem Käse.

Alle *pseudoessigsaure* Salze, in kleinen Stücken auf Wasser geworfen, rotiren darauf lebhaft, wie Campher.

Kalisalz. Krystallisirt aus der concentrirten Lösung in langen dünnen Tafeln, und verhält sich dem essigsauren Kali ähnlich.

Natronsalz. Kleine Oktaeder, oder, wenn man die wässrige Lösung über den Krystallisationspunct hinaus abdampft, und dann erkältet, weifse talgartige amorphe Masse, und wenn man diese noch weiter abdampft, und erkältet, krystallisch strahlige Masse, welche an der Luft weniger leicht feucht wird, als die Oktaeder, übrigens sehr leicht in Wasser löslich.

Barytsalz. Büschelförmig zu Warzen vereinigte Fäden.

Kalksalz. Gleicht dem essigsauren Kalk.

Bittererdesalz. Krystallisirt aus der concentrirten Lösung leicht in kugelförmigen Krystallhaufen.

Bleisalz. — a. *Ueberbasisch.* — Die kochende sehr verdünnte Lösung von b, mit sehr verdünntem Ammoniak versetzt, lässt beim Erkalten ein Krystallpulver fallen, unter dem Mikroskop zur Hälfte aus Oktaedern, zur Hälfte aus seidenglänzenden, sternförmig vereinigten Blättchen bestehend.

b. *Basisch.* — Man kocht das in Wasser gelöste Salz c mit Bleioxyd, filtrirt und erkältet zum Krystallisiren, welches bei einer verdünnten Lösung bei einigen Graden über 0° erst in 8 Tagen beendigt ist, worauf die Mutterlauge nur noch 1,1075 sp. Gew. zeigt. — Grofse wasserhelle Oktaeder. Sie halten sich in der Kälte im Verschlossenen, aber verwittern an trockner Luft; sie schmelzen schon unter 19° in ihrem Krystallwasser, welches 42 Proc. beträgt, daher auch auf der Hand, nach vorausgegangener Trübung; erfolgt das Zerfliefsen langsam, so beginnt es im Innern, und es bleibt zuletzt eine leere dünne Hülle [von Salz, welches durch Verwittern Wasser verloren hat] von der Form des Krystalls. — Schmelzt man die Oktaeder einige Zeit, oder dampft man die wässrige Lösung zu einer gröfseren Concentration ein, als bei welcher sie Oktaeder liefert, so erhält man beim Erkalten unter Ausdehnung Tafeln, welche weniger Wasser halten und daher viel schwieriger schmelzen. Daher kann das leicht schmelzbare Salz das Aufbewahrungsgefäfs beim Temperaturwechsel sprengen, indem es bald schmilzt, bald unter Ausdehnung erstarrt. — Die sehr concentrirte Lösung des Salzes b bildet in starker Kälte in 12 bis 24 Stunden durchsichtige Kugelsegmente, stark das Licht brechend, welche, auf der warmen Hand oder bei sonstigem schwachen Erwärmen vom Mittelpuncte aus mit einem knisternden Geräusch (wie von einem elektrischen Funken, aber ohne alle Lichtentwicklung) zerreifsen. — Das Salz löst sich auch sehr leicht in Weingeist, und schiefst daraus in sternförmig vereinigten Nadeln an.

c. *Neutral.* — Krystallisirt aus der wässrigen Lösung nur bei starker Kälte in blumenkohlförmigen Gebilden, welche wenig Wasser halten, in der Wärme unter einigem Säureverlust schmelzen, und an sehr feuchter Luft zerfliefsen.

Das basische Bleisalz b bildet mit Eisenoxyd ein Salz, welches aus dunkelrubinrothen, zu Kugeln vereinigten Nadeln besteht. Aus ihrer klaren Lösung in kaltem Wasser fällt bei schwachem Erwärmen fast alles Eisenoxyd nieder, welches sich bei längerem Stehen in der Kälte wieder löst. Das Eisenoxyd beträgt blofs 1 Proc. im Salze.

Kupfersalz. — a. *Basisch.* — Dem Grünspan ähnlich. — b. *Neutral.* — Dunkelblaugrune, leicht zerfallende, 6seitige Tafeln.

Quecksilberoxydulsalz. — Perlglänzende Schuppen, die sich im Lichte unter Säureverlust röthen.

Silbersalz. — Hält 61,3 Proc. Silberoxyd; schwärzt sich schnell im Lichte, löst sich schwer in Wasser.

Der *Pseudoessigvinester* gleicht im Geruch und andern Eigenschaften dem Essigvinester.

So weit C. Nöllner (*Ann. Pharm.* 38, 299).

Nicklès untersuchte die von Nöllner erhaltene Säure und ihr Bleisalz.

Die Säure hatte sich bereits in Essigsäure und Buttersäure zersetzt, denn sie lieferte mit Bleioxyd nicht mehr das oktaedrische Bleisalz b; beim Schütteln mit Chlorcalcium lieferte sie eine Schicht von Buttersäure und darunter eine Essigsäure-haltende Lösung des Chlorcalciums; nach dem Neutralisiren mit kohlensaurem Ammoniak endlich gab die Säure beim kochenden Mischen mit salpetersaurem Silberoxyd und Erkälten Nadeln von essigsaurem Silberoxyd, hierauf beim Abdampfen der Mutterlauge anfangs noch dieses Salz, darauf Dendriten von buttersaurem Silberoxyd. Diese zersetzte Säure von Nöllner fällt selbst nicht den Bleiessig. Mit kohlensaurem Natron gesättigt, entwickelt sie Kohlensäure, welche zu einer gewissen Zeit den Geruch des gährenden Weins zeigt.

Nöllners Bleisalz, mit Schwefelsäure destillirt, liefert eine Säure, welche, mit Barytwasser neutralisirt und abgedampft, zuerst rhombische Säulen, dann Warzen von essigsaurem Baryt gibt.

Wenn man aber [aus dem Bleisalze?] das Natronsalz darstellt, und dieses durch Phosphorsäure zersetzt, so erhebt sich die reine Pseudoessigsäure über das saure wässrige Gemisch als eine Oelschicht, und zeigt nach dem Abheben und Rectificiren folgende Eigenschaften:

Oelig; siedet bei 140°, riecht sehr anhaltend nach Schweifs.

Sie entwickelt mit Vitriolöl in der Wärme schweflige Säure, und beim Erhitzen mit Kali und arseniger Säure den Geruch des Alkarsins.

Mit dieser reinen Säure wurden folgende Salze bereitet:

Das *Kalisalz* und das *Natronsalz* sind zerfliefslich.

Barytsalz. — Gerade rhombische Säulen, die 4 Seitenkanten abgestumpft, mit 2 y-Flächen zugeschärft. Die Krystalle riechen nach ranziger Butter und sind luftbeständig. Sie verlieren bei 100° im trocknen Luftstrom 3,25 Proc. und bei 200° unter Schmelzung noch 2,8 Proc. (im Ganzen 6,05 Proc. = 1 At.) Wasser, und liefern dann bei der trocknen Destillation ein nichtsaures Oel, entweder ein eigenthümliches Keton [Metaceton], oder ein Gemisch von Aceton und Butyron. Sie lösen sich leicht in Wasser, besonders in heifsem; sehr wenig in absolutem Weingeist.

Bei 200° getrocknet.			Nicklés.
BaO	76,6	54,10	54,14
6 C	36	25,42	25,62
5 H	5	3,53	3,46
3 O	24	16,95	16,78
$C^6H^5BaO^4$	141,6	100,00	100,00

Kalksalz. — Seidenglänzende, an der Luft verwitternde, in Wasser lösliche Fasern.

	Trocken.		Nicklés.
CaO	28	30,11	30,22
6 C	36	38,71	38,95
5 H	5	5,37	5,80
3 O	24	25,81	25,03
$C^6H^5CaO^4$	93	100,00	100,00

Zinksalz. — Im Wasser löslich; die Lösung zersetzt sich beim Kochen.

Die concentrirte Lösung des neutralen *Bleisalzes*, mit Ammoniak gemischt, setzt bald kleine rosenfarbige Nadeln von basisch buttersaurem Bleioxyd ab.

Baryt- und Blei-Salz. — In einer ziemlich concentrirten Lösung des neutralen Bleisalzes erzeugt Chlorbaryum einen Niederschlag, der anfangs beim Schütteln verschwindet; sobald er bei weiterem Zusatz von Chlorbaryum bleibend werden will, filtrirt man und lässt freiwillig verdunsten. Anfangs schiefst Chlorblei an, hierauf wasserhelle quadratische Säulen des Doppelsalzes. Die Krystalle verlieren bei 100° 2,59 Proc. Wasser. Sie halten Baryt und Bleioxyd zu gleichen Atomen und lassen beim Glühen das Blei theils in Gestalt von Bleioxyd, theils von Chlorblei. Sie lösen sich leicht in Wasser. Falls Stücke auf der Oberfläche des Wassers bleiben, so zeigen sie die rotirenden Bewegungen der buttersauren Salze.

Kupfersalz. — Schiefe Säulen. Sie verlieren bei 100° Wasser und bei 150° noch mehr, nebst einem Theile der Säure; hierauf rasch bis zum Glühen erhitzt, entwickeln sie brennbare Gase mit Kohlensäure, ein Gemisch von Pseudoessigsäure und einem nicht in Wasser löslichen Oel [Metaceton?], und lassen Kupfer mit Kohle gemengt. — Die Krystalle rotiren auf Wasser, und lösen sich darin sehr sparsam, falls nicht Essigsäure zugefügt ist, dagegen sehr leicht in Weingeist.

Silbersalz. — Dendriten, im Lichte sehr veränderlich.

Im Vacuum über Vitriolöl getrocknet.			Nicklés.
AgO	116	64,09	64,05
6 C	36	19,89	19,16
5 H	5	2,76	3,35
3 O	24	13,26	13,44
$C^6H^5AgO^4$	181	100,00	100,00

Die Säure löst sich in *Weingeist* und *Aether*.

Der *Pseudoessigvinester* riecht nach Obst. JER. NICKLES (*Rev. scientif.*; Ausz. *Ann. Pharm.* 61, 343; Ausz. *Compt. rend.* 23, 419.

B. Nebenreihen.

a. *Sauerstoffkerne.*

α. Sauerstoffkern $C^6H^4O^2$.

Brenztraubensäure. $C^6H^4O^6 = C^6H^4O^2,O^4$.

BERZELIUS. *Pogg.* 36, 1.

Acide pyruvique. — Von BERZELIUS 1830 entdeckt und 1835 beschrieben.

Bildung. Bei der trocknen Destillation der Traubensäure und der Tartersäure.

Darstellung. Man erhitzt verwitterte Traubensäure in einer tubulirten Glasretorte im Sandbade allmälig bis zu 220°, und erhält sie bei dieser Hitze, so lange noch etwas übergeht, wobei man das Uebersteigen der Masse, so oft es nöthig ist, durch Umrühren mit einem durch den Tubus eingeführten Platindrath hindert. Man rectificirt das erhaltene gelbe Destillat im Wasserbade, was langsam vor sich geht, und wobei ein brauner Syrup bleibt, der Brenzweinsäure hält. Das blassgelbe Rectificat hält Brenztraubensäure, Essigsäure, etwas Brenzöl und eine Spur Holzgeist oder etwas Aehnliches. Es lässt sich durch wiederholte Destillation nicht farblos erhalten, weil jedesmal unter einiger Zersetzung etwas Kohlensäure entwickelt wird und ein braunes Extract als Rückstand bleibt. — Daher verdunstet man entweder das Rectificat im Vacuum über Vitriolöl bis zu starker Syrupdicke, wodurch die Säure von der flüchtigen Essigsäure und vom meisten Wasser befreit wird; — oder man sättigt das Rectificat mit frisch gefälltem und gewaschenen kohlensauren Bleioxyd, wäscht das körnige Bleisalz, zersetzt es dann nach dem Vertheilen in Wasser durch Hydrothion und verdunstet das Filtrat wie oben im Vacuum. Die vom Bleisalze ablaufende wässrige Flüssigkeit hält auch noch Brenztraubensäure, weil diese sich in der Kälte nicht ganz mit kohlensaurem Bleioxyd sättigen lässt, und kann noch benutzt werden.

Eigenschaften. Farbloser oder blassgelber, zäher, fadenziehender Syrup. Gröfstentheils unzersetzt verdampfbar. In der Kälte geruchlos, in der Wärme von stechend saurem Geruch, ungefähr wie Salzsäure; schmeckt scharf sauer, hinterher im Schlunde bitterlich.

Zusammensetzung der Säure für sich, nach BERZELIUS Analyse des Silbersalzes berechnet.

6 C	36	40,91
4 H	4	4,55
6 O	48	54,54
$C^6H^4O^2,O^4$	88	100,00

Die hypothetisch trockne Säure wäre = $C^6H^3O^5 = p\bar{U}$.

Zersetzungen. Schon bei der Destillation der wässrigen Säure im Wasserbade erfolgt theilweise Zersetzung (s. o.). — Dreifachchlorgold und seine Verbindungen mit andern Chlormetallen werden nicht in der Kälte, aber in der Hitze völlig reducirt; die über dem glänzenden Gold stehende goldfreie Flüssigkeit ist gelb gefärbt. Dagegen zersetzt die wässrige Säure das Einfach- und Zweifach-Chlorplatin selbst beim Kochen nicht.

Verbindungen. Die Säure mischt sich nach allen Verhältnissen mit *Wasser*.

Die Brenztraubensäure ist stärker als die Essigsäure; sie treibt diese aus ihren Salzen beim Abdampfen aus, und fällt aus gelösten essigsauren Salzen diejenigen Basen, mit welchen sie schwer lösliche Salze gibt. Die *brenztraubensauren Salze*, *Pyruvates*, werden durch Sättigung der verdünnten Säure mit der Basis bereitet; ist die Säure concentrirt, so erfolgt durch theilweise Zersetzung eine gelbe oder braune Färbung. Die Salze sind im trocknen Zustande durchscheinende gummiähnliche Substanzen; mit Wasser können sie Krystalle liefern, wenn die Lösung der Basis in der Säure kalt bereitet und kalt verdunstet wird. Die concentrirte wässrige Lösung dieser krystallisirbaren Salze kann, ohne Veränderung zu erleiden, gekocht werden, aber beim Kochen der verdünnten gehen sie in den amorphen Zustand über, und bleiben dann beim Abdampfen gummiartig zurück. Die so amorph gewordenen Salze lassen sich nicht mehr krystallisch machen. Die Salze röthen Lackmus, ohne sauer zu schmecken. Sie werden bei 100 bis 120° erst citronengelb, und bei stärkerer Hitze pomeranzengelb. Im trocknen Zustande entwickeln sie mit Vitriolöl keine oder wenig Wärme; hierauf erwärmt, zeigen sie den Geruch der Säure und lassen über 100° anfangs wenig unveränderte Säure übergehen; aber noch weit unter 100° färbt sich die Masse unter Zerstörung der meisten Brenztraubensäure schwarzbraun, und liefert dann bei der Destillation im Sandbade Brenztraubensäure und Essigsäure. Die in Wasser gelösten Salze werden durch wenig Eisenvitriol tief roth gefärbt und geben bei gröfserer Concentration mit Kupfervitriol nach einigen Stunden einen weifsen Niederschlag. Die nicht in Wasser löslichen Salze lösen sich gröfstentheils in wässrigen ätzenden und zum Theil auch in kohlensauren Alkalien. Sie lösen sich wenig in Weingeist, desto weniger, je wasserfreier er ist, und nicht in Aether.

Brenztraubensaures Ammoniak. — Das wässrige Gemisch von Säure und Basis lässt bei freiwilligem Verdunsten eine gelbe zerfliefsliche Masse von äufserst bitterem Geschmack, kaum in absolutem Weingeist löslich.

Brenztraubensaures Kali. — Das wässrige Gemisch lässt beim Verdunsten im Vacuum kleine, an der Luft zerfliefsende Krystallschuppen; wenn es aber vor dem Verdunsten gekocht wurde, ein wasserhelles rissiges Gummi, welches an der Luft feucht wird.

Brenztraubensaures Natron. — a. *Einfach.* — *α. Krystallisch.* — Schiefst beim kalten Verdunsten, falls die Lösung essigsaures Natron beigemischt hält, in grofsen geraden platten Säulen, falls die Lösung rein ist, in rechtwinklichen Tafeln und langen Blättern an. Das Pulver der Krystalle fühlt sich wie Talk an.

Sie sind wasserfrei und halten 28,25 Proc. Natron. Ihre sehr gesättigte kochende Lösung gesteht beim Erkalten zu einer Krystallmasse, aus der die Mutterlauge abrinnt. Sie lösen sich höchst wenig in kochendem absoluten Weingeist, ohne sich beim Erkalten auszuscheiden, besser in wässrigem; doch wird das Salz aus seiner kalt gesättigten wässrigen Lösung durch Weingeist von 0,833 spec. Gew. gröfstentheils gefällt, während das etwa beigemischte essigsaure Natron gelöst bleibt. — *β. Amorph.* — Die sehr verdünnte wässrige Lösung von *α*, bis zum Kochen erhitzt, lässt beim Verdunsten über Vitriolöl ein wasserhelles, und beim warmen Verdunsten ein gelbes Gummi, in dem sich an der Luft einige Krystalle von *α* bilden.

b. *Saures.* — Die Krystalle des einfachsauren Salzes, mit concentrirter Säure zusammengerieben, bilden eine durchscheinende Gallerte, welche zu einer geborstenen Masse austrocknet; entzieht man dieser die freie Säure durch Weingeist, so bleibt ein weifses aufgequollenes Pulver, welches bitter und säuerlich schmeckt, stark Lackmus röthet, und, nach dem Auflösen abgedampft, eine weifse rissige Masse darstellt.

Brenztraubensaures Lithon. — *α. Krystallisch.* — Ziemlich schwer in Wasser lösliche Krystallkörner, die beim Kochen und heifsen Abdampfen der concentrirten Lösung nicht amorph werden. — *β. Amorph.* — Beim Verdunsten der stark verdünnten Lösung von *α* im Wasserbade bleibt ein farbloses hartes Gummi, leichter in Wasser löslich, als *α*.

Brenztraubensaurer Baryt. — *α. Krystallisch.* — Durch freiwilliges Verdunsten der Lösung des kohlensauren Baryts in der etwas verdünnten Säure. Grofse breite glänzende luftbeständige Schuppen, welche ihre 5,45 Proc. (1 At.) Krystallwasser bei 100° verlieren und sich ziemlich leicht in Wasser lösen. Der damit durch kohlensaures Alkali erzeugte Niederschlag löst sich nicht in einem Ueberschuss des kohlensauren Alkalis. — *β. Amorph.* — Schon nach gelindem Erwärmen der wässrigen Lösung von *α* erhält man beim Verdunsten ein Gummi, welches, an der Luft getrocknet, 10,33 Proc. (2 At.) Wasser hält, und sich selbst in kochendem Wasser nur langsam löst.

Brenztraubensaurer Strontian. — *α. Krystallisch.* — Wie das Barytsalz bereitet. Aus feinen, flimmernden Schuppen bestehende Masse, die, in Wasser zerrührt, diesem das flimmernde Ansehn ertheilt. Die Schuppen halten 12 Proc. (2 At.) Wasser; sie lösen sich weniger leicht in Wasser, als das Barytsalz; aus ihrer im Kochen gesättigten Lösung schiefsen sie beim Erkalten wieder an. Verhalten gegen kohlensaures Alkali, wie bei Barytsalz. — *β. Amorph.* — Farbloses, durchscheinendes Gummi, welches bei gelinder Wärme unter Verlust allen Wassers milchweifs und rissig wird.

Brenztraubensaurer Kalk. — *α. Krystallisch.* — Wie das Barytsalz dargestellt. Krystallkörner. Verhalten gegen kohlensaures Alkali, wie bei Barytsalz. — *β. Amorph.* — Die geringste Erwärmung der wässrigen Lösung, schon durch die Hand, bewirkt, dass beim freiwilligen Verdunsten statt der Krystallkörner ein Gummi bleibt.

Brenztraubensaure Bittererde. — Ist schwierig in körnigen Krystallen zu erhalten, da sie sehr leicht in den gummiartigen Zustand übergeht. Mit kohlensaurem Alkali, wie bei Barytsalz.

Brenztraubensaure Yttererde. — *α. Krystallisch.* — Das Gemisch concentrirter Lösungen von brenztraubensaurem Natron und Chloryttrium lässt in einigen Stunden weifse Körner anschiefsen, die sich langsam in Wasser lösen. — *β. Amorph.* — Die mit frisch gefälltem Hydrat gesättigte wässrige Säure trocknet zu einem klaren harten zuckersüfsen Gummi aus, welches mit Wasser unter Ausscheidung weifser Flocken eine Flüssigkeit bildet, bei deren Abdampfen wieder ein Gummi bleibt. Der durch ätzendes oder kohlensaures Alkali erzeugte Niederschlag löst sich in einem Ueberschuss.

Brenztraubensaure Süfserde. — Beim Behandeln von überschüssigem Süfserdehydrat mit der wässrigen Säure entsteht ein ungelöstes *basisches* und ein sich lösendes *neutrales* Salz, welches beim Verdunsten als ein durchsichtiges rissiges süfsschmeckendes Gummi bleibt, weder durch ätzende noch durch kohlensaure Alkalien fällbar.

Brenztraubensaure Alaunerde. — Auf gleiche Weise liefert überschüssiges Alaunerdehydrat mit der wässrigen Säure ein gallertartiges *basisches* Salz und eine Lösung von *neutralem*, welche zu einer weich bleibenden Masse austrocknet, und welche weder durch ätzende noch durch kohlensaure Alkalien gefällt wird.

Brenztraubensaure Zirkonerde — und *Thorerde.* — in Wasser löslich, nicht durch Ammoniak fällbar.

Brenztraubensaures Uranoxyd. — Schön gelb, leicht in Wasser löslich.

Brenztraubensaures Manganoxydul. — *α. Krystallisch.* — Durch freiwilliges Verdunsten. Milchweifse Masse, aus feinen Schuppen bestehend, welche, auch beim Aufrühren mit Wasser, dem Strontiansalze gleichen. Langsam in kaltem, leichter in heifsem Wasser löslich. — *β. Amorph.* — Bei warmem Verdunsten der Lösung. Gummiartig, leicht in Wasser löslich. Hatte es sich beim Abdampfen gebräunt, was leicht der Fall ist, so bleibt das Gefärbte meist ungelöst.

Brenztraubensaures Wismuthoxyd. — Das geschlämmte geglühte Oxyd löst sich langsam in der wässrigen Säure. Die Lösung gibt beim Verdunsten einen zähen Syrup, welcher wie andere Wismuthsalze schmeckt, sich beim Auflösen in Wasser nicht trübt, und nicht durch ätzende und kohlensaure Alkalien, aber durch Hydrothion gefällt wird.

Brenztraubensaures Zinkoxyd. — *α. Krystallisch.* — Beim Lösen des kohlensauren Zinkoxyds in sehr verdünnter Säure setzt sich im Verhältniss, als die Sättigung erfolgt, ein schneeweifses körniges Pulver von *α* ab. Löst man das kohlensaure Zinkoxyd in stärkerer Säure, so erfolgt Wärmeentwicklung und gelbe Färbung der Lösung. Die vom körnigen Pulver abgegossene Flüssigkeit lässt beim freiwilligen Verdunsten ein gummiartiges saures Salz, welches durch Wasser unter Rücklassung von viel Pulver α zersetzt wird. Das Pulver α verändert sich nicht bei 100°, wird bei stärkerer Hitze erst gelb, dann braungelb, und verliert nun erst sein Krystallwasser, welches 18,37 Proc. (3 At.) beträgt. Das Pulver löst sich wenig in Wasser. 100 Th. desselben liefern 54,3 Th. schwefelsaures Zinkoxyd. — β. *Amorph.* — Die Lösung des Zinks in ziemlich erwärmter verdünnter Säure lässt beim Abdampfen im Wasserbade ein klares gelbliches, leicht in Wasser lösliches Gummi. — Beim Auflösen des Zinks in kalter verdünnter Säure entsteht ein dickes Gemisch von α und β, welches sich beim Abdampfen auf dem Wasserbade völlig in β verwandelt.

Brenztraubensaures Bleioxyd. — a. *Drittel.* $2PbO,C^6H^3PbO^6 + Aq$. — Man behandelt das neutrale Salz b mit verdünntem Ammoniak, wäscht das Ausgeschiedene mit Wasser, worin es sich nur wenig löst, und trocknet es über Vitriolöl, damit es keine Kohlensäure aufnehme.

b. *Einfach.* — α. *Krystallisch.* — Man fügt noch feuchtes, kohlensaures Bleioxyd nach und nach zu der wässrigen Säure, nicht ganz bis zur Sättigung, lässt die Flüssigkeit noch 24 Stunden unter öfterem Umrühren über dem niedergefallenen Salze stehen, damit das etwa noch beigemengte kohlensaure Salz zersetzt werde, und wäscht und trocknet das schwere körnige Pulver. — Oder man fügt die Brenztraubensäure zu concentrirter wässriger Bleizuckerlösung, welche anfangs klar bleibt, sich aber nach einigen Stunden zu einer Grütze-artigen Masse verdickt, woraus sich α als körniges Pulver absetzt, welches gewaschen und kalt getrocknet wird. — Das kalt getrocknete Salz ist ein feines Mehl. Es wird bei 100° hellgelb, ohne Gewichtsverlust; bei 110° citronengelb mit geringem Verlust und bei 120° braungelb unter Verlust sämmtlichen Krystallwassers. Es löst sich wenig in Wasser, und scheidet sich daraus beim kalten Verdunsten als eine weifse Haut ab, aber beim Verdunsten über 50° als eine citronengelbe. — Das citronengelbe Salz, durch kohlensaures Natron zersetzt, liefert citronengelbes kohlensaures Bleioxyd und eine gelbe Lösung von brenztraubensaurem Natron, welches sich gröfstentheils in amorphem Zustande befindet.

	Bei 100°.		Berzelius.
PbO	112	56,00	55,78
$C^6H^3O^5$	79	39,50	
HO	9	4,50	4,48
$C^6H^3PbO^6+Aq$	200	100,00	100,00

c. *Sauer.* — Die Lösung des kohlensauren Bleioxyds in etwas überschüssiger Säure trocknet bei freiwilligem Verdunsten zu einem rissigen Gummi ein, welches Lackmus röthet, und welches durch Wasser unter Rücklassung von einfachsaurem Salz zersetzt wird.

Brenztraubensaures Eisenoxydul. — α. *Krystallisch.* — Legt man in kaltes Wasser, welches mit dem krystallischen Natronsalz fast ganz gesättigt ist, einen Krystall von Eisenvitriol, und bedeckt die Flüssigkeit zur Abhaltung der Luft mit einer Oelschicht, so färbt sie sich sogleich dunkelroth und setzt nach 24 Stunden viele hellrothe Krystallkörner des Eisenoxydulsalzes ab. Man giefst die Mutterlauge ab, welche viel dunkler roth ist, als die Körner [vielleicht weil sie amorphes Salz hält], wäscht die Krystallkörner mit wenig kaltem Wasser, presst aus, und trocknet über Vitriolöl. — Das Salz ist schön fleischroth, schmeckt wie andere Eisenoxydulsalze, ist im trocknen Zustande luftbeständig, löst sich wenig in Wasser, mit gelblicher Farbe, und wird durch Ammoniak graublau gefällt.

β. *Amorph.* — Man löst Eisen in warmer verdünnter Brenztraubensäure unter einer Oelschicht, was langsam erfolgt, bis sich kein Wasserstoffgas mehr entwickelt, dampft die undurchsichtige dunkelrothe dicke Flüssigkeit warm ab, und erhält eine fast schwarze, weiche, beim Erkalten erhärtende Masse, welche sich in Wasser und in Weingeist mit dunkelrother Farbe löst. Die Lösung färbt sich beim Abdampfen an der Luft heller, unter Absatz von basischem Oxydsalz, während neutrales gelöst bleibt.

Brenztraubensaures Eisenoxyd. — a. *Basisch.* — Fällt aus der wässrigen Lösung des Oxydulsalzes an der Luft nieder. Gleicht dem Eisenoxydhydrat, löst sich aber in Ammoniak mit dunkelrother Farbe.

b. *Neutral.* — Die mit frischgefälltem Eisenoxydhydrat gesättigte Säure lässt beim Abdampfen eine rothe, in Wasser und Weingeist mit der Farbe anderer Eisenoxydsalze lösliche Masse. Die Lösung wird weder durch Ammoniak, noch durch ätzendes oder kohlensaures Kali oder Natron gefällt. Lässt man das Gemisch der Lösung mit Ammoniak freiwillig verdunsten, so geht alles Ammoniak fort, und der bleibende zähe Syrup löst sich wieder klar in Wasser. — Ist jedoch das neutrale Eisenoxydsalz durch Abdampfen der Lösung des amorphen Oxydulsalzes an der Luft erhalten, so gibt es mit ätzendem oder kohlensaurem Kali einen braunen Niederschlag, im Ueberschuss des Fällungsmittels etwas löslich.

Brenztraubensaures Kobaltoxydul. — α. *Krystallisch.* — Bringt man in die wässrige Säure nach und nach Stücke von kohlensaurem Kobaltoxydul, so fällt im Maafse, als sich die rothe Lösung sättigt, das Salz α als rosenrothes körniges Pulver nieder, welches sich in kaltem Wasser, auch wenn es mit Brenztraubensäure versetzt ist, sehr langsam löst. — β. *Amorph.* — Wenn man das Salz α in warmem Wasser, oder kohlensaures Kobaltoxydul in der kochenden Säure löst, so gibt die blassrothe Lösung beim Verdunsten ein rosenrothes rissiges Gummi, welches sich nicht in ätzendem oder kohlensaurem Kali löst.

Brenztraubensaures Nickeloxydul. — Verhält sich in den Zuständen α und β ganz wie das Kobaltsalz, nur dass es äpfelgrün, und noch langsamer in Wasser löslich ist.

Brenztraubensaures Kupferoxyd. — a. *Einfach.* — α. *Krystallisch.* — 1. Die wässrige Säure löst das kohlensaure Kupferoxyd unter lebhaftem Aufbrausen und setzt mit zunehmender Sättigung das Salz a, α als seladongrünes Pulver ab, während das saure Salz b gelöst bleibt. — 2. Legt man in wässriges brenztraubensaures Natron einen gröfseren Krystall von Kupfervitriol, so verdickt sich allmälig die Lösung durch Bildung eines feinen weifsen Niederschlags desselben Salzes. Man wäscht das Salz mit kaltem Wasser und trocknet es in der Kälte. An der Luft getrocknet, ist es fast rein weifs; bei weiterem Trocknen über Vitriolöl wird es bläulich und endlich nach

Verlust allen hygroskopischen Wassers hellblau. Es hält jetzt noch 1 At. Wasser. Es löst sich sehr wenig, mit sehr blassgrüner Farbe in kaltem Wasser, und bleibt bei dessen kaltem Verdunsten als weifses Pulver zurück. In kochendem Wasser löst es sich etwas reichlicher, mit deutlicherer grüner Farbe.

	Ueber Vitriolöl	getrocknet.	BERZELIUS.
CuO	40	31,25	30,81
$C^6H^3O^5$	79	61,72	
HO	9	7,03	
$C^6H^3CuO^6+Aq$	128	100,00	

β. Amorph. — Die Lösung von *α* in heifsem Wasser, im Wasserbade verdunstet, lässt ein klares, grünes, rissiges Gummi, ziemlich leicht in Wasser löslich. Seine Lösung in ätzendem oder kohlensaurem Ammoniak, an freier Luft verdunstet, lässt eine dunkelgrüne rissige Masse; die Lösung in Kalilauge ist dunkelblau, trübt sich bei der Verdünnung mit grüner Färbung, und setzt beim Kochen schwarzbraunes Oxyd ab.

b. *Saures.* — Obige Mutterlauge, aus welcher sich das nach 1) bereitete krystallische neutrale Salz niedersetzte. Sie trocknet zu einem klaren grünen Gummi ein, welches durch Wasser zersetzt wird.

Brenztraubensaures Quecksilberoxydul. — Das in Wasser gelöste krystallische Natronsalz gibt mit salpetersaurem Quecksilberoxydul ein weifses Magma. Dieses löst sich wenig, und unter grauer Färbung des ungelöst Bleibenden, in kochendem Wasser, aus dem es beim Erkalten im amorphen Zustande niederfällt. — Bei Anwendung des amorphen Natronsalzes erhält man denselben Niederschlag, der sich nur noch leichter, schon in der Kälte in einiger Zeit zersetzt.

Brenztraubensaures Quecksilberoxyd. — a. *Basisch.* — Scheidet sich bei der Behandlung des Salzes b mit Wasser aus. Weifs, aufgequollen, nicht in kochendem Wasser löslich. — b. *Neutral.* — 1. Man sättigt die verdünnte Säure mit dem feingepulverten Oxyd, filtrirt nach einigen Stunden, und lässt das farblose Filtrat, welches wie Sublimatlösung schmeckt, freiwillig verdunsten. Das neutrale Salz scheidet sich als eine weifse Rinde ab, während das Salz c in der Mutterlauge bleibt. — 2. Man lässt eine wässrige Lösung gleicher Atome von Aetzsublimat und brenztraubensaurem Natron freiwillig verdunsten, und erhält ebenfalls eine weifse Rinde. Das Salz b wird durch Wasser zersetzt, welches das basische Salz a zurücklässt. — c. *Sauer.* — Die Mutterlauge des, nach 1) bereiteten neutralen Salzes trocknet zu einem durchsichtigen Gummi ein, welches durch Wasser in das basische Salz a und in sich lösendes übersaures Salz zersetzt wird. Diese Lösung gibt mit Ammoniak einen Niederschlag, der sich in mehr Ammoniak nicht wieder löst; aber der mit kohlensauren Alkalien erzeugte löst sich in deren Ueberschuss zu einer Flüssigkeit, aus der sich ein graues Oxydulsalz scheidet, und die bei freiwilligem Verdunsten eine weifse Oxydulverbindung lässt.

Brenztraubensaures Silberoxyd. — *α. Krystallisch.* — 1. Man sättigt die kalte verdünnte Säure mit überschüssigem frischgefüllten Silberoxyd, (nicht mit kohlensaurem, welches unter Reduction von viel Silber ein graugelbes Salz liefert). Man verdünnt die sich durch Ausscheidung von Blättern verdickende Flüssigkeit mit kochendem Wasser, bis sie gelöst sind, filtrirt kochend, und lässt das Filtrat an einem dunkeln Orte langsam zum Krystallisiren erkalten. — 2. Ein Gemisch des wässrigen Natronsalzes mit salpetersaurem Silberoxyd gibt nach einiger Zeit dieselben Krystalle, welche man nach dem Abgiefsen der Flüssigkeit auspresst, in kochendem Wasser löst, daraus anschiefsen lässt, und im Dunkeln über Vitriolöl trocknet. — Grofse glänzende milchweifse Schuppen, der Boraxsäure ähnlich, fettig anzufühlen, sich in der Sonne bräunend. Die Krystalle sind frei von Krystallwasser und verlieren nach dem kalten Trocknen über Vitriolöl nichts bei 100°. Sie liefern bei der trocknen Destillation Brenztraubensäure, stark nach Essigsäure riechend, und einen grauen metallglänzenden Rückstand von Kohlenstoffsilber (III, 602). Beim Erhitzen an der Luft fängt das Salz am heifsesten Puncte Feuer, und fährt von selbst fort zu glühen, bis 55,26 Proc. weifses Silber von der Form der Schuppen übrig bleiben. Das Salz löst sich sehr wenig in kaltem Wasser; seine Lösung in heifsem setzt bei warmem Verdunsten ein braunes Pulver ab, bleibt jedoch farblos, und gibt beim Erkalten noch Schuppen des reinen Salzes; aber bei längerem Erhitzen wird sie gelb, und gibt beim Erkalten gelbe Krystalle von verändertem Salz; wird die gelbe Lösung bis zum Sieden erhitzt, so setzt sich unter Kohlensäureentwicklung Kohlenstoffsilber als ein graues Metallpulver ab. Das Salz löst sich in wässrigem Ammoniak, und scheidet mit kohlensaurem Kali kohlensaures Silberoxyd aus, im Ueberschuss nicht löslich.

β. Amorph. — Das amorphe Natronsalz gibt mit salpetersaurem Silberoxyd einen weifsen flockigen Niederschlag, der sich etwas leichter in heifsem als in kaltem Wasser löst, und sich beim Erkalten im amorphen Zustande absetzt. Die Lösung färbt sich beim Erhitzen leichter gelb, als die des Salzes *α*, und setzt Kohlenstoffsilber ab.

	Krystalle *α*.		BERZELIUS.
6 C	36	18,46	18,36
3 H	3	1,54	1,83
Ag	108	55,38	55,26
6 O	48	24,62	24,55
$C^6H^3AgO^2,O^4$	195	100,00	100,00

Die Brenztraubensäure mischt sich nach allen Verhältnissen mit *Weingeist* und *Aether*. BERZELIUS.

β. *Sauerstoffkern* $C^6H^2O^4$.

Mesoxalsäure.

$$C^6H^2O^{10} = C^6H^2O^4,O^6.$$

LIEBIG u. WÖHLER. (1838) *Ann. Pharm.* 26, 298.
SVANBERG. BERZELIUS *Jahresber.* 27, 165.

Entsteht beim Kochen von Alloxan oder von Alloxansäure mit stärkeren Salzbasen und Wasser.

Man zersetzt den mesoxalsauren Baryt durch die angemessene Menge von verdünnter Schwefelsäure, oder das in Wasser vertheilte mesoxalsaure Bleioxyd durch Hydrothion, filtrirt und dampft zur Krystallisation ab. LIEBIG u. WÖHLER.

Die Säure ist krystallisirbar und sehr sauer. LIEBIG u. WÖHLER.

	Berechnung.	
6 C	36	30,51
2 H	2	1,69
10 O	80	67,80
$C^6H^2O^4,O^6$	118	100,00

Die Säure löst sich leicht in *Wasser.*

Mesoxalsaurer Baryt. — Beim Kochen der heifs gesättigten wässrigen Lösung des alloxansauren Baryts fällt ein Gemenge von alloxansaurem, mesoxalsaurem und kohlensaurem Baryt nieder, und die hiervon abfiltrirte Flüssigkeit liefert bei weiterem Abdampfen reinen mesoxalsauren Baryt in gelben Blättern, die durch Waschen mit Weingeist vom anhängenden Harnstoff befreit werden. Die Säure gibt mit Baryt-, Strontian- und Kalk-Salzen erst bei Zusatz von Ammoniak einen Niederschlag. LIEBIG u. WÖHLER. — Das Salz ist bei 90° wasserfrei = BaO,C^3O^4 [= $C^6Ba^2O^4,O^6$]; bei 100° fängt es an sich zu zersetzen, aber zur völligen Zersetzung ist stärkere Hitze nöthig. SVANBERG.

	Krystallisirt.		LIEBIG u. WÖHLER.
2 BaO	153,2	56,49	55,93
6 C	36	13,27	
2 H	2	0,74	
10 O	80	29,50	
$C^6Ba^2O^{10},2Aq$	271,2	100,00	

Mesoxalsaurer Kalk. — Dünne Tafeln, welche nach dem Trocknen bei 90° = $C^6Ca^2O^{10} + 4$ Aq. sind, bei 140° noch 2 Aq. verlieren und sich über 140° unter Zusammenbacken zersetzen. Viel leichter in Wasser löslich, als das Barytsalz. SVANBERG.

Mesoxalsaures Bleioxyd. — a. *Basisch.* — Tröpfelt man die Lösung von Alloxansäure oder Alloxan in kochende Bleizuckerlösung, so entsteht ein weifser voluminoser Niederschlag, der beim Kochen zu einem feinen schweren Krystallpulver zusammengeht. — Die beim Erhitzen des Salzes an einem Functe eingeleitete Zersetzung pflanzt sich durch die ganze Masse fort, und nach gelindem Glühen an der Luft bleibt reines Bleioxyd. Bei der Zersetzung entwickelt sich etwas Ammoniak, weil das Bleisalz bei seiner Bildung eine Spur von Stickstoff haltender Materie, vielleicht cyansaures Bleioxyd, mit sich niederreifst, um so mehr, je weniger man kochte. Durch erhitzte Salpetersäure wird das Bleisalz in oxalsaures Bleioxyd verwandelt. LIEBIG u. WÖHLER.

			LIEBIG u. WÖHLER.
4 PbO	448	81,75	80,78
6 C	36	6,57	6,89
8 O	64	11,68	12,14
H			0,19
$2 PbO + C^6Pb^2O^{10}$	548	100,00	100,00

b. *Neutral.* — Die Mesoxalsäure gibt mit Bleizucker einen Niederschlag, in welchem die Hälfte des Bleioxyds durch Wasser vertreten ist. LIEBIG u. WÖHLER. [Also wohl $C^6Pb^2O^{10} + 2 Aq$].

Mesoxalsaures Silberoxyd. — Die Mesoxalsäure gibt mit salpetersaurem Silberoxyd erst bei Zusatz von Ammoniak einen gelben Niederschlag, welcher sich bei gelindem Erwärmen unter heftigem Aufbrausen völlig in Kohlensäure und metallisches Silber zersetzt, also dem zuerst genannten Bleisalz analog zusammengesetzt sein muss. $C^6Ag^4O^{12} = 6 CO^2 + 4 Ag$. LIEBIG u. WÖHLER.

b. *Bromkerne.*

α. Bromkern $C^6Br^2H^4$.

Brommetacetsäure. $C^6Br^2H^4,O^4$.

CAHOURS (1847). *N. Ann. Chim. Phys.* 19, 502; auch *J. pr. Chem.* 41, 75.

Acide bromitonique.

Man fügt zu concentrirtem wässrigen itakon- oder citrakonsauren Kali, welches einen Ueberschuss von Kali hält, nach und nach einen Ueberschuss von Brom, behandelt das sich unter reichlicher Kohlensäureentwicklung niedersenkende Oel mit wässrigem Kali, welches unter Rücklassung eines, wenig betragenden, neutralen Oels (V, 128) die Brommetacetsäure aufnimmt, fällt diese daraus durch eine stärkere Säure, wäscht die weifsen Krystallflocken mit möglichst wenig kaltem Wasser, presst sie zwischen Papier aus, löst sie nach dem Trocknen im Vacuum in Aether und lässt diesen freiwillig zum Krystallisiren verdunsten.

Lange schneeweifse seidenglänzende Nadeln, beim behutsamen Erhitzen fast völlig in unzersetztem Zustande verflüchtigbar.

			CAHOURS.
6 C	36	15,52	15,66
4 H	4	1,72	1,98
2 Br	160	68,97	68,61
4 O	32	13,79	13,75
$C^6Br^2H^4,O^4$	232	100,00	100,00

Die Säure verhält sich gegen Vitriolöl auf ähnliche Weise, wie die Brombuttersäure, $C^8Br^2H^6O^4$.

Sie löst sich ziemlich leicht in *Wasser*, besonders in kochendem, daraus beim Erkalten krystallisirend.

Sie löst sich nach allen Verhältnissen in *Weingeist* und *Aether*. CAHOURS.

β. Bromkern $C^6Br^3H^3$.

Tribromsixaldid. $C^6Br^3H^3,O^2$.

CAHOURS (1847). *N. Ann. Chim. Phys.* 19, 504; auch *J. pr. Chem.* 41, 76.

Nesixim.

Man fügt Brom nach und nach zu der concentrirten wässrigen Lösung des neutralen itakon- oder citrakon-sauren Kalis, bis sich keine Kohlensäure mehr entwickelt, befreit das niederfallende Oel durch Schütteln mit verdünntem Kali von der Brombuttersäure, wäscht es mit Wasser und trocknet im Vacuum. Die Ausbeute ist gering.

Bernsteingelbes ziemlich dünnes Oel, viel schwerer als Wasser, von angenehm gewürzhaftem Geschmack.

			CAHOURS.
6 C	36	12,21	11,64
3 H	3	1,02	1,15
3 Br	240	81,35	83,23
2 O	16	5,42	3,98
$C^6Br^3H^3,O^2$	295	100,00	100,00

Lässt sich auch betrachten als Aceton, worin 3 H durch 3 Br vertreten sind.

Das Oel wird beim Erhitzen theilweise zersetzt unter Entwicklung von Hydrobrom und Rücklassung von Kohle.

Es ist in Wasser und wässrigen Alkalien völlig unlöslich.

Es mischt sich mit *Weingeist* und *Aether* nach allen Verhältnissen. CAHOURS.

Ist dem itakon- oder citrakon-sauren Kali überschüssiges Kali beigemischt, so erhält man bei demselben Verfahren ein anderes schweres Oel, welches reicher an Kohlenstoff ist. CAHOURS.

c. *Chlorkern.* $C^6Cl^3H^3$.

Chlorsuccsäure. $C^6Cl^3H^3,O^4$.

MALAGUTI (1846). *N. Ann. Chim. Phys.* 16, 67, 72 und 82.

Acide chlorosuccique MALAGUTI, *Acide métacétique bichloré* GERHARDT.

Bildung. 1. Aus der Lösung des Perchlorbernsteinvinesters in warmem Weingeist fällt Wasser ein öliges Gemisch von Perchlorkohlenvinester, Trichloressigvinester und Chlorsuccvinester. — 2. Bei der Zersetzung durch Kalilauge liefert der Perchlorbernsteinvinester, aufser Chlorkalium, kohlensaurem Kali und ameisensaurem Kali, auch chlorsuccsaures Kali. s. Perchlorbernsteinvinester.

Darstellung. Man löst Perchlorbernsteinvinester in erwärmtem Weingeist, fügt zu dem niedergefallenen öligen Gemisch der 3 Ester einige Stücke Kalihydrat, wobei sich die Masse unter Verflüchtigung von Weingeist bis zum Kochen erhitzt, und rührt unter Zusatz von etwas Wasser um, damit die Erhitzung nicht bis zur Schwärzung der Masse steige. Man löst die Masse in Wasser, übersättigt die Lösung mit Salzsäure, dampft theilweise ab, zieht die als bernsteingelbes Oel niedergefallene Chlorsuccsäure mittelst des Stechhebers heraus, löst sie in Wasser, dampft wieder ab, wobei sie wieder als Oel niederfällt, löst das Oel wieder in Wasser, dampft wieder ab u. s. f., bis das über dem Oel stehende Wasser nicht mehr die Silberlösung trübt. Hierauf wird das Oel im Vacuum über Vitriolöl und Kalihydrat getrocknet, bis es nach einigen Tagen unter Ausscheidung von etwas Chlorkalium krystallisirt. Man löst diese Krystallmasse in absolutem Weingeist, decanthirt die Lösung schnell vom Chlorkalium, verdunstet sie im Vacuum, befreit den krystallischen Rückstand durch wiederholtes Pressen zwischen Papier von einer durch Zersetzung von Weingeist gebildeten salbenartigen Materie, und wiederholt dieses Lösen in Weingeist, Verdunsten und Auspressen, bis die Säure beim Verbrennen kein Chlorkalium mehr zurücklässt. Diese Reinigung ist mit grofsem Verlust verknüpft, welcher bei Anwendung von Aether, statt Weingeist, noch bedeutender ist.

Eigenschaften. Farblos; krystallisch; schmilzt bei 60°, beim Erkalten zu einer seidenglänzenden Masse krystallisirend; verbreitet sich bei 75° in weifsen Nebeln, die sich an kalte Körper in zarten seidenglänzenden Nadeln absetzen. Schmeckt äufserst sauer und gibt auf der Zunge weifse Flecken. Luftbeständig.

Berechnung nach GERHARDT.			Berechnung nach MALAGUTI.			MALAGUTI.
6 C	36	20,32	6 C	36	21,40	21,52
3 Cl	106,2	59,93	3 Cl	106,2	63,14	63,07
3 H	3	1,69	2 H	2	1,19	1,25
4 O	32	18,06	3 O	24	14,27	14,16
$C^6Cl^3H^3O^4$	177,2	100,00	$C^6Cl^3H^2O^3$	168,2	100,00	100,00

MALAGUTI hatte die Säure vor der Analyse geschmolzen; GERHARDT (*N. J. Pharm.* 14, 235) vermuthet, dass sie hierdurch unter Wasserverlust theilweise in ein Chlorsuccid = $C^6Cl^3HO^2$ verwandelt wurde, daher die Analyse zu wenig H und O lieferte.

Das *Ammoniaksalz* krystallisirt in langen amianthartigen Fasern.

Die verdünnte Säure fällt kein schweres Metallsalz.

Die concentrirte Säure gibt mit salpetersaurem *Silberoxyd* ein krystallisches Magma, aus glänzenden feinen Nadeln bestehend, in der Kälte wenig, aber in der Wärme sehr empfindlich gegen das Licht. MALAGUTI.

Berechnung nach GERHARDT.			Berechnung nach MALAGUTI.			MALAGUTI. Im Vacuum getr.
6 C	36	12,67	6 C	36	13,08	12,60
3 Cl	106,2	37,37	3 Cl	106,2	38,59	
2 H	2	0,70	H	1	0,36	0,56
Ag	108	38,00	Ag	108	39,25	39,09
4 O	32	11,26	3 O	24	8,72	
$C^6Cl^3H^2Ag,O^4$	284,2	100,00	$C^6Cl^3HAgO^3$	275,2	100,00	

d. *Nitrokern* C^6XH^5.

Nitrometacetsäure.

$$C^6NH^5O^8 = C^6XH^5,O^4.$$

CHANCEL. *N. Ann. Chim. Phys.* 12, 146; auch *Compt. rend.* 18, 1023; auch *J. pr. Chem.* 33, 453; Ausz. *Ann. Pharm.* 52, 295. — *N. J. Pharm.* 7, 355. — *Compt. rend.* 21, 908.
LAURENT u. CHANCEL. *Compt. rend.* 25, 883; auch *N. J. Pharm.* 13, 462.

Acide métacétonitrique (sonst *Acide butyronitrique*). — Von CHANCEL 1844 entdeckt, und anfangs für Nitrobuttersäure gehalten.

Bildung. Beim Einwirken von Salpetersäure auf Metaceton oder Butyral ($C^8H^8O^2$) oder Butyron ($C^{14}H^{14}O^2$).

Darstellung. Man erwärmt Butyron mit einem gleichen Maafse mäfsig starker Salpetersäure in einer Retorte gelinde, bis sich reichlich Kohlensäure und salpetrige Dämpfe entwickeln, nimmt dann schnell vom Feuer, um das Herausschleudern durch zu heftige Gasbildung zu verhüten, und leitet die rothen Dämpfe durch Wasser, welches sich mit einer Oelschicht bedeckt. Nach Beendigung der Gasentwicklung schüttelt man das Destillat wiederholt mit viel Wasser. — Man kann auch zu 10 bis 15 Gramm in der tubulirten Retorte kochenden Butyrons nach und nach ein gleiches Gewicht kochende Salpetersäure fügen, und dann das Feuer entfernen.

Eigenschaften. Gelbes Oel; gefriert nicht in mit Aether gemengter starrer Kohlensäure; schwerer als Wasser; riecht gewürzhaft, schmeckt sehr süfs. CHANCEL.

	Berechnung nach	LAURENT u. CHANCEL.
6 C	36	30,25
N	14	11,77
5 H	5	4,20
8 O	64	53,78
C^6XH^5,O^4	119	100,00

Zersetzungen. Die Säure lässt sich leicht entzünden, und verbrennt mit röthlicher Flamme. CHANCEL.

Verbindungen. Die Säure löst sich nicht in Wasser.

Die *nitrometacetsauren Salze*, *Métacétonitrates*, sind gelb, krystallisirbar und verpuffen schwach und feurig bei gelindem Erhitzen. Aus ihrer wässrigen Lösung fällen Mineralsäuren die Nitrometacetsäure als ein Oel. CHANCEL.

Nitrometacetsaures Ammoniak. $C^6XH^4Am,O^4 + 2Aq$. — Krystallisch. Lässt sich ohne Verpuffung sublimiren. Zersetzt sich bei mehrtägigem Aufbewahren in verschlossenen Flaschen von selbst, unter Umwandlung in eine Flüssigkeit, welche schon bei Mittelwärme Gasgestalt annimmt. Seine wässrige Lösung wird durch Hydrothion leicht zersetzt, unter Absatz von Schwefel. LAURENT u. CHANCEL.

Nitrometacetsaures Kali. $C^6XH^4K,O^4 + 2Aq$. — Die weingeistige Lösung der Säure gibt mit weingeistigem Kali unter Wärmeentwicklung ein gelbliches Gemisch, aus dem sich nach einiger Zeit viel Schuppen absetzen, und die endlich zu einer Krystallmasse erstarrt. Die mit Weingeist gewaschenen und durch Umkrystallisiren gereinigten Krystalle sind kleine gelbe Blätter, isomorph mit denen des Ammoniaksalzes. CHANCEL. Sie verlieren ihr Krystallwasser (10 Proc.) erst bei 140° und verpuffen dann 2 bis 3° darüber. LAURENT u. CHANCEL. Sie lösen sich in 20 Th. Wasser, kaum in Weingeist. CHANCEL.

Das in Wasser gelöste Kalisalz fällt die *Bleisalze* gelb, die *Kupfersalze* schmutziggrün. CHANCEL.

Nitrometacetsaures Silberoxyd. — a. *Halb.* $AgO,C^6XH^4AgO^4 + Aq$. — Das Kalisalz gibt mit salpetersaurem Silberoxyd einen gelben Niederschlag, welcher bald violett wird. Er löst sich in viel Wasser und krystallisirt daraus beim Verdunsten. Aber beim Kochen des Salzes mit Wasser scheidet sich die Hälfte des Silberoxyds ab, und es bleibt einfach saures Salz gelöst. CHANCEL.

b. *Einfach.* $C^6XH^4AgO^4 + 2Aq$. — Die Lösung von a in Wasser, nach dem Kochen vom Silberoxyd abfiltrirt, liefert beim Verdunsten rhombische Tafeln. CHANCEL.

Die Nitrometacetsäure mischt sich mit *Weingeist* nach allen Verhältnissen. CHANCEL.

e. *Amidkerne.*

α. Amidkern C^6AdH^5.

Metacetamid.

$$C^6NH^7O^2 = C^6AdH^5,O^2.$$

Entsteht sogleich beim Zusammenbringen von Metacetvinester mit wässrigem Ammoniak. $C^{10}H^{10}O^4 + NH^3 = C^6NH^7O^2 + C^4H^6O^2$. — Es zersetzt sich beim Erwärmen mit Kalium in Cyankalium, Wasserstoffgas und ein Kohlenwasserstoffgas. Bei der Destillation mit wasserfreier Phosphorsäure liefert es *Metacetonitril*, welches mit Cyanvinafer (IV, 774) einerlei ist. $C^6NH^7O^2 = C^6NH^5 + 2HO$. DUMAS, MALAGUTI u. LEBLANC (*Compt. rend.* 25, 657).

Sarkosin.

$$C^6NH^7O^4 = C^6AdH^5,O^4.$$

LIEBIG (1847). *Ann. Pharm.* 62, 310.

Sarcosine. Von σαρξ, Fleisch.

Darstellung. Man fügt zu der kochend gesättigten Lösung von 1 Th. Kreatin in Wasser 10 Th. Barytkrystalle (frei von Kali, Natron, Kalk, Chlor und Salpetersäure, die sich nur schwierig vom Sarkosin scheiden lassen), kocht das Gemisch anhaltend unter Ersetzung des Wassers und des Baryts, so lange sich noch Ammoniak entwickelt, und kohlensaurer Baryt niederschlägt, filtrirt von diesem ab, fällt den Aetzbaryt durch einen Strom von kohlensaurem Gas, und dampft das Filtrat zum Syrup ab, welcher beim Hinstellen zu einem Haufwerk von wasserhellen Krystallblättern erstarrt. Um diese zu reinigen, löst man die Masse in überschüssiger verdünnter Schwefelsäure, dampft die Lösung im Wasserbade zum Syrup ab, knetet diesen mittelst eines Glasstabes mit Weingeist durch einander, bis er in ein weifses Krystallpulver von schwefelsaurem Sarkosin verwandelt ist, wäscht dieses mit kaltem Weingeist (welcher eine dem Urälhan ähnliche Materie entzieht), löst es in Wasser, erwärmt es mit kohlensaurem Baryt, bis die Flüssigkeit neutral ist, und dampft das Filtrat im Wasserbade zum Syrup ab, welcher in 24 bis 36 Stunden krystallisirt.

Eigenschaften. Wasserhelle gerade rhombische Säulen, mit 2 Flächen zugeschärft, welche auf die stumpfen Seitenkanten gesetzt sind. (*Fig.* 65). u' : u = 77°. Sie behalten bei 100° ihr Ansehn, schmelzen bei etwas stärkerer Hitze und sublimiren sich bei 100° zwischen 2 Uhrgläsern als ein krystallisches Netzwerk. Die wässrige Lösung schmeckt süfslich scharf, etwas metallisch, und ist neutral gegen Pflanzenfarben.

Krystalle.			Liebig.
6 C	36	40,45	40,73
N	14	15,73	15,84
7 H	7	7,86	7,90
4 O	32	35,96	35,53
$C^6NH^7O^4$	89	100,00	100,00

Das Sarkosin ist in der Sixe-Reihe, was das Leimsüfs (V, 1) in der Vine-Reihe. Laurent u. Gerhardt (*N. J. Pharm.* 14, 314). — Liebig rechnet das Sarkosin zu den Alkaloiden.

Verbindungen. Das Sarkosin löst sich äufserst leicht in Wasser.

Schwefelsaures Sarkosin. — *Darstellung* (s. oben). Das mit kaltem Weingeist gewaschene Salz löst sich in 10 bis 12 Th. kochendem Weingeist, und liefert beim Erkalten wasserhelle, sehr glänzende 4seitige Tafeln, dem chlorsauren Kali ähnlich, im gelösten Zustande Lackmus röthend. Sie verlieren bei 100° 6,8 Proc. (1 At.) Wasser. Sie lösen sich sehr leicht in Wasser, daraus in grofsen gefiederten Blättern anschiefsend, sehr schwierig in kaltem Weingeist.

	Bei 100° getrocknet.		Liebig.
$C^6NH^7O^4,HO$	98	71,02	
SO^3	40	28,98	29,80
$C^6NH^7O^4,SO^3,HO$	138	100,00	

Salzsaures Sarkosin. — Beim Abdampfen von Sarkosin mit Salzsäure erhält man eine weifse Masse, welche aus Weingeist in kleinen durchsichtigen Nadeln anschiefst.

Sublimatverbindung. — Wässriges Sarkosin fällt nicht die verdünnte Aetzsublimatlösung; in der kalt gesättigten löst sich das krystallisirte Sarkosin sogleich auf, und bildet bald viele feine Nadeln der Doppelverbindung, bis zum Erstarren der Flüssigkeit.

Chlorplatinverbindung. — Das klare Gemisch von salzsaurem Sarkosin und überschüssigem Zweifachchlorplatin liefert bei freiwilligem Verdunsten honiggelbe grofse Oktaedersegmente, durch Waschen mit einem Gemisch von Aether und Weingeist vom überschüssigen Zweifachchlorplatin zu befreien. Sie verlieren bei 100°

6,7 Proc. (2 At.) Wasser, und der Rückstand ist $C^6NH^7O^4,HCl + PtCl^2$.

Die dunkelblaue Lösung des Sarkosins in wässrigem *essigsauren Kupferoxyd* gibt beim Verdunsten in gelinder Wärme eben so gefärbte Blätter eines Doppelsalzes.

Das Sarkosin löst sich schwierig in *Weingeist,* nicht in *Aether.* LIEBIG.

Gepaarte Verbindung.

Cystin.

$$C^6NH^7S^2O^4 = C^6AdH^5,2SO^2.$$

WOLLASTON. *Phil. Transact.* 1810, 223; auch *Schw.* 4, 193; auch *Ann. Chim.* 76, 22.
LASSAIGNE. *Ann. Chim. Phys.* 23, 328; auch *Schw.* 40, 280; auch *N. Tr.* 9, 1, 167.
BAUDRIMONT u. MALAGUTI. Ausz. *J. Pharm.* 24, 633.
THAULOW. *Ann. Pharm.* 27, 197.
MARCHAND. *J. pr. Chem.* 16, 255.

Blasenoxyd, Cystine, Cystic Oxyde. — Von WOLLASTON 1810 entdeckt. — Bildet sehr selten die Harnsteine und den Harngries von Menschen und Hunden. ROBERT (*J. Pharm.* 7, 165); BUCHNER (*Repert.* 21, 113); WALCHNER (*Schw.* 47, 106); WURZER (*Schw.* 56, 472); SCHINDLER (*Mag. Pharm.* 29, 264); VENABLES (*N. Quart. J. of Sc.* 7, 30); O. HENRY (*J. Pharm.* 23, 11); DRANTY (*J. Chim. med.* 13, 230); TAYLOR (*Phil. Mag J.* 12, 337); LECANU u. SÉGALAS (*J. Pharm.* 24, 460); SCHWEIG (*Heidelb. Medic. Annal.* 13, 364).

Reinigung. Hält der Harnstein neben dem Cystin phosphorsauren Kalk, so löst man ihn entweder in Ammoniak und lässt das Filtrat an der Luft zum Krystallisiren verdunsten, oder löst ihn in Kalilauge, worauf man aus dem Filtrat durch Essigsäure das Cystin fällt. LASSAIGNE.

Eigenschaften. Erscheint im Harnstein als eine gelbliche, glänzende, verworren krystallische Masse, WOLLASTON; in wachsgelben, durchscheinenden, langen quadratischen Oktaedern, SCHINDLER; gelblich, durchscheinend, schwach glänzend, verwirrt krystallisch, kracht zwischen den Zähnen, leicht zu einem gelblichen Pulver zerreiblich, geschmacklos, neutral, ROBERT. Spec. Gew. eines Steins, der 97,5 Th. Cystin auf 2,5 Th. phosphorsauren Kalk hält = 1,577, WOLLASTON; eines Steins, worin nur 91 Proc. Cystin = 1,13, TAYLOR; eines reinen Steins = 1,7143, VENABLES. Das Cystin krystallisirt aus der Lösung in heifser Kalilauge bei Zusatz von Essigsäure langsam in neutralen 6seitigen Blättchen, WOLLASTON; aus der Lösung in Ammoniak beim Verdunsten in wasserhellen Blättchen, LASSAIGNE; in rhombischen Krystallen, THAULOW.

			THAULOW.	MARCHAND.	PROUT.	LASSAIGNE.
6 C	36	29,75	30,01		29,88	36,2
N	14	11,57	11,00	11,88	11,85	34,0
7 H	7	5,78	5,10		5,12	12,8
2 S	32	26,45	28,38	25,55		
4 O	32	26,45	25,51		53,15	17,0
$C^6NH^7S^2O^4$	121	100,00	100,00		100,00	100,0

PROUT und LASSAIGNE (Dessen so sehr abweichende Analyse fast vermuthen lässt, dass Er eine andere Materie untersucht hatte), übersahen den Schwefel, der zuerst von BAUDRIMONT u. MALAGUTI nachgewiesen wurde. THAULOW nimmt blofs 6 H im Cystin an, was zwar Seiner Analyse besser entspricht, aber eine unpaare Zahl gibt. — Nach der Formel $C^6AdH^5,2SO^2$ hat das Cystin in seiner Zusammensetzung Aehnlichkeit mit Urāthan und Taurin (V, 23 u. 25).

Zersetzungen. 1. Bei der trocknen Destillation liefert das Cystin kohlensaures Ammoniak, flüssiges und dickes stinkendes Oel und schwammige Kohle. WOLLASTON, WALCHNER. Es entwickelt auch Blausäure, SCHINDLER. — 2. Beim Erhitzen an der Luft entwickelt es einen ganz eigenthümlichen höchst widrigen Geruch, WOLLASTON, der schweflig und dem des Senföls ähnlich ist, O. HENRY. Es entflammt sich dabei, ohne zu schmelzen, WALCHNER, und zerfällt unter schwarzbrauner Färbung in Stücke, die ohne Schmelzen und Aufblähen mit starkem Blausäuregeruch und schwachem brenzlichen Geruch verschwinden, BUCHNER. — 3. Mit Kalihydrat geschmolzen; entwickelt es ein entzündbares Gas, welches mit der Flamme des Schwefelkohlenstoffs, und unter Erzeugung von schwefliger Säure verbrennt. THAULOW. — 4. Seine Lösung in überschüssiger Salpetersäure lässt beim Einkochen erst eine weifse undurchsichtige, LECANU u. SÉGALAS, dann eine immer brauner und dann schwarz werdende Materie, welche keine Oxalsäure, WOLLASTON, dagegen Schwefelsäure hält, THAULOW.

Verbindungen. Das Cystin löst sich nicht in Wasser. WOLLASTON, ROBERT.

Es löst sich in wässrigen stärkeren Säuren, und liefert beim Abdampfen in gelinder Wärme Krystalle, die in Wasser löslich sind. WOLLASTON. Die Lösung wird durch kohlensaures Ammoniak gefällt. ROBERT.

Phosphorsaures Cystin. — Nadelbüschel. WOLLASTON. LASSAIGNE erhielt aus der Lösung keine Krystalle.

Schwefelsaures Cystin. — Nadelbüschel. WOLLASTON. Bei stärkerem Erhitzen bräunt sich die Lösung in verdünnter Säure. ROBERT. Vitriolöl mit Cystin gesättigt, gibt eine farblose, zähe, nicht krystallisirende, in Wasser lösliche Masse, welche nach dem Trocknen im Vacuum über Vitriolöl 10,4 Proc. Schwefelsäure hält. LASSAIGNE.

Salzsaures Cystin. — Nadelbüschel, bei 100° die Salzsäure verlierend. WOLLASTON. Die Nadeln sind kaum in Wasser löslich. O. HENRY. Sie verlieren bei stärkerem Erhitzen die Salzsäure, und lassen einen braunen, dann schwarzen Rückstand. ROBERT. Auch die möglichst mit Cystin gesättigte Salzsäure röthet Lackmus. Die luftbeständigen, perlglänzenden Nadeln, welche die Lösung beim freiwilligen Verdunsten gibt, halten nach dem Trocknen in der Sonne 5,3 Proc. Salzsäure. LASSAIGNE.

Salpetersaures Cystin. — Nadelbüschel. WOLLASTON. Die Nadeln sind sehr fein seidenglänzend, werden durch das Sonnenlicht nicht zersetzt, und halten 3,1 Proc. Salpetersäure. LASSAIGNE.

Das Cystin löst sich leicht in wässrigem *Ammoniak, Kali, Natron* und *Kalk;* auch in *doppelt kohlensaurem Kali* und *Natron,* aber nicht in doppelt kohlensaurem Ammoniak. Sämmtliche

Lösungen geben beim Verdunsten körnige Krystalle. WOLLASTON. — Aus den alkalischen Lösungen wird das Cystin nicht durch Schwefel-, Salz- oder Salpeter-Säure, aber durch Essig-, Tarter- oder Citron-Säure in einigen Secunden als ein feines weifses Pulver gefällt. WOLLASTON, LASSAIGNE, WALCHNER, ROBERT.

Die Lösung in Ammoniak lässt bei freiwilligem Verdunsten das reine Cystin in Krystallen zurück. — Die Lösung in Kali setzt beim Verdunsten weifse Krystallkörner ab, geschmacklos, beim Verbrennen etwas Kali lassend, nicht in reinem Wasser, leicht in Kali-haltendem löslich. LASSAIGNE.

Das Cystin löst sich leicht in wässriger *Oxalsäure*, WOLLASTON. Die Lösung liefert beim Abdampfen verwitternde Nadeln, worin 22 Proc. Oxalsäure. LASSAIGNE.

Das Cystin löst sich nicht in wässriger Essigsäure, Tartersäure oder Citronsäure; auch nicht in Weingeist. WOLLASTON.

β. Amidkern $C^6Ad^2O^4$.

Oxalursäure.

$$C^6N^2H^4O^8 = C^6Ad^2O^4,O^4.$$

LIEBIG u. WÖHLER (1838). *Ann. Pharm.* 26, 287.

Acide oxalurique.

Bildung u. Darstellung. 1. Die in wässrigem Ammoniak gelöste Parabansäure, bis zum Sieden erhitzt, verwandelt sich in oxalursaures Ammoniak; kohlensaurer Kalk in wässriger Parabansänre gelöst, liefert eine Lösung von oxalursaurem Kalk. — 2. Die Lösung des Murexans, so lange dem Sauerstoffgas dargeboten, bis die anfangs entstandene Purpurfarbe verschwunden ist, hält oxalursaures Ammoniak. — 3. Alloxantin in Berührung mit wässrigem Ammoniak, erzeugt an der Luft oxalursaures Ammoniak. — 4. Die Lösung der Harnsäure in warmer, sehr verdünnter Salpetersäure, sogleich nach der Abkühlung mit Ammoniak versetzt und abgedampft, liefert beim Erkalten Krystalle von gelbgefärbtem oxalursauren Ammoniak, durch Thierkohle zu reinigen.

Man löst das oxalursaure Ammoniak in wenig warmem Wasser, mischt mit Schwefel-, Salz- oder Salpeter-Säure, erkältet möglichst schnell, und wäscht die niedergefallene pulverige Oxalursäure.

Eigenschaften. Weifses lockeres Krystallpulver, sauer schmeckend und Lackmus röthend.

	Krystalle.		LIEBIG u. WÖHLER.
6 C	36	27,27	27,46
2 N	28	21,21	21,22
4 H	4	3,03	3,09
8 O	64	48,49	48,23
$C^6N^2H^4O^8$	132	100,00	100,00

Die Oxalursäure ist als eine den Amidsäuren verwandte *Uridsäure* zu betrachten, als Harnstoff + Oxalsäure — 2 Aq. ($C^2N^2H^4O^2$ + $C^4H^2O^8$ — 2 HO = $C^6N^2H^4O^8$). LAURENT u. GERHARDT (*N. Ann. Chim. Phys.* 24, 175).

Zersetzung. Die in Wasser gelöste Säure, so lange gekocht, bis beim Erkalten nichts mehr krystallisirt, zeigt sich in oxalsauren Harnstoff zersetzt. Daher ihr Name. $C^6N^2H^4O^8 + 2HO = C^6H^2O^8 + C^2N^2H^4O^2$; oder: $C^6Ad^2O^8 + 2HO = C^4H^2O^8 + C^2Ad^2O^2$.

Verbindungen. Die Säure löst sich sehr schwer in kaltem Wasser. Sie neutralisirt die Alkalien völlig; Säuren fällen sie aus diesen Lösungen als weifses Pulver.

Oxalursaures Ammoniak. — Seidenglänzende Nadeln, die bei 120° keinen Verlust erleiden, sich sehr schwer, aber leichter als die freie Säure in kaltem, und leicht in heifsem Wasser lösen.

	Krystalle.		LIEBIG u. WÖHLER.
6 C	36	24,16	24,40
3 N	42	28,19	28,25
7 H	7	4,70	4,84
8 O	64	42,95	42,51
$NH^3,C^6N^2H^4O^8$	149	100,00	100,00

Oxalursaurer Kalk. — a. *Basisch.* — Durch Uebersättigen der Säure mit Kalkwasser, oder durch Versetzen des neutralen Salzes oder des klaren Gemisches von oxalursaurem Ammoniak und verdünntem Chlorcalcium mit Ammoniak. Dicker gallertiger Niederschlag, sehr schwer in Wasser, leicht in verdünnten Säuren, selbst Essigsäure löslich.

b. *Neutral.* — Concentrirte Lösungen von oxalursaurem Ammoniak und Chlorcalcium setzen nach einiger Zeit dieses Salz in glänzenden durchsichtigen Krystallen ab, die sich wenig in Wasser lösen.

Oxalursaures Silberoxyd. — Die oxalursauren Alkalien fällen das salpetersaure Silberoxyd in dicken weifsen Flocken, die aus ihrer Lösung in heifsem Wasser beim Erkalten in seidenglänzenden feinen langen Nadeln anschiefsen. Diese halten kein Krystallwasser, und lassen beim Erhitzen, ohne zu verpuffen, metallisches Silber. LIEBIG u. WÖHLER.

	Krystalle.		LIEBIG u. WÖHLER.
6 C	36	15,06	15,29
2 N	28	11,72	11,74
3 H	3	1,25	1,29
Ag	108	45,19	45,37
8 O	64	26,78	26,31
$C^6N^2H^3AgO^8$	239	100,00	100,00

Stickstoffkerne.

α. Stickstoffkern C^6NAdO^4.

Parabansäure.

$$C^6N^2H^2O^6 = C^6NAdO^4,O^2?$$

LIEBIG u. WÖHLER (1838). *Ann. Pharm.* 26, 285.

Acide parabanique.

Darstellung. Man löst Harnsäure in 8 Th. warmer mäfsig starker Salpetersäure, dampft die Lösung nach vollendeter Gasentwicklung ab, und erkältet, wo sich die Parabansäure, oft sehr reichlich, in farblosen Blättern abscheidet. Man trocknet diese auf einem Ziegelstein und lässt sie 2mal aus Wasser krystallisiren.

Eigenschaften. Wasserhelle dünne 6seitige Säulen, von sehr saurem, dem der Oxalsäure ähnlichen Geschmacke.

	Krystallisirt.		LIEBIG u. WÖHLER.	LAURENT u. GERH. Bei 110° getr.
6 C	36	31,58	31,91	31,4
2 N	28	24,56	24,62	
2 H	2	1,75	1,93	1,8
6 O	48	42,11	41,54	
$C^6N^2H^2O^6$	114	100,00	100,00	

Die von LAURENT u. GERHARDT (*N. Ann. Chim. Phys.* 24, 175) analysirte Parabansäure war aus Harnsäure durch ein Gemisch von chlorsaurem Kali und Salzsäure dargestellt.

Zersetzungen. Die Säure färbt sich bei 100° röthlich, ohne zu verwittern, und schmilzt bei stärkerer Hitze, sich theils sublimirend, theils unter Blausäureentwicklung zersetzend. — Sie zersetzt sich nicht beim Kochen ihrer Lösung in Wasser oder in wässrigen Säuren. — Sie löst sich reichlich in wässrigem Ammoniak zu einer farblosen neutralen Lösung, welche in der Kälte bei längerem Stehen, beim Sieden und Erkälten sogleich, so reichlich Nadeln von oxalursaurem Ammoniak absetzt, dass sie zu einem Brei wird, indem sich die Parabansäure durch Aufnahme von 2HO in Oxalursäure verwandelt. $C^6N^2H^2O^6 + 2HO + NH^3 = NH^3, C^6N^2H^4O^8$. Auch durch Lösen von kohlensaurem Kalk in wässriger Parabansäure erhält man eine Lösung von oxalursaurem Kalk.

Verbindungen. Die Parabansäure löst sich in *Wasser* reichlicher, als die Oxalsäure.

Ihre wässrige Lösung gibt mit salpetersaurem *Silberoxyd* einen weifsen pulverigen Niederschlag, der bei behutsamem Zusatz von Ammoniak bedeutend zunimmt, und gallertartig wird. Der Niederschlag löst sich nicht in kochendem Wasser, aber leicht in Salpetersäure und Ammoniak. Er sei mit oder ohne Ammoniak bereitet, so enthält er 70,34 Proc. (2 At.) Silberoxyd. Also ist die Parabansäure 2basisch. LIEBIG u. WÖHLER.

Es widerspricht aller Erfahrung, dass eine 2basische Säure, wenn man die Parabansäure zufolge ihrer Silberverbindung als eine solche ansieht, durch Aufnahme von 2 HO in eine 1basische Säure, die Oxalursäure, verwandelt wird. Die Parabansäure ist zu den Imiden zu zählen, und geht gleich diesen keine Verbindung mit Basen ein, aufser mit Silberoxyd. Sie verhält sich zu der Oxalursäure, wie das Phthalimid ($C^{16}NH^5O^4$) zu der Phthalamsäure ($C^{16}NH^7O^6$) und wie das Camphorimid ($C^{20}NH^{15}O^4$) zu der Camphoraminsäure ($C^{20}NH^{17}O^6$), und sie röthet Lackmus blofs deshalb, weil sie durch das darin enthaltene Alkali in Oxalursäure verwandelt wird. LAURENT u. GERHARDT (*Compt. rend.* 27, 165; *N. Ann. Chim. Phys.* 24, 175).

β. Stickstoffkern $C^6N^2H^4$.

Vielleicht gehören hierher folgende, noch näher zu untersuchende Verbindungen:

Allitursäure.

Schlieper (1845). *Ann. Pharm.* 56, 20.

Man kocht die Lösung von Alloxantin in Wasser mit überschüssiger Salzsäure rasch bis auf wenig Flüssigkeit ein, zieht aus dem beim Erkalten abgesetzten pulverigen Gemenge von Allitursäure und unzersetztem Alloxantin das leztere durch Salpetersäure, löst den Rückstand in 15 bis 20 Th. heifsem Wasser, und lässt dieses, zur Abscheidung der Allitursäure, erkalten.

Gelbweifses voluminoses Pulver.

	Bei 100° getrocknet.		Schlieper.
6 C	36	36,37	36,24
2 N	28	28,28	28,18
3 H	3	3,03	3,38
4 O	32	32,32	32,20
$C^6N^2H^3O^4$?	99	100,00	100,00

Kocht man die Allitursäure so lange mit Kalilauge, bis sich kein Ammoniak mehr entwickelt, so schlägt Salzsäure aus der kochenden Flüssigkeit einen gelbweifsen Körper nieder, welcher nach dem Waschen und Trocknen bei 100° enthält: 12,64 Proc. KO, 28,64 C, 18,77 N, 2,25 H und 37,70 O, also vielleicht $KO,C^{16}N^5H^6O^{18}$. — Von Salpetersäure wird die Allitursäure weder gelöst, noch, selbst beim Erhitzen, zersetzt.

Sie löst sich in *Vitriolöl*, und wird daraus durch Wasser gefällt. — Ihre Lösung in *Ammoniak* liefert bei freiwilligem Verdunsten das Ammoniaksalz in farblosen glänzenden Nadeln. Schlieper.

Leukotursäure.

Schlieper (1845). *Ann. Pharm.* 56, 1.

Bildung und *Darstellung*. 1. Man kocht die wässrige Alloxansäure längere Zeit unter Ersetzung des Wassers, kocht dann rasch zum Syrup ein, löst diesen in kaltem Wasser, welches die meiste Leukotursäure als weifses Pulver zurücklässt, und erhält durch Abdampfen des Filtrats und Wiederauflösen des Syrups in kaltem Wasser noch ein wenig. — 2. Man dampft die concentrirte wässrige Alloxansäure in einer Platinschale, weil in dieser die Hitze etwas höher steigt als in einer Porcellanschale, rasch zu einem gelblichen Gummi ab, welches anfangs durch Kohlensäureentwicklung stark aufschäumt, bis es nach 2- bis 3stundigem Erhitzen ruhig fliefst, und verdünnt es dann mit kaltem Wasser, welches die Leukotursäure (20 bis 30 Proc. der Alloxansäure betragend) als weifses Pulver abscheidet.

Schneeweifses körniges Krystallpulver, und grofse durchsichtige Körner.

	Bei 100° getrocknet.		Schlieper.
6 C	36	31,30	31,15
2 N	28	24,35	24,51
3 H	3	2,61	2,80
6 O	48	41,74	41,54
$C^6N^2H^3O^6$	115	100,00	100,00

[Die Richtigkeit dieser von Schlieper gegebenen Formel ist wegen der unpaaren Zahl mit Gerhardt (*N. J. Pharm.* 8, 233) zu bezweifeln.]

Die Säure, in wässrigem Kali gelöst, zersetzt sich bei längerem Hinstellen oder gelindem Erwärmen unter Entwicklung von Ammoniak und Bildung von viel Oxalsäure. $C^6N^2H^3O^6 + 3\,HO = C^6O^9 + 2\,NH^3$. [Bildet sich nicht zugleich Ameisensäure oder ein anderes Product?] — Durch Kochen mit starker Salpetersäure wird die Leukotursäure nicht zersetzt.

Die Säure löst sich nicht in kaltem *Wasser*, aber ziemlich reichlich, wiewohl langsam, in heifsem, beim Erkalten daraus anschiefsend.

Sie löst sich leicht in wässrigen *Alkalien* und treibt von Ammoniak, Kali und Natron beim Erwärmen die Kohlensäure aus. — Die Lösung in Ammoniak, die sich ohne Zersetzung erhitzen lässt, gibt beim Abdampfen feine Nadeln des Ammoniaksalzes, welches beim Verbrennen mit Kupferoxyd 2 Maafs kohlensaures auf 1 M. Stickgas liefert, also auf 1 At. Säure 1 At. Ammoniak hält. Die Lösung, mit einer stärkern Säure gemischt, setzt allmälig die Leukotursäure ab, schneller beim Reiben der Gefäfswände mit einem Glasstab. — Aus der Lösung in *Kali* lässt sich die Säure blofs bei sofortigem Zusatz einer stärkeren Säure wieder unverändert abscheiden.

Die wässrige Lösung des Ammoniaksalzes gibt mit salpetersaurem *Silberoxyd* einen weifsen Niederschlag, der sich unter Zersetzung allmälig brauner färbt, und der beim Kochen mit der wässrigen Flüssigkeit ohne Gasentwicklung, aber unter Bildung von Oxalsäure metallisches Silber abscheidet. SCHLIEPER.

Lantanursäure.

$C^6N^2H^4,O^6$?

SCHLIEPER (1848). *Ann. Pharm.* 67, 216.

Bildung. Bei der Oxydation der Harnsäure durch ein Gemisch von rothem Cyaneisenkalium und Kali.

Darstellung. Man fügt zu einer Lösung von 10 Th. (1 At.) Harnsäure in 300 Th. kalihaltigem Wasser bei 20° nach und nach in kleinen Antheilen gepulvertes rothes Cyaneisenkalium, welches sich bald als Blutlaugensalz löst, und die Abscheidung von saurem harnsauren Kali in dicken weifsen Flocken veranlasst. Von hier an versetzt man die Flüssigkeit abwechslungsweise mit Kalilauge bis zur Lösung der Flocken, und mit rothem Cyaneisenkalium bis zu ihrem Wiedererscheinen, und zwar zuletzt, wenn die Zersetzung erlangsamt, in gröfseren Pausen, und fährt hiermit fort, bis Salzsäure aus einer Probe der Flüssigkeit keine Harnsäure mehr fällt. (Hierbei werden 41 Th. (2 At.) rothes Cyaneisenkalium und 20,5 Th. (6 At.) Kalihydrat verbraucht, also 2 At. O auf das 1 At. Harnsäure übergetragen). — Man neutralisirt hierauf die Flüssigkeit fast ganz mit Salpetersäure (ein Ueberschuss würde Blutlaugensalz zersetzen); hierbei entwickelt sich sehr viel Kohlensäure, auch wenn das Kalihydrat ganz frei davon gewesen und die Arbeit bei abgehaltener Luft ausgeführt worden war, und die Flüssigkeit färbt sich bald röthlich und setzt mehrere Tage hindurch Krystalle von *Allantoin* und wenig *ziegelrothe Flocken* ab, worauf sie wieder ihre gelbe Farbe erhält. (Diese ziegelrothen Flocken lösen sich leicht in Ammoniak oder Kali, aber mit der gebildeten rothgelben Lösung geben Säuren nur einen geringen hellgelben Niederschlag. Ihre kalische Lösung wird beim Kochen unter Ammoniakentwicklung blassgelb, und ist nicht mehr durch Säuren fällbar. Sie lösen sich mit hellgelber Farbe sehr wenig in kaltem, reichlich in heifsem Wasser, worauf beim Erkalten ein schwefelgelber Bodensatz entsteht.) — Man übersättigt die von den rothen Flocken und dem Allantoin geschiedene gelbe Flüssigkeit mit Salpetersäure (um die Fällung eines organisch sauren Bleioxyds zu verhüten), fällt durch salpetersaures Bleioxyd alles Blutlaugensalz, befreit das Filtrat durch schwefelsaures Kali vom Bleioxyd, neutralisirt das Filtrat (welches keine Oxalsäure hält) genau mit Kali, beseitigt aus ihm durch Abdampfen und Krystallisiren den meisten Salpeter nebst noch etwas Allantoin, engt die Mutterlauge bedeutend ein, und fällt aus ihr durch absoluten Weingeist den Rest des Salpeters nebst dem klebrigen neutralen *lantanursauren Kali.* (Die weingeistige Flüssigkeit hält noch wenig salpetersauren *Harnstoff*). — 2. Man verfährt anfangs auf dieselbe Weise, neutralisirt aber nach der Zerstörung der Harnsäure, statt durch Salpetersäure, in der Siedhitze fast ganz durch Schwefelsäure, dampft ab, wobei sich ein anhaltender Ammoniakgeruch zeigt, lässt das meiste Blutlaugensalz herauskrystallisiren, dampft die Mutterlauge ab, fällt aus ihr den Rest desselben nebst dem schwefelsauren Kali durch Weingeist, kocht den Niederschlag mit Weingeist aus, dampft sämmtliche weingeistige Flüssigkeiten so weit ab, dass das Allantoin herauskrystallisirt, dampft die von diesem getrennte Mutterlauge zum klebrigen Syrup ab, löst diesen in Wasser und fällt daraus durch absoluten Weingeist das lantanursaure Kali, dem sehr wenig oxalsaures beigemischt ist, in dicken weifsen Flocken. — (Neutralisirt man die Flüssigkeit, statt durch Salpetersäure oder Schwefelsäure, durch Essigsäure, so wirkt beim Abdampfen, wobei sich viel essigsaures Ammoniak verflüchtigt, das essigsaure Kali auf die zuerst erzeugten Zersetzungsproducte gleich freiem Kali weiter zersetzend, und man erhält weder Allantoin, noch Lantanursäure, sondern Oxalsäure.)

Man löst das nach 1 oder 2 erhaltene unreine lantanursaure Kali in Wasser, mischt mit Bleizucker, filtrirt von dem gröfstentheils aus oxalsaurem Bleioxyd bestehenden Niederschlag ab, fällt aus dem Filtrat durch Ammoniak das lantanursaure Bleioxyd, zersetzt es nach dem Auswaschen und Vertheilen in Wasser durch Hydrothion, und dampft das Filtrat ab.

Eigenschaften. Gummiartige, leicht in Wasser, nicht in Weingeist lösliche, in der Lösung Lackmus röthende Masse.

Lantanursaures Kali. — a. *Neutral.* — Das Kalisalz b, in Wasser gelöst, mit Kali neutralisirt, liefert beim Abdampfen einen klebrigen Syrup, der durch Weingeist in dicken weifsen Flocken gefällt wird, und der sich durch stärkere Säuren nicht mehr in das krystallische Salz b verwandeln lässt.

b. *Uebersauer.* — Wenn man die bei der Darstellung 1 der Lantanursäure erhaltenen Krystalle von Allantoin zur Reinigung in kalter Kalilauge löst, und das Filtrat augenblicklich mit Essigsäure übersättigt, so schiefst das meiste Allantoin an, und der gelöst bleibende Theil zersetzt sich beim Abdampfen der von den Krystallen getrennten Flüssigkeit zur Syrupdicke mit dem essigsauren Kali unter Entwicklung von essigsaurem Ammoniak in lantanursaures Kali. Wird daher der Syrup in wenig Wasser gelöst, mit nur so viel Weingeist versetzt, dass eben eine Trübung entsteht, und diese wieder durch wenig Wasser gehoben, so liefert das Gemisch an einem kühlen Orte in längerer Zeit Krystallrinden, die bei öfterem sparsamen Zusatz von Weingeist zunehmen, bis die Flüssigkeit ihre saure Reaction verloren hat. Die Krystalle werden durch mehrmaliges Lösen in Wasser, Abfiltriren von einer gelben Materie und Krystallisiren gereinigt. — Harte Krystallrinden, aus weifsen, stark glänzenden Tafeln bestehend, Lackmus stark röthend. — Sie verlieren bei 100° 11,15 Proc. (4 At.) Wasser. — Sie lösen sich in 9 bis 10 Th. kaltem Wasser, viel leichter in heifsem, aus dem sie langsam wieder anschiefsen; die wässrige Lösung trübt sich mit Weingeist milchig und klärt sich dann bald unter Bildung kleiner Nadeln.

	Krystalle.		SCHLIEPER. a.	SCHLIEPER. b.
KO	47,2	15,42	14,22	14,22
12 C	72	23,51	22,65	22,65
4 N	56	18,29	19,63	17,47
11 H	11	3,59	4,09	4,09
15 O	120	39,19	39,41	41,57
	306,2	100,00	100,00	100,00

$C^6N^2H^3KO^6 + C^6N^2H^4O^6 + 4Aq$. GM. — SCHLIEPER, welcher die Formel vorzieht: $KO,C^6N^2H^4O^6 + HO,C^6N^2H^4O^6 + 4Aq$, hatte in der unter b mitgetheilten Analyse den gefundenen Stickstoff nicht richtig berechnet, was ich in der unter a mitgetheilten berichtigt habe. GM.

Lantanursaures Bleioxyd. — Man fällt das wässrige Gemisch von neutralem oder saurem lantanursaurem Kali und Bleizucker durch Ammoniak. (s. oben). Weifses glänzendes Pulver, nicht in kaltem Wasser und Weingeist, wenig in heifsem Wasser, leicht in Essigsäure und Bleiessig löslich.

	Bei 100° getrocknet.		Schlieper.
2 PbO	224	69,57	67,27
6 C	36	11,18	10,28
2 N	28	8,69	7,83
2 H	2	0,62	1,17
4 O	32	9,94	13,45
$C^6N^2H^2Pb^2O^6$	322	100,00	100,00

[Bei Annahme der Formel $C^6N^2H^2Pb^2O^6$ wurde vorausgesetzt, dass das von Schlieper analysirte Salz nicht hinreichend lange bei 100° getrocknet worden war. Ist die Vermuthung gegründet, ohne welche kein Einklang in die Analysen des Bleisalzes und des sauren Kalisalzes zu bringen ist, so ist die Allantursäure eine 2basische Säure = $C^6N^2H^4,O^6$ und das Kalisalz entspricht dem übersauren oxalsauren Kali (IV, 831). Gm.]

Das wässrige Gemisch des sauren Kalisalzes mit Bleizucker gibt mit Weingeist weifse Flocken, wohl von einem *sauren Bleisalz.*

Das wässrige Gemisch des sauren Kalisalzes mit salpetersaurem *Silberoxyd* erzeugt mit Ammoniak einen dicken weifsen flockigen Niederschlag, der sich beim Kochen mit Wasser nicht verändert, und nach dem Trocknen bei 100° ein weifses leichtes Pulver darstellt, worin 52,93 Proc. Silber. Schlieper.

Allantursäure.

$$C^6N^2H^4O^6 = C^6NAdH^2O^2,O^4\ ?$$

Pelouze (1842). *N. Ann Chim. Phys.* 6, 71; auch *Ann. Pharm.* 44, 106; auch *J. pr. Chem.* 28, 18.

Bildung. Bei der Zersetzung des Allantoins durch Salpetersäure oder durch Bleihyperoxyd, beim Kochen desselben mit andern stärkern Säuren, oder blofs mit Wasser, oder beim Erhitzen für sich; bei der Zersetzung der Harnsäure durch Chlor oder Salpetersäure.

Darstellung. Man dampft die Lösung des Allantoins in Salpetersäure bei 100° bis zur Trockne ab, löst den Rückstand in wenig Wasser, welches Ammoniak hält, fällt die Lösung durch Weingeist, löst den zähen Niederschlag wieder in Wasser und fällt ihn wieder durch Weingeist, um allen Harnstoff und salpetersaures Ammoniak zu entziehen. [Bleibt kein Ammoniak beigemischt?]

Eigenschaften. Weifs, schwach sauer.

Nach Pelouze ist die Säure für sich = $C^{10}N^4H^7O^9$, nach Gerhardt = $C^6N^2H^4O^6$. Eine Analyse ist nicht mitgetheilt.

Die Säure zerfliefst an der Luft.

Ihre wässrige Lösung gibt mit Bleizucker und salpetersaurem Silberoxyd dicke weifse Niederschläge, die sich sowohl in einem Ueberschuss der Allantursäure, als der Metallsalze lösen. Bei Zusatz von Ammoniak ist der Niederschlag mit salpetersaurem Silberoxyd noch viel bedeutender. Pelouze.

Diffluan.

Schlieper (1845). *Ann. Pharm.* 56, 5.

Diffluan wegen der Zerfliefslichkeit, also nicht *Difluan.* — Entsteht neben der Leukotursäure bei anhaltendem Kochen der in Wasser gelösten Alloxansäure. Die nach öfterem Ersetzen des Wassers endlich zum Syrup abgedampfte Flüssigkeit lässt bei Zusatz von kaltem Wasser die Leukotursäure fallen, und das Filtrat, mit einem grofsen Ueberschuss von absolutem Weingeist gemischt, scheidet sogleich das Diffluan in grofsen weifsen Flocken ab, welche bei abgehaltener Luft schnell auf einem Filter gesammelt, mit absolutem Weingeist, dann mit Aether gewaschen und im Vacuum über Vitriolöl getrocknet werden. Das weingeistige Filtrat, langsam auf die Hälfte abgedampft, von den über Nacht gebildeten wenigen Krystallrinden eines andern Körpers getrennt, und vollends abgedampft, liefert bei der Fällung mit Weingeist noch viel Diffluan.

Lockeres weifses, etwas zusammengebacknes Pulver, welches bei 100° schmilzt, Weingeist und Wasser unter starkem Aufblähen entweichen lässt, und als durchsichtiges sprödes glasiges Gummi bleibt, zu einem weifsen Pulver zerreiblich. Nicht krystallisirbar. Schmeckt scharf, bitter und salzig. Röthet schwach Lackmus.

			SCHLIEPER bei 100°.
6 C	36	33,33	32,69
2 N	28	25,93	25,70
4 H	4	3,70	3,89
5 O	40	37,04	37,72
	108	100,00	100,00

Das Diffluan scheint nach allen seinen Verhältnissen mit der Allantursäure einerlei zu sein; da es sich nicht durch Krystallisiren reinigen lässt, so kann das von SCHLIEPER nanalysirte einen Stoff beigemischt enthalten haben, welcher den Sauerstoffgehalt verminderte. GERHARDT (*N. J. Pharm.* 9, 233). — [Das Diffluan möchte nicht 6, sondern 8 C halten, da sich aus demselben Alloxan, worin 8 C, darstellen lässt. GM.]

Das Diffluan wird durch erhitzte Salpetersäure unter Aufbrausen zersetzt, wobei Alloxan, aber weder Alloxansäure, noch Parabansäure gebildet wird. — Es wird schon durch kalte Kalilauge allmälig in freies Ammoniak und viel Oxalsäure zersetzt.

Das Diffluan zerfliefst an der Luft äufserst schnell zu einem Syrup; die wässrige Lösung hält das Kochen ohne Zersetzung aus; sie wird durch Weingeist in weifsen Flocken gefällt; hebt man ihre saure Reaction durch einen Tropfen Ammoniak auf, so entweicht dieses wieder völlig beim Abdampfen.

Das in Wasser gelöste Diffluan gibt mit Bleizucker einen geringen Niederschlag, in überschüssigem Bleizucker löslich; die vom Niederschlage geschiedene Flüssigkeit gibt mit Ammoniak einen reichlichen weifsen Niederschlag, worin 71 Proc. Bleioxyd, welcher nach dem Waschen mit Wasser, Vertheilen in Wasser, Zersetzen durch Hydrothion, Filtriren und Abdampfen eine Flussigkeit liefert, aus welcher Weingeist wieder unverändertes Diffluan fällt, zum Beweise, dass dieses kein Ammoniaksalz ist.

Mit salpetersaurem Silberoxyd gibt das wässrige Diffluan einen Niederschlag, welcher constant 45,5 Proc. Silberoxyd hält, was allerdings zu der Formel des Diffluans $C^6N^2H^4O^5$ nicht passt. SCHLIEPER.

γ. Stickstoffkern $C^6N^3H^3$.

Cyanursäure. $C^6N^3H^3,O^6$.

SCHEELE. *Opuscula* 2, 77.
PEARSON. *Scher. J.* 1, 67.
WILLIAM HENRY. *Thomson Syst. de Chim. Trad. p. Riffault.* 1818. 2, 198.
CHEVALLIER u. LASSAIGNE. *Ann. Chim. Phys.* 13, 155; auch *J. Pharm.* 6, 58; auch *Schw.* 29, 357; auch *N. Tr.* 5, 1, 174.
SERULLAS. *Ann. Chim. Phys.* 38, 379; auch *N. Tr.* 18, 2, 146.
WÖHLER. *Pogg.* 15, 622.
LIEBIG u. WÖHLER. *Pogg.* 20, 369; auch *Mag. Pharm.* 33, 137.
LIEBIG. *Ann. Pharm.* 26, 121 u. 145.
WÖHLER. *Ann. Pharm.* 62, 241.

Brenzharnsäure, Cyanurensäure, Acide pyro-urique, Acide cyanurique; eine Zeitlang auch *Cyansäure, Acide cyanique.* — Von SCHEELE entdeckt, der sie bei der trocknen Destillation der Harnsäure als ein Sublimat erhielt, und der Bernsteinsäure ähnlich fand. PEARSON fand sie der Benzoesäure ähnlich; FOURCROY erklärte sie für wenig veränderte Harnsäure, W. HENRY für eine eigenthümliche Säure, was spätere Untersuchungen als richtig erwiesen. — Bei der Zersetzung des fixen Chlorcyans durch Wasser erhielt SERULLAS 1828 eine Säure, welche Er als C^2NHO^3 betrachtete, und Cyansäure nannte, worauf WÖHLER 1829 zeigte, dass dieselbe mit der Brenzharnsäure identisch sei, und auch beim Erhitzen des Harnstoffes als Rückstand erhalten werde. Hierauf lehrten LIEBIG u. WÖHLER 1830 die wahre Zusammensetzung dieser Säure und viele ihrer Verhältnisse kennen.

Bildung. 1. Bei der trocknen Destillation der Harnsäure. SCHEELE. — 2. Beim Erhitzen von Harnstoff bis zu einem gewissen Puncte, WÖHLER (IV, 201 u. 202). — Bei seiner Zersetzung durch Salzsäure, DE VRY, oder durch Chlor, WURTZ. — 3. Bei der Zersetzung des fixen Chlorcyans, $C^6N^3Cl^3$ durch Wasser. SERULLAS. $C^6N^3Cl^3 + 6HO = C^6N^3H^3O^6 + 3HCl$. — 4. Beim Kochen des Melams mit Salpetersäure und der Cyanylsäure mit Vitriolöl. LIEBIG (*Pogg.* 24, 583 u. 603). — 5. Bei 6stündigem Kochen von 1 Th. Ammelid mit 50 Th. Wasser und so viel Phosphor-, Schwefel- oder Salpeter-Säure, als ungefähr zur Lösung des Ammelids nöthig ist, bis die Flüssigkeit nicht mehr durch Ammoniak gefällt wird, worauf sie beim Abdampfen schöne Krystalle von Cyanursäure liefert. Auch bei 1stündigem Kochen von 1 Th. Ammelid mit 10 Th. verdünntem Kali. KNAPP (*Ann. Pharm.* 21, 245). — 6. Beim Einwirken der wässrigen unterchlorigen Säure auf Blausäure. BALARD.

Darstellung. 1. Man setzt Harnsäure der trocknen Destillation aus; das cyanursaure Ammoniak sublimirt sich theils, theils geht es, besonders gegen das Ende, mit der wässrigen Flüssigkeit über. — Um es vom brenzlichen Oel zu befreien, unterwirft es SCHEELE einer nochmaligen Destillation; — PEARSON reinigt es durch Sublimation, oder durch Krystallisiren aus der heifsen wässrigen Lösung; — CHEVALLIER u. LASSAIGNE lösen das Sublimat in heifsem Wasser, fällen die Lösung durch Bleiessig, waschen den Niederschlag mit kochendem Wasser aus, zersetzen ihn, in Wasser vertheilt, durch Hydrothion, und dampfen das Filtrat zum Krystallisiren ab. Aufserdem lösen sie die übergegangene und nachher erstarrte Flüssigkeit in heifsem Wasser (wobei sich etwas Blausäure und Ammoniak verflüchtigt), filtriren vom theerartigen brenzlichen Oel ab, dampfen zum Krystallisiren ab, lösen die erhaltenen Krystalle in Wasser, digeriren die Lösung mit Holzkohle, dampfen das Filtrat wieder zum Krystallisiren ab, und behandeln die so erhaltenen noch gelben Krystalle, wie oben, mit Bleiessig und Hydrothion. — Sämmtliche Krystalle werden durch Digestion mit Thierkohle von ihrer gelblichen Farbe befreit.

2. Man kocht fixes Chlorcyan mit viel Wasser in einem mit langem Halse versehenen Kolben, wobei man das sich in den Hals sublimirende fixe Chlorcyan durch Schütteln wieder in die Flüssigkeit bringt, so lange, bis der Geruch nach Chlorcyan verschwunden ist, dampft die Flüssigkeit in einer Schale bei gelinder Wärme fast bis zur Trockne ab, wo die meiste Salzsäure fortgeht, wäscht die krystallisirte Cyanursäure auf einem Filter mit kleinen Mengen kalten Wassers ab, bis dieses mit salpetersaurem Silberoxyd nur noch einen schwachen Niederschlag gibt, welcher in Salpetersäure löslich ist, während wenig Ammoniak die Trübung vermehrt, löst hierauf die Säure in kochendem Wasser, dampft das Filtrat auf einen gewissen Punct ab, und lässt krystallisiren. — Man kann auch aus in

Wasser gelöstem cyanursauren Baryt durch eine genau entsprechende Menge von Schwefelsäure den Baryt fällen. — Auch kann man das Waschwasser des fixen Chlorcyans (s. dieses), welches fixes Chlorcyan, Cyanursäure, Salzsäure und Chlorcyanöl hält, zur Trockne abdampfen, und dem gelblichen Rückstand entweder durch schwach erwärmten absoluten Weingeist die gelbfärbende Materie entziehen, oder besser, dieselbe durch 3-maliges Einkochen mit Salpetersäure zerstören, worauf man in heifsem Wasser löst, filtrirt und krystallisiren lässt. SERULLAS. — 3. Man erhitzt Harnstoff, bis er aufhört, Ammoniak zu entwickeln, löst den Rückstand in kochendem Wasser, und lässt das Filtrat zum Krystallisiren erkalten. WÖHLER (IV, 291 bis 293). Da der Harnstoff-Rückstand noch Ammoniak halten, und gefärbt sein kann, so löse man ihn in heifsem Vitriolöl, tröpfle so lange Salpetersäure hinzu, bis alles Aufbrausen aufhört, und die Lösung entfärbt ist, und fälle aus ihr nach dem Erkalten die Cyanursäure durch Wasser als schneeweifses Krystallpulver; — oder man löse ihn in kochender Salzsäure, bei deren Erkalten die Cyanursäure krystallisirt; — oder man vertheile den gepulverten Rückstand in Wasser, leite Chlor durch, wo er sich löst und dann im Verhältniss, als die Flüssigkeit Chlor verliert, wieder als Cyanursäure absetzt. WÖHLER u. LIEBIG. — 4. Man sättigt gepulverten Harnstoff mit trocknem salzsauren Gas, erhitzt die Verbindung im Oelbade, bis sie bei 145° sich zu zersetzen beginnt, nimmt sie dann sogleich heraus, worauf noch die Temperatur der Masse unter heftiger Zersetzung auf 200° steigt, und löst den Rückstand in heifsem Wasser, welches beim Erkalten weifse Cyanursäure anschiefsen lässt, während in der Mutterlauge Salmiak bleibt. Liefse man die Masse im Oelbade, so würde man statt der Cyanursäure die Verbindung $C^6N^4H^4O^4$ (IV, 292) erhalten. DE VRY (*Ann. Pharm.* 61, 248). — 5. Trocknes Chlorgas in schmelzenden Harnstoff geleitet, bewirkt starkes Aufblähen, und Entwicklung reichlicher weifser Nebel, indem Stickgas, salzsaures Gas, Salmiak und Cyanursäure entstehn. $3\,C^2N^2H^4O^2 + 3\,Cl = N + HCl + 2\,NH^4Cl + C^6N^3H^3O^6$. Zieht man aus dem erkalteten Rückstand den meisten Salmiak durch wenig kaltes Wasser aus, so bleibt die Cyanursäure als weifses Pulver, durch Lösen in heifsem Wasser und Krystallisiren zu reinigen. WURTZ (*Compt. rend.* 24, 436).

Die aus der wässrigen Lösung erhaltenen Krystalle der Säure sind noch durch gelindes Erhitzen oder durch Sublimation, oder durch Lösen in heifsem Vitriolöl oder Salzsäure und Erkälten, von ihrem Krystallwasser zu befreien.

Eigenschaften. Weifse verwitterte Masse, oder, nach der Sublimation zarte Nadeln, CHEVALLIER u. LASSAIGNE, SERULLAS; oder, aus der Lösung in Vitriolöl oder Salzsäure krystallisirt, stumpfe Quadratoktaeder, WÖHLER. Schmilzt in der Hitze, CHEV. u. LASS. Röthet Lackmus ziemlich stark, CHEV. u. LASS., SERULLAS. Zeigt sich selbst in Dampfgestalt geruchlos; schmeckt säuerlich, SCHEELE; scharf und bitter, PEARSON; kühlend und bitter, W. HENRY. Zeigt, zu 2 Gran Kaninchen gegeben, keine besondere Wirkung. SERULLAS.

	Bei 100° getrocknet.		Liebig u. Wöhler.	Chev. u. Lass.
6 C	36	27,91	60,50	28,29
3 N	42	32,56		16,84
3 H	3	2,32	2,39	10,00
6 O	48	37,21	37,11	44,32
$C^6N^3H^3,O^6$	129	100,00	100,00	99,45

Nach der Radicaltheorie = $3HO,C^6N^3O^3$, Liebig; $2HO,C^6N^3HO^4$, Wöhler.

Zersetzungen. 1. Die Dämpfe der Säure durch eine glühende Röhre geleitet, zerfallen in Kohle, Oel, kohlensaures Ammoniak und Kohlenwasserstoffgas. Chev. u. Lassaigne. — 2. Für sich bis zum Kochen erhitzt, verwandelt sie sich, ohne Kohle zu lassen, in den Dampf der Cyansäure, indem sich 1 At. Cyanursäure in 3 At. Cyansäure spaltet. Liebig u. Wöhler. $C^6N^3H^3O^6 = 3 . C^2NHO^2$. — Die Verflüchtigung findet etwas über 360° statt, und die Säure sublimirt sich bei gelinder Hitze unzersetzt in zarten Nadeln, während bei zu heftiger etwas Kohle bleibt. Serullas. Auch Chevallier u. Lassaigne erhielten ein Sublimat in zarten Nadeln, und Wöhler ein weifses, zum Theil fein krystallisches Mehl, welches sich sehr langsam in kochendem Wasser löste. Alle diese Sublimate sind ohne Zweifel Cyamelid, in welches die verflüchtigte Cyansäure überging (V, 154). — Mit salpetersaurem Ammoniak gemengt, zersetzt sich die Cyanursäure bei viel niedrigerer Hitze, als für sich. Pelouze (*N. Ann. Chim. Phys.* 6, 69). — 3. In feuchtem Zustande erhitzt, bildet sie eine dem vorhandenen Wasser entsprechende Menge von Kohlensäure und Ammoniak. Serullas. $C^6N^3H^3O^6 + 6HO = 6CO^2 + 3NH^3$. — 4. Sie zersetzt sich nicht beim [kürzeren] Kochen mit Salpetersäure, Pearson, Chev. u. Lassaigne, Serullas, oder mit Vitriolöl, Serullas; aber bei längerem Erhitzen mit diesen Säuren zerfällt sie in Kohlensäure und Ammoniak, Liebig (*Chim. org.*) — 5. Mit Kalium geschmolzen, erzeugt sie Cyankalium und Kali. Serullas. Etwa so: $C^6N^3H^3O^6 + 6K = 3C^2NK + 3(KO,HO)$. — Bei weniger Kalium entsteht cyansaures Kali. Liebig (*Pogg.* 15, 563). Etwa so: $C^6N^3H^3O^6 + 3K = 3C^2NKO^2 + 3H$.

Verbindungen. A. Mit *Wasser.* — a. *Gewässerte Krystalle.* — Die Säure schiefst aus ihrer wässrigen Lösung in Säulen des 2- und 1-gliederigen Systems an, Wöhler; in wasserhellen glänzenden Rhomben, Serullas. Die schönsten Krystalle erhält man durch Verdampfen der kochend gesättigten wässrigen Lösung bei 60 bis 80° auf die Hälfte, und langsames Abkühlen. Liebig u. Wöhler. Die Krystalle verwittern an der Luft und verlieren beim Erwärmen all ihr Krystallwasser. Wöhler.

			Liebig u. Wöhler.
$C^6N^3H^3O^6$	129	78,18	78,44
4 Aq	36	21,82	21,56
$C^6N^3H^3O^6 + 4Aq$	165	100,00	100,00

b. Die Säure löst sich in 40 Th. kaltem Wasser, Chev. u. Lassaigne, reichlicher in heifsem, Scheele, Serullas.

B. Mit *Mineralsäuren.* — Die Säure löst sich in kochendem Vitriolöl zu einer farblosen Flüssigkeit, daraus durch Wasser fällbar. Serullas. — Auch löst sie sich in erhitzter Salpetersäure. Chev. u. Lassaigne, Serullas.

C. Mit *Salzbasen* zu *cyanursauren Salzen, Cyanurates.* Die Cyanursäure ist nach LIEBIG 3basisch, nach WÖHLER 2basisch. Die cyanursauren Salze verpuffen nicht beim Erhitzen. Das cyanursaure Kali (s. dieses) wird durch Erhitzen in cyansaures Kali verwandelt. LIEBIG u. WÖHLER. — Mit Kalium geglüht, geht das cyanursaure Kali in Cyankalium über, SERULLAS. [Wohl unter Entwicklung von Wasserstoff und Bildung von Kali]. Die in Wasser löslichen cyanursauren Salze werden durch Kochen der Lösung nicht zersetzt. Die Lösung gibt mit Silberoxydsalzen einen weifsen, in Salpetersäure löslichen Niederschlag. SERULLAS.

Cyanursaures Ammoniak. — Sublimirt sich unrein bei der trocknen Destillation der Harnsäure in Nadelbüscheln, welche Lackmus röthen und schwach bitter schmecken. CHEV. u. LASSAIGNE. Dieses Sublimat erklärt KODWEISS (*Pogg.* 19, 11) für cyanursauren Harnstoff. — Die wässrige Säure mit Ammoniak in der Wärme neutralisirt, liefert beim Erkalten weifse glänzende Säulen, welche an der Luft unter Verlust von Ammoniak verwittern, und auch an kaltes Wasser Ammoniak abtreten. BERZELIUS (*Lehrb.*).

Cyanursaures Kali. — a. *Halb.* — $C^6N^3HK^2,O^6$. — Fällt in weifsen 4seitigen Tafeln und Nadeln nieder beim Versetzen der wässrigen Cyanursäure mit überschüssigem weingeistigen Kali. LIEBIG u. WÖHLER (*Pogg.* 20, 377). Durch einstündiges Kochen der Lösung von 1 Th. Ammelid in 10 Th. verdünntem Kali und Erkälten, erhält man das Salz in feinen seidenglänzenden Nadeln, welche die Flüssigkeit verdicken. KNAPP (*Ann. Pharm.* 21, 245). — Das Salz, für sich erhitzt, zerfällt unter starkem Aufkochen in verdampfende Cyansäure, die sich dann in Cyamelid umwandelt, und in 77,85 Proc. cyansaures Kali. LIEBIG (*Ann. Pharm.* 26, 121). Die Rechnung gibt 79,06 Proc. $C^6N^3HK^2O^6 = 2\,C^2NKO^2 + C^2NHO^2$. Seine wässrige Lösung lässt beim Abdampfen das folgende Salz b anschiefsen, während freies Kali in der Mutterlauge bleibt. LIEBIG u. WÖHLER. $C^6N^3HK^2O^6 + HO = C^6N^3H^2KO^6 + KO$. — Aus der wässrigen Lösung fällt Essigsäure das krystallische Salz b, LIEBIG; ebenso wenig Salpetersäure, aber mehr Salpetersäure die reine Cyanursäure. KNAPP.

Krystallisirt.			Oder:			LIEBIG.
6 C	36	17,52	$C^6N^3O^3$	102	49,66	
3 N	42	20,45	HO	9	4,38	5,02
H	1	0,49	2 KO	94,4	45,96	45,65
2 K	78,4	38,17				
6 O	48	23,37				
$C^6N^3HK^2O^6$	205,4	100,00	2 KO,HO,$C^6N^3O^3$	205,4	100,00	

b. *Einfach.* — $C^6N^3H^2K,O^6$. — 1. Wird durch Auflösen der Cyanursäure in wässrigem Kali und Abdampfen, auch wenn die Lösung überschüssiges Kali enthält, in glänzenden weifsen Würfeln erhalten. LIEBIG u. WÖHLER. — 2. CAMPBELL (*Ann. Pharm.* 28, 57) zieht das nach seiner Weise zur Darstellung des cyansauren Kalis geröstete Blutlaugensalz (IV, 450) mit wenig Wasser aus, mischt das, cyansaures Kali haltende, Filtrat kalt mit Salzsäure, und reinigt das hierdurch gefällte cyanursaure Kali durch Umkrystallisiren aus heifsem Wasser. — Die Krystalle zerfallen beim Schmelzen ohne

Schwärzung in Cyansäuredampf, der sich als Cyamelid verdichtet, und in cyansaures Kali. LIEBIG u. WÖHLER. $C^6N^3H^2KO^6 = C^2NKO^2 + 2C^2NHO^2$. LIEBIG erhielt hierbei 48 Proc. cyansaures Kali; die Rechnung gibt 48,56 Proc. — Beim Glühen mit Kalihydrat geht das Salz in 3 At. cyansaures Kali über. LIEBIG. $C^6N^3H^2KO^6 + 2(KO,HO) = 3C^2NKO^2 + 4HO$. — Es löst sich schwieriger in Wasser, als a.

			Oder:			LIEBIG.
6 C	36	21,53	$C^6N^3O^3$	102	61,01	
3 N	42	25,12	2 HO	18	10,76	
2 H	2	1,20	KO	47,2	28,23	27,72
K	39,2	23,44				
6 O	48	28,71				
$C^6N^3H^2KO^6$	167,2	100,00	$KO,2HO,C^6N^3O^3$	167,2	100,00	

Cyanursaures Natron. — Nicht krystallisirbar, leicht in Wasser löslich. CHEV. u. LASSAIGNE.

Cyanursaurer Baryt. — a. *Halb.* — $C^6N^3HBa^2,O^6$. Fällt aus einem kochenden wässrigen Gemisch von Cyanursäure und Chlorbaryum bei Zusatz von Ammoniak, oder aus einem Gemisch von wässriger Cyanursäure und überschüssigem Barytwasser krystallisch nieder; lässt sich jedoch nur schwierig frei von einfach cyanursaurem Baryt und kohlensaurem Baryt erhalten. Das Krystallpulver fängt erst bei 200° an, Wasser zu verlieren, welcher Verlust beim Erbitzen bis zu 250° 6,45 Proc. beträgt; bei stärkerem entwickelt es Ammoniak, dann Cyansäure, und schmilzt endlich zu einfachcyansaurem Baryt zusammen. Der Baryt beträgt in den Krystallen 53,19 Procent. WÖHLER. — CHEVALLIER u. LASSAIGNE erhielten das Salz als ein schwer in Wasser lösliches Pulver.

b. *Einfach.* — $C^6N^3H^2Ba,O^6$. Das einfachcyanursaure Ammoniak fällt nicht das Barytwasser, CHEV. u. LASSAIGNE; die Cyanursäure fällt nicht den salzsauren und essigsauren Baryt. WÖHLER. — Man tröpfelt in kochende Cyanursäurelösung so lange Barytwasser, als sich der entstehende Niederschlag wieder löst, und sich die noch sauer reagirende Flüssigkeit durch Ausscheidung eines Pulvers trübt, erhält diese noch stundenlang auf 60°, damit sich keine freie Cyanursäure absetze, bringt Alles noch heiſs auf das Filter, und wäscht aus. — Kurze durchsichtige Nadeln. Sie halten 35,44 Proc. Baryt; sie fangen erst bei 200° an, ihr Wasser zu verlieren, welches bei 280° völlig entweicht, und 8,45 Proc. beträgt. Bei stärkerem Erhitzen werden die milchweiſs gewordenen Krystalle zersetzt. WÖHLER.

a. Halb. Krystalle bei 100°.			WÖHLER.	b. Einfach. Krystalle bei 100°.			WÖHLER.
6 C	36	12,36		6 C	36	16,78	
3 N	42	14,42		3 N	42	19,57	
4 H	4	1,37	1,52	4 H	4	1,86	
2 Ba	137,2	47,12	47,63	Ba	68,6	31,97	31,75
9 O	72	24,73		8 O	64	29 82	
$C^6N^3HBa^2O^6+3Aq$	291,2	100,00		$C^6N^3H^2BaO^6+2Aq$	214,6	100,00	

Das Salz a liefert beim Verbrennen mit Kupferoxyd 13,71 Proc. (4 At.) Wasser; beim Erhitzen für sich auf 250° verliert es bloſs 6,45 (2 At.); also lässt sich 1 At. Krystallwasser nicht austreiben. WÖHLER.

Cyanursaurer Kalk. — Krystallisirt warzenförmig und schmeckt bitter und schwach scharf; schmilzt bei gelinder Wärme und gesteht beim Erkalten zu einer dem gelben Wachs in Consistenz und Farbe ähnlichen Masse. Hält 8,6 Proc. Kalk. Leicht in Wasser löslich. CHEV. u. LASSAIGNE.

Cyanursaures Bleioxyd. — $C^6N^3HPb^2O^6 + PbO + 2\,Aq$. Das Kalizalz fällt nicht den Bleizucker, aber den Bleiessig. Der Niederschlag hält 71,5 Proc. Bleioxyd. CHEV. u. LASSAIGNE. Die Cyanursäure fällt nicht den mit Essigsäure versehenen Bleizucker. WÖHLER. — 1. Man tröpfelt Bleiessig in die kochend gesättigte Cyanursäurelösung, welche überschüssig bleiben muss. — 2. Man giefst kochende wässrige Cyanursäurelösung im Ueberschuss in wässrige Bleizuckerlösung. — 3. Man fällt Bleizucker durch cyanursaures Ammoniak. — 4. Man trägt in kochende wässrige Cyanursäure, die überschüssig zu bleiben hat, frisch gefälltes kohlensaures Bleioxyd. — Schwerer krystallischer Niederschlag, unter dem Mikroskop aus klaren oft hemitropischen oder farrenkrautartig vereinigten Säulen mit schiefen Endflächen bestehend. In Masse gelblich. — Es fängt erst über 100° an, Wasser zu verlieren, welcher Verlust beim Erhitzen bis zu 250° 1,94 Proc. (1 At.) beträgt. Das zweite Atom Wasser geht erst bei einer Hitze fort, wobei sich das Salz, unter Entwicklung von viel Ammoniak zersetzt. Bei der Verbrennung mit Kupferoxyd liefert es 5,63 Proc. (3 At.) Wasser. In einem Strom von Wasserstoffgas bis zum Glühen erhitzt, entwickelt es viel blausaures Ammoniak und Harnstoff und lässt reines geschmolzenes Blei. WÖHLER. Ein Bleisalz mit weniger als 3 At. Blei lässt sich nicht erhalten. WÖHLER.

	Krystalle, bei 100°	getrocknet.	WÖHLER.
3 PbO	336	72,26	72,47
6 C	36	7,74	7,99
3 N	42	9,03	
3 H	3	0,64	0,62
6 O	48	10,33	
$PbO,C^6N^3HPb^2O^6+2Aq$	465	100,00	

Das halbcyanursaure Kali fällt Eisenoxydsalze braungelb, — Kupferoxydsalze blauweifs; — salpetersaures Quecksilberoxydul oder Silberoxyd in weifsen Flocken, in Salpetersäure löslich. CHEV. u. LASSAIGNE.

Cyanursaures Kupferoxyd. — Es lässt sich nicht wohl ein proportionirtes Salz erhalten:

a. Frisch gefälltes Kupferoxydhydrat, in kleinen Antheilen bis zur Sättigung in heifse wässrige Cyanursäure getragen, löst sich klar und gibt beim Erkalten bald einen blaugrünen krystallischen Niederschlag, welcher bei 100° schön hellblau wird, und bei 250° unter Verlust von 9 Proc. Wasser rein grün, ganz wie Chromoxyd, und welcher zufolge der Analyse ein gemengtes basisches Salz mit mehr als 3 At. Kupferoxyd zu sein scheint. — b. In Wasser gelöstes krystallisches cyanursaures Ammoniak gibt mit Kupfervitriol einen grünblauen amorphen Niederschlag, welcher beim Erwärmen krystallisch und erst blau, dann grün wird, und welcher kein Ammoniak, aber Schwefelsäure wesentlich hält. Aus der von diesem Niederschlage abfiltrirten Flüssigkeit krystallisirt Cyanursäure. — c. Die heifs gesättigten wässrigen Lösungen von Cyanursäure und essigsaurem Kupferoxyd, längere Zeit mit einander gekocht, geben einen grünen Niederschlag, der Essigsäure gebunden enthält. WÖHLER.

Halbcyanursaures Kupferoxyd mit Ammoniak. — Die Lösung der Cyanursäure in sehr verdünntem Ammoniak, mit der Lösung von Kupfervitriol in sehr verdünntem Ammoniak warm gemischt, setzt beim Erkalten Krystalle ab, die sich mit Wasser waschen lassen, in dem sie schwierig löslich sind. — Kleine amethystrothe Krystalle, unter dem Mikroskop 4seitige Säulen, mit 2 breiteren Seitenflächen, und mit 2 Flächen zugeschärft. — Das Salz ist luftbeständig, fängt erst bei 100° an, Ammoniak zu entwickeln, und färbt sich bei 230° unter einem Verlust von 14,85 Proc. dunkelolivengrün. Bei noch stärkerem Erhitzen wird es plötzlich hellgelb, fängt dann Feuer und verglimmt zu Kupferoxyd. Es ist frei von Schwefelsäure. Es löst sich kaum in Ammoniak. WÖHLER.

Bei 30° getrocknet.			WÖHLER.	Auf 230° erhitzt.			WÖHLER.
6 C	36	14,81	14,80	6 C	36	17,31	
5 N	70	28,81	26,85	4 N	56	26,92	
9 H	9	3,70	3,94	4 H	4	1,93	
2 Cu	64	26,34		2 Cu	64	30,77	30,87
8 O	64	26,34		6 O	48	23,07	
	243	100,00			208	100,00	

[Das Salz bei 30° ist wohl = $2NH^3,C^6N^3HCu^2O^6 + 2Aq$. WÖHLER nimmt 1 Aq. mehr darin an, was aber zu Seiner Analyse weniger passt, und schreibt: $2NH^3 + 2CuO,C^6N^3HO^4 + 3Aq$. Er fand darin 32,85 Proc. Kupferoxyd und 13,28 Ammoniak; die Rechnung für letzteres (243 : 34) gibt 13,99 Procent.

Das Salz, bis auf 230° erhitzt, ist wohl = $NH^3,C^6N^3HCu^2O^6$. WÖHLER nimmt darin noch HO weiter an, was aber weniger stimmt, und schreibt: $2CuO,NH^4O,C^6N^3HO^4$. Er fand darin 38,59 Proc. Kupferoxyd.]

Wenn man bei der Bereitung des eben beschriebenen Salzes keinen zu grofsen Ueberschuss von Ammoniak anwendet, und die 2 Flüssigkeiten siedend heifs mischt, so fällt ein pfirsichblüthrothes Krystallpulver nieder, welches Oxyd und nicht Oxydul enthält. Seine lasurblaue Lösung in concentrirtem Ammoniak setzt sogleich tief smalteblaue Krystalle ab, welche sich an der Luft unter Aushauchen von Ammoniak bald wieder pfirsichblüthroth färben. WÖHLER.

Cyanursaures Silberoxyd. — a. *Drittel.* — Fällt man salpetersaures Silberoxyd durch Cyanursäure, welche mit Ammoniak übersättigt ist und kocht den pulverigen reichlichen Niederschlag mit der darüber stehenden alkalischen Flüssigkeit $^1/_4$ Stunde lang, so erhält man einen Niederschlag von constanter Zusammensetzung. Er ist nach dem Waschen mit kochendem Wasser und Trocknen schneeweifs, schwärzt sich nicht im Lichte, lässt sich ohne Zersetzung auf 300° erhitzen, und verliert dabei nur etwas Ammoniak, falls er nicht mit kochendem Wasser gewaschen worden war. Nach dem Trocknen zieht er begierig Feuchtigkeit aus der Luft an. LIEBIG (*Ann. Pharm.* 26, 123). Der Niederschlag erscheint unter dem Mikroskop gleichartig und aus sehr kleinen Säulen bestehend; selbst nach dem Waschen mit kochendem Wasser entwickelt er nicht blofs mit Kali, sondern auch beim Erhitzen für sich Ammoniak; beim Erhitzen von 100° auf 300° beträgt der Ammoniakverlust 2,9 Proc.;

der blassviolette Rückstand verzischt bei stärkerem Erhitzen unter Rücklassung von Silber. Wahrscheinlich ist der nicht erhitzte Niederschlag eine Verbindung des drittelsauren Silbersalzes mit 1 At. Ammoniak, von welchem ein Theil noch unter 100° entweicht, und der gröfsere (2,9 Proc.) beim Erhitzen von 100 auf 300°. WÖHLER.

	Bei 300°.		LIEBIG.	WÖHLER.
6 C	36	7,84	8,08	8,40
3 N	42	9,15		
H	1	0,22	0,10	0,13
3 Ag	324	70,59	71,09	70,38
7 O	56	12,20		
$AgO,C^6N^3HAg^2O^6$	459	100,00		

WÖHLER und vorzüglich LIEBIG erhielten zwar weniger H, als die Rechnung verlangt; aber WÖHLER vermuthet, dass bei 300° die Säure des Salzes eine theilweise Zersetzung erleidet, wofür auch die bei 300° eintretende violette Färbung spricht. [Es wäre daher zu untersuchen, ob sich aus dem bei 300° getrockneten Salz wieder alle Cyanursäure unverändert gewinnen lässt. Wäre dieses der Fall, so hätte man dennoch anzunehmen, dass im Salze bei hinreichendem Erhitzen aller H unter Wasserbildung endlich durch das dritte At. Ag vertreten und dass $C^6N^3Ag^3O^6$ gebildet wird, worin sich 8,00 Proc. C, 9,33 N, 72,00 Ag und 10,67 O berechnen. Es gibt noch andere Fälle, in denen man anzunehmen hat, dass in einer Säure solche Atome H, welche in der Regel nicht durch Metalle vertreten werden, dennoch dem Metall weichen, wenn ein Metalloxyd, welches den Sauerstoff lose gebunden hält, im Ueberschuss und in der Hitze einwirkt. s. *Gallussäure.*]

b. *Halb.* $C^6N^3HAg^2O^6$. — Freie Cyanursäure fällt nicht salpetersaures Silberoxyd WÖHLER. — 1. Man trägt frisch gefälltes kohlensaures Silberoxyd in die kochende wässrige Säure in dem Verhältnisse, dass ein Theil der Säure über dem gebildeten Salze frei im Wasser bleibt. WÖHLER. — 2. Man fällt salpetersaures Silberoxyd durch genau mit Ammoniak gesättigte Cyanursäure. Die über dem weifsen dicken käsigen Niederschlage stehende Flüssigkeit röthet Lackmus. LIEBIG u. WÖHLER. Man muss kochend die Lösung des cyanursauren Ammoniaks in die des Silbersalpeters, welcher überschüssig bleiben muss, tröpfeln. WÖHLER. — 3. Man tröpfelt ein kochendes wässriges Gemisch von Cyanursäure und essigsaurem Natron in kochendes verdünntes salpetersaures Silberoxyd, welches im Ueberschuss bleiben muss, damit sich nicht das unlösliche cyanursaure Silberoxydnatron beimenge. WÖHLER. — 4. Man mischt in der Hitze die Lösung der Cyanursäure mit der des essigsauren Silberoxyds, welche überschüssige Essigsäure halten darf. Diese Weise liefert das Salz am sichersten rein. WÖHLER. — Farbloses Krystallpulver, unter dem Mikroskop aus durchsichtigen Rhomboedern bestehend. Schwärzt sich nicht im Lichte. Verliert bei 200° nichts an Gewicht; färbt sich über 200° blass zimmetbraun, nur einige Tausend-Theil verlierend. Entwickelt bei noch stärkerem Erhitzen einen starken Geruch nach Cyansäure, färbt sich dunkelviolett, und verglimmt endlich zu metallischem Silber. Löst sich in Salpetersäure, unter Freiwerden der Cyanursäure. Löst sich nicht in Wasser und in Essigsäure. WÖHLER.

Zwischen 100 und 200° getrocknet.			Wöhler.
6 C	36	10,50	10,62
3 N	42	12,24	
H	1	0,29	0,34
2 Ag	216	62,97	62,58
6 O	48	14,00	
$C^6N^3HAg^2O^6$	343	100,00	

Das nach 1) bereitete, vielleicht nicht so stark getrocknete, Salz lieferte früher Liebig u. Wöhler 60 Proc. Silber. — Das bei 290° getrocknete Salz hält 63,54 Proc. Silber. Wöhler.

Cyanursaures Silberoxyd mit Ammoniak. — Das vorige Salz, mit concentrirtem Ammoniak digerirt, ändert durch Aufnahme von Ammoniak, ohne sich zu lösen, sein Ansehen. Die Verbindung fängt schon bei 60° an, Ammoniak zu entwickeln, welches zwischen 200 und 300° völlig entweicht. Wöhler.

Bei 20° getrocknet.			Wöhler.
6 C	36	9,55	
5 N	70	18,57	
7 H	7	1,86	
2 Ag	216	57,29	57,05
6 O	48	12,73	
$2 NH^3,C^6N^3HAg^2O^6$	377	100,00	

Cyanursaures Silberoxyd-Ammoniak. — Die vom drittelcyanursauren Silberoxyd (V, 149) kochend abfiltrirte Flüssigkeit setzt beim Erkalten ein Pulver ab, welches gewaschen und kalt getrocknet wird. Dasselbe Salz erhält man beim Mischen der heifsen Lösungen von cyanursaurem Ammoniak und Silbersalpeter und Kochen des Niederschlags mit der Flüssigkeit. Das weifse Pulver zeigt sich unter dem Mikroskop aus langen feinen Nadeln bestehend. Es entwickelt mit Kali Ammoniak; auch für sich, noch unter 100°. Bei 2stündigem Erhitzen auf 250° verliert es 7,0 Proc., bleibt aber weifs. Bei stärkerem Erhitzen färbt es sich unter starkem Rauchen violett, und lässt endlich Silber, welches 53,33 Proc. des vorher auf 250° erhitzten, also 49,40 Proc. des kalt getrockneten Salzes beträgt. Wöhler. Nach Wöhlers Vermuthung ist das kalt getrocknete Salz = $3 NH^4O,C^6N^3HO^4 + 3 AgO,C^6N^3HO^4$; das auf 250° erhitzte hat hiernach $2 NH^3 + HO$ verloren und ist = $NH^4O,HO,C^6N^3HO^4 + 3 AgO,C^6N^3HO^4$. — Laurent (*N. Ann. Chim. Phys.* 23, 114) gibt diesen Verbindungen von Ammoniak, Silberoxyd und Cyanursäure abweichende Formeln.

Cyanursaures Silberoxyd-Kali. — Das halbcyanursaure Silberoxyd wird nicht durch Kochen mit Kalilauge zersetzt, sondern nimmt Kali auf. Diese Verbindung schmilzt unter Zersetzung und Kochen und lässt ein Gemenge von kohlensaurem und cyansaurem Kali und von beinahe 60 Proc. Silber. Wöhler. Wäre es die Verbindung von 1 At. halbcyansaurem Silberoxyd mit 1 At. Kali, so müsste es 55 Proc. Silber liefern; wahrscheinlich hielt sie noch unverbundenes halbcyanursaures Silberoxyd beigemengt. Wöhler.

Cyanursaures Silberoxyd-Bleioxyd. — Kocht man das drittelcyanursaure Bleioxyd mit einem grofsen Ueberschuss von salpetersaurem Silberoxyd, bis es sein Ansehen ganz verändert hat, so erhält man ein Filtrat, welches viel Blei enthält, und ein auf dem Filter bleibendes Salz, in welchem 2 At. Blei durch 2 At. Silber vertreten sind = $PbO,C^6N^3HAg^2O^6 + Aq$. Es gibt nach dem Trocknen bei 100°, durch Wasserstoffgas reducirt, 69,64 Proc. Metallgemisch, aus 45,94 Silber und 23,70 Th. Blei bestehend. WÖHLER.

Cyanursaurer Harnstoff? — Durch Lösen der Cyanursäure in kochender gesättigter Harnstofflösung und Erkalten erhält man feine Nadeln. KODWEISS (*Pogg.* 19, 11).

Die Cyanursäure löst sich nicht in Weingeist. SERULLAS. Sie löst sich in kochendem Weingeist von 36° Bm., und fällt beim Erkalten in kleinen Körnern nieder. CHEVALLIER u. LASSAIGNE.

Gepaarte Verbindungen der Cyanursäure?

Cyanur-Formester.

$C^{12}N^3H^9O^6 = 3\ C^2H^3O,C^6N^3O^3$?

WURTZ (1848). *Compt. rend,* 26, 369; auch *J. pr. Chem.* 45, 316.

Sublimirt sich bei der Destillation von methylschwefelsaurem Kali mit halbcyanursaurem Kali oder mit cyansaurem Kali im Oelbade, und wird durch Krystallisiren aus Weingeist gereinigt.

Farblose kleine Säulen, bei 140° schmelzend, bei 295° kochend, und von 5,98 Dampfdichte. WURTZ. — Hiernach läge der Siedpunct dieses Esters höher, als der des Cyanur-Vinesters. GERHARDT (*N. J. Pharm.* 13, 456).

Cyanur-Vinester.

$C^{18}N^3H^{15}O^6 = 3\ C^4H^5O,C^6N^3O^3$?

WURTZ (1848). *Compt. rend.* 26, 368; auch *J. pr. Chem.* 45, 316.

Man destillirt im Oelbade ein Gemenge von weinschwefelsaurem und von halb-cyanursaurem Kali, und reinigt das in Retortenhals und Vorlage angeschossene Sublimat durch Krystallisiren aus heifsem Weingeist. — Wendet man statt des cyanursauren Kalis cyansaures an, so destillirt ein sehr reizendes flüssiges Gemisch von Cyanur-Vinester und Cyansäureäther über; dieses bei gelinder Wärme destillirt, lässt den schon bei 60° siedenden Cyansäureäther übergehen, während der, durch Krystallisiren aus Weingeist zu reinigende Cyanurvinester zurückbleibt. WURTZ. — [Dieser von WURTZ erwähnte Cyansäureäther scheint von dem früher von LIEBIG u. WÖHLER erhaltenen und als Allophanvinester (V, 18) erkannten verschieden zu sein, und verdient genauere Untersuchung.]

Glänzende Säulen, bei 58° zu einer farblosen, in Wasser niedersinkenden Flüssigkeit schmelzend, und bei 276° ohne alle Zersetzung kochend. Dampfdichte = 7,4.

Die Verbindung entwickelt bei anhaltendem Kochen mit wässrigem Kali fortwährend Ammoniak, während kohlensaures Kali bleibt. $3\ C^4H^5O,C^6N^3O^3 + 12\ HO = 3\ C^4H^6O^2 + 6\ CO^2 + 3\ NH^3$. WURTZ.

WURTZ sieht es in Folge der mit diesen 2 Estern angestellten Analysen, deren Einzelheiten jedoch nicht mitgetheilt sind, als erwiesen an, dass die Cyanursäure nicht 2-basisch ist, sondern 3-basisch. Aber auch die Richtigkeit der Analysen vorausgesetzt, bleibt noch durch verschiedenartige Zersetzungsversuche zu ermitteln, ob bei der Bildung dieser 2 Verbindungen nicht ähnliche Veränderungen vorgegangen sind, wie bei der Bildung des Allophanvinesters aus Weingeist und Cyansäure, und ob sich aus ihnen wieder Cyanursäure und Holzgeist oder Weingeist gewinnen lassen.

Mit der Cyanursäure metamere Verbindungen.

1. Cyanylsäure. $C^6N^3H^3O^6 = C^6N^3H^3O^2,O^4$?

Liebig (1834). *Pogg.* 34, 599; auch *Ann. Pharm.* 10, 32.

Man löst das Mellon in kochender verdünnter oder concentrirter Salpetersäure, lässt zum Krystallisiren erkalten, befreit die Krystalle durch kaltes Wasser von der Salpetersäure und lässt sie aus heifsem Wasser krystallisiren. Häufig ist Cyanursäure beigemengt, die aber immer zuerst anschiefst.

Die Säure krystallisirt in Verbindung mit Wasser in wasserhellen langen rhombischen Säulen oder in breiten perlglänzenden Blättern. *Fig.* 54. u : u = 95° 36′ und 84° 24′; i : i nach hinten = 83° 24′.

Die Krystalle verwittern an der Luft.

Die Säure verflüchtigt sich beim Erhitzen gleich der Cyanursäure als Cyansäure. — Durch Lösen in Vitriolöl und Fällen daraus durch Wasser wird sie in Cyanursäure verwandelt, und verliert damit ihren Perlglanz nach dem Krystallisiren aus Wasser.

Sie löst sich etwas leichter in *Wasser* als die Cyanursäure, und die heifs gesättigte wässrige Lösung gesteht beim Erkalten fast ganz zu einer blättrigen Masse.

Alle *cyanylsaure* Salze, namentlich die der 6 fixen Alkalien, werden durch stärkere Säuren völlig zersetzt, so dass beim Erkalten die Cyanylsäure für sich herauskrystallisirt.

Die mit Ammoniak neutralisirte Cyanylsäure erzeugt mit salpetersaurem *Silberoxyd* einen weifsen aufgequollenen Niederschlag, nach dem Trocknen pulverig, nicht krystallisch, und 45,36 Proc. Silber haltend; aber der mit cyanylsaurem Kali erhaltene Niederschlag hat die Zusammensetzung des cyanursauren Silberoxyds, wohl weil das Kali die Cyanylsäure in Cyanursäure verwandelt. Liebig.

Getrocknete Säure.			Liebig.	Krystallisirte Säure.			Liebig.
6 C	36	27,91	28,75	$C^6N^3H^3O^6$	129	78,18	79
3 N	42	32,56	32,80				
3 H	3	2,32	2,49	4 Aq	36	21,82	21
6 O	48	37,21	35,96				
$C^6N^3H^3O^6$	129	100,00	100,00	+ 4 Aq	165	100,00	100

Mit cyanylsaurem Ammoniak erhaltenes Silbersalz.

			Liebig.
C^6N^3	78	33,05	
2 H	2	0,85	
Ag	108	45,76	45,36
6 O	48	20,34	
$C^6N^3H^2AgO^6$	236	100,00	

2. Cyamelid. $C^6N^3H^3O^6 = C^6N^3H^3O^4,O^2$?

Liebig. *Mag. Pharm.* 29, 228. — *Pogg.* 15, 561.
Liebig u. Wöhler. *Pogg.* 20, 384.

Unlösliche Cyanursäure, Untercyansäure. — Von Liebig 1830 entdeckt.

Bildet sich von freien Stücken aus der Cyansäure (IV, 446). Das Cyamelid entsteht nicht nur, wenn man die reine wasserfreie oder concentrirte Cyansäure sich selbst überlässt, sondern auch in dem Gemenge von cyansauren Salzen mit concentrirten Säuren, z. B. beim Zusammenreiben von cyansaurem Kali mit rauchender Salpeter- oder Schwefel-Säure, mit krystallisirter Oxal- oder Tarter-Säure, und mit concentrirter Essigsäure oder Salzsäure. So wird das zusammengeriebene Gemenge von cyansaurem Kali und krystallisirter Oxalsäure zu gleichen Theilen bei gelindem Erwärmen unter Ausstofsung von Cyansäuregeruch breiartig, dann sogleich wieder zu einem festen Gemenge von Cyamelid und oxalsaurem Kali, welches sich durch kochendes Wasser dem Cyamelid entziehen lässt.

Weifs, fest, nicht krystallisch, geruchlos.

Bei stärkerem Erhitzen verflüchtigt sich das Cyamelid wieder in Gestalt von Cyansäuredampf. — Beim Erhitzen mit Vitriolöl zersetzt es sich unter Aufbrausen völlig in kohlensaures Gas und schwefelsaures Ammoniak. $C^6N^3H^3O^6 + 6HO = 6CO^2 + 3NH^3$. — Durch Kochen mit Salz-, Salpeter- oder Salpetersalz-Säure wird es nicht zersetzt. — Es löst sich ziemlich leicht und ohne Entwicklung von Ammoniak in Kalilauge, und die Lösung liefert beim Abdampfen (wobei sich kohlensaures Ammoniak entwickelt, ein Beweis, dass sich auch cyansaures Kali gebildet hat) cyanursaures Kali. Also kann man die Cyanursäure durch Erhitzen in Cyansäure verwandeln; diese geht von selbst in Cyamelid über; dieses bildet mit Kali wieder Cyanursäure.

Es löst sich in *Ammoniak.* — Es löst sich nicht in kaltem oder heifsem *Wasser;* aber bei längerem Kochen damit geht es in ein Hydrat über, welches sich ein wenig löst, und beim Erkalten in weifsen Flocken ausscheidet. Dieselben verlieren bei starkem Austrocknen ihr Wasser. Liebig; Liebig u. Wöhler.

δ. Stickstoffkern $C^6N^3Br^3$?

Fixes Bromcyan?

1 Th. wasserfreie Blausäure gibt mit 3 Th. Brom eine feste Verbindung von Mäusegeruch, also wohl dem fixen Chlorcyan entsprechend. Serullas (*Ann. Chim. Phys.* 38, 374; auch *Pogg.* 14, 446).

ε. Stickstoffkern $C^6N^3Cl^2H$.

Chlorhydrocyan. $C^6N^3Cl^2H$.

Wurtz (1847). *Compt. rend.* 24, 437.

Chlorohydrure de Cyanogène, [Prussek].

Concentrirte Blausäure erhitzt sich beim Durchleiten von Chlor nach einiger Zeit, erhält den Geruch nach flüchtigem Chlorcyan und entwickelt den Dampf des Chlorhydrocyans. Befindet sich daher die

Blausäure in einer tubulirten Retorte, durch deren Tubus das Chlorgas eingeleitet wird, und verbindet man den Retortenhals mit einer Chlorcalciumröhre, dann mit einem Knierohr, welches nach unten in einen mit Eis umgebenen langhalsigen Kolben leitet, so verdichtet sich in diesem das Chlorhydrocyan, welches, um die beigemischte Salzsäure und Blausäure zu entziehen, mit der 2- bis 3-fachen Menge kalten Wassers geschüttelt, dann von diesem decanthirt, und auf die Weise rectificirt wird, dass der Dampf durch eine Chlorcalciumröhre zu dringen hat.

Wasserhelle Flüssigkeit, leichter als Wasser, siedet bei 20°. Der Dampf riecht stark, reizt stark die Bronchien, und bewirkt heftiges Thränen.

Der Dampf brennt mit violetter Flamme. — Trocknes Chlorgas verwandelt die Verbindung gänzlich in fixes Chlorcyan. $C^6N^3HCl^2 + 2Cl = C^6N^3Cl^3 + HCl$. Bringt man daher einige Grammen der Flüssigkeit in eine mit Chlorgas gefüllte Flasche, so bedecken sich die Wände der Flasche mit strahligen Nadeln und die noch auf dem Boden befindliche zähe Flüssigkeit verwandelt sich endlich auch in grofse Krystalle von fixem Chlorcyan. — Durch Quecksilberoxyd wird das Chlorhydrocyan unter heftiger Wärmeentwicklung in tropfbares Chlorcyan (V, 157), Cyanquecksilber und Wasser zersetzt. $C^6N^3HCl^2 + HgO = C^4N^2Cl^2 + C^2NHg + HO$. Daher lässt es sich als eine Verbindung von tropfbarem Chlorcyan und Blausäure $= C^2NH, C^4N^2Cl^2$, betrachten.

Die Flüssigkeit löst sich merklich in Wasser; diese Lösung fällt das salpetersaure Silberoxyd weifs. WURTZ.

ζ. Stickstoffkern $C^6N^3Cl^3$.

Fixes Chlorcyan. $C^6N^3Cl^3$.

SERULLAS. *Ann. Chim. Phys.* 35, 291 u. 337; Ausz. *Pogg.* 11, 87. — *Ann. Chim. Phys.* 38, 370; auch *Pogg.* 14, 443; auch *N. Tr.* 18, 2, 131.
LIEBIG u. WÖHLER. *Pogg.* 20, 369; auch *Mag. Pharm.* 33, 137.
LIEBIG. *Pogg.* 34, 604.

Festes Chlorcyan, Chlorure de Cyanogène solide, Perchlorure de Cyanogène. [Prussik]. — Von SERULLAS 1827 entdeckt und für Zweifachchlorcyan gehalten, bis LIEBIG die richtige Zusammensetzung kennen lehrte.

Bildung. 1. Das flüchtige Chlorcyan verwandelt sich von selbst in fixes. LIEBIG. — 2. Beim Einwirken im Sonnenlichte von überschüssigem Chlorgas auf wasserfreie Blausäure, oder auf schwach befeuchtetes Cyanquecksilber, welches jedoch zugleich andere Producte liefert. SERULLAS. $3C^2NH + 6Cl = C^6N^3Cl^3 + 3HCl$. — Beträgt die Blausäure 2- bis 3-mal mehr, als das Chlor zu zersetzen vermag, so entsteht eine gelbe zähe Flüssigkeit, und bei noch mehr Blausäure eine hyacinthrothe beinahe feste Masse, welche an der freien Luft unter einer Art von Aufkochen Blausäure entwickelt, bis weifses fixes Chlorcyan übrig ist. Eben so wird die zähe Flüssigkeit durch Hinzulassen von mehr Chlorgas völlig in das fixe Chlorcyan verwandelt. SERULLAS. — 3. Bei der Zersetzung des erhitzten Schwefelcyankaliums durch trocknes Chlorgas geht, neben Chlorschwefel, fixes Chlorcyan über, 4 bis 5 Proc. betragend und sich in Nadeln sublimirend. LIEBIG.

Darstellung. 1. Man giefst in eine Flasche, welche 1 Liter trocknes Chlorgas hält, 0,82 Gramme wasserfreie Blausäure, nach GAY-LUSSAC bereitet, setzt die verschlossene Flasche 1 bis 3 Tage dem Sonnenlichte aus, wo Verdunstung der Blausäure, Entfärbung des Chlorgases und Bildung einer an den Wandungen herabfliefsenden, sich bald zu weifsen Krystallen von fixem Chlorcyan verdichtenden wasserhellen Flüssigkeit eintritt, treibt das salzsaure Gas, nebst etwa vorhandenem flüchtigen Chlorcyan, mit einem Blasebalg aus der Flasche, bringt wenig Wasser mit Glasstücken hinein, um durch Schütteln das krystallisirte fixe Chlorcyan von den Wandungen loszumachen, giefst Alles in eine Schale aus, nimmt die Glasstücke hinweg, verkleinert das fixe Chlorcyan mit einem Glasstab, wäscht es auf einem Filter wiederholt mit wenig kaltem Wasser aus, bis das Ablaufende nicht mehr Silberlösung trübt (dieses Waschwasser, welches Salzsäure, Cyanursäure und wenig Chlorcyanöl hält, lässt sich zur Bereitung von Cyanursäure nach (V, 143, 2) benutzen), presst das fixe Chlorcyan zwischen Fliefspapier aus, bis es in ein trocknes weifses Pulver verwandelt ist, und reinigt dieses durch ein- bis zweimalige Destillation aus einer kleinen Retorte, wo es in die mit nasser Leinwand abgekühlte Vorlage als eine wasserhelle Flüssigkeit übergeht und dann gesteht.

2. Man leitet trocknes Cyangas über erhitztes Schwefelcyankalium, wobei sich das fixe Chlorcyan theils in Nadeln sublimirt theils, in Chlorschwefel gelöst, übergeht. — Die Nadeln reinigt man vom noch anhängenden Chlorschwefel durch nochmalige Sublimation in einem Gefäfse, durch welches ein anhaltender Strom von Chlorgas geleitet wird. — Der übergegangene Chlorschwefel lässt beim Abdampfen noch Krystalle von fixem Chlorcyan nebst einer gelben Flüssigkeit von hohem Siedpuncte. Aus diesem Rückstande gewinnt man durch Sublimation in einem Chlorstrom das Chlorcyan, während die gelbe Flüssigkeit bleibt. LIEBIG.

Eigenschaften. Glänzende weifse Nadeln (und Blättchen, LIEBIG) von ungefähr 1,320 spec. Gewicht; bei 140° zu wasserheller Flüssigkeit schmelzend, bei 190° siedend. SERULLAS. Dampfdichte 6,35 BINEAU (*Ann. Chim. Phys.* 68, 424). — Riecht, besonders beim Erhitzen, stechend nach Chlor, aber zugleich auffallend nach Mäusen und erregt Thränen. Der Geschmack ist wegen der geringen Löslichkeit schwach, jedoch dem Geruche verwandt. 1 Gran, in Weingeist gelöst, in die Speiseröhre eines Kaninchens gebracht, tödtet es augenblicklich. SERULLAS.

			LIEBIG.	SERULLAS.		Maafs.	Dichte.
6 C	36	19,54			C-Dampf	6	2,4960
3 N	42	22,80			N-Gas	3	2,9118
3 Cl	106,2	57,66	56,91	74,35	Cl-Gas	3	7,3629
$C^6N^3Cl^3$	184,2	100,00				2	12,7707
						1	6,3853

Zersetzungen. 1. Das Chlorcyan löst sich in kaltem Wasser anfangs unzersetzt auf, aber es zerfällt mit ihm, bei Mittelwärme sehr langsam, beim Kochen schneller, und bei Gegenwart eine xen Alkalis augenblicklich in Salzsäure und Cyanursäure. SERULLAS $C^6N^3Cl^3 + 6HO = C^6N^3H^3O^6 + 3HCl$. — 100 Th. Chlorcyan, mit Wasser längere Zeit auf 50 bis 60° erwärmt, verschwinden allmälig, als Salzsäure und yanursäure gelöst; dampft man die Lösung zur völligen Trockne ab, so leiben 70,69 Th. trockne Cyanursäure. LIEBIG. Die Rechnung gibt 70,03 Th. - Beim Kochen des Chlorcyans mit Ammoniak, Wasser und Weingeist erhält an ebenfalls Salmiak und Cyanursäure; aber bei Abwesenheit des Weingeistes rhält man Chlorcyanamid. Dasselbe entsteht auch unter schwacher Wärmeentwicklung, wenn man über gepulvertes Chlorcyan trocknes Ammoniakgas itet. LIEBIG. — 2. Mit Kalium gemengt, zerfällt das fixe Chlorcyan nter Feuerentwicklung in Chlorkalium und Cyankalium. SERULLAS. — $C^6N^3Cl^3 + 6K = 3C^2NK + 3KCl$.

Verbindungen. Es löst sich sehr wenig in *Wasser*. Die sehr lftige Wirkung dieser Lösung beweist, dass sie anfangs unzersetztes Chlorcyan enthält. SERULLAS.

Es löst sich sehr leicht in *Weingeist* und *Aether*, daraus durch Vasser fällbar. SERULLAS. Das in absolutem Weingeist gelöste hlorcyan bleibt unverändert; das in wässrigem verwandelt sich in urzer Zeit unter heftiger Wärmeentwicklung in Dämpfe von Salzäure und sich absetzende Würfel von Cyanursäure. LIEBIG.

Dem fixen Chlorcyan verwandte Verbindungen.

1. Tropfbares Chlorcyan. $C^4N^2Cl^2$?

WURTZ (1847). *Compt. rend.* 24, 438.

Chlorure de Cyanogène liquide.

Entsteht beim Zusammenbringen des Chlorhydrocyans mit Quecksilberoxyd. (, 155.) Um die hierbei eintretende heftige Erhitzung zu vermeiden, mengt an das Quecksilberoxyd mit frisch geschmolzenem und gepulverten Chlorcalum, erkältet das Gemenge stark, fügt das Chlorhydrocyan hinzu, und destillirt nige Stunden später bei stark erkälteter Vorlage.

Das farblose Destillat ist schwerer als Wasser; es krystallisirt bei — 7° langen durchsichtigen Blättern; es kocht bei + 16°. Sein Dampf reizt ftig zum Husten und zu Thränen.

Der Dampf ist nicht entflammbar. — Die Flüssigkeit, mit wenig Kali, nn mit mehr Salpetersäure versetzt, entwickelt kohlensaures Gas und lässt hlorkalium, die Silberlösung fällend, während die wässrige Lösung der unrsetzten Verbindung damit klar bleibt. Wahrscheinlich entsteht zuerst Chlorlium und cyansaures Kali, welches letztere dann beim Zusatz der Salpeterure Kohlensäure und Ammoniak liefert. $C^4N^2Cl^2 + 4KO = 2KCl + 2C^2NKO^2$.

· Die Verbindung löst sich merklich in Wasser. WURTZ.

2. Chlorcyan-Oel.

AY-LUSSAC. *Ann. Chim.* 95, 200; auch *Gilb.* 53, 168; auch *Schw.* 16, 55.
:RULLAS. *Ann. Chim. Phys.* 35, 300. — 38, 391; auch *Pogg.* 14, 443.
OUIS. *Compt. rend.* 21, 226; auch *J. pr. Chem.* 37, 278. — *N. Ann. Chim. Phys.* 20, 140; auch *J. pr. Chem.* 42, 45.

Acide chlorocyanique von GAY-LUSSAC, *gelbe Flüssigkeit* oder *gelbes l* von SERULLAS und BOUIS. — GAY-LUSSAC erhielt dieses Oel zuerst 1815 r sich, doch unterschied Er es noch nicht genau von flüchtigem Chlorcyan. :RULLAS zeigte die Verschiedenheit beider, und suchte, wie auch später OUIS, seine Zusammensetzung auszumitteln.

Darstellung. 1. Man giefst in eine Flasche, welche 1 Lit trocknes Chlorgas hält, 0,82 Gramme wasserfreie Blausäure, na GAY-LUSSAC bereitet, setzt die verschlossene Flasche 1 bis 3 Ta dem Sonnenlichte aus, wo Verdunstung der Blausäure, Entfärbu des Chlorgases und Bildung einer an den Wandungen herabfliefse den, sich bald zu weifsen Krystallen von fixem Chlorcyan verdic tenden wasserhellen Flüssigkeit eintritt, treibt das salzsaure Ga nebst etwa vorhandenem flüchtigen Chlorcyan, mit einem Blaseb aus der Flasche, bringt wenig Wasser mit Glasstücken hinein, u durch Schütteln das krystallisirte fixe Chlorcyan von den Wandung loszumachen, giefst Alles in eine Schale aus, nimmt die Glasstüc hinweg, verkleinert das fixe Chlorcyan mit einem Glasstab, wäs es auf einem Filter wiederholt mit wenig kaltem Wasser aus, das Ablaufende nicht mehr Silberlösung trübt (dieses Waschwass, welches Salzsäure, Cyanursäure und wenig Chlorcyanöl hält, lä sich zur Bereitung von Cyanursäure nach (V, 143, 2) benutzen), pre das fixe Chlorcyan zwischen Fliefspapier aus, bis es in ein trock weifses Pulver verwandelt ist, und reinigt dieses durch ein- bis zw malige Destillation aus einer kleinen Retorte, wo es in die mit nas Leinwand abgekühlte Vorlage als eine wasserhelle Flüssigkeit üb geht und dann gesteht.

2. Man leitet trocknes Cyangas über erhitztes Schwefelcy kalium, wobei sich das fixe Chlorcyan theils in Nadeln sublim, theils, in Chlorschwefel gelöst, übergeht. — Die Nadeln reinigt m vom noch anhängenden Chlorschwefel durch nochmalige Sublimat in einem Gefäfse, durch welches ein anhaltender Strom von Ch gas geleitet wird. — Der übergegangene Chlorschwefel lässt beim dampfen noch Krystalle von fixem Chlorcyan nebst einer gel Flüssigkeit von hohem Siedpuncte. Aus diesem Rückstande gewi man durch Sublimation in einem Chlorstrom das Chlorcyan, währ die gelbe Flüssigkeit bleibt. LIEBIG.

Eigenschaften. Glänzende weifse Nadeln (und Blättchen, LIE) von ungefähr 1,320 spec. Gewicht; bei 140° zu wasserheller F sigkeit schmelzend, bei 190° siedend. SERULLAS. Dampfdichte 6 . BINEAU (*Ann. Chim. Phys.* 68, 424). — Riecht, besonders beim hitzen, stechend nach Chlor, aber zugleich auffallend nach Mäu, und erregt Thränen. Der Geschmack ist wegen der geringen lichkeit schwach, jedoch dem Geruche verwandt. 1 Gran, in W geist gelöst, in die Speiseröhre eines Kaninchens gebracht, tö es augenblicklich. SERULLAS.

			LIEBIG.	SERULLAS.		Maafs.	Dich
6 C	36	19,54			C-Dampf	6	2,49
3 N	42	22,80			N-Gas	3	2,91
3 Cl	106,2	57,66	56,91	74,35	Cl-Gas	3	7,36
$C^6N^3Cl^3$	184,2	100,00				2	12,77
						1	6,38

Zersetzungen. 1. Das Chlorcyan löst sich in kaltem Wa anfangs unzersetzt auf, aber es zerfällt mit ihm, bei Mittelwä sehr langsam, beim Kochen schneller, und bei Gegenwart e fixen Alkalis augenblicklich in Salzsäure und Cyanursäure. SERULLAS $C^6N^3Cl^3 + 6HO = C^6N^3H^3O^6 + 3HCl$. — 100 Th. Chlorcyan, mit Wasser längere Zeit auf 50 bis 60° erwärmt, verschwinden allmälig, als Salzsäure und Cyanursäure gelöst; dampft man die Lösung zur völligen Trockne ab, so bleiben 70,69 Th. trockne Cyanursäure. LIEBIG. Die Rechnung gibt 70,03 Th. — Beim Kochen des Chlorcyans mit Ammoniak, Wasser und Weingeist erhält man ebenfalls Salmiak und Cyanursäure; aber bei Abwesenheit des Weingeistes erhält man Chlorcyanamid. Dasselbe entsteht auch unter schwacher Wärmeentwicklung, wenn man über gepulvertes Chlorcyan trocknes Ammoniakgas leitet. LIEBIG. — 2. Mit Kalium gemengt, zerfällt das fixe Chlorcyan unter Feuerentwicklung in Chlorkalium und Cyankalium. SERULLAS. — $C^6N^3Cl^3 + 6K = 3C^2NK + 3KCl$.

Verbindungen. Es löst sich sehr wenig in *Wasser*. Die sehr giftige Wirkung dieser Lösung beweist, dass sie anfangs unzersetztes Chlorcyan enthält. SERULLAS.

Es löst sich sehr leicht in *Weingeist* und *Aether*, daraus durch Wasser fällbar. SERULLAS. Das in absolutem Weingeist gelöste Chlorcyan bleibt unverändert; das in wässrigem verwandelt sich in kurzer Zeit unter heftiger Wärmeentwicklung in Dämpfe von Salzsäure und sich absetzende Würfel von Cyanursäure. LIEBIG.

Dem fixen Chlorcyan verwandte Verbindungen.

1. Tropfbares Chlorcyan. $C^4N^2Cl^2$?

WURTZ (1847). *Compt. rend.* 24, 438.

Chlorure de Cyanogène liquide.

Entsteht beim Zusammenbringen des Chlorhydrocyans mit Quecksilberoxyd. (V, 155.) Um die hierbei eintretende heftige Erhitzung zu vermeiden, mengt man das Quecksilberoxyd mit frisch geschmolzenem und gepulverten Chlorcalcium, erkältet das Gemenge stark, fügt das Chlorhydrocyan hinzu, und destillirt einige Stunden später bei stark erkälteter Vorlage.

Das farblose Destillat ist schwerer als Wasser; es krystallisirt bei — 7° in langen durchsichtigen Blättern; es kocht bei + 16°. Sein Dampf reizt heftig zum Husten und zu Thränen.

Der Dampf ist nicht entflammbar. — Die Flüssigkeit, mit wenig Kali, dann mit mehr Salpetersäure versetzt, entwickelt kohlensaures Gas und lässt Chlorkalium, die Silberlösung fällend, während die wässrige Lösung der unzersetzten Verbindung damit klar bleibt. Wahrscheinlich entsteht zuerst Chlorkalium und cyansaures Kali, welches letztere dann beim Zusatz der Salpetersäure Kohlensäure und Ammoniak liefert. $C^4N^2Cl^2 + 4KO = 2KCl + 2C^2NKO^2$. — Die Verbindung löst sich merklich in Wasser. WURTZ.

2. Chlorcyan-Oel.

GAY-LUSSAC. *Ann. Chim.* 95, 200; auch *Gilb.* 53, 168; auch *Schw.* 16, 55. SERULLAS. *Ann. Chim. Phys.* 35, 300. — 38, 391; auch *Pogg.* 14, 443. BOUIS. *Compt. rend.* 21, 226; auch *J. pr. Chem.* 37, 278. — *N. Ann. Chim. Phys.* 20, 446; auch *J. pr. Chem.* 42, 45.

Acide chlorocyanique von GAY-LUSSAC, *gelbe Flüssigkeit* oder *gelbes Oel* von SERULLAS und BOUIS. — GAY-LUSSAC erhielt dieses Oel zuerst 1815 für sich, doch unterschied Er es noch nicht genau von flüchtigem Chlorcyan. SERULLAS zeigte die Verschiedenheit beider, und suchte, wie auch später BOUIS, seine Zusammensetzung auszumitteln.

Bildung. Beim Einwirken des Chlors auf viele Cyanverbindungen: Cyangas mit Chlorgas im Sonnenlichte, GAY-LUSSAC; bei Gegenwart von Feuchtigkeit, SERULLAS. Wasserfreie Blausäure und feuchtes Chlorgas im Sonnenlichte, GAY-LUSSAC, SERULLAS; auch wenn man Chlorgas durch concentrirte wässrige Blausäure leitet, legen sich ölige Tropfen an die Wandungen an, GAY-LUSSAC. — Trocknes Cyanquecksilber und Chlorgas im Sonnenlichte. GAY-LUSSAC. Die Wirkung ist in 10 Tagen beendigt; es entsteht blofs Oel, kein Chlorcyan. SERULLAS. In Wasser vertheiltes gepulvertes oder in Wasser gelöstes Cyanquecksilber und Chlorgas im Sonnenlichte. SERULLAS. Bei diesen Zersetzungen des Cyanquecksilbers scheint anfangs Chlorquecksilber und flüchtiges Chlorcyan zu entstehen, welches aber durch das überschussige Chlor zersetzt, und in das Oel verwandelt wird. SERULLAS. — Hierbei entwickeln sich Kohlensäure und flüchtiges Chlorcyan, und im Wasser findet sich Salzsäure, Salmiak und Einfachchlorquecksilber gelöst. BOUIS. — Auch scheint dasselbe gelbe Oel beim Erhitzen von fixem Chlorcyan in einem Strom von Chlorgas zu entstehen. vgl. LIEBIG (*Ann. Pharm.* 10, 42).

Darstellung. Man giefst die concentrirte wässrige Lösung von 5 Gramm Cyanquecksilber in eine mit Chlorgas gefüllte 1-Literflasche, und setzt diese der Sonne aus; in 1—2 Stunden fliefsen Oeltropfen an den Wandungen herunter und in 4 Stunden ist bei starkem Sonnenlicht die Wirkung beendigt. Im Tageslicht dauert die Zersetzung länger und liefert weniger Oel. Man scheidet das Oel mechanisch vom darüberstehenden Wasser, wobei viel flüchtiges Chlorcyan verdunstet, und hebt es in Röhren unter Wasser auf. SERULLAS. — BOUIS verfährt ebenso, nur dass Er eine kochend gesättigte Lösung des Cyanquecksilbers heifs in die mit Chlor gefullten Flaschen giefst. Die zuerst erzeugten Krystalle von Cyanquecksilber lösen sich bald, und werden durch längliche Krystalle ersetzt, die jedoch mehr zufällig zu sein scheinen; hierauf zeigen sich die Oeltropfen. Das Chlor muss wiederholt ersetzt werden, bis es sich nicht mehr entfärbt. Im starken Sonnenlicht des Sommers dauert die Sättigung mit Chlor 2 Stunden, im Winter 2 bis 3 Wochen. 4 Th. Cyanquecksilber liefern 1 Th. Oel. BOUIS.

Eigenschaften. Gelbes Oel, schwerer als Wasser. Riecht sehr stechend, dem flüchtigen Chlorcyan ähnlich, und eigenthümlich gewürzhaft, macht heftiges Thränen, und erregt Husten. Es wirkt lange nicht so giftig, wie das Chlorcyan, und tödtet Kaninchen bei ziemlich starker Gabe erst in mehreren Stunden. Es röthet in frischem Zustande nicht Lackmus, und fällt nicht Silberlösung. SERULLAS. Sein Siedpunct liegt wenigstens so hoch, wie der des Vitriolöls. LIEBIG. Es gibt auf Papier Fettflecken, die beim Erwärmen verschwinden; es schmeckt sehr ätzend. BOUIS.

Nach gutem Waschen über Chlorcalcium getrocknet.			BOUIS.
12 C	72	11,54	10,67
4 N	56	8,98	8,38
14 Cl	495,6	79,48	78,63
$C^{12}N^4Cl^{14}$	623,6	100,00	97,68

Lässt sich betrachten als $C^8N^4Cl^8,C^4Cl^6$. Seine Bildung erklärt sich auf folgende Weise: $8\,C^2N$ bilden mit 16 Cl $2\,C^8N^4Cl^8$; hiervon bleibt das eine $C^8N^4Cl^8$ unzersetzt; das andere zerfällt mit dem Wasser in Anderthalbchlorkohlenstoff (das sich im *Status nascens* mit dem unzersetzt gebliebenen $C^8N^4Cl^8$ zum Chlorcyanöl vereinigt), und in Salmiak, Kohlensäure und Stickstoff, nach folgender Gleichung: $C^8N^4Cl^8 + 8\,HO = C^4Cl^6 + 2\,NH^4Cl + 4\,CO^2 + 2\,N$. BOUIS. [Aber das Chlorcyanöl erzeugt sich nach GAY-LUSSAC und SERULLAS auch beim Einwirken von trocknem Chlor auf trocknes Cyanquecksilber]. — SERULLAS betrachtet das Chlorcyanöl als ein Gemisch von Chlorcyan, welches etwa ein mittleres, tropfbares [etwa die Verbindung V, 157?] sein könnte, von Einfachchlorkohlenstoff und von Chlorstickstoff; der Schluss, das Oel müsse bei Gehalt an Chlorstickstoff verpuffende Eigenschaften besitzen, zeigt sich ungegründet, denn Chlorcyanöl, zu welchem man Chlorstickstoff mischt, zeigt mit Phosphor zwar eine stärkere Gasentwicklung, als Chlorcyanöl für sich, aber keine Verpuffung. SERULLAS. — Aber nach BOUIS verpufft das Chlorcyanöl schon fur sich beim Erhitzen. s. u.

Zersetzungen. Das Chlorcyanöl, sowohl im trocknen als im feuchten Zustande aufbewahrt, setzt unter blasserer Färbung Krystalle von Anderthalbchlorkohlenstoff ab. Bouis. In einem (wegen der leicht eintretenden Verpuffung) allmälig zu erhitzenden Wasserbade sehr behutsam destillirt, kocht es schon bei mäfsiger Wärme und liefert unter Entwicklung von kohlensaurem und Stick-Gas ein farbloses Destillat, aus welchem beim Erkalten Anderthalbchlorkohlenstoff anschiefst. Wiederholt man die Destillation, wobei sich kein Gas mehr entwickelt, einige Male, immer blofs den flüchtigeren Theil auffangend, und den daraus in der Kälte anschiefsenden Anderthalbchlorkohlenstoff scheidend, so erhält man ein *eigenthümliches Destillat.* Bouis.

Dieses *eigenthümliche wasserhelle Destillat* ist schwerer als Wasser, fängt bei 85° zu kochen an, unter fortwährendem Steigen des Siedpunctes, riecht sehr stark reizend, schmeckt ätzend und röthet stark Lackmus. Nach dem Trocknen über Chlorcalcium hält es 12,09 Proc. C, 5,00 N und 81,26 Cl (Verlust 1,65), ist also $= C^{20}N^4Cl^{22}$; $= C^8N^4Cl^4 + 3C^4Cl^6$. Es brennt mit rother, grüngesäumter Flamme. Es liefert mit Ammoniak Salmiak, Anderthalbchlorkohlenstoff und andere Producte. Es löst sich nicht in Wasser, aber leicht in Weingeist und besonders in Aether. Bouis. — Die Bildung dieses wasserhellen Destillats aus dem Chlorcyanöl ist auf folgende Weise zu erklären: Die Verbindung $C^8N^4Cl^8$, die sich neben C^4Cl^6 im Chlorcyanöl annehmen lässt, zerfällt in Stickgas, in Anderthalbchlorkohlenstoff und in $C^8N^4Cl^4$ nach folgender Gleichung: $2\,C^8N^4Cl^8 = 4\,N + 2\,C^4Cl^6 + C^8N^4Cl^4$. Dieses $C^8N^4Cl^4$ bildet dann mit $3\,C^4Cl^6$ das wasserhelle Destillat, oder, was dasselbe ist: $2\,C^{12}N^4Cl^{14} = 4\,N + C^4Cl^6 + C^{20}N^4Cl^{22}$. Bouis.

Wird das Chlorcyanöl rasch erhitzt, so verpufft es heftig; z. B. einige Tropfen Oel, in einer Glasröhre in Wasser von 85° getaucht; oder beim Zuschmelzen der Spitze einer Glaskugel, die Chlorcyanöl hält. Bouis. Hat man dagegen das Chlorcyanöl durch sehr allmäliges Erwärmen in einem Wasserbade zum Kochen gebracht, so ist, wenn das Kochen einige Minuten anhielt, die Gefahr der Explosion vorüber, und man kann die Destillation über offenem Feuer fortsetzen. Bouis. — [Dieser Umstand scheint doch für die Gegenwart von Chlorstickstoff zu sprechen, welcher sich im Anfange der Destillation verflüchtigt.]

Bei der Destillation des Chlorcyanöls über ein Gemenge von Chlorcalcium und kohlensaurem Kalk geht unter reichlicher Gasentwicklung zuerst eine sehr stechend riechende, saure, farblose Flüssigkeit über, hierauf ein krystallisches Sublimat und im Rückstand bleibt Kohle. Wird das erhaltene farblose Destillat wiederholt über frisches Gemenge von Chlorcalcium und kohlensaurem Kalk destillirt, so erhält man kein Gas mehr, aber wieder weifse Krystalle von Anderthalbchlorkohlenstoff, und das Destillat wird, wiewohl der kohlensaure Kalk jedesmal Chlor zurückhält, ein noch viel saureres und stechender riechendes Destillat, welches sich wie ein Gemisch von Einfachchlorkohlenstoff und Salzsäure verhält. Serullas.

Das Chlorcyanöl, unter Wasser aufbewahrt, entwickelt unter allmäliger Entfärbung fortwährend, selbst 1 Jahr lang, Blasen eines Gemengs von 3 Maafs Stickgas und 1 Maafs kohlensaurem Gas, und scheidet weifse Flocken oder Krystalle von Anderthalbchlorkohlenstoff ab, während in das Wasser Salzsäure übertritt. Diese Zersetzung erfolgt bei 100° viel schneller, aber die Producte, so wie das Verhältniss von Stickgas und kohlensaurem Gas bleiben dieselben. Serullas. — [Die Erklärung, welche Serullas von dieser Zersetzung gibt, ist nicht befriedigend.]

Unter Wasser entwickelt das Chlorcyanöl fortwährend Stickgas und kohlensaures Gas. Das gut mit Wasser gewaschene Chlorcyanöl, welches Lackmus nicht röthet, wird in wenigen Augenblicken stark sauer durch fortwährend sich bildende Salzsäure. Befindet sich das Chlorcyanöl unter Wasser in einer mit Chlorgas gefüllten Flasche, so setzt es im Sonnenlichte, unter Entwicklung von Stickgas und Kohlensäuregas, Krystalle von Anderthalbchlorkohlenstoff ab. Bouis.

Das Chlorcyanöl verbrennt beim Entzünden ohne Explosion und ohne Rückstand mit rother, wenig rufsender Flamme. Es lässt sich mit Kupferoxyd analysiren, ohne dass eine Verpuffung einträte. Bouis.

Chlor wirkt nicht zersetzend. Bouis.

Kalte concentrirte Salpetersäure wirkt auf das Chlorcyanöl anfangs nicht ein; bei gelindem Erwärmen entwickelt es unter Kochen Ströme von Gas, die das Gefäfs zerschmettern. Lässt man die kalte Säure in den ersten 2 Stunden ruhig einwirken, und erwärmt erst dann das Gemisch sehr langsam in einer Retorte, so entwickelt es kohlensaures Gas, Stickgas, gelbliche salpetrige und zugleich stark riechende Dämpfe, und liefert ein oberes Destillat, aus Salpetersäure bestehend, und ein unteres öliges. Destillirt man letzteres wiederholt, was über offenem Feuer geschehen kann, indem man immer blofs die ersten Antheile auffängt und von den mit übergegangenen oder aus dem Destillat anschiefsenden Krystallen von Anderthalbchlorkohlenstoff scheidet, wäscht, wenn sich bei weiterer Destillation keine Krystalle mehr zeigen, die Flussigkeit mit Wasser, trocknet sie [über Chlorcalcium], und destillirt man sie nochmals theilweise, so erhält man die *Flüssigkeit* $C^{12}N^4Cl^{14}O^4$.

Diese *Flüssigkeit* $C^{12}N^4Cl^{14}O^4$ ist wasserhell, schwerer als Wasser, sehr flüchtig, riecht noch durchdringender und reizender als das Chlorcyanöl, gibt auf Papier Oelflecken, die beim Erwärmen verschwinden, schmeckt höchst sauer und ätzend und erzeugt an der Luft Nebel. Sie hält 10,18 Proc. C, 8,53 N, 75,80 Cl und 5,49 O. Sie brennt mit röthlicher Famme, und löst sich nicht in Wasser, aber in Weingeist und Aether. Bouis.

Leitet man trocknes Ammoniakgas langsam über das Chlorcyanöl, so trübt sich dieses und erstarrt unter Warmwerden bald zu einer weifsen Masse; diese wird hierauf roth, und erhitzt sich noch stärker; auch bedecken sich die Wandungen mit einer rothen Substanz, worin weifse Krystalle. Die Masse löst sich sehr wenig in Wasser, und theilweise, unter Rücklassung eines rothen Pulvers, in Weingeist und Aether; die Lösung röthet schwach Lackmus, fällt Silberlösung und setzt beim Verdunsten Krystalle von Anderthalbchlorkohlenstoff ab. — Wässriges Ammoniak entwickelt mit dem Chlorcyanöl ein Gas von starkem durchdringenden Geruch, und setzt anfangs eine weifse Masse von Salmiak ab, dann bei längerem Stehen eine gelbe, später ziegelroth werdende Krystallmasse. Auch diese Masse löst sich nicht in Wasser, und nur einem Theil nach in Weingeist oder Aether. Die weingeistige Lösung, mit Wasser verdünnt, liefert Krystalle von Anderthalbchlorkohlenstoff. Der nicht in Weingeist lösliche ziegelrothe Körper löst sich in Salpetersäure und unter Ammoniakentwicklung in Kali. Mit Kalium erhitzt, verbindet er sich damit unter Entwicklung von Licht und Ammoniak zu einer schmelzenden Masse, die bei fortgesetztem Erhitzen grünlich wird. Nach dem Erkalten löst sie sich in Wasser, bis auf wenig weifse gallertartige, in Säuren lösliche Masse. Bouis.

Mit Kalium lässt sich das Chlorcyanöl in der Kälte zusammenkneten, aber bei gelindem Erwärmen erfolgt heftige Verpuffung; ebenso, wenn man das Oel mit Kalium über Quecksilber gelinde erwärmt, dann etwas Salzsäure hinzulässt und etwas schuttelt. Tröpfelt man das Oel auf, in einer Schale gelind erwärmtes, Kalium, so erfolgt gelinde Verbrennung mit grünweifser Flamme; bringt man dann mit einem Glasstabe frisches Oel hinzu, so erfolgen, so oft man drückt, wiederholte Verpuffungen, neben einem stechenden Geruch nach Chlorcyan und einem weifsen Nebel, wohl von Chlorkalium. Die rückständige Kaliummasse, in Wasser gelöst, gibt mit Eisensalz und Salzsäure Berlinerblau. Auch die durch Destillation uber Chlorcalcium und kohlensaurem Kalk erhaltene farblose Flüssigkeit, welche keinen Chlorstickstoff mehr enthalten möchte, gibt mit Kalium ein in der Wärme verpuffendes Gemenge. Serullas. — Schon bei starkem Drücken mit Kalium bewirkt das Chlorcyanöl eine heftige Verpuffung mit rother Flamme. Bouis.

Verbindungen. Das Chlorcyanöl löst sich nicht in Wasser, aber leicht in *Weingeist*, daraus durch Wasser fällbar, wobei es farblos und zum Theil in eine weifse feste Materie von campherartigem, aber zugleich stechenden Geruch verwandelt erscheint. Serullas. — Nach Bouis wird das Oel durch das Wasser unter milchiger Trübung unverändert gefällt. — Auch löst sich das Oel in Aether. Bouis.

η. Stickstoffkern $C^6N^3AdH^2$?

Product aus dem Harnstoff.

$C^6N^4H^4O^4 = C^6N^3AdH^2,O^4$?

WÖHLER u. LIEBIG (1845). *Ann. Pharm.* 54, 371.
LIEBIG. *Ann. Pharm.* 57, 114; — 58, 249 u. 255.
GERHARDT. *N. J. Pharm.* 8, 388.
LAURENT u. GERHARDT. *Compt. rend.* 22, 456. — *N. Ann. Chim Phys.* 19, 93.

Bildung (IV, 292).

Darstellung. Bei sehr langsamem Erhitzen des Harnstoffs in einer Retorte bis zu einem gewissen Puncte bleibt ein Gemenge dieses Productes mit einer wechselnden Menge von Cyanursäure, welche man durch Auskochen mit Wasser entfernt. WÖHLER u. LIEBIG. — LAURENT u. GERHARDT erhitzen den Harnstoff in einer Schale bis über den Schmelzpunct, bis er sich unter Kochen und unter Entwicklung von Kohlensäure und kohlensaurem Ammoniak erst in einen Teig, dann in eine trockne Masse verwandelt hat, und waschen mit Wasser aus. So erhält man von 2 Th. Harnstoff ungefähr 1 Th. Rückstand. War durch zu starkes Erhitzen ein Theil in Mellon verwandelt, so zieht man das Product durch kochendes Ammoniak oder schwache Kalilauge aus, filtrirt vom Mellon ab, und fällt das Product durch Salpetersäure.

Eigenschaften. Schneeweifses, kreideähnliches Pulver. WÖHLER u. LIEBIG.

		Bei 100° getrocknet.		LAURENT u. GERHARDT.
6 C		36	28,12	27,9
4 N		56	43,75	
4 H		4	3,13	3,2
4 O		32	25,00	
$C^6N^4H^4O^4$		128	100,00	

Nach der Formel $C^6N^2Ad^2O^2,O^2$ wäre die Verbindung ein Aldid, nach der Formel $C^6N^3AdH^2,O^4$ ist sie eine Säure, wofür mehrere ihrer Verhältnisse zu Salzbasen, so wie ihre Aehnlichkeit mit dem Hydrothiomellon (V, 162) sprechen. — GERHARDT u. LAURENT halten diesen Rückstand mit LIEBIG's Ammelid für einerlei.

Zersetzungen. 1. Der Rückstand lässt beim Erhitzen gelbes Mellon. WÖHLER u. LIEBIG. Er zerfällt beim Erhitzen, ohne eine Spur Wasser zu geben, in Ammoniak und Cyansäure, die sich verflüchtigen, in Cyanursäure, die sich sublimirt, und in Mellon. $6C^6N^4H^4O^4 = 3NH^3 + 3C^2NHO^2 + 3C^6N^3H^3O^6 + C^{12}N^9H^3$. LAURENT u. GERHARDT. — 2. Er verwandelt sich beim Kochen mit Säuren oder Alkalien in Ammoniak und Cyanursäure. WÖHLER u. LIEBIG. $C^6N^4H^4O^4 + 2HO = C^6N^3H^3O^6 + NH^3$.

Verbindungen. Der Rückstand löst sich nicht in Wasser; leicht in Säuren und Alkalien, daraus durch Neutralisiren fällbar. WÖHLER u. LIEBIG.

Aus der Lösung in Ammoniak fällt Weingeist eine Verbindung, welche an der Luft ihr Ammoniak fast ganz verliert. — Der aus der Lösung in Kalilauge durch Weingeist erhaltene Niederschlag hält blofs 6,9 Proc. Kali, welches durch öfteres Waschen mit Wasser fast ganz entzogen wird. LAURENT u. GERHARDT.

Die gesättigte Lösung des Harnstoffrückstandes in kochendem Ammoniak gibt mit wässrigem salpetersauren Silberoxyd einen Niederschlag, welcher nach dem Trocknen bei 100° 46 Proc. Silber hält, also: $C^6N^4H^3AgO^4$, und ohne Zweifel mit dem von KNAPP erhaltenen Ammelid-Silberoxyd (V, 167) einerlei ist. LAURENT u. GERHARDT.

Hydrothiomellon.

$$C^6N^4H^4S^4 = C^6N^3AdH^2,S^4.$$

JAMIESON (1846). *Ann. Pharm.* 59, 340.

Hydroschwefelmellonsäure, Schwefelmellonwasserstoffsäure, Acide hydrosulfo-mellonique, Ammelide sulfuré.

Bildung (IV, 490, 5).

Darstellung. Man sättigt die ziemlich concentrirte wässrige Lösung von Hydrothionschwefelkalium, zuletzt unter Erhitzen bis zum Kochen, mit Pseudoschwefelcyan, filtrirt, erhält die Flüssigkeit 10 bis 12 Stunden im Kochen, und neutralisirt sie nach dem Erkalten mit Essigsäure, wodurch man einen starken Niederschlag von mit Schwefel gemengtem Hydrothiomellon erhält. Ein Theil desselben bleibt in der Flüssigkeit gelöst und lässt sich durch Abdampfen gewinnen. — Man behandelt den mit Wasser gut gewaschenen Niederschlag mit kaltem Ammoniak, welches fast allen Schwefel ungelöst lässt, stellt das Filtrat an einen warmen Ort, bis jede Spur von Schwefelammonium verschwunden ist, kocht es so lange mit Thierkohle, bis der durch eine Mineralsäure mit einer Probe erzeugte Niederschlag rein weifs ist, und fällt dann sämmtliche Flüssigkeit nach dem Filtriren durch eine Säure.

Eigenschaften. Das Hydrothiomellon krystallisirt aus kochendem Wasser in weifsen feinen Nadeln; aus einem Salze wird es als weifses Pulver gefällt. Es ist geschmacklos. In seiner wässrigen Lösung röthet es Lackmus.

			JAMIESON.
6 C	36	22,50	22,56
4 N	56	35,00	35,08
4 H	4	2,50	2,68
4 S	64	40,00	39,94
$C^6N^4H^4S^4$	160	100,00	100,26

Der Harnstoffrückstand, in welchem O durch S vertreten ist. GERHARDT u. LAURENT (*N. J. Pharm.* 11, 229 und *N. Ann. Chim. Phys.* 20, 118).

Zersetzungen. 1. Das Hydrothiomellon entwickelt über 140 bis 150° Hydrothion und lässt Mellon. — 2. Es wird durch heifse Salpetersäure in Cyanursäure verwandelt. — 3. Beim Erhitzen mit Schwefelsäure oder Salzsäure liefert es unter Entwicklung von Hydrothion Cyanursäure. Zugleich muss Ammoniak entstehen, nach folgender Gleichung: $C^6N^4H^4S^4 + 6\,HO = C^6N^3H^3O^6 + 4\,HS + NH^3$. GERHARDT u. LAURENT.

Verbindungen. Das Hydrothiomellon löst sich kaum in kaltem Wasser, nur sehr wenig in kochendem, daraus beim Erkalten krystallisirend.

Es vereinigt sich mit Salzbasen unter Ausstofsen von 1 At. Wasser.

Schwefelmellonkalium. — Kalilauge heifs mit Hydrothiomellon gesättigt und heifs filtrirt, liefert beim Erkalten farblose, glasglänzende Säulen des 2- und 2-gliedrigen Systems. Diese verlieren bei 100° viel Wasser, aber erst bei 120° alles, 11,73 Proc. (3 At.) betragend. Bei weiterem Erhitzen entwickelt die Verbindung Schwefelammonium und Blausäure, und lässt einen Rückstand, dessen wässrige Lösung mit Salzsäure einen gallertartigen Niederschlag gibt. — Das Schwefelmellonkalium löst sich sehr leicht in Wasser und Weingeist; aus der wässrigen Lösung fällt Chlorgas eine weifse Substanz, vielleicht = $C^6N^4H^3S^4$.

	Bei 120° getrocknet.		JAMIESON.
6 C	36	18,16	
4 N	56	28,25	
3 H	3	1,52	
K	39,2	19,78	19,70
4 S	64	32,29	
$C^6N^4H^3KS^4$	198,2	100,00	

Schwefelmellonnatrium. — Ebenso darzustellen. Durchscheinende fettglänzende breite Tafeln, bei schnellem Abkühlen der Lösung perlglänzende Blättchen, welche bei 120° 12,89 Proc. (3 At.) Wasser verlieren, und die trockne Verbindung ($= C^6N^4H^3NaS^4$) lassen, worin 12,66 Proc. Natrium.

Schwefelmellonbaryum. — Man kocht das Hydrothiomellon mit kohlensaurem Baryt und Wasser, bis kein Aufbrausen mehr erfolgt, filtrirt und dampft zum Krystallisiren ab. Farblose diamantglänzende Nadeln, welche bei 120° 16,62 Proc. (5 At.) Wasser verlieren.

	Bei 120° getrocknet.		JAMIESON.
6 C	36	15,82	16,04
4 N	56	24,60	23,90
3 H	3	1,31	1,43
Ba	68,6	30,15	30,45
4 S	64	28,12	28,21
$C^6N^4H^3BaS^4$	227,6	100,00	100,03

Schwefelmellonstrontium. — Ebenso bereitet. Grofse durchscheinende wachsglänzende Tafeln des 4gliedrigen Systems, welche bei 120° 14,95 Proc. (4 At.) Krystallwasser verlieren, und die trockne Verbindung lassen, welche 20,80 Proc. Strontium hält.

Schwefelmelloncalcium. — Ebenso bereitet. Farblose glasglänzende Krystalle des 1- und 1-gliedrigen Systems, denen des Axinits ähnlich. Sie verlieren bei 120° 11,21 Proc. (2 At.) Krystallwasser, und lassen das trockne Salz, welches 11,23 Proc. Calcium hält.

Schwefelmellonmagnium. — Ebenso bereitet. Kleine glasglänzende Nadeln, leicht in Wasser löslich, bei 120° 23,93 Proc. (6 At.) Wasser verlierend, und einen Rückstand lassend, worin 7,24 Proc. Magnium.

Schwefelmellonsilber. — Die Lösung des Hydrothiomellons in wässrigem Ammoniak gibt mit salpetersaurem Silberoxyd dicke, weifse, in Wasser ganz unlösliche Flocken, sich weder im Lichte schwärzend, noch bei 100° zersetzend. JAMIESON.

	Bei 100° getrocknet.		JAMIESON.
6 C	36	13,49	13,55
4 N	56	20,97	21,07
3 H	3	1,12	1,31
Ag	108	40,45	40,67
4 S	64	23,97	24,01
$C^6N^4H^3AgS^4$	267	100,00	100,61

ϑ. Stickstoffkern $C^6N^3Ad^2H$.

Ammelin. $C^6N^5H^5O^2 = C^6N^3Ad^2H,O^2$?

LIEBIG (1834). *Ann. Pharm.* 10, 24; auch *Pogg.* 34, 592.
KNAPP. *Ann. Pharm.* 21, 243 u. 255.
VÖLCKEL. *Pogg.* 62, 90.

Bildung. 1. Beim Kochen des Melams mit Salzsäure oder verdünnter Schwefelsäure oder Kalilauge (hier neben Melamin). LIEBIG. — 2. Beim Kochen von Melamin mit verdünnter Salpetersäure. KNAPP.

Darstellung. Nachdem aus der Lösung des Melams in kochender Kalilauge das Melamin angeschossen ist (V, 169), lässt sich aus der Mutterlauge das Ammelin durch Essigsäure, Salmiak oder kohlensaures Ammoniak als ein dicker weifser Niederschlag fällen. Man löst diesen nach dem Waschen mit Wasser in verdünnter Salpetersäure, lässt hieraus das salpetersaure Ammelin anschiefsen, löst dieses in Wasser, dem etwas Salpetersäure zugefügt ist, und fällt daraus das Ammelin durch Ammoniak oder kohlensaures Kali, wäscht und trocknet. LIEBIG. — VÖLCKEL löst sein Polien in kochender concentrirter Salzsäure und fällt hieraus durch Ammoniak das Ammelin.

Eigenschaften. Schneeweifses voluminoses Pulver, nach der Fällung durch Ammoniak seidenglänzend. LIEBIG.

			LIEBIG.	KNAPP.	VÖLCKEL.
6 C	36	28,33	28,46	28,04	28,28
5 N	70	55,12	54,94	54,12	55,00
5 H	5	3,95	3,97	3,83	4,00
2 O	16	12,60	12,63	14,01	12,72
$C^6N^5H^5O^2$	127	100,00	100,00	100,00	100,00

Nach LIEBIG = $3Cy,2NHO^2,3H$. [Ertheilt man der Verbindung die Formel $C^6N^3Ad^2H,O^2$, so würde sie ein Amid-haltendes Aldid sein, welches gleich dem Harnstoff schwach basische Eigenschaften besitzt; bei der Formel $C^6N^4AdHO^2,H^2$ wäre sie ein Alkaloid, in deren Kern jedoch auf 6 C nicht 6, sondern 8 At. andere Stoffe enthalten wären; bei der Formel C^6N^4AdH,H^2O^2 wäre sie ein Alkohol.]

Zersetzungen. 1. Das Ammelin liefert beim Erhitzen Ammoniak und ein krystallisches Sublimat und lässt gelbes Mellon. LIEBIG. Nach LAURENT u. GERHARDT (*N. Ann. Chim. Phys.* 19, 95) zerfällt es hierbei in Ammoniak, Cyanursäure und Mellon, aber die Cyanursäure verflüchtigt sich dann als Cyansäure. Sie geben hierfür folgende Gleichung: $3C^6N^5H^5O^2 = 3NH^3 + C^6N^3H^3O^6 + C^{12}N^9H^3$. — 2. Es wird durch Lösen in Vitriolöl in Ammoniak und Ammelid zersetzt, welches sich durch Weingeist fällen lässt. LIEBIG. $2\,C^6N^5H^5O^2 + 2\,HO = C^{12}N^9H^9O^6 + NH^3$. — (Oder nach LAURENT u. GERHARDT, welche das Ammelid als $C^6N^4H^4O^4$ betrachten: $C^6N^5H^5O^2 + 2\,HO = C^6N^4H^4O^4 + NH^3$). Auch bei längerem Kochen mit verdünnter Salpetersäure zerfällt das Ammelin in Ammoniak und Ammelid, welches dann bei noch längerem, 14stündigen Kochen völlig in Ammoniak und Cyanursäure zerfällt. KNAPP. — 3. Beim Zusammenschmelzen mit Kalihydrat entwickelt das trockne Ammelin unter starkem Aufblähen Ammoniak und Wasser, während reines cyansaures Kali bleibt. LIEBIG. $C^6N^5H^5O^2 + 4\,HO = 3\,C^2NHO^2 + 2\,NH^3$.

Verbindungen. Das Ammelin löst sich nicht in Wasser.

Das Ammelin verhält sich gegen starke Säuren als eine schwache Basis, löst sich aber nicht in Essigsäure, und vermag nicht die Ammoniaksalze zu zersetzen. Es bildet mit den meisten Säuren krystallisirbare Salze. Diese werden durch Wasser theilweise zersetzt, welches unter Rücklassung von Ammelin, in Gestalt eines weifsen Pulvers, eine saure Lösung bildet; diese wird durch kohlensaure Alkalien weifs gefällt. LIEBIG.

Salpetersaures Ammelin. — Die Lösung des Ammelins in verdünnter Salpetersäure liefert beim Abdampfen lange wasserhelle, stark glänzende und stark das Licht brechende quadratische Säulen. Diese, bis zu dem Functe erhitzt, bei welchem die breiartig gewordene Masse wieder fest wird, zersetzen sich in Salpetersäure, Stickoxydul und Wasser (Zersetzungsproducte des sich zuerst bildenden salpetersauren Ammoniaks) und in zurückbleibendes Ammelid. $2C^6N^6H^6O^8 = C^{12}N^9H^9O^6 + NH^3 + 2NO^5$. Wasser zersetzt die Krystalle in freies Ammelin und in eine saure Lösung; aus ihrer gesättigten Lösung in wässriger Salpetersäure fällt mehr Wasser einen Theil des Ammelins. LIEBIG.

	Krystallisirt.		LIEBIG.
6 C	36	18,95	19,02
6 N	84	44,21	44,05
6 H	6	3,16	3,20
8 O	64	33,68	33,73
$C^6N^5H^5O^2,HO,NO^5$	190	100,00	100,00

Das Ammelin löst sich in wässrigem *Kali*, daraus durch Essigsäure, Salmiak und kohlensaures Ammoniak fällbar.

Ammelin-Silberoxyd. — Die Lösung des Ammelins in concentrirtem Ammoniak gibt mit Salpetersäure einen weifsen Niederschlag, welcher 46,4 Proc. Silber hält, also = $C^6N^5H^4AgO^2$ ist. LAURENT u. GERHARDT.

Salpetersaures Silberoxyd-Ammelin. — Salpetersaures Ammelin mit salpetersaurem Silberoxyd setzt einen weifsen krystallischen Niederschlag ab, welcher beim Trocknen kein Wasser verliert. LIEBIG.

			LIEBIG.
6 C	36	12,12	12,70
6 N	84	28,28	29,42
5 H	5	1,68	1,77
AgO	116	39,06	38,13
7 O	56	18,86	17,98
$C^6N^5H^5O^2,AgO,NO^5$	297	100,00	100,00

Das Ammelin löst sich nicht in Weingeist und Aether. LIEBIG.

Ammelid.

$$C^{12}N^9H^9O^6 = C^6N^3Ad^2H,O^2 + C^6N^3AdH^2,O^4 ?$$

LIEBIG (1834). *Ann. Pharm.* 10, 30; auch *Pogg.* 34, 597. — *Ann. Pharm.* 58, 249.
KNAPP. *Ann. Pharm.* 21, 244.

Bildung. Bei der Behandlung des Melams, Melamins oder Ammelins mit Schwefelsäure oder Salpetersäure. LIEBIG, KNAPP.

Darstellung. 1. Man löst Melam oder Ammelin in Vitriolöl, oder Melamin in kochender concentrirter Salpetersäure, fällt daraus das Ammelid durch Weingeist oder durch kohlensaures Kali, und wäscht den dicken weifsen Niederschlag mit Wasser aus. LIEBIG. — 2. Man sättigt sehr schwach erwärmte Salpetersäure von 1,49 spec. Gew. mit Melam, lässt die Lösung erkalten, wobei sie durch Ausscheidung des Ammelids erstarrt, wäscht dieses mit Wasser aus, löst es, zur Entfernung von beigemengtem Ammelin und Cyanursäure, in Salpetersäure, fällt es daraus durch überschüssiges Ammoniak, welches die Cyanursäure gelöst erhält, löst den Niederschlag wieder in Salpetersäure, fällt ihn durch einen schwachen Ueberschuss von Kali, vertheilt den Niederschlag, welcher Kali fest gebunden hält, in mit wenig Schwefelsäure versetztem Wasser, wodurch Kali und Ammelin entzogen werden, und wäscht das so gereinigte Ammelid mit Wasser. KNAPP. — 3. Man erhitzt salpetersaures Ammelin, bis die anfangs breiartig gewordene Masse wieder fest wird. LIEBIG. KNAPP löst diesen Rückstand noch in Schwefelsäure, fällt durch Weingeist und wäscht aus.

Eigenschaften. Weifses Pulver, ohne Wirkung auf Pflanzenfarben. LIEBIG.

			LIEBIG.	KNAPP.
12 C	72	28,24	27,54	28,06
9 N	126	49,41	47,84	48,76
9 H	9	3,53	3,61	3,55
6 O	48	18,82	21,01	19,63
$C^{12}N^9H^9O^6$	255	100,00	100,00	100,00

Nach LIEBIG = 6 Cy + 3 NHO^2 + 6 H. [Lässt sich betrachten als Ammelin + Harnstoffproduct (V, 161) = $C^6N^5H^5O^2 + C^6N^4H^4O^4$, oder als cyanursaures Melamin: $C^{12}N^9H^9O^6 = C^6N^6H^6,C^6N^3H^3O^6$]. — LAURENT u. GERHARDT (*Compt. rend.* 18, 156; 22, 456) erklären das Ammelid für einerlei mit dem gedachten Harnstoffproduct, ohne jedoch eine Analyse angestellt zu haben.

Zersetzungen. 1. Das Ammelid zerfällt bei mehrstündigem Kochen mit verdünnter Phosphor-, Schwefel-, Salz- oder Salpeter-Säure, bis die Flüssigkeit nicht mehr durch Ammoniak gefällt wird, in Ammoniak und Cyanursäure. KNAPP. $C^{12}N^9H^9O^6 + 6\,HO = 2\,C^6N^3H^3O^6 + 3\,NH^3$. Die durch Salpetersäure erhaltene Cyanursäure beträgt von 100 Th. Ammelid 88 bis 97 Th. Die Berechnung (255 : 2 . 129 = 100 : 101) verlangt 101 Th. KNAPP. — 2. In der 10fachen Menge verdünnter Kalilauge gelöst, verwandelt es sich ebenfalls bei einstündigem Kochen unter reichlicher Ammoniakentwicklung in cyanursaures Kali. KNAPP. — 3. Beim Schmelzen mit Kalihydrat liefert das Ammelid unter Ammoniakentwicklung cyansaures Kali. LIEBIG. $C^{12}N^9H^9O^6 + 6\,KO = 6\,C^2NKO^2 + 3\,NH^3$.

Verbindungen. Das Ammelid löst sich nicht in Wasser. LIEBIG.

Das Ammelid löst sich in stärkeren *Säuren*, aber ohne eigentliche Salze zu bilden. Liebig. Es löst sich leicht in Schwefel-, Salz- oder Salpeter-Säure, daraus durch Ammoniak oder kohlensaures Kali fällbar. Knapp.

Die in der Wärme gesättigte *schwefelsaure* und *salzsaure* Lösung liefert beim Erkalten keine Krystalle, Knapp; die *salpetersaure* gibt Krystalle, welchen sich aber durch Wasser oder Weingeist sämmtliche Säure entziehen lässt, Liebig.

Das Ammelid löst sich sehr wenig in *Ammoniak*, aber sehr leicht in *Kali*; aus der heifs gesättigten Lösung in Kalilauge setzt es sich beim Erkalten unverändert in weifsen Rinden ab. Knapp.

Es gelingt nicht, Verbindungen des Ammelids mit Baryt, Bleioxyd oder Kupferoxyd darzustellen. Knapp.

Ammelid-Silberoxyd. — Man verdünnt die erwärmte Lösung des Ammelids in Salpetersäure mit so viel Wasser, dass das Gemisch beim Erkalten nichts absetzt, versetzt es bei mäfsiger Wärme mit überschüssigem salpetersauren Silberoxyd, und fügt zu der klaren Flüssigkeit behutsam so lange Ammoniak, als ein weifser käsiger Niederschlag erfolgt, welcher im Dunkeln mit Wasser gewaschen wird. — Der weifse Niederschlag schwärzt sich in feuchtem Zustande am Lichte, ist sehr hygroskopisch, und löst sich leicht in Salpetersäure und in Ammoniak. Knapp.

	Bei 210° getrocknet.		Knapp.
12 C	72	15,35	15,47
9 N	126	26,86	26,87
7 H	7	1,49	1,40
2 Ag	216	46,06	45,90
6 O	48	10,24	10,36
$C^{12}N^9H^7Ag^2O^6$	469	100,00	100,00

Salpetersaures Silberoxyd-Ammelid. — Wenn man obiges Gemisch von wässrigem salpetersauren Ammelid und salpetersaurem Silberoxyd erkalten lässt, ohne Ammoniak hinzuzufügen, so erhält man gelbliche Krystalle. Auch gibt die Lösung des Ammelidsilberoxyds in concentrirter Salpetersäure beim Abdampfen wasserhelle Blätter. — Die Krystalle liefern beim Erhitzen in einer Röhre viel salpetrige Säure, dann Cyansäure, und lassen metallisches Silber. Sie werden in Wasser undurchsichtig und lösen sich gröfstentheils unter Rücklassung weifser Flocken von Ammelid auf. Bei wiederholtem Lösen in Wasser und Abdampfen zerfällt die Verbindung endlich ganz in salpetersaures und cyanursaures Silberoxyd. Knapp. [Nach welcher Gleichung?]

	Krystallisirt.		Knapp.
12 C	72	12,10	11,46
11 N	154	25,89	24,31
9 H	9	1,51	1,56
2 Ag	216	36,30	37,90
18 O	144	24,20	24,77
$C^{12}N^9H^9O^6,2AgO,2NO^5$	595	100,00	100,00

Das Ammelid löst sich nicht in Essigsäure, Weingeist und Aether. Knapp.

ι. Stickstoffkern $C^6N^3Ad^2Cl$.

Chlorcyanamid. $C^6N^5H^4Cl = C^6N^3Ad^2Cl$.

LIEBIG. *Pogg.* 34, 609; auch *Ann. Pharm.* 10, 43. — *Ann. Pharm.* 58, 249.
BINEAU. *Ann. Chim. Phys.* 70, 254.
LAURENT u. GERHARDT. *Compt. rend.* 22, 455. — *N. Ann. Chim. Phys.* 19, 90 und 22, 98.

Cyanamid, Parachlorcyan-Ammoniak, Chlorocyanamide, Parachlorocyanate d'ammoniaque. — Von LIEBIG 1834 entdeckt.

Bildung. Gasförmiges oder wässriges Ammoniak erzeugt mit fixem Chlorcyan unter schwacher Wärmeentwicklung Chlorcyanamid und Salmiak. LIEBIG. $C^6N^3Cl^3 + 4NH^3 = C^6N^5H^4Cl + 2NH^4Cl$. LAURENT u. GERHARDT.

Darstellung. Man leitet über feingepulvertes fixes Chlorcyan, welches zuletzt erwärmt wird, Ammoniakgas bis zur Sättigung, oder man erwärmt das fixe Chlorcyan mit wässrigem Ammoniak, und entzieht in beiden Fällen den gebildeten Salmiak durch Waschen mit kaltem Wasser. LIEBIG.

Eigenschaften. Weifses oder gelbweifses mattes Pulver, nicht unzersetzt verdampfbar. LIEBIG.

			LAUR. u. GERHARDT.	LIEBIG.
6 C	36	24,76	24,9	27,98
5 N	70	48,14		
4 H	4	2,75	2,7	3,23
Cl	35,4	24,35	24,8	
$C^6N^5H^4Cl$	145,4	100,00		

Beim Verbrennen liefert das Chlorcyanamid 6 M. kohlensaures auf beinahe 5 M. Stickgas. LIEBIG.

Zersetzungen. 1. Schon bei 120 bis 130° liefert das Chlorcyanamid ein Sublimat von glänzenden geruchlosen Krystallen, und bei stärkerem Erhitzen zerfällt es in ein krystallisches Sublimat und zurückbleibendes citronengelbes Mellon. LIEBIG. Bei dieser Zersetzung entsteht Salzsäure, Salmiak und Mellon. $2C^6N^5H^4Cl = HCl + NH^4Cl + C^{12}N^9H^3$. LAURENT u. GERHARDT. — 2. Es löst sich schwierig und unter Ammoniakentwicklung in wässrigem Kali; diese Lösung liefert beim Sättigen mit Essigsäure keine Krystalle von einfachcyanursaurem Kali, sondern weifse Flocken. LIEBIG. Die durch Erwärmen des Chlorcyanamids mit Kalilauge erhaltene Lösung hält Chlorkalium, und mit Kali verbundenes Ammelin. LAURENT u. GERHARDT. $C^6N^5H^4Cl + HO + KO = KCl + C^6N^5H^5O^2$. Salzsäure fällt aus der Lösung das Ammelin als einen weifsen voluminosen Niederschlag; bei der Fällung durch Essigsäure reifst das Ammelin etwas Kali mit sich nieder. Bei der Behandlung mit concentrirtem Kali kann das Chlorcyanamid auch sogleich in Ammelid übergehen. LAURENT u. GERHARDT.

Verbindungen. Das Chlorcyanamid löst sich wenig in heifsem Wasser, aus dem es beim Erkalten in weifsen Flocken niederfällt. LIEBIG.

BINEAU untersuchte das aus fixem Chlorcyan und Ammoniakgas erhaltene Gemenge von Chlorcyanamid und Salmiak, welches Er als $4NH^3,C^6N^3Cl^3$ betrachtet, ohne den Salmiak durch Wasser zu entfernen. Dieses Gemenge ist weifs, geruchlos, ohne deutlichen Geschmack [doch wohl nach Salmiak?] und luftbeständig. Es entwickelt über der Weingeistflamme ohne Schmelzung salzsaures Gas, und zuletzt etwas Ammoniakgas, gibt ein Sublimat von Salmiak und einer weifsen, schmelzbaren und zersetzbaren Materie und lässt Mellon. Kalte Salpetersäure verwandelt es in einigen Stunden in nadelförmig krystallisirte Cyanursäure. Vitriolöl löst dasselbe rasch unter Entwicklung von salzsaurem Gas. Wässrige Salzsäure wirkt nicht ein. — Kalilauge löst es unter Ammoniakentwicklung. — Wasser löst fast gar nichts, doch erhält es die Eigenschaft, Silberlösung zu trüben. BINEAU.

$\varkappa$. Stickstoffkern $C^6N^4Ad^2$.

Melamin. $C^6N^6H^6 = C^6N^4Ad^2,H^2$?

LIEBIG (1834). *Ann. Pharm.* 10, 18; 26, 187.

Bildung. Beim Kochen von Melam mit wässrigem Kali (V, 172, 6).

Darstellung. Man erhält das durch Erhitzen von 8 Th. Schwefelcyankalium und 16 Th. Salmiak dargestellte und gut ausgewaschene Melam mit der Lösung von 1 Th. Kalihydrat in 24 bis 32 Th. Wasser so lange im Sieden oder nahe dabei, unter Ersetzung des verdampften Wassers durch eine Kalilösung von gleicher Stärke, bis sich das Melam völlig zu einer klaren Flüssigkeit gelöst hat, dampft das Filtrat bei gelinder Wärme ab, bis es glänzende Blättchen absetzt, kühlt langsam zum Krystallisiren ab, wäscht die Krystalle mehrmals mit kaltem Wasser und reinigt sie durch Umkrystallisiren aus heifsem Wasser. LIEBIG.

Eigenschaften. Ziemlich grofse, farblose, stark glasglänzende, wenig durchscheinende rhombische Oktaeder. *Fig.* 41. a : a' = 75° 6'; a : a nach hinten = 115° 4', ungefähr. Spaltbar nach t (*Fig.* 43). Die Krystalle sind luftbeständig, verknistern beim Erhitzen und schmelzen zu einer durchsichtigen Flüssigkeit, welche beim Erkalten krystallisch erstarrt. Lässt sich nicht sublimiren. Reagirt nicht auf Pflanzenfarben. LIEBIG.

	Krystallisirt.		LIEBIG.	VARRENTR. u. WILL.
6 C	36	28,57	28,74	
6 N	84	66,67	66,67	66,22
6 H	6	4,76	4,83	
$C^6N^6H^6$	126	100,00	100,24	

LIEBIG gibt die Formel: Cy^3, 3 NH, 3 H. [Die Formel $C^6N^4Ad^2,H^2$ ist der Annahme (IV, 158) gemäfs, nach welcher die Alkaloide 2 H aufserhalb des stickstoffhaltenden Kerns halten.]

Zersetzungen. 1. Das Melamin, über seinen Schmelzpunct hinaus erhitzt, steigt an den Wandungen der Röhre hinauf, und zersetzt sich an deren bis zum Glühen erhitzten Stellen in Ammoniakgas und zurückbleibendes gelbes Mellon. LIEBIG. $C^6N^6H^6 = C^6N^4 + 2NH^3$. Das Melamin ist jedoch nicht eine Verbindung von Mellon mit Ammoniak, denn es lässt sich weder aus Mellon und Ammoniak zusammensetzen, noch entwickelt es mit heifser Kalilauge Ammoniak. LIEBIG. — 2. Es wird durch Kochen mit concentrirter Salpetersäure bis zur völligen Lösung oder durch Erbitzen mit concentrirter Schwefelsäure (ohne Schwärzung) in Ammelid und in ein Ammoniaksalz zersetzt. LIEBIG. $2 C^6N^6H^6 + 6 HO = C^{12}N^9H^9O^6 + 3 NH^3$. — Bei fortwährendem Kochen mit verdünnter Salpetersäure verwandelt sich das Melamin unter Bildung von immer mehr Ammoniak anfangs in Ammelin (durch Ammoniak aus der sauren Flüssigkeit fällbar), dann in Ammelid und endlich nach 12 bis 14 Stunden in Cyanursäure. KNAPP (*Ann. Pharm.* 21, 256). $C^6N^6H^6 + 2HO = C^6N^5H^5O^2$ (Ammelin) $+ NH^3$. (Die weitere Zersetzung des Ammelins und Ammelids s. bei diesen). — 3. Beim Schmelzen mit Kalihydrat bildet das Melamin cyansaures Kali, und wenn es überschüssig ist, zugleich Mellonkalium. LIEBIG. [Etwa so? $C^6N^6H^6 + 3 HO + 3 KO = 3 C^2NKO^2 + 3 NH^3$]. — 4. Beim Zusammenschmelzen mit Kalium liefert es, unter Entwicklung von Feuer und Ammoniak, Mellonkalium. LIEBIG. $C^6N^6H^6 + K = C^6N^4K + 2 NH^3$.

Verbindungen. Das Melamin löst sich schwer in kaltem, leicht in kochendem *Wasser*. LIEBIG.

Es verbindet sich als Alkaloid mit allen Säuren. Es treibt beim Kochen mit Salmiaklösung das Ammoniak aus, und fällt aus den Lösungen der Mangan-, Zink-, Eisen- und Kupfer-Salze das Oxyd, zum Theil jedoch nur theilweise, unter Bildung von Doppelsalzen. Die einfachen *Melaminsalze* sind von schwach saurer Reaction, in Wasser löslich, und gröfstentheils krystallisirbar, die Doppelsalze des Melamins sind ganz neutral. LIEBIG.

Phosphorsaures Melamin. — Die heifse mäfsig concentrirte Lösung erstarrt beim Erkalten zu einer weifsen, aus feinen Nadeln bestehenden Masse, leicht in heifsem Wasser löslich. LIEBIG.

Schwefelsaures Melamin. — Fügt man wässriges Melamin zu verdünnter Schwefelsäure, so entsteht, selbst wenn sie sehr verdünnt ist, sogleich ein krystallischer Niederschlag, der sich in heifsem Wasser löst, und daraus beim Erkalten in feinen kurzen Nadeln anschiefst. LIEBIG.

Salzsaures Melamin.

			LIEBIG (*Ann. Pharm.* 26, 187).
6 C	36	22,17	22,05
6 N	84	51,72	
7 H	7	4,31	4,43
Cl	35,4	21,80	
$C^6N^6H^6$,HCl	162,4	100,00	

Salpetersaures Melamin. — Die heifs gesättigte Lösung des Melamins in Wasser, mit Salpetersäure bis zur stark sauren Reaction versetzt, erstarrt beim Erkalten zu einer weichen, aus langen biegsamen Nadeln bestehenden, luftbeständigen Masse, welche beim Verbrennen mit Kupferoxyd 6 Maafs kohlensaures Gas auf 7 M. Stickgas liefert. LIEBIG.

Das Melamin löst sich in *Kalilauge* noch leichter als in Wasser, und krystallisirt daraus unverändert. LIEBIG.

Salpetersaures Silberoxyd-Melamin. — Die heifse wässrige Lösung des Melamins liefert bei Zusatz von salpetersaurem Silberoxyd sogleich einen weifsen krystallischen Niederschlag, der beim Erkalten zunimmt, und sich beim Umkrystallisiren nicht verändert.

Krystallisirt.			Liebig.
6 C	36	12,16	12,21
7 N	98	33,11	33,06
6 H	6	2,03	2,02
AgO	116	39,19	38,59
5 O	40	13,51	14,09
$C^6N^6H^6,AgO,NO^5$	296	100,00	100,00

Also salpetersaures Melamin, $C^6N^6H^6,HO,NO^5$, in welchem HO durch AgO vertreten ist.

Ameisensaures Melamin. — Glänzende Blätter, welche an der Luft, schneller bei 100°, etwas Säure verlieren, und sich leicht in Wasser lösen. Liebig.

Essigsaures Melamin. — Grofse biegsame quadratische Blätter, welche bei 100° einen Theil der Säure verlieren, und sich leicht in Wasser lösen. Liebig.

Oxalsaures Melamin. — Löst sich in Wasser noch schwieriger, als das salpetersaure Melamin. Liebig.

			Liebig.
16 C	96	28,07	28,02
12 N	168	49,12	48,67
14 H	14	4,09	3,94
8 O	64	18,72	19,37
$2\,C^6N^6H^6,C^4H^2O^8$	342	100,00	100,00

Das Melamin löst sich nicht in Weingeist und Aether. Liebig.

Anhang zu Melamin.

1. Melam. $C^{12}N^{11}H^9 = 2\,C^6N^4,3NH^3$?

Liebig (1834). *Ann. Pharm.* 10, 10; auch *Pogg.* 34, 579. — *Ann. Pharm.* 53, 330; 58, 248.
Knapp. *Ann. Pharm.* 21, 242.

Bleibt bei schwächerem Erhitzen des schwefelblausauren Ammoniaks zurück, während bei stärkerem Mellon oder dessen Gemenge mit Melam entsteht. Liebig. vgl. (IV, 460 bis 461).

Darstellung. Man erhitzt ein feingepulvertes trocknes Gemenge von 1 Th. Schwefelcyan-Kalium und 2 Th. Salmiak anfangs etwas über 100°, hierauf allmälig immer stärker, doch nicht zu stark, und befreit das Melam im Rückstande durch anhaltendes Waschen mit Wasser vom Chlorkalium. Der etwa noch beigemengt bleibende Schwefel, welcher vom Schwefelkalium herrührt, durch zu starkes Erhitzen von Schwefelcyankalium erzeugt, lässt sich blofs durch Schlämmen entfernen. Durch Behandlung mit etwas kohlensaurem Kali und Waschen wird etwa zurückbleibende Salzsäure entzogen. Der im Ueberschuss angewandte Salmiak hindert durch sein Verdampfen das Einwirken einer zu starken Hitze, durch welche das Melam in Mellon übergeben würde.

Um aus diesem rohen Melam das reine zu erhalten, kocht man es mit mäfsig starker Kalilauge nur so lange, bis der gröfsere Theil gelöst ist, und bewirkt durch Erkälten des Filtrats die Abscheidung des reinen Melams in Gestalt eines weifsen schweren körnigen Pulvers. Liebig.

Eigenschaften. Das aus Kali niedergefallene ist ein weifses schweres körniges Pulver; das rohe Melam ist gelbgrauweifs, und vertheilt sich in Wasser leicht zu einem gelben Schlamm. Liebig.

			LIEBIG. a	b
12 C	72	30,64	30,49	29,99
11 N	154	65,53	65,57	
9 H	9	3,83	3,94	4,06
$C^{12}N^{11}H^9$	235	100,00	100,00	

Das Melam a war durch Lösen in heifsem Kali und Erkälten gereinigtes; b war rohes Melam, durch kohlensaures Kali von der Salzsäure befreit. a und b lieferten beim Verbrennen 12 Maafs kohlensaures Gas auf 11 M. Stickgas.

GERHARDT (*Compt. rend.* 18, 159; auch *J. pr Chem.* 31, 438) vermuthetete früher, das Melam sei ein Gemenge von Mellon und Melamin. Aber Melamin müsste sich durch kochendes Wasser ausziehen lassen, und da sich das Melam völlig in kochender Salzsäure löst, so kann es auch kein Mellon halten, welches darin unlöslich ist. LIEBIG. — Später erklärten LAURENT u. GERHARDT (*N. Ann. Chim. Phys.* 19, 96) das Melam für ein Gemenge von Mellon und Polien. Aber Mellon ist durch das erwähnte Verhalten gegen Salzsäure ausgeschlossen und das Polien, welches beim Erhitzen von reinem schwefelblausaurem Ammoniak zurückbleibt (V, 173), ist einerlei mit dem Melam, wenn dieses von der anhängenden Salzsäure befreit wurde. Nur zeigt sich das sogen. Polien unter dem Mikroskop als ein Gemenge von einem schweren sandigen Pulver, und feinen Nadeln, welche durch kochendes Wasser entzogen werden können, während das Melam gleichartig erscheint, weil bei seiner Bildung die Gegenwart des überschüssigen Salmiaks die Einwirkung einer zu starken Hitze hinderte. Reinigt man jedoch Melam und Polien durch Lösen in heifser Kalilauge (V, 171), so zeigen sie dieselbe Zusammensetzung und übrigen Verhältnisse. LIEBIG.

VÖLCKEL betrachtet das Melam als ein Gemenge von Zersetzungsproducten des Poliens, welche sich bei dessen stärkerem Erhitzen bilden, bevor es völlig in Mellon verwandelt ist. [Dieses wäre durch Scheidung von LIEBIGS Melam in diese Producte und schärfere Charakterisiruug derselben erst zu beweisen.]

Zersetzungen. 1. Es zerfällt beim Erhitzen in Ammoniak nebst einem geringen krystallischen Sublimat, und in bleibendes Mellon. LIEBIG. — 2. Seine Lösung in kochender concentrirter Salpetersäure, welche ohne Stickoxydentwicklung erfolgt, lässt beim Erkalten wasserfreie Cyanursäure anschiefsen, während salpetersaures Ammoniak bleibt. LIEBIG. $C^{12}N^{11}H^9 + 12HO = 2\,C^6N^3H^3O^6 + 5\,NH^3$. Durch keine andere Säure lässt sich das Melam in Cyanursäure verwandeln. — 3. Vitriolöl zersetzt das Melam in Ammoniak und Ammelid. LIEBIG. $C^{12}N^{11}H^9 + 6\,HO = C^{12}N^9H^9O^6 + 2\,NH^3$. — 4. Beim Kochen mit Salzsäure oder verdünnter Schwefelsäure löst es sich völlig zu Verbindungen des Ammoniaks und Ammelins mit der Säure. LIEBIG. $C^{12}N^{11}H^9 + 4\,HO = 2\,C^6N^5H^5O^2 + NH^3$. Dampft man daher die Lösung in verdünnter Schwefelsäure über den Punct hinaus ab, bei welchem das schwefelsaure Ammelin krystallisirt, so verwandelt sich bei weiterem Kochen das Ammelin in Ammelid. LIEBIG. Das einmal durch stärkere Schwefelsäure gebildete Ammelid lässt sich dann durch Kochen, nach der Verdunnung der Säure mit Wasser, in Cyanursäure und Ammoniak zersetzen. KNAPP. — Auch concentrirte Salpetersäure verwandelt das Melam, falls keine Hitze einwirkt, in Ammoniak, Ammelin und Ammelid. KNAPP. Sättigt man Salpetersäure von 1,49 spec. Gew. erst in der Kälte, dann in gelinder Wärme mit Melam, so erstarrt die gelbliche dickliche Lösung beim Erkalten zu einem Brei, aus welchem kaltes Wasser salpetersaures Ammoniak und Ammelin (5 Proc. des Melams betragend) zieht, während Ammelid mit wenig Ammelin bleibt. KNAPP. — 5. Beim Schmelzen mit Kalihydrat entwickelt das Melam unter heftigem Schäumen viel Ammoniakgas, und lässt, wenn es nicht an Melam fehlt, cyansaures Kali, welches ruhig schmilzt. LIEBIG. $C^{12}N^{11}H^9 + 6(HO,KO) = 6\,C^2NKO^2 + 5\,NH^3$. — 6. Beim Erhitzen mit mäfsig concentrirter Kalilauge färbt sich das Melam gelbweifs, und vertheilt sich zu einer Milch, bis bei ungefähr 3tägigem Einwirken des Wasserbades Alles zu einer klaren Flüssigkeit gelöst ist. Diese lässt beim Abdampfen und noch mehr beim Erkälten Melamin, fast die Hälfte des Melams betragend, anschiefsen. Die Mutterlauge hält Ammelin (durch Säuren fällbar) nebst Spuren von Melamin. Auch entsteht etwas Ammelid, welches bei längerem Kochen in Ammoniak und Cyanursäure zerfällt, woraus sich die Ammoniakentwicklung beim Kochen des Melams mit Kalilauge erklärt. LIEBIG. Hielt das angewandte rohe Melam wegen zu starker Erhitzung bei seiner Bereitung Mellon beigemengt, so bildet sich zugleich das (V, 99) beschriebene Kalisalz. LIEBIG. Gleichung für die Bildung von Melamin und Ammelin: $C^{12}N^{11}H^9 + 2\,HO = C^6N^6H^6 + C^6N^5H^5O^2$.

Verbindungen. — *Salzsaures Melam.* — Hat man den nach dem Erhitzen von Schwefelcyankalium mit Salmiak erhaltenen Rückstand (V, 171) mit Wasser gewaschen, so bleibt das Melam in Verbindung mit etwas Salzsäure zurück, als ein gelbgrauweifses Pulver, welches sich in Wasser zu einem feinen Schlamm vertheilt. Es lässt sich nicht durch Wasser, aber durch wässriges kohlensaures Kali von der Salzsäure befreien, und entwickelt mit Vitriolöl unter starkem Aufblähen salzsaures Gas. LIEBIG.

2. Polien.

VÖLCKEL. *Pogg.* 61, 367; 63, 90.

Ist nach VÖLCKEL eine mit dem Melamin isomere Verbindung, nach LIEBIG dagegen einerlei mit Melam, wofür auch die fast gleiche Bereitungsweise spricht.

Darstellung. Man erhitzt schwefelblausaures Ammoniak in einer Retorte im Oelbade allmälig auf 300°, zieht den Rückstand zuerst mit kaltem, dann mit wenig kochendem Wasser aus, und kocht ihn dann wiederholt mit Wasser aus. Die erste Abkochung setzt beim Erkalten eine andere voluminose Verbindung ab, aber die folgenden liefern beim Erkalten ein weifses Pulver von Polien. Der beim Kochen ungelöst gebliebene Ruckstand, durch Behandlung mit verdünnter Salzsäure, dann mit kochendem verdunnten Kali von 2 andern Stoffen befreit, lässt auch noch Polien, aber durch eine Spur eines andern Stoffes gelblich gefärbt, daher man den Rückstand in kochendem Wasser löst, welches beim Erkalten und Abdampfen Polien als weifses Pulver absetzt.

Weifses, öfters auch gelbweifses Pulver. VÖLCKEL.

Berechnung nach VÖLCKEL.			Berechnung nach LIEBIG.			VÖLCKEL.
6 C	36	28,57	12 C	72	30,64	28,37
6 N	84	66,67	11 N	154	65,53	
6 H	6	4,76	9 H	9	3,83	4,77
$C^6N^6H^6$	126	100,00	$C^{12}N^{11}H^9$	235	100,00	

Also isomer mit Melamin. VÖLCKEL. Zur Begründung der Richtigkeit seiner Analyse hätte VÖLCKEL das Maafsverhältniss des beim Verbrennen erhaltenen kohlensauren und Stick-Gases bestimmen sollen. LIEBIG.

Zersetzungen. 1. Das Polien bläht sich beim Erhitzen unter Entwicklung von Ammoniak auf, und verwandelt sich zuerst in einige Zwischenproducte, wohin auch das Ammelen = $C^6N^5H^3$ zu rechnen ist, und dann in Glaucen [Melion] = C^4N^3H. — 2. Durch Kochen mit concentrirter Salzsäure wird es in Ammoniak und Ammelen und durch kalte Salpetersäure von 1,5 spec. Gew., oder durch Vitriolöl in Ammoniak und Ammelid, und endlich in Ammoniak und Cyanursäure zersetzt. [Die Gleichungen s. bei dem, sich ebenso verhaltenden Melamin]. — 3. Das Polien löst sich leicht in kochendem concentrirten Kali unter Entwicklung von Ammoniak; filtrirt man, bevor alles Polien gelöst ist, so scheidet sich beim Erkalten des Filtrats ein weifses schweres körniges Pulver ab, welches, aufser N, 30,00 *Proc.* C und 4,05 H hält, also = LIEBIG's reinem Melam = $C^{12}N^{11}H^9$ ist. Aber es ist ein Gemenge von unzersetztem Polien ($C^6N^6H^6$) und Ammelen ($C^6N^5H^3$), welche durch öfteres Auskochen mit Wasser ausgezogen werden, und bei dessen Erkalten niederfallen, und von dem ungelöst bleibenden Alben, welches, aufser N und O, 29,48 *Proc.* C und 3,84 H hält, und bei der Verbrennung 6 Maafs kohlensaures Gas auf 5 M. Stickgas liefert, also = $C^{12}N^{10}H^9O^3$ ist. Es wurde gebildet durch Hinzutreten von 3 HO zu 2 $C^6N^6H^6$ (Polien) unter Entwicklung von 2 NH^3. Das Alben endlich geht bei längerem

Kochen mit verdünntem Kali in Ammelin über. Also scheint das Polien sich zuerst in Ammelen, dann in Alben, dann in Ammelin zu verwandeln. — 5. Beim Kochen mit verdünntem Kali löst sich das Polien unter Ammoniakentwicklung nur langsam auf. Die bräunliche Lösung gibt bei starker Concentration Krystalle, welche aus cyanursaurem Kali, aus dem von LIEBIG (V, 99) beschriebenen Kalisalze und aus einem andern Körper, vielleicht Melamin, bestehen; die Mutterlauge gibt mit Säuren einen dicken weifsen Niederschlag von Melamin. Bei längerem Kochen mit verdunntem Kali verwandelt sich das Polien völlig in Ammoniak und Cyanursäure. — 6. Schmelzendes Kalihydrat zersetzt das Polien (wie das Melam) in Ammoniak und Cyansäure. $C^6N^6H^6 + 6\,HO = 3\,NH^3 + 2\,C^2NHO^2$.

Verbindungen. Das Polien löst sich sehr wenig in heifsem *Wasser*.

Es verbindet sich mit *Säuren*, wie eine schwache Base, aber schon Wasser nimmt die Säure bis auf eine kleine Menge hinweg, durch Alkalien entziehbar.

100 Th. ganz trocknes Polien in einem Strom von trocknem salzsauren Gas gesättigt, dann durch einen Strom trockner Luft vom Ueberschuss befreit, nehmen um 28,51 Th. zu; 100 : 28,51 = 126 : 35,92, also: $C^6N^6H^6$,HCl.

Das Polien löst sich nicht in Weingeist und Aether. VÖLCKEL.

Unbekannter Stammkern C^6H^{12}.

Unbekannter Sauerstoffkern $C^6H^8O^4$.

Glycerin.

$$C^6H^8O^6 = C^6H^8O^4,O^2.$$

SCHEELE. Dessen *Opusc.* 2, 175; auch *Crell. chem. J.* 4, 190; *Crell Ann.* 1784, 1, 99 u. 2, 328.

FREMY. *Ann. Chim.* 63, 25.

CHEVREUL. *Recherches sur les Corps gras.* 209 u. 338.

PELOUZE. *Ann. Chim. Phys.* 63, 19; auch *Ann. Pharm.* 19, 210 u. 20, 46; auch *J. pr. Chem.* 10, 287. — Ferner *Compt. rend.* 21, 718; auch *J. pr. Chem.* 36, 257.

REDTENBACHER. *Ann. Pharm.* 47, 113; 57, 174.

Süfses Princip von Scheele, Scheelsches Süfs, Oelsüfs, Oelzucker, Glyceryloxyd, Principe doux des huiles, Glycérine. — 1779 von SCHEELE bei der Bereitung des Bleipflasters entdeckt.

Findet sich in allen Sufsfetten (IV, 193) in einer gepaarten Verbindung mit verschiedenen Seifensäuren, aus welchen es vorzüglich bei der Verseifung austritt.

Darstellung. 1. Man erhitzt 5 Th. fein geriebene Bleiglätte mi 9 Th. Olivenöl oder einem andern Süfsfett und etwas Wasser unte beständigem Umrühren und Ersetzen des Wassers bis zur Verwand lung des Bleioxyds in ein Pflaster, befreit die von diesem getrennt wässrige Flüssigkeit durch wenig Schwefelsäure oder Hydrothion und dampft das Filtrat, am besten im Wasserbade, zum Syrup ab SCHEELE, FREMY, CHEVREUL. — 2. Man verseift irgend ein Süfsfet durch wässriges Kali, übersättigt das Ganze mit Tartersäure, dampf die von den fixeren Seifensäuren getrennte wässrige Flüssigkeit zu Trockne ab, zieht den Rückstand mit Weingeist von 0,8 spec. Gew aus, filtrirt vom tartersauren Kali ab, dampft wieder zur Trockn ab, zieht mit absolutem Weingeist aus, und dampft wieder ab. —

Sollte noch freie Tartersäure vorhanden sein, so ist diese durch angemessene Kalizusatz in Weingeist unlöslich zu machen. CHEVREUL. vgl. (IV, 198 Es ist auf diese Art schwer, das Glycerin völlig frei von tartersaurem Ka zu erhalten. CHEVREUL.

Um das nach 1) oder 2) erhaltene Glycerin völlig zu entwässern, hat man es 3 Monate lang in das Vacuum über Vitriolöl zu stellen, Chevreul; oder darin mehrere Stunden auf 100°, oder an der Luft im Oelbad auf 120 bis 130° zu erhitzen. Pelouze.

Eigenschaften. Farbloser oder blassgelber, nicht krystallisirender, geruchloser, sehr süfs schmeckender, Lackmus nicht röthender Syrup. Spec. Gew. des möglichst entwässerten Glycerins 1,27 bei 10°, Chevreul; 1,28 bei 15°, Pelouze. Es ist beim Kochen mit Wasser etwas überdestillirbar. Chevreul.

			Pelouze. früher 2,8 sp. Gw.	Pelouze. später	Chevreul. 2,7 sp. Gw.	Chevreul. 2,52 sp. Gw.
6 C	36	39,13	39,38	39,03	40,07	37,67
8 H	8	8,70	8,76	8,76	8,92	9,05
6 O	48	52,17	51,86	52,21	51,01	53,28
$C^6H^8O^6$	92	100,00	100,00	100,00	100,00	100,00

Laurent (*Revue scient.* 14, 341) nimmt einen Stammkern *Glycène* = C^6H^{10} an, leitet hiervon den Sauerstoffkern *Glycose* = $C^6H^6O^4$ ab, und betrachtet das Glycerin als den Alkohol desselben = $C^6H^6O^4,2HO$. — Berzelius (*Jahresbericht* 23, 403) geht von einem *Lipyl* = C^3H^2 aus, welches mit 1 O das *Lipyloxyd* = C^3H^2O bilde; indem zu 2 At. Lipyloxyd 3 HO treten, ($2C^3H^2O + 3HO$) entstehe das *hypothetisch trockne Glycerin* = $C^6H^7O^5$, und indem hierzu 1 HO tritt, das *Glycerinhydrat*, d. h. das Glycerin, wie wir es für sich kennen. — Liebig u. A. nehmen ein *Glyceryl*, C^6H^7, an, welches mit 5 O das *Glyceryloxyd* = $C^6H^7O^5$ bilde, das dann mit 1 HO zu *Glyceryloxyd-Hydrat* = $C^6H^7O^5,HO$, oder dem für sich bekannten Glycerin zusammentrete.

Zersetzungen. 1. Das Glycerin destillirt erst nahe beim Glühpunct, gröfstentheils unverändert, einem kleinen Theile nach in brennbares Gas, kohlensaures Gas, Acrol (V, 84), brenzliches Oel, Essigsäure und Kohle zersetzt. — Es liefert zuerst noch beigemischtes Wasser, dann vor dem Glühen viel, nur wenig verändertes, Glycerin, als einen süfsen, etwas brenzlichen Syrup, endlich beim Glühen, unter Rücklassung von leichter glänzender Kohle, braune Dämpfe, die sich zu schwarzem Oel und einer heftig riechenden und scharf schmeckenden sauren Flüssigkeit verdichten. Durch wiederholte Destillation lässt es sich völlig zersetzen, wobei das Destillat immer schärfer und bitterer schmeckend wird. Scheele. — Man erhält bei der trocknen Destillation unzersetztes Glycerin, kohlensaures und brennbares Gas, Essigsäure, brenzliches Oel und Kohle. Fremy, Pelouze. — Anfangs geht das Glycerin gröfstentheils unzersetzt über, mit sehr wenig Acrol, dann bläht es sich auf und steigt über. Redtenbacher.

2. Im offenen Feuer verbrennt es mit heller Flamme, Scheele, gleich einem Oel, Fremy. — 3. Möglichst entwässertes Glycerin mengt sich mit der 8fachen Menge von Platinmohr unter Erhitzung, absorbirt dann an der Luft viel Sauerstoffgas, haucht dabei einen schwach säuerlich riechenden, Lackmus röthenden Dampf aus, und verwandelt sich in eine syrupartige, herbsauer schmeckende, weder flüchtige, noch krystallisirbare Säure, welche beim Erwärmen salpetersaures Quecksilberoxydul und salpetersaures Silberoxyd reducirt. [Metacetsäure?] Stellt man den Versuch in Sauerstoffgas über Quecksilber an, so zeigt sich die mit Wärmeentwicklung verknüpfte reichliche Absorption in wenigen Stunden beendigt, und das Glycerin ist unter etwas Kohlensäurebildung in die obige Säure verwandelt, welche bei mehrtägigem Verweilen des Gemenges im Sauerstoffgas völlig in Koh-

lensäure und Wasser zerfällt, wobei von 1 At. $C^6H^8O^6$ 13⅓ At. O verbraucht werden. Döbereiner (*J. pr. Chem.* 28, 499; 29, 451). — 4. Das in viel Wasser gelöste Glycerin, mit gut gewaschener Hefe bei 20 bis 30° der Luft mehrere Monate lang dargeboten, verwandelt sich unter Entwicklung weniger Gasblasen in Metacetsäure. Redtenbacher (V, 111, 4). — 5. Beim jedesmaligen Abdampfen des wässrigen Glycerins bildet sich eine gefärbte, durch Bleiessig fällbare Materie. Der Bleiniederschlag gewaschen und durch Hydrothion zersetzt, liefert ein farbloses Filtrat, das beim Abdampfen gelb, dann unter Erhebung brauner Tropfen braun wird, und einen braunen durchsichtigen Rückstand lässt, der sich in Wasser unter Trübung, dagegen in Kalilauge vollständig, mit brauner Farbe, löst. Beim Abdampfen des wässrigen Glycerins im Vacuum entsteht eine das Glycerin gelb färbende Materie, die nicht durch Bleiessig fällbar ist. De Jongh (*Berzelius Jahresb.* 23, 405). — 6. In einer Flasche voll Chlorgas verwandelt sich das Glycerin in mehreren Monaten unter Bildung von salzsaurem Gas in einen Syrup, aus welchem Wasser viele Flocken einer weifsen, schmelzbaren, unangenehm ätherisch riechenden, sehr sauer, bitter und herb schmeckenden Materie abscheidet. Pelouze. — 7. Es löst viel Brom, unter Wärmeentwicklung; nach der Sättigung damit in der Wärme, scheidet Wasser, unter Aufnahme von viel Hydrobrom, daraus ein schweres Oel ab, angenehm ätherisch riechend, in Aether und Weingeist löslich, aus letzterem durch Wasser fällbar = $C^{12}H^{11}Br^3O^{10}$. Pelouze. — 8. Es liefert mit Braunstein und Salzsäure oder verdünnter Schwefelsäure unter rascher Zersetzung Kohlensäure und viel Ameisensäure. Pelouze. — 9. Es wird erst bei wiederholtem Abdampfen mit Salpetersäure in Oxalsäure verwandelt, Scheele; es wird sehr leicht dadurch zersetzt, unter Bildung von Wasser, Kohlensäure, Oxalsäure und salpetrigen Dämpfen. Pelouze. — 10. Lässt man ein Gemisch von 2 Maafs Vitriolöl und 1 M. starker Salpetersäure bei Mittelwärme auf syrupförmiges Glycerin wirken, so entstehen unter heftiger Einwirkung blofs Oxydationsproducte; tröpfelt man aber das Glycerin unter Umrühren in das durch eine Frostmischung erkältete Gemisch, so löst es sich ruhig auf, und beim Einschütten dieser Lösung in Wasser setzt sich ein Oel nieder; dieses mit Wasser gewaschen, dann in Weingeist gelöst, und daraus durch Wasser gefällt, oder in Aether gelöst, und durch Verdunsten wieder erhalten, dann im Vacuum über Vitriolöl getrocknet, erscheint blassgelb, ist viel schwerer als Wasser, geruchlos, schmeckt süfs, stechend und gewürzhaft, aber veranlasst schon, in sehr kleinen Mengen auf die Zunge gebracht, mehrstündiges Kopfweh. [Ohne Zweifel eine Nitroverbindung.] Sobrero (*Compt. rend.* 24, 247). — 11. Bei der trocknen Destillation des Glycerins mit doppelt schwefelsaurem Kali erhält man schweflige Säure, Acrol, Acrylsäure, secundäre Zersetzungsproducte und einen zähen kohligen Rückstand; ähnlich verhält es sich mit Vitriolöl, nur dass hier kein Acrol erhalten wird. Redtenbacher. — 12. Es erwärmt sich beim Mischen mit wasserfreier Phosphorsäure, entwickelt den Geruch nach Acrol, und gibt dann bei der Destillation unter Aufblähen und Verkohlung des Rückstandes, Acrol und andere Producte. REDTENBACHER. $C^6H^8O^6 = C^6H^4O^2 + 4\,HO$.

13. Mit Kalihydrat gemengt und gelinde erhitzt, lässt das Glycerin, unter Entwicklung von viel Wasserstoffgas, eine weifse Masse, welche aus essigsaurem und ameisensaurem Kali besteht. DUMAS u. STAS (*Ann. Chim. Phys.* 73, 148; auch *Ann. Pharm.* 35, 158). $C^6H^8O^6 + 2\,KO = C^4H^3KO^4 + C^2HKO^4 + 4\,H$. — Anfangs entsteht acrylsaures Kali und wenig Acrol, sofern das Glycerin durch Abtreten von 4 HO an das Kali, das dadurch dünnflüssiger wird, in Acrol übergeht, welches dann bei stärkerem Erhitzen bis zum Weifswerden der Masse, unter Wasserstoffgasentwicklung zu acrylsaurem Kali wird, und dieses zerfällt dann erst bei weiterem Einwirken des Kalihydrats gröfstentheils in essigsaures und ameisensaures Kali. REDTENBACHER. Zuerst: $C^6H^8O^6 - 4\,HO = C^6H^4O^2$; dann: $C^6H^4O^2 + KO,HO = C^6H^3KO^4 + 2\,H$; endlich: $C^6H^3KO^4 + KO + 3\,HO = C^4H^3KO^4 + C^2HKO^4 + 2\,H$.

14. Mit essig- oder schwefel-saurem Kupferoxyd gekocht, fällt das Glycerin sehr wenig Kupferoxydul; aus wässrigem Dreifachchlorgold fällt es ein dunkelpurpurnes Pulver. A. VOGEL (*Schw.* 13, 167 bis 174).

Das in 4 Th. Wasser gelöste Glycerin zeigt sich nach Monaten unverändert, SCHKELK; es lässt sich mit Hefe nicht in die weinige Gährung uberführen, FREMY, PELOUZE.

Verbindungen. Das Glycerin zerfliefst an der Luft, und mischt sich mit *Wasser* nach allen Verhältnissen. Die an der Luft bei 100° abgedampfte wässrige Glycerinlösung lässt einen Syrup von 1,252 spec. Gew. bei 17°, worin noch 6 Proc. Wasser. CHEVREUL.

Es löst viel *Iod* mit pomeranzengelber Farbe und ohne Zersetzung. PELOUZE.

Es löst sich ohne Veränderung in rauchender *Salzsäure*. PELOUZE.

Es gibt mit *Kali* eine in Weingeist lösliche Verbindung und mischt sich daher ohne Fällung mit weingeistigem Kali. SCHEELE. — Es liefert mit *Baryt, Strontian* oder *Kalk* eine in Wasser, schwierig in Weingeist lösliche, nicht durch Kohlensäure fällbare Verbindung. CHEVREUL. — Auch das möglichst entwässerte Glycerin löst Kali, Natron, Baryt und Strontian, erstere 2 reichlich. PELOUZE.

Das wasserfreie Glycerin löst alle zerfliefsliche Salze und viele andere, wie schwefelsaures Kali, Natron und Kupferoxyd; salpetersaures Natron und Silberoxyd; Chlorkalium und Chlornatrium. PELOUZE.

Das wässrige Glycerin, FREMY, und auch das wasserfreie, PELOUZE, löst *Bleioxyd*, und es fällt daher nicht den Bleiessig. FREMY.

Andere in Wasser unlösliche Körper werden von wasserfreiem Glycerin nicht gelöst. PELOUZE.

Mit viel Glycerin versetztes Anderthalbchloreisen wird nicht durch Alkalien und Hydrothion-Alkalien gefällt. H. ROSE.

Mit Glycerin versetztes schwefelsaures oder essigsaures Kupferoxyd bildet mit überschüssigem Kali ein klares lasurblaues Gemisch. A. VOGEL. — Das mit Glycerin versetzte schwefelsaure Kupferoxyd gibt mit wenig Kali einen Niederschlag, der sich in mehr Kali löst;

aber noch unter 100° setzt diese blaue Lösung bläuliche Flocken ab. LASSAIGNE (*J. Chim. méd.* 18, 417).

Das Glycerin löst sich in *Weingeist* nach jedem Verhältnisse, nicht in Aether. LECANU, PELOUZE. — Es löst mehrere *Pflanzensäuren*. PELOUZE.

Gepaarte Verbindungen des Glycerins.

Glycerin-Phosphorsäure.

$C^6H^8O^6,HO,PO^5$.

PELOUZE (1845). *Compt. rend.* 21, 718; auch *J. pr. Chem.* 36, 257. GOBLEY. *N. J. Pharm.* 9, 161; 11, 409; 12, 5.

Acide phosphoglycérique.

Findet sich (in einer eigenthümlichen Verbindung mit Oelsäure und Margarinsäure) im Eigelb und im Gehirn. GOBLEY.

Darstellung. Das Glycerin mischt sich mit überschüssiger wasserfreier Phosphorsäure oder ihrem festen Hydrat unter einer 100° übersteigenden Wärmeentwicklung und unter Bildung von viel Glycerinphosphorsäure. Man löst das Gemisch in Wasser, neutralisirt es erst mit kohlensaurem Baryt, dann mit Barytwasser, filtrirt vom phosphorsauren Baryt ab, fällt aus dem Filtrat den Baryt durch die angemessene Menge von Schwefelsäure und erhält durch Filtration die wässrige Glycerinphosphorsäure. PELOUZE.

Um diese Säure aus dem Eigelb zu erhalten, befreit man dieses durch Erwärmen vom meisten Wasser, erschöpft es durch kochenden Weingeist oder Aether, dampft das Filtrat ab, bringt den aus Eieröl und einer zähen Materie (*Matière visqueuse*) bestehenden Rückstand auf ein Filter, bis in der Darre das meiste Oel abgelaufen ist, bringt die zurückbleibende zähe Materie so lange zwischen erneuertes Papier, als dieses Oel entzieht, erwärmt dann die weiche, pomeranzengelbe, durchscheinende, nach Eigelb riechende Masse mit verdünntem Kali 24 Stunden lang im Wasserbade, übersättigt schwach mit Essigsäure, filtrirt von Oelsäure Margarinsäure u. s. w. ab, fällt durch Bleizucker, wäscht das gefällte glycerinphosphorsaure Bleioxyd, zersetzt es, in Wasser vertheilt, durch Hydrothion, engt das Filtrat durch gelindes Abdampfen ein, befreit es von wenig Salzsäure durch Schütteln mit wenig Silberoxyd, Filtriren, Fällen des Silbers mit Hydrothion und Filtriren, befreit es hierauf von etwas saurem phosphorsauren Kalk durch Sättigen mit Kalkwasser und Abfiltriren vom phosphorsauren Kalk, und dampft zum Krystallisiren des glycerinphosphorsauren Kalks ab. Man reinigt diese Krystalle durch wiederholtes Lösen in Wasser, Filtriren und Abdampfen zum Krystallisiren, schlägt aus ihrer wässrigen Lösung den Kalk durch die angemessene Menge von Oxalsäure nieder, und verdunstet das Filtrat im Vacuum. GOBLEY.

Eigenschaften. Zähe Masse von sehr saurem Geschmack. GOBLEY. Da sich nach PELOUZE die wässrige Säure selbst in der Kälte nicht über einen gewissen Punct hinaus ohne Zersetzung concentriren lässt, so hält diese Masse von GOBLEY ohne Zweifel schon freie Phosphorsäure und Glycerin.

Zersetzungen. Die Säure lässt beim Glühen eine sehr saure Kohle. Ihre Lösung in 10 Th. und mehr Wasser lässt sich ohne Zersetzung kochen, aber eine concentrirtere zersetzt sich dabei unter Freiwerden von Phosphorsäure. GOBLEY.

Verbindungen. Die Säure löst sich leicht in *Wasser*. GOBLEY.

Sie liefert fast lauter in Wasser, aber nicht oder sehr wenig in Weingeist lösliche Salze. PELOUZE.

Glycerinphosphorsaurer Baryt. — In Wasser löslich, daraus durch Weingeist fällbar. PELOUZE.

		Bei 150° getrocknet.	PELOUZE.
2 BaO,PO^5	224,6	73,02	73
$C^6H^7O^5$	83	26,98	
$C^6H^6Ba^2O^6$,HO,PO^5	307,6	100,00	

PELOUZE gibt an: 1,916 Salz lassen beim Glühen 1,246 phosphorsauren Baryt, also 73 Proc.; aber 1,916 : 1,246 = 100 : 65,05; also ist eine Seiner Zahlen falsch.

Glycerinphosphorsaurer Kalk. — Schneeweifse perlglänzende Blättchen ohne Geruch, von etwas scharfem Geschmack. GOBLEY. Hält eine Hitze von 170° ohne Zersetzung aus, PELOUZE; schwärzt sich bei stärkerer, GOBLEY. Wird durch Einkochen mit Kalk und Wasser in phosphorsauren Kalk und Glycerin zersetzt, durch Weingeist ausziehbar. GOBLEY. Löst sich viel reichlicher in kaltem als in kochendem Wasser, so dass es sich aus der kalten Lösung beim Kochen fast ganz abscheidet; wird aus der wässrigen Lösung durch Weingeist gefällt. PELOUZE, GOBLEY.

			PELOUZE. Bei 165°.	GOBLEY. Bei 120° getrocknet.
2 CaO,PO^5	127,4	60,55	60,10	60,27
6 C	36	17,11	17,00	17,05
7 H	7	3,33	3,42	3,49
5 O	40	19,01	19,48	19,19
$C^6H^6Ca^2O^6$,HO,PO^5	210,4	100,00	100,00	100,00

Glycerinphosphorsaures Bleioxyd. — Nicht in Wasser löslich. Nach dem Trocknen bei 120° lässt es beim Glühen 77,5 Proc. halbphosphorsaures Bleioxyd, ist also $C^6H^6Pb^2O^6$,HO,PO^5. PELOUZE.

Glycerin-Schwefelsäure.

$C^6H^8O^6,2SO^3$.

PELOUZE (1836). *Ann. Chim. Phys.* 63, 21; auch *Ann. Pharm.* 19, 211; 20, 212; auch *J. pr. Chem.* 10, 289.

Acide sulfo-glycerique.

Darstellung. Man mischt 1 Th. Glycerin mit 2 Th. Vitriolöl, wobei bedeutende Wärmeentwicklung erfolgt, löst die Masse nach dem Erkalten in Wasser, sättigt mit Kalk, filtrirt, dampft bis zum Syrup ab, sammelt die sich in der Kälte erzeugenden Krystalle des Kalksalzes, löst diese in Wasser, fällt daraus den Kalk durch eine angemessene Menge von Oxalsäure, und filtrirt.

So erhält man die *wässrige Glycerinschwefelsäure* als eine farblose, geruchlose, sehr saure Flüssigkeit, die sich aber selbst nicht mehrere Grade unter 0° im Vacuum verdunsten lässt, ohne schon bei mäfsiger Concentration in freie Schwefelsäure und Glycerin zu zerfallen.

Die wässrige Säure zersetzt die kohlensauren Salze. Die *glycerinschwefelsauren* Salze sind sehr leicht zersetzbar, und sehr leicht in Wasser löslich. (Das Kali- oder Kalk-Salz liefert bei der trocknen Destillation schweflige Säure, Acrylsäure, Acrol und secundäre Zersetzungsproducte. REDTENBACHER, *Ann. Pharm.* 47, 118).

Glycerinschwefelsaurer Baryt. — Seine wässrige Lösung zerfällt beim Erwärmen mit Baryt schon unter 100° in niederfallenden schwefelsauren Baryt und wässriges Glycerin.

Glycerinschwefelsaurer Kalk. — Man neutralisirt die wässrige Säure bei Mittelwärme mit Kalkmilch, filtrirt und dampft zum Syrup ab, welcher in der Kälte farblose, bitter schmechende Nadeln liefert. Das Salz beginnt bei 140° bis 150° sich zu zersetzen, verbreitet den unerträglichen Geruch des destillirten Talgs (von Acrol, REDTENBACHER), und lässt erst einen kohligen Rückstand, dann weifsen schwefelsauren Kalk. Dieser, mit Schwefelsäure befeuchtet und wieder geglüht, beträgt 35,4 Th. von 100 Th. des bei 120° getrockneten Salzes. — Die wässrige Lösung des Salzes wird bei Mittelwärme durch Kalkwasser nicht zersetzt, und trübt daher nicht Chlorbaryum; aber nach kurzem Kochen mit Kalkwasser trübt die Lösung das Chlorbaryum durch erzeugten schwefelsauren Kalk. Das krystallisirte Salz löst sich in weniger, als 1 Th. Wasser, nicht in Weingeist und Aether.

	Bei 110° getrocknet.		PELOUZE.
CaO	28	14,66	14,58
2 SO^3	80	41,88	41,22
6 C	36	18,85	18,85
7 H	7	3,66	3,70
5 O	40	20,95	21,65
$C^6H^7CaO^6,2SO^3$	191	100,00	100,00

Das *Bleisalz* hat dieselbe Zusammensetzung; sowohl dieses, als das *Silbersalz* ist in Wasser löslich. PELOUZE.

Schon DULK (*Berl. Jahrb.* 1821, 166) erhielt durch Behandlung von Olivenöl mit Vitriolöl eine *schwefelölige Säure*, die mit Baryt ein lösliches, krystallisirbares, bitteres, sich im Feuer unter Aufblähung und schwacher Entflammung verkohlendes Salz bildete, worin aber die Gegenwart von Schwefel nicht nachgewiesen wurde.

Mit viel gröfserer Sicherheit lässt sich annehmen, dass die von CHEVREUL (*Recherch. sur les corps gras* 457) 1823 beschriebene *Fettschwefelsäure* oder *Acide sulfo-adipique* mit der Glycerinschwefelsäure von PELOUZE einerlei ist. CHEVREUL erhitzte ein Gemenge von gleichviel Schweineschmalz und Vitriolöl einige Minuten auf 100°, versetzte mit Wasser, übersättigte das Filtrat schwach mit Barytwasser, dampfte das Filtrat ab, wusch den Rückstand mit Weingeist, löste ihn in Wasser, und erhielt durch Abdampfen des Filtrats ein nicht krystallisirendes Barytsalz von stechendem, dann süfslichem Geschmack, welches beim Erhitzen, neben Schwefel, schwefliger Säure und Hydrothion, einen sauer, brenzlich und sehr scharf riechenden Rauch entwickelte, und Schwefelbaryum mit Kohle zurückliefs. Durch Zersetzung des in Wasser gelösten Barytsalzes mit Schwefelsäure und Filtriren erhielt Er die wässrige Säure, welche beim Abdampfen einen sehr sauren Syrup gab, der in der Hitze ähnliche Producte wie das Barytsalz lieferte, und dabei einen noch schärferen Geruch entwickelte.

Verbindungen, deren Kern vielleicht $C^6N^4X^4H^4$ ist.

1. Nitracrol.

Redtenbacher. *Ann. Pharm.* 57, 145.
Tilley. *Ann. Pharm.* 67, 106.

Man destillirt Choloidinsäure mit ihrem 5fachen Volum starker Salpetersäure bis auf $1/5$, und giefst, falls sich noch zuletzt rothe Dämpfe entwickeln, das Destillat zurück, oder fügt frische Salpetersäure hinzu und destillirt wieder, bis die rothen Dämpfe aufhören, verdünnt das Destillat mit dem doppelten Volum Wasser, giefst es zurück, und destillirt wieder, wobei ein krystallisches gelbweifses dickliches Gemenge von Choloidansäure, Cholesterinsäure und Oxalsäure zurückbleibt, während ein farbloses oder bräunliches, heftig stechend und betäubend riechendes, sehr saures wässriges Destillat erhalten wird, worunter sich ein Oel von dem beschriebenen Geruche befindet. Man giefst das wässrige Destillat vom schweren Oel ab, und destillirt es noch einmal theilweise, wobei unter Stickoxydentwicklung noch etwas schweres Oel übergeht (das wässrige Destillat hält Essigsäure, Caprinsäure, Caprylsäure und vielleicht auch Baldriansäure und Buttersäure).

Sämmtliches so erhaltene schwere Oel, durch Waschen mit Wasser von den anhängenden Säuren befreit, ist farblos, oder blassgelb, viel schwerer als Wasser, riecht heftig stechend und betäubend, reizt zu Thränen, erregt beim Einathmen Kopfweh, röthet Lackmus, löst sich wenig in Wasser, aber leicht in Weingeist, und löst Fette und Seifensäuren.

Es zersetzt sich bei 100° unter mäfsiger Verpuffung und mit bläulicher Flamme. — Es zerfällt mit wässrigem Kali in eine gelbe Lösung von *nitrocholsaurem Kali,* welches sich, wenn das Kali concentrirt ist, zum Theil in gelben Krystallen ausscheidet, und in *Cholacrol,* welches sich als ein Oel von verändertem Geruch niedersetzt. Redtenbacher.

Das Nitracrol wird auch erhalten, wenn man Oenanthyl in starke Salpetersäure tröpfelt, das Gemisch destillirt, das Destillat, welches Salpetersäure, Capronsäure und Nitracrol hält, mit Wasser verdünnt und die niedersinkenden Tropfen von Nitracrol mit Wasser wäscht. — Auch dieses ist ein farbloses Oel, schwerer als Wasser, von durchdringendem, scharfen, die Schleimhaut der Nase stark reizenden Geruche. Es zersetzt sich beim Erhitzen mit Wasser auf 100° in salpetrige Säure und Cholacrol, und färbt Kalilauge ebenfalls gelb unter Bildung gelber Krystalle, ohne Zweifel von nitracholsaurem Kali, und eines schweren Oels, welches klar und etwas gelblich ist, und fast eben so heftig riecht, wie Nitracrol, aber in verdünntem Zustande zimmtartig. — Ueberhaupt scheinen mehrere organische Verbindungen beim Erhitzen mit Salpetersäure Nitracrol zu liefern, da sich das dabei erhaltene Destillat mit Kali gelb färbt. Tilley.

2. Nitrocholsäure.

$$C^6N^8H^4O^{22} = C^6N^4X^4H^4,O^6\ ?$$

Redtenbacher. *Ann. Pharm.* 57, 145.

Nitrocholsaures Kali. — Man stellt das Nitracrol mit kaltem verdünnten Kali einige Tage unter öfterem Schutteln hin, giefst die gelbe Lösung vom Cholacrol ab, und verdunstet sie bei sehr gelinder Wärme, oder am besten kalt über Vitriolöl, zum Krystallisiren. (Die gelbe Mutterlauge, welche keine Krystalle mehr liefert, riecht nach Butter und scheidet mit verdünnter Schwefelsäure, unter Entwicklung von salpetrigen Dämpfen, dann von Blausäuregeruch, nach Fett riechende Oeltropfen nach oben ab. Auch zieht Weingeist aus dieser Mutterlauge ein Kalisalz aus, welches eine flüchtige Seifensäure hält. — Bisweilen misslingt die Darstellung des nitrocholsauren Kalis, indem die Kalilauge sich mit dem Nitracrol zwar anfangs gelb, dann aber sogleich violett färbt, und beim Verdunsten rosenrothe und violette Krystalle eines andern Kalisalzes liefert, während die Mutterlauge viel Blausäure hält).

Die Krystalle des nitrocholsauren Kalis, durch Lösen in Wasser und langsames Verdunsten gereinigt, sind liniengrofs, wie es scheint, von der Form des Blutlaugensalzes, citronengelb, glänzend, und von schwachem betäubenden Geruche. Sie zerspringen beim Trocknen an der Luft oder im Vacuum, rascher beim Erwärmen, in viele Splitter, die unter Verbreitung eines starken Geruchs umhergeschleudert werden; bei 100° verpuffen sie. Ihre wässrige Lösung liefert bei längerem Kochen salpetersaures Kali. Verdünnte Schwefelsäure scheidet aus der Lösung der Krystalle (wie auch aus der Mutterlauge) salpetrige Säure, Salpetersäure, Blausäure und ein sich erhebendes fettiges Oel ab. Sie fällt nicht die schweren Metallsalze. Redtenbacher.

Berechnung nach Gm.			Berechnung nach Redtenbacher.			Redtenb.
2 KO	94,4	23,34	KO	47,2	25,08	24,78
6 C	36	8,90	2 C	12	6,37	7,91
8 N	112	27,70	4 N	56	29,76	29,98
2 H	2	0,50	H	1	0,53	0,59
20 O	160	39,56	9 O	72	38,26	36,74
$C^6N^4X^4H^2K^2O^6$	404,4	100,00		188,2	100,00	100,00

Die analysirten Krystalle waren durch Pressen zwischen Papier von der Mutterlauge befreit.

3. Cholacrol.

Redtenbacher. *Ann. Pharm.* 57, 145.

Das bei der Behandlung des Nitracrols mit wässrigem Kali sich ausscheidende schwere Oel (V, 181). Es wird hinterher so lange mit Wasser geschüttelt, bis es neutral ist.

Blassgelbes Oel, schwerer als Wasser, riecht stechend, betäubend und zimmetartig. Neutral.

Es zersetzt sich bei 100° unter Entwicklung von salpetrigen Dämpfen, und verpufft dabei zuweilen schwach und mit Licht, während ein wenig, nach Fett riechende Flüssigkeit zurückbleibt.

Es löst sich schwer in Wasser, nicht sonderlich in Säuren und Alkalien, aber leicht in Weingeist und Aether. Redtenbacher.

Ueber Chlorcalcium getrocknet.			Redtenbacher.
8 C	48	25,94	26,15
2 N	28	15,14	15,28
5 H	5	2,70	2,81
13 O	104	56,22	55,76
$C^8N^2H^5O^{13}$	185	100,00	100,00

[Die hier berechnete Formel Redtenbacher's entspricht zwar genau der Analyse, ist aber sehr unwahrscheinlich.]

Verbindungen, 8 At. Kohlenstoff haltend.

I. *Milte-Reihe.*

A. *Unbekannter Stammkern. Milte.* C^8H^4.

B. *Nebenkerne.*

a. *Unbekannter Sauerstoffkern.* $C^8H^2O^2$.

Mellithsäure.

$$C^8H^2O^8 = C^8H^2O^2,O^6.$$

Klaproth. *Scher. J.* 3, 461. — *Beiträge* 3, 114.
Vauquelin. *Ann. Chim.* 36, 203; auch *Scher. J.* 5, 566; auch *Crell Ann.* 1801, 1, 405.
Wöhler. *Pogg.* 7, 325. — *Pogg.* 52, 600; auch *Ann. Pharm.* 37, 263.
Liebig u. Wöhler. *Pogg.* 18, 161.
Liebig u. Pelouze. *Ann. Pharm.* 19, 252.
Erdmann u. Marchand. *J. pr. Chem.* 43, 129.
H. Schwarz. *Ann. Pharm.* 66, 46.

Honigsteinsäure, Acide mellitique. — Von Klaproth 1799 im Honigstein entdeckt.

Vorkommen. Blofs in der honigsteinsauren Alaunerde (dem Honigstein), die sich in Braunkohlenlagern findet. — Dass durch heifses Behandeln des Bernsteins mit Salzsäure Honigsteinsäure ausgezogen werde, wie Hünefeld (*Schw.* 49, 215) angibt, bedarf noch eines vollständigeren Beweises.

Darstellung. 1. Man übergiefst das feine Pulver des Honigsteins mit kohlensaurem Ammoniak, wobei Aufbrausen eintritt, kocht bis zur Verjagung des überschüssigen kohlensauren Ammoniaks, fällt, da das saure Ammoniaksalz, welches sich beim Kochen bildet, Alaunerde lösen kann, diese durch Aetzammoniak, filtrirt, und dampft zum Krystallisiren des neutralen mellithsauren Ammoniaks ab, welches man durch Umkrystallisiren aus Wasser reinigt, jedesmal unter Zusatz von etwas Ammoniak, um das durch Verflüchtigung von Ammoniak entstandene saure Salz wieder in das krystallisirbare neutrale zurückzuführen. Endlich löst man das gereinigte Ammoniaksalz in Wasser, fällt es durch Bleizucker oder salpetersaures Silberoxyd, zersetzt den gewaschenen Niederschlag, wenn er Blei hält, durch wässriges Hydrothion, wenn er Silber hält, durch wässrige Salzsäure, filtrirt und dampft ab, wobei die überschüssige Salzsäure entweicht. Wöhler. — Der Bleiniederschlag hält Ammoniak, welches in die abgeschiedene Säure übergeht; man muss diese daher wieder mit Bleizucker fällen, den noch etwas Ammoniak haltenden Niederschlag nach dem Waschen wieder durch Hydrothion zersetzen, und die so erhaltene Säure zum dritten Mal mit Bleizucker fällen, um einen Ammoniak-freien Niederschlag zu erhalten, aus dem durch Hydrothion die reine Säure zu scheiden ist. — Oder man kocht das Ammoniaksalz mit überschüssigem Barytwasser, zersetzt das entstandene Barytsalz durch Digestion mit etwas überschüssiger Schwefelsäure, filtrirt, dampft zum Krystallisiren ab, und befreit die Krystalle durch Umkrystallisiren von der anhängenden Schwefelsäure. ERDMANN u. MARCHAND. — Um aus der bei der Darstellung des mellithsauren Ammoniaks erhaltenen braunen sauren Mutterlauge farblose Mellithsäure zu gewinnen, fälle man das Färbende durch Chlorbaryum, schlage aus dem Filtrat durch Ammoniak oder durch Kochen mit essigsaurem Ammoniak den mellithsauren Baryt nieder, und verwandle diesen durch Digestion mit kohlensaurem Ammoniak in mellithsaures Ammoniak; oder man fälle die braune Mutterlauge durch concentrirten Kupfervitriol, und zersetze das krystallische mellithsaure Kupferoxyd durch Hydrothion-Ammoniak. — Beim Fällen des gereinigten Ammoniaksalzes durch salpetersaures Silberoxyd muss man ersteres in einen Ueberschuss des letzteren tröpfeln, sonst wird der Niederschlag ammoniakhaltig. SCHWARZ.

2. Man kocht den gepulverten Honigstein mit Wasser aus, filtrirt die wässrige Honigsteinsäure von der Alaunerde ab, und dampft ab. KLAPROTH. — Diese Säure hält Alaunerde. WÖHLER. — 3. Man digerirt den Honigstein mit wässrigem kohlensauren Kali, wobei die Kohlensäure unter Aufbrausen entweicht, versetzt das durch das Filter geschiedene wässrige honigsteinsaure Kali mit Salpetersäure, und dampft ab, worauf die Säure krystallisirt. VAUQUELIN. — Die so erhaltene Materie ist saures mellithsaures Kali mit Salpeter. WÖHLER.

Eigenschaften. Durch Abdampfen erhalten: Weifses, kaum krystallisches Pulver; aus der Lösung in kaltem Weingeist durch freiwilliges Verdunsten krystallisirt: Feine, seidenglänzende, sternförmig vereinigte Nadeln. In der Hitze schmelzbar. Schmeckt stark sauer. Luftbeständig. WÖHLER.

	Krystallisirt.		WÖHLER.	SCHWARZ.
8 C	48	42,11	42,38	42,15
2 H	2	1,75	1,82	1,77
8 O	64	56,14	55,80	56,08
$C^8H^2O^2,O^6$	114	100,00	100,00	100,00

Nach der Radicaltheorie ist die hypothetisch trockne Säure $= \overline{M} = C^4O^3 = 48$.

Zersetzungen. 1. Die krystallisirte Säure verliert bei 200° kein Wasser, und sublimirt sich bei stärkerem Erhitzen einem Theil nach unverändert, während der gröfsere Theil unter Bildung von viel Kohle, aber ohne brenzlichen Geruch zerstört wird. WÖHLER. — 2. An der Luft erhitzt, verbrennt sie mit heller rufsender Flamme und gewürzhaftem Geruch, viel Kohle lassend, die völlig verbrennt. WÖHLER. — Kochende Salpetersäure wirkt weder auflösend, noch zersetzend, KLAPROTH, WÖHLER; auch kochendes Vitriolöl zersetzt nicht die Säure, WÖHLER.

Verbindungen. Die Säure löst sich leicht in *Wasser;* die concentrirte Lösung hat Syrupdicke. WÖHLER.

Kochendes *Vitriolöl* löst die Säure auf, und lässt sie beim Verdampfen durch stärkere Hitze unzersetzt zurück. WÖHLER.

Alle *mellithsaure Salze, Mellitates,* liefern bei der trocknen Destillation sehr viel Kohle und wenig wasserstoffhaltende Producte. WÖHLER.

Honigsteinsaures Ammoniak. — a. *Neutrales.* — Darstellung (V, 183). — Grofse glänzende, durchsichtige Krystalle, schwach sauer reagirend. Diese zeigen bei gleichem Säuregehalt, aber vielleicht verschiedenem Wassergehalt, zweierlei Formen, die zwar beide dem 2- und 2-gliedrigen System angehören, aber sehr abweichende Winkel zeigen. WÖHLER.

α. Von einem rhombischen Oktaeder (*Fig.* 41) abzuleiten, worin sich die 3 Axen verhalten = $\sqrt{3{,}200} : \sqrt{7{,}881} : 1$; krystallisirt nach *Fig.* 68; p : y = 151° 8′; p : l = 160° 24′; u' : u = 114° 16′; u : t = 122° 5′; die t-Fläche der Länge nach gestreift; kein Blätterdurchgang nach p; muschliger Bruch. G. ROSE.

β. Rhombisches Oktaeder, in welchem sich die 3 Axen verhalten = $\sqrt{2{,}675} : \sqrt{7{,}923} : 1$; krystallisirt nach *Fig.* 67; p : a = 144° 44′; a : a = 146° 17′; a : u = 125° 16′; u' : u = 119° 41′; u : t = 120° 9½′; spaltbar nach p; von unebenem Längenbruch; mit lauter glatten Flächen. G. ROSE. (*Pogg.* 7, 335).

Das Salz *α* wird an der Luft langsam milchweifs und undurchsichtig. Das Salz *β* wird fast augenblicklich, wenn es aus der Mutterlauge kommt, undurchsichtig und bröcklich, wohl mehr durch Verschiebung der Theile, als durch Wasserverlust; doch bleibt oft die Hälfte eines Krystalls fortwährend klar. WÖHLER.

	Krystallisirt.		ERDM. u. MARCH.	SCHWARZ.
8 C	48	23,76	24,12	23,91
2 N	28	13,86	14,14	13,61
14 H	14	6,93	7,09	7,16
14 O	112	55,45	54,65	55,32
$C^8(NH^4)^2O^8 + 6\,Aq$	202	100,00	100,00	100,00

Oder:			ERDMANN u. MARCHAND.
2 NH^3	34	16,83	17,00
C^8O^6	96	47,53	48,79
8 HO	72	35,64	
	202	100,00	

Die von SCHWARZ analysirten grofsen klaren Krystalle waren über Chlorcalcium getrocknet. Die von ERDMANN u. MARCHAND untersuchten hatten die unter *α* beschriebene Gestalt.

Diejenigen Krystalle, die an der Luft verwittern und matt und porcellanartig werden, verlieren dabei ziemlich genau 2 At. Wasser. Bei 100° verlieren die Krystalle 24,1 Proc. Wasser, nebst etwas Ammoniak, welches bei stärkerem Erhitzen in steigender Menge das weiter verdampfende Wasser begleitet. ERDMANN u. MARCHAND.

Bei 150° verwandelt sich das Salz in einigen Stunden unter Entwicklung von viel Ammoniak und Wasser in ein blassgelbes, pulveriges Gemenge von Paramid und saurem euchronsauren Ammoniak. WÖHLER. (Bildung des Paramids: $2\,NH^3,C^8H^2O^8 = C^8NHO^4 + NH^3 + 4\,HO$. — Bildung des euchronsauren Ammoniaks: $3\,(2\,NH^3,C^8H^2O^8) = 2\,NH^3,C^{24}N^2H^4O^{16} + 2\,NH^3 + 8\,HO$. — Beim Erhitzen über 160° erfolgt eine weitere Zersetzung, so dass sich dem Paramid ein bitterer Körper beimengt. — Erhitzt man das mellithsaure Ammoniak in einer Retorte auf 300 bis 350°, so geht Wasser mit ätzendem und kohlensaurem Ammoniak über, es bildet sich ein blaugrünes halb geschmolzenes und wenig weifses krystallisches Sublimat, und es bleibt ein kohliger Rückstand. Dieser ist ein Gemenge von Kohle, grüngelben glänzenden Nadeln und wenig, durch Wasser ausziehbarer, saurer Materie. Mit Ammoniak digerirt, gibt er eine dunkelblaugrüne Lösung, aus der sich beim Erkalten wenige weifse feine, unzersetzt als wolliges Sublimat zu verflüchtigende, Blättchen scheiden. Die von diesen Blättchen abfiltrirte grüne ammoniakalische Lösung gibt mit Salzsäure einen dunkelblaugrünen, schwer auszuwaschenden Niederschlag, nach dem Waschen und Trocknen schwarz, glänzend, leicht zerbröckelnd, von dunkelgrünem Pulver, beim Erhitzen in blausaures Ammoniak und Kohle zerfallend. Aus der hiervon abfiltrirten salzsauren Flüssigkeit setzen sich bald kleine gelbe Krystalle ab, wohl dieselben, wie sie im kohligen Rückstand zu bemerken sind, und wohl einerlei mit der gelben bittern Materie. WÖHLER. — Die concentrirte Lösung des mellithsauren Ammoniaks, in ein Glasrohr eingeschmolzen, verändert sich nicht bei mehrstündigem Erhitzen auf 200°. WÖHLER. — Beim Kochen an der Luft verliert die Lösung Ammoniak unter Bildung eines viel löslicheren sauren Salzes, daher Ammoniak aus der abgedampften und erkalteten Flüssigkeit das neutrale Salz als ein krystallisches Magma fällt. WÖHLER.

b. *Saures*. — Man zersetzt das durch Fällen von Kupfervitriol mit neutralem mellithsauren Ammoniak erhaltene mellithsaure Kupferoxyd-Ammoniak durch wässriges Hydrothion und dampft das Filtrat zum Krystallisiren ab. Gerade rhombische Säulen, an den 4 Seitenkanten abgestumpft. u' : u = 122°. ERDMANN u. MARCHAND.

	Lufttrockne Krystalle.		ERDMANN u. MARCHAND.
24 C	144	32,15	32,03
2 N	28	6,25	6,30
20 H	20	4,46	4,78
32 O	256	57,14	56,89
$C^8(NH^4)^2O^8,2C^8H^2O^8$,8Aq	448	100,00	100,00

Mellithsaures Kali. — a. *Neutrales*. — Isomorph mit dem neutralen Ammoniaksalz *α*. *Fig*. 68. u' : u = 114°; p : y = 151°; p : i = 160'; u : t = 123°, ungefähr. NAUMANN. Die Krystalle sind sehr zum Verwittern geneigt. Die schon etwas verwitterten Krystalle verlieren bei 170° 20,1 Proc. Wasser, und im trocknen Rückstand finden sich 49,51 Proc. Kali, also sind die Krystalle $C^8K^2O^8$,6Aq. ERDMANN u. MARCHAND.

b. *Saures*. — Die Lösung von 1 At. Salz a und 1 At. Mellithsäure in heifsem Wasser liefert beim Erkalten grofse durchsichtige gerade rhombische Säulen, mit abgestumpften Endkanten und bald abgestumpften, bald zugeschärften schärferen Seitenkanten. Sie werden bei gelinder Wärme unter Wasserverlust milchweifs, und verlieren bei 180° 17,93 Proc. (4 At.) Wasser. Sie lösen sich leichter, als a, in Wasser, und Salpetersäure fällt daraus die Verbindung mit Salpeter. WÖHLER.

	Krystallisirt.		WÖHLER.
8 C	48	25,51	25,64
5 H	5	2,65	
KO	47,2	25,08	23,99
11 O	88	46,76	
C^8HKO^8,4Aq	188,2	100,00	

Durch Mischen concentrirter Lösungen des neutralen Kalisalzes und der freien Säure schlugen ERDMANN u. MARCHAND ein Krystallmehl nieder, welches nach dem Lösen in heifsem Wasser in kleinen breiten perlglänzenden Krystallen anschoss. Diese Krystalle hielten 20,63 Proc. C, 2,74 H und 30,49 KO = 2KO,3C^4O^3 + 9 Aq [oder wohl = $C^8K^2O^8,C^8HKO^8$ + 12 Aq].

Saures mellithsaures Kali mit Salpeter. — Anfangs für das reine saure Kalisalz gehalten. — Man versetzt die gesättigte wässrige

Lösung des neutralen oder sauren Kalisalzes so lange mit Salpetersäure, bis ein körniger Niederschlag zu entstehen anfängt, erwärmt dann das Gemisch bis zu dessen Lösung, und lässt langsam erkalten. Unregelmäfsig 6seitige Säulen mit 2, auf 2 Seitenflächen gesetzten, Flächen zugeschärft (ungefähr *Fig.* 65). Von saurem Geschmack. Die Krystalle verlieren bei 150° 7 Proc. (6 At.) Wasser, und blähen sich bei stärkerem Erhitzen plötzlich unter einem, auch bei abgehaltener Luft wahrnehmbaren Verglimmen sehr stark zu einer kohligen Masse auf. Mit Schwefelsäure entwickeln sie Salpetersäure. Sie lösen sich sehr wenig in Wasser. Wöhler.

	Krystallisirt.		Wöhler.
32 C	192	25,13	25,20
10 H	10	1,31	1,33
5 KO	236	30,89	30,40
NO^5	54	7,07	
34 O	272	35,60	
$4(C^6HKO^8)+KO,NO^5+6Aq$	764	100,00	

Mellithsaures Natron. — *α. Mit 8 At. Wasser.* — Schiefst aus der warmen concentrirten wässrigen Lösung in Nadeln an, welche bei 100° 22,6 Proc. (beinahe 6 At.) Wasser verlieren, und bei 180° im Ganzen 32,81 Proc. (8 At.).

β. Mit 12 At. Wasser. — Krystallisirt bei freiwilligem Verdunsten der kalt gesättigten Lösung in grofsen, stark gestreiften Krystallen des 1- u. 1-gliedrigen Systems, die bei 160° 38,88 Proc. (12 At.) Wasser verlieren, und einen Rückstand lassen, der 38,68 Proc. Natron hält. Erdmann u. Marchand.

Mellithsaurer Baryt. — Die Mellithsäure gibt mit Barytwasser und essigsaurem Baryt sogleich einen weifsen Niederschlag; mit salzsaurem erst nach einiger Zeit durchsichtige zarte Nadeln; in Salzsäure und Salpetersäure löslich. Klaproth. — Bei gesättigteren Lösungen gibt mellithsaures Ammoniak mit Barytsalzen einen gallertartigen Niederschlag, der zu Krystallschuppen zusammensinkt; bei sehr verdünnten Lösungen feine Nadeln. Nach dem Trocknen an der Luft erscheint das Salz als eine fast silberglänzende blättrige Masse, die bei 100° blofs hygroskopisches Wasser verliert, aber bei 330° 6,56 Proc. (2 At.). — Bisweilen hält es etwas saures Salz beigemengt. Schwarz. Das durch Fällung mit mellithsaurem Ammoniak erhaltene Salz hält ein wenig Ammoniak, ist schwer zu trocknen, und hält nach dem Trocknen 59,1 Proc. Baryt. Erdmann u. Marchand.

	Bei 330° getrocknet.		Schwarz.
8 C	48	19,26	19,26
2 BaO	153,2	61,48	60,80
6 O	48	19,26	19,94
$C^8Ba^2O^8$	249,2	100,00	100,00

Mellithsaurer Strontian. — Der weifse Niederschlag, welchen Mellithsäure in Strontianwasser erzeugt, löst sich in Salzsäure. Klaproth.

Mellithsaurer Kalk. — Die freie Säure gibt mit Kalkwasser weifse Flocken, in Salzsäure löslich, Klaproth; mit wässrigem Gyps weiſse krystallische Körner, VAUQUELIN. Das mellithsaure Ammoniak gibt mit salzsaurem Kalk groſse weiſse Flocken, welche zu einer weiſsen, leichten, aus seidenglänzenden Nadeln bestehenden Masse, die noch über 21 Proc. Wasser hält, austrocknen. WÖHLER. Dieser Niederschlag hält nach dem Trocknen an der Luft, auſser 0,38 Proc. Ammoniak, 33 Proc. Wasser, die bei 130° sehr langsam entweichen; der Rückstand hält 38,83 Proc. Kalk. ERDMANN u. MARCHAND.

Honigsteinsaure Alaunerde. — a. Der *Honigstein* kommt in honiggelben durchsichtigen Krystallen, von 1,6 spec. Gew. vor, die zum 4gliedrigen System gehören (*Fig.* 23, 29, 32); e : e' = 118° 4'; e : e'' = 93° 22'; e : q = 120° 58'; von starker doppelter Strahlenbrechung. HAUY. Wird beim Erhitzen zuerst weiſs, durch Verlust von 44,1 Proc. Wasser, welches ungefähr beim Siedpuncte des Vitriolöls langsam entweicht, WÖHLER, dann schwarz durch Verkohlung, dann weiſs durch völlige Zerstörung der Säure, KLAPROTH. Liefert bei der trocknen Destillation, auſser 1 Maaſs Wasserstoffgas [Kohlenoxydgas, da es mit blauer Flamme brennt] auf 4 M. kohlensaures, 38 Proc. schwach säuerliches, gewürzhaftes Wasser, 1 Proc. gewürzhaftes Oel (von beigemengtem Harz herrührend, WÖHLER), 3 Proc. Kohle, 14,5 Proc. Alaunerde, 1,2 Proc. Kieselerde und 1 Proc. Eisenoxyd. KLAPROTH. — Der Honigstein, auf schmelzenden Salpeter geworfen, zeigt schwaches Verglimmen; er löst sich unter Zersetzung in verdünnter Salpeter-, Schwefel- oder Salz-, nicht in Essig-Säure; er tritt an kochendes Wasser, sowie an Ammoniak und kohlensaures Natron die Mellithsäure ab. KLAPROTH. Das Wasser entzieht bei längerem Kochen nur einen Theil der Säure, mit etwas Alaunerde, so dass sich ein saures Salz bildet, während ein basisches zurückbleibt, so wie auch die wässrige Mellithsäure viel gepulverten Honigstein löst; kohlensaures Ammoniak entzieht selbst den ganzen Krystallen die meiste Säure, doch bleibt bei der Alaunerde etwas Säure und Ammoniak, so dass ihre Lösung in Salpetersäure beim Verdampfen Krystalle (*Fig.* 29 u. 32) von regenerirtem Honigstein absetzt. WÖHLER. Einen Honigstein von WALCHOW mit viel gröſserem Alaunerdegehalt beschreibt DUFLOS (*J. pr. Chem.* 38, 323).

	Honigstein.		WÖHLER.	KLAPROTH.
2 Al^2O^3	102,8	14,38	14,5	14,5
3 C^8O^6	288	40,29	41,4	46,0
36 HO	324	45,33	44,1	38,0
Fe^2O^3 u. SiO^2				1,3
Fe^2O^3 u. Harz			Spur	
$C^{24}Al^4O^{24}+36Aq$	714,8	100,00	100,0	99,8

b. Das mellithsaure Kali fällt wässrigen Alaun in starken weiſsen Flocken, VAUQUELIN; als weiſses Krystallmehl, welches nur 9,5 Proc. Alaunerde und 48,0 Proc. Wasser enthält, also wohl ein saures Salz ist. WÖHLER.

Mellithsaures Bleioxyd. — Die Mellithsäure und ihre Verbindung mit Ammoniak erzeugt mit essigsaurem und salpetersaurem Bleioxyd einen weiſsen voluminosen Niederschlag, der beim Auswaschen auf dem Filter zu einem körnigen schweren Pulver zusammenschrumpft, nicht in Wasser, aber in Salpetersäure löslich. KLAPROTH, VAUQUELIN, WÖHLER. Wenn man nicht das mellithsaure Ammoniak in überschüssiges Bleisalz tröpfelt, sondern das Ammoniaksalz vorwalten lässt, so hält der Niederschlag Ammoniak. SCHWARZ.

Bei 180° getrocknet.			Erdm. u. Marchand.	Bei 100° getrocknet.			Erdm. u. Marchand.	Wöhler.
2 PbO	224	70	69,74	2 PbO	224	66,28	67,5	67,05
8 C	48	15	14,57	8 C	48	14,20		
H			0,26	2 H	2	0,59	0,5	
6 O	48	15	15,43	8 O	64	18,93		
$C^8Pb^2O^8$	320	100	100,00	+ 2 Aq	338	100,00		

Mellithsaures Eisenoxyd. — Die freie Säure schlägt aus salpetersaurem Eisenoxyd ein isabellgelbes, in Salzsäure lösliches Pulver nieder. Klaproth.

Mellithsaures Kupferoxyd. — a. *Neutrales.* — 1. Beim Mischen kochender concentrirter Lösungen von Mellithsäure und essigsaurem Kupferoxyd erhält man Flocken, die beim Auswaschen unter Säureverlust krystallisch und neutral werden. Erdmann u. Marchand. — 2. Neutrales mellithsaures Ammoniak gibt mit Kupfervitriol einen blassblauen voluminosen Niederschlag, der beim Auswaschen zu einem hellblauen Krystallpulver zusammenschrumpft; dieses hält 20 Proc. Wasser. Wöhler. Der mit mellithsaurem Ammoniak oder Kali erhaltene Niederschlag hält etwas Ammoniak oder Kali. Erdmann u. Marchand.

	Nach 1) bereitet, lufttrocken.		Erdm. u. March.
8 C	48	19,35	19,42
8 H	8	3,23	3,23
2 CuO	80	32,26	32,48
14 O	112	45,16	44,87
$C^8Cu^2O^8,8Aq$	248	100,00	100,00

b. *Saures.* — Die freie Mellithsäure gibt mit essigsaurem (nicht mit salzsaurem) Kupferoxyd einen spangrünen Niederschlag. Klaproth. Sie gibt damit einen dicken hellblauen Niederschlag, welcher sich bei mehrtägigem Verweilen unter der Flüssigkeit in Krystalle verwandelt. Diese, bei 100° getrocknet, verlieren bei stärkerer Hitze erst dann wieder Wasser, wenn sie bis zur Schwärzung und Zersetzung der Krystalle steigt. Liebig u. Pelouze. Es sind blaue Krystalle, welche bei 100° $^3/_4$ ihres Wassers verlieren, aber das letzte Viertel selbst bei 230° noch nicht vollständig. Schwarz. — Die durch kaltes Fällen von essigsaurem Kupferoxyd und Mellithsäure in concentrirter Lösung erhaltene dicke hellblaue Gallerte füllt sich bei längerem Verweilen mit Krystallpuncten, welche sich zu kleinen dunkelblauen durchsichtigen Krystallen vergröfsern; presst man die Gallerte gleich nach ihrer Fällung aus, so erhält man eine weifse Masse, die beim Trocknen blau und krystallisch wird. Erdmann u. Marchand.

Berechnung nach Gm.			Ber. nach Erdm. u. March.			Erdm. u. March. Luftr. Krystalle.
16 C	96	20,64	12 C	72	21,69	21,06
17 H	17	3,65	12 H	12	3,61	3,59
3 CuO	120	25,81	2 CuO	80	24,10	25,51
29 O	232	49,90	21 O	168	50,60	49,84
$C^8Cu^2O^8,C^8HCuO^8,16Aq$	465	100,00	$2CuO,3C^4O^3,12Aq$	332	100,00	100,00

Mellithsaures und Kupferoxyd-Ammoniak. — Die dunkelblaue Lösung des neutralen mellithsauren Kupferoxyds in Ammoniak liefert beim Verdunsten dunkelblaue rhomboedrische Krystalle, welche sich an der Luft durch Ammoniakverlust schnell grün färben. WÖHLER.

Mellithsaures Kupferoxyd-Ammoniak. — a. *Mit gröfserem Gehalt an mellithsaurem Ammoniak.* — Dunkelblaue luftbeständige Krystalle. WÖHLER. [Vielleicht $C^8NH^4CuO^8 + x Aq$].

b. *Mit geringerem Gehalt.* — Der Niederschlag, welchen mellithsaures Ammoniak mit Kupfervitriol erzeugt. Himmelblaue mikroskopische Krystalle, welche bei 120° langsam 27,3 Proc. Wasser mit einer Spur Ammoniak unter grünblauer Färbung verlieren.

	Lufttrockne Krystalle.		ERDMANN u. MARCHAND.
16 C	96	19,92	19,53
N	14	2,90	3,04
20 H	20	4,15	4,35
3 CuO	120	24,90	23,20
29 O	232	48,13	49,88
$C^8Cu^2O^8,C^8NH^4CuO^8 + 16HO$	482	100,00	100,00

Nach ERDMANN u. MARCHAND = $NH^4O,C^4O^3 + 3\,(CuO,C^4O^3,HO) + 15\,Aq$.

Das von der Fällung des Kupfervitriols mit mellithsaurem Ammoniak erhaltene Filtrat lässt auf Zusatz von Ammoniak ein hellgrünes *basisches Salz* fallen, welches im lufttrocknen Zustande 8,45 Proc. C, 0,74 N, 2,34 H, 54,09 CuO, 9,05 SO^3 und 25,33 O hält. ERDMANN u. MARCHAND.

Mellithsaures Quecksilber. — Mellithsäure gibt sowohl mit salpetersaurem Quecksilberoxydul als mit salpetersaurem Quecksilberoxyd einen weifsen, in Salpetersäure löslichen Niederschlag. KLAPROTH.

Mellithsaures Silberoxyd. — 1. Man fällt salpetersaures oder essigsaures Silberoxyd durch Mellithsäure. VAUQUELIN, WÖHLER, ERDMANN u. MARCHAND. — 2. Man fällt überschüssiges salpetersaures Silberoxyd durch mellithsaures Ammoniak, welches man in ersteres tröpfelt. SCHWARZ. Ohne diese Vorsicht hält der Niederschlag, wie schon ERDMANN u. MARCHAND fanden, etwas Ammoniak und Wasser, und färbt sich beim Erhitzen violettbraun. SCHWARZ. — Der Niederschlag ist seidenartig und ertheilt der Flüssigkeit das Ansehn des Seifenwassers. VAUQUELIN. Nach dem Trocknen ist er ein weifses Pulver, WÖHLER; ein glänzendes schuppiges Pulver, unter dem Mikroskop aus wasserhellen quadratischen Tafeln mit oft abgestumpften Ecken bestehend, ERDMANN u. MARCHAND, welches sich im Lichte nicht schwärzt, LIEBIG u. PELOUZE, und auch bei 200° weifs bleibt, SCHWARZ. Auch aus dem bei 180° getrockneten Salze lässt sich durch Hydrothion oder Salzsäure die Mellithsäure wiederherstellen. LIEBIG u. PELOUZE. Das Salz verzischt bei stärkerem Erhitzen unter Rücklassung metallischen Silbers, WÖHLER; dabei zeigt sich keine Elektricität, ERDMANN u. MARCHAND; der Rückstand ist aufgeblähtes Kohle-haltiges Silber, LIEBIG u. PELOUZE. In einem Strom von Wasserstoffgas schwärzt sich das Salz bei 100° schnell unter Bildung von Wasser und einem Gewichtsverlust, der dem halben Sauerstoffgehalt des Silberoxyds entspricht; der Rückstand löst sich in Wasser zu einer dunkelbraungelben sehr sauren Flüssigkeit, welche sich bald unter Absatz von

Silberspiegeln in eine Lösung des mellithsauren Silberoxyds in freier Mellithsäure verwandelt. Also erzeugt der Wasserstoff mellithsaures Silberoxydul. WÖHLER (*Ann. Pharm.* 30, 1; auch *Pogg.* 46, 629). Das bei 180° getrocknete Salz, mit Iod erhitzt, liefert Iodsilber und ein weifses krystallisches Sublimat von saurem herben Geschmack, stark Lackmus röthend, leicht in Wasser löslich, vielleicht eine Verbindung von C^4O^4 mit Iod. LIEBIG u. PELOUZE.

			LIEBIG u. PELOUZE.	ERDMANN u. MARCHAND.		
			a.	b.	c.	d.
8 C	48	14,63	14,73	14,53	14,55	14,37
2 Ag	216	65,86	65,71			65,30
8 O	64	19,51	19,56			
H				0,08	0,10	0,13
$C^8Ag^2O^8$	328	100,00	100,00			

a wurde bei 180° im Vacuum getrocknet [da es sich dabei schwärzte, so scheint es Ammoniak enthalten zu haben]. — b ist nach 1) bereitetes Salz, bei 130° im Vacuum getrocknet. — c ist Ammoniak-haltendes Salz, bei 100° im Vacuum getrocknet. — d dasselbe, an der Luft bei 100° getrocknet.

Mellithsaures Silberoxyd-Kali. — Ein Gemisch aus salpetersaurem Silberoxyd und, mit Salpetersäure versetztem, mellithsauren Kali gibt keinen Niederschlag, sondern nach einiger Zeit stark glänzende, durchsichtige kleine Säulen (*Fig.* 70) u' : u = 121° 30'; u' : t = 119° 11' [15'?]. Die Krystalle werden beim Erhitzen zuerst unter Wasserverlust undurchsichtig, und blähen sich dann plötzlich mit einer Art von Verpuffung zu einer langen gewundenen Masse auf, die aus Silber und kohlensaurem Kali besteht. WÖHLER.

Die Mellithsäure ist leicht in Weingeist löslich. WÖHLER.

Gepaarte Verbindungen der Mellithsäure.

Wein-Mellithsäure?

Folgende Versuche machen das Dasein dieser Säure wahrscheinlich:

Kocht man die Lösung der Mellithsäure in absolutem Weingeist mehrere Stunden lang, so lässt sie beim Erkalten nichts mehr anschiefsen; sie färbt sich beim Abdampfen bis zur Syrupdicke dunkelbraun, und gesteht dann beim Erkalten zu einer durchsichtigen, festen, gummiähnlichen Masse, die, gleich Harz, das Wasser nicht annimmt. Doch wird sie unter Wasser nach einigen Stunden auf der Oberfläche weifs und undurchsichtig; nach 24 Stunden durch und durch; das Wasser ist milchig und sauer. Das nicht Gelöste, mit kaltem und heifsem Wasser gewaschen, worin es sich ein wenig löst, stellt ein weifses geschmackloses, leicht schmelzbares, dann beim Erkalten strahlig gestehendes Pulver dar, mit rufsender Flamme, wie Harz, verbrennbar, in einer Glasröhre erhitzt, eine Kohle, aber kein Sublimat liefernd. Es löst sich wenig in heifsem Wasser, leicht in Weingeist; letztere Lösung röthet Lackmus und wird durch Wasser milchig gefällt. Es löst sich leicht in Ammoniak; diese Flüssigkeit gibt mit Salzsäure weifse Flocken; sie schmeckt, nach Verdampfen des Ammoniaküberschusses, bitter, und reagirt sauer, und lässt zuletzt eine krystallische Salzmasse, die mit Kali Ammoniak entwickelt. WÖHLER.

Mellithsäure, die etwas Schwefelsäure hält, mit absolutem Weingeist anhaltend in einem Kolben gekocht, der mit einer kalt gehaltenen langen Glasröhre verbunden ist, so dass der verdampfende Weingeist immer zurückfliefst, mit Barytwasser versetzt, der Luft dargeboten, bis der überschüssige Baryt als kohlensaurer gefällt ist, hierauf von kohlensaurem, schwefelsaurem und mellithsaurem Baryt abfiltrirt, und im Vacuum über Vitriolöl verdunstet, lässt eine, wahrscheinlich aus weinmellithsaurem Baryt bestehende, gummiartige Masse. Dieselbe hält 36,57 Proc. BaO, 2,58 H und ungefähr 34,02 C. Sie ist frei von Schwefel. Sie lässt beim Verbrennen an der Luft ein Gemenge von kohlensaurem Baryt und unverbrennlicher Kohle. Sie bewegt sich auf dem Wasser nach Art des buttersauren Baryts, und löst sich vollständig, aber nach dem Erhitzen auf 100° lässt sie beim Lösen in Wasser kohlensauren Baryt. ERDMANN u. MARCHAND.

Die Darstellung eines *Mellith-Vinesters* oder *Mellith-Formesters* gelang SCHWARZ auf keine Weise.

b. *Stickstoffkern.* C^8NHO^2.

Paramid.

$$C^8NHO^4 = C^8NHO^2,O^2.$$

WÖHLER (1841). *Pogg.* 52, 605; auch *Ann. Pharm.* 37, 268.
H. SCHWARZ. *Ann. Pharm.* 66, 52.

Paramide, Dimellimide.

Bildung. Beim Erhitzen des mellithsauren Ammoniaks. (V, 185).

Darstellung. Man erhitzt feingepulvertes neutrales mellithsaures Ammoniak einige Stunden unter fleifsigem Umrühren in einer Porcellanschale im Oelbade auf 150 bis 160°, bis sich kein Ammoniakgeruch mehr entwickelt, rührt das blassgelbe Pulver mit kaltem Wasser an, wäscht es damit auf einem Filter anhaltend, bis es keine saure Reaction mehr annimmt, also kein saures euchronsaures Ammoniak mehr entzieht, und trocknet das ungelöst bleibende. WÖHLER. — Man erhält um so mehr Paramid, je stärker man das mellithsaure Ammoniak erhitzt hatte, und man erhält weniger, wenn man, statt mit kaltem Wasser, mit Wasser von 50° wäscht. SCHWARZ. — Bei zu starkem Erhitzen mengt sich jedoch dem Paramid die nicht wohl zu trennende gelbe bittere Substanz bei, welche sich auch bei der Zersetzung des Paramids in der Hitze sublimirt. WÖHLER.

Eigenschaften. Weifse, ziemlich hart zusammengebackene, geruchlose und geschmacklose Masse, die an der Luft durch Aufnehmen von Ammoniak gelblich wird, und die beim Reiben mit Wasser den Geruch und die Consistenz des feuchten Thons erhält. WÖHLER.

			WÖHLER.	SCHWARZ.
8 C	48	50,53	51,17	50,01
N	14	14,74		13,47
H	1	1,06	1,65	1,52
4 O	32	33,67		35,00
C^8NHO^4	95	100,00		100,00

[Das Paramid ist keine Amidverbindung, sondern hält den Stickstoff als solchen; denn bei seiner Bildung treten auf 1 At. Ammoniak nicht 2, sondern 4 At. Wasser aus.]

Zersetzungen. 1. Das Paramid bleibt bei 200° unverändert, verkohlt sich aber bei stärkerer Hitze unter Entwicklung von blausaurem Ammoniak und Sublimation einer blaugrünen halb geschmolzenen Substanz und schwefelgelber, sehr bitterer Nadeln. WÖHLER. — 2. Seine Lösung in verdünntem Kali zersetzt sich allmälig, beim Erhitzen augenblicklich, unter Freiwerden von Ammoniak, und verliert ihre Fällbarkeit durch Salzsäure, indem das Paramid zuerst in Euchronsäure übergeht, durch den blauen Ueberzug auf Zink erkennbar, dann in in Mellithsäure. Die Lösung des Paramids in wässrigem Ammoniak verhält sich eben so, nur bleibt hier ein Theil des gebildeten euchronsauren Ammoniaks unverändert. WÖHLER. — Uebergang des Paramids in Euchronsäure: $3\,C^8NHO^4 + 4\,HO = C^{24}N^2H^4O^{16} + NH^3$; Uebergang der Euchronsäure in Mellithsäure: $C^{24}N^2H^4O^{16} + 8\,HO = 3\,C^8H^2O^8 + 2\,NH^3$. — 3. Das Paramid löst sich in viel Wasser bei mehrtägigem Kochen völlig zu saurem mellithsauren und etwas euchronsaurem Ammoniak auf; beim Erhitzen mit Wasser in einer zugeschmolzenen Glasröhre verwandelt es sich ganz in saures mellithsaures Ammoniak. WÖHLER. $C^8NHO^4 + 4\,HO = NH^3,C^8H^2O^8$. — 4. Auch beim Kochen mit wässrigem Bleizucker zersetzt es sich völlig in mellithsaures Bleioxyd und essigsaures Ammoniak. WÖHLER (*Ann. Pharm.* 66, 53). — Salpetersäure und Salpetersalzsäure zersetzen weder das Paramid, noch lösen sie es. WÖHLER.

Verbindungen. Das Paramid löst sich nicht in Wasser oder Weingeist. WÖHLER.

Es löst sich in heifsem *Vitriolöl*, daraus durch Wasser unverändert fällbar. WÖHLER.

Es quillt in wässrigem *Kali* oder *Ammoniak* zu einer gelben flockigen Masse auf, löst sich darin bei Zusatz von Wasser, und lässt sich daraus bei sofortigem Zusatz von Salzsäure, ehe die Zersetzung (oben) eingetreten ist, unter milchiger Trübung als weifses amorphes Pulver unverändert fällen. WÖHLER.

Silberverbindung. Schüttelt man überschüssiges Paramid mit sehr verdünntem Ammoniak, filtrirt schnell und fällt durch salpetersaures Silberoxyd, so erhält man einen voluminosen schleimigen Niederschlag, welcher nach dem Auswaschen zu gelblichen Stücken austrocknet, die bei 150° eine rein gelbe Farbe, bei 200° unter Ammoniakentwicklung eine rein braune Farbe annehmen, und sich bei noch stärkerer Hitze unter Blausäureentwicklung schwärzen, und endlich Silber lassen. — Die auf 200° erhitzte Verbindung scheint zu sein: C^8NAgO^4, und die auf 150° erhitzte: NH^3,C^8NAgO^4. LAURENT (*N. Ann. Chim. Phys.* 23, 121).

Berechnung nach LAURENT.			WÖHLER. Bei 200°.	Berechnung nach LAURENT.			WÖHLER. Bei 150°.
8 C	48	23,76		8 C	48	21,92	22,74
N	14	6,93		2 N	28	12,79	
				3 H	3	1,37	0,82
Ag	108	53,47	52,74	Ag	108	49,31	51,22
4 O	32	15,84		4 O	32	14,61	
C^8NAgO^4	202	100,00		$+ NH^3$	219	100,00	

[Um die Analyse mit der Berechnung mehr in Einklang zu bringen, hätte man anzunehmen, dass die gelbe Verbindung bei 150° schon etwas von ihrem Ammoniak verloren hat, und dass die braune bei 200° noch etwas Ammoniak zurückhält, daher sie bei stärkerer Hitze Blausäure liefert.]

Euchronsäure.

$$C^{24}N^2H^4O^{16} = C^{24}Ad^2O^{10},O^6.$$

WÖHLER (1841). *Pogg.* 52, 610; auch *Ann. Pharm.* 37, 273.
H. SCHWARZ. *Ann. Pharm.* 66, 49.

Von εὔχροος, schönfarbig. — *Acide euchroique*, *Acide mellamique*, LAURENT. — *Bildung* (V, 192 bis 193).

Darstellung. Man verfährt, wie bei der Bereitung des Paramids angegeben ist (V, 192), und dampft das beim Auswaschen des Paramids erhaltene wässrige Filtrat ab, wobei sich das euchronsaure Ammoniak in weifsen Rinden abscheidet. Die Lösung derselben in möglichst wenig kochendem Wasser, heifs mit Salz- oder Salpeter-Säure übersättigt, setzt beim Erkalten die Euchronsäure fast vollständig als ein weifses Krystallpulver ab, welches durch Umkrystallisiren aus heifsem Wasser gereinigt wird. Durch Erhitzen auf 200° werden die Krystalle entwässert. WÖHLER. — Hat man das mellithsaure Ammoniak nicht stark genug erhitzt, so bleibt dem euchronsauren Ammoniak saures mellithsaures Ammoniak beigemischt. WÖHLER.

Man digerire, um aus dem blassgelben Röstungsrückstand des mellithsauren Ammoniaks möglichst viel euchronsaures Ammoniak (und also verhältnissmäfsig weniger Paramid) zu erhalten, denselben mit wenig Wasser von 40—50°, und filtrire; digerire das Ungelöste nach dem Abnehmen vom Filter wieder mit wenig Wasser von 40 bis 50°, und filtrire wieder, u. s. f., so lange das Filtrat noch euchronsaures Ammoniak enthält. Man lasse ferner die Filtrate unmittelbar in ziemlich starke Salzsäure tropfen, welche die Euchronsäure in Krystallschuppen ausscheidet, wasche diese auf dem Filter einigemal mit kaltem Wasser, und lasse sie nach dem Auspressen einigemal aus heifser verdünnter Salpetersäure oder Salzsäure umkrystallisiren, welche das hartnäckig anhängende Ammoniak vollends entziehen. Die Mutterlauge der Krystallschuppen hält aufser Salmiak noch etwas Euchronsäure, welche sich durch Verdunsten zur Trockne und Kochen mit wässrigem Ammoniak wieder in Mellithsäure verwandeln, und durch Fällen mit einem Barytsalz oder, nach Entfernung des überschüssigen Ammoniaks, mit einem Kupfersalz wieder gewinnen lässt. SCHWARZ.

Eigenschaften. Die trockne Säure ist farblos, undurchsichtig; sie röthet in wässriger Lösung stark Lackmus, und schmeckt wie Weinstein. WÖHLER.

	Bei 200° getrocknet.		WÖHLER.	SCHWARZ.
24 C	144	47,37	48,66	47,44
2 N	28	9,21	10,98	9,18
4 H	4	1,31	1,66	1,46
16 O	128	42,11	38,70	41,92
$C^{24}N^2H^4O^{16}$	304	100,00	100,00	100,00

WÖHLER selbst erklärt die Stickstoffbestimmung für unsicher. — [Di‹ Säure lässt sich entweder als eine mit Paramid gepaarte Mellithsäure betrach‹ ten: $C^8H^2O^8 + 2C^8NHO^4 = C^{24}N^2H^4O^{16}$; oder als eine 2basische: $C^{24}Ad^2O^{10},O^6$ deren Kern, wie der der Mellithsäure, 2mal so viel C-Atome enthielte, al‹ andere Atome. — Die von LAURENT (*N. Ann. Chim. Phys.* 23, 121) fü‹ diese Säure vorgeschlagene Formel: $C^8NH^3O^6$ stimmt weder mit der Analys‹ der Säure, noch mit der ihrer Salze. Doch vermuthet GERHARDT (*Comp‹ chim.* 1849, 209), dass die Säure durch das Trocknen bei 200° vor de‹ Analyse theilweise zersetzt war.]

Zersetzungen. 1. Sie bleibt bei 280° unverändert, schmilzt abe‹ bei stärkerer Hitze unter Kochen und Zersetzung, blausaures Amm‹

niak und ein tiefgrünes, bitter schmeckendes Sublimat liefernd. WÖHLER. — 2. Durch Zink oder Eisenoxydul, so wie durch den galvanischen Strom wird aus der wässrigen Euchronsäure eine dunkelblaue, nicht in Wasser, aber mit Purpurfarbe in Alkalien lösliche, sich an der Luft schnell wieder zu Euchronsäure oxydirende Materie von unbekannter Zusammensetzung, das *Euchron*, ausgeschieden. WÖHLER. — Der tiefblaue festsitzende Ueberzug, welchen das Zink in der wässrigen Säure erhält, löst sich bei kurzem Eintauchen in sehr verdünnte Salzsäure ab, und lässt sich dann auf einem Filter sammeln, waschen und trocknen. Die so erhaltene schwarze Masse, welche frei von Zink ist, wird bei gelindestem Erwärmen augenblicklich zu weifser Euchronsäure oxydirt; sie löst sich in wässrigem Ammoniak oder Kali mit einer noch prächtigeren Purpurfarbe, als übermangansaures Kali; aber die Lösung entfärbt sich an der Luft von oben nach unten, und beim Schütteln sehr schnell. In der kochenden Säure erhält das Zink denselben Ueberzug, aber es entwickelt sich dabei eine Spur Gas, und die Flüssigkeit setzt ein weifses Pulver, wohl mellithsaures Zinkoxyd ab. — Das Gemisch von wässriger Euchronsäure und Einfachchloreisen gibt mit Alkalien einen dicken tief violetten Niederschlag, der an der Luft sogleich rostbraun wird, und der sich in Salzsäure ohne Farbe löst, weil das gebildete Eisenoxyd durch das Euchron, welches dabei zu Euchronsäure wird, wieder zu Oxydul reducirt wird. Einfachchlor-Zinn oder -Mangan zeigen diese Erscheinungen nicht. — Platin, in galvanischer Verbindung mit Zink, zersetzt nicht die wässrige Säure, aber ihre Verbindung mit Ammoniak. WÖHLER. — Auch die wässrige Säure wird durch den galvanischen Strom zersetzt und bedeckt das negative Platin mit einem tief blauen Ueberzug, der aber bald zuzunehmen aufhört. — Hydrothion, schweflige Säure, unterschweflige Salze und arsenigsaure Salze erzeugen kein Euchron. SCHWARZ. — 3. In einem zugeschmolzenen Glasrohr mit einer zur Lösung unzureichenden Wassermenge auf 200° erhitzt, löst sich die Euchronsäure völlig zu saurem mellithsauren Ammoniak auf. WÖHLER. $C^{24}N^2H^4O^{16} + 8HO = 2NH^3 + 3C^8H^2O^8$. — Die in Wasser gelöste Euchronsäure zersetzt sich nicht beim Kochen an der Luft. Auch wirken Salzsäure oder Salpetersäure nicht zersetzend. — WÖHLER.

Verbindungen. Mit *Wasser*. — a. *Gewässerte Euchronsäure*. — Die beim Erkalten der heifsen wässrigen Lösung erhaltenen Krystalle. Farblose, durchsichtige, sehr niedrige Säulen, auf eigenthümliche Weise zu Zwillingskrystallen verwachsen, WÖHLER; Krystallschuppen, SCHWARZ. Sie werden in der Wärme undurchsichtig durch Verlust von Wasser, welches nach dem Erhitzen auf 200° 10,54 Proc. (4 At.) beträgt. WÖHLER. — b. Die Säure löst sich sehr wenig in kaltem Wasser, besser in heifsem. WÖHLER.

Euchronsaures Ammoniak. — a. *Neutrales*. — Wird beim Abdampfen der Waschwasser vom Paramid (s. Darstellung der Euchronsäure) in weifsen, kaum krystallischen Rinden erhalten, durch Salz- oder Salpeter-, nicht durch Essig-Säure zersetzbar. WÖHLER.

	Bei 200° getrocknet.		WÖHLER.
24 C	144	42,60	42,98
4 N	56	16,57	
10 H	10	2,96	2,92
16 O	128	37,87	
$2NH^3,C^{24}N^2H^4O^{16}$	338	100,00	

b. *Saures*. — Wird bisweilen aus der wässrigen Lösung des Salzes a statt der reinen Säure niedergeschlagen, und schiefst aus heifsem Wasser in Krystallen an, die gelblich und gröfser sind, als die der reinen Säure. WÖHLER.

Mit diesem Salze steht die *Paramidsäure* von SCHWARZ, über deren Verhältnisse gegen Salzbasen noch gar nichts bekannt ist, in enger Verbindung. Löst man nämlich Paramid in Ammoniak und filtrirt die Lösung sogleich in Salzsäure, so fällt die Paramidsäure als ein schneeweifses Pulver nieder, unter dem Mikroskop aus feinen Nadeln bestehend. Dieselbe gibt auf Zink die blaue Reaction der Euchronsäure; ihre Lösung in Ammoniak, aus der sie sich anfangs durch Salzsäure unzersetzt fällen lässt, verwandelt sich in 24 Stunden bei Mittelwärme, sogleich beim Kochen, in wässriges mellithsaures Ammoniak. Sie löst sich etwas in heifsem Wasser, und scheidet sich daraus beim Erkalten als Pulver aus. Die kalt im Vacuum getrocknete Säure verliert bei 170° 3,01 Proc. Wasser. SCHWARZ.

Paramidsäure bei 170° getrocknet.			SCHWARZ.
24 C	144	47,53	47,25
3 N	42	13,86	13,78
5 H	5	1,65	2,10
14 O	112	36,96	36,87
$C^{24}N^3H^5O^{14}$	303	100,00	100,00

[Also saures euchronsaures Ammoniak — 2 Wasser. $NH^3,C^{24}N^2H^4O^{16}$ — $2HO = C^{24}N^3H^5O^{14}$.]

Euchronsaurer Baryt. — Fällt beim Eintröpfeln von Barytwasser in überschüssige warme wässrige Euchronsäure als ein blassgelbes Pulver nieder. SCHWARZ. [Diesem Salze gibt SCHWARZ die Formel $BaO,HO + C^{12}NO^6$ ($= C^{24}N^2H^2Ba^2O^{16}$), wozu jedoch seine (wahrscheinlich verdruckte) Analyse, nach welcher das Salz 25,8 Proc. C, 51,4 BaO und 0,5 H halten soll, durchaus nicht passt.]

Euchronsaures Bleioxyd. — Die kochende wässrige Lösung der Euchronsäure gibt mit verdünnter Bleizuckerlösung beim Erkalten ein gelbes, unter dem Mikroskop krystallisch erscheinendes Pulver. (Das Filtrat hiervon setzt beim Kochen mellithsaures Bleioxyd als weifses Pulver ab.) Das lufttrockne Salz verliert bei 160° 11,36 Proc. (6 At.) Wasser, dann bei stärkerem Erhitzen nichts mehr, als bis es sich zu zersetzen beginnt. WÖHLER.

	Bei 160° getrocknet.		WÖHLER.
2 PbO	224	42,43	42,41
24 C	144	27,27	
2 N	28	5,30	
4 H	4	0,76	
16 O	128	24,24	
$C^{24}N^2H^2Pb^2O^{16},2HO$	528	100,00	

Das bei 200° getrocknete Salz ist $C^{24}N^2H^2Pb^2O^{16}$. SCHWARZ.

Euchronsaures Silberoxyd. — Beim Fällen des verdünnten salpetersauren Silberoxyds durch eine heifse Lösung der Euchronsäure in Wasser erhält man ein blass schwefelgelbes schweres Pulver Dasselbe löst sich, so lange noch weniger Euchronsäure hinzugekommen ist beim Schütteln wieder auf, fällt aber beim Erkalten wieder zu Boden. Fäll man kochende wässrige Euchronsäure durch unzureichendes salpetersaure Silberoxyd, so hält das Filtrat ebenfalls noch Salz gelöst, durch wenig Ammoniak in dem veränderten Zustande fällbar, wie ihn Ammoniak bewirkt, s. u — Das bei 150° getrocknete euchronsaure Silberoxyd verliert be 200° noch 2,11 Proc. (2 At.) Wasser, und zersetzt sich bei weite rem Erhitzen ruhig unter Entwicklung eines mit bläulicher Flamm verbrennlichen Gases, welches erst gewürzhaft nach verbrennende

Mellithsäure, dann nach Cyansäure riecht, und lässt mit Kohle gemengtes Silber. Das Salz löst sich nicht in wässrigem Ammoniak, wird aber dadurch in eine weifse schleimige Masse vertheilt, welche beim Filtriren gröfstentheils durchs Papier geht. WÖHLER.

Bei 200° getrocknet.			WÖHLER.	Bei 150° getrocknet.			WÖHLER.
24 C	144	19,67		24 C	144	19,20	20,23
2 N	28	3,83		2 N	28	3,73	
				2 H	2	0,27	0,19
4 Ag	432	59,01	58,53	4 Ag	432	57,60	56,77
16 O	128	17,49		18 O	144	19,20	
$C^{24}N^2Ag^4O^{16}$	732	100,00		+ 2 HO	750	100,00	

Kaute-Reihe.

A. *Stammkern.* C^8H^6.

Kautschen. C^8H^6?

BOUCHARDAT (1837). *J. Pharm.* 23, 457; auch *Ann. Pharm.* 27, 30; auch *J. pr. Chem.* 13, 114.

Cautchène.

Bildung und Darstellung. Man setzt Kautschuk der trocknen Destillation aus, und verbindet die Vorlage mit 2 durch Frostmischung erkälteten Woulfe'schen Flaschen, in welchen sich Kautschen mit Bute (C^8H^8) verdichtet. Entweder lässt man aus diesem Gemisch das Bute rasch verdunsten, so dass es durch die hierbei erzeugte Kälte das Kautschen krystallisch zurücklässt, welches dann zwischen Fliefspapier rasch auszupressen ist; oder man destillirt dieses Gemisch zuerst bei + 10°, bis das meiste Bute übergegangen ist, dann bei + 18°, erkältet dieses zweite Destillat auf — 18°, und befreit seine Krystalle vom übrigen Bute durch Pressen zwischen Papier.

Eigenschaften. Bei — 18° weifse undurchsichtige, aus Nadeln bestehende Krystallmasse; schmilzt bei — 10° zu einem durchsichtigen Oel von 0,65 spec. Gew. bei — 2°; siedet bei 14,5°.

			BOUCHARDAT.
8 C	48	88,89	85,75
6 H	6	11,11	14,18
C^8H^6	54	100,00	99,93

[Die Berechnung weicht zwar bedeutend von BOUCHARDAT's Analyse ab; aber Er selbst erklärt die Analyse wegen der Flüchtigkeit des Körpers für sehr schwierig; aufserdem finden sich in Seinen Zahlenangaben auffallende Unrichtigkeiten. Der nach GERHARDT's Gesetz (IV, 51) für C^8H^6 berechnete Siedpunct ist + 25°].

Das Kautschen gibt mit *Vitriolöl* unter Wärmeentwicklung ein schwarzes Gemisch, woraus Wasser eine braune harzige Materie fällt.

Es löst sich nicht in *Wasser* und Alkalien, aber sehr leicht in *Weingeist* und *Aether*. BOUCHARDAT.

B. *Nebenkerne.*

a. *Sauerstoffkerne.*

α. Sauerstoffkern $C^8H^4O^2$.

Fumarsäure.

$$C^8H^4O^8 = C^8H^4O^2,O^6.$$

LASSAIGNE. *Ann. Chim. Phys.* 11, 93; auch *N. Tr.* 4, 2, 231.
PFAFF. *Schw.* 47, 476.
WINCKLER. *Repert.* 39, 48 u. 368; 48, 39 u. 363.
PELOUZE. *Ann. Chim. Phys.* 56, 72; auch *Pogg.* 36, 53; auch *Ann. Pharm.* 11, 263.
LIEBIG. *Ann. Pharm.* 11, 276.
DEMARÇAY. *Ann. Chim. Phys.* 56, 429; auch *Ann. Pharm.* 12, 16; auch *Pogg.* 36, 55.
SCHÖDLER. *Ann. Pharm.* 17, 148.
RIECKHER. *Ann. Pharm.* 49, 31.

Flechtensäure, Paramaleinsäure, Glauciumsäure, Acide fumarique, Ac. paramaleique. — LASSAIGNE zeigte 1819, dass bei der trocknen Destillation der Aepfelsäure neben der Maleinsäure (IV, 510) noch eine andere Säure erhalten werde, welche PELOUZE 1834 unter dem Namen der Paramaleinsäure genauer untersuchte. PFAFF fand 1826 im isländischen Moos die Flechtensäure; WINCKLER 1833 im Erdrauch die Fumarsäure. DEMARÇAY zeigte 1831, dass die Fumarsäure, und SCHÖDLER zeigte 1836, dass auch die Flechtensäure mit der Paramaleinsäure einerlei sei.

Vorkommen. In *Fumaria off.*, *Lichen islandicus* und *Glaucium luteum.*

Bildung. Bei der trocknen Destillation der Aepfelsäure, beim Erhitzen einiger äpfelsauren Salze.

Darstellung. 1. *Aus dem Erdrauch.* Man dampft das wässrige Decoct des frischen blühenden Krautes mit Wurzel nach dem Coliren, Subsidiren und Decanthiren erst auf offenem Feuer, dann im Wasserbad bis zu einem dünnen Syrup ab, mischt diesen noch heiſs mit wenig Salzsäure und stellt ihn an einen kühlen Ort, bis sich nach 14 Tagen fast alle Fumarsäure in braunen harten Krystallen abgeschieden hat. Nachdem von diesen die mit kaltem Wasser verdünnte Mutterlauge abgegossen ist, wäscht man sie mit kaltem Wasser, übersättigt sie, in Wasser vertheilt, ein wenig mit kohlensaurem Kali, übersättigt dann das Filtrat ein wenig mit Schwefelsäure, erhitzt es im Wasserbade, filtrirt es vom erzeugten dunkelbraunen harzigen Niederschlage ab, löst die beim Erkalten gebildeten noch bräunlichen Krystalle der Säure in heiſsem Wasser, digerirt mit Thierkohle und filtrirt, worauf beim Erkalten schneeweiſse Krystalle erhalten werden, welche 0,156 Proc. des frischen Krautes betragen WINCKLER. — 2 Darstellungsweisen, bei welchen der im ausgepressten Saf enthaltene fumarsaure Kalk durch Oxalsäure entfernt wird, gibt WINCKLER (*Repert.* 39, 368) an. — Dieses Salz scheidet sich auch aus dem *Extractum Fumariae* bei 2jährigem Stehen in Krystallkörnern ab, die durch Verdünnen des Extracts mit gleichviel kaltem Wasser, Abgieſsen und Waschen mit kaltem Wasser gewonnen werden können, und dann durch Zersetzen mit wässrige Oxalsäure eine bräunliche Säure liefern, durch Sublimation mit Quarzsand ode durch Lösen in Aether und Abfiltriren von einer rothbraunen Substanz z reinigen. WINCKLER (*Repert.* 39, 48). — TROMMSDORFF (*N. Tr.* 25, 2, 152 fällt den frisch ausgepressten Saft des Erdrauchs, nach der Abscheidung des beim Kochen entstandenen Gerinnsels, durch Bleizucker, zersetzt den gewaschenen Niederschlag durch Hydrothion, und erhält durch Abdampfen und Erkälten des Filtrats bräunliche Krystalle, durch Thierkohle zu reinigen. — Eben so verfährt DEMARÇAY.

2. *Aus isländischem Moos.* Man stellt 64 Th. Flechte längere Zeit mit kaltem Wasser zusammen, welches 1 Th. kohlensaures Kali gelöst enthält, fällt das Filtrat durch Bleizucker, zersetzt den gewaschenen bräunlichen Niederschlag durch Hydrothion, verdunstet das Filtrat und reinigt die noch Kalk haltenden Krystalle der Säure. PFAFF. — Man macerirt die zerhackte Flechte unter öfterem Umrühren 6 Tage lang mit Wasser und Kalkmilch, dampft die ausgepresste trübe Flüssigkeit auf die Hälfte ab, säuert sie mit Essigsäure an, fügt in der Hitze nur so lange Bleiessig hinzu, als sich röthliche Flocken abscheiden, die braunen Farbstoff halten, filtrirt heifs und erhält beim Erkalten des Filtrats weifse oder braungelbe Nadeln des Bleisalzes, durch Hydrothion oder Schwefelsäure zu zersetzen, und bei weiterem Abdampfen noch etwas unreines Bleisalz. Die unreine Säure wird durch Kochen mit verdünnter Salpetersäure und Erkälten zum Krystallisiren gereinigt. SCHÖDLER.

3. *Aus Glaucium luteum.* Man kocht den ausgepressten Saft, fällt durch Ammoniak, dampft das Filtrat ab, versetzt es noch heifs mit etwas Salpetersäure, dann mit salpetersaurem Bleioxyd, und erhält beim Erkalten das Bleisalz, das sich gröfstentheils krystallisch absetzt. PROBST (*Ann. Pharm.* 31, 248).

4. *Aus Aepfelsäure oder aus Maleinsäure.* Man erhitzt Aepfelsäure längere Zeit ein wenig über 130°, wobei Wasser nebst etwas Maleinsäure übergeht und die Fumarsäure in erstarrtem Zustande zurückbleibt. Oder man lässt krystallisirte Maleinsäure in einem langen Glasrohr kochen, so dass das entwickelte Wasser immer wieder zurückfliefst, bis sie in Fumarsäure umgewandelt ist. PELOUZE.

Eigenschaften. Die aus Aepfelsäure gewonnene Säure krystallisirt aus der wässrigen Lösung in farblosen breiten gestreiften, bald rhombischen, bald 6seitigen Säulen, PELOUZE; — die aus Erdrauch erhaltene in sternförmig vereinigten Schuppen, WINCKLER; — die Flechtensäure in Nadeln, PFAFF; in blumenkohlartig zusammengehäuften Krystallen, SCHÖDLER. — Die Säure sublimirt sich in langen weifsen Nadeln, LASSAIGNE, WINKLER. — Sie schmilzt erst bei starker Hitze, und verdampft erst über 200°, auch schon vor dem Schmelzen (in die Augen stark reizenden Dämpfen, WINCKLER), wobei sie sich gröfstentheils unverändert sublimirt, aber einem Theile nach in Wasser und Fumaranhydrid zersetzt. — Sie ist geruchlos, schmeckt stark sauer, röthet stark Lackmus. WINCKLER, PELOUZE u. A.

			PELOUZE.		LIEBIG.	DEMARÇAY.	SCHÖDLER.
	Krystallisirt.		a.	b.	c.	d.	e.
8 C	48	41,38	41,92	42,64	41,63	41,03	41,85
4 H	4	3,45	3,62	3,76	3,53	3,56	3,44
8 O	64	55,17	54,46	53,60	54,84	55,41	54,71
$C^8H^4O^8$	116	100,00	100,00	100,00	100,00	100,00	100,00

a und c ist Paramaleinsäure aus Wasser krystallisirt, b durch Sublimation erhalten; d ist Fumarsäure und e ist Flechtensäure.

Pelouze, Rieckher u. A. nehmen die Säure, wie die Maleinsäure, als 1basisch = $C^4H^2O^4$, also in hypothetisch trocknem Zustande als C^4HO^3 = ($\bar{Fu}$)

Zersetzungen. 1. Die Fumarsäure zerfällt beim Erhitzen einem kleinen Theil nach in verdampfendes Fumaranhydrid ($C^8H^2O^6$) und Wasser. Pelouze. — 2. Sie lässt sich durch einen flammenden Körper entzünden und verbrennt dann mit blafsblauer Flamme. Winckler. — 3. Mit Bleihyperoxyd zusammengerieben und erwärmt, entwickelt sie zuerst Wasser, und geräth dann in Feuer, ohne den Geruch nach Ameisensäure zu entwickeln. Rieckher. — 4. Die farblose Lösung der Säure in Vitriolöl bräunt sich beim Erhitzen, Winckler, und entwickelt schweflige Säure. Rieckher. — Die wässrige Lösung der Säure wird bei 8tägigem Kochen oder beim Erhitzen im zugeschmolzenen Glasrohr auf 250° nicht verändert, namentlich nicht in Aepfelsäure verwandelt. R. Hagen (*Ann. Pharm.* 38, 276). — Die Säure wird beim Kochen mit Salpetersäure von 1,4 spec. Gew. nicht zersetzt, bleibt beim Abdampfen unverändert zurück, Winckler, und schiefst beim Erkalten besonders farblos und glänzend an, Demarçay, Schödler. — Sie zersetzt sich nicht beim Kochen mit Wasser und Bleihyperoxyd oder doppeltchromsaurem Kali, und fällt aus Zweifachchlorplatin beim Kochen keinen Platinmohr. Rieckher.

Verbindungen. Die Fumarsäure löst sich in 390 Th. *Wasser* von 10°, in viel weniger heifsem, Winckler; in 210 Th. Wasser von 12°, Lassaigne, in 216 Th. von 17°, Probst.

Die *fumarsauren Salze* sind theils neutrale = $C^8H^2M^2O^2,O^6$, theils saure = $C^8H^3MO^2,O^6$. Sie sind theils krystallisch, theils pulverig, und schmecken meistens mild. Winckler. Alle, mit Ausnahme des Ammoniak-, Kupfer- und Quecksilber-Salzes, werden erst über 250° verkohlt, Winckler, Rieckher. Sie werden durch Phosphor-, Schwefel-, Salz- und Salpeter-Säure zersetzt, während die Fumarsäure aus den essigsauren Salzen die Säure austreibt. Viele lösen sich in Wasser, aber keins in starkem Weingeist. Winckler.

Saures fumarsaures Ammoniak. — Die mit wässrigem ätzenden oder kohlensauren Ammoniak neutralisirte Säure verliert beim Verdunsten an der Luft oder in der Luftglocke über Kalk und Vitriolöl, oder im Vacuum über Kalihydrat Ammoniak, und lässt das saure Salz in, an den scharfen Seitenkanten abgestumpften schiefen rhombischen Säulen, leicht in Wasser und Weingeist löslich. Rieckher. — Wasserhelle, glänzende, gerade 4seitige Säulen oder zu Sternen vereinigte Nadeln, von mildem Geschmack, Lackmus röthend, nicht unzersetzt sublimirbar, leicht in kaltem Wasser, nicht in Weingeist löslich. Winckler.

Lufttrockne Krystalle.			Rieckher.
NH^3	17	12,78	13,7
$C^8H^4O^8$	116	87,22	
$C^8H^3(NH^4)O^8$	133	100,00	

Rieckher nimmt 1 HO weniger im Salz an.

Fumarsaures Kali. — a. *Neutral*. — Durch Neutralisiren der Säure mit wässrigem kohlensauren Kali und Verdunsten. Wasserhelle glänzende luftbeständige grofse rhombische Tafeln und 4seitige Säulen, oft sternförmig vereinigt, von mildem, kaum salzigen Geschmack. Winckler. Strahlig vereinigte Blätter. Pelouze. Das Salz efflorescirt beim Abdampfen seiner Lösung, setzt aber auf den Boden glänzende gestreifte Säulen ab: bisweilen gibt die Lösung beim Abdampfen eine Flüssigkeit, welche sich in 12 bis 24 Stunden in ein Krystallpulver verwandelt. Rieckher. Die Krystalle werden bei gelinder Wärme undurchsichtig, Winckler, und verlieren bei 100° 17,06 Proc. (4 At.) Wasser, Rieckher, bei stärkerem Erhitzen schmelzen die Krystalle unvollständig, schwärzen sich, blähen sich auf das 10fache auf, und lassen kohlensaures Kali mit Kohle. Winckler. Das Salz löst sich leicht in Wasser (sehr leicht, Pelouze), nicht in Weingeist, Winckler; ein wenig in schwachem Weingeist, Rieckher. Aus der concentrirten wässrigen Lösung fällt Essigsäure das saure Kalisalz, dagegen Weingeist das neutrale, 16,61 Proc. (also ebenfalls 4 At.) Krystallwasser haltend. Rieckher.

	Krystallisirt.		Rieckher.
2 KO	94,4	41,33	41,42
$C^8H^2O^6$	98	42,91	
4 HO	36	15,76	17,06
$C^8H^2K^2O^8+4Aq$	228,4	100,00	

b. *Sauer.* — Aus der kalt gesättigten wässrigen Lösung des Salzes a fällt mit Fumarsäure gesättigtes Wasser das Salz b in Nadeln. Man neutralisirt 1 Th. Fumarsäure in der Wärme mit wässrigem kohlensauren Kali, fügt 1 Th. Fumarsäure weiter hinzu, dampft ab und erkältet. Rieckher. Zu Büscheln vereinigte glänzende luftbeständige Nadeln und schiefe 4seitige Säulen, von angenehm stark saurem Geschmack. Winckler. Sie verlieren bei 200° 2 At. Wasser, Rieckher, und zersetzen sich bei stärkerer Hitze wie das Salz a. Winckler. Sie lösen sich viel schwerer in kaltem Wasser, als das Salz a, reichlich in kochendem, fast gar nicht in kaltem 81procentigem Weingeist, aber ein wenig in kochendem, beim Erkalten krystallisirend. Winckler.

	Bei 230° getrocknet.		Rieckher.
KO	47,2	30,61	30,82
$C^8H^3O^7$	107	69,39	
$C^8H^3KO^8$	154,2	100,00	

Das Dasein eines *fumarsauren Kali-Ammoniaks* ist zweifelhaft. Rieckher.

Neutrales fumarsaures Natron. — $C^8H^2Na^2O^8$. — Das aus der wässrigen Lösung durch Weingeist gefällte Salz ist ein Krystallpulver, welches 10,03 Proc. (2 At.) Wasser hält; beim Abdampfen der Lösung krystallisirt das Salz in Nadeln und Säulen, 25,12 Proc. (6 At.) Wasser haltend. Das Wasser entweicht bei 100° gröfstentheils, bei 200° völlig und der Rückstand hält 38,77 Proc. Natron. Rieckher. Luftbeständige, schwach seidenglänzende, aus Nadeln bestehende Krystallmasse, von warmem Salzgeschmack, sich im Feuer wie das Kalisalz verhaltend, leicht in kaltem Wasser, nicht in Weingeist löslich. Winckler.

Saures fumarsaures Natron und *fumarsaures Natronkali* scheint nicht dargestellt werden zu können. Rieckher.

Fumarsaurer Baryt. — Die freie Säure fällt nicht das Barytwasser, Lassaigne, und das Chlorbaryum, Rieckher. Sehr verdünnte

Lösungen von fumarsaurem Ammoniak und Chlorbaryum setzen in längerer Zeit farblose, fast durchsichtige, glasglänzende, verschieden modificirte rhombische Säulen ab, von sehr schwachem, hinterher säuerlichen Geschmack, welche an der Luft leicht verwittern, unter Verlust von 15 Proc. Wasser, der bei 100° auf 20,81 Proc. steigt. Das Salz entflammt sich über der Flamme und lässt kohlensauren Baryt und Kohle. Es löst sich sehr wenig in Wasser, nicht in Weingeist. WINCKLER. — Ein wässriges mäfsig concentrirtes Gemisch von fumarsaurem und essigsaurem Baryt setzt nach einigen Stunden nichts ab; aber beim Kratzen der Gefäfswände mit einem Glasstab bildet sich sogleich an den geriebenen Stellen ein, allmälig zunehmendes, Krystallmehl. Dieses scheidet sich, wenn die kochend gesättigten Lösungen gemischt werden, auch ohne Reiben ab. Es verliert bei 100° blofs 0,6 und bei 200° im Ganzen 1,2 Proc. Wasser, ist also wasserfrei. Es löst sich sehr schwer nicht blofs in Wasser und Weingeist, sondern auch in wässriger Fumarsäure und andern verdünnten Säuren, also scheint sich dabei kein saures Salz zu bilden. RIECKHER. — SCHÖDLER erhielt mit der Flechtensäure 4seitige Säulen, worin 56,91 Proc. Baryt.

	Getrocknet.		WINCKLER. Bei 100°.	RIECKHER. Bei 230°.
2 BaO	153,2	60,99	60,34	60,45
$C^8H^2O^6$	98	39,01		
$C^8H^2Ba^2O^8$	251,2	100,00		

Saures fumarsaures Kali bildet mit kohlensaurem Baryt kein Doppelsalz. RIECKHER.

Fumarsaurer Strontian. — Wässrige Fumarsäure fällt nicht das Strontianwasser. PELOUZE. — Sie fällt aus essigsaurem Strontian, bei gröfserer Verdünnung erst nach einiger Zeit, ein weifses Krystallmehl, welches bei 100° 19,82, und bei 200° im Ganzen 20,66 Proc. (6 At.) Wasser verliert, und sich eben so schwer in Wasser und Weingeist löst, wie das Barytsalz. RIECKHER.

	Bei 230° getrocknet.		RIECKHER.
2 SrO	104	51,49	51,22
$C^8H^2O^6$	98	48,51	
$C^8H^2Sr^2O^8$	202	100,00	

Fumarsaurer Kalk. — Findet sich im Erdrauch. — Die Fumarsäure fällt nicht das Kalkwasser, LASSAIGNE, und das Chlorcalcium, RIECKHER. Aus der heifs filtrirten Lösung des kohlensauren Kalks in Fumarsäure oder aus dem Gemisch des fumarsauren Kalis mit essigsaurem Kalk schiefsen nach einiger Zeit farblose glänzende geschmacklose luftbeständige Schuppen an, kaum in Wasser und Weingeist löslich. WINCKLER. — Beim Abdampfen eines wässrigen Gemisches von Fumarsäure und essigsaurem Kalk erhält man stark glänzende Krystalle, schwer in Wasser, nicht in Weingeist löslich, welche bei 100° das meiste, bei 200° alles Wasser, 25,66 Proc. (6 At.) betragend, verlieren. RIECKHER.

	Bei 230° getrocknet.		RIECKHER.	WINCKLER.
2 CaO	56	36,36	36,22	38,82
$C^8H^2O^6$	98	63,64		
$C^8H^2Ca^2O^8$	154	100,00		

Fumarsaure Bittererde. — Fumarsäure, mit wässriger essigsaurer Bittererde bis zum Syrup abgedampft, liefert keine Krystalle; ist aber durch völliges Austrocknen im Wasserbade die meiste Essigsäure ausgetrieben, so lässt Weingeist fumarsaure Bittererde als ein weifses Pulver ungelöst, welches bei 200° 34,48 Proc. (8 At.) Wasser verliert, bei 100° aber nur die Hälfte. RIECKHER.

	Bei 200° getrocknet.		RIECKHER.		Bei 100° getrocknet.		RIECKHER.
2 MgO	40	28,98	29,82	2 MgO	40	22,99	23,19
$C^8H^2O^6$	98	71,02		$C^8H^6O^{10}$	134	77,01	
$C^8H^2Mg^2O^8$	138	100,00		+ 4 Aq	174	100,00	

Alaunerde und *Chromoxyd* scheinen keine Verbindung mit der Fumarsäure einzugehen, RIECKHER; die fumarsauren Alkalien fällen nicht den Alaun, H. ROSE.

Fumarsaures Manganoxydul. — Das Natronsalz fällt aus schwefelsaurem Manganoxydul nach einiger Zeit wenig weifses Pulver. WINCKLER. Die Säure, mit wässrigem essigsauren Manganoxydul erwärmt, liefert ein gelbweifses Pulver, welches bei 200° 24,7 Proc. (6 At.) Wasser, verliert und sich schwer in Wasser, nicht in Weingeist, und unter Zesetzung in Säuren löslich zeigt. RIECKHER.

	Bei 200° getrocknet.		RIECKHER.
2 MnO	72	42,35	41,09
$C^8H^2O^6$	98	57,65	
$C^8H^2Mn^2O^8$	170	100,00	

Das *Antimonoxyd* löst sich nicht im erwärmten wässrigen sauren fumarsauren Kali. RIECKHER.

Fumarsaures Zinkoxyd. — Man sättigt die kochende wässrige Säure mit reinem oder kohlensauren Zinkoxyd und dampft das Filtrat zum Krystallisiren ab. Kurze, dicke, schiefe 4seitige Säulen, farblos, glasglänzend, schrumpfend, dann süfslich metallisch schmeckend, luftbeständig, aber in der Wärme verwitternd, bei stärkerem Erhitzen sich unter Schwärzung entflammend, und zu Zinkoxyd verbrennend, leicht in Wasser, nicht in Weingeist löslich. WINCKLER. — Lässt man die Lösung des essigsauren Zinkoxyds in warmer Fumarsäure in der Wärme verdunsten, so erhält man WINCKLERS luftbeständige 4seitige Säulen, die bei 120° 13,24 Proc. (6 At.) Wasser verlieren; in Wasser und schwachem Weingeist löslich, durch Ammoniak fällbar. — Beim Verdunsten an einem kühleren Orte dagegen erhält man gröfsere verwitternde Krystalle, welche 29,06 (8 At.) Wasser halten. RIECKHER.

	Bei 120° getrocknet.		RIECKHER.
2 ZnO	80	44,94	44,47
$C^8H^2O^6$	98	55,06	55,53
$C^8H^2Zn^2O^8$	178	100,00	100,00

Ein *fumarsaures Zinkoxydkali* scheint nicht zu existiren. RIECKHER.

Fumarsaures Bleioxyd. — a. *Sechstel.* — 1. Man fällt Bleiessig durch Fumarsäure [durch neutrales fumarsaures Kali?]. — 2. Man behandelt Salz c mit Ammoniak. — Das Salz lässt sich von hygroskopischem Wasser erst bei 200° völlig befreien, und hält 230° ohne Zersetzung aus. RIECKHER.

b. *Drittel.* — Man fällt Bleiessig durch saures fumarsaures Kali. Der weiſse, sich leicht absetzende Niederschlag verliert bei 130° alles Wasser, und zersetzt sich noch nicht bei 230°. RIECKHER.

Salz a, bei 230° getrocknet.			RIECKHER.	Salz b, bei 230° getr.			RIECKHER.
6 PbO	672	87,27	86,7	3 PbO	336	77,42	77,2
$C^8H^2O^6$	98	12,73		$C^8H^2O^6$	98	22,58	
$4PbO,C^8H^2Pb^2O^8$	770	100,00		$PbO,C^8H^2Pb^2O^8$	434	100,00	

c. *Neutral.* — Das äpfelsaure Bleioxyd wird bei 220° in fumarsaures verwandelt. RIECKHER. Das verdünnte Kalisalz gibt mit, durch Essigsäure angesäuertem Bleizucker ein weiſses Krystallpulver, welches beim Kochen sich löst und dann beim Erkalten nach einiger Zeit in weiſsen glänzenden Nadelbüscheln anschieſst. WINCKLER. Eben so verhält sich die freie Säure mit Bleizucker. LASSAIGNE, PELOUZE. Das getrocknete Salz zersetzt sich nicht bei 200°. RIECKHER. Ueber der Flamme erhitzt, entzündet es sich und verglimmt zu einem Gemenge von Blei und wenig Bleioxyd. WINCKLER. — Die lufttrocknen Nadeln halten 16,28 Proc. (6 At.) Wasser, PELOUZE, 9,31 Proc. (4 At.), RIECKHER. Das Salz löst sich in Salpetersäure leicht, unter Freiwerden der Fumarsäure; es löst sich kaum in kaltem Wasser, ziemlich in heiſsem, RIECKHER; es löst sich fast gar nicht in kaltem Wasser und in concentrirter Essigsäure, aber ziemlich reichlich in kochender, beim Erkalten unverändert anschieſsend, WINCKLER. Es löst sich nicht in Weingeist. RIECKHER.

Bei 140 bis 200° getrocknet.			PELOUZE.	RIECKHER.	WINCKLER.
2 PbO	224	69,57	69	69,41	72,7
$C^8H^2O^6$	98	30,43			
$C^8H^2Pb^2O^8$	322	100,00			

Das Ammoniaksalz fällt nicht den *Eisenvitriol.* WINCKLER.

Fumarsaures Eisenoxyd. — Das frisch gefällte Oxydhydrat löst sich nicht in selbst warmer wässriger Fumarsäure. RIECKHER. Die wässrige Säure fällt das schwefelsaure Eisenoxyd bräunlichgelb. LASSAIGNE. Das fumarsaure Ammoniak oder Natron gibt mit Anderthalbchloreisen einen blaſsbraunrothen Niederschlag, der sich nicht in überschüssigem Ammoniaksalz löst (Unterschied von Bernsteinsäure). WINCKLER. Der Niederschlag ist gemsfarbig, dem bernsteinsauren Eisenoxyd ähnlich. PELOUZE. Es bleiben nur Spuren von Eisenoxyd ungefällt; der Niederschlag ist zimmtfarben, sehr voluminos und schwer zu waschen, löst sich in Säuren, nicht in Ammoniak, und hält sowohl bei kalter, als bei heiſser Fällung nach dem Trocknen bei 200° 44,08 Proc. Eisenoxyd, ist also $Fe^2O^3,C^8H^2O^6$. RIECKHER.

Fumarsaures Kobaltoxydul. — Das rothe Gemisch von Fumarsäure und essigsaurem Kobaltoxydul liefert beim Verdunsten keine

Krystalle, gibt aber, nach der Concentration, mit Weingeist einen rosenrothen pulverigen Niederschlag, der nach dem Waschen mit Weingeist und Trocknen an der Luft bei 100° 15,79 (fast 4 At.) und bei 200° im Ganzen 23,84 Proc. (6 At.) Wasser verliert, und der sich leicht in Wasser, oder Ammoniak, und wenig in schwachem Weingeist löst. Rieckher.

	Bei 200° getrocknet.		Rieckher.
2 CoO	75	43,35	43,17
$C^8H^2O^6$	98	56,65	
$C^8H^2Co^2O^8$	173	100,00	

Fumarsaures Nickeloxydul. — Wie das Kobaltsalz zu erhalten. Blassgrünes Pulver, welches nach dem Trocknen an der Luft bei 100° 26,49 Proc. (etwas über 6 At.) und bei 200° im Ganzen 30,61 Proc. (8 At.) Wasser verliert, und bei 230° unter Färbung und theilweiser Zersetzung einen Gesammtverlust von 36,22 Proc. erleidet. Es löst sich in Wasser, schwachem Weingeist und Ammoniak. Rieckher.

	Bei 200° getrocknet.		Rieckher.
2 NiO	75	43,35	42,92
$C^8H^2O^6$	98	56,65	
$C^8H^2Ni^2O^8$	173	100,00	

Fumarsaures Kupferoxyd. — Fumarsaures Kali fällt aus Kupfervitriol ein blassblaues Krystallmehl, in Salz- oder Salpeter-Säure, nicht in Wasser und Weingeist löslich. Winckler. Wässriges essigsaures Kupferoxyd, mit Fumarsäure bis zu deren Lösung erwärmt, setzt in einigen Minuten ein blaugrünes Krystallmehl ab. Dasselbe, an der Luft getrocknet, verliert bei 100° 17,67 Proc. (etwas über 4 At.) und bei 200° im Ganzen 23,61 Proc. (6 At.) Wasser. Bei 230° erleidet es einen 33 bis 48 Proc. betragenden Gewichtsverlust unter Bräunung und theilweiser Zersetzung. Es löst sich leicht in Salpetersäure unter Abscheidung der Säure; schwer in Wasser und Weingeist, nicht in kochender Fumarsäure. Rieckher.

	Bei 200° getrocknet.		Rieckher.		Bei 100° getrocknet.		Rieckher.
2 CuO	80	44,94	44,49	2 CuO	80	40,82	40,42
$C^8H^2O^6$	98	55,06		$C^8H^4O^8$	116	59,18	
$C^8H^2Cu^2O^8$	178	100,00		+ 2 Aq	196	100,00	

Fumarsaures und Kupferoxyd-Ammoniak. — Die dunkelblaue Lösung des fumarsauren Kupferoxyds in Ammoniak liefert beim Verdunsten dunkelblaue glänzende kleine Oktaeder. Winckler. Schichtet man Weingeist über die obige Lösung, so scheidet sich das Salz in zarten blauen seidenglänzenden Nadeln ab. Rieckher.

Fumarsaures Quecksilberoxydul. — Wässriges salpetersaures Quecksilberoxydul gibt mit Fumarsäure oder fumarsaurem Alkali einen weifsen krystallischen Niederschlag, der bei 100° keinen merklichen Gewichtsverlust und keine Farbenveränderung erleidet. Rieckher.

	Lufttrocken.		Rieckher.
2 Hg^2O	416	80,93	81,13
$C^8H^2O^6$	98	19,07	
$C^8H^2Hg^4O^8$	514	100,00	

Fumarsaures Quecksilberoxyd. — Das Ammoniaksalz fällt aus Aetzsublimatlösung in weifses Pulver, WINCKLER; es fällt ihn nicht, H. ROSE (*Pogg.* 7, 87). Das Kalisalz fällt daraus ein Gemenge von gelben Nadeln und einem weifsen krystallischen Salze. Freie Fumarsäure fällt weder den Sublimat, noch das salpetersaure Quecksilberoxyd; sie löst selbst in der Wärme nicht das Quecksilberoxyd. RIECKHER.

Fumarsaures Silberoxyd. — Die freie Fumarsäure fällt aus salpetersaurem Silberoxyd ein feines weifses Pulver, LASSAIGNE. Selbst die in 200000 Th. Wasser gelöste Säure fällt noch die Silberlösung, und die fumarsauren Alkalien fällen sie bei noch stärkerer Verdünnung, und zwar so vollständig, dass das Filtrat nicht mehr durch Salzsäure getrübt wird. FELOUZE. — Das im Dunkeln gewaschene und getrocknete Pulver ist weifs, ziemlich schwer, fast geschmacklos und hängt den Fingern an. WINCKLER. Es bräunt sich beim Erhitzen, zersetzt sich dann unter schwachem Verpuffen und Funkensprühen, und lässt eine voluminose sammetschwarze Masse, die beim Verbrennen das Silber lässt. WINCKLER. Es verzischt in der Hitze mit Feuer, wie Schiefspulver. DEMARCAY, RIECKHER. Es löst sich leicht in Salpetersäure unter Freiwerden der Fumarsäure. WINCKLER. Es löst sich nicht in Wasser, WINCKLER, PELOUZE, und wird durch längeres Kochen damit nicht zersetzt, RIECKHER. Es löst sich leicht in Ammoniak, bei dessen Abdampfen feine glänzende Säulen erhalten werden, die mit Kali Ammoniak entwickeln. WINCKLER.

Bei 100° getrocknet.			DEMARÇAY.	LIEBIG.	SCHÖDLER.	WINCKLER.
2 AgO	232	70,30	69,10	69,89	70	72,81
8 C	48	14,55	14,64			
2 H	2	0,60	0,69			
6 O	48	14,55	15,57			
$C^8H^2Ag^2O^8$	330	100,00	100,00			

Die Fumarsäure löst sich reichlich in 82procentigem *Weingeist*, WINCKLER; sie löst sich in 21 Th. kaltem Weingeist von 76° Proc. PROBST.

Sie löst sich reichlich in *Aether*. WINCKLER u. A.

Gepaarte Verbindung der Fumarsäure.

Fumar-Vinester.

$$C^{16}H^{12}O^8 = 2\,C^4H^5O,C^8H^2O^6.$$

ROB. HAGEN (1841). *Ann. Pharm.* 38, 274.

Bildung und *Darstellung*. Man sättigt die Lösung der Fumarsäure oder auch der Aepfelsäure in absolutem Weingeist mit salzsaurem Gas, destillirt das Gemisch, sammelt den nach dem Chlorvinafer erst bei ziemlich starker Hitze als Oel übergehenden Fumarvinester bei gewechselter Vorlage und trocknet ihn über Chlorcalcium.

Eigenschaften. Oelige Flüssigkeit, schwerer als Wasser, von angenehmem Obstgeruch.

			Hagen.
16 C	96	55,81	55,80
12 H	12	6,98	6,97
8 O	64	37,21	37,23
$C^{16}H^{12}O^{8}$	172	100,00	100,00

Zersetzungen. 1. Der Ester zerfällt beim Erwärmen mit Kalilauge in fumarsaures Kali und Weingeist. — 2. Er setzt mit wässrigem Ammoniak nach längerer Zeit Schuppen von Fumaramid ab. $C^{16}H^{12}O^{8} + 2NH^{3} = C^{8}N^{2}H^{6}O^{4} + 2C^{4}H^{6}O^{2}$.

Er löst sich etwas in Wasser. Hagen.

β. Sauerstoffkern. $C^{8}H^{2}O^{4}$.

Fumaranhydrid.

$$C^{8}H^{2}O^{6} = C^{8}H^{2}O^{4},O^{2}.$$

Pelouze (1834). *Ann. Chim. Phys.* 56, 72; auch *Ann. Pharm.* 11, 263.

Wasserfreie Maleinsäure, Acide maléique anhydre.

Entsteht unter Wasserbildung beim Erhitzen von Maleinsäure oder Fumarsäure.

Man destillirt rasch krystallisirte Maleinsäure bei gewechselter Vorlage, bis krystallische Fumarsäure zurückbleibt, und rectificirt das letzte Destillat (das erste ist wässrig) auf dieselbe Weise wiederholt, immer unter Beseitigung des ersten wässrigen Destillats, bis das letzte Destillat vollständig übergeht, ohne zuerst Wasser zu liefern und ohne Fumarsäure zurückzulassen.

Das Anhydrid schmilzt bei 57° und siedet bei 176°.

			Pelouze.
8 C	48	48,98	48,73
2 H	2	2,04	2,13
6 O	48	48,98	49,14
$C^{8}H^{2}O^{6}$	98	100,00	100,00

Das Anhydrid, wenig über seinen Siedpunct erhitzt, zersetzt sich unter Bräunung und Gasentwicklung. Pelouze.

Pelouze betrachtet diesen Körper als sogenannte wasserfreie Maleinsäure, $= C^{4}HO^{3}$. Da aber bei seiner Bereitung Fumarsäure entsteht, so kann er eben so gut sogenannte wasserfreie Fumarsäure, d. h. Fumaranhydrid sein, wofür sprechen möchte, dass keine andere 1basische Säure eine wasserfreie Säure oder Anhydrid liefert. Die Frage wäre zu entscheiden, wenn man untersuchte, ob der Körper mit wässrigen Alkalien ein maleinsaures oder ein fumarsaures Salz liefert. Gm.

b. *Amidkerne.*

α. Amidkern $C^{8}AdH^{5}$.

Schwefelsenfsäure.

$$C^{8}NH^{7}S^{4} = C^{8}AdH^{5},S^{4}.$$

Will (1844). *Ann. Pharm.* 52, 30.

Bildung. Bei der Zersetzung des Senföls durch weingeistiges Kali.

Darstellung. Man tröpfelt Senföl langsam in die concentrirte Lösung von Kalihydrat in absolutem Weingeist, unter Vermeidung zu starker Erhitzung, giefst nach mehreren Stunden die braunrothe Flüssigkeit vom angeschossenen kohlensauren Kali ab, verdünnt sie mit Wasser, trennt sie mittelst eines feuchten Filters vom niedergesunkenen Oel, und dampft das blassgelbe Filtrat fast bis zum Syrup ab, der beim Hinstellen glänzende Krystalle des Kaliumsalzes liefert. Wird zu weit abgedampft, so erhebt sich über die Flüssigkeit ein rothbraunes dickes Oel, bei dessen Lösung in Wasser sich ein gelbes, zusammenbackendes Pulver ausscheidet. — Man kann auch die vom kohlensauren Kali abgegossene Flüssigkeit ohne Wasserzusatz im Vacuum verdunsten, bis sie nach einigen Tagen zu einer strahligen Masse erstarrt ist, welche man durch Aether von dem Oele befreit, dann in absolutem Weingeist löst, und vom kohlensauren Kali abfiltrirt. Das weingeistige Filtrat hält das Kaliumsalz neben freiem Kali. — Völlig rein lässt sich das Kaliumsalz nicht erhalten.

Neutralisirt man dies mit nicht zu viel Wasser verdünnte Kaliumsalz mit Essigsäure, so erfolgt gelbliche Trübung von ausgeschiedenem Schwefel. Die hiervon abfiltrirte, selbst in der Wärme geruchlose Flüssigkeit gibt mit Bleizucker einen citronengelben Niederschlag, welcher bald gelbroth, dann schwarz wird, wobei sich der Geruch nach Senföl immer lebhafter entwickelt. Eben so färbt sich der mit Kupfersalzen erhaltene zeisiggrüne Niederschlag erst braun, dann schwarz und noch schneller der mit salpetersaurem Silberoxyd erhaltene, immer unter Entwicklung des Geruchs nach Senföl. Die Zersetzung dieser 3 Niederschläge erfolgt auch, wenn man sie augenblicklich aufs Filter bringt und mit kaltem Wasser wäscht.

Um das *Bleisalz* unzersetzt zu erhalten, verdünnt man die, nach dem Verdünnen mit Wasser vom Oele abfiltrirte Flüssigkeit (s. oben) mit dem 200fachen Volum Wasser, neutralisirt mit Essigsäure, welche bei dieser Verdünnung keine Trübung bewirkt, und fällt durch Bleizucker. Der fein vertheilte Niederschlag vereinigt sich beim Schütteln zu citronengelben käsartigen Flocken, welche nach dem Abgiefsen der meisten Flüssigkeit schnell aufs Filter gebracht, mit kaltem Wasser gewaschen (bis das Filtrat nicht mehr sauer abläuft), zwischen viel Papier gepresst und im Vacuum über Vitriolöl möglichst schnell getrocknet werden. Doch tritt hierbei immer einige Zersetzung durch Bildung von Senföl und Schwefelblei, und durch dieses eine gelbgraue oder selbst schwarze Färbung ein. Bei 100° erfolgt diese Zersetzung vollständig unter Destillation farbloser Tropfen von Senföl, während Schwefelblei, mit Schwefel gemengt, bleibt, ohne alle Entwicklung von Wasser und Kohlensäure. [Aber Hydrothion möchte sich entwickeln nach der Gleichung: $C^8NH^6PbS^4 = C^8NH^5S^2 + PbS + HS$; vielleicht wurde dieses Hydrothion, da die Luft nicht abgehalten war, zum Theil zersetzt, daher Will das Schwefelblei mit Schwefel gemengt fand]. — Mit Schwefelsäure entwickelt das Bleisalz reichlich Hydrothion, ohne den mindesten Geruch nach Senföl. — Auch das Kaliumsalz liefert beim Erwärmen Senföl und eine braune Leber, und mit Schwefelsäure viel Hydrothion und kein Senföl. Will.

			Wil.
8 C	48	20,34	19,72
N	14	5,93	5,01
6 H	6	2,54	2,66
Pb	104	44,07	45,20
4 S	64	27,12	26,73
$C^8NH^6PbS^4$	236	100,00	99,32

β. Amidkern. C^8AdHCl^4.

Chlorazosuccsäure. $C^8NH^3Cl^4O^4 = C^8AdHCl^4,O^4$.

Malaguti (1846). *N. Ann. Chim. Phys.* 16, 72; Ausz. *J. pr. Chem.* 37, 435.
Gerhardt. *N. J. Pharm.* 14, 235 u. 291.

Acide chlorazosuccique.

Bildung. Beim Einwirken von trocknem Ammoniakgas auf Perchlorbernsteinvinester. Es entsteht hierbei Chlorcarbäthamid, chlorazosuccsaures Ammoniak und Salmiak. Hierfür gibt Malaguti, welcher das Chlorcarbäthamid (IV, 918) als $C^{10}N^3H^6Cl^7O^3$ betrachtet, folgende Gleichung: $C^{16}HCl^{13}O^8$ (Chlorbernsteinvinester) + $8NH^3 = C^{10}N^3H^6Cl^7O^3 + NH^3,C^6NHCl^3O^2,3HO$ (dreifach gewässertes chlorazosuccsaures Ammoniak) + $3NH^4Cl$. — Gibt man dagegen der Chlorazosuccsäure mit Gerhardt die Formel: $C^8NH^3Cl^4O^4$ und betrachtet nach Gerhardts neuesten Versuchen das Chlorcarbäthamid als Chloracetamid = $C^4NH^2Cl^3O^2$, so ist die Gleichung: $C^{16}HCl^{13}O^8 + 7NH^3 = 2C^4NH^2Cl^3O^2 + NH^3,C^8NH^3Cl^4O^4$ (chlorazosuccsaures Ammoniak) + $3NH^4Cl$.

Darstellung. Man leitet über gepulverten Perchlorbernsteinvinester in einer tubulirten Retorte so lange Ammoniakgas, als Absorption und Wärmeentwicklung erfolgt, pulvert die Masse, leitet wieder Ammoniakgas darüber, wiederholt dieses, so lange sich noch eine Absorption zeigt, behandelt die Masse mit reinem Aether, filtrirt die Lösung des chlorazosuccsauren Ammoniaks und Chlorcarbäthamids (Chloracetamids) vom Salmiak und einer Spur Paracyan ab, verdunstet, behandelt den Rückstand mit wenig Wasser, filtrirt, wäscht das auf dem Filter bleibende Chlorcarbäthamid (Chloracetamid) wiederholt mit wenig Wasser, bis dieses ohne Bitterkeit abläuft, und versetzt das braune Filtrat mit Salzsäure, welche die Chlorazosuccsäure als ein, bald krystallisch erstarrendes braunes Oel niederschlägt. Durch wiederholtes Lösen der braunen Säure in Ammoniak und Fällen durch Salzsäure wird sie vom braunen Stoff [Paracyan?], und durch Schmelzen unter heifsem Wasser von der Salzsäure befreit, worauf sie aus der Lösung in Weingeist bei freiwilligem Verdunsten rein krystallisirt. Malaguti. Gerhardt fällt die Säure aus dem gelösten Ammoniaksalz durch Salpetersäure, und wäscht sie mit kaltem Wasser.

Eigenschaften. 4seitige Säulen mit Pyramiden zugespitzt. Schmilzt unter Wasser bei 83 bis 85°, für sich bei 200°, fängt aber schon bei 125° an, sich zu subliminiren, und bei 150°, sich zu färben. Schmeckt äufserst bitter.

Berechnung nach GERHARDT.			Berechnung nach MALAGUTI.			MALAGUTI.
8 C	48	20,12	6 C	36	20,78	20,59
N	14	5,86	N	14	8,08	7,98
3 H	3	1,26	H	1	0,58	0,77
4 Cl	141,6	59,35	3 Cl	106,2	61,32	61,03
4 O	32	13,41	2 O	16	9,24	9,63
$C^6NH^3Cl^4O^4$	238,6	100,00	$C^6NHCl^3O^2$	173,2	100,00	100,00

[Die Formel von MALAGUTI ist unwahrscheinlich wegen der unpaaren Zahl der Atome und der Bildungsweise der Säure; die Formel von GERHARDT gibt viel weniger N und mehr H und O als der Versuch, was GERHARDT von einer theilweisen Zersetzung durch Trocknen vor der Analyse ableitet. Eine Wiederholung der Analyse ist wünschenswerth.]

Die Säure löst sich nicht oder kaum in *Wasser*.

Sie braust mit kohlensauren Salzen auf.

Ihre Lösung in wässrigem *Ammoniak* liefert beim Verdunsten im Vacuum das Ammoniaksalz halb in Krystallen, halb als Syrup. Dasselbe verwandelt sich bei 100° unter Entwicklung von Kohlensäure (und wie MALAGUTI vermuthet, aber nicht nachgewiesen hat, auch von Kohlenoxyd), in ein Gemenge von Chlorsuccilamid (V, 22) und von Salmiak, durch Aether scheidbar. MALAGUTI. Gleichung nach MALAGUTI: $NH^3,C^6NHCl^3O^2,2HO = C^4NH^2Cl^2O + CO^2 + CO + NH^4Cl$. — Nach GERHARDT's wahrscheinlicher Annahme jedoch ist das Chlorsuccilamid $= C^6NH^4Cl^3O^2$, d. h. das Chloracetamid der Sixe-Reihe, und die Gleichung ist daher: $NH^3, C^6NH^3Cl^4O^4 + 2HO = C^6NH^4Cl^3O^2 + NH^4Cl + 2CO^2$.

Die concentrirte Lösung des Ammoniaksalzes gibt mit *Kalk*salzen einen weifsen, aus feinen Nadeln bestehenden, mit *Kupfer*salzen einen lilafarbigen und mit *Quecksilber*- und *Silber*-Salzen einen weifsen amorphen Niederschlag. MALAGUTI. Sie fällt nicht Chlorbaryum, Bittersalz, Zinkvitriol und schwefelsaures Manganoxydul. MALAGUTI.

Der anfangs amorphe *Silber*niederschlag wird in einigen Augenblicken krystallisch. Mit kaltem Wasser gewaschen und bei 100° getrocknet, lässt er beim Glühen 40,23 Proc. Chlorsilber, hält also 30,3 Proc. Silber. MALAGUTI. Die Formel $C^6NH^2AgCl^4O^4$ verlangt 31,25 Proc., MALAGUTI's Formel $C^6NAgCl^3O^2$ dagegen verlangt 37,9 Proc. Silber. GERHARDT.

Die Säure löst sich sehr leicht in *Weingeist* und *Aether*. MALAGUTI.

γ. Amidkern. $C^8Ad^2H^2O^2$.

Fumaramid.

$$C^8N^2H^6O^4 = C^8Ad^2H^2O^2,O^2.$$

ROB. HAGEN (1841). *Ann. Pharm.* 38, 275.

Fumarvinester, mit dem mehrfachen Volum wässrigen Ammoniaks längere Zeit in der Kälte zusammengestellt, setzt weifse Schuppen des Fumaramids ab.

			HAGEN.
8 C	48	42,11	42,37
2 N	28	24,56	24,53
6 H	6	5,26	5,33
4 O	32	28,07	27,77
$C^8N^2H^6O^4$	114	100,00	100,00

Das Fumaramid gibt bei der trocknen Destillation Ammoniak, ein krystallisches Sublimat und einen kohligen Rückstand. Beim Erwärmen mit wässrigen Alkalien entwickelt es Ammoniak, bei längerem Erhitzen mit Wasser verwandelt es sich in fumarsaures Ammoniak. $C^8N^2H^6O^4 + 4HO = 2NH^3,C^8H^4O^8$.

Es löst sich nicht in kaltem, aber in kochendem *Wasser*, und scheidet sich daraus beim Erkalten zum Theil unverändert ab. Es löst sich nicht in Weingeist. HAGEN.

Sinapolin.

$$C^{14}N^2H^{12}O^2 = C^{14}N^2H^{10}O^2,H^2 = C^6H^4,C^8Ad^2H^2O^2,H^2?$$

ED. SIMON (1840). *Ann. Pharm.* 33, 258. — *Pogg.* 50, 377.
WILL. *Ann. Pharm.* 52, 25.

Bildung. Bei der Zersetzung des Senföls durch Bleioxydhydrat oder wässrige fixe Alkalien (V, 216).

Darstellung. 1. Man digerirt 1 Th. Senföl mit 12 Th. frisch gefälltem Bleioxydhydrat und 3 Th. Wasser in einem verschlossenen Gefäfse bei gelinder Wärme und unter öfterem Schütteln mehrere Tage, bis der schwache Senfgeruch verschwunden ist, trocknet die Masse in offner Schale auf dem Wasserbade aus, und zieht aus ihr durch heifses Wasser oder Weingeist das Sinapolin aus. SIMON. Das Bleioxydhydrat muss gut gewaschen sein; man digerire im Wasserbade, so lange als frisch hinzugesetztes Bleioxydhydrat noch geschwärzt wird, koche dann sogleich mit Wasser aus, und filtrire vom Schwefelblei, kohlensauren Bleioxyd und übrigen Bleioxydhydrat ab; beim Erkalten schiefst das reine Sinapolin an. WILL. — 2. Man kocht Senföl mit viel Barytwasser, dampft nach dem Verschwinden des Senfgeruchs zur Trockne ab [wobei aber Sinapolin verdunsten kann], und zieht aus dem Rückstand das Sinapolin durch Weingeist oder Aether aus. WILL.

Eigenschaften. Das Sinapolin krystallisirt aus der heifsen wässrigen Lösung in farblosen glänzenden, fettig anzufühlenden Blättchen. WILL. Diese schmelzen bei 90°, SIMON, bei 100°, WILL, ohne Gewichtsverlust, und erstarren beim Erkalten sogleich zu einer schönen Krystallmasse. WILL. Das Sinapolin lässt sich sublimiren, SIMON, jedoch unter theilweiser Zersetzung, WILL, und lässt sich mit Wasser unzersetzt destilliren, SIMON.

	Krystallisirt.		WILL.
14 C	84	60,00	59,72
2 N	28	20,00	19,99
12 H	12	8,57	8,78
2 O	16	11,43	11,51
$C^{14}N^2H^{12}O^2$	140	100,00	100,00

Zersetzungen. 1. Das Sinapolin zersetzt sich bei 170 bis 180°. SIMON. — 2. Es wird durch Salpetersäure in eine Säure verwandelt und durch Erhitzen seiner Lösung in Vitriolöl gebräunt. SIMON. — Mit Kalilauge lässt es sich ohne Ammoniakentwicklung kochen, darin unzersetzt zu Oeltropfen schmelzend. WILL.

Verbindungen. Das Sinapolin löst sich in *Wasser*, reichlich in kochendem. SIMON, WILL.

Es löst sich in kaltem *Vitriolöl* und kalter *Salpetersäure* unzersetzt, SIMON, ebenso in andern Säuren, durch Ammoniak abscheidbar, WILL.

Es absorbirt trocknes *salzsaures Gas* unter einer bis zum Schmelzen steigenden Erhitzung, ohne Ausscheidung von Wasser. Die gesättigte Verbindung hält auf 100 Th. Sinapolin 25,555 Th. Salzsäure = 140 : 35,77, also gleiche Atome. Sie ist dickflüssig, verliert keine Salzsäure beim Darüberleiten von trockner Luft, stöfst aber an feuchter Salzsäure-Nebel aus, und scheidet bei Wasserzusatz einen Theil des Sinapolins wieder ab. WILL.

Das wässrige Sinapolin fällt wässriges *Einfachchlorquecksilber* und *Doppeltchlorplatin*. WILL.

Es löst sich in *Weingeist* und *Aether*. SIMON, WILL.

c. *Stickstoffkerne.*

α. Stickstoffkern. C^8NH^5.

Senföl.

$$C^8NH^5S^2 = C^8NH^5,S^2.$$

THIBIERGE. *J. Pharm.* 5, 439; auch *N. Tr.* 4, 2, 252.
JUL. FONTENELLE. *J. Chim. méd.* 1, 131.
HORNEMANN. *Berl. Jahrb.* 29, 1, 29.
BOUTRON u. ROBIQUET. *J. Pharm.* 17, 296.
HENRY u. PLISSON. *J. Pharm.* 17, 451.
DUMAS u. PELOUZE. *Ann. Chim. Phys.* 53, 181; auch *J. Chim. méd.* 9, 641; auch *Ann. Pharm.* 10, 324; auch *Pogg.* 29, 119.
ASCHOFF. *N. Br. Arch.* 3, 7; auch *J. pr. Chem.* 4, 314.
WITTSTOCK. *Berl. Jahrb.* 35, 2, 257.
ROBIQUET u. BUSSY. *Ann. Chim. Phys.* 72, 328; auch *J. Pharm.* 26, 116; auch *J. pr. Chem.* 19, 232.
BOUTRON u. FRÉMY. *J. Pharm.* 26, 112.
LÖWIG u. WEIDMANN. *J. pr. Chem.* 19, 218.
WILL. *Ann. Pharm.* 52, 1.
WERTHEIM. *Ann. Pharm.* 55, 297.
GERHARDT. *Compt. rend.* 20, 894; auch *N. Ann. Chim. Phys.* 14; 125; auch *J. pr. Chem.* 35, 487.

Flüchtiges Senföl, Aetherisches Senföl, Schwefelcyanallyl, Allylsulfocyan, Essence de moutarde.

Vorkommen. Der Samen des schwarzen Senfs, nicht der des weifsen, hält einen für sich nicht genau bekannten Stoff (Myronsäure?), welcher bei Gegenwart von Wasser durch das zugleich vorhandene Emulsin-artige Myrosyn unter Bildung von Senföl zersetzt wird (V, 219 bis 222). Viele andere Samen der Cruciferen verhalten sich auf dieselbe Weise, geben aber dabei zugleich Knoblauchöl (V, 91); feuchte Pflanzentheile dieser Familie halten schon theilweise gebildetes Senföl.

Bildung aus Knoblauchöl. Destillirt man bei 120 bis 130° ein Gemenge des Niederschlags, welchen weingeistiges Knoblauchöl mit Aetzsublimat erzeugt (V, 93), mit überschüssigem Schwefelcyan-Kalium, so geht ein Gemisch von Senföl und Knoblauchöl über. WERTHEIM.

Dieser Niederschlag ist nämlich $C^6H^5S,2HgS + C^6H^5Cl,2HgCl$; dieses letzte Glied $C^6H^5Cl,2HgCl$ zersetzt sich mit $3C^2NKS^2$ in $C^8NH^5S^2+2C^2NHgS^2+3KCl$; zugleich zerfällt aber das erste Glied $C^6H^5S,2HgS$ in Knoblauchöl, C^6H^5S und in zurückbleibendes Schwefelquecksilber, 2 HgS. WERTHEIM.

Darstellung des rohen Senföls. Man weicht den zerstofsenen Samen des schwarzen Senfs über Nacht mit 3 bis 6 Th. kaltem Wasser ein, und destillirt dann nur so lange, als mit dem Wasser noch Oel übergeht. — Man kann den Senf zuvor durch Auspressen vom fetten Oel befreien. — Wenn man nicht vor dem Erhitzen macerirt, so wird das Myrosin durch die Hitze unthätig gemacht, bevor alles Oel gebildet ist, und die Ausbeute ist geringer. — Bei jeder Destillation einer frischen Senfmenge ist das bei der früheren erhaltene, mit Senföl schon beladene, Wasser mit Vortheil zu benützen. — Man erhält bei der gewöhnlichen Destillation, wegen der zu starken Hitze, welche die Blasenwände annehmen, weniger Oel, als bei der Dampfdestillation, bei welcher aus einem kleinen Dampfkessel durch ein bleiernes Schenkelrohr Wasserdampf in die, Senf und kaltes Wasser haltende, Blase geleitet wird. WITTSTOCK. — Wenn man zu lange fortdestillirt, so löst sich das Oel wieder in dem übergehenden Wasser. ASCHOFF. — Man lasse das Destillat aus dem Kühlrohr in ein feuchtes Filter laufen, das mit einer Glasplatte bedeckt ist; das Wasser geht hindurch und das Oel sammelt sich in der Spitze des Filters, aus welcher man es nach beendigter Destillation mittelst eines Stichs ablaufen lässt. WITTSTOCK.

100 Th. Senf liefern 0,2 Th. Oel, BOUTRON u. ROBIQUET; 0,55 Th., ASCHOFF; 0,8 Th., HESSE (*Ann. Pharm.* 14, 41); 1,2 Th., HOFFMANN (*Berl. Jahrb.* 35, 2, 251); bei gewöhnlicher Destillation nach der Maceration mit Wasser 0,5 Th.; nach der Maceration mit dem Senfwasser der vorigen Destillation 0,7 Th., bei der Dampfdestillation, wenn der Senf mit gewöhnlichem Wasser eingeweicht ist, 0,7 Th., wenn er mit Senfwasser eingeweicht ist, 1,1 Th. WITTSTOCK.

Das so erhaltene rohe Senföl ist mehr oder weniger gelb, zeigt übrigens die Eigenschaften des gereinigten.

Reinigung. Durch Rectification für sich, DUMAS u. PELOUZE, mit gleichviel Wasser, ASCHOFF; durch Hinstellen mit Chlorcalcium, Abgiefsen und Destilliren, wobei wenig schwarzbraunes Harz bleibt, WILL. — Wenn man das rohe Senföl in einem Destillirapparat längere Zeit auf 100° erhitzt, so geht ein farbloses, ätherisch riechendes Oel über, welches leichter als Wasser ist; der Rückstand fängt bei 110° zu sieden an, und sein Siedpunct wird erst bei 155° stetig. Also hält das rohe Senföl ein oder mehrere flüchtigere und leichtere Oele. ROBIQUET u. BUSSY. Diese möchten von einer Verfälschung herrühren. WILL.

Eigenschaften. Farbloses durchsichtiges Oel, DUMAS u. PELOUZE, ASCHOFF, WILL; lichtbrechende Kraft = 1,516, WILL. Spec. Gew. 1,015 bei 20°, DUMAS u. PELOUZE, 1,009 bis 1,010 bei 15°, WILL. Siedpunct bei 143°, DUMAS u. PELOUZE, ganz stetig bei 148°, WILL. Dampfdichte = 3,40, DUMAS u. PELOUZE, 3,54, WILL. — Das Oel hat einen durchdringend scharfen Geruch und Geschmack, reizt zu Thränen, wirkt auf die Haut entzündend und blasenziehend. THIBIERGE. — Neutral gegen Pflanzenfarben. THIBIERGE.

			LÖWIG u. WEIDMANN.	WILL.	DUMAS u. PELOUZE.	HENRY u. PLISSON.
8 C	48	48,49	49,29	49,40	49,98	53,28
N	14	14,14		14,12	14,45	14,92
5 H	5	5,05	5,21	5,24	5,02	11,18
2 S	32	32,32	32,07	31,96	20,25	11,18
O					10,30	9,44
$C^8NH^5S^2$	99	100,00		100,72	100,00	100,00

	Maafs.	Dampfdichte.
C-Dampf	8	3,3280
N-Gas	1	0,9706
H-Gas	5	0,3465
S-Dampf	1/3	2,2185
Senföldampf	2	6,8636
	1	3,4318

Indem DUMAS u. PELIGOT zu wenig Schwefel fanden, nahmen Sie auch O im Oele an, ein von LÖWIG u. WEIDMANN berichtigter Irrthum. — WERTHEIM und WILL sind geneigt, das Senföl als Schwefelcyan-Allyl zu betrachten = C^6H^5,C^2NS^2. Hierfür würde die Verwandelbarkeit des Knoblauchöls in Senföl und des Senföls in Knoblauchöl sprechen.

Zersetzungen. 1. Das Oel, mit Alaunerde zusammengeknetet, liefert bei der *trocknen Destillation* kohlensaures, Kohlenwasserstoff- und wenig Hydrothion-Gas, und Wasser. FONTENELLE. — 2. In gut verschlossenen Gefäfsen 3 Jahre lang dem Tageslichte ausgesetzt, wird es allmälig braungelb und setzt einen pomeranzengelben amorphen Körper ab. WILL. Dieser Körper, mit Aether gewaschen und im Vacuum getrocknet, hält 28,60 Proc. C, 5,87 H, 20,72 S und (als Verlust) 44,81 N. Er hat das Ansehn des Pseudoschwefelcyans. Er bläht sich beim Erhitzen unter dunkler Färbung auf, entwickelt starken Senfölgeruch, und lässt eine matte, völlig verbrennliche Kohle. Er löst sich in warmer Kalilauge zu einer gelben Flüssigkeit, aus welcher Essigsäure hellgelbe Flocken fällt, worauf das Filtrat hiervon noch Bleizucker hellgelb fällt, aber Eisenoxydsalze nicht röthet, also keine Schwefelblausäure hält. WILL. 3. Die wässrige Lösung des Oels verliert an der *Luft* in einigen Stunden seine Schärfe, behält aber einen faden Geschmack und Geruch nach Senf und setzt ein graues, Schwefel haltendes Pulver ab. THIBIERGE. — Das Oel für sich längere Zeit der Luft oder dem Sauerstoffgas ausgesetzt, verändert sich nicht, und wird weder sauer, noch alkalisch. BOUTRON u. ROBIQUET.

4. Lässt man in eine mit Senföl gefüllte Retorte sehr langsam *Chlorgas* treten, so bilden sich (unter Salzsäurebildung, DUMAS u. PELOUZE) seidenglänzende, sehr flüchtige Krystalle. Dieselben färben sich an der Luft unter Zersetzung, werden durch einen starken Ueberschuss von Chlor zu einer zähen, nicht mehr krystallisirenden Flüssigkeit gelöst, durch Kalilauge in eine harzartige, nicht in Kali lösliche Substanz verwandelt, und zeigen sich nicht in Wasser und Aether, aber nach jedem Verhältnisse in Weingeist löslich. BOUTRON u. FREMY. — 5. *Brom* bildet mit dem Senföl unter Wärmeentwicklung und Aufschäumen ein braunes Harz, in kochendem Wasser fast ganz löslich; die Lösung hält Hydrobrom und Schwefelsäure. ASCHOFF. — 6. *Iod* löst sich im Oele ruhig mit dunkelbraunrother Farbe. ASCHOFF.

7. *Salpetersäure* zerstört das Oel schnell unter Entwicklung von viel Stickoxyd und Bildung von viel Salpetersäure. BOUTRON u. ROBIQUET. — Schon mit mäfsig starker Säure erhitzt sich das Oel heftig unter lebhafter Stickoxydentwicklung, färbt sich erst hellgrün, dann rothgelb, verdickt sich und löst sich zu einer gelblichen Flüssigkeit, auf welcher eine gelbe porose harzige Materie, das Nitrosinapylharz, schwimmt. Diese verschwindet, wenn man die Salpetersäure unter Erhitzen weiter einwirken lässt, eine gelbe Lösung von

Salpetersäure, Schwefelsäure, Oxalsäure und Nitrosinapylsäure bilden. Löwig u. Weidmann.

Das *Nitrosinapylharz*, herausgenommen, sobald alles Oel verschwunden ist, und mit Wasser gewaschen, schmilzt im Wasserbade anfangs zu einer dunkelgelben Masse, die allmälig fest und beim Erkalten ganz spröde wird. Bei stärkerem Erhitzen zersetzt es sich nach vorausgegangener Schmelzung. Es löst sich theilweise in verdünntem Ammoniak, Kali oder Baryt zu einer rothgelben Flüssigkeit, die mit Säuren gelbe Flocken abscheidet; der ungelöste Theil löst sich in kochendem concentrirten Kali. Das ganze Harz löst sich schwierig in Aether, nicht in Wasser und Weingeist. Es hält 36,65 Proc. C, 23,56 N, 3,12 H, 16,04 S, 20,63 O, und ist also $C^6N^2H^4S^{1\frac{1}{3}}O^{3\frac{2}{3}}$. Löwig u. Weidmann. Da es in verdünnten Alkalien nur theilweise löslich ist, so kann es keine einfache Verbindung sein. Berzelius (*Jahresber.* 21, 362). [Vielleicht ist das völlig ausgebildete Harz Schwefel-frei, = $C^8N^2H^4O^4$ = C^8NXH^4].

Die gelbe Lösung der 4 Säuren, liefert beim Abdampfen und Erkälten Krystalle von Oxalsäure, während die Mutterlauge vorzüglich Schwefelsäure und *Nitrosinapylsäure* hält, falls diese nicht beim Abdampfen durch einen zu grofsen Ueberschuss der Salpetersäure zerstört wurde. Um daraus die Nitrosinapylsäure zu erhalten, sättigt man die Mutterlauge mit kohlensaurem Baryt, filtrirt vom schwefelsauren und oxalsauren Baryt ab, fällt aus dem Filtrat den Baryt vorsichtig durch Schwefelsäure, und dampft das Filtrat im Wasserbade bis zur öligen Flüssigkeit ab. Diese erstarrt beim Erkalten zu einer gelben wachsähnlichen Masse, leicht schmelzbar, aber nach zu starkem Erhitzen nicht mehr vollständig in Wasser löslich. Die Säure entwickelt beim Kochen mit überschussigem Kali Ammoniak. Sie löst sich in Wasser zu einer Lackmus röthenden Flüssigkeit. Ihre Lösung in wässrigem Kali ist gelb. Die Lösung des Barytsalzes (s. o.) liefert beim Abdampfen im Wasserbade das trockne Barytsalz als eine rothgelbe glänzende amorphe spröde Masse von gelbem Pulver. Dasselbe, längere Zeit im Wasserbade erhitzt, lässt beim Lösen in Wasser Spuren eines rothen Pulvers; bei stärkerem Erhitzen zeigt es eine plötzliche, mit einer Zusammenrollung verbundene Zersetzung, welche sich von einem Puncte aus durch die ganze Masse fortsetzt. Es löst sich in Wasser mit gelber Farbe, nicht in Weingeist und Aether. Es hält 39,25 Proc. BaO, 18,23 C, 16,16 N, 1,66 H, 2,74 S und 21,96 O, ist also $BaO,C^6N^2H^3S^{\frac{1}{3}}O^{5\frac{1}{3}}$. [Sieht man den Schwefel als unwesentlich an, so ist das Barytsalz vielleicht C^6NXH^3Ba,O^4, und die Säure für sich C^6NXH^4,O^4.] Mit Bleizucker gibt das wässrige Barytsalz einen gelben Niederschlag, welcher schwierig in kaltem, leichter in heifsem Wasser löslich ist, und welcher nach dem Trocknen bei 100° 15,93 Proc. C und 1,65 H hält, was zu derselben Formel führt. Auch mit salpetersaurem Quecksilberoxydul oder Silberoxyd gibt das Barytsalz einen gelben Niederschlag, während es das salzsaure Eisenoxyd oder Quecksilberoxyd nicht fällt. Die Nitrosinapylsäure löst sich nicht in Weingeist und Aether. Löwig u. Weidmann.

8. *Bleioxydhydrat* zersetzt sich mit dem Senföl in Sinapolin, kohlensaures Bleioxyd und Schwefelblei. E. Simon, Will. $2C^8NH^5S^2 + 6PbO + 2HO = C^{14}N^2H^{12}O^2 + 2(PbO,CO^2) + 4PbS$. Will. Vielleicht treten hierbei aus 2 At. Senföl 2 CS^2 aus, die dann mit 6 PbO in 2 (PbO,CO^2) und 4 PbS zerfallen. Will. — 1 Th. Senföl mit 12 Th. frisch gefälltem Bleioxydhydrat und 3 Th Wasser in einem verschlossenen Gefäfse mehrere Tage unter öfterem Schütteln gelinde digerirt, verschwindet unter Umwandlung des scharfen Geruchs in den nach Knoblauch und Rüben, welcher beim Abdampfen der Flüssigkeit mit dem geschwärzten Bleioxyd im Wasserbade, wobei die letzten Spuren des Schwefels als Schwefelblei abgeschieden werden, völlig verschwindet. Das zurückbleibende schwarze pulverige Gemenge lässt im Chlorcalciumbade Wasser und viel Ammoniak übergehen, während Sinapolin und Schwefelblei bleibt. Ed. Simon (*Pogg.* 50, 377).

Schwere Metalloxyde in trocknem Zustande, und in absolutem Weingeist gelöste Metallsalze entziehen dem Senföl den Schwefel nur äufserst schwierig und unvollständig. Will. — So gibt in absolutem Weingeist gelöstes salpetersaures Silberoxyd (oder entwässerter Bleizucker) beim Erwärmen mit Senföl einen schwarzen Niederschlag; aber selbst nach mehrtägigem Kochen des Gemisches hält die Flussigkeit immer noch Schwefel. Einige Tropfen Wasser jedoch bewirken sogleich die Entwicklung von Kohlensäure und schlagen allen Schwefel als Schwefelsilber nieder, während sich in der Flüssigkeit Sinapolin findet. WILL. — Das in Wasser gelöste Senföl gibt mit Bleiessig einen weifsen Niederschlag, der nach einiger Zeit grau, dann schwarz wird; mit essigsaurem Kupferoxyd nach 24 Stunden einen rothbraunen, mit salpetersaurem Silberoxyd einen sich bald schwärzenden und mit Dreifachchlorgold einen gelben Niederschlag. HORNEMANN. — Es gibt mit salpetersaurem Silberoxyd einen schwarzen Niederschlag, mit Dreifachchlorgold einen gelbbraunen. ASCHOFF. — Es fällt nicht Bleizucker, Einfachchlorzinn, Eisenoxydulsalze und Eisenoxydsalze. HORNEMANN.

9. *Wässriges Kali, Natron* oder *Baryt* gibt mit dem Senföl ebenfalls Sinapolin, kohlensaures Alkali und Schwefelmetall; wenn sich jedoch das Gemisch zu sehr erhitzt, so entwickelt sich in Folge weiterer Zersetzung Ammoniak. E. SIMON (*Ann. Pharm.* 33, 258), WILL. — Einige Tropfen Senföl, mit Barytwasser bis zum Sieden erhitzt, fällen ohne alle Ammoniakentwicklung viel kohlensauren Baryt, während das Filtrat Sinapolin und Schwefelbaryum (kein Schwefelcyanbaryum) enthält. WILL.

Frühere Angaben: In Weingeist gelöstes Senföl, mit Kalilauge gemischt, und nach einigen Tagen destillirt, liefert einen nach Senf riechenden Weingeist und, als Rückstand, ein dunkelbraunes Oel und wässriges Schwefelcyankalium. HORNEMANN. — Die Lösung von 1 Th. krystallisirtem Baryt in 256 Th. Senfwasser gibt allmälig einen gelbgrauen Niederschlag, welcher kohlensauren Baryt, Schwefel und ein minder flüchtiges Oel hält, und die davon abfiltrirte Flüssigkeit entwickelt bei der Destillation Ammoniak, setzt kohlensauren und schwefelsauren Baryt ab, und hält Schwefelcyanbaryum gelöst. HORNEMANN. — Fixe Alkalien erzeugen mit Senföl Schwefelcyanmetall und Schwefelmetall. DUMAS u. PELOUZE. — Das Senföl entwickelt beim Erwärmen mit Kalilauge Ammoniak und setzt nach einigen Tagen Krystalle [von Sinapolin?] ab. ASCHOFF. — Das Oel bildet mit Kalilauge unter Ammoniakentwicklung Schwefelkalium und eine krystallisirte stickstoffhaltige Materie [Sinapolin], der sich durch Kochen mit Bleioxyd der Rest des Schwefels entziehen lässt. SIMON (*Pogg.* 44, 599), MARCHAND u. SIMON (*J. pr. Chem.* 19, 235). — Das Senföl löst sich fast völlig in concentrirtem Kali beim Schütteln in einer verschlossenen Flasche zu einer braunen, schwach riechenden Flüssigkeit, welche, nach einigen Tagen mit Tartersäure neutralisirt, einige Oeltropfen ausscheidet, und kleine strahlige Krystalle, nicht von Weinstein, sondern von einer besondern Materie [Sinapolin] absetzt. Die hiervon getrennte Flüssigkeit liefert bei der Destillation ein sehr gelbes, sehr alkalisches Destillat, welches die Bleisalze schwärzt, während die rückständige Flüssigkeit dieselben weifs fällt. BOUTRON u. FREMY.

10. Tröpfelt man das Senföl in eine gesättigte Lösung des *Kalihydrats in absolutem Weingeist*, so tritt heftige Erhitzung ein, die schon bei rascherem Zufügen von 1 bis 2 Gramm Oel in wenigen Secunden ein bis zum Herausschleudern des Gemisches sich steigerndes Sieden veranlasst, ohne dass sich dabei ein permanentes Gas entwickelt, aufser höchstens etwas Ammoniak. Das braunrothe Gemisch zeigt statt des scharfen Senfgeruchs einen milden lauchartigen Geruch, setzt nach einiger Zeit Krystalle von einfach kohlensaurem Kali mit 2 At. Wasser ab, und zerfällt, davon abgegossen, beim Mischen mit Wasser unter milchiger Trübung in wässrige Schwefelsenfsäure (V, 207), worin noch etwas Oel gelöst bleibt, durch Aether entziehbar, und in ein niedersinkendes Oel, welches, wenn

die Mischung zum Sieden gekommen war, dunkel gefärbt ist und unlösliche Flocken hält. Will.

Das bei kalt gehaltenem Gemisch gewonnene *eigenthümliche Oel*, durch Sammeln auf einem nassen Filter von der wässrigen Schwefelsenfsäure getrennt, durch Waschen mit Wasser vom Kali befreit, mit Kochsalzlösung rectificirt, und vom trübmachenden Wasser durch mehrtägiges Hinstellen über Chlorcalcium und Abgiefsen befreit, ist wasserhell, von 1,036 spec. Gew. bei 14°, riecht milde, lauchartig, schmeckt nicht brennend, sondern kühlend, und siedet zwischen 115 und 118°, wird jedoch bei der Destillation selbst im Gasstrom theilweise, unter Ammoniakbildung, zersetzt, daher der Dampf Curcumapapier etwas bräunt, während ein braunes Harz bleibt, welches bei weiterem Erhitzen viel Ammoniak entwickelt, und dem durch längeres Kochen mit Wasser ein nicht weiter untersuchtes, flüchtiges Alkaloid entzogen wird. Das Oel bildet beim Kochen mit Barytwasser Schwefelbaryum und eine gelöst bleibende, nicht flüchtige Substanz, welche ein Alkaloid zu sein scheint. Auch aus Blei- und Silber-Salzen fällt es beim Kochen Schwefelmetalle. Es gibt Niederschläge mit weingeistigem Aetzsublimat, und, wenn die Lösung nicht zu verdünnt ist, auch mit weingeistigem Zweifachchlorplatin. Es löst sich wenig in Wasser, nach allen Verhältnissen in Weingeist und Aether. Will.

			Will.	Will.	Will.
			Das Oel 1mal,	2mal,	3mal rectificirt.
28 C	168	50,76	50,35	50,20	
3 N	42	12,69	12,30	10,40	9,73
25 H	25	7,55	7,88	7,84	
4 S	64	19,33	20,50		
4 O	32	9,67	8,97		
$C^{28}N^{3}H^{25}S^{4}O^{4}$	331	100,00	100,00		

Da das Oel bei jeder Rectification Ammoniak entwickelt, womit besonders der N-Gehalt abnimmt, so war vielleicht das ursprünglich gebildete Oel, vor der ersten Rectification, $C^{28}N^{3}H^{25}S^{4}O^{4} + NH^{3} = C^{28}N^{4}H^{28}S^{4}O^{4}$, oder, mit 2 getheilt, $C^{14}N^{2}H^{14}S^{2}O^{2}$, und es wäre hiernach $C^{14}N^{2}H^{12}O^{2}$ (Sinapolin)$+2HS$. Will.

Nach dieser Voraussetzung würde die Gleichung für die Zersetzung des Senföls durch weingeistiges Kali folgende sein: $3\,C^{8}NH^{5}S^{2} + 3\,KO + 5\,HO = 2(KO,CO^{2}) + C^{8}NH^{6}KS^{4} + C^{14}N^{2}H^{14}S^{2}O^{2}$. Will.

11. Erhitzt man Senföl mit *Kalknatronhydrat* in einer zugeschmolzenen Röhre längere Zeit auf 120°, so zeigt sich beim Oeffnen der scharfe Senfgeruch durch einen gewürzhaft lauchartigen verdrängt, und bei der Destillation erhält man Allyloxyd (V, 82), während Schwefelcyannatrium zurückbleibt, welches oft mit Schwefelnatrium gemengt ist, durch die secundäre Wirkung des überschüssigen Natrons auf das Schwefelcyannatrium erzeugt. Wertheim. $C^{8}NH^{5}S^{2} + NaO = C^{6}H^{5}O + C^{2}NNaS^{2}$.

Gepulvertes Kalihydrat wirkt in der Kälte auf das Senföl wie weingeistiges Kali, doch treten die Producte nicht so rein auf, da sich die Temperaturerhöhung weniger hindern lässt. Auch hier bildet sich, ohne alle Wasserstoffgasentwicklung, das Kaliumsalz $C^{8}NH^{6}KS^{4}$, und durchaus kein Schwefelcyankalium. Die in Wasser gelöste Masse mit Säure schwach übersättigt, gibt zwar mit Eisenoxydsalzen bisweilen eine schwache Röthung, aber die Farbe ist von der durch Schwefelcyankalium bewirkten verschieden, und verschwindet beim Zusatz von mehr Säure. Will. — Auch beim Erwärmen des Kalihydrats mit Senföl, welches eine heftige Reaction und Kochen veranlasst, entwickelt sich kein Wasserstoffgas, sondern nur Ammoniakgas, und der Rückstand hält $C^{8}NH^{6}KS^{4}$. Will. Kalihydrat, in Stücken in Senföl geworfen, wirkt heftig ein, entwickelt Wasserstoffgas und bildet ein in Wasser und Weingeist lösliches Kalisalz, dessen Säure ölig ist, und auf Wasser schwimmt, ohne sich zu lösen. Boutron u. Fremy.

12. Das Senföl mit *Einfach-Schwefelkalium* in einer zugeschmolzenen Röhre längere Zeit auf 100° erhitzt, zerfällt in abzu-

destillirendes Knoblauchöl und zurückbleibendes Schwefelcyankalium. WERTHEIM. $C^8NH^5S^2 + KS = C^6H^5S + C^2NKS^2$. — Bei Anwendung von Mehrfach-Schwefelkalium sublimiren sich Krystallnadeln, welche wohl ein Knoblauchöl mit gröfserem Schwefelgehalt sind. WERTHEIM.

13. *Kalium* wirkt schon bei Mittelwärme auf das Senföl unter Gasentwicklung ein, und bewirkt beim Erhitzen eine feurige Explosion. Wenn diese nicht erfolgt, so scheinen sich Schwefelcyankalium und ein vom Senföl verschiedenes Oel zu bilden. — Das Kalium bedeckt sich im Oel mit Gasbläschen, und gibt ein braunes Gemenge; bei geringer Erhitzung in verschlossenen Gefäfsen (nicht in offenen) erfolgt eine von schwarzem Rauch und Ammoniakentwicklung begleitete feurige schwache Verpuffung, und der Rückstand, noch stärker erhitzt, entwickelt wenig, mit rother Flamme brennendes Gas und lässt mit Kohle gemengtes Schwefelcyankalium und Schwefelkalium. ASCHOFF. — Auch das durch Chlorcalcium entwässerte, dann rectificirte Senföl zeigt bei Mittelwärme auf das Kalium sogleich eine Wirkung, die durch gelindes Erwärmen in einer Retorte beschleunigt werden kann (bei zu starkem würde Entflammung eintreten). Die Masse entwickelt unter geringer Färbung ein nicht weiter untersuchtes Gas, lässt Knoblauchöl [oder etwas Aehnliches] übergehen, und lässt weifses Schwefelcyankalium zurück. Das erhaltene Oel ist farblos, zeigt den Geruch und die Reactionen des Knoblauchöls, fällt namentlich das salpetersaure Silberoxyd schwarz, den Aetzsublimat weifs, und das Zweifachchlorplatin gelb, und hält 58,8 Proc. C und 8,4 H. Aber es tritt beim Rectificiren über Kalium an dieses noch Schwefel ab. Das erhaltene Schwefelcyankalium gibt mit einem Gemisch aus Eisenvitriol und Kupfervitriol einen weifsen Niederschlag, der weder Cyankupfer noch Schwefelkupfer beigemengt enthält. GERHARDT. [Da das entwickelte Gas nicht untersucht wurde, so gibt GERHARDT für diese Zersetzung keine Gleichung. Da das Senföl blofs 2 S hält, das Knoblauchöl 1 und das Schwefelcyankalium 2 S, so ist bis jetzt der Vorgang bei dieser Zersetzung nicht wohl verständlich. Auch zeigt GERHARDT's Oel mehrere Abweichungen vom Knoblauchöl.] vgl. LIEBIG (*Ann. Pharm.* 57, 116).

14. Das Senföl überzieht einige *schwere Metalle* mit Schwefelmetall. — Das Oel schwärzt beim Schütteln mit Wasser und Quecksilber dieses sogleich, behält jedoch auch nach mehreren Tagen seinen scharfen Geruch, und liefert bei der Destillation ein noch viel Schwefel haltendes scharfes Oel. BOUTRON u. ROBIQUET. Mit Quecksilber und Sauerstoffgas in Berührung, bildet es Schwefelquecksilber und wird Lackmus-röthend und etwas dicker. ASCHOFF. Bei der Bereitung des Senföls überzieht sich die Destillirblase mit Schwefelkupfer, doch nicht, wenn man mit Dampf destillirt. WITTSTOCK.

15. Mit *Ammoniak* verwandelt sich das Senföl sogleich in Thiosinnamin. (V, 224).

Verbindungen. Das Oel hält, wenn es nicht durch Chlorcalcium getrocknet wurde, etwas *Wasser* gelöst und trübt sich daher in der Kälte. WITTSTOCK. — Es löst sich ein wenig in Wasser; dieses *Senfwasser* erhält man bei der Darstellung des Senföls.

Es löst in der Wärme sehr viel *Phosphor*, der sich beim Erkalten zuerst flüssig ausscheidet, dann unter 43° erstarrt. FONTENELLE, DUMAS u. PELOUZE.

Es löst in der Wärme sehr viel *Schwefel*, der beim Erkalten krystallisirt. FONT., DUM. u. PEL.

Das Senfwasser gibt mit salpetersaurem *Quecksilberoxydul* einen weifsen Niederschlag, HORNEMANN, der sich grau färbt, ASCHOFF. Auch das salpetersaure Quecksilberoxyd und nach längerer Zeit den *Aetzsublimat* fällt es weifs. HORNEMANN. Das in Weingeist gelöste

Senföl gibt mit Aetzsublimat einen Niederschlag, der Quecksilber und Chlor nicht zu gleichen Atomen enthält. WILL.

Unter gewissen Umständen lässt sich eine krystallisirbare Verbindung des Senföls mit *Doppeltchlorplatin* erhalten, die sich bei Gegenwart von Wasser allmälig unter Entwicklung von Kohlensäure und Bildung eines dunkleren pulverigen Körpers zersetzt. WILL.

Das Senföl löst sich sehr leicht in *Weingeist* und *Aether*. DUMAS u. PELOUZE, FAURÉ u. A.

Anhang zu Senföl.

1. *Bildung des Senföls.*

BOUTRON u. ROBIQUET. *J. Pharm.* 17, 294; Ausz. *Schw.* 63, 94.
FAURÉ. *J. Pharm.* 17, 299; Ausz. *Schw.* 63, 101. — *J. Pharm.* 21, 464.
GUIBOURT. *J. Pharm.* 17, 360.
ED. SIMON. *Pogg.* 43, 651; 51, 383.
BUSSY. *J. Pharm.* 26, 39; auch *Ann. Pharm.* 34, 223.
BOUTRON u. FREMY. *J. Pharm.* 26, 48; auch *Ann. Pharm.* 34, 230; auch *J. pr. Chem.* 19, 230. — *J. Pharm.* 26, 112.
WINCKLER. *Jahrb. pr. Pharm.* 3, 93.
LEPAGE. *J. Chim. méd.* 22, 171.

Das Senföl ist in den Cruciferen noch nicht gebildet enthalten, wenigstens nicht in ihren trocknen Theilen, wie in den Samen, besonders im Samen des schwarzen Senfs. (Der Samen des weifsen Senfs liefert kein Senföl, sondern verdankt seine Schärfe dem Sulfosinapin; übrigens hält er ebenfalls Myrosyn.) Es entsteht erst bei Gegenwart von Wasser, welches die wechselseitige Wirkung zweier im schwarzen Senf enthaltenen Stoffe möglich macht. Der eine dieser Stoffe ist nach BUSSY die *Myronsäure* (V, 220), welche als Kalisalz vorhanden ist; der andere ist das, dem Emulsin nahe verwandte, *Myrosyn* (V, 221). welches bei Gegenwart von Wasser als Ferment auf die Myronsäure wirkt, und aus ihr das Senföl bildet. Diese Sätze ergeben sich aus folgenden Erfahrungen, welche umgekehrt dadurch ihre Erklärung erhalten:

Das trockne Mehl des schwarzen Senfs ist geruchlos. GUIBOURT.

Es zeigt beim Trocknen im Wasserbade, blofs anfangs, so lange es noch Feuchtigkeit enthält, den Senfgeruch. Der geruchlose Rückstand schmeckt scharf, und entwickelt mit kaltem Wasser sogleich starken Senfgeruch. FAURÉ.

Das aus trocknem Senfmehl gepresste fette Oel ist mild; das aus feuchtem zeigt scharfen Senfgeruch. FAURÉ.

Mit kaltem oder lauem Wasser entwickelt das Senfmehl bald seine Schärfe, um so schneller, je wärmer das Wasser. FAURÉ.

Das Löffelkraut verliert beim Trocknen allen Geruch, und gibt beim Destilliren mit Wasser ein fades Destillat; es liefert jedoch, selbst nach 1 Jahr, scharfes Oel, wenn man es mit dem kalten wässrigen Aufguss des weifsen Senfs (oder mit $^{1}/_{2}$ Th. Mehl von weifsem Senf) destillirt. Es hält also nach dem Trocknen noch Myronsäure, aber seine emulsinartige Materie muss beim Trocknen die Kraft verloren haben. SIMON. — Bei frisch getrockneten Pflanzentheilen ist keineswegs erst der Zusatz von weifsem Senf nöthig. Wenn man getrockneten Meerrettig, Löffelkraut oder Kresse nach 14 Tagen sogleich mit Wasser erhitzt, so erhält man allerdings ein fades Destillat; wenn man sie aber erst 24 Stunden mit kaltem Wasser einweicht, so erhält man ein so kräftiges Destillat, wie von der frischen Pflanze. Verfährt man aber so mit der seit $^{1}/_{2}$ Jahr getrockneten Pflanze, so zeigt sich das Destillat bei Meerrettig und Löffelkraut minder kräftig, wofern man nicht vor der Destillation eine Emulsion von weifsem Senf zufügt. LEPAGE.

Bis zum anfangenden Rösten erhitztes Senfmehl gibt mit kaltem Wasser keine Schärfe mehr. FAURÉ. — Eben so der stark erhitzte Samen von verschiedenen *Lepidium*-Arten. PLESS.

Der kalte wässrige Aufguss des Senfmehls riecht stark nach Senf, schmeckt scharf und bitterlich, röthet Lackmus und setzt beim Erhitzen geronnene eiweifsartige Materie ab. FAURÉ. — Die Gerinnung erfolgt bei 70 bis 80°. BOUTRON u. FREMY.

Bringt man Senfmehl in eine tubulirte Retorte, welche Wasser von 75 bis 100° hält, so erhält man bei der Destillation gar kein Senföl, sondern ein fades Destillat; hat das Wasser 60°, so erhält man ziemlich viel Oel; aber Wasser unter 50° liefert die ganze Menge. Der mit kochendem Wasser bereitete Senfteig ist daher ohne Wirkung. Denn die durch heifses Wasser geronnene emulsinartige Materie hat damit ihre Senföl entwickelnde Kraft verloren. FAURÉ.

Wenn man vor der Destillation das Senfmehl mit kaltem Wasser einige Stunden zusammenstellt, bis das Myrosyn sich gelöst, und aus dem myronsauren Kali das Senföl entwickelt hat, so erhält man bei der Destillation die volle Menge des Senföls; je schneller man aber das Wasser mit dem Senfmehl bis zum Kochen erhitzt und dadurch das Myrosyn coagulirt, bevor es Zeit hatte, auf das myronsaure Kali einzuwirken, desto weniger Oel erhält man; daher erhält man auch kein Oel, wenn man im Beindorf'schen Apparate Senfmehl mit dem Dampfe des kochenden Wassers destillirt. HESSE (*Ann. Pharm.* 14, 41).

Ganze Senfkörner, mit Wasser destillirt, liefern kein Senföl. Kocht man sie 5 Minuten mit Wasser, trocknet sie dann und mahlt sie, so geben sie mit kaltem Wasser keine Schärfe mehr. FAURÉ.

Der wässrige Absud von schwarzem Senfmehl entwickelt beim Hinzubringen von weifsem Senfmehl oder dessen kaltem wässrigen Aufguss den Senfgeruch. ROBIQUET u. BUSSY. Eben so verhält sich der Absud von Meerrettig, Löffelkraut und Kresse mit einer Emulsion von weifsem Senf. LEPAGE.

Wässriges Chlor, verdünnte Schwefelsäure und andere Mineralsäuren entwickeln, weil sie die emulsinartige Materie coaguliren, keine Schärfe, und liefern kein scharfes Destillat. BOUTRON u. ROBIQUET, FAURÉ. — Aber die Schärfe des mit kaltem Wasser angemachten Senfmehls wird durch verdünnte Schwefelsäure keineswegs aufgehoben. FAURÉ.

Verdünnte Lösungen der Alkalisalze entwickeln mit Senfmehl die Schärfe. FAURÉ. Wässrige Lösungen der Kupfer- und Quecksilber-Salze (und der Silbersalze, LEPAGE) entwickeln mit Senfmehl keine Scharfe. FAURÉ.

Mit verdünntem kohlensauren Kali entwickelt das Senfmehl keinen scharfen, sondern erst einen *Melilotus*-artigen, dann einen hepatischen Geruch, und gibt kein scharfes Destillat. BOUTRON u. ROBIQUET. Auch wässrige ätzende Alkalien entwickeln keine Schärfe; das dadurch dunkelgelb gefärbte Senfmehl, hierauf mit Wasser abgewaschen und mit Wasser destillirt, liefert kein Senföl. FAURÉ.

Senfmehl gibt mit Essig keinen schärferen und keinen minder scharfen Senfteig, als mit Wasser. BOUTRON u. ROBIQUET. Der Essig hindert fast ganz die Schärfeentwicklung. GUIBOURT.

Senfmehl mit wenigstens der doppelten Menge Galläpfelpulver gemengt, entwickelt mit Wasser keine Schärfe, weil der Gerbstoff die emulsinartige Materie coagulirt. FAURÉ. Senfmehl gibt mit Weingeist keinen scharfen Teig. Mit Weingeist ausgezogen, liefert es eine bitterliche, nicht scharfe Tinctur und ein geschmackloses Mehl, welches mit Wasser keine Schärfe mehr entwickelt. BOUTRON u. ROBIQUET, FAURÉ. Bei 1- bis 2-tägigem Verweilen unter Wasser entwickelt jedoch das geschmacklose Mehl wieder den scharfen Senfgeruch. BUSSY. [Wahrscheinlich kehrt das durch den Weingeist coagulirte Myrosin durch die längere Berührung mit Wasser wieder in den wirksamen Zustand zurück]. — Wenn man das mit Weingeist erschöpfte Senfmehl mit Wasser auskocht, so erhält man einen bitteren [myronsaures Kali haltenden] Absud, welcher nach dem Erkalten mit der [Myrosyn haltenden] Emulsion des weifsen Senfs, aber nicht mit der Emulsion der süfsen Mandeln oder des Leinsamens, viel Senföl gibt. BOUTRON u. FREMY. — Auch der Samen verschiedener *Lepidium*-Arten entwickelt nach dem Ausziehen mit Weingeist keine Schärfe mehr mit Wasser. PLESS. — Zieht man Meerrettig,

Löffelkraut oder Kresse nach dem Trocknen mit kaltem 85procentigen Weingeist aus, so entwickelt das in Wasser gelöste weingeistige Extract mit einer Emulsion des weifsen Senfs etwas Senföl; die mit Weingeist erschöpfte Pflanze gibt mit derselben Emulsion noch viel Oel. Lepage. [Der Weingeist hatte wohl nur einen Theil der Myronsäure gelöst].

Aether benimmt dem Senfmehl nicht das Vermögen, mit Wasser Senföl zu erzeugen. Fauré.

Myronsäure.

Acide myronique; von μύρον, wohlriechende Salbe! — Findet sich im schwarzen Senf mit Kali verbunden.

Darstellung. Man trocknet das schwarze Senfmehl bei 100°, presst das fette Oel möglichst aus, und erschöpft den Rückstand im Verdrängungstrichter zuerst bei Mittelwärme, dann bei 50 bis 60° mit 85procentigem Weingeist. Dieser nimmt fremdartige Stoffe auf, welche das Krystallisiren des myronsauren Kalis erschweren würden, nebst nur sehr wenig myronsaurem Kali, welches sich auch noch gewinnen lässt durch Abdampfen des weingeistigen Auszugs, Ausziehen des Extracts mit Wasser, und Abdampfen des Filtrats. Der durch Weingeist erschöpfte Senf unter der Presse vom Weingeist befreit, und mit kaltem oder warmem Wasser behandelt, theilt diesem das myronsaure Kali mit, welches durch gelindes Abdampfen des Filtrats bis zum dünnen Extract, Ausziehen mit schwachem Weingeist, welcher eine zähe Materie ausscheidet, Verdunsten des weingeistigen Filtrats, und Waschen der erhaltenen Krystalle mit schwachem Weingeist farblos erhalten wird. Um aus dem Kalisalz die Säure zu erhalten, mischt man entweder die wässrigen Lösungen von 100 Th. myronsaurem Kali und 38 Th. Tartersäure, dampft etwas ab, und zieht die Myronsäure mit Weingeist aus; oder, was besser ist, man verwandelt das Kalisalz in das Barytsalz, und fällt seine wässrige Lösung durch eine angemessene Menge Schwefelsäure. (Wegen dieser Darstellung vergl. E. Simon (*Pogg.* 51, 383) und Winckler (*Jahrb. pr. Pharm.* 3, 93). — Es gelang Lepage nicht, aus dem Meerrettig myronsaures Kali zu erhalten).

Die so erhaltene farblose wässrige Säure lässt beim Abdampfen einen geruchlosen bittern und sauren, stark Lackmus röthenden, nicht krystallisirenden Syrup.

Derselbe hält C, N, H, S und O.

Er zersetzt sich bei stärkerem Erhitzen und liefert verschiedene flüchtige Producte. — Seine verdünnte Lösung entwickelt bei längerem Kochen Hydrothion. — Er erzeugt mit wässrigem Myrosyn Senföl.

Die *myronsauren Salze* sind geruchlos. Sie liefern mit wässrigem Myrosyn ebenfalls Senföl. Sie lösen sich alle in Wasser, selbst das Baryt-, Blei- und Silber-Salz. Das Ammoniak-, Kali-, Natron- und Baryt-Salz sind krystallisirbar. Das Kalisalz erscheint in neutralen luftbeständigen wasserhellen grofsen Krystallen von frischem und bittern Geschmack, welche bei 100° weder Wasser verlieren, noch sich verändern, aber bei stärkerer Hitze schmelzen, sich mit dem Geruch nach verbranntem Schiefspulver aufblähen und erst aufgeblähte Kohle, dann schwefelsaures Kali lassen. Erhitzte Salpetersäure entwickelt mit dem Kalisalze rothe Dämpfe und erzeugt Schwefelsäure. Schwacher Weingeist löst etwas Kalisalz, absoluter nicht.

Die Myronsäure löst sich in Weingeist, nicht merklich in Aether. Bussy.

Myrosyn.

Myrosyne. — Die emulsinartige Materie im schwarzen und weifsen Senfsamen. (Auch der Samen von *Raphanus sativus*, *Brassica Napus*, *oleracea* u. *campestris*, *Erysimum Alliaria*, *Cheiranthus Cheiri*, *Draba verna*, *Cardamine pratensis* u. *amara* und *Thlaspi arvense* hält Myrosyn. Lepage.

Man zieht gepulverten weifsen Senf mit kaltem Wasser aus, dampft das Filtrat unter 40° bis zum Syrup ab, fällt diesen durch eine nicht zu grofse Menge von Weingeist, löst den Niederschlag nach dem Abgiefsen des Weingeists in Wasser, und dampft die Lösung unter 40° zur Trockne ab.

Das so erhaltene Myrosyn gleicht andern Proteinstoffen. Es lässt beim Einäschern schwefelsauren Kalk.

In seiner wässrigen Lösung wird es beim Erhitzen, so wie durch Weingeist coagulirt, und verliert sein Vermögen, aus Myronsäure Senfol zu entwickeln; doch kehrt dieses Vermögen beim Hinstellen mit Wasser nach 24 bis 48 Stunden zurück.

Die Myrosynlösung, mit myronsauren Salzen gemischt, entwickelt in 5 Minuten einen schwachen Geruch nach Senföl, der allmälig immer stärker wird; destillirt man jetzt die Flüssigkeit, welche trübe und merklich sauer geworden ist, so geht Senfol uber. Die Trübung rührt von einem Proteinstoff her, welcher auf dem Filter gesammelt, als weifser Rahm erscheint, sich unter dem Mikroskop der Bierhefe ähnlich, aber aus kleinen Kugeln zusammengesetzt zeigt, und welcher aus myronsaurem Kali kein Senföl mehr entwickelt. — Das Myrosyn entwickelt aus Amygdalin keine Blausäure und umgekehrt das Emulsin der Mandeln (Synaptas) aus myronsauren Salzen kein Senföl.

Die wässrige Lösung des Myrosyns ist wasserhell und schleimig, und schäumt beim Schütteln. Bussy (*J. Pharm.* 26, 44). vgl. Winckler (*Jahrb. pr. Pharm.* 3, 93).

2. *Mit dem Senfol verwandte Oele.*

Viele aus den Cruciferen durch Destillation mit Wasser erhaltene Oele zeigen zum Theil dieselben chemischen Verhältnisse, wie das Senföl, und die geringen Verschiedenheiten im Geruch möchten von geringen Beimischungen anderer Oele abzuleiten sein; bei mehreren andern Oelen der Cruciferen sind oft bedeutende Beimischungen von Knoblauchöl nachgewiesen; noch andere endlich zeigen ganz eigenthümliche chemische Verhältnisse. Aber diese scheinen darin mit einander übereinzukommen, dass sie gleich dem Senföl Stickstoff und Schwefel halten.

A. Oele, die fast ganz mit dem Senföl übereinkommen.

a. *Meerrettigöl.* — Aus der Wurzel der *Cochlearia Armoracia,* durch Destillation ihres Breies für sich. Einhof. Das Oel ist in der Wurzel schon gebildet enthalten, und zeigt seinen Geruch sogleich beim Zerreiben der Wurzel. Bei der Destillation mit Kupferblase und Zinnhelm erhält man wegen der Bildung von Schwefelmetall nur wenig Oel; man destillire daher 3 Th. kleingeschnittene Wurzel mit 2 Th. Wasser in Glasgefäfsen; so liefern 100 Th. Wurzel gegen 0,05 Th. rohes Oel, welches mit Wasser zu rectificiren und über Chlorcalcium zu trocknen ist. Das gereinigte Oel ist farblos oder sehr blassgelb, von 1,01 spec. Gew. und vom Geruch des Senföls, und hält 48,41 Proc. C und 5,26 H. Hubatka. Das rohe Oel ist hellgelb, von der Consistenz des Zimmetöls, in Wasser niedersinkend; es verdunstet schnell, riecht unerträglich stark nach Meerrettig, so dass ein Tropfen ein Zimmer mit dem Geruche erfullt; es schmeckt anfangs süfs, dann brennend scharf, entzündet Lippen und Zunge. Einhof. — Beim jahrlangen Aufbewahren des Oels mit Wasser in einem verschlossenen Gefäfse ist das Oel verschwunden und es haben sich silberglänzende Spiefse gebildet, welche nach Meerrettig riechen, im Schlund einen Reiz erregen, in der Wärme schmelzen, dabei zuerst nach Meerrettig, dann nach Pfeffermünze, dann nach Campher riechen, und sich ganz verflüchtigen, und welche sich nur langsam in Weingeist lösen. Einhof. — Das reine Oel färbt sich mit der Zeit dunkler gelb. Es entwickelt mit Salpetersäure heftig Stickoxydgas, und scheidet eine porose Masse [von Nitrosinapylsäure?] aus; nur bei längerer Einwirkung wird der Schwefel vollständig in Schwefelsäure verwandelt. Vitriolöl entwickelt unter heftiger Einwirkung schweflige Säure. Chlorgas verwandelt das Oel unter Bildung von Salzsäure und Chlorschwefel in eine dunkle dicke Masse, die bei 100° schmilzt und die bei der Behandlung mit Weingeist einen zähen, nach geschmolzenem Schwefel riechenden Körper ungelöst zurücklässt. Auch liefert das Meerrettigöl nicht blofs mit Bleioxydhydrat Sinapolin, sondern auch mit Ammoniak Thiosinnamin. Hubatka. — Die Lösung des Meerrettigöls in Wasser ist neutral, fällt Bleizucker braun und Silbersalpeter schwarz. Das Oel ist leicht in Weingeist löslich. EINHOF (*N. Gehl.* 5, 365); HUBATKA (*Ann. Pharm.* 47, 153). s. auch TINGRY (*Crell. Ann.* 1790, 2, 68), GUTRET (*Crell. Ann.* 1792, 2, 180).

b. *Löffelkrautöl.* — Aus dem frischen Kraut von *Cochlearia off.* Das trockne Kraut liefert bei der Destillation mit Wasser blofs dann Oel, wenn weifses Senfmehl zugefügt wird; das Oel ist dem Senföl ganz ähnlich, siedet aber erst bei 156 bis 159. E. SIMON (*N. Br. Arch.* 29, 185; *Pogg.* 50, 377). Das Oel ist gelblich, schwerer als Wasser, von flüchtig durchdringendem Geruch und sehr scharfem Geschmack. BUCHOLZ. Es ist braungelb und leichter als Wasser. REYBAUD (*J. Pharm.* 20, 453). Es wird durch 2 Th. rauchende Salpetersäure in weiches Harz verwandelt. HASSE. Das Oel liefert, wie das Senföl, mit Bleioxydhydrat Sinapolin und mit Ammoniak Thiosinnamin, ferner ebenfalls bei der Destillation mit verdünnter Schwefelsäure Schwefelblausäure, und mit Bleioxydhydrat Sinnamin. E. SIMON. — Die Lösung des Oels in Weingeist, der *Spiritus Cochleariae*, setzt beim Aufbewahren farblose, geruchlose, warm schmeckende, sehr feine Nadeln ab, welche beim Erhitzen einen starken Meerrettiggeruch entwickeln, und dabei eine Silbernadel schwärzen, welche mit Salpetersäure zuerst unter Aufbrausen salpetrige Dämpfe, dann einen Bittermandelgeruch entwickeln, und sich in Vitriolöl, Salzsäure und Kali lösen. RIEM (*Jahrb. prakt. Pharm.* 1, 327). Aus dem *Spiritus Cochleariae comp.* setzen sich Krystalle von Schwefel ab. LEPAGE (*J. Chim. méd.* 17, 293).

c. *Oel aus der Wurzel von Erysimum Alliaria* (*Alliaria off.*). — Die *Wurzel* riecht im Frühling, ehe die Blätter entwickelt sind, nach Meerrettig, und liefert, frisch zerschnitten und mit Wasser in einer Glasretorte destillirt, 0,03 Proc. Oel, von der Natur des Senföls, welches mit Ammoniak Thiosinnamin erzeugt. — Dagegen riechen die *Blätter* dieser Pflanze nach Knoblauch und liefern bei der Destillation mit Wasser ein nach Knoblauch riechendes und schmeckendes Wasser. Vielleicht erzeugen mehrere Cruciferen zuerst Allyloxyd, welches in den Wurzeln in Schwefelcyanallyl (Senföl), und in den Blättern in Schwefelallyl (Knoblauchöl) übergeht. WERTHEIM (*Ann. Pharm.* 52, 52). — Der *Samen* des *Erisymum All.* von sonnigen Standorten liefert blofs Senföl, anderer 0,6 Proc. Gemisch von 90 Proc. Senföl und 10 Proc. Knoblauchöl. PLESS (*Ann. Pharm.* 58, 38).

d. *Oel von Kraut und Samen der Iberis amara.* — Verhält sich wie Senföl. PLESS.

B. Gemische aus Senföl und Knoblauchöl.

Sie sind (V, 91) aufgeführt.

C. Eigenthümliche Oele.

a. *Kressenöl.* Das Kraut von *Lepidium ruderale*, und der geruchlose Samen von *Lepidium ruderale, sativum* u. *campestre* zerstofsen und mit Wasser eingeweicht, gibt bei der Destillation ein milchiges Wasser, aus welchem sich durch mehrmalige theilweise Rectification in Glasgefäfsen, da kupferne zersetzend wirken, ein gelbes Oel erhalten lässt. Dieses erscheint nach nochmaliger Rectification farblos, wird aber im Lichte bald wieder gelb. Es ist schwerer als Wasser, neutral, zeigt den erfrischenden, doch etwas lauchartigen Geruch und beifsenden Geschmack der Brunnenkresse und bewirkt beim reichlichen Einathmen seines Dunstes Trockenheit im Schlunde und Kopfweh. Es lässt sich ohne Wasser nicht unzersetzt destilliren. Es liefert bei der Oxydation durch Salpetersäure Schwefelsäure. Es gibt mit salpetersaurem Quecksilberoxydul einen schwarzen Niederschlag von Schwefelquecksilber; mit Aetzsublimat einen weifsen; mit salpetersaurem Silberoxyd einen bald weifsen, bald schwarzen; mit Doppeltchlorplatin, in der weingeistigen Lösung, nach einiger Zeit einen pomeranzengelben. Wässriges Kali und Ammoniak sind ohne Wirkung auf das Oel. Es löst sich mit rother Farbe in Vitriolöl, durch Wasser wieder abscheidbar. Es löst sich schwer in Wasser, leicht in Weingeist und Aether. PLESS (*Ann. Pharm.* 58, 36).

Die frischen Blätter des *Lepidium latifolium* liefern bei der Destillation mit Wasser ein niedersinkendes neutrales Oel, nebst einem milchigen stark riechenden und scharf schmeckenden Wasser, welches an der Luft seine Schärfe verliert, ebenso in einigen Stunden nach dem Mischen mit Chlor (worauf es Chlorbaryum fällt), welches Silberlösung allmälig schwarz fällt und metallisches Silber nach einiger Zeit schwärzt, und welchem Kohlenpulver Geruch und Geschmack nimmt. STEUDEL (*Diss. de Acredine nonnull. Vegetab. Tubing.* 1805).

b. *Rettigöl.* — Wurzel und Samen des *Raphanus sativus* geben mit Wasser ein milchiges Destillat, aus welchem durch die Rectification wenig Oel erhalten wird. Dieses ist farblos, schwerer als Wasser, schmeckt, aber riecht nicht nach Rettig. Es hält Schwefel. Es fällt den Aetzsublimat weifs, das Zweifachchlorplatin gelb. Es ist in Wasser ziemlich löslich. PLESS.

Dasselbe Oel liefern bei der Destillation mit Wasser die Samen von *Brassica Napus, Cochlearia Draba* und *Cheiranthus annuus.* PLESS.

3. *Aus dem Senf erhaltene besondere Säure.*

Senfsäure.

Man zieht schwarzen Senf, er sei vorher mit Weingeist ausgezogen oder nicht, oder Löffelkraut oder Meerrettig mit Wasser aus, das etwas kohlensaures Natron hält, destillirt die Flussigkeit mit Schwefelsäure, neutralisirt das Destillat mit Natron, und destillirt es nach hinreichendem Abdampfen wieder mit Schwefelsäure.

Die so erhaltene wässrige Säure fällt, gleich der Ameisensäure, aus Silberlösung das Metall. Aber ihre Salze krystallisiren schwieriger und sind leichter löslich, als die ameisensauren Salze; so löst sich das senfsaure Bleioxyd schon in 4 bis 5 Th. Wasser. E. SIMON (*Pogg.* 50, 381; *N. Br. Arch.* 29, 185).

β. Stickstoffkern. C^8NAdH^4.

Thiosinnamin.

$$C^8N^2H^8S^2 = C^8NAdH^4,H^2S^2.$$

DUMAS u. PELOUZE; ASCHOFF; ROBIQUET u. BUSSY; LÖWIG u. WEIDMANN in den beim Senföl citirten Abhandlungen.

ED. SIMON. *Pogg.* 50, 377.

Senfölammoniak, Rhodallin. — Von DUMAS u. PELOUZE 1831 entdeckt.

Bildung. Das Senföl absorbirt reichlich das Ammoniakgas, und bildet damit ohne alle Ausscheidung eines Stoffes das Thiosinnamin; ebenso verhält sich das Senföl gegen wässriges Ammoniak, in welchem es sich in eine Krystallmasse von Thiosinnamin verwandelt. DUMAS u. PELOUZE. $C^8NH^5S^2 + NH^3 = C^8N^2H^8S^2$. — Nur zufällig bildet sich hierbei ein wenig schwefelblausaures Ammoniak. Da sich aus dem Thiosinnamin weder durch Alkalien noch durch Säuren das Senföl wieder gewinnen lässt, und da das Thiosinnamin mit kaltem Kali kein Ammoniak entwickelt, und nur langsam mit kochendem, so muss sich bei seiner Bildung die Anordnung der Atome geändert, und eine Amidverbindung erzeugt haben. DUMAS u. PELOUZE. Hiefür spricht auch, dass, während das Senföl bei der Behandlung mit Bleioxydhydrat u. s. w. Kohlenstoff und Schwefel verliert, dem Thiosinnamin dadurch blofs Schwefel entzogen wird. WILL.

Darstellung. 1. Man sättigt das Senföl mit Ammoniakgas. DUMAS u. PELOUZE. — 2. Man stellt das Senföl mit überschüssigem wässrigen Ammoniak in einer verschlossenen Flasche hin, bis es sich völlig in eine Krystallmasse verwandelt hat, welche man in Wasser löst, durch Thierkohle entfärbt, und nach dem Filtriren durch Abdampfen und Erkälten zum Krystallisiren bringt. DUMAS u. PELOUZE. — Auf 1 Maafs Senföl nehme man 3 bis 4 M. concentrirtes Ammoniak. Bei Anwendung von nicht rectificirtem Oel ist die von der Krystallmasse abgegossene Mutterlauge durch eine harzähnliche Materie gefärbt; hiervon durch Kochen mit Thierkohle befreit, liefert sie bis auf den letzten Tropfen Krystalle von Thiosinnamin. Entfärbt man nicht, so erhält man unreine, aber gröfsere und ausgebildetere Krystalle. WILL. — Man braucht die 2 Flüssigkeiten nicht mit einander zu schütteln; wenn sich die Krystalle vollständig gebildet haben, so lasse man an der Luft das übrige Ammoniak verdunsten. ROBIQUET u. BUSSY. — Man erhält zuerst gelbliche Krystalle, mit viel schwefelblausaurem Ammoniak verunreinigt, durch öfteres Krystallisiren aus Wasser und durch Thierkohle zu reinigen. Lässt man das Ammoniak nach und nach in kleinen Antheilen auf das Senföl einwirken, so erhält man, besonders bei öfterem Erwärmen, weniger Thiosinnamin, und es bleibt ein Oel von nicht mehr scharfem, sondern mehr schwefelartigen Geruche. ASCHOFF.

Eigenschaften. Weifse glänzende rhombische Säulen. DUMAS u. PELOUZE. Säulen des 2- und 2-gliedrigen Systems, ganz mit denen des ameisensauren Baryts übereinkommend. WILL. Schmilzt bei 70°, DUMAS u. PELOUZE, bei 74°, WERTHEIM, zu einer farblosen Flüssigkeit, WILL, die beim Erkalten zu einer weifsen schmelzartigen Masse, ASCHOFF, erstarrt, oder zu einer strahligen, WERTHEIM. Nicht unzersetzt verdampfbar. WILL. — Geruchlos und bitter, DUMAS u. PELOUZE. Wirkt in mäfsigen Gaben auf Menschen nicht giftig, bewirkt jedoch Herzklopfen, Schlaflosigkeit u. s. w. WÖHLER u. FRERICHS (*Ann. Pharm.* 65, 342). Neutral gegen Pflanzenfarben. ASCHOFF, ROBIQUET u. BUSSY, WILL.

	Krystallisirt.		WILL.	DUM. u. PEL.	WERTHEIM.	HUBATKA.
8 C	48	41,38	40,74	42,75	41,65	41,02
2 N	28	24,14	23,88	24,62	24,00	23,86
8 H	8	6,89	6,91	6,90	7,20	6,99
2 S	32	27,59	26,50	16,84		
O				8,89		
$C^8N^2H^8S^2$	116	100,00	98,03	100,00		

WERTHEIM untersuchte das aus dem Oele von *Erisymum Alliaria*, HUBATKA das aus dem von *Cochlearia off.* dargestellte Thiosinnamin.

Zersetzungen. 1. Das Thiosinnamin entwickelt bei stärkerem *Erhitzen* unter Rücklassung von Kohle weifse, stechend riechende, alkalisch reagirende Nebel, aus denen sich Oeltropfen und Schwefelblausäure verdichten. ASCHOFF.

2. Die concentrirte wässrige Lösung gibt mit wässrigem *Chlor* eine Trübung, die nach einiger Zeit verschwindet, bei mehr Chlor wieder eintritt, dann wieder vergeht, und sie hält jetzt Salzsäure und Schwefelsäure, keine Schwefelblausäure. — Auf ähnliche Weise gibt *Brom* mit der Lösung einen weifsen Niederschlag, der schnell verschwindet, und bei frischem Brom wieder entsteht. Ist das Brom bis zur gelblichen Färbung der Lösung zugefügt, so setzt diese ein rothbraunes, nicht mehr nach Senföl riechendes Oel ab, während die Lösung Hydrobrom und Schwefelsäure enthält. — Wenig *Iod* löst sich in der concentrirten Lösung des Thiosinnamins ohne, mehr mit gelblicher Färbung unter Absatz eines rothbraunen Oels, und die davon abfiltrirte Lackmus röthende Flüssigkeit setzt beim Kochen ein weifses Pulver ab, welches Schwefel und Iod hält. ASCHOFF.

3. *Salpetersäure* zerstört das Thiosinnamin unter Bildung von Schwefelsäure. DUMAS u. PELOUZE.

4. Bei der Destillation mit *verdünnter Phosphorsäure* oder *Schwefelsäure* geht Schwefelblausäure über. ASCHOFF, E. SIMON.

5. Mit *Quecksilberoxyd* oder *Bleioxyd* zersetzt sich das Thiosinnamin in Sinnamin, Schwefelmetall und Wasser. ROBIQUET u. BUSSY, WILL. — $C^8N^2H^8S^2 + 2HgO = C^8N^2H^6 + 2HgS + 2HO$. — 1 Th. Thiosinnamin, mit 5 Th. Quecksilberoxyd zusammengerieben, erhitzt sich schnell über seinen Schmelzpunct, und aus dem gebildeten schwarzen Gemenge zieht Wasser oder Aether das Sinnamin. ROBIQUET u. BUSSY. Eben so verhält sich Bleioxyd oder Bleioxydhydrat. Nach dem Ausziehen des Sinnamins durch Aether bleibt Schwefelquecksilber oder Schwefelblei, bloſs mit dem überschüssigen Metalloxyd gemengt, aber frei von Kohlensäure und Schwefelcyan. WILL. — Nach E. SIMON bildet sich auſser dem Sinnamin noch ein anderes Alkaloid, welches ebenfalls in Wasser, Weingeist und Aether löslich, aber von schmieriger Beschaffenheit ist; aber nach WILL's wahrscheinlicher Vermuthung ist dies nichts, als basisch essigsaures Bleioxyd, indem das von SIMON angewandte Bleioxydhydrat wohl noch etwas Essigsäure hielt. Auch soll nach MARCHAND u. SIMON (*J. pr. Chem.* 19, 235) das Thiosinnamin, durch Bleioxydhydrat und Wasser von einem Theile seines Schwefels befreit, ein Filtrat liefern, welches Eisenoxydsalze röthet, schwierig krystallisirt und bei der Destillation mit Schwefelsäure wieder Senföl liefert.

6. Das Thiosinnamin entwickelt beim Kochen mit *fixen Alkalien* nur langsam Ammoniakgas. DUMAS u. PELOUZE. — Es setzt bei längerem Kochen mit Barytwasser kohlensauren Baryt ab, während die Flüssigkeit Schwefelbaryum aufnimmt, und entwickelt erst, wenn das Barytwasser concentrirter wird, wenig Ammoniak. Die übrige Flüssigkeit, durch Kohlensäure vom Baryt befreit, liefert beim Abdampfen einen sehr bittern, aber kaum alkalisch reagirenden Syrup, welcher ein vom Sinnamin verschiedenes Alkaloid zu enthalten scheint. WILL.

7. Mit *Kalium* bis zum Schmelzen erwärmt, bräunt sich das Thiosinnamin; bei stärkerem Erhitzen bildet es unter schwachem, von schwarzem Rauch begleiteten, Verpuffen Schwefelkalium und Schwefelcyankalium. ASCHOFF.

Wässriges Anderthalbchloreisen verliert durch Thiosinnamin nach und nach die gelbe Farbe und saure Reaction, und setzt beim Kochen Flocken ab. Kupfervitriol wird dadurch bei nicht zu groſser Verdünnung entfärbt, worauf Weingeist hellblaue Flocken niederschlägt. WILL. — Das wässrige Thiosinnamin gibt mit essigsaurem Kupferoxyd einen geringen weiſslichen, sich dann bräunenden Niederschlag; das Filtrat hiervon gibt mit Einfachchloreisen unter röthlicher Färbung einen starken weiſsen, nicht in Salzsäure löslichen, Niederschlag. ASCHOFF.

Verbindungen. Das Thiosinnamin löst sich in kaltem und viel leichter in heiſsem Wasser, DUMAS u. PELOUZE, WILL; nach dem Schmelzen löst es sich schwieriger, ASCHOFF.

Salzsaures Thiosinnamin. 116 Th. gepulvertes Thiosinnamin, in einem Strome von trocknem salzsauren Gas, zuletzt unter gelindem Erwärmen bis zur Schmelzung, gesättigt, nehmen 64,82 Th. Salzsäure auf. Die Verbindung stöſst an feuchter Luft salzsaure Dämpfe aus. WILL.

Mit *Schwefelsäure*, *Salpetersäure*, *Oxalsäure* und *Essigsäure* scheint das Thiosinnamin keine Verbindungen einzugehen. WILL.

Quecksilberverbindung. — Die salzsaure Lösung des Thiosinnamins gibt mit wässrigem Aetzsublimat einen weifsen käsigen Niederschlag, in Essigsäure löslich, welcher mit wenig kaltem Wasser zu waschen, zwischen Papier zu pressen und bei gelinder Wärme zu trocknen ist. Will.

			Will.
8 C	48	7,30	7,92
2 N	28	4,26	4,64
8 H	8	1,21	
2 S	32	4,87	
4 Hg	400	60,83	60,57
4 Cl	141,6	21,53	21,22
$C^8N^2H^8S^2,4HgCl$	657,6	100,00	

Wässriges Thiosinnamin fällt salpetersaures Quecksilberoxydul grau, salpetersaures Quecksilberoxyd nach einiger Zeit weifs. Aschoff.

Silberverbindungen. — a. Warmes wässriges Thiosinnamin löst reichlich das frisch gefällte Chlorsilber, und wird beim Erkalten milchig, unter Abscheidung einer terpenthinähnlichen Verbindung von Thiosinnamin und Chlorsilber. Will.

b. Der durch concentrirte wässrige Lösungen von Thiosinnamin und salpetersaurem Silberoxyd erhaltene weifse dicke krystallische Niederschlag, mit Wasser gewaschen und bei 100° getrocknet, ist grünweifs, und ändert sich im getrockneten Zustande nur wenig im Lichte. Er zerfällt bei der Zersetzung durch wässriges Hydrothion in Schwefelsilber und in eine Lösung von Thiosinnamin und Salpetersäure; also ist kein Senföl regenerirt. Durch kochendes Wasser wird er in Schwefelsilber und ein, nicht weiter untersuchtes, neues Product zersetzt. Löwig u. Weidmann.

Bei 100° getrocknet.			Löwig u. Weidmann.
8 C	48	16,78	16,57
3 N	42	14,69	15,19
8 H	8	2,80	2,67
2 S	32	11,19	11,62
Ag	108	37,76	36,58
6 O	48	16,78	17,37
$C^8N^2H^8S^2,AgO,NO^5$	286	100,00	100,00

Früher gab Aschoff über diese Verbindung Folgendes an: Thiosinnamin gibt mit salpetersaurem Silberoxyd bei Anwendung concentrirter Lösungen ein starkes weifses krystallisches Gerinnsel, im Ueberschuss des einen oder des andern Fällungsmittels löslich. Der Niederschlag bräunt sich auch im Dunkeln, und verglimmt beim Erwärmen unter Entwicklung von viel Cyan und Rücklassung von Schwefelsilber. Zersetzt man ihn, in Wasser vertheilt, langsam durch Hydrothion (bei zu rascher Zersetzung tritt Erhitzung und Entwicklung salpetriger Dämpfe ein), und destillirt dann die Flüssigkeit, so geht neben einer sauren Flüssigkeit ein, leicht in Wasser lösliches, hellgelbes Oel über, vom Geruch des Senföls. — Der Niederschlag löst sich bei längerem Auswaschen mit Wasser bis auf ein schwarzes Pulver, wohl von Schwefelsilber; die wässrige Lösung röthet nicht die Eisenoxydsalze. Der Niederschlag löst sich in warmer verdünnter Salpetersäure, und scheidet sich beim Erkalten wieder ab, wenn die Flüssigkeit nicht zu verdünnt ist, oder zu lange erwärmt wurde. Sehr verdünnte Lösungen von Thiosinnamin und salpetersaurem Silberoxyd bleiben mit einander anfangs klar, bräunen sich aber und geben dann einen schwarzen Niederschlag. Aschoff.

Wässriges Thiosinnamin fällt *Dreifachchlorgold* gelbbraun. Aschoff.

Platinverbindung. Das mit salzsaurem Gas gesättigte Thiosinnamin in Wasser gelöst, gibt mit Zweifachchlorplatin, welches wohl etwas freie Salzsäure, aber keine Salpetersäure halten darf, bei Mittelwärme einen gelbrothen Niederschlag, welcher bei schwachem Erhitzen unter Schwärzung schmilzt, und bei stärkerem Schwefelplatin lässt. WILL.

Nimmt man die Fällung in der Wärme vor, oder fällt man das Chlorplatin durch in Wasser gelöstes und mit Salzsäure versetztes Thiosinnamin, so zeigt der Niederschlag die unter b gegebene, veränderliche Zusammensetzung. WILL.

	Bei 100° getrocknet.		WILL. a.	WILL. b.
8 C	48	14,90		16,8
2 N	28	8,69		
9 H	9	2,79		1,72
2 S	32	9,93		
Pt	99	30,73	30,66	37 bis 43
3 Cl	106,2	32,96	33,90	19 bis 20
$C^8N^2H^6S^2,HCl+PtCl^2$	322,2	100,00		

Das Thiosinnamin löst sich sehr leicht in *Aether* und *Weingeist*, daraus durch Wasser theilweise fällbar. DUMAS u. PELOUZE.

γ. Stickstoffkern $C^8N^2H^4$.

Sinnamin.

$$C^8N^2H^6 = C^8N^2H^4,H^2.$$

ROBIQUET u. BUSSY; WILL. In den beim Senföl citirten Abhandlungen.

Von ROBIQUET u. BUSSY 1839 entdeckt.

Bildung. Bei der Zersetzung des Thiosinnamins durch Quecksilberoxyd oder Bleioxyd (V, 226).

Darstellung. 1. Man reibt 1 Th. Thiosinnamin mit 5 Th. Quecksilberoxyd kalt zusammen, zieht die Masse nach dem Erkalten mit Aether aus, dampft das Filtrat ab, löst den zähen Rückstand in heifsem Wasser und lässt krystallisiren. ROBIQUET u. BUSSY. — 2. Man reibt das gepulverte Thiosinnamin mit noch breiförmigem frisch gefällten gut gewaschenen Bleioxydhydrat zusammen, erhitzt das Gemenge im Wasserbade, bis eine Probe, mit Wasser verdünnt und filtrirt, mit frischem Bleioxyd und Kali keine Schwärzung mehr bewirkt, kocht hierauf die ganze Masse wiederholt erst mit Wasser, dann mit Weingeist aus, da das Sinnamin vom Schwefelblei hartnäckig zurückgehalten wird, dampft sämmtliche Decocte zum Syrup ab, nimmt die nach mehreren Monaten an der Luft erzeugten Krystalle heraus, und befreit sie durch gelindes Pressen zwischen Papier vom Syrup. WILL. Der Syrup unterscheidet sich von den Krystallen durch geringeren Wassergehalt; war das aus essigsaurem Bleioxyd erhaltene Bleioxydhydrat nicht gut gewaschen, so hält er zugleich basisch essigsaures Bleioxyd. WILL.

Die Krystalle werden durch Schmelzen bei 100° von ihrem Krystallwasser befreit.

Eigenschaften. Das durch Schmelzen entwässerte Sinnamin ist eine weifse schwach krystallische undurchsichtige Masse. Es ist geruchlos und schmeckt stark und anhaltend bitter. Will. Seine wässrige Lösung reagirt stark alkalisch. Robiquet u. Bussy.

Bei 100° getrocknet.			Will.
8 C	48	58,54	57,66
2 N	28	34,15	33,79
6 H	6	7,31	7,49
$C^8N^2H^6$	82	100,00	98,94

Zersetzungen. 1. Das Sinnamin, in einer Retorte im Oelbade *erhitzt,* entwickelt von 160° an bis zu 200°, ohne alle Schwärzung, Ammoniak, und lässt einen gelblichen harzartigen Körper [C^8NH^3?]. Dieser löst sich kaum in Wasser, schwierig, mit alkalischer Reaction, in Weingeist. Seine Lösung in Salzsäure wird durch Ammoniak milchig und setzt dann beim Erwärmen wieder harzartige Materie ab; die salzsaure Lösung gibt mit Aetzsublimat einen weifsen, mit Zweifachchlorplatin einen gelben Niederschlag. Will. — 2. Ein kaltes Gemisch von wässrigem Sinnamin und *Salzsäure* entwickelt mit Kali weder Ammoniak, noch wird es dadurch getrübt; aber nach dem Kochen des salzsauren Gemisches entwickelt Kali Ammoniak, und fällt einen basischen Körper, der sich wie der beim Erhitzen des Sinnamins bleibende harzartige Körper verhält. Will. — 3. *Salzsaures Gas,* über die Krystalle geleitet, wird ohne Schmelzung absorbirt; die gebildete Masse stöfst bei gelindem Erwärmen plötzlich dicke weifse Nebel von Salmiak aus, und lässt einen aufgeblähten Rückstand. Will. — 4. Die wasserhaltigen Krystalle färben sich in einem Strom von *Hydrothiongas* schnell schwefelgelb, ohne Wasser zu verlieren, schmelzen dann bei gelindem Erwärmen zu einer durchsichtigen Flüssigkeit, welche sich unter weiterer Aufnahme von Hydrothion leberbraun färbt, aber bei fortgesetztem Erwärmen, nicht bis zu 100°, das Krystallwasser nebst Hydrothionammoniak entwickelt. Endlich bleibt eine leberbraune durchsichtige, geruchlose Masse, 94,88 Proc. der Krystalle betragend. Diese gibt mit Wasser oder Weingeist Lösungen, welche Bleisalze hellroth färben, und erst beim Kochen Schwefelblei fällen. Will. — Erfolgte diese Zersetzung durch Hydrothion nach der Gleichung: $C^8N^2H^6,HO + 2HS = C^8NH^4S + NH^4S + HO$, so hätte die leberbraune Masse blofs 90 Proc. der Krystalle betragen dürfen. Will.

Verbindungen. Mit *Wasser.*

a. *Syrup.* $3C^8N^2H^6,HO$? Bleibt beim Abdampfen der wässrigen Lösung im Wasserbade, oder bei kürzerem Erhitzen der Krystalle.

			Will.	Oder:			Will.
24 C	144	56,47	56,13				
6 N	84	32,94	33,24	$3C^8N^2H^6$	246	96,47	96,6
19 H	19	7,45	7,61				
O	8	3,14	3,02	HO	9	3,53	3,4
$3\,C^8N^2H^6,HO$	255	100,00	100,00		255	100,00	100,0

b. *Krystalle.* Schiefsen aus dem Syrup bei längerem Hinstellen an (s. oben). Weifse, glänzende, harte, rhombische Säulen des 1 u. 1gliederigen Systems. Scharfer Winkel der Säule ungefähr 36°. Die Krystalle verlieren im Vacuum über Vitriolöl allmälig ihren Glanz; sie schmelzen bei 100° und werden dabei unter Wasserverlust erst zu Syrup, dann zu trocknem Sinnamin. WILL.

Lufttrockne Krystalle.			WILL.
$C^8N^2H^6$	82	90,11	90,66
HO	9	9,89	9,34
$C^8N^2H^6$,HO	91	100,00	100,00

c. Das Sinnamin löst sich in Wasser.

Sinnaminsalze. Das Sinnamin treibt aus Ammoniaksalzen das Ammoniak aus, ROBIQUET u. BUSSY, WILL; auch fällt es die Salze des Blei-, Eisen- und Kupfer-Oxyds, WILL. Dennoch liefert es mit den Säuren keine starre Salze, aufser mit Oxalsäure, mit der es schwierig Krystalle bildet. WILL. Die sauren Lösungen färben Fichtenholz gelb. HOFMAN (*Ann. Pharm.* 47, 55).

Chlorquecksilber-Sinnamin. — Die Lösung des Sinnamins in wässriger Salzsäure gibt mit überschüssigem wässrigen Aetzsublimat einen Niederschlag, der wegen seiner Zersetzbarkeit beim Waschen blofs auf dem Filter zu sammeln, stark auszupressen und im Vacuum über Vitriolöl zu trocknen ist. Da er 14,89 Proc. C, 55,48 Hg und 17,06 Cl hält, so ist er $C^8N^2H^6$,2HgCl. WILL.

Das Sinnamin gibt mit salpetersaurem Silberoxyd einen weichen harzartigen Niederschlag. WILL.

Platinverbindung. — Wässriges Sinnamin, mit wenig Salzsäure versetzt, gibt mit Zweifachchlorplatin gelbweifse Flocken, die sich langsam absetzen, so dass die nach mehreren Stunden abfiltrirte Flüssigkeit einen frischen Niederschlag gibt, und das Filtrat hiervon wieder einen, u. s. f. Doch zeigen auch die spätern Niederschläge ungefähr denselben Platingehalt. Da dieser nach dem Trocknen bei 115° im Luftstrome 39,6 Proc. beträgt, so ist der Niederschlag wohl $C^8N^2H^6$,2HCl+2PtCl². WILL. [Die viel wahrscheinlichere Formel: $C^8N^2H^6$,PtCl² gibt 39,3 Proc. Platin].

Das Sinnamin löst sich in *Aether* und *Weingeist.* ROBIQUET u. BUSSY, WILL.

Seine wässrige Lösung wird durch *Gerbstoff* gefällt. ROBIQUET u. BUSSY, WILL.

Bute-Reihe.

A. Stammreihe.

Stammkern. Bute. C^8H^8.

FARADAY (1825). *Phil. Transact.* 1825, 440; auch *Schw.* 47, 340 u. 441; auch *Pogg.* 5, 303.
KOLBE. *Ann. Pharm.* 69, 258.

Butyren, flüchtigstes Brenzöl des Oelgases, Ditetryl, Butyrène.

Bildung. 1. Bei der trocknen Destillation der Süfsfette. FARADAY. Auch bei der trocknen Destillation des Kautschuks entsteht Bute, neben Kautschen und andern noch fixeren Oelen. BOUCHARDAT. — 2. Bei der Zersetzung des baldriansauren Kalis durch den galvanischen Strom. KOLBE.

Darstellung. 1. Das, mittelst Leitens von fettem Oel und andern Fetten durch mäfsig glühende eiserne Röhren zum Behufe der Gasbeleuchtung im Grofsen bereitete aus verschiedenen Gasen gemengte *Oelgas* setzt unter einem Druck von 30 Atmosphären ein dünnöliges Gemisch ab, welches fast blofs aus Bute, Fune ($C^{12}H^{6}$) und einem bei 85,5 siedenden Oele ($C^{12}H^{8}$?) besteht. FARADAY. — 1000 Würfelfufs Oelgas liefern gegen 1 Gallone dieses Gemisches. Dasselbe ist theils wasserhell, theils grün bei auffallendem, gelb oder braun bei durchfallendem Lichte, neutral, von 0,821 spec. Gew. bei — 18°. Es verbrennt mit lebhafter Flamme, wird durch Salpetersäure nur schwierig zersetzt und löst sich kaum in Wasser und wässrigen Alkalien, aber leicht in Weingeist und Aether. Es kocht schon bei Mittelwärme einige Zeit, sobald der verstärkte Druck aufgehoben wird. FARADAY. — Indem man dieses Oel in einem Destillirapparate, bei auf — 18° erkälteter Vorlage allmälig auf 38° erwärmt, und das Destillat wiederholt bei immer niedrigerer Wärme theilweise rectificirt, wobei das Fune und das Oel $C^{12}H^{8}$ immer vollständiger zurückbleiben, erhält man das Bute, als das flüchtigste Destillat, in reiner Gestalt. — Bisweilen verdichten sich mit diesem wenige, nicht weiter untersuchte, feine Nadeln, schon bei — 13 bis — 12° schmelzend und verdampfend. — Nachdem das Bute durch die Destillation entfernt ist, bleibt ein erst bei 85,5° siedendes Gemisch von Fune und $C^{12}H^{8}$; beim Erkalten auf — 18° krystallisirt das Fune heraus und wird durch Umrühren und Zusammendrücken mit einem Glasstabe vom abzugiefsenden öligen $C^{12}H^{8}$ getrennt. FARADAY. — 2 Man zersetzt wässriges baldriansaures Kali durch den Strom der Bunsen'schen Batterie (s. Baldriansäure), und leitet das sich dabei entwickelnde Gas erst durch eine mit Kältemischung umgebene Röhre und durch Weingeist, um beigemengten Valyldampf zu verdichten und zu absorbiren, dann durch Wasser zur Entziehung des Weingeistes, dann durch starke Kalilauge und über Kalihydrat zur Entziehung von Kohlensäure und Wasser. So bleibt ein Gemenge von 27,8 M. Butegas (welches sich durch Vitriolöl absorbiren lässt) und 72,2 M. Wasserstoffgas. KOLBE.

Eigenschaften. Wasserhelles dünnes Oel, dessen spec. Gew. bei + 12,2° 0,627 betragen würde. Es siedet zwischen — 18 und 0°. Sein Dampf oder Gas ist 27 bis 28mal so schwer als das Wasserstoffgas. [Also 1,8711 bis 1,9404 Gasdichte]. Die Spannung desselben beträgt bei 15,5° ungefähr 4 Atmosphären. FARADAY. Gasdichte = 1,993. KOLBE.

Berechnung nach FARADAY.				Maafs.	Gasdichte.
8 C	48	85,71	C-Damf	8	3,3280
8 H	8	14,29	H-Gas	8	0,5544
$C^{8}H^{8}$	56	100,00	Bute-Gas	2	3,8824
				1	1,9412

Zersetzungen. 1. Das Oel verbrennt mit glänzender Flamme. 1 Maafs Gas, mit überschüssigem Sauerstoffgas verpufft, verzehrt 6,3 M. Sauerstoffgas und erzeugt 4,3 M. kohlensaures. KOLBE erhielt ganz annähernde Resultate. [Die 8 M H-Gas, die in 2 M. Butegas enthalten sind, verzehren 4 M. O-Gas; die 8 M. C-Dampf darin verzehren 8 M. O-Gas und erzeugen 8 M. kohlensaures]. — 2. 1 Maafs Vitriolöl absorbirt sehr schnell und unter starker Wärmeentwicklung gegen 100 M. Butegas. Nur wenn zu starke Erhitzung eintritt, ist die Absorption nicht vollständig, und es bleibt ein mit blassblauer Flamme brennendes Gas. Schweflige Säure entwickelt sich nicht. Das mit dem Gas beladene Vitriolöl ist sehr verdunkelt, zeigt einen besondern Geruch, und trübt sich zwar meistens mit Wasser, ohne jedoch ein Gas zu entwickeln, und es ist in eine gepaarte Schwefelsäure verwandelt, welche eigenthümliche Salze bildet [$C^8H^8,2SO^3$?]. FARADAY. — 3. Das Butegas verdichtet sich mit einem gleichen Maafse Chlorgas schnell zu Chlorbute, $C^8H^8Cl^2$ und in an Chlor reichere Producte. FARADAY, KOLBE. Aehnlich wirkt Fünffach-chlorantimon. KOLBE.

Verbindungen. *Wasser* absorbirt beim Schütteln wenig Gas. — Wässrige Salzsäure und Alkalien wirken nicht darauf.

Weingeist verschluckt sehr viel Gas unter Annahme eines besondern Geschmacks, und braust dann mit Wasser auf. — Auch *flüchtige* und *fette Oele* absorbiren das Gas; das Olivenöl 6 Maafs. FARADAY.

Butyral.

C^8H^8,O^2.

CHANCEL (1845). *N. J. Pharm.* 7, 113.
GUCKELBERGER. *Ann. Pharm.* 64, 52.

Butaldid, Butyrale, Butyraldehyde [Nebute].

Bildung. 1. Bei der trocknen Destillation von buttersaurem Kalk. CHANCEL. — 2. Bei der Destillation von Casein, Fibrin, Albumin oder Thierleim mit Braunstein und verdünnter Schwefelsäure. GUCKELBERGER.

Darstellung. 1. Man setzt gröfsere Mengen von buttersaurem Kalk der trocknen Destillation aus, und trennt aus dem Destillate das bei 95° siedende Butyral von dem bei 144° siedenden Butyron und von einem bei 225° siedenden Oele durch wiederholte theilweise Rectification, bis der Siedpunct stetig ist. CHANCEL. — 2. Man verfährt wie bei der Darstellung des Sixaldids (V, 108 bis 109); nachdem dieses zwischen 65 bis 70° übergegangen ist, erhält man von 70 bis nicht ganz 100 vorzüglich das Butaldid, welches sich wegen seiner geringen Löslichkeit in Wasser durch Schütteln damit vom Sixaldid befreien lässt. GUCKELBERGER. Um es ganz rein zu erhalten, bereitet man daraus krystallisches Butyral-Ammoniak (s. u.), vertheilt dieses in Wasser, fügt so viel gesättigte Alaunlösung hinzu, dass das Gemenge Lackmus röthet, destillirt, hebt das Butyral vom Destillate ab, entwässert es über Chlorcalcium und rectificirt. GUCKELBERGER.

Eigenschaften. Wasserhelles dünnes Oel, bei der Umgebung mit einem Gemenge von starrer Kohlensäure und Aether nicht gefrierend. CHANCEL. Spec. Gew. 0,821 bei 22°, CHANCEL; 0,80 bei 15°, GUCKEL-

BERGER. Siedet stetig bei 95°, CHANCEL; bei 68 bis 75°, GUCKELBERGER. Dampfdichte = 2,61. CHANCEL. Es riecht lebhaft durchdringend, schmeckt brennend, und ist neutral, CHANCEL; es riecht ätherartig, etwas stechend und schmeckt brennend; GUCKELBERGER.

			GUCKELBERGER.		Maafs.	Dampfdichte.
8 C	48	66,67	66,23	C-Dampf	8	3,3280
8 H	8	11,11	11,23	H-Gas	8	0,5544
2 O	16	22,22	22,54	O-Gas	1	1,1093
$C^8H^8O^2$	72	100,00	100,00	Butyral-D.	2	4,9917
					1	2,4958

CHANCELS Analysen entsprechen ebenfalls der Formel.

Zersetzungen. 1. Das Butyral ist sehr entzündlich und brennt mit lebhafter schwach blaugesäumter Flamme. CHANCEL. — 2. An der Luft oder in Sauerstoffgas wird es, besonders schnell bei Gegenwart von Platinmohr, unter Sauerstoffabsorption, ohne sich zu färben, bald sauer durch Bildung von Buttersäure, die sich durch wenig Wasser entziehen lässt, während es sich in einer gefüllten verschlossenen Flasche nicht verändert. CHANCEL. Es wird an der Luft schnell sauer. GUCKELBERGER. — 3. Mit Chlor oder Brom entwickelt es lebhaft Hydrochlor oder Hydrobrom und liefert Chlor- oder Brom-haltende Producte, wie $C^8ClH^7O^2$, $C^8Cl^2H^6O^2$, $C^8Cl^3H^5O^2$ und $C^8Cl^4H^4O^2$. CHANCEL. — 4. In Berührung mit krystallisirter Chromsäure entflammt es sich mit schwacher Verpuffung. CHANCEL. — 5. Mit verdünnter Salpetersäure bildet es unter Entwicklung salpetriger Dämpfe Nitrometacetsäure (V, 130). CHANCEL. — 6. Mit Wasser und Silberoxyd erwärmt, reducirt es leicht das Metall ohne Gasentwicklung, und im Wasser findet sich ein Silbersalz, welches entweder Buttersäure oder vielleicht eine butterige Säure $C^8H^8O^3$ hält. CHANCEL. Nach GUCKELBERGERS Analyse des erzeugten Silbersalzes ist es buttersaures Silberoxyd. Eben so versilbert wässriges Butyral, mit Ammoniak und dann mit salpetersaurem Silberoxyd bis zum Verschwinden der alkalischen Reaction versetzt, bei gelindem Erwärmen das Gefäfs sehr schön. CHANCEL, GUCKELBERGER. — 7. Butyral, unter Umrühren allmälig zu der doppelten Menge rauchenden Vitriolöls gefügt, liefert unter Wärmeentwicklung eine dunkelrothe Lösung, welche sich bei 100° unter Entwicklung sehr wenig schwefliger Säure bräunt, aber nicht schwärzt, und, hierauf mit Wasser verdünnt, sehr wenig Buttersäure, aber keine Spur einer gepaarten Schwefelsäure liefert. CHANCEL. Also oxydirt die Schwefelsäure etwas Butyral zu Buttersäure. $C^8H^8O^2 + 2SO^3 = C^8H^8O^4 + 2SO^2$. CHANCEL. — 8. Bei der Destillation von 2 Th. Butyral mit 3 Th. Fünffachchlorphosphor erhält man Chlorbutyren (= Butak = C^8ClH^7). CHANCEL. $5C^8H^8O^2 + 2PCl^5 = 5C^8ClH^7 + 5HCl + 2PO^5$. CHANCEL. — 9. Das Butyral überzieht Kalihydrat mit einer braunen Rinde und erzeugt bei gelindem Erwärmen mit wässrigem Kali eine braune klumpige Masse. GUCKELBERGER.

Verbindungen. Das Butyral nimmt einerseits etwas *Wasser* auf; andererseits löst es sich ein wenig in Wasser, und ertheilt ihm seinen Geruch. CHANCEL.

Butyral-Ammoniak. Das Butyral (2) bildet mit stärkerem wässrigen Ammoniak eine weifse Krystallmasse, mit sehr verdünntem eine

Milch, welche sich unter Absatz der Krystalle schnell klärt. — Hält das Butyral, wie bei der Darstellung (2), Sixaldid beigemischt, und mischt man es erst mit Wasser, dann mit verdünntem Ammoniak, so fällt das krystallische Butyral-Ammoniak völlig nieder, so dass das Filtrat bei der Destillation mit Schwefelsäure reines Sixaldid liefert. — Die erhaltenen Krystalle werden auf dem Filter gesammelt, mit verdünntem Ammoniak gewaschen, zwischen Papier ausgepresst, und über Kalk in einer Atmosphäre von Ammoniak getrocknet. — Die so erhaltenen Krystalle sind sehr kleine spitze rhombische Oktaeder; bei freiwilligem Verdunsten der weingeistigen oder ätherischen Lösung erhält man grofse Tafeln, deren scharfe Kanten abgestumpft sind. — Die getrockneten Krystalle halten sich in trockner Luft, aber in feuchter Luft oder nicht getrocknet, bräunen sie sich wie das Aldehydammoniak, und erhalten einen brandigen Geruch. — Sie schmelzen bei gelindem Erwärmen ohne Verlust von Ammoniak; bei langsam gesteigerter Hitze kommt die Flüssigkeit ins Kochen und sublimirt etwas über 100° wasserhelle Tropfen, welche beim Erkalten erstarren, und vielleicht die unveränderte Verbindung sind; bei noch stärkerem Erhitzen entwickelt sich Ammoniak. — Wässrige Säuren scheiden aus dem Butyralammoniak das Butyral in sich erhebenden Oeltropfen ab; kalte Kalilauge entwickelt daraus kein Ammoniak. Leitet man durch die weingeistige Lösung des Butyralammoniaks Hydrothiongas, so zeigt sich sogleich ein brandiger Geruch, dem des Thialdins (V, 47) ähnlich, und aus der gebildeten Flüssigkeit, welche keine Krystalle absetzt, zieht Aether beim Schütteln ein Schwefel-haltendes Oel aus, welches mit Salzsäure sogleich eine krystallische Verbindung bildet. — Das Butyralammoniak löst sich fast gar nicht in Wasser, aber leicht in Aether und Weingeist; letztere Lösung trübt sich mit Wasser, und lässt in einigen Stunden das Meiste anschiefsen. GUCKELBERGER.

	Krystallisirt.		GUCKELBERGER.
8 C	48	26,82	26,69
1 N	14	7,82	7,81
21 H	21	11,73	11,87
12 O	96	53,63	53,63
$NH^3,C^8H^8O^2 + 10HO$	179	100,00	100,00

Das nach (1) von CHANCEL bereitete Butyral nimmt nach CHANCEL und nach HENNEBERG kein Ammoniakgas auf und scheint durch wässriges Ammoniak nicht verändert zu werden. Diese Abweichung und der höhere Siedpunct desselben lassen vermuthen, dass das nach (1) und (2) bereitete Butyral nicht einerlei, sondern isomere Verbindungen sind. GUCKELBERGER.

Das Butyral mischt sich nach jedem Verhältnisse mit *Holzgeist, Weingeist, Aether* und *Fuselöl.* CHANCEL.

Buttersäure. C^8H^8,O^4.

CHEVREUL. *J. Pharm.* 3, 80. — *Ann. Chim. Phys.* 23, 23; auch *Schw.* 39, 179. — *Recherches sur les corps gras.* 115 u. 209.

PELOUZE u. GÉLIS. *N. Ann. Chim. Phys.* 10, 434; Ausz. *Ann. Pharm.* 47, 241; Ausz. *J. pr. Chem.* 29, 453.

Wurtz. *N. Ann. Chim. Phys.* 11, 253; auch *Compt. rend.* 18, 704; auch *J. pr. Chem.* 32, 501.
Lerch. *Ann. Pharm.* 49, 217.

Acide butyrique. — Von Chevreul von 1814 bis 1818 entdeckt.

Vorkommen. 1. Im freien oder an Basen gebundenen Zustande: In mancher Magenflüssigkeit, Tiedemann u. Gm.; auch in einer beim Magenkrebs ausgebrochnen Flüssigkeit, Buchner (*Repert.* 52, 155); einmal im menschlichen Harn, Berzelius (*Pogg.* 18, 84); in der aus dem zerhackten Fleisch des Menschen und verschiedener Thiere ausgepressten Fleischflüssigkeit, Scherer (*Ann. Pharm.* 69, 196); in der Frucht von *Ceratonia Siliqua*, welche bei der Destillation mit verdünnter Schwefelsäure 0,6 Proc. Buttersäure liefert, Redtenbacher (*Ann. Pharm.* 57, 177); eben so in der alten Frucht von *Sapindus Saponaria* und *Tamarindus indica*, Gorup-Besanez (*Ann. Pharm.* 69, 369); in der sauer gewordenen Milch des Kuhbaums, Marchand (*J. pr. Chem.* 21, 48). — 2. Mit Glycerin zu Butyrin oder Butterfett gepaart, und so mit andern Fetten gemischt: In der Butter der Kuh und anderer Säugethiere. Chevreul.

Bildung. 1. Bei der trocknen Destillation verschiedener Körper. So bei der des Tabaks, daher auch die sich beim Tabakrauchen ansammelnde Flüssigkeit Buttersäure hält. Zeise (*J. pr. Chem.* 29, 386). — 2. Bei der *Buttersäure-Gährung*, welche theils Zucker, Stärkemehl und ähnliche Stoffe in Berührung mit Proteinstoffen, theils letztere für sich erleiden, und welcher immer eine Milchsäuregährung vorauszugehen scheint.

Die Lösung von gemeinem Zucker, Krümelzucker, Schleimzucker, Milchzucker oder Dextrin in Wasser, mit gleichviel Kreidepulver und 10 Proc. käuflichem frischen oder alten Käs oder frischem feuchten rohen Kleber versetzt, und offen, oder mit einem Kork mit Gasentwicklungsrohr versehen, wochenlang an einen warmen Ort gestellt, wird trübe und zähe, erhält den Geruch nach sauer gewordener Milch, verliert allmälig ihren süfsen Geschmack, und wird endlich so dick, dass man die Flasche oft umkehren kann, ohne dass etwas abfliefst. Um diese Zeit lässt sich aus der Lösung, die auch etwas Weingeist hält, durch Weingeist eine weiche klebrige Materie fällen, welche alle Eigenschaften des Gummis besitzt, daher die Lösung auch den Bleizucker niederschlägt. Bei längerem Stehen der Lösung nimmt ihre Zähigkeit wieder ab, und unter Entwicklung von kohlensaurem Gas aus der Kreide bilden sich so viel Krystalle von milchsaurem Kalk, dass Alles gesteht. Aber allmälig verschwinden diese Krystalle wieder, die Flüssigkeit wird wieder klar, und hält, wenn nach 6 bis 12 Wochen (vom Anfang des Versuchs an gerechnet) die Gasentwicklung aufgehört hat, blofs buttersauren Kalk, bis auf sehr wenig milchsauren und Spuren von essigsaurem Kalk, Weingeist und einer flüchtigen riechenden Materie. Mannit lässt sich in keiner Periode der Gährung auffinden. — Häufig sind diese Erscheinungen nicht so scharf abgeschnitten, wenn nämlich mit der Bildung der Milchsäure die der Buttersäure gleichzeitig auftritt. Im Anfange des Processes beträgt das Wasserstoffgas im entwickelten Gasgemenge blofs 10 bis 15 Proc., aber später bis gegen 55 bis 60 Proc. Also scheint sich der Zucker zuerst in ein Gummi zu verwandeln, dann in Milchsäure, welche an den Kalk tritt unter Entwicklung der Kohlensäure, dann in Buttersäure. Pelouze u. Gélis.

[Da die Milchsäure $C^{12}H^{12}O^{12}$ ist, und die Buttersäure $C^8H^8O^4$, so erklärt sich die Entwicklung von Wasserstoffgas neben dem kohlensauren Gas, welches anfangs von der Kreide, später von der sich zersetzenden Milchsäure herrührt, durch folgende Gleichung: $C^{12}H^{12}O^{12} = C^8H^8O^4 + 4CO^2 + 4H$.]

Ueber die Bildung der Milchsäure bei diesem Vorgange s. Milchsäure.

Auch diabetischer Harn, sofern er Krümelzucker und thierische Stoffe hält, zeigt die Buttersäuregährung. Derselbe, zwischen 15 und 35° mit oder ohne Bierhefe hingestellt, gährt um so schneller, je höher die Temperatur, trübt sich immer stärker weifs durch Ausscheidung von Kugeln, die unter dem Mikroskop durchsichtig, und den Bierhefenkugeln ähnlich erscheinen, entwickelt kohlensaures Gas und Wasserstoffgas, anfangs im Verhältnisse von 1 : 2 bis $2\frac{1}{2}$, zuletzt in dem von 1 : $\frac{3}{4}$ bis $\frac{1}{2}$. Nach der in 5 bis 28 Tagen beendigten Gasentwicklung ist der Harn trübe, riecht ranzig, röthet Lackmus, hält keinen Zucker und Harnstoff mehr, aber viel Ammoniaksalze und Buttersäure, welche bei der Destillation mit Tartersäure neben einem ranzig riechenden Princip übergeht. Weingeist und Essigsäure finden sich nicht im gegohrnen Harn. Wenige Tropfen Schwefelsäure heben die Gährung des diabetischen Harns auf, während etwas Alkali sie beschleunigt. Kochen des Harns hält die Gährung für einige Zeit auf, so dass sich der Harn, alle 3 bis 4 Tage gekocht, 4 Wochen lang hält. Wie der diabetische Harn, verhält sich auch der mit Traubenzucker versetzte gesunde Harn. FOMBERG (*Ann. Pharm.* 63, 360).

Eine Lösung von Traubenzucker in Wasser, die für sich nicht gährt, tritt, wenn Stücke von weifsem Papier hineingebracht werden, die zuvor mit Kali und Wasser ausgezogen wurden, zwischen 17 und 40° in eine Gährung, bei welcher sich unter Entwicklung von viel Kohlensäure [und Wasserstoff?] Buttersäure, aber kein Weingeist bildet. DÖPPING u. STRUVE (*Ann. Pharm.* 41, 275).

Eben so geht Stärkmehl mit thierischen Stoffen in Buttersäuregährung über: Der nach der Bereitung des Kartoffelstärkmehls bleibende faserige Rückstand, der noch viel Stärkmehl und etwas thierische Materie hält, im feuchten Zustande 2 bis 3 Tage über 30° in einem Topfe erhalten, bildet unter Kohlensäureentwicklung Buttersäure und Essigsäure. SCHARLING (*Ann. Pharm.* 49, 213). — Stärkekleister oder mit Wasser angerührte gekochte Kartoffeln, mit Fleisch versetzt, erzeugen in 6 Tagen unter Gasentwicklung viel Buttersäure. SCHUBERT (*J. pr. Chem.* 36, 47); vergl. LIEBIG (*Ann. Pharm.* 57, 125). — Zufällig in Schiffen von Seewasser durchdrungener und verdorbener Weizen riecht stark nach Buttersäure, und liefert dieselbe nebst Baldriansäure bei der Destillation mit Wasser. L. L. BONAPARTE (*Compt. rend.* 21, 1076).

Stellt man gröblich zerstampfte, frische oder trockne, oder mit Aether und Weingeist erschöpfte und also von Zucker befreite Eibischwurzel mit der 8- oder 12-fachen Wassermenge in einem mit Gasentwicklungsrohr versehenen Kolben bei 15 bis 25° hin, bis nach etwa 6 Wochen die Gasentwicklung aufhört, und die Wurzelstücke zu Boden sinken, so hält die Flüssigkeit Buttersäure mit etwas Weingeist und Essigsäure. Das Wasser trübt sich bei dieser Gährung und setzt gelbweifse Flocken ab. Dabei entwickelt sich zuerst Stickgas, dann ein Gemenge desselben mit sehr überwiegender Kohlensäure und Wasserstoffgas. Letzteres beträgt im Gemenge anfangs 70, später blofs 33 bis 25 Procent, und es liefert beim Verpuffen mit Sauerstoffgas keine Spur Kohlensäure. Nach der Gährung ist die Wurzel in einen Brei aufgelöst, der Schleim verschwunden, und das Asparagin in asparagsaures Ammoniak verwandelt. Mannit ist nicht erzeugt. — Die Gährung erfolgt auch, wenn die Flüssigkeit fortwährend schwach alkalisch erhalten wird. — Die Zwiebeln der Lilien verhalten sich der Eibischwurzel ähnlich, nur muss man durch Kreide die Flüssigkeit neutral erhalten. Es entwickelt sich zuerst sehr wenig Stickgas, dann kohlensaures und Wasserstoffgas, und es bildet sich buttersaurer und essigsaurer Kalk. — Auch Quittenkerne entwickeln unter Wasser kohlensaures und Wasserstoff-Gas und liefern Buttersäure und Essigsäure. — Dagegen liefern die Wurzeln von *Symphytum off.* und der Samen von *Plantago Psyllium* zwar dieselben Gase, aber blofs Essigsäure. LAROCQUE.

Es lässt sich aus der Eibischwurzel, den Lilienzwiebeln und dem *Semen Cydoniorum, Psyllii* und *Lini* auch ein Buttersäure-Ferment darstellen. Hat z. B. die zerstampfte frische Eibischwurzel mit der 6fachen Wassermenge 8 bis 10 Tage lang gegohren, so gibt die durch Leinen erhaltene Colatur mit Weingeist ein zähes Coagulum, welches mit Weingeist gewaschen, und unter ihm aufbewahrt wird. Dasselbe ist elastisch, wie Kleber. Es zertheilt sich in Wasser und löst sich theilweise. Stellt man 1 Th. desselben mit wenig Wasser 2 bis 3 Tage an die Luft und fugt dann die Lösung von 5 Th. Zucker in 33 Th. Wasser und 2 Th. Kreide hinzu, so entwickelt sich zuerst Stickgas, aber nach 48 Stunden kohlensaures und Wasserstoff-Gas mit wenig Stickgas, und in 4 Wochen ist milchsaurer und buttersaurer Kalk ohne allen Weingeist erzeugt. Lässt man die Kreide hinweg, so entwickelt sich selbst in 9 Tagen blofs Stickgas, und erst bei Zusatz derselben entwickeln sich die andern 2 Gase, unter Bildung der 2 Säuren. LAROCQUE (*N. J. Pharm.* 6, 352). — Dass die bei der Gährung der Elbischwurzeln, der Lilienzwiebeln und der Quittenkerne gebildete Säure wirklich Buttersäure, und nicht etwa Baldriansäure ist, beweist die Analyse des Silbersalzes von LAROCQUE (*N. J. Pharm.* 10, 107).

Die zum Gerben gebrauchte Lohe pflegt mit Wasser ausgezogen zu werden, um in dieser *sauren Lohbrühe* die Häute zu schwellen. Dieselbe liefert bei der Destillation Buttersäure. JUL. CHAUTARD (*N. J. Pharm.* 7, 455; auch *J. pr. Chem.* 36, 43). Nach spätern Analysen von Silbersalzen vermuthen CHAUTARD u. V. DESSAIGNES (*N. J. Pharm.* 13, 244; auch *J. pr. Chem.* 45, 49), die Säure der sauren Lohbruhe sei ein veränderliches Gemisch von Metacetsäure und Baldriansäure. [Aber nach dem Siedpuncte von 140 bis 160° zu urtheilen, möchte die Buttersäure die Hauptmasse bilden. Es sind wahrscheinlich das Gummi und die Pectinsäure der Eichenrinde, welche durch die Thierhäute in Buttersäure umgewandelt werden].

Aber auch reine Proteinstoffe, bei Abwesenheit von Zucker, Stärkmehl u. s. w., liefern bei ihrer Fäulniss Buttersäure. — Feuchtes Fibrin, im Sommer der Fäulniss überlassen, zerfliefst unter Bildung von buttersaurem und essigsaurem Ammoniak. WURTZ (*N. Ann. Chim. Phys.* 11, 253; auch *J. pr. Chem.* 32, 501).

Reines Casein, im Sommer unter Wasser faulend, liefert, neben andern Producten, buttersaures und baldriansaures Ammoniak; ILJENKO (*Ann. Pharm.* 63, 364); und so finden sich im stark riechenden limburger Käs butter-, baldrian-, capron-, capryl- und caprin-saures Ammoniak, ILJENKO u. LASKOWSKY (*Ann. Pharm.* 55, 78).

3. Das Fibrin liefert auch beim Erhitzen mit Kalkkalihydrat auf 160 bis 180° buttersaures Ammoniak. WURTZ.

4. Mehrere organische Verbindungen, mit Salpetersäure, oder mit einem Gemenge von verdünnter Schwefelsäure und Braunstein oder chromsaurem Kali destillirt, lassen Buttersäure übergeben. Das Maynas-Harz (von Calophyllum) gibt mit Salpetersäure Buttersäure. B. LEWY (*N. Ann. Chim. Phys.* 10, 283). — Die Oelsäure liefert damit neben vielen andern Säuren auch Buttersäure. REDTENBACHER (*Ann. Pharm.* 59, 41). — Bei der Destillation von Casein, Fibrin, Albumin oder Thierleim mit verdünnter Schwefelsäure und Braunstein oder chromsaurem Kali geht, neben andern Säuren, vorzüglich Buttersäure über. GUCKELBERGER (*Ann. Pharm.* 64, 39 u. 79). — Der flüchtigere Theil der Brenzöle, die bei der Destillation von Rüböl erhalten werden, liefert wenig Buttersäure, wenn man ihn mit conc. Salpetersäure erhitzt, oder seinen Dampf über erhitztes Kalknatronhydrat leitet. SCHNEIDER (*Ann. Pharm.* 70, 109).

Darstellung. A. *Aus der Kuhbutter.* Diese ist ein Gemisch aus Süfsfetten, bei deren Verseifung die flüchtige Butter-, Capron-, Capryl- und Caprin-Säure und die fixe Oel- und Margarin-Säure entstehn. 1. Man verseift Butter in der Destillirblase mit Kalilauge, übersättigt mit verdünnter Schwefelsäure, destillirt $^1/_2$ der Flüssigkeit ab, giefst Wasser zum Rückstand, destillirt wieder u. s. f., bis das übergehende Wasser nicht mehr Lackmus röthet. Man sättigt die erhaltenen milchigen Destillate, auf welchen eine aus Caprylsäure und Caprinsäure bestehende fette schmierige Masse schwimmt, sogleich mit Barytwasser, bewahrt sie, bis sie alle erhalten sind, in gut verschlossenen Flaschen, kocht dann die vereinigten Barytflüssigkeiten in der gereinigten offenen Blase auf $^1/_{20}$ ein und bringt die übrige Flüssigkeit in einer Retorte vollends zur Trockne. Der, ungefähr 10 Proc.

der Butter betragende Rückstand besteht aus einem leichter in Wasser löslichen Theil (95 Proc. des Rückstands betragend), welcher bald butter- und capronsaurer Baryt ist, bald vaccinsaurer Baryt, und aus einem schwer löslichen (5 Proc. betragend), welcher capryl- und caprin-saurer Baryt ist. Man kocht den ganzen Rückstand mit der 6fachen Wassermenge, filtrirt vom schwer löslichen Theile ab, und bringt das Filtrat zum Krystallisiren. Erhält man hierbei zuerst luftbeständige seidenglänzende Nadeln des capronsauren Baryts, vom Ansehen des benzoesauren Kalks, so befindet sich in der Mutterlauge der buttersaure Baryt. Erhält man dagegen nussgrofse Drusen schnell verwitternder kleiner Krystalle, so ist dieses vaccinsaurer Baryt, und man hat in dem Producte der bei diesem Versuche angewandten Butter keine Buttersäure und Capronsäure zu suchen. Eine Butter vom sehr trocknen Sommer 1842, in welchem viel mit Stroh gefüttert wurde, und vom folgenden Winter lieferte blofs Vaccinsäure; eine Butter vom Sommer 1843 blofs Buttersäure und Capronsäure. — Liefert obiges Filtrat die Nadeln des capronsauren Baryts, so schiefst dieser bei richtiger Concentration fast vollständig in Krystallen an, welche durch Auspressen und Umkrystallisiren gereinigt werden, und die Mutterlauge, in der Sonne verdunstet, liefert anfangs noch einige Nadeln von capronsaurem Baryt, dann perlglänzende Blätter von buttersaurem Baryt, ebenfalls durch Umkrystallisiren zu reinigen. LERCH. (Die Gewinnung der Säure aus dem Barytsalz s. u.).

2. Man erhitzt 4 Th. Butter mit 1 Th. Kalihydrat und 4 Th. Wasser bei 100° unter Ersetzung des verdampfenden Wassers, bis die Masse durchscheinend und gleichförmig ist, und mit Wasser eine klare Lösung bildet, verdunnt sie mit so viel Wasser, dass sie bei 50° nicht mehr fadenziehend ist, zersetzt sie durch die genau entsprechende Menge Tartersäure, hebt nach dem Erkalten das erstarrte Gemisch von Margarinsäure und Oelsäure von der untern Flüssigkeit ab, und wäscht es mit Wasser, fällt aus der untern Flüssigkeit das meiste Kali durch weitern Zusatz von Tartersäure, giefst sie vom Weinstein ab und destillirt sie nebst dem Waschwasser der Margarin- und Oel-Säure und dem Spulwasser des Weinsteins. Man neutralisirt das Destillat mit Barytwasser und dampft zur Trockne ab. Der Rückstand, welcher ein Gemenge von butter-, capron- und caprin-saurem Baryt ist, wird mit 2,77 kaltem Wasser 24 Stunden behandelt; das ungelöst Bleibende wieder mit 2,77 Wasser u. s. f., bis blofs kohlensaurer Baryt ungelöst bleibt. Indem der buttersaure Baryt 2,77 kalten Wassers zur Auflösung bedarf, so findet er sich neben wenig von den übrigen Salzen in der ersten Lösung, während die folgenden vorzugsweise capronsauren, und die letzten caprinsauren Baryt, als das am schwersten lösliche Salz enthalten. Diese Lösungen, einzeln freiwillig verdampfend, lassen 8 Arten von Krystallen, nämlich 1) buttersauren Baryt, 2) blättrigen und 3) nadelförmigen capronsauren Baryt, 4) caprinsauren Baryt, 5) durchsichtige, hahnenkammförmig vereinigte Blätter, welche, in 2,7 Wasser gelöst und freiwillig verdampft, aufser Mutterlauge, theils 6) durchsichtige Krystalle liefern (welche nochmals in Wasser gelöst und krystallisirt in buttersauren Baryt, in Oktaeder, welche buttersaurer Kalk-Baryt [vom Kalke des Filters] sind, und in feine durchsichtige Nadeln, welche ein Gemisch aus buttersaurem Baryt und dem oktaedrischen Salze sind, zerfallen), theils 7) schmelzweifse Krystalle, welche bei wiederholtem Auflösen und Krystallisiren in caprinsauren und capronsauren Baryt, und 8) in undurchsichtige Blätter von capron- und caprin-saurem Baryt zugleich zerlegt werden; letztere, mit kleinen Mengen von Wasser behandelt, theilen diesem zuerst vorzugsweise den capronsauren Baryt mit, dann den caprinsauren. CHEVREUL.

Aus dem durch wiederholtes Auflösen in wenig Wasser und Krystallisiren gereinigten buttersauren Baryt wird die Säure nach 2 Weisen abgeschieden: 1. Man fügt zu 100 Th. Barytsalz in einer Glasröhre allmälig 135 Th. Phosphorsäure von 1,12 spec. Gewicht; die abgeschiedene Buttersäure löst sich allmälig in der Flüssigkeit; daher fügt man weitere 12 Th. Phosphorsäure von 1,66 spec. Gewicht hinzu, decanthirt die dadurch ausgeschiedene Buttersäure, fügt dann noch 59 Th. Phosphorsäure von 1,12 spec. Gewicht hinzu, und hebt die hierdurch weiter geschiedene Buttersäure wieder ab. (Die saure wässrige Flüssigkeit hält noch Buttersäure, und liefert beim Sättigen mit Barytwasser, Filtriren und Abdampfen wieder buttersauren Baryt). Man destillirt die durch Decanthation erhaltene Buttersäure, welche etwas gelb und bei — 7° zu einer weifsen Masse gefrierbar ist, erst im Wasser-, dann im Sand-Bade. Es bleibt ein schwarzer Rückstand, welcher sauren phosphorsauren Baryt hält. Das Destillat wird von dem, besonders im Anfange übergegangenen Wasser durch Digestion, dann Destillation mit 4 Th. Chlorcalcium befreit. — 2. Man zersetzt 100 Th. buttersauren Baryt durch ein Gemisch von 63,36 Th. Vitriolöl und 63,36 Th. Wasser, giefst die Buttersäure, welche farblos und frei von Schwefelsäure ist, vom schwefelsauren Baryt ab (aus welchem sich durch Versetzen mit Barytwasser, Filtriren und Abdampfen noch ein wenig buttersaurer Baryt gewinnen lässt), und destillirt sie behutsam im Sandbade. Es bleibt ein brauner Rückstand von zersetzter Buttersäure. Das wasserhelle Destillat wird durch Destillation über gleichviel Chlorcalcium entwässert. CHEVREUL.

B. *Durch Buttersäuregährung.* Man fügt zu einer Lösung von 100 Th. Stärkezucker (oder Rohrzucker oder Milchzucker), welche 8 bis 10° Bm. zeigt, 8 bis 10 Th. frischen sauren Käs der Märkte, oder löst 100 Th. Stärkezucker in 100 oder 150 Th. Milch und so viel Wasser, dass die Flüssigkeit 10° Bm. zeigt, und stellt das Gemisch in einer offnen Flasche mit 50 Th. Kreide [unter öfterem Umschütteln] an einen warmen Ort, z. B. im Sommer an die Sonne, bis nach 6 bis 12 Wochen die Gasentwicklung aufhört. Je gröfser die Menge der Flüssigkeit, desto schneller geht die Gährung vor sich; erfolgt sie zu langsam, so füge man noch mehr Käs hinzu. — Nach beendigter Gährung werden durch Abdampfen der filtrirten Flüssigkeit reichliche Krystalle von buttersaurem Kalk erhalten, welche, wenn sie schon in der Hitze anschiefsen, frei von essigsaurem Kalk sind. — Man löst 10 Th. krystallisirten buttersauren Kalk in 30 bis 40 Th. Wasser, destillirt die Lösung mit 3 bis 4 Th. käuflicher Salzsäure, bis 10 Th. (Wasser, Buttersäure, mit wenig Salzsäure und Essigsäure haltendes) Destillat erhalten sind, löst in demselben viel Chlorcalcium, decanthirt die sich als besondere Schicht erhebende unreine Buttersäure, und destillirt sie in einer mit Thermometer versehenen tubulirten Retorte. Zuerst geht wässrige Buttersäure über, die man entweder zur Darstellung buttersaurer Salze verwendet, oder durch Zusammenstellung mit Chlorcalcium, Decanthiren und Destilliren entwässert; der Siedpunct steigt bald auf 164° und beharrt darauf, und bei dieser Temperatur erhält man bei gewechselter Vorlage, bis nur noch wenig Buttersäure mit wenig färbender Materie, Chlorcalcium und buttersaurem Kalk in der Retorte ist, die reine Buttersäure, welche man einige Zeit frei im Kochen erhält, um Spuren von Salzsäure zu verflüchtigen, und dann nochmals destillirt. PELOUZE u. GÉLIS. — Der buttersaure Kalk schäumt bei der Destillation mit Salzsäure stark auf, und erfordert daher ein geräumiges Destillirgefäfs; die erhaltene Buttersäure ist von der beigemischten Salzsäure schwierig zu befreien. BENSCH (*Ann. Pharm.* 61, 177).

Eigenschaften. Die Säure, mit einem Gemenge von starrer Kohlensäure und Aether umgeben, krystallisirt in wasserheilen breiten Blättern, während sie bei — 20° noch flüssig ist. PELOUZE u. GÉLIS. Bei Mittelwärme wasserhelles dünnes Oel von 0,9675 spec. Gew. bei 25° (0,963 bei 15°, PELOUZE u. GÉLIS; 0,9886 bei 0°, 0,9739 bei 15°, KOPP). Gibt auch auf geleimtem Papier einen, allmälig verschwindenden Fettflecken. Verdunstet an der Luft ohne Rückstand, CHEVREUL, siedet stetig bei 164°, PELOUZE u. GÉLIS, bei 157° bei 0,76 M. Luftdr., KOPP (*Pogg.* 72, 223) und geht unzersetzt über, CHEVREUL, PELOUZE u. GÉLIS. Dampfdichte = 3,30. PELOUZE u. GÉLIS. Dieselbe wechselt je nach der Temperatur. CAHOURS (IV, 50 oben). Riecht durchdringend nach (ranziger, PELOUZE u. GÉLIS) Butter und Essigsäure. Schmeckt sehr stark und stechend sauer, hinterher süfslich, wie Salpetrigvinester, und macht die Zunge weifs. Röthet stark Lackmus. CHEVREUL. Greift die Haut an, wie die stärksten Säuren. PELOUZE u. GÉLIS.

			PELOUZE.		Maafs.	Dampfdichte.
8 C	48	54,55	54,35	C-Dampf	8	3,3280
8 H	8	9,09	9,11	H-Gas	8	0,5544
4 O	32	36,36	36,54	O-Gas	2	2,2186
$C^8H^8O^4$	88	100,00	100,00	Butters. Dampf	2	6,1010
					1	3,0505

Die hypothetisch trockne Säure der Radicaltheorie ist = $C^8H^7O^3$ = $\bar{B}u$.

Zersetzungen. 1. Die Buttersäure ist entzündlich und brennt nach Art der flüchtigen Oele, CHEVREUL, mit blauer Flamme, PELOUZE u. GÉLIS. — 2. Beim Destilliren in einer lufthaltenden Retorte wird ein Theil der Säure in eine gewürzhafte Substanz verwandelt. CHEVREUL. — 3. Buttersäure, in eine mit trocknem Chlorgas gefüllte Flasche getröpfelt, erzeugt in starkem Sonnenlicht sogleich viel salzsaures Gas, sich an den Wandungen verdichtende Krystalle, welche Oxalsäure halten, und ein blassgelbes Oel von Bichlorbuttersäure, $C^8Cl^2H^6O^4$; leitet man dagegen das trockne Chlorgas im Sonnenlicht durch die im Liebig'schen Kaliapparat befindliche Buttersäure, so erhält man unter äufserst rascher Absorption des Chlors blofs salzsaures Gas und Bichlorbuttersäure, 173 bis 176 Proc. der Buttersäure betragend. PELOUZE u. GÉLIS. Die Rechnung gibt 178 Proc. $C^8H^8O^4 + 4Cl = C^8Cl^2H^6O^4 + 2HCl$. Diese Bichlorbuttersäure wird durch längere Einwirkung des Chlors im Sonnenlicht allmälig in Salzsäure und Quadrichlorbuttersäure zersetzt. PELOUZE u. GÉLIS. — Fügt man behutsam *Brom* zu wässrigem buttersaurem Kali, bis eben einige Tropfen einer bromhaltigen Säure niederfallen, dampft zur Trockne ab, zieht mit Weingeist aus, und fügt zum Filtrat einige Tropfen Schwefelsäure, so wird eine von der Buttersäure etwas verschiedene und schwächer riechende, ebenfalls in Wasser und Weingeist lösliche Materie in Freiheit gesetzt, aber $C^8Br^2H^6O^4$ scheint nicht zu entstehen. CAHOURS (*N. Ann. Chim. Phys.* 19, 507). — *Iod* wirkt auch in der Wärme nur schwach zersetzend und bildet etwas Hydriod. PELOUZE u. GÉLIS.

Kalte Salpetersäure löst die Buttersäure, wie es scheint, ohne Zersetzung. CHEVREUL. — Eben so kalte wässrige Iodsäure. MILLON.

4. Die Buttersäure löst sich in kaltem Vitriolöl unter Wärmeentwicklung, aber ohne Zersetzung; die Lösung, welche schwach ätherisch riecht, färbt sich bei 100° sehr schwach und entwickelt bei stärkerer Hitze Buttersäure mit wenig schwefliger, und schwärzt sich langsam unter Bildung von wenig Kohle. CHEVREUL. Die meiste Buttersäure geht hierbei unverändert über. PELOUZE u. GÉLIS.

5. Fünffachchlorphosphor verwandelt die Buttersäure in C^8ClH^7. CAHOURS (*Compt. rend.* 25, 724).

Verbindungen. Die Buttersäure mischt sich mit Wasser in allen Verhältnissen. Das Gemisch aus 2 Th. Säure und 1 Th. Wasser hat ein spec. Gew. von 1,00287. CHEVREUL.

Die *buttersauren Salze, Butyrates,* sind in trocknem Zustande, selbst bei 100°, geruchlos, riechen aber in feuchtem Zustande stark nach frischer Butter. — Sie sind alle krystallisirbar. CHEVREUL. Mehrere liefern bei der trocknen Destillation Butyron. CHANCEL. — Trockner buttersaurer Kalk in kleinen Mengen bei sehr langsam steigender Hitze destillirt, zerfällt ohne alle Gasentwicklung in weifsen kohlensauren Kalk und in übergehendes Butyron. — $2\,C^8H^7CaO^4 = 2\,(CaO,CO^2) + C^{14}H^{14}O^2$. — Aber wenn man gröfsere Mengen erhitzt und rascher, so bleibt beim kohlensauren Kalk viel Kohle, es entwickeln sich 3 bis 4 Proc. eines durch Vitriolöl verschluckbaren Kohlenwasserstoffgases und das übelriechende Destillat hält neben dem bei 144° siedenden Butyron das bei 95° siedende Butyral und ein gelbliches erst bei 225 bis 230° siedendes Oel, welches, da Kalium darin blank bleibt, ein Hydrocarbon zu sein scheint. Ohne Zweifel zerfiel das von einer zu starken Hitze erreichte Butyron in diese Producte. CHANCEL. — Buttersaures Kali mit gleichviel arseniger Säure destillirt, liefert unter Entwicklung von viel stinkendem Gas und unter Reduction von viel Arsen ein farbloses wässriges saures und darunter ein durch Arsen geschwärztes, wie Alkarsin riechendes öliges Destillat, welches entweder Alkarsin hält, oder eine entsprechende Verbindung der Bute-Reihe. WÖHLER (*Ann. Pharm.* 68, 127). Hiermit ist die Angabe von PELOUZE u. GÉLIS nicht wohl vereinbar, nach welcher sich eine Verunreinigung der Buttersäure mit Essigsäure dadurch entdecken lässt, dass eine solche Säure, mit Kali neutralisirt, abgedampft und mit arseniger Säure erhitzt, den Alkarsingeruch entwickele. — Alle buttersaure Salze lösen sich in Wasser, CHEVREUL; hierbei zeigen viele, auf das Wasser geworfen, gleich dem Campher, ein Rotiren, bis sie sich gelöst haben, CHEVREUL, PELOUZE u. GÉLIS.

Buttersaures Ammoniak. — Die Buttersäure verwandelt sich durch Absorption von Ammoniakgas in Krystalle, die bei weiterer Absorption zu einer wasserhellen dicken Flüssigkeit zergehen; diese, noch längere Zeit dem Ammoniakgas ausgesetzt, gesteht endlich in Nadeln. CHEVREUL. — Das Salz ist zerfliefslich. PELOUZE u. GÉLIS. — Es liefert bei der Destillation mit wasserfreier Phosphorsäure Butyronitril = C^8NH^7. Dumas, Malaguti u. Leblanc (*Compt. rend.* 25, 442). — $NH^3,C^8H^8O^4 = C^8NH^7 + 4HO$.

Buttersaures Kali. — Kalium entwickelt aus Buttersäure mit Heftigkeit Wasserstoffgas. — Man neutralisirt reines oder kohlensaures Kali mit wässriger Buttersäure, und dampft ab. Krystallisirt bei 25 bis 30° undeutlich, blumenkohlförmig; schmeckt süfslich und nach Butter. Sehr zerfliefslich; löst sich bei 15° in 0,8 Wasser. Chevreul. Es rotirt auf dem Wasser. Pelouze u. Gélis.

	Getrocknet		Chevreul.
KO	47,2	37,40	37,96
$C^8H^7O^3$	79	62,60	
$C^8H^7KO^4$	126,2	100,00	

Eine Lösung von 500 Th. Salz in 400 Th. Wasser, mit 115 Th. Buttersäure gemischt, zersetzt nur in der Hitze das kohlensaure Kali; nach der Verdünnung mit Wasser auch in der Kälte. Auch röthet sie blofs nach der Verdünnung Lackmuspapier. Dieses damit befeuchtet, erscheint nach dem Trocknen völlig blau, wird aber beim jedesmaligen Befeuchten wieder roth, bis die überschüssige Säure verdunstet ist. Chevreul.

Buttersaures Natron. — Dem Kalisalz ähnlich; jedoch weniger zerfliefslich. Chevreul.

	Getrocknet.		Chevreul.
NaO	31,2	28,31	28,78
$C^8H^7O^3$	79	71,69	71,22
$C^8H^7NaO^4$	110,2	100,00	100,00

Buttersaurer Baryt. — Man lässt mit Buttersäure neutralisirtes Barytwasser freiwillig verdunsten und trocknet die erhaltenen Krystalle bei 100°. Das Salz lässt sich zu einem farblosen Glas schmelzen. Es riecht in feuchtem Zustande stark nach frischer Butter, schmeckt alkalisch warm und nach Butter, und bläut schwach Lackmus. Ein Gramm, in einer mit Quecksilber gefüllten gebogenen Röhre der trocknen Destillation ausgesetzt, schmilzt, liefert 47,3 Würfelcentimeter Vinegas und 1,7 kohlensaures Gas, und ein pomeranzengelbes dünnes, den Labiatis ähnlich riechendes neutrales Oel (Butyron, Chancel), und lässt ein Gemenge von kohlensaurem Baryt und 0,0033 Gramm Kohle. Die wässrige Lösung des Salzes zersetzt sich nicht beim Aufbewahren; Kohlensäure fällt aus ihr wenig kohlensauren Baryt, Buttersäure frei machend. Chevreul.

Bei 100°	getrocknet.		Chevreul.	Lerch. a)	Lerch. β)	Bromeis.
BaO	76,6	49,23	49,37	48,71	49,02	49,38
8 C	48	30,85		31,34	31,03	31,34
7 H	7	4,49		4,72	4,54	3,98
3 O	24	15,43		15,23	15,41	15,30
$C^8H^7BaO^4$	155,6	100,00		100,00	100,00	100,00

Lerchs Salz a) und β) ist verschieden krystallisirt. s. u. — Bromeis (*Ann. Pharm.* 42, 66) nahm zufolge seiner Analyse 1 At. H weniger im Salze an, aber Lerchs Analyse wird auch durch Rochleder (*Ann. Pharm.* 49, 218) bestätigt, welcher 4,47 bis 4,50 Proc. H fand.

Krystalle mit 2 At. Wasser. Sie schiefsen aus der concentrirten heifsen Lösung an, schmelzen nicht bei 100° und halten 10,07 bis 10,50 Proc. Wasser. Chancel (*N. J. Pharm.* 7, 119).

Krystalle mit 4 At. Wasser. Bei kaltem Verdunsten der Lösung an der Luft. Unter 100° schmelzbar. CHANCEL. Luftbeständige, wasserhelle, fettglänzende, biegsame, lange, platt gedrückte Säulen, welche zwar im Vacuum über Vitriolöl durchsichtig bleiben, aber 2,25 Proc. verlieren, und dann beim Erhitzen ohne weitern Verlust zu einem klaren Glase schmelzen. CHEVREUL. Die Krystalle halten 18,83 Proc. Wasser, und schmelzen unter 100° ohne Gewichtsverlust zu einem klaren Glase. PELOUZE u. GÉLIS.

LERCH erhielt immer wasserfreie, nicht bei 100° schmelzende, immer gleich zusammengesetzte Krystalle, bald *a*) harte körnige Rinden, die bei wiederholtem Umkrystallisiren in die folgende Form übergingen, bald *β*) perlglänzende Blättchen oder biegsame platte Säulen. Wie sich dieses mit den früheren Angaben vereinigen lasse, bleibt weiter zu untersuchen.

Das Salz löst sich in 2,77 Th. Wasser bei 10°, und zeigt darauf das Rotiren; es löst sich bei 5° in 400 Th. absolutem Weingeist. CHEVREUL.

Buttersaurer Strontian. — Wird wie das Barytsalz erhalten. Lange platte Nadeln, denen des Barytsalzes ähnlich und von demselben Geruche. Schmilzt in der Hitze unter Bräunung. Löst sich bei 4° in 3 Th. Wasser. CHEVREUL.

	Getrocknet.		CHEVREUL.
SrO	52	39,70	40,58
$C^8H^7O^3$	79	60,30	
$C^8H^7SrO^4$	131	100,00	

Buttersaurer Kalk. — Eben so erhalten. Durchsichtige, sehr feine Nadeln, wie das Barytsalz riechend. Schmilzt in der Hitze, einen gewürzhaften Geruch, dem der *Labiatae* ähnlich, entwickelnd. vgl. CHANCEL (V, 241). Die Krystalle verlieren ziemlich leicht ihr Krystallwasser. Sie rotiren auf dem Wasser. PELOUZE u. GÉLIS. Das Salz löst sich in 5,69 Th. Wasser von 15° und krystallisirt beim Erhitzen der Lösung so vollständig heraus, dass sie gesteht, worauf sie beim Erkalten wieder flüssig wird. CHEVREUL.

	Bei 140° getrocknet.		CHEVREUL.	PEL. u. GÉLIS.
CaO	28	26,17	26,99	26,27
$C^8H^7O^3$	79	73,83		
$C^8H^7CaO^4$	107	100,00		

Buttersaurer Kalk-Baryt. — Die wässrige Lösung von 2 Th. buttersaurem Kalk und 3 Th. buttersaurem Baryt liefert bei freiwilligem Verdunsten Oktaeder. 100 Th. dieser Krystalle, mit Schwefelsäure geglüht, liefern 68 Th. schwefelsaures Salz. 1 Th. Salz löst sich in 3,8 Th. Wasser von 18°.

Buttersaure Bittererde. — Schöne weifse Blätter, der krystallisirten Boraxsäure ähnlich, 5 At. Wasser haltend, welches sich leicht entwickelt; sehr leicht in Wasser löslich, und darauf rotirend. PELOUZE u. GÉLIS.

Buttersaures Zinkoxyd. — Die wässrige Buttersäure löst das kohlensaure Zinkoxyd in der Kälte unter Aufbrausen; die Lösung röthet auch bei Ueberschuss des letztern Lackmus; das im Vitriolölhaltenden Vacuum verdunstende Filtrat lässt glänzende, schmelzbare

Blätter, vom Geruch und Geschmack der buttersauren Salze. CHEVREUL. Schneeweifse, perlglänzende leichte Blättchen, wenig in Wasser und Weingeist löslich. LAROCQUE u. HURAULT (*N. J. Pharm.* 9, 430).

		Im Vacuum getrocknet.	CHEVREUL.
ZnO	40	33,61	35
$C^8H^7O^3$	79	66,39	
$C^8H^7ZnO^4$	119	100,00	

Die wässrige Lösung verliert beim Abdampfen Buttersäure, lässt ein basisches Salz fallen und gibt einen Rückstand, welcher noch zum Theil schmelzbar ist, aber bei wiederholtem Abdampfen von Wasser darüber völlig unschmelzbar wird, und endlich auf 1525 Th. Oxyd blofs noch 100 Th. $C^8H^7O^3$ hält. CHEVREUL. [Ungefähr 30ZnO + $C^8H^7O^3$]

Buttersaures Bleioxyd. — a. *Drittel.* — Man fügt zu Buttersäure überschüssiges Bleioxyd, wobei Erhitzung eintritt, erwärmt, zieht mit kaltem Wasser aus, und dampft das Filtrat im Vitriolöl-haltenden Vacuum ab. Der Rückstand ist nicht schmelzbar, hat einen schwachen Geschmack, löst sich wenig in Wasser, dann schnell aus der Luft Kohlensäure anziehend. CHEVREUL. — Buttersaure Alkalien geben mit Bleiessig einen starken weifsen Niederschlag. ZEISE (*J. pr. Chem.* 29, 287). — Sättigt man ein wässriges Gemisch von Buttersäure und Essigsäure mit Bleioxyd, und übersättigt das Filtrat mit Ammoniak, so entstehen bald kleine rosenrothe Nadeln von basisch buttersaurem Bleioxyd, die aus der Luft schnell Kohlensäure aufnehmen, und die durch Vermittlung des anhängenden essigsauren Bleioxyds in Wasser löslich sind. NICKLES (*Ann. Pharm.* 61, 349).

			CHEVREUL.
3 PbO	336	80,96	81
$C^8H^7O^3$	79	19,04	
$2PbO,C^8H^7PbO^4$	415	100,00	

b. *Einfach.* — Die Lösung des Bleioxyds in überschüssiger wässriger Säure liefert beim Verdunsten im Vacuum über Vitriolöl feine seidenglänzende Nadeln. CHEVREUL. Die Buttersäure fällt aus wässrigem Bleizucker dasselbe Salz als ein farbloses, sehr schweres Oel, welches erst nach längerer Zeit erstarrt. PELOUZE u. GÉLIS. Mit Essigsäure gemischte Buttersäure fällt nicht den Bleizucker. NICKLÈS. — Die Nadeln, in einer mit Quecksilber gefüllten gebogenen Röhre destillirt, liefern 1 Maafs Vinegas gegen 9 M. kohlensaures Gas, Wasser, ein Oel, welches viel weniger riecht, als beim Barytsalz, und, als Rückstand, ein Gemenge von Bleioxyd und Blei.

		Nadeln.	CHEVREUL.
PbO	112	58,64	60,50
8 C	48	25,13	24,81
7 H	7	3,66	2,77
3 O	24	12,57	11,92
$C^8H^7PbO^4$	191	100,00	100,00

Buttersaures Eisen. — Wässrige Buttersäure bildet mit Eisen an der Luft ohne Aufbrausen eine rothe Lösung, aus welcher Wasser sehr wenig Oxydsalz fällt, das sich in mehr Wasser wieder zu lösen scheint. CHEVREUL.

Buttersaures Kupferoxyd. — Buttersaures Kali gibt (bei nicht zu grofser Verdünnung, Zeise) mit Kupferoxydsalzen einen blaugrünen Niederschlag, der sich durch Lösen in kochendem Wasser krystallisch erhalten lässt. Pelouze u. Gélis. — Die Krystalle gehören dem 2- u. 1-gliedrigen Systeme an. (*Fig.* 104, nebst m- und p-Fläche). Hauy. Sie verlieren im Vacuum über Vitriolöl höchstens 1 Proc. und werden etwas trüber. Für sich auf 100° erhitzt, verlieren sie keine Säure und behalten Form und Farbe: aber ihre wässrige Lösung setzt beim Kochen eine blaue Materie ab, die sich in reines braunes Kupferoxyd verwandelt, so dass bei wiederholtem Destilliren mit Wasser alle Buttersäure übergeht, und alles Oxyd niederfällt. Chevreul.

Krystalle im Vacuum getrocknet.			Chevreul.
CuO	40	29,20	30
$C^8H^7O^3$	79	57,66	
2 HO	18	13,14	
$C^8H^7CuO^4$,2Aq	137	100,00	

Auch nach Pelouze u. Gélis halten die Krystalle 2 Aq., von welchen sich blofs 1 Aq. durch Erhitzen ohne Zersetzung des Salzes austreiben lässt; dagegen halten die Krystalle nach Lies (*Compt. rend.* 27, 321) blofs 1 Aq., und da sie nach Ihm in der Form mit dem krystallisirten Grünspan, $C^4H^3CuO^4$,Aq, übereinkommen, so sieht Er dieses als das erste Beispiel von Isophormismus zweier homologen Salze an, d. h. solcher Salze, die blofs durch eine verschiedene Zahl von C^2H^2 von einander unterschieden sind.

Buttersaures Quecksilberoxydul. — Buttersaures Kali fällt das salpetersaure Quecksilberoxydul in weifsen glänzenden Schuppen, dem essigsauren Quecksilberoxydul ähnlich. Pelouze u. Gélis.

Buttersaures Silberoxyd. — Das Kalisalz gibt mit salpetersaurem Silberoxyd ebenfalls weifse glänzende Schuppen, dem essigsauren Silber ähnlich, die mit kaltem Wasser zu waschen sind. Pelouze u. Gélis. Bei gröfserer Concentration gibt der buttersaure Baryt mit der Silberlösung einen käsigen Niederschlag, bei grofser Verdünnung blofs eine Trübung, worauf bei freiwilligem Verdunsten das buttersaure Silberoxyd in Dendriten anschiefst. Lerch. — Das Salz lässt beim Erhitzen, ohne alle Deflagration, Silber mit etwas Kohle. Es löst sich schwierig in Wasser. Pelouze u. Gélis.

Bei 100 bis 120° getrocknet.			Pelouze u. Gélis.	Lerch.	Iljenko.
8 C	48	24,62	24,42	24,85	25,27
7 H	7	3,59	3,61	3,63	3,74
Ag	108	55,38	55,39	55,45	55,25
4 O	32	16,41	16,58	16,07	15,74
$C^8H^7AgO^4$	195	100,00	100,00	100,00	100,00

Die Buttersäure mischt sich nach jedem Verhältnisse mit *Holzgeist* und *Weingeist.* Chevreul, Pelouze u. Gélis.

Sie löst *fette Oele* und *Talgarten.* Chevreul, Barreswil.

Der Buttersäure verwandte Säure.

Hircinsäure.

Chevreul (1823). *Ann. Chim. Phys.* 23, 22; auch *Schw.* 30, 179. — *Recherches sur les corps gras.* 151 u. 236.

Acide hircique. — Findet sich (ohne Zweifel mit Glycerin zu dem nicht für sich bekannten *Hircinfett* gepaart) im Hammeltalg, und ertheilt diesem, so wie der Hammelfleischbrühe, den besondern Geruch und Geschmack.

Darstellung. Man verseift 4 Th. Hammeltalg durch 1 Th. Kalihydrat und 4 Th. Wasser, übersättigt das Ganze mit Phosphor- oder Tarter-Säure, destillirt die von der Talg- und Oel-Säure geschiedene wässrige Flüssigkeit nebst dem Waschwasser, neutralisirt das Destillat (welches man, falls es beim Abdampfen einer Probe einen Rückstand lassen sollte, nochmals zu destilliren hat), mit Barytwasser, dampft ab, und zersetzt das bleibende Barytsalz durch ein Gemisch von gleichviel Vitriolöl und Wasser.

Eigenschaften. Farbloses Oel, leichter als Wasser, bei 0° nicht gefrierend, leicht verdampfbar. Es riecht nach Bock und nach Essigsäure und röthet stark Lackmus.

Verbindungen. Es löst sich wenig in *Wasser.*

Das *Ammoniaksalz* riecht noch stärker, als die Säure für sich. — Das *Kalisalz* ist zerfliefslich. — Das *Barytsalz* löst sich wenig in Wasser, und hält 43,75 Proc. Baryt.

Die Hircinsäure löst sich sehr leicht in *Weingeist.* CHEVREUL.

Das nach CHEVREULS Verfahren erhaltene Destillat liefert beim Neutralisiren mit Barytwasser und Abdampfen zweierlei Salze, nämlich krystallischen hircinsauren Baryt, durch Waschen mit kaltem Wasser und Umkrystallisiren zu reinigen und ein sich theils salbenartig ausscheidendes, theils in der Mutterlauge bleibendes, sehr leicht lösliches Salz, welches, auf die Hand gestrichen, auffallend nach Menschenkoth riecht.

Der hircinsaure Baryt liefert bei freiwilligem Verdunsten der wässrigen Lösung luftbeständige wasserhelle Pyramiden, welche alkalisch bitter schmecken, alkalisch reagiren und sich ziemlich leicht in Wasser lösen. — Die hieraus erhaltene Hircinsäure ist äufserst leicht in Wasser löslich. JOSS (*J. pr. Chem.* 4, 377).

Gepaarte Verbindungen der Buttersäure.

Butterformester.

$$C^{10}H^{10}O^4 = C^2H^3O,C^8H^7O^3.$$

PELOUZE u. GÉLIS (1844). *N. Ann. Chim. Phys.* 10, 454.
PIERRE. *N. Ann. Chim. Phys.* 19, 211.

Bildung und Darstellung. Das, sich erhitzende, Gemisch von 2 Th. Buttersäure mit 2 Th. Holzgeist und 1 Th. Vitriolöl zerfällt sogleich in 2 Schichten, von welchen man die obere abnimmt, mit Wasser wäscht, über Chlorcalcium trocknet, und destillirt. PELOUZE u. GÉLIS. — Man muss die 3 Flüssigkeiten öfters zusammen schütteln und wenn das Gemisch kalt werden will, einige Zeit auf 50 bis 80° erhalten, damit die Esterbildung möglichst vollständig erfolge; nach dem wiederholten Waschen des Esters mit Wasser schüttle man ihn mit Chlorcalcium und Kreide, um freie Säure zu entziehen, und rectificire ihn 2 bis 3mal über Chlorcalcium. PIERRE.

Eigenschaften. Wasserhelle Flüssigkeit, von 1,02928 spec. Gew. PIERRE. Siedet bei 102°, PELOUZE u. GÉLIS; bei 102,1° bei 0,7439 Met. Druck, jedoch stofsweise, wenn nicht Glasfäden oder Platindrath hineingelegt werden, PIERRE. Dampfdichte = 3,52, PELOUZE u. GÉLIS. Riecht eigenthümlich, dem Holzgeist etwas ähnlich, PEL. u. GÉLIS; ziemlich angenehm nach Reinetten, PIERRE.

			PIERRE.		Maafs.	Dampfdichte.
10 C	60	58,82	58,69	C-Dampf	10	4,1600
10 H	10	9,81	9,99	H-Gas	10	0,6930
4 C	32	31,37	31,32	O-Gas	2	2,2186
$C^{10}H^{10}O^4$	102	100,00	100,00	Esterdampf	2	7,0716
					1	3,5358

Zersetzung. Der Ester lässt sich entflammen. Pelouze u. Gélis.
Verbindungen. Er löst sich wenig in Wasser, nach jedem Verhältniss in Holzgeist und Weingeist. Pelouze u. Gélis.

Buttervinester.

$$C^{12}H^{12}O^4 = C^4H^5O,C^8H^7O^3.$$

Pelouze u. Gélis (1844). *N. Ann. Chim. Phys.* 10, 454.
Lerch, Wöhler u. Bornträger. *Ann. Pharm.* 99, 220 u. 359.
Pierre. *N. Ann. Chim. Phys.* 19, 214.

Bildung und Darstellung. Die Lösung der Buttersäure in Weingeist erhält nach einiger Zeit durch Esterbildung einen Geruch nach Reinetten. Chevreul. — 1. Pelouze u. Gélis, so wie Pierre verfahren ganz wie beim Butterformester. — 2. Lerch erhitzt buttersauren Baryt mit einem Gemisch von Weingeist und Schwefelsäure zum Kochen, nimmt den sich erhebenden Ester ab, wäscht mit Wasser, trocknet mit Chlorcalcium und rectificirt. — 3. Wöhler verseift die Butter durch concentrirtes Kali, löst die erhaltene Seife in möglichst wenig warmem starken Weingeist, versetzt die Lösung mit einem Gemisch von Weingeist und Vitriolöl, bis sie stark sauer reagirt, destillirt, so lange das Destillat nach Aepfeln riecht, rectificirt das Destillat mehrmals, und entwässert es durch Chlorcalcium. [Hier möchte Capron-, Capryl- und Caprin-Vinester beigemischt sein].

Eigenschaften. Wasserhelle sehr dünne Flüssigkeit, Pel. u. Gélis; von 0,90193 spec. Gew. bei 0°, Pierre. Siedet gegen 110°, Pelouze u. Gélis, bei 119° bei 0,7465 M. Druck, Pierre. Dampfdichte = 4,04. Pelouze u. Gélis. Riecht angenehm, etwas nach Ananas, Pelouze u. Gélis; und nach Reinetten, Pierre; schmeckt süfslich, hinterher etwas bitterlich, Lerch.

			Lerch.	Bornträg.	Pierre.		Maafs.	Dichte.
12 C	72	62,07	62,29	61,57	61,93	C-Dampf	12	4,9920
12 H	12	10,35	10,46	10,91	10,45	H-Gas	12	0,8316
4 O	32	27,58	27,25	27,52	27,62	O-Gas	2	2,2186
$C^{12}H^{12}O^4$	116	100,00	100,00	100,00	100,00	Esterdampf	2	8,0422
							1	4,0211

Zersetzungen. 1. Der Ester ist sehr entzündlich. — 2. Er wird durch wässriges Kali selbst beim Kochen nur schwierig in Weingeist und buttersaures Kali zersetzt. Pelouze u. Gélis. — 3. Er zerfällt beim Schütteln mit wässrigem Ammoniak langsam in Butyramid und Weingeist. Chancel. $C^{12}H^{12}O^4 + NH^3 = C^8NH^9O^2 + C^4H^6O^2$.

Verbindungen. Er löst sich wenig in Wasser, nach jedem Verhältnisse in Holzgeist und Weingeist. Pelouze u. Gélis.

Butterfett.

Chevreul (1819). *Ann. Chim. Phys.* 22, 371; 23, 27. — *Recherches* 192, 270 u. 476.

Butyrin, Butirine. — Findet sich in kleiner Menge in der Kuhbutter, vorzüglich mit Capronfett, Caprinfett, Oelfett und Margarinfett gemischt. Chevreul.

Darstellung. Bis jetzt gelang es nicht, das Butterfett frei von Capronfett, Caprinfett, Oelfett und Margarinfett zu erhalten. Man befreit die Butter von der anhängenden Buttermilch durch Schmelzen bei 60° in einem hohen Gefäfse, Decanthiren der obern durchsichtigen Fettschicht, Filtriren derselben in der Wärme, Schütteln mit Wasser von 40°, und nochmaliges Subsidiren, Decanthiren und Filtriren. Hierauf stellt man sie einige Tage bei 19° hin, druckt die entstandenen Margarinfett-Körner mit einer Spatel gegen die Wandungen des Gefäfses, um den öligen Theil auszupressen, und filtrirt denselben. Dieser ist ein Lackmus nicht röthendes Gemisch von Butterfett, Capronfett, Caprinfett und Oelfett. Da letzteres viel weniger in Weingeist löslich ist, so schüttelt man das Gemisch bei 19° mit gleichviel Weingeist von 0,796 spec. Gew., giefst diese Lösung vom Ungelösten, welches aus viel Oelfett und wenig Butterfett besteht, ab, befreit sie durch Destillation vom Weingeist, digerirt sie, da sie jetzt etwas freie Buttersäure hält, mit kohlensaurer Bittererde und Wasser, giefst die, buttersaure Bittererde haltende, wässrige Flüssigkeit fort, und befreit das Fett von der beigemengten kohlensauren Bittererde durch Lösen in Weingeist, Filtriren und behutsames Abdampfen.

Eigenschaften. Das so erhaltene Fettgemisch [welches, wie die Verseifung zeigt, nur etwa 16 Proc. Butterfett hält] ist je nach der angewandten Butter ein farbloses oder häufiger, aber wohl nur zufällig, gelbes Oel, bei 19° von 0,908 spec. Gewicht, ungefähr bei 0° gestehend; vom Geruch der erwärmten Butter; neutral. CHEVREUL.

Zersetzungen. 1. Schon beim blofsen Kochen der weingeistigen Lösung wird das Butterfett lackmusröthend durch Freiwerden von Buttersäure. An der warmen Luft erhält das Butterfett durch anfangende Zersetzung lackmusröthende Wirkung und starken Geruch nach Buttersäure, die dann durch Bittererde entzogen werden kann. Auch der Geruch der Butter ist von kleinen Mengen allmälig aus dem Butterfett freiwerdender Buttersäure abzuleiten; ein Gemisch aus Buttersäure und Schweineschmalz verliert den Buttergeruch viel schneller, weil sich hier alle Säure in freiem Zustande befindet, und nach der Verflüchtigung nicht durch neue ersetzt wird. — 2. Mit gleichviel Vitriolöl auf 100° erhitzt, dann sich selbst überlassen, entwickelt es den Geruch nach Buttersäure und schwefliger Säure. — 3. Es wird besonders leicht durch Kali verseift. Hierbei liefern 100 Th. Fett 1) so viel Buttersäure (nebst kleineren Mengen von Capron- und Caprin-Säure), dass hierdurch 26 Th. Barytsalz erzeugt werden; 2) 80,5 Th. eines bei 32° erstarrenden Gemisches aus viel Oel- und wenig Margarin-Säure; 3) 12,5 Th. Glycerin. [Wahrscheinlich würde das reine Butterfett blofs Buttersäure und Glycerin liefern, und das hier untersuchte hält noch viel Oelfett, nebst Margarinfett, Caprinfett und Capronfett beigemischt].

Verbindungen. Das Butterfett mischt sich nach allen Verhältnissen mit kochendem Weingeist von 0,822 spec. Gew.; das warme Gemisch bleibt bei 120 Butterfett auf 100 Weingeist beim Erkalten klar; bei 20 Fett auf 100 Weingeist trübt es sich etwas CHEVREUL.

Kunstliches Butterfett. Erwärmt man gelinde ein Gemisch von Buttersäure, Glycerin und Vitriolöl, so erhebt sich ein gelbliches Oel. Eben so kann man durch ein Gemisch von Buttersäure und Glycerin bei Mittelwärme salzsaures Gas leiten, und durch Wasserzusatz die Abscheidung des Oels bewirken. Das auf eine dieser Weisen erhaltene Oel, mit viel Wasser gewaschen, beträgt 60 bis 70 Proc. der angewandten Buttersäure, zeigt Geruch und einen scharfen Geschmack, vielleicht von einem fremden Product herrührend. Es zerfällt bei der Verseifung wieder in Buttersäure und Glycerin. Es löst sich nicht oder höchst wenig in Wasser, aber nach allen Verhältnissen in Aether und Weingeist, daraus durch Wasser abscheidbar. Es bleibt allerdings noch auszumitteln, ob dieses künstliche Butterfett mit dem naturlichen, wenn es gelungen sein wird, dasselbe rein darzustellen, übereinkommt. PELOUZE u. GÉLIS (*N. Ann. Chim. Phys.* 10, 455).

[Nach der (IV, 196) entwickelten Theorie würde das Butterfett aus 1 At. Glycerin + 4 At. Buttersäure — 8 At. HO bestehen, also $C^6H^8O^6 + 4C^8H^8O^4 - 8HO = C^6H^4O^2, 4C^8H^7O^3 = C^{38}H^{32}O^{14}$ sein].

Butyron.

$C^{14}H^{14}O^2 = C^8H^8O^2,C^6H^6.$

Chancel (1844). *N. Ann. Pharm.* 12, 146; auch *Compt. rend.* 18, 1023; Ausz. *J. pr. Chem.* 33, 453; Ausz. *Ann. Pharm.* 52, 295. — *N. J. Pharm.* 7, 116; 13, 462.

Butyrone. Chevreul erhielt bei der trocknen Destillation mehrerer buttersauren Alkalien ein flüchtiges Oel vom Geruch der Labiatae, welches Chancel 1844 genauer untersuchte, und als das Keton der Bute-Reihe erkannte.

Darstellung. Man erhitzt trocknen buttersauren Kalk nur zu wenigen Grammen behutsam in einer Retorte, bis er in kohlensauren Kalk und fast reines Butyron zerfallen ist, welches 42 bis 43 Proc. des Kalksalzes beträgt (V, 241). Dieses wird in einer Retorte mit Thermometer destillirt, fängt unter 100° zu sieden an, steigt aber bald auf 140°; unter 140° geht vorzüglich Butyral über, bei 140 bis 150° das in der gewechselten Vorlage zu sammelnde und durch nochmalige Destillation zu reinigende Butyron. Das über 150° Uebergehende ist ein Gemisch von Butyron mit dem (V, 241) erwähnten Oele.

Eigenschaften. Wasserhelles Oel, von 0,83 spec. Gew., welches, mit einem Gemenge von Aether und starrer Kohlensäure umgeben, zu wasserhellen breiten Blättern erstarrt. Siedpunct ungefähr bei 144°, Dampfdichte = 3,99 (*Compt. rend.* 21, 273). Riecht eigenthümlich durchdringend, schmeckt brennend.

Berechnung nach Chancel.				Maafs.	Dampfdichte.
14 C	84	73,69	C-Dampf	14	5,8240
14 H	14	12,28	H-Gas	14	0,9702
2 O	16	14,03	O-Gas	1	1,1093
$C^{14}H^{14}O^2$	114	100,00	Butyron-Dampf	2	7,9035
				1	3,9517

Zersetzungen. 1. Das Butyron ist leicht entzündlich und verbrennt mit leuchtender Flamme. — 2. Es absorbirt an der Luft allmälig Sauerstoffgas, ohne sich zu färben. — 3. Es entzündet sich sogleich mit krystallisirter Chromsäure. — 4. Mit einem gleichen Maafse kalter mäfsig starker Salpetersäure zusammengebracht, erhebt es sich über dieselbe, färbt sich erst roth, dann grün, und entwickelt bei gelindem Erwärmen mit Heftigkeit salpetrige Dämpfe mit kohlensaurem Gas und eine ätherisch nach Buttervinester riechende Flüssigkeit, während Nitrometacetsäure (V, 130) zurückbleibt. — 5. Bei der Destillation des Butyrons mit Fünffachchlorphosphor erhält man, unter Zurückbleiben von Phosphorsäure, Salzsäure und ein Chlorbutyron, $C^{14}H^{13}Cl$. [Dieses Product scheint vielmehr Butak, C^8H^7Cl zu sein; s. dieses].

Verbindungen. Das Butyron löst sich fast gar nicht in *Wasser*, ertheilt ihm jedoch seinen Geruch. Es mischt sich mit *Weingeist* nach allen Verhältnissen.

Odmyl. C^8H^8,S^2?

ANDERSON (1847). *Phil. Mag. J.* 31, 161; auch *Ann. Pharm.* 63, 370; auch *J. pr. Chem.* 42, 1.

Man destillirt allmälig während eines ganzen Tags 3 Pfund Leinöl oder Mandelöl mit wenig Schwefel in einem 5mal so weiten Kolben über freiem gleichmäfsig zu unterhaltenden Feuer, welches sich bei drohendem Uebersteigen entfernen lässt, unter öfterem Zufügen eines Stückes Schwefel, so dass ein gleichmäfsiges Aufschäumen erhalten wird, bei mit Eis umgebener Vorlage, aus welcher eine Schenkelröhre das Flüchtigste in eine Weingeist haltende Flasche führt. Bei zu schwacher Hitze wird die Masse dick und steigt über; bei zu starker ist die Gasentwicklung zu heftig. Hat die Masse bis auf die Hälfte abgenommen, so wird der Rückstand sehr dick, und veranlasst häufig das Zerspringen des Kolbens. Man erhält aufser vielem Hydrothiongas ein rothbraunes schwefelhaltendes Oel mit Krystallen von Margarinsäure. Durch theilweise Rectification des Oels erhält man den, wenig betragenden, flüchtigsten Theil als ein wasserhelles, sehr dünnflüssiges Oel von 71° Siedpunct. Dieses ist *unreines Odmyl* von wechselnder Zusammensetzung, da 3 Analysen verschiedener Präparate ergeben:

C	75,03	78,79	79,95
H	12,20	12,71	12,75

Aber dieses unreine Odmyl liefert mit Aetzsublimat und Zweifachchlorplatin Niederschläge von stetiger Zusammensetzung:

Sublimatniederschlag. — Die weingeistige Lösung des unreinen Odmyls gibt mit weingeistigem Aetzsublimat einen weifsen voluminosen Niederschlag, welcher auf dem Filter mit viel Aether gewaschen (dieser entzieht ein ebenfalls Schwefel-haltendes Oel), dann in viel kochendem Weingeist gelöst wird, aus welchem sich nach dem Filtriren beim Erkalten die reine Verbindung als ein weifses perlglänzendes, unter dem Mikroskop aus 6seitigen Tafeln bestehendes Pulver absetzt. Dasselbe zeigt auch nach langem Waschen mit Aether einen schwachen unangenehmen Geruch, der beim Erwärmen zunimmt.

Berechnung nach ANDERSON.			ANDERSON.
16 C	96	14,48	14,61
16 H	16	2,42	2,72
4 Hg	400	60,35	60,01
2 Cl	70,8	10,68	10,46
5 S	80	12,07	12,48
	662,8	100,00	100,28

$C^8H^8S^2,2HgCl + C^8H^8S^2,Hg^2S$. ANDERSON. (GERHARDT, *N. J. Pharm.* 12, 369) zieht die Formel vor: $C^{16}H^{16}S^4,2Hg^2Cl$.

Der Niederschlag entwickelt in der Hitze ein ekelhaft riechendes Oel. Er wird in Kalilauge sogleich gelb, hält also nicht Halb-, sondern Einfach-Chlorquecksilber. [Was wird aber aus dem im Niederschlag angenommenen Halbschwefelquecksilber?] Der in Wasser vertheilte Niederschlag wird durch Hydrothion sogleich schwarz und liefert dann bei der Destillation ein wasserhelles, auf dem Wasser schwimmendes Oel, vielleicht das reine Odmyl, dessen weingeistige Lösung wieder den Sublimat weifs und das Zweifachchlorplatin gelb fällt. — Der Niederschlag löst sich nicht in Wasser, wodurch er schwierig befeuchtet wird; er löst sich in einigen 100 Th. kochendem Weingeist, sich beim Erkalten als Krystallpulver ausscheidend; er löst sich in Terpenthinöl nicht reichlicher als in Weingeist, aber am reichlichsten in dem flüchtigsten Oele des Steinkohlentheers.

Platinniederschlag. Die weingeistige Lösung des unreinen Odmyls gibt mit Zweifachchlorplatin allmälig einen schwefelgelben Niederschlag. (Das nach dem unreinen Odmyl bei 150 bis 205° übergehende Oel gibt einen pomeranzengelben Niederschlag, welcher 49,6 Proc. Platin hält). — Der Niederschlag liefert in der Hitze dasselbe Oel, wie der Sublimatniederschlag, und lässt schwarzes Schwefelplatin. Er wird durch Hydrothionammoniak in ein braunes Pulver verwandelt.

			Anderson.
16 C	96	20,83	22,26
16 H	16	3,47	3,99
2 Pt	198	42,97	43,06
2 Cl	70,8	15,37	
5 S	80	17,36	
	460,8	100,00	

$C^8H^8S^2,PtCl^2 + C^8H^8S^2,PtS$. Anderson. (Wenn man den Niederschlag als $C^{16}H^{16}S^4Pt^2Cl^2$ betrachtet, so ist das Odmyl = $C^{16}H^{18}S^4$. Gerhardt.)

Das in Weingeist gelöste unreine Odmyl trübt Bleizucker und Silbersalpeter nur schwach; fällt aber beim Erhitzen Schwefelblei und Schwefelsilber. Anderson.

Chlorbute. C^8H^8,Cl^2.

Faraday (1825) und Kolbe in den bei Bute (V, 230) genannten Abhandlungen.

Das Butegas verdichtet sich mit einem gleichen Maafse Chlorgas schnell und unter starker Wärmeentwicklung zu einem wasserhellen Oele, erst süfs, dann gewürzhaft und anhaltend bitter schmeckend. Faraday. Lässt man das trockne, mit Wasserstoffgas gemengte Butegas, wie es nach (V, 231, 2) erhalten wird, im Ueberschuss in einer 2mündigen Flasche mit trocknem Chlorgas zusammentreten, während man den sich schwach erwärmenden Boden der Flasche vor dem Tageslichte schützt, so bildet sich, aufser der von dem Wasserstoffgas herrührenden Salzsäure, ein an den Wänden herabfliefsendes Oel. Man befreit dieses durch Schütteln mit schwach alkalischem, dann mit reinem Wasser von der Salzsäure, trocknet es über Chlorcalcium, destillirt es, so lange der (wegen Beimischung an Chlor reicherer und an Wasserstoff ärmerer Verbindungen zuletzt auf 160° steigende) Siedpunct unter 130° bleibt, und rectificirt das flüchtigere Destillat wiederholt theilweise, bis der Siedpunct stetig bei 123° liegt. — So erhält man ein wasserhelles Oel von 1,1112 spec. Gew. bei 18°, von 4,426 Dampfdichte, ganz von dem angenehm süfsen Geruch des ihm homologen Chlorvine. Kolbe.

			Kolbe.		Maafs.	Dampfdichte.
8 C	48	37,86	38,2	C-Dampf	8	3,3280
8 H	8	6,31	6,8	H-Gas	8	0,5547
2 Cl	70,8	55,83	55,5	Cl-Gas	2	4,9086
$C^8H^8Cl^2$	126,8	100,00	100,5	Chlorbute-D.	2	8,7913
					1	4,3956

Das bei 132° destillirende Oel hält 34,6 Proc. C. und 5,5 H. Kolbe.

Das Chlorbute brennt mit heller rufsender Flamme, unter Bildung von Salzsäurenebeln. Kolbe. — In einer mit Chlor gefüllten Flasche der Sonne dargeboten, verwandelt es sich unter Aufnahme von Chlor und Bildung von Salzsäure sehr langsam in eine zähe, aus Kohlenstoff, Wasserstoff und Chlor bestehende Flüssigkeit, die keine Krystalle von C^4Cl^6 enthält. Faraday. — Es setzt beim Erwärmen mit weingeistigem Kali viel Chlorkalium ab, und die veränderte riechende Flüssigkeit wird bei Wasserzusatz milchig durch Abscheidung kleiner Tropfen eines besonders riechenden, flüchtigen Oels, welches wohl = C^8ClH^7 ist. Kolbe.

Lässt man das mit Wasserstoffgas gemengte Butegas durch Fünffachchlorantimon absorbiren, und destillirt die erzeugte Masse unter Zusatz von Salzsäure, so schwärzt sie sich und lässt ein Oel übergehen, welches nach dem Waschen und Trocknen 28,4 Proc. C, 4,2 H und 68,2 Cl hält. KOLBE. [Ungefähr C^8ClH^7,Cl^2].

Nebenkerne des Bute.

a. *Sauerstoffkerne.*

α. Sauerstoffkern $C^8H^6O^2$.

Bernsteinsäure.

$$C^8H^6O^8 = C^8H^6O^2,O^6.$$

POTT. *Mém. de l'Acad. des Sciences de Berl.* 1753, 51.
CARTHEUSER. *Act. Acad. Mogunt.* 1, 281.
STOCKAR DE NEUFORN. *Diss. de Succino.* Lugd. Bat. 1761.
J. G. LEONHARDI. *De Salib. succineis.* Lips. 1775.
WENZEL. Dessen *Lehre von der Verwandtschaft* 326.
GUYTON-MORVEAU. *Scher. J.* 3, 315.
RICHTER. Dessen *Neuere Gegenst.* 8, 154.
BERZELIUS. *Ann. Chim.* 94, 187.
LECANU u. SERBAT. *J. Pharm.* 8, 541; auch *Ann. Chim. Phys.* 21, 328; auch *N. Tr.* 8, 1, 280. — *J. Pharm.* 9, 89; auch *N. Tr.* 7, 2, 98.
LIEBIG u. WÖHLER. *Pogg.* 18, 162.
FELIX D'ARCET. *Ann. Chim. Phys.* 58, 282; auch *Pogg.* 36, 80; auch *J. pr. Chem.* 3, 212.
DÖPPING. *Ann. Pharm.* 47, 253.
FEHLING. *Ann. Pharm.* 49, 154.

Flüchtiges Bernsteinsalz, Acide succinique. — AGRICOLA erwähnte schon 1657 des Bernsteinsalzes; BARCHHUSEN, BOULDUC und BOERHAVE erkannten seine saure Natur.

Vorkommen. 1. Im Bernstein. Dass sie hierin gebildet vorhanden ist, beweist der Versuch von GEHLEN, nach welchem sich schon durch Kochen seines Pulvers mit Wasser ein Theil der Säure erhalten lässt, der Versuch von FUNCKE (*Br. Arch.* 7, 181), nach welchem die mit 10 Th. Bernstein und 50 Th. Weingeist erhaltene Tinctur beinahe 1 Th. kohlensaures Kali zur Aufhebung ihrer sauren Reaction nöthig hat, und beim Abdampfen mit Wasser, unter Ausscheidung von Harz, eine wässrige Lösung von bernsteinsaurem Kali liefert, während der in Weingeist ungelöst gebliebene Theil des Bernsteins bei der Sublimation mit Schwefelsäure nur eine Spur Bernsteinsäure liefert, und der Versuch von BERZELIUS (*Pogg.* 12, 419), der aus dem Bernstein die Säure durch Aether auszog. — 2. In der Braunkohle von Muskau, RABENHORST; im Retinasphalt, und zu $\frac{1}{2}$ Proc. in dem brenzlichen Oele, welches durch Destillation der Retinasphalt haltenden Braunkohle von Naumburg, Altenburg oder Camburg erhalten wird, CERUTTI (*N. Br. Arch.* 22, 286). — 3. Im Terpenthin. Schon SCOPOLI (*Crell, Ann.* 1788, 2, 102) bemerkte, dass bei der Destillation des Terpenthins eine saure Flüssigkeit erhalten werde, welche neben Essigsäure eine krystallisirbare Säure enthält. MARABELLI fand diese Säure der Bernsteinsäure sehr ähnlich; MORETTI (*Bull. Pharm.* 3, 399) der Essigsäure. PAOLO SANGIORGIO erklärte (nach *J. Pharm.* 8, 572) zuerst diese Säure für wirkliche Bernsteinsäure, was 1822 LECANU u. SERBAT vollständig erwiesen. Nach Letzteren setzt sich diese Säure bei der Destillation des Terpenthins, wenn das meiste Oel übergegangen ist, an den Hals der Retorte zuerst in farblosen, dann in durch Harz gebräunten Krystallen. Auch PERETTI (*Mag. Pharm.* 4, 62) fand die Säure im Terpenthin; GUMBRECHT (*Br. Arch.* 14, 168) fand sie im Terpenthinöl; aber FUNCKE (*Br. Arch.* 15, 173) gelang es nicht, sie bei der Destillation des Terpenthins zu gewinnen. — 4. Nach einer durch JOHN (*Berl. Jahrb.* 1818, 158) bestätigten Erfahrung von Brissenhirtz erhält man auch auf folgende Weise Bernsteinsäure: Man lässt ein Gemisch aus 1 1/2 ℔ Honig, 2 ℔ Brod, 1 1/2 ℔ *Siliqua dulcis*, 6 ℔ Essig, 6 ℔ Branntwein und 84 ℔ Wasser in die Essiggährung übergehen, neutralisirt den erhaltenen Essig mit Kalk, und destillirt den essigsauren Kalk mit 1/2, Braunstein, 2/3 Vitriolöl und 4/3 Wasser; nachdem die Essigsäure übergegangen ist, so sublimiren sich bei verstärktem Feuer 2 Drachmen Bernsteinsäure. Hier bleibt unentschieden, ob die Säure Educt oder Product ist; in der *Siliqua dulcis* fand John nichts von dieser Säure. Plümacher (*Schw.* 63, 369) gelang die Darstellung von Bernsteinsäure nach der Weise von Brissenhirtz nicht. — 5. Im Kraut von *Lactuca sativa* u. *virosa*. Könnke (*N. Br. Arch.* 39, 153) — 6. Im Kraut von *Artemisia Absinthium*. Zwenger (*Ann. Pharm.* 48, 122). Luck (*Ann. Pharm.* 54, 112) hält diese leicht krystallisirbare Säure, die im Wermuth in kleiner Menge vorkommt, fur verschieden von der Bernsteinsäure. — Vielleicht ist auch die von Kahler (*Br. Arch.* 35, 218) aus dem *Semen Cynae* erhaltene Säure Bernsteinsäure. — 7. Vielleicht ist auch die von Klaproth (*Scher. J.* 10, 3; auch Dessen *Beiträge* 3, 114) beschriebene *Maulbeerholzsäure*, welche bisweilen in Verbindung mit Kalk aus dem Stamm des *Morus alba* ausschwitzt, nichts anderes als Bernsteinsäure. Sie schiefst in Nadeln vom Geschmack der Bernsteinsäure an, und ist, unter nur geringer Zersetzung, in wasserhellen Nadeln sublimirbar. Sie löst sich leicht in Wasser und Weingeist. Sie fällt im freien Zustande kein schweres Metallsalz, aber, an ein Alkali gebunden, fällt sie die Salze des Bleioxyds, Eisenoxyds, Kobalt-, Nickel- und Quecksilber-Oxyduls und des Kupfer- und Silber-Oxyds. Klaproth. — Aehnliches fand Landerer (*Repert.* 67, 100). — Eine andere, von Rouchas (*J. Scienc. phys.* 3, 303) untersuchte Ausschwitzung von *Morus alba* zeigte abweichende Verhältnisse.

Bildung. 1. Bei der Oxydation organischer Verbindungen durch die Luft. — In einem sauer gewordenen flüchtigen Oele von *Cuminum Cyminum* fand sich eine der Bernsteinsäure ähnliche Säure. Chevallier (*J. Chim. méd.* 4, 18). — 2. Bei der Oxydation organischer Verbindungen durch Salpetersäure. — Chevreul (*Recherch.* 28) erhielt durch längeres Kochen von Talgsäure, Margarinsäure, Talgfett, Wallrathfett oder Aethal mit grofsen Mengen von Salpetersäure eine der Bernsteinsäure ähnliche Säure, und bei gleicher Behandlung der Oelsäure eine Säure von etwas abweichenden Eigenschaften. Seitdem hat Bromeis (*Ann. Pharm.* 35, 90) gezeigt, dass hierbei die Talgsäure in der That Bernsteinsäure liefert. Auch wurde diese Säure mittelst der Salpetersäure von Sthamer, Radcliff, Ronalds und Sacc (*Ann. Pharm.* 43, 346, 349 u. 356; 51, 229) aus japanischem Wachs, Wallrath, Bienenwachs und Margarinsäure gewonnen. Beim Einkochen von concentrirter Salpetersäure mit Santonin erhielt Heldt (*Ann. Pharm.* 63, 40) Nadeln von Bernsteinsäure. — Durch Destillation von 1 Th. Stärkmehl mit 6 Th. Salpetersäure von 1,295 spec. Gew. bis zum Verkohlen des Rückstandes erhielt Tünnermann (*Schw.* 49, 221) im Retortenhals ein Sublimat von welchen gelben Krystallen und ein wässriges Destillat, woraus sich eine Säure darstellen liefs, welche mit der Bernsteinsäure übereinkam, nur dass sie [wegen Beimischungen?] etwas leichter in Wasser löslich war. — 3. Beim Faulen von Pflanzensäften, welche Asparagin enthalten, entsteht bernsteinsaures Ammoniak, Piria (*Compt. rend.* 19, 576). Ebenso beim Faulen des äpfelsauren Kalks unter Wasser, Dessaignes (*N. Ann. Chim. Phys.* 25, 253; auch *N. J. Pharm.* 15, 264; auch *J. pr. Chem.* 46, 350); Liebig (*Ann. Pharm.* 70, 104).

Darstellung. A. *Aus Bernstein.* a. *Durch Destillation des Bernsteins für sich.* Man erhitzt ihn in einem Destillirapparat zum Schmelzen, bis das Aufblähen und die Säureentwicklung aufhört und ein dickes braunes Oel überzugehen anfängt. Der Rückstand ist das, zu Firnissen zu benutzende *Colophonium Succini.* Die Säure findet sich krystallisch im Retortenhalse und in der Vorlage und einem kleinen Theile nach in dem vom Oel zu scheidenden und abzudampfenden wässrigen Destillate gelöst. Sie beträgt ungefähr $^1/_{32}$ des Bernsteins. — In gläsernen Apparaten erhält man mehr Säure, als in eisernen. FUNCKE.

b. *Durch Destillation mit verdünnter Schwefelsäure.* Man befeuchtet 1 Th. grobes Bernsteinpulver mit $^1/_{32}$ bis $^1/_{16}$ Vitriolöl, welches mit seiner 1- bis 3-fachen Menge Wasser verdünnt ist und verfährt wie bei a. So erhält man von 1 Th. Bernstein gegen $^1/_{16}$ Th. Säure. POTT (*Crell N. Archiv* 5, 177). BARTH (*Hermbstädt Museum* 4, 253); J. A. BUCHNER (*Repert.* 1, 300); ILISCH (*Scher. Ann.* 6, 186); FUNCKE (*Br. Arch.* 7, 181); WEISS (*Taschenb.* 1826, 37).

c. *Durch Einkochen des Bernsteins mit Salpetersäure.* Man erwärmt grob gepulverten Bernstein in einer Retorte mit so viel verdünnter Salpetersäure, bis die anfangs sich darüber erhebende gelbe zähe Harzmasse verschwunden ist, dampft die klare Flussigkeit zu Syrup ab, kocht diesen wiederholt mit frischer, und zwar zuletzt mit concentrirter Salpetersäure ein, um den Rest des Harzes zu zerstören, stellt den erhaltenen Syrup einige Wochen in die Kälte, bis er krystallisch erstarrt ist, trennt die Krystalle auf dem Trichter von der Mutterlauge, welche mit starker Salpetersäure abgedampft, wieder Krystalle und eine Mutterlauge gibt, aus der bei nochmaligem Einkochen mit Salpetersäure nochmals Krystalle erhalten werden. Endlich kocht man sämmtliche auf dem Trichter gesammelte Krystalle mit starker Salpetersäure und erhält beim Erkalten der Lösung weifse krystallische Bernsteinsäure, $^1/_{12}$ des Bernsteins betragend. Dennoch ist diese Methode nicht vortheilhaft, da sie viel Salpetersäure erfordert, und kein *Colophonium Succini* liefert. — Aus dem beim Erhitzen des Bernsteins mit Salpetersäure erhaltenen Destillat, nachdem die Salpetersäure durch Kali neutralisirt ist, lässt sich durch Aether eine weifse krystallische Materie ausziehen, die sich ganz wie gemeiner Campher verhält. DÖPPING (*Ann. Pharm.* 49, 350).

Reinigung der aus dem Bernstein nach a *oder* b *erhaltenen Säure.* Von dem meisten brenzlichen Oel befreit man die Säure durch Pressen zwischen Papier, Auflösen in heifsem Wasser, Filtriren durch angefeuchtetes Papier und Krystallisiren. — Zur Entfernung des letzten Antheils von Oel und braun färbender Materie dient am besten Kochen mit Salpetersäure, welche die Bernsteinsäure durchaus nicht zerstört. MORVEAU, LECANU u. SERBAT, DÖPPING. — Wenn man 1 Th. noch braune und ölige Bernsteinsäure mit 4 Th. käuflichem einfachen Scheidewasser in einer Retorte mit Vorlage (weil etwas Bernsteinsäure übergeht) $^1/_2$ Stunde kocht, wobei sich nur anfangs, wegen Zerstörung des Oels, einige salpetrige Dämpfe entwickeln, und die Flüssigkeit noch heifs in eine Schale giefst, so schiefst die Bernsteinsäure, weil sie in Salpetersäure nur wenig löslich ist, beim Erkalten fast vollständig an, und zwar in weifsen geruchlosen Krystallen, welche durch Umkrystallisiren aus Wasser von der Salpetersäure befreit werden und nun völlig rein sind. Die salpetersaure Mutterlauge hält keine Oxalsäure. DÖPPING. Die so gereinigte Säure lässt FEHLING noch aus Weingeist krystallisiren, wodurch der bisamartige Geruch entzogen wird.

Weniger genügende Reinigungsweisen: 1. Man leitet durch die in Wasser vertheilte Bernsteinsäure einige Stunden lang Chlorgas, dampft die geruchlos gewordene Flüssigkeit zum Krystallisiren ab, und befreit die Krystalle durch Umkrystallisiren aus Wasser von der Salzsäure. LIEBIG u. WÖHLER (*Pogg.* 18, 163). — Wenn man die wässrige Lösung der Bernsteinsäure mit Chlorgas sättigt und erst nach 24stundigem Hinstellen in einem bedeckten Gefäfse filtrirt und abdampft, so zeigt sie einen moschusartigen Geruch, und liefert blassgelbe Krystalle, welche weder durch Umkrystallisiren, noch durch nochmalige Behandlung mit Chlor, sondern blofs durch Kochen mit Salpetersäure ganz farblos erhalten werden können. DÖPPING. — TÜNNERMANN (*Schw.* 51, 469) kocht 1 Th. Bernsteinsäure mit 1 Th. Braunstein, 3 Th. conc. Salzsäure und $1^1/_2$ Th. Wasser, filtrirt heifs und reinigt die erhaltenen Krystalle durch Umkrystallisiren aus Wasser. Diese Säure zeigt bei der Sublimation nicht den geringsten Geruch nach verbranntem Bernstein. [Ist sie auch farblos?] — 2. Morveau empfahl die Sublimation der mit Sand gemengten Säure, wodurch aber das Oel nicht entfernt werden kann. — 3. Lowitz empfahl die Digestion der wässrigen Säure mit Kohlenstaub. — Dieser entfärbt zwar die Säure, befreit sie aber nicht vom Oel. Berzelius. Holzkohle entfärbt nicht die Säure, und nimmt viel von ihr auf, nur durch langes Auswaschen wieder zu gewinnen. Döpping. — Eine Reinigung erst durch Krystallisiren aus Wasser, dann durch Holzkohle, dann durch Eindampfen mit wenig Salpetersäure, dann durch Leiten von Chlor durch die filtrirte Lösung empfiehlt Werner (*J. pr. Chem.* 14, 246). — 4. Berzelius (*Lehrb.*) neutralisirt die Säure mit nicht überschüssigem kohlensauren Kali, kocht die Flüssigkeit mit wenig Blutlaugenkohle, fällt das Filtrat durch Bleizucker, wäscht den Niederschlag gut mit Wasser, wobei sich allerdings etwas bernsteinsaures Bleioxyd löst, und zersetzt 10 Th. des getrockneten Niederschlags durch ein Gemisch von 3 Th. Vitriolöl und 30 Th. Wasser.

B. *Aus Talgsäure und ähnlichen fettigen Materien durch Salpetersäure.* — Man destillirt 1 Th. Talgsäure, Margarinsäure, Talgfett, Wallrathfett oder Aethal mit 100 Th. Salpetersäure von 32° Bm. unter öfterem Cohobiren, bis das Destillat mit dem Rückstande eine klare Lösung bildet, dampft diese in einer Schale ab, stellt den gelblichen zähen krystallischen Rückstand mit 26 Th. kaltem Wasser 24 Stunden hin, verdampft und befreit die erhaltenen Krystalle von der Mutterlauge. Chevreul (*Recherch.* 28). — 2. Man destillirt Talgsäure mit Salpetersäure unter öfterem Cohobiren und Erneuern der Säure, bis sich Alles gelöst hat, dampft zur Hälfte ab, befreit die nach 24 Stunden erstarrte Korksäure durch Waschen auf einem Trichter von der Mutterlauge, und erhält durch Abdampfen und Erkalten derselben Krystalle von Bernsteinsäure, welche durch wiederholtes Krystallisiren aus Wasser vom gröfsten Theil der noch anhängenden, in Wasser minder löslichen Korksäure und von deren Rest durch Waschen mit 3 Th. kaltem Weingeist oder 4 Th. kochendem Aether, welche nur sehr wenig Bernsteinsäure lösen, zu befreien ist. Endlich lässt man diese noch einmal aus Wasser krystallisiren. Aber auf diese Weise lässt sich die Korksäure nicht völlig entfernen. Daher krystallisirt die so erhaltene Bernsteinsäure nicht blofs in Tafeln, sondern auch in weifsen schweren festen Körnern, schmilzt, nach dem Trocknen bei 100°, schon bei 170 bis 175°, und zeigt minder scharfe Reactionen. Nur durch Sublimation lässt sich die Bernsteinsäure von der, nicht so leicht und nicht unzersetzt verflüchtigbaren Korksäure befreien. — Man kann daher auch die rohe Lösung der Talgsäure in Salpetersäure bei mäfsiger Wärme möglichst weit verdunsten, mit Wasser von 20 bis 30° mischen und hinstellen, von dem hierbei ausgeschiedenen Oel, welches in der Salpetersäure gelöst gewesen war, trennen, wieder möglichst abdampfen, wieder mit lauem Wasser mischen und noch von etwas Oel trennen, dann bei gelinder Wärme bis zum anfangenden Krystallisiren abdampfen, erkälten, die gebildete weifse feste körnige Masse zwischen Papier auspressen, scharf trocknen und in einem langhalsigen Kolben im Sandbade gelinde erhitzen und die in feinen Federn sublimirte Bernsteinsäure durch nochmalige Sublimation reinigen. Die so erhaltene Säure ist sehr rein und krystallisirt aus Wasser nicht mehr in runden Körnern, sondern in grofsen Tafeln. Bromeis (*Ann. Pharm.* 35, 90; 37, 292). — Japanisches Wachs braucht blofs einige Wochen mit Salpetersäure destillirt zu werden, unter Cohobiren und öfterem Zufügen frischer Säure, um durch Abdampfen und Erkälten der erhaltenen Lösung wasserhelle Tafeln reiner Bernsteinsäure zu liefern. Sthamer (*Ann. Pharm.* 43, 346) — Erwärmt man Wallrath mit Salpetersäure von mittlerer Stärke mehrere Tage nicht bis zum Kochen, so liefert die erhaltene Lösung beim Abdampfen und Erkälten Krystalle von Bernsteinsäure, durch Umkrystallisiren erst aus Salpetersäure, dann aus Wasser zu reinigen. Die Mutterlauge der zuerst erhaltenen Krystalle liefert beim Abdampfen und Erkälten noch mehr, aber zuletzt mit einem weifsen Körper verunreinigt, der Pimelinsäure zu sein scheint, und um so mehr beträgt, je länger man mit Salpetersäure digerirt hatte. Radcliff (*Ann. Pharm.* 43, 349). — Aus weifsem Bienenwachs erhielt Ro-

NALDS (*Ann. Pharm.* 43, 356) bei demselben Verfahren durchsichtige Blättchen der Bernsteinsäure.

C. *Durch Gährung des äpfelsauren Kalks.* — Man stellt 12 Th. aus Vogelbeerensaft nach LIEBIGS Verfahren (s. Aepfelsäure) bereiteten rohen äpfelsauren Kalk nach 3maligem Waschen, mit 40 Th. Wasser und 1 Th. faulem Käs, der mit Wasser zu einer Emulsion gerieben ist, in einem steinernen Topfe bei 30 bis 40° hin, bis nach 4 bis 6 Tagen die Gasentwicklung beendigt ist, sammelt den körnigen Niederschlag auf Leinen, wäscht ihn mehrmals mit Wasser, versetzt ihn so lange mit verdünnter Schwefelsäure, bis er nicht mehr aufbraust (vom beigemengten kohlensauren Kalk), fügt dann noch eben so viel Schwefelsäure hinzu, kocht einige Zeit, bis das Kalksalz nicht mehr körnig ist; seiht durch Leinen, wäscht aus, dampft sämmtliche Flüssigkeit bis zur Krystallhaut ab, fugt Vitriolöl in kleinen Mengen hinzu, so lange dadurch noch Gyps abgeschieden wird, seiht davon ab (wenn der Gyps einen Brei bildet, nach vorheriger Verdünnung mit etwas Wasser), wäscht, dampft ab, und erhält beim Erkalten bräunliche, noch Gyps haltende Krystalle von Bernsteinsäure. Diese werden einmal aus reinem Wasser umkrystallisirt, dann aus Wasser nach dem Kochen mit wenig Thierkohle, und endlich durch Lösen in Weingeist oder durch Sublimiren von allem Gyps befreit. So geben 12 Th. äpfelsaurer Kalk 3,75 bis 4 Th. reine krystallisirte Bernsteinsäure; in den Mutterlaugen findet sich keine Spur Aepfelsäure mehr. LIEBIG (*Ann. Pharm.* 70, 104).

Eigenschaften. Die aus Wasser krystallisirte Säure erscheint in wasserhellen Säulen des 2- und 1-gliedrigen Systems. *Fig.* 92, oft mit *f*-Flächen (durch Abstumpfung der scharfen Endkanten); bei Vergröfserung der *m*-Flächen erscheinen die Säulen als rhombische und 6seitige Tafeln. WACKENRODER (*J. pr. Chem.* 23, 204). Spec. Gew. = 1,55. RICHTER. Die Säure schmilzt bei 180°, kocht bei 235°, D'ARCET, und verdampft ohne allen Rückstand in weifsen scharfen Dämpfen. Sie röthet Lackmus, nicht Veilchensaft. Sie ist geruchlos und schmeckt sauer und warm.

	Krystallisirt.		D'ARCET.	ZWENGER.	PIRIA.	BROMEIS.
8 C	48	40,68	41,22	40,62	40,34	41,98
6 H	6	5,09	5,33	5,28	5,22	5,37
8 O	64	54,23	53,45	54,10	54,44	52,65
$C^8H^6O^8$	118	100,00	100,00	100,00	100,00	100,00

	STHAMER.	RADCLIFF.	RONALDS.	DESSAIGNES.	STRECKER.
C	40,80	40,89	41,06	40,88	40,3
H	5,15	5,20	5,12	5,25	5,1
O	54,05	53,91	53,82	53,87	54,6
	100,00	100,00	100,00	100,00	100,5

Die Radicaltheorie setzt $\overline{S} = C^4H^2O^3$. — D'ARCET analysirte die aus Bernstein erhaltene Säure, ZWENGER die aus Wermuth, PIRIA (*N. Ann. Chim. Phys.* 22, 167) die aus einer vergohrenen Lösung von unreinem Asparagin; BROMEIS die aus Talgsäure, STHAMER die aus Japanischem Wachs, RADCLIFF die aus Wallrath, RONALDS die aus Bienenwachs, und DESSAIGNES und STRECKER die aus äpfelsaurem Kalk. Die Krystalle wurden meistens bei 100° vom hygroskopischen Wasser befreit.

Zersetzungen. 1. Die bis zum Verdampfen erhitzte Säure sublimirt sich unter Entwicklung von Wasser in den farblosen seidenglänzenden Nadeln der sublimirten Bernsteinsäure, welche sich als $C^8H^5O^7$ betrachten lässt, und geht bei öfters wiederholter Sublimation unter weiterer Wasserbildung völlig in Bernsteinsäure-Anhydrid über. $C^8H^6O^8 = C^8H^4O^6 + 2HO$. D'ARCET.

Die Sublimation erfolgt schon bei 140°, jedoch sehr langsam; der zurückbleibende Theil zeigt die unveränderte Zusammensetzung von $C^8H^6O^8$, während der sublimirte = $C^8H^5O^7$ ist. D'Arcet.

Die *sublimirte Säure* schmilzt bei 160° und kocht bei 242°, fängt aber schon bei 140° an sich zu sublimiren. Ihre Lösung in Wasser liefert wieder die Krystalle der gewöhnlichen Säure, $C^8H^6O^8$. D'Arcet. [Nach den folgenden Analysen ist die sublimirte Säure $C^8H^5O^7$; da sie aber bei 10maliger Sublimation allmälig ganz in $C^8H^4O^6$ übergeht, so ist sie vielleicht nicht als eine einfache Verbindung zu betrachten, sondern als ein blofses Gemisch von $C^8H^4O^6$ mit $C^8H^6O^8$].

Sublimirte Säure.			D'Arcet.	Liebig u. Wöhler.
8 C	48	44,04	44,11	44,38
5 H	5	4,59	4,83	5,00
7 O	56	51,37	51,06	50,62
$C^8H^5O^7$	109	100,00	100,00	100,00

2. Durch einen flammenden Körper entzündet, verbrennt die Bernsteinsäure mit blassblauer Flamme. Gm. — 3. Sie verpufft auf erhitztem Salpeter mit weifser Flamme. Morveau. — 4. Mit 2 Th. Schwefelsäure und 3 Th. Braunstein destillirt, liefert sie Essigsäure. Trommsdorff. — 5. Beim Erhitzen mit überschüssigem Aetzkali liefert sie oxalsaures, aber kein honigsteinsaures Kali. Liebig u. Wöhler. [Etwa so: $C^8H^6O^8 + 4KO + 4HO = 2C^4K^2O^8 + 10H$]. — Sie wird nicht zersetzt durch Chlorgas, in welchem man sie sublimirt, oder welches man durch ihre selbst heifse, wässrige Lösung leitet. Liebig u. Wöhler. — Sie wird nicht zersetzt durch Einkochen mit starker Salpetersäure, Morveau, Westrumb u. A. Auch nicht durch chlorsaures Kali mit Salzsäure, Fehling; auch nicht durch wässrige Chromsäure, Winckler (*Repert.* 46, 466). — Die Zersetzung des Kalksalzes durch Hitze und des Silbersalzes durch Chlor s. bei diesen Salzen.

Verbindungen. Die Säure löst sich in 24 Th. kaltem, in 2 Th. kochendem Wasser, Neufohn; in 5 Th. Wasser von 16° und in 2,2 Th. kochendem, Lecanu u. Serbat. Die Lösung von 1,01 spec. Gew. hält 2,78 Proc. und die von 1,04 hält 10,82 Proc. Säure. Richter.

Die *neutralen bernsteinsauren Salze, Succinates*, der aus 1 At. Metall und 1 At. Sauerstoff zusammengesetzten Metalloxyde haben die Formel: $C^8H^4M^2O^8$ (nach der Radicaltheorie $MO,C^4H^2O^3$), und die wenigen *sauren*, die sich dars'ellen lassen, haben die Formel: $C^8H^5MO^8$ (oder $MO,C^4H^2O^3 + C^4H^3O^4$). Die Salze liefern bei der trocknen Destillation kohlensaures und Kohlenwasserstoff-Gas, Wasser, Essigsäure und brenzliches Oel. Morveau. (s. besonders das Kalksalz). Die meisten bernsteinsauren Salze lösen sich in Wasser; die nicht darin löslichen lösen sich in wässrigem essigsauren Kali, so dass das mit essigsaurem Kali versetzte bernsteinsaure Kali kein schweres Metallsalz fällt. Lecanu u. Serbat.

Bernsteinsaures Ammoniak. — a. *Neutrales.* — Mit brenzlichem Oel verunreinigt im *Liquor Cornu Cervi succinatus.* — Man lässt die im überschüssigen wässrigen Ammoniak gelöste Säure in einer lufthaltigen Glocke über Kalk zum Krystallisiren verdunsten. Döpping. — Da auch hierbei Ammoniak verloren geht und sich saures Salz bildet, so fälle man Bleiessig durch überschüssiges neutrales bernsteinsaures Ammoniak, verdunste das Filtrat im Vacuum über Vitriolöl, wasche, wenn das Meiste angeschossen ist, die Krystallmasse mit wenig kaltem Wasser, presse zwischen Papier und trockne unter 50°. FEHLING. [Sollte hierbei das essigsaure Ammoniak das bernsteinsaure vor dem Ammoniakverlust schützen, so würde es einfacher sein, die gemischte Lösung beider Salze verdunsten zu lassen. — Durchsichtige 6seitige Säulen, nur schwach sauer reagirend, DÖPPING, völlig neutral, FEHLING. Sie verlieren an der Luft fortwährend Ammoniak, ohne zu verwittern. DÖPPING. Sie entwickeln beim Erbitzen zuerst Ammoniak und Wasser, und das dabei zurückbleibende saure Salz $C^8NH^9O^8$ zerfällt in sich mit wenig Bernsteinsäure sublimirendes Bisuccinamid ($C^8NH^5O^4$) und in 4 HO. FEHLING. Das Salz löst sich leicht in Wasser und Weingeist; seine wässrige Lösung nimmt viel Platinsalmiak oder Zweifachchlorplatinkalium auf, und Zweifachchlorplatin fällt daher aus ihr das Ammoniak nur unvollständig. DÖPPING. Die wässrige Lösung, 1/2 Jahr der Luft ausgesetzt, gibt einen schwarzen Niederschlag und wird alkalisch. HORST (*Br. Arch.* 1, 257).

	Krystallisirt.		DÖPPING.	FEHLING.
8 C	48	31,58	31,71	31,94
2 N	28	18,42	18,50	
12 H	12	7,90	7,85	7,92
8 O	64	42,10	41,94	
$C^8H^4(NH^4)^2O^8$	152	100,00	100,00	

b. *Saures.* Man verdunstet die wässrige Lösung von a in der Wärme zum Krystallisiren, oder versetzt 1 Th., genau mit Ammoniak neutralisirte, Säure mit noch 1 Th. Säure und verdunstet. DÖPPING. — Durchsichtige lange Säulen des 1- und 1-gliedrigen Systems. *Fig.* 127; leicht spaltbar nach y, u und v; meistens mit der y-Fläche aufsitzend; y : u = 91° 53'; y : v = 93° 25'; y : z = 91° 45'; y : q = 151° 57'; y : Fläche unter u = 151° 7'; u : v = 100° 15'; u : q = 119° 53'; u : Fläche unter u = 117°; v : z = 135° 46'. BROOKE (*Ann. Phil.* 22, 286). — Das Salz schmeckt scharf, bitter und kühlend und röthet Lackmus. — Es verliert bei 100° kaum einige Procent, und verdampft bei 140° unter theilweiser Zersetzung. DÖPPING. Es entwickelt bei längerem gelinden Erhitzen viel Ammoniak mit etwas Wasser, und lässt reine Bernsteinsäure mit wenig Bisuccinamid. BINEAU (*Ann. Chim. Phys.* 67, 241). Es löst sich leicht in Wasser und Weingeist. DÖPPING.

	Krystallisirt.		DÖPPING.
8 C	48	35,55	35,54
N	14	10,37	
9 H	9	6,67	6,73
8 O	64	47,41	
$C^8H^5(NH^4)O^8$	135	100,00	

Bernsteinsaures Kali. — a. *Neutrales.* — Aus der mit kohlensaurem Kali neutralisirten wässrigen Bernsteinsäure schiefsen nach dem Abdampfen fast bis zum Syrup schwierig zu Sternen vereinigte Nadeln an. LECANU u. SERBAT. Dünne rhombische Tafeln, welche bei 100° 4,2 bis 4,8 Proc. Wasser verlieren. FEHLING. Die Krystalle zerfliefsen; sie verlieren bei 100° all ihr Wasser, 16,2 Proc. betragend, und der Rückstand hält ohne weitern Verlust eine Hitze von 230 bis 240° aus, und schmilzt dann ruhig unter Zersetzung. DÖPPING. Die Krystalle zerfliefsen an der Luft, LECANU u. SERBAT, DÖPPING sie sind luftbeständig, Fehling. Sie lösen sich leicht in Wasser und in schwachem Weingeist, nicht in Aether. Döpping, Fehling.

Bei 100° getrocknet.			Fehling.	Krystallisirt.			Döpping.
2 KO	94,4	48,56	48,21	2 KO	94,4	40,97	40,39
$C^8H^4O^6$	100	51,44		$C^8H^4O^6$	100	43,40	
				4 HO	36	15,63	16,20
$C^8H^4K^2O^8$	194,4	100,00		+ 4 Aq	230,4	100,00	.

b. *Saures*. — Man fügt zu 1 Th. mit kohlensaurem Kali neutralisirter Säure noch 1 Th. Säure, und dampft zum Krystallisiren ab. Durchsichtige, Lackmus röthende, 6seitige Säulen des 1- und 1-gliedrigen Systems. Sie trüben sich allmälig an der Luft, verlieren bei 230°, ohne weitere Zersetzung, alles Wasser (17,77 bis 18,0 Proc.) und schmelzen dann bei stärkerer Hitze unter Verflüchtigung von Bernsteinsäure, mit weiterer Zersetzung. Sie lösen sich leicht in Wasser und Weingeist. Döpping.

Wasserfreie Krystalle.			Fehling.	Gewässerte Krystalle.			Döpping.
KO	47,2	30,22	30,11	KO	47,2	24,56	24,46
$C^8H^5O^7$	109	69,78		$C^8H^5O^7$	109	56,71	
				4 HO	36	18,73	18,00
$C^8H^5KO^8$	156,2			+ 4 Aq	192,2	100,00	

Fehling analysirte Krystalle, die nach dem Trocknen an der Luft nichts bei 100° verloren. Also sind wasserfreie und gewässerte Krystalle dieses Salzes zu unterscheiden.

c. *Uebersaures*. — Neutralisirt man in der Hitze 1 Th. in Wasser gelöste Säure mit kohlensaurem Kali, und fügt noch 3 Th. Säure hinzu, so schiefst beim Erkalten bald ein wasserfreies Salz α an, bald ein gewässertes β, welches bei 100° 9,65 Proc. Wasser verliert. Fehling.

			Fehling. α. Kryst.	Fehling. β. bei 100° getr.	Krystalle β, lufttrocken.			Fehling.
KO	47,2	17,22	17,48	17,44	KO	47,2	15,67	16,24
16 C	96	35,01	36,18	36,35	$C^8H^5O^7$	109	36,19	
11 H	11	4,01	3,99	3,97	$C^8H^6O^8$	118	39,18	
15 O	120	43,76	42,35	42,24	3 HO	27	8,96	9,65
$C^8H^5KO^8,C^8H^6O^8$	274,2	100,00	100,00	100,00	+ 3 Aq	301,2	100,00	

[Fehling nimmt im trocknen Salze 1 HO weniger an, weil Er mehr C erhielt; dieses kann aber theils daher rühren, dass Er den C = 6,12 berechnete, theils daher, dass Er annahm, das bei der Verbrennung mit Kupferoxyd bleibende Kali habe $^2/_3$ At. Kohlensäure zurückgehalten, was in diesem Falle vielleicht weniger betrug].

Bernsteinsaures Natron. — a. *Neutrales*. — Die mit wässrigem kohlensauren Natron neutralisirte Säure liefert beim Verdunsten wasserhelle luftbeständige, neutrale, rhomboidische Säulen. Döpping. Schiefe rhomboidische Säulen. Fehling. Bitter. — Sie verwittern an der Luft ein wenig. Lecanu u. Serbat, Fehling. Sie verlieren bei 100° alles Wasser = 40,00 Proc. (40,4 Proc. Fehling), dann nichts mehr bis zu 230 bis 240°. Döpping. Das trockne Salz liefert bei der trocknen Destillation kohlensaures und Kohlenwasserstoff-Gas, Essigsäure-haltendes Wasser, braungelbes Oel und, mit wenig Kohle gemengtes, kohlensaures Natron. MORVEAU. — Das Salz löst sich leicht in Wasser, besonders in heifsem, LECANU u. SERBAT, und in wässrigem Weingeist, DÖPPING.

Bei 100° getrocknet.			FEHLING.	Krystallisirt.			DÖPPING.	FEHLING.
2 NaO	62,4	38,42	37,85	2 NaO	62,4	23,08	22,92	21,73
8 C	48	29,55	29,89	$C^8H^4O^6$	100	36,98		
4 H	4	2,47	2,68					
6 O	48	29,56	29,58	12 HO	108	39,94	40,00	40,40
$C^8H^4Na^2O^8$	162,4	100,00	100,00	+ 12 Aq	270,4	100,00		

b. *Saures.* — Man versetzt 1 Th. mit kohlensaurem Natron neutralisirte Säure mit noch 1 Th. Säure, und verdunstet in gelinder Wärme zum Krystallisiren. DÖPPING.

α. Selten erhält man undeutliche Krystalle, welche nicht verwittern und bei 100° 21,44 Proc. Wasser verlieren, aber aus Wasser umkrystallisirt die Krystalle *β* geben. FEHLING.

β. Gewöhnlich erhält man klare Säulen des 1- und 1-gliedrigen Systems. *Fig.* 128; undeutlich spaltbar nach der Abstumpfungsfläche der Ecke unter u und v; y : u = 128°; y : d = 169° 55'; y : v = 140° 50'; y : der Abstumpfungsfläche unter u und v = 99° 30'; u : v = 117° 6'; v : z = 133° 20'; u : Fläche unter u und v = 115° 8'; v : Fläche unter u und v = 108° 7'. BROOKE (*Ann. Phil.* 22, 286). [BROOKE gibt zwar nicht an, ob Er das neutrale oder das saure Salz vor sich hatte; aber die Formähnlichkeit mit dem sauren Ammoniaksalze macht das letztere wahrscheinlich. Aufserdem beschreibt auch DÖPPING die Krystalle als 6seitige Säulen des 1- und 2-gliedrigen Systems und FEHLING als grofse Tafeln, aus verkürzten schiefen rhombischen Säulen gebildet]. — Die Krystalle röthen Lackmus, verwittern langsam an der Luft, DÖPPING, wobei sie bald 4,5 Proc. verlieren, FEHLING. Bei 100° verlieren sie alles Wasser, DÖPPING, FEHLING.

Das trockne Salz bleibt bis 200° unverändert und zersetzt sich bei stärkerer Hitze wie das saure Kalisalz. DÖPPING. — Das Salz löst sich leicht in Wasser und wässrigem Weingeist. DÖPPING.

	Bei 100° getrocknet.		FEHLING.
NaO	31,2	22,25	21,83
8 C	48	34,24	34,21
5 H	5	3,56	3,71
7 O	56	39,95	40,25
$C^8H^5NaO^8$	140,2	100,00	100,00

Krystalle *α.*			FEHLING.	Krystalle *β*			FEHL.	DÖPPING.
NaO	31,2	17,71	17,76	NaO	31,2	16,06	16,4	15,89
$C^8H^5O^7$	109	61,86		$C^8H^5O^7$	109	56,13		
4 HO	36	20,43	21,44	6 HO	54	27,81	27,6	28,06
$C^8H^5NaO^8$+4Aq	176,2	100,00		+ 6 Aq	194,2	100,00		

Es lässt sich weder ein *bernsteinsaures Natron-Ammoniak*, noch eir *bernsteinsaures Natron-Kali* darstellen. FEHLING, DÖPPING.

Bernsteinsaurer Baryt. — *Neutraler.* — Bernsteinsaure: Natron, aber nicht die freie Säure, fällt den nicht zu verdünnter salz- oder salpetersauren Baryt. JOHN. Bei concentrirter Lösung fällt sogleich ein weifses, schweres, Lackmus nicht röthendes Pulve nieder, bei verdünnter entstehen erst nach einiger Zeit, schnelle beim Erwärmen, Krystallkörner. DÖPPING, FEHLING. Barytwasser fäll aus nicht zu verdünntem sauren bernsteinsauren Kali oder Natron dasselbe Salz, ohne ein Doppelsalz zu bilden. Döpping. — Das lufttrockne Salz verliert bei 200° nur etwas hygroskopisches Wasser. Döpping, Fehling. — Es löst sich sehr schwer in Wasser oder Bernsteinsäure, mit der es kein saures Salz bildet, leichter in Essigsäure, noch leichter in verdünnter Salz- oder Salpeter-Säure, nicht in Ammoniak oder Weingeist. Döpping.

Bei 200° getrocknet.			Döpping.	Fehling.
2 BaO	153,2	60,50	60,49	59,66
$C^8H^4O^6$	100	39,50		
$C^8H^4Ba^2O^8$	253,2	100,00		

Ein saures Barytsalz lässt sich nicht erhalten; das klare wässrige Gemisch von Bernsteinsäure und essigsaurem Baryt lässt beim Abdampfen zur Trockne und Ausziehen der freien Bernsteinsäure mit Weingeist neutrales Salz. Das klare Gemisch von saurem bernsteinsauren Natron und Chlorbaryum scheidet beim Erwärmen und Verdunsten das neutrale Salz als Krystallpulver ab. Döpping.

Bernsteinsaurer Strontian. — Durch Fällen eines in nicht zu viel Wasser gelösten Strontiansalzes mittelst neutralen bernsteinsauren Natrons. Bucholz, John, Döpping. Weifses Pulver, oder, durch Abdampfen der wässrigen Lösung erhalten, Krystallkörner. Lecanu u. Serbat. Es ist im lufttrocknen Zustande wasserfrei, und verliert nichts bei 200°. Döpping. Es löst sich nicht in Weingeist, schwer in Wasser, John; leichter in Essigsäure, Döpping. Aus seiner Lösung in wässriger Bernsteinsäure schiefsen beim Abdampfen Krystalle (des neutralen Salzes, Döpping) an. John.

Bei 200° getrocknet.			Döpping.
2 SrO	104	50,98	50,21
$C^8H^4O^6$	100	49,02	
$C^8H^4Sr^2O^8$	204	100,00	

Bernsteinsaurer Kalk. — a. *Neutraler.* — Ein Gemisch von nicht zu concentrirtem Chlorcalcium mit neutralem bernsteinsauren Natron scheidet bei längerem Stehen Nadeln des Salzes ab. Döpping. Auch bei ziemlicher Concentration erscheint der Niederschlag erst nach einiger Zeit, beim Erwärmen schneller, hält aber weniger Wasser. Fehling. Das trockne Salz oder ein Gemenge von 2 At. Kalk mit 1 At. Bernsteinsäure liefert bei der trocknen Destillation ein stark brenzlich riechendes dunkelbraunes Oel, aus welchem durch wiederholte Rectification bei 120° das (0,2 Proc. des Kalksalzes betragende) *Succinon* erhalten wird. Dasselbe ist eine farblose dünne Flüssigkeit von nur schwachem brenzlichen Geruch. Es hält 79,86 C, 8,90 H und 11,24 O. d'Arcet. Hiernach gibt d'Arcet dem Succinon die Formel $C^{24}H^{16}O^2$, und erklärt seine Bildung durch die Gleichung: $4\,C^8H^6O^8 = C^{24}H^{16}O^2 + 11\,CO^2 + 8\,HO$; doch gibt Er selbst zu, dass das Succinon vielleicht blofs ein Gemisch ist.

α. *Krystalle mit 2 At. Wasser.* — Mischt man wässriges bernsteinsaures Natron mit Chlorcalcium kochend, oder erhitzt das kalte Gemisch zum Kochen, so scheiden sich schnell feine Nadeln aus, welche nach dem Trocknen an der Luft bei 100° nur 2,5 Proc. und erst bei 200° alles Wasser, im Ganzen 11,2 Proc. verlieren.

Die Mutterlauge gibt beim Abdampfen noch mehr Nadeln *α.*; wenn diese jedoch 24 Stunden unter der Flüssigkeit stehen, so verwandeln sie sich in die Nadeln *β*. FEHLING.

β. Krystalle mit 6 At. Wasser. — Aus dem Gemisch des bernsteinsauren Natrons und Chlorcalciums setzen sich in der Kälte oder bei gelinder Wärme in mehreren Stunden, um so schneller, je concentrirter das Gemisch, Nadeln ab, welche allmälig gröfser und härter werden. Nach dem Trocknen an der Luft verlieren sie bei 100° 22,35 Proc. (5 At.) Wasser, und bei 200° im Ganzen 26,4 Proc. (6 At.). FEHLING. Die lufttrocknen Nadeln verlieren bei 100° das meiste Wasser und zwischen 120 bis 130° alles, so dass bei 200° nichts mehr entweicht. DÖPPING.

Das Salz löst sich schwierig in Wasser und in Essigsäure, besser in Bernsteinsäure, sehr leicht in Salpeter- oder Salz-Säure, nicht in Weingeist.

Bei 200° getrocknet.			FEHLING.
2 CaO	56	35,90	36,03
$C^8H^4O^6$	100	64,10	63,97
$C^8H^4Ca^2O^8$	156	100,00	100,00

Lufttrockne Krystalle *α*.			FEHLING.	Krystalle *β*			DÖPPING.	FEHL.
2 CaO	56	32,18	32,32	2 CaO	56	26,67	26,74	26,78
$C^8H^4O^6$	100	57,48		$C^8H^4O^6$	100	47,62		
2 HO	18	10,34	11,20	6 HO	54	25,71	26,42	26,40
$C^8H^4Ca^2O^8$+2Aq	174	100,00		+ 6 Aq	210	100,00		

b. *Saurer.* — 1. Die Lösung des Salzes a in überschüssiger Bernsteinsäure, zum Krystallisiren verdunstet, gibt beim Erkalten luftbeständige, lackmusröthende, klare, durchsichtige Säulen, welche mit 4 Flächen zugespitzt sind. DÖPPING. — 2. Lässt man die wässrige Säure auf feingepulverten Marmor wirken, so bildet sich neben etwas ungelöstem Salze a eine Lösung von Salz b, welches beim Erkalten in langen Nadeln anschiefst. Auch liefert die gesättigte Lösung von Salz a in mäfsig erwärmter verdünnter Salpetersäure minder schöne Krystalle desselben Salzes. FEHLING. — Die Krystalle verlieren bei 100° alles Wasser, dann bis 200° nichts mehr. FEHLING. Ihr Pulver lässt schon bei 150° Bernsteinsäure verdampfen; es tritt an heifsen Weingeist die Hälfte der Säure ab, so dass Salz a bleibt. Das Salz b löst sich etwas schwieriger in Wasser. DÖPPING.

Bei 100° getrocknet.			FEHLING.				FEHLING.
CaO	28	20,44	20,88	CaO	28	18,07	18,07
$C^8H^5O^7$	109	79,56		$C^8H^5O^7$	109	70,32	
				2 HO	18	11,61	11,50
$C^8H^5CaO^8$	137	100,00		+ 2 Aq	155	100,00	

Bernsteinsaure Bittererde. — *a. Basische.* — Wird aus der wässrigen Lösung des Salzes b durch Ammoniak als weifses Pulver gefällt, welches nach dem Trocknen an der Luft nur wenig Wasser bei 100° verliert, aber bei 200° alles, und dann bis 230° unverändert bleibt. DÖPPING.

Bei 200° getrocknet.			Döpping.	Bei 100° getrocknet.			Döpping.
6 MgO	120	54,55	54,70	6 Mg	120	48,58	49,24
$C^8H^4O^6$	100	45,45		$C^8H^4O^6$	100	40,49	
				3 HO	27	10,93	10,74
$4MgO,C^8H^4Mg^2O^8$	220	100,00		+ 3 Aq	247	100,00	

b. *Neutrale.* — Die heifse wässrige Säure löst leicht die kohlensaure Bittererde, und lässt, nach der Sättigung abgedampft und in die Kälte gestellt, langsam luftbeständige neutrale Säulen anschiefsen. Diese verlieren bei 100° fast alles Wasser und bei 130° den Rest. Sie lösen sich leicht in Wasser, nicht in Weingeist. Döpping. — Die, wie es scheint, rhomboedrischen Krystalle trüben sich an der Luft ohne merklichen Verlust, verlieren bei 100° 40,1 Proc. Wasser, bei 150° 41,9 und bei 200° im Ganzen 42,9 Proc.; dann nichts mehr bei 250°. Fehling. Das Salz wurde bei jeder dieser Temperaturen 6 Stunden lang erhalten, bis es dabei nichts mehr verlor.

Aufserdem unterscheidet Fehling 2 wasserärmere Salze, welche aus stärker abgedampften Lösungen anschossen. Das eine α bildet luftbeständige klare Krystallrinden, welche bei 100° 10,56 Proc. (8 At.) Wasser verlieren und bei 200° noch 7,2 Proc. (2 At.). — Das andere β bildet sich in der syrupdicken Lösung in Warzen, die bis zum Erstarren der Lösung zunehmen, sehr hart sind, an der Luft in einigen Jahren in α übergehen, sich langsamer als α in Wasser lösen, und welche bei 100° 40,15 Proc. Wasser verlieren, und dann nichts mehr bei 250°.

Bei 200° getrocknet.			Döpping.	Fehling.	Gewöhnl. Kryst.			Döpping.	Fehl.
2 MgO	40	28,57	29,14	28,99	2 MgO	40	16,13	16,35	16,19
$C^8H^4O^6$	100	71,43			$C^8H^4O^6$	100	40,32		
					12 HO	108	43,55	42,83	43,10
$C^8H^4Mg^2O^8$	140	100,00			+ 12 Aq	248	100,00		

Bernsteinsaures Bittererde-Kali. — Man sättigt 1 Th. wässrige Säure mit kohlensaurer Bittererde, fügt noch 1 Th. Säure hinzu, neutralisirt mit kohlensaurem Kali und verdunstet erst in der Wärme, dann kalt an der Luft. — Luftbeständige neutrale doppeltsechsseitige Pyramiden. Die lufttrocknen Krystalle verlieren bei 100° 20,79 Proc. Wasser, und lassen einen Rückstand, der an der Luft zerfliefst. Sie lösen sich leicht in Wasser, schwierig in wässrigem Weingeist. Döpping. Bisweilen erhält man statt dieses Salzes eine undeutlich krystallisirte Salzmasse, die viel mehr Bittererde hält. Döpping.

	Krystalle.		Döpping.
KO	47,2	22,24	
MgO	20	9,42	9,72
$C^8H^4O^6$	100	47,13	
5 HO	45	21,21	20,79
$C^8H^4KMgO^8+5Aq$	212,2	100,00	

Bernsteinsaures Ceriumoxydul. — Die Ceroxydulsalze werden durch bernsteinsaure Alkalien weifs, käseartig gefällt. Doch fällt das bernsteinsaure Ammoniak nicht das essigsaure Ceroxydul. Der Niederschlag löst sich sehr schwierig in Wasser, selbst bei Zusatz von Bernsteinsäure, aber leicht in stärkeren Säuren. Berzelius.

Bernsteinsaure Yttererde. — Bernsteinsaure Alkalien fällen nur aus den concentrirten Auflösungen der Yttererdesalze bernsteinsaure Yttererde in würfligen Krystallen. Klaproth. — Aus concentrirten Yttererdesalzen fällt bernsteinsaures Natron in einigen Minuten ein Krystallmehl; aus verdünnten erst nach längerer Zeit Krystallkörner. Das Salz hält 6 At. Wasser, von welchem 2 At. bei 100° entweichen. Es zersetzt sich langsam beim Glühen. Es löst sich wenig in kaltem, leichter in heifsem Wasser. BERLIN.

Bernsteinsaure Süfserde. — Die bernsteinsauren Alkalien fällen die Süfserdesalze. ECKEBERG. Der Niederschlag löst sich schwierig in Wasser. BERZELIUS.

Bernsteinsaure Alaunerde. — Nach GEHLEN und BUCHOLZ fällt bernsteinsaures Natron die salzsaure Alaunerde (jedoch nicht mehr bei sehr grofser Verdünnung, BONSDORFF); WENZEL erhielt durch unmittelbare Verbindung ein unauflösliches Salz neben einem auflöslichen, in Säulen anschiefsenden.

Bernsteinsaure Thorerde. — Bernsteinsaures Ammoniak fällt aus den neutralen Thorerdesalzen weifse Flocken; das Thorerdehydrat verwandelt sich mit der wässrigen Säure in dasselbe Salz, von welchem überschüssige Bernsteinsäure nur eine Spur löst. BERZELIUS.

Bernsteinsaure Zirkonerde. — Bernsteinsaures Ammoniak fällt die Zirkonerdesalze.

Bernsteinsaures Molybdänoxydul. — Wie essigsaures. BERZELIUS.

Bernsteinsaures Molybdänoxyd. — Wie essigsaures. BERZELIUS.

Bernsteinsaure Molybdänsäure. — Die durch wässrige Digestion beider Säuren erhaltene farblose Lösung gibt beim Verdunsten gelbe Krystalle, aus welchen Weingeist ein gelbes Pulver abscheidet, indem er fast blofs Bernsteinsäure auflöst. BERZELIUS (*Pogg.* 6, 384).

Die wässrige Säure löst höchst wenig *Vanadoxydhydrat* zu einer blassblauen Flüssigkeit, welche bei freiwilligem Verdunsten ein weifses Pulver mit Krystallen der Säure gemengt, zurücklässt. Neutrale bernsteinsaure Alkalien fällen nicht die Vanodoxydsalze. BERZELIUS.

Bernsteinsaures Chromoxydul. — Bernsteinsaures Natron gibt mit Einfachchlorchrom einen scharlachrothen Niederschlag, der beim Trocknen im Vacuum heller und stellenweise blaugrün wird, welche Färbung an der Luft sogleich eintritt. MOBERG (*J. pr. Chem.* 44, 330).

Im Vacuum getrocknetes rothes Pulver.			MOBERG.
2 CrO	72	37,89	37,06
8 C	48	25,26	25,37
6 H	6	3,16	3,25
8 O	64	33,69	34,32
$C^8H^4Cr^2O^8+2Aq$	190	100,00	100,00

Bernsteinsaures Chromoxyd? — Neutrales bernsteinsaures Natron gibt mit Anderthalbchlorchrom einen blassgrünen, pulverigen, nicht in Wasser, aber in Essigsäure löslichen Niederschlag. HAYES. — Der mit blauem Anderthalbchlorchrom erhaltene blaue Niederschlag löst sich in bernsteinsaurem Natron, und wird daraus durch Weingeist gefällt. BERLIN. — Nach FEHLING wird das grüne Anderthalbchlorchrom nicht durch bernsteinsaures Natron gefällt. — Dampft man essigsaures Chromoxyd mit Bernsteinsäure ab, und zieht mit Wasser aus, so liefert das Filtrat beim Abdampfen grün gefärbte Krystalle von Bernsteinsäure, aber kein eigentliches Salz. Döpping. — Die grüne Lösung des Chromoxydhydrats in warmer wässriger Bernsteinsäure liefert beim Verdunsten zuerst Krystalle von grün gefärbter Bernsteinsäure, dann dunkelviolette Oktaeder [?]. Moser. — Die blaue Lösung des blauen Hydrats in der Säure lässt beim Abdampfen eine amorphe, bei auffallendem Lichte blaue, bei durchfallendem rothe Masse, aus welcher Wasser nur die überschüssige Säure auszieht. Berzelius.

Bernsteinsaures Uranoxyd. — Durch Fällung eines Uranoxydsalzes mit einem bernsteinsauren Alkali; blassgelb, wenig in Wasser löslich. Richter.

Bernsteinsaures Manganoxydul. — Die blassrothe Lösung des kohlensauren Manganoxyduls in der wässrigen Säure liefert luftbeständige, röthliche, durchsichtige, stark glänzende, rhombische Säulen, doppelt 4seitige Pyramiden und 4seitige Tafeln, von säuerlich salzigem Geschmack. Sie erhalten in der Wärme ein weifses porcellanartiges Ansehen; geben bei der trocknen Destillation anfangs Wasser, dann braunes Oel nebst kohlensaurem und Kohlenwasserstoffgas. Sie lösen sich in 10 Th. Wasser von 19°, nicht in Weingeist. John (*N. Gehl.* 4, 439). — Die Säulen gehören dem 1- und 1-gliedrigen System an, sind amethystroth, neutral und luftbeständig, und verlieren bei 100° alles Wasser, bei 200° nur noch eine Spur. Döpping.

Lufttrockne Krystalle.			Döpping.	John.
2 MnO	72	29,51	29,57	30,27
$C^8H^4O^6$	100	40,98		
8 HO	72	29,51	28,71	
$C^8H^4Mn^2O^8 + 8Aq$	244	100,00		

Die Bernsteinsäure löst nur sehr wenig frisch gefälltes *Antimonoxyd*, Wenzel, Döpping; auch das saure Kali- oder Natron-Salz löst selbst beim Kochen nur eine Spur. Fehling.

Bernsteinsaures Wismuthoxyd. — Durch Digestion der Bernsteinsäure mit Wismuthoxydhydrat erhält man ein auflösliches, nur sehr wenig Oxyd enthaltendes, in gelben Blättern anschiefsendes, und ein unauflösliches Salz. Wenzel.

Bernsteinsaures Zinkoxyd. — Trägt man in die kochende wässrige Säure, die in Ueberschuss bleiben muss, frisch gefälltes kohlensaures Zinkoxyd sehr langsam in kleinen Antheilen, so scheidet sich das Salz als weifses Krystallpulver ab. Das lufttrockne Salz verliert bei 100° nur wenig hygroskopisches Wasser, dann bei 200° nichts mehr. Es löst sich schwer in Wasser und Bernsteinsäure, leicht in Mineralsäuren, Essigsäure, Ammoniak und Kali, nicht in Weingeist. Döpping. — Bernsteinsaures Natron fällt nicht das Chlorzink. Bucholz.

Bei 200° getrocknet.			Döpping.
2 ZnO	80,4	44,57	45,18
$C^8H^4O^6$	100	55,43	
$C^8H^4Zn^2O^8$	180,4	100,00	

Bernsteinsaures Kadmiumoxyd. — Das Metall löst sich sehr wenig in wässriger Bernsteinsäure, das kohlensaure Oxyd sehr leicht. Die Lösung gibt beim Abdampfen durchsichtige, kugelförmig vereinigte Säulen, welche sich leicht in Wasser lösen, und bei der Behandlung mit Weingeist in ein sich lösendes saures Salz, und in ein neutraleres, leicht in Wasser lösliches zerfallen. JOHN.

Bernsteinsaures Zinnoxydul. — Nach BUCHOLZ fällt das bernsteinsaure Natron das salzsaure Zinnoxydul. WENZEL erhielt durch Digestion von 30 Th. Bernsteinsäure mit 10 Th. Zinnoxydulhydrat eine, sehr wenig Zinn haltende Flüssigkeit und 11 Th. Rückstand (neutrales Salz?).

Bernsteinsaures Zinnoxyd. — Durch doppelte Affinität. Weifs, nicht löslich.

Bernsteinsaures Bleioxyd. — a. *Ueberbasisch.* — *α.* Bleibt bei der Digestion von Salz c mit Ammoniak als ein weifses, wasserfreies, sehr wenig in Wasser lösliches Pulver. BERZELIUS. Es verliert bei 100° nur sehr wenig Wasser, und bei 200° nichts weiter. Es wird durch erhitzte Essigsäure in das Salz c verwandelt; es löst sich leicht in verdünnter Salpetersäure und in Kalilauge, nicht in Weingeist. DÖPPING. — *β.* Wenn man Bleiessig durch, mit etwas Ammoniak versetztes, bernsteinsaures Ammoniak fällt, so erhält man ein ähnliches Salz. FEHLING.

			BERZELIUS.	DÖPPING.	FEHLING.
Bei 200° getrocknet.			*α.*	*α.*	*β.*
6 PbO	672	87,05	86,93	86,88	85,37
8 C	48	6,22			6,99
4 H	4	0,52			0,52
6 O	48	6,21			7,12
4 PbO,$C^8H^4Pb^2O^8$	772	100,00			100,00

FEHLING zieht zufolge der Analyse die Formel 5 PbO,$C^8H^3O^5$ für das Salz *β* vor; vielleicht hielt es etwas Salz b beigemengt.

b. *Basisches.* — Fällt nieder beim Mischen von Bleiessig mit neutralem oder saurem bernsteinsauren Ammoniak, Kali oder Natron. Der in der Wärme durch das saure Natronsalz erhaltene Niederschlag vereinigt sich zu einer knetbaren Pflastermasse, welche beim Erkalten hart und bei mehrtägigem Liegen an der Luft spröde und zu einem Pulver zerreiblich wird, welches bei 100° nicht mehr zusammenbackt. Das bei 130° getrocknete Salz verliert zwar bei 230° noch 1,13 Proc., aber unter anfangender Bräunung. Das Salz wird durch Ammoniak in Salz a, durch kochende Essigsäure in Salz c verwandelt. Es löst sich nicht in Wasser und Weingeist, aber in Kalilauge. DÖPPING. — Auch wenn 1 Th. Bernsteinsäure mit gleich viel Oxalsäure, Tartersäure, Aepfelsäure und Citronensäure in 1000 Th. Wasser gelöst ist, so gibt sie mit Bleiessig in der Wärme diesen charakteristischen pflasterartigen Niederschlag. KÖHNKE (*N. Br. Arch.* 39, 153).

Das Salz lässt sich nach folgenden Weisen krystallisch erhalten: *α.* Man trägt in kochenden ziemlich starken Bleiessig kochendes neutrales bernsteinsaures Ammoniak in kleinen Antheilen, bis der weifse Niederschlag eben aufhört, sich wieder zu lösen, und lässt die klare Flussigkeit in einer verschlossenen Flasche erkalten. Kratzt man dann ihre inneren Wandungen mit einem Glasstab, so scheidet sich in wenigen Minuten alles Salz als ein weifses Pulver ab; lässt man dagegen die Flüssigkeit ruhig stehn, so gibt sie in 2 bis 3 Tagen wenige rosettenförmige Krystalle von derselben Zusammensetzung und die abgegossene Mutterlauge gibt beim Kratzen mit dem Glasstab noch pulveriges Salz. Das lufttrockne krystallisirte oder pulverige Salz verliert nur eine Spur bei 230°, bei welchem Puncte es gelb zu werden anfängt. — β. Bisweilen werden statt α Krystalle von der unter β angegebenen Zusammensetzung erhalten, welche bei 100° 1,99 Proc. Wasser verlieren und dann bei stärkerer Hitze nichts mehr. — γ. Kocht man das neutrale bernsteinsaure Kali oder Natron mit mäfsig starkem Bleiessig und giefst die Flüssigkeit vom pflasterartigen Niederschlag in einen zu verschliefsenden Kolben ab, so schiefsen aus ihr in Monaten wenige grofse Krystalle an, welche nach dem Trocknen an der Luft bei 150° 3,35 Proc. Wasser verlieren, dann nichts mehr bei 220°. Fehling.

			Döpping. Bei 130° getrocknet.	Fehling. α.	Fehling. β über Vitriolöl getrocknet.	Fehling. γ lufttrocken.
3 PbO	336	77,07	76,97	78,33	76,78	75,60
8 C	48	11,01		10,71	10,79	9,71
4 H	4	0,91		0,83	1,19	1,21
6 O	48	11,01		10,13	11,24	13,48
$PbO,C^8H^4Pb^2O^5$	436	100,00		100,00	100,00	100,00

Fehling sieht das Salz α als $3PbO,C^8H^3O^5$ an, das Salz β als $3PbO,C^8H^4O^6$ und das Salz γ als $3 PbO,C^8H^5O^7$.

c. *Neutrales.* — Man fällt Bleizucker oder Bleiessig durch die freie Säure, oder salpetersaures oder salzsaures Bleioxyd durch ein bernsteinsaures Alkali. Berzelius, Döpping. — Weifses Krystallmehl, aus der Lösung in heifser wässriger Bernsteinsäure in langen schmalen Blättern anschiefsend; wasserfrei. Berzelius. Das lufttrockne Salz verliert bei 100° wenige Proc. hygroskopisches Wasser, dann nichts mehr bis zu 230°, wo es sich zu bräunen beginnt. Döpping. Bei weiterem Erhitzen schwärzt es sich und verglimmt zu einem Gemenge von Blei und Bleioxyd. Winckler (*Repert.* 39, 66). Es wird durch Ammoniak in Salz a verwandelt. Berzelius. Es löst sich höchst wenig in Wasser, Essigsäure und selbst erhitzter Bernsteinsäure, nicht in Weingeist. Döpping. Es löst sich in wässrigem Bleizucker. Winckler.

Bei 100° getrocknet.			Berzelius.	Döpping.	Fehling.
2 PbO	224	69,13	69,10	69,12	70,05
8 C	48	14,82	14,71		14,81
4 H	4	1,23	1,39		1,16
6 O	48	14,82	14,80		13,98
$C^8H^4Pb^2O^8$	324	100,00	100,00		100,00

[Das von Fehling untersuchte Salz war bei der Zersetzung des Bernsteinvinesters durch Bleioxyd erhalten; Er betrachtet es als $2 PbO,C^8H^3O^5$; aber dieses gibt 71,11 PbO, 15,24 C, 0.95 H und 12,70 O].

Bernsteinsaures Eisenoxydul. — Bernsteinsaure Alkalien geben mit Eisenoxydulsalzen einen graugrünen Niederschlag, der sich an der Luft oxydirt, und sich schwierig in Wasser, etwas leichter in wässriger Bernsteinsäure löst. Berzelius (*Lehrb.*). Er löst sich theilweise in Ammoniak und in Ammoniaksalzen. Wittstein.

Bernsteinsaures Eisenoxyd. — a. *Ueberbasisch.* — α. Behandelt man das frisch gefällte Salz b mit wässrigem Ammoniak in der Hitze, so wird es minder gallertartig und dunkler, erscheint nach dem Waschen und Trocknen bei 200° schwarzbraun und leicht zerreiblich, und hält 95,88 Proc. Oxyd, also ungefähr $30 Fe^2O^3,C^8H^4O^6$. — β. Bei der kalten Behandlung erhält man ein Salz von ähnlichem

Aussehen, welches, bei 200° getrocknet, 93,21 Proc. Oxyd hält, also ungefähr $18 Fe^2O^3.C^8H^4O^6$. DÖPPING. — Auch durch Kochen des frisch gefällten Salzes b mit Wasser erhält man nach BUCHOLZ, nicht nach DÖPPING, ein basischeres Salz. — Fällt man ein Eisenoxydsalz durch mit etwas Ammoniak übersättigtes bernsteinsaures Ammoniak, so hält der Niederschlag gegen 80 Proc. Oxyd. FEHLING.

b. *Basisch.* — Neutrale bernsteinsaure Alkalien geben mit Anderthalbchloreisen einen blass braunrothen gallertartigen Niederschlag. BUCHOLZ. — Hierbei wird $^1/_3$ der Bernsteinsäure frei. Wohl so: $3C^8H^4K^2O^8 + 2Fe^2Cl^3 + 2HO = 2(Fe^2O^3,C^8H^4O^6) + C^8H^6O^8 + 6KCl$. — Hält die Eisenlösung etwas freie Säure, so wird zwar alles Oxyd gefällt, löst sich aber beim Auswaschen wieder auf, wenn man nicht die Flüssigkeit aufkocht und wieder erkalten lässt. BERZELIUS. — Der Niederschlag setzt sich nur schwierig ab, und lässt sich schwer auf dem Filter auswaschen, da er zu einem festen Teig wird, der das Wasser nur schwierig durchlässt. Wenn man jedoch das Chloreisen vor der Fällung durch bernsteinsaures Natron mit essigsaurem Natron versetzt, so ist der Niederschlag nicht gallertartig, sondern ein blassziegelrothes Pulver, welches sich schnell absetzt, und nach dem Zufügen von 70-procentigem Weingeist auf dem Filter die Flüssigkeit leicht ablaufen lässt, aber, sobald man es mit Wasser waschen will, gallertartig wird, ohne übrigens seine Zusammensetzung zu ändern. DÖPPING.

Nach dem Trocknen ist der Niederschlag dunkelrothbraun, BUCHOLZ, und leicht zu einem dunkelziegelrothen Pulver zerreibbar, DÖPPING. — Er lässt sich erst bei 180° vom hygroskopischen Wasser befreien und zieht es an der Luft schnell wieder an. DÖPPING. Das trockne Salz lässt beim Glühen unter Aufschwellen und Erglimmen 38,5 Proc. dunkelbraunrothes Oxyd. BUCHOLZ. — Es löst sich nicht in kaltem Wasser, BUCHOLZ, und sehr wenig, aber unverändert, in kochendem, DÖPPING. Nach BUCHOLZ, dem DÖPPING widerspricht, soll es durch Kochen mit Wasser in ein sich lösendes saureres und ein rückbleibendes basisches Salz zersetzt werden. — Das frisch gefällte Salz löst sich in kochender Bernsteinsäure ziemlich reichlich; die Lösung setzt beim Abdampfen das meiste Salz von unveränderter Zusammensetzung in Flocken ab, und liefert endlich Krystalle von Bernsteinsäure, durch ein wenig Salz gefärbt und davon durch Weingeist zu scheiden. DÖPPING. Eine ähnliche Lösung erhielt WENZEL durch Kochen von Eisenoxydhydrat mit überschüssiger Bernsteinsäure; die Lösung wurde nicht durch Alkalien gefällt. s. u. WINCKLER. — Da bei der Fällung eines Eisenoxydsalzes durch neutrale bernsteinsaure Alkalien $^1/_3$ der Bernsteinsäure frei wird, so löst sich durch deren Vermittlung beim Kochen dieses Gemisches ein Theil des Niederschlags mit sehr blassrother Farbe auf, aber der ungelöst bleibende Theil hält, bei 200° getrocknet, 43,9 Proc. Eisenoxyd, also nicht merklich mehr, als sonst. DÖPPING. — Das Salz b löst sich schwer in kalter, leicht in heifser Essigsäure. DÖPPING. Es löst sich leicht in verdünnten Mineralsäuren. BUCHOLZ (*N. Gehl.* 2, 515). Beim Fällen dieses Salzes durch überschüssiges Ammoniak oder Natron löst es sich hierin wieder auf, zu einer Flüssigkeit, welche nach 12 Stunden zu einer hellbraunrothen Gallerte gesteht. WINCKLER (*Repert.* 39, 65). — Die Angabe von LECANU u. SERBAT, dass dieses Salz b auch in wässrigem essigsauren oder salpetersauren Natron löslich sei, ist unbegründet, BERZELIUS (*Jahresber.* 4, 192), GM.

Bei 200° getrocknet.			Döpping.
Fe^2O^3	80	44,44	43,40 bis 43,80
$C^8H^4O^6$	100	55,56	
$Fe^2O^3,C^8H^4O^6$	180	100,00	

Bevor eine Formel nach der Substitutionstheorie versucht wird, sind noch weitere Analysen dieses Salzes abzuwarten.

Bernsteinsaures Kobaltoxydul. — Bernsteinsaure Alkalien geben nur mit concentrirten Kobaltsalzen einen pfirsichblüthrothen, etwas löslichen Niederschlag. Berzelius, Macaire Princep (*J. Pharm.* 15, 529).

Bernsteinsaures Nickeloxydul. — Die blassgrüne Lösung des Nickeloxydulhydrats in heifser Bernsteinsäure liefert, in einer lufthaltigen Glocke über Vitriolöl vordunstet, kleine grüne Krystallwarzen, welche nach dem Pulvern durch Weingeist von der freien Säure zu befreien sind. Das Salz röthet nicht Lackmus, verliert bei 100° fast alles, bei 130° alles Wasser und bleibt bei 200° unzersetzt. Es löst sich in Wasser, Essigsäure oder Ammoniak, nicht in Weingeist. Döpping.

Bei 200° getrocknet.			Döpping.	Lufttrockne Krystalle.			Döpping.
2 NiO	75	42,86	42,28	2 NiO	75	30,36	30,38
$C^8H^4O^6$	100	57,14		$C^8H^4O^6$	100	40,49	
				8 HO	72	29,15	29,08
$C^8H^4Ni^2O^8$	175	100,00		+ 8 Aq	247	100,00	

Bernsteinsaures Kupferoxyd. — Bernsteinsaure Alkalien fällen aus Kupferoxydsalzen schön grüne käsige Flocken, Macaire-Princep; blassblaue Flocken, Winckler. — Durch Digestion von 10 Th. kohlensaurem Kupferoxyd mit 30 Th. in Wasser gelöster Bernsteinsäure erhält man 17 Proc. ungelöstes blassgrünes Salz und eine Lösung von kupferhaltiger Bernsteinsäure. Wenzel. Trägt man in die kochende wässrige Säure, die überschüssig bleiben muss, frisch gefälltes kohlensaures Kupferoxyd, so erhält man das Salz als blaugrünes Krystallmehl, welches, nach dem Trocknen an der Luft, bei 100° nur wenige Proc. hygroskopisches Wasser verliert, und dann nichts mehr bei 200°. Es löst sich schwer, mit blassgrüner Farbe, in Wasser und Bernsteinsäure, leichter in Essigsäure, nicht in Weingeist, Döpping; auch nicht in Aether, Unverdorben.

Bei 200° getrocknet.			Döpping.
2 CuO	80	44,44	44,11
$C^8H^4O^6$	100	55,56	
$C^8H^4Cu^2O^8$	180	100,00	

Bernsteinsaures Quecksilberoxydul. — Bernsteinsaure Alkalien fällen das salpetersaure Quecksilberoxydul weifs. Bucholz, Gehlen. Der Niederschlag hält basisch salpetersaures Quecksilberoxydul beigemengt. Er löst sich nicht in Wasser, Bernsteinsäure oder Weingeist, leicht in Salpetersäure. Döpping. Bei Ueberschuss von bernsteinsaurem Natron erhält man einen weifsen Niederschlag, der, auf dem Filter gewaschen, sich zu lösen und milchig durchzugehen anfängt, sobald alles bernsteinsaure Natron beseitigt ist, bei weiterem Waschen mit Wasser gelb und beim Kochen damit unter Reduction von Quecksilber schwarz wird. Das Filtrat hält neben Oxydul auch Oxyd gelöst. H. ROSE (*Pogg.* 53, 127). vergl. HARFF und BURKHARDT (*N. Br. Arch.* 5, 287 und 11, 272).

Bernsteinsaures Quecksilberoxyd. — Frisch gefälltes Quecksilberoxyd wird durch langes Kochen mit der wässrigen Säure theilweise in ein weifses Pulver verwandelt, welches auf 1 At. Säure etwas mehr als 2 At. Oxyd hält; die Flüssigkeit hält wenig Oxyd gelöst. — Beim Abdampfen von essigsaurem Quecksilberoxyd mit Bernsteinsäure zur Trockne und Ausziehen der überschüssigen Säure durch Weingeist bleibt ein schwer lösliches weifses Pulver, zwar frei von Essigsäure, aber Oxydul haltend. — Weder Bernsteinsäure, noch das Natronsalz fällt den Aetzsublimat. Letzteres Gemisch liefert beim Abdampfen feine seidenglänzende Nadeln, wie es scheint, eine Verbindung von Chlorquecksilber mit bernsteinsaurem Natron. DÖPPING. — Bernsteinsaures Natron fällt aus essigsaurem Quecksilberoxyd ein feines weifses Pulver. WINCKLER.

Bernsteinsaures Silberoxyd. — Bernsteinsaures Natron fällt das salpetersaure, nicht das schwefelsaure Silberoxyd. BUCHOLZ. Freie Bernsteinsäure fällt nicht das salpetersaure Silberoxyd. DÖPPING. Der Niederschlag ist ein feines weifses, nicht krystallisches Pulver, welches sich leicht niedersetzt und leicht waschen lässt. Lufttrocken verliert es bei 100° wenig; bei 150° färbt es sich immer dunkler grüngrau, ohne viel zu verlieren. DÖPPING. Es wird in trocknem Chlorgas augenblicklich und unter Wärmeentwicklung zersetzt. LIEBIG. Es färbt sich in einem Strom von Wasserstoffgas bei 100° citronengelb, und lässt bei etwas stärkerer Hitze die Hälfte sublimiren, während gelbes bernsteinsaures Silberoxydul zurückbleibt. WÖHLER (*Ann. Pharm.* 30, 4). — Es löst sich sehr schwer in Wasser oder Essigsäure, leicht in verdünnter Salpetersäure oder Ammoniak, nicht in Weingeist. DÖPPING.

Bei 100° getrocknet.			D'ARCET.	DÖPPING.	FEHLING.
2 AgO	232	69,88	69,65	69,91	69,53
$C^8H^4O^6$	100	30,12			
$C^8H^4Ag^2O^8$	332	100,00			

Bei 100° getrocknet.			ZWENGER.	BROMEIS.	STHAMER.	RADCLIFF.	RONALDS.
2 AgO	232	69,88	69,35	69,27	69,07	69,35	69,16
8 C	48	14,46	14,49	15,73	14,30	14,34	14,21
4 H	4	1,20	1,46	1,61	1,50	1,28	1,23
6 O	48	14,46	14,70	13,39	15,13	15,03	15,40
$C^8H^4Ag^2O^8$	332	100,00	100,00	100,00	100,00	100,00	100,00

D'ARCET, DÖPPING und FEHLING analysirten ein Silbersalz, dessen Säure aus Bernstein erhalten war; ZWENGER's Säure war aus Wermuth, BROMEIS's aus Talgsäure, STHAMER's aus Japanischem Wachs, RADCLIFF's aus Wallrath und RONALD's aus Bienenwachs erhalten.

Die Bernsteinsäure löst sich in 1,37 Th. kochendem höchst rectificirten *Weingeist.* WENZEL. — Sie löst sich kaum in *Aether.* D'ARCET.

Gepaarte Verbindungen der Bernsteinsäure.

Bernsteinschwefelsäure.
$C^8H^6O^8,2SO^3$.

FEHLING (1841). *Ann. Pharm.* 38, 285; 49, 203.

Bernsteinunterschwefelsäure, FEHLING.

Bildung und Darstellung. Der Dampf der wasserfreien Schwefelsäure, zu Bernsteinsäure geleitet, die sich in einem erkälteten Kolben befindet, bildet unter starker Wärmeentwicklung eine braune durchsichtige zähe Masse. Nur wenn die Bernsteinsäure mit brenzlichem Oel verunreinigt ist, zeigt sich hierbei schweflige Säure, und die Masse wird fast schwarz und undurchsichtig. Man lässt die Masse bei 40 bis 50° einige Stunden oder bei 15° 24 Stunden lang stehen, damit sich die Wirkung vervollständige, nimmt die Masse in Wasser auf, versetzt sie nach und nach mit kohlensaurem Baryt oder kohlensaurem Bleioxyd, bis eine abfiltrirte Probe nicht mehr Chlorbaryum fällt, filtrirt, fällt durch Bleizucker das bernsteinschwefelsaure Bleioxyd, wobei das bernsteinsaure Bleioxyd gelöst bleibt, zersetzt den gut gewaschenen Niederschlag durch Hydrothion, und verdunstet das Filtrat im Vacuum über Vitriolöl zu Syrup, welcher allmälig Krystalle liefert.

Eigenschaften. Warzenförmige Krystalle von stark saurem Geschmack. Dieselben können jedoch nicht trocken erhalten werden, sondern bleiben klebrig, daher sie zur Analyse nicht geeignet sind; sie halten 13,62 Proc. Schwefel.

Zersetzungen. 1. Die Krystalle entwickeln beim Erhitzen erstickende, Bernsteinsäure haltende Dämpfe und lassen eine schwer verbrennliche Kohle. — 2. Die wässrige Lösung zersetzt sich schon beim Abdampfen im Wasserbade theilweise, so dass eine braune Masse bleibt und eine Spur Schwefelsäure frei wird.

Verbindungen. Die Krystalle ziehen Feuchtigkeit aus der Luft an, und lösen sich leicht in *Wasser*.

Bernsteinschwefelsaure Salze. — Die Säure sättigt die Basen vollständig und treibt die Essigsäure aus. [FEHLING sieht in Folge der Analyse eines Bleisalzes die Säure als 4basisch an $= C^8H^2O^5,S^2O^5 + 4\,HO$; BERZELIUS (*Jahresber.* 22, 246) als 3basisch $= C^8H^3O^5,2\,SO^3 + 3HO$, wofür auch das Gesetz von GERHARDT (IV, 188) spricht, denn $2 + 2 - 1 = 3$. Hiernach ist die Formel der Säure für sich $C^8H^6O^8,2SO^3$, und von den 6 H sind 3 H durch Metall vertretbar]. vgl. auch die Bemerkungen in *Rev. scient.* 6, 285.

Bernsteinschwefelsaures Ammoniak. — Die zum Syrup verdunstete Säure erstarrt in Ammoniakgas in wenigen Stunden durch Bildung von Nadeln, und wird in längerer Zeit zu einer festen fast ganz trocknen Krystallmasse. Sie wird beim Trocknen im Vacuum über Vitriolöl schwach Lackmus röthend.

Bei gelinder Wärme getrocknet.			FEHLING.
8 C	48	17,98	18,19
3 N	42	15,73	
17 H	17	6,37	6,34
10 O	80	29,96	
2 SO^3	80	29,96	
$C^8H^3(NH^4)^3O^8,2SO^3+2Aq$	267	100,00	

Bernsteinschwefelsaures Kali. — a. *Drittel.* — Die durch kohlensaures Kali schwach alkalisch gemachte wässrige Säure, im Vacuum über Vitriolöl zum Syrup verdunstet, liefert in einigen Tagen nur wenige, sehr zerfliefsliche Krystalle; versetzt man ihn aber jetzt mit ein wenig Säure, so erstarrt er fast ganz zu einem Krystallbrei, aus dem sich durch Umkrystallisiren reine Krystalle erhalten lassen. Uebergiefsen der Mutterlauge mit einer Schicht Weingeist befördert sehr das Krystallisiren. Die Krystalle verlieren im Vacuum in 4 Tagen 5,4 Proc. (2 At.) und dann bei 100° noch 7,62 Proc. (3 At.) Wasser, dann nichts mehr bei 150° und lassen bei stärkerem Erhitzen ein Gemenge von schwefelsaurem und schwefligsaurem Kali. Das Salz zieht an der Luft Feuchtigkeit an, ohne jedoch zu zerfliefsen, löst sich leicht in Wasser mit schwach saurer Reaction, kaum in absolutem Weingeist.

Im Vacuum getrocknet.			Fehling.
3 KO	141,6	42,83	41,50
8 C	48	14,52	14,99
5 H	5	1,51	1,68
7 O	56	16,94	
2 SO^3	80	24,20	
$C^8H^3K^3O^8,2SO^3+2Aq$	330,6	100,00	

b. *Halb.* — Die Lösung von a, mit mehr Säure versetzt, liefert leichter anschiefsende, sauer reagirende Krystalle. Dieselben verlieren im Vacuum 2,78 Proc. (1 At.), bei gelindem Erwärmen noch 1 At. und bei 100° im Ganzen 11,3 Proc. (4 At.) Wasser. Das Salz bleibt an der Luft trocken, löst sich aber leicht in Wasser, in kochendem fast in jedem Verhältnisse.

Krystalle gelinde getrocknet.			Fehling.	Lufttrockne Krystalle.			Fehling.
2 KO	94,4	32,28	31,63	2 KO	94,4	30,41	29,93
8 C	48	16,42		8 C	48	15,47	15,66
6 H	6	2,05		8 H	8	2,58	2,67
8 O	64	21,89		10 O	80	25,77	
2 SO^3	80	27,36	26,85	2 SO^3	80	25,77	
$C^8H^4K^2O^8,2SO^3+2Aq$	292,4	100,00		+ 4 Aq	310,4	100,00	

Bernsteinschwefelsaures Natron. — Man fällt das folgende Barytsalz durch überschüssiges schwefelsaures Natron, dampft das Filtrat zur Trockne ab, und zieht das bernsteinschwefelsaure Natron mit Weingeist aus. Dasselbe krystallisirt schwierig und löst sich leicht in Wasser und gewöhnlichem Weingeist.

Bernsteinschwefelsaurer Baryt. — Essigsaurer Baryt wird auch von der freien Säure gefällt, salpeter- oder salz-saurer blofs durch die an Ammoniak, Kali oder Natron gebundene Säure. Der bei 100° getrocknete Niederschlag verliert nichts mehr bei 200°. Noch feucht löst er sich leicht in Salz- oder Salpeter-Säure, sparsam in erwärmter Essigsäure; nach dem Trocknen viel schwieriger in ersteren und fast gar nicht in Essigsäure. Seine Lösung in wässriger Bernsteinschwefelsäure gibt im Vacuum Krystalle, die ohne Zweifel weniger Baryt halten.

	Bei 100° getrocknet.		Fehling.
3 BaO	229,8	57,34	56,90
8 C	48	11,98	11,69
3 H	3	0,74	0,91
11 O	88	21,96	22,49
2 S	32	7,98	7,98
$C^8H^3Ba^3O^8,2SO^3$	400,8	100,00	100,00

Bernsteinschwefelsaurer Kalk. — Die wässrige Säure löst schon in der Kälte leicht den Marmor, behält aber ihre saure Reaction und gibt beim Verdampfen einen nicht krystallischen Rückstand, welcher nach dem Trocknen bei 100° 24,6 Proc. Kalk hält, also $C^8H^4Ca^2O^8,2SO^3$ ist.

Das *Bittererdesalz* krystallisirt nicht.

Das Kalisalz fällt nicht die Mangan-, Eisen-, Kobalt-, Nickel- und Kupfer-Salze.

Bernsteinschwefelsaures Bleioxyd. — a. *Viertel.* — Man versetzt die saure Flüssigkeit, welche durch Digestion mit kohlensaurem Bleioxyd von der freien Schwefelsäure befreit wurde (s. Darstellung der Bernsteinschwefelsäure), mit so viel Ammoniak, dass sie nur noch schwach sauer reagirt, und fällt sie durch Bleizucker. Der gelbweifse Niederschlag, nach dem Trocknen an der Luft auf 100° erhitzt, verliert 5,57 Proc. (4 At.) Wasser. Er wird durch kochende Essigsäure durch Abtreten von 1 At. Bleioxyd in das Salz b verwandelt. Er löst sich ziemlich leicht in Salzsäure, Salpetersäure oder Bernsteinschwefelsäure.

Berechnung nach Berzelius.			Berechnung nach Fehling.			Fehling. Bei 100°.
4 PbO	448	72,38	4 PbO	448	73,44	73,30
8 C	48	7,75	8 C	48	7,87	7,82
3 H	3	0,48	2 H	2	0,33	0,49
11 O	88	14,22	10 O	80	13,11	
2 S	32	5,17	2 S	32	5,25	
$PbO,C^8H^3Pb^3O^8,2SO^3$	619	100,00	$C^8H^2Pb^4O^8,2SO^3$	610	100,00	

b. *Drittel.* — Man fällt die erwähnte, durch kohlensaures Bleioxyd von der freien Schwefelsäure befreite Flüssigkeit, ohne sie erst mit Ammoniak abzustumpfen, durch Bleizucker. Der lufttrockne Niederschlag verliert bei 100° 5,1 Proc. (3 At.) Wasser.

	Lufttrocken.		Fehling.
3 PbO	336	62,92	62,01
8 C	48	8,99	8,68
6 H	6	1,12	1,26
14 O	112	20,98	
2 S	32	5,99	
$C^8H^3Pb^3O^8,2SO^3+3Aq$	534	100,00	

Bernsteinschwefelsaures Silberoxyd. — Nicht die freie, aber die an Ammoniak gebundene Säure gibt mit salpetersaurem Silberoxyd einen weifsen Niederschlag, der sich beim Auswaschen unter dunkelgrüner Färbung völlig zersetzt.

Die Bernsteinschwefelsäure löst sich sehr leicht in *Weingeist* und *Aether*. Fehling.

Bernsteinformester.

$$C^{12}H^{10}O^8 = 2\,C^2H^3O,C^8H^4O^6.$$

Fehling (1844). *Ann. Pharm.* 49, 195.

Bernsteinsaures Methyloxyd.

Darstellung. Man leitet durch warmen Holzgeist, worin Bernsteinsäure gelöst und vertheilt ist, salzsaures Gas, bis eine Probe mit Wasser viel Ester ausscheidet, fällt dann sämmtliche Flüssigkeit durch Wasser, schüttelt den Ester erst mit Wasser, welches wenig kohlensaures Natron hält, dann mit reinem Wasser, trocknet ihn in der Wärme über Chlorcalcium und rectificirt.

Eigenschaften. Bei Mittelwärme weifse Krystallmasse von 1,11 spec. Gew. bei 19°; schmilzt bei 20° und erstarrt dann bei 16°; siedet bei 198°. Dampfdichte = 5,29.

Der Ester löst sich kaum in Wasser. Fehling.

			Fehling.		Maafse.	Dampfdichte.
12 C	72	49,31	49,30	C-Dampf	12	4,9920
10 H	10	6,85	6,86	H-Gas	10	0,6930
8 O	64	43,84	43,84	O-Gas	4	4,4372
$C^{12}H^{10}O^8$	146	100,00	100,00	Esterdampf	2	10,1222
					1	5,0611

Bernsteinvinester.

$$C^{16}H^{14}O^8 = 2\,C^4H^5O,C^8H^4O^6.$$

Fel. d'Arcet (1835). *Ann. Chim. Phys.* 58, 291.
Cahours. *N. Ann. Chim. Phys.* 9, 206; auch *Ann. Pharm.* 47, 294; auch *J. pr. Chem.* 30, 244.
Fehling. *Ann. Pharm.* 49, 186.

Bildung und Darstellung. 1. Man destillirt 1 Th. concentrirte Salzsäure mit 2 Th. Bernsteinsäure und 4 Th. Weingeist unter 5maliger Cohobation, fällt aus dem so erhaltenen gelblichen öligen Destillate, welches zugleich Wasser, Salzsäure, Bernsteinsäure und Weingeist enthält, durch Wasser den Ester, wäscht diesen einigemal mit kaltem Wasser, erhitzt ihn, bis der Siedpunct stetig wird, und destillirt ihn dann über Bleioxyd. d'Arcet. Das Bleioxyd wirkt zersetzend. Fehling. — 2. Man leitet durch das in absolutem Weingeist gelöste Bernsteinsäure-Anhydrid ($C^8H^4O^6$) salzsaures Gas, und fällt den Ester durch Wasser. Cahours. Hier entsteht zugleich Chlorvinafer und die Gleichung ist daher: $C^8H^4O^6+3C^4H^6O^2+HCl=C^{16}H^{14}O^8+C^4H^5Cl+4HO$ Cahours. [Sieht man die Chlorvinaferbildung blofs als eine zufällige Nebenwirkung der Salzsäure auf den Weingeist an, so ist die Gleichung einfach $C^8H^4O^6 + 2\,C^4H^6O^2 = C^{16}H^{14}O^8 + 2\,HO$]. — 3. Man leitet so lange durch heifsen 95procentigen Weingeist, worin gewöhnliche Bernsteinsäure gelöst und vertheilt ist, salzsaures Gas, bis eine Probe bei Zusatz von Wasser viel Ester fallen lässt, scheidet dann sämmtlichen Ester durch Wasser ab, erwärmt diesen im Wasserbade, um geringe Mengen von beigemischtem Chlorvinafer zu verjagen, wäscht ihn mit, etwas kohlensaures Natron haltendem, dann 8mal mit wenigem reinen Wasser, trocknet ihn in der Wärme über Chlorcalcium, destillirt, und fängt den bei 214° übergehenden Theil für sich au

FEHLING. — Auch beim Digeriren und Abdampfen von Bernsteinsäure mit Weingeist und Vitriolöl bildet sich schnell der Ester, aber beim Behandeln von Chlorvinafer mit Bernsteinsäure nicht. FEHLING. — Auch beim Erhitzen der Bernsteinsäure in einer tubulirten Retorte bis zu anfangendem Verdampfen und Eintröpfeln von Weingeist erhält man den Ester. GAULTIER DE CLAUBRY (IV, 875, 3).

Eigenschaften. Wasserhelle, ölig anzufühlende Flüssigkeit, von 1,036 spec. Gew., 214° Siedpunct, 6,22 (6,11 CAHOURS, 6,30 FEHLING) Dampfdichte, von brennend scharfem Geschmack und dem Benzoevinester ähnlich riechend. D'ARCET.

			D'ARCET.	CAHOURS.	FEHLING.		Maafs.	Dichte.
16 C	96	55,17	55,31	55,04	55,56	C-Dampf	16	6,6560
14 H	14	8,05	8,31	8,18	8,07	H-Gas	14	0,9702
8 O	64	36,78	36,38	36,78	36,37	O-Gas	4	4,4372
$C^{16}H^{14}O^{8}$	174	100,00	100,00	100,00	100,00	Ester-Dampf	2	12,0634
							1	6,0317

Wenn man die Säure als 1basisch nimmt, so ist der Ester $= C^4H^5O,C^4H^2O^3$; nimmt man sie mit FEHLING als 3basisch, so ist er $2\,C^4H^5O,HO,C^8H^3O^5$.

Zersetzungen. 1. Der Ester brennt mit gelber Flamme. D'ARCET. — 2. Trocknes Chlorgas verwandelt ihn durch Substitution im Tageslichte in $C^{16}Cl^2H^{12}O^8$, und im Sonnenlichte in $C^{16}Cl^{13}HO^8$. CAHOURS. Der Umstand, dass das vierzehnte At. H nicht durch Chlor substituirt werden kann, ist FEHLING's Ansicht günstig, weil nach dieser im Ester ($2C^4H^5O,HO,C^8H^3O^5$) 1 At. H als HO enthalten ist. CAHOURS. — 3. Während Ammoniakgas ohne Wirkung ist, löst wässriges Ammoniak den Ester auf und setzt nach einigen Stunden weifse Krystalle ab. D'ARCET. Das beim Schütteln des Esters mit wässrigem Ammoniak niederfallende weifse Pulver ist Succinamid. FEHLING. $C^{16}H^{14}O^8 + 2\,NH^3 = C^8N^2H^8O^4 + 2\,C^4H^6O^2$. — 4. Mit wässrigem Kali zerfällt der Ester in bernsteinsaures Kali und Weingeist. D'ARCET. — 5. Auch bei wiederholten Destillationen über trocknes Bleioxyd zerfällt der Ester allmälig in bernsteinsaures Bleioxyd und Weingeist. FEHLING. — Frisch geglühtes Bleioxyd löst sich in ungefähr 12 Th. Ester; die Lösung trübt sich beim Erwärmen, setzt weifses bernsteinsaures Bleioxyd ab, kocht anfangs schon bei 100° und liefert von da, bis der Siedpunkt auf 214° gestiegen, also blofs unzersetzter Ester zurückgeblieben ist, ein Destillat, welches bei nochmaliger behutsamer Destillation zuerst ziemlich reinen Weingeist und zuletzt einen Ester liefert, welcher zufolge der Analyse als wasserhaltig zu betrachten ist, und bei der Behandlung mit Chlorcalcium in fast reinen Ester übergeht. FEHLING. [Die Wasserbildung ist nach FEHLING daraus zu erklären, dass nach ihm das gebildete bernsteinsaure Bleioxyd nicht $= 2\,PbO,C^8H^4O^6$ ist, sondern $= 2\,PbO,C^8H^3O^5$; aber die Analyse desselben (V, 267) erweist dieses keinesweges]. — 6. Kalium bildet mit dem Ester unter Wasserstoffgasentwicklung eine zähe braune Masse, aus welcher Wasser bernsteinsaures Kali zieht, und ein, beim Erkalten krystallisirendes Oel, $C^{12}H^8O^6$, scheidet. FEHLING. — Die Gasentwicklung findet schon in der Kälte statt, schneller in der Wärme, welche anfangs nicht über 40° steigen darf, weil sich das Gemenge von selbst erhitzt bis zum Herausschleudern; bei starker Einwirkung zeigt das Wasserstoffgas einen stechenden Geruch. Hat genug Kalium eingewirkt, so wird die (wohl nur durch ein secundäres Product) braun gefärbte Flüssigkeit beim Erkalten steif und zähe. Sie zerfällt mit kochendem Wasser in eine Lösung von bernsteinsaurem Kali [und Weingeist?] und in ein darauf schwimmendes hellgelbes Oel. Dieses erstarrt beim Erkalten zu einem Brei, welcher durch Waschen mit Wasser und Umkrystallisiren aus kochendem Weingeist in einen gelbweifsen, seidenglänzenden, voluminosen Körper übergeht, 5 bis 10 Proc. des Esters betragend. Derselbe schmilzt bei 133° und sublimirt sich völlig bei 206°. Er löst sich nicht oder kaum in Wasser, leicht in besonders heifsem Weingeist, und nach allen Verhältnissen in kaltem Aether. Mit Ammoniak liefert er hochgelbe Nadeln. Er hält 56,43 Proc. C, 6,32 H und 37,25 O, ist also = $C^6H^4O^3$ = $C^{12}H^8O^6$; ist also vielleicht die gepaarte Verbindung von Aether mit FEHLING's hypothetisch trockner Bernsteinsäure = $C^4H^5O,C^8H^3O^5$ [oder von Vine, C^4H^4 mit der hyp. trocknen Säure $C^8H^4O^6$]. Er zerfällt demgemäfs beim Erhitzen mit Kalilauge in Weingeist und bernsteinsaures Kali. $C^{12}H^8O^6+2KO+2HO=C^4H^6O^2+C^8H^4K^2O^8$. FEHLING. — [Die Zersetzung des Esters durch Kalium lässt sich also wohl durch folgende Gleichungen ausdrücken. Zuerst: $2\,C^{16}H^{14}O^8 + 2\,K = 2\,H + C^{32}H^{26}K^2O^{16}$ (die zurückbleibende zähe Masse, die vielleicht ein Gemenge ist). Diese liefert dann mit 4 HO: $C^8H^4K^2O^8 + 3\,C^4H^6O^2$ (Weingeist, dessen Freiwerden FEHLING allerdings nicht angibt) + $C^{12}H^8O^6$].

Der Bernsteinvinester ist in Wasser etwas löslich. FEHLING.

β. Sauerstoffkern. $C^8H^4O^4$.

Bernsteinsäure-Anhydrid. $C^8H^4O^6 = C^8H^4O^4,O^2$.

FELIX D'ARCET (1835). *Ann. Chim. Phys.* 58, 282; auch *Pogg.* 36, 80; auch *J. pr. Chem.* 3, 212.

Wasserfreie oder *hypothetisch trockne Bernsteinsäure, Anhydride succinique, Acide succinique anhydre.*

Bildung und Darstellung. 1. Man destillirt Bernsteinsäure wenigstens 10mal für sich, und lässt jedesmal das Wasser, welches sich in der Vorlage über der Säure befindet, durch Papier aufsaugen. — 2. Man erhitzt Bernsteinsäure in einer tubulirten Retorte zum Schmelzen, mengt schnell und gut wasserfreie Phosphorsäure hinzu, destillirt langsam, und destillirt das Uebergegangene noch 2mal mit frischer wasserfreier Phosphorsäure. $C^8H^6O^8 = C^8H^4O^6 + 2HO$.

Eigenschaften. Weifse Krystallmasse. Schmilzt bei 145°; siedet bei 250°.

			D'ARCET. (1)	(2)
8 C	48	48	47,96	48,03
4 H	4	4	3,82	4,18
6 O	48	48	48,22	47,79
$C^8H^4O^6$	100	100	100,00	100,00

In Ammoniakgas verwandelt sich das Anhydrid unter Wärmeentwicklung und Wasserbildung in Bisuccinamid. — $C^8H^4O^6 + NH = C^8NH^5O^4 + 2\,HO$.

Das Anhydrid zieht an der Luft keine Feuchtigkeit an; es löst sich in Wasser, aber schwieriger als die Bernsteinsäure, und schiefst daraus wieder in Gestalt von letzterer an.

Es löst sich leichter in Weingeist als in Wasser, und sehr wenig in Aether. D'ARCET.

b. *Bromkerne.* $C^8Br^2H^6$.

Bibrombuttersäure.

$C^8Br^2H^6,O^4$.

CAHOURS (1847). *N. Ann. Chim. Phys.* 19, 495; auch *J. pr. Chem.* 41, 67.

Acide bromotriconique.

Bildung. Bei der Zersetzung des itakonsauren oder citrakonsauren (nicht des buttersauren V, 240 bis 241) Kalis durch Brom. (s. *Citrakonsäure*).

Darstellung. Man fügt zu der Lösung von 1 Th. citrakonsaurem Kali in $1\frac{1}{2}$ Th. Wasser nach und nach Brom bis zum schwachen Ueberschuss, wobei sich Kohlensäure entwickelt und ein schweres Oel, zu $\frac{5}{6}$ aus der Säure bestehend, niedersetzt. Man zieht aus diesem Oel, nach dem Waschen mit Wasser, durch verdünntes Kali die Säure, decanthirt die alkalische Flüssigkeit von dem zurückbleibenden wenigen neutralen Oel, und übersättigt sie mit Salzsäure, welche bald ölige Säure, bald ein butterartiges Gemenge derselben mit einer leichter in Wasser löslichen krystallischen Modification der Bibrombuttersäure ausscheidet.

Oelige Säure. Man wäscht das gefällte Oel mit Wasser, bis es nicht mehr Silberlösung trübt, oder bis die Trübung durch wenig Salpetersäure verschwindet und trocknet es im Vacuum über Vitriolöl.

Krystallische Säure. Bildet sich oft von freien Stücken aus der öligen. Entsteht auch oft schon, wenn man, wie oben angegeben ist, durch Behandeln mit Kalilauge die Säure vom neutralen Oel scheidet, und die alkalische Flüssigkeit mit verdünnter Salpetersäure übersättigt, worauf sie sich in Krystallflocken ausscheidet, die man mit möglichst wenig kaltem Wasser wäscht, gut trocknet, in Aether löst und durch freiwilliges Verdunsten krystallisiren lässt.

Eigenschaften. Die ölige Säure ist blassgelb, viel schwerer als Wasser, riecht in der Kälte schwach, in der Wärme reizend, und schmeckt stechend. Die krystallische Säure erscheint in langen seidenglänzenden Nadeln, die bei gelinder Wärme schmelzen, und bei stärkerer bis auf einen geringen kohligen Rückstand verdampfen.

			CAHOURS.		
			a.	b.	c.
8 C	48	19,51	19,32	19,46	19,66
2 Br	160	65,04	64,38	65,14	64,99
6 H	6	2,44	2,41	2,34	2,39
4 O	32	13,01	13,89	13,06	12,96
$C^8Br^2H^6O^4$	240	100,00	100,00	100,00	100,00

a ölige Säure aus citrakonsaurem Kali, b aus itakonsaurem; c krystallische Säure.

Zersetzungen. 1. Die ölige Säure zersetzt sich theilweise bei der Destillation unter Entwicklung von Bromdämpfen. — 2. Sie löst sich in gelinde erwärmtem Vitriolöl, und wird daraus durch Wasser nur theilweise gefällt. — 3. Die ölige und die krystallische Säure erhitzen sich heftig mit concentrirtem Kali, und entwickeln einen besondern Geruch, worauf selbst concentrirte Säuren nichts mehr abscheiden. — 4. Das in Weingeist gelöste Kalisalz der öligen Säure, nach der Weise von MELSENS (IV, 902 bis 903) mit Kaliumamalgam behandelt, setzt Bromkalium ab, und scheidet dann bei Zusatz von Schwefelsäure eine krystallische Materie aus, vom Geruch der flüchtigen Seifensäuren, sehr leicht in Wasser löslich, besonders in heifsem.

Verbindungen. Die ölige Säure löst sich wenig in *Wasser*, die krystallische ziemlich leicht.

Mit *Ammoniak* bildet die ölige Säure ein saures Salz in gelbweifsen, fettig anzufühlenden Schuppen, leicht in Wasser und Weingeist löslich.

Krystalle, im Vacuum getrocknet.			CAHOURS.
16 C	96	18,86	18,94
N	14	2,75	2,88
4 Br	320	62,87	63,18
15 H	15	2,95	3,26
8 O	64	12,57	11,74
$C^8Br^2H^5(NH^4)O^4,C^8Br^2H^6O^4$	509	100,00	100,00

Die krystallische Säure bildet mit *Kali* und *Natron* krystallisirbare lösliche Salze, mit *Bleioxyd* und *Silberoxyd* schwierig lösliche.

Das Ammoniaksalz der öligen Säure gibt mit salpetersaurem *Silberoxyd* einen käsigen, ein wenig in kaltem Wasser löslichen Niederschlag, der sich bei längerem Stehen zu einer pechartigen Masse vereinigt, und nach raschem Trocknen im Vacuum ein weifses Pulver darstellt, welches beim Glühen 53,57 Proc. Bromsilber lässt, also 30,77 Proc. Silber hält, also $C^8Br^2H^5AgO^4$.

Die ölige Säure mischt sich nach jedem Verhältnisse mit *Weingeist* und *Aether*, und die krystallische löst sich leicht in ihnen. CAHOURS.

Gepaarte Verbindung.

Bibrombutter-Vinester.

$$C^{12}Br^2H^{10}O^4 = C^4H^5O,C^8Br^2H^5O^3.$$

Wird schwierig erhalten, wenn man eine auf 70 bis 80° erhitzte Lösung der Bibrombuttersäure in absolutem Weingeist mit salzsaurem Gas sättigt, hierauf destillirt, das Destillat mit Wasser versetzt, das hierdurch gefällte gelbe Oel durch Waschen erst mit sehr verdünntem kohlensauren Natron, dann mit reinem Wasser von der Salzsäure und freien Bibrombuttersäure befreit, und endlich im Vacuum über Vitriolöl trocknet.

Fast farbloses Oel, schwerer als Wasser. Es riecht schwach in der Kälte, höchst durchdringend, bis zu Thränen reizend beim Erwärmen; es schmeckt sehr scharf, dem Meerrettig ähnlich.

Es zersetzt sich theilweise bei der Destillation und lässt einen kohligen Rückstand. CAHOURS (*N. Ann. Chim. Phys.* 19, 499; auch *J. pr. Chem.* 41, 71).

			Cahours.
12 C	72	26,28	26,03
2 Br	160	58,39	58,06
10 H	10	3,65	3,63
4 O	32	11,68	12,28
$C^{12}Br^2H^{10}O^4$	274	100,00	100,00

c. *Chlorkerne.*

α. Chlorkern C^8ClH^7.

Butak. C^8ClH^7.

Chancel (1845). *N. J. Pharm.* 7, 353; Ausz. *Compt. rend.* 20, 865.

Chlorbutyren, Butyrène chloré, Chancel, *Chlorure de Butyrile,* Cahours, *Chlorobutyrase,* Laurent.

Bildung (V, 233). Man fügt zu 1 Th. Butyral in einer tubulirten Retorte nach und nach $1\frac{1}{2}$ Th. Fünffachchlorphosphor, legt, wenn das bald eintretende Kochen und die Entwicklung des salzsauren Gases nachlässt, einige Kohlen unter die Retorte, destillirt, bis der schwarze Rückstand anfängt, sich aufzublähen, rectificirt das erhaltene Destillat einigemal, wäscht es dann mit Wasser, schüttelt es mit wässrigem kohlensauren Kali und destillirt es endlich über Chlorcalcium.

Eigenschaften. Farblose sehr dünne Flüssigkeit, leichter als Wasser, etwas über 100° siedend, von ziemlich lebhaftem eigenthümlichen Geruch und beifsendem Geschmack.

Es brennt mit grün gesäumter Flamme.

Es löst sich nicht in Wasser, aber nach allen Verhältnissen in Aether und Weingeist; letztere Lösung, frisch bereitet, trübt nicht die Silberlösung. Chancel.

Die durch Destillation von Butyron mit Fünffachchlorphosphor erhaltene Flüssigkeit, noch einigemal über frischen Fünffachchlorphosphor destillirt, um die Zersetzung des Butyrons vollständig zu machen, dann nach Art der Esterarten gereinigt, ist eine wasserhelle Flüssigkeit, leichter als Wasser, bei 116° kochend, von eigenthümlich durchdringendem Geruch, brennt mit grün gesäumter Flamme, löst sich nicht in Wasser, aber nach allen Verhältnissen in Weingeist, und diese Lösung trubt nicht Silberlösung. Chancel. — [Diese Flüssigkeit betrachtet Chancel nach einer nicht mitgetheilten Analyse als $C^{14}H^{13}Cl$ und nennt sie *Chlorobutyrène.* Aber die Uebereinstimmung ihrer Verhältnisse mit denen des C^8ClH^7 lassen die Identität beider Verbindungen vermuthen, und eine Wiederholung der Analyse wünschen.

Chlorbutyral. C^8ClH^7,O^2.

Chancel (1845). *N. J. Pharm.* 7, 350. Ausz. *Compt. rend.* 20, 865.

Darstellung. Gut getrocknetes Chlorgas im Tageslicht durch Butyral geleitet, wird zuerst unter Wärmeentwicklung und blassrother Färbung ruhig absorbirt, hierauf färbt sich die Flüssigkeit unter reichlicher Entwicklung von salzsaurem Gas gelb, und zeigt sich nach 2 Stunden mit Chlor gesättigt. Man leitet dann einen raschen Strom von kohlensaurem Gas durch die fast bis zum Sieden erhitzte Flüssigkeit, um das freie Chlor und die Salzsäure auszutreiben, und rectificirt 1 bis 2 Mal.

Eigenschaften. Wasserhelle Flüssigkeit, schwerer als Wasser, nahe bei 141° siedend und ohne Zersetzung destillirbar; von durchdringendem Geruch, die Augen zu Thränen reizend; neutral.

Es brennt mit grüngesäumter Flamme. Es gibt mit Ammoniak keine Amidverbindung.

Es löst sich nicht in Wasser, aber in Weingeist, welche Lösung salpetersaures Silberoxyd nicht trübt. CHANCEL.

β. Chlorkern $C^8Cl^2H^6$.

Bichlorbutyral. $C^8Cl^2H^6,O^2$.

Leitet man trocknes Chlorgas im Sonnenlichte 3 Stunden lang durch Butyral, so zeigt sich ein Punct, wo die Wirkung nachlässt, und wenn man dann einen raschen Strom von kohlensaurem Gas durch die erhitzte Flüssigkeit leitet, und sie rectificirt, so erhält man ein bei 200° kochendes neutrales Oel. CHANCEL (*N. J. Pharm.* 7, 351).

Bichlorbuttersäure. $C^8Cl^2H^6,O^4$.

PELOUZE u. GÉLIS (1844). *N. Ann. Chim. Phys.* 10, 447.

Bildung (V, 240). — *Darstellung.* Man leitet in lebhaftem Sonnenlichte trocknes Chlorgas durch, im Liebig'schen Kaliapparat befindliche, Buttersäure, erhitzt diese, wenn die Absorption fast aufhört, auf 80 bis 100° und leitet kohlensaures Gas hindurch, um die Salzsäure zu entfernen.

Eigenschaften. Farblose zähe Flüssigkeit, schwerer als Wasser, von eigenthümlichem Geruche.

			PELOUZE u. GÉLIS.
8 C	48	30,61	30,79
2 Cl	70,8	45,15	
6 H	6	3,83	4,02
4 O	32	20,41	
$C^8Cl^2H^6O^4$	156,8	100,00	

Die Säure lässt sich bei grofser Vorsicht gröfstentheils unzersetzt destilliren; aber immer entwickelt sich etwas Salzsäure und das Destillat hat einen verschiedenen Geruch. Diese Zersetzung erfolgt über 164°. — Die Säure verbrennt mit grüner Flamme unter Verbreitung von viel Salzsäure.

Die Säure ist in Wasser fast unlöslich.

Sie gibt mit Ammoniak, Kali und Natron sehr leichtlösliche Salze. Das Kalisalz gibt mit salpetersaurem Silberoxyd einen schwer löslichen Niederschlag.

Sie löst sich in Weingeist nach allen Verhältnissen. PELOUZE u. GÉLIS.

γ. Chlorkern $C^8Cl^4H^4$.

Quadrichlorbutyral. $C^8Cl^4H^4,O^2$.

Man leitet durch das Butyral, nachdem es in Bichlorbutyral verwandelt ist, im brennenden Sonnenlichte noch mehrere Tage lang Chlorgas, zuletzt unter Erwärmen der Flüssigkeit, so lange sich noch salzsaures Gas bildet. Ist dieser Punct erreicht, so bewirkt wochenlanges Durchleiten von Chlor in der Sonne keine Veränderung mehr.

Dickes, neutrales, sehr schweres Oel. — Es kocht erst bei starker Hitze, und unter Zersetzung.

Löst sich nicht in Wasser, aber in Weingeist und Aether. CHANCEL (*N. J. Pharm.* 7, 351).

Quadrichlorbuttersäure. $C^8Cl^4H^4,O^4$.

Man lässt im Sonnenlicht Chlorgas auf Buttersäure wirken, bis die anfangs erzeugte Bichlorbuttersäure sich nach längerer Zeit in eine weifse feste Masse verwandelt hat, die man zwischen Papier auspresst und durch Krystallisiren aus Aether reinigt.

Weifse schiefe rhombische Säulen, bei 140° schmelzend, unzersetzt destillirbar, der Buttersäure ähnlich riechend.

Die Säure löst sich nicht in Wasser, sehr leicht in Aether und Weingeist, und ihr Kalisalz gibt mit salpetersaurem Silberoxyd einen weifsen schwer löslichen Niederschlag. PELOUZE u. GÉLIS (*N. Ann. Chim. Phys.* 10, 447).

		Krystalle.		PELOUZE u. GÉLIS.
8	C	48	21,28	20,41
4	Cl	141,6	62,76	
4	H	4	1,77	1,82
4	O	32	14,19	
$C^8Cl^4H^4O^4$		225,6	100,00	

δ. Chlorkern $C^8Cl^4H^2O^2$.

Quadrichlorbernsteinsäure.

$$C^8Cl^4H^2O^8 = C^8Cl^4H^2O^2,O^6.$$

PLANTAMOUR. — LAURENT. *Compt. rend.* 26, 36.

Acide bichloroxalique, PLANTAMOUR, *Acide succinique quadrichloré,* LAURENT.

Chlor liefert mit Citronensäure ein Oel $C^{16}Cl^{16}O^6$ und mit bernsteinsaurem Natron ein Oel $C^{10}Cl^8O^4$. Beide Oele liefern beim Behandeln mit Kali ein Salz = $C^8Cl^4K^2O^8$. PLANTAMOUR. — Das erste Oel ist als $C^{10}Cl^{10}O^6$ zu betrachten, und die Gleichung ist: $C^{10}Cl^{10}O^4 + 10\,KO = C^8Cl^4K^2O^8 + 2\,(KO,CO^2) + 6KCl$; beim zweiten Oel ist die Gleichung: $C^{10}Cl^6O^4 + HO + 7KO = C^8Cl^4K^2O^8 + C^2HKO^4 + 4\,KCl$; es bleibt noch zu zeigen, dass hierbei ameisensaures Kali entsteht. LAURENT.

Gepaarte Verbindungen der Chlorkerne.

Bichlorbuttervinester.

$$C^{12}Cl^2H^{10}O^4 = C^4H^5O,C^8Cl^2H^5O^3.$$

Ether butirique bichloré. — Die Lösung der Bichlorbuttersäure in Weingeist scheidet beim gelinden Erwärmen mit Vitriolöl einen öligen, ätherisch riechenden Ester ab, der mit Wasser gewaschen und destillirt wird. Pelouze u. Gélis.

			Pelouze u. Gélis.
12 C	72	38,96	39,40
2 Cl	70,8	38,31	
10 H	10	5,41	4,95
4 O	32	17,32	
$C^{12}Cl^2H^{10}O^4$	184,8	100,00	

Quadrichlorbuttervinester.

$$C^{12}Cl^4H^8O^4 = C^4H^5O,C^8Cl^4H^3O^3.$$

Ether butirique quadrichloré. — Mit der Lösung der Quadrichlorbuttersäure in einer mehrfachen Menge Weingeist bildet Vitriolöl sogleich eine Krystallmasse, welche bei gelindem Erwärmen schmilzt, und sich in 2 Flüssigkeiten scheidet. Die schwerere von diesen scheint der gedachte Ester zu sein. Sie riecht ätherisch, dem vorigen Ester uud dem Buttervinester ähnlich, brennt mit grüner Flamme und weifsen Nebeln und löst sich kaum in Wasser, aber reichlich in Weingeist und Aether. Pelouze u. Gélis (*N. Ann. Chim. Phys.* 10, 449).

Perchlorbernsteinvinester.

$$C^{16}Cl^{13}HO^8 = 2\,C^4Cl^5O,C^8Cl^3HO^6.$$

Cahours (1843). *N. Ann. Chim. Phys.* 9, 206; auch *Ann. Pharm.* 47, 294; auch *J. pr. Chem.* 30, 244.
Malaguti. *N. Ann. Chim. Phys.* 16, 66; Ausz. *Compt. rend.* 21, 747; Ausz. *J. pr. Chem.* 37, 433.
Gerhardt. *N. J. Pharm.* 9, 307; 14, 238 u. 291.

Perchlorbernsteinäther, éther chlorosuccinique, éther perchlorosuccinique.

Bildung und Darstellung. Bernsteinvinester verwandelt sich in einer mit Chlorgas gefüllten Flasche im Sonnenlicht in einigen Tagen in eine weifse Krystallmasse, welche man zwischen Papier auspresst, mit wenig Aether wäscht, wieder auspresst, und aus Aether krystallisiren lässt. Cahours (V, 275).

Eigenschaften. Schneeweifse kleine Nadeln, die sich leicht filzen. Schmilzt bei 115 bis 120°, und geht bei stärkerem Erhitzen zum Theil unzersetzt über. Riecht wie ähnliche Chlorverbindungen. Cahours.

			Cahours.
16 C	96	15,45	15,25
13 Cl	460,2	74,09	74,25
H	1	0,16	0,67
8 O	64	10,30	9,83
$C^{16}Cl^{13}HO^8$	621,2	100,00	100,00

Zersetzungen. 1. Der Ester, bei 290° destillirt, entwickelt fortwährend Kohlensäure, und liefert ein rauchendes dicköliges Destillat. Dasselbe verliert seinen starken Geruch nach Chloraldehyd beim Uebergiefsen mit Wasser, welches sich mit Salzsäure, Trichloressigsäure und Chlorsuccsäure beladet, nimmt in einigen Wochen bedeutend ab, und verwandelt sich durch Krystallisiren von Anderthalbchlorkohlenstoff in einen Brei. MALAGUTI. — $C^{16}Cl^{13}HO^8 = 2CO^2 + C^4Cl^6 + C^4Cl^4O^2$ (Chloraldehyd, welches dann mit 2 HO in HCl und $C^4Cl^3HO^4$ [Trichloressigsäure] zerfällt) + $C^6Cl^3HO^2$ (ein nicht für sich bekanntes Chlorsuccid, welches dann mit 2 HO die Chlorsuccsäure, $C^6Cl^3H^3O^4$, bildet). GERHARDT.

2. Leitet man über den feingepulverten Ester trocknes Ammoniakgas, so backt er unter Wärmeentwicklung zusammen, während sich aus dem Gasstrom spiegelnde Schuppen absetzen. Pulvert man die Masse, so oft das Gas nicht mehr einwirkt und lässt jedesmal wieder Ammoniak darüber strömen, so lange noch Absorption und Erhitzung eintritt, so erhält man eine schokoladebraune Krystallmasse, welche beim Behandeln mit Aether Salmiak mit wenig paracyanartiger Materie zurücklässt, während der Aether Chlorcarbäthamid und chlorazosuccsaures Ammoniak (durch Wasser zu scheiden) aufnimmt. MALAGUTI. — Nach GERHARDT färbt sich der Ester durch das Ammoniak kaum gelblich und bildet nichts, als Salmiak, Chloracetamid (V, 20) und chlorazosuccsaures Ammoniak (V, 209). — Hiernach ist die Gleichung GERHARDT's: $C^{16}Cl^{13}HO^8 + 7NH^3 = 3NH^4Cl + 2C^4NCl^3H^2O^2 + NH^3, C^8NCl^4H^3O^4$. — MALAGUTI's verwickeltere Gleichung ist, seit GERHARDT die Einerleiheit des (sowohl mit trocknem als mit wässrigem Ammoniak aus dem Ester dargestellten) Chlorcarbäthamids mit dem Chloracetamid dargethan hat, nicht mehr zulässig. — Wässriges Ammoniak erhitzt sich mit dem gepulverten frisch bereiteten Ester bis zum Herausschleudern, aber den nicht frisch bereiteten löst es erst bei gelindem Erwärmen zu einer gelben Flüssigkeit, welche dieselben 3 Producte hält, wie sie durch Ammoniakgas erhalten werden. MALAGUTI. Dass die hierbei erhaltenen Krystalle nicht Chlorcarbäthamid sind, wie MALAGUTI früher annahm, sondern Chloracetamid, wie GERHARDT zeigte, hat später MALAGUTI (*N. J. Pharm.* 14, 289) selbst zugegeben. Welcher aber noch sein mit Ammoniakgas erhaltenes Chlorcarbäthamid für verschieden vom Chloracetamid, und zwar jetzt für $C^{10}N^3Cl^7H^6O^4 = 2C^4NCl^3H^2O^2$ (Chloracetamid) + C^2NClH^2 (unbekannte Verbindung) hält.

3. Der Ester, mit einer concentrirten Lösung von der 3fachen Menge Kalihydrat erhitzt, löst sich schnell, ohne alle Entwicklung von Chloroform, zu einer Flüssigkeit, welche Chlorkalium, und kohlensaures, ameisensaures und chlorsuccsaures Kali hält. MALAGUTI. $C^{16}Cl^{13}HO^8 + 3HO + 19KO = 10KCl + 6(KO,CO^2) + 2C^2HKO^4 + C^6Cl^3H^2KO^4$.

4. Der Ester löst sich in Weingeist blofs beim Erwärmen, und zwar in völlig zersetzter Gestalt. Wasser fällt aus der, Salzsäure haltenden, Lösung ein öliges Gemisch von Kohlenvinester (IV, 704), Trichloressigvinester (IV, 925) und Chlorsuccvinester. MALAGUTI. [Der Chlorsuccvinester ist nicht für sich bekannt; MALAGUTI nimmt ihn $= C^{10}Cl^3H^5O^3$; aber nach der Gerhardt'schen Formel der Chlorsuccsäure (V, 129) ist er als $C^4H^5O, C^6Cl^3H^2O^3 = C^{10}Cl^3H^7O^4$ zu nehmen, und dann ist die Gleichung: $C^{16}Cl^{13}HO^8 + 5C^4H^6O^2 = 4HCl + 2C^5H^5O^3$ (Kohlenvinester) $+ 2C^8Cl^3H^5O^4$ (Trichloressigvinester) $+ C^{10}Cl^3H^7O^4$. Bei MALAGUTI's Formel des Chlorsuccvinesters würde zugleich 1 HO gebildet werden.]

d. *Amidkerne.*

α. Amidkern C^8AdH^7.

Butyramid.

$$C^8NH^9O^2 = C^8AdH^7,O^2.$$

Chancel. *Compt. rend.* 18, 949.

Bildung (V, 247). — *Darstellung.* Man schüttelt 1 Th. Buttervinester mit 6 Th. wässrigem Ammoniak fleifsig zusammen, bis er in etwa 8 Tagen völlig verschwunden ist, dampft die Flüssigkeit auf $^1/_3$ ab, und lässt sie zum Krystallisiren erkalten. Chancel.

Eigenschaften. Schneeweifse perlglänzende durchsichtige Tafeln, welche bei 115° zu einer farblosen Flüssigkeit schmelzen und ohne Rückstand verdunsten. Von süfsem und frischen, hinterher bittern Geschmack. Luftbeständig. Chancel.

Berechnung nach Chancel.		
8 C	48	55,17
N	14	16,09
9 H	9	10,35
2 O	16	18,39
$C^8NH^9O^2$	87	100,00

Zersetzungen. 1. Der Dampf des Butyramids lässt sich entflammen. Chancel. — 2. Er liefert, durch rothglühenden Kalk geleitet, Butyronitril. Laurent u. Chancel. $C^8NH^9O^2 = C^8NH^7 + 2HO$. — 3. Dasselbe Butyronitril erhält man bei der Destillation des Butyramids mit wasserfreier Phosphorsäure. Dumas, Malaguti u. Leblanc. — 4. Die wässrige Lösung des Butyramids zersetzt sich mit fixen Alkalien erst beim Kochen in Ammoniak und buttersaures Alkali. Chancel. $C^8NH^9O^2 + HO + KO = NH^3 + C^8H^7KO^4$. — 5. Mit Fünffachchlorphosphor zersetzt sich das Butyramid in Butyronitril, Salzsäure und Chlorphosphorsäure. Cahours (*Compt. rend.* 25, 325). — $C^8NH^9O^2 + PCl^5 = C^8NH^7 + 2HCl + PCl^3O^2$. — 6. In kalter Salpetersäure, durch die man Stickoxydgas leitet, zerfällt das Butyramid in Buttersäure, Wasser und Stickgas. Piria (*N. Ann. Chim. Phys.* 22, 177). — $C^8NH^9O^2 + NO^3 = C^8H^8O^4 + HO + 2N$.

Verbindungen. Das Butyramid löst sich leicht in Wasser, besonders in heifsem. Chancel.

Es löst sich in Weingeist und Aether. Chancel.

β. Amidkern $C^8Ad^2H^4O^2$.

Succinamid.

$$C^8N^2H^8O^4 = C^8Ad^2H^4O^2,O^2.$$

Fehling (1844). *Ann. Pharm.* 49, 196.

Beim Schütteln von Bernsteinvinester mit wässrigem Ammoniak entsteht ein weifser Absatz, den man, wenn er nach einigen Tagen nicht mehr zunimmt, mit Weingeist wäscht, und aus kochendem Wasser krystallisiren lässt.

Weifse Nadeln, welche bei 100° nichts verlieren, und bei raschem Erhitzen unter schwacher Bräunung, aber ohne weitere Veränderung schmelzen.

			Fehling.
8 C	48	41,38	41,69
2 N	28	24,14	24,13
8 H	8	6,90	7,00
4 O	32	27,58	27,18
$C^8N^2H^8O^4$	116	100,00	100,00

Das Succinamid langsam auf 200° erhitzt, und in dieser Hitze längere Zeit erhalten, entwickelt viel Ammoniak, und sublimirt sich dann bei stärkerem Erhitzen unter Rücklassung von wenig Kohle als Bisuccinamid. $C^8N^2H^8O^4 = C^8NH^5O^4 + NH^3$. Fehling. — In kalter Salpetersäure, durch die man Salpetergas leitet, zerfällt es in Bernsteinsäure, Wasser und Stickgas. Piria (*N. Ann. Chim. Phys.* 22, 177). $C^8N^2H^8O^4 + 2\,NO^3 = C^8H^6O^8 + 2\,HO + 4\,N$. — Die kochende wässrige Lösung von 1 Th. Succinamid, mit Zweifachchlorplatin gemischt, setzt beim Erkalten ziemlich genau 2 Th. Platinsalmiak ab; also tritt 1 At. Stickstoff in den Platinsalmiak. Fehling.

Das Succinamid löst sich in 220 Th. *Wasser* von 15°, in 9 Th. kochendem, nicht in *Aether* und absolutem *Weingeist*, wenig in wässrigem. Fehling.

e. *Stickstoffkerne.*

α. Stickstoffkern C^8NH^7.

Butyronitril. C^8NH^7.

Dumas, Malaguti u. Leblanc (1847). *Compt. rend.* 25, 442 u. 658. Laurent u. Chancel. *Compt. rend.* 25, 884.

Darstellung. 1. Man destillirt trocknes buttersaures Ammoniak mit wasserfreier Phosphorsäure. Dumas etc. — 2. Man leitet den Dampf des Butyramids durch dunkelroth glühenden Kalk. Laurent u. Chancel. Die Darstellung nach 2) gelingt nicht so gut, wie die nach 1). A. W. Hofmann (*Ann. Pharm.* 65, 56).

Eigenschaften. Wasserhelles Oel, von 0,795 spec. Gew. bei 12,5°; kocht bei 118,5°; riecht angenehm gewürzhaft, dem Bittermandelöl ähnlich. Dumas, Mal. u. L.

		Berechnung nach Dumas, Mal. u. Lebl.
8 C	48	69,56
N	14	20,29
7 H	7	10,15
C^8NH^7	69	100,00

Zersetzungen. Die Verbindung löst sich in kochendem Kali unter Ammoniakentwicklung zu buttersaurem Kali. — $C^8NH^7 + KO + 3\,HO = C^8H^7KO^4 + NH^3$. — Sie bildet mit Kalium Cyankalium und ein Gemenge von Wasserstoffgas und einem Kohlenwasserstoffgas, welches dichter ist, als das durch Kalium aus Acetonitril (v, 31) entwickelte.

Dumas, Malaguti u. Leblanc. [Nach der Gleichung $C^8NH^7 + K = C^2NK + H + C^6H^6$ würde dieses Kohlenwasserstoffgas Sixe-Gas sein.]

[Wie sich das Acetonitril, C^4NH^3 auch als Cyanformafer, C^2H^2,C^2NH betrachten lässt, so lässt sich auch das Butyronitril C^8NH^7 als Cyansixafer C^6H^6,C^2NH ansehen.]

Petinin.

$$C^8NH^9 = C^8NH^7,H^2.$$

Anderson (1848). *Phil. Mag. J.* 33, 174; auch *J. pr. Chem.* 45, 160; Ausz. *Ann. Pharm.* 70, 32.

Von πετεινός, flüchtig. Macht einen sehr kleinen Theil des bei der trocknen Destillation der Knochen erhaltenen Brenzöls aus.

Darstellung. Man destillirt unter allmäligem Erhitzen das rohe theerartige Knochenöl zu je 15 Pfund in einer halbgefüllten eisernen Retorte, bis ungefähr $^2/_5$ übergegangen sind, trennt das erhaltene blassgelbe Oel von dem wässrigen Destillate, stellt es mit einem Gemisch aus 1 Th. Vitriolöl und 10 Th. Wasser unter öfterem Schütteln 8 bis 14 Tage lang hin, verdünnt die saure Flüssigkeit mit mehr Wasser, trennt sie vom Oel, und behandelt dieses noch mehrmals mit frischer verdünnter Schwefelsäure, um die flüchtigen Alkaloide völlig zu entziehen. Die so erhaltenen sauren rothbraunen oder dunkelbraunen Auszüge, welche, aufser verschiedenen Basen, auch neutrales Oel und Pyrrhol halten, werden nach dem Zusatz von mehr Schwefelsäure in Porcellan oder Kupfer gekocht, von dem sich ausscheidenden rothen Harze, welches heftiges Stofsen veranlasst, geschieden, und fortwährend unter Ersetzung des Wassers gekocht, bis eine Probe bei der Destillation kein Pyrrhol mehr entwickelt, dann vom frisch gebildeten Harze abfiltrirt, mit Kali oder Natron neutralisirt und mit dem hierbei sich erhebenden, nach Ammoniak und stinkenden Seekrebsen riechenden Oele destillirt, so lange sich das übergehende Oel im übergegangenen wässrigen Destillat noch löst. Bei weiterem Destilliren geht in die gewechselte Vorlage wenig in Wasser niedersinkendes Oel über, und in der Retorte bleibt über der wässrigen Flüssigkeit ein öliges Gemisch von weniger flüchtigen Alkaloiden.) Indem man im erhaltenen wässrigen Destillat Kalihydrat löst, erhebt sich ein mit dem Heber abzuhebendes öliges Gemisch von Ammoniak, Petinin, Picolin und 2 bis 3 andern Alkaloiden, während im wässrigen Kali ein Theil des Petinins gelöst bleibt. — a. Um das Petinin aus dem Oelgemisch zu erhalten, entwässert man dieses, indem man so lange Kalihydrat hinzuträgt, als dieses noch Wasser aufnimmt, und dann eine wiederholte Destillation mit Thermometer vornimmt, wobei das bei 71 bis 100° übergehende, vorzüglich aus Petinin bestehende, Oel besonders aufgefangen wird. — b. Das im wässrigen Kali gelöst gebliebene Petinin wird durch kurze Destillation davon getrennt, und aus dem mit übergegangenen Wasser durch Kalihydrat geschieden. — Endlich vereinigt man das nach a und b erhaltene Petinin, und reinigt es vollends durch öftere gebrochene Destillation bei gut erkälteter Vorlage, wobei viel beigemischtes Ammoniak entweicht, bis der Siedpunct des Destillats stetig ist. Zur völligen Entwässerung dient mehrtägiges Hinstellen über Kalihydrat, Abgiefsen und Rectificiren.

Eigenschaften. Wasserhelle, stark das Licht brechende Flüssigkeit, leichter als Wasser, bei ungefähr 70,5° siedend. Sie riecht sehr stechend, dem Ammoniak ähnlich, aber doch verschieden, und im verdünnten Zustande widrig nach faulen Aepfeln; sie schmeckt heifs und sehr stechend. Sie bläut Lackmus und gibt bei darüber gehaltener Salzsäure weifse Nebel.

Berechnung nach Gm.			Anderson.
8 C	48	67,61	66,66
N	14	19,72	
9 H	9	12,67	13,97
C^8NH^7,H^2	71	100,00	

Anderson zieht die Formel vor: C^6NH^{10}; Gerhardt (*N. J. Pharm.* 14, 378 und *Compt. chim.* 1849, 12) die Formel: C^8NH^{11}.

Zersetzungen. 1. Wässriges Brom, in wässriges Petinin getröpfelt, schlägt ein, nicht in Säuren lösliches Oel nieder, während Hydrobrompetinin gelöst bleibt. Das Oel ist vielleicht $C^6NBr^3H^7$ [oder $C^8NBr^3H^6$]. — 2. Kalter wässriger Chlorkalk lässt das wässrige Petinin farblos, entwickelt jedoch sogleich einen höchst reizenden Geruch. — Man kann die Lösung des Petinins in überschüssiger concentrirter Salpetersäure ohne merkliche Zersetzung anhaltend kochen.

Verbindungen. Das Petinin löst sich in *Wasser* nach allen Verhältnissen.

Es verbindet sich mit stärkeren Säuren unter starker Wärmeentwicklung; es fällt die Eisenoxydsalze, und ist von den im Knochenöl enthaltenen Alkaloiden das stärkste. Die *Petininsalze* krystallisiren leicht, sind sehr beständig und färben sich nicht an der Luft; sie lassen sich sublimiren, wenn die Säure flüchtig ist. Sie lösen sich alle in Wasser.

Schwefelsaures Petinin. — Die mit Petinin neutralisirte verdünnte Schwefelsäure verliert beim Abdampfen Petinin und lässt einen Syrup, der zu einer blättrigen Masse eines sehr sauren, sehr leicht in Wasser löslichen, etwas zerfliefslichen Salzes erstarrt.

Salzsaures Petinin. — Das trockne Petinin löst sich in Salzsäure unter starker Erhitzung und gibt ein, in feinen Nadeln sublimirbares, äufserst leicht in Wasser lösliches Salz.

Das Petinin löst sich in verdünnter; aber nicht in concentrirter *Kali*lauge; es löst etwas Kalihydrat.

Es fällt das *Kupferoxyd* aus seinen Salzen, löst es aber wieder, in gröfserer Menge zugefügt, mit schön blauer Farbe.

Das weingeistige Petinin gibt mit *Einfachchlorquecksilber* einen weifsen Niederschlag, der sich in viel heifsem Wasser, leichter in heifsem Weingeist löst, und daraus in silberglänzenden Blättern anschiefst. In kalter verdünnter Salzsäure löst er sich sehr leicht. Seine wässrige Lösung verliert beim Kochen Petinin und setzt ein weifses Pulver ab.

Mit *Dreifachchlorgold* gibt das Petinin einen blassgelben Niederschlag, der sich beim Kochen der Flüssigkeit nicht löst.

Mit *Zweifachchlorplatin* gibt das Petinin bei nicht zu verdünnten Lösungen einen gelben Niederschlag, der durch Krystallisiren aus heifsem Wasser in, dem Iodblei ähnlichen, goldgelben Tafeln erhalten wird. Diese lösen sich ziemlich in kaltem, leicht in heifsem Wasser, auch in Weingeist, und werden durch Kochen der wässrigen Lösung nicht zersetzt.

	Krystalle.		ANDERSON.
8 C	48	17,32	16,93
N	14	5,05	
10 H	10	3,61	4,17
Pt	99	35,71	35,46
3 Cl	106,2	38,31	
$C^8NH^9,HCl+PtCl^2$	277,2	100,00	

Nach ANDERSON = $C^8NH^{10},HCl + PtCl^2$; nach GERHARDT = $C^8NH^{11},HCl + PtCl^2$.

Das Petinin löst sich nach jedem Verhältnisse in Weingeist, Aether und Oelen. ANDERSON.

β. Stickstoffkern $C^8NH^5O^2$.

Bisuccinamid.

$$C^8NH^5O^4 = C^8NH^5O^2,O^2.$$

FEL. D'ARCET (1835). *Ann. Chim. Phys.* 58, 294; auch *Pogg.* 36, 86.
FEHLING. *Ann. Pharm.* 49, 198.
LAURENT u. GERHARDT. *Compt. chim.* 1849, 108; auch *J. pr. Chem.* 47, 71.

Succinamide D'ARCET, *Succinimide* LAURENT u. GERHARDT.

Bildung und Darstellung. Leitet man trocknes Ammoniakgas über Bernsteinsäureanhydrid, so tritt eine bis zur Schmelzung und Verdampfung des sich bildenden Bisuccinamids und des Wassers gehende Wärmeentwicklung ein, so dass man blofs am Ende etwas zu erwärmen hat, bis alles Bisuccinamid sublimirt ist. D'ARCET. — $C^8H^4O^6 + NH^3 = C^8NH^5O^4 + 2HO$. Auch nicht getrocknetes Ammoniakgas, in die bei 180° geschmolzene Bernsteinsäure geleitet, liefert dasselbe Sublimat. FEHLING. — 2. Beim Erhitzen von neutralem bernsteinsauren Ammoniak sublimirt sich, nach vorausgegangener Entwicklung von Wasser und Ammoniak, Bisuccinamid. FEHLING. — 3. Erhitzt man Succinamid längere Zeit auf 200°, bis sich kein Ammoniak mehr entwickelt, so sublimirt sich der Rückstand bei stärkerer Hitze als Bisuccinamid. FEHLING.

Das Sublimat ist durch Krystallisiren aus Wasser zu reinigen, worauf die Krystalle bei 100° entwässert werden. FEHLING.

Eigenschaften. Weifs, sublimirbar. D'ARCET. Lackmus röthend. LAURENT u. GERHARDT.

			D'ARCET.	FEHLING.
8 C	48	48,49	48,78	48,97
N	14	14,14	15,29	14,62
5 H	5	5,05	5,55	5,31
4 O	32	32,32	30,38	31,10
$C^8NH^5O^4$	99	100,00	100,00	100,00

Zersetzungen. 1. Es entwickelt beim Erhitzen mit Kalilauge Ammoniak, D'ARCET, und bildet bernsteinsaures Kali, FEHLING. — 2. Eben so zerfällt es mit stärkeren Säuren in Ammoniaksalz und freie Bernsteinsäure. FEHLING. Dagegen gibt eine kochende wässrige Lösung des Bisuccinamids mit Zweifachchlorplatin ein klares Gemisch, welches, zu Syrup abgedampft, und in Weingeist wieder aufgenommen, blofs Spuren von Platinsalmiak lässt. FEHLING. Es schiefst aus der Lösung in heifsem concentrirten Kali unverändert an. LAURENT u. GERHARDT.

Verbindungen. Es löst sich reichlich in *Wasser*, und schiefst bei dessen freiwilligem Verdunsten in schönen Rhomboedern an, D'ARCET, welche schon weit unter 100° ihre 15,94 Proc. (2 At.) Wasser verlieren. FEHLING. Zu rhombischen Tafeln entscheitelte rhombische Oktaeder. *Fig.* 42. p : a = 125°; spitzer Winkel des Rhombus = 67° ungefähr. Die Krystalle verlieren ihr Wasser allmälig an der Luft. LAURENT u. GERHARDT.

	Gewässerte	Krystalle.	D'ARCET.	Oder:			FEHLING.
8 C	48	41,03	42,62	$C^8NH^5O^4$	99	84,61	84,06
N	14	11,96	12,74				
7 H	7	5,98	6,04	2 HO	18	15,39	15,94
6 O	48	41,03	38,60				
$C^8NH^5O^4 + 2Aq$	117	100,00	100,00		117	100,00	100,00

Aus einem Gemisch von *Baryt*wasser und Bisuccinamid fällt Kohlensäure nur einen Theil des Baryts. Aber wässriges Bisuccinamid löst beim Kochen mit kohlensaurem Baryt nur wenig. FEHLING.

Wässriges Bisuccinamid löst schon bei gelinder Wärme, schneller beim Kochen viel *Bleioxyd,* ohne, wenn man nicht unnöthig lange kocht, eine Spur Ammoniak zu entwickeln. Die Lösung, im Vacuum verdunstet, lässt eine sehr zähe, langsam völlig austrocknende amorphe Masse, welche unter 100° ohne weitern Gewichtsverlust klar schmilzt. Sie hält 57,65 Proc. PbO, 18,63 C, 5,23 N, 2,56 H und 15,93 O, ist also = $4PbO,3C^8NH^5O^4 + 3HO$. Sie entwickelt bei zu starkem Erhitzen Ammoniak, und gibt dann mit Wasser eine trübe Lösung. Sie wird an der Luft schnell feucht und gibt mit Wasser eine klare Lösung, aus welcher Weingeist eine concentrirte Lösung der Bleiverbindung in Wasser als eine zähe klare Masse niederschlägt. Leitet man durch die wässrige Lösung Kohlensäure, so lange Bleioxyd gefällt wird, so lässt das im Vacuum verdunstete Filtrat eine weifse undurchsichtige, unter 100° schmelzende Masse, welche 40,15 Proc. PbO hält, also = $2PbO,3C^8NH^5O^4$ ist. Die Lösung, die man durch längeres Erhitzen von kohlensaurem Bleioxyd mit wässrigem Bisuccinamid im Wasserbade erhält, hält wohl dieselbe Verbindung. FEHLING.

Silber-Bisuccinamid. — Man fügt zu der kochenden concentrirten weingeistigen Lösung des Bisuccinamids einige Tropfen Ammoniak, dann Silberlösung und lässt zum Krystallisiren erkalten. Hält das Bisuccinamid Bernsteinsäure beigemengt, so hat man nach dem Zusatz der Silberlösung vom gefällten bernsteinsauren Silberoxyd heifs abzufiltriren. — Schöne 4seitige Säulen, mit Pyramiden zugespitzt. LAURENT u. GERHARDT.

		Krystalle.	LAURENT u. GERHARDT.
8 C	48	23,30	23,0
N	14	6,80	
4 H	4	1,94	2,1
Ag	108	52,43	52,3
4 O	32	15,53	
$C^8NH^4AgO^4$	206	100,00	

Die Krystalle verpuffen bei raschem Erhitzen wie oxalsaures Silberoxyd; bei allmäligem entwickeln sie einen eigenthümlichen scharfen Geruch und ein, beim Erkalten krystallisirendes Oel. Sie entwickeln blofs mit heifser Kalilauge Ammoniak. Sie zerfallen mit verdünnter Salzsäure in Chlorsilber und wiederhergestelltes Bisuccinamid. Sie lösen sich sehr leicht in Ammoniak, wenig in kaltem, und ziemlich leicht in heifsem Wasser oder Weingeist.

Kocht man sie einige Zeit mit Wasser, das einige Tropfen Ammoniak enthält, so erhält man beim Abdampfen der Lösung kleine glänzende gerade rhombische Säulen, mit scharfen Seitenkanten von 75°, welche bei raschem Erhitzen, ohne zu verpuffen, kohlehaltiges Silber lassen, sich viel leichter in Wasser lösen, als die vorige Verbindung, aber sich gegen Salzsäure wie diese verhalten. Nach folgender Analyse sind sie entweder 2fach gewässertes Silber-Bisuccinamid, oder, was wahrscheinlicher ist, succinamsaures Silberoxyd, = $C^8NH^6AgO^6$. LAURENT u. GERHARDT.

		Krystalle.	LAURENT u. GERHARDT.
8 C	48	21,43	21,7
N	14	6,25	
6 H	6	2,68	2,7
Ag	108	48,21	48,3
6 O	48	21,43	
	224	100,00	

Ammoniakalisches Silber-Bisuccinamid. — Die Lösung des Silberbisuccinamids in wenig Ammoniak lässt bei freiwilligem Verdunsten einen alkalischen Syrup, der allmälig zu einer, aus quadratischen oder rectangulären Säulen bestehenden harten Krystallmasse erstarrt. Diese entwickelt schon in der Kälte mit Kalilauge Ammoniak. Sie erhitzt sich heftig mit concentrirter Salzsäure unter Ausstofsen von Salmiaknebeln. Hat man aus ihrer Lösung in verdünnter Salzsäure durch überschüssiges Zweifachchlorplatin das Ammoniak gefällt, so gibt das Filtrat beim Kochen mit starker Salzsäure und Abdampfen zur Trockne ungefähr noch eben so viel Platinsalmiak. LAURENT u. GERHARDT.

		Krystalle.	LAURENT u. GERHARDT.
8 C	48	21,52	
N	14	6,28	6,0
4 H	4	1,80	
Ag	108	48,43	48,2
4 O	32	14,35	
NH^3	17	7,62	7,0
$NH^3,C^8NH^4AgO^4$	223	100,00	

Das Bisuccinamid löst sich ziemlich leicht in *Weingeist,* wenig in *Aether.* D'ARCET.

γ. Stickstoffkern $C^8NAdH^2O^4$.

Dialursäure.

$$C^8N^2H^4O^8 = C^8NAdH^2O^4,O^4.$$

Liebig u. Wöhler (1838). *Ann. Pharm.* 26, 276.
Gregory. *Phil. Mag. J.* 24, 187; auch *J. pr. Chem.* 32, 277.

Bildung. Leitet man durch kochendes wässriges Alloxan so lange Hydrothion, als Einwirkung erfolgt, so setzt die Flüssigkeit beim Erkalten kein Alloxantin mehr ab, und gibt mit Barytwasser bei abgehaltener Luft keinen blauen, sondern einen weifsen Niederschlag, und erzeugt mit kohlensaurem Ammoniak viele Krystalle von dialursaurem Ammoniak. [$C^8N^2H^2O^8 + 2HS = C^8N^2H^4O^8 + 2S$.] — Auch Zink mit Salzsäure reducirt das wässrige Alloxan theils zu Alloxantin, theils zu Dialursänre. Liebig u. Wöhler.

Darstellung des dialursauren Ammoniaks. 1. Man zersetzt kochendes wässriges Alloxan völlig durch einen Strom von Hydrothion, und neutralisirt die vom Schwefel abfiltrirte saure Flüssigkeit mit kohlensaurem Ammoniak, welches unter Aufbrausen einen weifsen krystallischen Niederschlag von dialursaurem Ammoniak bewirkt. — 2. Man versetzt die Lösung der Harnsäure in verdünnter Salpetersäure mit nur so viel Hydrothion-Ammoniak, dass sie noch schwach Lackmus röthet, wäscht den entstandenen breiartigen Niederschlag mit kaltem Wasser, löst ihn in kochendem und versetzt das Filtrat mit kohlensaurem Ammoniak, wodurch es beim Erkalten zu einer Krystallmasse von dialursaurem Ammoniak erstarrt. — 3. Man stellt wässriges Alloxan mit Zink und Salzsäure zusammen, und versetzt die vom niedergefallenen Alloxantin abgegossene Flüssigkeit so lange mit kohlensaurem Ammoniak, bis das anfangs gefällte Zinkoxyd wieder gelöst ist, worauf nach einiger Zeit dialursaures Ammoniak anschiefst. Liebig u. Wöhler. — 4. Man fügt zu der von der Bereitung des Alloxans oder des Alloxantins herrührenden Mutterlauge bei Mittelwärme Ammoniak, bis die Flüssigkeit nur noch schwach Lackmus röthet, leitet so lange Hydrothion hindurch, bis der anfangs gefällte Schwefel sich wieder gelöst hat, erwärmt sie bis znr Lösung des erzeugten, die Flüssigkeit verdickenden dialursauren Ammoniaks, fügt, falls etwas Schwefel ungelöst geblieben wäre, etwas Hydrothionammoniak bis zu dessen Lösung hinzu, lässt die klare Flüssigkeit erkalten, sammelt das krystallisirte dialursaure Ammoniak auf dem Filter, wäscht es erst mit verdünntem Hydrothionammoniak, dann mit Weingeist, bis dieser farblos und rein abläuft, presst es im Filter schnell zwischen Fliefspapier aus, und trocknet es im Vacuum über Vitriolöl. Gregory. Sollte es noch nicht rein sein, so löst man es noch einmal in warmem Wasser, welches Hydrothionammoniak hält, und wäscht und trocknet die Krystalle, wie oben. Gregory.

Darstellung der Dialursäure. Aus der Lösung des dialursauren Ammoniaks in warmer Salzsäure schiefst beim Erkalten die Dialursäure in Krystallen an, die schnell von der Mutterlauge zu trennen und zu trocknen sind. Gregory. — Schon Liebig u. Wöhler machten diesen Versuch, sahen jedoch die erhaltenen Krystalle zufolge der Analyse für Alloxantin an, das sie wegen der besondern Krystallform als dimorphes unterschieden. GREGORY vermuthet, dass die zuerst erzeugten Dialursäure-krystalle durch den Sauerstoff der Luft unter Beibehaltung der Form in Alloxantin übergegangen waren.

Eigenschaften. Farblose Krystalle, denen des Alloxantins ähnlich, stark Lackmus röthend. GREGORY.

Krystallisirte Säure nach GREGORY.

8 C	48	33,33
2 N	28	19,45
4 H	4	2,78
8 O	64	44,44
$C^8N^2H^4O^8$	144	100,00

LIEBIG u. WÖHLER hatten bereits nach Ihrer Analyse des dialursauren Ammoniaks auf diese Zusammensetzung der Säure geschlossen.

Zersetzungen. 1. Die wässrige Dialursäure (und auch die krystallisirte, wenn sie sich unter der wässrigen Mutterlauge befindet) geht, ohne Zweifel unter Anziehung des Sauerstoffs der Luft, theilweise in Alloxantin über, so dass sie Barytwasser nicht mehr weifs, sondern je nach der Menge des erzeugten Alloxantins fleischfarbig, purpurn oder violett fällt. GREGORY. — [$2\,C^8N^2H^4O^8 + 2\,O = C^{16}N^4H^4O^{14} + 4\,HO$.] — Beim Uebergiefsen von krystallisirtem dialursauren Ammoniak mit verdünnter Schwefelsäure erhält man einen undeutlich krystallischen Rückstand [von Dialursäure], der sich in viel Wasser löst. Diese Lösung setzt nach einigen Stunden [an der Luft?] Alloxantin ab, und die davon getrennte Flüssigkeit, durch Kochen mit kohlensaurem Baryt von der Schwefelsäure befreit, filtrirt und verdunstet, erstarrt durch Bildung durchsichtiger, der Oxalsäure ähnlicher Säulen [von Dialursäure?]; Harnstoff ist nicht gebildet. Dagegen erhält man aus der Lösung des dialursauren Ammoniaks in warmer Salzsäure beim Erkalten Krystalle von dimorphem Alloxantin [Dialursäure, die beim Einwirken der Luft zu Alloxantin wird], und in der Mutterlauge findet sich Harnstoff. LIEBIG u. WÖHLER. — 2. Beim Kochen der wässrigen Dialursäure entstehen Oxalsäure und andere Zersetzungsproducte. — Die kochende Lösung des Alloxans, durch Hydrothion völlig in Dialursäure verwandelt, und nach dem Abfiltriren vom Schwefel in einer Retorte bei abgehaltener Luft eingekocht, setzt beim Erkalten 1) eine weifse dichte, aus Wärzchen bestehende Rinde von mehr oder weniger veränderter Dialursäure ab, welche beim Trocknen roth wird, stark Lackmus röthet, sich schwer in kaltem Wasser löst und dann Silber reducirt, Barytwasser violett fällt und bei Zusatz von kohlensaurem Ammoniak erst nach längerer Zeit etwas dialursaures Ammoniak absetzt, und 2) eine Mutterlauge, welche Ammoniak, Oxalsäure und einen in gelben undurchsichtigen harten Krystallen anschiefsenden Körper enthält. LIEBIG u. WÖHLER. — 3. Wässrige Dialursäure setzt mit wässrigen Alloxan Krystalle von Alloxantin ab. LIEBIG u. WÖHLER. [$C^8N^2H^4O^8 + C^8N^2H^2O^8 = C^{16}N^4H^4O^{14} + 2\,HO$.]

Verbindungen. Die Säure scheint sich nicht sehr reichlich in Wasser zu lösen.

Sie neutralisirt die Alkalien vollständig. Die *dialursauren Salze* sind im trocknen Zustande ganz luftbeständig. GREGORY.

Dialursaures Ammoniak. — *Darstellung* (V, 291). Weifses Krystallmehl oder weifse seidenglänzende feine Nadeln, welche, ohne Ammoniak zu verlieren, bei Mittelwärme getrocknet, rosenroth, bei 100° blutroth werden. LIEBIG u. WÖHLER. [$2\,C^8N^3H^7O^8 + 2\,O = C^{16}N^6H^8O^{12}$ (purpursaures Ammoniak) $+ 6\,HO$.] Kleine Nadeln, die sich beim Trocknen an der Luft zu einer blutrothen, seidenglänzenden Masse vereinigen. GREGORY. Es löst sich wenig in kaltem Wasser, leicht in heifsem, woraus es sich beim Erkalten, besonders bei Zusatz von kohlensaurem Ammoniak fast ganz abscheidet. Die wässrige Lösung reducirt Silbersalze augenblicklich. LIEBIG u. WÖHLER. Eine Lösung von dialursaurem Ammoniak, welche wahrscheinlich zugleich Alloxantin hielt, erhielt durch Hydrothionammoniak eine schöne himmelblaue, aber vergängliche Färbung. GREGORY (*Ann. Pharm.* 33, 336).

	Krystallisirt.		LIEBIG u. WÖHLER.
8 C	48	29,81	29,84
3 N	42	26,09	25,91
7 H	7	4,35	4,54
8 O	64	39,75	39,71
$C^8N^2H^3(NH^4)O^8$	161	100,00	100,00

Dialursaures Kali. — Setzt sich beim Vermischen eines Kalisalzes mit wässriger Dialursäure in harten Krystallen ab, die wenig in Wasser löslich sind. GREGORY. Das Ammoniaksalz löst sich in Kalilauge unter Ammoniakentwicklung zu einer Flüssigkeit, aus der Säuren nichts fällen. LIEBIG u. WÖHLER.

Dialursaurer Baryt. — Das Ammoniaksalz gibt mit Barytsalzen einen weifsen Niederschlag, der 36 Proc. Baryt hält. LIEBIG u. WÖHLER. Die Dialursäure fällt aus gelösten Barytsalzen ein weifses, kaum in Wasser lösliches Pulver. GREGORY.

Das Ammoniaksalz fällt aus *Blei*zucker gelbe Flocken, die an der Luft violett werden. LIEBIG u. WÖHLER.

Anhang.

Hydurilsänre.

SCHLIEPER (1845). *Ann. Pharm.* 56, 9.

Entsteht bisweilen neben Alloxan, Alloxantin, Dilitursäure u. s. w. beim Einwirken von 2 Th. kalter Salpetersäure von 1,25 spec. Gew. auf 1 Th. Harnsäure. Filtrirt man nach dem Erkalten die Mutterlauge vom rohen Alloxan ab, und engt sie unter 50° ein, bringt den über Nacht gebildeten Krystallbrei aufs Filter und wäscht ihn mit Wasser, so bleibt saures hydurilsaures Ammoniak [oder vielleicht die Säure für sich?] als gelbes Krystallmehl, welches man durch Lösen in kochendem Wasser, Digeriren mit Thierkohle und Krystallisiren in schneeweifsen lockern sehr feinen Nadeln erhält. Da sich dieses Salz durch Säuren nicht zersetzen lässt (selbst kochende concentrirte Salzsäure entzieht kein Ammoniak), so zersetzt man es durch Kochen mit Kali und scheidet aus der Flüssigkeit durch Salzsäure die Hydurilsäure. Aus der heifsen Flüssigkeit scheidet sich die Hydurilsäure erst nach einiger Zeit aus, in einer dem sauren hydurilsauren Ammoniak ähnlichen Form; aus der kalten sogleich als weifses Pulver. [Es ist nicht angegeben, wodurch sich die Hydurilsäure vom sogenannten sauren hydurilsauren Ammoniak unterscheidet.] Bei späteren Behandlungen der Harnsäure mit Salpetersäure auf dieselbe Weise gelang es nicht, die Hydurilsäure wieder zu erhalten.

Die getrocknete Hydurilsäure ist ein weifses lockeres, aus feinen Nadeln bestehendes Pulver.

Die Hydurilsäure wird durch Salpetersäure in Nitrohydurilsäure (s. unten) verwandelt. Sie löst sich in Vitriolöl unter Schwärzung, und wird daraus durch Wasser nur einem kleinen Theile nach gefällt.

Sie löst sich kaum in kaltem Wasser, wenig und langsam in kochendem.

Sie zersetzt in der Wärme die kohlensauren Alkalien. [SCHLIEPER nimmt zwar neutrale und saure Salze an, hat aber von letzteren keins nachgewiesen.]

Ammoniaksalz. — Man dampft die Lösung der Säure oder des [sogenannten] sauren hydurilsauren Ammoniaks in Ammoniak unter öfterem Zusatz von Ammoniak im Wasserbade ab, und erkältet. Weifse, fast silberglänzende feine platte Nadeln. Es löst sich ziemlich leicht in reinem Wasser, sehr leicht in Ammoniak-haltendem; aus der Lösung fällen Säuren das [sogenannte] saure Salz in weifsen feinen Nadeln.

Kalisalz. — Die Lösung der Säure in Kalilauge krystallisirt erst bei gänzlichem Eintrocknen in kleinen Warzen, die sich nicht in Weingeist lösen.

Natronsalz. — Fügt man zu der in kochendem Wasser vertheilten Säure so lange kohlensaures Natron, als Aufbrausen erfolgt, so löst sich die Säure, aber gleich darauf fällt das Natronsalz als Krystallpulver nieder, was beim Erkalten und beim Zusatz von Weingeist noch zunimmt. Nach dem Trocknen weifses schweres Krystallmehl, welches noch unter 100° unter Wasserverlust zu einem röthlichweifsen Pulver zerfällt.

Das wässrige neutrale Ammoniaksalz gibt mit *Baryt*salzen einen weifsen, mit *Blei*salzen einen weifsen, in Salpetersäure, nicht in kochender Essigsäure löslichen, und mit *Silber*salzen einen weifsen, sich bei 100° grau färbenden Niederschlag.

Die Hydurilsäure löst sich nicht in Weingeist. Schlieper.

Es folgen die Analysen von Schlieper mit den hiernach von Ihm angenommenen sehr unwahrscheinlichen Formeln.

Hydurilsäure bei 100°.		Neutrales Ammoniaksalz.		Natronsalz bei 100°.		Silbersalz bei 100°.	
$C^{12}N^3H^5O^{11}$.		$2NH^3,C^{12}N^3H^3O^9,3Aq$.		$2NaO,C^{12}N^3H^3O^9,5Aq$.		$2AgO,C^{12}N^3H^3O^9$.	
				2 NaO	28,77	2 AgO	54,56
12 C	34,58	12 C	28,97	12 C	24,74	12 C	17,75
3 N	20,79	5 N	28,48	3 N		3 N	
5 H	2,33	12 H	5,14	8 H	2,59	3 H	1,03
11 O	42,30	12 O	37,41	14 O		9 O	
	100,00		100,00				

Nitrohydurilsäure.

Schlieper. *Ann. Pharm.* 56, 16.

Man vertheilt Hydurilsäure in Wasser zu einem Brei, mischt diesen mit seinem halben Volum Salpetersäure, erwärmt fortwährend gelinde, bis die anfangs heftige Entwicklung von salpetriger Säure und wenig Kohlensäure beim Erkalten völlig aufhört, verdünnt die durch ein weifses Pulver getrubte Flüssigkeit mit kaltem Wasser, filtrirt (das Filtrat hält Alloxan), wäscht das weifse Pulver mit kaltem Wasser, und reinigt es durch Lösen in kaltem Vitriolöl und Fällen durch Wasser, Waschen und Trocknen.

So erhält man die Nitrohydurilsäure als ein weifses, Lackmus röthendes Pulver.

Sie verzischt beim Erhitzen wie Schiefspulver.

Sie löst sich nicht in kaltem, schwer in heifsem Wasser. Sie löst sich in concentrirter Schwefelsäure oder Salpetersäure, durch Wasser fällbar.

Sie löst sich nicht in Ammoniak, aber ziemlich leicht in Kali, woraus sie durch Säuren niedergeschlagen wird.

Nitrohydurilsäure bei 100° getrocknet.			Schlieper.
8 C	48	23,53	23,12
3 N	42	20,59	20,46
2 H	2	0,98	1,22
14 O	112	54,90	55,20
$C^8N^3H^2O^{14}$	204	100,00	100,00

Alloxansäure.

$C^8N^2H^4O^{10} = C^8NAdH^2O^4,O^6$.

LIEBIG u. WÖHLER (1838). *Ann. Pharm.* 26, 292.
SCHLIEPER. *Ann. Pharm.* 55, 263; 56, 1.

Bildung. Beim Zusammenbringen von Alloxan mit wässrigen fixen Alkalien. LIEBIG u. WÖHLER. [$C^8N^2H^2O^8 + 2 BaO = C^8N^2H^2Ba^2O^{10}$.]

Darstellung. Man versetzt warmes wässriges Alloxan mit nicht überschüssigem Barytwasser, sammelt den gefällten alloxansauren Baryt, zersetzt ihn durch eine angemessene Menge verdünnter Schwefelsäure, und dampft das Filtrat zum Syrup ab, welcher in einigen Tagen krystallisch erstarrt. LIEBIG u. WÖHLER. — Um das richtige Verhältniss der Schwefelsäure zu treffen, zersetze man den mit Wasser angerührten alloxansauren Baryt durch eine ungenügende Menge, stelle einige Stunden in die Wärme, damit sich der unzersetzt gebliebene alloxansaure Baryt in der wässrigen Säure löse, und fälle aus dem Filtrate den übrigen Baryt vorsichtig durch Schwefelsäure. Die hierauf filtrirte Flüssigkeit ist unter 40° zum Syrup abzudampfen. (Der bei 50 bis 60° erhaltene Syrup bildet eine auch in längerer Zeit nicht krystallisirende klebrige Masse.) SCHLIEPER.

Eigenschaften. Weifse, harte, strahlig vereinigte, luftbeständige Nadeln. LIEBIG u. WÖHLER. Bisweilen zu Warzen vereinigte kleine Nadeln. Sehr sauer, hinterher süfslich. SCHLIEPER.

Krystallisirte Säure.		Berechnung nach LIEBIG u. WÖHLER.
8 C	48	30,0
2 N	28	17,5
4 H	4	2,5
10 O	80	50,0
$C^8N^2H^4O^{10}$	160	100,00

Zersetzungen. 1. Die Säure schmilzt beim Erhitzen unter heftigem Aufblähen, und verkohlt sich unter Entwicklung von Cyansäuredämpfen. SCHLIEPER. — 2. Ihre wässrige Lösung, zwischen 60 und 100° erhitzt, zerfällt unter reichlicher Kohlensäureentwicklung in Leukotursäure (V, 138), die nach dem Abdampfen beim Zufügen von Wasser als weifses Pulver niederfällt, in Difluan (V, 141), welches gelöst bleibt, aber durch Weingeist fällbar ist, und in sehr wenig von einem in Wasser und Weingeist löslichen, in Rinden krystallisirbaren Körper, welcher $= C^6N^2H^5O^4$ zu sein scheint. SCHLIEPER (*Ann. Pharm.* 56, 1). Das Difluan beträgt am meisten; wenn man jedoch die wässrige Alloxansäure in einer Platinschale auf dem Wasserbade verdunstet, bis der rückbleibende Syrup ohne Aufschäumen ruhig fliefst, so erhält man viel mehr, gegen 20 bis 30 Proc., Leukotursäure. SCHLIEPER. — 3. Die Alloxansäure wird durch Erwärmen mit Salpetersäure in Parabansäure (V, 136) verwandelt. SCHLIEPER. [Etwa so: $C^8N^2H^4O^{10} + 2 O = C^6N^2H^2O^6 + 2 CO^2 + 2 HO$.] 4. Beim Kochen des alloxansauren Baryts mit Wasser, LIEBIG u. WÖHLER, oder beim Mischen von wässriger Alloxansäure mit überschüssigem Barytwasser oder mit einem Gemisch von Chlorbaryum mit viel Ammoniak oder Kali, SCHLIEPER, entsteht ein gallertartiger oder kleisterartiger, sehr alkalischer, die Kohlensäure der Luft begierig anziehender, ziemlich in Wasser löslicher Niederschlag, der, neben vielleicht basischem alloxansauren Baryt, mesoxalsauren Baryt (V, 126) hält, und im Filtrat findet sich

Harnstoff. $C^8N^2H^4O^{10} + 2HO = C^6H^2O^{10} + C^2N^2H^4O^2$. — 5. Die Lösung des Alloxans in Kalilauge fällt die Eisenoxydulsalze indigblau. BRUGNATELLI. — Die Alloxansäure wird nicht zersetzt durch Hydrothion, LIEBIG u. WÖHLER, oder durch Kochen mit 2fachchromsauren Kali oder mit Zweifachchlorplatin. SCHLIEPER.

Verbindungen. Die Säure löst sich leicht in Wasser. SCHLIEPER. Sie zersetzt die kohlensauren und essigsauren Salze. LIEBIG u. WÖHLER. Die *neutralen* oder *halb-alloxansauren Salze* sind = $C^8NAdM^2O^4,O^6$; die *sauren* oder *einfach-alloxansauren Salze* = $C^8NAdHMO^4,O^6$. Der wässrige halballoxansaure Baryt, Strontian oder Kalk lässt beim Kochen mesoxalsaures und kohlensaures Salz fallen, während sich in der Lösung Mesoxalsäure und Harnstoff befinden. LIEBIG.

Alloxansaures Ammoniak. — a. *Halb.* — Die Lösung des Salzes b in Ammoniak lässt bei Weingeistzusatz einen Theil des Salzes a als eine dicke Lösung fallen, welche sich beim Stehen in eine weifse Krystallmasse verwandelt; der andere Theil schiefst nach einiger Zeit aus dem weingeistigen Gemisch an. Die Krystalle verlieren selbst beim Trocknen über Kalk fortwährend Ammoniak, und ihre wässrige Lösung gibt beim freiwilligen Verdunsten Krystalle des Salzes b. SCHLIEPER.

b. *Einfach.* — Beim freiwilligen Verdunsten der mit wässrigem Ammoniak gesättigten Säure erhält man glänzende, etwas gelbliche, harte, stark Lackmus röthende Säulen des 2- und 1-gliedrigen Systems. Sie liefern bei der trocknen Destillation etwas Wasser, dann kohlensaures und blausaures Ammoniak, dann sich als weifses Pulver sublimirendes Oxamid und sich in langen Nadeln sublimirenden Harnstoff. Sie lösen sich in 3 bis 4 Th. Wasser, nicht in Weingeist, der sie aus dem Wasser fällt. SCHLIEPER.

Krystalle bei 100° getrocknet.			SCHLIEPER.
8 C	48	27,12	26,75
3 N	42	23,73	23,66
7 H	7	3,95	4,24
10 O	80	45,20	45,35
$C^8N^2H^3(NH^4)O^{10}$	177	100,00	100,00

Alloxansaures Kali. — a. *Halb.* — Man mischt concentrirtes wässriges Alloxan mit einem gleichen Maafse concentrirter Kalilauge, versetzt das, meistens gelbliche Gemisch vorsichtig so lange mit starkem Weingeist, bis die anfangs immer wieder verschwindende Trübung bleibend zu werden beginnt, fügt dann einen Tropfen Wasser hinzu, welcher die Trübung aufhebt, und stellt einige Tage zum Krystallisiren hin, unter öfterem Zufügen von Weingeist, um die Krystalle zu vermehren. Bei zu viel Kali fällt der Weingeist eine concentrirte Lösung, die krystallisch erstarrt; bei zu wenig fällt er das saure Kalisalz, welches sich wegen seiner Unlöslichkeit in Weingeist nicht mehr durch Kalizusatz zum Gemisch in das neutrale umwandeln lässt. Auch liefert die Lösung des Alloxans in Kalilauge bei freiwilligem Verdunsten grofse Krystalle; aber beim Abdampfen im Wasserbade eine klebrige Masse, die jedoch wieder in Wasser gelöst und freiwillig verdunstet, in Krystalle übergeht. — Wasserhelle glänzende Krystalle des 1- und 1-gliedrigen Systems;

bitter, neutral. Sie verlieren bei 100° 15,61 Proc. (5 At.) Wasser, halten aber das sechste Atom selbst bei 150°, wo schon gelbe Färbung eintritt, hartnäckig zurück. Sie lösen sich leicht in Wasser, nicht in Weingeist und Aether. SCHLIEPER. — Die sehr süfs schmeckende Lösung des Alloxans in Kalilauge wird unter Zersetzung bald sauer und liefert beim Abdampfen unter gelber Färbung zuletzt eine rothe Masse, mit rother Farbe in Wasser löslich. BRUGNATELLI.

		Lufttrockne Krystalle.		SCHLIEPER.
2	KO	94,4	32,16	32,00
8	C	48	16,53	16,48
2	N	28	9,64	
8	H	8	2,76	2,86
14	O	112	38,91	
$C^8N^2H^2K^2O^{10}$,6Aq		290,4	100,00	

b. *Einfach.* — Man mischt 3 Maafs gesättigte Alloxanlösung mit 1 M. concentrirter Kalilauge und fällt durch viel Weingeist das gebildete Salz als Krystallmehl. Beim Tröpfeln von Kalilauge zum weingeistigen Alloxan fällt das Salz als eine klebrige Masse nieder, die nur langsam krystallisch wird. — Weifses körniges Pulver, stark sauer reagirend, sich an der Luft, besonders beim Trocknen, stark röthend. Es löst sich ziemlich schwer in Wasser und bleibt beim Verdunsten der Lösung als ein dicker Schleim, der erst nach längerer Zeit krystallisirt. Es löst sich ein wenig in wässrigem Weingeist und wird daher durch ihn aus Wasser nur unvollständig niedergeschlagen. SCHLIEPER.

		Bei 100° getrocknet.		SCHLIEPER.
	KO	47,2	23,81	23,37
8	C	48	24,22	
2	N	28	14,13	
3	H	3	1,51	
9	O	72	36,33	
$C^8N^2H^3KO^{10}$		198,2	100,00	

Alloxansaures Natron. — *Halb.* — Aus einem concentrirten Gemisch von wässrigem Alloxan und Natronlauge fällt Weingeist eine concentrirte Lösung des Salzes, welche wegen seiner grofsen Zerfliefslichkeit auch bei längerem Stehen über Vitriolöl oder beim Behandeln mit absolutem Weingeist nicht krystallisirt; dampft man obiges Gemisch bei 100° ab, so bleibt ein zerfliefsliches Gummi; verdunstet man es im Vacuum über Vitriolöl, so entstehen im Syrup kleine Krystallwarzen. SCHLIEPER.

Alloxansaurer Baryt. — a. *Neutral.* — 1. Man tröpfelt in kalt gesättigtes wässriges Alloxan nach dem Erwärmen auf 60° so lange Barytwasser, bis ein Niederschlag zu entstehen beginnt, löst diesen wieder durch etwas Alloxan, lässt zum Krystallisiren erkalten, und behandelt die Mutterlauge wieder eben so mit Barytwasser. LIEBIG. — 2. Man mischt 3 Maafs kalt gesättigtes wässriges Alloxan mit 2 M. kalt gesättigtem wässrigen Chlorbaryum, erwärmt auf 60 bis 70°, und fügt unter starkem Schütteln Kalilauge hinzu, bis der anfangs verschwindende Niederschlag bleibend zu werden beginnt. In diesem Augenblick füllt sich plötzlich die Flüssigkeit mit ausgeschiedenem alloxansauren Baryt, welcher schnell als schweres körniges

Pulver niederfällt, und durch Waschen mit kaltem Wasser vom Chlorkalium zu befreien ist. SCHLIEPER. Bei richtigem Zusatz von Kali hält das Filtrat nur noch wenig Alloxan, bei zu geringem muss man zum erwärmten Filtrat wieder etwas Kali fugen, um noch mehr Barytsalz zu erhalten; bei zu viel Kali entsteht ein dicker käsiger Niederschlag, von basisch alloxansaurem Baryt, dem sich mesoxalsaurer beimengt. Diesen muss man daher durch zugefugte Alloxanlösung schnell wieder lösen, was leicht erfolgt. SCHLIEPER.

Wasserhelle kurze Säulen oder weifse perlglänzende Schuppen. Sie verlieren bei 100 bis 120° 20,2 Proc. und bei 150° im Ganzen 22,2 Proc. (8 At.) Wasser, und werden milchweifs. Sie lassen beim Glühen kohlensauren Baryt und Cyanbaryum. Sie lösen sich sehr wenig in kaltem, leichter in heifsem Wasser, sehr leicht in Säuren. LIEBIG u. WÖHLER. — Der durch Alloxan in Barytwasser erzeugte Niederschlag löst sich in überschüssigem Alloxan; er verwandelt sich an der Luft in kohlensauren Baryt. Eben so mit Kalkwasser. BRUGNATELLI.

	Bei 120° getrocknet.		LIEBIG u. WÖHLER.
2 BaO	153,2	50,36	49,35
8 C	48	15,78	16,01
2 N	28	9,20	9,21
3 H	3	0,99	1,17
9 O	72	23,67	24,26
$C^8N^2H^2Ba^2O^{10}+Aq$	304,2	100,00	100,00

b. *Einfach.* — 1. Man zersetzt das Salz a theilweise durch Digestion mit verdünnter Schwefelsäure, dampft das Filtrat ab, und erhält an einem kühlen Orte in einigen Tagen aus kleinen Warzen zusammengesetzte Rinden. — 2. Man mischt das saure Ammoniaksalz mit Chlorbaryum, dampft ab und stellt hin. — Das Salz krystallisirt beim Verdunsten seiner wässrigen Lösung bei 30° in schönen seidenglänzenden Warzen. Es röthet Lackmus; es löst sich in Wasser leichter als das neutrale Salz, noch leichter in wässriger Alloxansäure, und ein wenig in Weingeist, der es aus der wässrigen Lösung nicht fällt. SCHLIEPER.

	Lufttrockne Krystalle.		SCHLIEPER.
BaO	76,6	31,19	31,83
8 C	48	19,54	19,15
2 N	28	11,40	
5 H	5	2,04	2,22
11 O	88	35,83	
$C^8N^2H^3BaO^{10}+2Aq$	245,6	100,00	

Alloxansaurer Strontian. — *Halb.* — Wie das neutrale Barytsalz nach 1) bereitet. Kleine durchsichtige Nadeln, welche bei 120° ihre 22,5 Proc. (8 At.) Krystallwasser völlig verlieren. LIEBIG u. WÖHLER.

	Lufttrockne Krystalle.		LIEBIG u. WÖHLER.
2 SrO	104	32,70	32,60
8 C	48	15,10	15,14
2 N	28	8,80	8,76
2 H	2	0,63	0,90
8 O	64	20,13	20,10
8 HO	72	22,64	22,50
$C^8N^2H^2Sr^2O^{10}+8Aq$	318	100,00	100,00

Alloxansaurer Kalk. — a. *Halb.* — 1. Wässriges Alloxan gibt mit Chlorcalcium bei Zusatz von Ammoniak einen dicken gallertartigen Niederschlag, der sich beim Stehen in durchsichtige Krystallkörner und kurze Säulen verwandelt, die bei 120° ihr Wasser verlieren und sich leicht in Essigsäure lösen. LIEBIG u. WÖHLER. — 2. Man fällt ein Gemisch von wässrigem Alloxan und Chlorcalcium durch nicht zu viel Kali. SCHLIEPER. — 3. Ein Gemisch von neutralem alloxansauren Kali und Chlorcalcium gibt, wenn es concentrirt ist, sogleich ein weifses körniges Krystallmehl, wenn es verdünnt ist, beim freiwilligen Verdunsten kleine stark glänzende Säulen. Leichter in Wasser löslich als das Barytsalz, nicht in Weingeist, der die wässrige Lösung fällt. SCHLIEPER.

	Lufttrocken.		SCHLIEPER.
2 CaO	56	19,44	19,47
8 C	48	16,67	15,85
2 N	28	9,72	
12 H	12	4,17	4,21
18 O	144	50,00	
$C^8N^2H^2Ca^2O^{10}+10Aq$	288	100,00	

b. *Einfach.* Ein concentrirtes Gemisch des sauren Ammoniaksalzes mit Chlorcalcium setzt sogleich ein Krystallmehl ab; ein verdünntes gibt in einigen Tagen durchsichtige glänzende Säulen, herb und bitter schmeckend, schnell verwitternd, über Vitriolöl oder bei 100° 20.17 Proc. (5 At.) Krystallwasser verlierend, in 20 Th. Wasser löslich, daraus nicht durch Weingeist fällbar. SCHLIEPER.

	Bei 100° getrocknet.		SCHLIEPER.
CaO	28	15,64	15,64
$C^8N^2H^3O^9$	151	84,36	
$C^8N^2H^3CaO^{10}$	179	100,00	

Alloxansaure Bittererde. — Alloxansaures Kali und Chlormagnium, in concentrirten Lösungen gemischt, liefern nach einiger Zeit, und bei vorsichtigem Abdampfen der Mutterlauge noch mehr, Krystallrinden, aus seidenglänzenden Warzen bestehend. Sie lösen sich ziemlich leicht in Wasser, wenig in Weingeist, der die wässrige Lösung fällt. SCHLIEPER.

	Lufttrockne Krystalle.		SCHLIEPER.
2 MgO	40	14,71	14,97
8 C	48	17,65	17,84
2 N	28	10,29	
12 H	12	4,41	4,68
18 O	144	52,94	
$C^8N^2H^2Mg^2O^{10}+10Aq$	272	100,00	

Alloxansaures Manganoxydul. — Die Lösung des kohlensauren Manganoxyduls in wässriger Alloxansäure liefert beim Verdunsten Krystallkörner. — Fällt man schwefelsaures oder essigsaures Manganoxydul durch alloxansaures Kali (bei zu wenig Kalisalz löst sich der Niederschlag beim Schütteln wieder auf), wäscht die reichlichen weifsen Flocken bei abgehaltener Luft, da sie in Wasser etwas löslich sind, mit schwachem Weingeist, und trocknet sie schnell bei 90 bis 100° in einem Strome von Wasserstoffgas, so erhält man ein weifses amorphes Pulver; dieses hält sich auch in befeuchtetem Zustande an der Luft, während der frische noch feuchte

Niederschlag daran zu einer braunen Masse zerfliefst. Aber auch das getrocknete luftbeständige Pulver ist kein alloxansaures Manganoxydul, sondern vielleicht mesoxalsaures Manganoxydul mit alloxansaurem Kali, da es Kali hält und beim Verbrennen mit Kupferoxyd 6 Maafs kohlensaures Gas auf 1 Maafs Stickgas liefert. SCHLIEPER.

Alloxansaures Zinkoxyd. — a. *Drittel.* — 1. Beim Uebergiefsen von frisch gefälltem kohlensauren Zinkoxyd mit wenig überschüssiger Alloxansäure erhält man unter völliger Austreibung der Kohlensäure sich lösendes einfachsaures Salz und, wenn die Säure nicht zu stark vorwaltete, ungelöst bleibendes drittelsaures. — 2. Beim Mischen von halballoxansaurem Kali mit schwefelsaurem oder essigsaurem Zinkoxyd erhält man einen dicken Niederschlag von drittelalloxansaurem Zinkoxyd, der beim Zumischen von wenig Weingeist noch zunimmt, während einfachalloxansaures Kali und schwefelsaures oder essigsaures Kali gelöst bleibt. [Hierbei zersetzen sich 2 At. halballoxansaures Kali mit 3 At. schwefelsaurem Zinkoxyd in 3 At. schwefelsaures Kali, 1 At. einfachalloxansaures Kali und 1 At. drittelalloxansaures Zinkoxyd; die Berechnung von SCHLIEPER, nach welcher hierbei 5 At. halballoxansaures Kali mit 5 At. schwefelsaurem Zinkoxyd 6 At. schwefelsaures Kali, 4 At. einfachalloxansaures Kali und 2 At. drittelschwefelsaures Zinkoxyd bilden, scheint auf einem Irrthum zu beruhen]. — Der nach 1) oder 2) erhaltene Niederschlag erscheint nach dem Waschen und Trocknen im Vacuum als eine hornartig durchscheinende rissige Masse, zu einem schneeweifsen Pulver zerreiblich, verliert bei 110° 21,39 Proc. (8 At.) Wasser, und löst sich, besonders nach dem Trocknen, schwer in Wasser, aber leicht in wässriger Alloxansäure, als einfach saures Salz. SCHLIEPER. — Warmes wässriges Alloxan gibt mit Zinkoxyd eine farblose Lösung, die sich beim Erkalten trübt, und mit Kali einen weifsen, in mehr Kali mit rosenrother Farbe löslichen Niederschlag gibt. BRUGNATELLI.

	Im Vacuum getrocknet.		SCHLIEPER.
3 ZnO	120,6	36,04	35,72
8 C	48	14,34	13,80
2 N	28	8,37	
10 H	10	2,99	3,08
16 O	128	38,26	
$ZnO,C^8N^2H^2Zn^2O^{10}+8Aq$	334 6	100,00	

b. *Einfach.* — Das Zink löst sich in der wässrigen Säure unter Wasserstoffgasentwicklung. LIEBIG u. WÖHLER. Die Lösung des kohlensauren Zinkoxyds oder des Salzes a in überschüssiger Säure liefert bei freiwilligem Verdunsten eine schleimige Masse, in welcher sich bald Rinden, aus Wärzchen bestehend, bilden, die sich von der zähen Mutterlauge durch Abspülen befreien lassen. Die Krystalle schmecken rein süfs, ohne den metallischen Nachgeschmack des Zinks; sie lösen sich ziemlich leicht in Wasser, daraus nicht durch Weingeist fällbar. SCHLIEPER.

	Ueber Vitriolöl getrocknet.		SCHLIEPER.
ZnO	40,2	17,69	17,78
8 C	48	21,13	20,61
2 N	28	12,33	
7 H	7	3,08	3,56
13 O	104	45,77	
$C^8N^2H^3ZnO^{10}+4Aq$	227,2	100,00	

Alloxansaures Kadmiumoxyd. — Das Kadminm löst sich in der wässrigen Säure unter Wasserstoffgasentwicklung zu einem sauren Salze. Bei der Fällung eines Kadmiumsalzes durch halballoxansaures Kali erhält man einen weifsen Niederschlag, der Kali hält. SCHLIEPER.

Alloxansaures Bleioxyd. — a. *Drittel.* — Die wässrige Säure gibt mit Bleiessig einen dicken weifsen Niederschlag, der im Vacuum zu einem schneeweifsen perlglänzenden Pulver austrocknet, nicht in Wasser, aber in wässriger Alloxansäure löslich. SCHLIEPER.

	Bei 100° getrocknet.		SCHLIEPER.		Lufttrocken.		SCHLIEPER.
3 PbO	336	70,29	70,58	3 PbO	336	68,99	69,11
8 C	48	10,04		8 C	48	9,86	9,78
2 N	28	5,86		2 N	28	5,75	
2 H	2	0,42		3 H	3	0,61	0,96
8 O	64	13,39		9 O	72	14,79	
$PbO,C^8N^2H^2Pb^2O^{10}$	478	100,00		+ Aq	487	100,00	

b. *Halb.* — Das Salz c tritt an Wasser einfach saures Salz ab, während halb saures als weifses lockeres Pulver zurückbleibt. SCHLIEPER.

	Bei 100° getrocknet.		SCHLIEPER.
2 PbO	224	58,33	58,44
8 C	48	12,50	12,76
2 N	28	7,30	
4 H	4	1,04	1,28
10 O	80	20,83	
$C^8N^2H^2Pb^2O^{10}+2Aq$	384	100,00	

Zweidrittel? — Durch Fällen des wässrigen einfach alloxansauren Bleioxyds mit absolutem Weingeist erhält man einen weifsen käsigen Niederschlag, welcher, so lange er noch feucht ist, an der Luft zu einem durchsichtigen Syrup zerfliefst, aber im Vacuum zu einem weifsen Pulver austrocknet, welches mit Wasser in Salz b und Salz d zerfällt. Es hält 48,41 Proc. Bleioxyd, verliert bei 100° 7,87 Proc. Wasser und hält dann 52,26 Proc. Bleioxyd. SCHLIEPER.

d. *Einfach.* — Die Lösung des frisch gefällten kohlensauren Bleioxyds in der wässrigen Säure lässt bei freiwilligem Verdunsten einen klebrigen Syrup, der nach einiger Zeit, aus seidenglänzenden Nadeln bestehende, Warzen liefert. Diese verlieren bei 100° sehr langsam 6,36 Proc. (2 At.) Wasser, werden durch Weingeist in freie Säure und Salz c zersetzt, und lösen sich ziemlich leicht in Wasser. SCHLIEPER.

	Lufttrocken.		SCHLIEPER.
PbO	112	39,86	39,74
8 C	48	17,08	17,16
2 N	28	9,96	
5 H	5	1,78	1,86
11 O	88	31,32	
$C^8N^2H^3PbO^{10}+2Aq$	281	100,00	

Die frische Lösung des Alloxans in Ammoniak oder Kali fällt Eisensalze tiefblau. BRUGNATELLI.

Alloxansaures Kobaltoxydul. — Die rothe Lösung des kohlensauren Kobaltoxyduls in der Säure trocknet im Vacuum zu einer klebrigen Masse aus, welche sich in mehreren Wochen in kleine Krystallwarzen verwandelt. Diese, mit Wasser abgespült und getrocknet, erscheinen als ein rosenrothes Krystallmehl, welches bei 100° violett wird, sich nur theilweise in Wasser, nicht in Weingeist löst, und 20,56 Proc. CoO, 22,24 C und 1,98 H hält, also ein Gemenge von halb- und einfach-saurem Salz ist. SCHLIEPER.

Alloxansaures Nickeloxydul. — *Halb.* — Die sehr saure Lösung des kohlensauren Nickeloxyduls in der Säure lässt im Vacuum eine klebrige nicht krystallisirende Masse; dagegen fällt Weingeist aus ihr das Meiste in grünen Flocken. Diese mit Weingeist gewaschen und noch feucht der Luft dargeboten, zerfliefsen schnell und trocknen dann zu einer grünen Masse aus; dagegen nach dem Waschen mit Weingeist im Vacuum getrocknet, lassen sie ein luftbeständiges weifsgrünes Pulver, welches sich gröfstentheils in Wasser löst, wie es scheint, als drittelsaures Salz, da es, bei 100° getrocknet, 41,86 Proc. Nickeloxydul hält. SCHLIEPER.

	Bei 100° getrocknet.		SCHLIEPER.
2 NiO	75	29,64	29,15
8 C	48	18,97	19,67
2 N	28	11,07	
6 H	6	2,37	2,71
12 O	96	37,95	
$C^8N^2H^2Ni^2O^{10}+4Aq$	253	100,00	

Alloxansaures Kupferoxyd. — a. *Drittel.* — Die wässrige Säure liefert mit überschüssigem frisch gefällten kohlensauren Kupferoxyd eine dunkelgrüne saure Lösung. Diese vom übrigen kohlensauren Kupferoxyd abfiltrirt, setzt nach einiger Zeit, während halbsaures Salz gelöst bleibt, das drittelsaure als ein, auch nach dem Trocknen, blaugrünes, nicht in Wasser lösliches Pulver ab. SCHLIEPER.

b. *Halb.* — 1. Beim Abdampfen der vom Salz a abfiltrirten Flüssigkeit erhält man ein schwarzgrünes Gummi, und nur selten Krystalle. — 2. Versetzt man dagegen die vom überschüssigen kohlensauren Kupferoxyd abfiltrirte Lösung sogleich mit Alloxansäure, bis die dunkelgrüne Farbe in die hellblaue übergegangen ist, und bis einige Tropfen, zur Probe auf einem Glase verdunstet, Krystalle liefern, so schiefst das Gemisch bei freiwilligem Verdunsten bis auf den letzten Tropfen zu blauen glänzenden Krystallwarzen an. Diese werden bei 100° grün und undurchsichtig, ohne ihr Krystallwasser zu verlieren. Sie lösen sich in 5 bis 6 Th. Wasser zu einer blauen Flüssigkeit, welche beim Erhitzen grün wird, und durch Weingeist in grünen Flocken, aber nicht durch Alkalien gefällt wird. SCHLIEPER.

Die Lösung von Kupferoxyd in wässrigem Alloxan liefert ein grünes federartig krystallisirendes Salz und wird durch Ammoniak oder Kali ohne alle Fällung gebläut. BRUGNATELLI.

Salz a, bei 100° getrocknet.			SCHLIEPER.	Salz b, bei 100° getr.			SCHLIEP.
3 CuO	120	44,28	44,04	2 CuO	80	27,21	27,21
8 C	48	17,71		8 C	48	16,33	16,61
2 N	28	10,33		2 N	28	9,52	
3 H	3	1,11		10 H	10	3,40	3,17
9 O	72	26,57		16 O	128	43,54	
$CuO,C^8N^2H^2Cu^2O^{10}+Aq$	271	100,00		$C^8N^2H^2Cu^2O^{10}+8Aq$	294	100,00	

Alloxansaures Quecksilberoxyd. — Die Lösung des kohlensauren Quecksilberoxyds (welche sich beim Erwärmen sehr leicht zersetzt, unter Fällung eines schuppigen Pulvers von Oxydulsalz) gibt mit absolutem Weingeist ein, nach dem Trocknen weifses lockeres Pulver, welches bei 100° 12,55 Proc. (6 At.) Wasser verliert, und sich nicht in Wasser löst. SCHLIEPER.

	Bei 100°.		SCHLIEPER.
2 HgO	200	58,48	59,68
8 C	48	14,04	13,10
2 N	28	8,19	
2 H	2	0,58	
8 O	64	18,71	
$C^8N^2H^2Hg^2O^{10}$	342	100,00	

Alloxansaures Silberoxyd. — a. *Halb.* — Halballoxansaures Ammoniak gibt mit Silbersalzen einen weifsen, beim Trocknen grau werdenden Niederschlag. Auch beim Erhitzen in der Flüssigkeit färbt sich der Niederschlag erst gelb, dann schwarz durch Reduction von Silber und unter Kohlensäureentwicklung, wenn sie freies Ammoniak hält, welches zuerst Alloxansäure in Harnstoff und Mesoxalsäure zersetzt, worauf das mesoxalsaure Silberoxyd beim Erhitzen in Silber und Kohlensäure zerfällt. Alloxansäure fällt salpetersaures Silberoxyd erst bei Zusatz von Ammoniak. Der weifse Niederschlag wird beim Kochen mit der Flüssigkeit nur gelb, ohne weitere Zersetzung. — Der getrocknete Niederschlag zeigt noch weit unter der Glühhitze eine, von schwacher Verpuffung begleitete, durch die ganze Masse fortschreitende Zersetzung, und lässt einen Rückstand, welcher bei weiterem Erhitzen viel Cyansäure entwickelt, und Silber lässt. LIEBIG u. WÖHLER.

			LIEBIG u. WÖHLER.
2 AgO	232	62,03	61,43
8 C	48	12,85	13,07
2 N	28	7,48	7,57
2 H	2	0,53	0,66
8 O	64	17,11	17,27
$C^8N^2H^2Ag^2O^{10}$	374	100,00	100,00

b. *Einfach?* — Die Lösung des Silberoxyds in wässriger Alloxansäure trocknet beim Verdunsten zu einem Gummi ein. LIEBIG u. WÖHLER.

Die Alloxansäure löst sich in 5 bis 6 Th. *Weingeist;* die Lösung in absolutem Weingeist lässt sich ohne Zersetzung kochen und abdampfen. — In *Aether* löst sie sich schwerer, als in Weingeist. SCHLIEPER.

Die Darstellung eines *Alloxanvinesters* gelingt auf keine Weise. SCHLIEPER.

Anhang zu Alloxansäure.

Ber Bereitungsweise und vielen Angaben ihrer Verhältnisse nach ist die folgende Säure als unreine Alloxansäure zu betrachten; aber bei den vielen Verschiedenheiten, die sie daneben zeigt, ist es nöthig, sie abgesondert abzuhandeln, bis diese Abweichungen aufgeklärt sind.

Oxurinsäure.

VAUQUELIN. *Mém. du Mus.* 7, 253.

Acide purpurique blanc, Ac. urique suroxigéné.

Darstellung. Man löst 1 Th. Harnsäure in einem kalten Gemisch von 2 Th. (oder etwas mehr Salpetersäure von 34° Bm. und 2 Th. Wasser (nach QUESNEVILLE unter Umgebung des Gefäfses mit Eis), sättigt die Lösung mit Kalkmilch, löst den sich aus dem rothen Gemische in weifsen glänzenden Krystallen absetzenden basisch oxurinsauren Kalk in so viel heifser verdünnter Essigsäure, dass die alkalische Reaction aufhört, und lässt zum Krystallisiren des neutralen Kalksalzes erkalten. Man löst die Krystalle des Kalksalzes in der 24fachen Wassermenge, fällt daraus den Kalk durch 30 Proc. krystallisirte Oxalsäure, dampft das Filtrat zur Trockne ab, zieht die Säure mit Weingeist aus, filtrirt von etwas oxalsaurem Kalk ab, der durch Vermittlung der Oxurinsäure gelöst geblieben war, und dampft ab. — (QUESNEVILLE (*J. Chim. méd.* 4, 225; auch *Pogg.* 12, 629) fällt obige salpetersaure Lösung nach dem Neutralisiren mit Ammoniak, durch Bleiessig; wäscht den schön rothen Niederschlag mit viel kaltem Wasser aus, und zersetzt ihn, in Wasser vertheilt, durch überschussiges Hydrothion, weil bei zu wenig die zugleich vorhandene Purpursäure unzersetzt bleibt, filtrirt und dampft ab).

Eigenschaften. Weifse Krystalle von sehr saurem, dem der Oxalsäure ähnlichen Geschmacke; bei gelinder Wärme schmelzend und beim Erkalten zu einer gummiartigen spröden Masse gestehend.

Das Bleisalz dieser Säure hält 75 Proc. Bleioxyd und 25 hyp. trockne Säure, und diese hält: 37,34 Proc. C, 16,04 N, 17,22 [?] H und 29,34 O.

Zersetzungen. Liefert bei der trocknen Destillation blausaures und kohlensaures Ammoniak, brenzliches Oel und Kohle. Lässt, in Salpetersäure gelöst und abgedampft, keinen rothen Rückstand.

Verbindungen. Die Säure löst sich sehr leicht in Wasser.

Die *oxurinsauren Alkalien* sind farblos, ganz neutral, fällen die Zinnoxydul- und Blei-Salze weifs, und fällen nicht das salpetersaure Silberoxyd.

Oxurinsaures Ammoniak. — Die mit wässrigem Ammoniak neutralisirte Säure gibt beim Verdampfen an der Sonne, wegen verflüchtigten Ammoniaks, sauer reagirende Krystalle.

Oxurinsaurer Kalk. — a. *Basisch.* — Fällt bei der Bereitung der Oxurinsäure (s. oben) nieder. Schmeckt süfs und schwach alkalisch. Hält 27,5 Proc. Kalk und 31 Wasser; wird beim Trocknen gelblich, und braust dann mit Säuren etwas auf. Löst sich wenig in kaltem Wasser, weit mehr in heifsem, doch trübt sich die bei mäfsiger Hitze gesättigte Lösung beim Erhitzen bis zu 100°, einen Theil des Kalkes absetzend. — b. *Neutral.* — Durch Lösen von a in heifser verdünnter Essigsäure bis zur Aufhebung der alkalischen Reaction und Erkälten. Farblose neutrale luftbeständige Krystalle von schwach süfsem Geschmack, welche 12,6 Proc. Kalk und 25,5 Wasser halten. Bei der trocknen Destillation liefern sie erst Wasser, dann sich in Nadeln verdichtendes kohlensaures Ammoniak, und eine Flüssigkeit, welche blausaures und etwas kohlensaures Ammoniak enthält; es bleibt kohlensaurer Kalk mit Kohle. Löst sich in mehr als 40 kaltem, in weniger kochendem Wasser, ohne Zersetzung, beim Erkalten anschiefsend.

Oxurinsaures Bleioxyd. — Nicht die freie Oxurinsäure, aber der oxurinsaure Kalk fällt den Bleizucker weifs; doch bleibt ein grofser Theil des oxurinsauren Bleioxyds gelöst, der sich theils beim Erhitzen, theils beim Abdampfen fast bis zur Trockne abscheidet, worauf das Salz mit Wasser gewaschen werden kann. Hält 75 Bleioxyd auf 25 Säure.

Oxurinsaures Quecksilberoxydul. — Die Oxurinsäure fällt salpetersaures Quecksilberoxydul weifs.

Oxurinsaures Silberoxyd. — Die freie Säure und ihr Kalksalz fällen bei hinreichender Verdünnung nicht das salpetersaure Silberoxyd. — Weifse Nadeln von Salpetergeschmack, sich am Lichte röthend.

Die Oxurinsäure löst sich leicht in *Weingeist.* VAUQUELIN.

δ. Stickstoffkern C^8NAdO^6.

Alloxan. $C^8N^2H^2O^8 = C^8NAdO^6,O^2$.

GASPARD BRUGNATELLI. *Brugn. Giorn.* 11, 38 u. 117; auch *Ann. Chim. Phys.* 8, 201; auch *Schw.* 24, 308; auch *N. Tr.* 3, 1, 88.
PROUT. *Ann. Phil.* 14, 363.
LIEBIG u. WÖHLER (1838). *Ann. Pharm.* 26, 256.
FRITZSCHE. *J. pr. Chem.* 14, 237.
SCHLIEPER. *Ann. Pharm.* 55, 253.

Von BRUGNATELLI 1817 als *Acido ossieritrico, erythrische Säure,* entdeckt, von LIEBIG u. WÖHLER 1838 gründlicher untersucht.

Bildung. 1. Bei der Zersetzung der Harnsäure durch Salpetersäure, BRUGNATELLI, LIEBIG u. WÖHLER, oder durch Chlor oder Iod, BRUGNATELLI.

Darstellung. 1. Man bringt 2 Th. eines 1,48 bis 1,50 spec. Gw. zeigenden Gemisches von gewöhnlicher und von der stärksten rauchenden Salpetersäure in eine flache Schale, und trägt in diese unter Umrühren nach und nach in kleinen Antheilen, die Beendigung des Aufbrausens und die Abkühlung abwartend, 1 Th. Harnsäure, bringt die bei völligem Erkalten zu einem weifsen Krystallbrei erstarrte Lösung auf einen Ziegelstein oder auf zusammengelegtes Fliefspapier, löst das nach 24 St. bleibende weifse Pulver in gleichviel warmem Wasser, und lässt das 2fach gewässerte Alloxan aus der filtrirten Lösung an einem warmen Orte anschiefsen. LIEBIG u. WÖHLER. An einem kühlen Orte würden sich 8fach gewässerte Krystalle bilden, wodurch die Reinigung erschwert werden würde. Bei Anwendung schwächerer Salpetersäure entstehen neben dem Alloxan noch andere Producte, welche die Abscheidung unmöglich machen. LIEBIG u. WÖHLER. Häufig ist den Alloxankrystallen etwas Alloxantin beigemengt, von dem sie durch Lösen in wenig kaltem Wasser und Abfiltriren zu befreien sind. LIEBIG.

2. Man trägt in 1700 Gran Salpetersäure von 1,412 spec. Gw. in einer flachen Schale unter Umrühren nach und nach 1200 Gran Harnsäure (wobei gelindes Warmwerden gestattet, aber zu starkes, wodurch das Alloxan unter heftigem Aufbrausen zerstört werden würde, durch Abkühlen der Schale in Wasser zu verhüten ist), erkältet über Nacht, bringt den Krystallbrei auf einen mit Amianth [besser mit grobem Glaspulver] verschlossenen Trichter, verdrängt die letzten Antheile der Mutterlauge vorsichtig durch eiskaltes Wasser, bis das Ablaufende nur noch schwach sauer schmeckt, löst die Krystalle in möglichst wenig Wasser von 50 bis 60°, filtirt, erkältet zum Krystallisiren, und erhält durch Verdunsten der hierbei fallenden Mutterlauge bei 50° noch einige Krystalle. Man darf nicht stärker erhitzen, weil sonst durch die den Krystallen noch anhängende Salpetersäure ein Theil des Alloxans in Alloxantin und wohl zugleich in saures

oxalsaures Ammoniak verwandelt wird. — Die von diesen Krystallen bleibende Mutterlauge, mit der vom Amianthtrichter abgelaufenen gemischt, und mit der 3fachen Wassermenge versetzt, wird mit Hydrothiongas behandelt, welches Alloxantin und etwas Dialursäure erzeugt, hierauf einige Tage zum Verdunsten der Luft dargeboten, so lange Alloxantin anschiefst (welches durch Lösen in kochendem Wasser, Abfiltriren vom Schwefel und Krystallisiren zu reinigen ist), während die Mutterlauge noch etwas Parabansäure liefert, um so weniger, je besser die Arbeit gelungen ist. So erhält man aus 100 Th. Harnsäure 90 Th. Krystalle von 8fach gewässertem Alloxan und eine Menge von Alloxantin, welche 10 Th. 8fach gewässertem Alloxan entspricht. Bisweilen erhält man aus 100 Th. Harnsäure im Ganzen 106 bis 107 Th. 8fach gewässertes Alloxan. Die Rechnung ($C^{10}N^4H^4O^6 : C^8N^2H^2O^8,8Aq = 168 : 214 = 100 : 127,4$) gibt als Maximum 127,4 Th. 8fach gewässertes Alloxan von 100 Th. Harnsäure. GREGORY (*Ann. Pharm.* 33, 335. — *Phil. Mag. J.* 28, 550; auch *J. pr. Chem.* 39, 218).

Früher wandte GREGORY Salpetersäure von 13,0 bis 13,5 spec. Gew. an, die jedoch später von SCHLIEPER und GREGORY selbst als minder vortheilhaft erkannt wurde. Auch trug Er nur so lange Harnsäure in die Salpetersäure, bis sich in der warmen Flüssigkeit Krystalle von Alloxan zeigten, brachte den beim Erkalten gebildeten Krystallbrei auf einen mit Amianth verstopften Trichter, wusch mit sehr wenig eiskaltem Wasser, löste in der ablaufenden Mutterlauge neue Mengen von Harnsäure, brachte die erkaltete Masse auf einen neuen Trichter, und verfuhr so noch einigemal mit der ablaufenden Mutterlauge, bis sie selbst bei gelindem Erwärmen nicht mehr auf Harnsäure einwirkte.

Aehnlich ist folgende Methode von SCHLIEPER: Man trägt in 4 Unzen Salpetersäure von 1,40 bis 1,42 spec. Gew. in einem mit kaltem Wasser umgebenen Becherglase unter beständigem Umrühren eine Messerspitze Harnsäure nach der andern, jedesmal deren Lösung abwartend, und dafür Sorge tragend, dass die eintretende Erhitzung der Flüssigkeit, welche bis zu einem gewissen Grade die regelmäfsige Zersetzung begünstigt, nicht über 30 bis 35° steigt, was sowohl bei zu raschem Eintragen der Harnsäure nach einander, als bei zu grofsen Mengen derselben auf einmal erfolgen kann, und die Zersetzung des Alloxans unter Entwicklung rother Dämpfe veranlasst. So oft sich in dem Gemisch Krystalle von Alloxan bilden, sammelt man diese auf dem Trichter mit Amianth, um sie der weitern Einwirkung der Salpetersäure zu entziehen, während die ablaufende Flüssigkeit wiederum mit Harnsäure versetzt wird, die man in immer gröfseren Mengen zufügen kann, und unter immer schwächerem Abkühlen des Glases im Verhältniss, als die Heftigkeit der Einwirkung immer mehr nachlässt. So werden wiederholt Alloxankrystalle auf dem Trichter gesammelt, und es fliefst eine dickliche Mutterlauge ab, welche bei 24stündigem starken Erkälten noch, auf einem Trichter zu sammelnde, Alloxankrystalle liefert. Sämmtliches Alloxan der Trichter wird auf einem Ziegel getrocknet, im Kolben mit $\frac{1}{2}$ Th. warmem Wasser unter beständigem Schütteln auf 60 bis 80° erhitzt, und filtrirt; das Ungelöste wird eben so behandelt. Die gemischten Filtrate liefern beim Erkalten grofse Krystalle von 8fach gewässertem Alloxan. Die Mutterlauge liefert beim Verdunsten bei 30° unreines, gelbliches und aus der hiervon bleibenden Mutterlauge lässt sich durch Kochen mit etwas Salpetersäure Parabansäure darstellen. — Um aus der von den Amianthtrichtern abgeflossenen, wieder dünneren Mutterlauge das darin noch enthaltene Alloxan in Gestalt von Alloxantin zu gewinnen, neutralisirt man sie fast ganz mit Kreide oder kohlensaurem Natron, sättigt $\frac{5}{6}$ der Flüssigkeit mit Hydrothiongas, wodurch Schwefel und Alloxantin gefällt, aber auch durch weiter gehende Wirkung des Hydrothions etwas Dialursäure erzeugt wird, setzt daher das letzte $\frac{1}{6}$ der Mutterlauge hinzu, dessen Alloxan sich mit der Dialursäure in Alloxantin verwandelt, sammelt das nach 24 Stunden völlig niedergefallene Alloxantin auf einem Filter, wäscht es mit kaltem Wasser, löst es in kochendem, filtrirt vom Schwefel ab, und lässt krystallisiren. — So liefern 100 Th. Harnsäure 41,7 Th. reines und 11,7 Th. gelbliches 8fach gewässertes Alloxan, 5,0 Th. Parabansäure und 11,7 Th. Alloxantin. SCHLIEPER.

3. Man trägt in eine Schale, welche 4 Unzen Harnsäure und 8 Unzen mäfsig starke Salzsäure hält, nach und nach, innerhalb $^1/_2$ Stunde, unter beständigem Umrühren 6 Drachmen fein gepulvertes chlorsaures Kali, wodurch, wenn man sorgsam verfährt, ohne alle Entwicklung von Kohlensäure und Chlor, unter Wärmeentwicklung (die nicht zu hoch steigen darf) eine Flüssigkeit gebildet wird, welche Alloxantin und Harnstoff enthält. Man verdünnt dieselbe mit dem doppelten Volum kaltem Wasser, giefst nach 3 Stunden von der unzersetzt gebliebenen Harnsäure ab, erwärmt diese mit etwas starker Salzsäure auf 50°, und fügt hierzu allmälig noch 2 Drachmen oder weniger chlorsaures Kali, bis die Harnsäure verschwunden ist. Man verwandelt das in dem Gemisch der 2 Lösungen enthaltene Alloxan durch Hydrothiongas in Alloxantin, welches man mit dem Schwefel auf dem Filter sammelt (während eine Harnstoff-haltende Lösung abfliefst), durch Lösen in kochendem Wasser und Filtriren vom Schwefel trennt, und krystallisiren lässt. Um die so erhaltenen 2 Unzen 7 Drachmen 20 Gran Alloxantin in Alloxan zu verwandeln, erhitzt man die Hälfte mit der doppelten Menge Wasser zum Kochen, unter Zutröpfeln von Salpetersäure, bis eben ein Aufbrausen von Stickoxyd bemerklich wird, hält auf dem Wasserbade heifs, bis das Aufbrausen beendigt ist, fügt dann von der zweiten Hälfte Alloxantin so lange hinzu, bis ein neuer Antheil kein Aufbrausen mehr veranlasst, dann wieder etwas Salpetersäure und sucht das Verhältniss so zu treffen, dass nur noch wenig Alloxantin übrig und die Salpetersäure ganz zerstört ist, filtrirt heifs, fügt noch 3 bis 4 Tropfen Salpetersäure zu, um das Alloxantin vollends in Alloxan zu verwandeln, und erhält beim Erkalten schöne Krystalle von Alloxan. SCHLIEPER.

BRUGNATELLI fügte zur Harnsäure so lange Salpetersäure, als diese noch Aufbrausen veranlasste, goss die Flüssigkeit von den abgesetzten gelben Flocken ab, liefs diese auf Fliefspapier austrocknen, löste sie in Wasser und liefs das Filtrat zum Krystallisiren verdunsten.

Um aus dem 2- oder 8-fach gewässerten Alloxan das wasserfreie Alloxan zu erhalten, hat man das 8fach gewässerte bei einer sehr vorsichtig auf 100° gesteigerten Hitze in 2fach gewässertes zu verwandeln und dieses oder die gepulverten Krystalle des 2fach gewässerten in einem Strom von trocknem Wasserstoffgas oder Luft einige Zeit bei 150 bis 160° zu erhalten. GM.

Eigenschaften. Im reinen Zustande ohne Zweifel weifs; aber ein durch die Hitze erzeugtes Product ertheilt ihm eine blassbraunrothe Farbe. GM.

Die wässrige Lösung schmeckt erst stechend, dann süfslich, BRUGNATELLI; sie schmeckt schwach zusammenziehend; sie röthet Lackmus; sie färbt die Haut nach einiger Zeit purpurn und ertheilt ihr einen eigenthümlichen, ekelerregenden Geruch. LIEBIG u. WÖHLER.

Berechnung nach den Analysen des 2fach gewässerten Alloxans durch LIEBIG u. WÖHLER.

8 C	48	33,80
2 N	28	19,72
2 H	2	1,41
8 O	64	45,07
$C^8N^2H^2O^8$	142	100,00

LIEBIG u. WÖHLER sahen das 2fach gewässerte Alloxan ($C^8N^2H^4O^{10}$) als das trockne an.

Zersetzungen. 1. Die wässrige Lösung des Alloxans entwickelt im galvanischen Kreise am + Pole Sauerstoffgas und setzt am — Pole Krystallrinden von Alloxantin ab. LIEBIG u. WÖHLER. Es gibt am + Pole Sauerstoffgas und an dem — Pole fast kein Wasserstoffgas, sondern wird daselbst dunkelroth. BRUGNATELLI. — 2. Das 2fach gewässerte Alloxan liefert bei der trocknen Destillation ein besonderes krystallisches Product. LIEBIG u. WÖHLER. — Es röthet sich schon bei 100° ein wenig, LIEBIG u. WÖHLER; auch schon durch Sonnenwärme, BRUGNATELLI Diese ins Bräunliche gehende Röthung nimmt bei 150° etwas zu, bei welcher Hitze sich zugleich eine Spur eines weifsen, mehligen, zu unterst rothen Sublimats erzeugt. Die blassrothe Lösung dieses stark erhitzten Alloxans entfärbt sich schnell von selbst, und liefert gleich der Lösung des farblosen Alloxans mit Hydrothion Alloxantin. GM.

3. Es wird durch erhitzte verdünnte Salpetersäure unter Entwicklung von Kohlensäure in Parabansäure verwandelt. LIEBIG u. WÖHLER. $C^8N^2H^2O^8 + 2O = C^6N^2H^2O^6 + 2CO^2$. — Die Parabansäure verwandelt sich bei weiterem Erhitzen mit Salpetersäure in Kohlensäure und salpetersauren Harnstoff. Man kann daher das Alloxan aus seiner Lösung in schwacher Salpetersäure durch Abdampfen nicht wieder erhalten. Aber zweifach gewässertes Alloxan wird durch Erhitzen mit concentrirter Salpetersäure fast gar nicht zersetzt. SCHLIEPER. — Beim Erwärmen mit Vitriolöl und Kupfer entwickelt das Alloxan keine salpetrige Dämpfe. LIEBIG u. WÖHLER.

4. Das Alloxan löst sich in warmer concentrirter Salzsäure oder verdünnter Schwefelsäure unter anhaltendem, von Kohlensäure herrührenden Aufbrausen, und unter Bildung von Alloxantin. Die Lösung trübt sich nach kurzem Erhitzen und setzt dann beim Erkalten glänzende Krystalle von Alloxantin ab, während die Mutterlauge beim Abdampfen saures oxalsaures Ammoniak lässt. Wahrscheinlich entsteht zuerst Alloxantin, Oxalsäure und Oxalursäure: $4\,C^8N^2H^4O^{10} + 4\,HO = C^{16}N^4H^{10}O^{20}$ (gewässertes Alloxantin) $+ C^4H^2O^8 + 2\,C^6N^2H^4O^8$; letztere verwandelt sich dann durch weitere Einwirkung der Salzsäure in Oxalsäure und Harnstoff: $C^6N^2H^4O^8 + 2\,HO = C^4H^2O^8 + C^2N^2H^4O^2$; und der Harnstoff zerfällt endlich in Kohlensäure und Ammoniak, welches mit der Oxalsäure verbunden zurück bleibt: $C^2N^2H^4O^2 + 2\,HO = 2\,CO^2 + 2\,NH^3$. LIEBIG u WÖHLER. — LIEBIG (*Chim. org.* 1, 229) gibt die Gleichung: $2C^8N^2H^4O^{10} + 6HO = C^8N^2H^5O^{10}$ (gewässertes Alloxantin) $+ 3\,C^2HO^4$ (Oxalsäure) $+ 2\,CO^2 + 2\,NH^3$. [Die Gleichung könnte aber auch sein: $4\,C^8N^2H^2O^8 + 14\,HO = C^{16}N^4H^4O^{14}$ (trocknes Alloxantin) $+ 3\,C^4H^2O^8$ (Oxalsäure) $+ 4\,CO^2 + 4\,NH^3$]. — Oft setzt die durch kurzes Erhitzen getrübte Lösung beim Erkalten keine Alloxantinkrystalle ab, sondern erst beim Verdunnen mit Wasser und längerem Hinstellen. Die salzsaure Lösung fällt nach kürzerem Erhitzen das Barytwasser weifs (Alloxan), nach längerem immer dunkler violett (Alloxantin), welche Färbung bei noch längerem Kochen immer mehr abnimmt, ein Zeichen, dass das Alloxantin zersetzt ist. Die Lösung setzt dann beim Erkalten statt desselben ein gelbes, sehr schwer in Wasser, leicht in Ammoniak lösliches und daraus wieder durch Essigsäure langsam fällbares Pulver ab, welches $= C^6N^2H^3O^5$ ist, und welches mit Ammoniak gelbe Krystallkörner liefert, aber beim Erhitzen mit über-

schüssigem Ammoniak in einen gelblichen gallertartigen, schwer in Wasser und Ammoniak löslichen Körper verwandelt wird, der dem mykomelinsauren Ammoniak ähnlich ist. LIEBIG u. WÖHLER.

5. Auch nach kurzem Kochen mit überschüssiger wässriger schwefliger Säure gibt die Lösung mit Barytwasser einen weifsen Niederschlag, und nach längerem einen violetten, der bei noch längerem Kochen immer blasser wird. LIEBIG u. WÖHLER. — Sättigt man aber das wässrige Alloxan mit schwefliger Säure und dampft bei gelinder Wärme ab, so schiefsen beim Erkalten der Flüssigkeit grofse durchsichtige verwitternde Tafeln einer Substanz an, welche mit Ammoniak keine Krystalle von thionursaurem Ammoniak liefert, sondern damit zu einem röthlichen durchsichtigen Kleister erstarrt. LIEBIG u. WÖHLER. Diese Krystalle scheinen eine Verbindung von 1 At. Alloxan mit 2 At. schwefliger Säure zu sein, denn wenn man zum Gemisch von wässrigem Alloxan und überschüssiger schwefliger Säure Kali bis zur schwach alkalischen Reaction fügt, so erhält man harte glänzende Krystalle eines Kalisalzes, dessen Säure aus 1 At. Alloxan und 2 At. schwefliger Säure besteht. GREGORY (*Phil. Mag. J.* 24, 180; auch *J. pr. Chem.* 32, 280).

6. Fügt man zu der kalt gesättigten Lösung des Alloxans in Wasser wässrige schweflige Säure, bis sich deren Ueberschuss durch den Geruch bemerklich macht, dann Ammoniak, und erhält das Gemisch kurze Zeit im Sieden, so ist eine Lösung von thionursaurem Ammoniak gebildet, welches beim Erkalten in glänzenden Blättern anschiefst. LIEBIG u. WÖHLER. — $C^8N^2H^2O^8 + 3NH^3 + 2SO^2 + 2HO = 2NH^3,C^8N^3H^5O^8,2SO^2 + 2Aq$

7. Das wässrige Alloxan zerfällt beim Erwärmen mit Bleihyperoxyd in kohlensaures Bleioxyd und Harnstoff. LIEBIG u. WÖHLER. $C^8N^2H^2O^8 + 4O + 2HO = C^2N^2H^4O^2 + 6CO^2$. — Der Harnstoff beträgt 38,41 Proc. des 2fach gewässerten Alloxans. [Die Rechnung gibt (160 : 60 = 100 : 37,5) 37,5 Proc.]. Oxalsäure und ein nicht in Wasser, aber in Ammoniak lösliches weifses Pulver, die sich in kleinen Mengen bilden, sind als unwesentlich zu betrachten. LIEBIG u. WÖHLER.

8. Wässriges Alloxan in kochenden wässrigen Bleizucker allmälig getröpfelt, gibt einen erst flockigen, dann zu einem Krystallmehl zusammengehenden Niederschlag von mesoxalsaurem Bleioxyd (V, 126), während in der Flüssigkeit Harnstoff bleibt. $C^8N^2H^2O^8 + 4HO = C^6H^2O^{10} + C^2N^2H^4O^2$. Giefst man umgekehrt Bleizucker in die Alloxanlösung, so erhält man einen geringen rosenrothen Niederschlag, der durch Weingeistzusatz sehr vermehrt wird, und der Alloxantin und Oxalsäure enthält. LIEBIG u. WÖHLER.

9. Wässriges Alloxan gibt mit unzureichendem Baryt- oder Kalk-Wasser erst nach einiger Zeit, mit überschüssigem sogleich, einen glänzenden krystallischen Niederschlag von alloxansaurem Baryt oder Kalk. Eben so wirkt Strontianwasser, und Gemische von Chlorbaryum, Chlorstrontium oder Chlorcalcium, oder salpetersaurem Silberoxyd mit Ammoniak. LIEBIG u. WÖHLER (V, 293 u. 295). Beim Ueberschuss des Alkalis findet sich im Filtrat Harnstoff, und dem gefällten alloxansauren Baryt ist mesoxalsaurer beigemengt. SCHLIEPER. — Beim Kochen mit wässrigem Alkali zerfällt das Alloxan in Mesoxalsäure und Harnstoff. LIEBIG u. WÖHLER. $C^8N^2H^2O^8 + 4HO = C^6H^2O^{10} + C^2N^2H^4O^2$.

10. Die Lösung des Alloxans in Ammoniak, welche kaum merklich geröthet erscheint, färbt sich bei gelindem Erwärmen gelb und erstarrt beim Erkälten oder Verdunsten zu einer gelblichen Gallerte von mykomelinsaurem Ammoniak. (V, 314). LIEBIG u. WÖHLER. In der Flüssigkeit bleibt alloxansaures und mesoxalsaures Ammoniak und Harnstoff. LIEBIG. Die anfangs gelbe Lösung in Ammoniak röthet und trübt sich beim Stehen und setzt gelbe Flocken ab, die sich in Wasser mit rother Farbe lösen. BRUGNATELLI. — Ammoniakgas bei 100° über 2fach gewässertes Alloxan geleitet, gibt eine hellbraunrothe Masse, die sich mit blasser Kermesinfarbe in Wasser löst. GM.

11. Die gesättigte Lösung des Alloxans in Wasser entwickelt beim Kochen Kohlensäure, was längere Zeit fortdauert, wobei es in Alloxantin und Parabansäure zerfällt. [$3 C^8N^2H^2O^8 = C^{16}N^4H^4O^{14} + C^6N^2H^2O^6 + 2 CO^2$.] Wegen des gebildeten Alloxantins fällt die gekochte Flüssigkeit Barytwasser blau, bildet mit kohlensaurem Ammoniak purpursaures Ammoniak, und gibt beim Erkalten viele Alloxantin-Krystalle. LIEBIG u. WÖHLER (*Ann. Pharm.* 38, 357). Beim Einkochen der Alloxanlösung bleibt neben Alloxan eine rothe Materie; diese gibt mit Wasser eine lebhaft rothe Lösung, welche sich mit der Zeit unter Absatz weifser Flocken entfärbt, und welche beim Kochen unter Entfärbung rothe Dämpfe [?] entwickelt. BRUGNATELLI.

12. Einfachchlorzinn, oder wässrige Salzsäure mit Zink oder Hydrothion verwandeln das wässrige Alloxan erst in Alloxantin, und letztere beide Mittel dieses dann in Dialursäure. LIEBIG u. WÖHLER. — [Zuerst $2 C^8N^2H^2O^8 + 2H = C^{16}N^4H^4O^{14} + 2HO$; dann: $C^{16}N^4H^4O^{14} + 2H + 2HO = 2C^8N^2H^4O^8$.] Das Chlorzinn fällt sogleich Alloxantinkrystalle. Bei Salzsäure mit Zink findet sich in der Flüssigkeit Dialursäure; das niederfallende Alloxantin verwandelt sich, wenn die Salzsäure heifs oder concentrirt ist, in dasselbe gelbe glänzende Krystallpulver, wie (V, 308, unten). Beim Hydrothion setzt die Flüssigkeit zuerst Schwefel ab, dann Krystalle von Alloxantin, welches besonders in der Siedhitze bei weiterer Einwirkung von Hydrothion in Dialursäure übergeht. Auch wässriges Cyankalium fällt aus wässrigem Alloxan nach einigen Stunden dialursaures Kali. LIEBIG u. WÖHLER (*Ann. Pharm.* 41, 291).

13. Wässriges Alloxan färbt Eisenoxydulsalze tief indigblau, anfänglich ohne Fällung, bei Zusatz von Alkali sogleich. BRUGNATELLI, LIEBIG u. WÖHLER. — Wässriges Alloxan löst Eisen mit bald gelber, bald rother, bald blauer Farbe; auf jeden Fall wird die Lösung bei Zusatz von Alkali blau. Eisenoxydul gibt eine gelbe Lösung, die an der Sonne und durch Alkalien blau, nach einiger Zeit aber wieder gelb wird. Eisenoxyd gibt eine gelbe Lösung, die mit wenig Alkali einen grauen Niederschlag gibt, in mehr Alkali mit blauer Farbe wieder löslich. Diese Eisenlösungen setzen im galvanischen Strom am — Pol eine blaue Rinde ab. BRUGNATELLI.

14. Auf dem Ambos in Berührung mit Kalium verpufft das zweifach gewässerte Alloxan schwach und mit wenig Licht. GM.

Verbindnngen. Mit *Wasser.* — a. *Zweifachgewässertes Alloxan.* — Schiefst beim warmen Abdampfen des wässrigen Alloxans in schiefen rhombischen Säulen des 2- und 1-gliedrigen Systems an, die als, an den Enden abgestumpfte Rhomboidal-Oktaeder erscheinen. HAUSMANN. Sie sind grofs, wasserhell, glasglänzend und luftbeständig. LIEBIG u. WÖHLER.

			Liebig u. Wöhler.	Oder:			Gm.
8 C	48	30,0	30,41	$C^8N^2H^2O^8$	142	88,75	88,65
2 N	28	17,5	17,96				
4 H	4	2,5	2,56	2 HO	18	11,25	11,35
10 O	80	50,0	49,07				
$C^8N^2H^4O^{10}$	160	109,0	100,00	$C^8N^2H^2O^8+2Aq$	160	100,00	100,00

Das 2fach gewässerte Alloxan wurde in einem Strom von trocknem Wasserstoffgas 2 Stunden lang zwischen 150 und 160° erhitzt. Gm.

b. *Achtfachgewässertes Alloxan.* — Beim Erkälten einer warm gesättigten wässrigen Lösung erhält man grofse wasserhelle perlglänzende [glasglänzende] Krystalle des 2- und 2-gliedrigen Systems, denen des Schwerspaths ähnlich. Sie verwittern stark in warmer Luft, und verlieren sowohl im kalten oder warmen Vacuum, als bei 100° in der Luft 26 bis 27 Proc. Wasser. Liebig u. Wöhler.

			Liebig u. Wöhler.	Gm.
$C^8N^2H^4O^{10}$	160	74,77	73,5	74,72
6 HO	54	25,23	26,5	25,28
$C^8N^2H^2O^8+8Aq$	214	100,00	100,0	100,00

c. Das Alloxan löst sich leicht in Wasser ohne Färbung. Brugnatelli, Liebig u. Wöhler.

Das Alloxan löst sich nicht in starker Salpetersäure und lässt sich durch diese aus der wässrigen Lösung fällen. Schlieper.

Das wässrige Alloxan zersetzt nicht den kohlensauren Baryt und Kalk; es wirkt selbst beim Kochen nicht auf Bleioxyd. Liebig u. Wöhler.

Das Alloxan löst sich leicht und ohne Färbung in *Weingeist.* Brugnatelli.

ε. Stickstoffkern $C^8NAd^2HO^4$.

Uramil.

$$C^8N^3H^5O^6 = C^8NAd^2HO^4,O^2.$$

Liebig u. Wöhler (1838). *Ann. Pharm.* 26, 274, 313 u. 323.

Bildung. 1. Bei kurzem Kochen der wässrigen Thionursäure, oder des mit verdünnter Schwefelsäure oder Salzsäure übersättigten thionursauren Ammoniaks bis zur Trübung, und dann Erkälten. Auch bei mäfsig verdünnter Lösung erstarrt die Flüssigkeit noch in der Hitze zu einem Krystallbrei. — 2. Beim Kochen von wässrigem Alloxantin mit salzsaurem oder oxalsaurem Ammoniak.

Darstellung. Man erhitzt die kalt gesättigte wässrige Lösung des thionursauren Ammoniaks zum Kochen, fügt Salzsäure hinzu, kocht einige Augenblicke fort, lässt erkalten, und wäscht und trocknet die sich langsam abscheidenden Nadeln.

Eigenschaften. Weifse seidenglänzende, harte, federartig vereinigte Nadeln, sich an der Luft röthend.

			Liebig u. Wöhler.
8 C	48	33,56	33,29
3 N	42	29,38	28,91
5 H	5	3,50	3,77
6 O	48	33,56	34,03
$C^8N^3H^5O^6$	143	100,00	100,00

[Das Uramil ($C^8N^3H^5O^6$) verhält sich zur Dialursäure ($C^8N^2H^4O^8$), wie das Oxamid ($C^4N^2H^4O^4$) zur Oxaminsäure ($C^4NH^3O^6$), und demgemäfs würde die noch unbekannte Säure $C^8NH^3O^{10}$ der Oxalsäure ($C^4H^2O^8$) entsprechen.]

Zersetzungen. 1. Das Uramil bildet mit Salpetersäure unter Entwicklung von Stickoxydgas, welches frei von Kohlensäure ist, eine Lösung, welche sich mit Ammoniak purpurroth färbt, und welche, abgedampft und erkältet, zu einem Krystallbrei von Alloxan erstarrt, während die Mutterlauge salpetersaures Ammoniak hält. [Etwa so: $C^8N^3H^5O^6 + 2O = C^8N^2H^2O^8 + NH^3$].

2. Das Uramil löst sich ruhig in kaltem Vitriolöl, daraus durch Wasser als weifses Pulver fällbar, während in der Flüssigkeit nur Spuren von Ammoniak bleiben. Wenn man aber die Lösung in Vitriolöl nur bis zur anfangenden Trübung mit Wasser verdünnt und das Gemisch unter Ersetzung des Wassers so lange kocht, bis sie durch viel Wasser nicht mehr fällbar ist, so liefert sie beim Abdampfen Krystalle von Uramilsäure, während zugleich schwefelsaures Ammoniak gebildet ist. — $2C^8N^3H^5O^6 + 3HO = C^{16}N^5H^{10}O^{15}$ (Uramilsäure) $+ NH^3$. [Oder vielleicht: $2C^8N^3H^5O^6 + 2HO = C^{16}N^5H^9O^{14}$ (Uramilsäure) $+ NH^3$]. — Bei zu viel Schwefelsäure erhält man keine Uramilsäure, sondern nach längerem Stehen an der Luft Krystalle von dimorphem Alloxantin (oder Dialursäure?). ($C^8N^3H^5O^6 + 2HO = C^8N^2H^4O^8 + NH^3$.)

3. Fügt man zu in kochendem Wasser vertheiltem Uramil Quecksilber- oder Silber-Oxyd in kleinen Antheilen, und nicht im Ueberschuss, so erhält man unter Reduction der Metalle, aber ohne Gasentwicklung eine purpurne Flüssigkeit, welche beim Erkalten Krystalle von purpursaurem Ammoniak absetzt, während in der Mutterlauge entweder Alloxan oder Alloxansäure enthalten ist. — [Wenn man annimmt, dass diese von zu weit schreitender Oxydation herrühren, also nicht wesentlich sind, so ist die Gleichung: $2C^8N^3H^5O^6 + 2O = C^{16}N^6H^8O^{12} + 2HO$]. — Der kleinste Ueberschuss von Metalloxyd entfärbt die purpurne Flüssigkeit, welche dann alloxansaures Ammoniak hält. — [Etwa so: $C^8N^3H^5O^6 + 2O + 2HO = NH^3,C^8N^2H^4O^{10}$.] — Man erhält das purpursaure Ammoniak besser, wenn man dem mit Wasser kochenden Uramil neben dem Metalloxyd auch Ammoniak in kleinen Mengen zufügt. — [Vielleicht erschwert die Gegenwart von Ammoniak das Ueberschreiten der Oxydation.]

4. Sättigt man heifse verdünnte Kalilauge mit Uramil, so erhält man unter Entwicklung von wenig Ammoniak eine blassgelbe Lösung, welche aus der Luft begierig Sauerstoff anzieht, sich immer tiefer purpurn, beinahe violett färbt und beim Steben über Nacht an der Luft viele goldgrün glänzende, Kali haltende Säulen [von purpursaurem Kali] absetzt. Die darüber stehende Mutterlauge ist neutral und hält entweder alloxansaures oder mesoxalsaures Kali. — [Betrachtet man das purpursaure Kali $= C^{16}N^5H^4KO^{12}$, und sieht man die Alloxansäure oder Mesoxalsäure als secundäre Producte an, so ist die Gleichung: $2C^8N^3H^5O^6 + KO + 2O = C^{16}N^5H^4KO^{12} + NH^3 + 3HO$]. — Kocht man die Lösung des Uramils in Kalilauge längere Zeit, wobei sich viel Ammoniak entwickelt, so lässt sich aus ihr immer weniger unzersetztes Uramil durch Salzsäure fällen, und das salzsaure Filtrat, mit Ammoniak übersättigt, gibt mit Chlorcalcium einen weifsen, in viel Wasser löslichen Niederschlag, der dem uramilsauren, oxalursauren oder mesoxalsauren Kalk, oder wenn das Kochen mit Kali schon lange gedauert hatte, dem oxalsauren Kalk ähnlich ist. Nach LIEBIG (*Chim. org.* 1, 225) entsteht hierbei Uramilsäure.

5. Die Lösung von Uramil in Ammoniak, an der Luft gekocht und abgedampft, wird tief purpurroth und gibt beim Erkalten Krystalle von purpursaurem Ammoniak. [$2\,C^8N^3H^5O^6 + 2\,O = C^{16}N^6H^8O^{12} + 2\,HO$; das Ammoniak würde bei dieser Gleichung blofs als Lösungsmittel des Uramils dienen]. — LIEBIG u. WÖHLER geben dagegen die Gleichung: $2\,C^8N^3H^5O^6 + 3\,O = C^{12}N^5H^6O^8$ (purpursaures Ammoniak) + C^4NHO^4 ($\frac{1}{2}$ At. hyp. tr. Alloxansäure) + $3\,HO$. — Auch bildet die Lösung des Uramils in Ammoniak mit wässrigem Alloxan viel purpursaures Ammoniak. — [$C^8N^3H^5O^6 + C^8N^2H^2O^8 + NH^3 = C^{16}N^6H^8O^{12} + 2\,HO$]. — GERHARDT (*Ann. Chim. Phys.* 72, 184), der mit LIEBIG u. WÖHLER das purpursaure Ammoniak $= C^{12}N^5H^6O^8$, oder vielmehr $= C^{24}N^{10}H^{12}O^{16}$ nimmt, gibt die Gleichung: $C^8N^3H^5O^6 + 2\,C^8N^2H^4O^{10} + 3\,NH^3 = C^{24}N^{10}H^{12}O^{16} + 10\,HO$.

Verbindungen. Das Uramil löst sich nicht in kaltem, wenig in heifsem Wasser, aus dem es beim Erkalten anschiefst.

Es löst sich in kaltem Vitriolöl, daraus durch Wasser unverändert fällbar.

Es löst sich ohne Zersetzung in kaltem wässrigen Ammoniak oder Kali, aus denen es durch Säuren gefällt wird. LIEBIG u. WÖHLER.

ζ. Stickstoffkern $C^8NAdXH^3O^2$.

Dilitursäure.

$$C^8N^3H^5O^{12} = C^8NAdXH^3O^2,O^6?$$

SCHLIEPER (1845). *Ann. Pharm.* 56, 23.

Kocht man heifses wässriges Alloxantin mit Salzsäure rasch ein und zieht aus dem beim Erkalten niedergefallenen Gemenge von Allitursäure mit Alloxantin das letztere durch Salpetersäure, scheidet aus dieser salpetersauren Lösung das Alloxan mittelst durchgeleiteten Hydrothions in Gestalt von Alloxantin, und dampft das Filtrat mit Salpetersäure, wodurch die durch das Hydrothion gebildete Dialursäure in Parabansäure verwandelt wird, auf $\frac{1}{3}$ ab, so scheidet sie dilitursaures Ammoniak als gelbweifses Pulver ab, durch Umkrystallisiren aus heifsem Wasser zu reinigen, während fast blofs noch Parabansäure gelöst bleibt.

Das dilitursaure Ammoniak [oder Amidverbindung] krystallisirt in gelben, lebhaft glänzenden Blättchen, deren gelbe Farbe nicht durch Thierkohle entzogen werden kann, und wesentlich zu sein scheint.

Es löst sich in verdünnter Kalilauge (nicht in concentrirter, weil das sich bildende Kalisalz darin unlöslich ist) unter Entwicklung von Ammoniak, und Säuren fällen hieraus gelbweifses Pulver des sauren Kalisalzes.

Es löst sich kaum in kaltem Wasser, wenig in heifsem; nicht in Ammoniak; leicht in Vitriolöl, daraus durch Wasser mit unverändertem Stickstoffgehalt unzersetzt fällbar. Es wird durch starke Salpetersäure weder gelöst noch zersetzt.

Sogen. Ammoniaksalz bei 100° getrocknet.			SCHLIEPER.
8 C	48	25,26	25,57
4 N	56	29,47	30,16
6 H	6	3,16	3,30
10 O	80	42,11	40,97
$C^8N^4H^6O^{10}$	190	100,00	100,00

[Betrachtet man diese Verbindung nicht als ein Ammoniaksalz, sondern als eine Amidverbindung $= C^8NAd^2XH^2O^2,O^4$, wofür alle Verhältnisse sprechen, so ist die darin enthaltene Säure ($C^8N^4H^6O^{10} + 2\,HO - NH^3 = C^8N^3H^5O^{12}$) $= C^8N^3H^5O^{12} = C^8NAdXH^3O^2,O^6$. Nach dieser Annahme habe ich die Analysen der folgenden Salze berechnet. SCHLIEPER dagegen betrachtet die Säure, die

Er ebenfalls als 2basisch nimmt, = $C^6N^3H^3O^{13}$, oder im hypothetisch trocknen Zustande als $C^6N^3HO^{11}$.]

Kalisalz. — a. *Neutral.* — Man kocht das Ammoniaksalz mit verdünntem Kali, bis sich kein Ammoniak mehr entwickelt, fügt zu der heifsen Lösung Weingeist, bis der Niederschlag bleibend zu werden anfängt und lässt zum Krystallisiren erkalten. Citronengelbe glänzende locker zusammengehäufte Nadeln. Sie verlieren bei 100° kein Wasser und verzischen bei stärkerer Hitze plötzlich unter Entwicklung von Kohlensäure und Cyansäure zu kohlefreiem cyansaurem Kali. [Wohl so: $C^8N^3H^3K^2O^{12} = 2\,C^2NKO^2 + C^2NHO^2 + 2CO^2 + 2\,HO$]. — Sie lösen sich ziemlich leicht in kaltem Wasser, nicht in Weingeist.

Nadeln bei 100° getrocknet.			SCHLIEPER.
2 KO	94,4	35,30	34,35
8 C	48	17,95	
3 N	42	15,71	
3 H	3	1,12	
10 O	80	29,92	
$C^8NAdXHK^2O^2,O^6$	267,4	100,00	

Nach SCHLIEPER = 2 KO,$C^8N^3HO^8$ + 3 Aq.

b. *Sauer.* — Man fällt die wässrige Lösung des Salzes a durch eine stärkere Säure. Gelbweifses Pulver. Es verhält sich in der Hitze wie das Salz a. Es löst sich in Vitriolöl, und wird daraus durch Wasser mit unverändertem Kaligehalt gefällt. Es löst sich schwer in kaltem Wasser, leichter in heifsem, daraus beim Erkalten krystallisirend. Es hält 21,78 Proc. Kali und ist also KO,$C^8N^3HO^8$,2Aq. [Die Formel $C^8N^3H^4KO^{12}$ verlangt 20,6 Proc. Kali.]

Silbersalz. — Das salpetersaure Silberoxyd wird weder von dem Ammoniaksalz, noch vom sauren Kalisalz gefällt, aber vom neutralen sogleich als ein lebhaft citronengelbes Pulver. Dieses verpufft beim Erhitzen fast wie ein knallsaures Salz und lässt wegen der Zerstreuung eines Theils blofs 48,76 Proc. Silber. SCHLIEPER. [Die Formel $C^8N^3H^3Ag^2O^{12}$ würde 53,33 Proc. erheischen].

η. Stickstoffkern $C^8N^4H^4$.

Mykomelinsäure.

$C^8N^4H^5O^5$
Oder: $C^8N^4H^4O^4 = C^8N^4H^4,O^4$?

LIEBIG u. WÖHLER (1838). *Ann. Pharm.* 26, 304.

Bildung und Darstellung. Wässriges Alloxan färbt sich bei gelindem Erwärmen mit Ammoniak gelb, und scheidet das mykomelinsaure Ammoniak, wenn das Gemisch concentrirt ist, gleich nach dem Erhitzen einem Theil nach als schweres braungelbes Pulver ab, wenn es verdünnter ist, erst beim Erkalten oder Abdampfen als gelbliche durchsichtige Gallerte. — [Etwa so: $C^8N^2H^2O^8 + 3\,NH^3 = NH^3,C^8N^4H^5O^5 + 3\,HO$; oder, wenn die völlig getrocknete Mykomelinsäure nicht = $C^8N^4H^5O^5$, sondern = $C^8N^4H^4O^4$ sein sollte: $C^8N^2H^2O^8 + 3\,NH^3 = NH^3,C^8N^4H^4O^4 + 4\,HO$]. Man kann entweder aus der heifsen wässrigen Lösung des erhaltenen mykomelinsauren Ammoniaks, oder sogleich aus dem mit Ammoniak erwärmten wässrigen Alloxan die Mykomelinsäure durch Schwefelsäure fällen.

Eigenschaften. Die Mykomelinsäure erscheint nach der Fällung als ein durchscheinender gallertartiger Niederschlag, welcher nach dem Waschen zu einem, Lackmus röthenden, gelben, lockeren Pulver austrocknet.

Bei 120° getrocknet.			LIEBIG u. WÖHLER.	Berechnung b.		
8 C	48	32,22	33,13	8 C	48	34,29
4 N	56	37,58	38,36	4 N	56	40,00
5 H	5	3,36	3,57	4 H	4	2,86
5 O	40	26,84	24,94	4 O	32	22,85
$C^8N^4H^5O^5$	149	100,00	100,00	$C^8N^4H^4O^4$	140	100,00

Die Berechnung b gründet sich auf die Vermuthung, dass die bei 120° getrocknete Säure noch 1 HO zurückhält, das bei stärkerer Hitze entweichen würde.

Die in Kalilauge gelöste Säure zersetzt sich beim Kochen unter Ammoniakentwicklung. LIEBIG *(Chim. org.)*.

Verbindungen. Die Mykomelinsäure löst sich schwer in kaltem, leicht in heifsem *Wasser*.

Sie zersetzt die kohlensauren Alkalien.

Mykomelinsaures Ammoniak. — Fällt nach dem Erhitzen des in warmem concentrirten Ammoniak gelösten Alloxans bis zur Entfärbung beim Erkalten als gelbliches, bald flockiges, bald körniges Pulver nieder.

Mykomelinsaures Silberoxyd. — Das Ammoniaksalz fällt aus salpetersaurem Silberoxyd gelbe schleimige Flocken, die sich in der Flüssigkeit ohne Zersetzung bis zum Siedpunct erhitzen lassen, beim Auswaschen, selbst im Dunkeln, gelbbraun werden, und dann zu harten grünen Stücken von olivengrünem Pulver austrocknen. Das Salz sublimirt beim Erhitzen viel cyansaures Ammoniak, welches beim Lösen in Wasser zu Harnstoff wird, und eine eigenthümlich riechende krystallische Materie, die durch eine andere geröthet ist. Es löst sich nicht in Wasser. LIEBIG u. WÖHLER.

			LIEBIG u. WÖHLER.
8 C	48	19,43	
4 N	56	22,67	
3 H	3	1,22	
Ag	108	43,73	44,39
4 O	32	12,95	
$C^8N^4H^3AgO^4$	247	100,00	

Hierher gehörende gepaarte Verbindungen.

Thionursäure.

$$C^8N^3H^5O^8,2SO^2 = C^8NAd^2HO^4,O^4 + 2\,SO^2\,?$$

LIEBIG u. WÖHLER (1838). *Ann. Pharm.* 26, 268, 314 u. 331.

Bildung (V, 309, 6).

Darstellung des thionursauren Ammoniaks. 1. Man fügt zum kalt gesättigten wässrigen Alloxan nach und nach so lange schweflige Säure, bis diese ihren Geruch nicht mehr verliert, übersättigt dann die Flüssigkeit sogleich mit Ammoniak, lässt sie $1/2$ Stunde sieden und dann zum Krystallisiren erkalten. — 2. Besser: Man versetzt wässriges schwefligsaures Ammoniak mit überschüssigem kohlensauren Ammoniak, dann mit wässrigem Alloxan, erhält das Gemisch $1/2$ Stunde lang im Sieden und erkältet zum Krystallisiren.

Darstellung der Thionursäure. Man fällt die Lösung des thionursauren Ammoniaks in heifsem Wasser durch Bleizucker, zersetzt den gewaschenen und in Wasser vertheilten Niederschlag durch Hydrothion und dampft das Filtrat bei gelinder Wärme ab.

Eigenschaften. Weifse, aus Nadeln bestehende Masse, stark Lackmus röthend, von sehr saurem Geschmack, luftbeständig.

Die Säure liefert mit Ammoniak wieder die Krystalle des thionursauren Ammoniaks.

Berechnung der Säure für sich:		
8 C	48	21,52
3 N	42	18,84
5 H	5	2,24
8 O	64	28,70
2 SO^2	64	28,70
$C^8N^3H^5O^8,2SO^2$	223	100,00

Liebig u. Wöhler nehmen wohl mit Recht nach dem Verhalten der Säure und ihres Ammoniaksalzes bei mehreren Zersetzungen an, dass sie nicht Schwefelsäure, sondern schweflige hält.

Zersetzung. Die wässrige Säure trübt sich beim Kochen und erstarrt während desselben, unter Freiwerden der Schwefelsäure, durch Bildung seidenglänzender Nadeln von Uramil. — [Etwa so: $C^8N^3H^5O^8,2SO^2 = C^8N^3H^5O^6 + 2\,SO^3$.]

Verbindungen. Die Säure löst sich leicht in Wasser.

Die neutralen *thionursauren Salze* halten 2 At. Basis; sie geben beim Schmelzen mit Kalihydrat schwefligsaures Kali; sie entwickeln mit Vitriolöl schweflige Säure.

Thionursaures Ammoniak. — Darstellung s. oben. — Farblose 4seitige Tafeln und Blättchen, nach dem Trocknen perlglänzend. Sie färben sich bei 100° (unter Verlust von 6 Proc. (2 At.), Liebig [*Chim. org.*]) rosenroth. Sie lassen sich aus Wasser, indem sie in der Kälte sehr wenig, in der Hitze sehr leicht löslich sind, ohne Zersetzung umkrystallisiren. Mit Kalihydrat geschmolzen, liefern sie nicht schwefelsaures, sondern schwefligsaures Kali. Die wässrige Lösung reducirt das Selen aus der selenigen Säure. [$2NH^3,C^8N^3H^5O^8,2SO^2 + SeO^2 = C^8N^2H^2O^8 + 3\,NH^3 + 2\,SO^3 + Se.$] — Die Lösung reducirt aus salpetersaurem Silberoxyd einen Silberspiegel. — Sie zeigt bei Mittelwärme mit überschüssiger Schwefel-, Salz- oder Salpeter-Säure keine Zersetzung, aber beim Kochen trübt sich das Gemisch und erstarrt zu einem aus Nadeln des Uramils (welches 47,05 Proc. beträgt) bestehenden Brei, und das, frei gewordene Schwefelsäure haltende, Filtrat fällt jetzt das Chlorbaryum. — Dampft man die kalt gesättigte wässrige Lösung des Salzes mit weniger Schwefelsäure bei gelinder Wärme ab, so erhält man reichlich weifse feine Nadeln von saurem thionursauren Ammoniak; bei mehr Schwefelsäure erhält man Uramil, welches dann in Uramilsäure übergeht, und bei noch mehr Schwefelsäure wird diese in dimorphes Alloxantin [oder Dialursäure] umgewandelt. — (Man erhält das saure thionursaure Ammoniak, wenn man die wässrige Lösung von 1 At. des neutralen Salzes mit 1 At. Salzsäure bei gelinder Wärme abdampft, in Gestalt von aus kleinen Krystallen zusammengesetzten, weifsen Rinden. Gregory (*Phil. Mag. J.* 24, 189.)).

		Krystallisirt.	Liebig u. Wöhler.
8 C	48	17,45	18,02
5 N	70	25,45	26,10
13 H	13	4,73	4,88
8 O	64	23,27	22,47
2 SO^3	80	29,10	28,53
$2NH^3,C^8N^3H^5O^6,2SO^2+2Aq$	275	100,00	100,00

Thionursaurer Baryt. — Das Ammoniaksalz fällt aus Chlorbaryum durchscheinende gallertartige Flocken, die nach einiger Zeit undurchsichtig und krystallisch werden, sich leicht in Salzsäure lösen, und beim Kochen mit Salpetersäure schwefelsauren Baryt, aber keine freie Schwefelsäure liefern.

Thionursaurer Kalk. — Aus dem warmen wässrigen Gemisch von thionursaurem Ammoniak und salpetersaurem Kalk schiefsen kurze seidenglänzende Nadeln an, welche 19,5 Proc. (2 At.) Kalk halten.

Thionursaures Zinkoxyd. — Fällt aus einem wässrigen Gemische des Ammoniaksalzes mit einem Zinksalze bald in schwer löslichen citronengelben kleinen Krystallwarzen nieder.

Thionursaures Bleioxyd. — Die heifse Lösung des Ammoniaksalzes gibt mit Bleizucker durchscheinende gallertartige Flocken, die sich während des Erkaltens in weifse oder rosenrothe, feine, zu Büscheln vereinigte Nadeln umwandeln. Das Salz liefert bei der Destillation Harnstoff und ein eigenthümliches in grofsen Blättern krystallisirendes Product. Aus seiner, unter Aufbrausen erfolgenden Lösung in heifser Salpetersäure fällt schwefelsaures Bleioxyd nieder, während sich im Filtrat weder Blei noch Schwefelsäure zeigt. Es löst sich in verdünnter Salzsäure.

			Liebig u. Wöhler.
2 PbO	224	50,11	
8 C	48	10,74	10,95
3 N	42	9,40	9,51
5 H	5	1,11	1,04
8 O	64	10,74	
2 SO^2	64	17,90	
$C^8N^3H^3Pb^2O^8,2SO^2+2Aq$	447	100,00	

Thionursaures Kupfer. — Das Ammoniaksalz erzeugt mit schwefelsaurem Kupferoxyd einen hellbraungelben Neiderschlag, der ohne Zweifel ein Oxydulsalz ist. Er löst sich beim Erwärmen mit der Flüssigkeit mit braungelber Farbe, und scheidet sich beim Erkalten wieder in amorphem Zustande ab. Liebig u. Wöhler.

Alloxantin.

$$C^{16}N^4H^4O^{14} = C^{16}N^2Ad^2O^{12},O^2.$$

Liebig u. Wöhler (1838). *Ann. Pharm.* 26, 262 u. 300.
Fritzsche. *Bull. scient. de l'Acad. de Petersb.* 4, 81; auch *J. pr. Chem.* 14, 237.

Uroxin, Fritzsche, *Alloxantine*.

Bildung. 1. Beim Einwirken warmer verdünnter Salpetersäure auf Harnsäure. — 2. Beim kurzen Erhitzen von Alloxan mit verdünnter Schwefelsäure, oder bei längerem Kochen mit Wasser, oder beim Behandeln des wässrigen Alloxans mit Hydrothion oder mit Salzsäure und Zink, oder mit Einfachchlorzinn. — 3. Beim Kochen von Uramil mit verdünnter Schwefel- oder Salz-Säure. — 4. Beim Erhitzen von thionursaurem Ammoniak mit viel verdünnter Schwefelsäure. LIEBIG u. WÖHLER. — 5. Wie es scheint, auch bei der Zersetzung des Coffeins durch Chlor. ROCHLEDER. (s. Coffein).

Darstellung. 1. Man trägt in erwärmte sehr verdünnte Salpetersäure so lange trockne Harnsäure, bis die gebildete farblose oder blassgelbe Flüssigkeit nicht mehr darauf wirkt, dampft diese gelinde ab, bis sie eine zwiebelrothe Farbe annimmt, erkältet und reinigt die Krystalle durch Umkrystallisiren aus heifsem Wasser. LIEBIG u. WÖHLER. — Oder man fügt zu 1 Th. Harnsäure in 32 Th. Wasser allmälig so lange verdünnte Salpetersäure, bis alle Harnsäure gelöst ist, dampft auf $^2/_3$ ab, und reinigt die nach einigen Tagen angeschossenen Krystalle durch Umkrystallisiren. LIEBIG. — Eine ähnliche Bereitungsart, die aber höchstens 10 Proc. der Harnsäure an Alloxantin liefert, beschreibt FRITZSCHE.

2. Man leitet durch wässriges Alloxan Hydrothiongas, erhitzt den sich bildenden Brei zur Lösung des Alloxantins, filtrirt vom gefällten Schwefel ab, und lässt das Filtrat krystallisiren. LIEBIG u. WÖHLER.

3. Man erhitzt die Lösung des Alloxans in verdünnter Schwefelsäure einige Minuten, wodurch sie sich trübt und beim Erkalten Alloxantin anschiefsen lässt. LIEBIG u. WÖHLER.

4. Bei Gelegenheit der Darstellung des Alloxans nach GREGORY's Weise (V, 306, oben) wird neben diesem zugleich Alloxantin erhalten; eben so liefern SCHLIEPER's Darstellungsweisen des Alloxans mit Salpetersäure oder mit chlorsaurem Kali (V, 306 u. 307) auch Alloxantin.

5. Beim gelinden Abdampfen des dialursauren Ammoniaks mit stark überschüssiger verdünnter Schwefelsäure und längerem Hinstellen schiefst, durch seine besondere Krystallgestalt abweichendes, aber gleich zusammengesetztes *dimorphes Alloxantin* an. LIEBIG u. WÖHLER. Es ist krystallisirte Dialursäure, durch die Luft in Alloxantin verwandelt. GREGORY.

Die auf eine dieser Weisen erhaltenen Alloxantinkrystalle werden durch Erhitzen auf 150° von ihrem Krystallwasser befreit. LIEBIG u. WÖHLER.

Von den Eigenschaften des trocknen Alloxantins ist nichts bekannt. s. *gewässertes Alloxantin.*

Berechnung des wasserfreien Alloxantins.

16 C	96	35,82
4 N	56	20,89
4 H	4	1,50
14 O	112	41,79
$C^{16}N^4H^4O^{14}$	268	100,00

[Das Alloxantin lässt sich als die gepaarte Verbindung von Alloxan und Dialursäure betrachten: $C^6N^2H^2O^8 + C^8N^2H^4O^8 = C^{16}N^4H^4O^{14} + 2\,HO$.]

Zersetzungen. 1. Bei der trocknen Destillation liefert das Alloxantin ein besonders krystallisches Product. LIEBIG u. WÖHLER.

2. In Chlorwasser erwärmt, verwandelt es sich in Alloxan. Eben so, unter schwachem Aufbrausen, wenn es in kochendem Wasser vertheilt und mit wenig Salpetersäure versetzt wird, und schiefst dann aus der zum Syrup abgedampften Flüssigkeit an. Liebig u. Wöhler. Eben so geht die heifse Alloxantinlösung bei Zusatz von seleniger Säure unter Fällung des Selens in Alloxan über. Liebig u. Wöhler. [$C^{16}N^4H^4O^{14} + 2 O = 2 C^8N^2H^2O^8$].

3. Kocht man eine Lösung des Alloxantins in wässriger Salzsäure rasch bis auf wenig ein, so scheidet sich beim Erkalten neben unverändertem Alloxantin ein weifses Pulver von Allitursäure (V, 138) ab. Schlieper. [Unter Kohlensäureentwicklung?]

4. Wässriges Alloxantin reducirt Quecksilberoxyd ohne Gasentwicklung und scheint eine Lösung von alloxansaurem Quecksilberoxydul zu bilden. Liebig u. Wöhler; Liebig (*Chim. org.*) — Beim Erwärmen des wässrigen Alloxantins mit Silberoxyd wird Silber unter Aufbrausen und Bildung von gelöst bleibendem oxalursauren Silberoxyd reducirt. Liebig. [$C^{16}N^4H^4O^{14} + 6AgO + 2HO = 2C^6N^2H^3AgO^8 + 4CO^2 + 4Ag$.] — Aus salpetersaurem Silberoxyd fällt wässriges Alloxantin sogleich schwarzes metallisches Silber, worauf das Filtrat Barytwasser weifs fällt. Liebig u. Wöhler. — Durch Bleihyperoxyd wird das Alloxantin, wie das Alloxan, zersetzt. Liebig u. Wöhler.

5. Wässriges Alloxantin erzeugt mit Barytwasser einen dicken violetten Niederschlag und bildet in der Hitze endlich alloxansauren und dialursauren Baryt. Liebig u. Wöhler. [$C^{16}N^4H^4O^{14} + 3 BaO + HO = C^8N^2H^2Ba^2O^{10} + C^8N^2H^3BaO^8$. — Rührt die anfänglich violette Färbung des Niederschlags von basisch purpursaurem Baryt her?] — Der violette Niederschlag wird beim Kochen erst weifs und verschwindet dann. Tröpfelt man zur Lösung des Alloxantins in luftfreiem kochenden Wasser allmälig Barytwasser, so gibt jeder Tropfen einen satt violetten Niederschlag, welcher sich wieder ohne Färbung löst; bei immer mehr Barytwasser entsteht plötzlich eine Trübung und Abscheidung von dialursaurem Baryt, in Gestalt eines rothweifsen Pulvers, und nachdem dieses durch Barytwasser völlig gefällt ist, erhält man durch noch mehr Barytwasser einen weifsen Niederschlag von alloxansaurem Baryt, von welchem ein Theil neben wenig Harnstoff gelöst bleibt. Liebig u. Wöhler.

6. Durch Kochen von aller Luft befreite wässrige Lösungen von Alloxantin und Salmiak geben sogleich ein purpurrothes Gemisch, welches bald blasser wird, und farblose oder röthliche glänzende Schuppen von Uramil (V, 311) absetzt, während Alloxan und Salzsäure gelöst bleiben. Liebig u. Wöhler. — [$C^{16}N^4H^4O^{14} + NH^4Cl = C^8N^3H^5O^6$ (Uramil) + $C^8N^2H^3O^8 + HCl$].' — Wie der Salmiak, verhalten sich andere Ammoniaksalze, wie das oxalsaure oder essigsaure, nur ist der Niederschlag dunkler roth, dicker und weniger krystallisch. Liebig u. Wöhler.

7. Tritt zum Alloxantin freies Ammoniak, so werden davon 2 Atome unter Bildung von purpursaurem Ammoniak gebunden. Gm. — [$C^{16}N^4H^4O^{14} + 2 NH^3 = C^{16}N^6H^8O^{12} + 2 HO$]. — Leitet man trocknes Ammoniakgas über feingepulvertes Alloxantin, so röthet es sich bei Mittelwärme mäfsig, wird aber bei 100° unter Ausstofsung von Wasser völlig in ein tief braunrothes Pulver von purpursaurem Ammoniak verwandelt Gm. — Man muss, um die Zersetzung möglichst vollständig zu machen, die Masse einigemal herausnehmen und von Neuem fein zerreiben, und das Ammoniakgas mehrere Stunden lang einwirken lassen. Gm.

[Die von Liebig u. Wöhler und von Fritzsche über das purpursaure Ammoniak, Alloxantin und verwandte Verbindungen erhaltenen widersprechenden Resultate forderten mich zu dem Versuche auf, sie mit einander und mit der Kerntheorie in Einklang zu bringen, und möglichst wenig von den Analysen dieser ausgezeichneten Forscher abweichende Formeln aufzufinden, durch welche die merkwürdigen Umwandlungen dieser Verbindungen durch Gleichungen vollständig erklärt werden. Aber die von mir als die wahrscheinlichsten erkannten Formeln erheischten, dass sich das Alloxantin mit Ammoniak völlig in purpursaures Ammoniak verwandele. Zwar hatten jene Chemiker bereits die rothe Färbung der ammoniakalischen Lösung des Alloxantins beobachtet, aber keineswegs als das Wesentliche hervorgehoben; im Gegentheil gaben Liebig u. Wöhler, so wie Gregory an, dass zur reichlichen Bildung von purpursaurem Ammoniak, neben Alloxantin und wässrigem Ammoniak, viel Alloxan nöthig sei. Aber es ist zu beachten, dass ein Ueberschuss des wässrigen Ammoniaks das purpursaure Ammoniak schnell entfärbt, und dass das Alloxan den Nutzen haben kann, das hierbei erzeugte Uramil in purpursaures Ammoniak zu verwandeln (V, 321, 8) und zugleich das überschüssige Ammoniak in alloxansaures Ammoniak zu verwandeln, und dadurch seinen zersetzenden Einfluss zu schwächen. Der oben beschriebene Versuch mit pulverigem Alloxantin und Ammoniakgas scheint daher entscheidend zu sein. Die Gesetze der Kerntheorie, die mich bei diesen Untersuchungen leiteten, liefsen mich zugleich in dem, als $C^8N^2H^4O^{10}$ angenommenen, Alloxan noch 2 HO vermuthen, was der Versuch bestätigte. — Herrn Dr. v. Weltzien fur mir zum Behufe dieser Untersuchung mitgetheiltes sehr reines Alloxan und Alloxantin meinen besten Dank!]

Das Alloxantin röthet sich an Ammoniak haltender Luft. Seine heifse wässrige Lösung wird durch Ammoniak purpurroth, aber bei weiterem Erbitzen oder längerem Hinstellen in der Kälte wieder farblos. Liebig u. Wöhler.

Bringt man befeuchtetes Alloxantin in eine lufthaltige Röhre uber Quecksilber und lässt einige Tropfen Ammoniak hinzu, so färbt es sich sogleich durch das aufsteigende Ammoniakgas unter starker Sauerstoffabsorption lebhaft purpurn, wird aber dann durch ein Uebermaafs des Ammoniaks wieder blässer. Fritzsche. [Diese starke Sauerstoffabsorption konnte ich nicht bemerken; jedenfalls ist sie nach Obigem zur Bildung des purpursauren Ammoniaks nicht erforderlich.]

Wässriges Alloxautin röthet sich beim Erwärmen mit essigsaurem Ammoniak, nicht mit salpetersaurem Ammoniak, lässt aber, mit diesem abgedampft, einen purpurnen Rückstand. Gm.

Fugt man zu der heifsen wässrigen Lösung des Alloxantins allmälig Salpetersäure, und erwärmt Proben der Flüssigkeit gelinde mit Ammoniak, so veranlasst dieses mit der Zunahme der Salpetersäure und also Vermehrung des Alloxans eine immer sattere Purpurfärbung, aber wenn so viel Salpetersäure zugesetzt wird, dass sich das Alloxantin völlig in Alloxan verwandelt, so hört die Röthung mit Ammoniak auf. Liebig u. Wöhler. — [Dieses erklärt sich wohl aus dem oben Bemerkten.]

8. Die Lösung des Alloxantins, in ausgekochtem Wasser mit Ammoniak versetzt und so lange gekocht, bis alle Purpurfarbe verschwunden ist, gibt gemsfarbige Krystallrinden von Uramil; die gelbe Mutterlauge färbt sich an der Luft purpurn, setzt Krystalle von purpursaurem Ammoniak ab, und gerinnt zuletzt zu einer Gallarte von mykomelinsaurem Ammoniak. Liebig u. Wöhler. — Hier entsteht zuerst, wie beim Salmiak, Uramil und Alloxan; diese bilden mit einander unter Mitwirkung von Ammoniak und Luft purpursaures Ammoniak; aufserdem erzeugt Alloxan mit Ammoniak mykomelinsaures Ammoniak. Liebig u. Wöhler. — [Oder vielmehr: $C^{16}N^4H^{10}O^{14} + 4 NH^3 = C^8N^3H^5O^6 + NH^3,C^8N^4H^4O^4 + 4 HO$. Ein Theil des im Ammoniak gelöst gebliebenen Uramils geht dabei durch den Sauerstoff der Luft in purpursaures Ammoniak über.] — Wenn man das in wässrigem Ammoniak gelöste und

bis zur Entfärbung gekochte Alloxantin auf 70° abkühlt, so färbt jeder Tropfen hinzugefügtes wässriges Alloxan die Flüssigkeit dunkel purpurn, und sie setzt wenige Krystalle von purpursaurem Ammoniak mit Flocken von Uramil ab. Liebig u. Wöhler. $C^8N^2H^5O^{10}$ (Alloxantin) + $C^8N^2H^4O^{10}$ (Alloxan) + 3 NH^3 = $C^{12}N^5H^6O^8$ (purpursaures Ammoniak) + NH^3,C^4NHO^4 (½ At. alloxansaures Ammoniak) + 8 HO. Liebig u. Wöhler. — [Oder wohl, da von Liebig u. Wöhler in der gekochten ammoniakalischen Alloxantinlösung Uramil nachgewiesen ist: $C^8N^3H^5O^6$ (Uramil) + $C^8N^2H^2O^8$ (Alloxan) + NH^3 = $C^{16}N^6H^8O^{12}$ (purpursaures Ammoniak) + 2 HO.]

9. Verdunstet man die Lösung des Alloxantins in Ammoniak wiederholt bei gelinder Wärme an der Luft und löst immer wieder in Ammoniak, so bleibt endlich reines oxalursaures Ammoniak. Liebig u. Wöhler. 3 $C^8N^2H^5O^{10}$ + 6 NH^3 + 7 O = 4 ($NH^3,C^6N^2H^4O^8$) + 5 HO. Liebig u. Wöhler. — [Sollten nicht zugleich andere Producte entstehen?]

10. Das in Wasser gelöste Alloxantin wird bei längerem Stehen, auch bei abgehaltener Luft, unter Verlust seiner charakteristischen Eigenschaften, zersetzt. Fritzsche. Es wird namentlich sauer, fällt Barytwasser nicht mehr violett, sondern weifs, und lässt beim Verdunsten Krystalle vom Ansehen der Alloxansäure. Gregory (*Phil. Mag. J.* 24, 190).

11. Das in kochendem Wasser gelöste Alloxantin wird beim Durchleiten von Hydrothiongas unter Fällung von Schwefel in Dialursäure verwandelt. Liebig u. Wöhler. — [$C^{16}N^4H^8O^{14}$ + 2 HS + 2 HO = 2 $C^8N^2H^4O^8$ + 2 S.]

Verbindungen. Mit Wasser.

a. *Gewässertes Alloxantin.* — Durch Krystallisiren aus Wasser. Durchsichtige, farblose oder gelbliche, harte, aber leicht zerreibliche, schiefe rhombische Säulen. Der Winkel der stumpfen Seitenkante ist beim gewöhnlichen Alloxantin = 105°, beim dimorphen = 121°. Das Alloxantin röthet Lackmus, selbst nach 6maligem Umkrystallisiren aus Wasser. Es röthet sich an Ammoniak haltender Luft. Liebig u. Wöhler.

	Krystalle.		Liebig u. Wöhl.	Fritzsche.	Oder:			Liebig u. Wöhler.
16 C	96	29,81	30,52	30,06	$C^{16}N^4H^4O^{14}$	268	83,23	81,6
4 N	56	17,39	17,66	17,52				
10 H	10	3,11	3,15	3,04	6 HO	54	16,77	15,4
20 O	160	49,69	48,67	49,38				
$C^{16}N^4H^4O^{14}$,6Aq	322	100,00	100,00	100,00		322	100,00	100 0

Die Krystalle verlieren bei 100° noch nichts, aber bei 300° (bei 150°, Liebig, *Chim. org.*) 15,4 Procent. Liebig u. Wöhler.

b. Die Krystalle lösen sich sehr schwer in kaltem Wasser, reichlicher, doch langsam im kochenden, aus dem es beim Erkalten fast ganz ausschiefst. Liebig u. Wöhler.

Uramilsäure.

$C^{16}N^5H^9O^{14}$? = $C^{16}N^2Ad^3H^3O^8,O^6$?

Liebig u. Wöhler (1838). *Ann. Pharm.* 26, 314.

Bildung und Darstellung. 1. Man fügt zu einer Lösung des Uramils in kaltem Vitriolöl Wasser bis zur anfangenden Trübung, kocht unter öfterem Ersetzen des Wassers, bis die Flüssigkeit nicht mehr durch Wasser fällbar ist, und dampft sie zum Krystallisiren ab. (V, 312, 2). — 2. Man dampft die kalt gesättigte wässrige Lösung des thionursauren Ammoniaks mit wenig Schwefelsäure bei gelinder Wärme ab. Das sich aus dem thionursauren Ammoniak abscheidende Uramil wird hierbei durch die freie Schwefelsäure allmälig in Uramilsäure verwandelt, die aus der beim Abdampfen gelb werdenden Flüssigkeit bei 24stündigem Hinstellen anschiefst.

Bei zu wenig Schwefelsäure erhält man statt der Uramilsäure Krystallflocken von saurem thionursauren Ammoniak; wenn man diese in Wasser löst, und mit frischer Schwefelsäure abdampft, so erhält man die Uramilsäure am reinsten. — Bei zu viel Schwefelsäure erhält man keine Uramilsäure, sondern nach langem Stehen an der Luft Krystalle von dimorphem Alloxantin [oder Dialursäure?]. — Zuweilen schiefsen beim Abdampfen der schwefelsauren Flüssigkeit vor der Uramilsäure schwerer lösliche weifse Körner an, deren Lösung das Barytwasser weifs fällt. [Sollten diese auch Dialursäure sein?]

Eigenschaften. Wasserhelle, stark glasglänzende, 4seitige Säulen und, bei schnellem Krystallisiren, seidenglänzende Nadeln. Sie röthen schwach Lackmus. Sie röthen sich bei 100° schwach, ohne einen Verlust zu erleiden.

	Krystalle.		Liebig u. Wöhler.		Trocken?	
16 C	96	32,43	32,09	16 C	96	33,45
5 N	70	23,65	23,23	5 N	70	24,39
10 H	10	3,38	3,59	9 H	9	3,14
15 O	120	40,54	41,09	14 O	112	39,02
$C^{16}N^5H^{10}O^{15}$	296	100,00	100,00	$C^{16}N^5H^9O^{14}$	287	100,00

[Liebig u. Wöhler betrachten die Krystalle als trockne Uramilsäure und bemerken, dass sie beim Trocknen in der Wärme zwar rosenroth werden, aber keinen merklichen Gewichtsverlust erleiden. Da Sie aber den Hitzgrad nicht angegeben haben, so ist die Vermuthung zulässig, dass die Krystalle noch 1 At. Wasser halten, und dass die bei einer stärkeren Hitze getrocknete Uramilsäure = $C^{16}N^5H^9O^{14}$ ist. Hiernach ist auf vorstehender Tabelle die Berechnung unter *Trocken* gegeben]

Zersetzungen. 1. Die Uramilsäure löst sich in kalter Salpetersäure ohne Gasentwicklung; aber beim Kochen mit starker Salpetersäure entwickelt sie salpetrige Dämpfe und gibt beim Abdampfen eine gelbe Flüssigkeit, welche beim Erkalten viel weifse Krystallschuppen absetzt. Diese lösen sich in heifsem Wasser, beim Erkalten krystallisirend, und in Kalilauge mit gelber Farbe, daraus durch Essigsäure als weifses Pulver fällbar. — 2. Die Uramilsäure, anhaltend mit Salzsäure oder verdünnter Schwefelsäure gekocht, bildet eine Flüssigkeit, welche Barytwasser violett fällt (von Alloxantin) und welche beim Erkalten Krystalle von dimorphem Alloxantin absetzt. [Ohne Zweifel entsteht, nach den Erfahrungen von Gregory, Dialursäure, welche durch den Luftzutritt theilweise in Alloxantin übergeht. $C^{16}N^5H^9O^{14} + 2 HO = 2 C^8N^2H^4O^8 + NH^3$].

Verbindungen. Die Säure löst sich in 6 bis 8 Th. kaltem, in 3 Th. heifsem Wasser.

Sie löst sich in Vitriolöl ohne Schwärzung und Gasentwicklung.

Sie liefert mit den löslicheren Alkalien krystallisirbare Salze, durch Essigsäure fällbar.

Sie erzeugt mit Baryt- oder Kalk-Salzen erst beim Zusatz von Ammoniak einen dicken weifsen, in viel Wasser löslichen Niederschlag.

Sie erzeugt mit salpetersaurem Silberoxyd erst bei Zusatz von Ammoniak einen dicken weifsen Niederschlag, der ungefähr 63,9 bis 64,3 Proc. Silber enthält. LIEBIG u. WÖHLER. Dies wäre ungefähr 4 At. Silber auf 1 At. Säure, etwa = $2\,AgO,C^{16}N^{5}H^{7}Ag^{2}O^{14}$.]

Purpursäure.

$$C^{16}N^{5}H^{5}O^{12} = C^{16}N^{4}AdH^{3}O^{8},O^{4}\ ?$$

SCHEELE. *Opusc.* 2, 74.
BERGMAN. *Opusc.* 4, 390.
PEARSON. *Scher. J.* 1, 48.
REINECKE. *Crell. Ann.* 1800, 2, 94.
W. HENRY. *Ann. Phil.* 2, 57.
VAUQUELIN. *J. Phys.* 88, 458. — *Mém. du Mus.* 7, 253.
PROUT. *Ann. Chim. Phys.* 11, 48. — *Ann. Phil.* 14, 363. — *Lond. med. Gazette.* 1831, Juni; auch *Froriep's Notizen* 32, 23.
KODWEISS. *Pogg.* 19, 12.
LIEBIG u. WÖHLER. *Ann. Pharm.* 26, 319.
FRITZSCHE. *J. pr. Chem.* 16, 380; 17, 42.

Acide purpurique. — SCHEELE zeigte 1776, dass die Lösung der Harnsäure in Salpetersäure die Haut röthet und beim Abdampfen einen sattrothen Rückstand lässt. Als das darin enthaltene färbende Princip wurde von PROUT 1818 eine krystallische Materie entdeckt, die Er als purpursaures Ammoniak betrachtete, und mittelst der es Ihm gelang, durch doppelte Affinität viele andere rothgefärbte purpursaure Salze darzustellen. Doch sah Er irrthümlich die aus dem purpursauren Ammoniak durch Schwefelsäure abgeschiedene farblose Materie, das Murexan, als die reine Purpursäure an, da später LIEBIG u. WÖHLER zeigten, dass bei diesem Processe weitere Zersetzungen vor sich gehen, daher das Murexan mit Basen keine rothe Salze mehr bildet. Andererseits möchte die Ansicht, welcher diese beiden Chemiker den Vorzug geben, dass PROUT's purpursaures Ammoniak kein gewöhnliches Ammoniaksalz, sondern eine Amidverbindung sei, daher Sie das purpursaure Ammoniak Murexid nannten, unbegründet erscheinen, da es schon mit kalter Kalilauge Ammoniak entwickelt, und da die übrigen purpursauren Salze dieselbe ausgezeichnete Farbe zeigen.

Die Purpursäure ist nicht für sich bekannt, sondern nur in den purpursauren Salzen, bei deren Zersetzung durch stärkere Säuren die sich abscheidende Purpursäure in andere Producte, vorzüglich in Murexan zerfällt.

Wahrscheinliche Berechnung der Purpursäure.

16 C	96	35,96
5 N	70	26,22
5 H	5	1,87
12 O	96	35,95
$C^{16}N^{5}H^{5}O^{12}$	267	100,00

Die *einfach-purpursauren Salze* sind $C^{16}N^{5}H^{4}MO^{12}$ (nach FRITZSCHE $C^{16}N^{6}H^{4}MO^{11}$); sie sind durch eine prächtige Purpurfarbe ausgezeichnet, und, bei von gewissen Krystallflächen reflectirtem Licht durch das metallische Gelbgrün der Goldkäfer. Einige basische Salze sind indigblau oder violett.

Purpursaures Ammoniak. — *Murexid* von LIEBIG u. WÖHLER.

Bildung. Beim Erhitzen des dialursauren Ammoniaks (V, 292); beim Einwirken des galvanischen Stroms auf wässriges Alloxan (V, 308); bei der Oxydation des Uramils durch Silber- oder Quecksilber-Oxyd (V, 312); bei der Oxydation des in Ammoniak gelösten Uramils durch die Luft; beim Mischen des in wässrigem Ammoniak gelösten Uramils mit Alloxan (V, 313); beim Einwirken von Ammoniak auf Alloxantin (V, 319); beim Aussetzen des in Ammoniak gelösten Murexans an die Luft (V, 334).

Sofern die Lösung der Harnsäure in verdünnter Salpetersäure Alloxantin und Alloxan hält, so liefert sie mit Ammoniak ebenfalls purpursaures Ammoniak. Liebig u. Wöhler. [Da diese Lösung zugleich salpetersaures Ammoniak hält, und Alloxantinlösung, mit diesem Salze abgedampft, einen Purpurflecken lässt, so erklärt sich der Purpurruckstand beim Abdampfen der Harnsäurelösung in einer Schale, und der Purpurflecken, den sie nach einiger Zeit auf der Haut erzeugt, welche aufserdem bereits Ammoniaksalze hält. — Dass auch wässriges Alloxan die Haut röthet, ist wohl von einem Uebergange in Alloxantin durch die hydrogenirende Wirkung der Haut abzuleiten.]

Auch wenn man die Harnsäure, statt durch Salpetersäure, durch wässriges Chlor oder Iod zersetzt, so liefert die Lösung, wohl sofern sie ebenfalls Alloxantin hält, beim Abdampfen oder Zufugen von Ammoniak die Purpurfarbe.

Bei der Darstellung des Halbcyankupferbaryums aus wässriger Blausäure, Baryt und kohlensaurem Kupferoxyd (IV, 405) schossen bisweilen beim freiwilligen Verdunsten der rothen Lösung Krystalle von der Farbe der Cantharidenflugel an; auch gab die rothe Flüssigkeit mit verdünnter Salzsäure, unter Blausäureentwicklung, einen dunkelvioletten Niederschlag von purpursaurem Kupferoxyd. Mellet (*N. J. Pharm.* 3, 445). [Sollte hierbei wirklich Murexid oder eine andere purpursaure Verbindung entstehen, so liefse sich für diese merkwürdige Bildung etwa folgende, freilich complicirte Gleichung versuchen, die aber den Zutritt von Luft und die gleichzeitige Bildung von Harnstoff voraussetzt: $26C^2NH + 8BaO + 16CuO + 2O = 8(C^2NBa, C^2NCu^2) + C^{16}N^6H^8O^{12} + 2C^2N^2H^4O^2 + 10HO$.

Darstellung. A. *Aus Harnsäure und Salpetersäure.* — Es kommt darauf an, dass die salpetersaure Lösung neben Alloxan eine überwiegende Menge von Alloxantin enthält. Liebig u. Wöhler. — 1. Man löst Harnsäure in verdünnter Salpetersäure, neutralisirt mit Ammoniak und dampft langsam ab, wobei die immer dunkler roth werdende Flüssigkeit tief rothe Krystallkörner von purpursaurem Ammoniak absetzt. Prout.

2. Man dampft die völlig gesättigte Lösung der Harnsäure in verdünnter Salpetersäure ab, löst die beim Erkalten gebildeten grofsen farblosen Krystalle von [Alloxantin-haltendem?] Alloxan in kochendem Wasser, fügt zu der kochend heifsen Flüssigkeit genau so lange Ammoniak, bis sie tief roth ist (bei zu wenig oder zu viel Ammoniak misslingt der Process) und lässt zum Krystallisiren des purpursauren Ammoniaks erkalten. Prout.

3. Man fügt in einem geräumigen Gefäfse zu einem Gemenge von 1 Th. Harnsäure und 10 Th. Wasser tropfenweise, mit ihrer Hälfte Wasser verdünnte, Salpetersäure, bis nur noch wenig Harnsäure ungelöst bleibt, dampft das gelbliche Filtrat (welches, wofern nicht das Kochen zu lange gedauert hat, mit Ammoniak keine Röthung hervorbringt) auf 8 Th. ab, und erhält bei Zusatz von Ammoniak eine dunkelrothe dickliche Flüssigkeit, welche beim Erkalten die Krystalle des purpursauren Ammoniaks absetzt. Kodweiss.

4. Man fügt zu 1 Th. Harnsäure, die in einer Porcellanschale mit 32 Th. Wasser im Sieden erhalten wird, allmälig in kleinen

Antheilen Salpetersäure von 1,425 spec. Gew., mit der doppelten Wassermenge verdünnt, unter jedesmaligem Abwarten des heftigen Aufbrausens, bis fast alle Harnsäure gelöst ist, kocht die Flüssigkeit noch einige Zeit mit dem Rückstande, filtrirt, dampft ab, bis die Flüssigkeit Zwiebelfarbe angenommen hat (und bis Proben derselben mit Ammoniak nicht mehr Trübung und ein rothes Pulver geben, aber nicht so lange, bis sie damit einen gelben schleimigen Niederschlag geben, in welchem Falle man sie vor dem Ammoniakzusatz mit Hydrothion zu behandeln hat, LIEBIG), kühlt sie genau bis auf 70° ab, fügt verdünntes Ammoniak hinzu, bis sich dieses durch den Geruch als schwach vorwaltend zeigt (bei zu heifser Flüssigkeit wird das purpursaure Ammoniak durch das vorwaltende Ammoniak wieder zerstört), und erhält beim Erkalten des purpurnen Gemisches Krystalle von purpursaurem Ammoniak, meistens mit rothen Flocken von Uramil gemengt, von welchen sie durch kaltes verdünntes Ammoniak befreit werden können. War die Flüssigkeit beim Zusatz des Ammoniaks zu kühl, so verdünne man sie mit einem gleichen Maafs kochenden Wassers, worauf die Krystalle zwar langsamer, aber schöner anschiefsen. LIEBIG u. WÖHLER.

5. Man löst Harnsäure in starker, nicht rauchender, Salpetersäure nach dem von LIEBIG u. WÖHLER bei der Bereitung des Alloxans angegebenen Verfahren, stumpft während des Erhitzens den grofsen Säureüberschuss durch Ammoniak ab, bis die Flüssigkeit schwach purpurroth geworden ist, tröpfelt dann nahe beim Siedpunct kohlensaures Ammoniak hinzu, bis die sich stark röthende und durch braunrothes Krystallpulver von purpursaurem Ammoniak sich trübende Flüssigkeit schwach nach Ammoniak riecht, entfernt sie dann schnell vom Feuer, giefst sie nach dem Erkalten vom Niederschlage ab, und wäscht diesen erst durch Decanthiren, dann auf dem Filter so lange mit kaltem Wasser, bis dieses rein purpurfarben abfliefst. So lange noch Mutterlauge vorhanden ist, löst sich nur sehr wenig Murexid im Wasser. FRITZSCHE.

B. *Aus Alloxantin, Alloxan, Uramil.* — 1. Man fügt zu einer dem Siedpuncte nahen concentrirten Lösung von reinem Alloxan allmälig kohlensaures Ammoniak, welches die Flüssigkeit immer tiefer purpurn färbt und die Fällung von purpursaurem Ammoniak veranlasst, und verfährt übrigens, wie bei A, 5. FRITZSCHE. [Ohne Alloxantin erfolgt nur geringe Röthung.]

2. Man löst 1 Th. Alloxantin und 2,7 Th. 8fach gewässertes Alloxan in kochendem Wasser, neutralisirt die auf 70° abgekühlte Flüssigkeit mit kohlensaurem Ammoniak, das man schnell hinzuzufügen hat, damit man kein rothes Pulver erhalte, und auch nicht im Ueberschuss, weil zu viel Ammoniak die Bildung des purpursauren Ammoniaks hindert. LIEBIG (*Chim. org.* 1, 232). — Man erhält so ein tief purpurnes Gemisch, welches beim Erkalten viel Krystalle von purpursaurem Ammoniak absetzt, während bei Hinweglassung des Alloxans nur eine mäfsige Röthung erfolgt; aber statt des Alloxans lässt sich mit fast gleich gutem Erfolge auch saures äpfelsaures Ammoniak anwenden.]

3. Man fügt zu einer heifsen Lösung von 4 Th. Alloxantin und 7 Th. 8fach gewässertem Alloxan in 240 Th. Wasser 80 Th. einer kalt

gesättigten Lösung von kohlensaurem Ammoniak. Das tief purpurrothe Gemisch setzt beim Erkalten die goldgrünen Krystalle ab. GREGORY (*J. pr. Chem.* 22, 374; *Ann. Pharm.* 33, 334).

In einem Versuche, bei dem Er das Gemisch mit einem Glasssabe umrührte, erhielt GREGORY statt der Krystalle ein rothes Pulver, in verdünntem Ammoniak sogleich mit tiefer Purpurfarbe löslich, also vom gewöhnlichen Salze verschieden.

4. Man vertheilt 1 Th. Uramil und 1 Th. Quecksilberoxyd in 30 bis 40 Th. Wasser, fügt einige Tropfen Ammoniak hinzu, erhitzt langsam bis zum Sieden, hält die sich dunkelpurpurn färbende und dicklich werdende Flüssigkeit einige Minuten im Sieden, filtrirt kochend (das etwa auf dem Filter bleibende Uramil wird mit etwas frischem Quecksilberoxyd und Ammoniak wie oben behandelt), und erhält beim Erkalten die Krystalle, welche beim Zusatz von kohlensaurem Ammoniak zu der fast abgekühlten Flüssigkeit vermehrt werden. LIEBIG u. WÖHLER.

5. Man fügt zu der auf 70° erkalteten gesättigten Lösung des Uramils in heifsem Ammoniak so lange Alloxan, bis ihre alkalische Reaction fast ganz gehoben ist, und lässt erkalten. LIEBIG.

6. Auch kann man die von der Bereitung des mykomelinsauren Ammoniaks herrührende Mutterlauge, welche alloxansaures Ammoniak hält, durch Abdampfen von freiem Ammoniak befreien, dann überschüssiges Alloxan darin lösen. LIEBIG.

7. Man lässt zu feingepulvertem Alloxantin, welches sich in einem Kolben auf dem Wasserbade befindet, durch eine tief hineinragende Röhre längere Zeit trocknes Ammoniakgas treten, während die zweite Röhre im Stöpsel das übrige Gas nebst dem Wasserdampf fortleitet, zerreibt die braunrothe Masse mehrmals fein, und lässt wieder Ammoniakgas einwirken, entfernt durch einen Luftstrom sorgfältig alles freie Ammoniak, welches beim Zusatz von Wasser zersetzend wirken würde, löst sie in möglichst wenig heifsem Wasser, erkältet die sattpurpurne Lösung zum Krystallisiren und erhält durch rasches Abdampfen und Erkälten der Mutterlauge noch mehr Krystalle. GM.

Eigenschaften. Das bei 100° getrocknete Salz erscheint als ein satt braunrothes Pulver. KODWEISS, GM. Das krystallisirte (2 At. Wasser haltend) bildet durchsichtige, platte, 4seitige Säulen (4seitige Tafeln oder 4seitige, entweder mit einer Fläche schief abgestumpfte, oder mit 2 Flächen zugeschärfte Säulen, VAUQUELIN), die bei durchfallendem Lichte granatroth, bei auffallendem auf den 2 breiten Seitenflächen glänzend grün (goldgrün, KODWEISS, den Flügeldecken der Goldkäfer ähnlich, LIEBIG u. WÖHLER), auf den schmalen rothbraun oder bei starker Beleuchtung grünlich sind. PROUT. Das rothe Pulver der Krystalle wird unter dem Polirstahl metallglänzend grün. LIEBIG u. WÖHLER. Das Salz ist geruchlos und schmeckt süfslich. PROUT. [Die Behauptung von KODWEISS, dass das Salz stark Lackmus röthe, möchte auf einer Täuschung durch die rothe Farbe der Salzlösung beruhen; im Gegentheil scheint es Curcuma zu röthen].

Die Krystalle verlieren theilweise bei 40° und völlig bei 100°, oder im Vacuum über Vitriolöl 6,54 Proc. (2 At.) Wasser. FRITZSCHE.

			Kodweiss. Bei 100°.	Liebig u. Wöhler.	Liebig.	Fritzsche. Bei 100°.
16 C	96	33,80	38,96	34,08	34,4	34,93
6 N	84	29,58	36,34	32,90	31,8	30,80
8 H	8	2,82	2,70	3,00	3,0	2,83
12 O	96	33,80	22,00	30,02	30,8	31,44
$C^{16}N^{6}H^{8}O^{12}$	284	100,00	100,00	100,00	100,0	100,00

Liebig u. Wöhler bemerken zwar, dass die lufttrocknen Krystalle beim Trocknen in der Wärme 3 bis 4 Proc. verlieren, geben aber nicht an, in welchem Zustande der Trockenheit Sie das Salz analysirt haben; eben so wenig Liebig (*Chim. org.* 1, 231). Die Formel von Liebig u. Wöhler ist: $C^{12}N^{5}H^{6}O^{8}$; die von Fritzsche: $C^{16}N^{6}H^{8}O^{11}$; die von Kodweiss: $C^{10}N^{4}H^{4}O^{8}$.

Zersetzungen. 1. Bringt man in den galvanischen Kreis 2 durch Amianth verbundene Schalen, von welchen die positive Wasser, die negative die wässrige Lösung des Salzes enthält, so wird diese alkalisch und lebhafter roth, während das Wasser der positiven Schale farblos bleibt und eine krystallisirbare Säure aufnimmt, welche mit Ammoniak ein farbloses Salz bildet und welche die Blei- und Silber-Salze nicht fällt. Lassaigne (*Ann. Chim. Phys.* 22, 334; auch *Schw.* 39, 381). — 2. Die Lösung des Salzes wird durch Chlor augenblicklich entfärbt. Vauquelin. — 3. Es löst sich in gelinde erwärmtem Vitriolöl ohne Gasentwicklung zu einer safrangelben Flüssigkeit, aus welcher Wasser eine gelbweiſse gallertartige Masse fällt, die in erwärmtem Ammoniak [bei Luftzutritt?] mit rother Farbe löslich ist. Mit kochendem Vitriolöl bildet das Salz unter Entwicklung von Kohlensäure und wenig schwefliger Säure eine braune Lösung, die durch Wasser nicht gefällt wird. Kodweiss. — 4. Verdünnte Salz- oder Schwefel-Säure zersetzt das Salz unter Abscheidung von Purpursäure. Prout. — Nicht Purpursäure, sondern Murexan. Liebig u. Wöhler. — Gelind erwärmte Schwefel-, Salz- oder Salpeter-Säure verwandelt die Krystalle des purpursauren Ammoniaks in gelbweiſse seidenglänzende Blättchen. Kodweiss. Die über dem gefällten Murexan stehende Flüssigkeit hält Alloxan, Alloxantin, Harnstoff und Ammoniak. Die Menge des hierbei gefällten Murexans wechselt zwischen 30 und 46 Proc. Liebig u. Wöhler. $2 C^{12}N^{5}H^{6}O^{8} + 11 HO = C^{8}N^{2}H^{4}O^{10}$ (Alloxan) + $C^{8}N^{2}H^{5}O^{10}$ (Alloxantin) + $C^{6}N^{2}H^{4}O^{5}$ (Murexan) + $C^{2}N^{2}H^{4}O^{2}$ (Harnstoff) + $2 NH^{3}$. Liebig u. Wöhler. [Nach dieser Gleichung könnte aber das purpursaure Ammoniak keine 46 Proc. Murexan liefern. Daher ist wohl die Gleichung vorzuziehen: $2C^{16}N^{6}H^{8}O^{12} + 4HO = C^{16}N^{5}H^{7}O^{12}$ (Murexan) + $2C^{8}N^{2}H^{2}O^{8}$ (Alloxan) + $3NH^{3}$. Hier fehlt Alloxantin und Harnstoff, welche sich aber beim Einwirken der heiſsen Säure auf das Alloxan bilden könnten (V, 308)]. — 5. Das Salz löst sich in Kalilauge unter Entwicklung von Ammoniak zu einer dunkelvioletten (prächtig indigblauen, Liebig u. Wöhler) Flüssigkeit, aus welcher sich bei längerem Stehen, wenn das Kali nicht zu sehr vorwaltet, kleine dunkelrothe Krystalle absetzen, die Kali und Ammoniak halten. Beim Erhitzen mit überschüssiger Kalilauge entfärbt sich die Lösung unter starker Ammoniakentwicklung, und hierauf fällt Schwefelsäure gelbweiſses seidenglänzendes Murexan. Kodweiss. Die darüber stehende Flüssigkeit hält Alloxansäure. Liebig u. Wöhler. [Bei wenig Kali schiefst wohl ein Gemenge von purpursaurem Ammoniak und Kali an; bei überschüssigem ist wohl die Gleichung zulässig: $2C^{16}N^{6}H^{8}O^{12} + 4KO + 4HO = C^{16}N^{5}H^{7}O^{12}$ (Murexan) + $2C^{8}N^{2}H^{2}K^{2}O^{10} + 3NH^{3}$.] —

6. Während sich die purpurne Lösung des Salzes in reinem Wasser in ganz damit gefüllten gut verschlossenen Flaschen Wochen lang hält, so entfärbt sie sich, wenn etwas Ammoniak beigefügt ist, über Nacht unter Abscheidung weifser Flocken, und die darüber stehende Flüssigkeit gibt mit Chlorcalcium einen in Essigsäure löslichen Niederschlag (von alloxansaurem Kalk?). Bei 80° erfolgt diese Entfärbung durch Ammoniak schon in 1/4 Stunde. Gm. — 7. Kocht man die Krystalle mit einer zur Lösung unzureichenden Menge Wasser längere Zeit, so entfärben sie sich, und beim Erkalten fällt eine gelbe gallertartige Materie nieder. Liebig. — Beim Abdampfen der wässrigen Lösung bis zur Trockne zeigt sich dem, gröfstentheils unverändert zurückbleibenden, purpursauren Ammoniak eine, beim Wiederaufnehmen in Wasser, bleibende rothgelbe Materie beigemengt. Die wässrige Lösung an der Luft entfärbt sich in der Kälte erst in Wochen, in der Wärme in einigen Tagen; sie absorbirt den Sauerstoff der Luft nicht, oder wenigstens sehr langsam. Gm. — Die gesättigte Lösung entfärbt sich im Lichte sehr langsam, die verdünnte sehr schnell, und färbt sich dann bei jedesmaligem Abdampfen wieder roth, aber immer schwächer. Vauquelin. — 8. Die purpurne wässrige Lösung des Salzes entfärbt sich mit Hydrothiongas allmälig unter Fällung von Schwefel, worauf beim Abdampfen ein gelbliches Salz bleibt. Vauquelin. Die durch Hydrothion entfärbte Lösung setzt weifse seidenglänzende Blättchen ab, welche sich beim Erwärmen mit Ammoniak [an der Luft?] mit dunkelrother Farbe lösen, und wieder Krystalle von purpursaurem Ammoniak liefern. Aber beim längeren Erhitzen der Lösung fallen hellrothe gelatinose Flocken nieder, die sich bei längerem Stehen zu hellrothen Krystallwarzen vereinigen. Kodweiss. — Die durch Hydrothion gefällten, mit Schwefel gemengten, seidenglänzenden Blättchen sind Murexan, und in der darüber stehenden Flüssigkeit findet sich Alloxantin und Dialursäure, welche möglicherweise aus dem zuerst gebildeten Alloxan durch das Hydrothion erzeugt wurden. Liebig u. Wöhler. Hydrothionammoniak bildet sich hierbei nicht. Liebig (*Ann. Pharm.* 33, 120). [Hierfür lässt sich zwar die Gleichung geben: [$2C^{16}N^6H^8O^{12} + 2HS + 2HO = C^{16}N^5H^7O^{12}$ (Murexan) $+ C^{16}N^4H^4O^{14}$ (Alloxantin) $+ 3NH^3 + 2S$; aber die entfärbte Flüssigkeit hält kein freies Ammoniak, sondern röthet schwach Lackmus. Diese Zersetzung verlangt daher eine weitere Aufklärung.]

Verbindungen. Das purpursaure Ammoniak löst sich mit prächtiger Purpurfarbe in 1500 (3000, Vauquelin) Th. Wasser von 15°, in viel weniger heifsem, daraus beim Erkalten anschiefsend, Prout; die Purpurfarbe geht bei Kalizusatz in Violett über. Selbst bei 30000 Th. Wasser auf 1 Th. Salz ist die Lösung noch lebhaft purpurn. Vauquelin. Es löst sich nicht merklich in mit kohlensaurem Ammoniak gesättigten Wasser. Liebig u. Wöhler. Es löst sich leicht und ohne Zersetzung in concentrirter Essigsäure. Kodweiss. [Es löst sich nicht in Eisessig, und die rothe Lösung in concentrirter Essigsäure entfärbt sich in einigen Stunden.] Es löst sich nicht in Weingeist und Aether. Prout, Kodweiss.

Purpursaures Kali. — a. *Basisch.* — Die indigblaue Lösung des purpursauren Ammoniaks in kalter Kalilauge setzt beim Hinzufügen von Weingeist eine blaue dicke Flüssigkeit ab. Fritzsche.

b. *Einfach.* — 1. Die kochend gesättigte wässrige Lösung des purpursauren Ammoniaks, mit zweifach kohlensaurem Kali gemischt, setzt bei schnellem Erkalten ein dunkelbraunrothes Pulver, bei langsamerem Krystalle ab, die, wie das Ammoniaksalz, die rothe und grüne Farbe zeigen, und die sich viel leichter, als dieses, in Wasser lösen. Prout. — 2. Das Ammoniaksalz, mit überschüssigem salpetersauren Kali in concentrirten Lösungen gemischt, liefert ein braunrothes Krystallpulver, durch Kochen mit Salpeterlösung von etwa beigemengtem Ammoniaksalz zu befreien und durch Umkrystallisiren in gröfseren Krystallen zu erhalten, die dem Ammoniaksalz in Glanz und Farbe ähnlich, aber dunkler sind. Die bei 100° getrockneten Krystalle verlieren bei 300° 3.04 Proc. (1 At.) Wasser und liefern über 300° ein weifses, schwer in Wasser lösliches Sublimat. Sie lösen sich wenig in Wasser, noch weniger in wässrigem Salpeter und andern Salzlösungen. Fritzsche. — 3. Die gesättigte Lösung des Uramils in kalter Kalilauge färbt sich an der Luft tief purpurn und setzt goldgrüne, Kali haltende Säulen ab, die dem purpursauren Ammoniak sehr ähnlich, aber härter sind. Liebig u. Wöhler (V, 312).

	Bei 300° getrocknet.		Fritzsche.
KO	47,2	15,47	15,48
16 C	96	31,46	31,22
5 N	70	22,93	24,05
4 H	4	1,31	1,33
11 O	88	28,83	27,92
$C^{16}N^5H^4KO^{12}$	305,2	100,00	100,00

Purpursaures Natron. — Wie das Kalisalz nach 1) bereitet. Dunkelziegelroth; in 3000 Th. Wasser von 15° löslich. Prout.

Purpursaurer Baryt. — Durch Fällen des Ammoniaksalzes mittelst essigsauren Baryts. Dunkelgrünes Pulver, sehr wenig, und zwar mit Purpurfarbe, in Wasser löslich. Prout, Kodweiss. Das schwarzgrüne Krystallmehl wird beim Zerreiben dunkelpurpurroth. Nach dem Trocknen an der Luft verliert es bei 100° 8,78 Proc. [etwas über 3 At.] Wasser, und dann bei 250° nichts mehr. Es verwandelt sich beim Reiben mit Barytwasser in violette Flocken, die das *basische Salz* zu sein scheinen, und die dem Niederschlage, welchen Barytwasser mit wässrigem Alloxantin erzeugt, sehr ähnlich sind. Fritzsche.

	Bei 100° getrocknet.		Fritzsche.
BaO	76,6	22,89	21,96
16 C	96	28,60	27,98
5 N	70	20,92	
4 H	4	1,20	1,72
11 O	88	26,30	
$C^{16}N^5H^4BaO^{12}$	334,6	100,00	

Wahrscheinlich hält das bei 100° getrocknete Salz noch etwas Wasser, aber jedenfalls nicht 2 At., wie Fritzsche annimmt.

Purpursaurer Strontian. — Eben so mit salpetersaurem Strontian erhalten. Dunkelrothbraunes Pulver, mit einem schwachen Stich ins Grünliche. Ein wenig mit Purpurfarbe in Wasser löslich. Prout.

Purpursaurer Kalk. — Durch Fällen des Chlorcalciums. Grünbraunes Pulver, weniger, als das Baryt- und Strontian-Salz, in kaltem Wasser löslich, etwas mehr, mit Purpurfarbe, in heifsem. PROUT.

Purpursaure Bittererde. — Sehr löslich, mit Purpurfarbe. PROUT.

Ein Gemisch von wässrigem purpursauren Ammoniak und Alaun entfärbt sich allmälig und lässt wenig weifse Substanz fallen. PROUT.

Das purpursaure Ammoniak gibt mit essigsaurem *Zinkoxyd* einen schönen gelben Niederschlag, nebst regenbogenfarbigen Häuten auf dem Gemische. PROUT.

Es gibt mit *Einfachchlorzinn* ein scharlachrothes Gemisch, welches sich dann entfärbt und nach einigen Stunden perlweifse Krystalle eines Zinnsalzes absetzt. PROUT.

Purpursaures Bleioxyd. — Das wässrige Ammoniaksalz gibt mit salpetersaurem Bleioxyd ein rosenrothes Gemisch. PROUT. Es gibt mit Bleizucker sogleich 120 Proc. und beim Abdampfen noch weitere 44 (im Ganzen 164) Proc. rothen Niederschlag, der 60 Proc. Bleioxyd hält, und in der Sonne oberflächlich gelb wird. VAUQUELIN. — Es gibt mit Bleizucker einen Ammoniak haltenden, etwas in Wasser löslichen, hellpurpurrothen Niederschlag. KODWEISS. — Es gibt mit Bleizucker ein purpurnes Gemisch, welches bald gelbroth wird, und sehr wenige Flocken absetzt. Von diesen abfiltrirt, setzt es bei längerem Stehen eine hellpurpurrothe lockere Substanz ab, während die davon abfiltrirte Mutterlauge noch gefärbt ist. — a. Die hellpurpurrothe Substanz, die sich ohne grofsen Verlust mit kaltem Wasser waschen lässt, hält, bei 100° getrocknet, 48,00 Proc. PbO, 17,5 C und 1,34 H, und ist als ein, jedoch Essigsäure haltendes, *basisches Salz* zu betrachten. Es zieht aus der Luft Kohlensäure an, und verwandelt sich beim Reiben mit einigen Tropfen Salpetersäure in ein dunkelpurpurnes Krystallpulver, welches wahrscheinlich das *neutrale Salz* ist. — b. Die gefärbte Mutterlauge liefert mit Ammoniak violette dicke Flocken, welche über 75,00 Proc. PbO, 8,46 C und 0,42 H halten, ebenfalls Kohlensäure anziehen und ebenfalls Essigsäure zu enthalten scheinen. FRITZSCHE.

Das wässrige Ammoniaksalz erzeugt mit schwefelsaurem *Eisenoxydul* ein klares gelbrothes (braungelbes, VAUQUELIN) Gemisch, mit essigsaurem *Kobaltoxydul* nach einiger Zeit röthliche Krystallkörner, mit salpetersaurem *Nickeloxydul* ein klares grünliches Gemisch; mit salpeter- oder essigsaurem *Kupferoxyd* ein klares gelbgrünes Gemisch; mit salpetersaurem *Quecksilberoxydul* einen purpurfarbigen und mit *Aetzsublimat*, erst nach einiger Zeit einen blassrosenrothen Niederschlag. PROUT. Der Niederschlag durch Aetzsublimat ist nelkenfarbig, und wird weder durch Licht, noch Säuren entfärbt. VAUQUELIN.

Purpursaures Silberoxyd. — a. *Basisch.* — Mit Ammoniak versetzte Silberlösung gibt mit wässrigem purpursauren Ammoniak violette dicke Flocken, welche nach dem Auswaschen zu einer bröcklichen Masse von glänzendem Bruche zusammentrocknen. Diese zersetzt sich bei 200° plötzlich durch und durch, unter Sublimation eines weifsen sehr schwer in Wasser löslichen Körpers, der vielleicht mit dem aus dem Kalisalze erhaltenen einerlei ist, und unter Rücklassung einer, der Kooke ähnlichen aufgeblähten Masse. FRITZSCHE. Auch VAUQUELIN erhielt aus ganz neutralen [etwa alkalischen?] Flüssigkeiten bei der Fällung dunkelviolette Flocken.

b. *Einfach.* — Das in warmem Wasser gelöste purpursaure Ammoniak gibt mit salpetersaurem Silberoxyd einen dunkelpurpurrothen Niederschlag, PROUT, der Ammoniak enthält, und etwas in Wasser löslich ist, KODWEISS. Wendet man zu concentrirte Lösungen an, so kann durch das salpetersaure Silberoxyd etwas Ammoniaksalz mit niedergeschlagen werden, und man erhält ein hellpurpurrothes feines Pulver. Mischt man jedoch mäfsig verdünnte Lösungen, und ist die Silberlösung zuvor durch einige Tropfen Salpetersäure angesäuert, wodurch die Fällung von etwas Salz a gehindert wird, und wird in nicht zu grofsem Ueberschuss angewendet, so trübt sich das Gemisch erst nach einigen Minuten und setzt Krystalle ab, die dem des Ammoniaksalzes ähnlich sind, jedoch die grüne Farbe nicht so lebhaft zeigen. Die lufttrocknen Krystalle verlieren bei 100° 5,71 Proc. [etwas über 2 At.] Wasser, dann nichts mehr bei 250°. FRITZSCHE. — Man kann das Silbersalz auch erhalten, indem man eine Lösung von 1 Th. Harnsäure in 2 Th. Salpetersäure von 34° B. und 2 Th. Wasser mit Ammoniak beinahe neutralisirt und durch salpetersaures Silberoxyd fällt, und den purpurrothen Niederschlag mit wenig kaltem Wasser, worin er etwas löslich ist, durch Decanthiren wäscht. VAUQUELIN. — Die dunkelpurpurrothen Krystalle entfärben sich nicht im Lichte. Sie verpuffen bei schwachem Erhitzen mit lebhaftem Geräusch und Rauch, aber ohne Licht, entwickeln dabei kohlensaures Gas, Cyangas und wenig Wasserdampf, und lassen schwammiges Silber mit wenig Kohle. Auch nach dem Erwärmen mit Kalilauge (welche keine Salpetersäure entzieht), Waschen und Trocknen zeigen sie das Verpuffen in der Hitze. VAUQUELIN.

Bei 130° getrocknet.			FRITZSCHE.
16 C	96	25,67	25,75
5 N	70	18,72	19,03
4 H	4	1,07	1,31
Ag	108	28,87	28,61
12 O	96	25,67	25,30
$C^{16}N^5H^4AgO^{12}$	374	100,00	100,00

Zersetzt man das purpursaure Silberoxyd durch eine lange nicht hinreichende Menge verdünnter Salzsäure, so erhält man eine rothe Flüssigkeit, die bei behutsamem Verdunsten weifse, Silber-freie und wenig kleinere rothe, Silber-haltende Krystalle liefert. Beim Auflösen dieser Masse in Wasser bleibt ein rosenrother Rückstand, welcher beim Erhitzen mit rothen Funken verpufft, und beim Verpuffen in einer Glasröhre Silber und Kohle nebst einem weifsen sauren Sublimat liefert. — Die wässrige Lösung wiederum verdunstet, liefert weifsliche, nicht zerfliefsliche, sehr sauer schmeckende, silberfreie, 4seitige Säulen (die sich im Feuer mit starkem Geruch nach blausaurem Ammoniak aufblähen, sich leicht in Wasser lösen und mit Ammoniak eine farblose Verbindung geben, welche mit Silberlösung einen weifsen, käsigen, in Salpetersäure löslichen Niederschlag erzeugt), und gelbliche, zerfliefsliche, silberhaltige Krystalle. VAUQUELIN.

Das purpursaure Ammoniak fällt das Dreifachchlorgold gelblich und das Zweifachchlorplatin scharlachroth. PROUT.

Anhang zur Purpursäure.

1. Rosige Säure.

PROUST. *Ann. Chim.* 49, 162; auch *Scher. J.* 7, 11. — *A. Gehl* 3, 332. — VAUQUELIN. *J. Phys.* 73, 157; *Bull. Pharm.* 3, 416. — A. VOGEL. *Schw.* 11, 401. — PROUT. *Schw.* 28, 184. — FROMHERZ u. GUGERT. *Schw.* 50, 199.

Rosenfarbene Säure, *Acide rosacique*. — Zuerst von PROUST als das rothfärbende Princip im *ziegelfarbigen Bodensatze* oder im *Sedimentum latericium* unterschieden, welches sich im kritischen Harn bei hitzigen und kalten Fiebern, und Gichtanfällen häufig erzeugt. PROUT hält die färbende Materie für purpursaures Ammoniak oder Kali; denn da, wie Er fand, der ziegelfarbige Bodensatz auch Salpetersäure hält, so kann durch diese aus der Harnsäure Purpursäure erzeugt sein. Hiergegen sprechen zwar die Löslichkeit der rosigen Säure in Weingeist und einige andere Verhältnisse; da man sie aber noch nicht rein dargestellt hat, so ist noch keine bestimmte Entscheidung möglich. — Ein Flanellwamms, 5 Monate lang von einem Wechselfieberkranken getragen, zeigte sich unter den Achselhöhlen satt roth gefärbt, und trat nicht an Wasser, aber an kochenden Weingeist oder an Kalilauge ein rothes Princip ab, welches beim Verdunsten des Weingeistes als ein ziegelrothes Pulver blieb, und beim Versetzen der Kalilauge mit Schwefelsäure als ein rothes Pulver gefällt wurde. LANDERER (*Repert.* 55, 234).

Darstellung. Das aus dem kritischen Fieberharn niederfallende rothe krystallische, aus rosiger Säure, Harn-Säure, Schleim und phosphorsaurem Kalk bestehende *Sedimentum laterteium* wird mit kaltem Wasser gewaschen, und entweder mit Weingeist oder Wasser gekocht, welche fast blofs die rosige Säure auflösen. Die Flüssigkeiten werden abgedampft, nachdem aus dem wässrigen Decoct durch Erkälten der gröfste Theil der gelöst gewesenen Harnsäure geschieden ist. PROUST, VOGEL. Da das *Sedimentum* auch harnsaures Natron hält, welches sich leichter in Wasser löst, so ist das Auskochen mit Weingeist dem mit Wasser vorzuziehen, aber immer bleibt etwas harnsaures Natron beigemengt. FROMHERZ u. GUGERT.

Eigenschaften. Lebhaft scharlachrothes Pulver; geruchlos, von schwachem Geschmack, Lackmus röthend. PROUST.

Zersetzungen. Die unreine rosige Säure riecht, auf glühende Kohlen gestreut, stechend, nicht thierisch brenzlich. PROUST. — Sie färbt sich in Chlorgas sogleich gelb. A. VOGEL. — Sie zersetzt sich durch concentrirte Salpetersäure schnell unter Aufblähen und Salpetergasbildung in eine gelbe Masse, die beim Abrauchen, gleich der mit Salpetersäure behandelten Harnsäure rothe Schuppen hinterlässt. A. VOGEL. — Sie löst sich in Vitriolöl ruhig zu einer erst rosen-, dann dunkel-rothen Flüssigkeit, aus welcher wenig Wasser oder Weingeist, unter Zerstörung der Farbe, Harnsäure als ein weifses Pulver niederschlagen. Mit 3 Th. Wasser verdünntes Vitriolöl färbt sich durch die rosige Säure anfangs schön roth, und bildet nach einigen Tagen ein weifses, sich wie Harnsäure verhaltendes Pulver. VOGEL. — Salzsäure färbt die rosige Säure erst nach langer Zeit etwas gelblich. Wässrige schweflige Säure färbt sie hoch karminroth. A. VOGEL. Die in Wasser gelöste Säure färbt sich mit Mineralsäuren unter Abscheidung von wenig Harnsäure gelb. FROMHERZ u. GUGERT. — In wässrigem Hydrothion verschwindet das rothe Pulver in einigen Monaten, unter Entwicklung eines faulig ammoniakalischen Geruches. A. VOGEL. — Concentrirtes Kali färbt die pulverige rosige Säure unter beträchtlicher Ammoniakentbindung braungelb; Säuren scheiden sie dann vom Kali gelblich ab. A. VOGEL. Sie bildet mit wässrigem Ammoniak nach einigen Stunden ein gelbliches Pulver, das sich etwas leichter als die Säure für sich in Wasser löst, und dann bei Säurezusatz wieder niederfällt. A. VOGEL. — Ammoniak, Kali oder Baryt färben die wässrige Lösung gelb. FROMHERZ u. GUGERT. Das ganze Sediment löst sich in Kalilauge mit einer dunkelgrünen, röthlich schillernden Farbe, und Säuren fällen daraus wieder die rosige Substanz unter Entfärbung der Flüssigkeit. VAUQUELIN. — Salpetersaures Silber färbt das rothe Pulver in einigen Stunden grün. A. VOGEL.

Die rosige Säure ist ziemlich leicht in Wasser löslich. Die Lösung fällt Bleizucker blassrosenroth. PROUST. Sie fällt Bleizucker rosenroth, salpetersaures Quecksilberoxydul rothgelb und salpetersaures Silberoxyd fleischroth. FROMHERZ u. GUGERT.

Sie geht eine rothe, in kaltem Wasser unauflösliche, nur durch heifses Wasser oder durch Weingeist zu zerlegende Verbindung mit der Harnsäure ein. Sie ist in Weingeist leicht löslich.

2. Durch Zersetzung der Purpursäure gebildete gelbe Säure.

Wenn man die Lösung von 1 Th. Harnsäure mit 2 Th. Salpetersäure von 34° Bm. und 2 Th. Wasser mit Kalkmilch fällt, und das rothe Filtrat bei mäfsiger Wärme zur Honigdicke abdampft, dann durch Weingeist von 40° Bm. vom salpetersauren Kalk befreit, und den braunen Rückstand mit Wasser auskocht, wobei $\frac{1}{3}$ ungelöst bleibt, so erhält man eine braune Lösung, welche die Verbindung des Kalkes mit einer eigenthümlichen Säure enthält; und das nicht Gelöste ist dieselbe Verbindung mit überschüssigem Kalk. Durch Zersetzung mit Oxalsäure und Abdampfen erhält man eine braunrothe honigdicke Masse, aus welcher in 20 Tagen viele sternförmig vereinigte, minder gefärbte, sehr sauer schmeckende, an der Luft zerfliefsende Nadeln anschiefsen. Diese Säure wird durch Digestion mit Bleioxyd und Wasser von der beigemischten Oxurinsäure [Alloxansäure] befreit, welche mit Bleioxyd ein lösliches Salz erzeugt, während eine gelbe Verbindung von Bleioxyd mit der eigenthümlichen Säure ungelöst bleibt. Diese, durch verdünnte Schwefelsäure zersetzt, liefert die reine Säure, zugleich in einem minder gefärbten Zustande; noch minder gefärbt erhält man dieselbe durch Zersetzung des Bleisalzes mittelst Hydrothions, wo das Färbende beim Schwefelblei zurückbleibt.

Die Säure krystallisirt undeutlich, fällt salzsaures Zinnoxydul und Bleizucker gelb, den Silbersalpeter braun und das salpetersaure Quecksilberoxydul grauweifs. Der in Bleizucker erzeugte Niederschlag verschwindet beim Erhitzen, worauf das Bleisalz beim Erkalten in gelben quadratischen Nadeln anschiefst. Das Bleisalz, in einer Glasröhre erhitzt, liefert zuerst wenig Wasser, dann blausaures Ammoniak und sublimirtes kohlensaures Ammoniak, und lässt eine schwarze Masse von der Gestalt der Krystalle. VAUQUELIN.

Murexan.

$$C^{16}N^5H^7O^{12} = C^{16}N^2Ad^7HO^{10},O^2.$$

PROUT (1818). *Ann. Chim. Phys.* 11, 48. — *Ann. Phil.* 14, 363.
KODWEISS. *Pogg.* 19, 12.
LIEBIG u. WÖHLER. *Ann. Pharm.* 26, 327.

Die *Purpursäure* von PROUT. — Bildet sich bei der Zersetzung des purpursauren Ammoniaks durch stärkere Säuren, Hydrothion oder Kali.

Darstellung. 1. Man kocht die Lösung des purpursauren Ammoniaks in Kalilauge bis zur Entfärbung und Verflüchtigung allen Ammoniaks und mischt sie allmälig mit verdünnter Salzsäure oder Schwefelsäure, welche das Murexan als gelbliches oder graues Pulver niederschlagen. PROUT, LIEBIG u. WÖHLER. — 2. Man mischt die Lösung des purpursauren Ammoniaks in kochendem Wasser mit Schwefel- oder Salz-Säure. LIEBIG u. WÖHLER. Lässt man diese Säuren unmittelbar auf die Krystalle des Murexids wirken, so erhält man das Murexan weniger farblos. PROUT. — Man reinigt die gefällten Schuppen durch Lösen in kaltem Vitriolöl und allmäliges Tröpfeln der Lösung in kaltes Wasser, PROUT, oder durch Lösen in Kalilauge und Fällen mittelst einer Säure. LIEBIG u. WÖHLER.

Eigenschaften. Nach der Fällung aus purpursaurem Ammoniak weifse zarte perlglänzende Krystallschuppen, PROUT, oft gelblich oder röthlich; nach der Fällung aus Vitriolöl schneeweifses Pulver, PROUT; nach der Fällung aus Kalilauge sehr lockeres zartes gelbweifses Pulver, viel schwerer als Wasser, PROUT, von Seidenglanz, dem Uramil ähnlich, LIEBIG u. WÖHLER. Es ist nicht schmelzbar; es ist geschmacklos und röthet nicht merklich Lackmus. PROUT. Es röthet sich an Ammoniak haltender Luft. PROUT, LIEBIG u. WÖHLER.

Berechnung nach GM.			Ber. nach LIEBIG u. WÖHLER.			LIEBIG u. WÖHL.	KODWEISS.
16 C	96	35,69	6 C	36	33,33	33,32	36,58
5 N	70	26,02	2 N	28	25,93	25,72	28,45
7 H	7	2,60	4 H	4	3,70	3,72	2,22
12 O	96	35,69	5 O	40	37,04	37,24	32,75
$C^{16}N^5H^7O^{12}$	269	100,00	$C^6N^2H^4O^5$	108	100,00	100,00	100,00

Bei der grofsen Abweichung der 2 Analysen, welche vorzüglich in verschiedener Reinheit und Trockenheit des untersuchten Murexans ihren Grund haben möchte, habe ich eine, von C^{16} ausgehende, Formel angenommen, aus der sich in der Mitte stehende Procente berechnen, und die die einfachsten Gleichungen gibt. Sollte sie richtig sein, so liefse sich das Murexan als eine gepaarte Verbindung von Uramil und Dialursäure betrachten: $C^8N^3H^5O^6 + C^8N^2H^4O^8 = C^{16}N^5H^7O^{12} + 2HO$. — Nach KODWEISS, der die Formel $C^{18}N^6H^6O^{12}$ vorschlägt, erleidet das Murexan bei 100° keinen Gewichtsverlust. Nach PROUTS früheren Analysen sollte die Formel $C^2NH^2O^2$ sein.

Zersetzungen. 1. Das Murexan liefert bei der trocknen Destillation viel kohlensaures Ammoniak, etwas Blausäure, wenig ölige Substanz und pulverige Kohle. PROUT. Es liefert Cyansäure, wenig Blausäure, wenig kohlensaures Ammoniak, eine ölige, bald erstarrende Substanz und wenig Kohle. KODWEISS. — 2. An der Luft erhitzt, röthet es sich zuerst, durch Ammoniakbildung, ohne Schmelzung und Verflüchtigung, und verbrennt dann ohne besondern Geruch. PROUT. — 3. Es löst sich unter Zersetzung in wässrigem Chlor, PROUT, ohne Cyanursäure zu liefern. LIEBIG (*Pogg.* 15, 569). — 4. Es löst sich leicht, unter Aufbrausen in starker Salpetersäure, und lässt beim Abdampfen purpursaures Ammoniak. PROUT. Starke Salpetersäure wirkt beim Erhitzen heftig ein, entwickelt salpetrige Säure und Kohlensäure, und liefert beim Abdampfen Rhomboeder von oxalsaurem Murexan, von einer gelben zerfliefslichen, beim Erhitzen sich röthenden Masse umgeben, welche Ammoniak, Salpetersäure, Oxalsäure und Murexan enthält. KODWEISS. — 5. Beim Erhitzen mit Vitriolöl bildet es unter Entwicklung von viel kohlensaurem Gas und wenig Stickgas eine braune, nicht durch Wasser fällbare, Ammoniak haltende Lösung. KODWEISS. — 6. Die farblose Lösung, welche bei abgehaltener Luft das Murexan mit wässrigem Ammoniak gibt, färbt sich an der Luft unter Sauerstoffabsorption von oben nach unten tief purpurroth, und lässt bei völligem Verdunsten an der Luft nichts als Krystalle von purpursaurem Ammoniak. KODWEISS, LIEBIG u. WÖHLER.

[$C^{16}N^{5}H^{7}O^{12} + NH^{3} + 2O = C^{16}N^{6}H^{8}O^{12} + 2H$]. — Verweilt die ammoniakalische Lösung längere Zeit in reinem Sauerstoffgas, so erfolgt nach der Röthung eine Entfärbung, durch die Bildung von oxalursaurem Ammoniak $C^{6}N^{2}H^{4}O^{5} + 3O = C^{6}N^{2}H^{4}O^{8}$. LIEBIG u. WÖHLER. [Sollten neben der Oxalursäure keine andern Producte entstehen?]

Verbindungen. Das Murexan braucht mehr als 10000 Th. Wasser zur Lösung. Die blassrothe Flüssigkeit trübt sich wenig beim Erkalten, ohne sich zu entfärben. PROUT.

Es löst sich in kaltem Vitriolöl, daraus durch Wasser unverändert fällbar. PROUT, KODWEISS, LIEBIG u. WÖHLER. Es löst sich nicht merklich in verdünnter Phosphor-, Schwefel- oder Salz-Säure. PROUT.

Es löst sich in warmer verdünnter Salpetersäure ohne Aufbrausen, und liefert bei langsamem Verdunsten kleine Rhomboeder, welche *salpetersaures Murexan* zu sein scheinen. Die Krystalle schmecken sehr sauer und schrumpfend; sie verwittern an der Luft unter Röthung; sie färben sich beim Erhitzen unter Entwicklung salpetriger Dämpfe dunkelroth. Aus ihrer blassgelben Lösung in Kalilauge fällt Schwefelsäure unverändertes Murexan, während das Filtrat beim Verdunsten Salpeterkrystalle und eine zerfliefsliche Masse lässt, die beim Erhitzen mit Kali unter Ammoniakentwicklung gelb wird. Die Lösung der Rhomboeder in Ammoniak setzt beim Stehen gelbweifse Flocken ab, die Salpetersäure, Ammoniak und Murexan halten. Beim Erhitzen mit Ammoniak werden die Krystalle dunkelroth. Ihre wässrige Lösung gibt mit Baryt- und Kalk-Salzen erst bei Ammoniakzusatz einen weifsen, gallertartigen Niederschlag, mit Bleizucker einen, durch Ammoniak zunehmenden, Niederschlag, der beim Erhitzen oft roth wird. Die Krystalle lösen sich leicht in Wasser und Weingeist.

Das Murexan löst sich leicht in wässrigem Ammoniak und fixen Alkalien, ohne sie zu neutralisiren, zu, wenn die Luft abgehalten wurde, farblosen Flüssigkeiten. LIEBIG u. WÖHLER.

Oxalsaures Murexan? — 1. Man sättigt in der Siedhitze wässrige Oxalsäure, die etwas Salpetersäure hält (ohne diese erfolgt keine Lösung) mit Murexan, und dampft zum Krystallisiren ab. — 2. Man erhitzt Murexan oder salpetersaures Murexan mit überschüssiger starker Salpetersäure, und befreit die beim Abdampfen erhaltenen Krystalle von der Mutterlauge. — Nach 1) 6seitige Säulen, nach 2) grofse Rhomboeder; farblos. — Sie liefern beim Verbrennen mit Kupferoxyd 4 Maafs kohlensaures auf 1 M. Stickgas. Sie entwickeln mit erhitztem Vitriolöl Kohlenoxydgas. Mit wenig Kalilauge erhitzt und abgedampft, liefern sie Krystalle von oxalsaurem Kali und eine rothe zerfliefsliche Masse, die beim Erhitzen mit mehr Kali Ammoniak entwickelt und gelb wird. Ihre Lösung in wässrigem Ammoniak gibt beim langsamen Verdampfen weifse feine lange Nadeln, Oxalsäure haltend, sich beim Erwärmen röthend. Ihre wässrige Lösung gibt beim Kochen mit essigsaurem Baryt einen Niederschlag von oxalsaurem Baryt, während das röthliche Filtrat purpursauren Baryt hält. KODWEISS.

Das Murexan löst sich nicht in Weingeist, Aether, wässriger Essig-, Tarter- oder Citron-Säure. PROUT, KODWEISS.

Stammkern C^8H^{10}.

a. *Sauerstoffkern* $C^8H^6O^4$.

Aepfelsäure.

$$C^8H^6O^{10} = C^8H^6O^4,O^6.$$

SCHEELE. *Opusc.* 2, 196.
VAUQUELIN. *Ann. Chim.* 34, 127; auch *Crell. Ann.* 1801, 1, 72. — Ferner: *Scher. J.* 5, 291. — Ferner: *Ann. Chim. Phys.* 6, 337; auch *Schw.* 24, 155; auch *N. Tr.* 3, 1, 98.
BOUILLON LAGRANGE u. A. VOGEL. *N. Gehl.* 3, 615; auch *J. Pharm.* 3, 49.
DONOVAN. *Phil. Trans.* 1815, 231; auch *Ann. Chim. Phys.* 1, 281.
BRACONNOT. *Ann. Chim. Phys* 6, 239; auch *Schw.* 24, 123; auch *N. Tr.* 3, 1, 111. — *Ann. Chim. Phys.* 8, 149; auch *N. Tr.* 3, 1, 138; auch *Repert.* 6, 207. — *Ann. Chim. Phys.* 51, 329.
DÖBEREINER. *Schw.* 26, 273; auch *N. Tr.* 4, 1, 168.
A. VOGEL. *Gilb.* 61, 230.
HOUTON-LABILLARDIÈRE. *Ann. Chim. Phys.* 8; 214; auch *N. Tr.* 3, 2, 382.
TROMMSDORFF. *N. Tr.* 3, 1, 151.
LIEBIG. *Pogg.* 18, 357; auch *N. Tr.* 20, 2, 146. — *Pogg.* 28, 195; auch *Ann. Pharm.* 5, 141. — *Ann. Pharm.* 26, 166. — *Handwörterb.* 1, 97.
LASSAIGNE. *J. Chim. méd.* 4, 569.
PELOUZE. *Ann. Chim. Phys.* 56, 72; auch *Ann. Pharm.* 11, 263; auch *J. pr. Chem.* 3, 26.
RICHARDSON u. MENZDORF. *Ann. Pharm.* 26, 135.
ROBERT HAGEN. *Ann. Pharm* 38, 257.
E. LUCK. *Ann. Pharm.* 54, 112.

Vogelbeersäure, Spiersäure, Acide malique, Acide sorbique.

Geschichte. SCHEELE stellte zuerst 1785 die Aepfelsäure in nicht ganz reinem Zustande dar, deren Verhältnisse VAUQUELIN weiter ausmittelte. BOUILLON LAGRANGE u. VOGEL zeigten, dass dieselbe unter gewissen Umständen Essigsäure gebe, und erklärten sie für ein Gemisch von Essigsäure und Extractivstoff. DONOVAN erhielt 1815 eine von der SCHEELE'schen Aepfelsäure etwas abweichende Säure, die er für eigenthümlich hielt, und Vogelbeersäure nannte; BRACONNOT zeigte jedoch 1818, dass diese nichts anderes sei, als Aepfelsäure in gröfserer Reinheit. LIEBIG gab die erste richtige Analyse der Säure.

Vorkommen. Nebst der Essigsäure und Oxalsäure am weitesten im Pflanzenreich verbreitet. Findet sich theils frei, theils an Kali, Kalk, Bittererde oder Pflanzenbasen gebunden: In der Wurzel von *Althaea off.*, *Angelica Archangelica*, *Aristolochia Serpentaria*, *Arundo Donax*, *Asclepias Vincetoxicum*, *Asparagus off.*, *Berberis vulg.*, *Beta vulg.*, *Bryonia alba*, *Convolvulus Purga*, *arvensis* u. *Batatas*, *Corydalis tuberosa*, *Cyperus esculentus*, *Daucus Carota*, *Glycyrrhiza glabra*, *Gypsophila Struthium*, *Helianthus tuberosus*, *Lathyrus tuberosus*, *Lobelia syphilitica*, *Nymphaea alba*, *Oenanthe crocata*, *Paeonia off.*, *Polygala Senega*, *Polypodium Filix Mas*, *Primula Veris*, *Rheum*, *Rubia tinctorum*, *Rumex obtusifolius*, *Solanum tuberosum*, *Valeriana off.*; — in dem Holze von *Mesua ferrea*; — in der Rinde von *Clematis Flammula*, *Daphne Mezereum*, *Quassia Simaruba*, *Rhamnus Frangula*, *Viburnum Opulus*, *Monesia*-Rinde; — im Kraut (nebst Stängeln) von *Achillea nobilis* u. *Millefolium*, *Agave americana*, *Aconitum Lycoctonum* und andern Arten, *Actaea spicata*, *Artemisia vulg.* u. *Absinthium*, *Arum maculatum*, *Atropa Belladonna*, *Ballota lanata* u. *nigra*, *Brassica oleracea*, *Bryonia alba*, *Calendula off.*, *Cannabis sativa*, *Cassia Senna* u. *lanceolata*, *Chelidonium majus*, von *Cotyledon*- und *Crassula*-Arten, von *Centaurea benedicta*, *Chaerophyllum sylvestre*, *Convallaria majalis*, *Diosma crenata*, *Galeopsis grandiflora*, *Geranium zonale*, *Gratiola off.*, *Hyoscyamus niger*,

Hyssopus off., *Lactuca sativa*, *Lychnis dioica*, *Lycopus europaeus*, *Mamillaria pusilla*, von *Mesembryanthemum*-Arten, von *Mercurialis annua*, *Morus alba*, *Papaver somniferum*, *Phormium tenax*, *Portulaca oleracea*, *Reseda Luteola*, *Ricinus communis*, *Ruta graveolens*, *Saccharum officinarum*, *Salvia off.*, *Sambucus Ebulus*, *Sedum acre* u. *Telephium*, *Sempervivum tectorum*, *Spigelia anthelmia*, *Spinacia oleracea*, *Staphylea pinnata*, *Syringa vulg.*, *Tanacetum vulgare*, *Thymus Serpyllum*, *Trifolium Melilothus off.*, *Tropaeolum majus* und *Valeriana off.*; — in der Blüthe von *Calendula off.*, *Matricaria Chamomilla* u. *Parthenium*, *Sambucus nigra*, *Thymus Serpyllum*, *Verbascum Thapsus* und *Viola odorata*; — im Pollen von *Cannabis sativa*, *Pinus Abies* u. *sylvestris*, *Phönix dactylifera*, *Typha latifolia* und *Tulipa gesneriana*; — in der Frucht von *Amygdalus persica*, *Annona triloba*, *Berberis vulgaris*, *Bromelia Ananas*, *Cornus sanguinea*, *Cucumis Melo* u. *sativus*, *Cucurbita Pepo*, *Fragaria vesca*, *Musa paradisiaca*, *Prunus domestica* u. *Cerasus*, *Pyrus Cydonia*, *communis* u. *Malus*, *Rhus Coriaria*, *glabrum*, *typhinum* u. *copallinum*, *Ribes rubrum* u. *Grossularia*, *Rosa canina*, *Rubus Idaeus* u. *fruticosus*, *Sambucus nigra*, *Solanum Lycopersicum*, *mammosum*, *nigrum* und andern Arten, *Sorbus Aucuparia*, *Syringa vulgaris*, *Tamarindus indica*, *Vaccinium Myrtillus*, *Vitis vinifera*; — im Samen von *Anagyris foetida*, *Apium Petroselinum*, *Arachis hypogaea*, *Bariosma Tongo*, *Carum Carvi*, *Cocos nucifera*, *Cuminum Cyminum*, *Cytisus Laburnum*, *Datura Stramonium*, *Delphinium Staphisagria*, *Illicium anisatum*, *Linum usitatissimum*, *Menispermum Cocculus*, *Myrtus Pimenta*, *Pimpinella Anisum*, *Piper nigrum* u. *longum*, und im *Semen Cinae*; — im Lupulin; — im Milchsafte von *Hura crepitans*; — in Asa foetida, Opopanax, Sagapenum, Myrrhe und Euphorbium. vgl. vorzüglich SCHEELE und VAUQUELIN, so wie BRACONNOT (*Ann. Chim.* 65, 277; 70, 255).

Auch aus *Borago off.*, *Cochlearia off.*, *Momordica Elaterium* und *Saponaria off.* erhielt BRACONNOT (*J. Phys.* 84, 276) Säuren, welche unreine Aepfelsäure zu sein scheinen.

Die aus den Kockelskörnern erhaltene *Menispermsäure*, *Acide menispermique*, von BOULLAY (*J. Pharm.* 5, 5; auch *Repert.* 7, 79) ist nach seinen späteren, mit VAUQUELIN unternommenen Untersuchungen (*J. Pharm.* 12, 108) Aepfelsäure.

Die *Solansäure*, *Acide solanique*, die sich nach PESCHIER (*J. Chim. méd.* 3, 289; — *N. Tr.* 14, 2, 270) in allen *Solanum*-Arten, besonders in den Beeren von *Solanum nigrum* findet, wurde von JOHN, BRACONNOT, DESFOSSES, ILISCH u. A. als Aepfelsäure erkannt.

Auch die *Feldahornsäure* von J. A. v. SCHRERR (*Schw.* 4, 362) aus *Acer campestre*; — die *Stocklacksäure* von JOHN (*Schw.* 15, 110) aus dem Stocklack, von ESENBECK u. MARQUART (*Ann. Pharm.* 13, 293) auch aus einem falschen Schellack erhalten; — die *Tanacetsäure* von PESCHIER (*N. Tr.* 14, 2, 175); — die *Achillea-Säure* von ZANON (*Ann. Pharm.* 58, 31); — die Säure in den Stängeln der *Phytolacca decandra* von BRACONNOT (*Ann. Chim.* 62, 28); — die *Manihotsäure*, *Acide manihotique* von O. HENRY u. BOUTRON CHARLARD (*J. Pharm.* 20, 628; 22, 122); — und die *Euphorbiasäure*, von RIEGEL (*Jahrb. pr. Pharm.* 6, 165) aus dem blühenden Kraut von *Euphorbia Cyparissias* erhalten — alle diese Säuren sind vielleicht mit der Aepfelsäure einerlei.

Einige andere genauer untersuchte Säuren, die vielleicht auch hierher gehören, finden sich als Anhang zur Aepfelsäure aufgeführt.

Bildung. Bei der Zersetzung des Asparagins durch kalte salpetrige Säure. PIRIA. — Ob die von LOWITZ (*Crell. Ann.* 1792, 1, 222) bei der Zersetzung des Krümel- oder Schleim-Zuckers durch Alkalien erhaltene Säure wirkliche Aepfelsäure sei, bleibt noch weiter zu ermitteln.

Darstellung. — I. *Aus Vogelbeeren.* — Sie enthalten auch etwas Tarter- und Citron-Säure, besonders die sehr unreifen. LIEBIG.

1. Man stumpft den ausgepressten, aufgekochten und filtrirten Saft der nicht ganz reifen Vogelbeeren durch kohlensaures Kali nur so weit ab, dass er noch ziemlich stark Lackmus röthet, fällt ihn durch salpetersaures Bleioxyd (oder auch, unter Hinweglassung des kohlensauren Kalis, durch Bleizucker), stellt einige Tage hin, bis sich der käsige Niederschlag völlig in kleine Nadeln verwandelt hat, befreit diese durch behutsames Schlämmen mit kaltem Wasser von dem (besonders bei der Fällung durch Bleizucker) beigemengten schleimigen oder flockigen Farbstoff-Bleioxyd, und wäscht sie gut aus. — a. Entweder kocht man die Nadeln mit einer zur Zersetzung unzureichenden Menge verdünnter Schwefelsäure, bis sich kein körniger Bodensatz mehr zeigt, fügt dann zu dem gleichförmigen Brei so lange wässriges Schwefelbaryum, bis eine abfiltrirte Probe Barytgehalt zeigt, filtrirt (wobei das gebildete Schwefelblei entfärbend wirkt), kocht das farblose Filtrat mit überschüssigem kohlensauren Baryt, filtrirt (wobei tartersaurer und citronsaurer Baryt auf dem Filter bleibt), fällt aus dem Filtrat den Baryt durch vorsichtigen Zusatz von verdünnter Schwefelsäure, und dampft das Filtrat, welches sich weder mit Schwefelsäure noch mit Chlorbaryum trüben darf, zum Krystallisiren ab. Sollte sich das Filtrat mit Schwefelsäure trüben, so dampft man es ab, zieht mit Weingeist aus, filtrirt vom übrigen äpfelsauren Baryt ab, und dampft wieder ab. — b. Oder man kocht diese Nadeln des unreinen äpfelsauren Bleioxyds mit etwas überschüssiger verdünnter Schwefelsäure, theilt das Filtrat in 2 gleiche Theile, neutralisirt den einen genau mit Ammoniak, fügt den andern Theil hinzu, und erhält durch Abdampfen und Erkälten der röthlichen Flüssigkeit fast farblose Krystalle von saurem äpfelsauren Ammoniak, durch Umkrystallisiren farblos zu erhalten. Diese fällt man durch Bleizucker, worauf der Niederschlag nach gutem Auswaschen durch Hydrothion oder Schwefelsäure zersetzt wird. Liebig.

2. Man stumpft den aufgekochten und colirten Saft theilweise durch Ammoniak ab, fällt 72 Th. desselben durch 1 Th. Bleizucker, filtrirt nach einigen Stunden vom tartersauren, citronsauren und Farbstoff-Bleioxyd ab, versetzt das Filtrat unter Umrühren nach und nach mit kleinen Antheilen einer concentrirten Lösung von salpetersaurem Bleioxyd, bis eine abfiltrirte Probe nur noch schwach dadurch getrübt wird, sammelt nach einiger Zeit den krystallisch gewordenen Niedershlag auf dem Filter, wäscht ihn mit kaltem Wasser, zersetzt ihn nach dem Vertheilen in Wasser durch Hydrothion, befreit das fast farblose Filtrat durch Erhitzen auf dem Wasserbade vom Hydrothion, neutralisirt durch Ammoniak, entfärbt es durch mit Salzsäure gereinigte Beinkohle, fällt das farblose Filtrat durch salpetersaures Bleioxyd, wäscht den Niederschlag, nachdem er krystallisch geworden ist, gut mit kaltem Wasser, zersetzt ihn nach dem Vertheilen in der 4fachen Wassermenge unter fleifsigem Schütteln durch Hydrothion, und dampft das Filtrat zuerst im Wasserbade, dann bei gelinder Wärme zum Krystallisiren ab. 22,7 Th. Vogelbeeren liefern 1 Th. äpfelsaures Bleioxyd. Winckler (*Jahrb. pr. Pharm.* 1, 13).

3. Man fällt den filtrirten Saft der reifen Vogelbeeren durch Bleizucker, wäscht den Niederschlag mit kaltem Wasser aus, und behandelt ihn dann auf einem Filter so lange mit kochendem Wasser, als dieses beim Erkalten äpfelsaures Bleioxyd anschiefsen lässt. — Der Rückstand auf dem Filter (welchen Donovan wohl mit Unrecht nicht für zusammengebacknes und dadurch schwieriger löslich gewordenes, neutrales, sondern für basisch äpfelsaures Bleioxyd

hält) wird durch verdünnte Schwefelsäure zersetzt, die saure Flüssigkeit wird wieder durch Bleizucker gefällt, und das Präcipitat wieder mit kochendem Wasser behandelt; — und dieses Verfahren wird noch einmal wiederholt. — Endlich zersetzt man alle aus einer farblosen Lösung anschiefsenden, also farbstofffreien Krystalle des Bleisalzes durch ½stündiges Kochen unter beständigem Umrühren mit 2,3 Th. Schwefelsäure von 1,09 spec. Gew. (einer zur Aufnahme allen Bleioxyds unzureichenden Menge), filtrirt, fallt das in der Flüssigkeit gelöste Bleioxyd durch Hydrothion, filtrirt und dampft ab. DONOVAN.

4. VAUQUELIN lässt den Saft zuerst 14 Tage lang gähren, wodurch er seine Zähigkeit verliert, fällt ihn dann durch Bleizucker, kocht den aus äpfelsaurem und wenig phosphorsaurem Bleioxyd und etwas Farbstoff bestehenden Niederschlag wiederholt mit Wasser aus, und stellt das äpfelsaure Bleioxyd durch öfteres Lösen in heifsem Wasser und Erkälten in farblosen Krystallen dar, die dann, wie bei 3), durch Schwefelsäure und Hydrothion zersetzt werden.

5. WÖHLER (*Pogg.* 10, 104) verdünnt den Saft nicht ganz reifer Vogelbeeren mit 3 bis 4 Th. Wasser, filtrirt, setzt der kochenden Flüssigkeit während des Kochens so lange Bleizuckerlösung hinzu, als noch Trübung entsteht, und filtrirt kochend heifs. Das Filtrat trübt sich sogleich und setzt schmutzig gefärbtes, pulveriges äpfelsaures Bleioxyd ab; die hiervon noch heifs abgegossene Flüssigkeit gibt beim Erkalten das reine Salz in weifsen Nadeln.

6. BRACONNOT sättigt den Saft der nicht ganz reifen Vogelbeeren kochend durch kohlensauren Kalk, dampft unter Abschäumen zur Syrupdicke ab, trennt den beim Erkalten niedergefallenen äpfelsauren Kalk vom Syrup, reinigt ihn durch Abwaschen mit wenig kaltem Wasser und Auspressen zwischen Leinwand, kocht ihn ½ Stunde lang mit gleichviel krystallisirtem kohlensauren Natron und mit Wasser, worauf Er die, das äpfelsaure Natron enthaltende Flüssigkeit vom kohlensauren Kalk abfiltrirt, und durch Kochen mit wenig Kalkmilch vom rothen Farbstoff befreit, so dass Er ein wasserhelles Filtrat erhält, welches durch hindurchgeleitete Kohlensäure vom Kalke befreit und mit Bleiessig gefällt wird, worauf das äpfelsaure Bleioxyd ausgewaschen und durch Schwefelsäure zersetzt wird.

7. Man kocht den Saft der unreifen Beeren im kupfernen Kessel einige Stunden lang mit einer zum Neutralisiren nicht ganz zureichenden Menge von Kalkmilch, bis sich kein äpfelsaurer Kalk als sandiges Pulver mehr absetzt, nimmt dieses heraus, trägt es nach dem Waschen mit kaltem Wasser in ein siedendes Gemisch von 1 Th. Salpetersäure und 10 Th. Wasser, so lange es sich löst, lässt das heifse Filtrat erkalten, reinigt die sich bildenden fast farblosen Krystalle von saurem äpfelsauren Kalk durch Umkrystallisiren aus kochendem Wasser, fällt ihre heifse Lösung durch Bleizucker, zersetzt den mit kaltem Wasser gewaschenen Niederschlag in der Wärme durch Hydrothion und dampft das Filtrat erst auf offnem Feuer, dann im Wasserbade zum Syrup ab, welcher bei längerem Stehen zu einer Krystallmasse erstarrt. HAGEN.

II. *Aus Hauslauch.* Sein Saft ist reich an äpfelsaurem Kalk.

1. Man dampft den filtrirten Saft des Hauslauchs fast bis zur Syrupdicke ab, versetzt ihn allmälig mit Weingeist, knetet den sich abscheidenden Teig wiederholt mit frischem schwachen Weingeist, löst ihn, nach starkem Auspressen zwischen Leinen, in Wasser, versetzt die braune Auflösung mit so viel Schwefelsäure, dass nur ein Theil des Kalkes gefällt wird, und trennt die Flüssigkeit vom Gyps durch Abgiefsen und Auspressen. Die Flüssigkeit liefert in 24 Stunden Krystalle von saurem äpfelsaurem Kalk, und die überstehende Mutterlauge, zum Syrup abgedampft, liefert noch mehr Krystalle, erst durch 14tägiges Hinstellen an einen kühlen Ort, dann noch durch behutsamen Zusatz von Weingeist, da zu viel Weingeist auch das Braunfärbende fällen würde. Man reinigt die Krystalle durch 2maliges Lösen in heifsem Wasser und Krystallisiren, löst sie dann wieder in Wasser, fällt den Kalk durch Schwefelsäure, filtrirt, digerirt mit Bleioxyd, um die Schwefelsäure zu entziehen, filtrirt, schlägt das dabei gelöste Blei durch Hydrothion nieder, filtrirt, dampft zur Trockne ab, und nimmt die Säure mit Weingeist auf, der noch etwas Kalk und Bleioxyd zurücklässt. BRACONNOT.

2. Houton-Labillardière übersättigt den Hauslauchsaft mit Kalkmilch, filtrirt, dampft auf $^3/_4$ ab, worauf sich in der Kälte ein weifses pulveriges Salz absetzt; giefst die braune Mutterlauge ab, wäscht das Salz mit Weingeist von 12 bis 15° Bm. ab, löst es in Wasser, filtrirt vom Farbstoff-Kalk ab, fällt durch salpetersaures Bleioxyd, zersetzt den ausgewaschenen und in Wasser vertheilten Niederschlag durch Hydrothion, filtrirt und dampft zum Syrup ab, der in einigen Tagen Krystalle liefert.

3. Donovan dampft den Saft auf $^2/_3$ ab, mischt ihn nach dem Filtriren mit gleichviel Weingeist, wäscht den gefällten äpfelsauren Kalk mit Weingeist ab, löst ihn in Wasser, fällt durch Bleizucker und zersetzt den gewaschenen Niederschlag, wie bei I, 3.

Bei der Fällung des äpfelsauren Kalks durch ein Bleisalz fällt kalkhaltendes äpfelsaures Bleioxyd nieder, welches bei seiner Zersetzung durch Schwefelsäure oder Hydrothion eine kalkhaltende Aepfelsäure liefert, die daher das salpetersaure Bleioxyd oder Silberoxyd fällt, und die man (wie bei Braconnot's Verfahren) durch Abdampfen zum Syrup und Ausziehen mit starkem Weingeist vom sauren äpfelsauren Kalk zu scheiden hat. Gay-Lussac (*Ann. Chim. Phys.* 6, 331; auch *Schw.* 21, 216; auch *N. Tr.* 3, 1, 95). vgl. Wackenroder (*N. Br. Arch.* 25, 58).

III. *Aus Kirschen oder Berberizen.* — A. Vogel fällt den Saft durch Bleizucker und kocht den mit kaltem Wasser ausgewaschenen blauen Niederschlag wiederholt mit Wasser aus, wobei die Verbindung des Bleioxyds mit färbender Materie ungelöst bleibt, um durch Erkälten nach Donovan's Art Krystalle von äpfelsaurem Bleioxyd zu erhalten, die Er dann durch Hydrothion zersetzt.

IV. *Aus den Beeren von Rhus Coriaria.* — Sie halten vorzüglich sauren äpfelsauren Kalk. — Man zieht die von den Stielen befreiten Beeren wiederholt mit kochendem Wasser aus, dampft den rothen sauren Aufguss theilweise ab, trennt ihn vom niedergefallenen oxydirten Extractivstoff, dampft das Filtrat wiederholt und unter Erkälten weiter ab, so lange noch bräunliche Krystalle von saurem äpfelsauren Kalk erhalten werden, wäscht diese, stellt sie durch Umkrystallisiren farblos dar, fällt dann ihre wässrige Lösung durch kohlensaures Kali, fällt das Filtrat durch Bleizucker, zersetzt das weifse krystallisirende äpfelsaure Bleioxyd durch Hydrothion, und erhält durch Abdampfen des Filtrats die krystallisirte Säure. Trommsdorff (*Ann. Pharm.* 10, 328).

Der Saft der Beeren von *Rhus glabrum* oder *typhinum* liefert mit Bleizucker einen Niederschlag, der, mit kaltem Wasser gewaschen, aus heifsem umkrystallisirt und durch Hydrothion zersetzt, sogleich farblose Krystalle der Säure liefert. Lassaigne.

V. *Aus den Stängeln von Rheum-Arten.* — Man klärt den ausgepressten Saft aus den Stängeln und Blättern von *Rheum palmatum* oder *undulatum* durch Kochen mit Hausenblase, colirt und dampft zum dünnen Syrup ab, aus welchem in einigen Tagen saures äpfelsaures Kali anschiefst, durch Auspressen und Umkrystallisiren farblos zu erhalten, $3^1/_2$ *Proc.* der Stängel und Blätter betragend. Durch Fällen dieses Salzes mittelst Bleizucker und Zersetzung des gewaschenen Niederschlags mittelst Hydrothions erhält man höchst reine, gut krystallisirende Aepfelsäure. Winckler u. Herberger (*Jahrb. pr. Pharm.* 2, 201). — Eine andere Darstellungsweise gab schon früher Th. Everitt (*Phil. Mag. J.* 23, 327) an.

VI. *Aus Aepfeln.* — Man fällt den mit Kali neutralisirten Aepfelsaft durch Bleizucker und zersetzt den gewaschenen Niederschlag durch die angemessene Menge von verdünnter Schwefelsäure. Scheele. — Die so erhaltene Säure ist ein brauner, dicker, nicht krystallisirender Syrup, der in dünnen Schichten an warmer trockner Luft zu einem Firniss austrocknet. Dieses rührt nach Braconnot von einer Verunreinigung mit einer braunen Materie her, welche nicht blofs das Krystallisiren der Säure, sondern auch ihres Bleisalzes verhindert. Weil man früher blofs diese unreine Säure von Scheele kannte, hielt man anfangs die von Donovan aus den Vogelbeeren erhaltene farblose und krystallisirbare für eine eigenthümliche.

Die Bereitung der Aepfelsäure aus *Artemisia Absinthium* beschreibt **Luck**.

Reine Aepfelsäure muss farblos und krystallisirbar sein, ohne Rückstand (von Kali, Kalk, Bleioxyd u. s. w.) verbrennen, sich nicht mit Ammoniak färben, und nicht das salpetersaure Blei - oder Silber - Oxyd fällen.

Eigenschaften. Die bis zum Syrup abgedampfte wässrige Säure schiefst, an einem warmen Orte weiter verdunstend, in farblosen, glänzenden, büschelförmig oder kugelförmig vereinigten Nadeln oder Säulen an, Vauquelin, Braconnot, Liebig, welche nach A. Vogel 6-seitig, nach Winckler 4-seitig sind. Die Krystalle schmelzen bei 83°, und verlieren bei 120° nichts an Gewicht. Pelouze. Sie sind geruchlos und schmecken stark sauer.

Krystallisirt, bei 130° getr.			Pelouze.
8 C	48	35,82	36,86
6 H	6	4,48	4,36
10 O	80	59,70	58,78
$C^8H^6O^{10}$	134	100,00	100,00

Pelouze erhielt wohl desshalb zu viel C, weil die Säure nach Liebig schon bei 130° Wasser entwickelt.

Nach der Radicaltheorie ist die hypoth. trockne Säure = $C^4H^2O^4 = \overline{M}$, und die krystallisirte = $HO,C^4H^2O^4$. Prout fand die im Kalk-, Blei- oder Kupfer-Salz enthaltene hypoth. trockne Säure aus 40,68 Proc. C, 5,08 H und 54,24 O bestehend.

Zersetzungen. 1. Die Säure, in einer Retorte im Oelbade einige Stunden lang zwischen 175 bis 180° erhalten, zerfällt ohne alle Gasentwicklung und Verkohlung in Wasser, Maleinsäure (IV, 510), welche mit dem Wasser als Flüssigkeit übergeht, und dann bald krystallisirt, und in ungefähr eben so viel Fumarsäure (V, 198), von der ein Theil übergeht, und ein Theil in der Retorte als Krystallmasse bleibt. Bei raschem Erhitzen auf 200° und fortdauerndem Erhalten dieser Hitze erhält man mehr Maleinsäure; umgekehrt zersetzt sich die Aepfelsäure bei 150° sehr langsam, fast blofs in Wasser und Fumarsäure. Wahrscheinlich entsteht ursprünglich nur Maleinsäure, welche jedoch, wenn die Hitze nicht zur baldigen Verflüchtigung hinreicht, in Fumarsäure übergeht. Pelouze. Schon bei längerem Erhitzen auf 120 bis 130° verwandelt sich die geschmolzene Aepfelsäure unter Wasserentwicklung und Trübung in ein breiartiges Gemenge von Fumarsäureblättchen und unzersetzter Aepfelsäure; letztere, durch kaltes Wasser ausgezogen, liefert, nach dem Abdampfen wie oben erhitzt, wiederum Wasser und ein gleiches Gemenge, und so lässt sich endlich alle Aepfelsäure in Wasser und Fumarsäure überführen. Bei möglichst schneller Destillation über einer starken Weingeistflamme geht mit dem Wasser viel Maleinsäure über, bis der Rückstand plötzlich zu krystallischer Fumarsäure erstarrt. Liebig. — Gleichungen für die Bildung der Maleinsäure und Fumarsäure: $C^8H^6O^{10} = 2\,C^4H^2O^4 + 2\,HO$, und: $C^8H^6O^{10} = C^8H^4O^8 + 2\,HO$. — Wirkt auf die Aepfelsäure sogleich starkes Feuer, so liefert sie unter Aufblähen und Bräunung neben der Malein- und Fumar-Säure auch viel Kohlenoxydgas und Kohlenwasserstoffgas, brenzliches Oel und Kohle, die als Zersetzungsproducte dieser 2 Säuren, und nicht der

Aepfelsäure zu betrachten sind. FELOUZE. vgl. VAUQUELIN, BRACONNOT, LASSAIGNE. — 2. Im offnen Feuer verbrennt die Säure mit dem Geruch nach verbranntem Zucker.

3. Die an Kali gebundene Säure wird durch Brom unter Bildung von Bromoform zersetzt. CAHOURS (*N. Ann. Chim Phys.* 19, 507). — 4. Sie wird durch Salpetersäure unter Entwicklung von Kohlensäure leicht in Oxalsäure verwandelt. VAUQUELIN. — Durch wässrige Iodsäure wird sie nicht zersetzt. MILLON. — 5. Sie entwickelt bei gelindem Erwärmen mit Vitriolöl Kohlenoxydgas, DÖBEREINER, und bildet zugleich Essigsäure, LIEBIG. — 6. Sie entwickelt, mit Vitriolöl und chromsaurem Kali zugleich erhitzt, allen Kohlenstoff in Gestalt von Kohlensäure. DÖBEREINER. — Auf Braunstein wirkt die wässrige Säure nicht. DÖBEREINER. — Sie lässt sich durch Kochen mit concentrirter Salzsäure nicht in Fumarsäure verwandeln. HAGEN.

7. Sie bildet bei behutsamem Erhitzen mit überschüssigem Kalihydrat [etwa unter Wasserstoffgasentwicklung?] essigsaures und oxalsaures Kali. RIECKHER (*N. Br. Arch.* 39, 23). — Ihre Umwandlung in Bernsteinsäure s. beim äpfelsauren Kalk.

Verbindungen. Die krystallisirte Säure zerfliefst an der Luft; sie löst sich in wenig *Wasser* zu einem farblosen Syrup und in mehr zu einer dünnen Flüssigkeit.

Die *äpfelsauren Salze, Malates,* sind neutrale, = $C^8H^4M^2O^{10}$ und saure, = $C^8H^5MO^{10}$. Sie blähen sich bei der trocknen Destillation auf, und liefern dabei nach UNVERDORBEN 2, verschieden flüchtige, Brenzöle. Bei 250 bis 300° verwandeln sich die äpfelsauren fixen Alkalien unter Wasserverlust in fumarsaure Salze. HAGEN. $C^8H^4M^2O^{10} = C^8H^2M^2O^8 + 2HO$. Fast alle äpfelsaure Salze lösen sich in Wasser.

Aepfelsaures Ammoniak. — a. *Neutrales.* — Nicht krystallisirbar, sehr löslich. BRACONNOT.

b. *Saures.* — Darstellung (V, 338, 1, b). Wasserhelle grofse Säulen des 2- und 2-gliedrigen Systems. *Fig.* 75. y : y = 110° 45'; y : m = 125° 40'; m : u = 125°; u¹ : u = 109° 20'; n¹ : n = 138° 54'. NICKLÈS (nach einer brieflichen Mittheilung, durch welche die in *Compt. rend.* verdruckten Zahlen berichtigt werden). vgl. auch KOBELL (*Repert.* 71, 320). Die Krystalle schmecken angenehm säuerlich-salzig, L. A. BUCHNER (*Repert.* 71, 320), sie sind luftbeständig, BRACONNOT, und verlieren selbst bei 100° im trocknen Luftstrom nichts an Gewicht, BUCHNER. Sie lösen sich sehr leicht in Wasser, nicht in Weingeist und Aether, BRACONNOT, BUCHNER, nur sehr schwierig in verdünntem Weingeist, LIEBIG.

	Krystalle.		BUCHNER.
8 C	48	31,79	32,69
N	14	9,27	9,28
9 H	9	5,96	6,07
10 O	80	52,98	51,96
$C^8H^5(NH^4)O^{10}$	151	100,00	100,00

Auch LIEBIG erhielt bei der Verbrennung der Krystalle 1 M. Stickgas auf 8 M. kohlensaures.

Aepfelsaures Kali. — a. *Neutrales.* — Nicht krystallisirbar, zerfliefslich, nicht in starkem Weingeist löslich. BRACONNOT. —

b. *Saures.* — Luftbeständige, in Wasser, nicht in Weingeist lösliche Krystalle, DONOVAN, im getrockneten Zustande 24,3 Proc. Kali haltend, DÖBEREINER.

Aepfelsaures Natron. — a. *Neutrales.* — Wie beim Kali. — b. *Saures.* — Krystallisch, luftbeständig, in Wasser, nicht in Weingeist löslich. DONOVAN.

Aepfelsaures Lithon. — Im neutralen und im sauren Zustande syrupartige, nicht krystallisirbare, auch in warmer Luft nicht erhärtende Masse. C. G. GMELIN.

Aepfelsaurer Baryt. — a. *Neutraler.* — 1. Die mit Barytwasser neutralisirte Säure lässt beim Abdampfen ein luftbeständiges, in Wasser lösliches Gummi, BRACONNOT; sie liefert beim Verdunsten in gelinder Wärme Krystallschuppen; dieselben halten in lufttrocknem Zustande 2 At. Wasser, wovon sie bei 30° das eine und bei 100° das zweite verlieren; sie lösen sich sehr leicht in Wasser, aber beim Kochen der Lösung fällt das Salz im wasserfreien Zustande nieder. HAGEN.

2. Die wässrige Säure lässt sich durch Kochen mit überschüssigem kohlensauren Baryt nicht wohl völlig neutralisiren. LIEBIG, HAGEN.

α. Die kalt mit kohlensaurem Baryt gesättigte Säure liefert beim Verdunsten im Vacuum unter Zunehmen der Säure in der Mutterlauge durchsichtige dünne Blätter, neutral, leicht in Wasser löslich, bei 220° 10,6 Proc. Wasser verlierend (bei 100° weniger, unter Beibehaltung der Löslichkeit).

β. Die gesättigte Lösung dieser Blätter, so wie auch die mit kohlensaurem Baryt gesättigte Aepfelsäure trübt sich beim Kochen unter Absatz eines schweren Krystallmehls von unlöslichem wasserfreien Salz. RICHARDSON u. MENZDORF. Auch die warm mit kohlensaurem Baryt gesättigte Säure setzt beim Abdampfen zuerst weifse amorphe Rinden des wasserfreien neutralen Salzes ab, und zuletzt Häute eines sauer reagirenden in Wasser löslichen Salzes; die zuerst abgesetzten Rinden des neutralen Salzes dagegen lösen sich nicht in kaltem oder kochendem Wasser, jedoch leicht bei Zusatz einer Spur Salpetersäure. LIEBIG.

			HAGEN. 1) bei 100°.	LIEBIG. 2, β)				RICH. u. M. 2, α)
2 BaO	153,2	56,91	56,65	56,44	2 BaO	153,2	50,19	
$C^8H^4O^8$	116	43,09			$C^8H^4O^8$	116	38,01	
					4 HO	36	11,80	10,6
$C^8H^4Ba^2O^{10}$	269,2	100,00			+ 4 Aq	305,2	100,00	

Das bei 30° getrocknete Salz 1) hält 54,44 Proc. Baryt (also 1 At. Wasser) und das lufttrockne hält 52,93 Proc. Baryt (also 2 At. Wasser). HAGEN. [Hiernach wäre es von dem Salz 2, α) verschieden].

b. *Saurer.* — Nicht krystallisirbar, durchscheinender und leichter in Wasser löslich, als a. BRACONNOT.

BRACONNOT unterschied früher noch ein *basisches Salz*, welches bei starkem Uebersättigen der Säure mit Barytwasser in weifsen Flocken niederfalle; aber überschüssiges Barytwasser trübt nach LASSAIGNE nicht die Säure und nach LIEBIG auch nicht das saure äpfelsaure Ammoniak; und

Braconnot (*Ann. Chim. Phys.* 51, 331) gibt später selbst an, dass das Barytwasser die Säure nicht trübe.

Aepfelsaurer Strontian. — a. *Neutraler.* — 1. Die Säure wird durch Strontianwasser nicht getrübt, Lassaigne, und das Gemisch gibt bei raschem Abdampfen ein Gummi, bei langsamem eine weifse durchscheinende krystallisch körnige Masse; luftbeständig, leicht in Wasser löslich, Braconnot. — 2. Die wässrige Säure, mit kohlensaurem Strontian digerirt, bleibt etwas Lackmus-röthend, und setzt nach hinreichendem Abdampfen warzenförmige Massen ab. Hagen.

	Trocken.			2, bei 100° getr.		Hagen.
2 SrO	104	47,27	2 SrO	104	43,70	44,10
$C^8H^4O^8$	116	52,73	$C^8H^4O^8$	116	48,74	
			2 HO	18	7,56	
$C^8H^4Sr^2O^{10}$	220	100,00	+ 2 Aq	238	100,00	

Das lufttrockne Salz 2) hält 41,17 Proc. Strontian. Hagen.

b. *Saurer.* — Fällt beim Versetzen des in Wasser gelösten neutralen Salzes mit Aepfelsäure krystallisch nieder; schmilzt nicht im Feuer, löst sich wenig in kaltem, leicht in heifsem Wasser. Braconnot.

Aepfelsaurer Kalk. — a. *Neutraler.* — 1. Die Säure wird durch überschüssiges Kalkwasser nicht getrübt, Braconnot (*Ann. Chim. Phys.* 51, 331), Lassaigne; auch nicht bei concentrirten Lösungen und beim Erhitzen, Unterschied von Citronsäure, H. Rose (*Pogg.* 31, 210), Winckler; nach Hagen dagegen scheidet sich beim Erhitzen des [noch concentrirteren?] Gemisches wasserfreies neutrales Salz als körniges Pulver ab. Jedenfalls scheint kein *basisches Salz* niederzufallen, wie dieses früher von Braconnot angenommen wurde. — Die mit Kalkwasser neutralisirte Säure liefert beim Verdunsten im Vacuum (während eine saure Mutterlauge bleibt) glänzende, grofse, dünne, leicht in Wasser lösliche Blätter, welche, nach dem kalten Trocknen im Vacuum, bei 180° alles Wasser = 17 Proc. (4 At.) verlieren und bei 100° ungefähr die Hälfte. Ihre wässrige Lösung liefert bei freiwilligem Verdunsten an der Luft wieder Blätter, setzt aber beim Erhitzen bis zum Sieden ein weifses, körniges, fast unlösliches Salz mit 2 At. Wasser ab. Also verlieren die Blätter mit dem Verlust der Hälfte ihres Wassers ihre Löslichkeit. Richardson u. Menzdorf (*Ann. Pharm.* 26, 135).

2. Die verdünnte Aepfelsäure bleibt beim kalten Schütteln mit überschüssigem kohlensauren Kalk sehr sauer, aber das Filtrat gerinnt beim Sieden zu einem, aus Körnern des in Wasser oder wässriger Aepfelsäure fast unlöslichen 2fach gewässerten neutralen Salzes, bestehenden Brei. Richardson u. Menzdorf. Bei der Digestion mit überschüssigem kohlensauren Kalk lässt sich die unreine Aepfelsäure nicht völlig neutralisiren, aber wohl die reine. Braconnot. Auch diese nicht ganz. Hagen. Aus der so erhaltenen Lösung scheidet sich das neutrale Salz in, zwischen den Zähnen krachenden, 4seitigen Säulen ab, die sich in 83 Th. kaltem und etwas weniger heifsem Wasser lösen, Lassaigne; oder als körniges Pulver von

wasserfreiem Salz, welches in kaltem und heifsem Wasser fast unlöslich ist, Hagen.

3. Dasselbe körnige Pulver fällt aus der wässrigen Lösung des sauren Salzes bei mehrstündigem Kochen nieder. Hagen.

4. Das Gemisch von wässrigem Chlorcalcium und neutralem äpfelsauren Natron setzt erst nach einiger Zeit neutralen äpfelsauren Kalk in durchsichtigen Krystallkörnern ab. Dieses Salz schäumt im Feuer kaum auf; es wird durch die löslichen kohlensauren Alkalien völlig zersetzt. Es löst sich in 147 Th. kaltem Wasser, mit schwachem Geschmack nach Salpeter, und in höchstens 65 Th. kochendem Wasser, ohne daraus beim Erkalten anzuschiefsen. Braconnot.

5. Die Lösung des sauren äpfelsauren Kalkes, mit einem löslichen kohlensauren Alkali neutralisirt, gibt beim Abdampfen in gelinder Wärme harte glänzende Krystalle des neutralen Salzes, 5 At. [oder 6 At.] Wasser haltend, welche bei 100° unter Verlust von 1 [oder 2] At. porcellanartig, bei 150° völlig entwässert werden. Hagen.

6. Das körnige Salz im feuchten Zustande 2 Tage sich selbst überlassen, verwandelt sich unter noch zu ermittelnden Umständen unter Aufnahme von Wasser in durchscheinende, rauhe, kugelige Krystalle, die nach dem Trocknen an der Luft, wobei sie undurchsichtig werden, bei 200° 22,49 Proc. (6 At.) Wasser verlieren. Dessaignes u. Chautard (*N. J. Pharm.* 13, 243).

Monate lang unter einer dünnen Schicht Wasser in einem mit Papier bedeckten Gefäfse aufbewahrt, verwandelt sich der neutrale äpfelsaure Kalk in bernsteinsauren. Dessaignes. Während der Wintermonate erzeugen sich zugleich krystallisirter gewässerter kohlensaurer Kalk und eine schleimige Organisation; aber in den Sommermonaten bilden sich blofs Nadeln von bernsteinsaurem Kalk, die sich mittelst einer schwachen Gasentwicklung über den allmälig abnehmenden äpfelsauren Kalk erheben. Dessaignes (*Compt. rend.* 28, 16).

Bei 4 Th. äpfelsaurem Kalk, 24 Th. Wasser und 1 Th. Hefe (oder weniger faulem Käs oder Fibrin) erfolgt an einem warmen Orte bald ziemlich lebhafte Entwicklung von reinem kohlensauren Gas, das schlammige Kalksalz fängt in 3 Tagen an körnig und schwer zu werden und zeigt sich, wenn die Gasentwicklung beendigt ist, völlig in unter dem Mikroskop zu erkennende durchsichtige, sternförmig vereinigte Nadeln verwandelt, welche aus bernsteinsaurem und kohlensaurem Kalk bestehen.

In der darüber stehenden Flüssigkeit findet sich essigsaurer Kalk.

Bei zu viel Hefe oder Käs und bei zu grofser Wärme entwickelt sich neben dem kohlensauren auch Wasserstoffgas, welches im Maafse dem kohlensauren gleich kommen kann, und dann erhält man neben wenig Bernsteinsäure und Essigsäure, viel Buttersäure, und ein zu den Fermentolen zu zählendes farbloses, nach Aepfeln riechendes, flüchtiges Oel, welches sich durch Destillation der Flüssigkeit gewinnen lässt; dasselbe löst sich leicht in Wasser, daraus durch Chlorcalcium oder kohlensaures Kali scheidbar; übrigens löst es in trocknem Zustande viel Chlorcalcium auf. Für die Gährung, bei welcher Bernsteinsäure und Essigsäure entsteht, und reine Kohlensäure entwickelt wird, ist die Gleichung: $3 C^8H^6O^{10} = 2 C^8H^6O^8 + C^4H^4O^4 + 4 CO^2 + 2 HO$. Für die Gährung mit Wasserstoffgas: $2 C^8H^6O^{10} = C^8H^8O^4 + 8 CO^2 + 4 H$; oder, wenn diese erst mit der anfangs erzeugten Bernsteinsäure erfolgen sollte:

$3C^8H^6O^8 = 2C^8H^8O^4 + 8CO^2 + 2H$. [Die Bildung des Fermentols ist hierbei nicht berucksichtigt]. Ein Theil der Kohlensäure bleibt beim Kalk. LIEBIG (*Ann. Pharm.* 70, 104 u. 363).

			RICH. M. 1) bei 200°.	HAGEN. 2)
2 CaO	56	32,56	32,00	32,19
$C^8H^4O^8$	116	67,44		
$C^8H^4Ca^2O^{10}$	172	100,00		

			RICH. M. 1) bei 100°.	DESS. CH. 6) bei 100°.
2 CaO	56	29,48	31,03	30,96
$C^8H^4O^8$	116	61,05		
2 HO	18	9,47		
+ 2 Aq	190	100,00		

			HAGEN. 5) bei 100°.	RICH. M. 1) lufttr.
2 CaO	56	26,92	27,38	
$C^8H^4O^8$	116	55,77		
4 HO	36	17,31		17,00
$C^8H^4Ca^2O^{10}+4Aq$	208	100,00		

			HAGEN. 5) lufttr.	DESS. CH. 6) lufttr.
2 CaO	56	24,78	26,11	24,56
$C^8H^4O^8$	116	51,33		
6 HO	54	23,89		22,49
+ 6 Aq	226	100,00		

Das Salz, welches man durch Sättigen der unreinen Säure aus Aepfeln mit überschüssigem kohlensauren Kalk erhält. röthet schwach Lackmus, löst sich leicht in kaltem Wasser, und wird daraus durch Weingeist als eine schmierige Materie, die auf dem Nagel zu einem Firniss austrocknet, niedergeschlagen. SCHEELE.

b. *Saurer.* — Lässt sich aus den Stängeln des *Geranium zonale* darstellen. BRACONNOT. Auch aus den Beeren von *Rhus glabrum* oder *copallinum*, indem man sie mit heifsem Wasser auszieht, den Aufguss abdampft, mit durch Salzsäure gereinigter Thierkohle entfärbt, und das Filtrat weiter abdampft, zum Krystallisiren hinstellt, und nöthigen Falls die erhaltenen Krystalle durch Umkrystallisiren reinigt. ROGERS (*Sill. amer. J.* 27, 294). — Aus der Lösung des neutralen Salzes in warmer verdünnter Salpetersäure schiefst beim Erkalten das saure an. HAGEN. — Die, 8 At. Wasser haltenden, klaren, glänzenden Säulen und Nadeln dieses Salzes gehören dem 2- u. 2-gliedrigen System an. *Fig.* 68 ohne i-Fläche; y : y = 122° 18'; p : y = 152° 13'; p : t = 90°; y : u = 101° 5'; t : u = 125° 20'; u^1 : u = 129° 25'. NICKLÈS (*briefl. Mittheilung*). BRACONNOT, WACKENRODER und ROGERS gaben ähnliche Beschreibungen der Krystalle, während HAGEN rhombische Oktaeder erhielt. — Die Krystalle schmecken angenehm sauer, ROGERS, stärker als Weinstein, BRACONNOT. — Sie verlieren bei 100° 22,37 Proc. (beinahe 6 At.) und bei 180° im Ganzen 31,06 Proc. (beinahe 8 At.) Wasser. RICHARDSON u. MENZDORF. Sie verlieren bei 100° in 8 Tagen nur 19 bis 20 Proc. Wasser und lassen eine in der Hitze fadenziehende Masse. Bei etwas stärkerem Erhitzen lassen sie unter Aufblähen und Verlust von 22,53 Proc. Wasser ein durchsichtiges Gummi, BRACONNOT, welches im Feuer stechend saure und zu Thränen reizende Dämpfe entwickelt, sich unter schwacher Entflammung verkohlt, WACKENRODER, und endlich eine aufgeblähte weifse Kalkmasse lässt, ROGERS. — Die Krystalle lösen sich in 50 Th. kaltem Wasser, reichlicher in heifsem, beim Erkalten anschiefsend; TROMMSDORFF; sie lösen sich wenig in Wasser, BRACONNOT, reichlich, ROGERS. Sie werden durch Weingeist, der Säure entzieht, in neutrales Salz verwandelt, BRACONNOT; sie lösen sich nicht in kochendem 96procentigen Weingeist; kochender 70procentiger löst sie unter Rücklassung eines weifsen Pulvers von Salz a, und die Lösung liefert beim Erkalten Krystalle von Salz b, während ein übersaures Kalksalz gelöst bleibt, WACKENRODER.

	Krystallisirt.		BRACONNOT.	WACKENR.	ROGERS.	HAGEN.
CaO	28	12,44	11,09	13,0	12,5	13,69
$C^8H^5O^9$	125	55,56				
8 HO	72	32,00	22,53			
$C^8H^5CaO^{10}+8Aq$	225	100,00				

HAGEN nimmt nach seiner Analyse, von welcher sich aber die übrigen entfernen, bloſs 6 Aq in den Krystallen an.

Aepfelsaures Kalk-Ammoniak. — Durch Verbinden eines viel überschüssige Säure enthaltenden äpfelsauren Kalkes mit Ammoniak. Krystallisirt in der Form des sauren äpfelsauren Kalks, obgleich es nur sehr wenig Kalk enthält. BRACONNOT.

Aepfelsaures Kalk-Kali. — Mischt man zu der lauen Auflösung des neutralen äpfelsauren Kalkes Kali, so bilden sich 2 solche Verbindungen, deren eine niederfällt, während die andere unkrystallisirbare gelöst bleibt. BRACONNOT.

Aepfelsaures Kalk-Natron. — Kohlensaures Natron trübt die Lösung des sauren äpfelsauren Kalkes kaum, selbst in der Hitze. BRACONNOT.

Aepfelsaure Bittererde. — a. *Neutrale.* — α. *Wasserfreie.* — Man fällt die concentrirte Lösung des Salzes γ durch absoluten Weingeist, wäscht die dicken Flocken, welche beim Erwärmen zum Theil zu einer fadenziehenden Masse schmelzen, mit Weingeist, und trocknet sie bei 100°. HAGEN.

	α.		HAGEN.
2 MgO	40	25,64	27,02
$C^8H^4O^8$	116	74,36	
$C^8H^4Mg^2O^{10}$	156	100,00	

β. *Mit 2 At. Wasser.* — Man trocknet die Krystalle γ bei 100°. LIEBIG, HAGEN.

γ. *Mit 10 At. Wasser.* — Man sättigt die kochende verdünnte Säure mit Bittererde, dampft das neutrale Filtrat zur Krystallhaut ab, und erkältet zum Krystallisiren. HAGEN. Das Krystallisiren erfolgt leicht. BRACONNOT. Die Krystalle sind dicke rhombische Säulen von bitterlichem Geschmack. LASSAIGNE. Sie sind luftbeständig, DONOVAN; sie verwittern an der Luft, und verlieren bei 100° 29,5 bis 30,0 Proc. (8 At.) Wasser, dann nichts mehr, selbst in der Hitze der kochenden Chlorcalciumlösung. LIEBIG. Sie schäumen im Feuer auf; sie lösen sich in 28 Th. Wasser. DONOVAN. — Das Salz der unreinen Säure zerflieſst an der Luft. SCHEELE.

	β.		LIEBIG.	HAGEN.
2 MgO	40	22,99	23,45	23,25
$C^8H^4O^8$	116	66,67		
2 HO	18	10,34		
$C^8H^4Mg^2O^{10}+2Aq$	174	100,00		

	γ.		HAGEN.
2 MgO	40	16,26	16,66
$C^8H^4O^8$	116	47,15	
10 HO	90	36,59	
+ 10 Aq	246	100,00	

b. *Saure.* — Man sättigt die wässrige Säure zur Hälfte mit kohlensaurer Bittererde und dampft ab. — Platte Säulen, die bei 100° 2 At. Wasser verlieren, und bei stärkerer Hitze schmelzen. HAGEN. Durchsichtiges, luftbeständiges Gummi, aus dessen Lösung Kali ***basisch äpfelsaures Bittererde-Kali*** fällt. BRACONNOT.

	Bei 100° getr.		Hagen.	Krystallisirt.			Hagen.
MgO	20	12,27	13,29	MgO	20	11,05	11,95
$C^8H^5O^9$	125	76,69		$C^8H^5O^9$	125	69,06	
2 HO	18	11,04		4 HO	36	19,89	
$C^8H^5MgO^{10}+2Aq$	163	100,00		$+ 4 Aq$	181	100,00	

Aepfelsaure Yttererde. — 1. Beim Uebergiefsen von kohlensaurer Yttererde mit wässriger Aepfelsäure löst sich ein Theil des sich bildenden Salzes, und wird beim Abdampfen in kleinen weifsen Warzen erhalten. — 2. Neutrale äpfelsaure Alkalien fällen aus Yttererdesalzen bei concentrirten Lösungen, und bei richtigem Verhältnisse der beiden Salze ein weifses, fast krystallisches Pulver, welches beim Verdunsten seiner Lösung in Wasser in weifsen Körnern bleibt. — Das lufttrockne Salz ist $C^8H^4Y^2O^{10} + 2Aq$. Es verliert sein Wasser noch nicht bei 110°, und wird in stärkerer Hitze nur schwer zersetzt. Es löst sich in 74 Th. Wasser; seine Lösung in wässriger Aepfelsäure setzt beim Abdampfen wieder neutrales Salz ab, während die überschüssige Säure in der Mutterlauge bleibt. Es löst sich reichlich in wässrigem äpfelsauren Natron, und krystallisirt daraus nicht beim Verdunsten. Berlin.

Aepfelsaure Alaunerde. — a. *Basisch.* — Wenig in Wasser löslich. Braconnot. — b. *Neutrale.* — Durchsichtiges, Lackmus schwach röthendes, luftbeständiges, leicht in Wasser lösliches Gummi, dessen Lösung weder durch Kali, noch durch Ammoniak gefällt wird.

Aepfelsaures Uranoxyd. — Das unreine Salz ist blassgelb, wenig in Wasser löslich. Richter.

Aepfelsaures Manganoxydul. — a. *Neutral.* — Durch Sättigen der Säure mit kohlensaurem Oxydul. Nicht krystallisirbar, gummiartig, sehr leicht löslich. — b. *Saures.* — Fällt beim Zusatz von Aepfelsäure zu der Lösung von a als ein weifses Pulver nieder; schiefst aus der Lösung in heifsem Wasser in durchsichtigen rosenrothen Krystallen an. Im Feuer schmilzt es nicht, und zersetzt sich unter Aufblähen; es löst sich in 41 Th. kaltem Wasser. Braconnot.

Aepfelsaures Zinkoxyd. — a. *Basisch.* — Bleibt als ein weifslicher krystallischer Rückstand beim Lösen des neutralen in Wasser; enthält 48,11 Proc. Oxyd. Braconnot. — Die durch längeres Kochen der wässrigen Säure mit kohlensaurem Zinkoxyd erhaltene Lösung gesteht beim Erkalten zu einer zitternden Gallerte, welche, in Wasser vertheilt und anhaltend gekocht, sich in ein sandiges Pulver verwandelt. Dasselbe wird bei 100° nicht zersetzt, verwandelt sich aber bei 200° unter Verlust von Wasser theilweise in fumarsaures Zinkoxyd; denn die bei längerem Kochen mit Wasser erhaltene, dann stark eingekochte Lösung setzt bei Zusatz von etwas Salpetersäure Krystalle von Fumarsäure ab. Hagen.

	Bei 200° getrocknet.		Hagen.	Bei 100° getrocknet.			Hagen.
3 ZnO	120,6	50,97	49,03	3 Zn	120,6	44,29	44,34
8 C	48	20,29	21,86	8 C	48	17,56	19,22
4 H	4	1,69	1,84	8 H	8	2,93	2,60
8 O	64	27,05	27,27	12 O	96	35,22	33,84
$ZnO,C^8H^4Zn^2O^{10}$	236,6	100,00	100,00	$+ 4 Aq$	272,6	100,00	100,00

HAGEN zieht andere Formeln vor, die allerdings den Analysen besser entsprechen, nämlich für das Salz bei 200°: $3ZnO,C^8H^4O^8$ (basisch äpfelsaures Zinkoxyd) + ZnO,C^4HO^3 ($\frac{1}{2}$ At. fumarsaures Zinkoxyd), wozu bei dem bei 100° getrockneten Salze noch 4 Aq treten; doch gibt Er selbst an, dass sich aus letzterem keine Fumarsäure scheiden lässt.

b. *Neutral.* — α. Sättigt man die wässrige Säure mit kohlensaurem Zinkoxyd unter 30°, so setzt das Filtrat nach einiger Zeit kleine glänzende Krystalle ab, die bei 100° allmälig ihre 6 At. Wasser völlig verlieren. HAGEN.

β. Sättigt man dagegen die Säure in starker Hitze, filtrirt die Lösung von dem sich beim Erkalten abscheidenden Salz a ab, und dampft weiter ab, so erhält man zwar auch Krystalle mit 6 At. Wasser, welche aber eine verschiedene Form besitzen und bei 100° ungefähr $1\frac{1}{2}$ At. Wasser hartnäckig zurückhalten. HAGEN. Es sind stark glänzende, harte, kurze, 4seitige (quadratische, LASSAIGNE) Säulen, gerade abgestumpft oder mit 2 Flächen zugeschärft, Lackmus röthend. BRACONNOT. Sie werden bei 100° undurchsichtig, unter Verlust von 10 Proc. Wasser, und zerfallen dann bei 120° unter Aufschwellen zu einem weifsen Pulver, wobei sie weitere 10 Proc. Wasser verlieren. LIEBIG. Sie lösen sich (unter Rücklassung von etwas Salz a) in 55 Th. (67 Th. von 20°, LASSAIGNE) kaltem und in 10 Th. kochendem Wasser, ohne sich beim Erkalten abzuscheiden. BRACONNOT.

α, bei 100°, oder β, über 100° getrocknet.			HAGEN.	LASSAIGNE.
2 ZnO	80,4	40,93	40,80	40,74
$C^8H^4O^8$	116	59,07		
$C^8H^4Zn^2O^{10}$	196,4	100,00		

β, bei 100° getrocknet.			HAGEN.	LIEBIG.	BRACONNOT.
2 ZnO	80,4	37,50	38,32	37,75	35,50
8 C	48	22,39	22,74		
6 H	6	2,80	2,51		
10 O	80	37,31	36,43		
$C^8H^4Zn^2O^{10}$+2Aq	214,4	100,00	100,00		

HAGEN nimmt zufolge Seiner Analyse blofs 1 oder $1\frac{1}{2}$ Aq in diesem Salze an.

β, lufttrockne Krystalle.			BRACONNOT.	LIEBIG.	HAGEN.
2 ZnO	80,4	32,11	31,95	32,71	32,17
$C^8H^4O^8$	116	46,33		46,73	
6 HO	54	21,56		20,56	
$C^8H^4Zn^2O^{10}$+6Aq	250,4	100,00		100,00	

c. *Saures.* — Man übersättigt das Salz b mit der Säure und wäscht die erhaltenen Krystalle mit Weingeist. Längliche Quadratoktaeder, die sich in der Hitze unter Aufschäumen und Verlust von 8,33 Proc. Wasser in ein Gummi verwandeln, und die in 23 Th. kaltem Wasser löslich sind. BRACONNOT.

Trocken.		
ZnO	40,2	24,33
$C^8H^5O^9$	125	75,67
$C^8H^5ZnO^{10}$	165,2	100,00

	Gummi.		BRACONNOT.	HAGEN.		Krystalle.		BRACONNOT.
ZnO	40,2	21,94	21,59	21,34	ZnO	40,2	19,98	19,79
$C^8H^5O^9$	125	68,23			$C^8H^5O^9$	125	62,13	
2 HO	18	9,83			4 HO	36	17,89	
$C^8H^5ZnO^{10}+2Aq$	183,2	100,00			+ 4 Aq	201,2	100,00	

Aepfelsaures Zinkoxyd-Ammoniak. — Das Ammoniak zersetzt das neutrale äpfelsaure Zinkoxyd nur zum Theil, unter Bildung eines Doppelsalzes. BRACONNOT.

Aepfelsaures Zinn. — Nicht krystallisirbare, leicht lösliche, etwas feucht werdende Salze. BRACONNOT.

Aepfelsaures Bleioxyd. — a. *Basisch.* — Durch Digestion des neutralen Salzes mit Ammoniak. Flockiges, sich in kochendem Wasser nicht erweichendes Pulver. BRACONNOT. Dichte und harte, oder körnige, in Wasser unauflösliche Masse. DONOVAN.

b. *Neutrales.* — Die kalte wässrige Säure fällt aus Bleizucker voluminose Flocken, die in einigen Stunden zu Nadeln zusammengehen. BRACONNOT, VAUQUELIN, WÖHLER. Sie fällt nur in dem Falle das salpetersaure Bleioxyd, wenn sie kalkhaltig ist. GAY-LUSSAC. Neutrales äpfelsaures Kali fällt aus Bleizucker ein Gemenge von neutralem und basischem Salz. BRACONNOT. Nach RIECKHER (*Ann. Pharm.* 39, 23) dagegen gibt zwar saures äpfelsaures Ammoniak mit drittel essigsaurem Bleioxyd unter Freiwerden von Ammoniak einen nicht krystallisirenden käsigen Niederschlag, der aber dennoch die Zusammensetzung des neutralen Salzes hat, und GOUPIL (*Compt. rend.* 23, 52) fand, dass das gefällte neutrale Salz nur dann nach einigen Stunden Nadeln bildet, wenn die darüber stehende Flussigkeit etwas freie Aepfelsäure, Essigsäure oder Salpetersäure hält, daher nicht, wenn man den Bleizucker durch ein neutrales äpfelsaures Alkali fällt. Aus der Lösung in heifsem Wasser oder wässriger Säure scheidet sich das neutrale äpfelsaure Bleioxyd immer in Krystallen ab. Es sind farblose, Lackmus röthende, zu Büscheln vereinigte seidenglänzende Nadeln, oder 4seitige, schief abgestumpfte Säulen, oder silberglänzende talkartige Blättchen, sie schmelzen unter kochendem Wasser zu einer harzartigen fadenziehenden Masse zusammen, welche beim Erkalten zu einer spröden Masse erhärtet. BRACONNOT. — Die Krystalle verlieren beim Erhitzen 14 Proc. (6 At.) Wasser; das frisch gefällte, noch nicht krystallisch gewordene Salz hält eben so viel Wasser, und kann desshalb in den krystallischen Zustand übergehen, ohne dass es sich unter einer wässrigen Flüssigkeit befindet. PELOUZE. Die Krystalle schmelzen unter Verlust ihres Wassers bei 100°, und das bleibende trockne Salz, weiter auf 220° erhitzt, geht unter weiterem Verlust von 2 At. Wasser in fumarsaures Bleioxyd über, worin 69,33 Proc. PbO, 14,94 C, 1,16 H und 14,57 O. RIECKHER. Bei noch stärkerem Erhitzen verbrennt der Rückstand unter Aufblähen. BRACONNOT. Die Krystalle lösen sich sehr wenig in kaltem Wasser, etwas besser in heifsem (nach dem Harzigwerden schwieriger) und schiefsen daraus beim Erkalten an. BRACONNOT, VAUQUELIN. Kochende wässrige Essigsäure oder Aepfelsäure wirken nicht viel auflösender, als das Wasser, und lassen beim Erkalten fast alles Salz im neutralen Zustande herauskrystallisiren. BRACONNOT. Leicht in Salpetersäure löslich. Es gibt mit wässrigem Ammoniak und mit erhitztem wässrigen salz-, salpeter- oder bernstein-sauren Ammoniak eine klare Lösung, mit erhitztem schwefelsauren eine erst klare, dann sich trübende, und mit kohlensaurem Ammoniak eine bleibend getrübte Lösung. WITTSTEIN. Nach ROCKES löst es sich nicht in Ammoniak. — DONOVAN nahm an, das Salz löse sich nicht als solches in heifsem Wasser, sondern als saures, während basisches zurückbleibe. Aber nach LASSAIGNE lösen sich die Krystalle bei genug Wasser vollständig.

Die Verbindung der unreinen Aepfelsäure mit Bleioxyd ist weifs, gelb oder braun; löst sich nur sehr wenig in kochendem Wasser, und fällt daraus beim Erkalten nicht krystallisch, sondern in Flocken nieder; löst sich nach VAUQUELIN und BRACONNOT leicht in Essig.

	Bei 130°	getrocknet.	LIEBIG.	PELOUZE.	LUCK.	DÖBEREINER.
2 PbO	224	65,88	65,35	65,39	65,70	65,1
8 C	48	14,12	14,38	14,36	14,27	11,4
4 H	4	1,18	1,26	1,26	1,22	1,0
8 O	64	18,82	19,01	18,99	18,81	22,5
$C^8H^4Pb^2O^{10}$	340	100,00	100,00	100,00	100,00	100,0

Im, wohl verschieden stark, getrockneten Salze fanden VAUQUELIN 67, BRACONNOT 61,15 und LASSAIGNE 57,39 Proc. Bleioxyd.

	Lufttrockne	Krystalle.	PIRIA.	Oder:			PELOUZE.
2 PbO	224	56,85	56,66	$C^8H^4Pb^2O^{10}$	340	86,29	86
8 C	48	12,18	12,20				
10 H	10	2,54	2,49	6 HO	54	13,71	14
14 O	112	28,43	28,65				
$C^8H^4Pb^2O^{10}+6Aq$	394	100,00	100,00		394	100,00	100

Aepfelsaures Bleioxyd-Ammoniak. — Bildet sich bei Zersetzung des neutralen äpfelsauren Bleioxyds durch Ammoniak. Auflöslich, krystallisirbar. BRACONNOT.

Aepfelsaures Bleioxyd-Zinkoxyd. — Fällt nieder beim Vermischen von äpfelsaurem Zinkoxyd mit Bleizucker. BRACONNOT.

Aepfelsaures Eisenoxyd. — Das neutrale und das saure Salz sind braun, gummiartig, luftbeständig, leicht in Wasser und Weingeist löslich. SCHEELE, BRACONNOT. Mit Aepfelsäure versetzte Eisenoxydsalze sind nicht durch Alkalien fällbar. H. ROSE.

Aepfelsaures Kupferoxyd. — a. *Basisches.* — α. *Mit 4 At. Wasser.* — Bleibt beim Kochen von kohlensaurem Kupferoxyd mit überschüssiger Aepfelsäure als ein in der wässrigen Säure unlösliches grünes Pulver. LIEBIG.

β. *Mit 5 At. Wasser.* — Die Lösung des Kupferoxydhydrats in kalter concentrirter Aepfelsäure setzt bei Weingeistzusatz ein blaugrünes, wieder in Wasser lösliches Salz ab, welches 5 At. Wasser zu enthalten scheint. Letztere Lösung reagirt sauer, und setzt beim Kochen das Salz α ab, dagegen bei mehrtägigem Hinstellen das Salz γ.

γ. *Mit 6 At. Wasser.* — Beim kalten Hinstellen von kohlensaurem Kupferoxyd mit überschüssiger Säure erhält man eine Lösung, die beim Kochen das Salz α absetzt, dagegen beim Verdunsten im Vacuum oder unter 40° (während eine farblose, freie Säure haltende Mutterlauge bleibt) dunkelgrüne Krystalle des Salzes γ liefert, welche beim Trocknen im Vacuum über Vitriolöl blau werden. LIEBIG.

a, über Vitriolöl getrocknet.			Liebig.	γ.			Liebig.
3 CuO	120	44,12	43,83	3 CuO	120	41,38	41,22
8 C	48	17,65	17,90	8 C	48	16,55	
8 H	8	2,94	3,06	10 H	10	3,45	
12 O	96	35,29	35,21	14 O	112	38,62	
$CuO,C^8H^4Cu^2O^{10}+4Aq$	272	100,00	100,00	+ 6 Aq	290	100,00	

b. *Neutrales.* — Die, aus Wermuth erhaltene, Aepfelsäure, mit Kupferoxyd erwärmt und nach dem Filtriren abgedampft, lässt ein Gummi, welches, nach der Entziehung der überschüssigen Säure mittelst Weingeists, eine dunkelgrüne, amorphe, leicht und mit schön grüner Farbe in Wasser lösliche Masse darstellt. Luck. Das neutrale Salz ist ein grüner luftbeständiger Firniss. Braconnot.

2 CuO	80	37,38	37,18
8 C	48	22,44	22,64
6 H	6	2,80	2,67
10 O	80	37,38	37,51
$C^8H^4Cu^2O^{10}+2Aq$	214	100,00	100,00

c. *Saures.* — Durch Fällung von Kupfervitriol mit Kali erhaltenes und bei gelinder Wärme getrocknetes Kupferoxyd bildet bei längerem Hinstellen mit der kalten wässrigen Säure eine blaue Lösung, welche, unter 40° verdunstet, prächtig smalteblaue Krystalle liefert. Diese verlieren bei 100° ihre 2 At. Wasser. Hagen.

Bei 100° getrocknet.			Hagen.	Krystallisirt.			Hagen.
CuO	40	24,24	23,93	CuO	40	21,86	21,52
8 C	48	29,09	29,23	$C^8H^5O^9$	125	68,31	
5 H	5	3,03	3,03	2 HO	18	9,83	9,99
9 O	72	43,64	43,81				
$C^8H^5CuO^{10}$	165	100,00	100,00	+ 2 Aq	183	100,00	

Nach Braconnot ist das saure Salz nicht krystallisirbar und wird durch Kali nur theilweise gefällt, indem sich ein Doppelsalz zu bilden scheint. — Nach Pfaff (*Schw.* 61, 357) gibt Kupferoxyd-Ammoniak mit wässriger Aepfelsäure ein olivengrünes Gemisch.

Aepfelsaures Quecksilberoxydul. — Die reine Aepfelsäure fällt nach Lassaigne, nicht nach Braconnot, das salpetersaure Quecksilberoxydul in weifsen Flocken. — Die unreine fällt ein, leicht in Aepfelsäure und stärkern Säuren lösliches, weifses Pulver. Scheele, Braconnot. — Die wässrige Säure, mit Quecksilberoxydul bei 75° digerirt und filtrirt, setzt ein Krystallpulver ab. Dasselbe fällt beim Mischen von äpfelsaurem Kali mit verdünntem salpetersauren Quecksilberoxydul nieder. Es schmeckt nach einiger Zeit metallisch; es färbt sich im feuchten Zustande in der Sonne grau; es hält nach gelindem Trocknen 75,96 Proc. Oxydul, kein Wasser; es lässt beim Glühen Kohle; es schwärzt sich mit Alkalien; es zerfällt bei längerem Kochen mit Wasser in ein basisches und ein sich lösendes saures Salz; es löst sich in heifser Salpetersäure, nicht in Wasser, Weingeist oder Aether. Harff (*N. Br. Arch.* 5, 281).

Aepfelsaures Quecksilberoxyd. — Durch Auflösen des Oxyds in erwärmter Säure. Gummiartig, nicht krystallisirbar, durch Wasser in sich auflösendes saures und zurückbleibendes basisches Salz zerlegbar. Braconnot. — Wenn man das Oxyd mit überschüssiger concentrirter Aepfelsäure kocht, so scheiden sich aus dem Filtrat kleine Krystalle eines in Wasser löslichen *sauren Salzes* ab; waltet dagegen das Oxyd vor, so setzt das Filtrat neben jenen Krystallen auch ein gelbes Pulver eines *basischen Salzes* ab; dieses entsteht auch, wenn man salpetersaures Quecksilberoxyd durch äpfelsaures Kali fällt, wobei saures Salz gelöst bleibt. Das gelbe Pulver schmeckt schwach metallisch; lässt beim Glühen Kohle, gibt mit Ammoniak ein weifses Pulver, und mit Kali gelbes Oxyd, löst sich in Salz- oder Salpeter-Säure und in 2000 Th. Wasser. Harff.

Bei der Zersetzung des äpfelsauren Quecksilberoxyduls durch Ammoniak entsteht ein schwarzes geschmackloses Pulver, worin 88,01 Proc. Hg^2O, welches beim Glühen Kohle lässt, mit Kali Ammoniak entwickelt, sich in Salpetersäure bis auf ein weifses Pulver und in concentrirter Essigsäure bis auf Quecksilberkügelchen löst, die auch beim Reiben des angefeuchteten Pulvers erhalten werden. — Das aus dem äpfelsauren Quecksilberoxyd durch Ammoniak erhaltene weifse Pulver entwickelt mit Kali Ammoniak und löst sich fast ganz in Salz- oder Salpeter-Säure, woraus dann Kali ein weifses Pulver fällt. Harff.

Aepfelsaures Silberoxyd. — a. *Basisches?* — Wässrige Aepfelsäure, mit Silberoxyd erwärmt, färbt sich bräunlich, erzeugt Kohlen- und Essig-Säure, und entfärbt sich dann unter Absatz von braunschwarzen Flocken, einer Verbindung von Silberoxyd mit zersetzter Aepfelsäure, während das Filtrat beim Abdampfen ein amorphes Gummi liefert. Braconnot. Dieses Salz hielt Braconnot für das neutrale, und Salz b für das saure, was aber nicht existirt.

b. *Neutrales.* — Nur die unreine, nicht die reine Säure, fällt das salpetersaure Silberoxyd. Scheele, Gay-Lussac, Braconnot. — 1. Aus der Lösung des Salzes a fällt Aepfelsäure das Salz b in Körnern. Braconnot. — 2. Aepfelsaure Alkalien fällen aus salpetersaurem Silberoxyd das Salz b als ein schneeweifses körniges Krystallpulver. Wendet man hierzu saures äpfelsaures Ammoniak an, so fällt blofs die Hälfte des Salzes nieder, und die andere Hälfte erst beim Neutralisiren mit Ammoniak. Liebig. — 3. Mit warmem verdünnten sauren äpfelsauren Kalk gibt Silbersalpeter einen kalkhaltigen Niederschlag, der aber, nach dem Waschen in sehr verdünnter Salpetersäure gelöst und nicht völlig durch Ammoniak gefällt, so dass die Flüssigkeit sauer bleibt, frei von Kalk und Ammoniak erscheint. Liebig u. Redtenbacher (*Ann. Pharm.* 38, 131). — Weifses körniges Krystallpulver. Von 4,0016 spec. Gew. bei 15°. Liebig u. Redtenbacher. Es schwärzt sich schnell im Licht. Luck. Es färbt sich bei starkem Trocknen gelb, Liebig, schmilzt bei stärkerem Erhitzen unter geringem Aufschäumen, Braconnot, Liebig, entwickelt Wasser, Kohlensäure, Kohlenoxyd und Fumarsäure mit brenzlichem Geruche, und lässt 62,009 Proc. kohlenstofffreies Silber in Gestalt eines lockeren Kuchens, Liebig u. Redtenbacher. Es löst sich in kochendem Wasser, beim Erkalten leicht anschiefsend, Braconnot; es löst sich zwar leicht in kochendem Wasser, gibt jedoch beim Erkalten keine Krystalle, sondern setzt unter Schwärzung der Flüssigkeit metallisches Silber ab. Liebig. Es löst sich schwer in kochendem Wasser, leicht in Säuren, wobei sich der sich nicht sogleich lösende Theil augenblicklich dunkel färbt. Luck.

Bei 100° getrocknet.			Liebig.	Ilisch.	Luck.
8 C	48	13,79	13,88	13,47	13,84
4 H	4	1,15	1,17	1,36	1,18
2 Ag	216	62,07	62,01	60,93	61,70
10 O	80	22,99	22,94	24,24	23,28
$C^8H^4Ag^2O^{10}$	348	100,00	100,00	100,00	100,00

Ilisch (*Ann Pharm.* 51, 246) analysirte das Salz der aus Kartoffeln, Luck das der aus Wermuth erhaltenen Aepfelsäure.

Die Aepfelsäure löst sich leicht in *Weingeist*.

Bei dem Versuche, einen *Aepfelvinester* darzustellen, erhielt Hagen Fumarvinester (V, 206). — Thenard (*Mém. de la Soc. d'Arcueil* 2, 12) erhielt beim Erhitzen von 15 Th. Aepfelsäure mit 18 Th. Weingeist und 5 Th. Vitriolöl, bis sich Aether zu entwickeln begann, und Versetzen des braunen Rückstandes mit Wasser, ein sich niedersetzendes gelbliches, geruchloses, nicht flüchtiges Oel, welches durch Kali unter Bildung von äpfelsaurem Kali zersetzt wurde, sich wenig in Wasser und reichlich in Weingeist löste, daraus durch Wasser fällbar. [Verdient nochmalige Untersuchung].

Anhang zur Aepfelsäure.

Mit der Aepfelsäure vielleicht identische Säuren.

1. Pilzsäure.

Braconnot (1810). *Ann. Chim.* 79, 293; 87, 242.

Acide fongique — Findet sich in *Peziza nigra*, *Hydnum hybridum* u. *repandum*, *Boletus Juglandis* u. *pseudoigniarius*, *Phallus impudicus* und *Merulius Cantharellus*, Braconnot; in *Helvella Mitra*, Schrader.

Darstellung. Man presst den zerstofsenen *Boletus Juglandis* mit Wasser aus, dampft die Flüssigkeit unter Abscheidung des geronnenen Eiweifsstoffes zur Extractdicke ab, und wäscht mit Weingeist aus. Das in Weingeist Unlösliche, das pilzsaure Kali haltend, wird in Wasser gelöst und mit Bleizucker gefällt. Durch Digestion des Niederschlags mit verdünnter Schwefelsäure erhält man eine braune Flüssigkeit, welche Pilzsäure, Phosphorsäure, thierische Materie u. s. w. enthält. Diese, mit Ammoniak verbunden, liefert durch Abdampfen Krystalle von pilzsaurem Ammoniak, welche durch wiederholte Krystallisation und Auspressen zwischen Fliefspapier ziemlich weifs erhalten werden. Mit der Lösung der so gereinigten Krystalle fällt man wieder Bleizucker, worauf das reine pilzsaure Bleioxyd durch verdunnte Schwefelsäure zersetzt wird.

Farblose, nicht krystallisirbare, sehr saure Flüssigkeit, an der Luft Wasser anziehend.

Pilzsaures Ammoniak. — Säuerliche, grofse, 6seitige Säulen, bisweilen gedrückt, mit 2 auf die breiten Seitenflächen gesetzten Flächen zugeschärft (*Fig.* 55); in 2 Th. kaltem Wasser löslich.

Pilzsaures Kali und *Natron.* — Unkrystallisirbare, leicht in Wasser, nicht in Weingeist lösliche Salze.

Pilzsaurer Baryt. — Salzige, nicht krystallische Häute, im Feuer zu einem Schwamm von kohlensaurem Baryt aufschwellend, in 15 Th. kaltem Wasser löslich.

Pilzsaurer Kalk. — Pilzsaures Kali fällt nicht den salzsauren Kalk. Das Salz setzt sich beim Abdampfen einer Lösung des Kalkes in der Säure in Platten ab, welche aus kleinen Krystallen, die 4seitige, mit 2 Flächen zugeschärfte Säulen zu sein scheinen, zusammengesetzt sind. Schmeckt schwach salzig; luftbeständig. Schwillt im Feuer zu einem Schwamm von kohlensaurem Kalk auf. Löst sich in wenigstens 80 Th. kaltem Wasser.

Pilzsaure Bittererde. — Körnige Krystalle von schwachem Geschmack, die sich im Feuer wenig aufblähen, und sich ziemlich leicht in Wasser lösen.

Pilzsaure Alaunerde. — Unkrystallisirbares Gummi.

Pilzsaures Manganoxydul. — Unkrystallisirbares Gummi.

Pilzsaures Zinkoxyd. — Krystallisirt leicht in Parallelepipeden; zersetzt sich im Feuer ohne Aufblähen; mittelmäfsig in Wasser löslich.

Pilzsaures Bleioxyd. — Die freie Säure und das pilzsaure Kali fällen das essigsaure Bleioxyd in der Gestalt des Hornsilbers. Der Niederschlag ist leicht in Essigsäure löslich.

Pilzsaures Silberoxyd. — Das salpetersaure Silberoxyd wird nicht von der freien Pilzsäure, allein von den pilzsauren Alkalien gefällt.

Schwefelsaures *Eisenoxydul* und *Kupferoxyd* werden nicht von pilzsaurem Kali gefällt. BRACONNOT.

2. Igasursäure.

PELLETIER u. CAVENTOU (1819). *Ann. Chim. Phys.* 10, 167; 26, 54.

Acide igasurique. — In *Faba St. Ignatii*, *Nux vomica* und *Lignum colubrinum;* wahrscheinlich auch im *Tieute-Upas,*

Darstellung. Man kocht die mit Aether ausgezogenen Ignazbohnen wiederholt mit Weingeist aus, dampft die weingeistige Lösung ab, kocht den Rückstand mit Wasser und Bittererde, und filtrirt. Das auf dem Filter befindliche Gemenge von Bittererde, igasursaurer Bittererde und Strychnin wird mit kaltem Wasser gewaschen, dann durch heifsen Weingeist vom Strychnin befreit, dann mit viel Wasser gekocht. Dieses löst die igasursaure Bittererde auf, daher man filtrirt, abdampft, mit Bleizucker versetzt, und das niedergeschlagene igasursaure Bleioxyd, nach dem Auswaschen, in Wasser vertheilt, und durch Hydrothion zersetzt.

Eigenschaften. Bräunlicher Syrup, aus welchem in der Ruhe kleine harte Körner anschiefsen; schmeckt sauer und herb.

Verbindungen. Sehr leicht in Wasser und Weingeist löslich.

Liefert mit Alkalien Salze, die leicht in Wasser und Weingeist löslich sind. — Der igasursaure Baryt krystallisirt schwierig in Schwämmchen, ist leicht in Wasser löslich. — Das igasursaure Ammoniak fällt und färbt nicht die Eisen-, Quecksilber- und Silber-Salze; es erzeugt in Kupferoxydsalzen einen grünlichweifsen, sehr wenig in Wasser löslichen Niederschlag.

CORRIOL (*J. Pharm.* 19, 155; Ausz. *Ann. Pharm.* 8, 45) erhielt aus der *Nux vomica* eine, von der Igasursäure verschiedene, Säure, deren wässrige Lösung beim Verdunsten im Vacuum einen Syrup gibt, und beim weiteren Erhitzen über 100°, wie es scheint, ohne Zersetzung, als krystallisches Sublimat oder als butterartige Masse übergeht. Sie löst sich leicht in Wasser, kochendem Weingeist und Aether, aus diesen krystallisirend. Ihre Salze sind meistens krystallisirbar und leicht löslich.

3. Tabaksäure.

BARRAL (1845). *Compt. rend.* 21, 137.

Acide nicotique.

Man digerirt die trocknen Tabakblätter mit Wasser, fällt das saure Filtrat durch Bleizucker, zersetzt den gewaschenen und in Wasser vertheilten Niederschlag durch Hydrothion, und dampft das Filtrat zum Syrup ab, welcher beim weiteren Verdunsten entweder im Vacuum, oder bei gelinder Wärme an der Luft, die krystallisirte Säure liefert.

Glimmerartige Blättchen.

Die Säure ist 2basisch = $2\,HO,C^6H^2O^6 = C^6H^4O^8 = C^6H^4O^2,O^6$; sie verhält sich zur Metacetsäure, wie die Oxalsäure zur Essigsäure. $C^6H^4O^8 : C^6H^6O^4 = C^4H^2O^8 : C^4H^4O^4$.

Bei der trocknen Destillation, so wie bei der Behandlung mit Vitriolöl zerfällt die Säure in Essigsäure und Kohlensäure. $C^6H^4O^8 = C^4H^4O^4 + 2CO^2$.

Sie löst sich leicht in *Wasser* und bildet mit *Ammoniak*, *Kali* u. s. w. krystallisirbare Salze. — Das *Bleisalz* ist unlöslich $= 2PbO,C^6H^2O^6 = C^6H^2Pb^2O^8 = C^6H^2Pb^2O^2,O^6$. Das *Silbersalz* hat dieselbe Zusammensetzung. BARRAL.

Die Formeln von BARRAL sind nicht durch Analysen belegt.

VAUQUELIN, GOUPIL (*Compt. rend.* 23, 51) und HERMANN (*Mag. Pharm.* 25, 2, 65) erkannten die Säure des Tabaks als Aepfelsäure.

b. *Amidkerne.*

α. Amidkern $C^8AdH^5O^4$.

Asparagsäure.

$$C^8NH^7O^8 = C^8AdH^5O^4,O^4.$$

PLISSON. *J. Pharm.* 13, 477; auch *Ann. Chim. Phys.* 35, 175. — *J. Pharm.* 15, 268; auch *Ann. Chim. Phys.* 40, 303; auch *Schw.* 56, 66; auch *Br. Arch.* 31, 208; auch *N. Tr.* 19, 1, 185.
PLISSON u. O. HENRY. *Ann. Chim. Phys.* 45, 315.
BOUTRON CHARLARD u. PELOUZE. *J. Pharm.* 19, 208; auch *Ann. Chim. Phys.* 52, 90; auch *Schw.* 67, 393; auch *Ann. Pharm.* 6, 75.
LIEBIG. *Pogg.* 31, 222. — *Ann. Pharm.* 26, 125 u. 161.
PIRIA. *Ann. Chim. Phys.* 22, 160; auch *J. pr. Chem.* 44, 71.

Asparaginsäure, Acide aspartique, Ac. asparamique. — Von PLISSON 1827 entdeckt.

Bildung. Beim Erhitzen von Asparagin mit Säuren oder stärkeren Salzbasen und Wasser.

Darstellung. 1. Man kocht Asparagin mit Bleioxyd und, fortwährend zu erneuerndem, Wasser, bis sich kein Ammoniak mehr entwickelt, reinigt das rückständige Bleisalz durch Auskochen mit Wasser und Weingeist, zersetzt es, nach dem Vertheilen in Wasser, durch Hydrothion, und dampft das Filtrat zum Krystallisiren ab. PLISSON. — 2. Man kocht Asparagin mit Barytwasser bis zum völligen Aufhören der Ammoniakentwicklung, fällt aus der noch heifsen Flüssigkeit den Baryt durch die genau angemessene Menge von Schwefelsäure und dampft das Filtrat zum Krystallisiren ab. BOUTRON u. PELOUZE. — 3. Man kocht eben so mit Kalilauge, dampft die mit Salzsäure übersättigte Flüssigkeit im Wasserbade zur Trockne ab, und zieht aus dem Rückstande das Chlorkalium durch Wasser, welches völlig kalifreie Säure zurücklässt. LIEBIG.

Eigenschaften. Weifses glänzendes Krystallpulver, unter dem Mikroskop aus durchsichtigen zugeschärften 4seitigen Säulen bestehend; von 1,873 spec. Gew. bei 8,5°, PLISSON; perlglänzende und seidenglänzende kleine Krystalle, BOUTRON u. PELOUZE. Geruchlos, von säuerlichem und hinterher von Fleischbrüh-Geschmack. PLISSON.

Die Krystalle verlieren bei 120° kein Wasser. BOUTRON u. PELOUZE, LIEBIG.

	Krystalle.		PIRIA.	LIEBIG.	PL. u. HENRY.	BOUTR. u. PEL.
8 C	48	36,09	35,99	36,77	37,73	38,77
N	14	10,53	10,78	10,37	12,04	11,27
7 H	7	5,26	5,47	5,33	5,37	5,50
8 O	64	48,12	47,76	47,53	44,86	44,46
$C^8NH^7O^8$	133	100,00	100,00	100,00	100,00	100,00

Die Asparagsäure ist die Amidsäure der Aepfelsäure, wie die Oxaminsäure ($C^4NH^3O^6$) die der Oxalsäure ($C^4H^2O^8$). PIRIA.

Zersetzungen. 1. Die Säure bläht sich im Feuer unter Entwicklung von Ammoniak und von einem schwach thierisch brenzlichen Geruch stark auf. Beim Erhitzen im Vacuum wird sie unter Ausstofsen von Ammoniak, Blausäure und andern Producten gelb, dann schwarz, und lässt eine glänzende Kohle. PLISSON. — 2. Sie wird durch Lösen in kalter salpetriger Salpetersäure, oder in reiner, durch welche Stickoxydgas geleitet wird, unter Stickgasentwicklung schnell in Aepfelsäure verwandelt, während reine Salpetersäure ohne Wirkung ist. PIRIA. $C^8NH^7O^8 + NO^3 = C^8H^6O^{10} + N^2 + HO$. — Mit 12 Th. Salpetersäure bis zur Trockne abgedampft, zeigt sich die Asparagsäure nicht oder nur zum Theil zerstört. PLISSON. — 3. Beim Erhitzen mit Vitriolöl zersetzt sie sich unter Bildung schwefliger Säure. PLISSON. — Durch längeres Kochen mit concentrirter Salzsäure oder verdünnter Schwefelsäure wird sie nicht zersetzt. PIRIA. — 4. Sie wird durch Schmelzen mit überschüssigem Kalihydrat erst bei starker Hitze zersetzt, wobei unter Entwicklung von Ammoniakgas und Wasserstoffgas essigsaures und oxalsaures Kali entsteht. PIRIA.

Verbindungen. Die Asparagsäure löst sich in 128 Th. Wasser von 8,5°, viel reichlicher in heifsem, aus dem sie beim Erkalten anschiefst. PLISSON.

Sie löst sich in kaltem Vitriolöl unzersetzt. PLISSON.

Sie wird durch Salzsäure viel löslicher in Wasser, PLISSON; ihre Lösung in concentrirter Salzsäure liefert beim Abdampfen und Erkälten zerfliefsliche, sehr lösliche Blättchen, und lässt beim Abdampfen zur Trockne und längeren Erhitzen auf 100° einen noch Salzsäure haltenden amorphen zerfliefslichen Rückstand; entzieht man jedoch der Lösung durch Marmor die Salzsäure, so verliert die Asparagsäure diese leichte Löslichkeit in Wasser. PIRIA.

Die Asparagsäure zersetzt die doppelt kohlensauren Alkalien und das Seifenwasser: sie fällt kein schweres Metallsalz. Die asparagsauren Alkalien schmecken nach Fleischbrüh; sie entwickeln beim Glühen Ammoniak, Blausäure und andere Producte und lassen Cyanmetall. PLISSON. Die asparagsauren Salze sind $= C^8NH^6MO^8$. LAURENT (*Ann. Chim. Phys.* 23, 113).

Asparagsaures Ammoniak. — Krystallisirt schwierig; löst sich sehr leicht in Wasser; die Lösung wird beim Abdampfen sauer. PLISSON u. HENRY.

Asparagsaures Kali. — Krystallisirt nicht; schmeckt nach Fleischbrüh und süfslich; wird an der Luft feucht. PLISSON. Ist $= C^8NH^6KO^8$. LAURENT.

Asparagsaures Natron. — Krystallisirt leicht, schmeckt nach Fleischbrüh und schwach salzig. PLISSON.

Asparagsaurer Baryt. — Weifse, undurchsichtige, sehr kleine Krystalle, von nicht bitterem Fleischbrühgeschmack, 36,8 Proc. Baryt haltend. PLISSON. In Wasser lösliche Krystalle. BOUTRON u. PELOUZE.

Asparagsaurer Kalk. — a. *Halb.* — Die Lösung des Salzes b nimmt noch viel Kalk auf, und gibt ein krystallisirbares Salz, worin 30,65 Proc. Kalk. PLISSON. In Wasser lösliche Krystalle. BOUTRON u. PELOUZE. — b. *Einfach.* — Gummiartig; schmeckt wie das Natronsalz; hält 17,25 Proc. Kalk; gibt bei der trocknen Destillation viel Blausäure. PLISSON.

Asparagsaure Bittererde. — a. *Halb.* — Das wässrige Salz b löst noch viel Bittererde auf, und liefert beim Abdampfen ein scharf schmeckendes Gummi, worin 22,45 Proc. Bittererde. PLISSON. —

b. *Einfach.* — Durch langes Kochen des Asparagins mit Bittererde und Wasser [entsteht hier kein halbsaures Salz?] und Abdampfen des Filtrats erhält man ein, wie das Natronsalz schmeckendes, alkalisch reagirendes, sehr leicht in Wasser, nicht in starkem, aber in schwachem Weingeist, lösliches Gummi, welches 13,05 Proc. Bittererde hält. PLISSON. — Wenn bei der Darstellung des Asparagins aus Eibischwurzel aus den weingeistigen Auszügen das Asparagin krystallisirt ist, so setzt die Mutterlauge beim weiteren Abdampfen ein gelbweifses Pulver von asparagsaurer Bittererde ab, welches beim Umkrystallisiren aus heifsem Wasser die Form von Krystallrinden annimmt. Dieselben sind in wässriger Lösung neutral gegen Pflanzenfarben; sie verbrennen beim Erhitzen unter Ammmoniakentwicklung und ohne Aufblähen zu kohlensaurer Bittererde; sie lösen sich in ungefähr 16 Th. kochendem Wasser und ziemlich leicht in schwachem Weingeist, nicht in absolutem. WITTSTOCK (*Pogg.* 20, 352).

Die wässrige halb asparagsaure Bittererde gibt mit Brechweinstein einen Niederschlag, in einem Ueberschuss jedes dieser 2 Salze löslich. PLISSON.

Asparagsaures Zinkoxyd. — Weifse undurchsichtige kleine Puncte, PIRIA, nicht zerfliefslich, erst nach Fleischbrüh, dann schrumpfend schmeckend. PLISSON.

Asparagsaures Bleioxyd. — Das Kalisalz und der halb asparagsaure Kalk fällen Bleizucker und Bleiessig; der Niederschlag löst sich in einem Ueberschuss von jedem der 2 Salze und in Salpetersäure. PLISSON.

	Bei 120° getrocknet.		BOUTR. u. PELOUZE.
PbO	112	47,46	48,81
8 C	48	20,34	21,35
N	14	5,94	6,09
6 H	6	2,54	2,69
7 O	56	23,72	21,06
$C^8NH^6PbO^8$	236	100,00	100,00

Salpeter- und *asparag-saures Bleioxyd.* — Man erwärmt Asparagin mit Salpetersäure, welche ganz frei von salpetriger ist, mischt die, Salpetersäure, Asparagsäure und Ammoniak haltende, Flüssigkeit mit salpetersaurem Bleioxyd, bewirkt die Wiederlösung des entstandenen Niederschlags durch Erwärmen, und erhält beim Erkalten Nadeln, dem ameisensauren Bleioxyd ähnlich; dieselben erleiden bei 150° im Luftstrom keinen Verlust, zersetzen sich in stärkerer Hitze mit schwacher Deflagration, entwickeln mit Vitriolöl Salpetersäuredämpfe, und werden wenig durch kaltes, vollständiger durch heifses, zersetzt. PIRIA. Die Bereitung dieses Salzes gelang nur einmal, und scheint von dem richtigen Verhältnisse der 2 einfachen Salze und der richtigen Concentration der Flüssigkeit abzuhängen. PIRIA.

			PIRIA.
2 PbO	224	55,72	55,47
8 C	48	11,94	11,98
2 N	28	6,96	7,28
6 H	6	1,50	1,62
12 O	96	23,88	23,65
$C^8NH^6PbO^8,PbO,NO^5$	402	100,00	100,00

Asparagsaures Eisenoxyd. — Anderthalbchloreisen gibt mit dem basischen Bittererdesalz einen Niederschlag, im Ueberschusse jedes der 2 Salze löslich; mit asparagsaurem Kali gibt es ein satt rothes klares Gemisch. Plisson.

Asparagsaures Nickeloxydul. — Die Lösung lässt beim Abdampfen eine grüne rissige Masse. Plisson.

Asparagsaures Kupferoxyd. — Durch Fällen des Kupfervitriols durch das Kalisalz. Himmelblaue seidenglänzende Nadeln, von schrumpfendem Geschmack, wenig in kaltem, leicht in heifsem Wasser, so wie in wässrigem asparagsauren Natron löslich. Plisson u. Henry. Mischt man 1 At. Kupfervitriol mit 1 At. asparagsaurem Natron, so erhält man erst beim Abdampfen und Erkälten Krystalle von asparagsaurem Kupferoxyd, und die Mutterlauge bleibt sehr blassblau; aber die Lösung des Kupfersalzes in einem Ueberschuss des Natronsalzes scheidet beim Abdampfen keine Krystalle des Kupfersalzes aus. Plisson u. Henry.

Asparagsaures Quecksilber. — Das Kalisalz fällt das salpetersaure Quecksilberoxydul, und der halbsalpetersaure Kalk fällt den Sublimat. Beide weifse Niederschläge lösen sich, wenn das eine oder das andere Salz im Ueberschusse zugesetzt wird. Plisson.

Asparagsaures Silberoxyd. — Das Kalisalz und das basische Kalksalz geben mit Silberlösung einen weifsen Niederschlag, in einem Ueberschuss des asparagsauren Alkalis oder der Silberlösung löslich. Plisson.

	Halb?		Liebig.		Einfach.	
2 AgO	232	66,86	66,62	AgO	116	48,33
8 C	48	13,84	14,07	8 C	48	20,00
N	14	4,04		N	14	5,84
5 H	5	1,43	1,47	6 H	6	2,50
6 O	48	13,83		7 O	56	23,33
$C^8NH^5Ag^2O^6$	347	100,00		$C^8NH^6AgO^8$	240	100,00

Da es unwahrscheinlich ist, dass eine Amidsäure 2basisch ist, und Liebig die Darstellungsweise des von ihm analysirten Salzes nicht angegeben hat, so bezweifelt Laurent dessen Reinheit. — Das von Boutron u. Pelouze untersuchte Silbersalz hielt blofs 50 Proc. Silberoxyd.

Die Asparagsäure löst sich in schwachem *Weingeist* noch weniger als in Wasser, in starkem kalten gar nicht. Plisson.

β. Amidkern $C^8Ad^2H^4O^4$.

Asparagin.

$$C^8N^2H^8O^6 = C^8Ad^2H^4O^4,O^2.$$

Vauquelin u. Robiquet. *Ann. Chim.* 57, 88.
Robiquet. *Ann. Chim.* 72, 143.
Bacon. *Ann. Chim Phys.* 34, 202; auch *J. Chim. méd.* 2, 551; Ausz. *Mag. Pharm.* 16, 110.
Plisson. *Ann. Chim. Phys.* 35, 175; auch *J. Pharm.* 13, 477; auch *N. Tr.* 16, 2, 177. — *Ann. Chim. Phys.* 37, 81; auch *J. Pharm.* 14, 177; auch *N. Tr.* 17, 2, 165.
Plisson u. O. Henry. *Ann. Chim. Phys.* 45, 304; auch *J. Pharm.* 16, 713; auch *Schw.* 61, 314.
Wittstock. *Pogg.* 20, 346.
Boutron, Charlard u. Pelouze. *Ann. Chim. Phys.* 52, 90; auch *J. Pharm.* 19, 208; auch *Schw.* 67, 393; auch *Ann. Pharm.* 6, 75.

LIEBIG. *Pogg.* 31, 220; auch *Ann. Pharm.* 7, 146.
REGIMBEAU. *J. Pharm.* 20, 631; Ausz. *Ann. Pharm.* 13, 307. — *J. Pharm.* 21, 665.
BILTZ. *Ann. Pharm.* 12, 54.
PIRIA. *N. Ann. Chim. Phys.* 22, 160.
LAURENT. *N. Ann. Chim. Phys.* 23, 113; auch *Compt. rend.* 22, 790.
DESSAIGNES u. CHAUTARD. *N. J. Pharm.* 13, 245.

Spargelstoff, Althäin, Asparamid, Asparagine, Asparamide, Malamide, Althéine, von BACON, *Agédoile* von CAVENTOU. — Von VAUQUELIN u. ROBIQUET 1805 in den Spargeln entdeckt. PLISSON zeigte, dass das von CAVENTOU in der Süfsholzwurzel entdeckte *Agédoile* und das von BACON in der Eibischwurzel entdeckte *Althäin* damit einerlei sei.

Vorkommen. In den Schösslingen von *Asparagus off.*, VAUQUELIN u. ROBIQUET; in Kraut und Wurzel von *Convallaria majalis* u. *multiflora* und von *Paris quadrifolia*, WALZ; in der Wurzel von *Glycyrrhiza glabra*, CAVENTOU, von *Althaea off.*, BACON (besonders reichlich in der Narbonner, BUCHNER, *Repert.* 41, 368), von *Symphytum off.*, BLONDEAU u. PLISSON (*J. Pharm.* 13, 635); in den Knollen von *Solanum tuberosum*, VAUQUELIN; in den Blättern von *Atropa Belladonna*, BILTZ (*Ann. Pharm.* 12, 54); in den Sprossen des Hopfens, LEROY (*J. Chim. méd.* 16, 8); im Milchsafte der *Lactuca sativa*, AUBERGIER, in *Ornithogalum caudatum*, LINK. — Auch scheint das von SEMMOLA (*Berzel. Jahresber.* 24, 535) aus den Wurzeln von *Cynodon Dactylon* erhaltene *Cynodin* mit dem Asparagin einerlei zu sein. — Während die folgenden Samen von Papilionaceen kein Asparagin halten, so sind die hieraus bei Wasserzutritt im Keller sich bildenden vergeilten Keime reich daran: *Pisum sativum*, *Ervum Lens*, *Phaseolus vulgaris*, *Vicia Faba* u. *sativa*, *Cytisus Laburnum*, *Trifolium pratense*, *Hedysarum Onobrychis*. 1 Liter aus den Keimen ausgepresster Saft liefert bei Erbsen 8,5 Gramm reines Asparagin, bei Veitsbohnen, deren Saft auch Salpeter hielt, 5,5 Gramm, bei Saubohnen 14,0 Gramm, bei Wicken 9,0 bis 40,9 Gramm. Die Wurzelkeime der Wicken halten so viel Asparagin, wie die Stängelkeime, aber die bleibenden Kotyledonen halten keines. Auch die Knollen von *Dahlia pinnata* und die Wurzeln von *Althaea off.* liefern im Keller Keime, worin Asparagin; aber die Keime von Hafer, Buchweizen, Kürbissamen und Kartoffelknollen sind frei davon. DESSAIGNES u. CHAUTARD. Die im Lichte gebildeten Keime der Wicke halten eben so viel Asparagin, wie die im Dunkeln erzeugten; der zur Bildung des Asparagins nöthige Stickstoff scheint nicht der Luft, sondern dem Legumin des Samens entnommen zu werden; dieser hält gar kein Asparagin, die zur Blüthe gediehene Pflanze hält nur noch eine Spur, die zur Samenbildung gediehene nichts mehr. PIRIA.

Darstellung. I. *Aus Spargeln.* — Der ausgepresste, filtrirte und zur Saftdicke abgedunstete Spargelsaft setzt in der Ruhe nach längerer Zeit Krystalle von Asparagin ab, die man mechanisch von den Krystallen des zuckerartigen Stoffes sondert, und durch wiederholtes Umkrystallisiren aus Wasser reinigt. VAUQUELIN u. ROBIQUET. — Da der Schleim der Spargeln das Krystallisiren hindert, so zerstöre man diesen durch Gährung, indem man im Mai die Schösslinge von *Asparagus off.* oder *acutifolius* (die mehr Asparagin liefern) in feuchte Leinwand gewickelt unter öfterem Befeuchten 4 Tage bei *acutifolius*, 8 Tage bei *officinalis*, oder so lange hinlegt, bis sie einen unangenehmen Geruch entwickeln. Hierauf zerstöfst man sie, presst unter Wasserzusatz aus, erhitzt den Saft, colirt ihn vom geronnenen Eiweifs nebst Blattgrün ab, stellt den Syrup, welcher bei *off.* dicker sein muss, als bei *acutifolius*, mehrere Tage lang an die freie Luft und wäscht die gebildeten Krystalle mit kaltem Wasser oder schwachem Weingeist. REGIMBEAU.

II. *Aus Süfsholzwurzel.* — ROBIQUET zieht die zerkleinerte frische Wurzel mit kaltem Wasser aus, fällt aus dem Filtrate den Eiweifsstoff durch Sieden, das Glycyrrhizin durch destillirten Essig, die

Phosphorsäure und Aepfelsäure nebst braunem Farbstoff durch Bleizucker und das überschüssige Blei durch Hydrothion, und dampft die übrige Flüssigkeit bis auf Wenig ab, worauf sie in einigen Tagen Krystalle von Asparagin absetzt. — PLISSON wendet statt der Essigsäure die Schwefelsäure an, welche das Glycyrrhyzin schneller fällt, und worauf weniger Bleizucker und weniger Hydrothion erforderlich ist. 100 Th. frische Wurzel lieferten ihm 0,8 Th. Asparagin; aus der trocknen liefs sich nichts erhalten.

III. *Aus Eibischwurzel.* — 1. Man zieht die von der Oberhaut befreite und zerschnittene trockne Wurzel 3mal mit der 4fachen Wassermenge bei gelinder Wärme aus, kocht und dampft den durchgeseihten Aufguss zu einem dünnen Syrup ab, welcher an einem kühlen Ort in einigen Tagen Krystalle liefert, die mit wenig kaltem Wasser gewaschen und durch Krystallisiren aus Wasser gereinigt werden, und 2 Proc. der Wurzel betragen. PLISSON u. HENRY. — Eben so verfahren BOUTRON u. PELOUZE, nur dass Sie die Wurzel noch zerstofsen und 2mal mit auf 7° erkältetem Wasser mittelst 48stündiger Maceration ausziehen. — REGIMBEAU verbietet das Zerstofsen der Wurzel, weil es einen schleimigen Aufguss erzeugt; Er lässt das Wasser bei 1 bis 2° einwirken, und fügt zum abgedampften Aufguss Weingeist, um Zersetzung zu hindern. — LAROCQUE fällt aus dem wässrigen Auszuge vor dem Abdampfen den darin enthaltenen Schleim durch Weingeist. — 2. Man zieht die gereinigte zerschnittene trockne Wurzel 4mal mit kaltem Wasser aus, dampft den Auszug im Wasserbade ab, kocht das sehr weiche Extract mit 1/2 Th. (auf 1 Th. Wurzel) Weingeist von 32° Bm., giefst den Weingeist ab, behandelt den Rückstand noch 3mal auf dieselbe Weise, stellt die Auszüge 5 Tage lang einzeln hin, wo sie Krystalle von Asparagin absetzen, am meisten der zweite, lässt die davon abgegossene weingeistige Flüssigkeit freiwillig verdunsten, wo sich noch mehr unreines Asparagin als ein gelbweifses Pulver absetzt, wäscht sämmtliches (0,3 Proc. der Wurzel betragendes) Asparagin mit kaltem Wasser ab, welches braunen Extractivstoff entzieht, kocht es mit 25 Th. Weingeist von 20° Bm. oder mit 17 Th. Wasser, reinigt die Lösung durch Thierkohle, filtrirt kochend, und erhält beim Erkalten weifse Krystalle. PLISSON. — Eben so erhielt BLONDEAU das Asparagin aus der *Symphytum*-Wurzel. — Ist das Extract zu sehr eingetrocknet, oder der Weingeist, womit man es auszieht, zu stark, so zieht er kein Asparagin aus; ist er zu schwach, so krystallisirt nichts. PLISSON. — Man erhält nach PLISSON's Verfahren bei Anwendung von 80procentigem Weingeist 0,3 Proc. Asparagin, bei Anwendung von 60procentigem blofs 1/4 dieser Menge; beim Auskochen der Wurzel mit Wasser erhält man nur eine Spur. TROMMSDORFF (*N. Tr.* 19, 1, 170). Der sich im kochenden Wasser lösende Schleim [Stärkmehl?] verwandelt nämlich das Asparagin in Asparagsäure. BOUTRON u. PELOUZE. — Kocht man das nach PLISSON's Weise erhaltene wässrige Extract, welches während des Abdampfens sehr sauer wird, 5mal mit Weingeist von 0,835 spec. Gew. aus, so setzt sich aus diesem beim Erkalten zuerst eine braune Masse ab, dann krystallisiren aus der davon abzugiefsenden Flüssigkeit 0,4 Proc. (der Wurzel) Asparagin. Aber die Mutterlauge, nebst dem nicht vom Weingeist aufgenommenen Theil des Extracts, in Wasser gelöst, durch Bleizucker gefällt, filtrirt, durch Hydrothion gefällt, filtrirt und abgedampft, liefert einen dicken Syrup, der über Nacht zu einer Krystallmasse erstarrt, woraus sich durch Auskochen mit Weingeist noch 1,2 Proc. Asparagin, nebst etwas asparagsaurer Bittererde erhalten lassen. WITTSTOCK. — Wenn man die Wurzel mit kochendem Weingeist von 0,835 spec Gew. erschöpft, so liefert weder der weingeistige Auszug Asparagin, noch auch der Wurzelrückstand beim Ausziehen mit kaltem Wasser. WITTSTOCK. — Mit Weingeist 2mal ausgekochte Wurzel tritt an kaltes Wasser 0,7 Proc. Asparagin ab. BOUTRON u. PELOUZE. Eben so theilt die durch Aether, dann durch Weingeist von 36° Bm. erschöpfte Wurzel lauem Wasser Asparagin mit. LAROCQUE (*N. J. Pharm.* 6, 352).

IV. *Aus Belladonna.* — Das durch Abdampfen des ausgepressten Saftes erhaltene Extract füllt sich bei mehrjährigem Stehen mit Krystallen von Asparagin, welche man mit kaltem Wasser wäscht, und einigemal aus heifsem krystallisiren lässt. BILTZ.

V. *Aus den Keimen von Wicken u. s. w.* (V, 360). — Man lässt Wicken auf feuchter Gartenerde oder feuchtem Sand keimen, bis die Keime über 1/2 Meter lang sind, dampft den hieraus gepressten Saft ab, seiht ihn vom geronnenen Eiweifs ab, engt ihn bis zum Syrup ein, welcher bei längerem Stehen braune Krystalle liefert, wäscht diese mit kaltem Wasser, lässt sie aus heifsem krystallisiren, und reinigt sie vollends durch Auflösen in heifsem Wasser, Digeriren mit Thierkohle und Krystallisiren. So liefern 100 Th. Wicken 4,5 Th. braune oder 3,0 Th. reine Krystalle. PIRIA.

Die auf eine dieser Weisen erhaltenen Krystalle halten noch 2 At. Wasser, die durch Erhitzen auf 100° zu entfernen sind.

Eigenschaften. s. das *gewässerte Asparagin* (V, 363).

Bei 100° getrocknet.			LIEBIG.	BOUTRON u. PELOUZE.	PLISSON u. HENRY.	VARRENTRAPP u. WILL.
8 C	48	36,36	36,70	38,94	37,82	
2 N	28	21,21	21,19	22,47	22,13	21,27
8 H	8	6,06	6,17	6,37	5,67	
6 O	48	36,37	35,94	32,22	34,38	
$C^8N^2H^8O^6$	132	100,00	100,00	100,00	100,00	

Das Asparagin verhält sich zur Aepfelsäure, wie das Oxamid ($C^4N^2H^4O^4$) zur Oxalsäure ($C^4H^2O^8$). PIRIA.

Zersetzungen. 1. Aus dem bis zu schwacher Bräunung gerösteten Asparagin zieht Wasser wenig Asparagin mit einer bittern Substanz aus, und erhält eine bei durchfallendem Lichte gelbe, bei auffallendem grüne Farbe; der Rückstand löst sich in Salzsäure, nicht in Weingeist. PLISSON u. HENRY. — 2. Bei der trocknen Destillation erhält man kohlensaures Ammoniak, eine farblose Flüssigkeit, dann braunes brenzliches Oel und Kohle. TROMMSDORFF, BILTZ. Im offnen Feuer bläht sich das Asparagin auf, bräunt sich, stöfst zuerst Dämpfe von brenzlichem Holzgeruche, dann von thierisch ammoniakalischem Geruche aus, und lässt eine lockere, völlig verbrennende Kohle. VAUQUELIN u. ROBIQUET, PLISSON. — Chlor, Brom und Iod wirken nicht ein. PLISSON u. HENRY. — 4. Durch kalte Salpetersäure, welche salpetrige enthält, wird das Asparagin rasch in Stickgas und Aepfelsäure verwandelt. PIRIA. — $C^8N^2H^8O^6 + 2NO^3 = C^8H^6O^{10} + 4N + 2HO$. — Leitet man durch die Lösung von 1 Th. Asparagin in 1 Th. mäfsig starker reiner Salpetersäure Stickoxydgas, so zeigt sich sogleich eine rasch zunehmende Stickgasentwicklung und schwache Temperaturerhöhung, und die Lösung, nach beendigter Gasentwicklung mit Marmor gesättigt und filtrirt, fällt aus Bleizucker äpfelsaures Bleioxyd. PIRIA. — 5. Durch das Lösen in den meisten stärkeren Säuren und Erhitzen wird das Asparagin in ein Ammoniaksalz und in Asparagsäure zersetzt. — $C^8N^2H^8O^6 + 2HO = C^8NH^7O^8 + NH^3$. — Es löst sich in reiner Salpetersäure ohne Brausen, ROBIQUET, zu salpetersaurem Ammoniak und Asparagsäure, PLISSON u. HENRY. Es löst sich in 3 Th. Vitriolöl ohne Schwärzung, unter Bildung von schwefelsaurem Ammoniak und Asparagsäure, welche beim Erhitzen Bräunung durch Zersetzung veranlasst. PLISSON u. HENRY. Auch durch verdünnte Schwefelsäure wird es in Ammoniak und Asparagsäure zersetzt. PIRIA. Seine Lösung in concentrirter Salzsäure lässt beim Abdampfen in gelinder Wärme Salmiak und Asparagsäure. PLISSON u. HENRY. Die sich beim Abdampfen der, 1 Stunde lang gekochten, salzsauren Lösung zum Syrup bildenden Blättchen von Asparagsäure sind durch Zerfliefslichkeit ausgezeichnet, was von beigemischter Salzsäure herrührt; sättigt man daher die Flüssigkeit durch Marmorstücke, so scheidet sich Asparagsäure von gewöhnlicher Löslichkeit ab. PIRIA. Auch concentrirte Essigsäure erzeugt Asparagsäure und essigsaures Ammoniak, jedoch langsam. PLISSON u. HENRY. — 6. Aehnlich wird das Asparagin beim Einwirken stärkerer Salzbasen in ein asparagsaures Salz und entweichendes Ammoniak zersetzt. PLISSON. — $C^8N^2H^8O^6 + HO,KO = C^8NH^6KO^8 + NH^3$. — Wässriges Ammoniak bewirkt diese Umwandlung beim Kochen langsam. PLISSON u. HENRY. — Kalihydrat entwickelt beim Zusammenreiben mit Asparagin nach einiger Zeit Ammoniak. ROBIQUET. Bei gelindem Schmelzen eines solchen Gemenges entsteht unter Ammoniakentwicklung asparagsaures Kali, welches aber bei stärkerer Hitze unter Entwicklung von Wasserstoff und Ammoniak in essigsaures und oxalsaures Kali verwandelt wird. PIRIA. Auch PLISSON u. HENRY, die bis zum Glühen erhitzten, erhielten oxalsaures und kohlensaures Kali. — Kalte Kalilauge entwickelt blofs bei gröfserer Concentration aus Asparagin Ammoniak, PLISSON; heifse bewirkt die Umwandlung leicht. PLISSON u. HENRY. — Beim Kochen mit Barytwasser werden 132 Th. (1 At.) trocknes Asparagin in 132,7 Th. (1 At.) Asparagsäure verwandelt. BOUTRON u. PELOUZE. — Auch die Bittererde und das Bleioxydhydrat zersetzen das Asparagin bei lange anhaltendem Kochen mit Wasser in Ammoniak und asparagsaures Salz. PLISSON. — 7. Das in Wasser gelöste Asparagin verwandelt sich beim Kochen unter gewöhnlichem Druck sehr langsam in asparagsaures Ammoniak, PLISSON u. HENRY; aber, in eine Glasröhre eingeschmolzen und so weit erhitzt, dass der Druck auf 2 bis 3 Atmosphären steigt, sogleich, ohne Bildung eines permanenten Gases, BOUTRON u. PELOUZE. — Dagegen verändert sich nicht das in Wasser gelöste, bei Mittelwärme einem Druck von 30 Atmosphären ausgesetzte Asparagin. ERDMANN (*J. pr. Chem.* 20, 69). — 8. Während sich die Lösung der reinen Asparaginkrystalle beim Aufbewahren hält, so geht die der noch gefärbten in eine Gährung über, wobei sie schwach alkalisch wird, den Gestank faulender thierischer Stoffe erhält, sich mit einer aus Infusorien bestehenden Schleimhaut bedeckt, und wobei sämmtliches Asparagin in bernsteinsaures Ammoniak verwandelt wird. PIRIA. — $C^8N^2H^8O^6 + 2HO + 2H = 2NH^3,C^8H^6O^8$. Es sind also 2 HO und 2 H zum Asparagin getreten, und letztere wurden von der faulenden Materie geliefert. Die Lösung des ganz reinen Asparagins geht in dieselbe Gährung über, wenn man wenig aus den Wickenkeimen ausgepressten Saft zufügt. PIRIA.

Verbindungen. Mit Wasser. — a. *Gewässertes Asparagin, krystallisirtes Asparagin.* — *Darst.* (V, 360). — Wasserhelle Krystalle des 2- u. 2-gliedrigen Systems. Rectangulăroktaeder, an den schmalen Grundkanten und den spitzen Grundecken abgestumpft. VAUQUELIN u. ROBIQUET, PLISSON. Gerade rhombische Säulen, u[1] : u = 130°, VAUQ. u. ROB., 120° 30′, BERNHARDI; die spitzen Ecken und Endkanten abgestumpft, VAUQUEL. u. ROB.; die spitzen Ecken abgestumpft, aber nur 2 Endkanten an jedem Ende abgestumpft, und zwar widersinnig, p : a = 116° 21′, BERNHARDI.

Sechsseitige Säulen, PLISSON u. HENRY; Rhomboeder [?] und 6seitige Säulen. LEROY. vgl. BERNHARDI (*Ann. Pharm.* 12, 58); MILLER (*Phil. Mag. J.* 6, 106; auch *Pogg.* 36, 477) — Die Krystalle sind hart und spröde, VAUQUELIN u. ROBIQUET, und zerfallen zwischen den Zähnen unter Krachen zu Pulver, PLISSON u. HENRY; ihr spec. Gew. ist bei 14° = 1,519, PLISSON u. HENRY. Sie sind geruchlos, PLISSON u. HENRY, und fast geschmacklos, ROBIQUET, von saftigem Geschmack, PLISSON u. HENRY, von kühlendem, schwach ekelerregenden Geschmack, VAUQUELIN u. ROBIQUET. Auch in grofser Menge genossen, ertheilen sie dem Harn keinen Spargelgeruch. PLISSON u. HENRY. Ihre wässrige Lösung röthet schwach Lackmus. PLISSON u. HENRY, PIRIA, TROMMSDORFF, LEROY. Sie sind luftbeständig. TROMMSDORFF. Sie erweichen sich bei 100°, PLISSON u. HENRY, werden milchweifs, BILTZ, und verlieren dabei alles Wasser, BOUTRON u. PELOUZE, LIEBIG, welches nach LIEBIG 12,35, nach MARCHAND (*J. pr. Chem.* 20, 264) 12,20 Proc. beträgt.

	Krystalle.		LIEBIG.	PIRIA.	MARCHAND.
8 C	48	32,00	32,35	31,80	32,20
2 N	28	18,67	18,73	18,80	19,08
10 H	10	6,67	6,84	6,85	6,60
8 O	64	42,66	42,08	42,55	42,12
$C^8N^2H^8O^6+2HO$	150	100,00	100,00	100,00	100,00

b. *Wässriges Asparagin.* — Die Krystalle lösen sich in 11 Th., BILTZ, in ungefähr 60 Th., LEROY, in 58 Th. (bei 13°), PLISSON u. HENRY, kaltem Wasser, in 4,44 Th. kochendem, BILTZ. Es löst sich um so reichlicher, je vollständiger es von asparagsaurem Kalk und Bittererde befreit ist. REGIMBEAU. Aus der mit gleichviel Weingeist versetzten gesättigten wässrigen Lösung scheiden sich nach einiger Zeit Asparagin-Krystalle ab. BILTZ.

Das Asparagin lässt sich nicht mit Phosphor zusammenschmelzen; beim Schmelzen mit Schwefel bildet es eine rothe feste Masse, die bei stärkerer Hitze wieder schmilzt und Hydrothion entwickelt, ohne Zersetzung des [meisten] Asparagins. PLISSON u. HENRY.

Schwefelsaures Asparagin. — Die Lösung von 1 At. Asparagin in 1 At. verdünnter Schwefelsäure, kalt über Vitriolöl verdunstet, setzt Krystalle von Asparagin ab, und lässt eine Mutterlauge, die zu einer farblosen amorphen Masse austrocknet, aus welcher kohlensaurer Kalk unverändertes Asparagin scheidet. DESSAIGNES u. CHAUTARD.

Salzsaures Asparagin. — Die Lösung von 1 At. Asparagin in 1 At. wässriger Salzsäure, kalt über Kalk verdunstet, lässt ein sehr festes, angenehm saures Gummi, welches nur eine Spur Salmiak hält, und bei der Zersetzung durch kohlensaures Natron wieder Asparagin liefert. DESSAIGNES u. CHAUTARD.

Asparagin-Kali. — Das warme wässrige Asparagin wird durch eine Spur hinzugefügtes Kali alkalisch reagirend, und liefert beim Erkalten Krystalle, welche nach dem Waschen Lackmus röthen und frei von Kali sind. PLISSON. Die Krystalle des Asparagins (nicht die Lösung) entwickeln mit einer gesättigten Lösung von doppeltkohlensaurem Kali, oft erst bei gelindem Erwärmen, Blasen von Kohlensäure. PLISSON u. HENRY. — Das Krystallpulver mit weingeistigem Kali übergossen, bildet eine weiche, beim Erwärmen syrupartig werdende Verbindung, welche sich nicht oder nur wenig mit der darüber stehenden Flüssigkeit mischt. Dieser Syrup, wiederholt mit Weingeist gewaschen, und in der Darre getrocknet, wird gummiartig, und gesteht beim Erkalten zu einem wasserhellen Glase, welches 26,10 Proc. Kali hält, also = $C^8N^2H^7KO^6$ ist. [Die Formel KO,$C^8N^2H^6O^6$ passt viel besser zum gefundenen Kaligehalt.] — Die Verbindung bläht sich bei schwachem Erhitzen unter Ammoniakentwicklung stark auf. LAURENT.

Das wässrige Asparagin fällt nicht Barytwasser, PLISSON; es gibt mit Kalkwasser ein alkalisches Gemisch, welches Asparaginkrystalle liefert, die nach dem Waschen wieder Lackmus röthen, aber etwas Kalk halten. BLTZ.

Das wässrige Asparagin fällt nicht Brechweinstein, Bleiessig, Eisenoxyd- und Eisenoxydul-Salze, und Silbersalpeter, PLISSON; auch nicht Einfach-chlorzinn, THOMMSDORFF; auch nicht die Salze von Mangan und Kupfer, PLISSON u. HENRY.

Asparagin-Zinkoxyd. — Die Lösung des Zinkoxyds in kochendem wässrigen Asparagin gibt beim Erkalten Krystallblätter, welche bei 100° nur eine Spur Wasser verlieren und welche 25,17 Proc. Zinkoxyd halten, also = $C^8N^2H^7ZnO^6$ sind. DESSAIGNES u. CHAUTARD.

Asparagin-Bleioxyd. — Asparagin bildet beim Kochen mit wässrigem Bleizucker, unter langsamer Austreibung der Essigsäure, eine Lösung, welche beim Verdunsten über Vitriolöl ein farbloses, nur schwierig bei 100° zu trocknendes Gummi lässt. — Die wässrige Lösung von 1 At. Asparagin und 2 At. salpetersaurem Bleioxyd lässt beim Verdunsten ein Gummi, ohne Krystalle. DESSAIGNES u. CHAUTARD.

Asparagin-Kupferoxyd. — 1. Die durch Erhitzen von Asparagin, Kupferoxyd und Wasser gebildete lasurblaue Lösung setzt ein lasurblaues Krystallpulver ab. — 2. Besser: Das Gemisch der heifs gesättigten Lösungen von Asparagin und einfach essigsaurem Kupferoxyd gibt, besonders beim Erhitzen, einen ultramarinblauen Niederschlag, der beim Erkalten zunimmt. — Die Verbindung verliert bei 100° im Luftstrom kein Wasser, und zersetzt sich bei stärkerer Hitze unter reichlicher Ammoniakentwicklung. Sie löst sich fast gar nicht in kaltem Wasser, schwer in heifsem, leicht in Säuren und Ammoniak. Fällt man aus ihrer Lösung das Kupfer durch Hydrothion, so liefert das Filtrat beim Abdampfen wieder das unveränderte krystallisirte Asparagin. PIRIA.

			PIRIA.
CuO	40	24,54	24,39
8 C	48	29,45	29,36
2 N	28	17,18	17,25
7 H	7	4,29	4,43
5 O	40	24,54	24,57
$C^8N^2H^7CuO^6$	163	100,00	100,00

Asparagin-Quecksilberoxyd. — Quecksilberoxyd löst sich leicht in heifsem wässrigen Asparagin zu einer farblosen Flüssigkeit, welche nach der Concentration einen weifsen Niederschlag mit Wasser gibt, und welche zu einem Gummi austrocknet. Dieses bläht sich bei 100° unter dunkelgrauer Färbung auf, und lässt dann beim Lösen in Wasser viel graues Pulver, welches, mit Salzsäure auf Gold gerieben, dieses amalgamirt. DESSAIGNES u. CHAUTARD.

Asparagin-Silberoxyd. — Silberoxyd löst sich sehr leicht in kochendem wässrigen Asparagin; das farblose Filtrat, im Dunkeln über Vitriolöl verdunstet, liefert pilzartig vereinigte Krystalle, bei auffallendem Lichte schwarz, bei durchfallendem gelbbraun. Sie halten, nach dem Trocknen über Vitriolöl im Vacuum, 45,77 Proc. Silber, sind also = $C^8N^2H^7AgO^6$. Dessaignes u. Chautard.

Asparagin mit salpetersaurem Silberoxyd. — Die wässrige Lösung von 1 At. Asparagin und 1 At. salpetersaurem Silberoxyd gibt beim Verdunsten über Vitriolöl im Dunkeln zuerst Asparaginkrystalle, dann dendritische, welche nach dem Trocknen über Vitriolöl 41,33 Proc. Silber halten. — Bei 2 At. Silbersalpeter auf 1 At. Asparagin erhält man beim Verdunsten krystallische Scheiben, aus sehr feinen Nadeln bestehend, die bei 100° nichts verlieren, 45,7 und nach dem Umkrystallisiren aus Wasser und Trocknen bei 100° 45,29 Proc. Silber halten, also wohl = $C^8N^2H^8O^6,2(AgO,NO^5)$ sind. Dessaignes u. Chautard.

Das Asparagin löst sich nicht in kaltem absoluten *Weingeist*, Plisson u. Henry; es löst sich nicht in kaltem, aber in 700 Th. kochendem 98procentigen Weingeist. Bltz; es löst sich in 1000 Th. kaltem, in 250 kochendem 80procentigen, und in 500 Th. kaltem und in 40 Th. kochendem 60procentigen Weingeist. Bltz.

Es löst sich nicht in Aether, und auch selbst in der Hitze nicht in flüchtigen und fetten Oelen. Plisson u. Henry.

Oxalsaures Asparagin. — Die Lösung von 150 Th. (1 At.) krystallisirtem Asparagin und von 126 Th. (1 At.) gewässerter Oxalsäure in Wasser liefert beim Abdampfen eine gleichartige aus sehr kleinen Krystallen bestehende Masse, nach dem Trocknen im Vacuum 222 Th. betragend, und bei 100° nichts verlierend. Es sind also 6 At. Wasser entwichen, und es bleiben $C^8N^2H^8O^6,C^4H^2O^8$. — Die Lösung von 2 At. Asparagin und 1 At. Oxalsäure in Wasser liefert beim Abdampfen ein Krystallgemenge von derselben Verbindung und reinem Asparagin. Dessaignes u. Chautard.

c. Stickstoffkerne.

α. Stickstoffkern $C^8N^2AdH^7$.

Kreatin.

$$C^8N^3H^9O^4 = C^8N^2AdH^7,O^4.$$

Chevreul. *J. Pharm.* 21, 234; auch *J. pr. Pharm.* 6, 123.
Max Pettenkofer. *Ann. Pharm.* 52, 97.
Liebig. *Ann. Pharm.* 62, 282.
Heintz. *Pogg.* 62, 602; 70, 466; 73, 595; 74, 125. — *Compt. rend.* 24, 500, allwo Heintz in Heinz verkehrt ist.
Gregory. *Quart. J. chem. Soc.* 1, 25; auch *Ann. Pharm.* 64, 100.

Créatine. — Von Chevreul 1835 in der Fleischbrühe entdeckt, von Liebig 1847 genauer untersucht.

Vorkommen. Im Muskelfleisch der Säugethiere, Vögel, Amphibien und Fische. Das magere Pferdefleisch liefert 0,070 und das Hühnerfleisch 0,35 Proc. Das des Marders liefert weniger als das des Huhns, aber mehr als das der übrigen Säugethiere; auf das Pferdefleisch folgt in abnehmender Reihe das Fuchs-, Reh-, Hirsch-, Hasen-, Ochsen-, Schaf-, Schweine-, Kalb- und Hecht-Fleisch; das Ochsenherz hält viel Kreatin. Fette Thiere liefern viel weniger Kreatin, als magere; z. B. ein Fuchs, der während 100 Tagen mit Fleisch fett gefüttert ist, nur 1/10 so viel, als ein auf der Jagd erlegter. Liebig.

— Das Ochsenherzenfleisch liefert 0,142, das Hühnerfleisch 0,321, das Taubenfleisch 0,083, das Fleisch von *Gadus Morrhua* 0,170 und das der *Raja* 0,061 Proc. GREGORY. Das Menschenfleisch liefert 0,067 Proc. und auch das Fleisch des Alligators hält Kreatin. SCHLOSSBERGER (*Ann. Pharm.* 66, 80; 49, 344). — PETTENKOFFER hat zwar auch im Menschenharn das Dasein des Kreatins angenommen, LIEBIG das des Kreatins und Kratinins zugleich; aber HEINTZ hat es wahrscheinlich gemacht, dass der Menschenharn blofs Kratinin enthält, und dass der aus weingeistigem Harnextract durch Chlorzink erhaltene Niederschlag blofs eine Kratininverbindung ist, bei deren Zersetzung jedoch ein Theil des Kratinins in Kreatin übergeht. Nur bleibt hierbei unerklärt, warum der von LIEBIG aus frischem Menschenharn erhaltene Zinkniederschlag bei der Zersetzung neben Kratinin auch Kreatin liefert, dagegen der aus faulem blofs ersteres. — HEINTZ nimmt ferner an, dass das Kreatin ein Product der Muskelbewegung ist und als excrementitieller Stoff in Gestalt von Kratinin durch den Harn ausgeleert wird, also schwerlich als ein wichtiger Nahrungsstoff im Fleische anzusehen ist.

Bildung. Aus Kratinin. s. dieses.

Darstellung. 1. *Aus Muskelfleisch.* — a. Man verdunstet den wässrigen Auszug des Ochsenfleisches im Vacuum, zieht das Extract mit Weingeist aus, und verdunstet diesen zum Krystallisiren des Kreatins. Doch bleibt das meiste in der Mutterlauge, durch fremde Stoffe am Anschiefsen gehindert. CHEVREUL. Eben so erhielt SCHLOSSBERGER das Kreatin aus dem Fleische des Alligators; Er reinigte die Krystalle durch Waschen mit kaltem Weingeist.

b. Man befreit frisches mageres Muskelfleisch der Säugethiere oder Vögel möglichst vom Fett, welches beim Auspressen den Pressbeutel verstopfen würde, hackt es fein, knetet hiervon 5 Pfund mit gleichviel kaltem Wasser gut durch einander, presst es in einem Sacke von grobem Leinen stark aus, behandelt den Rückstand noch zweimal eben so mit Wasser, knetet mit der zweiten Pressflüssigkeit frische 5 Pfund zerhacktes Fleisch zusammen, und nach dem Auspressen den Rückstand mit der dritten Pressflüssigkeit, und dann nach dem Auspressen mit 5 Pfund reinem Wasser und seiht die vereinigten Pressflüssigkeiten durch ein Tuch. Man hält die röthliche, Lackmus röthende Colatur in einem grofsen Glaskolben im Wasserbade so lange bei 100°, bis sich Albumin und Blutroth völlig als Gerinnsel ausgeschieden haben, und eine Probe der Flüssigkeit beim Kochen klar bleibt. Bei einigen Fleischsorten ist es zur völligen Entfärbung nöthig, sie in einer Schale bis zum Aufwallen zu erhitzen. Man seiht hierauf erst durch Leinen unter Auspressen des Gerinnsels, dann durch Papier. Das Filtrat ist bei dem blutreichen Fleisch von Ochs, Reh, Haas, Fuchs noch röthlich, von Kalb, Huhn, Hecht fast farblos; es ist bei Fleisch von Wild und Huhn durchsichtig, was die Gewinnung des Kreatins sehr begünstigt; bei Fleisch von Pferd und Hecht trübe. — Wollte man das Filtrat für sich, auch unter 100° abdampfen, so würde es sich wegen Gehalts an freier Säure unter Veränderung des Kreatins färben und einen dunkelbraunen, nach Braten riechenden Syrup lassen, der erst nach langem Stehen sehr wenig Kreatin anschiefsen lässt. (Dies scheint der Grund zu sein, wesshalb BERZELIUS (*Jahresber.* 8, 589) und FR. SIMON (*N. Br. Arch.* 26, 283) die Gewinnung des Kreatins nicht gelingen wollte. — Man versetzt das Filtrat so lange mit gesättigtem Barytwasser, selbst wenn es dadurch schon neutral oder alkalisch geworden ist, als phosphorsaurer Baryt und phosphorsaure Bittererde niederfallen, dampft das Filtrat in flacher Schale auf dem Wasserbade bis auf $^1/_{20}$

ab, und stellt den dicklichen Rückstand erst an einen warmen Ort zum weitern Verdunsten, dann, wenn das Krystallisiren beginnt, in die Kälte. Das Filtrat vom Hüherfleisch bleibt beim Abdampfen klar und bedeckt sich nur mit einer Haut von kohlensaurem Baryt, falls zu viel Barytwasser angewandt war; das von Ochsenfleisch bedeckt sich bei schwacher Syrupdicke mit einer in Wasser aufschwellenden, aber nicht löslichen und abzunehmenden, schleimigen Haut, und das von Kalb- und Pferde-Fleisch mit sich öfters erneuernden und abzuhebenden Häuten. — Man befreit die erhaltenen Nadeln auf dem Filter von der Mutterlauge, wäscht sie erst mit Wasser, dann mit Weingeist, löst sie in kochendem Wasser, digerirt die Lösung, wenn sie gefärbt ist, mit wenig Blutlaugenkohle, filtrirt und erhält beim Erkalten reine Kreatinkrystalle. LIEBIG. — Hatte man nicht genug Barytwasser angewandt, so ist den Krystallen phosphorsaure Bittererde beigemengt. In diesem Fall hat man die heifse wässrige Lösung mit etwas Bleioxydhydrat zu kochen, nach dem Filtriren mit Blutlaugenkohle zu digeriren, welche die gelösten Spuren von Blei entzieht, und das Filtrat wieder krystallisiren zu lassen. LIEBIG.

c. Da das zerhackte Hechtfleisch beim Kochen mit Wasser zu einer schleimigen Masse aufquillt, die sich nicht auspressen lässt, so bringe man ein Gemenge des zerhackten Fleisches mit seinem doppelten Maafs Wasser auf einen Trichter, lasse allmälig kleine Mengen Wasser durchlaufen, erhitze die schwach getrübte, saure, nach Fisch schmeckende und riechende Flüssigkeit, trenne sie vom weifsen weichen Gerinnsel, fälle sie mit Barytwasser und dampfe das Filtrat ab. So erhält man beim Erkalten eine farblose Gallerte, in welcher sich in 24 Stunden die Kreatinkrystalle bilden. LIEBIG.

Bei Hühnerfleisch und Taubenfleisch setzen sich mit den Kreatinkrystallen braune Flocken ab; — beim Ochsenherzenfleisch erhält man oft nur wenig reinere Krystalle, aber viel braune Flocken, die kochendem Wasser noch viel Kreatin mittheilen. Das Fleisch des Rochen und Kabeljau lässt sich nach dem Mengen mit etwas mehr, als gleichviel Wasser gut auspressen; die aus ihm zuletzt erhaltene Gallerte, in der sich die Kreatinkrystalle bilden, löst sich leicht in kaltem Wasser und lässt daraus noch Krystalle fallen; das Kabeljaufleisch liefert das weifseste Kreatin. — Aus den syrupartigen Mutterlaugen des rohen Kreatins fällt Chlorzink kein Chlorzink-Kratinin, oder nur eine Spur; aus den beim Umkrystallisiren des rohen Kreatins erhaltenen Mutterlaugen dagegen erhält man durch Chlorzink diesen Niederschlag. GREGORY.

2. *Aus Chlorzink-Kratinin* (V, 374). — a. Man digerirt die Lösung dieser Verbindung in kochendem Wasser mit Bleioxydhydrat, bis sie stark alkalisch reagirt, filtrirt vom Zinkoxyd und basisch salzsauren Bleioxyd ab, digerirt mit etwas Blutlaugenkohle, welche den kleinen Rest des Bleies nebst Farbstoff entzieht, dampft das Filtrat zur Trockne ab, entzieht dem bleibenden Gemenge von Kreatin und Kratinin das letztere durch die 8fache Menge kochenden Weingeists, welcher beim Erkalten auch noch Kreatinkrystalle absetzt, die mit dem ungelösten Kreatinrückstande vereinigt und durch Umkrystallisiren gereinigt werden. (Aus dem, nach dem Erkalten abfiltrirten Weingeist erhält man Kratinin). LIEBIG. — b. Man erwärmt die kochende wässrige Lösung der Zinkverbindung mit Barytwasser, welches das Zinkoxyd mit dem meisten anhängenden Farbstoff fällt, leitet durch das Filtrat kohlensaures Gas, filtrirt vom kohlensauren Baryt ab, verdunstet im Wasserbade zur Trockne

zieht den Rückstand mit Weingeist aus, fällt durch Schwefelsäure den als Chlorbaryum in den Weingeist übergegangenen Baryt, filtrirt, kocht mit Bleioxyd, wäscht mit absolutem Weingeist, um alles Chlorblei zu fällen, filtrirt vom Chlorblei und schwefelsauren Bleioxyd ab, entfernt etwa noch gelöstes Blei durch Hydrothion, und dampft das Filtrat im Wasserbade zur Trockne ab. PETTENKOFER. Hier bleibt ein Gemenge von Kratinin und Kreatin. LIEBIG. — c. Man versetzt die kochende wässrige Lösung der Zinkverbindung mit Ammoniak bis zur anfangenden Trübung, fällt sie dann durch Hydrothionammoniak, mischt das auf Wenig abgedampfte Filtrat mit absolutem Weingeist und reinigt die beim längeren kalten Hinstellen erhaltenen Kreatinkrystalle durch Umkrystallisiren aus Wasser. HEINTZ. — [Hier bleibt das Kratinin in der weingeistigen Mutterlauge.]

Die auf eine dieser Weisen erhaltenen Kreatinkrystalle sind durch Erhitzen auf 100° vom Krystallwasser zu befreien. LIEBIG.

Eigenschaften. Weifse undurchsichtige Masse. LIEBIG. Geruchlos, ohne merklichen Geschmack. CHEVREUL. Schmeckt bitterlich und kratzt im Schlunde. LIEBIG. Neutral gegen Pflanzenfarben. CHEVREUL.

			LIEBIG.		HEINTZ.
Bei 100° getrocknet.			a.	b.	c.
8 C	48	36,64	36,66	36,90	36,39
3 N	42	32,06	32,15	32,61	31,64
9 H	9	6,87	6,96	7,07	6,86
4 O	32	24,43	24,23	23,42	25,11
$C^8N^3H^9O^4$	131	100,00	100,00	100,00	100,00

a ist aus Fleisch erhalten, b und c aus dem vom Menschenharn gewonnenen Chlorzink-Kratinin.

Zersetzungen. 1. Das gewässerte Kreatin verliert beim Erhitzen zuerst unter Knistern Krystallwasser, schmilzt dann ohne Färbung, entwickelt dann den Geruch nach Ammoniak, Blausäure und Phosphor und stöfst zuletzt, unter Rücklassung von wenig Kohle, gelbe Nebel aus, die sich theils zu einem Oele, theils zu Nadeln verdichten. CHEVREUL. Die Kohle ist schwer verbrennlich. SCHLOSSBERGER. — 2. Die Lösung des Kreatins in wässrigem übermangansauren Kali wird bei längerem Digeriren ohne Gasentwicklung entfärbt, wobei sich unter Zerstörung des Kreatins kohlensaures Kali bildet. LIEBIG. — Das wässrige Kreatin wird durch Kochen mit Bleihyperoxyd nicht zersetzt. LIEBIG. Es färbt sich nicht beim Kochen mit salpetersaurem Quecksilberoxyd. CHEVREUL. — 3. Das in starker Salpeter-, Schwefel-, Phosphor- oder Salz-Säure gelöste Kreatin wird beim Erhitzen durch Entziehung von 2 HO in Kratinin verwandelt, welches sich mit der Säure vereinigt. LIEBIG. Sind aber diese Säuren verdünnt, so bleibt es auch bei längerem Sieden unverändert, und die Lösung in kalter Salzsäure lässt beim freiwilligen Verdunsten Krystalle von reinem Kreatin. LIEBIG. — Leitet man in LIEBIG's Trockenapparat bei 100° über 149 Th. (1 At.) gewässertes Kreatin trocknes salzsaures Gas, so nimmt anfangs durch die Aufnahme von Salzsäure das Gewicht zu, aber bei fortwährendem Durchleiten von trockner Luft, unter beständiger Wasserentwicklung wieder ab, bis es nur noch 154,16 Th. beträgt, und 38,05 Th. (wenig über 1 At.) Salzsäure enthält. Also haben sich

36 Th. (2 At. Krystallwasser und 2 At. aus dem Kreatin erzeugtes) Wasser entwickelt, und es sind dagegen 38,05 Th. (1 At.) Salzsäure in die Verbindung mit dem zuruckbleibenden Kratinin getreten. $C^8N^3H^{11}O^6$ + HCl = $C^8N^3H^7O^2$,HCl + 4 HO. 131 Th. (1 At.) trocknes Kreatin nehmen bei der gleichen Behandlung mit salzsaurem Gas um 18,94 Th. zu, weil hier auf 36,4 Th. (1 At.) aufgenommene Salzsäure blofs 18 Th. (2 At.) Wasser austreten. Liebig. — Die farblose Lösung des Kreatins in Salpetersäure von 1,34 spec. Gew. entwickelt im Wasserbade salpetrige Dämpfe und lässt beim Abdampfen einen farblosen Rückstand [von salpetersaurem Kratinin?], der sich in Wasser löst, daraus in kleinen Körnern anschiefst, und das Zweifachchlorplatin nicht fällt. Chevreul. — 4. Durch Kochen mit in wenig Wasser gelöstem Baryt zerfällt das Kreatin in Sarkosin (V, 131) und Harnstoff, der dann durch den Baryt schnell weiter in Kohlensäure und Ammoniak zersetzt wird. Liebig. $C^8N^3H^9O^4$+2HO=$C^6NH^7O^4$+$C^2N^2H^4O^2$. Eine kochend gesättigte wässrige Lösung des Kreatins, mit dessen 10fachem Gewicht Barytkrystallen versetzt, bleibt anfangs klar, entwickelt aber beim fortgesetzten Kochen reichlich Ammoniak, setzt gleichzeitig kohlensauren Baryt ab, und hält endlich, wenn man von Zeit zu Zeit frischen Baryt zufügt, fast nichts als kohlensauren Baryt und Sarkosin, und, wenn man die Operation während der stärksten Ammoniakentwicklung unterbricht, noch ein wenig Harnstoff. Doch entsteht noch eine kleine Menge einer andern Materie, welche vielleicht Uräthan (V, 23) ist; denn wenn man den Weingeist, aus welchem das schwefelsaure Sarkosin krystallisirt ist (V, 132, oben), mit Wasser mischt, mit kohlensaurem Baryt neutralisirt und das Filtrat zu dünnem Syrup abdampft, so erhält man farblose Nadeln und Blätter, welche sehr schwach Lackmus röthen, in der Hitze schmelzen und sich verflüchtigen, ohne Baryt zu lassen, sich in Wasser, Weingeist und in 30 Th. Aether lösen, und deren wässrige Lösung nicht die Baryt-, Kalk- und Silber-Salze oder den Bleizucker oder Aetzsublimat fällt. Liebig. — 5. Die wässrige Lösung trübt sich (wenn sie eine Spur fremder organischer Substanz hält, Liebig) beim Stehen langsam und entwickelt einen ammoniakalischen und faden Geruch. Chevreul.

Verbindungen. Mit *Wasser*. — a. *Gewässertes Kreatin, Kreatinkrystalle.* — Das Kreatin krystallisirt aus der wässrigen Lösung in wasserhellen, stark glänzenden, schiefen rhombischen Säulen und Nadeln, dem Bleizucker in der Form ähnlich. Liebig. (*Fig.* 91 nebst t-Fläche; i : t = 108° 55'; u : u = 46° 58'. Heintz.) In perlglänzenden rectangulären Säulen, Chevreul; in Würfeln, Schlossberger. — Ihr spec. Gew. liegt zwischen 1,35 und 1,84. Chevreul. Sie verwittern oberflächlich in der lufthaltenden Glocke, und bedecken sich mit Mehl unter Verlust von 2,84 Proc. Wasser, Heintz; bei 100° werden sie ganz undurchsichtig, und verlieren 12,17, Liebig, 13,08 Proc., Heintz.

	Krystalle.		Liebig.	Oder:		
8 C	48	32,22	32,70	$C^8N^3H^9O^4$	131	87,92
3 N	42	28,19	28,32			
11 H	11	7,38	7,36	2 HO	18	12,08
6 O	48	32,21	31,62			
$C^8N^3H^{11}O^6$	149	100,00	100,00		149	100,00

b. *Wässriges Kreatin.* — Das Kreatin löst sich in 83 Th., Chevreul, 74,4 Th., Liebig, Wasser von 18°; es löst sich reichlich in heifsem Wasser, so dass die kochend gesättigte Lösung beim Erkalten zu einer aus feinen Nadeln bestehenden Masse erstarrt.

Das Kreatin löst sich langsam in Vitriolöl und ohne Färbung in starker Salzsäure. CHEVREUL. Es neutralisirt auch in der gröfsten Menge nicht die schwächste Säure. LIEBIG.

Aus der Lösung in warmem Barytwasser krystallisirt es beim Erkalten, ohne Baryt aufgenommen zu haben. LIEBIG.

Das wässrige Kreatin fällt nicht: Chlorbaryum, Bleiessig, schwefelsaures Eisenoxyd, schwefelsaures Kupferoxyd, salpetersaures Silberoxyd und Zweifach-chlorplatin. CHEVREUL. — Es fällt, wenn kein Kratinin beigemischt ist, nicht das Chlorzink. HEINTZ. — Die warme, nicht kochende, wässrige Lösung schlägt aus Chlorzink keine krystallische Verbindung nieder, sondern lässt beim Erkalten das Kreatin für sich anschiefsen. LIEBIG. Beim Kochen entsteht der Zinkniederschlag, HEINTZ, wohl durch Umwandlung in Kratinin.

Das Kreatin löst sich in 2000 Th. *Weingeist* von 0,810 spec. Gew. bei 15°, CHEVREUL; es löst sich in 9410 Th. kaltem absoluten Weingeist, leichter in wässrigem, LIEBIG.

Es löst sich nicht oder kaum in Aether. HEINTZ.

β. Stickstoffkern $C^8N^3H^5O^2$.

Kratinin.

$$C^8N^3H^7O^2 = C^8N^3H^5O^2,H^2.$$

LIEBIG. *Ann. Pharm.* 62, 298 u. 324.
HEINTZ. *Pogg.* 62, 602; 73, 595; 74, 125.

Kreatinin, Créatinine. Wegen der zu grofsen, zu Verwechslungen führenden, Aehnlichkeit der Wörter Kreatin und Kreatinin schlage ich vor, bei letzterem das wegzulassen. — HEINTZ und PETTENKOFER fanden 1844 ungefähr gleichzeitig im Menschenharn eine stickstoffhaltige Materie, welche mit Chlorzink einen krystallischen Niederschlag bildet. Die aus diesem Niederschlag ausgeschiedene krystallische Materie erkannte PETTENKOFER als eine eigenthümliche $= C^8N^3H^8O^3$ [offenbar Gemenge von Kreatin und Kratinin], HEINTZ früher als eine Säure, später als Kreatin, bis LIEBIG 1847 zeigte, dass sie ein Gemisch von Kreatin und Kratinin zugleich sei, welches Kratinin Er so eben bei der Zersetzung des Kreatins durch concentrirte Säuren entdeckt und untersucht hatte.

Vorkommen. 1. Im Harn des Menschen zu ungefähr 0,5 Proc., PETTENKOFER, und nach HEINTZ auch im Harn der Pferde und anderer Säugethiere. — 2. Im Muskelfleisch. Daher es sich in der Mutterlauge des daraus dargestellten Kreatins befindet; da verdünnte Säuren das Kreatin nicht in Kratinin verwandeln, so ist nicht anzunehmen, dass dieses Kratinin des Muskelfleisches erst durch Erhitzen der sauren Fleischflüssigkeit gebildet wurde. LIEBIG.

Bildung. Aus Kreatin durch stärkere Mineralsäuren. LIEBIG.

Darstellung. — 1. *Aus Menschenharn.* — *a.* Man neutralisirt frischen Menschenharn durch kohlensaures Natron, dampft ihn unter 100° zum Syrup ab (bis zum Auskrystallisiren der Salze, LIEBIG), zieht diesen mit Weingeist aus, mischt das Filtrat mit concentrirtem (weingeistigen, HEINTZ) Chlorzink, welches anfangs einen braunen amorphen zinkhaltigen Niederschlag (von phosphorsaurem Zinkoxyd, HEINTZ) erzeugt, dann nach mehreren Stunden Krystallkörner; sammelt nach längerem Hinstellen sämmtlichen Niederschlag auf einem Filter (wäscht ihn mit schwachem Weingeist, HEINTZ), kocht ihn mit Wasser aus, welches den amorphen Niederschlag ungelöst lässt, und erhält durch Abdampfen des Filtrats gelbe Krystalle, die durch wiederholtes Auskochen mit starkem Weingeist von anhängenden Salzen befreit werden. Pettenkofer. — *b.* Man neutralisirt frischen Menschenharn mit Kalkmilch, fügt so lange Chlorcalcium hinzu, als phosphorsaurer Kalk niederfällt, dampft das Filtrat bis zum Auskrystallisiren der Salze ab, mischt 32 Th. der davon getrennten Mutterlauge mit 1 Th. Chlorzink, welches in möglichst wenig Wasser gelöst ist, stellt 4 Tage hin, und wäscht die in Warzen angeschossene Zinkverbindung mit kaltem Wasser. Liebig. — *c.* Man kocht gefaulten Menschenharn so lange mit überschüssiger Kalkmilch, bis sich kein Ammoniak mehr entwickelt, dampft das Filtrat zum Syrup ab, versetzt es, wie oben, mit Chlorzink, und wäscht die bei längerem Stehen gebildeten Krystalle. Liebig.

Um die Krystalle zu reinigen, darf man nicht Beinkohle anwenden, welche grofsen Verlust herbeiführt, sondern man löse sie in heifsem Wasser, versetze die Lösung mit Ammoniak bis zur anfangenden Fällung, die man dann durch Hydrothionammoniak vervollständigt, versetze das stark eingeengte Filtrat mit absolutem Weingeist, löse die bei starker Kälte erhaltenen fast weifsen Krystalle von Kreatin und Kratinin in möglichst wenig kochendem Wasser, mische die Lösung mit weingeistigem Chlorzink und Weingeist, und wasche den bei kaltem Hinstellen erzeugten Niederschlag mit Weingeist. Auch liefert die obige weingeistige Mutterlauge des Kreatins, welche aufserdem Salmiak enthält, mit weingeistigem Chlorzink einen Niederschlag, welcher durch Krystallisiren aus kochendem Wasser gereinigt, die Zinkverbindung in weifsen Krystallen liefert. Heintz.

Die Zinkverbindung wird dann nach (V, 368 bis 369) weiter behandelt; das Kratinin findet sich in der Mutterlauge des Kreatins.

2. *Aus Muskelfleisch.* — Man fällt aus der Mutterlauge des Kreatins (V, 368, oben) das inosinsaure Kali oder Baryt durch Weingeist, dampft das Filtrat im Wasserbade ab, kocht den Rückstand mit Weingeist aus, der alles Kratinin nebst noch etwas Kreatin aufnimmt, und vorzüglich Chlorkalium und milchsaures Kali zurücklässt, mischt das Filtrat mit Chlorzink, und zersetzt die nach einiger Zeit gebildeten Krystalle des Chlorzinkkratinins durch Bleioxydhydrat, wie oben. Liebig.

3. *Aus Kreatin.* — *a.* Man leitet durch, in Liebig's Trockenapparat befindliches, Kreatin bei 100° salzsaures Gas bis zur Sättigung, dann trockne Luft, so lange Wasser fortgeht, oder man dampft die Lösung des Kreatins in concentrirter Salzsäure im Wasserbade zur Trockne ab, und löst das auf eine dieser Weisen erhaltene salzsaure Kratinin in 24 Th. Wasser, fügt zu der, in einer Schale im Kochen erhaltenen, Lösung in kleinen Antheilen, in Wasser aufgeschlämmtes, möglichst reines Bleioxydhydrat, bis sie neutral oder schwach alkalisch geworden ist, und dann noch 3mal so viel Bleioxydhydrat, bis sie durch Bildung des viertelsalzsauren Bleioxyds breiartig wird, filtrirt unter gutem Auswaschen, befreit das Filtrat von etwa noch gelöstem Blei durch wenig Blutlaugenkohle, dampft das Filtrat ab und erkältet zum Krystallisiren. Liebig. — *b.* Man dampft die Lösung von 1 Th. Kreatin in 1 Th. Vitriolöl und 3 Th.

Wasser bis zur Entfernung aller Feuchtigkeit ab, kocht das bleibende schwefelsaure Kratinin mit Wasser und möglichst reinem kohlensauren Baryt, bis die Flüssigkeit alkalisch wird, filtrirt und lässt krystallisiren. Liebig.

Eigenschaften. Farblose schiefe rhombische Säulen des 2- und 1-gliedrigen Systems. *Fig.* 91 mit t-Fläche; 1 : t = 110° 30′ (110° 3′, Heintz); u : u′ = 81° 40′; u : t = 130° 50′. Kopp. — Also dieselbe Form, wie bei Kreatin, nur dass hier das Verhältniss der Klinodiagonale zur Orthodiagonale 2mal so grofs ist, als beim Kratinin, daher beim Kreatin u : u′ = 46° 58′ ist. Heintz. — Das Kratinin schmeckt in concentrirter Lösung ätzend, wie verdünntes Ammoniak. Es bläut geröthetes Lackmus und röthet Curcuma. Liebig.

	Krystalle.		Liebig. Aus Harn.	Liebig. Aus Fleisch.	Liebig. Aus Kreatin.
8 C	48	42,48	42,64	41,70	42,54
3 N	42	37,17	37,41		37,20
7 H	7	6,19	6,23	6,23	6,38
2 O	16	14,16	13,72		13,88
$C^8N^3H^7O^2$	113	100,00	100,00		100,00

Zersetzung. Unter gewissen Umständen geht das Kratinin durch Aufnahme von 2 HO wieder in Kreatin über. Die verdünnte Lösung von salzsaurem oder schwefelsaurem Kratinin, mit Ammoniak schwach übersättigt und abgedampft, liefert einige wenige Kreatinkrystalle. Heintz s. auch Chlorzink-Kratinin.

Verbindungen. Das Kratinin löst sich in 11,5 Th. Wasser von 16°, viel reichlicher in heifsem. Liebig.

Schwefelsaures Kratinin. — Die kochend gesättigte wässrige Kratininlösung, mit verdünnter Schwefelsäure bis zur stark sauren Reaction versetzt, lässt beim Abdampfen eine weifse Masse, deren Lösung in heifsem Weingeist sich beim Erkalten trübt, dann unter Absatz wasserheller quadratischer Tafeln klärt, die bei 100° durchsichtig bleiben. Liebig.

	Krystalle.		Liebig.
8 C	48	29,63	29,33
3 N	42	25,93	25,44
8 H	8	4,94	5,03
3 O	24	14,81	15,56
SO^3	40	24,69	24,64
$C^8N^3H^7O^2,HO,SO^3$	162	100,00	100,00

Salzsaures Kratinin. — *Bereitung* (V, 372, 3). Krystallisirt aus der Lösung in kochendem Weingeist in wasserhellen Säulen und beim Abdampfen der wässrigen Lösung in durchsichtigen, lackmusröthenden Blättchen. Löst sich sehr leicht in Wasser. Liebig.

	Krystalle.		Liebig.
8 C	48	32,13	32,48
3 N	42	28,11	28,27
8 H	8	5,35	5,30
2 O	16	10,71	10,54
Cl	35,4	23,70	23,41
$C^8N^3H^7O^2,HCl$	149,4	100,00	100,00

Chlorzink-Kratinin. — Darstellung. 1. (V, 371). 2. Man mischt Kratinin mit Chlorzink in concentrirten wässrigen Lösungen. — In beiden Fällen erhält man um so schneller, je concentrirter das Gemisch, zu Warzen vereinigte feine Nadeln, oder schiefe rhombische Säulen, PETTENKOFER, des 2- und 1-gliedrigen Systems, mit, unter 82° 30′ auf die Hauptaxe geneigter, Endfläche, K. SCHMIDT (*Ann. Pharm.* 61, 332). Die Krystalle verlieren bei 120° nur eine Spur hygroskopisches Wasser. Scheidet man aus der Verbindung durch Bleioxydhydrat oder Hydrothionammoniak das Kratinin wieder ab (nach V, 368), so zeigt sich über $^1/_5$ desselben in Kreatin übergeführt, wie es scheint, um so mehr, je verdünnter die Lösung der Zinkverbindung angewandt wurde. Man kann daher, wenn man aus der erhaltenen Flüssigkeit durch Abdampfen und Erkälten unter Weingeistzusatz das Kreatin hat anschiefsen lassen, durch wiederholte Fällung der, das übrige Kratinin haltenden, Mutterlauge mittelst Chlorzinks und Zersetzung des Niederschlags u. s. f. fast alles Kratinin in Kreatin überführen. HEINTZ. — Das Chlorzinkkratinin löst sich sehr schwer in Wasser, nicht in starkem Weingeist und Aether. PETTENKOFER.

	Krystalle.		HEINTZ. Aus Harn.	HEINTZ. Aus Fleisch.
8 C	48	26,58	26,29	
3 N	42	23,25	23,54	
7 H	7	3,88	3,96	
2 O	16	8,86	9,31	
Zn	32,2	17,83	17,74	17,87
Cl	35,4	19,60	19,16	19,18
$C^8N^3H^7O^2$,ZnCl	180,6	100,00	100,00	

Das Kratinin bildet mit *Kupferoxydsalzen* schön blaue, krystallisirbare Doppelsalze. LIEBIG.

Es erzeugt beim wässrigen Mischen mit *Aetzsublimat* sogleich einen weifsen käsigen Niederschlag, der sich in einigen Minuten in ein Haufwerk wasserheller feiner Nadeln verwandelt. LIEBIG.

Es gerinnt mit concentrirter *Silber*lösung sogleich zu einer aus weifsen feinen Nadeln bestehenden Masse, die sich leicht in heifsem Wasser lösen und beim Erkalten unverändert anschiefsen. LIEBIG.

Das klare Gemisch von verdünntem salzsauren Kratinin und *Zweifachchlorplatin* (oder auch von Salzsäure, Kreatin und Zweifachchlorplatin) gibt bei langsamem Abdampfen morgenrothe durchsichtige Säulen, bei rascherem Körner, leicht in Wasser, schwieriger in Weingeist löslich und 30,53 Proc. Platin haltend, also wohl $C^8N^3H^7O^2$,HCl + $PtCl^2$. LIEBIG.

Das Kratinin löst sich in 102 Th. absolutem *Weingeist* von 16°, reichlicher in heifsem, beim Erkalten krystallisirend. LIEBIG.

γ. Stickstoffkern $C^8N^2Ad^2H^2O^4$.

Allantoin.

$$C^8N^4H^6O^6 = C^8N^2Ad^2H^2O^4,O^2.$$

VAUQUELIN u. BUNIVA. *Ann. Chim.* 33, 269; auch *Scher. J.* 6, 211.
C. G. GMELIN. *Gilb.* 64, 350.
LASSAIGNE. *Ann. Chim. Phys.* 17, 301; auch *J. Phys.* 92, 406.
LIEBIG. *Pogg.* 21, 34.
LIEBIG u. WÖHLER. *Ann. Pharm.* 26, 244; auch *Pogg.* 41, 561.
PELOUZE. *N. Ann. Chim. Phys.* 6, 70; auch *Ann. Pharm.* 48, 107; *J. pr. Chem.* 28, 18.
SCHLIEPER. *Ann. Pharm.* 67, 216.
WÖHLER. *Ann. Pharm.* 70, 229.

Amniossäure, Allantoissäure, Allantoine, Acide amniotique, Ac. allantoique. — Von VAUQUELIN u. BUNIVA 1800 im (wahrscheinlich mit allantoischer Flüssigkeit gemischt geweseuen) Schaafwasser der Kühe gefunden, worin es weder DZONDI (*N. Gehl.* 2, 52), noch PROUT (*Ann. Phil.* 5, 416) wieder zu finden vermochten; worauf LASSAIGNE zeigte, dass nicht die amnische, sondern die allantoische Flüssigkeit das Allantoin enthalte. Von LIEBIG u. WÖHLER auch künstlich dargestellt und am genausten untersucht.

Vorkommen. In der allantoischen Flüssigkeit der Kühe, LASSAIGNE, und im Harn der Kälber, WÖHLER.

Bildung. Bei der Zersetzung der Harnsäure durch Erhitzen mit Bleihyperoxyd und Wasser, LIEBIG u. WÖHLER, oder durch rothes Cyaneisenkalium und Kalilauge, SCHLIEPER.

Darstellung. 1. Man dampft die (mit amnischer Flüssigkeit gemischte) allantoische Flüssigkeit auf $^1/_4$ ab und erkältet zum Krystallisiren. VAUQUELIN u. BUNIVA. Auch scheidet sich das Allantoin bei längerem Stehen der Flüssigkeit ab, und ist durch Lösen in heifsem Wasser, Filtriren und Umkrystallisiren zu reinigen. C. G. GMELIN.

2. Man lässt vor dem Schlachten der Kälber die Harnblase unterbinden, verdunstet den daraus erhaltenen Harn unter 100° zum Syrup, stellt ihn zum Krystallisiren mehrere Tage in die Kälte, verdünnt ihn mit Wasser, schlämmt durch Umrühren den, vorzüglich aus harnsaurer Bittererde bestehenden, gallertartigen Niederschlag von den, aus Allantoin und phosphorsaurer Bittererde bestehenden, Krystallen ab, wäscht diese mit wenig kaltem Wasser, kocht sie mit Wasser und wenig guter Blutkohle, filtrirt kochend von der meisten phosphorsauren Bittererde ab, versetzt das Filtrat mit einigen Tropfen Salzsäure, damit die darin enthaltene phosphorsaure Bittererde gelöst bleibe, und erhält beim Erkalten farbloses Allantoin. WÖHLER.

3. Man erhitzt gepulverte und in wenig Wasser vertheilte Harnsäure fast bis zum Kochen, fügt dazu nach und nach unter fortwährendem Erhitzen feingepulvertes Bleihyperoxyd, bis die letzten Antheile desselben nicht mehr weifs werden, filtrirt heifs und erhält durch Erkälten, so wie durch weiteres Abdampfen und Erkälten der Mutterlauge krystallisches Allantoin, während der zugleich vorbanhandene, leichter lösliche Harnstoff in der letzten Mutterlauge bleibt, von dem das Allantoin durch Umkrystallisiren aus Wasser noch vollends zu befreien ist. LIEBIG u. WÖHLER.

4. Man verfährt wie bei der Darstellung der Lantanursäure (V, 139, die ersten 17 Zeilen), und reinigt die mit rothen Flocken verunreinigten Allantoinkrystalle durch Lösen in kalter Kalilauge, Filtriren, schnelles Uebersättigen mit Essigsäure und Umkrystallisiren des gefällten Allantoins aus heifsem Wasser. SCHLIEPER.

Eigenschaften. Wasserhelle, perlglänzende Nadeln, VAUQUELIN u. BUNIVA, und 4seitige Säulen. Säulen, deren Grundform ein Rhomboeder ist, LIEBIG u. WÖHLER. — Krystalle des 1- u. 1-gliedrigen Systems (*Fig.* 124); v : u = 56° 42′; v : y = 95° 15′; u : y = 91° 40′; die y-Flächen glänzen am stärksten. DELFFS (*Jahrb. prakt. Pharm.* 8, 378). — 2- u. 1-gliedriges System; *Fig.* 93 mit t-Fläche zwischen u und u'; i : u nach hinten = 88° 14′; f : u nach hinten = 96° 17′; leicht spaltbar nach f. DAUBER (*Ann. Pharm.* 71, 68). Die nach 2 erhaltenen Krystalle sind wegen einer Spur einer beigemischten fremden Materie dünner und zu Bündeln verwachsen; sie werden hiervon befreit durch die Verbindung mit Silberoxyd und Abscheidung daraus durch Salzsäure, und krystallisiren dann auf gewöhnliche Weise. WÖHLER.

Geschmacklos, LASSAIGNE, und neutral gegen Lackmus, LIEBIG u. WÖHLER. Schwach sauer schmeckend und Lackmus schwach röthend, VAUQUELIN u. BUNIVA. Luftbeständig, VAUQ., wasserfrei, LIEBIG.

	Krystallisirt.		LIEBIG u. WÖHL. (3)	SCHLIEP. (4)	STÄDELER. (2)	LASSAIGNE. (1)
8 C	48	30,38	30,50	30,02	30,15	28,15
4 N	56	35,44	35,34	35,17	35,25	25,24
6 H	6	3,80	4,04	4,04	3,81	14,50
6 O	48	30,38	30,12	30,77	30,79	32,11
$C^8N^4H^6O^6$	158	100,00	100,00	100,00	100,00	100,00

Die eingeklammerten Zahlen beziehen sich auf die Darstellungsweise.

Zersetzungen. 1. Das Allantoin liefert bei der trocknen Destillation kohlensaures und blausaures Ammoniak, wenig brenzliches Oel und sehr lockere Kohle. LASSAIGNE. — 2. Es bläht sich auf freiem Feuer auf, schwärzt sich, verbreitet den Geruch nach Ammoniak und Blausäure und lässt eine aufgeblähte Kohle. VAUQUELIN u. BUNIVA.

3. Es zerfällt beim Erhitzen mit Vitriolöl in schwefelsaures Ammoniak und in ein Gemenge von Kohlensäure und Kohlenoxydgas. LIEBIG u. WÖHLER. $C^8N^4H^6O^6 + 6HO = 4NH^3 + 4CO^2 + 4CO$.

4. Allantoin, mit Salpetersäure von 1,2 bis 1,4 sp. Gew. gelinde erwärmt, wobei sich kein Gas entwickelt, lässt beim Erkalten salpetersauren Harnstoff anschiefsen; beim Abdampfen der Lösung zur Trockne bleibt salpetersaurer Harnstoff und Allantursäure (V, 141). PELOUZE. $C^8N^4H^6O^6 + 2HO = C^2N^2H^4O^2 + C^6N^2H^4O^6$. GERHARDT. PELOUZE gibt die Gleichung: $1\frac{1}{2}C^8N^4H^6O^6 + 2HO = C^2N^2H^4O^2 + C^{10}N^4H^7O^9$ (Allantursäure). — 5. Auch beim Erhitzen mit Salzsäure und andern wässrigen Säuren zerfällt das Allantoin in Harnstoff und Allantursäure. Dasselbe erfolgt bei kurzem Erhitzen des mit Wasser in ein Glasrohr eingeschmolzenen Allantoins auf 110 bis 140°, nur dass dabei der Harnstoff weiter in Ammoniak und Kohlensäure zerfällt. PELOUZE. — 6. Auch durch Bleihyperoxyd mit Wasser bei Mittelwärme wird das Allantoin in Allantursäure und Harnstoff verwandelt. PELOUZE. [Nach welcher Gleichung?]

7. Die Lösung des Allantoins in kalter Kalilauge lässt sogleich, mit Säuren versetzt, fast alles wieder fallen; aber in 24 bis 48 Stunden wird sie zu hydantoinsaurem Kali, wird daher nicht mehr durch Säuren gefällt, entwickelt beim Kochen nur noch wenig Ammoniak und erzeugt dabei keine Oxalsäure mehr; bei weiterer Einwirkung des Kalis zerfällt das hydantoinsaure Kali in lantanursaures Kali (V, 139) und Harnstoff. SCHLIEPER. — Zuerst: $C^8N^4H^6O^6 + 2 HO = C^8N^4H^8O^8$ (Hydantoinsäure); dann $C^8N^4H^8O^8 = C^6N^2H^4O^6$ (Lantanursäure) $+ C^2N^2H^4O^2$. SCHLIEPER. — 8. Sogleich mit wässrigem Kali oder Baryt gekocht, zerfällt das Allantoin vollständig in Ammoniak und Oxalsäure. LIEBIG u. WÖHLER. — $C^8N^4H^6O^6 + 10 HO = 4NH^3 + 2 C^4H^2O^8$.

Verbindungen. Das Allantoin löst sich in 400 Th. kaltem Wasser, LASSAIGNE, in 160 Th. Wasser von 20°, LIEBIG u. WÖHLER, in 30 Th. kochendem Wasser, und krystallisirt beim Erkalten.

Das Allantoin geht mit Basen keine andere Verbindung ein, als die mit Silberoxyd. LIEBIG u. WÖHLER. Die von LASSAIGNE beschriebenen allantoinsauren Salze vermochten C. GMELIN und LIEBIG u. WÖHLER nicht zu erhalten. Aus der Lösung in heifsen verdünnten Alkalien krystallisirt das Allantoin beim Erkalten für sich heraus.

Silber-Allantoin. — Heifses wässriges Allantoin, mit salpetersaurem Silberoxyd und so lange mit Ammoniak versetzt, als ein Niederschlag entsteht, gibt ein weifses schimmerndes Pulver, welches sich unter dem Mikroskop aus Kugeln zusammengesetzt zeigt. Es wird von allen verdünnten Säuren unter Ausscheidung des Allanotoins zersetzt. LIEBIG u. WÖHLER.

			LIEBIG u. WÖHLER.	WÖHLER.
8 C	48	18,12	18,18	
4 N	56	21,13	21,04	
5 H	5	1,88	1,94	
Ag	108	40,75	40,44	40,78
6 O	48	18,12	18,40	
$C^8N^4H^5AgO^6$	265	100,00	100,00	

Das Allantoin löst sich leichter in *Weingeist*, als in Wasser. VAUQUELIN u. BUNIVA.

Hydantoinsäure.

$C^8N^4H^8O^8$?

SCHLIEPER (1848). *Ann. Pharm.* 67, 232.

Bildung (V, 376, unten). — *Darstellung.* Man stellt die Lösung des Allantoins in starker Kalilauge 2 Tage hin, übersättigt sie mit Essigsäure, verdunnt sie, fällt daraus durch Bleizucker das hydantoinsaure Bleioxyd, zersetzt dieses nach dem Waschen und Vertheilen in Wasser durch Hydrothion, und dampft das sehr saure Filtrat im Wasserbade ab. Hierbei scheint einige Zersetzung einzutreten.

Eigenschaften. Dicker, nicht krystallisirbarer, sehr saurer Syrup, der sich beim Uebergiefsen mit Weingeist in eine bröckliche Masse verwandelt.

Zersetzungen. Die Säure entwickelt mit kalter Kalilauge Ammoniak, wohl weil sie durchs Abdampfen schon verändert war, und gibt beim Abdampfen damit Flocken. Bei ihrer Zersetzung durch Kochen mit Kalilauge erzeugt sie keine Oxalsäure.

Verbindungen. Die Säure zerfliefst an der Luft.

Mit wässrigem *Ammoniak* neutralisirt, wird sie beim Abdampfen unter Ammoniakverlust wieder sehr sauer.

Das *Kalisalz* erhält man, wenn man obige Lösung des Allantoins in Kali nach 2 Tagen mit Essigsäure übersättigt, dann mit Weingeist fällt, als eine ölige, stark das Licht brechende Flüssigkeit.

Die Säure mischt sich ohne Aufbrausen mit kohlensaurem *Natron;* die Flüssigkeit setzt beim Erhitzen gelbweifse Flocken ab.

Sie trübt nicht das *Baryt*- oder *Kalk*-Wasser, aber hinzugefügter Weingeist fällt weifse Flocken, in Wasser wieder löslick.

Das *Bleisalz* (s. oben) setzt sich nach kurzer Zeit als ein weifser dicker Niederschlag an die Gefäfswände, und füllt dann das ganze Gemisch mit weifsen dicken Flocken, die nach dem Waschen zu einem weifsen Pulver austrocknen, leicht in Salpetersäure, sehr schwer in selbst heifser Essigsäure löslich.

			SCHLIEPER, bei 100°.
PbO	112	40,15	39,09
8 C	48	17,20	16,75
4 N	56	20,07	19,04
7 H	7	2,51	2,90
7 O	56	20,07	22,22
$C^8N^4H^7PbO^8$	279	100,00	100,00

[Wahrscheinlich hält das Salz bei 100° noch 1 At. Wasser.]

Silbersalz. — Das in Wasser gelöste ölige Kalisalz gibt mit salpetersaurem Silberoxyd einen weifsen, dicken, beim Kochen schwarz werdenden Niederschlag. Die freie Säure gibt mit salpetersaurem Silberoxyd einen weifsen Niederschlag, der sich beim Erwärmen theilweise löst. Derselbe hält auf 45,31 Proc. (2 At.) Silberoxyd 13,12 (5 At.) Stickstoff, ein Beweis, dass die Säure beim Abdampfen eine Veränderung erlitten hat.

Die Säure löst sich nicht in Weingeist. SCHLIEPER.

Stammkern C^8H^{12}.

Sauerstoffkern $C^8H^6O^6$.

Tartersäure.

$$C^8H^6O^{12} = C^8H^6O^6,O^6.$$

RETZIUS u. SCHEELE. *Abh. der Schwed. Acad. der Wiss.* 1770, S. 207; auch *Crell chem. J.* 2, 179.

MATTH. A PAECKEN (eigentlich KLAPROTH). *Diss. de sale essentiali tartari.* Gott. 1779.

RICHTER. Dessen *Neuere Gegenst.* 6, 39.

THÉNARD. *Ann. Chim.* 38, 30; auch *Scher. J.* 8, 630.

OSANN. *Kastn. Arch.* 3, 204 u. 369; 5, 107.

BERZELIUS. *Ann. Chim.* 94, 177. — *Pogg.* 19, 305; 36, 4. — *Ann. Chim. Phys.* 67, 303; auch *J. pr. Chem.* 14, 350.

DULK. *Schw.* 64, 180 u. 193; Ausz. *Ann Pharm.* 2, 39.

DUMAS u. PIRIA. *Ann. Chim. Phys.* 5, 353; auch *Ann. Pharm.* 44, 66; auch *J. pr. Chem.* 27, 321.

WERTHER. *J. pr. Chem.* 32, 385.

LAURENT u. GERHARDT. *Compt. chim.* 1849, 1 u. 97; auch *Ann. Pharm.* 70, 348; auch *J. pr. Chem.* 46, 300.

Tartrylsäure, Weinsäure, Weinsteinsäure, Tamarindensäure, wesentliches Weinsteinsalz, Sal essentiale tartari, Acide tartarique. — SCHEELE stellte 1770 zuerst die Tartersäure, welche schon DUHAMEL, MARGGRAF und ROUELLE d. J. im Weinstein annahmen, für sich dar.

Vorkommen. Theils frei, theils an Basen gebunden: In den Tamarinden, RETZIUS, den unreifen Vogelbeeren, den Beeren von *Rhus typhinum* u.

glabrum, in dem Holz von *Quassia amara*, der Rinde von *Quassia Simaruba*, den Weintrauben, der Wurzel von *Nymphaea alba*, dem Kraut von *Chelidonium majus*, der Wurzel von *Rubia tinctorum*, den Kartoffeln, den Gurken, der Wurzel von *Leontodon Taraxacum*, den Knollen von *Helianthus tuberosus*, den Chamillenblumen, BINDHEIM, im Kraut von *Rumex Acetosa*, den Maulbeeren, der Ananas, den Blättern von *Agave mexicana*, HOFFMANN, dem schwarzen Pfeffer, der Zwiebel von *Scilla maritima*, der Wurzel von *Triticum repens*, im isländischen Moos und in *Lycopodium complanatum*.

Bildung. 1. Bei der Bereitung des Kaliums (II, 8) sublimirt sich neben diesem eine kohlige Masse, aus deren wässriger Lösung neben krokonsaurem und oxalsaurem Kali auch tartersaures Kali erhalten wird. LIEBIG. [Die Gewinnung des letzteren Salzes ist mir nie gelungen.] — 2. Bei einjährigem Aufbewahren des Citronensaftes in Flaschen verwandelt sich bisweilen die meiste Citronsäure in Tartersäure. SCHINDLER (*Ann. Pharm.* 31, 280). — 3. Beim Auflösen von Pyroxylin in Kalilauge scheint bisweilen Tartersäure, oder eine ähnliche Säure zu entstehen. KERCKHOFF u. REUTER (*J. pr. Chem.* 40, 284).

Darstellung. 1. Zu 1 Th., in kochendem Wasser vertheiltem, rohem oder gereinigten Weinstein bringt man 0,27 Th. oder etwas mehr Pulver von Kreide, weifsem Marmor oder Austerschalen, und kocht, bis das Aufbrausen völlig beendigt ist, und die Flüssigkeit nicht mehr Lackmus röthet. Oder man neutralisirt in siedendem Wasser vertheilten Weinstein genau mit Kalkmilch. Der sich niedersetzende tartersaure Kalk wird durch Abgiefsen der Flüssigkeit und Auswaschen auf Leintuch von dem gelöst bleibenden neutralen tartersauren Kali getrennt. — a. Den erhaltenen tartersauren Kalk zersetzt man durch 1- bis 2-tägige Digestion mit Vitriolöl, welches 0,4 Th. des getrockneten tartersauren Kalkes betragen, oder dem angewandten kohlensauren Kalk an Gewicht gleich kommen und jedenfalls nicht weniger betragen muss, als zur völligen Sättigung des Kalks nöthig ist, und mit der 12fachen Menge Wasser. Man scheidet die Flüssigkeit vom Gyps durch Filtriren, dampft sie bis zu schwacher Syrupdicke ab, trennt sie vom niedergefallenen Gyps durch Leinen, und dickt sie noch weiter ein, worauf sie sowohl bei mehrtägigem Hinstellen in der Kälte, als auch bei weiterem Verdampfen Krystalle von Tartersäure liefert. — Waren diese Operationen in Gefäfsen von Zinn oder Kupfer vorgenommen, so fällt man die hierbei gelösten Metalle aus der noch wenig concentrirten sauren Flüssigkeit, die noch etwas freie Schwefelsäure enthalten muss, durch wenig Schwefelcalcium, und beendigt das Abdampfen in Gefäfsen von Glas oder Porcellan. — Hatte man zur Zersetzung des tartersauren Kalkes nicht genug Schwefelsäure angewandt, so bleibt der Tartersäure saurer tartersaurer Kalk beigemischt, welcher das Krystallisiren der Säure hindert, jedoch leicht durch etwas Schwefelsäure, welche Gyps fällt, zersetzt werden kann. — Enthält die saure Flüssigkeit freie Schwefelsäure, so bleibt diese in der Mutterlauge, welche zur Zersetzung neuer Mengen von tartersaurem Kalk verwendet werden kann. Die den Krystallen noch anhängende Schwefelsäure lässt sich sowohl durch Umkrystallisiren, als auch durch Digestion mit wenig Bleioxyd entziehen, worauf das Filtrat mit Hydrothion zu behandeln ist. — Die, besonders bei Anwendung von rohem Weinstein gegebene, braune Farbe wird durch Digestion mit Kohlenpulver zum Theil genommen; übrigens bleibt das Färbende meist in der Mutterlauge. Zur Entfärbung dieser dient $1/_{140}$ chlorsaures Kali. BERZELIUS, WITTSTEIN (*Repert.* 57, 228). — b. Die vom tartersauren Kalk getrennte Lösung des neutralen tartersauren Kali's liefert, durch salzsauren oder essigsauren Kalk gefällt, oder durch halbstündiges Kochen mit schwefelsaurem Kalk zersetzt, DESFOSSES (*J. Pharm.* 15, 613), noch eine gleichgrofse Menge von tartersaurem Kalk, welcher nach dem Auswaschen wie oben behandelt wird. vgl. LOWITZ (*Crell Ann.* 1799, 1, 99). BUCHOLZ (*A. Tr.* 7, 1, 21). GRINDEL (*Schw.* 13, 355).

2. Man neutralisirt 1 Th. Weinstein mit kohlensaurem Kali, kocht das wässrige Gemisch 1 Stunde lang mit 8 Th. gebranntem Kalk, decanthirt die Lauge, welche kalkfreies Aetzkali enthält, noch heifs, befreit den ausgewaschenen tartersauren Kalk durch Salz- oder Essig-Säure vom überschüssigen Kalk, und behandelt ihn wie oben. OSANN (*Kastn. Arch.* 5, 107).

3. Man trägt in ein kochendes Gemisch von 1 Vitriolöl und 3 Wasser allmälig Weinstein im Ueberschuss, lässt durch Erkälten den überschüssigen Weinstein (nebst Gyps) herauskrystallisiren, dampft die übrige Flüssigkeit stark ab, und zieht aus ihr durch kalten Weingeist die Tartersäure, während doppelt schwefelsaures Kali zurückbleibt. FABBRONI (*Ann. Chim. Phys.* 25, 9). — [Der Weingeist kann Weintartersäure erzeugen, daher anhaltendes Kochen mit Wasser nöthig sein möchte, um den Weingeist zu verjagen.]

Eigenschaften. Grofse wasserhelle Säulen, dem 2- u. 1-gliedrigen System angehörend. *Fig.* 109; kein Blätterdurchgang; i : u oder u^1 = 97° 10'; u : u^1 = 88° 30'; i : *a* = 128° 15'; i : c = 134° 50'; i : m = 100° 47'; i : f nach hinten = 122° 45'; oft ist die eine u-Fläche unverhältnissmäfsig grofs. BROOKE (*Ann. Phil.* 22, 118). — *Fig.* 109, nebst Abstumpfungsflächen zwischen *a* und i und zwischen u und i; i : u = 97° 10'; i : *a* = 128° 34'; i : f = 122° 30'; i : e = 135° 0'; u : f = 121° 4'; u : e = 125° 15'; u : *a* = 129° 20'; *a* : *a* = 102° 51'; e : f = 102° 30'; sehr gut nach i spaltbar. PREVOSTAYE (*N. Ann. Chim. Phys.* 3, 129). — Es sind schief rhombische Säulen, ungefähr = *Fig.* 86; noch mit einer Fläche x zwischen i und m, aber von den 4 h Flächen finden sich blofs die 2 auf der rechten Seite, oben und unten, nicht die auf der linken, wodurch die Krystalle unsymmetrisch werden, was mit ihrer Thermoelektricität (und mit ihrem optischen Verhalten, PASTEUR) zusammenhängt. i : m = 81°; i : x = 145° 15'; u : u = 99° 45'; i : h = 136°. HANKEL (*Pogg.* 49, 500). — vgl. auch HABERLE (*Taschenb.* 1805, 160); SORET (*Taschenb.* 1823, 141); BERNHARDI (*N Tr.* 7, 2, 40); PECLET (*Ann. Chim Phys.* 31, 78); EM. WOLFF (*J. pr. Chem.* 28, 138). — Von 1,75 spec. Gew., RICHTER. — Die Säure leuchtet beim Reiben im Dunkeln wie Zucker. BOUCHARDAT (*N. J. Pharm.* 15, 440). — Sie schmilzt gegen 170° zu einer wasserhellen Flüssigkeit. — Sie schmeckt stark, aber angenehm sauer und röthet stark Lackmus. Ihre concentrirte Lösung gibt mit, zur Neutralisation unzureichenden, Mengen von Ammoniak oder Kali körnige Niederschläge und mit überschüssigem Kalkwasser weifse, im Ueberschuss der Säure, so wie in Salmiak leicht lösliche Flocken.

	Krystallisirt.		PROUT.	HERRMANN.	DÖBEREINER.	URE.	BERTHOLLET.
8 C	48	32	32	32,50	32,42	31,42	24,41
6 H	6	4	4	4,19	2,94	2,76	5,57
12 O	96	64	64	63,31	64,64	65,82	70,02
$C^8H^6O^{12}$	150	100	100	100,00	100,00	100,00	100,00

Die Radicaltheorie nimmt eine hypothetisch trockne Tartersäure = $C^4H^2O^5$ = $\bar{T}$ an.

Zersetzungen. 1. Die Tartersäure, eben nur bis zum *Schmelzen* erhitzt, was bei 170 bis 180° erfolgt, verwandelt sich ohne merklichen Wasserverlust in Metatartersäure, LAURENT u. GERHARDT; bei längerem oder stärkerem Schmelzen, vorzüglich in Tartralsäure, dann unter Verlust von 2 At. Wasser in Tartrelsäure und Tarteranhydrid,

BRACONNOT, FREMY, LAURENT u. GERHARDT. Nach WENISKLOS (*Ann. Pharm.* 15, 133) kommt die Säure schon bei 150° ins Kochen.

2. Erhitzt man die Säure allmälig bis auf 220°, so bläht sie sich stark auf und steigt leicht über, wird immer brauner, verliert dann ihre Zähigkeit, so dass sie ohne Aufblähen kocht, entwickelt fortwährend kohlensaures Gas, mit den Dämpfen von Essigsäure und Brenztraubensäure beladen, und gibt ein farbloses, nur zuletzt gelbliches, immer concentrirter werdendes, wässriges Destillat vom Geruch nach Essigsäure und Brenzöl und scharf saurem Geschmack, welches blofs am Ende etwas Brenzöl gelöst hält und sich daher mit Wasser trübt, und welches bei sehr langsamer Destillation auf dem Wasserbade, neben einer Spur Holzgeist, oder etwas Aehnlichem, Essigsäure (keine Ameisensäure), dann Brenztraubensäure übergehen lässt, während ein dicker brauner Syrup bleibt, der Krystalle von Brenzweinsäure hält. Der bei 220° bleibende Rückstand ist schwarz, halbflüssig, nach dem Erkalten hart, von Ansehn der Kohle, und gibt bei stärkerem Erhitzen Sumpfgas und brenzliches Oel, unter Rücklassung einer zarten voluminosen Kohle. BERZELIUS. — Destillirt man die Säure zwischen 170 und 190°, so erhält man viel Kohlensäure, Wasser und Brenzweinsäure, dagegen sehr wenig Vinegas, Essigsäure, Brenzöl und Kohle; bei der Destillation zwischen 200 und 300° nehmen erstere 3 Producte ab, und letztere 3 Producte zu, und bei der auf freiem Feuer erhält man sehr wenig Brenzweinsäure, wenig Kohlensäure und Wasser, dagegen höchst concentrirte Essigsäure und viel Vinegas, Brenzöl und Kohle. PELOUZE (*Ann. Chim. Phys.* 56, 297). — 100 Th. Tartersäure liefern bei verschieden schneller Destillation 28 bis 70 Th. wässriges Destillat (worin 0,3 bis 1,5 Th. Brenzweinsäure), 4,7 bis 0,8 Th. Brenzöl und 12,5 Th. oder viel weniger Kohle. GRUNER (*N. Tr.* 24, 2, 57). — Bei Zusatz von Bimssteinpulver wird mehr Säure und weniger Brenzöl erhalten. ARPPE. — Bei der trocknen Destillation von mit Platinschwamm gemengter Tartersäure erhält man reines kohlensaures Gas, und ein wasserhelles krystallisirendes Destillat. REISET u. MILLON (*N. Ann. Chim. Phys.* 8, 285).

3. An der Luft erhitzt, schäumt die Tartersäure mit dem Geruch des gebrannten Zuckers auf, entflammt sich, und lässt eine zarte Kohle. — 4. Mit Platinschwamm gemengte Tartersäure, in einem Strom von *Sauerstoffgas* erhitzt, fängt bei 160° an, Kohlensäure und Wasser zu bilden, und ist noch unter 250° völlig in diese 2 Producte verwandelt. REISET u. MILLON.

5. *Chlor* wirkt auf die wässrige Säure kaum zersetzend. LIEBIG. — 6. Heifse *Salpetersäure* zersetzt die Tartersäure in Essig-, Oxal- und Zucker-Säure. HERMBSTÄDT. Die salpetersaure Lösung, mit Bleiessig gemischt, setzt beim Erhitzen Krystalle von salpeter-oxalsaurem Bleioxyd ab. JOHNSTON. — 7. Kochende wässrige *Iodsäure* und *Ueberiodsäure* zersetzt die Tartersäure langsam unter Bildung von Kohlensäure und Freiwerden von Iod. BENCKISER, MILLON.

8. Tartersäure, mit der 3- bis 4-fachen Menge Vitriolöl gelinde erwärmt, bis sich schweflige Säure entwickeln will, wird zum Theil in Tartrai- und Tartrel-Säure verwandelt. FREMY. — Bei stärkerem Erhitzen mit wenig Vitriolöl liefert die Säure Kohlenoxyd, Kohlensäure und schweflige Säure und lässt ein schwarzes Gemisch; aber bei allmälig steigen-

dem Erhitzen mit einem grofsen Ueberschusse von rauchendem Vitriolöl entwickelt sie ohne alle Schwärzung anfangs blofs Kohlenoxydgas und schwefligsaures Gas (ohne alle Kohlensäure) im Maafsverhältnisse von 4 : 1, und zuletzt Kohlenoxydgas, kohlensaures Gas und schwefligsaures Gas im Verhältnisse von 3 : 1 : 2. DUMAS u. *PIRIA*. — $C^8H^6O^{12}+2SO^3=6HO+8CO+2SO^2$; aber bei der zuletzt gesteigerten Hitze wird von den 4 Maafsen Kohlenoxyd 1 M. durch die Schwefelsäure zu Kohlensäure oxydirt und dadurch zugleich 1 M. schweflige Säure weiter erzeugt. DUMAS u. PIRIA. Schon DÖBEREINER (*Gilb.* 72, 201) beobachtete die Entwicklung von Kohlenoxyd.

9. Ein kaltes Gemisch von gleichen Theilen Tartersäure, doppelt *chromsauren Kali* und wenig Wasser, färbt sich dunkelgrünbraun, erhitzt sich allmälig bis zum Sieden, entwickelt viel Kohlensäure, und lässt eine dunkelgrünbraune, fast schwarze Flüssigkeit, welche Ameisensäure hält. WINCKLER (*Repert.* 46, 466; 65, 189). — 10. Die Tartersäure reducirt *Vanadsäure* zu Vanadoxyd. BERZELIUS. — 11. Mit *Braunstein* und Wasser erwärmt, erhitzt sie sich, und entwickelt unter starkem Aufschäumen Kohlensäure und Ameisensäure, während ameisensaures und tartersaures Manganoxydul bleibt; bei Zusatz von Schwefelsäure wird die Tartersäure völlig zersetzt, und alle Ameisensäure unter Bildung von schwefelsaurem Manganoxydul verflüchtigt. DÖBEREINER (*Gilb.* 71, 107; auch *Schw.* 35, 113), PERSOZ. — 12. 150 Th. (1 At.) krystallisirte Säure, mit 480 Th. (4 At.) *Bleihyperoxyd* bei 16° zusammengerieben, kommt in wenigen Augenblicken zum Erglühen, und verglimmt unter Entwicklung von, nach Ameisensäure riechendem, kohlensauren Gas. WALCKER (*Pogg.* 5, 536). BÖTTGER (*J. pr. Chem.* 8, 477) zieht 5 Th. gut getrocknete Säure auf 16 Th. Hyperoxyd vor. — Beim kalten Zusammenbringen von 1 Th. Tartersäure, 5 Th. Bleihyperoxyd und 10 Th. Wasser erhält man unter Entwicklung von reiner Kohlensäure eine Lösung von ameisensaurem Bleioxyd, während beim unzersetzt gebliebenen Bleihyperoxyd häufig tartersaures und kohlensaures Bleioxyd bleibt. PERSOZ (*Compt. rend.* 11, 522; auch *J. pr. Chem.* 23, 54), BÖTTGER (*Beitr.* 2, 124). — 13. Tartersäure mit *Silberlösung* gekocht, reducirt das Silber; kocht man sie mit Kali und Silberoxyd, so lange dieses reducirt wird, so verwandelt sie sich unter Entwicklung von Kohlensäure in Oxalsäure. ERDMANN (*Ann. Pharm.* 21, 14). — 14. Die durch Alkalien neutralisirte (nicht die freie) Tartersäure reducirt aus *Chlorgold* das Metall ohne Kohlensäureentwicklung, PELLETIER, und aus *Zweifachchlorplatin* Platinmohr unter Kohlensäureentwicklung, R. PHILLIPS (*Phil. Mag. J.* 2, 94). — Aus *Aetzsublimat*lösung fällt neutrales tartersaures Kali auch im Dunkeln Kalomel. BRANDES (*Ann. Pharm.* 11, 88).

15. Erhitztes Kalium und Natrium zersetzen die Säure unter starkem Aufbrausen, und das Natrium unter schwacher Lichtentwicklung, in Kohle und Alkali. GAY-LUSSAC u. THENARD.

16. Die wässrige Tartersäure zersetzt sich nur in verdünntem Zustande beim Aufbewahren, etwas Essigsäure erzeugend; mit Weingeist einige Wochen digerirt, wird sie zu Essig. BERGMAN.

Verbindungen. — Mit *Wasser*. — *Wässrige Tartersäure.* — Die Säure löst sich in $^7/_{13}$ Th. kaltem, in noch weniger kochendem Wasser auf. Die concentrirte Lösung hat Syrupdicke.

100 Theile der wässrigen Auflösung halten an krystallisirter Säure:

Nach Richter.				Nach Osann (*Kastn. Arch.* 3, 396).			
Spec. Gew.	Säure.	Spec. Gew.	Säure.	Spec. Gew.	Säure.	Spec. Gew.	Säure.
1,36	64,56	1,16	32,06	1,274	51,42	1,109	22,27
1,32	58,75	1,12	24,98	1,208	40,00	1,068	14,28
1,28	52,59	1,08	17,45	1,174	34,24	1,023	5,00
1,24	46,03	1,04	9,06	1,155	30,76	1,008	1,63
1,20	39,04			1,122	25,00		

Die in Wasser gelöste Säure lenkt die Polarisationsebene des Lichts zur Rechten ab (IV, 57); der Ablenkungswinkel entspricht genau der Menge der vom Lichte durchstrahlten Säure. Biot (*Compt. rend.*; auch *Pogg* 38, 179).

Tartersaure Boraxsäure? — Die 2 Säuren in krystallisirtem Zustande in der Wärme zusammengerieben, vereinigen sich auch bei abgehaltener Luft zu einem Teig, der beim Erkalten erstarrt und an der Luft zerfliefst. Thevenin (*J. Pharm.* 2, 421). — Ein Gemenge von gepulverter Tartersäure und Boraxsäure zerfliefst an mit Feuchtigkeit gesättigter Luft, an welcher jede der Säuren für sich trocken bleibt; Boraxsäure löst sich reichlicher in Wasser, welches Tartersäure enthält, als in reinem, jedoch nimmt die Löslichkeit nicht ganz in dem Verhältnisse zu, in welchem der Tartersäuregehalt vermehrt wird. Durch wiederholtes Krystallisiren lässt sich aus der Lösung wieder alle Boraxsäure erhalten. Soubeiran (*J. Pharm.* 10, 395; auch *Mag. Pharm.* 8, 221).

Tartersaures Stickoxyd? — Die bei 37° gesättigte wässrige Säure (nicht die gepulverte) verschluckt reichlich Stickoxydgas. Die farblose Flüssigkeit setzt nach einiger Zeit Nadeln ab, welche blofs Tartersäure zu sein scheinen; sie entwickelt selbst beim Kochen kein Gas; sie bräunt sich stark mit Eisenvitriol. Reinsch (*J. pr. Chem.* 28, 394).

Tartersaure Salze, Tartrates. — Die Säure hat eine starke Affinität zu den Basen. Die in Weingeist gelöste Säure zersetzt, wofern nicht Wasser hinzutritt, kein kohlensaures Salz, Pelouze; weil die tartersauren Salze nicht in Weingeist löslich sind, Braconnot. Die Säure bildet vorzüglich *neutrale* Salze $= C^8H^4M^2O^{12}$ und *saure* $= C^8H^5MO^{12}$. Wegen der Salze, worin das Metalloxyd 3 O hält, s. besonders die des Uranoxyds und Antimonoxyds. — Wie die freie Tartersäure, so lenken auch alle ihre Salze in ihrer wässrigen Lösung die Polarisationsebene des Lichts zur Rechten ab; nur die concentrirte Lösung der tartersauren Alaunerde in Wasser und die Lösung des tartersauren Kalks in Salzsäure zeigt Rotation nach der Linken. Biot (*J. Chim. méd.* 12, 8). Hiermit hängt es zusammen, dass alle Krystalle der tartersauren Salze hemiedrisch sind, und zwar unsymmetrische Flächen auf der rechten Seite zeigen, mit Ausnahme des neutralen tartersauren Kalks, welcher auch das entgegengesetzte optische Verhalten zeigt. Pasteur (*N. Ann. Chim. Phys.* 24, 442; — *Compt. rend.* 29, 297). — Die tartersauren Salze geben bei der trocknen Destillation ähnliche Producte, wie die freie Säure, namentlich kohlensaures und ein Kohlenwasserstoffgas, Essigsäure, Brenzweinsäure, brenzliche Oele von verschiedener Flüchtigkeit, und sie lassen einen kohligen, oft pyrophorischen

Rückstand. Beim Erhitzen an der Luft verbreiten sie den Geruch nach verbranntem Zucker. Ihre verdünnten wässrigen Lösungen sind zum Schimmeln geneigt. — Die löslichen Alkalien bilden mit Tartersäure leicht in Wasser lösliche neutrale und schwer lösliche saure Salze. Die neutralen Salze der meisten übrigen Basen lösen sich nicht oder schwierig in Wasser, werden aber durch Zusatz von Tartersäure löslich. Auch lösen sich diese leicht in Salz- oder Salpeter-Säure. Alle tartersaure Salze lösen sich in überschüssigem wässrigen Ammoniak, Kali oder Natron, nur das Silbersalz nicht in Kali und Natron, und die Quecksilbersalze nicht in Ammoniak, Kali und Natron. Aus der wässrigen oder sauren Lösung der tartersauren Salze fällt zweifachschwefelsaures Kali nach einiger Zeit Weinstein. — Die Tartersäure bildet besonders viele Doppelsalze.

Tartersaures Ammoniak. — a. *Neutrales.* — Die wässrige Säure, mit kohlensaurem Ammoniak übersättigt, wird, unter öfterem Zusatz von kohlensaurem Ammoniak, abgedampft und zum Krystallisiren erkältet. Wasserhelle Säulen des 2- u. 1-gliedrigen Systems. *Fig.* 89; aber statt der f-Fläche eine e-Fläche zwischen i und m; i : m = 91° 51'; i : e = 127° 40'; e : m = 140° 29'; α : α = 110° 10'; i : α = 124° 55'; a : h unten = 124° 24'; a : α zur Seite = 105° 9'; i : a = 116° 50'; i : h = 88° 56'; e : a = 137° 39'; m : a = 143° 50'; e : α = 110° 28'. Die α-Flächen am einen Ende bis zum Verschwinden der a- und h-Flächen vergröfsert. PREVOSTAYE (*N. Ann. Chim. Phys.* 3, 129). — Also Hemiedrie; gut spaltbar nach i. PASTEUR. vgl. NEUMANN (*Schw.* 64, 197). — Das Salz schmeckt dem Salpeter ähnlich, verwittert an der Luft durch Ammoniakverlust, zersetzt sich in der Hitze und löst sich leicht in Wasser. — Seine Lösung, $^1/_2$ Jahr dem Lichte ausgesetzt, trübt sich kaum merklich, wird aber alkalisch. HORST (*Br. Arch.* 4, 257).

	Krystalle.		DUMAS u. PIRIA.	Oder:			DULK.
8 C	48	26,09	25,7	2 NH^3	34	18,48	16,16
2 N	28	15,22					
12 H	12	6,52	6,6	$C^8H^6O^{12}$	150	81,52	
12 O	96	52,17					
$C^8H^4(NH^4)^2O^{12}$	184	100,00			184	100,00	

b. *Saures.* — Die concentrirte wässrige Lösung des Salzes a oder wässriges Ammoniak wird durch überschüssige concentrirte Tartersäure durch Bildung des schwer löslichen sauren Salzes in feinen Nadelbüscheln so reichlich gefällt, dass sie erstarrt. — Die wasserhellen Krystalle gehören dem 2- u. 2-gliedrigen System an. *Fig.* 56, jedoch noch mit m-Flächen und je 2 Flächen zwischen u und t; i : i = 110° 32'; i : α = 141° 12'; a : a nach hinten = 127° 12'; u : u' = 70° 44'; t : a = 116° 24'; t : u = 125° 22'. PREVOSTAYE. Nach PASTEUR zeigt sich dabei eine Hemiedrie zur Rechten, durch widersinnige Zuschärfung, wie etwa bei *Fig.* 72, so dass also, wenn man gegenüber von t steht, die obere Zuschärfungsfläche rechts liegt.

	Krystalle.		DUMAS u. PIRIA.	Oder:			DULK.
8 C	48	28,74	28,8	NH^3	17	11,08	10,68
N	14	8,38					
9 H	9	5,39	5,6	$C^8H^6O^{12}$	150	89,82	
12 O	96	57,49					
$C^8H^5(NH^4)O^{12}$	167	100,00			167	100,00	

Tartersaures Kali. — a. *Neutrales.* — *Tartarisirter Weinstein, Tartarus tartarisatus, Sal vegetabile.* Durch Erhitzen des Weinsteins mit Wasser und kohlensaurem Kali oder kohlensaurem Kalk bis zur Neutralisation. Wird beim Abdampfen als ein weifses Pulver von salzig bitterlichem Geschmack erhalten. Schiefst bei langsamem Verdunsten in wasserhellen Säulen des 2- u. 1-gliedrigen Systems an. Ungefähr *Fig.* 109, ohne a-Flächen; i : f nach hinten = 142° 13'; i : c = 127° 17'; c : f = 89° 30'; u : m = 112° 35'; u : c = 103° 35'; u : i = 95° 35'. PREVOSTAYE. BROOKE (*Ann. Phil.* 23, 161), nach welchem der Krystall nach f und c spaltbar ist, stellt die Figur anders, hat aber auch die Winkel: 142° 13'; 127° 17'; 89° 30' und 103° 40'. vergl. auch BERNHARDI (*N. Gehl.* 8, 417 und *N. Tr.* 7, 2, 51); HANKEL (*Pogg.* 53, 620). Auch hier zeigt sich nach HANKEL und PASTEUR Hemiedrie. — Die Krystalle verlieren nichts bei 100°, aber bei 180° 3,8 Proc. Wasser; hierauf verlieren sie zwischen 200 und 220° ohne alle Färbung weitere 5 bis 5,5 Proc. an Aceton und anderen Producten, während sich im Rückstande viel kohlensaures Kali befindet. DUMAS u. PIRIA. Bei stärkerem Erhitzen schmilzt das Salz und zersetzt sich unter Aufblähen. Bei der trocknen Destillation liefert es 37,5 Proc. wässriges Destillat (worin aufser Essigsäure, Harz u. s. w., 0,05 Proc. Brenzweinsäure) und 6,25 Proc. braunes Oel. GRUNER.

Aus seiner wässrigen Lösung schlagen die meisten Säuren (nach DIVE (*J. Pharm.* 7, 489; auch *Schw.* 34, 261) sogar hindurchgeleitete Kohlensäure) Weinstein nieder; nach N. E. HENRY (*J. Pharm.* 12, 80) verschwindet der durch Schwefel-, Salz- und Salpeter-Säure hervorgebrachte Niederschlag bei einem Ueberschuss derselben. Auch das Brom fällt Weinstein unter Bildung von Bromkalium, ohne auf die Tartersäure zersetzend zu wirken. CAHOURS (*N. Ann. Chim. Phys.* 19, 507). Das mit $^1/_{10}$ Iod zusammengeriebene Salz erscheint blassroth und bei Wasserzusatz braun. VOGET. — 1 Th. Salz löst sich bei 2° in 0,75, bei 14° in 0,66, bei 23° in 0,63 und bei 64° in 0,47 Wasser. OSANN. Es zerfliefst in ganz mit Wasserdampf gesättigter Luft, und nimmt in 53 Tagen 82,3 Proc. Wasser auf. BRANDES (*Schw.* 51, 426). Es löst sich in 240 Th. kochendem Weingeist. WENZEL.

	Trocken.		THOMSON.	THÉNARD.		Krystalle.		DUMAS. u. PIRIA.	BERZELIUS.
2 KO	94,4	41,69	42	43	2 KO	94,4	40,10		41,31
8 C	48	21,20			8 C	48	20,39	20,17	
4 H	4	1,77			5 H	5	2,13	2,22	
10 O	80	35,34			11 O	88	37,38		
$C^8H^4K^2O^{12}$	226,4	100,00			+ Aq	235,4	100,00		

b. *Saures.* — *Weinstein, Tartarus.* — Vorzüglich in den Weintrauben. — Wenn in wässrigen Lösungen Tartersäure und Kali bei vorwaltender Säure zusammentreffen, so fällt in der Regel bei nicht zu grofser Verdünnung oder zu hoher Temperatur oder nicht zu stark vorherrschenden stärkeren Mineralsäuren nach einiger Zeit Weinstein in kleinen Krystallen nieder. So fällt Tartersäure den Weinstein aus fast allen in nicht zu viel Wasser gelösten Kalisalzen, und sie gibt für diese nach

PETTENKOFER (*Repert.* 62, 314) ein empfindlicheres Reagens ab, als Zweifachchlorplatin, da die Tartersäure bei 10° noch die Lösung von 1 Th. kohlensaurem Kali (nachher mit Essigsäure neutralisirt) in 700 bis 800 Th. Wasser in 12 bis 18 Stunden fällt, das Chlorplatin aber nur noch die Lösung in 500 Th. Wasser; aber bei Gegenwart von Kochsalz tritt die Fällung, sowohl durch Tartersäure als durch Chlorplatin, nur bei der Lösung in 100 Th. Wasser oder weniger ein. — Ueberchlorsaures Kali wird nicht durch Tartersäure gefällt, da umgekehrt Ueberchlorsäure aus der gesättigten Weinsteinlösung überchlorsaures Kali fällt, SERULLAS (*Ann. Chim. Phys.* 46, 297); und auch das doppelt schwefelsaure Kali gibt nach JACQUELAIN mit Tartersäure keinen Weinstein. — Ferner fällen stärkere Säuren aus neutralem tartersauren Kali Weinstein, und doppelt schwefelsaures Kali fällt ihn nach BERZELIUS auch aus andern tartersauren Salzen.

Der sich aus dem Weine absetzende, färbende Theile, Hefe, und gegen 6 Proc. tartersauren Kalk haltende *rohe Weinstein, Tartarus crudus*, wird durch Lösen in heifsem Wasser, Filtriren und Krystallisiren und Behandlung mit Thon in Kupfergefäfsen in den *gereinigten Weinstein, Weinsteinrahm, Weinsteinkrystalle, Cremor Tartari, Tartarus depuratus* umgewandelt. — Dieser hält oft Kupfer, und immer noch tartersauren Kalk, nach VAUQUELIN (*Ann. Chim.* 63, 33) 5 bis 7, nach DUFLOS (*N. Br. Arch.* 23, 302) bisweilen selbst noch 16 Procent. Man bestimmt den Kalkgehalt am besten durch Glühen, Lösen in Salzsäure und Fällen mit oxalsaurem Ammoniak. Um ihn zu entfernen, stelle man 12 Th. gereinigten Weinstein 24 Stunden lang bei 20 bis 25° mit einem Gemisch aus 1 Th. käuflicher Salzsäure und 6 Th. Wasser zusammen, und wasche ihn nach dem Abtröpfeln gut mit kaltem Wasser. DUFLOS.

Weifse, durchsichtige (bei Gehalt an tartersaurem Kalk durchscheinende), säuerlich schmeckende, harte, luftbeständige Säulen, dem 2- u. 2-gliedrigen System angehörend. *Fig.* 56; sehr spaltbar nach m (d. h. parallel mit der Kante zwischen u und u nach hinten und senkrecht auf t); weniger s a a nach t, u^1 und u; $u^1 : u = 107° 30'$; $u^1 : t = 126° 15'$; $u : a = 117° 2'$; $i : t = 125° 30'$; i : i nach hinten = 109°; a links oben : a rechts unten = 77°. Meistens sind einige Flächen, besonders a, unverhältnissmäfsig grofs, während andere verschwinden. BROOKE (*Ann. Phil.* 23, 161). Ebenso PREVOSTAYE, nach Welchem der Weinstein mit dem sauren tartersauren Ammoniak isomorph ist, aber nicht mit der Tartersäure, wonach K oder NH^4 nicht mit H isomorph zu sein scheinen. vergl. WOLLASTON (*Ann. Phil.* 10, 37).

Lufttrockne Krystalle.			BERZELIUS.	BRANDES u. WARDENBURG.	THOMSON.	BERGMAN.	THÉNARD.
KO	47,2	25,08	24,80	24,94	26,6	23	33
$C^8H^4O^{10}$	132	70,14	70,45	70,82	} 73,4	77	{ 57
HO	9	4,78	4,75	4,24			7
$C^8H^5KO^{12}$	188,2	100,00	100,00	100,00	100,0	100	97

Die Krystalle lassen sich durch Erhitzen nicht weiter entwässern. PHILLIPS. Aber die blofs an der Luft getrockneten Krystalle verlieren in der Hitze 4 Proc. hygroskopisches Wasser, die sie an ganz feuchter Luft in 16 Tagen wieder anziehen. BRANDES (*Schw.* 51, 425). Bei der trocknen Destillation liefern 100 Th. gereinigter Weinstein: 37,9 Th. eines Gemenges von kohlensaurem, Kohlenoxyd-, Kohlenwasserstoff- und ölerzeugendem Gas; 14,0 Th. wässriges Destillat, in welchem im Verlauf der Destillation der Gehalt an Ameisensäure immer mehr zunimmt; Brenzweinsäure, die sich gegen das Ende der Destillation in gelbweifsen Nadeln sublimirt; 4,2 Th. brenzliches Oel, welches zuerst leicht und blassgelb, dann immer brauner, schwerer und dicker, zuletzt theerartig übergeht; und als Rückstand 40,9 Th. eines Gemenges von Kohle und kohlensaurem Kali. GÖBEL. — 100 Th. liefern bei rascher Destillation 33 Th. wässrige Flüssigkeit, worin viel Essigsäure (aber keine Ameisensäure) und 11 Th. Brenzweinsäure. Da auch WENISKLOS keine Ameisensäure erhielt, so ist wohl GÖBELS Ameisensäure als Essigsäure zu betrachten. — 100 Th. Weinstein lassen 40 Th. eines Gemenges von 31,25 Th. kohlensaurem Kali und 8,75 Th. kohlensaurem Kalk und Schwefelcalcium haltender Kohle. BRUNNER. — Der kalkfreie liefert 36,37 Proc. kohlensaures Kali. MELANDRI CONTESSI (*Ann. Pharm.* 5, 311). — Der rohe Weinstein liefert keine Brenzweinsäure. V. ROSE, GRUNER. Er lässt wegen beigemengter Hefe, neben Kohle und kohlensaurem Kali, ein wenig Cyankalium. HASSENFRATZ (*Berthollet, Statique chim.* 2, 232), GM. — Der mit Salpeter gemengte Weinstein verpufft schwach beim Berühren mit einer glühenden Kohle. *Weinsteinsalz; schwarzer und weifser Fluss* (II, 19 u. 20). — Der Weinstein, im feuchten Zustande jahrelang aufbewahrt, liefert unter Zersetzung Krystalle von kohlensaurem Kali. HECHT (*Bull. Pharm.* 2, 206). Seine wässrige Lösung schimmelt unter Bildung von kohlensaurem Kali und etwas Oel. BERTHOLLET (*Mem. Paris.* 1782). — Er tritt an Kalk beim Kochen mit Wasser sämmtliche Säure ab. SCHEELE, OSANN. Er gibt beim Zusammenreiben mit $\frac{1}{10}$ Iod ein violettes Pulver, das beim Befeuchten mit Wasser bräunlich wird. VOGET. — Er löst sich in 240 Th. Wasser von 10°, PETTENKOFER, in 14 Th., WENZEL, 15 Th., A. VOGEL, BRANDES, kochendem Wasser. Er löst sich bei 2,7° in 238, bei 13° in 190, bei 40° in 54 und bei 68° in 20 Th. Wasser, OSANN; bei 19° in 195, bei 25° in 89, bei 37,5° in 47,5, bei 50° in 37,8, bei 75° in 22, bei 87,5° in 16,8 und bei 100° in 15 Th. Wasser, BRANDES u. WARDENBURG; bei 17,5 in 178 und bei 100° in 15,3, MELANDRI CONTESSI. — Zusatz von Salzsäure vermehrt bedeutend die lösende Kraft des Wassers auf den Weinstein; hierauf folgt Schwefelsäure, dann Salpetersäure, dann Oxalsäure, dann Phosphorsäure, dann Citronsäure; Essigsäure hat sehr wenig Einfluss, Tartersäure eher den umgekehrten. Aus der Lösung in Salzsäure-haltigem Wasser fällt Weingeist Weinstein; aus der in Schwefelsäure-haltigem schwefelsaures Kali und aus der in Salpetersäure-haltendem Salpeter. DESTOUCHES (*Bull. Pharm.* 1, 468).

Weinsaures Boraxsäure-Kali. — *Tartarus boraxatus* oder *Cremor Tartari solubilis* der Franzosen. — Durch längeres Erhitzen von Weinstein mit Wasser und Boraxsäure, welche letztere, die Rolle einer Salzbase übernehmend, die Häfte der Tartersäure aufnimmt, und so eine Art Doppelsalz erzeugt. Die Boraxsäure wird durch Weinstein in Wasser viel löslicher, und der Weinstein durch die Boraxsäure. Waltet diese in der Verbindung vor (bei weniger als 188 Th. (1 At.) Weinstein auf 61,8 Th. (1 At.) krystallisirter Boraxsäure), so lässt sie sich durch Weingeist entziehen; ist der Weinstein überschüssig (bei mehr als 565 Th. (3 At.) Weinstein auf 123,6 (2 At.) Boraxsäure), so bleibt dieser Ueberschuss beim Lösen in wenig kaltem Wasser gröfstentheils zurück. Es scheinen folgende 2 bestimmte Verbindungen unterschieden werden zu müssen:

a. $KO,BO^3,C^8H^4O^{10} = C^8H^4K(BO^2)O^{12}$. — 61,8 (1 At.) krystallisirte Boraxsäure mit 247,2 Th. Weinstein bei 60 bis 70° 24 Stunden lang digerirt, dann zur Trockne abgedampft, in wenig kaltem Wasser gelöst und filtrirt, behalten 188,49 Th. (1 At.) Weinstein gelöst, geben beim Abdampfen und langen Trocknen bei 100° 214,2 Th. (1 At.) Boraxweinstein, und lassen beim Verbrennen 84,4 (wenig über 1 At.) einfach boraxsaures Kali; oder 100 Th. trockner Boraxweinstein lassen nach einem andern Versuche 38 Th. boraxsaures Kali, frei von kohlensaurem. Das Salz hält also 1 At. Kali, 1 At. Boraxsäure und 1 At. Tartersäure. — Wenn man die Boraxsäure mit überschüssigem Weinstein nur 10 Minuten lang bis zum Kochen erhitzt, so löst sich die doppelte Menge von Weinstein, das Filtrat setzt nichts ab, aber beim Abdampfen und Erkälten fast die Hälfte des Weinsteins. DUFLOS (*Schw.* 64, 188 u. 335).

Man dampft die Lösung von 1 Th. krystallisirter Boraxsäure und 2 Th. Weinstein in 24 Th. kochendem Wasser ab, fällt aus der eingeengten Flüssigkeit die Verbindung durch Weingeist, zerreibt die weiche Masse in der erwärmten Flüssigkeit, löst sie noch 2- bis 3-mal in wenig Wasser und fällt sie immer auf dieselbe Weise mit Weingeist. SOUBEIRAN. — Da 188,2 Th. (1 At.) Weinstein nur 61,8 (1 At.) krystallisirte Boraxsäure brauchen, so brauchen 2 Th. Weinstein blofs 0,66 Th. krystallisirte Boraxsäure. Die Fällungen mit Weingeist dienen, um die überschüssige Boraxsäure zu entziehen; dampft man die Lösung von Boraxsäure und Weinstein zur Trockne ab, und kocht den gepulverten Rückstand mit Weingeist wiederholt aus, so kann dieser auch der Verbindung *a* selbst einen Theil der Boraxsäure entziehen, wodurch sich Verbindung *b* beimischt. SOUBEIRAN.

Die durch Abdampfen erhaltene Verbindung ist eine farblose, gummiartige, amorphe, in der Wärme sich erweichende, sehr sauer schmeckende und sehr leicht in Wasser, nicht in Weingeist lösliche Masse. — Mineralsäuren fällen aus der wässrigen Lösung weder Weinstein, noch Boraxsäure; Tartersäure fällt daraus erst nach einiger Zeit Weinstein. Weingeist von 0,81 spec. Gew. entzieht der Verbindung Boraxsäure und Tartersäure. DUFLOS.

	Bei 100° getrocknet.		SOUBEIRAN.
KO	47,2	22,06	
BO^3	34,8	16,26	16,54
$C^8H^4O^{10}$	132	61,68	
$C^8H^4K(BO^2)O^{12}$	214,0	100,00	

Das bei 100° getrocknete Salz verliert nach SOUBEIRAN bei 285°, ohne weitere Zersetzung, 8,10 Proc. (2 At.) Wasser, so dass $KO,BO^3,C^8H^2O^8$ bleibt, wie beim stark erhitzten Brechweinstein. s. diesen.

b. $2C^8H^4K(BO^2)O^{12} + C^8H^5KO^{12}$. — Man kocht 1 Th. krystallisirte Boraxsäure und 12 Th. Weinstein mit viel Wasser 6 Stunden lang, dampft auf Wenig ab, dampft die vom, beim Erkalten angeschossenen, Weinstein abgegossene Mutterlauge zur Trockne ab, löst in wenig kaltem Wasser, dampft das Filtrat wieder ab, löst wieder in Wasser, u. s. f., so lange noch Weinstein zurückbleibt, und wäscht dann die durch Abdampfen erhaltene Masse wiederholt mit kochendem Weingeist. SOUBEIRAN. — Hierher scheint MEYRAC's krystallisches Salz zu gehören, durch Verdunsten einer wässrigen Lösung von 1 Th. trockner Boraxsäure und 8 Th. Weinstein in einer Glocke über Kalk erhalten. Es sind farblose, sehr saure Krystalle. Sie lösen sich leicht in Wasser, sehr wenig in Weingeist von höchstens 25° Bm. Ihre wässrige Lösung gibt im galvanischen Strom am + Pole Boraxsäure mit etwas Tartersäure, und am — Pole Weinstein; sie setzt bei Zusatz von neutralem tartersauren Kali Weinstein ab; Weingeist fällt aus ihr das Salz als eine zähe, beim weiteren Einwirken des Weingeists durch Wasserverlust weifs und fest werdende Masse. MEYRAC.

	Bei 100° getrocknet.		SOUBEIRAN.
2 BO^3	69,6	11,30	11,43
2 $C^8H^4KO^{11}$	358,4	58,16	
$C^8H^5KO^{12}$	188,2	30,54	
	616,2	100,00	

1 Th. krystallisirte Boraxsäure gibt mit 4 Th. Weinstein 4,5 Th. trocknes Salz (Gemisch von *a* und *b*), welches sehr sauer schmeckt, an Weingeist keine Boraxsäure abtritt, und beim Glühen boraxsaures und wenig kohlensaures Kali lässt. Aus seiner heifsen wässrigen Lösung scheiden stärkere Mineralsäuren, nicht die Tartersäure, Boraxsäure, die dann beim Erkalten anschiefst. Das Salz zerfliefst nicht, es löst sich in 3/4 kaltem, in 1/4 kochendem Wasser. Die heifse Auflösung setzt beim Erkalten keinen Weinstein ab, sondern gesteht zu einer gallertartigen durchsichtigen Masse, die 34 Proc. Wasser enthält. A. VOGEL. — Bisweilen ist die trockne Masse in kaltem Wasser unauflöslich, wird aber wieder darin löslich, wenn sie einige Augenblicke in kochendes Wasser gebracht wird. SOUBEIRAN.

Bei 5 und mehr Th. Weinstein auf 1 Th. krystallisirte Boraxsäure erhält man eine Masse, die beim Lösen in wenig kaltem Wasser einen Theil des Weinsteins zurücklässt. A. VOGEL, SOUBEIRAN.

vgl. DESTOUCHES (*Bull. Pharm.* 1, 468). THEVENIN (*J. Pharm.* 2, 423). MEYRAC (*J. Pharm.* 3, 8). A. VOGEL (*Schw.* 18, 189). SOUBEIRAN (*J. Pharm.* 10, 399; 11, 560; 25, 241). SOUBEIRAN u. CAPITAINE (*J. Pharm.* 25, 741; auch *Ann. Pharm.* 34, 206). DULK. DUFLOS (*Schw.* 64, 188 u. 333).

Ein Gemisch aus 3 Th. Weinstein und 1 boraxsaurem Kali ist klebrig, sehr sauer und zerfliefsend. A. VOGEL.

Die heifse wässrige Lösung von 1 At. Tartersäure und 1 At. chlorsaurem Kali lässt beim Erkalten keinen Weinstein, sondern ein Doppelsalz anschiefsen. DE VRY (*Ann. Pharm.* 61, 248).

Tartersaures Kali-Ammoniak. — *Auflöslicher Weinstein, Tartarus solubilis ammoniacalis, Tartarus ammoniatus.* — Durch Neutralisiren des Weinsteins mit reinem oder kohlensaurem Ammoniak. — Man löst Weinsteinpulver in kaltem, etwas überschüssigen, mäfsig starken Ammoniak, filtrirt von etwa ausgeschiedenem tartersauren Kalk ab, dampft ab, mischt frisches Ammoniak bis zur alkalischen Reaction hinzu und erkältet; oder man erhitzt den Weinstein mit überschüssigem wässrigen kohlensauren Ammoniak und verfährt ähnlich. Je kälter, desto gröfser und fester werden die Krystalle. vgl. WITTSTEIN (*Repert.* 61, 215); FR. BUCHOLZ (*N. Br. Arch.* 11, 232); VELING (*N. Br. Arch.* 37, 38). — Wasserhelle Säulen, mit dem neutralen tartersauren Kali isomorph. PREVOSTAYE. Die Krystalle sckmecken kühlend und stechend, werden an der Luft unter Ammoniakverlust undurchsichtig, LASSONE (*Crell chem. J.* 5, 76), verlieren bei 140° im Luftstrom 12,4 Proc. also vielleicht NH^4O, während reiner Weinstein in leicht zerreiblichem Zustande bleibt, DUMAS u. PIRIA, und lösen sich leicht in Wasser.

	Krystalle.		Dulk.
NH^3	17	8,29	7,84
KO	47,2	23,00	21,35
$C^8H^5O^{11}$	141	68,71	
$C^8H^4(NH^4)KO^{12}$	205,2	100,00	

2 Th. Weinstein mit 1 Th. boraxsaurem Ammoniak in Wasser gelöst und abgedampft, lassen eine gummiartige, saure Verbindung. Lassone (*Crell. chem. J.* 5, 86); A. Vogel.

Tartersaures Natron. — a. *Neutrales.* — Man neutralisirt Tartersäure durch kohlensaures Natron, oder zersetzt 3 Th. tartersauren Kalk durch Kochen mit 2 Th. in Wasser gelöstem kohlensauren Natron, oder zersetzt neutrales tartersaures Kali durch überschüssiges schwefelsaures Natron. — Wasserhelle Säulen des 2- u. 2-gliedrigen Systems. *Fig.* 65, mit m-Fläche zwischen u^1 und u; y : y = 132° 19' (133° Haberle, 132° 44' Prevostaye); y : t = 113° 50'; u^1 : u = 77° 19'; u^1 : u nach hinten 102° 41' (104° 30' Haberle, 104° 50' Prevostaye); u : t = 141° 20' (142° 25' Prevostaye). Bernhardi (*N. Tr.* 7, 2, 35). y : u = 108° 30'; u : m = 127° 35'. Prevostaye. Nach Haberle (*A. Gehl.* 5, 538) kommen auch rhombische Säulen von ungefähr 92½ und 87½° und rectanguläre Säulen vor. Bei schneller Krystallisation entstehen büschelförmig vereinigte Nadeln. — Die Krystalle sind luftbeständig und schmelzen bei raschem Erhitzen im Krystallwasser. Herzog (*N. Br. Arch.* 34, 1). Sie verlieren bei 200° unter anfangender Färbung 16 Proc. Wasser. Dumas u. Piria. Sie lösen sich in 5 Th. kaltem Wasser, in jeder Menge heifsem; nicht in absolutem Weingeist, Bucholz (*A. Gehl.* 5, 520); bei 6° in 3,46 Th. Wasser; bei 24° in 2,28; bei 38° in 1,75; bei 42,5° in 1,5 Th., Osann; in 2 Th. kaltem Wasser, Herzog.

	Krystalle.		Dumas u. Piria.	Oder:			Bucholz.	Herzog.
2 NaO	62,4	27,09		2 NaO	62,4	27,09	26,8	26,97
8 C	48	20,83	20,06	$C^8H^4O^{10}$	132	57,29		
8 H	8	3,47	3,56					
14 O	112	48,61		4 HO	36	15,62	16,9	15,56
$C^8H^4Na^2O^{12}+4Aq$	230,4	100,00			230,4	100,00		

b. *Saures.* — Aus der mit ½ Th. Tartersäure versetzten heifsen Auflösung des neutralen Salzes schiefst beim Erkalten das saure an. Wasserhelle Säulen des 2- u. 2-gliedrigen Systems. Die Grundform ist eine gerade rhombische Säule. *Fig.* 61 mit Seitenkanten von 140° und 40°; aber die scharfen Seitenkanten sind schief abgestumpft, so dass die gebildete unregelmäfsig 6seitige Säule 2 Seitenkanten von 140°, 2 von 120° 30' und 2 von 101° zeigt [diese Winkelgröfsen sind nicht genau]; aufserdem, wie bei *Fig.* 68, 2 kleine Flächen y die mit p einen Winkel von 110° bilden, und 2 Flächen i, die mit p einen Winkel von 120° bilden. Haberle. Nach Pasteur sind es gerade rhombische Säulen, widersinnig zugeschärft, wie bei *Fig.* 72, nur ohne t-Fläche. Nach Bernhardi sind es 12seitige Säulen. Das Salz schmeckt sehr sauer und löst sich in 9 (12, Vogel) kaltem, in 1,8 Th. kochendem Wasser, nicht in absolutem Weingeist, Bucholz.

	Krystalle.		Dumas u. Piria.	Oder:			Bucholz.
NaO	31,2	16,40		NaO	31,2	16,40	17,5
8 C	48	25,24	24,81	$C^8H^5O^{11}$	141	74,14	
7 H	7	3,68	3,89	2 HO	18	9,46	15,1
13 O	104	54,68					
$C^8H^5NaO^{12}+2Aq$	190,2	100,00			190,2	100,00	

Die Krystalle verlieren bei 108° im Luftstrom 9,5 Proc. Wasser. Dumas u. Piria.

Tartersaures Boraxsäure-Natron. — Wenn man 75,74 Th. (½ At.) Tartersäure in Wasser gelöst durch kohlensaures Natron neutralisirt, hierzu weitere 75,74 Th. Tartersäure setzt, und zu diesem sauren tartersauren Natron 61,8 Th. (1 At.) krystallisirte Boraxsäure, dann abdampft, und über 100° trocknet, so bleiben 199 Th. Aus der Lösung dieses Salzes in Wasser fällen Mineralsäuren nichts, aber Tartersäure nach längerer Zeit saures tartersaures Natron. Duflos.

Saures tartersaures Natron bildet sowohl mit Borax als mit boraxsaurem Ammoniak ein gummiartiges, amorphes und zerfliefsendes Salz. A. Vogel.

Tartersaures Natron-Ammoniak. — Isomorph mit tartersaurem Natron-Kali. Pasteur. Von 1,58 spec. Gew. = $C^8H^4Na(NH^4)O^{12} + 8Aq$. Mitscherlich (*Pogg.* 57, 484).

Tartersaures Natron-Kali. — *Seignettesalz, Sal polychrestum Seignette.* — Man neutralisirt Weinstein mit kohlensaurem Natron, filtrirt vom tartersauren Kalk ab, dampft ab, und lässt in der Kälte krystallisiren. Auch kann man 1 At. neutrales tartersaures Kali durch 1 At. Glaubersalz oder Kochsalz zersetzen, wo man jedoch das zugleich entstehende schwefelsaure Kali oder Chlorkalium durch Krystallisiren zu scheiden hat. Oder man kann Glaubersalz mit Kohle glühen, in Wasser lösen und das Filtrat mit Weinstein sättigen, Bauer (*Repert.* 25, 438), oder Schwerspath mit Kohle glühen, aus dem wässrigen Schwefelbaryum durch kohlensaures Natron kohlensauren Baryt fällen, und das Filtrat mit Weinstein neutralisiren, Weitzel (*Ann. Pharm.* 5, 294). — Beim Gehalt an tartersaurem Kalk fallen die Krystalle des Seignettesalzes trüb aus; aber bei längerem Erwärmen seiner Lösung auf 50 bis 60° scheidet sich der meiste tartersaure Kalk aus. Geiger, Weitzel. — Grofse, wasserhelle, 4-, 6-, 8-, 10-, 12- und 16-seitige Säulen, dem 2- u. 2-gliedrigen System angehörend. *Fig.* 80; u' : u = 100° (100° 24' Bernh.); u : n = 163° (160° 46' Bernh.); p : l = 138° 50'; oft nur zur Hälfte ausgebildet, so dass sich die Fläche m oder t oben befindet. Brooke (*Phil. Ann.* 21, 451); vgl. Bernhardi (*N. Tr.* 7, 2, 55). Die halben Krystalle sind einfache und die ganzen sind Zwillingskrystalle, und daher thermoelektrisch. Hankel (*Pogg.* 49, 502). Auch beim Seignettesalz zeigt sich Hemiedrie zur Rechten, da den 2 oberen Abstumpfungen der Endkanten 2 untere widersinnig entsprechen. Pasteur. — Die Krystalle verwittern an der Luft nur oberflächlich. Sie schmelzen in der Wärme, bleiben dann beim Erkalten 4 bis 8 Stunden flüssig, worauf sie auf der Oberfläche krystallisiren; die geschmolzene Masse, in kaltes Wasser gegossen, bleibt lange weich und fadenziehend. Marx (*J. Pharm.* 22, 143). — Die Krystalle verlieren im Wasserbade 17,5 Proc. Wasser, und ziehen dann in völlig feuchter Luft in 8 Tagen 26,75 Proc. an. Brandes (*Schw.* 51, 432). Sie verlieren ihr letztes At. Wasser erst bei 130°. Berzelius (*Pogg.* 47, 316). Sie verlieren auf dem Wasserbade von ihren 8 At. Wasser blofs 6 At. Schaffgotsch (*Pogg.* 57, 485). — Sie verlieren im Luftstrom bei 155°

23,05 Proc., jedoch schon unter einiger Zersetzung. DUMAS u. PIRIA. — Sie schmelzen zwischen 70 und 80° zu einer wasserhellen dünnen Flüssigkeit, welche bei 120° ins Kochen kommt, bei 170 bis 180° unter Bildung grofser Blasen zähe wird, dann ruhig und klar fliefst, hierauf bei 190 bis 195° von Neuem ins Kochen kommt, was erst gegen 215° aufhört, womit alles Wasser, 25,09 Proc. betragend ausgetrieben ist. Es bleibt eine in der Hitze zähe, auch nach dem Erkalten klare Masse, welche Wasser aus der Luft anzieht, und welche bei 220° sich unter Bräunung aufbläht und bei noch stärkerer Hitze unter dem Geruch nach gebranntem Zucker in ein Gemenge von kohlensaurem Kali und Natron und Kohle verwandelt. Bei 180° oder bei 100°, wenn sie mit Sand gemengt sind, verlieren die Krystalle blofs 23,26 Proc. Wasser. FRESENIUS (*Ann. Pharm.* 53, 234).

Das trockne Salz löst sich bei 6° in 2,62 Th. Wasser. FRESENIUS. Die Krystalle lösen sich nach OSANN bei 3° in 3,3, bei 11° in 2,4, bei 26° in 1,5 Th. Wasser; nach BRANDES bei 5,6° in 2, bei 12,5° in 1,2, bei 25° in 0,42 und bei 37,5° in 0,3 Th. Wasser. Die bei 8° gesättigte Lösung zeigt 1,254 spec. Gewicht. ANTHON. Die Lösung fällt das Zweifachchlorplatin und gibt mit Schwefelsäure oder Tartersäure einen Niederschlag von Weinstein. WIDMANN, BUCHNER, KAISER (*Repert.* 22, 257).

	Krystalle.		DUMAS u PIRIA.	FRESENIUS.	Oder:			SCHAFFGOTSCH.	FRESEN.
KO	47,2	16,71			KO	47,2	16,71	16,60	
NaO	31,2	11,05			NaO	31,2	11,05	11,18	
8 C	48	17,00	17,1	17,06	$C^8H^4O^{10}$	132	46,74		
12 H	12	4,25	4,3	4,33					
18 O	144	50,99			8 HO	72	25,50		25,09
$C^8H^4KNaO^{12}+8Aq$	282,4	100,00				282,4	100,00		

Tartersaures Boraxsäure-Natron-Kali. — a. *Boraxweinstein, Tartarus boraxatus, Cremor Tartari solubilis, Borax tartarisata* der Deutschen. — Man löst 1 Th. gewöhnlichen Borax und 3 Th. Weinstein in warmem Wasser, filtrirt nöthigen Falls vom tartersauren Kalk ab und dampft zur Trockne ab. — Nimmt man auf 1 Th. Borax 5 Th. Weinstein, so lässt die Masse beim Wiederauflösen in kaltem Wasser 2 Th. Weinstein zurück. DUFLOS (*Schw.* 64, 333). — Bei 1 Th. Borax auf 2 Th. Weinstein ist die Masse alkalisch und minder löslich, und bei gleichen Theilen krystallisirt sogar Borax für sich heraus. A. VOGEL (*J. Pharm.* 3, 1). Der bei 1 Th. Borax auf 3 Th. Weinstein erhaltene Rückstand beträgt nach dem Trocknen bei 100° 3,6 Th., A. VOGEL, 3,53 Th. DUFLOS. [Da sich 1 : 3 verhält, wie 190,8 (Atomgewicht des 10fach gewässerten Borax) : 572,4, und da 3 . 188,2 (Atomgewicht des Weinsteins) = 564,6 ist, so sind in diesem Boraxweinstein 1 At. Borax und 3 Weinstein anzunehmen, und derselbe ist als ein Gemeng von 2 At. tartersaurem Boraxsäure-Kali a (V, 388) und 1 At. tartersaurem Natron-Kali zu betrachten. $NaO,2BO^3,10HO + 3\,C^8H^5KO^{12} = 2\,C^8H^4K(BO^2)O^{12} + C^8H^4KNaO^{12} + 13HO$]. Schon DUFLOS erkannte das Verhältniss der Bestandtheile richtig, indem er 3 At. Kali, 1 At. Natron, 2 At. Boraxsäure und 3 At. Tartersäure darin annahm. [Nach dieser Gleichung müssen 190,8 Th. Borax mit 3 . 188,2 Weinstein (also zusammen 765,4 Th.) 13 . 9 = 117 Th Wasser verlieren, also 4 Th. (1 Th. Borax und 3 Th. Weinstein) 0,62 Th. Wasser. DUFLOS hatte allerdings nur 0,47 Th. Wasserverlust, es kommt aber noch in Betracht, dass 3 Th. Weinstein auf 1 Th. Borax etwas zu viel ist, und dass der überschüssige Weinstein kein Wasser verliert. — Es liefse sich gegen die hier gegebene Gleichung einwenden, dass das in diesem Gemenge angenommene Seignettesalz herauskrystallisiren müsse; aber die grofse Menge des zugleich darin angenommenen, in concentrirter Lösung zähen Boraxweinsteins kann das Krystallisiren hindern.]

Die aus 1 Th. Borax und 3 Th. Weinstein erhaltene Masse ist gummiartig, amorph und schmeckt säuerlich. — Sie lässt beim Verbrennen 47,5 Proc. eines Gemenges von boraxsaurem und kohlensaurem Alkali. Duflos. [Weil 2 At. Boraxsäure, 3 At. Kali und 1 At. Natron vorhanden sind, und 2 At. Boraxsäure nur 2 At. Alkali aufnehmen, so bleiben neben 2 At. boraxsaurem Alkali 2 At. kohlensaures]. — Sie tritt an absoluten Weingeist weder Boraxsäure noch Tartersäure ab; aus ihrer wässrigen Lösung scheidet Schwefel-, Salz- oder Salpeter-Säure keinen Weinstein ab [er bleibt wohl in ihnen gelöst], aber Boraxsäure, durch Weingeist ausziehbar; dagegen fällt Tartersäure Weinstein. A. Vogel. Weingeist von 0,81 spec. Gew. entzieht Boraxsäure und Tartersäure. Duflos. — Die Masse löst sich in 1 Th. kaltem und ½ Th. kochendem Wasser, nicht in Weingeist. A. Vogel. Sie zerfliefst an feuchter Luft und wird an trockner wieder fest. Meyrac. Beim Abdampfen der wässrigen Lösung zeigte sich einmal ein Leuchten. Herberger (*Repert.* 55, 59). vgl. noch Dulk.

Aehnliche Verbindungen liefert boraxsaures Kali mit saurem tartersauren Natron, Bucholz, und saures boraxsaures Natron mit Weinstein, Hagen.

Tartersaures Lithon. — a. *Neutral.* — Bleibt beim Abdampfen der Lösung als eine weifse, undurchsichtige, nicht krystallische, nicht zerfliefsende, C. Gmelin, leicht in Wasser lösliche und dann auswitternde Masse, Arfvedson. Das getrocknete Salz liefert beim Verbrennen 44,44 Proc. kohlensaures Lithon. Dulk.

b. *Saures.* — Nicht krystallisirend, noch leichter löslich. C. Gmelin. — Weifse, glänzende, sehr kleine, leicht lösliche Krystalle, welche beim Glühen 20,22 Proc. kohlensaures Lithon lassen, und beim Trocknen mit der doppelten Menge Bleioxyd und etwas Wasser im Vacuum 19,22 Proc. Wasser verlieren. Dulk.

	Krystalle.		Dulk.
LiO	14,4	7,89	7,60
$C^8H^4O^{10}$	132	72,37	
4 HO	36	19,74	19,22
$C^8H^5LiO^{12}+3Aq$	182,4	100,00	

Tartersaures Lithon-Kali. — Durch Sättigen des Weinsteins mit kohlensaurem Lithon. Grofse, gerade, schwach geschobene 4seitige Säulen, von salzigbitterem Geschmack, wenig verwitternd, leicht in Wasser löslich. C. Gmelin. In der Wärme schmelzend. Dulk.

	Krystalle.		Dulk.
KO	47,2	22,30	22,17
LiO	14,4	6,81	6,54
$C^8H^4O^{10}$	132	62,38	
2 HO	18	8,51	8,71
$C^8H^4KLiO^{12}+2Aq$	211,6	100,00	

Tartersaures Lithon-Natron. — Durch Sättigen des sauren weinsauren Natrons mit kohlensaurem Lithon. Lange rectanguläre

Säulen, mit oft schief aufgesetzter Endfläche; nur oberflächlich verwitternd, leicht in Wasser löslich. C. GMELIN.

Undeutliche Krystalle.			DULK.
NaO	31,2	14,61	14,72
LiO	14,4	6,74	6,57
$C^8H^4O^{10}$	132	61,80	
4 HO	36	16,85	15,43
$C^8H^4NaLiO^{12}+4Aq$	213,6	100,00	

Tartersaurer Baryt. — Barytwasser wird durch Tartersäure gefällt und durch überschüssige Säure wieder geklärt. — Das neutrale tartersaure Kali gibt mit Chlorbaryum weifse Flocken, die in 12 Stunden krystallisch werden. WITTSTEIN (*Repert.* 57, 22). Sehr concentrirte Lösungen geben einen krystallischen Niederschlag, verdünnte einen pulverigen; auch löst sich der Niederschlag von selbst wieder auf, wenn man zur Lösung des Kalisalzes in höchstens 30 Th. Wasser eine bei weitem ungenügende Menge von Chlorbaryum fügt. Auf dieselbe Weise verhalten sich tartersaures Kaliammoniak und Natronkali. BUSCH (*Br. Arch.* 24, 244). — Das gefällte neutrale Salz ist ein weifses lockeres, RICHTER, oder krystallisches Pulver. — Es liefert bei der trocknen Destillation brenzliches Oel und Essigsäure, aber keine Brenzweinsäure. GRUNER. Der kohlige Rückstand entzündet sich nach dem Erkalten an der Luft. BÖTTGER. Es wird durch wässriges schwefelsaures Kali oder Natron zersetzt. KÖLREUTER. — Es löst sich in 400 bis 1000 Th. Wasser, nach dem Trocknen schwieriger. BOLLE (*Br. Arch.* 24, 236). Es löst sich leicht in kaltem wässrigen Salmiak. BRETT (*Phil. Mag. J.* 10, 95). Nach WITTSTEIN nicht. Es löst sich in kalter Kalilauge zu einer in der Hitze gerinnenden Flüssigkeit, die sich auch aus Barytwasser und neutralem tartersauren Kali oder Natron darstellen lässt. OSANN (*Gilb.* 69, 290).

Warm im Vacuum getrocknet.			BOLLE.	DULK.
2 BaO	153,2	53,72	52,79	53,06
$C^8H^4O^{10}$	132	46,28		
$C^8H^4Ba^2O^{12}$	285,2	100,00		

Tartersaures Baryt-Kali. — Beim Vermischen von Weinsteinauflösung mit nicht zu viel Barytwasser erfolgt kein Niederschlag. THÉNARD. Beim Abdampfen des klaren Gemisches erhält man ein neutrales pulveriges, schwer in Wasser lösliches Doppelsalz. DULK.

Lufttrocknes Pulver.			DULK.
KO	47,2	17,24	17,00
BaO	76,6	27,98	27,50
$C^8H^4O^{10}$	132	48,21	
2 HO	18	6,57	5,42
$C^8H^4KBaO^{12}+2Aq$	273,8	100,00	

Tartersaures Baryt-Natron. — Fällt beim wässrigen Vermischen von Seignettesalz mit Chlorbaryum nieder, während Chlorkalium gelöst bleibt; bei gröfserer Verdünnung erst nach einiger Zeit und in Nadeln. Das Salz löst sich wenig in Wasser, leichter in wässrigem Seignettesalz. KAISER.

	Krystalle.		Dulk.
NaO	31,2	12,11	11,82
BaO	76,6	29,71	29,34
$C^8H^4O^{10}$	132	51,20	53,02
2 HO	18	6,98	5,82
$C^8H^4NaBaO^{12}+2Aq$	257,8	100,00	100,00

Tartersaurer Strontian. — Die Tartersäure trübt das Strontianwasser; ihr Ueberschuss hellt es aber wieder auf. Das mit Tartersäure neutralisirte Strontianwasser liefert bei gelindem Abdampfen kleine rechtwinklige Tafeln des 2- u. 2-gliedrigen Systems, an den Rändern zugeschärft. Dulk u. Neumann. Wässriges neutrales tartersaures Kali gibt mit Chlorstrontium weifse Flocken, die in 1 Minute krystallisch werden. Wittstein. Es gibt mit salpetersaurem Strontian einen schwachen Niederschlag, der sich bei gelindem Erwärmen löst, aber beim Sieden reichlich, in glänzenden Krystallen absetzt. Vauquelin. Diese Krystalle halten jedoch nach Dulk Salpeter beigemischt. Das kalte wässrige Gemisch aus neutralem tartersauren Kali und salpetersaurem Strontian liefert schiefe rhombische Säulen des 2- u. 1-gliedrigen Systems. *Fig.* 81; i : u = 92° 35'; u : u = 125° 20'. Teschemacher (*Phil. Mag. Ann.* 3, 29; auch *Kastn. Arch.* 13, 198). — Das Salz lässt beim Glühen im Verschlossenen einen pyrophorischen Rückstand. Büttger. Es löst sich in 147 Th. Wasser von 16°. Dulk. Es löst sich rasch in wässrigem salz- und bernstein-saurem Ammoniak, langsam in salpetersaurem. Wittstein.

	Lufttrockne Krystalle.		Dulk.
2 SrO	104	33,77	34,33
$C^8H^4O^{10}$	132	42,86	
8 HO	72	23,37	21,51
$C^8H^4Sr^2O^{12}+8Aq$	308	100,00	

Tartersaures Strontian-Kali. — Wie tartersaures Baryt-Kali. Thénard.

Wie das tartersaure Baryt-Kali dargestellt, hält es im lufttrocknen Zustande:

			Dulk.
KO	47,2	18,94	18,53
SrO	52	20,86	20,42
$C^8H^4O^{10}$	132	52,97	
2 HO	18	7,23	6,76
$C^8H^4KSrO^{12}+2Aq$	249,2	100,00	

Tartersaures Strontian-Natron. — Saures tartersaures Natron, mit Strontianwasser neutralisirt und abgedampft, lässt eine gummiartige Masse, welche beim Erhitzen im Vacuum schmilzt und unter starkem Aufblähen 8,05 Proc. (2 At.) Wasser verliert, und welche sich in 1,4 Wasser von 15°, und in jeder Menge heifsem Wasser löst. Dulk.

	Getrocknet.		Dulk.
NaO	31,2	14,50	14,66
SrO	52	24,16	22,74
$C^8H^4O^{10}$	132	61,34	
$C^8H^4NaSrO^{12}$	215,2	100,00	

Der tartersaure Strontian gibt mit kaltem wässrigen Kali oder Natron eine Lösung, welche beim jedesmaligen Erhitzen gerinnt; der Niederschlag verschwindet aber nur dann wieder in der Kälte, wenn nicht zu lange erhitzt wurde. Osann.

Tartersaurer Kalk. — a. *Neutraler.* — Findet sich in vielen Pflanzen, besonders in den Weintrauben, und mengt sich dem Weinstein bei, und bedeckt ihn nach Walchner bisweilen mit Krystallen. — Kalkwasser gibt mit Tartersäure reichliche weifse, bald krystallisch werdende Flocken, die sich in einem Ueberschuss der Säure sogleich lösen, worauf jedoch nach längerer Zeit neutrales Salz anschiefst. Neutrales tartersaures Kali gibt mit Chlorcalcium einen krystallischpulverigen Niederschlag. Wittstein. Bei verdünnten Lösungen entsteht der Niederschlag erst nach einigen Minuten, bei 600 bis 1200 Th. Wasser erst nach 12 bis 48 Stunden, und er ist dann deutlicher krystallisch; ist das tartersaure Kali in höchstens 20 Th. Wasser gelöst, so erzeugt eine unzureichende Menge von Chlorcalcium einen Niederschlag, der sich wieder löst. Busch (*Br. Arch.* 24, 244). Man erhält das Salz gelegentlich bei der Darstellung der Tartersäure (V, 379). — Es erscheint theils als weifses geschmackloses Krystallpulver, theils in kleinen Rectanguläroktaedern mit abgestumpften Grundecken. *Fig.* 47, mit t- und m-Flächen; y : y = 100°; bisweilen horizontal zur Säule verlängert. Walchner (*Schw.* 44, 133). Gerade rhombische Säulen, durch Oktaeder beendet; *Fig.* 64, ohne i- und ii-Fläche; u : u = 82° 30'; Winkel des Oktaeders = 122° 15'; keine Hemiedrie. Pasteur. — Die Krystalle werden in der Wärme unter Wasserverlust undurchsichtig. Walchner. Sie blähen sich bei starkem Erhitzen ohne Schmelzung auf und liefern brenzliches Oel mit viel saurem Destillat, Walchner, welches Essigsäure, aber keine Brenzweinsäure hält, Gruner. Der Rückstand ist pyrophorisch. Böttger. Das Salz zersetzt sich beim Erhitzen mit Kalium unter schwacher, mit Natrium unter starker Lichtentwicklung in Kohle und Alkali. Gay-Lussac u. Thénard (*Recherch.* 2, 302). Die Zersetzung durch Fäulniss (V, 115).

Das Salz löst sich in 1995 Th. Wasser von 8°, und in 906 Th. von 80°, Osann, in 600 Th. kochendem. Es löst sich leicht in Mineralsäuren, Essigsäure und Weinstein. Aus der Lösung in Salzsäure wird es durch Ammoniak nicht gefällt, Gay-Lussac; denn es löst sich nach Brett in wässrigem salzsauren oder salpetersauren Ammoniak; jedoch blofs wenn der Niederschlag noch flockig, nicht mehr, wenn er krystallisch geworden ist, Wittstein. Die Lösung des Salzes in Salzsäure gibt zwar mit Ammoniak nicht sogleich einen Niederschlag (wenn sie nicht sehr concentrirt ist), aber nach einiger Zeit setzt sie Krystalle des Salzes ab, Berzelius; und wenn man Chlorcalcium durch neutrales tartersaures Kali fällt, so löst sich zwar der flockige Niederschlag leicht in Salmiak, aber nach einiger Zeit erscheint bei concentrirteren Lösungen wieder krystallisches Salz, Gm. [Das krystallische Salz scheint also weniger in Salmiak löslich zu sein, als das flockige.] — Das Salz löst sich reichlich in kalter Kalilauge (s. u.); es löst sich ziemlich in concentrirtem wässrigen neutralen tartersauren Kali, tartersauren Kaliammoniak oder Natronkali, woraus es sich beim Verdünnen mit Wasser, so wie beim

Abdampfen und Wiederauflösen in Wasser gröfstentheils scheidet. HORNEMANN (*Berl. Jahrb.* 1822, 1, 81), BUSCH.

Bei 100° getrocknet.			GAY-LUSSAC u. THÉNARD.	Oder:			BERZELIUS.	MEISSNER.
2 CaO	56	21,54	22,42	2 CaO	56	21,54	21,64	21,60
8 C	48	18,46	18,66	$C^6H^4O^{10}$	132	50,77		
12 H	12	4,62	5,14	8 HO	72	27,69	27,81	27,71
18 O	144	55,38	53,78					
$C^8H^4Ca^2O^{12}+8Aq$	260	100,00	100,00		260	100,00		

Die Krystalle haben denselben Wassergehalt. DUMAS u. PIRIA.

b. *Saurer.* — Von JOHN (*chem. Schriften* 4, 175) aus den Früchten von *Rhus typhinum* erhalten, von MEISSNER (*Schw.* 45, 104), wohl mit Unrecht, für das neutrale Salz erklärt. — Fügt man zu Kalkwasser so viel Tartersäure, bis der Niederschlag wieder gelöst ist, und stellt das Gemisch hin, so lässt es neutrales Salz anschiefsen; dampft man es dagegen sogleich ab, so erhält man Krystalle des sauren Salzes. DULK. 2- u. 2-gliedriges System; *Fig.* 44; die stumpfen Endkanten des Oktaeders stehen auf den schmalen Seitenkanten der geraden rhombischen Säule; Winkel der scharfen Endkanten des Oktaeders = 82° 50′; Winkel der stumpfen Endkanten, welche abgestumpft sind = 153° ungefähr. NEUMANN. — Die Krystalle sind durchsichtig, röthen Lackmus, lösen sich wenig in Wasser, und ihre Lösung wird durch kohlensaure Alkalien, Oxalsäure und Bleizucker, nicht durch Ammoniak, salpetersauren Baryt und salpetersaures Silberoxyd gefällt. JOHN. Sie lösen sich in 140 Th. Wasser von 16°, leichter in heifsem. DULK. — Das mit Tartersäure bis zur Klärung versetzte Kalkwasser trübt sich nicht mit Ammoniak. THÉNARD.

	Krystalle.		DULK.
CaO	28	16,57	17,44
$C^8H^5O^{11}$	141	83,43	
$C^8H^5CaO^{12}$	169	100,00	

Tartersaures Kalk-Kali. — a. *Basisches.* — Tartersaurer Kalk löst sich beim längeren Hinstellen in mäfsig erwärmtem wässrigen Kali. OSANN. Dieselbe Lösung erhält man beim mäfsigen Erwärmen von Kalkhydrat mit Wasser und Weinstein oder neutralem tartersauren Kali, Kali-Ammoniak oder Kali-Natron. Sie ist dünnflüssig und ätzend. Kohlensaures Kali fällt aus ihr in der Hitze allen Kalk. LASSONE (*Crell chem J.* 4, 109). Die völlig gesättigte Lösung lässt schon beim Wasserzusatz einen Theil des tartersauren Kalks fallen. OSANN. Sie gesteht beim jedesmaligen Erhitzen, sobald sie nicht zu concentrirt ist, zu einer trüben kleisterartigen Masse. LASSONE, OSANN. Filtrirt man sie dann in der Hitze, so bleibt auf dem Filter eine Verbindung von ungefähr 3 At. Kalk und 1 At. Tartersäure. OSANN. — Die kalte Flüssigkeit scheint eine Lösung des neutralen tartersauren Kalks in Kali zu sein; letzteres entzieht in der Siedhitze dem Kalk einen Theil der Tartersäure, und fällt ein basisches Salz. In der Kälte nimmt dieses wieder aus dem Kali die entzogene Tartersäure auf, und wird dadurch wieder darin löslich. OSANN (*Gilb.* 96, 291; *Kastn. Arch.* 3, 204; *Pogg.* 31, 36). vgl. FUNCKE (*Repert.* 12, 337).

b. *Neutrales.* — α. *Zu gleichen Atomen.* — Schiefst aus einem Gemisch von wässrigem Weinstein mit nicht zu viel Kalkwasser allmälig an. THÉNARD.

β. *Mit Ueberschuss von tartersaurem Kali.* — Die Lösung von neutralem tartersauren Kali in gleich viel Wasser, mit überschüssigem tartersauren Kalk eingekocht, löst hiervon 27 Proc. auf. Die Lösung bleibt in der Kälte flüssig und klar; bis zur Syrupdicke abgedampft, erstarrt sie in der Kälte gröfstentheils zu einer aus Nadeln bestehenden Masse, welche beim Erhitzen wieder flüssig wird; beim völligen Abdampfen bleibt eine dem Boraxweinstein ähnliche Masse, welche an der Luft etwas feucht wird, sich in kochendem Wasser völlig löst, aber in gleichviel kaltem Wasser unter Abscheidung allen tartersauren Kalkes, bis auf $1\frac{1}{2}$ Proc., welche dann noch beim Verdünnen mit 9 Th. kaltem Wasser völlig niederfallen. HORNEMANN (*Berl. Jahrb.* 1822, 1, 81).

c. *Saures.* — Die Lösung von 1 Th. Borax und 3 Th. Weinstein, der tartersauren Kalk beigemengt enthält, in nicht zu wenig Wasser, setzt ein weifses, zwischen den Zähnen knirschendes, schwach saures Krystallmehl ab, welches sich kaum in kaltem Wasser löst, dagegen mit kochendem in sich lösenden Weinstein und zurückbleibenden tartersauren Kalk zerfällt, und welches beim Verbrennen 13 Proc. kohlensauren Kalk und 22,4 Proc. kohlensaures Kali (keine Boraxsäure) lässt, also 35,80 Proc. neutralen tartersauren Kalk auf 63,63 Proc. Weinstein [ungefähr gleiche Atome] hält. TH. MARTIUS (*Kastn. Arch.* 19, 361).

Tartersaures Kalk-Natron. — a. *Basisches.* — Eine wässrige Lösung von 31,2 Th. (1 At.) trocknem Natron löst in der Kälte wenig, aber bei mäfsiger Wärme 101,1 Th. (weniger als $\frac{1}{2}$ At.) tartersauren Kalk. Kalkhydrat wird von wässrigem tartersauren Natron gelöst. Diese Lösungen gerinnen beim jedesmaligen Erhitzen noch stärker, als die kalihaltenden, eine steife Gallerte bildend. Eine zu verdünnte Flüssigkeit gerinnt nicht mehr; je concentrirter sie ist, bei einer um so höhern Temperatur erfolgt ihr Gerinnen. Das beim Erhitzen Niederfallende ist basisch tartersaurer Kalk. Dieser löst sich bei concentrirter Flüssigkeit und bei einer wenig unter dem Gerinnungspuncte liegenden Wärme leichter wieder auf, als bei verdünnter Flüssigkeit und in der Kälte. Dampft man die geronnene Masse bis auf einen kleinen Punct ab, so bildet sie erst eine gelbe durchsichtige Flüssigkeit, dann eine weifse Masse. OSANN (*Gilb.* 69, 290).

b. *Neutrales.* — Fällt beim wässrigen Vermischen von Seignettesalz mit Chlorcalcium in weifsen, körnig werdenden Flocken und, bei gröfserer Verdünnung, nach einigen Minuten in vielen kleinen Nadeln nieder, wenig in Wasser, leichter in überschüssigem Seignettesalz, noch leichter in Chlorcalcium löslich. KAISER (*Repert.* 22, 260).

Tartersaure Bittererde. — a. *Neutrale.* — Verdünnte Tartersäure, mit überschüssiger *Magnesia alba* digerirt, liefert ein Filtrat, welches beim Erkalten und beim Abdampfen eine Krystallrinde absetzt, in 122 Th. Wasser von 16° löslich. DULK. Der Glühungsrückstand ist pyrophorisch. BÖTTGER. Die Lösung zeigt wenig Geschmack. AVIAT (*J. Chim. méd.* 23, 447). Salmiakwasser löst das

Salz leicht. Brett. — Bittererdesalze, mit Tartersäure versetzt, werden nicht durch überschüssiges reines oder kohlensaures Ammoniak, Kali oder Natron gefällt. H. Rose.

	Krystalle.		Dulk.
2 MgO	40	16,39	17,65
$C^8H^4O^{10}$	132	54,10	
8 HO	72	29,51	29,30
$C^8H^4Mg^2O^{12}$ + 8 Aq	244	100,00	

b. *Saure.* — Bei Anwendung von mehr Säure. Wasserhelle, kurze, 6seitige, in der Hitze aufschäumende, in Wasser lösliche Säulen. Bergman. Krystallrinde, in 52 Th. Wasser von 16° löslich. Dulk.

	Krystalle.		Dulk.
MgO	20	12,42	12,88
$C^8H^5O^{11}$	141	87,58	
$C^8H^5MgO^{12}$	161	100,00	

Tartersaures Bittererde-Kali. — Durch Kochen von Weinstein mit überschüssiger *Magnesia alba* und Wasser, und Abdampfen des Filtrats. Thénard, Dulk. Man erhält zuerst kleine Krystalle, die sich im Feuer stark aufblähen, an der Luft nicht feucht werden, dann bei weiterem Abdampfen der Mutterlauge eine gummiartige Masse. Dulk. Thénard erhielt blofs ein amorphes Salz, was beim Erwärmen klebrig, an der Luft feucht, und durch Kali gefällt wurde. [Ist diese amorphe Verbindung eine basische?]

	Krystalle.		Dulk.
KO	47,2	17,41	17,44
MgO	20	7,37	6,97
$C^8H^4O^{10}$	132	48,67	
8 HO	72	26,55	25,36
$C^8H^4KMgO^{12}$ + 8 Aq	271,2	100,00	

Tartersaures Bittererde-Natron. — Das klare wässrige Gemisch von Seignettesalz und Chlormagnium gibt beim Abdampfen vermitternde rhombische Säulen des 2- u. 1-gliedrigen Systems, durch Waschen vom anhängenden Chlorkalium zu befreien. Dulk. Ungefähr *Fig.* 97, ohne f-Fläche; u : u = 51°; i : t = 103°. Neumann.

	Krystalle.		Dulk.
NaO	31,2	11,42	12,32
MgO	20	7,32	6,72
$C^8H^4O^{10}$	132	48,32	
10 HO	90	32,94	32,47
$C^8H^4NaMgO^{12}$ + 10 Aq	273,2	100,00	

Tartersaures Ceroxydul. — Tartersaures Kali, nicht die freie Säure, fällt die Ceroxydulsalze weifs. Die geringe Löslichkeit dieses Niederschlages in Wasser wird durch Tartersäure nicht vermehrt. Er löst sich leicht in Kali und Natron und vorzüglich in Ammoniak; diese Lösung gibt beim Abdampfen eine gummiartige Masse. Berzelius.

Tartersaure Lanthanerde. — In Ammoniak löslich. Berzelius.

Tartersaure Yttererde. — a. *Neutrale.* — Tartersaures Kali bildet mit den Yttererdesalzen einen wenig in Wasser, leicht in wässrigen Alkalien löslichen Niederschlag. Klaproth, Berzelius. Der voluminose Niederschlag trocknet nach dem Waschen zu einem weifsen lockeren Pulver aus, welches kein Wasser hält, sich beim Glühen sehr langsam zersetzt, und sich nicht in Wasser löst. BERLIN.

b. *Saure.* — Die ersten Mengen des Salzes a, welche man in die wässrige Säure trägt, lösen sich ein wenig, die folgenden erhalten nach einiger Zeit, indem sie sich in das saure Salz verwandeln, ein krystallisches Ansehn. BERLIN.

Tartersaure Süfserde. — Krystallisirt schwierig beim langsamen Verdunsten. Leicht löslich. VAUQUELIN.

Tartersaure Alaunerde. — Findet sich in *Lycopodium clavatum.* — Gummiartige, süfslich herbe, an der Luft nicht zerfliefsende, leicht in Wasser lösliche Masse. v. PAECKEN. — Weder *tartersaure Alaunerde*, noch andere Alaunerdesalze, mit Tartersäure versetzt, werden durch reine oder kohlensaure Alkalien gefällt. THÉNARD, H. ROSE.

Tartersaures Alaunerde-Ammoniak. — Amorph. L. A. BUCHNER (*Repert.* 78, 320).

Tartersaures Alaunerde-Kali. — a. *Basisch.* — Wässriges neutrales tartersaures Kali (und auch das Seignettesalz) löst in der Wärme viel Alaunerdehydrat, ohne alkalisch zu werden. THÉNARD. Die wässrige Lösung setzt bei Zusatz von Weingeist Oeltropfen ab, die sich zu einer Schicht vereinigen, und deren Lösung in Wasser beim Abdampfen zu einem Kali (und Natron) haltenden Gummi austrocknet. WERTHER.

b. *Neutral?* — Wässriger Weinstein verwandelt sich durch Auflösung von Alaunerdehydrat in eine amorphe, nicht durch Alkalien zu fällende Masse. THÉNARD. Die wässrige Lösung von 1,477 sp. Gew. hat ein Rotationsvermögen nach der Linken, wird aber um so stärker rechts rotirend, je mehr man sie verdünnt. BIOT.

Kocht man 1 Th. Weinstein mit 4 Th. Wasser, so erfolgt erst bei Zusatz von $^1/_2$ Th. Alaun vollständige Lösung; beim Erkalten fällt etwas Weinstein und Alaun nieder; die übrige, sehr saure Flüssigkeit liefert durch Abdampfen eine weifse, an der Luft klebrig werdende, in sehr wenig Wasser lösliche Salzmasse. A. VOGEL.

Tartersaure Thorerde. — a. *Neutrale.* — Bleibt in weifsen Flocken zurück, welche sich nur langsam und theilweise in Ammoniak lösen, wenn man Thorerdehydrat mit einer zur Lösung ungenügenden Menge von Tartersäure behandelt. — Mit Tartersäure versetzte Thorerdesalze werden nicht durch Ammoniak gefällt. BERZELIUS.

b. *Saure.* — Findet sich in der bei der Bereitung von Salz a erhaltenen, mehr sauer, als herb schmeckenden, nicht durch Ammoniak fällbaren Lösung, welche beim Abdampfen Krystalle liefert, die mit Weingeist in Salz a und in ein sich lösendes, noch saureres Salz zerfallen. BERZELIUS.

Tartersaures Thorerde-Kali. — Durch Digestion von Thorerde-Hydrat mit wässrigem Weinstein. Krystallisirbar, schwierig löslich, durch Alkalien nicht fällbar. BERZELIUS.

Tartersaure Zirkonerde. — Tartersaures Ammoniak erzeugt mit Zirkonerdesalzen einen Niederschlag, welcher in Kali und in überschüssiger Tartersäure löslich, und aus letzterer Lösung weder durch reine, noch durch kohlensaure Alkalien fällbar ist. BERZELIUS.

Tartersaures Titanoxyd. — Man fällt salzsaures Titanoxyd durch Tartersäure. Der dem oxalsauren Titanoxyd gleichende Niederschlag gibt, im verschlossenen Tiegel geglüht, ein metallisches schwarzes Pulver; an der Luft geglüht, wird er schwierig weifs. Die sauren Lösungen des Titanoxyds werden, wenn sie Tartersäure beigemischt enthalten, nicht durch Ammoniak und durch kohlensaures Ammoniak und Kali gefällt; durch Galläpfeltinctur pomeranzengelb, jedoch unvollständig, so dass die Flüssigkeit gefärbt bleibt. H. Rose (*Gilb.* 73, 74; *Pogg.* 3, 165).

Nach Wollaston löst die Tartersäure das *Tantaloxydhydrat*, nach Gahn, Berzelius u. Eggertz durchaus nicht.

Tartersaures Tantaloxyd-Kali. — Kochender Weinstein löst wenig trockne Tantalsäure; aber ihr Hydrat so reichlich, dass die, durch Kali und kohlensaures Ammoniak nur theilweise fällbare, Lösung beim Erkalten gesteht. Gahn, Berzelius u. Eggertz.

Tartersaures Molybdänoxydul. — Wie das oxalsaure.

Tartersaures Molybdänoxydul-Kali. — Man digerirt die wässrige Lösung der Molybdänsäure in Weinstein mit Zink, wodurch die Molybdänsäure bis zum Oxyd reducirt wird, fügt dann noch etwas Salzsäure hinzu, worauf bei längerer Digestion mit Zink das Oxyd in Oxydul verwandelt wird, und als ein schwarzes, auf dem Filter zu waschendes pulveriges Doppelsalz niederfällt. Dieses lässt, in offnem Tiegel geglüht, geschmolzenes molybdänsaures Kali. Es löst sich schwierig in Wasser, mit Purpurfarbe; leicht, mit dunkler Purpurfarbe, in wässrigem Ammoniak, beim Abdampfen wieder niederfallend. Berzelius (*Pogg.* 6, 379).

Tartersaures Molybdänoxyd. — Die wässrige Lösung trocknet zu einer blassrothen gummiartigen Masse ein, die sich gerne grün und blau färbt. Gibt mit Alkalien ohne Fällung dunkelrothe Lösungen, welche an der Luft farblos werden. Berzelius (*Pogg.* 6, 348).

Tartersaures Molybdänoxyd-Kali. — a. *Basisch.* — Weinstein gibt mit überschüssigem Molybdänoxydhydrat ein braunes, pulveriges, schwer in Wasser, leicht in Alkalien lösliches Salz. — b. *Einfach.* — Die Lösung trocknet zu einer gelben, leicht in Wasser löslichen und dann durch Galläpfelaufguss mit brandgelber Farbe fällbaren Masse aus. Berzelius.

Tartersaure Molybdänsäure. — Die farblose Lösung gibt beim Abdampfen eine blaue, nicht krystallische, völlig in Wasser und in Weingeist lösliche Masse.

Tartersaures Molybdänsäure-Kali. — Unter allen Lösungsmitteln löst siedender wässriger Weinstein selbst die geglühte und sublimirte Molybdänsäure am leichtesten. Die Lösung trocknet zu einer gummiähnlichen Masse ein. Berzelius.

Tartersaures Vanadoxyd. — Die schön mittelblaue Lösung trocknet zu einer blauen, durchscheinenden, rissigen Masse ein, welche sich sehr langsam in kaltem Wasser löst, rascher in Ammoniak, mit Purpurfarbe, die an der Luft durch Bildung von Vanadsäure schnell verschwindet. Berzelius.

Tartersaures Vanadoxyd-Kali. — Die blaue Lösung der Vanadsäure (welche dabei zu Oxyd reducirt wird) in wässrigem Weinstein liefert beim Verdampfen ein röthlichblaues, rissig werdendes Extract, und gibt mit Ammoniak, ohne Fällung, ein purpurnes Gemisch. BERZELIUS.

Tartersaure Vanadsäure. — Die gelbe Lösung der Vanadsäure in wässriger Tartersäure, welche jedoch, wenn sie überschüssige Tartersäure hält, durch Bildung von Vanadoxyd bald grün, dann blau wird. BERZELIUS.

Tartersaures Chromoxyd. — a. *Chromoxyd und Tartersäure zu gleichen Atomen.* — Man fällt das tartersaure Chromoxyd-Kali durch Bleizucker, zersetzt das in Wasser vertheilte Bleisalz durch Hydrothion, und filtrirt. KÖCHLIN (*Bull. scienc. mathem.* 1828, 132), BERLIN (*Berz. Lehrb.*). Das grüne Fltrat lässt beim Abdampfen eine grüne glasartige Masse = $Cr^2O^3,C^8H^6O^{12}$. BERLIN. — KÖCHLIN betrachtet das Salz als eine *Chromtartersäure*, welche mit Basen grüne und violette Salze liefere. Diese sind jedoch mit BERZELIUS (*Pogg.* 16, 100) als Doppelsalze zu betrachten und der Umstand, dass die sogenannte Chromtartersäure nicht durch Alkalien gefällt wird, kann nichts beweisen, da so viele Basen durch die Tartersäure vor der Fällung durch Alkalien geschützt werden.

b. *2 At. Chromoxyd auf 3 At. Tartersäure.* — Die Lösung des Oxydhydrats in wässriger Tartersäure ist bei auffallendem Lichte dunkelgrün, bei durchfallendem violettroth; röthet schwach Lackmus; ist nicht durch Alkalien zersetzbar; lässt beim Abdampfen eine dunkelgrüne Salzrinde. BRANDENBURG. — Die violette, nicht durch Alkalien fällbare Lösung trocknet zu einer violetten Masse ein, welche 2 At. Chromoxyd auf 3 At. Tartersäure hält. BERLIN. — Bei langsamem Abdampfen der Lösung erhält man violettrothe Oktaeder, welche langsam verwittern, bei mäfsiger Wärme perlfarben und zerreiblich werden, und sich leicht in Wasser lösen. MOSER.

Tartersaures Chromoxyd-Ammoniak. — Amorph. BUCHNER.

Tartersaures Chromoxyd-Kali. — Bildet sich unter Entwicklung von Wärme und Kohlensäure beim Mischen von Tartersäure mit zweifach chromsaurem Kali. — Bei dieser Zersetzung bildet sich nicht blofs Kohlensäure und Wasser, sondern auch Ameisensäure und Oxalsäure, die neben der Tartersäure in Verbindung mit Chromoxyd und Kali zurückbleiben. Das reine tartersaure Chromoxydkali ist daher noch nicht bekannt. LÖVEL (*Compt. rend.* 16, 862). — Durch Kochen von Chromoxydhydrat mit wässrigem Weinstein lässt sich das Salz nicht erhalten. BERLIN.

FISCHER (*Kastn. Arch.* 14, 169) mischt 1 Th. gesättigte wässrige Lösung des doppelt chromsauren Kalis mit 2 Th. gesättigter Lösung der Tartersäure. Das Gemisch wird schnell nach einander gelbroth, braun, grünbraun und zuletzt violett, setzt beim Erkalten Weinstein ab, oft mit braunem Chromoxyd gemengt, und das Filtrat lässt beim Abdampfen in gelinder Wärme eine violette glänzende, wenig durchsichtige amorphe Masse, welche sich langsam in kaltem und schnell und reichlich in heifsem Wasser löst. — BERLIN fügt zu heifsem wässrigen doppelt chromsauren Kali in kleinen Antheilen nur so lange gepulverte Tartersäure, als sich Kohlensäure entwickelt, weil durch mehr Tartersäure ein Theil des Kalis als Weinstein gefällt werden würde, und erhält durch Abdampfen der dunkelgrünen Lösung eine schwarzgrüne Glasmasse, welche 1 At. Kali, 1 At. Chromoxyd und 1 At. Tartersäure hält, sich leicht in Wasser löst, und daraus durch Weingeist gefällt wird. Mischt man ihre Lösung mit der concentrirten des neutralen tartersauren Kalis, so setzt sie dunkelgrüne Krystallkörner ab, welche 3 At. Kali auf 1 At. Chromoxyd halten. BERLIN. — Nach MALAGUTI (*Compt. rend.* 16, 457; auch *J. pr. Chem.* 29, 291) ist das aus doppelt chromsauren Kali und Tartersäure erhaltene Salz = $KO,Cr^2O^3,C^8H^4O^{10} + 7 Aq$; Er sieht es jedoch nicht als ein Doppelsalz an, sondern, wie KÖCHLIN, als chromtartersaures Kali. — Bei der Sättigung von wässrigem Weinstein mit Chromoxydhydrat erhält man zwar ein ähnliches Salz, welches aber auf glühenden Kohlen denselben Geruch verbreitet, wie andere tartersaure Salze, was beim chromtartersauren Kali nicht der Fall ist. MALAGUTI.

Tartersaures Uranoxydul. — Die Tartersäure gibt mit Einfachchloruran einen reichlichen, leicht zu waschenden, graugrünen Niederschlag. Das lufttrockne Salz verliert bei 100° 11,76 Proc. Wasser. Es löst sich leicht in Salzsäure und wird daraus durch Ammoniak gefällt, wenn nicht noch Tartersäure zugefügt wird, in welchem Falle Ammoniak die Lösung blofs braungelb färbt. Es löst sich wenig in wässriger Tartersäure zu einer nicht krystallisirenden, nicht durch Alkalien fällbaren Flüssigkeit. RAMMELSBERG (*Pogg.* 59, 31).

	Bei 100° getrocknet.		RAMMELSBERG.
3 UO	204	59,13	59,57
8 C	48	13,91	13,12
4 H	4	1,16	1,08
10 O	80	23,19	21,81
HO	9	2,61	3,76
$UO,C^8H^4U^2O^{12},HO$	345	100,00	99,34

Tartersaures Uranoxyd. — Ein wässriges Gemisch von Chloruranoxydul und neutralem tartersauren Kali setzt sehr kleine blassgelbe, schwer lösliche Krystalle ab. V. ROSE, RICHTER. Die gelbe Lösung des reinen Uranoxyds in wässriger Tartersäure gibt a) bei warmem Abdampfen Krystalle mit geringerem und b) bei freiwilligem Verdunsten Krystalle mit gröfserem Wassergehalt. Letztere verlieren im Vacuum oder bei 150° im Luftstrom 10,3 Proc. (6 At.) Wasser, wodurch sie in das Salz a übergehen, welches bei 200° keinen weitern Verlust erleidet. PELIGOT (*N. Ann. Chim. Phys.* 12, 463; auch *J. pr. Chem.* 35, 153).

	Salz a.		PELIGOT.		Salz b.		PELIGOT.
$2 U^2O^3$	288	65,76	65,30	$2 U^2O^3$	288	58,54	58,60
8 C	48	10,95	10,85	8 C	48	9,76	9,86
6 H	6	1,37	1,45	12 H	12	2,44	2,38
12 O	96	21,92	22,40	18 O	144	29,26	29,16
$2 U^2O^3,C^8H^6O^{12}$	438	100,00	100,00	+ 6 Aq	492	100,00	100,00

Die Uranoxydsalze bleiben auch nach dem Vermischen mit Tartersäure durch Alkalien fällbar. H. ROSE.

Tartersaures Uranoxydul-Kali. — 1. Man löst das noch feuchte tartersaure Uranoxydul in warmem concentrirten neutralen tartersauren Kali, lässt die dunkelbraune Lösung freiwillig verdunsten, giefst sie von dem angeschossenen Weinstein ab, und trocknet sie völlig ein. — 2. Man kocht frisch gefälltes Uranoxydulhydrat mit Weinstein und Wasser, und verfährt eben so. — Schwarze, glänzende, amorphe Masse, welche nach dem Trocknen über Vitriolöl

13,15 Proc. KO und 48,52 UO hält, und deren wässrige Lösung durch Kali, aber nicht durch Ammoniak oder kohlensaure Alkalien gefällt wird. RAMMELSBERG.

Tartersaures Manganoxydul. — Schiefst aus einem heifsen wässrigen Gemische von Chlormangan und neutralem tartersauren Kali, woraus zuerst Weinstein niederfällt, beim Erkalten in kleinen weifsen Krystallen an, welche durch kochendes Wasser in *saures*, sich auflösendes Salz, und zurückbleibendes *basisches* zersetzt werden. PFAFF (*Schw.* 4, 377).

Tartersaures Manganoxyd. — Kalte concentrirte wässrige Tartersäure gibt mit Manganoxyd-Oxydul eine braune, sich beim Abdampfen zersetzende Lösung, welche, mit Kali übersättigt, braun bleibt, ohne etwas abzusetzen. FROMHERZ (*Schw.* 44, 338).

Tartersaures Manganoxydul-Kali. — Durch Lösen von kohlensaurem Manganoxydul in wässrigem Weinstein. Das Salz ist schwierig krystallisirbar, sehr löslich, und wird nicht durch reine und kohlensaure Alkalien gefällt. SCHEELE. — Braunstein gibt mit Weinstein in der Kälte eine braune Lösung, die in der Hitze unter Kohlensäureentwicklung entfärbt wird. SCHEELE.

Alle Manganoxydulsalze, mit Tartersäure versetzt, sind nicht durch reine und kohlensaure Alkalien fällbar. H. ROSE.

Tartersaure arsenige Säure? — Die Lösung der arsenigen Säure in Tartersäure liefert beim Abdampfen Säulen. BERGMAN.

Tartersaures Arsenigsäure-Ammoniak. — Man fügt zu kochendem wässrigen sauren tartersauren Ammoniak so lange arsenige Säure, als sie sich löst. Aus dem Filtrate schiefst zuerst arsenige Säure an, dann das Doppelsalz in schönen Krystallen. MITSCHERLICH (*Lehrb.*). — Man muss sehr lange kochen, damit sich genug arsenige Säure löse; beim Abdampfen der Flüssigkeit erhält man zuerst wiederholt Rinden von saurem tartersauren Ammoniak, mit wenig arseniger Säure, dann in der stark eingeengten Flüssigkeit grofse glasglänzende Krystalle des Doppelsalzes, welche schnell verwittern und bei 100 bis 105° 4,67 Proc. Wasser mit etwas Ammoniak verliren. Die wässrige Lösung von 100 Th. frischen Krystallen gibt mit Hydrothion 48,17 Th. Schwefelarsen und 63,12 Th. krystallisirtes saures tartersaures Ammoniak. WERTHER (*J. pr. Chem.* 32, 409).

		Krystalle.	WERTHER.
AsO^3	99	37,22	37,54
$C^8H^5(NH^4)O^{12}$	167	62,78	63,12
$C^8H^5(NH^4)(AsO^2)O^{12}+Aq$	266	100,00	100,66

Also wie MITSCHERLICH angegeben hatte.

Tartersaures Arsenigsäure-Kali und *tartersaures Arsenigsäure-Natron* werden auf dieselbe Art erhalten, krystallisiren aber nicht so gut. MITSCHERLICH.

Tartersaures Arsensäure-Kali. — Man sättigt die heifse Lösung von 1 Th. Arsensäure in 6 Th. Wasser unter Schütteln mit feingepulvertem Weinstein und lässt das Filtrat, welches noch freie Arsensäure hält, entweder zum Krystallisiren erkalten, oder fällt es besser durch Weingeist, wäscht das erhaltene bald amorphe, bald krystallische Pulver schnell mit Weingeist, und trocknet es an der Luft. Es ist = $KO,AsO^5,C^8H^4O^{10} + 5Aq$. — Es verliert seine 5 At. Wasser bei 130°, entwickelt bei stärkerem Erhitzen unter Bräunung den Geruch nach gebranntem Zucker und Alkarsin. Es löst sich sehr leicht in Wasser, aber diese Lösung lässt unter Freiwerden der Arsensäure bald Weinstein anschiefsen. Ueberschüssige Arsensäure hindert diese Abscheidung von Weinstein, und aus einem solchen Gemisch lässt sich durch Weingeist immer das unzersetzte Doppelsalz fällen. PELOUZE (*N. Ann. Chim. Phys.* 6, 63; auch *Ann. Pharm.* 44, 100; auch *J. pr. Chem.* 28, 18).

Tartersaures Antimonoxyd. — a. *Neutrales.* — Durch Fällen der Lösung von Antimonoxyd in wässriger Tartersäure mittelst Weingeistes erhält man einen nicht in Wasser, aber leicht in neutralem tartersauren Kali zu Brechweinstein löslichen weifsen körnigen Niederschlag = $SbO^3,C^4H^2O^5,HO$ [also = $2\ SbO^3,C^8H^6O^{12}$ = $C^8H^4(SbO^2)^2O^{12} + 2Aq$], welcher bei 100° 1 At. Wasser verliert [also 2 At., so dass $C^8H^4(SbO^2)^2O^{12}$ bleibt], und bei 190° noch 1 At. Wasser, so dass SbO^3,C^4HO^4 bleibt [also noch 2 At. Wasser, so dass $C^8H^2(SbO^2)^2O^{10}$ bleibt]. Aber dieser Rückstand verwandelt sich unter Wasser wieder in das ursprüngliche Salz. Es lässt sich auch aus dem scharf getrockneten Salze keine andere als Tartersäure durch Hydrothion mit Weingeist abscheiden, weil das durch den Sauerstoff des Antimonoxyds und den Wasserstoff des Hydrothions gebildete Wasser die Tartersäure regenerirt. [Oder: $C^8H^2Sb^2O^{14} + 6HS = 2\ SbS^3 + C^8H^6O^{12} + 2HO$]. BERZELIUS (*Pogg.* 47, 315 und *Lehrb.*).

b. *Saures.* — Man fällt die concentrirte wässrige Lösung des folgenden Salzes durch [etwa eine kleinere Menge?] Weingeist. PELIGOT. — Dieses Salz ist wohl dasselbe, welches schon SOUBEIRAN u. CAPITAINE (*J. Pharm.* 25, 742) durch Fällen der zum Syrup abgedampften Lösung des Antimonoxyds in Tartersäure mittelst Weingeists erhielten, und von dem Sie angeben, dass sein Antimongehalt veränderlich sei, und dass es nach dem Trocknen bei 100° einen neuen Verlust bei 210° erleide.

		Bei 160° getrocknet.		PELIGOT.
	SbO^3	153	53,69	
8	C	48	16,84	16,47
4	H	4	1,40	1,38
10	O	80	28,07	
	$SbO^3,C^8H^4O^{10}$ [?]	285	100,00	

c. *Uebersaures.* — Die Lösung des Antimonoxyds in der Säure, zum Syrup abgedampft, gibt in längerer Zeit grofse durchsichtige Krystalle. PELIGOT (*N. Ann. Chim Phys.* 20, 289; auch *J. pr. Chem.* 41, 381). Sie krystallisirt undeutlich, BERGMAN; sie setzt ein weifses Pulver ab, welches sich nach dem Waschen mit Weingeist in Wasser löst und Lackmus röthet, SOUBEIRAN (*J. Pharm.* 10, 535); sie gibt keine Krystalle, DULK. — Die von PELIGOT erhaltenen Krystalle gehören zum 2- u. 2-gliedrigen System. *Fig* 68, ohne p-Fläche, aber mit einer n-Fläche zwischen u und t. u' : u = 133° 30'; u : t = 113° 15'; n : t = 137°; y : t = 90°; y : y nach hinten = 76°; i : t = 115°; y : i = 125°. PREVOSTAYE. — Die Krystalle zerfliefsen an feuchter Luft und lösen sich sehr leicht in Wasser. PELIGOT. — Die Lösung des Antimonoxyds in Tartersäure wird durch Schwefel-, Salz- und Salpeter-Säure gefällt. SCHNAUBERT (*Verwandtsch.* 80). — Alle Antimonsalze werden durch Zusatz von Tartersäure vor der Fällung durch Wasser oder Alkalien geschützt. H. ROSE.

	Krystalle.		PELIGOT.
SbO^3	153	31,29	31,50
16 C	96	19,63	18,95
16 H	16	3,27	3,50
28 O	224	45,81	46,05
$C^8H^5(SbO^2)O^{12},C^8H^6O^{12}+5Aq$?	489	100,00	100,00

Die Krystalle verlieren bei 160° 23,1 Proc. (12 At.) Wasser und lassen also $SbO^3,C^{16}H^4O^{16}$. PELIGOT. Wie dieser Rückstand anzusehen sein möge, bleibe weitern Forschungen vorbehalten. GERHARDTS (*N. J. Pharm.* 12, 212) Formel erscheint zu gekünstelt.

Das *Antimonsäurehydrat* löst sich leicht in wässriger Tartersäure. J. A. BUCHNER (*Repert.* 66, 171).

Tartersaures Antimonoxyd-Ammoniak. — *Ammoniakbrechweinstein.* — Man kocht wässriges saures tartersaures Ammoniak mit Antimonoxyd, und dampft das Filtrat so weit ab, dass es beim Erkalten eine steife Gallerte bildet, in welcher allmälig ausgebildete Krystalle entstehen. L. A. BUCHNER (*Repert.* 78, 320). Wenn man diese aus der Gallerte herausnehmen will, so wird sie durch die Bewegung wieder dünnflüssig und setzt ein Krystallpulver von derselben Zusammensetzung ab. BUCHNER. BERLIN (*Ann. Pharm.* 64, 358) lässt die concentrirte Lösung bei 15 bis 60° an der Luft zum Krystallisiren verdunsten.

Die wasserhellen glänzenden Krystalle gehören dem 2- u. 2-gliedrigen System an und sind isomorph mit dem gewöhnlichen Brechweinstein. KOBELL, PREVOSTAYE. *Fig.* 45. Man wolle die Fläche unter a mit e bezeichnen; die Fläche unter e kommt hier nicht vor. p : a = 121° 39'; a : e = 165° 27' (167° KOBELL); p : e = 107° 7'; p : u = 90°; a : a zur Seite = 101° 8' (103° 42' KOBELL); (a : a [nach hinten?] = 108° 57 KOBELL); u : u¹ = 83° 29'; a oben zu a, unten = 116° 42' (116° 9' KOBELL) Die Flächen x sind untergeordet; die Flächen a fehlen abwechslungsweise durch welche Hemiedrie die Krystalle Tetraeder-artig werden, auch die x-Flächen treten oft nur zur Hälfte auf. KOBELL, PREVOSTAYE. — Wenn ein Theil der Lösung des Ammoniakbrechweinsteins (oder des gewöhnlichen) in dieser Form angeschossen ist, so liefert die Mutterlauge oft noch stärker verwitternde gerade rhombische Säulen, an den Seitenkanten (deren Winkel = 127 und 53°) schwach abgestumpft und an den Enden widersinnig zugeschärft (Zuschärfungskante = 85° 30'). PASTEUR. [Also etwa *Fig.* 72 nebst m-Fläche]. Diese, bei freiwilligem Verdunsten entstehenden, leicht verwitternden grofsen Säulen verlieren bei 100° 15,3 Proc. (5 At.) Wasser. BERLIN.

Die gewöhnlichen Krystalle werden an der Luft durch Wasserverlust porcellanartig, jedoch langsamer als die des gewöhnlichen Kalibrechweinsteins; bei 100° verlieren sie 5,41 Proc. Wasser; etwas über 100° verlieren sie auch Ammoniak. BUCHNER. Sie verlieren bei 108° im Luftstrom Wasser und Ammoniak. DUMAS u. PIRIA. Sie lösen sich in Wasser viel leichter, als die des Kalibrechweinsteins. BUCHNER.

	Krystalle.		Dumas u. Piria.	Oder:			Buchner.
N	14	4,37	4,60	NH^3	17	5,31	5,00
SbO^3	153	47,81		SbO^3	153	47,81	46,60
8 C	48	15,00	15,20	$C^8H^5O^{11}$	141	44,07	
9 H	9	2,82	2,95	HO	9	2,81	5,41
12 O	96	30,00					
$C^8H^4(NH^4)(SbO^2)O^{12}+Aq$	320	100,00			320	100,00	

Tartersaures Antimonoxyd-Kali. — a. *Basisches?* — *α* Siedender wässriger Brechweinstein löst Antimonoxyd, und liefert beim Erkalten Nadeln, welche mit Wasser in Brechweinstein und zurückbleibendes tartersaures Antimonoxyd zerfallen. Bucholz. — Dieses läugnen Soubeiran u. Capitaine (*J. Pharm.* 25, 745), nach Welchen 188,2 Th. (1 At.) Weinstein, mit 295 Th. (fast 2 At.) Antimonoxyd und mit Wasser 40 Stunden lang gekocht, nur die Hälfte des Oxyds lösen und damit gewöhnlichen Brechweinstein bilden. — *β*. Wässriges neutrales tartersaures Kali löst Antimonoxyd auf, Bergman, durch Alkalien nicht fällbar, Thénard.

b. *Neutrales.* — *Gewöhnlicher Brechweinstein, Spiefsglanzweinstein, Tartarus emeticus, Tartarus stibiatus.* — Man digerirt 3 Th. Antimonoxyd mit 4 Th. Weinstein und mit Wasser, filtrirt heifs, löst die durch wiederholtes Abdampfen und Erkälten des Filtrats erhaltenen Krystalle gepulvert in der 15fachen Menge kalten Wassers, filtrirt und dampft zum Krystallisiren ab.

Man wendet 1) reines Oxyd an, nach Weise 2 bis 6 (II, 748) bereitet; — 2) das schwefelantimonhaltende Spiefsglanzglas oder Spiefsglanzsafran (II, 780) in einer dem Weinstein gleichen Menge (das Schwefelantimon bleibt ungelöst); beim Spiefsglanzglas erhält man durch tartersaures Eisenoxyd-Kali gelb gefärbten Brechweinstein, und meistens auch eine durch Kieselerdegehalt gallertartig werdende Mutterlauge; die von dem Schwefelantimonhaltenden Oxyd erhaltene Lösung liefert eine gelbe, Schwefel, in Gestalt von Kermes [oder von unterschwefligsaurem Kali?] haltende, Mutterlauge. Fischer (*Kastn. Arch.* 9, 352); — 3) basisch schwefel-, salz- oder salper-saures Antimonoxyd (ersteres durch Erhitzen von 2 Th. Antimon mit 3 Th. Vitriolöl oder, zwar mit Schwefel gemengt, aber am wohlfeilsten, durch Einkochen von 3 Th. Schwefelantimon mit 2 Th. Salpeter, 2 Th. Vitriolöl und 24 Th. Wasser zur Trockne und Aussüfsen mit Wasser darzustellen, dann noch feucht mit 3 Th. Weinstein zu digeriren). Beim Einwirken des Weinsteins auf diese basischen Antimonsalze werden die Mineralsäuren vom Antimonoxyd getrennt und bleiben in der Mutterlauge, zum Theil mit Kali des Weinsteins zu einem sauren Salze verbunden und neben freier Tartersäure; da die freien Säuren das Krystallisiren hindern, so hat man die von der ersten Krystallisation erhaltene Mutterlauge durch kohlensauren Kalk abzustumpfen, und dann erst zum weiteren Krystallisiren abzudampfen; jedoch hält diese freie Säure auch alles, häufig im Schwefelantimon vorkommende, Eisen gelöst, so dass der Brechweinstein weifser ausfallt; daher man auch bei den übrigen Verfahrungsweisen durch Zusatz von wenig Salzsäure weifsere Krystalle erhält.

Entweder fügt man zu dem Weinstein und Antimonoxyd anfangs blofs so viel Wasser, dass ein Brei entsteht, und kocht diesen erst nach 2—4stündigem Digeriren, wenn er nicht mehr sandig ist, ¼ Stunde mit einer gröfseren Wassermenge aus; oder man kocht gleich mit 10 bis 20 Th. Wasser, bis der Weinstein völlig und das Oxyd gröfstentheils gelöst ist. Gefäfse von Porcellan, Glas, Antimon, Silber, Platin und, bei schnellem Arbeiten, von Kupfer oder Gusseisen. — Hat man reines Antimonoxyd und reinen Weinstein angewendet, so gibt die Mutterlauge bis auf den letzten Tropfen Brechweinstein; bei unreinen Ingredienzien bleiben diese Unreinigkeiten in dem zuletzt bleibenden nicht krystallisirbaren Theil der Mutterlauge. Phillips. — Oft bleibt eine Mutterlauge, welche zu einer gummiartigen Masse austrocknet, und [wohl besonders bei Anwendung von basisch schwefel-, salz- oder salpetersaurem Antimonoxyd] vorzüglich aus dem sauren tartersauren Antimonoxyd-

Kali (V, 412) besteht. KNAPP. — Die erhaltenen Brechweinstein-Krystalle sind frei von Arsen, auch wenn das angewandte Antimonoxyd Arsen enthielt, SERULLAS, CHEVALLIER (*J. Chim. med.* 22, 71); aber sie können mit Weinstein, tartersaurem Kalk, Eisenoxyd, Kieselerde und dem unter a, *a* beschriebenen basisch tartersauren Antimonoxyd-Kali verunreinigt sein; daher das nochmalige Auflösen in 15Th. kaltem Wasser, Filtriren und Krystallisiren. BUCHOLZ. vgl. MÖNCH (*Crell chem. J.* 2, 73). DEMACHY (*Crell chem. J.* 4, 184). LASSONE (*Crell chem. J.* 5, 166). — BERGMAN (*Opusc.* 1, 338). BUCHOLZ (*A. Tr.* 9, 2, 25; *Taschenb.* 1806, 1 u. 209; 1811, 126). SOUBEIRAN (*J. Pharm.* 10, 524). N. E. HENRY (*J. Chim. méd.* 1, 521; 2, 1). PHILLIPS (*Ann. Phil.* 25, 372). HERRMANN (*Jahrb. pr. Pharm.* 7, 148).

α. Bei 200° getrocknet. Die Brechweinsteinkrystalle verlieren bei 100° 2,1 Proc. (1 At.) Wasser, bei stärkerer Hitze (ehe noch Zersetzung eintritt) im Ganzen 7,38 Proc. (3 At.). PHILLIPS. Der bei 100° getrocknete Brechweinstein in einer Glasröhre unter beständigem Umdrehen über einer schwachen Weingeistflamme erhitzt, kann 300° Hitze ohne Bräunung ertragen, und verliert dabei 5,1 bis 6,5 Proc. Wasser. LIEBIG (*Ann. Pharm.* 26, 132). Die feingepulverten Krystalle in einem Luftstrom im Oelbade erhitzt, bräunen sich zwischen 235 und 240° mit dem Geruch nach gebranntem Zucker, aber bei 200 bis 220° verlieren sie ohne Färbung in 12 Stunden 7,6 bis 7,7 Proc. Wasser. DUMAS u. PIRIA. Die Krystalle verlieren im trocknen Luftstrom bei etwas über 100° 2,63 Proc. (1 At.), bei 160 bis 180° (in längerer Zeit auch schon bei 130°) im Ganzen 5,26 Proc. (2 At.) und bei 200 bis 220° im Ganzen 7,71 Proc. (3 At.) Wasser. BERLIN.

	Bei 200° getrocknet.		LIEBIG.
KO	47,2	15,02	
SbO^3	153	48,69	
8 C	48	15,28	15,54
2 H	2	0,64	0,67
8 O	64	20,37	
$C^8H^2K(SbO^2)O^{10}$	314,2	100,00	

[Das Salz bei 200° ist als Tarter-Anhydrid ($C^8H^4O^8,O^2$) (oder, wie LAURENT u. GERHARDT vorziehen, als die damit isomere Tartrelsäure) zu betrachten, in welchem 1 H durch K und 1 H durch SbO^2 vertreten ist = $C^8H^2K(SbO^2)O^8,O^2$]. — GERHARDT (*N. J. Pharm.* 12, 214) nimmt an, dass in dieser Verbindung ein gewöhnliches At. Sb in 3 At. Sb *a* zerfalle, und und gibt die Formel: $C^8H^2KSba^3O^{12}$. — PELIGOT (*N. Ann. Chim. Phys.* 12; auch *J. pr. Chem.* 35, 162) nimmt die Tartersäure selbst = $C^8H^4O^{10}$, und schreibt $C^8H^2K(SbO^2)O^{10}$, ist aber dann genöthigt, in den noch so stark getrockneten gewöhnlichen tartersauren Salzen noch 2 At. Krystallwasser anzunehmen. — Nach der Radicaltheorie schreiben LIEBIG und DUMAS u. PIRIA das Salz: $KO,SbO^3,C^8H^2O^8$ und BERZELIUS: $KO.C^4HO^4+SbO^3,C^4HO^4$. Letzterer versuchte diese besondere Säure C^4HO^4 auszuscheiden, indem Er das in heifsem absoluten Weingeist vertheilte Salz durch Hydrothion zersetzte, was langsam erfolgte. Hierbei erhielt Er neben Schwefelantimon und viel regenerirtem Weinstein in der weingeistigen Lösung eine sehr kleine Menge des Kalisalzes einer besondern Säure, welches nach dem Verdampfen des Weingeistes, Lösen in Wasser, Abfiltriren von etwas Schwefelantimon und Abdampfen als lackmusröthendes undurchsichtiges Gummi erschien (bei freiwilligem Verdunsten auch in Krystallen), ohne den Geruch nach verbranntem Zucker verbrannte, und aus dessen wässriger Lösung Säuren keinen Weinstein fällten [Tartral- oder Tartrel-Säure?]. BERZELIUS (*J. pr. Chem.* 14, 350; *Pogg.* 47, 315; *Lehrb.*). Der bei 200 bis 220° getrocknete Brechweinstein. in Wasser gelöst und durch Hydrothion zersetzt, gibt ein Filtrat, welches nach dem Neutralisiren mit

Ammoniak sich gegen Kalksalze wie metatartersaures Ammoniak verhält, aber nach 24stündigen Stehen wie tartersaures. LAURENT u. GERHARDT.

β. Bei 100° getrocknet. Die frischen Krystalle bei 100° getrocknet, werden unter Beibehaltung der Gestalt weifs und undurchsichtig und verlieren dabei 2,1 Proc. Wasser, PHILLIPS, 2,39 und bei 108° im Ganzen 2,73, DUMAS u. PIRIA, 1,75 und etwas über 100° im Ganzen 2,63, BERLIN.

	Bei 100° getrocknet.		LIEBIG.	DUMAS u. PIRIA.
KO	47,2	14,21		
SbO^3	153	46,06		
8 C	48	14,45		14,78
4 H	4	1,20	1,18	1,24
10 O	80	24,08		
$C^8H^4K(SbO^2)O^{12}$	332,2	100,00		

Nach PELIGOT $C^8H^4K(SbO^2)O^{12}$, oder, was auch DUMAS u. PIRIA festsetzten, $KO,SbO^3,C^8H^2O^5+2HO$; nach LIEBIG $KO,SbO^3,C^8H^4O^{10}$.

γ. Der *krystallisirte Brechweinstein* erscheint in wasserhellen (bisweilen trüben) glänzenden, mit dem tartersauren Antimonoxyd-Ammoniak isomorphen rhombischen Oktaedern, und durch Hemiedrie gebildeten Tetraedern. *Fig.* 45. Man wolle das erste Flächenpaar unter a mit e und das zweite mit i bezeichnen. p : a = 122°; a : e = 166° 40'; a : i = 165° 40'; p : u = 90°; a : a zur Seite = 108° 16'; a : a nach hinten = 104° 15' (103° 3' BERNHARDI). Die Flächen e und i meistens gestreift und undeutlich; blofs 1 Blätterdurchgang, nach p. BROOKE (*Ann. Phil.* 22, 40). u : u = 93° 20' und 86° 40'. SORET (*Taschenb.* 1823, 136). vgl. BERNHARDI (*N. Tr.* 7, 2, 58) und PREVOSTAYE. — Der Brechweinstein schmeckt metallisch, wirkt brechenerregend und bei gröfserer Menge giftig.

	Krystalle.		DUMAS u. PIRIA.	THOMSON.
KO	47,2	13,83		
SbO^3	153	44,84		42,62
8 C	48	14,07	14,34	
5 H	5	1,47	1,50	
11 O	88	25,79		
$C^8H^4K(SbO^2)O^{12}+Aq$	341,2	100,00		

Oder:	Krystalle.		PHILLIPS.	WALLQUIST.	DULK.	BRANDES u. WARDENBURG.	RICHARDSON.	GÖBEL.	THÉNARD.
KO	47,2	13,83			13,64	13,64	12,80	9,80	16
SbO^3	153	44,84	43,35	42,99	43,08	43,16	45,92	42,60	38
$C^8H^4O^{10}$	132	38,69					35,25		
HO	9	2,64	2,10	5,14	5,90	2,00	4,84	3,75	8
	341,2	100,00					98,81		

DRAPIERS Analysen: (*Ann génér.* 1819; auch *Schw.* 30, 406). — Bei den Analysen von PHILLIPS und von BRANDES u. WARDENBURG (*Ann. Pharm.* 2, 71) sind die Wasserprocente angegeben, welche die Krystalle bei 100° verlieren, bei den Analysen von WALLQUIST, DULK, GÖBEL (*Schw.* 37, 73) und THÉNARD findet sich keine Auskunft, bei welcher Temperatur der Wassergehalt bestimmt wurde, aber der Menge nach zu urtheilen, geschah dieses weit über 100°, so dass das Salz *β* theilweise in das Salz *α* überging. RICHARDSON (*Records of gen. Sc.* 1836) trocknete bei 204°. Seine übrige Analyse gründet sich darauf, dass 100 Th. Krystalle bei der wässrigen Zersetzung durch Hydrothion 53,2 Th. Schwefelantimon und 39,92 Th. Weinstein lieferten. — WALLQUIST nimmt die Hälfte des Antimonoxyds an die Hälfte des

Kalis gebunden an, und gibt demgemäfs die Formel: $KO,C^4H^2O^5+SbO^3,3C^4H^2O^5+KO,SbO^3+2Aq$.

Die Krystalle werden an der Luft allmälig undurchsichtig, nach BRANDES u. WARDENBURG unter Verlust von 0,5 Proc. Wasser, während undurchsichtige Krystalle, welche überhaupt weniger Wasser halten, nichts verlieren. — Sie verknistern im Feuer, verbrennen mit Antimonrauch, und lassen Kohle mit Antimonkörnern, BERGMAN, und beim Glühen in verschlossenen Gefäfsen eine äufserst entzündliche pyrophorische Masse. SERULLAS.

Iod fällt aus wässrigem Brechweinstein Antimonoxyd-Iodantimon, $SbJ^3,5SbO^3$. — Aus der heifsen Lösung von 100 Th. Brechweinstein in 1000 Th. Wasser fällen 34 Th. Iod beim Erkalten goldgelbe Flitter, und 50 Th. einen pomeranzengelben Niederschlag (bei mehr Iod mit brauner Farbe wieder löslich); die abfiltrirte farblose sehr saure Flüssigkeit fällt Metallsalze nach Art des Hydriods oder Iodkaliums; Weingeist fällt aus ihr ein käsiges Pulver, in Wasser zu einem nicht krystallisirenden sauren Syrup löslich, während im Weingeist Iodkalium bleibt. Während Iod für sich weder Bleizucker noch Aetzsublimat fällt, so erzeugt es bei Gegenwart von Brechweinstein Iodblei oder Iodquecksilber. PREUSS (*Ann. Pharm.* 29, 214). — Man kann die goldglänzenden Flitter auch erhalten, wenn man zu der gesättigten Lösung des Brechweinsteins in wässriger Tartersäure weingeistiges Iod tröpfelt, so lange dieses noch keine bleibende Bräunung bewirkt; oder wenn man 2 Th. Brechweinstein mit 1 Th. Iod und wenig kaltem Wasser zu einem Brei anreibt und bis zur Lösung des Iods gelinde erwärmt; bisweilen entsteht daneben eine braunrothe Verbindung [SbJ^3?]. Die von den Flittern abfiltrirte braune saure Flüssigkeit lässt beim Abdampfen einen schwarzen Rückstand, der mit Wasser unter Ausscheidung von goldgelben Flittern eine farblose Lösung gibt; diese hält ungefähr 1 At. Antimon auf 2 At. Kalium und 2 At. Iod; Weingeist fällt aus ihr ein iodfreies weifses Salz, welches Antimon und 12,17 Proc. Kali hält, also wohl Brechweinstein. Also fällt Iod aus dem Brechweinstein nur einen Theil des Antimons, nämlich der Formel von WALLQUIST gemäfs den an das Kali gebundenen Theil. STEIN (*J. pr. Chem.* 30, 48). [Wenn aber auch nur das an Kali gebundene Antimonoxyd entzogen wäre, so könnte Weingeist aus der Flüssigkeit keinen Brechweinstein mehr fällen. Nothwendig muss bei diesem Vorgange zugleich ein Theil der Tartersäure durch Oxydation verändert werden.]

Aus dem wässrigen Brechweinstein schlägt von den schweren Metallen nur Eisen alles Antimon nieder. WALLQUIST. — Hydrothion zersetzt ihn vollständig in Kermes und in Weinstein. Bei grofser Verdünnung der Lösung bewirkt es blofs eine rothe Färbung, die erst beim Gefrieren oder bei Zusatz von Weinstein oder Mineralsäuren in Fällung übergeht. PFAFF, GEIGER. Die Lösung in 4608 Th. Wasser färbt sich mit Hydrothion nur pomeranzengelb, setzt aber beim Kochen Kermes ab. TURNER.

Aus der wässrigen Lösung, sobald sie keine freie Tartersäure beigemischt enthält, SOUBEIRAN, fällen Schwefel-, Salz- oder Salpeter-Säure keinen Weinstein, sondern basisch schwefel-, salz- oder salpeter-saures Antimonoxyd, im Ueberschuss der Salzsäure, so wie in Tartersäure löslich. GEIGER (*Mag. Pharm.* 7, 258). Nach TURNER, nicht nach GEIGER und H. ROSE, wirkt auch ein Ueberschuss der Schwefelsäure wieder lösend. Nach DULK ist der Niederschlag basisch tartersaures Antimonoxyd mit etwas Mineralsäure [?]. — Die Fällung des Antimons durch diese 3 Säuren ist selten vollständig, welcher Umstand vielfach als eine Stütze von WALLQUISTS Formel angesehen wird, nach welcher im Brechweinstein die eine Hälfte des Antimonoxyds an Kali, die andere an Tartersäure gebunden ist. Mineralsäuren sollen hiernach blofs das an das Kali gebundene Atom fällen, Alkalien das an die Tartersäure gebundene. Aber es wird bei richtigem

Verhältnisse bei weitem mehr, als die Hälfte, oft fast alles Antimon durch Mineralsäuren gefällt. Aus einer verdünnten Lösung von 100 Th. Brechweinstein fällt Salpetersäure basisches Salz, worin 41,2 Th., also fast die ganze Menge, Antimonoxyd; mit einer gesättigten gibt Salpetersäure einen geringern Niederschlag, der beim Erwärmen, so wie bei längerem Stehen immer mehr zunimmt; daher gibt das Filtrat beim Abdampfen einen neuen Niederschlag; die Flüssigkeit hält neben wenig unzersetztem Brechweinstein, Weinstein, der beim Erwärmen derselben gröfstentheils in Salpeter und Tarter-Säure zerfällt. SCHWEIZER (*J. pr. Chem.* 33, 470). Tartersäure fällt aus dem Brechweinstein Weinstein, GEIGER; Oxalsäure gibt einen schwachen, im Ueberschuss der Säure nicht löslichen Niederschlag, H. ROSE. — Essigsäure fällt ihn nach GEIGER und SCHWEINSBERG (*Mag. Pharm.* 15, 258) nicht, während sie nach N. E. HENRY in 24 Stunden Weinstein niederschlägt.

Ammoniak, Kali, Natron, Kalk, und ihre Verbindungen mit Kohlensäure fällen das Antimonoxyd in weifsen Flocken, die fein krystallisch werden. Ammoniak trübt die verdünnte Lösung sehr schwach, fällt aus der concentrirten feine Körner, in überschüssigem Ammoniak nur theilweise (nicht, H. ROSE) löslich. Ammoniak trübt die Brechweinsteinlösung in einigen Minuten (beim Erhitzen sogleich) und fällt weifses flockiges Oxyd, was langsam zunimmt; doch bleibt viel gelöst, wenn nicht überschüssiges Ammoniak mehrere Tage lang einwirkt. In diesem Falle werden 43,35 Proc. (also alles, bis auf 1 Proc.) Antimonoxyd aus dem Brechweinstein gefällt, und das Filtrat hält, neben sehr wenig unzersetztem Brechweinstein tartersaures Kaliammoniak, welches sich beim Abdampfen unter Ammoniakverlust theilweise in Weinstein verwandelt. SCHWEIZER. — Kali fällt nicht die verdünntere Lösung, erzeugt mit der concentrirteren reichliche weifse, in überschüssigem Kali völlig lösliche Flocken. Kohlensaures Ammoniak ist ohne Wirkung; kohlensaures Kali gibt noch bei 1 Th. Brechweinstein auf 1152 Th. Wasser eine Trübung, durch Fällung des Oxyds. — Kalkwasser trübt nicht mehr diese Lösung, aber noch die von 1 Th. Brechweinstein in 576 Th. Wasser, tartersauren Kalk mit tartersaurem Antimonoxyd fällend. Alle diese Niederschläge durch Alkalien sind in Tartersäure löslich. TURNER (*Edinb. med. and surg. J. Nr.* 92, 71; auch *Kastn. Arch.* 11, 377). — Auch kohlensaures Ammoniak und Natron geben allmälig einen Niederschlag, im Ueberschuss nicht löslich, doch ist die Fällung durch diese Mittel, so wie die durch kohlensaures Kali sehr unvollkommen. H. ROSE. — Während sich die Lösung des Brechweinsteins in reinem Wasser selbst beim Kochen nicht verändert, so gibt die in Brunnenwasser, welches sauren kohlensauren Kalk und Bittererde hält, bei 15° in 12 Stunden einen Niederschlag von reinem Antimonoxyd und beim Kochen einen stärkern, der neben einer gröfsern Menge von Antimonoxyd zugleich kohlensauren Kalk und Bittererde hält. Kocht man das Brunnenwasser vor dem Zusatz des Brechweinsteins so lange, bis aller kohlensaure Kalk und kohlensaure Bittererde gefällt sind, so zersetzt es ihn nicht mehr. GUÉRANGER (*J. Chim. med.* 4, 368 u. 412).

Aus wässrigem Aetzsublimat fällt Brechweinstein Kalomel. — Dem Kalomel ist etwas tartersaures Quecksilberoxydul beigemengt; die Flüssigkeit hält antimonige Säure. ORFILA (*J. Chim. med.* 8, 202). — Löst man gleiche Atome der beiden Körper, jeden in 20 Th. Wasser, so setzt das Gemisch in der Kälte ungefähr nur den fünften Theil des Sublimats an Kalomel ab; aber beim Kochen in einer Retorte, wobei keine Säure übergeht, wird fast aller Sublimat als Kalomel gefällt; die hiervon abfiltrirte Flüssigkeit setzt beim Abdampfen und Erkälten ungefähr $^2/_5$ des angewandten Brechweinsteins in Krystallen ab; die Mutterlauge trocknet zu einem gelbweifsen durchscheinenden Gummi aus. BRANDES (*Ann. Pharm.* 11, 88).

Galläpfelaufguss fällt die concentrirtere Brechweinsteinlösung in dicken gelbweifsen Flocken, und trübt noch die Lösung in 288 Th., aber nicht mehr die in 576 Th. Wasser. TURNER. — Bei Zusatz von wenig Salpetersäure erfolgt die Fällung auch bei gröfserer Verdünnung.

GUÉRANGER (*J. Chim. med.* 1, 371). — Ein Ueberschuss von Galläpfeltinctur löst den Niederschlag wieder auf. ORFILA.

Der Brechweinstein löst sich in 14,5 Th. kaltem, in 1,9 kochendem Wasser. BUCHOLZ. Er löst sich bei 8,7° in 19, bei 21° in 12,6, bei 31° in 8,2, bei 37,5° in 7,1, bei 50° in 5,5, bei 62,5° in 4,8, bei 75° in 3,2, bei 87,5° in 3 und bei 100° in 2,8 Th. Wasser. BRANDES. — Die wässrige Lösung wird durch Weingeist krystallisch pulverig gefällt.

c. *Saures.* — *Saurer Brechweinstein.* — Man dampft die Lösung des Brechweinsteins in kochender wässriger Tartersäure zum Syrup ab, und kühlt langsam zum Krystallisiren ab, was leicht erfolgt. KNAPP. — Dieses Salz findet sich in der Mutterlauge des Brechweinsteins. Wenn man, durch Erhitzen von Antimon mit Schwefelsäure erhaltenes, schwefelsaures Antimonoxyd durch Wasser und kohlensaures Kali von der Schwefelsäure befreit, das Oxyd in wässrigem Weinstein löst, und aus der Lösung durch wiederholtes Abdampfen und Erkälten den gewöhnlichen Brechweinstein möglichst vollständig krystallisch ausscheidet, so erhält man eine saure Mutterlauge, welche, zur Trockne abgedampft, 1/6 bis 1/7 der erhaltenen Brechweinsteinkrystalle beträgt. Sie ist im trocknen Zustande ein durchsichtiges gelbbraunes Gummi, bildet mit Wasser einen dicken Syrup, der durch Weingeist in sich niederschlagenden gewöhnlichen Brechweinstein und in gelöst bleibende Tartersäure zersetzt wird, der durch Sättigen erst mit Antimonoxyd, dann mit Kali völlig in Brechweinstein verwandelt wird, und der, wegen zufälliger Unreinigkeiten, erst bei monatlangem Stehen, und bisweilen selbst dann nicht, dieselben Krystalle des sauren Salzes liefert, wie oben. KNAPP. — [Sieht man die Angabe von PHILLIPS (V, 407, unten), dass die Lösung des reinen Antimonoxyds in reinem Weinstein bis auf den letzten Tropfen als gewöhnlicher Brechweinstein anschiefst, für richtig an, wofür auch dessen Zusammensetzung klar spricht, so kann man sich des Verdachtes nicht erwehren, dass das von KNAPP angewandte Antimonoxyd nicht völlig von Schwefelsäure befreit war, und dass diese aus einem Theil des Weinsteins unter Bildung von zweifach schwefelsaurem Kali Tartersäure frei machte, welche mit einem Theil des Brechweinsteins das saure Salz der Mutterlauge bildete; es ist zu bedauern, dass diese nicht von KNAPP auf den Gehalt an Schwefelsäure geprüft wurde, und zu vermuthen, dass eben das darin enthaltene zweifach schwefelsaure Kali die zufällige Unreinigkeit war, welche das Krystallisiren so sehr erschwerte.] vgl. auch BERZELIUS (*Jahresber.* 20, 173).

Wasserhelle schiefe rhombische Säulen, welche an der Luft verwittern, bei 100° 9,22 Proc. (5 At.) Wasser verlieren und porcellanartig werden, und bei starker Hitze zu einem durchsichtigen Gummi schmelzen. Aus ihrer mit Salzsäure versetzten wässrigen Lösung fällt Eisen alles Antimon; Weingeist fällt aus der wässrigen Lösung gewöhnlichen Brechweinstein, freie Tartersäure zurückhaltend.

	Bei 100° getrocknet.		KNAPP.	PELIGOT.
KO	47,2	9,79	9,50	
SbO^3	153	31,73	32,10	31,0
16 C	96	19,91	20,67	19,1
10 H	10	2,07	2,10	2,7
22 O	176	36,50	35,63	
$C^8H^4K(SbO^2)O^{12}+C^8H^6O^{12}$	482,2	100,00	100,00	

Also 1 At. bei 100° getrockneter Brechweinstein mit 1 At. Tartersäure.

d. *Verbindung von 1 At. Brechweinstein mit 3 At. Weinstein.* — 1. Man lässt die concentrirte kochende Lösung von 1 At. Brechweinstein und 3 At. Weinstein zum Krystallisiren erkalten. —

2. Man löst 1 At. neutrales tartersaures Kali, 1 At. Weinstein und 1 At. sauren Brechweinstein c in Wasser. (Wendet man statt des neutralen tartersauren Kalis tartersaures Kaliammoniak an, so erhält man ganz ähnliche Krystalle.) — 3. Man theilt die Lösung des sauren Brechweinsteins c in 2 gleiche Theile, fällt aus der einen Hälfte das Antimonoxyd durch genau bis zur Sättigung hinzugefügtes kohlensaures Kali, und mischt das, neutrales tartersaures Kali haltende, Filtrat mit der andern Hälfte. [Die hierbei von Knapp gegebene Gleichung scheint nicht richtig zu sein, da Er annimmt, es seien zur Fällung des Antimonoxyds nur 2 (und nicht 3) At. Kali erforderlich; das Gemisch wird hiernach 1 At. Kali zu viel halten.] — 4. Man lässt aus der wässrigen Lösung von 9 Th. Brechweinstein und 4 Th. Tartersäure zuerst den frei gebliebenen Brechweinstein anschiefsen, dampft die Mutterlauge zu Syrup ab, und lässt diesen langsam erkalten. Er gesteht zu einer durchsichtigen terpenthinartigen Masse, welche bald durch Krystallpuncte trübe wird, die zu einer schneeweifsen Krystallmasse anwachsen, welche man von der dicken Mutterlauge durch Abschlemmen mit Wasser befreit und auf dem Filter mit wenig kaltem Wasser wäscht. Knapp.

Kleine perlglänzende Blättchen, die beim Erwärmen selbst im Vacuum kein Wasser verlieren, sich schwer in Wasser lösen und daraus durch Weingeist gefällt werden. Knapp.

			Knapp.
4 KO	188,8	21,05	20,15
SbO^3	153	17,06	17,20
32 C	192	21,41	22,07
19 H	19	2,12	2,30
43 O	344	38,36	38,28
$C^8H^4K(SbO^2)O^{12}+3C^8H^5KO^{12}$	896,8	100,00	100,00

Tröpfelt man zu der Lösung dieses Salzes so lange kohlensaures Kali, als Aufbrausen erfolgt, und dampft ab, so erhält man Wawellit-artig zu Warzen vereinigte Nadeln, sehr leicht in Wasser löslich, woraus dann wenig Tartersäure wieder die Blättchen des vorigen Salzes fällt. [Etwa eine Verbindung von Brechweinstein mit neutralem tartersauren Kali?]

Geglühte *antimonige Säure* löst sich nicht in wässrigem Weinstein, Geiger u. Reimann (*Mag. Pharm.* 17, 137); sie löst sich sehr schwierig und sparsam beim Kochen; aber das Hydrat löst sich leichter, und das klare Filtrat gerinnt beim Erkalten, und lässt beim Abdampfen ein rissiges Gummi. H. Rose (*Pogg.* 47, 339); A. Rose (*Pogg.* 51, 170).

Das *Antimonsäurehydrat* (viel langsamer die geglühte Säure) löst sich in $1^1/_3$ Th. in Wasser gelöstem Weinstein zu einer gelben, salzigsüfslich schmeckenden Flüssigkeit, welche nicht durch Salzsäure, und durch Hydrothion nur bei Gegenwart von Salzsäure hellpomeranzengelb fällbar ist, und welche beim Abdampfen ein gelbes, luftbeständiges, leicht in Wasser lösliches Gummi lässt. Geiger u. Reimann (*Mag. Pharm.* 17, 128). Die Lösung der trocknen oder gewässerten Säure geht trübe durchs Filter, und lässt beim Abdampfen ein trübes Gummi. A. Rose. — Die Verbindung ist amorph, sehr löslich. Mitscherlich (*Ann. Chim. Phys.* 73, 396). — Auch lösen sich 3 Th. zweifach antimonsaures Kali in 4 Th. Weinstein zu einer faden süfslichsalzigen Flüssigkeit, welche mit Hydrothion erst in $^1/_2$ Stunde einen starken rothbraunen Niederschlag gibt, und beim Abdampfen ein gelbliches Gummi lässt. GEIGER (*N. Tr.* 3, 1, 460). Die Lösung des doppelt antimonsauren Kalis in Tartersäure ist dicklich, geht schwer durchs Filter, gibt mit Hydrothion einen gelben, in einigen Stunden gelbroth werdenden Niederschlag, und lässt beim Verdunsten ein zähes Gummi. J. A. BUCHNER (*Repert.* 66, 171).

Durch Digeriren von 1 Th. *Spiefsglanzglas*, 1 *Boraxsäure* und 2 *Weinstein* mit Wasser, Filtriren und Abdampfen erhält man ein Gummi. BERGMAN.

Tartersaures Antimonoxyd-Natron. — *Natronbrechweinstein.* Auf ähnliche Weise zu bereiten, wie der gewöhnliche Brechweinstein. Säulen des 2- u. 2-gliedrigen Systems. *Fig.* 75, nebst p-Fläche und zwischen n und n nach hinten liegenden t-Flächen; y : y nach hinten = 85° 20'; y : m = 137° 20' ungefähr. PREVOSTAYE. — Die Krystalle verlieren bei 220° im trocknen Luftstrome 8,4 Proc. Wasser; sie ziehen an der Luft Feuchtigkeit an. DUMAS u. PIRIA.

	Krystalle.		DUMAS u. PIRIA.
NaO	31,2	9,59	
SbO^3	153	47,05	
8 C	48	14,76	14,3
5 H	5	1,54	1,6
11 O	88	27,06	
$C^8H^4Na(SbO^2)O^{12}+Aq$	325,2	100,00	

Tartersaures Antimonoxyd-Lithon. — Man erhält eine durchsichtige Gallerte, in der sich nach längerer Zeit kleine Säulen bilden. L. A. BUCHNER.

Tartersaurer Antimonoxyd-Baryt. — Durch Fällen eines Barytsalzes mittelst des Brechweinsteins. WALLQUIST. Krystallblättchen, welche im trocknen Luftstrom bei 100° 8,21 Proc. Wasser verlieren. DUMAS u. PIRIA.

Bei 250° getrocknet.			DUMAS u. PIRIA.
BaO	76,6	22,29	
SbO^3	153	44,53	
8 C	48	13,97	13,19
2 H	2	0,58	0,66
8 O	64	18,63	
$C^8H^2BaSbO^{12}$	343,6	100,00	

	Krystalle.		DUMAS u. PIRIA.
BaO	76,6	20,18	19,85
SbO^3	153	40,31	
8 C	48	12,64	11,74
6 H	6	1,58	1,72
12 O	96	25,29	
$C^8H^4K(SbO^2)O^{12}+2Aq$	379,6	100,00	

DUMAS u. PIRIA erklären den Ausfall an Kohlenstoff aus dem Umstande, dass der Baryt, trotz der Gegenwart von Antimonoxyd, noch Kohlensäure beim Glühen zurückhält; Sie nehmen in den Krystallen $^1/_2$ At. HO mehr an, als oben in der Tabelle berechnet wurde.

Tartersaurer Antimonoxyd-Strontian. — Beim Mischen der in der Wärme gesättigten Lösungen von 1 At. Brechweinstein und 1 At. salpetersaurem Strontian entsteht ein krystallischer Niederschlag, den man mit heifsem Wasser wäscht, worin er fast unlöslich ist, dann in kaltem wässrigen salpetersauren Strontian löst (welcher mehr aufnimmt, als kaltes Wasser) und durch allmäliges Erhitzen dieser Lösung bis auf 100° in kleinen Säulen ausscheidet, die bei 210° in 6 Stunden kaum $^1/_4$ Proc. Wasser verlieren. F. KESSLER (*Pogg.* 75, 410).

	Krystalle.		KESSLER.
SrO	52	15,43	15,26
SbO^3	153	45,40	45,25
$C^8H^4O^{10}$	132	39,17	39,22
$C^8H^4Sr(SbO^2)O^{12}$	337	100,00	99,73

Tartersaurer Antimonoxyd-Strontian mit salpetersaurem Strontian. — Man digerirt 1 Th. salpetersauren Strontian mit 2 Th. Wasser und mit einem Ueberschuss des feingeriebenen tartersauren Antimonoxydstrontians längere Zeit bei 30 bis 35°, filtrirt bei 20°, und lässt an der Luft verdunsten. — Die erhaltenen grofsen, etwas verwitternden Krystalle verlieren bei 200° alle ihre 18,43 Proc. Wasser, und verglimmen bei stärkerer Hitze plötzlich ohne Schwärzung zu einer porosen Masse, die im Innern noch einige Zeit fortglüht. Sie verändern sich nicht in kaltem Vitriolöl, lösen sich in warmem mit Geräusch, und entwickeln dann erst, ohne alle Färbung, Kohlenoxydgas, dann Stickoxydgas, dann unter brauner Färbung schwefligsaures. Sie lösen sich leicht in kaltem Wasser; die Lösung setzt beim Erwärmen Krystalle von tartersaurem Antimonoxyd-Strontian ab, welche sich beim Erkalten auch in längerer Zeit nicht mehr vollständig lösen. KESSLER.

	Krystalle.		KESSLER.
2 SrO	104	18,87	19,13
SbO^3	153	27,77	28,02
$C^8H^4O^{10}$	132	23,96	23,92
NO^5	54	9,80	
12 HO	108	19,60	18,43
$C^8H^4Sr(SbO^2)O^{12},SrO,NO^5+Aq$	551	100,00	

Tartersaurer Antimonoxyd-Kalk. — Man fällt ein Kalksalz durch Brechweinstein. Der Niederschlag hat dessen Zusammensetzung. WALLQUIST.

Tartersaures Antimonoxyd-Uranoxyd. — Man mischt die kalten wässrigen Lösungen von Brechweinstein und salpetersaurem Uranoxyd, löst den hellgelben gallertartigen Niederschlag in heifsem Wasser und erhält bei langsamem Abkühlen sogleich Krystalle, und bei raschem erst einen amorphen Niederschlag, der sich aber nach einiger Zeit in gelbe, seidenglänzende, strahlig vereinigte Nadeln verwandelt. Man erhält dieselben Krystalle, wenn man die heifsen Lösungen von 3 Th. Brechweinstein und 1 Th. salpetersaurem Uranoxyd mischt und erkalten lässt. — Die lufttrocknen Krystalle verlieren im Vacuum über Vitriolöl 11,76 Proc. (7 At. [oder 6?]) und bei 200° im trocknen Luftstrom, ohne alle Veränderung der Säure, im Ganzen 18,83 Proc. (11 At. [oder 10?]); bei 210° erleidet das Salz keinen Verlust mehr, zeigt aber einen schwachen Geruch nach gebranntem Zucker; das im Vacuum getrocknete Salz verliert bei 200° in einem Strom von trocknem kohlensauren Gas 7,95 Proc. (4 At.), dann bei 242° unter Bräunung und Caramelgeruch 2 Proc. und bei 270° unter stärkerer Bräunung noch mehr Wasser; aber immer bleibt noch Wasserstoff zurück, der sich beim Glühen des Rückstandes im Glasrohr als Wasser entwickelt. Es bleibt ein Gemenge von Kohle, Uranoxydul und Antimon, welches sich auch nach völligem Erkalten an der Luft entzündet und mit lebhaftem Glanze verbrennt. — Das Salz löst sich in heifsem Wasser mit schön gelber Farbe, scheidet sich aber beim Erkalten fast völlig aus, so dass die Flüssigkeit fast farblos wird. PELIGOT (*N. Ann. Chim Phys.* 12, 466; auch *J. pr. Chem.* 35, 157).

	Bei 200° getrocknet.		PELIGOT.
U^2O^3	144	35,04	
SbO^3	153	37,22	
8 C	48	11,68	11,56
2 H	2	0,49	0,70
8 O	64	15,57	
$C^8H^2(U^2O^2)SbO^2)O^{10}$	411	100,00	

Also wie der bei 200° getrocknete Brechweinstein (V, 408).

Im Vacuum getrocknete Krystalle.			PELIGOT.	Luftr. Krystalle.			PELIGOT.
U^2O^3	144	32,28	32,3	U^2O^3	144	28,74	28,30
SbO^3	153	34,23	33,7	SbO^3	153	30,54	30,30
8 C	48	10,73	11,0	8 C	48	9,58	9,64
6 H	6	1,34	1,3	12 H	12	2,40	2,45
12 O	96	21,48	21,7	18 O	144	28,74	29,31
$C^8H^4(U^2O^2)(SbO^2)O^{12}+2Aq$	447	100,00	100,0	+ 8 Aq	501	100,00	100,00

PELIGOT nimmt in den lufttrocknen Krystallen 1 Aq mehr an.

Tartersaures Telluroxyd. — Die Lösung des Oxyds in der wässrigen Säure trocknet bei freiwilligem Verdunsten zu einer wasserhellen, strahlig krystallisirten, leicht in Wasser löslichen Masse aus, deren Lösung nicht durch Alkalien, Borax, molybdänsaures Ammoniak, tellursaures Natron oder Galläpfelaufguss gefällt wird. BERZELIUS. Schneeweifse Nadeln, von süfs metallischem Geschmack und ekelerregender Wirkung. KÖLREUTER (*Schw.* 62, 216).

Tartersaures Telluroxyd-Kali. — Das Telluroxyd, sein Hydrat und Tellursäure, die dabei zu Oxyd reducirt wird, lösen sich bei der Digestion mit wässrigem Weinstein. Die Lösung setzt beim Verdunsten viel Weinstein ab, und trocknet dann zu einem klaren Gummi ein. Dieses wird durch kaltes Wasser durch Ausscheidung von Telluroxyd undurchsichtig, löst sich aber wieder völlig beim Erwärmen, ohne beim Erkalten etwas abzusetzen. BERZELIUS.

Tartersaures Wismuthoxyd. — Fällt aus schwefel-, salz- oder salpeter-saurem Wismuthoxyd auf Zusatz von Tartersäure als ein weifses, nicht in Wasser lösliches Krystallmehl nieder. GREN (Dessen *Handb.*). — Wismuthoxydsalze werden durch Beimischung von Tartersäure nicht vor der Fällung durch Kali geschützt. H. ROSE.

Tartersaures Wismuthoxyd-Kali. — Man kocht Weinstein mit Wasser und überschüssigem Wismuthoxydhydrat, welches durch Digestion von *Magisterium Bismuthi* mit Kalilauge erhalten wurde, dampft das klare, etwas dickflüssige Filtrat, welches nicht durch Wasser, aber durch starke Mineralsäuren getrübt wird, im Wasserbade ab, und sammelt das sich absetzende schwere weifse Krystallpulver. Dasselbe wird durch Wasser zersetzt und liefert ein saures, Wismuth-freies, anfangs trübes und sich nach einiger Zeit klärendes Filtrat. A. SCHWARZENBERG (*Ann. Pharm.* 61, 244).

	Bei 100° getrocknet.		Schwarzenberg.
KO	47,2	11,86	12,22
BiO^3	237	59,52	58,94
8 C	48	12,05	12,16
2 H	2	0,50	0,59
8 O	64	16,07	16,09
$C^8H^2K(BiO^2)O^{10}$	398,2	100,00	100,00

Also wie der bei 200° getrocknete Brechweinstein (V, 408).

Tartersaures Zinkoxyd. — 1. Die wässrige Säure bildet mit Zink unter Wasserstoffgasentwicklung ein schwer lösliches Salz. Bergman. — 2. Concentrirte Lösungen von neutralem tartersauren Kali und Zinkvitriol geben sogleich, verdünnte erst nach mehreren Stunden ein weifses Krystallmehl, welches 3 At. Oxyd auf 1 At. Säure zu enthalten scheint. Schindler (*Mag. Pharm.* 36, 63). Beim Mischen der heifsen concentrirten Lösungen erhält man ein gelbweifses Krystallmehl, beim Mischen der kalten verdünnten allmälig kleine Krystalle. Das Salz löst sich sehr schwierig in kaltem oder heifsem Wasser, leicht in kaltem Kali oder Natron. Die alkalische Lösung setzt beim Kochen Zinkoxyd in Verbindung mit der in der Aetzlauge enthalten gewesenen Kohlensäure ab; absoluter Weingeist fällt aus ihr einen in Wasser löslichen nicht krystallisirenden Syrup. Wässriges kohlensaures Natron entwickelt bei der Digestion mit dem tartersauren Zinkoxyd Kohlensäure, löst aber keine Spur Zink. Werther. [Es entsteht wohl basisch kohlensaures Zinkoxyd und tartersaures Natron.] — Das Salz lässt bei der trocknen Destillation einen erst durch glühende Kohle zu entzündenden, zu Oxyd verglimmenden kohligen Rückstand. Böttger.

Die mit Tartersäure versetzten Zinksalze bleiben durch Alkalien fällbar. H. Rose. [Jedoch nur in der Hitze.]

Tartersaures Zinkoxyd-Kali. — *a.* Digerirt man Weinstein mit überschüssigem Zink oder Zinkoxyd, so erhält man eine klebrige Auflösung von fadem Geschmack, die ein weifses Pulver absetzt, und zu einem gelblichen durchscheinenden Gummi austrocknet. — *b.* Bei einem gröfseren Verhältnisse des Weinsteins erhält man kleine gelbe Krystalle von herbem Metallgeschmack. Lassone (*Crell N. Entd.* 2, 115). Die Verbindung wird nicht durch reine und kohlensaure Alkalien, aber durch Hydrothion gefällt. Thénard.

Tartersaures Kadmiumoxyd. — Feine, wollig anzufühlende Nadeln, kaum in Wasser löslich. Stromeyer. — John (*Berl. Jahrb.* 1820, 376) unterscheidet ein nicht in Wasser lösliches *basisches*, ein sehr schwierig in Wasser, aber nicht in Weingeist lösliches, in harten Körnern anschiefsendes *neutrales* und ein in Wasser und Weingeist lösliches, in luftbeständigen Strahlen anschiefsendes *saures Salz*. — Der Rückstand von der trocknen Destillation verhält sich, wie beim Zinksalz. Böttger.

Tartersaures Zinnoxydul. — Die concentrirten Lösungen von Einfachchlorzinn und neutralem tartersauren Kali liefern ein weifsgelbes Pulver, welches sich selbst in heifsem Wasser nicht löst, aber in wässrigem Kali oder Natron, woraus Weingeist eine gelbweifse, schleimige, nicht krystallisirende Masse fällt. Werther. — Der Rückstand von der trocknen Destillation verhält sich wie beim Zinksalz. Böttger. — Mit Tartersäure versetzte Zinnoxydulsalze werden nicht durch ätzende und kohlensaure Alkalien gefällt. H. Rose. Daher der Zusatz von Weinstein zu Zinnbeizen, denen ein Alkali zugefügt wird. Berzelius.

Tartersaures Zinn-Kali. — Durch Kochen des oxydirten Zinns mit Weinstein. Schwierig krystallisirbar; leicht löslich; wird nicht von reinen und kohlensauren Alkalien gefällt. THÉNARD.

Tartersaures Bleioxyd. — Durch Fällen des salpeter- oder essig-sauren Bleioxyds mit Tartersäure. Bei Anwendung von tartersaurem Kali und Bleizucker erhält man einen Essigsäure haltenden Niederschlag. s. u. — Weifses Krystallpulver von 3,871 spec. Gew. H. ROSE (*Pogg.* 33, 48). Das durch die Säure aus Bleizucker gefällte Salz, an der Luft getrocknet, verliert bei 120° nur noch eine Spur hygroskopisches Wasser. BERZELIUS (*Ann. Chim.* 94, 176; *Pogg.* 19, 306). Bei der trocknen Destillation gibt es, aufser Brenzöl und Essigsäure, 0,2 Proc. Brenzweinsäure. GRUNER. Es zersetzt sich beim Kochen mit Wasser und Bleihyperoxyd oder Manganhyperoxyd, unter Bildung von ameisensaurem Bleioxyd. PERSOZ (*Compt. rend.* 11, 522). Es löst sich in Kali- oder Natron-Lauge unter Wärmeentwicklung; Weingeist fällt daraus eine zusammenbackende Masse, die zu einem feinen Krystallmehl austrocknet. WERTHER. Seine Lösung in Ammoniak setzt beim Kochen eine Verbindung von 4 At. Oxyd mit 1 At. Säure ab. ERDMANN (*Ann. Pharm.* 21, 14). Es löst sich in salzsaurem, BRETT, und in warmem salpeter- oder bernsteinsauren Ammoniak, unvollkommen in kohlensaurem, WITTSTEIN. Es löst sich kaum in Wasser. Es löst sich leicht in wässriger Salpetersäure oder Tartersäure. Letztere Lösung trübt sich nicht mit Weingeist, und setzt beim Abdampfen blofs neutrales Salz ab. ERDMANN.

Bei 100° getrocknet.			BERZELIUS.	THOMSON.	BUCHOLZ.	THÉNARD.
2 PbO	224	62,92	62,74	62,56	63	66
8 C	48	13,49	13,57			
4 H	4	1,12	1,12			
10 O	80	22,47	22,57			
$C^8H^4Pb^2O^{12}$	356	100,00	100,00			

Bei der Digestion von 5 Th. Bleiglätte mit 2 Th., in Wasser gelöstem, neutralen tartersauren Kali erhält man tartersaures Bleioxyd und Kalilauge. KARSTEN (*Scher. J.* 5, 594).

Mischt man in wässriger Gestalt 2 At. Bleizucker und 1 At. neutrales tartersaures Kali, so fällt ein Gemisch aus ungefähr 9 Th. Bleioxyd und 2 Th. sechstel essigsaurem Bleioxyd nieder, und die uberstehende Flüssigkeit ist sauer, und enthält noch Tartersäure, so dass sie noch mehr Bleizucker zu fällen vermag. GEIGER (*Repert.* 9, 176). — BOLLE (*Br. Arch.* 20, 1) erhielt ähnliche Resultate; der bei verschiedenen Verhältnissen dargestellte und mit kochendem Wasser gewaschene Niederschlag enthielt neben dem tartersauren Bleioxyd wenig sechstel essigsaures Bleioxyd und Weinstein, und das Filtrat enthielt, aufser essigsaurem Kali, freie, durch Destillation zu gewinnende Essigsäure, etwas neutrales tartersaures Kali, und Bleioxyd [wohl als tartersaures Bleioxyd in der Essigsäure gelöst]. — WERTHER stellte sein tartersaures Bleioxyd durch Fällen des essig- oder salpeter-sauren Bleioxyds mittelst neutralen tartersauren Kalis dar, und erhielt es als weifses trocknes zartes Pulver, welches 56,97 Bleioxyd hielt und bei 120° 8,24 Proc. Wasser verlor. Wahrscheinlich war dieses ein ähnliches unreines Salz.

Ein Bleisalz, mit Tartersäure und zugleich mit so viel Salpetersäure versetzt, dass kein tartersaures Bleioxyd niederfällt, wird durch Alkalien nicht niedergeschlagen. H. ROSE.

Tartersaures Bleioxyd-Ammoniak. — Das tartersaure Bleioxyd löst sich leicht und reichlich in wässrigem neutralen tartersauren Ammoniak; die concentrirte Lösung gesteht nach einiger Zeit zu einer steifen Gallerte. Wöhler.

Tartersaures Bleioxyd-Kali. — Weinstein mit Bleioxyd gekocht, liefert ein unlösliches Salz, welches weder durch Alkalien, noch durch schwefelsaure Salze zersetzt wird. Thénard.

Tartersaures Chromoxyd-Bleioxyd. — Blaues tartersaures Chromoxyd-Kali fällt aus Bleizucker ein blaugrünes Pulver. Berlin.

Tartersaures Antimonoxyd-Bleioxyd. — Der mit wässrigem Brechweinstein und Bleizucker in der Kälte erhaltene Niederschlag verliert, nach dem Trocknen an der Luft, im trocknen Luftstrom bei 100° 8,84 Proc. (4 At.) Wasser; und bei 200°, wobei die Zersetzung anfängt, im Ganzen 11,7 Proc. (6 At.). Der in der Hitze erhaltene Niederschlag hat nach dem Trocknen an der Luft dieselbe Zusammensetzung, wie der in der Kälte erhaltene und dann bei 100° getrocknete; er verliert bei 220 bis 230° 4,81 Proc. (2 At.) Wasser. Dumas u. Piria. Auch bei 190° entweichen 2 At. Wasser, und der Rückstand, in Weingeist vertheilt und durch Hydrothion zersetzt, liefert nichts als Tartersäure; zersetzt man jedoch den Rückstand durch wenig Vitriolöl, zieht mit Weingeist aus, sättigt mit kohlensaurem Baryt und verdunstet das Filtrat; so erhält man eine kleine Menge von Barytsalz $= BaO,C^4HO^4$ [$= C^8H^2Ba^2O^{10}$, also dem Tarteranhydrid $= C^8H^4O^{10}$ entsprechend]. Berzelius (*Pogg.* 47, 318).

Der heifs gefällte Niederschlag, bei 230° getrocknet.			Dum. u. P.	Derselbe, lufttrocken.			Dumas u. Piria.
PbO	112	29,55		PbO	112	28,21	
SbO^3	153	40,37		SbO^3	153	38,54	
8 C	48	12,66	12,77	8 C	48	12,09	12,20
2 H	2	0,53	0,58	4 H	4	1,01	1,13
8 O	64	16,89		10 O	80	20,15	
$C^8H^2Pb(SbO^2)O^{10}$	379	100,00		$C^8H^4Pb(SbO^2)O^{12}$	397	100,00	

Tartersaures Eisenoxydul. — a. *Wasserfreies?* — 1. Man mischt warmen wässrigen Eisenvitriol mit Tartersäure. Retzius. Nach Retzius setzt sich das Salz beim Erkalten ab. Nach Bolle (*N. Br. Arch.* 37, 33) im Gegentheil beim Erhitzen. In einer kalten gesättigten wässrigen Lösung von 4 Th. Eisenvitriol lösen sich 3 Th. Tartersäure klar auf, aber bei jedesmaligem Erhitzen, besonders beim Kochen, fällt viel tartersaures Eisenoxydul als blauweifses Pulver nieder, was bei jedesmaligem Erkalten fast ganz verschwindet, während Eisenvitriol anschiefst. Man muss daher das, mit etwas Wasser verdünnte, Gemisch kochen, den Niederschlag heifs auf dem Filter sammeln, und mit kochendem Wasser waschen. So erhält man von den 4 Th. Vitriol 0,42 Th. Niederschlag. Bei Anwendung von 1 Th. Einfach-chloreisen und 2 Th. neutralem tartersauren Kali fällt das Pulver theilweise schon in der Kälte nieder, das Uebrige beim Aufkochen, im Ganzen 1 Th.

Nach Retzius Blätter; nach Bolle äpfelgrünes Krystallpulver, kein Wasser haltend, beim Verbrennen 40,06 bis 40,62 Eisenoxyd lassend. Nach Dulk weifses, nicht krystallisches Pulver, kein Wasser haltend, in 1127 Th. kaltem Wasser löslich.

Durch Fällen von Eisenvitriol mit neutralem tartersauren Kali erhält man ein blassgrünes Pulver, das sich beim Auswaschen stellenweise rothbraun färbt und sich sehr leicht in wässrigen Alkalien zu einer sich an der Luft schnell oxydirenden Flüssigkeit löst. Werther.

b. *Gewässertes.* — Man bringt Eisenfeile oder Drath mit der wässrigen Säure in einen mit einem Gasentwicklungsrohr verbundenen Kolben, schlemmt das niedergefallene pulverige Salz vom Eisen ab und wäscht es mit wenig Wasser. BUCHOLZ, URE (*N. Quart. J.* 6, 388). — Weifses Pulver, 13 Proc. (15 Proc. würden 4 At. sein) Wasser haltend, in 426 kaltem und 402 kochendem Wasser löslich. BUCHOLZ. Es schmeckt schwach eisenhaft, oxydirt sich bei Mittelwärme nicht leicht an der Luft, fängt bei dunkler Glühhitze Feuer und verglimmt wie Zunder zu Eisenoxyd. URE. Es entwickelt bei der trocknen Destillation kohlensaures und Vine-Gas, und lässt ein Gemenge von Kohle und Eisenoxydul (ohne metallisches Eisen, da Salzsäure kein Wasserstoffgas entwickelt), welches, nach völligem Erkalten der Luft dargeboten, sich rasch entzündet, und zu schön rothem Eisenoxyd verglimmt. BÖTTGER.

Mit Tartersäure versetzter Eisenvitriol wird nicht durch reine und kohlensaure Alkalien gefällt, und gibt mit Ammoniak eine sattgrüne Flüssigkeit, die sich an der Luft, durch Bildung von Oxydsalz, langsam gelb färbt. H. ROSE. Beim Sieden jedoch wird das Eisen durch Kali vollständig gefällt. WACKENRODER (*N. Br. Arch.* 21, 67).

Tartersaures Eisenoxyd. — Man löst bei höchstens 25° frisch gefälltes Eisenoxydhydrat in wässriger Tartersäure. WERTHER, WITTSTEIN (*Repert* 86, 362; 92, 2). Noch feuchtes Eisenoxydhydrat löst sich leicht, aber getrocknetes fast gar nicht in der kalten Säure, sehr schwierig und unter theilweiser Reduction zu Oxydul (durch die Berlinblaubildung mit rothem Cyaneisen-Kalium erkennbar) und Kohlensäurebildung in der kochenden. WERTHER. — Die Lösung, unter 50° abgedampft, wobei eine unbedeutende Reduction eintritt, lässt eine amorphe Masse von schmutzig gelbem Pulver, welche $2Fe^2O^3,3C^8H^6O^{12}$ ist. Beim Kochen der Lösung fällt unter theilweiser Reduction zu Oxydul ein basisches Salz nieder, während freie Säure mit wenig Oxyd gelöst bleibt. WITTSTEIN. Die Lösung wird nicht durch Alkalien gefällt; versetzt man sie erst mit Kali, dann mit Weingeist, so zerfällt sie in einen weinrothen Syrup, und in eine darüber stehende hellere Flüssigkeit. WERTHER. Aus dem mit Ammoniak übersättigten Salze fällt Hydrothion alles Eisen. H. ROSE. Concentrirte Lösungen von neutralem tartersauren Kali mit schwefelsaurem Eisenoxyd, nach richtigem Verhältnisse gemischt, setzen schwefelsaures Kali ab, und das blutrothe Filtrat gibt mit Weingeist, der viel Tartersäure mit einer Spur Eisenoxyd gelöst behält, einen zähen Niederschlag, der zu einer spröden Masse austrocknet, bei 85° schmilzt, im Feuer mit blasser Flamme und schwachem Caramelgeruch verglimmt, und sich nicht in Wasser, aber in wässriger Tartersäure wieder zu der blutrothen Flüssigkeit löst. URE.

Tartersaures Eisenoxydoxydul. — Bei der Digestion von frisch gefälltem Eisenoxydhydrat mit wässriger Tartersäure lösen sich 21,2 Th. trocknes Oxyd in 63,3 Th. krystallisirter Säure [1 At. in wenig mehr als 2 At.]. — Beim Kochen und Abdampfen dieser Lösung wird $^1/_7$ des Eisenoxyds zu Oxydul reducirt, ohne dass sich dabei Kohlensäure (nach WERTHER allerdings), oder Ameisensäure oder eine andere flüchtige Säure entwickelt, und ohne dass Oxalsäure entsteht; also muss sich Sauerstoffgas entwickeln [?]. Bei diesem Kochen und Abdampfen scheidet sich zugleich ein citronengelbes Pulver ab. Bringt man jedoch alles zusammen zur Trockne, so bleiben 85 Th. einer luftbeständigen Masse von grüngelbem Pulver, welche, bei 60 bis 70° getrocknet, 3,36 Proc. FeO, 21,50 Fe^2O^3, 64,75 $C^8H^4O^{10}$ und also 10,39 Aq hält. Sie zersetzt sich im Feuer ruhig, ohne zu schmelzen, und lässt 38 Proc. Eisenoxyd. Sie tritt an Weingeist oder Aether nur etwas Tartersäure ab, und zerfällt beim Auskochen mit Wasser in ein, 58,8 Proc. betragendes, citronengelbes Pulver und in eine blassgelbe Flüssigkeit, welche wässrige Tartersäure ist, die noch ein wenig citronengelbes Pulver gelöst hält. WITTSTEIN. Das citronengelbe Pulver erscheint unter dem Mikroskop nicht krystallisch; es ist geschmacklos und röthet im unzersetzten Zustande nicht Lackmus. Es hält 4,70 Proc. FeO, 32,25 Fe^2O^3 und 62,30 $C^8H^4O^{10}$ (Verlust 0,75). Es wird in der Sonne unter Bildung von Oxydulsalz lackmusröthend, und löst sich, unter Wasser der Sonne dargeboten, völlig zu einer farblosen, blofs Oxydul-haltenden Flüssigkeit. Es verändert sich nicht mit Ammoniak; mit Kalilauge gibt es eine schwarzbraune Lösung, die sich bei gelindem Erwärmen vollständig zersetzt; mit warmem wässrigen kohlensauren Kali bildet es eine dunkelbraune Lösung, die sich bei längerem Kochen trübt. Es löst sich in Salpetersäure ohne Farbe, in Salzsäure mit gelber. Letztere Lösung gibt mit Ammoniak ein klares braungelbes Gemisch, mit Kali ein klares schwarzbraunes, welches beim Erhitzen vollständig gefällt wird, und mit kohlensaurem Kali ein dunkles Gemisch, welches beim Kochen langsam fast alles Eisen absetzt, um so langsamer, je concentrirter. In kalter Tartersäure löst sich das Pulver langsam, in heifser schnell, mit grüngelber Farbe. Heifse Essigsäure löst nur eine Spur, Weingeist und Aether nichts. WITTSTEIN (*Repert.* 86, 362).

Blutlaugensalz fällt aus neutralem tartersauren Eisenoxyd Berlinerblau, bildet aber bei überschüssiger Tartersäure eine klare blaue Flüssigkeit, die beim Abdampfen einen dunkelblauen, wieder in Wasser löslichen Rückstand lässt. — Aus schwefelsaurem Eisenoxyd frisch gefälltes Berlinerblau löst sich nicht in Tartersäure; es färbt sich, wenn man hierauf allmälig Ammoniak zufügt, violett, amethystroth, rosenroth und zuletzt weifs (ammoniakalisches Berlinerblau IV, 357), hierauf durch Tartersäure wieder blau und durch Ammoniak wieder weifs. Der weifse Körper bleibt an der Luft unter Wasser weifs, wird aber beim Trocknen blau. Fügt man dagegen zum blau gefällten Gemisch von schwefelsaurem Eisenoxyd und Blutlaugensalz sogleich tartersaures Ammoniak (und nicht die Säure und das Ammoniak nach einander), so löst sich das Berlinerblau mit prächtig violetter Farbe. CALLOUD (*N. J. Pharm.* 10, 182; auch *J. pr. Chem.* 39, 227). — Auch das Berlinerblau für sich löst sich sogleich in kaltem wässrigen neutralen tartersauren Ammoniak. MONTHIERS (*N. J. Pharm.* 9, 263; auch *J. pr. Chem.* 38, 173).

Tartersaures Eisenoxyd-Ammoniak. — Die dunkelrothbraune Lösung von frisch gefälltem Eisenoxydhydrat in heifsem wässrigen sauren tartersauren Ammoniak lässt beim Abdampfen auf dem Wasserbade glänzende dunkelbraune, mit granatrother Farbe durchscheinende Schuppen oder auch eine körnige Masse. Der Rückstand ist $NH^3,Fe^2O^3,C^8H^4O^{10} + 4$ bis 5 Aq. Er löst sich in etwas mehr als 1 Th. Wasser. Die Lösung verändert sich nicht bei mehrstündigem Kochen, aber Weingeist fällt aus ihr das Salz. PROCTER (*Amer. J. of Pharm.;* Ausz. *N. J. Pharm.* 1, 414).

Tartersaures Eisenoxydul-Kali. — Durch Digestion von 1 Th. Eisenfeile mit 4 Th. Weinstein und mit Wasser bei abgehaltener Luft. Grünweifse, herb schmeckende Nadeln, wenig in Wasser löslich, nicht durch reine und kohlensaure Alkalien, aber durch Hydrothion fällbar. THÉNARD.

Tartersaures Eisenoxyd-Kali. — Man digerirt bei 50 bis 60° Eisenoxydhydrat mit Weinstein und Wasser unter Umschütteln 24 bis 36 Stunden lang, und verdunstet das Filtrat bei gelinder Wärme in der Darre auf Tellern. Glänzende schwarzbraune, bei durchfallendem Lichte rubinrothe Schuppen; das Salz entwickelt noch unter 130° Wasser und Kohlensäure unter Reduction von einem Theil des Eisenoxyds zu Oxydul, und der Rückstand löst sich in Wasser unter

Ausscheidung von wenig schwarzer, Eisen-haltender Materie. Die Lösung des Salzes setzt beim Kochen fast farbloses tartersaures Eisenoxydul [-Kali?] ab. SOUBEIRAN u. CAPITAINE (*J. Pharm.* 25, 738; auch *Ann. Pharm.* 34, 204).

	Bei 100° getrocknet.		SOUBEIRAN u. CAPITAINE.
KO	47,2	18,21	18,6
Fe^2O^3	80	30,86	30,8
$C^8H^4O^{10}$	132	50,93	
$C^8H^4K(Fe^2O^2)O^{12}$	259,2	100,00	

Zu diesem Salze sind der Hauptsache nach der *Tartarus chalybeatus* oder *Mars solubilis* und die *Globuli martiales* der Pharmakopöen zu rechnen, die durch Erhitzen von Weinstein und Wasser entweder mit Eisenoxydhydrat, oder mit Eisenfeile bei Luftzutritt dargestellt werden. Nur halten diese Präparate, wie WACKENRODER zeigte, immer ziemlich viel Eisenoxydulsalz, sofern bei der ersten Bereitungsweise in der Hitze ein Theil des Oxyds reducirt und bei der zweiten das Eisen durch die Luft nicht vollständig oxydirt wird. Diese Präparate bestehen aus einem sehr schwer löslichen Theile der je nach der Bereitung theils basisch tartersaures Eisenoxyd, theils tartersaures Eisenoxydulkali, theils tartersaures Eisenoxydul zu sein scheint, und aus einem leicht löslichen, welcher vorzüglich tartersaures Eisenoxydkali ist, aber immer auch tartersaures Eisenoxydulkali hält (dessen Lösung in Wasser durch das Oxydsalz vermittelt wird), und bisweilen auch neutrales tartersaures Kali.

1. *Mit Eisenoxydhydrat und Weinstein.* — Wenn man das Hydrat mit Wasser und Weinstein längere Zeit kocht, dann bis zum Extract abdampft, dieses in Wasser löst, vom unlöslichen Theile abfiltrirt und wieder abdampft, so erhält man eine dunkelgrüne Masse von gelbgrünem Pulver. Sie löst sich leicht in Wasser. Die klare gelbgrüne Lösung röthet stark Lackmus; mit Salzsäure versetzt, fällt sie sowohl Blutlaugensalz, als rothes Cyaneisenkalium stark blau. Der durch Blutlaugensalz hervorgebrachte Niederschlag ist ungefähr 3mal so stark, als der durch rothes Cyaneisenkalium. Also hat die Tartersäure einen Theil des Oxyds zu Oxydul reducirt. Sie gibt mit Ammoniak ein klares braunes Gemisch, welches sich auch beim Kochen nicht trübt, aber in der Wärme mit wenig Salzsäure etwas Rostfarbiges absetzt, welches sich in mehr Salzsäure wieder löst. Das klare dunkelbraune Gemisch mit Kali bleibt zwar in der Kälte klar (wie WENZEL und H. ROSE bemerkten), aber beim Kochen setzt es alles Eisen als dunkelbraunes Oxydoxydulhydrat ab. Es färbt sich mit kohlensaurem Natron grünbraun; mit phosphorsaurem Natron dunkelbraungrün, ohne beim Kochen sich zu trüben; aber etwas Essigsäure fällt hierauf alles Eisen als grünweifses Pulver; auch wenig Salzsäure, nach dem phosphorsauren Natron beigemischt, gibt, besonders beim Erwärmen, einen dicken Niederschlag von phosphorsaurem Eisenoxyd, und wenn aufserdem noch essigsaures Natron hinzukommt, so scheidet sich beim Kochen alles Oxyd als phosphorsaures Salz ab, und alles Oxydul bleibt ebenfalls als phosphorsaures gelöst. Hydrothion gibt mit der Lösung einen schwarzen Niederschlag, fällt aber nicht alles Eisen. Galläpfelaufguss gibt einen dunkelblauen Niederschlag. WACKENRODER (*N. Br. Arch.* 21, 65). Das lösliche Salz gibt mit Blutlaugensalz langsam einen geringen weifsen, sich allmälig bläuenden Niederschlag, J. A. BUCHNER (*Repert.* 6, 289), aber bei Zusatz von etwas Säure sogleich einen starken blauen, FUCHS (*Repert.* 9, 214); es gibt die gewöhnlichen Niederschläge mit Hydrothion und Galläpfeltinctur. BUCHNER.

Durch Kochen von ungefähr 1 Th. Eisenoxydhydrat mit 4 Th. Weinstein und mit Wasser, Filtriren und Abdampfen zur Trockne erhält man eine dunkelgrüne oder gelbbraune unkrystallisirbare harzige Masse, welche süfslich eisenhaft schmeckt. — Durch Kochen von 188,1 Th. (1 At.) Weinstein mit Eisenoxydhydrat, welches 82,8 (wenig über 1 At.) trocknes Oxyd hält, und mit Wasser erhält man eine unlösliche und eine lösliche Verbindung, durchs Filter zu scheiden. — Die unlösliche Verbindung beträgt nur 18 Th., hält 68 Proc. Eisenoxyd, kein Kali und ist als basisch tartersaures Oxyd zu betrachten. — Die lösliche beträgt nach dem Abdampfen zur Trockne 242 Th., erscheint als ein braunes sprödes Harz, welches in dünnen Schichten mit grüngelber Farbe durchsichtig ist, gibt ein braungrüngelbes Pulver, welches durch die Feuchtigkeit der Luft wieder zu einer festen Masse zusammenbackt, schmeckt rein, aber mild eisenhaft und röthet Lackmus. Die braungelbe wässrige Lösung wie alle folgende, von WITTSTEIN untersuchte, wird durch rothes Cyaneisenkalium blau und durch Kochen mit Kali unter Abscheidung von dunkelbraunem Eisenoxydoxydulhydrat völlig gefällt. WITTSTEIN. s. Analyse a (V, 424).

2. *Mit Eisen und Weinstein.* — Bei der Digestion von 1 Th. Eisenfeile mit 4 Th. Weinstein und mit Wasser an der Luft entsteht zuerst unter Wasserstoffgasentwicklung eine weifse körnige, wenig in Wasser lösliche Masse, vorzüglich aus tartersaurem Eisenoxydulkali bestehend, welche dann beim, durch häufiges Umrühren beförderten, Einwirken der Luft nach einigen Wochen in eine braune pechartige Masse übergeht, welche dem gröfseren Theil nach aus tartersaurem Eisenoxydkali besteht, aber immer etwas Oxydulsalz beigemischt enthält. Beim Lösen in Wasser bleibt die übrige Eisenfeile, und nach WITTSTEIN daraus gebildeter Eisenmohr nebst etwas tartersaurem Eisenoxydulkali und dem im Weinstein etwa enthalten gewesenen tartersauren Kalk zurück, und die filtrirte Lösung lässt beim Abdampfen eine braune Masse, aus viel tartersaurem Eisenoxydkali und wenig tartersaurem Eisenoxydulkali bestehend.

Die Lösung dieser Masse ist dunkelbraun, schmeckt fade, schwach süfslich, gleichsam alkalisch, kaum merklich eisenhaft. Wenig Schwefel-, Salz-, Salpeter- oder Essig-Säure fällen aus ihr reines Eisenoxydhydrat, und das Filtrat schmeckt säuerlich und stark eisenhaft; Tartersäure fällt aus ihr Weinstein. GEIGER (*Mag. Pharm.* 7, 262).

Wenn man die Masse so oft wieder in Wasser löst und filtrirt, als etwas Unlösliches [tartersaures Eisenoxydulkali?] zurückbleibt, und das Filtrat endlich abdampft, so erhält man eine dunkelbraungrüne, beim Glühen stark aufschwellende, an der Luft zerfliefsende Masse. DULK. Analyse b.

Nach kürzerer Digestion des Weinsteins mit Eisenfeile reagirt der lösliche Theil stark sauer, nach längerer schwach sauer, aber das Verhältniss von Oxydul zu Oxyd bleibt ungefähr dasselbe. Die Lösung zeigt ganz dieselben Reactionen, wie die aus Eisenoxyd und Weinstein bereitete (V, 422), namentlich wird auch sie durch Kali beim Kochen vollständig gefällt. WACKENRODER.

Der in Wasser schwer lösliche Theil der gebildeten Masse ist tartersaures Eisenoxydul; der leicht lösliche bläut geröthetes Lackmus und wird an der Luft feucht. BOUTRON CHARLARD (*J. Pharm.* 9, 590).

Weingeist fällt aus der wässrigen Lösung eine zähe Masse und das kaum noch gefärbte Filtrat hält sehr wenig Eisen. URE.

Nach mehrwöchentlicher Digestion von 1 Th. Eisenfeile mit 4 Th. Weinstein zeigt sich beinahe $^1/_3$ des Eisens unverändert. Der nicht in Wasser lösliche Theil des erzeugten Salzes ist tartersaures Eisenoxydul mit sehr wenig tartersaurem Eisenoxydulkali; wenn jedoch die Luft noch länger eingewirkt hatte, gibt er die Analyse c. — Der in Wasser lösliche Theil des erzeugten Salzes, welcher am meisten beträgt, erscheint nach dem Abdampfen als eine schwarze glänzende spröde, an der Luft feucht werdende Masse, von mild salzigem, süfslich eisenhaften Geschmack, bei deren Lösung in Wasser noch etwas unlösliches Salz bleibt. Analyse d. WITTSTEIN.

Bei einem zweiten ähnlichen Versuche bleibt $^1/_6$ der Eisenfeile unangegriffen, aber es ist zugleich $^1/_5$ des Eisens in Eisenmohr verwandelt. Das schwarze wässrige Filtrat lässt über 2 Th. schwarze glänzende Masse, welche nach 3maligem Auflösen in Wasser, Abfiltriren vom ungelöst Gebliebenen (welches Analyse e gibt), eine schwarze glänzende, mit grünlicher Farbe durchscheinende, wenig Feuchtigkeit anziehende Masse von grünbraunem Pulver und süfslich eisenhaftem Geschmack lässt, deren Analyse unter f. WITTSTEIN.

Bei Anwendung von, durch Wasserstoffgas aus dem Oxyde reducirtem, Eisen bleibt bei der Lösung der digerirten Masse in Wasser ein grauweifses, kalifreies Gemenge von Eisenmohr und tartersaurem Eisenoxydul, und das dunkelgrünbraune, süfslich eisenhaft und salzig schmeckende, schwach Lackmus röthende Filtrat gibt beim Abdampfen einen schwarzen Rückstand von graubraunem Pulver, der an der Luft zu einem dünnen Teig zerfliefst, sich völlig in Wasser löst, und die Analyse g gibt. WITTSTEIN.

		WITTSTEIN.		DULK.		WITTSTEIN.		WITTSTEIN.
	At.	a	At.	b	At.	c	At.	d
KO	4	19,30	4	30,97	6	14,58	7	28,62
FeO	1	4,04			7	12,73	1	2,92
Fe^2O^3	3	24,38	1	12,78	6	24,86	2	10,09
$C^8H^4O^{10}$	4	52,69	3	56,25	7	47,83	5	58,37
		100,41		100,00		100,00		100,00

		WITTSTEIN.		WITTSTEIN.		WITTSTEIN.
	At.	e	At.	f	At.	g
KO	6	20,61	8	26,02	8	34,06
FeO			1	2,59	1	3,99
Fe^2O^3	6	33,84	3	17,00	1	5 57
$C^8H^4O^{10}$	5	45,55	6	54,00	5	57,25
		100,00		99,61		100,87

[Die den Procenten vorgesetzten Atomzahlen sind nur sehr ungefähre. Hiernach wäre Salz a ein Gemenge von 1 At. $C^8H^4KFeO^{12}$ und 3 At. $C^8H^4K(FeO^2)O^{12}$; in Salz b hat DULK wohl das Eisenoxydul übersehen; Salz c ist nicht wohl zu deuten; d wäre ein Gemenge von 1 At. $C^8H^4KFeO^{12}$, 2 At. $C^8H^4K(Fe^2O^2)O^{12}$ und 2 At. $C^8H^4K^2O^{12}$; e, welches ein basisches Salz zu enthalten scheint, ist schwierig zu deuten; f wäre ein Gemenge von 1 At. $C^8H^4KFeO^{12}$, 1 At. $C^8H^4K(FeO^2)O^{12}$ und 3 At. $C^8H^4K^2O^{12}$]. — WITTSTEIN gibt andere Berechnungen, vorzüglich, weil Er in jeder dieser analysirten Verbindungen sämmtliches Kali, Eisenoxydul, Eisenoxyd und Säure als zu einem einzigen Salze verbunden ansieht.

Nach SEMMOLA (*Berzelius Jahresber.* 24, 217) ist die Verbindung von 1 At. tartersaurem Eisenoxydulkali mit 1 At. tartersaurem Eisenoxydkali grün und schwer löslich und geht an der Luft in die schwarze leicht lösliche Verbindung mit 2 At. Oxydsalz über.

Digerirt man Eisenfeile mit wässrigem neutralen tartersauren Kali an der Luft, so erhält man eine alkalische Flussigkeit, ein Zeichen, dass das oxydirte Eisen Kali frei macht. BOUTRON CHARLARD.

Frisch gefälltes Eisenoxydhydrat löst sich leicht ohne Gasentwicklung in wässrigem neutralen tartersauren Kali mit rother Farbe, längst getrocknetes erst bei langem Kochen und unter schwacher Gasentwicklung. WERTHER.

Hält tartersaures Kali Eisen beigemischt, so lässt sich dieses bei Gegenwart von kohlensaurem Kali nur durch einen sehr grofsen Ueberschuss von Hydrothionschwefelkalium vollständig fällen, aber leicht, wenn man durch eine Säure das kohlensaure Kali zersetzt. BLUMENAU (*Ann. Pharm.* 67, 125).

Tartersaures Kobaltoxydul. — Roth, krystallisirbar. GREN. — Mit Tartersäure versetzte Kobaltsalze werden nicht durch reine und kohlensaure Alkalien gefällt. H. ROSE.

Tartersaures Kobaltoxydul-Kali. — Grofse rhomboidale Krystalle.

Tartersaures Nickeloxydul. — Beim Sättigen der kochenden wässrigen Säure mit gewässertem oder kohlensaurem Oxydul fällt das Salz in grünweifsen Flocken von schwachem Metallgeschmack, TUPPUTI, als zeisiggrünes Krystallpulver, WERTHER, nieder. Es lässt bei der trocknen Destillation ein schwarzes, sehr zartes, nicht pyrophorisches Pulver. BÖTTGER. Es löst sich fast gar nicht in kaltem und heifsem Wasser, WERTHER, aber in Tartersäure, TUPPUTI. Die Nickelsalze werden nach dem Zusatz von Tartersäure nicht durch reine und kohlensaure Alkalien gefällt. H. ROSE.

Tartersaures Nickeloxydul-Kali. — Durch Kochen des kohlensauren Nickeloxyduls mit wässrigem Weinstein. Gummiartig, nicht krystallisirbar; äufserst shfs; leicht löslich. WÖHLER.

Das tartersaure Nickeloxydul löst sich leicht in warmem wässrigen Kali oder Natron und beim Kochen auch in kohlensaurem Natron, unter Austreibung der Kohlensäure, zu einer Flüssigkeit, die beim Erkalten zu einem Kleister erstarrt. Die schön grüne Lösung in ätzenden Alkalien gibt beim Abdampfen keine Krystalle, sondern einen weifsgrünen gallertartigen Bodensatz, dem sich durch Waschen mit kaltem Wasser nicht alles Kali oder Natron entziehen lässt, und der sich beim Kochen nur schwer löst. Die darüber stehende Flüssigkeit ist trübe, geht milchig durchs Filter und lässt beim freiwilligen Verdunsten eine gummiartige Masse. Mit Weingeist erstarrt die grüne Lösung zu einer Gallerte. WERTHER.

In kaltem wässrigen neutralen tartersauren Kali oder Natron löst sich nur wenig Nickeloxydulhydrat zu einer neutralen, nicht krystallisirenden Flüssigkeit. WERTHER.

Tartersaures Kupferoxyd. — a. *Neutrales.* — 1. Man sättigt die erhitzte Säure mit kohlensaurem Kupferoxyd. TROMMSDORFF. Das Salz scheidet sich ab, so wie die Säure der Sättigung nahe ist. WERTHER. — 2. Man fällt durch Tartersäure essigsaures Kupferoxyd, TROMMSDORFF, oder schwefel- oder salz-saures, BERGMAN (*Opusc.* 3, 456). — 3. Man fällt salpetersaures oder schwefelsaures Kupferoxyd durch neutrales tartersaures Kali, V. ROSE, WERTHER, oder durch Weinstein, PLANCHE (*J. Pharm.* 12, 362).

Weifsblaues Pulver, V. ROSE, TROMMSDORFF; hellgrünes Pulver, unter dem Mikroskop aus Tafeln bestehend, WERTHER, blaue Krystalle, BERGMAN, grüne Krystalle, PLANCHE. — Das Pulver verliert bei 100° alles Wasser und wird grünweifs. WERTHER. Es liefert dann bei der trocknen Destillation Essigsäure, Brenzweinsäure und ein Brenzöl von angenehmem Geruche, GRUNER, und lässt eine dunkelbraune Masse, die, an der Luft durch glühende Kohle angezündet, zu Kupferoxyd verbrennt, BÖTTGER. An der Luft erhitzt, lässt das Salz unter Aufblähen, Schwärzung und Entwicklung eines schwachen Geruchs metallisches Kupfer, PLANCHE, welches dann zu 37,31 Proc. Oxyd verbrennt, TROMMSDORFF. — In der wässrigen Lösung überzieht sich blankes Eisen mit einem erst schwarzen, später mit einem braunschwarzen Ueberzug von Kupfereisen. WETZLAR (*Schw.* 50, 96).

Es löst sich in 1715 Th. kaltem, in 310 Th. kochendem Wasser, WERTHER; nicht in kaltem, aber in mehr als 1000 Th. kochendem Wasser zu einer kaum gefärbten, sich beim Erkalten trübenden Flüssigkeit, TROMMSDORFF. Es löst sich in kalter Salpetersäure, nicht in Tartersäure. PLANCHE.

		Krystallisch.	DUMAS u. PIRIA.	Oder:			WERTHER.
2 CuO	80	30,08	29,8	2 CuO	80	30,08	29,67
8 C	48	18,04	18,2	$C^8H^4O^{10}$	132	49,62	
10 H	10	3,76	3,8				
16 O	128	48,12	48,2	6 HO	54	20,30	20,13
$C^8H^4Cu^2O^{12}+6Aq$	266	100,00	100,0	$C^8H^4Cu^2O^{12}+6Aq$	266	100,00	

Tartersaures Kupferoxyd-Kali. — Durch Kochen des Kupferoxyds, THÉNARD, oder kohlensauren Kupferoxyds, TROMMSDORFF, mit wässrigem Weinstein. Blaue süfs schmeckende Krystalle, THÉNARD.

Die dunkelblaue Lösung setzt beim Abdampfen metallisches Kupfer ab, und lässt einen amorphen Rückstand, von welchem 1 Th. mit 3 Th. Weinstein und mit Wasser gekocht eine grüne Lösung liefert, aus der beim Abdampfen, neben niederfallendem Kupfer, grüne Krystalle erhalten werden. Auch lösen 10 Th. in Wasser gelöstes neutrales tartersaures Kali beim Kochen blofs 1 Th. tartersaures Kupferoxyd, und die blaue Lösung setzt beim Abdampfen metallisches Kupfer, aber nichts Krystallisches ab. TROMMSDORFF. In der wässrigen Lösung dieses Salzes wird Eisen selbst beim Sieden nicht überkupfert; aber Silber, mit dem Eisen in Berührung, überzieht sich beim Sieden mit Kupfer. WETZLAR.

Das tartersaure Kupferoxyd gibt mit Kalilauge eine dunkelblaue Lösung, woraus Weingeist ein krystallisirbares Doppelsalz fällt. PLANCHE. Sie zerfällt mit Weingeist in eine dunkelblaue ölige Schicht, und eine darauf schwimmende blassblaue dünne. WERTHER.

Das tartersaure Kupferoxyd löst sich in 2,5 Th. (in Wasser gelöstem) kohlensaurem Kali zu einer sattblauen Flüssigkeit, welche beim Abdampfen ein rothes Pulver von Kupfer, ein gelbliches von Oxydulhydrat und ein, von zersetzter Säure herrührendes, Pulver absetzt, und endlich eine dunkelblaue, pulverisirbare, amorphe Masse lässt. Diese wird an der Luft nicht feucht, und löst sich nicht in Weingeist, aber in warmem Wasser zu einer herrlich blauen Flüssigkeit, welche mit Ammoniak und Kali keinen, mit Barytwasser, Kalkwasser oder Bleizucker einen hellblauen und mit Hydrothion den braunen Niederschlag von Schwefelkupfer gibt. TROMMSDORFF.

Mit Tartersäure gemischte Kupferoxydsalze geben mit kohlensaurem Kali ein klares himmelblaues Gemisch. H. ROSE.

Aus der Lösung des tartersauren Kupferoxyds in Natronlauge schlägt Weingeist dicke Flocken nieder, die zu einem hellblauen Pulver austrocknen, sich sehr leicht in Wasser zu einer Flüssigkeit lösen, die beim Verdunsten Kupferoxydul absetzt, dick und klebrig wird, und endlich eine grünschwarze amorphe Masse lässt. WERTHER.

Das tartersaure Kupferoxyd löst sich kaum in kaltem verdünnten kohlensauren Natron; aber in kochendem unter heftiger Kohlensäureentwicklung zu einer satt blauen, völlig neutralen Flüssigkeit. (Bei zu langem Kochen fällt etwas Kupferoxydul nieder.) Diese Flüssigkeit, erst im Wasserbade, dann nach dem Abfiltriren vom Kupferoxydul im Vacuum oder in der Luftglocke über Vitriolöl verdunstet, liefert zu Warzen vereinigte kleine Tafeln von schön blauer Farbe, mit derselben Farbe in Wasser, besonders leicht in warmem löslich. Die neutrale Lösung wird bei längerem Kochen grün, beim Erkalten unter Absatz von Kupferoxydul wieder blau; sie wird durch Alkalien nicht gefällt, aber bei längerem Stehen setzt das Gemisch Kupferoxydul und eine schwarze kohlige Substanz ab. Weingeist schlägt das Salz aus seiner wässrigen Lösung als ein hellblaues Pulver nieder. Es scheinen sich bei der Bildung dieser Krystalle 3 At. tartersaures Kupferoxyd mit 4 At. Natron in 2 At. dieser Krystalle und 1 At. tartersaures Natron zu zersetzen, doch lässt sich letzteres Salz aus der durch theilweise Zersetzung braun gefärbten Mutterlauge nicht für sich gewinnen. WERTHER.

	Blaue Tafeln.		WERTHER.
NaO	31,2	9,01	9,10
3 CuO	120	34,66	33,86
$C^8H^4O^{10}$	132	38,13	38,31
7 HO	63	18,20	18,65
2 CuO,$C^8H^4NaCuO^{12}$ + 7 Aq?	346,2	100,00	99,92

Tartersaures Quecksilberoxydul. — 1. Man erwärmt 1 Th. Quecksilberoxydul mit 2 Th. in Wasser gelöster Säure zuletzt bis auf 75°; beim Erkalten scheiden sich weifse Krystallschuppen ab, doch bleibt viel Quecksilber gelöst. HARFF (*Br. Arch.* 5, 269). Aber hierbei zerfällt das meiste Oxydul in Metall und Oxyd. BURCKHARDT. — 2. Man fällt verdünntes salpetersaures Oxydul durch freie Tartersäure. BURCKHARDT (*N. Br. Arch.* 11, 257). — 3. Man reibt Krystalle von salpetersaurem Quecksilberoxydul und von neutralem tartersauren Kali unter Wasserzusatz zusammen, H. ROSE (*Pogg.* 53, 127), oder mischt die wässrige Lösung beider Salze, V. ROSE, CARBONELL u. BRAVO (*J. Chim. méd.* 7, 161). Der Niederschlag bleibt in der Kälte suspendirt, setzt sich aber beim Erwärmen sogleich ab. WERTHER. — Der mit kaltem Wasser gewaschene Niederschlag wird im Dunkeln getrocknet.

Weifse glänzende zarte Nadeln oder Schuppen, oder weifses Krystallpulver von metallischem Geschmacke. Das Salz hält nach BURCKHARDT 72,45, nach HARFF 74,07 Oxydul. Es färbt sich im Lichte gelb, grau und schwarz (wenigstens wenn es feucht ist, HARFF). Es bläht sich im Feuer stark auf, entwickelt Essigsäure (keine Ameisensäure) und lässt Kohle. Es zersetzt sich beim Erhitzen mit Kalium mit Feuer, aber ohne Geräusch. BURCKHARDT. Es wird beim Kochen mit Wasser, ohne sich zu lösen, graulich, durch Reduction von Metall, wobei das Wasser ein wenig Oxydsalz aufnimmt. H. ROSE. Kali oder Natron scheiden aus ihm sogleich das Oxydul aus. WERTHER. — Es löst sich in kochender concentrirter Schwefelsäure gänzlich mit dunkelbrauner Farbe, in verdünnter theilweise. Es löst sich leicht in, auch verdünnter Salpetersäure; mit kochender Salzsäure bildet es etwas Aetzsublimat. Es löst sich besonders in noch feuchtem Zustande leicht in concentrirter Essigsäure und in wässriger Tartersäure, nicht in Wasser, Weingeist und Aether. BURCKHARDT.

Tartersaures Quecksilberoxyd. — 1. Man digerirt Quecksilberoxyd mit der wässrigen Säure, und trennt das gebildete weifse Pulver vom unveränderten Oxyd durch Abschlämmen. BURCKHARDT. — 2. Man fällt essigsaures (oder salpetersaures, WERTHER) Quecksilberoxyd durch die freie Säure oder ihr Natronsalz. BURCKHARDT. Bei der Fällung des salpersauren Oxyds durch tartersaures Alkali mengt sich basisch salpetersaures Oxyd bei. BURCKHARDT. — Weifses sehr leichtes Pulver von Metallgeschmack. BURCKHARDT. Gelbweifse feine Körner. WERTHER. Das Salz hält bei 100° 58,45 Proc. Quecksilberoxyd, BURCKHARDT, 60,50 Proc., HARFF. Es schwärzt sich nicht im Lichte. Es schwärzt sich beim Erhitzen unter Aufblähen, und zerfällt in Kohlensäure, brenzliche Essigsäure, Quecksilber und Kohle. Es zersetzt sich beim Erhitzen mit Kalium unter geräuschlosem Feuer. BURCKHARDT. Kalilauge scheidet aus dem Salze ein rothschwarzes Gemenge von Oxyd und Oxydul, WERTHER, gelbes Oxyd, HARFF. Es löst sich kaum in kaltem Vitriolöl, aber in kochendem mit brauner Farbe. Es löst sich leicht in verdünnter Salpetersäure, in concentrirter Essigsäure und in Tartersäure zu Flüssigkeiten, welche durch Kali, aber nicht durch Ammoniak und kohlensaures Ammoniak, Kali oder Natron gefällt werden. Es löst sich nicht in selbst kochendem Wasser, Weingeist oder Aether. BURCKHARDT. Es löst sich sehr wenig in reinem Wasser, aber reichlich, unter Bildung von Aetzsublimat in Wasser, welches Salmiak nebst Kochsalz enthält. MIALHE.

Basischtartersaures Quecksilberoxydul-Ammoniak. — a. *Weifses.* — Man übersättigt die Lösung des tartersauren Quecksilberoxyduls mit Ammoniak, filtrirt von dem geringen grauen Niederschlag ab, verjagt aus dem Filtrat das überschüssige Ammoniak, welches das basische Salz gelöst hatte, durch gelindes Abdampfen, befreit dieses durch Waschen mit wenig kaltem Wasser vom salpeter- und tarter-sauren Ammoniak, und trocknet es auf dem Wasserbade im Dunkeln. — Weifses Pulver von salzigmetallischem Geschmack. Es schwärzt sich schnell im Lichte. Es entwickelt in der Hitze Kohlensäure, brenzlich ammoniakalische Dämpfe und Quecksilber und lässt eine Spur Kohle. Es ändert sich nicht, selbst in kochendem concentrirten Kali und Natron. Es löst sich in kaltem Vitriolöl und in heifser Salpetersäure und concentrirter Essigsäure. Es löst sich nicht in kaltem oder heifsen Wasser, aber, besonders in noch feuchtem Zustande, in wässrigem reinen oder salpetersauren oder tartersauren Ammoniak. BURCKHARDT.

b. *Schwarzes.* — Das in Wasser vertheilte tartersaure Quecksilberoxydul, mit Ammoniak behandelt und gewaschen, liefert beim Trocknen ein schwarzes geschmackloses Pulver, welches 86,27 Proc. Oxydul hält, beim Befeuchten und Reiben in der Hand Quecksilberkugeln ausscheidet, mit Kali viel Ammoniak entwickelt, sich in Salpetersäure bis auf ein weifses Pulver und in Essigsäure bis auf Quecksilberkugeln, und nicht in Wasser, Weingeist und Aether löst. HARFF.

Tartersaures Quecksilberoxyd-Ammoniak. — a. *Basisch.* — *α.* Man zersetzt das in Wasser vertheilte tartersaure Oxyd durch Ammoniak, wäscht und trocknet im Schatten. Weifses Pulver von Metallgeschmack. Es hält 77,85 Proc. Quecksilberoxyd. Es entwickelt beim Glühen Ammoniak, Quecksilber und Sauerstoffgas [!!] und lässt Kohle. Es färbt sich bei längerem Kochen mit Wasser gelb. Es entwickelt mit Kali unter gelber Färbung Ammoniak. Es färbt sich mit Vitriolöl unter theilweiser Lösung gelb. Es löst sich leicht in Salzsäure, fast gar nicht in kalter, fast ganz in warmer Salpetersäure, in 1000 Th. Wasser, in 455 Th. Weingeist, nicht in Aether. HARFF.

β. Man kocht Quecksilberoxyd mit wässrigem tartersauren Ammoniak und überschüssiger Tartersäure, und fällt das Filtrat durch Verdünnen mit Wasser, wäscht und trocknet den Niederschlag bei 100° im Dunkeln. Das weifse, metallisch schmeckende Pulver schwärzt sich im Lichte. Es bläht sich beim Erhitzen auf, entwickelt Kohlensäure, brenzlich ammoniakalische, dann saure Dämpfe und Quecksilber, und lässt eine Spur Kohle. Es entwickelt mit kochendem Kali Ammoniak. Es löst sich leicht in Salpeter-, Essig- und Tarter-Säure, nicht in Wasser, Weingeist und Aether. BURCKHARDT.

b. *Neutral.* — Bildet sich beim Kochen von Quecksilber-Oxydul oder -Oxyd mit saurem tartersauren Ammoniak und beim Lösen von tartersaurem Oxyd in neutralem tartersauren Ammoniak. Wird am besten auf letztere Weise durch Sieden bis zur Sättigung und heifses Filtriren erhalten. Beim Erkalten schiefst das Salz in wasserhellen kleinen vierseitigen Säulen von salzigem, dann herb metallischem Geschmacke an. Diese schwärzen sich nicht im Lichte, blähen sich im Feuer stark auf unter Verkohlung und Entwicklung von ammoniakalischen Dämpfen, brenzlicher Essigsäure und Quecksilber. Sie entwickeln mit kochendem Kali Ammoniak. Sie lösen sich in kaltem Vitriolöl. Sie lösen sich leicht in kaltem und heifsem Wasser, nicht in Weingeist und Aether. Die wässrige Lösung gibt mit Kali einen rothen Niederschlag, mit kohlensaurem Kali eine weifse Trübung, und nichts mit reinem oder kohlensaurem Ammoniak. BURCKHARDT.

Tartersaures Quecksilberoxydul-Kali. — 1. Man kocht 1 Th. Quecksilberoxyd mit 6 bis 8 Weinstein und mit Wasser bis zu fast vollständiger Lösung, filtrirt heifs und erkältet. MONNET, BURCKHARDT. Man erhält blofs Krystalle von Oxydulsalz, während bei Anwendung von blofs 3 Th. Weinstein diese Reduction nicht erfolgt. BURCKHARDT. — 2. Man kocht Quecksilberoxydul oder tartersaures Quecksilberoxydul mit überschüssigem Weinstein. Weiſse durchscheinende sehr kleine Säulen von Metallgeschmack, Lackmus röthend. Das Salz schwärzt sich schnell im Lichte; es liefert beim Erhitzen unter Aufblähen brenzliche Essigsäure, Kohlensäure, Quecksilber und viel Kohle. Es löst sich nicht in kaltem, wenig in kochendem Wasser, leicht in Salpetersäure, Essigsäure und heiſser Tartersäure, aus der es beim Erkalten unverändert anschieſst. BURCKHARDT. vergl. CARBONELL u. BRAVO (*J. Chim. méd.* 7, 161; *J. Pharm.* 19, 620).

Tartersaures Quecksilberoxyd-Kali. — 1. Man trägt in die kochende Lösung von neutralem tartersauren Kali so lange tartersaures Quecksilberoxyd, als es sich löst, filtrirt heiſs und erkältet zum Krystallisiren. BURCKHARDT. — 2. Man digerirt Quecksilberoxyd mit Weinstein und Wasser und dampft das Filtrat zum Krystallisiren ab. HARFF. — Kleine weiſse durchscheinende (glänzende, HARFF) Säulen, metallisch schmeckend, Lackmus röthend. BURCKHARDT. Das Salz bläht sich beim Erhitzen auf, gibt brenzliche Essigsäure, Kohlensäure und Quecksilber und lässt mit Kohle gemengtes kohlensaures Kali. BURCKHARDT. Seine wässrige Lösung wird durch Kali roth, durch kohlensaures Kali oder Natron weiſs, durch ätzendes und kohlensaures Ammoniak nicht gefällt. BURCKHARDT. Die Krystalle werden mit Kali gelblich, mit Ammoniak weiſs. Sie lösen sich in warmem Vitriolöl völlig unter Schwärzung. Sie lösen sich in Salzsäure und Salpetersäure. HARFF. Sie lösen sich kaum in kaltem Wasser, leichter in heiſsem, so wie in verschiedenen Säuren und in neutralem tartersauren Kali; nicht in Weingeist und Aether. BURCKHARDT. Sie lösen sich in Aether. HARFF.

Die Tartersäure bildet mit dem Quecksilberoxyd-Cyanquecksilber ein krystallisirbares Salz, welches sich mit Wasser in ein lösliches und ein unlösliches zersetzt. JOHNSTON (vgl. IV, 662).

Tartersaures Silberoxyd. — Fällt beim Mischen von neutralem tartersaurem Kali (nicht von freier Säure) mit salpetersaurem Silberoxyd nieder. V. ROSE. Bei kalten verdünnten Lösungen von Silbersalpeter und mit sehr wenig Salpetersäure angesäuertem Seignettesalz ist der Niederschlag käsig, amorph; siedendheiſse verdünnte Lösungen bräunen sich beim Mischen und setzen braune Blättchen von Silber ab. Fügt man aber zu verdünnter Silberlösung von 80° eine heiſse mäſsig concentrirte Lösung von Seignettesalz, bis der anfangs immer wieder verschwindende Niederschlag bleibend zu werden beginnt (es muss noch ein wenig Silbersalz unzersetzt bleiben), so erhält man beim Erkalten feine Schuppen, die nach völligem Auswaschen metallglänzend weiſs, dem polirten Silber ähnlich sind und bei 15° 3,4321 spec. Gew. zeigen. LIEBIG u. REDTENBACHER (*Ann. Pharm.* 38, 132). — Weiſses seidenglänzendes Krystallpulver, nach hinreichendem Waschen frei von Alkali. WERTHER. Das Salz schwärzt sich im Lichte. V. ROSE. Es entwickelt bei gelindem Erwärmen ohne Aufblähen und Spritzen Brenzweinsäure und Kohlensäure, und lässt einen glänzenden Silberschwamm frei von Alkali. Das trockne Salz wird durch trocknes Chlorgas schnell unter Wärmeentwicklung und Bildung von Chlorsilber zersetzt. LIEBIG. Durch die entwickelte Hitze entstehen brenzliche Producte; leitet man das Chlorgas durch in

Wasser vertheiltes tartersaures Silberoxyd, so erhält man kohlensaures Gas, Chlorsilber und unveränderte Tartersäure; ein Theil derselben wurde also in Kohlensäure verwandelt. ERDMANN (*J. pr. Chem.* 25, 504). Leitet man über das bei 100° getrocknete Salz unter allmäligem Erwärmen trocknes Ammoniakgas, so bräunt und schwärzt sich das Salz plötzlich, wenn die Hitze auf 70° gestiegen ist, entwickelt dicke Nebel von reinem kohlensauren Ammoniak und lässt einen schwazen, zum Theil metallglänzenden Rückstand, aus welchem Wasser viel tartersaures Ammoniak zieht, während ein schwarzes Kohlenstoffsilber, worin 7,5 Proc. Kohlenstoff, zurückbleibt. ERDMANN. Die Lösung des tartersauren Silberoxyds in wässrigem Ammoniak setzt beim Kochen Silber, zum Theil als Silberspiegel, ab, und lässt dann beim Erkalten ein Ammoniaksalz anschiefsen, welches schwieriger in Wasser löslich ist, als das tartersaure, und dessen wässrige Lösung mit Kalksalzen einen nicht krystallischen Niederschlag gibt, der sich schwieriger, als der tartersaure Kalk, in Salzsäure löst, und aus dieser durch Ammoniak schon gefällt wird, wenn die Flüssigkeit noch stark Lackmus röthet. Also scheint eine andere Säure gebildet zu sein. WERTHER. Kalte Kali- oder Natron-Lauge scheidet aus dem tartersauren Silberoxyd das Oxyd ab, WERTHER; jedoch nur die Hälfte, weil sich tartersaures Silberoxyd-Kali erzeugt, GAY-LUSSAC u. LIEBIG. Das Salz löst sich kaum in Wasser. V. ROSE, WERTHER.

Die Gegenwart von Tartersäure schützt die Silbersalze nicht vor ihrer Fällung durch fixe Alkalien. H. ROSE.

			LIEBIG.
8 C	48	13,19	
4 H	4	1,10	
2 Ag	216	59,34	59,294
12 O	96	26,37	
$C^8H^4Ag^2O^{12}$	364	100,00	

Nach THÉNARD gibt es ein tartersaures Silberoxyd-Kali, welches bei der Digestion von Silberoxyd mit Weinstein als ein weifses unlösliches Pulver entsteht. Aber LIEBIG gelang dessen Darstellung nicht, denn beim Kochen von Silberoxyd mit Weinstein entwickelte sich Kohlensäure, und aus der neutral gewordenen Flüssigkeit krystallisirte beim Erkalten essigsaures Silberoxyd, und beim Fällen von salpetersaurem Silberoxyd mit sehr überschüssigem neutralen tartersauren Kali erhielt Er beim Erkalten silberglänzende Blättchen von kalifreiem tartersauren Silberoxyd. [Dieses stimmt nicht mit der obigen Angabe von GAY-LUSSAC u. LIEBIG.]

Tartersaures Chromoxyd-Silberoxyd. — Wie das entsprechende Bleisalz zu erhalten, demselben ähnlich und von gleicher stöchiometrischer Zusammensetzung. BERLIN.

Tartersaures Antimonoxyd-Silberoxyd. — Man fällt das salpetersaure Silberoxyd durch Brechweinstein. WALLQUIST. Der in der Kälte und der in der Hitze erhaltene Niederschlag hat dieselbe Zusammensetzung; letzterer verliert im trocknen Luftstrom bei 150° 4,28 Proc., und bei 160° unter röthlichgelber Färbung im Ganzen 4,4 Proc. (2 At.) Wasser. Im geglühten Rückstande zeigt sich eine Spur Kali. DUMAS u. PIRIA.

Bei 160° getrocknet.			Dumas u. Piria.	Lufttrocken.			Dum. Wall. u. P. quist.	
AgO	108	28,80	28,05	AgO	108	27,48		27,31
SbO^3	153	40,80		SbO^3	153	38,93		36,94
8 C	48	12,80	12,43	8 C	48	12,22	12,18	
2 H	2	0,53		4 H	4	1,02	1,08	
8 O	64	17,07		10 O	80	20,35		
$C^8H^2Ag(SbO^2)O^{10}$	375	100,00		$C^8H^4Ag(SbO^2)O^{12}$	393	100,00		

Tartersaures Palladoxydul. — Neutrale tartersaure Alkalien fällen das salpetersaure Palladoxydul hellgelb. Berzelius.

Die Tartersäure löst sich leicht in *Holzgeist* und *Weingeist*. Letztere Lösung röthet nach Pelouze nicht Lackmus.

Concentrirte Lösungen von Tartersäure und *Harnstoff* geben nach einiger Zeit einen krystallischen Niederschlag. Gm.

Die Lösung von *Leimsüfs* in der wässrigen Tartersäure, mit absolutem Weingeist gemischt, setzt ein Oel ab, welches sich bei wiederholtem Schütteln mit Weingeist nicht ändert, und an der Luft zu einem Gummi austrocknet. Horsford.

Metatartersäure.

$$C^8H^6O^{12} = C^8H^6O^6,O^6.$$

Braconnot (1831). *Ann. Chim. Phys.* 48, 299; auch *Schw.* 64, 338; auch *Pogg.* 26, 322.

Erdmann. *Ann. Pharm.* 21, 9

Laurent u. Gerhardt. *Compt. chim.* 1849, 1 u. 97; auch *Ann. Pharm.* 70, 348; auch *J. pr. Chem.* 46, 360; 47, 60; Ausz. *Compt. rend.* 27, 318.

Amorphe Weinsäure, Acide metatartrique.

Bildung und Darstellung. Man erhitzt gepulverte und bei 100° getrocknete Tartersäure im Oelbade auf 170 bis 180°, gerade nur bis zum Schmelzen und nimmt sie dann sogleich vom Feuer. Laurent u. Gerh. Bei zu langem Schmelzen mischt sich Tartralsäure bei. Bei kurzem Schmelzen entwickeln sich blofs 0,20 Proc. Wasser, bei einigen Graden über dem Schmelzpunct entweicht mehr Wasser. Aber die Entwicklung des wenigen Wassers ist nicht wesentlich zur Umwandlung der Tartersäure in Metatartersäure. Schmelzt man 1 Stunde lang 60 Th. Tartersäure mit 2 bis 3 Th. Wasser im Kolben unter Ersetzung des Wassers, so dass immer mehr als 60 Th. darin bleiben, so erhält man eine zähe Masse, die keine Tartersäure mehr, sondern Metatartersäure und Tartralsäure ist; denn ihre Lösung in sehr wenig Wasser gesteht mit wenig Ammoniak zu saurem metatartersauren Ammoniak; ihre Lösung, mit Ammoniak neutralisirt, gibt mit concentrirtem essigsauren Kalk erst nach einigen Minuten einen Niederschlag, der metatartersaurer Kalk ist, und unter dem Mikroskop keine Krystalle von tartersaurem Kalk zeigt, und die vom Niederschlage abfiltrirte Flüssigkeit, tropfenweise mit Weingeist versetzt, gibt einen zur Hälfte klebrigen, leicht in Wasser löslichen Niederschlag von tartralsaurem Kalk; endlich gibt die geschmolzene Masse, unter Zusatz von Wasser mit Kreide neutralisirt, ein neutrales Filtrat, welches beim Kochen sehr sauer wird (von gelöst bleibendem tartralsaurem Kalk) und Krystalle von metatartersaurem Kalk absetzt. Laurent u. G. — Braconnot setzt die Tartersäure einen Augenblick einer starken Hitze bis zum Schmelzen und Aufblähen aus. — Erdmann schmelzt die Tartersäure bei 120° [schmilzt sie schon bei dieser Hitze?], bis sie unter Aufschäumen und Wasserverlust einen wasserhellen Syrup bildet, der auf einem kalten Körper nicht mehr zu einem trüben krystallischen (von beigemengter Tartersäure), sondern zu einem klaren Glase erstarrt. Dieser von ERDMANN erhaltenen Säure scheint Tartral- und Tartrel-Säure beigemengt zu sein. LAURENT u. GERHARDT.

Eigenschaften. Durchsichtige glasartige oder gummiartige Masse. ERDMANN, LAURENT u. G. Durch Erhitzen erweicht, lässt sie sich zu haardünnen Fäden ausziehen. BRACONNOT. Ihre Lösung zeigt nach PASTEUR auf das polarisirte Licht dieselbe rotirende Wirkung nach rechts, wie die der Tartersäure. Auch die gleich nach dem Schmelzen in einen 4eckigen Glaskasten ausgegossene und erstarrte Tartersäure lenkt, so lange sie noch heifs ist, stark nach der Rechten ab, bei Mittelwärme nur noch schwach und bei 0° nach der Linken. BIOT u. LAURENT (*Compt. rend.* 29, 681).

Die Metatartersäure ist isomer mit der Tartersäure. ERDMANN, LAUR. u. G.

Zersetzungen. Die Säure wird bei längerem gelinden Erhitzen theilweise wieder in krystallische Tartersäure verwandelt. LAURENT u. G. An der Luft zerfliefst sie zu einem Syrup, der sich in krystallisirte Tartersäure verwandelt. Ihre concentrirte wässrige Lösung setzt beim Verdunsten in der Luftglocke über Vitriolöl Krystalle von Tartersäure ab, rascher, wenn etwas Schwefelsäure beigemischt ist. ERDMANN. Ihre mit Kali neutralisirte Lösung setzt bei Weingeistzusatz ein klares Oel ab, was allmälig zu neutralem tartersauren Kali krystallisirt. Ammoniak wirkt ähnlich. LAURENT u. G.

Verbindungen. Die Säure löst sich leicht in *Wasser*, und ist sehr zerfliefslich. BRACONNOT, ERDMANN, LAURENT u. GERHARDT.

Die *metatartersauren Salze, Metatartartes*, sind anders gestaltet und leichter in Wasser löslich, als die tartersauren. LAURENT u. GERHARDT.

Metatartersaures Ammoniak. — a. *Neutrales.* — Beim Neutralisiren der Säure entsteht ein Salz, das sich bald wie metatartersaures, bald wie tartersaures verhält. LAURENT u. GERHARDT.

b. *Saures.* — Man fügt zur concentrirten Lösung der Säure eine ungenügende Menge von Ammoniak und wäscht den nach einigen Augenblicken entstehenden krystallischen Niederschlag mit Wasser, welches wenig Weingeist hält, dann mit Weingeist. — Glänzende rhombische und 6seitige Blätter, oft so zusammengefügt, dass einwärts gehende Winkel entstehen. Das Salz lässt sich aus der Lösung in lauem Wasser unverändert umkrystallisiren, wird aber beim Kochen der Lösung in saures tartersaures Ammoniak verwandelt. Es löst sich viel leichter als dieses in Wasser, und die Lösung fällt nicht die Kalksalze. LAURENT u. GERHARDT.

	Krystalle.		LAURENT u. GERHARDT.
8 C	48	28,74	29,0
N	14	8,38	8,0
9 H	9	5,39	5,4
12 O	96	57,49	57,6
$C^8H^5(NH^4)O^{12}$	167	100,00	100,0

Metatartersaures Kali. — Das neutrale lässt sich nicht darstellen. LAURENT u. GERHARDT. Es ist amorph und schleimig, und wird an der Luft feucht. BRACONNOT. — *Saures.* — Die überschüssige Säure fällt aus Kali ein feines, nicht körniges Pulver, eben so schwer löslich, wie der Weinstein. Braconnot. Krystalle von demselben Aussehen und Reactionen, wie beim Ammoniaksalz, 20,3 Proc. Kali haltend, also $= C^8H^5KO^{12}$. Laurent u. Gerhardt.

Metatartersaures Natron. — *Neutrales.* — Unkrystallisirbar, schleimig, zerfliefslich. Braconnot.

Metatartersaures Natron-Kali. — Krystallisirbar, dem Seignettesalz ähnlich. Braconnot.

Metatartersaurer Baryt. — Die wässrige Säure fällt überschüssiges Barytwasser, nicht die Barytsalze. Das Ammoniaksalz fällt die Barytsalze, die verdünnten jedoch erst nach einiger Zeit. Erdmann. — Man fällt ein Barytsalz durch das neutrale Ammoniaksalz. Zusammengeklebte Kugeln. Das bei 160° getrocknete Salz hält 44,8 Proc. Baryum, und 2 At. Wasser, ist also $= C^8H^4Ba^2O^{12} + 2Aq$. Es löst sich viel leichter in Wasser, als der tartersaure Baryt. Laurent u. Gerhardt. Es löst sich leicht in überschüssiger Säure. Erdmann.

Metatartersaurer Kalk. — Die heifse wässrige Säure, mit kohlensaurem Kalk gesättigt, trübt sich beim Erkalten allmälig, und setzt eine klebrige fadenziehende durchsichtige geschmacklose Masse ab, die zu einem durchsichtigen luftbeständigen Gummi austrocknet, und die beim Erhitzen mit Wasser oder verdünnter Essigsäure, ohne sich merklich zu lösen, wieder terpenthinartig wird. Ihre Lösung in warmer Metatartersäure lässt ein durchsichtiges sprödes, säuerliches Salz, welches sich bei längerem Aufbewahren unter Wasser in körnigen tartersauren Kalk verwandelt. Braconnot. — Die wässrige Säure fällt überschüssiges Kalkwasser, nicht die Kalksalze. Das Ammoniaksalz fällt die Kalksalze, die verdünnten jedoch erst nach nach einiger Zeit. Erdmann. — Man fällt ein Kalksalz durch das neutrale Ammoniaksalz in concentrirten Lösungen. Bei verdünnten erfolgt die Fällung erst nach längerer Zeit; das saure Ammoniaksalz gibt keinen Niederschlag. — Der anfangs flockige Niederschlag wird bald körnig, und zeigt dann unter dem Mikroskop theils Körner, theils Säulen, deren eines Ende abgerundet, das andere gerade oder schief abgestumpft ist. Das bei 230° getrocknete Salz ist $= C^8H^4Ca^2O^{12}$; das bei 160° getrocknete Salz hält 19,35 Proc. Calcium und ist $= C^8H^4Ca^2O^{12} + 2Aq.$, und das lufttrockne krystallisirte Salz hält 15,35 Proc. Calcium und verliert bei 240° 27,10 Proc. Wasser, ist also $= C^8H^4Ca^2O^{12} + 8Aq.$, also wie bei lufttrocknem tartersauren Kalk. Laurent u. Gerhardt. — Das einmal krystallisirte Salz löst sich in viel kaltem Wasser, und nur schwierig, unter Umwandlung in tartersauren Kalk, in kochendem. Die kalte wässrige Lösung gibt mit Ammoniak viel (im Ueberschuss lösliche) Flocken, die krystallisch werden. Kaltes Wasser, dem eine kleine Menge Salzsäure oder Salpetersäure zugefügt ist, löst es reichlich und setzt es beim Neutralisiren mit Ammoniak nach einiger Zeit unverändert ab. Aber die Lösung des bei 220° getrockneten Salzes in Salzsäure liefert beim Fällen mit Ammoniak Rectanguläroktaeder des tartersauren Kalks. Laurent u. Gerhardt. Versetzt man die mit Ammoniak etwas übersättigte Metatartersäure mit Chlorcalcium und dann mit so viel Wasser, dass sich der Niederschlag wieder löst, so krystallisirt in einigen Stunden alles Salz als tartersaurer Kalk heraus. Erdmann.

Metatartersaure Bittererde. — Die Lösung der Bittererde in der Säure lässt beim Abdampfen einen Firniss. Braconnot.

Metatartersaures Bleioxyd. — Schon die freie Säure erzeugt mit salpeter- oder essig-saurem Bleioxyd einen weifsen Niederschlag, welcher 60,13 bis 64,48 Proc. Bleioxyd hält. Der Niederschlag, durch Fällen des salpetersauren Bleioxyds mit nicht völlig durch Ammoniak neutralisirter Säure erhalten, löst sich nicht in kaltem und sehr wenig in kochendem Wasser, aus dem er beim Erkalten in Flocken niederfällt. Er löst sich leicht in Metatartersäure und andern Säuren, so wie in Ammoniak. Erdmann.

Mit Kupfervitriol bewirkt metatartersaures Ammoniak anfangs keinen Niederschlag; aber später scheidet sich tartersaures Kupferoxyd ab. Erdmann.

Tartralsäure.

$$C^8H^6O^{12} = C^8H^6O^8,O^4?$$

Edm. Fremy (1838). *Ann. Chim. Phys.* 68, 353; auch *Ann. Pharm.* 29, 142; auch *J. pr. Chem.* 16, 322.
Laurent u. Gerhardt. *Compt. chim.* 1849, 6 u. 105; auch *Ann. Pharm.* 70, 354; auch *J. pr. Chem.* 46, 365.

Tartrilsäure Liebig, *Acide tartralique* Fremy, *Acide isotartrique* Laurent u. Gerhardt.

Bildung. 1. Beim Schmelzen der Tartersäure über den Punct hinaus, bei dem sie in Metatartersäure verwandelt ist. — Hierbei verliert die Tartersäure Wasser. Fremy. Dieser Verlust ist nicht wesentlich, und die Tartralsäure bildet sich auch neben der Metatartersäure, wenn man 60 Th. Tartersäure mit 2 bis 3 Th. Wasser unter Ersetzung des Wassers schmelzt, so dass die Masse immer über 60 Th. wiegt (V, 431). Beim Schmelzen ohne Wasser, bis der Wasserverlust 3,04 Proc. betrug, blieb ein Gemisch von Tartralsäure und Metatartersäure, und beim Schmelzen bis zu 7,2 Proc. Wasserverlust ein ganz in Wasser lösliches, also von Tarteranhydrid freies Gemisch von Tartralsäure und Tartrelsäure. Laurent u. Gerhardt. — 2. Ein Gemenge von Tartersäure und Zucker zerfliefst an der Luft zu einem nicht mehr krystallisirenden Syrup, in welchem sich der gröfste Theil der Tartersäure in Tartralsäure umgewandelt zeigt. Denn nach dem Sättigen der Flüssigkeit mit kohlensaurem Kalk und Abfiltriren von tartersaurem Kalk fällt Weingeist tartralsauren Kalk, dessen wässrige Lösung beim Kochen tartersauren Kalk absetzt. A. Vogel Sohn (*Repert.* 92, 325).

Darstellung. 1. Man erhitzt wenige Gramm Tartersäure in einer Porçellanschale unter Umrühren einige Zeit auf 200°, wobei sie sich nicht gelb färben, und zwar Wasser, aber keine saure Dämpfe entwickeln darf. Die zurückbleibende Masse (die aber nur ein Gemenge ist) hält 34,09 Proc. C, 3,92 H und 61,99 O. Man löst diese Masse, welche nur Spuren von Tartrelsäure hält, in Wasser, neutralisirt sie mit kohlensaurem Kalk, zersetzt das Filtrat durch Schwefelsäure, und dampft die filtrirte wässrige Säure ab. Fremy. — Erhitzt man Tartersäure einige Zeit bis zum Kochen, aber nicht bis zum Aufschäumen, so bleibt ein Gemisch von Metatarter-, Tartral- und Tartrel-Säure, welches, in Wasser gelöst und mit Kreide gesättigt, pechartig niederfallenden tartrelsauren Kalk liefert, und ein Lackmus nicht röthendes Filtrat, aber aus diesem fällt Weingeist mit metatartersaurem gemengten tartralsauren Kalk, durch dessen Analyse FREMY eine unrichtige Zusammensetzung des tartralsauren Kalks erhielt. Die Metatartersäure in diesem Kalksalze lässt sich dadurch nachweisen, dass es nach dem Trocknen beim Lösen in Wasser krystallischen metatartersauren Kalk zurücklässt; denn die daraus abgeschiedene Säure, mit wenig Ammoniak versetzt, erzeugt in einigen Stunden Krystalle von saurem metatartersauren Ammoniak. LAURENT u. GERHARDT.

2. Um das völlig reine Kalksalz zu erhalten, erhitzt man die Tartersäure bis zum Aufschäumen, löst sie in kaltem Wasser, neutralisirt oder übersättigt schwach mit Ammoniak, mischt mit concentrirtem essigsauren Kalk und tröpfelt ins klare Gemisch Weingeist unter Umrühren mit einem Glasstabe, durch den sich der klebrige Niederschlag sammelt, der sich dann auf dem Boden zu einem klaren fast farblosen Oele vereinigt. Bei zu raschem Weingeistzusatz fällt das Salz in Flocken nieder, die sich nicht vereinigen, und daher auf dem Filter gewaschen werden müssen, wobei sie sich zum Theil zersetzen; auch darf man nicht Alles durch den Weingeist fällen. — Das Oel wird nach dem Abgiefsen der wässrigen Flüssigkeit mit frischem Weingeist stark geknetet, und einige Augenblicke gekocht, wobei es plötzlich, wie krystallisch, erhärtet, obgleich sich unter dem Mikroskop nichts Krystallisches zeigt, und nach dem Verkleinern mit dem Stabe noch 3mal mit Weingeist abgespült, und zwischen Papier getrocknet. LAURENT u. GERHARDT.

Eigenschaften. Nicht krystallisirbar, etwas weniger sauer schmekkend, als die Tartersäure. FREMY.

Die Säure ist höchst zerfliefslich. FREMY.

Die *tartralsauren Salze, Tartralates* oder *Isotartrates,* haben im neutralen Zustande die Formel $C^8H^5MO^{12}$. LAURENT u. G. Also vielleicht = $C^8H^5MO^8,O^4$. — Sie sind in trocknem Zustande unveränderlich, gehen aber in wässrigem, besonders schnell beim Erwärmen, in saure tartersaure (metatartersaure, LAURENT u. G.) Salze über. FREMY.

Tartralsaures Ammoniak. — Fügt man Tartrelsäure bei Mittelwärme zu weingeistigem Ammoniak, welches etwas im Ueberschuss bleiben muss, so fällt tartralsaures Ammoniak als ein, mit Weingeist zu waschendes Oel nieder. Dieses ist zerfliefslich. Beim Erhitzen gesteht es allmälig, ohne Ammoniakentwicklung, durch Bildung von saurem metatartersauren Ammoniak, mit dem es metamer ist. FREMY, LAURENT u. GERHARDT.

Tartralsaures Kali. — Eben so darzustellen. Nicht krystallisirbar, zerfliefslich. Hält 20,3 Proc. Kalium, ist also = $C^8H^5KO^{12}$. Verwandelt sich bei gelindem Erwärmen theilweise in saures metatartersaures Kali. LAURENT u. GERHARDT.

Tartralsaurer Baryt. — Man sättigt die wässrige Tartralsäure mit kohlensaurem Baryt und fällt aus dem Filtrate durch Weingeist das Salz. Es löst sich schwierig in Wasser, und hält 43,5 Proc. Baryt. FREMY. Dieses Salz hält nach Obigem zugleich metatartersauren Baryt. LAURENT u. GERHARDT.

Tartralsaurer Kalk. — *Darstellung* (s. oben). Das Salz löst sich sehr leicht in kaltem Wasser, auch das bei 150° getrocknete, welches nur eine Spur metatartersauren Kalk lässt; die neutrale Lösung wird beim Kochen sauer, indem neutraler metatartersaurer Kalk anschiefst, und freie Metatartersäure gelöst bleibt. $2C^8H^5CaO^{12} = C^8H^4Ca^2O^{12} + C^8H^6O^{12}$. Weingeist fällt das in Wasser gelöste Salz in dicken Flocken, welche, auf dem Filter gesammelt, an der Luft schwierig trocknen, und durch theilweise Umwandlung in metatartersaures Salz und freie Säure eine saure zähe Masse liefern. LAURENT u. GERHARDT. Das von FREMY erhaltene, nach LAURENT u. GERHARDT mit metatartersaurem Kalk verunreinigte Salz löst sich wenig in Wasser, und wird daraus durch Weingeist gefällt. Die wässrige Lösung ist neutral, wird aber bei Mittelwärme in einigen Stunden beim Kochen schnell sauer, unter Absatz körniger Krystalle von tartersaurem Kalk. FREMY.

			LAURENT u. GERH. bei 160°.	FREMY.
8 C	48	28,40		
5 H	5	2,96		
Ca	20	11,84	11,2	16,36
12 O	96	56,80		
$C^8H^5CaO^{12}$	169	100,00		

Tartralsaures Bleioxyd. — Man fällt das salpetersaure Bleioxyd durch die freie Säure, wäscht den Niederschlag auf dem Filter schnell mit kaltem Wasser und trocknet ihn schnell zwischen Papier, dann im Vacuum. FREMY. — Bei der Fällung durch tartralsaures Kali oder Ammoniak hält der Niederschlag etwas vom Alkalisalze. FREMY. — Der feuchte Niederschlag verwandelt sich schon bei 24stündiger Berührung mit Wasser völlig in tartersaures Bleioxyd. FREMY. — Das reine Kalksalz gibt mit Bleizucker einen weifsen, nicht in Wasser löslichen Niederschlag. LAURENT u. GERHARDT.

	FREMY.		
PbO	54,55	bis	52,61
C	16,74	—	17,40
H	1,44	—	1,43
O	27,27	—	28,56
	100,00		100,00

Tartralsaures Kupferoxyd. — Das klare Gemisch des Kalisalzes mit essig- oder schwefel-saurem Kupferoxyd gibt bei Weingeistzusatz einen blassgrünen, gleichsam krystallischen Niederschlag, der beim Vertheilen auf Fliefspapier klebrig wird, und nach dem Trocknen bei 150° 17,9 Proc. Kupfer hält, also $= C^8H^5CuO^{12}$. LAURENT u. GERHARDT.

Tartralsaures Silberoxyd. — Das Kalksalz gibt mit salpetersaurem Silberoxyd einen weifsen in viel Wasser löslichen Niederschlag. LAURENT u. GERHARDT.

Die Säure löst sich in *Weingeist.* FREMY.

Tartrelsäure.

$C^8H^4O^{10} = C^8H^4O^6,O^4$?

E. FREMY (1838). *Ann. Chim. Phys.* 68, 367; auch *Ann. Pharm.* 29, 152; auch *J. pr. Chem.* 16, 331.

LAURENT u. GERHARDT. *Compt. chim.* 1849, 9 u. 101; auch *Ann. Pharm.* 70, 356; auch *J. pr. Chem.* 46, 368.

Isotartrinsäure, Acide tartrelique, Ac. isotartridique, Ac. tartarique anhydre soluble.

Bildung. Bei längerem Schmelzen der Tartersäure oder der Tartralsäure bei 180°. — Nachdem die Tartersäure beim Schmelzen $\frac{1}{2}$ At. Wasser verloren hat, so ist sie in Tartralsäure = $C^{16}H^{11}O^{23}$ verwandelt, und nachdem durch längeres Schmelzen noch $\frac{1}{2}$ At. Wasser verjagt ist, in Tartrelsäure = $C^{8}H^{5}O^{11}$. FREMY. — Die Tartersäure muss bei der Bildung der Tartrelsäure 2 At. Wasser verlieren, denn sie ist isomer mit dem Tarteranhydrid ($C^{8}H^{4}O^{10}$) und geht bei längerem Erhitzen schon bei 180° ohne weiteren Wasserverlust in dieses über. LAURENT u. GERHARDT.

Darstellung. Man erhitzt Tartersäure längere Zeit auf 180°, so dass sich alle Tartralsäure in Tartrelsäure verwandelt, aber nicht so lange und stark, dass auch Tarteranhydrid entsteht. FREMY. — Man erhitzt die Tartersäure über freiem Feuer unter Umrühren rasch, bis sie sich in ungefähr 6 Minuten verdickt und zu einem Schwamme aufgebläht hat. LAURENT u. GERHARDT.

Eigenschaften. Schwach gefärbt, leicht krystallisirbar, stark sauer. FREMY.

Berechnung nach LAURENT u. G.			Berechnung nach FREMY.			FREMY.
8 C	48	36,36	8 C	48	34,04	34,56
4 H	4	3,03	5 H	5	3,55	3,72
10 O	80	60,61	11 O	88	62,41	61,72
$C^{8}H^{4}O^{10}$	132	100,00	$C^{8}H^{5}O^{11}$	141	100,00	100,00

Zersetzung. Die in Wasser gelöste Säure verwandelt sich bei Mittelwärme langsam, beim Kochen schnell erst in Tartralsäure, dann in Tartersäure. FREMY. Sie bildet bei der Verbindung mit Kali sogleich tartralsaures Kali. LAUR. u. G. $C^{8}H^{4}O^{10} + HO + KO = C^{8}H^{5}KO^{12}$.

Verbindungen. Mit *Wasser.* Die Säure ist zerfliefslich, doch viel weniger als die Tartrelsäure. FREMY.

Die *tartrelsauren Salze, Tartrelates, Isotartrides,* halten meistens nur 1 At. Basis = $C^{8}H^{3}MO^{10}$. Um sie zu erhalten, fällt man ein essigsaures Salz mit der freien Säure; weil beim Zusammenbringen derselben mit dem freien Alkali ein tartralsaures Salz entsteht. LAURENT u. G. Die Salze verwandeln sich in Berührung mit Wasser erst in tartralsaure, dann unter Freiwerden von Säure in tartersaure Salze. FREMY.

Die Salze des *Ammoniaks, Kalis* und *Natrons* werden aus ihrer wässrigen Lösung durch Weingeist gefällt. FREMY. Das Kalisalz ist = $C^{8}H^{3}KO^{10}$. LAURENT u. GERHARDT.

Tartrelsaurer Baryt. — Die wässrige Säure fällt aus dem essigsauren Baryt dieses Salz in Gestalt eines Syrups. FREMY. Sie fällt nicht den salpetersauren Baryt; der Syrup löst sich nicht in Wasser. LAURENT u. GERHARDT.

			LAUR. u. G. bei 150°.	FREMY.
8 C	48	24,05		
3 H	3	1,50		
Ba	68,6	34,37	33,6	33,57
10 O	80	40,08		
$C^{8}H^{3}BaO^{10}$	199,6	100,00		

Tartrelsaurer Strontian. — Eben so bereitet. Hält 24,7 Proc. Strontium, ist also = $C^8H^3SrO^{10}$. LAURENT u. GERHARDT.

Tartrelsaurer Kalk. — Die wässrige Säure fällt aus dem essigsauren Kalk das Salz als Syrup. FREMY. Da überschüssige Tartrelsäure auf das Salz zersetzend wirkt, muss man nur so viel concentrirte wässrige Säure in concentrirten essigsauren oder salzsauren Kalk unter beständigem Umrühren tröpfeln, dass ein Theil desselben unzersetzt bleibt, und den gefällten Syrup nach dem Abgiefsen der wässrigen Flüssigkeit schnell mit Weingeist waschen, wobei er erhärtet. Das Salz ist so unlöslich in Wasser, dass essigsaurer Kalk von der Verdünnung, dass er nicht mehr durch neutrales tartersaures Ammoniak getrübt wird, mit der Tartrelsäure noch eine Trübung gibt. LAURENT u. GERHARDT.

			LAURENT u. G. bei 160°.	FREMY.
8 C	48	31,79		
3 H	3	1,98		
Ca	20	13,25	12,95	12,45
10 O	80	52,98		
$C^8H^3CaO^{10}$	151	100,00		

Tartrelsaures Bleioxyd. — *a.* Beim Erhitzen der trocknen Säure mit überschüssigem Bleioxyd entwickelt sich ungefähr so viel Wasser, dass $C^8H^2Pb^2O^{10}$ entstehen muss. Denn 100 Th. bis zum Aufblähen erhitzte Tartersäure mit 100 Th. Bleioxyd und wenig Weingeist zusammengerieben, und im trocknen Luftstrom bei 150° getrocknet, entwickeln 16,7 Th. Wasser. Diese aufgeblähte Säure verliert beim Erhitzen für sich noch 1 bis 2 Proc. Wasser, also beträgt das durch das Bleioxyd erzeugte Wasser blofs 15,7 bis 14,7 Proc. Wenn hierbei $C^8H^2Pb^2O^{10}$ entsteht, so müssen sich nach der Rechnung aus 100 Th. Tartrelsäure 13,65 Th. Wasser entwickeln. 132 (Tartrelsäure) : 18 (2 At. Aq.) = 100 : 13,65. LAURENT u. G.

b. Man giefst die wässrige Säure in wässrigen Bleizucker, der überschüssig bleiben muss, und wäscht den weifsen Niederschlag schnell mit Weingeist, weil sonst metatartersaures oder tartersaures Salz entsteht, welches mehr Blei hält. LAURENT u. GERHARDT.

			LAURENT u. G. bei 150°.	FREMY.
8 C	48	20,43		19,48
3 H	3	1,28		1,82
Pb	104	44,25	43,9	43,56
10 O	80	34,04		35,14
$C^8H^3PbO^{10}$	235	100,00		100,00

Die Tartrelsäure löst sich in *Weingeist.* FREMY.

Tarteranhydrid.

$$C^8H^4O^{10} = C^8H^4O^8,O^2?$$

E. FREMY (1838). *Ann. Chim. Phys.* 68, 372; auch *Ann. Pharm.* 29, 156; auch *J. pr. Chem.* 16, 335.

Wasserfreie Weinsäure, Acide tartarique anhydre insoluble.

Bildung. Bei so langem Erhitzen der Tartersäure auf 180°, dass sie unschmelzbar wird. FREMY. — Erhitzt man die Tartersäure auf freiem Feuer unter schnellem Umrühren, bis sie sich (in ungefähr 6 Minuten) zu einem Schwamm aufbläht, und erhitzt diesen nach dem Pulvern noch einige

Minuten von 140 auf 170°, so zeigt er sich noch völlig in Wasser löslich, ist also noch Tartrelsäure; aber bei 10 Minuten langem Erhitzen auf 180°, bis sich saure Dämpfe entwickeln wollen, zeigt sich das Pulver unter einem nur 0,32 Proc. betragenden Verlust zusammengebacken und geschmaklos und völlig unlöslich in Wasser. Der geringe, vorzüglich von den sauren Dämpfen abzuleitende Verlust beweist, dass die Tartrelsäure und das Anhydrid dieselbe procentische Zusammensetzung haben, und dass die Hitze erstere in letzteres nicht durch Austreibung von Wasser überführt, sondern durch Verschiebung der Atome. LAURENT u. GERHARDT (*Compt. chim.* 1849, 101). [Vorher $C^8H^4O^6,O^4$, nachher $C^8H^4O^8,O^2$; also indem noch 2 O in den Kern treten, und die einbasische Säure in ein Aldid übergeht?]

Darstellung. Man erhitzt 15 bis 20 Gramm gepulverte Tartersäure in einer Schale auf freiem Kohlenfeuer, so dass sie innerhalb 4 bis 5 Minuten durch den geschmolzenen Zustand in den aufgeblähten übergeht, und erhitzt sie dann noch einige Augenblicke im Oelbade auf 150°. Bei dem raschen Erhitzen wird das Anhydrid farbloser erhalten, und das nachträgliche Erhitzen im Oelbade bewirkt, dass es im Wasser nicht mehr aufquillt, sondern pulverig bleibt. Man befreit den gepulverten Rückstand durch Waschen mit Wasser, bis dieses nicht mehr Lackmus röthet, von der beigemengten Tartrelsäure und trocknet nach gutem Auspressen zwischen Papier kalt im Vacuum. Wollte man durch Erwärmen trocknen, so wurde das noch anhängende Wasser wieder Säure erzeugen. FREMY.

Eigenschaften. Weifses oder, bei zu langem Erhitzen, gelbliches Pulver, von sehr schwach saurem Geschmack. FREMY.

			FREMY.
8 C	48	36,36	37,08
4 H	4	3,03	3,23
10 O	80	60,61	59,69
$C^8H^4O^{10}$	132	100,00	100,00

Zersetzung. Das Anhydrid verwandelt sich in kaltem Wasser in wenigen Stunden, in kochendem schnell, nach einander in Tartrel-, Tartral- und Tarter-Säure; es löst sich schnell in wässrigem Kali, ohne daraus durch eine Säure füllbar zu sein, weil es sich darin als eine dieser 3 Säuren befindet. FREMY.

Verbindungen. Das Anhydrid löst sich anfangs nicht in kaltem Wasser. FREMY.

Es absorbirt unter Wärmeentwicklung *Ammoniakgas.*. FREMY. Leitet man Ammoniakgas über das mit Weingeist befeuchtete Anhydrid, so bildet sich unter dem Weingeist ein dünner Syrup, der sich mit Weingeist waschen, in Wasser lösen und daraus durch Weingeist fällen lässt. Die wässrige Lösung fällt nicht das Chlorcalcium; aber bei Zusatz von Weingeist entsteht in der Wärme ein klebender Niederschlag, welcher, mit kaltem Wasser schnell gewaschen, in warmem Wasser gelöst und wieder durch Weingeist gefällt, 16,91 Proc. Kalk und 1,9 Stickstoff hält, woraus sich keine Formel berechnen lässt. Fällt man die wässrige Lösung des Syrups durch überschüssiges Zweifachchlorplatin, so gibt die vom Platinsalmiak abfiltrirte Flüssigkeit beim Kochen allmälig einen neuen Niederschlag von Platinsalmiak. LAURENT (*N. Ann. Chim. Phys.* 23, 116; und *Compt. rend.* 20, 513).

Das Anhydrid löst sich nicht in Weingeist und Aether; aber beim Waschen mit Weingeist behält es eine kleine Menge gebunden, die sich nicht ohne Zersetzung durch Erhitzen entfernen lässt. FREMY.

Gepaarte Verbindungen der Tartersäure.

Methyltartersäure.

$$C^{10}H^8O^{12} = C^2H^4O^2,C^8H^4O^{10}.$$

DUMAS u. PELIGOT (1836). *Ann. Chim. Phys.* 61, 200.
GUÉRIN-VARRY. *Ann. Chim. Phys.* 62, 77; auch *Ann. Pharm.* 22, 248; auch *J. pr. Chem.* 9, 376.
DUMAS u. PIRIA. *N. Ann. Chim. Phys.* 5, 373; auch *Ann. Pharm.* 44, 83.

Methylenweinsäure, *Weinmethylensäure*, *Acide tartromethylique.*

Bildung. Die Tartersäure löst sich leichter in Holzgeist als in Weingeist und wandelt ihn leichter in die gepaarte Säure um. GUÉRIN.

Darstellung. Man löst 1 Th. Tartersäure in 1 Th. kochendem absoluten oder wässrigen Holzgeist, dampft die Lösung unter 100° zum Syrup ab, lässt diesen freiwillig verdunsten und trocknet die erzeugten Krystalle im Vacuum. GUÉRIN.

Eigenschaften. Farblose gerade Säulen, schwerer als Wasser, schmelzbar, geruchlos, von saurem, nicht süfsen Geschmacke. GUÉRIN.

	Krystalle.		GUÉRIN.	DUMAS u. PIRIA.
10 C	60	36,58	36,94	36,6
8 H	8	4,88	4,88	5,2
12 O	96	58,54	58,18	58,2
$C^{10}H^8O^{12}$	164	100,00	100,00	100,0

Zersetzungen. 1. Die Säure schmilzt bei der trocknen Destillation, und entwickelt Wasser, Holzgeist, Essigformester und eine schwere Flüssigkeit, welche jedoch kein Oxalformester hält. — 2. Sie brennt mit ähnlicher Flamme, wie der Holzgeist. — 3. Sie zerfällt bei längerem Kochen mit Wasser in verdampfenden Holzgeist und zurückbleibende Tartersäure, jedoch langsamer als die Weintraubensäure, und aus ihrer wässrigen Lösung krystallisirt sie beim freiwilligen Verdunsten unverändert. GUÉRIN.

Verbindungen. Die Säure wird an der Luft kaum feucht, löst sich aber sehr leicht in kaltem Wasser, und nach allen Verhältnissen in kochendem. GUÉRIN. Die *methyltartersauren Salze, Tartromethylates*, sind $= C^{10}H^7MO^{12} = C^2H^3MO^2,C^8H^4O^{10}$.

Methyltartersaures Kali. — *Neutrales.* — Man fällt das Barytsalz durch etwas überschüssiges schwefelsaures Kali, dampft das Filtrat zum Syrup ab, nimmt in Weingeist auf und lässt das Filtrat verdunsten. Farblose geschmacklose gerade rectanguläre Säulen. Sie verlieren im Vacuum über Vitriolöl 4,2 Proc. Wasser. Sie erweichen sich bei 150° unter gelblicher Färbung und entwickeln bei 200° Wasser, kohlensaures Gas, Vinegas und ein flüssiges Gemisch von Wasser, Holzgeist, Essigsäure, Essigformester und einer syrupartigen

Materie. Sie lösen sich viel leichter in heifsem, als in kaltem Wasser, nicht in absolutem Holzgeist und in 95procentigem Weingeist. GUÉRIN.

Krystalle.			GUÉRIN.	DUMAS u. PIRIA.
KO	47,2	23,35	22,23	
10 C	60	29,67	28,79	30,35
7 H	7	3,46	3,76	3,90
11 O	88	43,52	45,22	
$C^{10}H^7KO^{12}$	202,2	100,00	100,00	

GUÉRIN nimmt noch 1 Aq in den Krystallen an.

Saures? — Ueberschüssige Säure erzeugt mit Kali eine Milch, die sich beim Zusatz von viel Wasser klärt. GUÉRIN.

Methyltartersaures Natron. — Ueberschüssige Säure gibt mit Natron (nicht mit schwefelsaurem) einen reichlichen körnigen Niederschlag, der sich in viel Wasser löst. GUÉRIN.

Methyltartersaurer Baryt. — Die Säure gibt mit Barytwasser einen Niederschlag, der sich bei geringem Säureüberschuss löst. Um das neutrale Salz zu erhalten, sättigt man obige erhitzte Lösung der Tartersäure in Holzgeist mit kohlensaurem Baryt, und lässt das Filtrat freiwillig zum Krystallisiren verdunsten. Farblose glänzende, mit 2 Flächen zugeschärfte gerade Säulen von bitterem Geschmack. Sie liefern bei 150 bis 160° ein nach Knoblauch riechendes syrupartiges Destillat, welches Wasser, Holzgeist, Essigformester und eine beim Verdunsten krystallisirende, in Wasser lösliche Substanz hält. Sie zersetzen sich beim Kochen mit Wasser leichter, als das Kalisalz. Sie lösen sich mehr in heifsem als in kaltem Wasser, nicht in absolutem Holzgeist und 95procentigem Weingeist. GUÉRIN. — DUMAS u. PELIGOT erhielten das Salz durch Mischen einer Lösung von Tartersäure in Holzgeist mit einer Lösung von Baryt in Holzgeist als einen gallertartigen Niederschlag, welcher mit absolutem Holzgeist gewaschen wurde, da er sich beim Waschen mit Wasser in körnigen tartersauren Baryt verwandelte.

			DUMAS u. PELIGOT.
BaO	76,6	31,83	30,8
10 C	60	24,94	23,9
8 H	8	3,33	3,0
12 O	96	39,90	42,3
$C^{10}H^7BaO^{12}+Aq$	240,6	100,00	100,0

Die Säure gibt mit *Strontian*wasser oder *Kalk*wasser einen Niederschlag, der in wenig überschüssiger Säure, und bei Kalk auch in viel Wasser löslich ist. GUÉRIN.

Sie löst *Zink* und *Eisen* unter Wasserstoffentwicklung. GUÉRIN.

Methyltartersaures Bleioxyd. — Die Säure gibt mit wässrigem Bleizucker einen flockigen Niederschlag, der bei Ueberschuss der Säure in ein aus platten Säulen bestehendes Pulver übergeht. GUÉRIN.

Methyltartersaures Silberoxyd. — Aus concentrirter Silberlösung fällt die Säure Flocken, die nicht in einem Ueberschuss derselben, aber ein wenig in Wasser löslich sind. GUÉRIN.

Die Methyltartersäure löst sich leicht in *Holzgeist* und *Weingeist*, aber wenig in *Aether*. GUÉRIN.

Weintartersäure.

$$C^{12}H^{10}O^{12} = C^4H^6O^2,C^8H^4O^{10}.$$

TROMMSDORFF. *A. Tr.* 24, 1, 11.
GUÉRIN VARRY. *Ann. Chim. Phys.* 62, 57; auch *Ann. Pharm.* 22, 237; auch *J. pr. Chem.* 9, 361.

Aetherweinsäure, *Acide tartarovinique*. — Von MORIAN (*A. Tr.* 23, 2, 43) 1814 zuerst bemerkt, von TROMMSDORFF ihrer Zusammensetzung nach erkannt, von GUÉRIN genauer untersucht.

Bildung. Beim Mischen von krystallisirter oder in wenig Wasser gelöster Tartersäure mit starkem Weingeist. Schon bei Mittelwärme bildet die gesättigte Lösung der Tartersäure in absolutem Weingeist bei 23tägigem Hinstellen Weintartersäure, aber viel mehr bei längerem Erhitzen. GUÉRIN. Auch 90procentiger Weingeist erzeugt diese Säure. TROMMSDORFF.

Darstellung. 1. Man löst gepulverte Tartersäure in gleichviel kochendem absoluten Weingeist, erhält die Lösung 6 Stunden lang bei 60 bis 70°, verdünnt den erhaltenen gelblichen Syrup mit Wasser, sättigt ihn mit kohlensaurem Baryt, filtrirt vom, wenig betragenden, tartersauren Baryt ab, engt die Flüssigkeit bei 40 bis 50° ein, filtrirt sie von dem wieder erzeugten tartersauren Baryt ab, lässt freiwillig verdunsten, löst die erhaltenen Krystalle des weintartersauren Baryts in Wasser, zersetzt sie durch die richtige Menge Schwefelsäure und lässt das Filtrat im Vacuum über Vitriolöl zum Krystallisiren verdunsten. GUÉRIN. Bei Anwendung von Barytwasser fällt mehr tartersaurer Baryt nieder, als bei Anwendung von kohlensaurem Baryt. GUÉRIN. — 2. Man lässt die Lösung der Tartersäure in gleichviel kochendem absoluten Weingeist in der Retorte zwischen 60 und 70° bis auf $^2/_3$ verdunsten, verdünnt den Syrup, der gar keine freie Tartersäure mehr hält, mit etwas Wasser, und lässt freiwillig zum Krystallisiren verdunsten. GUÉRIN.

Eigenschaften. Farblose lange schiefe rhombische Säulen, schwerer als Wasser, welche bei 30° sich erweichen und bei 90° zu einem Syrup schmelzen, der bis zu 140°, wo die Zersetzung beginnt, immer dünner wird. Geruchlos, von süfsem und angenehm sauren Geschmack. GUÉRIN. MORIAN und TROMMSDORFF erhielten beim Abdampfen der mit überschussigem Weingeist vermischten Tartersäure einen zu einer käsigen weichen Masse gerinnenden Rückstand, oder bei weiterem Abdampfen eine terpenthinartige Masse.

	Krystalle.		GUÉRIN.
12 C	72	40,45	40,90
10 H	10	5,62	5,71
12 O	96	53,93	53,39
$C^{12}H^{10}O^{12}$	178	100,00	100,00

Zersetzungen. 1. In einer Retorte erhitzt, fängt sie an, Dämpfe auszustofsen und scheint bei 165° zu kochen; hierbei entwickeln sich Kohlensäure, Kohlenwasserstoff, Wasser, Weingeist, Essigsäure und Essigvinester; der nach dem Erhitzen auf 180° bleibende Rückstand hält eine der Metatartersäure ähnliche Säure; bei weiterem Erhitzen auf 200° geht noch brenzliches Oel und eine dem Aceton ähnliche Flüssigkeit über, und es bleibt Kohle mit Brenzweinsäure und einem Oele. GUÉRIN. — 2. An der Luft entzündet, verbrennt die Säure mit ähnlicher Flamme wie Weingeist und mit dem Geruch nach verbrannter Tartersäure. GUÉRIN. — 3. Mit Wasser 3mal destillirt, TROMMSDORFF, oder mit 40 Th. Wasser 10 Stunden lang gekocht, GUÉRIN, entwickelt sie allen Weingeist und lässt gewöhnliche Tartersäure. — Mit Wasser verdünnt der Luft dargeboten, wird sie etwas schimmlig, setzt aber Krystalle von Weintartersäure ab. GUÉRIN. Die mit etwas Wasser verdünnte Säure, in einer flachen Schale der Luft dargeboten, lässt gewöhnliche Tartersäure anschiefsen. MORIAN. — 4. Mit Salpetersäure gelinde erwärmt, entwickelt sie rothe Dämpfe, Kohlensäure und Essigsäure und lässt Oxalsäure. GUÉRIN. — 5. Sie löst sich ohne Aufbrausen in Vitriolöl, und entwickelt dann beim Erwärmen Kohlensäure, schweflige Säure, Hydrothion, Essigsäure und Spuren von Weinöl. GUÉRIN.

Verbindungen. Die Säure ist sehr zerfliefslich und löst sich sehr leicht in *Wasser*. GUÉRIN.

Die *weintartersauren* Salze, *Tartarovinates*, sind im trocknen Zustande $= C^{12}H^9MO^{12} = C^4H^5MO^2,C^8H^4O^{10}$. Sie krystallisiren meistens gut, sind geruchlos und fühlen sich fettig an. Sie brennen beim Entzünden mit Weingeistflamme und liefern bei der trocknen Destillation Kohlensäure, Vinegas, Wasser, Weingeist, Essigsäure, Essigvinester, und wenig Brenzöl, während Kohle, und, bei den Alkalisalzen, wenn die Hitze nicht zu stark war, ein brenzweinsaures Salz bleibt. Mit Alkalien auf 160 bis 170° erhitzt, entwickeln sie Weingeist, Essigvinester [?] und ein sehr bitteres Oel; bei langem Kochen mit Wasser verwandeln sie sich unter Verdampfung des Weingeists in saure tartersaure Salze. Sie lösen sich fast alle leicht in Wasser, wenig in starkem Weingeist, leichter in schwachem. GUÉRIN.

Weintartersaures Ammoniak. — Die mit kohlensaurem Ammoniak genau neutralisirte Säure liefert bei freiwilligem Verdunsten seidenglänzende Nadeln, welche rhombische Säulen zu sein scheinen.

Weintartersaures Kali. — a. *Basisch.* — Alkalisch reagirende, mit mehreren Flächen zugespitzte 8seitige Säulen.

b. *Neutral.* — Man fällt das Barytsalz durch etwas überschüssiges schwefelsaures Kali, dampft das Filtrat zum Syrup ab, löst diesen in Weingeist, filtrirt vom schwefelsauren Kali ab, und lässt freiwillig verdunsten. Farblose Säulen des 2- u. 2-gliedrigen Systems. *Fig.* 66 ohne t-Fläche und die 2 kleinen Flächen über t; y : u = 101° 5'; y : m = 112° 39'; y : y = 134° 41'; u : u' = 59° 52'; u : m = 119° 56'; leicht spaltbar nach m; bei sehr kleinen Krystallen verschwinden je 2 von den y- und u-Flächen. PREVOSTAYE (*N. Ann. Chim. Phys.* 3, 139). (vergl. BERNHARDI (*N. Tr.* 7, 2, 60). — Die Krystalle erweichen sich bei 200°, schmelzen bei 205°; sie schmecken sehr wenig bitter. Sie verlieren im Vacuum 4 Proc. Wasser und lassen beim Verbrennen 38,45 Proc. kohlensaures Kali. Ihre wässrige Lösung entwickelt bei mäfsigem Erwärmen an der Luft Weingeist und setzt Weinstein ab, der bei anhaltendem Kochen zunimmt. Sie lösen sich in 0,94 Th. Wasser von 23,5°, in jeder Menge kochendem. Sie lösen sich nicht in Holzgeist und in kaltem 95procentigem Weingeist, sehr wenig in kochendem absoluten Weingeist. GUÉRIN.

	Krystallisirt.		GUÉRIN.	DUMAS u. PIRIA.
KO	47,2	20,96	20,78	
12 C	72	31,97	32,20	33,9
10 H	10	4,44	4,44	4,5
12 O	96	42,63	42,58	
$C^{12}H^9KO^{12}$+Aq	225,2	100,00	100,00	

DUMAS u. PIRIA (*N. Ann. Chim. Phys.* 5, 375) nehmen zufolge Ihrer Analyse kein Aq in den Krystallen an, was auch wahrscheinlicher ist.

Weintartersaures Natron. — Wie das Kalisalz bereitet. Farblose rhombische rectanguläre Blätter. GUÉRIN.

Weintartersaurer Baryt. — Die Säure, in Barytwasser getröpfelt, gibt einen Niederschlag von *basischem*, leicht in Salpetersäure löslichen Salze, der, wenn das Gemisch neutral wird, bis auf eine Trübung verschwindet; aber bei mehr Säure entsteht ein neuer, schwieriger in Salpetersäure löslicher Niederschlag. Darstellung (V, 442). Farblose, schwach bitter schmeckende, schiefe rhombische Säulen und perlglänzende Tafeln. GUÉRIN. Rhombische Säulen, von 126 bis 127°, mit 2 auf 2 Seitenflächen unter 105 bis 106° gesetzten Flächen zugeschärft. PREVOSTAYE. Die Krystalle verlieren im Vacuum 7,15 Proc. Wasser; sie erweichen sich bei 190°, und schmelzen bei 200° mit dem Geruche nach Weingeist und Aether. Sie lösen sich in 2,63 Th. Wasser von 23°, in 0,78 Th. kochendem, nicht in Holzgeist und absolutem Weingeist, und wenig in 95procentigem. GUÉRIN.

	Krystalle.		GUÉRIN.
BaO	76,6	29,06	28,78
12 C	72	27,32	27,56
11 H	11	4,17	4,22
13 O	104	39,45	39,44
$C^{12}H^{11}BaO^{12}$+2Aq	263,6	100,00	100,00

GUÉRIN nimmt 1 Aq weniger in den Krystallen an.

Das *Strontian*wasser wird bei keinem Verhältnisse durch die Säure gefällt. GUÉRIN.

Weintartersaurer Kalk. — Die Säure schlägt aus überschüssigem Kalkwasser ein *basisches* Salz nieder. — Das *neutrale* Salz wird wie das Barytsalz erhalten. Farblose rectanguläre Säulen und Blätter. Die Krystalle halten 5 At. Wasser, kommen bei 100° in wässrigen, bei 210° in feurigen Fluss und zersetzen sich bei 215°. GUÉRIN. — TROMMSDORFF erhielt durch Abdampfen des wässrigen Kalksalzes eine klare terpenthinartige Masse, die, mit verdünnter Schwefelsäure digerirt, einen geistigen Geruch entwickelte und ein Filtrat lieferte, woraus Krystalle der gewöhnlichen Tartersäure anschossen.

Weintartersaures Zinkoxyd. — Das Zink löst sich in der wässrigen Säure unter Wasserstoffentwicklung, und die Lösung liefert farblose, fettig anzufühlende rectanguläre Säulen. GUÉRIN.

Weintartersaures Bleioxyd. — Die Säure gibt mit wässrigem Bleizucker kleine farblose, nach dem Trocknen perlglänzende Säulen, nicht in wässriger Weintartersäure, aber in Salpetersäure löslich. GUÉRIN.

Das *Eisen* löst sich in der wässrigen Säure unter Wasserstoffentwicklung. GUÉRIN.

Weintartersaures Kupferoxyd. — Die Lösung des Oxyds in der erwärmten wässrigen Säure liefert blaue, seidenglänzende, verwitternde Nadeln, welche 6 At. Wasser halten. GUÉRIN.

Weintartersaures Silberoxyd. — 1. Die freie Säure gibt mit Silberlösung einen, sich nicht im Säureüberschusse lösenden, Niederschlag. — 2. Durch Mischen der concentrirten Lösung des Kali- oder Baryt-Salzes mit überschüssiger Silberlösung erhält man einen nadelförmigen Niederschlag, der im Dunkeln mit kaltem Wasser zu waschen und unter 50° zu trocknen ist, worauf er im trocknen Vacuum nichts weiter verliert. Die weifsen Nadeln färben sich im Lichte rosenroth, dann dunkler roth, dann braun. Sie zersetzen sich bei 100° sowohl für sich, als unter Wasser. Sie lösen sich wenig in Wasser. GUÉRIN.

			GUÉRIN.
12 C	72	25,26	
9 H	9	3,16	
Ag	108	37,89	37,65
12 O	96	33,69	
$C^{12}H^9AgO^{12}$	285	100,00	

Die Weintartersäure löst sich sehr leicht in *Weingeist*, nicht in *Aether*. GUÉRIN.

Tartervinester?

Es gelang SCHEELE (*Opusc.* 2, 142) auf keine Weise, eine solche Verbindung darzustellen.

Als THÉNARD (*Mém. d'Arcueil* 2, 13) 7 Th. Weingeist mit 6 Th. Tartersäure und 2 Th. Vitriolöl bis zur anfangenden Aetherbildung erhitzte, mit Wasser verdünnte, mit Kali genau neutralisirte, zur Trockne abdampfte, den Rückstand mit kaltem Weingeist auszog und das Filtrat abdampfte, so erhielt Er einen braunen geruchlosen, bitterlichen neutralen Syrup, welcher beim Erhitzen dicke, nach Knoblauch riechende Dämpfe ausstiefs und eine nicht alkalische Kohle nebst viel [wohl von weinschwefelsaurem Kali herrührendem] schwefelsaurem Kali liefs, welcher bei der Destillation mit wässrigem Kali in Weingeist und tartersaures Kali zerfiel und sich sehr leicht in Wasser und Weingeist löste.

Traubensäure.

$$C^8H^6O^{12} = C^8H^6O^6,O^6.$$

JOHN, in s. *Handwörterbuch der Chemie* 4, 125.
GAY-LUSSAC. *J. Chim méd.* 2, 335; auch *Schw.* 48, 38.
WALCHNER. *Schw.* 49, 239 und briefliche Mittheilung.
BERZELIUS. *Pogg.* 19, 305; 36, 1.
FRESENIUS. *Ann. Pharm.* 41, 1; 53, 230.
WERTHER. *J. pr. Chem.* 32, 385.
PASTEUR. *N. Ann. Chim. Phys.* 24, 412. — *Compt. rend.* 28, 477; 29, 297. — Bericht von BIOT über PASTEUR. *Compt. rend.* 29, 433.

Vogesensäure, Paratartersäure, Acide racemique, Ac. paratartrique, Acidum uvicum. — Von KESTNER, dem Besitzer einer grofsen chemischen Fabrik zu Thann an den Vogesen, bei der Bereitung der Tartersäure nur in den Jahren 1822 bis 1824, aber in grofser Menge erhalten und als eigenthümlich erkannt. Es bleibt unentschieden, ob der damals angewandte Weinstein bereits diese Säure gebildet enthielt, oder ob diese bei dem damals angewandten Gewinnungsverfahren erst aus der damit isomeren Tartersäure erzeugt wurde. Damals wurde nach einer gütigen Mittheilung des Entdeckers die Tartersäure durch einen gröfsern Ueberschuss von Schwefelsäure vom Kalk geschieden, und es wurde die wässrige Säure, zum Theil, nachdem sie durch Chlor entfärbt worden war, längere Zeit in die Frostkälte gestellt, wobei die Traubensäure anschoss, während jetzt die Säure ohne Weiteres zum Krystallisiren abgedampft wird. Da KESTNER in den genannten Jahren auch italienischen Weinstein verarbeitete, und da WHITE, Tartersäurefabricant in Glasgow, auch einmal (vor 20 Jahren) Traubensäure erhielt, als er Weinstein aus Neapel und Sicilien und von Oporto anwandte, so ist eher zu vermuthen, dass das Klima auf die Bildung der Traubensäure in den Trauben Einfluss übt. (*Compt. rend.* 29, 526 u. 557).

Durch Trocknen bei 100 bis 150° wird die krystallisirte Traubensäure in die wasserfreie verwandelt.

Eigenschaften. Weifse verwitterte Masse, geruchlos, von stärker saurem Geschmack, als Tartersäure, stark Lackmus röthend. Die wässrige Lösung der Traubensäure und ihrer Salze wirkt auf das polarisirte Licht nicht ein. BIOT.

Verwitterte Säure.

8 C	48	32
6 H	6	4
12 O	96	64
$C^8H^6O^{12}$	150	100

Die Radicaltheorie nimmt eine hyp. trockne Säure = $C^4H^2O^5$ = $\overline{U}$ an.

Zersetzungen. 1. Nachdem die krystallisirte Säure bei 150° alles Krystallwasser verloren hat, hält sie sich bis zu 200° unverändert, aber bei stärkerer Hitze schmilzt sie und verwandelt sich unter Aufbrausen zuerst in Paratartralsäure, dann in Paratartrelsäure, und zuletzt in Paratarteranhydrid. FREMY (*Ann. Chim. Phys.* 68, 378). Vor der Bildung der Paratartralsäure erfolgt ohne Wasserverlust die einer Säure, welche der Metatartersäure entspricht, und deren Ammoniaksalz sich von dem der Traubensäure unter dem Mikroskop unterscheiden lässt. LAURENT u. GERHARDT (*Compt. chim.* 1849, 11 u. 104). — Durch behutsames Schmelzen soll nach LÖWIG (*Pogg.* 42, 588) die Traubensäure in Tartersäure verwandelt werden. — Bei der *trocknen Destillation* schmilzt die verwitterte Säure, wird grau, bläht sich auf und liefert ganz dieselben Producte, wie die Tartersäure. BERZELIUS, PELOUZE. Für sich erhitzt, bläht sie sich bei 185 bis 190° auf, und zeigt erst bei 195 bis 200° die reichliche Entwicklung eines Gases, von welchem blofs 90 Proc. durch Kali absorbirbar sind; ist sie aber mit Platinschwamm gemengt, so tritt die reichliche Gasentwicklung schon bei 185 bis 190° ein, und der nicht vom Kali absorbirbare Theil beträgt blofs 3 bis 4 Proc.; bei Bimsstein erfolgt die Entwicklung schon bei 175°, und das Gas wird bis auf eine Spur von Kali aufgenommen. REISET u. MILLON (*N. Ann. Chim. Phys.* 8, 285).

3. Die Säure zersetzt sich mit *2fach chromsaurem Kali* und Wasser auf dieselbe Weise, wie die Tartersäure (V, 382), nur weniger heftig. WINCKLER. Aehnlich BÖTTGER (*Beitr.* 2, 126). — 4. Sie entzündet sich beim Zusammenreiben mit 8 Th. *Bleihyperoxyd*. BÖTTGER (*Beitr.* 2, 38). — 5. Sie liefert beim Erhitzen mit *Schwefelsäure* und *Braunstein* sehr viel Kohlensäure nebst Essigsäure. WALCHNER. — 6. Sie reducirt das in Säure gelöste *Oxyd des Goldes* und *Silbers*. WALCHNER. — 7. Ihre verdünnte wässrige Lösung schimmelt beim Aufbewahren. WALCHNER.

Verbindungen. Mit Wasser. — a. *Krystallisirte Traubensäure.* — Die Säure schiefst aus der wässrigen Lösung in wasserhellen schiefen rhombischen Säulen des 1- u. 1-gliedrigen Systems an. *Fig.* 125, wozu noch die Flächen b (zwischen y und q); a (zwischen y, q, v und u); und w (zwischen t und u) treten können. y : v = 107° 28′; y : b = 153° 54′; b : q = 147° 56′; y : u = 51° 27′; a : z = 123° 32′; v : u = 69° 15′; v : z = 129° 51′; z : w = 152° 54′; w : u = 146′ 30′, PREVOSTAYE (*N. Ann. Chim. Phys.* 3, 129. vgl. BERNHARDI, *Repert.* 49, 395); GUÉRIN VARRY (*Ann. Chim. Phys.* 62, 71); WACKENRODER (*J. pr. Chem.* 23, 207); DELFFS (*Jahrb. prakt. Pharm.* 8, 378). — Sie sind luftbeständig und trüben sich nur in warmer Luft, WALCHNER, und verlieren bei 100° im trocknen Luftstrom alles Wasser. BERZELIUS.

	Krystallisirt.		BERZELIUS.	FRESENIUS.
$C^8H^6O^{12}$	150	89,29	89,37	89,60
2 HO	18	10,71	10,63	10,40
$C^8H^6O^{12}+2Aq$	168	100,00	100,00	100,00

b. *Wässrige Traubensäure.* — Die krystallisirte Säure löst sich in 5,7 Th. kaltem Wasser. WALCHNER.

Die Traubensäure scheint gegen Salzbasen noch eine stärkere Affinität zu haben, als die Tartersäure. Aber die in Weingeist gelöste Säure zersetzt bei Abhaltung von Wasser kein kohlensaures Salz, PELOUZE; weil die traubensauren Salze nicht in Weingeist löslich sind, BRACONNOT. Die Formel der *traubensauren Salze, Racemates*, ist dieselbe, wie die der tartersauren. Bei den Krystallen der traubensauren Salze zeigen sich nirgends die Hemiedrien, welche die der tartersauren Salze auszeichnen, und ihre Lösungen zeigen keine rotirende Wirkung auf das polarisirte Licht. PASTEUR.

Traubensaures Ammoniak. — a. *Neutrales.* — Durch Verdunsten der mit Ammoniak neutralisirten Säure, am besten in der Luftglocke über Kalk. Wasserhelle 4seitige Säulen. FRESENIUS. 2- u. 2-gliedriges System. *Fig.* 66, aber ohne m-Fläche, und die 2 kleinen Flächen unter *a*, *a*; dagegen mit 2 Flächen n, rechts und links von t, und einer dreieckigen unter y. y : y = 118°; y : *a* = 169°; u : u' 80° 30′; u : t = 130° 15′; u : n = 160° 50′. PREVOSTAYE. — Die Krystalle trüben sich an der Luft durch Verlust von Ammoniak, besonders schnell bei 100°, auch verliert die wässrige Lösung bei freiwilligem Verdunsten Ammoniak; Essigsäure fällt aus der wässrigen Lösung das Salz b. — Leicht in Wasser, kaum in Weingeist löslich. FRESENIUS.

	Krystallisirt.		FRESENIUS.
8 C	48	26,09	26,76
2 N	28	15,22	15,47
12 H	12	6,52	6,54
12 O	96	52,17	51,23
$C^8H^4(NH^4)^2O^{12}$	184	100,00	100,00

b. *Saures.* — Neutralisirt man 1 Th. Säure mit Ammoniak, und fügt hierzu in der Kälte noch 1 Th. Säure, so fällt das saure Salz als Krystallpulver nieder; verfährt man in der Hitze, so schiefst es bei schnellem Erkalten in Nadeln und 4seitigen Blättchen an, bei langsamem in Säulen des 2- u. 1-gliedrigen Systems. Durch Vorherrschen der schiefen Endfläche werden die Krystalle tafelförmig.

Das Salz ist selbst bei 100° luftbeständig, röthet Lackmus, löst sich in 100 Th. Wasser von 20°, viel reichlicher in heifsem, leicht in Mineralsäuren, nicht in Weingeist. FRESENIUS.

	Krystalle.		FRESENIUS.
8 C	48	28,74	29,14
N	14	8,38	8,43
9 H	9	5,39	5,39
12 O	96	57,49	57,04
$C^8H^5(NH^4)O^{12}$	167	100,00	100,00

Traubensaures Kali. — a. *Neutrales.* — Die mit kohlensaurem Kali gesättigte wässrige Säure gibt bei raschem Verdunsten eine Salzrinde, bei langsamem wasserhelle, luftbeständige, harte, grofse, 4seitige Säulen, von kühlend salzigem Geschmack. FRESENIUS. *Fig.* 70, oft mit m-Flächen, die Kanten zwischen p einerseits und u, t und m andererseits abgestumpft; t : u[1] = 128° 20′. PASTEUR (*N. Ann. Chim. Phys.* 24, 453; 28, 93). — Die Krystalle verlieren bei 100° unter Verwittern alles Wasser, und halten 200° ohne weitere Zersetzung aus; sie lösen sich in 0,97 Th. Wasser von 25°, fast gar nicht in Weingeist. Aus der concentrirten wässrigen Lösung fällen Traubensäure und stärkere Mineralsäuren das saure Salz. FRESENIUS.

	Krystalle.		FRESENIUS.
2 KO	94,4	35,97	35,78
$C^8H^4O^{10}$	132	50,31	
4 HO	36	13,72	13,86
$C^8H^4K^2O^{12}+4Aq$	262,4	100,00	

b. *Saures.* — Die Traubensäure fällt die gesättigte Lösung des Chlorkaliums körnig. GEIGER (*Mag. Pharm.* 20, 349). Wie das saure Ammoniaksalz zu bereiten, entweder als Krystallpulver, oder durch Erkälten der heifsen Flüssigkeit in 4seitigen Tafeln. Die Krystalle schmecken sauer, sind selbst bei 100° luftbeständig, lösen sich in 180 Th. Wasser von 19°, in 139 Th. von 25° und in 14.3 Th. kochendem, leicht in Mineralsäuren, nicht in Weingeist. FRESENIUS.

	Krystalle.		FRESENIUS.
KO	47,2	25,08	24,95
$C^8H^5O^{11}$	141	74,92	
$C^8H^5KO^{12}$	188,2	100,00	

Traubensaures Boraxsäure-Kali. — Durch Lösen von 1 At. Boraxsäure und 2 At. saurem traubensauren Kali in Wasser und Abdampfen bei 100° erhält man eine weifse, fast krystallische, zerreibliche, saure Masse, welche an der Luft nicht feucht wird, aber sich leicht in Wasser löst. FRESENIUS.

Traubensaures Kali-Ammoniak. — Das mit Ammoniak übersättigte wässrige saure Kalisalz, im Vacuum über Kalk verdunstend, liefert auf dem Boden wenige regelmäfsige Krystalle, welche fast blofs aus Ammoniaksalz bestehen, und an den Wänden ausgewitterte Salzrinden, welche auf 1 At. Ammoniak mehr als 3 At. Kali halten, und mehr als ein Gemenge zu betrachten sind. FRESENIUS. — Nach PASTEUR krystallisirt das traubensaure Kaliammoniak schwierig in gestreiften rectangulären Nadeln, deren Seitenkanten durch u-Flächen oft bis zum Verschwinden von t und m abgestumpft sind; t : u[1] = 130° 45′.

Traubensaures Natron. — a. *Neutrales.* — Krystallisirt sehr leicht in wasserhellen 4- und 6-seitigen Säulen, WALCHNER; des 2- u. 2-gliedrigen Systems, FRESENIUS, PASTEUR (*N. Ann. Chim. Phys.* 28, 93), welche selbst bei 100° luftbeständig sind, WALCHNER, FRESENIUS, welche sich in 2,63 Th. Wasser von 25°, nicht in Weingeist lösen, FRESENIUS, und deren verdünnte Lösung an der Luft unter Bildung von kohlensaurem Natron schimmelt, WALCHNER.

	Krystalle.		FRESENIUS.
2 NaO	62,4	32,10	31,97
$C^8H^4O^{10}$	132	67,90	
$C^8H^4Na^2O^{12}$	194,4	100,00	

b. *Saures.* — Man löst Salz a und Traubensäure zu gleichen Atomen in wenig kochendem Wasser, fällt daraus durch Weingeist das Salz b als Krystallpulver, und lässt es aus heifsem Wasser krystallisiren. Wasserhelle, stark glänzende, kleine Säulen des 2- u. 1-gliedrigen Systems, mit gestreiften Seitenflächen, welche angenehm sauer schmecken, luftbeständig sind, aber bei 100° unter Verlust von 9,41 Proc. (2 At.) Wasser verwittern, und sich in 11,3 Th. Wasser von 19°, in viel weniger kochendem und nicht in Weingeist lösen. FRESENIUS.

	Krystalle.		FRESENIUS.
NaO	31,2	16,40	16,28
$C^8H^5O^{11}$	141	74,13	
2 HO	18	9,47	9,41
$C^8H^5NaO^{12}+2Aq$	190,2	100,00	

Traubensaures Natron-Ammoniak. — Das wässrige saure Natronsalz, mit Ammoniak übersättigt und in der Luftglocke über Kalk verdunstet, liefert wasserhelle harte grofse 4seitige Tafeln des 1- u. 1-gliedrigen Systems. FRESENIUS. Die Krystalle kommen in Form, Winkeln, doppelter Strahlenbrechung, spec. Gewicht (= 1,58) und Zusammensetzung völlig mit denen des tartersauren Natronammoniaks überein, aber ihre Lösung zeigt kein Rotationsvermögen auf das polarisirte Licht. MITSCHERLICH (*Compt. rend.* 19, 719). Die Krystalle verwittern an der Luft, besonders in warmer, unter Verlust von Wasser und Ammoniak. Sie lösen sich leicht in Wasser, und entwickeln dann beim Kochen Ammoniak. FRESENIUS. Die Krystalle bestehen zur Hälfte aus tartersaurem Natronammoniak und zur Hälfte aus antitartersaurem. Aber bei jedesmaligem Lösen der ganzen Krystallmasse entsteht wieder traubensaures Salz. PASTEUR (V, 464).

	Krystalle.		FRESENIUS.
NH^4O	26	12,55	
NaO	31,2	15,06	15,08
$C^8H^4O^{10}$	132	63,70	62,66
2 HO	18	8,69	
$C^8H^4Na(NH^4)O^{12}+2Aq$	207,2	100,00	

Die von MITSCHERLICH untersuchten Krystalle halten 8 Aq.

Traubensaures Natron-Kali. — Von MITSCHERLICH (*Pogg.* 57, 484) zuerst erhalten, während die Darstellung früher BERZELIUS, FRESENIUS und mir nicht gelingen wollte, indem die einfachen Salze einzeln anschossen. —

1. Man neutralisirt die eine Hälfte der wässrigen Säure genau mit Kali, die andre mit Natron und lässt das Gemisch im Sommer freiwillig verdunsten. — 2. Man neutralisirt die kochende Lösung des sauren Kalisalzes durch kohlensaures Natron, dampft ab und erkältet, oder lässt freiwillig verdunsten. — Wasserhelle grofse harte rhomboidische Säulen und Tafeln des 1- u. 1-gliedrigen Systems. Sie verwittern nur in der Sonnenwärme und nur oberflächlich. Ihr mit Sand gemengtes Pulver verliert bei 100° in 2 Stunden alles Wasser; sie schmelzen zwischen 90 und 100° zu einer klaren zähen Flüssigkeit, welche bei 100° in 7 Stunden blofs 22,41 Proc. Wasser verliert, und weiche zwischen 120 und 150° unter lebhaftem Kochen allmälig trüb wird, und dann zu einer weifsen festen Masse erstarrt, welche, wenn die Hitze nicht über 190° steigt, trocknes unverändertes Salz ist. Aber bei 200° fängt sie an, sich zu bräunen, bläht sich dann mit dem Geruch nach gebranntem Zucker auf, und lässt Kohle mit kohlensauren Alkalien. — Die Krystalle lösen sich in 1,32 Th. Wasser von 6°, in jeder Menge heifsem, und schiefsen daraus unverändert an. FRESENIUS (*Ann. Pharm.* 53, 230). — Auch dieses traubensaure Doppelsalz existirt nur in der wässrigen Lösung. Beim Krystallisiren derselben erhält man Krystalle von tartersaurem (Seignettesalz) und von antitartersaurem Natronkali zu gleichen Theilen. PASTEUR.

	Krystalle.		FRESENIUS.
KO	47,2	16,72	16,66
NaO	31,2	11,04	11,07
$C^8H^4O^{10}$	132	46,74	
8 HO	72	25,50	25,33
$C^8H^4KNaO^{12}+8Aq$	282,4	100,00	

Traubensaures Boraxsäure-Natron-Kali. — Digerirt man 1 Th. krystallisirten Borax mit 3 Th. saurem traubensauren Kali und mit Wasser, und dampft das Filtrat ab, so erhält man bei 100° eine weifse, an der Luft schnell feucht werdende Masse, die dem Boraxweinstein der deutschen Pharmakopöen ganz ähnlich ist.

Eine gleiche, nur noch schneller feucht werdende Masse gibt das saure traubensaure Natron. FRESENIUS.

Traubensaurer Baryt. — 1. Die Säure erzeugt mit Barytwasser weifse Flocken, im Ueberschuss der Säure löslich, WALCHNER; aber die klare Lösung trübt sich in einigen Secunden und setzt fast alles Salz im neutralen Zustande als ein Krystallmehl ab, und das Wenige, was gelöst bleibt, lässt sich durch Weingeist fällen, FRESENIUS. — 2. Die Säure fällt aus essigsaurem Baryt neutralen traubensauren Baryt, und zwar *a*) in der Hitze wasserfreies Salz als weifses wenig krystallisches Pulver, und *b*) in der Kälte gewässertes Salz als einen weifsen schweren, aus feinen Nadeln bestehenden Niederschlag. FRESENIUS. — 3. Neutrales traubensaures Natron fällt aus Chlorbaryum weifse Flocken, die in 1 Minute gänzlich in den krystallischen Zustand übergehen. WITTSTEIN (*Repert.* 57, 22). Bei gröfserer Verdünnung fällt es nicht den salpetersauren Baryt. WALCHNER.

Der gewässerte traubensaure Baryt verliert bei 200° alles Wasser, = 13,8 Proc. FRESENIUS. Das Salz lässt beim Glühen im

Verschlossenen einen pyrophorischen Rückstand. Böttger. Es löst sich fast gar nicht in kaltem Wasser, in 200 Th. kochendem; es löst sich leicht in Salzsäure und Salpetersäure, nicht in Essigsäure, und wird aus der salzsauren Lösung durch Ammoniak erst nach einigen Augenblicken gefällt. Fresenius. Es löst sich nicht in, selbst erhitztem wässrigen salz-, salpeter- oder bernstein-saurem Ammoniak. Wittstein. Nicht in Kalilauge. Fresenius.

	2, a.		Fresenius.		2, b.		Fresenius.
2 BaO	153,2	53,72	53,27	2 BaO	153,2	46,39	46,18
$C^8H^4O^{10}$	132	46,28		$C^8H^4O^{10}$	132	39,98	
				5 HO	45	13,63	13,80
$C^8H^4Ba^2O^{12}$	285,2	100,00		+ 5 Aq	330,2	100,00	

Der tartersaure Baryt löst sich in der wässrigen Säure, doch ohne ein eigentliches saures Salz zu erzeugen; denn die Lösung setzt beim Erkalten wieder den meisten Baryt als neutrales Salz ab, und den Rest beim Verdunsten, während freie Säure krystallisirt. Fresenius.

Ein *traubensaures Baryt-Kali* oder *Baryt-Natron* lässt sich nicht darstellen. Fresenius.

Traubensaurer Strontian. — 1. Die freie Säure gibt mit Strontian-Wasser dicke Flocken, die in 12 Stunden nicht krystallisch werden. Wittstein. — 2. Sie erzeugt dieselben mit salpetersaurem Strontian, kaum in einem Säureüberschuss löslich. Walchner. Sie fällt aus essigsaurem Strontian ein weifses glänzendes Krystallmehl. Fresenius. — 3. Neutrales traubensaures Kali erzeugt mit Chlorbaryum einen weifsen krystallisch körnigen Niederschlag. Wittstein. — Das nach 2) erhaltene Krystallmehl verliert bei 200° ohne weitere Zersetzung 22,87 Proc. Wasser. Es löst sich fast gar nicht in kaltem Wasser, sehr wenig in kochendem, was beim Erkalten fast ganz niederfällt, so dass das Filtrat kaum noch durch Schwefelsäure getrübt wird. Es löst sich leicht in Salzsäure, daraus durch Ammoniak sogleich fällbar. Es löst sich nicht in Essigsäure. Gegen Traubensäure verhält es sich ganz, wie das Barytsalz. Fresenius. Es gibt mit heifsem wässrigen salz-, salpeter- oder bernstein-sauren Ammoniak eine klare, sich beim Erkalten trübende Lösung. Wittstein.

	Krystallmehl 2)		Fresenius.
2 SrO	104	33,77	33,44
$C^8H^4O^{10}$	132	42,86	
8 HO	72	23,37	22,87
$C^8H^4Sr^2O^{12}+8Aq$	308	100,00	

Traubensaurer Kalk. — 1. Die freie Säure fällt Kalkwasser in dicken Flocken, Gay-Lussac; die [nach einiger Zeit] aus höchst feinen Nadeln bestehen, Walchner; die Flocken lösen sich in mehr Säure, die man schnell weiter zufügt, bevor der Niederschlag krystallisch und dadurch unlöslich geworden ist, aber die klare Flüssigkeit trübt sich dann schnell durch Bildung eines krystallischen Niederschlags, Gm. Kalkwasser, zu überschüssiger Säure gefügt, fällt erst nach einigen Augenblicken [krystallisches] neutrales Salz, Fresenius. — 2. Die freie Säure erzeugt mit wässrigem Gyps in $^1/_4$ Stunde feine Nadeln, Walchner, Geiger; die Trübung beginnt in 1 Stunde, und in 24 Stunden ist fast aller Kalk gefällt, Berzelius. Sie fällt schneller als den Gyps, aber um so langsamer, je verdünnter, den salzsauren und salpetersauren Kalk. GAY-LUSSAC, WALCHNER. Aus concentrirtem essigsauren Kalk schlägt sie ein schneeweifses Krystallmehl, aus verdünnterem kleine glänzende Nadeln nieder. FRESENIUS. — 3. Neutrales traubensaures Ammoniak oder Natron fällt die auch verdünnte Lösung von Gyps und andern Kalksalzen schnell, FRESENIUS, HERZOG, als amorphes Pulver, oder in zarten Blättchen, PASTEUR.

Die nach 2) erhaltenen Nadeln verlieren bei 200° ohne weitere Zersetzung alles Wasser, = 27,75 Proc. FRESENIUS. — Das Salz löst sich so wenig in kaltem Wasser, dass die Lösung nicht durch Oxalsäure, sondern nur durch oxalsaures Ammoniak getrübt wird; ein wenig mehr in kochendem. FRESENIUS. Es löst sich in Salzsäure und wird daraus durch Ammoniak gefällt (Unterschied von tartersaurem Kalk), GAY-LUSSAC; der undurchsichtige halb krystallische Niederschlag entsteht sogleich, oder (bei gröfserer Verdünnung, FRESENIUS) in einigen Augenblicken; bei kaltem Verdunsten der salzsauren Lösung bilden sich Krystalle von Traubensäure, aber bei heifsem geht die meiste Salzsäure fort, und es bleibt traubensaurer Kalk, BERZELIUS. Das Salz löst sich nicht in Essigsäure und [nach dem Krystallischwerden] auch nicht in Traubensäure. FRESENIUS. Es löst sich wenig in warmem wässrigen schwefel-, salz-, salpeter- oder bernstein-sauren Ammoniak, worauf beim Erkalten Nadeln entstehn. WITTSTEIN. Die Löslichkeit in Salmiak ist jedoch höchst unbedeutend. H. ROSE. Es löst sich leicht in kalter ziemlich starker Kalilauge, die frei von Kohlensäure ist, welche Lösung sich beim Erhitzen trübt, beim Kochen kleisterartig, und beim Erkalten wieder klar wird, und welche, nach dem Verdünnen mit Wasser zum Kochen erhitzt, allen [basisch?] traubensauren Kalk in Flocken absetzt. FRESENIUS.

Lufttrockne Krystalle.			BERZELIUS.	FRESENIUS.
2 CaO	56	21,54	21,77	21,59
$C^8H^4O^{10}$	132	50,77		
8 HO	72	27,69		27,75
$C^8H^4Ca^2O^{12}+8Aq$	260	100,00		

Traubensaures Kalk-Kali oder *Kalk-Natron* lässt sich nicht darstellen. FRESENIUS.

Traubensaure Bittererde. — Wässriges neutrales traubensaures Natron fällt nicht das Bittersalz WALCHNER. — Man kocht die wässrige Säure mit überschüssiger kohlensaurer Bittererde, und lässt das Filtrat zum Krystallisiren langsam erkalten. — Kleine gerade rhombische Säulen, oder bei raschem Erkalten oder Abdampfen weifses Pulver. — Die Krystalle verwittern an trockner Luft, verlieren bei 100° 27,24 Proc. (8 At.) und bei 200° im Ganzen 32,9 Proc. (10 At.) Wasser, ohne weitere Zersetzung. Sie lösen sich in 120 Th. Wasser von 19°, in weniger kochendem; leicht in stärkeren Mineralsäuren, nicht in Essigsäure. Aus der concentrirten salzsauren Lösung fällt Ammoniak sogleich, aus der verdünnten nach einiger Zeit *überbasische traubensaure Bittererde.* Die heifse wässrige Lösung des Salzes in gleichviel Traubensäure liefert beim Erkalten und Abdampfen wieder Krystalle des neutralen Salzes, welches sich auch durch

Weingeist daraus fällen lässt. Seine Lösung in Kalilauge wird beim Erhitzen kleisterartig, beim Erkalten wieder klar. FRESENIUS. — Bittererdesalze werden durch Zusatz von Traubensäure nicht vor der Fällung durch Ammoniak und kohlensaures Natron geschützt. FRESENIUS.

		Krystalle.	FRESENIUS.
2 MgO	40	15,27	15,59
$C^8H^4O^{10}$	132	50,38	
10 HO	90	34,35	32,90
$C^8H^4Mg^2O^{12}+10Aq$	262	100,00	

Beim Kochen von saurem traubensauren Ammoniak, Kali oder Natron mit kohlensaurer Bittererde bis zur Neutralisirung erhält man ein Filtrat, welches bei mehrtägigem Stehen Krystalle von traubensaurer Bittererde absetzt, aber bei ununterbrochenem Abdampfen bei 100° einen Syrup lässt, der beim Erkalten nach längerer Zeit zu einer nicht krystallischen Salzmasse gesteht, die sich selbst in kochendem Wasser nur schwierig löst, und aus welcher sich durch Wasser das Alkalisalz nur sehr unvollständig ausziehen lässt. FRESENIUS.

Traubensaures Ceroxydul. — Die freie Säure fällt das essigsaure, nicht das salzsaure Ceroxydul; traubensaure Alkalien fällen auch letzteres. Der weifse Niederschlag löst sich leicht in überschüssiger Traubensäure. BERINGER.

Traubensaures Chromoxyd. — Die sehr saure violette Lösung des Hydrats in der kochenden wässrigen Säure lässt beim Abdampfen eine violette Krystallmasse. ihre wässrige Lösung wird durch kohlensaures Kali schön grün gefärbt, durch Kalkwasser völlig gefällt, und gibt mit Weingeist einen violetten Niederschlag, der beim Trocknen fast schwarz wird, und sich nicht in Wasser, aber in Traubensäure löst. FRESENIUS.

Beim Kochen der wässrigen Säure mit zweifach chromsauren Kali entsteht unter heftiger Kohlensäureentwicklung eine schwarzgraue Flüssigkeit mit violettem Schimmer, welche beim Abdampfen eine schwärzliche, amorphe, leicht zerreibliche Masse lässt. Die Lösung derselben in Wasser färbt sich mit Kali schön grün, und wird durch Kalkwasser völlig gefällt. FRESENIUS.

Traubensaures Manganoxydul. — 1. Die Lösung des kohlensauren Manganoxyduls in der mit 40 Th. Wasser verdünnten Säure liefert nach einiger Zeit fleischrothe durchsichtige, sehr schwer in Wasser lösliche Säulen und Krystallkörner. JOHN. — 2. Ein wässriges Gemisch von essigsaurem Manganoxydul und Traubensäure gibt beim Verdunsten kleine gelbweifse Krystalle, die selbst bei 100° luftbeständig sind, und die sich sehr schwer in kaltem, etwas besser in kochendem Wasser und leicht in Salzsäure lösen. FRESENIUS.

		Krystalle.	FRESENIUS.
2 MnO	72	32,43	31,52
$C^8H^4O^{10}$	132	59,46	
2 HO	18	8,11	
$C^8H^4Mn^2O^{12}+2Aq$	222	100,00	

Traubensaures Arsenigsäure-Ammoniak. — Von MITSCHERLICH entdeckt und stöchiometrisch bestimmt, so wie die 2 folgenden Salze. — Man digerirt arsenige Säure mit wässrigem sauren traubensauren Ammoniak, oder besser, man fügt zu der kochenden Lösung von 1 At. neutralem traubensauren Ammoniak nach und nach und abwechselnd in kleinen Antheilen 2 At. arsenige Säure und 1 At.

Traubensäure, so dass die arsenige Säure bis gegen das Ende immer vorherrschend bleibt, dampft das Filtrat etwas ab und erkältet zum Krystallisiren. Die Lösung erfolgt schwierig und verlangt anhaltendes Kochen; denn es setzt sich bald saures traubensaures Ammoniak ab, und auch bei stundenlangem Kochen bleibt viel arsenige Säure ungelöst. — Grofse, schnell verwitternde Krystalle. Sie verlieren zwischen 90 und 100° im Ganzen 4,1 Proc. Wasser und Ammoniak. Sie lösen sich in 10,62 Th. Wasser von 15°, und zerfallen beim Abdampfen gröfstentheils in krystallisirendes saures traubensaures Ammoniak und gelöst bleibende arsenige Säure. WERTHER.

	Krystalle.		WERTHER.
NH^4O	26	9,77	9,99
AsO^3	99	37,21	37,72
$C^8H^4O^{10}$	132	49,63	50,70
HO	9	3,39	3,04
$C^8H^4(NH^4)(AsO^2)O^{12}+Aq$	266	100,00	101,45

Traubensaures Arsenigsäure-Kali. — Man fügt zu 1 At. neutralem traubensauren Kali, welches in viel Wasser gelöst ist und in beständigem mehrstündigen Kochen erhalten wird, sehr allmälig in kleinen Antheilen und abwechselnd 2 At. arsenige Säure und 1 At. Traubensäure, und zwar so, dass die arsenige Säure immer, aufser zuletzt, vorherrschend bleibt, damit sich nicht zu viel saures traubensaures Kali abscheide, dessen Wiederauflösung man durch Wasserzusatz und Kochen zu bewirken hat. Die nicht zu stark eingekochte Flüssigkeit, heifs filtrirt, lässt beim Erkalten erst kleine Säulen von saurem traubensauren Kali, dann grofse rhombische Krystalle von Doppelsalz anschiefsen, welche man entweder durch Auslesen trennt, oder durch Behandeln mit wenig warmem Wasser, Abfiltriren vom meist ungelöst bleibenden sauren Kalisalz und Abdampfen zum Krystallisiren, wobei sich aber immer wieder saures Kalisalz erzeugt. — Farblose perlglänzende grofse rhombische Krystalle. Sie verwittern allmälig, verlieren bei 100° 4,23 Proc. Wasser, bei 155 bis 170° alles, und halten dann eine Hitze von 250° ohne weitere Zersetzung aus; bei 255° entwickelt der Rückstand unter bräunlicher Färbung Wasser und nach Knoblauch und brenzlich riechende Dämpfe. Die Krystalle lösen sich in 7,96 Th. Wasser von 15°, und zerfallen beim Abdampfen dieser Lösung fast ganz in anschiefsendes saures traubensaures Kali und in arsenige Säure, welche selbst bei grofser Concentration gelöst bleibt. WERTHER.

	Krystalle.		WERTHER.
KO	47,2	15,46	15,06
AsO^3	99	32,44	32,83
$C^8H^4O^{10}$	132	43,25	44,46
3 HO	27	8,85	9,51
$C^8H^4K(AsO^2)O^{12}+3Aq$	305,2	100,00	101,86

Traubensaures Arsenigsäure-Natron. — Man neutralisirt 1 Th. Traubensäure mit Natron, und fügt zu der kochenden Flüssigkeit abwechselnd in kleinen Antheilen arsenige Säure und noch 1 Th. Traubensäure, und erhält durch wiederholtes Abdampfen und Erkälten viel krystallisirtes Doppelsalz. Die Darstellung gelingt viel leichter als bei den 2 vorigen Salzen. — Lebhaft perlglänzende grofse luftbeständige Krystalle. Sie verlieren bei 100° 10,65 Proc. (ungefähr 4 At.) Wasser und bei 130° den Rest. Bei 275° beginnt die Zersetzung. Das bei 130° entwässerte Salz erhitzt sich mit kaltem Wasser und löst sich völlig. Die Krystalle lösen sich in 14,59 Th. Wasser von 19° und die Lösung liefert beim Abdampfen fast alles Salz unzersetzt wieder, jedoch in mehr glasglänzenden Krystallen. WERTHER.

	Krystalle.		WERTHER.
NaO	31,2	10,16	10,27
AsO^3	99	32,23	32,94
$C^8H^4O^{10}$	132	42,97	44,93
5 HO	45	14,64	14,47
$C^8H^4Na(AsO^2)O^{12}+5Aq$	307,2	100,00	102,61

Traubensaures Antimonoxyd-Kali. — Durch Sättigung des sauren traubensauren Kalis mit Antimonoxyd. Bald erhält man rhombische Säulen, mit 4 Flächen zugespitzt, bald zarte Nadeln, die in der Sonne undurchsichtig werden. BERZELIUS. *Fig.* 62, ohne p-Fläche; a : a = 142° 55'; a : a nach hinten = 140°; a : u = 118° 2'; u^1 : u = 94° 40'. PREVOSTAYE. — Die lufttrocknen Krystalle halten 13,46 Proc. Kali, sind also = $C^8H^4K(SbO^2)O^{12}$ [+ Aq]. Sie verlieren bei 100° Krystallwasser; das bei 100° getrocknete Salz verliert bei 260° ohne Färbung 5,50 Proc. Wasser, also ganz wie beim Brechweinstein. LIEBIG (*Ann. Pharm.* 26, 134).

Traubensaures Zinkoxyd. — 1. Die wässrige Säure löst das Zink leicht unter Wasserstoffentwicklung auf, und setzt das gebildete Salz theils sogleich, theils beim Abdampfen in weifsen Nadeln ab, deren wässrige Lösung leicht schimmelt. WALCHNER. — 2. Die freie Säure fällt aus essigsaurem Zinkoxyd eine Gallerte, welche zu einer weifsen, etwas zähen Masse austrocknet. Diese löst sich kaum in Wasser, leichter in Traubensäure und noch leichter in Salzsäure. WERTHER.

Traubensaures Zinnoxydul. — Die wässrige Säure löst sehr langsam das Zinn, und liefert beim Abdampfen farblose, leicht in Wasser lösliche 6- und 8-seitige Säulen. WALCHNER.

Traubensaures Bleioxyd. — 168 Th. krystallisirte Säure, mit der 3fachen Menge Bleioxyd und mit Wasser im Wasserbade getrocknet, verlieren 32,76 und etwas über 100° im Ganzen 36,07 (4 At.) Proc. Wasser. BERZELIUS. 1. Die freie Säure fällt aus Bleizuckerlösung ein schneeweifses Krystallmehl, FRESENIUS; bei vorherrschender Traubensäure überzieht sich das Gefäfs mit einer Krystallrinde; versetzt man die kochende Säure nur mit so viel Bleizucker, bis der Niederschlag bleibend werden will, und filtrirt kochend, so erhält man beim Erkalten einige kleine Nadeln, FRESENIUS. — 2. Neutrales traubensaures Natron liefert einen flockigen, aus zarten Nadeln bestehenden Niederschlag. WALCHNER. — Das Salz hat nach dem Trocknen blofs ein spec. Gewicht von 2,530 bei 19°, also ein viel geringeres, als das tartersaure Bleioxyd. H. ROSE (*Pogg.* 33, 48). Das gefällte Salz hält kein Wasser. BERZELIUS. Es lässt nach dem Glühen im Verschlossenen eine zusammenhängende grauschwarze Masse, welche nach dem Erkalten sich an der Luft entzündet, wobei sich auf der Oberfläche Bleikügelchen zeigen, welche bald zu Oxyd verbrennen. Böttger. — Das Salz löst sich in Traubensäure, Walchner, und zwar leichter als das tartersaure Bleioxyd in Tartersäure, und die Lösung des Salzes in der heifsen Säure gibt beim Erkalten kleine Krystallkörner, welche beim Erhitzen unter leisem Verknistern und Wasserverlust zu einem Mehle zerfallen. Berzelius.

1) Krystallrinde, bei 100° getrocknet.			Berzelius.
2 PbO	224	62,92	62,75
$C^8H^4O^{10}$	132	37,08	37,25
$C^8H^4Pb^2O^{12}$	356	100,00	100,00

Traubensaures Eisenoxydul. — 1. Die wässrige Säure bildet mit Eisen unter Wasserstoffentwicklung zarte weifse, schwer in Wasser lösliche Nadeln, welche sich an der Luft allmälig in gelbes Oxydsalz verwandeln. Walchner. — 2. Eisenvitriol, zu einem wässrigen Gemisch von essigsaurem Kali und Traubensäure gefügt, erzeugt einen weifsen (bei Luftzutritt sich bald grünlich und braun färbenden) Niederschlag, der im Vacuum zu einem gelbweifsen Pulver austrocknet. Dieses löst sich schwer in Wasser, leicht in Mineralsäuren, Traubensäure, Essigsäure, Ammoniak und Kali; die sauren Lösungen lassen sich nicht durch Alkalien, die alkalischen nicht durch Säuren fällen. Fresenius.

Traubensaures Eisenoxyd. — Die wässrige Säure, mit überschüssigem Oxydhydrat digerirt, und von einem basischen Salz abfiltrirt, liefert eine rothraune Flüssigkeit, welche beim Abdampfen noch etwas basisches Salz absetzt, und zu einer braunen harten zerreiblichen Masse austrocknet. Diese wird aus der Lösung in Wasser durch Weingeist völlig niedergeschlagen; auch wird die Lösung durch Blutlaugensalz, aber nicht durch Alkalien gefällt. Fresenius. — Die braungelbe Lösung des Oxydhydrats in der [überschüssigen?] Säure entfärbt sich allmälig sowohl an der Luft, als im Verschlossenen durch Uebergang in Oxydulsalz. Walchner.

Traubensaures Eisenoxyd-Ammoniak. — Die obige Lösung des Oxydhydrats in der wässrigen Säure gibt mit Ammoniak ein klares Gemisch, aus dem beim Abdampfen braungelbe, sehr leicht in Wasser lösliche und viel Ammoniak haltende Körner anschiefsen. Walchner.

Traubensaures Eisenoxyd-Kali. — Das wässrige saure Kalisalz, mit Eisenoxydhydrat digerirt, liefert ein rothbraunes Filtrat, welches beim Abdampfen ein basisches Salz absetzt. — *a.* Dieses ist ein hellgelbes Pulver, verkohlt sich im Feuer unter Aufblähen und lässt eine alkalische Asche; es löst sich kaum in Wasser, aber in kalter Kalilauge zu einer dunkelgrünen Flüssigkeit, welche beim Erhitzen einen reichlichem braungrünen Niederschlag gibt. — *b.* Die vom gelben Pulver abfiltrirte Flüssigkeit, weiter abgedampft, bleibt klar, und lässt eine braunschwarze, krystallisch körnige, zerfliefsliche Masse, bei deren Lösen in Wasser sich noch basisches Salz abscheidet, und eine braungelbe schwach alkalische Flüssigkeit entsteht, die nicht durch Kali und nur langsam und unvollständig durch Einfach- und Anderthalb-Cyaneisenkalium gefällt wird. Fresenius.

Traubensaures Kobaltoxydul. — 1. Frisch gefälltes Oxydul gibt mit der Säure eine sehr saure rothe Lösung, die beim Abdampfen schmutzig blassrothe Krystallrinden absetzt, worauf freie Säure anschiefst. — 2. Das Gemisch aus essigsaurem Kobaltoxydul und Traubensäure an einem warmen Orte verdunstet, liefert dieselben Rinden. FRESENIUS. — Blassrothe Krystallkörner. WINKELBLECH. — Das Salz löst sich sehr schwer in kaltem und kochenden Wasser; leichter in Traubensäure, daraus nicht durch Alkalien fällbar; noch leichter in Salzsäure, und in Kalilauge. Die rothe salzsaure Lösung gibt mit ätzendem oder kohlensaurem Ammoniak oder Kali einen Niederschlag, im Ueberschuss des Alkalis löslich, worauf aber bald Trübung erfolgt, und ein schmutzig blauer Niederschlag entsteht. Die schön violette Lösung des Salzes in Kalilauge verändert sich nicht beim Kochen, gibt aber nach einiger Zeit von selbst, schneller bei Wasserzusatz, unter Entfärbung einen schmutzig blauen Niederschlag. FRESENIUS.

Traubensaures Kobaltoxydul-Kali. — Die schön rothe neutrale Lösung des frisch gefällten Oxyduls in warmem wässrigen sauren traubensauren Kali trübt sich beim Verdunsten und setzt eine blassrothe Krystallrinde ab, der sich das Kali durch Waschen nicht völlig entziehen lässt. Die Rinde löst sich schwer in Wasser, leicht in Traubensäure oder Kali. FRESENIUS.

Traubensaures Nickeloxydul. — Beim Verdunsten des wässrigen essigsauren Nickeloxyduls mit Traubensäure bilden sich schön grüne 4seitige Nadeln. Diese verwittern an trockner Luft sehr langsam, bei 100° schnell. Sie lösen sich sehr schwer in, selbst kochendem, Wasser, leichter in Traubensäure, noch leichter in Salzsäure, worauf weniger kohlensaures Kali einen Niederschlag erzeugt, den mehr wieder löst. Mit Kalilauge gibt das Salz eine grüne Lösung, die sich beim Erhitzen trübt, und beim Erkalten nicht wieder klärt. FRESENIUS. Es löst sich in heifsem kohlensauren Natron reichlich und unter Kohlensäureentwicklung zu einer Flüssigkeit, die beim Erkalten zur Gallerte erstarrt. WERTHER.

	*Nadeln.		FRESENIUS.
2 NiO	75	25,25	25,47
$C^8H^4O^{10}$	132	44,45	
10 HO	90	30,30	
$C^8H^4Ni^2O^{12}+10Aq$	297	100,00	

Traubensaures Nickeloxydul-Ammoniak. — Das wässrige saure traubensaure Ammoniak gibt beim Digeriren mit überschüssigem kohlensauren Nickeloxydul und Filtriren eine grüne Flüssigkeit, aus welcher sich beim Verdunsten grüne Flocken ausscheiden, denen sich das Ammoniak durch Waschen nicht ganz entziehen lässt. FRESENIUS.

Traubensaures Kupferoxydul. — Die wässrige Säure, in Berührung mit Kupfer der Luft dargeboten, setzt nach mehreren Tagen ein grünblaues Oxydsalz ab, und gibt dann beim Abdampfen weifse schiefe rhombische Säulen, ziemlich leicht in Wasser löslich, durch Kali mit gelber Farbe fällbar. WALCHNER.

Traubensaures Kupferoxyd. — 1. Die freie Säure fällt aus schwefelsaurem Kupferoxyd zuerst nur einige Körner, allmälig Alles. JOHN. Mischt man heifs und concentrirt, so entstehen nach einiger Zeit blassgrüne Tafeln. WERTHER. — 2. Verdünntes essigsaures Kupferoxyd erzeugt mit der freien Säure hellblaue 4seitige Nadeln. FRESENIUS. — 3. Neutrale traubensaure Alkalien fällen die Kupferoxydsalze, WALCHNER, unter Bildung eines zeisiggrünen Krystallpulvers, WERTHER. — Die Nadeln 2) sind luftbeständig, verwittern bei 100°, lösen sich sehr schwer in kaltem, etwas leichter in kochendem Wasser, leicht in Salzsäure. Die Lösung färbt sich mit Kali schön blau, wird aber dadurch selbst beim Kochen nicht entfärbt. FRESENIUS. — Das zeisiggrüne Pulver 3) löst sich in Wasser fast so schwer, wie das tartersaure Kupferoxyd; es löst sich leicht in ätzendem Kali oder Natron, aber nur beim Erhitzen in kohlensaurem. WERTHER.

Nadeln 2) über Vitriolöl getrocknet.			FRESENIUS.
2 CuO	80	32,26	31,75
$C^8H^4O^{10}$	132	53,22	
4 HO	36	14,52	
$C^8H^4Cu^2O^{12}+4Aq$	248	100,00	

Traubensaures Kupferoxyd-Kali. — Die durch Sättigung des wässrigen sauren traubensauren Kalis mit kohlensaurem Kupferoxyd in der Wärme erhaltene himmelblaue neutrale Lösung setzt beim Verdunsten über Vitriolöl blaue Rinden, ohne krystallische Structur, ab, welche sich schwierig in, selbst kochendem, Wasser lösen, und sich durch Waschen nicht vom Kali befreien lassen. FRESENIUS.

Basisches traubensaures Kupferoxyd-Natron. — a. Wenn man Natronlauge mit in Wasser angerührtem, nach 3) erhaltenen traubensauren Kupferoxyd sättigt, und absoluten Weingeist vorsichtig darüber schichtet, so bilden sich auf dem Boden hellblaue Tafeln und an der Gränze der 2 Flüssigkeiten tiefblaue Nadeln. Die Tafeln lassen sich durch Lösen in heifsem Wasser, und Darüberschichten von Weingeist umkrystallisiren. Sie lösen sich wenig in kaltem, leichter in heifsem Wasser. Diese Lösung lässt sich lange kochen, ohne Zersetzung; sie wird durch Natron in der Kälte selbst nach Wochen nicht zersetzt; aber beim Kochen damit setzt sie Kupferoxydul ab. WERTHER.

			WERTHER.	
			Tafeln.	Nadeln.
2 NaO	62,4	18,01	17,92	17,86
2 CuO	80	23,09	22,98	22,14
$C^8H^4O^{10}$	132	38,11	37,81	
8 HO	72	20,79	21,51	
$2\,CuO,C^8H^4Na^2O^{12}+8Aq$	346,4	100,00	100,25	

b. Einmal erhielt WERTHER bei derselben Darstellung mit Weingeist dunkelblaue reguläre Oktaeder, die bei 100° 19,93 Proc. Wasser verloren.

c. Die beim Kochen von traubensaurem Kupferoxyd mit wässrigem kohlensauren Natron unter Kohlensäureentwicklung erhaltene dunkelblaue Lösung liefert sowohl beim Versetzen mit Weingeist, als beim Abdampfen ein hellblaues Pulver, welches bei 100° 3,88 Proc. Wasser verliert, und sich schwierig in kaltem und leicht in heifsem Wasser löst, zu einer neutralen, beim Abdampfen weder krystallisirenden, noch sich zersetzenden Flüssigkeit. WERTHER.

	Werther.	
	Oktaeder b.	Hellblaues Pulver c.
NaO	21,36	10,78
CuO	11,05	31,24
$C^8H^4O^{10}$		
HO	19,93	3,88

Traubensaures Quecksilberoxydul. — Die Säure gibt mit salpetersaurem Quecksilberoxydul einen weifsen, sich im Lichte schwärzenden Niederschlag. Walchner. Das schneeweifse schwere Pulver färbt sich in der Sonne in wenigen Minuten graubraun; es löst sich nicht in Wasser und Traubensäure, aber leicht in Salpetersäure zu einer Flüssigkeit, welche durch Ammoniak hellgrau, und durch kohlensaures Kali in der Kälte olivengrün, und beim Kochen schwarz gefällt wird. Fresenius.

Traubensaures Silberoxyd. — Fügt man zu auf 80 bis 85° erhitztem salpetersauren Silberoxyd so lange heifses mäfsig concentrirtes saures traubensaures Ammoniak, bis der Niederschlag bleibend zu werden beginnt, so erhält man beim Erkalten blendend weifse, silberglänzende, dem polirten Silber ähnliche Krystallschuppen von 3,7752 spec. Gew. bei 15°, die sich weniger, als das tartersaure Salz, in Wasser lösen. Liebig u. Redtenbacher (*Ann. Pharm.* 38, 133).

	Getrocknet.		Liebig u. Redtenbacher.	Liebig (*Ann. Pharm.* 26, 133).
2 Ag	216	59,34	59,29	59,14
$C^8H^4O^{12}$	148	40,66		
$C^8H^4Ag^2O^{12}$	364	100,00		

Die Traubensäure löst sich in 48 Th. kaltem *Weingeist* von 0,809 spec. Gewicht. Walchner. Die Lösung röthet nicht Lackmus. Pelouze.

Paratartralsäure.

E. Fremy. *Ann. Chim. Phys.* 68, 378; auch *Ann. Pharm.* 39, 161; auch *J. pr. Chem.* 16, 339.

Acide paratartralique.

Man erhitzt die gepulverte Säure in einer Porcellanschale etwas über 200° auf kurze Zeit zum Schmelzen, nimmt sie vom Feuer, so lange sie noch ganz flüssig und farblos ist, löst sie in Wasser, sättigt sie mit kohlensaurem Baryt, filtrirt vom traubensauren Baryt ab, und zersetzt das Filtrat durch eine angemessene Menge von Schwefelsäure.

Die Säure ist farblos, wird durch Wasser wieder in Traubensäure verwandelt, zerfliefst an der Luft, ist im hyp. trocknen Zustande = $C^8H^4O^{10}$ und sättigt $1\frac{1}{2}$ At. Basis. Sie bildet mit sämmtlichen Alkalien lösliche Salze, die durch Wasser wieder in traubensaure Salze verwandelt werden. Das Barytsalz hält 43,2 Proc. Baryt, das Kalksalz 21,1 Proc. Kalk. Fremy.

Das Bleisalz hält:

	Fremy.
PbO	50,07
C	18,00
H	1,53
O	30,40
	100,00

[Hier kommen auf $C^8H^4O^{10}$ blofs $1^1/_5$ At. PbO.]

Paratartrelsäure.

Fremy. Ebendaselbst.

Acide paratartrélique.

Entsteht aus der Paratartralsäure bei weiterem Schmelzen; wird wie die Tartrelsäure dargestellt. Ist dieser ganz ähnlich und verwandelt sich unter denselben Umständen in Traubensäure, unter welchen die Tartrelsäure in Tartersäure übergeht. Sie lässt sich im hyp. trocknen Zustande ebenfalls als $C^8H^4O^{10}$ betrachten, sättigt aber nur 1 At. Basis. Das Barytsalz hält 36,04 Proc. und das Kalksalz hält 17,4 Proc. Alkali. Fremy.

	Bleisalz.		Fremy.
PbO	43,20	bis	48,43
C	22,99	„	19,26
H	1,91	„	1,59
O	31,90	„	30,72
	100,00		100,00

Traubenanhydrid.

Fremy. Ebendaselbst.

Wasserfreie Traubensäure, Acide paratartarique anhydre.

Durch Erhitzen der Traubensäure bis zum Aufschäumen und Erstarren.

Gleicht dem Tarteranhydrid, gibt mit Wasser ebenfalls eine Gallerte, und schmeckt schwach sauer.

Geht in Berührung mit Wasser allmälig nach einander in Paratartrelsäure, Paratartralsäure und Traubensäure über. Fremy.

			Fremy.
8 C	48	36,36	37,14
4 H	4	3,03	3,09
10 O	80	60,61	59,77
$C^8H^4O^{10}$	132	100,00	100,00

Methyl-Traubensäure.

$$C^{10}H^8O^{12} = C^2H^4O^2,C^8H^4O^{10}.$$

Guérin-Varry (1836). *Ann. Chim. Phys.* 62, 77; auch *Ann. Pharm.* 22, 252; auch *J. pr. Chem.* 9, 376.

Methylentraubensäure, Paramethylenweinsäure, Acide paratartromethylique.

Bildung und Darstellung wie bei Methyltartersäure (V, 440).

Eigenschaften. Gerade rectanguläre Säulen, durch Abstumpfung der Seitenkanten in rhombische Säulen übergehend. Geruchlos, von saurem, nicht süfsem Geschmacke.

		Krystallisirt.		Guérin.	Dumas u. Piria.
10 C		60	34,68	35,08	35,15
9 H		9	5,20	5,41	5,10
13 O		104	60,12	59,51	59,75
$C^{10}H^{8}O^{12}$+Aq		173	100,00	100,00	100,00

Zersetzungen. Die Säure verhält sich bei der trocknen Destillation und beim Verbrennen wie die Methyltartersäure. Sie zersetzt sich beim Kochen mit Wasser in Holzgeist und Traubensäure, doch nicht so leicht wie die Wein-Traubensäure, und ihre wässrige Lösung liefert beim freiwilligen Verdunsten die unveränderten Krystalle.

Verbindungen. Die Säure löst sich sehr leicht in kaltem, nach allen Verhältnissen in kochendem *Wasser*.

Methyltraubensaures Kali. — Wie das methyltartersaure Kali zu erhalten. Farblose und geruchlose gerade Säulen. Diese verlieren im Vacuum über Vitriolöl 4,25 Proc. Wasser. Sie erweichen sich bei 100°, schmelzen bei 150°, und liefern bei 200° dieselben Producte, wie das methyltartersaure Kali. Sie zerfallen bei langem Kochen mit Wasser in Holzgeist und saures traubensaures Kali. Sie lösen sich leichter in heifsem als in kaltem Wasser, nicht in Holzgeist und 95procentigem Weingeist.

	Krystalle.		Guérin.
KO	47,2	22,35	22,25
10 C	60	28,41	28,37
8 H	8	3,79	3,89
12 O	96	45,45	45,49
$C^{10}H^{7}KO^{12}$+Aq	211,2	100,00	100,00

Ueberschüssige Säure gibt mit wässrigem *Kali* einen, in mehr Wasser löslichen, amorph pulverigen Niederschlag.

Eben so erzeugt überschüssige Säure mit *Natron*lauge einen in viel Wasser löslichen körnigen Niederschlag.

Methyltraubensaurer Baryt. — Die Säure gibt mit Barytwasser einen in Säureüberschuss löslichen Niederschlag. Das neutrale Salz wird wie der methyltartersaure Baryt erhalten. Farblose, bitter schmeckende, schiefe rhomboidische Säulen. Winkel der Seitenkanten = 119 und 61°; Neigung der Basis zu 2 Seitenkanten = 113° und 87°. [Hier ist ein Zahlenfehler.] Die Krystalle verwittern an der Luft, wobei sie von ihren 4 At. Wasser 3 verlieren und einen Rückstand lassen, der im trocknen Vacuum noch 3,8 Proc. Wasser verliert. Sie erweichen sich bei 60°, entwickeln bei 100° Dämpfe, die sich zu schönen Krystallblättchen verdichten, welche nicht Oxalformester sind, schmelzen bei 105°, kochen bei 120°, und verwandeln sich bei 130° in eine wasserhelle Flüssigkeit, welche sich bei 175° gelb färbt und bei 205° ein Destillat liefert aus Wasser, Holzgeist, Essigformester und einer krystallischen Materie bestehend, welche mit der obigen übereinzukommen scheint. Das verwitterte Salz sublimirt erst bei 130° diese krystallische Materie und erzeugt erst bei 140° starke

Dämpfe. Das Salz löst sich leichter in heifsem als in kaltem Wasser, nicht in Holzgeist und 95procentigem Weingeist.

	Verwittert.		GUÉRIN.
BaO	76,6	31,83	31,47
10 C	60	24,94	24,50
8 H	8	3,33	3,38
12 O	96	39,90	40,65
$C^{10}H^7BaO^{12}$+Aq	240,6	100,00	100,00

Die wässrige Säure gibt mit *Strontian*wasser einen nicht in Säureüberschuss, aber in viel Wasser löslichen Niederschlag, und mit *Kalk*wasser feine, nicht in überschüssiger Säure lösliche Nadeln.

Sie löst *Zink* und *Eisen* unter Wasserstoffentwicklung.

Sie fällt aus *Blei*zucker oder Bleiessig, so wie aus concentrirter *Silber*lösung weifse, nicht in überschüssiger Säure lösliche Flocken.

Die Methyltraubensäure löst sich leicht in *Holzgeist* und *Weingeist* und wenig in *Aether*. GUÉRIN.

Wein-Traubensäure.

$C^{12}H^{10}O^{12} = C^4H^6O^2,C^8H^4O^{10}$.

GUÉRIN-VARRY (1836). *Ann. Chim. Phys.* 62, 70; auch *Ann. Pharm.* 22, 245; auch *J. pr. Chem.* 9, 372.

Aethertraubensäure, Acide paratartrovinique.

Bildung und Darstellung. Im Allgemeinen, wie bei der Weintartersäure. Da sich jedoch die Traubensäure schwieriger in Weingeist löst, so nimmt man auf 1 Th. Traubensäure 4 Th. absoluten Weingeist; auch kocht man in einer Retorte gelinde unter Cohobation, bis die zum Syrup eingeengte Lösung in der Kälte nichts mehr absetzt, verdünnt sie dann mit Wasser, sättigt mit kohlensaurem Baryt, verdunstet das Filtrat bei 50 bis 60° an der Luft und zersetzt das krystallisirte Barytsalz durch Schwefelsäure, ganz wie bei Weintartersäure.

Eigenschaften. Farblose schiefe rhombische Säulen, deren Basis weniger schief gegen die Seitenkanten geneigt ist, als bei der Weintartersäure. Geruchlos, von saurem und noch süfserem Geschmacke, als Weintartersäure.

	Krystallisirt.		GUÉRIN.
12 C	72	38,50	38,66
11 H	11	5,88	5,92
13 O	104	55,62	55,42
$C^{12}H^{10}O^{12}$+Aq	187	100,00	100,00

Zersetzungen. Die Säure verbrennt mit ähnlicher Flamme, wie die Weintartersäure und auch ihre Zersetzungen bei der trocknen Destillation, bei der Behandlung mit Salpetersäure oder Schwefelsäure und beim Kochen mit 40 Th. Wasser sind dieselben.

Verbindungen. Die Säure ist sehr leicht in Wasser löslich und zerfliefslich.

Die *weintraubensauren Salze, Paratartrovinates*, gleichen im Allgemeinen den weintartersauren Salzen, geben aber weniger schöne Krystalle, und diese halten mehr Krystallwasser, welches aber im trocknen Vacuum fortgeht, so dass die rückbleibenden Salze mit den trocknen weintartersauren Salzen einerlei Zusammensetzung haben.

Weintraubensaures Kali. — Wie das weintartersaure Kali erhalten. Farblose 4seitige, wie es scheint, quadratische Säulen, an den Endkanklen abgestumpft (vgl. PREVOSTAYE, *N. Ann. Chim. Phys.* 3, 140). Vom Geschmacke des weintartersauren Kalis. Sie verlieren im trocknen Vacuum 7,65 Proc. Wasser.

	Krystalle.		GUÉRIN.
KO	47,2	20,15	19,95
$C^{12}H^9O^{11}$	169	72,16	
2 HO	18	7,69	7,65
$C^{12}H^9KO^{12},2Aq$	234,2	100,00	

Ueberschüssige Säure fällt aus wässrigem Kali ein feines Pulver.

Weintraubensaures Natron. — Die Säure gibt mit wässrigem Natron, auch wenn dieses vorwaltet, einen in kaltem Wasser nicht löslichen Niederschlag, der beim Ueberschuss der Säure zunimmt.

Weintraubensaurer Baryt. — *Darstellung* s. oben. Zu Wärzchen vereinigte weifse kleine Nadeln, welche im trocknen Vacuum 6,95 Proc. Wasser verlieren, und sich viel leichter in heifsem, als in kaltem Wasser, und nicht in absolutem Holzgeist und 95procentigem Weingeist lösen.

	Krystalle.		GUÉRIN.
BaO	76,6	29,06	28,74
12 C	72	27,32	27,62
11 H	11	4,17	4,24
13 O	104	39,45	39,40
$C^{12}H^9BaO^{12}+2Aq$	263,6	100,00	100,00

*Strontian*wasser gibt mit der Säure einen Niederschlag, der sich in ihrem Ueberschusse löst, *Kalk*wasser einen nicht in dieser, aber in Salpetersäure löslichen.

Die verdünnte Säure löst *Zink* und *Eisen* unter Wasserstoffentwicklung.

Sie fällt den *Blei*zucker weifs.

Weintraubensaures Silberoxyd. — 1. Die Säure fällt das salpetersaure Silberoxyd in weifsen feinen Nadeln. — 2. Das concentrirte Kalisalz oder Barytsalz fällt aus der Silberlösung ebenfalls Nadeln, die, im Dunkeln mit kaltem Wasser gewaschen und unter 50° getrocknet, im Vacuum über Vitriolöl nichts verlieren, sich im Lichte roth, dann braun färben, sich bei 100°, auch unter Wasser zersetzen, und sich ein wenig in Wasser lösen.

			GUÉRIN.
12 C	72	25,26	26,93
9 H	9	3,16	3,31
Ag	108	37,89	37,70
12 O	96	33,69	32,06
$C^{12}H^9AgO^{12}$	285	100,00	100,00

Die Weintraubensäure löst sich sehr leicht in *Weingeist*, nicht in *Aether*. GUÉRIN.

Antitartersäure.

$$C^8H^6O^{12} = C^8H^6O^6,O^6.$$

Pasteur. *N. Ann. Chim. Phys.* 24, 442; 28, 56. — *Compt. rend.* 28, 477; 29, 297. — Bericht über Pasteur durch Biot: *Compt. rend.* 29, 433; *N. Ann. Chim. Phys.* 28, 99.

Acide levoracemiqae.

Die Traubensäure lässt sich als die indifferente Verbindung der Tartersäure mit einer gleichen Menge einer andern Säure, der Antitartersäure betrachten, welche zwar im Uebrigen mit der Tartersäure völlig übereinkommt, aber in der Krystallform, Thermoelektricität und der Wirkung auf das polarisirte Licht entgegengesetzte Eigenschaften zeigt, welche sich bei ihrer Verbindung zur Traubensäure völlig ausgleichen.

Die Traubensäure und die meisten ihrer Salze krystallisiren aus der wässrigen Lösung unverändert, ohne in verschiedenartige Krystalle zu zerfallen; aber beim Abdampfen und Erkälten einer Lösung des traubensauren Natronammoniaks oder des traubensauren Natronkalis erhält man statt eines traubensauren Doppelsalzes zweierlei Krystalle zu gleichem Gewichte, welche zwar dieselbe Gestalt haben, und ihr genaues gegenseitiges Spiegelbild sind, aber mit gewissen hemiëdrischen Flächen, welche bei einer Art der Krystalle, die mit dem tartersauren Natronammoniak oder Natronkali übereinkommen, rechts liegen, und bei den andern, welche als antitartersaures Natronammoniak oder Natronkali zu unterscheiden sind, in derselben Stellung vor das Gesicht gehalten, links liegen. Jeder dieser zweierlei Krystalle, für sich in Wasser gelöst, bewirkt Rotation nach rechts oder nach links, und scheidet aus verdünnten Kalksalzen erst nach einiger Zeit krystallischen tartersauren oder antitartersauren Kalk ab; aber eine vereinigte Lösung der Gesammtmasse der angeschossenen Krystalle, so wie die Mutterlauge, zeigt kein Rotationsvermögen, verhält sich wie ein traubensaures Alkali, und fällt die verdünnten Kalksalze sogleich als amorphes Pulver, oder in zarten Blättchen. Man liest beide Arten von Krystallen, indem man die Lage ihrer hemiëdrischen Flächen untersucht, aus, und reinigt sie, jede Art für sich, durch Umkrystallisiren, wobei in der Mutterlauge das wenige traubensaure Doppelsalz bleibt, welches sich, da das mechanische Auslesen der zweierlei Krystalle nicht vollständig möglich ist, beim Wiederauflösen aus den beiden entgegengesetzten Salzen wieder erzeugt hat.

Indem man die so gereinigten Krystalle, deren hemiëdrische Flächen zur Rechten liegen, in Wasser löst, durch salpetersaures Bleioxyd fällt, und den gewaschenen Niederschlag durch verdünnte Schwefelsäure zersetzt, so erhält man die Säure: *Acide dextroracemique,* welche nach allen damit angestellten Untersuchungen mit der Tartersäure völlig übereinkommt. — Bei derselben Behandlung derjenigen Krystalle, deren hemiëdrische Flächen zur Linken liegen, erhält man die *Antitartersäure, Acide levoracemique.*

Eigenschaften. Die Krystalle der Antitartersäure kommen in Ansehn, Gestalt, Winkelgröfse, spec. Gewicht (1,75), Zusammensetzung,

Löslichkeit in Wasser, u. s. w. völlig mit der Tartersäure überein, mit Ausnahme folgender 3 physikalischer Verhältnisse.

1. *Krystallgestalt:* Wenn man den Krystall der Tartersäure oder Antitartersäure (*Fig.* 109) so gegen sich hält, dass die i-Fläche dem Auge gegenüber steht, unter i die (auf der Figur verborgene) f-Fläche, über i die e- und t-Fläche und rechts und links von i die a-Flächen, so finden sich bei der Tartersäure noch 2, zu einem unregelmäfsigen Tetraeder führende Flächen, die obere zwischen a, i, e und t, die untere zwischen a, i und f, welche 2 Flächen links von i fehlen; und umgekehrt finden sich diese 2 Flächen bei der Antitartersäure links und fehlen rechts. Bisweilen finden sich zwar auch bei den Krystallen beider Säuren diejenigen Flächen, die in der Regel fehlen, aber weniger ausgebildet.

2. *Thermoelektricität:* Während sich beim Erkalten der erwärmten Krystalle der Tartersäure die positive Elektricität auf der rechten Seite einstellt, so zeigt sie sich bei der Antitartersäure auf der linken Seite.

3. *Kreispolarisation:* Die in Wasser gelöste Antitartersäure lenkt die Polarisationsebene bei gleicher Temperatur und gleicher Concentration genau eben so stark nach der Linken ab, wie die Tartersäure nach der Rechten. (Durch Boraxsäure wird dieses Rotationsvermögen der Antitartersäure nach links genau in demselben Grade erhöht, wie das der Tartersäure nach rechts. Biot).

Die Traubensäure dagegen und alle ihre Salze bilden hemiëdrische Krystalle, weder mit Thermoelektricität, noch mit Rotationsvermögen begabt.

Die krystallisirte Antitartersäure hält 31,90 C, 4,02 H und 64,08 O.

Mischt man in concentrirter Lösung gleiche Theile Antitartersäure und Tartersäure (letztere sei gewöhnliche oder aus Traubensäure dargestellte), so entsteht unter starker Wärmeentwicklung Traubensäure, durch deren Krystallisiren das Gemisch gesteht.

Die *antitartersauren Salze, Levoracemates*, kommen mit der Tartersäure in spec. Gewicht, doppelter Strahlenbrechung, Zusammensetzung, Löslichkeit u. s. w. völlig überein, zeigen aber wiederum bei übrigens gleicher Krystallform und gleichen Winkeln eine entgegengesetzte Hemiëdrie, Thermoelektricität und Rotation. Das eigenthümliche Verhalten des in Salzsäure gelösten Kalksalzes bei der Kreispolarisation s. bei diesem. Gleiche Theile antitartersaure und tartersaure Salze derselben Basis in Wasser gelöst, vereinigen sich sogleich zu traubensauren Salzen.

Das *neutrale antitartersaure Ammoniak* liefert gewöhnlich dieselben Krystalle mit denselben Winkeln, wie das tartersaure, nur mit entgegengesetzter Hemiëdrie. *Fig.* 89, mit leichter Spaltbarkeit nach l; beim tartersauren Ammoniak kommen rechts von m erst 2 hemiëdrische Flächen, dann die 2 a-Flächen, während sich links von m sogleich die 2 a-Flächen befinden; beim antitartersauren Ammoniak verhält es sich umgekehrt. — Die Krystalle des letztern halten 26,3 Proc. C und 6,6 H, sind also, wie die des tartersauren Salzes, = $C^8H^4(NH^4)^2O^{12}$. Ihre wässrige Lösung bewirkt eine genau eben so starke Rotation zur Linken, wie die des tartersauren Ammoniaks zur Rechten. — Aus der mit Ammoniak stark übersättigten Lösung schiefsen bisweilen unregelmäfsige Tetraëder an, welche beim Herausnehmen aus der Mutterlauge im Innern undurchsichtig werden.

Antitartersaures Natron-Ammoniak. — *Darstellung* (vergl. V, 464). Man neutralisirt 1 Th. Traubensäure mit kohlensaurem Natron und 1 Th. mit Ammoniak, dampft das Gemisch ab, und erhält theils bei freiwilligem Verdunsten, theils beim Erkalten die zweierlei Krystalle genau zu gleichen Mengen, wie viel oder wie wenig Mutterlauge auch bleibe. Die erhaltenen, dem Seignettesalz ähnlichen, Krystalle (*Fig.* 80) zeigen noch 2 Flächen unter einander, y und yy, zwischen p und m. Aufserdem findet sich bei den Krystallen des tartersauren Doppelsalzes eine Abstumpfungsfläche zwischen p und u auf der rechten Seite (so wie diametral gegenüber) und bei denen des antitartersauren Salzes auf der linken (bisweilen kommen zugleich die entgegengesetzten Flächen vor, aber weniger ausgebildet). Hierdurch wird die Verschiedenheit erkannt und dem gemäfs das Auslesen der zwischen Papier von der Mutterlauge befreiten Krystalle vorgenommen. Da zusammengewachsene Krystalle nicht scharf zu trennen sind, so löst man sie in der erwärmten Mutterlauge unter Ersetzung des verflüchtigten Ammoniaks, woraus sie nach einigen Tagen getrennt anschiefsen, wenn die Lösung nicht zu concentrirt ist. Das Auslesen geschieht am besten Morgens, weil bei steigender Wärme durch theilweise Lösung die hemiëdrischen Flächen undeutlicher werden. Die ausgelesenen Krystalle werden durch Umkrystallisiren aus Wasser gereinigt, wobei traubensaures Salz in der Mutterlauge bleibt, welches bei weiterem Abdampfen wieder in die zweierlei Krystalle zerfällt. — Das spec. Gewicht der Krystalle beträgt (wie bei denen des tartersauren Natron-Ammoniaks) 1,576 Proc. Sie lösen sich (genau wie das tartersaure Salz) in 3,74 Wasser von 0°.

Antitartersaures Natron-Kali. — Lässt sich auf dieselbe Weise bereiten, oder durch Sättigung der Antitartersäure halb mit Kali und halb mit Natron. Isomorph mit dem vorigen Salz und auch, mit Ausnahme der entgegengesetzten hemiëdrischen Flächen, mit dem Seignettesalz. Bisweilen erhält man bei der ersten Darstellungsweise einzelne homoëdrische Krystalle, die sich bald (durch die Reaction gegen Kalksalze) als traubensaures Salz (oder Gemenge von tartersaurem und antitartersauren Salz) erweisen, bald aber blofs als eins dieser beiden Salze.

Antitartersaurer Kalk. — Antitartersaures Ammoniak, oder eines der genannten Doppelsalze setzt mit verdünnten Kalksalzen erst nach einiger Zeit kleine glänzende, harte, gerade, rhombische Säulen ab, die mit einigen ganz homoëdrischen Abstumpfungen versehen sind, wodurch sie in Oktaëder übergehen können. Sie halten 14,8 Proc. C, 4.69 H, also 8 At. Krystallwasser. Sie kommen mit den ebenfalls ganz homoëdrischen Krystallen des tartersauren Kalks in Form, Löslichkeit u. s. w. völlig überein. Sie verwandeln sich beim Zusammenmischen mit diesen sogleich in traubensauren Kalk. Ihre Lösung in Salzsäure lenkt den polarisirten Lichtstrahl nach *rechts* ab, während die salzsaure Lösung des tartersauren Kalks ihn nach *links* ablenkt. Oft entstehen beim Fällen eines verdünnten Kalksalzes durch antitartersaures Ammoniak anfangs seidenglänzende Nadelbüschel, ebenfalls 8 At. Krystallwasser haltend, die sich dann über Nacht in einzelne Oktaëder verwandeln.

Eine gemischte Lösung von antitartersaurem und tartersaurem Natronammoniak gibt mit verdünnten Kalksalzen augenblicklich einen Niederschlag von traubensaurem Kalk.

Antitartersaures Antimonoxyd-Ammoniak. — Die Lösung gibt zuerst Tetraeder, denen des entsprechenden tartersauren Salzes (V, 409) ganz ähnlich, dann beim Abdampfen der Mutterlauge wasserreichere gerade rhombische Säulen, 14,05 Proc. C und 3,49 H, also 4 At. Krystallwasser haltend, blofs an 2 entgegengesetzten Kanten zwischen p und u abgestumpft, während die geraden rhombischen Säulen des entsprechenden tartersauren Salzes die entgegengesetzten Abstumpfungsflächen besitzen.

Antitartersaures Antimonoxyd-Kali. — Wasserhelle glänzende Krystalle, ganz vom Ansehen des Brechweinsteins, aber auch mit einem Gegensatz in der abwechselnden Ausgedehntheit der a-Flächen. Die Figur ist in PASTEUR's Abhandlung nachzusehen. Spec. Gewicht der Krystalle 2,477 (während das des Brechweinsteins 2,557 beträgt); sie halten 14,45 Proc. C und 1,47 H, und ihre wässrige Lösung lenkt den polarisirten Lichtstrahl eben so stark links ab, wie die gleich starke des Brechweinsteins rechts. PASTEUR.

Verbindungen, 10 At. Kohlenstoff haltend.

Furfe-Reihe, $C^{10}H^{6}$.

a. *Sauerstoffkern* $C^{10}H^{4}O^{2}$.

Furfurol.

$$C^{10}H^{4}O^{4} = C^{10}H^{4}O^{2},O^{2}.$$

DÖBEREINER (1831). *Schw.* 63, 368. — *Ann. Pharm.* 3, 141. — *J. pr. Chem.* 46, 167.
STENHOUSE. *Ann. Pharm.* 35, 301; auch *Phil. Mag. J.* 18, 122.
G. FOWNES. *Phil. Transact.* 1845, 253; auch *Ann. Pharm.* 54, 52.
CAHOURS. *N. Ann. Chim. Phys.* 24, 277; auch *Ann. Pharm.* 69, 82; auch *J. pr. Chem.* 46, 45.

Künstliches Ameisenöl.

Bildung. 1. Beim Erhitzen von Zucker mit mäfsig verdünnter Schwefelsäure und Braunstein. DÖBEREINER. — 2. Beim Erhitzen von Kleie, MORSON u. FOWNES, oder von Getreidemehl, STENHOUSE, FOWNES, mit mäfsig verdünnter Schwefelsäure. — Beim Destilliren von Zucker, Stärkmehl oder Sägespänen mit verdünnter Schwefelsäure ohne Braunstein erhält man kein Furfurol. DÖBEREINER. — Auch CAHOURS erhielt keines aus reinem Stärkemehl, Holzfaser oder Kleber mit verdünnter Schwefelsäure, und die Kleie liefs bei der blofsen Destillation mit Wasser auch kein Furfurol übergehen. — Nach STENHOUSE dagegen lieferten auch Spreue oder Sägespäne mit verdünnter Schwefelsäure Furfurol. Nach Emmet (*Sill. amer. J.* 32, 140; auch *J. pr. Chem.* 12, 120) liefert auch Zucker, Stärkmehl, Gummi und Holz bei der Destillation mit einer so weit verdünnten Schwefelsäure, dass sie nicht verkohlend wirkt, bei 100° fast blofs Furfurol, aber sobald der Rückstand schwarz wird, blofs Ameisensäure.

Darstellung. 1. Man destillirt 1 Th. Zucker mit 3 Th. Braunstein, 3 Th. Vitriolöl und 5 Th. Wasser, sättigt die Ameisensäure des Destillats mit kohlensaurem Natron, destillirt wieder, sättigt das Destillat mit Chlorcalcium und destillirt hiervon das Furfurol ab. Döbereiner. — 2. Man destillirt in einer Kupferblase, die zur Hälfte gefüllt werden kann, 1 Th. Weizenmehl oder Sägemehl mit 1 Th. Vitriolöl, welches mit einem gleichen Maafse Wasser verdünnt ist, bis zur anfangenden Verkohlung, giefst das Destillat nebst etwa so viel Wasser, wie man anfangs anwandte, in die Blase zurück, destillirt wieder, fast bis zur Trockne, sättigt die Ameisensäure und schweflige Säure des durch Furfurol milchig getrübten Destillats mit Kalkhydrat, wodurch es sich gelb färbt, destillirt $^1/_4$ davon ab, mischt dieses Destillat mit viel Chlorcalcium, und destillirt theilweise, und wiederholt dies nöthigenfalls, um das Oel, über welchem eine wässrige Lösung desselben schwimmt, gröfstentheils für sich zu erhalten. So liefern 100 Th. Mehl 0,52 Th. Furfurol. Stenhouse. — 3. Man erhitzt 2 Th. Hafermehl mit 2 Th. Wasser und 1 Th. Vitriolöl in der Blase unter Umrühren, bis der Brei durch Dextrinbildung dünnflüssig geworden ist, destillirt dann, fügt, sobald sich schweflige Säure entwickelt, noch 1 Th. Wasser hinzu, destillirt, bis die schweflige Säure reichlicher auftritt, giefst sämmtliches Destillat in die Blase zurück, und destillirt davon die Hälfte ab, und neutralisirt dieses wie bei 2) mit Kalkhydrat u. s. w. Fownes. — 4. Man destillirt auf ähnliche Weise 2 Th. Kleie mit 1 Th. Vitriolöl und 6 Th. Wasser und erhält so von 100 Th. Kleie fast 0,8 Th. Furfurol. Fownes. — 5. Man destillirt in einer geräumigen Blase 6 Th. Kleie mit 5 Th. Vitriolöl und 12 Th. Wasser, bis sich ein starker Geruch nach schwefliger Säure entwickelt, und rectificirt das Destillat theilweise und wiederholt über Chlorcalcium. So erhält man von 100 Th. Kleie im Ganzen 2,6 Th. Furfurol, wovon ein Theil im übergegangenen Wasser gelöst enthalten ist, aber durch Ammoniak als Furfuramid gefällt werden kann. Cahours. — 6. Um die vielen Rectificationen zu ersparen, sättige man sogleich das erste Kleiendestillat mit Ammoniak, stelle das Gemisch unter einigem Schütteln 24 Stunden an einen kühlen Ort, destillire das angeschossene Furfuramid mit nicht überschüssiger verdünnter Salzsäure, und rectificire das Destillat über Chlorcalcium. Döbereiner.

Eigenschaften. Farbloses, Stenhouse, Döbereiner, oder blassgelbes, Fownes, Oel, von starker lichtbrechender Kraft, Döbereiner, und von 1,1006 bei 16°, Stenhouse, 1,168 bei 16°, Fownes, spec. Gewicht. Es siedet stetig bei 161,7°, Fownes, bei 162°, Cahours, bei 168°, Stenhouse, und verdampft unverändert. Dampfdichte = 3,344. Cahours. Es riecht wie ein Gemisch von Bittermandelöl und Zimmtöl, Döbereiner, Fownes, und schmeckt gewürzhaft, dem Zimmtöl ähnlich, Stenhouse.

			Stenhouse.	Fownes.	Cahours.		Maafs.	Dichte.
10 C	60	62,50	62,34	62,33	62,35	C-Dampf	10	4,1600
4 H	4	4,17	4,40	4,29	4,26	H-Gas	4	0,2772
4 O	32	33,33	33,26	33,38	33,39	O-Gas	2	2,2186
$C^{10}H^4O^4$	96	100,00	100,00	100,00	100,00	Furf.-Dampf	2	6,6558
							1	3,3279

Zersetzungen. 1. Das Furfurol ist sehr leicht zu *entzünden*, und brennt mit gelber, stark rufsender Flamme. Stenhouse. — 2. Während es sich unter Wasser nur gelb färbt, so bräunt es sich für sich in einigen Stunden und verwandelt sich nach Jahren in schlecht verschlossenen Flaschen in einen braunen Theer, bei dessen Destillation mit Wasser das unzersetzt gebliebene Furfurol nebst etwas Ameisensäure übergeht, während ein nicht in Wasser, aber in Kali löslicher, und daraus durch Säuren fällbarer pechartiger Rückstand bleibt. Fownes. — 3. Es gibt mit *Chlor* blofs schwarze, harzartige Producte. Cahours. — 4. Es wird durch erwärmte *Salpetersäure* (auch durch verdünnte, Cahours) unter heftiger Entwicklung salpetriger Dämpfe in Oxalsäure verwandelt. Fownes. — 5. Es wird durch *Schwefelsäure mit Braunstein* oder durch *Chromsäure* schnell in eine braune Materie verwandelt. Cahours. — 6. Seine Lösung in kaltem *Vitriolöl* zersetzt sich beim Erwärmen unter Bildung von schwefliger Säure und Kohle. Fownes. — 7. Es wird durch kalte *Salzsäure* schön roth, durch erhitzte dunkelbraun gefärbt. Stenhouse. Es verhält sich gegen starke Salzsäure ähnlich, wie gegen Vitriolöl. Fownes. — 8. Es löst sich langsam in kalter, schneller in warmer *Kalilauge*, daraus durch Säuren in Gestalt eines Harzes fällbar. Fownes. Es wird nicht durch wässriges oder durch weingeistiges Kali zersetzt, aber durch Erhitzen mit Kalihydrat in ein Harz verwandelt. Stenhouse. — 9. Es wird durch *Kalium* unter Gasentwicklung zersetzt. Stenhouse. Das Kalium wirkt in der Kälte langsam, bewirkt aber beim Erwärmen heftige feurige Explosion unter Abscheidung von Kohle. Fownes. — 10. Mit *Ammoniak* erzeugt das Furfurol Furfuramid (V, 470), Fownes, und mit Schwefelammonium Thiofurfol (s. unten). Cahours.

Verbindungen. Das Furfurol löst sich ziemlich reichlich in *Wasser*, und theilt ihm seinen Geruch mit. Döbereiner, Stenhouse.

Es löst sich in kaltem *Vitriolöl* mit prächtig purpurrother Farbe und wird durch Wasser wieder ausgeschieden. Fownes.

Es löst reichlich *Iod* ohne heftige Einwirkung Stenhouse.

Es löst sich sehr leicht in *Weingeist*. Stenhouse, Fownes.

Thiofurfol.

$C^{10}H^4O^2S^2 = C^{10}H^4O^2,S^2.$

Cahours (1848). *N. Ann. Chim. Phys.* 24, 281; auch *Ann. Pharm.* 69, 85; auch *J. pr. Chem.* 46, 15.

Bildung. Bei der Einwirkung von Schwefelammonium auf Furfurol, oder von Hydrothion auf Furfuramid. $C^{10}H^4O^4 + 2NH^4S = C^{10}H^4O^2S^2 + 2HO + 2NH^3$; und $C^{30}N^2H^{12}O^6 + 6HS = 3C^{10}H^4O^2S^2 + 2NH^3$.

Darstellung. Man leitet durch die Lösung des Furfuramids in viel Weingeist langsam Hydrothiongas, und wäscht das niederfallende Pulver mit Weingeist.

Eigenschaften. Gelbliches Krystallmehl. Wird das Hydrothion schnell durch die warme und concentrirte weingeistige Lösung geleitet, so scheidet sich das Thiofurfol harzartig aus, aber von derselben Zusammensetzung.

			CAHOURS. Pulverig.	CAHOURS. Harzartig.
10 C	60	53,58	53,71	53,29
4 H	4	3,57	3,69	3,82
2 O	16	14,28	14,32	14,72
2 S	32	28,57	28,28	28,17
$C^{10}H^4O^2S^2$	112	100,00	100,00	100,00

Zersetzungen. 1. Das Thiofurfol schmilzt beim Erhitzen und liefert ein Sublimat von $C^{18}H^8O^4$. (s. unten.) [Wohl so: $2C^{10}H^4O^2S^2 = C^{16}H^8O^4 + 2CS^2$.] — 2. An der Luft erhitzt, verbreitet es einen starken widrigen Geruch und brennt dann mit bläulicher, etwas rufsender, nach schwefliger Säure riechender Flamme. CAHOURS.

Die *Verbindung* $C^{16}H^8O^4$, durch 2maliges Krystallisiren aus Weingeist gereinigt, erscheint in farblosen oder gelblichen, Farben-spielenden, langen, harten und leicht zerreiblichen Nadeln.

Sie wird von Salpetersäure heftig angegriffen und in Oxalsäure verwandelt.

Sie löst sich nicht in kaltem, wenig in heifsem Wasser, woraus sie beim Erkalten anschiefst, ziemlich gut in Aether und in, besonders warmem, Weingeist, zu einer sich an der Luft langsam bräunenden Flüssigkeit. CAHOURS.

			CAHOURS.
18 C	108	72,97	72,91
8 H	8	5,41	5,27
4 O	32	21,62	21,82
$C^{18}H^8O^4$	148	100,00	100,00

[Ohne Zweifel zu den Ketonen (IV, 180) gehörig = $C^{10}H^4O^4 + C^8H^4$.]

Gepaarte Verbindungen des Furfurols.

Furfuramid.

$C^{30}N^2H^{12}O^6 = C^{30}Ad^2H^8O^6$?

FOWNES (1845). *Phil. Trans.* 1845, 253; auch *Ann. Pharm.* 54, 52.

Bildung und *Darstellung.* Furfurol, mit dem 5fachen Maafs wässrigem Ammoniak hingestellt, verwandelt sich in einigen Stunden theilweise, nach längerer Zeit ganz in eine voluminose gelbweifse Krystallmasse von Furfuramid. Ein Gemisch aus wässrigem Furfurol und Ammoniak liefert dieselbe Verbindung in einigen Tagen reiner und weifser. $3C^{10}H^4O^4 + 2NH^3 = C^{30}N^2H^{12}O^6 + 6HO$. FOWNES.

Eigenschaften. Die gelbweifse Krystallmasse, in heifsem Weingeist gelöst, schiefst beim Erkalten in zu Büscheln vereinigten kurzen Nadeln an. Schmelzbar. Nach dem Trocknen fast geruchlos. FOWNES.

			Fownes.
30 C	180	67,17	66,59
2 N	28	10,45	10,43
12 H	12	4,47	4,51
6 O	48	17,91	18,47
$C^{30}N^2H^{12}O^6$	268	100,00	100,00

Zersetzungen. 1. Das Furfuramid brennt mit rufsender Flamme und lässt wenig Kohle. — 2. Es zerfällt beim Aussetzen an die die feuchte Luft, oder beim Erhitzen mit Wasser oder Weingeist langsam in Ammoniak und Furfurol; Säuren bewirken diese Zersetzung augenblicklich. — 3. Es wird beim Kochen mit verdünnter Kalilauge, ohne eine Spur Ammoniak zu entwickeln, in Furfurin verwandelt. Fownes. — 4. Mit Hydrothion wird es zu Thiofurfol. Cahours.

Verbindungen. Das Furfuramid löst sich nicht in kaltem *Wasser*, leicht in *Weingeist* und *Aether*. Fownes.

Furfurin.

$C^{30}N^2H^{12}O^6 = C^{30}N^2H^{10}O^6,H^2$.

Fownes (1845). *Phil. Trans.* 1845, 253; auch *Ann. Pharm.* 54, 52.

Bildung und *Darstellung.* Man trägt das getrocknete Furfuramid in viel kochende verdünnte Kalilauge, lässt nach 10 bis 15 Minuten langem Kochen erkalten, wobei das als gelbliches Oel abgeschiedene Furfurin erstarrt, und das noch gelöst gewesene herauskrystallisirt, bringt sämmtliches Furfurin nach völligem Erkalten aufs Filter, wäscht es mit kaltem Wasser, löst es in überschüssiger kochender wässriger Oxalsäure, aus welcher beim Erkalten unreines saures oxalsaures Furfurin anschiefst, wäscht dieses auf dem Filter mit kaltem Wasser, löst es in kochendem, kocht die Lösung einige Minuten mit durch Salzsäure gereinigter Beinkohle, filtrirt kochend, löst das beim Erkalten angeschossene reine weifse Salz in kochendem Wasser, übersättigt die Lösung mit Ammoniak, filtrirt heifs, und wäscht die beim Erkalten gebildeten Furfurinkrystalle mit kaltem Wasser. Fownes.

Eigenschaften. Weifse seidenglänzende zarte Nadeln, dem Coffein ähnlich. Schmilzt weit unter 100° zu einem fast farblosen Oele, welches beim Erkalten zu einem weichen Harze, dann zu einer harten Krystallmasse erstarrt. Luftbeständig, geruchlos, von geringem Geschmacke. Alkalisch reagirend, besonders stark in der heifsen wässrigen oder weingeistigen Lösung. Fownes.

Krystalle im Vacuum über Vitriolöl getrocknet.			Fownes.
30 C	180	67,17	66,71
2 N	28	10,45	10,23
12 H	12	4,47	4,58
6 O	48	17,91	18,15
$C^{30}N^2H^{12}O^6$	268	100,00	100,00

Also metamer mit Furfuramid.

Zersetzungen. 1. Es verbrennt, an der Luft erhitzt, mit rother rufsender Flamme, und lässt eine Spur Kohle. FOWNES. — 2. Es zersetzt sich mit wässriger Ueberiodsäure unter Freiwerden von Iod. BÖDEKER (*Ann. Pharm.* 71, 64).

Verbindungen. Das Furfurin löst sich in 137 Th. kochendem *Wasser*, und schiefst daraus beim Erkalten fast vollständig an. FOWNES.

Furfurinsalze. — Das Furfurin löst sich sehr leicht in verdünnten Säuren und neutralisirt sie vollständig. Es treibt beim Kochen aus dem Salmiak das Ammoniak aus, während es bei Mittelwärme durch Ammoniak, Kali und Natron aus der Verbindung mit Säuren gefällt wird. Die Furfurinsalze schmecken äufserst bitter. Sie werden durch Aetzsublimat weifs, und durch Zweifachchlorplatin gelb gefällt, aber nicht durch Galläpfeltinctur. FOWNES.

Das Furfurin ist mit *Kohlensäure* verbindbar. DÖBEREINER.

Salzsaures Furfurin. — Die mit der Basis gesättigte verdünnte Salzsäure liefert seidenglänzende, feine, zu Büscheln vereinigte, neutrale Nadeln, welche beim Trocknen im Vacuum über Vitriolöl ihren Glanz behalten, und sich leicht in Wasser, weniger leicht in Salzsäure lösen. FOWNES.

Krystalle im Vacuum über Vitriolöl getrocknet.			FOWNES.
30 C	180	55,83	55,83
2 N	28	8,68	8,45
15 H	15	4,66	4,67
8 O	64	19,85	20,41
Cl	35,4	10,98	10,64
$C^{30}N^2H^{12}O^6$,HCl+2Aq	322,4	100,00	100,00

Ueberchlorsaures Furfurin. — Furfurin, in warmer sehr verdünnter Ueberchlorsäure gelöst, liefert glasglänzende sehr lange und dünne spröde Säulen, von unangenehm salzig bitterem Geschmack, welche bei 60° verwittern, bei 150 bis 160° schmelzen und beim Erkalten zu einer glasigen spröden Masse erstarren, und welche bei stärkerem Erhitzen explodiren. Sie lösen sich leicht in Wasser und Weingeist. BÖDEKER (*Ann. Pharm.* 71, 63). — Die Krystalle gehören dem 2- u. 2-gliedrigen System an; gerade rhombische Säulen, mit Winkeln der Seitenkanten von 72° 33' und 107° 27'; die stumpfen Seitenkanten abgestumpft, die scharfen zugeschärft; spaltbar von der einen stumpfen Seitenkante zur andern. DAUBER (*Ann. Pharm.* 71, 67).

	Krystalle.		BÖDEKER.
$C^{30}N^2H^{12}O^6$,HO	277	71,69	72,26
ClO^7	91,4	23,65	23,69
2 HO	18	4,66	4,05
$C^{30}N^2H^{12}O^6$,HO,ClO^7+2Aq	386,4	100,00	100,00

Salpetersaures Furfurin. — Wasserhelle, stark glänzende harte Krystalle, welche im Vacuum über Vitriolöl verwittern, und sich leicht in Wasser, schwer in Salpetersäure lösen. FOWNES.

	Verwittert.		FOWNES.
30 C	180	54,38	54,33
3 N	42	12,69	
13 H	13	3,93	3,96
12 O	96	29,00	
$C^{30}N^2H^{12}O^6,HO,NO^5$	331	100,00	

Das salzsaure Furfurin fällt aus wässrigem *Einfachchlorquecksilber* ein weifses Doppelsalz. FOWNES.

Auch mit *Chlorgold*, *Chlorpallad* und *Chloririd* gibt es krystallische Doppelsalze. DÖBEREINER (*J. pr. Chem.* 46, 169).

Platindoppelsalz. — Das salzsaure Furfurin gibt mit Zweifachchlorplatin einen hellgelben Niederschlag, der, nach dem Trocknen erhitzt, unter Schwärzung und starkem Aufblähen schmilzt, Ammoniak entwickelt, und eine schwierig verbrennliche Kohle mit Platin lässt. FOWNES.

			FOWNES.
30 C	180	37,96	38,06
2 N	28	5,90	
13 H	13	2,74	3,00
6 O	48	10,12	
Pt	99	20,88	20,45
3 Cl	106,2	22,40	
$C^{30}N^2H^{12}O^6,HCl,+PtCl^2$	474,2	100,00	

Essigsaures Furfurin. — Nicht, oder schwierig krystallisirbar, sehr leicht in Wasser löslich. FOWNES.

Oxalsaures Furfurin. — a. *Neutrales.* — Nadelbüschel, sehr leicht in Wasser löslich. FOWNES.

b. *Saures.* — Durchsichtige dünne Tafeln, welche im trocknen Vacuum ihren Glanz behalten, stark Lackmus röthen, und sich sehr schwer in kaltem, leichter in heifsem Wasser lösen. FOWNES.

	Krystalle.		FOWNES.
34 C	204	56,98	57,01
2 N	28	7,82	7,74
14 H	14	3,91	4,06
14 O	112	31,29	31,19
$C^{30}N^2H^{12}O^6,C^4H^2O^8$	358	100,00	100,00

Das Furfurin löst sich leicht in kaltem *Weingeist* und *Aether*, und krystallisirt bei deren Verdunsten. FOWNES.

Brenzschleimsäure.

$$C^{10}H^4O^6 = C^{10}H^4O^2,O^4.$$

HOUTON LABILLARDIÈRE. *Ann. Chim. Phys.* 9, 365; auch *N. Tr.* 3, 2, 384.
BOUSSINGAULT. *Ann. Chim. Phys.* 58, 106; auch *Pogg.* 36, 78; auch *Ann. Pharm.* 15, 184.

Brenzliche Schleimsäure, Acide pyromucique. — Von SCHEELE 1780 (*Opusc.* 2, 114) zuerst bemerkt, von TROMMSDORFF (*A. Tr.* 17, 1, 59) für ein Gemisch von Bernsteinsäure und Brenzweinsäure erklärt, von HOUTON LABILLARDIÈRE als eine eigenthümliche Säure erkannt.

Darstellung. Man unterwirft die Schleimsäure der trocknen Destillation, mischt das erhaltene Sublimat und Destillat mit der 4fachen

Wassermenge, filtrirt von dem sich hierbei abscheidenden brenzlichen Oele ab, dampft das Filtrat ab, wobei auch Essigsäure entweicht, erkältet zum Krystallisiren, dampft die von den Krystallen abgegossene Mutterlauge wiederholt zum Krystallisiren ab, und reinigt sämmtliche erhaltene, noch gelbliche Krystalle durch mehrmaliges Krystallisiren aus Wasser, dann durch Destillation bei 130°, worauf sie noch gelb erscheint, aber durch nochmaliges Krystallisiren aus Wasser ganz weifs wird. HOUTON. 100 Th. Schleimsäure liefern auf diese Weise 5 bis 7 Th. Brenzschleimsäure. HOUTON.

Eigenschaften. Aus Wasser krystallisirt: weifse lange Blätter, HOUTON, perlglänzend, BOUSSINGAULT; sublimirt: lange Nadeln, oder wenn sie zuerst als Oel übergeht, und dann bei weiterem Erkalten erstarrt, weifse Krystallmasse, HOUTON, vom körnigen Bruche des Hutzuckers, BOUSSINGAULT. Die Säure schmilzt bei 130° zu einem Oele und verflüchtigt sich bei etwas stärkerer Hitze (über 135°, BOUSSINGAULT) in weifsen, stechend riechenden Nebeln, HOUTON. Sie ist geruchlos, schmeckt sehr sauer und röthet stark Lackmus. HOUTON.

			HOUTON.	BOUSSINGAULT.		MALAGUTI.
			a	a	b	c
10 C	60	53,57	52,12	54,0	54,1	54,10
4 H	4	3,57	2,11	3,9	3,8	3,88
6 O	48	42,86	45,77	42,1	42,1	42,02
$C^{10}H^4O^6$	112	100,00	100,00	100,0	100,0	100,00

a ist aus Wasser krystallisirte und b ist sublimirte Säure; die von MALAGUTI (*Ann. Chim. Phys.* 60, 200) analysirte Säure c war durch trockne Destillation der Paraschleimsäure erhalten und sublimirt.

Zersetzungen. 1. Die Säure ist mit Flamme verbrennbar. SCHEELE. — Sie wird nicht zersetzt durch 3maliges Abrauchen von Salpetersäure. HOUTON. — 2. Das in Wasser gelöste Kalisalz wird bei allmäligem Zusatz von Brom heftig angegriffen unter Abscheidung eines rothen schweren Oels und Entwicklung eines durchdringenden Geruchs, der dem aus citrakonsaurem Kali unter gleichen Umständen erzeugten ähnlich ist. CAHOURS (*Ann. Chim. Phys.* 19, 506; auch *J. pr. Chem.* 41, 78). — 3. Die Säure reducirt Silberoxyd unter Gasentwicklung zu einem schwarzen Pulver. STENHOUSE (*J. pr. Chem.* 32, 262).

Verbindungen. Mit Wasser. — Die Säure wird an der Luft nicht feucht; sie löst sich in 28 Th. Wasser von 15°, HOUTON; in 4 Th. kochendem Wasser, hieraus beim Erkalten krystallisirend, TROMMSDORFF.

Die *brenzschleimsauren Salze, Pyromucates,* sind $= C^{10}H^3MO^6$.

Brenzschleimsaures Ammoniak. — Die neutrale Verbindung verliert beim Abdampfen einen Theil des Ammoniaks, und krystallisirt leicht. HOUTON.

Brenzschleimsaures Kali. — Schwierig krystallisirbar; beim Erkalten einer concentrirten wässrigen Lösung körnig gestehend; an der Luft feucht werdend, leicht in Wasser und Weingeist löslich. HOUTON.

Brenzschleimsaures Natron. — Schwierig krystallisirbar; an der Luft wenig feucht werdend; weniger in Weingeist löslich, als das Kalisalz. HOUTON.

Brenzschleimsaurer Baryt, Strontian und *Kalk*. — Kleine luftbeständige Krystalle, etwas leichter in heifsem, als in kaltem Wasser, nicht in Weingeist löslich. HOUTON.

		Trocken.	HOUTON.
BaO	76,6	42,65	42,2
$C^{10}H^3O^5$	103	57,35	
$C^{10}H^3BaO^6$	179,6	100,00	

Die brenzschleimsauren Alkalien fällen nicht die *Bittererde-*, *Alaunerde-*, *Mangan-* und *Kobalt-*Salze. HOUTON. Nach TROMMSDORFF fällen sie den salpetersauren *Baryt* weifs, den essigsauren *Kalk* nach einiger Zeit krystallisch, das schwefelsaure *Manganoxydul* weifs und das schwefelsaure *Kobaltoxydul* pfirsichblüthroth.

Brenzschleimsaures Zinkoxyd. — Die unter Wasserstoffgasentwicklung erhaltene Lösung des Zinks in erwärmter Brenzschleimsäure gesteht beim Abdampfen zu einer Masse. HOUTON.

Brenzschleimsaures Zinn. — Salpetersaures Zinn wird durch brenzschleimsaures Kali weifs gefällt. HOUTON.

Brenzschleimsaures Bleioxyd. — Die freie Säure und ihre Verbindungen mit Alkalien fällen nur den Bleiessig, nicht den Bleizucker (nach TROMMSDORFF fällt das Natronsalz den Bleisalpeter). Die erhitzte wässrige Säure bildet mit kohlensaurem Bleioxyd eine neutrale Lösung, auf welcher sich beim Abdampfen braune, durchsichtige, ölige Tropfen erheben, bis die ganze Auflösung in diese ölige Masse verwandelt ist, welche unzersetztes brenzschleimsaures Bleioxyd ist, und beim Erkalten erst pechartig zähe, dann weifs, undurchsichtig und hart wird. HOUTON.

Brenzschleimsaures Eisenoxydul. — Eisen löst sich in Brenzschleimsäure unter Wasserstoffentwicklung zu einem leicht löslichen Salz. HOUTON.

Brenzschleimsaures Eisenoxyd. — Brenzschleimsaure Alkalien fällen die Eisenoxydsalze citronengelb, HOUTON; schmutzig braunroth, TROMMSDORFF; in grünschwarzen lockeren Körnchen, JOHN (*Mag. Pharm.* 9, 292).

Brenzschleimsaures Nickeloxydul. — Das Natronsalz fällt salpetersaures Nickeloxydul äpfelgrün. TROMMSDORFF.

Brenzschleimsaures Kupferoxyd. — Kleine grünblaue Krystalle, wenig in Wasser löslich. HOUTON.

Brenzschleimsaures Quecksilberoxydul. — Brenzschleimsaure Alkalien fällen das salpetersaure Quecksilberoxydul weifs. HOUTON.

Brenzschleimsaures Silberoxyd. — Die Lösung des Oxyds in der wässrigen Säure wird beim Abdampfen braun und liefert weifse Schuppen des Salzes. HOUTON. Ein wässriges Gemisch des Kalksalzes mit neutralem salpetersauren Silberoxyd setzt in einigen Tagen das zwischen Papier auszupressende Silbersalz ab. BOUSSINGAULT.

		Bei 125° getrocknet.	BOUSSINGAULT.
10 C	60	27,40	29,91
3 H	3	1,37	1,58
Ag	108	49,31	49,05
6 O	48	21,92	19,46
$C^{10}H^3AgO^6$	219	100,00	100,00

Die Brenzschleimsäure löst sich leichter in Weingeist, als in Wasser. HOLTON.

Gepaarte Verbindung der Brenzschleimsäure.

Brenzschleimvinester.

$$C^{14}H^8O^6 = C^4H^5O,C^{10}H^3O^5.$$

MALAGUTI (1837). *N. Ann. Chim. Phys.* 64, 279; auch *Ann. Pharm.* 25, 276; auch *J. pr. Chem.* 11, 227.

Brenzschleimsaures Aethyloxyd, Ether pyromucique.

Darstellung. Man destillirt ein Gemisch von 1 Th. Salzsäure, 2 Th. Brenzschleimsäure und 4 Th. Weingeist von 0,814 spec. Gew. 4 bis 5mal, unter jedesmaligem Cohobiren bis auf die Hälfte, und das letzte Mal, bis das Destillat anfängt, gefärbt überzugehen, mischt das Destillat mit Wasser, welches ein, in wenig Minuten blättrig erstarrendes Oel niederschlägt, wäscht die Blätter auf dem Filter mit kaltem Wasser, presst sie zwischen Papier aus, und destillirt sie mehrmals, unter jedesmaliger Beseitigung der sich im Anfange jeder Destillation im Retortenhalse ansetzenden Feuchtigkeit, bis die Destillation ohne allen Rückstand in der Retorte vor sich geht.

Eigenschaften. Wasserhelle 4-, 6- und 8-seitige Blätter, von einer rhombischen Säule abzuleiten, von 1,297 spec. Gew. bei 20°, fett anzufühlen. Der Ester schmilzt bei 34°, siedet zwischen 208 und 210° bei 0,756 Meter Druck, und verdampft unzersetzt, ohne Rückstand. Dampfdichte = 4,859. Er riecht stark, dem Benzoeformester und auch dem Naphthalin ähnlich; er schmeckt zuerst kühlend, dann vorübergehend stechend und bitter, dann angenehm nach Anis und Campher. Neutral gegen Pflanzenfarben.

			MALAGUTI.		Maafs.	Dampf-Dichte.
14 C	84	60,00	60,26	C-Dampf	14	5,8240
8 H	8	5,71	5,86	H-Gas	8	0,5546
6 O	48	34,29	33,88	O-Gas	3	3,3279
$C^{14}H^8O^6$	140	100,00	100,00	Esterdampf	2	9,7065
					1	4,8532

Zersetzungen. Der Ester lässt sich durch eine brennende Kerze nicht entzünden. — 1. In einem Strom von trocknem Chlorgas schmilzt der trockne Ester unter starker Erhitzung, wird gelb und verwandelt sich in Chlorbrenzschleimvinester von mehr als doppeltem Gewicht. Hierbei entwickelt sich nur bei Gegenwart von Feuchtigkeit Salzsäure. — 2. In kalter Salpetersäure wird der Ester erst flüssig, dann unter Zersetzung gelöst. — 3. Seine Lösung in kaltem Vitriolöl oder Salzsäure zersetzt sich beim Erhitzen. — 4. Der Ester wird durch wässriges Kali oder Natron gleich andern Esterarten zersetzt. Baryt-, Strontian- oder Kalk-Wasser geben mit seiner weingeistigen Lösung einen Niederschlag, der sich in wenig Wasser löst. — 5. Bei längerem Aufbewahren färbt sich der Ester ein wenig, und lässt dann bei der Destillation einen Rückstand.

Verbindungen. Der Ester löst sich höchst wenig in *Wasser*, leicht und ohne Zersetzung in kaltem *Vitriolöl* oder *Salzsäure*, und nach jedem Verhältnisse in *Weingeist* und *Aether*. MALAGUTI.

Anhang.

Chlor-Brenzschleimvinester.

$$C^{14}Cl^4H^8O^6 = C^4H^5O,C^{10}Cl^4H^3O^5?$$

MALAGUTI (1837). *Ann. Chim. Phys.* 64, 282; auch *Ann. Pharm.* 25, 279; auch *J. pr. Chem.* 11, 229. — *Ann. Chim. Phys.* 70, 371; auch *Ann. Pharm.* 32, 41; auch *J. pr. Chem.* 18, 53.

Ether chloropyromucique.

Darstellung. Man leitet bei Mittelwärme so lange trocknes Chlorgas über trocknen Brenzschleimvinester, als sich noch Wärme entwickelt, befreit die erzeugte Flüssigkeit durch einen Strom trockner Luft vom, dieselbe gelb färbenden, überschüssigen Chlor, und bewahrt sie im Vacuum oder in völlig damit gefüllten, gut verschlossenen Flaschen.

Eigenschaften. Wasserheller Syrup von 1,496 spec. Gew. bei 19°. Nicht unzersetzt verdampfbar. Riecht stark und angenehm nach Calycanthus; entwickelt langsam einen anhaltenden stark bittern Geschmack; neutral.

			MALAGUTI.
14 C	84	29,83	30,11
4 Cl	141,6	50,28	49,83
8 H	8	2,84	2,77
6 O	48	17,05	17,29
$C^{14}Cl^4H^8O^6$	281,6	100,00	100,00

Die in diesem Ester anzunehmende, aber nicht für sich darzustellende Säure, *Acide chloropyromucique*, wurde = $C^{10}Cl^4H^4O^6$ sein. [Also eine Baldriansäure, in deren Kern ein Theil ihres H durch Cl und O vertreten ist, = $C^{10}Cl^4H^4O^2,O^4$. — Oder wäre es ein salzsaurer Chlorbrenzschleimvinester, $C^{14}Cl^2H^6O^6,2HCl$?]. Andere Ansichten äufsert BERZELIUS *J. pr. Chem.* 14, 356.

Zersetzungen. 1. Der Ester entwickelt beim Erhitzen viel Salzsäure, gibt nur wenig Destillat und verdickt sich unter Absatz von Kohle. — 2. Er wird bei gewöhnlicher Temperatur nicht durch Chlorgas verändert, entwickelt aber beim Erwärmen damit salzsaures Gas und andere Producte, während der Rückstand immer ärmer an Chlor wird. — 3. Er wird an der feuchten Luft (so wie durch Wasserzusatz) unter Bildung von etwas Salzsäure milchig, klärt sich aber wieder im trocknen Vacuum. — 4. Mit heifser starker Kalilauge gemischt, färbt sich der Ester, und erzeugt eine weifse geronnene Masse, welche bei Wasserzusatz und Kochen unter Entwicklung von Weingeist verschwindet, unter Bildung einer dunkelrothen Flüssigkeit. Aus dieser fällt Schwefelsäure nach langer Zeit neben einer schwarzen, in Kali, kaum in Weingeist löslichen Materie, gelbliche Körner; aber es lässt sich weder Brenzschleimsäure noch Brenztraubensäure nachweisen. — 5. Beim Leiten von trocknem

Ammoniakgas durch die weingeistige Lösung des Esters wird unter Temperaturerhöhung Salmiak, wenig blausaures Ammoniak und viel Kohle erzeugt, aber kein Gas entwickelt.

Verbindungen. Der Ester löst sich leicht in Weingeist und Aether. MALAGUTI.

b. *Sauerstoffkern* $C^{10}H^{2}O^{4}$.

Krokonsäure.

$$C^{10}H^{2}O^{10} = C^{10}H^{2}O^{4},O^{6}.$$

L. GMELIN (1825). *Pogg.* 4, 37. — *Ann. Pharm.* 37, 58.
LIEBIG. *Pogg.* 33, 90; auch *Ann. Pharm.* 11, 182.
HELLER. *J. pr. Chem.* 12, 230, und in den bei der Rhodizonsäure (V, 487) genannten Abhandlungen.

Acide croconique.

Bildung. Beim Lösen von Kohlenoxydkalium in Wasser entsteht vorzüglich rhodizonsaures Kali, welches beim Aussetzen an die Luft und Abdampfen in krokonsaures und vielleicht auch zugleich in oxalsaures Kali verwandelt wird, womit die rothgelbe Farbe der Lösung in die blassgelbe übergeht.

1. *Darstellung des neutralen krokonsauren Kalis.* — Man löst das mehr oder weniger reine Kohlenoxydkalium, wie es sich bei der Bereitung des Kaliums nach der Weise von BRUNNER und WÖHLER (II, 5, b) theils in der kupfernen Vorlage, theils in den damit verbundenen Röhren und Flaschen absetzt, in Wasser, jedoch mit Vorsicht, weil eine Verpuffung erfolgen kann, filtrirt, wäscht die kohlige Masse mit warmem Wasser, so lange sich dieses rothgelb färbt und bis sich der Kohle kein rhodizonsaures Kali mehr als rothes Pulver beigemengt zeigt, und dampft das Filtrat im Wasserbade ab, bis es beim Erkalten gelbe Nadeln von krokonsaurem Kali liefert, die man auf dem Filter sammelt. Die braune Mutterlauge, so oft abgedampft und erkältet, als noch gelbe Nadeln entstehen, wird endlich dick und dunkelbraun, und liefert bei weiterem Verdunsten Krystalle von oxalsaurem und von zweifach kohlensaurem Kali, und die hiervon erhaltene, noch dunklere Mutterlauge gibt beim Uebersättigen mit verdünnter Schwefelsäure einen starken dunkelbraunen flockigen Niederschlag von einer, der Humussäure ähnlichen, jedoch in heifsem Wasser ziemlich leicht löslichen Materie. Die von dieser abfiltrirte, Schwefelsäure haltende, Flüssigkeit liefert bei der Destillation kleine Mengen von Blausäure, Ameisensäure und Essigsäure (IV, 37). — Die erhaltenen gelben Nadeln werden durch Auspressen zwischen Papier und wiederholtes Umkrystallisiren aus heifsem Wasser gereinigt, GM., bis sich starker Weingeist mit dem gepulverten Salze nicht mehr braungelb färbt, HELLER.

2. *Der Krokonsäure.* — Man digerirt und kocht das feingepulverte krokonsaure Kali mehrere Stunden unter öfterem Schütteln mit absolutem Weingeist (oder mit 85procentigem Weingeist, zuletzt unter Zusatz von viel absolutem) und sehr wenig Vitriolöl, bis die Trübung, welche eine abfiltrirte Probe mit verdünntem Chlorbaryum erzeugt, beim Erhitzen mit verdünnter Salzsäure völlig verschwindet, und dampft das Filtrat ab. GM.

[Beim Auskochen des fein gepulverten sauren krokonsauren Kalis mit 85procentigem Weingeist erhält man die Säure nicht ganz frei von Kali.]

Es gelingt nicht, die Säure aus krokonsaurem Bleioxyd durch verdünnte Schwefelsäure zu erhalten, da die Zersetzung nur sehr unvollkommen erfolgt. — Zersetzt man das in Wasser vertheilte krokonsaure Bleioxyd durch Hydrothion, welches sehr langsam einwirkt, so erhält man ein braungelbes Filtrat, welches Schwefel enthält. Dasselbe wird beim Aussetzen an die Luft und beim Abdampfen dunkler braun, setzt, auch nachdem alles Hydrothion verflüchtigt ist, fortwährend Schwefelpulver ab, und trocknet endlich an der Luft zu einem braunen, gebundenen Schwefel haltenden Extract aus, in welchem sich nur wenig Nadeln zeigen. Das Extract löst sich wieder völlig in Wasser. Die dunkelbraune, Lackmus röthende Lösung gibt mit Kali ein eben so gefärbtes Gemisch, bei dessen Abdampfen Nadeln von krokonsaurem Kali und eine dunkelbraune Mutterlauge erhalten werden. Die obige Lösung fällt Barytwasser und Kalkwasser in dunkelbraunen Flocken, die sich in Salzsäure lösen; auch Einfachchlorzinn, Bleizucker, salpetersaures Quecksilberoxydul und salpetersaures Silberoxyd fällt sie in dunkelbraunen Flocken, dagegen Alaun, Aetzsublimat und Dreifachchlorgold in heller braunen. — Eben so verhält sich krokonsaures Kupferoxyd mit Hydrothion. Gm.

Eigenschaften. Bei freiwilligem Verdunsten der wässrigen Lösung bleibt die Säure in durchsichtigen pomeranzengelben (bisweilen braunen) Säulen und Körnern, welche sich bei 100° nicht verändern; beim Abdampfen auf dem Wasserbade bleibt sie als citronengelber undurchsichtiger Ueberzug. Sie ist geruchlos, schmeckt stark sauer und herb, und röthet stark Lackmus. Gm.

Berechnung nach der Analyse des krokonsauren Kalis.

10 C	60	42,25
2 H	2	1,41
10 O	80	56,34
$C^{10}H^2O^{10}$	142	100,00

Zersetzung. Beim Erhitzen entwickelt die Säure weifse, dann gelbe, bituminos riechende und zum Husten reizende Nebel, und lässt wenig Kohle, welche leicht und vollständig (ohne Kali zu lassen) verbrennt. Gm.

Verbindungen. In *Wasser* löst sie sich leicht zu einer citronengelben Flüssigkeit, welche sich mit der Zeit entfärbt. Gm.

Die *krokonsauren Salze, Croconates,* sind alle gefärbt, meistens citronengelb oder pomeranzengelb; einige krystallisirte Salze der schweren Metalle lassen das Licht zwar mit braungelber Farbe hindurchfallen, reflectiren es aber von den Krystallflächen mit violettblauer. Sie zersetzen sich noch unter dem Glühpuncte unter Erglimmen und Funkensprühen, in kohlensaures und Kohlenoxyd-Gas und in ein Gemenge von Kohle und kohlensaurem oder reinem Metalloxyd, oder von Kohle und Metall. Sie sind luft- und licht-beständig, und auch ihre wässrige Lösung verändert sich nicht an der Luft. Besonders die Salze der löslichen Alkalien lösen sich in Wasser, aber alle, unter Zersetzung der Säure, in Salpetersäure. Gm. Einige Salze der schweren Metalle lösen sich auch in Weingeist und Aether. Heller.

Krokonsaures Ammoniak. — Durch freiwilliges Verdunsten der mit Ammoniak gesättigten, in Weingeist gelösten Säure. — Dunkelrothgelbe durchsichtige Tafeln, in Wasser und Weingeist löslich. Heller.

Krokonsaures Kali. — a. *Neutrales.* — *Darstellung* (V, 478). — Das bei 100° entwässerte Salz ist citronengelb und undurchsichtig. Die gewässerten Krystalle sind pomeranzengelbe, lebhaft glänzende, durchscheinende, 6- und 8-seitige Nadeln. Bald erhielt ich bei den 6seitigen Nadeln 2 Winkel der Seitenkanten = 106° und 4 = 127°; bald zeigten sich auch 2 Winkel von 144° und 4 von 109°, Alles nur sehr ungefähr. Heller erhielt rhombische Nadeln mit Seitenkanten von 126° und 54'. — Die Krystalle schmecken schwach salpeterartig, sind geruchlos und neutral. Sie verlieren noch weit unter 100° ihr Wasser, und der citronengelbe Rückstand färbt sich mit etwas Wasser sogleich wieder pomeranzengelb, wird aber durch Vitriolöl, welches das Wasser entzieht, wieder citronengelb, so wie die Krystalle auch durch starken Weingeist entwässert werden.

Bei 100° getrocknet.			Gm.	Liebig.	Krystalle.			Gm.
10 C	60	27,47	28,09	27,41	10 C	60	23,58	23,80
2 K	78,4	35,90	36,06	35,72	2 K	78,4	30,82	30,55
10 O	80	36,63	35,85	36,87	10 O	80	31,45	30,37
					4 HO	36	14,15	15,28
$C^{10}K^2O^{10}$	218,4	100,00	100,00	100,00	+ 4 Aq	254,4	100,00	100,00

Früher glaubte ich aus theoretischen Gründen im bei 100° getrockneten Salz noch 1 H annehmen zu müssen, wiewohl der Versuch dagegen sprach, nahm jedoch diese Ansicht schon 1826 in Folge weiterer Untersuchungen zurück. *Schw.* 47, 262; *Mag. Pharm.* 15, 141; *Pogg.* 7, 525).

Die Krystalle färben sich beim Erhitzen unter Wasserverlust blass citronengelb, bei stärkerer Hitze unter Beibehaltung der Form wieder pomeranzengelb und zeigen dann unter der Glühhitze, auch bei abgehaltener Luft, plötzlich ein, sich durch die ganze Masse verbreitendes, Erglimmen, wobei sich rasch ungefähr 2 Maafse kohlensaures Gas auf 1 M. Kohlenoxydgas entwickeln, und 66,90 Proc. eines schwarzen Gemenges von 53,81 Proc. kohlensaurem Kali und 13,09 Proc. Kohle bleiben. — Das Salz löst sich in erwärmtem Vitriolöl ohne Aufbrausen zu einer gelben Flüssigkeit, welche beim Erkalten viele grofse, blassgelbe, durchsichtige Krystalle liefert, und welche bei stärkerem Erhitzen schweflige Säure entwickelt, sich schwarzbraun färbt, stark aufbläht, und endlich nahe beim Glühen unter Entfärbung in schwefelsaures Kali verwandelt. — Salpetersäure entfärbt, unter schwacher Stickoxydgasentwicklung, augenblicklich die wässrige Lösung des krokonsauren Kalis; sie löst das krystallisirte Salz unter lebhaftem Aufbrausen von Stickoxyd, ohne Kohlensäure zu entwickeln, zu einer farblosen Flüssigkeit, welche beim Abdampfen weder Salpeter, noch ein oxalsaures Salz liefert, sondern eine gelbweifse, undeutlich krystallische Salzmasse, welche bei stärkerem Erhitzen sich bräunt und mäfsig verpufft, und deren farblose wässrige Lösung mit Kali eine, an der Luft wieder verschwindende, gelbe Farbe erhält, aus Barytwasser, Kalkwasser und Bleizucker reichliche blassgelbe Flocken niederschlägt, und das salpetersaure Quecksilberoxydul stärker, das salpetersaure Silber schwächer, weifs trübt. — Chlor entfärbt sogleich das wässrige Salz, welches dann Barytwasser und Bleizucker in blassgelben Flocken fällt, und beim Abdampfen eine blassgelbe Masse lässt. (Diese ist sehr sauer und ihre Lösung in Wasser reducirt in der Wärme das Quecksilberoxyd zu Metall. Liebig.) Dagegen wirkt das Chlorgas nicht auf das erwärmte krystallisirte Salz. — Aus Dreifachchlorgold fällt das krokonsaure Kali langsam metallisches Gold, vorzüglich beim Erwärmen; aus Sublimat nach einiger Zeit ein weifses Pulver, wahrscheinlich Kalomel.

Das krokonsaure Kali löst sich in mäfsiger Menge mit blassgelber Farbe in kaltem Wasser, in sehr grofser in heifsem, so dass die Lösung beim Erkalten gesteht. Reicht das kochende Wasser zur Lösung nicht hin, so wird der ungelöste Theil durch Wasserverlust citronengelb. Die kalte wässrige Lösung setzt beim Mischen mit Kalilauge Nadeln des Salzes ab; sie löst Iod ohne weitere Veränderung. Wässriger Weingeist löst sehr wenig Salz, absoluter nichts. Gm.

b. *Saures.* — Fügt man zu der blassgelben Lösung von 26 Th. des neutralen Salzes in möglichst wenig kochendem Wasser 10 Th. Vitriolöl, so wird sie satt braungelb und setzt sogleich oder während des Erkaltens Krystalle ab, die das Gemisch fast zum Erstarren bringen und durch Abtröpfeln, Waschen mit kaltem Wasser und mehrmaliges Krystallisiren aus heifsem vom doppelt schwefelsauren Kali befreit werden. Durch Abdampfen des neutralen Salzes mit Essigsäure erhält man kein saures Salz. — Die Säulen, in denen dieses Salz anschiefst, erscheinen dicker, als die des neutralen, bilden keine so zarte Nadeln, und sind dunkler, mehr hyacinthroth gefärbt. Sie röthen schwach Lackmus. Sie behalten bei 100° ihre Farbe und lassen bei stärkerem Erhitzen, ohne ein Erglimmen zu zeigen, ein schwarzes Gemenge von kohlensaurem Kali und Kohle. Gm.

	Lufttrockne Krystalle.		Gm.
20 C	120	27,61	26,92
5 H	5	1,15	1,08
3 K	117,6	27,06	26,86
24 O	192	44,18	45,14
$C^{10}HKO^{10}+C^{10}K^{2}O^{10}+4Aq$	434,6	100,00	100,00

Bei der nur einmal, mit einer kleinen Menge des Salzes vorgenommenen Analyse bleibt ein Irrthum möglich.

Die braungelbe wässrige Lösung dieses Salzes wird an der Luft langsam blassgelb und lässt beim Verdunsten sehr blassgelbe Krystalle. Die Lösung derselben in Wasser gibt mit Bleizucker einen pomeranzengelben flockigen, beim Auswaschen teigartig werdenden Niederschlag, und dieser gibt bei der Zersetzung durch nicht überschüssiges Hydrothion ein farbloses Filtrat, welches beim Verdunsten farblose dünne Säulen lässt. Dieselben erhält man auch beim Erhitzen des wässrigen neutralen krokonsauren Kalis mit so viel Salpetersäure, dass eben Entfärbung eintritt, und Behandlung des Bleisalzes, wie oben. Bei überschüssigem Hydrothion färbt sich das Filtrat gelb und liefert neben den farblosen Säulen ein braunes Extract. Die farblosen Säulen verkohlen sich beim Erhitzen ruhig und liefern ein weifses, sehr saures Sublimat. Ihre wässrige Lösung röthet stark Lackmus und fällt nicht mehr den Bleizucker. Gm.

Krokonsaures Natron. — Durch Sättigung der Säure mit kohlensaurem Natron. Rhombische Säulen, heller pomeranzengelb gefärbt, als das Kalisalz, in der Wärme Krystallwasser verlierend, leicht in Wasser, wenig in Weingeist löslich. HELLER.

Krokonsaures Lithon. — Blassgelb, amorph, in Wasser und Weingeist löslich. HELLER.

Krokonsaurer Baryt. — Die Säure und das Kalisalz geben mit Barytwasser oder Chlorbaryum einen dicken, blassgelben, pulverigen Niederschlag, welcher beim Kochen zu einer satt citronengelben, käsigen, nicht in viel heifsem Wasser und nur schwierig in heifser Salzsäure löslichen Masse zusammengeht. GM. Er löst sich nicht in Wasser, Weingeist und Aether. HELLER.

Krokonsaurer Strontian. — Die Säure gibt mit Chlorstrontium einen gelben krystallischen Niederschlag, der aus der Lösung in Weingeist bei freiwilligem Verdunsten krystallisirt. Das Kalisalz liefert mit Chlorstrontium durchsichtige Krystallblätter. Leicht in Wasser und Weingeist löslich. HELLER.

Krokonsaurer Kalk. — Das krokonsaure Kali erzeugt mit Kalkwasser oder Chlorcalcium nach einigen Stunden viele citronengelbe Krystalle, die sich sehr sparsam, mit sehr blassgelber Farbe in Wasser lösen. GM. Die freie Säure gibt mit Chlorcalcium gelbe, durchscheinende, platte, an den Enden zugeschärfte Säulen, wenig in Wasser und Weingeist löslich. HELLER.

Krokonsaure Bittererde. — Aus dem klaren wässrigen Gemisch von krokonsaurem Kali und Bittersalz schiefsen bei freiwilligem Verdunsten dunkelbraune, an den Enden zugespitzte Säulen an. HELLER.

Krokonsaures Ceroxyd. — Das krokonsaure Kali erzeugt mit salzsaurem Ceroxyd-Ammoniak einen starken, mit saurem salzsauren Ceroxyd einen geringen Niederschlag. HELLER.

Krokonsaure Yttererde. — Gelbbraune, flimmernde, leicht in Wasser lösliche Krystallschuppen. BERLIN (*Pogg.* 43, 116).

Krokonsaure Süfserde. — Das Gemisch der in Weingeist gelösten Säure mit essigsaurer Süfserde erzeugt gelbe, leicht in Wasser und Weingeist lösliche Krystalle. HELLER.

Krokonsaure Alaunerde. — Beim Abdampfen der weingeistigen Säure mit essigsaurer Alaunerde bleiben gelbe, leicht in Wasser und Weingeist lösliche Krystalle. HELLER.

Krokonsaure Zirkonerde. — Darstellung wie bei Alaunerde. — Gelbe, durchsichtige, in Wasser und Weingeist lösliche Krystalle. HELLER.

Krokonsaures Uranoxyd. — Das hyacinthrothe wässrige Gemisch der Säure oder des Kalisalzes mit salpetersaurem Uranoxyd liefert bei freiwilligem Verdunsten gelbrothe, durchsichtige, leicht in Wasser und Weingeist lösliche Krystalle. HELLER.

Krokonsaures Manganoxydul. — Beim Verdunsten der Säure mit essigsaurem, oder längerem Hinstellen des Kalisalzes mit schwefelsaurem Manganoxydul entstehen schmutziggelbe Krystalle mit schwachem blauem Reflex. HELLER.

Krokonsaures Antimonoxyd. — Das Kalisalz erzeugt mit salzsaurem Chlorantimon einen dicken citronengelben Niederschlag, im Ueberschuss des Chlorantimons löslich. Gm.

Krokonsaures Wismuthoxyd. — Der durch das Kalisalz in salpetersaurer Wismuthlösung hervorgebrachte dicke citronengelbe Niederschlag löst sich in einem Ueberschuss der Wismuthlösung. Gm. Er hält 55,68 Proc. Wismuthoxyd und löst sich weder in Wasser, noch in Weingeist. Heller.

Krokonsaures Zinkoxyd. — Die weingeistige Säure erzeugt mit essigsaurem Zinkoxyd beim Abdampfen, und das Kalisalz erzeugt mit essigsaurem oder schwefelsaurem Zinkoxyd bei mehrstündigem Hinstellen gelbe, in Wasser und Weingeist lösliche Krystalle und Krystallkörner.

Krokonsaures Kadmiumoxyd. — Das Kalisalz fällt aus schwefelsaurem Kadmiumoxyd reichlich ein schön gelbes, nicht in Wasser und Weingeist lösliches Pulver, = $C^{10}Cd^{2}O^{10}$. Heller.

Krokonsaures Zinnoxydul. — Das Kalisalz schlägt aus Einfachchlorzinn reichlich ein pomeranzengelbes Pulver nieder, Gm., welches sich beim Erhitzen mit Heftigkeit zersetzt, und sich ein wenig in Wasser löst, Heller.

Das Zweifachchlorzinn wird durch das Kalisalz nicht gefällt. Heller.

Krokonsaures Bleioxyd. — Die freie Säure und ihr Kalisalz fällt den Bleizucker reichlich in citronengelben Flocken, die sich in Salpetersäure unter Zersetzung zu einer farblosen Flüssigkeit lösen, und welche auch bei langer Digestion mit Wasser und wenig Schwefelsäure in der sich gelb färbenden Flüssigkeit noch freie Schwefelsäure lassen. Gm. Der Niederschlag ist nach dem Trocknen ein schön gelbes Pulver, welches 64,06 Proc. Bleioxyd hält [also = $C^{10}Pb^{2}O^{10}$ ist], sich ohne Farbe in Salpetersäure, und nicht in Wasser und Weingeist löst. Heller.

Krokonsaures Eisenoxydul. — Das Kalisalz färbt wässrigen Eisenvitriol dunkelgelbbraun, und gibt dann braune Flocken, die sich über Nacht in dunkelbraune Krystalle verwandeln. Diese besitzen den blauen Reflex auf den Krystallflächen und eine ähnliche Form, wie das Kupfersalz, und sind in Wasser und Weingeist löslich. Heller.

Krokonsaures Eisenoxyd. — Das Kalisalz erzeugt mit wässrigem Anderthalbchloreisen ein klares, schwarzes, in dünnen Schichten graurothes Gemisch, Gm., aus welchem sich undeutliche, sehr dunkel gefärbte, in Wasser und Weingeist lösliche Krystalle absetzen, Heller.

Krokonsaures Kobaltoxydul. — Das braunrothe, wenig trübe Gemisch des Kalisalzes mit einem wässrigen Kobaltsalze liefert nach einigen Stunden dunkelbraune durchsichtige Krystalle mit schön violettem Reflex; in Wasser und Weingeist löslich. Heller.

Krokonsaures Nickeloxydul. — Beim Abdampfen der Krokonsäure mit schwefelsaurem Nickeloxydul erhält man hellbraune, in Wasser und Weingeist lösliche Körner. Heller.

Krokonsaures Kupferoxyd. — Das blaugrüne klare Gemisch des warmen wässrigen krokonsauren Kalis mit schwefel- oder salzsaurem Kupferoxyd setzt beim Erkalten Krystalle ab, welche mit kaltem Wasser gewaschen und zwischen Papier getrocknet werden. Krystalle des 2- u. 2-gliedrigen Systems. Gerade rhombische Säulen, *Fig.* 61; u : u = 108 und 72°; die stumpfen Seitenkanten und Ecken durch m und y abgestumpft; die spitzen Ecken durch 2 Flächen in der Richtung der Randkanten zugeschärft, spaltbar nach u. Blum. — Die Krystalle lassen das Licht mit bräunlich pomeranzengelber Farbe durchfallen, und reflectiren es von ihren Flächen mit dunkelblauer Farbe und lebhaftem Metallglanz: Zusammengehäufte kleine Krystalle erscheinen violettroth; das Pulver ist citronengelb, um so lebhafter, je feiner, und theilt einer grofsen Menge von Kupferoxyd beim Zusammenreiben diese Farbe mit. Die Krystalle verlieren im Wasserbade erst in mehreren Tagen 13,51 Proc. Wasser, dann bei 162° noch ein wenig, im Ganzen 13,81 Proc. (4 At., während 2 At. Wasser fest zurückgehalten werden) und zeigen sich wenig verändert, nur bräunlicher und matter. Beim Erhitzen in einer kleinen Retorte, wobei zuerst Wasser entweicht, zersetzt sich noch vor dem Glühen plötzlich ein Krystall nach dem andern ohne Lichtentwicklung unter heftiger stofsweifser Gasentwicklung und Herausschleudern einzelner Theilchen, die, wenn sie bis in die freie Luft gelangen, unter Funkensprühen verbrennen. Das hierbei entwickelte Gas besteht aus kohlensaurem und Kohlenoxydgas, anfangs im Maafsverhältnisse von 1 : 1,2, zuletzt in dem von 1 : 1,8. Es wird sehr wenig Destillat, vom Geruch des Holzessigs erhalten, welches anfangs blassgelb ist, und schwach Lackmus röthet, später braungelb und sehr sauer ist und nach dem Neutralisiren mit Ammoniak verdünntes Anderthalbchoreisen dunkler färbt und Silberlösung sogleich schwarz niederschlägt. Der nach dem Erhitzen der Krystalle bleibende Rückstand von Kupfer und Kohle beträgt, wenn die Erhitzung in einer lufthaltigen Retorte vorgenommen wurde, 30,8 Proc., wenn kohlensaures Gas vor und während dem Erhitzen durchgeleitet wurde, 32,8, und bei Wasserstoffgas 36,8 Proc. Er ist ein braunschwarzes, mattes, etwas faseriges Pulver. Er verbrennt bei nicht zum Glühen gehenden Erhitzen an der Luft, unter Erglimmen und schwachem Funkensprühen erst zu rothem pulverigen metallischen Kupfer, dann zu Kupferoxyd. Er wird durch rauchende Salpetersäure unter starkem Funkensprühen entzündet. — Die Krystalle, an der Luft erhitzt, zersetzen sich nach einander unter schwachem Verzischen, Feuerentwicklung, Funkensprühen und Herausschleudern einzelner Theilchen, und wachsen dabei zu zarten Fäden von mattrothem metallischen Kupfer aus, welches sich dann unter Erglühen rasch in Oxyd verwandelt. In Sauerstoffgas ist das Funkensprühen und Herausschleudern besonders heftig. Gm.

Das Salz löst sich in kaltem Wasser äufserst sparsam; in kochendem etwas reichlicher, mit citronengelber Farbe, schiefst aber beim Erkalten gröfstentheils an, wobei die Flüssigkeit blassgelb wird. Die Lösung gibt mit Kali (auch bei abgehaltener Luft) unter Bildung von krokonsaurem Kali einen blauen Niederschlag, in überschüssigem

Kali löslich. Eben so mit Ammoniak, welches auch die Krystalle mit blauer Farbe löst, während Kalilauge auf die Krystalle nur schwach wirkt. Die wässrige Lösung verhält sich auch gegen Hydrothion, gegen Blutlaugensalz, gegen Schwefelcyankalium und Eisenvitriol, und gegen Blausäure und Guajaktinctur wie andere Kupfer*oxyd*salze (III, 381 bis 390). Sie überkupfert das Eisen nur schwach, wenn nicht Salzsäure zugefügt wird. Gm.

		Krystalle.		Gm.	Oder:				Gm.
10	C	60	23,26	23,36	10 C	60	23,26		23,26
2	Cu	64	24,80	24,80	2 Cu	64	24,80		24,80
6	H	6	2,33	2,23	10 O	80	31,01		31,83
16	O	128	49,61	49,61	6 HO	54	20,93		20,11
$C^{10}Cu^2O^{10}+6Aq$		258	100,00	100,00		258	100,00		100,00

Krokonsaures Quecksilberoxydul. — Die freie Säure und ihr Kalisalz erzeugen mit salpetersaurem Quecksilberoxydul reichliche citronengelbe Flocken, die sich in Salpetersäure zu einer farblosen Flüssigkeit lösen. Gm. Die Flocken sind anfangs rothgelb, werden dann schnell gelb. Heller.

Krokonsaures Quecksilberoxyd. — Auch das salpetersaure Oxyd wird durch das Kalisalz schön gelb gefällt. Heller.

Krokonsaures Silberoxyd. — Die freie Säure und das Kalisalz fällen aus salpetersaurem Silberoxyd reichliche morgenrothe Flocken, die noch Kali halten (etwa $C^{10}KAgO^{10}$?), durch Salzsäure schnell und vollständig in Chlorsilber und Kali haltende Krokonsäure zersetzt werden, und sich in Salpetersäure unter schwacher Gasentwicklung zu einer farblosen Flüssigkeit lösen. Gm. Der Niederschlag bräunt sich im Lichte, sprüht beim Erhitzen heftig Funken, und löst sich ein wenig in Wasser. Heller.

Die Krokonsäure löst sich in Weingeist.

Anhang zu Krokonsäure.

1. Kohlenoxydkalium.

L. Gmelin. *Pogg.* 4, 35.
Liebig. *Pogg.* 33, 90.
Heller. *Ann. Pharm.* 34, 232.

Zuerst von Wöhler und Berzelius (*Pogg.* 4, 31 bis 34) bemerkt.

Während in der Weifsglühhitze die Kohle das Kali in Kohlenoxyd und Kalium zersetzt, so zersetzt in der dunkeln Glühhitze das Kalium wieder das Kohlenoxydgas in Kohle und Kali, und in noch schwächerer Hitze bilden Kalium und Kohlenoxyd mit einander eine graue flockige Masse, die vor der Hand als eine Verbindung von Kohlenoxyd und Kalium betrachtet und als Kohlenoxydkalium bezeichnet werden möge.

So sind wohl folgende Erfahrungen zu deuten:

Bereitet man Kalium nach der Brunner-Wöhlerschen Weise (II, 7), wobei das Gemenge von Kohlenoxydgas und Kaliumdampf aus der weifsglühenden Eisenflasche durch ein eisernes Rohr in eine kupferne Vorlage und von da durch ein langes Rohr weiter geleitet wird, so füllt sich das halbgluhende eiserne Rohr mit einer harten schwarzen Masse, welche sich wie ein Gemenge von Kohle, Kali und Kalium verhält. Aber das aus der Kupfervorlage entweichende Gas ist von grauen Nebeln begleitet. Wenn dieses nebelige Gas nicht zu sehr abgekühlt ist, so zeigt es in der Luft ein langsames Verbrennen mit dunkelrothem Lichte, welches bei Annäherung eines flammenden Körpers oder oft von selbst in die rasche Verbrennung mit lebhaft leuchtender rothweifser Flamme und weifsem Nebel übergeht. Wird dagegen das Gas durch Röhren und Gefäfse geleitet, in denen es sich abkühlt, so setzt sich in ihnen der Nebel in grauen Flocken von Kohlenoxydkalium ab. Dieselben finden sich auch schon in der kupfernen Vorlage, jedoch mit Kohle, Kali und Kalium gemengt. Wenn man das Kalium statt aus geglühtem Weinstein aus kohlensaurem Kali und Kohle bereitet und kein Steinöl in die Kupfervorlage bringt, so entsteht das Kohlenoxydkalium eben so reichlich. — Mit dem Abkühlen des mit Kaliumdampf gemengten Kohlenoxydgases hört also die Abscheidung von Kohle auf und erfolgt die Bildung des Kohlenoxydkaliums. Gm.

Als Gay-Lussac und Thénard (*Recherch.* 1, 250 u. 267) Kalium in Kohlenoxydgas über der Weingeistflamme erhitzten, wurde bei einer gewissen [wohl dem Glühen nahen] Hitze das Gas unter Erglühen des Kaliums, Ausscheidung von Kohle und Bildung von Kali fast augenblicklich absorbirt; das fast bis zum dunkeln Glühen erhitzte Natrium wirkte ebenso, jedoch ohne Feuerentwicklung.

Indem dagegen Liebig trocknes Kohlenoxydgas über, in einer weiten Röhre blofs bis zum Schmelzen erhitztes, Kalium leitete, so nahm dieses das Gas ohne Feuerentwicklung auf, indem es sich anfangs grün färbte, an den Wandungen ausbreitete und endlich in eine schwarze, nach dem Erkalten leicht abzulösende Masse verwandelte, die sich wie das bei der Kaliumbereitung gebildete Kohlenoxydkalium verhielt. Heller erhielt dieselbe Masse, doch fand Er, dass die sich über dem Kalium bildende Rinde das vollständige Eindringen des Kohlenoxyds hinderte.

Darstellung. Man nimmt zur Kaliumbereitung mehr Kohle als gewöhnlich, wodurch die Ausbeute an Kalium verringert, aber die an Kohlenoxydkalium vermehrt wird, und leitet das Gasgemenge aus der etwas Steinöl haltenden Kupfervorlage durch Röhren nach einander in 3 Flaschen, von denen die 2 ersten Steinöl, die dritte Wasser halten. Die in der Kupfervorlage verdichtete schwarze Masse hält neben dem Kohlenoxydkalium viel Kohle, Kali und Kalium nebst einer harzartigen und einer in Wasser löslichen braunen Materie, und dient zur Darstellung des rhodizonsauren und krokonsauren Kalis; die der ersten Flasche besteht aus oft haselnussgrofsen porosen Stücken und hält wenig Kalium und Kohle (beim Lösen in Wasser wahrnehmbar); die der zweiten Flasche ist frei von Kohle; das Wasser der dritten Flasche dient zur Gewinnung von krokonsaurem Kali. Man trennt durch Zerreiben und Abschlemmen mit Steinöl aus dem Inhalt der zweiten Flasche das lockere Kohlenoxydkalium vom beigemengten Kalium (welches zusammenhängender bleibt), sammelt es auf dem Filter, presst es stark zwischen Papier aus, und bewahrt es in gut verschlossenen Flaschen. Die so erhaltene Verbindung ist übrigens nichts Reines; Weingeist und Aether ziehen Kalium in Gestalt von Kali aus, ferner Steinöl und eine (aus dem Wasser durch Weingeist fällbare) harzige Substanz, und der bleibende Rückstand bildet mit Wasser nicht blofs rhodizonsaures Kali, sondern auch eine sich lösende braune [dem humussauren Kali ähnliche] Materie. Heller.

Auch wenn man das aus der Kupfervorlage strömende Gas durch eine 1 Zoll weite und 3 Fufs lange Blechröhre in eine offene weite eiserne Flasche leitet, setzt sich das meiste Kohlenoxydkalium in Röhre und Flasche ziemlich rein ab. Röhren und Flaschen von Glas sind gefährlich, weil das darin enthaltene Kohlenoxydkalium nach kurzem Einwirken der Luft verpuffen und das Glas zerschmettern kann, besonders beim Lösen in Wasser. Gm.

Eigenschaften. Das Kohlenoxydkalium ist eine graue oder schwarze lockere pulverige Masse, Berzelius, Gm., Heller. Mit dem Mikroskop erkennt man bisweilen 4seitige Säulen mit abgestumpften Ecken. Edm. Davy.

Zersetzungen. Bei der Rothglühhitze destillirt, liefert die Masse Kalium und lässt Kohle. Edm. Davy. — Das durch Erwärmen von Kalium in Kohlenoxydgas erhaltene Kohlenoxydkalium, noch warm an die Luft gebracht, entzündet sich mit einem Knall. Liebig. — Das bei der Kaliumbereitung erhaltene Kohlenoxydkalium entzündet sich an der Luft und verbrennt wie Pyrophor. Berzelius. — Das in der Kupfervorlage ohne Steinöl aufgefangene entzündet sich an der Luft unter Funkensprühen und Umherschleudern mit gefährlicher Explosion, besonders beim Reiben. HELLER. — Die sich in der mit der Kupfervorlage verbundenen Glas- oder Blech-Röhre verdichtende graue lockere Masse wird an der Luft welch, klebrig und erhitzt sich bis zum Glühen, welches sich fortpflanzt, wobei die röthlichgraue Färbung in die graue übergeht. GM. — Das aus der, 10 Tage lang luftdicht verschlossen gebliebenen, Röhre in eine Porcellanschale ausgeschüttete grüngraue Pulver röthet sich sogleich und entzündet sich nach einigen Augenblicken mit furchtbarem Knall und unter Zerschmetterung der Schale. WÖHLER (*Ann. Pharm.* 49, 361). Befeuchten mit Steinöl hindert diese Entzündung. — Das Kohlenoxydkalium entzündet sich auf Wasser [durch Kalium?] und färbt sich, unter Steinöl mit Wasser zusammengebracht, zinnoberroth. BERZELIUS. — Nach völligem Erkalten der Luft dargeboten, wird es stellenweise theils grün, dann gelb, unter Bildung von krokonsaurem Kali, theils roth. GM., LIEBIG. Es wird schön roth durch Bildung von rhodizonsaurem Kali. HELLER. — Frisch bereitet, löst es sich in Wasser ruhig unter schwacher Entwicklung brennbaren Gases zu einer braungelben Flüssigkeit, welche krokonsaures (oder vielmehr rhodizonsaures, HELLER) Kali und einfach kohlensaures Kali hält. Beträgt das Wasser nicht sehr viel, so bleibt ein cochenillrothes Pulver (rhodizonsaures Kali, HELLER) ungelöst. Auch das lange, bis zur gelben und rothen Färbung der Luft ausgesetzt gewesene Kohlenoxydkalium löst sich ruhig in Wasser; aber das einige Stunden in der Luft gewesene wird durch Wasser unter heftigem Knall und Zerschmetterung von Glasgefäfsen entzündet. GM. (II, 8, oben). — Das durch Wasser entwickelte brennbare Gas ist C^4H^2 (IV, 509). EDM. DAVY (*Ann. Pharm.* 23, 144). — Das Kohlenoxydkalium löst sich bei abgehaltener Luft über Quecksilber ruhig in Wasser und entwickelt zuerst Vinegas, dann Kohlenoxydgas. HELLER. — Bei viel Wasser löst sich Alles mit dunkelrothgelber Farbe; bei weniger Wasser bleibt ein Theil des sich bildenden rhodizonsauren Kalis als rothes Pulver ungelöst; bei sehr wenig Wasser erhält man eine blassgelbe Lösung, weil das darin enthaltene concentrirte Aetzkali das rhodizonsaure Kali in krokonsaures verwandelt. HELLER. — Die beim Erhitzen von Kalium in Kohlenoxydgas erzeugte schwarze Verbindung löst sich in Wasser bis auf wenige schwarze Flocken unter Entwicklung eines sich zum Theil von selbst entzündenden Gases; das bei abgehaltener Luft entwickelte Gas verbrennt beim Anzünden mit der hellen Flamme des Vinegases. Die mit wenig Wasser erhaltene Lösung ist blassgelb, die mit viel Wasser rothgelb und alkalisch; sie wird beim Abdampfen blassgelb und lässt zuerst krokonsaures Kali, dann ungefähr eben so viel oxalsaures anschiefsen. LIEBIG.

2. Rhodizonsäure.

HELLER. *J. pr. Chem.* 12, 193; Ausz. *Ann. Pharm.* 24, 1. — *Zeitschr. Phys. v. W.* 6, 54; Ausz. *Ann. Pharm.* 34, 232.
A. WERNER. *J. pr. Chem.* 13, 401.

BERZELIUS und WÖHLER bemerkten die rothe Substanz, die beim Einwirken von Wasser auf Kohlenoxydkalium entsteht. GM. fand, dass ihre wässrige Lösung beim Abdampfen an der Luft krokonsaures Kali lieferte, und vermuthete darin eine von der Krokonsäure verschiedene Säure. HELLER lehrte dieselbe 1837 bestimmter kennen und unterschied sie als Rhodizonsäure.

Darstellung des rhodizonsauren Kalis. Man schüttelt das in der Kupfervorlage unter Steinöl gesammelte, durch Abschlämmen mit Steinöl von dem gröfsten Theil der Kohle und des Kaliums befreite, auf dem Filter gesammelte und ausgepresste Kohlenoxydkalium (V, 485) wiederholt mit Weingeist von 0,85 spec. Gew., welcher Kali, Steinöl und eine harzige, durch Wasser fällbare Materie entzieht, bis er sich nicht mehr stark färbt, schüttelt die nach dem Abgiefsen des Weingeists bleibende schwarze, dickflüssige Masse mit $1/3$ Volum Wasser, dann mit so viel Weingeist, dass eine Scheidung erfolgt, giefst die wässrig-weingeistige Flüssigkeit ab, welche Kali und eine durch Wasser fällbare dunkelbraune Materie enthält, behandelt die rückbleibende Masse wiederholt auf diese Weise mit Wasser und Weingeist, bis sich das Wasser nicht mehr braun, sondern durch etwas rhodizonsaures Kali hellgelb färbt, setzt die nach dem Abgiefsen der Flüssigkeit bleibende Masse der Luft aus, woran sie sich um so schneller röthet, je vollständiger sie vom Kali befreit worden war, verdünnt die honigdicke Masse mit etwas Wasser, versetzt sie mit kleinen Antheilen eines Gemisches von Vitriolöl mit der 15fachen Wassermenge, welches Kohlensäure entwickelt, versetzt mit Weingeist bis zur Fällung, giefst die gelbbraune stark alkalische Flüssigkeit ab, und behandelt so wiederholt mit Schwefelsäure-haltigem Wasser und Weingeist, bis die decanthirte Flüssigkeit nicht mehr alkalisch ist, ein Zeichen, dass die, mit Hülfe von Weingeist auf ein Filter zu bringende und darauf zu trocknende, Masse völlig in rhodizonsaures Kali verwandelt ist. Wenn bei zu viel Schwefelsäure durch Abscheidung von Rhodizonsäure die Masse Lackmusröthend geworden wäre, so neutralisirt man mit kohlensaurem Kali. Beigemengtes schwefelsaures Kali macht die dunkelrothe Farbe des rhodizonsauren Kali blasser.

Darstellung der Rhodizonsäure. 1. Man vertheilt das Kalisalz in Weingeist von 0,81 bis 0,82 spec. Gew., fügt dazu ein Gemisch von viel Weingeist mit so viel Vitriolöl, dass dieses das Kali sättigt, digerirt bei gelinder Wärme, versetzt das Filtrat, wenn es noch Schwefelsäure hält, behutsam mit Barytwasser, bis sich eben ein blassrother Niederschlag von rhodizonsaurem Baryt bilden will, dampft das Filtrat gelinde bis auf Wenig ab, lässt die Säure krystallisiren, und befreit die Krystalle durch Waschen mit Weingeist von der dunkelbraunen, widrig nach Steinöl riechenden Mutterlauge. Heller. — Bei der Zersetzung des Kalisalzes durch wenig Schwefelsäure haltenden Weingeist erhält man ein tief purpurrothes, keine Schwefelsäure haltendes Filtrat, welches beim Verdunsten blauschwarze, federförmig vereinigte Nadeln liefert. Werner. — 2. Man löst die nach 1) erhaltene Säure in Weingeist, schlägt sie durch kohlensaures Kali in Gestalt von rhodizonsaurem Kali nieder, fällt dessen wässrige Lösung durch mit Essigsäure angesäuerten Bleizucker, wäscht das dunkelviolette Bleisalz auf dem Filter mit Wasser, zersetzt es nach dem Vertheilen in Wasser oder Weingeist durch Hydrothion, dampft das dunkelhyacinthrothe Filtrat bis auf Wenig ab, und stellt zum Krystallisiren hin. Die übrig bleibende Mutterlauge, welche fast keine Rhodizonsäure mehr enthält, ist sehr dunkel. Heller. — Das in Wasser vertheilte Bleisalz lässt sich leicht und vollkommen durch Hydrothion zersetzen, und liefert ein blassgelbes Filtrat, welches die Reactionen der Rhodizonsäure zeigt, beim Abdampfen immer dunkler, zuletzt tief roth wird und endlich braunschwarze Dodekaeder liefert. Werner.

Eigenschaften. Nach 1) blass pomeranzengelbe feine kurze Nadeln. Nach 2) sehr dunkle Nadeln von blaugrünem Metallglanz. Diese dunkle Farbe ist von eingeschlossener Mutterlauge abzuleiten. Heller. — (Heller hat die frühere Angabe, dass die Säure farblos sei, zurückgenommen, aber über die Farbe ihrer wässrigen, weingeistigen und ätherischen Lösung, die ebenfalls als farblos beschrieben wurde, in seiner zweiten Abhandlung nichts bemerkt. Liebig hält diese farblosen Krystalle, die Heller früher erhielt, für weinschwefelsaures Kali.) Werner erhielt nach 1) Nadeln, nach 2) Dodekaeder, von braunschwarzer Farbe, das Sonnenlicht mit lebhaftem, tief purpurrothen Metallglanz zurückwerfend. — Geruchlos; von säuerlichem, schwach zusammenziehenden Geschmack, Lackmus bleibend röthend. Heller, Werner. — Die Krystalle zersetzen sich nicht bei längerem Aufbewahren, färben sich aber an der Luft, selbst in Gefäfsen, wenn man sie öfters öffnet, roth, beim Reiben mit den Fingern blutroth, mit grünem Metallglanz, wegen der grofsen Affinität der Säure zu organischen Materien. Heller. [Oder wegen Aufnahme von Ammoniak?] — Die wässrige Lösung färbt die Haut gelbroth, Heller, tief braunroth, Werner.

Bei den widersprechenden Analysen des rhodizonsauren Kalis und Bleioxyds lässt sich mit Sicherheit keine Formel für die Rhodizonsäure aufstellen, und blofs daraus abnehmen, dass alles neben C und O in ihr anzunehmende H (wie bei der Krokonsäure und Oxalsäure) durch Metall vertretbar ist. Indem Liebig (*Ann. Pharm.* 24, 16) von der Thatsache ausgeht, dass das in Wasser gelöste rhodizonsaure Kali in krokonsaures und oxalsaures zerfällt, sieht Er vermuthungsweise das rhodizonsaure Kali als 3KO,7CO an, oder verdoppelt und mit anders geschriebener Formel = $C^{14}K^{6}O^{20}$; dieses kann dann

$C^{10}K^2O^{10}$ (krokonsaures Kali), $C^4K^2O^8$ (oxalsaures Kali) und 2KO liefern. Diese wahrscheinliche Ansicht wird einerseits durch THAULOWS Beobachtung bestätigt, dass die Lösung des rhodizonsauren Kalis bei diesem Uebergange alkalisch wird, und andererseits annähernd durch HELLERS Analyse des Kalisalzes, welches 62 Proc. Kali enthielt, während die Formel $C^{14}K^6O^{20}$ 59 Proc. gibt. Hiernach würde die Formel der Rhodizonsäure sein $C^{14}H^6O^{20}$. Noch nicht genügend erklärt bleibt die Erfahrung, dass das in Wasser gelöste rhodizonsaure Kali bei Zusatz von Kali sogleich, aber ohne dieses erst bei Luftzutritt krokonsaures und oxalsaures Kali liefert.

Zersetzungen. 1. Die krystallisirte Säure färbt sich weit über 100° grauschwarz und verflüchtigt sich in zersetzter Gestalt ohne Rückstand. HELLER. Sie entwickelt beim Erhitzen Wasser, dann einen braunrothen Dampf, der sich mit derselben Farbe sublimirt, und unzersetzte Säure zu sein scheint, hierauf entwickelt sie unter Schwärzung einen grauen, dann einen gelben, nach brenzlicher organischer Materie riechenden Dampf und verbrennt an der Luft bis auf eine Spur nicht alkalischer Asche. WERNER. — 2. Sie wird durch concentrirte Mineralsäuren schnell zersetzt. HELLER. Auch in der wässrigen Lösung. WERNER. — 3. Die weingeistige Säure und das wässrige Kalisalz reducirt aus Goldlösung das Metall. HELLER. — 4. Die in Wasser gelöste Säure, mehrere Wochen lang der Luft dargeboten, zerfällt in Krokonsäure und Oxalsäure. WERNER.

Verbindungen. Die Säure löst sich leicht in Wasser. HELLER. Die concentrirte Lösung ist roth, die verdünnte gelb. WERNER.

Rhodizonsaure Salze. — Nur das Kalisalz ist krystallisirbar. Die Farbe der Salze geht von der hellrosenrothen durch die karmin- und blut-rothe bis zur schokoladebraunen, und ist um so heller, je feiner die Salze vertheilt sind. Manche zeigen grünen Metallglanz. Sie sind an der Luft beständig, färben sich jedoch dunkler. Sie zersetzen sich noch weit unter der Glühhitze ohne Verglimmen, oder mit schwachem, und lassen ein Gemenge von Kohle mit Metall, Oxyd oder kohlensaurem Oxyd. Die meisten lösen sich in Wasser, mit pomeranzengelber, oder, bei gröfserer Concentration, rothbrauner Farbe. Einige dieser Lösungen werden an der Luft blassgelb, indem das rhodizonsaure Salz in krokon- und oxal-saures Salz übergeht. HELLER.

Rhodizonsaures Ammoniak. — Fällt beim Mischen der in Weingeist gelösten Säure mit etwas Ammoniak als dunkelgelbrothes, nach dem Trocknen schokoladebraunes, und beim Mischen des wässrigen Kalisalzes mit Hydrothionammoniak als violettes Pulver nieder. Es löst sich leicht in Wasser, wenig in Weingeist, und zerfällt in ersterer Lösung in krokonsaures und oxalsaures Ammoniak. HELLER.

Rhodizonsaures Kali. — Darstellung (V, 487). Kleine, wie es scheint, schiefe rhombische Säulen, deren Flächen blaugrünen Metallglanz zeigen; das sammtartig anzufühlende, lebhaft rothe Pulver nimmt auf Papier unter dem Pollerstein ebenfalls den blaugrünen Metallglanz an. Geruchlos, geschmacklos, luftbeständig. Es hält 61,96 Proc. Kali. Es wird beim Erhitzen grauschwarz und lässt endlich kohlensaures Kali. Es löst sich nicht in Weingeist und Aether, aber leicht in Wasser. Die tief rothgelbe wässrige Lösung wird für sich [an der Luft] in einigen Stunden (bei Zusatz von Ammoniak oder Kali sogleich) blassgelb, durch Bildung von krokon- und oxalsaurem Kali und unter Freiwerden von Kali; auch wird sie durch Schwefel-, Salz- und Salpeter-Säure unter Zersetzung entfärbt. HELLER. — Die weingeistige Säure gibt beim Zutröpfeln von weingeistigem Kali einen kirschrothen, grünlich metallglänzenden Niederschlag, der nach dem Sammeln auf dem Filter und Trocknen zwischen Papier braunroth ist, und den grünen Metallglanz schwächer zeigt. Er löst sich schwer in kaltem, nicht viel leichter in heifsem Wasser, und verändert sich nicht bei wochenlangem Stehen unter Wasser an der Luft. WERNER.

[Von meinen früheren Versuchen (*Pogg.* 4, 59) mit unreinem rhodizonsauren Kali, wie es sich bei der Behandlung des der Luft dargebotenen Kohlenoxydkaliums mit Wasser als cochenillrothes Pulver ausscheidet, finde hier Folgendes Platz: Es verbrennt beim Erhitzen mit harziger Flamme und weifsem Rauch. Seine rothgelbe wässrige Lösung wird sogleich durch Salpetersäure entfärbt, und reducirt aus Goldlösung das Metall. Es bildet mit wässrigem Ammoniak eine rothgelbe Lösung, die beim Abdampfen wieder einen rothen Rückstand lässt, aber mit Kali eine gelbe Lösung von krokonsaurem Kali, so wie auch die wässrige Lösung durch wenig Kali sogleich blassgelb wird und dann Nadeln von krokonsaurem Kali absetzt. Die rothgelbe Lösung in Wasser behält bei abgehaltener Luft selbst in der Sonne ihre Farbe und lässt beim Abdampfen wieder eine rothe Masse; aber an der Luft wird die Lösung in einigen Stunden blassgelb und liefert beim Abdampfen Nadeln von krokonsaurem Kali. Die rothgelbe wässrige Lösung fällt aus Barytwasser braunrothe Flocken, die an der Luft gelb werden, aus Kalkwasser blassrothe, aus Einfachchlorzinn oder Bleizucker dunkelrothe, aus salpetersaurem Quecksilberoxydul karminrothe und aus salpetersaurem Silberoxyd rothschwarze Flocken.]

Rhodizonsaures Natron. — Man fällt die Lösung der Säure in starkem Weingeist durch concentrirtes Natron, und befreit das dunkel karminrothe Pulver auf dem Filter durch Weingeist vom überschüssigen Alkali. Das getrocknete Salz ist braun. Seine rothgelbe Lösung in Wasser zerfällt an der Luft oder bei Natronzusatz wie das Kalisalz. HELLER.

Rhodizonsaures Lithon. — Das, wie das Natronsalz zu bereitende dunkelkermesinrothe Salz gibt mit Wasser eine rothgelbe Lösung, die an der Luft unter Absatz eines hellvioletten Pulvers und Bildung von krokonsaurem und oxalsaurem Lithon sehr blass wird HELLER.

Rhodizonsaurer Baryt. — 1. Die weingeistige Säure gibt mit Barytwasser einen hellkarminrothen Niederschlag, und mit wenig wässrigem Chlorbaryum erst nach einiger Zeit einen besonders schön karminrothen, welcher das Licht mit dieser Farbe durchlässt, aber unter verschiedenen Umständen mit gelbgrüner Farbe zurückwirft. — 2. Das wässrige Kalisalz fällt das Barytwasser kermesinroth und das Chlorbaryum sogleich kirschroth. Das Salz löst sich nicht in Wasser, Weingeist und Aether; es hält sich unter Wasser, wird aber unter Barytwasser durch Bildung von krokonsaurem Baryt gelb. HELLER. Auch die wässrige Säure fällt den salzsauren und den essigsauren Baryt; letzterer ist das beste Reagens für die Rhodizonsäure, und gibt bei verdünnten Lösungen einen rosenrothen, bei concentrirten einen tief purpurrothen Niederschlag. HELLER. — Das Salz ist nach dem Trocknen gelbroth, mit grünlichem Schimmer. Es wird nur in frisch gefälltem Zustande durch verdünnte Schwefelsäure zersetzt. Es färbt sich, in Wasser fein vertheilt, durch einige Tropfen Salzsäure karminroth, und scheint nach dem Waschen unverändertes Salz zu sein; die davon abfiltrirte gelbe Flussigkeit hält neben rhodizonsaurem Baryt (durch wenig Kali fällbar) auch salzsauren Baryt. Durch wenig Salpetersäure wird der in Wasser vertheilte rhodizonsaure Baryt hellroth, durch Phosphorsäure gelbroth. Erwärmt man das in Wasser vertheilte Salz mit Phosphor-, Salz- oder Salpeter-Säure, so färbt sich die Flüssigkeit durch erzeugte Krokonsäure gelb, entfärbt sich aber beim Kochen durch weitere Zersetzung der Krokonsäure. Der rhodizonsaure Baryt löst sich auch ein wenig in starker Essigsäure, nicht in Wasser. WERNER.

Rhodizonsaurer Strontian. — Die weingeistige Saure gibt mit Chlorstrontium einen herrlich violett-kermesinrothen, und das Kalisalz einen kirschrothen, ebenfalls gelbgrünen Metallglanz zeigenden Niederschlag, der sich schwer in Wasser, nicht in Weingeist löst. HELLER. Auch die wässrige Säure fällt das Chlorstrontium. WERNER.

Rhodizonsaurer Kalk. — Die weingeistige Säure fällt das Kalkwasser granatbraun, und den essigsauren Kaik licht blutroth; das wässrige Kalisalz fällt das Kalkwasser tief kermesinroth und den essigsauren Kaik dunkelroth, fällt aber nicht das Chlorcalcium. Der Niederschlag wird unter Kalkwasser gelb; er löst sich in Wasser, nicht in Weingeist. HELLER.

Rhodizonsaure Bittererde. — Durch Fällen der essigsauren Bittererde mittelst der in Weingeist gelösten Säure. Schön granatroth; leicht in Wasser und Weingeist löslich. HELLER.

Rhodizonsaures Ceroxyd. — Durch Lösen des Oxyds in der weingeistigen Säure und Verdunsten erhält man eine purpurrothe amorphe, leicht in Wasser und Weingeist lösliche Masse. HELLER.

Rhodizonsaure Süfserde. — Durch Abdampfen der weingeistigen Säure mit essigsaurer Süfserde erhält man ein granatrothes, sehr leicht in Wasser und Weingeist lösliches Pulver. HELLER.

Rhodizonsaure Alaunerde. — Eben so bereitet. Rothbraunes Pulver, sehr leicht in Wasser und Weingeist löslich. HELLER.

Rhodizonsaure Zirkonerde. — Man löst die Erde in der weingeistigen Säure und dampft ab. Der Rückstand ist tief granatbraun, und löst sich leicht in Wasser und Weingeist. HELLER.

Rhodizonsaures Titanoxyd. — Die weingeistige Säure färbt das Oxyd roth, löst es, und lässt dann beim Abdampfen ein rothes Salz. HELLER.

Die weingeistige Säure erzeugt mit molybdänsaurem Ammoniak einen, nicht weiter untersuchten, gelben Niederschlag. HELLER.

Rhodizonsaures Uranoxyd. — Die weingeistige Säure fällt aus salpetersaurem Uranoxyd ein hell blutrothes, leicht in Wasser und Weingeist [?] lösliches Pulver. HELLER.

Rhodizonsaures Manganoxydul. — Die weingeistige Säure gibt mit essigsaurem Manganoxydul einen, beim Kochen zunehmenden, dunkelrothen, in Wasser und Weingeist mit gelber Farbe löslichen Niederschlag. HELLER.

Rhodizonsaures Telluroxyd. — Die Lösung des Oxyds in der weingeistigen Säure lässt beim Verdunsten ein rothes Salz. HELLER.

Rhodizonsaures Wismuthoxyd. — Das in wenig Wasser gelöste Kalisalz gibt mit salpetersaurem Wismuthoxyd einen, sich schnell entfärbenden, blassrothen Niederschlag; die weingeistige Säure gibt einen gelben, wohl Krokonsäure haltenden, Niederschlag, der unter der Flüssigkeit allmälig fast weifs wird. HELLER.

Rhodizonsaures Zinkoxyd. — Die weingeistige Säure färbt das Zinkoxyd roth, und löst es dann mit gelber Farbe; sie gibt mit essigsaurem Zinkoxyd einen dunkelrothen, in Wasser und Weingeist löslichen Niederschlag. HELLER.

Rhodizonsaures Zinnoxydul. — Das Kalisalz gibt mit Einfachchlorzinn einen kermesinrothen, sich später verdunkelnden, wenig in Wasser, nicht in Weingeist löslichen Niederschlag. — Das *Zinnoxydsalz* ist dunkler. HELLER.

Rhodizonsaures Bleioxyd. — Die weingeistige Säure fällt das essigsaure und salpetersaure Bleioxyd tief rothbraun. Der durch das Kalisalz mit angesäuertem Bleizucker erhaltene dunkelkermesinrothe Niederschlag wird bei längerem Stehen unter der Flüssigkeit rothbraun, dann schwarzbraun, und löst sich nicht in Wasser und Weingeist. HELLER. — Die wässrige Säure gibt mit Bleizucker einen tief violetten Niederschlag von schönem Metallglanz, der in noch feuchtem Zustande leicht durch Schwefelsäure, und selbst in getrocknetem noch leicht durch Hydrothion zersetzt wird. WERNER. — Der durch das Kalisalz mit überschüssigem Bleizucker erzeugte Niederschlag ist dunkelroth, und lässt beim Glühen in offener Schale ein Gemenge von Bleioxyd und Metall. THAULOW (*Ann. Pharm.* 27, 1).

			HELLER.				THAULOW.
3 PbO	336	85,28	85,09	3 PbO	336	77,42	77,20
3 C	18	4,57	4,67	7 C	42	9,68	9,87
5 O	40	10,15	10,33	7 O	56	12,90	12,93
	394	100,00	100,00		434	100,00	100,00

Rhodizonsaures Eisen. — Die weingeistige Säure gibt mit Eisenvitriol einen rothbraunen, in Wasser und Weingeist löslichen und mit Eisenoxydsalzen einen braunen, ebenfalls in Wasser löslichen Niederschlag, daher die Flüssigkeit braun bleibt. HELLER.

Rhodizonsaures Kobaltoxydul. — Die weingeistige Säure fällt aus salpetersaurem Kobaltoxydul einen kleinen Theil des Salzes, mit kermesinrother Farbe in Wasser löslich, während der gröfsere in der weingeistigen Flüssigkeit mit rother Farbe gelöst bleibt. HELLER.

Rhodizonsaures Nickeloxydul. — Braun, in Wasser und Weingeist löslich. HELLER.

Rhodizonsaures Kupferoxyd. — Die weingeistige Säure, und bei concentrirten wässrigen Lösungen auch das Kalisalz, erzeugt mit Kupferoxydsalzen einen rothbraunen, in Wasser löslichen Niederschlag. HELLER.

Rhodizonsaures Quecksilberoxydul. — Die weingeistige Säure gibt mit salpetersaurem Quecksilberoxydul einen scharlachrothen, sich bald verdunkelnden Niederschlag und das Kalisalz gibt mit salpetersaurem oder essigsaurem Quecksilberoxydul einen dunkelkermesinrothen Niederschlag, der unter der Flüssigkeit bald braun und endlich gelb wird. Der Niedersclag löst sich nicht in Wasser und Weingeist. Heller.

Rhodizonsaures Quecksilberoxyd. — Der rothbraune Niederschlag, den das Kalisalz mit Quecksilberoxydsalzen erzeugt, löst sich nicht in Wasser, und färbt sich unter der Flüssigkeit bald gelb. Heller.

Rhodizonsaures Silberoxyd. — Das salpetersaure Silberoxyd gibt mit der weingeistigen Säure einen bräunlichrothen, sich bald schwärzenden Niederschlag, der nach dem Trocknen grünen Metallglanz zeigt, und mit dem Kalisalz einen dunkelkermesinrothen, sehr wenig in Wasser löslichen, der bald rothbraun und an der Luft schwarz wird. Heller. Auch die wässrige Säure fällt die Silberlösung. Werner.

Die weingeistige Säure fällt nicht das Zweifachchlor*platin*. Heller.

Die Rhodizonsäure löst sich leicht und ohne Färbung in *Weingeist* und *Aether*. Heller. Die concentrirte weingeistige Lösung ist roth, die verdünnte gelb. Werner.

c. *Nitrochlorkern* $C^{10}XClH^{4}$.

Säure von St. Evre.

$$C^{10}NClH^{4}O^{8} = C^{10}XClH^{4},O^{4}?$$

St. Evre (1849). *Ann. Chim. Phys.* 25, 493; auch *J. pr. Chem.* 46, 456.

Die Lösung der Chlorniceinsäure in rauchender Salpetersäure setzt beim Erkalten Krystalle von Nitrochlorniceinsäure ab, und die davon abgegossene Mutterlauge liefert beim Abdampfen lange weifse Nadeln einer eigenthümlichen Säure, welche hält:

			St. Evre.
10 C	60	33,82	33,77
N	14	7,89	8,14
Cl	35,4	19,95	19,67
4 H	4	2,25	2,29
8 O	64	36,09	36,13
$C^{10}XClH^{4}O^{4}$	177,4	100,00	100,00

d. *Amidkern* $C^{10}AdH^{3}O^{2}$?

Pyromucamid.

$$C^{10}NH^{5}O^{4} = C^{10}AdH^{3}O^{2},O^{2}.$$

Malaguti (1846). *Compt. rend.* 22, 856.

[Malaguti gibt die Bildung und Darstellung dieser Verbindung nicht an; wohl bei der trocknen Destillation des einfachschleimsauren Ammoniaks = $C^{12}NH^{13}O^{16}$].

Eigenschaften. Rechtwinklige 4seitige Säulen, zwischen 130 und 132° schmelzend, von sehr schwach süfsem Geschmack.

Zersetzungen. Wenig über den Schmelzpunct erhitzt, färbt es sich grün, dann bei steigender Hitze blau, dann violett, und liefert dabei ein braunes Destillat, welches sich, nach der Entfärbung durch Thierkohle, wieder wie Pyromucamid verhält.

Verbindungen. Es löst sich in *Wasser*, *Weingeist* und *Aether*. Malaguti.

e. *Amidkern* $C^{10}Ad^2H^2O^2$.

Bipyromucamid.

$C^{10}N^2H^6O^2 = C^{10}Ad^2H^2O^2$?

MALAGUTI (1846). *Compt. rend.* 22, 856.

Pyromucamide biamidée.

Bildung und Darstellung. Bei der trocknen Destillation von halb schleimsaurem Ammoniak oder von Mucamid. $2NH^3,C^{12}H^{10}O^{16} = C^{10}N^2H^6O^2 + 2CO^2 + 10HO$; und $C^{12}N^2H^{12}O^{12} = C^{10}N^2H^6O^2 + 2CO^2 + 6HO$. — Das Sublimat wird durch wiederholtes Krystallisiren aus Wasser von der anhängenden Brenzschleimsäure, welche in der Mutterlauge bleibt, befreit.

Eigenschaften. 6- und 8-seitige Blätter, bei 175° unter Färbung schmelzend, von sehr süfsem Geschmack.

Zersetzungen. 1. Ueber den Schmelzpunct erhitzt, zersetzt es sich, kommt erst bei 260° in eine Art Kochen, und entwickelt, neben andern Producten, kohlensaures Ammoniak. — 2. Es entwickelt mit Kalilauge erst beim Kochen Ammoniak.

Verbindungen. Es löst sich wenig in kaltem Wasser, leichter in Weingeist und Aether.

f. *Stickstoffkern* $C^{10}NH^5$.

Alkaloid von STENHOUSE.

$C^{10}NH^7? = C^{10}NH^5,H^2$?

STENHOUSE. *Ann. Pharm.* 70, 200.

Man setzt Veitsbohnen bei möglichst niedriger Hitze der trocknen Destillation in einem eisernen Cylinder aus, übersättigt das Destillat mit Salzsäure, giefst die wässrige Flussigkeit vom Theer ab, den man noch mehrmals mit Salzsäure-haltendem Wasser auszieht, kocht die salzsauren Flussigkeiten einige Stunden zur Verflüchtigung oder Verharzung von Holzgeist, Aceton und neutralem und saurem Brenzöl, filtrirt sie durch Holzkohlenpulver, übersättigt sie in einem grofsen Destillirapparat mit Kalk oder kohlensaurem Natron und destillirt. Es geht ein wässriges *erstes* Destillat über, worauf ölige Alkaloide schwimmen, welche zunehmen, dann aber wieder abnehmen, so dass zuletzt blofs noch eine, besonders zu sammelnde, wässrige Lösung derselben als *zweites* Destillat übergeht. — Man hebt vom *ersten* Destillat das Oel ab, löst dieses in Salzsäure, trennt die salzsaure Lösung mittelst eines nassen Filters vom neutralen Oel, destillirt das Filtrat mit überschüssigem kohlensauren Natron in einer grofsen Retorte und hebt das übergegangene ölige Alkaloid vom ammoniakalischen Destillat mit dem Stechheber ab. Man engt ferner das *zweite* nach dem Neutralisiren durch Salzsäure bei gelinder Wärme ein (beim Kochen würde sich viel Alkaloid verharzen), destillirt mit kohlensaurem Natron und rectificirt das vom Destillat abgehobene ölige Alkaloid mehrmals mit Wasser, wobei etwas Harz zurückbleibt. Man schuttelt die vereinigten öligen Alkaloide des *ersten* und *zweiten* Destillats zur Beseitigung des Ammoniaks wiederholt mit concentrirtem Kali, unter jedesmaliger Scheidung von der ammoniakhaltenden Kalilauge, bis alles Ammoniak entzogen ist, was nicht ohne Verlust abgebt; hierauf befreit man sie vom Wasser, welches ½ Maafs beträgt, durch wiederholtes Schütteln und mehrtägiges Hinstellen mit Kalihydrat, bis dieses nicht mehr feucht wird, giefst das klare Oel ab, rectificirt es vorsichtig, fängt das letzte Drittel, welches nicht mehr farblos, sondern gelblich kommt, für sich auf, rectificirt es wiederholt, bis es ebenfalls entfärbt ist, fügt es zu den ersten zwei Dritteln, und rectificirt es langsam in einer Retorte mit Thermometer. Das Sieden beginnt bei 108°; zwischen 108 und 130° geht wenig über, zwischen 150 und 165° viel, und das letzte zwischen 165 und 220°. Die erhaltenen Destillate werden durch wiederholte gebrochene Destillation nach ihrer verschiedenen Flüchtigkeit weiter geschieden.

Alle diese öligen Alkaloide kommen in Folgendem mit einander überein: Sie sind wasserhell, stark lichtbrechend, leichter als Wasser, riechen stechend, schwach gewürzhaft, schmecken brennend, röthen Curcuma, bläuen Lackmus, und geben Nebel mit Salzsäure. Verschlossen halten sie sich im Dunkeln, werden aber im Lichte gelb und weniger fluchtig. Sie bräunen sich beim Kochen und zerfallen in ein farbloses Destillat und einen dunkelbraunen harzigen Rückstand. Sie verwandeln sich beim Durchleiten durch eine mit Kohle gefullte gluhende Röhre in Ammoniak. Auch beim Kochen mit Kalilauge, oder beim längeren Kochen ihrer wässrigen Lösung zersetzen sie sich unter Ammoniakentwicklung. Sie werden durch Salpetersäure in sattgelbe Harze, nicht in Pikrinsäure verwandelt, und durch wässrigen Chlorkalk, ohne die Anilinreaction zu zeigen, in braune Harze. Sie lösen sich ziemlich in Wasser, die flüchtigeren mehr als die fixeren. Sie neutralisiren die Säuren, und ihre Salze sind meistens krystallisirbar, jedoch sind die der fixeren Alkalien mit einem braunen Harz verunreinigt und krystallisiren schwieriger. Sie fällen die Salze des Eisens und Kupfers. Doch ist letzterer Niederschlag in ihrem Ueberschuss mit blauer Farbe löslich. Sie bilden mit Quecksilber, Gold und Platin Doppelsalze von ungefähr gleicher Löslichkeit mit den entsprechenden Doppelsalzen des Ammoniaks.

Das bei 150 bis 155° kochende Alkaloid bildet mit Schwefelsäure, Salpetersäure oder Salzsäure krystallisirbare Salze. Das *salzsaure* Salz erscheint in sehr leicht löslichen, durchsichtigen Säulen. Das *Golddoppelsalz* löst sich leicht in Wasser, und schiefst daraus beim Erkalten in hellgelben Nadeln an. Das *Platindoppelsalz* bildet ziemlich in Wasser lösliche sattgelbe 4seitige Säulen, worin 34,66 Proc. Platin. STENHOUSE.

			Alkaloid. Bei 150 bis 155°	bei 160 bis 165°	bei 170°	bei 200 bis 210° siedend.
10 C	60	74,07	74,69	74,08	75,42	75,63
N	14	17,29				
7 H	7	8,64	7,97	8,06	8,52	8,73
$C^{10}NH^7$	81	100,00				

[Sollten diese verschiedenen flüchtigen Oele etwa immer dasselbe Alkaloid enthalten, nur in verschiedener Reinheit?]

Aehnliche oder dieselben Alkaloide erhält man bei möglichst gelinder trockner Destillation von Knochen, Weizen, Leinölkuchen, Steinkohlen, Torf und der ganzen Pflanze von *Pteris aquilina*, während Holz nur eine Spur liefert. STENHOUSE.

Auch bei der Destillation von Veitsbohnen oder Leinölkuchen mit starker Natronlauge entwickelt sich neben Ammoniak eine ziemlich grofse Menge eines ähnlichen Alkaloids, durch Rectificiren des Destillats, Neutralisiren mit Salzsäure, Abfiltriren vom neutralen Oele u. s. w. zu erhalten; Ochsenleber liefert auf diese Weise wenig. STENHOUSE.

Auch bei der Digestion der Veitsbohnen mit einem Gemisch aus 1 Th. Vitriolöl und 3 bis 4 Th. Wasser, nicht bis zur Entwicklung schwefliger Säure, erhält man ähnliche Alkaloide. STENHOUSE.

Bei der trocknen Destillation des *Semen Lycopodii* geht zuerst ein öliges Alkaloid von eigenthümlichem sehr durchdringenden Geruch über, dann ein im Geruche dem von Veitsbohnen ähnliches. Kocht man dagegen den Bärlappsamen erst mit starker Natronlauge zur Trockne ein, und destillirt dann, so erhält man, neben viel Ammoniak, blofs ersteres.

Endlich können sich auch bei der Fäulniss stickstoffhaltiger Verbindungen ähnliche Alkaloide bilden. Pferdefleisch, welches für einen andern Zweck wiederholt mit Wasser ausgekocht worden war, hinterher der Fäulniss überlassen, dann mit Salzsäure-haltigem Wasser ausgezogen, lieferte salzsaures Alkaloid und Salmiak. Durch Einengen der Flüssigkeit, und Destilliren mit kohlensaurem Ammoniak, und wiederholtes Rectificiren des Destillats über Natronhydrat wurde ein farbloses, leichtes, öliges, nicht unangenehm gewürzhaft riechendes, leicht in Wasser lösliches, die Säuren neutralisirendes Alkaloidgemisch erhalten, was aber viel weniger betrug, als bei der trocknen Destillation des Fleisches erhalten worden war. STENHOUSE (*Ann. Pharm.* 72, 86).

Like-Reihe.

Stammkern $C^{10}H^8$.

Das im Grofsen durch trockne Destillation von Harz und etwas fettem Oel erhaltene Leuchtgas setzt unter starkem Drucke ein braunes, nach Phosphorwasserstoffgas riechendes Oelgemisch ab. Dieses lässt bei der Destillation rufsige Materie, bituminosen Theer und etwas Naphthalin, und liefert ein fast farbloses Destillat, welches, über Chlorcalcium entwässert und wiederholt einer gebrochenen Destillation ausgesetzt, in 6 Oele von verschiedener Flüchtigkeit (von 28 bis 140° Siedpunct) zerfällt. COUERBE. Auf das Flüchtigste, welches bei 28° siedet [und vielleicht Myle ist], folgt das wahrscheinlich hierher gehörige, von COUERBE *Pentacarbure quadrihydrique* genannte Oel.

Es ist farblos, von 0,709 spec. Gew. bei 14°, siedet bei 50° [die Berechnung nach GERHARDTS Gesetz (IV, 51) gibt 45°] und seine Dampfdichte beträgt 2,354. COUERBE (*Ann. Chim. Phys.* 69, 184; auch *J. pr. Chem.* 18, 165).

			COUERBE.		Maafs.	Dampfdichte.
10 C	60	88,24	88,14	C-Dampf	10	4,1600
8 H	8	11,76	11,59	H-Gas	8	0,5546
$C^{10}H^8$	68	100,00	99,73	Oel-Dampf	2	4,7146
					1	2,3573

Guajacen.

$$C^{10}H^8O^2 = C^{10}H^8,O^2.$$

DEVILLE (1843). *Compt rend.* 17, 11143; 19, 134.

Das bei der trocknen Destillation des Guajakharzes erhaltene ölige Gemenge von Guajacen, Pyrojaksäure, perlglänzenden Blättern und einigen andern brenzlichen Producten liefert bei der Rectification, unter Auffangen blofs des flüchtigsten Theils, das Guajacen, welches durch Zersetzung der im Guajakharz enthaltenen Guajaksäure, $C^{12}H^8O^6$, unter Bildung von 2 At. Kohlensäure zu entstehen scheint.

Farbloses Oel, von 0,874 spec. Gew., bei 118° kochend, dabei einen Dampf von 2,92 Dichte liefernd, und dem Bittermandelöl ähnlich riechend. DEVILLE.

Berechnung nach DEVILLE.				Maafs.	Dampfdichte.
10 C	60	71,42	C-Dampf	10	4,1600
8 H	8	9,53	H-Gas	8	0,5546
2 O	16	19,05	O-Gas	1	1,1093
$C^{10}H^8O^2$	84	100,00	Guajacen-Dampf	2	5,8239
				1	2,9119

(Also das Aidid der Angeliksäure. GERHARDT (*Compt. rend.* 26, 226)).

Das Oel verwandelt sich an der Luft unter Oxydation in schöne Krystallblätter. DEVILLE. [Von Angeliksäure?]

Angeliksäure.

$C^{10}H^8O^4 = C^{10}H^8,O^4$.

L. A. BUCHNER (1843). *Repert.* 76, 161; Ausz. *Ann. Pharm.* 42, 226.
H. MEYER u. D. ZENNER. *Ann. Pharm.* 55, 317.
REINSCH. *Jahrb. pr. Pharm.* 7, 79; — u. HOPF 11, 217; — u. RICKER 16, 12.

Sumbulolsäure, Acide angélique.

Vorkommen. In der Wurzel von *Angelica Archangelica*, BUCHNER, und noch reichlicher in der, wie es scheint, ebenfalls von einer Umbellata herrührenden Sumbul-Wurzel oder Moschus-Wurzel. REINSCH. Auch zerfällt der fixere Theil des flüchtigen Oels von *Anthemis nobilis* beim Kochen mit weingeistigem Kali in angeliksaures und baldriansaures Kali. GERHARDT (*N. Ann. Chim. Phys.* 24, 96).

Darstellung. a. *Aus der Angelikwurzel.* 1. Man erschöpft die Wurzel mit Weingeist, dampft das Filtrat bis auf Wenig ab, befreit den zurückbleibenden Angelikbalsam von der darunter befindlichen honigdicken extractartigen Schicht, wäscht ihn mit Wasser, digerirt ihn mit wässrigem Kali, dampft das Filtrat ab, löst die Masse wieder in Wasser, filtrirt von einer wachsartigen Materie ab, stellt das Filtrat einige Zeit hin, so lange sich Nadeln von Angelicin ausscheiden, destillirt die davon getrennte Flüssigkeit, welche angeliksaures Kali hält, mit verdünnter Schwefelsäure, sättigt das, theils aus wässriger Säure, theils aus Oeltropfen der reinen Säure bestehende Destillat mit Kali, dampft ab und destillirt mit starker Phosphorsäure, wobei die reine Angeliksäure als ein Oel übergeht. BUCHNER. Auch kann man die durch Kochen des Balsams mit verdünntem Kali erhaltene Flüssigkeit nach dem Erkalten mit verdünnter Schwefelsäure übersättigen, vom gefällten Harz abgiefsen und destilliren, und das nach Baldriansäure riechende Destillat nochmals destilliren; aus dem trüben Destillat setzen sich Krystalle der Angeliksäure ab, über denen ölige Baldriansäure schwimmt. MEYER u. ZENNER. — 2. Man kocht 50 Pfund trockne Wurzel mit 4 Pfund Kalk und mit Wasser aus, seiht durch Leinen unter Auspressen, dampft die braune Flüssigkeit ab, destillirt sie in der Kupferblase mit überschüssiger verdünnter Schwefelsäure, übersättigt das mit einem sauren Oel bedeckte, nach Fenchel riechende, trübe und saure Destillat mit Kali, dampft ab, wobei der, von einem neutralen Oele herrührende Fenchelgeruch verschwindet, destillirt den braunen Rückstand wieder mit Schwefelsäure in der Kupferblase bei nicht zu kalt gehaltenem Kühlrohr, fügt wiederholt kleine Mengen Wasser zum Rückstand und destillirt wieder, und stellt das trübe, viel Oeltropfen haltende Destillat mehrere

Tage in die Kälte, so lange sich noch Angeliksäure in Säulen und Nadeln abscheidet, während Baldriansäure und Essigsäure im Wasser bleiben, wäscht die Krystalle mit wenig Wasser, und befreit sie durch mehrmaliges Krystallisiren von der noch anhängenden Baldriansäure, welche mit etwas Angeliksäure in der Mutterlauge gelöst bleibt. So erhält man von 100 Th. Wurzel 0,25 bis 0,38 Th. reine Säure. Meyer u. Zenner.

b. *Aus der Sumbulwurzel.* Man kocht den durch Ausziehen der Wurzel mit Weingeist und Abdampfen des Filtrats erhaltenen Sumbul-Balsam mit concentrirtem Kali, wobei flüchtiges Oel verdampft, versetzt das braunrothe alkalische Filtrat mit Schwefelsäure, welche ein dunkelbraunes Oel abscheidet, und destillirt dieses mit Wasser, welches man unter fortgesetztem Destilliren so oft ersetzt, als es noch mit Oeltropfen und trübe übergeht (in der Retorte bleibt Sumbulamsäure). Das ölig-wässrige Destillat, in die Kälte gestellt, setzt die Angeliksäure (3,5 Proc. der Wurzel betragend) in wasserhellen Nadeln ab, während etwas Baldriansäure gelöst bleibt. Die krystallisirte Säure wird durch 2maliges Sättigen mit kohlensaurem Natron, und Destilliren mit Schwefelsäure, dann durch Destillation für sich und endlich dadurch, dass man sie einige Zeit im Kochen erhält, gereinigt. Reinsch. Ist die Säure nicht durch genugsame Destillation von der in der Sumbulwurzel zugleich vorkommenden Sumbulamsäure völlig befreit, so färbt sich ihre weingeistige Lösung mit Schwefelsäure schön blau, während sie bei Abwesenheit der Sumbulamsäure farblos bleibt. Reinsch.

Eigenschaften. Wasserhelle glänzende grofse lange Säulen und Nadeln. Meyer u. Zenner, Reinsch. Schmilzt bei 45°, Meyer u. Zenner, zwischen 43 und 45°, Reinsch, zu einem klaren Oel, welches auf dem Wasser schwimmt und einige Grade über 0° zu glänzenden Massen erstarrt, die aus strahlig vereinigten Nadeln bestehen, Buchner. Siedet bei 190° (191°; Reinsch) und lässt sich ohne Zersetzung destilliren. Meyer u. Zenner. Riecht eigenthümlich gewürzhaft, Meyer u. Zenner; stechend nach Eisessig und Baldriansäure, Reinsch, Buchner. Schmeckt sehr sauer und zugleich brennend gewürzhaft, Buchner, Reinsch, und macht auf der Zunge einen weifsen Flecken, der bald verschwindet, Reinsch. Röthet Lackmus.

	Krystalle.		Meyer u. Zenner.	Reinsch u. Ricker.	Gerhardt.
			a	b	c
10 C	60	60	59,42	59,79	59,69
8 H	8	8	8,04	8,03	7,98
4 O	32	32	32,54	32,18	32,33
$C^{10}H^8O^4$	100	100	100,00	100,00	100,00

a ist die Säure der Angelikwurzel, b die der Sumbulwurzel, c die durch Schmelzen des Oels der römischen Chamille mit Kalihydrat erhaltene Säure.

Zersetzung. Die Säure verbrennt beim Entzünden mit leuchtender, etwas rufsender Flamme.

Verbindungen. Die Säure löst sich schwer in kaltem, reichlich in heifsem Wasser, beim Erkalten daraus in Nadeln anschiefsend. Meyer u. Zenner.

Die Angeliksäure zersetzt die kohlensauren Alkalien. Die *angeliksauren Salze, Angélates,* verlieren beim Abdampfen ihrer wässrigen Lösung einen Theil ihrer Säure. MEYER u. ZENNER.

Angeliksaures Ammoniak. — In Wasser und Weingeist löslich, MEYER; die Lösung riecht safranartig. REINSCH.

Angeliksaures Kali. — In Wasser und Weingeist löslich. MEYER.

Angeliksaures Natron. — In Wasser und Weingeist löslich. MEYER. Die concentrirte Lösung liefert nur bei Zusatz von Weingeist Krystalle, welche zerfliefslich sind. REINSCH.

Angeliksaurer Kalk. — Glänzende Blättchen, sehr leicht in Wasser löslich, bei 100° 12,1 Proc. Wasser verlierend. MEYER u. ZENNER.

	Krystalle.		MEYER u. ZENNER.
CaO	28	20,44	20,56
$C^{10}H^7O^3$	91	66,42	
2 HO	18	13,14	12,10
$C^{10}H^7CaO^4,2Aq$	137	100,00	

Angeliksaures Bleioxyd. — Angeliksaure Alkalien geben mit Bleisalzen einen weifsen, in viel Wasser löslichen Niederschlag. BUCHNER. Der Niederschlag löst sich auch beim Erhitzen des Gemisches, und schiefst dann beim Erkalten in Warzen an. REINSCH. Die Lösung des Bleioxyds in der überschüssigen wässrigen Säure, in gelinder Wärme abgedampft, liefert schöne Krystalle des neutralen Salzes. Dasselbe hat grofse Neigung, durch Verlust von Säure in ein basisches Salz überzugehen, welches in Blättern krystallisirt. Das neutrale Salz backt beim Erwärmen zusammen, und schmilzt unter Verflüchtigung von viel Säure allmälig zu einer halbdurchsichtigen Masse. Es löst sich schwer in Wasser. MEYER u. ZENNER.

Neutrale Krystalle, kalt im Vacuum getrocknet.			MEYER u. ZENNER.
PbO	112	55,17	54,95
10 C	60	29,55	29,37
7 H	7	3,44	3,66
3 O	24	11,84	12,02
$C^{10}H^7PbO^4$	203	100,00	100,00

Die angeliksauren Alkalien geben mit *Eisenoxydsalzen* einen fleischrothen, nicht in Wasser löslichen Niederschlag, BUCHNER, MEYER, einen gelbbraunen, REINSCH; — mit *Kupferoxydsalzen* einen blauweifsen, in viel Wasser löslichen, BUCHNER; — und mit salpetersaurem *Quecksilberoxydul* einen weifsen, schnell grau werdenden, BUCHNER, und sich wieder lösenden, REINSCH. — Sie fällen nicht den Aetzsublimat. BUCHNER.

Angeliksaures Silberoxyd. — Aus der Silberlösung fällen angeliksaure Alkalien ein weifses, in viel Wasser lösliches (krystallisches, REINSCH) Salz, aus dem sich nach einiger Zeit Silber als schwarzes Pulver ausscheidet. BUCHNER. Die etwas saure Lösung des Silberoxyds in der kochenden wässrigen Säure, bei möglichst gelinder Wärme verdunstet, liefert kleine, gewöhnlich etwas grauweifs gefärbte Krystalle des neutralen Salzes, in Wasser und Weingeist löslich, oder bisweilen, bei Verflüchtigung von Säure während des Abdampfens, Blätter eines basischen Salzes. MEYER u. ZENNER.

Neutrale Krystalle, kalt im Vacuum getrocknet. MEYER u. ZENNER.

10 C	60	28,99	29,08
7 H	7	3,38	3,54
Ag	108	52,17	52,26
4 O	32	15,46	15,12
$C^{10}H^7AgO^4$	207	100,00	100,00

Die Angeliksäure löst sich sehr leicht in *Weingeist* und *Aether*. MEYER u. ZENNER, REINSCH.

Sie löst sich leicht in *Terpenthinöl* und *fetten Oelen*. MEYER u. ZENNER.

Gepaarte Verbindung.

Angelik-Vinester.

Bei der Destillation des angeliksauren Natrons mit einem Gemisch von 1 Th. Vitriolöl mit 2 Th. 94procentigem Weingeist geht der Ester in Oelstreifen über, durch Wasser und Kochsalz zu scheiden.

Es ist farblos, riecht nach faulen Aepfeln, reizt beim Einathmen zum Husten und erregt heftiges Kopfweh; er schmeckt süfslich brennend gewürzhaft. Er brennt mit bläulicher Flamme. REINSCH u. RICKER.

Nebenkerne.

a. *Sauerstoffkern* $C^{10}H^6O^2$.

Citrakonsäure.

$$C^{10}H^6O^8 = C^{10}H^6O^2,O^6.$$

LASSAIGNE (1822). *Ann. Chim. Phys.* 21, 100; auch *J. Pharm.* 8, 490; auch *Schw.* 36, 428; auch *N. Tr.* 7, 2, 111.
DUMAS. *Ann. Chim. Phys.* 52, 295; auch *Schw.* 68, 331; auch *Pogg.* 29, 37; auch *Ann. Pharm.* 8, 17.
ROBIQUET. *Ann. Chim. Phys.* 65, 78.
LIEBIG. *Ann. Pharm.* 26, 119 u. 152.
CRASSO. *Ann. Pharm.* 34, 68.
ENGELHARDT. *Ann. Pharm.* 70, 246.

Brenzcitronsäure, Acide pyrocitrique, Ac. citribique BAUP.

Bildung. Bei der trocknen Destillation der Citronsäure, LASSAIGNE, und der Milchsäure, ENGELHARDT.

Darstellung. Bei der trocknen Destillation der Citronsäure erhält man eine saure wässrige und darunter eine ölige Flüssigkeit [Citrakonanhydrid mit etwas brenzlichem Oel]. Erstere sättigt man sogleich mit Kalk. Das Oel schüttelt man wiederholt mit Wasser, welches Citrakonsäure entzieht, und stellt es einige Zeit unter Wasser hin, welches noch mehr Citrakonsäure aufnimmt, während ein braunes Pech von sehr brenzlichem Geruch bleibt. Auch die so aus der öligen Flüssigkeit erhaltene wässrige Säure sättigt man mit Kalk, worauf man aus der Lösung entweder durch Oxalsäure den Kalk fällt, filtrirt und abdampft, oder durch Bleizucker citrakonsaures

Bleioxyd, durch Hydrothion zu zersetzen. LASSAIGNE. — DUMAS verdünnt das bei der trocknen Destillation der Citronsäure erhaltene Destillat mit Wasser, neutralisirt es durch kohlensaures Natron und fällt es durch Bleizucker. — CRASSO reinigt das bei der trocknen Destillation der Citronsäure erhaltene ölige Destillat [Citrakonanhydrid] durch Rectification, und verwandelt es durch Aussetzen an feuchte Luft in die krystallisirte Säure, die von dem zu reichlich angezogenen Wasser durch Auspressen zwischen Papier und Trocknen bei 50° befreit wird.

2. Um aus der bei der trocknen Destillation der Milchsäure erhaltenen, vorzüglich aus Lactid, Milchsäure und Aldehyd bestehenden Flüssigkeit die kleine Menge von Citrakonsäure zu gewinnen, befreit man das Destillat durch Erhitzen auf 100° vom Aldehyd, wäscht den beim Erkalten zu einem Krystallbrei erstarrten Rückstand mit kaltem absoluten Weingeist, der die Lactidkrystalle zurücklässt, destillirt das weingeistige Filtrat, wobei die Milchsäure zurückbleibt, neutralisirt das bei 220° Uebergegangene durch kohlensauren Baryt und reinigt das sich aus der weingeistigen Flüssigkeit als Krystallbrei ausscheidende Barytsalz durch Umkrystallisiren aus heifsem Wasser. ENGELHARDT.

Eigenschaften. Farblose 4seitige Säulen des 2- u. 1-gliedrigen Systems, CRASSO; aus in einander verwachsenen Nadeln bestehende Masse, LASSAIGNE. Schmilzt bei 80°, CRASSO. Geruchlos, von saurem und schwach bitterlichen Geschmack, stark Lackmus röthend. LASSAIGNE.

	Krystalle.		CRASSO.	LASSAIGNE.
10 C	60	46,15	46,24	47,5
6 H	6	4,62	4,60	9,0
8 O	64	49,23	49,16	43,5
$C^{10}H^6O^8$	130	100,00	100,00	100,0

Zersetzungen. 1. Die Säure, in einer Retorte über den Schmelzpunct erhitzt, verdampft und geht als Wasser, welches zuerst kommt, und als öliges Citrakonanhydrid, welches folgt, ohne einen Rückstand zu lassen, über. CRASSO. $C^{10}H^6O^8 = C^{10}H^4O^6 + 2HO$. — 2. Die concentrirte Lösung des neutralen citrakonsauren Kalis in Wasser entwickelt bei allmäligem Zusatz von Brom unter Aufbrausen kohlensaures Gas und trübt sich dann unter Absatz eines gelben Oels, dessen Menge der der zersetzten Citrakonsäure ungefähr gleich kommt. Dieses Oel ist ein Gemisch von 1 Th. Tribromsixaldid (V, 128) und 5 Th. Bibrombuttersäure (V, 277). CAHOURS. $2C^{10}H^4K^2O^8 + 2HO + 10Br = 6CO^2 + C^8Br^2H^6O^4 + C^6Br^3H^3O^2 + HBr + 4KBr$. [Dann müsste aber im Gegentheil mehr Tribromsixaldid als Bibrombuttersäure entstehen.] — Hält die Lösung des citrakonsauren Kalis überschüssiges Kali, so scheidet das Brom unter reichlicher Kohlensäureentwicklung ebenfalls ein gelbes Oelgemisch ab, aber die hieraus durch Alkalien ausziehbare Säure ist Brommetacetsäure (V, 127), und das sich nicht lösende schwere Oel ist reicher an Brom, als das Tribromsixaldid. CAHOURS.

Verbindungen. Die Säure löst sich in 3 Th. Wasser von 10°, LASSAIGNE; in 0,42 Th. bei 15°, BAUP; sie zerfliefst an der Luft und ihre concentrirte Lösung ist dickflüssig. CRASSO.

Die neutralen *citrakonsauren Salze, Pyrocitrates,* sind = $C^{10}H^4M^2O^8$, und die sauren = $C^{10}H^5MO^8$.

Citrakonsaures Ammoniak. — *Einfach.* — Durch Uebersättigen des Ammoniaks mit der wässrigen Säure. Glänzende Krystallblättchen. Crasso.

	Krystalle.		Crasso.
10 C	60	40,81	41,01
N	14	9,53	9,16
9 H	9	6,12	6,12
8 O	64	43,54	43,71
$C^{10}H^5(NH^4)O^8$	147	100,00	100,00

Citrakonsaures Kali. — a. *Halb.* — Mit der wässrigen Säure neutralisirtes kohlensaures Kali trocknet beim Verdunsten zu einer, leicht in Wasser löslichen, pulverigen Masse ein. Crasso. — b. *Einfach.* — Wendet man 2mal so viel Säure an, als zur Neutralisation nöthig ist, so erhält man, sehr leicht in Wasser lösliche, glänzende Blättchen. Crasso. — Lassaigne beschreibt ein in luftbeständigen Nadeln anschiefsendes, in 4 Th. Wasser lösliches Kalisalz. — Nach Baup (*Ann. Pharm.* 29, 169) gibt es auch eine Verbindung von 1 At. Kali mit 2 At. Säure.

Citrakonsaures Natron. — Das halb- und das einfach-saure lassen sich nicht krystallisch erhalten, sondern trocknen zu einem weifsen Pulver ein, welches sich sehr leicht in Wasser löst. Crasso.

Citrakonsaurer Baryt. — a. *Halb.* — Die mit Barytwasser neutralisirte Säure setzt nach einigen Stunden ein Krystallmehl ab, in 150 Th. kaltem, in 50 Th. heifsem Wasser löslich. Lassaigne. Die kochend mit kohlensaurem Baryt gesättigte concentrirte Säure setzt beim Erkalten ein weifses Krystallpulver ab, schwer in kaltem, leicht in heifsem Wasser löslich. Crasso. Das durch trockne Destillation der Milchsäure erhaltene Salz (V, 500) krystallisirt beim Erkalten in schönen perlglänzenden Blättchen, welche bei 100°, unter Beibehaltung ihres Glanzes, 14,62 Proc. (5 At.) Wasser verlieren, und sich erst in sehr starker Hitze zersetzen. Engelhardt.

	Bei 100° getrocknet.		Engelhardt.	Crasso.	Lassaigne.
2 BaO	153,2	57,77	57,67	57,21	56,1
10 C	60	22,62	22,69		
4 H	4	1,51	1,86		
6 O	48	18,10	17,78		
$C^{10}H^4Ba^2O^8$	265,2	100,00	100,00		

b. *Einfach.* — Schiefst aus der heifsen wässrigen Lösung in grofsen Warzen an, die aus feinen seidenglänzenden Nadeln zusammengesetzt sind. Sie halten 37,01 Proc. Baryt, verlieren nichts bei 100°, und blähen sich vor dem Verbrennen auf. Crasso.

Citrakonsaurer Strontian. — a. *Halb.* — Durch Sättigung der kochenden Säure mit kohlensaurem Strontian. Krystallisirt nicht deutlich und wittert beim Abdampfen der Lösung stark aus. — b. *Einfach.* — Grofse farblose glänzende Krystalle, welche bei 100° unter Verlust von 26,19 Proc. Wasser und Säure undurchsichtig werden, bei 120° deutlichen Geruch nach Säure entwickeln und sich in stärkerer Hitze aufblähen. Crasso.

	Krystalle.		Crasso.
SrO	52	26,0	26,1
$C^{10}H^5O^7$	121	60,5	
3 HO	27	13,5	
$C^{10}H^5SrO^8+3Aq$	200	100,0	

Citrakonsaurer Kalk. — a. *Halb.* — Baumförmig vereinigte Nadeln von scharfem Geschmack, in 25 Th. kaltem Wasser löslich, im lufttrocknen Zustande 30 Proc. Wasser, und im getrockneten Zustande 66 Proc. Kalk haltend. Lassaigne. Die mit kohlensaurem Kalk gesättigte Säure trocknet beim Abdampfen unter Auswittern zu einer weifsen Masse aus, sehr leicht in Wasser löslich. Crasso. — b. *Einfach.* — Deutliche Krystalle, welche bei 100° unter Verlust von 6,64 Proc. (1 At.) Wasser zu einem weifsen Pulver zerfallen, bei 120° im Ganzen 15,54 Proc. (3 At.) Wasser verlieren, bei 140° auch etwas Säure entwickeln, dann sich schwärzen, zu einer braunen Masse aufblähen und endlich verbrennen. Crasso.

	Krystalle.		Crasso.
CaO	28	15,91	16,21
$C^{10}H^5O^7$	121	68,75	
3 HO	27	15,34	15,54
$C^{10}H^5CaO^8+3Aq$	176	100,00	

Citrakonsaure Bittererde. — Die Lösung trocknet beim Abdampfen zu einer durchscheinenden, auf dem Bruche strahligen Masse ein, die sich sehr leicht in Wasser löst. Crasso.

Citrakonsaures Manganoxydul. — Undurchsichtige zähe Masse. Crasso.

Citrakonsaures Zinnoxydul. — Citrakonsaure Alkalien fällen das Einfachchlorzinn weifs. Crasso.

Citrakonsaures Bleioxyd. — a. *Viertel.* — Man fällt Bleiessig durch halb oder einfach citrakonsaures Alkali. Weifses, in Wasser fast unlösliches Krystallmehl. Crasso.

			Crasso.
4 PbO	448	80	79,48
$C^{10}H^4O^6$	112	20	
$2PbO,C^{10}H^4Pb^2O^8$	560	100	

b. *Halb.* — *α. Wasserfrei.* — 1. Man fällt heifses wässriges halb citrakonsaures Natron durch eine ungenügende Menge von salpetersaurem Bleioxyd, und wäscht den sandigen Niederschlag, da er etwas löslich ist, mit nicht zu viel kaltem Wasser. Dumas. — 2. Man fällt die mit wenig Ammoniak versetzte wässrige Säure durch Bleizucker und erhitzt das Gemisch zum Kochen, wodurch der kleinere Theil des voluminosen Niederschlages gelöst und der gröfsere in ein Krystallmehl verwandelt wird, welches man kochend aufs Filter bringt und mit kochendem Wasser wäscht. Es verliert nichts bei 100°, schwärzt sich bei stärkerem Erhitzen und verbrennt dann ruhig. Crasso.

	Wasserfrei.		DUMAS.	CRASSO.	LASSAIGNE.
2 PbO	224	66,67	66,46	66,60	66,60
10 C	60	17,86	18,21		
4 H	4	1,19	1,22		
6 O	48	14,28	14,11		
$C^{10}H^4Pb^2O^8$	336	100,00	100,00		

DUMAS hatte das Salz bei 180° im Vacuum getrocknet.

β. Zweifach gewässert. — 1. Die vom wasserfreien Salz (s. oben) kochend abfiltrirte Flüssigkeit setzt beim Erkalten ein weifses voluminoses, nach dem Trocknen nicht krystallisches Pulver ab, welches sich in der Hitze aufbläht, und sich wenig in kaltem, aber sehr leicht in heifsem Wasser löst. CRASSO.

γ. Vierfach gewässert. — Durch kaltes Fällen des Bleizuckers mit halb citrakonsaurem Kali. Weifse, durchscheinende, gallertartige, beim Trocknen zusammenschrumpfende und dann noch 8 Proc. Wasser haltende Masse. LASSAIGNE. Eben so mit kaltem halb citrakonsauren Ammoniak. Die Gallerte trocknet an der Luft zu einem blassgelben Gummi aus, welches bei 100° unter Verlust von 9,27 Proc. Wasser undurchsichtig wird, und bei weiterem Erhitzen unter Aufblähen verbrennt. Kocht man den gallertartigen Niederschlag mit der Flüssigkeit, so löst er sich völlig, setzt aber nach einigen Augenblicken das wasserfreie Salz als Krystallmehl ab, welches sich bei längerem Kochen nicht wieder löst. CRASSO.

	Zweifach gewässert.		CRASSO.		Vierfach gewässert.		CRASSO.
2 PbO	224	63,28	63,68	2 PbO	224	60,22	59,66
$C^{10}H^4O^6$	112	31,64		$C^{10}H^4O^6$	112	30,11	
2 HO	18	5,08		4 HO	36	9,67	9,27
$C^{10}H^4Pb^2O^8+2Aq$	354	100,00		+4Aq	372	100,00	

c. *Einfach.* — Aus der Lösung des halbsauren Salzes in einem grofsen Ueberschusse der wässrigen Säure schiefsen kleine blassgelbe Krystalle an. DUMAS.

	Bei 110° im Vacuum getrocknet.		DUMAS.
PbO	112	48,07	47,89
10 C	60	25,75	25,85
5 H	5	2,15	2,24
7 O	56	24,03	24,02
$C^{10}H^5PbO^8$	233	100,00	100,00

Das *Eisenoxyd*hydrat löst sich nur sehr langsam in der wässrigen Säure.

Das halbsaure *Kobalt*salz ist roth und krystallisch körnig.

Das halbsaure *Nickel*salz ist ein grünes Gummi und das einfach saure bildet grüne Krystallrinden. CRASSO.

Die Säure fällt das salpetersaure Quecksilberoxydul. LASSAIGNE.

Citrakonsaures Silberoxyd. — Die wässrige Säure gibt mit salpetersaurem Silberoxyd erst bei Zusatz von etwas Ammoniak einen voluminosen Niederschlag, der sich leicht in heifsem Wasser löst und daraus beim Erkalten in glänzenden langen zarten Nadeln anschiefst. Diese verlieren nichts bei 100°, und verbrennen bei stärkerer Hitze mit einer kleinen Verpuffung. Die Mutterlauge, aus welcher dieses wasserfreie Salz angeschossen ist, liefert bei langsamem Verdunsten wasserhelle, demantglänzende, unregelmäfsig 6seitige Säulen, die bei 100° unter Verlust von 4,1 Proc. Wasser undurchsichtig werden, und bei weiterem Erhitzen unter Umherschleudern von Silber verbrennen. CRASSO. Das Salz lässt sich mit einem glühenden Span entzünden, brennt mit leuchtender Flamme, und lässt glänzendes Silber. LIEBIG. — Die Lösung des Silbersalzes in Ammoniak trocknet im Vacuum über Vitriolöl zu einer durchsichtigen etwas zähen Masse ein, die sich leicht in Wasser löst. CRASSO.

Wasserfreie Krystalle.			LIEBIG.	CRASSO.	Gewässerte Krystalle.			CRASSO.
2 AgO	232	67,44	67,22	66,70	2 AgO	232	64,09	63,02
10 C	60	17,44		16,99	$C^{10}H^4O^6$	112	30,94	
4 H	4	1,17		1,47				
6 O	48	13,95		14,84	2 HO	18	4,97	4,20
$C^{10}H^4Ag^2O^8$	344	100,00		100,00	+ 2Aq	362	100,00	

Die Citrakonsäure löst sich sehr leicht in Weingeist. LASSAIGNE.

Gepaarte Verbindung der Citrakonsäure.

Citrakon-Vinester.

$$C^{18}H^{14}O^8 = 2\,C^4H^5O,C^{10}H^4O^6.$$

MALAGUTI (1837). *Ann. Chim. Phys.* 64, 275; auch *Ann. Pharm.* 25, 272; auch *J. pr. Chem.* 11, 225.
CRASSO. *Ann. Pharm.* 34, 65 u. 71.

Darstellung. Man destillirt Citrakonsäure mit Weingeist und Salzsäure unter 5maliger Cohobation und wäscht das Destillat mit Wasser. MALAGUTI. — CRASSO verfuhr eben so, sowohl mit Citrakonsäure als mit Itakonsäure, welche beide Ihm einen Ester von gleicher Beschaffenheit lieferten.

Eigenschaften. Wasserhelle Flüssigkeit von 1,040 spec. Gew. bei 18,5°, MALAGUTI, von 1,05 bei 15°, CRASSO. Der bei 0,758 Meter bei 225° liegende Siedpunct steigt rasch, wegen theilweiser Zersetzung des Esters, MALAGUTI; Siedpunct bei 227°, CRASSO. Der Ester riecht schwach nach *Calamus aromaticus*, MALAGUTI; er riecht angenehm gewürzhaft, CRASSO; er schmeckt durchdringend bitter, MALAGUTI, CRASSO. Er ist neutral gegen Farben. MALAGUTI.

				CRASSO.	
			MALAGUTI.	Mit Citrakons.	Mit Itakons.
18 C	108	58,06	58,44	57,74	57,46
14 H	14	7,53	7,66	7,51	7,53
8 O	64	34,41	33,90	34,75	35,01
$C^{18}H^{14}O^8$	186	100,00	100,00	100,00	100,00

Zersetzungen. 1. Beim Sieden zersetzt sich ein kleiner Theil, während der gröfste unverändert übergeht. MALAGUTI, CRASSO. — 2. Salpetersäure zersetzt den Ester nicht in der Kälte, nur langsam beim Erwärmen. MALAGUTI. — 3. Vitriolöl entwickelt beim Erhitzen mit dem Ester sogleich schweflige Säure und scheidet Kohle aus. MALAGUTI. — Brom, Iod und Salzsäure wirken nicht zersetzend, und Chlor (*Ann. Chim. Phys.* 70, 359) nur sehr wenig. MALAGUTI. — 4. Bei langer

Berührung mit Wasser zerfällt der Ester in Citrakonsäure und Weingeist. MALAGUTI. — 5. Kali zersetzt ihn in citrakonsaures Kali und Weingeist. Baryt-, Strontian- und Kalk-Wasser, so wie salpetersaures Silberoxyd erzeugen damit, in Salpetersäure lösliche, Niederschläge. MALAGUTI. — Trocknes Ammoniakgas ist ohne Wirkung. MALAGUTI.

Verbindungen. Der Ester löst sich in *Wasser* kaum merklich. Er löst sich in kaltem *Vitriolöl* ohne Zersetzung. — Er mischt sich nach jedem Verhältnisse mit *Weingeist* und *Aether*. MALAGUTI.

Anhang zur Citrakonsäure.

1. Itakonsäure.

$$C^{10}H^6O^8 = C^{10}H^6O^2,O^6.$$

BAUP (1836). *Ann. Chim. Phys.* 61, 182; auch *Ann. Pharm.* 19, 29; Ausz. *J. pr. Chem.* 8, 418. — *Bibl. univ.* 1838 Aug.; auch *Ann. Pharm.* 29, 166. CRASSO. *Ann. Pharm.* 34, 61.

Nach BAUP befindet sich in der bei der trocknen Destillation der Citronsäure erhaltenen Flüssigkeit aufser der von LASSAIGNE entdeckten Brenzcitronsäure oder Citrakonsäure, welche BAUP als *Acide citribique* bezeichnet, noch eine andere schwieriger lösliche Säure, sein *Acide citricique* oder die *Itakonsäure*, welche mit der Citrakonsäure als isomer anzusehen sein würde. Obwohl auch CRASSO die Verschiedenheit beider Säuren anerkennt, so ist sie doch noch sehr zu bezweifeln. LIEBIG (*Ann. Pharm.* 26, 120) gelang es nicht, in dem Destillat der Citronsäure 2 verschiedene Säuren aufzufinden. Nach CAHOURS wird das itakonsaure Kali durch Brom ganz auf dieselbe Weise zersetzt, wie das citrakonsaure. Nach GERHARDT (*Précis Chim. org.* 1, 558 und *N. J. Pharm.* 13, 293) zeigen die citrakonsauren und die itakonsauren Salze keine Verschiedenheit. Der Unterschied der 2 Säuren beruht nach BAUP auf ihrer verschiedenen Krystallform und Löslichkeit in Wasser und auf Verschiedenheiten einiger ihrer Salze hinsichtlich der Krystallisirbarkeit und des Wassergehaltes. Aber die Krystalle der Citrakonsäure sind erst noch genauer zu bestimmen; die verschiedene Löslichkeit erscheint nach der Darstellungsweise der Itakonsäure, wie sie BAUP angibt, zweifelhaft, und verdient durch neue Untersuchungen bestätigt zu werden, und die Salze beider Säuren sind noch nicht hinlänglich untersucht, um die angeblichen Verschiedenheiten für begründet annehmen zu können. Wichtiger scheint der Unterschied zu sein, dass die Krystalle der Itakonsäure nach BAUP und CRASSO bei 100° nicht schmelzen, während die der Citrakonsäure nach CRASSO schon bei 80° schmelzen.

Darstellung. 1. Man dampft die bei der trocknen Destillation der Citronsäure erhaltene wässrige Flüssigkeit unter wiederholtem Erkälten ab, zum Krystallisiren der Citrakonsäure, und erhält bei weiterem Abdampfen der Mutterlauge Nadeln, welche durch nochmaliges Auflösen und Krystallisiren von der viel leichter löslichen Citrakonsäure befreit werden. BAUP. [Es ist unbegreiflich, dass zuerst die Citrakonsäure anschiefst und erst zuletzt aus der Mutterlauge die Itakonsäure, da sich erstere nach BAUP schon in 0,42 Th. kaltem Wasser löst, und letztere 17 Th. zur Lösung nöthig hat, und da nirgends erwähnt wird, dass die Itakonsäure nur äufserst wenig im Verhältniss zur Citrakonsäure beträgt.] — 2. Man erhitzt 80 Gramm Citronsäure in einer Retorte von doppeltem Inhalt über einer grofsen Weingeistlampe, die blofs auf den Boden der Retorte einwirkt, während ihr übriger Theil vor der Hitze geschützt ist, bis gelbe Dämpfe von Brenzöl überzugehen anfangen, löst das schnell erstarrende ölige Destillat in der 6fachen Wassermenge, bringt die Lösung durch Verdunsten zum Krystallisiren, wobei in der Mutterlauge etwas Citrakonsäure bleibt, oder befreit die erhaltenen Krystalle durch Umkrystallisiren aus Weingeist oder Aether und Auspressen zwischen auf 100° erhitztem, dann zwischen mit absolutem Weingeist befeuchtetem Papier, vom färbenden Brenzöl. Wenn man das bei der Destillation der Citronsäure erhaltene ölige Destillat in dem doppelten Maafse absolutem Weingeist löst, so scheidet sich nach einigen Stunden die Itakonsäure als eine Krystallrinde ab, welche, in Wasser gelöst und langsam verdunstet, die von Baup beschriebenen Rhombenoktaeder liefert. Crasso.

Eigenschaften. Farblose Rhombenoktaeder. *Fig.* 41. a : a'' und a' : a''' = 136° 20'; a : a' = 73° 15'; a' : a nach hinten = 124°; auch mit den p-, t- und u-Flächen von *Fig.* 42, 43 und 44; oft ist die p-Fläche so vorherrschend, dass eine zugeschärfte rhombische Tafel entsteht; sehr spaltbar nach t, weniger nach m. Baup. Die Krystalle verlieren nichts bei 120°, schmelzen bei 161° zu einer farblosen Flüssigkeit, die beim Erkalten blätterig krystallisirt, verdampft, noch etwas unter dem Schmelzpunct, in weifsen, reizenden, eigenthümlich riechenden Dämpfen, die sich zu weifsen Nadeln verdichten, und lässt dabei bei kleinen Mengen und gelindem Erhitzen keinen kohligen Rückstand. Baup. Sie ist geruchlos und schmeckt sehr sauer. Baup, Crasso.

Krystalle, bei 100° getrocknet.			Crasso.
10 C	60	46,15	46,72
6 H	6	4,62	4,67
8 O	64	49,23	48,61
$C^{10}H^6O^8$	130	100,00	100,00

Zersetzung. Bis zum Siedpunct erhitzt, geht die Itakonsäure in Gestalt von Citrakonanhydrid und darüber gelagertem Wasser vollständig über. Crasso.

Verbindungen. Die Krystalle lösen sich in 17 Th. Wasser von 10°, in 12 Th. Wasser von 20° und viel reichlicher in heifsem. Baup.

Itakonsaures Ammoniak. — a. *Halb.* — Krystallisirt nicht, verliert beim Abdampfen der Lösung Ammoniak. — b. *Einfach.* — Krystallisirt aus der concentrirten Lösung bei 20° in durchsichtigen luftbeständigen Tafeln und Säulen, = $NH^3,C^{10}H^6O^8$, in 1¼ Th. Wasser von 12° löslich, — und aus der verdünnteren Lösung in der Kälte in 2fach gewässerten Nadeln, = $NH^4,C^{10}H^6O^8$,2Aq, die an der Luft durch Verlust von 2 At. Wasser schnell verwittern. Baup.

Itakonsaures Kali. — a. *Halb.* — Nicht krystallisirbar, zerfliefslich, nicht in Weingeist löslich. Baup. — b. *Einfach.* — Kleine luftbeständige Säulen. Baup. Die lufttrocknen Krystalle verlieren bei 100° 7,08 Proc. Wasser, und der Rückstand hält 28,06 Proc. Kali. Crasso.

Itakonsaures Kali. — a. *Halb.* — Zerfliefslich. Baup. — b. *Einfach.* — Undurchsichtige, sehr lösliche, faserige Krystalle. Baup.

Itakonsaurer Baryt. — a. *Halb.* — Krystallrinden, löslicher als das Kalksalz. Baup. Die mit kohlensaurem Baryt gesättigte wässrige Säure liefert beim Abdampfen zarte, lange, zu Sternen vereinigte Nadeln, welche bei 100° kein Wasser verlieren, 54,92 Proc. Baryt halten (also $C^{10}H^4Ba^2O^8$,2Aq), und sich bei stärkerer Hitze etwas aufblähen. Crasso. — b. *Einfach.* — Luftbeständige kleine rhombische Tafeln, die stumpfen Ecken abgerundet, = $C^{10}HO^5BaO^8$,Aq, leicht, besonders in heifsem Wasser, löslich. Baup. Undeutliche Krystalle. Crasso.

Itakonsaurer Strontian. — a. *Halb.* — Aus Nadeln bestehende Krystallrinde, in einigen Theilen Wasser löslich. Baup. Feine Nadeln, ganz dem Barytsalz ähnlich, bei 100° kein Wasser verlierend und 45,69 Proc. Strontian haltend (also $C^{10}H^4Sr^2O^8$,2Aq). Crasso. — b. *Einfach.* — Luftbeständige Blättchen, leicht in Wasser löslich. Baup.

Itakonsaurer Kalk. — a. *Halb.* — In einander gewachsene Nadeln, = $C^{10}H^4Ca^2O^8$,2Aq, in 45 Th. Wasser von 18°, nicht reichlicher in heifsem Wasser, und gar nicht in Weingeist löslich. Baup. — b. *Einfach.* — Luftbeständige kleine Blätter, = $C^{10}H^5CaO^8$,2Aq, in 13 Th. Wasser von 12° löslich. Baup.

Itakonsaure Bittererde. — a. *Halb.* — Gummiartig. — b. *Einfach.* — Sehr lösliche glänzende Blätter. Baup.

Itakonsaures Manganoxydul. — Leicht in Wasser lösliche rosenrothe Krystallrinden. BAUP.

Itakonsaures Bleioxyd. — Die freie Säure fällt den Bleizucker und den Bleiessig; die Alkalisalze fällen bei richtigem Verhältnisse das salpetersaure Bleioxyd, während beim Ueberschuss des einen oder andern Salzes der Niederschlag verschwindet. Weifses Pulver = $C^{10}H^4Pb^2O^8,2Aq$. BAUP.

Itakonsaures Eisenoxyd. — Die freie Säure färbt die Eisenoxydsalze röthlich, und ihre Alkalisalze fällen sie roth. BAUP.

Itakonsaures Nickeloxydul. — Blass blaugrünes, sehr wenig in Wasser lösliches Pulver. BAUP.

Itakonsaures Kupferoxyd. — Sehr feine grünblaue, wenig lösliche Nadeln. BAUP.

Itakonsaures Quecksilberoxydul. — Itakonsaure Alkalien fällen das salpetersaure Quecksilberoxydul weifs. BAUP.

Itakonsaures Silberoxyd. — Die itakonsauren Alkalien geben mit salpetersaurem Silberoxyd ein weifses Krystallmehl. BAUP. Die freie Säure fällt nicht die Silberlösung; das bei Zusatz von wenig Ammoniak erhaltene weifse Pulver verbrennt beim Erhitzen mit einer Art von Verpuffung, wobei es wurmförmig auswächst. Es löst sich leicht in Ammoniak und höchst wenig in heifsem Wasser. CRASSO.

Bei 100° getrocknet.			BAUP.	CRASSO.
10 C	60	17,44	17,49	17,57
4 H	4	1,16	1,24	1,22
2 Ag	216	62,79	62,73	62,36
8 O	64	18,61	18,54	18,85
$C^{10}H^4Ag^2O^8$	344	100,00	100,00	100,00

Die Itakonsäure löst sich in 4 Th. kaltem *Weingeist* und in *Aether*. BAUP.

2. Lipinsäure.

$$C^{10}H^6O^8 = C^{10}H^6O^2,O^6.$$

LAURENT (1837). *Ann. Chim. Phys.* 66, 169. — *Revue scientif.* 10, 125; auch *J. pr. Chem.* 27, 316

Acide lipique. — *Darstellung.* Man kocht 1 Th. Oelsäure mit 1 Th. concentrirter Salpetersäure 12 Stunden lang unter Cohobiren, trennt die wässrige Flüssigkeit in der Retorte von der öligen, kocht letztere wieder mit 1 Th. frischer Salpetersäure, wie oben, trennt wieder die saure Flüssigkeit von der öligen u. s. f., so dass das 12stündige Kochen der öligen Flüssigkeit mit Salpetersäure im Ganzen 7mal vorgenommen wird, unter Verbrauch von 7 Th. Salpetersäure im Ganzen. Man vereinigt die nach jedesmaligem Kochen getrennten sauren wässrigen Flüssigkeiten, dampft sie auf $^1/_4$ ab, erkältet zum Erstarren der *Korksäure*, welcher sich *Azelainsäure* und ein eigenthümliches Oel beimengt, und welche man von der sauren Mutterlauge trennt, und mit kaltem Wasser wäscht, dampft diese Flüssigkeiten weiter ab, unter öfterem Erkälten, um noch mehr Korksäure zu scheiden, und erhält dann bei weiterem Abdampfen und 3tägigem Erkälten eine rauber anzufuhlende, aus härtern Körnern bestehende Krystallmasse von *Pimelinsäure*, welche von der sauren Mutterlauge befreit und mit kaltem Wasser gewaschen wird. Diese letzte Mutterlauge ist durch Abdampfen bei sehr gelinder Wärme (damit keine Zersetzung und Schwärzung eintrete) von der meisten Salpetersäure zu befreien, nach jedesmaligem Abdampfen 2 bis 3 Tage hinzustellen und von dem erzeugten bräunlichen Krystallgemenge von *Lipinsäure* und *Adipinsäure* zu trennen und nebst dem kalten Waschwasser desselben weiter behutsam abzudampfen und in die Kälte zu stellen, so lange sie noch Krystalle absetzt. (Es bleibt darin noch eine weiter zu untersuchende Säure gelöst.) Man trocknet diese bräunlichen Krystalle, löst sie in Aether, filtrirt die Lösung von einer braunen Materie ab, lässt sie freiwillig bis auf die Hälfte verdunsten, decanthirt von den erzeugten Krystallen der Adipinsäure, welche durch

2- bis 3-maliges Krystallisiren aus heifsem Weingeist gereinigt werden und in warzigen Körnern anschiefsen, und erhält durch freiwilliges Verdunsten der ätherischen Mutterlauge Krystalle von Lipinsäure, welche, eben so durch Umkrystallisiren aus Weingeist gereinigt, in länglichen Blättchen erhalten wird.

Eigenschaften. Die aus Weingeist krystallisirte Säure, welche noch 2 At. Wasser hält, erscheint in länglichen Blättchen, durch 2 Linien beendigt, die mit einander einen stumpfen Winkel machen. Erhitzt man die Säure auf Glas bis zum theilweisen Schmelzen, so erstarrt sie beim Erkalten zu einer faserigen Masse. Sie lässt sich bei raschem Erhitzen unverändert destilliren oder in schönen 6seitigen Nadeln sublimiren. Aber bei langsamem Erhitzen geht sie unter Wasserverlust als trockne Säure uber, welche erst bei 140 bis 145° schmilzt. Die Dämpfe der Säure reizen stark zum Husten.

Durch langs. Destill. entwäss.			Laurent.	Krystalle.			Laurent.
10 C	60	46,15	46,59	10 C	60	40,54	41,15
6 H	6	4,62	4,39	8 H	8	5,41	5,50
8 O	64	49,23	49,02	10 O	80	54,05	53,35
$C^{10}H^6O^8$	130	100,00	100,00	+2Aq	148	100,00	100,00

Also isomer mit Citrakonsäure und Itakonsäure.

Verbindungen. Die Säure löst sich in kaltem Wasser leichter, als die Adipin- und die Pimelin-Säure.

Die trocknen *lipinsauren Salze, Lipates,* sublimiren beim Erhitzen mit Vitriolöl Nadeln von Lipinsäure.

Das *Ammoniaksalz* krystallisirt in langen Säulen.

Seine wässrige Lösung setzt mit Chlorbaryum erst nach einiger Zeit quadratische Säulen des *Barytsalzes* ab, welche in Oktaeder übergehen und 24 Stunden lang zunehmen. — Sie erzeugt mit Chlor*strontium* eine Art Kränze, und mit Chlor*calcium* nach einiger Zeit kleine quadratische Säulen. Sie fällt die Salze des *Eisens, Kupfers* und *Silbers,* nicht die der *Bittererde* und des *Manganoxyduls.*

Barytsalz, bei 140° im Vacuum getrocknet.			Laurent.
2 BaO	153,2	57,77	57,7
10 C	60	22,62	
4 H	4	1,51	
6 O	48	18,10	
$C^{10}H^4Ba^2O^8$	265,2	100,00	

Silbersalz.			Laurent.
10 C	60	17,44	
4 H	4	1,16	
2 Ag	216	62,80	62,9
8 O	64	18,60	
$C^{10}H^4Ag^2O^8$	344	100,00	

Die Lipinsäure löst sich in *Weingeist* und *Aether.* Laurent.

Vergl. Bromeis (*Ann. Pharm.* 35, 108).

b. *Sauerstoffkern* $C^{10}H^4O^4$.

Citrakon-Anhydrid.

$C^{10}H^4O^6 = C^{12}H^4O^4,O^2$.

Robiquet. *Ann. Chim. Phys.* 65, 78.
Crasso. *Ann. Pharm.* 34, 68.

Wasserfreie Citrakonsäure, Acide pyrocitrique anhydre.

Bildung und Darstellung. 1. Bei der trocknen Destillation der Citronsäure geht zuerst eine wässrige Lösung der Citrakonsäure über, dann das unreine Anhydrid als eine schwerere gelbe oder grüngelbe ölige Flüssigkeit, welcher, wenn die Destillation zu weit fortgesetzt wurde, etwas Brenzöl beigemischt ist, und welche dann einen Geruch nach Steinöl erhält. LASSAIGNE, ROBIQUET. Beim Destilliren dieses rohen Oels im Wasserbade geht allmälig das reine Anhydrid über. ROBIQUET. Es bleibt ein braunes, mit Säurekrystallen gemengtes Oel, welches bei mehrtägigem Destilliren im Wasserbade ein Destillat liefert [wohl Wasser mit Anhydrid], welches sich nach einiger Zeit in farblose Krystalle verwandelt, und in der Retorte bleibt ein Oel [wohl unreines Anhydrid], unter 0° zu einer blätterigen Masse erstarrend, über 0° schmelzend, von brennendem Geschmack, welches aber ebenfalls an feuchter Luft in die krystallische Säure übergeht. ROBIQUET. Das rohe Oel zerfällt beim Erhitzen in eine wässrige und eine ölige Schicht, und letztere, für sich rectificirt, lässt zuerst Wasser übergehen, dann bei 260° ein milchiges Destillat, und bei gewechselter Vorlage das klare ölige Anhydrid. CRASSO. — 2. Die krystallisirte Citrakonsäure lässt sich durch Erhitzen völlig in Wasser und öliges Anhydrid, die nach einander übergehen, verwandeln. CRASSO.

Eigenschaften. Farbloses (blassgelbes, ROBIQUET) dünnes Oel von 1,241 spec. Gew. bei 14°. CRASSO. Das rohe Oel zeigt 1,30 spec. Gew. ROBIQUET. Auch im Vacuum über Vitriolöl bleibt es flüssig. ROBIQUET. Es siedet bei 150°, ROBIQUET, bei 212°, CRASSO, verdampft aber schon bei 90°, CRASSO. Es ist fast geruchlos, und schmeckt sehr sauer und brennend, einem flüchtigen Oele ähnlich, ROBIQUET; es ist geruchlos und schmeckt ätzend sauer und herb, CRASSO; es röthet kaum ganz trocknes Lackmuspapier, aber stark das befeuchtete, ROBIQUET.

			ROBIQUET.	CRASSO.
10 C	60	53,57	53,17	54,24
4 H	4	3,57	3,69	3,67
6 O	48	42,86	43,14	42,09
$C^{10}H^4O^6$	112	100,00	100,00	100,00

Zersetzungen. 1. Das Anhydrid lässt bei zu rascher Destillation einen schwarzen Rückstand. CRASSO. — 2. Es löst sich beim Schütteln mit Wasser langsam als Citrakonsäure auf, die beim Abdampfen krystallisirt; der unverändert gebliebene Theil setzt sich nach jedesmaligem Schütteln in Oeltropfen nieder, bis er nach wiederholter Behandlung mit Wasser völlig verschwindet. Auch an feuchter Luft verwandelt sich das Anhydrid allmälig völlig in die krystallisirte Säure, welche dann zerfliefst. ROBIQUET, CRASSO. Bei der Verwandlung in die krystallisirte Säure nimmt das Anhydrid um 13,21 Proc. zu. ROBIQUET. [100 : 113,21 = 112 (1 At. Anhydrid) : 126,8 (1 At. Citrakonsäure wiegt 130).]

Citrakonamid. $C^{10}NH^5O^2,O^2 + 2Aq$?

In einem Strom von trocknem Ammoniakgas erhitzt sich das Anhydrid unter reichlicher Absorption, überzieht sich zuerst mit einer lederartigen Haut, erstarrt dann gänzlich zu einem gelblichen festen Körper, und verwandelt sich endlich unter weiterer Aufnahme von Ammoniak in eine gelbe zähe Masse, die beim Erkalten spröde und glasähnlich wird. Dieselbe zerfliefst an feuchter Luft, löst sich äufserst reichlich in Wasser und leicht in Weingeist. Die wässrige Lösung liefert beim Abdampfen Krystalle des einfach citrakonsauren Ammoniaks. CRASSO.

			CRASSO.
10 C	60	46,51	47,57
N	14	10,85	11,60
7 H	7	5,43	5,58
6 O	48	37,21	35,25
$C^{10}NH^7O^6$	129	100,00	100,00

Pyromekonsäure.

$$C^{10}H^4O^6 = C^{10}H^4O^4,O^2?$$

SERTÜRNER. *Gilb.* 57, 173.
ROBIQUET. *Ann. Chim. Phys.* 5, 282; auch *Gilb.* 57, 173. — *Ann. Chim. Phys.* 51, 236; auch *J. Pharm.* 19, 61; auch *Schw.* 67, 382; auch *Ann. Pharm.* 5, 90.
CHOULANT. *Gilb.* 56, 349.
JOHN. *Berl. Jahrb.* 1819, 156.
STENHOUSE. *Phil. Mag. J.* 24, 128; auch *Mem. chem. Soc.* 2, 1; auch *Ann. Pharm.* 49, 18; auch *J. pr. Chem.* 32, 257.

Acide pyromeconique. — Von SERTÜRNER 1817 entdeckt, aber mit der Mekonsäure für einerlei gehalten, bis ROBIQUET 1833 die Verschiedenheit nachwies.

Bildung. Sie entwickelt sich als Dampf beim Erhitzen der Mekonsäure, SERTÜRNER, oder Komensäure, ROBIQUET, auf 265 bis 288°, STENHOUSE, oder beim Erhitzen des sauren mekonsauren Kupferoxyds für sich, STENHOUSE, oder des mekonsauren Baryts mit gleichviel verglaster Boraxsäure, CHOULANT.

Darstellung. Durch Destillation der eben genannten Körper. Die Säure sublimirt sich theils, theils geht sie als ein beim Erkalten erstarrendes Oel über; zuletzt kommt Parakomensäure. STENHOUSE. — Man muss die Mekonsäure vor der Sublimation gut trocknen, weil die Wasserdämpfe viel Pyromekonsäure fortführen, und nicht bis zur Bildung von Brenzöl erhitzen. ROBIQUET. — Man befreit die sublimirte und destillirte Pyromekonsäure von Brenzöl und Essigsäure durch nochmalige Sublimation bei möglichst niedriger Hitze, Auspressen zwischen Papier und wiederholtes Krystallisiren aus heifsem Wasser oder Weingeist, ROBIQUET, STENHOUSE, worauf man die Krystalle schnell trocknet, weil sie sich in feuchtem Zustande an der Luft röthen. STENHOUSE. CHOULANT sublimirt ein feines Gemenge von unreinem mekonsauren Baryt mit gleichviel verglaster Boraxsäure.

Eigenschaften. Durch Sublimation erhalten: Wasserhelle lange zarte Nadeln, SERTÜRNER, und 4seitige Blättchen, oder aus langen Oktaedern zusammengesetzte Verästelungen, ROBIQUET; aus Weingeist krystallisirt: Grofse farblose Krystalle, STENHOUSE. Die Säure schmilzt bei 120 bis 125° wie ein Oel, und lässt sich bei behutsamem Erhitzen (schon nahe über dem Schmelzpunct, WACKENRODER (*N. Br. Arch.* 25, 170)) ohne Rückstand verflüchtigen, und sublimirt sich in Krystallen, die durch anfangende Schmelzung zusammenbacken, ROBIQUET. Sie schmeckt sauer, SERTÜRNER, JOHN, CHOULANT, dann unangenehm bitter, CHOULANT. Sie röthet Lackmus, ROBIQUET, ziemlich stark, WACKENRODER, kaum merklich, so dass sie durch sehr wenig Kali alkalisch reagirend wird, STENHOUSE.

		Krystalle.		ROBIQUET.
10 C		60	53,57	53,42
4 H		4	3,57	3,64
6 O		48	42,86	42,94
$C^{10}H^4O^6$		112	100,00	100,00

Isomer mit Brenzschleimsäure. [Die Verschiedenheit erklärt sich wohl, wenn man, wie es hier geschehen ist, die Brenzschleimsäure als eine 1basische Säure, $C^{10}H^4O^2,O^4$, und die Pyromekonsäure als ein Aidid, $C^{10}H^4O^4,O^2$, betrachtet. Hierfür spricht, dass letztere Säure kaum Lackmus röthet und sich mit Ammoniak und Kali nicht verbindet, während die Brenzschleimsäure sich als starke Säure verhält.]

Zersetzung. Das pyromekonsaure Kali verhält sich gegen Brom wie das brenzschleimsaure Kali (V, 474). CAHOURS.

Verbindungen. Die Säure löst sich leicht in Wasser.

Sie lässt sich nicht mit Ammoniak, Kali und Natron verbinden. Ihr blassgelbes Gemisch mit überschüssigem Ammoniak lässt beim Verdunsten im Vacuum Krystalle von ammoniakfreier, ganz unverändert gebliebener Säure. Die in heifsem Weingeist gelöste Säure färbt sich mit weingeistigem Kali blassgelb und setzt beim Erkalten Krystalle der Säure ab, die nur sehr wenig Kali halten, und dieses bei mehrmaligem Krystallisiren bis auf eine Spur verlieren. STENHOUSE. Die Säure bedarf zu ihrer Neutralisation nur wenig Kali, und aus diesem Gemisch schiefst fast reine Säure an. ROBIQUET. Dagegen beschreiben CHOULANT und JOHN krystallisirbare Salze des Ammoniaks, Kalis und Natrons.

Die Säure fällt nicht die Baryt-, Strontian- und Kalk-Salze. Die Lösung von Kalkhydrat in der warmen wässrigen Säure setzt beim Erkalten das *Kalksalz* in weifsen harten Krystallen ab. STENHOUSE.

Pyromekonsaures Bleioxyd. — Die Säure fällt nicht den Bleizucker, ROBIQUET, und den Bleiessig, STENHOUSE. Beim Digeriren der wässrigen Säure mit Bleioxydhydrat scheidet sich bei eintretender Sättigung das Bleisalz ab. Dieses ist kaum in Wasser löslich, aber in Pyromekonsäure oder Essigsäure. ROBIQUET.

			ROBIQUET.
PbO	112	52,09	51,70
10 C	60	27,90	28,62
3 H	3	1,40	1,36
5 O	40	18,61	18,32
$C^{10}H^3PbO^6$	215	100,00	100,00

Pyromekonsaures Eisenoxyd. — Die Pyromekonsäure färbt die Eisenoxydsalze kirschroth. SERTÜRNER. Die Farbe wird nicht durch Kochen und nur langsam durch Chlornatron zerstört. WACKENRODER. Eisenoxydhydrat, mit der wässrigen Säure gekocht, verwandelt sich durch Aufnahme derselben in ein braunrothes Pulver, welches sich in reinem Wasser nur sehr wenig löst, aber leicht in mit einer Säure schwach versetztem heifsen Wasser zu einer dunkelrothen

Flüssigkeit, welche beim Erkalten kleine scharlachrothe Krystalle absetzt. Diese erhält man am schönsten, wenn man die kochende, ziemlich verdünnte Lösung der Pyromekonsäure mit schwefelsaurem Eisenoxyd mischt, und sehr langsam erkalten lässt. Die Krystalle sind spröde, geben ein scharlachrothes Pulver und lösen sich sehr schwer, mit rothgelber Farbe, in kaltem und heifsem Wasser. STENHOUSE.

	Krystalle.		STENHOUSE.
Fe^2O^3	80	20,57	20,06
30 C	180	46,27	46,80
9 H	9	2,31	2,43
15 O	120	30,85	30,71
$C^{30}H^9Fe^2O^{18}$	389	100,00	100,00

Pyromekonsaures Kupferoxyd. — Die wässrige Säure, kurze Zeit mit überschüssigem Kupferoxydhydrat gekocht, gibt ein blassgrünes Filtrat, welches beim Erkalten smaragdgrüne, lange, feine, sehr zerbrechliche Nadeln absetzt, die bei 100° nichts an Gewicht verlieren, und sich wenig in kochendem Wasser und sehr wenig in kaltem oder heifsem Weingeist lösen. STENHOUSE.

	Krystalle.		STENHOUSE.
CuO	40	27,97	27,40
10 C	60	41,96	42,22
3 H	3	2,10	2,21
5 O	40	27,97	28,17
$C^{10}H^3CuO^6$	143	100,00	100,00

Pyromekonsaures Silberoxyd. — Die Pyromekonsäure fällt nicht das salpetersaure Silberoxyd, reducirt aber beim Kochen einen Theil des Metalls. Fügt man zu dem kalten Gemisch aus Säure und Silberlösung einige Tropfen Ammoniak, so entsteht sogleich ein blassgelber gallertartiger Niederschlag, welcher 51,8 Proc. (1 At.) Silberoxyd hält, sich selbst im Vacuum dunkelbraun färbt, beim Erhitzen schwach verbrennt, und etwas in kaltem Wasser und Weingeist löslich ist. — Silberoxyd, mit der in kaltem Wasser gelösten Säure zusammengebracht, verwandelt sich unter Aufnahme derselben in ein hellgraues, schweres, sehr wenig in kaltem Wasser lösliches Salz, welches sich schon in der Kälte unter schwarzer Färbung zersetzt, und beim Kochen mit Wasser ohne alle Gasentwicklung die Wandungen des Proberohrs versilbert. STENHOUSE.

Die Pyromekonsäure löst sich in *Weingeist* noch leichter, als in Wasser. ROBIQUET, STENHOUSE.

Sie löst sich in *Aether*, JOHN, und in *Steinöl*, CHOULANT.

Sie liefert beim Erhitzen mit Weingeist und Schwefelsäure keinen Ester. STENHOUSE.

c. *Amidkern* $C^{10}Ad^2H^2O^4$.

Nitrothein.

$$C^{10}N^2H^6O^6 = C^{10}Ad^2H^2O^4,O^2?$$

STENHOUSE (1843). *Phil. Mag. J.* 23, 426; auch *Mem. chem. Soc.* 1, 219 u. 239; auch *Ann. Pharm.* 45, 371; 46, 229.
ROCHLEDER. *Ann. Pharm.* 73, 56.

Cholestrophan von ROCHLEDER.

Bildung. Beim Einwirken von Salpetersäure oder wässrigem Chlor auf Coffein.

Darstellung. 1. Man kocht das Coffein mit starker Salpetersäure einige Stunden lang, bis eine Probe der Flüssigkeit beim Abdampfen nicht mehr einen gelben, sondern einen weifsen Rückstand lässt, dampft sie bis zum Syrup ab, erkältet und reinigt die gebildeten Krystalle durch Umkrystallisiren aus Wasser und Pressen zwischen Papier. 100 Th. Coffein liefern 5 bis 6 Th. Nitrothein. STENHOUSE. — 2. Man leitet durch in Wasser vertheiltes Coffein so lange Chlorgas, bis die anfangs erzeugte Amelinsäure wieder zerstört ist, und lässt krystallisiren. ROCHLEDER.

Eigenschaften. Krystallisirt aus Wasser in weifsen perlglänzenden grofsen Blättern, aus Aether beim Verdunsten in sehr regelmäfsigen Oktaedern, und bei der Sublimation, welche leicht und ohne Zersetzung erfolgt, in feinen glänzenden Blättchen, wie Naphthalin. Die Krystalle knirschen zwischen den Zähnen, schmecken süfslich und röthen Lackmus nicht oder sehr schwach. STENHOUSE.

Krystalle bei 100° getrocknet.			STENHOUSE.	ROCHLEDER.
10 C	60	42,25	42,01	42,00
2 N	28	19,72	19,47	20,00
6 H	6	4,23	4,26	4,25
6 O	48	33,80	34,26	33,75
$C^{10}N^2H^6O^6$	142	100,00	100,00	100,00

Zersetzungen. 1. Das Nitrothein ist leicht entzündlich und verbrennt mit heller Flamme. STENHOUSE. — 2. Es entwickelt beim Kochen mit Kalilauge viel Ammoniak, STENHOUSE, und vielleicht zugleich Aethylamin, C^4NH^7 von WURTZ, und erzeugt kohlensaures und oxalsaures Kali, ROCHLEDER. Sollte hierbei Aethylamin entstehn, so wäre die Gleichung etwa: $C^{10}N^2H^6O^6 + 4KO + 4HO = C^4K^2O^8 + 2(KO,CO^2) + C^4NH^7 + NH^3$.

Verbindungen. Das Nitrothein löst sich in 3 Th. kaltem und in viel weniger heifsem Wasser. Die Lösung reagirt nicht mit Bleizucker, Eisenvitriol und Silberlösung. STENHOUSE.

Es löst sich leicht in Weingeist und Aether. STENHOUSE.

d. *Stickstoffkern* $C^{10}N^4H^4$.

Xanthoxyd.

$C^{10}N^4H^4O^4 = C^{10}N^4H^4,O^4$?

Marcet. In s. *Essay on the chemical history and medical treatment of calculous disorders. Lond. 1819.* Uebersetzt von Heineken, Bremen. Ausz. *Schw.* 26, 29.

Wöhler u. Liebig. *Pogg.* 41, 393; auch *Ann. Pharm.* 26, 340.

Xanthin (welcher Name vorzuziehen wäre, wenn nicht auch das Krappgelb so hiefse). — Von Marcet 1819 entdeckt, von Wöhler u. Liebig zuerst analysirt. — Bildet sehr selten menschliche Harnsteine, Marcet, Wöhler u. Liebig, Laugier (*J. Chim. med.* 5, 513); im Harn der Spinnen (dieser hält nicht Xanthoxyd, sondern Guanin, Gorup Besanez) J. Davy (*N. Ed. Phil. J.* 40, 335).

Eigenschaften. Der aus Xanthoxyd bestehende Harnstein ist braun, glatt, hart, von blätterigem Gefüge, und röthet, in Wasser gelöst, schwach Lackmus, Marcet; er ist kugelig, glatt und dunkel braungelb, Laugier; er ist auf der Oberfläche theils hellbraun, glatt und glänzend, theils weifslich und erdig; auf dem Bruche bräunlich fleischroth; er erhält beim Reiben Wachsglanz; er besteht aus concentrischen Schichten ohne faseriges oder krystallisches Gefüge, und hat die Härte der dichteren Harnsäuresteine. Wöhler u. Liebig. — Durch Lösen des Harnsteins in Kali, Fällen des Filtrats mit Kohlensäure, und Waschen und Trocknen des weifsen pulverigen Niederschlags erhält man das Xanthoxyd in sehr harten gelblichen Stücken, die beim Reiben wachsglänzend werden und frei von Kali sind. Wöhler u. Liebig.

	Bei 100°.		Wöhler u. Liebig.
10 C	60	39,48	39,86
4 N	56	36,84	36,72
4 H	4	2,63	2,60
4 O	32	21,05	20,82
$C^{10}N^4H^4O^4$	152	100,00	100,00

[Nach der Formel $C^{10}N^4H^4,O^4$ wäre das Xanthoxyd die 1basische Säure desselben Kernes, von welchem die Harnsäure die 2basische ist.]

Zersetzungen. 1. Bei der trocknen Destillation liefert der Xanthoxydstein eine beim Erkalten krystallisirende wässrige Lösung von kohlensaurem Ammoniak und gelbes dickes Oel, Marcet; er entwickelt viel Blausäure und gibt ein Sublimat von kohlensaurem Ammoniak, nicht von Harnstoff, Wöhler u. Liebig. — 2. Vor dem Löthrohr zerspringt der Stein in Stücke, schwärzt sich, stöfst einen schwachen eigenthümlichen (von dem der erhitzten Harnsäure verschiedenen, dem des angebrannten Horns ähnlicheren, W. u. L.) brenzlich thierischen Geruch aus, und verzehrt sich bis auf wenig Asche, Marcet. — 3. Seine Lösung in Salpetersäure lässt beim Abdampfen einen citronengelben trocknen Rückstand, welcher sich theilweise in Wasser löst; diese Lösung ist gelb, entfärbt sich mit Säuren, röthet sich aber lebhaft mit Kali und gibt dann beim Abdampfen eine kermesinrothe Masse, die sich in Wasser mit gelber Farbe löst. Marcet. Der beim Abdampfen der Lösung in concentrirter Salpetersäure bleibende Rückstand gibt mit Wasser eine gelbe und beim Erwärmen mit Kalilauge eine rothe Lösung, die beim Abdampfen satter roth wird und einen rothen, in Wasser mit gelber Farbe löslichen Rückstand lässt. LAUGIER. Das Xanthoxyd löst sich in heifser Salpetersäure ohne Gasentwicklung viel langsamer, als die Harnsäure, und die Lösung lässt beim Verdunsten eine lebhaft citronengelbe Masse, die sich in Wasser mit hellgelber, und in Kalilauge mit tief rothgelber Farbe löst. Letztere Lösung gibt mit Salmiak einen gelben Niederschlag, und wird mit Chlornatron, unter Stickgasentwicklung, erst dunkel, dann farblos. WÖHLER u. LIEBIG. — Da auch Thierschleim, Hornsubstanz u. s. w. mit Salpetersäure einen gelben, sich mit Kali röthenden Rückstand geben, so ist dieses Verhalten des Xanthoxyds gegen Salpetersäure nicht charakteristisch. E. BARRUEL (*J. Chim. méd.* 16, 13).

Verbindungen. Das Xanthoxyd löst sich etwas in kochendem *Wasser*, worauf beim Erkalten ein weifses, allmälig niederfallendes Häutchen entsteht. MARCET.

Es löst sich in *Vitriolöl*, daraus nicht durch Wasser scheidbar. WÖHLER u. LIEBIG.

Es löst sich sehr wenig in verdünnten Säuren, vielleicht blofs durch das darin enthaltene Wasser. MARCET. Es löst sich nicht oder sehr wenig in Salzsäure. WÖHLER u. LIEBIG.

Es löst sich in *Ammoniak*, MARCET, und zwar leichter als die Harnsäure, und die Lösung lässt beim Abdampfen eine gelbliche blätterige Masse, die noch etwas Ammoniak hält, WÖHLER u. LIEBIG.

Es löst sich sehr leicht in *Kalilauge*, daraus durch Säuren fällbar, MARCET; die Lösung ist dunkelgrünlich braungelb, wie Galle, setzt beim Durchleiten von Kohlensäure das Xanthoxyd sogleich ab, aber bei Zusatz von Salmiak erst beim Abdampfen, unter Entwicklung von Ammoniak. WÖHLER u. LIEBIG.

Das Xanthoxyd löst sich auch in wässrigem einfach-*kohlensaurem Kali*, aber nicht in zweifach-kohlensaurem Ammoniak, Kali oder Natron. MARCET.

Es löst sich wenig in *Essigsäure*. MARCET.

Es löst sich nicht oder sehr wenig in *Oxalsäure*, MARCET, WÖHLER u. LIEBIG.

Es löst sich nicht in *Weingeist* und *Aether*. MARCET.

Harnsäure.

$$C^{10}N^4H^4O^6 = C^{10}N^4H^4,O^6.$$

SCHEELE. *Opusc.* 2, 73; auch *Crell N. Entdeck.* 3, 227.
BERGMAN. *Opusc.* 4, 387; auch *Crell N. Entdeck.* 3, 232.
PEARSON. *Scher. J.* 1, 48.
FOURCROY. *Ann. Chim.* 16, 116; 27, 225.
VAUQUELIN. *J. Phys.* 88, 456. — *Ann. du Mus.* 1, 96; 7, 253.
WILLIAM HENRY. *Ann. Phil.* 2, 57.
GAY-LUSSAC. *Ann. Chim.* 96, 53; auch *Schw.* 16, 84.
CHEVALLIER u. LASSAIGNE. *Ann. Chim. Phys.* 13, 155; auch *Schw.* 29, 257.
GASP. BRUGNATELLI. *Brugn. Giorn.* 11, 38 u. 117; 12, 133; 13, 464.
PROUT. *Schw.* 28, 182. — *Ann. Chim. Phys.* 11, 48. — *Ann. Phil.* 14, 363.
BRACONNOT. *Ann. Chim. Phys.* 17, 392; Ausz. *Schw.* 33, 263.
WETZLAR. *Beiträge zur Kenntniss des menschlichen Harns.* Frankf. 1821. 69; Ausz. *Schw.* 33, 264.

LIEBIG. *Pogg.* 15, 569. — *Ann. Pharm.* 5, 288.
WÖHLER u. LIEBIG. *Ann. Pharm.* 26, 241.
LIPOWITZ. *Ann. Pharm.* 38, 348.
AUG. BENSCH. *Ann. Pharm.* 54, 189.
JAM. ALLAN u. AUG. BENSCH. *Ann. Pharm.* 65, 181.
HEINTZ. *Ann. Pharm.* 55, 62.

Urinsäure, *Blasensteinsäure*, *Acide urique*, *Ac. lithique*, PEARSON's *lithic Oxyd*, oder *animalisches Oxyd*. — Von SCHEELE 1776 entdeckt. — Findet sich im Harn des Menschen, der Löwen, der Tieger, der Leoparden, der Hyänen, der Hunde, MARCHAND (*J. pr. Chem.* 14, 496), der Rinder, BÖDEKER (*J. pr. Chem.* 25, 254), so wie in der allantoischen Flüssigkeit, JACOBSEN (*Meckel Archiv* 8, 332), PREVOST u. LE ROYER (*Bull. d. Sc. méd.* 7, 25); im Harn der Vögel, besonders der Fleisch- und Körner-fressenden, daher auch in dem, als *Guano* auf Inseln bei Südamerica und Africa sich in hohen Lagern anhäufenden, Mist der Seevögel; im Harn der Schlangen, der Krokodile, der Eidechsen und der Schildkröten; im Harn der Seidenwurm-Schmetterlinge, BRUGNATELLI, und anderer Schmetterlinge und Motten, J. DAVY; mehrerer Raupen, der Rosskäfer, der Grashupfer, der Grillen, der Skolopendern, der Wespen (auch nach AUDOUIN) und verschiedener Fliegen, J. DAVY (*N. Ed. Phil. J.* 40, 231 u. 335; 45, 17); in den Canthariden, ROBIQUET, in mehreren *Meloë*-Arten, LAVINI u. SOBRERO (*N. J. Pharm.* 7, 469), in den sogenannten Gallengängen (welche nach AUDOUIN, *N. Ann. Sc. nat. Zoologie*, 5, 130, als Harnapparate oder mit MECKEL als Harn- und Gallen-Apparate zugleich zu betrachten sind) des *Lucanus Capreolus*, AUBÉ; im Harnorgan der *Helix*-Arten, MYLIUS (*J. pr. Chem.* 20, 509) und im Harn derselben, J. DAVY (*N. Ed. Phil. J.* 45, 385). — Sehr viele Harnconcretionen und Harnsedimente der Menschen, wenige der Hunde und viele der Vögel, Schlangen, Eidechsen und Schildkröten bestehen aus Harnsäure oder harnsaurem Ammoniak.

Um in einem flüssigen Harn die Menge der Harnsäure zu bestimmen, mische man ihn mit Salzsäure (oder bei Gegenwart von Eiweifs mit Essigsäure oder Phosphorsäure) und sammle die nach einiger Zeit niedergefallene Harnsäure. HEINTZ (*Pogg.* 70, 122). Kratzen der Gefäfswandungen mit einem Glasstabe beschleunigt die Ausscheidung der Harnsäure. WETZLAR. — Oder man dampfe den Harn zum Extract ab, ziehe dieses mit 93procentigem Weingeist aus, behandle das Ungelöste mit verdünntem Kali, fälle aus dem Filtrat die Harnsäure in der Hitze durch Essigsäure (Salzsäure würde auch Schleim fällen), und wasche den Niederschlag mit Essigsäure-haltendem Wasser. LEHMANN (*J. pr. Chem.* 25, 13). — Hält ein Harnstein so wenig Harnsäure, dass sein Pulver beim Abdampfen mit Salpetersäure zwar die rothe Färbung gibt, aber beim Ausziehen mit Kali keinen Niederschlag mit Salzsäure, so koche man es mit kohlensaurem Lithon und Wasser; aus dem Filtrat fällt Salzsäure die Harnsäure. LIPOWITZ (*Ann. Pharm.* 38, 352).

Darstellung. a. *Aus den Harnsteinen, welche Harnsäure oder harnsaures Ammoniak halten, oder aus dem im Menschenharn, besonders nach Zusatz von Salzsäure, erzeugten Bodensatz, oder aus dem Harn fleischfressender und körnerfressender Vögel*, BRACONNOT, *oder aus dem weniger mit braunem Farbstoff verunreinigten Harn der Riesenschlange*, PROUT. — 1. Man löst eines dieser Materialien, die durch Auskochen, KODWEISS, oder eintägiges Maceriren, WÖHLER, mit verdünnter Salzsäure vom phosphorsauren Kalk und einem Theil des braunen Farbstoffs u. s. w. vorläufig befreit werden können, in warmer Kalilauge, und fällt aus dem Filtrat die Harnsäure durch Salzsäure, sättigt warme Kalilauge mit der gefällten und gewaschenen Harnsäure, dampft die Lösung bis zum Brei ab, breitet den aus Krümchen des einfach harnsauren Kalis bestehenden Brei auf Leinen aus, wäscht ihn unter Umrühren mehrmals mit wenig kaltem Wasser, presst stark aus, und löst den Rückstand in kochendem Wasser. Beim Erkalten erhält man das

Kalisalz in weifsen, aber noch minder reinen Krystallen; das reinste Salz setzt sich aus der, von den ersten Krystallen abgegossenen, Mutterlauge in einigen Tagen ab, während in der Mutterlauge blofs brauner Farbstoff und kohlensaures Kali bleibt. Dieses reinste Salz, in Kalilauge gelöst, liefert bei Zusatz von Salzsäure einen weifsen, erst gallertartigen, dann zu Schuppen zusammengehenden Niederschlag von reiner Harnsäure. BRACONNOT. — 2. Man kocht Schlangenharn, Hühnerkoth oder Harnstein mit der Lösung von 1 Th. Kalihydrat in 20 Th. Wasser, so lange sich Ammoniak entwickelt, leitet durch das Filtrat so lange kohlensaures Gas, bis der anfangs gallertartige Niederschlag körnig und schwer zu Boden sinkt, oder, was dasselbe ist, bis die Flüssigkeit fast neutral reagirt, wäscht das gefällte einfach harnsaure Kali auf dem Filter, bis das Ablaufende sich mit dem ersten Filtrat trübt, löst dann in verdünntem Kali und giefst die Lösung heifs in verdünnte Salzsäure. BENSCH. — 3. Man kann auch die Harnsäure-haltenden Körper, besonders solche, welche an Kali viele fremdartige färbende und das Filtriren erschwerende Stoffe mittheilen würden, wie Vögelkoth, mit in der 120fachen Wassermenge gelöstem Borax auskochen, und das Filtrat durch Salzsäure fällen. WETZLAR, BÖTTGER (*N. Br. Arch.* 9, 132). — 4. Auch kann man den Schlangenharn in warmem Vitriolöl lösen, die [decanthirte?] Lösung allmälig mit Wasser verdünnen (bei zu starker Verdünnung fällt der Farbstoff mit der Harnsäure nieder), und die gefällte Harnsäure auf dem Filter mit mehr Wasser waschen. FRITZSCHE (*J. pr. Chem.* 14, 245).

Einige Reinigungsweisen. — 1. Man löst die Harnsäure in Vitriolöl und fällt sie daraus durch Wasser. DÖBEREINER. — 2. Man kocht sie mit verdünnter Salzsäure aus, welche Farbstoff und eine besondere flockige Materie entzieht. GASP. BRUGNATELLI. — 3. W. HENRY sucht die Harnsäure durch Digestion mit kohlensaurem Ammoniak vom Schleim zu befreien, verwandelt sie jedoch hierdurch in harnsaures Ammoniak, wie WETZLAR und DÖBEREINER zeigten. — 4. LUIGI BRUGNATELLI (*Brugn. Giorn.* 12, 155) löst die Harnsäure in Kalkwasser, und scheidet sie daraus wieder durch Salzsäure ab. — 5. O. HENRY (*J. Pharm.* 15, 165) kocht den im Menschenharn durch Bleiessig erhaltenen Niederschlag mit kohlensaurem Kali aus, und fällt durch Salzsäure aus dem Filtrate die Harnsäure.

b. *Aus Guano.* — 1. Man kocht Guano mit Pottasche, gelöschtem Kalk und Wasser einige Stunden lang, dampft die durch einen Spitzbeutel colirte Lauge so weit ein, dass sie zu einem dicken Brei gesteht, presst diesen zwischen Leinen stark aus, zersetzt den in Wasser vertheilten Rückstand durch Salzsäure, wäscht die ausgeschiedene rohe Harnsäure mit Wasser, löst sie in schwacher Kalilauge, dampft die Lösung ab, bis sie zu einem Brei gesteht, den man noch heifs im Pressbeutel stark auspresst, kocht das so erhaltene harnsaure Kali unter beständigem Umrühren mit der doppelten Wassermenge, und presst schnell aus, wiederholt dieses Kochen und Pressen 3 bis 4 mal oder öfter, bis eine Probe des Rückstands mit Salzsäure völlig weifse Harnsäure liefert, löst endlich das ganz weifse harnsaure Kali in heifsem, Kali haltenden Wasser, und giefst die klare Lösung in überschüssige Salzsäure. Die bei diesen Versuchen fallenden Mutterlaugen liefern bei weiterer Behandlung noch etwas Harnsäure, die im Ganzen $2^1/_4$ Proc. des Guano beträgt. BENSCH (*Ann. Pharm.* 58, 266). — 2. Man zieht Guano erst mit Wasser, dann mit Kalilauge aus, fällt aus der letzteren braunen Lösung durch Chlorcalcium eine moderartige Materie, und dann aus dem blassgelben Filtrat durch Salzsäure blassgelbe Harnsäure. BIBRA (*Ann. Pharm.* 53, 111).

Eigenschaften. Weifse (im unreinen Zustande gelbliche oder bräunliche), perlglänzende, feine Schuppen. Die aus der heifsen wässrigen Lösung beim Abdampfen erhaltenen Krystalle erscheinen unter dem Mikroskop als, oft mit auf die Endkanten gesetzten Oktaederflächen zugespitzte, 4seitige Säulen. BENSCH. FRITZSCHE beobachtete unter dem Mikroskop wasserhelle, glatte, dünne, quadratische Tafeln. Geschmack- und geruch-los; röthet, in heifsem Wasser gelöst, Lackmus, SCHEELE, W. HENRY; röthet nicht Lackmus, PEARSON.

Lufttrockne Krystalle.			LIEBIG.	MITSCHERLICH.	HEINTZ.	VARR. u. WILL.
10 H	60	35,72	36,08	35,82	35,65	
4 N	56	33,33	33,36	34,60		33,18
4 H	4	2,38	2,44	2,38	2,46	
6 O	48	28,57	28,12	27,20		
$C^{10}N^4H^4O^6$	168	100,00	100,00	100,00		

LIEBIG (*Ann. Pharm.* 10, 47); MITSCHERLICH (*Pogg.* 33, 335); HEINTZ (*Pogg*, 70, 123); VARRENTRAPP u. WILL (*Ann. Pharm.* 39, 279).

	PROUT.				
	Früher.	Später.	BÉRARD.	KODWEISS.	GÖBEL.
C	34,25	39,87	33,62	39,79	36,57
N	40,25	31,13	39,23	37,40	28,28
H	2,75	2,23	7,06	2,00	2,39
O	22,75	26,77	20,09	20,81	32,51
	100,00	100,00	100,00	100,00	99,75

KODWEISS (*Pogg.* 19, 1); GÖBEL (*Schw.* 58, 475).

Die krystallisirte Säure hält kein Krystallwasser. BÉRARD. [vgl. jedoch (V, 524).]

Zersetzungen. 1. Bei der *trocknen Destillation* liefert die ganz trockne Harnsäure, ohne zu schmelzen, kein flüssiges Destillat, sondern ein reichliches braungelbes Sublimat von Cyanursäure, Harnstoff und blausaurem Ammoniak, nebst viel freier Blausäure. WÖHLER (*Pogg.* 15, 529 u. 626). Da sowohl Cyanursäure als Harnstoff nicht flüchtig sind, so müssen sie sich erst aus andern Producten erzeugen, z. B. der Harnstoff aus Ammoniak und Cyansäure. WÖHLER. — Im Anfange sublimirt sich kohlensaures und blausaures Ammoniak, und es geht ein braunes Brenzöl nebst freier Blausäure über; später sublimirt sich ammoniakhaltende Cyanursäure, die endlich vom übergehenden, mit Brenzöl beladenen Wasser fortgespült wird. CHEVALLIER u. LASSAIGNE. Die erzeugte Cyanursäure beträgt nach SCHEELE $^7/_{15}$, nach PEARSON $^2/_{11}$; die rückbleibende Kohle, welche schwer einzuäschern ist, beträgt nach SCHEELE $^1/_5$, nach PEARSON $^3/_{10}$, nach W. HENRY $^1/_6$; nach PEARSON entwickeln sich bei der trocknen Destillation aus 20 Gran Harnsäure 5 Würfelzoll kohlensaures und 5 Würfelzoll Stick-Gas; nach W. HENRY entwickelt sich kohlensaures und Kohlenwasserstoff-Gas.

2. Beim *Erhitzen an der Luft* verkohlt sich die Harnsäure mit dem Geruche nach verbrannten Knochen. PEARSON. — Die Umwandlung des harnsauren Ammoniaks in oxalsaures durch Luft und Licht s. bei harnsaurem Ammoniak.

3. Völlig trocknes *Chlorgas* wirkt bei Mittelwärme nicht auf völlig trockne Harnsäure; in der Hitze erzeugt es sehr viel Cyansäure und Salzsäure, wobei die Harnsäure bis auf wenig kohligen

Rückstand verschwindet. LIEBIG (*Pogg.* 15, 567). Wenn man hierbei die Harnsäure gleich von Anfang an stark erhitzt, so erhält man auch fixes Chlorcyan. KODWEISS. — Feuchte Harnsäure schwillt bei Mittelwärme in Chlorgas auf, entwickelt Kohlensäure und Cyansäure, und lässt einen völlig in Wasser löslichen Rückstand, welcher Ammoniak, Salzsäure und viel Oxalsäure hält. LIEBIG. CHEVREUL (*N. Gehl.* 7, 530), nach Welchem die Harnsäure in 5 Minuten in Oxalsäure verwandelt wird, hatte wahrscheinlich feuchte Harnsäure angewandt. — In viel kaltem Wasser vertheilte Harnsäure löst sich bei Durchleiten von nicht überschüssigem Chlorgas und Schütteln darin auf, unter Bildung von freier Salzsäure, Salmiak (der dann durch weitere partielle Einwirkung des Chlors etwas Chlorstickstoff erzeugt), viel saurem oxalsauren Ammoniak, sehr wenig Alloxantin oder Alloxan (sofern die Flüssigkeit beim Abdampfen zur Trockne einen blass purpurnen Rückstand lässt), Parabansäure, eine sehr schwer in Wasser lösliche, Stickstoff-reiche Materie, und nach PELOUZE auch Allantursäure.

Die in 20 Th. Wasser vertheilte Harnsäure löst sich beim Durchleiten von Chorgas unter schwachem Aufbrausen [von Stickgas aus dem Chlorstickstoff] und Abscheidung gelbweifser Flocken, welche eine Verbindung von Chlor mit thierischer Materie sind; die sehr saure Lösung, welche, auch ohne Erwärmen, sehr lange fortfährt, Blasen zu entwickeln, hält salzsaures und oxalsaures Ammoniak, Salzsäure, Aepfelsäure [?], Oxurinsäure (V, 304) und Pupursäure [?], welche letztere 3 Säuren bei weiterem Durchleiten von Chlor zerstört werden, so dass blofs Salzsäure, Oxalsäure und Ammoniak bleiben. VAUQUELIN. — Erwärmt man Harnsäure mit nur so viel wässrigem Chlor, dass sie nicht ganz gelöst wird, so erhält man eine, sich beim Abdampfen, und noch stärker durch Ammoniak röthende Flüssigkeit, welche Ammoniak, Oxalsäure und einen gelben, gallertartigen, zerfliefslichen, in Weingeist löslichen Körper hält. KODWEISS. — Kaltes wässriges Chlor erzeugt auch Allantursäure; lässt man aber durch die kochende wässrige Lösung der Harnsäure Chlorgas im Ueberschuss streichen, so entsteht fast blofs übersaures oxalsaures Ammoniak, welches dann ebenfalls in Gase aufgelöst wird. PELOUZE (*N. Ann. Chim Phys.* 6, 71; auch *Ann. Pharm.* 44, 108). — Wässriges Chlor erzeugt mit Harnsäure Alloxantin, Alloxan, Parabansäure und Oxalsäure. WÖHLER u. LIEBIG. — Leitet man durch, in sehr viel kaltem Wasser vertheilte Harnsäure Chlorgas, giefst das Wasser von Zeit zu Zeit ab, erneuert es, leitet wieder Chlor hindurch, u. s. f., bis sich Alles gelöst hat, so erhält man eine farblose, sehr saure, stark nach Chlorstickstoff riechende Flüssigkeit. Diese entwickelt beim Erwärmen Gasblasen (wohl von Stickgas, wenigstens verdichtet sich beim Leiten durch ein mit Frostmischung umgebenes Rohr kein flüchtiges Chlorcyan; später geht auch etwas Kohlensäure über), und liefert bei weiterem Abdampfen, aufser einer, vorzüglich Salmiak haltenden Mutterlauge, eine Krystallmasse. Diese lässt beim Lösen in heifsem Wasser und Filtriren wenig *weifses Pulver*, während das Filtrat beim Abdampfen und Erkälten erst weifse Krystalle von saurem oxalsauren Ammoniak, dann *honiggelbe Krystalle*, dann wieder weifse, von Salmiak liefert. Das *weifse Pulver* verkohlt sich beim Erhitzen unter Blausäureentwicklung und ohne Schmelzung; es ist vielleicht das von SCHLIEPER (V, 920 bis 921) beschriebene. — Die *honiggelben Krystalle* entwickeln beim Erhitzen unter Aufblähen und Bräunung den Geruch nach Blausäure und Cyansäure, geben ein weifses, Lackmus röthendes, krystallisches Sublimat, und lassen wenig Kohle. Sie bilden mit erwärmter Salpetersäure unter starkem Aufbrausen eine farblose Lösung; sie lösen sich wenig in warmem Vitriolöl, ohne beim Erhitzen eine Verkohlung zu zeigen; sie entwickeln mit kalter starker Kalilauge Ammoniak; ihre wässrige Lösung röthet stark Lackmus, und fällt nicht Chlorcalcium; sie lösen sich leicht in heifsem wässrigen Ammoniak, worauf beim Erkalten das Meiste in farblosen oder gelblichen Nadeln anschiefst; die Mutterlauge dieser Nadeln gibt mit Chlorcalcium einen nicht in heifser Essigsäure löslichen Niederschlag, und die Lösung der Nadeln in heifsem Wasser, mit Salzsäure versetzt und rasch abgekühlt, liefert einen ähnlichen (nur gelblichen) krystallischen Niederschlag, wie mit Salzsäure versetztes oxalursaures Ammoniak (V, 135). Hiernach möchten die honiggelben Krystalle als, zufällig gefärbte, Parabansäure (V, 136) zu betrachten sein. Gm.

4. Bei längerem Kochen mit *Iod* und Wasser löst sich die Harnsäure theilweise zu einer Flüssigkeit, die purpursaures Ammoniak [Alloxan oder Alloxantin mit Hydriod-Ammoniak?] hält, Prout, Brugnatelli; aber bei einem Ueberschusse von Iod wird die Purpursäure in Oxalsäure verwandelt, Vauquelin.

5. Durch kalte concentrirte *Salpetersäure* wird die Harnsäure unter Entwicklung von Wärme, kohlensaurem Gas und salpetrigen Dämpfen zu Alloxan und Harnstoff, der sich dann mit der Salpetersäure weiter zersetzt. $C^{10}N^4H^4O^6 + 2O + 2HO = C^8N^2H^2O^8 + C^2N^2H^4O^2$. — Trägt man in kalte Salpetersäure von 1,425 spec. Gew. gepulverte Harnsäure in kleinen Antheilen unter gehörigem Mengen und so langsam nach einander, dass die Masse nicht warm wird, so erstarrt sie, wenn bei weiterem Harnsäurezusatz keine reichliche Entwicklung von Kohlensäure und salpetrigen Dämpfen mehr erfolgt, zu einem Krystallbrei von Alloxan, und die Mutterlauge entwickelt bei gelindem Erwärmen reines Stickgas und hält nichts, als salpetersaures Ammoniak. Wahrscheinlich wird hierbei der aus der Harnsäure gebildete Harnstoff durch die salpetrige Säure anfangs in salpetrigsaures Ammoniak und Cyansäure verwandelt. $C^2N^2H^4O^2 + NO^3 = NH^3,NO^3 + C^2NHO^2$. Die Cyansäure zerfällt auf die bekannte Weise mit Wasser in Ammoniak und Kohlensäure, daher sich anfangs blofs diese entwickelt, und dann das salpetrigsaure Ammoniak beim Erwärmen in Wasser und Stickgas, welches daher rein auftritt. Weil jedoch anfangs die Salpetersäure sehr vorherrschend ist, so zerfällt das salpetrigsaure Ammoniak damit zum Theil in salpetersaures Ammoniak und in salpetrige Säure, die sich in rothen Dämpfen entbindet. Liebig u. Wöhler. [Da das Gemenge bis zu Ende überschussige Salpetersäure hält, so ist überhaupt nicht einzusehen, wie salpetrigsaures Ammoniak entstehen kann.] — Auch kalte Salpetersäure von 1,55 spec. Gew. erzeugt Alloxan; aber zugleich eine braune Materie, durch deren Bildung zusammengeballte Stucke der Harnsäure schwarzbraun werden, und braunes, schwierig zu entfärbendes Alloxan erhalten wird. Liebig u. Wöhler. — Beim Kochen mit starker Salpetersäure liefert die Harnsäure keine Spur Alloxan, sondern wird in Parabansäure verwandelt, die beim Erkalten in langen schmalen Säulen und in Schuppen anschiefst. Liebig u. Wöhler. — [Bei der Annahme, dass sich zuerst Alloxan bildet, welches dann weiter oxydirt wird, ist die Gleichung: $C^8N^2H^2O^8 + 2O = C^6N^2H^2O^6 + 2CO^2$.] — Fügt man zu 2 Th. kalter Salpetersäure von 1,25 spec. Gew. allmälig 1 Th. Harnsäure, und kühlt nach vollbrachter Einwirkung das Gemenge auf 20° ab, bis es zu einem dünnen Brei erstarrt ist, und bringt diesen aufs Filter, so erhält man ein Filtrat, welches Hydurilsäure, viel Parabansäure, Oxalsäure und Ammoniaksalze hält, und einen Rückstand. Dieser zerfällt beim Lösen in wenig heifsem Wasser in viel unzersetzte Harnsäure (weil die Salpetersäuremenge ungenügend war) und in eine syrupdicke Lösung. Diese Lösung krystallisirt nicht beim Erkalten; sie trübt sich bei gelindem Erwärmen unter Abscheidung von Alloxantin, und einem *schwer löslichen weifsen Pulver;* sie entwickelt beim Erwärmen mit Salpetersäure Kohlensäure unter starkem Aufbrausen, und erstarrt dann beim Erkalten zu Alloxankrystallen. Schlieper. — Das mit dem Alloxantin gemengte *schwer losliche weifse Pulver* bleibt beim Lösen des Alloxantins in verdünnter Salpetersäure zurück. Es wird durch starke Salpetersäure nicht verändert; es löst sich in Vitriolöl, daraus durch Wasser nur wenig fällbar; es löst sich nicht in kaltem Wasser, wenig in heifsem, aus dem es sich beim Erkälten und Abdampfen wieder absetzt; es löst sich leicht in Ammoniak zu einer Flüssigkeit, welche zu einem

Gummi eintrocknet, und welche mit salpetersaurem Silberoxyd einen weifsen, sich beim Kochen schwärzenden Niederschlag gibt; es löst sich in Kali unter Ammoniakentwicklung, daraus durch Essigsäure, nicht durch Salzsäure fällbar, und ist als das Ammoniaksalz einer besondern Säure zu betrachten. SCHLIEPER. — Um diese Säure zu erhalten, kocht man das weifse Pulver mit Kalilauge, bis sich kein Ammoniak mehr entwickelt (wodurch allerdings eine Veränderung vorzugehen scheint, da jetzt auch Salzsäure fällend wirkt), fällt durch Essigsäure unter Zusatz von Weingeist körnige Krystalle, welche noch Kali halten, löst diese wieder in Kali, und erhält durch heifses Uebersättigen mit Salzsäure und Erkälten die Säure als ein weifses feines Krystallmehl. Dieses hält 35,97 Proc. C, 16,98 N, 3,21 H und 43,84 O, ist also = $C^{10}N^2H^5O^9$. Es löst sich nicht in kaltem Wasser, ziemlich gut in heifsem, woraus es sich beim Erkalten abscheidet; es löst sich in Vitriolöl, nicht in Salpetersäure und in selbst kochendem Ammoniak, dagegen leicht in Kali, daraus durch Säuren fällbar. SCHLIEPER (*Ann. Pharm.* 56, 10). — Mengt man 2 Th. Salpetersäure von 1,25 mit 1 Th. Harnsäure sogleich zusammen, so erfolgt in 1 bis 2 Minuten eine von Schäumen begleitete Erhitzung, die immer höher steigt, zuletzt plötzlich zum Sieden und Uebersteigen, unter reichlicher Entwicklung rother Dämpfe. So entsteht in wenigen Minuten eine klare gelbe Lösung, die noch fortwährend, durch sich zersetzendes Alloxan, Kohlensäure unter Aufbrausen entwickelt. Erkältet man diese Lösung rasch, so bleibt das meiste Alloxan unzersetzt; lässt man sie dagegen freiwillig erkalten, so gesteht sie, nach längerer Entwicklung von Kohlensäure, zu einem Krystallbrei, der neben Alloxan salpetersauren Harnstoff hält, sofern die Salpetersäure einen Theil des Alloxans in Parabansäure, und diese dann in Harnstoff verwandelt. SCHLIEPER (*Ann. Pharm.* 55, 254). — In warmer verdünnter Salpetersäure löst sich die Harnsäure unter Aufschwellen, welches von der Entwicklung von kohlensaurem Gas, Stickgas und wenig Stickoxydgas herrührt, zu einer gelben Flüssigkeit, welche Harnstoff, salpetersaures Ammoniak und Alloxantin hält. Dieses geht bei längerem Erhitzen in Alloxan und Parabansäure über; letztere wird beim Sättigen mit Ammoniak zu Oxalursäure, die dann in Oxalsäure und Harnstoff zerfallen kann. WÖHLER u. LIEBIG. Auch bildet sich Allantursäure. PELOUZE. — Die Lösung ertheilt der Haut nach einiger Zeit einen purpurnen Flecken, und lässt bei gelindem Abdampfen zur Trockne einen purpurrothen Rückstand. — Bei allmäligem Eintragen von Harnsäure in warme sehr verdünnte Salpetersäure, bis diese nicht mehr einwirkt, entwickeln sich kohlensaures und Stick-Gas zu gleichen Maafsen nebst einer Spur von Stickoxydgas, und es entsteht eine farblose oder blassgelbe Lösung, welche mit überschüssigem Ammoniak, wenn sie noch heifs ist, sich vorübergehend purpurn färbt, aber wenn sie zuvor erkaltet ist, farblos bleibt, und beim Erkalten gallertartige Flocken oder auch gelbliche oder röthliche Nadelbüschel von oxalursaurem Ammoniak absetzt. — Die Lösung zeigt bei gelindem Abdampfen stellenweises Aufbrausen, färbt sich zwiebelroth, wird weniger sauer reagirend und lässt dann beim Erkalten Alloxantin anschiefsen. Die übrige Mutterlauge wird bei weiterem Abdampfen röther und saurer, lässt einen Syrup, aus welchem Parabansäure, salpetersaures und oxalsaures Ammoniak und salpetersaurer Harnstoff anschiefsen, während die Mutterlauge noch viel freien Harnstoff hält, durch Salpetersäure fällbar. Die bis zur zwiebelrothen Färbung abgedampfte Lösung, in welcher ein Theil des zuerst erzeugten Alloxantins durch die Salpetersäure zu Alloxan oxydirt ist, färbt sich mit sehr schwach überschüssigem Ammoniak tief purpurroth und setzt beim Erkalten goldgrüne Krystalle von purpursaurem Ammoniak ab, die meistens mit einem rothgelben Pulver von Uramil gemengt sind. Wird durch weiteres Abdampfen die Menge des Alloxans vermehrt, so bewirkt überschüssiges Ammoniak mit der heifsen Flüssigkeit eine vorübergehende Purpurfärbung, und man erhält beim Erkalten statt der grünen Krystalle ein fleischrothes, oft körniges Pulver von mykomelinsaurem Ammoniak.

Wöhler u. Liebig. — Die Lösung der Harnsäure in verdünnter Salpetersäure, mit Ammoniak neutralisirt, wird beim Abdampfen unter Entwicklung von reinem kohlensauren Gas wieder sauer und liefert gelbe Nadelbüschel von oxalursaurem Ammoniak nebst oxalsaurem und salpetersaurem Ammoniak. Wöhler u. Liebig. — Die mit Harnsäure gesättigte heifse verdünnte Salpetersäure erzeugt mit Ammoniak gelbe oder gelbrothe Flocken, die theilweise zu gelbweifsen Krystallkörnern zusammengehen, worin oxalsaures und purpursaures Ammoniak; auch hält die Lösung Harnstoff. Kodweiss (*Pogg.* 19, 1). — Bei der Lösung der Harnsäure in warmer verdünnter Salpetersäure entwickelt sich Kohlensäure mit salpetriger; die gelbe gesättigte Lösung färbt die Haut in ½ Stunde hochroth; sie wird beim Abdampfen blutroth; sie erzeugt mit Kalkwasser einen weifsen, sich beim Glühen verkohlenden Niederschlag. Scheele. — Der durch gelindes Abdampfen erhaltene sattrothe Rückstand ist fast neutral, etwas zerfliefslich, in Wasser mit rother Farbe löslich und durch jede Säure zu entfärben; bei zu starkem Erhitzen bläht er sich schwammig auf. Bergman. — Die rothe wässrige Lösung des Ruckstandes entfärbt sich beim Erhitzen, lässt aber beim Abdampfen wieder einen rothen Ruckstand. Eug. Marchand (*J. Chim. méd.* 17, 178).

6. Die Lösung ganz reiner Harnsäure in kaltem *Vitriolöl* entwickelt bei 180° unter heftigem Aufbrausen schweflige Säure, Kohlensäure und Kohlenoxyd, und lässt schwefelsaures Ammoniak, dessen Ammoniakgehalt 30,54 Proc. Stickstoff in der Harnsäure entspricht. Heintz (*Pogg.* 66, 137). Scheele und Bergman bemerkten bei unreiner Harnsäure auch die Ausscheidung von Kohle.

7. Beim Kochen der Harnsäure mit wässrigem *zweifach chromsauren Kali* erhält man unter Entwicklung von Kohlensäure und Ammoniak eine grüne Flüssigkeit, aus welcher Weingeist einen grünen Körper fällt, worauf das wasserhelle Filtrat beim Abdampfen reinen Harnstoff lässt. Liebig.

8. Fügt man zu in Wasser vertheilter Harnsäure nach und nach wenig *übermangansaures Kali,* so erfolgt lebhaftes Aufbrausen, und die abfiltrirte gelbliche Flüssigkeit hält viel Manganoxydul gelöst. Fügt man aber so lange übermangansaures Kali zu der Harnsäure, bis der aus Manganoxydhydrat bestehende Niederschlag schwarzbraun und die Flüssigkeit farblos erscheint, so hält das Filtrat kein Mangan, und liefert beim Abdampfen nichts, als weifse undurchsichtige kleine Säulen. Gregory (*Ann. Pharm.* 33, 336). [Sollten diese Krystalle nicht alloxansaures Kali sein? Die folgende Beschreibung derselben von Gregory scheint dafür zu sprechen:] Die Säulen entwickeln beim Erhitzen Blausäure und Ammoniak, und lassen viel Cyankalium. Ihre wässrige Lösung gibt mit Baryt-, Kalk-, Blei- und Silber-Salzen weifse Niederschläge; der vom Baryt löst sich in viel Wasser; der vom Kalk nicht; der vom Silber wird beim Kochen gelblich; durch Zersetzung des Bleiniederschlags mit Hydrothionwasser und Abdampfen des Filtrats erhält man die Säure für sich in sehr sauer schmeckenden durchsichtigen Säulen, welche mit Ammoniak ein leicht krystallisirbares Salz bilden. — Nach einer andern Angabe Gregory's (*J. pr. Chem.* 22, 273) erzeugt das übermangansaure Kali, neben der eigenthumlichen Säure, auch Harnstoff und Oxalsäure.

9. Beim Erhitzen von 90 Th. Harnsäure mit 132 Th. *Braunstein* und 294 Th. *Vitriolöl* in einem geräumigen Gefäfse erhält man unter Entwicklung von Cyansäure schwefelsaures Manganoxydul und Ammoniak. Döbereiner (*Gilb.* 74, 418). Das Gemenge dieser 3 Körper entwickelt bei der Destillation Salpetersäure. Liebig (*Pogg.* 14, 466). — Beim Kochen der Harnsäure mit Braunstein und Wasser entsteht eine eigenthümliche krystallische Substanz. Wöhler u. Liebig.

10. Beim Erhitzen mit *Bleihyperoxyd* und Wasser wird die Harnsäure in Allantoin, Harnstoff, Oxalsäure und Kohlensäure verwandelt. WÖHLER u. LIEBIG. — Trägt man in, mit Wasser zu einem dünnen Brei angerührte, Harnsäure nahe bei 100° feingeriebenes Bleihyperoxyd, so entwickelt sich Kohlensäure unter Entfärbung desselben, und Verdickung der Masse, wofern es an Wasser fehlt. Nachdem in der Hitze so lange Hyperoxyd hinzugefügt ist, bis neue Antheile ihre Farbe behalten, erhält man bei heifser Filtration eine Flüssigkeit, aus welcher beim Erkalten Allantoin anschiefst, während Harnstoff in der Mutterlauge bleibt, und auf dem Filter bleibt oxalsaures Bleioxyd. Die Kohlensäure entsteht als secundäres Product durch Einwirkung des Bleihyperoxyds auf oxalsaures Bleioxyd, worauf die noch übrige Harnsäure aus dem gebildeten kohlensauren Bleioxyd die Kohlensäure entwickelt, und die Gleichung ist daher: $C^{10}N^4H^4O^6 + 2O + 5HO = C^4N^2H^3O^3$ ($\frac{1}{2}$ At. Allantoin) + $C^2N^2H^4O^2$ (Harnstoff) + $C^4H^2O^8$ (Oxalsäure). WÖHLER u. LIEBIG. — Man erhält bei dieser Zersetzung auch Allantursäure; die Menge des gebildeten Harnstoffs wechselt bedeutend und beträgt oft nur sehr wenig, und da das Bleihyperoxyd schon in der Kälte das Allantoin in Allantursäure und Harnstoff zersetzt, so scheint dieser erst secundär aus dem Allantoin zu entstehen, daher man auch im ersten Zeitraum der Zersetzung der Harnsäure durch das Hyperoxyd Allantoin ohne allen Harnstoff erhält. PELOUZE (*N. Ann. Chim. Phys.* 6, 71; auch *Ann. Pharm.* 44, 108). — Es ist als wahrscheinlich anzunehmen, dass die Harnsäure zuerst in Kohlensäure und Allantoin, und dieses dann durch mehr Hyperoxyd in Harnstoff und Oxalsäure zersetzt wird. Zuerst: $C^{10}N^4H^4O^6 + 2PbO^2 + 2HO = C^8N^4H^6O^6 + 2CO^2 + 2PbO$; dann $C^8N^4H^6O^6 + 2PbO^2 + 2HO = 2C^2N^2H^4O^2 + C^4Pb^2O^8$. GERHARDT (*Précis* 1, 246). — [168 Th. (1 At.) Harnsäure in kochendem Wasser, nach und nach mit 240 Th. (2 At.) Bleihyperoxyd versetzt, und zuletzt längere Zeit gekocht, entwickeln von Anfang an Kohlensäure, liefern ein Filtrat, welches neben Allantoin auch Harnstoff hält, und lassen auf dem Filter oxalsaures Bleioxyd neben unzersetzter Harnsäure. Ist daher GERHARDTS Ansicht richtig, so muss wenigstens angenommen werden, dass das Hyperoxyd wegen seiner Unlöslichkeit auf das anfangs erzeugte Allantoin partiell weiter zersetzend wirkt, bevor es die Harnsäure völlig zersetzt hat.]

11. Beim Kochen der Harnsäure mit Wasser, *rothem Cyaneisenkalium* und *Kali* erhält man kohlensaures Kali und Allantoin, von welchem ein Theil weiter in Lantanursäure (V, 139) und Harnstoff übergeht. SCHLIEPER. — Zuerst entsteht kohlensaures Kali und Allantoin: $C^{10}N^4H^4O^6 + 2C^{12}N^6Fe^2K^3 + 4KO + 2HO = C^8N^4H^6O^6 + 2(KO,CO^2) + 4C^6N^3FeK^2$. — Das erzeugte Allantoin zerfällt dann durch Einwirkung von überschüssigem Kali (es wurden auf 1 At. Harnsäure nicht 4, sondern 6 At. Kali angewandt) in Lantanursäure und Harnstoff: $C^8N^4H^6O^6 + 2HO = C^6N^2H^4O^6 + C^2N^2H^4O^2$, wobei es vielleicht zuerst zu Hydantoinsäure, $C^8N^4H^8O^8$, wird. SCHLIEPER.

12. Die Harnsäure gibt mit *Dreifachchlorgold* einen violetten Niederschlag. PROUST. — Sie wird durch *salpetersaures Quecksilberoxydoxydul* gelb gefärbt. LASSAIGNE.

13. Beim Glühen mit Kalihydrat in einem bedeckten Tiegel lässt die Harnsäure eine kohlige Masse, welche kohlensaures, cyansaures Kali und Cyankalium hält, während beim Glühen im offenen Tiegel blofs kohlensaures Kali bleibt. LIEBIG u. LIPOWITZ (*Ann. Pharm.* 38, 356). — Beim gelinden Schmelzen mit Kalihydrat schwärzt sich die Harnsäure nicht, entwickelt Ammoniak und lässt Cyankalium nebst oxalsaurem und kohlensaurem Kali. GAY-LUSSAC (*Ann. Chim. Phys.* 41, 398). — Auch bei längerem Kochen mit Kalilauge bildet sie unter Ammoniakentwicklung oxalsaures Kali. KODWEISS.

14. In der Hitze zersetzt sie sich in Berührung mit Kalium mit Lichtentwicklung, mit Natrium ohne diese, in Kohle und Alkali. GAY-LUSSAC u. THÉNARD.

Verbindungen. Mit *Wasser.* — a. *Harnsäure-Hydrat?* — 1. Die aus der Lösung in Kalilauge durch Salzsäure gefällte Harnsäure stellt zuerst eine aufgequollene Gallerte, wohl von Hydrat, dar, die jedoch in der Flüssigkeit bald zu wasserfreier krystallischer Säure zusammensinkt. PROUT. — 2. Auch alle krystallische Harnsäure, aus der kalten Lösung in verdünntem Kali durch Salzsäure gefällt, hält noch Wasser, weiches um so eher beim Liegen an der kalten Luft theilweise entweicht, je kleiner die Krystalle sind, daher man früher dieses Wasser übersehen hat. Zieht man nach BÖTTGER's Verfahren Taubenkoth durch wässrigen Borax aus, so fällt beim Versetzen des Filtrats mit Salzsäure die meiste Harnsäure in kleinen Krystallen nieder; aber die hiervon abgegossene Flüssigkeit setzt bei ruhigem Stehen, wegen Gehaltes an andern organischen Stoffen, viel gröſsere dendritische hellbraune Krystalle ab, welche an der Luft nicht verwittern, bei 100° 21,52 Proc. (4 At. [oder vielmehr 5]) Wasser verlieren, und auch in der Sonne, oder in der Luftglocke über Vitriolöl, oder beim Kochen mit Wasser, ihr Wasser abgeben, wobei sie undurchsichtig werden. Dieses verwitterte Ansehen geben die kleineren Krystalle nur unter dem Mikroskop zu erkennen, worunter die zuvor durchsichtigen glatten quadratischen Tafeln rauh erscheinen. FRITZSCHE (*J. pr. Chem.* 17, 56).

b. *Wässrige Harnsäure.* — Die Harnsäure löst sich in 1720 Th. W. HENRY, 2800 GÖBEL, 10000 PROUT, 15000 BENSCH kaltem Wasser, und in 300 Th. SCHEELE, 500 PEARSON, 760 GÖBEL, 1400 W. HENRY, 1800 BENSCH kochendem, aus dem sie sich beim Erkalten in kleinen Krystallen abscheidet. Die Lösung fault nicht. PEARSON. Selbst die in kaltem Wasser trübt noch die Blei- und Silber-Salze. BENSCH. Die kalte Lösung röthet nicht Lackmuspapier, aber die heiſse schnell und stark. GÖBEL (*Schw.* 58, 475).

Schwefelsaure Harnsäure. — Die Harnsäure löst sich in kaltem Vitriolöl mit brauner Farbe, und wird daraus durch Wasser unter milchiger Trübung gefällt. WETZLAR. Mit Schlangenharn in der Wärme gesättigtes Vitriolöl gibt beim Erkalten ziemlich groſse Krystalle von schwefelsaurer Harnsäure, die man durch Abwaschen mit kaltem Vitriolöl, Lösen in warmem und Krystallisiren durch Erkälten vom anhängenden schwefelsauren Ammoniak befreit. — Ziemlich groſse wasserhelle Krystalle, welche bei 70° ohne Zersetzung schmelzen und beim Erkalten zu einer Krystallmasse erstarren, sich bei 170° zersetzen, an der Luft unter begierigem Anziehn von Wasser durch Ausscheidung von Harnsäure undurchsichtig und auch schon durch wenig Wasser in verdünnte Schwefelsäure und niederfallende Harnsäure zersetzt werden. FRITZSCHE (*J. pr. Chem.* 14, 243).

	Krystalle.		Fritzsche.
$C^{10}N^4H^4O^6$	168	30,00	28,65
8 SO^3	320	57,14	57,08
8 Aq	72	12,86	14,27
$C^{10}N^4H^4O^6,8SO^3+8Aq$	560	100,00	100,00

Harnsaure Salze, Urates, Lithates. — Die Harnsäure hat von allen Säuren zu den Salzbasen, namentlich zu den Alkalien, eine der schwächsten Affinitäten; doch zersetzt sie in der Wärme die Seifen und die Schwefelverbindungen der Alkalimetalle, W. Henry, auch wandelt sie die wässrigen einfach kohlensauren Alkalien unter Entziehung der Hälfte des Alkalis in zweifachkohlensaure um, welche sie in verschlossenen Gefäfsen nicht weiter zersetzt, Wetzlar; auch löst sie sich in wässrigem Borax, Wetzlar, und in gewöhnlichem phosphorsauren Natron, Al. Ure, als einfach harnsaures Natron. — Die harnsauren Salze sind theils *halbsaure* oder *neutrale* = $C^{10}N^4H^2M^2O^6$, theils *einfachsaure* oder *saure* = $C^{10}N^4H^3MO^6$. Den halb harnsauren Alkalien entzieht schon Kohlensäure die Hälfte des Alkalis. Bensch u. Allan. Fast alle harnsaure Salze lösen sich nicht oder höchst wenig in Wasser.

Einfach harnsaures Ammoniak. — Das halb harnsaure Ammoniak lässt sich auf keine Weise darstellen. Bensch u. Allan. — Das einfachsaure Salz findet sich in manchen menschlichen Harnsteinen; es bildet die Hauptmasse des Vögel- und Schlangen-Harns. — Die Harnsäure entzieht dem wässrigen anderthalb kohlensauren Ammoniak so lange Ammoniak, bis es in zweifach kohlensaures Ammoniak verwandelt ist. Wetzlar. Sie verwandelt sich unter wässrigem essigsauren Ammoniak, welches dabei sehr schwach Lackmus röthend wird, in harnsaures Ammoniak, von dem sich ein Theil löst. Eben so unter halb phosphorsaurem Ammoniak, doch wird hier die Flüssigkeit nicht sauer reagirend, und sie hält mehr harnsaures Ammoniak gelöst. Dagegen bleibt sie unter Salmiaklösung unverändert. Gm. — Bei 100° getrocknete Harnsäure absorbirt zwischen 0 und 170° kein Ammoniakgas. Bensch. — 1. Harnsäure, mit überschüssigem wässrigen Ammoniak erwärmt, quillt zu einer Masse auf, die nach dem Waschen mit Wasser und Trocknen über Kalk weifs und amorph erscheint und von 100 Th. der angewandten Säure 110,18 Th. beträgt. Bensch. — 2. In Wasser vertheilte Harnsäure, während des Kochens mit überschüssigem Ammoniak versetzt, gibt das Salz in Nadeln, über Kalk zu trocknen. Bensch. — 3. Wendet man bei demselben Verfahren viel Wasser an, und filtrirt kochend, so erhält man beim Erkalten eine weifse käsige Masse desselben Salzes, in einer Atmosphäre von Ammoniak über Kalk zu trocknen. Bensch. — 4. Die heifse wässrige Lösung des einfach harnsauren Kalis gibt mit Salmiak einen weifsen Niederschlag, der mit Wasser gewaschen, dann damit gekocht, wobei er stark aufquillt, dann über Kalk getrocknet wird. Bensch, Lehmann (*J. pr. Chem.* 25, 15). — 5. Man fällt wässriges halb harnsaures Kali durch neutrales oxalsaures Ammoniak. Coindet.

Farblose amorphe Masse oder Nadeln.

			Bensch. 1) bei 100°.	2) bei 140°.	3) über Kalk getr.
10 C	60	32,43	32,60	32,43	32,26
5 N	70	37,84	37,65	37,89	38,14
7 H	7	3,78	3,92	3,85	3,91
6 O	48	25,95	25,83	25,83	25,69
$C^{10}N^4H^3(NH^4)O^6$	185	100,00	100,00	100,00	100,00

Oder:			Bensch. 2)	Bensch. 4)	Lehmann. 4)	Coindet. a	Coindet. b
NH^3	17	9,19	8,97	9,39		16,04	8,68
$C^{10}N^4H^4O^6$	168	90,81			86,46		
	185	100,00					

Das unter a von Coindet (*Bibl. univ.* 30, 490) analysirte Salz ist das nach 5 erhaltene, das unter b analysirte findet sich nach Ihm im Harn der Vögel. Aber das Dasein des erstern Salzes, welches halb harnsaures Ammoniak wäre, ist nach Bensch und Allan sehr zu bezweifeln. — Liebig erhielt bei der Verbrennung des Ammoniaksalzes durch Kupferoxyd 2 Maafs kohlensaures auf 1 Maafs Stickgas = 10 : 5.

Beim Erhitzen entwickelt das Salz zuerst sein Ammoniak. Fourcroy. — Reines harnsaures Ammoniak, in feuchtem Zustande dem Licht und der Luft Monate lang dargeboten, verändert sich nicht; wenn es aber andere thierische Materien beigemengt hält, die als Ferment zu wirken scheinen, so geht es unter Verwandlung von Sauerstoffgas in kohlensaures Gas, in saures oxalsaures Ammoniak über. J. Davy. Der feuchte Harn des weifsköpfigen Seeadlers, welcher aufser harnsaurem Ammoniak etwas thierische Materie hält, verwandelt sich in einem lose verschlossenen Glase in 2 Monaten in eine nach Ammoniak und Guano riechende Masse, die gleich diesem aufsen weifs ist, und aus mikroskopischen Nadeln des oxalsauren Ammoniaks besteht, und innen durch einen in Wasser löslichen Farbstoff gebräunt ist; im Dunkeln erfolgt dieselbe Zersetzung, doch entsteht weniger oxalsaures Ammoniak; in gut verschlossenen Gefäfsen, die nur wenig Luft halten (welche dabei in ein Gemenge von 36 M. Stickgas und 64 M. kohlensaurem Gas verwandelt wird), verändert sich der Harn nur wenig, erhält keinen ammoniakalischen Geruch und hält nur Spuren gebildeter Oxalsäure; bei längerem Erhitzen des feuchten Harns auf 100° im Verschlossenen entsteht keine Oxalsäure, aber viel, wenn er mit Braunsteinpulver gemengt ist. J. Davy (*N. Ed. Phil. J.* 36, 294; 38, 226). Bevor die übrigen bei diesem Vorgange auftretenden Producte bekannt sind, möchte es zu früh sein, ihn stöchiometrisch zu berechnen, wie dieses Denh. Smith (*Phil. Mag. J.* 26, 138) versucht hat. — Das harnsaure Ammoniak quillt in Salzsäure auf, und scheidet nach einiger Zeit die Harnsäure als weifses Krystallmehl aus, Bensch, doch ist zur völligen Entziehung des Ammoniaks 24stündige Digestion mit Salzsäure nöthig, und Essigsäure entzieht dasselbe noch schwieriger, Lehmann. Kochsalz oder phosphorsaures Natron verwandeln das in Wasser gelöste harnsaure Ammoniak in harnsaures Natron. Heintz. — Das harnsaure Ammoniak löst sich in 480 Prout, 1608 Bensch Th. Wasser von 15°, reichlicher in heifsem. Aus einem Gemenge von Harnsäure und harnsaurem Ammoniak lässt sich durch kurzes Kochen mit Wasser vorzugsweise letzteres Salz, als leichter löslich, ausziehen. Eug. Marchand. Die Lösung verliert bei längerem Kochen alles Ammoniak, und setzt krystallische Harnsäure ab. Bensch. Essigsaures oder salzsaures Ammoniak fällen aus ihr das harnsaure Ammoniak in amorphem Zustande. Bence Jones. Das harnsaure Ammoniak löst sich nur wenig in wässrigem Ammoniak, daher aus der Lösung der Harnsäure in überschüssigem Kali oder Natron durch kohlensaures Ammoniak, wiewohl hierbei viel Ammoniak frei wird, die meiste Harnsäure als Ammoniaksalz gefällt wird. W. Henry.

Harnsaures Ammoniak mit Leimsüfs. — Die Lösung von 1 At. Leimsüfs und 1 At. harnsaurem Ammoniak in heifsem Wasser liefert beim Erkalten Flocken, die sich bei Weingeistzusatz vermehren, und die sich unter dem Mikroskop aus kleinen Säulen gebildet zeigen. Horsford (*Ann. Pharm.* 60, 38).

Krystalle, über Vitriolöl getrocknet.			Horsford.
14 C	84	32,31	32,46
6 N	84	32,31	
12 H	12	4,61	4,40
10 O	80	30,77	
$C^{10}N^4H^3(NH^4)O^6+C^4NH^5O^4$	260	100,00	

Harnsaures Kali. — a. *Basisch.* — Die Harnsäure löst sich leicht in überschüssiger Kalilauge zu einer süfslich schmeckenden, wie Seifenwasser schäumenden Flüssigkeit, die selbst durch Kohlensäure gefällt wird. Scheele. Der Niederschlag durch Kohlensäure ist einfach harnsaures Kali, welches anfangs eine Gallerte bildet, dann zu einem Pulver zusammensinkt; doch bleibt viel davon im doppelt kohlensauren Kali gelöst. Wöhler u. Liebig (*Ann. Pharm.* 26, 342). — Das basisch harnsaure Kali gibt mit kohlensaurem Ammoniak einen Niederschlag von harnsaurem Ammoniak, und fällt alle Salze der erdigen Alkalien, Erden und schweren Metalloxyde. W. Henry.

b. *Halb.* — 1. Man trägt in kaltes verdünntes kohlensäurefreies Kali so lange Harnsäure, als sie sich klar löst, kocht die Lösung in einer Retorte ein, bis sich feine Nadeln ausscheiden, nimmt vom Feuer, decanthirt nach einigen Minuten, und wäscht die Nadeln erst mit schwachem, dann mit starkem Weingeist. Allan u. Bensch. — 2. Man sättigt die Lösung von 1 Th. kohlensäurefreiem Kalihydrat in 15 Th. Wasser kalt mit, in Wasser vertheilter, allmälig zuzufügender Harnsäure, erhitzt die klare Lösung im Kolben, versetzt sie mit dem doppelten Volum kochendem 80procentigen Weingeist, tröpfelt zum klar bleibenden Gemisch starke Kalilauge, weiche sogleich die Abscheidung von Nadelbüscheln veranlasst, zieht von diesen nach dem Erkalten die Mutterlauge ab, wäscht die Nadeln einigemal durch Decanthiren mit Weingeist, dann auf dem Filter mit Aether, befreit sie im Vacuum vom Aether, und trocknet sie vollends in einem Strom von kohlensäurefreier Luft. Bei der ganzen Arbeit muss der Luftzutritt (wegen der Kohlensäure) möglichst verhütet werden. Bensch.

Farblose Nadeln oder weifses Krystallmehl von stark ätzendem Geschmack. Allan u. Bensch.

	Krystalle bei 120°.		ALLAN u. BENSCH 1).	BENSCH 2).
2 KO	94,4	38,62	38,22	37,94
10 C	60	24,55	24,22	24,25
4 N	56	22,92		22,78
2 H	2	0,82	0,94	0,91
4 O	32	13,09		14,12
$C^{10}N^4H^2K^2O^6$	244,4	100,00		100,00

Die Krystalle sind wasserfrei, und verlieren nach kaltem Trocknen in einem Strom von Wasserstoffgas oder kohlensäurefreier Luft nichts mehr bei 120°. ALLAN u. BENSCH.

Die Krystalle werden bei 150° gelb, in stärkerer Hitze schwarz, schmelzen dann und brennen sich schwierig weifs. Das feuchte oder gelöste Salz wird bei Zutritt von Kohlensäure unter rascher Absorption derselben in einfachsaures verwandelt. 100 Th. trockne Krystalle, befeuchtet und in eine Kohlensäure haltende Atmosphäre gebracht, dann wieder bei 100° getrocknet, zeigen eine Gewichtszunahme von 13,425 Th., weil 1 CO^2 und 1 HO hinzugetreten sind, indem sich 1 At. einfach harnsaures Kali und 1 At., leicht durch Wasser zu entziehendes, kohlensaures Kali bildet. BENSCH. 244,4 (halbsaures Salz) : 22 + 9 = 100 : 12,68. — Das Salz zersetzt sich allmälig beim Kochen mit Wasser in einfach saures Salz und Kali. Es löst sich in 36 Th. Wasser von 15°, wobei jedoch der gelöste Theil etwas reicher an Kali erscheint, als der ungelöst bleibende, sehr schwer in Weingeist, und nicht in Aether. ALLAN u. BENSCH.

c. *Einfach.* — *Bildung.* 1. Beim Einwirken der Kohlensäure auf das basische oder halbsaure Salz. — 2. Beim Einwirken der Harnsäure auf wässriges kohlensaures Kali. Die Harnsäure schwillt in concentrirtem einfach kohlensauren Kali zu einer aus diesem Salze bestehenden Gallerte auf, die sich nicht merklich löst; sofern das hierbei gebildete doppelt kohlensaure Kali in offenen Gefäfsen allmälig Kohlensäure verliert, so geht bei genug Harnsäure die Zersetzung bis zur Austreibung sämmtlicher Kohlensäure langsam fort. Die Lösung des kohlensauren Kalis in der 8fachen Wassermenge löst wenig Harnsäure, die bald als einfach harnsaures Kali fast ganz niederfällt; die Lösung in der 24fachen Wassermenge nimmt viel Harnsäure auf, trübt sich dann schnell unter Absatz dicker Flocken von einfach harnsaurem Kali, und das Filtrat verhält sich gegen frische Harnsäure wiederholt eben so, bis alles Kali in harnsaures verwandelt ist, von welchem dann viel im Wasser gelöst bleibt; die Lösung in 100 bis 200 Th. Wasser löst die Harnsäure schnell und reichlich; ihr ungelöst bleibender Theil ist kalifrei, und die Lösung hält einfach harnsaures und doppelt kohlensaures Kali. WETZLAR. — [Hieraus ist zu schliefsen, dass das einfach harnsaure Kali viel leichter in reinem Wasser löslich ist, als in solchem, welches kohlensaures Kali hält.] — Beim Kochen nimmt eine Lösung von 1 Th. kohlensaurem Kali in 90 Th. Wasser von der allmälig einzutragenden Harnsäure 2 Th. unter Kohlensäureentwicklung auf, und setzt beim Erkalten Krystallwarzen des einfach harnsauren Kalis ab; bei schwächerem Erwärmen löst sie viel weniger. LIPOWITZ. — Eine ganz neutrale Lösung des essigsauren Kalis wird beim Kochen mit Harnsäure Lackmus-röthend, ohne Zweifel durch frei gemachte Essigsäure, aber beim Erkalten fällt die Harnsäure fast kalifrei wieder zu Boden, und die Flüssigkeit reagirt nur noch schwach sauer. LIPOWITZ.

Darstellung. 1. Man fällt die Lösung der Harnsäure in Kalilauge, oder des halbsauren Salzes in Wasser mittelst durchgeleiteter Kohlensäure, wäscht das in Körnern gefällte Salz mit kaltem Wasser, löst es in kochendem und erhält beim Erkalten Flocken, welche auf dem Filter zu einer harten amorphen Masse austrocknen. BENSCH. — 2. Man dampft mit Harnsäure gesättigte warme Kalilauge bis zu Breidicke ab, wäscht diese unter Umrühren mit wenig kaltem Wasser, presst den Rückstand zwischen Papier stark aus und lässt ihn aus der Lösung in heifsem Wasser krystallisiren. BRACONNOT. [Wäre diese Arbeit bei abgehaltener Luft vorgenommen, so musste halbsaures Salz erhalten werden; weil aber die Kohlensäure der Luft dieses theilweise in einfachsaures Salz zersetzen musste, so ist BRACONNOTS Salz als ein Gemenge des halb- und des einfach-sauren Salzes zu betrachten, wofür auch die von BRACONNOT angegebenen Verhältnisse sprechen.]

Eigenschaften. Weifse körnige oder zusammengebackene amorphe Masse, geschmacklos, neutral. BENSCH. Weifs, krystallisch, alkalisch und süfs schmeckend. BRACONNOT.

	Bei 100°.		BENSCH.	KODWEISS.	BÉRARD.	BRACONNOT.
KO	47,2	22,89	22,30	23,65	29,89	33,6
10 C	60	29,10	28,58			
4 N	56	27,16				
3 H	3	1,45	1,63			
5 O	40	19,40				
$C^{10}N^4H^3KO^6$	206,2	100,00				

Das Salz lässt beim Glühen für sich Cyankalium, beim Glühen mit Schwefel Schwefelcyankalium. DÖBEREINER. Es zieht an der Luft Kohlensäure an. BRACONNOT. [Weil Dessen Salz noch halbsaures hält.] — Es löst sich in 790 Th. Wasser von 20°, in 75 Th. kochendem. BENSCH. Es löst sich fast blofs in kochendem Wasser, und schiefst bei längerem Stehen fast ganz daraus an. BRACONNOT. Die heifse Lösung gesteht bei langsamem Erkälten zu einem durchsichtigen gallertartigen Klumpen. WETZLAR. Die wässrige Lösung wird durch Salmiak, zweifach kohlensaures Kali oder Natron, Barytsalze, Bleisalze und Silbersalze, aber nicht durch Bittersalz gefällt. BENSCH. Das Salz löst sich nicht in Weingeist und Aether. BENSCH.

Harnsaures Natron. — a. *Basisch.* — Wie beim Kali.

b. *Halb.* — Wird nach denselben 2 Weisen dargestellt, wie das halbharnsaure Kali. Die Weise 1 gelingt hier noch leichter, als beim Kalisalz; bei Weise 2 mischt man, statt 2, nur 1 Volum Weingeist hinzu, und wäscht die dadurch abgeschiedenen Warzen, wie oben, mit Weingeist und Aether. — Aus der eingekochten Lösung schiefst das Salz in sehr alkalisch reagirenden harten Warzen an, die zu einem weifsen, ziemlich harten Pulver austrocknen. BENSCH.

	Krystalle.		BENSCH.	ALLAN u. BENSCH.
2 NaO	62,4	27,08	27,09	27,34
10 C	60	26,04	26,39	
4 N	56	24,30	25,15	
4 H	4	1,74	1,79	
6 O	48	20,84	19,58	
$C^{10}N^4H^2Na^2O^6 + 2\,Aq$	230,4	100,00	100,00	

Die von BENSCH analysirten Krystalle waren zuvor bei 120° in einem Strom von kohlensäurefreier Luft und die von ALLAN u. BENSCH bei 100° in einem Strom von Wasserstoffgas getrocknet.

Die bei 100° getrockneten Krystalle verlieren bei 140° 2 At. Wasser. Sie zersetzen sich bei 150°, schmelzen bei stärkerer Hitze, und lassen einen schwarzen, sich endlich weifs brennenden Rückstand. Die feuchten Krystalle zersetzen sich schon durch die Kohlensäure der Luft in einfach harnsaures und kohlensaures Natron. 100 Th. bei 100° getrocknete Krystalle, nach dem Befeuchten mit Wasser in kohlensaures Gas gebracht, zeigen nach dem Trocknen bei 100° eine Gewichtszunahme von 9,942 Th., von 1 At. Kohlensäure herrührend, indem $C^{10}N^4H^3NaO^6,Aq+NaO,CO^2$ entsteht. 230,4 : 22 = 100 : 9,55. BENSCH. — Die Krystalle lösen sich in 62 Th. Wasser von 15°, wobei jedoch wieder das Natron in etwas gröfserem Verhältnisse aufgenommen wird, und also das ungelöst Bleibende einfach saures Salz beigemischt hält. ALLAN u. BENSCH.

c. *Einfach.* — Findet sich in gichtischen Concretionen. WOLLASTON.

Bildung. 1. Beim Einwirken der Kohlensäure auf das halb harnsaure Salz. — 2. Beim Behandeln der Harnsäure mit wässrigem kohlensauren, boraxsauren, phosphorsauren oder essigsauren Natron. — Die Harnsäure verhält sich gegen kaltes einfach *kohlensaures Natron* fast ganz wie gegen einfach kohlensaures Kali, nur reicht schon eine geringere Concentration hin, um die Lösung des erzeugten einfach harnsauren Natrons zu hindern. WETZLAR. Auch das Verhalten gegen kochendes kohlensaures Natron ist in allen Stücken ganz dasselbe, wie das gegen kochendes kohlensaures Kali beschriebene. LIPOWITZ. — Die Harnsäure löst sich in wässrigem *Borax*, selbst wenn diesem so viel Boraxsäure zugefügt ist, dass er Lackmus röthet, nur hier schwieriger, in Gestalt von einfach harnsaurem Natron, welches bei concentrirterer Lösung niederfällt, worauf sie wieder frische Harnsäure löst. WETZLAR. Concentrirte Boraxlösung nimmt weniger Harnsäure auf, als verdünnte. BÖTTGER. Die Lösung des Borax in der 20fachen Wassermenge (bei weniger Wasser hindert das die Harnsäure überkleidende harnsaure Natron die Lösung) nimmt beim Kochen viel Harnsäure auf, und setzt beim Erkalten einfach harnsaures Natron ab, welches, bei 100° getrocknet, 17,02 Proc. Natron hält. KODWEISS. Die Lösung von 1 Th. Borax in 90 Th. Wasser löst schon bei mäfsiger Wärme etwas über 1 Th. Harnsäure, und setzt beim Erkalten gallertartiges harnsaures Natron ab, von dem jedoch ein Theil gelöst bleibt. Mit überschüssiger Boraxsäure versetzte Boraxlösung von obiger Stärke löst dieselbe Menge Harnsäure, setzt aber beim Erkalten das erzeugte harnsaure Natron völlig ab. LIPOWITZ. — Die Harnsäure erzeugt mit gewöhnlichem halb *phosphorsauren Natron,* das dabei sauer wird, einfach harnsaures Natron. ALEX. URE (*Repert.* 75, 65). Beim Sieden mit diesem Salze löst sich viel Harnsäure, so dass beim Erkalten ein voluminoser Niederschlag von harnsaurem Natron erfolgt, wobei aber noch viel gelöst bleibt; beim Sieden mit gewöhnlichem einfach phosphorsauren Natron löst sich nur wenig Harnsäure. LIPOWITZ. Die Lösung der Harnsäure in gewöhnlichem halb phosphorsauren Natron liefert beim Erkalten Nadelbüschel von harnsaurem Natron. HEINTZ. (BIRD, *Lond. med. Gaz.* 1844 Aug., hielt sie für eine Verbindung von Harnsäure mit phosphorsaurem Natron, sofern sie beim Glühen letzteres Salz lassen; aber HEINTZ erhielt kohlensaures Natron). Die Mutterlauge dieser Krystalle, mit frischer Harnsäure gekocht, gibt beim Erkalten einen geringen Bodensatz, der weniger Natron hält, und bei wiederholtem Kochen der Mutterlauge mit frischer Säure und Erkälten erhält man endlich als Bodensatz eine Harnsäure, die nur noch eine Spur Natron hält, und, wie die sich aus Harn abscheidende, in langen rhombischen Tafeln mit abgerundeten Ecken erscheint. — Gegen phosphorsaures Natronammoniak verhält sich die Harnsäure, wie gegen phosphorsaures Natron, nur dass das sich beim Erkalten Abscheidende aus viel harnsaurem Ammoniak und wenig harnsaurem Natron besteht. HEINTZ (*Ann. Pharm.* 55, 62). — Die Harnsäure zersetzt nicht die *Kochsalzlösung.* GM. — Sie löst sich reichlich in erwärmtem wässrigen *essigsauren Natron* und krystallisirt beim Erkalten einem Theil nach, und zwar Natron-frei wieder heraus, während sie zum Theil, wohl als Natronsalz, in der Flüssigkeit gelöst bleibt, welche sich mit Essigsäure, Salzsäure oder Salmiak trübt, besonders beim Reiben der Glaswandungen mit einem Glasstab. Gm. (*Heidelb. Jahrb. d. Lit.* 1823, 767). — 3. Bei der Zersetzung von harnsaurem Ammoniak durch Chlornatrium. — Das einfach harnsaure Ammoniak löst sich beim Kochen reichlicher in Kochsalz haltendem, als in reinem Wasser, und setzt beim Erkalten ein amorphes Pulver ab, welches aus einfach harnsaurem Natron und einer sehr kleinen Menge harnsauren Ammoniaks besteht, während die Mutterlauge Salmiak hält. Das Ammoniak im niedergefallenen Pulver beträgt nur 0,06 bis 0,09 Procent, um so weniger, je gesättigter die Kochsalzlösung. Kocht man Harnsäure mit einer Kochsalzlösung, die mit Ammoniak versetzt ist, so liefert das Filtrat beim Erkalten Nadeln, die auf 1 At. harnsaures Natron etwas mehr als 1 At. harnsaures Ammoniak halten. Heintz.

Versuche über die verschieden reichliche Löslichkeit der Harnsäure in Wasser, welches kleine Mengen von kohlensaurem oder boraxsaurem Ammoniak, Kali oder Natron hält, woraus sich ergibt, dass sich kohlensaures und boraxsaures Kali, und also auch Boraxweinstein am besten zu steinauflösenden Mitteln eignen, s. bei Alex. Ure (*J. Chim. méd.* 18, 63).

Darstellung. 1. Man leitet durch die wässrige Lösung des halb sauren oder des basischen Salzes Kohlensäure, wäscht die ausgeschiedenen kleinen Warzen auf dem Filter mit kaltem Wasser und trocknet. Bensch. — 2. Man versetzt die kochende Lösung der Harnsäure in Natronlauge mit zweifach kohlensaurem Natron und behandelt die anschiefsenden kleinen Nadeln eben so. Bensch.

Nach dem Trocknen weifses leichtes Pulver, dessen wässrige Lösung neutral reagirt. Bensch. — Das bei 100° getrocknete Salz verliert bei 170° 4,54 Proc. (1 At.) Wasser. Bensch. Es verkohlt sich in der Hitze schnell, ohne zu schmelzen, mit thierisch brenzlichem Geruch unter Rücklassung von Kohle, Cyannatrium und kohlensaurem Natron. Fourcroy. Es liefert bei der trocknen Destillation kohlensaures Ammoniak, Blausäure, Brenzharnsäure und brenzliches Oel. Wollaston (*Phil. Transact.* 1797, 386). — Es löst sich in 1150 Th. Wasser von 15°, in 124 Th. kochendem zu einer Lösung, die durch zweifach kohlensaure Alkalien und durch Baryt-, Blei- und Silbersalze gefällt wird. Bensch.

	Bei 170°.		Bensch.		Bei 100°.		Bensch.
NaO	31,2	16,40		NaO	31,2	15,66	15,41
10 C	60	31,55	31,34	10 C	60	30,12	29,99
4 N	56	29,44		4 N	56	28,11	
3 H	3	1,58	1,75	4 H	4	2,01	2,13
5 O	40	21,03		6 O	48	24,10	
$C^{10}N^4H^3NaO^6$	190,2	100,00		+ Aq	199,2	100,00	

Halb harnsaures Lithon. — Durch Lösen von Harnsäure und kohlensaurem Lithon in warmem Wasser. — 1 Th. Harnsäure und 1 Th. kohlensaures Lithon geben mit 90 Th. Wasser etwas über 50° eine Lösung, welche beim Erkalten klar bleibt. Beim Kochen lösen sich fast 4 Th. Harnsäure unter Kohlensäureentwicklung in 1 Th. kohlensaurem Lithon und 90 Th. Wasser; die so gesättigte Lösung erstarrt beim Erkalten zu einer Gallerte, die beim Erwärmen wieder flüssig wird, und gibt beim Abdampfen weifses krystallisches harnsaures Lithon, frei von kohlensaurem. 1 Th. in Wasser gelöstes Lithonhydrat nimmt 6 Th. Harnsäure auf und liefert dasselbe Salz. — Das Salz, bei 100° getrocknet, hält auf 28,8 Th. (2 At.) Lithon, 171,08 Th. (fast 1 At.) Harnsäure. — Das nicht zu stark getrocknete Salz löst sich bei 50° in 60 Th. Wasser, ohne sich beim Erkalten auszuscheiden, aber in der Hitze wird es gelblich und schwer löslich. Wegen der leichten Löslichkeit des harnsauren Lithons eignet sich das kohlensaure Lithon zum Ausziehen der Harnsäure aus Schlangenharn u. s. w. LIPOWITZ.

Harnsaurer Baryt. — a. *Halb.* — 1. Man fällt wässriges halb harnsaures Kali mit wenig Chlorbaryum, um die Kohlensäure zu beseitigen, und erhält dann aus dem Filtrat durch mehr Chlorbaryum einen schweren körnigen Niederschlag. — 2. Man trägt Harnsäure in überschüssiges kochend gesättigtes Barytwasser. — Das Salz ist schwer und körnig, und reagirt in der wässrigen Lösung stark alkalisch. Es verliert bei 170° 5,69 Proc. (2 At.) Wasser, fängt bei 180° an sich zu zersetzen, schmilzt bei stärkerer Hitze unter Schwärzung, und brennt sich sehr schwer weifs. Es zieht begierig Kohlensäure an. Es löst sich ohne Zersetzung in 7900 kaltem, und in 2700 Th. kochendem Wasser. ALLAN u. BENSCH.

	Bei 170°.		ALLAN u. BENSCH.		Bei 100°.		ALLAN u. BENSCH.
2 BaO	153,2	50,53	49,12	2 BaO	153,2	47,69	46,84
10 C	60	19,79	20,63	10 C	60	18,68	
4 N	56	18,47		4 N	56	17,44	
2 H	2	0,66	0,83	4 H	4	1,25	
4 O	32	10,55		6 O	48	14,94	
$C^{10}N^4H^2Ba^2O^6$	303,2]	100,00		+2 Aq	321,2	100,00	

Das Salz wurde im Wasserstoffgasstrom bei 170 und bei 100° getrocknet.

b. *Einfach.* — Entsteht unter Kohlensäureentwicklung beim Kochen von Harnsäure mit kohlensaurem Baryt und Wasser. WETZLAR, BENSCH. Heifse Lösungen von einfach harnsaurem Kali und überschüssigem Chlorbaryum lassen das Salz als ein, mit heifsem Wasser zu waschendes, weifses amorphes Pulver fallen, welches leicht und ohne Schmelzung verbrennt, und sich nicht in Wasser, Weingeist und Aether löst. BENSCH. Nach WETZLAR und KODWEISS ist das Salz in Wasser ein wenig löslich.

	Bei 100°.		BENSCH.	KODWEISS.	BÉRARD.
BaO	76,6	30,21	30,08	33,29	38,36
10 C	60	23,66	23,74		
4 N	56	22,08			
5 H	5	1,97	2,18		
7 O	56	22,08			
$C^{10}N^4H^3BaO^6$+2Aq	253,6	100,00			

BÉRARD (*Ann. Chim. Phys.* 5, 295).

Harnsaurer Strontian. — a. *Halb.* — In Wasser vertheilte Harnsäure, in überschüssiges kochend gesättigtes Strontianwasser getragen, löst sich anfangs völlig, bis bei mehr Harnsäure sich mikroskopische, zu Sternen vereinigte Nadeln des Salzes ausscheiden. Ihre wässrige Lösung reagirt stark alkalisch. Die bei 100° getrockneten Krystalle verlieren bei 165° 11,13 (nicht ganz 4 At.) Wasser; sie fangen bei 170° an zerstört zu werden, und sie brennen sich leicht weifs. Sie ziehen begierig Kohlensäure an. Sie lösen sich in 4300 Th. kaltem, in 2297 Th. heifsem Wasser; beim Kochen mit einer ungenügenden Wassermenge behält der ungelöst bleibende Theil seine Zusammensetzung. ALLAN u. BENSCH.

	Bei 100°.		ALLAN u. BENSCH.
2 SrO	104	35,86	36,32
10 C	60	20,69	
4 N	56	19,31	
6 H	6	2,07	
8 O	64	22,07	
$C^{10}N^4H^2Sr^2O^6+4Aq$	290	100,00	

b. *Einfach*. — Beim Mischen heifser Lösungen von einfach harnsaurem Kali und Chlorstrontium erhält man ein weifses amorphes Pulver, welches sich etwas in kochendem Wasser, nicht in Weingeist und Aether löst. BENSCH.

	Bei 100°.		BENSCH.
SrO	52	21,94	22,79
10 C	60	25,32	26,17
4 N	56	23.63	
5 H	5	2,11	2,36
8 O	64	27,00	
$C^{10}N^4H^3SrO^6+3Aq$	237	100,00	

Harnsaurer Kalk. — a. *Halb*. — 1. Man trägt in 1 Maafs kochendes Kalkwasser so lange in Wasser vertheilte Harnsäure, bis es anfängt Lackmus zu röthen, wobei sich das anfangs durch die Hitze gefällte Kalkhydrat wieder löst, fügt noch 1 Maafs Kalkwasser hinzu und kocht, immer unter Abhaltung der Luft, bis sich das Salz schwer und körnig abscheidet. — 2. Man tröpfelt die, durch wenig Chlorcalcium von aller Kohlensäure befreite und filtrirte Lösung des einfach harnsauren Kalis allmälig in Chlorcalcium, bis der Niederschlag bleibend wird, kocht 1 Stunde lang, wodurch er sich plötzlich in ein schweres körniges Pulver verwandelt, und wäscht dieses auf dem Filter bei abgehaltener Luft mit heifsem Wasser. — Das Salz erscheint unter dem Mikroskop in undurchsichtigen amorphen Körnern, deren Lösung alkalisch reagirt. Nach dem Trocknen bei 100° in einem Strom von Wasserstoffgas verliert es bei 170° blofs 1,8 Proc. Wasser; es wird bei 190° braun und brennt sich leicht weifs. Es löst sich in 1500 Th. kaltem, in 1440 Th. kochendem Wasser. ALLAN u. BENSCH.

	Bei 100°.		ALLAN u. BENSCH.
2 CaO	56	27,19	27,09
10 C	60	29,12	27,09
4 N	56	27,19	
2 H	2	0,97	1,47
4 O	32	15,53	
$C^{10}N^4H^2Ca^2O^6$	206	100,00	

b. *Einfach*. — 1. Durch Kochen von überschüssiger Harnsäure mit ätzendem oder kohlensaurem Kalk. — 160 Th. Kalkwasser lösen 1 Th. Harnsäure. SCHEELE. Die Lösung der Harnsäure in kochendem Wasser, so lange mit Kalkwasser versetzt, bis sie nicht mehr Lackmus röthet, setzt beim Abdampfen das Kalksalz in kleinen glänzenden Nadeln und Blättchen ab. LAUGIER (*J. Chim. méd.* 1, 8). Auch beim Zusammenreiben der Harnsäure mit Kalkmilch erhält man ein Filtrat, woraus Salzsäure Harnsäure fällt. PEARSON. Die Harnsäure löst sich beim Kochen mit kohlensaurem Kalk und hinreichendem Wasser. WETZLAR. — 2. Durch Fällen einer heifsen Lösung von einfach harnsaurem Kali mittelst Chlorcalciums erhält man einen weifsen amorphen Niederschlag (oder, wenn das einfach harnsaure Kali halbsaures beigemischt hält, zu Warzen vereinigte Nadeln, die vielleicht ein Doppelsalz sind), mit heifsem Wasser zu waschen. BENSCH. — Das Salz löst sich in 603 Th. kaltem, in 276 Th. kochendem Wasser, und viel leichter in Chlorkalium-haltendem. BENSCH. Aus kochendem Wasser krystallisirt es theilweise beim Erkalten. Es löst sich in Kalilauge unter Rücklassung von wenig [kohlensaurem?] Kalk; aus dem Filtrat fällt Salzsäure unter Zurückhalten des Kalis und eines Theils des Kalks ein saures, Lackmus röthendes Kalksalz, welches beim Kochen mit Wasser in ein weniger saures Kalksalz und anschiefsende Harnsäure zerfällt. LAUGIER.

	2), bei 100°.		BENSCH.
CaO	28	13,66	13,70
10 C	60	29,26	29,38
4 N	56	27,32	
5 H	5	2,44	2,66
7 O	56	27,32	
$C^{10}N^4H^3CaO^6+2Aq$	205	100,00	

Harnsaure Bittererde. — a. *Halb.* — Lässt sich nicht darstellen, da verdünntes halb harnsaures Kali mit kochenden Lösungen eines Bittererdesalzes ein gallertartiges Gemenge von Bittererde und einfach harnsaurer Bittererde (die sich durch kochendes Wasser ausziehen lässt) absetzt. ALLAN u. BENSCH.

b. *Einfach.* — 1. Die Harnsäure bildet beim Kochen mit kohlensaurer Bittererde und Wasser ein sich in viel Wasser lösendes Salz. WETZLAR. — 2. Die heifs gesättigte Lösung des einfach harnsauren Kalis bleibt mit Bittersalz anfangs klar, setzt aber nach 2 bis 3 Stunden seidenglänzende, zu Warzen vereinigte Nadeln ab, die durch Waschen mit kaltem Wasser, Lösen in kochendem, Krystallisiren durch Erkälten, und Waschen mit kaltem Wasser zu reinigen sind. BENSCH. — Die nach 2) erhaltenen Nadeln trocknen zu einem leichten Pulver aus, welches, nach dem Trocknen bei 100°, bei 170° 19,2 Proc. (6 At.) Wasser verliert, bei 180° bräunlich wird und bei stärkerer Hitze zu weifser Bittererde verbrennt. Es löst sich in 3750 Th. kaltem und in 160 Th. kochendem Wasser. BENSCH.

	Bei 100°.		BENSCH.
MgO	20	8,58	8,66
10 C	60	25,75	25,69
4 N	56	24,04	
9 H	9	3,86	3,96
11 O	88	37,77	
$C^{10}N^4H^3MgO^6+6Aq$	233	100,00	

Doppelsalze von Bittererde und Ammoniak, Kali oder Natron lassen sich nicht darstellen. ALLAN u. BENSCH.

Das basisch harnsaure Kali fällt die Salze der Alaunerde und des Zinkoxyds weifs, und die des Eisenoxyds braun. SCHEELE.

Harnsaures Bleioxyd. — a. *Halb.* — Tröpfelt man in kochendes verdünntes salpetersaures Bleioxyd verdünntes halb harnsaures Kali, so gibt die vom gelben Niederschlage abfiltrirte Flüssigkeit mit frischem halb harnsauren Kali einen weifsen, schweren, leicht auszuwaschenden Niederschlag. Bei Anwendung von Bleizucker würde er Essigsäure halten. Das Salz hält sich noch bei 160°. Es löst sich nicht in Wasser und Weingeist. ALLAN u. BENSCH.

			ALLAN u. BENSCH. Bei 150°.	Bei 100°.
2 PbO	224	59,89	59,88	58,81
10 C	60	16,05	14,43	13,91
4 N	56	14,97		
2 H	2	0,53	1,01	1,09
4 O	32	8,56		
$C^{10}N^4H^2Pb^2O^6$	374	100,00		

b. *Einfach.* — Die gesättigte Lösung des einfach harnsauren Kalis erzeugt mit überschüssigem Bleizucker einen weifsen schweren Niederschlag, der nach dem Waschen mit heifsem Wasser zu einem lose zusammenhängenden Pulver austrocknet. Dieses verliert nach dem Trocknen bei 100°, nichts bei 160°, ist leicht verbrennbar, und löst sich nicht in Wasser, Weingeist und Aether. BENSCH.

	Bei 100°.		BENSCH.
PbO	112	39,16	40,13
10 C	60	20,98	21,39
4 N	56	19,58	
4 H	4	1,40	2,53
6 O	54	18,88	
$C^{10}N^4H^3PbO^6+Aq$	286	100,00	

Vgl. GÖBELS (*Schw.* 58, 475) Analyse.

Wässriges harnsaures Kali gibt mit *Kupfervitriol* einen grünen Niederschlag, der sich durch langes Waschen mit kaltem Wasser nicht kalifrei erhalten lässt, und beim Kochen mit Wasser braun wird, während freie Harnsäure ins Wasser übergeht. Der hinreichend mit Wasser ausgekochte braune Rückstand ist nach dem Trocknen über Vitriolöl violett und leicht zerreiblich, und erscheint unter dem Mikroskop amorph. Hierauf bei 140° getrocknet, verliert er noch 5,57 Proc. Wasser und hält 42,79 Proc. CuO, 21,51 C und 1,53 H. BENSCH. [Sollte das braun gewordene Salz nicht Kupferoxydul oder Metall halten?]

Einfach harnsaures Quecksilberoxyd. — Der durch Mischen des Aetzsublimats mit kochendem wässrigen einfach harnsauren Kali erhaltene Niederschlag entwickelt, nach dem Trocknen erhitzt, Kohlensäure, Blausäure und viel Cyansäure, kein freies Cyan. WÖHLER.

Sehr verdünnte Lösungen von einfach harnsaurem Kali und salpetersaurem *Silberoxyd* geben einen weifsen, sehr voluminosen Niederschlag, der während des Waschens und Trocknens allmälig gelb, dann braun, dann schwarz wird, und immer etwas Kali hält. KODWEISS. Der gallertartige Niederschlag färbt sich nur in dem Falle dunkel und beim Erwärmen der Flüssigkeit sogleich schwarz, wenn die Silberlösung überschüssig ist; im entgegengesetzten Falle bleibt der Niederschlag selbst beim Trocknen weifs, wird aber durch kochendes Wasser zersetzt. Nach 14tägigem Waschen mit kaltem Wasser, was wegen der gallertartigen Beschaffenheit schwierig erfolgt, hält der hierauf getrocknete Niederschlag 9,01 Proc. KO und 23,78 AgO, ist also ein Doppelsalz. BENSCH.

Die Harnsäure löst sich nicht in Weingeist und Aether.

Sie löst sich ziemlich reichlich in warmem wässrigen *Glycerin*, und scheidet sich beim Erkalten gröfstentheils ab; sie löst sich viel weniger in wässrigem *Mannit, Schleimzucker, Krümelzucker* und *gemeinen Zucker.* LIPOWITZ.

e. *Stickstoffamidkern* $C^{10}N^4AdH^3$.

Guanin.

$$C^{10}N^5H^5O^2 = C^{10}N^4AdH^3,O^2?$$

BODO UNGER. *Pogg.* 65, 222. — *Ann. Pharm.* 51, 395; 59, 58 u. 69.

Von UNGER 1845 im Guano entdeckt und untersucht.

Vorkommen. In jedem Guano, und zwar reichlich im peruanischen, sparsam im africanischen. UNGER. In den Excrementen der Kreuzspinne und, wie es scheint, auch im grünen Organ des Flusskrebses, und im Bojanus'schen Organ der Teichmuschel. GORUP-BESANEZ u. FR. WILL (*Ann. Pharm.* 69, 117).

Darstellung. Man kocht Guano so lange mit dünner Kalkmilch, bis eine abfiltrirte Probe nicht mehr braun, sondern blass grüngelb erscheint, filtrirt, neutralisirt das Filtrat mit Salzsäure, zieht aus dem nach einigen Stunden völlig niedergefallenen röthlichen Gemenge von Harnsäure und Guanin das letztere durch kochende Salzsäure, erkältet das Filtrat zum Krystallisiren des salzsauren Guanins, reinigt dieses durch mehrmaliges Umkrystallisiren, und fällt aus seiner wässrigen Lösung durch Ammoniak das zu waschende und zu trocknende Guanin, welches $1/2$ Proc. des Guano beträgt. Der Kalk bindet beim Kochen den braunen Farbstoff des Guano; auch macht er das darin enthaltene Kali und Natron frei, durch welche vorzüglich das Guanin nebst der Harnsäure gelöst wird.

Reinigung. Man behandelt das so erhaltene noch gelbliche Guanin mit überschüssiger concentrirter Salzsäure in der Wärme und giefst ab, bevor sich Alles gelöst hat; das ungelöst Gebliebene ist schon ein reineres Salz, welches man sammelt und öfters derselben Behandlung unterwirft, bis Ammoniak daraus weifses Guanin fällt.

Eigenschaften. Weifses Pulver. Neutral gegen Pflanzenfarben.

	Bei 125°.		UNGER.
10 C	60	39,73	39,58
5 N	70	46,36	46,49
5 H	5	3,31	3,42
2 O	16	10,60	10,51
$C^{10}N^5H^5O^2$	151	100,00	100,00

[Nach der Formel $C^{10}N^4AdH^3O^2$ ist das Guanin die Amidverbindung des Xanthoxyds: $C^{10}N^4H^4O^4 + NH^3 = C^{10}N^5H^5O^2 + 2HO$.]

Zersetzung. Es liefert bei der Digestion mit chlorsaurem Kali und Salzsäure meistens blofs Oxalsäure und Ammoniak, aber bisweilen auch, über Nacht anschiefsende, Ueberharnsäure. — Mit Wasser in eine Röhre eingeschmolzen, löst und zersetzt es sich nicht bei 250°, nur dass eine Spur Ammoniak entsteht.

Verbindungen. Mit *Wasser. Guaninhydrat.* — Man zersetzt schwefelsaures Guanin durch Zusammenbringen mit viel Wasser, und scheidet das abgeschiedene Hydrat von der verdünnten Schwefelsäure, die noch etwas Guanin hält, durchs Filter. Das Hydrat ist dem wasserfreien Guanin ähnlich. Es hält sein Wasser bei 100° zurück, verliert es aber bei 125° vollständig, 7,1 Proc. betragend. — Das Guanin löst sich nicht in Wasser.

Das Guanin verbindet sich sowohl mit Säuren, als mit Alkalien. Ersteren Verbindungen entzieht Wasser die Säure, die, wenn sie flüchtig ist, auch durch Erwärmen verjagt wird.

Phosphorsaures Guanin. — Fällt aus der Lösung in Krystallkörnern nieder, die sich zu einer Rinde vereinigen, 58,50 Proc. Guanin, 36,28 Phosphorsäure und 4,53 Wasser (Verlust 0,69) halten, und das Wasser erst bei 125° verlieren.

Schwefelsaures Guanin. — Man fügt zu Guanin so lange Schwefelsäure, bis es völlig gelöst ist, und verdünnt die sehr saure Flüssigkeit mit heifsem Wasser, und erhält beim Erkalten des klaren Gemisches, gelbliche, oft 1 Zoll lange Nadeln, die nicht mit Wasser, sondern mit schwachem Weingeist zu waschen sind. Sie verlieren bei 120° 8,12 Proc. (= 2 At.) Krystallwasser, dann selbst über 200° nichts mehr. Sie werden durch viel Wasser in Guaninhydrat und in verdünnte Schwefelsäure zersetzt, die noch etwas Guanin gelöst behält.

	Bei 120°.		UNGER.
$C^{10}N^5H^5O^2$	151	75,50	75,61
SO^3	40	20,00	20,08
HO	9	4,50	4,31
$C^{10}N^5H^5O^2,HO,SO^3$	200	100,00	100,00

Salzsaures Guanin. — a. *Einfach.* — *α. Wasserfrei.* — Man setzt die Verbindung *β* einem anhaltenden Luftstrom aus, oder erwärmt sie auf 100°. Der Rückstand verliert bei 220° alle Salzsäure, 19,27 Proc. betragend, während reines Guanin bleibt.

β. Gewässert. — Schiefst aus der Lösung des Guanins in kochender starker Salzsäure, bei Zusatz von viel heifsem Wasser und Erkälten, in reichlichen feinen hellgelben Nadeln an, welche unter 100° ihr Wasser und bei 200° ihre Säure verlieren.

	Wasserfrei.		UNGER.		Nadeln.		UNGER.
$C^{10}N^5H^5O^2$	151	80,58	80,70	$C^{10}N^5H^5O^2$	151	73,51	72,69
HCl	36,4	19,42	19,30	HCl	36,4	17,72	17,12
				2 HO	18	8,77	10,19
$C^{10}N^5H^5O^2,HCl$	187,4	100,00	100,00	+ 2Aq	205,4	100,00	100,00

[Wahrscheinlich hing den von UNGER analysirten Nadeln noch etwas Mutterlauge an; Er zieht für sie die Formel vor: $3(C^{10}N^5H^5O^2,HCl)+7Aq$.]

b. *Zweifach.* — Das Guanin schwillt in salzsaurem Gas unter geringer Wärmeentwicklung auf, und absorbirt bei völliger Sättigung in der Winterkälte 48,14 Proc. Salzsäure. (100 : 48,14 = 151 : 72,195).

Salpetersaures Guanin. — a. *Einfach.* — Das Guanin löst sich leicht und ohne Zersetzung in einem kochenden Gemisch von Salpetersäure von 1,2 spec. Gew. und Wasser, und die Lösung liefert beim Erkalten in einander verfilzte lange sehr feine haarförmige Krystalle, welche erst sauer, dann herb schmecken, Lackmus stark röthen, an der Luft durch Verlust von etwas Säure verwittern, sich weit mehr in heifsem als in kaltem Wasser lösen, und sich beim Kochen der Lösung nicht verändern.

	Krystalle.		Ungek.	Oder:			Ungek.
10 C	60	24,89	25,11	$C^{10}N^5H^5O^2$	151	62,66	63,1
6 N	84	34,85		NO^5	54	22,40	22,4
9 H	9	3,74	3,92	4 Aq	36	14,94	14,5
11 O	88	36,52					
$C^{10}N^5H^5O^2,NO^5+4Aq$	241	100,00			241	100,00	100,0

b. *Zweifach.* — Schiefst aus der Lösung des Guanins in kochender Salpetersäure von 1,25 spec. Gew. beim Erkalten in kurzen Säulen an, die an der Luft unter Verlust von etwas Säure verwittern und beim Erwärmen die Säure völlig verlieren.

	Krystalle.		Ungek.
$C^{10}N^5H^5O^2$	151	48,24	48,14
2 NO^5	108	34,51	34,42
6 HO	54	17,25	
$C^{10}N^5H^5O^2,2NO^5+6Aq$	313	100,00	

Zwischen diesen 2 Verbindungen a und b befinden sich noch 2 mittlere, welche anschiefsen, wenn man eine salpetersaure Lösung, welche beim Erkalten a liefern würde, nach einem bestimmten Verhältniss mit einer solchen mischt, welche b liefern würde. Die eine dieser krystallisirten Mittelstufen ist zu betrachten als $3C^{10}N^5H^5O^2,4NO^5+12Aq$; und die andere als $3C^{10}N^5H^5O^2,5NO^5+16Aq$.

Guanin-Natron. — Das Guanin löst sich in wässrigem Natron (so wie in Kali) leichter, als in Säuren. Die concentrirte Natronlauge, mit Guanin gesättigt, dann mit viel Weingeist gemischt, liefert das Guanin-Natron in verworrenen Blättern, welche nach dem Trocknen im Vacuum beim Erhitzen über 100° 33,26 Proc. (12 At.) Wasser verlieren, welche an der Luft unter begieriger Absorption von Kohlensäure und unter Ausscheidung von Guanin verwittern, und welche beim Lösen in, selbst kohlensäurefreiem, Wasser unter theilweiser Ausscheidung von Guanin zersetzt werden.

	Trocken.		Ungek.		Krystalle.		Ungek.
2 NaO	62,4	29,24	30,00	2 NaO	62,4	19,41	
$C^{10}N^5H^5O^2$	151	70,76	70,26	$C^{10}N^5H^5O^2$	151	46,98	
				12 HO	108	33,61	33,26
$2NaO,C^{10}N^5H^5O^2$	213,4	100,00	100,26	+12 Aq	321,4	100,00	

Das Guanin löst sich sehr wenig in, selbst kochendem, *Baryt-* oder *Kalk*-Wasser. Auch diese Verbindungen sind durch die schwächsten Säuren, wie Kohlensäure, zersetzbar.

Salpetersaures Quecksilberoxydul-Guanin. — Die Verbindung des salpetersauren Quecksilberoxyduls mit salpetersaurem Guanin erscheint in Krystallen, welche beim Erhitzen mit weifsen Nebeln ohne merkliches Geräusch verpuffen, und sich schwer in Wasser lösen.

Schwefelsaures Silberoxyd-Guanin. — Die möglichst verdünnte Lösung des schwefelsauren Guanins gibt mit salpetersaurem Silberoxyd einen durchscheinenden sehr voluminosen, in Säuren und Ammoniak unlöslichen Niederschlag, welcher beim Trocknen sehr zusammenschrumpft und eine blass fleischrothe harte Masse lässt. Diese, im Tiegel erhitzt, verwandelt sich unter theilweisem Herausspringen in ein braunes Pulver, welches beim Glühen den Geruch nach schwefliger Säure und Cyan entwickelt, und endlich Silber lässt. Die fleischrothe Masse wird durch Schwefelsäure oder Kali beim Kochen nicht verändert. Bei ihrer Zersetzung durch Zink erhält man Silber, Guanin und Schwefelsäure, aber keine Salpetersäure. Das reducirte Silber ist schwarz, wird aber, wenn das Zink verbraucht ist und sich kein Wasserstoffgas mehr entwickelt, braungrün, unlöslich in heifser Salpetersäure, und verbreitet beim Glühen wieder den Geruch nach schwefliger Säure und Cyan.

Chlorplatin-Guanin. — Man versetzt die heifs gesättigte Lösung des Guanins in Salzsäure mit überschüssigem heifsen concentrirten Zweifachchlorplatin, dampft das Gemisch bei 100° auf die Hälfte ab, wäscht die beim Abkühlen gebildeten Krystalle mit Weingeist oder Wasser, und trocknet sie über Vitriolöl. — Pomeranzengelbe Nadeln und Säulen von citronengelbem Pulver. Sie werden über Vitriolöl undurchsichtig und verlieren eine Spur Salzsäure. Sie theilen einem Luftstrom bei 15° Spuren von Salzsäure mit, verlieren darin bei 100 bis 120° 6,51 Proc. (4 At.) Wasser, mit einer Spur Salzsäure, und lassen einen blass citronengelben Rückstand, welcher sich zwar in kaltem Wasser schwierig, aber in kochendem Wasser vollständig löst, und dann beim Erkalten die ursprünglichen Krystalle gibt, und welcher an absoluten Weingeist kein Chlorplatin abgibt. Zink mit Salzsäure scheidet aus den Krystallen Platinschwarz ab, während in der Flüssigkeit Guanin bleibt. Beim Schmelzen der Krystalle mit kohlensaurem Natron entsteht Cyannatrium. Sie lösen sich in Wasser und leicht, ohne Kohlensäureentwicklung, in ätzendem oder kohlensaurem Kali oder Natron, daraus durch Säuren fällbar.

	Krystalle.		UNGER.
10 C	60	10,66	10,54
5 N	70	12,43	12,30
10 H	10	1,77	1,94
2 *Pt*	198	35,17	34,98
6 O	48	8,53	8,35
5 Cl	177	31,44	31,89
$C^{10}N^5H^5O^2,HCl+2PtCl^2$	563	100,00	100,00

Oxalsaures Guanin. — Scheidet sich aus einem Gemisch der salzsauren Guaninlösung mit ziemlich concentrirtem oxalsauren Ammoniak in Krystallen aus, die bei 120° nichts verlieren.

	Krystalle.		UNGER.
38 C	228	36,02	36,00
15 N	210	33,17	33,19
19 H	19	3,00	3,01
22 O	176	27,81	27,80
$3\,C^{10}N^5H^5O^2,2C^4H^2O^8$	633	100,00	100,00

Tartersaures Guanin. — Schiefst aus einer verdünnten sehr sauren Lösung in gelblichen strahligen Warzen an, die sich bei 100° trocknen lassen, und auch bei 120° nichts verlieren. UNGER.

	Krystalle.		UNGER.
46 C	276	34,98	34,78
15 N	210	26,62	26,43
31 H	31	3,93	3,98
34 O	272	34,17	34,81
$3\,C^{10}N^5H^5O^2,2C^8H^6O^{12}+4Aq$	789	100,00	100,00

Anhang zum Guanin.

Ueberharnsäure.

UNGER. *Ann. Pharm.* 59, 69.

Bildung und Darstellung. Man stellt ein inniges Gemenge von 3 Th. Guanin und 5 Th. chlorsaurem Kali mit 25 Th. Wasser und 30 Th. Salzsäure bei 25° zusammen. Anfangs wird das Gemenge durch Bildung von salzsaurem Guanin fest, löst sich dann allmälig unter Entwicklung von chlorigsaurem Gas und liefert in 24 Stunden Krystalle von Ueberharnsäure. Um diese von einer beigemengten amorphen Materie zu befreien, löst man sie in heifsem, sehr verdünnten Ammoniak, versetzt die heifse Lösung mit salpetersaurem Silberoxyd, filtrirt von dem aus Silberoxyd und der amorphen Materie bestehenden Niederschlage rasch ab, übersättigt das Filtrat schwach mit Salpetersäure, und erhält beim Erkalten Krystalle der reinen Säure. So geben 100 Th. Guanin 8 Th. Ueberharnsäure, da das meiste in oxalsaures Ammoniak verwandelt wird.

Eigenschaften. Farblose, glänzende, kurze schiefe rhombische Säulen, oder federförmige Krystalle; geruchlos, geschmacklos, zwischen den Zähnen knirschend, feuchtes Lackmuspapier röthend.

	Bei 100°.		UNGER.
10 C	60	31,09	31,12
4 N	56	29,01	
5 H	5	2,59	2,60
9 O	72	37,31	
	193	100,00	

Zersetzungen. Die Säure entwickelt bei der trocknen Destillation Wasser und viel Cyansäure, und lässt schwer verbrennliche Kohle.

Verbindungen. Die Säure löst sich schwer in Wasser.

Sie löst sich leicht und reichlich in ätzenden und kohlensauren Alkalien; ihre Lösung in Ammoniak fällt nicht das Chlorbaryum oder Chlorcalcium, und lässt bei freiwilligem Verdunsten Krystalle von ammoniakfreier Ueberharnsäure.

Die in Ammoniak gelöste Säure, in Silberlösung gegossen, gibt unter Sauerwerden der Flüssigkeit einen käsigen Niederschlag, welcher nach dem Waschen zu einem weifsen lockern Pulver austrocknet, welches sich nicht im Lichte schwärzt, und nach dem Trocknen bei 100° 66,3 Proc. Silber hält. — Neutralisirt man die sauer gewordene Flüssigkeit über dem Niederschlage genau mit Ammoniak, und erhält sie damit 24 Stunden lang bei Lauwärme, wobei sie neutral bleibt, so zeigt jetzt der gewaschene und bei 100° getrocknete Niederschlag folgende Zusammensetzung:

			UNGER.
10 C	60	14,74	13,40
4 N	56	13,76	12,71
3 H	3	0,73	0,86
2 Ag	216	53,07	56,83
9 O	72	17,70	16,20
	407	100,00	100,00

[Lässt sich auch die Abweichung zwischen Analyse und Formel dieses Salzes aus einem Ueberschuss von Silberoxyd in demselben erklären, so macht doch die Unwahrscheinlichkeit sowohl dieser Formel, als der der freien Säure eine Wiederholung der Analysen wünschenswerth.]

Myle-Reihe.

A. Stammreihe.

Stammkern. Myle. $C^{10}H^{10}$.

BALARD (1844). *N. Ann. Chim. Phys.* 12, 320.
FRANKLAND. *Ann. Pharm.* 74, 41.

Amylen, Valeren KOLBE, *Amylène.* Das Amylène von CAHOURS ist jedoch $C^{20}H^{20}$.

Bildung und Darstellung. 1. Man destillirt das Kartoffelfuselöl mit einer sehr concentrirten wässrigen Lösung (von 70° Bm.) des Chlorzinks in einer Retorte, wobei das Sieden ungefähr bei 130° vor sich geht, rectificirt das erhaltene Destillat, welches ein Gemisch von $C^{10}H^{10}$, $C^{20}H^{20}$ und $C^{40}H^{40}$ ist, bei gewechselter Vorlage, wobei der Siedpunct von 60° auf 300° steigt, und schüttelt das zuerst Uebergegangene mit Vitriolöl, worauf sich in der Ruhe das reine Myle erhebt, während die höheren Verbindungen im Vitriolöl gelöst bleiben. BALARD. — 2. Man destillirt den Chlormylafer, $C^{10}H^{11}Cl$, mit Kalk-Kalihydrat. BALARD. — 3. Man bringt in eine unten zugegeschmolzene, $^3/_4$ Zoll weite und 14 Zoll lange, starke Glasröhre eine $1^1/_2$ Zoll hohe Schicht von teigartigem Zinkamalgam, darüber eine 2 Zoll hohe Schicht von granulirtem Zink (welches im Verhältnisse, als das Zink des Amalgams verbraucht wird, ebenfalls an das Quecksilber tritt), und hierauf 6 bis 8 Drachmen Iodmylafer, zieht oben die Röhre zu einer sehr feinen Spitze aus, treibt durch Erhitzen des Iodmylafers bis zum Sieden die Luft aus, schmelzt die Spitze zu, erhitzt die 3 Zoll tief in Sand gesenkte Röhre einige Stunden auf 160 bis 180°, bricht nach dem Erkalten die Spitze ab, bringt 1 bis 2 Gramm Kalium hinein, schmelzt wieder zu, erhitzt wieder 1 Stunde lang, verbindet nach dem Erkalten und Abbrechen der Spitze die Röhre mittelst eines Korks mit einem Destillirrohr, welches in eine mit Kältemischung umgebene Vorlage leitet, und erhitzt die Röhre im Wasserbade auf 80°, wobei $^2/_3$ übergehen, dann über der Weingeistflamme, wodurch das, aus $C^{10}H^{11}$ [$C^{20}H^{22}$] bestehende, letzte Drittel des Destillats erhalten wird. Die bei 80° erhaltenen ersten 2 Drittel des Destillats sind ein Gemisch von C^5H^5 und C^5H^6 [von Myle $C^{10}H^{10}$ und Lemyle $C^{10}H^{12}$]. Dieses Gemisch hält 84,2 Proc. C und 15,9 H (Ueberschuss 0,1); es siedet schon bei der Wärme der Hand und zeigt eine Dampfdichte von 2,419; es riecht durchdringend, ziemlich unangenehm, dem Bute etwas ähnlich; es schmeckt anfangs ziemlich süfs, dann unangenehm und theerartig. Rauchendes Vitriolöl mit 100 Maafs des Dampfes in Berührung gebracht, verdichtet davon 46,78 M., aus Myledampf bestehend, also ungefähr die Hälfte. FRANKLAND. [Eine Darstellung des Myle für sich aus diesem Gemische findet sich nicht angegeben, und FRANKLAND scheint nur aus den Verhältnissen des Gemisches auf die des reinen Myle geschlossen zu haben.]

Eigenschaften. Wasserhelle, sehr dünne Flüssigkeit vom Geruche des faulen Kohls. Sie siedet bei 39° und liefert einen Dampf von 2,68 Dichte. BALARD. Wasserhell, ungefähr bei 35° siedend, von ungefähr 2,386 Dampfdichte, von durchdringend unangenehmem, an Bute erinnernden Geruche. FRANKLAND.

			Balard.		Maafs.	Dichte.
10 C	60	85,71	84,15	C-Dampf	10	4,1600
10 H	10	14,29	14,70	H-Gas	10	0,6930
$C^{10}H^{10}$	70	100,00	98,85	Myle-Dampf	2	4,8530
					1	2,4265

Der Dampf wird von wasserfreier Schwefelsäure und von Fünffachchlorantimon rasch und vollständig aufgenommen. Frankland.

[Vielleicht gehört hierher das flüchtigste Oel in dem Oelgemische, welches sich nach Cahours aus dem Leuchtgase aus Harz unter starkem Drucke absetzt (V, 495). Dieses flüchtigste Oel, das *Tetracarbure quadrihydrique* von Couerbe, ist nach Demselben farblos, erstarrt nicht bei — 15°, siedet zwischen 28 und 30° und zeigt 2,00 Dampfdichte. [Der Siedpunct, nach Gerhardts Gesetz berechnet, beträgt 30°, und stimmt also mit dem Producte von Couerbe noch besser, als mit dem von Balard; aber die Dampfdichte des Productes von Couerbe weicht von der oben berechneten bedeutend ab.]

Lemyle. $C^{10}H^{12} = C^{10}H^{10},H^2$.

Frankland (1850). *Ann. Pharm.* 74, 41.

Amylwasserstoff. Macht vielleicht den flüchtigsten Theil des Eupions aus, und findet sich auch wohl im Steinkohlengase.

Bildung und Darstellung. 1. Man stellt das bei 80° übergegangene Gemisch von Myle und Lemyle (V, 541) bei — 10° mit einem Ueberschuss von, mit wasserfreier Schwefelsäure gesättigtem, Vitriolöl unter öfterem Schütteln mehrere Stunden hin, wobei sich eine Schicht erhebt, die dem angewandten Gemisch an Volum ungefähr gleich ist, destillirt im Wasserbade bei gelinder Wärme, wobei das Lemyle übergeht, während die obere Schicht zu einer halb so hohen, welche wahrscheinlich eine gepaarte Verbindung von Myle mit Schwefelsäure ist, abnimmt, und befreit das Destillat durch Stücke von Kalihydrat von der beigemischten schwefligen Säure. — 2. Bequemer: Man erwärmt in einer langen weiten Glasröhre, deren offenes Ende man nachher zu einer Spitze auszieht, Iodmylafer mit einem gleichen Volum Wasser und mit Zink auf 142°, lässt nach vollendeter Einwirkung erkalten, bricht die Spitze ab, verbindet das offene Ende mittels eines Korks mit einem Destillirrohr, destillirt bei 60°, stellt das Destillat 24 Stunden über Kalihydrat, und rectificirt es im Wasserbade bei 35°.

Eigenschaften. Wasserhelle, sehr dünne Flüssigkeit, bei — 24° nicht gefrierend, von 0,6385 spec. Gew. bei 14°, von 30° Siedpunct bei 0,758 Meter, und von 2,4657 bis 2,4998 Dampfdichte. Riecht angenehm, dem Chloroform ähnlich.

			Frankland.		Maafs.	Dichte.
10 C	60	83,33	83,33	C-Dampf	10	4,1600
12 H	12	16,67	16,62	H-Gas	12	0,8316
$C^{10}H^{12}$	72	100,00	99,95	Lemyle-Dampf	2	4,9916
					1	2,4958

[Dass diese Verbindung als $C^{10}H^{12}$ und nicht als C^5H^6, wie Frankland will, zu betrachten ist, geht aus ihrer Dampfdichte und ihrem Siedpunct mit Bestimmtheit hervor; letzterer ist sogar noch etwas höher, als er sich für $C^{10}H^{12}$ nach dem Gerhardt'schen Gesetz (IV, 51) berechnet. Dieselbe Bemerkung gilt der von Frankland und Kolbe (*Ann. Pharm.* 65, 270) als Methyl,

C^2H^3, angeführten Verbindung, welche als C^4H^6 zu betrachten ist, und zum Vine, C^4H^4, in demselben Verhältniss steht, wie das Sumpfgas, C^2H^4, zum Forme, C^2H^2; eben so gilt sie der von denselben Chemikern als Aethyl, C^4H^5, angeführten Verbindung, welche als C^8H^{10} zu betrachten ist; eben so dem Valyl, C^8H^9, von KOLBE, bei welchem aus denselben Gründen die Atomzahl zu verdoppeln ist, so dass die vermeintlichen Radicale zu Verbindungen von einem Kern mit 2 At. H werden.]

Zersetzungen. Das Lemyle verbrennt mit weifser, stark leuchtender Flamme. — Es wird von den stärksten oxydirenden Mitteln nur schwierig, und von rauchendem Vitriolöl gar nicht angegriffen.

Verbindungen. Es löst sich nicht in *Wasser*.

Es löst sich leicht in *Aether* und *Weingeist*, aus letzterem durch Wasser scheidbar. FRANKLAND.

Myläther. $C^{10}H^{11}O = C^{10}H^{10},HO$.

BALARD (1844). *N. Ann. Chim. Phys.* 12, 299.

Amyloxydhydrat, Ether amylique.

Bildung und Darstellung. Chlormylafer, mit weingeistigem Kali in einer starken Röhre eingeschmolzen und auf 100° erhitzt, zerfällt in Myläther und sich absetzendes Chlorkalium. BALARD. — Bei der Destillation von Fuselöl mit Vitriolöl gibt GAULTIER (*Compt. rend.* 15, 171) an, neben andern Producten auch Myläther, als eine farblose, angenehm ätherisch riechende, in Vitriolöl mit rother Farbe lösliche Flüssigkeit erhalten zu haben, deren Siedpunct jedoch bei 170° [also sicher zu hoch] lag. Eine ähnliche Flüssigkeit erhielt auf diesem Wege RIECKHER.

Eigenschaften. Farblose Flüssigkeit, bei 111 bis 112° siedend und angenehm riechend. BALARD.

Zersetzung. Der nach BALARD bereitete Myläther, unter Mitwirkung von Sonne und Wärme so lange mit Chlorgas behandelt, bis dieses nicht mehr einzuwirken scheint, verwandelt sich in ein Product, welches als ein Gemisch von Bi-, Quinti- und Sexti-Chlormyläther mit Chloraldehyd und Anderthalbchlorkohlenstoff (in welchem ohne Zweifel der erzeugte Perchlormyläther durch weiteres Chlor zersetzt wurde) betrachtet werden kann. Denn $2\,C^{10}Cl^{11},O + 6Cl = C^4Cl^4O^2$ (Chloraldehyd) + $4\,(C^4Cl^6)$. Das Product tritt an Wasser Trichloressigsäure ab, aus dem Chloraldehyd erzeugt (IV, 810); der Rest des Products, mit weingeistigem Kali erwärmt, setzt viel Chlorkalium ab, und hierauf beim Verdünnen mit Wasser ein braunes, neutrales, öliges, Chlor haltendes Gemisch verschiedener Stoffe, während baldriansaures, trichlorbaldriansaures und quadrichlorbaldriansaures Kali gelöst bleibt. Mit dem Kali lieferte nämlich der Bichlormyläther baldriansaures Kali: $C^{10}Cl^2H^9O + 3KO = C^{10}H^9KO^4 + 2KCl$; der Quintichlormyläther lieferte trichlorbaldriansaures Kali: $C^{10}Cl^5H^6O + 3\,KO = C^{10}Cl^3H^6KO^4 + 2KCl$; und der Sextichlormyläther lieferte quadrichlorbaldriansaures Kali: $C^{10}Cl^6H^5O + 3\,KO = C^{10}Cl^4H^5KO^4$. Die durch Einwirkung des überschüssigen Kalis auf die Chlorbaldriansäure erzeugte braune Materie ertheilt dem ausgeschiedenen neutralen Oele die dunkle Farbe. MALAGUTI (*N. Ann. Chim. Phys.* 27, 417).

Mylalkohol.

$C^{10}H^{12}O^2 = C^{10}H^{10},H^2O^2$.

GABRIEL PELLETAN. *J. Chim. med.* 1, 76; auch *Ann. Chim. Phys.* 30, 221; auch *N. Tr.* 12, 1, 135.

Dumas. *Ann. Chim. Phys.* 56, 314; auch *J. Chim. med.* 10, 705; auch *Pogg.* 34, 335; auch *Ann. Pharm.* 13, 80; auch *J. pr. Chem.* 3, 321.
Dumas u. Stas. *Ann. Chim. Phys.* 73, 128; auch *Ann. Pharm.* 35, 143; auch *J. pr. Chem.* 21, 278.
Cahours. *Ann. Chim. Phys.* 70, 81; auch *Ann. Pharm.* 30, 288; auch *J. pr. Chem.* 17, 213. — *Ann. Chim. Phys.* 75, 193; auch *Ann. Pharm.* 37, 164; auch *J. pr. Chem.* 22, 171.
Apjohn. *Phil. Mag. J.* 17, 86.
Balard. *N. Ann. Chim. Phys.* 12, 294; auch *J. pr. Chem.* 34, 123; Ausz. *Compt. rend.* 19, 634; Ausz. *Ann. Pharm.* 42, 311.
Rieckher. *Jahrb. pr. Pharm.* 14, 1.

Kartoffelfuselol, Fuselöl, Amylal, Amyloxydhydrat, Huile de pomme de terre, Hydrate d'Oxyde d'Amyle, Alcool amylique. — Schon seit Scheele (*Crell Ann.* 1785, 1, 61) bekannt, besonders von Pelletan, Dumas, Cahours und Balard genauer untersucht.

Vorkommen. Im Branntwein aus Kartoffeln, Gerste, Roggen, Melasse der Runkelruben, Weintrestern und Weinhefe, oft mit Margarinsäure und Oenanthvinester gemischt. — Nicht nur der gewöhnliche *Kartoffel*branntwein hält Fuselöl, sondern nach Dubrunfaut auch der durch Umwandlung des Kartoffelstärkemehls mittelst Schwefelsäure in Krümelzucker, und Gährung desselben erhaltene. — *Gersten*branntwein liefert bei der Rectification blofs Kartoffelfuselöl, nicht auch die von Mulder und Kolbe im Roggenbranntwein (s. u.) gefundenen Stoffe. Medlock (*Ann. Pharm.* 69, 214). — Würze, aus, durch den Rauch von Lohkäs gedarrtem, Gerstenmalz bereitet, in Weingährung versetzt und destillirt, liefert in Schottland einen Branntwein (Whisky), welcher Fuselöl hält. Aus ungemalzter Gerste erhaltene Wurze liefert nach der Gährung einen Weingeist, der viel reicher an Fuselöl ist. Kocht man jedoch die Würze vor der Gährung mit etwas Hopfen, so ist der daraus erhaltene Weingeist frei von Fuselöl. Glassford (*Ann. Pharm.* 54, 104). — Aus *Roggen* dargestellter Branntwein lässt bei der Rectification, nachdem der meiste Weingeist destillirt ist, eine Fuselöl haltende trube Flüssigkeit übergehen. Diese setzt in der Kälte eine fuselige talgartige Materie ab. Scheele (*Opusc.* 2, 275). Sie setzt auf Flanell im Trichter der Vorlage eine salbenartige Materie von Fuselgeruch ab. Gehlen (*Schw.* 1, 277). Die bei der Rectification von Kornbranntwein nach dem Weingeist ubergehende milchige Flüssigkeit lässt beim Filtriren eine feste weiche, durch Kupferoxyd grün gefärbte Masse, aus der sich bei Mittelwärme in den Aufbewahrungsgefäfsen feine weifse Nadeln sublimiren. Gm. Diese, von Gehlen näher untersuchte, feste Substanz hatte ich (in Aufl. 3 dieses Handb. II, 421) als *Fuselcampher* unterschieden. Aber sie ist nach neuen Untersuchungen ein Gemenge von Kartoffelfuselöl mit Margarinsäure, Oenanthvinester oder Oenanthsäure und Kornöl. Nach Kolbe (*Ann. Pharm.* 41, 53) findet sich in der auf Flanell gesammelten dunkelbraunen, schmierigen, sehr fuselig riechenden Masse des Kornbranntweins aufser Fuselöl sehr viel Margarinsäure, wenig Oenanthsäure und 1 bis 2 Proc. *Kornöl.* Mulder (*Pogg.* 41, 582) fand in einem bei der Rectification des Getreidebranntweins erhaltenen dunkelbraunen übelriechenden Oele, welches nach der Rectification grüngelb erschien, nichts als Oenanthvinester, und das von Ihm so genannte *Kornöl, Oleum siticum*, weiches grüngelb ist und nach *Phellandrium* riecht. [Da es jedoch durch Destillation des ganzen Oels mit Kalilauge erhalten wurde, wobei das önanthsaure Kali blieb und Weingeist mit dem Kornöl überging, und das mit verdunntem Kali erhaltene Kornöl nach Mulder $= C^{42}H^{35}O^{4}$, und das mit concentrirtem erhaltene $= C^{24}H^{17}O$ war, so scheinen sich allerhand Zersetzungsproducte erzeugt zu haben.] Später fand Mulder (*Ann. Pharm.* 45, 67; auch *J. pr. Chem.* 32, 219) ebenfalls in einigen Getreidefuselölen viel Margarinsäure, aber in andern wenig, und in noch andern keine. Medlock (*Ann. Pharm.* 69, 214) erhielt bei der Rectification des Roggenbranntweins blofs Kartoffelfuselöl. Ein flüssiges Oel des Kornbranntweins beschreibt Buchner (*Repert.* 24, 270). — Der aus der in Weingährung versetzten *Runkelrübenzuckermelasse* gewonnene Branntwein liefert bei der Rectification ein Oel, welches nach der gehörigen Reinigung völlig mit dem Kartoffelfuselöl übereinkommt. GAULTIER DE CLAUBRY (*Compt. rend.* 15, 171; auch *Ann. Pharm.* 44, 127; auch *J. pr. Chem.* 27, 56). — Beim Rectificiren von *Weintresterbranntwein* geht nach dem reinen Weingeist ein mit Fuselöl beladener Weingeist über, dann eine wässrige, durch Oel getrübte Flüssigkeit. Aus diesen 2 letzten Destillaten, mit einander gemischt und mit Wasser versetzt, erhebt sich in der Ruhe das Weinfuselöl als eine dünne farblose, sich bald gelblich färbende Flüssigkeit, welche nicht vollständig ohne Zersetzung destillirbar ist, durchdringend riecht und unerträglich scharf schmeckt, und wovon 1 Tropfen hinreicht, um 1 Liter Weingeist übelschmeckend zu machen. AUBERGIER (*Ann. Chim. Phys.* 14, 210). — Ein solches Weinfuselöl ist ein Gemisch von viel Oenanthäther mit Kartoffelfuselöl und etwas Weingeist, und es ist besonders der darin enthaltene Oenanthäther, welcher dem Weingeist den unangenehmen Geschmack nach Weintresterbranntwein ertheilt. BALARD (*N. Ann. Chim. Phys.* 12, 294 u. 327). — Aus *Jenaer Weinhefe* durch Destillation erhaltenes Weinfuselöl ist dicklich, setzt bei — 4° viel Campherartiges ab, zeigt 0,856 spec. Gew., ist gelbbraun, wird aber bald dunkelbraun, riecht nicht sehr unangenehm, schmeckt aber höchst widrig, und verursacht anhaltendes heftiges Kratzen im Munde und Schlunde; es röthet in frischem Zustande Lackmus nicht, aber nach 1 Jahr stark. Seine Flecken auf Papier verschwinden erst bei anhaltendem Erwärmen. Es verbrennt mit dunkelgelbrother Flamme; es färbt sich mit Vitriolöl dunkelkermesinroth u. s. w. STICKEL (*N. Br. Arch.* 9, 22). Vgl. auch BUCHNER (*Repert.* 58, 86).

Es ist mit grofser Wahrscheinlichkeit anzunehmen, dass das Fuselöl in Kartoffeln, Getreide, Trauben u. s. w. noch nicht vorhanden ist, sondern sich erst bei der Gährung bildet. — PAYEN nimmt das Fuselöl in den Kartoffeln präexistirend an, weil Er aus dem Kartoffelstärkmehl durch Weingeist ein Oel auszuziehen vermochte, und weil Er bei der Verwandlung des Kartoffelstärkmehls in Zucker durch Kochen mit Schwefelsäure-haltendem Wasser in einem Destillirapparate 0,0001 vom Stärkmehl eines nach Stärkmehl riechenden Oels erhielt, welches jedoch flüchtiger war als Fuselöl. Aber das aus Kartoffeln durch Weingeist ausgezogene Oel ist nach BUCHOLZ butterartig, und ohne Geruch und Geschmack nach Fusel, und eben so das aus Roggen erhaltene. SCHRADER und KÖRTE (*Schw.* 1, 273) nehmen an, dass aus solchem Fett bei schlechter Gährung und zu rascher Destillation das Fuselöl erzeugt werde. Nach LIEBIGS (*Chem. Briefe* 165) Vermuthung entsteht das Fuselöl durch theilweise Zersetzung des Weingeistes: $5 C^4H^6O^2 = 2 C^{10}H^{12}O^2 + 6 HO$, und nach der von DUMAS und BALARD durch eine Spaltung des Krümelzuckers, welche durch überschüssiges Ferment veranlasst werde [nach welcher Gleichung?]. Nach der Annahme von DESCHAMPS (*N. Ann. Chim. Phys.* 12, 383) endlich bildet sich das Weinfuselöl nur aus der Haut der Weinbeeren durch Gährung und nachherige Erhitzung auf 100°.

Darstellung. 1. Beim Rectificiren des *Kartoffel-* oder *Getreide-Branntweins* bleibt das Fuselöl wegen geringer Flüchtigkeit gröfstentheils zurück, geht in gröfserer Menge erst mit den letzten Antheilen des Weingeistes in Gesellschaft von Wasser über, und scheidet sich bei weiterem Wasserzusatz vollständiger nach oben aus. Das so aus grofsen Branntweinbrennereien reichlich zu erhaltende rohe Fuselöl ist gelb, rothgelb oder rothbraun, von 0,84 bis 0,93 spec. Gew., und hält vorzüglich noch Weingeist und Wasser. Man befreit es durch Schütteln mit Wasser vom Weingeist, dann durch Rectificiren über Chlorcalcium vom Wasser. PELLETAN. Hier bleibt etwas Weingeist beigemischt. DUMAS. — Man schüttelt das Oel mit gleichviel Wasser, dann nach der Trennung von diesem mit gleichviel gepulvertem kohlensauren Kali, destillirt, wechselt die Vorlage, sobald der Siedpunct auf 131° gestiegen ist, von wo an er bis zu Ende stetig bleibt, und rectificirt letzteres Destillat unter Beiseitelassung des zuletzt übergehenden. Das unter 131° erhaltene Fuselöl hält noch Weingeist. Apjohn (*Phil. Mag. J.* 17, 86). — Man rectificirt das durch wiederholtes Schütteln mit Wasser vom meisten Weingeist befreite Oel, wechselt die Vorlage, sobald der Siedpunct auf 132° gestiegen ist, worauf er dann während der ganzen Destillation verharrt, und rectificirt dieses Destillat nochmals. Cahours. — Ebenso verfährt Kopp (*Ann. Pharm.* 55, 196), nach Welchem jedoch der Siedpunct sich langsam etwas über 132° erhebt und Welcher die bei 134° übergegangene Flüssigkeit untersuchte. — Nach Krutzsche (*J. pr. Chem.* 31, 1) steigt der Siedpunct des mit Wasser gewaschenen rohen Oels, nachdem er einige Zeit bei 132° verweilte, allmälig bis uber 160° [wohl wegen Beimischung von Margarinsäure oder Oenanthäther]. Aber das zwischen 132 und 135° erhaltene Destillat, wiederholt rectificirt, liefert ein Oel von 132° Siedpunct. — Man destillirt ohne Weiteres das rohe Oel, wobei zuerst ein Gemisch aus Oel, Wasser und Weingeist übergeht, und reinigt den zwischen 130 und 132° übergegangenen Theil durch wiederholte Rectification. Dumas, Medlock, Rieckher.

2. Um aus dem Oel des *Weintresterbranntweins* das reine Fuselöl zu erhalten, destillirt man dieses, fängt das zwischen 130 und 140° Uebergehende besonders auf, destillirt dieses wieder nach dem Zusatz von Kalihydrat, wodurch der beigemischte Oenanthäther zersetzt und die Oenanthsäure zurückgehalten wird, und erhält, wenn man die Vorlage wechselt, sobald der Siedpunct auf 132° gestiegen ist, sehr reines Fuselöl. Balard.

Eigenschaften. Wasserhelle dünnölige Flüssigkeit, fettig anzufühlen. Pelletan. Es gesteht bei —19 bis —20° zu einer krystallisch blätterigen Masse und schmilzt wieder bei — 18°, Pelletan; gefriert noch nicht bei — 21°, Apjohn; gefriert erst bei — 23°, oder noch tiefer, Pierre. Spec. Gewicht: 0,82705 bei 0°, Pierre (*N. Ann. Chim. Phys.* 19, 197), 0,8253 bei 0° und 0,8137 bei 15°, Kopp, 0,8138 Apjohn, 0,8184 bei 15° Cahours, 0,8185 bei 13° Rieckher, 0,821 bei 16° Pelletan. Siedpunct: 125° bei 0,76 Meter Luftdruck, Pelletan [wegen Weingeistgehalt zu niedrig], 131° Apjohn, 131,5° Dumas, 131,8° bei 0,751 M. Pierre, 132° bei 0,76 M. Cahours, 133° bei 27″ 9‴ und eingesenktem Platindrath, Kopp, 134° Rieckher. Dampfdichte: 3,137 Apjohn, 3,147 Dumas, 3,20 Balard. Das Oel gibt auf Papier einen nicht bleibenden Fettflecken. Pelletan. Es riecht durchdringend, Pelletan, widrig, Dumas, eigenthümlich stechend, Apjohn; für sich riecht es weniger widrig, als im verdünnten Zustande, Rieckher. Es schmeckt anhaltend scharf und warm, Pelletan, Cahours, scharf bitter, etwas nach Nelkenöl, Apjohn. Das Einathmen seines Dampfes, oder ein Tropfen auf die Zunge gebracht, erregt bei Empfindlichen Husten, Ekel, Schwindel, Ohnmacht, und schwächt vorzüglich die untern Extremitäten, 24 Stunden lang. Bei Hunden erregen mehrere Esslöffel blofs Erbrechen; bei Kaninchen bewirken 2 Theelöffel Erbrechen und gröfsere Dosen Beklemmung der Brust und Tod; noch kleinere Thiere werden durch einige Tropfen betäubt und unter Convulsionen und Unterbrechung des Athmens asphyxirt und getödtet. Ammoniak dient als Gegengift. Pelletan. Neutral.

			DUMAS.	CAHOURS.	APJOHN.	BALARD.	KOPP.	PIERR.
10 C	60	68,18	68,95	68,51	68,13	67,65	67,68	68,00
12 H	12	13,64	13,60	13,52	13,33	13,75	13,67	13,87
2 O	16	18,18	17,45	17,97	18,54	18,60	18,65	18,13
$C^{10}H^{12}O^2$	88	100,00	100,00	100,00	100,00	100,00	100,00	100,00

	Maafs.	Dampfdichte.
C-Dampf	10	4,1600
H-Gas	12	0,8316
O-Gas	1	1,1093
Fuselöldampf	2	6,1009
	1	3,0504

Zersetzungen. 1. Das Fuselöl ist schwierig zu *entzünden*, und brennt mit weifser glänzender Flamme, einen geringen klebrigen Rückstand lassend, PELLETAN, mit rein blauer Flamme, CAHOURS, mit heller rufsender Flamme, APJOHN. — 2. Es erscheint nach 2jährigem Aufbewahren in lufthaltigen Flaschen ziemlich unverändert, röthet jedoch schwach Lackmus, durch Bildung einer flüchtigen öligen Säure [Baldriansäure?]. CAHOURS. — 3. Bei der Verbrennung des Fuselöls in der Lampe ohne Flamme (I, 482, 5) verdichtet sich eine Flüssigkeit, die zwar mit Kali eine dem Aldehydharz ähnliche Materie erzeugt, aber nicht die Silbersalze reducirt, und mit Ammoniak nichts Krystallisches liefert. BALARD. Befeuchtet man erhitzten Platinmohr mit Fuselöl und stülpt eine oben offene Glocke darüber, so rinnt von den Wandungen bald Baldriansäure in den darunter stehenden wasserhaltenden Teller. CAHOURS. $C^{10}H^{12}O^2 + O^4 = C^{10}H^{10}O^4 + 2HO$. — Diese Umwandlung erfolgt auch in Essigfabriken bei Anwendung eines fuseligen Branntweins, so dass bisweilen der Geruch nach Baldriansäure bemerklich wird, jedoch erst über 36°, während unter 36° das vorhandene Fuselöl in nicht unangenehm riechendes Essigmylester übergeht. DÖBEREINER.

4. Bei mehrstündigem Durchleiten von trocknem *Chlorgas* wird das Fuselöl unter reichlicher Absorption, Erhitzung und Salzsäure-Entwicklung in eine dem Chloral ähnliche Verbindung verwandelt. CAHOURS. — 5. Seine Lösung in viel Wasser, welches wenig Kali hält, gibt bei Zusatz von *Brom* oder *Jod*, bis dieses nicht mehr entfärbt wird, und Abdampfen baldriansaures Kali. LEFORT (*Compt. rend.* 23, 229). — Die Lösung des Iods im Fuselöl wird durch Bildung von Hydriodsäure sauer. RIECKHER.

6. Concentrirte *Salpetersäure* löst das Fuselöl unter heftiger Einwirkung, bräunt sich bei der Sättigung und liefert dann bei der Destillation keine Baldriansäure, sondern ein neutrales Oel, wohl Mylaldid. DUMAS u. STAS. — Kalte Salpetersäure mischt sich nicht mit dem Fuselöl, und wirkt nicht ein; aber beim Erwärmen bis zum anfangenden Blasenwerfen erfolgt eine Zersetzung, die auch nach schneller Entfernung des Feuers lebhaft wird und selbst durch Zugiefsen von kaltem Wasser zu mäfsigen ist. Hierbei geht in die Vorlage ein öliges Gemisch von Myläther, Mylaldid (sofern Kali eine dem Aldehydharz ähnliche Materie erzeugt), Salpetermylester und Blausäure über, und in der Retorte bleibt Baldriansäure, der wahrscheinlich Mylaldid beigemischt ist, da Kali starke Bräunung bewirkt.

BALARD. — 7. Das Fuselöl wird durch wässrige *Iodsäure* langsam und ohne Kohlensäurebildung zersetzt. MILLON. — 8. Es wird durch wässrige *Chromsäure* in Baldrianmylester verwandelt. — Aus einem Gemisch von Fuselöl und Vitriolöl erhebt sich beim Zusatz von wässrigem doppeltchromsauren Kali Mylaldid (oder vielmehr der damit polymere Baldrianmylester, BALARD) als ein Oel. DUMAS u. STAS. — Die kalt gesättigte wässrige Lösung des doppelt chromsauren Kalis, mit Vitriolöl übersättigt, erwärmt sich bei Zusatz von Fuselöl, und wird zu einer Lösung von Baldriansäure und Chromalaun, auf welcher Baldrian-Mylester schwimmt. BALARD. — 9. Auch mit *Braunstein* liefert das Gemisch von Fuselöl und *Vitriolöl* Mylaldid (Baldrianmylester). DUMAS u. STAS.

10. Es mischt sich leicht mit *Vitriolöl* unter kermesinrother Färbung und Verdickung, und wird daraus durch Wasser wieder mit blassgelber Farbe, aber unverändertem Geruch geschieden. PELLETAN. Es erzeugt sich dabei Amylschwefelsäure, die im Wasser gelöst bleibt. CAHOURS. — Bei der Destillation der Lösung in Vitriolöl erhält man, unter Entwicklung schwefliger Säure, Myle ($C^{10}H^{10}$) und Multipla desselben ($C^{20}H^{20}$ und $C^{40}H^{40}$), die mit einer schwefelhaltigen Verbindung übergehen, während ein schwarzes Pech bleibt. BALARD. Man erhält bei der Destillation Myle [oder vielmehr vorzüglich $C^{20}H^{20}$, da es erst bei 160° siedet], Myläther, Mylaldid und eine Flüssigkeit von ätherischem Geruch und starkem, nicht bittern Geschmacke. GAULTIER DE CLAUBRY. — Mit einem Gemisch aus concentrirter Schwefelsäure und Salpetersäure erhitzt sich das Oel so heftig, dass sich die sich entwickelnden Dämpfe von selbst entflammen. RIECKHER. — 11. Bei der Destillation mit trockner *Phosphorsäure* liefert das Fuselöl Myle und dessen Multipla. BALARD.

12. Durch, nach und nach zugefügten, *Dreifachchlorphosphor* wird das Fuselöl unter heftiger Wärmeentwicklung in Phosphorig-Mylester, Chlormylafer und Salzsäure zersetzt. Letztere entweicht als Gas mit einem Theil des Chlormylafers. $3C^{10}H^{12}O^2+PCl^3=2C^{10}H^{11}O,PHO^4+C^{10}H^{11}Cl+2HCl$. Bei Zusatz von überschüssigem Dreifachchlorphosphor, der ohne weitere Wärme aufgenommen wird, und dann von etwas Wasser wird das Fuselöl vollständig in den Ester verwandelt, aber zugleich ein Theil noch durch die erzeugte phosphorige Säure in amylphosphorige Säure übergeführt. WURTZ (*N. Ann. Chim. Phys.* 16, 221). — 13. Mit *Fünffachchlorphosphor* zersetzt sich das Fuselöl in Chlormylafer, Chlorphosphorsäure und Salzsäure. CAHOURS (*Compt. rend.* 22, 846; 25, 727). $C^{10}H^{12}O^2+PCl^5=C^{10}H^{11}Cl+PCl^3O^2+HCl$. — 14. Das Fuselöl absorbirt *salzsaures* Gas unter Wärmeentwicklung und Bräunung. CAHOURS. — 15. Das Fuselöl löst sich in concentrirtem wässrigen *Chlorzink* erst in der Wärme zu einer Flüssigkeit, die bei 130° zu kochen beginnt, und $C^{10}H^{10}$ und $C^{20}H^{20}$ übergehen lässt (durch gelinde theilweise Rectification zu scheiden), die bei wiederholter Destillation über Chlorzink wohl vermöge der länger einwirkenden Hitze immer mehr in $C^{40}H^{40}$ verwandelt werden. BALARD. Man erhält mit Chlorzink auch ein Gas, von der Zusammensetzung des Vinegases. MEDLOCK. — 16. Auch durch Destillation mit *Fluorboron* oder *Fluorsilicium* erhält man Myle und seine Multipla; dagegen scheint sich in allen diesen Fällen kein Myläther, oder nur wenig zu bilden. BALARD. — 17. Bei der Destillation des Oels mit

Phosphor und mit *Brom* oder *Jod* erhält man Brommylafer und Iodmylafer. CAHOURS.

18. Beim Erwärmen mit *Kalk-Kalihydrat* auf 220° zerfällt das Fuselöl in baldriansaures Kali und Wasserstoffgas. DUMAS u. STAS. $C^{10}H^{12}O^2 + KO,HO = C^{10}H^9KO^4 + 4H$. — Man wirft auf das in einer Retorte befindliche Oel die 10fache Menge Kalkkalihydrat und erhitzt die sich von selbst erwärmende und durch Luftzutritt gelb färbende Masse in einem Bad von leichtflüssigem Metallgemisch auf 170°, dann auf 200°, welche Hitze 12 Stunden lang einzuwirken hat. Die Masse entwickelt von 170° an, unter weifser Färbung, reines Wasserstoffgas, dem sich nur bei zu rasch gestelgerter Hitze ein Hydrocarbon beimischt. Der, das baldriansaure Kali haltende, Rückstand lässt sich zuletzt ohne Nachtheil bis auf 230° erhitzen. Nach dem Erkalten an die Luft gebracht, ohne mit Wasser bedeckt zu sein, zieht er den Sauerstoff [und Wasserdunst?] so begierig an, dass er wie Zunder verbrennt. DUMAS u. STAS.

Verbindungen. Das Fuselöl, mit *Wasser* geschüttelt, nimmt ein wenig auf, unter Zunahme des spec. Gewichts. PELLETAN, APJOHN. Zugleich löst das Wasser wenig Oel auf, dessen Geruch und ein etwas geringeres spec. Gewicht annehmend. PELLETAN. Nach APJOHN und BALARD löst sich das Oel nicht in Wasser.

Es löst in der Siedhitze mit citronengelber Farbe (wenig, TRAUTWEIN) *Phosphor*, der sich beim Erkalten nicht ausscheidet. PELLETAN.

Es löst in der Hitze wenig *Schwefel* (selbst beim Kochen keinen, TRAUTWEIN), der beim Erkalten niederfällt. PELLETAN.

Es löst reichlich *Iod.* PELLETAN, TRAUTWEIN (*Repert.* 91, 28).

Es löst sich in starker *Salzsäure.* BALARD.

Es absorbirt *Ammoniakgas* mit grüner Färbung. PELLETAN.

Es löst viel *Kalihydrat* unter erst gelber, dann grünlicher, dann dunkelrother Färbung und Annahme eines widrigen Geruchs. Wasser gibt mit dieser Lösung eine Emulsion, aus der sich das Oel scheidet. PELLETAN. — Mit *Natronhydrat* gibt es eine rothe Lösung, und, wenn es wenig Wasser hält, eine butterartige Masse. PELLETAN.

Es färbt sich mit *Zweifachchlorzinn* roth und liefert Krystalle, die durch Wasser, auch langsam durch das der Luft, in wässriges Zweifachchlorzinn und unverändertes Fuselöl zersetzt werden. GERHARDT (*Ann. Chim. Phys.* 72, 167).

Es entzieht der Goldlösung in einigen Tagen alles *Chlorgold.* PELLETAN.

Es mischt sich mit *Aether.* PELLETAN.

Es mischt sich nach jedem Verhältnisse mit *Weingeist,* APJOHN, und wird daraus nur bei geringer Weingeistmenge durch Wasser geschieden. PELLETAN. Diese Lösung, selbst schon fuseliger Branntwein, färbt sich mit Vitriolöl kermesinroth. PELLETAN.

Es mischt sich nach jedem Verhältnisse mit concentrirter *Essigsäure,* ohne daraus durch Kalilauge abscheidbar zu sein, weil es in wässrigem *essigsauren Kali* löslich ist. PELLETAN.

Das Fuselöl mischt sich mit *flüchtigen* und *fetten Oelen,* löst feste *Fette,* gemeinen *Campher,* viele *Hartharze* und nur in der Hitze ein wenig *Kautschuk.* PELLETAN.

Mylaldid. $C^{10}H^{10}O^2 = C^{10}H^{10},O^2$.

Dumas u. Stas. *Ann. Chim. Phys.* **73**, 145; auch *J. pr. Chem.* **21**, 289.
Gaultier de Claubry. *Compt. rend.* **15**, 171; auch *Ann. Pharm.* **44**, 127.
Trautwein. *Repert.* **91**, 6.
Chancel. *Compt. rend.* **21**, 934; auch *J. pr. Chem.* **36**, 447.
Keller. *Ann. Pharm.* **72**, 31.

Amylaldehyd, Baldrianaldehyd, Aldehyde valerique, Valeral.

Bildung. 1. Bei der Destillation von Fuselöl mit Vitriolöl (besonders neben Myle und Mylätber). Gaultier. — 2. Beim Einwirken starker Salpetersäure auf Fuselöl. Dumas u. Stas. — 3. Bei der trocknen Destillation von baldriansaurem Baryt. Chancel. — 4. Bei der Destillation von Kleber mit verdünnter Schwefelsäure und Braunstein, neben vielen andern Producten. Keller.

Darstellung. 1. Man rectificirt wiederholt das von Fuselöl und Vitriolöl erhaltene Destillat, unter jedesmaliger Beseitigung der weniger flüchtigen Flüssigkeiten. Gaultier. — 2. Man sättigt das Gemisch von Fuselöl und starker Salpetersäure, nachdem die heftige Wärmeentwicklung aufgehört hat, mit einem Alkali, destillirt und sammelt das übergegangene Oel. Dumas u. Stas. — 3. Man fügt zu einem Gemisch von Fuselöl und Vitriolöl Braunstein oder wässriges doppelt chromsaures Kali, und nimmt das sich erhebende Oel ab. Dumas u. Stas. — Oder man fügt zu einem erkalteten Gemisch von 1 At. Fuselöl und 4 At. Vitriolöl in einer tubulirten Retorte 4 At. Braunstein, unterstützt die von selbst erfolgende Destillation blofs zuletzt durch Wärme, destillirt das schwach saure Destillat nach dem Zusatz von kohlensaurem Kali, und scheidet das Oel vom mit übergegangenen Wasser. Trautwein. — 4. Man destillirt baldriansauren Baryt bei dunkler Glühhitze, und rectificirt wiederholt das ölige Gemisch von ungefähr 9 Th. Mylaldid und 1 Th. Valeron unter Auffangen des flüchtigeren Aldids für sich. Chancel.

Eigenschaften. Farbloses Oel. Dumas u. Stas, Gaultier. Dünnflüssig, von 0,820 spec. Gew. bei 22°, Chancel; von 0,818 spec. Gew. Trautwein. Es siedet bei 96°, Gaultier; wenig über 100°, und liefert einen Dampf von 2,93 Dichte, Chancel. Es riecht nach Reinetten, Dumas u. Stas; es riecht lebhaft durchdringend, Gaultier, Chancel, und belästigt beim Einathmen, Gaultier, und reizt zum Husten, Trautwein; sein im Zimmer verbreiteter Dampf riecht anfangs obstartig, später nach Baldriansäure, Trautwein. Es schmeckt stark bitter, Gaultier, brennend, Chancel. Neutral. Dumas u. Stas.

			Dumas u. Stas.	Chancel.	Keller.		Maafs.	Dichte.
10 C	60	69,77	70,07	69,56	69,51	C-Dampf	10	4,1600
10 H	10	11,63	11,60	11,54	11,79	H-Gas	10	0,6930
2 O	16	18,60	18,33	18,90	18,70	O-Gas	1	1,1093
$C^{10}H^{10}O^2$	86	100,00	100,00	100,00	100,00	Aldid-Dampf	2	5,9623
							1	2,9811

Zersetzungen. 1. Es ist leicht entzündlich und brennt mit heller, schwach blau gesäumter Flamme. Chancel. — 2. Es wird in Berührung mit Sauerstoffgas und Platinschwamm und durch andere oxydirende Mittel in Baldriansäure verwandelt. CHANCEL. Auch beim Aussetzen an die Luft; GERHARDT (*N. Ann. Chim. Phys.* 7, 279), und es wird bei monatlangem Aufbewahren in lufthaltenden Flaschen Lackmus-röthend. TRAUTWEIN. — 3. Durch Salpetersäure von gewöhnlicher Stärke wird es unter heftiger Entwicklung von salpetrigen Dämpfen, Stickoxydgas und einem mit sehr heller Flamme verbrennlichen Gas in eine, in Wasser niedersinkende Flüssigkeit verwandelt, welche Nitrobaldriansäure ist. CHANCEL. — 4. Beim Erhitzen des Mylaldids mit verdünntem doppelt chromsauren Kali geht Baldriansäure über. DUMAS u. STAS. — 5. Bei wiederholtem Destilliren mit verdünnter Schwefelsäure und Braunstein geht es blofs einem kleinen Theil nach in Baldriansäure über. TRAUTWEIN. — 6. Mit Kalihydrat geschmolzen, erzeugt es unter Wasserstoffentwicklung baldriansaures Kali. GERHARDT. $C^{10}H^{10}O^2 + KO + HO = C^{10}H^9KO^4 + 2H$. Aber es zersetzt sich nicht beim Kochen mit Kalilauge von 1,333 spec. Gew. TRAUTWEIN.

Verbindungen. Es löst sich nicht in Wasser. CHANCEL. — Es löst ziemlich viel *Phosphor*, keinen Schwefel, selbst beim Kochen, und sehr viel *Iod*. TRAUTWEIN.

Es mischt sich mit *Vitriolöl*. GAULTIER.

Mylaldid-Ammoniak. — Das anfangs trübe Gemisch von Mylaldid und wässrigem Ammoniak klärt sich bald unter Absatz vieler glänzender Oktaeder. Diese halten viel Krystallwasser, welches sie im Vacuum über einem Gemenge von Salmiak und Kalk allmälig verlieren. KELLER.

	Getrocknet.		KELLER.
10 C	60	58,25	57,84
N	14	13,59	15,50
13 H	13	12,62	12,84
2 O	16	15,54	13.82
$NH^3,C^{10}H^{10}O^2$	103	100,00	100,00

Es mischt sich nach allen Verhältnissen mit *Weingeist*, *Aether* und *flüchtigen Oelen*. CHANCEL.

Es löst einige *Harze*. TRAUTWEIN.

Baldriansäure.

$$C^{10}H^{10}O^4 = C^{10}H^{10},O^4.$$

CHEVREUL. *Ann. Chim. Phys.* 7, 264; 23, 22; auch *Schw.* 39, 179. — *Recherches sur les Corps gras.* 99 u. 209.
GROTE. *Br. Arch.* 33, 160; 38, 4.
TROMMSDORFF. *N. Tr.* 24, 1, 134; 26, 1, 1; Ausz. *Ann. Pharm.* 6, 176.
WINCKLER. *Repert.* 44, 180; — 78, 70.
TRAUTWEIN. *Kastn. Arch.* 26, 282. — *Repert.* 91, 28.
DUMAS u. STAS. *Ann. Chim. Phys.* 73, 128; auch *Ann. Pharm.* 35, 145; auch *J. pr. Chem.* 21, 278.
LOUIS LUCIAN BONAPARTE. *J. Chim. méd.* 18, 616; auch *J. pr. Chem.* 30, 302.
WITTSTEIN. *Repert.* 87, 289.
ILJENKO u. LASKOWSKY. *Ann. Pharm.* 55, 78.

Delphinsäure, *Phocensäure*, *Acide valerianique*, *Ac. valerique*, *Ac. delphinique*, *Ac. phocénique*. — Zuerst 1817 von CHEVREUL aus dem Delphinöl erhalten und genau untersucht. Die 1810 von PENTZ (*Br. Arch.* 28,

338) und 1830 von GROTE in der Baldrianwurzel gefundene und vorzüglich von TROMMSDORFF untersuchte Säure, so wie die von DUMAS u. STAS aus dem Fuselöl erzeugte Säure wurde bald als einerlei mit der Delphinsäure erkannt.

Vorkommen. 1. In der *Baldrianwurzel.* Zu nicht ganz 1 Proc. TRAUTWEIN. Sowohl in der frischen, als in der getrockneten. GROTE. Am meisten Säure hält die kleine Baldrianwurzel, BONAPARTE, die im Frühjahr an trocknen Orten gesammelte, ASCHOFF. Sehr wenig Säure hält das Baldriankraut. GROTE. Bei der Destillation der Wurzel mit Wasser geht die Säure theils in Wasser gelöst, theils mit einem neutralen Oele gemischt über.

2. In den reifen Beeren, CHEVREUL, und in der Rinde, KRÄMER (*N. Br. Arch.* 40, 269), MORO (*Ann. Pharm.* 55, 330), von *Viburnum Opulus*, und im Splint von *Sambucus nigra*, KRÄMER (*N. Br. Arch.* 43, 21).

3. In der Wurzel von *Angelica Archangelica*, MEYER u. ZENNER (*Ann. Pharm.* 55, 317) und von *Athamanta Oreoselinum*, WINCKLER. In der *Asa foetida.* HLASIWETZ.

4. Im durch Destillation erhaltenen Oele der Blüthen von *Anthemis nobilis*, dessen flüchtigerer, unter 210° übergehender Theil vorzüglich aus einem Oel $C^{20}H^{16}$ besteht, während das von 210° an übergehende Oel bei kurzem Erhitzen mit weingeistigem Kali das übrige Oel $C^{20}H^{16}$ übergehen lässt, während baldriansaures und angeliksaures Kali bleibt. GERHARDT (*N. Ann. Chim. Phys.* 24, 96; auch *Ann. Pharm.* 67, 238; auch *J. pr. Chem.* 45, 221). Vgl. SCHINDLER (*N. Br. Arch.* 41, 32). — Auch aus dem mit dem Kraute von *Matricaria Parthenium* und von *Artemisia Absinthium* destillirten Wasser erhält man nach PERETTI (*J. Chim méd.* 21, 433) und DUMENIL (*Repert.* 86, 176) eine flüchtige Säure, welche vielleicht Baldriansäure ist.

5. Das Kraut von *Digitalis purpurea* und andern Antirrhineen lieferte dem PYR. MORIN (*N. J. Pharm.* 7, 299) eine flüchtige Säure, für welche Er, falls sie keine Baldriansäure sein sollte, mit welcher sie viele Aehnlichkeit hat, den Namen: *Acide antirrhinique* vorschlägt.

6. Als Baldrianfett im Oele des *Delphinus globiceps* und, wiewohl in viel kleinerer Menge, im Fischthran. CHEVREUL. — Wie es scheint, auch in thierischen Secreten. BALARD (*N. Ann. Chim. Phys.* 12, 317).

Bildung. 1. Bei der Oxydation des Fuselöls, des Mylaldids und verschiedener anderer Verbindungen der Mylereihe durch Luft, Salpetersäure, Chromsäure, Kalihydrat u. s. w. DUMAS u. STAS, BALARD. — Daher auch, wenn die Fuselöl-haltenden Destillationsrückstände von der Bereitung des Weinbranntweins an der Luft in Fäulniss übergehen. BALARD, LAROCQUE (*N J. Pharm.* 10, 103).

2. Bei der Fäulniss von meist stickstoffreichen organischen Stoffen. — Geht reines Casein mit Wasser im Sommer in Fäulniss über, so entsteht unter Anderem auch baldriansaures und buttersaures Ammoniak. ILJENKO (*Ann. Pharm.* 63, 264). — Die Abschabsel sehr alt gewordenen Käses von Roquefort liefern bei der Destillation mit verdünnter Schwefelsäure eine nach Baldriansäure riechende Säure. BALARD. — Stark riechender limburger Käs hält neben andern Ammoniaksalzen (V, 337) auch baldriansaures Ammoniak. ILJENKO u. LASKOWSKY. — In durch Seewasser verdorbenem Weizen zeigte sich Baldriansäure und Buttersäure. L. L. BONAPARTE (V, 236). — Bei der Bereitung des Carthamins aus Safflor bildet sich bisweilen im Sommer viel Baldriansäure unter bedeutender Abnahme des Carthamins. SALVÉTAT (*N. Ann. Chim. Phys.* 25, 337; auch *N. J. Pharm.* 15, 269; auch *J. pr. Chem.* 46, 475). — In gefaulter Ochsengalle befindet sich Baldriansäure. L. A. BUCHNER (*J. pr. Chem.* 46, 151).

3. Bei der Destillation von Leim, SCHLIEPER (*Ann. Pharm.* 59, 1), oder von Fibrin oder Albumin, oder Casein, GUCKELBERGER (*Ann. Pharm.* 64, 39), mit chromsaurem Kali und verdünnter Schwefelsäure, so wie bei der Destillation von Casein, GUCKELBERGER, oder Kleber, KELLER (*Ann. Pharm.* 72, 24) mit Braunstein und Schwefelsäure.

4. Beim Schmelzen von Kalihydrat mit Leucin oder Casein, bis sich neben dem Ammoniak auch Wasserstoff entwickelt, bleibt baldriansaures Kali. LIEBIG (*Ann. Pharm.* 57, 127). Auch scheint sich beim Schmelzen von käuflichem Indig oder Bärlappsamen mit Kalihydrat etwas baldriansaures Kali zu bilden, wohl wegen Gehaltes an einem Proteinstoffe. Vgl. GERHARDT (*N. J. Pharm.* 9, 319); WINCKLER (*Repert.* 78, 70).

5. Bei der Oxydation von Oelsäure durch Salpetersäure und gewisser Hydrocarbone durch Salpetersäure oder Kalihydrat. — Bei der Destillation von Oelsäure mit rauchender Salpetersäure geht neben vielen andern Säuren auch viel Baldriansäure über. REDTENBACHER. — Der flüchtigere Theil des bei der Destillation von Rüböl erhaltenen Gemisches von Brenzölen liefert bei der Destillation mit starker Salpetersäure neben mehreren andern Säuren auch Baldriansäure, und er erzeugt auch etwas baldriansaures Salz, wenn er in Dampfgestalt über erhitztes Kalknatronhydrat geleitet wird. SCHNEIDER (*Ann. Pharm.* 70, 113).

Vergebliche Versuche, die Baldriansäure aus Essigsäure und Baldrianöl darzustellen, beschreibt TRAUTWEIN (*Kastn. Arch.* 27, 459).

Darstellung. — *I. Aus Baldrianwurzel.* — 1. Man destillirt die Wurzel mit Wasser, trennt das sauer reagirende Oel vom ebenfalls sehr sauer reagirenden destillirten Wasser, schüttelt das Oel mit kohlensaurer Bittererde und Wasser, und destillirt, wobei neutrales Oel übergeht und baldriansaure Bittererde bleibt, und erhält aus dieser durch Destillation mit Schwefelsäure die Baldriansäure. Auch neutralisirt man das saure destillirte Wasser mit kohlensaurem Natron, verdunstet in der Schale, wobei sich das neutrale Oel theils unter Verbreitung eines starken Baldriangeruchs verflüchtigt, theils zu einer braunen Haut verharzt, filtrirt, dampft weiter bis zu einer dicklichen Flüssigkeit ab, destillirt diese mit etwas mehr (mit seiner Hälfte Wasser verdünntem) Vitriolöl, als zur Sättigung des Natrons nöthig ist, so lange das Uebergehende Lackmus röthet, hebt die erhaltene Oelschicht, welche noch viel Wasser hält, von der darunter befindlichen wässrigen Säure ab, und rectificirt sie für sich unter Wechseln der Vorlage, sobald statt einer milchigen Flüssigkeit die wasserfreie klare ölige Säure übergeht. TROMMSDORFF. — Hierbei bleibt in der Retorte bisweilen ein wenig Oel oder Harz, was sich bei einer nochmaligen Destillation der wasserfreien Säure nicht zeigt, so wie auch hierbei keine milchige Flüssigkeit im Anfange übergeht. — Man kann die Säure nicht durch Destillation über Chlorcalcium entwässern, ohne sie durch Salzsäure zu verunreinigen. TROMMSDORFF.

2. Man destillirt 20 Th. verkleinerte Wurzel mit 100 Th. Wasser, bis 30 Th. Destillat erhalten sind, fügt zum Rückstand 30 Th. Wasser, und destillirt dieses ab, und so noch einmal, sättigt die 3 Destillate nach der Abscheidung des Oels mit kohlensaurem Natron, kocht das Gemisch im Kupferkessel bis auf 7 Th. ein, dampft den Rückstand in einer Porcellanschale bis zur Trockne ab, destillirt die Lösung von 5 Th. trocknem Rückstand in 5 Th. Wasser mit einem Gemisch von 4 Th. Vitriolöl und 8 Th. Wasser in einer Retorte von dem 8fachen Inhalte fast bis zur Trockne, hebt die noch Wasser haltende ölige Säure von dem wässrigen Destillat ab, und entwässert sie nach TROMMSDORFFS Weise. WITTSTEIN. — Nach der 3maligen Destillation mit Wasser ist die Wurzel von ihrem Gehalt an Baldriansäure erschöpft, aber der Rückstand ist noch sehr sauer durch den Gehalt an einer fixen organischen Säure (Aepfelsäure, ASCHOFF); also bedarf es keines Zusatzes von Schwefel-

säure, um den angeblich an Basen gebundenen Theil der Baldriansäure frei zu machen. WITTSTEIN. — 3. Man destillirt 1 Th. zerschnittene Wurzel rasch mit 4 Th. Wasser, bis 2 Th. übergegangen sind; fugt zum Rückstand 2 Th. heifses Wasser, destillirt wieder und fährt so fort, so lange das Wasser noch sauer übergeht, versetzt sämmtliches wässriges und öliges Destillat in der Siedhitze mit kohlensaurem Natron bis zur schwach alkalischen Reaction, dampft die Flüssigkeit bis auf ungefähr $\frac{1}{4}$ Th. ab, filtrirt durch lockeres Papier, kocht das hierauf bleibende Harzpulver nochmals mit etwas wässrigem kohlensauren Natron, mischt das hiervon erhaltene Filtrat mit dem vorigen, und destillirt das auf $\frac{1}{2}$ Th. abgedampfte Gemisch mit Vitriolöl und schwefelsaurem Natron, durch welches der Siedpunct erhöht wird, fast bis zur Trockne. FREDERKING (*N. Br. Arch.* 43, 2). — 4. Man destillirt die gut zerstofsene Wurzel mit der 8fachen Wassermenge, befreit das übergegangene Oel durch Kalkmilch von der darin enthaltenen Säure, sättigt hierauf mit dieser Kalkmilch das wässrige Destillat, welches den bei weitem gröfsten Theil der Säure hält, dampft den wässrigen baldriansauren Kalk mit einem kleinen Kalküberschuss bis zur Salzhaut ab, zersetzt ihn in verschlossener Flasche durch überschussige Essigsäure, decanthirt die sich erhebende, noch gefärbte ölige Säure, und destillirt sie bei gelinder Wärme. BONAPARTE. — GUILLERMOND (*Rev. scient.* 19, 70) entzieht dem Oele die Säure durch Kalilauge. — 5. Man kocht 16 Th. Wurzel mit Wasser, welches 1 Th. kohlensaures Natron hält, seiht unter Auspressen durch, kocht den Rückstand noch 2mal mit Wasser aus, destillirt die vereinigten 3 Decocte mit 0,5 Th. Vitriolöl, bis $\frac{3}{4}$ der Flussigkeit ubergegangen sind, neutralisirt das Destillat mit kohlensaurem Natron, dampft es auf wenig ab und destillirt es wieder mit Schwefelsäure. So erhält man 1,4 Proc. Baldriansäure, also 3mal so viel, als bei der beschwerlichen Destillation der ganzen Wurzel. T. u. H. SMITH (*Pharm. J. and Transact.*, auch *N. J. Pharm.* 11, 16). — 6. WINCKLERS Darstellungsweise, bei welcher das wässrige Destillat des kalten wässrigen Aufgusses der Wurzel mit Bleioxyd gesättigt, dann das Bleisalz durch schwefelsaures Natron in Natronsalz verwandelt wird u. s. w., scheint keine Vortheile zu bieten.

Die Baldriansäure ist in der Wurzel dem gröfseren Theile nach an eine Basis gebunden, welche die Verflüchtigung hindert. Destillirt man daher die Wurzel blofs mit Wasser, so erhält man nur 0,25 Proc. Baldriansäure, und der Wurzelrückstand, mit Wasser und Schwefelsäure destillirt, liefert noch 0,75 Procent. Daher destillire man 100 Th. Wurzel mit Wasser und 2 Th. Vitriolöl, bis 300 Th. Destillat erhalten sind, ziehe aus dem abgeschiedenen Oele die Säure durch wässriges kohlensaures Natron, sättige mit dieser Flüssigkeit den wässrigen Theil des Destillats, dampfe das Gemisch auf 10 Th. ab und destillire dieses mit etwas überschüssiger Schwefelsäure, so erhält man 0,9 bis 1,0 Proc. Baldriansäure. RABOURDIN (*N. J. Pharm.* 6, 310), PERETTI (*J. Chim. méd.* 21, 433). — Nach ASCHOFF (*N. Br. Arch.* 48, 274) dagegen erhält man bei der Destillation der Wurzel mit Wasser und Schwefelsäure zwar scheinbar ein wenig mehr Baldriansäure, als bei der Destillation mit reinem Wasser, aber blofs, sofern erstere Essigsäure und wenig Ameisensäure beigemischt enthält. Man destillire daher die Wurzel blofs mit Wasser nach 1tägiger Maceration; bei 20tägiger Maceration wird durch Gährung Essigsäure gebildet, welche die Ausbeute an Baldriansäure nur scheinbar vermehrt. ASCHOFF — Vergl. auch WITTSTEIN (oben).

Der neutrale Theil des bei der Destillation der Wurzel erhaltenen Oels besteht vorzüglich aus dem Oel Borneen ($C^{20}H^{16}$) und einem nahe bei 0° krystallisirenden Oele, dem Valerol ($C^{12}H^{10}O^2$), welches sich an der Luft unter Kohlensäurebildung in Baldriansäure verwandelt. GERHARDT (*N. Ann. Chim. Phys.* 7, 275). — Demgemäfs setze man das aus 100 Th. Wurzel, 10 Th. Vitriolöl und 400 Th. Wasser erhaltene Destillat 4 Wochen lang der Luft aus, worauf es beim Sättigen mit Zinkoxydhydrat 1,5 Th. baldriansaures Zinkoxyd liefert, während man, wenn die Luft nicht einwirkte, blofs 0,5 Th. Zinksalz erhält. BRUN-BUISSON (*N. J. Pharm.* 9, 97). Die Ausbeute wird durch das Aussetzen an die Luft eher verringert, als vermehrt; sie beträgt in beiden Fällen etwas über 0,5 Proc. Zinksalz von der Wurzel, und das abgehobene Oel liefert an der Luft oder mit Salpetersäure weiter keine Baldriansäure. LAUDET

(*N. J. Pharm.* 11, 444). — Dieselbe Oxydation bewirkt man durch Chromsäure; 100 Th. Wurzel mit 10 Th. Vitriolöl, 6 Th. doppeltchromsaurem Kali und 500 Th. Wasser destillirt, unter Zurückgiefsen der zuerst übergegangenen 125 Th., die noch viel unoxydirtes Oel halten, erhält man ein Destillat, welches 1,8 Th. Zinksalz liefert. Lefort (*N. J. Pharm.* 10, 194). — Man erhält so besonders wenig baldriansaures Zinkoxyd, mit schwefelsaurem Zinkoxyd und dem Zinksalz einer besonderen Säure gemengt, welche durch Oxydation der Baldriansäure gebildet wurde. Laudet. — Von der Wurzel abdestillirtes Wasser, mit Baryt neutralisirt, wird an der Luft wieder sauer und so mehrmals. Von aller freien Säure befreites Baldrianöl, mit Wasser gemengt, wird an der Luft, nicht im Verschlossenen, in Wochen sauer, und sein Gemenge mit starker Kalilauge verwandelt sich an der Luft in 1 Jahre vollständig in baldriansaures Kali. Also hält die Wurzel nicht Baldriansäure, sondern Mylaldid ($C^{10}H^{10}O^2$), welches sich an der Luft, besonders bei Gegenwart von Wasser und besonders von Alkalien zu Baldriansäure oxydirt. Daher setze man die Wurzel mit Kalilauge unter öfterem Umrühren 4 Wochen lang der Luft aus, destillire mit Schwefelsäure u. s. w. Thirault (*N. J. Pharm.* 12, 161). Vgl. Righini (*J. Chim méd.* 21, 364), Lepage (*N. J. Pharm.* 9, 97).

II. Aus Angelikwurzel. — Man sättigt die, Baldriansäure und Essigsäure haltende, Mutterlauge der Angeliksäure (V, 497, Zeile 2 v. oben) mit kohlensaurem Baryt, dampft das Filtrat ab, zieht aus der gelblichen Krystallmasse den essigsauren Baryt durch Weingeist, destillirt das sich nicht Lösende mit verdünnter Schwefelsäure, und befreit die übergegangene Baldriansäure von noch beigemischter Angelik- und Essig-Säure durch Sättigen mit Ammoniak und Fällen mit salpetersaurem Silberoxyd, wobei das baldriansaure Silberoxyd als das wenigst lösliche vorzugsweise ausgeschieden wird. Meyer u. Zenner.

III. Aus Delphinöl. — Man erhitzt 4 Th. Delphinöl mit 1 Th. Kalihydrat und 4 Th. Wasser im Wasserbade, bis eine gleichförmige durchscheinende Masse entstanden ist, die mit Wasser eine klare Lösung bildet, zersetzt diese durch überschüssige Tartersäure, trennt die wässrige Flüssigkeit von der ausgeschiedenen Talg-, Margarin- und Oel-Säure, destillirt sie, nebst dem Waschwasser dieser 3 Säuren (rectificirt das Destillat, wofern es beim Abdampfen einen Rückstand lässt), sättigt es mit Barytkrystallen, und erhält durch Abdampfen baldriansauren Baryt. — *a.* Entweder rührt man 100 Th. trocknes Barytsalz mit 205 Th. Phosphorsäure von 1,12 spec. Gew. in einer engen Röhre mit einem Platindrath um, zieht die über dem abgeschiedenen phosphorsauren Baryt und einer wässrigen Lösung von saurem phosphorsauren Baryt sich als ein Oel erhebende Baldriansäure mit dem Stechheber ab, und destillirt sie bei gelinder Wärme, wobei fast wasserfreie Baldriansäure mit Wenig einer schwereren Schicht von wasserhaltiger Baldriansäure übergeht, und etwas bräunliche, durch die Luft veränderte Baldriansäure in der Retorte bleibt. — *b.* Oder man übergiefst in der Röhre 100 Th. trocknes Barytsalz mit einem Gemisch von 33,4 Th. Vitriolöl und 33,4 Th. Wasser, hebt die sich erhebende gelbliche ölige Säure mit dem Stechheber ab, fügt zum Rückstande weitere 33,4 Th. Wasser, wodurch wieder etwas, mit dem lieber wegzunehmende ölige Säure ausgeschieden wird, destillirt sämmtliche decanthirte Säure im Wasserbade, wobei dickes braungelbes Oel bleibt, und scheidet die übergegangene Säure von der wasserhaltigen Schicht. — Zur völligen Entwässerung wird 1 Th. Säure mit 3 Th. Chlorcalcium digerirt, dann destillirt, wobei jedoch das spec. Gew. von 0,933 nur auf 0,932 bei 28° heruntergeht. Chevreul.

IV. Aus Fuselöl. — 1. Man erhitzt ein Gemenge von 1 Th. Fuselöl und 10 Th. Kalkkalihydrat in einer Retorte in einem Bade des leichtflüssigen Metallgemisches zuerst auf 170°, dann allmälig auf 200°, bis sich nach 10 bis 12 Stunden kein Wasserstoffgas mehr entwickelt, lässt die Masse bei verschlossener Retorte erkalten, übergiefst sie nach dem Zerschlagen der Retorte schnell mit Wasser, weil sie an der Luft begierig Sauerstoff aufnimmt und wie Zunder verbrennt, bringt das wässrige Gemenge in eine neue Retorte, destillirt es mit verdünnter Schwefelsäure, fängt die Baldriansäure in einer Vorlage auf, welche wässriges kohlensaures Natron hält, befreit das so erhaltene baldriansaure Natron durch Kochen in einer Retorte von unzersetztem Fuselöl und Mylaldid, und destillirt nach dem Zusatz von überschüssiger Phosphorsäure bei gewechselter Vorlage die Baldriansäure über, die durch nochmalige Rectification bei gewechselter Vorlage vom zuerst übergehenden Wasser zu befreien ist. DUMAS u. STAS. [Warum wird das mit Kalkkali erhitzte Fuselöl nicht gleich in der ersten Retorte mit Wasser und Schwefelsäure destillirt?] — 2. Man versetzt die kalt gesättigte wässrige Lösung des doppelt chromsauren Kalis mit Vitriolöl, dann mit Fuselöl, welches sich unter Wärmeentwicklung und Bildung von Chromalaun in wässrige Baldriansäure und darauf schwimmenden Baldrianmylester verwandelt, und erhält durch Destillation der wässrigen Säure die wasserfreie, und durch Destillation des Esters mit Kali baldriansaures Kali und Fuselöl, welches sich dann wieder so behandeln lässt. BALARD (*N. Ann. Chim. Phys.* 12, 317). — 3. Man übergiefst in einer tubulirten Retorte 3 At. grob gepulvertes zweifach chromsaures Kali mit 38 At. Wasser, lässt hierzu durch eine in das Wasser tauchende *S*-Röhre, anfangs schneller, dann bei eintretender Wärmeentwicklung tropfenweise ein Gemisch von 7 At. Vitriolöl und 1 At. Fuselöl treten, erwärmt, wenn die freiwillige Erhitzung aufhört, bis in die erkältete Vorlage das anderthalbfache Gewicht des Fuselöls an wässriger Flüssigkeit und Baldrianmylester übergegangen ist, giefst Wasser zum Rückstand, und destillirt wieder, neutralisirt Alles durch Schutteln mit gebrannter Bittererde, hebt den Ester ab, dampft die wässrige baldriansaure und essigsaure Bittererde ab, mischt sie kalt mit Vitriolöl, welches mit der doppelten Wassermenge verdünnt ist, hebt die sich erhebende Baldriansäure von der Bittersalzlösung ab, in welcher die meiste Essigsäure bleibt, und rectificirt mehrmals unter Beseitigung des Wassers und der schwereren Essigsäure [wasserreicherer Baldriansäure?], bis ihr spec. Gew. auf 0,930 bei 17,5° gesunken ist. Aufserdem hat sich in der ersten Retorte eine graugrüne porose Harzmasse von fast reinem baldriansauren Chromoxyd erzeugt, die nach dem Sammeln auf Leinen und Auskochen mit Wasser bei der Destillation mit verdünnter Schwefelsäure noch Baldriansäure liefert, die durch Rectification gereinigt wird. So liefern 2 Th. Fuselöl im Ganzen fast 1 Th. Baldriansäure. TRAUTWEIN (*Repert.* 91, 12). — Nach der Gleichung: $3\,C^{10}H^{12}O^2 + 4(KO,2CrO^3) + 16\,SO^3 = 3\,C^{10}H^{10}O^4 + 4(KO,SO^3 + Cr^2O^3,3SO^3) + 6\,HO$ sollte man auf 3 At. Fuselöl 4 At. doppeltchromsaures Kali und 4 At. Vitriolöl brauchen, und es müssten dann 3 At. Baldriansäure entstehen; indem bei TRAUTWEINS Verfahren die Chromsäure anfangs im Ueberschusse einwirkt, wird ein Theil der Baldriansäure weiter zersetzt.]

Wäre ein Gemisch von Baldriansäure und Buttersäure zu scheiden, so neutralisire man es theilweise mit Kali und destillire. Die Buttersäure geht über, während baldriansaures Kali bleibt; bei zu viel Kali bleibt auch etwas buttersaures Kali, bei zu wenig geht auch etwas Baldriansäure über, aber der gemischt bleibende Theil kann durch eine wiederholte gleiche Behandlung weiter geschieden werden. — Ist die Baldriansäure (oder Buttersäure) mit

Essigsäure gemischt, so bleibt diese bei der theilweisen Sättigung mit Kali und Destillation als saures essigsaures Kali zurück, während die Baldriansäure (oder Buttersäure) übergeht. Hiermit hängt zusammen, dass sich die Baldriansäure in wässrigem sauren essigsauren Kali nicht reichlicher löst, als in Wasser, dagegen sehr reichlich in neutralem, wobei saures essigsaures Kali und neutrales baldriansaures entsteht. LIEBIG (*Ann. Pharm.* 71, 352).

Eigenschaften. Dünnflüssiges, farbloses Oel, CHEVREUL, TROMMSDORFF u. A. Gefriert nicht bei — 15°, DUMAS u. STAS, selbst nicht bei — 21°, TROMMSDORFF. [Die nach GROTE bei — 8° sich trübende und bei — 12,5° schmalzartig erstarrende Säure hielt wohl Wasser.] Spec. Gew. 0,930 bei 12,5° TRAUTWEIN, 0,932 bei 28° CHEVREUL, 0,937 bei 16,5° DUMAS u. STAS, 0,944 bei 10° TROMMSDORFF. Die Säure gibt auf Papier Oelflecken, die in der Wärme allmälig verschwinden. TROMMSDORFF. Sie siedet bei 132° bei 27,5 Zoll Luftdruck TROMMSDORFF, bei 175° DUMAS u. STAS, bei 176° BONAPARTE. [TROMMSDORFFS Säure hielt wohl noch Wasser, wofür auch ihr grofses spec. Gew. spricht.] Dampfdichte = 3,67. DUMAS u. STAS. Die richtige Dichte stellt sich erst bei einer hohen Temperatur über dem Siedpunct ein, während sie bei einer geringern zu hoch erscheint. CAHOURS (IV, 49 bis 50). Sie riecht gewürzhaft nach Buttersäure, Essigsäure und altem Delphinöl, und theilt damit befeuchtetem Zeug den widrigen Geruch nach altem Delphinöl mit, CHEVREUL; sie riecht etwas verschieden vom Baldrianöl und reizt, besonders beim Erwärmen, stark zum Husten, GROTE; sie riecht stark anhaltend nach Baldrian, DUMAS u. STAS; sie riecht unangenehmer als Baldrian und zugleich nach faulem Käs, WITTSTEIN, NICKLÉS. Sie schmeckt sehr brennend sauer, hinterher gewürzhaft süfs nach Reinettenäpfeln oder Salpetrigvinester, und lässt auf der Zunge einen weifsen Fleck, CHEVREUL; sie schmeckt sauer, scharf und widrig, und lässt auf der Zunge einen dauernden Eindruck, aber nach der Verdünnung mit Wasser schmeckt sie weniger scharf, und lässt einen süfsen Nachgeschmack, TROMMSDORFF; sie schmeckt sehr sauer und scharf, erzeugt auf Zunge und Lippen schmerzhaftes Brennen, weifse Flecken und Einschrumpfen und Ablösen der Haut, GROTE; sie schmeckt sauer und stechend, und macht auf der Zunge einen weifsen Flecken, DUMAS u. STAS. Sie röthet stark Lackmus, CHEVREUL; die Röthung des Lackmuspapiers verschwindet allmälig an einem warmen Orte, TROMMSDORFF.

Die ölige		Säure.	ETTLING.	DUMAS u. STAS.	SALVÉTAT.		Maafs.	Dampf-Dichte.
10 C	60	58,82	58,35	59,25	58,77	C-Dampf	10	4,1600
10 H	10	9,81	10,02	9,85	9,72	H-Gas	10	0,6930
4 O	32	31,37	31,63	30,90	31,51	O-Gas	2	2,2186
$C^{10}H^{10}O^4$	102	100,00	100,00	100,00	100,00	Säuredampf	2	7,0716
							1	3,5358

ETTLING untersuchte die von TROMMSDORFF aus dem Baldrian dargestellte Säure, SALVÉTAT die aus Saflor erzeugte.

Die Radicaltheorie unterscheidet noch eine hyp. trockne Säure = $C^{10}H^9O^3$ = $\overline{Va}$.

Zersetzungen. 1. Beim *Destilliren in lufthaltenden Gefäfsen* wird ein Theil der Säure in eine gewürzhafte Substanz verwandelt. Dieselbe ist der bei der trocknen Destillation baldriansaurer Salze erhaltenen ähnlich, bleibt in der übergegangenen unzersetzt gebliebenen Säure gelöst, und lässt sich durch Destilliren derselben mit Bleioxyd für sich gewinnen. CHEVREUL. — 2. In einer lufthaltenden Flasche aufbewahrt, erhält die Säure unter langsamer Zersetzung den Geruch des mit Fischthran getränkten Leders. CHEVREUL. — 3. Sie *verbrennt* beim Entzünden wie ein flüchtiges Oel, CHEVREUL; mit lebhafter Flamme ohne Rauch und Rückstand, TROMMSDORFF; mit weifser, rufsender Flamme, DUMAS u. STAS. — 4. Sie wird durch *Chlorgas* unter starker Wärmeentwicklung und Salzsäurebildung im Dunkeln in Trichlorbaldriansäure und im Sonenlichte in Quadrichlorbaldriansäure verwandelt. DUMAS u. STAS. — Sie wird durch *Iod* und *Brom* selbst im Sonnenlicht nicht zersetzt, DUMAS u. STAS; auch durch rauchende *Salpetersäure*, mit der sie sich nach jedem Verhältnisse mischt, wird sie selbst beim Sieden, Destilliren und Cohobiren nicht zersetzt, TROMMSDORFF, TRAUTWEIN, DUMAS u. STAS. — 5. Beim Sieden mit wässriger *Ueberchlorsäure* färbt sich, ohne Verpuffung, die aufschwimmende Baldriansäure gelb, dann braun. TRAUTWEIN. — 6. Ihre Lösung in *Vitriolöl* färbt sich bei 100° schwach, kocht bei stärkerem Erhitzen unter Entwicklung von Baldriansäure und schwefliger Säure, schwärzt sich langsam, stöfst einen ätherischen Geruch aus, und lässt ziemlich viel Kohle. CHEVREUL. Das blassrothe Gemisch entwickelt beim Sieden die meiste Säure unzersetzt, nebst etwas Wasser und schwefliger Säure, doch bleibt etwas kohlige Masse. TRAUTWEIN. Auch das dunkelgelbe Gemisch der Säure mit rauchendem Vitriolöl entwickelt beim Erhitzen schweflige Säure und verkohlt sich. TROMMSDORFF. — 7. Beim Erhitzen mit wasserfreier *Phosphorsäure* wird die Baldriansäure in Valeron und brennbare Gase zersetzt. DUMAS u. STAS. — Die Zersetzungen der an Kali und Baryt gebundenen Baldriansäure durch Elektricität und Hitze s. b. diesen Salzen.

Verbindungen. Mit *Wasser.* — a. *Zweifach gewässerte Baldriansäure. Trihydrat der Baldriansäure,* weil die Radicaltheorie in der trocknen Säure schon 1 HO annimmt. — Beim Schütteln der trocknen Säure mit viel weniger Wasser, als zu ihrer Lösung nöthig ist, nimmt die Säure gegen 25 Proc. Wasser auf, ohne ihre ölige Beschaffenheit zu verlieren, und erhebt sich über das überschüssige Wasser, welches einen Theil der Säure gelöst hat. TROMMSDORFF. Dasselbe Oel erhebt sich, wenn man ein in Wasser gelöstes baldriansaures Salz durch eine stärkere Säure zersetzt, oder wenn man zur wässrigen Lösung der Säure viel syrupartige Phosphorsäure fügt, DUMAS u. STAS; auch geht es bei der Destillation baldriansaurer Salze mit verdünnter Schwefelsäure oder Phosphorsäure über. Dieses Hydrat hat ein gröfseres spec. Gewicht, als die trockne Säure, nach TRAUTWEIN = 0,950, und einen niedrigeren Siedpunct, DUMAS u. STAS.

			DUMAS u. STAS.	ILJENKO u. LASKOWSKY.
10 C	60	50	50,5	49,61
12 H	12	10	10,1	9,76
6 O	48	40	39,4	40,63
$C^{10}H^{10}O^4$,2HO	120	100	100,0	100,00

b. *Wässrige Baldriansäure.* — Die Säure löst sich in 16 Th. kaltem Wasser, GROTE, in 20 Th., WITTSTEIN, in 30 Th. Wasser von 18,2°, CHEVREUL, in 30 Th. Wasser von 12°, TROMMDORFF. Diese

Lösung schmeckt viel milder als die trockne Säure, und zugleich zuckerartig. WITTSTEIN.

Die trockne Baldriansäure löst ziemlich viel *Phosphor* und wird damit allmälig milchig. TRAUTWEIN.

Sie löst selbst beim Kochen keinen *Schwefel*. TRAUTWEIN.

Sie mischt sich mit *Vitriolöl* unter Wärmeentwicklung, durch Wasserzusatz theilweise scheidbar. CHEVREUL. Die Lösung ist blassrosenroth, TRAUTWEIN, die in rauchendem Vitriolöl ist dunkelgelb, und auch in erwärmter Schwefelsäure von 1,5 spec. Gew. ist die Säure leicht löslich. TROMMSDORFF.

Sie löst das *Iod* ruhig, reichlich und ohne Wärmeentwicklung mit braunrother Farbe, TRAUTWEIN; die möglichst gesättigte Lösung ist dunkelgelbbraun, und lässt bei Wasserzusatz fast alles Iod fallen, während eine dunkelgelbe Flüssigkeit bleibt, TROMMSDORFF.

Sie mischt sich mit *Brom* nach jedem Verhältnisse. TRAUTWEIN, DUMAS u. STAS.

Sie mischt sich mit rauchender *Salpetersäure* nach jedem Verhältniss, TRAUTWEIN; sie löst sich wenig in kalter Salpetersäure von 35° Bm. CHEVREUL.

Die *baldriansauren Salze, Valerates,* sind meistens $= C^{10}H^9MO^4$. Sie fühlen sich etwas fettig an. TROMMSDORFF. Sie sind in trocknem Zustande selbst bei 100° geruchlos, zeigen aber in feuchtem Zustande, besonders beim Erwärmen oder Hinzutreten von Kohlensäure, den Geruch der Säure. CHEVREUL. Sie haben einen süfsen Geschmack, besonders die Salze der Alkalien und Erden, GROTE, DUMAS u. STAS; auf den süfsen folgt ein stechender Geschmack, TROMMSDORFF. Die in Wasser löslichen Salze reagiren schwach sauer. WINCKLER. Bei der trocknen Destillation entwickeln die Salze anfangs etwas unzersetzte Säure, TROMMSDORFF, dann brennbare Gase, Mylaldid und Valeron, CHANCEL. Sie werden durch Phosphor-, Schwefel-, Salz-, Salpeter-, Arsen-, Essig-, Bernstein-, Aepfel-, Tarter- und Citron-Säure unter Abscheidung öliger Säure zersetzt, nicht durch Benzoesäure. GROTE, TROMMSDORFF. Viele lösen sich in Wasser, einige auch in Weingeist. TROMMSDORFF.

Baldriansaures Ammoniak. — Die Baldriansäure bildet in Ammoniakgas Krystalle, welche bei weiterer Aufnahme von Ammoniak langsam zu einem wasserhellen Syrup zerfliefsen. CHEVREUL. Die mit wässrigem Ammoniak übersättigte wässrige Säure lässt beim Abdampfen unter Ammoniakverlust einen sauren Syrup, der beim Uebersättigen mit Ammoniak an der Luft zu weifsen, strahlig vereinigten Nadeln erstarrt; diese zeigen Baldriangeruch und süfsen, dann scharfen Baldriangeschmack; sie werden an der Luft sauer; sie schmelzen sehr leicht und verflüchtigen sich in weifsen Nebeln, eine Spur Kohle lassend. TROMMSDORFF. Die mit trocknem Ammoniakgas gesättigte Säure, durch gelinde Wärme vom überschüssigen Ammoniak befreit, gesteht zu feinen federartigen, schwach sauren Krystallen, welche in der Retorte bei 31° C. ohne Ammoniakentwicklung schmelzen, dann weifse saure Nebel verbreiten, die sich zu, erst bei Zutritt von Ammoniakgas krystallisirenden, Tropfen verdichten. ASCHOFF

(*N. Br. Arch.* 48, 274). Das trockne Salz wird durch trockne Phosphorsäure in Valeronitril ($C^{10}NH^9$) und Wasser zersetzt. DUMAS (*Compt. rend.* 25, 442). Es löst sich sehr leicht in Wasser und auch in Weingeist. TROMMSDORFF.

Baldriansaures Kali. — Kalium, allmälig zur trocknen Säure gefügt, bildet unter lebhafter Entwicklung von Wärme und Wasserstoff einen Brei, der beim Erkalten zu einer gröſstentheils aus baldriansaurem Kali gestehenden Masse erstarrt. TROMMSDORFF, TRAUTWEIN. — Man dampft das mit der Säure schwach übersättigte wässrige kohlensaure Kali ab, wobei nicht nur die überschüssige Säure entweicht, sondern auch durch die Kohlensäure der Luft ausgetriebene, löst den Rückstand in Weingeist, filtrirt vom kohlensauren Kali ab, und dampft ab. CHEVREUL. GROTE und TROMMSDORFF unterlassen das Ausziehen mit Weingeist. Die zum Syrup abgedampfte Lösung krystallisirt nicht, sondern gesteht zu einem steifen Kleister, GROTE; und lässt bei weiterem Abdampfen eine weiſse Salzmasse, TROMMSDORFF; ein Gummi, DUMAS u. STAS. Das Salz schmeckt stechend, schwach alkalisch, hinterher süſslich und bläuet geröthetes Lackmus. CHEVREUL.

	Trocken.		CHEVREUL.	TROMMSDORFF.
KO	47,2	33,67	34,47	33,7
$C^{10}H^9O^3$	93	66,33		
$C^{10}H^9KO^4$	140,2	100,00		

Das Salz schmilzt bei 140° unter Wasserverlust, entwickelt bei steigender Hitze unter Schwärzung Dämpfe, die erst nach Baldriansäure, dann nach brenzlicher Essigsäure riechen und mit dichter gelber Flamme entzündlich sind, und lässt weiſses kohlensaures Kali. TROMMSDORFF. Das in Wasser gelöste Salz wird im Strome der Bunsenschen Batterie in Wasserstoffgas, Butegas, kohlensaures Gas, ein öliges Gemisch von Valyl und einer Esterart und in kohlensaures Kali zersetzt. KOLBE. Man bringt in einen 11 Zoll hohen und $2\frac{1}{2}$ Zoll weiten Glascylinder ein, an der Wand anliegendes, cylindrisch gebogenes Kupferblech, von welchem ein Kupferdrath herausgeht, und einen, das Kupfer nicht berührenden, dünneren Cylinder von Platinblech mit herausführendem Platindrath, verschlieſst den Glascylinder durch einen luftdicht schlieſsenden Kork, durch welchen der Kupferdrath, der Platindrath und eine Röhre zum Eingieſsen der gesättigten wässrigen Lösung des reinen (besonders von Chlorverbindungen freien) Salzes, und nachher zum Herauslassen und Auffangen des sich entwickelnden Gases führt, und verbindet die Dräthe mit den Polen einer 4paarigen Bunsenschen Batterie, so dass durch den Platincylinder die + El. zugeführt wird. Es sammelt sich dann am Kupfer viel Wasserstoffgas nebst einfach und zweifach kohlensaurem Kali, und am Platin kohlensaures und Butegas (V, 231) nebst Baldriansäure und einem, sich in Tropfen erhebenden, neutralen Oele, welches ein Gemisch von Valyl = C^8H^9 [oder vielmehr = $C^{16}H^{18}$] mit einer Esterart der Baldriansäure, etwa mit Baldrianbutester, zu sein scheint. KOLBE (*Ann. Pharm.* 69, 258). Ueber den Vorgang bei dieser Zersetzung vergl. LIEBIG (*Ann. Pharm.* 70, 316). — Das Salz zerflieſst an feuchter Luft sehr schnell (langsam, TROMMSDORFF), und löst sich sehr leicht in starkem Weingeist, und bei 20° in weniger als 3,9 Th. absolutem Weingeist. CHEVREUL.

Baldriansaures Natron. — Von CHEVREUL und TROMMSDORFF wie das Kalisalz bereitet. Die bis zum Syrup abgedampfte Lösung krystallisirt wegen grofser Zerfliefslichkeit nur bei freiwilligem Verdunsten in trockner Luft bei 32° (nicht bei 26°) zu einer blumenkohlförmigen Masse. CHEVREUL. So auch in der Darre; aber durch Abdampfen bei stärkerer Wärme erhält man eine weifse, fett anzufühlende, süfs und baldrianartig schmeckende Masse, welche bei 130° sehr weich wird, bei 140°, ohne Säureverlust, zu einer wasserhellen Flüssigkeit schmilzt, beim Erkalten zu einer weifsen Masse erstarrend, und sich bei stärkerer Hitze wie das Kalisalz zersetzt. TROMMSDORFF. Es wird durch den galvanischen Strom nach Art des baldriansauren Kalis zersetzt, aber das schwer lösliche und daher sich reichlicher absetzende doppelt kohlensaure Natron hält den Strom früher auf. KOLBE. — Das Salz zerfliefst an der Luft und löst sich sehr leicht und reichlich in Wasser und selbst absolutem Weingeist. CHEVREUL, TROMMSDORFF. Nach TRAUTWEIN gesteht die abgedampfte Lösung strahlig.

Baldriansaurer Baryt. — Mit Baldriansäure neutralisirtes Barytwasser liefert bei freiwilligem Verdunsten durchsichtige, glänzende (weich anzufühlende, CHANCEL), leicht zerreibliche, zwischen den Zähnen krachende Säulen, von warmem, stechend alkalischen, hinterher süfslichen und Baldrian-Geschmack, gerötheten Lackmus schwach bläuend (durch beim Abdampfen frei gewordenen Baryt, CHANCEL), und bei 20 bis 25° an der Luft unter Verlust von 2,41 Proc. Wasser verwitternd. CHEVREUL. Die Krystalle halten 9,5 Proc. (2 At.) Krystallwasser, wovon sie an der Luft 2 bis 2,5 Proc. und das übrige erst bei stärkerer Hitze verlieren. CHANCEL. In der Kälte sind die Säulen luftbeständig. TROMMSDORFF.

Bei 130° getrocknet.			ETTLING.	CHEVREUL.
BaO	76,6	45,16	45,23	45,29
10 C	60	35,38	35,59	
9 H	9	5,31	5,28	
3 O	24	14,15	13,90	
$C^{10}H^9BaO^4$	169,6	100,00	100,00	

Das trockne Salz zersetzt sich erst über 250°, beim dunkeln Rothglühn vollständig unter anhaltender Entwicklung eines mit sehr heller Flamme verbrennlichen Gases, welches wahrscheinlich Butegas ist, und eines geringen blassgelben stark riechenden Destillats, welches 70,7 Proc. C, 11,7 H und 17,6 O hält, und als ein Gemisch von 9 Th. Mylaldid (V, 550) und 1 Th. Valeron ($C^{16}H^{18}O^2$) zu betrachten ist, während kohlensaurer Baryt mit wenig Kohle bleibt. CHANCEL. ($2\,C^{10}H^9BaO^4 = C^{18}H^{18}O^2 + 2(BaO,CO^2)$; aber durch die hohe Temperatur, welche zur Zersetzung des Barytsalzes nöthig ist, zerfällt der gröfste Theil des Valerons ($C^{18}H^{18}O^2$) in Mylaldid ($C^{10}H^{10}O^2$) und Bute (C^8H^8). CHANCEL. CHEVREUL erhielt neben einem Gas, das Er für Vine hielt, sehr wenig kohlensaures Gas, eine pomeranzengelbe, stark riechende, nicht saure und nicht in Kali lösliche Flüssigkeit, und kohlensauren Baryt, dem 3,3 Proc. (des baldriansauren Baryts) Kohle beigemengt waren. — Beim Erhitzen an der Luft entwickelt das Salz einen dem der *Labiatae* ähnlichen Geruch. Seine verdünnte wässrige Lösung setzt an der Luft kohlensauren Baryt und Flocken ab und erhält den Geruch des Roqueforter Käses. Es löst sich in 2 Th. Wasser von 15° und in 1 Th. Wasser von 20°.

CHEVREUL. Es bewegt sich auf dem Wasser herum, wie der buttersaure Baryt. LAROQUE u. HURAUT. Es löst sich schwierig in absolutem Weingeist. SCHLIEPER (*Ann. Pharm.* 59, 21).

Baldriansaurer Strontian. — Beim Verdunsten des mit der Säure neutralisirten Strontianwassers an freier Luft erhält man einen firnissartigen Rückstand, aber in einer Luftglocke über Kalk bilden sich lange verwitternde Säulen, nach Baldriansäure riechend, dem Barytsalze ähnlich schmeckend, und sehr leicht in Wasser löslich, in entwässertem Zustande 36,54 Proc. Strontian haltend. CHEVREUL. Die gesättigte Lösung des kohlensauren Strontians in einem warmen Gemisch aus 1 Th. Säure und 12 Th. Wasser gibt bei gelindem Verdunsten länglich 4seitige Tafeln, in warmer Luft verwitternd, auch in Weingeist löslich. TROMMSDORFF.

Baldriansaurer Kalk. — Die mit kohlensaurem Kalk in mäfsiger Wärme gesättigte wässrige Säure liefert bei langsamem Abdampfen Säulen und Nadeln. CHEVREUL. Sie sind zu Sternen vereinigt, schmecken süfslich, verwittern nur in warmer Luft, erweichen sich bei 140°, schmelzen unter Schwärzung und Entwicklung mit heller Flamme verbrennender Dämpfe bei 150°, und lassen kohlensauren Kalk mit Kohle. Sie lösen sich leicht in Wasser und in kochendem wässrigen Weingeist, schwierig in absolutem. TROMMSDORFF. Die Krystalle verlieren unter 140° 6,6 Proc. Wasser. WINCKLER.

Bei 130° getrocknet.			TROMMSDORFF.	CHEVREUL.
CaO	28	23,14	23,38	24,48
$C^{10}H^9O^3$	93	76,86		
$C^{10}H^9CaO^4$	121	100,00		

Baldriansaure Bittererde. — Die mit kohlensaurer Bittererde gesättigte wässrige Säure bildet eine neutrale, sehr süfs schmeckende Lösung, welche bei schnellem Verdunsten Salzrinden, bei langsamem zu Büscheln vereinigte durchsichtige Säulen gibt. Diese verwittern nur in warmer trockner Luft, erweichen sich bei 140°, verlieren dann unter Schwärzung Säure und lassen nach langem Glühen reine Bittererde. Sie lösen sich ziemlich leicht in Wasser, wenig in Weingeist. TROMMSDORFF.

Baldriansaure Süfserde. — Die Lösung der kohlensauren Erde in der wässrigen Säure schmeckt sehr süfs und hinterher etwas schrumpfend, und lässt beim Abdampfen erst eine zähe Haut, dann eine luftbeständige gummiartige Masse. TROMMSDORFF.

Baldriansaure Alaunerde. — Das Alaunerdehydrat zieht schnell die trockne Säure in sich unter Bildung einer Masse, die an kochendes Wasser nichts abtritt; dieselbe Masse bildet sich beim Eintragen von Alaunerdehydrat in die erwärmte wässrige Säure, oder beim Fällen der schwefelsauren oder salzsauren Alaunerde durch baldriansaures Kali. Beim Behandeln mit heifsem Wasser vertheilt sich diese Masse in Flocken, welche sich bald zu Boden setzen, und beim Erkalten zu einer talgartigen, sehr zerreiblichen, wenig süfs schmeckenden Masse erstarren. Dieselbe, bei 130° getrocknet, hält 15,26 Proc. Alaunerde. Kochendes Wasser und wässrige Baldriansäure lösen davon nur eine Spur, Weingeist nichts. TROMMSDORFF.

Baldriansaure Zirkonerde. — Die Erde löst sich nur in der kochenden wässrigen Säure, und nur sehr sparsam; die Lösung schmeckt süfslich, röthet stark Lackmus und lässt beim Abdampfen unter Verflüchtigung von Säure eine weifse amorphe, trockne, nicht mehr ganz in Wasser lösliche Masse. TROMMSDORFF.

Baldriansaures Uranoxydul. — Die Lösung des baldriansauren Uranoxyds in überschüssiger wässriger Baldriansäure entwickelt im Sonnenlichte ein Gas, und setzt das baldriansaure Uranoxydul als eine violette Materie ab, die sich beim Trocknen an der Luft wieder in ein gelbliches Pulver verwandelt. BONAPARTE.

Baldriansaures Uranoxyd. — Man fällt 1 At. in Wasser gelöstes baldriansaures Silberoxyd durch 1 At. Chloruranoxydul, und lässt das Filtrat bei abgehaltenem Sonnenlicht freiwillig verdunsten. Es bleibt ein gelber glänzender Firniss, welcher bei gelindem Erhitzen die Säure verliert, und sich sehr leicht in Wasser, Weingeist und Aether löst. BONAPARTE.

Baldriansaures Manganoxydul. — Die durch Erwärmen von kohlensaurem Manganoxydul mit der wässrigen Säure erhaltene Lösung gibt bei freiwilligem Verdunsten stark glänzende, fettig anzufühlende, leicht in Wasser lösliche, rhombische Tafeln. TROMMSDORFF.

Baldriansaures Wismuthoxyd. — Die salpetersaure Wismuthlösung wird durch baldriansaures Natron gefällt. BIGHINI (*J. Chim. méd.* 22, 405).

Baldriansaures Zinkoxyd. — Das Zink löst sich langsam in der wässrigen Säure. GROTE. Zinkvitriolöl liefert mit baldriansaurem Natron das Salz in Blättchen. TROMMSDORFF. — Man sättigt die verdünnte Säure durch längeres Kochen (am besten in einer Retorte, um Verlust zu vermeiden) mit kohlensaurem Zinkoxyd, filtrirt kochend und dampft das Filtrat zum Krystallisiren ab. Entweder werden die beim jedesmaligen Erkalten gebildeten Krystalle gesammelt, oder von Zeit zu Zeit die während des gelinden Abdampfens gebildeten. Auch hier empfiehlt FREDERKING eine Retorte, weil sich ein Theil der Säure verflüchtigt. — Weifse perlglänzende Schuppen, denen der Boraxsäure ähnlich, mehr schrumpfend als süfs schmeckend, luftbeständig, TROMMSDORFF, und Lackmus röthend, WITTSTEIN. Sie halten 29,5 Proc. Zinkoxyd. WITTSTEIN. Sie schmelzen bei 140° ohne Säureverlust zu einem Syrup, und entwickeln beim Glühen dichte weifse Nebel, die mit blauer Zinkflamme verbrennen, TROMMSDORFF, während Zinkoxyd bleibt, WITTSTEIN. Sie lösen sich in 5 Th. kaltem, in 40 Th. kochendem Wasser, in 14,4 Th. kaltem und in 16,7 Th. kochendem Weingeist, DUCLOU; sie lösen sich in 160 kaltem Wasser und in 60 Th. kaltem 80procentigen Weingeist; diese kalten Lösungen trüben sich beim Erhitzen und klären sich wieder beim Erkälten, also nimmt die Löslichkeit in Wasser und Weingeist in der Hitze ab; dagegen lösen sich die Krystalle in 500 Th. kaltem und 20 Th. kochendem Aether, WITTSTEIN. — Vergl. noch: GROTE; BONAPARTE; FREDERKING (*N. Br. Arch.* 43, 2); GUILLERMOND und DUCLOU (*Rev. scientif.* 19, 70 u. 71); VUAFLART (*N. J. Pharm.* 6, 219). — Auf die Verfälschung dieses Salzes mit dem so ähnlichen buttersauren Zinkoxyd machen LAROQUE u. HURAUT (*N. J. Pharm.* 9, 430) aufmerksam.

Baldriansaures Kadmiumoxyd. — Die wässrige Säure löst langsam das kohlensaure Kadmiumoxyd und liefert beim Abdampfen Blättchen, der Boraxsäure ähnlich, aber noch fettglänzender, in Wasser und Weingeist löslich. BONAPARTE.

Baldriansaures Bleioxyd. — a. *Drittel.* — Die trockne Säure verbindet sich rasch und unter Wärmeentwicklung mit überschüssigem feingepulverten Bleioxyd, und wenn man nachher erhitzt, zeigen sich dabei aus 100 Th. Säure 9 Th. Wasser entwickelt. Durch Ausziehen der erhaltenen Masse mit kaltem Wasser, Abfiltriren vom freigebliebenen Bleioxyd und Verdunsten des Filtrats im Vacuum über Vitriolöl erhält man halbkugelförmig vereinigte, glänzende feine Nadeln, nicht schmelzbar, schwach nach Baldriansäure schmeckend. Sie ziehen aus der Luft Kohlensäure an und lösen sich wenig in Wasser. CHEVREUL.

b. *Einfach.* — Dampft man die Lösung des Bleioxyds in überschüssiger wässriger Baldriansäure ab, unter öfterem Zufügen von Säure, um sie überschüssig zu erhalten, so bleibt das Salz als amorpher schmelzbarer Rückstand; aber beim Verdunsten im Vacuum über Vitriolöl erhält man es in glänzenden, biegsamen Blättern. CHEVREUL. Beim raschen Abdampfen der Lösung bis zum Syrup und Erkälten erhält man eine terpenthinartige, fadenziehende Masse; bei langsamem Verdunsten blättrige Krystalle. GROTE. Die Lösung des kohlensauren Bleioxyds erfolgt langsam und man erhält eine sehr süfs, dann schrumpfend schmeckende Flüssigkeit, die bei schnellerem Verdunsten eine zähe Masse, bei langsamerem weifse Blätter liefert, welche sich beide sehr leicht in Wasser lösen. TROMMSDORFF.

Drittel, trocken.			CHEVREUL.	Einfach, Blätter.			CHEVREUL.
3 PbO	336	78,32	78	PbO	112	54,64	55,5
$C^{10}H^9O^3$	93	21,68		$C^{10}H^9O^3$	93	45,36	
$2PbO,C^{10}H^9PbO^4$	429	100,00		$C^{10}H^9PbO^4$	205	100,00	

Baldriansaures Eisenoxydul. — Eisenfeile erzeugt mit der wässrigen Säure unter langsamer Wasserstoffentwicklung ein schwarzbraunes Gerinnsel von süfslich schrumpfendem Geschmacke. TRAUTWEIN. An der Luft bildet das Eisen mit der Säure ohne Aufbrausen eine rothe Lösung, aus welcher Wasser ein basisches Oxydsalz fällt, während Oxydulsalz gelöst bleibt.

Baldriansaures Eisenoxyd. — a. *Einfach?* — Durch längeres Erhitzen von b auf 100°, so lange noch Verlust eintritt. Braunes Pulver. WITTSTEIN.

b. *Zweifach?* — Man fällt wässriges Anderthalbchloreisen durch baldriansaures Natron, wobei freie Baldriansäure in der Flüssigkeit bleibt, wäscht den Niederschlag mit wenig Wasser und trocknet ihn unter 20°. — Dunkelziegelrothes amorphes Pulver von schwachem Geruch und Geschmack nach Baldrian. Es verliert bei langsam steigendem Erhitzen alle Säure, ohne zu schmelzen; aber bei raschem Erhitzen schmilzt es, und entwickelt dicke entzündliche Dämpfe, die fast gar nicht nach Baldriansäure, sondern nach Buttersäure riechen. Es tritt an kochendes Wasser alle Säure ab, so dass reines Oxydhydrat bleibt. Es löst sich leicht in Salzsäure. WITTSTEIN.

	Salz a bei 100° getrocknet.		WITTSTEIN.		Salz b bei 20° getrocknet.		WITT-STEIN.
Fe^2O^3	80	43,95	41,71	Fe^2O^3	80	28,17	26,85
$C^{10}H^9O^3$	93	51,10	53,12	2 $C^{10}H^9O^3$	186	65,50	69,22
HO	9	4,95	5,17	2 HO	18	6,33	3,93
$Fe^2O^3,C^{10}H^{10}O^4$	182	100,00	100,00	$Fe^2O^3,2C^{10}H^{10}O^4$	284	100,00	100,00

Die Berechnung stimmt nicht ganz zur Analyse, und WITTSTEIN zieht daher complicirtere Formeln vor; doch kann Seine Bestimmungsweise der hypoth. trocknen Säure und des Wassers kein scharfes Ergebniss liefern.

c. *Saures?* — Durch längeres Hinstellen von Eisendrath mit der Säure und Kochen der gebildeten dunkelrothen Masse mit Wasser erhält man eine Lösung, auf welcher jedoch das Meiste als ein dunkelrothbraunes Oel [Salz b?] schwimmt. Die Lösung gibt mit Kali einen braunen Niederschlag. TROMMSDORFF.

Baldriansaures Kobaltoxydul. — Die rosenrothe Lösung des kohlensauren Kobaltoxyduls in warmer verdünnter Baldriansäure bedeckt sich beim Verdunsten mit einer rothen Haut und trocknet zu einer violettrothen durchscheinenden Masse ein. Wird deren Lösung in Wasser bis zum Syrup abgedampft und in die Kälte gestellt, so entstehn violettrothe durchsichtige Säulen, von süfsem, wenig schrumpfenden Geschmack, luftbeständig und leicht in Wasser und Weingeist löslich. TROMMSDORFF.

Baldriansaures Nickeloxydul. — Das kohlensaure Nickeloxydul löst sich schwierig in der erwärmten wässrigen Säure, während es mit der trocknen schnell ein grünes Oel bildet. Dieses löst sich sehr wenig in kochendem Wasser mit sehr blassgrüner Farbe, bildet aber mit Weingeist eine blassgrüne Lösung, die beim Abdampfen ein, schwer in Wasser lösliches, blassgrünes Pulver absetzt. TROMMSDORFF.

Baldriansaures Kupferoxyd. — Die trockne Säure mit Kupfer der Luft dargeboten, färbt sich in Wochen dunkelgrün; die heifse wässrige Säure bildet mit kohlensaurem Kupferoxyd eine blaugrüne Lösung, aus der beim Abdampfen grüne, luftbeständige, leicht in Wasser, und auch in Weingeist lösliche Säulen anschiefsen. TROMMSDORFF. Beim Zufügen der concentrirten Säure zu wässrigem essigsauren Kupferoxyd zeigt sich anfangs nichts, aber beim Schütteln entstehen grünliche Oeltropfen von wasserfreiem baldriansauren Kupferoxyd, die sich nach 5 bis 20 Minuten unter Aufnehmen von Wasser in ein grünblaues Krystallmehl verwandeln. Mit Buttersäure gemischte Baldriansäure erzeugt beim Umrühren mit etwas überschüssigem essigsauren Kupferoxyd zuerst die grünen Oeltropfen, auf welchen, so wie auf dem Glasstab sich nach einiger Zeit ohne weitere Trübung die blassblauen Schuppen des buttersauren Kupferoxyds absetzen. LAROQUE u. HURAUT (*N. J. Pharm.* 9, 430).

Baldriansaures Quecksilberoxydul. — Die kochende verdickte Säure löst wenig Quecksilberoxydul, und gibt beim Erkalten kleine Nadeln. GROTE.

Baldriansaures Quecksilberoxyd. — Das Oxyd löst sich in der erwärmten trocknen Säure zu einem Oele, welches beim Erkalten zu einer rothen Pflastermasse erstarrt; diese löst sich nicht in kaltem, aber in heifsem Wasser; die farblose Lösung setzt beim Erkalten weifse zarte Nadeln ab, und die Mutterlauge lässt beim

Abdampfen eine rothe, nicht in Wasser, aber in der trocknen Säure mit rother Farbe lösliche Masse. Die weiſsen zarten Nadeln, welche auch beim Mischen von baldriansaurem Kali mit salpeter- oder salzsaurem Quecksilberoxyd niederfallen, werden bei mäſsigem Erhitzen unter Säureverlust in rothes basisches Salz verwandelt. TROMMSDORFF.

Baldriansaures Silberoxyd. — Man fällt Silberlösung durch ein schwach überschüssiges baldriansaures Alkali. Der anfangs käsige Niederschlag wird unter der Flüssigkeit nach einiger Zeit krystallisch, ETTLING, und gleicht dann dem Knallsilber, DUMAS u. STAS, zeigt sich aus weich anzufühlenden, seidenglänzenden Blättchen bestehend, WINCKLER. Beim Abdampfen der wässrigen Lösung erhält man das Salz in weiſsen, metallglänzenden Blättchen. ETTLING. Das Salz schwärzt sich schnell im Lichte (doch langsamer als das essigsaure Silberoxyd, WINCKLER) und ist daher im Dunkeln zu trocknen. DUMAS u. STAS. Es stöſst beim Erhitzen nach Baldrian riechende Dämpfe aus, schmilzt dann zu einer schwarzen Masse, die plötzlich höchst widrig riechende Dämpfe entwickelt und reines weiſses Silber lässt. WINCKLER.

	Bei 130°.		ETTLING.	MORO.	DUMAS u. STAS.	WINCKLER.
10 C	60	28,71		28,65	28,3	
9 H	9	4,31		4,33	4,3	
Ag	108	51,67	51,93	51,64	51,6	52,94
4 O	32	15,31		15,38	15,8	
$C^{10}H^9AgO^4$	209	100,00		100,00	100,0	

ETTLING und WINCKLER untersuchten das Salz der aus Baldrian, MORO das der aus der Rinde von *Viburnum Opulus* und DUMAS u. STAS das der aus Fuselöl erhaltenen Säure.

Die trockne Baldriansäure mischt sich mit *Weingeist* und *Aether* nach allen Verhältnissen. CHEVREUL, GROTE, DUMAS u. STAS. Die Lösung in gleichviel absolutem Weingeist wird durch wenig Wasser getrübt, durch mehr wieder geklärt. TROMMSDORFF.

Sie löst sich reichlich in starker *Essigsäure* von 1,07 spec. Gew. TROMMSDORFF.

Sie mischt sich mit *Terpenthinöl* nach TRAUTWEIN nach jedem Verhältnisse, dagegen (etwa wegen Wassergehaltes?) nur theilweise nach GROTE, und gar nicht nach TROMMSDORFF, so wenig, wie mit Olivenöl.

Sie löst den *gemeinen Campher*, TROMMSDORFF, TRAUTWEIN.

Sie löst einige Harze. TRAUTWEIN.

Schwefelmylafer.

$$C^{10}H^{11}S = C^{10}H^{10},HS.$$

BALARD. *N. Ann. Chim. Phys.* 12, 294; auch *J. pr. Chem.* 34, 132.

Schwefelamyl, Ether sulfhydramylique.

Man destillirt Chlormylafer mit weingeistigem Einfachschwefelkalium, oder besser, man erwärmt das Gemisch, in ein Glasrohr eingeschmelzt, längere Zeit [auf 100°?], gieſst dann die Flüssigkeit vom Chlorkalium ab, und scheidet aus ihm durch Wasserzusatz den Afer.

Farblose Flüssigkeit, bei 216° kochend, von 6,3 Dampfdichte, und von starkem Zwiebel-Geruch und -Geschmack. BALARD.

			BALARD.		Maafs.	Dampfdichte.
10 C	60	68,97	68,25	C-Dampf	10	4,1600
11 H	11	12,64	12,65	H-Gas	11	0,7623
S	16	18,39	19,10	S-Dampf	1/6	1,1093
$C^{10}H^{11}S$	87	100,00	100,00	Afer-Dampf	1	6,0316

Hiernach ist der Dampf des Schwefelmylafers 1atomig, wie der des Schwefelvinafers (IV, 665). Ihr Atomgewicht, so wie das der Aetheratome, möchte daher zu verdoppeln sein.]

Mylemercaptan.

$C^{10}H^{12}S^2 = C^{10}H^{10},H^2S^2$.

KRUTZSCH. *J. pr. Chem.* 31, 1.
BALARD. *N. Ann. Chim. Phys.* 12, 294; auch *J. pr. Chem.* 34, 133.
ERDMANN u. GERATHEWOHL. *J. pr. Chem.* 34, 447.

Amylmercaptan, Amylsülfür-Schwefelwasserstoff, Mercaptan amylique.

Darstellung. 1. Man mischt gereinigtes Fuselöl allmälig und unter Schütteln mit gleichviel Vitriolöl, neutralisirt mit wässrigem kohlensauren Kali, filtrirt das gelöst bleibende amylschwefelsaure Kali vom schwefelsauren Kali ab, versetzt das Filtrat mit Aetzkali, sättigt es mit Hydrothiongas und destillirt es im Chlorcalciumbade in einer geräumigen Retorte bei abgekühlter Vorlage. Man nimmt die über dem wässrigen Destillate schwimmenden Oeltropfen mit dem Stechheber ab, stellt sie über Chlorcalcium hin, und rectificirt sie nach dem Abgiefsen davon. KRUTZSCH. $C^{10}H^{11}KO^2,2SO^3$ (amylschwefelsaures Kali) $+ KS,HS = C^{10}H^{12}S^2 + 2(KO,SO^3)$. Bei Anwendung von *rohem* Fuselöl erhebt sich beim Zufügen des Aetzkalis ein braunes Oel, und wenn man auch dieses hinwegnimmt, und dann nach dem Sättigen mit Hydrothion destillirt, erhält man nur ein unreines Mercaptan. ERDMANN u. GERATHEWOHL. — 2. Man destillirt amylschwefelsauren Kalk mit Hydrothionschwefelkalium. BALARD. — 3. Man destillirt Chlormylafer mit weingeistigem Hydrothionschwefelkalium, oder besser, man erhitzt sie mit einander in einer zugeschmolzenen Röhre, worauf sich bei Zusatz von Wasser das Mercaptan als ein Oel erhebt. BALARD. $C^{10}H^{11}Cl + KS,HS = C^{10}H^{12}S^2 + KCl$.

Eigenschaften. Farbloses, stark das Licht brechendes Oel von 0,835 bei 21° spec. Gew. KRUTZSCH. Siedet bei 117°, KRUTZSCH, bei 117 bis 118°, ERDMANN u. GERATHEWOHL, bei 125°, BALARD. Dampfdichte = 3,631 KRUTZSCH, 3,9 BALARD. Riecht durchdringend zwiebelartig, KRUTZSCH, viel unangenehmer als Schwefelvinafer, dem Hydrothion ähnlich. BALARD.

			KRUTZSCH.	BALARD.		Maafs.	Dampfdichte.
10 C	60	57,69	57,29	58,25	C-Dampf	10	4,1600
12 H	12	11,54	11,36	11,60	H-Gas	12	0,8316
2 S	32	30,77	30,55		S-Dampf	1/3	2,2186
$C^{10}H^{12}S^2$	101	100,00	99,20		Merc.-Dampf	2	7,2102
						1	3,6051

Zersetzungen. 1. Es verwandelt sich beim Aufbewahren in nicht gut verschlossenen Flaschen unter Verlust von Hydrothion in Schwefelmylafer. BALARD. — 2. Auf kalter *Salpetersäure* von 1,25 spec. Gew. schwimmt das Mylmercaptan anfangs unverändert; aber bei längerem Stehen oder bei gelindem Erwärmen röthet es sich, entwickelt dann bald reichlich Wärme und salpetrige Dämpfe, und liefert endlich 2 Schichten, deren untere Salpetersäure, sulfamylschweflige Säure und wenig Schwefelsäure hält, während die obere ein veränderliches öliges Gemisch ist, bald leichter, bald schwerer als Wasser. Eine Probe des Oels, welches leichter als Wasser ist, hält 56,02 Proc. C, 10,38 H, 9,24 S und 24,36 O. ERDMANN u. GERAHTEWOHL.

Das Mylmercaptan verbindet sich mit *Bleioxyd* zu einer gelben flockigen Masse, und fällt aus Bleizucker ein terpenthinartiges Coagulum. KRUTZSCH.

Es wirkt nicht auf *Kupferoxyd*, fällt aber aus Kupfervitriol eine grünliche klebrige Masse. KRUTZSCH.

Es verbindet sich mit *Quecksilberoxyd* unter heftiger Wärmeentwicklung zu einer farblosen Flüssigkeit, die beim Erkalten zu einer durchscheinenden, blättrig strahligen, bei 100° wieder schmelzbaren Masse erstarrt, nicht durch kochende Kalilauge zersetzt wird, sich nicht in Wasser löst, und wenig in kochendem Weingeist und Aether, daraus beim Erkalten sich in Schuppen gröfstentheils ausscheidend. KRUTZSCH. Es löst sich nicht in Wasser und Weingeist, aber in Aether. BALARD. Sein mit Glaspulver gemengtes, in einer Röhre gelinde erwärmtes Pulver lässt beim Durchleiten von Hydrothiongas wieder Mylmercaptan übergehen, durch wiederholtes Rectificiren vom anhängenden Hydrothion zu befreien. Aber bei der Zersetzung durch wässrige Salzsäure erhält man nur wenig Mylmercaptan wieder. ERDMANN u. GERATHEWOHL.

Die Verbindung mit *Silberoxyd* ist dem Mercaptansilber ähnlich, und löst sich nicht in Wasser und Weingeist, aber in Aether. BALARD.

Doppeltschwefelamyl? $C^{10}H^{11}S^2$?

O. HENRY (1849). *N. Ann. Chim. Phys.* 25, 246; auch *Compt. rend.* 28, 48; auch *N. J. Pharm.* 14, 247; auch *J. pr. Chem.* 46, 160.

Bisulfure d'Amyle.

Man destillirt krystallisches amylschwefelsaures Kali und sehr concentrirtes Zweifachschwefelkalium zu ungefähr gleichen Maafsen, wegen des starken Aufschäumens, in einer 4mal so weiten Retorte, und rectificirt das auf dem wässrigen Destillat schwimmende gelbliche Oel 2 bis 3 mal über Chlorcalcium.

Man erhält ein blassgelbes, bei 210 bis 240° kochendes Destillat von starkem durchdringenden Geruch und ein schön gelbes, bei 240 bis 260° siedendes, von 0,918 bei 19° spec. Gew. und von demselben Geruch.

			HENRY.
10 C	60	58,25	58,90
11 H	11	10,68	10,42
2 S	32	31,07	
$C^{10}H^{11}S^2$	103	100,00	

[Vielleicht nur ein Gemisch von $C^{10}H^{12}S^2$ und $C^{10}H^{10}S^2$, wofür der steigende Siedpunct spricht.]

HENRY gibt nicht an, welchen Siedpunct die analysirte Probe besafs.

Das Oel liefert bei der Zersetzung durch Salpetersäure die Sulfamylschwefelsäure von ERDMANN u. GERATHEWOHL (V, 575). HENRY.

Iodmylafer.

$C^{10}H^{11}J = C^{10}H^{10},HJ.$

CAHOURS (1839). *Ann. Chim. Phys.* 70, 81; auch *Ann. Pharm.* 30, 297.
FRANKLAND. *Ann. Pharm.* 74, 42.

Iodamyl, iodwasserstoffsaures Amylen, Hydriodate d'Amylène.

Darstellung. 1. Man destillirt bei gelinder Wärme 15 Th. Fuselöl mit 1 Th. Phosphor und 8 Th. Iod, wäscht das Destillat wiederholt mit Wasser, digerirt es mit Chlorcalcium und rectificirt es 2 bis 3 mal. CAHOURS. — 2. Man löst in 7 Th. reinem Fuselöl nach und nach 4 Th. Iod, indem man nach jedem frischen Iodzusatz eine Phosphorstange in der Flüssigkeit bewegt, bis sie fast ganz entfärbt ist, destillirt das an der Luft Hydriod-Nebel ausstofsende Oel im Oelbade, bis eine nicht flüchtige, dicke, sehr saure, nicht in Wasser lösliche Flüssigkeit bleibt, wäscht das Destillat, welches Hydriod und unverändertes Fuselöl hält, mit Wasser, stellt es 24 Stunden lang über Chlorcalcium, rectificirt es, und fängt das bei 146° übergehende letzte Drittel als reines Iodmylafer auf. — Wäre durch das Waschen mit Wasser nicht alles Hydriod entzogen, so ist das Destillat violett, wird aber durch Rectification über Quecksilber farblos. — Die zwischen 120 und 146° übergehenden ersten zwei Drittel sind unreines Iodmylafer, und sind frisch mit Iod und Phosphor zu behandeln. FRANKLAND.

Eigenschaften. Farblose Flüssigkeit, schwerer als Wasser, bei 0,76 M. Luftdruck bei 120° siedend, von 6,675 Dampfdichte, von knoblauchartigem Geruch und stechendem Geschmack. CAHOURS. Von 1,511 spec. Gew. bei 11,5°, 146° Siedpunct bei 0,75 Met. Druck, schwach ätherischem Geruch und scharf beifsendem Geschmack. FRANKLAND.

			CAHOURS.	FRANKLAND.		Maafs.	Dampfdichte.
10 C	60	30,46	31,00	30,32	C-Dampf	10	4,1600
11 H	11	5,58	5,29	5,55	H-Gas	11	0,7623
J	126	63,96			Iod-Dampf	1	8,7356
$C^{10}H^{11}J$	197	100,00			Afer-Dampf	2	13,6579
						1	6,8289

Zersetzungen. 1. Der Afer lässt sich nicht in kaltem Zustande, aber nach dem Erhitzen zum Kochen durch einen flammenden Körper entzünden, und verbrennt mit Purpurflamme. CAHOURS. — 2. Er hält sich im Tageslichte, färbt sich aber im Sonnenlichte durch freiwerdendes Iod allmälig immer lebhafter gelb, durch Kali wieder zu entfärben. CAHOURS. — 3. Er wird selbst durch siedendes wässriges Kali nur langsam zersetzt, aber schnell durch weingeistiges, so dass beim Erkalten Iodkalium anschiefst. CAHOURS. — 4. Mit Zinkamalgam in einer zugeschmolzenen Glasröhre etwas über den Siedpunct erhitzt, zerfällt er in C^5H^5 [$C^{10}H^{10}$, Myle], C^5H^6 [$C^{10}H^{12}$, Lemyle], $C^{10}H^{11}$, [$C^{20}H^{22}$] und Iodzink; auch bildet sich die Verbindung $C^{10}H^{11}Zn$. FRANKLAND. [$4C^{10}H^{11}J + 4Zn = C^{10}H^{10} + C^{10}H^{12} + C^{20}H^{22} + 4ZnJ$; und: $C^{10}H^{11}J + 2Zn = C^{10}H^{11}Zn + ZnJ$]. — Das reine Zink zersetzt den Iodmylafer erst bei 190°, und nur schwierig; das Kalium sehr leicht schon bei seinem Schmelzpuncte, unter Bildung derselben Producte, nur nicht von $C^{10}H^{11}K$. FRANKLAND. — Bei Gegenwart von Wasser zersetzt das Zink den Iodmylafer schon bei 142° und schneller in C^5H^6 [$C^{10}H^{12}$] und in Zinkoxyd-Iodzink. FRANKLAND. [$C^{10}H^{11}J+HO+2Zn = C^{10}H^{12}+ZnJ,ZnO$].

Brommylafer.

$C^{10}H^{11}Br = C^{10}H^{10},HBr$.

CAHOURS (1839). *Ann. Chim. Phys.* 70, 81; auch *J. pr. Chem.* 17, 224.

Bromamyl, bromwasserstoffsaures Amylen, Bromhydrate d'Amylène.

Durch Destillation von Fuselöl mit Phosphor und Brom, ähnlich wie bei Iodmylafer.

Wasserhell, schwerer als Wasser, unzersetzt destillirbar, von knoblauchartigem und stechenden Geruch und scharfem Geschmack.

			CAHOURS.		Maafs.	Dampfdichte.
10 C	60	39,74	41,79	C-Dampf	10	4,1600
11 H	11	7,28	7,55	H-Gas	11	0,7623
Br	80	52,98		Br-Dampf	1	5,5465
$C^{10}H^{11}Br$	151	100,00		Afer-Dampf	2	10,4688
					1	5,2344

Der Afer lässt sich durch einen flammenden Körper nur schwierig entzünden und verbrennt mit grünlicher Flamme. Er wird durch wässriges Kali langsam, durch weingeistiges rasch unter Bildung von Bromkalium zersetzt. Er hält sich im Sonnenlichte. Er löst sich in Weingeist und Aether. CAHOURS.

Chlormylafer.

$C^{10}H^{11}Cl = C^{10}H^{10},HCl$.

CAHOURS (1840). *Ann. Chim. Phys.* 75, 193.
BALARD. *N. Ann. Chim. Phys.* 12, 294; auch *J. pr. Chem.* 34, 128.

Chloramyl, Ether hydrochloramylique, Chlorhydrate d'Amilène.

Darstellung. 1. Man destillirt Fuselöl mit gleichviel Fünffach-chlorphosphor, wäscht das Destillat wiederholt mit kalihaltigem Wasser, trocknet es über Chlorcalcium und rectificirt es endlich in einem Bade von Kochsalzlösung. CAHOURS. — 2. Man destillirt Fuselöl mit starker Salzsäure unter öfterem Cohobiren, hebt den Afer vom sauren Destillat ab, und befreit ihn durch Waschen mit starker Salzsäure vom unverändert gebliebenen Fuselöl. BALARD. — 3. Man sättigt Fuselöl in einer tubulirten Retorte mit salzsaurem Gas, wobei es sich unter Wärmeentwicklung grün färbt, destillirt dann unter fortwährendem Durchleiten von salzsaurem Gas, wäscht den amethystroth übergegangenen Afer mit Wasser und kohlensaurem Natron, trocknet über Chlorcalcium und rectificirt. RIECKHER (*Jahrb. pr. Pharm.* 14, 1).

Eigenschaften. Farblose Flüssigkeit, bei 102° (100 bis 101°, BALARD) siedend, CAHOURS, von 3,805 Dampfdichte, BALARD, und ziemlich angenehmem gewürzhaften Geruche; neutral, Silberlösung nicht trübend. CAHOURS.

			CAHOURS.	BALARD.		Maafs.	Dampfdichte.
10 C	60	56,39	56,06	55,9	C-Dampf	10	4,1600
11 H	11	10,34	10,43	10,3	H-Gas	11	0,7623
Cl	35,4	33,27	33,44	33,5	Cl-Gas	1	2,4543
$C^{10}H^{11}Cl$	106,4	100,00	99,93	99,7	Afer-Dampf	2	7,3766
						1	3,6883

Der Afer verbrennt mit grüngesäumter Flamme, unter Freiwerden von Salzsäure. CAHOURS. — In einer mit trocknem Chlorgas gefüllten Flasche der Sonne dargeboten, verwandelt er sich unter erst schneller, dann abnehmender Entwicklung von Salzsäure in $C^{10}H^3Cl^9$, eine farblose, stark campherartig riechende Flüssigkeit, welche wahrscheinlich bei noch längerem Einwirken des Chlors völlig in $C^{10}Cl^{12}$ übergegangen wäre. CAHOURS. — Mit weingeistigem Kali oder mit Einfachschwefelkalium in einer zugeschmolzenen Röhre auf 100° erhitzt, zersetzt er sich in Mytäther und Chlorkalium oder in Schwefelmylafer und Chlorkalium. BALARD. $C^{10}H^{11}Cl + KO = C^{10}H^{11}O + KCl$; und: $C^{10}H^{11}Cl + KS = C^{10}H^{11}S + KCl$. In der Kälte wirken weingeistiges Kali und Schwefelkalium nicht ein. — Bei der Destillation mit Kalkkalihydrat geht Myle über. BALARD.

Der Afer löst sich nicht in Wasser. CAHOURS.

Chloramylal.

CAHOURS. *Ann. Chim. Phys.* 70, 81; auch *Ann. Pharm.* 30, 299.

Leitet man Chlorgas einige Stunden durch ungefähr 30 Gramm Fuselöl, so erfolgt die Absorption anfangs unter Bildung von viel Salzsäure, Bräunung und Erhitzung bis zum Kochen, so dass man von aufsen abkühlen muss, später langsam, und ist durch gelindes Erwärmen zu unterstützen, bis das Chlor nicht mehr einwirkt. Das gebildete braune Oel wird wiederholt mit Wasser gewaschen, welches kohlensaures Natron hält, dann über Chlorcalcium digerirt und 2 bis 3 mal rectificirt.

So erhält man ein blassgelbes Oel, schwerer als Wasser, gegen 180° siedend, dessen Dunst beim Einathmen Husten erregt, und welches erst geschmacklos ist, dann sehr scharf schmeckt.

Die frisch bereitete weingeistige Lösung fällt nicht die Silberlösung, aber beim Stehen wird sie sauer und fällt das Silber.

Das Chloramylal löst sich nicht in Wasser und alkalischen Flüssigkeiten, aber in Weingeist und Aether. CAHOURS.

			CAHOURS.
10 C	60	43,60	44,23
$1\frac{1}{2}$ Cl	53,1	38,59	38,38
$8\frac{1}{2}$ H	8,5	6,18	6,05
2 O	16	11,63	11,34
	137,6	100,00	100,00

Wahrscheinlich war die Wirkung des Chlors noch nicht vollständig. CAHOURS. [Also vielleicht: $C^{10}Cl^2H^8,O^2$].

Gepaarte Verbindungen des Stammkerns $C^{10}H^{10}$.

Kohlen-Mylester.

$$C^{11}H^{11}O^3 = C^{10}H^{11}O,CO^2.$$

MEDLOCK (1849). *Ann. Pharm.* 69, 217.

Kohlensaures Amyloxyd.

Bei der Destillation des nach 2) bereiteten Chlorameisenmylesters (s. unten) geht, nachdem sich Kohlensäure und Salzsäure entwickelt haben, und der Siedpunct auf 224° gestiegen und hier stetig geworden ist, das Kohlenmylester über, welches nochmals zu rectificiren ist.

Durchsichtige Flüssigkeit von 0,9144 spec. Gew., bei 224° stetig siedend, und nicht unangenehm riechend.

			MEDLOCK.
11 C	66	65,35	65,19
11 H	11	10,89	10,94
3 O	24	23,76	23,87
$C^{11}H^{11}O^3$	101	100,00	100,00

Der Ester zerfällt mit weingeistigem Kali sogleich in Fuselöl und kohlensaures Kali, welches eine Verdickung der Flüssigkeit bewirkt. — Er bildet mit wässrigem oder weingeistigem Kali nichts Uräthanartiges. MEDLOCK.

Drittel-Bormylester.

$$C^{30}H^{33}BO^6 = 3C^{10}H^{11}O,BO^3.$$

EBELMEN u. BOUQUET (1846). *N. Ann. Chim. Phys.* 17, 61; auch *J. pr. Chem.* 38, 219.

Drittelborsaures Methyloxyd, Protoborate amylique.

Darstellung. Man leitet, wie beim Drittel-Borvinester (IV, 707), ein Gemenge von Chlorboron und Kohlenoxyd durch Fuselöl, bis sich Salzsäure zu entwickeln beginnt, und sich über die mit Salzsäure beladene Schicht ein Oel erhebt, decanthirt dieses und rectificirt es, indem man das zwischen 260 bis 280° Uebergehende für sich auffängt, und rectificirt dieses nochmals.

Eigenschaften. Farbloses Oel von 0,870 spec. Gew. bei 0°. Es siedet zwischen 270 und 275°, und hat 10,55 Dampfdichte. Es riecht schwach nach Fuselöl.

			EBELMEN u. BOUQUET.		Maafs.	Dampfdichte.
30 C	180	66,22	65,6	C-Dampf	30	12,4800
33 H	33	12,14	12,3	H-Gas	33	2,2869
3 O	24	8,83		B-Dampf	1	0,7487
BO^3	34,8	12,81	11,9	O-Gas	3	3,3279
$C^{30}H^{33}O^3,BO^3$	271,8	100,00		Ester-Dampf	2	18,8435
					1	9,4217

Der Ester brennt mit weifser grüngesäumter Flamme und unter Verbreitung von Boraxsäure-Nebeln. — Er zersetzt sich mit Wasser in Boraxsäure und Fuselöl. EBELMEN u. BOUQUET.

Doppelt-Bormylester.

$$C^{10}H^{11}B^{2}O^{7} = C^{10}H^{11}O,2BO^{3}.$$

EBELMEN (1846). *N. Ann. Chim. Phys.* 16, 139; auch *Ann. Pharm.* 57, 320; auch *J. pr. Chem.* 37, 355.

Zweifachborsaures Amyloxyd, Deutoborate amylique.

Bildung und Darstellung. Beim Mengen von 2 Th. Fuselöl mit 1 Th. gepulverter verglaster Boraxsäure tritt geringe Wärmeentwicklung ein, und das Gemenge lässt bei 180° fast nichts übergehen, aber tritt jetzt an wasserfreien Aether den Ester ab, der beim Abdampfen des Filtrats, zuletzt bei 250 bis 270°, zurückbleibt.

Eigenschaften. Dem Doppelt-Borvinester ähnlich, gelblich, durchsichtig; lässt sich bei 20° in lange Fäden ausziehen, wie erweichtes Glas. Riecht nach Fuselöl und schmeckt brennend.

			EBELMEN.
10 C	60	40,38	39,1
11 H	11	7,40	7,3
O	8	5,38	8,6
2 BO^3	69,6	46,84	45,0
$C^{10}H^{11}O,2BO^3$	148,6	100,00	100,0

Der Ester hält sich bis 300°; über 300° verbreitet er an der Luft weiſse Nebel, bläht sich dann auf und lässt geschmolzene Boraxsäure. — Er brennt mit grüner Flamme. — Er wird durch Wasser, auch durch die feuchte Luft in Boraxsäure und Fuselöl zersetzt. EBELMEN.

Phosphorig-Mylester.

$$C^{20}H^{23}PO^{6} = 2C^{10}H^{11}O,PHO^{4}.$$

WURTZ (1845). *N. Ann. Chim. Phys.* 16, 221; auch *Ann. Pharm.* 58, 75; Ausz. *Compt. rend.* 21, 358.

Amylphosphorsaures Amyloxyd, Ether amylophosphoreux.

Bildung (V, 548). — *Darstellung.* Man tröpfelt in 1 Maaſs Fuselöl langsam 1 M. Dreifachchlorphosphor und dann sehr langsam etwas Wasser unter guter Abkühlung des Gefäſses, damit durch die zu starke Hitze keine Färbung eintrete. Ist aller überschüssige Chlorphosphor durch das Wasser zersetzt, so schüttelt man das Gemisch mit einem gleichen Volum Wasser zusammen, decanthirt das sich in der Ruhe erhebende ölige Gemisch von Phosphorig-Mylester und amylphosphoriger Säure, befreit es durch wiederholtes Waschen mit Wasser von der Salzsäure und durch Waschen mit verdünntem kohlensauren Natron von der amylphosphorigen Säure, bis der zurückbleibende Ester nicht mehr Lackmus röthet, wäscht ihn dann noch 2mal mit Wasser, und erhitzt ihn im Vacuum mehrmals auf 80 bis 100°, um Wasser und Chlormylafer zu verflüchtigen. Sollte der Ester gefärbt sein, so wird er im Vacuum rectificirt, doch ist dies immer mit einiger Zersetzung verknüpft, denn das Destillat hält etwas Fuselöl und es bleibt ein saurer Rückstand.

Eigenschaften. Farbloses oder blassgelbes Oel von 0,967 spec. Gew. bei 19°. Siedet erst in starker Hitze und unter einiger Zersetzung.

Riecht schwach nach Fuselöl; schmeckt sehr stechend und unangenehm.

			WURTZ.
20 C	120	53,96	54,27
23 H	23	10,34	10,38
P	31,4	14,12	12,55
6 O	48	21,58	22,80
$C^{20}H^{23}PO^{6}$	222,4	100,00	100,00

Wegen Beimischung von Fuselöl oder Chlormylafer wurde etwas zu viel C und etwas zu wenig *P* erhalten. WURTZ.

Zersetzungen. 1. Der Ester, in Dampfgestalt durch eine glühende Röhre geleitet, liefert Gase, worunter auch Phosphorwasserstoffgas. — 2. Der Ester lässt sich durch einen flammenden Körper entzünden, wenn er stark erhitzt ist; damit getränktes Papier brennt beim Entzünden mit weifser Phosphorflamme. — 3. Er absorbirt Chlorgas unter Entwicklung von Wärme und Salzsäure; im Dunkeln bei 0° entsteht hierbei ein Product mit 1 At. Chlor; bei Mitwirkung von Wärme und Licht bilden sich sehr chlorreiche Producte, welche farblos und klebrig sind, und sich nach einiger Zeit unter Entwicklung von Salzsäure zersetzen. — 4. Salpetersäure wirkt heftig ein, wobei gelbe Oeltropfen übergehen und sich ein starker Geruch nach Baldriansäure entwickelt. — 5. Beim Kochen des Esters mit Silberlösung entsteht unter einiger Reduction ein schwarzes Magma, welches phosphorsaures Silberoxyd hält. — 6. An feuchter Luft oder in schlecht verschlossenen Gefäfsen wird der Ester allmälig sauer. — 7. Durch kochende wässrige Alkalien wird er schnell in übergehendes Fuselöl und zurückbleibendes phosphorigsaures Alkali zersetzt. WURTZ.

Amylphosphorige Säure.

$C^{10}H^{13}PO^{6} = C^{10}H^{12}O^{2},PHO^{4}$.

WURTZ. *N. Ann. Chim. Phys.* 16, 227; auch *Ann. Pharm.* 58, 75; Ausz. *Compt. rend.* 21, 358.

Acide amylophosphoreux.

Bildung (V, 548). — *Darstellung.* Nachdem das ölige Gemisch von Phosphorig-Mylester und amylphosphoriger Säure durch Waschen mit Wasser von der Salzsäure befreit ist (V, 573), zieht man aus ihm durch verdünntes kohlensaures Natron (concentrirtes würde auch den Ester lösen) die amylphosphorige Säure aus, trennt die alkalische Lösung vom darauf schwimmenden Ester mechanisch, entzieht den noch darin gelösten Theil durch Schütteln mit Vinäther, und übersättigt die alkalische Lösung mit Salzsäure, wodurch unter starker Trübung die Ausscheidung der amylphosphorigen Säure bewirkt wird, welche sich anfangs als ein Oel wegen Gehalts an Vinäther erhebt, aber nach dessen Verdunsten niedersinkt. Um endlich dieses Oel vom Chlornatrium zu befreien, löst man es in Wasser, fällt es wieder durch Salzsäure, erwärmt es nach dem Decanthiren der wässrigen Salzsäure gelinde und bringt es ins Vacuum, zur Entfernung des Wassers und der Salzsäure.

Eigenschaften. In Wasser niedersinkendes Oel, in frischem Zustande fast geruchlos, aber sehr sauer.

			Wurtz.
10 C	60	39,37	39,47
13 H	13	8,53	8,55
P	31,4	20,60	19,72
6 O	48	31,50	32,26
$C^{10}H^{13}PO^6$	152,4	100,00	100,00

Zersetzungen. 1. Die Säure liefert bei der trocknen Destillation viel brennbare Gase und wenig flüssiges Destillat unter Rücklassung von Phosphorigsäure-Hydrat, welches bei weiterem Erhitzen Phosphorwasserstoffgas entwickelt. — 2. Sie verbrennt mit stark rufsender Flamme und lässt das Hydrat der phosphorigen Säure. — 3. Sie reducirt die Silbersalze. — 4. Nach längerem Aufbewahren löst sie sich nicht mehr völlig in Wasser, und diese Lösung zersetzt sich dann schnell in Fuselöl und phosphorige Säure. Auch die aus dem länger aufbewahrten Natronsalz durch Salzsäure geschiedene Säure zeigt dieses Verhalten.

Verbindungen. Sie löst sich leicht in *Wasser*, und wird daraus durch Salzsäure gefällt.

Sie zersetzt die kohlensauren Alkalien unter Aufbrausen. Ihre Salze zersetzen sich leicht.

Das *Kali-* und *Natron-Salz* lassen sich blofs in gallertartigem Zustande erhalten.

Das *Barytsalz* trocknet im Vacuum zu einer weichen, zerfliefslichen Masse aus.

Das *Bleisalz* ist ein weifser käsiger Niederschlag, der sich selbst im trocknen Zustande zersetzt, und im feuchten Zustande schnell unter Entwicklung des Geruchs nach Fuselöl. Wurtz.

Amylschweflige Säure.

$$C^{10}H^{12}S^2O^6 = C^{10}H^{12}O^2,2SO^2.$$

Erdmann u. Gerathewohl (1845). *J. pr. Chem.* 34, 447.
Medlock. *Ann. Pharm.* 69, 224.

Sulfamylschwefelsäure, Erdmann u. Gerathewohl, *Amylunterschwefelsäure*, Medlock, *Acide sulfoamylolique*.

Bildung. Das Hauptproduct der Wirkung der Salpetersäure auf Mylemercaptan, Erdmann u. Gerathewohl, oder auf Schwefelcyanmylafer, Medlock, oder auf Doppeltschwefelamyl, Henry.

Darstellung. 1. Man fügt zu gelinde erwärmter Salpetersäure von 1,25 spec. Gew. in einer tubulirten Retorte Mylmercaptan sehr allmälig und in kleinen Antheilen, damit sich das Gemisch nicht zu stark erhitze und mit den salpetrigen Dämpfen kein unzersetztes Mylemercaptan entweichen lasse, und zwar so lange, als sich beim Erwärmen noch Oxydationserscheinungen zeigen. Man befreit die im untern Theil der Retorte befindliche saure Schicht, welche amylschweflige Säure, Salpetersäure und wenig Schwefelsäure hält, von der darauf schwimmenden öligen, dampft erstere im Wasserbade ab, bis aller Geruch nach salpetriger und Salpeter-Säure verschwunden ist, verdünnt den bleibenden wasserhellen Syrup, welcher mit wenig Schwefelsäure verunreinigte amylschweflige Säure ist, und zur Darstellung der meisten amylschwefligsauren Salze benutzt werden kann (da diese in Weingeist löslich sind, die schwefelsauren Salze nicht), mit Wasser, sättigt die Lösung mit kohlensaurem Bleioxyd, filtrirt vom schwefelsauren Bleioxyd ab, behandelt das Filtrat mit Hydrothiongas, filtrirt, und dampft im Wasserbade bis zum Syrup ab. ERDMANN u. GERATHEWOHL. — 2. Man erwärmt ein Gemisch von gleichviel Schwefelcyanmylafer und mäfsig starker Salpetersäure, nachdem die erste stürmische Einwirkung vorüber ist, gelinde in einer Retorte, und zwar unter Cohobiren und bisweiligem Zufügen von Salpetersäure, bis die letzten Spuren von Schwefelcyanmylafer verschwunden sind, dampft die in der Retorte gebliebene Flüssigkeit in einer Schale im Wasserbade ab, löst die bleibende rothe Flüssigkeit in Wasser und dampft wieder ab, um die letzten Spuren von Salpetersäure zu verjagen, sättigt die bleibende fast farblose Flüssigkeit, die wenig Schwefelsäure hält, nach dem Verdünnen mit Wasser mit kohlensaurem Bleioxyd, dampft das Filtrat zum Krystallisiren ab, löst die erhaltenen Krystalle in Wasser, fällt das Blei durch Hydrothion, und dampft das Filtrat im Wasserbade ab. MEDLOCK.

Eigenschaften. Wasserheller Syrup von eigenthümlichem Geruch und sehr saurem Geschmack, der selbst im Vacuum über Vitriolöl keine Krystalle liefert. ERDMANN u. GERATHEWOHL. Derselbe erstarrt im Vacuum über Vitriolöl allmälig zu einer Krystallmasse. MEDLOCK.

Zersetzung. Die Säure verkohlt sich beim Erwärmen unter Entwicklung eines sehr widrigen Geruchs. MEDLOCK.

Verbindungen. Die Säure zieht an der Luft Wasser an, ERDMANN u. GERATHEWOHL, und zerfliefst, MEDLOCK.

Man erhält die *amylschwefligsauren Salze, Sulfoamylolates,* durch Sättigung der wässrigen Säure mit der reinen oder kohlensauren Basis oder durch Fällen ihres Barytsalzes mittelst eines schwefelsauren Salzes. Sie krystallisiren leicht und gleichen äufserlich den weinschwefligsauren Salzen. ERDMANN u. GERATHEWOHL. Ihre Formel ist $C^{10}H^{11}BaO^2,2SO^2$.

Das *Ammoniak-* und das *Kali-Salz* schiefsen in Blättchen an, leicht in Wasser und Weingeist löslich. ERDMANN u. GERATHEWOHL.

Amylschwefligsaurer Baryt. — Man lässt die filtrirte Lösung des kohlensauren Baryts in der Sonne auf dem Wasserbade (oder besser freiwillig, MEDLOCK) verdunsten. Wasserhelle (perlglänzende, MEDLOCK), fettig anzufühlende Blättchen. Sie verlieren bei 100° Wasser, zersetzen sich noch nicht bei 160° und verbrennen bei stärkerer Hitze mit bläulicher Schwefelflamme. ERDMANN u. GERATHEWOHL. Sie sind wasserfrei, und erleiden daher bei 100° nur einen sehr geringen Verlust. MEDLOCK. — Sie zeigen auf Wasser dieselben Bewegungen, wie buttersaurer Baryt, lösen sich in 10 Th. Wasser von 19°, in weniger heifsem und auch in Weingeist. ERDMANN u. GERATHEWOHL. Sie lösen sich sehr leicht in Wasser und Weingeist. MEDLOCK.

			ERDMANN u. GERATHEWOHL.		MEDLOCK.
10	C	60	27,32	26,92	27,46
11	H	11	5,01	5,03	5,22
	Ba	68,6	31,24	31,31	31,11
2	S	32	14,57	15,33	
6	O	48	21,86	21,41	
$C^{10}H^{11}BaO^2,2SO^4$		219,6	100,00	100,00	

Amylschwefligsaurer Kalk. — Farblose, leicht in Wasser und Weingeist lösliche Blättchen. ERDMANN u. GERATHEWOHL.

Amylschwefligsaures Bleioxyd. — Das durch Umkrystallisiren aus Weingeist gereinigte Salz erscheint in farblosen, strahlig vereinigten Blättchen, welche bei 120° 23,48 Proc. [8 At.] Wasser verlieren, bei stärkerer Hitze sich bräunen, höchst widrig riechende Dämpfe verbreiten, und endlich mit bläulicher Schwefelflamme verbrennen. ERDMANN u. GERATHEWOHL. Durch freiwilliges Verdunsten der wässrigen Lösung erhält man wasserfreie seidenglänzende Nadeln, welche beim Erhitzen einen höchst widrigen Geruch verbreiten und Schwefelblei lassen. MEDLOCK. Das Salz löst sich sehr leicht in Wasser, MEDLOCK, und so reichlich in heifsem Weingeist, dass die Lösung beim Erkalten völlig erstarrt, ERDMANN u. GERATHEWOHL.

			ERDMANN u. GERATHEWOHL. Bei 100° im Vacuum.	MEDLOCK. Lufttr. Krystalle.
10 C	60	23,53	24,02	23,65
11 H	11	4,32	4,64	4,23
Pb	104	40,78	40,58	40,67
2 S	32	12,55		
6 O	48	18,82		
$C^{10}H^{11}PbS^2O^6$	255	100,00		

Amylschwefligsaures Kupferoxyd. — Blaugrüne Tafeln, welche über Vitriolöl schon bei Mittelwärme unter Wasserverlust undurchsichtig werden. ERDMANN u. GERATHEWOHL. Indem man die mit kohlensaurem Kupferoxyd gesättigte Säure im Wasserbade zur Trockne abdampft, mit absolutem Weingeist auszieht und das Filtrat in einem engen Gefäfse freiwillig verdunsten lässt, erhält man wasserfreie Krystallblättchen. MEDLOCK.

	Krystalle.		MEDLOCK.
10 C	60	32,80	32,64
11 H	11	6,01	6,16
Cu	32	17,48	17,33
2 S	32	17,48	
6 O	48	26,23	
$C^{10}H^{11}CuS^2O^6$	183	100,00	

Amylschwefligsaures Silberoxyd. — Die mit kohlensaurem Silberoxyd gesättigte Säure liefert nach nicht zu starkem Abdampfen wasserhelle rhombische Tafeln, erstarrt aber nach zu starkem Einengen beim Erkalten zu einer, dem geronnenen Eiweifs ähnlichen amorphen Gallerte, die unter dem Mikroskop aus verfilzten feinen Haaren besteht. ERDMANN u. GERATHEWOHL.

	Bei 100°.		ERDM. u. GER.
10 C	60	23,16	21,28
11 H	11	4,25	3,99
Ag	108	41,70	43,89
2 S	32	12,36	
6 O	48	18,53	
$C^{10}H^{11}AgS^2O^6$	259	100,00	

DANSON (*Quart. J. chem. Soc.* 3, 158) bereitet die amylschweflige Säure aus Doppeltschwefelamyl und Salpetersäure.

Amylschwefelsäure.

$C^{10}H^{12}S^{2}O^{8} = C^{10}H^{12}O^{2},2SO^{3}$.

Cahours (1839). *Ann. Chim. Phys.* 70, 86; auch *J. pr. Chem.* 17, 216.
Kekule. *Ann. Pharm.* 75, 275.

Acide sulfamylique.

Darstellung. Man verdünnt das Gemisch von gleichen Theilen Fuselöl und Vitriolöl (nach längerem Stehen, bis Wasser kein Fuselöl mehr ausscheidet, Kekule) mit Wasser, sättigt diese *rohe Amylschwefelsäure* mit kohlensaurem Baryt, dampft die vom schwefelsauren Baryt abfiltrirte Lösung ab, befreit die nach dem Erkalten erhaltenen Krystalle des amylschwefelsauren Baryts auf Fliefspapier von der Mutterlauge, und reinigt sie durch Schütteln ihrer wässrigen Lösung mit Thierkohle und 2maliges Krystallisiren mittelst freiwilligen Verdunstens. Die Lösung dieser Krystalle, durch die angemessene Menge Schwefelsäure gefällt, liefert durch Filtriren und Abdampfen die reine Säure. Cahours. — Kekule zieht die Darstellung des Bleisalzes und dessen Zersetzung durch Hydrothion vor, worauf Er das farblose Filtrat behutsam bis zum schwachen Syrup abdampft.

Eigenschaften. Farbloser dünner Syrup, der bei freiwilligem Verdunsten bisweilen feine Nadeln absetzt (Kekule vermochte keine Krystalle zu erhalten). Schmeckt sauer und bitter (scharf sauer, Kekule), und röthet stark Lackmus. Cahours.

Zersetzungen. 1. Die concentrirte wässrige Säure zersetzt sich von selbst in Fuselöl und Schwefelsäure, und zwar langsam in der Kälte und im Vacuum (oder an der Luft, Kekule), rasch beim Kochen, Cahours; um so schneller, je concentrirter, Kekule. — 2. Sie wird durch Chlor in der Kälte, und durch Salpetersäure in der Hitze zersetzt. Kekule.

Verbindungen. Die Säure löst sich sehr leicht in *Wasser*. Cahours. Die *amylschwefelsauren* Salze, *Sulfamylates*, sind in der Regel $C^{10}H^{11}MO^{2},2SO^{3}$. Cahours. Sie sind meist krystallisirbar, schmecken bitter und fühlen sich seifenartig an. Ihre Krystalle halten gewöhnlich Wasser und verwittern dann häufig. Kekule. Sie zerfallen beim Kochen ihrer wässrigen Lösung in schwefelsaures Salz, freie Schwefelsäure und Fuselöl. Cahours. Diese Zersetzung erfolgt schon bei Mittelwärme langsam, selbst in den krystallisirten Salzen, doch können diese meistens bei 100°, noch ehe die Zersetzung eintritt, entwässert werden. Kekule. Die Zersetzung durch trockne Destillation s. beim Kalksalz. Alle amylschwefelsaure Salze lösen sich in Wasser, Cahours, und in Weingeist, sehr wenig in Aether, Kekule.

Amylschwefelsaures Ammoniak. — Das von der Fällung des Kalksalzes durch kohlensaures Ammoniak erhaltene Filtrat liefert bei freiwilligem Verdunsten farblose bittere Krystallschuppen und beim Abdampfen im Wasserbade eine warzige Krystallmasse. Die Krystalle verlieren nichts bei 100°, fangen von 140° an, sich zu zersetzen und verbrennen dann unter Rücklassung von Kohle. Sie zerfliefsen etwas an feuchter Luft und lösen sich höchst leicht in Wasser, worauf sie sich lebhaft bewegen, schwerer in Weingeist, nicht in Aether. Kekule.

	Krystalle.		KEKULE.
10 C	60	32,43	32,36
N	14	7,57	
15 H	15	8,11	8,33
2 O	16	8,65	
2 SO^3	80	43,24	
$C^{10}H^{11}(NH^4)O^2,2SO^3$	185	100,00	

Amylschwefelsaures Kali. — Die Lösung liefert bei freiwilligem Verdunsten farblose Nadelbüschel von sehr bitterem Geschmack, CAHOURS, oder aus seidenglänzenden Nadeln zusammengefügte Warzen, KEKULE. Diese verwittern an der Luft und bräunen sich dann etwas unter Freiwerden von Fuselöl und Schwefelsäure. Sie verlieren im Vacuum oder bei 100° 3,99 Proc. (1 At.) Wasser, ohne weitere Zersetzung, blähen sich bei 170° stark auf, schmelzen dann, und lassen einen schwarzen Schaum. KEKULE. Das Salz löst sich leicht in Wasser und schwachem Weingeist, CAHOURS, schwerer in starkem, aus dessen heifser Lösung es in feinen Nadeln anschiefst, nicht in Aether. KEKULE.

	Im Vacuum getrocknet.		CAHOURS.	KEKULE.
10 C	60	29,10	29,39	
11 H	11	5,33	5,13	
O	8	3,88	3,89	
KO,SO^3	87,2	42,29	42,21	42,39
SO^3	40	19,40	19,38	
$C^{10}H^{11}KO^2,2SO^3$	206,2	100,00	100,00	

Amylschwefelsaures Natron. — Durch Fällen des Kalksalzes mit kohlensaurem Natron und freiwilliges Verdunsten des bittern Filtrats erhält man mit kleinen Krystallen besetzte Warzen. Diese blähen sich bei 35° [135°?] unter Erweichung und Wasserverlust auf und fangen bei 145° an sich weiter zu zersetzen. Sie lösen sich reichlich in kaltem Wasser und zu jeder Menge in heifsem; aus heifsem Weingeist schiefsen sie in strahligen langen Blättern an; von Aether werden sie nicht gelöst. KEKULE.

Krystalle, zwischen Papier getrocknet.			KEKULE.
$C^{10}H^{11}O$	79	36,38	
NaO,SO^3	71,2	32,78	32,82
SO^3	40	18,42	
3 HO	27	12,42	12,19
$C^{10}H^{11}NaO^2,2SO^3+3Aq$	217,2	100,00	

Amylschwefelsaurer Baryt. — *Darstellung* (V, 378). Auf der mit kohlensaurem Baryt gesättigten und filtrirten Säure schwimmt meistens ein braunes Oel, welches aber nach dem Abdampfen mittelst Filtration durch ein nasses Filter geschieden werden kann; etwaige Färbung des Filtrats wird durch Schütteln mit Kohle leicht beseitigt. KEKULE. — Stark perlglänzende, sehr bitter schmeckende Blättchen, CAHOURS, oder bei freiwilligem Verdunsten grofse klare biegsame rhombische Tafeln, KEKULE. Die Krystalle verwittern an trockner Luft und verlieren im Vacuum 6,66 Proc. (das eine At.) Wasser. Sie fangen bei 95° an sich zu zersetzen, und zwar, wenn sie nicht zuvor getrocknet waren, unter Schmelzung. KEKULE. Sie entwickeln etwas über 200° ein Oel und lassen schwefelsauren Baryt mit Kohle. Ihre wässrige Lösung zerfällt bei längerem Kochen in Fuselöl, Schwefelsäure und schwefelsauren Baryt. Sie lösen sich sehr leicht in Wasser, leichter in warmem als kaltem Weingeist, nicht in Aether. CAHOURS.

	Krystalle, theilweise entwässert.		Cahours. Bei 100°.	Medlock. Kalt im Vacuum.		Lufttrockne Krystalle.		Kekulé.
10 C	60	24,53	24,36		10 C	60	23,66	
12 H	12	4,91	4,93		13 H	13	5,13	
2 O	16	6,54	6,86		3 O	24	9,45	
BaO,SO^3	116,6	47,67	47,45	47,43	BaO,SO^3	116,6	45,98	45,93
SO^3	40	16,35	16,40		SO^3	40	15,78	
$C^{10}H^{11}BaO^2,2SO^3$+Aq	244,6	100,00	100,00		+2 Aq	253,6	100,00	

Amylschwefelsaurer Strontian. — Weifse Krystallwarzen, welche an der Luft sich bräunen, beim Glühen 39,82 Proc. schwefelsauren Strontian lassen, also 2 At. Wasser halten und welche sich leicht in Wasser und schwachem Weingeist, schwer in absolutem Weingeist und nicht in Aether lösen. Kekulé.

Amylschwefelsaurer Kalk. — Man sättigt die rohe Säure zuerst, um unnöthiges Aufbrausen zu vermeiden, mit Kalkhydrat, das aber nicht überschüssig werden darf, und erst zuletzt mit Kreide, mischt das abgedampfte Filtrat mit Weingeist zur Fällung allen Gypses, filtrirt wieder und verdunstet. Kekulé. — Weifse, fett anzufühlende, bitter und schwach stechend schmeckende Krystallwarzen. Cahours. — Die Krystalle verwittern an trockner Luft und verlieren im Vacuum 8,55 Proc. (2 At.) Wasser. Sie entwickeln beim Aufbewahren oder beim Erwärmen im Wasserbade langsam etwas Fuselöl. Allmälig von 100° auf 150° erhitzt, entwickeln sie unter Weichwerden und Schwärzung zuerst schweflige Säure, wenig Kohlensäure und einen brennbaren Dampf, und zuletzt mehr Kohlensäure mit Schwefel, während schwefelsaurer Kalk und Kohle bleiben. Der brennbare Dampf verdichtet sich zu einem, durch eine Schwefelverbindung verunreinigten, öligen Gemisch von Myle, $C^{10}H^{10}$, und, im Verlaufe der Destillation überhand nehmenden, Myläther, $C^{10}H^{11}O$. — Durch wiederholte gebrochene Destillation dieses Oelgemisches erhält man das flüchtigere *Myle* als ein farbloses, auf Wasser schwimmendes Oel von 42° stetigem Siedpunct und 2,4271 Dampfdichte, geschmacklos, aber, wegen einer beigemischten Schwefelverbindung schwach zwiebelartig riechend. Es hält 83,50 Proc. C und 14,55 H. — Der ebenfalls durch eine Schwefelverbindung verunreinigte *Myläther* zeigt keinen stetigen Siedpunct und wird bei jedesmaliger Rectification unter Bräunung des Rückstandes theilweise zersetzt. Der zwischen 165 und 175° übergehende Theil hält 73,96 Proc. C, 13,54 H und 12,50 O. Kalte Salpetersäure bildet damit ohne Zersetzung ein purpurnes Gemisch und Vitriolöl einen rothen Syrup, aus welchen beiden Wasser wieder das farblose Oel scheidet. Kekulé. — Der amylschwefelsaure Kalk löst sich leicht in kaltem, weniger in heifsem Wasser, daher sich die kalt gesättigte Lösung beim Kochen trübt. Cahours [von Gyps?]. Die heifse wässrige Lösung erstarrt beim Erkalten; sie wittert beim Verdunsten stark aus. Das Salz löst sich nicht viel reichlicher in heifsem Weingeist, als in kaltem; es löst sich nicht in Aether. Kekulé.

	Lufttrockne Krystalle.		Cahours.
10 C	60	30,62	31,00
12 H	12	6,12	6,00
2 O	16	8,16	8.12
CaO,SO^3	68	34,69	34,63
SO^3	40	20,41	20,25
$C^{10}H^{11}CaO^2,2SO^3$+Aq	196	100,00	100,00

Nach Kekulé sind in den frischen Krystallen 2 At. Aq anzunehmen. s. o.

Amylschwefelsaure Bittererde. — Die Lösung der kohlensauren Bittererde in der reinen wässrigen Säure liefert bei freiwilligem Verdunsten wasserhelle, perlglänzende, länglich-rhombische Blättchen, welche ihre 4 At. Wasser nur schwierig völlig verlieren, beim Glühen an der Luft 28,2 Proc. schwefelsaure Bittererde lassen, und sich in Wasser und Weingeist, aber nicht in Aether lösen. Kekulé.

Amylschwefelsaure Alaunerde. — Die farblose saure Lösung des Alaunerdehydrats in der Säure lässt im Vacuum über Vitriolöl eine bittere Gallerte, die sich beim Stehen bald zersetzt, an feuchter Luft schnell zerfliefst und auch in Weingeist und Aether löslich ist. Kekulé.

Amylschwefelsaures Manganoxydul. — Die blassrothe Lösung des kohlensauren Oxyduls in der reinen Säure liefert im Vacuum fast farblose, klare, luftbeständige Nadeln. Diese lassen beim Glühen an der Luft 32,82 Proc. schwefelsaures Manganoxydul, halten also 4 At. Wasser. Ihre Lösung in Wasser setzt an der Luft langsam braune Warzen ab, die Chlorbaryum fällen. Die Nadeln lösen sich auch in Weingeist, nicht in Aether. Kekulé.

Amylschwefelsaures Zinkoxyd. — Aus der Lösung des kohlensauren Oxyds in der Säure schiefsen beim Verdunsten perlglänzende Blättchen an, die sich bei 110° zersetzen, und die sich in Wasser und Weingeist lösen. Kekulé.

Krystalle, zwischen Papier getrocknet.			Kekulé.
$C^{10}H^{11}O,2SO^3$	159	73,20	
ZnO	40,2	18,51	18,50
2 HO	18	8,29	8,49
$C^{10}H^{11}ZnO^2,2SO^3 + 2Aq$	217,2	100,00	

Amylschwefelsaures Bleioxyd. — a. *Halb.* — Man sättigt die wässrige Säure oder das Bleisalz b durch Digestion mit Bleioxyd. Das farblose neutrale Filtrat setzt kleine Krystalle ab; es lässt bei raschem Abdampfen eine farblose zähe Masse; es bedeckt sich an der Luft mit einer Haut von kohlensaurem Bleioxyd und geht in Salz b über. Kekulé.

b. *Einfach.* — Durch Lösen von kohlensaurem Bleioxyd in der Säure. Cahours. Man verdunstet die filtrirte Lösung von Bleiweifs in der rohen Säure behutsam, zuletzt kalt über Vitriolöl. Kekulé. — Weifse Blättchen von süfsem und bitterlichen Geschmacke, Cahours; farblose, bittersüfse, Lackmus röthende Krystallwarzen, Kekulé. Die zwischen Papier getrockneten Krystalle lassen beim Glühen an der Luft 52,32 Proc. (54,91, Kekulé) schwefelsaures Bleioxyd, sind also $= C^{10}H^{11}PbO^2,2SO^3 + Aq$. Cahours. Die wässrige Lösung setzt langsam beim Aufbewahren, rasch beim Kochen schwefelsaures Bleioxyd ab. Cahours. Das Salz löst sich sehr leicht in Wasser, Cahours, leicht in Weingeist, nicht in Aether, Kekulé.

Amylschwefelsaures Eisenoxydul. — Die wässrige Säure gibt mit Eisen unter Wasserstoffentwicklung eine blassgrüne, süfslich-bittere, Lackmus röthende Lösung, aus der beim Abdampfen, unter Absatz brauner Oxydflocken, blassgrüne Krystallkörner anschiefsen. Diese färben sich an der Luft schnell gelb und lösen sich in Wasser und Weingeist, und mit grüner Farbe in Aether. Kekulé.

Amylschwefelsaures Eisenoxyd. — Die gelbe Lösung des Oxydhydrats in der Säure gibt beim Verdampfen kleine gelbe, leicht zersetzbare, zerfliefsliche Krystallkörner. KEKULE.

Amylschwefelsaures Kobaltoxydul. — Durch Fällen des Barytsalzes mittelst schwefelsauren Kobaltoxyduls und Abdampfen des Filtrats erhält man rosenrothe, sehr leicht in Wasser lösliche Blätter. CAHOURS.

Amylschwefelsaures Nickeloxydul. — Beim Verdunsten der Lösung des Oxydulhydrats in der Säure entstehen grüne, zu Warzen vereinigte längliche Blättchen, an feuchter Luft zerfliefsend, in Wasser und Weingeist, nicht in Aether löslich. Sie halten 17,2 Proc. Nickeloxydul, also 2 At. Wasser. KEKULE.

Amylschwefelsaures Kupferoxyd. — Grünblaue, seidenglänzende, sehr feine Blätter, sehr leicht in Wasser löslich. CAHOURS. Die blaue Lösung des kohlensauren Oxyds in der Säure gibt über Vitriolöl blassblaue grofse, längliche, luftbeständige Tafeln, welche 17,05 Proc. Kupferoxyd, also 4 At. Wasser halten, und welche sich leicht in Wasser und schwachem Weingeist, weniger in absolutem und nicht in Aether lösen. KEKULE.

Amylschwefelsaures Quecksilberoxyd. — Die gelbe Lösung des Oxyds in der Säure liefert beim Verdunsten im Vacuum dunkelgelbe, seifenartig und klebrig anzufühlende Krystallwarzen, von äufserst scharfem und bittern Geschmacke, welche 37,8 Proc. Quecksilberoxyd, also 2 At. Wasser halten, beim längern Aufbewahren sich zersetzen und an feuchter Luft zerfliefsen. KEKULE.

Amylschwefelsaures Silberoxyd. — Die Lösung des kohlensauren Oxyds in der schwach erwärmten Säure liefert beim Abdampfen farblose, sehr leicht in Wasser lösliche Blättchen. CAHOURS. Farblose, zu Warzen gruppirte Schuppen, die sich an der Luft schwärzen, und die sich auch in Weingeist, aber nicht in Aether lösen. KEKULE.

Krystalle, im Vacuum getrocknet.			KEKULE.
$C^{10}H^{11}O^2,2SO^3$	167	60,73	
Ag	108	39,27	39,33
$C^{10}H^{11}AgO^2,2SO^3$	275	100,00	

Die Amylschwefelsäure löst sich leicht in Weingeist. CAHOURS.

Amylxanthonsäure.

$$C^{12}H^{12}O^2S^4 = C^{10}H^{12}O^2,2CS^2.$$

ERDMANN (1844). *J. pr. Chem.* 31, 4.
BALARD. *N. Ann. Chim. Phys.* 12, 294; auch *J. pr. Chem.* 34, 135.

Amylxanthogensäure, Acide xanthamylique, Sulfocarbonate d'Amyle.

Darstellung. Man versetzt die kalt gesättigte Lösung des Kalihydrats in Fuselöl mit Schwefelkohlenstoff bis zum Verschwinden der alkalischen Reaction, wobei einige Wärme frei wird, bringt den beim Erkalten erzeugten Krystallbrei aufs Filter, wäscht die blassgelben glänzenden Krystallschuppen mit Aether, befreit sie durch wiederholtes Auspressen zwischen Papier von der gelben Mutterlauge, und scheidet aus ihnen durch verdünnte Salzsäure die Amylxanthonsäure als ein Oel, welches über Chlorcalcium getrocknet werden muss, um vor Zersetzung geschützt zu sein. ERDMANN. — 2. Man mischt die Lösung von Kalihydrat in Fuselöl mit der Lösung von Schwefelkohlenstoff in Fuselöl, trennt die beim Erkalten gebildeten Schuppen von der gelben Mutterlauge, presst sie zwischen Papier aus, und reinigt sie durch Krystallisiren aus heifsem Weingeist oder Aether. BALARD. Vgl. KONINCK (*Berz. Jahresb.* 24, 552).

Eigenschaften. Farbloses oder blassgelbes Oel, etwas schwerer als Wasser, von widrig durchdringendem Geruch, die Haut satt gelb färbend, Lackmus röthend. ERDMANN. Gelbes Oel. BALARD.

12 C	72	43,90
12 H	12	7,32
2 O	16	9,76
4 S	64	39,02
$C^{12}H^{12}O^2S^4$	164	100,00

Die Säure brennt mit leuchtender Flamme und sie zersetzt sich beim Aufbewahren in feuchtem Zustande. ERDMANN.

Das *Kalisalz* krystallisirt in blassgelben, glänzenden, fettig anzufühlenden Krystallschuppen. ERDMANN, BALARD. Sie lösen sich in Wasser zu einer gelben, sehr bittern Flüssigkeit. BALARD. Sie lösen sich reichlich in wasserhaltigem und absolutem Weingeist, wenig in Aether. ERDMANN.

			BALARD.
KO	47,2	23,34	22,9
12 C	72	35,61	35,4
11 H	11	5,44	5,3
O	8	3,96	
4 S	64	31,65	
$C^{10}H^{11}KO^2,C^2S^4$	202,2	100,00	

Das in Wasser gelöste Kalisalz gibt mit *Bleizucker* einen weifsen, sich beim Kochen schwärzenden Niederschlag, mit *Kupfervitriol* citronengelbe Flocken, mit *Aetzsublimat* einen beim Kochen weifs bleibenden und mit *Silberlösung* einen weifsen, sich im Lichte oder beim Kochen schnell schwärzenden Niederschlag. ERDMANN.

Reibt man in einem Mörser Kalihydrat mit weingeistfreiem Fuselöl zu einem dünnen Brei zusammen, fügt hierzu unter beständigem Reiben Schwefelkohlenstoff, aber nicht im Ueberschuss, verdünnt dann das so erzeugte amylxanthonsaure Kali mit wenig Wasser und reibt dann sehr langsam, damit die Hitze nicht zu sehr steige und Schwefel ausgeschieden werde, gepulvertes Iod darunter, so erhebt sich über die wässrige Flüssigkeit, welche Iodkalium hält, ein gelbes riechendes Oel, welches nach dem Trocknen über Chlorcalcium 43,96 Proc. C und 7,13 H hält, also $C^{12}H^{11}O^2S^3$ ist.

Wird dieses Oel im Oelbade allmälig erhitzt, so kocht es bei 187°, und in der bei diesem Punct gewechselten Vorlage sammelt sich ein bernsteingelbes Oel von stark ätherischem Geruche, welches 55,0 Proc. C und 9,4 H hält, also = $C^{12}H^{11}OS^2$ ist. DESAINS (*N. Ann. Chim. Phys.* 20, 496; auch *J. pr. Chem.* 42, 299).

Salpetrigmylester.

$$C^{10}H^{11}NO^4 = C^{10}H^{11}O,NO^3.$$

BALARD (1844). *N. Ann. Chim. Phys.* 12, 318.
RIECKHER. *Jahrb. pr. Chem.* 14, 1.

Salpetrigsaures Amyloxyd, Ether azoti-amylique, Ether azoteux de l'Alcool amylique.

Darstellung. 1. Man erwärmt Fuselöl mit Salpetersäure in einer Retorte gelinde, entfernt, sobald das Blasenwerfen beginnt, geschwind das Feuer, kühlt bei zu heftigem Aufbrausen ab, rectificirt den noch unter 100° übergegangenen Theil des Destillats (der von da bis 148° übergegangene Theil hält Salpetermylester beigemischt, W. HOFMANN) über Kali, wobei sich aus der erzeugten Blausäure Ammoniak entwickelt, und sammelt den bei 96° übergehenden Ester. BALARD. — 2. Man leitet in das Fuselöl die aus Stärkemehl und Salpetersäure entwickelten salpetrigen Dämpfe. BALARD. Diese Flüssigkeit wird unter fortgesetztem Durchleiten der salpetrigen Dämpfe destillirt, und das Destillat wird rectificirt unter besonderem Auffangen des bei 95° übergehenden Esters. RIECKHER.

Eigenschaften. Blassgelbe, bei jedesmaligem Erhitzen dunklergelbe Flüssigkeit, bei 96° siedend und einen röthlichgelben Dampf von 4,03 Dichte liefernd. BALARD. Der Ester hat 0,8773 spec. Gew. und siedet bei 95°. RIECKHER. Er fängt bei 90° zu sieden an, steigt unter Entwicklung rother Dämpfe langsam auf 110°, dann schneller auf 200° und lässt wenig Kohle. W. HOFMANN (*Ann. Pharm.* 75, 364). Er riecht dem Salpetervinester ähnlich, BALARD, und macht beim Einathmen des Dampfes heftiges Kopfweh, RIECKHER.

			BALARD.	RIECKHER.		Maafs.	Dampfdichte.
10 C	60	51,28	50,3	51,23	C-Dampf	10	4,1600
11 H	11	9,40	9,5	9,75	H-Gas	11	0,7623
N	14	11,97	13,6		N-Gas	1	0,9706
4 O	32	27,35	26,6		O-Gas	2	2,2186
$C^{10}H^{11}NO^4$	117	100,00	100,0			2	8,1115
						1	4,1600

Zersetzungen. 1. Der Ester wird durch Bleihyperoxyd in der Wärme in Fuselöl und in salpetersaures und salpetrigsaures Bleioxyd zersetzt. $2\,C^{10}H^{11}NO^4 + 2\,PbO^2 + 2\,HO = 2\,C^{10}H^{12}O^2 + PbO,NO^5 + PbO,NO^3$. RIECKHER. — 2. Er wird durch wässriges Kali nur langsam zersetzt, BALARD; durch weingeistiges schneller, unter Bildung von salpetrigsaurem Kali, RIECKHER. — 3. Auf schmelzendes Kalihydrat getröpfelt, wobei er sich anfangs entflammt, bildet er baldriansaures Kali. RIECKHER.

Salpetermylester.

$$C^{10}H^{11}NO^6 = C^{10}H^{11}O,NO^5.$$

WILH. HOFMANN (1848). *N. Ann. Chim. Phys.* 23, 374; auch *J. pr. Chem.* 45, 358.
RIECKHER. *Jahrb. pr. Pharm.* 14, 1.

Bildung. Beim Destilliren von Fuselöl mit Salpetersäure geht zuerst Salpetrigvinester über, dann von 90° an neben diesem auch Salpetermylester. HOFMANN.

Darstellung. Man schüttelt in einer Retorte 10 Gramm salpetersauren Harnstoff mit 30 Gramm starker Salpetersäure 10 Minuten lang zusammen, fügt 40 Gramm Fuselöl hinzu, und erwärmt allmälig bei erkälteter Vorlage. Bei gröfsern Mengen ist die Einwirkung so stürmisch, dass man fast gar keinen Ester erhält. Man schüttelt das in 2 Schichten übergegangene Destillat mit Wasser, scheidet nach ruhigem Hinstellen die untere durch den Trichter, rectificirt sie, wechselt, wenn der Siedpunct von 110° auf 148° gestiegen und stetig geworden ist, die Vorlage, und rectificirt noch 2mal das von 148° an Uebergegangene, immer unter Beseitigung des zuerst, unter 148° Uebergehenden. HOFMANN. Der salpetersaure Harnstoff kann durch salpetersaures Ammoniak ersetzt werden. RIECKHER.

Eigenschaften. Farbloses Oel von 0,994 spec. Gew. bei 10°; bei 148° siedend. HOFMANN. Von 0,902 spec. Gew., bei 137° siedend. RIECKHER. Er riecht eigenthümlich nach Wanzen und schmeckt süfs und brennend, hintennach sehr unangenehm, HOFMANN; er riecht angenehmer als alle übrige Mylester, den Essigmylester ausgenommen, RIECKHER.

			HOFMANN.	RIECKHER.
10 C	60	45,11	45,65	45,13
11 H	11	8,27	8,70	8,48
N	14	10,53	11,25	
6 O	48	36,09	34,40	
$C^{10}H^{11}NO^6$	133	100,00	100,00	

Der Ester verbrennt mit weifser, schwach grüngesäumter Flamme. — Er wird durch weingeistiges Kali in Fuselöl und salpetersaures Kali zersetzt. HOFMANN.

Er löst sich in Aether und Weingeist, aus diesem durch Wasser fällbar. HOFMANN.

Halbkieselmylester.

$$C^{20}H^{22}SiO^4 = 2C^{10}H^{11}O,SiO^2.$$

EBELMEN (1846). *N. Ann. Chim. Phys.* 16, 155; auch *Ann. Pharm.* 57, 344; auch *J. pr. Chem.* 37, 367.

Kieselsaures Amyloxyd, Silicate amylique.

Bildung. Das Chlorsilicium nimmt die ersten Mengen von Fuselöl unter Kälteerzeugung und starker Salzsäureentwicklung auf; die folgenden unter Temperaturerhöhung und geringer Salzsäureentwicklung. $2C^{10}H^{12}O^2 + SiCl^2 = C^{20}H^{22}SiO^4 + 2HCl$.

Darstellung. Beim Destilliren eines Gemisches der beiden Flüssigkeiten geht zuerst Salzsäure und das überschüssige Fuselöl über, und von 320 bis 340° (wobei ein geringer Rückstand bleibt) der Ester, den man durch 2maliges Rectificiren, unter Beiseitelassung des zuerst und zuletzt Uebergehenden, reinigt.

Eigenschaften. Wasserhelle Flüssigkeit von 0,868 spec. Gew. bei 20°, 322 bis 325° Siedpunct, 11,70 Dampfdichte (wobei sich jedoch der Rückstand in der Kugel gebräunt zeigt), und schwachem, fuselölartigen Geruch.

			EBELMEN.		Maafs.	Dampfdichte.
20 C	120	63,50	63,78	C-Dampf	20	8,3200
22 H	22	11,64	11,69	H-Gas	22	1,6632
2 O	16	8,46	8,52	Si-Dampf?	1	1,0400
SiO^2	31	16,40	16,01	O-Gas	2	2,2186
$C^{20}H^{22}SiO^4$	189	100,00	100,00	Ester-Dampf	1	13,2418

Es ist zu beachten, dass hiernach der Dampf des Halbkieselmylesters, wie der des Halbkieselvinesters (IV, 768) 1-atomig (und nicht halbatomig) ist.

Zersetzungen. 1. Der Ester verbrennt mit langer weifser Flamme und setzt Kieselerde als sehr zartes Pulver ab. — 2. Er wird durch Wasser, in dem er sich nicht löst, sehr langsam zersetzt. — 3. Er wird durch weingeistiges Natron, nicht durch weingeistiges Ammoniak zersetzt.

Verbindungen. Der Ester mischt sich nach allen Verhältnissen mit Weingeist, Aether und Fuselöl. EBELMEN.

Ameisenmylester.

$$C^{12}H^{12}O^4 = C^{10}H^{11}O,C^2HO^3.$$

HERMANN KOPP (1845). *Ann. Pharm.* 55, 183.

Darstellung. Man destillirt 6 Th. trocknes ameisensaures Natron mit 7 Th. Fuselöl und 6 Th. Vitriolöl, verdünnt die unter dem übergegangenen Ester befindliche Schicht mit Wasser, wodurch noch mehr Ester ausgeschieden wird, wäscht den decanthirten Ester mit wässrigem kohlensauren Natron, dann mit Wasser, digerirt ihn über Chlorcalcium, und rectificirt ihn 2mal unter Auffangung blofs des flüchtigeren Theils.

Eigenschaften. Wasserhelle dünne Flüssigkeit, von 0,8743 spec. Gew. bei 21°, von 116° Siedpunct bei 27″ 8‴ und von angenehmem Obstgeruch.

			KOPP.
12 C	72	62,07	61,6
12 H	12	10,35	10,5
4 O	32	27,58	27,9
$C^{12}H^{12}O^4$	116	100,00	100,0

Der Ester wird in lufthaltigen Gefäfsen schnell sauer.
Er löst sich wenig in Wasser. KOPP.

Chlorameisenmylester.

$$C^{12}H^{11}ClO^4 = C^{10}H^{11}O,C^2ClO^3.$$

CAHOURS (1847). *N. Ann. Chim. Phys.* 19, 351.
MEDLOCK. *Ann. Pharm.* 69, 217 und 71, 104; auch *Quart. J. chem. Soc.* 1, 368 und 2, 252.

Chlorkohlensaures Amyloxyd.

Bildung und Darstellung. 1. Der Perchloroxalformester wird durch Fuselöl in Salzsäure, Oxalmylester und Chlorameisenmylester zersetzt. CAHOURS (IV, 874). — 2. Reines Fuselöl in einen mit Phosgengas gefüllten Ballon gebracht, verschluckt es rasch unter starker Wärmeentwicklung, wobei je auf 1 Gramm Oel ungefähr 1 Liter Gas kommt. MEDLOCK. $C^{10}H^{12}O^2 + 2\,CClO = C^{12}H^{11}ClO^4 + HCl$.

Eigenschaften. Sehr stechend riechende, bei 150 bis 160° kochende Flüssigkeit. CAHOURS. Bernsteingelbes Oel. MEDLOCK.

Zersetzungen. 1. Der Ester fängt beim Destilliren aus einer ganz trocknen Retorte bei 180° zu sieden an, erhebt sich aber schnell auf 224°, und von da an nur langsam weiter und verwandelt sich unter Entwicklung von Salzsäure in (nicht mehr mit Ammoniak fest werdenden) Kohlenmylester, aus dem sich sowohl das Destillat als der Rückstand bestehend zeigt. MEDLOCK. Bei Gegenwart von Wasser ist die Gleichung: $C^{12}H^{11}ClO^4 + HO = C^{10}H^{10}O^3 + CO^2 + HCl$; bei Abwesenheit desselben bildet es sich aus einem Theil des Esters selbst, daher in diesem Falle viel Verkohltes in der Retorte bleibt. MEDLOCK. — 2. Er mischt sich mit wässrigem Ammoniak unter Aufwallen und das sich erhebende Oel gesteht beim Erkalten zu einer aus Kohlenmylamester und Salmiak bestehenden Krystallmasse. MEDLOCK. $C^{12}H^{11}ClO^4 + 2NH^3 = C^{12}NH^{13}O^4 + NH^4Cl$. MEDLOCK.

Baldrianformester.

$$C^{12}H^{12}O^4 = C^2H^3O,C^{10}H^9O^3.$$

H. KOPP (1845). *Ann. Pharm.* 55, 185. — *Pogg.* 72, 287.

Darstellung. Man destillirt 4 Th. baldriansaures Natron mit 4 Th. Holzgeist und 3 Th. Vitriolöl unter einmaliger Cohobation, schüttelt das Destillat mit Kalkmilch, entwässert es wiederholt über Chlorcalcium, rectificirt es nach dem Abgiefsen davon, und rectificirt es nochmals bei gewechselter Vorlage, indem man das, bei eingesenktem Platindrath, zwischen 114 und 115° Uebergehende für sich auffängt.

Eigenschaften. Wasserhelle Flüssigkeit von 0,8869 spec. Gew. bei 15°, bei eingesenktem Platindrath bei 116,2° siedend, von stark gewürzhaftem Geruch nach Holzgeist und Baldrian. KOPP.

			KOPP.
12 C	72	62,07	61,20
12 H	12	10,34	10,33
4 O	32	27,59	28,47
$C^{12}H^{12}O^4$	116	100,00	100,00

Cyanmylafer.

$$C^{12}NH^{11} = C^{10}H^{10},C^2NH?$$

BALARD (1844). *N. Ann. Chim. Phys.* 12, 294; auch *J. pr. Chem.* 34, 136.
FRANKLAND u. KOLBE. *Ann. Pharm.* 65, 297.
BRAZIER u. GOSSLETH. *Ann. Pharm.* 75, 251.

Cyanamyl, Ether cyanhydramylique.

Bildet sich 1. beim Erhitzen von Cyankalium mit amylschwefelsaurem Kali. $C^2NK + C^{10}H^{11}KO^2,2SO^3 = C^{12}NH^{11} + 2(KO,SO^3)$. — 2. Beim Erhitzen von Cyankalium mit Chlormylafer, unter Ausscheidung von Chlorkalium. $C^2NK + C^{10}H^{11}Cl = C^{12}NH^{11} + KCl$. — 3. Beim Erhitzen von Cyankalium mit Oxalvinester. $2C^2NK + C^{24}H^{22}O^8 = 2C^{12}NH^{11} + C^4K^2O^8$. BALARD.

Man destillirt ein inniges Gemenge von gleichen Atomen Cyankalium und amylschwefelsaurem Kali, schüttelt das Destillat einigemal mit Wasser, trocknet es über Chlorcalcium und rectificirt. FRANKLAND u. KOLBE.

Dünne Flüssigkeit von 0,806 spec. Gew. bei 20°, von stetigem Siedpunct bei 146°, von 3,335 Dampfdichte und von eigenthümlichem, nicht sehr unangenehmem Geruch. FRANKLAND u. KOLBE.

			Frankand u. Kolbe.		Maafs.	Dampfdichte.
12 C	72	74,23	74,37	C-Dampf	12	4,9920
N	14	14,43		N-Gas	1	0,9706
11 H	11	11,34	11,67	H-Gas	11	0,7623
$C^{12}NH^{11}$	97	100,00		Afer-Dampf	2	6,7249
					1	3,3624

Der Cyanmylafer wird durch Kochen mit wässrigem Kali und noch schneller mit weingeistigem in capronsaures Kali und Ammoniak zersetzt. $C^{12}NH^{11} + 3HO + KO = C^{12}H^{11}KO^4 + NH^3$. — Er liefert mit Kalium neben Gasen ein Alkaloid, welches dem Kyanäthin entspricht. Medlock (*Ann. Pharm.* 69, 229).

Er löst sich wenig in *Wasser*, aber nach allen Verhältnissen in *Weingeist*. Frankland u. Kolbe.

Schwefelcyan-Mylafer.

$C^{12}NH^{11}S^2 = C^{10}H^{10},C^2NHS^2$?

O. Henry (1849). *N. Ann. Chim. Phys.* 25, 246; auch *N. J. Pharm.* 14, 248; auch *J. pr. Chem.* 46, 161.
Medlock. *Ann. Pharm.* 69, 222.

Schwefelcyan-Amyl, Sulfocyanure d'Amyle.

Bildung und Darstellung. 1. Man destillirt ungefähr zu gleichem Maafse krystallisirtes amylschwefelsaures Kali und krystallisirtes Schwefelcyan-Kalium in einer grofsen Retorte bei erkälteter Vorlage, scheidet das übergegangene blassgelbe Oel vom Wasser, trocknet es über Chlorcalcium und rectificirt, und wiederholt diese Behandlung mit Chlorcalcium und Rectification mehrmals. Henry. $C^{10}H^{11}KO^2,2SO^3 + C^2NKS^2 = C^{12}NH^{11}S^2 + 2(KO,SO^3)$. — 2. Man destillirt ein inniges Gemenge von 2 Th. amylschwefelsaurem Kalk und 1 Th. Schwefelcyankalium, welche, um das heftige Aufschäumen zu verhüten, möglichst gut getrocknet sein müssen, in einer Retorte von doppeltem Inhalt, und erhält, nachdem wenig Wasser von höchst eigenthümlichem Geruch übergegangen ist, ein gelbes Oel von demselben Geruche. Man destillirt dieses mit Wasser, nimmt es mit dem Stechheber ab, trocknet es über Chlorcalcium, welches die letzten Mengen Wasser nur schwierig entzieht und sich ziemlich reichlich löst, rectificirt, wobei der Siedpunct von 150° auf 195° steigt, von wo an das Meiste bei gewechselter Vorlage übergeht. Dieser letzte Theil nochmals gebrochen rectificirt, liefert den reinen Afer, bei 197° siedend. Medlock.

Eigenschaften. Farblose dünne Flüssigkeit. Henry. Blassgelbes Oel, welches stetig bei 197° siedet. Medlock. Es fängt bei 170° zu kochen an, geht gröfstentheils bei 195 bis 210° über, aber einem Theil nach erst bei 260°; das nach wiederholtem Rectificiren bei 210° bis 240° übergehende Oel hat 0,905 spec. Gew. bei 20°. Henry. Der Afer riecht durchdringend knoblauchartig. Henry.

			Henry.	Medlock.
12 C	72	55,81	56,86	55,69
N	14	10,85		10,84
11 H	11	8,52	8,81	8,95
2 S	32	24,82		
$C^{12}NH^{11}S^2$	129	100,00		

Der von Henry analysirte Afer war zwischen 195 und 210° übergegangen.

Zersetzung. Mäfsig starke Salpetersäure wirkt heftig ein und erzeugt unter Entwicklung von salpetrigen Dämpfen Stickgas und Kohlensäure, amylschweflige Säure und wenig Schwefelsäure. HENRY, MEDLOCK.

Essig-Mylester.

$C^{14}H^{14}O^4 = C^{10}H^{11}O,C^4H^3O^3$.

CAHOURS (1840). *Ann. Chim. Phys.* 75, 193; auch *Ann. Pharm.* 37, 167; auch *J. pr. Chem.* 22, 171.
HERRM. KOPP. *Ann. Pharm.* 55, 187.

Essigsaures Amyloxyd, Acetate d'Amylène.

Bildung. Er entsteht schon bei mehrtägigem Hinstellen eines Gemisches von Fuselöl und mäfsig starker Essigsäure. DÖBEREINER.

Darstellung. 1. Man destillirt 2 Th. essigsaures Kali mit 1 Th. Fuselöl und 1 Th. Vitriolöl, wäscht das Destillat mit kalihaltigem Wasser, trocknet es über Chlorcalcium, und rectificirt es über Bleioxyd. CAHOURS. — 2. Man schüttelt das aus 3 Th. entwässertem Bleizucker, 1 Th. Fuselöl und 1 Th. Vitriolöl erhaltene Destillat mit Kalkmilch, entwässert es über Chlorcalcium und rectificirt es unter Beseitigung des geringen Theils, der unter 133° übergeht, und sich mit Wasser trübt, und des gegen 140° Uebergehenden. In der Retorte bleibt $\frac{1}{5}$ des Ganzen trübe Flüssigkeit, die sich unter Absatz von Krystallflittern klärt. KOPP.

Eigenschaften. Wasserhelle Flüssigkeit, leichter als Wasser, CAHOURS; von 0,8572 spec. Gew. bei 21°, KOPP. Siedet bei 125°, CAHOURS; siedet bei eingesenktem Platindrath stetig bei 133,3°, bei 27″ 8‴ Luftdruck, KOPP. Dampfdichte = 4,458. Aetherischer gewürzhafter Geruch, etwas nach Essigvinester. CAHOURS.

			CAHOURS.	KOPP.		Maafs.	Dampfdichte.
14 C	84	64,61	64,47	64,08	C-Dampf	14	5,8240
14 H	14	10,77	10,68	10,98	H-Gas	14	0,9702
4 O	32	24,62	24,85	24,94	O-Gas	2	2,2186
$C^{14}H^{14}O^4$	130	100,00	100,00	100,00	Ester-Dampf	2	9,0128
						1	4,5064

Zersetzungen. 1. Der gut getrocknete Ester absorbirt durchgeleitetes Chlorgas unter Wärmeentwicklung, und verwandelt sich, bei 100° so lange mit Chlorgas behandelt, als sich noch Salzsäure entwickelt, in den Chloressigmylester $C^{14}Cl^2H^{12}O^4$, welcher im Sonnenlicht durch Chlorgas in eine höhere Chlorverbindung übergeht. — 2. Der Ester färbt sich mit Vitriolöl nicht in der Kälte, wird aber beim Erhitzen rothgelb, dann unter Entwicklung schwefliger Säure schwarz. — 3. Er wird durch wässriges Kali sehr langsam, durch weingeistiges schnell in essigsaures Kali und Fuselöl zersetzt. CAHOURS.

Verbindungen. Der Ester löst sich nicht in Wasser, aber in *Weingeist, Aether* und *Fuselöl.* CAHOURS.

Chloressig-Mylester.

$C^{14}Cl^2H^{12}O^4 = C^{10}H^{11}O,C^4Cl^2HO^3$?

CAHOURS (1840). *Ann. Chim. Phys.* 75, 193.

Chlorhaltiges essigsaures Amyloxyd, Acètate d'Amylène chloré.

Darstellung. Man leitet trocknes Chlorgas durch gut getrockneten Essigmylester erst bei Mittelwärme, dann bei 100°, bis sich kein salzsaures Gas mehr entwickelt, wäscht ihn mit wässrigem kohlensauren Natron, dann mit viel reinem Wasser, und trocknet ihn im Vacuum über Vitriolöl.

Eigenschaften. Farbloses dünnes Oel, schwerer als Wasser, angenehm riechend.

			CAHOURS.
14 C	84	42,26	42,26
2 Cl	70,8	35,61	35,29
12 H	12	6,03	6,07
4 O	32	16,10	16,38
$C^{14}Cl^2H^{12}O^4$	198,8	100,00	100,00

Zersetzungen. 1. Der Ester färbt sich bei 150° stark gelb und zersetzt sich bei der Destillation völlig. — 2. In einer mit trocknem Chlorgas gefüllten Flasche längere Zeit der Sonne dargeboten, verdickt er sich nicht, setzt aber kleine Nadeln ab, und wird am Ende wahrscheinlich ganz in $C^{14}Cl^{14}O^4$ verwandelt. CAHOURS.

Er löst sich nicht in Wasser, aber in Weingeist, und noch leichter in Aether. CAHOURS.

Baldrian-Vinester.

$$C^{14}H^{14}O^4 = C^4H^5O,C^{10}H^9O^3.$$

OTTO (1838). *Ann. Pharm.* 25, 62; 27, 225.
H. KOPP. *Ann. Pharm.* 55, 187.

Darstellung. Man destillirt 8 Th. baldriansaures Natron mit 10 Th. 88procentigem Weingeist und 5 Th. Vitriolöl, wäscht den Ester, der zum Theil erst durch Wasser aus dem Destillate zu scheiden ist, mit verdünntem kohlensauren Natron, dann mit reinem Wasser, entwässert ihn über Chlorcalcium, giefst ihn ab, destillirt ihn bei eingesenktem Platindrath, und fängt das bei 133° Uebergehende für sich auf. KOPP.

Eigenschaften. Wasserhelle Flüssigkeit von 0,894 bei 13°, OTTO, 0,8659 bei 18°, KOPP, spec. Gew.; von 133,5, OTTO, von 133,2° bei eingesenktem Platindrath, KOPP, Siedpunct; von 4,558 Dampfdichte, und von durchdringendem Geruch nach Obst und Baldrian, OTTO.

			OTTO.	KOPP.		Maafs.	Dampfdichte.
14 C	84	64,61	64,84	64,00	C-Dampf	14	5,8240
14 H	14	10,77	10,79	10,97	H-Gas	14	0,9702
4 O	32	24,62	24,37	25,03	O-Gas	2	2,2186
$C^{14}H^{14}O^4$	130	100,00	100,00	100,00	Ester-Dampf	2	9,0128
						1	4,5064

Zersetzung. Durch concentrirtes Ammoniak wird der Ester in mehreren Wochen in Valeramid und Weingeist zersetzt. DUMAS, MALAGUTI u. LEBLANC, DESSAIGNES u. CHAUTARD. $C^{14}H^{14}O^4 + NH^3 = C^{10}NH^{11}O^2 + C^4H^6O^2$.

Oxal-Mylester.

$$C^{24}H^{22}O^{8} = 2C^{10}H^{11}O,C^{4}O^{6}.$$

Balard (1844). *N. Ann. Chim. Phys.* 12, 309; auch *J. pr. Chem.* 34, 137. Cahours. *N. Ann. Chim. Phys.* 19, 351.

Oxalsaures Amyloxyd, Ether oxalamylique.

Darstellung. 1. Beim Erhitzen von Fuselöl mit einem grofsen Ueberschuss von krystallisirter Oxalsäure bilden sich 2 Schichten, unten wässrige Oxalsäure und darüber ein nach Wanzen riechendes Oel, welches beim Erkalten Oxalsäure anschiefsen lässt. Indem man dieses Oel destillirt, das bei 262° Uebergehende besonders auffängt und diesen Theil mit derselben Vorsicht rectificirt, erhält man den reinen Ester. Balard. — 2. Bei der Zersetzung des Chloroxalformesters (IV, 873) durch Fuselöl erhält man, neben Chlorameisenmylester, auch Oxalmylester. Cahours.

Eigenschaften. Farblose Flüssigkeit von 262° (260°, Cahours) Siedpunct, ungefähr 8,4 Dampfdichte und starkem Wanzengeruch. Balard.

			Balard.	Cahours.
24 C	144	62,61	62,4	62,30
22 H	22	9,56	9,7	9,56
8 O	64	27,83	27,9	28,14
$C^{24}H^{22}O^{8}$	230	100,00	100,0	100,00

Zersetzungen. 1. Der Ester zersetzt sich mit Wasser und schneller mit wässrigen fixen Alkalien in Fuselöl und Oxalsäure. — 2. Mit trocknem Ammoniakgas erzeugt er Oxamylen und Fuselöl. $C^{24}H^{22}O^{8} + NH^{3} = C^{14}NH^{13}O^{6} + C^{10}H^{12}O^{2}$. — 3. Mit wässrigem Ammoniak zerfällt er in Oxamid und Fuselöl. $C^{24}H^{22}O^{8} + 2NH^{3} = C^{4}N^{2}H^{4}O^{4} + 2C^{10}H^{12}O^{2}$. — 4. Mit Cyankalium zersetzt er sich in oxalsaures Kali und Cyanmylafer. $C^{24}H^{22}O^{8} + 2C^{2}NK = C^{4}K^{2}O^{8} + 2C^{12}NH^{11}$. Balard.

Amyloxalsäure.

$$C^{14}H^{12}O^{8} = C^{10}H^{12}O^{2},C^{4}O^{6}.$$

Balard (1844). *N. Ann. Chim. Phys.* 12, 309; auch *J. pr. Chem.* 34, 137.

Acide oxalamylique.

Wenn man das durch Erhitzen von Fuselöl mit überschüssiger krystallisirter Oxalsäure erhaltene Oel (s. oben) nach dem Abgiefsen von der wässrigen Schicht mit kohlensaurem Kalk sättigt, so erhält man bei gelindem Abdampfen krystallischen amyloxalsauren Kalk, aus dem sich dann andere Salze bereiten lassen.

Amyloxalsaures Kali. — Durch Fällen des Kalksalzes mit kohlensaurem Kali und Abdampfen des Filtrats. Fettig- und perlglänzende Nadeln.

Amyloxalsaurer Kalk. — Rectanguläre Blätter, die in einem Luftstrom, oder nach dem Lösen in Wasser, auf 100° erhitzt, in Fuselöl, oxalsauren Kalk und freie Oxalsäure zerfallen, und die sich leichter in heifsem, als in kaltem Wasser lösen.

	Krystalle.		BALARD.
CaO	28	14,21	13,9
14 C	84	42,63	41,8
11 H	11	5,59	5,4
7 O	56	28,43	
2 HO	18	9,14	
$C^{14}H^{11}CaO^8 + 2Aq$	197	100,00	

Amyloxalsaures Silberoxyd. — Durch Mischen des Kalksalzes mit Silberlösung erhält man das Silbersalz in wasserfreien, wenig in Wasser löslichen, fettig- und perl-glänzenden Blättern, die sich beim Aufbewahren in oxalsaures Silberoxyd, freie Oxalsäure und eine Materie zersetzen, die kein Fuselöl sein kann, da es hierfür an Wasser fehlt. BALARD.

	Krystalle.		BALARD.
14 C	84	31,46	30,2
11 H	11	4,12	3,9
Ag	108	40,45	39,6
8 O	64	23,97	26,3
$C^{14}H^{11}AgO^8$	267	100,00	100,0

Allophan-Mylester?

$$C^{14}N^2H^{14}O^6 = C^{10}H^{11}O,C^4N^2H^3O^5?$$

LIEBIG (1846). *Ann. Pharm.* 57, 128.
SCHLIEPER. *Ann. Pharm.* 59, 23.
RIECKHER. *Jahrb. pr. Pharm.* 14, 1.
WURTZ. *Compt. rend.* 29, 186.

Cyanursaures Amyloxyd.

Bildung und Darstellung. 1. Leitet man den aus erhitzter Cyanursäure entwickelten Dampf der Cyansäure in wasserfreies Fuselöl, so erhält man Krystalle dieses Esters; durch Krystallisiren aus Wasser zu reinigen. LIEBIG. Das Fuselöl absorbirt den Cyansäuredampf unter starker Wärmeentwicklung, wird dickflüssig und setzt Blätter ab, wodurch es beim Erkalten zu einem steifen Brei erstarrt. Diesen kocht man mit Wasser, unter Erneuerung desselben, so lange, bis der Geruch nach Fuselöl ganz verschwunden ist, worauf man vom Cyamelid (V, 154), in das ein Theil der Cyansäure übergegangen ist, heifs abfiltrirt und zum Krystallisiren erkältet. SCHLIEPER. — 2. Man destillirt cyansaures Kali mit amylschwefelsaurem Kali. WURTZ. [Ist nicht der Zusatz von Schwefelsäure nöthig?]

Eigenschaften. Schneeweifse, perlglänzende, voluminose Schuppen, fettig anzufühlen, SCHLIEPER; dem Leucin täuschend ähnlich, LIEBIG. Es schmilzt bei schwachem Erwärmen und sublimirt sich zwischen zwei Uhrgläsern schon bei 100° in glänzenden Blättchen. Ohne Geruch und Geschmack, neutral gegen Pflanzenfarben. SCHLIEPER.

			SCHLIEPER.	RIECKHER.
14 C	84	48,28	48,62	
2 N	28	16,09	16,36	18,08
14 H	14	8,05	8,08	
6 O	48	27,58	26,94	
$C^{14}N^2H^{14}O^6$	174	100,00	100,00	

SCHLIEPER betrachtet den Körper als eine Verbindung von 3 At. Myläther mit 2 At. Cyanursäure $= 3\,C^{10}H^{11}O + 2\,C^6N^3H^3O^6$; aber die Analogie desselben mit dem Allophanvinester (V, 18) lässt sich nicht verkennen.

Zersetzungen. 1. Der Ester, über den Schmelzpunct hinaus erhitzt, kommt ins Kochen, entwickelt viel Fuselöl, und lässt einen krystallischen Rückstand von reiner Cyanursäure. $3C^{14}N^2H^{14}O^6 = 3C^{10}H^{12}O^2 + 2C^6N^3H^3O^6$. — 2. Er entwickelt bei der Destillation mit wässrigen Alkalien mit Leichtigkeit Fuselöl. SCHLIEPER. Er zerfällt mit heifser Kalilauge in kohlensaures Kali, Valeriamin [und Ammoniak]. WURTZ. $C^{14}N^2H^{14}O^6 + 4KO + 2HO = 4(KO,CO^2) + C^{10}NH^{13} + NH^3$. — Er wird nicht zersetzt durch Chlor, Brom, Salpetersäure, Hydrothion und Ammoniak. SCHLIEPER.

Verbindungen. Der Ester wird von kaltem Wasser nicht benetzt und nicht gelöst, aber ziemlich leicht von heifsem, und die gesättigte Lösung bedeckt sich mit einer schillernden Haut und setzt beim Erkalten den Ester in grofsen Flocken und Nadeln ab, die beim Trocknen das schuppige Ansehn erhalten. SCHLIEPER.

Die wässrige Lösung fällt kein schweres Metallsalz. SCHLIEPER.

Der Ester löst sich ziemlich leicht in Aether (Unterschied von Leucin), LIEBIG, so wie in Weingeist, aus diesem durch Wasser zu fällen. SCHLIEPER.

Baldrianfett.

$$C^{46}H^{40}O^{14}? = C^6H^4O^2,4C^{10}H^9O^3?$$

CHEVREUL (1818). *Ann. Chim. Phys.* 22, 374. — *Recherches sur les Corps gras.* 190, 287 u. 467.

Delphinfett, Phocénine. — Findet sich im Oele des *Delphinus globiceps*; bis jetzt nicht in reinem Zustande bekannt, sofern sich das Oelfett nur unvollständig scheiden liefs.

Darstellung. Man löst 100 Th. Delphinöl in 90 Th. erwärmtem Weingeist von 0,797 spec. Gewicht, giefst die Lösung von dem beim Erkalten niedergefallenen Oel ab, destillirt sie mit Wasser, behandelt das in der Retorte bleibende Oel, welches ein Gemisch aus Baldrianfett und Oelfett ist, nach der Abscheidung der wässrigen Flüssigkeit mit kaltem verdünnten Weingeist, und dampft diesen nach der Abscheidung vom ungelöst gebliebenen Oelfett ab.

Eigenschaften. Ein bei 17° sehr flüssiges Oel, von 0,954 spec. Gewicht, von schwachem besondern, etwas ätherischen und dem der Baldriansäure ähnlichen Geruch, Lackmus nicht röthend.

Zersetzungen. 1. Die weingeistige Lösung, mit viel Wasser verdünnt und destillirt, lässt, wegen frei gewordener Baldriansäure, lackmusröthendes Baldrianfett. Auch wird das Fett an der warmen Luft lackmusröthend und starkriechend durch die hervortretende Baldriansäure. — 2. Das Baldrianfett mit gleichviel Vitriolöl bis zu 100° erhitzt, dann sich selbst überlassen, entwickelt nach 8 Tagen den Geruch nach Baldriansäure und schwefliger Säure; hinzugefügtes Wasser nimmt Schwefelsäure, Glycerinschwefelsäure, Baldriansäure und Glycerin auf, und lässt ein öliges Gemisch von Baldriansäure, Oelsäure und wenig nicht verseiftem Fett zurück. — 3. 100 Th. Baldrianfett, durch Kali verseift, liefern 36 Th. Baldriansäure, 59 Oelsäure und 15 Glycerin. — Das reine Baldrianfett würde ohne Zweifel bei der Verseifung blofs Baldriansäure und Glycerin liefern.

Verbindung. Reichlich in heifsem Weingeist löslich. CHEVREUL.

Valeron.

$$C^{18}H^{18}O^2 = C^{10}H^{10}O^2,C^8H^8.$$

LÖWIG (1837). *Pogg.* 42, 412.

Darstellung. Man erhitzt im Destillirapparat vorsichtig Baldriansäure mit überschüssigem Kalk, und reinigt das Destillat durch Rectification über frischen Kalk.

Eigenschaften. Farblose sehr dünne Flüssigkeit, leichter als Wasser, weit unter 100° siedend, von angenehmem ätherischen Geruche nach Baldriansäure, von kühlend ätherischem Geschmacke und völlig neutral.

			Löwig.
18 C	108	76,06	75,36
18 H	18	12,67	12,40
2 O	16	11,27	12,24
$C^{18}H^{18}O^2$	142	100,00	100,00

Zersetzungen. 1. Das Valeron brennt mit stark rufsender Flamme. — 2. Es erhitzt sich mit Kalium weniger als das Aceton, und die damit gebildete Masse scheidet bei Wasserzusatz ein Oel ab, welches sich eben so verhält, wie das mit Aceton erhaltene (IV, 792 bis 793). Löwig.

Chancel (*Compt. rend.* 21, 905) hält Löwigs Valeron für ein Gemisch von sehr wenig Valeron mit sehr viel Mylaldid.

Amyl-Tartersäure.

$$C^{18}H^{16}O^{12} = C^{10}H^{12}O^2,C^8H^4O^{10}.$$

Balard (1844). *N. Ann. Chim. Phys.* 12, 309; auch *J. pr. Chem.* 34, 141.

Bei der Destillation von Fuselöl mit Tartersäure geht zuerst Fuselöl, dann ein saures und ein Ester-artiges Product über, und in der Retorte bleibt eine nach dem Erkalten syrupartige, durch unerträgliche Bitterkeit ausgezeichnete Flüssigkeit. Diese setzt in 24 Stunden einen weifsen Körper ab, der sich nicht wie Amyltartersäure verhält, und sie liefert mit kohlensaurem Kalk fettig- und perl-glänzende, sehr reichlich in heifsem Wasser lösliche Blätter, aus denen sich durch concentrirtes salpetersaures Silberoxyd das schwer lösliche Silbersalz niederschlagen lässt. Balard.

	Krystalle.		Balard.
18 C	108	33,03	32,6
15 H	15	4,59	4,6
Ag	108	33,03	32,5
12 O	96	29,35	30,3
$C^{18}H^{15}AgO^{12}$	327	100,00	100,0

Baldrian-Mylester.

$$C^{20}H^{20}O^4 = C^{10}H^{11}O,C^{10}H^9O^3.$$

Balard (1844). *Ann. Chim. Phys.* 12, 315; auch *J. pr. Chem.* 34, 143.
Trautwein. *Repert.* 91, 12.

Ether valeriamylique. — Zuerst von Dumas u. Stas dargestellt, aber für das damit metamere Mylaldid (V, 550) gehalten.

Bildung und Darstellung. 1. Man destillirt Fuselöl mit Baldriansäure. Balard. — 2. Man fügt zu der kalt gesättigten wässrigen Lösung des doppeltchromsauren Kalis überschüssiges Vitriolöl, dann Fuselöl. Dumas u. Stas, Balard.

Eigenschaften. Oelige Flüssigkeit von 196° Siedpunct und 6,17 Dampfdichte. Balard.

			Dumas u. Stas.		Maafs.	Dampfdichte.
20 C	120	69,77	70,07	C-Dampf	20	8,3200
20 H	20	11,63	11,60	H-Gas	20	1,3860
4 O	32	18,60	18,33	O-Gas	2	2,2186
$C^{20}H^{20}O^4$	172	100,00	100,00	Ester-Dampf	2	11,9246
					1	5,9623

Zersetzungen. 1. Bei der Destillation mit chromsaurem Kali und Schwefelsäure geht ein Theil des Esters unverändert über, der andere zu Baldriansäure oxydirt. TRAUTWEIN. — 2. Mit wässrigem Kali zerfällt er in Baldriansäure und Fuselöl. BALARD.

Verbindungen. Der Ester löst reichlich *Phosphor* und *Iod*, aber selbst beim Kochen keinen Schwefel. TRAUTWEIN.

Er löst wenig Harze. TRAUTWEIN.

Sauerstoffkern $C^{10}H^8O^2$.

Brenzweinsäure.

$$C^{10}H^8O^8 = C^{10}H^8O^2,O^6.$$

V. ROSE. *N. Gehl.* 3, 598.
FOURCROY u. VAUQUELIN. *Ann. Chim.* 35, 161; auch *Scher. J.* 5, 278. — *Ann. Chim.* 64, 42; auch *N. Gehl.* 5, 713.
GÖBEL. *N. Tr.* 10, 1, 26; auch *Br. Arch.* 12, 74.
THEOD. GRUNER. *N. Tr.* 24, 2, 55.
PELOUZE. *Ann. Chim. Phys.* 56, 297; Ausz. *J. pr. Chem.* 3, 54.
WENISELOS. *Ann. Pharm.* 15, 147.
AD. EDUARD ARPPE. *De Acido pyrotartarico.* Helsingforsiae 1847. Kurzer Ausz. *Ann. Pharm.* 66, 73.
SCHLIEPER. *Ann. Pharm.* 70, 121.

Brenzliche, branstige Weinsteinsäure, Acide pyrotartarique. — Von GUYTON MORVEAU für eine besondere Säure angesehen; von FOURCROY u. VAUQUELIN für brenzliche Essigsäure erklärt, von V. ROSE wieder als eigenthümlich erwiesen, dem dann auch FOURCROY u. VAUQUELIN beitraten.

Bildung. 1. Bei der trocknen Destillation der Tartersäure, der Traubensäure und des Weinsteins. Etwa so: $2C^8H^6O^{12} = C^{10}H^8O^8 + 6CO^2 + 4HO$. — 2. Bei der Behandlung der Fettsäure mit heifser Salpetersäure. SCHLIEPER.

Darstellung. — A. *Aus Tartersäure.* — 1. Am besten: Man füllt eine Retorte zu $^3/_4$ mit einem gepulverten Gemenge von gleichviel Tartersäure und Bimsstein (vgl. V, 381), und steigt behutsam mit der Hitze, so dass die Destillation 12 Stunden dauert. Hierbei schwillt die Masse gar nicht auf und erzeugt viel mehr Brenzweinsäure, so dass das Destillat in der Ruhe krystallisirt, und viel weniger Essigsäure und Brenzöl, als ohne Bimsstein. Man mischt das blassgelbe Destillat mit Wasser, befreit es mittelst eines feuchten Filters vom Oel, dampft es zur Krystallhaut ab, stellt es bei 15° hin, lässt die Mutterlauge (welche noch gefärbte Krystalle liefert) von der erzeugten Krystallmasse abfliefsen, presst diese zwischen Papier aus, giefst ihre wässrige Lösung in Salpetersäure, erwärmt und erhält beim Hinstellen ganz reine Krystalle. — Auch vertheilt man die aus der Mutterlauge erhaltenen gefärbten Krystalle auf mehrere Lagen Fliefspapier, stellt um diese herum mehrere mit absolutem Weingeist gefüllte kleine Schalen, und stülpt eine innen mit absolutem Weingeist befeuchtete Glocke darüber, wobei sich in 24 Stunden die weingeistige Lösung des Oels und nur eine Spur Säure ins Papier zieht, und eine schneeweifse, aber noch riechende Säure bleibt. Diese wird durch Lösen in Wasser und Erwärmen mit Salpetersäure geruchlos. So liefern 100 Th. Tartersäure 7 bis 8 Th. Brenzweinsäure. ARPPE.

2. Tartersäure oder gereinigter Weinstein (roher liefert nichts) werden für sich trocken destillirt. Aus dem wässrigen, vom Brenzöl zu trennenden, Essig-, Brenzwein- (und Brenz-Traubensäure, Berzelius) enthaltenden Destillat wird die Brenzweinsäure entweder durch wiederholtes Krystallisiren und Digeriren mit Thierkohle gewonnen, oder man sättigt diese Flüssigkeit mit Kali, reinigt das brenzweinsaure Kali durch wiederholte Krystallisation, Digestion mit Thierkohle und Filtration, und destillirt es dann mit verdünnter Schwefelsäure, wo die Brenzweinsäure theils mit dem Wasser übergeht, theils sich in Nadeln sublimirt. V. Rose. — Gepulverter gereinigter Weinstein, den man nicht über 400° zu erhitzen hat, schwillt gar nicht auf, gibt viel Kohlensäure und Essigsäure mit einem erst dünnen gelben, dann einem zähen braunen Brenzöle, und einer sauren Flüssigkeit, welche etwas Brenzweinsäure hält. Tartersäure dagegen schwillt zu einer zähen Masse auf und steigt über (und liefert keine Brenzweinsäure, Wenisełos); aber wenn man sie beständig mit einem Platinstabe umrührt, so verhält sie sich wie der Weinstein. Arppe. — Wenn man die Tartersäure unter 190° destillirt, so erhält man beim Abdampfen des Destillats farblose, durch Kohle vollends zu reinigende Krystalle von Brenzweinsäure; wenn aber die Destillation zwischen 200 und 300° vorgenommen wird, so muss man das an Brenzöl reiche Destillat in einer Retorte bis zum Syrup abdampfen, dann bei gewechselter Vorlage zur Trockne destilliren und das so erhaltene Destillat einer starken Kälte aussetzen, oder im Vacuum verdunsten, wobei es in Brenzöl und gelbe Krystalle zerfällt, die man zwischen Papier auspresst und durch Thierkohle und Krystallisiren reinigt. Pelouze. — Um die mit Thierkohle und wiederholtes Krystallisiren erhaltene, noch gelbliche Säure ganz weifs zu erhalten, sättigt sie Göbel mit kohlensaurem Kalk, dampft die Lösung zur Trockne ab, zieht aus dem Rückstande durch absoluten Weingeist das brenzliche Oel, löst ihn dann in kochendem Wasser, schlägt durch eine angemessene Menge von Oxalsäure den Kalk nieder, filtrirt und dampft ab. — Statt des kohlensauren Kalks und der Oxalsäure dient auch kohlensaurer Baryt und Schwefelsäure. Gruner. — Die in der Mutterlauge bleibende, mit viel Brenzöl verunreinigte Säure lässt sich nicht durch Kohle entfärben, aber durch Erhitzen und Abdampfen mit wenig rauchender Salpetersäure. Weniselos. Aber solche unreine Säure (nicht die reine) wird durch Salpetersäure zerstört. Arppe. — Destillirt man die gefärbte Säure, bis der Rückstand schwarz und fast trocken erscheint, presst die übergegangene, fast farblose krystallische Säure zwischen Papier, löst sie in Wasser, giefst diese Lösung in Salpetersäure, erhitzt, lässt krystallisiren und schmelzt die Krystalle, so erhält man ganz reine Säure. Arppe.

B. *Aus Fettsäure.* — Man kocht 1 Th. Fettsäure mit 30 Th. Salpetersäure von 1,4 spec. Gew. 8 Tage lang so, dass die meiste Säure wieder in den Kolben zurückfliefst, fügt so lange frische Salpetersäure hinzu, als sich noch rothe Dämpfe entwickeln, verdünnt den Rückstand mit gleichviel Wasser, dampft ihn in der Schale auf dem Wasserbade, unter beständigem Zufügen von Wasser, so lange sich noch Salpetersäure verflüchtigt, zum Syrup ab, und stellt diesen über Vitriolöl zum Krystallisiren hin. Schlieper.

Eigenschaften. Sie krystallisirt sowohl bei der Sublimation, als aus Wasser in farblosen 4seitigen Nadeln, V. Rose; es sind zu Sternen vereinigte Nadeln und zu Kügelchen vereinigte Blätter, Gruner; es sind wasserhelle kleine rhombische Säulen, mit zugespitzten Enden, zu Sternen und Kugeln vereinigt, Arppe; schiefe rhombische Säulen, an den scharfen Randkanten abgestumpft, Weniselos. Sie schmilzt bei 100°, Gruner, Pelouze, Arppe, bei 107 bis 110°, Weniselos, gesteht beim Erkalten strahlig, Gruner, stöfst nicht weit über 100° weifse Nebel aus, Gruner, Arppe, kocht bei 140 bis 150° ohne Zersetzung, Weniselos, bei 188° unter einiger Zersetzung, Pelouze, kommt bei 190° ins Sieden, worauf der Siedpunct allmälig auf 220° steigt, Arppe, und lässt sich ohne Rückstand sublimiren, V. Rose, und zwar in Dendriten und Sternen, Weniselos, in glänzenden Nadeln, SCHLIEPER. Sie ist in reinem Zustande völlig geruchlos, GRUNER, ARPPE; sie schmeckt sehr sauer, ROSE, der Tartersäure, PELOUZE, ARPPE, oder der Bernsteinsäure, SCHLIEPER, ähnlich.

Krystalle, im Vac. getr.			PELOUZE. a	b	ARPPE. a	SCHLIEPER. c
10 C	60	45,46	45,86	46,38	45,55	45,35
8 H	8	6,06	6,17	6,00	6,01	6,09
8 O	64	48,48	47,97	47,62	48,44	48,56
$C^{10}H^{8}O^{8}$	132	100,00	100,00	100,00	100,00	100,00

a ist die aus Tartersäure, b die aus Traubensäure und c die aus Fettsäure erhaltene Säure; letztere, über Vitriolöl zu einer weifsen bröcklichen, etwas klebrigen Masse erstarrt, wurde nach dem Schmelzen analysirt.

100 Th. krystallisirte Säure verlieren zwischen 90 und 100° unter Beibehaltung der Krystallgestalt, aber unter Trübung, 8 Th. Wasser; 100 Th. krystallisirte Säure, mit 300 Th. Bleioxyd und mit Wasser abgedampft, verlieren bei 90 bis 100° 8 Th. und dann bei 125 bis 150° noch 12,107 Th. Wasser. GRUNER. [Kein anderer Chemiker hat obige 8 Proc. Krystallwasser gefunden.]

Zersetzungen. 1. Während die Säure bei vorsichtigem Erhitzen an der Luft vollständig unzersetzt verdampft, SCHLIEPER, so erleidet sie, in einer Retorte zum Kochen erhitzt, eine theilweise Zersetzung, und liefert neben sublimirter Säure eine wässrige Flüssigkeit, welche Säure enthält, ein gelbes, Brenzweinsäure haltendes Oel, leichter als Wasser und von süfsem Geschmack (den WENISELOS bestreitet) und lässt in der Retorte ein Harz, GRUNER, und endlich Kohle, WENISELOS. Erhält man die Brenzweinsäure längere Zeit im Kochen, wobei sie hustenerregende, etwas nach Essigsäure riechende Dämpfe verbreitet, so krystallisirt der Rückstand beim Erkalten nur noch theilweise oder gar nicht mehr, und ist in das ölige Brenzweinanhydrid ($C^{10}H^{6}O^{6}$) verwandelt, dem noch einige unveränderte, allmälig anschiefsende Brenzweinsäure beigemischt ist. ARPPE. — 2. An der Luft stark erhitzt, bräunt sich die Säure, brennt mit rothblauer Flamme und lässt wenig, leicht verbrennliche Kohle. GRUNER. — Chlorgas, einige Stunden lang durch die wässrige Brenzweinsäure geleitet, verwandelt sie nach GRUNER in eine Säure von der Reaction der Citronsäure, während es nach WENISELOS nicht einwirkt. — Starke und heifse Salpetersäure zersetzt nicht die reine Brenzweinsäure, aber die mit Brenzöl u. s. w. verunreinigte. ARPPE. GRUNER erhielt mit, wohl nicht ganz reiner, Säure etwas Blausäure und eine, die Flüssigkeit gelb färbende Materie. Auch WENISELOS bemerkte bei der Destillation des Säuregemisches eine theilweise Zersetzung. — 3. Heifses Vitriolöl verkohlt die Brenzweinsäure, GRUNER, und auch ihre Lösung in verdünnter Schwefelsäure färbt sich beim Kochen, ARPPE. — 4. Bei der Destillation mit verglaster Phosphorsäure erhält man anfangs reines Brenzweinanhydrid, dann, jedoch unter Verkohlung des Rückstandes, auch gewöhnliche Brenzweinsäure. ARPPE. — Die Säure zersetzt sich nicht beim Kochen mit Quecksilberoxyd oder mit salpetersaurem Silberoxyd. GÖBEL.

Verbindungen. Die Brenzweinsäure löst sich in 4 Th. *Wasser* von 12,5°, GÖBEL, in 3 Th. Wasser von 15°, GRUNER, in 1½ Th. Wasser von 20°, ARPPE. Die Lösung zersetzt sich nicht beim Aufbewahren und im Sonnenlichte, WENISELOS, oder beim Kochen, ARPPE.

Sie löst sich in kaltem *Vitriolöl* ohne Schwärzung. SCHLIEPER.

Brenzweinsaure Salze, Pyrotartrates. Die neutralen oder halbsauren Salze sind = $C^{10}H^{6}M^{2}O^{2},O^{6}$ und die sauren oder einfachsauren sind = $C^{10}H^{8}MO^{2},O^{6}$. Die Säure hat eine grofse Affinität zu den Basen. Die Salze sind fast alle krystallisirbar, ARPPE; sie halten eine Hitze von 125 bis 150° (gröfstentheils selbst von 200°, ARPPE) aus, zersetzen sich jedoch bei 250 bis 300°, GRUNER. Hierbei verlieren die Salze der fixen Alkalien Wasser, bräunen sich dann, liefern unter Aufschäumen Gas, gelbe saure wässrige Flüssigkeit, dickes stinkendes Oel und mit Kohle gemengtes kohlensaures Alkali. Die der schweren Metalle liefern auch ein saures wässriges und ein öliges Destillat. GRUNER. Beim Erhitzen an der Luft verbreiten die brenzweinsauren Salze einen widrigen Geruch und verbrennen mit gelber rufsender Flamme. GRUNER. Sie geben beim Erhitzen mit Schwefelsäure ein Sublimat von Brenzweinsäure, V. ROSE, und entwickeln beim Erhitzen mit Schwefelsäure und Braunstein Ameisensäure. GRUNER. Fast alle sind in Wasser, sehr wenige etwas in Weingeist löslich, der sie vielmehr oft aus der wässrigen Lösung fällt. ARPPE.

Brenzweinsaures Ammoniak. — a. *Halb.* — Nur in der wässrigen Lösung bekannt, welche beim Abdampfen Ammoniak verliert, und b lässt. ARPPE.

b. *Einfach.* — Spitze Rhomboeder, bis zum Verschwinden der Scheitelkanten entscheitelt (*Fig.* 153). Spaltbar nach p. WENISELOS. Kleine rhombische Oktaeder und rhombische Säulen, welche durch Verkürzung der Hauptaxe blätterig erscheinen, ARPPE; kleine 4seitige Nadeln, GRUNER. Die Krystalle sind klar, GRUNER, ARPPE, sehr sauer, WENISELOS, luftbeständig, GRUNER, WENISELOS. Sie verlieren nichts bei 100° und fangen bei 140° an sich zu zersetzen. ARPPE. Sie lösen sich leicht in Wasser, GRUNER, und schwierig in kochendem Weingeist, aus dem sie beim Erkalten als Krystallmehl niederfallen, ARPPE.

	Krystalle.		ARPPE.
10 C	60	40,27	40,03
N	14	9,39	
11 H	11	7,39	7,39
8 O	64	42,95	
$C^{10}H^7(NH^4)O^8$	149	100,00	

Brenzweinsaures Kali. — a. *Halb.* — Die mit kohlensaurem Kali genau neutralisirte wässrige Säure, bis zum Syrup abgedampft, gesteht zu platten Säulen, welche sich an trockner Luft, oder bei 25° auch an feuchter unter Wasserverlust und Aufschwellen in, aus mikroskopischen Nadeln bestehende, Warzen verwandeln. Dieselben verlieren bei 200° ihre 2 At. Wasser, schmelzen etwas über 200° ohne Zersetzung und stofsen bei stärkerem Erhitzen unter Aufschwellen brenzliche Dämpfe aus. Trocknes Salz, Warzen und Säulen zerfliefsen an kalter feuchter Luft. Die Warzen, nicht das trockne Salz, lösen sich in heifsem absoluten Weingeist, welcher beim Erkalten Krystalle absetzt; aber aus der gesättigten wässrigen Lösung fällt Weingeist das Salz in Oeltropfen. ARPPE.

	a		ARPPE.		b		GRUNER.
2 KO	94,4	41,69	42,00	2 KO	94,4	38,63	37,82
$C^{10}H^6O^6$	114	50,36		$C^{10}H^6O^6$	114	46,64	
2 HO	18	7,95	7,81	4 HO	36	14,73	14,62
$C^{10}H^6K^2O^8+2Aq$	226,4	100,00		$+4Aq$	244,4	100,00	

a sind die Warzen, in der Luftglocke über Vitriolöl getrocknet, b wurde von GRUNER in undeutlichen Krystallen erhalten, die vielleicht mit ARPPES platten Säulen übereinkommen.

b. *Einfach.* — Zuerst von FOURCROY u. VAUQUELIN bemerkt, die es dem Weinstein verglichen, während PELOUZE das Dasein eines sauren Kalisalzes läugnete. — Wird aus der gesättigten Lösung des Salzes a durch Brenzweinsäure als Krystallmehl gefällt. ARPPE. Man neutralisirt die eine Hälfte der Brenzweinsäure genau mit kohlensaurem Kali, fügt dazu die andere und dampft ab. Grofse durchsichtige, schiefe, rhombische Säulen. WENISELOS, ARPPE. Sie verlieren nichts bei 200° entwickeln aber bei stärkerem Erhitzen zuerst etwas Säure, dann unter Aufblähen brenzliche Producte. Sie lösen sich in Wasser etwas weniger leicht als Salz a, und schwierig in kochendem Weingeist, der dabei etwas Säure entzieht, und der umgekehrt aus der gesättigten wässrigen Lösung Krystalle fällt. ARPPE.

	Krystalle.		WENISELOS.	ARPPE.
KO	47,2	27,73	26,56	27,67
$C^{10}H^{7}O^{7}$	123	72,27		
$C^{10}H^{7}KO^{8}$	170,2	100,00		

Brenzweinsaures Natron. — a. *Halb.* — Die mit kohlensaurem Natron neutralisirte Säure liefert bei langsamem Verdunsten grofse Krystallblätter mit zerrissenen Rändern, und bei raschem Abdampfen einen Syrup, der beim Erkalten zu einer Krystallmasse gesteht. ARPPE. Zu Kugeln vereinigte zarte durchsichtige luftbeständige Nadeln. GRUNER. Obige Krystallblätter zerfallen an der Luft unter Verlust fast allen Wassers zu weifsem Staub, verlieren bei 200° alles Wasser und zersetzen sich bei stärkerer Hitze ohne Schmelzung und Aufblähen. Sie lösen sich leicht in Wasser, nicht in selbst kochendem Weingeist, welcher die wässrige Lösung trübt. ARPPE.

		Nadeln.	GRUNER.			Tafeln.	ARPPE.
2 NaO	62,4	27,08	27,2	2 NaO	62,4	21,94	21,84
$C^{10}H^{6}O^{6}$	114	49,48		$C^{10}H^{6}O^{6}$	114	40,09	
6 HO	54	23,44	20,9	12 HO	108	37,97	37,90
$C^{10}H^{6}Na^{2}O^{6}+6Aq$	230,4	100,00		$+12Aq$	284,4	100,00	

b. *Einfach.* — Beim Verdunsten der Lösung in einer Luftglocke über Vitriolöl bleibt eine dichte Krystallmasse, aus mikroskopischen rhomischen Säulen bestehend, welche nach dem Trocknen an der Luft fast nichts bei 200° verliert, und welche 20,30 Proc. Natron hält, also = $C^{10}H^{7}NaO^{8}$ ist. ARPPE. Das Salz löst sich leicht in Wasser. WENISELOS.

Ein wässriges Gemisch von gleichen Atomen des halbsauren Kalisalzes und Natronsalzes lässt beim Verdunsten ein Gummi. ARPPE.

Brenzweinsaurer Baryt. — a. *Halb.* — Die warme wässrige Säure wird sowohl durch Barytwasser als durch kohlensauren Baryt völlig neutralisirt und die Lösung setzt beim Verdunsten das halbsaure Salz als ein weifses glänzendes Krystallmehl ab, welches sich unter dem Mikroskop aus schiefen rhombischen Nadeln bestehend zeigt. Dasselbe fängt bei 90° an, sein Krystallwasser zu entwickeln, verliert bei 100° die Hälfte, bei 160° Alles, und erleidet bei 200° keine weitere Zersetzung. Das Krystallmehl löst sich leicht in kaltem und heifsem Wasser und wird daraus durch Weingeist gefällt. ARPPE. Daher gibt auch das klare wässrige Gemisch von Chlorbaryum und Brenzweinsäure oder einem löslichen Salze derselben bei Zusatz von Weingeist und Ammoniak nach einigen Stunden einen Niederschlag. ARPPE.

	Krystallmehl.		ARPPE.	GRUNER.
2 BaO	153,2	50,53	50,61	49,70
$C^{10}H^6O^6$	114	37,60		
4 HO	36	11,87	12,00	12,02
$C^{10}H^6Ba^2O^8+4Aq$	303,2	100,00		

b. *Einfach.* — Man sättigt die eine Hälfte der wässrigen Säure mit kohlensaurem Baryt, mischt sie mit der andern und verdunstet. Es bilden sich unter Effloresciren zu Kugeln strahlig vereinigte Nadeln. Diese werden an der Luft schnell matt, verlieren schon bei 90° die Hälfte ihres Wassers, bei 150° alles, so dass 92,74 Proc. trocknes Salz bleiben; diese werden bei stärkerer Hitze zu 61,38 halbsaurem Salz und beim Glühen zu 34,86 kohlensaurem Baryt. An Weingeist treten die Nadeln die Hälfte ihrer Säure ab. In Wasser sind sie sehr leicht löslich. ARPPE. — WENISELOS erhielt das Salz in luftbeständigen, lackmusröthenden Sternchen.

	Nadeln.		ARPPE.
BaO	76,6	35,20	34,86
$C^{10}H^7O^7$	123	56,53	
2 HO	18	8,27	7,26
$C^{10}H^7BaO^8+2Aq$	217,6	100,00	

ARPPE erhielt einmal aus einem Gemisch von Barytwasser und Säure, nach einem unbestimmten Verhältnisse dargestellt, neben obigen Nadeln, 4- und 6-seitige Säulen, welche sich gegen Wasser und Weingeist wie die Nadeln verhielten, aber 40,83 Proc. Baryt enthielten.

Ein *brenzweinsaures Barytkali* und *brenzweinsaures Barytnatron,* deren Dasein GRUNER behauptet, lässt sich nicht erhalten. ARPPE.

Brenzweinsaurer Strontian. — a. *Halb.* — Die wässrige Säure, durch längeres Kochen mit kohlensaurem Strontian neutralisirt, liefert nach dem Abdampfen kleine, leicht in Wasser lösliche und daraus durch Weingeist fällbare Säulen. ARPPE. Schwer in Wasser, nicht in Weingeist lösliche 4seitige Säulen. GRUNER.

	Lufttrockne Säulen.		ARPPE.	GRUNER.
2 SrO	104	44,07	43,07	40,13
$C^{10}H^6O^6$	114	48,30		
2 HO	18	7,63		13,88
$C^{10}H^6Sr^2O^8+2Aq$	236	100,00		

GRUNER nimmt nach Seiner Analyse 4 Aq im Salze an.

b. *Einfach.* — Durch Digeriren der verdünnten Säure mit kohlensaurem Strontian und Abdampfen des Filtrats erhält man perlglänzende zarte mikroskopische Blättchen, welche bei 130° alles Wasser verlieren, bei 135° saure Dämpfe entwickeln, an Weingeist die Hälfte der Säure abtreten und in Wasser löslich sind. ARPPE.

	Blättchen.		ARPPE.
SrO	52	26,94	26,43
$C^{10}H^7O^7$	123	63,73	
2 HO	18	9,33	9,39
$C^{10}H^7SrO^8+2Aq$	193	100,00	

Brenzweinsaurer Kalk. — a. *Halb.* — Fällt nieder beim Mischen concentrirter Lösungen von Chlorcalcium und halbbrenzweinsaurem Kali. Wird durch Kochen der wässrigen Säure mit kohlensaurem Kalk bis zur Neutralisation, Abdampfen des Filtrats und Erkälten als ein weißes Krystallmehl erhalten, welches, unter dem Mikroskop betrachtet, aus 4seitigen Säulen besteht. Das Salz verliert bei 160° sein Wasser, hält sich übrigens noch bei 200°. Es braucht zur Lösung fast 100 Th. kochendes Wasser und löst sich leicht in Salz-, Salpeter- oder Essig-Säure, nicht in Weingeist. ARPPE. — Die wässrige Lösung des sauren Salzes setzt beim Abdampfen unter Säureverlust das halbsaure Salz in, zu Kugeln vereinigten, zarten glänzenden Nadeln ab, die an der Luft ihr Wasser verlieren und sich schwer in Wasser lösen. GRUNER.

	Krystalle.		ARPPE.
2 CaO	56	27,19	27,12
$C^{10}H^6O^6$	114	55,34	
4 HO	36	17,47	17,23
$C^{10}H^6Ca^2O^6+4Aq$	206	100,00	

b. *Dreifach.* — Das Salz a löst sich leicht in wässriger Brenzweinsäure, und die Lösung liefert bei gelindem Abdampfen Krystalle, welche bei 110°, unter anfangender Verflüchtigung von Säure, ihr Wasser verlieren. ARPPE. Es gelingt nicht, einfachsaures Salz zu erhalten; denn wenn man 1 Th. wässrige Säure mit Kalk neutralisirt und noch 1 Th. Säure zufügt, so fällt viel halbsaures Salz nieder, und die übrige sehr saure Flüssigkeit setzt beim Abdampfen noch mehr halbsaures Salz ab, so dass endlich fast reine Säure gelöst bleibt. ARPPE.

	Krystalle.		ARPPE.
CaO	28	6,47	6,36
$C^{10}H^7O^7$	123	28,40	
2 $C^{10}H^6O^8$	264	60,97	
2 HO	18	4,16	4,77
$C^{10}H^7CaO^8+2C^{10}H^6O^8+2Aq$	433	100,00	

Brenzweinsaure Bittererde. — a. *Einfach.* — *α.* Die *Magnesia alba* löst sich sehr leicht in der wässrigen Säure zu einer völlig neutralen Flüssigkeit, welche beim Verdunsten in der Luftglocke über Vitriolöl erst ein zähes Gummi, dann nach längerer Zeit eine leicht zerreibliche Masse lässt. Diese verliert schon bei 90° Wasser, aber selbst bei 170°, bei welcher Hitze schon weitere Zersetzung eintritt, im Ganzen nur 24,41 Procent. — *β.* Dampft man obige Lösung bloss bis zum Syrup ab, und tröpfelt zu diesem wenig Wasser, so bildet er Krystalle und verwandelt sich in einigen Stunden in eine trockne Krystallmasse, welche sich unter dem Mikroskop aus 6seitigen blättrigen Säulen zusammengesetzt zeigt, und welche bei 130° fast alles Wasser und den geringen Rest bei 200° verliert, im Ganzen 40,57 Procent. — Die Salze *α* und *β* lösen sich sehr leicht in Wasser, nicht in Weingeist, welcher sie aus dem Wasser niederschlägt; die wässrige Lösung des Salzes *β* liefert beim Verdunsten wieder Krystalle, dagegen die des Salzes *α* einen Syrup, der erst beim Zutröpfeln von Wasser krystallisirt. ARPPE.

α. Trocknes Gummi.			ARPPE.	*β.* Krystallmasse.			ARPPE.
2 MgO	40	19,23	18,48	2 MgO	40	15,27	15,95
$C^{10}H^6O^6$	114	54,81		$C^{10}H^6O^6$	114	43,51	
6 HO	54	25,96	24,41	12 HO	108	41,22	40,57
$C^{10}H^6Mg^2O^6+6Aq$	208	100,00		$+12Aq$	262	100,00	

b. *Einfach.* — Gummiartig. ARPPE.

Brenzweinsaure Süfserde. — Die mit Süfserdehydrat gesättigte wässrige Säure lässt unter der Luftglocke über Vitriolöl eine erst zähe, dann krystallische Masse des sauren Salzes b. Diese schmilzt bei 110°, stöfst saure Dämpfe aus, und lässt bei 180° das neutrale Salz a. ARPPE.

		a.	ARPPE.			b.	ARPPE.
2 GO	25,4	18,22	17,93	GO	12,7	4,71	4,70
$C^{10}H^6O^6$	114	81,78		$C^{10}H^7O^7$	123	45,98	
				$C^{10}H^8O^8$	132	49,31	
$C^{10}H^6G^2O^8$	139,4	100,00		$C^{10}H^7GO^8,C^{10}H^8O^8$	267,7	100,00	

Brenzweinsaure Alaunerde. — a. *Einfach.* — 1. Bildet sich beim Kochen von noch feuchtem Alaunerdehydrat mit weniger wässriger Säure, als zur Lösung nöthig ist, als ein schweres, nicht in Wasser lösliches Pulver. — 2. Fällt reichlich nieder beim Mischen der neutralen salzsauren Alaunerde mit halbbrenzweinsaurem Natron, im Ueberschuss desselben löslich. ARPPE.

			ARPPE. 1)	ARPPE. 2)
Al^2O^3	51,4	28,03	27,26	27,30
$C^{10}H^6O^6$	114	62,16		
2 HO	18	9,81	7,13	6,95
	183,4	100,00		

b. *Sauer.* — Das noch feuchte Alaunerdehydrat löst sich sehr schwierig in der wässrigen Säure und liefert beim Abdampfen Krystalle, aus welchen sich beim Erhitzen mit Wasser 2 Proc. Alaunerdehydrat ausscheiden. ARPPE.

Das grüne *Chromoxydhydrat* löst sich ein wenig in der kochenden wässrigen Säure und die grüne sehr saure Lösung liefert beim Abdampfen grüngefleckte Krystalle der Säure; das blaue Chromoxydhydrat gibt mit der kalten wässrigen Säure eine blaue Lösung, die sich beim Verdunsten zur Trockne fast ganz entfärbt. ARPPE.

Brenzweinsaures Uranoxyd. — Halbbrenzweinsaures Kali fällt aus salpetersaurem Uranoxyd allmälig ein weifses Krystallmehl. V. ROSE. Die wässrige Säure löst das Uranoxydhydrat so reichlich, dass sie ihren sauren Geschmack verliert, und die gelbe Lösung setzt beim Abdampfen und Erkälten ein gelbes Pulver ab, welches beim Trocknen gelbweifs wird, sich leicht in Wasser mit gelber Farbe löst, und daraus durch Weingeist reichlich in gelben Flocken gefällt wird. — Seine wässrige Lösung, mit mehr Säure abgedampft, lässt eine Krystallmasse. ARPPE.

	Durch Weingeist gefällt.		ARPPE.
4 U^2O^3	576	59,26	59,45
$C^{10}H^6O^6$	114	11,73	
2 $C^{10}H^7O^7$	246	25,31	
4 HO	36	3,70	5,41
$C^{10}H^6(2U^2O^2)O^8,2[C^{10}H^7(U^2O^2)O^8]+4Aq$	972	100,00	

[Da ARPPE erst bei 200° den Gewichtsverlust von 5,41 Proc. erhielt, so konnte mit dem Wasser auch Säure fortgegangen sein.]

Brenzweinsaures Manganoxydul. — Das kohlensaure Manganoxydul löst sich in der kalten wässrigen Säure langsam, in der heifsen schnell zu einer nicht ganz neutralen Flüssigkeit, welche beim Verdunsten ein Gummi lässt. Dieses hält noch bei 200° 2 At. Wasser zurück, und zersetzt sich bei stärkerer Hitze eher, als das Wasser entweicht. Es löst sich leicht in Wasser, und wird daraus durch Weingeist als eine käsige Masse gefällt, die sich in mehr Weingeist zu einem röthlichen schweren körnigen Pulver vertheilt. ARPPE.

Bei 200°.			ARPPE.				ARPPE.
2 MnO	72	35,30	34,90	2 MnO	72	30	29,80
$C^{10}H^6O^6$	114	55,88		$C^{10}H^6O^8$	132	55	
2 HO	18	8,82		4 HO	36	15	14,61
$C^{10}H^6Mn^2O^8+2Aq$	204	100,00		$+6Aq$	240	100	

Das Antimonoxyd löst sich nicht, ARPPE, oder sehr wenig, GRUNER, in der wässrigen Säure.

Brenzweinsaures Wismuthoxyd. — Die erwärmte Säure löst nicht das Oxyd und kohlensaure Oxyd, und nur sparsam das frisch gefällte Hydrat. Die möglichst gesättigte Lösung trübt sich beim Kochen und klärt sich wieder in der Kälte. Sie lässt beim Abdampfen krystallisirte Säure und eine gummiartige Materie. Sie gibt mit Wasser einen Niederschlag, der beim Erwärmen zunimmt, und bei stärkerem Wasserzusatz abnimmt. Denselben Niederschlag gibt sie mit Weingeist. Der Niederschlag, in einer Glasröhre geglüht, lässt einen Rückstand, der, noch warm an die Luft gebracht, sich entzündet und zu Wismuthoxyd verbrennt. ARPPE.

		Lufttrockner Niederschlag,	ARPPE. durch Wasser,	durch Weing. erhalten.
4 Bi^2O^3	948	71,49	71,54	71,15
3 $C^{10}H^6O^6$	342	25,79		
4 HO	36	2,72	2,66	2,78
$C^{10}H^6(2Bi^2O^2)O^8,2[C^{10}H^7(Bi^2O^2)O^8]+2Aq$	1326	100,00		

Brenzweinsaures Zinkoxyd. — a. *Basisch.* — Beim Abdampfen der etwas sauren Lösung von b bis zum weichen Gummi und Wiederauflösen in Wasser bleibt wenig Pulver, 55 Proc. Oxyd haltend. ARPPE.

b. *Halb.* — *α. Wasserfrei.* — Das Metall löst sich langsam in der Säure, das Oxyd beim Kochen rasch. Der durch Abdampfen des sauren Filtrats erhaltene Syrup gibt mit Weingeist ein käsiges Gerinnsel, welches sich bald in ein körniges Pulver verwandelt und sich in Wasser, unter Rücklassung von etwas Salz a, löst. Aber durch Fällen einer sehr sauren Lösung mittelst Weingeistes erhält man ein sehr zartes, völlig in kaltem Wasser lösliches Pulver, dessen Lösung sich erst beim Kochen trübt. s. die Analyse unter b, α.

β. Gewässert. — Das kohlensaure Oxyd löst sich sehr leicht in der heifsen Säure, und die fast neutrale Lösung gibt beim Abdampfen einen dicken Syrup, welcher allmälig Körner bildet, und bei geringem Wasserzusatz in eine körnige, völlig in Wasser lösliche Masse übergeht, die zwischen Papier zu pressen ist, und welche bei 200° 14,99 Proc. oder 4 At. Wasser verliert und 2 At. behält. ARPPE.

b, α. lufttrocken.			Arppe.	b, β. lufttrocken.			Arppe.
2 ZnO	80,4	41,36	41,53	2 ZnO	80,4	32,37	32,75
$C^{10}H^{6}O^{6}$	114	58,64		$C^{10}H^{6}O^{8}$	132	53,14	
				4 HO	36	14,49	14,99
$C^{10}H^{6}Zn^{2}O^{8}$	194,4	100,00		+ 6 Aq	248,4	100,00	

Brenzweinsaures Kadmiumoxyd. — a. *Halb.* — α. *Mit 4 At. Wasser.* — Weingeist fällt aus der mit kohlensaurem Oxyd theilweise gesättigten Säure ein Salz, welches nach dem Trocknen an der Luft 2 At. Wasser bei 100° und die andern 2 erst nahe beim Zersetzungspuncte verliert. Arppe.

β. *Mit 6 At. Wasser.* — Die mit trocknem, gewässertem oder kohlensaurem Oxyd gesättigte und zum dicken Syrup verdunstete Säure gibt allmälig Körner und gesteht dann nach dem Uebergiefsen mit wenig Wasser beim Verdunsten an trockner Luft fast ganz zu einem Pulver, welches durch Pressen zwischen Papier von der sauren Mutterlauge befreit wird. Es ist ganz neutral, verliert bei 200°, nahe dem Zersetzungspuncte, 12,73 Proc. (4 At.) Wasser, behält also 2 At. Es löst sich leicht in Wasser, daraus durch Weingeist fällbar. Arppe. — Aus der sauren Lösung schiefsen kleine, leicht in Wasser lösliche, 4seitige Säulen an, die nach dem Trocknen bei 130° 48,48 Proc. und nach dem Trocknen bei 100° 32 Proc. Oxyd halten, und denen Weingeist Säure entzieht, so dass neutrales Salz bleibt. Gruner.

a, α. lufttrocken.			Arppe.	a, β. lufttrocken.			Arppe.
2 CdO	128	46,04	45,91	2 CdO	128	43,24	43,13
$C^{10}H^{6}O^{6}$	114	41,01		$C^{10}H^{8}O^{8}$	132	44,60	
4 HO	36	12,95	12,67	4 HO	36	12,16	12,67
$C^{10}H^{6}Cd^{2}O^{8}$+4Aq	278	100,00		+ 6 Aq	296	100,00	

b. *Einfach.* — Die Lösung des Salzes a, mit eben so viel Säure versetzt, wie sie enthält, lässt beim Abdampfen eine klebrige Masse, in der sich allmälig einige lange feine Nadeln bilden. Arppe.

Brenzweinsaures Zinnoxydul. — Die Säure löst nicht das Metall, aber leicht das Oxydul und dessen Hydrat. Die von einem gelben basischen Salze abfiltrirte Lösung, welche sich stark mit Wasser trübt, gibt mit Weingeist einen starken Niederschlag, der nach dem Trocknen bei 200° 70,16 Proc. Oxydul hält, also $2SnO,C^{10}H^{6}Sn^{2}O^{8}$ ist, und durch kochendes Wasser unter Lösung des kleinsten Theiles zersetzt wird. Arppe.

Brenzweinsaures Bleioxyd. — a. *Sechstel.* — Durch Behandeln des Salzes b mit Ammoniak und Waschen mit Wasser, welches nichts vom Blei löst. Arppe.

b. *Viertel.* — Die Säure oder das halbsaure Kalisalz gibt mit Bleiessig einen weifsen käsigen, in Säuren und überschüssigem Bleiessig, aber nicht in Wasser löslichen Niederschlag. Pelouze. Der mit dem Ammoniaksalz erhaltene käsige, auch in Brenzweinsäure lösliche, Niederschlag backt in einigen Stunden auf dem Boden des Gefäfses zu einer gelbweifsen, harten, zerreiblichen Rinde zusammen. Schlieper.

	Salz a bei 200°.		Arppe.		Salz b bei 100°.		Arppe.
6 PbO	672	85,50	85,46	4 PbO	448	79,71	79,66
$C^{10}H^{6}O^{6}$	114	14,50		$C^{10}H^{6}O^{6}$	114	20,29	
$4PbO,C^{10}H^{6}Pb^{2}O^{8}$	786	100,00		$2PbO,C^{10}H^{6}Pb^{2}O^{8}$	562	100,00	

SCHLIEPERS unter b beschriebenes Salz hält bei 100° blofs 72,97 Proc. Oxyd. — Durch Behandlung des Salzes c mit Ammoniak erhielt GRUNER ein weifses Pulver, welches bei 130° 76,55 Proc. Oxyd und 3,09 Wasser hielt, also $2 PbO,C^{10}H^6Pb^2O^8 + 2 Aq$.

c. *Halb.* — Die freie Säure fällt nicht das salpetersaure und einfach essigsaure Bleioxyd, PELOUZE; sie fällt den Bleizucker nach einiger Zeit in Nadelbüscheln, FOURCROY u. VAUQUELIN, WENISELOS; aus Bleiessig fällt sie dasselbe Salz, ARPPE. Das halbsaure Kalisalz gibt mit Bleizucker in einigen Stunden Krystallwarzen, V. ROSE, weifse Flocken, 66,05 Proc. Oxyd haltend, PELOUZE (bei Weingeistzusatz erfolgt die Fällung sogleich, SCHLIEPER), und mit Bleisalpeter nach einiger Zeit Nadeln, WENISELOS. Auch erhält man durch Kochen der Säure mit Bleioxyd, Abfiltriren von einem basischen Salze, und Abdampfen und Erkälten Nadeln des Salzes, die jedoch nach ARPPE, nicht nach GRUNER, wasserfrei sind. Die Nadeln verlieren an der Luft ihre Durchsichtigkeit, GRUNER. Das Salz schmilzt beim Erhitzen der Flüssigkeit, aus der es gefällt wurde, zu Oeltropfen. SCHLIEPER. Es liefert bei der trocknen Destillation Brenzöl und eine Essigsäure haltende wässrige Flüssigkeit, und stöfst, an der Luft erhitzt, saure Dämpfe aus, entflammt sich und verglimmt dann, auch nach Entfernung des Feuers. GRUNER. Es löst sich sehr wenig in kaltem Wasser, WENISELOS, leichter in heifsem, beim Erkalten krystallisirend, und auch aus der Lösung des Niederschlags in überschüssigem Bleisalpeter schiefsen 4seitige Nadeln an. ARPPE.

Lufttrockne Nadeln.			GRUNER.	ARPPE.
2 PbO	224	59,89	59,02	59,73
$C^{10}H^6O^6$	114	30,48		
4 HO	36	9,63	9,58	9,65
$C^{10}H^6Pb^2O^8+4Aq$	374	100,00		

Brenzweinsaures Eisenoxydul. — Die Säure, besonders schnell die heifse, löst das Eisen unter Wasserstoffentwicklung. Die Lösung röthet sich rasch, und gibt mit Wasser oder Weingeist rothe Flocken. ARPPE.

Brenzweinsaures Eisenoxyd. — a. *Achtzehntel.* — Durch Behandlung eines der folgenden Salze mit überschüssigem Ammoniak und Auswaschen. Vom Ansehn des Eisenoxydhydrats. Nach dem Trocknen bei 100° verliert es bei 200° 10,48 Proc. Wasser. ARPPE.

b. *Sechstel.* — Salzsaures Eisenoxyd, so weit mit Ammoniak gesättigt, als es ohne bleibenden Niederschlag angeht, gibt mit halbbrenzweinsaurem Natron einen reichlichen Niederschlag, welcher nach dem Waschen und Trocknen bei 100° hart und zerreiblich erscheint, bei 200° 8,49 Proc. Wasser verliert, und welcher nicht in Wasser, sehr wenig in Essigsäure, aber sehr leicht in Salpetersäure löslich ist. ARPPE.

Salz a, bei 100° getrocknet.			ARPPE.
18 Fe^2O^3	1440	83,92	82,94
$C^{10}H^6O^6$	114	6,64	
18 HO	162	9,44	10,48
	1716	100,00	

Salz b, bei 100° getrocknet.			ARPPE.
6 Fe^2O^3	480	74,08	74,27
$C^{10}H^6O^6$	114	17,59	
6 HO	54	8,33	8,49
	648	100,00	

Im Salze a nimmt ARPPE 20 Aq an, was allerdings noch besser zur Analyse stimmt.

c. *Dreiviertel.* — Salzsaures Eisenoxyd, nur bis zur röthlichen Färbung mit Ammoniak versetzt, gibt mit halbbrenzweinsaurem Natron einen rothen, nur in der Wärme etwas schleimigen Niederschlag. Dieser, erst mit Salmiak-haltendem Wasser, dann mit reinem gewaschen und bei 100° getrocknet, erscheint braun, verliert bei 200° 7,86 Proc. Wasser, wird beim Befeuchten mit Wasser gelbbraun, nicht schleimig, und färbt es kaum. ARPPE.

	Bei 100° getrocknet.		ARPPE.
4 Fe^2O^3	320	44,69	44,64
3 $C^{10}H^6O^6$	342	47,77	
6 HO	54	7,54	7,86
	716	100,00	

d. *Einfach.* — 1. Man fällt Anderthalbchloreisen, frei von überschüssiger Säure, durch das halbsaure Natronsalz, sammelt den rothen, sehr schleimigen Niederschlag nach dem Zusatze von Salmiak, ohne welchen nicht filtrirt werden kann, auf dem Filter, und wäscht ihn, da er beim Aufgiefsen von Wasser pechartig werden und das Filter verstopfen würde, nach dem Trocknen durch Decanthiren. Er ist in trocknem Zustande braun, in befeuchtetem roth und schleimig. Er löst sich ein wenig in kaltem Wasser (in 200 Th., PELOUZE) zu einer klaren Flüssigkeit, die in einigen Tagen zu einer steifen Masse gesteht. ARPPE. — 2. Die Lösung des frisch gefällten Eisenoxydhydrats in der kochenden Säure, nach dem Abdampfen zur Trockne mit Weingeist ausgezogen, lässt einen rothen, schleimigen, nach dem Trocknen braunen Rückstand desselben Salzes. ARPPE.

	Lufttrocken.		ARPPE, 1)	ARPPE, 2)
Fe^2O^3	80	33,47	33,01	33,51
$C^{10}H^8O^8$	132	55,23		
3 HO	27	11,30	12,65	11,07
	239	100,00		

Die 12,65 und 11,07 Proc. Wasser entweichen bei 200°, mehr nicht. ARPPE.

e. *Neunfach.* — Die concentrirte Säure löst ziemlich leicht das frisch gefällte (nicht das trockne) Eisenoxydhydrat zu einer röthlichen, sehr sauren Flüssigkeit, die sich bald vollständig in eine rothe Krystallmasse verwandelt. Diese schmilzt bei 105° unter Verlust von 1,81 Proc. Wasser, und lässt endlich nach der Entwicklung saurer Dämpfe 6,02 Proc. Eisenoxyd. Sie ist also wohl $Fe^2O^3,9C^{10}H^6O^6,18Aq$, und der Verlust bei 105° beträgt 3 Aq. Beim Ausziehen der Krystallmasse mit absolutem Weingeist bleibt ein ziegelrothes, auch in Wasser unlösliches Pulver, welches bei 200° 31,99 Oxyd hält, also $2Fe^2O^3, 3C^{10}H^6O^6$ ist. ARPPE. GRUNER erhielt durch Abdampfen und Erkälten der braunen Lösung des Oxydhydrats in der Säure braune durchsichtige luftbeständige Nadeln.

Brenzweinsaures Kobaltoxydul. — a. *Basisch.* — Durch Ausziehen des Salzes b mit Weingeist und Waschen des Rückstandes mit Wasser. Rosenfarbiges Salz, das in der Wärme unter Wasserverlust, der bei 200° 17,27 Proc. beträgt, blau wird, und das 63,25 Proc. Oxydul hält. ARPPE.

b. *Sauer.* — Das Oxydulhydrat löst sich sparsam in der Säure zu einer sehr sauren Flüssigkeit, bei deren Abdampfen farblose Krystalle der Säure, mit schwerlöslichem rothen Salz gemengt, erhalten werden. Beim Neutralisiren mit Ammoniak entsteht ein Ammoniak-haltendes, rosenrothes, in Wasser nur unter Zersetzung lösliches, Krystallpulver. Arppe.

Brenzweinsaures Nickeloxydul. — a. *Halb.* — Das Hydrat löst sich leicht in der Säure. Die grüne Lösung, zur Krystallmasse verdunstet und mit Weingeist völlig ausgezogen, lässt ein grünes, sehr schwer in Wasser lösliches Krystallmehl. Dieses an der Luft getrocknet, verliert bei 200° 11,62 Proc. Wasser, und erst etwas über 200° langsam das übrige, im Ganzen 15,89 Proc., ohne weitere Zersetzung. Arppe.

	Lufttrocken.		Arppe.
2 NiO	75	33,33	33,50
$C^{10}H^6O^6$	114	50,67	
4 HO	36	16,00	15,89
$C^{10}H^6Ni^2O^8+4Aq$	225	100,00	

b. *Zweifach.* — Die Lösung des Hydrats in der Säure lässt beim Verdunsten unter einer Glocke mit Vitriolöl erst einen Syrup, dann eine Krystallmasse, welche bei 115° schmilzt und 2,85 Proc. Wasser verliert, aber schon bei 120° saure Dämpfe ausstöfst, und die zwar für sich, aber nicht in ihrer wässrigen Lösung durch Weingeist in das Salz a zersetzbar ist. Arppe.

	Krystallmasse.		Arppe.
NiO	37,5	12,08	11,90
2 $C^{10}H^6O^6$	228	73,43	
5 HO	45	14,49	
$C^{10}H^7NiO^8,C^{10}H^8O^8+2Aq$	310,5	100,00	

Brenzweinsaures Kupferoxyd. — a. *Viertel.* — Die lasurblaue Lösung des Salzes b in Ammoniak setzt beim Abdampfen mit Wasser unter fast völliger Entfärbung grünliche Flocken ab, die nach dem Trocknen an der Luft 51,40 Proc. Oxyd halten, also $4CuO,C^{10}H^6O^6,4Aq$ sind. Arppe.

b. *Halb.* — 1. Die warme Säure bildet mit Kupferoxyd ein blaugrünes Salz, wovon ein Theil in der überschüssigen Säure mit grüner Farbe gelöst bleibt und sich beim Abdampfen in grünen Krystallen neben Krystallen der Säure absetzt. Gruner. — 2. Das halbsaure Natronsalz, nicht die freie Säure, fällt die Kupferoxydsalze blaugrün, V. Rose, Arppe, blau, Göbel, bläulich, Wenselos. — Das lufttrockne Salz verliert sein Wasser schon bei 130°, und haucht bei stärkerer Hitze Dämpfe aus, die nach Buttersäure riechen. Arppe. Bei der trocknen Destillation scheint Ameisensäure zu entstehen. Gruner. Es löst sich in ungefähr 200 Th. Wasser, Pelouze, leicht in Säuren und Ammoniak, kaum in Weingeist, Arppe.

	Bei 100° getrocknet.		Göbel, 2)
2 CuO	80	37,73	37,76
10 C	60	28,30	28,40
8 H	8	3,78	2,84
8 O	64	30,19	31,00
$C^{10}H^6Cu^2O^8+2Aq$	212	100,00	100,00

	Lufttrocken.		Gruner, 1)	Arppe, 2)
2 CuO	80	34,77	34,18	34,57
$C^{10}H^6O^6$	114	49,58		
4 HO	36	15,65	15,40	15,60
+4 Aq	230	100,00		

Die blaue Lösung des Salzes b in Ammoniak lässt beim Verdunsten unter der Glocke erst einen dicken Syrup, dann eine trockne Masse, welche 86,41 Proc. trocknes Salz b hält, also vielleicht $C^{10}H^{6}Cu^{2}O^{8},NH^{4}O$ ist. ARPPE.

Brenzweinsaures Quecksilberoxydul. — Das halbsaure Kalisalz (nicht die freie Säure, PELOUZE) fällt das salpetersaure Quecksilberoxydul reichlich weifs. V. ROSE. Das getrocknete weifse pulverige Salz hält 74,81 Proc. Oxydul. Es wird nur in feuchtem Zustande an der Sonne grau. Es sublimirt sich beim Erhitzen theilweise unzersetzt und lässt Kohle. HARFF. Es löst sich kaum in Wasser, leicht in Salpetersäure, etwas in wässrigem halbbrenzweinsauren Natron, ARPPE, nicht in Weingeist und Aether, HARFF (*N. Br. Arch.* 5, 274).

Das in Wasser vertheilte Salz wird durch Ammoniak in ein sammetschwarzes, geschmackloses, Ammoniak-haltendes Pulver verwandelt, worin 86,8 Proc. Quecksilberoxydul. HARFF.

Brenzweinsaures Quecksilberoxyd. — 1. Die durch Digestion des Oxyds mit der Säure erhaltene Lösung liefert beim Abdampfen eine durchsichtige, nicht krystallische Masse, aus welcher kaltes Wasser ein weifses Pulver niederschlägt. Dieses löst sich wieder beim Erhitzen und liefert beim Erkalten Krystallwarzen. GRUNER. — Die heifs filtrirte Lösung des Oxyds in der concentrirten Säure setzt beim Erkalten ein weifses Pulver ab. HARFF. — Die heifs abgedampfte Lösung des Oxyds in der kochenden Säure trübt sich beim Erkalten und gibt mit Wasser einen beim Erwärmen verschwindenden Niederschlag; beim Verdunsten der Lösung unter der Evaporationsglocke erhält man eine aus sehr kleinen Kugeln oder Körnern bestehende Masse. ARPPE. — 2. Aus salpetersaurem Quecksilberoxyd fällt das Kalisalz (nicht die freie Säure, V. ROSE) ein weifses, metallisch schmeckendes Krystallpulver, 60,18 Proc. Oxyd haltend, welches bei der trocknen Destillation zerstört wird und Kohle lässt, welches sich in 119 Th. Wasser löst und dann beim Kochen ein basisches Salz absetzt, und welches sich leichter in Säure-haltigem Wasser, so wie in Vitriolöl, besonders warmem, aber kaum in Weingeist und Aether löst. HARFF (*N. Br. Arch.* 5, 276). — Aetzsublimat gibt mit dem Natronsalz einen sparsamen Niederschlag, mit dem nach 1) erhaltenen Salze übereinkommend. ARPPE. Sublimat gibt mit der Säure einen weifsen, beim Schütteln verschwindenden, dann nach 12 Stunden einen braunrothen Niederschlag, und mit ihrem Kalisalze allmälig eine weifse Trübung, dann nach 12 Stunden einen braunen Niederschlag. GÖBEL.

Das in Wasser vertheilte Salz wird durch Ammoniak in ein weifses Pulver von schwach metallischem Geschmack verwandelt, welches 77,9 Proc. Oxyd hält und mit Kali Ammoniak entwickelt. HARFF.

Brenzweinsaures Silberoxyd. — Halbbrenzweinsaures Kali (Ammoniak, SCHLIEPER, Natron, ARPPE) fällt sogleich und reichlich die Silberlösung. V. ROSE. Der weifse Niederschlag gleicht den Flocken des Alaunerdehydrats und trocknet langsam zu durchscheinenden harten Stücken von braunweifsem Pulver aus. SCHLIEPER. Er besteht unter dem Mikroskope aus feinen Nadeln, färbt sich in feuchtem Zustande am Lichte grau (mohnblau, GÖBEL), entwickelt bei starkem Erhitzen nach Buttersäure riechende Dämpfe, und löst sich kaum in kaltem Wasser, aber leicht in Salpetersäure, Essigsäure und Ammoniak. ARPPE. —

Die freie Säure gibt mit salpetersaurem Silberoxyd erst nach 12 Stunden einen grauen Niederschlag, FOURCROY u. VAUQUELIN, und mit essigsaurem Silberoxyd erst nach 12 Stunden einen schwarzbraunen, GÖBEL.

Bei 100° getrocknet.			SCHLIEPER.	ARPPE.
10 C	60	17,34	18,61	17,36
6 H	6	1,74	2,01	1,88
2 Ag	216	62,43	60,27	62,29
8 O	64	18,49	19,11	18,47
$C^{10}H^{6}Ag^{2}O^{8}$	346	100,00	100,00	100,00

Mit *Zweifachchlorplatin* gibt das Natronsalz einen geringen rothbraunen Niederschlag, der schnell zu schwarzem metallischen Platin wird. ARPPE.

Die Brenzweinsäure löst sich leicht in *Weingeist* und *Aether*. GRUNER, WENISELOS, ARPPE.

In dem bei der trocknen Destillation der Tartersäure oder des Weinsteins übergehenden Brenzöle befindet sich eine von der Brenzweinsäure verschiedene Säure in 3- und 4-seitigen Nadeln, welche salzsauren und schwefelsauren Kalk nach einiger Zeit krystallisch fällt und mit Bleizucker, salpetersaurem Quecksilber-Oxydul und -Oxyd (nicht mit salpetersaurem Silberoxyd) reichliche Niederschläge erzeugt. V. ROSE.

Auch GRUNER bemerkte eine besondere Säure, der Benzoesäure ähnlich krystallisirend, leicht in stechenden Dämpfen verflüchtigbar, aber bei raschem Erhitzen kochend, sich bräunend und viel Kohle lassend.

Gepaarte Verbindungen des Sauerstoffkerns $C^{10}H^{8}O^{2}$.

Brenzweinformester.

$$C^{14}H^{12}O^{8} = 2\,C^{2}H^{3}O,C^{10}H^{6}O^{6}\,?$$

Die Lösung der Brenzweinsäure in Holzgeist, mit trockner Salzsäure gesättigt und über Chlorcalcium und kohlensaurer Bittererde destillirt, liefert ein gelbliches, in Wasser niedersinkendes Oel. ARPPE.

Brenzweinvinester.

$$C^{18}H^{16}O^{8} = 2\,C^{4}H^{5}O,C^{10}H^{6}O^{6}.$$

GRUNER (1832) und ARPPE in den V, 595 citirten Abhandlungen.
MALAGUTI. *Ann. Chim. Phys.* 64, 275; auch *Ann. Pharm.* 25, 272; auch *J. pr. Chem.* 11, 225.

Darstellung. Man destillirt von einem Gemisch von 1 Th. concentrirter Salzsäure, 2 Brenzweinsäure und 4 Weingeist die Hälfte ab, schlägt aus dem sauren Rückstande durch Wasser den öligen Ester nieder, wäscht diesen wiederholt mit Wasser, digerirt ihn mit Bleioxyd und destillirt. GRUNER. — 2. Man sättigt die Lösung der Brenzweinsäure in absolutem Weingeist mit trockner Salzsäure, dampft etwas ab, schlägt durch Wasser den Ester als gelbes Oel nieder, neutralisirt dieses nach dem Abgiefsen der wässrigen Flüssigkeit mit kohlensaurem Natron, trocknet durch Chlorcalcium und rectificirt. ARPPE. — 3. Man verfährt wie bei der Darstellung des Citronvinesters, nur unter Ersetzung der Schwefelsäure durch Salzsäure, und reinigt den Ester durch Destillation, wobei er sich nur wenig zersetzt, und Waschen. MALAGUTI.

Eigenschaften. Wasserhelles (gelbes, GRUNER) Oel, von 1,016 spec. Gew. bei 185°; anfangs bei 218°, dann wegen theilweiser Zersetzung bei schnell steigender Hitze siedend, nach *Calamus ar.* riechend, durchdringend bitter (und brennend, GRUNER) schmeckend, neutral. MALAGUTI.

			MALAGUTI.	ARPPE.
18 C	108	57,45	57,43	57,40
16 H	16	8,51	8,67	8,71
8 O	64	34,04	33,90	33,89
$C^{18}H^{16}O^8$	188	100,00	100,00	100,00

Zersetzungen. 1. Der Ester entzündet sich nicht am Kerzenlicht, verbrennt aber bei stärkerem Erhitzen mit weifser Flamme. Er wird durch Chlor, Brom und Iod kaum angegriffen. — 2. Er wird erst in der Wärme durch Salpetersäure zersetzt. — 3. Er löst sich in kaltem Vitriolöl unter langsamer Zersetzung, und erzeugt damit beim Erwärmen rasch schweflige Säure und Kohle. Auch die Lösung in Salzsäure zersetzt sich bei 80°. MALAGUTI. — 4. Er wird langsam durch Wasser, schneller durch wässriges Kali in Weingeist und Brenzweinsäure zersetzt. GRUNER, MALAGUTI. Trocknes Ammoniakgas wirkt nicht ein, und Baryt-, Strontian- oder Kalk-Wasser geben keinen Niederschlag. MALAGUTI.

Verbindungen. Der Ester löst sich kaum in Wasser, leicht in kaltem Vitriolöl und Salzsäure und nach jedem Verhältnisse in Aether und Weingeist, MALAGUTI, aus letzterem durch Wasser fällbar, GRUNER.

Sauerstoffkern $C^{10}H^6O^4$.

Brenzweinanhydrid.

$$C^{10}H^6O^6 = C^{10}H^6O^4,O^2.$$

ARPPE (1847). *De Acido pyrotartarico etc.* 20.

Bildung. 1. Die Brenzweinsäure verliert bei längerem Kochen ihre Krystallisirbarkeit, indem sie sich gröfstentheils in öliges Anhydrid verwandelt und, dann destillirt, erst Wasser, dann Anhydrid mit etwas gewöhnlicher Säure liefert. — 2. Die mit Phosphorsäure gemengte Brenzweinsäure lässt bei der Destillation, so lange noch keine Verkohlung eintritt, reines Anhydrid übergehen.

Darstellung. Man destillirt mit verglaster Phosphorsäure gemengte geschmolzene Brenzweinsäure, bis sich, unter Uebergehen reinen Anhydrids, der Rückstand bräunt, giefst von diesem den nach dem Erkalten flüssig gebliebenen Theil in eine andere Retorte ab, und destillirt hiervon bei ungefähr 190° $^2/_3$ ab.

Eigenschaften. Farbloses, bei — 10° nicht erstarrendes, in Wasser niedersinkendes Oel, bei 230° kochend und unzersetzt verdampfend, bei 20° geruchlos, bei 40° nach Essigsäure riechend; von erst süfslichem, zuletzt vom sauren Geschmack der Brenzweinsäure, beim Verschlucken im Schlunde brennend und kratzend. Völlig neutral.

			ARPPE.
10 C	60	52,63	52,65
6 H	6	5,26	5,20
6 O	48	42,11	42,15
$C^{10}H^6O^6$	114	100,00	100,00

Zersetzung. Das Anhydrid wird langsam durch Wasser, rasch durch wässrige Alkalien in Brenzweinsäure verwandelt.

Verbindungen. Es löst sich sehr wenig in *Wasser*, sehr leicht in *Weingeist*, daraus durch Wasser in Oeltropfen fällbar, die allmälig in Brenzweinsäure übergehen. ARPPE.

Chlorkern $C^{10}Cl^3H^7$.

Trichlorbaldriansäure.

$$C^{10}Cl^3H^7O^4 = C^{10}Cl^3H^7,O^4.$$

DUMAS u. STAS (1840). *Ann. Chim Phys.* 73, 136; auch *Ann. Pharm.* 35, 149; auch *J. pr. Chem.* 21, 283.

Acide chlorovalerisique.

Darstellung. Man leitet trocknes Chlorgas im Dunkeln durch trockne Baldriansäure, anfangs unter Abkühlen derselben mit kaltem Wasser, damit sie nicht herausgeschleudert wird, später, wenn sie dickflüssiger zu werden beginnt, unter Erwärmen auf 50 bis 60°, bis keine Salzsäure mehr entwickelt wird, und leitet durch das dicke gelbe Oel 1 bis 2 Stunden lang kohlensaures Gas, so lange dieses noch Chlor und Salzsäure austreibt.

Eigenschaften. Farbloses durchsichtiges Oel, bei — 18° sehr dick, bei Mittelwärme halbflüssig, bei 30° sehr flüssig. Schwerer als Wasser. Geruchlos, schmeckt brennend und scharf und macht auf der Zunge einen weifsen Flecken.

			DUMAS u. STAS.
10 C	60	29,24	29,60
3 Cl	106,2	51,76	50,80
7 H	7	3,41	3,45
4 O	32	15,59	16,15
$C^{10}Cl^3H^7O^4$	205,2	100,00	100,00

Zersetzung. Die Säure entwickelt bei 110 bis 120° viel Salzsäure.

Verbindungen. Die Säure nimmt sogleich Wasser auf, und bildet ein sehr flüssiges, in Wasser niedersinkendes Hydrat, welches selbst im Vacuum bei 100° sein Wasser nicht mehr völlig verliert.

Aus ihrer Lösung in [concentrirten?] Alkalien ist sie durch stärkere Säuren fällbar.

Die frisch bereitete verdünnte wässrige Lösung fällt nicht das salpetersaure Silberoxyd, aber das Hydrat gibt damit einen starken, völlig in Salpetersäure löslichen Niederschlag. DUMAS u. STAS.

Chlorkern $C^{10}Cl^4H^6$.

Quadrichlorbaldriansäure.

$$C^{10}Cl^4H^6O^4 = C^{10}Cl^4H^6,O^4.$$

DUMAS u. STAS (1840). *Ann. Chim. Phys.* 73, 139; auch *Ann. Pharm.* 35, 150; auch *J. pr. Chem.* 21, 285.

Acide chlorovalerosique.

Darstellung. Man leitet trocknes Chlorgas durch trockne Baldriansäure im Sonnenlichte, anfangs in der Kälte, dann bei 60°, bis sich keine Salzsäure mehr erzeugt, und entfernt durch mehrstündiges Durchleiten von kohlensaurem Gas das freie Chlor mit der Salzsäure, welche die Säure gelb färben.

Eigenschaften. Farbloses halbflüssiges Oel, bei — 15° nicht erstarrend, schwerer als Wasser, nicht flüchtig, geruchlos, von scharfem, brennenden, etwas bittern Geschmack.

			DUMAS u. STAS.
10 C	60	25,04	24,97
4 Cl	141,6	59,10	59,10
6 H	6	2,50	2,59
4 O	32	13,36	13,34
$C^{10}Cl^4H^6O^4$	239,6	100,00	100,00

Zersetzungen. 1. Die Säure hält sich im trocknen Zustande beim Aufbewahren und bei 150°, zersetzt sich aber in stärkerer Hitze unter Salzsäureentwicklung. — 2. Sie wird durch überschüssiges Kali oder Natron, nicht durch Ammoniak, rasch unter Bildung eines Chlormetalls und einer braunen Materie zersetzt.

Verbindungen. Mit wenig *Wasser* geschüttelt, bildet die Säure ein dünnöliges Hydrat, und darüber eine wässrige Lösung. — a. Das Hydrat trübt sich bei — 18° unter Ausscheidung von Eis. Es zersetzt sich beim Erwärmen unter Bildung von Salzsäure, und schon bei mehrtägigem Stehen, so dass es dann Silberlösung fällt. Es hält 23,3 Proc. C und 3,1 H, ist also $C^{10}Cl^4H^6O^4,2HO$.

b. In mehr Wasser löst sich die Säure und ihr Hydrat reichlich.

Die *quadrichlorbaldriansauren Salze, Chlorovalerosates*, sind $= C^{10}Cl^4H^5MO^4$. Die Säure treibt von den Alkalien die Kohlensäure aus; ihr *Ammoniak-*, *Kali-* und *Natron*-Salz schmeckt sehr scharf und bitter, und stärkere Säuren fällen aus der [nicht zu verdünnten] Lösung das Hydrat.

Durch Fällen des salpetersauren Silberoxyds mit dem Ammoniaksalz erhält man das *quadrichlorbaldriansaure Silberoxyd* als einen weifsen krystallischen Niederschlag. Es zerfällt im Dunkeln allmälig in weifses Chlorsilber und in eine, das Papier fleckende Materie, die vielleicht $C^{10}Cl^3H^6O^4$ ist [vielmehr wohl: $C^{10}Cl^3H^5O^4$]. Es löst sich wenig in Wasser, leicht in Salpetersäure, und diese Lösungen setzen im Lichte schwarzes Chlorsilber ab.

	Getrocknet.		DUMAS u. STAS.
10 C	60	17,31	17,0
4 Cl	141,6	40,86	
5 H	5	1,44	1,5
Ag	108	31,16	31,6
4 O	32	9,23	
$C^{10}Cl^4H^5AgO^4$	346,6	100,00	

Die Säure löst sich in *Weingeist* und *Aether*, doch fällen die Lösungen nach einiger Zeit das salpetersaure Silberoxyd. DUMAS u. STAS.

Amidkern $C^{10}AdH^{9}$.

Amylamin.

$$C^{10}NH^{13} = C^{10}AdH^{9},H^{2}?$$

WURTZ (1849). *Compt. rend.* 29, 186; auch *N. J. Pharm.* 16, 277. — *N. Ann. Chim. Phys.* 30, 447.
BRAZIER u. GOSSLETH. *Ann. Pharm.* 75, 252.

Amylamine, Amyliaque, Valeramine, Ammoniaque valerique.

Bildung. Bei der Zersetzung des Cyanmylesters (Allophanmylesters, V, 592), Cyanurmylesters oder Amylharnstoffs durch Kali. $C^{12}NH^{11}O^{2} + 2HO + 2KO = C^{10}NH^{13} + 2(KO,CO^{2})$; und $C^{12}N^{2}H^{14}O^{2} + 2HO + 2KO = C^{10}NH^{13} + 2(KO,CO^{2}) + NH^{3}$.

Darstellung. Man destillirt cyansaures Kali mit amylschwefelsaurem Kali, und das so erhaltene Destillat von Cyanmylester und Cyanurmylester mit concentrirtem Kali, wobei der Cyanurmylester erst, wenn das Wasser übergegangen ist, zersetzt wird, neutralisirt das sehr alkalische, oft aus 2 Schichten bestehende, Destillat mit Salzsäure, filtrirt, dampft im Wasserbade ab, reinigt das bleibende salzsaure Amylamin durch Umkrystallisiren, destillirt es mit Kalk und entwässert das übergegangene Amylamin durch Destillation über Kalihydrat oder Baryt. WURTZ. — Da der rohe Cyanmylafer (V, 587), wenn er aus Cyankalium bereitet wurde, welches cyansaures Kali hält, mit Allophanmylester verunreinigt ist, so geht, wenn man einen solchen Afer mit weingeistigem Kali kocht, um capronsaures Kali zu gewinnen, neben Weingeist und Fuselöl, auch Amylamin über, und wenn man daher das Destillat nach dem Versetzen mit Salzsäure zum Syrup abdampft, diesen mit Wasser verdünnt, wobei sich noch etwas Fuselöl abscheidet, und die hiervon getrennte Flüssigkeit noch einige Zeit kocht, um den Rest des Fuselöls zu verjagen, so erhält man durch Destillation derselben mit Kali reines Amylamin. BRAZIER u. GOSSLETH.

Eigenschaften. Farblose, sehr dünne Flüssigkeit, von 0,7503 spec. Gew. bei 18°, bei 95° kochend, nach Ammoniak und Fuselöl riechend, brennend, ätzend und bitter schmeckend. WURTZ. Siedet bei 93°. BRAZIER u. GOSSLETH.

			WURTZ.
10 C	60	68,97	68,52
N	14	16,09	
13 H	13	14,94	15,03
$C^{10}NH^{13}$	87	100,00	

Zersetzungen. 1. Es brennt mit heller Flamme. WURTZ. — 2. Es erzeugt mit Brom Hydrobrom-Amylamin und unlösliche Tropfen einer Bromverbindung. WURTZ. — 3. Mit Salzsäure übersättigt und allmälig in warmes wässriges salpetrigsaures Kali getröpfelt, liefert das Amylamin unter lebhafter Stickgasentwicklung als Oel überdestillirendes Salpetrigmylester. ($C^{10}NH^{13} + 2NO^{3} = C^{10}NH^{11}O^{4} + 2HO + 2N$). WURTZ. Doch entstehen zugleich einige fettglänzende, leicht schmelzbare Blätter, die theils mit dem Ester übergehen und aus diesem anschiefsen, theils beim Chlorkalium-Rückstand bleiben. HOFMANN (*Ann. Pharm.* 75, 364).

Verbindungen. Das Amylamin mischt sich mit *Wasser* nach jedem Verhältnisse. WURTZ.

Amylaminsalze. Das Amylamin schlägt aus der Lösung in Säuren nieder: Bittererde, Alaunerde, Chromoxyd, Uranoxyd, Manganoxydul,

Antimonoxyd, Wismuthoxyd, Zinkoxyd, Kadmiumoxyd, Zinnoxydul, Bleioxyd (aus Salpetersäure, nicht aus Essigsäure), Eisenoxyd, Kobaltoxydul, Nickeloxydul, Kupferoxyd, Quecksilberoxydul, Aetzsublimat (weifser Niederschlag), Silberoxyd und Goldoxyd; und sein Ueberschuss löst Alaunerde, Kupferoxyd, Silberoxyd und Goldoxyd wieder auf. WURTZ.

Kohlensaures Amylamin. — Bildet sich an den Wandungen Amylamin haltender Gefäfse bei Luftzutritt als krystallischer Ueberzug. WURTZ.

Hydrobrom-Amylamin. — Schmilzt bei starker Hitze, und verbreitet weifse entflammbare Nebel. Luftbeständig, sehr leicht in Wasser und Weingeist löslich, sehr wenig in Aether, der es aus der concentrirten weingeistigen Lösung niederschlägt. WURTZ.

Salzsaures Amylamin. — Darstellung s. oben. — Weifse, fett anzufühlende, nicht zerfliefsende, ziemlich leicht in Wasser und Weingeist lösliche Schuppen. WURTZ.

	Krystalle.		WURTZ.
10 C	60	48,62	48,2
N	14	11,35	
14 H	14	11,35	11,4
Cl	35,4	28,68	28,3
$C^{10}NH^{13},HCl$	123,4	100,00	

Ueberschüssiges Amylamin löst die aus ihren Salzen durch weniger Amylamin gefällte *Alaunerde* (worauf sich eine Scheidung der Alaunerde von Eisenoxyd gründen kann), ebenso das *Kupferoxyd,* mit lasurblauer Farbe, doch nicht so leicht wie Ammoniak; ebenso, doch ohne Farbe und nur bei grofsem Ueberschuss, den fahlbraunen harzigen Niederschlag, den weniger Amylamin in salpetersaurem Silberoxyd und den gelbbraunen klebrigen Niederschlag, den es in *Goldlösung* hervorbringt. Auch löst es das *Chlorsilber,* doch weniger, als Ammoniak. WURTZ.

Platindoppelsalz. — Salzsaures Amylamin und Zweifachchlorplatin, in concentrirten wässrigen Lösungen gemischt und mit etwas Weingeist versetzt, geben einen Niederschlag, der, auf dem Filter gesammelt und ausgepresst, aus der Lösung in kochendem Wasser in goldgelben Schuppen anschiefst. WURTZ.

			WURTZ.	BRAZIER u. GOSSLETH.
10 C	60	20,46	20,47	20,30
N	14	4,78		
14 H	14	4,78	4,85	5,00
Pt	99	33,76	32,60	33,45
3 Cl	106,2	36,22	35,88	
$C^{10}NH^{13},HCl + PtCl^2$	293,2	100,00		

Amyloxamid. — Das Amylamin erhitzt sich stark mit Oxalvinester und gesteht zu seidenglänzenden Nadeln. Diese schmelzen bei 139°, verflüchtigen sich bei stärkerer Hitze ohne Rückstand in weifsen Nebeln, und lösen sich nicht in Wasser, aber in kochendem Weingeist, beim Erkalten fast ganz anschiefsend. WURTZ. [Hiernach wäre wohl die Bildung: $C^{12}H^{10}O^8 + 2(C^{10}NH^{13}) = C^{24}N^2H^{24}O^4 + 2C^4H^6O^2$].

Valeramid.

$C^{10}NH^{11}O^{2} = C^{10}AdH^{9},O^{2}$.

Dumas, Malaguti u. Leblanc (1847). *Compt. rend.* 25, 475 u. 658.
Dessaignes u. Chautard. *N. J. Pharm.* 13, 245; auch *J. pr. Chem.* 45, 48.

Bildung und Darstellung. Man stellt Baldrianvinester mit wässrigem Ammoniak zusammen. Dumas etc. — 1 Maafs Ester, mit 8 M. concentrirtem Ammoniak in verschlossener Flasche unter öfterm Schütteln hingestellt, braucht 4 Sommermonate, um zu verschwinden, worauf die Flüssigkeit, bei gelinder Wärme abgedampft, das krystallische Valeramid lässt. Dessaignes.

Eigenschaften. Grofse dünne glänzende Blätter, über 100° schmelzend, und sich gleich darauf in sehr feinen, Farben-spielenden Blättern sublimirend. Neutral. Dessaignes u. Chautard.

			Dessaignes u. Chautard.
10 C	60	59,41	60,05
N	14	13,86	
11 H	11	10,89	10,94
2 O	16	15,84	
$C^{10}NH^{11}O^{2}$	101	100,00	

Zersetzungen. 1. Das Valeramid zerfällt beim Erhitzen mit trockner Phosphorsäure in Wasser und Valeronitril. Dumas etc. Eben so beim Leiten seines Dampfes über glühenden Kalk. Hofmann. $C^{10}NH^{11}O^{2} = 2HO + C^{10}NH^{9}$. — 2. Es entwickelt mit Kalilauge erst beim Kochen ein wenig Ammoniak. Dessaignes u. Chautard. — 3. Es liefert beim Erwärmen mit Kalium: Cyankalium, Wasserstoffgas und ein Hydrocarbongas. Dumas etc.

Verbindung. Es löst sich sehr leicht in *Wasser*. Dessaignes u. Chautard.

Amylurälhan.

$C^{12}NH^{13}O^{4} = C^{10}AdH^{11},2CO^{2}$.

Medlock (1849). *Quart. J. chem. Soc. Lond.* 2, 252; auch *Ann. Pharm.* 71, 104.
Wurtz. *N. J. Pharm.* 17, 79.

Kohlenmylamester, Urethamylane.

Darstellung. Man mischst Chlorameisenmylester (V, 586) mit wässrigem Ammoniak, befreit das sich erhebende und zu einer Krystallmasse von Amylurälhan und Salmiak erstarrende Oel durch Pressen zwischen Papier vom Fuselöl und durch Waschen mit Wasser, bis dieses nicht mehr Silberlösung fällt, vom Salmiak. Medlock. — 2. Man lässt flüchtiges Chlorcyan auf Fuselöl wirken. Wurtz. ($C^{10}H^{12}O^{2} + C^{2}NCl + 2HO = C^{12}NH^{13}O^{4} + HCl$.)

Eigenschaften. Der Amester schiefst aus der Lösung in heifsem Wasser, Weingeist oder Aether beim Erkalten in seidenglänzenden, Farben-spielenden Nadeln an, die bei 60° schmelzen und bei 220° unverändert übergehen, und im Retortenhalse zu einer fettglänzenden Krystallmasse erstarren. Medlock.

			Medlock.	Wurtz.
12 C	72	54,96	55,11	54,81
N	14	10,69	10,70	10,71
13 H	13	9,92	9,93	10,08
4 O	32	24,43	24,26	24,40
$C^{12}NH^{13}O^4$	131	100,00	100,00	100,00

Zersetzungen. 1. Seine Lösung in Vitriolöl zerfällt beim Erhitzen in kohlensaures und schwefligsaures Gas, schwefelsaures Ammoniak und Amylschwefelsäure. [Bei der Gleichung: $C^{12}NH^{13}O^4 + 4SO^3 + 2HO = C^{10}H^{12}O^2,2SO^3 + NH^3,2SO^3 + 2CO^2$ würde keine schweflige Säure entstehen; vielleicht bildet sie sich durch weitere Zersetzung der Amylschwefelsäure durch das überschussige Vitriolöl.] — 2. Bei der Destillation des Amyluräthans mit Baryt geht unter Bildung von kohlensaurem Baryt Ammoniak und Fuselöl (und kein Valeramin) über. Medlock. Die zu diesen Producten nöthigen 2 HO mussen durch eine andere Zersetzung eines Theils des Amyluräthans geliefert worden sein. Medlock.

Verbindungen. Es löst sich in kochendem *Wasser.*

Es löst sich in kaltem *Vitriolöl,* sich daraus bei Wasserzusatz unverändert als eine Krystallhaut nach oben abscheidend.

Es löst sich in *Weingeist* und *Aether.* Medlock.

Oxamylan.

$C^{14}NH^{13}O^6 = C^{10}AdH^{11},C^4O^6$?

Balard (1844). *Ann. Chim. Phys.* 12, 309; auch *J. pr. Chem.* 34, 141.

Wird beim Einwirken des trocknen Ammoniakgases auf Oxalmylester erhalten (V, 591).

Schiefst beim Verdunsten seiner weingeistigen Lösung in undeutlichen Krystallen an.

Zerfällt beim Kochen mit Wasser und schneller mit wässrigen Alkalien in Fuselöl und Oxaminsäure (V, 12). Balard.

Amidkern $C^{10}Ad^2H^2O^6$.

Inosinsäure.

$C^{10}N^2H^6O^{10}$? $= C^{10}Ad^2H^2O^6,O^4$?

Liebig. *Ann. Pharm.* 62, 317.

Von τοῦ ἰνός, des Muskels. — Findet sich in vielem Muskelfleisch. Liebig. Das Hühnerfleisch liefert 0,11 Proc. inosinsauren Baryt; aber aus dem Ochsenherz und dem Fleisch von Ochsen, Tauben, Rochen und Kabeljau lässt sich nichts erhalten, Gregory (*Ann. Pharm.* 64, 106); auch nicht aus dem Fleische des Menschen, Schlossberger (*Ann. Pharm.* 66, 80).

Darstellung. Nachdem aus der mit Baryt neutralisirten und bei 60° in einem starken Luftstrom abgedampften (weil bei 100° die Inosinsäure zerstört wird) Fleischflüssigkeit (V, 367, b) alles Kreatin angeschossen ist, dampft man die Mutterlauge noch etwas weiter ab, versetzt sie allmälig mit kleinen Antheilen Weingeist, bis sie sich milchig trübt, stellt sie einige Tage hin und sammelt die gebildeten weifsen oder gelben, körnigen, blättrigen oder nadelförmigen Krystalle

(Gemenge von inosinsaurem Baryt, von Kreatin, und falls wenig Barytwasser angewandt war, von phosphorsaurem Kalk, falls überschüssiges angewandt war, von inosinsaurem Kali) auf dem Filter, wäscht es mit Weingeist und versetzt seine Lösung in heifsem Wasser mit Chlorbaryum, worauf beim Erkalten Krystalle von inosinsaurem Baryt entstehen, die durch Umkrystallisiren gereinigt werden. Um hieraus die freie Säure zu erhalten, zersetzt man entweder das gelöste Salz durch die richtige Menge von Schwefelsäure, oder man stellt durch Fällung des Barytsalzes mit essigsaurem Kupferoxyd das Kupfersalz dar, zersetzt dieses nach dem Vertheilen in Wasser durch Hydrothion, entfärbt das durch Schwefelkupfer braun getrübte Filtrat durch Blutlaugenkohle, und dampft das Filtrat zum Syrup ab.

Eigenschaften. Der durch Abdampfen erhaltene Syrup liefert bei wochenlangem Stehen keine Krystalle, verwandelt sich aber unter Weingeist in ein Pulver. Er schmeckt angenehm fleischbrühartig und röthet stark Lackmus.

Zersetzungen. 1. Die syrupartige Säure, mit Salpetersäure abgedampft, liefert wenig farblose Krystallkörner. — 2. Mit Bleihyperoxyd und verdünnter Schwefelsäure erwärmt, liefert sie unter weifser Färbung des Oxyds eine Flüssigkeit, welche, nach der Entfernung der Schwefelsäure, beim Abdampfen Nadeln lässt.

Verbindungen. Die Inosinsäure löst sich leicht in *Wasser* und wird aus der concentrirten Lösung durch Weingeist in weifsen amorphen Flocken gefällt.

Die *inosinsauren Alkalien* verbreiten beim Erhitzen auf Blech einen starken und angenehmen Geruch nach gebratenem Fleisch.

Inosinsaures Kali. — Wird theils direct aus der Flüssigkeit erhalten (s. oben), theils durch vorsichtiges Fällen des Barytsalzes mit kohlensaurem Kali. — Feine lange 4seitige Säulen, welche bei 100° 22,02 Proc. Wasser verlieren, und im trocknen Rückstand 20,73 Proc. Kali halten. Sie lösen sich leicht in Wasser, nicht in Weingeist, und werden durch diesen aus der verdünnten wässrigen Lösung als weifses körniges Pulver, aus der concentrirten in, die Flüssigkeit zu Brei verdickenden, perlglänzenden feinen Blättern gefällt.

Inosinsaures Natron. — Feine seidenglänzende Nadeln, äufserst leicht in Wasser, nicht in Weingeist löslich.

Inosinsaurer Baryt. — Die freie Säure fällt nicht das Barytwasser, doch entstehen beim Hinstellen und Verdunsten Blättchen des Salzes. Darstellung (V, 616). — Perlglänzende längliche 4seitige Blätter, nach dem Trocknen polirtem Silber ähnlich. Sie verlieren bei 100° 19,07 Proc. (= 7 [6] At.) Wasser. Sie lösen sich in 400 Th. Wasser von 15°, leichter in heifsem, aber weniger in Wasser von 100°, als von 70°. Die bei 70° gesättigte Lösung setzt beim Kochen einen Theil des Salzes als harzähnliche Masse ab. Erhitzt man eine Menge des Salzes, welche sich in einer bestimmten Menge Wasser von 60 bis 70° lösen würde, mit derselben Menge Wasser bis zum Kochen, so bleibt ein Theil des Salzes ungelöst, und verliert bei längerem Kochen auch seine Löslichkeit in minder heifsem Wasser.

	Bei 100°.		Liebig.	Krystalle.			Liebig.
BaO	76,6	31,71	30,41	$C^{10}N^2H^5BaO^{10}$	241,6	81,73	80,93
10 C	60	24,83	24,63				
2 N	28	11,59	11,37	6 HO	54	18,27	19,07
5 H	5	2,07	2,61				
9 O	72	29,80	30,98				
$C^{10}N^2H^5BaO^{10}$	241,6	100,00	100,00	+ 6 Aq	295,6	100,00	100,00

Liebig zieht für das bei 100° getrocknete Salz folgende Formel vor: $BaO,C^{10}N^2H^6O^{10}$.

Gegen *Kalk*wasser verhält sich die freie Inosinsäure, wie gegen Barytwasser.

Sie fällt die *Blei*salze weifs.

Inosinsaures Kupferoxyd. — Die freie Säure und ihre löslichen Salze erzeugen mit essigsaurem Kupferoxyd einen schön grünblauen Niederschlag, der zu einem hellblauen amorphen Pulver austrocknet, sich beim Kochen mit Wasser nicht schwärzt, und nur einer Spur nach löst, und sich nicht in Essigsäure, aber mit blauer Farbe in Ammoniak löst.

Inosinsaures Silberoxyd. — Inosinsaure Alkalien geben mit salpetersaurem Silberoxyd einen weifsen gallertartigen, dem Alaunerdehydrat gleichenden Niederschlag, der sich im Lichte kaum schwärzt, und der sich etwas in reinem Wasser, weniger in Silberlösung und reichlich in Salpetersäure oder Ammoniak löst. 100 Th. trocknes Kalisalz geben mit Silberlösung einen Niederschlag, welcher 49,99 Th. Silberoxyd hält.

Weingeist löst nur Spuren der Inosinsäure, *Aether* nichts. Liebig.

Stickstoffkern $C^{10}NH^9$.

Valeronitril.
$C^{10}NH^9$.

Schlieper (1846). *Ann. Pharm.* 59, 15.
Dumas, Malaguti u. Leblanc. *Compt. rend.* 25, 658.
Guckelberger. *Ann. Pharm.* 64, 72.

Valeronitrile, Cyanhydrate de Butyrène.

Bildung und Darstellung. 1. Man destillirt trocknes baldriansaures Ammoniak oder auch Valeramid mit wasserfreier Phosphorsäure. Dumas etc. $NH^3,C^{10}H^{10}O^4 = C^{10}NH^9 + 4\,HO$; und $C^{10}NH^{11}O^2 = C^{10}OH^9 + 2\,HO$. Beim Durchleiten von Valeramid durch eine mit Kalk gefüllte glühende Röhre gelingt die Darstellung des Valeronitrils schwieriger. W. Hofmann (*Ann. Pharm.* 65, 56).

2. Bei der Destillation des Tischlerleims, Schlieper, oder des Caseins, Guckelberger, mit chromsaurem Kali und verdünnter Schwefelsäure geht neben vielen andern Producten auch Valeronitril über. — Man lässt 2 Th. Leim in 50 Th. Wasser aufquellen, fügt dazu 15 Th. Vitriolöl, giefst nach dem Erkalten das Gemisch in eine Retorte, welche 8 Th. zweifach chromsaures Kali hält, und destillirt, bis gegen das Ende die sich immer grüner färbende Flüssigkeit nicht mehr ruhig kocht, sondern stark zu schäumen anfängt. Man rectificirt das erhaltene weifs getrübte, sauer reagirende und stark nach Blausäure riechende Destillat über Quecksilberoxyd, welches unter Gasentwicklung die vorhandene Ameisensäure zerstört und die Blausäure als Cyanquecksilber zurückhält, fängt die zuerst übergehende, mit Oeltropfen

gemengte Flüssigkeit besonders auf, rectificirt sie wiederholt theilweise für sich, bis dem übergehenden Oele nur noch wenig wässrige Flüssigkeit beigemengt ist, dann bei gelinder Wärme über Bittererde, um die Benzoesäure zurückzuhalten, und wechselt die Vorlage, sobald statt eines wasserhellen Oels und einer klaren wässrigen Flüssigkeit eine milchige, allmälig Oeltropfen absetzende, überzugehen beginnt. Man entwässert ersteres Oel durch Chlorcalcium, destillirt es langsam mit dem Thermometer, wechselt die Vorlage bei 110°, weil bis 90° vorzüglich Valeracetonitril, bis 110° dessen Gemisch mit Valeronitril, und von 110° bis 140° vorzüglich letzteres übergeht, und unterwirft dieses letzte Destillat nochmals 2 Destillationen, bei deren erster man das zwischen 122° und 130° Uebergehende besonders auffängt, und bei der zweiten das zwischen 124° und 127° Uebergehende, welches nun reines Valeronitril ist. SCHLIEPER. — Oder man löst in einer Retorte 1 Th. Casein in dem Gemisch von 3 Th. Vitriolöl mit 6 Th. Wasser, fügt die Lösung von 2 Th. doppelt-chromsaurem Kali (bei mehr wurde man statt des Valeronitrils Baldriansäure erhalten) in 10 Wasser hinzu, mäfsigt die eintretende Reaction durch den Zusatz von noch 14 Th. Wasser (im Ganzen 30 Th. Wasser), schüttelt und destillirt das erhaltene Destillat mit Quecksilberoxyd, neutralisirt das so erhaltene Destillat mit Kreide, destillirt wieder, und unterwirft das neutrale Destillat wiederholten theilweisen Rectificationen, welche anfänglich ein milchiges Destillat mit Tropfen eines farblosen Oels, und zuletzt blofs dieses liefern. Bei weiterer Rectification desselben geht unter 120° Sixaldid über, und zwischen 120° und 140° vorzüglich Valeronitril, welches durch wiederholte Rectification, unter Beseitigung des zuerst und zuletzt Uebergehenden, gereinigt wird. GUCKELBERGER.

Eigenschaften. Wasserhelle, sehr dünne, stark das Licht brechende Flüssigkeit von 0,81 (0,813 bei 15°, GUCKELBERGER), spec. Gew., SCHLIEPER. Siedpunct bei 125°, SCHLIEPER, bei 125 bis 128°, GUCKELBERGER. Dampfdichte = 2,892. GUCKELBERGER. Sie riecht nach Bittermandelöl und salicyliger Säure, SCHLIEPER, und schmeckt gewürzhaft brennend und bitter, GUCKELBERGER. Sie macht auf Papier einen vorübergehenden Fettflecken. SCHLIEPER.

			SCHLIEPER.	GUCKELBERGER.		Maafs.	Dampfdichte.
10 C	60	72,29	71,93	71,86	C-Dampf	10	4,1600
N	14	16,87	16,95	16,79	N-Gas	1	0,9706
9 H	9	10,84	10,60	10,88	H-Gas	9	0,6237
$C^{10}NH^9$	83	100,00	99,48	99,53	Val.-Dampf	2	5,7543
						1	2,8771

Zersetzungen. 1. Das Valeronitril brennt beim Entzünden mit weifser, leuchtender, nicht rufsender Flamme. SCHLIEPER, GUCKELBERGER. — 2. Es wird im Sonnenlichte durch Chlor oder Brom unter Bildung von Salzsäure oder Hydrobrom zersetzt. SCHLIEPER. — 3. Es zerfällt mit Vitriolöl (auch beim Destilliren mit verdünnter Schwefelsäure, GUCKELBERGER) in schwefelsaures Ammoniak und freie Baldriansäure. SCHLIEPER. $C^{10}NH^9 + 4HO = NH^3 + C^{10}H^{10}O^4$. — Salpetersäure, Salzsäure und Ammoniak wirken nicht ein. SCHLIEPER. — 4. Es zerfällt mit wässrigen fixen Alkalien ganz leicht in baldriansaures Alkali und frei werdendes Ammoniak. SCHLIEPER, GUCKELBERGER. — 5. Es wird bei Mittelwärme durch Kalium in Cyankalium, Wasserstoffgas und ein besonderes Hydrocarbon zersetzt. DUMAS etc.

Verbindungen. Das Valeronitril löst sich ziemlich leicht in *Wasser*, SCHLIEPER; in ungefähr dem 4fachen Maafse Wasser, GUCKELBERGER.
Es mischt sich mit *Weingeist* und *Aether* nach jedem Verhältnisse. SCHLIEPER, GUCKELBERGER.

Anhang zu Valeronitril.

Valeracetonitril.

SCHLIEPER (1846). *Ann. Pharm.* 59, 16.

Entsteht bei der Darstellung des Valeronitrils aus Thierleim in gröfserer Menge als dieses, und geht bei der Rectification des durch Chlorcalcium entwässerten Oels (V, 619) zuerst, vorzüglich zwischen 68 und 90° über. Indem man dieses Destillat nochmals rectificirt unter Auffangen des blofs bis 76° übergehenden Theils, und dann noch einmal blofs bis 71°, befreit man das Valeracetonitril vom noch beigemischten Valeronitril.

Wasserhelle, stark das Licht brechende, dünne Flüssigkeit von 0,79 spec. Gewicht, welche zwischen 68 und 71° siedet, auf Papier einen schnell verschwindenden Fettflecken erzeugt, und dem Valeronitril ähnlich, aber viel angenehmer ätherisch riecht.

			SCHLIEPER.
26 C	156	60,93	61,35
2 N	28	10,94	9,42
24 H	24	9,38	11,40
6 O	48	18,75	17,83
$C^{26}N^2H^{24}O^6$	256	100,00	100,00

[Die für diese Formel, welche der Analyse nicht ganz entspricht, von SCHLIEPER gegebene Gleichung: $4C^{10}H^{10}O^4$ (Baldriansäure) + $3C^4H^4O^4$ (Essigsäure) + $4NH^3 - 16HO = 2C^{26}N^2H^{24}O^6$ ist sehr unwahrscheinlich.]

Zersetzungen. 1. Das Valeracetonitril ist leicht zu entflammen, und brennt mit schwach leuchtender Flamme. — 2. Beim Durchleiten von Chlorgas entwickelt es unter Erhitzung viel Salzsäure, und setzt dann beim Stehen in der Kälte weifse Krystalle einer Chlorverbindung ab. — 3. Es bildet mit Brom in einer verschlossenen, bisweilen zu öffnenden Flasche allmälig eine sich in Nadeln abscheidende und eine flüssige Bromverbindung von fürchterlichem, die Nase und Augen angreifendem Geruche. — 4. Es wird durch Vitriolöl in schwefelsaures Ammoniak, Baldriansäure und Essigsäure zersetzt. — 5. Auch mit wässrigen fixen Alkalien zerfällt es schon bei Mittelwärme in baldriansaures und essigsaures Alkali und freies Ammoniak. — Salpetersäure, Salzsäure und Ammoniak wirken nicht zersetzend.

Verbindungen. Es löst sich in *Wasser* viel reichlicher als Aether. Es mischt sich mit Weingeist und Aether nach jedem Verhältnisse. SCHLIEPER.

Gepaarte Verbindung.

Amylharnstoff.

$$C^{12}N^2H^{14}O^2 = C^2(C^{10}NH^{12})Ad,O^2 = C^{10}(C^2NH^4)AdH^8,O^2.$$

WURTZ (1851). *Compt. rend.* 32, 417.

Amylurée.

Entsteht in kleiner Menge bei der Zersetzung des Allophanmylesters durch Ammoniak. — Wird durch erhitzte Kalilauge in Amylamin und kohlensaures Kali zersetzt. — Bildet mit Salpetersäure luftbeständige Krystalle. WURTZ.

Auch unterscheidet WURTZ (ebend.) einen Weinamylharnstoff, Ethylamylurée = $C^{16}N^2H^{18}O^2$.

Verbindungen, 12 At. Kohlenstoff haltend.

Fune-Reihe. $C^{12}H^6$.

Fune. $C^{12}H^6$.

FARADAY (1825). *Phil. Transact.* 1825, 440; auch *Schw.* 47, 340 u. 441; auch *Pogg.* 5, 306.
MITSCHERLICH. *Berl. Ak. d. W.* 1834; Ausz. *Pogg.* 29, 231; auch *Ann. Pharm.* 9, 39.
PELIGOT. *Ann. Chim. Phys.* 56, 59.
MANSFIELD. *Quart. J. chem. Soc.* 1, 244; auch *Ann. Pharm.* 69, 162.

Bicarburet of Hydrogen FARADAY, *Benzin* MITSCHERLICH, *Benzon* LIEBIG, *Phène* LAURENT (von φαίνειν, scheinen, also im Deutschen richtiger Phän, als Phen.)

Bildung. 1. Beim Erhitzen der Benzoesäure mit überschüssigem Kalk, MITSCHERLICH; oder beim Leiten ihrer Dämpfe über glühendes Eisen, D'ARCET (*Ann. Chim. Phys.* 66, 99). — 2. Bei der trocknen Destillation der Chinasäure. WÖHLER. — 3. Beim Erhitzen der Phthalsäure mit Kalk. MARIGNAC (*Ann. Pharm.* 42, 217). — 4. Beim Leiten von Bergamottöldampf über glühenden Kalk. OHME (*Ann. Pharm.* 31, 318). — 5. Beim Leiten von Fetten durch glühende Röhren. FARADAY. — 6. Bei der trocknen Destillation der Steinkohlen. HOFMANN, MANSFIELD. Für das Auffinden von Fune in solchen Destillationsproducten gibt HOFMANN (*Ann. Pharm.* 55, 201) eine zweckmäfsige Vorschrift.

Darstellung. 1. Man destillirt ein Gemenge von 1 Th. Benzoesäure und 3 gelöschtem Kalk bei gelinde steigender Hitze, hebt das übergegangene ölige Fune vom Wasser ab, und rectificirt es nach dem Schütteln mit etwas Kali. 3 Th. Benzoesäure liefern 1 Th. Fune. MITSCHERLICH.

2. Das bei der Darstellung des Bute (V, 231) erhaltene Fune hält noch etwas Oel $C^{12}H^8$, daher man es schmelzt, nach dem Erstarren bei — 18° wiederholt mittelst eines Glasstabes Papier dagegen drückt, in das sich das meiste Oel zieht, dann wieder schmelzt, in Formen von Stanniol in Kuchen ausgiefst, diese zwischen mehreren Lagen erkälteten Fliefspapiers in der brahma'schen Presse auspresst und endlich durch Destillation über Kalk von aller Feuchtigkeit befreit. FARADAY.

3. *Aus Steinkohlentheer.* Der bei der Darstellung des Leuchtgases aus Steinkohlen übergehende Theer hält theils nach MANSFIELD, theils nach Andern in veränderlichen Mengen: Hydrothion, Ammoniak, Blausäure, Essigsäure, ein bei 60 bis 70° siedendes und sich durch Oxydation bräunendes und verharzendes Oel, Fune, Carbolsäure, Anilin, Picolin, Pyrrhol, Oel $C^{12}H^8$, Tole $C^{14}H^8$, Cume $C^{18}H^{12}$, Leukoi, Nofte $C^{20}H^8$ (je nach der Art der Steinkohlen und des Verfahrens ein Geringes bis 1/4 des Theers betragend), Cyme $C^{20}H^{14}$, Chrysen und Anthracen.

Der Theer ist schwarz, dickflüssig und von 1,12 bis 1,15 spec. Gew. Bei seiner fabrikmäfsigen Destillation in grofsen eisernen Gefäfsen geht zuerst Ammoniakgas über, dann Wasser, worin ammoniakalische Producte und ein, im Verhältniss zum Wasser immer mehr zunehmendes, gelbes oder braunes dunnflüssiges, durch Gehalt an Ammoniok, Picolin u. s. w. übelriechendes Oel von 0,900 bis 0,950 spec. Gew., *light Oil* oder *crude Naphta* oder *light Naphtha* genannt. (Es wird von den Fabriken gereinigt durch Rectification, wobei noch heavy Naphtha (s. u.) bleibt, dann durch Schütteln des farblosen, aber noch stinkenden und sich durch Harzbildung allmälig bräunenden Rectificats mit Vitriolöl, welches sich dunkelroth färbt, und nochmalige Rectification der hiervon abgegossenen gefärbten Naphtha. So erscheint es farblos, frei von Nofte und nicht mehr übelriechend.)

Bei weiterer Destillation des Steinkohlentheers bei gewechselter Vorlage erhält man ein gelbes, in Wasser niedersinkendes stinkendes Oel, *dead Oil* oder *heavy Naphtha* genannt, aus welchem mehr oder weniger Nofte krystallisirt, und welches aufserdem zwischen 200 und 300° siedende ölige Hydrocarbone mit Anilin, Leukol und Anthracen hält. (Es dient für gemeine Lampen und Fackeln, zur Conservation des Bauholzes und zur Kienrufsbereitung.)

Die nach der Destillation der heavy Naphtha bleibende, beim Erkalten zu einem schwarzen Pech, *Pitch*, erstarrende Masse (zur Bereitung von Asphalt, und durch Lösen in etwas heavy Naphtha zu schwarzem Eisenfirniss dienend) lässt bei noch viel stärkerem Erhitzen zuerst eine vorzüglich aus viel Anthracen bestehende Butter übergehen, dann ein gelbliches, mehr harziges Destillat, endlich bei anfangendem Glühen der Eisenretorte ein pomeranzengelbes, geruchloses, zwischen den Fingern zusammenklebendes Pulver. Es bleibt eine sehr harte, schwierig verbrennende Kooke.

Bei der Destillation der noch nicht gereinigten light Naphtha steigt deren Siedpunct, bei etwa 100° anfangend, auf 200 bis 220°; das letzte Destillat pflegt Nofte herauskrystallisiren zu lassen; das rückbleibende schwarzbraune Pech, vom Pitch verschieden, und vorzüglich aus durch Oxydation verharzten Oelen bestehend, lässt bei stärkerem Erhitzen, neben etwas Wasser, ein rothes Oel von ganz eigenthümlichem Geruch, aber kein oder fast kein Anthracen übergehen.

Wenn man die light Naphtha durch abwechselndes wiederholtes Schütteln mit verdünnter Schwefelsäure, Waschen mit Wasser, Schütteln mit verdünntem Kali, Waschen mit Wasser, Schütteln mit Schwefelsäure u. s. f. von allen basischen und sauren Beimischungen befreit, so zeigt sie sich wenig vermindert, hat aber ihren widrigen Geruch gröfstentheils verloren, und färbt reines Tannenholz nicht mehr (wie vorher durch Anilin) gelb, und mit Salzsäure befeuchtetes nicht mehr purpurn (durch Pyrrhol), so wie es auch die Oberhaut nicht mehr zerstört. — So gereinigt, fängt sie bei etwa 100° zu kochen an, lässt bis 150° $^2/_3$ und von da bis 200° das Meiste des letzten Drittels übergehen, wovon das bei 200° Kommende im Wasser niedersinkt, und beim Erkalten gesteht. Wenn man bei dieser Destillation die Vorlage wechselt, so oft der Siedpunct des Rückstands um 5° steigt, und jedes der so erhaltenen Destillate wieder fur sich rectificirt, ebenfalls unter wechselnder Vorlage bei jedesmaligem Steigen des Siedpuncts um 5° (wobei es sich zeigt, dass ein bei einer gewissen Temperatur, z. B. bei 110 bis 115° erhaltenes Destillat bei einer niederen Temperatur, z. B. bei 90°, zu kochen anfängt, und auf eine 30 bis 40° höhere, z. B. über 120°, steigt), und wenn man dann alle bei derselben Temperatur erhaltene Rectificate vereinigt und wieder rectificirt, und so fortfährt, bis das Ganze 10mal der gebrochenen Destillation unterworfen worden ist, wobei besonders anfangs braune Rückstände bleiben, so zeigen sich in den Siedpuncten deutliche Zwischenräume, und man erhält (nach Beseitigung der fixesten, durch Gehalt an Nofte krystallisirenden Destillate) 5 verschieden flüchtige, nach Steinöl, doch verschieden riechende Oele von 0,86 bis 0,88 spec. Gew., und zwar:

A. Oel bei 60 bis 70° siedend, nach Knoblauch und Schwefelkohlenstoff riechend, sehr wenig betragend. Es verbindet sich gröfstentheils mit Vitriolöl, woraus Wasser eine feste aromatische Substanz scheidet. Vielleicht Gemisch von Fune, das auch unter —20° daraus anschiefst, und 2 flüchtigeren Oelen.

B. Oel von 80 bis 85° Siedpunct, 1/16 der light Naphtha betragend. Fune.

C. Oel von 110 bis 115° Siedpunct, viel betragend. Lässt sich kalt durch eine Flamme entzünden, ertheilt kalt durchgeleiteter Luft die Eigenschaft, mit blauer Flamme zu brennen. Besteht vorzüglich aus Tole $C^{14}H^8$.

D. Oel bei 140 bis 145° siedend. Viel betragend. Verhält sich wie Cume. Die durch das kalte Oel geleitete Luft ist nicht entzündlich.

E. Oel bei 170 bis 175° siedend. Beträgt wenig in der light Naphtha (aber viel in der heavy Naphtha). Hat 0,857 spec. Gew. und ist Cymol, $C^{20}H^{14}$. MANSFIELD.

a. Zur Gewinnung blofs des Fune braucht man die oben beschriebene Rectification, statt 10mal, nur 5mal vorzunehmen. Man lässt dann das bei 80 bis 90° Uebergegangene bei — 12° krystallisiren, bringt es verkleinert und dicht zusammengefügt auf eine starke Tuchscheibe; die in einem auf — 22° erkälteten Cylinder befestigt ist, und bewirkt durch das Anziehen eines unter der Scheibe wirkenden Stempels das Abfliefsen des flüssig gebliebenen Oels mittels Luftdrucks. Hierzu eignet sich Bearts Kaffeemaschine. Man lässt das als schneeartige Krystallmasse bleibende noch unreine Fune auf einem Trichter allmälig aufthauen (der letzte Antheil pflegt erst bei + 4 bis + 5° zu schmelzen), das Abfliefsende, welches immer ärmer an fremden Oelen wird, in mehreren nach einander unter den Trichter gesetzten Flaschen sammelnd, und lässt dann jede dieser Fractionen für sich gefrieren und wieder gebrochen aufthauen, bis Alles erst bei + 4 bis + 5° schmilzt. MANSFIELD.

b. Man destillirt den Theil der light Naphtha, der bei der Destillation des Steinkohlentheers zuerst übergeht, also weniger fixere Oele hält, aus einer Metallblase, und leitet die Dämpfe zuerst aufsteigend in eine mit Wasser umgebene Kammer (oder in ein Schlangenrohr), in welcher die über 100° siedenden Oele verdichtet werden und zurückfliefsen, und dann erst abwärts in den Abkühlungsapparat, und rectificirt das so erhaltene Destillat auf dieselbe Weise, nur dass man das umgebende Wasser nicht über 80° steigen lässt, und nur so lange destillirt, bis die Hitze in der Retorte 90° übersteigen will. Man schüttelt dieses, bei — 20° zur Hälfte erstarrende, Rectificat mit 1/4 Maafs Vitriolöl (oder besser erst mit 1/10 Maafs starker Salpetersäure, dann, nach dem Abgiefsen hiervon, mit 1/4 Maafs Vitriolöl), und rectificirt es (wobei es nicht vom Vitriolöl getrennt zu werden braucht), bis der Siedpunct in der Retorte auf 90° gestiegen ist. Färbt sich dieses Rectificat mit Vitriolöl dunkler, als höchstens strohgelb, so ist es nochmals damit zu destilliren, dann mit Wasser und dann mit einer alkalischen Lauge zu waschen. — Das Vitriolöl entzieht der Flüssigkeit Alkaloide, und oxydirt das sich bräunende und das bei 60 bis 70° siedende Oel, ohne selbst in der Hitze auf das Fune zu wirken. Die Salpetersäure reinigt auch durch Oxydation und erzeugt zwar etwas Nitrofune, doch bleibt dieses bei der Destillation zurück. — Endlich reinigt man das Fune, wie bei der vorhergehenden Weise, durch Gefrierenlassen, Auspressen u. s. w. MANSFIELD.

Eigenschaften. In der Kälte krystallisch, von 0,956 spec. Gew., bei — 18° fast so hart wie Hutzucker, spröde und pulverisirbar; farblos und durchsichtig; nicht die Elektricität leitend. FARADAY. Nach langsamem Erstarren in farrenkrautartig vereinigten Blättern; nach raschem wie Campher oder krystallisches weifses Wachs. MANSFIELD. — Es schmilzt bei 5,5° (7° MITSCHERLICH) unter einer 1/8 betragenden Ausdehnung, FARADAY, und gesteht wieder bei 0°, MITSCHERLICH, MANSFIELD, lässt sich jedoch in engen Gefäfsen weit unter 0° erkälten, worauf es beim Schütteln oder Ausgiefsen plötzlich gesteht, MANSFIELD. Es ist geschmolzen ein sehr dünnes Oel, dessen beim Schütteln entstehende Blasen rasch verschwinden, und stark lichtbrechend, MANSFIELD, von 0,85 spec. Gew. bei 15,5°, FARADAY, MITSCHERLICH, MANSFIELD, 0,8991 bei 0°, KOPP. — Es siedet bei 80,4° bei 0,76 M. Luftdruck, KOPP (*Pogg.* 72, 223), zwischen 80 und 81°, MANSFIELD, bei ungefähr 82°, PELIGOT, bei 85,5°, FARADAY, bei 86°, MITSCHERLICH, und verdampft unzersetzt. Dampfdichte = 2,752, FARADAY, 2,770, MITSCHERLICH, MANSFIELD. — Es riecht nach dem aus Fetten erzeugten Leuchtgase und etwas nach bittern Mandeln. FARADAY. Das Einathmen seines Dampfes wirkt narkotisirend. SNOW.

			FARADAY.	MITSCHERLICH.	PELIGOT.	D'ARCET.	DUMAS u. STAS.	KOPP.	E.C.NICHOLSON.
12 C	72	92,31	91,72	92,62	92,87	92,07	92,2	91,92	92,3
6 H	6	7,69	8,30	7,76	7,73	7,93	7,7	7,76	7,7
$C^{12}H^{6}$	78	100,00	100,02	100,38	100,60	100,00	99,9	99,68	100,0

C-Dampf	12	4,9920
H-Gas	6	0,4158
Funedampf	2	5,4078
	1	2,7039

Zersetzungen. 1. Der Dampf, durch eine *glühende Röhre* geleitet, verwandelt sich unter allmäligem Absatz von Kohle in ein Kohlenwasserstoffgas. FARADAY. — 2. Das Oel ist sehr entzündlich und *verbrennt* mit glänzender, stark rufsender Flamme. FARADAY. Starres Fune verbrennt beim Anzünden, ohne zuvor zu schmelzen. MANSFIELD. Bei Mittelwärme in Sauerstoffgas verdunstend, liefert das Oel ein durch den elektrischen Funken stark explodirendes Gemenge. Hierbei verzehren 2 Maafs Funedampf 15 M. Sauerstoffgas, von welchen 12 M. mit 12 M. Kohlenstoffdampf 12 M. kohlensaures Gas, und 3 M. mit 6 M. Wasserstoffgas Wasser erzeugen. FARADAY. Mit dem Funedampf beladene Luft brennt beim Ausströmen aus einer Spitze, je nach der Weite derselben und der Schnelle des Stroms, mit weifser rufsender, oder mit violetter Flamme; ebenso Wasserstoffgas mit heller weifser Flamme. MANSFIELD. — 3. In Chlorgas verwandelt sich das Fune in der Sonne (nicht im Dunkeln, PELIGOT) unter Wärmeentwicklung und Salzsäurebildung in Krystalle (Hydrochlor-Trichlorfune, $C^{12}H^{6}Cl^{6}$, MITSCHERLICH) und in ein Oel (Trichlorfune, $C^{12}H^{3}Cl^{3}$, MITSCHERLICH). FARADAY. — 5. Das sich im Fune lösende *Brom* wirkt ebenfalls nur im Sonnenlichte zersetzend, Hydrobrom-Tribromfune erzeugend. MITSCHERLICH. — *Iod* wirkt selbst im Sonnenlichte nicht ein. FARADAY. — 6. Mäfsig starke *Salpetersäure* ist selbst beim Destilliren mit dem Fune ohne Wirkung, aber in der warmen rauchenden Säure löst sich das Fune unter Wärmeentwicklung als Nitrofune, $C^{12}XH^{5}$, welches sich beim Erkalten als ein Oel theilweise abscheidet. MITSCHERLICH. FARADAY bemerkte Röthung und Blausäuregeruch. Nach ABEL wird das Fune auch durch wiederholte Destillation mit verdünnter Säure endlich in Nitrofune verwandelt. — 7. Kalte wasserfreie *Schwefelsäure* verwandelt das Fune unter mäfsiger Wärmeentwicklung und ohne Entwicklung schwefliger Säure in eine zähe Flüssigkeit, welche aus 5 bis 6 Proc. Sulfifune, $C^{12}H^5SO^2$, aus Funeschwefelsäure, $C^{12}H^6,2SO^3$, und aus einer andern Säure, welche mit Kupferoxyd ein nicht krystallisirbares Salz bildet, besteht. Bei Anwendung von rauchendem Vitriolöl entstehen dieselben Producte, von welchen das Sulfifune jedoch nur 1 bis 2 Proc. beträgt. — Bildung des Sulfifune: $C^{12}H^6 + SO^3 = C^{12}H^5SO^2 + HO$. Gemeines Vitriolöl ist ohne Wirkung. MITSCHERLICH. — Ohne zersetzende Wirkung auf das Fune sind: Iod im Sonnenlicht, Kalium oder wässrige Alkalien beim Siedpunct des Fune, FARADAY, nicht rauchendes Vitriolöl, auch beim Siedpuncte des Fune, MITSCHERLICH, MANSFIELD, wässrige Chromsäure, ABEL, Phosgengas im Sonnenlichte, MITSCHERLICH, Fünffachchlorphosphor, CAHOURS.

Verbindungen. Das Fune löst sich sehr wenig in *Wasser*, FARADAY, ihm starken Geruch ertheilend, MITSCHERLICH.

Es löst etwas *Phosphor*, *Schwefel* und *Iod* (dieses mit kermesinrother Farbe, FARADAY), mehr beim Kochen, was beim Erkalten anschiefst, MANSFIELD.

Es löst *Brom*. MITSCHERLICH.

Es löst sich in *Holzgeist*. MANSFIELD.

Es löst sich sehr leicht in *Weingeist*, daraus durch Wasser scheidbar. FARADAY. Ein Gemisch aus 1 Maafs Fune und 2 M. Weingeist von 0,85 spec. Gew. gibt in Lampen ein gutes Licht, was bei mehr Weingeist matter und bei mehr Fune rufsend wird. MANSFIELD.

Es löst sich sehr leicht in *Aether*. FARADAY, MITSCHERLICH.

Es löst sich leicht in *Aceton* und treibt dabei aus wasserhaltigem das Wasser aus. MANSFIELD.

Es löst sehr reichlich flüchtige und fette Oele, FARADAY, MANSFIELD, Campher, Wachs, Mastix, Kautschuk und Gutta Percha, wenig Gummilack, Copal, Anime und Gummigutt, ziemlich Chinin, wenig Morphin und Strychnin, aber kein Cinchonin, MANSFIELD.

Carbolsäure.

$$C^{12}H^6O^2 = C^{12}H^6,O^2.$$

REICHENBACH. *Schw.* 66, 301 u. 345; 67, 1 u. 57; 68, 352.
RUNGE. *Pogg.* 31, 69; 32, 308.
LAURENT. *N. Ann. Chim. Phys.* 3, 195; auch *J. pr. Chem.* 25, 401.

Kreosot (von κρέας, Fleisch und σώζειν, erhalten), *Phänol*, *Phänyloxydhydrat*, *phänige Säure*, *Phänylsäure*, *Spirol*, *Salicon*, *Phénol*, *Hydrate de Phényle*, *Acide phénique*, *Acide pheneux* [*Nefune*]. — REICHENBACH erhielt 1832 aus dem Holztheer sein Kreosot und RUNGE 1834 aus dem Steinkohlentheer seine Carbolsäure, so wie LAURENT 1841 aus demselben sein Hydrate de Phenyle gewann und eine richtige Analyse desselben gab. Sowohl Seine, wie spätere Untersuchungen thaten bald dar, dass diese 3 Stoffe sich nur durch verschiedene Reinheit von einander unterscheiden. Nach GORUP-BESANEZ (*Ann. Pharm.* 78, 231) ist das (angeblich aus Buchenholztheer bereitete) Kreosot von der Laurent'schen Phänylsäure wesentlich verschieden, daher es mit Chlor und Salpetersäure ganz andere Producte liefere. Aber um so etwas zu beweisen, hätte Er selbst bereitetes und nicht das von einer Materialhandlung bezogene Kreosot untersuchen sollen.)

Vorkommen. Im Bibergeil, WÖHLER, und im Kuhharn, Pferdeharn und Menschenharn, STÄDELER (*Ann. Pharm.* 67, 360, 77, 17).

Bildung. Bei der trocknen Destillation von Holz, REICHENBACH, von Steinkohle, REICHENBACH, RUNGE, LAURENT, von Knochen, REICHEN-

BACH, von Benzoeharz, E. KOPP, vom Harz der *Xantorrhoea hastilis*, STENHOUSE, von Salicylsäure (bei raschem Erhitzen), von salicylsauren Alkalien und von Saliretin, GERHARDT, von Salicin mit Kalk, STENHOUSE, von Chinasäure, WÖHLER, von chromsaurem Pelosin, BÖDEKER.

Darstellung. 1. *Aus Buchenholzessig.* Dieser hält 1 bis 1 ½ Proc. Kreosot, welches sich beim Sättigen mit Kochsalz oder Glaubersalz als ein Oel erhebt. — Man sättigt ihn bei 70 bis 80°, bei welcher Temperatur er am meisten löst, unter Schütteln völlig mit verwittertem Glaubersalz, schöpft das sich in der Ruhe erhebende, 5 Proc. betragende, Kreosot, Essigsäure und wenig Eupion und andere Oele haltende braune Oel ab, noch ehe es beim Erkalten niedersinkt und sich mit den Glaubersalzkrystallen mengt, trennt es nach mehrtägigem Stehen im Kühlen von dem sich erhebenden Essig durch Abnehmen desselben und vom krystallisirenden Glaubersalz durch Leinen und befreit es durch Schütteln mit kohlensaurem Kali in der Wärme von der übrigen Essigsäure. Man destillirt das von der auch essigsaures Kali haltenden alkalischen Lauge abgegossene, dicker gewordene Oel aus Eisenretorten mit Wasser, unter Vermeidung des Aufstofsens und Anbrennens des reichlich bleibenden braunen Rückstandes, schüttelt das übergegangene blassgelbe, sich an der Luft stark bräunende Oel tüchtig mit sehr verdünnter Phosphorsäure, um das Ammoniak zu entziehen, schüttelt nach der Entfernung der sauren Flüssigkeit das Oel mit frischer Phosphorsäure, befreit es dann durch wiederholtes Waschen mit Wasser von der Säure, schüttelt es dann wieder tüchtig mit einem gleichen Gewicht warmer verdünnter Phosphorsäure, destillirt es dann mit dieser unter wiederholtem Zurückgiefsen des wässrigen Theils des Destillats, bis nur noch wenig Kreosot übergeht und der ölige Rückstand in dicklichen Klumpen im Wasser umhergeworfen wird. (Es bleibt hierbei noch essigsaures und phosphorsaures Kali und Ammoniak). Man löst ferner das übergegangene, fast farblose Oel nach dem Abgiefsen des wässrigen Destillats in kalter Kalilauge von 1,12 spec. Gew., hebt die aus der anfangs milchigen Lösung sich in der Ruhe erhebende Schicht von Eupion ab, befreit dieses durch wiederholtes Waschen mit schwächerer Lauge vom übrigen Kreosot, bis das Eupion geschmacklos geworden ist, vereinigt sämmtliche Laugen, welche unreines Kreosotkali halten, erhitzt sie in einem offnen Gefäfse allmälig zum Kochen, wobei sich ein beigemischtes Oel unter rascher Sauerstoffaufnahme verharzt, versetzt die schwarzbraun gewordene Mischung nach dem Erkalten mit so viel Schwefelsäure, dass alles Kreosot, was jetzt braun erscheint, frei wird, schöpft dieses heifs vom schwefelsauren Kali ab, und destillirt es in einer weiten Glasretorte, jedoch nicht bis zum Trockenwerden und Anbrennen des braunen harzigen Rückstands, daher auch nur der unterste Theil der Retorte mit Sand umgeben sein darf. Das im Kreosot enthaltene, gegen 10 Proc. betragende Wasser veranlasst hierbei heftiges Stofsen. Man wiederholt diese Behandlung mit Kali und Schwefelsäure und die Destillation 2- bis 4-mal, bis sich die Kalilösung beim Erhitzen an der Luft nicht mehr braun, sondern nur schwach röthlich färbt, löst in dem hieraus durch Schwefelsäure abgeschiedenen, mit Wasser gut gewaschenen und rectificirten Kreosot nur so viel concentrirte Kalilauge, dass es eben Curcuma zu röthen beginnt, um den Rest irgend einer Säure zurückzuhalten, destillirt über Weingeist, so lange das Kreosot ungefärbt übergeht, so dass der Rest etwa das 4- bis 5-fache Volum der angewandten Kalilauge beträgt, und rectificirt das Destillat, welches sich an der Luft in Tagen nicht bräunen darf, mehrmals für sich über Weingeist, wobei man das wasserfreie Kreosot, was nach dem Aufhören des Stofsens und erst bei gesteigerter Hitze übergeht, besonders auffängt, und etwas Oel in der Retorte lässt, um Anbrennen und Bräunung, und damit die Wiederholung der ganzen Arbeit von vorn zu vermeiden. REICHENBACH.

2. *Aus Buchenholztheer.* Derselbe hält, aufser 20 bis 25 Proc. Kreosot: Wasser, Ammoniak, Blausäure, Essigsäure, Eupion, ein sich an der Luft bräunendes und verharzendes Oel, Picamar, Kapnomor, braune moderartige [und harzige] Stoffe, Paraffin, Fettsäure und Oelsäure. REICHENBACH. — *a.* Man destillirt vom Theer in eisernen Retorten bei einer Hitze, die weder Aufblähen noch Verkohlung bewirkt, das Oelige ab, während 40 Proc. Pech bleiben, welches die Consistenz haben muss, dass es in der Kälte spröde, in der warmen Hand aber knetbar ist; man hebt vom übergegangenen schweren Oele die, 15 Proc. des Theers betragende, saure, wässrige Schicht ab, und wenn sich darüber noch ein leichtes, besonders aus Eupion bestehendes Oel befindet, auch dieses, destillirt das untere Oel bei allmälig steigender Hitze unter Beseitigung des zuerst kommenden Oels, so lange es auf Wasser schwimmt, und hört auf, sobald gegen das Ende weifsgelbe schwere Nebel den reichlichen Uebergang von Paraffin ankündigen, und scheidet durch öfters wiederholte Destillation der erhaltenen Oele bei gewechselter Vorlage alles Oel in Eupion-reiches, welches bei nochmaligem Destilliren bis zum Ende ein auf Wasser schwimmendes Product liefert, und in Kreosot-reiches, welches vom Anfang an ein in Wasser niedersinkendes Product übergehen lässt. Man trägt in letzteres unter Erwärmen und Schütteln nach und nach so lange kohlensaures Kali, bis dieses kein Aufbrausen mehr veranlasst, und eine kleine Probe Oel mit Wasser geschüttelt, nicht mehr Lackmus röthet, trennt es nach dem Erkalten in der Ruhe von der, Essigsäure haltenden, Salzlauge, rectificirt es unter Beseitigung des zuerst Uebergehenden, falls es auf Wasser schwimmt, und unter Verhütung des Anbrennens an den Wänden, daher man auch nicht ganz bis zur Trockne destillirt. Hierauf behandelt man das Destillat (wie beim Holzessig), wiederholt mit Phosphorsäure und Wasser, destillirt es über Phosphorsäure, löst es ebenso in Kalilauge, befreit die Lösung vom sich erhebenden Eupion, erhitzt sie an der Luft, destillirt das durch Schwefelsäure abgeschiedene Kreosot und wiederholt diese Behandlung von der Kalilauge an, ganz wie bei dem aus Holzessig erhaltenen Kreosot (V, 626 bis 627, von: Man schüttelt ferner das übergegangene etc. bis: um damit die Wiederholung der ganzen Arbeit von vorn zu vermeiden). — Bei der Darstellung des Kreosots aus Steinkohlentheer oder Thiertheer fällt die Behandlung

mit kohlensaurem Kali weg, aber die Abscheidung des Ammoniaks durch Phosporsäure erfordert gröfsere Sorgfalt. REICHENBACH.

b. Man destillirt Theer von hartem Holze aus einer 3mal so geräumigen Kupferblase, fängt, unter Beseitigung des zuerst Uebergehenden, das Destillat erst auf, wenn eine sehr saure Flüssigkeit kommt, aus der Wasser ein Oel niederschlägt, und entfernt das Feuer bei anfangendem Knistern in der Blase. Man neutralisirt das Destillat mit kohlensaurem Kali, destillirt es mit viel Wasser, entfernt das zuerst übergehende, auf dem Wasser schwimmende Oel, und destillirt unter mehrmaligem Zuruckgiefsen des ubergegangenen Wassers in die Blase fort, bis die Menge des schweren Oels nicht mehr bedeutend zunimmt. Man löst dieses schwere Oel in Kalilauge von 1,12 spec. Gew., schöpft das sich erhebende Eupion ab, destillirt die noch eben so viel Eupion gelöst haltende alkalische Flüssigkeit mit einem gleichen Maafs Wasser, welches von Zeit zu Zeit ersetzt wird, so lange noch irgend Eupion übergeht, bringt dann in die Blase 1/3 der zum Neutralisiren des Kalis nöthigen Menge von verdünnter Schwefelsäure, und erhält bei weiterem Destilliren zuerst Eupion-haltendes, dann etwas reines Kreosot, übersättigt endlich den Blaseninhalt schwach mit Schwefelsäure und erhält durch weitere Destillation bei gewechselter Vorlage unter fortwährendem Zurückgeben des übergehenden Wassers, bis kein Oel mehr ubergeht, die Hauptmasse des Eupion-freien Kreosots. Man versetzt dieses mit dem zugleich übergegangenen Kreosotwasser in einer Blase mit nur soviel Kalilauge, dass das Gemisch schwach alkalisch reagirt und rectificirt, ebenfalls unter wiederholtem Zurückgeben des Wassers. Endlich wird das mechanisch vom Wasser getrennte Kreosot aus einer Glasretorte im Sandbade destillirt, unter Wechseln der Vorlage und Trocknen des Retortenhalses, sobald alles Wasser übergegangen ist. Sollte das so erhaltene Kreosot sich an der Luft röthen, so wird es nochmals eben so destillirt. ED. SIMON (*Pogg.* 32, 119).

c. Man destillirt den Holztheer mit etwas Sand, fängt das in Wasser niedersinkende Oel für sich auf, erhitzt dieses mit dem doppelten Volum Wasser, dem so viel Schwefelsäure zugefugt ist, dass das Oel eben darüber schwimmt, in einer Schale allmälig zum Kochen, erhält es einige Minuten darin, trennt nach dem Erkalten das braune Oel von der farblosen sauren Flüssigkeit darunter, rectificirt es, behandelt es wieder mit der vorigen sauren Flüssigkeit, wobei es sich wieder bräunt, rectificirt es wieder, löst das blassgelbe Rectificat in einer zur Lösung sämmtlichen Kreosots ungenügenden Menge Kalilauge, hebt das aufschwimmende Eupion-reiche Oel ab, erhitzt die alkalische Lösung mit der obigen sauren Flussigkeit, hebt das sich ausscheidende gefärbte Kreosot ab, wäscht es durch Schütteln mit Wasser, rectificirt es, nach dem Mischen mit wenig Kali bis zur alkalischen Reaction, stellt das farblose Oel, mit wenig Kalilauge gemischt, in einer offenen Flasche einige Wochen in den Keller, und recticirt behutsam die gebräunte Flussigkeit. So spart man viel Kali. HÜBSCHMANN (*Ann. Pharm.* 11, 40).

Wegen der Kreosotbereitung s. noch KRÜGER (*Repert.* 47, 273); BUCHNER (*Repert.* 49, 84); KÖNE (*Ann. Pharm.* 16, 63); COZZI (*Repert.* 55, 69).

3. *Aus Steinkohlentheer.* — *a. Darstellung der Carbolsäure* RUNGE's. — Man stellt 12 Th. aus Steinkohlentheer durch Destillation über Kupferoxyd erhaltenes Oel mit 2 Kalk und 50 Wasser unter fleifsigem Schütteln 8 Stunden lang zusammen, kocht das hiervon erhaltene braungelbe wässrige Filtrat auf 1/4 ein, wobei Anilin, Leukoi und Pyrrhol fortgehen, filtrirt nach dem Erkalten, schlägt aus dem Filtrate durch überschüssige Salzsäure die unreine Carbolsäure als braunes Oel nieder, wäscht diese nach dem Abgiefsen der wässrigen Flüssigkeit mit Wasser, destillirt sie dann mit Wasser, bis 2/3 des Oels übergegangen sind (der braunschwarze, pechartige Rückstand hält Rosolsäure und Brunolsäure), versetzt das anfangs milchige Destillat, aus dem sich klare Oeltropfen absetzen, mit so viel Wasser, dass sich alles Oel löst, fällt es durch Bleiessig, und unterwirft den käsigen Niederschlag

von carbolsaurem Bleioxyd nach dem Waschen und guten Trocknen (am besten unter Zusatz von wenig Schwefel- oder Salz-Säure) der trocknen Destillation, wobei er unter Schmelzung die Carbolsäure (und wenn er nicht ganz getrocknet war, zuerst auch Wasser) als ein gelbes Oel entwickelt, was durch Rectificiren bei gewechselter Vorlage wasserfrei und farblos erhalten wird. — Am einfachsten ist es, die im erwähnten milchigen Destillat enthaltene Carbolsäure sogleich erst mit Wasser, dann mit 4 bis 5 Proc. Kalihydrat zu destilliren, um sie rein zu erhalten. RUNGE. — Bei der Destillation des Bleiniederschlags geht anfangs neutrales Kreosot über, später saures, welches wegen theilweiser Zersetzung durch die Hitze Essigsäure, Kapnomor und andere Producte hält und daher nicht mehr völlig in Kali löslich ist. REICHENBACH (*Pogg.* 31, 497).

b. Darstellung des Phänylhydrats nach LAURENT. — Man destillirt Steinkohlentheer, bis Anthracen überzugehen anfängt, rectificirt das erhaltene Oel, das zwischen 150 und 200° übergehende besonders aufsammelnd, versetzt dieses mit gesättigter Kalilauge und gepulvertem Kalihydrat, wodurch es sogleich in einen weifsen Krystallbrei verwandelt wird, löst diesen in heifsem Wasser, hebt das sich erhebende Oel ab, neutralisirt die untere alkalische Flüssigkeit mit Salzsäure, wäscht das sich als Oel erhebende unreine Phänylhydrat mit wenig Wasser, digerirt es über Chlorcalcium, rectificirt es mehrmals, erkältet es in einer verschlossenen Flasche allmälig auf — 10°, und lässt von den Krystallen des reinen Phänylhydrats den flüssig gebliebenen Theil durch Umstülpen der Flasche auf eine andere ablaufen, unter Abhaltung von Luft, die Wasser abgeben könnte. LAURENT.

Bei weniger sorgfältiger Bereitung kann das Kreosot halten: 1. *Wasser.* Einige Tropfen des Kreosots im Proberohr wenig über 100° erhitzt, setzen einen Hauch ab. — 2. *Ammoniak.* — Mit solchem Kreosot gesättigtes Wasser bleibt mit Bleizucker nicht klar, sondern gibt einen schmierigen, in Weingeist löslichen Niederschlag. — 3. *Essigsäure* ist zu vermuthen, wenn das Kreosot Lackmus röthet. — 4. *Eupion.* — Die Lösung solchen Kreosots in concentrirtem Kali scheidet beim Verdünnen mit Wasser das Eupion nach oben ab. — 5. *Leicht oxydirbares und sich bräunendes Oel.* — Solches Kreosot bräunt sich an der Luft in 1 Tage. Seine Lösung in der 3fachen Menge concentrirten Kalis bräunt sich, statt farblos zu bleiben oder sich sehr schwach zu röthen. Seine gesättigte Lösung in Wasser gibt mit 1 Tropfen schwefelsaurem Eisenoxyd einen schwarzbraunen und nicht einen rothbraunen Niederschlag. — 6. *Picamar.* — Solches Kreosot schmeckt bitter, 1 Tropfen desselben in Weingeist gelöst, der wenig Barytwasser hält, gibt einen weifsen Niederschlag. Reinigung durch 2maliges Destilliren mit Wasser, bis mit diesem nur noch wenig Oel übergeht. Das fixere Picamar bleibt zurück. — Auch *Kapnomor*, welches dem Kreosot seine scharfe Wirkung nimmt (*J. pr. Chem.* 1, 18) und ein Princip von furchtbarer Brechkraft (*Pogg.* 29, 62) findet sich im schlecht bereiteten Kreosot. REICHENBACH.

Reine Carbolsäure muss Fichtenholz bei Salzsäurezusatz rein blau färben; bei grünlicher Färbung ist Anilin, bei bräunlicher ist Pyrrhol beigemischt. — Sie darf sich selbst nach Zusatz von Ammoniak an der Luft nicht bräunen, und sie muss sich mit schwefelsaurem Eisenoxyd nicht roth, sondern rein lila färben. RUNGE.

Ein mit wenigstens 40 Proc. Weingeist verfälschtes Kreosot gibt beim Schütteln mit der 6fachen Menge von Mandelöl bei 20 bis 30° ein trübes Gemisch; auch mindert der Weingeist das spec. Gewicht. LEPAGE (*J. Chim. méd.* 23, 491).

Eigenschaften. Ph. (Phänylhydrat) krystallisirt bei Mittelwärme in farblosen langen Nadeln des 2- u. 2-gliedrigen Systems, von

1,065 spec. Gew. bei 18°, schmilzt bei 34 bis 35°; kocht bei 187 bis 188°; riecht dem Kreosot sehr ähnlich, greift, wie dieses, die Haut an, und röthet nicht Lackmus. LAURENT. — Carb. (Carbolsäure RUNGE's) ist ein farbloses Oel, von 1,062 spec. Gew. bei 20°, stark lichtbrechend, unter gewissen Umständen [bei besserer Entwässerung?] in langen, erst über 15° schmelzenden Nadeln krystallisirend, bei 197,5° kochend, brenzlich und nach Bibergeil riechend, von starkem brennend ätzenden Geschmack. Sie macht auf der Haut braune und weifse Flecken, die in 1 Minute roth werden und sich in einigen Tagen abschuppen; ihre wässrige Lösung macht auf Auge und Wunden (hier unter Eiweifsgerinnung, aber nicht unter Blutstillung) Schmerzen, und macht eingesenkte Pflanzen schnell verwelken. Neutral. Ein mit der Lösung in höchstens 300 Th. Wasser befeuchteter Fichtenspan erhält beim Benetzen mit Salzsäure oder Salpetersäure in $1/2$ Stunde eine schön blaue, durch Chlorkalk nicht wohl zerstörbare Färbung. RUNGE. (Man tränkt den Span mit der wässrigen Carbolsäure, taucht ihn einen Augenblick in verdünnte Salzsäure, und legt ihn dann an die Sonne. STÄDELER.) Manches Fichtenholz wird nach blofsem Befeuchten mit Salzsäure in der Sonne blau, violett oder grün. WAGNER (*J. pr. Chem.* 52, 451). — Kr. (Kreosot) ist ein wasserhelles [wegen Wassergehalts?], noch nicht bei — 27° gefrierendes, stärker als Schwefelkohlenstoff das Licht brechendes Oel von 1,037 spec. Gewicht. Dasselbe hat die Dicke des Mandelöls, bildet bei 20° 3mal kleinere Tropfen als Wasser, macht auf Papier Fettflecken, die in einigen Stunden verschwinden, leitet nicht die Electricität, dehnt sich beim Erwärmen von 20 auf 203°, von 100 auf 116 Maafs aus, siedet bei 203° bei 0,72 M. Druck, lässt sich unverändert und ohne Rückstand destilliren, verdunstet auf Glas an der Luft in einigen Tagen völlig, riecht widrig durchdringend, in der Ferne etwas nach Bibergeil, in der Nähe etwas nach geräuchertem Fleisch, schmeckt höchst brennend und ätzend (hinterher süfslich), zerfrisst die Zunge und ist ganz neutral. Kr. auf die Haut gestrichen, und nach 1 Minute fortgewaschen, lässt eine weifse, wie versengte, aber weder entzündete, noch schmerzende Stelle, die nach einigen Tagen spröde wird und die Oberhaut unter Abschuppen verliert; es erregt im Auge und in Wunden sogleich einen heftigen brennenden Schmerz; es tödtet Pflanzen und unter Krämpfen kleine Thiere. REICHENBACH. Selbst Hunde werden durch einige Tropfen in $1/4$ Stunde unter Zuckungen getödtet. WÖHLER u. FRERICHS (*Ann. Pharm.* 65, 344).

			LAURENT. Phänylhydrat.	GERHARDT. Aus Salicyls.	ETTLING. Kr.v.REICHENB.
12 C	72	76,59	77,13	76,04	76,16
6 H	6	6,38	6,64	6,58	7,78
2 O	16	17,03	16,23	17,38	16,06
$C^{12}H^6,O^2$	94	100,00	100,00	100,00	100,00

In REICHENBACH's von ETTLING analysirtem Kreosot vermuthet LIEBIG (*Ann. Pharm.* 6, 209) mit Wahrscheinlichkeit noch etwas Wasser. — Die Radicaltheorie nimmt hypothetisch ein Phänyl, $C^{12}H^5$, und ein Phänyloxyd, $C^{12}H^5O$, an, dessen Hydrat die Carbolsäure, $C^{12}H^5O,HO$, wäre. Hiernach hätte man die Carbolsäure als einen Alkohol zu betrachten, während sie vielmehr die Verhältnisse eines sauren Aldids zeigt, als welches sie bei der obigen, zuerst von LAURENT (*Rev. scientif.* 14, 341) angenommenen Formel $C^{12}H^6,O^2$, bei welcher nicht von $C^{12}H^{4}$, sondern von dem existirenden $C^{12}H^{6}$ ausgegangen wird, erscheint.

Zersetzungen. 1. Kr. lässt sich im erhitzten Löffel oder Docht *entzünden* und brennt ohne Rückstand mit lebhafter, stark rufsender Flamme. REICHENBACH. Gelbe, stark rufsende Flamme, RUNGE, rufsende Flamme, LAURENT. — 2. Kr. färbt sich nicht an *Luft* und Sonne, und wird an der Luft erst bei sehr langem Kochen oder nach dem Mischen mit wässrigem Kali oder Ammoniak röthlich. REICHENBACH. — 3. Kr., tropfenweise sehr langsam durch eine *glühende Porcellanröhre* geleitet, zerfällt in ein mit Noftedampf beladenes brennbares Gas, in krystallisches Nofte und in eisenschwarze, harte, in der Glühhitze nicht verbrennende, graphitähnliche, aufgerollte Kohlenblätter, nebst wenig geschmacklosem schmierigen Rufs, eine leicht in Weingeist lösliche Substanz haltend. REICHENBACH. Vergl. HOFMANN (*Ann. Pharm.* 55, 205).

4. Ph. wird durch *Chlor* in Salzsäure und in Bichlorcarbolsäure, dann in Trichlorcarbolsäure und durch Brom unter starker Wärmeentwicklung in Hydrobrom und Tribromcarbolsäure zersetzt. LAURENT. [$C^{12}H^{6}O^{2} + 6Cl = C^{12}Cl^{3}H^{3}O^{2} + 3HCl$.] — *Chlorgas*, von kaltem Kr. verschluckt, bildet Salzsäure und ein braunes Harz; aus Kreosotwasser schlägt Chlorgas ein rothes Oel nieder. *Brom*, in Kr. getröpfelt, gibt unter Erhitzung und prasselndem Zischen ein rosenrothes Gemisch; es fällt aus Kreosotwasser ein gelbrothes Oel. Weingeistiges (nicht wässriges) *Iod* schlägt aus Kreosotwasser ein dunkles Oel nieder. REICHENBACH. — Durch Destillation mit gleichviel Iod wird Kr. nicht merklich verändert. GUYOT (*J. Scienc. phys.* 5, 230).

5. *Chlorkalk* verwandelt Kr. in einen harzigen Stoff. BASTICK (*N. J. Pharm.* 14, 22). — 6. Ph. mit chlorsaurem Kali und concentrirter Salzsäure zusammengestellt, zuletzt unter Erwärmung, verdickt sich zuerst zu einem rothbraunen, krystallisch breiartigen Gemenge von Chloranil und einem durch kalten Weingeist ausziehbaren, rothen, zähen, widrig riechenden Harze, bei dessen Destillation, unter Schmelzung und Bildung von Kohle, viel Salzsäure und rothes, erstarrendes Oel von Trichlorcarbolsäure übergeht, und verwandelt sich endlich völlig in eine hellgelbe Krystallmasse von Chloranil. A. W. HOFMANN (*Ann. Pharm.* 52, 57). $C^{12}H^{6}O^{2} + 10Cl + 2O = C^{12}Cl^{4}O^{4} + 6HCl$. HOFMANN. — Auch Kr. liefert Chloranil. LAURENT (*Compt. rend.* 19, 574). — 7. *Salpetersäure* macht beim Tröpfeln in Ph. prasselndes Zischen, und verwandelt es dann beim Kochen in Pikrinsäure. LAURENT. $C^{12}H^{6}O^{2} + 3NO^{5} = C^{12}(NO^{4})^{3}H^{3}O^{2} + 3HO$. — Carb. gibt mit, selbst verdünnter Salpetersäure ein rothbraunes Gemisch, welches bei Ueberschuss von Salpetersäure ein schwarzes Harz absetzt. RUNGE. Kr. entwickelt mit starker Salpetersäure Wärme und rothe Dämpfe, bis zum Umherspritzen, und färbt sich dunkelbraun. REICHENBACH. — Durch Kochen des Kr. mit verdünnter Salpetersäure erhielt LAURENT (*Compt. rend.* 19, 574) Pikrinsäure, Oxalsäure und ein braunes Harz, welches bei weiterer Behandlung mit Ammoniak und Salpetersäure in Pikrinsäure und 2 andere Nitrosäuren zerfiel, die mit Ammoniak gelbe Blätter und Nadeln bildeten. — 8. *Vitriolöl* löst Ph. unter geringer Wärmeentwicklung nach allen Verhältnissen zu einem farblosen Gemisch, in welchem sich Carbolschwefelsäure bildet. LAURENT. — Das Gemisch von Carb. mit $1/5$ Th. Vitriolöl ist farblos und wird beim Kochen rosenroth; das mit $1/2$ Th. Vitriolöl ist blassgelb, beim Kochen gelbroth; das mit überschüssigem Vitriolöl ist blassgelb und wird beim Sieden, unter Entwicklung schwefliger Säure, schwarzbraun. RUNGE. — Kr. gibt mit $1/20$ Th. englischem oder rauchendem Vitriolöl ein rosenrothes Gemisch, welches an der Luft durch Wasseraufnahme milchig

wird und wasserhelles Kr. ausscheidet. Bei mehr Vitriolöl entsteht ein purpurrothes, bei noch mehr ein schwarzrothes klares Gemisch, welches beim Sieden schweflige Säure entwickelt und undurchsichtig schwarz wird. Vitriolöl, mit überschüssigem Kr. destillirt, lässt unter Zerstörung aller Schwefelsäure Kr., dann Schwefel übergehn. Bei der Destillation von Kr. mit überschüssigem Vitriolöl, schwärzt sich, unter Zerstörung allen Kreosots, die von schwefliger Säure aufschäumende Masse, und wird fest und kohlig. REICHENBACH. — Wasserfreie Schwefelsäure zersetzt das Kr. augenblicklich unter Absatz feinpulveriger Kohle. A. VOGEL S. (*J. pr. Chem.* 23, 512).

9. Ph. färbt sich unter wässriger *Chromsäure* sogleich schwarz. GERHARDT. — Doppelt chromsaures Kali fällt aus Kreosotwasser langsam ein braunes Harz. Wässrige *Mangansäure*, in Kr. getröpfelt, wird braun, unter rother Färbung des Kreosots. Wenig Kreosotwasser scheidet aus wässriger Mangansäure braunes Oxyd, überschüssiges gibt einen gelben, in Weingeist mit gelber Farbe löslichen Niederschlag. Kochende wässrige *Molybdänsäure* wird zu braunem Molybdänoxyd unter gelbrother Färbung des Kreosots. REICHENBACH. — 10. Ph., so wie Kr., auf *Bleihyperoxyd* getröpfelt, bewirkt Wärmeentwicklung und leichtes Zischen, und gibt dann beim Kochen mit Wasser eine Bleioxyd haltende Materie. LAURENT. — Beim Sieden von Kr. mit Bleihyperoxyd oder Braunstein erfolgt keine Zersetzung. REICHENBACH. — Kr. reducirt rasch das *Gold* aus der verdünnten salzsauren Lösung und langsam in der Kälte, rasch beim Kochen das Silber aus der salpetersauren oder essigsauren. Es färbt sich mit Zweifachchlorplatin langsam gelb und setzt ein in Weingeist lösliches braunes Harz ab. REICHENBACH. — 11. Ph. reducirt beim Kochen das reine und das salpetersaure Quecksilberoxyd zu Metall. LAURENT. Kr. verwandelt Quecksilberoxyd beim Erhitzen in Metall und färbt sich dabei roth, dann braun und wird dicker und bei genug Oxyd zu einem, nach dem Erkalten, spröden Harze. REICHENBACH. — 12. Kreosotwasser fällt aus schwefelsaurem Eisenoxyd allmälig ein rothbraunes klebendes Gemisch von verharztem Kreosot und schwefelsaurem Eisenoxydul. REICHENBACH.

Ph. lässt sich über verglaster Phosphorsäure unzersetzt destilliren. LAURENT.

13. Ph. entwickelt mit Fünffachchlorphosphor sogleich Salzsäure und Chlorphosphorsäure und lässt Chlorfune als schweres Oel. $C^{12}H^6O^2 + PCl^5 = HCl + PCl^3O^2 + C^{12}ClH^5$, CAHOURS (*Compt. rend.* 22, 846), GERHARDT u. LAURENT (*Compt. rend.* 28, 173).

14. Ph., sowie Carb. und Kr., entwickelt mit Kalium, besonders beim Erwärmen, allmälig Wasserstoffgas, und bildet Nadeln. LAURENT. Es entsteht hierbei carbolsaures Kali; bei zu starkem Erhitzen erfolgt Entflammung und Verpuffung. RUNGE. Kr. entwickelt mit Kalium oder Natrium Wasserstoff, reichlicher in der Wärme, wird dickflüssig und bräunt sich an der Luft. REICHENBACH.

Verbindungen. Mit *Wasser.*

a. *Feuchte Carbolsäure.* — Die Carbolsäurekrystalle zerfliefsen an der Luft zu einem Oele durch Aufnahme einer Spur Wasser, die kaum auf das Resultat der Analyse einfliefst. LAURENT. — Da die nicht mehr krystallisirende Carbolsäure nach GERHARDT (*Ann. Pharm.* 45, 25) 74,5 Proc. C, 6,9 H und 19,6 O hält, so scheint sie 1 At. Wasser auf 3 bis 4 At. krystallische Carbolsäure zu enthalten, und auf diesem geringen Wassergehalt scheint vorzüglich der Unterschied des Reichenbachschen Kreosots vom Laurentschen Phänylhydrat zu beruhen. — Es ist schwierig, das Oel völlig zu entwässern; ein Stück Chlorcalcium macht es oft sogleich erstarren. GERHARDT.

b. *Gewässerte Carbolsäure.* — Bei starkem Schütteln mit nicht zu viel Wasser bei 20° erhält man unter der wässrigen Carbolsäure eine Oelschicht, welche auf 100 Th. Kr. 10 Th. Wasser hält. Dieser Wassergehalt steigt mit der Wärme, bei der das Schütteln vorgenommen wird. Reichenbach.

c. *Wässrige Carbolsäure, Kreosotwasser.* — 1 Th. Kr. löst sich bei 20° in 80 und bei 100° in 22 Th. Wasser, sich aus letzterm beim Erkalten theilweise scheidend. Reichenbach. Carb. löst sich bei 20° in 31 Th. Wasser. Runge. Die Lösung zeigt den, noch bei 10000facher Verdünnung wahrnehmbaren, erst brennenden, dann süfslichen, Geschmack des Kreosots, und scheidet bei Zusatz überschüssiger Schwefelsäure Kr. ab. Reichenbach.

Kochendes Kr. löst reichlich krystallisirte *Boraxsäure,* die beim Erkalten als Pulver niederfällt. Reichenbach.

Kaltes Kr. wird durch Aufnahme von etwas *Phosphor* leuchtend; warmes löst mehr, mit dunkelgelber Farbe. Reichenbach. Die Lösung fällt salpetersaures Silberoxyd schwarz. A. Vogel S. (*J. pr. Chem.* 19, 397). — Kr. löst sich beim Schütteln in 30 Th. heifser wässriger *Phosphorsäure* von 1,135 spec. Gew. und bildet mit einem andern Theil der Säure eine Lösung von 1 Th. Säure in 30 Kr. Beide Lösungen trüben sich beim Erkalten unter theilweiser Abscheidung des Gelösten. Reichenbach.

Schwefel löst sich wenig in kaltem, aber in 2,6 Th. kochendem Kr., welches sich mit der zunehmenden Sättigung gelb, dann grün, dann braun und rothbraun färbt und beim Erkalten erst geschmolzenen Schwefel absetzt, dann sich mit Schwefelkrystallen füllt. Reichenbach. Die blassgelbe, nach Hydrothion riechende Lösung des Schwefels in kochender Carb. bildet beim Erkalten eine feste weifse Krystallmasse. Runge. — Kr. mischt sich mit *Schwefelkohlenstoff* in jedem Verhältnisse. Reichenbach. — Kr. löst etwas *Schwefelphosphor* zu einer gelblichen rauchenden, im Dunkeln an der Luft stark leuchtenden Flüssigkeit. Böttger.

Kochendes Kr. löst etwas *Selen,* das beim Erkalten fast ganz niederfällt. Reichenbach.

Kaltes Kr. löst reichlich *Iod* zu einer braunrothen Flüssigkeit, die das Sieden erträgt. Reichenbach. Aehnlich Runge und Laurent. — Kaltes Kr. löst beim Schütteln reichlich das wässrige *Hydriod.* Reichenbach.

In wässriger *Salzsäure* löst sich Kr. nicht mehr, als in Wasser. Reichenbach.

Carbolsaure Salze. Durch Verbindung der Säure mit den reinen (nicht mit den kohlensauren) Basen. Die der Alkalien reagiren alkalisch. Die Salze krystallisiren zum Theil. Ein mit ihrer Lösung befeuchteter und getrockneter Fichtenspan bläut sich allmälig beim Befeuchten mit schwacher Salz- oder Salpeter-Säure. Runge.

Carbolsaures Ammoniak. — Die Carbolsäure verschluckt Ammoniakgas reichlich unter Wärmeentwicklung zu carbolsaurem Ammoniak. Laurent, Hofmann (*Ann. Pharm.* 47, 75). Dieses Salz, in Dampfgestalt durch eine schwach glühende Glasröhre geleitet, setzt wenig Kohle ab, bildet aber kein Anilin, welches sich dagegen bei 300° in zugeschmolzenen Röhren, so wie sparsam bei monatlangem Hinstellen des in Weingeist gelösten carbolsauren Ammoniaks erzeugt. LAURENT. Starkes Ammoniak löst sich schnell in kaltem Kr.; das Gemisch röthet sich an der Luft. REICHENBACH. Das mit Carb. erhaltene bleibt farblos, reagirt auch bei wenig Ammoniak alkalisch und haucht Ammoniak aus und verdunstet. RUNGE.

Carbolsaures Kali. — 1. Carb. verwandelt sich beim Erwärmen mit genug Kalium unter Wasserstoffentwicklung fast ganz in eine aus carbolsaurem Kali bestehende Krystallmasse, bei weniger Kalium in ein Oel, welches erst beim Erkalten Nadeln dieses Salzes absetzt. RUNGE, LAURENT. — 2. Die beim Erwärmen von Carb. mit Kalihydrat gebildete Flüssigkeit gesteht in der Kälte zu einem Nadelbrei. RUNGE, LAURENT. Kr. gibt mit [überschüssigem?] Kalihydrat unter Wärmeentwicklung eine obere ölige Schicht von Kreosotkali und darunter wässriges Kali, worin wenig Kreosotkali gelöst ist. In beiden Schichten bilden sich perlglänzende Blättchen von Kreosotkali, die sich beim Erhitzen als ein Oel erheben und beim Erkalten wieder erscheinen. Bei richtigem Verhältnisse von Kr. und Kalihydrat krystallisirt die ganze ölige Schicht und auch in der wässrigen schwimmen viele Krystalle. In Kalilauge von 1,36 spec. Gew. löst sich Kr. unter Wärmeentwicklung, ohne eine ölige Schicht und Krystalle abzuscheiden. REICHENBACH. — Farblose Nadeln, LAURENT, RUNGE, welche zufolge ihrer Darstellung 1) $C^{12}H^{5}KO^{2}$ sein müssen. LAURENT. Ihre Lösung besitzt nicht die ätzende Wirkung der freien Carbolsäure. RUNGE. Sie lassen beim trocknen Destilliren viel Carbolsäure unzersetzt übergehen. RUNGE. Ebenso ihre wässrige Lösung, und selbst die mit viel Kali versetzte entwickelt, zu gröfserer Concentration eingekocht, mit den Wasserdämpfen viel Kreosot. REICHENBACH. Die concentrirtere Lösung färbt sich in der Kälte an der Luft roth, dann braungelb, die verdünntere nur beim Erhitzen. REICHENBACH. Säuren, selbst die auf die Lösung einwirkende Kohlensäure der Luft, scheiden aus dem Salze die Carbolsäure ab. REICHENBACH. Die Krystalle zerfliefsen an der Luft, REICHENBACH, und lösen sich sehr leicht in Wasser, Weingeist und Aether, LAURENT.

Trockne Carbolsäure löst trocknes kohlensaures Kali, ohne selbst beim Erhitzen Kohlensäure zu entwickeln. RUNGE.

Carbolsaures Natron. — 1. Kr. bildet mit Natrium unter Wasserstoffentwicklung ein für sich nicht krystallisirendes Oel, welches jedoch, mit einer dünnen Wasserschicht bedeckt, an der Berührungsfläche Nadeln bildet. — 2. Mit sehr starker Natronlauge gibt Kr. unter starker Wärmeentwicklung eine dünne Lösung, die beim Erkalten zu einer aus undeutlichen Krystallen bestehenden seifenartigen Masse erstarrt. Die Krystalle schmelzen in der Wärme zu einem Oele. Sie lösen sich leicht in kaltem Wasser, nicht in Natronlauge, aber in Kr. zu einer dicken Masse. REICHENBACH.

Carbolsaurer Baryt. — 1. Beim Kochen von Barytwasser mit Ph., bis dessen Ueberschuss verjagt ist, und hierauf kaltem Verdunsten im Vacuum erhält man eine Krystallrinde, welche 42,48 Proc. Baryt hält, also wohl $C^{12}H^{5}BaO^{2} + 3\,Aq$ [2 Aq] ist. Dieselbe gibt bei der trocknen Destillation zuerst etwas Wasser, dann ein farbloses, süfs und brennend schmeckendes Oel, welches Carbolsäure hält. LAURENT.

Carbolsaurer Kalk. — Carb. bildet mit dicker Kalkmilch einen klaren Syrup, der sich in mehr Wasser leicht zu einer klaren dünnen Flüssigkeit löst, wie sie mit dünner Kalkmilch sogleich gebildet wird. Dieselbe, mit so viel Kalkmilch versetzt, als sich noch löst, hält auf 100 Th. [2 At.] trockne Säure 48,35 Th. [3 At.?] Kalk. Viel Weingeist fällt aus ihr weifse, in Wasser lösliche Krystallkörner. Sie verliert bei anhaltendem Kochen Carbolsäure und setzt, neben kohlensaurem Kalk, ein überbasisches Salz ab, während aus der erkaltenden Flüssigkeit ein neutraleres schön krystallisirt. Kohlensäure fällt aus der Kalkmilchlösung fast allen Kalk. RUNGE.

Carbolsaures Bleioxyd. — a. *Zweidrittel.* — Man giefst Bleiessig in, überschüssig bleibende, wässrige Carbolsäure und wäscht und trocknet den, dem Chlorsilber ähnlichen Niederschlag. Das weifse Pulver wird bei 138° gelblich, backt zusammen und schmilzt bei 200° unter sehr geringem Wasserverlust zu einer grauschwarzen Masse, die 65,08 Proc. Bleioxyd (3 At. Oxyd auf 2 At. Säure) hält, und die bei stärkerem Erhitzen, unter Kochen und Rücklassung eines schwarzen Rückstands, zuerst farblose neutrale, dann gelbe Lackmus röthende Carbolsäure entwickelt. RUNGE.

b. *Neutral?* — Fügt man zu weingeistiger Carb. nur so lange Bleiessig, als sich der Niederschlag beim Schütteln wieder löst, lässt freiwillig verdunsten und giefst die wässrige Flüssigkeit, die essigsaures Bleioxyd hält, ab, so bleibt ein wasserhelles Oel von neutralem carbolsauren Bleioxyd, welches sich klar in Weingeist löst, aber sich mit Wasser in einen Niederschlag von basischem Salze und in, sehr wenig Oxyd haltende, wässrige Carbolsäure zersetzt. Auch löst sich Salz a in trockner Carb. zu einem Syrup, der an der Luft zu einem Firniss austrocknet, sich in Weingeist löst, aber mit Wasser basisches Salz abscheidet. RUNGE.

Das Bleioxyd bildet mit kochendem Ph. eine sehr dicke Flüssigkeit, die mit 1 Tropfen Weingeist zu einer weifsen Masse erstarrt, die sich etwas in kochendem Weingeist löst. LAURENT.

Carb. färbt *schwefelsaures Eisenoxyd* lila und gibt einen gelben Niederschlag. RUNGE. Kr. bläut sehr verdünnte Eisenoxydsalze. DEVILLE. — *Kupferoxydhydrat*, mit Kr. erhitzt, verliert erst sein Wasser und löst sich dann mit brauner Farbe. *Essigsaures Kupferoxyd* löst sich wenig in kaltem, mehr in heifsem Kr. zu einer braunen Flüssigkeit, aus welcher ein Ueberschuss des Kupfersalzes alles Oxyd fällt, sofern sich die Essigsäure allen Kreosots bemächtigt. REICHENBACH. — *Aetzsublimat* löst sich reichlich und unzersetzt in kochendem Kr., und schiefst beim Erkalten gröfstentheils wieder an. REICHENBACH. — *Salpetersaures Silberoxyd* löst sich reichlich in kaltem Kr.; aber die wasserhelle Lösung färbt sich bei 30 bis 40° violett, und lässt beim Sieden alles Silber reducirt fallen. REICHENBACH. — Concentrirtes *Chlorgold* mischt sich mit kaltem Kr. unzersetzt. REICHENBACH.

Die Carbolsäure mischt sich mit *Weingeist* und *Aether* nach allen Verhältnissen. REICHENBACH, RUNGE, LAURENT. Ebenso mit *Essigvinester.* REICHENBACH. Schon einige Tropfen Weingeist oder Aether hindern das Krystallisiren bei Mittelwärme. LAURENT. — Die Lösung von 1 Maafs Kr.

in 10 M. absolutem Weingeist wird bei 20° noch nicht durch 11, aber durch 12 M. Wasser getrübt. REICHENBACH.

Kr. mischt sich nach jedem Verhältnisse mit *Essigsäure* von 1,070 spec. Gew. (ebenso Ph. mit starker Essigsäure, LAURENT), und löst sich in verdünnter viel reichlicher als in Wasser. Es löst sich in 17 Th. eines kalten und 10 Th. eines warmen Gemisches von gleichviel Eisessig und Wasser; seine Lösung in 20 Th. starker Säure wird durch Wasser nicht getrübt; aus einer Lösung in sehr verdünnter Säure scheidet Glaubersalz das Kr. ab. REICHENBACH. Kr. löst reichlich *essigsaures Ammoniak;* auch löst es beim Kochen reichlich *essigsaures Kali, Natron* und *Zinkoxyd*, welche beim Erkalten krystallisiren, und *Bleizucker* (der sich schon in kaltem löst) so reichlich, dass die Lösung beim Erkalten zu einer aus Nadeln bestehenden Masse erstarrt. (Essigsaurer Baryt, Strontian und Kalk lösen sich nicht.) REICHENBACH.

Die Lösung der krystallisirten *Oxalsäure*, *Tartersäure* und *Traubensäure* in kochendem Kr. erstarrt beim Erkalten krystallisch. — *Bernsteinsaures Ammoniak* löst sich in kochendem Kr. Harnsäure löst sich nicht. REICHENBACH.

Das Kr. löst Pikrin-, Benzoe-, Citron-, Oel-, Margarin- und Talg-Säure, mischt sich mit flüchtigen Oelen, löst Nofte, gemeinen Campher, Talgfett, Wallrathfett, Gallenfett, Cerin, Myricin und Paraffin, viele Harze, Indig und viele andere Farbstoffe und Alkaloide, coagulirt Eiweiſs (fällt concentrirte Thierleimlösung, RUNGE) und hindert und hemmt die Fäulniss thierischer Substanzen. REICHENBACH.

Anhang zu Carbolsäure.

1. Rosolsäure.

RUNGE (1834). *Pogg.* 31, 70.

Bildet sich aus einem im Steinkohlentheer enthaltenen unbekannten Stoffe beim Erhitzen desselben mit Alkalien. Wenn man den Theer mit Kalkmilch schüttelt und das farblose oder gelbliche Filtrat einige Stunden kocht, so wird es dunkelroth und setzt nach einigen Stunden ein dunkelrothes Pulver von rosolsaurem Kalk ab.

Darstellung. Man kocht das bei der Destillation der unreinen Carbolsäure mit Wasser bis auf $^1/_3$ bleibende, Rosolsäure und Brunolsäure haltende braunschwarze Pech (V, 628) so lange mit Wasser, als sich noch Carbolsäure verflüchtigt, löst es in wenig Weingeist, fügt Kalkmilch hinzu, filtrirt von dem niederfallenden brunolsauren Kalk die rosenrothe Lösung des rosolsauren Kalks ab, fällt daraus durch Essigsäure die, noch Brunolsäure haltende, Rosolsäure und behandelt diese auf dieselbe Weise so lange mit Weingeist, Kalk und Essigsäure, als noch durch den Kalk brunolsaurer Kalk gefällt wird. Hierauf sammelt man die durch die Essigsäure gefällte Rosolsäure auf dem Filter, löst sie nach dem Aussüſsen und Trocknen in Weingeist und lässt diesen verdunsten.

Gelbrothes pulverisirbares Harz.

Der *rosolsaure Kalk* schieſst aus seiner zum Syrup abgedampften wässrigen Lösung beim Zumischen von $^1/_3$ Th. Weingeist in hochrothen Krystallen an.

Die Rosolsäure gibt mit geeigneten Beizen schön rothe Lacke und gefärbte Zeuge. RUNGE.

Indem man den bei der Reinigung des rosolsauren Kalks niedergefallenen brunolsauren Kalk mit Salzsäure übersättigt und die in braunen Flocken niedergefallene Brunolsäure wiederholt mit Kalk und Salzsäure behandelt, um alle

Rosolsäure zu beseitigen, dann in Natron löst, nach dem Filtriren durch Salzsäure fällt und aus der Lösung in Weingeist verdunstet, erhält man reine *Brunolsäure*. Runge.

2. Taurylsäure.

Die Carbolsäure findet sich im Harn der Kühe, Pferde und Menschen in Gesellschaft mit der Taurylsäure, welche C^2H^2 mehr zu enthalten, also $C^{14}H^8O^2$ zu sein scheint, aber noch nicht davon geschieden erhalten ist. Um das Gemisch dieser 2 Säuren zu gewinnen, kocht man Kuhharn mit Kalk, dampft die davon abgegossene Flüssigkeit auf $^1/_8$ ab, übersättigt sie nach dem Erkalten mit Salzsäure, trennt sie nach 24 Stunden von der angeschossenen Hippursäure, destillirt sie, destillirt dann das durch widrig riechende grünliche und gelbliche zähe Oeltropfen getrübte Destillat mit abgewägtem überschüssigen Kali (wobei neben wenig Ammoniak ein in Wasser niedersinkendes, jetzt nach Rosmarin riechendes, neutrales, Stickstoff haltendes Oel übergeht), neutralisirt das Kali im Ruckstand nur zu $^5/_6$ mit Schwefelsäure (damit nicht auch Salzsäure und Benzoesäure übergeben), destillirt, so lange das Uebergehende Bleiessig fällt, rectificirt das ganz wie Carbolsäure riechende Destillat wiederholt über Kochsalz, bis sich nur noch wenig wässriges Destillat beim öligen befindet, schüttelt beide zusammen (um Damalursäure und Damolsäure zu entziehen, welche stark saure Reaction ertheilen) 12 Stunden öfters mit kohlensaurem Natron, zieht aus dem Gemenge das in verminderter Menge gebliebene Oel durch Aether aus, destillirt den Aether ab, destillirt den öligen Rückstand mit starker Kalilauge (wobei noch etwas neutrales Oel übergeht), destillirt den Rückstand mit doppelt kohlensaurem Kali, stellt das übergegangene Oel längere Zeit mit Chlorcalcium zusammen und destillirt es davon ab bei öfter gewechselter Vorlage, wobei zuerst bei 170° neben dem Oel noch Wasser übergeht, bei 180° noch gelöstes Wasser haltendes Oel, von da bis 195° das meiste und reinste, und bei 200° bräunliches.

Das zwischen 180 und 195° erhaltene Gemisch von Carbolsäure und Taurylsäure ist ein farbloses, bei — 18° nicht gefrierendes Oel, bei etwas stärkerer Hitze als reine Carbolsäure siedend, ganz wie Bibergeil riechend, auf der Haut einen weifsen Fleck, dann Abschuppen hervorbringend, Fichtenholz bei Zusatz von Salzsäure bläuend, und salzsaures Eisenoxyd erst bläuend, dann hell fällend. Sein Gemisch mit einem gleichen Maafs Vitriolöl erstarrt zu einer dendritischen Masse, deren Mutterlauge Carbolschwefelsäure hält. Es liefert beim Kochen mit Salpetersäure reichlich Pikrinsäure. Städeler (*Ann. Pharm.* 77, 17).

	Carbolsäure. Berechnung.	Taurylsäure. Berechnung.			Oel, bei 180°,	zwischen 180 u. 195°,	bei 195° erhalten.
C	76,59	14	84	77,78	74,90	77,1	77,14
H	6,38	8	8	7,41	7,51	7,4	7,56
O	17,03	2	16	14,81	} 17,59	} 15,5	14,67
N							0,63
	100,00	$C^{14}H^8O^2$	108	100,00	100,00	100,0	100,00

Der Stickstoff ist von beigemischtem neutralen Oel abzuleiten. Städeler.

Gepaarte Verbindungen des Stammkerns $C^{12}H^6$.

Funeschwefelsäure.

$$C^{12}H^6S^2O^6 = C^{12}H^6,2SO^3.$$

Mitscherlich (1834). *Pogg.* 31, 283 u. 634.

Benzinschwefelsäure, Benzidunterschwefelsäure, Acide benzosulfurique.

Bildung. Aus Fune und wasserfreier Schwefelsäure oder rauchendem Vitriolöl (V, 625).

Darstellung. Man fügt zu rauchendem Vitriolöl in einer Flasche unter Schütteln und öfterem Abkühlen so lange Fune, als sich dieses löst, verdünnt mit Wasser, filtrirt vom Sulfifune ab, sättigt mit kohlensaurem Baryt, fällt das Filtrat durch die genau erforderliche Menge von Kupfervitriol (weil das Kupfersalz besser krystallisirt, als das Barytsalz), dampft das Filtrat zum anfangenden Krystallisiren ab, zersetzt die nach dem Erkalten gesammelten Krystalle durch Hydrothion, dampft das Filtrat zum Syrup ab und erkältet.

Eigenschaften. Krystallmasse.

Verbindungen. Die Säure löst sich in *Wasser*.

Die *funeschwefelsauren Salze, Benzosulfates*, zersetzen sich erst in starker Hitze. Beim Kochen mit überschüssigem fixen Alkali zerfallen sie nicht blofs in schwefelsaures Alkali und Fune, sondern liefern noch andere Producte.

Die Salze des *Ammoniaks, Kalis, Natrons, Eisenoxyduls, Zinkoxyds* und *Silberoxyds* krystallisiren sehr gut; das *Barytsalz* in Krystallrinden.

Das *Kupfersalz* bildet grofse Krystalle, die bei 170° alles Wasser verlieren, und selbst bei 220° noch keine weitere Zersetzung erleiden. MITSCHERLICH.

	Bei 180° getrocknet.		MITSCHERLICH.
12 C	72	38,10	38,28
5 H	5	2,64	2,64
Cu	32	16,93	16,44
2 S	32	16,93	16,83
6 O	48	25,40	
$C^{12}H^5Cu,2SO^3$	189	100,00	

Carbolschwefelsäure.

$$C^{12}H^6S^2O^8 = C^{12}H^6O^2,2SO^3.$$

LAURENT (1841). *N. Ann. Chim. Phys.* 3, 203; auch *J. pr. Chem.* 25, 408.

Sulfophänissäure, Acide sulphophénique.

Bildung und *Darstellung.* Man versetzt die mit überschüssigem Vitriolöl gemischte Carbolsäure (V, 631) nach 24 Stunden mit Wasser, sättigt kochend mit kohlensaurem Baryt, dampft das Filtrat zum Krystallisiren ab, reinigt die Krystalle durch Krystallisiren aus kochendem Weingeist, wäscht die auf dem Filter gesammelten Nadeln von carbolschwefelsaurem Baryt mit wenig Weingeist, zersetzt sie durch die entsprechende Menge verdünnter Schwefelsäure und verdunstet das Filtrat im Vacuum.

Durch Sättigen der Säure mit Ammoniak erhält man das *Ammoniaksalz* in kleinen Schuppen, welche 39,74 Proc. Schwefelsäure halten, also $C^{12}H^5(NH^4)O^2,2SO^3 + Aq$ sind, und welche beim Kochen mit Salpetersäure reichlich Pikrinsäure liefern.

Die Nadeln des *Barytsalzes* verlieren bei 200° im Vacuum 9,1 Proc. (3 At.) Wasser, entwickeln bei der trocknen Destillation Carbolsäure, und lassen beim Glühen 42,43 schwefelsauren Baryt, sind also $C^{12}H^5BaO^2,2SO^3 + 3Aq$ [oder $+ 4Aq$?]. LAURENT.

Sauerstoffkern $C^{12}H^4O^2$.

Chinon. $C^{12}H^4O^4 = C^{12}H^4O^2,O^2$.

WOSKRESSENSKY (1838). *Ann. Pharm.* 27, 268. — *J. pr. Chem.* 18, 419; 34, 251.
WÖHLER. *Ann. Pharm.* 51, 148.

Chinoyl, Quinone, Quinoile.

Bildung. 1. Sublimirt sich beim Verbrennen chininsaurer Salze in gelinder Hitze. — 2. Reichlicher beim Erhitzen von Chinasäure mit Braunstein und Schwefelsäure. WOSKRESSENSKY.

Darstellung. Man destillirt 1 Th. Chinasäure mit 4 Th. Braunstein, 1 Th. Vitriolöl und ½ Th. Wasser, wobei unter Aufblähen dicke Dämpfe übergehen, die sich in der kalt gehaltenen Vorlage zu goldgelben Nadeln verdichten, und reinigt diese durch Pressen zwischen Papier und wiederholte Sublimation. WOSKRESSENSKY. — Das vorgeschriebene Verhältniss muss genau beobachtet werden; ist das Gemenge zu dünn; so steigt es über. Statt Chinasäure dient auch chinasaurer Kalk, selbst der syrupförmige aus Chininfabriken. Bei mehr als 100 Gramm Chinasäure tritt zu starke Erhitzung ein, so dass trotz der besten Abkühlung viel Chinon von der heifsen Kohlensäure fortgerissen wird. — Bei Anwendung eines sehr geräumigen Kolbens mit 8 Fufs langem Glasrohr, das in eine gut abgekühlte Vorlage führt, und bei Beseitigen des Feuers, sobald die Einwirkung beginnt, durch welche sich die Masse hinreichend erhitzt, setzt sich das meiste Chinon in Nadeln im Rohr ab. Man spült diese Nadeln mit dem wässrigen Destillat der Vorlage, welches Chinon und Ameisensäure hält, aus dem Rohr heraus, wäscht sie auf dem Filter einigemal mit kaltem Wasser, und trocknet sie, nach dem Auspressen, in der Luftglocke über Chlorcalcium. (Das Destillat eignet sich zweckmäfsig zur Darstellung von grünem Hydrochinon, indem man es mit ungenügender schwefliger Säure versetzt). WÖHLER.

Eigenschaften. Beim Sublimiren durchsichtige, goldgelbe, glänzende, lange Nadeln, WOSKRESSENSKY; beim Krystallisiren aus heifsem Wasser dunkler und schmutziger gelb, und minder durchsichtig, WÖHLER. Schwerer als Wasser; schmilzt bei 100° zu einer gelben Flüssigkeit, WOSKRESSENSKY, die beim Erkalten krystallisirt, WÖHLER. Verdampft ohne Veränderung, WOSKRESSENSKY, und sublimirt sich schon bei Mittelwärme von einer Stelle der Flasche zur andern, WÖHLER. Von durchdringend und anhaltend reizendem, Thränen erregendem Geruch, WOSKRESSENSKY, WÖHLER. 1 Gramm innerlich ist ohne alle Wirkung auf Hunde. WÖHLER u. FRERICHS (*Ann. Pharm.* 65, 343). Die wässrige Lösung färbt (durch Zersetzung) die Haut unabwaschbar braun. WÖHLER. Neutral gegen Pflanzenfarben.

		Nadeln.		WOSKRESSENSKY.	WÖHLER.	LAURENT.
12 C		72	66,67	67,31	67,37	66,4
4 H		4	3,70	3,79	3,70	3,7
4 O		32	29,63	28,90	28,93	29,9
$C^{12}H^4O^2,O^2$		108	100,00	100,00	100,00	100,0

Vergl. LAURENT (*Compt. rend.* 21, 1419 und *Compt. chim.* 1849, 190), WÖHLER (*Ann. Pharm.* 65, 349).

Zersetzungen. 1. Das wässrige Chinon färbt sich an der Luft immer dunkler gelbroth und setzt endlich eine schwarzbraune moderartige Substanz ab. WÖHLER. Das mit Ammoniak oder Kali versetzte wässrige Chinon färbt sich an der Luft unter Sauerstoffabsorption schwarzbraun und gibt dann mit Säuren einen schwarzen, schwer in Wasser und Weingeist löslichen, moderartigen Niederschlag. Woskressensky. Ohne Zweifel von Melansäure. $C^{12}H^4O^4 + 2O = C^{12}H^4O^6$. Laurent (*Compt. rend.* 26, 35). — 2. Das Chinon gibt mit trocknem Chlorgas unter heftiger Entwicklung von Wärme und Salzsäure Trichlorchinon. $C^{12}H^4O^4 + 6Cl = C^{12}Cl^3HO^4 + 3HCl$. Woskressensky. — 3. Es wird durch Erhitzen mit Salzsäure und chlorsaurem Kali schnell in Chloranil verwandelt. W. Hofmann (*Ann. Pharm.* 52, 65). — 4. Vitriolöl verkohlt das Chinon. Woskressensky. — 5. Concentrirte Salzsäure färbt das Chinon braunschwarz, löst es dann zu einer erst rothbraunen, dann farblosen Flüssigkeit, die nicht mehr nach Chinon riecht, sondern Chlorhydrochinon, $C^{12}ClH^5O^4$, hält. Wöhler. [Wahrscheinlich entsteht anfangs Chinhydron und Chlorchinhydron, welche beide Städeler (*Ann. Pharm.* 69, 308) in dem anfangs entstehenden schwarzen Brei nachwies: $4C^{12}H^4O^4 + 2HCl = C^{24}H^{10}O^8 + C^{24}Cl^2H^8O^8$; diese geben dann durch weitere Einwirkung der Salzsäure unter Lösung und Entfärbung in Chlorhydrochinon über: $C^{24}H^{10}O^8 + C^{24}Cl^2H^8O^8 + 2HCl = 4C^{12}ClH^5O^4$.] Städeler gibt eine abweichende Erklärung des Vorgangs. — Auch salzsaures Gas bildet mit trocknem Chinon Chlorhydrochinon. Wöhler. — 6. Das Chinon verwandelt sich durch darüber geleitetes Ammoniakgas unter Ausscheidung von Wasser schnell in smaragdgrünes krystallisches *Chinonamid*, welches mit Wasser eine fast schwarze, sich schnell zersetzende Lösung bildet, und 63,06 Proc. C und 4,96 H hält, also vielleicht $C^{12}NH^6O^3$ [oder $C^{12}NH^5O^2$] ist. Woskressensky. Vergl Gerhardt (*Compt. chim.* 1845, 191). — 7. Hydrothiongas wirkt nicht auf trocknes Chinon; aber durch dessen kalte wässrige Lösung geleitet, röthet sie es anfangs und fällt dann braune Flocken von braunem Sulfohydrochinon, das bei längerem Durchleiten, besonders in der Wärme, in gelbes Sulfohydrochinon übergeht. Dasselbe entsteht auch beim Uebergiefsen des Chinons mit Zweifach-Hydrothionammoniak. Wöhler. — 8. Ueberschüssiges Hydriod oder Hydrotellur, unter Fällung von Iod oder Tellur, und schweflige Säure, unter Bildung von Schwefelsäure, verwandeln das in Wasser gelöste Chinon in Hydrochinon. Wöhler. Trocknes schwefligsaures Gas wirkt nicht auf trocknes Chinon; und auch Phosphorwasserstoffgas, Arsenwasserstoffgas und Blausäure sind ohne Wirkung. Wöhler.

Verbindungen. Das Chinon löst sich ziemlich schwer in *Wasser*. Woskressensky.

Es löst sich in verdünnter *Salzsäure* oder *Salpetersäure* mit gelber Farbe. Woskressensky.

Seine wässrige Lösung fällt aus *Bleiessig* eine blassgelbe Gallerte, fällt aber nicht die neutralen Salze des Bleies, Kupfers und Silbers. Woskressensky.

Das Chinon löst sich ziemlich leicht in *Weingeist* und *Aether*. Woskressensky.

Hydrochinon.

$$C^{12}H^6O^4 = C^{12}H^4O^2,H^2O^2.$$

Wöhler (1844). *Ann. Pharm.* **45**, **354**; **51**, **150**.

Farbloses Hydrochinon, Hydroquinone incolore.

Bildung. 1. Das Hauptproduct von der trocknen Destillation der Chinasäure. — 2. Bei der Behandlung von Chinon mit Hydriod, Hydrotellur oder gröfseren Mengen von wässriger schwefliger Säure, oder Einfachchlorzinn.

Darstellung. 1. Man löst das durch trockne Destillation der Chinasäure erhaltene, mit festen Theilen gemengte, Destillat in wenig warmem Wasser, filtrirt vom Theer, und nach dem Erkalten von der angeschossenen Benzoesäure ab, destillirt vom Filtrat das gelbe, schwere, ölige Gemisch von Fune, Carbolsäure und salicyliger Säure ab, dampft den braunen Retortenrückstand ab, erkältet zum Krystallisiren von Benzoesäure, verdünnt die Mutterlauge mit Wasser, welches unter milchiger Trübung Theer abscheidet, und dampft das hiervon erhaltene Filtrat zum Krystallisiren des Hydrochinons ab. — 2. Man leitet durch, mit Chinon gesättigtes, warmes Wasser, worin noch Chinon suspendirt sein kann, schwefligsaures Gas, bis alles Chinon gelöst ist und die Flüssigkeit farblos erscheint, dampft gelinde zum Krystallisiren ab, und reinigt die Krystalle durch Auspressen und Umkrystallisiren. Es ist nicht nöthig, zuvor durch kohlensauren Baryt die Schwefelsäure zu entfernen. — Man kann auch gesättigtes wässriges Chinon mit wässrigem Hydriod mischen und die vom Iod abfiltrirte wässrige Flüssigkeit zum Krystallisiren abdampfen.

Eigenschaften. Wasserhelle 6seitige Säulen mit schiefer Endfläche. Leicht schmelzbar, beim Erkalten krystallisirend. Sublimirt sich in der Hitze in glänzenden Blättern, der Benzoesäure gleichend. Geruchlos, von süfslichem Geschmack; neutral gegen Pflanzenfarben.

			SCHNEDERMANN.
12 C	72	65,45	65,91
6 H	6	5,46	5,53
4 O	32	29,09	28,56
$C^{12}H^4O^2,H^2O^2$	110	100,00	100,00

Als ein Alkohol zu betrachten.

Zersetzungen. 1. Plötzlich über den Siedpunct erhitzt, zersetzt sich das Hydrochinon theilweise in Chinon und grünes Chinhydron. [Was wird aus dem überschüssigen Wasserstoff?] — 2. Chlor, chromsaures Kali, Anderthalbchloreisen oder salpetersaures Silberoxyd verwandelt das in Wasser gelöste Hydrochinon in grüne Nadeln von Chinhydron, unter Bildung von Salzsäure, Chromoxyd oder Einfachchloreisen und Salzsäure, oder unter Fällung von Silber. — 3. Das wässrige Hydrochinon färbt essigsaures Kupferoxyd safrangelb und fällt beim Erhitzen Kupferoxydul unter Verflüchtigung von Chinon. — 4. Es färbt sich mit Ammoniak sogleich braunroth und lässt dann beim Abdampfen eine braune moderartige Masse.

Verbindungen. Das Hydrochinon löst sich leicht in *Wasser*, besonders reichlich in heifsem.

Hydrothion-Hydrochinon. — a. *Halb.* — Hydrothiongas, durch gesättigtes wässriges Hydrochinon bei 40° geleitet, erzeugt farblose, sehr lange Säulen.

b. *Zwei Drittel.* — Beim Sättigen der Chinonlösung mit Hydrothion in der Kälte scheiden sich sogleich glänzende kleine Krystalle aus, welche sich beim Erhitzen (unter fortwährendem Durchleiten von Hydrothion) lösen, und beim Erkalten in wasserhellen, nach dem Pressen zwischen Papier und Trocknen im Vacuum, geruchlosen und luftbeständigen, denen des Kalkspaths ähnlichen Rhomboedern wieder ausscheiden.

	Krystalle a.		Wöhler.		Krystalle b.		Wöhler.
24 C	144	60,76		36 C	216	59,34	58,70
13 H	13	5,48		20 H	20	5,50	5,51
S	16	6,75	6,78	2 S	32	8,79	8,86
8 O	64	27,01		12 O	96	26,37	26,93
2 $C^{12}H^6O^4$,HS	237	100,00		3 $C^{12}H^6O^4$,2HS	364	100,00	100,00

Beiderlei Krystalle entwickeln, beim Schmelzen für sich, beim Befeuchten an der Luft, oder beim Kochen ihrer wässrigen oder weingeistigen Lösung Hydrothion und lassen Hydrochinon.

Bleizucker-Hydrochinon. Aus der Lösung des Hydrochinons in warmem, mäfsig concentrirten wässrigen Bleizucker schiefsen beim Erkalten schiefe rhombische Säulen an, welche über Vitriolöl 5,23 Proc. (fast 3 At.) Wasser verlieren. Wöhler (*Ann. Pharm.* 69, 299).

	Lufttrockne Krystalle.		Wöhler.
20 C	120	25,92	26,34
15 H	15	3,24	3,10
2 PbO	224	48,38	47,33
13 O	104	22,46	23,23
$C^{12}H^6O^4,2C^4H^3PbO^4 + 3Aq$	463	100,00	100,00

Das wässrige Gemisch von Chinon und Bleizucker gibt bei allmäligem Zusatz von Ammoniak einen blassgelben Niederschlag, der bald zu einem gelbgrünen Pulver zusammensinkt, unter dem Mikroskop aus durchscheinenden Kugeln bestehend. Es bräunt sich beim Trocknen unter Entwicklung des Geruchs nach Chinon.

Das Hydrochinon löst sich leicht in *Weingeist* und *Aether*. Wöhler.

Melansäure.

$$C^{12}H^4O^6 = C^{12}H^4O^2,O^4.$$

Piria (1839). *Ann. Chim. Phys.* 69, 281; auch *Ann. Pharm.* 30, 167.
Woskressensky. *J. pr. Chem.* 34, 251.
Laurent. *Compt. rend.* 26, 35.

Chinonsäure, Acide melanique.

Bildung. Beim Einwirken der Luft auf in wässrigem Kali oder Ammoniak gelöstes Chinon oder Hydrochinon (V, 639), oder auf wässriges salicyligsaures Kali.

Darstellung. 1. Die mit Kali versetzte wässrige Chinonlösung so lange der Luft dargeboten, bis sie schwarz ist, gibt mit Salzsäure einen schwarzen moderartigen Niederschlag, den man wäscht und trocknet. Woskressensky. — 2. Man setzt befeuchtetes salicyligsaures Kali der Luft aus, bis es durch und durch schwarz ist, und zieht das dabei gebildete essigsaure Kali durch Wasser aus. Piria.

Eigenschaften. Dem Kienrufs ähnliches schwarzes geschmackloses Pulver. Piria.

			Piria.	Woskressensky.
12 C	72	58,06	57,24	56,65
4 H	4	3,23	4,01	3,30
6 O	48	38,71	38,75	40,05
$C^{12}H^4O^6$	124	100,00	100,00	100,00

So nach Laurents (*Compt. rend.* 26, 35) Ansicht; nach Piria $C^{10}H^4O^5$, nach Woskressensky $C^{25}H^9O^{13}$.

Zersetzung. Die Säure verbrennt ohne Flamme und ohne Rückstand. Piria.

Verbindungen. Nicht in Wasser löslich. Piria.

Die Säure löst sich in kohlensauren Alkalien unter Aufbrausen und wird daraus durch Säuren unverändert gefällt. Piria.

Silbersalz. Durch Digeriren von Ammoniak mit überschüssiger Säure und Mischen des Filtrats mit Silberlösung erhält man einen schwarzen schweren Niederschlag. Piria.

			Piria.
12 C	72	31,17	27,67
3 H	3	1,30	1,95
Ag	108	46,75	48,00
6 O	48	20,78	22,38
$C^{12}H^3AgO^6$	231	100,00	100,00

Zwischen der nach Laurent angenommenen Formel und Piria's Analyse zeigt sich keine genügende Uebereinstimmung.

Die Säure löst sich leicht in *Weingeist* und *Aether.* Piria.

Gepaarte Verbindung.

Chinhydron.

$$C^{24}H^{10}O^8 = C^{12}H^4O^4,C^{12}H^6O^4.$$

Wöhler. *Ann. Pharm.* 45, 354; 51, 152.

Grünes Hydrochinon, Hydroquinone verte, Quinhydrone.

Bildung und Darstellung. 1. Fällt sogleich krystallisch nieder beim wässrigen Mischen von Chinon und Hydrochinon. — 2. Beim Verbinden des wässrigen Chinons mit einer für die Bildung von Hydrochinon unzureichenden Menge von Wasserstoff. Z. B. mit Schwefelsäure versetztes wässriges Chinon am —Pole der galvanischen Kette; mit Schwefelsäure versetztes Chinon in Berührung mit Zink; wässriges Chinon mit allmälig zugefügtem Einfachchlorzinn oder Eisenvitriol, oder schwefliger Säure, oder Alloxantin, welches zu Alloxan wird. — 3. Bei theilweiser Dehydrogenation des wässrigen Hydrochinons. Z. B. damit benetzter Platinschwamm oder Thierkohle der Luft dargeboten; wässriges Hydrochinon mit durchgeleitetem Chlorgas, Salpetersäure, chromsaurem Kali, Anderthalbchloreisen, oder salpetersaurem Silberoxyd versetzt. — Die nach 2 oder 3 mit concentrirten Lösungen dargestellten Gemische färben sich vorübergehend schwarzroth und füllen sich dann mit metallisch grünen langen Säulen von Chinhydron; aber bei zu verdünnten Lösungen bleibt es gelöst und entwickelt unter Zersetzung den Geruch nach Chinon. — Die gröfsten Krystalle erhält man, wenn man zu gesättigtem wässrigen Chinon (oder auch zu dessen Mutterlauge) eine zur Bildung des Hydrochinons nur zur Hälfte hinreichende Menge wässriger schwefliger Säure auf einmal fügt.

Eigenschaften. Grüne metallglänzende (wie Goldkäfer oder Kolibriflügel, noch lebhafter als purpursaures Ammoniak), sehr dünne und lange Säulen, bei starker Vergröfserung mit rothbrauner Farbe durchsichtig. Schmilzt leicht zu einer braunen Flüssigkeit, und sublimirt sich zum Theil unzersetzt in grünen Blättern. Riecht schwach nach Chinon; schmeckt stechend.

			Wöhler.	Schnedermann.
24 C	144	66,05	66,32	66,20
10 H	10	4,59	4,64	4,62
8 O	64	29,36	29,01	29,18
$C^{24}H^{10}O^8$	218	100,00	100,00	100,00

Zersetzungen. 1. Beim Erhitzen des Chinhydrons sublimirt sich neben unzersetztem Chinhydron auch gelbes Chinon. — 2. Beim Kochen mit Wasser geht Chinon über und die bleibende dunkelrothbraune Flüssigkeit hält neben viel Hydrochinon einen braunen Theer, der sich theils beim Erkalten, theils bei nachherigem Wasserzusatz abscheidet. — 3. Seine grüne Lösung in Ammoniak wird an der Luft schnell dunkelrothbraun und lässt beim Verdunsten eine braune amorphe Masse. — 4. Durch wässrige schweflige Säure, Einfachchlorzinn, Eisenvitriol, oder Zink mit Schwefelsäure, aber nicht durch Hydriod oder Hydrotellur, wird das Chinhydron in Hydrochinon verwandelt. — 5. Aus Silberlösung reducirt seine wässrige Lösung bei Ammoniakzusatz schnell das Metall.

Verbindungen. Das Chinhydron löst sich wenig in kaltem *Wasser*, reichlich, mit braunrother Farbe, in heifsem, beim Erkalten anschiefsend.

Es löst sich in wässrigem *Ammoniak* mit grüner Farbe.

Seine wässrige Lösung gibt mit *Bleizucker* erst bei Zusatz von Ammoniak einen lebhaft grüngelben Niederschlag, der rasch schmutziggrau wird.

Es löst sich leicht mit gelber oder rother Farbe in *Weingeist* und *Aether*, beim Verdunsten wieder in grünen Nadeln krystallisirend. Wöhler.

Schwefligkern $C^{12}H^5(SO^2)$.

Sulfifune.

$C^{12}H^5SO^2 = C^{12}H^5(SO^2)$.

Mitscherlich (1834). *Pogg.* 31, 628.

Sulfobenzid.

Bildung und *Darstellung.* Entsteht bei der Behandlung des Fune mit wasserfreier Schwefelsäure oder mit rauchendem Vitriolöl (V, 624 u. 625) und scheidet sich beim Verdünnen des Gemisches mit viel Wasser krystallisch ab, worauf man es auf dem Filter mit Wasser wäscht, in Aether löst, aus dem Filtrate krystallisiren lässt und die Krystalle durch Destilliren reinigt.

Eigenschaften. Krystallisch. Schmilzt bei 100° zu einer wasserhellen Flüssigkeit. Kocht zwischen 360 und 440°. Geruchlos.

			MITSCHERLICH.
12 C	72	66,55	66,42
5 H	5	4,59	4,55
S	16	14,68	14,57
2 O	16	14,68	14,46
$C^{12}H^5SO^2$	109	100,00	100,00

Zersetzungen. 1. Chlor und Brom zersetzen das Sulfifune erst in der Hitze, wobei ersteres salzsaures Trichlorfune erzeugt. — 2. Das Sulfifune verpufft auf weit über den Schmelzpunct erhitztem Salpeter oder chlorsaurem Kali, lässt sich aber von diesen Salzen unzersetzt abdestilliren. — 3. Es bildet beim Erhitzen mit Vitriolöl eine eigenthümliche Säure, deren Barytsalz in Wasser löslich ist.

Verbindungen. Das Sulfifune löst sich sehr wenig in *Wasser*.

. Es löst sich in concentrirteren Säuren, daraus durch Wasser fällbar. — Es löst sich nicht in wässrigen Alkalien.

Es löst sich in *Weingeist* und *Aether*, und krystallisirt aus ihnen. MITSCHERLICH.

Gelbes Sulfohydrochinon. $C^{12}H^7SO^4 = C^{12}H^5(SO^2),H^2O^2$?

WÖHLER (1845). *Ann. Pharm.* 51, 158; 69, 295.

Man sättigt weingeistiges Chinon mit Hydrothion, welches erst dunkelbraune, dann hellgelbe Färbung bewirkt, und verdunstet die von den feinen Schwefelkrystallen abfiltrirte Flüssigkeit im Vacuum. [Etwa so: $C^{12}H^4O^4 + 3HS = C^{12}H^7SO^4 + 2S$]. Bei Anwendung von fast kochender *wässriger* Chinonlösung bleibt dem Producte der gefällte Schwefel beigemengt, und es erscheint nach dem Waschen auf dem Filter und Trocknen als ein blassgelbes, an der Luft sich grünendes Pulver, was nach dem Schmelzen zu einer braunen amorphen Masse erstarrt. — 2. Man leitet Hydrothion durch in Wasser von 60° vertheiltes oder in Weingeist gelöstes braunes Sulfohydrochinon, bis dieses, unter Fällung von Schwefel, ganz in ein blassgelbes Pulver verwandelt ist. [Etwa so: $C^{12}H^6S^2O^4 + HS = C^{12}H^7SO^4 + S$.] Hier bleibt Schwefel beigemengt. — 3. Chinon, mit Zweifachhydrothion-Ammoniak übergossen, bildet unter Wärmeentwicklung eine gelbe Masse, aus deren rothgelber Lösung in ausgekochtem Wasser Salzsäure gelbweifse Flocken des Körpers fällt. — 4. Man leitet Hydrothion durch in Wasser suspendirtes Chinhydron. [Etwa so: $C^{24}H^{10}O^8 + 4HS = 2C^{12}H^7SO^4 + 2S$.]

Nach 2) dargestellt: Gelbliche Krystallmasse, unter 100° mit theilweiser Zersetzung schmelzend. Schmeckt in der weingeistigen Lösung widrig hepatisch und herb.

			WÖHLER 2).
24 C	144	56,69	56,53
14 H	14	5,52	4,95
2 S	32	12,59	12,54
8 O	64	25,20	25,98
$C^{24}H^{14}S^2O^8$	254	100,00	100,00

Nach WÖHLER $C^{12}H^6SO^4$, was allerdings zur Wasserstoffbestimmung genauer passt.

Zersetzungen. 1. Das gelbe Sulfohydrochinon verbrennt mit dem Geruche nach schwefliger Säure. — 2. Seine wässrige Lösung setzt beim Verdunsten einen grünen schwefelhaltigen Körper ab, und behält Hydrochinon gelöst. — 3. Seine wässrige Lösung gibt mit weniger Chlor oder Anderthalbchloreisen einen hellbraunen Niederschlag, der sich mit mehr Chlor gelbroth färbt. Wahrscheinlich Gemenge von Schwefel- und Chlor-Verbindungen. — 4. Mit wässrigem Chinon übergossen, zersetzt es sich in niederfallendes braunes Sulfohydrochinon und in Hydrochinon und Chinhydron. [Etwa so: $2C^{12}H^{7}SO^{4} + 2C^{12}H^{4}O^{4} = C^{12}H^{6}S^{2}O^{4} + C^{12}H^{6}O^{4} + C^{24}H^{10}O^{8}$.]

Verbindungen. Löst sich wenig in kaltem, mehr in heifsem *Wasser*, welches beim Erkalten milchig wird.

Es fällt *Bleizucker* weifs.

Es löst sich leicht in *Essigsäure*, *Weingeist* und *Aether* mit rothgelber Farbe, und bleibt beim Verdunsten derselben amorph zurück.

Braunes Sulfohydrochinon.

$C^{12}H^{6}S^{2}O^{4}$? = $C^{12}H^{4}(SO^{2})^{2},H^{2}$?

Wöhler (1845). *Ann. Pharm.* 51, 157; 69, 295.

Bildung und *Darstellung.* Man leitet Hydrothiongas in überschüssiges kaltes wässriges Chinon und zieht aus dem niederfallenden, bald rothbraunen, bald schwarzbraunen Gemenge von Chinhydron und braunem Sulfohydrochinon letzteres durch wenig Weingeist aus, wobei ersteres gröfstentheils zurückbleibt. [$C^{12}H^{4}O^{4} + 2HS = C^{12}H^{6}S^{2}O^{4}$.]

Durch Abdampfen der weingeistigen Lösung: glänzende durchscheinende amorphe Masse; durch Fällung: dunkelbraunes amorphes, geruch- und geschmackloses, sehr leicht schmelzbares Pulver.

			Wöhler.
12 C	72	50,71	51,66
6 H	6	4,23	
2 S	32	22,53	22,74
4 O	32	22,53	
$C^{12}H^{6}S^{2}O^{4}$	142	100,00	

Nach Wöhler $C^{12}H^{5}S^{2}O^{4}$.

Verbrennt unter Entwicklung schwefliger Säure.

Löst sich sehr leicht in *Weingeist* mit tiefgelbrother Farbe.

Bromkern $C^{12}BrH^{5}$.

Bromcarbolsäure.

$C^{12}BrH^{5}O^{2}$ = $C^{12}BrH^{5},O^{2}$.

Cahours (1845). *N. Ann. Chim. Phys.* 13, 102.

Acide bromophénasique.

Man destillirt ein Gemenge von Bromsalicylsäure, feinem Sand und etwas Baryt und zieht das erhaltene Destillat nochmals über Sand und Baryt ab.

Farblose Flüssigkeit.

			Cahours.
12 C	72	41,61	43,30
Br	80	46,24	44,85
5 H	5	2,90	3,57
2 O	16	9,25	8,28
$C^{12}BrH^{5}O^{2}$	173	100,00	100,00

Weil der angewandten Bromsalicylsäure etwas Salicylsäure beigemengt war, so hielt auch die analysirte Säure etwas Carbolsäure, daher zu viel C und H. Cahours.

Bromkern $C^{12}Br^{2}O^{4}$.

Bibromcarbolsäure.

$C^{12}Br^{2}H^{4}O^{2} = C^{12}Br^{2}H^{4},O^{2}$.

CAHOURS (1845). *N. Ann. Chim. Phys.* 13, 103.

Acide bromophénésique.

Wird wie die Bromcarbolsäure dargestellt, nur dass man Bibromsalicylsäure anwendet, und 3mal über Sand und Baryt destillirt.

Oel, beim Erkalten krystallisirend. CAHOURS.

Bromkern $C^{12}Br^{3}O^{3}$.

Tribromfune.

$C^{12}Br^{3}H^{3}$.

MITSCHERLICH (1835). *Pogg.* 35, 374.
LASSAIGNE. *Rev. scient.* 5, 360.

Brombenzid, Brombenzinise [Funim].

Darstellung. 1. Man destillirt das Hydrobrom-Tribromfune mit Kalk- oder Baryt-Hydrat. MITSCHERLICH. — 2. Man kocht dasselbe mit weingeistigem Kali, löst das hieraus durch Wasser niedergeschlagene Oel in Aether, verdunstet die Lösung, erkältet den Rückstand, presst die aus Nadeln bestehende Masse zwischen Papier aus, und reinigt sie durch nochmaliges Krystallisiren aus Aether. LASSAIGNE.

Eigenschaften. Starkriechendes Oel. MITSCHERLICH. Seidenglänzende Nadeln, sehr leicht schmelzbar, unzersetzt destillirbar. LASSAIGNE.

			LASSAIGNE.
12 C	72	22,86	25,92
3 Br	240	76,19	
3 H	3	0,95	1,05
$C^{12}Br^{3}H^{3}$	315	100,00	

Durch Destilliren über Kalkhydrat nicht zersetzbar. MITSCHERLICH.

Sehr leicht in *Weingeist* und *Aether* löslich. LASSAIGNE.

Hydrobrom-Tribromfune.

$C^{12}Br^{6}H^{6} = C^{12}Br^{3}H^{3},H^{3}Br^{3}$.

MITSCHERLICH (1835). *Pogg.* 35, 374.
LASSAIGNE. *Rev. scient.* 5, 360.

Brombenzin, Bromure de Benzine.

Darstellung. Ein Gemisch von Fune und Brom, dem Sonnenlichte ausgesetzt, bildet eine starre Verbindung. MITSCHERLICH. Dieses in der Wintersonne in 14 Tagen erzeugte Pulver wird durch Kochen mit Aether von fremden Stoffen befreit. LASSAIGNE.

Eigenschaften. Weißes geruch- und geschmackloses Pulver, aus Aether beim Verdunsten in mikroskopischen schiefen rhombischen Säulen anschießend und nach dem Schmelzen in Zweigen erstarrend, die aus aufeinander gesetzten Rhomben bestehen. LASSAIGNE.

			LASSAIGNE.
12 C	72	12,90	13,0
6 Br	480	86,02	
6 H	6	1,08	1,1
$C^{12}Br^{6}H^{6}$	558	100,00	

Zersetzungen. 1. Es geht beim Erhitzen theils als solches (sublimirt, LASSAIGNE), theils in Hydrobrom, Wasserstoff, Brom und Tribromfune zersetzt über. — 2. Beim Erhitzen mit Kalkhydrat entwickelt es Tribromfune. MITSCHERLICH.

Verbindungen. Es löst sich nicht in Wasser. MITSCHERLICH.

Es löst sich wenig in *Weingeist* und *Aether*. MITSCHERLICH.

Tribromcarbolsäure.

$C^{12}Br^{3}H^{3}O^{2} = C^{12}Br^{3}H^{3},O^{2}$.

LAURENT (1841). *N. Ann. Chim. Phys.* 3, 211, auch *Ann. Pharm.* 43, 212; auch *J. pr. Chem.* 25, 415. — *Rev. scient.* 6, 74.

Bromphänissäure, Bromindoptensäure, Acide bromophénisique.

Darstellung. 1. Carbolsäure, mit überschüssigem Brom übergossen, erhitzt sich stark, entwickelt Hydrobrom und gesteht beim Erkalten zu einer braunen Masse, die man mit Wasser und Ammoniak kocht, worauf man die Lösung von etwas brauner Materie abfiltrirt, durch Salzsäure zersetzt und den dicken Niederschlag auf einem Filter wäscht. LAURENT. — 2. Man destillirt Tribromsalicylsäure 2- bis 3-mal mit feinem Sand und wenig Baryt. CAHOURS. Bei der Zersetzung von Indig durch wässriges Brom und nachherigem Destilliren erhält man Bromindopten, ein durch Destilliren mit Kali zu scheidendes Gemisch von übergehendem Bromindatmit (Tribromanilin, HOFMANN) und von bleibender Bromindoptensäure (Tribromcarbolsäure). ERDMANN.

Eigenschaften. Krystallisirt beim Schmelzen oder Sublimiren oder aus Lösungen in weifsen zarten Nadeln. Gerade rhombische Säulen, die scharfen Seitenkanten abgestumpft; t : u = 116°, u : u = 52 und 128°. Lässt sich unzersetzt destilliren. Riecht der Trichlorcarbolsäure ähnlich. LAURENT.

			LAURENT.	CAHOURS.
12 C	72	21,24	22,55	22,65
3 Br	248	73,16	71,40	71,60
3 H	3	0,88	0,94	1,19
2 O	16	4,72	5,11	4,56
$C^{12}Br^{3}H^{3}O^{2}$	339	100,00	100,00	100,00

Sie bildet beim Kochen mit Salpetersäure erst ein röthliches Harz, welches allmälig verschwindet, worauf beim Abdampfen Krystalle von Pikrinsäure erhalten werden.

Die *tribromcarbolsauren* Salze, *Bromophénisates*, lassen beim Glühen meistens Brommetall und entwickeln Tribromcarbolsäure [?].

Das *Ammoniak*salz krystallisirt in Nadeln.

Dessen Lösung fällt concentrirtes *Chlorbaryum* und *Chlorcalcium* in Nadeln, *Bleizucker* weifs, essigsaures *Kupferoxyd* rothbraun, in Weingeist löslich, und salpetersaures *Silberoxyd* pomeranzengelb.

Die Säure löst sich in *Weingeist*, doch etwas weniger als Trichlorcarbolsäure. LAURENT.

Mit der Tribromcarbolsäure isomere Substanz.

Concentrirtes wässriges salicylsaures Kali, mit wenig Kali, dann mit viel Brom versetzt, erhitzt und entfärbt sich, entwickelt Kohlensäure und setzt bald eine kermesbraune, nicht in Wasser, Ammoniak, kaltem Kali und Weingeist, aber äufserst leicht in Aether lösliche Materie ab, welche nach dem Waschen und Trocknen 22,19 Proc. C, 71,8 Br und 0,88 H hält, und welche beim Erhitzen weifse, sich zu zarten weifsen Nadeln von Tribromcarbolsäure verdichtende Nebel entwickelt. CAHOURS (*N. Ann. Chim. Phys.* 13, 113).

Chlorkern $C^{12}ClH^5$.

Chlorfune.
$C^{12}ClH^5$.

LAURENT u. GERHARDT (1849). *Compt. chim.* 1849, 429; Ausz. *Ann. Pharm.* 75, 79.

Chlorphenyl.

Wird bei der Zersetzung der Carbolsäure durch Fünffachchlorphosphor als ein dickes schweres Oel erhalten, welches nach dem Waschen mit Wasser und Kali und Rectificiren geruchlos erscheint.

			LAURENT u. GERHARDT.
12 C	72	64,06	67,2
Cl	35,4	31,49	
5 H	5	4,45	5,2
$C^{12}ClH^5$	112,4	100,00	

Es destillirt erst bei starker Hitze, gröfstentheils zersetzt. — Es wird durch Wasser und schneller durch wässriges Kali zu Carbolsäure. $C^{12}ClH^5 + KO + HO = C^{12}H^6O^2 + KCl$. LAURENT u. GERHARDT.

Chlornicensäure.
$C^{12}ClH^5O^4 = C^{12}ClH^5,O^4$.

ST. EVRE (1849). *N. Ann. Chim. Phys.* 25, 484; auch *Ann. Pharm.* 70, 257; auch *J. pr. Chem.* 46, 449. — *Compt. rend.* 25, 912.

Chlorniceinsäure, Acide nicéique monochloré, Acide chloronicéique.

Bildung und *Darstellung.* Man leitet durch die Lösung von 1 Th. Benzoesäure und 33 Th. Kalihydrat in 6 Th. Wasser in der Kälte mittelst einer am Ende erweiterten und dadurch vor Verstopfung geschützten Röhre ungefähr 2 Tage lang Chlorgas, bis sich die Flüssigkeit unter fortwährender Kohlensäureentwicklung erst gelb, grüngelb und hellgrün, und dann wieder gelb gefärbt und einen dicken grünen Krystallbrei von chlornicensaurem, chlorsaurem und wenig benzoesaurem Kali abgesetzt hat, worüber eine Lösung von benzoesaurem Kali und Chlorkalium schwimmt. Man erwärmt die ganze Masse gelinde mit gleichviel Wasser, sättigt sie mit Kohlensäure, versetzt sie noch mit wenig Salzsäure, erhitzt sie bis zum Kochen, wodurch alles Salzige gelöst, und die Chlornicensäure als ein sich erhebendes oder auch niedersetzendes, bald krystallisirendes gelbliches Oel ausgeschieden wird, trennt von diesem die wässrige

Lösung und befreit die Chlornicensäure von beigemischter Benzoesäure theils durch Schmelzen unter Wasser, theils durch wiederholtes Krystallisiren aus Weingeist oder Aetherweingeist. Aus der sowohl hierbei, als aus der wässrigen Lösung erhaltenen Benzoesäure lässt sich durch Schmelzen unter Wasser noch etwas Chlornicensäure gewinnen.

Eigenschaften. Blumenkohlförmig vereinigte mikroskopische 4seitige Nadeln; bei 150° schmelzend und in diesem Zustande von 1,29 spec. Gewicht; bei 215° kochend, unzersetzt verdampfend und sich in platten fettglänzenden, sternförmig vereinigten Nadeln sublimirend. In geschmolzenem Zustande von durchdringendem Geruch.

			St. Evre.
12 C	72	49,86	50,35
Cl	35,4	24,51	23,81
5 H	5	3,47	3,36
4 O	32	22,16	22,48
$C^{12}ClH^5O^4$	144,4	100,00	100,00

Zersetzungen. 1. Rauchende Salpetersäure löst die Chlornicensäure unter heftiger Einwirkung bald auf und setzt Krystalle von Nitrochlornicensäure, $C^{12}ClXH^4O^4$, ab, während die Mutterlauge die Säure $C^{10}ClXH^4,O^4$ hält. — 2. Das Gemisch der Säure mit rauchendem Vitriolöl gibt ein lösliches Barytsalz, hält also wohl $C^{12}ClH^5O^4,2SO^3$. — 3. Bei der Destillation der Säure mit überschüssigem Baryt oder Kalk geht unter Rücklassung von Chlormetall, kohlensaurem Alkali und Kohle Chlornicen, $C^{10}ClH^5$, als ein braungelbes Destillat, dann Paranicen, $C^{20}H^{12}$, als ein citronengelbes Sublimat über. — Trocknes Chlorgas in der Wärme, so wie Kaliumamalgam, wirken nicht ein.

Verbindungen. Die Säure löst sich nicht in *Wasser.*

Chlornicensaures Ammoniak. — Die in Weingeist gelöste Säure, mit Ammoniak gesättigt, liefert glimmerige breite Blätter, schmelzbar und unzersetzt verdampfbar. Sie bräunen sich im Lichte und werden sauer.

			St. Evre.
12 C	72	44,61	45,00
N	14	8,67	8,99
Cl	35,4	21,93	
8 H	8	4,96	5,29
4 O	32	19,83	
$C^{12}ClH^4(NH^4)O^4$	161,4	100,00	

Chlornicensaurer Baryt. — Weifses Krystallpulver, welches beim Glühen obige 2 Hydrocarbone und einen kohligen Rückstand liefert, und welches sich wenig in Wasser und ziemlich leicht in heifsem Weingeist löst.

			St. Evre.
12 C	72	33,96	33,78
Cl	35,4	16,70	
4 H	4	1,89	2,21
Ba	68,6	32,36	32,83
4 O	32	15,09	
$C^{12}ClH^4BaO^4$	212,0	100,00	

Chlornicensaures Silberoxyd. — Das weingeistige Ammoniaksalz fällt aus weingeistigem Silbersalpeter weifse Flocken, nach dem Waschen zu einem Krystallmehl austrocknend.

			ST. EVRE.
12 C	72	28,64	29,21
Cl	35,4	14,08	
4 H	4	1,59	2,05
Ag	108	42,96	43,21
4 O	32	12,73	
$C^{12}ClH^4AgO^4$	251,4	100,00	

Die Säure löst sich in Weingeist. ST. EVRE.

Chlornicenamid.

$$C^{12}NClH^6O^2 = C^{12}ClAdH^4,O^2.$$

Amide chloroniceique.

Man stellt weingeistigen Chlornicenvinester mit Ammoniak einige Zeit in einer Flasche zusammen und verdunstet dann zum Krystallisiren.

Farblose fettglänzende Blätter, bei 108° schmelzend. ST. EVRE (*N. Ann. Chim. Phys.* 25, 492).

			ST. EVRE.
12 C	72	50,21	50,51
N	14	9,76	9,58
Cl	35,4	24,69	
6 H	6	4,18	4,27
2 O	16	11,16	
$C^{12}NClH^6O^2$	143,4	100,00	

Gepaarte Verbindung.

Chlornicenvinester.

$$C^{16}ClH^9O^4 = C^4H^5O,C^{12}ClH^4O^3.$$

Man leitet salzsaures Gas durch weingeistige Chlornicensäure und rectificirt den Ester über Bleiglätte.

Farblose Flüssigkeit, von 0,981 spec. Gew., bei 230° kochend.

Seine weingeistige Lösung verwandelt sich durch Ammoniak allmälig in Chlornicenamid. $C^{16}ClH^9O^4 + NH^3 = C^{12}NClH^6O^2 + C^4H^6O^2$. ST. EVRE (*N. Ann. Chim. Phys.* 25, 491).

			ST. EVRE.
16 C	96	55,68	55,99
Cl	35,4	20,54	20,23
9 H	9	5,22	5,20
4 O	32	18,56	18,58
$C^{16}ClH^9O^4$	172,4	100,00	100,00

Chlorkern $C^{12}Cl^2H^4$.

Bichlorcarbolsäure.

$$C^{12}Cl^2H^4O^2 = C^{12}Cl^2H^4,O^2.$$

LAURENT (1836). *Ann. Chim. Phys.* 63, 27; auch *Ann. Pharm.* 23, 60; auch *J. pr. Chem.* 10, 293. — *Ann. Chim. Phys.* 3, 210; auch *Ann. Pharm.* 43, 212; auch *J. pr. Chem.* 25, 414.

Chlorphänessäure, Acide chlorophénèsique.

Bildung. 1. Bei schwächerer Einwirkung des Chlors auf Carbolsäure. LAURENT. — 2. Bei 3maligem Destilliren der Bichlorsalicylsäure mit feinem Sand und wenig Baryt oder Kalk. CAHOURS.

Darstellung. Man destillirt Steinkohlentheer, bis das Uebergehende zähe werden will, leitet durch das gelbliche Oel 1 Tag lang Chlorgas, erkältet es auf — 10°, seiht es durch Leinen vom angeschossenen Nofte ab, leitet 2 Tage lang Chlor hindurch, erkältet es auf 0°, giefst es vom angeschossenen salzsauren Bichlornofte ($C^{20}Cl^{2}H^{6},H^{2}Cl^{2}$) ab, destillirt es, wobei sich unter Aufschäumen viel Chlor und dann Salzsäure entwickelt, bis der dicke schwarze Rückstand sich stark aufbläht (wobei sich Quadrichlornofte, $C^{20}Cl^{4}H^{4}$, in Nadeln sublimirt), schüttelt das Destillat in einer Flasche so lange mit Vitriolöl, als sich Salzsäure entwickelt, entfernt das (beim Neutralisiren eine stinkende Materie absetzende) rosenrothe Vitriolöl durch den Heber, wäscht das übrige Oel mit viel Wasser, mischt es im Kolben mit Ammoniak, womit es unter schwacher Wärmeentwicklung völlig zu einer weifsen Masse erstarrt, kocht diese mit viel Wasser, giefst die Lösung heifs von einem braunen Oele ab, welches nochmals mit Ammoniak, dann mit heifsem Wasser zu behandeln ist, um die Säuren völlig zu entziehen, versetzt die heifs filtrirten wässrigen Lösungen, welche bi- und tri-chlorcarbolsaures Ammoniak nebst einer rothen Materie enthalten, tropfenweise bis zu schwacher Trübung, mit verdünnter Salpetersäure, filtrirt vom rothbraunen Niederschlage ab, fällt das Filtrat durch etwas überschussige Salpetersäure, sammelt den weifsen gallertigen, dann käsig werdenden, aus feinen Nadeln bestehenden Niederschlag auf dem Filter, destillirt ihn nach dem Waschen, Auspressen und Trocknen und kocht das Destillat mit einem kleinen Ueberschuss von wässrigem kohlensauren Natron, welches die ölige Bichlorcarbolsäure zurücklässt, während aus dem Filtrat durch Salpetersäure die krystallische Trichlorcarbolsäure gefällt, und durch Destillation gereinigt wird. LAURENT.

Eigenschaften. Oel, ohne Rückstand verdampfend, von besonderem Geruch. LAURENT.

			LAURENT.
12 C	72	44,23	41,49
2 Cl	70,8	43,49	43,00
4 H	4	2,46	2,82
2 O	16	9,82	12,69
$C^{12}Cl^{2}H^{4}O^{2}$	162,8	100,00	100,00

Zersetzungen. 1. Die Säure geht beim weitern Einwirken von Chlor unter Salzsäureentbindung in Trichlorcarbolsäure über. $C^{12}Cl^{2}H^{4}O^{2}+2Cl = C^{12}Cl^{3}H^{3}O^{2}+HCl$. — 2. Sie erzeugt beim Kochen mit Salpetersäure sehr flüchtige Nadeln. LAURENT.

Verbindungen. Sie löst sich nicht in Wasser.

Sie erstarrt, mit wässrigem Ammoniak übergossen, sogleich zu einer Krystallmasse, welche aber an der Luft das Ammoniak verliert und wieder ölig, dann durch Ammoniak wieder fest wird. Das feste Salz löst sich in Wasser.

Die Säure löst sich äufserst leicht in *Weingeist* und *Aether*. LAURENT.

Chlorkern $C^{12}Cl^{3}H^{3}$.

Trichlorfune.

$C^{12}Cl^{3}H^{3}$.

MITSCHERLICH. *Pogg.* 35, 372.
LAURENT. *Ann. Chim. Phys.* 63, 27; auch *Ann. Pharm.* 23, 69.

Chlorbenzid, Chlorophénise. — 1825 von FARADAY bemerkt, 1833 von MITSCHERLICH genauer erkannt.

Darstellung. 1. Man destillirt ein Gemenge von Hydrochlor-Trichlorfune und überschüssigem Kalk- oder Baryt-Hydrat. — 2. Man destillirt das Hydrochlor-Trichlorfune für sich in einem hohen Kolben, in welchem das unzersetzt Aufsteigende immer wieder zurückfliefst. MITSCHERLICH. — 3. Man kocht Hydrochlor-Trichlorfune einige Minuten mit weingeistigem Kali, mischt mit Wasser, kocht das hierdurch gefällte Oel mit frischem weingeistigen Kali, fällt es wieder durch Wasser, trocknet es über Chlorcalcium und rectificirt. LAURENT.

Eigenschaften. Farbloses Oel von 1,457 spec. Gew. bei 7°, bei 210° siedend und von 6,37 Dampfdichte. MITSCHERLICH.

			MITSCHERLICH.	LAURENT.		Maafs.	Dampfdichte.
12 C	72	39,73	39,91	39,89	C-Dampf	12	4,9920
3 Cl	106,2	58,62			Cl-Gas	3	7,3629
3 H	3	1,65	1,62	1,72	H-Gas	3	0,2079
$C^{12}Cl^3H^3$	181,2	100,00				2	12,5628
						1	6,2814

Sein Dampf zersetzt sich in der Glühhitze. — Chlor, Brom, Säuren und Alkalien (selbst Baryt oder Kalkhydrat beim Destilliren) wirken nicht zersetzend.

Es löst sich nicht in Wasser, sehr leicht in *Weingeist, Aether* und *Fune.* MITSCHERLICH.

Hydrochlor-Trichlorfune.

$$C^{12}Cl^6H^6 = C^{12}Cl^3H^3,H^3Cl^3.$$

MITSCHERLICH (1835). *Pogg.* 35, 370.
PELIGOT. *Ann. Chim. Phys.* 56, 66.
LAURENT. *Ann. Chim. Phys.* 63, 27; auch *Ann. Pharm.* 23, 68.

Chlorbenzin, Chlorobenzone, Hydrochlorate de Chlorophénise.

Bildung. (V, 624).

Darstellung. Leitet man Chlorgas im Sonnenlichte in eine weite, etwas Fune haltende Flasche, so wird das Chlor unter Entwicklung von Wärme und weifsen Nebeln absorbirt, und es schiefsen aus dem Fune Krystalle von Hydrochlor-Trichlorfune an, in welche sich endlich fast alles Fune verwandelt. Doch ist etwas Trichlorfune beigemengt, weil die Hitze etwas Salzsäure entwickelt, daher die Krystalle mit wenig Aether zu waschen sind, MITSCHERLICH; oder durch Krystallisiren aus heifsem Weingeist zu reinigen, PELIGOT.

Eigenschaften. Wasserhelle glänzende Blätter. PELIGOT. Gerade stark rhombische Säulen mit abgestumpften scharfen Seitenkanten. LAURENT. Schmilzt bei 132°, fängt dann erst beim Erkalten auf 125° zu erstarren an, wobei seine Wärme wieder auf 132° steigt. MITSCHERLICH. Schmilzt bei 135 bis 140°, LAURENT; schmilzt zu einem Oele, das erst bei 50° erstarrt, PELIGOT. Es destillirt bei 288° völlig, jedoch theilweise in Salzsäure und Trichlorfune zersetzt. MITSCHERLICH. Es kocht bei 150°, und das Destillat riecht nach Chlor und bittern Mandeln. PELIGOT.

			MITSCHERLICH.	PELIGOT.	LAURENT.
12 C	72	24,79	24,95	25,55	24,97
6 Cl	212,4	73,14			
6 H	6	2,07	2,02	2,33	2,28
$C^{12}Cl^6H^6$	290,4	100,00			

Es zerfällt beim Erhitzen für sich theilweise und beim Erhitzen mit Kalkhydrat völlig in Trichlorfune und Salzsäure oder Chlorcalcium.

Es löst sich nicht in Wasser. MITSCHERLICH, PELIGOT.

Es löst sich wenig in kaltem Weingeist, MITSCHERLICH, leicht in heifsem, PELIGOT.

Es löst sich reichlicher in Aether und gibt bei dessen Verdunsten bestimmbare Krystalle. MITSCHERLICH.

Trichlorcarbolsäure.

$$C^{12}Cl^{3}H^{3}O^{2} = C^{12}Cl^{3}H^{3},O^{2}.$$

LAURENT (1836). *Ann. Chim. Phys.* 63, 27; auch *Ann. Pharm.* 23, 60; auch *J. pr. Chem.* 10, 293. — *N. Ann. Chim. Phys.* 3, 206; auch *Ann. Pharm.* 43, 208; auch *J. pr. Chem.* 25, 410. — *N. Ann. Chim. Phys.* 3, 497.
ERDMANN. *J. pr. Chem.* 19, 332; 22, 276; 25, 472.
PIRIA. *N. Ann. Chim. Phys.* 142, 269.

Chlorphänissäure, Chlorindoptensäure, Acide chlorophénisique.

Bildung. 1. Beim Einwirken von Chlor auf Carbolsäure oder auf Bichlorcarbolsäure, LAURENT; oder bei kurzem Einwirken von chlorsaurem Kali mit Salzsäure auf Carbolsäure, HOFMANN. — 2. Bei der Zersetzung des Anilins durch Chlor. HOFMANN. — 3. Ebenso des wässrigen Saligenins. PIRIA. — 4. Bei der Zersetzung des in Wasser vertheilten Indigs durch Chlor.

Darstellung. 1. Entweder nach (V, 652), oder besser: Man destillirt das käufliche, aus Steinkohlentheer gewonnene Oel wiederholt, unter besonderer Auffangung des zwischen 170 und 190° siedenden Theils, trennt ihn vom in der Kälte angeschossenen Nofte, leitet je nach der Menge 1 bis 2 Tage lang Chlorgas hindurch, destillirt es bis zum kohligen Rückstand, wobei sich, neben Salzsäure, ein sehr widriger Geruch entwickelt, bei gewechselter Vorlage, und unter Beseitigung des zuerst und zuletzt Uebergehenden, leitet durch das mittlere Destillat Chlor, bis es zu einem Krystallteig erstarrt ist, befreit diesen vom anhängenden Oele auf Papier und durch Pressen, löst die Krystallmasse, welche neben der Trichlorcarbolsäure noch etwas Oel und das krystallische Chloralbin ($C^{12}Cl^{2}H^{8}$) hält, in kochendem Ammoniak-haltenden Wasser, filtrirt, löst das beim Erkalten krystallisirte trichlorcarbolsaure Ammoniak in Wasser, fällt daraus durch Salzsäure die Trichlorcarbolsäure, und reinigt diese durch Waschen, Trocknen und Destilliren. LAURENT.

2. Beim Leiten von Chlorgas durch wässriges Saligenin, wobei die Flasche öfters verschlossen und geschüttelt wird, erfolgt sogleich Trübung, dann Absatz eines gelben, dann röthlichen, endlich pomeranzengelben krystallischen Harzes, und eines weifsen voluminosen krystallischen Niederschlags. Um alles Gefällte von einem fest anhängenden röthlichen Oele zu befreien, destillirt man es 3 bis 4mal mit Vitriolöl, welches das Oel unter Entwicklung von schwefliger und Salz-Säure verkohlt, während endlich reine Trichlorcarbolsäure übergeht. PIRIA.

3. Indem man durch in Wasser vertheilten Indig Chlorgas leitet, und den gelbrothen Brei unter Cohobiren des wässrigen Destillats destillirt, so erhält man etwas Chlorindopten in Blättern und Nadeln sublimirt. Dieses Gemenge von Trichlorcarbolsäure und Chlorindatmit (Trichloranilin, HOFMANN) lässt beim Destilliren mit Kalilauge das Chlorindatmit übergehen, während das krystallisirte chlorindoptensaure Kali mit freiem Kali bleibt, welches man auspresst, der Kohlensäure der Luft darbietet, in möglichst wenig kochendem Weingeist löst und nach dem Filtriren krystallisiren lässt, worauf man aus der wässrigen Lösung dieser haarförmigen Krystalle die Chlorindoptensäure durch Säuren fällt. ERDMANN.

Eigenschaften. Krystallisirt aus Lösungen, am besten aus Steinöl, oder beim Sublimiren in weifsen seidenglänzenden Nadeln und Säulen. Gerade rhombische Säulen mit abgestumpften scharfen Seitenkanten; u : u = 70 und 110°; u : t = 145°. Schmilzt bei 44° zu einem farblosen Oele (bei 58° zu einem durchsichtigen Oele von der Farbe des Olivenöls, PIRIA, zu einem farblosen Oele, HOFMANN) und gesteht beim Erkalten strahlig (durchscheinend, PIRIA, ganz wie Talgsäure, HOFMANN). Kocht bei 250° (bei 156°, PIRIA) und verdampft unzersetzt; sublimirt sich auch schon bei Mittelwärme bei jahrelangem Aufbewahren in Nadeln. Zeigt einen durchdringenden und lange anhaftenden unangenehmen Geruch. LAURENT. Röthet stark Lackmus. ERDMANN.

			LAURENT.		ERDMANN.		
	Destillirt.		Früher.	Später.	Früher.	Später.	PIRIA.
12 C	72	36,51	36,10	36,98	38,02	36,61	35,91
3 Cl	106,2	53,85	50,00	52,80	54,53		53,46
3 H	3	1,53	1,89	1,61	1,77	1,68	1,84
2 O	16	8,11	12,01	8,61	5,68		8,79
$C^{12}Cl^3H^3O^2$	197,2	100,00	100,00	100,00	100,00		100,00

Zersetzungen. 1. Die Säure lässt sich leicht entflammen und brennt mit grüngesäumter rufsender Flamme und Salzsäuredämpfen. LAURENT. — 2. Sie wird durch Chlor nur beim Erwärmen und schwierig in Quintichlorcarbolsäure verwandelt. LAURENT. — 3. Sie färbt sich mit starker Salpetersäure unter heftigem Schäumen braunroth und lässt, nach anhaltendem Sieden, beim Erkalten goldgelbe, leicht schmelz- und sublimir-bare, geruchlose Schuppen anschiefsen. LAURENT. — 4. Sie wird beim Erhitzen mit chlorsaurem Kali und Salzsäure zu Chloranil. $C^{12}Cl^3H^3O^2 + 4\,Cl + 2\,O = C^{12}Cl^4O^4 + 3\,HCl$. HOFMANN.

Verbindungen. Die Säure löst sich nicht in *Wasser*, LAURENT; kaum in kaltem, höchst wenig in kochendem, PIRIA.

Sie löst sich leicht in warmem rauchenden *Vitriolöl* und gesteht damit beim Erkalten zu einer aus Nadeln bestehenden Masse. LAURENT.

Die *trichlorcarbolsauren Salze*, *Chlorophénisates*, entwickeln bei der trocknen Destillation Trichlorcarbolsäure und lassen Chlormetall und Kohle. Sie brennen mit rufsender, grüngesäumter Flamme. Aus ihrer Lösung wird durch Salpetersäure die Säure voluminos gefällt. LAURENT.

Trichlorcarbolsaures Ammoniak. — Die Lösung der Säure in wässrigem Ammoniak, im Vacuum verdunstet, liefert schwach alkalisch reagirende Nadeln, welche sich in der Sonnenwärme völlig sublimiren, aber bei der trocknen Destillation in einer Retorte theilweise in Stickgas, Ammoniakgas, Trichlorcarbolsäure, Bichlorcarbolsäure und Salmiak zerfallen. Sehr schwer in kaltem, sehr leicht in heifsem, so wie in Weingeist-haltigem Wasser löslich. LAURENT.

Nadeln, im Vacuum getrocknet.			LAURENT.
12 C	72	33,62	34,01
N	14	6,53	7,20
3 Cl	106,2	49,58	49,83
6 H	6	2,80	2,50
2 O	16	7,47	6,46
$C^{12}Cl^3H^2(NH^4)O^2$	214,2	100,00	100,00

Trichlorcarbolsaures Kali. — Leicht lösliche Nadeln. ERDMANN.

Trichlorcarbolsaures Natron. — Leicht lösliche seidenglänzende Nadeln. LAURENT.

Trichlorcarbolsaurer Baryt. — Das Ammoniaksalz fällt Chlorbaryum nur bei gröfserer Concentration, und zwar kalt als Gallerte, heifs in langen seidenglänzenden Nadeln. Diese, bei 100° im Vacuum getrocknet, halten 28,82 Proc. Baryt, sind also $C^{12}Cl^3H^2BaO^2$. Sie entwickeln bei der trocknen Destillation die meiste Säure unzersetzt, lassen aber Chlorbaryum. Sie lösen sich wenig in Wasser.

Das Ammoniaksalz fällt aus concentrirtem (nicht aus verdünntem) *Chlorcalcium*, so wie aus *Alaun* eine weifse Gallerte; es fällt *Bleizucker* und *Eisenoxydulsalze* weifs; *Eisenoxydsalze* röthlich; (*Kobaltoxydulsalze* röthlich, *Nickeloxydulsalze* grünlich, ERDMANN); *Kupferoxydsalze* braunroth (dunkelpurpurviolett, ERDMANN, HOFMANN), welcher Niederschlag sich in kochendem Weingeist mit brauner Farbe löst, und beim Erkalten in braunen glänzenden schiefen rectangulären Säulen anschiefst; (salpetersaures *Quecksilberoxydul* weifs, ERDMANN); *Aetzsublimat* gelbweifs, käsig, und salpetersaures *Silberoxyd* citronengelb. LAURENT.

Silberniederschlag.			ERDMANN bei 120°.	LAURENT bei 100°.
12 C	72	23,67	24,93	
3 Cl	106,2	34,91	35,32	
2 H	2	0,66	0,95	
Ag	108	35,50	36,36	35,18
2 O	16	5,26	2,44	
$C^{12}Cl^3H^2AgO^2$	304,2	100,00	100,00	

Die Säure löst sich in *Holzgeist*, und äufserst leicht in *Weingeist* und *Aether*; die weingeistige Lösung setzt bei Wasserzusatz Oeltropfen ab, die allmälig erstarren; aus der Lösung in heifsem, höchst verdünnten Weingeist krystallisirt die Säure beim Erkalten. LAURENT.

Sie löst sich sehr leicht in *flüchtigen* und *fetten Oelen*. PIRIA.

Chlorkern $C^{12}Cl^5H$.

Quintichlorcarbolsäure.

$$C^{12}Cl^5HO^2 = C^{12}Cl^5H,O^2.$$

ERDMANN (1841). *J. pr. Chem.* 22, 272.
LAURENT. *N. Ann. Chim. Phys.* 3, 497.

Chlorphänussäure, gechlorte Chlorindoptensäure, Acide chlorophénusique.

Bildung. Beim Einwirken von Chlor auf in schwerer Salznaphtha (IV, 691) gelöste Trichlorcarbolsäure oder auf in Weingeist gelöstes Chlorisatin oder Bichlorisatin. ERDMANN.

Darstellung. Man behandelt Chlorisatin oder Bichlorisatin nach der beim Chloranil (V, 668, 6) angegebenen Weise mit Chlorgas und vereinigt das Harzgemenge, welches nach der Gewinnung des Chloranils aus der untern öligen Flüssigkeit und Verdampfung des Weingeistes bleibt (und bei der Destillation lange Nadeln von gechlortem Chlorindopten [mit Trichloranilin verunreinigter Quintichlorcarbolsäure] liefern würde) mit dem durch Kochen der obern Flüssigkeit mit Wasser gefällten ganz ähnlichen Harzgemisch. Man löst beide Gemische in Kalilauge durch Erhitzen, reinigt die beim Erkalten gebildeten Säulen des unreinen quintichlorcarbolsauren Kalis durch Umkrystallisiren aus verdünntem Kali, worin sie schwer löslich sind, und scheidet daraus durch Salzsäure die Säure in weifsen Flocken. ERDMANN. — Da LAURENT nach fast dem gleichen Verfahren bräunliche Flocken erhielt, so kochte Er die Lösung derselben in Ammoniak mit viel Wasser, bis unter Verjagung des überschüssigen Ammoniaks ein braunes Oel ausgeschieden war, fällte die beim Erkälten erhaltenen Blättchen (während die Mutterlauge Nadeln von Trichlorcarbolsäure lieferte) nach dem Lösen in Wasser durch Salzsäure und reinigte die noch etwas gefärbte Säure vollends durch Destillation.

Eigenschaften. Krystallisirt, am besten aus Steinöl, in weifsen, geraden rhombischen, an den scharfen Kanten abgestumpften Säulen. u : u ungefähr = 110°. Weniger schmelzbar als die Trichlorcarbolsäure. LAURENT. Auch weniger flüchtig, sublimirt sich jedoch beim Destilliren mit Wasser im Retortenhalse in langen Nadeln. Sie riecht der Trichlorcarbolsäure ähnlich, doch angenehmer. ERDMANN.

			LAURENT.
12 C	72	27,07	27,8
5 Cl	177	66,54	65,7
H	1	0,37	0,6
2 O	16	6,02	5,9
$C^{12}Cl^5HO^2$	266	100,00	100,0

Quintichlorcarbolsaures Ammoniak. — Zusammengehäufte Blättchen, sehr wenig in Wasser löslich. LAURENT.

Quintichlorcarbolsaures Kali. — Rhombische Säulen und Nadeln. ERDMANN.

Das Kalisalz fällt nicht *Kalk-* und *Bittererde*-Salze; es fällt *Chlorbarym* in weifsen Flocken; *Bleizucker* weifs; *Eisenoxydul-*

und *Eisenoxyd-Salze* braunweifs; salpetersaures *Kobaltoxydul* röthlich; salpetersaures *Nickeloxydul* grünlich; *Kupfervitriol* dunkelpurpurviolett; salpetersaures *Quecksilberoxydul* in weifsen Flocken; *Aetzsublimat* in gelbweifsen Flocken; salpetersaures *Silberoxyd* citronengelb. Erdmann.

		Silberniederschlag.	Erdmann bei 110°.
12 C	72	19,41	20,10
5 Cl	177	47,71	46,81
Ag	106	28,57	31,41
2 O	16	4,31	1,68
$C^{12}Cl^{5}AgO^{2}$	371	100,00	100,00

Sauerstoffchlorkern $C^{12}ClH^{3}O^{2}$.

Chlorchinon.

$$C^{12}ClH^{3}O^{4} = C^{12}ClH^{3}O^{2},O^{2}.$$

Städeler (1849). *Ann. Pharm.* 69, 300.

Quinone monochlorée.

Darstellung. Man destillirt 1 Th. chinasaures Kupferoxyd oder ein anderes chinasaures Salz (höchstens 25 Gramm betragend) mit 4 Th. eines Gemenges von 3 Kochsalz, 2 Braunstein und 4 Vitriolöl (mit seinem 3fachen Volum Wasser verdünnt) in einem Kolben mit absteigendem 6 Fufs langen Rohr, was am obern Theile durch feuchtes Tuch gelinde, aber nicht bis zum Krystallisiren des Uebergehenden abgekühlt wird. Anfangs entwickelt sich unter starkem Aufblähen Kohlensäure mit etwas Chlor, aber dieses nicht mehr bei anfangendem Sieden, und man unterhält nun das rasche Kochen, so lange noch Oel aus dem Rohr, in welches sich bei mäfsiger Abkühlung alles Chloranil setzt, in die Vorlage übergeht. Dieses beim Erkalten erstarrende Oel wird auf dem Filter gesammelt, wiederholt mit kaltem Wasser gewaschen, getrocknet, gepulvert und mit kleinen Mengen von kaltem 85procentigen Weingeist so oft ausgezogen, als er sich satt gelb färbt und durch Wasser fällbar zeigt. So bleibt Bichlorchinon mit wenig Trichlorchinon und Chloranil, während der Weingeist Chlorchinon und Trichlorchinon mit gelber Farbe gelöst hält. Diese werden daraus durch die 3fache Wassermenge in feinen Nadeln und Blättern gefällt, in wenig heifsem, mäfsig starkem Weingeist gelöst, erkältet, bis sich den anschiefsenden grofsen gelben Blättern von Trichlorchinon Nadeln von Chlorchinon beizumengen anfangen, worauf man sogleich filtrirt, mit Wasser versetzt und den aus Chlorchinon und wenig Trichlorchinon bestehenden Niederschlag durch wiederholte gleiche Behandlung mit Weingeist vom Trichlorchinon befreit, was jedoch nicht vollständig und nur mit grofsem Verluste möglich ist.

Eigenschaften. Gelbe sehr zarte Nadeln, bei 100° zu einem dunkelgelben Oele schmelzend, von eigenthümlich gewürzhaftem Geruch und brennend scharfem Geschmack; in der Lösung die Haut und andere organische Körper purpurn färbend. Neutral.

			Städeler.
12 C	72	50,56	39,48
Cl	35,4	24,86	41,31
3 H	3	2,11	1,15
4 O	32	22,47	18,06
$C^{12}ClH^3O^4$	142,4	100,00	100,00

Obige Analyse gibt beinahe die Formel des Bichlorchinons oder einer Verbindung von Chlorchinon und Trichlorchinon zu gleichen Atomen, aber die reichlich darin zu erkennenden Blättchen zeigten, dass der analysirte Körper ein blofses Gemenge von Chlorchinon und Trichlorchinon war.

Zersetzungen. 1. Die wässrige Lösung wird beim Kochen dunkelroth und undurchsichtig unter Bildung von braunem Chlorchinhydron ($C^{24}Cl^2H^6O^8$) und von einem braunen Harze. — 2. Die rothgelbe Lösung in kaltem Vitriolöl gesteht schnell zu einem aus weifsen Nadeln bestehenden Brei. — 3. Das Chlorchinon löst sich sehr leicht in kalter verdünnter schwefliger Säure als Chlorhydrochinon. $C^{12}ClH^3O^4 + 2SO^2 + 2HO = C^{12}ClH^5O^4 + 2SO^3$.

Verbindungen. Das Chlorchinon löst sich in kochendem *Wasser* und scheidet sich beim Erkalten aus.

Es löst sich leicht in *Aether* und starkem *Weingeist.* Auch in einem heifsen Gemisch desselben mit gleichviel Wasser; aber beim Erkalten schiefst ein Theil an, und der gelöst bleibende führt durch Zersetzung die gelbe Farbe der Lösung in Weinroth über.

Gegen starke und schwache *Essigsäure* verhält es sich, wie gegen starken und schwachen Weingeist. Städeler.

Chlorhydrochinon.

$$C^{12}ClH^5O^4 = C^{12}ClH^3O^2,H^2O^2.$$

Wöhler (1845). *Ann. Pharm.* 51, 155.
Städeler. *Ann. Pharm.* 69, 306.

Farbloses Chlorhydrochinon, Hydroquinone monochlorée.

Bildung und *Darstellung.* 1. Man verdunstet die Lösung des Chinons in starker Salzsäure, nachdem sie sich entfärbt hat, zum Krystallisiren. Die beim Abdampfen bisweilen eintretende Bräunung der Lösung theilt sich auch den Krystallen mit. Wöhler. — 2. Beim Lösen von Chlorchinon in wässriger schwefliger Säure. Da jedoch das bis jetzt erhaltene Chlorchinon Trichlorchinon hält, so entsteht zugleich Trichlorhydrochinon. Städeler.

Eigenschaften. Farblose strahlig vereinigte Säulen, sehr leicht schmelzend und beim Erkalten krystallisch erstarrend, bei etwas stärkerer Hitze sich unter theilweiser Verkohlung in glänzenden Blättern sublimirend, von schwachem eigenthümlichen Geruch und süfslichem und brennenden Geschmack.

			Wöhler.	Schnedermann.
12 C	72	49,87	50,21	50,42
Cl	35,4	24,51	24,31	23,82
5 H	5	3,46	3,61	3,60
4 O	32	22,16	21,87	22,16
$C^{12}ClH^5O^4$	144,4	100,00	100,00	100,00

Zersetzungen. 1. Seine wässrige Lösung reducirt das Silber aus seiner salpetersauren Lösung sogleich in Spiegeln und Flittern und entwickelt den Geruch nach Chinon (oder nach Chlorchinon? gemäfs folgender Gleichung: $C^{12}ClH^5O^4 + 2(AgO,NO^5) = C^{12}ClH^3O^4 + 2Ag + 2HO + 2NO^5$. LAURENT. — 2. Dieselbe färbt sich mit Anderthalbchloreisen dunkelbraunroth, wird milchig und setzt dunkelbraune Oeltropfen ab, die sich bald in schwarzgrüne Säulen verwandeln. ($2C^{12}ClH^5O^4 + 2Cl = C^{24}Cl^2H^8O^8 + 2HCl$. LAURENT, *Compt. chim.* 1849, 190). — 3. Seine tief blaue Lösung in Ammoniak färbt sich schnell grün, dann gelb, endlich braunroth. WÖHLER.

Verbindungen. Es löst sich sehr leicht in Wasser, Weingeist und Aether, in dessen Dampf es zerfliefst. WÖHLER.

Gepaarte Verbindung.

Chlorchinhydron.

$$C^{24}Cl^2H^8O^8 = C^{12}ClH^3O^4, C^{12}ClH^5O^4.$$

STÄDELER. *Ann. Pharm.* 69, 307.

Braunes Chlorhydrochinon.

Bildung. 1. Beim Digeriren von wässrigem Chlorhydrochinon mit Chlorchinon. $C^{12}ClH^5O^4 + C^{12}ClH^3O^4 = C^{24}Cl^2H^8O^8$. — 2. Beim Mischen desselben mit Anderthalbchloreisen, wie WÖHLER zeigte (s. oben). — 3. Bei längerem Kochen des Chlorchinons mit wenig Wasser (V, 659). — 4. Beim ersten Einwirken starker Salzsäure auf Chinon (V, 640).

Das Chlorchinhydron ist ein Oel, welches nach einiger Zeit zu einer grünbraunen Krystallmasse gesteht; diese sublimirt sich beim Aufbewahren (in zugeschmolzener Röhre) in braunen zarten Nadeln, die Haut stark purpurn färbend, und wird durch Vitriolöl entfärbt, scheint also Wasser zu enthalten.

Es röthet Lackmus und fällt weingeistigen Bleizucker weifs. STÄDELER.

Sauerstoffchlorkern $C^{12}Cl^2H^2O^2$.

Bichlorchinon.

$$C^{12}Cl^2H^2O^4 = C^{12}Cl^2H^2O^2, O^2.$$

STÄDELER (1849). *Ann. Pharm.* 69, 309.

Darstellung. Man zieht aus der durch Destillation eines chinasauren Salzes mit einem Chlorgemenge erhaltenen Masse (V, 658) durch kalten Weingeist das Chlorchinon und meiste Trichlorchinon aus, dann durch heifsen, mit einem gleichen Volum Wasser gemischten Weingeist den Rest des Trichlorchinons, löst das bleibende Gemenge von Bichlorchinon und etwas Chloranil in heifsem Weingeist, befreit nach dem Erkalten die Krystalle des Bichlorchinons durch Abschlemmen der Mutterlauge von den zarten Blättern des Chloranils, und reinigt sie durch Krystallisiren aus Aetherweingeist.

Eigenschaften. Dunkelgelbe (beim Krystallisiren aus blofsem Weingeist citronengelbe), glasglänzende, schiefe, stark rhombische Säulen, die Endflächen auf die stumpfen Seitenkanten schief gesetzt. Es schmilzt bei 150° unter jedesmaliger Verdunkelung der Farbe, und verflüchtigt sich schwach an der Luft, mehr beim Kochen mit Wasser. Es riecht schwach gewürzhaft, und ist fast geschmacklos. Seine Lösung färbt nicht die Haut und ist neutral.

			Städeler.
12 C	72	40,73	40,72
2 Cl	70,8	40,04	40,14
2 H	2	1,13	1,15
4 O	32	18,10	17,99
$C^{12}Cl^{2}H^{2}O^{4}$	176,8	100,00	100,00

Zersetzungen. Seine tief rothbraune Lösung in schwachem Kali setzt nach einigen Stunden rothe feine Säulen eines Kalisalzes ab, aus deren weinrother Lösung in Wasser sich bei Salzsäurezusatz eine (nicht weiter untersuchte) der Chloranilsäure ähnliche Säure ebenfalls in rothen Säulen abscheidet. — Es löst sich in Ammoniak sparsam mit gelber Farbe, welche in Roth, dann Schwarzbraun übergeht, worauf beim Abdampfen Salmiak und eine braune Substanz bleibt, die mit Salzsäure einen starken braunen Niederschlag gibt. — Beim Kochen mit Wasser verdampft ein Theil unzersetzt, während der andere durch Zersetzung das Wasser violett färbt. — Durch Kochen mit wässriger schwefliger Säure wird es in Bichlorchinhydron und Bichlorhydrochinon verwandelt. $2C^{12}Cl^{2}H^{2}O^{4} + 2SO^{2} + 2HO = C^{24}Cl^{4}H^{6}O^{8} + 2SO^{3}$; und: $C^{12}Cl^{2}H^{2}O^{4} + 2SO^{2} + 2HO = C^{12}Cl^{2}H^{6}O^{4} + 2SO^{3}$.

Verbindungen. Das Bichlorchinon löst sich nicht in *Wasser.*

Es löst sich unzersetzt, mit gelber Farbe in *Vitriolöl,* und krystallisirt daraus bei allmäliger Aufnahme von Wasser.

Es löst sich unzersetzt in kochender starker *Salzsäure,* und schiefst daraus beim Erkalten an.

Es löst sich mit gelber Farbe wenig in kalter, reichlich in heifser *Salpetersäure* von 1,25 spec. Gew. und krystallisirt beim Erkalten unzersetzt.

Es löst sich leicht, mit gelber Farbe, in *Aether.*

Es löst sich kaum in kaltem starken *Weingeist,* reichlich, mit gelber Farbe in kochendem, beim Erkalten gröfstentheils anschiefsend, und die Mutterlauge färbt sich nach einigen Tagen dunkelbraungrün, dann bei Wasserzusatz roth. In 40procentigem Weingeist löst es sich selbst beim Kochen sehr wenig.

Es löst sich ziemlich reichlich in kochender starker *Essigsäure,* schiefst daraus beim Erkalten in langen Säulen an, und lässt eine Mutterlauge, die sich durch Zersetzung bald braunroth färbt. Städeler.

Bichlorhydrochinon.

$$C^{12}Cl^{2}H^{4}O^{4} = C^{12}Cl^{2}H^{2}O^{2},H^{2}O^{2}.$$

Städeler (1849). *Ann. Pharm.* 69, 312.

Farbloses Bichlorhydrochinon.

Aus der durch Erhitzen von Bichlorchinon mit concentrirter schwefliger Säure erhaltenen farblosen Lösung (s. oben) schiefsen beim Erkalten Säulen an, die man mit kaltem Wasser wäscht und trocknet.

Der Oxalsäure ähnliche farblose perlglänzende sternförmig vereinigte Nadeln und kürzere Säulen. Schmilzt bei 165° zu einer rothbraunen Flüssigkeit, die beim Erkalten wieder ohne Farbe gesteht. Sublimirt sich schon bei 120° in zarten Nadeln, bei 160° sehr rasch, und verbreitet beim Erhitzen an der Luft weifse gewürzhafte Nebel. Schmeckt brennend gewürzhaft. Röthet Lackmus.

			Städeler.
12 C	72	40,27	40,24
2 Cl	70,8	39,60	
4 H	4	2,24	2,25
4 O	32	17,89	
$C^{12}Cl^2H^4O^4$	178,8	100,00	

Zersetzungen. 1. Es brennt beim Entzünden mit stark leuchtender grün gesäumter Flamme. — 2. Es verwandelt sich unter Salpetersäure sogleich in Bichlorchinon. Eben so, wenn man zu seiner heifsen wässrigen Lösung genug Anderthalbchloreisen fügt, während weniger violette oder grünschwarze Krystalle von gewässertem Bichlorchinhydron ($C^{24}Cl^4H^6O^8 + 4 Aq$) fällt. Seine Lösung in schwachem Weingeist scheidet aus neutraler Silberlösung langsam bei Mittelwärme, schneller beim Kochen einen Silberspiegel und gelbes wasserfreies, so wie violettes gewässertes Bichlorchinhydron ab, aber mehr Wasserstoff verliert es nicht. — 3. Seine farblose Lösung in schwachem Kali wird an der Luft grün, dann roth und setzt bald ein violettes Pulver ab. — 4. Seine gelbe Lösung in Ammoniak wird an der Luft satt roth und gibt dann einen bräunlichen Niederschlag, der eine krystallische und eine amorphe Substanz hält.

Verbindungen. Es löst sich sehr wenig in kaltem *Wasser*, leicht in heifsem.

Es löst sich nicht in kaltem, aber in warmem *Vitriolöl*, und krystallisirt daraus beim Erkalten, besonders wenn das Vitriolöl Wasser anziehen kann.

Es löst sich wenig in kochender *Salzsäure*, beim Erkalten anschiefsend.

Es löst sich in *Ammoniak* mit gelber, in *Kali* ohne Farbe.

Es fällt den in Weingeist gelösten Bleizucker weifs.

Es löst sich sehr leicht in *Weingeist*, *Aether* und warmer *Essigsäure*. Städeler.

Chloranilsäure.

$$C^{12}Cl^2H^2O^8 = C^{12}Cl^2H^2O^2,O^6.$$

Erdmann (1841). *J. pr. Chem.* 22, 281.

Bildung und *Darstellung.* Die purpurne Lösung des Chloranils in warmem verdünnten Kali (V, 669) lässt beim Erkalten fast alles gebildete chloranilsaure Kali anschiefsen, welches man von der fast entfärbten (Chlorkalium und Kali haltenden) Mutterlauge trennt, und durch Umkrystallisiren aus Wasser reinigt. Die kalte wässrige Lösung dieser Krystalle färbt sich bei Zusatz von Salz- oder Schwefel-Säure (nicht von Essigsäure) rothgelb, und setzt dann bald die Chloranilsäure in rothweifsen, glimmerartig glänzenden Schuppen ab, die nach dem Sammeln auf dem Filter mennigroth erscheinen. Erhitzt man das wässrige chloranilsaure Kali mit einem Ueberschuss der fällenden Säure, so erhält man beim Erkalten die Chloranilsäure in Körnern und Blättern.

Eigenschaften. Mennigrothe Schuppen, Körner oder Blätter, im Proberohr nur theilweise sublimirbar, während sich das Meiste bräunt und zersetzt.

	Bei 120°.		Erdmann.
12 C	72	34,48	35,08
2 Cl	70,8	33,91	33,48
2 H	2	0,96	1,05
8 O	64	30,65	30,39
$C^{12}Cl^2H^2O^8$	208,8	100,00	100,00

Zersetzung. Die violette Lösung der Säure in Wasser wird durch Salpetersäure unter reichlicher Entwicklung eines farblosen Gases entfärbt.

Verbindungen. Die krystallisirte Säure hält 7,14 Proc. (2 At.) *Wasser*, die bei 120° entweichen. — Sie löst sich mit violetter Farbe in Wasser, und wird daraus durch Salz- oder Schwefel-Säure unter Entfärbung des Wassers gefällt.

Chloranilsaures Ammoniak. — Die Lösung der Säure in warmem Ammoniak liefert beim Erkalten Krystalle, im Ansehn und im chemischen Verhalten dem Kalisalze ähnlich.

Chloranilsaures Kali. — Darstellung s. oben. Bräunlich purpurne sehr glänzende Säulen. Sie verlieren bei 100° kein Wasser, und verbrennen bei stärkerer Hitze mit schwacher Verpuffung unter Ausstofsung von Purpurdämpfen. (Sie färben sich in verdünnter Salzsäure ohne Aenderung der Gestalt mennigroth. Hofmann.) Sie lösen sich mäfsig in Wasser und Weingeist mit violetter Purpurfarbe, weniger in wässrigem Kali.

	Krystalle.		Erdmann.
12 C	72	23,75	24,06
2 Cl	70,8	23,35	
2 H	2	0,66	0,89
2 KO	94,4	31,13	30,77
8 O	64	21,11	
$C^{12}Cl^2K^2O^8 + 2Aq$	303,2	100,00	

Das in Wasser gelöste Kalisalz fällt *Chlorbaryum* in rothbraunen glimmerartig glänzenden, sehr wenig in kochendem Wasser löslichen Schuppen; — *Bleizucker* braun; — salpetersaures *Eisenoxyd* schwärzlich; — *Kupfervitriol* grünbraun; — salpetersaures *Quecksilberoxydul* gelbbraun; — und salpetersaures *Silberoxyd* als rothbraunes, in Wasser sehr sparsam, mit röthlicher Farbe lösliches Pulver. — Es fällt nicht die Salze des Eisen-, Kobalt- und Nickel-Oxyduls, und auch nicht den Sublimat. Erdmann.

	Silberniederschlag.		Erdmann.
12 C	72	17,03	17,40
2 Cl	70,8	16,74	16,61
2 Ag	216	51,09	51,06
8 O	64	15,14	14,90
$C^{12}Cl^2Ag^2O^8$	422,8	100,00	100,00

Gepaarte Verbindung.

Bichlorchinhydron.

$$C^{24}Cl^4H^6O^8 = C^{12}Cl^2H^2O^4,C^{12}Cl^2H^4O^4.$$

Städeler (1849). *Ann. Pharm.* 69, 314.

Gefärbtes Bichlorhydrochinon.

Wird in gewässertem Zustande erhalten durch Digeriren von wässrigem Bichlorhydrochinon mit Bichlorchinon oder mit der richtigen Menge von Anderthalbchloreisen (bei zu wenig bleibt Bichlorhydrochinon und bei zu viel entsteht Bichlorchinon), Waschen der aus dem braunen Gemisch beim Erkalten entstandenen Krystalle mit kaltem Wasser und Trocknen. Dieselben werden bei 70° oder darüber unter Beibehaltung der Gestalt vom Wasser befreit.

Eigenschaften. Krystallisch; in der Kälte gelb, bei jedesmaligem Erhitzen über 110° roth. Riecht schwach, dem Bichlorchinon ähnlich, schmeckt gewürzhaft brennend.

			Städeler.
24 C	144	40,50	40,59
4 Cl	141,6	39,82	
6 H	6	1,69	1,91
8 O	64	17,99	
$C^{24}Cl^4H^6O^8$	355,6	100 00	

Zersetzungen. 1. Es schmilzt bei 120° zu einer rothen Flüssigkeit und sublimirt sich dabei in isolirten Krystallen von Bichlorchinon und Bichlorhydrochinon. — 2. Es wird nicht durch kalte verdünnte, aber durch mäfsig starke Salpetersäure in Bichlorchinon verwandelt. — 3. Seine Lösungen werden durch Chlornatron gegrünt. — 4. Seine chromgrüne Lösung in verdünntem Kali wird schnell rubinroth, wird aber dann nicht durch Salzsäure gefällt, während die, sich übrigens eben so verhaltende, Lösung in Ammoniak damit einen blass koschenillrothen Niederschlag gibt.

Verbindungen. *Gewässertes Bichlorchinhydron.* *Darstellung* s. oben. Gewöhnlich dunkelviolette kleine zu Sternen vereinigte Säulen, aber bei der Darstellung durch Mischen von heifsem wässrigen Bichlorhydrochinon mit Anderthalbchloreisen lange platte schwarzgrüne Nadeln, wie Chinhydron. Die Krystalle verlieren über Vitriolöl, so wie bei 70° ihr Wasser ohne Aenderung ihrer Gestalt, und lassen die trockne gelbe Verbindung. Auch unter Vitriolöl oder wenig Weingeist werden sie durch Wasserverlust gelb.

			Städeler.
24 C	144	36,77	36,90
4 Cl	141,6	36,16	
10 H	10	2,55	2,75
12 O	96	24,52	
$C^{24}Cl^4H^6O^8+4Aq$	391,6	100,00	

Oder:			Städeler.
$C^{24}Cl^4H^6O^8$	355,6	90,81	90,91
4 HO	36	9,19	9,09
	391,6	100,00	100,00

Das Bichlorchinhydron löst sich kaum in kaltem *Wasser,* aber leicht in kochendem, woraus es beim Erkalten theils als gelbes trocknes, theils als violettes gewässertes anschiefst.

Es löst sich mit gelber Farbe in *Vitriolöl* und krystallisirt daraus gelb bei allmäliger Aufnahme von Wasser.

Es löst sich mit chromgrüner Farbe in wässrigem *Ammoniak* oder *Kali*.

Es löst sich leicht mit gelber Farbe in *Weingeist*.

Es löst sich sehr leicht in *Aether*. Die gelbe Lösung gibt bei freiwilligem Verdunsten theils gelbe, theils violette Krystalle.

Aus der tiefrothen Lösung in heifser starker *Essigsäure* krystallisirt es beim Erkalten in dunkelgelben dünnen Säulen. STÄDELER.

Sauerstoffchlorkern $C^{12}Cl^3HO^2$.

Trichlorchinon.

$$C^{12}Cl^3HO^4 = C^{12}Cl^3HO^2,O^2.$$

WOSKRESSENSKY (1839). *J. pr. Chem.* 18, 419.
STÄDELER. *Ann. Pharm.* 69, 318.

Bildung. Beim Einwirken von Chlor auf Chinon.

Darstellung. 1. Man lässt trocknes Chlorgas auf Chinon wirken, welches, damit die Erhitzung nicht bis zur Entzündung steige, nicht viel betragen darf, und anfangs von aufsen abgekühlt, aber später zur Vervollständigung der Zersetzung mit heifsem Wasser umgeben wird, und reinigt das hierbei durch das Chlorgas fortgerissene und in der Vorlage in gelblichen Blättchen sublimirte Trichlorchinon durch Lösen in kochendem Weingeist und Krystallisiren nach dem Zusatz von wenig kaltem Wasser. WOSKRESSENSKY. — 2. Man erhält es bei der Bereitung des Chlorchinons (V, 658), und befreit es von diesem durch wiederholtes Lösen in heifsem mäfsig starken Weingeist, bei dessen Erkalten das Trichlorchinon zuerst anschiefst, und Waschen mit kaltem Weingeist. Was sich hierbei neben Chlorchinon löst, wird durch Wasser gefällt und, wie oben, durch Weingeist weiter gereinigt. STÄDELER.

Eigenschaften. Goldgelbe grofse Blätter. STÄDELER. Blassgelb, sanft anzufühlen, zerreiblich. WOSKRESSENSKY. Schmilzt bei 160° (etwas über 100°, WOSKRESSENSKY), und sublimirt sich bei 130° in gelben irisirenden zarten Blättchen. STÄDELER. Riecht durchdringend gewürzhaft, WOSKRESSENSKY, fast geruchlos und anfangs geschmacklos, dann unangenehm im Schlunde kratzend. STÄDELER. Die weingeistige Lösung röthet nicht Lackmus, WOSKRESSENSKY, und färbt nicht die Haut und andere organische Gewebe, aber röthet sie, wenn wenig Chlorchinon beigemischt ist, STÄDELER; färbt organische Substanzen dunkelroth, WOSKRESSENSKY.

			WOSKRESSENSKY.	STÄDELER.
12 C	72	34,09	34,11	34,48
3 Cl	106,2	50,29	49,45	50,10
H	1	0,47	0,79	0,54
4 O	32	15,15	15,65	14,88
$C^{12}Cl^3HO^4$	211,2	100,00	100,00	100,00

Zersetzungen. 1. Es wird unter verdünntem Kali grün, löst sich dann mit rothbrauner Farbe und setzt nach einigen Stunden lange rothe Nadeln eines Kalisalzes ab, aus dessen weinrother wässriger Lösung Salzsäure rothe Nadeln der besondern Säure (V, 661) scheidet. STÄDELER. — 2. Es bildet mit Ammoniakgas smaragdgrüne Krystalle. WOSKRESSENSKY. Es löst sich in schwachem Ammoniak erst nach einiger Zeit, und zwar mit rother Färbung; mit starkem bildet es, nach vorausgegangener grüner Färbung, eine braunrothe Lösung, aus der sich bei freiwilligem Verdunsten dunkelbraune kleine harte Krystalle absetzen. STÄDELER. — 3. Es wird durch heifse wässrige schweflige Säure in Trichlorhydrochinon verwandelt. STÄDELER.

Verbindungen. Es löst sich nicht in kaltem *Wasser*, sehr wenig in kochendem. WOSKRESSENSKY, STÄDELER.

Es wird aus seiner tief gelben Lösung in kaltem *Vitriolöl* durch Wasser gefällt. STÄDELER.

Es krystallisirt aus seiner Lösung in heifser starker *Salpetersäure* beim Erkalten in gelben Blättern. STÄDELER.

Seine weingeistige Lösung fällt nicht den *Bleizucker* und *Silbersalpeter*. WOSKRESSENSKY.

Es löst sich wenig in kaltem *Weingeist*, reichlicher in heifsem, und schiefst daraus beim Erkalten desto vollständiger an, je schwächer der Weingeist. STÄDELER.

Es löst sich leicht in *Aether*. WOSKRESSENRKY, STÄDELER.

Es verhält sich gegen starke und schwache *Essigsäure*, wie gegen Weingeist. STÄDELER.

Trichlorhydrochinon.

$$C^{12}Cl^{3}H^{3}O^{4} = C^{12}Cl^{3}HO^{2},H^{2}O^{2}.$$

STÄDELER (1849). *Ann. Pharm.* 69, 321.

Darstellung. Die farblose Lösung des Trichlorchinons in genug heifser wässriger schwefliger Säure setzt das Trichlorhydrochinon beim Erkalten in kleinen Krystallen oder beim Abdampfen im Wasserbade als ein, beim Erkalten krystallisirendes schweres Oel ab; ein Theil bleibt gelöst und wird durch Verdunsten der wässrigen Flüssigkeit im Vacuum über Vitriolöl erhalten. Man befreit es durch Waschen mit kaltem Wasser von der anhängenden Schwefelsäure.

Eigenschaften. Farblose Blätter und platte Säulen, etwas über 130° schmelzend und sich in zarten irisirenden Blättchen sublimirend. Riecht schwach gewürzhaft, schmeckt, besonders nach dem Befeuchten mit Weingeist, brennend gewürzhaft. Röthet in der weingeistigen Lösung Lackmus.

Zersetzungen. 1. Seine Lösungen färben sich mit *Chlornatron* grün. — 2. Starke (nicht verdünnte) *Salpetersäure* oxydirt es zu Trichlorchinhydron. Dasselbe scheint zu entstehen, wenn der schwach weingeistigen Lösung des Trichlorhydrochinons *salpetersaures Silberoxyd* zugesetzt wird, welches nach einigen Minuten (in der Wärme schneller) einen Silberspiegel und später gelbe rhombische Blättchen absetzt, oder wenn ihr *Anderthalbchloreisen* zugefügt wird, welches anfangs eine tief rothbraune Färbung bewirkt. — 3. Seine erst farblose Lösung in wässrigem Kali oder Ammoniak färbt sich an der Luft grün, dann roth, dann braun, und gibt dann, ohne Krystalle abzusetzen, mit Salzsäure einen dicken Niederschlag, der beim Kali sich beim Kochen in ein schweres Gemenge von mikroskopisch zu erkennenden hellgelben Blättchen und schwarzblauen Krystallen verwandelt, und beim Ammoniak fleischroth und amorph erscheint.

Verbindungen. Es löst sich wenig in kaltem *Wasser*, langsam unter Schmelzung in kochendem, beim Erkalten theilweise anschiefsend.

Aus seiner Lösung in warmem *Vitriolöl* krystallisirt es bei Wasserentziehung.

Seine weingeistige Lösung fällt den *Bleizucker* welfs.

Es löst sich leicht in *Weingeist* und *Aether*. STÄDELER.

Gepaarte Verbindung.

Trichlorchinhydron.

$$C^{24}Cl^6H^4O^8 = C^{12}Cl^3HO^4, C^{12}Cl^3H^3O^4.$$

STÄDELER (1849). *Ann. Pharm.* 69, 323.

Gelbes Trichlorhydrochinon.

Beim Kochen von Trichlorchinon mit einer zur Umwandlung in Trichlorhydrochinon ungenügenden Menge von wässriger schwefliger Säure entsteht eine rothbraune Flüssigkeit, auf welcher sich braune zähe Oeltropfen zeigen, wohl dieser Verbindung angehörend, die sich in mehr schwefliger Säure farblos als Chlorhydrochinon lösen.

Chlorkern $C^{12}Cl^4O^2$.

Chloranil.

$$C^{12}Cl^4O^4 = C^{12}Cl^4O^2, O^2.$$

ERDMANN (1849). *J. pr. Chem.* 23, 273 u. 279.
A. W. HOFMANN. *Ann. Pharm.* 52, 55.

Bildung. 1. Aus Carbolsäure, Chinon, HOFMANN, Anilin, FRITZSCHE, Chloranilin, Binitrocarbolsäure oder Trinitrocarbolsäure, HOFMANN, beim Erhitzen mit chlorsaurem Kali und Salzsäure. — 2. Eben so aus salicyliger Säure, Salicylsäure (auch nach CAHOURS), Nitrosalicylsäure oder Anthranilsäure, unter Entwicklung von Kohlensäure. (Nicht aus Benzoesäure und damit verwandten Verbindungen.) HOFMANN. — 3. Aus Chinasäure beim Erhitzen mit Kochsalz, Braunstein und Schwefelsäure, neben Kohlensäure, den 3 Chlorchinonen u. s. w. STÄDELER. — 4. Aus Isatin beim Kochen mit chlorsaurem Kali und Salzsäure, LAURENT, aus weingeistigem Chlorisatin oder Bichlorisatin durch Chlorgas, ERDMANN, oder schneller durch chlorsaures Kali und Salzsäure, während Indig hierbei blofs Spuren gibt, HOFMANN.

Darstellung. 1. Man übergiefst Carbolsäure in einer Schale mit starker Salzsäure, fügt dazu chlorsaures Kali in kleinen Krystallen und erwärmt, wenn die heftige Einwirkung, die bis zur Explosion gehen kann, vorüber ist, längere Zeit, bis die sich anfangs rothbraun färbende und verdickende Carbolsäure in eine hellgelbe Krystallmasse verwandelt ist, die man nach dem Waschen mit Wasser aus kochendem Weingeist krystallisiren lässt. Die Umwandlung erfolgt schneller, wenn die Carbolsäure in kochendem Wasser oder in Weingeist gelöst ist, doch erfordert letzterer wegen der leichten Explosion verdünntere Salzsäure und allmäliges Eintragen des chlorsauren Kalis. HOFMANN. — 2. Man kocht das Chinon, HOFMANN, oder das bei der Bereitung des Chinons nach WÖHLER erhaltene Waschwasser (V, 639), welches Chinon in sehr verdünnter Lösung hält, STÄDELER, mit chlorsaurem Kali und Salzsäure. — 3. Eben so die in Wasser oder Weingeist gelöste Binitro- oder Trinitro-Carbolsäure. HOFMANN. — 4. Eben so salicylige Säure, Salicylsäure, Nitrosalicylsäure, oder Salicin. Letzteres muss man mit chlorsaurem Kali in kochendem Wasser lösen, dann allmälig mit kleinen Mengen von Salzsäure versetzen, wodurch sich die Lösung sogleich tief pomeranzengelb färbt, und dann mit einer Schicht kleiner Chloranilkrystalle, 30,27 Proc. des Salicins betragend, bedeckt. Erhitzt man das Salicin zuerst blofs mit Salzsäure, so bildet diese Saliretin, welches dann bei weiterem Erhitzen mit chlorsaurem Kali kein Chloranil mehr liefert. HOFMANN. — 5. Beim Destilliren eines mit Kochsalz, Braunstein und wässriger Schwefelsäure gemengten chinasauren Salzes (V, 658) sublimirt sich etwas dabei erzeugtes Chloranil, von dem viel im Rückstande bleibt, im obern Theil des Destillirkolbens und im Destillirrohr. Dieses wird mit kochendem schwachen Weingeist gewaschen, und durch Lösen in kochendem starken Weingeist und Krystallisiren gereinigt. STÄDELER. — 6. Man leitet durch in kochendem 80procentigem Weingeist gelöstes und vertheiltes Chlorisatin oder Bichlorisatin so lange Chlorgas, bis sich die niederfallende dicke ölige Flüssigkeit nicht mehr vermehrt, und sich blofs noch Zersetzungsproducte des Weingeists bilden, zieht die ölige Flüssigkeit, nach dem Ausziehen des Salmiaks durch Wasser, mit kaltem Weingeist aus, welcher, neben schwerer Salznaphtha und andern Zersetzungsproducten des Weingeistes, gechlortes Chlorindopten und eine harzige Materie löst, und das meiste Chloranil krystallisch zurücklässt, und erhält aus der weingeistigen Lösung durch Abdampfen zum Syrup und Erkälten noch mehr, durch Ausziehen mit kaltem Weingeist zu reinigende Chloranilkrystalle, und aus der hierbei erhaltenen weingeistigen Flüssigkeit bei Wiederholung dieses Verfahrens noch einige. Man wäscht sämmtliche Chloranilkrystalle mit Wasser, und reinigt sie endlich durch mehrmaliges Krystallisiren aus heifsem Weingeist, oder durch Sublimation, wobei etwas Kohle bleibt, und Waschen des Sublimats mit kaltem Weingeist. ERDMANN. — 7. Man trägt in kochende Salzsäure gepulvertes Isatin, dann chlorsaures Kali, wäscht die gebildete, mit Krystallen gemengte weiche Masse mit Wasser, bringt sie dann mit etwas Aether aufs Filter, wäscht sie mit kaltem Weingeist und reinigt sie durch Krystallisiren aus heifsem oder durch Sublimation. LAURENT (*Rev. scient.* 19, 141; Ausz. *J. pr. Chem.* 36, 277).

Eigenschaften. Blassgelbe (goldgelbe, HOFMANN), perlglänzende, oft irisirende Blätter. ERDMANN. Verdampft bei gelinder Hitze ohne Schmelzung und ohne Rücklassung von Kohle (langsam bei 150°, rasch bei 210 bis 220°, HOFMANN) vollständig in gelben Dämpfen, die sich an kältern Körpern zu zarten Blättchen, an heifsern zu einer Flüssigkeit verdichten, die beim Erkalten schwefelgelb und krystallisch gesteht. Gröfsere Mengen des Chloranils schmelzen bei raschem Erhitzen theilweise zu einer dunkelbraunen kochenden Flüssigkeit, und lassen etwas Kohle. — Die weingeistige Lösung wirkt nicht auf Pflanzenfarben. ERDMANN.

			ERDMANN. Aus Weingeist.	Sublimirt.	HOFMANN.	LAURENT.
12 C	72	29,31	30 63	29,82	30,14	29,50
4 Cl	141,6	57,66	57,60	57,74	56,20	
4 O	32	13,03	11,77	12,44	13,32	
H					0,34	
$C^{12}Cl^4O^4$	245,6	100,00	100,00	100,00	100,00	

Zersetzungen. 1. Das Chloranil löst sich sehr leicht (nach vorausgegangener grünschwarzer Färbung, HOFMANN) mit dunkler Purpurfarbe in warmem verdünnten *Kali* als, bald krystallisirendes, chloranilsaures Kali und Chlorkalium. $C^{12}Cl^4O^4 + 4KO = C^{12}Cl^2K^2O^8 + 2KCl$. ERDMANN. — Bei sehr concentrirtem Kali wird ein Theil weiter zersetzt, so dass aus der braunrothen Lösung nur wenig choranilsaures Kali anschiefst und eine dunkle, nicht durch Salzsäure fällbare Mutterlauge bleibt. ERDMANN. — 2. Es löst sich langsam mit tief blutrother Farbe in wässrigem *Ammoniak,* unter Bildung von anschiefsendem Chloranilammon (chloranilamsaurem Ammoniak, LAURENT) und von Salmiak. $C^{12}Cl^4O^4 + 4NH^3 + 2HO = C^{12}N^2Cl^2H^6O^6 + 2NH^4Cl$. — 3. Bei gelindem Erwärmen mit Weingeist unter Zufügen von Ammoniak erhält man neben einer Lösung von chloranilamsaurem Ammoniak und von einer andern Materie ungelöst bleibendes braunrothes Chloranilamid. $C^{12}Cl^4O^4 + 4NH^3 = C^{12}N^2Cl^2H^4O^4 + 2NH^4Cl$. Bei Anwendung von absolutem Weingeist und Ammoniakgas würde sich vielleicht vorzugsweise Chloranilamid bilden. LAURENT. — 4. Seine gelbe Lösung in wässrigem Einfachschwefelkalium, sogleich bei abgehaltener Luft mit Salzsäure versetzt, gibt einen nach dem Trocknen schwefelgelben Niederschlag. Derselbe sublimirt beim Erhitzen einige farblose Nadeln und Blätter, und entwickelt dann unter Schmelzung und Zersetzung schweflige Säure. Er löst sich in Weingeist und Aether, und mit rothbrauner Farbe in Kali. Von etwa mechanisch beigemengtem Schwefel durch Schwefelkohlenstoff befreit, wobei er sich theilweise löst, hält er 8,1 Proc. Schwefel und 51,8 Chlor. — Bei Luftzutritt färbt sich die gelbe Lösung in Einfachschwefelkalium schnell roth, dann braun, dann schwarz und setzt ein schwarzes körniges Pulver ab, welches Schwefel und Kali hält, und sich nicht in Wasser und Weingeist löst. Die gelbe Lösung des Chloranils in gewöhnlicher Schwefelleber wird an der Luft gelbroth, dann immer tiefer purpurn, dann schwarz, unter Absatz erst von Schwefel, dann von schwarzem Pulver. ERDMANN. — 5. Beim Kochen mit wässriger schwefliger Säure wird es unter Aufnahme von 2 H in Chlorhydranil verwandelt. STÄDELER.

Schwefelsäure, Salzsäure und, selbst kochende, Salpetersäure, (kochende Salpetersalzsäure oder Chlorkalk, STENHOUSE) wirken nicht zersetzend; auch nicht weingeistiges Iodkalium oder Bromkalium beim Kochen, und Cyanquecksilber beim Sublimiren. ERDMANN.

Verbindungen. Das Chloranil löst sich nicht in Wasser. ERDMANN.

Es löst sich kaum in kaltem *Weingeist,* wenig mit gelber, an der Luft in hell Violett übergehender Farbe in kochendem, beim Erkalten fast ganz anschiefsend. ERDMANN, HOFMANN.

In Aether löst es sich etwas besser. HOFMANN.

Chlorhydranil.

$$C^{12}Cl^4H^2O^4 = C^{12}Cl^4O^2,H^2O^2.$$

STÄDELER (1849). *Ann. Pharm.* 69, 327.

Bildung und *Darstellung.* Man kocht Chloranilkrystalle mit wässriger schwefliger Säure, bis sie keine weitere Farbenänderung zeigen, sammelt die jetzt bräunlichweifsen Krystalle auf dem Filter, wäscht sie mit kaltem Wasser, löst sie nach dem Trocknen in einem Gemisch von Aether und schwachem Weingeist, lässt zum Krystallisiren verdunsten, löst die in Masse bräunlichweifsen Blätter in kochender starker Essigsäure, filtrirt von einer bräunlichen klebenden Masse ab, und erkältet zum Krystallisiren.

Eigenschaften. Weifse, perlglänzende, zarte Blätter. Dieselben ändern sich noch nicht bei 150°, bräunen sich schwach bei 160°, stark bei 215 bis 220°, sublimiren sich hierbei ziemlich rasch, und schmelzen erst bei stärkerer Hitze, beim Erkalten krystallisch erstarrend. Geruchlos und geschmacklos. In Lösungen Lackmus röthend.

			STÄDELER.
12 C	72	29,08	29,46
4 Cl	141,6	57,19	
2 H	2	0,81	0,90
4 O	32	12,92	
$C^{12}Cl^4H^2O^4$	247,6	100,00	

Zersetzungen. 1. Es verwandelt sich durch Chlornatron, am besten wenn man zu seiner Lösung in wenig Weingeist etwas Chlornatron tröpfelt, in tiefgrüne Nadeln, die beim Erhitzen im Proberohr Chloranil entwickeln und Kohle lassen, und die sich in Wasser und Weingeist lösen. — 2. Es färbt sich gelb beim Erwärmen mit Wasser, welches wenig Salpetersäure oder Anderthalbchloreisen hält; eben so beim heifsen Versetzen seiner Lösung in schwachem Weingeist mit salpetersaurem Silberoxyd, wobei sich das Silber als Spiegel oder als Pulver absetzt, und das heifse Filtrat beim Erkalten gelbe zarte rhombische Blättchen, vielleicht von $C^{12}Cl^4HO^4$ [oder von Chloranil?] absetzt. — 3. Seine heifs gesättigte Lösung in Kalilauge setzt beim Erkalten reichliche Säulen eines Kalisalzes ab, welches sich, so wie die Lösung, an der Luft schnell röthet. — 4. Seine gelbe Lösung in warmem wässrigen Ammoniak färbt sich mit Salzsäure violett, und gibt mit Chlorcalcium nach einiger Zeit einen, sich an der Luft verändernden, krystallischen Niederschlag. Der Luft in einer Schale dargeboten, färbt sie sich von oben nach unten grün, dann allmälig unter Absatz eines grünen Krystallmehls roth. — Es wird durch warmes Vitriolöl weder zersetzt noch gelöst.

Verbindungen. Nicht in Wasser löslich.

Es löst sich in wässrigem *Ammoniak,* besonders beim Erwärmen, mit gelber Farbe, und in kaltem verdünnten *Kali* leicht und ohne Farbe, daraus durch Salzsäure krystallisch fällbar.

Seine weingeistige Lösung fällt *Bleizucker* weifs.

Es löst sich leicht in *Weingeist* und *Aether.* STÄDELER.

Nitrokern $C^{12}XH^5$.

Nitrofune.

$C^{12}NH^5O^4 = C^{12}XH^5$.

MITSCHERLICH (1834). *Pogg.* 31, 625.

Nitrobenzid, *Nitrobenzinase*.

Bildung. 1. Beim Erwärmen von Fune mit rauchender Salpetersäure. MITSCHERLICH. — 2. Bei der trocknen Destillation des nitrobenzoesauren Silberoxyds. MULDER (*J. pr. Chem.* 19, 375).

Darstellung. Man trägt Fune in kleinen Antheilen in warme rauchende Salpetersäure, aus der sich beim Erkalten das mit Wasser zu waschende Nitrofune ausscheidet. MITSCHERLICH.

Eigenschaften. Bei 3° Nadeln; über 3° gelbliche Flüssigkeit, von 1,209 spec. Gew. bei 15°, bei 213° siedend, von 4,4 Dampfdichte; riecht dem Bittermandelöl und Zimmtöl ähnlich, schmeckt lebhaft süfs. MITSCHERLICH.

			MITSCHERLICH.	MULDER.		Maafs.	Dampfdichte.
12 C	72	58,54	58,53	58,35	C-Dampf	12	4,9920
N	14	11,38	11,70		N-Gas	1	0,9706
5 H	5	4,06	4,08	4,07	H-Gas	5	0,3465
4 O	32	26,02	25,69		O-Gas	2	2,2186
$C^{12}XH^5O^4$	123	100,00	100,00		N.F-Dampf	2	8,5277
						1	4,2638

Zersetzungen. 1. Das Nitrofune in Dampfgestalt mit Chlorgas durch ein heifses Rohr geleitet, wird unter Salzsäurebildung zersetzt. MITSCHERLICH. — 2. Es wird beim Kochen mit rauchender Salpetersäure in Binitrofune verwandelt. DEVILLE. — 3. Es entwickelt beim Erhitzen mit Vitriolöl, unter starker Färbung, schwefligsaures Gas. — Es wird durch Chlor und Brom bei Mittelwärme, so wie beim Destilliren mit mäfsig starker Salpetersäure oder verdünnter Schwefelsäure nicht zersetzt. — 4. Während wässriges Kali oder Ammoniak beim Kochen, und Kalk beim Destilliren darüber nur sehr wenig auf das Nitrofune wirken, so gibt kochendes weingeistiges Kali eine rothe Flüssigkeit, welche bei der Destillation Azodifune, $C^{24}N^2H^{10}$, als rothe, beim Erkalten krystallisirende Flüssigkeit liefert, während in der Retorte ein besonderes Kalisalz bleibt. MITSCHERLICH. — Bei diesem Processe destillirt auch Anilin über, und später findet sich viel Oxalsäure im Rückstande. HOFMANN und MUSPRATT (*Ann. Pharm.* 51, 27). — Die Lösung von 1 Maafs Nitrofune in 8 Maafs starkem Weingeist kommt beim Zusatz von einer dem Nitrofune gleichen Menge Kalihydrat ins Kochen, färbt sich dunkelbraunroth, setzt, nachdem man das Sieden noch einige Minuten durch Erhitzen von aufsen unterhalten hat, gelbbraune Nadeln von unreinem Azoxydifune, $C^{24}N^2H^{10}O^2$, ab, und zerfällt beim Abdestilliren des Weingeists in 2 Schichten, deren untere Kali, kohlensaures Kali, ein leicht in Wasser, kaum in Weingeist lösliches braunes Kalisalz (dessen braune Säure sich in Weingeist, aber nicht in Wasser löst) und ein indifferentes dunkelbraunes, schwer in Wasser und Weingeist lösliches Pulver hält, während die obere ein dunkelbraunes Oel ist, welches beim Erkalten allmälig zu nadelförmigem Azoxydifune (die Hälfte des Nitrofune betragend) erstarrt. Erst bei der Destillation dieses Azoxydifune erhält man das Azodifune, mit fast eben so viel Anilin. ZININ (*J. pr. Chem.* 36, 98). Eine Formel für diese Zersetzung durch weingeistiges Kali versuchten LAURENT u. GERHARDT (*Compt. chim.* 1849, 417; auch *Ann. Pharm.* 75, 70). — 5. Das in Weingeist gelöste und mit Ammoniak versetzte Nitrofune gibt beim Einleiten von Hydrothion Schwefelkrystalle, verliert den Hydrothiongeruch, gesteht bei 0° in längerer Zeit zu einer fast ganz aus feinen gelben, beifsend schmeckenden, leicht in Wasser und Weingeist löslichen Nadeln bestehenden Masse, welche beim Abdestilliren von einem Theil des Weingeistes fortwährend Schwefel absetzt und endlich Anilin lässt. ZININ. $C^{12}NH^5O^4 + 6HS = C^{12}NH^7 + 4HO + 6S$. — 6. Es wird schnell zu Anilin, wenn man es mit Zink und einem Gemisch von Weingeist und Salzsäure zu gleichen Maafsen zusammenstellt. $C^{12}NH^5O^4 + 6H = C^{12}NH^7 + 4HO$. HOFMANN (*Ann. Pharm.* 55, 201).

Verbindungen. Es ist fast unlöslich in *Wasser*.

Es löst sich leicht in, besonders erwärmter, concentrirter *Schwefelsäure* oder *Salpetersäure*.

Es mischt sich mit *Weingeist* oder *Aether* nach jedem Verhältnisse. MITSCHERLICH.

Nitrocarbolsäure.

$$C^{12}NH^5O^6 = C^{12}XH^5,O^2.$$

Einfach-Nitrophenol.

Bildung. 1. Bei der Behandlung von Carbolsäure mit Salpetersäure. — 2. Bei der Behandlung von Anilin mit Salpetersäure und arseniger Säure. — 3. Auch entsteht beim Durchleiten von Stickoxyd durch die Lösung des Anilins in stärkerer Salpetersäure ein braunes harziges Gemenge von krystallischer Nitrocarbolsäure mit einer braunen amorphen Substanz und einer Spur Carbolsäure. Die Nitrocarbolsäure ist ein schön krystallischer Körper. A. W. HOFMANN (*Ann. Pharm.* 75, 358).

Nitrochlorkern $C^{12}XClH^4$.

Nitrochlornicensäure.

$$C^{12}NClH^4O^8 = C^{12}XClH^4,O^4.$$

ST. EVRE (1849). *N. Ann. Chim. Phys.* 25, 492; auch *Ann. Pharm.* 70, 261.

Acide chloronicéique nitré.

Schiefst aus der Lösung der Chlornicensäure in rauchender Salpetersäure beim Erkalten an und wird durch Krystallisiren aus Weingeist gereinigt.

Fettglänzende glimmerige breite Blätter.

			ST. EVRE.
12 C	72	38,02	37,83
N	14	7,39	7,77
Cl	35,4	18,69	18,35
4 H	4	2,11	2,25
8 O	64	33,79	33,80
$C^{12}NClH^4O^8$	189,4	100,00	100,00

Nitrochlornicen-Vinester.

$C^{16}NClH^{8}O^{8} = C^{4}H^{5}O,C^{12}XClH^{3}O^{3}$.

Farblose breite Blätter. St. Evre.

			St. Evre.
16 C	96	44,16	43,75
N	14	6,44	6,69
Cl	35,4	16,28	15,78
8 H	8	3,68	3,74
8 O	64	29,44	30,04
$C^{16}NClH^{8}O^{8}$	217,4	100,00	100,00

Nitrokern $C^{12}X^{2}H^{4}$.

Binitrofune.

$C^{12}N^{2}H^{4}O^{8} = C^{12}X^{2}H^{4}$.

Deville (1841). *N. Ann. Chim. Phys.* 3, 187; auch *J. pr. Chem.* 25, 353. Muspratt u. A. W. Hofmann. *Phil. Mag. J.* 29, 318; auch *Ann. Pharm.* 57, 214.

Binitrobenzid, Nitrobenzinèse.

Darstellung. 1. Man kocht die Lösung von 1 Th. Nitrofune in 6 Th. rauchender Salpetersäure auf 1,4 Th. ein, entfernt aus dem Rückstande die Säure durch Waschen mit Wasser, und lässt ihn aus Weingeist krystallisiren. Deville. — 2. Man tröpfelt Fune oder Nitrofune, so lange sie gelöst werden, in ein Gemisch von gleichviel rauchender Salpetersäure und Vitriolöl, kocht die Lösung einige Minuten, wäscht den beim Erkalten gebildeten Krystallbrei mit Wasser aus und lässt aus Weingeist krystallisiren. Hofmann u. Muspratt.

Eigenschaften. Glänzende lange Nadeln und Blätter, unter 100° schmelzend und beim Erkalten zu einer strahligen Masse gestehend. Deville.

			Deville.	Hofm. u. Muspratt.
12 C	72	42,86	42,70	43,26
2 N	28	16,66	17,10	
4 H	4	2,38	2,56	3,42
8 O	64	38,10	37,64	
$C^{12}N^{2}H^{4}O^{8}$	168	100,00	100,00	

Sehr leicht in heifsem *Weingeist* löslich. Deville.

Binitrocarbolsäure.

$C^{12}N^{2}H^{4}O^{10} = C^{12}X^{2}H^{4},O^{2}$.

Laurent (1841). *N. Ann. Chim. Phys.* 3, 213; auch *Ann. Pharm.* 43, 213; auch *J. pr. Chem.* 25, 416.

Nitrophänessäure, Acide nitrophénésique.

Bildung. 1. Bei schwächerem Einwirken der Salpetersäure auf Carbolsäure. $C^{12}H^{6}O^{2} + 2NO^{5} = C^{12}N^{2}H^{4}O^{10} + 2HO$. Laurent. — 2. Beim Kochen von Binitranisol ($C^{14}X^{2}H^{6}O^{10}$) mit weingeistigem Kali. Cahours (*N. Ann. Chim. Phys.* 25, 22).

Darstellung. Man fügt zu demjenigen Theil des Steinkohlenöls, der zwischen 160 und 190° siedet, in einer grofsen Porcellanschale nach und nach die 12fache Menge käuflicher Salpetersäure, jedesmal einen neuen Antheil zufügend, sobald das heftige Aufschäumen nachlässt, in welchem Fall das Gemisch heifs genug wird, um keiner Erhitzung von aufsen zu bedürfen. Man entzieht der gebildeten dicken rothbraunen Masse durch wenig Wasser die meiste Salpetersäure, kocht den Rest mit sehr verdünntem Ammoniak, filtrirt rasch in der Hitze von einer zur Pikrinsäure-Darstellung dienenden braunen harzigen Masse ab, sammelt die aus dem dunkelbraunen Filtrat binnen 24 Stunden abgeschiedene braune krystallische Materie (aus der Mutterlauge fällen Säuren noch mehr, zur Pikrinsäure-Bereitung dienende braune harzige Masse), löst die krystallische Materie in kochendem Wasser, reinigt die beim Erkalten gebildeten feinen Nadeln von binitrocarbolsaurem Ammoniak durch 4maliges Umkrystallisiren (das aus den Mutterlaugen durch Salpetersäure Gefällte dient für die Pikrinsäure), wäscht sie mit kaltem Wasser, löst sie in sehr viel kochendem, versetzt mit Salpetersäure, filtrirt möglischst schnell von etwas gefällter brauner Masse ab, giefst von der beim Erkalten krystallisirten Säure die Mutterlauge ab, kocht diese mit frischem Ammoniaksalz, versetzt wieder mit Salpetersäure u. s. f., und löst endlich die so erhaltene farrenkrautartig krystallisirte Säure, um sie von etwas Oel zu befreien, in kochendem Weingeist, aus dem sie beim Erkalten ölfrei anschiefst. LAURENT.

Eigenschaften. Blass braungelbe Säulen des 2- u. 2-gliedrigen Systems. *Fig.* 56. u : t = 115°; i : t = 127°; u : u = 50 und 130°. (*Rev. scient.* 9, 24). Schmilzt bei 114° und gesteht beim Erkalten strahlig. Lässt sich in kleinen Mengen unzersetzt destilliren. Geruchlos; anfangs geschmacklos, dann sehr bitter. Färbt Oberhaut, Horn und andere thierische Gewebe stark gelb. LAURENT.

			LAURENT.	CAHOURS.
12 C	72	39,13	39,35	39,18
2 N	28	15,22	15,76	15,21
4 H	4	2,17	2,28	2,17
10 O	80	43,48	42,61	43,44
$C^{12}X^2H^4O^2$	184	100,00	100,00	100,00

Zersetzungen. 1. Die Säure verpufft bei raschem Erhitzen in einer Röhre oder an der Luft schwach mit rother Flamme und schwarzem Rauch, Kohle lassend. — 2. Sie wird beim Erwärmen mit Brom in Binitrobromcarbolsäure verwandelt (*Rev. scient.* 6, 65). Chlor scheint nicht einzuwirken. — 3. Sie wird durch kochende Salpetersäure schnell in Pikrinsäure verwandelt. LAURENT. — 4. Sie geht beim Erhitzen mit chlorsaurem Kali und Salzsäure sehr leicht in Chloranil über. HOFMANN (*Ann. Pharm.* 52, 62). — 5. Sie löst sich in warmem rauchenden Vitriolöl und zersetzt sich dann unter heftiger Gasentwicklung, Bräunung und Verdickung. — 6. Sie löst sich allmälig in verdünnter Schwefelsäure bei Gegenwart von Zink zu einer rosenrothen Flüssigkeit, welche sich mit überschüssigem Ammoniak ohne Fällung grün färbt. — 7. Sie bildet, mit wässrigem Eisenvitriol und Baryt bei abgehaltener Luft digerirt, eine blutrothe

Flüssigkeit. LAURENT. — 8. Mit wässrigem Hydrothion-Ammoniak gelinde erhitzt, bildet sie eine fast schwarze Flüssigkeit, aus der sich beim Erkalten schwarzbraune Nadeln von Nitrodifunamsäure, $C^{24}Ad^2X^2H^8,O^4 + 4Aq$, absetzen. $2C^{12}N^2H^4O^{10} + 12HS = C^{24}N^4H^{16}O^{16} + 4HO + 12S$. LAURENT u. GERHARDT (*Ann. Pharm.* 75, 68).

Verbindungen. Die Säure löst sich kaum in kaltem *Wasser*, wenig in kochendem.

Sie löst sich reichlich in warmem *Vitriolöl*, daraus durch Wasser fällbar.

Sie löst sich etwas in kochender *Salzsäure*, beim Erkalten farrenkrautartig anschiefsend.

Die *binitrocarbolsauren* Salze, *Nitrophénésates*, werden theils durch Sättigung der Säure mit der reinen oder kohlensauren Basis, theils durch doppelte Affinität erhalten. Sie sind gelb oder morgenroth und krystallisirbar. Sie lösen sich alle in Wasser und färben in dieser Form thierische Gewebe stark gelb. Sie verpuffen sehr schwach mit Lichtentwicklung etwas über dem Schmelzpuncte des Bleis. Schwefel-, Salz- und Salpeter-Säure scheiden aus ihnen die Säure ab.

Binitrocarbolsaures Ammoniak. — Krystallisirt aus kochendem Wasser in gelben seidenglänzenden langen feinen Nadeln. Durch Sublimation erhält man gelbe glänzende Blätter. *Fig* 68, ohne p und e; u : t = 144° 30′ *Rev. scient.* 9, 26). Sehr wenig in Wasser, noch weniger in Weingeist löslich. LAURENT.

Binitrocarbolsaures Kali. — Gelbe glänzende 6seitige Nadeln, mit Winkeln von 115°. Sie rüthen sich bei jedesmaligem Erwärmen ohne Gewichtsänderung, zerfallen noch unter 100° und werden undurchsichtig, verlieren bei 100° im Vacuum 3,90 Proc. Wasser, schmelzen bei stärkerer Hitze und verpuffen dann. Sie lösen sich wenig in kaltem Wasser, und sehr wenig in kaltem, mehr in heifsem Weingeist. LAURENT.

			LAURENT.
$C^{12}N^2H^3O^9$	175	75,69	
KO	47,2	20,42	20,14
HO	9	3,89	3,90
$C^{12}X^2H^3KO^2 + Aq$	231,2	100,00	

Binitrocarbolsaures Natron. — Gelbe seidenglänzende, ziemlich lösliche Nadeln. LAURENT.

Binitrocarbolsaurer Baryt. — Morgenrothe (wie doppelt chromsaures Kali) dicke 6seitige schiefe Säulen und Nadeln mit 2 Winkeln der Seitenkanten von 89° und 4 von 135° 30′. Sie verlieren im Vacuum bei Mittelwärme 6,5 Proc. (2 At.) und bei 100° im Ganzen 15,42 Proc. (5 At.) Wasser.

	Krystalle.		LAURENT.
$C^{12}N^2H^3O^9$	175	59,00	
BaO	76,6	25,83	25,62
5 HO	45	15,17	15,42
$C^{12}X^2H^3BaO^2 + 5Aq$	296,6	100,00	

Das Ammoniaksalz gibt mit *Chlorstrontium* in heifsen concentrirten Lösungen bald seidenglänzende Nadeln, mit *Chlorcalcium* aus Nadeln bestehende Körner, und mit *Alaun* Nadeln. Es fällt nicht die Salze von *Bittererde*, *Mangan*, *Kadmium*, *Kobalt*, *Nickel*, *Kupfer* und *Quecksilberoxyd*.

Binitrocarbolsaures Bleioxyd. — a. *Halb*. — Der gelbe Niederschlag, den das Ammoniaksalz in kochendem verdünnten Bleizucker erzeugt. Er verpufft in der Hitze besonders heftig, und verliert im Vacuum bei Mittelwärme 8,4, bei 100° im Ganzen 9,4 Proc. Wasser.

b. *Zweidrittel*. — Das kochende mäfsig concentrirte Gemisch von weingeistiger Binitrocarbolsäure und weingeistigem Bleizucker liefert beim Erkalten zu gelben Kugeln vereinigte mikroskopische Nadeln, die bei 150° kein Wasser verlieren. LAURENT.

		Salz a.	LAURENT.			Salz b.	LAURENT.
$C^{12}N^2H^3O^9$	175	40,23		2 $C^{12}N^2H^3O^9$	350	51,02	
2 PbO	224	51,49	50,6	3 PbO	336	48,98	49
4 HO	36	8,28	9,4				
$PbO,C^{12}X^2H^3PbO^2+4Aq$	435	100,00		$PbO,2C^{12}X^2H^3PbO^2$	686	100,00	

Binitrocarbolsaures Kobaltoxydul. — Braungelbe gerade rectanguläre Säulen, mit 2 Flächen zugeschärft. Seine braune wässrige Lösung gibt mit Ammoniak einen gelben Niederschlag, der beim Erbitzen schmilzt und verpufft. LAURENT.

Binitrocarbolsaures Kupferoxyd. — Gelbe seidenglänzende Nadeln, deren gelbe Lösung mit Ammoniak gelbe, wenig in Ammoniak oder in Wasser lösliche Nadeln absetzt. LAURENT.

Binitrocarbolsaures Silberoxyd. — Das Ammoniaksalz gibt mit Silberlösung einen rothgelben Niederschlag, oder bei gröfserer Verdünnung nach einiger Zeit Nadeln, in viel Wasser oder Weingeist löslich. LAURENT.

Die Binitrocarbolsäure löst sich sehr leicht in *Weingeist* und *Aether*. LAURENT.

Nitrobromkern $C^{12}X^2BrH^3$.

Binitrobromcarbolsäure.

$$C^{12}N^2BrH^3O^{10} = C^{12}X^2BrH^3,O^2.$$

LAURENT. *Rev. scient.* 6, 65.

Acide nitrobromophénisique.

Darstellung. Man löst Binitrocarbolsäure in erwärmtem Brom, wäscht die beim Erkalten anschiefsenden Krystalle mit wenig Weingeist, löst sie in kochendem Aether und lässt die Lösung in einem mit Papier bedeckten Becher zum Krystallisiren verdunsten.

Eigenschaften. Schwefelgelb, durchsichtig. Krystallisirt aus Aether in glänzenden schiefen rhombischen Säulen. *Fig.* 81, die Ecken zwischen u, u' und i durch 2 Flächen ersetzt, die mit u oder u' einen Winkel von ungefähr 152° machen; u' : u = 106° 30'; i : u oder u' = 98° 30'.) Aus kochendem Wasser oder Weingeist: Nadeln. Schmilzt bei ungefähr 110° und gesteht beim Erkalten zu einer blättrig fasrigen Masse. Destillirt bei stärkerer Hitze zum Theil unzersetzt, und lässt wenig Kohle; luftbeständig, geruchlos, färbt die Haut gelb, wie Pikrinsäure.

	Krystalle.		Laurent.
12 C	72	27,37	27,19
2 N	28	10,65	11,20
Br	80	30,42	29,50
3 H	3	1,14	1,20
10 O	80	30,42	30,61
$C^{12}N^{2}BrH^{3}O^{10}$	263	100,00	100,00

Zersetzungen. 1. Die Säure wird durch Chlor in der Kälte nicht, und in der Wärme wenig zersetzt. — 2. Sie wird durch kochende Salpetersäure in Pikrinsäure verwandelt. — 3. ihre Lösung in warmem Vitriolöl zersetzt sich beim Erhitzen. — 4. Ihre wässrige Lösung gibt mit Eisenvitriol und Kalk unter Fällung von Eisenoxyd eine blutrothe Flüssigkeit.

Verbindungen. Die Säure löst sich sehr wenig in kochendem *Wasser* und schiefst daraus beim Erkalten fast ganz an.

Sie löst sich in warmem *Vitriolöl* und krystallisirt daraus farrenkrautartig.

Die *binitrobromcarbolsauren Salze, Nitrobromophénisates,* sind gelb, orange oder roth, krystallisiren gut, gleichen den pikrinsauren Salzen, verpuffen gleich diesen beim Erhitzen gröfstentheils, doch schwächer, und zwar im Verschlossenen mit Licht, und lösen sich meistens in Wasser, aus welcher Lösung Schwefel-, Salz- oder Salpeter-Säure die Binitrobromcarbolsäure abscheiden.

Binitrobromcarbolsaures Ammoniak. — Gelbe, von einer rhombischen Säule abzuleitende, 8seitige Nadeln. Sie entwickeln im Vacuum bei 100° 8,57 Proc. Wasser, bei einer fast bis zum Verdampfen steigenden Hitze noch 1,86, und subliminen sich dann gröfstentheils unzersetzt in gelben glänzenden geradrhombischen Nadeln mit Seitenkanten von 45 und 135°.

Das *Kalisalz* bildet gelbe, seidenglänzende, wenig in Wasser und Weingeist lösliche Nadeln.

Barytsalz. — Die dunkelgelben, sehr leicht in Wasser löslichen Nadeln verlieren im Vacuum bei Mittelwärme 7,5 Proc. (3 At.) Wasser unter scharlachrother Färbung und bei 100° im Ganzen 9,42 Proc. (4 At.).

	Krystalle.		Laurent.
$C^{12}N^{2}H^{2}O^{9}$	174	47,47	
Br	80	21,82	21,8
BaO	76,6	20,89	20,5
4 HO	36	9,82	9,42
$C^{12}N^{2}BrH^{2}BaO^{10} + 4\,Aq$	366,6	100,00	

Kalksalz. — Gelbe lange Blätter, welche schiefe rectanguläre Säulen sind. Sie drehen sich auf frich getrocknetem Papier oder im Vacuum, und werden unter Wasserverlust scharlachroth.

Das Ammoniaksalz fällt nicht das Chlor-Strontium, -Magnium oder -Mangan.

Bleisalz. — Giefst man die kochende verdünnte Lösung des Ammoniaksalzes zu kochendem verdünnten Bleizucker, so entsteht sogleich ein pomeranzengelber Niederschlag des *dreiviertelsauren* Salzes, worin 37 Proc. Oxyd, und die nach einigen Secunden hiervon abgegossene Flüssigkeit gibt blassgelbe seidenglänzende Nadeln des *halbsauren*, welche bei 100° im Vacuum 3,3 Proc. (2 At.) Wasser verlieren, und 44,0 Proc. Bleioxyd halten. — Bei nicht zu grofser Verdünnung gibt das Ammoniaksalz mit Bleisalzen einen gelben schweren krystallischen Niederschlag.

Das Ammoniaksalz gibt mit den Salzen des *Kadmiums*, *Kobalts*, *Nickels* und *Kupfers* erst bei Ammoniakzusatz einen Niederschlag, welcher nadelförmig und kaum in Ammoniak löslich ist.

Mit salpetersaurem *Silberoxyd* liefert das Ammoniaksalz einen gelben durchscheinenden Niederschlag, und bei grofser Verdünnung allmälig zähe Fäden.

Die Säure löst sich ziemlich leicht in kochendem *Weingeist*, daraus beim Erkalten anschiefsend, und leichter in *Aether*. LAURENT.

Nitrochlorkern $C^{12}XCl^{2}H^{3}$.

Nitrobichlorcarbolsäure.

$$C^{12}NCl^{2}H^{3}O^{6} = C^{12}XCl^{2}H^{3},O^{2}.$$

LAURENT u. DELBOS (1845). *N. Ann. Chim. Phys.* 19, 380; auch *J. pr. Chem.* 40, 382; Ausz. *Compt. rend.* 21, 1419.

Acide phénique nitrobichloré.

Man leitet durch den zwischen 180 und 200° siedenden Theil des Steinkohlenöls Chlorgas, behandelt ihn dann mit Salpetersäure, fügt etwas Wasser hinzu, neutralisirt mit Ammoniak, kocht mit Wasser, filtrirt von brauner Materie ab, neutralisirt das Filtrat mit Salpetersäure und reinigt die beim Erkalten anschiefsenden Krystalle der Nitrobichlorcarbolsäure durch mehrmaliges Umkrystallisiren aus Weingeist.

Eigenschaften. Gelbe schiefe rhombische Säulen. Die scharfen Seitenkanten = 88°; Winkel der Basis zu einer Seitenfläche = 108° 20′ bis 30′.

		Krystalle.		LAURENT u. DELBOS.
12 C	72	34,65		34,70
N	14	6,74		
2 Cl	70,8	34,07		33,00
3 H	3	1,44		1,55
6 O	48	23,10		
$C^{12}NCl^{2}H^{3}O^{6}$	207,8	100,00		

Die Säure, im Verschlossenen rasch erhitzt, zersetzt sich mit Feuer.

Leicht in *Wasser* löslich.

Ammoniaksalz. — Morgenrothe Nadeln, sich bei behutsamem Erhitzen zum Theil unzersetzt sublimirend. Hält 31,2 Proc. Chlor, ist also $C^{12}XCl^{2}H^{2}(NH^{4})O^{2}$.

Kalisalz. — Glänzende Blätter, im reflectirten Lichte je nach dem Winkel kermesinroth oder gelb. Hält 18,5 Proc. Kali, also wohl $C^{12}XCl^{2}H^{2}KO^{2}$.

Auch die übrigen Salze sind den pikrinsauren ähnlich.

Die Säure löst sich ziemlich leicht in kochendem *Weingeist* und *Aether*, beim Erkalten krystallisirend. LAURENT u. DELBOS.

Binitrochlorfune.

$C^{12}N^2ClH^3O^8 = C^{12}X^2ClH^3$.

Laurent u. Gerhardt. *Compt. chim.* 1849, 429; Ausz. *Ann. Pharm.* 75, 79.

Binitrochlorophénile.

Bei der Zersetzung der Binitrocarbolsäure durch Fünffach-Chlorphosphor bildet sich unter Entwicklung von Salzsäure und Chlorphosphorsäure eine Lösung von überschüssigem Fünffachchlorphosphor in Binitrochlorfune, die nach dem Erkalten vom angeschossenen Chlorphosphor abgegossen wird. — Wohl so: $C^{12}X^2H^4O^2 + PCl^5 = C^{12}X^2ClH^3 + PCl^3O^2 + HCl$. Das gelbliche, in Wasser, ohne sich zu lösen, niedersinkende Oel gesteht in einigen Tagen krystallisch und wird mit kaltem Weingeist, der etwas löst, gewaschen. Die Lösung der Krystalle in heifsem Weingeist wird beim Erkalten milchig und setzt ein gelbliches Oel ab, das in einigen Stunden zu Nadeln erstarrt. Laurent u. Gerhardt.

Nitrokern $C^{12}X^3H^3$.

Trinitrocarbolsäure oder Pikrinsäure.

$C^{12}N^3H^3O^{14} = C^{12}X^3H^3,O^2$.

Hausmann. *J. Phys.* 1788, März.
Welter. *Ann. Chim.* 29, 301; auch *Scher. J.* 3, 715.
Fourcroy u. Vauquelin. *N. Gehl.* 2, 231.
Chevreul. *Ann. Chim.* 72, 113; auch *Gilb.* 44, 150.
Moretti. *Brugn. Giorn.* 17, 415; auch *Schw.* 51, 69.
Liebig. *Schw.* 49, 373; 51, 374. — *Pogg.* 13, 191. — *Kastn. Arch.* 13, 353; auch *Ann. Chim. Phys.* 37, 286. — *Ann. Pharm.* 9, 82. — *Pogg.* 14, 466.
Wöhler. *Pogg.* 13, 488.
Dumas. *Ann. Chim. Phys.* 53, 178; auch *Pogg.* 29, 98; auch *Ann. Pharm.* 9, 80. — *N. Ann. Chim. Phys.* 2, 228; auch *Ann. Pharm.* 39, 350; auch *J. pr. Chem.* 24, 215.
E. Schunck. *Ann. Pharm.* 39, 7; 65, 234.
Laurent. *N. Ann. Chim. Phys.* 3, 221; auch *Ann. Pharm.* 43, 219; auch *J. pr. Chem.* 25, 424.
R. F. Marchand. *J. pr. Chem.* 23, 363; 26, 397; 32, 35; 44, 91.
Stenhouse. *Phil. Mag. J.* 28, 440; auch *Ann. Pharm.* 57, 84; auch *J. pr. Chem.* 39, 221.

Künstliches Indigbitter, Chevreul's künstliches Bitter im Maximum der Salpetersäure, Welter'sches Bitter, Kohlenstickssäure, Kohlenstickstoffsäure v. Liebig, *Pikrinsalpetersäure, Nitrophänissäure, Chrysolepinsäure* (aus Aloe), *Jaune amer de Welter, Jaune amer, Acide carbo azotique, Acide pikrique* von Dumas, *Ac. nitrophénisique* von Laurent. — Von Hausmann 1788 entdeckt, von Liebig, Dumas und Laurent ihrer Zusammensetzung nach erforscht.

Bildung. 1. Beim Einwirken erhitzter Salpetersäure auf Carbolsäure, Tribromcarbolsäure, Binitrocarbolsäure, Laurent, Saligenin, salicylige Säure, Salicin, Piria, Salicylsäure, Nitrosalicylsäure, Phlorizin, Marchand, Weidenrindenextract, Böttger u. Will, Indig, Hausmann, Cumarin, Delalande, Aloe, Schunck, Benzoe, E. Kopp, Harz von Botany Bay und Harz des Perubalsams, Stenhouse, und Seide, Welter. Myrrhe, Chinin, Morphin und Narkotin liefern die Säure nicht, Liebig; ob dieselbe in der gelben bittern Substanz enthalten ist, in welche Albumin, Fibrin, Krystalllinse, Casein und Kleber durch Salpetersäure verwandelt werden, bleibt noch genauer zu ermitteln. — 2. Beim Kochen von Trinitranisol ($C^{14}X^3H^5O^2$) mit Kalilauge. Cahours.

Darstellung. I. *Aus Carbolsäure.* Man vereinigt die bei der Bereitung der Binitrocarbolsäure fallenden braunen harzigen Massen (V, 674) mit der, aus den bei demselben Processe abfallenden Mutterlaugen des binitrocarbolsauren Ammoniaks (ebend.) durch Fällen mit Salpetersäure erhaltenen Masse, erhitzt sie in einer Schale mit käuflicher Salpetersäure zum Kochen, giefst nach dem Erkalten die saure Flüssigkeit ab, wäscht den Rückstand mit wenig kaltem Wasser, kocht ihn mit sehr verdünntem Ammoniak, dampft das Filtrat wiederholt zum Krystallisiren ab, reinigt das erhaltene pikrinsaure Ammoniak durch Krystallisiren aus kochendem Weingeist, und scheidet aus den schönen Nadeln durch Salpetersäure die Pikrinsäure ab, welche um so mehr beträgt, je weniger Binitrocarbolsäure erhalten wurde. — Man kann auch die unreine Binitrocarbolsäure durch kurzes Kochen mit Salpetersäure, und Umkrystallisiren des beim Erkalten Anschiefsenden aus Weingeist in Pikrinsäure verwandeln. LAURENT.

II. *Aus Salicin.* Es liefert mit Salpetersäure besonders reine Pikrinsäure, während Phlorizin viel weniger Pikrinsäure als Phloretinsäure gibt. MARCHAND.

III. *Aus Indig.* Man erhitzt in einem geräumigen Glaskolben 12 bis 13 Th. Salpetersäure von 1,43 spec. Gewicht fast bis zum Sieden, fügt dazu 1 Th. gröblich verkleinerten besten ostindischen Indig in einzelnen Antheilen nach und nach, so oft der vorige Antheil verschwunden ist, kocht die rothbraune Flüssigkeit ein, bis sie dicklich und heller wird, setzt, wenn sie dabei noch salpetrige Säure entwickeln sollte, noch 3 Th. Salpetersäure hinzu, und kocht wieder, lässt die Flüssigkeit erkalten, giefst die Mutterlauge von den erzeugten gelben, durchscheinenden, harten Krystallen ab, wäscht diese mit kaltem Wasser, löst sie in einer hinreichenden Menge von kochendem, nimmt die hierbei sich erhebenden öligen Tropfen von künstlichem Gerbstoff mit Fliefspapier ab, filtrirt, erkältet, befreit die anschiefsenden gelben glänzenden Blätter der Pikrinsäure von der Mutterlauge, löst sie wieder in kochendem Wasser, neutralisirt sie durch kohlensaures Kali, reinigt das beim Erkalten anschiefsende Kalisalz durch mehrmaliges Krystallisiren, löst es dann in kochendem Wasser, und versetzt die Flüssigkeit mit Schwefel-, Salz- oder Salpeter-Säure, wo beim Erkalten die Pikrinsäure krystallisirt. Auch erhält man noch aus der ersten Mutterlauge, indem man durch Wasserzusatz viel braune Materie fällt, diese mit kaltem Wasser wäscht, dann mit Wasser kocht, mit kohlensaurem Kali neutralisirt, und erkältet, viel, weiter zu reinigendes Kalisalz. — 4 Th. Indig liefern 1 Th. Säure. — Bisweilen erhält man aus der salpetersauren Indiglösung keine Krystalle; dann dampft man sie ab, vermischt sie mit Wasser, und scheidet aus dem braunen Niederschlage, wie oben, die Säure; auch die über dem Niederschlage befindliche Flüssigkeit gibt noch Säure, wenn man sie abdampft, mit Salpetersäure kocht, mit Kali neutralisirt u. s. f. LIEBIG. — Schon MORETTI wandte auf 1 Th. Indig 14 Th. Salpetersäure von 1,430 spec. Gew. an, während CHEVREUL nur 2 Th. Salpetersäure nahm, und daher vorzugsweise Nitrosalicylsäure (Indigsäure), künstliches Indigharz u. s. w. mit nur wenig Pikrinsäure erhielt. — Wenn man den Indig mit 12 Th. Salpetersäure nicht blofs einige, sondern 80 Stunden lang kocht, bis nur noch Spuren des anfangs erzeugten Indigharzes übrig sind, so wird unter fortwährend der Entwicklung rother Dämpfe die meiste Pikrinsäure wieder zerstört, so dass sie endlich nur noch $^1/_{64}$ des Indigs beträgt. Blumenau (*Ann. Pharm.* 67, 115).

IV. *Aus dem gelben Harz von Botany Bay.* Man löst das Harz der *Xanthorrhoea hastilis* in der nöthigen Menge mäfsig starker Salpetersäure, wobei, unter heftigem Aufschäumen von rothen Dämpfen, eine dunkelrothe, nach dem Kochen sattgelbe Lösung entsteht, verdampft diese auf dem Wasserbade, neutralisirt die bleibende gelbe Krystallmasse, welche, neben Pikrinsäure, wenig Oxalsäure und Nitrobenzoesäure hält, mit Kali, reinigt das pikrinsaure Kali durch 2maliges Krystallisiren und scheidet daraus durch Salzsäure die 2mal umzukrystallisirende reine Pikrinsäure, 50 Proc. des angewandten Harzes betragend. Stenhouse.

V. *Aus Benzoe.* Man erwärmt 1 Th. Benzoe (aus der man zuvor durch Alkalien die Benzoesäure ziehen kann, Kopp, Stenhouse) gelinde mit 8 Th. käuflicher Salpetersäure, destillirt das Gemisch nach beendigtem Aufbrausen unter 4maliger Cohobation, mischt die vom Harze abgegossene Flüssigkeit mit der 4fachen Wassermenge, filtrirt sie vom gefällten gelben Pulver ab, neutralisirt sie heifs durch kohlensaures Kali und erhält beim Erkalten Krystalle von pikrinsaurem Kali. E. Kopp (*N. Ann. Chim. Phys.* 13, 233).

VI. *Aus Seide.* — 1. Man destillirt 1 Th. Seide mit 6 Th. Salpetersäure unter öfterem Cohobiren, und erhält durch Abdampfen und Erkälten Krystalle von Pikrinsäure und Oxalsäure. Welter. — 2. Man wendet hierbei 12 Th. Salpetersäure an, neutralisirt den Retortenrückstand mit kohlensaurem Kali, reinigt die Krystalle des pikrinsauren Kalis durch Umkrystallisiren, und fällt aus ihrer Lösung die Säure durch Salpetersäure. Die Ausbeute ist jedoch bei Seide viel geringer, als bei Indig. Liebig.

VII. *Aus Aloe.* Man erwärmt 1 Th. Aloe mit 8 Th. starker Salpetersäure bis zur heftigen Einwirkung, worauf man das Feuer entfernt, bringt das Gemisch nach beendigter Gasentwicklung in die Retorte, destillirt die meiste saure Flüssigkeit ab, destillirt den Rückstand mit 3 bis 4 Th. frischer Salpetersäure, wobei sich noch langsam Stickoxyd entwickelt, bis die meiste Salpetersäure zersetzt oder verflüchtigt ist, verdünnt den Rückstand mit Wasser, welches die noch unzersetzt gebliebene Chrysamminsäure und Aloetinsäure ausscheidet, dampft das gelbe Filtrat zur Entfernung der meisten Salpetersäure ab, neutralisirt sie mit Kalkmilch und fällt aus dem Filtrate durch Salpetersäure reine Pikrinsäure. Indem Schunck früher die abgedampfte Flüssigkeit krystallisiren liefs, und aus den Krystallen die der Oxalsäure durch behutsames Waschen mit kaltem Wasser entfernte und die übrige Säure mit Kali verband, das Salz durch Krystallisiren reinigte u. s. w., erhielt Er seine *Chrysolepinsäure*, die Er zwar für isomer, aber nicht für einerlei mit der Pikrinsäure erklärte. Doch führten bald die Versuche von E. Robiquet (*N. J. Pharm.* 13, 44; 14, 179), von R. F. Marchand (*J. pr. Chem.* 44, 91), von Mulder (*J. pr. Chem.* 48, 1) und von Schunck (*Ann. Pharm.* 65, 234) selbst zu der Ueberzeugung, dass die vermeintlichen Eigenthümlichkeiten der Chrysolepinsäure von in kleinen Mengen beigemischter Chrysamminsäure oder Aloetinsäure herrührten.

VIII. *Aus Trinitranisol.* Man kocht Trinitranisol einige Minuten mit mäfsig starkem Kali, fügt noch Wasser hinzu, bis alles erzeugte

Kalisalz sich gelöst hat, lässt es durch Erkälten anschiefsen, und scheidet aus ihm durch kochende verdünnte Salpetersäure die Säure, welche beim Erkalten in gelben glänzenden Nadeln anschiefst, und durch Waschen mit kaltem Wasser und Krystallisiren aus kochendem gereinigt wird. CAHOURS (*N. Ann. Chim. Phys.* 25, 26; auch *J. pr. Chem.* 46, 337).

[CAHOURS hält diese, *Acide picranisique* genannte, Säure zwar für isomer, aber nicht für einerlei mit der Pikrinsäure, so fern sie in ihrer Krystallform und Schmelzbarkeit, so wie im Ansehen und der Löslichkeit einiger ihrer Salze Verschiedenheiten zeige. Bis dass diese jedoch schärfer und als nicht von Zufälligkeiten herrührend nachgewiesen sind, möge die Säure zur Pikrinsäure gerechnet werden. Alle bei der Pikrinsäure angeführte Angaben von CAHOURS beziehen sich auf diese *Pikranissäure*, so wie sich auch alle Angaben von SCHUNCK auf die *aus Aloe erhaltene Säure* beziehen.]

Eigenschaften. Hellgelbe, sehr glänzende Blätter. LIEBIG. Gelbliche, an 2 Ecken oft stark abgestumpfte Oktaeder, WELTER; gelbweifse Nadeln und Krumchen, CHEVREUL. Xsystem 2- u. 2-gliedrig. *Fig.* 66, ohne die Flächen y und m und die zwischen t und a.; u : u' = 128° 36'; u : t = 115° 42' (115° 30', LAURENT); a : a = 109° 50' (108°; t : a = 125°, LAURENT, *Rev. scient.* 9, 24); a : u = 125° 5'; a : a nach hinten = 111° 57'. MITSCHERLICH (*Pogg.* 13, 375). — Die Säure aus Indig schiefst aus heifsem Wasser in citronengelben undurchsichtigen Blättern an, die in warmer Luft gelbbraun und durchsichtig werden, aus Weingeist in gelbbraunen klaren Blättern, und aus Aether in gelbbraunen klaren Säulen, an der Luft citronengelb und matt werdend, aber bei starkem Anhauchen wieder in den vorigen Zustand zurückkehrend. BLUMENAU. — Chrysolepinsäure: Goldgelbe glänzende Schuppen, SCHUNCK; Pikranissäure: Sehr glänzende kleine harte Säulen, CAHOURS. — Die Säure schmilzt, LIEBIG, bei langsamem Erhitzen zu einem braungelben, beim Erkalten krystallisch erstarrenden Oel. SCHUNCK. Sie verdampft, bei schwachem Erhitzen an der Luft unzersetzt, WELTER, LIEBIG, unter Kochen mit dickem gelben, erstickend stechenden und äufserst bittern Rauch, SCHUNCK, und sublimirt sich in kleinen gelbweifsen Nadeln und Schuppen, FOURCROY u. VAUQUELIN, CHEVRFUL, oder geht als eine braune, beim Erkalten krystallisirende Flüssigkeit über, SCHUNCK. — Sie schmeckt sehr bitter und etwas herb und sauer, und röthet Lackmus. FOURCROY u. VAUQUELIN, CHEVREUL, LIEBIG. Die unreine Säure aus Indig tödtet Kaninchen und Hunde bei 1 bis 10 Gran unter Betäubung und Convulsionen. RAPP (*Rapp et Fohr, Diss. de effectib. venen. mat. am. Weltheri;* Tub. 1821).

		Krystalle		LAURENT. aus Carbolsäure,	MARCHAND. a. Salicin,	a. Salicylsäure.
12 C		72	31,44	31,82	31,34	31,38
3 N		42	18,34	18,62	18,51	18,60
3 H		3	1,31	1,41	1,57	1,54
14 O		112	48,91	48,15	48,58	48,48
$C^{12}N^3H^3O^{14}$		229	100,00	100,00	100,00	100,00

	LIEBIG. aus Indig. Früher.	Später.	DUMAS. aus Indig. Fruher.	Später.	ERDMANN u. MARCHAND. a. Indig.	STENH. a.Harz v. Botany Bay.	SCHUNCK. aus Aloe.	MULDER. a.Aloe.	CAHOURS. aus Trinitranisol.
C	31,92	35,04	31,8	31,88	31,45	31,53	32,12	31,4	31,29
N	14,99	16,18	18,5	18,50	18,49		18,60	18,0	18,40
H			1,4	1,45	1,37	1,42	1,41	1,4	1,31
O	53,09	48,78	48,3	48,17	48,69		47,87	49,2	49,00
	100,00	100,00	100,0	100,00	100,00		100,00	100,0	100,00

LIEBIG fand immer etwas H, den Er früher für unwesentlich hielt, aber (*Ann. Pharm.* 9, 82) zu 1,10 Proc. anschlägt.

Die krystallisirte Säure entwickelt beim Eintrocknen mit der 5fachen Menge Bleioxyd und mit Wasser, zuletzt im Vacuum bei 100°, 3,6 Proc. (1 At. beträgt 3,93 Proc.) Wasser. LAURENT. Auch bei der Verbindung mit Kali, Natron oder Silberoxyd wird 1 At. Wasser frei. MARCHAND.

Zersetzungen. 1. Bei raschem *Erhitzen* in einer Retorte entzündet sich die Säure nach vorangegangener Schmelzung (heftigem Kochen, SCHUNCK) und Schwärzung mit Explosion, entwickelt dabei Stickgas, Stickoxydgas, salpetrige Säure, Wasser, kohlensaures Gas, Blausäure und ein brennbares Gas (setzt viel Rufs ab, SCHUNCK) und lässt Kohle. CHEVREUL. — 2. An der Luft rasch erhitzt, entzündet sich sowohl die schmelzende Säure, als ihre Dämpfe mit gelber, stark rufsender Flamme, LIEBIG, und lässt etwas Kohle, SCHUNCK.

3. Bei mehrtägigem Leiten von Chlorgas durch die heifse wässrige Säure, oder beim Destilliren derselben mit wässrigem Chlorkalk, der sich damit erhitzt und kohlensauren Kalk absetzt, oder mit chlorsaurem Kali und Salzsäure zerfällt die Pikrinsäure in das überdestillirende Chlorpikrin und das vorzugsweise zurückbleibende Chloranil. Eben so wirkt kochende Salpetersalzsäure, nur dass sie mehr Chlorpikrin und weniger Chloranil erzeugt. STENHOUSE (*Phil. Mag. J.* 33, 53; auch *Ann. Pharm.* 66, 241), HOFMANN (*Ann. Pharm.* 52, 62). — Chlorgas zersetzt die Säure (selbst die schmelzende, SCHUNCK) nicht, und auch nicht schmelzendes Iod (Brom, MARCHAND), wässriges Chlor, Chlorgold oder Salzsäure, selbst beim Kochen, so wie auch kochende Salpetersalzsäure kaum einwirkt. LIEBIG. — Aber mehrtägiges Kochen mit Salpetersäure scheint unter Umständen zersetzend zu wirken. BLUMENAU.

Es sei erlaubt, die Beschreibung des erst nach der Abhandlung der Formereihe entdeckten Chlorpikrins hier nachträglich zu geben:

Einschaltung. *Chlorpikrin.* $C^2NCl^3O^4 = C^2XCl^3$.

STENHOUSE (1848). *Ann. Pharm.* 66, 241; auch *Phil. Mag. J.* 33, 53; auch *J. pr. Chem.* 45, 56. — GERHARDT und CAHOURS *Compt. chim.* 1849, 34 u. 170.

Bildung. 1. Bei der Destillation von Pikrinsäure, Styphninsäure oder Chrysamminsäure mit Chlorkalk und Wasser. Daher auch, wenn man die Körper, welche mit Salpetersäure eine dieser 3 Säuren liefern, zuerst mit Salpetersäure kocht, und dann mit Chlorkalk destillirt. Hierher gehören: Kreosot, Salicin, Indig, Cumarin, gelbes Harz von Botany Bay, flüssiger Storax, Benzoe, Perubalsam, Galbanum, Stinkasand, Ammoniakharz, Purree, Aloe, Extract von Campescheholz, Fernambuk, Gelbholz, rothes Sandelholz u. s. w. Endlich liefern auch Dammarharz und das bei der Zersetzung der Usninsäure durch Chlor gebildete chlorhaltige Harz bei der Behandlung mit Salpetersäure und Chlorkalk das Chlorpikrin. — 2. Bei der Behandlung von Pikrinsäure mit wässrigem Chlor, oder Salpetersalzsäure, oder einem Gemisch von chlorsaurem Kali und Salzsäure. STENHOUSE.

Darstellung. Man destillirt wässrige Pikrinsäure mit Chlorkalk, bis nach ungefähr $\frac{1}{4}$stündigem Kochen mit dem Wasser kein schweres Oel mehr übergeht. Sollte der Rückstand noch gelb sein, so destillirt man ihn noch mit frischem Chlorkalk. Man trennt das Oel vom wässrigen Destillat, wäscht es mit Wasser, dem etwas kohlensaure Bittererde beigemengt ist, trocknet es durch Hinstellen über Chlorcalcium und rectificirt es. STENHOUSE.

Eigenschaften. Wasserhelles Oel von 1,6657 spec. Gew., stark das Licht brechend, bei 120° (bei 114 bis 115°, CAHOURS) siedend. Riecht in verdünntem Zustande eigenthümlich gewürzhaft, in concentrirtem sehr scharf und greift Nase und Augen, zwar minder anhaltend, aber eben so heftig an, wie flüchtiges Chlorcyan und Senföl. Neutral gegen Pflanzenfarben. STENHOUSE.

Berechnung nach GERHARDT.			Berechn. n. STENHOUSE.			STENHOUSE.	CAHOURS.
2 C	12	7,31	4 C	24	6,32	6,58	7,14
N	14	8,52	2 N	28	7,37	7,68	
3 Cl	106,2	64,68	7 Cl	247,8	65,25	64,79	64,43
4 O	32	19,49	10 O	80	21,06	20,73	
						0,22	
C^2XCl^3	164,2	100,00		379,8	100,00	100,00	

Zersetzungen. 1. Das Chlorpikrin hält eine Hitze von 150° aus, zersetzt sich aber, in Dampfgestalt durch eine glühende Röhre geleitet, vollständig, viel Stickoxyd, Chlor und Anderthalbchlorkohlenstoff liefernd. — 2. Es wird auch bei längerer Berührung mit wässrigem Kali nicht zersetzt, aber allmälig in weingeistigem Kali unter Ausscheidung von Chlorkalium und salpetersaurem Kali. — 3. Weingeistiges Ammoniak wirkt kaum ein, aber Ammoniakgas oder weingeistiges Ammoniak erzeugt Salmiak und salpetersaures Ammoniak. — 4. Ein Stückchen Kalium, im Oele gelinde erhitzt, bewirkt starke Explosion; bei Mittelwärme erzeugt es in einigen Tagen Chlorkalium und Salpeter. — Schwefelsäure, Salpetersäure oder Salzsäure wirken selbst beim Kochen nicht ein. STENHOUSE.

Verbindungen. Das Chlorpikrin löst sich höchst wenig in Wasser, aber sehr leicht in Weingeist und Aether. STENHOUSE.

4. Die Pikrinsäure entwickelt bei gelindem Erwärmen mit *Braunstein* und *Schwefelsäure* unter Heifswerden salpetrige Dämpfe. WÖHLER.

5. Bei Kochen mit überschüssiger starker Kalilauge bildet sich unter Zerstörung der Pikrinsäure (und reichlicher Entwicklung von Ammoniak, DUMAS, *Ann. Chim. Phys.* 53, 180) eine undurchsichtige braune Lösung, aus welcher kochender Weingeist ein gelbes, nadelförmiges, die Indigtinctur beim Kochen mit Schwefelsäure entfärbendes, Salz zieht. WÖHLER. — Beim Einkochen der Pikrinsäure mit sehr überschüssigem Barytwasser zur Trockne färbt sich der anfangs gelbrothe Brei braungelb, entwickelt beim Einkochen mit frischem Wasser zur Trockne viel Ammoniak, und gibt dann beim Auskochen mit Wasser (während die Masse auf dem Filter keine Pikrinsäure mehr hält, aber mit Salzsäure viel Blausäure entwickelt) ein blassgelbes Filtrat, welches keine Pikrinsäure, aber freien Baryt, Cyanbaryum und ein gelbliches amorphes, mit Vitriolöl Salpetersäure entwickelndes, Salz hält. WÖHLER.

6. Die Pikrinsäure, wie bei der kalten Indigküpe, mit Eisenvitriol, überschüssigem Kalk- oder Baryt-Hydrat und Wasser digerirt, gibt eine braunrothe Masse; das davon erhaltene blutrothe Filtrat, durch Kohlensäure vom überschüssigen Alkali befreit, filtrirt und abgedampft, lässt eine schwarzbraune, amorphe Verbindung der desoxydirten Pikrinsäure mit Kalk oder Baryt, leicht, mit blutrother Farbe, in Wasser löslich, beim Erhitzen unter Entwicklung von blausaurem Ammoniak gleich Schiefspulver verzischend, und dabei erst eine aufgeblähte Kohle, dann kohlensaures Alkali lassend. Fällt man die wässrige Lösung der Barytverbindung durch Bleizucker und wenig Ammoniak (zur Beförderung der vollständigen Fällung), so erhält man die Bleiverbindung als einen dicken, rothbraunen Niederschlag, welcher beim Erhitzen so stark wie das Kalk- und Baryt-Saiz verpufft, und sich in Wasser ein wenig, mit dunkelgelber Farbe, löst. Durch Vertheilen dieses Bleiniederschlags in Wasser, Zersetzen

mit Hydrothion, öfteres Ausziehen des Schwefelblei's mit kochendem Wasser und Abdampfen des dunkelgelben Filtrats erhält man die *desoxydirte Pikrinsäure (Acide nitrohematique)* in braunen Krystallkörnern. Dieselbe schmilzt bei der trocknen Destillation, zeigt eine Art von Verpuffung, jedoch ohne Feuer, entwickelt viel blausaures Ammoniak, und lässt eine glänzende, ohne Rückstand verbrennende Kohle. Sie löst sich ziemlich schwer, mit gelber Farbe, in Wasser. Mit den wässrigen Alkalien bildet sie bitter schmeckende, satt blutrothe Lösungen, und mit der wässrigen Säure befeuchtetes Papier wird über Ammoniak so roth, wie durch schwefelblausaures Eisenoxyd. Die Lösung der Säure in Ammoniak lässt beim Abdampfen eine braune Masse mit Krystall-Spuren, welche beim Erhitzen unter Entwicklung von Feuer und von viel blausaurem Ammoniak verpufft, welche mit Kali Ammoniak entwickelt, und aus deren concentrirter wässriger Lösung Salzsäure die desoxydirte Pikrinsäure pulverig niederschlägt. Diese Säure lässt sich durch Salpetersäure nicht mehr in Pikrinsäure verwandeln. WÖHLER. Durch die lebhaft blutrothe Färbung, welche die Pikrinsäure und ihre Salze mit Eisenvitriol und überschüssigem wässrigen Alkali erzeugen, lassen sich Spuren derselben erkennen. E. KOPP (*N. Ann. Chim. Phys.* 13, 285). — 7. Beim Kochen mit schwefligsaurem Ammoniak wird die Säure auf ähnliche Weise zersetzt, wie das Nitronofte. PIRIA.

8. Die Säure entzündet sich lebhaft bei gelindem Erwärmen mit Phosphor oder Kalium. WÖHLER. Sie verpufft mäfsig und mit viel Licht beim Schlagen mit Natrium.

Verbindungen. Die Pikrinsäure (auch die aus Aloe) löst sich bei 5° in 160, bei 15° in 86, bei 20° in 81, bei 22,5° in 77, bei 26° in 73 und bei 77° in 26 Th. Wasser. MARCHAND. Die Lösung ist lebhafter gelb, als die Säure selbst. LIEBIG. Aus der kalt gesättigten Lösung schlägt ein gleiches Maafs Vitriolöl die meiste Säure nieder, z. B. aus der bei 22,5° gesättigten $^7/_8$. MARCHAND.

Sie löst sich nicht in kaltem, aber in heifsem *Vitriolöl*, und fällt beim Verdünnen mit Wasser unverändert nieder. LIEBIG. — Sie löst sich reichlich in *Salpetersäure*, SCHUNCK, und selbst in kochender rauchender ohne Zersetzung, CAHOURS.

Die *pikrinsauren Salze, Picrates* oder *Nitrophénisates*, sind neutral, krystallisirbar, bitter schmeckend, meist gelb gefärbt. Sie verpuffen beim Erhitzen (beim Schmelzpunct des Bleis, und heftiger als binitrocarbolsaure Salze, LAURENT) oder verzischen wenigstens wie Schiefspulver; am lebhaftesten in verschlossenen Gefäfsen, und zwar verpuffen Salze, deren Basis den Sauerstoff am losesten gebunden hält, am schwächsten. Beim Glühen des mit viel Chlorkalium gemengten pikrinsauren Kalis oder Baryts erhält man Stickgas und kohlensaures Gas, kein Kohlenoxydgas. LIEBIG.

Pikrinsaures Ammoniak. — 8seitige, mit 4 Flächen zugespitzte Säulen des 2- u. 2-gliedrigen Systems. *Fig.* 66, ohne y-Flächen und ohne die Flächen zwischen a und t. u : u' = 69°; u : m = 145° 30'; a : a' = 135°; a oben : a unten = 115°. LAURENT (*Rev. scient.* 9, 26). Gelbe, kleine, bittere Schuppen, in der Hitze kaum verpuffend. HATCHETT (*N. Gehl.* 1, 369), CHEVREUL. Hellgelbe, sehr glänzende, lange, schmale Blätter, sich bei gelindem Erhitzen in der Glasröhre völlig in entzündbaren Dämpfen verflüchtigend; bei raschem Erhitzen ohne Explosion unter Rücklassung von viel Kohle verbrennend. Leicht in Wasser, schwierig in Weingeist löslich. LIEBIG. Die gelben Krystalle schmelzen bei gelinder Hitze, entwickeln ihr Ammoniak und lassen dann die Säure sich sublimiren; bei raschem Erhitzen verzischen sie mit Feuer. MARCHAND. Wässrige Pikrinsäure fällt aus andern Ammoniaksalzen reichlich pikrinsaures Ammoniak. H. ROSE (*Pogg.* 49, 186). — *Chrysolepinsaures Ammoniak:* dunkelbraune Nadeln, SCHUNCK; *pikranissaures:* bald pomeranzengelbe, bald morgenrothe Nadeln, CAHOURS.

	Krystalle.		DUMAS.	MARCHAND.	CAHOURS. Gelb.	CAHOURS. Roth.
12 C	72	29,27	29,3	29,47	29,30	29,35
4 N	56	22,76	23,2	22,40	22,86	22,89
6 H	6	2,44	2,6	2,49	2,49	2,45
14 O	112	45,53	44,9	45,64	45,35	45,31
$C^{12}X^3H^2(NH^4)O^2$	246	100,00	100,0	100,00	100,00	100,00

Pikrinsaures Kali. — Durch Neutralisiren der in heifsem Wasser gelösten Säure mit Kali, oder, nach LIEBIG, am reinsten, durch Digestion von wässrigem Chlorkalium mit pikrinsaurem Quecksilberoxydul, Filtriren und Erkälten. Pomeranzengelbe neutrale Nadeln. WELTER, CHEVREUL. Gelbe, sehr glänzende, undurchsichtige, mehrere Zoll lange, 4seitige Nadeln, welche, aus einer verdünnten Lösung erhalten, in reflectirtem Lichte bald roth, bald grün erscheinen. LIEBIG. Die Nadeln sind *Fig.* 54 in verlängerter Gestalt, meist mit t- und m-Flächen; u : u' = 70°; i : i = 139° ungefähr. LAURENT. Vergl. MILLER (*Pogg.* 36, 478). Das Salz wird bei jedesmaligem Erhitzen ohne Gewichtsänderung morgenroth. LAURENT. Es verpufft beim Erhitzen wie Schiefspulver, mit harzigem Rauche, WELTER; es verpufft auch unter dem Hammer, und entwickelt beim Verpuffen ein röthlichweifses Licht, FOURCROY u. VAUQUELIN; es verpufft beim Erhitzen in einer Glasröhre heftig, und liefert dabei Rufs und Blausäure, CHEVREUL; es schmilzt beim Erhitzen in einer Glasröhre, und explodirt gleich darauf mit heftigem Knall, unter Zerschmetterung derselben und Zurücklassung von etwas Kohle, LIEBIG. Chlor benimmt der wässrigen Lösung des Salzes die gelbe Farbe, und macht sie milchig. WELTER. Salz- und Salpeter-Säure entziehen dem in warmem Wasser gelösten Salze das Kali, so dass beim Erkalten die Pikrinsäure anschiefst, WELTER; dampft man jedoch das Gemisch ab, so verdampft die Salz- oder Salpeter-Säure, und es bleibt pikrinsaures Kali, CHEVREUL; auch fällt die in Weingeist gelöste Pikrinsäure aus in Wasser gelöstem Salpeter nach einiger Zeit pikrinsaures Kali, LIEBIG. Das Salz löst sich in wenigstens 260 Th. Wasser von 15°, LIEBIG, in 14 Th. kochendem, CHEVREUL; die in der Hitze gesättigte Lösung gesteht beim Erkalten zu einer aus Nadeln bestehenden Masse. LIEBIG. Es löst sich nicht in Weingeist. LIEBIG. — *Chrysolepinsaures Kali:* Nadeln und Blätter, bei durchfallendem Lichte gelbbraun, bei auffallendem violett metallglänzend. SCHUNCK. *Pikranissaures Kali:* goldglänzend kastanienbraune Nadeln. CAHOURS.

	Krystalle.		Dumas.	Erdm. u. March.	Schunck.
12 C	72	26,95	26,7	27,30	27,41
3 N	42	15,72		15,70	15,87
2 H	2	0,75	1,1	0,81	1,02
KO	47,2	17,66	16,9	17,25	17,56
13 O	104	38,92		38,94	38,14
$C^{12}N^3H^2KO^{14}$	267,2	100,00		100,00	100,00

Liebig bestimmte den Kaligehalt der Krystalle auf 16,21, Laurent auf 17,41, Stenhouse auf 17,68 und Cahours auf 17,65 Procent.

Pikrinsaures Natron. — Feine gelbe glänzende Nadeln, sich dem Kalisalze ähnlich verhaltend, in 10 bis 14 Th. Wasser von 15° löslich. Liebig. Sie halten 12,38 Proc. Natron und kein Krystallwasser, und verpuffen in der Hitze ziemlich heftig. Marchand. — *Pikranissaures Natron:* Goldgelbe Nadeln, viel leichter löslich, als das Kalisalz. Cahours.

Pikrinsaurer Baryt. — a. *Halb.* — 1. Bei 14stündigem Erbitzen des Salzes b auf 350 bis 370° und Ausziehen mit Wasser bleibt Salz a als dunkelbraunes, bei 500 bis 600° äufserst heftig explodirendes, 40,7 Proc. Baryt haltendes, Pulver auf dem Filter. — 2. Bei anhaltendem Kochen des Salzes b mit schwachem Barytwassser fällt Salz a, mit kohlensaurem Baryt gemengt, nieder, doch bleibt das meiste Salz b unzersetzt im Filtrat. Marchand.

b. *Einfach.* — Schiefst aus der Lösung des kohlensauren Baryts in der erhitzten wässrigen Säure in dunkelgelben, harten, 4seitigen Säulen und breiten Blättern an. Dieselben verlieren bei 100° 12,5 Proc. Krystallwasser. Sie schmelzen beim Erhitzen und verpuffen, besonders bei allmälig steigendem, heftig, mit sehr blendender gelblicher Flamme. Sie lösen sich leicht in Wasser; aus dieser Lösung fällt Chlorkalium in einigen Augenblicken pikrinsaures Kali. Liebig. Die Krystalle sind schiefe rectanguläre Säulen; sie verlieren im Vacuum bei Mittelwärme 10,0 Proc. (4 At.) und bei 150° im Ganzen 15,6 Proc. (6 At.) Wasser. Laurent. Die Säulen verlieren bei 100 bis 120° 10,62 und bei 350°, wobei jedoch neben dem Wasser etwas Säure fortgeht, und beim Lösen in Wasser etwas Salz a bleibt, im Ganzen 11,16 Proc. Marchand. *Pikranissaurer Baryt:* Goldgelbe seidenglänzende, wenig lösliche Nadeln, 25,41 Proc. Baryt haltend. Cahours.

	Krystalle.		Liebig.	Laurent.	Marchand.
12 C	72	21,08			20,99
3 N	42	12,30			
7 H	7	2,05			2,17
BaO	76,6	22,42	20,87	21,66	22,27
18 O	144	42,15			
$C^{12}N^3H^2BaO^{14}+5Aq$	341,6	100,00			

Pikrinsaurer Strontian. — Gelbe glänzende harte Krystalle. Sie verlieren bis zu 150° 11,29 Proc. (4 At.) Wasser, lassen dann Säure sich sublimiren und lassen ein Gemeng von einfachsaurem und von braunem, sehr heftig verpuffenden, 31,93 Proc. Strontian haltenden, halbsauren Salze. Das einfachsaure verpufft lebhaft, im Dunkeln mit blendender Purpurflamme. Es löst sich leicht in kaltem, sehr leicht in kochendem Wasser, und sehr schwer in kochendem absoluten

Weingeist, welcher die Krystalle durch Wasserentziehung trübt. MARCHAND. *Pikranissaurer Strontian:* Gelbe, seidenglänzende, feine, wenig lösliche Nadeln. CAHOURS.

	Krystalle.		MARCHAND.
$C^{12}N^3H^2O^{13}$	220	69,40	
SrO	52	16,40	16,43
5 HO	45	14,20	
$C^{12}N^3H^2SrO^{14}+5Aq$	317	100,00	

Pikrinsaurer Kalk. — Durch Lösen des kohlensauren Kalkes in der wässrigen Säure. Glatte 4seitige Säulen; in der Hitze gleich dem Kalisalze verpuffend, leicht in Wasser löslich. LIEBIG. Die Krystalle halten 9,56 Proc. Kalk, also 5 At. Wasser. Sie geben bei mäfsigem Erhitzen ebenfalls ein basisches Salz. Sie lösen sich noch leichter in Wasser, als das Baryt- und Strontian-Salz. MARCHAND.

Pikrinsaure Bittererde. — Hellgelbe, sehr lange, feine, platte Nadeln, in der Hitze (nach der Entwicklung von Wasser, MARCHAND) stark verpuffend, leicht in Wasser löslich. LIEBIG. Sie scheinen 5 At. Wasser zu halten. Sie lösen sich noch leichter in Wasser, als das Kalksalz, und kaum in kochendem Weingeist, der das Krystallwasser entzieht. MARCHAND.

Die Pikrinsäure erzeugt mit salzsaurer *Alaunerde* und mit *Brechweinstein* weifse Schuppen. MORETTI.

Pikrinsaures Manganoxydul. — Die braunen Krystalle scheinen 8 At. Wasser zu halten, von denen 3 rasch an der Luft entweichen, so dass das lufttrockne Salz 11,8 Proc. Oxydul und 5 At. Wasser hält, die es bei 130° bis auf 1 At. verliert. MARCHAND.

	Bei 130° getrocknet.		MARCHAND.
12 C	72	27,17	27,19
3 N	42	15,85	
3 H	3	1,13	1,40
MnO	36	13,59	13,50
14 O	112	42,26	
$C^{12}N^3H^2MnO^{14}+Aq$	265	100,00	

Pikrinsaures Zinkoxyd. — Die schön gelben durchsichtigen Krystalle des 2- u. 2-gliedrigen Systems verwittern schnell, und verlieren an trockner Luft 8,0 Proc. (3 At.), bei 100° im Ganzen 9,3 und bei 140° im Ganzen 17,24 Proc. (fast 7 At.) Wasser, wobei jedoch schon ein wenig Säure, und lassen ein Salz, welches 14,33 Proc. Zinkoxyd, also noch 1 At. Wasser hält, sich bei stärkerem Erhitzen aufbläht, Wasser und Säure entwickelt und endlich mäfsig, aber mit heller Flamme verpufft. In der Lichtflamme entzündet sich das Salz unter schnellem feurigen Umherfliegen und Ausstofsen eines starken schwarzen Rauchs. Das bei 140° getrocknete Salz schmilzt unter kochendem Wasser zu einer braunen Flüssigkeit, die beim Umrühren unter Wasseraufnahme zu einer gelben Krystallmasse erstarrt. Das Salz löst sich reichlich in Weingeist und gibt dann beim Abdampfen einen dicken Syrup, der beim Erschüttern in der Kälte zu einer Nadelmasse erstarrt. MARCHAND.

	Im Vacuum getrocknet.		Marchand.
12 C	72	23,59	23,30
3 N	42	13,76	
7 H	7	2,30	2,52
ZnO	40,2	13,17	13,57
18 O	144	47,18	
$C^{12}N^3H^2ZnO^{14}+5Aq$	305,2	100,00	

Pikrinsaures Bleioxyd. — a. *Fünftel.* — Man fällt kochenden verdünnten Bleizucker durch stark mit Ammoniak übersetztes pikrinsaures Ammoniak. Das dunkelgelbe Pulver erscheint unter dem Mikroskop in rectangulären Tafeln, doch sind einige farblose Krystalle beigemengt. Laurent. Es verbrennt in der Hitze ohne Verpuffung, aber unter Sprühen zu Bleisuboxyd, das sich an der Luft in Oxyd verwandelt. Marchand.

			Laurent.	Marchand bei 140°.
12 C	72	9,23		9,92
3 N	42	5,38		
2 H	2	0,26		0,52
5 PbO	560	71,80	69,67	70,92
13 O	104	13,33		
$4PbO+C^{12}N^3H^2PbO^{14}$	780	100,00		

b. *Drittel.* — α. *Wasserfrei.* — Aus, mit wenig Ammoniak versetztem, Bleizucker fällt concentrirtes pikrinsaures Kali während dem Kochen ein gelbrothes, fast gar nicht in selbst kochendem Wasser lösliches Krystallpulver, welches bei 130° nicht ganz 1 Proc. Wasser verliert, und bei stärkerer Hitze, so wie unter dem Hammer heftig verpufft. Marchand.

β. *Gewässert.* — Ein Gemisch von pikrinsaurem Ammoniak und schwach angesäuertem Bleizucker gibt bei Ammoniakzusatz einen hellgelben Niederschlag, der beim Stehen zu kleinen glänzenden, talkartig anzufühlenden, bei 200°, und schwierig durch den Schlag verpuffenden Schuppen krystallisirt. Marchand. Hierher gehört vielleicht der von Laurent beim Mischen von pikrinsaurem Ammoniak mit Bleiessig in gelben, heftig verpuffenden Flocken erhaltene Niederschlag.

	α. bei 130°.		Marchand.		β. bei 100°.		Marchand.
12 C	72	12,95		12 C	72	12,35	12,73
3 N	42	7,55		3 N	42	7,20	
2 H	2	0,36		5 H	5	0,86	0,81
3 PbO	336	60,43	59,64	3 PbO	336	57,63	57,20
13 O	104	18,71		16 O	128	21,96	
$2PbO+C^{12}N^3H^2PbO^{14}$	556	100,00		$+3Aq$	583	100,00	

Marchand unterscheidet auch ein hellgelbes $^2/_5$*saures* Salz, 52,33 Proc. (5 At.) Oxyd und 6,51 (8 At.) Wasser haltend, schon bei 180° heftig verpuffend.

c. *Halb.* — 1. Aus einem kochenden verdünnten Gemisch von pikrinsaurem Ammoniak und Bleizucker scheiden sich zuerst schwerere Krystalle von Salz c, dann leichtere blassgelbe glänzende Blätter eines $^2/_3$sauren [oder wohl des Essigsäure haltenden] Salzes ab, die sich gröfstentheils abschlemmen lassen. Dunkelgelbe mikroskopische rhombische Tafeln, bei 100° 1,6 Proc. Wasser verlierend, durch den Stofs heftig verpuffend. LAURENT. — 2. Beim kalten Fällen des Bleizuckers durch pikrinsaures Ammoniak erhält man gelbe glänzende talkartige Schuppen, beim Schlagen oder Erhitzen heftig verpuffend. MARCHAND.

	Lufttrocken.		LAURENT.	MARCHAND.
$C^{12}N^{3}H^{2}O^{13}$	220	48,56		
2 PbO	224	49,45	45 07	49,48
HO	9	1,99	1,60	
$PbO,C^{12}N^{3}H^{2}PbO^{14}+Aq$	453	100,00		

Wegen des beigemengten leichtern Salzes wurde zu wenig Bleioxyd gefunden. LAURENT.

d. *Einfach.* — Das heifse Gemisch von pikrinsaurem Alkali und [nicht überschüssigem?] schwach angesäuertem Bleizucker gibt beim Erkalten braune, heftig verpuffende, in Wasser ziemlich lösliche Nadeln. E. KOPP (*N. Ann. Chim. Phys.* 13, 233). Heifs mit kohlensaurem Bleioxyd gesättigte wässrige Pikrinsäure liefert verpuffende, wenig in Wasser lösliche Nadeln. CHEVREUL.

	Nadeln.		E. KOPP.
$C^{12}N^{3}H^{2}O^{13}$	220	64,51	64,70
PbO	112	32,85	32,76
HO	9	2,64	2,54
$C^{12}N^{3}H^{2}PbO^{14}+Aq$	341	100,00	100,00

Pikrinessigsaures Bleioxyd. — Das heifse wässrige Gemisch von pikrinsaurem Kali und überschüssigem Bleizucker liefert beim Erkälten, so wie beim weitern Abdampfen und Erkälten der Mutterlauge, hellgelbe stark glänzende rhombische Blätter. Diese reagiren sauer, hauchen nach dem Trocknen schon bei Mittelwärme fast alle Essigsäure aus, und werden zu einem gelben, fast unlöslichen, kaum noch Essigsäure haltenden Pulver, während sie vorher sich leicht lösen. E. ROBIQUET (*N. J. Pharm.* 14, 179). Sie verlieren bei 180° 4,37 Proc. Wasser (und Essigsäure), und entwickeln mit Schwefelsäure Essigsäure. MARCHAND. Ihre wässrige Lösung zerfällt beim Abdampfen in gelbes pulveriges pikrinsaures Bleioxyd (in viel kochendem Wasser und auch in Bleizucker löslich und aus diesem wieder in Blättern krystallisirend) und gelöst bleibenden Bleizucker. SCHUNCK, MARCHAND. Ersetzt man beim Einkochen der Lösung fortwährend die verdampfende Essigsäure, so liefert der ziemlich concentrirte Rückstand braune metallglänzende Schuppen, vielleicht von einfach pikrinsaurem Bleioxyd. SCHUNCK.

Die ohne Zweifel hierher gehörenden blassgelben glänzenden Blätter LAURENTS (V, 689), in denen Er jedoch nicht nach Essigsäure suchte, verlieren bei 100° im Vacuum 3,6 Proc. Wasser, halten 42,08 Bleioxyd und verpuffen durch den Stofs.

	Getrocknet:		SCHUNCK. Bei 100°.	MARCHAND. Bei 180°.	ROBIQUET. Durch Kalk.
16 C	96	19,10	17,42	18,33	20,82
3 N	42	8,49	8,64		7,32
5 H	5	1,01	1,07	1,34	1,12
2 PbO	224	45,25	47,56	45,88	40,76
16 O	128	25,85	25,31		29,98
$C^{12}N^{3}H^{2}PbO^{14}+C^{4}H^{3}PbO^{4}$	495	100,00	100,00		100,00

Wenn die frischen Krystalle 2 At. Wasser enthielten, so würden sie beim Trocknen 3,51 Proc. Wasser verlieren. — Nach SCHUNCK ist das trockne

Salz $3PbO,2C^{12}N^3H^2O^{13}+PbO,C^4H^3O^3$; nach MARCHAND: dasselbe +4Aq; nach ROBIQUET ungefähr: 2½ $PbO,C^{12}N^3H^2O^{13},3C^4H^3O^3$.

Die *Pikrinsäure* fällt aus wässrigem Chloreisen weifse Schuppen, MORETTI; sie röthet nicht die Eisenoxydsalze. LIEBIG.

Pikrinsaures Kobaltoxydul. — Durch Lösen des kohlensauren Oxyduls in der kochenden wässrigen Säure, Abdampfen, Lösen des trocknen Rückstands in kochendem absoluten Weingeist und Umkrystallisiren der aus dem Filtrat anschiefsenden Krystalle aus Wasser erhält man dunkelbraune Nadeln, welche bei 100° bis 110° ihr Krystallwasser, 14,4 Proc. (5 At.) betragend, unter Schmelzen völlig verlieren, dann bei stärkerer Hitze mit blendend weifsem Lichte und sprühendem Umherschleudern der Masse verzischen. MARCHAND.

	Krystalle.		MARCHAND.
12 C	72	23,80	24,46
3 N	42	13,88	
7 H	7	2,32	2,66
CoO	37,5	12,40	12,17
18 O	144	47,60	
$C^{12}N^3H^2CoO^{14}+5Aq$	302,5	100,00	

Pikrinsaures Nickeloxydul. — Die Lösung des kohlensauren Oxyduls in der Säure liefert bei freiwilligem Verdunsten in der Mitte der Schale grüne durchsichtige glänzende Krystalle von ähnlichem Dichroismus, wie die Uranoxydsalze, und am Rande der Schale baumartig herauswachsende braune Efflorescenzen. Die grünen Krystalle, 8 At. Wasser haltend, verwittern an der Luft schnell zum braunen (5 At. Wasser haltenden) Salze, und verlieren dabei über Vitriolöl bald 7,6 Proc. (3 At.) Wasser. Dasselbe braune Salz schiefst beim Abdampfen der weingeistigen Lösung in dunkelbraunen Krystallen von hellbraunem Pulver an. Es verliert bei 130° 11,72 Proc. (4 At.) Wasser, entwickelt bei 160 bis 180° Wasser haltende Säure und wird unter Schmelzen zu einem basischen Salze, das bei stärkerer Hitze ziemlich heftig mit blendend weifser Flamme explodirt. Das Salz löst sich leicht in Wasser und Weingeist, bei raschem Eintrocknen der weingeistigen Lösung bleibt ein grünbrauner Firniss, der beim Befeuchten mit weniger oder mehr Wasser eine braune oder eine grüne Krystallmasse bildet. MARCHAND.

	Bei 160° getrocknet.		MARCHAND.
12 C	72	27,02	27,30
3 N	42	15,76	
3 H	3	1,12	1,50
NiO	37,5	14,07	14,13
14 O	112	42,03	
$C^{12}N^3H^2NiO^{14}+Aq$	266,5	100,00	

Pikrinsaures Kupferoxyd. — Beim Fällen des pikrinsauren Baryts durch Kupfervitriol und Abdampfen des Filtrats erhält man grüne farrenkrautartige Blättchen, in der Hitze nicht verpuffend und sich nicht entzündend, an der Luft zerfliefsend und in 1 Th. Wasser löslich. LIEBIG. — 2. Die grünbraune Lösung des kohlensauren Oxyds in der kochenden Säure lässt beim Verdunsten ein krystallisches Gemenge von, in Wasser, aber nicht in Weingeist löslichem basischen Salze und von, durch kochenden absoluten Weingeist auszuziehendem einfachsauren. Diese Lösung, bis zur Krystallhaut gelinde abgedampft, liefert kleine grüne glänzende Nadeln und eine Mutterlauge, die, zum Syrup abgedampft, beim Umrühren erstarrt. — Die Krystalle verwittern an der Luft; sie schmelzen bei 110° unter Verlust von 11,44 Proc. (3 At.) Wasser zu einer braunen Masse zusammen, welche bei 150° noch, 4 bis 5 Proc., Wasser nebst Pikrinsäure verliert, so dass sich immer mehr basisches Salz beimengt. Endlich zeigt sich eine schwache Verpuffung mit dunkelrother Flamme und vielem Rauch, der salpetrige Säure, Cyan, Blausäure und vielleicht auch BOUTINS Cyanyl enthält. MARCHAND.

	Krystalle.		MARCHAND.
12 C	72	23,61	24,31
3 N	42	13,77	
7 H	7	2,30	2,50
CuO	40	13,11	13,29
18 O	144	47,21	
$C^{12}N^3H^2CuO^{14}+5Aq$	305	100,00	

Pikrinsaures Quecksilberoxydul. — Schiefst beim Erkalten eines kochend heifsen wässrigen Gemisches von Kalisalz und salpetersaurem Quecksilberoxydul in gelben, kleinen 4seitigen Säulen (nach MORETTI in weifsen Schuppen) an. Verpufft nicht beim Erhitzen, sondern brennt ab, wie Schiefspulver. Braucht mehr als 1200 Th. kaltes Wasser zur Lösung. LIEBIG.

			LIEBIG.
$C^{12}N^3H^2O^{13}$	220	51,40	
Hg^2O	208	48,60	46,21
$C^{12}N^3H^2Hg^2O^{14}$	428	100,00	

Pikrinsaures Quecksilberoxyd. — Durch Lösen des Quecksilberoxyds in der wässrigen Säure erhält man eine in der Hitze verpuffende Verbindung. CHEVREUL.

Pikrinsaures Silberoxyd. — Man dampft die Lösung des Oxyds in der erwärmten wässrigen Säure oder ein Gemisch von wässrigem salpetersauren Silberoxyd mit der Säure oder ihrem Kalisalze gelinde ab und erkältet. Schöne, gelbe, glänzende, strahlig vereinigte Nadeln. CHEVREUL, LIEBIG. Das Salz schwärzt sich an der Luft (am Lichte?) und verpufft beim Erhitzen. CHEVREUL. Es brennt in der Hitze ohne Verpuffung, wie Schiefspulver ab; es löst sich leicht in Wasser. LIEBIG. *Chrysolepinsaures Silberoxyd:* Braunrothe Nadeln, SCHUNCK; *pikranissaures:* Pomeranzengelbe Nadeln, CAHOURS.

			DUMAS.	MARCHAND.
12 C	72	21,43	21,35	
3 N	42	12,50		
2 H	2	0,60	0,97	
Ag	108	32,14	31,8	31,9
14 O	112	33,33		
$C^{12}N^3H^2AgO^{14}$	336	100,00		

Da die Nadeln im Vacuum bei 100° nach LAURENT 2,2 bis 3 und nach MARCHAND 3,1 Proc. verlieren, so nehmen Sie 1 At. Wasser darin an.

Die Pikrinsäure löst sich leicht in *Weingeist* und *Aether*. LIEBIG, SCHUNCK, CAHOURS.

Sie löst sich wenig in kaltem, aber sehr reichlich mit gelber Farbe in heifsem *Kreosot*, ohne sich beim Erkalten auszuscheiden. REICHENBACH.

Sie fällt den Thierleim. CHEVREUL. — Sie färbt die Zeuge dauerhaft gelb.

Pikrinvinester.

Man kocht eine mit etwas Vitriolöl versetzte Lösung der *Pikrinsäure* in absolutem Weingeist einige Stunden in einem Kolben mit abgekühltem aufsteigenden Rohr, so dass der Weingeist immer zurückfliefst, und versetzt die Flüssigkeit mit Ammoniak, dann mit Wasser, welches den Ester ausscheidet. (ERDMANN (*J. pr. Chem.* 37, 413) gelang bei ähnlichem Verfahren die Darstellung nicht.)

Gelbliche Blättchen, bei 91° schmelzend und bei 300° unter Zersetzung kochend. Ohne Geruch, von brennend bitterm Geschmack.

Wenig in kaltem, leichter in kochendem Weingeist löslich. MITSCHERLICH (*Lehrb. der Chemie* 1, 222; *J. pr. Chem.* 22, 195).

[Das bis jetzt einzige Beispiel von einem durch ein saures Aldid (2 O aufserhalb des Kerns haltend) hervorgebrachten Ester.]

Styphninsäure.

$$C^{12}X^3H^3O^{16} = C^{12}X^3H^3,O^4.$$

CHEVREUL. *Ann. Chim.* 66, 216; 73, 43; letzteres auch *Gilb.* 44, 148.
ERDMANN. *J. pr. Chem.* 37, 409; 38, 355.
R. BÖTTGER u. H. WILL. *Ann. Pharm.* 58, 273.
FERD. ROTHE. *J. pr. Chem.* 46, 376.

Von στύφνος, adstringirend. — Oxypikrinsäure. ERDMANN, *künstliches Bitter* oder *künstlicher Gerbstoff des Fernambukextracts*, CHEVREUL. — Von CHEVREUL 1808 in unreinem, von ERDMANN 1846 und einige Wochen später von BÖTTGER u. WILL in reinem Zustande erhalten und genauer untersucht.

Bildung. Bei längerem Kochen von Fernambukextract, CHEVREUL, Euxanthon, ERDMANN, Ammoniakharz, Stinkasand, Galbanum, Sagapenum, oder dem wässrigen Extract von Gelbholz oder Sandelholz, BÖTTGER u. WILL, oder Peucedanin, ROTHE, mit Salpetersäure.

Darstellung. 1. *Aus Stinkasand.* Man erwärmt 1 Th. Asa foetida in wallnussgrofsen Stücken mit 4 bis 6 Th Schwefelsäure- und Salzsäure-freier Salpetersäure von 1,2 spec. Gew. in weiter Porcellanschale auf 70 bis 75°, wartet, bis nach der Erweichung und Vertheilung des Harzes ein starker Schaum entstanden ist, dessen Uebersteigen man durch Umrühren verhütet, erhält dann die citronengelbe zähe Masse mit der sie umgebenden salpetersauren Flüssigkeit, unter öfterem Zusatz frischer Säure, so lange (5 — 6 Stunden) im Sieden, bis sie sich völlig gelöst hat, dampft die dunkelrothbraune Lösung fast bis zum Syrup ab und versucht, ob dieselbe mit etwas Wasser einen flockigen oder schmierig harzigen Niederschlag gibt, in welchem Falle man sie noch länger mit Salpetersäure kochen muss, oder einen gelblichen sandigen. In diesem Falle dampft man sie weiter zur Entfernung der meisten Salpetersäure vorsichtig zu dickem Syrup ab, erhitzt diesen mit ziemlich viel Wasser zum Sieden, versetzt ihn mit Kohlensaurem Kali, so lange Aufbrausen erfolgt, aber nicht mit mehr (damit das etwa noch unzersetzt gebliebene Harz, das sich beim Neutralisiren nach oben ausscheidet, nicht wieder gelöst wird), seiht durch graues Papier, dampft ab und stellt zum Krystallisiren hin. Die Mutterlauge, wiederholt abgedampft und erkältet, liefert noch mehr Krystalle von unreinem styphninsauren Kali, bis endlich salpetersaures (kein oxalsaures) Kali anschiefst. Man befreit die zu rothbraunen Rinden und Warzen vereinigten Nadeln auf Fliefspapier von der Mutterlauge, lässt sie unter Anwendung von Thierkohle 2mal aus Wasser umkrystallisiren, löst sie in möglichst wenig kochendem Wasser, fügt Salpetersäure hinzu, sammelt nach völligem Erkalten die als gelbweifses Pulver oder in farrenkrautartigen Blättchen ausgeschiedene Styphninsäure auf dem Filter, wäscht sie einigemal mit kaltem Wasser und lässt sie nach völligem Trocknen aus kochendem absoluten Weingeist krystallisiren. So erhält man 3 Proc. Säure. BÖTTGER u. WILL.

2. *Aus käuflichem Fernambukextract.* Man trägt 1 Th. Extract in 4 bis 6 Th. Salpetersäure von 1,37 spec. Gew., die in einer geräumigen Schale auf 40° erwärmt ist, erhitzt, wenn die stürmische Einwirkung vorüber ist, die dunkelrothbraune Flüssigkeit fortwährend unter bisweiligem Zusatz von frischer Säure, bis die abgedampfte Flüssigkeit bei Wasserzusatz Styphninsäure als sandiges Pulver abzusetzen beginnt, lässt sie dann erkalten, giefst von der niedergefallenen Styphninsäure die Mutterlauge ab, kocht diese mit frischer Salpetersäure u. s. f., so lange sich noch daraus Styphninsäure gewinnen lässt, und reinigt diese weiter, wie beim Stinkasand. So erhält man 18,5 Procent. BÖTTGER u. WILL. — Man dampft 1 Th. Extract mit 5 Th. Salpetersäure von 32° Bm. und 2 Th. Wasser bis zur Trockne ab, löst den Rückstand in kochendem Wasser, filtrirt heifs von Sand u. s. w. ab, wäscht die beim Erkalten niedergefallenen Flocken mit kaltem Wasser, löst sie in heifsem, filtrirt von dem künstlichen pomeranzengelben Harz ab, und erhält beim Erkalten die Säure als einen gelbweifsen, nicht krystallischen Niederschlag, der noch etwas pomeranzengelbes Harz beigemengt enthält. CHEVREUL.

Das *künstliche pomeranzengelbe Harz des Fernambukextracts*, dessen Gewinnung so eben angegeben wurde [und das bei weiterem Kochen mit Salpetersäure wahrscheinlich in Styphninsäure übergegangen sein würde], ist pomeranzengelb, bisweilen körnig, schmeckt schwach herb, röthet nicht Lackmus, verkohlt sich auf gluhendem Eisen und verzischt dann. Es löst sich wenig in kaltem Wasser, mehr in heifsem, zu einer gelben, sich beim Erkalten trübenden, durch Schwefel-, Salz- oder Salpeter-Säure, und durch Einfachchlorzinn, Bleizucker, schwefelsaures Eisenoxyd (in rothgelben Flocken) oder Silbersalpeter fällbaren Lösung, die auch Leimlösung sogleich coagulirt. CHEVREUL.

3. *Aus Euxanthon oder Euxanthinsäure.* Man kocht dieselben längere Zeit mit Salpetersäure von 1,31 spec. Gew., dampft die Lösung im Wasserbade ab, zuletzt unter 100°, weil sonst die Styphninsäure durch die Salpetersäure völlig in Oxalsäure verwandelt wird [bei Gegenwart von Salzsäure?], befreit die schwer lösliche Styphninsäure von der Oxalsäure durch wiederholtes Umkrystallisiren, löst sie in verdünntem kohlensauren Ammoniak, sättigt diese Lösung in der Wärme mit kohlensaurem Ammoniak, wodurch das in wässrigem kohlensauren Ammoniak unlösliche styphninsaure Ammoniak zum Anschiefsen in gelben 4seitigen Säulen gebracht wird, reinigt dieselben im Falle zu dunkler Färbung durch Thierkohle und scheidet aus ihnen durch Salzsäure die Styphninsäure ab.

4. *Aus Peucedanin.* Man versetzt die bei der Behandlung des Peucedanins mit warmer Salpetersäure erhaltene Styphninsäure, um sie von der reichlich beigemischten Oxalsäure zu befreien, mit Kali, wäscht das anschiefsende styphninsaure Kali mit kaltem Wasser, fällt dann seine Lösung in heifsem durch ein Bleisalz, und scheidet aus dem Niederschlage die Säure. ROTHE.

Eigenschaften. Blassgelbe regelmäfsig 6seitige Säulen vom Habitus des Grünbleierzes, zwischen den Zähnen knirschend, bei vorsichtigem Erhitzen schmelzend und beim Erkalten strahlig krystallisirend, BÖTTGER u. WILL; blassgelbe oder farblose Nadeln, oder 4seitige Tafeln, schmelzbar und zum Theil unzersetzt sublimirbar, und auch beim Kochen der wässrigen Lösung mit dem Wasser verdampfend, ERDMANN; fast farblose Tafeln, ROTHE. Von schwach herbem, weder bittern noch sauren Geschmacke, aber Lackmus stark röthend, und in Weingeist gelöst, die Haut dauerhaft gelb färbend, BÖTTGER u. WILL; herb, mit anhaltendem, kratzend bittern Nachgeschmack, ERDMANN. — Gelb, schmeckt etwas sauer, hinterher sehr herb und bitter. CHEVREUL.

		Krystalle.		BÖTTGER u. WILL.	ERDMANN.
12	C	72	29,39	29,15	29,62
3	N	42	17,14	16,97	17,30
3	H	3	1,23	1,55	1,30
16	O	128	51,24	52,33	51,78
$C^{12}N^{3}H^{3}O^{16}$		245	100,00	100,00	100,00

Die Krystalle verlieren nichts bei 100 bis 150°. BÖTTGER u. WILL.

Zersetzungen. 1. Die Säure, etwas über den Schmelzpunct erhitzt, stöfst durch einen flammenden Körper entzündbare Dämpfe aus. Bei plötzlichem Erhitzen verzischt sie wie Schiefspulver mit heller, gelber, meist pomeranzengelb gesäumter Flamme. BÖTTGER u. WILL. Es bleibt Kohle. ERDMANN. Allmälig erhitzt, entwickelt sie Salpetergas, Stickgas, kohlensaures Gas, brennbares Gas und Wasser, und lässt sehr vertheilte Kohle; auf glühendem Eisen verpufft sie mit Flamme. CHEVREUL. — 2. Sie wird durch kochende *Salpetersalzsäure* unter Bildung von Oxalsäure völlig zerstört, während kochende concentrirte Salpetersäure oder Salzsäure für sich ohne Wirkung sind. BÖTTGER u. WILL. — 3. Sie wird durch kochendes *Vitriolöl* zerstört. BÖTTGER u. WILL. — Sie wird durch Kochen mit überschüssigem concentrirten Kali nicht zersetzt, und gibt beim Digeriren mit Kalk und Eisenvitriol nicht eine rothe Flüssigkeit, wie Pikrinsäure, sondern eine farblose. ERDMANN. — 4. Sie wird durch Hydrothion nicht verändert, aber das hellgelbe Gemisch der in Weingeist gelösten Säure mit Hydrothionammoniak färbt sich beim Erwärmen sogleich dunkelbraunroth und lässt beim Abdampfen eine schwarze Masse, welche neben Schwefel und wenig schwarzem Pulver ein durch Wasser ausziehbares Ammoniaksalz enthält, dessen Säure der Pikrin- und Styphnin-Säure ähnlich ist. — 5. Die heifse wässrige Säure löst das Einfachschwefeleisen unter geringerer Entwicklung von Hydrothion, als zu erwarten. Eben so entwickelt sie mit Zink oder Eisen eine nicht angemessene Menge von Wasserstoff, grünbraune Lösungen bildend. Sie wirkt nicht auf Kadmium, Blei, Kupfer und Silber. — 6. Ihr auf Kalium (nicht ihr auf

Natrium) gestreutes Pulver entflammt sich bei schwachem Druck des Pistills. Böttger u. Will.

Verbindungen. Die Säure löst sich mit gelber Farbe in 104 Th. *Wasser* von 25°, Erdmann, und in 88 Th. von 62°, Böttger u. Will. Sie löst sich reichlich in starker *Sapetersäure*, weniger in starker *Salzsäure*, aus beiden durch Wasser theilweise als Pulver fällbar. Böttger u. Will.

Die Säure zersetzt leicht die kohlensauren Salze. Sie nimmt gern für 1 At. HO 2 At. Basis von einerlei oder zweierlei Natur auf, so dass sich halbsaure einfache und Doppelsalze bilden, welche neutral sind. Böttger u. Will. Fast alle *styphninsaure Salze* verpuffen bei allmälig steigender Hitze (nicht durch Stofs), und zwar heftiger als die pikrinsauren. Böttger u. Will, Erdmann. Den in Wasser gelösten schweren Metallsalzen dieser Säure entzieht Thierkohle alles Oxyd, namentlich denen des Mangans, Bleis, Nickels und Kupfers. Böttger u. Will, Rothe.

Styphninsaures Ammoniak. — a. *Halb.* — Die wässrige Säure, mit Ammoniak neutralisirt (dann warm mit festem kohlensauren Ammoniak gesättigt, welches die Löslichkeit des styphninsauren Ammoniaks in Wasser vermindert, Erdmann), liefert grofse pomeranzengelbe Nadeln (gelbe 4seitige Säulen, Erdmann), beim Erhitzen schwach verpuffend, und leichter in Wasser löslich, als Salz b. Böttger u. Will.

	Krystalle.		Erdmann.	Böttger u. Will.	Rothe.
12 C	72	25,81	25,89	25,48	25,68
5 N	70	25,09	25,09	24,89	
9 H	9	3,23	3,22	3,37	3,41
16 O	128	45,87	45,80	46,26	
$NH^3,C^{12}N^3H^2(NH^4)O^{16}$	279	100,00	100,00	100,00	

b. *Einfach.* — Man neutralisirt die Hälfte der Säure mit kohlensaurem Ammoniak, fügt hierzu die andere, dampft ab, und erkältet. Die verdünntere Lösung liefert hellgelbe grofse platte, und die stärker abgedampfte liefert haarfeine verfilzte Nadeln, sehr schwach verpuffend. Böttger u. Will.

	Krystalle.		Böttger u. Will.
12 C	72	27,48	27,58
4 N	56	21,37	21,52
6 H	6	2,29	2,36
16 O	128	48,86	48,54
$C^{12}N^3H^2(NH^4)O^{16}$	262	100,00	100,00

Styphninsaures Kali. — a. *Halb.* — Die mit kohlensaurem Kali neutralisirte wässrige Säure gibt bei gelindem Abdampfen und Erkälten pomeranzengelbe, oft zu Warzen vereinigte, wasserfreie, heftig verpuffende Nadeln. Böttger u. Will. Ueberschüssiges Kali fällt aus der wässrigen Säure ein gelbes Krystallmehl, welches aus heifsem Wasser in dunkelgelben, stark (mit langer Purpurflamme und unter Bildung von blausaurem Ammoniak, Chevreul) verpuffenden Nadeln anschiefst. Sie lösen sich bei 23° in 58 Th. reinem Wasser, Erdmamm, viel weniger in solchem, welches Kali oder kohlensaures Kali hält, Erdmann, Böttger u. Will.

			Böttger u. Will.
$C^{12}N^3H^2O^{15}$	236	71,43	
2 KO	94,1	28,57	28,60
$KO,C^{12}N^3H^2KO^{16}$	330,1	100,00	

b. *Einfach*. — Man versetzt die mit kohlensaurem Kali neutralisirte eine Hälfte der Säure mit der andern. Hellgelbe haarfeine sich verfilzende Nadeln, die sich beim Trocknen auf Papier schnell in ein körniges Pulver verwandeln, oder bei verdünnterer Lösung gröfsere und festere Krystalle. Sie verlieren bei 100° 6,4 Proc. (2 At.) Krystallwasser und bei stärkerem Erhitzen einen Theil der Säure, worauf heftige Verpuffung erfolgt. Böttger u. Will.

	Bei 100° getrocknet.		Böttger u. Will.
12 C	72	25,42	25,15
3 N	42	14,83	
2 H	2	0,71	0,87
KO	47,2	16,67	16,40
15 O	120	42,37	
$C^{12}N^3H^2KO^{16}$	283,2	100,00	

Styphninsaures Natron. — *Halb*. — Kleine hellgelbe, oft zu harten Warzen vereinigte Nadeln, die bei 100° ihre 13,08 Proc. (5 At.) Wasser verlieren, und bei weiterem langsamen Erhitzen sehr heftig verpuffen; leicht in Wasser löslich. Böttger u. Will.

Das *einfachsaure Salz* lässt sich nicht krystallisch erhalten. Böttger u. Will.

	Bei 100° getrocknet.		Böttger u. Will.
$C^{12}N^3H^2O^{15}$	236	79,09	
2 NaO	62,4	20,91	20,71
$NaO,C^{12}N^3H^2NaO^{16}$	298,4	100,00	

Styphninsaurer Baryt. — *Halb*. — Durch Sättigung der wässrigen Säure mit kohlensaurem Baryt. Pomeranzengelbe feine kurze Nadeln. Sie verlieren bei 100° 4,08 Proc. (2 At.) Wasser, während 2 At. bleiben, und verpuffen bei allmälig steigender Hitze sehr heftig. Nach dem Bleisalz das am wenigsten lösliche Salz. Böttger u. Will.

	Bei 100° getrocknet.		Böttger u. Will.	Erdmann, bei 120°.
$C^{12}N^3H^4O^{17}$	254	62,38		
2 BaO	153,2	37,62	37,59	38,59
$BaO,C^{12}N^3H^2BaO^{16}+2Aq$	407,2	100,00		

Styphninsaurer Strontian. — *Halb*. — Grofse Warzen, aus hellgelben feinen Nadeln bestehend, 4 At. Wasser haltend, von welchen bei 100° 7,02 Proc. (3 At.) fort gehen; viel leichter löslich, als das Barytsalz. Böttger u. Will.

	Bei 100° getrocknet.		Böttger u. Will.
$C^{12}N^3H^3O^{16}$	245	70,20	
2 SrO	104	29,80	29,48
$SrO,C^{12}N^3H^2SrO^{16}+Aq$	349	100,00	

Styphninsaurer Kalk. — *Halb*. — Die hellgelben zu Warzen gruppirten Nadeln verlieren bei 100° 10,22 Proc. (4 At.) Wasser, und behalten 3 At. Böttger u. Will.

	Bei 100° getrocknet.		Böttger u. Will.
12 C	72	22,57	22,31
3 N	42	13,17	
5 H	5	1,57	1,77
2 CaO	56	17,55	17,61
18 O	144	45,14	
$CaO,C^{12}N^3H^2CaO^{16}+3Aq$	319	100,00	

Styphninsaure Bittererde. — Krystallisirt schwierig in hellgelben Warzen, die bei 100° 9,1 Proc. Wasser verlieren. Verpufft heftig bei langsamem Erhitzen. Böttger u. Will.

Styphninsaures Manganoxydul. Einfach. — Durch Fällen des Barytsalzes mit schwefelsaurem Manganoxydul und Verdunsten des Filtrats erhält man grofse hellgelbe rhombische Tafeln des 1- u. 1-gliedrigen Systems, die bei 100° unter Schmelzung und Röthung 22,98 Proc. (10 At.) Wasser verlieren (während 2 At. nebst 12,29 Proc. Manganoxydul bleiben), und dann bei stärkerer Hitze verzischen. Böttger u. Will.

Styphninsaures Zinkoxyd. — Zweifünftel? — Die mit kohlensaurem Zinkoxyd gesättigte wässrige Säure, zuletzt über Vitriolöl verdunstet, krystallisirt nur sehr schwierig in sehr zerfliefslichen, zu Warzen vereinigten Nadeln. Dieselben verlieren bei 100° 3,78 Proc. Wasser, während der Rückstand, der beim Erhitzen schwach verpufft, 28,32 Proc. Zinkoxyd hält. Böttger u. Will.

Styphninsaures Kadmiumoxyd. — Schwach verpuffend; zerfliefslich. Böttger u. Will.

Styphninsaures Bleioxyd. — Viertel. — Die durch die freie Säure aus Bleizucker gefällten hellgelben Flocken verpuffen schon bei starkem Druck heftig, und lösen sich kaum in Wasser. Böttger u. Will. Das Ammoniaksalz gibt mit Bleizucker in der Kälte einen ähnlichen Niederschlag, in der Hitze kleine gelbe Nadeln. Erdmann.

	Bei 100° getrocknet.		Böttger u. Will.	Erdmann.
12 C	72	10,26	10,32	
3 N	42	5,98		
4 H	4	0,57	0,63	
4 PbO	448	63,82	63,68	63,62
17 O	136	19,37		
$3PbO,C^{12}N^3H^2PbO^{16}+2Aq$	702	100,00		

Styphninsaures Eisenoxydul. — Das nach der Fällung des Barytsalzes durch Eisenvitriol erhaltene Filtrat liefert schwierig schwarzgrüne Krystalle, sich leicht lösend und höher oxydirend. Böttger u. Will.

Styphninsaures Eisenoxyd. — Das Ammoniaksalz erzeugt mit Eisenalaun gelbe Nadeln. Erdmann.

Styphninsaures Kobaltoxydul. — Die hellbraunen zu Warzen vereinigten, sehr heftig verpuffenden und leicht löslichen Nadeln verlieren bei 100° 9,28 Proc. Wasser, und lassen ein Salz, welches 21,44 Proc. Oxydul hält. Böttger u. Will.

Styphninsaures Kobaltoxydul-Ammoniak. — Braungelbe Nadeln. Böttger u. Will.

Styphninsaures Kobaltoxydul-Kali. — Harte braune Krystallwarzen, 11,7 Proc. Kobaltoxydul haltend, und bei 100° nichts verlierend. Böttger u. Will.

Styphninsaures Nickeloxydul. — Schiefst schwierig in hellgelben Nadeln an, welche heftig verpuffen, und sich leicht lösen. Böttger u. Will.

Styphninsaures Nickeloxydul-Kali. — Braune Krystallrinden. Verpufft beim Erhitzen furchtbar, hält 10,32 Proc. Nickeloxydul und erleidet bei 100° keinen Verlust. Böttger u. Will.

Styphninsaures Kupferoxyd. — Die abgedampfte dunkelbraune Lösung des kohlensauren Oxyds in der wässrigen Säure setzt in einigen Tagen hellgrüne lange Nadeln ab, welche bei 100° 13,81 Proc. (6 At.) Wasser verlieren, und in stärkerer Hitze sehr heftig verpuffen. Böttger u. Will. Graugelbe Blättchen. Erdmann.

			Böttger u. Will.
12 C	72	21,56	21,90
3 N	42	12,57	
4 H	4	1,20	1,57
2 CuO	80	23,95	23,12
17 O	136	40,72	
$CuO,C^{12}N^3H^2CuO^{16}+2Aq$	334	100,00	

Styphninsaures Kupferoxyd-Ammoniak. — Man löst kohlensaures Kupferoxyd in der gesättigten Lösung von einfachstyphninsaurem Ammoniak. Braune kurze dicke Krystalle, bei 100° 15,47 Proc. (6 At.) Wasser verlierend, beim Erhitzen verzischend, ziemlich löslich. Böttger u. Will.

Styphninsaures Kupferoxyd-Kali. — Eben so mit dem Kalisalz bereitet. Braune harte Nadeln, meist zu Warzen gruppirt. Sie verlieren bei 100° 7,20 Proc. (3 At.) Wasser und verpuffen furchtbar in stärkerer Hitze. Böttger u. Will.

	Bei 100° getrocknet.		Böttger u. Will.
$C^{12}N^3H^3O^{16}$	215	73,75	
KO	47,2	14,21	
CuO	40	12,04	12,01
$CuO,C^{12}N^3H^2KO^{16}+Aq$	332,2	100,00	

Styphninsaures Silberoxyd. — *Halb.* — Die Lösung des kohlensauren Silberoxyds in der wässrigen Säure von 60°, oder das bei 60° bereitete Gemisch des Kalisalzes mit mäfsig starker Silberlösung gibt bei schnellerem Erkalten hellgelbe, bis 3 Zoll lange platte Nadeln, oder bei langsamem grofse Blätter, die sich schwer in Wasser lösen und aus deren Lösung beim Kochen das Silber unter Zersetzen der Säure reducirt wird. Böttger u. Will.

	Bei 100° getrocknet.		Böttger u. Will.	Erdmann.	Rothe.
12 C	72	15,38	15.04		
3 N	42	8,98			
2 H	2	0,43	0,86		
2 AgO	232	49,57	48,06	50,50	50,25
15 O	120	25,64			
$AgO,C^{12}N^3H^3AgO^{16}$	468	100,00			

Böttger u. Will nehmen noch 1 Aq darin an.

Die Styphninsäure löst sich leicht in *Weingeist* und *Aether*, und leichter in starker *Essigsäure*, als in Wasser. Böttger u. Will. Sie fällt stark den Thierleim. Chevreul.

Es gelang Erdmann (*J. pr. Chem.* 37, 413) nicht, aus der Styphninsäure durch Erhitzen mit Weingeist und Vitriolöl einen *Styphninvinester* darzustellen.

Amidkern $C^{12}AdCl^2HO^2$.

Chloranilamsäure.

$$C^{12}NCl^2H^3O^6 = C^{12}AdCl^2HO^2,O^4.$$

Erdmann (1841). *J. pr. Chem.* 22, 287.
Laurent. *N. Ann. Chim. Phys.* 3, 493. — *Rev. scient.* 19, 141; Ausz. *J. pr. Chem.* 36, 280. — *Compt. chim.* 1845, 173.

Chloranilam, *Acide chloranilamique.*

Bildung. Die blutrothe Lösung des Chloranils in wässrigem Ammoniak gibt braune Nadeln von Chloranilammon (chloranilamsaurem Ammoniak, Laurent). Erdmann (V, 669).

Darstellung. 1. Aus der gesättigten wässrigen Lösung dieser Nadeln schiefst nach dem Zusatz von Schwefelsäure oder Salzsäure beim Erkalten die Chloranilamsäure in schwarzen langen Nadeln an, welche durch Pressen zwischen Papier und Krystallisiren aus möglichst wenig kochendem Wasser gereinigt werden. — Bisweilen, besonders wenn der Salzsäurezusatz zu starke Erhitzung veranlasste, und Luft einwirkte, mengt sich den Nadeln ein braunes Pulver bei, durch Umkrystallisiren zu entfernen. — Die in der sauren Mutterlauge der Nadeln gelöst bleibende Chloranilamsäure lässt sich nicht durch Abdampfen gewinnen, welches zerstörend wirkt, aber durch Ausziehen mit Aether und Verdunsten desselben. — Aus der Mutterlauge des Chloranilammons lässt sich durch Salzsäure auch noch etwas Chloranilamsäure gewinnen. — 2. Man übersättigt die Lösung des Chloranils in Ammoniak, ohne erst daraus das Chloranilammon vom Salmiak krystallisch zu scheiden, mit Salzsäure, unter beständigem Abkühlen des Mischgefäfses mit kaltem Wasser, und reinigt die kaum mit braunem Pulver verunreinigten Krystalle durch Pressen zwischen Papier und Umkrystallisiren aus heifsem Wasser. Erdmann.

Das violette Pulver der schwarzen Nadeln wird bei 100° entwässert und dadurch heller. Erdmann.

	Wasserfrei.		Erdmann.	Laurent.
12 C	72	34,65	35,08	34,0
N	14	6,73	7,40	
2 Cl	70,8	34,07	33,24	
3 H	3	1,45	1,75	1,5
6 O	48	23,10	22,53	
$C^{12}NCl^2H^3O^6$	207,8	100,00	100,00	

Zersetzungen. 1. Die Nadeln sublimiren sich beim Erhitzen im Proberohr einem kleinen Theile nach, wie es scheint, unzersetzt, stofsen dann gelbe und braune Lackmus röthende Dämpfe aus und lassen Kohle. — 2. Die wässrige Lösung bleibt mit Schwefel- oder Salz-Säure in der Kälte oder bei gelindem Erwärmen auch in längerer Zeit unverändert, aber beim Erhitzen bis zum Sieden färbt sich das violette Gemisch, falls die Luft vollständig abgehalten wird, allmälig, um so schneller, je stärker die zugesetzte Säure, hell gelbroth und setzt sogleich oder beim Erkalten Krystalle von Chloranilsäure ab, während ein Ammoniaksalz gelöst bleibt. $C^{12}NCl^2H^3O^6 + 2HO = C^{12}Cl^2H^2O^8 + NH^3$. — Concentrirte Essigsäure wirkt selbst bei halbstündigem Kochen nicht zersetzend. — Bei Luftzutritt, z. B. in einer Schale, gekocht, entfärbt und trübt sich das schwefel- oder salz-saure Gemisch, bedeckt sich beim Erkalten mit einer schillernden Haut, und setzt neben wenig Chloranilamsäure-Blättchen ein braunes Pulver ab. — 3. Mit wässrigem Kali zersetzt sich die Chloranilamsäure schon bei 0° in krystallisirendes chloranilsaures Kali und frei werdendes Ammoniak. Auch bei der Fällung schwerer Metallsalze durch Chloranilamsäure oder ihr Ammoniaksalz scheint mehr oder weniger Chloranilsäure zu entstehen, deren Salz wenigstens einen Theil des Niederschlags bildet. Erdmann.

Verbindungen. *Gewässerte Chloranilamsäure.* — Die oben erwähnten schwarzen Nadeln. Sie zeigen Demantglanz und geben ein dunkelviolettes Pulver. Sie verlieren bei 100 bis 130° 18,92 Proc. (etwas über 5 At.) Wasser. Sie lösen sich wenig in Wasser mit schön violetter Farbe. Erdmann.

Chloranilamsaures Ammoniak. — *Chloranilammon*, Erdmann. — Die tief blutrothe Lösung des Chloranils in warmem wässrigen Ammoniak liefert theils beim Erkalten, theils nach vorsichtigem Abdampfen kastanienbraune glänzende kleine Nadeln, auf Papier von der Mutterlauge zu befreien. Erdmann. Dieselben entstehen sogleich beim Mischen von Ammoniak mit Chloranilamsäure. Laurent.

	Bei 120° entwässert.		Erdmann.
12 C	72	32,03	33,06
2 N	28	12,45	11,86
2 Cl	70,8	31,49	31,62
6 H	6	2,68	2,79
6 O	48	21,35	20,67
$C^{12}Cl^2Ad(NH^4)O^6$	224,8	100,00	100,00

Die Krystalle verlieren beim Trocknen 24,1 bis 28 Proc. (also wohl 8 At.) Wasser. Sie geben beim Erhitzen im Proberohr eine Spur violettes, dann ein weifses Sublimat, und bräunen und verkohlen sich; auf Platinblech erhitzt, stofsen sie einen purpurnen Rauch aus und lassen eine schwer verbrennliche Kohle. Die wässrige Lösung des Salzes wird durch Salpetersäure gelbroth, ohne etwas abzusetzen. Sie wird durch Schwefel- oder Salz-Säure in der Kälte oder bei mäfsiger Wärme lebhafter violett, und setzt schwarze Nadeln der Chloranilamsäure ab, während, neben einem Theile derselben, schwefel- oder salz-saures Ammoniak und etwas Chloranilsäure gelöst bleibt, in welche beim Kochen des Gemisches alle Chloranilamsäure übergeht, wozu sich bei Luftzutritt noch braunes Pulver gesellt (s. oben). Essigsäure zersetzt das Salz nicht. Kaltes Kali zersetzt seine wässrige Lösung langsam in anschiefsendes chloranilsaures Kali und in Ammoniak. — Das Salz löst sich in Wasser, reichlicher in heifsem, mit Purpurfarbe. Erdmann.

Die wässrige Säure und ihr Ammoniaksalz gibt mit *Chlorbaryum* einen hellbraunen Niederschlag, der sich beim Erhitzen des Gemisches mit Purpurfarbe löst und beim Erkälten in braunen amorphen Flocken wieder erscheint, wobei jedoch die Flüssigkeit röthlich bleibt. ERDMANN.

Die wässrige Chloranilamsäure, so wie ihr Ammoniaksalz, gibt mit *Bleizucker* einen rothbraunen Niederschlag, mit *Eisenoxyd-* und *Nickeloxydul-*Salzen eine schwärzliche Trübung, mit schwefelsaurem *Kupferoxyd* erst nach einiger Zeit, und mit essigsaurem sogleich einen grünbraunen, und mit salpetersaurem *Quecksilberoxydul* einen dunkelbraunen Niederschlag, während Aetzsublimat nicht gefällt wird. ERDMANN.

Der dicke rothbraune Niederschlag mit salpetersaurem *Silberoxyd* (wobei die Flüssigkeit auch bei vorwaltender Silberlösung tief violett bleibt, und beim Abdampfen rothbraune, oft krystallische Flocken absetzt), zersetzt sich mit Salpetersäure unter Bildung von Chlorsilber, und löst sich völlig in heifsem Wasser, so wie in Ammoniak und Essigsäure. ERDMANN.

Das Silbersalz zeigt je nach seiner Bereitung eine verschiedene Zusammensetzung: a. kalt gefällt; b. warm gefallt; c. die aus der von b. warm abfiltrirten Flüssigkeit sich absetzenden Krystallflocken, jedesmal bei 130° getrocknet. ERDMANN. [LAURENT scheint kalt gefällt zu haben. Es ist wahrscheinlich, dass in der Regel ein Gemenge von chloranilsaurem und chloranilamsaurem Silberoxyd entsteht, dass aber letzteres in warmem Wasser löslicher ist, und daher aus warmen Gemischen gröfstentheils erst beim Erkalten als c. niederfällt.] ERDMANN ist anderer Ansicht.

			a.	b.	c.	LAURENT.
12 C	72	22,87	21,50			21,80
N	14	4,44				4,80
2 Cl	70,8	22,49	20,70	17,90	21,1	
2 H	2	0,64	0,57			0,62
Ag	108	34,31	40,40	43,58	34,17	
6 O	48	15,25				
$C^{12}Cl^2AdAgO^6$	314,8	100,00				

Amidkern $C^{12}Ad^2Cl^2O^2$.

Chloranilamid.

$$C^{12}N^2Cl^2H^4O^4 = C^{12}Ad^2Cl^2O^2,O^2.$$

LAURENT (1845). *Rev. scient.* 19, 141; Ausz. *J. pr. Chem.* 36, 283.

Bildung. (V,669).

Darstellung. Man erwärmt in Weingeist gelöstes Chloranil gelinde mit Ammoniak, befreit den gebildeten dunkelbraunrothen Niederschlag von der weingeistigen Flüssigkeit, wäscht ihn mit Weingeist, löst ihn in gelind erwärmtem, Kali haltenden Weingeist, zu langes und zu starkes Erwärmen vermeidend, neutralisirt die, nöthigenfalls zu filtrirende, Lösung noch warm durch Essigsäure, sammelt den sich schnell bildenden braunrothen krystallischen Niederschlag auf dem Filter, wäscht und trocknet.

Eigenschaften. Aus feinen Nadeln bestehendes, dunkelkermesinrothes, fast metallglänzendes Pulver. Es sublimirt sich bei behutsamem Erhitzen auf einer Glasplatte fast ganz in Krystallbüscheln, auf einer Haut Kohle ruhend.

				LAURENT.
12	C	72	34,82	35,2
2	N	28	13,54	13,4
2	Cl	70,8	34,24	34,0
4	H	4	1,93	1,9
4	O	32	15,47	15,5
$C^{12}N^2Cl^2H^4O^4$		206,8	100,00	100,0

Zersetzung. Es zerfällt beim Kochen mit Kalilauge in entweichendes Ammoniak und krystallisirendes chloranilsaures Kali. $C^{12}N^2Cl^2H^4O^4 + 2KO + 2HO = C^{12}Cl^2K^2O^8 + 2NH^3$. — Es wird durch Kochen mit wässriger oder weingeistiger Salzsäure nicht zersetzt.

Verbindungen. Es löst sich nicht in *Wasser* und wässrigem Ammoniak. Seine violettrothe Lösung in *Vitriolöl* wird durch wenig Wasser blau, durch mehr Wasser weinroth, und lässt bei noch mehr einen Theil des Chloranilamids fallen, wenn Säure und Wasser nicht zu viel betragen.

Aus seiner Lösung in kaltem *weingeistigen Kali* fällen es Säuren unverändert.

Es ist fast unlöslich in *Weingeist* und *Aether*. LAURENT.

Stickstoffkern $C^{12}NH^5$.

Anilin.

$$C^{12}NH^7 = C^{12}NH^5,H^2.$$

UNVERDORBEN (1826). *Pogg.* 8, 397.
RUNGE. *Pogg.* 31, 65 u. 513; 32, 331.
FRITZSCHE. *J. pr. Chem.* 20, 453; 27, 153; 28, 202.
ZININ. *J. pr. Chem.* 27, 149; 36, 98.
A. W. HOFMANN. *Ann. Pharm.* 47, 31; 53, 8; 57, 265; 66, 129; 67, 61 u. 129; 70, 129; 74, 117; 75, 356.
HOFMANN u. MUSPRATT. *Ann. Pharm.* 53, 221; 57, 210.
LAURENT. *Compt. rend.* 17, 1366; auch *J. pr. Chem.* 32, 286. — *Rev. scientif.* 18, 278 u. 280; auch *J. pr. Chem.* 36, 13.
GERHARDT. *N. J. Pharm.* 9, 401; auch *N. Ann. Chim. Phys.* 14, 117. — *N. J. Pharm.* 10, 5.
LAURENT u. GERHARDT. *N. Ann. Chim. Phys.* 24, 163; auch *N. J. Pharm.* 14, 130; auch *Ann. Pharm.* 68, 15.

Krystallin, UNVERDORBEN, *Kyanol*, RUNGE, *Anilin*, FRITZSCHE, *Benzidam*, ZININ, *Phänamid*, HOFMANN, *Aniline*, *Amidophénase*.

Bildung. 1. Bei längerem Erhitzen von carbolsaurem Ammoniak auf 300° in zugeschmolzener Röhre. $NH^3,C^{12}H^6O^2 = C^{12}NH^7 + 2HO$. — Bei 200° bildet sich in ½ Stunde nur eine Spur Anilin, aber bei 200 bis 300° in 18 Tagen viel. LAURENT. — 2. Bei der Zersetzung von Nitrofune durch Hydrothion bei Gegenwart von Weingeist und Ammoniak, ZININ (V, 672), oder durch Zink bei Gegenwart von Weingeist und Salzsäure. HOFMANN (V, 672). — 3. Bei der Destillation des Azoxydifune. ZININ. — 4. Bei der Destillation der Anthranilsäure. FRITZSCHE. — 5. Beim Leiten des Dampfs von Salicylamid oder dem damit isomeren Nitrotole durch schwach glühenden Kalk. HOFMANN u. MUSPRATT. Nitrometastyrol gibt nur wenig. HOFMANN u. BLYTH. — 6. Beim Destilliren des Indigs für sich, UNVERDORBEN, oder mit sehr starker Kalilauge, FRITZSCHE, so wie beim Destilliren des Isatins mit starker

Kalilauge, FRITZSCHE. — 7. Bei der trocknen Destillation der Steinkohlen, sich dem Steinkohlentheer beimischend. RUNGE. Im Theer von der Destillation thierischer Stoffe fand HOFMANN kein Anilin; jedoch ANDERSON fand es in dem aus Knochen.

Darstellung. 1. *Aus Nitrofune.* — a. Man versetzt in Weingeist gelöstes Nitrofune mit Ammoniak, leitet Hydrothion hindurch, destillirt nach einigen Tagen von der Schwefelkrystalle haltenden Flüssigkeit den meisten Weingeist nach und nach ab, wobei man so oft erkältet und vom allmälig niederfallenden Schwefel decanthirt, als dieser stofsweises Kochen veranlasst, und destillirt, nachdem sich aller Schwefel abgeschieden hat, noch so lange, bis der Retorteninhalt das, hierauf für sich zu rectificirende, Anilin als gelbes schweres Oel unter die schwach weingeistige Flüssigkeit niedersetzt. ZININ. — b. In Weingeist gelöstes Nitrofune mit gleichviel Kalihydrat destillirt, wird zu Axozydifune, welches bei weiterer Destillation in zuerst übergehendes flüssig bleibendes Anilin und dann folgendes krystallisirendes Azodifune zerfällt. Durch theilweise Destillation wird das flüchtigere Anilin vom meisten Azodifune befreit, in kochender verdünnter Schwefelsäure gelöst, worauf die vom ölartig niedersinkenden Azodifune abgegossene Lösung beim Erkalten Krystalle von schwefelsaurem Anilin liefert, die, durch Umkrystallisiren gereinigt, beim Destilliren mit Kalilauge reines Anilin geben. ZININ.

2. *Aus Indig.* — a. Das bei der trocknen Destillation desselben erhaltene Oel wird durch eine Säure ausgezogen. UNVERDORBEN. — b. Man bringt Indigpulver zu, in einer Retorte erhitzter, höchst concentrirter Kalilauge, erhitzt die sich bildende braune Masse, so lange unter starkem Aufblähen ein ammoniakalisches Wasser und ein braunes Oel übergeht, und scheidet letzteres durch Destillation in einen braunen harzigen Rückstand und in übergehendes farbloses Anilin, 20 Proc. des Indigs betragend. FRITZSCHE.

3. *Aus Steinkohlentheer.* — a. Man destillirt diesen, bis Pech bleibt, destillirt dieses mit etwas Schwefelsäure, um das meiste Ammoniak zurückzuhalten, unter Wechseln der Vorlage, sobald das Uebergehende in Wasser niedersinkt, schüttelt den in Wasser niedersinkenden Theil des Oels, das *schwere Oel* (von welchem das zuerst kommende viel Anilin mit wenig Leukol, das zuletzt kommende blofs Leukol hält), im Vitriolölkolben heftig mit käuflicher starker Salzsäure, scheidet diese nach 12stündiger Ruhe mittelst des Hebers vom aufschwimmenden erschöpften Oele, um sie noch mehrmals mit frischem Oele, welches im Ganzen 1000 Pfund betragen kann, auf dieselbe Weise zu behandeln, und reichlich mit Basen zu versehen, seiht sie dann durch Tuch oder graues Papier, destillirt sie mit Kalkmilch in einer, nach dem Eintragen schnell zu schliefsenden, Kupferblase bei raschem Feuer und guter Abkühlung, und erhält so anfangs, als erstes Destillat, eine betäubend riechende, milchweifse Flüssigkeit, auf welcher braunschwarze Oeltropfen schwimmen, dann, wenn ungefähr die Hälfte übergegangen, und der Geruch des Destillats angenehmer, entfernt bittermandelartig geworden ist, bei gewechselter Vorlage, als zu beseitigendes zweites Destillat, aus einem trüben, nur wenig Oel gelöst haltenden Wasser bestehend. Das erste Destillat klärt

sich mit Salzsäure und scheidet, nach dem Abdampfen mit Kali versetzt, betäubend riechende Tropfen eines besonders aus Anilin und Leukoi bestehenden, aber noch etwas neutrales Oel haltenden Oels aus, das sich in Salzsäure nicht völlig löst, daher man es nach der Beseitigung der wässrigen Flüssigkeit in Aether löst, mit Salz- oder Schwefel-Säure schüttelt, dann die vom Aether, in dem das neutrale Oel bleibt, sorgfältig geschiedene Flüssigkeit in einem hohen Cylinder mit Kalihydrat oder starker Kalilauge versetzt, durch welche das basische Oel als eine aufsteigende, mit dem Stechheber abzuhebende Schicht abgeschieden zu werden pflegt. Sollte es sich blofs in feinen, die ganze Flüssigkeit erfüllenden Tropfen abscheiden, so bewirkt man deren Vereinigung und Aufsteigen durch Versetzen mit Kochsalz und mehrtägiges Hinstellen, und wenn dieses nichts hilft, durch Sättigung des Wassers mit Kalihydrat; oder auch: man destillirt das Gemenge mit Wasser, wo sich das Oel, $^1/_{250}$ des schweren Steinkohlenöls betragend, über dem Destillat in Tropfen sammelt. — *α*. Man destillirt entweder das so erhaltene ölige Gemisch von Anilin und Leukoi (etwa zu $^4/_5$), bis ein übergehender Tropfen sich nicht mehr mit wässrigem Chlorkalk bläut, stellt das dunkelgelbe, betäubend riechende Destillat zur Entwässerung einige Tage mit gleichviel Kalihydrat zusammen, nimmt es mit dem Stechheber von der Kalilösung ab, destillirt es rasch in einem trocknen Wasserstoffgasstrom, unter Beseitigung des ersten Viertels, welches Wasser halten kann, und des letzten blassgelben, Leukoi haltenden. Indem man die mittlere Hälfte, die farblos ist, nochmals destillirt und dabei auch wieder die mittlere Hälfte für sich sammelt, erhält man fast reines Anilin, aber noch mit einer sehr kleinen Menge eines durchdringend widrig riechenden Stoffes (des Picolins, Anderson) verunreinigt, wodurch es leichter als Wasser wird. Aber durch die Verbindung mit Oxalsäure, Reinigung des oxalsauren Anilins durch wiederholtes Krystallisiren aus Weingeist, und Destilliren mit Kali wird dieser Beigeruch völlig beseitigt. — *β*. Oder man löst das Gemisch von Anilin und Leucol in absolutem Weingeist, neutralisirt es mit weingeistiger Oxalsäure, und giefst nach einigen Stunden vom, als weifse Krystallmasse, angeschossenen oxalsauren Anilin, die fast blofs noch oxalsaures Leukol haltende Mutterlauge ab. Hofmann.

b. Man stellt Oel, durch Destillation des Steinkohlentheers über Kupferoxyd erhalten, mit $^1/_6$ Th. Kalk und 4 Th. Wasser unter öfterem Schütteln 8 Stunden lang zusammen, filtrirt die braungelbe wässrige Flüssigkeit ab, destillirt diese zur Hälfte, versetzt das (aus einem dicken Oel und einer wässrigen Flüssigkeit bestehende, Carbolsäure, Ammoniak, Anilin, Leukol und Pyrrhol haltende) Destillat mit überschüssiger Salzsäure, destillirt es zur Entfernung der Carbolsäure und des Pyrrhols so lange, bis sich das Uebergehende mit Salpetersäure nicht roth, sondern gelb färbt, destillirt den dunkelgelben Rückstand mit überschüssiger Natronlauge, destillirt das aus Ammoniak, Anilin und Leukol bestehende Destillat mit überschüssiger Essigsäure, so lange noch das Uebergehende Fichtenholz gelb färbt, wobei das meiste essigsaure Ammoniak in der Retorte bleibt, destillirt einen Theil des aus essigsaurem Anilin und Leukoi und wenig essigsaurem Ammoniak bestehenden Destillats mit Oxalsäure, wobei die Essigsäure fortgeht, hierauf, um die Oxalsäure mit den Basen zu sättigen, einen zweiten Theil u. s. f., bis das Uebergehende Fichtenholz gelb färbt, also noch (in einer besondern Vorlage nebst essigsaurem Leukoi zu sammelndes) essigsaures Anilin hält, zum Beweise der

Sättigung der Oxalsäure. Der aus oxalsaurem Anilin und Leukol, wenig oxalsaurem Ammoniak und einem braunrothen Farbstoff bestehende Retortenrückstand wird zur Trockne abgedampft und auf dem Filter mit 85procentigem Weingeist gewaschen, so lange sich etwas löst, unter besonderem Sammeln des zuletzt nur mit geringer Färbung ablaufenden Weingeistes. Das auf dem Filter Bleibende ist oxalsaures Anilin; das wenig gefärbte weingeistige Filtrat hält oxalsaures Anilin und Leukol, welche beim Verdunsten krystallisiren und durch Umkrystallisiren aus wenig heifsem Wasser (bei dessen Erkalten zuerst das Leukolsalz in farblosen Nadeln, dann das Anilinsalz in Blättchen anschiefst) und aus Weingeist so weit geschieden werden, dass das Anilinsalz beim Reiben zwischen den Fingern nicht mehr phosphorartig riecht, und das Leukolsalz weder Fichtenholz gelb, noch Chlorkalk violett färbt. Durch Destillation mit Natronlauge, Schütteln des Destillats mit Aether und Verdunsten des ätherischen Auszugs erhält man aus den oxalsauren Salzen die Basen für sich. RUNGE.

Eigenschaften. Farbloses dünnes Oel, RUNGE, bei —20° sich etwas verdickend, aber nicht gefrierend, HOFMANN, von 1,028 spec. Gew., FRITZSCHE, von 1,020 bei 16°, HOFMANN; sehr stark das Licht brechend, FRITZSCHE, HOFMANN; leitet gar nicht den Strom einer 4paarigen Bunsen'schen Batterie, HOFMANN. Siedet stetig bei 182°, HOFMANN, bei 228°, FRITZSCHE, bei ungefähr 200°, ZININ, und verdunstet bald an der Luft, RUNGE, daher der durch das Anilin auf Papier erzeugte Oelfleck schnell verschwindet, HOFMANN. Dampfdichte = 3,219. BARRAL (*N. Ann. Chim. Phys.* 20, 348). Riecht stark nach frischem Honig, UNVERDORBEN; riecht sehr schwach, nicht unangenehm, und wirkt beim Einathmen nicht schädlich auf Kopf und Lunge, RUNGE; riecht stark unangenehm gewürzhaft, FRITZSCHE; riecht eigenthümlich, ZININ; zeigt schwachen angenehmen Weingeruch, HOFMANN. Schmeckt ziemlich beifsend, ZININ, gewürzhaft brennend, HOFMANN. $1/2$ Gramm Anilin mit $1\frac{1}{2}$ Gr. Wasser im Magen eines Kaninchens macht starke klonische Krämpfe, dann erschwertes Athmen, Entkräftung, erweiterte Pupille und Entzündung der Schleimhaut des Mundes; aber ins Auge getröpfeltes Anilin erweitert nicht die Pupille. HOFMANN. Es wirkt nicht giftig auf Hunde, WÖHLER u. FRERICHS (*Ann. Pharm.* 65, 343); seine wässrige Lösung tödtet Blutigel und hineingesteckte abgeschnittene Pflanzentheile. RUNGE. — Das Anilin bläut nicht geröthetes Lackmus, UNVERDORBEN, und röthet auch nicht Curcuma, RUNGE; eben so wenig das wässrige Anilin, welches jedoch das Violett der Dahlien grünt, HOFMANN. Es färbt wässrigen Chlorkalk lebhaft violettblau, und, bei Gegenwart einer Säure, Fichtenholz und Hollundermark gelb. RUNGE.

			ZININ. aus Nitrofune.	ZININ. a. Azoxydifune.	FRITZSCHE. a. Indig.	HOFMANN. a. Steinkohle.
12 C	72	77,42	77,17	77,11	78,21	77,31
N	14	15,05	14,84	15,00	14,83	
7 H	7	7,53	7,61	7,51	7,54	7,72
$C^{12}NH^7$	93	100,00	99,62	99,62	100,58	

	Maafs.	Dampfdichte.
C-Dampf	12	4,9920
N-Gas	1	0,9706
H-Gas	7	0,4851
Anilindampf	2	6 4477
	1	3,2236

Nach LAURENT und der Mehrzahl der Chemiker $C^{12}AdH^5$, und nicht $C^{12}NH^5,H^2$.

Zersetzungen. 1. Das Anilin *verbrennt* beim Anzünden mit glänzender stark rufsender Flamme. Hofmann. — 2. Es färbt sich an der *Luft* gelb (roth, Zinin), dann braun, unter Bildung eines braunen (rothen, in Wasser mit gelber Farbe löslichen, Unverdorben) Harzes, Fritzsche, um so schneller, je höher die Temperatur, Hofmann. Daher muss man bei seiner Destillation entweder rasches Feuer anwenden oder einen Strom von kohlensaurem oder Wasserstoff-Gas. Hofmann.

3. *Chlorgas*, durch trocknes Anilin geleitet, verwandelt es unter starker Wärme- und Salzsäure-Entwicklung in einen schwarzen zähen Theer, welcher die Zuleitungsröhre verstopft. Leitet man, um dieses zu vermeiden, das Chlor durch das mit Wasser gemischte oder in Salzsäure oder in Weingeist gelöste Anilin, so scheidet die sich erst blau, dann violett, dann schwarz färbende Flüssigkeit einen schwarzen Theer aus, der zu einem spröden Harz erkaltet; dieses Harz liefert beim Destilliren mit etwas Wasser Trichloranilin, $C^{12}NCl^3H^4$, geräth dann in Flufs und entwickelt, unter Rücklassung von Kohle, Salzsäure und Trichlorcarbolsäure, als ein gelbes widrig riechendes, beim Erkalten krystallisirendes Oel. Hofmann. $C^{12}NH^7 + 6Cl = C^{12}NCl^3H^4$ (Trichloranilin) $+ 3HCl$, und $C^{12}NH^7 + 6Cl + 2HO = C^{12}Cl^3H^3O^2$ (Trichlorcarbolsäure) $+ 2HCl + NH^4Cl$. — Auch bei der Destillation von Anilin mit Braunstein und Salzsäure scheint Trichloranilin zu entstehen. Hofmann. —

4. Brom bildet mit trocknem Anilin unter Wärmeentwicklung eine braune Lösung, die bei genug Brom zu einem Gemenge von fein krystallischem Tribromanilin und Hydrobrom gesteht. Fritzsche. — *Brom*wasser gibt mit in Salzsäure gelöstem Anilin unter reichlicher Bildung von Hydrobrom einen blass blauweifsen, schnell krystallisch werdenden Niederschlag von Tribromanilin; dasselbe setzt sich nach dem Kochen von Anilin mit überschüssigem Bromwasser als ein beim Erkalten krystallisirendes dunkles Oel nieder. Hofmann. — 5. Die sich unter starker Wärmeentwicklung bildende dunkelbraune Lösung des *Iods* in Anilin setzt bald lange Nadeln von Hydriod-Anilin ab, Fritzsche, Hofmann, während die Mutterlauge neben einem Theil dieses Salzes und freiem (durch Kali entziehbaren) Iod ein Iod-haltendes, nicht in Wasser, Säuren und Alkalien, aber in Weingeist und Aether lösliches braunes amorphes Harz und Hydriod-Iodanilin hält. Bildung des letztern: $C^{12}NH^7 + 2J = C^{12}NJH^6,HJ$. Hofmann.

6. Das Anilin gibt mit wässrigem *Chlorkalk* ein lasur- oder violett-blaues, sich mit Säuren rosenroth färbendes und mit viel Chlor entfärbendes Gemisch, durch Bildung einer Säure [?], die mit Basen, wie hier mit dem Kalk, blaue Salze erzeugt. Daher gibt Steinkohlentheer beim Schütteln mit verdünntem Chlorkalk eine blaue wässrige Flüssigkeit. Runge. Alle unterchlorigsaure Alkalien wirken wie der Chlorkalk. Das blaue Gemisch überzieht sich nach einigen Minuten mit einer schillernden Haut, und wird allmälig (schneller bei Anwendung von Anilinsalzen) schmutzig-roth. Die weingeistige Lösung des Anilins wird durch Chlorkalk nur schwach blau gefärbt, die ätherische oder eine viel Ammoniak haltende gar nicht. Hofmann. — 7. Fügt man zu der wässrigen Lösung eines Anilinsalzes gleichviel Weingeist, und dann *Salzsäure* mit *chlorsaurem Kali*, so fallen allmälig reichliche indigblaue Flocken nieder, welche, auf dem Filter gesammelt und mit Weingeist gewaschen, durch den Verlust der anhängenden Säure grün werden, und beim Trocknen zu

einem dunkelgrünen Körper zusammenschrumpfen, welcher 16 Proc. Chlor hält. Die vom blauen Niederschlage abfiltrirte Flüssigkeit, welche ein braunrothes Harz hält, unter Zusatz von noch mehr Salzsäure und chlorsaurem Kali gekocht, liefert unter hellgelber Färbung Krystalle von Chloranil. Bromsäure oder iodsaures Kali mit Schwefelsäure liefern mit Anilin ähnliche blaue Niederschläge. FRITZSCHE. — Da zur Gewinnung des blauen Niederschlags das Verhältniss von Salzsäure und chlorsaurem Kali schwer zu treffen ist, so fügt man besser zu in Salzsäure gelöstem Anilin einige Tropfen nach MILLON dargestellter chloriger Säure, welche sogleich einen blauen Brei erzeugt. Der gewaschene Niederschlag ist durch Ammoniak oder Kali, unter Bildung von Salmiak oder Chlorkalium, zersetzbar. Durch allmäliges Eintragen von chlorsaurem Kali in ein kochendes Gemisch von in nicht zu viel Weingeist gelöstem Anilin und starker Salzsäure erhält man, ohne Bläuung des Gemisches, aber unter reichlicher Entwicklung von Essigvinester und Bildung von Salmiak, Krystalle von reinem Chloranil. Wirft man in die siedende Lösung des Anilins in überschüssiger starker Salzsäure viel chlorsaures Kali, so entsteht unter starker Reaction Chloranil und ein rothes Harz, welches sich mit Weingeist ausziehen lässt, und bei der Destillation erst noch etwas Chloranil, dann Salzsäure, dann ein Sublimat von Geruch und Verhalten der Trichlorcarbolsäure liefert, welches aber wahrscheinlich Quintichlorcarbolsäure ist. HOFMANN. — 8. Das Anilin wird durch *Salpetersäure* zerstört, und lässt, bei 100° abgedampft, einen braunschwarzen Rückstand. RUNGE. — Es röthet sich sogleich mit starker Salpetersäure. ZININ. — Es wird damit vorübergehend blau und grün. FRITZSCHE. — Es bildet mit wenig rauchender Salpetersäure sogleich ein tief lasurblaues Gemisch, welches bei sehr schwachem Erwärmen gelb wird, sich erhitzt, mit Heftigkeit Gas entwickelt und dann unter immer lebhafterer Scharlachfärbung viele Tafeln von Pikrinsäure absetzt. HOFMANN. Auch Anilin, in überschüssiger mäfsig starker Salpetersäure gelöst, kommt beim Erwärmen ins Selbstkochen, entwickelt salpetrige Dämpfe und ist nach Beendigung desselben in Pikrinsäure verwandelt. HOFMANN u. MUSPRATT. $C^{12}NH^7 + 6NO^5 = C^{12}N^3H^3O^{14} + 4HO + 4NO^3$. HOFMANN. — 9. Beim Zusammenbringen von wässrigem salzsauren Anilin mit *salpetrigsaurem* Silberoxyd (oder länger geglühtem Salpeter) scheidet sich unter reichlicher Stickgasentwicklung Carbolsäure in feinen braunen Oeltropfen aus. HUNT (*Sill. amer. J.* 1849), HOFMANN (*Ann. Pharm.* 75, 356). $C^{12}NH^7 + NO^3 = C^{12}H^6O^2 + HO + 2N$. HUNT. — Dieselbe Umwandlung bewirkte HUNT beim Leiten von Stickoxydgas durch in Salpetersäure gelöstes Anilin, während HOFMANN bei Anwendung stärkerer Säure ein braunes harziges Gemenge von krystallischer Nitrocarbolsäure und einer amorphen Substanz, mit dem Bibergeilgeruch nach zu urtheilen, einer Spur Carbolsäure, und bei schwächerer Säure keine Zersetzung erhielt. — 10. *Vitriolöl* bewirkt mit Anilin erst bei 100° eine schwache Bräunung, und erzeugt bei weiterer Zersetzung schwefelsaures Ammoniak. RUNGE.

11. Das Anilin entzündet sich in Berührung mit trockner *Chromsäure* und verbrennt mit heller Flamme und angenehmem Geruche, Chromoxyd lassend. HOFMANN. — Die wässrige Lösung des Anilins

und seiner Salze gibt mit wässriger Chromsäure einen, je nach der Concentration, bald dunkelblauen, bald dunkelgrünen, bald schwarzen chromhaltigen Niederschlag, FRITZSCHE, HOFMANN, dessen Zusammensetzung von 62,66 Proc. C und 2,12 Cr^2O^3 bis zu 33,93 C und 31,00 Cr^2O^3 wechselt, FRITZSCHE. — 12. Das Anilin und seine Salze fällen aus *übermangansaurem* Kali das braune Manganhyperoxydhydrat. FRITZSCHE, HOFMANN. — 13. Beim Kochen von wässrigem schwefelsauren Anilin mit Bleihyperoxyd entsteht unter Entwicklung von Kohlensäure eine nach Ameisensäure riechende, blaue, dann sich entfärbende Flüssigkeit, aus der Kali viel Ammoniak entwickelt. HOFMANN. — 14. Mit schwefelsaurem *Eisenoxyd* gibt das schwefelsaure Anilin ein dunkelrothes Gemisch, aus dem Eisenvitriol anschiefst. HOFMANN. — 15. Das Anilin gibt beim Erwärmen mit *Silberlösung* einen schwarzbraunen, und mit *Goldlösung* einen purpurnen flockigen Niederschlag. RUNGE.

16. Mit *Dreifachchlorphosphor* bildet das Anilin eine kystallische Substanz. HOFMANN. — 17. In *Phosgengas* erstarrt es unter Heifswerden zu einem krystallischen Gemenge von Carbanilid und salzsaurem Anilin. $4 C^{12}NH^7 + 2 CClO = C^{26}N^2H^{12}O^2 + 2 (C^{12}NH^7,HCl)$. HOFMANN. — 18. Das, nach jedem Verhältnisse mögliche, Gemisch von Anilin und *Schwefelkohlenstoff* entwickelt nach mehreren Stunden Hydrothion und erstarrt nach Wochen (schneller in der Wärme, oder bei Zusatz von Weingeist) zu schuppigem Sulfocarbanilid. $2 C^{12}NH^7 + 2 CS^2 = C^{26}N^2H^{12}S^2 + 2 HS$. HOFMANN.

19. *Kalium* löst sich in Anilin unter Wasserstoffentwicklung zu einem violetten, bald sich bräunenden Brei, auf dem Tropfen von unzersetztem Anilin schwimmen, und der kein Cyankalium hält. Aber beim Schmelzen von Kalium in Anilindampf bildet sich unter Abscheidung von Kohle viel Cyankalium. HOFMANN.

20. Das mit *Iodformafer* gemischte Anilin geräth in lebhaftes Sieden und bildet dann Krystalle von Hydriod-Formanilin. $C^{12}NH^7 + C^2H^3J = C^{14}NH^9,HJ$. — Eben so erstarrt es mit *Bromformafer* rasch zu krystallischem Hydrobrom-Formanilin. HOFMANN. — 21. Reines Anilin verschluckt das durchgeleitete *Cyangas* unter Wärme-Entwicklung und einer bis zur Undurchsichtigkeit steigenden Röthung, erhält gleich anfangs den Geruch nach Blausäure, der bei weiterem Durchleiten in den nach Cyan, aber bei 12stündigem Verschliefsen wieder in den nach Blausäure übergeht, setzt krystallisches, aber braunes Cyananilin ab, und erstarrt endlich bei genug Cyan zu einer dunkeln Krystallmasse. — Leitet man durch weingeistiges Anilin nur so lange Cyan, bis die Flüssigkeit stark darnach riecht, so setzt sie Krystalle von fast reinem Cyananilin ab; bei weiterem Durchleiten von Cyan mengen sich, wie bei dem reinen Anilin, dem Cyananilin andere Producte bei. HOFMANN. — 22. Trocknes Anilin nimmt den Dampf der aus erhitzter Cyanursäure entwickelten *Cyansäure* unter Heifswerden auf, und erstarrt beim Erkalten zu krystallischem Anilinharnstoff, $C^{14}N^2H^8O^2$, mit um so mehr Carbanilid, $C^{26}N^2H^{12}O^2$, gemengt, je stärker sich die Flüssigkeit erhitzte. $C^{12}NH^7 + C^2NHO^2 = C^{14}N^2H^8O^2$. — Derselbe Anilinharnstoff wird aus wässrigem schwefel-

saurem Anilin durch *cyansaures* Kali krystallisch gefällt. HOFMANN (*Ann. Pharm.* 53, 57; 57, 365). CHANCEL (*Compt. chim.* 1849) erhielt auf letztere Weise nichts, als cyansaures Anilin, beim Kochen mit Kali alles Anilin entwickelnd. — 23. Durch Chlorcalcium getrocknetes *Chlorcyangas* wird unter starker Wärmeentwicklung von trocknem Anilin reichlich verschluckt, welches sich verdunkelt und krystallisch verdickt, so dass zuletzt, um die Sättigung mit dem Gase zu bewirken, Erwärmen nöthig ist; die dann beim Erkalten gestehende harzartige Masse ist salzsaures Melanilin, $C^{26}N^3H^{13}$,HCl. $2\,C^{12}NH^7 + C^2NCl = C^{26}N^3H^{14}Cl$. Demselben ist um so mehr Anilinharnstoff beigemengt, je weniger sorgfältig alles Wasser abgehalten wurde, und wässriges Chlorcyan erzeugt fast blofs dieses nebst salzsaurem Anilin. $2\,C^{12}NH^7 + 2\,HO + C^2NCl = C^{14}N^2H^8O^2 + C^{12}NH^7$,HCl. HOFMANN (*Ann. Pharm.* 67, 130; 70, 129). — 24. *Bromcyan* verwandelt eben so, wie flüchtiges Chlorcyan, das Anilin in Hydrobrom-Melanilin, und [bei Gegenwart von Wasser?] in etwas Carbanilid. HOFMANN. — 25. *Iodcyan* erzeugt mit dem Anilin: Iodanilin, ein braunes, Iod haltendes Product und Blausäure. HOFMANN. — 26. *Ueberschwefelblausäure*, mit trocknem Anilin erhitzt, schmilzt damit zusammen und erstarrt beim Erkalten zu einer Masse, die sich in kochendem Weingeist und Aether löst, und welche beim Auskochen mit, wenig Kali haltendem, Wasser, unter Rücklassung von Schwefel, ein Filtrat gibt, aus welchem Salzsäure, neben etwas Schwefel, in kochendem Weingeist und Aether lösliche Krystallschuppen fällt. LAURENT u. GERHARDT (*N. Ann. Chim. Phys.* 24, 198).

27. Das trockne Gemisch von *Bromvinafer* und Anilin zersetzt sich nicht in der Kälte; aber beim Erhitzen in einem Apparate, welcher den sich verflüchtigenden Afer ins Gemisch zurückführt, kommt das Gemisch in freiwilliges Sieden, bräunt sich und gesteht dann beim Erkalten krystallisch. Wenn das Anilin vorwaltete, so sind die Krystalle Hydrobrom-Anilin, während die Mutterlauge Vinanilin mit freiem Anilin hält. $2\,C^{12}NH^7 + C^4H^5Br = C^{12}NH^7$,HBr $+ C^{16}NH^{11}$. Bei vorwaltendem Bromvinafer sind die Krystalle Hydrobrom-Vinanilin und die Mutterlauge hält, neben diesem, Bromvinafer. $C^{12}NH^7 + C^4H^5Br = C^{16}NH^{11}$,HBr. Bei mittlerem Verhältnisse entstehen beiderlei Krystalle zugleich. HOFMANN. — 28. Die sich unter starker Wärmeentwicklung bildende Lösung des Anilins in Cyanursäureäther (V, 18) gesteht beim Erkalten zu krystallischem Vinanilin-Harnstoff, $C^{18}N^2H^{12}O^2$. WURTZ (*Compt. rend.* 32, 417). — Das Gemisch von Anilin und *Senföl* setzt nach Monaten 4seitige Tafeln ab, vielleicht von $C^{12}N^2H^{12}S^2$, dem Thiosinnamin entsprechend. HOFMANN. — 29. Das kalte Gemisch von Anilin und überschüssigem *Brommylafer* setzt in mehreren Tagen Krystalle von Hydrobromanilin ab, während die Mutterlauge, neben Brommylafer, Mylanilin hält; aber bei sehr grofsem Ueberschuss von Brommylafer und Erwärmen im Wasserbade krystallisirt aus dem Brommylafer Hydrobrom-Mylanilin. HOFMANN. [$2\,C^{12}NH^7 + C^{10}H^{11}Br = C^{22}NH^{17}$ (Mylanilin) $+ C^{12}NH^7$,HBr; und: $C^{12}NH^7 + C^{10}H^{11}Br = C^{22}NH^{17}$,HBr.]

Das Anilin verändert sich nicht bei mehrtägigem Erhitzen auf 250° mit Carbolsäure in einer zugeschmolzenen Glasröhre. HOFMANN.

30. Das mit *organischen Säuren* verbundene Anilin geht durch Entziehung von 2 oder 4 At. Wasser in gepaarte Verbindungen über,

von denen einige auch durch Anilin und einige zu den Aldiden gehörende Chlorverbindungen, die mit Wasser Säuren bilden, hervorgebracht werden. Es sind hierbei zu unterscheiden:

1. *Anilsäuren, Acides anilidés*, den Amidsäuren entsprechend, Verbindungen von 1 At. Anilin mit 1 At. 2basischer Säure weniger 2 At. Wasser. Z. B. Succinanilsäure = $C^{12}NH^7 + C^8H^6O^8 - 2\,HO = C^{20}NH^{11}O^6$. Sie lösen sich schwer in Wasser, doch besser, als die folgenden Verbindungen.

2. *Anilide*, den Amidverbindungen entsprechende Verbindungen, entweder von 1 At. Anilin mit 1 At. 1basischer Säure weniger 2 At. Wasser, oder von 2 At. Anilin mit 1 At. 2basischer Säure weniger 4 At. Wasser, noch als *Dianilide* zu unterscheiden. Z. B. Oxanilid $= 2\,C^{12}NH^7 + C^4H^2O^8 - 4\,HO = C^{28}N^2C^{12}O^4$; oder von 1 At. Anilin mit 1 At. Chlorverbindung weniger 1 At. Salzsäure. Z. B. Benzanilid $= C^{12}NH^7 + C^{14}ClH^5O^2$ (Chlorbenzoyl) $= C^{26}NH^{11}O^2 + HCl$. Viele Anilide verdampfen bei starker Hitze. Sie entwickeln mit schmelzendem Kalkhydrat, nicht mit kochender Kalilauge, Anilin. Sie lösen sich nicht oder wenig in Wasser, viel besser in Weingeist.

3. *Anile*, den Imiden (IV, 125, oben) entsprechende Verbindungen von 1 At. Anilin und 1 At. 2basischer Säure, weniger 4 At. Wasser. Z. B. Succinanil $= C^{12}NH^7 + C^8H^6O^8 - 4\,HO = C^{20}NH^9O^4$. Sie sind bei starker Hitze meist verdampfbar. Sie werden durch Kochen mit wässrigem Ammoniak unter Aufnahme von 2 At. Wasser in ein anilsaures Ammoniak zersetzt. $C^{20}NH^9O^4 + 2\,HO = C^{20}NH^{11}O^6$ (Succinanilsäure). Sie verhalten sich gegen Kali wie die Anilide. Sie lösen sich viel leichter in Weingeist als in Wasser. LAURENT u. GERHARDT (*N. Ann. Pharm.* 24, 163). Vergl. HOFMANN (*Ann. Pharm.* 73, 33).

Verbindungen. Beim Schütteln des aus dem oxalsauren Salze erhaltenen reinen Anilins mit *Wasser* bilden sich *gewässertes* Anilin (worin wohl nur 1 At. Wasser) und eine an Anilin sehr arme *wässrige Lösung*. HOFMANN. Das gewässerte Anilin lässt bei der Destillation anfangs vorzugsweise das Wasser übergehen, so dass die letzten $^2/_3$ wasserfrei sind. FRITZSCHE. Das nicht vom widrig riechenden Stoffe (dem Odorin) durch Verbindung mit Oxalsäure (V, 705) befreite Anilin bildet unter viel reichlicherem Lösen eine untere, viel gesättigtere Lösung des Anilins in Wasser und eine obere viel wasserreichere Schicht von gewässertem Anilin, welche 30 Proc. (also über 4 At.) Wasser hält, und sich schon beim Erwärmen durch die Hand trübt. — Das reine Anilin löst sich in Wasser um so reichlicher, je höher die Temperatur, so dass die kochend gesättigte Lösung beim Erkalten milchweiſs wird. Aus der kalt bereiteten Lösung scheiden ätzendes und kohlensaures Kali oder Natron, Kochsalz oder Bittersalz das Anilin ab, und Aether entzieht es dem Wasser. Die kalt gesättigte wässrige Lösung des noch Odorin haltenden Anilins dagegen trübt sich schon beim Erwärmen mit der Hand, und scheidet beim Kochen viel gewässertes Anilin nach oben ab, so wie sie auch durch 4 Tropfen Schwefelsäure oder Oxalsäure getrübt und erst durch mehr wieder geklärt wird, während die Lösung des reinen Anilins klar bleibt. HOFMANN. — Das Anilin löst sich leicht in Wasser, RUNGE, wenig, FRITZSCHE, nicht, ZININ.

Das Anilin löst den *Phosphor* ziemlich leicht, HOFMANN, den *Schwefel* in der Wärme sehr reichlich, ihn beim Erkalten krystallisch absetzend, FRITZSCHE, HOFMANN, und mischt sich mit *Schwefelkohlenstoff* nach allen Verhältnissen, HOFMANN.

Das Anilin bildet mit Säuren unter Wärmeentwicklung, Hofmann, und Neutralisation, Runge, die *Anilinsalze.* Es fällt die Salze von Alaunerde, Zinkoxyd, Eisenoxydul und Eisenoxyd. Nicht die von Bittererde, Chromoxyd, Mangan-, Kobalt- oder Nickel-Oxydul, und auch nicht das salpetersaure Quecksilberoxydul oder salpetersaure Silberoxyd. Hofmann. Die Verbindungen mit unorganischen Sauersoffsäuren halten wesentlich Wasser. Zinin, Fritzsche, Hofmann. Die meisten Anilinsalze sind leicht krystallisirbar. Unverdorben, Zinin. Bisweilen hindert der widrig riechende Stoff (Odorin) im nicht aus dem oxalsauren Salze abgeschiedenen Anilin das Krystallisiren. Hofmann. Die Salze sind gröfstentheils farblos und geruchlos. Hofmann. Sie werden an der Luft rosenroth, besonders schnell in feuchtem Zustand. Hofmann. Die fixen Alkalien scheiden aus ihnen das Anilin in Oeltropfen aus; eben so das Ammoniak bei Mittelwärme, während in der Hitze das Ammoniak durch das Anilin ausgetrieben wird. Hofmann. Kaliumamalgam treibt aus den getrockneten Salzen Wasserstoff und Anilin aus. Hofmann. Die Anilinsalze, besonders das salz- oder salpeter-saure, am schwächsten das essigsaure, geben mit Chlorkalk, falls er überschüssigen Kalk hält, die lasurblaue Färbung (V, 707). Sie ertheilen dem Fichtenholz oder Hollundermark wegen eines darin befindlichen, durch Wasser und Weingeist ausziehbaren Stoffs (nicht dem Papier, Leinen, Baumwolle, Seide oder Wolle) eine nicht durch Chlor zerstörbare, tief gelbe Färbung, noch bei einer Lösung, die nur $^1/_{500000}$ Anilin hält, etwas wahrnehmbar. Runge. Die Salze des Naphthalidams färben noch stärker, die des Leukols nach einiger Zeit, während die des Sinnamins, Coniins und Chinolins nur blassgelb färben. Hofmann.

Das Anilin verbindet sich nicht mit Kohlensäure. Runge, Hofmann.

Gewöhnlich phosphorsaures Anilin. — a. *Halb.* — Concentrirte Phosphorsäure, mit Anilin übersättigt, erstarrt sogleich zu einer weifsen Krystallmasse, welche, ausgepresst, in viel kochendem Weingeist gelöst, durch ein warm gehaltenes Filter geseiht und erkältet, zwischen Papier auszupressende und auf einem warmen Ziegel zu trocknende, fleischrothe, perlglänzende, geruchlose, Lackmus schwach röthende Blätter liefert. — Sie verlieren bei 100° unter Röthung Anilin, schmelzen bei stärkerer Hitze und lassen endlich unter Verflüchtigung des Anilins (durch Verkohlung von wenig Anilin gefärbte, Gerhardt) Metaphosphorsäure. Sie lösen sich leicht in Wasser und Aether, und wenig in kaltem Weingeist, aber so reichlich in heifsem, dass beim Erkalten Erstarren erfolgt. Ed. Ch. Nicholson (*Ann. Pharm.* 59, 213).

	Krystalle.		Nicholson.
24 C	144	50,63	50,16
2 N	28	9,85	
17 H	17	5,97	6,10
3 O	24	8,44	
PO^5	71,4	25,11	24,86
$2(C^{12}NH^7,HO),Aq,cPO^5$	284,4	100,00	

b. *Einfach.* — Wässriges Salz a, so lange mit Phosphorsäure versetzt, bis es nicht mehr Chlorbaryum fällt, liefert nach dem Abdampfen im Wasserbade in einigen Stunden mit Aether zu waschende und auf einem warmen Ziegel zu trocknende, weifse seidenglänzende

Nadeln, welche an der Luft rosenroth werden, und sich leicht in Wasser, Weingeist und Aether lösen, in ersterem jedoch unter Bildung des Salzes a. NICHOLSON.

	Krystalle.		NICHOLSON.
12 C	72	37,62	37,86
N	14	7,32	
10 H	10	5,22	5,44
3 O	24	12,54	
PO^5	71,4	37,30	37,12
$C^{12}NH^7,HO,2Aq,cPO^5$	191,4	100,00	

Pyrophosphorsaures Anilin. — Durch Zersetzung des pyrophosphorsauren Bleioxyds mit Hydrothion erhaltene concentrirte Pyrophosphorsäure bildet mit überschüssigem Anilin einen gallertartigen, erhärtenden Niederschlag, der ein Gemenge von *halb-* und *einfachsaurem Salz* ist. Ersteres lässt sich nicht rein darstellen, aber das einfachsaure Salz erhält man durch Erwärmen des Gemisches bis zur Lösung, Uebersättigen mit Säure und Abdampfen im Wasserbade als eine beim Erkalten erstarrrende Nadelmasse, welche zwischen Papier ausgepresst, mit Aether gewaschen und im Vacuum getrocknet wird. Die seidenglänzenden Nadeln gleichen dem schwefelsauren Chinin, sind sehr sauer, röthen sich sowohl in festem, als in gelöstem Zustande an der Luft, und lösen sich in Wasser, aber gar nicht in Weingeist und Aether. NICHOLSON.

	Krystalle, im Vacuum getrocknet.		NICHOLSON.
12 C	72	39,47	39,22
N	14	7,68	
9 H	9	4,93	5,56
2 O	16	8,77	
PO^5	71,4	39,15	38,85
$C^{12}NH^7,HO,bPO^5+Aq$	182,4	100,00	

Metaphosphorsaures Anilin. — Die concentrirte Lösung der glasigen Phosphorsäure, in starkem Ueberschuss zu Anilin oder zu seiner weingeistigen oder ätherischen Lösung gefügt, fällt eine weiſse Gallerte, welche auf dem Filter bis zum Verschwinden des Anilingeruchs mit Aether gewaschen, und im Vacuum über Vitriolöl getrocknet wird. Weiſse amorphe, Lackmus röthende Masse, welche an der Luft unter rosenrother Färbung klebrig wird, und sich in Wasser, aber gar nicht in Weingeist und Aether löst. Die wässrige Lösung ändert sich beim Kochen durch Bildung gewöhnlicher Phosphorsäure; sie löst metaphosphorsaures Silberoxyd, röthet sich aber dann beim Kochen unter theilweiser Reduction des Silbersalzes. NICHOLSON.

	Im Vacuum getrocknet.		NICHOLSON.
12 C	72	41,52	41,33
N	14	8,08	
8 H	8	4,61	4,55
O	8	4,61	
aPO^5	71,4	41,18	41,11
$C^{12}NH^7,OH,aPO^5$	173,4	100,00	

Schwefligsaures Anilin. — Beim Absorbiren von schwefligsaurem Gas bildet das Anilin Krystalle. HOFMANN.

Schwefelsaures Anilin. — Verdünnte Schwefelsäure hebt den Geruch des Anilins auf, und gibt beim Abdampfen, auch wenn die

Säure vorwaltet, Krystalle von neutralem Salz, durch Waschen mit kaltem absoluten Weingeist, und Krystallisiren aus kochendem in grofsen Blättern zu erhalten, welche nach Anilin schmecken. Unverdorben. — Die ätherische Lösung des öligen Gemisches von Anilin, Leukol und wenig neutralem Oel (V, 705 oben), gesteht beim Versetzen mit wenig Vitriolöl zu einem weifsen Krystallbrei, welchen man durch Waschen mit kaltem absoluten Weingeist vom Leukoi befreit, dann in kochendem löst, vom wenigen schwefelsauren Ammoniak abfiltrirt, und bei freiwilligem Verdunsten in Krystallrinden erhält. Hofmann. — Die concentrirte weingeistige Lösung des Anilins gesteht mit Vitriolöl zu einer weichen Masse, welche aus kochendem Weingeist in weifsen silberglänzenden Blättchen von scharf säuerlich bitterm Geschmack anschiefst. Zinin. — Mit Anilin übersättigte verdünnte Schwefelsäure liefert beim Abdampfen eine weifse luftbeständige, Lackmus röthende Krystallmasse. Runge. — Die Krystalle erhalten beim Liegen an der Luft, unter Bildung von Fuscin, den Geruch nach Anilin, Unverdorben; sie färben sich, besonders in feuchtem Zustande, darin rosenroth, Zinin. — Die Krystalle lassen sich bei 100°, bis auf eine bräunliche Färbung, ohne Zersetzung trocknen. Hofmann. Sie entwickeln beim Erhitzen wenig Wasser, dann Anilin, ein saures Salz lassend, welches bei weiterem Erhitzen, unter Rücklassung von Kohle, ein Krystallgemeng von schwefligsaurem Anilin, Ammoniak und Odorin sublimirt. Unverdorben. Sie verkohlen sich bei stärkerem Erhitzen schnell unter Entwicklung von Wasser, schwefliger Säure und etwas Ammoniak. Runge. Sie entwickeln erst Anilin, dann schweflige Säure und lassen eine aufgeblähte, schwer verbrennliche Kohle. Hofmann. Auf Blech entzündet, verbrennen sie mit röthlicher rufsender Flamme, viel Kohle lassend. Zinin. Das Salz löst sich sehr leicht in Wasser und Weingeist. Zinin. Die kochend gesättigte wässrige Lösung gesteht beim Erkalten; verdünnter Weingeist löst viel, kalter absoluter Weingeist wenig, heifser viel und Aether nichts. Unverdorben, Hofmann.

	Bei 100°.		Zinin.	Hofmann.
12 C	72	50,71	50,21	
N	14	9,86		
8 H	8	5,63	5,90	
O	8	5,63		
SO^3	40	28,17	28,99	28,67
$C^{12}NH^7,HO,SO^3$	142	100,00		

Hydriod-Anilin. — Nadeln, sehr leicht in Wasser und Weingeist, weniger in Aether löslich. Hofmann.

	Nadeln.		Hofmann.
$C^{12}NH^7$	93	42,27	
HJ	127	57,73	57,53
$C^{12}NH^7,HJ$	220	100,00	

Hydrobrom-Anilin. — Auch bei raschem Erhitzen unzersetzt sublimirbar. Hofmann.

Salzsaures Anilin. — Salzsäure, über Anilin gehalten, gibt nach Hofmann, nicht nach Runge, Nebel. — Mit Anilin übersättigte Salzsäure liefert beim Abdampfen Krystalle, welche sich unter Schmelzen sublimiren, Lackmus röthen, sich sehr leicht in Wasser, Weingeist und Aether lösen und sich nach dem Mengen mit Salpeter bei gelindem Erhitzen schwärzen, mit dem Geruch, wie bei der Sublimation des Indigs. RUNGE. Das sehr leicht in Wasser und Weingeist lösliche Salz schiefst aus Weingeist in weifsen Blättchen an, die sich leicht und ohne Zersetzung als ein aus zarten Nadeln bestehendes lockeres Pulver von salzig bitterm Geschmack sublimiren. ZININ. Mit starker Salzsäure gesteht das reine Anilin sogleich zu einem Krystallbrei. Das Salz krystallisirt aus Wasser oder Weingeist in stechend schmeckenden, unzersetzt sublimirbaren feinen Nadeln. Das nicht durch Verbindung mit Oxalsäure gereinigte, noch widrig riechende Anilin gesteht mit starker Salzsäure, statt Krystalle zu geben, nach einiger Zeit zu einem dicken, nicht krystallisirenden Syrup; und seine Lösung in Aether setzt beim Durchleiten von salzsaurem Gas sogleich einen ähnlichen ab. HOFMANN.

	Krystalle.		FRITZSCHE.	ZININ.
12 C	72	55,64		55,08
N	14	10,82		
8 H	8	6,18	6,05	6,42
Cl	35,4	27,36	27,18	26,58
$C^{12}NH^7,HCl$	129,4	100,00		

Salpetersaures Anilin. — Mit Anilin übersättigte Salpetersäure liefert beim Abdampfen farblose, Lackmus röthende, nicht zerfliefsliche Nadeln, welche sich bei 100° nur bei Gegenwart freier Säure oder nach dem Befeuchten mit Einfachchlorkupfer schwärzen und welche für sich über 100° erhitzt, schnell unter schwacher Verpuffung in eine schwarze Masse übergehen. RUNGE. — Das Gemisch von Anilin und verdünnter Salpetersäure gibt nach einiger Zeit, durch Pressen zwischen Papier zu reinigende Nadelbüschel. Die rothe Mutterlauge gibt blaue Efflorescenzen. Mit mäfsig starker Säure erstarrt das Anilin zu einer rosenrothen Krystallmasse, aber mit stärkerer zersetzt es sich unter plötzlicher dunkler Färbung. — Die Krystalle schmelzen bei behutsamem Erhitzen und verwandeln sich unter geringer Zersetzung in einen farblosen Dampf, der sich zu feinen Krystallblumen verdichtet. Aber bei raschem Erhitzen auf Blech werden sie unter Verflüchtigung von Anilin verkohlt. HOFMANN.

Das Anilin erzeugt sowohl mit *Dreifachchlorantimon*, als mit *Zweifachchlorzinn* einen weifsen reichlichen käsigen Niederschlag, der aus heifser verdünnter Salzsäure krystallisirt. HOFMANN.

Fluorsilicium-Anilin. — 93 Th. Anilin absorbiren 63,3 Th. Fluorsiliciumgas zu einer blassgelben Masse, welche beim Waschen mit Aether, Auskochen mit Weingeist, Auspressen, Trocknen und Sublimiren in eine weifse sehr leichte Rinde übergeht. Diese hält 59,52 Proc. C, 4,40 H und lässt nach dem Glühen mit überschüssigem Bleioxyd, welches Anilin austreibt, 42,2 Proc. F und SiO^2. Sie scheidet mit Wasser Kieselgallerte aus. Sie löst sich wenig in kochendem Weingeist und schiefst daraus in sehr glänzenden Blättern an. LAURENT u. DELBOS (*N. Ann. Chim. Phys.* 22, 101; Ausz. *N. J. Pharm.* 10, 309).

Schwefelsaures Kupferoxyd-Anilin. — Zuerst von HOFMANN bemerkt. — Man fällt verdünnten Kupfervitriol durch in Wasser vertheiltes und mit Weingeist bis zur Klärung versetztes Anilin. Pistaciengrüne Krystallschuppen, mit kaltem Wasser zu waschen und an der Luft, dann bei 100° zu trocknen. So halten sie 18,5 Proc. Kupfer, sind also $C^{12}NH^7,CuO,SO^3$. Sie lassen beim Erhitzen unter Entwicklung der Hälfte des Anilins ein schwarzes Gemeng von Kupferoxyd und anilinschwefelsaurem Kupferoxyd, welches letztere sich durch Wasser ausziehen lässt, und durch die Röthung mit Chromsäure zu erkennen gibt. $2C^{12}NH^7CuSO^4 = C^{12}NH^7 + C^{12}NH^6CuS^2O^6 + CuO + HO$. Beim Kochen der Schuppen mit Wasser verflüchtigt sich Anilin und löst sich schwefelsaures Anilin, während halb schwefelsaures Kupferoxyd bleibt. $2C^{12}NH^7CuSO^4 + HO = C^{12}NH^7 + C^{12}NH^8SO^4 + 2CuO,SO^3$. Gerhardt.

Einen ähnlichen, aber sich sehr leicht schwärzenden Niederschlag gibt das Anilin mit Einfachchlorkupfer. Hofmann.

Chlorquecksilber-Anilin. — Zinin bemerkte zuerst den krystallischen Niederschlag, den Anilin mit Aetzsublimat gibt.

a. *Mit 1 At. Chlorquecksilber.* — Man fällt überschüssiges weingeistiges Anilin durch weingeistigen Aetzsublimat. Perlglänzender Niederschlag, auf dem Filter zu sammeln und mit wenig Weingeist zu waschen. Er entwickelt schon bei 60° etwas Anilin, und wird gelblich. Gerhardt.

			Gerhardt.
12 C	72	31,52	31,2
N	14	6,13	
7 H	7	3,07	
HgCl	135,4	59,28	
$C^{12}NH^7,HgCl$	228,4	100,00	

b. *Mit 3 At. Chlorquecksilber.* — Erhebt sich beim Mischen von Anilin mit [überschüssigem?] wässrigem Aetzsublimat als eine Pflastermasse; fällt beim Mischen der weingeistigen Lösungen als weifses zartes, bald krystallisch werdendes, Pulver nieder. Mit Wasser zu waschen. Es wird beim Kochen mit Wasser unter Entwicklung von etwas Anilin und theilweiser Lösung des, beim Erkalten unverändert krystallisirenden, Salzes citronengelb. In wenig heifser Salzsäure löst es sich theilweise unter Schmelzung zu einem schweren rothen Oele; in mehr völlig, beim Erkalten weifse Krystalle liefernd. Es löst sich sehr wenig in kaltem Wasser; auch etwas in kochendem Weingeist, beim Erkalten anschiefsend. Hofmann. Hierher gehören auch wohl die Nadeln, welche Gerhardt aus der von Salz a abfiltrirten weingeistigen Flüssigkeit bei weiterem Zusatz von Sublimat erhielt, und welche beim Kochen mit Weingeist einen pomeranzengelben Rückstand und ein dunkelgelbes Filtrat lieferten, aus dem sich beim Erkalten ein Gemenge von farblosen und von pomeranzengelben Krystallen absetzte.

			Hofmann.
12 C	72	14,43	14,20
N	14	2,81	
7 H	7	1,40	
3 Hg	300	60,09	60,63
3 Cl	106,2	21,27	20,36
$C^{12}NH^7,3HgCl$	499,2	100,00	

Mit *Dreifachchlorgold* gibt das Anilin einen rothbraunen und das salzsaure Anilin einen gelben, schnell schmutzig-rothbraun werdenden Niederschlag. Hofmann.

Chlorplatin-salzsaures Anilin. — In viel Salzsäure gelöstes Anilin gesteht mit wässrigem Zweifachchlorplatin schnell zu einem pomeranzengelben Krystallbrei; war die salzsaure Anilinlösung zuvor mit einem gleichen Maafs Weingeist versetzt, so bilden sich beim Zusatz der Platinlösung langsamer feine Nadeln. Waltet im Gemisch das Anilin über die Salzsäure vor, so bräunt es sich durch Zersetzungsproducte. Die Krystalle werden mit kaltem Aetherweingeist gewaschen und bei 100° getrocknet. Sie lösen sich wenig in Aetherweingeist, nicht in reinem Aether. HOFMANN. Der von ZININ durch reines Anilin in Platinlösung erhaltene braungelbe, schwer in Wasser und Weingeist lösliche Niederschlag scheint nach sorgfältigem Waschen mit Aetherweingeist und Trocknen bei 100°, zufolge der Analyse, hiermit identisch zu sein.

	Bei 100°.		HOFMANN.	ZININ.
12 C	72	24,07	24,15	
N	14	4,68		
8 H	8	2,70	2,67	
Pt	99	33,06	32,89	32,43
3 Cl	106,2	35,49	34,82	
$C^{12}NH^{8}Cl,PtCl^{2}$	299,2	100,00		

Mit *Chlorpalladium* gibt das Anilin einen schön pomeranzengelben Niederschlag. HOFMANN.

Schwefelblausaures Anilin. — Mit Anilin gesättigte wässrige Schwefelblausäure setzt beim Abdampfen rothe Oeltropfen ab, die allmälig krystallisch erstarren. Die Krystallmasse schmilzt bei schwachem Erwärmen, entwickelt dann unter stürmischem Kochen Hydrothion und Schwefelammonium, und lässt bei noch stärkerem Erhitzen ein öliges Gemisch von Schwefelkohlenstoff und Schwefelammonium, nebst Sulfocarbanilid übergehen, während ein blasser harziger Rückstand bleibt. $2(C^{12}NH^{7},C^{2}NHS^{2}) = C^{26}N^{2}H^{12}S^{2}$ (Sulfocarbanilid) $+ C^{2}N^{2}H^{4}S^{2}$ (schwefelblausaures Ammoniak). — Aber letzteres zerfällt bei der gegebenen Temperatur weiter in Schwefelkohlenstoff, Schwefelammonium und rückbleibendes Mellon, dem jedoch eine Anilinverbindung anhängt. HOFMANN. — $2C^{12}NH^{7} + C^{2}NHS^{2} = C^{26}N^{2}H^{12}S^{2} + NH^{3}$. LAURENT u. GERHARDT.

Essigsaures Anilin. — Nicht krystallisirend, lässt sich mit Wasser überdestilliren. RUNGE.

Oxalsaures Anilin. — *Halb.* — Die weingeistigen Lösungen von Anilin und Oxalsäure setzen beim Mischen ein weifses Pulver ab, welches, mit Weingeist gewaschen, aus heifsem Wasser in langen Nadeln anschiefst. FRITZSCHE. Der beim Versetzen von Anilin mit weingeistiger Oxalsäure entstehende Krystallbrei, in möglichst wenigem kochenden Wasser gelöst, krystallisirt beim Erkalten in sternförmig vereinigten, schief rhombischen Säulen, deren Lösung Lackmus röthet. HOFMANN. Aus Wasser krystallisiren breite Blättchen, aus Weingeist sternförmig vereinigte Nadeln. Auch der im Anilin durch überschüssige Oxalsäure erzeugte Niederschlag, mit Wasser gewaschen und mehrmals umkrystallisirt, ist nadelförmiges halbsaures Salz, 61,01 Proc. C haltend. HOFMANN. — Die Krystalle färben sich bei 100°, unter fortwährendem allmäligen Verlust von Anilin, gelb. Die wässrige Lösung färbt sich schnell an der Luft unter Bildung eines braunrothen Pulvers. HOFMANN. Die Krystalle entwickeln in der Hitze Anilin und Wasser, und sublimiren sich dann als saures Salz. RUNGE. Sie zersetzen sich etwas über 100°

unter Schmelzung, Kochen und Entwicklung von Anilin und Kohlensäure, der sich bei 160 bis 180° auch etwas Kohlenoxyd (und eine Spur Anilocyansäure, HOFMANN) beimengt. Bei dieser Temperatur bleibt eine klare rothe Flüssigkeit, die beim Erkalten zu einem butterartigen Gemenge von Oxanilid und Formanilid gesteht. $2C^{12}NH^7,C^4H^2O^8 = C^{28}N^2H^{12}O^4$ (Oxanilid) $+ 4HO$; und: $2C^{12}NH^7,C^4H^2O^8 = C^{14}NH^7O^2$ (Formanilid) $+ C^{12}NH^7 + 2CO^2 + 2HO$. GERHARDT. — Die Krystalle lösen sich schwieriger in Wasser, Weingeist und Aether, als andere Anilinsalze, RUNGE; sie lösen sich leicht in Wasser, schwierig in absolutem Weingeist, nicht in Aether, HOFMANN.

	Krystalle.		FRITZSCHE.	HOFMANN.
28 C	168	60,87	61,67	61,25
2 N	28	10,15	10,21	
16 H	16	5,79	5,77	6,05
8 O	64	23,19	22,35	
$2C^{12}NH^7,C^4H^2O^8$	276	100,00	100,00	

Buttersaures Anilin. — Oelartig, leicht zu destilliren, wenig in Wasser löslich. UNVERDORBEN.

Bernsteinsaures Anilin. — Blassrosenrothe, dünne, schiefe, rectanguläre Säulen. GERHARDT.

Tartersaures Anilin. — Die wässrige Säure erstarrt mit Anilin. Das Salz krystallisirt aus heifsem Wasser in Nadeln. HOFMANN.

Pikrinsaures Anilin. — Der citronengelbe Niederschlag, den überschüssige weingeistige Pikrinsäure mit Anilin bewirkt, löst sich in kochendem Weingeist und krystallisirt beim Erkalten. HOFMANN.

Das Anilin mischt sich in jedem Verhältnisse mit *Holzgeist, Weingeist, Aether, Aldehyd* und *Aceton.* HOFMANN. Der Aether entzieht dasselbe der wässrigen Lösung. RUNGE.

Das Anilin mischt sich mit jeder Menge von flüchtigem und fettem Oele, es löst gemeinen Campher und Colophonium, kein Copal und Kautschuk. Es coagulirt Eiweifs. HOFMANN.

Odorin.

$$C^{12}NH^7 = C^{12}AdH^3,H^2 ?$$

UNVERDORBEN. *Pogg.* 8, 259 u. 480; 11, 59.
ANDERSON (Picolin). *N. Ed. phil. J.* 41, 146 u. 291; auch *Ann. Pharm.* 60, 86; auch *J. pr. Chem.* 40, 481. — *Phil. Mag. J.* 33, 185; auch *J. pr. Chem.* 45, 166.

Picolin. — Das von UNVERDORBEN 1826 im Knochenöl, neben den, noch genauer zu erforschenden, weniger flüchtigen und, nach *Oleum animale, Animin, Olanin* und *Ammolin* genannten Alkaloiden entdeckte *Odorin* wurde 1846 von ANDERSON als *Picolin* reiner erhalten und genauer untersucht.

Bildung. 1. Bei der trocknen Destillation von Knochen, weniger bei der von Steinkohlen. Die Knochen, aus denen man durch Auskochen mit Wasser das meiste Fett zu gewinnen pflegt, geben bei der trocknen Destillation ein Oel, welches, vom wässrigen Destillat getrennt und rectificirt, grünlichschwarzbraun, nur in dünnen Schichten, mit brauner Farbe, durchsichtig ist, von 0,970 spec. Gew., welches widrig ammoniakalisch riechende, einen mit Salzsäure befeuchteten Fichtenspan dunkelpurpurn färbende Dämpfe (Pyrrhol von RUNGE, *Gilb.* 31, 67) verbreitet, welches an Alkalien viel Blausäure und ein saures Oel [Carbolsäure?], und an Säuren Ammoniak und Alkaloide und um so mehr, in der Kälte langsam, beim Erhitzen sogleich sich in pomeranzengelben Harzflocken ausscheidendes, neutrales Oel abtritt, je concentrirter die Säure. Bei der Rectification des Oels geht zuerst eine ammoniakalische wässrige Flüssigkeit über, welche flüchtige Alkaloide gelöst hält, dann ein, die wässrige Flüssigkeit immer mehr verdrängendes blassgelbes, klares, sehr flüchtiges, besonders Petinin, Odorin und Anilin haltendes Oel, dann, wenn $^2/_5$ des Ganzen übergegangen sind, bei gesteigerter Hitze ein immer dicker und dunkler braun werdendes, fixere Alkaloide haltendes Oel, welches zuletzt bei auffallendem Lichte grün und bei durchfallendem rothbraun erscheint, bis endlich beim Gluhen des Retortenbodens unter Bildung schwammiger Kohle kohlensaures Ammoniak und Wasser entweicht. Das rohe Knochenöl hält gegen 0,75 flüchtigere und gegen 2 bis 3 Proc. fixere Alkaloide. ANDERSON.

2. Beim Destilliren von, mit 4 Th. Kalknatronhydrat innig gemengtem Piperin bei 150 bis 160°. WERTHEIM (*Ann. Pharm.* 70, 62).

Darstellung. 1. Das aus dem Knochenöl, nach (V, 286) zur Darstellung des Petinins bereitete und durch Kalihydrat entwässerte Oelgemisch lässt zwischen 71 und 100° vorzuglich das Petinin übergehen, dann zwischen 132 und 137° vorzüglich Odorin und von 151° bis zum Ende vorzüglich Anilin. Durch wiederholte Rectification des zwischen 132 und 137° erhaltenen Destillats, unter jedesmaliger Beseitigung des zuerst und des zuletzt Kommenden wird das Odorin rein erhalten. ANDERSON.

2. Man schüttelt das bei der Rectification des Steinkohlentheers Uebergehende mit Schwefelsäure, um die Basen zu entziehen und um Nofte und das sich an der Luft bräunende Oel zu beseitigen, neutralisirt die schwefelsaure Flüssigkeit mit dem unreinen Ammoniak, wie es durch Rectification des wässrigen Destillats der Steinkohle erhalten wird, destillirt, wo gleich mit den ersten Wassermengen ein dunkelbraunes, dickliches, in Wasser niedersinkendes, widrig stechend riechendes öliges Gemisch von Odorin, Anilin, Pyrrhol, Leukol und einem dicken schweren neutralen Oele übergeht, rectificirt sorgfältig dieses Oelgemisch nebst dem darüber befindlichen wässrigen Destillat, bis $^1/_4$ (worin das schwere neutrale Oel) zurückgeblieben ist, übersättigt das aus wässrigem Odorin und einem daruber schwimmenden Oele bestehende Destillat stark mit verdunnter Schwefelsäure, wodurch sich sein Geruch bedeutend ändert, destillirt das saure Gemisch, welches alles Pyrrhol in wässriger Lösung übergehen lässt, übersättigt den Retortenrückstand mit Kali und destillirt weiter, wodurch theils in Wasser gelöste, theils ölig darauf schwimmende Basen erhalten werden, stellt sämmtliches Destillat mit einigen Stücken Kalihydrat ruhig hin, durch dessen allmälige Lösung das Odorin seine Löslichkeit in Wasser verliert und als ein, noch 30 bis 40 Proc. Wasser haltendes, blassgelbes Oel nach oben ausgeschieden wird, hebt diese Oelschicht mit dem Stechheber ab, versetzt sie wiederholt mit zu erneuernden Stücken von Kalihydrat, so lange diese noch feucht werden, destillirt das so entwässerte, aus Odorin und Anilin bestehende Oel, wechselt die Vorlage, sobald sich ein übergehender Tropfen mit wässrigem Chlorkalk bläut (also Anilin hält), und erhält bei weiterem Destilliren ein Gemisch von Odorin und immer mehr Anilin. Das zuerst übergegangene anilinfreie Odorin, nochmals durch Kalihydrat entwässert und durch gebrochene Destillation auf den Siedpunct von 133,3° gebracht, ist rein. ANDERSON.

3. *Darstellung des Odorins, Animins und Ammolins.* Man befreit das Knochenöl von aller wässrigen Flüssigkeit, versetzt es so lange mit verdünnter Schwefelsäure, als noch Aufbrausen eintritt, fügt dann noch wenigstens eine gleiche Menge hinzu, um alle schwefelsaure Salze in doppelt-saure zu verwandeln, decanthirt nach mehrstündigem Umrühren, Schütteln und Hinstellen die, mit Wasser, die Hälfte des Oels betragend, verdunnte Flüssigkeit, seiht sie durch Leinen, kocht sie 3 Stunden lang in einer Porcellanschale unter Ersetzung des Wassers, wobei sie sich durch Oxydation eines Brenzöls dunkelbraun färbt und Harz absetzt, versetzt die davon getrennte Flüssigkeit mit $^1/_{40}$ Salpetersäure, dampft sie auf $^1/_4$ ab, bringt sie dann durch Wasser wieder auf ihren vorigen Umfang, sättigt sie in einer Glasretorte mit kohlensaurem Natron so weit, dass sie kaum noch Lackmus röthet, und destillirt sie in einer Glasretorte, so lange noch das Uebergehende nach Odorin und

Animin riecht, welche vollkommen frei von Ammoniak übergehen. — a. Man versetzt das *Destillat* mit so viel Schwefelsäure, dass sein Geruch verschwindet, dann noch mit eben so viel, um doppelt-saure Salze zu erhalten, dampft es im Wasserbade ab, bis es dicklich wird, giefst es, damit die Erhitzung nicht zu grofs werde, nach und nach in eine Retorte, in welcher sich überschüssiger gebrannter Kalk befindet, und destillirt, wo wasserfreies Odorin und Animin übergeht. Dieses Gemisch, mit 3 Th. Wasser geschüttelt, liefert unter Abscheidung von viel reinem Animin eine Lösung von allem Odorin und etwas Animin. Indem man zu dieser eine kochende wässrige Lösung des Aetzsublimats im Ueberschuss fügt, so scheidet sich schon in der Hitze Chlorquecksilber-Animin als ein, beim Erkalten fest werdendes, Oel ab, während das Chlorquecksilber-Odorin in der Hitze gelöst bleibt, und erst beim Erkalten krystallisirt. Indem man jedes dieser beiden Doppelsalze für sich sammelt, und mit Kali destillirt, erhält man einerseits *Animin*, andrerseits *Odorin*. — b. Man filtrirt die in der Retorte *rückständige Flüssigkeit* vom Harze ab, versetzt sie unter beständigem Sieden so lange mit kohlensaurem Natron, als noch Ammoniak entweicht, dampft sie mit überschüssigem kohlensauren Natron ab, wäscht das sich hierbei abscheidende braune Oel, welches eine Verbindung von Ammolin und Fuscin ist, mit Wasser ab, und destillirt es, wo das Ammolin übergeht, welches, wofern es nicht farblos wäre, durch nochmalige Destillation zu reinigen ist. Es enthält dann noch, aufser Spuren von Blausäure, Gelbsäure, Ammoniak, Odorin und Animin, ein geistigrettigartig riechendes Oel, in 20 Th. heifsem Wasser löslich, und damit leicht zu verflüchtigen, daher man durch Kochen mit Wasser alle diese Stoffe aus dem *Ammolin* leicht entfernt. UNVERDORBEN.

4. *Darstellung des Odorins, Animins und Olanins.* Man neutralisirt Dippels Oel genau bis zum Aufhören der alkalischen Reaction mit Salpetersäure, destillirt das abgegossene Oel im Wasserbade, so lange das Uebergehende in Wasser löslich, also reines Odorin ist, dann bei gewechselter Vorlage, so lange noch ein mit Wasser sich trübendes Gemisch von Odorin und Animin übergeht, während $^1/_{20}$ des Ganzen als ein Gemisch von Animin und Olanin bleibt. UNVERDORBEN (in BERZELIUS *Lehrb. Ausg.* V, 5, 248). Das zweite Destillat zerfällt, mit gleichviel Wasser geschüttelt, in *Animin* und in eine (nach oben) weiter zu scheidende wässrige Lösung von *Odorin* und wenig *Animin*. Der Rückstand in der Retorte, mit 20 Th. kaltem Wasser gewaschen, theilt diesem das übrige *Animin* mit, während das *Olanin* bleibt. UNVERDORBEN.

5. Auch erhält man reines Odorin, wenn man Dippels Oel in Dampfgestalt durch eine glühende Röhre leitet, die verdichtete Flüssigkeit mit $^1/_8$ Th. Kalihydrat und 6 Th. Wasser destillirt, das Destillat mit Schwefelsäure übersättigt, bis zum Verjagen des flüchtigen Oels kocht, und dann mit Bleioxyd oder Kupferoxyd destillirt, wo wässriges Odorin übergeht. UNVERDORBEN.

Durch Destillation des Hirschhornöls mit Kalihydrat u. s. w. wird ein unreines Odorin erhalten. — Hielte das Odorin Ammoniak beigemischt, so wäre seine Verbindung mit Tartersäure durch absoluten Weingeist auszuziehen, der das Ammoniaksalz zurücklässt. — Um das Odorin ganz frei von Brenzöl zu erhalten, stellt man daraus Chlorkupfer-Odorin dar (V, 722), und destillirt dieses mit Kali. UNVERDORBEN.

Vergl. REICHENBACH's (*Schw.* 61, 464; 62, 46) Bemerkungen über UNVERDORBEN's Darstellungsweisen und UNVERDORBEN's (*Schw.* 65, 314) Gegenbemerkungen.

Eigenschaften. Wasserhelles sehr dünnes Oel, bei 0° nicht gefrierend, von 0,955 spec. Gew. bei 10°, stetig bei 133,3° siedend, von hartnäckig anhaftendem, etwas gewürzhaften, stark durchdringenden und in verdünntem Zustande eigenthümlich ranzigen Geruch und von feurig scharfem, in sehr verdünntem Zustande höchst bittern Geschmack. Bläut Lackmus, wirkt aber nicht auf die Farbe von rothem Kohl. Es macht mit Salzsäure Nebel. Es färbt mit Säuren Fichtenholz und Hollundermark nicht gelb und bleibt mit Chlorkalk farblos, wenn nicht vorhandenes Pyrrhol eine Bräunung bewirkt. ANDERSON. — Farbloses Oel, leichter und etwas dickflüssiger, als Wasser, bei — 25° nicht gestehend, flüchtig, mit darüber gehaltener Salz-, Salpeter-

und Essig-Säure Nebel erzeugend, von eigenthümlichem ammoniakalischen Geruch, der nach der Reindarstellung aus der Verbindung mit Chlorkupfer nicht mehr an Knochenöl, sondern an *Syringa vulgaris* erinnert, nicht giftig, Lackmus bläuend, Veilchen grünend. UNVERDORBEN.

			ANDERSON.
12 C	72	77,42	77,17
N	14	15,05	
7 H	7	7,53	7,69
$C^{12}NH^7$	93	100,00	

Also isomer mit Anilin; vielleicht als $C^{12}AdH^3,H^2$ zu betrachten, was aber den, weiter nicht vorkommenden Kern $C^{12}H^4$ voraussetzt.

Zersetzungen. Das Odorin bräunt und verändert sich nicht in Lufthaltenden Gefäfsen. ANDERSON. — 1. Das Odorin verschluckt reichlich Chlorgas, setzt farblose Krystalle von salzsaurem Odorin ab, wird dann dunkelbraun und in ein Harz verwandelt; dieses in Wasser vertheilt und weiter mit Chlor behandelt, lässt beim Destilliren zuerst mit dem Wasser eine krystallische Substanz übergehen, dann nach dem Wasser noch eine andere. ANDERSON. — Ueberschüssiges Chlorgas, über Odorin geleitet, bildet unter heftiger Nebelbildung eine gelbe dicke Flussigkeit, aus welcher Wasser ($^2/_3$ des Odorins als nicht weiter durch Chlor zersetztes salzsaures Odorin aufnehmend), einen gelben Körper fällt, aus welchem Kali ein braungelbes Pulver zieht, während ein nur in Vitriolöl oder in Odorin lösliches Harz bleibt. UNVERDORBEN. — 2. Ueberschüssiges *Brom* gibt mit Odorin sogleich einen starken röthlichen Niederschlag, der sich über Nacht zu einem, nicht in Wasser, aber leicht in Weingeist und Aether löslichen, nicht basischen Oele vereinigt. ANDERSON. — Mit *Iod* und Wasser gibt das Odorin hydriodsaures Odorin, ein nicht in Kali lösliches braunes Pulver und eine in Weingeist und Aether, nicht in Wasser, lösliche, extractive Materie. UNVERDORBEN. — 3. Das Odorin löst sich in *Salpetersäure* ohne alle blaue Färbung, entwickelt beim Erwärmen sehr langsam salpetrige Dämpfe und gibt, nach langer Digestion abgedampft, grofse rhombische Tafeln [von salpetersaurem Odorin?], aber keine Pikrinsäure. ANDERSON. Es zeigt selbst beim Kochen mit wässriger Chromsäure keine Farbenänderung, sondern scheidet nur wenig gelbes Pulver ab. ANDERSON.

Verbindungen. Das Odorin mischt sich nach allen Verhältnissen mit Wasser, wird aber daraus beim Sättigen mit Kali und vielen Alkalisalzen geschieden. ANDERSON. In jeder Menge mit Wasser mischbar. UNVERDORBEN.

Das Odorin fällt das salzsaure Uranoxyd, Zinnoxyd und Eisenoxyd, wird aber aus seinen Salzen durch alle basische Metalloxyde ausgeschieden. UNVERDORBEN. Die *Odorinsalze* sind meist krystallisirbar, aber nicht so leicht und schön, wie die Anilinsalze, am besten beim Abdampfen ihrer wässrigen Lösung auf dem Wasserbade, während sie beim Versetzen des in Aether gelösten Picolins mit einer Säure wegen Gegenwart von wenig Wasser als eine halbflüssige Masse niederfallen. Ihre Lösung zersetzt sich viel langsamer an der Luft, als die der Anilinsalze, und zwar unter brauner und nicht unter rosenrother Färbung. ANDERSON. Die Salze sind dicke, nicht krystallisirende Flüssigkeiten, riechen nicht, aber schmecken nach Odorin, weil dieses durch das Alkali des Speichels frei gemacht wird. Die Salze, welche eine flüchtige Säure halten, verdampfen unzersetzt; die mit fixerer verlieren beim Kochen ihrer wässrigen Lösung viel Odorin und lassen saure syrupartige Salze, welche erst weit über 100° ihr übriges Odorin theils unzersetzt entweichen lassen, theils Fuscin beigemengt behalten. UNVERDORBEN. — Die Odorinsalze sind in Wasser sehr löslich, zum Theil zerfliefslich. ANDERSON. Die Salze, sogar das tartersaure, lösen sich auch in absolutem Weingeist nach jedem Verhältnisse. UNVERDORBEN.

Die Verbindungen des Odorins mit *Kohlensäure* oder *Boraxsäure* werden beim Kochen mit Wasser bald zersetzt; die mit *Phosphorsäure* wird dadurch zu saurem Salz. UNVERDORBEN.

Schwefligsaures Odorin. — Das Odorin verschluckt das schwefligsaure Gas unter starkem Nebel und bedeutender Erwärmung zu einem Oele, das leicht unzersetzt destillirt werden kann, sich in jeder Menge in Wasser löst, und an der Luft in schwefelsaures Odorin verwandelt. UNVERDORBEN.

Schwefelsaures Odorin. — Zweifach. — Beim Abdampfen des farblosen Gemisches der Schwefelsäure mit überschüssigem Odorin im Wasserbade bleibt unter Entweichen von viel Odorin ein dickes Oel, das beim Erkalten zu einer aus wasserhellen Tafeln bestehenden Masse erstarrt. Diese zerfliefst an der Luft schnell zu einem wasserhellen Oel, löst sich leicht in Weingeist, ohne aus heifsem beim Erkalten anzuschiefsen, aber nicht in Aether. ANDERSON. — Wasserfreies Odorin mischt sich mit Vitriolöl unter Sieden zu einem farblosen Oele, das sich in überschüssigem Odorin nicht löst, und das beim Sieden mit Wasser unter Verlust von Odorin in saures Salz übergeht. UNVERDORBEN.

	Krystalle.		ANDERSON.
$C^{12}NH^7$	93	48,69	
$2\ SO^3$	80	41,88	41,20
$2\ HO$	18	9,43	
$C^{12}NH^7,2SO^3 + 2Aq$	191	100,00	

Hydriod-Odorin. — Odorin gibt mit Iod und Wasser, aufser andern Producten (V, 721) eine leicht in Wasser, Weingeist und Aether lösliche, durch überschüssiges Iod gebräunte Flussigkeit, welche beim Verdampfen mit Wasser unter Verlust von Odorin und Hydriod-Odorin zu saurem Salz wird. UNVERDORBEN.

Salzsaures Odorin. — Das neutrale Gemisch, im Wasserbade zum Syrup abgedampft, gesteht beim Erkalten zu einer aus Säulen bestehenden Masse, welche sich bei schwachem Erhitzen in, an der Luft schnell zerfliefsenden, durchsichtigen Krystallen sublimirt. ANDERSON. — Das trockne salzsaure Odorin, durch Destillation seiner Verbindung mit Chlorkupfer erhalten, erstarrt beim Erkalten zu einer wenig riechenden, sehr zerfliefslichen talgartigen Masse. Durch Sättigung des Odorins mit salzsaurem Gas, die unter Entwicklung von Wärme und Bildung von Nebeln erfolgt, erhält man ein, auch bei —25° nicht gestehendes, mit dem Wasserdampf verflüchtigbares, farbloses Oel.

Salpetersaures Odorin. — Verdünnte Salpetersäure, mit Odorin gelinde zur Trockne abgedampft, lässt eine weifse Krystallmasse, die sich bei stärkerem Erhitzen in weifsen Federn sublimirt. ANDERSON. — Salpetersaures Odorin geht bei der Destillation gröfstentheils unzersetzt über, neben salpetrigsaurem Odorin und wenig ätherischem Oel, und lässt bei der Unterbrechung der Destillation neben unzersetztem salpetersauren Odorin eine extractive Materie und ein in Kali lösliches Harz zurück.

Das Odorin gibt mit *Dreifachchlorantimon,* so wie mit *Zweifachchlorzinn* Doppelsalze. ANDERSON.

Schwefelsaures Kupferoxyd-Odorin. — Das schwefelsaure Kupferoxyd löst sich in wasserfreiem Odorin, unter Abscheidung von basisch schwefelsaurem Kupferoxyd, zu einer dunkelblauen Flussigkeit, die an der Luft unter Verlust von Odorin erst zu einer grünen Masse austrocknet, dann, allmälig, alles Odorin verlierend, zu einfach schwefelsaurem Kupferoxyd wird. Auch aus wässrigem schwefelsauren Kupferoxyd fällt das Odorin nur einen Theil des Oxyds als basisches Salz. — Das wasserfreie und das wässrige Odorin wirkt nicht auf reines und kohlensaures Kupferoxyd. UNVERDORBEN.

Chlorkupfer-Odorin. — Man fällt die Lösung des Einfachchlorkupfers durch überschüssiges wasserfreies Odorin, und erhält den braunen krystallischen Niederschlag durch Krystallisiren aus kochendem absoluten Weingeist in gelbbraunen 4seitigen Tafeln. — Sie schmelzen erst über 100°, gehen zuerst unter theilweiser Entwicklung von trocknem Odorin in eine braungelbe, klare, beim Erkalten zu einem schwarzen klebrigen Theer gestehende, Flüssigkeit über, und zerfallen endlich unter Zersetzung des noch übrigen Odorins in salzsaures Odorin, mit etwas Gas und Kohle und in Halbchlorkupfer. Sie entwickeln mit Kali ganz reines, von neutralem Oel freies Odorin. Sie zersetzen sich mit Wasser oder wässrigem Weingeist in Odorin, salzsaures Odorin und basisch salzsaures Kupferoxyd. Sie lösen sich in 300 Th. kaltem und in 100 Th. kochendem absoluten Weingeist. UNVERDORBEN.

Einfachchlorkupfer löst sich in trocknem Odorin mit schön blauer Farbe, und auch seine concentrirte wässrige Lösung bildet damit ein blaues klares Gemisch. UNVERDORBEN.

Chlorkupfer-salzsaures Odorin. — Die Lösung von Einfachchlorkupfer in wenig absolutem Weingeist, mit der von salzsaurem Odorin gemischt (das Odorin muss aus Chlorkupfer-Odorin durch Kali dargestellt sein) und mit Aether versetzt, $\frac{1}{3}$ des Gemisches betragend, liefert gelbliche Krystallblätter, die mit einem Gemisch von gleich viel Weingeist und Aether zu waschen sind. Die Blätter schmelzen beim Erhitzen, unter Entwicklung von wenig Wasser und Odorin, zu einer braungelben Flüssigkeit, die beim Erkalten zu einer gelben Masse erstarrt, aber bei weiterem Erhitzen (talgartig gestehendes) salzsaures Odorin liefert, und Halbchlorkupfer mit etwas Kohle lässt. Sie bläuen sich an der Luft, unter Aushauchen von Odorin. Sie lösen sich sehr leicht in Wasser, und in 6 Th. kaltem, in viel weniger heifsem absoluten Weingeist. UNVERDORBEN. — Beim Abdampfen von wässrigem Einfachchlorkupfer mit salzsaurem Odorin erhält man grofse rhomboedrische Krystalle. ANDERSON.

Chlorquecksilber-Odorin. — Odorin fällt concentrirte Sublimatlösung sogleich käsig, und scheidet aus verdünnter erst nach einiger Zeit silberglänzende strahlige Nadeln. Diese verlieren beim Trocknen in der Wärme Odorin; sie entwickeln dasselbe beim Kochen mit Wasser, unter Fällung eines weifsen Pulvers. Sie lösen sich wenig in kaltem, leichter in heifsem Wasser, leicht in verdünnter Salzsäure zu einer besonderen [ohne Zweifel der folgenden] Verbindung und in heifsem Weingeist, daraus in Nadeln und Federn anschiefsend. ANDERSON. — Das Odorin fällt aus wässrigem Aetzsublimat ein nach Odorin riechendes weifses Krystallpulver, welches sich in 10 Th. kochendem Wasser und auch in warmem Weingeist und Aether löst, beim Erkalten gröfstentheils herauskrystallisirend, welches, für sich erhitzt, erst Odorin, dann Sublimat entwickelt, und dessen wässrige Lösung beim Kochen unter Verflüchtigung von Odorin zu Sublimatlösung wird, und mit Kali in freiwerdendes Odorin, niederfallendes Quecksilberoxyd und Chlorkalium zerfällt. UNVERDORBEN.

	Lufttrocken.		ANDERSON.
12 C	72	19,79	20,51
N	14	3,85	
7 H	7	1,92	2,19
2 HgCl	270,8	74,44	
$C^{12}NH^7,2HgCl$	363,8	100,00	

Chlorquecksilber-salzsaures Odorin. — Setzt sich beim Einkochen von wässriger Sublimatlösung mit salzsaurem Odorin als ein luftbeständiges wasserhelles Oel ab. UNVERDORBEN.

Das Odorin fällt nicht das salpetersaure Silberoxyd. ANDERSON.

Chlorgold-Odorin. — Odorin fällt aus wässrigem Dreifachchlorgold ein citronengelbes Pulver, in viel kochendem Wasser löslich und daraus in gelben zarten Nadeln anschiefsend. ANDERSON. — Das gelbe Pulver schmilzt über 100° zu einem gelben klaren Glase, und entwickelt bei stärkerem Erhitzen salzsaures Odorin, während Gold nebst einigen andern Zersetzungsproducten bleibt; es wird langsam durch siedende Salpetersäure zersetzt; schnell durch wässriges Kali in Chlorkalium, freies Odorin und niederfallendes Goldoxyd; es löst sich fast gar nicht in kaltem Wasser, wenig in kochendem, beim Erkalten körnig niederfallend. UNVERDORBEN.

Chlorgold-salzsaures Odorin. — Fällt beim Vermischen der Goldlösung mit salzsaurem Odorin in zarten, gelben, geruchlosen, Lackmus röthenden Krystallen nieder. Diese, für sich erhitzt, schmelzen, entwickeln Chlor und salzsaures Odorin, und lassen Gold; sie entwickeln mit der geringsten Menge Kali sogleich den Geruch nach Odorin; sie lösen sich in 20 Th. kochendem Wasser und nur in erhitzter wässriger Schwefel-, Salz- und Salpeter-Säure, beim Erkalten gröfstentheils herauskrystallisirend; sie lösen sich leichter in Weingeist, nicht in Aether. UNVERDORBEN.

Chlorplatin-Odorin. — Dem Chlorgold-Odorin ähnlich; es fällt beim Erkalten der kochenden wässrigen Lösung als ein Pulver nieder. UNVERDORBEN.

Chlorplatin-salzsaures Odorin. — Ein concentrirtes Gemisch von Zweifach-Chlorplatin und salzsaurem Odorin gibt sogleich, ein verdünntes gibt nach 24 Stunden pomeranzengelbe Nadeln, die von überschüssigem Odorin durch Umkrystallisiren aus heifsem, Salzsäure haltenden Zweifachchlorplatin und Waschen mit Weingeist und Aether zu reinigen sind. Pomeranzengelbe feine Nadeln, in ungefähr 4 Th. kochendem Wasser, und auch leicht in Weingeist löslich. ANDERSON. — Gelbe Krystalle, in 4 Th. Wasser löslich. UNVERDORBEN.

Bei 100° getrocknet.			ANDERSON.	WERTHEIM (aus Piperin).
12 C	72	24,06	24,09	23,39
N	14	4,68		
8 H	8	2,68	3,05	2,94
Pt	99	33,09	32,53	32,63
3 Cl	106,2	35,49		
$C^{12}NH^8Cl,PtCl^2$	299,2	100,00		

Das Odorin löst sich leicht in *Holzgeist,* ANDERSON, *Weingeist* und *Aether,* UNVERDORBEN.

Essigsaures Odorin. — Lässt sich mit Wasser überdestilliren. UNVERD.

Essigsaures und Kupferoxyd-Odorin. — Die blaue klare Lösung des essigsauren Kupferoxyds in nicht zu viel wässrigem Odorin setzt an der Luft ein basisches Salz in grasgrünen Krystallen ab, die schwach nach Odorin riechen, dasselbe nicht an der Luft verlieren, sich leicht in Wasser und Weingeist, nicht in Aether lösen, und deren wässrige Lösung bei der Destillation zuerst Odorin, dann essigsaures Odorin entwickelt, während essigsaures Kupferoxyd mit überschüssigem Oxyd zurückbleibt. — Waltet in der blauen Lösung das Odorin vor, so bilden sich unter Verflüchtigung von Wasser und essigsaurem Odorin rectanguläre Säulen, Lackmus nicht röthend, langsam an der Luft verwitternd, jedoch das Odorin behaltend, leicht in Wasser und Weingeist, nicht in Aether löslich, und beim Kochen mit Wasser sich auf dieselbe Art zersetzend, wie die grünen Krystalle. UNVERDORBEN.

Oxalsaures Odorin. — Mit überschüssigem Odorin versetzte wässrige Oxalsäure, über Kalk verdunstet, bildet Nadelbüschel und gesteht endlich zu fester Krystallmasse, leicht in Wasser und wässrigem oder absolutem Weingeist löslich. Dieselbe schmilzt bei 100°, entwickelt reichlich Odorindampf, und lässt nach dem Erkalten eine dicke Flüssigkeit, welche langsam feine Nadeln, wohl von saurem Salz, absetzt. ANDERSON.

Buttersaures Odorin. — Destillirbares Oel. UNVERDORBEN.

Das Odorin mischt sich leicht mit *flüchtigen Oelen,* UNVERDORBEN, und *fetten Oelen,* ANDERSON. Es löst mehrere *Harze,* die daraus durch Sieden mit Wasser gefällt werden. UNVERDORBEN. Es gibt mit *Galläpfel*-Aufguss einen blassgelben käsigen Niederschlag. Es bildet mit mehreren Arten von Extractivstoff Verbindungen, die nicht durch Sieden mit Wasser, aber leicht durch Kali zersetzbar sind. UNVERDORBEN. Es coagulirt nicht Eiweifs, ANDERSON; bei gleichen Mengen in 1/4 Stunde allerdings, WERTHEIM.

Dem Odorin ähnliche, aber minder flüchtige und weniger in Wasser lösliche Alkaloide.

Von UNVERDORBEN 1827 neben dem Odorin im Knochenöl entdeckt, nach (V, 719 bis 720) dargestellt.

1. Animin.

Farbloses Oel, weniger flüchtig, als Odorin; seine wässrige Lösung färbt geröthete Lackmustinctur violett.

Das Animin löst sich in 20 Th. kaltem Wasser. Diese Lösung trübt sich beim Erwärmen, und setzt Animin ab, das sich beim Erkalten wieder löst.

Es verhält sich gegen die Säuren dem Odorin ähnlich, und hat ungefähr gleich grofse Affinität gegen sie.

Mit Vitriolöl verbindet sich das Animin, unter sarker Wärmeentwicklung, zu einem nicht krystallisirbaren Oele, das, mit Wasser gekocht, Ammoniak verliert, und in ein, bei weiterem Eindicken nicht weiter zersetzbares, saures Salz übergeht. Dieses löst sich in jeder Menge in Wasser und Weingeist und auch in demjenigen ätherischen Oel des Dippelschen Oels, welches in 65procentigem Weingeist leicht löslich ist.

Aetzsublimat gibt mit salzsaurem Animin ein farbloses, öliges, neutrales Doppelsalz; beim Vermischen von Animin mit überschüssiger heifser wässriger Sublimatlösung scheidet sich Chlorquecksilber-Animin als ein gelbliches Oel ab, das beim Erkalten hart und spröde wird, und das bei anhaltendem Sieden mit Wasser in sich verflüchtigendes Animin und wässrige Sublimatlösung zerfällt.

Mit Goldlösung erzeugt das salzsaure Animin ein braungelbes, öliges, mit Platinlösung ein krystallisirbares, schwierig in Wasser lösliches Doppelsalz.

Das benzoesaure Animin ist ölig, schwer in kaltem Wasser, leichter in siedendem löslich, und wird, wegen der geringern Flüchtigkeit des Animins, durch Sieden mit Wasser schwieriger zersetzt, als das benzoesaure Odorin.

Das Animin löst sich in jedem Verhältnisse in Weingeist, Aether und Oelen. Ein Gemisch aus Animin und Odorin löst den Copal langsam auf; kocht man die etwas dickliche Lösung mit 30procentigem Weingeist in einer Retorte, so geht alles Odorin mit wenig Animin schnell über, und lässt in dem weingeistigen Wasser ein helles Oel, eine Verbindung des Copals mit reinem Animin; diese wird leicht durch Kali zersetzt; sie tritt an wässrige Säuren nur einen Theil des Animins ab; ist sie aber zuerst in 65procentigem Weingeist gelöst, so schlägt hieraus Salzsäure allen Copal nieder, während salzsaures Animin gelöst bleibt. UNVERDORBEN (*Pogg.* 11, 59 u. 67).

2. Olanin.

Farbloses Oel, schwerer als Wasser; riecht dem Animin ähnlich, doch schwächer, auch dem Anilin ähnlich, nicht unangenehm; bläut sehr schwach Lackmus.

Bräunt sich langsam an der Luft, unter Bildung von etwas Fuscin.

Das Olanin ist sehr wenig in Wasser löslich. Es zersetzt dieselben Metallsalze, wie das Odorin, und bildet mit den Säuren denen des Odorins ähnliche, aber nicht krystallisirbare Salze, durch dieselben Körper zersetzbar, wie die Odorinsalze.

Salzsaures Olanin gibt mit salzsaurem Eisenoxyd ein dunkelbraunes öliges Doppelsalz, nicht durch Säuren zersetzbar; leicht in 2 Th. kaltem, aber erst in 4 kochendem Wasser löslich, daher die kalte Lösung beim Erhitzen Oel abscheidet, das sich in der Kälte wieder löst; auch in Kummelöl löslich, ohne dass beim Kochen der Lösung eine Zersetzung eintritt.

Salzsaures Olanin verhält sich gegen den Aetzsublimat, wie salzsaures Animin. — Beim Versetzen der wässrigen Sublimatlösung mit reinem Olanin entsteht ein gelber harziger Niederschlag, nicht durch Sieden mit Wasser zersetzbar (Unterschied von Odorin und Animin), in 1000 Th. kochendem Wasser löslich, daraus beim Erkalten krystallisch niederfallend, nicht in Weingeist löslich (Unterschied von Odorin und Animin).

Mit salzsaurem Goldoxyd gibt das salzsaure Olanin ein gelbbraunes öliges Doppelsalz, schwerer als Wasser, nicht durch Salzsäure zersetzbar, bei längerem Sieden mit Wasser etwas Gold absetzend, schwer in kaltem Wasser löslich, leichter in kochendem, und in jeder Menge von Weingeist und Aether. — Freies Olanin erzeugt mit salzsaurem Goldoxyd ein braunes, hartes, in Weingeist, nicht in Wasser lösliches, basisches Doppelsalz, welches durch Sieden mit Salzsäure sehr langsam, bei Zusatz von Weingeist dagegen sehr leicht in das ölige neutrale Doppelsalz übergeht; mit salzsaurem Platinoxyd erzeugt das Olanin ein theerartiges Doppelsalz, leicht in Wasser und Weingeist, nicht in Aether löslich.

Das Olanin löst sich leicht, nach jedem Verhältnisse, in Weingeist und Aether. UNVERDORBEN (*Pogg.* 11, 59).

3. Ammolin.

Farbloses Oel, schwerer als Wasser, von einem, dem der fetten Oele nahe liegenden, Siedpuncte, daher mit Wasser nur wenig überdestillirend; sehr stark Lackmus bläuend.

Wird durch Chlor völlig in salzsaures Ammoniak, Animin und Fuscin und in eine extractive Materie zersetzt.

Das Ammolin löst sich in ungefähr 200 Th. kaltem und in 40 kochendem Wasser; die Lösung kann ohne grofsen Verlust eingekocht werden.

Es treibt in der Siedhitze aus wässrigem schwefelsauren und salzsauren Ammoniak das Ammoniak aus; es liefert mit den Säuren unkrystallisirbare Salze, die, mit Ammoniak gekocht, nur wenig Ammolin abscheiden.

Das boraxsaure, schwefelsaure, salzsaure, salpetersaure, essigsaure und bernsteinsaure Ammolin ist nicht krystallisirbar, und in jeder Menge Wasser und Weingeist, nicht in Aether löslich. — Das salzsaure und das essigsaure Ammolin lässt sich fast ohne Zersetzung destilliren. — Das salpetersaure zersetzt sich beim Erhitzen, so dass ein Theil Ammolin zerstört wird, und der andere in freiem Zustande übergeht. — Mit schweren Metallsalzen liefert das Ammolin ähnliche Doppelsalze, wie das Olanin.

Das Ammolin ist nach jedem Verhältnisse mit Weingeist und Aether mischbar und verbindet sich sehr innig mit vielen Harzen und extractiven Materien. UNVERDORBEN (*Pogg.* 11, 74).

Stickstoffiodkern $C^{12}NJH^4$.

Iodanilin.

$$C^{12}NH^6J = C^{12}NJH^4,H^2.$$

A. W. HOFMANN (1848). *Ann. Pharm.* 67, 64.

Bildung. Bei der Einwirkung von Iod oder Iodcyan auf Anilin (V, 707 u. 710).

Darstellung. Man löst in 1 Th. Anilin nach und nach $1\frac{1}{2}$ Th. Iod, versetzt die Lösung mit Salzsäure von 1,11 spec. Gew. (stärkere würde einen Theil des salzsauren Anilins ausscheiden), trennt durchs Filter die Lösung des salzsauren Anilins, Hydriods u. s. w. von dem niedergefallenen, in Salzsäure schwer löslichen, noch stark gefärbten, salzsauren Iodanilin, wäscht dieses einigemal mit Salzsäure, lässt es aus kochendem Wasser mehrmals krystallisiren, zuletzt nach dem Kochen mit Thierkohle, bis die anfangs rubinrothen, freies Iod und ein braunes iodhaltendes Zersetzungsproduct des Anilins haltenden Krystalle völlig entfärbt sind, fällt dann aus deren wässriger Lösung durch Ammoniak das Iodanilin als weifses Krystallmehl, welches, um es vom etwa noch beigemengten gelblichen Zersetzungsproduct und phosphorsauren Kalk der Thierkohle zu befreien, in Weingeist gelöst, vom gelblichen Product abfiltrirt und durch Wasser als weifse Krystallmasse gefällt wird. Die hiervon abfiltrirte Flüssigkeit liefert beim Abdampfen gelbe, beim Erkalten krystallisirende Oeltropfen.

Eigenschaften. Weifses Krystallmehl, aus den Lösungen in Säulen und Nadeln, nie in Oktaedern, anschiefsend, so wie auch die nach dem Schmelzen erstarrte Masse nicht die Spaltungsflächen des Oktaeders zeigt. Schwerer als Wasser. Schmilzt schon unter 60° zu einem gelblichen Oel und zeigt im Moment des Erstarrens 51°, bleibt aber bisweilen noch bei Mittelwärme flüssig, in welchem Falle

Berührung mit einem Glasstabe plötzliches krystallisches Erstarren bewirkt. Verdampft bei stärkerer Hitze unzersetzt und geht schon mit den Wasserdämpfen leicht über. Riecht weinartig, schmeckt brennend gewürzhaft. Ohne Wirkung auf Pflanzenfarben. Färbt, wie Anilin, Fichtenholz und Hollundermark satt gelb, wird aber durch Chlorkalk nicht violett, sondern röthlich.

			HOFMANN.
12 C	72	33,03	33,08
N	14	6,42	
6 H	6	2,75	2,83
J	126	57,80	57,87
$C^{12}NH^6J$	218	100,00	

Zersetzungen. 1. Der Dampf *brennt* mit heller rufsender Flamme. — 2. An der *Luft* überzieht sich das Iodanilin rasch mit einer braunen metallglänzenden Schicht und wird allmälig durch die ganze Masse schwarz. — 3. *Chlor* zersetzt das Iodanilin in Trichloranilin, Trichlorcarbolsäure (wie bei Anilin V, 707) und Chloriod. — 4. Durch *Brom* erstarrt weingeistiges Iodanilin zu krystallischem Tribromanilin, während sich alles Iod als Bromiod entwickelt. — 5. *Chlorsaures Kali* mit Salzsäure erzeugt, wie bei Anilin, Trichlorcarbolsäure und Chloranil. — 6. Mit kochender starker Salpetersäure bildet Iodanilin unter lebhafter Einwirkung und Entwicklung von Ioddampf eine Lösung, aus der beim Erkalten Pikrinsäure anschiefst. — 7. Durch krystallische *Chromsäure* wird Iodanilin mit Heftigkeit zerstört, aber nicht entzündet. — 8. Gelind erwärmtes *Kalium* zersetzt das Iodanilin mit Heftigkeit unter Bildung von Iodkalium und Cyankalium. — *Kaliumamalgam* bildet mit wässrigem salpetersauren Iodanilin sogleich Iodkalium und stellt etwas Anilin wieder her, während das meiste in eine gewürzhaft riechende gelbe krystallische Substanz verwandelt wird. *Zink* macht aus mit Schwefelsäure übersättigtem Iodanilin Iod und Anilin frei, so dass sich die Flüssigkeit nach einigen Minuten mit Stärkmehl bläut, und nach dem Sättigen mit Kali Anilin an Aether abtritt. — 9. Mit durchgeleitetem Chlorcyan verwandelt sich das in Aether gelöste Iodanilin, welches anfangs salzsaures Iodanilin, das später verschwindet, fallen lässt, in ein durchsichtiges, langsam krystallisch werdendes Harz, ein Gemenge von salzsaurem Biiodmelanilin und Iodanilin-Harnstoff. Bildung des salzsauren Biiodmelanilins: $2\,C^{12}NH^6J + C^2NCl = C^{26}N^3H^{12}J^2,HCl$; — Bildung von Iodanilin-Harnstoff und salzsaurem Iodanilin: $2\,C^{12}NH^6J + C^2NCl + 2\,HO = C^{14}N^2H^7JO^2 + C^{12}NH^6J,HCl$.

Verbindungen. Das Iodanilin löst sich sehr wenig in kaltem *Wasser* und krystallisirt aus kochendem in verfilzten Haaren.

Es löst sich leicht in *Schwefelkohlenstoff*.

Das Iodanilin ist eine schwächere Basis, als das Anilin, und es wird daher durch dieses niedergeschlagen, und fällt nur die Alaunerde, nicht Zinkoxyd und Eisenoxyd. Die *Iodanilinsalze* krystallisiren eben so leicht, wie die Anilinsalze, und sind meistens weniger löslich.

Schwefelsaures Iodanilin. — Weifse glänzende Schuppen, 19,24 Proc. HO,SO^3 haltend, also $= C^{12}NH^6J,HO,SO^3$; wenig in kaltem, mehr in heifsem Wasser löslich, und beim Kochen der Lösung ein in kochendem Wasser unlösliches Product absetzend.

Hydriod-Iodanilin. — Strahlige, leicht in Wasser lösliche und sich schnell zersetzende Krystallmasse.

Hydrobrom-Iodanilin. — Dem salzsauren Salze sehr ähnlich.

Salzsaures Iodanilin. — Krystallisirt aus kochendem Wasser in perlglänzenden Blättern und dünnen Nadeln. Hält 14,44 Proc. Salzsäure. Löst sich wenig in kaltem Wasser, und wird daraus durch starke Salzsäure fast ganz gefällt; löst sich in Weingeist, nicht in Aether.

Salpetersaures Iodanilin. — Aus heifsem Wasser schiefsen lange, haarfeine Nadeln an. Das Salz fällt nicht Silberlösung; es löst sich in kaltem und heifsem Wasser besser, als die übrigen Iodanilinsalze, und auch leicht in Weingeist und Aether.

Das Iodanilin gibt mit *schwefelsaurem Kupferoxyd* einen gelblichen Niederschlag, wohl eine Doppelverbindung.

Mit *Dreifachchlorgold* gibt salzsaures Iodanilin einen scharlachrothen, sich schnell zersetzenden Niederschlag.

Chlorplatin-salzsaures Iodanilin. — Der durch salzsaures Iodanilin in Zweifachchlorplatin erzeugte pomeranzengelbe krystallische Niederschlag ist durch Waschen mit Aether leicht zu reinigen.

			HOFMANN.
12 C	72	16,97	16,82
N	14	3,30	
7 H	7	1,65	1,87
J	126	29,70	
Pt	99	23,34	23,14
3 Cl	106,2	25,04	
$C^{12}NH^7JCl,PtCl^2$	424,2	100,00	

Oxalsaures Iodanilin. — Lange platte Nadeln, 17,37 Proc. $C^4H^2O^8$ haltend, also $= 2\,C^{12}NH^6J,C^4H^2O^8$. Sie lösen sich schwer in Wasser und Weingeist, nicht in Aether.

Das Iodanilin löst sich in *Holzgeist, Weingeist, Aether, Aceton, flüchtigen* und *fetten Oelen.* HOFMANN.

Stickstoffbromkern $C^{12}NBrH^4$.

Bromanilin.

$$C^{12}NBrH^6 = C^{12}NBrH^4,H^2.$$

HOFMANN (1845). *Ann. Pharm.* 53, 42.

Bildung. Beim Erhitzen von Bromisatin mit Kali.

Darstellung. Man destillirt Bromisatin mit starker Kalilauge, bis der Rückstand fast trocken ist und neben Ammoniak ein braunes, nicht mehr erstarrendes Oel übergehen lässt, wäscht die anfangs übergegangenen, krystallisch erstarrten Oeltropfen auf dem Filter mit Wasser, und lässt sie aus kochendem Weingeist krystallisiren.

Eigenschaften. Farblose regelmäfsige Oktaeder, ganz dem Chloranilin gleichend, bei 50° zu einem violetten Oel schmelzend, bei dessen Erstarren die Temperatur auf 46° sinkt, vom Geruch und Geschmack des Chloranilins.

			Hofmann.
12 C	72	41,86	42,45
N	14	8,14	
6 H	6	3,49	3,75
Br	80	46,51	
$C^{12}NH^{6}Br$	172	100,00	

Das Bromanilin wird durch Kaliumamalgam mit Leichtigkeit zu Anilin reducirt (*Ann. Pharm.* 67, 76). — Mit überschüssigem Bromvinafer verwandelt es sich rasch in Hydrobrom-Vinebromanilin. $C^{12}NBrH^{6} + C^{4}H^{5}Br = C^{16}NBrH^{10},HBr$. — In der wässrigen Lösung färbt es den wässrigen Chlorkalk schwächer violett, als Anilin, und stärker, als Chloranilin. Seine Salze färben den Chlorkalk rothbraun und Fichtenholz gelb. Das Bromanilin löst sich leicht in Schwefelkohlenstoff.

Salzsaures Bromanilin. — Krystallisirt aus kochendem Wasser in perlglänzenden strahligen Fasern, aber beim Verdunsten über Vitriolöl in wohlgebildeten Säulen des 2- u. 1-gliedrigen Systems. Von *Fig.* 81 abzuleiten; $u : u = 128°, 35'$; $u : u'$ nach hinten $= 80° 27'$. Müller. Sie halten 17,71 Salzsäure, sind also $C^{12}NH^{6}Br,HCl$.

Chlorplatin-salzsaures Bromanilin. — Fällt beim Mischen von salzsaurem Bromanilin mit Zweifachchlorplatin nieder, der entsprechenden Verbindung des Chloranilins sehr ähnlich; 26,19 Proc. Platin haltend, also $C^{12}NH^{6}Br,HCl + PtCl^{2}$.

Oxalsaures Bromanilin. — Man sammelt das aus weingeistigem Bromanilin durch wässrige Oxalsäure gefällte Krystallmehl auf dem Filter und lässt es aus kochendem Wasser krystallisiren. Undeutliche Krystalle, schwer in Wasser und Weingeist löslich. Hofmann.

	Lufttrockne	Krystalle.	Hofmann.
28 C	168	38,71	38,93
2 N	28	6,45	
14 H	14	3,23	3,34
2 Br	160	36,86	
8 O	64	14,75	
$2C^{12}NH^{6}Br,C^{4}H^{2}O^{8}$	434	100,00	

Stickstoffbromkern $C^{12}NBr^{2}H^{3}$.

Bibromanilin.

$$C^{12}NBr^{2}H^{5} = C^{12}NBr^{2}H^{3},H^{2}.$$

Hofmann (1845). *Ann. Pharm.* 53, 47.

Darstellung. Man destillirt Bibromisatin mit Kalihydrat, befreit das übergegangene und krystallisirte Oel durch Waschen mit Wasser vom Ammoniak und lässt es aus kochendem Weingeist anschiefsen.

Eigenschaften. Schneeweifse grofse platte rhombische Säulen, bei 50 bis 60° zu einem dunkeln Oel schmelzend, welches nach dem Abkühlen oft lange flüssig bleibt, aber dann beim Schütteln plötzlich krystallisirt.

			HOFMANN.
12 C	72	28,68	28,77
N	14	5,58	
5 H	5	1,99	2,40
2 Br	160	63,75	
$C^{12}NH^5Br^2$	251	100,00	

Das Bibromanilin löst sich wenig in kochendem *Wasser* zu einer sich beim Erkalten trübenden und allmälig feine Nadeln absetzenden Flüssigkeit.

Es ist eine sehr schwache Basis; seine Lösung in *Säuren* färbt Fichtenholz gelb; sie wird durch Alkalien gefällt; sie gibt krystallisirbare Salze, die aber viel weniger beständig sind, als die des Bromanilins.

Die Lösung des Bibromanilins in kochender *Salzsäure* gibt beim Erkalten Blätter, worin 13,31 Proc. Salzsäure, bei deren Lösen in Wasser sich schon ein Theil der Basis in feinen Oeltropfen ausscheidet, und die beim Verdampfen in einer Glocke über Kalk, welcher die meiste Salzsäure entzieht, fast reines krystallisches Bibromanilin absetzt.

Die salzsaure Lösung fällt *Zweifachchlorplatin* krystallisch, pomeranzengelb.

Das Bibromanilin löst sich in *Weingeist*. HOFMANN.

Stickstoffbromkern $C^{12}NBr^3H^2$.

Tribromanilin.

$$C^{12}NBr^3H^4 = C^{12}NBr^3H^2,H^2.$$

FRITZSCHE (1842). *J. pr. Chem.* 28, 204.
A. W. HOFMANN. *Ann. Pharm.* 53, 50.

Bromaniloid, FRITZSCHE.

Darstellung. 1. Man mischt trocken Brom mit Anilin in dem Verhältnisse, dass das Gemisch nach einiger Zeit vollständig krystallisch erstarrt, und fügt dann etwas Weingeist und noch so lange Brom hinzu, bis dessen Geruch nicht mehr verschwindet, scheidet den grüngrauen Krystallbrei von ziemlich reinem Tribromanilin durchs Filter von der grüngelben weingeistigen Flüssigkeit, welche Hydrobrom und Zersetzungsproducte des Weingeists hält, und mit Wasser noch Tribromanilin absetzt, wäscht ihn mit Weingeist und erhält durch Lösen in heifsem fast farblose Krystalle. FRITZSCHE. — 2. Man versetzt ein in Wasser gelöstes Anilinsalz mit wässrigem Brom, welches verschwindet und eine weifsliche Trübung und Fällung mikroskopischer Nadeln bewirkt, bis diese aufhört und ein schwacher Bromgeruch bleibend wird, sammelt das niedergefallene, durch ein röthliches Zersetzungsproduct röthlich gefärbte Pulver, befreit es hiervon durch Destillation in einer kleinen Glasretorte und lässt das krystallisch erstarrte Destillat aus kochendem Weingeist krystallisiren. FRITZSCHE. — 3. Man mischt wässriges salzsaures Bromanilin mit wässrigem Brom, destillirt den violettweifsen Niederschlag mit

Wasser, und erhält anfangs schneeweifse Krystalle, welchen jedoch, durch Umkrystallisiren aus Weingeist nicht zu entfärbende, violette folgen. HOFMANN.

Eigenschaften. Aus heifsem Weingeist krystallisirt: farblose, glänzende, lange, feine Nadeln; nach dem Schmelzen erstarrt: von krystallischer Textur, spröde, leicht zu pulvern. Schmilzt bei 117° zu klarer Flüssigkeit, siedet bei ungefähr 300°, geht unverändert über, FRITZSCHE, und sublimirt sich auch in seidenglänzenden Strahlen, HOFMANN.

			FRITZSCHE.	HOFMANN, gefärbtes.
12 C	72	21,82	22,05	23,16
N	14	4,24	4,72	
4 H	4	1,21	1,21	1,51
3 Br	240	72,73	71,80	
$C^{12}NH^4Br^3$	330	100,00	99,78	

Zersetzungen. 1. Kochende starke *Salpetersäure* zersetzt das Tribromanilin. — 2. Warmes *Vitriolöl* löst es unzersetzt und färbt sich erst nahe beim Siedpunct durch Zersetzung purpurn. Kochende starke *Kalilauge* ist ohne Wirkung. FRITZSCHE.

Verbindungen. Unlöslich in Wasser. FRITZSCHE.

Das Tribromanilin löst sich reichlich in warmem *Vitriolöl,* schiefst daraus beim Erkalten unverbunden an, und wird durch Wasser krystallisch gefällt. FRITZSCHE.

Es verhält sich nicht basisch und löst sich weder in verdünnten Säuren, noch Alkalien. FRITZSCHE, HOFMANN.

Es löst sich schwer in kaltem, leicht in kochendem *Weingeist* und in *Aether*. FRITZSCHE.

Stickstoffchlorkern $C^{12}NClH^4$.

Chloranilin.

$$C^{12}NClH^6 = C^{12}NClH^4,H^2.$$

A. W. HOFMANN (1845). *Ann. Pharm.* 53, 1.

Darstellung. Man destillirt Chlorisatin mit Kalilauge oder Kalihydrat, bis der Rückstand fest geworden ist, mit dem Wasserstoff auch Ammoniak entwickelt, und bis er ein blaues Sublimat und ein braunes, beim Erkalten nicht mehr erstarrendes Oel liefert, sammelt das anfangs übergegangene erstarrte Oel auf dem Filter, befreit es durch Wasser vom Ammoniak, und lässt es aus kochendem Weingeist krystallisiren.

Eigenschaften. Demantglänzende Oktaeder, schwerer als Wasser, bei 64 bis 65° zu einem gelben Oel schmelzend, das bei 57° in grofsen Oktaedern erstarrt. Verdunstet schon bei Mittelwärme, daher darüber gehaltene Salzsäure Nebel macht; lässt sich mit Wasser leicht überdestilliren; siedet für sich über 200°, und zwar unter einiger Zersetzung, daher neben dem Oele obiges blaues Product übergeht. Riecht angenehm weinartig und schmeckt gewürzhaft brennend, wie Anilin. Wirkt nicht auf rothes Lackmus und Curcuma, grünt jedoch Dahlienblüthen.

	Lufttrockne Krystalle.		Hofmann.
12 C	72	56,51	56,19
N	14	10,99	11,38
6 H	6	4,71	5,02
Cl	35,4	27,79	27,45
$C^{12}NClH^6$	127,4	100,00	100,04

Zersetzungen. 1. Das Chloranilin *brennt* mit heller lebhaft grün gesäumter, stark rufsender Flamme. — 2. *Chlor* mit Wasser verwandelt das Chloranilin theils in Trichloranilin, theils in Trichlorcarbolsäure. $C^{12}NClH^6 + 4Cl = C^{12}NCl^3H^4 + 2HCl$; und: $C^{12}NClH^6 + 4Cl + 2HO = C^{12}Cl^3H^3O^2 + HCl + NH^4Cl$. — 3. Trocknes oder wässriges *Brom* zersetzt das Chloranilin unter starker Wärmeentwicklung in Bibromchloranilin und Hydrobrom. $C^{12}NClH^6 + 4Br = C^{12}NClBr^2H^4 + 2HBr$. — 4. Mit starker *Salpetersäure* erhitzt, kommt es in ein, auch nach der Entfernung vom Feuer fortwährendes Kochen, und liefert unter Entwicklung salpetriger Säure eine dunkelrothe, dann schwarze undurchsichtige, dann bei fortgesetztem Erhitzen eine scharlachrothe klare Lösung, welche Silberlösung nicht fällt, und beim Erkalten bald der Pikrinsäure ähnliche goldgelbe Nadeln, wohl von einer Binitrochlorcarbolsäure, $C^{14}X^2ClH^3,O^2$, gibt, bald ein durch Wasser in gelben Flocken fällbares, in Alkalien, Weingeist und Aether mit satt gelber Farbe lösliches Harz liefert, dessen alkalische Lösung durch Säuren gefällt wird und dessen ammoniakalische, durch Kochen vom überschüssigen Ammoniak befreite, Silberlösung rothgelb, selten auch in gelben Krystallflimmern fällt. — 5. Wässriges Chloranilin färbt sich mit *Chlorkalk* sehr schwach violett. — 6. Mit *chlorsaurem Kali* und *Salzsäure* bildet das Chloranilin eine erst violettrothe, dann trübe braune und zuletzt eine farblose Flüssigkeit, welche anfangs, neben krystallisirendem Chloranil, Tri- oder Quinti-Chlorcarbolsäure als durch Weingeist ausziehbare braune zähe Materie absetzt, aber nach der Entfärbung blofs noch Chloranil und Salmiak hält; also wie bei Anilin. $C^{12}NClH^6 + 4Cl + 2HO = C^{12}Cl^3H^3O^2$ (Trichlorcarbolsäure) $+ NH^4Cl + HCl$; ferner: $C^{12}NClH^6 + 8Cl + 2HO = C^{12}Cl^5HO^2$ (Quintichlorcarbolsäure) $+ NH^4Cl + 3HCl$; und: $C^{12}NClH^6 + 6Cl + 4O = C^{12}Cl^4O^4$ (Chloranil) $+ NH^4Cl + 2HCl$. — 7. Die Krystalle, mit wässriger *Chromsäure* übergossen, werden braun und verharzen sich; das trockne Gemenge entzündet sich beim Schmelzpunct des Chloranilins. — 8. Das wässrige Chloranilin färbt *Eisenoxydsalze* durch Desoxydation grünlich, und setzt beim Sieden ein, in Weingeist lösliches schwarzviolettes Product ab. — 9. Beim Leiten des Dampfs über schwach glühenden Kalk geht unter Abscheidung von viel Kohle und Bildung von Chlorcalcium Anilin mit Ammoniak und Wasser über. $2C^{12}NClH^6 + 2CaO = C^{12}NH^7 + C^{12} + 2CaCl + NH^3 + 2HO$. — 10. Schmelzendes *Kalium* bildet mit dem Dampfe unter lebhaftem Feuer und Abscheidung von viel Kohle Chlorkalium und Cyankalium. *Kaliumamalgam* mit Wasser dagegen reducirt das Chloranilin zu Anilin (*Ann. Pharm.* 67, 76).

Verbindungen. Das Chloranilin löst sich wenig in *Wasser*; die kochende Lösung wird beim Erkalten milchig und setzt Oktaeder ab.

Es löst sich leicht in *Schwefelkohlenstoff*.

Das Chloranilin ist eine schwächere Basis als Anilin, und fällt nicht schwefelsaure Alaunerde und die Salze des Eisenoxyds, Eisenoxyduls und Zinkoxyds; es treibt zwar aus dem Salmiak beim Erhitzen das Ammoniak aus, wird aber von diesem aus der salzsauren Lösung gefällt, und neutralisirt die Säuren unvollständig. Die *Chloranilinsalze* krystallisiren meistens leicht und fallen wegen ihrer Schwerlöslicheit beim Mischen einer Säure mit weingeistigem Chloranilin gewöhnlich als Krystallbrei nieder, durch Umkrystallisiren aus kochendem Wasser oder Weingeist zu reinigen. Sie sind meist farblos oder in Masse gelblich, und bei überschüssiger Säure violett; sie röthen auch bei völliger Sättigung mit der Base Lackmus; sie färben, wie die Anilinsalze, Fichtenholz und Hollundermark satt gelb, färben sich aber mit Chlorkalk nur sehr schwach violett, dann schnell pomeranzengelb. Sie werden durch Alkalien sogleich zersetzt, durch kohlensaure unter Entwicklung der Kohlensäure, da diese nicht mit dem Chloranilin verbindbar ist.

Phosphorsaures Chloranilin. — Weingeistiges Chloranilin erstarrt mit wässriger Phosphorsäure zu einem Brei von Krystallblättern, die in Wasser und Weingeist ziemlich löslich sind.

Schwefelsaures Chloranilin. — Der weifse Krystallbrei, zu welchem das weingeistige Chloranilin mit wenig Säure erstarrt, liefert, in kochendem Wasser gelöst, verworrene violettweifse Blätter, und, in kochendem Weingeist gelöst, sternförmig vereinigte silberglänzende Nadeln. Die Krystalle entwickeln beim Erhitzen etwas Chloranilin, und schwärzen sich dann unter Freiwerden schwefliger Säure. Sie lösen sich schwieriger in Weingeist, als in Wasser.

	Krystalle.	HOFMANN.
12 C	72	40,82
7 H	7	3,97
NCl0	57,4	32,55
SO^3	40	22,66
$C^{12}NClH^6,HO,SO^3$	176,4	100,00

Salzsaures Chloranilin. — Im Kochen mit Chloranilin gesättigte Salzsäure gibt beim Erkalten grofse Krystalle, welche durch langsames Verdunsten ihrer wässrigen Lösung neben Vitriolöl noch ausgebildeter werden. Sie haben dieselbe Form, wie das salzsaure Bromanilin (V, 729). $\alpha : \alpha = 127° 48'$. Sie halten 22,1 Proc. Salzsäure. Sie sind luftbeständig, werden beim Erhitzen undurchsichtig weifs, und sublimiren sich bei vorsichtigem Erhitzen unzersetzt, während sie sich bei raschem, unter Bildung eines violetten Dampfes zersetzen.

Salpetersaures Chloranilin. — Die Lösung des Chloranilins in warmer verdünnter Salpetersäure füllt sich beim Erkalten mit grofsen, meist röthlichen Krystallblättern. Diese, nicht unzersetzt sublimirbar, schmelzen beim Erhitzen in einer Röhre zu einer dunkeln Masse, welche sich in Weingeist mit prächtig violetter Farbe löst, und einen Theil des Salzes unzersetzt anschiefsen lässt. Dasselbe löst sich ziemlich in Wasser und Weingeist.

Das, anfangs klare, wässrige Gemisch von Chloranilin und *Einfachchlorzinn* erstarrt bald zu einer silberglänzenden Krystallmasse.

Wässriger *Kupfervitriol*, welcher durch wässriges Chloranilin nicht gefällt wird, entfärbt sich bald beim Kochen mit krystallischem Chloranilin und setzt eine bronzefarbige Krystallmasse ab, welche sich nicht in Wasser und wenig in kochendem Weingeist löst, daraus beim Erkalten in Flittern anschiefsend.

Das kalte wässrige Gemisch von Chloranilin und *Aetzsublimat* gibt sogleich einen weifsen Niederschlag; aber das heifse bleibt anfangs klar, trübt sich dann schnell, und erstarrt zu einem nadelförmigen Krystallbrei des Doppelsalzes.

Wässriges Chloranilin fällt *Dreifachchlorgold* rothbraun.

Chlorplatin-salzsaures Chloranilin. — Kaltes salzsaures Chloranilin fällt Zweifachchlorplatin schön orange, und ein heifses Gemisch erstarrt beim Erkalten zu einem Brei von weichen Krystallblättchen. Diese, mit wenig kaltem Wasser gewaschen, dann in mehr Wasser gelöst, setzen sich beim Verdunsten über Vitriolöl in Krystallwarzen ab, welche Lackmus röthen, sich im Lichte mit einer violetten Haut überziehen, und sich leicht, besonders in siedendem Wasser und Weingeist lösen.

			Hofmann.
12 C	72	21,58	22,03
N	14	4,20	
7 H	7	2,10	2,30
Pt	99	29,68	29,34
4 Cl	141,6	42,44	
$C^{12}NClH^6,HCl + PtCl^2$	333,6	100,00	

Wässriges Chloranilin fällt *Chlorpallad* orange.

Chloranilin löst sich in *Holzgeist, Weingeist* (leicht in heifsem), in *Aether* (der es der wässrigen Lösung entzieht), und in *Aceton.*

Oxalsaures Chloranilin. — Die Lösung des Chloranilins in der warmen wässrigen Säure gibt beim Erkalten Krystalle, welche, aus kochendem Wasser umkrystallisirt, Säulen liefert, die aus kleineren zusammengereiht sind. Dieselben schmecken süfslich brennend; sie lösen sich schwer in Wasser und Weingeist; ihre wässrige Lösung färbt sich an der Luft und setzt ein rothes Pulver ab. Ein halbsaures Salz lässt sich nicht krystallisch erhalten.

	Krystalle.		Hofmann.
16 C	96	42,40	42,59
N,Cl	49,4	21,82	
9 H	9	3,98	4,24
9 O	72	31,80	
$C^{12}NClH^6,HO,C^4H^2O^8$	226,4	100,00	

Das heifs gesättigte wässrige Chloranilin mit *Gallus*tinctur versetzt, gibt beim Erkalten gelbe Flocken. — Das Chloranilin löst sich in *flüchtigen* und *fetten Oelen.* Hofmann.

Stickstoffchlorkern $C^{12}NCl^2H^3$.

Bichloranilin.

$$C^{12}NCl^2H^5 = C^{12}NCl^2H^3,H^2.$$

Hofmann (1845). *Ann. Pharm.* 53, 33 u. 57.

Durch Destillation von Bichlorisatin, dem noch Chlorisatin beigemengt ist, mit Kalihydrat erhält man lange Säulen von Bichloranilin nebst etwas Chloranilin. HOFMANN.

Stickstoffchlorkern $C^{12}NCl^3H^2$.

Trichloranilin.

$$C^{12}NCl^3H^4 = C^{12}NCl^3H^2,H^2.$$

ERDMANN (1840). *J. pr. Chem.* 19, 331; 25, 472.
HOFMANN. *Ann. Pharm.* 53, 35.

Chlorindatmit von ERDMANN, der jedoch den Stickstoff darin übersah.

Darstellung. 1. Es geht bei der Bereitung der Trichlorcarbolsäure nach ERDMANN über (V, 655, 3). — 2. Beim Einwirken von Chlor auf Anilin oder Chloranilin bildet sich ein Gemenge von Trichloranilin und Trichlorcarbolsäure (V, 707 und V, 732), welches bei der Destillation mit Kalilauge bei gut erkälteter Vorlage das Trichloranilin in auf dem Wasser schwimmenden Nadeln und als krystallisch erstarrendes Oel übergehen lässt.

Eigenschaften. Weifse zarte, leicht zerbrechliche Nadeln und Blättchen, leicht zu farblosem, beim Erkalten krystallisirenden Oel schmelzbar; von eigenthümlichem Geruch; flüchtig. Neutral. ERDMANN, HOFMANN.

			HOFMANN.	ERDMANN.
12 C	72	36,70	37,65	36,89
N	14	7,13		
3 Cl	106,2	54,13		53,58
4 H	4	2,04	2,44	2,23
$C^{12}NCl^3H^4$	196,2	100,00		

Zersetzungen. 1. Es gibt mit *Salpetersäure* unter Entwicklung salpetriger Dämpfe eine gelbe, sich mit Kali röthende Lösung. ERDMANN. — 2. Sein Dampf gibt, über heifses Kalknatron geleitet, viel Ammoniak, und bildet, über schmelzendes Kalium geleitet, viel Cyankalium. HOFMANN. — Unzersetzbar beim Destilliren mit Kalilauge. ERDMANN, HOFMANN.

Verbindungen. Es löst sich wenig in kaltem, mehr in kochendem *Wasser*. HOFMANN.

Es verbindet sich weder mit *Säuren*, noch mit *Alkalien*.

Es löst sich leicht in *Weingeist* und *Aether*. HOFMANN.

Stickstoffchlorbromkern $C^{12}NClBr^2H^2$.

Chlorbibromanilin.

$$C^{12}NClBr^2H^4 = C^{12}NClBr^2H^2,H^2,$$

HOFMANN (1845). *Ann. Pharm.* 53, 38.

Darstellung. 1. Krystallisches Chloranilin entwickelt mit trocknem Brom viel Wärme und Hydrobrom, färbt sich violett und verwandelt sich, wenn es selbst beim Schmelzen kein Brom mehr aufnimmt, in, beim Erkalten erstarrendes Chlorbibromanilin, welches mit kaltem Wasser zu waschen und aus Weingeist zu krystallisiren ist. — 2. Man löst den weifslichen Niederschlag, welchen Bromwasser in einem wässrigen Chloranilinsalze hervorbringt, in heifsem Weingeist, aus dessen blassvioletter Lösung Nadeln anschiefsen.

Eigenschaften. Weifse Säulen, oft mit einem Stich ins Röthliche. Sie schmelzen in heifsem Wasser zu einem braunen Oele, welches sich mit dem Dampf des kochenden Wassers verflüchtigt und in glänzenden Nadeln sublimirt.

			HOFMANN.
12 C	72	25,23	25,43
N	14	4,91	
Cl	35,4	12,40	
2 Br	160	56,06	
4 H	4	1,40	1,52
$C^{12}NClBr^2H^4$	285,4	100,00	

Es wird durch starke Salpetersäure zersetzt.

Es löst sich nicht in Wasser.

Es verhält sich nicht als eine Salzbase, und löst sich zwar in *Vitriolöl* mit violetter Farbe, wird aber daraus durch Wasser gefällt, so wie es sich auch in heifser starker *Salzsäure* löst, aber beim Erkalten gröfstentheils anschiefst und den Rest bei Wasserzusatz absetzt.

Es löst sich unverändert in warmem *Ammoniak* und *Kali*.

Es gibt keine Verbindungen mit Aetzsublimat und Zweifachchlorplatin.

Es löst sich in *Weingeist* und *Aether*. HOFMANN.

Stickstoffnitrokern $C^{12}NXH^4$.

Nitranilin.

$$C^{12}N^2H^6O^4 = C^{12}NXH^4,H^2.$$

HOFMANN u. MUSPRATT (1846). *Ann. Pharm.* 57, 201; auch *Phil. Mag. J.* 29, 312.

Darstellung. Man sättigt die weingeistige Lösung des Binitrofune (V, 673) mit Ammoniakgas, leitet durch die blutrothe Flüssigkeit Hydrothiongas, bis nach dem Sättigen damit nur noch sehr wenig Schwefel anschiefst, dampft mit Salzsäure ab, wobei sich noch Schwefel mit unzersetztem Binitrofune ausscheidet, fällt aus dem Filtrat durch Kali ein braunes klebendes Harz, befreit dieses durch Waschen mit kaltem Wasser vom Kali, löst es in kochendem Wasser, filtrirt von wenig ungelöst bleibendem braunen Harze die pomeranzengelbe Lösung ab, und reinigt die beim Erkalten anschiefsenden Nadeln von Nitranilin durch Umkrystallisiren aus heifsem Wasser.

Eigenschaften. Schön, gelbe zolllange Nadeln, schwerer als Wasser. Sie schmelzen bei ungefähr 110° zu einem tiefgelben Oel, welches bei 285° siedet, in gelben Dämpfen übergeht und in der Vorlage zu einer blättrigen Masse erstarrt; bei 100° sublimiren sie sich ohne Schmelzung in schönen Blättern. Sie sind bei Mittelwärme geruchlos, etwas darüber von gewürzhaftem, entfernt Anilin-artigen

Geruch, und schmecken brennend süfs. Sie reagiren ganz neutral, und färben Fichtenholz (so wie die Oberhaut) satt gelb, wie Anilin, bläuen aber nicht Chlorkalk.

			HOFMANN u. MUSPRATT.
12 C	72	52,17	52,25
2 N	28	20,29	20,52
6 H	6	4,35	4,54
4 O	32	23,19	22,69
$C^{12}N^2H^6O^4$	138	100,00	100,00

Zersetzungen. 1. Der Dampf *brennt* mit heller rufsender Flamme. — 2. *Brom* verwandelt das Nitranilin unter starker Entwicklung von Wärme und Hydrobromgas in ein braunes Harz, dessen Lösung in heifsem Weingeist gelbliche, neutrale, nicht in Wasser, Säuren oder Alkalien lösliche Krystalle, wohl von Nitrobibromanilin, $C^{12}NXBr^2H^4$, absetzt. — 3. *Salpetersäure* wirkt heftig auf das Nitranilin, und verwandelt es bei längerem Sieden in eine Säure, die Pikrinsäure zu sein scheint. — 4. *Chlorcyangas*, durch schmelzendes Nitranilin geleitet, wandelt einen Theil desselben in Binitromelanilin um, während der gröfsere durch die Hitze in einen harzigen Körper übergeht. Weingeistiges Nitranilin wird durch Chlorcyan sehr langsam und wässriges auf besondere Weise zersetzt, aber in Aether gelöstes bildet mit Chlorcyan blofs salzsaures Nitromelanilin und gelbliche Nadeln von Nitranilinharnstoff. $2 C^{12}N^2H^6O^4 + 2 HO + C^2NCl = C^{12}N^2H^6O^4,HCl + C^{14}N^3H^7O^6$. — 5. Die Lösung des Nitranilins in Bromvinafer setzt schon bei Mittelwärme rasch grofse blassgelbe Krystalle von Hydrobrom-Vinnitranilin ($C^{16}NXH^{10}$,HBr) ab.

Verbindungen. Das Nitranilin löst sich sehr wenig in kaltem Wasser, ziemlich reichlich in heifsem.

Es ist eine sehr schwache Basis, fällt kein Metallsalz und wird aus den zum Theil krystallisirbaren *Nitranilinsalzen* durch das Anilin, so wie durch ätzende und kohlensaure Alkalien krystallisch gefällt.

Salzsaures Nitranilin. — Die farblose Lösung der Basis in der Säure gibt beim Verdunsten perlglänzende Krystalle, äufserst leicht in Wasser und Weingeist löslich, 20,37 Proc. Chlor haltend, also $C^{12}NXH^6$,HCl.

Chlorplatin-salzsaures Nitranilin. — Weingeistiges (nicht wässriges) salzsaures Nitranilin gibt mit Zweifachchlorplatin einen gelben krystallischen Niederschlag, mit Aether zu waschen, leicht in Wasser und Weingeist löslich und 28,62 Proc. Platin haltend, also $C^{12}NXH^6,HCl + PtCl^2$.

Oxalsaures Nitranilin. — Weingeistiges Nitranilin liefert mit weingeistiger Oxalsäure gelbliche Krystalle, welche, mit Aether gewaschen und auf einem Ziegel getrocknet, 41,30 Proc. C und 3,99 H halten, und also $C^{12}NXH^6,HO,C^4H^2O^8$ sind.

Das Nitranilin löst sich in *Weingeist* und *Aether* mit rothbrauner Farbe. HOFMANN u. MUSPRATT.

Stickstoffamidkern $C^{12}NAdH^4$.

Semibenzidam.

$$C^{12}N^2H^8? = C^{12}NAdH^4,H^2?$$

ZININ (1844). *J. pr. Chem.* 33, 34.

Beim Destilliren von in Weingeist gelöstem Binitrofune (V, 673) mit Hydrothionammoniak bleibt neben vielem gefällten Schwefel eine gelbbraune, in Wasser unlösliche, harzige Materie, welche sich aus kochendem Weingeist oder Aether beim Erkalten bei abgehaltener Luft in gelben Flocken ausscheidet. Diese halten auf 12 At. C 8 At. H; sie schmelzen unter kochendem Wasser zu einer bräunlichen zähen Flüssigkeit; sie färben sich an der Luft, besonders in feuchtem Zustande, schnell grünlich, so wie auch ihre gelbe Lösung in Weingeist oder Aether an der Luft dunkel wird, und ein grünliches Pulver absetzt.

Die Verbindungen dieser Materie mit Schwefelsäure oder Salzsäure sind gelbe, leicht zersetzbare, in Wasser, Weingeist oder Aether fast unlösliche Salze. ZININ.

Gepaarte Verbindungen von 1 At. $C^{12}NH^5$, oder einem ähnlichen Kern.

Anilinschwefelsäure.

$$C^{12}NH^7S^2O^6 = C^{12}NH^7,2SO^3.$$

GERHARDT. *N. J. Pharm.* 10, 5; Ausz. *Compt. rend.* 21, 285.

Sulfanilinsäure, Acide sulfanilique.

Bildung. Beim Erwärmen von Vitriolöl mit Anilin, Formanilid, Oxanilid, GERHARDT, Carbanilid oder Anilinharnstoff, HOFMANN; oder beim Kochen von Funeschwefelsäure mit Salpetersäure, und Behandlung dieser so gebildeten Nitrofuneschwefelsäure, $C^{12}XH^5,2SO^3$, nach der Verbindung mit Ammoniak, mit Hydrothion, welches anilinschwefelsaures Ammoniak erzeugt, LAURENT (*Compt. rend.* 31, 538).

Darstellung. 1. Man dampft die Lösung des Anilins in wenig überschüssiger Schwefelsäure zur Trockne ab, erhitzt den Rückstand behutsam unter fleifsigem Umrühren, so lange sich Wasser und Anilin entwickeln, und lässt ihn aus kochendem Wasser krystallisiren. — 2. Besser: Man mengt das beim Erhitzen von oxalsaurem Anilin bei 180° bleibende Gemenge von Formanilid und Oxanilid mit Vitriolöl zu einem dicken Brei, erhitzt diesen im Kolben so gelinde, dass keine Schwärzung erfolgt, und so lange, als sich Kohlensäure und Kohlenoxyd unter Aufbrausen entwickeln, bietet den Rückstand in einer flachen Schale der feuchten Luft dar, vertheilt die Krystallmasse in kaltem Wasser und wäscht sie damit, und lässt sie aus kochendem Wasser umkrystallisiren. GERHARDT. — 3. Man erwärmt die Lösung von Anilinharnstoff in Vitriolöl gelinde, versetzt das unter Kohlensäureentwicklung gebildete bräunliche Gemisch von schwefelsaurem Ammoniak und Anilinschwefelsäure mit Wasser, entfärbt die dadurch erzeugte Krystallmasse durch Thierkohle und lässt sie aus heifsem Wasser krystallisiren. HOFMANN (*Ann. Pharm.* 70, 133).

Eigenschaften. Farblose, stark glänzende, rhombische Tafeln von sehr saurem Geschmack. GERHARDT.

	Krystalle.		GERHARDT.	HOFMANN.
12 C	72	41,62	41,95	
N	14	8,09	8,60	
7 H	7	4,05	4,33	
2 S	32	18,49	18,90	18,75
6 O	48	27,75		
$C^{12}NH^7,2SO^3$	173	100,00		

Zersetzungen. 1. Bei der trocknen *Destillation* verkohlt sich die Säure ohne Schmelzung, und entwickelt viel schweflige Säure und ein beim Erkalten erstarrendes Oel, welches mit Wasser schwefligsaures Anilin bildet. — 2. Ihre wässrige Lösung wird durch *Chlorwasser* blasskermesinroth, dann allmälig braunroth. — 3. Dieselbe, auch sehr verdünnt, wird durch *Brom*wasser milchig und gibt nach einiger Zeit einen, nicht in Kali löslichen, weifsen käsigen Niederschlag. — 4. Dieselbe färbt sich mit *Chromsäure* braunroth. — 5. Kalte concentrirte *Salpetersäure* wirkt nicht auf die Anilinschwefelsäure, aber heifse erzeugt unter starker Gasentwicklung eine rothe Lösung, die in der Ruhe ein Harz absetzt. — 6. Wasserfreie *Schwefelsäure* verkohlt, trotz angebrachter Abkühlung, den gröfsten Theil der Anilinschwefelsäure. — 7. Beim Erhitzen der Säure mit *Kalkkalihydrat* geht, unter Zurücklassung eines schwefelsauren Salzes, reines Anilin über. Auch bei andern Aniliden lässt sich durch Kalkkalihydrat (nach WILLS und VARRENTRAPPS Methode) der Stickstoff nicht bestimmen. GERHARDT.

Verbindungen. Die Säure löst sich wenig in kaltem, reichlicher in kochendem *Wasser*. GERHARDT.

Anilinschwefelsaure Salze, Sulfanilates. Die Säure zersetzt die kohlensauren Alkalien unter Aufbrausen; sie neutralisirt die Basen vollständig; sie wird aus den concentrirten Lösungen ihrer Salze durch Mineralsäuren in feinen Nadeln ausgeschieden. GERHARDT.

Anilinschwefelsaures Ammoniak. — Die Lösung der Säure in wässrigem Ammoniak liefert bei freiwilligem Verdunsten stark glänzende dünne 6seitige oder rectanguläre Tafeln, welche bei 100° matt werden und in stärkerer Hitze schweflige Säure und dasselbe Oel wie die Säure liefern. GERHARDT.

	Krystalle bei 100°.		GERHARDT.
12 C	72	37,89	37,6
2 N	28	14,74	
10 H	10	5,26	5,4
2 SO^3	80	42,11	
$C^{12}NH^6(NH^4),2SO^3$	190	100,00	

Anilinschwefelsaures Natron. — Die mit kohlensaurem Natron neutralisirte wässrige Säure krystallisirt bei freiwilligem Verdunsten in grofsen 8seitigen Tafeln, während aus kochendem Weingeist (welcher etwa beigemengtes kohlensaures Natron zurücklässt) Nadeln erhalten werden. Die Tafeln halten 14,65 Proc. (4 At.) Wasser; sie verlieren beim Erhitzen das Wasser unter Schmelzen und Aufblähen, bräunen sich dann, entwickeln stinkende Dämpfe mit einem braunen, Anilinhaltenden Oele, und geben an der Luft eine blaue Flamme und schweflige Säure. Einmal wurden grofse Säulen mit 53,6 Proc. (24 At.) Krystallwasser erhalten. GERHARDT.

	Bei 100° getrocknet.		GERHARDT.
12 C	72	36,88	36,9
N	14	7,17	
6 H	6	3,08	3,2
Na	23,2	11,89	11,4
2 S	32	16,39	17,0
6 O	48	24,59	
$C^{12}NH^6Na,2SO^3$	195,2	100,00	

Anilinschwefelsaurer Baryt. — Rectanguläre Säulen, ziemlich in Wasser löslich.

Anilinschwefelsaures Kupferoxyd. — Das Oxyd löst sich sehr schwierig, sein Hydrat leicht in der wässrigen Säure, zu einer grünen Flüssigkeit, bei deren Abdampfen und Erkälten schwarzgrüne, stark glänzende, kurze harte Säulen erhalten werden. Diese verlieren ihr Wasser erst über 100° unter schmutzig gelber Färbung, und blähen sich bei stärkerer Hitze wurmförmig auf.

	Krystalle.		GERHARDT.
12 C	72	30,00	30,5
N	14	5,84	
10 H	10	4,17	4,2
Cu	32	13,33	13,0
2 S	32	13,33	
10 O	80	33,33	
$C^{12}NH^6Cu,2SO^3+4Aq$	240	100,00	

Anilinschwefelsaures Silberoxyd. — Glänzende Schuppen.

Anilinschwefelsaures Anilin. — Wässriges Anilin, mit Anilinschwefelsäure warm gesättigt, liefert beim Erkalten Nadeln von freier Säure und dann beim Verdunsten der Mutterlauge Blätter des Anilinsalzes.

Die Anilinschwefelsäure löst sich in *Weingeist* noch schwieriger, als in Wasser. GERHARDT.

Formanilin.

$$C^{14}NH^9 = C^{12}(C^2H^3)NH^4,H^2.$$

A. W. HOFMANN (1850). *Ann. Pharm.* 74, 150.

Methylanilin.

Darstellung. Das, wegen der starken Erhitzung allmälig darzustellende Gemisch von Anilin und überschüssigem Iodformafer (oder Bromformafer) gibt Krystalle von Hydriod-Formanilin, aus deren wässriger Lösung die ölige Basis durch Kali geschieden wird (V, 709).

Eigenschaften. Durchsichtiges Oel, bei 192° siedend, von eigenthümlichem Geruche, wässrigen Chlorkalk weniger violett färbend, als Anilin.

Die Formanilinsalze sind wenig in Wasser löslich und werden daraus durch Säuren krystallisch gefällt.

Das *Platindoppelsalz* schlägt sich als ein klares Oel nieder, welches sich schnell in blassgelbe Krystallschuppen verwandelt, die man rasch mit kaltem Wasser wäscht und trocknet. Sie schwärzen sich sehr bald, durch Zersetzung, daher bei Anwendung weingeistiger

Lösungen sogleich eine schwarze Masse gefällt wird. Sie halten 31,55 Proc. Platin, sind also $C^{14}NH^9,HCl + PtCl^2$.

Das *oxalsaure Salz* krystallisirt leicht, zersetzt sich aber schnell unter Rückbildung von Anilin. HOFMANN.

Formanilid.

$$C^{14}NH^7O^2 = C^{12}(C^2H)AdH^4,O^2?$$

GERHARDT (1845). *N. Ann. Chim. Phys.* 14, 120 und 15, 88; auch *N. J. Pharm.* 8, 58; auch *J. pr. Chem.* 35, 295. — *N. J. Pharm.* 9, 409.

Formanilide.

Bildung (V, 717 bis 718).

Darstellung. Man zieht aus dem durch Erhitzen des oxalsauren Ammoniaks auf 160 bis 180° erhaltenen Gemenge von Formanilid und Oxanilid ersteres durch kalten Weingeist aus, dampft die Lösung theilweise ab, trennt sie von einem braunen Producte, welches die Luft aus oxalsaurem Anilin gebildet hatte, und erhält bei weiterem Abdampfen das Formanilid erst in niedersinkenden farblosen Oeltropfen, dann bei freiwilligem Verdunsten in Säulen.

Eigenschaften. Platte zugespitzte rectanguläre Säulen, dem Harnstoff ähnlich, bei 46° zu einem schon bei 100° Dämpfe entwickelnden Oele schmelzend, welches weit unter 46° flüssig bleibt, aber dann beim Umrühren mit einem Glasstabe augenblicklich gesteht. Schwach bitterlich, neutral.

Nach dem Schmelzen bei 100°.			GERHARDT.
14 C	84	69,42	69,15
N	14	11,57	
7 H	7	5,79	6,10
2 O	16	13,22	
$C^{14}NH^7O^2$	121	100,00	

Metamer mit Benzamid.

Zersetzungen. 1. Mit erhitztem Vitriolöl bildet das Formanilid ohne Schwärzung, aber unter Kohlenoxydentwicklung, Anilinschwefelsäure. $C^{14}NH^7O^2 + 2SO^3 = 2CO + C^{12}NH^7,2SO^3$. — 2. Verdünnte Schwefelsäure entwickelt beim Erhitzen Ameisensäure. — 3. Verdünnte Chromsäure grünt sich mit Formanilid erst nach einiger Zeit, aber beim Kochen unter Zusatz von Schwefelsäure entsteht schnell derselbe Niederschlag, wie bei Anilin. — 4. Kalte Kalilauge wirkt nicht ein, aber kochende entwickelt in einigen Secunden Anilin.

Verbindungen. Das Anilin löst sich ziemlich in Wasser, besonders in heifsem. Es schmilzt unter Wasser noch unter 46°, und bleibt dann nach dem Erkalten mehrere Tage flüssig. GERHARDT.

Anilocyansäure.

$$C^{14}NH^5O^2 = C^{12}CyH^5,O^2.$$

A. W. HOFMANN (1850). *Ann. Pharm.* 74, 9.

Bildung. Bei der trocknen Destillation des Melanoximids, sparsam bei der des oxalsauren Melanilins. Nicht beim Destilliren von cyansaurem

Kali mit carbolschwefelsaurem Baryt; nicht beim Destilliren von Anthranilsäure oder Salicylamid mit trockner Phosphorsäure.

Darstellung. Man unterwirft gut getrocknetes Melanoximid in ganz trocknen Gefäfsen der trocknen Destillation, erkältet das blassgelbe Destillat, filtrirt es vom angeschossenen Carbanilid ab, und rectificirt es in einer Röhre, Alles bei sorgfältig abgehaltener Feuchtigkeit.

Eigenschaften. Wasserhelle, dünne, stark lichtbrechende Flüssigkeit, schwerer als Wasser, bei 178, zuletzt bei 180° siedend, von äufserst starkem Geruche nach Cyan, Blausäure und Anilin zugleich, heftig zu Thränen reizend und beim Einathmen Ersticken im Schlunde bewirkend.

			Hofmann.
14 C	84	70,58	70,02
N	14	11,77	11,92
5 H	5	4,20	4,37
2 O	16	13,45	13,69
$C^{14}NH^5O^2$	119	100,00	100,00

$= C^2NH^2$ (Cyansäure) $+ C^{12}H^4$. Hofmann.

Zersetzungen. 1. Die Säure zerfällt mit *Vitriolöl* in Kohlenoxyd und Anilinschwefelsäure. [$C^{14}NH^5O^2 + 2SO^3 = 2CO + C^{12}NH^5,2SO^3$.] — 2. Sie zerfällt mit *Salzsäure* in Kohlensäure und salzsaures Anilin. $C^{14}NH^5O^2 + 2HO + HCl = 2CO^2 + C^{12}NH^7,HCl$. — 3. Sie zerfällt mit *Wasser* in Kohlensäure und krystallisirendes Carbanilid. — $2C^{14}NH^5O^2 + 2HO = 2CO^2 + C^{26}N^2H^{12}O^2$. — 4. Sie zerfällt mit *Kalilauge* rasch in kohlensaures Kali und freies Anilin. $C^{14}NH^5O^2 + 2HO + 2KO = 2(KO,CO^2) + C^{12}NH^7$. — 5. Sie erstarrt mit Ammoniak sogleich unter starker Wärmeentwicklung zu Anilinharnstoff. $C^{14}NH^5O^2+NH^3=C^{14}N^2H^8O^2$. — 6. Sie erstarrt mit Anilin sogleich unter Heifswerden zu Carbanilid. $C^{14}NH^5O^2 + C^{12}NH^7 = C^{26}N^2H^{12}O^2$. — 7. Ihre, sich unter starker Wärmeentwicklung bildende klare Lösung in *Holzgeist, Weingeist, Fuselöl* oder *Carbolsäure* setzt schnell schöne, bei 100° schmelzende, nicht in Wasser, aber leicht in Weingeist oder Aether lösliche Krystalle ab. Diese Krystalle scheinen Gemenge zu sein. Die vom Holzgeist halten 63,40 Proc. C und 7,38 H, sind also vielleicht $C^{16}NH^9O^4$ [$= C^{12}(C^2H^3)AdH^4,2CO^2$]. — Die vom Weingeist halten 66,74 Proc. C und 6,65 H, sind also vielleicht $C^{18}NH^{11}O^4$ [$= C^{12}(C^4H^5)AdH^4,2CO^2$]. Hiernach würden die Krystalle den Amestern (V, 187) entsprechen. Hofmann.

Anilinharnstoff.

$$C^{14}N^2H^8O^2 = C^{12}CyAdH^4,H^2O^2.$$

A. W. Hofmann (1845). *Ann. Pharm.* 53, 57; 57, 265; 70, 130; 74, 14.

Anormales cyansaures Anilin, Carbamid-Carbanilid, Carbanilamid.

Bildung. 1. Aus Cyansäuredampf und Anilin (V, 709). — 2. Aus gelöstem cyansauren Kali und schwefelsaurem Anilin (V, 709). — 3. Aus flüchtigem Chlorcyan und Anilin bei Gegenwart von Wasser (V, 710). — 4. Aus Anilocyansäure und Ammoniak (s. oben).

Darstellung. 1. Man leitet den aus erhitzter Cyanursäure sich entwickelnden Cyansäuredampf in möglichst kalt zu haltendes wasserfreies Anilin, löst die gebildete Krystallmasse in heifsem Wasser, filtrirt vom Carbanilid (was um so reichlicher entsteht, je stärker sich das Anilin erhitzte) ab, und erkältet zum Krystallisiren. — 2. Man mischt wässriges schwefelsaures oder salzsaures Anilin mit wässrigem cyansauren Kali, und scheidet aus der nach einigen Stunden gebildeten Krystallmasse den schwer in kaltem Wasser löslichen Anilinharnstoff vom Kalisalz durch Umkrystallisiren. — 3. Man mischt Anilin mit wässrigem flüchtigen Chlorcyan (durch Leiten von Chlorgas durch wässrige Blausäure erhalten) und reinigt die angeschossenen Nadeln, denen salzsaures Anilin und etwas Melanilin anhängt, durch Thierkohle und 2maliges Krystallisiren aus heifsem Wasser.

Eigenschaften. Farblose, schmelzbare Nadeln, und Blättchen.

			HOFMANN.
14 C	84	61,76	61,45
2 N	28	20,58	20,51
8 H	8	5,89	6,11
2 O	16	11,77	11,93
$C^{14}N^{2}H^{8}O^{2}$	136	100,00	100,00

$CNH^{2}O$ (Carbamid) + $C^{13}NH^{6}O$ (Carbanilid). HOFMANN.

Zersetzungen. 1. Der Anilinharnstoff, über den Schmelzpunct erhitzt, entwickelt mit Heftigkeit Ammoniak, gesteht zu einem krystallischen Gemenge von Carbanilid und durch kochendes Wasser ausziehbarer Cyanursäure, welches bei gesteigerter Hitze wieder schmilzt und ein Carbanilid-haltendes Destillat gibt. $6C^{14}N^{2}H^{8}O^{2} = 3NH^{3} + 3C^{26}N^{2}H^{12}O^{2}$ (Carbanilid) + $C^{6}N^{3}H^{3}O^{6}$ (Cyanursäure). — 2. Er entwickelt bei gelindem Erwärmen mit Vitriolöl rasch Kohlensäure und lässt Anilinschwefelsäure und schwefelsaures Ammoniak. $C^{14}N^{2}H^{8}O^{2} + 2HO + 4SO^{3} = 2CO^{2} + C^{12}NH^{7},2SO^{3} + NH^{3},2SO^{3}$. — 3. Er lässt beim Kochen mit Kalilauge, oder schneller beim Schmelzen mit Kalihydrat, unter Rücklassung von kohlensaurem Kali, Ammoniak und Anilin, übergehen. $C^{14}N^{2}H^{8}O^{2} + 2HO + 2KO = NH^{3} + C^{12}NH^{7} + 2(KO,CO^{2})$. — Er wird beim Kochen mit verdünnten Säuren und Alkalien nicht zersetzt.

Verbindungen. Der Anilinharnstoff löst sich wenig in kaltem, reichlich in kochendem *Wasser*, und schmilzt unter kleinen Mengen des letzteren zu einem schweren Oel.

Er löst sich unzersetzt in kaltem *Vitriolöl.*

Er löst sich in *Salpetersäure* kaum leichter als in Wasser und krystallisirt daraus (verschieden vom Harnstoff) frei von Salpetersäure.

Er gibt mit Zweifachchlorplatin kein Doppelsalz, und gibt mit Oxalsäure keine krystallische Verbindung.

Er löst sich leicht in *Weingeist* und *Aether.* HOFMANN.

Nitranilinharnstoff.

$$C^{14}N^{3}H^{7}O^{6} = C^{12}CyAdXH^{3},H^{2}O^{2}.$$

A. W. HOFMANN (1848). *Ann. Pharm.* 67, 156; 70, 137.

Entsteht neben Binitromelanilin beim Einwirken von flüchtigem Chlorcyan auf in Aether gelöstes Nitranilin. Man reinigt die gebildeten Nadeln durch Krystallisiren aus heifsem Wasser.

Lange gelbe Nadeln.

			HOFMANN.
14 C	84	46,41	46,10
3 N	42	23,20	
7 H	7	3,87	4,16
6 O	48	26,52	
$C^{14}N^3H^7O^6$	181	100,00	

Vinanilin.

$$C^{16}NH^{11} = C^{12}(C^4H^5)NH^4,H^2.$$

A. W. HOFMANN (1850). *Ann. Pharm.* 74, 128.

Aethylanilin. — *Bildung* (V, 710).

Darstellung. Ein Gemisch von Anilin und überschüssigem Bromvinafer in einem Apparat, der das Zurückfliefsen des Verdampfenden bewirkt, gelinde erwärmt, kommt in freiwilliges Sieden und gibt dann beim Erkalten Krystalle von Hydrobrom-Vinanilin. $C^{12}NH^7 + C^4H^5Br = C^{16}NH^{11},HBr$. — Die Mutterlauge hält wenig von diesem Salze in Bromvinafer gelöst. Fehlt es an letzterem, so ist den Krystallen Hydrobrom-Anilin beigemengt. Man versetzt die wässrige Lösung des Hydrobrom-Vinanilins mit concentrirtem Kali, nimmt das sich erhebende braune Oel mit dem Stechheber ab, trocknet es über Kalihydrat und rectificirt es.

Eigenschaften. Wasserhelles, stark lichtbrechendes Oel von 0,954 spec. Gew. bei 18°, stetig bei 204° kochend, dem Anilin ähnlich riechend, Chlorkalk nicht bläuend und Fichtenholz oder Hollundermark bei Säurezusatz viel weniger gelb färbend, als Anilin.

			HOFMANN.
16 C	96	79,34	79,28
N	14	11,57	
11 H	11	9,09	9,27
$C^{16}NH^{11}$	121	100,00	

$C^{12}H^5,C^4H^5,H,N$. HOFMANN.

Zersetzungen. 1. Das Vinanilin bräunt sich rasch an der *Luft*, und selbst nur im Lichte. — 2. Es erzeugt mit *Brom* eine neutrale (Tribromanilin?) und eine basische Verbindung. — 3. Es entflammt sich mit trockner *Chromsäure*. — 4. Es bildet mit Phosgengas unter heftiger Einwirkung ein salzsaures Salz und ein indifferentes Oel. — 5. Es entwickelt mit *Schwefelkohlenstoff* langsam Hydrothion. — 6. *Cyangas*, durch weingeistiges Vinanilin geleitet, erzeugt kurze Säulen, wohl von Cyanvinanilin, $C^{18}N^2H^{11}$. Dieselben werden aus ihrer Lösung in verdünnter Schwefelsäure durch Ammoniak pulverig gefällt; ihre schwefelsaure Lösung setzt beim Mischen mit concentrirter Salzsäure das salzsaure Salz in schönen Krystallen ab; ihr salzsaures Platindoppelsalz ist sehr löslich. — 7. Das Vinanilin absorbirt das *Chlorcyangas* begierig unter Wärmeentwicklung, und erstarrt dann beim Erkalten zu einem harzigen Gemenge von einem neutralen Oele und dem salzsauren Salze einer flüchtigen öligen Basis. — 8. Das Vinanilin mit Iodformafer 2 Tage im Wasserbade erhitzt, gibt Krystalle von Hydriod-Formevinanilin. $C^{16}NH^{11} + C^2H^3J = C^{18}NH^{13},HJ$. — 9. Das mit Bromvinafer gemischte Vinanilin bildet in 5 Tagen, schneller bei mäfsigem Erwärmen, unter erst blassgelber, dann brauner Färbung Tafeln von

Hydrobrom-Bivinanilin. $C^{16}NH^{11} + C^{4}H^{5}Br = C^{20}NH^{15},HBr$. — 10. Eben so gibt das Vinanilin mit Brommylafer bei 2tägigem Erhitzen im Wasserbade Hydrobrom-Vinamylanilin.

Verbindungen. Die *Vinanilinsalze* lösen sich sehr leicht in Wasser, weniger in Weingeist, aus welchem sie besser krystallisiren. Das schwefelsaure und das salzsaure Salz wurden bis jetzt nicht in fester Gestalt erhalten.

Hydrobrom-Vinanilin. — Darstellung (V, 744). Schiefst aus der freiwillig verdunstenden weingeistigen Lösung in grofsen Tafeln an, die sich bei gelinder Wärme unzersetzt in Nadeln sublimiren, aber bei raschem Erhitzen in Anilin und Bromvinafer zersetzen und die sich äufserst leicht in Wasser lösen. Sie halten 40,24 Proc. Hydrobrom, sind also $C^{16}NH^{11},HBr$.

Aetzsublimat und *Chlorgold* fällen aus salzsaurem Vinanilin sich rasch zersetzende, gelbe Oele.

Chlorplatin-salzsaures Vinanilin. — Gesättigtes wässriges salzsaures Vinanilin fällt aus concentrirtem Zweifachchlorplatin ein tief pomeranzengelbes Oel, welches nach einigen Stunden krystallisch erstarrt; ein etwas verdünnteres Gemisch setzt nach einigen Stunden prächtige zolllange Nadeln ab, mit einem Gemisch von Aether und wenig Weingeist zu waschen. Die Krystalle halten sich bei 100°, und lösen sich sehr leicht in Wasser und Weingeist.

	Krystalle bei 100°.		Hofmann.
16 C	96	29,34	29,24
N	14	4,28	
12 H	12	3,67	3,83
Pt	99	30,25	30,07
3 Cl	106,2	32,46	
$C^{16}NH^{11},HCl+PtCl^{2}$	327,2	100,00	

Das Vinanilin löst sich in Weingeist. Hofmann.

Formevinanilin.

$$C^{18}NH^{13} = C^{12}(C^{4}H^{5})(C^{2}H^{3})NH^{3},H^{2}.$$

A. W. Hofmann (1850). *Ann. Pharm.* 74, 152.

Methyläthylanilin. — *Bildung* (V, 744).

Das mit Iodformafer gemischte Vinanilin liefert nach 2tägigem Erhitzen im Wasserbade Krystalle von Hydriod-Formevinanilin.

Die aus den Krystallen geschiedene Basis riecht dem Vinanilin ähnlich, färbt sich aber nicht mehr mit Chlorkalk.

Seine *Salze* sind äufserst löslich und meistens unkrystallisirbar. Das *Chlorplatinsalz* fällt als nicht erstarrendes Oel nieder. Hofmann.

Bivinanilin.

$$C^{20}NH^{15} = C^{12}(C^{4}H^{5})^{2}NH^{3},H^{2}.$$

A. W. Hofmann (1850). *Ann. Pharm.* 74, 135.

Diäthylanilin. — *Bildung* (V, 744).

Darstellung. Die aus dem Gemisch von Vinanilin, mit sehr überschüssigem Bromvinafer anschiefsenden Krystalle werden vom anhängenden Bromvinafer befreit und, wie bei der Darstellung des Vinanilins, mit Kali behandelt.

Eigenschaften. Wasserhelles Oel von 0,936 spec. Gew. bei 18°, bei 213,5° ganz stetig siedend, und sich gegen Fichtenholz und Chlorkalk wie das Vinanilin verhaltend.

			HOFMANN.
20 C	120	80,54	80,76
N	14	9,39	
15 H	15	10,07	10,22
$C^{20}NH^{15}$	149	100,00	

$(C^{12}H^5)(C^4H^5)^2,N$. HOFMANN.

Die Flüssigkeit bleibt an der Luft wasserhell.

Sie lässt sich durch mehrtägiges Erhitzen mit Bromvinafer in einer zugeschmolzenen Glasröhre auf 100° nicht mit noch mehr C^4H^5 beladen; nur bei Gegenwart einer Spur Wasser bilden sich dabei Krystalle von Hydrobrom-Bivinanilin. Anders mit Iodvinafer (s. unten).

Hydrobrom-Bivinanilin. — *Darstellung* s. oben. — Grofse 4seitige Tafeln, bei gelinder Wärme schmelzend und sich unzersetzt in Nadeln sublimirend, aber bei raschem Erhitzen fast ganz in ein überdestillirendes öliges Gemisch von Vinanilin und Bromvinafer zerfallend. Es hält 35,14 Proc. Hydrobrom, ist also $C^{20}NH^{15},HBr$.

Chlorplatin-salzsaures Bivinanilin. — Wird durch salzsaures Bivinanilin aus Zweifachchlorplatin bei concentrirteren Lösungen als ein braungelbes, bald zu einer harten Masse erstarrendes Oel gefällt, aus verdünnteren allmälig in gelben Säulen, durch Krystallisiren aus Weingeist zu reinigen. Löst sich in diesem, so wie in Wasser, weniger, als das Platinsalz des Vinanilins. HOFMANN.

			HOFMANN.
20 C	120	33,78	33,78
N	14	3,94	
16 H	16	4,51	4,53
Pt	99	27,87	27,66
3 Cl	106,2	29,90	
$C^{20}NH^{15},HCl+PtCl^2$	355,2	100,00	

Trivinanilin.

$$C^{24}NH^{19} = C^{12}(C^4H^5)^3NH^2,H^2.$$

HOFMANN. *Ann. Pharm.* 79, 11.

Beim Hinzudenken von 1 H = *Triäthylophänylammonium* = $C^{12}H^5(C^4H^5)^3,N$. HOFMANN.

Nur als Hydrat und in Verbindung mit Säuren bekannt.

Das klare Gemisch von Bivinanilin und Iodvinafer in zugeschmolzener Glasröhre 12 Stunden lang im Wasserbade erhitzt, setzt eine allmälig bis auf einen gewissen Punct zunehmende und beim Erkalten zu einer weichen Krystallmasse gestehende Schicht von Hydriod-Trivinanilin nieder, welche von überschüssigem Iodvinafer oder Bivinanilin durch Abdestilliren derselben befreit, und hierauf durch Digeriren mit Silberoxyd und Wasser und Abfiltriren von dem mit Bivinanilin zusammengeballten Iodsilber und überschüssigen Silberoxyd in eine bitter schmeckende alkalisch reagirende Lösung des Trivinanilins verwandelt wird.

Diese Lösung lässt beim Verdampfen das *Trivinanilinhydrat*, $C^{24}NH^{19},2HO$ (= Hofmanns Triäthylphänylammoniumoxydhydrat = $C^{12}H^5(C^4H^5)^3NO,HO$), welches bei der Destillation in Wasser, Vinegas und Bivinanilin zerfällt. $C^{24}NH^{19},2HO = 2HO + C^4H^4 + C^{20}NH^{15}$.

Die Verbindungen des Trivinanilins mit Schwefel-, Salz-, Salpeter- und Oxal-Säure krystallisiren ziemlich leicht. Das salzsaure Salz gibt mit Zweifachchlorplatin einen blassgelben amorphen Niederschlag, kaum in Wasser, nicht in Weingeist und Aether löslich, und 25,77 Proc. Platin haltend, also $C^{24}NH^{19},HCl + PtCl^2$ (= $C^{12}H^5(C^4H^5)^3NCl,PtCl^2$ von Hofmann). Hofmann.

Vinebromanilin.

$C^{16}NBrH^{10} = C^{12}(C^4H^5)NBrH^3,H^2$.

Bromanilin wird durch überschüssigen Bromvinafer rasch in Hydrobrom-Vinebromanilin verwandelt (V, 729).

Das Vinebromanilin gleicht ganz dem Vinechloranilin.

Seine Chlorplatinverbindung ist ein zähes Oel. Hofmann (*Ann. Pharm.* 74, 145).

Vinechloranilin.

$C^{16}NClH^{10} = C^{12}(C^4H^5)NClH^3,H^2$.

Das Gemisch von Chloranilin mit Bromvinafer, einige Tage bei 100° erhalten, dann durch Destillation mit Wasser vom überschüssigen Bromvinafer befreit, lässt eine Lösung von Hydrobrom-Vinechloranilin, worauf einige Tropfen freie Basis schwimmen, welche durch Kali vollends als ein noch unter 0° flüssiges, nach Anisöl riechendes Oel von hohem Siedpunct ausgeschieden wird.

Die Salze dieser Basis sind viel löslicher, als die des Chloranilins.

Das schwefelsaure und das oxalsaure Salz krystallisiren, das Chlorplatinsalz nicht. Hofmann (*Ann. Pharm.* 74, 143).

Bivinechloranilin.

$C^{20}NClH^{14} = C^{12}(C^4H^5)^2NClH^2,H^2$.

Das Gemisch von in einem heifsen Luftstrom getrocknetem Vinechloranilin und Bromvinafer, 2 Tage lang auf 100° erhitzt, wird zu Hydrobrom-Bivinechloranilin, aus welchem Kali die Basis als ein bräunliches Oel scheidet, welches zur Reinigung in Aether gelöst, durch Waschen mit Wasser vom Kali, dann durch Verdunsten vom Aether befreit wird.

Die Lösung der Basis in Salzsäure liefert mit Zweifachchlorplatin einen pomeranzengelben krystallischen Niederschlag, welcher nach dem Waschen mit Wasser 24,53 Proc. Platin hält, also $C^{20}NClH^{14},HCl + PtCl^2$ ist. Hofmann (*Ann. Pharm.* 74, 143).

Vinenitranilin.

$$C^{16}N^2H^{10}O^4 = C^{12}(C^4H^5)NXH^3,H^2.$$

Aus den durch Nitranilin und Bromvinafer nach (V, 737) erhaltenen grofsen blassgelben Krystallen des Hydrobrom-Vinenitranilins scheidet Kali das Alkaloid als ein gelbbraunes Oel aus, welches nach einiger Zeit krystallisch erstarrt und aus heifsem Wasser in gelben Sternen anschiefst.

Es löst sich ziemlich in kochendem Wasser.

Seine Salze sind farblos, schmecken süfs, wie die Nitranilinsalze, lösen sich in Wasser so leicht oder noch leichter, als diese, und krystallisiren erst beim Abdampfen der Lösung fast bis zur Trockne.

Das in nicht zu viel starker Salzsäure gelöste Vinenitranilin scheidet aus Zweifachchlorplatin bald, mit kaltem Wasser zu waschende, Schuppen, welche 26,23 Proc. Platin halten, also $C^{16}NXH^{10},HCl + PtCl^2$ sind.

Das Vinenitranilin löst sich leicht in Weingeist und Aether. HOFMANN (*Ann. Pharm.* 74, 146).

Oxanilinsäure.

$$C^{16}NH^7O^6 = C^{12}(C^4HO^2)AdH^4O^4?$$

LAURENT u. GERHARDT (1848). *N. Ann. Chim. Phys.* 24, 166; auch *N. J. Pharm.* 14, 133.

Acide oxanilique.

Darstellung. Man schmelzt Anilin mit sehr überschüssiger Oxalsäure 10 Minuten lang bei starker Hitze, kocht die erkaltete Masse mit Wasser aus, filtrirt vom Oxanilid ab, und erhält beim Erkalten braune Krystalle von zweifachoxanilinsaurem Anilin, während ein Theil dieses Salzes oder auch Oxanilinsäure nebst etwas Formanilid und viel Oxalsäure in der Mutterlauge bleibt, aus der sich durch kochendes Fällen mit Chlorcalcium, heifses Abfiltriren vom oxalsauren Kalk und Erkälten noch Krystalle von oxanilinsaurem Kalk erhalten lassen. Obige braune Krystalle, die sich durch Umkrystallisiren nicht entfärben lassen, werden entweder durch Kochen mit Barytwasser oder durch Lösen in Ammoniak und Fällen mit Chlorbaryum in oxanilinsauren Baryt verwandelt, den man mit kaltem Wasser wäscht und durch Kochen mit der richtigen Menge Schwefelsäure (überschüssige wirkt zerstörend auf die Oxanilinsäure) zersetzt, worauf das Filtrat beim Abdampfen die Oxanilinsäure anschiefsen lässt, — oder sie werden durch Lösen in Ammoniak und Fällen mit Chlorcalcium in das Kalksalz verwandelt, welches durch weingeistige Schwefelsäure zersetzt wird.

Eigenschaften. Schöne Blätter, stark Lackmus röthend.

	Krystalle.		LAURENT u. GERHARDT.
16 C	96	58,18	58,2
N	14	8,48	
7 H	7	4,24	4,3
6 O	48	29,10	
$C^{16}NH^7O^6$	165	100,00	

Zersetzungen. 1. Die Oxanilinsäure verwandelt sich beim Erhitzen unter Entwicklung von Kohlenoxyd, Kohlensäure und Wasser in reines Oxanilid. $2\,C^{16}NH^{7}O^{6} = C^{28}N^{2}H^{12}O^{4} + 2\,CO + 2\,CO^{2} + 2\,HO$. — 2. Sie zerfällt beim Kochen mit verdünnter Salz- oder Schwefelsäure in salz- oder schwefelsaures Anilin und freie Oxalsäure. — 3. Sie entwickelt mit kochendem concentrirten Kali Anilin.

Verbindungen. Sie löst sich wenig in kaltem, reichlich in heifsem *Wasser*.

Die, mit den isatinsauren Salzen isomeren *oxanilinsauren Salze, Oxanilates*, entwickeln beim Erhitzen mit Kalihydrat alles Anilin, beim Kochen mit Kalilauge oder starker Essigsäure einen Theil.

Oxanilinsaures Ammoniak. — a. *Einfach.* — Schöne Blätter, wenig in kaltem, sehr leicht in kochendem Wasser und in Weingeist löslich. — b. *Zweifach.* — Man fällt die Lösung des Salzes a durch Salzsäure und lässt den Niederschlag krystallisiren. Schuppen, wenig in kaltem Wasser löslich. — Salz a und b fängt bei 190° an sich zu zersetzen, entwickelt Ammoniak, dann Kohlenoxyd und Kohlensäure nebst etwas Anilin, und lässt Oxanilid.

		a. Krystalle.	Laur. u. Gerh.			b. Krystalle.	Laur. u. Gerh.
16 C	96	52,75	52,65	32 C	192	55,33	54,8
10 H	10	5,49	5,35	17 H	17	4,90	5,0
2 N 6 O	76	41,76		3 N 12 O	138	39,77	
$NH^{3},C^{16}NH^{7}O^{6}$	182	100,00		$NH^{3},2C^{16}NH^{7}O^{6}$	347	100,00	

Oxanilinsaurer Baryt. — Der weifse krystallische Niederschlag, den das Ammoniaksalz mit Chlorbaryum hervorbringt, krystallisirt aus der Lösung in kochendem Wasser in spiegelnden rhombischen Schuppen, welche 29,15 Proc. Baryum halten, also $C^{16}NH^{6}BaO^{6}$ sind.

Oxanilinsaurer Kalk. — Eben so mit Chlorcalcium erhalten. Nadelbüschel, worin 10,8 Proc. Calcium, also $C^{16}NH^{6}CaO^{6}$.

Oxanilinsaures Silberoxyd. — Eben so mit Silberlösung erhalten. Weifse Tafeln, kaum in kaltem, leicht in heifsem Wasser löslich, 39,8 Proc. Silber haltend, also $C^{16}NH^{6}AgO^{6}$.

Oxanilinsaures Anilin. — *Zweifach.* — Nach (V, 748) dargestellt. Auch nach 3maligem Umkrystallisiren bräunliche, matte, gewundene und verfilzte Fäden, welche Lackmus röthen, beim Erhitzen Anilin entwickeln, dann, wie die Säure, in Kohlenoxyd, Kohlensäure, Wasser und Oxanilid zerfallen, welche aus der Lösung in Salzsäure unverändert anschiefsen, und welche wenig in kaltem, aber leicht in heifsem Wasser löslich sind.

		Krystalle.	Laurent u. Gerhardt.
44 C	264	62,41	62,27
21 H	21	4,97	4,97
3 N 12 O	138	32,62	
$C^{12}NH^{7},2C^{16}NH^{7}O^{6}$	423	100,00	

Die Säure löst sich sehr leicht in *Weingeist.* Laurent u. Gerhardt.

Oxanilamid.

$$C^{16}N^2H^8O^4 = C^{12}(C^4HO^2)Ad^2H^3,O^2.$$

A. W. Hofmann (1850). *Ann. Pharm.* 73, 181.

Darstellung. Man dampft die Lösung des Cyananilins in verdünnter Salzsäure ab, befreit die weifse Krystallmasse durch kaltes Wasser von Salmiak und salzsaurem Anilin, kocht den Rest mit Wasser aus, dampft dieses nach dem Abfiltriren vom Oxanilid zur Trockne ab, und kocht den Rückstand mit Weingeist aus, welcher beim Erkalten und beim Abdampfen das Oxanilamid anschiefsen lässt, das durch Umkrystallisiren aus heifsem Wasser gereinigt wird. — Es lässt sich nicht erhalten durch Behandlung von Oxamäthan ($C^6NH^7O^6$) mit Anilin.

Eigenschaften. Schneeweifse, seidenglänzende, haarartige Flocken, sich als zartes Pulver sublimirend.

	Krystalle.		Hofmann.
16 C	96	58,54	58,46
2 N	28	17,07	16,71
8 H	8	4,88	4,88
4 O	32	19,51	19,95
$C^{16}N^2H^8O^4$	164	100,00	100,00

Zersetzungen. 1. Vitriolöl entwickelt Kohlenoxyd und Kohlensäure, und lässt schwefelsaures Ammoniak mit Anilinschwefelsäure. $C^{16}N^2H^8O^4 + 3(HO,SO^3) = 2CO + 2CO^2 + C^{12}NH^7,2SO^3 + NH^3,HO,SO^3$ — 2. Die anfangs durchsichtige Lösung in starker Kalilauge, aus der Säuren unverändertes Oxanilamid fällen, trübt sich allmälig, um so schneller, je concentrirter und wärmer sie ist, durch Anilintröpfchen, entwickelt Ammoniak und bildet oxalsaures Kali. $C^{16}N^2H^8O^4 + 2KO + 2HO = C^{12}NH^7 + NH^3 + C^4K^2O^8$. — Wasser, bei anhaltendem Kochen, so wie verdünnte Säuren oder Alkalien bewirken keine Zersetzung, namentlich keine in Oxanilid und Oxamid, wie wohl $C^{16}N^2H^8O^4 = C^{14}NH^6O^2$ (Oxanilid) $+ C^2NH^2O^2$ [oder vielmehr $C^4N^2H^4O^4$] (Oxamid).

Das Oxanilamid löst sich nicht in Wasser, aber in Aether und starkem Weingeist. Hofmann.

Oxaluranilid.

$$C^{18}N^3H^9O^6 = C^{12}(C^6HO^4)Ad^3H^2,O^2.$$

Laurent u. Gerhardt (1848). *N. Ann. Chim. Phys.* 24, 177.

Oxaluranilide.

Darstellung. 1. Feingepulverte Parabansäure gesteht beim Mengen und Erwärmen mit trocknem Anilin ohne Wasserentwicklung zu krystallischem Oxaluranilid, welches man durch Auskochen mit viel Weingeist vom Ueberschuss der Parabansäure oder des Anilins befreit, wäscht und trocknet. $C^{12}NH^7 + C^6N^2H^2O^6 = C^{18}N^3H^9O^6$. — 2. Aus der Lösung des Anilins in kochender wässriger Parabansäure schiefst schnell derselbe Körper an.

Eigenschaften. Weifses, etwas perlglänzendes, unter dem Mikroskop nadelförmiges Krystallpulver, bei starker Hitze schmelzend, ohne Geruch und Geschmack.

			LAURENT u. GERHARDT.
18 C	108	52,17	52,1
3 N	42	20,29	
9 H	9	4,33	4,3
6 O	48	23,19	
$C^{18}N^3H^9O^6$	207	100,00	

Zersetzungen. 1. Ueber den Schmelzpunct hinaus erhitzt, entwickelt es sehr scharfe, Cyanverbindungen haltende, Dämpfe. — 2. Seine Lösung in Vitriolöl entwickelt beim Erwärmen, ohne sich zu schwärzen, Kohlenoxyd und Kohlensäure, während saures schwefelsaures Ammoniak und Anilinschwefelsäure bleiben. Hier entsteht aus dem Parabansäure-Rückstand Oxalsäure, welche Kohlenoxyd und Kohlensäure, und Harnstoff, welcher Kohlensäure und Ammoniak liefert. $C^{18}N^3H^9O^6 + 4HO + 6SO^3 = C^{12}NH^7,2SO^3 + 2CO + 4CO^2 + 2NH^3,4SO^3$. — 3. Beim Erwärmen mit Kalihydrat entwickelt sich Anilin und Ammoniak.

Das Oxaluranilid löst sich nicht in Wasser und sehr wenig in kochendem Weingeist. LAURENT u. GERHARDT.

Succinanil.

$C^{20}NH^9O^4 = C^{12}(C^8H^5O^2)NH^4,O^2$?

LAURENT u. GERHARDT (1848). *N. Ann. Chim. Phys.* 24, 179.

Bildet sich neben dem Succinanilid beim Schmelzen von Bernsteinsäure mit überschüssigem Anilin, und wird aus der geschmolzenen Masse durch kochendes Wasser ausgezogen, aus dem es beim Erkalten anschiefst; worauf man es noch aus Weingeist krystallisiren lässt.

Verfilzte lange Nadeln, bei 158° schmelzend und beim Erkalten strahlig gestehend; unzersetzt sublimirbar.

			LAURENT u. GERHARDT.
20 C	120	68,57	68,6
N	14	8,00	
9 H	9	5,14	5,3
4 O	32	18,29	
$C^{20}NH^9O^4$	175	100,00	

Es löst sich in kochendem wässrigen Kali durch Aufnahme von 2 HO als Succinanilsäure; es entwickelt mit Kalihydrat sogleich Anilin.

Es löst sich leicht in Wasser, Salzsäure, Salpetersäure, Weingeist und Aether. LAURENT u. GERHARDT.

Succinanilsäure.

$C^{20}NH^{11}O^6 = C^{12}(C^8H^5O^2)AdH^4,O^4$?

LAURENT u. GERHARDT (1848). *N. Ann. Chim. Phys.* 24, 180.

Acide succinanilique.

Darstellung. Man löst Succinanil in kochendem verdünnten Ammoniak, dem etwas Weingeist zugefügt ist, kocht, bis dieser verdampft ist, neutralisirt mit Salpetersäure, und reinigt die beim Erkalten entstandenen Krystalle durch Krystallisiren aus Weingeist.

Eigenschaften. Längliche Krystallblätter, bei 155° schmelzend, und beim Erkalten zu einer (nicht strahligen) Krystallmasse gestehend; Lackmus röthend.

		Krystalle.		LAURENT u. GERHARDT.
20 C		120	62,18	62,15
N		14	7,25	
11 H		11	5,70	5,85
6 O		48	24,87	
$C^{20}NH^{11}O^6$		193	100,00	

Zersetzungen. 1. Die Säure, über ihren Schmelzpunct erhitzt, zerfällt in Wasser und sich sublimirendes Succinanil. — 2. Sie entwickelt bei gelindem Schmelzen mit Kalihydrat Anilin.

Verbindungen. Die Säure löst sich sehr wenig in kaltem *Wasser*, mehr in heifsem.

Aus den in Wasser gelösten *succinanilsauren Salzen*, *Succinanilates*, fällen Mineralsäuren die Succinanilsäure krystallisch.

Succinanilsaures Ammoniak. — Verwirrte Krystalle, ziemlich in Wasser löslich.

Die Säure löst sich in *Kali*. Das Ammoniaksalz fällt nicht das *Chlorcalcium*, und gibt blofs mit concentrirtem *Chlorbaryum* etwas Niederschlag, der sich leicht in heifsem Wasser löst. Es gibt mit *Eisenoxydulsalzen* einen gelbweifsen, wenig löslichen Niederschlag, mit *Kupfervitriol* einen hellblauen unlöslichen, und mit *Silberlösung* einen weifsen, ebenfalls unlöslichen, welcher 36,2 Proc. Silber hält, also $C^{20}NH^{10}AgO^6$ ist.

Die Säure löst sich sehr leicht in *Weingeist* und *Aether*, und krystallisirt daraus. LAURENT u. GERHARDT.

Mylanilin.

$$C^{22}NH^{17} = C^{12}(C^{10}H^{11})NH^4,H^2.$$

A. W. HOFMANN (1840). *Ann. Pharm.* 74, 153.

Amylanilin. — *Bildung* (V, 710).

Darstellung. 1. Man stellt das Gemisch von Anilin mit überschüssigem Brommylafer einige Tage kalt zusammen, giefst von den gebildeten Krystallen des Hydrobrom-Anilins die aus Mylanilin und Bromvinafer bestehende Mutterlauge ab, und destillirt von dieser den letzteren ab. $2\,C^{12}NH^7 + C^{10}H^{11}Br = C^{12}NH^7,HBr + C^{22}NH^{17}$. — 2. Man erhitzt das noch mehr Brommylafer haltende Gemisch im Wasserbade, entfernt den überschüssigen Brommylafer durch Destillation, und scheidet aus dem bleibenden Hydrobrom-Mylanilin letzteres durch Kali als ein Oel, durch Lösen in Aether, Schütteln mit Wasser und Verdampfen des Aethers zu reinigen.

Eigenschaften. Farbloses Oel, stetig bei 258° siedend (also nur 3,18° höher als das Vinanilin), in der Kälte angenehm nach Rosen, aber beim Erhitzen widrig nach Fuselöl riechend.

			HOFMANN.
22 C	132	80,98	80,64
N	14	8,59	
17 H	17	10,43	10,30
$C^{22}NH^{17}$	163	100,00	

$(C^{12}H^5)\,(C^{10}H^{11})H,N$. HOFMANN.

Es verwandelt sich bei 100° mit Bromvinafer in Hydrobrom-Vinemylanilin und mit Brommylafer in Hydrobrom-Bimylanilin. $C^{22}NH^{17} + C^{4}H^{5}Br = C^{26}NH^{21},HBr$; und: $C^{22}NH^{17} + C^{10}H^{11}Br = C^{32}NH^{27},HBr$.

Seine Verbindungen mit Hydrobrom, Hydrochlor und Oxalsäure liefern schöne, fettglänzende Krystalle, die sich wenig in Wasser lösen, und sich darin beim Erhitzen als ein, beim Erkalten wieder erstarrendes, Oel erheben. — Das Chlorplatinsalz wird als eine gelbe Salbe gefällt, die erst nach längerer Zeit, nachdem meist schon ein Theil zersetzt ist, krystallisirt. Hofmann.

Formemylanilin.

$$C^{24}NH^{19} = C^{12}(C^{10}H^{11})(C^{2}H^{3})NH^{3},H^{2}.$$

Methylamylophänylamin = $C^{12}H^{5},C^{10}H^{11},C^{2}H^{3},N$, nach Hofmann.

Entsteht beim Destilliren des Formevinemylanilins.

Angenehm riechendes Oel.

Sein Chlorplatinsalz ist ein krystallischer Niederschlag, und hält 15,81 Proc. Platin, ist also $C^{24}NH^{19},HCl + PtCl^{2}$. Hofmann (*Ann. Pharm.* 79, 15.

Vinemylanilin.

$$C^{26}NH^{21} = C^{12}(C^{10}H^{11})(C^{4}H^{5})NH^{3},H^{2}.$$

A. W. Hofmann (1850). *Ann. Pharm.* 74, 156.

Aethylamylanilin.

Darstellung. Man erhitzt ein Gemisch von Mylanilin und überschüssigem Bromvinafer (s. oben), oder von Vinanilin und überschüssigem Brommylafer (V, 745) oder Iodmylafer, der am schnellsten wirkt, 2 Tage lang im Wasserbade und scheidet aus dem angeschossenen Hydrobrom-Vinemylanilin das Alkaloid auf gewöhnliche Weise.

Eigenschaften. Farbloses Oel, bei 262° siedend, also nur 4° höher, als Mylanilin.

Das *Hydrobrom-* und das *Hydrochlor-Vinemylanilin* krystallisiren. Ersteres zerfällt bei der Destillation in Vinanilin und Brommylafer. $C^{26}NH^{21},HBr = C^{16}NH^{11} + C^{10}H^{11}Br$.

Das *Chlorplatinsalz* fällt als eine pomeranzengelbe zähe Flüssigkeit nieder, welche sich in, bei 100° schmelzende, Krystalle verwandelt. Hofmann.

			Hofmann.
26 C	156	39,27	39,00
N	14	3,52	
22 H	22	5,54	5,70
Pt	99	24,93	24,64
3 Cl	106,2	26,74	
$C^{26}NH^{21},HCl + PtCl^{2}$	397,2	100,00	

Bimylanilin.

$$C^{32}NH^{27} = C^{12}(C^{10}H^{11})^{2}NH^{3},H^{2}.$$

A. W. Hofmann (1850). *Ann. Pharm.* 74, 155.

Diamylanilin.

Mylanilin mit überschüssigem Brommylafer 2 Tage lang im Wasserbade erhitzt, liefert Krystalle von Hydrobrom-Bimylanilin (s. oben), aus welchem die Basis auf gewöhnliche Art dargestellt wird.

Oel, zwischen 275 und 280° siedend, vom Geruch des Mylanilins.

Seine *Salze* lösen sich kaum in Wasser, daher sich beim Erwärmen des Bimylanilins mit verdünnter Salz- oder Schwefel-Säure das gebildete Salz als ein Oel über die Säure erhebt, welches beim Erkalten zu einer fettglänzenden Krystallmasse erstarrt. — Das *Platinsalz* fällt beim Versetzen des salzsauren Salzes mit Zweifachchlorplatin als ein gelbes Oel nieder, welches schnell zu einer ziegelrothen Krystallmasse erstarrt; weingeistige Lösungen liefern sogleich Krystalle.

			Hofmann.
32 C	192	43,72	43,60
N	14	3,19	
28 H	28	6,37	6,50
Pt	99	22,54	22,38
3 Cl	106,2	24,18	
$C^{32}NH^{27},HCl + PtCl^2$	439,2	100,00	

Bimylanilin = $C^{12}H^5(C^{10}H^{11})^2,N$. Hofmann.

Formevinemylanilin.

$$C^{28}NH^{23} = C^{12}(C^{10}H^{11})(C^4H^5)(C^2H^3)NH^2,H^2.$$

Beim Hinzudenken von 1 H mehr: *Methyläthylamylophänylammonium* = $C^{12}H^5,C^{10}H^{11},C^4H^5,C^2H^3,N$. Hofmann.

Nur in Verbindung mit Wasser oder Hydriod bekannt.

Das klare Gemisch von Vinemylanilin, $C^{12}(C^{10}H^{11})(C^4H^5)NH^5$, mit Iodformafer, C^2H^3J, in einer zugeschmolzenen Röhre im Wasserbade erhitzt, zerfällt in 2 Schichten, von denen die untere, immer mehr zunehmend, beim Erkalten zu einem Gemenge von Hydriod-Formevinemylanilin und Hydriod-Vinemylanilin erstarrt. Durch Lösen der Masse in Wasser, Hinstellen und Trennen vom unzersetzt gebliebenen Iodformafer, Digeriren der Lösung mit Silberoxyd, Abfiltriren vom Iodsilber, Silberoxyd und ausgeschiedenen (nicht in Wasser löslichen) Vinemylanilin erhält man eine Lösung des Formevinemylanilins; diese lässt beim Abdampfen ein Hydrat, welches bei der Destillation in Wasser, Vinegas und Formemylanilin zerfällt. $C^{28}NH^{23},2HO = 2HO + C^4H^4 + C^{24}NH^{19}$.

Das Chlorplatinsalz ist ein blassgelber, nicht krystallischer Niederschlag, welcher 24,11 Proc. Platin hält, also $C^{28}NH^{23},HCl + PtCl^2$ ist. Hofmann (*Ann. Pharm.* 79, 13).

Vinanilinharnstoff.

$$C^{18}N^2H^{12}O^2 = C^{12}(C^4H^5)CyAdH^3,H^2O^2\,?$$

Wurtz (1851). *Compt. rend.* 32, 417.

Phényléthyl urée.

Die sich unter starker Wärmeentwicklung bildende Lösung des Anilins in Cyanursäureäther (V, 152) gesteht beim Erkalten zu einer Krystallmasse. $C^{12}NH^7 + C^6NH^5O^2 = C^{18}N^2H^{12}O^2$.

Die Verbindung wird durch Kali langsam in Anilin, Vinamin und Kohlensäure zersetzt. $C^{16}N^2H^{12}O^2 + 2\,KO + 2\,HO = C^{12}NH^7 + C^4NH^7 + 2(KO,CO^2)$. Wurtz.

Gepaarte Verbindungen von 2 At. $C^{12}NH^5$ oder ähnlichen Kernen.

Ihr Kern hält 24 C und 12 H oder andere Stoffe.

Azodifune.

$C^{24}N^2H^{10}$.

Mitscherlich (1834). *Pogg.* 32, 224.
Zinin. *J. pr. Chem.* 36, 93.

Azobenzid, Stickstoffbenzid.

Darstellung. 1. Beim Destilliren der gemischten weingeistigen Lösungen von Nitrofune (V, 671) und Kali geht zuletzt eine rothe Flüssigkeit über, welche beim Erkalten zu einer Krystallmasse erstarrt. Diese wird zwischen Papier ausgepresst und aus Aether umkrystallisirt. Mitscherlich. — 2. Man befreit das durch trockne Destillation des Azoxydifune erhaltene, mit Anilin gemischte Azodifune vom flüchtigern Anilin gröfstentheils durch wiederholte theilweise Destillation, Auspressen des Rückstandes zwischen Papier und Krystallisiren aus Weingeist. Das wenige, mit dem Anilin übergegangene Azodifune scheidet sich beim Lösen des Anilins in heifser verdünnter Schwefelsäure als schweres Oel aus. Zinin.

Eigenschaften. Rothe grofse Krystalle, bei 65° schmelzend, bei 193° kochend und unzersetzt destillirbar. Mitscherlich.

			Mitscherlich.
24 C	144	79,12	79,16
2 N	28	15,39	14,95
10 H	10	5,49	5,45
$C^{24}N^2H^{10}$	182	100,00	99,56

Zersetzungen. 1. Sein Dampf, durch eine glühende Röhre geleitet, zersetzt sich ohne Verpuffung. Mitscherlich. — 2. Seine pomeranzengelbe Lösung in kalter rauchender Salpetersäure färbt sich unter Wärmeentwicklung bald blutroth und gesteht dann unter Ausstofsung rother Dämpfe zu einem (schwierig in heifser Salpetersäure löslichen) aus gelbrothen Nadeln bestehenden Brei, welcher nach Entfernung der Mutterlauge und Lösen in kochendem Weingeist in, beim Erkalten anschiefsende, nur schwierig in Weingeist und Aether lösliche, morgenrothe, fast metallglänzende, kleine rhombische Tafeln (Binitrazodifune, Laurent u. Gerhardt) und in, im Weingeist gelöst bleibende, strohgelbe, matte, feine Nadeln (Nitrazodifune, Laurent u. Gerhardt) zerfällt. Zinin. — 3. Kochendes Vitriolöl entwickelt schweflige Säure und setzt Kohle ab. Mitscherlich. — 4. Die morgenrothe Lösung in weingeistigem Ammoniak wird beim Sättigen mit Hydrothion allmälig hellgelb und gibt beim Abkühlen allmälig viele weifse grofse Blätter. Diese lösen sich beim Erhitzen mit der Flüssigkeit, und die schwarzbraune Lösung färbt sich beim Kochen unter Absatz von viel Schwefelpulver hellroth und gibt nach dem Abgiefsen vom Schwefel beim Erkalten gelbweifse Blätter und Nadeln von Benzidin oder Funidin, während eine morgenrothe Mutterlauge bleibt. ZININ. — Das Azodifune lässt sich über Kali oder Kalk ohne Zersetzung destilliren, MITSCHERLICH; sein Dampf wird durch Kalkkalihydrat bei 250° nicht zersetzt, LAURENT u. GERHARDT.

Verbindungen. Das Azodifune löst sich sehr wenig in kochendem *Wasser* und bewirkt beim Erkalten Trübung.

Aus seiner Lösung in starker *Schwefelsäure* oder *Salpetersäure* wird es durch Wasser gefällt.

Es löst sich sehr wenig in starker *Salzsäure*, und in wässrigem *Ammoniak* oder *Kali*.

Es löst sich reichlich in *Weingeist* und *Aether*, beim Verdunsten krystallisirend. MITSCHERLICH.

Funidin.

$$C^{24}N^2H^{12} = C^{24}N^2H^{10},H^2.$$

ZININ (1845). *J. pr. Chem.* 36, 93.

Benzidin.

Darstellung. Man leitet durch die morgenrothe Lösung des Azodifune in mit Ammoniakgas gesättigtem Weingeist Hydrothiongas bis zur Sättigung, kocht einige Zeit die hellgelb gewordene Flüssigkeit, wobei sich die gebildeten weifsen Krystallblätter mit schwarzbrauner Farbe lösen, giefst die zuletzt hellrothgelbe Flüssigkeit heifs vom reichlich niedergefallenen Schwefelpulver ab, und erhält beim Erkalten gelbweifse Blätter von unreinem Funidin, welches sich beim Aufbewahren im Verschlossenen dunkler gelb färbt, und dem sich unter der Loupe morgenrothe Nadeln und gelbe Körner beigemengt zeigen. Man löst es daher in kochendem Weingeist, fügt dazu mäfsig verdünnte Schwefelsäure, bis kein weifses Pulver von schwefelsaurem Funidin mehr gefällt wird, wäscht dieses mit kaltem Weingeist, bis dieser farblos abläuft, löst es in kochendem verdünnten Ammoniak und trocknet die beim Erkalten des Filtrats niederfallenden Schuppen von reinem Funidin im Vacuum über Vitriolöl. (Das Funidin lässt sich auch aus Azoxydifune und Hydrothionammoniak erhalten. LAURENT u. GERHARDT.)

Eigenschaften. Schneeweifse silberglänzende Schuppen. Wird bei 100° etwas matter, schmilzt bei 108° zu einer fast farblosen Flüssigkeit, die erst bei 108 oder bei 112° (entweder ist 108 oder 112 ein Druckfehler) zu einer braunweifsen Krystallmasse erstarrt. Geruchlos; in Lösungen stark pfefferartig beifsend, und bitter alkalisch schmeckend, luftbeständig.

Im Luftstrom bei 100° getrocknet.			ZININ.
24 C	144	78,26	78,02
2 N	28	15,22	14,79
12 H	12	6,52	6,66
$C^{24}N^2H^{12}$	184	100,00	99,47

Zersetzungen. 1. Das Funidin, über den Schmelzpunct erhitzt, wird braun, kommt ins Kochen und sublimirt sich theils unzersetzt, theils in harzigen Zersetzungsproducten, Kohle lassend. — 2. Die wässrige oder weingeistige Lösung des Funidins oder seiner Salze färbt sich beim Durchleiten von Chlorgas, oft nach vorausgehender indigblauer Färbung, rothbraun, trübt sich, und setzt viel scharlachrothes, kaum in Wasser, leichter in Weingeist lösliches Krystallmehl ab. — 3. Seine braunrothe Lösung in concentrirter Salpetersäure wird beim Erhitzen unter Entwicklung salpetriger Dämpfe heller gefärbt, und gibt dann mit Wasser, schwer in Weingeist lösliche, rothbraune Flocken, über denen eine braungelbe Flüssigkeit steht, aus welcher Ammoniak unter blutrother Färbung noch viele braune Flocken fällt.

Verbindungen. Das Funidin löst sich sehr wenig in kaltem *Wasser,* aber so reichlich in heifsem, dass die heifs gesättigte Lösung beim Erkalten zu einem festen Brei gesteht.

Es bildet mit Säuren weifse, gut krystallisirende *Salze,* durch ätzendes oder kohlensaures Ammoniak oder Kali fällbar. — Nimmt man, wie es hier geschehen ist, mit LAURENT u. GERHARDT (*Compt. chim.* 1849, 166) das Funidin = $C^{24}N^2H^{12}$ und nicht mit ZININ = $C^{12}NH^6$, so sind alle Salze als doppeltsaure zu betrachten.

Phosphorsaures Funidin. — Die gewöhnliche Phosphorsäure fällt aus der verdünnten wässrigen Lösung des Funidins kleine perlglänzende Schuppen und aus der concentrirten ein schwach krystallisches Pulver. Das Salz löst sich in Wasser fast so schwer, wie das schwefelsaure.

Schwefelsaures Funidin. — a. *Zweifach.* — Wird durch Schwefelsäure aus sehr verdünntem wässrigen Funidin als weifses mattes Pulver und aus noch verdünnterem in mikroskopischen perlglänzenden Schuppen gefällt. Fast gar nicht in Wasser und Weingeist löslich.

	Bei 100° getrocknet.		ZININ.
24 C	144	51,06	50,64
2 N	28	9,93	
14 H	14	4,97	5,00
2 O	16	5,67	
2 SO^3	80	28,37	28,47
$C^{24}N^2H^{12},2HO,2SO^3$	282	100,00	

b. *Uebersauer.* — Die gelbliche Lösung des Funidins in kaltem oder schwach erwärmtem Vitriolöl bleibt auch in der Kälte flüssig, krystallisirt jedoch bei schwachem Wasserzusatz in der Kälte strahlig und erstarrt bei stärkerem zu einem Brei, aus pulverigem Salz a bestehend.

Salzsaures Funidin. — Krystallisirt aus Wasser oder Weingeist in weifsen perlglänzenden rhombischen Blättchen. Diese halten sich bei 100° und an der Luft, färben sich jedoch in Berührung mit Aether und freier Säure an der Luft, unter Verlust der Krystallform schmutzig grün. Sie lösen sich leicht in Wasser, noch leichter in Weingeist und kaum in Aether.

	Krystalle.		ZININ.
24 C	144	56,08	56,12
2 N	28	10,90	
14 H	14	5,45	5,64
2 Cl	70,8	27,57	27,28
$C^{24}N^2H^{12},2HCl$	256,8	100,00	

Salpetersaures Funidin. — Die Lösung des Funidins in warmer verdünnter Salpetersäure gibt beim Erkalten luftbeständige, dünne rechtwinklige Blättchen.

Das Funidin bildet mit Chlorquecksilber ein Doppelsalz in leicht in Wasser und Weingeist löslichen weifsen glänzenden Blättern.

Chlorplatin-salzsaures Funidin. — Der durch wässriges oder weingeistiges salzsaures Funidin mit Zweifachchlorplatin erzeugte gelbe krystallische Niederschlag. Derselbe wird nicht beim Erwärmen mit Wasser, aber beim Kochen zersetzt und durch Weingeist, besonders schnell durch heifsen, und noch schneller durch Aether, in ein dunkelviolettes Pulver verwandelt. Er löst sich schwer in Wasser, kaum in Weingeist und Aether.

Im Vacuum über Vitriolöl getrocknet.			ZININ.
24 C	144	24,15	
2 N	28	4,69	
14 H	14	2,35	
2 *Pt*	198	33,19	33,03
6 Cl	212,4	35,62	
$C^{24}N^2H^{12},2HCl+2PtCl^2$	596,4	100,00	

Essigsaures Funidin. — Weifse, glänzende, dünne, längliche Blättchen, leicht in Wasser und Weingeist löslich.

Oxalsaures Funidin. — Seidenglänzende, zu Sternen vereinigte, luftbeständige feine Nadeln, sich bei 100° nicht verändernd; ziemlich schwer in Wasser und Weingeist löslich.

	Krystalle.		ZININ.
28 C	168	61,31	61,46
2 N	28	10,22	
14 H	14	5,11	5,39
8 O	64	23,36	
$C^{24}N^2H^{12},C^4H^2O^8$	274	100,00	

Tartersaures Funidin. — Weifse glänzende Blätter, dem Funidin ähnlich, aber viel leichter in Wasser löslich.

Das Funidin löst sich leicht in *Weingeist* und noch leichter in *Aether*. ZININ.

Azoxydifune.

$$C^{24}N^2H^{10}O^2 = C^{24}N^2H^{10},O^2.$$

ZININ (1845). *J. pr. Chem.* 36, 98.
LAURENT u. GERHARDT. *Compt. chim.* 1849, 417; auch *Ann. Pharm.* 75, 70.

Azoxybenzid.

Darstellung. Man fügt zu der Lösung von 1 Th. Nitrofune in seinem zehnfachen Maafs Weingeist, 1 Th. gepulvertes Kalihydrat, kocht, wenn die von selbst eintretende Erhitzung nachlässt, die Lösung noch einige Minuten, sammelt die beim Erkalten etwa schon angeschossenen braunen Nadeln von Azoxydifune, destillirt die übrige Flüssigkeit, bis sie sich in 2 Schichten scheidet (V, 671), giefst die obere braune ölige ab, und wäscht sie mit Wasser, worauf sie in einigen Stunden zu einer Nadelmasse von unreinem Azoxydifune erstarrt. Dieses mit den früher erhaltenen Nädeln vereinigt, wird zwischen Papier stark ausgepresst und durch mehrmaliges Krystallisiren aus Weingeist und Aether gereinigt, welche Arbeit Chlor, durch die braune Lösung in heifsem Weingeist geleitet, bis sie gelb ist, beschleunigt. Zinin.

Eigenschaften. Gelbe glänzende 4seitige Nadeln und (bei freiwilligem Verdunsten der ätherischen Lösung) zolllange Säulen, so hart wie Zucker, leicht zerreiblich. Schmilzt bei 36° zu einer gelben, stark lichtbrechenden Flüssigkeit, welche gleich unter 36° strahlig erstarrt. Zinin.

Krystalle über Vitriolöl		getrocknet.	Zinin.
24 C	144	72,72	72,65
2 N	28	14,15	13,99
10 H	10	5,05	5,28
2 O	16	8,08	8,08
$C^{24}N^2H^{10}O^2$	198	100,00	100,00

Zersetzungen. 1. Das Azoxydifune, bis zum *Kochen* erhitzt, färbt sich grünbraun und lässt, unter Rücklassung aufgeblähter Kohle, in gelben Dämpfen ein braunrothes flüssiges Gemisch von unreinem Anilin und Azodifune übergehen, von welchen die an Anilin reicheren ersten Antheile beim Erkalten flüssig bleiben, die mittleren butterartig und die letzten wegen des zunehmenden Azodifune krystallisch erstarren. Zinin. — 2. Es wird durch *Brom* in Bromazoxydifune verwandelt. Laurent u. Gerhardt. — *Chlor* wirkt auf das geschmolzene oder auf das in Weingeist gelöste Azoxydifune nicht zersetzend. Zinin. — 3. Während gewöhnliche Salpetersäure, selbst beim Sieden, schwach einwirkt, so erhitzt sich die gelbrothe Lösung in kalter rauchender Salpetersäure von selbst, entwickelt viel rothe Dämpfe und gesteht dann beim Erkalten zu einer weichen aus gelben Nadeln (von Nitrazoxydifune, $C^{24}N^2XH^9O^2$, Laurent u. Gerhardt) bestehenden Masse. Zinin. — 4. Seine gelbrothe Lösung in schwach erwärmtem Vitriolöl scheidet mit Wasser wenig grünliches Oel ab, welches bald zu, mit einem grünlichen Harze gemengtem, Azoxydifune erstarrt, während das Wasser eine gepaarte Schwefelsäure zu enthalten scheint. Zinin. — 5. Es wird durch Hydrothion-Ammoniak in Funidin verwandelt. Laurent u. Gerhardt (*Compt. chim.* 1849, 166). [Wohl so: $C^{24}N^2H^{10}O^2 + 4HS = C^{24}N^2H^{12} + 2HO + 4S$.]

Verbindungen. Es löst sich nicht in Wasser, wässriger Schwefelsäure, Ammoniak oder Kali. Zinin.

Es löst sich leicht in Weingeist und noch leichter in Aether. Aus seiner Lösung in weingeistiger Salzsäure, weingeistigem Ammoniak oder weingeistigem Kali schiefst es unverändert an. Zinin.

Bromazoxydifune.

$$C^{24}N^2BrH^9O^2 = C^{24}N^2BrH^9,O^2.$$

Laurent u. Gerhardt. *Compt. chim.* 1849, 417; auch *Ann. Pharm.* 75, 72.

Gebromtes Azoxybenzid, Azoxybenzide bromé.

Das Azoxydifune wird durch Brom in eine gelbliche, leicht schmelzbare, beim Erkalten zu Krystallwarzen erstarrende, und sehr wenig in Weingeist lösliche Materie verwandelt. Laurent u. Gerhardt.

			Laurent u. Gerhardt.
24 C	144	51,98	46,7
2 N	28	10,11	
Br	80	28,88	31,9
9 H	9	3,25	2,7
2 O	16	5,78	
$C^{24}N^2BrH^9O^2$	277	100,00	

Die analysirte Materie hielt ohne Zweifel eine höhere Bromverbindung beigemischt. Laurent u. Gerhardt.

Nitrazodifune.

$$C^{24}N^3H^9O^4 = C^{24}N^2XH^9.$$

Zinin (1845). *J. pr. Chem.* 36, 103.
Laurent u. Gerhardt. *Compt. chim.* 1849, 417; auch *Ann. Pharm.* 75, 73.

Nitrazobenzid.

Darstellung. 1. Man lässt von dem, nach der Einwirkung rauchender Salpetersäure auf Azodifune erzeugten, Krystallbrei (V, 755) die Mutterlauge auf einem mit Asbest verstopften Trichter und dann auf Backstein abfliefsen, löst den Rückstand in kochendem starken Weingeist und trennt durch wiederholtes Krystallisiren das leichter in Weingeist und Aether lösliche gelbe Nitrazodifune vom viel leichter krystallisirenden gelbrothen Binitrazodifune. Zinin. — 2. Man erwärmt Azodifune gelinde mit rauchender Salpetersäure, lässt nach beendeter Einwirkung erkalten, giefst von der gebildeten gelbrothen Nadelmasse die Mutterlauge ab, wäscht sie mit gewöhnlicher Salpetersäure, dann mit etwas Wasser, kocht sie mit Weingeist, giefst diesen [vom Binitrazodifune?] ab, und wäscht die hieraus beim Erkalten angeschossenen Nadeln mit etwas Weingeist und Aether, um ein öliges Product zu entfernen. Laurent u. Gerhardt.

Eigenschaften. Strohgelbe matte feine Nadeln. Zinin. Blass pomeranzengelbe, etwas blättrige Nadeln, leichter als Binitroazodifune schmelzend und beim Erkalten krystallisirend. Laurent u. Gerhardt.

			Laurent u. Gerhardt.
24 C	144	63,44	62,5
3 N	42	18,50	18,1
9 H	9	3,96	3,9
4 O	32	14,10	15,5
$C^{24}N^3H^9O^4$	227	100,00	100,0

Es löst sich in Weingeist weniger als Azodifune, aber leichter als Binitrazodifune. Laurent u. Gerhardt.

Nitrazoxydifune.

$$C^{24}N^3H^9O^6 = C^{24}N^2XH^9,O^2.$$

Zinin (1845). *J. pr. Chem.* 36, 99.
Laurent u. Gerhardt. *Compt. chim.* 1849; auch *Ann. Pharm.* 75, 71.

Nitrazoxybenzid.

Darstellung. Man lässt die nach dem Lösen des Azoxydifune in rauchender Salpetersäure beim Erkalten gebildeten Nadeln (V, 750) auf Asbest abtröpfeln, auf Backstein trocknen und aus heifsem

Weingeist krystallisiren. Die weingeistige Mutterlauge liefert beim Verdampfen noch einen andern Körper in, sehr leicht in Weingeist und Aether und unzersetzt in kochender rauchender Salpetersäure löslichen, 4seitigen Säulen. ZININ. LAURENT u. GERHARDT erhitzen die salpetersaure Lösung zum Kochen.

Eigenschaften. Gelbe matte, zu Büscheln vereinigte Nadeln. ZININ, LAURENT u. GERHARDT.

			LAURENT u. GERHARDT.
24 C	144	59,26	58,8
3 N	42	17,29	16,5
9 H	9	3,70	3,6
6 O	48	19,75	21,1
$C^{24}N^3H^9O^6$	243	100,00	100,0

Die rothbraune Lösung der gelben Nadeln in weingeistigem Kali setzt beim Verdünnen mit Wasser ein morgenrothes, in der Hitze sich zersetzendes, kaum in Weingeist und Aether lösliches Krystallpulver ab, welches 70,1 Proc. C, 17,5 N, 4,5 H und 7,9 O hält, also vielleicht $C^{48}N^5H^{19}O^4$, oder wohl $C^{24}N^3H^9O^2$ ist. LAURENT u. GERHARDT.

Die Nadeln lösen sich in kochender rauchender *Salpetersäure* und krystallisiren beim Erkalten unzersetzt. ZININ.

Sie lösen sich wenig in kochendem *Weingeist* (und *Aether*, LAURENT u. GERHARDT), beim Erkalten krystallisirend. ZININ.

Binitrazodifune.

$$C^{24}N^4H^8O^8 = C^{24}N^2X^2H^8.$$

ZININ (1845). *J. pr. Chem.* 36, 103

LAURENT u. GERHARDT. *Compt. chim.* 1849, 417; auch *Ann. Pharm.* 75, 74.

Binitrazobenzid.

Darstellung. 1. Nach ZININ (V, 760). — 2. Man kocht Azodifune einige Minuten mit rauchender Salpetersäure, giefst nach dem Erkalten die Mutterlauge von den rothen Nadeln ab, wäscht diese mit gewöhnlicher Salpetersäure, dann mit Wasser, dann mit Aether, und lässt sie aus kochendem Weingeist krystallisiren. LAURENT u. GERHARDT.

Eigenschaften. Morgenrothe, fast metallglänzende, kleine rhombische Tafeln, ZININ; morgenrothe Nadeln, schwieriger schmelzbar als Nitrazodifune, zu einer blutrothen, in Nadeln krystallisirenden Flüssigkeit. LAURENT u. GERHARDT.

			LAURENT u. GERHARDT.
24 C	144	52,94	52,4
4 N	56	20,59	
8 H	8	2,94	2,9
8 O	64	23,53	
$C^{24}N^4H^8O^8$	272	100,00	

Es verwandelt sich beim Kochen mit Hydrothion-Ammoniak und Weingeist in Diphänin. $C^{24}N^4H^8O^8 + 12 HS = 2 C^{12}N^2H^6 + 8 HO + 12 S$. LAURENT u. GERHARDT.

Es löst sich in kochender *Salpetersäure* unzersetzt und krystallisirt daraus schöner, als aus Weingeist. LAURENT u. GERHARDT.

Es löst sich kaum in kaltem, sehr schwer in kochendem *Weingeist* und *Aether.* Zinin.

Binitrodifunamsäure.

$$C^{24}N^4H^{12}O^{12} = C^{24}X^2Ad^2H^8,O^4.$$

Laurent u. Gerhardt (1849). *Compt. chim.* 1849; Ausz. *Ann. Pharm.* 75, 68.

Binitrodiphänaminsäure, Acide binitrodiphénamique.

Man kocht die bei gelindem Erhitzen von Binitrocarbolsäure mit Hydrothion-Ammoniak gebildete braunschwarze Nadelmasse (V, 674 bis 675) mit überschüssiger Essigsäure, filtrirt heifs vom Schwefel ab und lässt aus dem Filtrat die Säure anschiefsen.

Schwarzbraune dicke 6seitige Nadeln mit 4 Seitenkanten von 131° 30′ und 2 von 97°, ein braunes Pulver liefernd, welche ihre 4 At. Krystallwasser bei 100 bis 150° verlieren.

	Krystalle mit 4 Aq.		Laurent u. Gerhardt.
24 C	144	41,86	42,0
4 N	56	16,28	16,5
16 H	16	4,65	4,6
16 O	128	37,21	36,9
$C^{24}N^4H^{12}O^{12}+4Aq$	344	100,00	100,0

Die Krystalle verlieren beim Erhitzen zuerst ihr Wasser, schmelzen dann unter Sublimation von einigen Blättchen und Destillation von etwas braunem Oel, und lassen viel Kohle, die bei stärkerem Erhitzen Feuer fängt.

Die tiefrothe Lösung der Säure in wässrigem *Ammoniak* verliert beim Abdampfen das Ammoniak und lässt die reine Säure.

Die braunrothe Lösung der Säure in wässrigem *Kali* liefert bei freiwilligem Verdunsten das Kalisalz in tiefrothen Krystallwärzchen, welche sich sehr leicht in Wasser und Weingeist lösen, und, bei 100° getrocknet, 10,7 Proc. Kali halten, also $C^{24}N^4H^{11}KO^{12}$ sind.

Die ammoniakalische Lösung der Säure gibt mit essigsaurem *Baryt* rothbraune, schwer lösliche Nadeln; — mit *Kalksalzen* erst nach einiger Zeit kleine Nadeln; — mit *Bleizucker* einen gelb rothbraunen; mit essigsaurem *Kupferoxyd* einen gelbgrünen; — und mit *Silberlösung* einen tief gelbbraunen Niederschlag, der bei Anwendung warmer Lösungen in Blättchen anschiefst. Laurent u. Gerhardt.

	Silbersalz.		Laurent u. Gerhardt.
24 C	144	34,70	34,7
4 N	56	13,49	
11 H	11	2,66	2,6
Ag	108	26,02	26,4
12 O	96	23,13	
$C^{24}N^4H^{11}AgO^{12}$	415	100,00	

Carbanilid.

$$C^{26}N^2H^{12}O^2 = C^{24}CyNH^{10},H^2O^2.$$

A. W. Hofmann (1846). *Ann. Pharm.* 57, 266.

Bildung. 1. Beim Mischen von Anilin und Anilocyansäure (V, 742). — 2. Bei der Zersetzung von Anilocyansäure durch Wasser (V, 741). — 3. Bei der Zersetzung des Anilins durch Phosgengas (V, 709). — 4. Bei der Zersetzung des Sulfocarbanilids (V, 764) durch weingeistiges Kali. — 5. Bei der trocknen Destillation des Anilinharnstoffs (V, 743), des Melanoximids (V, 777) oder des einfach oxalsauren Melanilins (V, 768).

Darstellung. 1. Man zieht aus der beim Leiten von Phosgengas, welches nicht mit freiem Chlor gemengt ist, durch Anilin gebildeten Krystallmasse durch kochendes Wasser das salzsaure Anilin, und lässt den Rückstand aus Weingeist krystallisiren. — 2. Man lässt Cyansäuredampf auf heiſs zu haltendes Anilin wirken, und trennt das Carbanilid vom Anilinharnstoff. — 3. Man unterwirft den Anilinharnstoff der trocknen Destillation. — Die etwa röthlich ausfallenden Nadeln werden durch Thierkohle leicht entfärbt.

Eigenschaften. Weiſse seidenglänzende Nadeln, bei 205° schmelzend; unzersetzt destillirbar; geruchlos, aber in der Wärme erstickend, wie Benzoesäure riechend.

	Nadeln.		HOFMANN.
26 C	156	73,58	73,48
2 N	28	13,21	13,07
12 H	12	5,66	5,84
2 O	16	7,55	7,61
$C^{26}N^2H^{12}O^2$	212	100,00	100,00

Metamer mit dem alkalischen Flavin.

Zersetzungen. 1. Das Carbanilid, in feuchtem Zustande rasch *erhitzt*, liefert kohlensaures Anilin und andere Producte. — 2. Es wird durch Vitriolöl in Kohlensäure und Anilinschwefelsäure zersetzt. $C^{26}N^2H^{12}O^2 + 2HO + 4SO^3 = 2(C^{12}NH^7,2SO^3) + 2CO^2$. — 3. Es zerfällt beim Kochen mit Kalilauge, und schneller beim Schmelzen mit Kalihydrat in verdampfendes Anilin und bleibendes kohlensaures Kali. $C^{26}N^2H^{12}O^2 + 2HO + 2KO = 2C^{12}NH^7 + 2(KO,CO^2)$.

Es löst sich sehr wenig in *Wasser*, aber reichlich in *Weingeist* und *Aether*. HOFMANN.

Sulfocarbanilid.

$$C^{26}N^2H^{12}S^2 = C^{24}CyNH^{10},H^2S^2.$$

A. W. HOFMANN (1846). *Ann. Pharm.* 57, 266; 70, 142.
LAURENT u. DELBOS. *N. J. Pharm.* 10, 309.
LAURENT u. GERHARDT. *N. Ann. Chim. Phys.* 22, 103; 24, 196.

Bildung. 1. Beim Einwirken von Schwefelkohlenstoff auf Anilin (V, 709). — 2. Bei der trocknen Destillation von schwefelblausaurem Anilin (V, 717). HOFMANN.

Darstellung. 1. Ein (zu gleichen Theilen bereitetes, LAURENT) Gemisch von Anilin und Schwefelkohlenstoff (zur Beschleunigung der Zersetzung mit Weingeist versetzt) wird in einem Kolben mit, die verdichteten Dämpfe wieder zurückführendem, Kühlrohr 1 bis 2 Tage im Sandbade erwärmt, bis sich kein Hydrothion mehr entwickelt. Hierauf befreit man die gebildeten Krystalle durch Aufsieden vom übrigen Schwefelkohlenstoff und lässt sie aus Weingeist umkrystallisiren. HOFMANN. — 2. Man destillirt das durch Destillation des schwefelblausauren Ammoniaks erhaltene Destillat nochmals gelinde, wobei Schwefelammonium und Schwefelkohlenstoff in 2 Schichten übergehen, während das Sulfocarbanilid bleibt. HOFMANN. — 3. Man destillirt ein Gemenge von Anilin, Schwefelcyankalium und Schwefelsäure, und erhält durch Lösen des Destillats in kochendem Weingeist und Erkälten farblose, perlglänzende, mikroskopisch-kleine, rhombische Tafeln. LAURENT u. GERHARDT.

Eigenschaften. Aus dem Gemisch von Anilin und Schwefelkohlenstoff: Krystallschuppen, HOFMANN, dicke rhombische Tafeln, LAURENT; aus Weingeist: stark glänzende farbenspielende Blätter, HOFMANN. Schmilzt bei 140° und destillirt unzersetzt. Riecht eigenthümlich, besonders beim Erwärmen; an Bitterkeit alle bekannten Stoffe übertreffend. HOFMANN.

			HOFMANN.
26 C	156	68,42	68,28
2 N	28	12,28	12,63
12 H	12	5,26	5,28
2 S	32	14,04	13,85
$C^{26}N^2H^{12}S^2$	228	100,00	100,04

Zersetzungen. 1. Die Lösung des Sulfocarbanilids in Vitriolöl entwickelt bei schwachem Erhitzen lebhaft Kohlensäure und schweflige Säure und erstarrt dann bei Wasserzusatz zu Anilinschwefelsäure mit einer durch Schwefel getrübten Mutterlauge. $C^{26}N^2H^{12}S^2 + 4HO + 4SO^3 = 2(C^{12}NH^7,2SO^3) + 2CO^2 + 2HS$. Das freiwerdende Hydrothion zerfällt jedoch mit dem überschüssigen Vitriolöl in schweflige Säure und Schwefel. — 2. Das Sulfocarbanilid entwickelt beim Schmelzen mit Kalihydrat viel Anilin und lässt kohlensaures Kali und Schwefelkalium. $C^{26}N^2H^{12}S^2 + 2HO + 4KO = 2C^{12}NH^7 + 2(KO,CO^2) + 2KS$. — 3. Es wird durch weingeistiges Kali langsam in Schwefelkalium und schöne Nadeln von Carbanilid zersetzt, und eben so, nach der Lösung in Weingeist, durch Quecksilberoxyd in schwarzes Schwefelquecksilber und Carbanilid. $C^{26}N^2H^{12}S^2 + 2KO = 2KS + C^{26}N^2H^{12}O^2$. — Nicht zersetzend wirken: verdünnte Säuren und Alkalien, und weingeistiges Iod-, Brom-, Chlor- oder Cyan-Quecksilber.

Verbindungen. Das Sulfocarbanilid löst sich wenig in *Wasser*, leicht in *Weingeist*, aus dessen heifs gesättigter Lösung es anschiefst. HOFMANN.

Melanilin.

$$C^{26}N^3H^{13} = C^{24}CyNAdH^9,H^2.$$

A. W. HOFMANN (1848). *Ann. Pharm.* 67, 129; 74, 8 u. 17.

Bildung. Bei der Zersetzung des Anilins durch Chlorcyan oder Bromcyan (V, 710).

Darstellung. Man bringt in mit Chlorgas gefüllte Flaschen überschüssiges angefeuchtetes Cyanquecksilber, zieht, nach völliger Entfärbung des Chlors (freies Chlor würde Trichloranilin und Trichlorcarbolsäure erzeugen) das Chlorcyangas aus den Flaschen nach einander durch ein Rohr in der Mündung der Flasche, neben welchem sich noch ein feines Rohr zum Eintreten der Luft befindet, mittelst des Aspirators in eine, trocknes Anilin haltende Flasche, welches sich stark erhitzt, verdunkelt und krystallisch verdickt, erwärmt bis zum Schmelzen der Krystalle, damit völlige Sättigung mit Chlorcyan eintrete, die anfangs rasch, dann mit der gröfseren Verdickung der Flüssigkeit langsam vor sich geht, daher es, um kein Chlorcyan zu verlieren, gut ist, zuletzt dasselbe noch durch 3, halb mit Anilin gefüllte Proberöhren streichen zu lassen. Man löst die beim Erkalten des ganz mit Chlorcyan gesättigten Anilins entstandene, nicht krystallische, sondern bräunliche klare harzartige Masse, welche salzsaures Melanilin ist (mit um so mehr von einem braunen, nicht in Salzsäure löslichen Oel gemengt, je feuchter das Chlorcyangas war, und bei durch Chlorcalcium getrocknetem Chlorcyan frei davon), in Wasser, beschleunigt die Lösung durch etwas Salzsäure und Kochen, fällt die vom Oel abfiltrirte Flüssigkeit durch Kali, wäscht den weifsen zähen Niederschlag, welcher sogleich (wenn jedoch unzersetztes Anilin beigemengt ist, erst nach längerer Zeit) krystallisch erstarrt, mit kaltem Wasser, bis alles Chlorkalium entfernt ist, und reinigt ihn durch 2maliges Krystallisiren aus einem Gemisch von gleichviel Weingeist und Wasser, welches die schönsten Krystalle liefert.

Eigenschaften. Weifse, harte, leicht zerreibliche Blättchen und breite Nadeln, auf Wasser schwimmend, aber in geschmolzenem Zustande niedersinkend, bei 120 bis 130° zu einem schwach gefärbten Oele schmelzend, welches beim Erkalten krystallisch gesteht. Geruchlos, von anhaltend bitterm Geschmack. Bläut schwach geröthetes Lackmus, verändert kaum Curcuma. Erhält an der Luft einen Stich ins Röthliche.

			Hofmann.
26 C	156	73,93	73,75
3 N	42	19,91	19,75
13 H	13	6,16	6,41
$C^{26}N^3H^{13}$	211	100,00	99,91

Zersetzungen. 1. Das Melanilin fängt bei 150 bis 170° an, sich zu zersetzen unter Entwicklung von Anilin und Ammoniak, welches letztere bei 170° anfangs gar nicht, später sparsam, aber über 170° reichlich entweicht. Der Verlust an Anilin und Ammoniak beträgt nach mehrstündigem Erhitzen auf 170° 29,1 bis 32,5 Proc., nach weiterem, wobei besonders viel Ammoniak entweicht, 35 bis 37 Proc. Wenn beim Erhitzen 3 At. Melanilin 2 At. Anilin verlieren, so berechnet sich der Verlust an Anilin auf 29,38 Proc. Der, in der Hauptsache als $C^{54}N^7H^{25}$ zu betrachtende, Rückstand (sofern $3\,C^{26}N^3H^{13} - 2\,C^{12}NH^7 = C^{54}N^7H^{25}$) ist eine schwach gefärbte, durchsichtige, spröde Harzmasse, nicht in Wasser, schwierig in Weingeist, leichter in Vitriolöl löslich, und daraus durch Wasser fällbar. Er hält, unter geringerem Ammoniakverlust erhalten und gereinigt, 72,29 Proc. C und 5,65 H, was obiger Formel entspricht; aber nach gröfserem Ammoniakverlust über 74 Proc. C und wenig über 5 H. — 2. Sehr überschüssiges *Chlor*wasser fällt aus salzsaurem Melanilin dieses vollständig als eine Harzmasse von Trichlormelanilin. Bei allmäligem Zufügen des Chlorwassers, bis die bewirkte Trübung beim Schütteln nicht mehr verschwindet, hält die vom harzigen Niederschlage (wohl Trichlormelanilin) abfiltrirte Flüssigkeit salzsaures Bichlormelanilin. — 3. *Brom* auf die beim Chlorwasser zuletzt beschriebene Weise zu wässrigem salzsauren Melanilin gefügt, setzt beim Abdampfen des Filtrats Nadeln von salzsaurem Bibrommelanilin ab, und die Mutterlauge, mit mehr Brom abgedampft, liefert gelbe, klare, beim Erkalten krystallisirende Oeltropfen, wohl von Tribrommelanilin. Denn der rothe, anfangs harzige, dann krystallische Niederschlag, den ihre Lösung in Salzsäure mit Zweifachchlorplatin erzeugt, hält 15 Proc. Platin. — Brom, im Ueberschuss auf salzsaures Melanilin wirkend, bildet eine noch bromreichere harzige Substanz. — 4. Ueberschüssiges weingeistiges *Iod* fällt aus salzsaurem Melanilin fast Alles als eine schwarze zähe Masse, welche bei weniger Iod in geringerer Menge niederfällt, während unzersetztes Melanilin gelöst bleibt. — 5. Rauchende *Salpetersäure* bewirkt bei raschem Mischen mit gleich viel Melanilin heftige, bis zur Verpuffung mit schwachem Rauch sich steigernde Erhitzung, und erzeugt bei allmäligem Zufügen, je nach der Dauer der Wirkung, pomeranzengelbe, ins Violette schillernde Krystalle eines Alkaloids und citronengelbe Säulen einer Säure, die mit Alkalien scharlachrothe Salze bildet. Auch mäfsig starke Salpetersäure wirkt, wenn sie in grofsem Ueberschusse oder heifs einwirkt, zersetzend. — 6. Weingeistiges Melanilin absorbirt durchgeleitetes *Cyangas* reichlich und setzt dann, in einer Flasche verschlossen, unter Umwandlung des Geruchs nach Cyan in den nach Blausäure, Bicyanmelanilin ab, während die braune Mutterlauge andere Zersetzungsproducte hält.

Verbindungen. Das Melanilin löst sich wenig in kaltem *Wasser*, etwas besser in heifsem, daraus krystallisirend.

Es löst sich leicht in *Schwefelkohlenstoff*.

Melanilinsalze. — Das Melanilin fällt als schwache Basis nicht die Eisenoxydsalze. Es löst sich sehr leicht unter schwacher Wärmeentwicklung in Säuren und neutralisirt sie völlig. Die Salze sind farblos oder schwach gefärbt, meistens krystallisirbar, und schmecken sehr bitter; sie geben mit Fichtenholz, Chlorkalk und Chromsäure nicht die Färbungen der Anilinlösungen. Sie werden durch Ammoniak und vollständiger durch Kali oder Natron (auch durch kohlensaure, unter Freiwerden der Kohlensäure) als weifser, schnell krystallisirender Niederschlag gefällt; nicht durch Anilin, wie auch das Melanilin nicht die Anilinsalze fällt.

Phosphorsaures Melanilin. — Sehr leicht in Wasser löslich, daraus nur langsam krystallisirend.

Schwefelsaures Melanilin. — Zu Sternen vereinigte rhombische Blättchen. Nach dem Trocknen bei 100° 18,42 Proc. HO,SO^3 haltend, also $C^{26}N^3H^{13},HO,SO^3$. Löst sich wenig in kaltem, reichlich in heifsem Wasser; löst sich in Weingeist und Aether.

Hydriod-Melanilin. — Concentrirtes Hydriod verwandelt das Melanilin in ein niedersinkendes und allmälig krystallisch erstarrendes gelbes Oel. Das Salz fällt aus Silberlösung 68,01 Proc. Iodsilber, ist also $C^{26}N^3H^{13},HJ$. Es zersetzt sich schnell an der Luft unter Freiwerden von Iod. Es scheidet sich aus der Lösung in kochendem Wasser beim Erkalten in erstarrenden Oeltropfen. Es löst sich auch in Weingeist.

Hydrobrom-Melanilin. — Krystallisirt aus Wasser in Nadelsternen, welche 64,45 Proc. Bromsilber liefern, also $C^{26}N^3H^{13}$,HBr sind. Löst sich sehr leicht in Wasser, weniger in starkem Hydrobrom.

Salzsaures Melanilin. — Die wässrige Lösung liefert bei freiwilligem Verdunsten keine Krystalle und trocknet über Vitriolöl oder im Wasserbade zu einem schwach gefärbten klaren Gummi aus, welches sehr langsam krystallisch wird. Das in Wasser löslichste Melanilinsalz.

Flusssaures Melanilin. — Die Lösung des Melanilins in schwacher Flusssäure liefert gut ausgebildete, etwas röthliche, ziemlich in Wasser, weniger in Weingeist lösliche Krystalle.

Salpetersaures Melanilin. — Krystallisirt beim Erkalten der heifsen wässrigen Lösung so vollständig, dass die Mutterlauge nur noch durch Kali, nicht durch Ammoniak, ein wenig getrübt wird. Die Nadeln färben sich an der Luft etwas röthlich, sind übrigens beständig. Sie lösen sich auch in heifsem Weingeist, kaum in Aether.

			Hofmann.
26 C	156	56,93	56,57
4 N	56	20,44	
14 H	14	5,11	5,17
6 O	48	17,52	
$C^{26}N^3H^{13}$,HO,NO^5	274	100,00	

Das Melanilin schlägt aus *Kupfervitriol* eine flockige Doppelverbindung nieder.

Es gibt mit *Aetzsublimat* einen weifsen Niederschlag, dessen Lösung in Wasser, welches einige Tropfen Salzsäure hält, bei freiwilligem Verdunsten lange Nadeln absetzt.

Salpetersaures Silberoxyd-Melanilin. — Fällt beim Mischen von weingeistigem Melanilin mit wässrigem Silbersalpeter sogleich als eine weifse, bald harzigklebend werdende Masse nieder, die durch Zerreiben mit Weingeist von freiem Melanilin zu befreien ist, und scheidet sich aus dem klaren weingeistigen Gemisch von Melanilin und Silbersalpeter nach einigen Stunden in harten Krystalldrusen. Hält 1761 Proc. Silber, ist also $2 C^{26}N^3H^{13} + AgO,NO^5$.

Chlorgold-salzsaures Melanilin. — Das tiefgelbe Gemisch von nicht zu concentrirtem Dreifachchlorgold und salzsaurem Melanilin durchzieht sich nach vorausgegangener Trübung in $\frac{1}{2}$ Stunde mit goldglänzenden Nadeln; bei gröfserer Concentration erfolgt sogleich ein starker gelber Niederschlag. Das Salz löst sich schwer in Wasser, besser in Weingeist, sehr leicht in Aether, welcher, mit dem im Wasser vertheilten Salze geschüttelt, sich über das Wasser als eine dunkelgelbe Lösung setzt, die dann beim Verdunsten als ein, zu 4seitigen Säulen erstarrendes, Oel niedersinkt.

	Krystalle.		Hofmann.
26 C	156	28,23	28,61
3 N	42	7,60	
14 H	14	2,53	2,67
Au	199	36,01	35,71
4 Cl	141,6	25,63	
$C^{26}N^3H^{13}$,HCl+$AuCl^3$	552,6	100,00	

Chlorplatin-salzsaures Melanilin. — Fällt beim Mischen von salzsaurem Melanilin zuerst als blassgelbes Krystallmehl nieder, worauf ein Theil in undeutlichen pomeranzengelben Krystallen anschiefst, wie sie auch aus der Lösung des Niederschlags in heifsem Wasser erhalten werden. Löst sich wenig in Weingeist und noch weniger in Aether.

	Krystalle.		HOFMANN.
26 C	156	37,39	37,21
3 N	42	10,07	
14 H	14	3,36	3,65
Pt	99	23,73	23,48
3 Cl	106,2	25,45	25,49
$C^{26}N^3H^{13},HCl+PtCl^2$	417,2	100,00	

Oxalsaures Melanilin. — Melanilin bildet mit überschüssiger Oxalsäure Krystalle. Dieselben schmelzen beim Erhitzen, entwickeln unter stürmischem Sieden Kohlenoxyd und Kohlensäure zu gleichen Maafsen, stark nach Anilocyansäure riechend, geben ein Destillat von Anilin und ein schön krystallisches Sublimat von Carbanilid, und lassen eine zähe klare Masse, die beim Erkalten zu einem Harze erstarrt, dem vom erhitzten Melanilin (V, 765) ähnlich. Das Salz löst sich schwer in kaltem Wasser oder Weingeist, leicht in kochendem; fast gar nicht in Aether. Die Krystalle halten 29,73 Proc. $C^4H^2O^8$.

	Krystalle.		HOFMANN.
30 C	180	59,80	60,35
3 N	42	13.95	
15 H	15	4,98	5,20
8 O	64	21,27	
$C^{26}N^3H^{13},C^4H^2O^8$	301	100,00	

Das Melanilin löst sich leicht in *Holzgeist, Weingeist, Aether, Aceton* und *flüchtigen* und *fetten Oelen.* HOFMANN.

Biiodmelanilin.

$$C^{26}N^3H^{11}J^2 = C^{24}CyNAdJ^2H^7,H^2.$$

A. W. HOFMANN (1848). *Ann. Pharm.* 67, 152.

Beim Durchleiten von Chlorcyan durch in Aether gelöstes Iodanilin fällt zuerst krystallisches salzsaures Iodanilin nieder; bei weiterem Durchleiten verwandelt sich unter Verschwinden der Krystalle die ganze Masse in eine durchsichtige, nur langsam krystallisch werdende Harzmasse von salzsaurem Biiodmelanilin (V, 727). Aus diesem fällt Kali die Basis als einen weifsen Körper, der aus Weingeist undeutlich krystallisirt.

	Biiodmelanilin.		HOFMANN.
26 C	156	33,84	33,90
3 N	42	9,11	
2 J	252	54,66	
11 H	11	2,39	2,71
$C^{26}N^3J^2H^{11}$	461	100,00	

Salzsaures Biiodmelanilin. — Löst sich wenig in Wasser, und scheidet sich beim Erkalten der kochenden Lösung in Oeltropfen ab, die sich sehr langsam in weifse Krystallsterne verwandeln.

Chlorplatin-salzsaures Biiodmelanilin. — Nicht sehr krystallisch.

			HOFMANN.
26 C	156	23,38	23,20
3 N	42	6,29	
2 J	252	37,77	
12 H	12	1,80	2,11
Pt	99	14,84	14,67
3 Cl	106,2	15,92	
$C^{26}N^3J^2H^{11},HCl+PtCl^2$	667,2	100,00	

Bibrommelanilin.

$$C^{26}N^3Br^2H^{11} = C^{24}CyNAdBr^2H^7,H^2.$$

A. W. HOFMANN (1848). *Ann. Pharm.* 67, 148.

Wässriges salzsaures Melanilin, mit Brom in kleinen Antheilen versetzt, bis die Trübung bleibend zu werden beginnt, liefert beim Filtriren, Abdampfen und Erkälten Sterne von salzsaurem Bibrommelanilin (V, 766), welche, in Wasser gelöst, mit Ammoniak einen weifsen krystallischen Niederschlag geben, der aus heifsem Weingeist in weifsen Schuppen anschiefst. Die Basis schmeckt in ihren Lösungen sehr bitter.

	Krystalle.		HOFMANN.
26 C	156	42,28	42,37
3 N	42	11,38	
2 Br	160	43,36	
11 H	11	2,98	2,80
$C^{26}N^3Br^2H^{11}$	369	100,00	

Ueber den Schmelzpunct erhitzt, lässt die Verbindung reines Bromanilin als eine, nach einiger Zeit zur gelblichen Krystallmasse erstarrende, farblose Flüssigkeit übergehen, unter Rücklassung einer, dem Destillationsrückstande des Melanilins (V, 765) ähnlichen, harzigen Masse.

Das Bibrommelanilin löst sich kaum in Wasser, aber in Weingeist und Aether.

Sein salzsaures Salz krystallisirt in sternförmig vereinigten, weifsen, seidenglänzenden Nadeln, welche unter wenig kochendem Wasser zu einem, beim Erkalten krystallisch erstarrenden, Oele schmelzen, sich schwer in Wasser lösen und 9,19 Proc. Salzsäure halten, also $C^{26}N^3Br^2H^{11},HCl$ sind.

Die heifs gesättigte Lösung des salzsauren Salzes gibt mit Zweifachchlorplatin einen pomeranzengelben, beim Erkalten in goldgelben Schuppen krystallisirenden Niederschlag, welcher sich kaum in kaltem Wasser, wenig in Aether und etwas mehr in Weingeist löst. HOFMANN.

			HOFMANN.
26 C	156	27,12	27,45
3 N	42	7,32	
2 Br	160	27,81	
12 H	12	2,08	2,32
Pt	99	17,21	17,11
3 Cl	106,2	18,46	
$C^{26}N^3Br^2H^{11},HCl+PtCl^2$	575,2	100,00	

Bichlormelanilin.

$$C^{26}N^3Cl^2H^{11} = C^{24}CyNAdCl^2H^7,H^2.$$

A. W. Hofmann (1848). *Ann. Pharm* 67, 146.

Fügt man zu salzsaurem Melanilin allmälig Chlorwasser, bis die Trübung beim Schütteln nicht mehr verschwindet (V, 765), so erhält man durch Abdampfen und Erkälten des Filtrats das salzsaure Bichlormelanilin in weifsen Nadelsternen, oder durch weiteres Abdampfen als, krystallisch erstarrendes, gelbliches Oel. Aus der Lösung dieses Salzes in Wasser, worin es sich schwierig löst, während es leichter von Weingeist und noch leichter von Aether gelöst wird, fällt Ammoniak die Basis in schneeweifsen Flocken, die aus der Lösung in Weingeist in harten Krystallblättchen anschiefsen.

Zweifachchlorplatin-salzsaures Bichlormelanilin. — Das salzsaure Salz fällt aus Zweifachchlorplatin ein, mit Aether zu waschendes, pomeranzengelbes Krystallmehl.

			Hofmann.
26 C	156	32,10	32,06
3 N	42	8,64	
12 H	12	2,47	2,54
Pt	99	20,37	20,26
5 Cl	177	36,42	•
$C^{26}N^3Cl^2H^{11},HCl+PtCl^2$	486	100,00	

Die durch Mischen des salzsauren Melanilins mit sehr überschüssigem Chlorwasser gefällte harzige Masse, welche nach einiger Zeit amorph erhärtet, sich neutral verhält und sich nicht in Wasser, aber in Weingeist löst, ist wohl Trichlormelanilin, $C^{26}N^3Cl^3H^{10}$. Hofmann.

Binitromelanilin.

$$C^{26}N^5H^{11}O^8 = C^{24}CyNAdX^2H^7,H^2.$$

A. W. Hofmann (1848). *Ann. Pharm.* 67, 156.

Bildung. Aus Nitranilin und Chlorcyan (V, 737).

Darstellung. Man leitet durch die Lösung des Nitranilins in Aether so lange Chlorcyangas, bis dieser meistens verdunstet ist, erhitzt das bleibende krystallische Gemenge von unzersetztem Nitranilin, salzsaurem Binitromelanilin und indifferenten gelblichen Nadeln mit allmälig zuzufügendem Wasser, bis die anfangs zu einem braunen Oele schmelzende Masse sich fast völlig gelöst hat, erkältet die Flüssigkeit bis zum Krystallisiren der gelblichen Nadeln, fällt aus dem, salsaures Binitromelanilin haltenden farblosen Filtrate durch Ammoniak das, schnell krystallisch werdende, schwefelgelbe Binitromelanilin, und befreit dieses vom gewöhnlich beigemengten Nitranilin durch Auskochen mit Wasser.

Eigenschaften. Nach der Fällung durch Ammoniak oder Kali: Schuppige Krystallmasse, viel blasser gelb, als Nitranilin. Aus Weingeist durch Wasser gefällt: Goldglänzende Krystallmasse und mikroskopische kurze flache Nadeln. Aus verdunstendem Aether angeschossen: Gröfsere Nadeln.

			Hofmann.
26 C	156	51,83	51,71
5 N	70	23,25	
11 H	11	3,65	3,96
8 O	64	21,27	
$C^{26}N^5H^{11}O^8$	301	100,00	

Zersetzung. Das Binitromelanilin entwickelt beim Erhitzen einen gelben Dampf, der sich zu vorzüglich aus Nitranilin bestehenden, und allmälig krystallisirenden, braunen Oeltropfen verdichtet, und lässt eine braune Harzmasse in der Retorte.

Verbindungen. Selbst in kochendem *Wasser* unlöslich.

Salzsaures Binitromelanilin. — Glänzende platte Nadeln, schwer in Wasser löslich, 10,82 Proc. Salzsäure haltend, also $C^{26}N^5H^{11}O^8$,HCl.

Chlorplatin-salzsaures Binitromelanilin. — Die Lösung des salzsauren Salzes gibt mit Zweifachchlorplatin einen gelben krystallischen Niederschlag, welcher 19,58 Proc. Platin hält, also $C^{26}N^5H^{11}O^8$,HCl + $PtCl^2$ ist, in der Hitze mit gelindem Verpuffen verbrennt, und sich wenig in Wasser und Weingeist, nicht in Aether löst.

Das *schwefelsaure Salz* bildet leicht in Wasser lösliche weifse Rinden. — Das *salpetersaure Salz* löst sich schwierig. — Das *oxalsaure Salz* gibt leicht lösliche Krystallkörner.

Das Binitromelanilin löst sich wenig in *Weingeist* und noch weniger in *Aether*. Hofmann.

Cyananilin.

$C^{28}N^4H^{14} = C^{24}Cy^2Ad^2H^8,H^2$.

Hofmann (1848). *Ann. Pharm.* 66, 129; 73, 180.

Bildung. (V, 709.)

Darstellung. Man leitet durch die Lösung des Anilins in der 6fachen Menge von Weingeist nur so lange Cyangas, bis sie stark danach riecht, entzieht den gebildeten Krystallen die sie färbende rothgelbe Mutterlauge entweder durch vielmaliges Waschen mit kaltem Weingeist, oder nur durch 2maliges, und durch nachheriges Lösen in verdünnter Schwefelsäure, Abfiltriren von einem rothen Krystallpulver, Fällen des blassgelben Filtrats mit Ammoniak und 1- bis 3-maliges Krystallisiren des blassgelben pulverigen Niederschlags aus viel kochendem Weingeist, bis farblose Blätter erhalten werden.

Eigenschaften. Farblose, silberglänzende, farbenspielende Blätter, selbst in Gesellschaft von Wasserdampf nicht unzersetzt verflüchtigbar, bei 210 bis 220° schmelzend und beim Erkalten krystallisch erstarrend; schwerer als Wasser; geruch- und geschmacklos; neutral. Es färbt in saurer Lösung das Fichtenholz nicht gelb; es bläut sich nicht mit Chlorkalk, und gibt mit Chromsäure nicht die Niederschläge des Anilins.

		Krystalle.		Hofmann.
28 C	168		70,59	70,60
4 N	56		23,53	23,77
14 H	14		5,88	6,24
$C^{28}N^4H^{14}$	238		100,00	100,61

Hofmann nimmt die einfache Formel $C^{14}N^2H^7$ an; für die, zuerst von Laurent u. Gerhardt (*N. J. Pharm.* 14, 307; *Compt. chim.* 1849, 76 u. 168) vorgeschlagene, Verdoppelung zu $C^{28}N^4H^{14}$ spricht das Unpaare der einfachen Formel, und die Unverdampfbarkeit.

49*

Zersetzungen. 1. Das Cyananilin entwickelt nahe über seinem Schmelzpuncte, unter Bräunung und Verkohlung Anilin und blausaures Ammoniak. — 2. *Brom* erhitzt sich stark mit dem Cyananilin und bildet anfangs vielleicht ein Bromcyananilin, welches jedoch am Ende in Tribromanilin übergeht. — 3. Die violette Lösung des Cyananilins in *Vitriolöl* entwickelt bei schwachem Erwärmen Kohlensäure und Kohlenoxyd, welches letztere bei zunehmender Hitze immer mehr durch schweflige Säure verdrängt wird, und erstarrt dann beim Erkalten zu einer aus schwefelsaurem Ammoniak und Anilinschwefelsäure bestehenden Krystallmasse. $C^{28}N^4H^{14}+8HO+6SO^3 = 2(C^{12}NH^7,2SO^3) + 2CO + 2CO^2 + 2(NH^3,HO,SO^3)$. — 4. Die Lösung in verdünnter Salzsäure (oder in verdünnter Schwefelsäure) wird bald tief gelb, und lässt beim Abdampfen im Wasserbade, unter Verbreitung des Geruchs nach Anilocyansäure, eine weifse Krystallmasse, aus welcher kaltes Wasser Salmiak und salzsaures Anilin zieht, dann kochendes Wasser Oxamid und Oxanilamid (V, 750), während Oxanilid (V, 775) bleibt, welches jedesmal ungefähr eben so viel beträgt, wie das Oxamid und wie das Oxanilamid. Es erfolgen hierbei wohl 2 gleichzeitige Zersetzungen; 1) $C^{28}N^4H^{14} + 4HO + 2HCl = 2NH^4Cl + C^{28}N^2H^{12}O^4$ (Oxanilid) und 2) $C^{28}N^4H^{14} + 4HO + 2HCl = C^4N^2H^4O^4$ (Oxamid) $+ 2C^{12}NH^8Cl$ (salzsaures Anilin). Im Entstehungsmoment (einmal gebildet thun sie es allerdings nicht) bilden dann Oxanilid und Oxamid einem Theil nach Oxanilamid: $C^{28}N^2H^{12}O^4 + C^4N^2H^4O^4 = 2C^{16}N^2H^8O^4$. [Vielleicht auch im Ganzen: $4C^{28}N^4H^{14} + 16HO + 8HCl = 4NH^4Cl + 4C^{12}NH^8Cl + C^4N^2H^4O^4 + 2C^{16}N^2H^8O^4 + C^{28}N^2H^{12}O^4$.] — Kalte verdünnte Säuren machen allmälig Anilin frei und entwickeln den Geruch nach Anilocyansäure. — 5. Das Cyananilin wird durch kochendes wässriges oder weingeistiges Kali nicht verändert, aber durch schmelzendes Kalihydrat in Ammoniak, Anilin, Wasserstoffgas und kohlensaures Kali zersetzt. $C^{28}N^4H^{14} + 8HO + 4KO = 2H + 2NH^3 + 2C^{12}NH^7 + 4(KO,CO^2)$.

Verbindungen. Das Cyananilin löst sich nicht in *Wasser* und schwer in *Schwefelkohlenstoff*.

Cyanilinsalze. Man muss sie möglichst schnell in den festen Zustand überführen, ehe sie sich zersetzen. Sie entstehen nicht beim Leiten von Cyangas durch in Weingeist gelöste Anilinsalze. Bei der Annahme der Formel $C^{28}N^4H^{14}$ sind sie als doppeltsaure zu betrachten.

Schwefelsaures Cyananilin. — Sehr löslich; zersetzt sich beim Abdampfen, wie das salzsaure.

Hydriod-Cyananilin. — Dem salzsauren ähnlich, scheidet aber an der Luft schnell Iod aus.

Hydrobrom-Cyananilin. — Man löst das Cyananilin in kochendem verdünnten Hydrobrom, und mischt das Filtrat sogleich mit gleichviel concentrirtem Hydrobrom, welches, mit concentrirtem Hydrobrom, dann mit Aether zu waschende Krystalle ausscheidet. Dem salzsauren Cyananilin sehr ähnlich.

	Krystalle.		HOFMANN.
28 C	168	42	42,33
4 N	56	14	
16 H	16	4	4,05
2 Br	160	40	39,21
$C^{28}N^4H^{14}$,2HBr	400	100	

Salzsaures Cyananilin. — Man versetzt die kochende gelbe Lösung des Cyananilins in kochender verdünnter Salzsäure nach dem heifsen Filtriren sogleich mit gleich viel rauchender Salzsäure, welche sie entfärbt, und bald die Abscheidung vieler farbloser Krystalle bewirkt, welche man mit Salzsäure, dann mit Aether wäscht. Die sehr süfs schmeckenden Krystalle halten sich in trocknem, zersetzen sich aber in feuchtem Zustande, unter Verlust ihrer Löslichkeit in Wasser. Ihre wässrige Lösung liefert beim Abdampfen dieselben Zersetzungsproducte, wie die unmittelbare Lösung des Cyananilins in verdünnter Salzsäure (V, 772). Anilin fällt aus der wässrigen Lösung der Krystalle das Cyananilin als schwächere Basis, und starke Salzsäure fällt die unveränderten Krystalle. Dieselben lösen sich sehr leicht in Wasser und Weingeist.

	Krystalle.		HOFMANN.
28 C	168	54,05	54,02
4 N	56	18,02	
16 H	16	5,15	5,45
2 Cl	70,8	22,78	22,82
$C^{28}N^4H^{14},2HCl$	310,8	100,00	

Salpetersaures Cyananilin. — Die Lösung des Cyananilins in kochender verdünnter Salpetersäure gibt beim Erkalten weifse Nadeln, die sich ohne Zersetzung aus kochendem Wasser umkrystallisiren lassen, und sich wenig in kaltem Wasser und noch weniger in Weingeist und Aether lösen.

	Krystalle.		HOFMANN.
28 C	168	46,16	46,38
6 N	84	23,07	
16 H	16	4,40	4,63
12 O	96	26,37	
$C^{28}N^4H^{14},2HO,2NO^5$	364	100,00	

Das salpetersaure Cyananilin gibt mit salpetersaurem *Silberoxyd* ein krystallisirendes Doppelsalz.

Chlorgold-salzsaures Cyananilin. — Die Lösung von Cyananilin in Salzsäure oder in Weingeist gibt mit Dreifachchlorgold, welches in ersterem Falle nicht zu viel freie Salzsäure halten darf, einen pomeranzengelben Niederschlag, welcher nach dem Waschen mit Wasser und Trocknen bei 100° 42,92 Proc. Gold hält, also $C^{28}N^4H^{14},2HCl,2AuCl^3$ ist. Er löst sich sehr leicht in Aether. Noch feucht darin gelöst, verwandelt er sich beim Verdunsten völlig in das krystallisirende, nicht mehr in Aether lösliche chlorgold-salzsaure Anilin und andere Producte; trocken darin gelöst, lässt er ein Gemenge dieser Zersetzungsproducte mit wenig Krystallen des unveränderten Golddoppelsalzes.

Chlorplatin-salzsaures Cyananilin. — Die kochend mit Cyananilin gesättigte, ziemlich starke Salzsäure gibt mit concentrirtem Zweifachchlorplatin beim Erkalten, mit Aether zu waschende, pomeranzengelbe Nadeln. Sie lassen sich aus ihrer Lösung in Wasser oder Weingeist nicht mehr krystallisch erhalten; die wässrige Lösung trübt sich beim Abdampfen, und setzt Krystalle erst von chlorplatinsalzsaurem Anilin, dann von Platinsalmiak ab, und gibt noch andere Zersetzungsproducte.

			HOFMANN.
28 C	168	25,83	25,93
4 N	56	8,61	
16 H	16	2,46	2,50
2 *Pt*	198	30,44	30,32
6 Cl	212,4	32,66	
$C^{28}N^4H^{14},2HCl+2PtCl^2$	650,4	100,00	

Oxalsaures Cyananilin. — Verhält sich wie das schwefelsaure. Das Cyananilin löst sich schwierig in *Holzgeist*, *Weingeist*, *Aether*, *Fune* und *flüchtigen* und *fetten Oelen*. HOFMANN.

Bicyanmelanilin.

$$C^{30}N^5H^{13} = C^{24}Cy^3Ad^2H^7,H^2.$$

A. W. HOFMANN (1848). *Ann. Pharm.* 67, 160; 74, 1.

Bildung. (V, 766.)

Darstellung. Man leitet durch kalt mit Melanilin gesättigten Weingeist Cyangas bis zur Sättigung, stellt ihn verschlossen hin, bis er nach einigen Stunden durch gelbliche seidenglänzende Nadeln erstarrt ist, lässt von diesen die braune Mutterlauge abfliefsen, wäscht sie mit kaltem Weingeist und lässt sie aus heifsem 3mal umkrystallisiren.

Eigenschaften. Sehr blassgelbe Nadeln, nicht unzersetzt verflüchtigbar.

	Nadeln.		HOFMANN.
30 C	180	68,44	68,34
5 N	70	26,62	
13 H	13	4,94	5,13
$C^{30}N^5H^{13}$	263	100,00	

Zersetzungen. 1. Das Bicyanmelanilin entwickelt beim Erhitzen Anilin und blausaures Ammoniak, und lässt ein, sich bei stärkerer Hitze verkohlendes Harz. — 2. Seine blassgelbe Lösung in mäfsig starker Salzsäure (aus der im ersten Augenblicke Ammoniak das unveränderte Bicyanmelanilin fällt), färbt sich in einigen Minuten (augenblicklich bei stärkerer Concentration oder Erwärmen) und setzt allmälig Melanoximid (V, 777) als ein blassgelbes Krystallmehl ab, während die Mutterlauge Salmiak hält, dessen Stickstoff 10,97 Proc. des angewandten Bicyanmelanilins beträgt. $C^{30}N^5H^{13} + 2HCl + 4HO = C^{30}N^3H^{11}O^4 + 2NH^4Cl$. Andere Säuren, auch Pflanzensäuren, wirken der Salzsäure gleich, um so schneller, je concentrirter sie sind. — 3. Die kochende weingeistige Lösung des Bicyanmelanilins färbt sich mit überschüssiger Salzsäure vorübergehend gelb und setzt dann unter Salmiakbildung und Entfärbung beim Erkalten weifse Nadeln ab.

Verbindungen. — Das Bicyanmelanilin löst sich nicht in Wasser. — Es löst sich leicht in kalten verdünnten *Säuren*, auch in Pflanzensäuren, und erweist sich hierdurch als eine schwache Basis, aber es lassen sich wegen der raschen Umwandlung in Melanoximid und Ammoniaksalz, die nur im ersten Augenblick nach der Lösung die

Fällung des unveränderten Bicyanmelanilins durch Ammoniak oder Kali erlaubt, keine krystallisirte Salze gewinnen.

Es löst sich ziemlich leicht in *Weingeist*.

Chlorcyanilid.

$$C^{30}N^5ClH^{12} = C^{24}Cy^3Ad^2H^7,HCl?$$

Laurent (1842). *N. Ann. Chim. Phys.* 22, 97; auch *J. pr. Chem.* 44, 157; Ausz. *N. J. Pharm.* 10, 308.

Bildung und *Darstellung*. Man trägt allmälig gepulvertes fixes Chlorcyan (V, 155) in einen Kolben, der, in lauem Wasser und der nöthigen Menge Weingeist gelöstes Anilin enthält, und wäscht das als weifses Pulver niederfallende Chlorcyananilid, nach dem Abgiefsen der salzsaures Anilin haltenden Flüssigkeit, mit Wasser, dann mit Weingeist. $4C^{12}NH^7 + C^6N^3Cl^3 = C^{30}N^5ClH^{12} + 2(C^{12}NH^7,HCl)$. Also wie bei der Bildung des Chlorcyanamids (V, 168).

Eigenschaften. Es krystallisirt aus Weingeist beim Erkalten in weifsen, stark glänzenden länglichen Blättern, und nach dem Schmelzen in strahligen Nadeln. Nicht unzersetzt verdampfbar.

	Krystalle.		Laurent.
30 C	180	60,52	60,80
5 N	70	23,54	23,28
Cl	35,4	11,90	11,80
12 H	12	4,04	4,12
$C^{30}N^5ClH^{12}$	297,4	100,00	100,00

Zersetzungen. 1. Etwas über den Schmelzpunct erhitzt, wird es unter Entwicklung von 11,8 Proc. Salzsäure weniger flüssig und lässt endlich einen grünlichen, durchsichtigen, blasigen Rückstand, der $C^{30}N^5H^{11}$ sein muss. ($C^{24}Cy^3NAdH^7,H^2$. Gm. — Hofmann (*Ann. Pharm.* 74, 21) betrachtet ihn als eine Verbindung von einem Anilinmellon, $C^{18}N^4H^4$, mit Anilin. $C^{30}N^5H^{11} = C^{18}N^4H^4 + C^{12}NH^7$.) — 2. Es löst sich langsam in kochendem Kali als Chlorkalium und *Anilinammelin*, $C^{30}N^5H^{13}O^2$. $C^{30}N^5ClH^{12} + HO + KO = C^{30}N^5H^{13}O^2 + KCl$. — Durch Neutralisiren der erkalteten Kalilösung mit Salpetersäure erhält man das *Anilinammelin* als einen weifsen flockigen Niederschlag, welcher sich nicht in Ammoniak, aber in heifser schwacher Salpetersäure löst und sich daraus beim Erkalten als eine Gallerte ausscheidet. Es hält 62,6 Proc. C (etwas zu wenig) und 4,6 H. Laurent. [Wohl $= C^{24}Cy^3Ad^2H^7,H^2O^2$. Gm.]

Oxanilid.

$$C^{28}N^2H^{12}O^4 = C^{24}(C^4HO^2)NAdH^9,O^2?$$

Gerhardt (1845). *N. Ann. Chim. Phys.* 14, 120 und 15, 88; auch *N. J. Pharm.* 8, 56; auch *J. pr. Chem.* 35, 295. — *N. J. Pharm.* 9, 406; auch *J. pr. Chem.* 38, 298.
A. W. Hofmann. *Ann. Pharm.* 65, 56; 73, 181; 74, 35.

Oxanilide, Anilide oxalique.

Bildung. 1. (V, 718). — 2. Bei der Zersetzung des Cyananilins durch verdünnte Salz- oder Schwefel-Säure. Hofmann.

Darstellung. 1. Man erhitzt das halboxalsaure Anilin auf 160 bis 180° bis zu aufhörender Gasentwicklung, und zieht die erstarrte Masse mit kaltem Weingeist aus, welcher das Formanilid löst und das Oxanilid zurücklässt. GERHARDT. — 2. Man dampft die Lösung des Cyananilins in überschüssiger verdünnter Salzsäure im Wasserbade ab, zieht aus dem trocknen Rückstande durch kaltes Wasser den Salmiak und das salzsaure Anilin, dann durch kochendes das Oxamid und Oxanilamid, und reinigt das ungelöst bleibende Oxanilid durch Lösen in Fune, Filtriren, Abdampfen und Waschen der Krystalle mit Weingeist. HOFMANN.

Eigenschaften. Weifse perlglänzende Schuppen, bei 245° schmelzend und beim Erkalten strahlig gestehend, bei 320° kochend, einen scharfen Dampf, wie Benzoesäure, verbreitend, und gröfstentheils unzersetzt überdestillirend, und bei schwächerer Hitze in irisirenden Blättern sublimirbar.

			GERHARDT.	HOFMANN.
28 C	168	70,00	69,63	69,60
2 N	28	11,67	12,40	
12 H	12	5,00	5,13	5,00
4 O	32	13,33	12,84	
$C^{28}N^2H^{12}O^4$	240	100,00	100,00	

Zersetzungen. 1. Bei rascher *Destillation* des Oxanilids entsteht ein wenig, eine Spur Anilocyansäure haltendes, und hierdurch stark riechendes Oel. HOFMANN. — 2. *Brom* entwickelt aus dem Oxanilid unter heftiger Einwirkung Hydrobrom und theilt dann dem Aether eine krystallisirende Materie mit. GERHARDT. — 3. Heifse *Salpetersäure* entwickelt rothe Dämpfe. GERHARDT. Wässrige Chromsäure und andere verdünnte Säuren wirken selbst beim Erhitzen nicht ein. GERHARDT. — 4. Die Lösung in warmem *Vitriolöl* entwickelt bei starker Hitze unter Aufbrausen Kohlenoxyd und Kohlensäure zu gleichen Maafsen, bräunt sich schwach und setzt bei schwachem Wasserzusatz Anilinschwefelsäure als weifses Krystallmehl reichlich ab. $C^{28}N^2H^{12}O^4 + 2\,HO + 4\,SO^3 = 2\,(C^{12}NH^7,2SO^3) + 2\,CO + 2\,CO^2$. GERHARDT. — 5. Bei der *Destillation* mit trockner *Phosphorsäure* oder *Chlorzink* erfolgt unter Entwicklung von Kohlenoxyd und Kohlensäure fast völlige Verkohlung des Oxanilids, doch geht, besonders bei Phosphorsäure, mehr nach Anilocyansäure riechendes Oel nebst sublimirtem Carbanilid über, als bei der Destillation für sich. HOFMANN. — 6. Der durch glühenden *Kalk* geleitete Dampf des Oxanilids liefert einen Körper, der als $C^{28}N^2H^8$ zu betrachten ist. HOFMANN. — 7. Beim Erhitzen mit trocknem Kalk entwickelt das Oxanilid Anilin und verkohlt sich theilweise unter einer oft bis zum Erglühen steigenden Erhitzung. GERHARDT. Trockner Baryt gibt fast nur Anilin. HOFMANN. Beim Erhitzen mit Kalkkalihydrat, Kalihydrat oder concentrirter Kalilauge (nicht mit verdünnter) zerfällt das Oxanilid in übergehendes Anilin und bleibendes oxalsaures Kali. GERHARDT.

Verbindungen. In, selbst kochendem Wasser oder verdünnter Schwefelsäure unlöslich. GERHARDT.

Das Oxanilid löst sich in schwach erwärmtem *Vitriolöl*, und wird daraus durch Wasser unverändert gefällt. GERHARDT.

Es löst sich nicht in kaltem, wenig in kochendem *Weingeist*, daraus in Glimmerschuppen anschiefsend. GERHARDT.

Es löst sich leichter in Fune. HOFMANN. — Nicht in Aether. GERHARDT.

Melanoximid.

$$C^{30}N^3H^{11}O^4 = C^{24}(C^4HO^2)CyNAdH^8,O^2 ?$$

A. W. HOFMANN (1848). *Ann. Pharm.* 67, 160; 74, 2.

Bildung. Bei der Zersetzung des Bicyanmelanilins durch verdünnte Säuren (V, 774).

Darstellung. Man löst Bicyanmelanilin in überschüssiger mäfsig starker Salzsäure und wäscht das allmälig niederfallende Krystallmehl (oder das langsam krystallisch werdende Harz) mit Wasser.

Eigenschaften. Blassgelbes, undeutlich krystallisches Pulver.

			HOFMANN.
30 C	180	67,92	67,52
3 N	42	15,85	15,40
11 H	11	4,15	4,12
4 O	32	12,08	12,96
$C^{30}N^3H^{11}O^4$	265	100,00	100,00

Lässt sich als einfachoxalsaures Melanilin — 4 At. Wasser betrachten $= C^{26}N^3H^{13},C^4H^2O^8 - 4HO$.

Zersetzungen. 1. Es schmilzt beim *Erhitzen*, entwickelt viel Kohlenoxyd mit wenig (wohl von einer secundären Zersetzung herrührender) Kohlensäure und mit dem stark riechenden Dampfe der Anilocyansäure, von der sich gegen 10 Proc. als gelbliche Flüssigkeit verdichten, liefert endlich bei stärkerer Hitze Carbanilid, in strahligen Krystallen sublimirt, und lässt eine blassgelbe durchsichtige Harzmasse, der vom erhitzten Melanilin gleichend (V, 765). Nach schwächerem Erhitzen hat der Harzrückstand die Zusammensetzung A, nach stärkerem die Zusammensetzung B:

	A		HOFMANN.		B		HOFMANN.
56 C	336	71,04	71,28	30 C	180	68,97	67,27
7 N	98	20,72	19,77	5 N	70	26,82	
23 H	23	4,86	4,14	11 H	11	4,21	4,54
2 O	16	3,38	4,81				
$C^{56}N^7H^{23}O^2$	473	100,00	100,00	$C^{30}N^5H^{11}$	261	100,00	

Wahrscheinlich liefert das Melanoximid zuerst unter Entwicklung von 2 At. Kohlenoxyd ein Melanocarbimid, $C^{28}N^3H^{11}O^2$. $C^{30}N^3H^{11}O^4 = 2CO + C^{28}N^3H^{11}O^2$. — Bei weiterem Erhitzen zerfallen dann 3 At. Melanocarbimid in 2 At. Anilocyansäure und in den Rückstand A. $3C^{28}N^3H^{11}O^2 = 2C^{14}NH^5O^2 + C^{56}N^7H^{23}O^2$. Rückstand A entwickelt endlich bei stärkerer Hitze Carbanilid, wovon ein Theil aus Anilocyansäure und Wasser entstehen kann, und lässt Rückstand B. $C^{56}N^7H^{23}O^2 = C^{26}N^2H^{12}O^2 + C^{30}N^5H^{11}$. — 2. Es wird durch verdünnte Schwefel- oder Salz-Säure nur wenig zersetzt, aber in Weingeist gelöst und mit concentrirter *Salzsäure* gekocht, zerfällt es, unter tiefgelber Färbung der Lösung und lebhafter Entwicklung des Geruchs nach Anilocyansäure, in Oxalsäure, Melanilin und, weiter zu untersuchende, lange Nadeln. — 3. Seine weingeistige Lösung erstarrt mit *Ammoniak* oder *Kali*, welche viel Oxalsäure aufnehmen, zu Krystallen von Melanilin und eben so zersetzt sich allmälig seine Lösung in, besonders concentrirtem, wässrigen Ammoniak oder Kali.

Verbindungen. Es löst sich nicht in Wasser und wässrigen Säuren.

Es löst sich anfangs unzersetzt in wässrigem *Ammoniak* und *Kali*, daraus durch Säuren fällbar; später erfolgt Zersetzung 3.

Seine Lösung in schwachem Weingeist gibt mit *Silberlösung*, besonders bei schwachem Ammoniakzusatz, einen lichtgelben amorphen Niederschlag, der 25,4 bis 28,57 bis 30,5 Proc. Silber hält.

Es löst sich wenig in kochendem *Weingeist* und krystallisirt daraus in Rinden. HOFMANN.

Succinanilid.

$C^{32}N^2H^{16}O^4 = C^{24}(C^8H^5O^2)NAdH^9,O^2$?

LAURENT u. GERHARDT (1848). *N. Ann. Chim. Phys.* 24, 182.

Bernsteinsäure, mit überschüssigem Anilin in einem Kolben 10 Minuten lang zum Schmelzen erhitzt, bis Wasser und das überschüssige Anilin entwichen ist, gibt eine beim Erkalten zu kugelförmig vereinigten Nadeln erstarrende Flüssigkeit, aus welcher kochendes Wasser das Succinanil löst, während das, durch Krystallisiren aus Weingeist zu reinigende, Succinanilid bleibt.

Dieses krystallisirt aus Weingeist in, bei 220° schmelzenden, feinen Nadeln.

			LAURENT u. GERHARDT.
32 C	192	71,64	71,5
2 N	28	10,45	
16 H	16	5,97	6,2
4 O	32	11,94	
$C^{32}N^2H^{16}O^4$	268	100,00	

Es entwickelt bei gelindem Schmelzen mit Kalihydrat sogleich Anilin.

Es löst sich nicht in Wasser, leicht in Weingeist und Aether. LAURENT u. GERHARDT.

Stickstoffkern $C^{12}N^2H^4$.

Diphänin.

$C^{12}N^2H^6 = C^{12}N^2H^4,H^2$.

LAURENT u. GERHARDT (1849). *Compt. chim.* 1849, 417; Ausz. *Ann. Pharm.* 75, 74.

Darstellung. Man kocht Binitrazodifune mit Weingeist und Hydrothionammoniak bis zur theilweisen Verjagung des Weingeistes, verdünnt mit Wasser, übersättigt mit Salzsäure, filtrirt warm und übersättigt das Filtrat mit Ammoniak. Das hierdurch krystallisch gefällte Alkaloid wird entweder durch Umkrystallisiren aus Aether gereinigt, oder durch Uebergiefsen mit verdünnter Schwefelsäure, Waschen des schwefelsauren Diphänins mit kaltem Wasser und Weingeist, Lösen desselben in kochendem, Salzsäure haltenden Wasser und Fällen durch Ammoniak.

Eigenschaften. Gelb, krystallisch.

			LAURENT u. GERHARDT.
12 C	72	67,92	67,0
2 N	28	26,42	
6 H	6	5,66	5,8
$C^{12}N^2H^6$	106	100,00	

LAURENT u. GERHARDT verdoppeln die Formel zu $C^{24}N^4H^{12}$.

Es löst sich in Salzsäure oder Salpetersäure mit schön rother Farbe.

Seine salzsaure Lösung gibt mit Zweifachchlorplatin einen karminrothen Niederschlag, welcher hält:

			LAURENT u. GERHARDT.
12 C	72	23,06	
2 N	28	8,97	9,4
7 H	7	2,24	
Pt	99	31,71	30,5
3 Cl	106,2	34,02	
$C^{12}N^2H^6,HCl+PtCl^2$	312,2	100,00	

Stickstoffkern $C^{12}N^6$.

Paracyan.
$C^{12}N^6$.

JOHNSTON. *N. Edinb. J. of Sc.* 1, 75; auch *Schw.* 56, 341. — *Ann. Pharm.* 22, 280.
POLYD. BOULLAY. *J. Pharm.* 16, 180; auch *Schw.* 60, 107; auch *Br. Arch.* 34, 32; Ausz. *Pogg.* 20, 63.
THAULOW. *J. pr. Chem.* 31, 220.
SPENCER. *J. pr. Chem* 30, 478.
H. DELBRÜCK. *J. pr. Chem.* 41, 161.

Stickkohlenstoff, starres Cyan, Bicarburet of Azote.

Bildung. 1. Beim Glühen einiger Cyanmetalle im Verschlossenen. Cyanquecksilber (IV, 410); Cyansilber (IV, 423); Einfachcyaneisenblei, THAULOW. Beim Erhitzen von *feuchtem* Cyanquecksilber hält der Rückstand auf 1 N mehr als 2 C, weil verhältnissweise mehr N als C zur Bildung von kohlensaurem Ammoniak verbraucht wird; auch ist dann der Rückstand schwer von Quecksilber zu befreien, hält etwas H und O, löst sich bei wiederholtem Waschen einem grofsen Theil nach in Wasser, mit hellblauer Farbe, lässt endlich ein Paracyan mit zu viel C. DELBRÜCK. — 2. Beim Glühen der Azulmsäure im Verschlossenen. JOHNSTON.

Darstellung. 1. Erhitzt man völlig trocknes Cyanquecksilber in einer Retorte, bis mit dem Cyangas alles Quecksilber verflüchtigt ist, so bleibt das Paracyan zurück. JOHNSTON. — Wenn man ein unten zugeschweifstes Eisenrohr mit Cyanquecksilber füllt, dieses oben mit einem eingeschraubten Eisenpfropf verschliefst, der mit einem Loch durchbohrt ist, in welches man Gypsbrei giefst, und das Rohr zum schwachen Glühen erhitzt, so entweicht der Quecksilberdampf nur schwierig durch den in der Hitze porös werdenden Gyps, und unter diesem stärkern Druck bleibt mehr Cyan als Paracyan zurück. BROWN (*Edinb. philos. Transact.* 1, 245; BERZ. *Jahresber.* 22, 89.) — 2. Man glüht Einfachcyaneisenblei (IV, 395) bei abgehaltener Luft, zieht die erkaltete Masse erst mit warmer verdünnter Salpetersäure, dann mit Vitriolöl aus, und fällt aus diesem das Paracyan durch Wasser.

THAULOW. Das Vitriolöl nimmt hierbei fast gar nichts in gelöster Gestalt auf, sondern blofs in suspendirter. Filtrirt man es daher durch Amianth, so erhält man eine blassbraune Flüssigkeit, aus welcher Wasser nur eine Spur Paracyan fällt und auf dem Amianth im Trichter bleibt eine stickstofffreie Kohle. BERZELIUS (*Jahresber.* 23, 84). — 3. Man glüht die bei der Zersetzung von Blausäure oder weingeistigem Cyan niedergefallene Azulmsäure bei abgehaltener Luft. JOHNSTON.

Eigenschaften. Das nach 1) erhaltene ist eine braunschwarze, lockere, zarte, die Finger schmutzende, geruch- und geschmacklose Masse. JOHNSTON. Bisweilen erhielt es JOHNSTON als eine grünschwarze, dichte, harte, leicht zu pulverude Masse, die, wenn sie in dünnen Schichten eine Röhre überzog, das Licht mit braunrother Farbe durchfallen liefs.

Das Paracyan 1) liefert bei der Verbrennung mit chlorsaurem Kali im Mittel auf 100 Maafs Stickgas 198 M. kohlensaures, hält also 1 At. N auf 2 At. C, oder ein Multiplum. JOHNSTON.

Zersetzungen. 1. Das aus trocknem Cyanquecksilber erhaltene Paracyan, im Verschlossenen oder in einem Strom von trocknem Stickgas oder kohlensaurem Gas stark *geglüht*, verwandelt sich völlig in Cyangas, ohne einen Rückstand zu lassen. DELBRÜCK. Das aus feuchtem Cyanquecksilber erhaltene verwandelt sich beim Gluhen ebenfalls in Cyangas, lässt aber Kohle. DELBRÜCK. — 2. An der Luft *verbrennt* das Paracyan 1) beim Rothglühen langsam, ohne Bauch auszustofsen, unter verhältnissweise stärkerer Abnahme des Kohlenstoffs, so dass zuerst eine Verbindung bleibt, die 6 C auf 4 N hält, dann eine Verbindung von ungefähr 6 C auf 5 N, endlich das *Protocarburet of Azote*, welches C und N zu gleichen Atomen hält [$= C^{12}N^{12}$?], und bei weiterem Glühen ohne weitere relative Abnahme des Kohlenstoffs völlig verbrennt. Beim Glühen des Cyanquecksilbers an der Luft bleibt dasselbe Protocarburet of Azote, 2,33 Proc. betragend. JOHNSTON. — 3. Trocknes *Chlorgas* über, aus Cyanquecksilber erhaltenes, Paracyan geleitet, erzeugt dicke weifse Nebel von erstickendem Geruch, die sich in der Vorlage zu einem weifsen Körper verdichten. Derselbe ist unveränderter sublimirbar, geruchlos, luftbeständig, liefert beim Schmelzen mit kohlensaurem Natron eine Masse, die auf Cyan und auf Chlor reagirt, und löst sich in heifsem Wasser, ohne dass die Lösung eine Cyanreaction zeigt. DELBRÜCK. Auch das aus Paracyansilber erhaltene Paracyan gibt mit Chlorgas viele weifse Nebel, aber kein Sublimat. Der Apparat zeigt den mäuseartigen Geruch des fixen Chlorcyans und das entweichende Gas riecht stechend, wohl von flüchtigem Chlorcyan. DELBRÜCK. — 4. Beim Glühen in einem Strom von Wasserstoffgas zerfällt das Paracyan in Ammoniak, Blausäure und Kohle. DELBRÜCK. $C^{12}N^6 + 16H = 3NH^3 + 3C^2NH + 6C$; oder $C^{12}N^6 + 10H = 2NH^3 + 4C^2NH + 4C$? — Salpetersäure wirkt auf Paracyan 1) weder zersetzend, noch lösend. JOHNSTON, DELBRÜCK. Dampft man jedoch das aus Paracyansilber erhaltene Paracyan mit Salpetersäure zur Trockne ein und erhitzt den Rückstand ein wenig, so wird er hellgelb, löst sich in Salpetersäure und lässt sich daraus durch Wasser fällen. DELBRÜCK. — Das mit chlorsaurem Kali gemengte Paracyan verpufft beim Erhitzen, nicht durch den Stofs. JOHNSTON. — Schwefel wirkt weder beim Erhitzen mit Paracyan, noch beim Leiten seines Dampfes über erhitztes Paracyan darauf ein. DELBRÜCK. — Ueber BROWN's angebliche Umwandlung des Paracyans in Silicium vergl. SMITH u. BRETT (*Phil. Mag. J.* 19, 295; 20, 24).

Verbindungen. Das Paracyan 1) löst sich nicht in Wasser. DELBRÜCK.

Es löst sich in warmem *Vitriolöl*. Vergl. jedoch Berzelius (V, 780). Die Lösung gibt beim Abdampfen einen grauschwarzen, nicht in Wasser löslichen Rückstand; sie scheint mit Quecksilber eine krystallische Verbindung bilden zu können. Johnston.

Es löst sich in heifser concentrirter *Salzsäure* mit hellgelbbrauner Farbe; beim Abdampfen bleibt ein reichlicher, nicht in Wasser löslicher Rückstand. Johnston.

Es löst sich nicht in Salpetersäure und Ammoniak. Johnston.

Es löst sich in wässrigem *Kali*, jedoch wahrscheinlich unter Zersetzung. Johnston.

Paracyansilber. Bleibt beim Glühen des Cyansilbers im Verschlossenen (IV, 423). Graue, porose, höchst strengflüssige Masse, welche unter dem Hammer völlig metallglänzend, dem Wismuth ähnlich, und hart und spröde wird, so dass sie sich zu einem feinen Pulver zerstofsen lässt. Thaulow. Graulich silberweifs, hart und spröde. Delbrück.

Das Paracyansilber, in einer Röhre heftig geglüht, liefert Stickgas und Cyangas; anfangs im Verhältnisse von 1 Maafs Stickgas auf 1,5 M. Cyangas, hierauf von 1 : 2,4; dann von 1 : 0,86; endlich von 1 : 0,9. Glüht man 134 Th. (1 At.) Cyansilber heftig, bis zur Zersetzung des anfangs gebildeten Paracyansilbers, so verliert es 20,44 Th. in Gestalt von Stickgas und Cyangas (dieses Gemenge beträgt von 1,34 Gramm Cyansilber 94 C.C.M.). Der Rückstand, ganz vom Ansehen des Silbers, lässt beim Kochen mit Salpetersäure 5,8 Th. Stickstoff-haltende Kohle, welche bei der Verbrennung 1 Maafs Stickgas auf 3,5 M. kohlensaures Gas liefert, also 3,5 Th. C auf 2,3 Th. N hält. Die 26 Th. Cyan in 134 Cyansilber zerfielen daher in 20,44 Th. Gasgemenge und 5,8 Th. Stickstoffkohle; 20,44 + 5,8 = 26,24; und das Silber hat also verhältnissweise mehr C, als N zurückgehalten, daher sich dem entwickelten Cyangase freies Stickgas beimengte. Delbrück. — Salpetersäure, mit dem Paracyansilber digerirt, zieht den gröfsten Theil des Silbers aus und lässt einen braunen Rückstand. Thaulow. Der nach wiederholtem Auskochen des Paracyansilbers mit frischer Salpetersäure bleibende Rückstand hält in getrocknetem Zustande neben Kohlenstoff und Stickstoff im Verhältnisse von 2 At. zu 1 At. noch 43,4 Proc. Silber, welches nach dem Glühen an der Luft bleibt. Also hält er AgC^6N^3 [oder vielmehr $AgC^{12}N^6$]. Liebig (*Ann. Pharm.* 50, 357). Das Paracyansilber [es scheint der nach der Behandlung mit Salpetersäure bleibende Rückstand gemeint zu sein] liefert bei starkem Rothglühen Stickgas und Cyangas, deren Maafsverhältniss im Verlaufe des Versuchs auf folgende Weise wechselt: 1 : 8; 1 : 5; 1 : 4; zuletzt wieder 1 : 8, also bleibt Kohle beim Silber. Liebig. Das Paracyansilber lässt sich durch wiederholtes Kochen mit Salpetersäure nicht von allem Silber befreien; aber wohl durch Behandeln des mittelst der Salpetersäure erhaltenen braunen, leicht zerreiblichen Rückstandes mit Quecksilber oder durch Lösen in Vitriolöl und Fällen mit Wasser. Delbrück. Der braune pulverige Rückstand von der Behandlung des Paracyansilbers mit mäfsig starker Salpetersäure, über Vitriolöl getrocknet und an der Luft geglüht, entwickelt einen schwachen Blausäuregeruch und lässt 40,24 Proc. Silber, welches sich in Salpetersäure bis auf eine Spur löst. Er löst sich in schwach erwärmtem Vitriolöl, ohne Gasentwicklung, und aus der dunkelbraunen Lösung fällt Wasser braune Flocken, welche, bei 175° getrocknet, beim Glühen an der Luft 35,46 Proc. Silber lassen. — Werden diese braunen Flocken 2mal mit starker Salpetersäure ausgekocht, so lassen sie, nach dem Waschen und Trocknen geglüht, 32,8 Proc. Silber. Also lässt sich weder durch Salpetersäure, noch durch Vitriolol alles Silber beseitigen. RAMMELSBERG (*Pogg.* 73, 84). — Das Paracyansilber lässt sich mit Quecksilber zu einem krystallischen, äufserst harten Amalgam vereinigen. Wenn man dieses nur einmal mit Salpetersäure digerirt, so bleibt ein Rückstand, welcher sich nach dem Pulvern schon in kaltem Vitriolöl, wenn dieses überschüssig ist, völlig löst. Wasser fällt daraus das Paracyan, während das Silber in der verdünnten Säure gelöst bleibt. Ist der Rückstand nicht gepulvert, so löst er sich im Vitriolöl erst beim Erwärmen, unter Entwicklung eines Gases, welches nicht schwefligsaures ist. THAULOW. — Paracyansilber, mit Bittererde rings umgeben, im hessischen Tiegel im Sefström'schen Gebläseofen auf das Heftigste geglüht, liefert Metallkugeln von Magnium-haltendem Silber, in Salpetersäure ohne Farbe löslich. THAULOW. — Bei halbstündigem ziemlich heftigen Glühen in einem Kohlentiegel verändert sich das Paracyansilber nicht in Form und Aussehen; doch zeigt es einige reducirte Silberkörner. THAULOW. — Beim Glühen mit Chlorcalcium erleidet es keine Veränderung. THAULOW.

Das Paracyan löst sich nicht in *Weingeist*. JOHNSTON.

Anhang zu Paracyan.

Azulmsäure.

JOHNSTON. *Schw.* 56, 341.
POL. BOULLAY. *J. Pharm.* 16, 180; auch *Schw.* 60, 107.
H. DELBRÜCK. *J. pr. Chem.* 41, 161.

Stickkohlenstoff, *Azulmin*, *Acide azulmique* BOULLAY, *Azulmine* THÉNARD.

Schon 1806 von PROUST (*Ann. Chim.* 60, 233; auch *N. Gehl.* 3, 584), dann 1809 von ITTNER (*Beiträge z. Gesch. d. Blausäure*) und 1811 von GAY-LUSSAC bemerkt und nach einigen Beziehungen untersucht; später etwas genauer von JOHNSTON und BOULLAY; häufig mit dem Paracyan zusammengeworfen, von dem es sich jedoch durch seinen Gehalt an Wasserstoff unterscheidet.

Bildung. Bei vielen Zersetzungen des Cyans und der Blausäure (IV, 307, 6; 308, 7; 309, 8; 321, 12).

Darstellung. Man überlässt wässriges oder verdünnt weingeistiges Cyan, oder wässrige Blausäure, am besten nach dem Zusatze von wenig Ammoniak oder Kali längere Zeit sich selbst, bis die sich bräunende Flüssigkeit keine braune Flocken mehr absetzt, sammelt diese auf dem Filter und wäscht mit Wasser. Das Wasser nimmt unter bräunlicher Färbung einen Theil auf, der sich theils durch Vermittlung des erzeugten Ammoniaks, theils des etwa zugefügten Ammoniaks oder Kalis darin löst. Dieser Theil lässt sich durch eine Säure niederschlagen.

Einzelne Darstellungsweisen: 1. Man überlässt concentrirte, am besten wasserfreie, DELBRÜCK, Blausäure sich selbst, bis sie zu einer braunen Masse erstarrt ist, wäscht diese mit Wasser und trocknet. PROUST, ITTNER, BOULLAY, DELBRÜCK.

2. Man stellt mit Cyangas gesättigten wasserhaltigen Weingeist so lange hin, als sich Flocken erzeugen, sammelt diese auf dem Filter, wobei der Weingeist farblos abläuft, wäscht mit Wasser, welches sich gelb färbt, und trocknet. JOHNSTON.

3. Man überlässt wässriges Cyan der Selbstzersetzung, wäscht den braunen Niederschlag mit Wasser und trocknet. PELOUZE u. RICHARDSON (*Ann. Pharm.* 26, 63).

4. Man sättigt weingeistiges Kali mit Cyangas, giefst die Flüssigkeit vom niedergefallenen Cyankalium ab, stellt sie längere Zeit in einer Flasche hin, die mit dem mit feiner Röhre versehenen Stöpsel einer Spritzflasche verschlossen ist, verdunstet nach 4 Monaten, wenn aller Blausäuregeruch verschwunden ist, die Flüssigkeit langsam zur Trockne, weicht den Rückstand in kaltem Wasser auf, bringt ihn auf das Filter und wäscht ihn mit Wasser, welches sich gelb färbt. Die so erhaltene Azulmsäure lässt beim Verbrennen etwas kohlensaures Kali, lässt sich aber durch Lösen in Vitriolöl, Fällen durch etwas mehr, als ein gleiches Maafs Wasser, Waschen und Trocknen rein erhalten. THAULOW (*J. pr. Chem.* 31, 228).

5. Man kann auch zur Blausäure kleine Mengen von Ammoniak oder Kali fügen, GM., oder Blausäuredampf in wässriges Cyankalium leiten, oder wässriges Cyankalium mit einer zur Zersetzung unzureichenden Menge von Schwefelsäure versetzen, DELBRÜCK, um bald einen reichlichen Absatz zu erhalten. Das aus Blausäure und Cyankalium erhaltene Product ist übrigens ein Gemisch von 3 Stoffen, von welchen sich der eine in Wasser, der andere in Säuren löst, während ein kohlenstoffreicherer Körper zurückbleibt. DELBRÜCK.

6. Man löst, nach (IV, 330, 5) bereitetes, Cyankalium in kaltem Wasser, leitet durch die Lösung von 1,2 spec. Gew. so lange Chlorgas, bis sie aufzubrausen beginnt, wobei sie sich auf 85° erhitzt und weifse Nebel ausstöfst, stellt sie einige Stunden hin, wobei sie sich trübt und verdunkelt, und schwarze Flocken absetzt, giefst von diesen die rothe Flüssigkeit ab (diese kann mit frischem Chlor noch mehr Flocken liefern), wäscht sie mit wenig eiskaltem Wasser, worin sie sich etwas löslich zeigen, und trocknet. Statt des Chlors dient auch Brom oder Iod. SPENCER (*J. pr. Chem.* 30, 478). Das so erhaltene Product ist ein Gemisch von 2 Substanzen, von welchen sich die eine in Wasser mit brauner Farbe löst, und die zurückbleibende gröfstentheils in kochender Salpetersäure. DELBRÜCK. Ueberhaupt zeigt die Azulmsäure, je nach ihrer Bereitungsweise, Verschiedenheiten. DELBRÜCK.

Eigenschaften. Die Azulmsäure 1) ist eine schwarze schwammige Masse von braunem Pulver, in feinen Theilen das Licht mit rothbrauner Farbe durchlassend, BOULLAY; 2) ist in Masse schwarz, nach dem Pulvern braun, JOHNSTON; 3) schwarz, PELOUZE u. RICHARDSON.

Ueber die *Zusammensetzung* der Azulmsäure weichen die Angaben in dem Maafse ab, dass sich keine Berechnung geben lässt. Da DELBRÜCK von mehreren hierher gehörenden Präparaten zeigte, dass sie Gemenge von einer in Wasser, einer in Salpetersäure löslichen und einer in beiden Flüssigkeiten unlöslichen Materie sind, so fragt es sich, ob jemals eine reine Verbindung analysirt wurde. Folgendes sind die einzelnen Angaben:

Die Azulmsäure 1) durch Lösen in Kali, Fällen durch Säuren, Waschen und Trocknen gereinigt, liefert beim Verbrennen 5 Maafs kohlensaures Gas auf 2 Stickgas, und scheint $= C^5N^2H$ zu sein. BOULLAY. — Die Säure 2) hält 26 Th. (1 At.) Cyan auf 4,05 Th. (4 At.) Wasserstoff, ist also $= C^2NH^4$. JOHNSTON (*Schw.* 56, 316). Säure 1) und Säure 2) ist $C^3N^2H,2HO$ [$=C^6N^4H^6O^4$]. JOHNSTON (*Ann. Pharm.* 22, 280). — Säure 4) liefert beim Verbrennen 2 M. kohlensaures auf 1 M. Stick-Gas. THAULOW. — Säure 3) zeigt in der Verbindung mit Silberoxyd die Zusammensetzung $C^6N^4H^4O^4$. PELOUZE u. RICHARDSON. — Säure 4) hält ungefähr 4 At. C auf 1 At. N; doch ist sie ein Gemenge (s. oben), daher das Verhältniss bei verschiedenen Bereitungen wechselt. DELBRÜCK.

Zersetzungen. 1. Die Azulmsäure 1) liefert bei der trocknen Destillation Blausäure, Ammoniak und Wasser, und lässt eine stickstoffhaltende Kohle. PROUST. Sie liefert sich sublimirendes, blausaures Ammoniak und bei stärkerem Erhitzen ein nach Cyan riechendes, aber mit blauer Flamme verbrennendes Gas, und lässt Kohle. BOULLAY. Die Säure 1) oder 2), welche $C^6N^4H^6O^4$ ist, entwickelt beim Glühen kohlensaures Ammoniak und etwas Wasser und lässt Paracyan. $C^6N^4H^6O^4 = 2(NH^3,CO^2) + C^4N^2$. JOHNSTON. — Säure 4) entwickelt schon bei gelindem Erhitzen viel Blausäure und blausaures Ammoniak, und lässt einen Rückstand, der mehr Kohlenstoff, als das Cyan hält, und daher bei heftigem Glühen in Cyangas und stickstofffreie Kohle zerfällt. — 2. Chlorgas über die Azulmsäure 1) geleitet, gibt viel weiſse Nebel von stechendem Geruch, vielleicht fluchtiges Chlorcyan haltend; ein Sublimat bildet sich nicht, doch zeigt der Apparat den mäuseartigen Geruch des fixen Chlorcyans. Delbrück. — 3. Die Säure 1) löst sich in kalter concentrirter Salpetersäure. Die morgenrothe Lösung wird durch Wasser gefällt; beim Abdampfen lässt sie einen pechartigen Ruckstand, wenig in kaltem Wasser löslich, besser in heiſsem, leicht in Kalilauge, aus welcher Säuren einen dem Indigharz ähnlichen Körper fällen. Boullay. Die Säure 1) löst sich leicht in Salpetersäure; aus der gelben Lösung fällt Wasser die *Paracyansäure* als gelbes Pulver. Johnston.

(Die *Paracyansäure* ist $= C^{8}N^{4}O$, entwickelt bei der trocknen Destillation kohlensaures und Cyan-Gas und lässt Paracyan. Das *paracyansaure Quecksilberoxyd* fällt schon aus der heiſsen Lösung der Paracyansäure in Salpetersäure [bei Zusatz von salpetersaurem Quecksilberoxyd?] nieder; es ist $= 2HgO,C^{8}N^{4}O$. Das *paracyansaure Silberoxyd* ist $AgO,C^{8}N^{4}O$. Johnston.)

Die Lösung der Azulmsäure 1) in Salpetersäure wird durch Wasser nur theilweise gefällt; Ammoniak fällt alles Gelöste in dicken braunen Flocken. Blei- und Silber-Salze fällen die salpetersaure Lösung vollständiger, als Wasser; aber die vom Silberniederschlage abfiltrirte Flussigkeit gibt mit Ammoniak noch einen dicken braunen Niederschlag, der 3,07 Proc. Silberoxyd hält. Die salpetersaure Lösung der Azulmsäure, so weit durch Ammoniak neutralisirt, als es ohne Fällung angeht, gibt mit Bleizucker einen dicken weiſsen, mit Kupfersalzen einen hellgrünen und mit Manganoxydulsalzen, jedoch erst nach dem Zusatz eines Gemisches von Salmiak und Ammoniak, einen hellbraunen Niederschlag. Fällt man die salpetersaure Lösung der Azulmsäure ohne Zusatz von Ammoniak durch salpetersaures Silberoxyd, so hält der Niederschlag 31,98 Proc. Silberoxyd; fugt man zugleich Ammoniak hinzu, jedoch nicht bis zur alkalischen Reaction, so hält der Niederschlag 19,35 Proc. Silberoxyd. Diese Zahlen stimmen nicht zu Johnston's Formel, welche 51 Proc. Silberoxyd verlangt. Delbrück.

4. Mit kohlensaurem Kali geglüht, bildet die Azulmsäure Cyankalium. Ittner.

Verbindungen. Die gewaschene Azulmsäure 1) löst sich nicht in *Wasser*, Boullay; 3) löst sich wenig, Pelouze u. Richardson.

Die Säure 4) löst sich in *Vitriolöl*, daraus durch Wasser fällbar. Thaulow.

Sie löst sich in concentrirter *Salzsäure*. Thaulow.

Die Säure 1) löst sich leicht in wässrigem *Ammoniak* oder *Kali* mit dunkel braunrother Farbe; Säuren fällen daraus ein rothbraunes Pulver, und schwere Metallsalze geben damit unter Entfärbung der Flüssigkeit braune Niederschläge. Auch in kohlensaurem Kali ist Säure 4) löslich. Thaulow.

Während frisch mit Cyangas gesättigter Weingeist den *Aetzsublimat* nicht fällt, gibt er, nachdem er sich gebräunt hat, einen braunen, sich dann röthlich färbenden Niederschlag, welcher beim Verbrennen 2 Maaſs kohlensaures auf 1 M. Stick-Gas liefert. — Salpetersaures *Silberoxyd* fällt den mit Cyan gesättigten Weingeist nach der Bräunung schwarz. Johnston.

Die Azulmsäure 3) löst sich leicht in *Essigsäure*. Pelouze u. Richardson.

Die Azulmsäure 1), 2) und 4) löst sich nicht in Weingeist, Boullay, Johnston, Thaulow; 3) löst sich wenig in Weingeist, nicht in Aether, Pelouze u. Richardson.

Boullay hält auch den bei der Lösung von Gusseisen in Salpetersäure bleibenden Moder (III, 193) für Azulmsäure. — Auch erhielt Er beim Einkochen von Thierleim mit Kali eine ähnliche Substanz (s. Thierleim).

Girardin u. Preisser (*N. Ann. Chim. Phys.* 9, 377) kochten die Masse, in einer Kirche in bleiernen Särgen vermoderter, Leichen mit Kalilauge aus, und erhielten durch Fällung mit Säuren und Waschen des Niederschlags mit Aether, Weingeist und Wasser ein rothbraunes leichtes Krystallpulver, 35,5 Proc. der Leichenmasse betragend, welches bei der trocknen Destillation in blausaures Ammoniak und in Kohle zerfiel, und welches 50,23 Proc. C, 47,90 N und 1,68 H (Verlust 0,19) hielt, also $= C^{5}N^{2}H$ war, also = Boullay's Azulmsäure.

Stammkern $C^{12}H^8$.

Oel $C^{12}H^8$.

FARADAY (1825). *Phil. Transact.* 1825, 440; auch *Schw.* 47, 340 u. 441; auch *Pogg.* 5, 303.
COUERBE. *Ann. Chim. Phys.* 69, 184; auch *J. pr. Chem.* 18, 165.

Hexacarbure quadrihydrique, COUERBE.

Bildung. Bei der trocknen Destillation von Fetten und Harzen.

Darstellung. 1. Bei der Darstellung des Bute (V, 231); doch bleibt auch nach starkem Erkälten etwas Fune gelöst. FARADAY. — 2. Das Harzöl (V, 495), welches bei der Destillation anfangs ein dem Myle ähnliches Oel (V, 542), dann Like (V, 495) und das Oel $C^{12}H^{10}$ (V, 798) übergehen lässt, liefert bei steigender Hitze das Oel $C^{12}H^8$. COUERBE.

Eigenschaften. Farbloses Oel von 0,86 spec. Gew. bei 15,5°, bei 85,5° siedend und von ungefähr 3,049 Dampfdichte. FARADAY. Sehr blassgelb, von 0,8022 spec. Gew., bei 80 bis 85° siedend, von 2,802 Dampfdichte. COUERBE.

			FARADAY.	COUERBE.		Maafs.	Dampfdichte.
12 C	72	90	89,58	89,79	C-Dampf	12	4,9920
8 H	8	10	10,42	9,77	H-Gas	8	0,5546
$C^{12}H^8$	80	100	100,00	99,56	Oel-Dampf	2	5,5466
						1	2,7733

Zersetzungen. 1. Es verbrennt mit glänzender, stark rufsender Flamme. — 2. Es verdunkelt sich mit Vitriolöl unter starker Wärmeentwicklung, und zerfällt in eine untere dicke schwarze Schicht, welche eine gepaarte Schwefelsäure hält, und in eine obere dünne gelbe Flüssigkeit, welche durch kaltes Vitriolöl nicht weiter verändert wird. — Kalium wirkt bei 85,5° nicht ein. FARADAY.

Verbindungen. Das Oel löst sich sehr wenig in *Wasser*, sehr leicht in *Weingeist* (daraus durch Wasser scheidbar), *Aether* und *flüchtigem* und *fettem Oele.* FARADAY.

Sauerstoffkern $C^{12}H^6O^2$.

Brenzkatechin.

$$C^{12}H^6O^4 = C^{12}H^6O^2,O^2.$$

REINSCH. *Repert.* 68, 54.
WACKENRODER. *Ann. Pharm.* 37, 309.
CONST. ZWENGER. *Ann. Pharm.* 37, 327.
RUDOLF WAGNER. *J. pr. Chem.* 52, 450; 55, 65.

Brenzmoringerbsäure, oder *Phänsäure* oder *Oxyphänsäure*. WAGNER. — Von REINSCH 1839 zuerst erhalten, von ZWENGER und WAGNER genauer untersucht.

Bildung. Bei der trocknen Destillation des Katechins, REINSCH, ZWENGER, der Moringerbsäure, des Ammoniakgummis und wahrscheinlich auch des Peucedanins, WAGNER.

Darstellung. 1. Man erhitzt Katechin oder Katechu in einer 4mal so weiten Retorte rasch über den Schmelzpunct und bis zur

Verkohlung, verdunstet das in der abgekühlten Vorlage gesammelte Destillat bei 30°, unter Abfiltriren von dem sich dabei verharzenden Brenzöle, bis sich auf der Oberfläche Krystalle bilden, sublimirt die beim Erkalten gebildete schwarzbraune Krystallmasse (nach dem Auspressen zwischen Papier, WAGNER), wobei anfangs viel Flüssigkeit übergeht, die beim Abdampfen ebenfalls Brenzkatechin liefert, und wiederholt die Sublimation der Krystalle 4- bis 5-mal, bis sie sich nicht mehr an der Luft färben. ZWENGER. — 2. Man erhitzt, mit einem gleichen Maafse Quarzsand gemengte, rohe Moringerbsäure in der Retorte bei gelindem Feuer, befreit das beim Erkalten erstarrte Destillat durch Pressen zwischen Papier vom, Carbolsäure haltenden, Oel, und reinigt es durch Sublimiren und Umkrystallisiren aus Wasser. WAGNER.

Eigenschaften. Weifse stark glänzende breite Blätter, der Benzoesäure ähnlich, und rhombische Säulen. ZWENGER. Kleine glänzende rectanguläre Säulen des 2- u. 2-gliedrigen Systems; mit 2 auf die schmalen Seitenkanten unter einem Winkel von 116° gesetzten Flächen zugeschärft. WAGNER u. NEUMANN. Schmilzt bei 126° und sublimirt sich schon darunter. ZWENGER. Schmilzt, nach dem Trocknen, bei 110 bis 115°, verdampft allmälig bei 130° (schon bei 50 bis 60°, WAGNER), siedet bei 240 bis 245° (bei 240 bis 250°, WAGNER) und liefert farblose Dämpfe, die sich zu einem bald krystallisirenden Oele verdichten. WAGNER. Die Dämpfe riechen stechend und reizen zum Husten. Von scharf bitterm und brennenden Geschmack. Neutral. ZWENGER. Bitterlich; kaum merklich Lackmus röthend. WAGNER. Es färbt Fichtenholz mit Salzsäure um so unbedeutender violett, je vollständiger es von Carbolsäure befreit wurde. WAGNER.

			ZWENGER. sublimirt,	geschmolzen.	WAGNER. bei 80° getr., dann subl.
12 C	72	65,45	65,55	66,32	65,51
6 H	6	5,46	5,60	5,62	5,86
4 O	32	29,09	28,85	28,06	28,63
$C^{12}H^{6}O^{4}$	110	100,00	100,00	100,00	100,00

Metamer mit Hydrochinon.

Zersetzungen. 1. Es färbt sich beim Schmelzen gelb und wird zufolge obiger Analysen etwas kohlenstoffreicher. Auch lässt es bei der Sublimation einen geringen schwarzen Rückstand. Dieser, mit Wasser ausgekocht, lässt ein Brenzharz und gibt einen braunen Absud, bei dessen Abdampfen unter Bildung eines schwarzen Häutchens ein braunschwarzer Rückstand bleibt. Aus diesem zieht Weingeist eine (RUNGE's Grünsäure ähnliche) gelbliche durchscheinende amorphe Materie, deren wässrige Lösung sich an der Luft allmälig, aber bei Zusatz von Kali sogleich grün färbt, und die mit Barytwasser einen grünen, mit Bleizucker einen weifsen sich grünenden, mit Eisenoxydsalzen einen schwarzen und mit Silberlösung einen braunen Niederschlag gibt. ZWENGER. Es lässt sich sogar mit überschüssigem Baryt oder Kalk unzersetzt destilliren. WAGNER. — 2. Es brennt mit glänzender Flamme. ZWENGER. — 3. Seine wässrige Lösung färbt sich an der Luft röthlich, und lässt sich ohne Zersetzung abdampfen. ZWENGER. — 4. Es wird mit chlorsaurem Kali und Salzsäure rasch in Chloranil zersetzt. WAGNER. — 5. Es entwickelt mit Salpetersäure mit Heftigkeit rothe Dämpfe. ZWENGER. Es gibt damit Oxalsäure und

Spuren einer gelben Nitrosäure, wohl Styphninsäure. WAGNER. — 6. Es bildet mit wässrigem Chlorkalk oder 2fachchromsauren Kali eine schwarze Flüssigkeit mit gleichem Niederschlag. WAGNER. — 7. Es gibt mit wässrigen ätzenden oder kohlensauren Alkalien ein gelbes, dann grüngelbes, dann schwarzes Gemisch. ZWENGER. Die Färbung geht unter rascher Sauerstoffabsorption in der Ordnung: Grün, braun, dann undurchsichtig schwarz; bei Kalkmilch: Grün, dann schnell braun. WAGNER. — 8. Das wässrige Brenzkatechin fällt Silberlösung grünlich unter theilweiser Reduction und Goldlösung dunkelbraun. Sie färbt Zweifachchlorplatin allmälig grün und fällt es dann grünbraun. ZWENGER. Sie reducirt leicht salpetersaures Silberoxyd, Dreifachchlorgold und Zweifachchlorplatin, und, beim Sieden, mit Kali versetztes schwefel- oder essig-saures Kupferoxyd, so wie sie essigsaures Kupferoxyd braun färbt und dann schwarzbraun fällt. WAGNER. — Sie wird durch schweflige Säure nicht verändert. WAGNER.

Verbindungen. Das Brenzkatechin löst sich leicht in *Wasser*, ZWENGER, WAGNER, so wie in *Vitriolöl* und *Salzsäure*. ZWENGER.

Es absorbirt schnell *Ammoniakgas* und verliert es wieder im Vacuum oder bei 100°. ZWENGER.

Seine wässrige Lösung gibt mit *Bleizucker* einen weifsen dicken luftbeständigen, kaum in Wasser, sehr leicht in Essigsäure löslichen Niederschlag. ZWENGER. Kalt getrocknet erscheint er grünweifs, bei 100° bräunlich. WAGNER.

	Bei 100°.		ZWENGER.	WAGNER.
12 C	72	22,78	23,25	
4 H	4	1,27	1,35	
2 PbO	224	70,89	70,01	69,47
2 O	16	5,06	5,39	
$C^{12}H^4Pb^2O^2,O^2$	316	100,00	100,00	

Das wässrige Brenzkatechin färbt nicht die Eisenoxydulsalze, WAGNER; es färbt die *Eisenoxydsalze* dunkelgrün, und fällt sie dann schwarz, ZWENGER; die dunkelgrüne Färbung wird durch Alkalien, auch bei grofser Verdünnung, zu schön Violettroth, wie übermangansaures Kali, und durch Säuren wieder zu Grün. WAGNER.

Das Brenzkatechin löst sich sehr leicht in *Weingeist*, ZWENGER, WAGNER, und sehr leicht, ZWENGER, schwierig, WAGNER, in *Aether*. Es fällt nicht Thierleim, ZWENGER, WAGNER, und Chininsalze, WAGNER.

Sauerstoffkern $C^{12}H^4O^4$.

Komensäure.

$$C^{12}H^4O^{10} = C^{12}H^4O^4,O^6.$$

ROBIQUET. *Ann. Chim. Phys.* 51, 236; auch *J. Pharm.* 19, 67; auch *Ann. Pharm.* 5, 90; auch *Schw.* 67, 382. — *Ann. Chim. Phys.* 53, 428.
LIEBIG. *Ann. Pharm.* 7, 237; auch *Pogg.* 31, 168. — *Ann. Pharm.* 26, 116.
STENHOUSE. *Phil. Mag. J.* 25, 196; auch *Ann. Pharm.* 51, 237.
HENRY HOW. *Ann. Pharm.* 80, 65.

Paramekonsäure, Acide meconique anhydre, Ac. parameconique. — Von ROBIQUET, der sie anfangs für wasserfreie Mekonsäure hielt, 1832 entdeckt und später mit LIEBIG, der die Kohlensäurebildung bei der Umwandlung der Mekonsäure in Komensäure zuerst wahrnahm, als eigenthümlich unterschieden.

Bildung. 1. Beim Erhitzen der Mekonsäure auf 120 bis 220°, unter Bildung von Kohlensäure. $C^{14}H^4O^{14} = C^{12}H^4O^{10} + 2CO^2$. — 2. Bei längerem Kochen der in Wasser oder Salzsäure gelösten Mekonsäure, ebenfalls unter Entwicklung von Kohlensäure. ROBIQUET.

Darstellung. Man kocht Mekonsäure, LIEBIG, oder mekonsaures Kali oder mekonsauren Baryt, ROBIQUET, mit einer starken Mineralsäure, oder mekonsauren Kalk mit sehr viel concentrirter Salzsäure, STENHOUSE, oder durch Erhitzen von rohem halb mekonsauren Kalk mit sehr verdünnter Salzsäure erzeugten, einfach mekonsauren Kalk, mit starker Salzsäure (so viel zur Lösung nöthig ist), HOW, und lässt krystallisiren. Beim Kochen der blofs in Wasser gelösten Säure entsteht zu viel braunes Nebenproduct. ROBIQUET, LIEBIG.

Reinigung. 1. Man löst die noch röthlichen Krystalle in wenig überschüssigem heifsen concentrirten Kali, filtrirt heifs von etwas Kalk ab, wäscht die beim Erkalten gebildeten weifsen Warzen mit wenig kaltem Wasser, bis die stark gefärbte Mutterlauge entfernt ist, kocht sie mit überschüssiger Salzsäure und befreit die beim Erkalten angeschossene Säure durch 2 bis 3maliges Umkrystallisiren aus Wasser von der Salzsäure. Der noch bleibende Stich ins Rothgelbe lässt sich durch Thierkohle beseitigen. STENHOUSE. — 2. Man löst die unreine Säure in der zur Lösung gerade hinreichenden Menge von kochendem Ammoniak (weil ein Ueberschuss, so wie längeres Kochen Bräunung bewirkt), filtrirt sogleich kochend, wäscht die aus dem dunkeln Filtrat in der Ruhe angeschossenen gelben Krystalle mit kaltem Wasser, lässt sie nochmals aus heifsem Wasser krystallisiren, versetzt ihre blassgelbe wässrige Lösung mit starker Salzsäure und lässt die als weifses oder blassgelbes Krystallpulver niedergefallene Säure aus kochendem Wasser anschiefsen. HOW.

Eigenschaften. Gelbliche, harte, sehr saure, körnige Krystalle. ROBIQUET. Sehr schwach gelbliche Säulen, Blätter oder Körner. HOW. Die Krystalle sind wasserfrei. ROBIQUET, LIEBIG.

	Krystalle.		ROBIQUET.	LIEBIG.
12 C	72	46,15	45,28	46,41
4 H	4	2,57	3,65	2,69
10 O	80	51,28	51,07	50,90
$C^{12}H^4O^{10}$	156	100,00	100,00	100,00

Zersetzungen. 1. Die Säure verhält sich bei der trocknen Destillation wie die Mekonsäure. ROBIQUET. — Erhitzt man Komensäure (oder Mekonsäure) in einer Retorte rasch über den Punct von 200 bis 220° hinaus, bei welchem sich Pyromekonsäure bilden würde, aber nicht bis zur völligen Verkohlung, so geht ein gelbliches, saures, schwach brenzlich riechendes Wasser über, und es bleibt eine schwarzgraue porose kohlige Masse, aus deren ammoniakalischer Lösung nach dem Filtriren Salzsäure dunkelgrüne dicke Flocken fällt, die nach dem Waschen mit Wasser an der Luft zu einer der Glanzkohle ähnlichen und in ihrem chemischen Verhalten ganz mit der Metagallussäure übereinkommenden Materie zusammenschrumpfen. WINCKLER (*Repert.* 59, 42). — 2. Beim Vertheilen in Wasser und Durchleiten von Chlorgas gibt sie eine Lösung von, nach einiger

Zeit anschiefsender Chlorkomensäure und gelöst bleibender Oxalsäure. $C^{12}H^4O^{10} + 2Cl = C^{12}ClH^3O^{10} + HCl$. Die Oxalsäure und ein sich beim Abdampfen bildender brauner Farbstoff sind als Nebenproducte zu betrachten. How. — 3. Eben so gibt die farblose Lösung der Komensäure in Bromwasser anschiefsende Bromkomensäure und Oxalsäure. How. — 4. Auch sehr verdünnte Salpetersäure verwandelt die Komensäure in Kohlensäure, Blausäure und Oxalsäure, und bei ziemlich starker, anfangs erwärmter, Salpetersäure ist der Process in einigen Minuten beendigt. How. — 5. Vitriolöl verhält sich gegen Komensäure, wie gegen Mekonsäure. Robiquet. — 6. Die in Wasser gelöste und mit überschüssigem Ammoniak bis zum Verdampfen fast allen Ammoniaks gekochte Säure bildet eine schwarzrothe Flüssigkeit, welche beim Erkalten unreines komenaminsaures Ammoniak als graues zähes Sediment absetzt. $C^{12}H^4O^{10} + 2NH^3 = C^{12}N^2H^8O^8 + 2HO$. How.

Verbindungen. Die Säure braucht zur Lösung mehr als 16 Th. kochendes *Wasser*. Robiquet.

Die *komensauren Salze*, *Comenates*, sind theils *neutrale* oder *halbsaure*, theils *saure* oder *einfach saure*. Erstere lassen sich mit Ammoniak, Kali und Natron nicht in festem Zustande erhalten. How.

Komensaures Ammoniak. — *Einfach.* — Wird auch bei der Reinigung der Komensäure nach How's Weise erhalten. — Die mit Ammoniak etwas übersättigte wässrige Säure, im Vacuum über Vitriolöl verdunstet, gibt 4seitige Säulen mit einem Stich ins Gelbliche, welche bei 100° 9,04 Proc. (2 At.) Wasser verlieren. Stenhouse. — Weifse sehr glänzende quadratische Säulen. Lackmus röthend, selbst wenn sie aus einer Lösung der Säure in heifsem überschüssigen Ammoniak beim Erkalten anschiefsen. Sie verlieren nichts bei 177°, verwandeln sich aber in einer zugeschmolzenen Glasröhre bei 199° unter Schmelzung in ein schwarzes Gemenge von Kohle und komenaminsaurem Ammoniak, so wie sich auch ihre wässrige Lösung bei längerem Kochen mit Ammoniak in dieses Salz verwandelt (V, 796). Sie lösen sich leicht in kochendem Wasser, wenig in Weingeist. How.

Krystalle bei 100° getr.			Stenhouse.
12 C	72	41,62	41,91
N	14	8,09	8,04
7 H	7	4,05	4,14
10 O	80	46,24	45,91
$C^{12}H^3(NH^4)O^{10}$	173	100,00	100,00

Dieselbe Zusammensetzung fand How; wenn man aber die Säure mit Ammoniak neutralisirt und mit Weingeist mischt, so schiefsen strahlige Säulen an, welche bei 100° 13,73 Proc. Wasser verlieren und also $C^{12}H^3(NH^4)O^{10}+3Aq.$ sind. How.

Komensaures Kali. — a. *Halb.* — Die wässrige Säure, zur Hälfte mit Kali neutralisirt [zu einfach saurem Salz], gibt keinen Niederschlag, setzt aber bei völligem Neutralisiren das schwer lösliche neutrale [halbsaure] Salz ab. Im Gegensatz zur Mekonsäure, deren saures Salz das schwerer lösliche ist. Robiquet.

b. *Einfach.* — Die in kochender, schwach überschüssiger Kalilauge gelöste Säure gibt beim Erkalten Krystalle, welche nach dem Waschen mit kaltem Wasser aus heifsem in kurzen, Lackmus röthenden, quadratischen, wasserfreien Nadeln anschiefsen. How.

	Krystalle.		How.
12 C	72	37,08	37,07
3 H	3	1,54	1,75
KO	47,2	24,30	13,88
9 O	72	37,08	47,30
$C^{12}H^{3}KO^{10}$	194,2	100,00	100,00

Komensaures Natron. — Einfach. — Die Lösung der Säure in kochender ziemlich starker Natronlauge gibt beim Erkalten Warzen und Säulen, die, mit wenig kaltem Wasser gewaschen, aus der Lösung in möglichst wenig kochendem in sauern wasserfreien 4seitigen Säulen anschiefsen. Dieselben lösen sich leicht in Wasser, und halten 17,09 Proc. Natron, sind also $C^{12}H^{3}NaO^{10}$. How.

Komensaurer Baryt. — a. Halb. — Er entsteht auch beim Kochen der wässrigen Säure mit überschüssigem kohlensauren Baryt. — Man fällt Chlorbaryum durch die in überschüssigem Ammoniak gelöste Säure. Es entstehen sogleich, oder bei gröfserer Verdünnung nach einiger Zeit concentrisch vereinigte gelbliche quadratische Nadeln. Diese verlieren noch nicht bei 100, aber bei 121° 19,03 Proc. (6 At.) Wasser, und verbrennen dann beim Glühen an der Luft als feurige Wolke. Sie lösen sich nicht in kochendem Wasser, sondern werden beim Kochen damit zu einem basischen Salze, welches bei 121° kein Wasser verliert und 54,5 Proc. Baryt hält. How.

	Bei 121°.		How.
12 C	72	23,29	23,07
4 H	4	1,29	1,71
2 BaO	153,2	49,55	33,81
10 O	80	25,87	41,41
$C^{12}H^{2}Ba^{2}O^{10}+2Aq$	309,2	100,00	100,00

b. *Einfach.* — Die freie Säure fällt nicht die Barytsalze. STENHOUSE. — Entsteht auch beim Kochen von Baryt mit überschüssiger Säure. — Chlorbaryum wird durch die kalt gesättigte wässrige Lösung des krystallisirten Ammoniaksalzes sogleich krystallisch gefällt und durch eine verdünntere allmälig in durchsichtigen Rhomben [?]. Die sauren Krystalle verlieren ihre 20,86 Proc. (etwas über 6 At.) Wasser allmälig bei 100°, und schmelzen in stärkerer Hitze. How.

	Bei 100° getrocknet.		How.
12 C	72	32,20	31,89
3 H	3	1,34	1,71
BaO	76,6	34,26	33,81
9 O	72	32,20	32,59
$C^{12}H^{3}BaO^{10}$	223,6	100,00	100,00

Komensaurer Strontian. — Die 2 Salze gleichen sehr den Barytsalzen, sind aber leichter löslich. How.

Komensaurer Kalk. — a. Halb. — Die mit Ammoniak übersättigte Säure fällt aus Chlorcalcium bei gesättigteren Lösungen sehr kurze Säulen, welche bei 121° 18,20 Proc. (5 At.) Wasser verlieren, und bei sehr verdünnten Lösungen kleine glänzende Krystalle, deren Wasserverlust bei 121° 31,27 (11 At.) beträgt. Beiderlei Krystalle lösen sich nicht in Wasser, sondern werden beim Kochen damit basisch.

	Bei 121° getrocknet.		How.
12 C	72	33,96	34,20
4 H	4	1,89	2,36
2 CaO	56	26,41	26,59
10 O	80	37,74	36,85
$C^{12}H^{2}Ca^{2}O^{12}$ + 2 Aq	212	100,00	100,00

b. *Einfach.* — Ein Gemisch von Chlorcalcium und einer kalt gesättigten wässrigen Lösung des krystallischen Ammoniaksalzes setzt bald durchsichtige glänzende rhombische Krystalle ab. Diese verlieren schwierig bei 100°, völlig bei 121° 26,15 (7 At.) Wasser. Sie lösen sich leicht in kochendem Wasser, und krystallisiren daraus beim Erkalten. How.

	Bei 121° getrocknet.		How.
12 C	72	41,14	40,83
3 H	3	1,71	1,94
CaO	28	16,00	16,02
9 O	72	41,15	41,21
$C^{12}H^{3}CaO^{10}$	175	100,00	100,00

Komensaure Bittererde. — a. *Halb.* — Bittersalz gibt mit der mit Ammoniak gesättigten Säure, besonders beim Umrühren, sich fest anhängende, harte Krystallkörner, aus mikroskopischen kurzen Nadeln bestehend. Diese verlieren bei 100° langsam 26,50 Proc. (8 At.) Wasser, und dann noch bei 121° in 4 Tagen so viel [fast 3 At.], dass das rückständige Salz 21,30 Proc. Bittererde hält, also fast ganz trocknes Salz ist. Sie lösen sich nicht in kochendem Wasser. How.

	Bei 100° getrocknet.		How.
12 C	72	35,12	35,07
5 H	5	2,44	2,53
2 MgO	40	19,51	19,53
11 O	88	42,93	42,87
$C^{12}H^{2}Mg^{2}O^{10}$ + 3 Aq	205	100,00	100,00

b. *Einfach.* — Krystallisirt aus, mit der kalt gesättigten Lösung des krystallisirten Ammiaksalzes versetztem, Bittersalz nach einiger Zeit in kleinen Rhomben, und aus verdünnteren Lösungen beim Verdunsten in gröſseren, die sehr sauer sind, bei 116° 22,08 Proc. (6 At.) Wasser verlieren, und sich leicht in heiſsem Wasser lösen. How.

	Bei 116° getrocknet.		How.
12 C	72	38,92	38,62
5 H	5	2,70	2,97
MgO	20	10,81	11,10
11 O	88	47,57	47,31
$C^{12}H^{3}MgO^{10}$ + 2 Aq	185	100,00	100,00

Komensaures Bleioxyd. — Die Säure und ihr Ammoniaksalz gibt mit Bleizucker einen gelbweiſsen körnigen Niederschlag, in überschüssiger Komensäure, aber nicht in Essigsäure löslich. STENHOUSE.

	Bei 100° getrocknet.		Stenhouse.
12 C	72	18,95	19,14
4 H	4	1,05	1,16
2 PbO	224	58,95	58,50
10 O	80	21,05	21,20
$C^{12}H^2Pb^2O^{10} + 2Aq$	380	100,00	100,00

Ein von Robiquet untersuchtes Bleisalz hält 54,1 Proc. Bleioxyd.

Komensaures Eisenoxyd. — Die Komensäure röthet lebhaft die Eisenoxydsalze. Robiquet. Das dunkelblutrothe Gemisch des schwefelsauren Eisenoxyds mit kalt gesättigter Komensäure oder ihrem Ammoniaksalz setzt bei längerem Stehen unter Blasserwerden kleine pechschwarze, glänzende, sehr harte, zwischen den Zähnen knirschende, fast geschmacklose Krystalle von dunkelbraunem Pulver ab, welche sich in kaltem und heifsem Wasser schwer mit blassrother Farbe lösen. Stenhouse.

	Krystalle bei 100° getrocknet.		Stenhouse.
24 C	144	34,37	35,09
11 H	11	2,63	2,91
Fe^2O^3	80	19,09	18,58
23 O	184	43,91	43,42
$Fe^2O^3,2C^{12}H^4O^{10} + 3Aq$	419	100,00	100,00

Das rothe Gemisch der wässrigen Komensäure mit schwefelsaurem Eisenoxyd wird bei 65° (unter Kohlensäureentwicklung, How) dunkelgelb, durch Verwandlung allen Oxyds in Oxydul auf Kosten der Säure, von der anfangs ein Theil unzersetzt bleibt, so dass frisches schwefelsaures Eisenoxyd wieder Röthung bewirkt, die jedoch bei 12stündigem Digeriren mit überschüssigem schwefelsauren Eisenoxyd durch völlige Umwandlung der Komensäure in eine *andre Säure* verschwindet, daher die nicht mehr rothe Flussigkeit blassgelbe, glänzende, kleine, beim Erhitzen verbrennliche, schwer in Wasser lösliche Krystalle eines Eisenoxydulsalzes absetzt (wohl von oxalsaurem Eisenoxydul, da die Flüssigkeit Oxalsäure hält, How), deren durch Kali ausgezogene Säure Eisenoxydulsalze nicht mehr röthet. Stenhouse.

Komensaures Kupferoxyd. — Das dunkelgrüne heifse wässrige Gemisch von Kupfervitriol und Komensäure (oder krystallisirtem Ammoniaksalz, How) setzt nach einigen Minuten verlängerte Pyramiden von der Farbe des Schweinfurther Grüns ab. Bei Anwendung des komensauren Ammoniaks entsteht ein grüngelber flockiger Niederschlag. Bei essigsaurem Kupferoxyd und Komensäure ist er spärlicher. Stenhouse. Es gibt kein einfach komensaures Kupferoxyd. How.

	Krystalle bei 100° getrocknet.		Stenhouse.
12 C	72	30,51	30,95
4 H	4	1,69	1,83
2 CuO	80	33,90	33,37
10 O	80	33,90	33,85
$C^{12}H^4Cu^2O^{10} + 2Aq$	236	100,00	100,00

Die Säure fällt nicht *Aetzsublimat.* Stenhouse.

Komensaures Silberoxyd. — a. *Halb.* — Man fällt Silberlösung durch genau mit Ammoniak neutralisirte Komensäure. Der gelbe dicke Niederschlag verpufft beim Erhitzen nicht. Liebig.

			Liebig.	Stenhouse.
12 C	72	19.46	19,54	
2 H	2	0,54	0,65	
2 Ag	216	58,38	57,83	58,28
10 O	80	21,62	21.98	
$C^{12}H^2Ag^2O^{10}$	370	100,00	100,00	

b. *Einfach.* — Der durch die freie Säure in Silberlösung bewirkte (weifse körnige oder flockige, STENHOUSE) Niederschlag. LIEBIG.

			LIEBIG.	STENHOUSE.
12 C	72	27,38		
3 H	3	1,14		
Ag	108	41,06	40,36	40,79
10 O	80	30,42		
$C^{12}H^3AgO^{10}$	263	100,00		

Die Komensäure löst sich wenig in wässrigem, nicht in absolutem *Weingeist.* HOW.

Gepaarte Verbindung.

Weinkomensäure.

$$C^{16}H^8O^{10} = C^4H^6O^2,C^{12}H^2O^8.$$

Aetherkomensäure.

Darstellung. Man leitet trocknes salzsaures Gas durch in absolutem Weingeist vertheilte, gepulverte Komensäure, bis sie gelöst ist, was zuletzt langsam erfolgt, dampft die klare Flüssigkeit (die bei Wasserzusatz nichts absetzt) unter 100° ab, erhält den krystallischen Rückstand bei dieser Temperatur, bis er nicht mehr nach Salzsäure riecht, und lässt ihn aus der Lösung in Wasser von fast 100° durch Erkälten krystallisiren.

Eigenschaften. Grofse quadratische Nadeln, welche von 100° an zu verdampfen anfangen, bei 135° zu einer braunrothen klaren, beim Erkalten wieder krystallisirenden Flüssigkeit schmelzen, und sich, bei 135° längere Zeit erhalten, in glänzenden langen platten Nadeln von unveränderter Zusammensetzung sublimiren. Lackmus röthend.

	Nadeln.		How.
16 C	96	52,17	52,13
8 H	8	4,35	4,56
10 O	80	43,48	43,31
$C^{16}H^8O^{12}$	184	100,00	100,00

Zersetzungen. 1. Die Säure hält kürzeres Kochen aus, lässt aber bei längerem Komensäure frei werden. — 2. Sie bildet mit selbst kalten wässrigen fixen Alkalien sehr rasch komensaure Salze unter Freiwerden von Weingeist.

Verbindungen. Leicht in Wasser löslich.

Beim Leiten von Ammoniakgas durch die in absolutem Weingeist gelöste Säure setzen sich gelbe seidenglänzende Nadelbüschel des *Ammoniaksalzes* ab, welche in trockner Luft und fast vollständig im Vacuum über Vitriolöl das Ammoniak verlieren und Weinkomensäure lassen.

Die Säure färbt *Eisenoxydsalze* tief roth. — Ihr *Silbersalz* ist gallertartig, und zersetzt sich auch im Dunkeln sehr rasch.

Die Säure löst sich sehr leicht in *Weingeist.*

Ihre wässrige Lösung coagulirt Eiwelfs. HOW (*Ann. Pharm.* 80, 88).

Chlorkern $C^{12}Cl^2H^6$.

Chloralbin.

$C^{12}Cl^2H^6$.

LAURENT (1841). *Rev. scient.* 6, 72.

Chloralbine.

Darstellung. Man löst die ausgepresste Krystallmasse von noch unreiner Trichlorcarbolsäure (V, 654, Darst. 1.) kalt in wässrigem Ammoniak, in Weingeist oder besser in Aether, und reinigt die ungelöst bleibenden Nadeln von Chloralbin durch Krystallisiren aus kochendem Aether.

Eigenschaften. Weifse, lange, biegsame Nadeln, bei 190° schmelzend, und beim Erkalten farrenkrautartig krystallisirend; bei stärkerer Hitze unzersetzt in Nadeln sublimirbar; geruchlos.

	Nadeln.		LAURENT.
12 C	72	48,39	48,5
2 Cl	70,8	47,58	
6 H	6	4,03	4,1
$C^{12}Cl^2H^6$	148,8	100,00	

Zersetzungen. Es brennt, und zwar mit rufsender, grün gesäumter Flamme, nur so lange fort, als es sich in der Weingeistflamme befindet. — Es wird nicht angegriffen durch kochende Salpetersäure, durch ein kochendes Gemisch von rauchendem Vitriolöl und starker Salpetersäure, oder durch kochendes weingeistiges Kali.

Es löst sich nicht in Wasser und heifsem Vitriolöl.

Es löst sich wenig in kochendem Weingeist, besser in kochendem Aether, aus beiden krystallisirend.

Sauerstoffchlorkern $C^{12}ClH^3O^4$.

Chlorkomensäure.

$C^{12}ClH^3O^{10} = C^{12}ClH^3O^4,O^6$.

HENRY HOW (1851). *Ann. Pharm.* 80, 80.

Darstellung. 1. Man leitet durch die in Wasser vertheilte gepulverte Komensäure Chlorgas, wäscht die sich aus der Lösung in einigen Stunden abscheidenden Säulen mit kaltem Wasser, und lässt sie aus heifsem umkrystallisiren. — 2. Mit einfach komensaurem Ammoniak gesättigtes kaltes Wasser nimmt beim Durchleiten von Chlor die Farbe von Chlorwasser an, und setzt allmälig Krystalle der Chlorkomensäure ab, die bei Salzsäurezusatz zunehmen, und wie bei (1) gereinigt werden. Die Mutterlauge bräunt sich immer mehr und setzt noch braune Krystalle der Säure ab.

Die erhaltenen, 3 At. Wasser haltenden Krystalle werden bei 100° getrocknet.

	Säure bei 100°.		How.
12 C	72	37,81	37,53
Cl	35,4	18,59	18,77
3 H	3	1,57	1,79
10 O	80	42,03	41,91
$C^{12}ClH^3O^{10}$	190,4	100,00	100,00

Zersetzungen. 1. Die Säure schmilzt beim Erhitzen, schwärzt sich, entwickelt viel Salzsäure und gibt zuletzt ein geringes krystallisches Sublimat, wohl von Parakomensäure. — 2. Sie wird durch Salpetersäure schnell in Salzsäure, Kohlensäure, Blausäure und Oxalsäure zersetzt. — 3. ihre wässrige Lösung entwickelt mit Zink langsam Wasserstoffgas und hält dann Salzsäure und Zinkoxyd.

Verbindungen. *Gewässerte Chlorkomensäure.* — Obige, farblose, glänzende, lange, 4seitige Säulen. Sie verlieren bei 100° 12,47 Proc. (3 At.) Wasser. Sie lösen sich leichter als die Komensäure in kaltem und heifsem Wasser.

Die *chlorkomensauren Salze* sind den komensauren ähnlich, doch leichter in Wasser löslich.

Einfach chlorkomensaures Ammoniak, *Kali* und *Natron* krystallisirt leicht. Halbsaures ist nicht darstellbar.

Das Ammoniaksalz gibt mit *Chlorbaryum* und *Chlorcalcium*, je nach der Concentration verschieden schnell erscheinende, Nadelbüschel; — mit *Bittersalz* allmälig einige Krystalle; — und mit *Kupfervitriol* sogleich einen krystallischen Niederschlag. — Die halbsauren Salze dieser Basen scheinen alle amorph und unlöslich zu sein.

Die Säure färbt die *Eisenoxydsalze* tief roth, wie die Komensäure.

Silbersalz. — a. *Halb.* — Die in schwach überschüssigem Ammoniak gelöste Säure gibt mit Silberlösung gelbe amorphe Flocken, die nach dem Trocknen in Aussehen, Consistenz und Klebrigkeit dem Thone gleichen. Das bei 100° getrocknete Salz hält 56,85 Proc. Silber, ist also $C^{12}ClHAg^2O^{10}$. Es lässt beim Glühen an der Luft Silber mit etwas Chlorsilber; es bleibt beim Kochen mit Salzsäure zum Theil unzersetzt. Es löst sich nicht in kochendem Wasser, aber in Salpetersäure, aus welcher sich, wenn sie mit dem Salze erhitzt wird, Cyansilber ausscheidet.

b. *Einfach.* — Die warme wässrige Säure fällt aus Silberlösung fedrige Krystalle, welche, nach dem Waschen mit kaltem Wasser, aus kochendem in glänzenden kurzen Nadeln anschiefsen. Dieselben verlieren bei 100° 4,44 Proc. Wasser. Sie lassen beim Glühen Silber und Chlorsilber.

Bei 100° getrocknet.			How.
12 C	72	24,21	
Cl	35,4	11,90	
2 H	2	0,67	
AgO	116	39,01	39,03
9 O	72	24,21	
$C^{12}ClH^2AgO^{10}$	297,4	100,00	

Die Chlorkomensäure löst sich sehr leicht in warmem *Weingeist.* How.

Sauerstoffbromkern $C^{12}BrH^3O^4$.

Bromkomensäure.

$$C^{12}BrH^3O^{10} = C^{12}BrH^3O^4,O^6.$$

Henry How (1851). *Ann. Pharm.* 80, 85.

Bildung (V, 788).

Darstellung. Die farblose Lösung der Komensäure in schwach überschüssigem Bromwasser setzt nach einigen Stunden glänzende Krystalle ab, die mit kaltem Wasser gewaschen, aus kochendem Wasser umkrystallisirt und durch Trocknen bei 100° vom Krystallwasser befreit werden.

	Säure bei 100°.		How.
12 C	72	30,64	30,75
Br	80	34,04	34,15
3 H	3	1,28	1,49
10 O	80	34,04	33,61
$C^{12}BrH^3O^{10}$	235	100,00	100,00

Zersetzungen. 1. Die Säure wird durch Salpetersäure in Hydrobrom, Kohlensäure, Blausäure und Oxalsäure zersetzt. — 2. Sie zersetzt sich mit Zink und Wasser, wie die Chlorkomensäure.

Verbindungen. *Gewässerte Bromkomensäure.* — Oelige, farblose, glänzende, stark lichtbrechende, 4seitige Säulen, welche sich schwieriger als Chlorkomensäure in Wasser lösen.

Das einfach *bromkomensaure Ammoniak*, *Kali* und *Natron* (halbsaures lässt sich nicht erhalten) ist krystallisirbar; ersteres in langen Nadeln.

Halbkomensaurer Baryt und *Kalk* sind amorph, unlöslich, einfachsaurer sehr leicht löslich.

Die Lösung der Säure in schwach überschüssigem Ammoniak gibt mit Silberlösung das *halbsaure Silbersalz* als einen gelben, nach dem Trocknen thonartigen Niederschlag, und die in warmem Wasser gelöste Säure gibt mit Silberlösung Flocken von *einfach bromkomensaurem Silberoxyd*, welche nach dem Waschen mit kaltem Wasser und Lösen in kochendem, in glänzenden kurzen Säulen anschiefsen, welche, bei 100° getrocknet, 33,64 Proc. Silberoxyd halten, also $C^{12}BrH^2AgO^{10}$ sind.

Die Säure löst sich in heifsem Weingeist weniger, als die Chlorkomensäure. How.

Sauerstickstoffkern $C^{12}NH^5O^2$.

Komenaminsäure.

$$C^{12}NH^5O^8 = C^{12}NH^5O^2,O^6.$$

Henry How (1851). *Ann. Pharm.* 80, 91.

Bildung und *Darstellung.* 1. Einfach komensaures Ammoniak, im zugeschmolzenen Rohr auf 199° erhitzt, lässt eine kohlige Masse, aus welcher Wasser komenaminsaures Ammoniak zieht, dessen Säure durch Salzsäure in weifsen Schuppen gefällt wird. — 2. Man kocht wässrige Komensäure mit überschüssigem Ammoniak, bis aus der sich schwarzroth färbenden Flüssigkeit fast alles Ammoniak ausgetrieben ist, sammelt das beim Erkalten sich niedersetzende graue, thonartig zäbe Sediment von komensaurem Ammoniak mit Farbstoff auf dem Filter, löst es in heifsem Wasser, zersetzt die Lösung durch nicht überschüssige Salzsäure und reinigt die gefällten dunkelbraunen Schuppen der unreinen Komenaminsäure durch öfteres Krystallisiren aus heifsem Wasser und Behandlung mit eisenfreier Thierkohle. Eisenhaltige würde die Säure purpurn färben.

Die Krystalle werden durch Erhitzen auf 100° entwässert. Ihre Lösung röthet stark Lackmus.

	Säure bei 100°	getrocknet.	How.
12 C	72	46,45	46,16
N	14	9,03	9,17
5 H	5	3,23	3,39
8 O	64	41,29	41,28
$C^{12}NH^5O^8$	155	100,00	100,00

[Bei der Formel $C^{12}AdH^3O^4,O^4$ würde die Säure 1basisch sein, während sie sich, gleich der Komensäure, als eine 2basische verhält.]

Die Säure wird beim Kochen mit Kali in Ammoniak und komensaures Kali zersetzt.

Verbindungen. *Gewässerte Komenaminsäure.* — Die oben erwähnten Krystalle, farblose glänzende Tafeln, bei 100° 18,81 Proc. (4 At.) Wasser verlierend, sehr wenig in kaltem Wasser löslich.

Die Säure löst sich leicht in *Salzsäure* und andern starken *Mineralsäuren*, und fällt daraus bei nicht ganz vollständigem Neutralisiren mit Ammoniak als komenaminsaures Ammoniak nieder.

Die Säure bildet mit den meisten Basen *halb-* und *einfachsaure Salze.*

Einfach komenaminsaures Ammoniak. — Schiefst aus einem schwach sauer bleibenden Gemisch der kochenden Säure mit Ammoniak beim Erkalten, und aus einem alkalischen beim Abdampfen, aber nicht beim Erkalten, an. Aus feinen Nadeln bestehende kleine Körner, Lackmus röthend. Sie lösen sich kaum in kaltem Wasser, krystallisiren jedoch aus kochendem erst nach längerer Zeit. Ihre mit wenig Ammoniak versetzte wässrige Lösung zeigt Farbenspiel bei reflectirtem Lichte.

	Krystalle.		How.
12 C	72	41,86	41,56
2 N	28	16,28	16,14
8 H	8	4,65	4,83
8 O	64	37,21	37,47
$C^{12}NH^4(NH^4)O^8$	172	100,00	100,00

Das *Kali-* und das *Natron-Salz* krystallisirt leicht und röthet Lackmus.

Komenaminsaurer Baryt. — a. *Halb.* — Beim Mischen des mit Ammoniak versetzten Ammoniaksalzes mit Chlorbaryum entsteht ein schweres weifses Pulver, welches nach dem Trocknen an der Luft 3,08 Proc. (1 At.) Wasser bei 100° verliert und sich selbst in kochendem Wasser nicht löst.

b. *Einfach.* — Die Lösung des krystallisirten Ammoniaksalzes gibt mit Chlorbaryum Lackmus röthende Säulen. Auch beim Hinstellen von kohlensaurem Baryt mit der wässrigen Säure bildet sich je nach deren Menge Salz a oder Salz b.

	Salz a bei 100°.		How.		Salz b bei 100°.		How.
12 C	72	23,36	22,93	12 C	72	29,93	30,20
N	14	4,54		N	14	5,82	
5 H	5	1,63	1,80	6 H	6	2,49	2,88
2 BaO	153,2	49,70	50,29	BaO	76,6	31,84	31,02
8 O	64	20,77		9 O	72	29,92	
$C^{12}NH^3Ba^2O^8$+2Aq	308,2	100,00		$C^{12}NH^6BaO^8$+2Aq	240,6	100,00	

Der *Kalk* bildet 2 sehr ähnliche Salze.

Das Ammoniaksalz gibt mit *Bleizucker* einen schweren unlöslichen Niederschlag.

Die in *Eisenoxydsalzen* durch die Säure bewirkte tief purpurne Färbung wird durch wenig Mineralsäure gehoben, aber durch Wasser wieder hervorgerufen.

Das krystallisirte Ammoniaksalz fällt *Kupfervitriol* grau. Das mit Ammoniak übersättigte Ammoniaksalz gibt mit *Silberlösung* einen gelben, flockigen, sich rasch schwärzenden Niederschlag, und das krystallisirte einen weifsen gallertartigen, sich in siedendem Wasser theilweise zersetzenden. Die Säure löst sich in kochendem gewöhnlichen Weingeist, aber kaum in kochendem absoluten. How.

Stammkern $C^{12}H^{10}$.

Oel $C^{12}H^{10}$.

Couerbe (1838). *Ann. Chim. Phys.* 69, 184; auch *J. pr. Chem.* 18, 165.

Polycarbure hydrique, Couerbe.

Bei der Destillation des Harzöls (V, 495) geht nach dem dem Myle ähnlichen Oele (V, 542) und dem Like (V, 495) und vor dem Oele $C^{12}H^8$ (V, 785) das Oel $C^{12}H^{10}$ über, welches 0,7524 spec. Gewicht hat, bei 65 bis 70° siedet und eine Dampfdichte von 2,637 zeigt. Couerbe.

				Maafs.	Dampfdichte.
12 C	72	87,80	C-Dampf	12	4,9920
10 H	10	12,20	H-Gas	10	0,6930
$C^{12}H^{10}$	82	100,00	Oel-Dampf	2	5,6850
				1	2,8425

Die, nicht mitgetheilte, Analyse nähert sich mehr der Formel $C^{14}H^{11}$. Couerbe.

[Der Siedpunct von $C^{12}H^{10}$, nach Gerhardts Weise (IV, 51) berechnet, ist = 65°.]

Valerol.

$$C^{12}H^{10}O^2 = C^{12}H^{10},O^2.$$

Gerhardt u. Cahours (1841). *N. Ann. Chim. Phys.* 1, 62.

Gerhardt. *N. Ann. Chim. Phys.* 7, 275; auch *Ann. Pharm.* 45, 29. Ausz. *Compt. rend.* 14, 832; auch *J. pr. Chem.* 27, 124.

Vorkommen. Das Baldrianöl, durch Destillation der Wurzel von Valeriana off. mit Wasser gewonnen, ist ein Gemisch von Valerol, Baldriansäure (welche sich nach Gerhardt (V, 554) erst aus dem Valerol neben etwas Harz erzeugt), Borneen, $C^{20}H^{16}$, und daraus sich an der feuchten Luft allmälig bildendem Borneol, $C^{20}H^{18}O^2$.

Darstellung. Man destillirt das Baldrianöl rasch oder am besten in einem Strom von kohlensaurem Gas, sammelt den zuletzt, nach dem flüchtigern Borneen, Borneol und Baldriansäure übergehenden, Theil desselben für sich auf, erhält diesen einige Zeit auf 200°, um den Rest des Borneens zu verdampfen, und erkältet zum Krystallisiren durch Umgebung mit Eis. Oft sind zum Erstarren 2 bis 3 gebrochene Rectificationen nöthig.

Eigenschaften. Bei 0° und etwas darüber farblose Säulen. Diese werden bei 20° matt und undurchsichtig, und schmelzen zu einem auf Wasser schwimmenden Oele, welches nicht nach Baldrian, sondern schwach nach Heu riecht und neutral ist.

			GERHARDT.
12 C	72	73,47	73,54
10 H	10	10,20	10,32
2 O	16	16,33	16,14
$C^{12}H^{10}O^2$	98	100,00	100,00

Metamer mit Mesityloxyd (IV, 795).

Zersetzungen. 1. Das Oel wird an der *Luft* theils unter Entwicklung von Kohlensäure in Baldriansäure verwandelt, theils verharzt. — 2. Es verdickt sich mit überschüssigem *Brom* zu einem braunen Pech. — 3. Es bildet mit warmer *Salpetersäure* unter Entwicklung salpetriger Dämpfe ein gelbes aufschwimmendes Harz. — 4. Aus seiner blutrothen Lösung in *Vitriolöl* scheidet Wasser blofs einen Theil des Oels ab, während neben Schwefelsäure eine gepaarte Schwefelsäure gelöst bleibt, die mit Bleioxyd ein gummiartiges, in Wasser lösliches Salz, *Sulforalerolate de Plomb,* bildet. — 5. Während es durch kochende Kalilauge nicht merklich verändert wird, bewirkt jeder Tropfen des auf schmelzendes *Kalihydrat* gegossenen Oels unter Entwicklung von Wasserstoffgas Erstarren zu einem Gemenge von baldriansaurem und kohlensaurem Kali. — $C^{12}H^{10}O^2 + 6HO = C^{10}H^{10}O^4 + 2CO^2 + 6H$.

Verbindungen. Das Valerol löst sich wenig in *Wasser.*

Es absorbirt reichlich *Ammoniakgas,* scheint jedoch keine krystallische Verbindung damit zu bilden.

Es löst sich leicht in *Weingeist, Aether* und *flüchtigen Oelen.* GERHARDT.

Sauerstoffkern $C^{12}H^8O^2$.

Guajaksäure.

$$C^{12}H^8O^6 = C^{12}H^8O^2,O^4.$$

RIGHINI. *J. Chim. med.* 12, 355.
THIERRY. *J. Pharm.* 27, 381; auch *Br. Arch.* 28, 55.

Darstellung. 1. Man zieht geraspeltes Guajakholz mit Weingeist aus, destillirt von der Tinctur den meisten Weingeist ab, macht die beim Harze bleibende braunweifse Flüssigkeit mit Bittererde zu einem Teig an, destillirt ihn zur Trockne, wobei aromatisches Wasser übergeht, versetzt den in Wasser vertheilten Rückstand durch Schwefelsäure, löst die dadurch ausgeschiedene weifse Substanz in Weingeist und erhält bei dessen Abdampfen die Säure in Nadeln. RIGHINI. — 2. Man löst käufliches Guajakharz in der nöthigen Menge warmen Weingeists, destillirt vom Filtrate $^3/_4$ ab, filtrirt nach dem Erkalten vom abgesetzten Harze die saure gelbliche Flüssigkeit ab, neutralisirt sie mit Baryt [wozu?], dampft sie auf die Hälfte ab, fällt aus ihr den Baryt durch Schwefelsäure, deren etwaiger Ueberschuss durch Barytwasser sorgfältig zu entfernen ist, dampft das Filtrat im Wasserbade zum Syrup ab und zieht aus diesem durch öfteres Schütteln mit Aether die Guajaksäure, die sich beim Verdunsten des Aethers in Harz haltenden Warzen absetzt, die man durch Sublimation in kleinen Mengen und bei sehr gelinder Hitze (in Mohrs Apparat fur die Benzoesäure) reinigt. Thierry. [Wird sie dadurch nicht zu Guajacen?]

Weifse glänzende Nadeln, viel leichter in Wasser, als Benzoesäure und Zimmtsäure, und auch in Weingeist und Aether löslich. Thierry.

Nach Deville's (*Compt. rend.* 19, 137) Analyse der von Thierry erhaltenen Guajaksäure ist sie = $C^{12}H^{8}O^{6}$, und sie zerfällt bei der Sublimation in Guajacen (V, 495) und Kohlensäure. $C^{12}H^{8}O^{6} = C^{10}H^{8}O^{2} + 2CO^{2}$.

Nach Franz Jahn (*N. Br. Arch.* 23, 279; 33, 256) ist die, im Guajakholz sehr wenig, im Guajakharz etwas mehr betragende Säure keine eigenthumliche, sondern Benzoesäure. Aber die mit der unreinen Säure aus Guajak angestellten Versuche über ihre Reactionen sind nicht entscheidend, zumal eine Elementaranalyse fehlt.

Sauerstoffkern $C^{12}H^{6}O^{4}$.

Pyrogallsäure.

$$C^{12}H^{6}O^{6} = C^{12}H^{6}O^{4},O^{2}.$$

Scheele (1786). *Opusc.* 2, 226.
Deyeux. *J. Phys.* 42, 401.
Berzelius. *Ann. Chim.* 94, 303.
Braconnot. *Ann. Chim. Phys.* 46, 206; auch *Ann. Pharm.* 1, 26; auch *N. Tr.* 24, 1, 234.
Pelouze. *Ann. Chim. Phys* 54, 378; auch *J. Chim. med.* 10, 276; auch *Pogg.* 36, 46; auch *J. pr. Chem.* 2, 316.
Stenhouse. *Ann. Pharm.* 45, 1; auch *Mem. chem. Soc. Lond.* 1, 127; auch *Phil. Mag. J.* 22, 279.

Brenzgallussäure, sublimirte Gallussäure, Acide pyrogallique. — Anfangs für durch Sublimation gereinigte Gallussäure gehalten, bis Braconnot und Pelouze die wesentliche Verschiedenheit darthaten.

Bildung. Bei der trocknen Destillation der Gallussänre und des Gerbstoffs.

Darstellung. 1. Man sublimirt Gallussäure bei gelinder Wärme. Berzelius. Die Gallussäure oder der Gerbstoff dürfen nicht über 220° erhitzt werden, damit nicht vorzuglich Metagallussäure entstehe. Daher am besten in einer halb gefüllten Glasretorte, im Oelbade mit dem Thermometer. Pelouze. 100 Th. Gallussäure geben 11,7 Th. Pyrogallsäure. Braconnot. — 2. Man erschöpft fein gepulverte Galläpfel mit kaltem Wasser, dampft das Infus ab, breitet das völlig getrocknete, gut gepulverte Extract (nach Mohrs Verfahren bei der Benzoesäurebereitung) in einer 3 bis 4 Zoll tiefen und 18 Zoll weiten gusseisernen Pfanne gleichförmig $^{1}/_{2}$ Zoll hoch aus (gegen 1 Pfund), klebt mit kleinen Nadelstichen versehenes Fliefspapier darüber, bindet darauf einen 12 bis 18 Zoll hohen Papierhut fest mit Bindfaden und erhitzt die Pfanne 12 Stunden lang im Sandbade oder besser im Metallbade möglichst genau auf 205° und zuletzt etwas stärker. Das Fliefspapier hält das meiste Brenzöl zuruck, so dass 100 Th. Extract 59 Th. farblose und 5,4 Th. schwach gefärbte Blätter und Nadeln liefern; bei minder sorgfältiger Erhitzung erhält man nur die Hälfte. Die gefärbten Krystalle werden nochmals sublimirt.

STENHOUSE. — 3. Man erhitzt Galläpfelpulver behutsam in einer Glasretorte, bis sich die Säure sublimirt hat und Brenzöl übergehen will. DEYEUX.

Eigenschaften. Weifse, perlglänzende, dünne, oft dentritische Blätter und Nadeln. BERZELIUS, PELOUZE. Schmilzt bei 115° ohne Wasserverlust (zu einem farblosen Oel, beim Erkalten strahlig gestehend, GM.) und kocht bei 210° mit farblosem, schwach stechend riechenden Dampfe. PELOUZE. Schmeckt bitter, BERZELIUS, frisch und bitter, BRACONNOT, so bitter wie Salicin, STENHOUSE. Röthet nicht Lackmus, BERZELIUS, STENHOUSE, kaum merklich, PELOUZE, schwach, BRACONNOT. Diese Röthung tritt nur ein, wenn die Säure bei zu starker Hitze sublimirt und dadurch mit einer flüchtigen Säure verunreinigt wurde. STENHOUSE. In trocknem Zustande luftbeständig.

	Sublimirt.		BERZELIUS.	PELOUZE.	MULDER.	STENHOUSE.
12 C	72	57,14	56,64	57,48	57,18	57,60
6 H	6	4,77	5.00	4,83	4,77	4,78
6 O	48	38,09	38,36	37,69	38,05	37,62
$C^{12}H^6O^6$	126	100,00	100,00	100,00	100,00	100,00

MULDERS (*J. pr. Chem.* 48, 91) Säure war durch Erhitzen des Gerbstoffs auf 250° erhalten.

CAMPBELL u. STENHOUSE ziehen die Formel $C^6H^3O^3$ vor.

Zersetzungen. 1. Die Säure verdampft bei gelindem *Erhitzen* an der Luft gröfstentheils unzersetzt, einen unbedeutenden kohligen Ueberzug lassend. GM. Sie wird bei öfterem Sublimiren gröfstentheils zerstört unter Rücklassung von einer dem Gerbstoff ähnlichen Materie [Metagallsäure?] und von Kohle. BRACONNOT. Sie schwärzt sich stark bei 250°, entwickelt Wasser und lässt Metagallsäure. PELOUZE. — 2. Sie verbrennt bei raschem Erhitzen an der Luft mit rother Flamme, ohne Kohle zu lassen. GM. — 3. In Wasser gelöst oder damit befeuchtet bildet sie an der Luft in wenigen Stunden eine braune moderartige Materie. GM., BRACONNOT. Die Lösung lässt bei freiwilligem Verdunsten keine Krystalle mehr, sondern ein röthliches Gummi. STENHOUSE. Dient zum Dunkelfärben der Haare. WIMMER (*Repert.* 83, 82). — 4. Die Säure bildet mit wässrigen *Alkalien*, wenn das Sauerstoffgas nicht auf das Sorgfältigste abgehalten wird, unter Absorption desselben Lösungen von verschiedener, je nach der Art und Menge des Alkalis wechselnder Färbung, die zuletzt unter Bildung einer moderartigen Materie und vielleicht auch von Essigsäure in Braun übergeht. — 126 Th. (1 At.) Säure, mit Ammoniak versetzt, absorbiren 48 Th. (6 At.) Sauerstoff und bilden eine braune Flussigkeit, aus welcher Salzsäure, ohne alle Gasentwicklung, moderartige Flocken fällt. DÖBEREINER (*Gilb.* 72, 203; 74, 410). — Die mit Kalilauge gebildete, sich von oben nach unten bräunende Lösung lässt beim Verdunsten im Vacuum ein leicht in Wasser lösliches schwarzes Gummi, ohne Krystalle, welches mit verdünnter Schwefelsäure Kohlensäure und Essigsäure entwickelt, und bei gröfserer Concentration einige schwarze Flocken absetzt, die sich beim Waschen mit kaltem Wasser gleich wieder lösen. STENHOUSE. — Die Färbungen sind: Bei wenig *Ammoniak:* gelb, bei viel: rothbraun. Bei wenig *Kali:* rothbraun, dann braun; bei viel: schwärzlich violett, dann dunkelbraun. Bei wenig *Baryt*wasser oder *Strontian*wasser: rothgelb; bei viel: violett, dann braun mit braunen Flocken. Bei viel *Kalk*wasser: violett, dann schnell purpurn, zuletzt braun mit braunen Flocken; dies zeigt sich sogar bei völlig abgehaltener Luft, nur minder lebhaft, weil das Kalkwasser Luft absorbirt hält, daher sich bei mehrmaligem Zulassen von wenig frischer Luft die 3 Färbungen wiederholen, wodurch das Braun immer dunkler wird. GM.

5. *Chlorgas*, durch die wässrige Säure geleitet, färbt sie unter Salzsäurebildung hyacinthroth. STENHOUSE.

6. Die Säure löst sich in rauchender *Salpetersäure* unter lebhaftem Zischen und Erhitzung zu einer dunkelgelben Flüssigkeit, die durch Ammoniak braun wird. GM.

7. *Vitriolöl* zersetzt und färbt die Säure nicht bei schwachem Erwärmen. BRACONNOT. Die Lösung färbt sich in der Hitze unter Entwicklung schwefliger Säure braunschwarz und entfärbt sich dann bei Wasserzusatz unter Fällung kohliger Flocken. GM. Verdünnte Schwefelsäure bewirkt [in der Hitze?] erst Röthung, dann Schwärzung. STENHOUSE. — 8. Die Säure fällt das *Gold* und *Silber* aus ihren Lösungen sogleich metallisch. GM., BRACONNOT, STENHOUSE. Sie reducirt die *Platinsalze* zu Metall. STENHOUSE. Sie gibt mit Zweifachchlorplatin ein dunkelbraunes Gemisch, aus dem allmälig eine braune durchsichtige dickliche Masse niederfällt. GM. Sie reducirt aus salpetersaurem *Quecksilberoxydul* sogleich alles Quecksilber. BRACONNOT. — Sie gibt mit salpetersaurem *Quecksilberoxyd* einen braunen, dicken, nicht metallischen Niederschlag, und mit Aetzsublimat eine weifse Trübung, wohl von Kalomel. GM. — Sie reducirt schwefelsaures *Eisenoxyd* sogleich zu schwefelsaurem Oxydul. Die dunkelbraune Flüssigkeit lässt bei freiwilligem Verdunsten Krystalle von Eisenvitriol, mit dunkelbrauner Materie gemengt. Weingeist zieht hieraus kein Eisen, sondern ein sauer und herb schmeckendes Gemisch von Schwefelsäure und, den Leim reichlich fällendem, Gerbstoff. BRACONNOT. Durch wässriges Mischen des schwefelsauren Eisenoxyds mit Pyrogallsäure erhält man unter Reduction des Oxyds zu Oxydul, aber ohne Kohlensäurebildung eine schön rothe klare Flüssigkeit. STENHOUSE.

9. Sie macht wässriges doppelt chromsaures Kali sogleich gelbbraun, dann dunkelbraun, zuletzt fast undurchsichtig, aber ohne Fällung. STENHOUSE.

Verbindungen. Die Säure löst sich in 2,25 Th. Wasser von 13° zu einer anfangs farblosen, aber sich schnell bräunenden Flüssigkeit. BRACONNOT. Leicht löslich. BERZELIUS, PELOUZE, STENHOUSE. Die frische Lösung lässt beim Verdunsten im Vacuum silberglänzende Nadeln der wasserfreien Säure. STENHOUSE.

Die Säure löst sich in kaltem rauchenden *Vitriolöl* zu einer dicken Flüssigkeit von unveränderter Farbe. GM.

Die Pyrogallsäure vermag als schwache Säure die Kohlensäure nur vom Ammoniak, Kali und Natron, nicht von den erdigen Alkalien abzuscheiden, und sie wird in ihren Verbindungen mit den Alkalien an der Luft zerstört; dagegen bildet sie mit schweren Metalloxyden, von denen sie mehrere den nicht zu sauren Lösungen in stärkeren Säuren entzieht, luftbeständigere unlösliche Verbindungen.

Pyrogallsaures Ammoniak. — Die in wenig Wasser gelöste Säure, mit festem kohlensauren Ammoniak im Vacuum über Vitriolöl von Wasser und überschüssigem kohlensauren Ammoniak befreit, lässt ein trocknes gelbes oder graues Salz, welches an der Luft braun oder grün wird. BERZELIUS. Die mit Ammoniak übersetzte Säure verliert im Vacuum sämmtliches Ammoniak. STENHOUSE.

Mit *Kali* oder *Natron* bildet die Säure bei abgehaltener Luft farblose sehr lösliche Salze; das Kalisalz bildet rhombische Tafeln. Sie trübt nicht das *Baryt-* und *Strontian-*Wasser. PELOUZE.

Pyrogallsaure Alaunerde. — Die Lösung des Alaunerdehydrats in der wässrigen Säure ist krystallisirbar, schmeckt sehr herb, röthet Lackmus stärker als die Säure für sich, trübt sich bei jedesmaligem Erhitzen und klärt sich bei jedesmaligem Erkälten, und fällt reichlich den Leim. BRACONNOT.

Die Säure färbt mit essigsaurem Ammoniak versetztes *Chlortitan* gelb und fällt es dann bräunlich. — Sie färbt und fällt später essigsaures *Uranoxyd* rothbraun. — Sie verändert nicht das reine oder das mit essigsaurem Ammoniak versetzte: *Anderthalbchlorchrom*, schwefelsaure *Manganoxydul*, schwefelsaure *Zinkoxyd*, schwefelsaure *Eisenoxydul*, *Kobaltoxydul* oder *Nickeloxydul*. GM.

Die Säure fällt den *Brechweinstein* weifs, färbt das salpetersaure *Wismuthoxyd* gelb, und gibt bald einen dicken braungelben Niederschlag, und erzeugt mit salzsaurem *Zinnoxydul* reichliche weifse Flocken, GM.

Pyrogallsaures Bleioxyd. — a. *Sechstel.* — Durch Digestion von Salz b mit starkem Ammoniak. BERZELIUS.

b. *Halb.* — Der durch Mischen des in warmem Wasser gelösten pyrogallsauren Ammoniaks mit kochendem salpetersauren Bleioxyd erhaltene Niederschlag, bei abgehaltener Luft gewaschen und getrocknet, ist ein grauweifses Krystallpulver, welches sich an der Luft in einigen Tagen bräunt. BERZELIUS.

	Salz a.		BERZELIUS.		Salz b.		BERZELIUS.
$C^{12}H^6O^6$	126	15,79		$C^{12}H^6O^6$	126	36,0	
6 PbO	672	84,21	84,08	2 PbO	224	64,0	63,5
$6PbO,C^{12}H^6O^6$	798	100,00		$2PbO,C^{12}H^6O^6$	350	100,0	

Das von PELOUZE erhaltene Bleisalz zeigte eine dem Salze b entsprechende Zusammensetzung.

c. *Zweidrittel.* — Die Säure fällt das essigsaure, und bei Zusatz von essigsaurem Ammoniak, auch das salpetersaure Bleioxyd. GM. Der aus überschüssigem Bleizucker durch die wässrige Säure kalt erhaltene Niederschlag, bei möglichst abgehaltener Luft schnell gewaschen, zwischen Papier ausgepresst und im Vacuum getrocknet, ist weifs, mit einem Stich ins Gelbe. STENHOUSE.

	Bei 100°.		STENHOUSE.
24 C	144	24,49	24,51
12 H	12	2,04	2,28
12 O	96	16,33	16,03
3 PbO	336	57,14	57,18
$3PbO,2C^{12}H^6O^6$	588	100,00	100,00

Nach STENHOUSE = $PbO,C^8H^4O^4$.

Pyrogallsaures Eisenoxydoxydul. — Die Säure färbt Eisenvitriol (wofern er etwas Oxydsalz hält, GM.) blauschwarz, BRACONNOT, tief blau, ohne Fällung, STENHOUSE. — Sie färbt essigsaures Eisenoxyd oder mit essigsaurem Ammoniak versetztes salzsaures violettschwarz, später mit blauschwarzem Niederschlag; bei überschüssigem Eisensalze geht die violettschwarze Färbung allmälig in Braungrün, dann in Braun über. Die violettschwarze Färbung des salzsauren Eisenoxyds durch die Säure geht augenblicklich in Dunkelgelbroth über, GM.; von WACKENRODER (*N. Br. Arch.* 27, 274) bestätigt. Mit sehr wenig schwefelsaurem Eisenoxyd jedoch gibt die Säure eine dauerhafte blauschwarze Färbung, weil dann nicht alle Pyrogallsäure zersetzt wird. BRACONNOT. Mit einem Alkali versetzte Pyrogallsäure färbt und fällt Eisenoxydsalze satt blau. PELOUZE.

Pyrogallsaures Kupferoxyd. — Die Säure fällt aus essigsaurem Kupferoxyd, oder aus mit essigsaurem Ammoniak versetztem Kupfervitriol (nicht aus diesem für sich) reichliche braune Flocken. GM. Der dunkelbraune Niederschlag schwärzt sich schnell; er löst sich beim Auswaschen gröfstentheils im Wasser zu einer farblosen Flüssigkeit, welche in einigen Minuten dunkelbraun wird und eine neue Materie absetzt. STENHOUSE.

Die Säure löst sich in *Weingeist* und Aether. BRACONNOT, PELOUZE. In Weingeist jedoch weniger, als in Wasser. STENHOUSE.
Sie fällt nicht den Thierleim.

Akonitsäure.

$$C^{12}H^{6}O^{12} = C^{12}H^{6}O^{4},O^{8}.$$

PESCHIER (1820). *N. Tr.* 5, 1, 93; 8, 1, 266.
L. A. BUCHNER. *Repert.* 63, 145.
CRASSO. *Ann. Pharm.* 34, 56.
BAUP. *N. Ann. Chim. Phys.* 30, 312; auch *Ann. Pharm.* 77, 293; Ausz. *J. pr. Chem.* 52, 52.

Acide aconitique, acide citridique von BAUP.

Vorkommen. In *Aconitum*-Arten, wie in *Ac. Napellus*, PESCHIER; in *Equisetum fluviatile*, BAUP. Bestätigt sich diese Angabe von BAUP, so ist diejenige Maleinsäure (IV, 510), welche BRACONNOT und REGNAULT aus Equiseten erhielten, als Akonitsäure zu betrachten. Die gleiche procentische Zusammensetzung beider Säuren macht ihre Verwechslung möglich; aber vorzüglich das Verhalten in der Hitze unterscheidet sie.

Bildung. Bei kürzerem Erhitzen der Citronsäure. DAHLSTRÖM (*J. pr. Chem.* 14, 355), CRASSO, BAUP.

Darstellung. 1. *Aus Aconitum Napellus.* Man wäscht den sich aus dem Extracte des Krauts absetzenden schmutzig weifsen, körnigen akonitsauren Kalk mit Wasser und Weingeist, löst ihn in etwas Salpetersäure haltendem Wasser, fällt das Filtrat durch Bleizucker, zersetzt den gut gewaschenen und in Wasser vertheilten Niederschlag durch Hydrothion, dampft das wasserhelle Filtrat im Wasserbade ab, löst die bleibende weifse Krystallmasse in Aether, filtrirt die Säurelösung vom beigemengt gewesenen akonitsauren und wenig phosphorsauren Kalk ab (aus welchem Filterrückstand sich nach ähnlichem Verfahren mit Bleizucker noch mehr reine Säure erhalten lässt), lässt die ätherische Lösung verdunsten, löst die bleibende Säure in Wasser, und erhält sie hieraus durch Verdunsten im Vacuum in Krystallrinden, die man vor dem Trocknen durch Waschen mit wenig Wasser von der anhängenden gelblichen Mutterlauge befreit. BUCHNER.

2. *Aus Equisetum fluviatile.* Man giefst den ausgepressten Saft vom grünen Bodensatz ab, fällt ihn durch Bleizucker, zersetzt den starken grauen Niederschlag, nach dem Auswaschen durch verdünnte Schwefelsäure, versetzt, zur Abscheidung des Gerbstoffs, mit Thierleim, sättigt das Filtrat mit kohlensaurem Kalk, dampft die Lösung

zum Syrup ab, welcher in der Ruhe sauren äpfelsauren Kalk absetzt, fällt die hiervon getrennte Flüssigkeit durch Bleizucker, zersetzt den gewaschenen blassgrauen Niederschlag durch Schwefelsäure, dampft das Filtrat behutsam ab, und erhält beim Hinstellen bräunliche Rinden, die durch wiederholtes Krystallisiren, Behandlung mit Kohle und Lösen in Aether gereinigt werden. Baup.

3. *Aus Citronsäure.* Man schmelzt die Säure, bis sich ein brenzlicher Geruch einstellt und eine nach dem Erkalten glasartige Masse bleibt. Liebig (*Ann. Pharm.* 26, 121). Man schmelzt die entwässerte Säure bei 155°, oder die 2fach gewässerte bis zur braungelben Färbung. Wackenroder. — Man erhitzt (85 Gramm) Citronsäure in einer Retorte so rasch, als es ihr Aufschäumen erlaubt, bis Wasser, dann Aceton mit Kohlenoxydgas entwickelt sind, und im Retortenhalse abzufliefsen anfangen, dampft die Lösung des erkalteten Rückstands in wenig Wasser bis zur Salzhaut ab, zieht die beim Erkalten erstarrte Masse mit Aether aus, filtrirt von der gröfstentheils unzersetzt gebliebenen Citronsäure ab, löst die beim Verdunsten des Aethers bleibende, noch etwas Citronsäure haltende Akonitsäure in 5 Th. absolutem Weingeist, sättigt die Lösung mit trocknem salzsauren Gas, welches blofs die Akonitsäure in einen Ester verwandelt, fällt diesen durch Wasser als ein schweres Oel, zersetzt ihn nach der Scheidung vom wässrigen Gemisch durch weingeistiges Kali, fällt das so erhaltene akonitsaure Kali nach dem Lösen in Wasser durch Bleizucker, zersetzt den gut gewaschenen Bleiniederschlag durch Hydrothion, und dampft das Filtrat zum Syrup ab, welcher krystallisch erstarrt. Crasso.

Die Säure ist, je nach ihrer Darstellung, mit (1), (2) und (3) unterschieden.

Eigenschaften. (1) weifse Krystallrinden und Warzen, aus zarten Nadeln bestehend. Buchner. (1, 2 u. 3) aus heifsem Wasser: weifse warzige Rinden, und bei sehr langsamem Krystallisiren durchsichtige 4seitige Blätter. Baup. (3) weifse Warzen und Rinden, ohne Zersetzung schmelzend. Crasso. (1) geruchlos, angenehm sauer, der Citronsäure ähnlich, luftbeständig. Buchner.

	Krystalle.		Buchner, bei 120°.	Crasso.
12 C	72	41,38	41,43	41,56
6 H	6	3,45	3,62	3,81
12 O	96	55,17	54,95	54,63
$C^{12}H^6O^{12}$	174	100,00	100,00	100,00

Dahlström (*Repert.* 63, 145) erkannte zuerst durch die Analyse die Metamerie dieser Säure mit Maleinsäure und Fumarsäure.

Zersetzungen. 1. Die Säure (1), in einer Retorte *erhitzt*, bräunt sich bei 130°, schmilzt bei 140° mit rothbrauner Farbe, kocht bei 160° und liefert in weifsen Nebeln erst ein blassgelbes wässriges Destillat, welches viele feine Säulen, wahrscheinlich von Maleinsäure, absetzt (da der mit Bleizucker erhaltene flockige Niederschlag bald glänzend krystallisch wird, und sich viel leichter in Wasser löst, als akonitsaures Bleioxyd), und dann braune, brenzlich riechende und scharf schmeckende Oeltropfen. Der Retortenrückstand ist eine rothbraune zähe zerfliefsliche Masse, deren bittere wässrige Lösung beim Abdampfen keine Krystalle gibt. Buchner. — Säure (3) liefert, über den Schmelzpunct erhitzt, Kohlensäure mit etwas Wasser, dann ein schweres, sehr saures, beim Erkalten krystallisch erstarrendes Oel von Itakonsäure (V, 505), die mit wenig Citrakonsäure (V, 499) gemischt ist ($C^{12}H^{6}O^{12} = C^{10}H^{6}O^{8} + 2CO^{2}$) und lässt ein schwarzes Pech, welches bei stärkerer Hitze in Brenzöl und aufgeblähte Kohle zerfällt. CRASSO. — Säure (1, 2 oder 3) schmilzt bei allmälig steigender Hitze unter Bräunung und sauren Dämpfen, und lässt aufgeblähte Kohle. BAUP.

Verbindungen. (1) löst sich sehr leicht in kaltem oder heifsem Wasser. BUCHNER. (2) löst sich in 3 Th. Wasser von 15°, in weniger heifsem. BAUP. (3) löst sich leicht. CRASSO. Die Lösung ist beim Verdunsten sehr zum Auswittern geneigt. BUCHNER, BAUP.

Akonitsaures Ammoniak. — a. *Drittel.* — Bei Säure (2) nicht krystallisirbar. BAUP. — Mit Ammoniak übersättigte Säure (1) lässt beim Verdunsten im Vacuum [unter Ammoniakverlust?] eine klare zähe, aber Lackmus röthende Masse. BUCHNER.

b. *Halb.* — Zu Warzen vereinigte Nadeln, angenehm salzig und säuerlich schmeckend. BUCHNER. — Das Gemisch von 1 Th. durch Ammoniak neutralisirter Säure (2) mit 1 Th. freier liefert bei sehr gelindem Abdampfen aus mikroskopischen Nadeln bestehende Rinden, erst auf Fliefspapier, unter einer feuchten Glocke, dann an der Luft zu trocknen. Das Salz löst sich leichter in Wasser, als das Salz c, zerfällt jedoch nach der Lösung sogleich in pulverig niederfallendes Salz c und gelöst bleibendes Salz a und b. Es hält 12,53 Ammoniak. BAUP.

c. *Einfach.* — Man neutralisirt 1 Th. Säure mit Ammoniak, und fügt dazu noch 2 Th. Säure. Warzen und bei langsamem Krystallisiren durchsichtige Blätter. Löst sich in 6½ Th. Wasser von 15° und in weniger heifsem. Hält 8,84 Proc. Ammoniak. BAUP. Also $C^{12}H^{5}(NH^{4})O^{12}$.

Akonitsaures Kali. — a. *Drittel.* — Gummiartig, nicht unangenehm salzig schmeckend, neutral, feucht werdend. BUCHNER.

b. *Halb.* — Man lässt die Lösung von Salz a, mit nur so viel Säure versetzt, dass ein Theil von Salz a unverändert bleibt, krystallisiren, wobei man die Salz a haltende Mutterlauge immer wieder mit etwas Säure versetzt. Neutralisirt man 1 Th. Säure mit Kali, fügt noch 1 Th. Säure hinzu und dampft zum Krystallisiren ab, so erhält man zuerst säurereichere Krystalle, als Salz b, dann aus der Mutterlauge das Salz b. — Durchsichtige luftbeständige 4seitige Tafeln oder sehr platte Säulen, 29,16 Proc. Kali haltend. Da BAUP den Wassergehalt nicht bestimmt hat, so ist Seiner Annahme, dass es $KO,2C^{4}HO^{3},2HO$ sei, nicht ohne Weiteres beizupflichten. Dasselbe gilt von den übrigen halb akonitsauren Salzen, in welchen allen Er $MO,2C^{4}HO^{3} + 2HO$, also 3 Basis auf 2 Säure ($C^{12}H^{6}O^{12}$), und nicht 2 auf 1 annimmt. — Das Salz löst sich viel leichter in Wasser, als Salz c, zerfällt aber dann sogleich in Salz c, welches bei 3 bis 4 Th. Wasser als Krystallmehl niederfällt, und in gelöst bleibendes Salz a und b. BAUP.

c. *Einfach.* — 1 Th. durch Kali neutralisirte Säure mit noch 2 Th. Säure versetzt, liefert concentrisch vereinigte, kleine, durchsichtige Blätter, die mit der Zeit, ohne Gewichtsverlust, undurchsichtig werden, und auch bei 100°, und selbst bis zum anfangenden Gelbwerden erhitzt, keinen Verlust erleiden. Sie halten 22,40 Proc. Kali, sind also $KO,3C^4HO^3,2HO$ [$= C^{12}H^5KO^{12}$]. Sie lösen sich in 11 Th. Wasser von 15°, in weniger heifsem; die Lösung färbt sich beim Kochen gelb, und gibt gelbliche Krystalle. BAUP.

Akonitsaures Natron. — a. *Drittel.* — Das von (1) krystallisirt schwierig, bildet meistens nur eine feuchte, sehr leicht in Wasser lösliche Krystallrinde. BUCHNER. Nicht krystallisirend, hygroskopisch, nicht in Weingeist löslich. BAUP.

b. *Halb.* — 1 Th. durch Natron neutralisirte Säure mit 1 Th. freier versetzt, liefert bei hinreichender Concentration auf den Zusatz von Weingeist das Salz in Glimmerblättchen, oder beim Abdampfen als Krystallmehl. Die Krystalle verwittern an der Luft und halten dann 20,54 Proc. Natron. BAUP.

Akonitsaurer Baryt. — *Drittel.* — Die Säure gibt mit Barytwasser und das akonitsaure Ammoniak gibt mit Barytsalzen einen gallertigen, nicht krystallisch werdenden, Niederschlag, der beim Trocknen stark schwindet. Das kalt neben Vitriolöl getrocknete Salz verliert bei 140° 13,75 Proc. Wasser; es hält, bei 110° getrocknet, 60,19 und bei 200° (wobei noch keine Bräunung eintritt) getrocknet, 60,54 Proc. Baryt [also $C^{12}H^3Ba^3O^{12}$]. Es löst sich in wässriger Akonitsäure. BUCHNER.

Akonitsaurer Kalk. — *Drittel.* — Findet sich im *Aconitum.* Kalkwasser trübt sich mit der Säure auch in der Wärme nicht. — Die mit kohlensaurem Kalk gesättigte wässrige Säure oder das mit Chlorcalcium gemischte wässrige akonitsaure Natron liefert beim Abdampfen wasserhelle Säulen, welche, einmal gebildet, sich nur schwer wieder lösen. BUCHNER. Die Lösung des Kalks in der Säure lässt sich in der Ruhe bei gelinder Wärme bis zum Syrup abdampfen, welcher beim Stehen an der Luft in der Mitte der Schale gallertige Erhöhungen erhält und endlich zu einem rissigen Gummi austrocknet. Wenn dagegen in die verdampfende Flüssigkeit Stücke des krystallisirten Salzes gebracht wurden, so liefert sie feine Krystalle, in 99 Th. Wasser von 15° löslich. Dieselben verlieren bei 100° das meiste, aber etwas darüber, unter Bräunung alles Wasser, und halten dann 29,47 Proc. Kalk. BAUP. [$= C^{12}H^3Ca^3O^{12}$.] Das aus dem Akonitextract erhaltene Salz, durch Waschen mit kaltem Wasser und Krystallisiren aus kochendem gereinigt, erscheint in rhombischen Krystallen, reagirt, in kochendem Wasser gelöst, schwach alkalisch, entwickelt beim Erhitzen zuerst Wasser, dann unter Bräunung, Schwärzung und Aufschwellen, nach verbranntem Weinstein riechende, Dämpfe und löst sich ruhig in schwacher Salpetersäure. REINSCH (*Ann. Pharm.* 58, 396).

Das akonitsaure Natron fällt nicht die schwefelsaure *Bittererde* und das schwefelsaure Zinkoxyd. BUCHNER.

Akonitsaures Manganoxydul. — *Drittel.* — Die, anhaltend mit kohlensaurem Manganoxydul gekochte, Säure liefert nach dem Filtriren, Abdampfen und Umkrystallisiren rosenrothe, durchsichtige, luftbeständige, kleine Oktaeder, welche 29,54 Proc. Oxydul halten, in der Wärme etwas über 29 Proc. Wasser verlieren, und sich wenig in kaltem Wasser, leichter in lauem und, unter (durch etwas Säure verschwindender) Trübung, in kochendem Wasser lösen. BAUP.

	Krystalle.		BAUP.
$C^{12}H^3O^9$	147	40,80	
3 MnO	108	29,75	29,54
12 HO	108	29,45	29,00
$C^{12}H^3MnO^{12} + 12Aq$	363	100,00	

Akonitsaures Bleioxyd. — Drittel. — Die Säure und ihr Natronsalz geben mit Bleizucker einen weifsen fein flockigen, nicht krystallisch werdenden Niederschlag, der, nach dem kalten Trocknen über Vitriolöl, bei 140° 5,15 Proc. Wasser [3 At.?] verliert und dann 68,85 Proc. Bleioxyd hält [$C^{12}H^3Pb^3O^{12}$], der sich unzersetzt auf 150° erhitzen lässt, und der beim Kochen mit Wasser etwas zusammengeht, aber sich nur sehr wenig löst, ohne beim Erkalten Krystalle zu liefern. BUCHNER. — Die Säure fällt das salpetersaure Bleioxyd erst nach theilweiser Neutralisation. BAUP.

Die Säure färbt *Eisenoxydsalze* röthlich, BAUP, und akonitsaure Alkalien fällen daraus röthliche gallertartige Flocken, BUCHNER, BAUP.

Akonitsaures Kupferoxyd. — Die schön grüne Lösung des kohlensauren Kupferoxyds in der warmen Säure gibt beim Abdampfen eine blaugrüne Krystallmasse. Die Lösung setzt beim Kochen einen Theil des Kupfers als braunrothes Oxydul ab, während der andere in der durch Oxydation veränderten Säure gelöst bleibt. BUCHNER.

Akonitsaures Quecksilberoxydul. — Die Säure, BAUP, und ihr Natronsalz, BUCHNER, fällt das salpetersaure Quecksilberoxydul weifs.

Akonitsaures Quecksilberoxyd. — Die Lösung des Oxyds in der warmen Säure liefert beim Abdampfen ein weifses, schwer lösliches Pulver; sie zersetzt sich erst bei längerem Kochen unter grauer Färbung. BUCHNER.

Akonitsaures Silberoxyd. — Das akonitsaure Ammoniak, nicht die freie Säure, fällt den Silbersalpeter, BUCHNER; wenigstens ist theilweise Neutralisation der Akonitsäure nöthig, BAUP. Der weifse (zarte, LIEBIG), pulverige Niederschlag schwärzt sich im Lichte. Er hält sich in trocknem Zustande bis zu 150°, und verpufft dann heftig mit braunen Dämpfen, Kohle-haltendes Silber lassend; aber feucht zersetzt er sich schon bei 100° unter Reduction des Silbers zu einem schwarzen Pulver. BUCHNER. Er verbrennt beim Erhitzen mit einer Art von Verpuffung und wächst blumenkohlartig aus. LIEBIG, CRASSO. Beim Kochen mit Wasser verwandelt er sich ohne Gasbildung in eine schwer lösliche Verbindung des Silberoxyds mit einer besondern krystallisirbaren Säure. Auch der unveränderte Niederschlag löst sich ein wenig in Wasser; er löst sich leicht in Weingeist und Aether, und wittert daraus beim Verdunsten dendritisch aus. BUCHNER.

			LIEBIG.	BUCHNER.	CRASSO.
12 C	72	14,54	14,60	14,85	14,71
3 H	3	0,61	1,00	0,68	0,69
3 AgO	348	70,30	67,07	69,51	69,21
9 O	72	14,55	17,33	14,96	15,39
$C^{12}H^3Ag^3O^{12}$	495	100,00	100,00	100,00	100,00

Die Säure löst sich leicht in *Weingeist* und *Aether*, CRASSO; in 2 Th. 88procentigem Weingeist von 12°, BAUP.

Gepaarte Verbindung.

Akonitvinester.

$$C^{24}H^{18}O^{12} = 3C^4H^5O,C^{12}H^3O^9.$$

Die Lösung der Säure in 5 Th. absolutem Weingeist, mit salzsaurem Gas gesättigt, lässt bei Wasserzusatz den Ester als ein Oel niedersinken.

Farbloses Oel von 1,074 spec. Gew. bei 14°, bei 236° siedend, gewürzhaft, dem *Calamus*-Oel ähnlich riechend, und höchst bitter schmeckend.

In einer Retorte über den Siedpunct hinaus erhitzt, zersetzt sich der Ester gröfstentheils, indem dicke weifse Nebel entweichen, die nur wenig Ester halten und eine schwarze fettige Materie bleibt. CRASSO (*Ann. Pharm.* 34, 57). Der Ester wird nach dem Durchleiten von Chlorgas in einigen Tagen pechartig. MALAGUTI (*N. Ann. Chim. Phys.* 16, 84).

			CRASSO.
24 C	144	55,81	55,34
18 H	18	6,98	7,33
12 O	96	37,21	37,33
$C^{24}H^{18}O^{12}$	258	100,00	100,00

Sauerstoffkern $C^{12}H^4O^6$.

Parakomensäure.

$$C^{12}H^4O^{10} = C^{12}H^4O^6,O^4?$$

STENHOUSE. *Phil. Mag. J.* 24, 132; auch *Ann. Pharm.* 49, 25; auch *J. pr. Chem.* 32, 262.

Pyrokomensäure. — Von GRUNER und ROBIQUET zuerst bemerkt, von GREGORY für wiedererzeugte Komensäure gehalten, von STENHOUSE etwas genauer untersucht.

Sublimirt sich bei der trocknen Destillation der Mekonsäure oder der Komensäure zuletzt, nach der Pyromekonsäure, in sehr kleiner Menge in Federn und wird am besten in MOHRS Apparat für die Benzoesäure erhalten, bei einer nicht ganz bis zur Verkohlung des Papiers steigenden Hitze, durch welche die Pyromekonsäure gröfstentheils zerstört oder verflüchtigt wird, während sich im Hute und auf dem Papierdeckel neben etwas Pyromekonsäure dunkelgelbe Krystalle der Parakomensäure ansetzen, die durch Lösen in heifsem Wasser, Kochen mit Thierkohle und Erkälten des Filtrats in sehr blassgelbe harte Krystallkörner verwandelt werden, die stark sauer schmecken und reagiren, und die sich bei zu langsamem Trocknen blassroth färben. STENHOUSE.

Krystalle bei 100°.			STENHOUSE.
12 C	72	46,15	46,63
4 H	4	2,57	2,71
10 O	80	51,28	50,66
$C^{12}H^4O^{10}$	156	100,00	100,00

Isomer mit Komensäure.

Stammkern. Prone $C^{12}H^{12}$.

E. FREMY (1837). *N. Ann. Chim. Phys.* 65, 139.

Oleen, Caprylen, Oléene, FREMY.

Bildung. Bei der trocknen Destillation wohl der meisten Fette.

Darstellung. Das bei der trocknen Destillation der Hydroleinsäure oder Metaoleinsäure erhaltene ölige Gemisch von Prone und Gone ($C^{18}H^{18}$) wird von dem beigemischten fixeren Brenzöl durch Destillation, dann von flüchtigen Säuren durch Schütteln mit schwacher Kalilauge, und von Wasser durch mehrtägiges Hinstellen über Chlorcalcium befreit, endlich durch wiederholte Destillation unter besonderem Auffangen des zuerst Uebergehenden immer vollständiger in das flüchtigere Prone und in das fixere Gone geschieden.

Eigenschaften. Farbloses, auf dem Wasser schwimmendes, dünnes Oel, bei 55° siedend, von 2,875 Dampfdichte, von gleichsam arsenikalischem, durchdringend ekelerregenden Geruche, und Vögel, die den Dampf einige Zeit einathmen, tödtend.

			FREMY.		Maafs.	Dampfdichte.
12 C	72	85,71	85,74	C-Dampf	12	4,9920
12 H	12	14,29	14,72	H-Gas	12	0,8316
$C^{12}H^{12}$	84	100,00	100,46	Prone-Dampf	2	5,8236
					1	2,9118

Das Prone brennt mit weifser, hier und da grünlich gefärbter Flamme. — Es bildet mit Chlorgas bei Mittelwärme eine flüssige Verbindung. — Es löst sich kaum in Wasser, aber sehr leicht in Weingeist und Aether. FREMY.

Caprònsäure.
$C^{12}H^{12}O^4 = C^{12}H^{12},O^4$.

CHEVREUL (1818). *Ann. Chim. Phys.* 23, 22; auch *Schw.* 39, 179. — *Recherches sur les corps gras.* 134 u. 209.
LERCH. *Ann. Pharm.* 49, 220.
FEHLING. *Ann. Pharm.* 53, 406.
J. S. BRAZIER u. GEORG GOSSLETH. *Ann. Pharm.* 75, 249; auch *Quart. J. chem. Soc. Lond.* 3, 210.

Acide caproique.

Vorkommen. In gepaarter Verbindung in der Butter von Kuh und Ziege, CHEVREUL, in der Cocosbutter, FEHLING, im limburger Käs, ILJENKO u. LASKOWSKY (*Ann. Pharm.* 55, 78), und einmal in menschlichen Blasensteinen, JOSS (*J. pr. Chem.* 4, 375).

Bildung. 1. Beim Destilliren von Oenanthol oder Oenanthylsäure mit starker Salpetersäure, TILLEY (*Ann. Pharm.* 67, 108), oder von Oelsäure mit starker Salpetersäure, REDTENBACHER (*Ann. Pharm.* 59, 41), oder vom flüchtigeren Theil des aus Rüböl erhaltenen Destillats mit Salpetersäure, SCHNEIDER (*Ann. Pharm.* 70, 112), oder von Mohnöl mit Chromsäure, ARZBÄCHER (*Ann. Pharm.* 73, 203), oder von Casein mit Braunstein und verdünnter Schwefelsäure, GUCKELBERGER (*Ann. Pharm.* 64, 39). — 2. Beim Kochen von Cyanmylafer mit Kali (V, 588), FRANKLAND u. KOLBE (*Ann. Pharm.* 69, 303).

Darstellung. 1. *Aus Thierbutter.* — Die Bereitung des Barytsalzes nach Lerch und Chevreul (s. V, 237 u. 238). Zur Scheidung der Säure hieraus übergiefst man 100 Th. Barytsalz in einer Glasröhre mit einem Gemisch von 29,63 Th. Vitriolöl und 29,63 Th. Wasser, decanthirt die abgeschiedene Capronsäure nach 24 Stunden, und scheidet aus dem Rest durch nochmaliges Zufügen der obigen Vitriolöl- und Wasser-Menge noch etwas Säure, zusammen ungefähr 50 Th. (Der Rückstand, mit Barytwasser neutralisirt, filtrirt und abgedampft, liefert noch etwas capronsauren Baryt wieder.) Die decanthirte Säure, welche keine Schwefelsäure hält, wird mit gleichviel Chlorcalcium 48 Stunden digerirt, dann destillirt. Chevreul.

2. *Aus der Cocosbutter.* — Man verseift diese durch Natronlauge von wenigstens 1,12 spec. Gew., destillirt die klare Seifenlösung mit Schwefelsäure etwas rasch aus der Kupferblase, neutralisirt das Capron- und Capryl-säurehaltende Destillat mit Barytwasser und dampft ab. Zuerst schiefst der caprylsaure, dann der capronsaure Baryt an, welche beide durch Umkrystallisiren gereinigt werden. Fehling.

3. *Aus Cyanmylafer.* — Man destillirt 1 Th. Cyankalium mit 3 Th. amylschwefelsaurem Kali, kocht den zwischen 130 und 150° übergegangenen Theil des Destillats, welcher, aufser Cyanmylafer auch Fuselöl, Cyanvinester und Cyanurvinester hält, mit weingeistigem Kali in einer Retorte, deren Hals aufwärts gekehrt ist, so dass das Meiste zurückfliefst und mit dem Wasser vorzüglich Ammoniak entweicht, ½ Stunde lang, und destillirt den breiartigen Rückstand mit Wasser, mit welchem noch Ammoniak, Weingeist, Fuselöl und Mylamin übergehen, während capronsaures Kali bleibt, welches beim Erkalten krystallisch gesteht. Aus dem in wenig Wasser gelösten Salze scheidet Schwefelsäure die Capronsäure als ein sich erhebendes Oel ab, bei dessen Destillation das bei 198° Uebergehende als das reinere für sich aufzufangen ist, da aus dem im capronsauren Kali in kleiner Menge gelösten Fuselöl bei dem Schwefelsäurezusatz etwas Capronmylester erzeugt wurde, welches den Siedpunct allmälig auf 211° steigert. Brazier u. Gossleth.

Eigenschaften. Wasserhelles, sehr dünnes Oel, bei 26° von 0,922 spec. Gewicht (bei 15° von 0,931, Fehling). Gefriert noch nicht bei — 9°; kocht erst über 100°, und verdampft unzersetzt (bei 198°, Brazier u. Gossleth, bei 202°, bald auf 209° steigend, einen Dampf von 4,26 spec. Gew. bildend, Fehling). Riecht wie sehr schwache Essigsäure, oder vielmehr wie Schweifs; schmeckt stechend sauer, hinterher stärker süfslich nach Salpetrigvinester, als die Buttersäure; macht die Zunge weifs. Röthet stark Lackmus. Chevreul.

			Fehling.		Maafs.	Dampfdichte.
12 C	72	62,07	62,25	C-Dampf	12	4,9920
12 H	12	10,35	10,47	H-Gas	12	0,8316
4 O	32	27,58	27,28	O-Gas	2	2,2186
$C^{12}H^{12}O^4$	116	100,00	100,00	Säure-Dampf	2	8,0422
					1	4,0211

Früher nach Chevreul = $C^{12}H^{10}O^4$. — Die Säure entwickelt beim Erhitzen mit Bleioxyd 8,66 Proc. Wasser. Chevreul.

Zersetzungen. 1. Die Säure verhält sich, bei Luftzutritt destillirt, wie die Baldriansäure. — 2. Sie verbrennt wie ein flüchtiges Oel. — 3. Ihre Lösung in Vitriolöl schwärzt sich bei 100° wenig, aber bei stärkerer Hitze leichter, als die der Buttersäure, und entwickelt beim Kochen Capronsäure mit etwas schwefliger, und lässt einen kohligen Rückstand. CHEVREUL. — 4. Concentrirtes capronsaures Kali, durch den Strom von 6 Bunsenschen Paaren zersetzt (wie V, 560), entwickelt Wasserstoff-, kohlensaures und ein aromatisch riechendes Gas, und scheidet unter Trübung ein öliges, zwischen 125 und 160° siedendes Gemisch von einer Säure, wohl Capronsäure, und von $C^{20}H^{22}$ (FRANKLANDS Amyl) nach oben ab, durch Destillation mit weingeistigem Kali zu scheiden. BRAZIER u. GOSSLETH.

Verbindungen. 1 Th. Säure löst sich bei 7° in 96 Th. Wasser. CHEVREUL.

Kaltes *Vitriolöl* löst unter Wärmeentwicklung die Säure auf, die durch Wasserzusatz zum Theil wieder geschieden wird. — Kalte *Salpetersäure* von 35° B. löst die Säure schwierig, ohne Zersetzung. CHEVREUL.

Mit Salzbasen bildet sie die *capronsauren Salze, Caproates.*

Capronsaures Ammoniak. — Die Säure bildet gleich der Buttersäure mit Ammoniakgas ein krystallisches, und bei mehr Ammoniak ein flüssiges Salz. CHEVREUL.

Capronsaures Kali. — Man neutralisirt in der Hitze kohlensaures Kali durch wässrige Capronsäure, und lässt freiwillig verdunsten. Die Flüssigkeit gesteht zu einer sehr durchsichtigen Gallerte, die beim Erwärmen undurchsichtig wird. CHEVREUL.

Ueber 100° getrocknet.			CHEVREUL.
$C^{12}H^{11}O^{3}$	107	69,39	
KO	47,2	30,61	29,73
$C^{12}H^{11}KO^{4}$	154,2	100,00	

Capronsaures Natron. — Wie beim Kali; die Lösung gesteht bei freiwilligem Verdunsten zu einer weifsen Masse. CHEVREUL.

Ueber 100° getrocknet.			CHEVREUL.
$C^{12}H^{11}O^{3}$	107	77,43	
NaO	31,2	22,57	21,85
$C^{12}H^{11}NaO^{4}$	138,2	100,00	

Capronsaurer Baryt. — Die wässrige Lösung, unter 18° an der Luft verdunstet, liefert stark glänzende, undurchsichtige, oft hahnenkammförmig vereinigte, 6seitige Blätter, nach dem Trocknen fettglänzend, im Vacuum über Vitriolöl nichts an Gewicht verlierend; beim Verdampfen der Lösung über 30° erhält man das Salz in Nadeln. Es riecht an der Luft in feuchtem Zustande wie die Säure; es schmeckt alkalisch und nach der Säure. Bei mäfsigem Erhitzen schmilzt es ohne Zersetzung; bei stärkerem schwärzt es sich allmälig, einen starken gewürzhaften Geruch entwickelnd. Es löst sich bei 10,5° in 12,46, bei 20° in 12,5 Th. Wasser. CHEVREUL. Die Krystalle schmelzen bei gelinder Hitze, entwickeln Kohlenwasserstoffe haltendes Gas (worin vorzüglich $C^{6}H^{6}$, HOFMANN) und wenig fast farbloses Oel, dessen Siedpunct von 120 auf 170° steigt und welches ein Gemisch von Capron (V, 815) und wenig Caprol, $C^{12}H^{12}O^2$, zu sein scheint. Je rascher die Erhitzung, desto mehr Gas und desto weniger und gefärbteres Oel erhält man, und desto mehr Kohle bleibt beim kohlensauren Baryt. Das in Wasser gelöste Salz entwickelt beim Kochen den Geruch nach Capronsäure und setzt eine weifse Masse, wohl von basischem Salze, ab. BRAZIER u. GOSSLETH.

	Nadeln.		LERCH.	FEHLING.	ILJENKO u. LASK.	TILLEY.	ARZBÄCHER.
12 C	72	39,22	39,44	39,06	40,04	38,83	38,92
11 H	11	5,99	6,09	6,15	6,15	5,89	5,91
BaO	76,6	41,72	41,47	41,09	41,33	41,82	41,93
3 O	24	13,07	13,00	13,70	12,48	13,46	13,24
$C^{12}H^{11}BaO^4$	183,6	100,00	100,00	100,00	100,00	100,00	100,00

Das Salz hält 42 Proc. Baryt, CHEVREUL, 41,72, SCHNEIDER, 41,2, FRANKLAND u. KOLBE.

Capronsaurer Strontian. — Die in frischem Zustande durchsichtigen Blätter werden an der Luft bald undurchsichtig. Vom Geschmack des Barytsalzes. Verliert nach dem Verwittern nichts mehr bei 100°. Schmilzt im Tiegel unter Ausstofsen eines starken Geruches nach dem flüchtigen Oel der *Labiatae.* Löst sich bei 10° in 11,05 Th. Wasser. CHEVREUL.

	Bei 100° getrocknet.		CHEVREUL.
$C^{12}H^{11}O^3$	107	67,30	
SrO	52	32,70	32,69
$C^{12}H^{11}SrO^4$	159	100,00	

Capronsaurer Kalk. — Sehr glänzende, zum Theil quadratische Blätter. Schmilzt in der Hitze, und entwickelt einen starken Geruch, dem der *Labiatae* ähnlich. Löst sich bei 14° in 49,4 Th. Wasser. CHEVREUL.

Die Capronsäure vereinigt sich mit *Bleioxyd* unter Wärmeentwicklung. — Sie verhält sich gegen *Eisen* gleich der Baldriansäure. CHEVREUL.

Capronsaures Silberoxyd. — Der weifse käsige Niederschlag, den capronsaurer Baryt mit salpetersaurem Silberoxyd gibt, löst sich schwierig in Wasser und krystallisirt nicht. LERCH. Das in viel kochendem Wasser gelöste Salz schiefst beim Erkalten in grofsen Blättern an, die gegen Licht und Wärme nicht sehr empfindlich sind. FRANKLAND u. KOLBE.

			LERCH.	FRANKLAND u. KOLBE.
12 C	72	32,29	32,30	32,0
11 H	11	4,93	4,94	4,9
AgO	116	52,02	51,73	52,3
3 O	24	10,76	11,03	10,8
$C^{12}H^{11}AgO^4$	223	100,00	100,00	100,0

Die Säure löst sich in absolutem Weingeist nach allen Verhältnissen. CHEVREUL.

Gepaarte Verbindungen.

Capronformester.

$C^{14}H^{14}O^4 = C^2H^3O,C^{12}H^{11}O^3$.

FEHLING (1845). *Ann. Pharm.* 53, 407.

Aus der mit 1 Th. Vitriolöl versetzten Lösung von 2 Th. Capronsäure in 2 Th. Holzgeist erhebt sich beim Erwärmen der mit Wasser zu waschende und mit Chlorcalcium zu trocknende Ester. Er hat 0,8977 spec. Gew. bei 18°, siedet bei 150°, zeigt 4,623 Dampfdichte und riecht den capronsauren Salzen ähnlich, doch unangenehmer. FEHLING.

			FEHLING.		Maafs.	Dampfdichte.
14 C	84	64,61	64,42	C-Dampf	14	5,8240
14 H	14	10,77	10,82	H-Gas	14	0,9702
4 O	32	24,62	24,76	O-Gas	2	2,2186
$C^{14}H^{14}O^4$	130	100,00	100,00	Ester-Dampf	2	9,0128
					1	4,5064

Capronvinester.

$C^{16}H^{16}O^4 = C^4H^5O,C^{12}H^{11}O^3$.

LERCH (1844). *Ann. Pharm.* 49, 222.
FEHLING. *Ann. Pharm.* 53, 407.

Darstellung. 1. Der Ester erhebt sich aus einer mit 1 Th. Vitriolöl versetzten Lösung von 2 Th. Capronsäure in 2 Th. Weingeist vollständig beim Erwärmen und wird, nach dem Waschen mit Wasser, durch Chlorcalcium getrocknet. FEHLING. — 2. Ueber ein bis zum Kochen erhitztes Gemisch von capronsaurem Baryt mit Weingeist und Vitriolöl erhebt sich bald der Ester, welcher mit Wasser gewaschen, mit Chlorcalcium getrocknet, und dann rectificirt wird, unter besonderer Auffangung des bei 120° Uebergehenden. LERCH.

Eigenschaften. Wasserhelle Flüssigkeit, LERCH, von 0,882 spec. Gew., FEHLING, von 120°, LERCH, von 162°, FEHLING, Siedpunct, und 4,965 Dampfdichte, FEHLING. Riecht und schmeckt dem Buttervinester ähnlich. LERCH.

			LERCH.	FEHLING.		Maafs.	Dampfdichte.
16 C	96	66,67	66,85	66,36	C-Dampf	16	6,6560
16 H	16	11,11	11,07	11,22	H-Gas	16	1,1088
4 O	32	22,22	22,08	22,42	O-Gas	2	2,2186
$C^{16}H^{16}O^4$	144	100,00	100,00	100,00	Ester-Dampf	2	9,9834
						1	4,9917

Metamer mit Caprylsäure.

Capronmylester.

$C^{22}H^{22}O^4 = C^{10}H^{11}O,C^{12}H^{11}O^3$.

BRAZIER u. GOSSLETH (1850). *Ann. Pharm.* 75, 254.

Entsteht bei der Darstellung der Capronsäure (V, 811, 3), und bleibt bei der Destillation der rohen Capronsäure vorzugsweise zurück, so wie er sich beim Neutralisiren derselben mit kohlensaurem Kali als ein Oel erhebt. Dieses wird über Chlorcalcium getrocknet und wiederholt rectificirt, bis der Siedpunct stetig bei 211° ist.

Auf dem Wasser schwimmendes bitteres Oel, bei 211° siedend.

			Brazier u. Gossleth.
22 C	132	70,97	70,78
22 H	22	11,83	11,94
4 O	32	17,20	17,28
$C^{22}H^{22}O^4$	186	100,00	100,00

Er zerfällt beim Sieden mit weingeistigem Kali in Fuselöl und capronsaures Kali.

Er löst sich nicht in Wasser, aber nach jedem Verhältnisse in Weingeist und Aether. Brazier u. Gossleth.

Capron.

$$C^{22}H^{22}O^2 = C^{12}H^{12}O^2,C^{10}H^{10}.$$

Brazier u. Gossleth (1850). *Ann. Pharm.* 75, 256.

Darstellung. Man trocknet das bei behutsam geleiteter trockner Destillation des capronsauren Baryts erhaltene Oel (V, 813) über Chlorcalcium und rectificirt das Oel, dessen Siedpunct von 120 auf 170° steigt, dessen gröfster Theil jedoch zwischen 160 und 170° übergeht, auf die Weise, dass ein Oel von 165° Siedpunct erhalten wird. Doch scheint etwas, nicht weiter untersuchtes, Caprol, $C^{12}H^{12}O^2$, beigemischt zu bleiben, daher die Analyse etwas zu wenig Kohlenstoff gibt.

Eigenschaften. Farblos, leichter als Wasser, von 165° Siedpunct und eigenthümlichem Geruch.

			Brazier u. Gossleth.
22 C	132	77,65	77,39
22 H	22	12,94	13,14
2 O	16	9,41	9,47
$C^{22}H^{22}O^2$	170	100,00	100,00

Zersetzungen. 1. Es bräunt sich an der Luft. — 2. Es wird durch starke Salpetersäure schon in der Kälte, unter Entwicklung rother Dämpfe, zersetzt; die bleibende Flüssigkeit, mit kohlensaurem Kali neutralisirt, scheidet etwas gewürzhaft riechendes Oel nach oben ab, und hält aufserdem eine flüchtige Säure, deren krystallisches, in der Hitze schwach verpuffendes Silbersalz 42,24 Proc. Silber hält, also wohl $C^{10}XH^8AgO^4$ ist.

Das Capron löst sich nicht in Wasser, aber in *Weingeist* und *Aether*. Brazier u. Gossleth.

Anhang zu Capronsäure.

Vaccinsäure.

Bei der Verseifung der Kuhbutter und Sättigung der gebildeten flüchtigen Säuren mit Baryt erhält man bisweilen statt des capronsauren und buttersauren Baryts den vaccinsauren Baryt, ein Salz, in welchem die Capronsäure mit der Buttersäure auf irgend eine Art gepaart zu sein scheint (V, 337 — 338).

Der vaccinsaure Baryt schiefst in, aus kleinen Säulen bestehenden, wallnussgrofsen Drusen an, welche sich so leicht, wie buttersaurer Baryt, zu einer öligen Flüssigkeit in Wasser lösen und daraus beim Verdunsten in der Retorte unverändert krystallisiren. Sie riechen stark nach Butter und verwittern an der Luft zu kreideartigen, endlich fast geruchlos werdenden Massen, welche, nunmehr in Wasser gelöst, blofs Krystalle von capronsaurem und buttersaurem Baryt liefern. Dieselben erhält man aus der wässrigen Lösung der frischen Krystalle, wenn sie längere Zeit der Luft ausgesetzt oder anhaltend an der Luft gekocht wird, und zwar ohne Ausscheidung von Baryt, ohne Entwicklung saurer Dämpfe und ohne Aenderung der Neutralität. Die aus den frischen Krystallen durch Destillation mit Schwefelsäure entwickelte Säure liefert mit Baryt capron- und butter-sauren Baryt. Die wässrige Lösung der frischen Krystalle gibt mit Silberlösung einen weifsen käsigen Niederschlag, der sich unter lebhafter Entwicklung des Buttersäuregeruchs schnell reducirt. Wahrscheinlich ist der vaccinsaure Baryt = $C^{12}H^{11}BaO^4 + C^8H^7BaO^4 - 1\,O$. Lerch (*Ann. Pharm.* 49, 227). — Es ist wohl $C^{20}H^{18}Ba^2O^6$, also noch 1 At. weniger, wonach die Vaccinsäure als 2basische Säure, $C^{20}H^{20},O^6$, zu betrachten wäre. Laurent (*Compt. rend.* 25, 886).

Sauerstoffkern $C^{12}H^{10}O^2$.

Pyroterebilsäure.

$$C^{12}H^{10}O^4 = C^{12}H^{10}O^2,O^2.$$

Rabourdin. *N. J. Pharm.* 6, 196.

Acide pyroterebilique.

Darstellung. Die Terebilsäure, $C^{14}H^{10}O^8$, in einer Retorte bei ungefähr 200° unter mäfsigem Kochen destillirt, liefert unter Entwicklung von Kohlensäure die Pyroterebilsäure als farbloses Oel, welches durch Rectification von etwas beigemischter Terebilsäure befreit wird.

Eigenschaften. Farbloses, stark das Licht brechendes Oel, von 1,01 spec. Gew., uber 200° siedend. Riecht der Buttersäure etwas ähnlich; schmeckt beifsend, etwas ätherisch; macht auf der Zunge einen weifsen Fleck, und erregt auf der Haut Jucken. Luftbeständig.

			Rabourdin.
12 C	72	63,16	63,04
10 H	10	8,77	8,78
4 O	32	28,07	28,18
$C^{12}H^{10}O^4$	114	100,00	100,00

Die Säure löst sich in 25 Th. *Wasser.*

In ihren Salzen ist 1 At. H durch 1 At. Metall vertreten; sie krystallisiren schwierig; ihre Alkalisalze fällen nur die concentrirtere Blei- oder Silber-Lösung, und zwar weifs.

Beim Waschen des Bleiniederschlags mit Wasser löst sich ein saures Salz, während ein basisches bleibt.

Der Silberniederschlag ist schwierig krystallisch zu erhalten; er schwärzt sich am Licht, besonders in feuchtem Zustande.

Die Säure löst sich sehr leicht in Weingeist und Aether. Rabourdin.

Adipinsäure.

$$C^{12}H^{10}O^8 = C^{12}H^{10}O^2,O^6.$$

Laurent (1837). *Ann. Chim. Phys.* 66, 166. — *Rev. scient.* 10, 124; auch *J. pr. Chem.* 27, 314. — *Compt. rend.* 31, 352.
Bromeis. *Ann. Pharm.* 35, 105.
Malaguti. *N. Ann. Chim. Phys.* 16, 84.

Acide adipique.

Darstellung. 1. *Aus Oelsäure,* neben der *Lipinsäure* (V, 507). LAURENT, BROMEIS.

2. *Aus Talg.* Man kocht in einer geräumigen Retorte Talg mit mehrmals zu erneuernder käuflicher Salpetersäure, unter öfterem Zurückgiefsen des Uebergegangenen, bis der Talg verschwunden ist, und beim Erkalten Krystalle entstehen, dampft die Flüssigkeit im Wasserbade so weit ab, dass sie beim Erkalten zu einer Krystallmasse gesteht, wäscht diese auf dem Trichter erst mit starker Salpetersäure, dann mit verdünnter, dann mit kaltem Wasser, und lässt sie aus der Lösung in kochendem Wasser durch Erkälten und Abdampfen krystallisiren. Nur die letzten Krystalle zeigen sich etwas verschieden. MALAGUTI.

Eigenschaften. Meist bräunliche, halbkugelige, strahlige Warzen (weiche Körner, BROMEIS), bei 130° (bei 145°, BROMEIS) schmelzend, beim Erkalten in platten Nadeln gestehend, unzersetzt verdampfbar (krystallisch sublimirbar, BROMEIS), schwächer als Pimelinsäure schmeckend. LAURENT, MALAGUTI.

			LAURENT.	MALAGUTI.	BROMEIS.
12 C	72	49,31	49,94	48,64	50,25
10 H	10	6,85	6,92	7,06	7,06
8 O	64	43,84	43,14	44,30	42,69
$C^{12}H^{10}O^8$	146	100,00	100,00	100,00	100,00

Metamer mit Oxalvinester.

Nach BROMEIS $C^{14}H^{11}O^9$, welche Formel LAURENT (*Rev. scient.* 10, 124) annimmt, aber (*Compt. rend.* 31, 352) wieder verwirft.

Verbindungen. Die Säure löst sich ziemlich in kaltem, sehr gut in kochendem *Wasser,* LAURENT; sie löst sich in etwas über 1 Th. Wasser oder *Salpetersäure.* BROMEIS.

Das, in Nadeln anschiefsende, *Ammoniaksalz* fällt nicht die Salze von Baryt, Strontian, Kalk, Bittererde, Manganoxydul, Kadmiumoxyd, Bleioxyd, Kupferoxyd und Nickeloxydul. LAURENT, BROMEIS.

Barytsalz. — Hält getrocknet 54,3 Proc. Baryt, LAURENT; hält 51,51 Proc. Baryt, BROMEIS.

Strontiansalz. — Aus einem Gemisch des Ammoniaksalzes mit Chlorstrontium fällt Weingeist mikroskopische Nadeln, welche bei 130° im Vacuum 9,2 Proc. (fast 3 At.) Wasser verlieren. LAURENT.

Kalksalz. — Ebenso bereitet. Der Niederschlag verliert bei 100° im Vacuum 8,4 Proc. Wasser.

	Krystalle.		LAURENT.
$C^{12}H^8O^6$	128	63,37	
2 CaO	56	27,72	25,74
2 HO	18	8,91	8,40
$C^{12}H^8Ca^2O^8 + 2 Aq$	202	100,00	

Bleisalz. — Hält 60,5 Proc. Bleioxyd. LAURENT.

Das Ammoniaksalz fällt salzsaures *Eisenoxyd* blassziegelroth. LAURENT.

Silbersalz. — Das Ammoniaksalz gibt mit nicht zu wenig salpetersaurem Silberoxyd einen Niederschlag, BROMEIS, und zwar einen weifsen, LAURENT.

			BROMEIS.	LAURENT.
12 C	72	20,00	22,50	
8 H	8	2,22	2,64	
2 Ag	216	60,00	56,41	57,00
8 O	64	17,78	18,45	
$C^{12}H^8Ag^2O^8$	360	100,00	100,00	

Nach BROMEIS $C^{14}H^9Ag^2O^9$; es ist zu vermuthen, dass die Säure und ihre Salze in verschiedener Reinheit untersucht wurden.

Die Säure löst sich leicht in heifsem *Weingeist* und *Aether*. LAURENT.

Die durch längeres Behandeln des Wallraths mit Salpetersäure von LAUR. SMITH (*Ann. Pharm.* 42, 252) erhaltene Säure, welche 50,2 Proc. C, 7,0 H und 42,8 O, und deren Silbersalz 22,58 Proc. C, 2,68 H, 55,98 Ag und 18,76 O hält, gehört vielleicht hierher.

Gepaarte Verbindung.

Adipinvinester.

$$C^{20}H^{18}O^8 = 2\,C^4H^5O,C^{12}H^8O^6.$$

MALAGUTI (1846). *N. Ann. Chim. Phys.* 16, 85.

Die weingeistige Lösung der Adipinsäure wird mit salzsaurem Gas gesättigt u. s. w.

Gelbliches Oel von 1,001 spec. Gew. bei 20,5°, bei 230° unter Zersetzung siedend, von starkem Geruch nach Reinetten und bitterm und ätzenden Geschmack.

Chlorgas wirkt stark ein und verdickt den Ester unter Salzsäureentwicklung bald zu einer terpenthinartigen Masse. MALAGUTI.

			MALAGUTI.
20 C	120	59,41	59,29
18 H	18	8,91	9,06
8 O	64	31,68	31,65
$C^{20}H^{18}O^8$	202	100,00	100,00

Sauerstoffkern $C^{12}H^8O^4$.

Terechrysinsäure.

$$C^{12}H^8O^{10} = C^{12}H^8O^4,O^6.$$

CAILLOT (1847). *N. Ann. Chim. Phys.* 21, 27; auch *J. pr. Chem.* 42, 233.

Acide téréchrysique.

Darstellung. Man destillirt wenig Terpenthinöl mit viel, mit gleichviel Wasser verdünnter, Salpetersäure, bis sich keine rothe Dämpfe mehr entwickeln, dampft die vom erzeugten Harz abgegossene Flüssigkeit ab, nimmt den Rückstand in kaltem Wasser auf, giefst die Lösung ab und erhält durch Abdampfen und Hinstellen erst Krystalle von Oxalsäure, dann einen grauweifsen aus Oxalsäure, Terebinsäure, Terephthalsäure und Terebenzinsäure bestehenden Absatz, und eine Mutterlauge, die neben den, vermittelst Salpetersäure in kleiner Menge gelöst erhaltenen eben genannten Säuren, die Terechrysinsäure enthält. Man dampft diese Mutterlauge bis zur Honigdicke ab, wobei die übrige Oxalsäure durch die übrige Salpetersäure völlig [?] zerstört wird, löst wieder in wenig Wasser, trennt die Lösung von der schwer löslichen Terebenzinsäure, neutralisirt sie durch kohlensauren Baryt, filtrirt sie vom terebenzinsauren und terephthalsauren Baryt ab, fällt sie durch Schwefelsäure, giefst das, neben der Terechrysinsäure, noch etwas Salpetersäure und Terebinsäure haltende Filtrat in kochenden wässrigen Bleizucker, bei dessen Erkalten, durch verdünnte Schwefelsäure zu zersetzende, feine Krystalle von terechrysinsaurem Bleioxyd anschiefsen.

Eigenschaften. Nach Abdampfen der wässrigen Lösung: Pomeranzengelber, amorpher, nicht flüchtiger Teig, von erst sehr saurem, dann herben und bitteren Geschmack.

Sie liefert bei der trocknen Destillation erst Kohlensäure und ein wenig gefärbtes saures Destillat, dann brennbare Gase, gelbliches Oel und viel dichte Kohle.

Sie löst sich nach allen Verhältnissen in *Wasser*.

Ihre *Salze* sind gelb oder morgenroth, und meist in Wasser löslich.

Bleisalz bei 120°.			Caillot. a.	Caillot. b.
12 C	72	19,67	18,15	18,88
6 H	6	1,64	1,57	1,72
2 PbO	224	61,20	60,77	62,10
8 O	64	17,49	19,51	17,30
$C^{12}H^6Pb^2O^{10}$	366	100,00	100,00	100,00

Salz b ist Salz a, durch wiederholtes Auskochen mit Wasser vom etwa beigemengten terebenzinsauren Bleioxyd befreit.

Die Säure löst sich in jeder Menge von *Weingeist* und *Aether*.

Der *Terechrysinvinester* ist eine dunkelgelbrothe schleimige Flüssigkeit, welche bei der trocknen Destillation ein fast farbloses ätherisches Destillat, Oel und viel Kohle liefert. Caillot.

Amidkern $C^{12}AdH^{11}$.

Leucin.

$$C^{12}NH^{13}O^4 = C^{12}AdH^{11},O^4.$$

Proust. *Ann. Chim. Phys.* 10, 40; auch *N. Tr.* 4, 1, 221.

Braconnot. *Ann. Chim. Phys.* 13, 119; auch *Schw.* 29, 349; auch *Gilb.* 70, 396. — *Ann. Chim. Phys.* 35, 161; auch *N. Tr.* 18, 1, 270.

Mulder. *J. pr. Chem.* 16, 290; Ausz. *Ann. Pharm.* 28, 79. — *J. pr. Chem.* 17, 57.

Bopp. *Ann. Pharm.* 69, 20.

Laurent u. Gerhardt. *N. Ann. Chim. Phys.* 24, 321; auch *N. J. Pharm.* 14, 311.

Cahours. *Compt. rend.* 27, 265; auch *J. pr. Chem.* 45, 350.

Käsoxyd, Aposepedin, Oxyde caseux, Leucine, Aposepedine. — Proust entdeckte 1818 beim Faulen des Käses das Käsoxyd und Braconnot 1820 bei der Zersetzung thierischer Stoffe durch Vitriolöl das Leucin; Mulder erkannte 1838 die Einerleiheit beider Stoffe.

Vorkommen. Im alten Käs. Proust. Wahrscheinlich ist auch das von Lassaigne u. Collard in der Ausleerung vom schwarzen Erbrechen Gefundene und für Kässäure erklärte nichts, als Leucin. Braconnot.

Bildung. 1. Bei der Zersetzung von Leim, Muskelfleisch, Legumin oder Wolle (oder Eiweifs, Mulder) durch Vitriolöl, Braconnot; neben etwas Leimsüfs, Mulder. Beim Erhitzen von Horn mit verdünnter Schwefelsäure. Hinterberger. — 2. Beim Kochen von Eiweifs, Leim oder Fleisch mit Kalilauge, neben Leimsüfs, Mulder. Daher auch beim Kochen von Runkelrübensaft mit Kalk. Hochstetter (*J. pr. Chem.* 29, 30). — 3. Beim Schmelzen von Albumin, Fibrin, Casein, Bopp, oder von Horn, Hinterberger, mit Kalihydrat. — 4. Beim Faulen von Casein oder Kleber unter Wasser, Proust, Mulder; bald reichlich, bald nur in Spuren, Cahours.

Darstellung. 1. Man mengt verkleinertes, mit Wasser ausgewaschenes, dann stark ausgepresstes Ochsenfleisch mit gleichviel Vitriolöl, erwärmt gelinde bis zur völligen Lösung, hebt das Fett nach dem Erkalten ab, verdünnt das Gemisch mit Wasser, das $3\frac{1}{2}$fache vom angewandten Fleisch betragend, kocht es 9 Stunden lang unter Ersetzung des Wassers, entfernt die Schwefelsäure durch Kreide, dampft das Filtrat bis zum Extract ab, kocht dieses wiederholt mit Weingeist von 34° Bm. aus, dampft die erhaltene weingeistige Tinctur ab, zieht den trocknen Rückstand mit kaltem Weingeist aus, löst das hierbei zurückbleibende Gemenge von Leucin und wenig durch Gerbstoff fällbarer Materie in Wasser, fügt dazu mit Vorsicht so lange Gerbstofflösung in Tropfen, als diese noch etwas niederschlägt, filtrirt nach einigen Stunden, und dampft ab. BRACONNOT. Das von BRACONNOT dargestellte Leucin scheint noch Leimsüfs enthalten zu haben. MULDER.

2. Man kocht 1 Th. trocknes fettfreies Albumin, Fibrin oder Casein mit 4 Th. Vitriolöl und 12 Th. Wasser 1 Tag lang unter Ersetzung des Wassers in offner Schale. — Oder besser: Man löst 1 Th. Substanz in 4 Th. starker Salzsäure, dampft mit 3 bis 4 Th. Vitriolöl im Wasserbade bis zur Verjagung der meisten Salzsäure ab und löst die bleibende schwarzbraune Pech- oder Syrup-artige Masse, in welcher sich Kryställchen bilden, in heifsem Wasser. — Man kocht eine dieser sauren Flüssigkeiten mit überschüssiger Kalkmilch zur Verjagung des Ammoniaks, seiht durch einen Leinenbeutel, fällt aus dem klaren Filtrat den durch Zersetzungsproducte gelöst gehaltenen Kalk durch Schwefelsäure, den Ueberschuss dieser durch Bleizucker und den Ueberschuss des Bleis durch Hydrothion, dampft das Filtrat zum Syrup ab, aus welchem in einigen Tagen Leucin und Tyrosin anschiefsen. Man befreit die Krystalle von der syrupartigen Mutterlauge durch 86procentigen Weingeist und trennt das Leucin vom Tyrosin und braunen Stoffen durch Wasser, Bleioxydhydrat und Thierkohle nach der bei Darstellung (5) angegebenen Weise. — Die in Weingeist gelöste Mutterlauge liefert bei 2monatlichem Hinstellen noch Krystalle von viel Leucin und wenig besonderer, viel schwieriger in Wasser löslicher Materie. — Diese Materie bildet nach der Reinigung weifse matte Nadeln, sublimirt sich, wie das Leucin ohne Rückstand, in baumwollenartigen Flocken, löst sich aber schwierig in Wasser, fast gar nicht in Salzsäure oder Kali, und leicht in absolutem Weingeist. BOPP.

3. Man kocht 1 Th. Ochsenhornspäne mit 4 Th. Vitriolöl und 12 Th. Wasser 36 Stunden lang unter Ersetzung des Wassers, übersättigt mit Kalkmilch, kocht das Ganze 24 Stunden in einem eisernen Topfe, seiht durch den Spitzbeutel, presst aus, versetzt die Flüssigkeit mit ganz schwach vorwaltender Schwefelsäure, filtrirt sie und erhält durch Abdampfen zuerst kugelige Krystallmassen von Tyrosin, dann blättrige von Leucin. Letztere werden zwischen Papier ausgepresst, durch Waschen mit absolutem Weingeist von brauner Masse befreit, und aus der Lösung in wenig heifsem Wasser zum Krystallisiren gebracht, wobei anfangs Tyrosin, dann aus dessen Mutterlauge ziemlich reines, aber nicht ganz weifses Leucin anschiefst. Daher löst man es in heifsem Wasser, digerirt mit etwas Bleioxydhydrat, filtrirt, befreit das Filtrat durch Hydrothion vom Blei, dampft

ab, und behandelt das angeschossene Leucin noch mit Thierkohle. HINTERBERGER (*Ann. Pharm.* 71, 72).

4. Man kocht Eiweifs, Leim oder Fleisch mit Kalilauge bis zu völliger Zersetzung, neutralisirt mit Schwefelsäure, dampft ab, und zieht durch Weingeist das Leucin aus. MULDER.

5. Man trägt 1 Th. Pulver von trocknem fettfreien Albumin, Fibrin oder Casein in 1 Th., in einem Eisentiegel von 25fachem inhalt bis zum Schmelzen erhitztes, Kalihydrat, fügt nach 1/2 Stunde, nachdem sich unter heftigem Aufschäumen Wasserstoff und Ammoniak entwickelt hat, und die anfangs auftretende braune Farbe des Gemenges in Gelb übergegangen ist, behutsam Wasser hinzu, sättigt mit Essigsäure, filtrirt heifs und erhält beim Erkalten allmälig Nadelbüschel von Tyrosin. Diese füllen bei gut gelungener Arbeit das Filtrat und betragen um so weniger, je länger die Schmelzung dauerte. Man dampft die von den Tyrosinkrystallen abgegossene Flüssigkeit bis zur Krystallhaut ab, stellt sie 24 Stunden hin und zieht sie mit starkem Weingeist aus, welcher Krystalle von Leucin und dem noch übrigen Tyrosin lässt, versetzt die Flüssigkeit mit weingeistiger Schwefelsäure, giefst sie vom angeschossenen schwefelsauren Kali ab, entfernt aus ihr den Weingeist durch Verdunsten und die Schwefelsäure durch Bleizucker, dann noch das Blei durch Hydrothion, und erhält durch Abdampfen Krystalle von Leucin, und einen schmierigen Syrup, der um so weniger beträgt, je länger man geschmolzen hatte. — Um das Leucin von Tyrosin und etwas braunem Farbstoff zu befreien, löst man es in so viel heifsem Wasser, dass daraus beim Erkalten mit dem meisten Tyrosin nur wenig Leucin anschiefst, digerirt die Mutterlauge mit Bleioxydhydrat, welches den Farbstoff mit etwas Leucin entzieht, behandelt das Filtrat mit Hydrothion und dampft das nur noch gelbliche Filtrat im Kolben zur Krystallhaut ab, worauf beim Erkalten, mit kaltem Wasser und Weingeist zu waschendes und durch Thierkohle und durch Umkrystallisiren zu entfärbendes Leucin krystallisirt. — Ist es blofs auf Leucin und nicht auch auf Tyrosin abgesehen, so braucht man das Kaligemenge blofs so lange zu erhitzen, bis das stärkste Aufschäumen vorüber ist. Dann hat sich dieselbe Menge von Leucin, aber noch kein Tyrosin gebildet. BOPP.

6. Man lässt feuchten Kleber oder durch Essig gefällten Käs bei ungefähr 10° unter Wasser faulen, welches man von Zeit zu Zeit abgiefst und erneuert, damit die Fäulniss nicht durch die Anhäufung von phosphorsaurem, essigsaurem und kässaurem [milchsaurem?] Ammoniak unterbrochen werde, dampft das Abgegossene zum Syrup ab, welcher in einigen Tagen zu einer rothen, widerlich scharf schmeckenden Salzmasse gesteht, wäscht diese mit kaltem Weingeist aus, welcher die Salze entzieht, bis der Käsgeschmack genommen ist, kocht das bleibende weifse Pulver mit Wasser, dampft das heifse Filtrat bis zur Haut ein, und befreit diese nach dem Erkalten durch Abgiefsen und Waschen mit kaltem Wasser von der, noch Salz haltenden, Mutterlauge. PROUST. Ist noch durch wiederholtes Lösen in kochendem Wasser und durch Behandeln mit Thierkohle von anhängendem Fett zu befreien. BRACONNOT.

7. Man lässt 1 Th. Käs, Muskelfleisch oder Eiweifs mit 50 Th. Wasser 6 Wochen lang etwas über 20° faulen, kocht die gebildete trübe Lösung mit etwas Kalkmilch, fällt den Kalk durch sehr schwach überschüssige Schwefelsäure, kocht das Filtrat ein, fällt es durch Bleizucker, behandelt die abgegossene Flüssigkeit mit Hydrothion, dampft das Filtrat zum Syrup ab, befreit das daraus anschiefsende Leucin durch Weingeist von dem übrigen Syrup, reinigt es durch Lösen in Wasser, Behandeln mit Bleioxydhydrat und Hydrothion, Krystallisiren, Waschen mit kaltem Wasser und Weingeist. Obige weingeistige Lösung des Syrups stark abgedampft, setzt beim Lösen in absolutem Weingeist noch etwas Leucin ab. Bopp.

Eigenschaften. Weifse zarte, dem Lerchenschwamm ähnliche, auf dem Wasser schwimmende, fettig anzufühlende Masse. Proust. Dendriten und aus seidenglänzenden zarten Nadeln bestehende Warzen und Ringe, zwischen den Zähnen krachend, leicht zu pulvern, geruchlos, von schwach bitterm Geschmack nach Braten oder Fleischbrühe. Braconnot. Krystallisirt aus Weingeist in perlglänzenden, weich anzufühlenden, dem Gallenfett ähnlichen, auf dem Wasser schwimmenden Schuppen. Mulder. Es sublimirt sich, in an beiden Enden offner Röhre behutsam erhitzt, fast ganz unzersetzt in zarten ausgedehnten Verzweigungen, Braconnot; es sublimirt sich bei 170° vollständig ohne Schmelzung und Zersetzung, Mulder, in baumwollenartigen Flocken, Bopp, sich wie Zinkoxyd in der Luft verbreitend, Hinterberger.

			Mulder.	Cahours. nach (1),	nach (6).	Strecker.	Laur. u. Gerh.
12 C	72	54,96	55,59	54,96	55,05	54,55	54,6
N	14	10,69	10,51	10,89	10,74		
13 H	13	9,92	9,26	10,05	9,38	10,00	9,9
4 O	32	24.43	24,64	24,10	24,83		
$C^{12}NH^{13}O^4$	131	100,00	100,00	100,00	100,00		

Es verliert bei 108° kein Wasser, auch nicht nach dem Mischen mit Bleioxyd. Mulder. — Auch Laskowski's Analyse entspricht der obigen, von Laurent u. Gerhardt zuerst festgesetzten Formel (*Ann.* 68, 364). Homolog mit Leimsufs, $C^4NH^5O^4$, und Sarkosin, $C^6NH^7O^4$. Laurent u. Gerhardt. — Braconnot und Liebig (*Ann. Pharm.* 57, 134) vermutheten im Leucin Schwefel.

Zersetzungen. 1. Bei der *Destillation* in gelinder Hitze wird viel Leucin (6) unzersetzt sublimirt, während ein Theil in wenig Wasser, Ammoniak und sehr leichte Kohle und in viel gelbes, beim Erkalten erstarrendes, fettig und knoblauchartig riechendes Oel zerfällt. Proust. In einer Retorte [stärker?] erhitzt, schmilzt (6) und gibt unter Aufblähen kein Sublimat, sondern erst wässriges kohlensaures und Hydrothion-Ammoniak, dann viel talgartige Materie. Braconnot. Leucin (1) schmilzt weit über 100°, entwickelt den Geruch nach geröstetem Fleisch, sublimirt sich zu einem Theil in weifsen körnigen Krystallen und zerfällt zum andern in ein ammoniakalisches und brenzlich öliges Destillat. Braconnot. — 2. Das Leucin *verbrennt* an der Luft leicht, mit weifser Flamme. Proust, Braconnot.

3. Es wird durch *Chlor* unter Bildung eines ähnlichen braunen harten Körpers, wie das Leimsüfs (V, 4), und einer flüchtigen rothen Flüssigkeit zersetzt. Mulder. — 4. Bei fortgesetztem Erwärmen mit

genug *Salpetersäure* löst es sich ganz in Gase auf, aber so lange die Zersetzung nicht beendigt ist, verhält sich das übrig Bleibende wie Leucinsalpetersäure. MULDER. (6) löst sich in Salpetersäure und wird beim Erhitzen unter Gasentwicklung schnell in Oxalsäure und sehr wenig Pikrinsäure-ähnliche Materie zersetzt. PROUST. Seine salpetersaure Lösung bis zu Honigdicke abgedampft und in wenig Wasser vertheilt, zerfällt in ein gelbes Oel und in eine gelbe bittere herbe Flüssigkeit, welche Ammoniak und Schwefelsäure [?], aber keine Oxalsäure hält. BRACONNOT. — 5. Bei der Destillation mit *Braunstein* und verdünnter *Schwefelsäure* liefert das Leucin Valeronitril und Kohlensäure. $C^{12}NH^{13}O^{4} + 4\,O = C^{10}NH^{9} + 2\,CO^{2} + 4\,HO$. Bei stärkerer Schwefelsäure geht Baldriansäure über, während der Rückstand Ammoniak hält. Beim Destilliren des Leucins blofs mit *Bleihyperoxyd* und Wasser geht eine Spur Valeronitril, aber viel Butyrol und dann Ammoniak über, die zu Butyrolammoniak krystallisiren. LIEBIG (*Ann. Pharm.* 70, 313). — 6. Beim Schmelzen mit *Kalihydrat* liefert das Leucin, unter Entwicklung von Ammoniak und Wasserstoff, baldriansaures Kali. LIEBIG (*Ann. Pharm.* 57, 127). — 8. Das wässrige Leucin bildet unter Entwicklung eines sehr widrigen Geruchs eine besondere Säure, vielleicht $C^{12}H^{12}O^{6}$. CAHOURS. — 9. 1 Th. in Wasser gelöstes Leucin mit feuchtem Fibrin, welches im trocknen Zustande 1/2 Th. gewogen haben würde, einige Wochen hingestellt, erzeugt, unter Faulen und Zerstörung des meisten Leucins, Ammoniak und so viel Baldriansäure, dass sie nicht vom Fibrin abgeleitet werden kann. BOPP.

Verbindungen. Das Leucin löst sich wenig in kaltem *Wasser*, durch welches es nicht befeuchtet wird, aber leicht in Wasser von 60°, PROUST; es löst sich in 14 Th. Wasser von 22°, BRACONNOT; in 27,7 Th. kaltem Wasser, MULDER.

Seine Lösung in *Vitriolöl* färbt sich nicht beim Erwärmen. MULDER.

Es löst sich leicht in *Salzsäure* (leichter als in Wasser, BRACONNOT) und *verdünnter Schwefelsäure*, und die Lösung lässt sich bei 100° ohne Zersetzung abdampfen. BOPP. Die abgedampfte salzsaure Lösung gesteht bei jedesmaligem Erkälten. BRACONNOT. Die Krystalle des salzsauren Leucins halten 20,6 Proc. Cl, sind also $C^{12}NH^{13}O^{4},HCl$. LAURENT u. GERHARDT. Auch absorbirt das Leucin 27,93 Proc. (1 At.) salzsaures Gas. MULDER.

Es löst sich leicht in *Salpetersäure* zu *Leucinsalpetersäure*, *Acide nitroleucique*, die beim Abdampfen und Erkälten und Umkrystallisiren der zwischen Papier ausgepressten Krystallmasse in farblosen Nadelbüscheln, von schwächerem Geschmack, als Leimsüfssalpetersäure, anschiefst. BRACONNOT. Die sich ohne Aufbrausen bildende klare dicke Lösung des Leucins in nicht überschüssiger, kalter Salpetersäure erstarrt bald zu Krystallkörnern, die beim Umkrystallisiren zu Nadeln werden. Das bei der Lösung erfolgende geringe Aufbrausen rührt wohl von etwas kohlensaurem Ammoniak her. LAURENT u. GERHARDT.

	Nadeln bei 100°.		MULDER.	LAUR. u. GERH.
12 C	72	37,11	38,03	36,9
2 N	28	14,43		
14 H	14	7,22	6,87	7,2
10 O	80	41,24		
$C^{12}NH^{13}O^{4},HO,NO^{5}$	194	100,00		

Das Leucin löst sich leicht in wässrigem *Kali*, aber ohne es zu neutralisiren. PROUST.

Der *leucinsalpetersaure Baryt* hält 41,01 Baryt. MULDER. — Der *leucinsalpetersaure Kalk* schiefst in rundlichen Gruppen an, schmilzt auf glühenden Kohlen im Krystallwasser und verpufft dann, jedoch langsamer als der leimsüfssalpetersaure Kalk. — Das *Bittererdesalz* bildet kleine körnige, nicht feucht werdende Krystalle. BRACONNOT. — Auch mit *salpetersaurem Silberoxyd* bildet Leucin ein krystallisirbares Salz. — Diese Salze haben ohne Zweifel die Formel $C^{12}NH^{13}O^4,MO,NO^5$. LAURENT u. GERHARDT.

Leucin-Bleioxyd. — Wässriges Leucin fällt Bleiessig weifs. BRACONNOT. — Ein kochendes wässriges Gemisch von Leucin und Bleizucker setzt bei vorsichtigem Zusatz von Ammoniak perlglänzende Blättchen ab, die 29,3 Proc. C und 46.3 PbO halten, also $PbO,C^{12}NH^{13}O^4$ sind. STRECKER (*Ann. Pharm.* 72, 89).

Das wässrige Leucin fällt reichlich das salpetersaure *Quecksilberoxydul* in weifsen Flocken unter Röthung der darüber stehenden Flüssigkeit. BRACONNOT.

Das Leucin löst sich in 658 Th. kaltem *Weingeist* von 0,828 spec. Gew.; seine heifse Lösung trübt sich beim Erkalten. MULDER. Leucin (6) löst sich höchst wenig in kochendem Weingeist, und gibt beim Erkalten Krystallkörner, PROUST, ein zartes Pulver, BRACONNOT. Leucin (1) löst sich nur in erhitztem Weingeist beträchtlich. BRACONNOT. Das Leucin löst sich wenig in gewöhnlichem, und sehr schwer in absolutem Weingeist. BOPP. — Auch warmer *Aether* löst kein Leucin. PROUST, MULDER.

Essigsäure, so wie *essigsaures Kali* vermehrt die Löslichkeit des Leucins in Wasser oder Weingeist. BOPP. — Da nach BRACONNOT Leucin (1) durch *Gerbstoff* nicht gefällt wird, aber Leucin (6) mit Galläpfelaufguss weifse Flocken erzeugt, die sich in dessen Ueberschuss lösen, so verdient die Ausmittlung dieses Verhältnisses eine weitere Prufung.

Sauerstickstoffamidkern $C^{12}NAdH^4O^6$.

Amalinsäure.

$$C^{12}N^2H^6O^8 = C^{12}NAdH^4O^6,O^2.$$

ROCHLEDER (1849). *Ann. Pharm.* 71, 1. — *Wien. Akad. d. Wiss.* 1850 2, 98.

Von ἀμαλός, weil schwach sauer und wenig fest.

Darstellung. Man leitet durch, mit Wasser zu einem Brei angemachtes Coffein oder Theobromin Chlorgas, bis die Flüssigkeit sich nicht mehr damit erhitzt und mit Kali unter dem Mikroskop keine feine Nadeln weiter ausscheidet, dampft sie auf dem Wasserbade ab, so lange die Krystalle zunehmen, sammelt diese nach dem Erkalten, wäscht sie mit heifsem Wasser, kocht sie mit absolutem Weingeist aus, und lässt sie aus kochendem Wasser krystallisiren.

Eigenschaften. Farblose, ziemlich grofse, weiche Krystalle, im Ansehen dem Alloxantin täuschend ähnlich, in der Hitze schmelzbar, bei 100° kein Wasser verlierend, sehr schwach Lackmus röthend, sich durch Ammoniak röthend, in der Lösung der Haut nach einiger Zeit eine rothe Farbe und einen widrigen Geruch ertheilend, wie wässriges Alloxan.

			ROCHLEDER.
12 C	72	42,35	41,97
2 N	28	16,47	16,46
6 H	6	3,53	4,24
8 O	64	37,65	37,33
$C^{12}N^2H^6O^8$	170	100,00	100,00

Es unterscheidet sich vom Alloxan (V, 305) durch C^4H^4 mehr. — Nach ROCHLEDER $C^{12}N^2H^7O^8$.

Zersetzungen. 1. Ueber den Schmelzpunct erhitzt, färbt sich die Säure gelb, dann rothgelb, dann braun (sich nun mit purpurrother Farbe in Wasser lösend), entwickelt Ammoniak, Oel und einen krystallischen Körper, und lässt eine Spur Kohle. — 2. Sie wird durch Chlor in Nitrothein (V, 513) verwandelt. [$C^{12}N^2H^6O^8+2Cl+2HO = C^{10}N^2H^6O^6+2CO^2+2HCl$.] — 3. Sie bildet mit heifser Salpetersäure unter Entwicklung rother Dämpfe besondere Krystalle. — 4. Sie reducirt aus den Silbersalzen das Metall in schwarzen Flocken. — 5. Sie wird durch Ammoniak in einen dunkelrothen Körper, *Murexoin*, verwandelt. Sie färbt sich daher an der (ammoniakhaltenden) Luft rosenroth, dann violett, und zuletzt braunroth. Auf einer Schale schwach befeuchtet, der durch Verbreiten von wässrigem Ammoniak mit Ammoniakgas beladenen Luft unter einer Glocke dargeboten, nach eingetretener braunrother Färbung zwischen Papier ausgepresst, durch Aussetzen an die Luft vom überschussigen Ammoniak befreit und in Wasser von 90° oder in warmem Weingeist gelöst, liefert sie das *Murexoin* in scharlachrothen 4seitigen Säulen, von 2 Flächen das Licht mit goldgelber Farbe zurückwerfend, unter dem Polirstahl goldglänzend werdend, nach dem Trocknen im Vacuum nichts bei 100° verlierend, in diesem Zustande 43.30 Proc. C, 27,50 N, 5,09 H und 24,11 O haltend, also = $C^{36}N^5H^{23}O^{15}$ [?], und sich beim Erhitzen theilweise unzersetzt, als violetter Rauch verflüchtigend. Die purpurrothe wässrige Lösung wird durch Kali nicht violett, sondern sogleich entfärbt. [Sollte das Murexoin = $C^{24}N^6H^{16}O^{12}$ sein, so würde es sich von dem ähnlichen Murexid (V, 323) durch C^8H^6 mehr unterscheiden.] — 6. Die Säure gibt mit Kali, Natron oder Baryt dunkelviolette Verbindungen, die sich bei überschüssiger Säure ziemlich halten, aber bei mehr Alkali entfärben, wobei Baryt in der Wärme einen weifsen gallertartigen Niederschlag erzeugt. — 7. Mit Eisenoxydulsalzen unter Zusatz von Alkali gibt die wässrige Säure einen dunkelindigblauen Niederschlag.

Verbindungen. Die Amalinsäure löst sich nicht in kaltem, wenig in heifsem *Wasser*, und scheidet sich daraus, unter Bewegung erkaltend, in Flocken, aber bei ruhigem Stehen erst nach vielen Stunden in gröfseren Krystallen aus.

Sie löst sich wenig in kochendem absoluten *Weingeist*. ROCHLEDER.

Stammkern $C^{12}H^{14}$.

Sauerstoffkern $C^{12}H^8O^6$.

Lactid.

$$C^{12}H^8O^8 = C^{12}H^8O^6,O^2.$$

JUL. GAY-LUSSAC u. PELOUZE (1833). *Ann. Chim. Phys.* 52, 410; auch *Ann. Pharm.* 7, 43.
CORRIOL. *J. Pharm.* 19, 373. — *J. Scienc. phys.* 3, 421.

PELOUZE. *N. Ann. Chim. Phys.* 13, 260; auch *Ann. Pharm.* 53, 116.
ENGELHARDT. *Ann. Pharm.* 70, 243.

Sublimirte Milchsäure, Lactide, Acide lactique anhydre.

Bildung. Bei der trocknen Destillation der Milchsäure oder vielmehr des Milchsäure-Anhydrids (V, 857).

Darstellung. 1. Man presst das bei der trocknen Destillation der Milchsäure erhaltene butterartige, weiſse, bittere, saure Sublimat zwischen Flieſspapier aus, und lässt es aus kochendem Weingeist (oder Aether, CORRIOL) krystallisiren. GAY-LUSSAC u. FELOUZE. — 2. Man befreit sämmtliches durch Destillation des Milchsäure-Anhydrids bei 250 bis 260° erhaltene Destillat durch Erhitzen auf 100° vom Aldehyd, wäscht den beim Erkalten zu einem bräunlichen Krystallbrei gestandenen Rückstand auf dem Filter mit kaltem absoluten Weingeist (welcher gewöhnliche Milchsäure und Citrakonsäure entzieht) bis zur Entfärbung, und lässt ihn aus der Lösung in möglichst wenig kochendem absoluten Weingeist krystallisiren. Das in der Mutterlauge bleibende Lactid ist als solches verloren, da es beim Abdampfen in gewöhnliche Milchsäure übergeht. ENGELHARDT.

Eigenschaften. Weiſse rhombische Tafeln. GAY-LUSSAC u. FELOUZE. Groſse Krystalle des 2- u. 1-gliedrigen Systems, wie es scheint, vom Habitus des Eisenvitriols, welche beim Trocknen in Stücke zerfallen. ENGELHARDT. Es schmilzt bei 107°, GAY-LUSSAC u. PELOUZE, über 100°, worauf es bei 74° krystallisch erstarrt, CORRIOL. Es siedet bei 250° ohne Zersetzung, unter Verbreitung weiſser stechender Nebel, GAY-LUSSAC u. PELOUZE, und lässt sich bei nicht zu starker Hitze unzersetzt sublimiren, CORRIOL. Es sintert bei 120° zusammen, sublimirt sich dabei sehr langsam, und kommt erst bei stärkerer Hitze, unter rascherer Sublimation, ins Schmelzen, ENGELHARDT. Geruchlos, weniger sauer schmeckend, als Milchsäure. GAY-LUSSAC u. PELOUZE. Anfangs geschmacklos, aber bald durch Wasseraufnahme stark sauer. ENGELHARDT. Neutral. PELOUZE.

Krystalle im Vacuum getrocknet.			ENGELHARDT.
12 C	72	50,00	49,87
8 H	8	5,56	5,67
8 O	64	44,44	44,46
$C^{12}H^{8}O^{8}$	144	100,00	100,00

Dasselbe Resultat hatten GAY-LUSSAC u. PELOUZE und dann nochmals PELOUZE erhalten.

Zersetzungen. 1. Bei raschem Erhitzen erleidet das Lactid eine theilweise Zersetzung unter gelber Färbung. CORRIOL. Man erhält bei 250° Kohlenoxyd, Aldehyd, Citrakonsäure und Lactid, also dieselben Producte, wie vom Milchsäure-Anhydrid. ENGELHARDT. — 2. Die sich aus kochendem Lactid entwickelnden Nebel sind mit blauer Farbe entzündlich. GAY-LUSSAC u. PELOUZE. — 3. Das Lactid ändert sich nicht in kaltem Vitriolöl, schwärzt sich aber und verschwindet in heiſsem unter Entwicklung schwefliger Säure. CORRIOL. — 4. Es verwandelt sich sehr langsam in feuchter Luft oder in kaltem Wasser, schneller in heiſsem, jedenfalls weniger langsam als das Milchsäure-Anhydrid [wohl weil es leichter löslich ist], so wie schnell in wässrigen Alkalien, PELOUZE, in gewöhnliche Milchsäure, GAY-LUSSAC u. PELOUZE.

Verbindungen. Es löst sich in kochendem *Wasser* reichlicher als das Milchsäure-Anhydrid, und scheidet sich, wofern es nicht durch längeres Kochen in Milchsäure verändert ist, beim Erkalten gröfstentheils (in Nadeln, ENGELHARDT) aus. GAY-LUSSAC u. PELOUZE.

Es löst sich leicht in *Aceton.* PELOUZE.

Citronsäure.

$$C^{12}H^{8}O^{14} = C^{12}H^{8}O^{6},O^{8}.$$

SCHEELE, de succo citri. *Opusc.* 2, 181.
RETZIUS. *Crell. N. Entd.* 3, 193.
HERMBSTÄDT. Dessen *phys. chem. Vers.* 1, 207.
DIZÉ *J. de la Soc. des Pharmac.* T. 1. Nr. 6, 42; auch *Scher. J.* 2, 707; auch *A. Tr.* 6, 2, 205.
VAUQUELIN. *J. de la Soc. des Pharmac.* T. 1. Nr. 10, 83; auch *Scher. J.* 2, 712; auch *A. Tr.* 7, 1, 89.
PROUST. *Scher. J.* 8, 613.
RICHTER. Dessen *N. Gegenst.* 1, 59 u. 129; 6, 63.
BERZELIUS. *Gilb.* 40, 248. — *Ann. Chim.* 94, 171. — *Ann. Chim. Phys.* 67, 303; auch *J. pr. Chem.* 14, 350. — *Pogg.* 27, 281; — *Pogg.* 47, 309; auch *Ann. Chim. Phys.* 70, 215; auch *Ann. Pharm.* 30, 86; auch *J. pr. Chem.* 17, 177. — *Jahresber.* 21, 249.
LIEBIG. *Ann. Pharm.* 5, 134; 26, 119 u. 152; 26, 118 u. 151; 44, 57.
ROBIQUET. *Ann. Chim. Phys.* 65, 68; auch *Ann. Pharm.* 25, 138; auch *J. pr. Chem.* 11, 466. — *J. Pharm.* 25, 77; auch *Ann. Pharm.* 30, 229; auch *J. pr. Chem.* 17, 143.
WACKENRODER. *N. Br. Arch.* 23, 266.
MARCHAND. *J. pr. Chem.* 23, 60.
W. HELDT. *Ann. Pharm.* 47, 57.
CAHOURS. *N. Ann. Chim. Phys.* 19, 488; auch *J. pr. Chem.* 41, 62; Ausz. *Compt. rend.* 21, 814.

Acide citrique. — 1784 von SCHEELE entdeckt.

Vorkommen. 1. Frei und mit wenig oder gar keiner Aepfelsäure vermischt: In den Früchten von *Citrus medica* u. *Aurantium*, von *Prunus Padus*, *Vaccinium Vitis Idaea* u. *Oxycoccos*, von *Rosa canina* und *Solanum Dulcamara*, SCHEELE. — 2. Mit gleichviel Aepfelsäure gemischt: In den Früchten von *Ribes Grossularia* u. *rubrum*, von *Vaccinium Myrtillus*, *Crataegus Aria*, *Prunus Cerasus*, *Fragaria Vesca*, *Rubus Idaeus* u. *Chamaemorus*, SCHEELE; auch von *Sambucus racemosa*, THIBIERGE. — 3. Mit Aepfelsäure und Tartersäure im Marke der Tamarinden, VAUQUELIN, und in den Vogelbeeren, LIEBIG. — 4. Als citronsaures Kali oder Kalk: Im Kraut von *Aconitum Lycoctonum*, *Convallaria majalis* u. *multiflora*, *Isatis tinctoria* und *Nicotiana Tabacum*, im Milchsaft von *Lactuca sativa* u. *virosa*, in den Früchten von *Ribes Grossularia* und *Capsicum annuum*, in der Wurzel von *Asarum europaeum* und den Knollen von *Helianthus tuberosus* und *Dahlia pinnata*, in den Zwiebeln von *Allium Cepa*, im Splint von *Clematis Flammula* und in der grünen Wallnussschale.

Darstellung. 1. Man sättigt kochenden Citronensaft, bis er nicht mehr Lackmus röthet, mit kohlensaurem Kalk, seiht durch Leinen, süfst den daselbst bleibenden citronsauren Kalk mit heifsem Wasser aus, bis dieses fast ungefärbt abläuft, und digerirt ihn mit 60 Proc. seines Gewichts im trocknen Zustande Vitriolöl, welches mit der 8fachen Wassermenge verdünnt ist. Die hierauf filtrirte saure Flüssigkeit liefert beim Verdunsten krystallisirte Säure. SCHEELE. —

In englischen Fabriken zersetzt man 10 Th. citronsauren Kalk durch ein kaltes Gemisch von 9 Th. Vitriolöl und 56 Th. Wasser, filtrirt unter Waschen des Gypses mit kaltem Wasser, kocht das Filtrat auf freiem Feuer bis zu 1,13 spec. Gew. ein, hierauf in flachen Kesseln auf dem Wasserbade bis zu Syrup, welchen man, so wie er sich mit einem Salzhäutchen überzieht, sogleich zum Krystallisiren erkältet, bevor die überschüssige Schwefelsäure eine schwarze Masse bildet. Man reinigt die Krystalle durch 3- bis 4-maliges Umkrystallisiren, und behandelt die Mutterlauge, nach dem Verdünnen mit Wasser, mit kohlensaurem Kalk, wie frischen Citronensaft. BERZELIUS (*Lehrb.*). — MARTIUS (*Kastn. Arch.* 10, 486) klärt zuerst den Citronensaft durch Kochen mit Eiweifs, wodurch er fast ganz entfärbt wird, um eine farblose Citronsäure zu erhalten. — DIZÉ reinigt die erhaltene Säure vom Gyps durch Auflösen in Weingeist. — GAY-LUSSAC u. THÉNARD befreien sie von anhängender Schwefelsäure, wie die Oxalsäure (IV, 820), durch Digestion mit reinem oder citronsaurem Bleioxyd, Filtriren und Fällen des gelösten Bleioxyds mittelst Hydrothions. — Sobald die Flüssigkeit wegen unzureichender Schwefelsäure sauren citronsauren Kalk enthält, so erfolgt keine Krystallisation. SCHEELE. — 2. Der Citronensaft wird mit Kali neutralisirt und mit Bleizucker gefällt; das citronsure Blei wird durch lange Digestion mit verdunnter Schwefelsäure zersetzt; die saure Flüssigkeit wird durch salpetersauren Baryt von freier Schwefelsäure befreit, dann zum Krystallisiren verdunstet. Eben so verfährt man mit dem Johannisbeersaft. RICHTER. [Aber die Aepfelsäure?] — 3. TILLOY (*J. Pharm.* 13, 305; auch *N. Tr.* 16, 2, 193) presst zerquetschte reife Johannisbeeren nach beendigter Weingährung aus, destillirt den Weingeist ab, sättigt die Säuren des Rückstands mit kohlensaurem Kalk, zersetzt den gewaschenen Bodensatz warm mit überschüssiger verdünnter Schwefelsäure, sättigt das, neben der Citronsäure noch etwas Aepfelsäure haltende, Filtrat nach einigem Abdampfen wiederum mit kohlensaurem Kalk, zersetzt den gewaschenen citronsauren Kalk wieder mit Schwefelsäure, entfärbt das Filtrat durch Digestion mit Thierkohle, filtrirt, dampft ab, filtrirt vom niedergefallenen Gyps ab, und lässt bei 25° krystallisiren. Sind die Krystalle noch gefärbt, so wird die Säure zum drittenmal mit kohlensaurem Kalk gesättigt. 100 Kilogramme Johannisbeeren liefern 10 Liter Weingeist von 20° Bm. und 1 Kilogramm Citronsäure. Vergl. CHEVALLIER (*J. Chim. med.* 3, 265).

Durch Trocknen der durch Verdunsten der wässrigen Säure (so wie auch der durch Erkälten der heifs gesättigten Lösung, MARCHAND) erhaltenen gewässerten Krystalle bei 100° an der Luft (oder bei 16° im Vacuum über Chlorcalcium, WACKENRODER, oder über Vitriolöl, MARCHAND) erhält man die wasserfreie Säure. BERZELIUS.

Eigenschaften. Weifse verwitterte Krystalle; geruchlos, sehr sauer, stark Lackmus röthend. BERZELIUS. Klare Krystalle, noch von der Form der gewässerten Säure. MARCHAND.

	Krystalle.		MARCHAND. a.	MARCHAND. b.	WACKENRODER. a.
12 C	72	37,50	37,87	37,71	37,97
8 H	8	4,17	4,30	4,27	4,21
14 O	112	58,33	57,83	58,02	57,82
$C^{12}H^{8}O^{14}$	192	100,00	100,00	100,00	100,00

a. durch Trocknen der zweifach, b. der einfach gewässerten Säure im kalten trocknen Vacuum. — BERZELIUS betrachtet die hypothetisch trockne Citronsäure = $\overline{Ci}$ als $C^4H^2O^4$ und die entwässerte = $C^4H^2O^4 + \frac{2}{3}$ Aq, was, mit 3 multiplicirt, ebenfalls $C^{12}H^{8}O^{14}$ macht; nach LIEBIG ist $\overline{Ci} = C^{12}H^{5}O^{11}$.

Zersetzungen. 1. Bei der allmälig erfolgenden *trocknen Destillation* schmilzt die einfach gewässerte Citronsäure bei 150° ruhig, ROBIQUET, entwickelt anfangs Kohlensäure und wenig Kohlenoxyd, später blofs erstere, ROBIQUET, lässt zuerst ziemlich reines Wasser übergehen, Cahours, dann das, zuerst von Boullay und Robiquet hierbei gefundene Aceton, Cahours, gibt noch bei 150° einige im Retortengewölbe sublimirte Nadeln (vielleicht von Akonitsäure), die später verschwinden, Robiquet, zeigt sich bei 160° olivengrün gefärbt, löst sich, in dieser Zeit erkältet, völlig in wenig Aether, krystallisirt aber in einigen Stunden als gewöhnliche, nicht mehr in Aether lösliche Citronsäure um so vollständiger heraus, je kürzer geschmolzen wurde, Robiquet, während nach etwas stärkerem Schmelzen die Citronsäure gröfstentheils in Akonitsäure verwandelt ist, Dahlström, und lässt bei 175° erst farblose, dann blassgelbe Oeltropfen übergehen, die bei 195° reichlicher, neben wenig wässriger Flüssigkeit, aber bei 210° frei davon und fast farblos, und bei 240° gelb gefärbt kommen, Robiquet. Der gefärbte dickliche Rückstand entwickelt dann bei 270° wenig farbloses Oel, und, nachdem er ein durchsichtig dunkelhyacinthrothes aloeartiges Ansehen erhalten hat, und, erkaltet, etwas klebrig erscheint, bei noch stärkerer Hitze braunes Brenzöl, in rufsigen Dämpfen, und endlich eine gelbe weiche fettige Substanz, während Kohle bleibt. Robiquet. — Die erhaltenen wässrigen und brennend schmeckenden öligen Destillate nehmen immer mehr an spec. Gew. (von 1,0555 bis zu 1,300) und an Säuregehalt zu. Das erste hält Aceton, die folgenden immer mehr von der anfangs in Wasser gelösten und das letzte von der zu Citrakonanhydrid entwässerten Citrakonsäure, der sich zuletzt immer mehr übel riechendes und schmeckendes (schwarzes, pechartiges, Liebig) Brenzöl beimischt. Robiquet. — Bei kürzerem Erhitzen verwandelt sich die Säure in eine braune zerfliefsliche Masse; bei fortgesetztem entwickelt sie unter immer braunerer Färbung Kohlensäure und Kohlenoxyd, lässt Wasser, dann in weifsen und zuletzt braunen Nebeln eine farblose wässrige Lösung von Citrakonsäure (frei von Citronsäure und Essigsäure) und ein sich darunter setzendes, bituminos riechendes, sauer und scharf schmeckendes Oel [Citrakonanhydrid mit etwas *Pech*] übergehen, während eine lockere sehr glänzende Kohle bleibt. Lassaigne (*Ann. Chim. Phys.* 21, 102). — Bei so raschem Erhitzen, als es das Aufschäumen erlaubt, liefert die gewässerte Säure Wasser, dann, in weifsen Nebeln, Aceton und Kohlenoxyd (während der Rückstand aus unzersetzter Citronsäure und aus Wasser unkrystallisirbarer Materie besteht), dann, unter weniger Nebeln und immer vollständigerer Verdrängung des Kohlenoxydgases durch kohlensaures, eine farblose saure und acetonreiche Flussigkeit, und, sobald hierauf Oelstreifen abzufliefsen anfangen, besteht der Rückstand aus, mit wenig Citronsäure gemengter Aconitsäure, die bei weiterer Destillation die (V, 805—806) beschriebene Zersetzung zeigt. Crasso. — Bei rascher Destillation erhält man kein Kohlenoxyd und keine Essigsäure, die bei langsamer erhalten werden. Liebig. — Nach Baup (*Ann. Chim. Phys.* 61, 182) ist die übergegangene Säure viel Citrakonsäure (V, 499) mit wenig Itakonsäure (V, 505); nach Crasso ist das Verhältniss umgekehrt; Liebig vermochte nicht zweierlei Säuren zu unterscheiden. Während die trockne Destillation der Citronsäure für sich erst bei 175 [?] beginnt, so fängt die der mit Bimstein gemengten Säure schon bei 155° an, und liefert reines kohlensaures Gas, frei von Kohlenoxyd, und die der mit Platinschwamm gemengten beginnt bei 166° und liefert aufser kohlensaurem nur sehr wenig Kohlenoxydgas. Contactwirkung. Reiset u. Millon (*N. Ann. Chim. Phys.* 9, 289). — Die sehr wenige Kohle, welche die Citronsäure lässt, zeigt sich auch bei deren möglichst sorgfältiger Destillation im Vacuum. Dumas (*Ann. Chim. Phys.* 52, 295). — Die Zersetzungen sind vielleicht: $C^{12}H^{8}O^{14} - 2HO = C^{12}H^{6}O^{12}$ (Akonitsäure); $C^{12}H^{8}O^{14} - 2CO^{2} - 2HO = C^{10}H^{6}O^{8}$ (Citrakonsäure und Itakonsäure); $C^{12}H^{8}O^{14} - 4CO^{2} - 2CO - 2HO = C^{6}H^{6}O^{2}$ (Aceton).

2. *Chlorgas* durch die concentrirte Säure geleitet, welche es langsam im Schatten, schneller in der Sonne absorbirt, schlägt daraus ohne Kohlensäurebildung sehr langsam ein Oel nieder, welches nach dem Rectificiren farblos, und von 1,75 spec. Gew. ist, bei 200° siedet, eigenthümlich reizend riecht, ohne die Augen anzugreifen, süfslich brennend schmeckt, feuchtes Lackmuspapier nach einiger Zeit röthet und mit Wasser ein bei 6° blättrig krystallisirendes Hydrat bildet. Das Oel ist $C^{8}Cl^{8}O^{3}$, und sein Hydrat ist $C^{8}Cl^{8}O^{3},3Aq$ [?]. PLANTAMOUR (*Berz. Jahresber.* 26, 428). Das Oel ist $C^{10}Cl^{10}O^{4}$; denn $C^{12}H^{8}O^{14} + 12\,Cl = C^{10}Cl^{10}O^{4} + 6\,HO + 2\,HCl + 2\,CO^{2}$. LAURENT. — Auf concentrirtes citronsaures Natron wirkt Chlorgas selbst in der Sonne nur langsam ein, entwickelt Kohlensäure, und einen ätherischen süfsen Geruch nach Chloroform, der zulelzt unerträglich scharf wird, und fällt aus der sich trübenden Flüssigkeit Strahlen von einfach citronsaurem Natron und ein Oel. — 1. Dieses, nach dem Waschen mit Wasser gebrochen destillirt, lässt bei 60° Chloroform übergehen, dann bei 189° ein besonderes Oel, dann bei 200° ein Oel, welches ein Gemisch des besondern Oels mit dem aus der freien Säure (oben) erzeugten zu sein scheint. — Das *besondere Oel*, welches von seinen Salzsäurenebeln durch Hinstellen ins Vacuum mit Kalk leicht zu befreien ist, erscheint farblos, dunn, von 1,66 spec. Gew., siedet stetig bei 190°, riecht höchst stechend, reizt zu Thränen, schmeckt brennend, löst sich nicht in Wasser und ist = $C^{5}Cl^{4}O^{2}[C^{10}Cl^{8}O^{4}]$. (Sowohl das besondere Oel, als das aus der freien Säure erhaltene zersetzt sich mit weingeistigem Kali unter Wärmeentwicklung in Chlorkalium und später, beim Erkalten, in glänzenden Schuppen anschiefsendes, leicht in Wasser lösliches, bichloroxalsaures Kali, $KO,C^{4}Cl^{2}O^{3}$.) Vergl. jedoch (V, 281). — 2. Die vom Oelgemisch geschiedene wässrige Flüssigkeit lässt bei der Destillation vorzüglich die mit der Bernsteinsäure isomere Acide elayl-oxalique übergeben, deren Silbersalz $AgO,C^{4}H^{2}O^{3}$ [= $C^{8}H^{4}Ag^{2}O^{8}$] ist. PLANTAMOUR (*Berz. Jahresber.* 26, 428). Bemerkungen von LAURENT (*Compt. rend.* 26, 36).

3. *Brom* nach und nach bis zum Aufhören des von reiner Kohlensäure herrührenden Aufbrausens zu concentrirtem citronsauren Kali (Natron oder Baryt) gefügt, löst sich rasch, unter Erhitzung, zu einer röthlichen Flüssigkeit, aus welcher, nach Beseitigung des Bromüberschusses durch Wasser, behutsam zugesetztes verdünntes Kali ein farbloses öliges Gemisch von Bromoform (IV, 272), Bromoxaform (IV, 884) und einer geringen Menge einer dritten Materie niederschlägt, während Bromkalium gelöst bleibt. — Citronsaures Ammoniak erzeugt zwar auch viel Kohlensäure mit Brom, aber keine Spur Oel. CAHOURS.

4. Wässrige *Iodsäure* oxydirt erst bei mehrstündigem Kochen einen Theil des Kohlenstoffs der Citronsäure zu Kohlensäure. MILLON (*Compt. rend.* 19, 271).

5. Die Säure liefert mit 3 Th. *Salpetersäure* blofs beim Kochen und sehr langsam $^{1}/_{3}$ Oxalsäure, mit 5 Th. Salpetersäure $^{1}/_{4}$ und mit 10 Th. gar keine Oxalsäure, sondern blofs Essigsäure. WESTRUMB.

6. Die gepulverte trockne Citronsäure löst sich in 12 Th. kaltem *Vitriolöl* zu einer farblosen Flüssigkeit, welche von 25 bis 30° an in sehr feinen Blasen Kohlenoxydgas entwickelt, dem sehr wenig Kohlenwasserstoffgas beigemengt zu sein scheint; dann von 40° an Kohlenoxyd mit immer mehr Kohlensäure, die von 75° an das Kohlenoxyd ganz verdrängt, aber erst bei 100° Spuren schwefliger Säure beigemengt erhält. Bei 100° ist die vorher blassgelbe Flüssigkeit

röthlich geworden, hat einen 53 bis 55 Proc. der trocknen Säure betragenden Gewichtsverlust erlitten, entwickelt beim Mischen mit Wasser den Geruch nach Aceton (auch von GERHARDT, *Compt. rend.* 17, 314, bemerkt), gibt beim Sättigen mit kohlensaurem Natron einen sehr geringen braunen, krümlichen, harzartigen Niederschlag (der sich mit rosenrother Farbe in Alkalien und Weingeist löst und die Ursache der röthlichen Färbung der schwefelsauren Flüssigkeit war) und, hiervon abfiltrirt und abgedampft, röthliche Glaubersalzkrystalle und eine braune Mutterlauge, die, in Verbindung mit Natron, eine braune, zähe, Baryt und Kalk nicht fällende, und mit ihnen unkrystallisirbare Salze bildende, Säure hält. ROBIQUET. Die Citronsäure, mit sehr überschüssigem Vitriolöl immer stärker erhitzt, entwickelt sehr viel Kohlenoxyd. DUMAS.

7. Wässriges citronsaures Kali reducirt das *Gold* aus der salzsauren Lösung ohne Kohlensäurebildung. PELLETIER. — Die wässrige Säure entwickelt mit *Braunstein* Kohlensäure. SCHEELE. — Sie reducirt die *Vanadsäure* zu Vanadoxyd. BERZELIUS. — Sie verwandelt *Quecksilberoxyd* unter lebhaftem Aufbrausen in eine feste Masse, welche Essigsäure zu enthalten scheint. VAUQUELIN. — Nicht die zweifach gewässerte Säure, auch wenn sie verwittert ist, sondern nur die einige Zeit in Fluss erhaltene Säure, nach dem Erkalten gepulvert, kommt bei schnellem Zusammenreiben mit *Bleihyperoxyd* bei 23° in lebhaftes Glühen. R. BÖTTGER (*J. pr. Chem.* 8, 477).

8. Beim Schmelzen mit *Kalihydrat* bildet die Citronsäure Oxalsäure. GAY-LUSSAC. Sie zerfällt dabei in 1 At. Oxalsäure und 2 At. Essigsäure. $C^{12}H^{5}O^{11} + 2HO = C^{4}H^{2}O^{8} + 2C^{4}H^{4}O^{4}$. LIEBIG (*Ann. Pharm.* 26, 158).

9. Die trockne Säure gibt beim Erhitzen mit Kalium oder Natrium, ohne Feuerentwicklung, Alkali und Kohle. GAY-LUSSAC u. THÉNARD.

10. Die verdünnte wässrige Citronsäure zersetzt sich, unter Schimmelbildung, selbst im Verschlossenen. BERZELIUS. Eine Umwandlung der Säure des in Flaschen aufbewahrten Citronsaftes in Tartersäure will SCHINDLER (*Repert.* 31, 280) beobachtet haben.

Verbindungen. a. *Einfach gewässerte Citronsäure.* $C^{12}H^{9}O^{15}$ [?]. — Wasser, bei 100° mit Citronsäure gesättigt, liefert bei langsamem Erkälten bis auf 4° durchscheinende Krystalle. BERZELIUS. — Bei WACKENRODER bildeten sich bei diesem Verfahren bald gar keine Krystalle, bald, die von der Form des folgenden Hydrats; aber MARCHAND erhielt beim Einkochen der Lösung bis zur anfangenden Krystallrindenbildung und folgendem Abkühlen ganz sicher die Krystalle $C^{12}H^{9}O^{15}$, welche zwar auch 2- u. 2-gliedrig waren, wie die Krystalle von $C^{12}H^{10}O^{16}$, aber sich dennoch nach G. ROSE verschieden gebildet zeigten. — Das Pulver der Krystalle verliert nach dem Trocknen an der Luft bei 16°, nichts bei 100°, und schmilzt bei stärkerer Hitze ruhig zu einer wasserhellen Flüssigkeit, die beim Erkalten zu einem Glase gesteht. Es verliert beim Eintrocknen mit Bleioxyd 14 Proc. Wasser. BERZELIUS. [Die Rechnung ist, sofern hierbei im Bleisalze 1 At. Wasser zurückgehalten wird, 201 : 27 = 100 : 13,43.] Die Krystalle verlieren im kalten Vacuum *ohne Trübung* 2,2 bis 2,3 Proc. Wasser, so dass $C^{12}H^{8}O^{14}$ bleibt; eben so viel an der trocknen Luft oder beim Abdampfen mit Bleioxyd und Wasser, oder bei kurzem Trocknen bei 100°. MARCHAND.

	Krystalle.		Marchand.			
12 C	72	35,82	36,54	$C^{12}H^{8}O^{12}$	192	95,52
9 H	9	4,48	4,33			
15 O	120	59,70	59,13	HO	9	4,48
$C^{12}H^{9}O^{15}$	201	100,00	100,00	$C^{12}H^{8}O^{12}+Aq$	201	100,00

b. *Zweifach gewässerte Citronsäure.* $C^{12}H^{10}O^{16}$ [?]. — Die käufliche Säure. — Krystallisirt bei freiwilligem Verdunsten der wässrigen Lösung (bei 16 bis 30°, Wackenroder) in grofsen wasserhellen Säulen. Berzelius. Säulen des 2- u. 2-gliedrigen Systems. *Fig.* 79. Spaltbar nach u und t; u' : u = 101° 30'; u' : t = 129° 15'; u' : n = 163° 23'; n : n = 134° 45'; y : y unten = 111° 50'; t : a = 139° 45'; t : i = 121° 15'; i : i 117° 30'. Brooke (*Ann. Phil.* 22, 119). Vergl. Wackenroder (*J. pr. Chem.* 23, 206). Von 1,617 spec. Gew. Richter. — Die Krystalle verwittern an der Luft zwischen 28 und 50°. Berzelius. Sie bleiben beim völligen Trocknen im Vacuum über Chlorcalcium bei 40° *ganz klar.* Wackenroder. Ihr Pulver, 24 Stunden lang erst bei 40, zuletzt allmälig bei 100° an der Luft getrocknet, verliert 8,5 Proc. Wasser und erscheint aufgeschwollen; es erleidet bei sofortigem Erhitzen auf 100° denselben Verlust, und ist in der Mitte geschmolzen und durchscheinend; beim Abdampfen mit Bleioxyd verliert es 17 (17,03, Marchand) Proc. [4 At.] Wasser. Berzelius. Es verliert bei kaltem Trocknen im Vacuum über Vitriolöl 8,38 Proc. Wasser. Marchand.

				Marchand.					
	Krystalle.		Prout.	a.	b.				Marchand.
12 C	72	34,29	34,28	33,91	34,02	$C^{12}H^{8}O^{14}$	192	91,43	91,62
10 H	10	4,76	4,76	4,84	4,67				
16 O	128	60,95	60,96	61,25	61,31	2HO	18	8,57	8,38
$C^{12}H^{10}O^{16}$	210	100,00	100,00	100,00	100,00		210	100,00	100,00

a. Käufliche Säure, nach starkem Auspressen ihres Pulvers zwischen Fliefspapier; b. dieselbe aus der Lösung in Wasser durch Verdunsten unter 50° umkrystallisirt und ausgepresst.

Die gepulverte und bei 30° an der Luft getrocknete Säure verliert bei allmäligem Erhitzen bis zu ungefähr 109° an der Luft 7,2 Proc. Wasser, ist jetzt zusammengebacken, aber nicht geschmolzen, schmilzt dann völlig bei 153° unter Blasenbildung und Verlust von 2,4 Proc., nicht von Wasser, sondern von flüchtigen Säuren (und Aceton), nach dem Erkalten ein bernsteingelbes, hartes, blasiges Glas liefernd. — Krystalle an der Luft bei mäfsiger Wärme völlig getrocknet, erscheinen an der Oberfläche matt und entwickeln erst beim Schmelzen, was erst über 120° erfolgt, eine Spur Wasser; sie ziehen ihr Wasser in kalter Luft wieder an. — Die ungetrockneten Krystalle schmelzen sehr leicht, oft schon unter 100°, zu einer wasserhellen Flüssigkeit, die beim Erkalten weich bleibt und erst bei 16° in Stunden zu einer theils blättrigen, theils fasrigen Masse krystallisirt (während getrocknete Säure, nach dem Schmelzen erkältet, ziemlich hart und spröde, aber etwas blasig und gelblich ist), bei 150° ins Kochen kommt, was bis zu 170° zunimmt, wobei sie ihr Wasser völlig verliert, citronengelb wird, worauf sie erst bei 180 bis 190° Gase mit Heftigkeit entwickelt, sich braungelb färbt, und beim Erkalten eine klare zähe Masse liefert, auf der sich an der Luft in einigen Tagen Nadeln (wohl von Akonitsäure) erzeugen. Nach allem Diesen ist anzunehmen, dass alle krystallisirte Citronsäure kein gebundenes Wasser hält, sondern wasserfreie ist, der Wasser [oder Mutterlauge] hygroskopisch beigemengt ist, so wie sie dieses nach dem Trocknen auch wieder aus der Luft anzieht. Wackenroder. — Gegen diese Ansicht scheint zwar die constante Zusammensetzung der zweifach gewässerten Säure zu sprechen, aber es sind ihr das völlige Austrocknen der beiderlei Krystalle im kalten trocknen leeren oder mit Luft gefüllten Raume, ohne dass sie dabei trübe werden, sehr günstig. Die Krystalle können je nach ihrer verschieden schnellen Bildungsweise mehr oder weniger Flüssigkeit mechanisch einschliefsen, so dass sie bald 1, bald 2 At. chemisch gebundenes Wasser zu halten scheinen. Dass BERZELIUS aus den einfach gewässerten Krystallen, nach dem Trocknen ihres Pulvers an der Luft von 16°, bei 100° kein Wasser mehr erhielt (während die Krystalle nach MARCHAND im kalten Vacuum 2,2 Proc. verlieren), erklärt sich wohl aus der Annahme, dass das Pulver bereits an der Luft von 16° sämmtliches Wasser verloren hatte. BERZELIUS wurde durch diesen Versuch zu der Annahme veranlasst, dass die Krystalle $C^{12}H^9O^{15}$ bei 100° kein Wasser verlieren und dass ich diese Krystalle vor mir gehabt haben müsse, als ich (*Handb. Ausg.* 3, II, 86) die Bemerkung machte, „die krystallisirte Säure erleide im Wasserbade in mehreren Tagen keinen Gewichtsverlust und trübe sich nicht, und sei wohl, wie die krystallisirte Tartersäure, als wasserfrei zu betrachten," während ich in lose verschlossener Flasche mehrere Jahre lang aufbewahrte (und hier wohl ausgetrocknete) *käufliche* Säure auf den Wassergehalt geprüft hatte. Wahrscheinlich ist also die krystallisirte Säure wasserfrei, hält aber Mutterlauge eingeschlossen, die sie schon an kalter trockner Luft verliert, mit der sie jedoch beim Erhitzen bis zur Schmelzung, die um so leichter erfolgt, je mehr Mutterlauge, eine schwieriger ihr Wasser verlierende Verbindung bildet.

c. *Wässrige Citronsäure.* — Die Säure zerfliefst in sehr feuchter Luft völlig. WACKENRODER. Sie löst sich in $^3/_4$ Th. kaltem, in $^1/_2$ Th. heifsem Wasser, VAUQUELIN, und zwar unter Kälteerzeugung, DIZÉ, zu einem Syrup.

100 Th. Lösung halten an krystallischer Säure nach RICHTER:

Spec. Gew.	Säure.	Spec. Gew.	Säure.	Spec. Gew.	Säure.	Spec. Gew.	Säure.
1,30	60,32	1,22	45,33	1,14	30,46	1,06	14,06
1,28	56,80	1,20	41,72	1,12	26,72	1,04	9,56
1,26	53,17	1,18	38,16	1,10	22,63	1,02	4,87
1,24	49,42	1,16	34,49	1,08	18,40		

Die *citronsauren Salze, Citrates,* zerfallen, da die Citronsäure eine 3basische Säure ist, in *drittelsaure* (neutrale), $C^{12}H^5M^3O^{14}$, *halbsaure,* $C^{12}H^6M^2O^{14}$, und *einfachsaure,* $C^{12}H^7MO^{14}$. BERZELIUS betrachtet die hypothetisch trockne Säure als $C^4H^2O^4$, daher nach Ihm die drittelsauren Salze $MO,C^4H^2O^2$ (mit 3 multiplicirt = $3(MO,C^4H^2O^4 = C^{12}H^6M^3O^{15})$ sind; da Er aber 1832 entdeckte, dass ein solches 3faches At. Salz bei scharfem Trocknen (je nach dem Salze bei 100 bis 190°) noch 1 At. Wasser verliert, und zu $C^{12}H^5M^3O^{14}$ wird, so nimmt Er jetzt an, es werde beim Trocknen $^1/_3$ der Citronsäure in 1 At. hypothetisch trockne Akonitsäure, die Er als C^4HO^3 betrachtet, verwandelt, so dass das scharf getrocknete Salz ein Gemenge von 1 At. akonitsaurem und 2 At. citronsaurem Salz sei; und da endlich ein solches getrocknetes Salz sich in Wasser wieder zu gewöhnlichem citronsauren Salz löst, ist Er anzunehmen genöthigt, die Akonitsäure gehe bei Gegenwart citronsaurer Salze durch Aufnahme von 1 Aq wieder in Citronsäure über, während kein Beispiel bekannt ist, dass wirkliche akonitsaure Salze durch Wasser zu citronsauren werden. Diese Schwierigkeiten sind 1837 durch LIEBIGS Feststellung des Atoms der Citronsäure zu $C^{12}H^8O^{14}$ und ihrer dreibasischen Natur völlig gehoben worden. — Die citronsauren Salze werden bei höchstens 230° zersetzt. BERZELIUS. Bei der trocknen Destillation schäumen die Salze auf, entwickeln brenzliche Säure und lassen viel Kohle. VAUQUELIN. — Beim Erhitzen mit Vitriolöl entwickeln sie Kohlenoxydgas und Essigsäure. LIEBIG (*Pogg.* 28, 199). — Ihre wässrige Lösung zersetzt sich beim Aufbewahren unter Bildung von Schleimflocken. Die gesättigte wässrige Lösung des citronsauren Ammoniaks oder Kalis wird durch Citronsäure oder eine andere Säure nicht krystallisch gefällt; die des citronsauren Ammoniaks, Kalis oder Natrons gibt mit Kalksalzen in der Hitze einen starken Niederschlag, in viel Wasser, so wie in Essigsäure löslich. VAUQUELIN. Viele durch Fällung erhaltene citronsaure Salze lösen sich in wässrigen citronsauren Alkalien und der Bleiniederschlag, nach dem Auswaschen, in Ammoniak. BERZELIUS.

Citronsaures Ammoniak. — a. *Drittel.* — Die kochende weingeistige Lösung der Säure, mit Ammoniak neutralisirt, trübt sich beim Erkalten und setzt das Salz in, nicht krystallisirenden, Oeltropfen ab. HELDT.

b. *Halb.* — Die mit Ammoniak neutralisirte Säure liefert bei heifsem Abdampfen, so wie bei freiwilligem Verdunsten unter theilweisem Ammoniakverlust rhombische Säulen, welche angenehm sauer, dann kühlend bitter schmecken, bei 100° keinen Gewichtsverlust erleiden, an der Luft feucht werden und sich aus der Lösung in kochendem Weingeist beim Erkalten in Oeltropfen abscheiden. HELDT. Zerfliefsliche Säulen, die bei stärkerem Erhitzen das Ammoniak verlieren. SCHEELE.

	Krystalle.		HELDT.
12 C	72	31,86	32,26
2 N	28	12,39	12,40
14 H	14	6,19	6,24
14 O	112	49,56	49,10
$C^{12}H^{6}(NH^{4})^{2}O^{14}$	226	100,00	100,00

Einfach citronsaures Ammoniak lässt sich nicht darstellen. HELDT.

Citronsaures Kali. — a. *Drittel.* — Die mit kohlensaurem Kali neutralisirte wässrige Säure gibt bei freiwilligem Verdunsten wasserhelle, sternförmig vereinigte, alkalisch schmeckende Nadeln, die bei 200° 5,7 Proc. (2 At.) Wasser verlieren, und bei 230°, jedoch unter einiger Zersetzung und gelbbrauner Färbung, 8,2 Procent. Das Salz zerfliefst leicht an der Luft; es löst sich nicht in absolutem Weingeist und bildet mit wässrigem eine wässrige Lösung, unter einer Schicht von entwässertem Weingeist. HELDT.

	Krystalle.		HELDT.
12 C	72	22,18	22,29
7 H	7	2,16	2,34
3 KO	141,6	43,62	43,35
13 O	104	32,04	32,02
$C^{12}H^{5}K^{3}O^{14}$,2Aq	324,6	100,00	100,00

b. *Halb.* — 2 Th. Säure, die mit kohlensaurem Kali genau neutralisirt wurden, lassen beim Versetzen mit noch 1 Th. Säure und freiwilligem Verdunsten eine amorphe, angenehm sauer schmeckende Rinde, sich gegen Weingeist wie Salz a verhaltend. HELDT.

			HELDT.
12 C	72	26,83	27,14
6 H	6	2,24	2,28
2 KO	94,4	35,17	34,98
12 O	96	35,76	35,60
$C^{12}H^{6}K^{2}O^{14}$	268,4	100,00	100,00

c. *Einfach.* — Man neutralisirt 1 Th. Säure genau mit kohlensaurem Kali, fügt hierzu 1 [2?] Th. Säure und lässt bei 40°

verdunsten. Durchsichtige grofse, angenehm sauer schmeckende, luftbeständige Säulen. Diese schmelzen bei 100° im Krystallwasser zu einer zuletzt, unter Verlust von 13,81 Proc. (4 At.) Wasser, gummiartigen Flüssigkeit, die beim Erkalten völlig zu einer concentrisch strahligen Nadelmasse von $C^{12}H^{7}KO^{14}$ gesteht, und sich bei 150° zersetzt. Das Salz löst sich etwas in kochendem Weingeist, und schiefst daraus beim Erkalten an. HELDT.

	Krystalle.		HELDT.
12 C	72	27,05	27,18
11 H	11	4,13	4,19
KO	47,2	17,73	17,43
17 O	136	51,09	51,20
$C^{12}H^{7}KO^{14}$,4Aq	266,2	100,00	100,00

Citronsaures Kali-Ammoniak. — Das wässrige halb citronsaure Kali, mit überschüssigem Ammoniak verdunstet, gibt durchsichtige, strahlig verbundene, schnell zerfliefsende Säulen. HELDT.

	Krystalle.		HELDT.
12 C	72	25,23	26,60
N	14	4,90	
9 H	9	3,15	3,65
2 KO	94,4	33,08	26,51
12 O	96	33,64	
$C^{12}H^{5}(NH^{4})K^{2}O^{14}$	285,4	100,00	

HELDT zieht die Formel vor: $3\,KO,\overline{Ci} + 2\,NH^{4},HO,\overline{Ci}$.

Citronsaures Natron. — a. *Drittel.* — Krystallisirt bei freiwilligem Verdunsten der syrupdicken Lösung in grofsen durchsichtigen, rhombischen Säulen, welche schnell verwittern und sich schwer in Weingeist lösen. HELDT. Die Krystalle schmecken angenehm salzig, sind luftbeständig, verlieren im Luftstrom bei 100° 17,5 Proc. [7 At.] Wasser, und werden nur durchscheinend [zu $C^{12}H^{9}Na^{3}O^{18}$]; aber diese verlieren bei 190 bis 200° noch 12,32 Proc. [4 At.] (oder weitere 10,15 Proc. der frischen Krystalle, wie auch HELDT den Verlust, den die Krystalle bei 200° erleiden, auf 27,8 Proc. angibt) und werden undurchsichtig milchweifs [zu $C^{12}H^{5}Na^{3}O^{14}$], lösen sich jedoch in Wasser zu dem vorigen Salze. Beim Lösen des trocknen Salzes in Weingeist bleibt eine Spur eines Salzes zurück, welches akonitsaures Natron zu sein scheint. BERZELIUS. — Die Krystalle lösen sich in 1¾ Th. kaltem Wasser, VAUQUELIN, und schwierig in Weingeist, HELDT.

	Bei 200° getrocknet.			Krystalle.		HELDT.
12 C	72	27,84	12 C	72	20,13	20,34
5 H	5	1,93	16 H	16	4,47	5,55
3 NaO	93,6	36,20	3 NaO	93,6	26,18	
11 O	88	34,03	22 O	176	49,22	
$C^{12}H^{5}Na^{3}O^{14}$	258,6	100,00	+ 11 Aq	357,6	100,00	

b. *Halb.* — 2 Th. Säure, mit Natron neutralisirt und mit 1 Th. Säure versetzt, verwandelt sich bei freiwilligem Verdunsten fast durch die ganze Masse in, angenehm sauer schmeckende, luftbeständige Nadeln. BERZELIUS. Die Nadeln sind durchsichtig, zu Sternen vereinigt. HELDT.

	Krystalle.		HELDT.
12 C	72	28,30	28,96
8 H	8	3,14	3,29
2 NaO	62,4	24,53	24,14
14 O	112	44,03	43,61
$C^{12}H^{6}Na^{2}O^{14}$,2Aq	254,4	100,00	100,00

c. *Einfach.* — Die an einem warmen Orte verdunstende Lösung wird gummiartig und krystallisirt dann völlig in durchsichtigen Nadelsternen. HELDT. — Indem BERZELIUS 1 Th. mit Natron neutralisirte Säure mit 1 Th. Säure verdunstete (wobei nach Seiner Ansicht 2 At. Säure auf 1 At. Natron kamen, aber nach der hier vorgezogenen 2 At. Säure auf 3 Natron), erhielt Er beim Verdunsten ein klares Gummi, das zuletzt krystallisch wurde.

	Nadeln.		HELDT.
12 C	72	31,01	31,16
9 H	9	3,87	3,96
NaO	31,2	13,44	13,42
15 O	120	51,68	51,46
$C^{12}H^{7}NaO^{14}$,2Aq	232,2	100,00	100,00

Citronsaures Natron-Ammoniak. — Krystallrinde. HELDT.

Citronsaures Natron-Kali. — Wässriges halbcitronsaures Natron mit Kali neutralisirt, liefert bei freiwilligem Verdunsten getrennte Krystalle von drittelcitronsaurem Natron und von drittelcitronsaurem Kali. Aber eine Lösung letzterer 2 Salze zu gleichen Atomen gibt nach einigen Tagen seidenglänzende, sternförmig vereinigte Nadeln des Doppelsalzes, welche 21,77 Proc. C und 3,43 H, und nach dem Trocknen bei 200°, wobei sie 17,28 Proc. Wasser verlieren, 26,00 C und 1,90 H halten, und deren bei 200° getrockneter Rückstand beim Glühen 64,31 kohlensaures Kali und Natron lässt. Also vielleicht $C^{12}H^{5}K^{3}O^{14}$,$C^{12}H^{5}Na^{3}O^{14}$ + 13 Aq. HELDT.

Citronsaures Lithon. — a. *Drittel.* — Amorphe wasserhelle harte Masse. — b. *Sauer.* — Nicht krystallisirbar. BERZELIUS.

Citronsaurer Baryt. — a. *Drittel.* — 1. Die Säure fällt überschüssiges Barytwasser in Flocken, die beim Erwärmen etwas krystallisch werden. HELDT. — 2. Drittel citronsaures Natron gibt mit genug Chlorbaryum einen gallertartigen Brei, der bei überschüssigem Natronsalz in der Kälte gelöst bleibt, aber beim Kochen sogleich niederfällt und sich dann in der Kälte nicht mehr löst. HELDT. — Hielte das Gemisch etwas zu viel Säure, so tritt diese an den Niederschlag, der jedoch durch Digestion mit Barytwasser neutral gemacht wird. BERZELIUS. — Das bei 16° an der Luft getrocknete Salz verliert bei 100° gegen die Hälfte seines Wassers, bei 150° im Luftstrom fast alles, nämlich 11,96 Proc. [6 At.] und bei 190° im Luftstrom alles, nämlich 13,9 Proc. [7 At.]. Hierauf mit Wasser übergossen und etwas über 100° getrocknet, erreicht es wieder das Gewicht von 88,04 Procent. BERZELIUS. — Das nach 2) kalt oder heifs gefällte und kalt über Vitriolöl getrocknete Salz verliert bei 200° 13,7 Proc. Wasser. HELDT. Weifses, sehr wenig in Wasser, leicht in Citronsäure lösliches Pulver. SCHEELE, VAUQUELIN. Das kalt gefällte Salz löst sich in Wasser, aber das heifs gefällte, welches sich blofs durch einen geringeren Wassergehalt unterscheidet, nicht, oder kaum. LIEBIG.

	Bei 200° getrocknet.		Kalt über Vitriolöl getrocknet.			Heldt.
12 C	72	18,24	12 C	72	15,73	15,76
5 H	5	1,26	12 H	12	2,62	2,81
3 BaO	229,8	58,21	3 BaO	229,8	50,20	
11 O	88	22,29	18 O	144	31,45	
$C^{12}H^5Ba^3O^{14}$	394,8	100,00	+ 7 Aq	457,8	100,00	

b. *Zweifünftel.* — 1. Man sättigt heifse wässrige Citronsäure völlig mit dem Salz a, verdünnt mit kaltem Wasser, filtrirt vom ungelöst gebliebenen Salz a ab, und dampft ab. Berzelius, Heldt. — 2. Man fügt zu kochender Citronsäurelösung so lange essigsauren Baryt, als sich der Niederschlag noch löst, und dampft das Filtrat ab, wobei das auf der Oberfläche krystallisirende Salz niederfällt. Berzelius. — 3. Man fügt zum kochenden klaren Gemisch von Citronsäure und Chlorbaryum so lange Salz a, als sich der entstehende Niederschlag wieder löst, und lässt zum Krystallisiren erkalten. Berzelius, Heldt. — Das gebildete weifse Krystallpulver verliert bei 100° blofs etwas hygroskopisches Wasser und hält dann 49,28 Proc. Baryt. Berzelius. Es verliert bei 100° wenig Wasser, aber bei 160° 7,75 Proc., und zersetzt sich bei 190°. Heldt.

	Bei 160° getrocknet.		Lufttrocken.			Heldt.
24 C	144	19,94	24 C	144	18,35	18,55
11 H	11	1,52	18 H	18	2,29	2,34
5 BaO	383	53,05	5 BaO	383	48,79	
23 O	184	25,49	30 O	240	30,57	
$C^{12}H^5Ba^3O^{14},C^{12}H^6Ba^2O^{14}$	722	100,00	+ 7 Aq	785	100,00	

c. *Einfach?* — Die bei der Bereitung (1) von Salz b bleibende Mutterlauge lässt beim Abdampfen ein wie Weinstein schmeckendes wasserhelles Gummi (mit einigen Krystallpuncten, Heldt), welches sich leicht in Wasser löst, und dessen Lösung in Ammoniak beim Verdunsten ein Ammoniak und Baryt haltendes Salz in flimmernden Schuppen absetzt. Berzelius.

Da citronsaures Natron erst mit viel Chlorbaryum einen Niederschlag gibt, wofern man nicht erhitzt, so muss der citronsaure Baryt in kaltem citronsauren Natron löslich sein. — Das halb oder einfach citronsaure Kali oder Natron, mit Barytwasser neutralisirt, bleibt anfangs klar, trübt sich aber in einigen Minuten unter Absatz von citronsaurem Baryt. Heldt.

Citronsaurer Strontian. — a. *Drittel.* — Strontianwasser wird durch Citronsäure oder ein lösliches citronsaures Alkali in weifsen dicken, beim Erhitzen nicht krystallisch werdenden Flocken gefällt, welche, nach dem Trocknen an der Luft, 12,2 Proc. (5At.) Wasser bei 210° verlieren, sich leicht in Salzsäure und schwierig in Essigsäure lösen, und daraus durch Ammoniak erst beim Kochen gefällt werden. Heldt.

	Bei 210° getrocknet.		Kalt über Vitriolöl getrocknet.			Heldt.
12 C	72	22,43	12 C	72	19,67	19,27
5 H	5	1,56	10 H	10	2,73	2,51
3 SrO	156	48,60	3 SrO	156	42,63	43,61
11 O	88	27,41	16 O	128	34,97	34,61
$C^{12}H^5Sr^3O^{14}$	321	100,00	+ 5 Aq	366	100,00	100,00

b. *Halb.* — Die wässrige Säure, mit überschüssigem Salz a digerirt und nach dem Filtriren abgedampft, setzt dünne perlglänzende Krystallrinden ab, welche, durch Waschen mit Weingeist von der überschüssigen Säure befreit, neutral schmecken, luftbeständig sind, bei 200° 8,6 Proc. unter anfangender Zersetzung verlieren und sich nicht in Weingeist lösen. HELDT.

		Krystallrinde.	HELDT.
12 C	72	23,61	24,86
9 H	9	2,95	2,74
2 SrO	104	34,10	34,79
15 O	120	39,34	37,61
$C^{12}H^{6}Sr^{2}O^{14}$,3Aq	305	100,00	100,00

Citronsaurer Kalk. — a. *Drittel.* — Citronsäure fällt kaltes überschüssiges Kalkwasser blofs bei grofser Sättigung, aber bei Gegenwart von etwas mehr Wasser erst beim Kochen, und der feine krystallische Niederschlag löst sich in der Kälte zum Theil wieder. HELDT. Drittelcitronsaures Natron gibt mit Chlorcalcium einen, in einem Ueberschuss des einen oder andern Salzes löslichen Niederschlag, der sich beim Verdunsten der Lösung in überschüssigem Chlorcalcium wieder absetzt. BERZELIUS. Das, überschüssiges Chlorcalcium haltende, Gemisch setzt beim Kochen allen citronsauren Kalk krystallisch ab, so wie es bei weiterem Versetzen mit citronsaurem Natron und Umrühren plötzlich zu einem weifsen, beim Kochen krystallisch werdenden Brei erstarrt. HELDT. Das verdünnte Gemisch der 2 Salze setzt in der Kälte erst in Wochen einen Theil des citronsauren Kalks nieder; aber beim Kochen sogleich allen, ohne dass sich in der Kälte wieder ein Theil löste. H. ROSE (*Pogg.* 9, 31). — Das Salz löst sich leichter in kaltem als in heifsem Wasser, daher sich die kalte Lösung beim Kochen trübt. HELDT. Das kalt gefällte Salz löst sich in kaltem Wasser, das heifs gefällte, weniger Wasser haltende nicht oder kaum. LIEBIG. Es löst sich leicht in Salzsäure und Essigsäure, aus denen es durch Ammoniak erst beim Kochen gefällt wird. Das an der Luft über Vitriolöl getrocknete Salz verliert bei 200° 12,62 Proc. (4 At.) Wasser. HELDT. Das weifse, Lackmus bläuende Pulver fault in feuchtem Zustande in der Sonnenhitze unter Entwicklung von Wasserstoff und Kohlensäure und Verwandlung in kohlensauren Kalk. PROUST.

	Bei 100° getrocknet.		BERZELIUS.			Lufttrocken.	HELDT.
12 C	72	27,91		12 C	72	25,26	25,21
6 H	6	2,32		9 H	9	3,16	3,25
3 CaO	84	32,56	32,42	3 CaO	84	29,47	
12 O	96	37,21		15 O	120	42,11	
$C^{12}H^{5}Ca^{3}O^{14}$+Aq	258	100,00		+4 Aq	285	100,00	

GAY-LUSSAC u. THÉNARD fanden in dem bei 100° getrockneten Salze 23,27 Proc. C, 4,36 H, 31,17 CaO und 41,20 O.

b. *Halb.* — Die Lösung des Salzes a in warmer Citronsäure setzt beim Abdampfen glänzende Blätter ab, welche nach dem Waschen mit Weingeist neutral schmecken, und welche nach dem Trocknen an der Luft 7,3 Proc. (2 At.) Wasser bei 150° verlieren. HELDT. Die Blätter lassen beim Waschen mit Wasser ein Salz von einer dem Barytsalze b ähnlichen Zusammensetzung, welches sich nicht mehr in warmer Citronsäure löst und welches bei 100° ungefähr die Hälfte seines Wassers verliert. BERZELIUS.

	Lufttrockne Krystalle.		Heldt.
12 C	72	29,03	29,10
8 H	8	3,23	3,36
2 CaO	56	22,58	22,54
14 O	112	45,16	45,00
$C^{12}H^6Ca^2O^{14}+2Aq$	248	100,00	100,00

c. *Einfach?* — Die Lösung des Salzes a in überschüssiger Säure lässt beim Abdampfen ein wasserhelles Gummi, welches bei weiterem Austrocknen undurchsichtig weifs und krystallisch wird. Berzelius.

Der citronsaure Baryt, Strontian oder Kalk lässt beim Glühen im Verschlossenen einen pyrophorischen Rückstand. Böttger (*Beitr.* 2, 44).

Gegen drittel oder halb citronsaures Kali oder Natron verhält sich das Kalkwasser wie das Barytwasser (V, 837). Heldt.

Citronsaure Bittererde. — a. *Drittel.* — 1. Die völlig mit kohlensaurer Bittererde gesättigte Säure setzt in 48 Stunden einen Theil des Salzes als weifses lockeres Pulver ab. Richter. Die gesättigte klare Lösung gesteht, nach dem Abdampfen, in der Winterkälte zu einem dicken Brei (bei concentrirter Säure schon ohne Abdampfen zu einer harten Masse, Delabarre) und lässt auch auf Zusatz von Weingeist das Salz fallen, welches dann an der Luft zu harten pulverisirbaren Rinden austrocknet, die bei 150° 32,0 Proc. (13 At.) und bei 210° 35,43 Proc. (14 At.) Wasser verlieren. Krystallische Rinden von derselben Zusammensetzung setzen sich nieder, wenn man die nicht ganz mit Bittererde gesättigte Lösung bei 50° verdampft. Heldt. Weniger bitter, als andere Bittererdesalze. Delabarre (*N. J. Pharm.* 11, 431). — 2. Drittel citronsaures Natron fällt aus Bittersalz ein weifses Pulver, Delabarre; es gibt selbst bei grofser Concentration keinen Niederschlag, Heldt.

	Lufttrockne Rinde.		Heldt.
12 C	72	20,51	20,41
19 H	19	5,41	5,50
3 MgO	60	17,10	17,48
25 O	200	56,98	56,61
$C^{12}H^5Mg^3O^{14} + 14\,Aq$	351	100,00	100,00

b. *Halb.* — Gummiartige Masse. Heldt.

Wässriges halb citronsaures Natron mit Bittererde gesättigt, ist neutral und gibt bei warmem Verdunsten kleine Krystallschuppen. Heldt.

Citronsaures Ceroxydul. — Citronsaure Alkalien, nicht die freie Säure, fällen aus Ceroxydulsalzen ein weifses, nicht in Wasser lösliches Pulver. Seine Lösung in Citronsäure lässt beim Abdampfen ein Gummi, aus welchem Weingeist Säure zieht, bis neutrales Salz bleibt. Berzelius.

Citronsaure Yttererde. — a. *Drittel.* — Drittelcitronsaures Natron erzeugt mit neutralen Yttererdesalzen einen, im Ueberschuss derselben löslichen Niederschlag; derselbe, an der Luft getrocknet, verliert schon unter 100° 8,36 Proc. Wasser. Er löst sich in 142 Th. kaltem Wasser. Seine Lösung in Ammoniak lässt beim Abdampfen ein leicht in Wasser lösliches gelbes Gummi, welches kein Ammoniak, und eben so viel Yttererde hält, wie der Niederschlag. Berlin.

b. *Halb.* — Die Lösung von Salz a in Citronsäure lässt ein auch bei starkem Trocknen durchsichtig bleibendes Gummi. BERLIN.

Citronsaures Yttererde-Natron. — Die citronsaure Yttererde löst sich reichlich in wässrigem citronsauren Natron. Die Lösung lässt beim Abdampfen ein, leicht in Wasser lösliches Gummi; sie wird durch Ammoniak, Kali, Natron, kohlensaures Natron und oxalsaures Ammoniak nicht gefällt, jedoch durch Sauerkleesalz. BERLIN.

Citronsaure Süfserde. — Lösliches Gummi. VAUQUELIN.

Citronsaure Alaunerde. — Bei vorwaltender Erde unlösliches Pulver, bei vorwaltender Säure lösliches Gummi. RICHTER.

Citronsaure Thorerde. — Beim Digeriren des Thorerdehydrats mit Citronsäure erhält man ein in weifsen Flocken ungelöst bleibendes *neutrales* Salz und eine Lösung des *sauren,* welche, ohne Krystalle zu liefern, zu einem sauer schmeckenden Syrup austrocknet. Beide Salze lösen sich leicht in Weingeist, und geben dann beim Verdampfen ein, in Wasser lösliches, klares Gummi. BERZELIUS.

Citronsaure Zirkonerde. — Löslich, daher die citronsauren Alkalien die Zirkonerdesalze nicht fällen. BERZELIUS.

Das frisch gefällte *Tantalsäurehydrat* löst sich nach WOLLASTON (so gut wie gar nicht nach GAHN, BERZELIUS u. EGGERTZ) in Citronsäure.

Citronsaures Vanadoxyd. — Die blaue Lösung trocknet zu einer blauschwarzen amorphen Masse ein, die sich in kaltem Wasser wieder langsam mit dunkelblauer Farbe löst, und mit Ammoniak eine dunkelbraungelbe Lösung gibt, die sich an der Luft durch Bildung von Vanadsäure schnell entfärbt. BERZELIUS.

Citronsaures Chromoxydul. — Einfachchlorchrom gibt mit drittelcitronsaurem Natron einen violettrothen Niederschlag, der sich langsam in der Kälte, schneller beim Erwärmen zu einer dunkelgrünen Flüssigkeit löst. MOBERG (*J. pr. Chem.* **44**, 330).

Citronsaures Chromoxyd. — Die bei durchfallendem Lichte röthliche wässrige Lösung gibt beim Abdampfen blassgrüne Krystalle. BRANDENBURG. Die abgedampfte Masse zerbirst zu Stängelchen. HAYES.

Durch Behandeln des doppeltchromsauren Kalis mit Citronsäure erhält man das *chromocitrate de potasse*, $C^{12}H^{6},C^{12}CO^{3} + KO + 3\,HO$, in dem das Kali durch andere Basen vertretbar ist. MALAGUTI (*Compt. rend.* **16**, 457).

Citronsaures Uranoxyd. — Sehr blassgelb, wenig in Wasser löslich. RICHTER.

Citronsaures Manganoxydul. — *Halb.* — Kohlensaures Manganoxydul, mit etwas überschüssiger Säure digerirt, setzt beim Abdampfen der Lösung ein weifses, schweres, geschmackloses Krystallpulver ab. Das lufttrockne Salz hält sich noch bei 150°, verliert aber bei 220° 6,86 Proc. (2 At.) Wasser. Es löst sich nicht in Wasser, leicht in Salzsäure, schwierig in Essigsäure. Seine Lösung in halbcitronsaurem Natron trocknet zu einem Gummi ein. HELDT.

		Lufttrocken.	HELDT.
12 C	72	27,27	27,68
8 H	8	3,03	3,17
2 MnO	72	27,27	27,16
14 O	112	42,43	41,99
$C^{12}H^{6}Mn^{2}O^{14} + 2\,Aq$	264	100,00	100,00

Citronsaures Antimonoxyd-Kali. — Man neutralisirt 1 Th. Citronsäure mit Kali, fügt hierzu noch 1 Th. Säure, kocht das Gemisch anhaltend mit Antimonoxyd und lässt das Filtrat krystallisiren. Weifse, glänzende, zu Büscheln vereinigte, sehr harte Säulen. Sie verlieren bei 190° 6,69 Proc. (5 At.) Wasser. Die wässrige Lösung des Salzes wird nicht leicht durch Säuren zersetzt; sie gibt mit Silberlösung einen Niederschlag, in welchem zwar das Kali durch Silberoxyd vertreten ist, welches aber auf 1 At. Antimonoxyd 1 At. Säure und 2 At. Silberoxyd hält. THAULOW (*Ann. Pharm.* 27, 334).

	Bei 190° getrocknet.		THAULOW.		Lufttrockne Krystalle.		THAULOW.
24 C	144	23,06	23,41	24 C	144	21,50	21,70
10 H	10	1,60	1,85	15 H	15	2,24	2,31
3 KO	141,6	22,67	22,38	3 KO	141,6	21,15	21,06
SbO^3	153	24,49	24,08	SbO^3	153	22,85	22,69
22 O	176	28,18	28,28	27 O	216	32,26	32,24
$C^{12}H^5K^3O^{14},C^{12}H^5SbO^{14}$	624,6	100,00	100,00	+ 5 Aq	669,6	100,00	100,00

Citronsaures Telluroxyd. — Die Lösung des Telluroxydhydrats in der Säure gibt bei freiwilligem Verdunsten grofse wasserhelle, leicht in Wasser lösliche Säulen. BERZELIUS.

Citronsaures Zinkoxyd. — *Drittel.* — Beim Sättigen der verdünnten Säure mit Metall, Oxyd oder kohlensaurem Oxyd und heifsem Abdampfen fällt es als weifses schweres, krystallisch körniges Pulver nieder, SCHEELE, HELDT, oder in kleinen glänzenden, herb metallisch schmeckenden Tafeln, VAUQUELIN. Das Salz verliert nichts bei 100°, HELDT, lässt beim Glühen im Verschlossenen ein pechschwarzes Pulver, welches an der Luft erst durch brennenden Zunder zum Verglimmen kommt, BÖTTGER; löst sich in 100 Th. kaltem, in weniger heifsem Wasser, VAUQUELIN, zu einer Flüssigkeit, die durch Hydrothion gefällt wird, HELDT.

	Bei 100° getrocknet.		HELDT.
12 C	72	23,71	23,94
7 H	7	2,31	2,34
3 ZnO	120,6	39,72	39,42
13 O	104	34,26	34,30
$C^{12}H^5Zn^3O^{12}$ + 2 Aq	303,6	100,00	100,00

b. *Zweifünftel.* — Die wässrige Lösung des Salzes a, mit wenig Citronsäure versetzt, setzt, bei gelinder Wärme verdunstet, durchsichtige Krystalle nieder. HELDT.

	Lufttrockne Krystalle.		HELDT.
24 C	144	25,81	25,76
13 H	13	2,33	2,40
5 ZnO	201	36,02	35,74
25 O	200	35,84	36,10
$C^{12}H^5Zn^3O^{14},C^{12}H^6Zn^2O^{14}$ + 2 Aq	558	100,00	100,00

Halb citronsaures *Natron* löst kohlensaures *Zinkoxyd* zu einer neutralen Flüssigkeit, die sich bei freiwilligem Verdunsten völlig in kleine glänzende luftbeständige Krystallblätter verwandelt. HELDT. — Das aus Zinkvitriol durch Ammoniak gefällte Hydrat löst sich in wässrigem drittelcitronsaurem *Kali* zu einer alkalischen Flüssigkeit. SCHMIDT (*Mag. Pharm.* 13, 68).

Citronsaures Kadmiumoxyd. — Die wässrige Säure löst das Metall schwierig, das kohlensaure Oxyd leicht. Weifses körniges, kaum in Wasser lösliches Pulver. JOHN, STROMEYER.

Citronsaures Bleioxyd. — a. *Sechstel.* — Man digerirt, nach der Fällung ausgepresstes, aber noch feuchtes Salz d mit Bleiessig im Verschlossenen 12 Stunden lang, wäscht das Pulver nach dem Abgiefsen der Flüssigkeit mit Wasser, und trocknet es bei 100° im Luftstrom, BERZELIUS; oder in kalter Luft über Vitriolöl, HELDT. Weifses, nicht krystallisches, nicht in Wasser lösliches Pulver. HELDT.

	Getrocknet.		BERZELIUS.	HELDT.
12 C	72	8,51		8,59
6 H	6	0,71		1,06
6 PbO	672	79,43	77,60	79,03
12 O	96	11,35		11,32
$3PbO,C^{12}H^{5}Pb^{3}O^{14}+Aq$	846	100,00		100,00

b. *Fünftel.* — Durch 2tägiges Digeriren des Salzes d mit Ammoniak bei abgehaltener Luft. Weifses, voluminoses, in Wasser unlösliches Pulver. Es verliert, nach dem Trocknen in kalter Luft über Vitriolöl, bei 100° 3,37 Proc. (3 At.) Wasser. HELDT.

			HELDT.
12 C	72	9,58	9,52
8 H	8	1,06	1,06
5 PbO	560	74,47	74,34
14 O	112	14,89	15,08
$2PbO,C^{12}H^{5}Pb^{3}O^{14}+3Aq$	752	100,00	

c. *Viertel.* — Man digerirt das feuchte Salz d mit, nur wenig Ammoniak haltendem, Wasser (mehr Ammoniak würde Alles lösen) 24 Stunden im Verschlossenen bei 60°, und trocknet das Pulver nach dem Abgiefsen der (ein ammoniakalisches Doppelsalz haltenden) Flüssigkeit bei 100° in trockner Luft. Es hält dann 71,33 Proc. Bleioxyd. BERZELIUS.

d. *Drittel.* — 1. Man fällt überschüssigen wässrigen Bleizucker durch Citronsäure. Der Niederschlag hält etwas Bleizucker, von dem er nur durch anhaltendes Waschen befreit werden kann, wobei er jedoch durch Entziehung saurer citronsaurer Salze immer basischer wird. BERZELIUS. — 2. Besser: Man fällt weingeistigen Bleizucker durch weingeistige Citronsäure und wäscht mit Weingeist, so lange dieser Blei aufnimmt. BERZELIUS. — 3. Man fällt Bleizucker oder salpetersaures Bleioxyd (welches von der freien Säure nicht gefällt wird) durch drittel citronsaures Natron, dessen Ueberschuss jedoch den Niederschlag wieder löst. Citronsaures Ammoniak fällt das salpetersaure Bleioxyd wenigstens beim Abdampfen. Auch der nach 2) erhaltene Niederschlag wird durch anhaltendes Waschen mit Wasser immer basischer, so dass sein Gehalt an Bleioxyd auf 69 Proc. und noch weiter steigt. BERZELIUS. — Weifses Pulver, BERZELIUS, nach heifser Fällung (bei unveränderter Zusammensetzung) etwas körnig, HELDT. Es verliert nach dem Trocknen an der Luft bei 120° 1,44 Proc. (1 At.) Wasser. HELDT. Es löst sich leicht in Salpetersäure und Ammoniak, so wie in citronsaurem Natron. BERZELIUS. Es löst sich völlig in erhitztem salz-, salpeter- und bernstein-sauren und unter Trübung in kohlensaurem Ammoniak. WITTSTEIN.

	Lufttrocken.		Berzelius Ann. Chim. 94, 170.	Pogg. 27, 282.	Heldt.
12 C	72	14,12	14,14	12,80	13,99
6 H	6	1,18	1,30	1,02	1,25
3 PbO	336	65,88	65,82	69,00	65,79
12 O	96	18,82	18,74	17,18	18,97
$C^{12}H^5Pb^3O^{14}$ + Aq	510	100,00	100,00	100,00	100,00

Das zweite von Berzelius analysirte Salz war durch längeres Auswaschen basisch geworden.

e. *Zweifünftel.* — Bleibt beim Behandeln des Salzes d mit concentrirter Citronsäure, Waschen mit Wasser und kaltem Trocknen über Vitriolöl als weifses schweres Krystallpulver. Heldt.

	Ueber Vitriolöl getrocknet.		Heldt.
24 C	144	15,86	16,30
12 H	12	1,32	1,58
5 PbO	560	61,67	60,98
24 O	192	21,15	21,14
$C^{12}H^5Pb^3O^{14},C^{12}H^6Pb^2O^{14}$ + Aq	908	100,00	100,00

f. *Halb.* — 1. Man fügt zu kochender Citronsäure so lange in kleinen Antheilen kochenden wässrigen Bleizucker, bis der, sich anfangs immer wieder lösende, Niederschlag beständig zu werden anfängt, und lässt die hiervon abgegossene Flüssigkeit zum Krystallisiren langsam abkühlen. — 2. Man digerirt Salz d mit wässriger Citronsäure, giefst (von Salz e ab, Heldt) ab, und erkältet. Berzelius. — 3. Man sättigt kochende sehr verdünnte Salpetersäure mit Salz d, giefst ab, lässt erkalten, und sättigt die von den Krystallen abgegossene Mutterlauge noch öfter kochend mit Salz d. Berzelius. Die nach 3 erhaltenen Krystalle sind lange Säulen und halten stets salpetersaures Bleioxyd. Heldt. — Körnige und blättrige Krystalle. Sie verlieren nichts bei 120°. Berzelius. Sie verlieren bei 170° unter braungelber Färbung 8,35 Proc. Heldt. Sie backen, im offenen Tiegel erhitzt, zusammen, blähen sich bei ungefähr 180° ohne Bräunung auf, und lassen endlich meist reducirtes Blei. Sie verlieren beim Erhitzen mit Bleioxyd 4,78 Proc. Wasser. Sie werden durch Wasser (in dem sie sich lösen, Heldt) allmälig zersetzt. Sie lösen sich in Ammoniak. Berzelius.

			Berzelius.	Heldt.
12 C	72	17,31		17,07
8 H	8	1,92		2,16
2 PbO	224	53,85	53,63	
14 O	112	26,92		
$C^{12}H^6Pb^2O^{14}$ + 2 Aq	416	100,00		

Mit mehr Citronsäure lässt sich das Bleioxyd nicht vereinigen. Berzelius.

Citronsaures Bleioxyd-Ammoniak. — Die Lösung des Salzes d in Ammoniak lässt beim Abdampfen ein gelbliches lösliches Gummi, das auch im Vacuum sein Ammoniak nicht verliert. Die des Salzes f wird bei freiwilligem Verdunsten zu einer Gallerte, welche zu einem Gummi, mit weifsen Efflorescenzen am Rande, eintrocknet und bei dessen Wiederauflösung in Wasser ein ammoniakalisches Salz in perlglänzenden Schuppen bleibt, wie eine Seifenlösung. Berzelius.

Das Salz d löst sich in wässrigem *drittel citronsauren Natron* zu einem Doppelsalze. Berzelius.

Citronsaures Eisenoxydul. — Die wässrige Säure löst das Eisen unter Wasserstoffentwicklung zu einer braunen Flüssigkeit, welche kleine Krystalle liefert, und durch Kali nicht gefällt wird, da citronsaures Kali das Eisenoxydul löst. Scheele. · Aus der gesättigten blassgelben Eisenlösung fällt Weingeist das Salz in weifsen Flocken, welche auf dem Boden unter Bräunung zusammenschrumpfen. Heldt. Die Eisenlösung liefert beim Abdampfen ein weifses, tintenhaft schmeckendes, sich an feuchter Luft oxydirendes Pulver. Béral (*J. Chim. med.* 16, 604).

Die Lösung des Magneteisens in Citronsäure lässt beim Abdampfen grüne durchsichtige, an der Luft sich nicht bräunende, amorphe Blätter. Béral.

Citronsaures Eisenoxyd. — Die durch warmes Sättigen der Citronsäure mit frisch gefälltem Eisenoxydhydrat erhaltene rothbraune süfsliche Lösung trocknet beim Abdampfen zu einem Syrup, dann im Wasserbade zu einer dunkelbraunen, in der Kälte spröden, in der Wärme biegsamen, leicht in Wasser löslichen Masse aus, Vauquelin; zu einem metallglänzenden, in dünnen Schichten mit hellbrauner (granatrother, Duvivier, *J. Chim. med.* 18, 638) Farbe durchsichtigen Spiegel. Heldt. Sie halten bei 100° 32,1 Proc. Wasser. Duvivier. Aus der wässrigen Lösung fällt Weingeist das rothbraune Salz, Kali und kohlensaures Kali das Oxyd, und Blutlaugensalz Berlinerblau. Heldt. Die gelbe Lösung des Oxydhydrats lässt, unter 50° abgedampft, eine braungelbe, etwas durchsichtige Harzmasse von zimmetbraunem Pulver, von schwachem süfslichen Eisengeschmacke, 29,5 Proc. Eisenoxyd haltend, an der Luft wenig feucht werdend, sich in der Hitze ohne Schmelzen und Aufblähen verkohlend, und völlig in Wasser löslich. Die Lösung wird durch kaltes Kali vollständig gefällt, aber durch kohlensaures, das in der Kälte ein dunkles klares Gemisch bildet, erst beim Erhitzen. Durch Kochen der Lösung wird viel langsamer und weniger, als bei der Tartersäure, ein Theil des Oxyds zu Oxydul reducirt. Das trockne Salz löst sich nicht in kochendem 90procentigem Weingeist, wenig, mit gelber Färbung in 40- bis 20-procentigem. Wittstein (*Repert.* 92, 1).

Blutlaugensalz gibt mit saurem citronsauren Eisenoxyd ohne Fällung eine blaue Flüssigkeit, die durch Ammoniak entfärbt wird. Calloud (V, 421). — Citronsäure hindert die Fällung des salzsauren Eisenoxyds durch Alkalien. H. Rose.

Citronsaures Eisenoxyd-Ammoniak. — Man löst 23 Th. trocknes citronsaures Eisenoxyd und 10 Th. krystallisirte Citronsäure in Wasser, neutralisirt mit Ammoniak und dampft gelinde zur Trockne ab. Haidlen (*Repert.* 84, 391); oder man löst 2 Th. frisch gefälltes Eisenoxydhydrat in 3 Th. Säure, sättigt mit kohlensaurem Ammoniak, und dampft ab. Wittstein. — Die gelbbraune, glänzende, spröde, amorphe Masse schmeckt schwach salzig eisenhaft, hält 10 Proc. Oxyd, wird an der Luft langsam feucht und löst sich in Wasser, kaum in Weingeist. Haidlen. — Die grungelbe Masse hält 20 Proc. Oxyd und 8 Ammoniak, bläht sich in der Hitze etwas auf, ohne zu schmelzen, und lässt viel Kohle, wird an der Luft extractartig, bildet mit Wasser eine grüngelbe Lösung (in welcher sich auch bei längerem Kochen kein Oxydul bildet, aus welcher kaltes Kali alles Oxyd fällt, welche mit kohlensaurem Kali dunkelgelb und beim Erwärmen tief braun wird, aber erst bei langem Kochen das meiste Oxyd absetzt), und löst sich nicht in stärkerem Weingeist, ziemlich, mit grüngelber Farbe, in 40procentigem. WITTSTEIN. — Citronsaures Eisenoxyd löst sich unter Erhitzung und anfänglichem Zusammenkleben in gleichviel Ammoniak und halb so viel Wasser zu einer dunkelrothen Flüssigkeit, welche beim Verdunsten in gelinder Wärme in flachen Schalen unter Entweichen des meisten Ammoniaks dunkelgranatrothe Schuppen lässt. Diese halten noch Ammoniak, betragen jedoch nicht viel mehr, als das angewandte citronsaure Eisenoxyd. Sie schmecken schwach, um so angenehmer, je besser die Säure mit dem Oxyd gesättigt war. Sie verlieren ihr Ammoniak bei gelindem Erhitzen ohne Schmelzen und Aufblähen und lassen, nicht mehr in Wasser lösliche, schwarze Schuppen. Sie zerfliefsen an der Luft, lösen sich mit rother Farbe in jeder Menge Wasser, aber nicht in starkem Weingeist, der es aus dem Wasser theilweise fällt. DEPAIRE (*N. J. Pharm.* 16, 90).

Citronsaures Eisenoxyd-Natron. — Die rothbraune Lösung des frisch gefällten Oxydhydrats in halb citronsaurem Natron trocknet beim Abdampfen zu einem hellbraunen, metallglänzenden, an der Luft zerfliefsenden Spiegel aus. HELDT.

Citronsaures Kobaltoxydul. — Drittel. — Die dunkelrothe Lösung des kohlensauren Oxyduls in der warmen Säure erstarrt nach hinlänglichem Abdampfen beim Erkalten zu einem hellrosenrothen Brei, der zu einem eben so gefärbten Pulver austrocknet. Beim Eintrocknen im Wasserbade lässt sie einen hellvioletten, glänzenden, undurchsichtigen Spiegel. Das Pulver wird bei 100° unter Verlust von 9,3 Proc. (4 At.) Wasser hellviolett und bei 220° unter Verlust von im Ganzen 31,4 Proc. (14 At.) Wasser, dunkelviolett, und bleibt dabei völlig in Wasser zur ursprünglichen Verbindung löslich. Aus der wässrigen Lösung wird das Salz durch Weingeist gefällt; Ammoniak lässt sie klar, Kali fällt sie blau, und kohlensaures Kali, jedoch erst beim Erwärmen, violett. HELDT.

In kalter Luft über Vitriolöl getrocknet.			HELDT.
12 C	72	17,84	18,10
19 H	19	4,71	4,70
3 CoO	112,5	27,88	27,76
25 O	200	49,57	49,44
$C^{12}H^5Co^3O^{14}+14Aq$	403,5	100,00	100,00

Das *halb-* und das *einfach-saure* Salz geben keine Krystalle, sondern lassen beim Abdampfen im Wasserbade dunkelrothe glänzende Ueberzüge. HELDT.

Die dunkelrothe, neutrale Lösung des kohlensauren Kobaltoxyduls in halbcitronsaurem Natron trocknet zu einem amorphen Gummi ein. HELDT.

Citronsaures Nickeloxydul. — Drittel. — Die grüne, süfs schmeckende Lösung des Oxyduls in der Säure erstarrt bei freiwilligem Verdunsten zu einem grünen Brei, und lässt beim Abdampfen in gelinder Wärme einen olivengrünen glänzenden Ueberzug von hellgrünem Pulver. Das lufttrockne Salz verliert bei 100° 23,7 Proc. (11 At.) und bei 200° 30,99 Proc. (14 At.) Wasser. Es wird aus seiner wässrigen Lösung durch Weingeist gefällt. Kali und kohlensaures Kali fällen die Lösung erst beim Kochen, und Ammoniak bläut sie ohne Fällung. HELDT. TUPPUTI erhielt das Salz in grünweifsen, in Säuren löslichen Flocken.

In kalter Luft über Vitriolöl getrocknet.			HELDT.
12 C	72	17,84	17,70
19 H	19	4,71	4,81
3 NiO	112,5	27,88	27,52
25 O	200	49,57	49,97
$C^{12}H^5Ni^3O^{14}+14Aq$	403,5	100,00	100,00

Das halb und einfach citronsaure Nickeloxydul, so wie das Doppelsalz mit Natron gleichen denen des Kobalts. HELDT.

Citronsaures Kupferoxyd. — *Viertel.* — Die Lösung des kohlensauren Oxyds in der Säure (oder das Gemisch des essigsauren Oxyds mit der Säure, JUL. GAY-LUSSAC) setzt beim Kochen ein aus mikroskopischen Rhomboedern bestehendes grünes Krystallmehl ab. Citronsaures Natron fällt beim Kochen nicht das essigsaure Kupferoxyd. Der Niederschlag verliert bei 100° unter lasurblauer Färbung 5,4 Proc. (2 At.) und bei 150° 7,53 Proc. (3 At.) Wasser, und wird bei 170° zersetzt. Seine blaue Lösung in Ammoniak setzt mit Weingeist unter Trübung allmälig, auch bei langem Stehen nicht erstarrende, dunkelblaue Oeltropfen ab. HELDT.

In kalter Luft über Vitriolöl getrocknet.			HELDT.
12 C	72	20,45	20,63
8 H	8	2,27	2,39
4 CuO	160	45,46	45,46
14 O	112	31,82	31,52
$CuO,C^{12}H^{5}Cu^{3}O^{14}+3Aq$	352	100,00	100,00

Nach JUL. GAY-LUSSAC (*Ann. Pharm.* 5, 135) hält das Salz 4 Aq.

Citronsaures Quecksilberoxydul. — Die Säure fällt aus essigsaurem, nicht aus salpetersaurem, Quecksilberoxydul ein weifses, in Salpetersäure lösliches Pulver. SCHEELE. Die Lösung des Quecksilberoxyduls in warmer Citronsäure setzt beim Erkalten ein Gemenge von Oxydul- und von Oxyd-Salz als weifses Pulver ab. BURCKHARDT. Durch Zusammenreiben der Krystalle von citronsaurem Natron und salpetersaurem Quecksilberoxydul mit Wasser erhält man ein weifses Salz, welches durch kaltes und noch mehr durch kochendes Wasser graulich wird, und ihm Oxydul- und Oxyd-Salz mittheilt, während Oxydulsalz mit metallischem Quecksilber bleibt. H. ROSE (*Pogg.* 53, 127). — Das durch Fällen des salpetersauren Quecksilberoxyduls mittelst citronsauren Kalis erhaltene, gewaschene und getrocknete, weifse, metallisch schmeckende Pulver hält 50,89 (76,75, HARFF) Proc. Oxydul, schwärzt sich im Lichte, wird beim Erhitzen gelb und lässt endlich leichte Kohle, wird durch Kalium unter Feuer zersetzt und löst sich leicht in Salpeter-, Citron- und Essig-Säure, so wie in Vitriolöl, ohne beim Kochen mit diesem Schwärzung zu bewirken. BURCKHARDT (*N. Br. Arch.* 11, 265).

Citronsaures Quecksilberoxydul-Ammoniak. — Ammoniak erzeugt mit dem in Wasser vertheilten citronsauren Oxydul ein schwarzes Pulver, welches 87,98 Proc. Oxydul hält, mit Kali Ammoniak entwickelt, und sich nicht in Wasser, aber in Essigsäure, bis auf Quecksilberkügelchen löst. HARFF (*N. Br. Arch.* 5, 279).

Citronsaures Quecksilberoxyd. — Die Lösung des Oxyds in kochender Säure setzt beim Erkalten ein weifses (krystallisches, HARFF) Pulver ab, welches 35,81 Proc. Oxyd hält, sich nicht im Lichte schwärzt, und welches sich nur in kochendem Wasser, unter gallertigem Aufschwellen ein wenig löst, aber leicht in Salpeter-, Essig- und Citron-Säure und in warmem citronsauren Kali. BURCKHARDT. Es wird auch durch citronsaures Kali aus salpetersaurem Quecksilberoxyd gefällt, ist dann ein weifses flockiges Pulver und hält 63,98 Proc. Oxyd. HARFF (*N. Br. Arch.* 5, 279).

Citronsaures Quecksilberoxyd-Ammoniak. — a. *Basisch.* — Das folgende, in viel Wasser gelöste, Salz b (oder das vorhergehende Salz, HARFF) gibt mit Ammoniak ein weifses Pulver, welches (79,71 Proc. Oxyd hält, mit Kali unter Ammoniakentwicklung gelb wird, HARFF), sich nicht in Wasser, nur in kochender starker Salpetersäure (leicht in Salzsäure und Salpetersäure, HARFF) und auch in Ammoniak, so wie in salpetersaurem oder citronsaurem Ammoniak löst. BURCKHARDT. — b. *Neutral.* — Die Lösung des citronsauren Quecksilberoxyds in warmem citronsauren Ammoniak erstarrt nach dem Abdampfen zu einer durchscheinenden Gallerte, welche im Wasserbade schwierig austrocknet, an der Luft zerfliefst und sich in Wasser unter Rücklassung eines basischen Salzes, aber in Salpetersäure völlig löst. BURCKHARDT.

Citronsaures Silberoxydul. — Beim Leiten von Wasserstoffgas über citronsaures Silberoxyd bei 100° wird dieses rasch unter Wasserbildung zu einem dunkelbraunen Gemenge von Oxydulsalz und freier Citronsäure. Entzieht man letztere durch Wasser, bis sich dieses durch Lösung von Oxydulsalz dunkel weinroth färbt, so erhält man durch Trocknen das Oxydulsalz für sich. Dasselbe verpufft in der Hitze schwächer, als das Oxydsalz, und lässt 76 Proc. Silber, ist also $Ag^2O,C^4H^2O^4$ [$C^{12}H^5Ag^6O^{14}$,Aq]. Es löst sich langsam in Wasser; die tiefrothe Lösung wird beim Kochen unter schwacher Gasbildung zwischen gelbgrün und blau schillernd, und entfärbt sich später unter Absatz metallischen Silbers; die rothe Lösung gibt mit Kali unter Entfärbung einen schwarzen Niederschlag (III, 595). Die satt rothgelbe Lösung des Oxydulsalzes in Ammoniak zersetzt sich beim Kochen auf ähnliche Weise, wie die in Wasser, und setzt dabei oft einen goldgelben, mit grüner Farbe durchscheinenden Spiegel ab, der beim Erhitzen zu weifsem Silber wird. WÖHLER (*Ann. Pharm.* 30, 2).

Citronsaures Silberoxyd. — Drittel. — 1. Die Säure bildet mit Silberoxyd ein weifses, metallisch schmeckendes, sich im Lichte schwärzendes, unlösliches Pulver, welches 64 Proc. Oxyd hält, und bei der trocknen Destillation sehr starke (etwas brenzliche) Essigsäure, und, mit Kohle gemengtes, vegetirtes Silber liefert. VAUQUELIN. — 2. Citronsaures Kali, selbst saures, LIEBIG, nicht die freie Säure, VAUQUELIN, fällt das salpetersaure Silberoxyd als weifses pulveriges drittelsaures Salz. — Nach LIEBIG und DUMAS (*N. Ann. Chim. Phys.* 5, 358; auch *Ann. Pharm.* 44, 73) = $C^{12}N^5Ag^3O^{14}$, nach BERZELIUS = $AgO,C^4H^2O^4$ [= $C^{12}H^5Ag^3O^{14}+Aq$]. Beim Erwärmen des Gemisches auf 60° geht jedoch der Niederschlag sehr schnell, in der Kälte langsam unter Wasserverlust in ein schweres Krystallpulver über, daher man den Niederschlag schnell mit kaltem Wasser waschen und zwischen oft erneutem Fliefspapier und zuletzt im kalten Vacuum trocknen muss, um ihn gröfstentheils unverändert, als $AgO,C^4H^2O^4$, zu erhalten, welches bei 60 bis 100° Wasser verliert. Aber der in ein schweres Pulver verwandelte Niederschlag ist ein Gemenge von 1 At. akonitsaurem und 2 At. citronsaurem Silberoxyd, $AgO,C^4HO^3+2(AgO,C^4H^2O^4)$; wenn man daher diesen mit starkem Weingeist und sehr wenig rauchender Salzsäure schüttelt, und das Filtrat, welches nicht mehr Silberlösung trüben darf, abdampft, so erhält man einen farblosen Rückstand, dessen wässrige Lösung nicht mehr krystallisirt und dessen Verbindung mit Natron zwar Krystalle von citronsaurem Natron gibt, aber zugleich eine Mutterlauge, die ein in Weingeist lösliches, nicht krystallisirendes Salz hält. BERZELIUS (vergl. V, 833). — Das Salz verliert bei 120° nichts. Wurde es ohne Pressen getrocknet, so brennt es beim Berühren mit einem glühenden Körper wie Feuerschwamm ruhig fort. In Masse erhitzt, verpufft es schwach und lässt leichte Flocken von Silber, die bei weiterem Erhitzen zusammensintern. Das Salz löst sich in kochendem Wasser und gibt beim Erkalten concentrische weifse oder gelbliche Nadeln. LIEBIG.

	Bei 100°.		LIEBIG.	JUL. GAY-LUSSAC.	DUMAS.
12 C	72	14,04	13,96		14,05
5 H	5	0,97	0,98		1,05
3 Ag	324	63,16	62,98	62,15	62,65
14 O	112	21,83	22,08		22,25
$C^{12}H^5Ag^3O^{14}$	513	100,00	100,00		100,00

Citronsaurer Silberoxyd-Kalk. — Durch Fällen des in viel Wasser gelösten drittel citronsauren Kalks mit Silberlösung. Weifs. CHODNEW (*Ann. Pharm.* 53, 283).

			CHODNEW.
12 C	72	15,89	15,50
5 H	5	1,10	1,26
2 AgO	232	51,21	50,60
2 CaO	56	12,37	13,15
11 O	88	19,43	19,49
$CaO,C^{12}H^{5}Ag^{2}CaO^{14}$	453	100,00	100,00

Citronsaures Palladoxydul. — Citronsaure Alkalien fällen salpetersaures Palladoxydul hellgelb. BERZELIUS.

Die Citronsäure löst sich leicht in *Weingeist,* doch weniger als in Wasser.

Sie löst sich sowohl in krystallischem, als in geschmolzenem Zustande in *Aether* sehr leicht und reichlich; beim Verdunsten der Lösung bleibt ein Syrup, der trocknes Lackmuspapier kaum röthet und der sich beim Stehen an der Luft in die gewöhnlichen Krystalle verwandelt. WACKENRODER.

Sie löst sich so reichlich in kochendem *Kreosot,* dass es beim Erkalten gesteht. REICHENBACH.

Gepaarte Verbindungen der Citronsäure.

Drittel-Citronformester.

$$C^{18}H^{14}O^{14} = 3C^{2}H^{3}O,C^{12}H^{5}O^{11}.$$

ST. EVRE (1845). *Compt. rend.* 21, 1441; auch *J. pr. Chem.* 37, 437.

Man erwärmt die mit trocknem salzsauren Gas gesättigte Lösung der Citronsäure in Holzgeist allmälig bis zu 90°, wodurch unter gelber Färbung des Gemisches Holzgeist und Chlorformafer verjagt wird, sammelt die bei 24stündigem Hinstellen in Sternen angeschossenen Säulen, presst sie zwischen Papier aus und trocknet sie im Vacuum. ST. EVRE.

			ST. EVRE.
18 C	108	46,16	45,93
14 H	14	5,98	5,87
14 O	112	47,86	48,20
$C^{18}H^{14}O^{14}$	234	100,00	100,00

Halb-Citronformester? oder Methylcitronsäure?

$$C^{16}H^{12}O^{14} = 2C^{2}H^{3}O,HO,C^{12}H^{5}O^{11}.$$

Die Mutterlauge der oben erwähnten Krystalle. ST. EVRE.

			ST. EVRE.
16 C	96	43,64	42,56
12 H	12	5,45	6,18
14 O	112	50,91	51,26
$C^{16}H^{12}O^{14}$	220	100,00	100,00

Drittel-Citronvinester.

$C^{24}H^{20}O^{14} = 3C^4H^5O,C^{12}H^5O^{11}$.

THÉNARD. *Mém. de la Soc. d'Arcueil* 2, 12.
MALAGUTI. *Ann. Chim. Phys.* 63, 197; auch *Ann. Pharm.* 21, 267; auch *J. pr. Chem.* 11, 279.
HELDT. *Ann. Pharm.* 47, 195.

Darstellung. 1. Man destillirt 15 Th. Citronsäure mit 18 Weingeist und 5 Vitriolöl, bis sich etwas Vinäther entwickelt, mischt den erkalteten Retortenrückstand mit Wasser und wäscht den dadurch gefällten Ester mit verdünntem Kali, dann mit Wasser. THÉNARD. — 2. Man bringt zuerst 9 Th. gepulverte krystallisirte Citronsäure mit 11 Th. Weingeist von 0,814 spec. Gew. in eine tubulirte Retorte, fügt hierzu allmälig 5 Th. Vitriolöl, erhitzt allmälig und kocht, bis sich, nach dem Ueberdestilliren von ungefähr $^1/_3$ des Weingeistes, deutlich Vinäther entwickelt, mischt den erkalteten, aus der Retorte gegossenen Rückstand mit seinem doppelten Volum Wasser, wäscht den sogleich niedersinkenden Ester mehrmals erst mit reinem, dann mit Kali haltendem, dann wieder mit reinem Wasser, bis dieses ohne Rückstand verdampft, löst ihn in Weingeist, entfärbt die Lösung durch Digestion mit sehr reiner Thierkohle, und verdunstet das Filtrat zuletzt im Vacuum. So liefern 100 Th. Citronsäure 6 Th. Ester. MALAGUTI. — Destillirt man 1 Th. Vitriolöl mit 2 Citronsäure und 3 Weingeist 4 Stunden lang unter Cohobiren, wobei zuletzt fast blofs Vinäther mit wenig Weingeist übergeht, und versetzt den sehr dunkelbraunen Rückstand mit Wasser, wäscht den niedergefallenen dunkelbraunen Ester mit Wasser und entfärbt ihn durch Thierkohle, so erscheint er gelblich, siedet bei 230°, ist unzersetzt destillirbar und hält 56,13 Proc. C, 6,96 H und 36,91 O, ist also wohl Akonitvinester (V, 809); bei noch längerem Destilliren und Cohobiren obigen Gemisches erhält man einen Ester, der 57,78 Proc. C, 7,27 H und 35,05 O hält, also dem Citrakonvinester (V, 504) ähnlich ist. MARCHAND (*J. pr. Chem.* 20, 318). — 3. Man sättigt kochenden absoluten Weingeist mit Citronsäure, dann ebenfalls kochend mit trocknem salzsauren Gas, entfernt dann durch Abdampfen die meiste Salzsäure nebst dem Chlorformafer, und wäscht den bleibenden Ester einigemal mit sehr verdünntem kohlensauren Natron, dann mit Wasser, dampft ihn auf dem Wasserbade ab, und stellt ihn 8 Tage lang über Chlorcalcium. HELDT. Wenn man, wie bei der Bereitung des Oxalvinesters (IV, 875, 3), die geschmolzene Citronsäure mit Weingeist versetzt, so erhält man ebenfalls einen Ester, der aber auch Akonit- oder Citrakon-Vinester sein könnte. GAULTIER DE CLAUBRY.

Eigenschaften. Gelbliches, THÉNARD, MALAGUTI, klares Oel, von 1,142 bei 21° spec. Gew., MALAGUTI. Nicht flüchtig, THÉNARD; unter theilweiser Zersetzung destillirbar, MALAGUTI. Geruchlos, THÉNARD; von schwachem Geruch nach Olivenöl, MALAGUTI; sehr bitter, THÉNARD, MALAGUTI. Neutral. MALAGUTI.

			DUMAS.	MALAGUTI.	HELDT.
24 C	144	52,17	52,3	51,05	50,65
20 H	20	7,25	7,2	7,29	7,40
14 O	112	40,58	40,5	41,66	41,95
$C^{24}H^{20}O^{14}$	276	100,00	100,0	100,00	100,00

Obiges Resultat erhielt DUMAS (*Compt. rend.* 8, 528; auch *Ann. Pharm.* 30, 91; auch *J. pr. Chem.* 17, 18) bei 3maliger Analyse des Esters, dessen Bereitungsweise Er nicht angibt. Ob MALAGUTI und HELDT denselben, nur nicht völlig entwässerten Ester untersuchten, oder einen besonderen $= C^{24}H^{21}O^{15}$, bleibt auszumitteln.

Zersetzungen. 1. Der Ester wird bei 270° röthlich, und kocht unter theilweiser Zersetzung bei 283°, indem er ein braunes Oel, dann Weingeist haltendes Wasser und zuletzt Citronvinester mit einem Kohlenstoff haltenden Gase liefert und Kohle lässt. — 2. In einem offnen Gefäfse erhitzt, verbreitet er dicke, entflammbare Nebel und lässt Kohle. — 3. Seine Lösung in Salpetersäure entwickelt bei geringer Wärme rothe Dämpfe, erhält den Geruch nach Salpetrigvinester und lässt nach längerem Kochen einen gelben, sich mit Ammoniak dunkel röthenden, Oxalsäure haltenden Rückstand. — 4. Seine Lösung in Vitriolöl fängt bei 70° sich zu zersetzen an, entwickelt bei stärkerem Erhitzen Vinäther und Weingeist, und lässt einen rothen klaren zähen, in Wasser löslichen Rückstand. — 5. Seine Lösung in Salzsäure entwickelt beim Kochen, unter Zerstörung des Esters, Chlorvinafer mit wenig Weingeist. — 6. Seine Lösung in Wasser wird allmälig sauer, schneller in der Wärme. — 7. Ammoniakgas ist ohne Wirkung; aber wässriges Ammoniak liefert allmälig citronsaures Ammoniak und Weingeist; eben so wässriges Kali oder Natron beim Kochen (wie schon THÉNARD fand). *Baryt-* oder *Kalk-Wasser* trübt nicht den Ester oder seine wässrige Lösung. — *Kalium* entwickelt im Ester wenig Gas, vielleicht von einer Spur Wasser. — *Chlorgas,* selbst bei 110° oder im Sonnenlichte, zersetzt den Ester nicht. Darin gelöstes *Brom* verdampft daraus in der Wärme, lässt jedoch einen sauren Rückstand. MALAGUTI.

Verbindungen. Der Ester löst sich ein wenig in *Wasser*. Er löst sich in kaltem *Vitriolöl,* so wie in starker *Salzsäure,* aus beiden durch Wasser unverändert scheidbar, während er aus seiner Lösung in kalter *Salpetersäure* nicht durch Wasser geschieden wird.

Er löst *Brom* und *Iod;* letztere Lösung wird beim Erhitzen weder entfärbt, noch sauer und wird durch Wasser, Weingeist und Aether nicht verändert, aber Salpetersäure fällt aus ihr das Iod; sie scheint also inniger zu sein, als die des Broms.

Der Ester löst sich in *Aether* und in, selbst schwachem Weingeist. MALAGUTI.

Sauerstoffamidkern $C^{12}AdH^{9}O^{4}$.

Lactaminsäure.

$$C^{12}NH^{11}O^{8} = C^{12}AdH^{9}O^{4},O^{4}.$$

PELOUZE. *N. Ann. Chim. Phys.* 13, 260; auch *Ann. Pharm.* 53, 115.
LAURENT. *Compt. rend.* 20, 512. — *Compt. chim.* 1845, 151.

Acide lactamique. — Das von PELOUZE (1845) entdeckte Lactamid wurde von LAURENT als lactaminsaures Ammoniak erkannt.

Lactaminsaures Ammoniak. — *Lactamid* von PELOUZE. — 1. Lactid absorbirt das Ammoniakgas unter Wärmeentwicklung, wird allmälig flüssig und dann in Lactamid, $NH^{3},C^{12}H^{8}O^{8}$, verwandelt, welches aus Weingeist in geraden rechtwinkligen Säulen anschiefst. PELOUZE. —

Es entwickelt mit wässrigen Alkalien nur in der Hitze und sehr langsam Ammoniak und lässt milchsaures Salz. — Es löst sich in Wasser unzersetzt, aber wird beim Erhitzen der Lösung in verschlossenen Gefäfsen über 100° zu milchsaurem Ammoniak. — Es verbindet sich nicht mit Säuren oder Basen. Es löst sich reichlich in Weingeist, bei dessen Verdunsten oder Erkalten es krystallisirt. PELOUZE.

2. Das Milchsäureanhydrid absorbirt 2 At. trocknes Ammoniakgas; in dieser Verbindung = $2NH^3,C^{12}H^{10}O^{10}$ (wohl $2NH^3,C^{12}H^6O^8+2HO$) lässt sich das Ammoniak durch die gewöhnlichen Reagentien nachweisen. PELOUZE. — In absolutem Weingeist gelöstes Anhydrid, mit Ammoniakgas gesättigt, liefert beim Abdampfen und Erkälten in Wasser und Weingeist sehr leicht lösliche, mit dem Lactamid von PELOUZE übereinstimmende Tafeln, LAURENT, welche halten:

		Tafeln (2).	LAURENT (2).
12 C	72	40,45	40,0
2 N	28	15,73	
14 H	14	7,87	7,8
8 O	64	35,95	
$C^{12}AdH^8(NH^4)O^8$	178	100,00	

Verjagt man aus obiger mit Ammoniak gesättigter, weingeistiger Lösung des Anhydrids durch Kochen das überschüssige Ammoniak, so gibt sie zwar mit überschüssigem Chlorplatin einen Niederschlag von Platinsalmiak, aber die davon abfiltrirte Flüssigkeit gibt bei 1stündigem Kochen einen neuen, Beweis, dass nur ein Theil des Ammoniaks in gewöhnlichem Zustande in der Verbindung enthalten ist. Die in Tafeln anschiefsende Verbindung ist daher lactaminsaures Ammoniak = $NH^3,C^{12}AdH^9O^8$ = $C^{12}AdH^8(NH^4)O^8$, und die Lactaminsäure ist $C^{12}AdH^9O^8$ = $C^{12}AdH^9O^4,O^4$. LAURENT. [Es bleibt nur noch die widersprechende Angabe zu erklären, nach welcher die nach (1) erhaltenen Krystalle nach PELOUZE mit wässrigen Alkalien erst bei längerem Kochen Ammoniak entwickeln, während die nach (2) mit Ammoniakgas gesättigte weingeistige Lösung des Anhydrids nach dem Austreiben des überschüssigen Ammoniaks durch Kochen mit Chlorplatin sogleich einen Theil des Ammoniaks als Platinsalmiak absetzt.]

Stammkern $C^{12}H^{18}$.

Sauerstoffkern $C^{12}H^{12}O^6$.

Milchsäure.

$$C^{12}H^{12}O^{12} = C^{12}H^{12}O^6,O^6.$$

SCHEELE. *Opusc.* 2, 101.
BERZELIUS. *Schw.* 10, 105. — Dessen *Jahresber.* 2, 72; 7, 299. — *Pogg.* 19, 26.
BRACONNOT. *Ann. Chim.* 86, 84.
A. VOGEL. *Schw.* 20, 425.
JULES GAY-LUSSAC u. PELOUZE. *Ann. Chim. Phys.* 52, 410; auch *Pogg.* 29, 108; auch *Ann. Pharm.* 7, 40.
CAP u. HENRY. *J. Pharm.* 25, 138; auch *Ann. Pharm.* 30, 106.
CORRIOL. *J. Scienc. phys.* 3, 241. — *J. Pharm.* 19, 373.

Boutron u. Fremy. *N. Ann. Chim. Phys.* 2, 257; auch *J. Pharm.* 27, 324; auch *Ann. Pharm.* 39, 181; auch *J. pr. Chem.* 24, 364.
Pelouze. *N. Ann. Chim. Phys.* 13, 256; auch *N. J. Pharm.* 7, 1; auch *Ann. Pharm.* 53, 112; auch *J. pr. Chem.* 35, 128.
Engelhardt u. Maddrell. *Ann. Pharm.* 63, 83; 70, 241.
Engelhardt. *Ann. Pharm.* 65, 359.

Acide lactique, *Ac. nanceique*, *Ac. zumique*. — Von Scheele in der sauren Milch entdeckt; von Bouillon Lagrange (*A. Gehl.* 4, 560) und Fourcroy u. Vauquelin (*N. Gehl.* 2, 622) für eine Verbindung von Essigsäure mit thierischem Stoffe erklärt; von Berzelius, der sie auch in den meisten Thierstoffen fand, wieder als eigenthümlich erwiesen; von Braconnot, welcher noch die Existenz der Milchsäure für widerlegt glaubte, als *Acide nanceique* zum zweiten Mal entdeckt. Neuerdings wurde durch Gay-Lussac, Pelouze, Boutron, Fremy und Engelhardt die Säure der sauren Milch als unbestreitbar eigenthümlich erwiesen, während die des Fleisches nach Liebig u. A. bis jetzt Verschiedenheiten zeigt. Auch die bei der Fäulniss von Käs oder Kleber unter Wasser entstehende *Kässäure*, *Acide caseique*, von Proust (*Ann. Chim. Phys.* 10, 33; auch *N. Tr.* 4, 1, 212), in welcher Braconnot (*Ann. Chim. Phys.* 35, 159; auch *N. Tr.* 18, 270) Leucin, eine in Wasser und Weingeist lösliche, durch Gerbstoff fällbare thierische Materie, ein brennend schmeckendes, übrigens der Buttersäure ähnliches, theilweise verharztes Oel, Essigsäure und kleine Mengen von Chlorkalium und essigsaurem Kali fand, mag vorzüglich aus Milchsäure bestehen.

Vorkommen. 1. In sauer gewordenen Pflanzenstoffen (V, 854). — 2. In vielen thierischen Theilen, theils frei, theils an Alkalien gebunden, wie in Fleisch, Blut, Milch, Harn u. s. w. Berzelius. Auch im Eigelb, Gobley (*N. J. Pharm.* 9, 165), und im Magensaft, Bernard, Barreswil, Lassaigne. Ueber diese Säure in Thieren herrscht jedoch ein doppelter Zweifel, da einerseits das Vorkommen der Milchsäure oder einer ähnlichen Säure im Blut durch Enderlin (*Ann. Pharm.* 46, 164), im Harn (aus welchem zwar Lehmann, *J. pr. Chem.* 25, 15, milchsaures Zinkoxyd erhalten haben will, was aber wohl Chlorzink-Kratinin war), durch Liebig (*Ann. Pharm.* 62, 337) und Heintz (*Pogg.* 62, 602) widerlegt, und das im Magensafte durch Blondlot (*J. Chim. med.* 20, 386) und Enderlin (*Ann. Pharm.* 46, 122) unwahrscheinlich gemacht ist, und da andererseits die Säure des Fleisches (V, 873) vielleicht nur isomer mit der Milchsäure ist.

Bildung. 1. Bei der Oxydation des Alanins durch salpetrige Säure.

(*Alanin* = $C^6NH^7O^4$ = $C^6AdH^5O^4$ nach Strecker (*Ann. Pharm.* 75, 28). 2 Th. Aldehydammoniak, in Wasser gelöst und mit 1 Th. trockner Blausäure, dann mit überschüssiger Salzsäure gemischt, wird bis zur Hälfte destillirt und dann in der Schale auf dem Wasserbade abgedampft. Hierauf giefst man die, salzsaures Alanin haltende, Mutterlauge vom Salmiak ab, erhitzt sie noch lange im Wasserbade, um die freie Salzsäure möglichst zu verjagen, filtrirt sie nach der Verdünnung mit wenig Wasser vom Salmiak ab, und versetzt das, neben salzsaurem Alanin noch Salmiak haltende Filtrat kochend allmälig mit viel Bleioxydhydrat, bis sich kein Ammoniak mehr entwickelt, filtrirt unter Waschen des Bleiniederschlags mit kochendem Wasser, zersetzt das Filtrat durch Hydrothion, dampft die vom Schwefelblei abfiltrirte Flüssigkeit ab, und erkältet sie zum Krystallisiren des Alanins. — Die Krystalle des Alanins sind farblose, perlglänzende, schief rhombische Säulen und Nadeln, bei 200° in weifsen Flocken sublimirbar, bei raschem Erhitzen unter theilweiser Zersetzung schmelzend, von sehr süfsem Geschmack und neutral. Das Alanin hält 40,35 Proc. C, 15,52 N, 7,81 H und 36,31 O, ist also $C^6NH^7O^4$, also isomer oder metamer mit Sarkosin, Uräthan und Lactamid. — Es geht, ähnlich dem Leimsüfs, sowohl mit Säuren, als mit Salzbasen, als mit einigen Salzen proportionirte Verbindungen ein, u. s. w.)

Indem man die aus Stärkemehl und Salpetersäure entwickelten salpetrigen Dämpfe erst durch ein kaltes Gefäfs, welches die beigemengte Salpetersäure aufnimmt, und dann in wässriges Alanin leitet, so bildet sich unter (bis zu Beendigung der Zersetzung des Alanins dauernder) Entwicklung von viel Stickgas und etwas (von der Zersetzung der salpetrigen Säure durch das Wasser herrührendem) Stickoxydgas eine sehr saure Flüssigkeit, welche, gelinde zum Syrup abgedampft, an damit geschüttelten Aether Milchsäure mit allen ihren Eigenschaften abtritt. — $C^6NH^7O^4 + NO^3 = C^6H^6O^6 + HO + N^2$ [oder doppelt: $2 C^6NH^7O^4 + 2 NO^3 = C^{12}H^{12}O^{12} + 2 HO + N^4$]. STRECKER. (Das merkwürdigste Beispiel von Ueberführung organischer Verbindungen einer niedereren Stufe in die einer höheren (vergl. IV, 38—39).

2. Bei der *Milchsäuregährung* des Schleimzuckers, Krümelzuckers, gemeinen Zuckers, Milchzuckers und Dextrins. Diese Gährung geht der Buttersäure-Gährung (V, 235) voraus. Da alle diese Stoffe C^{24}, H^{24} und O^{24} halten, zum Theil mit einigen At. HO weniger oder mehr, so erklärt sich ihre Umwandlung in Milchsäure aus einer Spaltung Eines so zusammengesetzten Atoms in 2 und aus einer geänderten Aneinanderlagerung der einfachen Atome. Z. B. $C^{24}H^{20}O^{20}$ (Milchzucker) + 4 HO = $2 C^{12}H^{12}O^{12}$. — Vergl. die Bemerkungen über die Buttersäurebildung von PELOUZE u. GELIS (V, 235). — Zur Milchsäuregährung ist neben einem der genannten süfsen Stoffe ein besonderes Ferment, Wasser und eine Temperatur von 20 bis 40° nöthig, aber keine Luft, wofern das Ferment bereits ausgebildet ist. Die *Fermente* für die Milchsäuregährung sind in der Regel Proteinstoffe, die durch Luft und Wasser einige Veränderung erlitten haben und je nach dem Grade derselben den Zucker bald in Mannit, bald in Gummi, bald in Weingeist, bald in Milchsäure verwandeln können. BOUTRON u. FREMY.

1. *Casein.* [Da die Milch erst in einigen Tagen sauer wird, so scheint das in ihr gelöste Casein erst (durch Sauerstoff) in das Ferment übergeführt zu werden.] — Beim Sauerwerden der Milch in warmer Luft wird nur ein Theil ihres Milchzuckers in Milchsäure verwandelt, wofern man diese nicht wiederholt neutralisirt, da sie durch ihre Verbindung mit dem Casein dessen Gährungskraft hemmt. Saurer Käs, mit Wasser gewaschen, bis er nicht mehr Lackmus röthet, und in verdünntem kohlensauren Natron gelöst, gibt mit Milchzucker eine saure Flüssigkeit, deren Gehalt an Milchsäure bei wiederholtem Neutralisiren mit kohlensaurem Natron und Versetzen mit Milchzucker immer mehr zunimmt; doch verliert das Casein (vielleicht durch Umwandlung in eine andere Art von Ferment) endlich seine Kraft, noch weitere Mengen von Milchzucker in Milchsäure überzuführen. Auch geht die sauer gewordene Milch in Fäulniss über, wenn man nicht durch Säureentziehung die Kraft, Milchsäure zu erzeugen, wieder herstellt. BOUTRON u. FREMY.

2. *Veränderter Kleber und Aehnliches. Diastas*, 2 bis 3 Tage der feuchten Luft dargeboten, verwandelt bei Gegenwart von Wasser Zucker und Stärkemehl, welches wohl zuerst zu Dextrin wird, ohne Gasbildung in Milchsäure. — Schwach befeuchtetes *Gerstenmalz*, 2 bis 3 Tage der Luft dargeboten, gibt mit Wasser von 20 bis 30° Milchsäure (keinen Mannit) und setzt endlich durch weitere Veränderung des Diastas unter Trübung Weinferment ab, welches dann Weingährung veranlasst. Wurde das Malz mit dem Wasser auf 100° verschieden lange erhitzt, so entsteht keine oder wenig Milchsäure. BOUTRON u. FREMY. — *Weizenmehl*, mit Wasser zu einem festen Teig angemacht, oder feuchter Kleber wird an einem warmen Orte in 2 Tagen zu einem widrig nach saurer Milch riechenden Milchsäureferment, und nach längerer Zeit zu einem weniger unangenehm riechenden Weinferment. FOWNES (*Phil. Mag. J.* 21, 355). — Das Coagulum aus sauer gewordener *Mandelmilch* verwandelt gelösten gemeinen Zucker völlig in Milchsäure, Essigsäure und in Gummi. BOUTRON u. FREMY.

3. *Thierische Häute.* Die gut gewaschene *Magenhaut* von Kalb oder Hund erhält nach kürzerem Aufbewahren unter Wasser das Vermögen, Zucker in Milchsäure zu verwandeln, und während gut getrocknete *Thierblase* sich an trockner Luft lange unwirksam hält, so erzeugt sie nach dem Aussetzen an

feuchte Luft mit Zuckerwasser Milchsäure oder eine ähnliche, deren Kalksalz jedoch sich nicht in Weingeist löst. BOUTRON u. FREMY.

Es gehen daher durch Gehalt an solchen Fermenten und an Zucker auch in Milchsäuregährung über: Das bei der Stärkemehlbereitung fallende *Sauerwasser*, CORRIOL; mit Wasser hingestellte *Bohnen*, *Erbsen*, *Reis* oder *Sauerteig*, und *Runkelrübensaft*, BRACONNOT; *Haferdecoct* oder *Mandelmilch*, A. VOGEL; *Sauerkraut*, ohne alle Essigsäure, LIEBIG (*Ann. Pharm.* 23, 113); eingemachte *weifse Rüben*, WITTSTEIN (*Repert.* 65, 370); gährende *Salzgurken*, bis zur Buttersäurebildung, MARCHAND (*J. pr. Chem.* 32, 506); mit Wasser hingestellte *Nux vomica*, CORRIOL (*J. Pharm.* 11, 492; 19, 155 u. 373 und *J. Scienc. phys.* 3, 241). Auch ist die, durch Ausziehen, zum Gerben gebraucht gewesener, Lohe mit Wasser erhaltene *saure Lohbrühe* reich an Milchsäure, BRACONNOT (*Ann. Chim. Phys.* 50, 376; auch *Schw.* 66, 320; auch *Ann. Pharm.* 5, 275).

Bei der Milchsäuregährung entstehen neben dieser Säure oft eine gummiartige Materie und eine besondere Säure, deren Kalksalz sich reichlicher in kochendem absoluten Weingeist löst, als der milchsaure Kalk, und die in krystallisirtem Zustande $CaO,C^{20}H^{14}O^{14} + 12Aq$ ist. ENGELHARDT u. MADDRELL.

Die später eintretende Verwandlung der zuerst gebildeten Milchsäure in Buttersäure scheint durch dasselbe Ferment bedingt zu sein. Ganz reiner milchsaurer Kalk gibt, in Wasser gelöst, bei 30° in 6 Wochen keine Buttersäure; aber wohl durch 2maliges Krystallisiren nur unvollkommen von Käs befreites, übrigens fettfreies Kalksalz, oder aus der reinen Säure und kohlensaurem Kalk bereitetes und mit Käs versetztes Kalksalz. ENGELHARDT u. MADDRELL.

Der Krümelzucker verwandelt sich mit Käs schneller in Milchsäure, als der gemeine Zucker. Stärkemehl, vergl. jedoch GOBLEY (V, 855), und Mannit gehen mit Wasser und Käs nicht in Milchsäuregährung über. H. v. BLÜCHER (*Pogg.* 63, 424).

Darstellung. I. *Aus Zuckerarten.* 1. Man versetzt die Lösung von 100 Th. Krümelzucker (Rohrzucker oder Milchzucker) in so viel Wasser, dass sie 8 bis 10° Bm. zeigt, mit 8 bis 10 Th. frischem sauren Käs der Märkte, oder löst 100 Th. Zucker in 100 bis 150 Th. Milch und so viel Wasser, dass die Flüssigkeit 10° Bm. zeigt, und stellt eines dieser Gemische mit 50 Th. Kreide in eine offene Flasche unter öfterm Schütteln mehrere Wochen lang in die Sonne, bis der erzeugte milchsaure Kalk in buttersauren überzugehen anfängt. PELOUZE u. GELIS. Da der milchsaure Kalk viel weniger löslich ist, als der buttersaure, so lässt sich bei Anwendung von concentrirterer Zuckerlösung aus der Abnahme der anfangs erzeugten Krystallmasse der Uebergang des milchsauren Kalks in buttersauren erkennen. Bei zu frühem Abbrechen der Gährung bleibt viel Zucker unverändert.

2. Man löst 6 Pfund Rohrzucker und $^1/_2$ Unze Tartersäure (welche den Rohrzucker in Krümelzucker umwandelt) in 26 Pf. kochendem Wasser, fügt nach 2 Tagen 3 Pf. geschlämmte Kreide und 4 Unzen stinkenden Handkäs hinzu, welcher in 8 Pf. saurer Milch vertheilt ist (fauler Käs begünstigt die Bildung der Milchsäure und erschwert deren Verwandlung in Buttersäure), stellt das Gemenge unter täglichem sehr guten Umrühren bei 30 bis 35° hin, bis es nach 6 bis 8 Tagen zu einem steifen Brei von milchsaurem Kalk erstarrt ist, kocht diesen Brei mit $^1/_2$ Unze Aetzkalk und 20 Pf. Wasser 1 Stunde lang, dampft die durch den Spitzbeutel geseihte Lösung zum Syrup ab, presst die in 4 Tagen gebildete Krystallmasse erst für sich aus, dann 3 bis 4mal nach dem jedesmaligen Umrühren mit $^1/_{10}$ Th. kaltem Wasser, löst den so gereinigten milchsauren Kalk in seiner doppelten Menge kochendem Wasser, fügt zu der Lösung

von je 32 Th. Kalksalz ein Gemisch von 7 Th. Vitriolöl und 7 Th. Wasser, seiht die Milchsäure noch heifs durch Leinen vom Gyps ab, kocht das, von 7 Th. Vitriolöl erhaltene Filtrat $1/4$ Stunde lang mit $1^3/_8$ Th. kohlensaurem Zinkoxyd (bei längerem Kochen entsteht ein sehr schwer lösliches basisches Salz), filtrirt kochend, befreit die beim Erkalten anschiefsenden farblosen Krystallkörner von milchsaurem Zinkoxyd durch Waschen mit kaltem Wasser von aller Schwefelsäure, gewinnt noch mehr Krystallkörner durch Abdampfen der Mutterlauge fast bis zuletzt und löst endlich 1 Th. des gewaschenen Zinksalzes in $7^1/_2$ Th. kochendem Wasser, leitet Hydrothion hindurch, so lange Schwefelzink niederfällt, filtrirt, kocht und dampft im Wasserbade zum Syrup ab, wobei 8 Th. Zinksalz 5 Th. syrupdicke Milchsäure liefern. Bensch (*Ann. Pharm.* 61, 174). Bei diesem Verfahren liefern 100 Th. Rohrzucker 117 Th. milchsauren Kalk, der, wenn der Zucker weifs war, ungefärbt ist, und nicht erst der Reinigung durch Auspressen bedarf. Wenn das kohlensaure Zinkoxyd Kalk und Bittererde hält, so gehen diese an die Milchsäure über, und man muss diese dann nach dem Abdampfen zum Syrup in Aether lösen und vom milchsauren Kalk und Bittererde abfiltriren und verdunsten. Man kann aber auch das Kalksalz, ohne erst daraus das Zinksalz zu bilden, durch wiederholtes Krystallisiren von einer hartnäckig anhängenden stickstoffhaltigen Materie befreien, dann seine Lösung in möglichst wenig Wasser durch eine nicht ganz hinreichende Menge von reiner Schwefelsäure zersetzen, mit Weingeist bis zur völligen Abscheidung des Gypses erwärmen, das Filtrat zum Syrup abdampfen und diesen in Aether lösen, filtriren und abdampfen. Engelhardt u. Maddrell.

3. In einen 3 Liter fassenden Steingutnapf füllt man 250 Gramm Milchzucker, 200 Gr. Kreidepulver, 1 Liter abgerahmte Milch und so viel Wasser, dass der Napf voll wird, stellt bei 25 bis 30° hin unter öfterem Umrühren und Ersetzen des verdampfenden Wassers, bis in 12 Tagen die Kohlensäureentwicklung aufhört, ein saurer und käsartiger Geruch eingetreten und das Kreidepulver krümlich geworden ist. Man kocht dann die Flüssigkeit $1/4$ Stunde, trennt sie vom Käs durch Flanell, unter Waschen des Rückstandes mit kochendem Wasser, seiht alles, mit Wasser verdünnt, durch Papier, dampft gelinde ab, presst den nach 24 Stunden angeschossenen, so wie auch den durch weiteres Abdampfen und Hinstellen der Mutterlauge erhaltenen milchsauren Kalk zwischen Zwillich stark aus, und trocknet den zerbrochenen Kuchen nach der Verkleinerung in der Darre. So beträgt er 340 Gramm. — Eben so lässt sich milchsaurer Kalk erhalten: Aus 250 Gramm Dextrin, 200 Gr. Kreide, 2 Liter Milch und $1/2$ Liter Wasser; oder aus 250 Gramm Rohrzucker, 200 Gr. Kreide, 2 Liter Milch und $1/2$ Liter Wasser, bei 25 bis 30° 8 Tage hingestellt (bei längerem Hinstellen wird viel Milchsäure zu Buttersäure, bei zu niedriger Temperatur (15 bis 20°) geht eine viscose Gährung voraus, während bei 25 bis 30°, falls es nicht an Ferment fehlt, blofs Milchsäuregährung erfolgt, und in 8 Tagen 280 Th. milchsaurer Kalk erhalten werden); aus gepulvertem Weizenstärkemehl und den übrigen Zuthaten nach demselben Verhältnisse (in 24 Stunden lebhafte, nicht viscose Gährung; das in den ersten Tagen als dicke Schicht auf dem Boden liegende Stärkemehl löst sich allmälig auf); — aus arabischem Gummi und den Zuthaten nach demselben Verhältniss, wie bei Rohrzucker, nur ohne Wasser (die, nicht viscose, Gährung beginnt in 24 Stunden, erzeugt jedoch in 10 Tagen nur wenig milchsauren Kalk). — Auch Bierhefe, statt Milch, erzeugt mit Milchzucker, Rohrzucker, Dextrin, Stärkemehl oder Gummi, milchsauren Kalk. Gobley (*N. J. Pharm.* 6, 54).

4. Man stellt 25 Th. Milchzucker mit 20 Th. Kreidestaub, 100 Th. abgerahmter Milch und 200 Th. Wasser bei 24° hin, bis sich nach 44 Tagen alle Kreide gelöst hat, erhitzt die saure Flüssigkeit (nicht bis zum Kochen), seiht den Käs unter Pressen ab, klärt die trübe Flüssigkeit durch Decanthiren, Seihen durch graues Papier und Kochen mit etwas Eiweiſs, und dampft zum Krystallisiren des milchsauren Kalks ab, der dann öfters aus heiſsem Wasser umkrystallisirt wird. WACKENRODER.

5. Die Lösung von 300 Gramm Milchzucker in 4 Liter Milch wird an offner Luft bei 15 bis 20° hingestellt, so oft sie sehr sauer wird, etwa alle 2 Tage, mit zweifach kohlensaurem Natron neutralisirt, wenn sie nicht weiter sauer wird, gekocht, vom Käs abfiltrirt, vorsichtig zu Syrup abgedampft, und dieser in mäſsig warmem Weingeist von 38° Bm. gelöst. Indem man aus diesem filtrirten weingeistigen milchsauren Natron durch Schwefelsäure das Natron fällt und die filtrirte Milchsäure mit Kreide sättigt, erhält man, weiter zu behandelnden, krystallisirten milchsauren Kalk. BOUTRON u. FREMY (*J. Pharm.* 27, 341).

II. *Aus sauer gewordener Milch.* — 1. SCHEELE dampft saure Molken auf $\frac{1}{8}$ ab, filtrirt die Flüssigkeit vom Käs ab, fällt aus derselben die Phosphorsäure mit Kalk, filtrirt, verdünnt mit 3 Th. Wasser, fällt den Kalk durch behutsam zugesetzte Oxalsäure, filtrirt, dampft zur Honigdicke ab, zieht die Milchsäure mit Weingeist aus, filtrirt, verdünnt mit Wasser, und dampft ab. BERZELIUS digerirt die so erhaltene Säure noch mit kohlensaurem Bleioxyd, filtrirt, fällt das gelöste Blei durch Hydrothion, filtrirt, und dampft ab. — 2. Man mischt die filtrirte Lösung der fast zur Trockne abgedampften sauren Molken in starkem Weingeist mit weingeistiger Tartersäure, so lange tartersaures Kali, Natron und Kalk gefällt werden, gieſst nach 24 Stunden die Flüssigkeit ab, dampft sie ab, löst den Rückstand in Wasser, digerirt die Lösung mit kohlensaurem Bleioxyd, bis Blei gelöst ist, dampft das Filtrat ab, neutralisirt es mit Baryt, filtrirt, verdünnt mit Wasser, fällt durch Zinkvitriol sämmtlichen Baryt, filtrirt und verdunstet zum Krystallisiren von milchsaurem Zinkoxyd. BERZELIUS (*Lehrb., Ausg.* 5, V, 241). (Frühere Methoden von BERZELIUS s. in *Pogg.* 19, 26). — Verfahren von CAP u. O. HENRY (*J. Pharm.* 25, 138; auch *Ann. Pharm.* 30, 106).

III. *Aus Runkelrübensaft.* — 1. Man dampft den sauer gewordenen Runkelrübensyrup (oder sauer gewordenes Reiswasser fast bis zur Trockne ab, zieht den Rückstand mit Weingeist aus, verdampft die Lösung bis zum Syrup), sättigt die mit Wasser verdünnte Säure mit Zinkoxyd, filtrirt, reinigt das milchsaure Zinkoxyd durch wiederholte Krystallisation, löst das gereinigte Salz in heiſsem Wasser, schlägt das Zinkoxyd durch Barytwasser nieder, filtrirt, fällt den Baryt durch eine angemessene Menge von Schwefelsäure, filtrirt und dampft ab. BRACONNOT. Etwa beigemischte Schwefelsäure wird durch kohlensaures Bleioxyd, dann durch Hydrothion entfernt. — 2. Man mengt den bis zum Syrup abgedampften sauer gewordenen Runkelrübensaft (oder saure Molke oder das saure Wasser der Stärkemehlfabriken) mit Kalkhydrat, kocht dieses Magma mit Weingeist von 36° Bm. aus, löst den nach dem Destilliren des weingeistigen Filtrats bleibenden milchsauren Kalk in warmem Wasser, filtrirt, lässt krystallisiren, reinigt die Krystalle durch wiederholtes Krystallisiren aus Weingeist und zuletzt aus Wasser, und zersetzt die wässrige Lösung durch die richtige Menge von Oxalsäure. — Eben so verfährt man mit unter Wasser gegohrenen geraspelten Krähenaugen, nur dass hier kein Kalkzusatz nöthig ist, weil die gegohrene Flüssigkeit, wiewohl sauer, doch genug Kalk hält, und dass man nach dem Abdestilliren des Weingeists und Lösen in Wasser vom Fett abfiltrirt. CORRIOL (*J. Scienc. phys.* 3, 241). — 3. Man lässt Runkelrübensaft bei 25 bis 30° 2 Monate lang stehen, bis die in 2 Tagen beginnende, anfangs stürmische, von Wasserstoff- und Kohlensäure-Entwicklung begleitete Gährung beendigt ist, dampft zum Syrup ab, trennt diesen vom angeschossenen Mannit, zieht ihn mit Weingeist aus, dampft die weingeistige Lösung ab, löst die bleibende unreine Milchsäure in Wasser, sättigt sie nach dem Filtriren mit kohlensaurem Zinkoxyd, sammelt die beim Abdampfen des Filtrats erhaltenen Krystalle des milchsauren Zinkoxyds, kocht sie mit Wasser und, durch Salzsäure gereinigter, Beinkohle, filtrirt heifs, und wäscht die beim Erkalten entstehenden farblosen Krystalle mit Weingeist. Aus diesen scheidet man die Säure durch Behandlung erst mit Baryt, dann mit Schwefelsäure, worauf man sie im Vacuum verdunstet, in Aether löst und nach dem Abfiltriren von einigen Flocken wieder verdunstet. Sollte sie noch nicht ganz farblos sein, so müsste man sie an Kalk binden, mit Thierkohle kochen, die erhaltenen Krystalle des Kalksalzes aus Weingeist, dann aus Wasser umkrystallisiren und ihre Lösung durch Oxalsäure zersetzen. — Eben so lässt sich die Milchsäure durch saure Molke, Säurewasser der Stärkemehlfabriken u. s. w. darstellen. Jules Gay-Lussac u. Pelouze.

Scheidung der Milchsäure aus dem Kalksalz. — 1. Man zersetzt dieses durch schwach überschüssiges, mit dem 6fachen Wasser verdünntes Vitriolöl, seiht nach dem Mengen mit Weingeist vom Gyps ab, fällt die Schwefelsäure durch milchsaures oder essigsaures Bleioxyd, dann, nach dem Abdestilliren des Weingeistes und Verdünnen mit Wasser, das Blei durch Hydrothion, und dampft das Filtrat im Wasserbade ab. Berzelius. — 2. Man fällt aus dem gelösten Kalksalz durch die genau nöthige Menge Oxalsäure den Kalk. Braconnot (V, 856), Jules Gay-Lussac u. Pelouze (V, 857), J. A. Buchner (*Repert.* 74, 170). — 3. Man verwandelt das Kalksalz in das Zinksalz.

Scheidung aus dem Zinksalz. — 1. Durch Hydrothion. Bensch. — 2. Fällen desselben durch überschüssiges Barytwasser, und des hierauf erhaltenen Filtrats durch Schwefelsäure, deren etwaiger Ueberschuss durch kohlensaures Bleioxyd und Hydrothion zu entfernen sein würde. Jules Gay-Lussac u. Pelouze (V, 857).

Lösen der abgedampften Säure *in Aether*, Abfiltriren von etwa vorhandenen Salzspuren und Verdunsten des Aethers dient zur völligen Reinigung der Säure.

Eigenschaften. Farbloser Syrup, Jules Gay-Lussac u. Pelouze; fast farblos, Braconnot. Bräunlich, Scheele. Gesteht nicht bei — 24°. Engelhardt u. Maddrell. Nach völligem Verdunsten im Vacuum von 1,215 spec. Gew. bei 20,5°. Gay-Lussac u. Pelouze. Nur bei eingetauchtem Platindrath unzersetzt bei 200° verflüchtigbar. Pelouze. — Geruchlos, von unerträglich beifsendem, rein sauren Geschmack. Gay-Lussac u. Pelouze.

Bei 100° möglichst entwässerter Syrup.

12 C	72	40,00
12 H	12	6,67
12 O	96	53,33
$C^{12}H^{12}O^{12}$	180	100,00

Gerhardt (*Precis Chim. organ.* 1, 596) erhöhte zuerst die Formel von $C^6H^6O^6$ auf $C^{12}H^{12}O^{12}$, welcher Annahme dann Laurent (*Compt. rend.* 20, 512), Engelhardt u. Maddrell und Strecker (*Ann. Pharm.* 81, 218) mehr oder weniger beipflichteten. — Die hypothetisch trockne Milchsäure $\bar{L}$ ist nach der alten Ansicht $C^6H^5O^5$, nach der neuen $C^{12}H^{10}O^{10}$. — Die syrupartige kann als Ameisensäure + Aldehyd = $2(C^2H^2O^4, C^4H^4O^2)$ angesehen werden. Strecker.

Zersetzungen. 1. *Trockne Destillation.* Die Säure wird bei sehr allmäligem Erhitzen dünnflüssiger, lässt bei 130° langsam, ohne Gasentwicklung, farbloses Wasser mit wenig Milchsäure übergehen, und gibt einen blassgelben festen, leicht schmelzbaren, äufserst bitter schmeckenden Rückstand von Milchsäure-Anhydrid = $C^6H^5O^5$ [$C^{12}H^{10}O^{10}$]. Dieser bleibt bis zu 250° unverändert, entwickelt aber von 250 an bis zu 300°, wo die Zersetzung beendigt ist, Kohlenoxydgas, dem zuerst 4 bis 5 und zuletzt gegen 50 Maafsprocente Kohlensäure beigemengt sind (im Ganzen 33,1 Proc. des Anhydrids an Gas), und gibt 60 Proc. des Anhydrids Destillat, aus beim Erkalten anschiefsendem und sich auch sublimirenden Lactid, aus Lacton und kleinen Mengen von Aceton und einem nicht in Wasser löslichen riechenden Oele bestehend, während 6,9 Proc. des Anhydrids schwer verbrennliche Kohle bleiben. PELOUZE. — Das nach dem Erhitzen auf 240° unzersetzt bleibende Anhydrid entwickelt, längere Zeit auf 250 bis 260° erhalten, Kohlenoxyd mit 3 bis 4 Maafsprocent Kohlensäure (ohne alles Kohlenwasserstoffgas), gibt ein gelbliches, Krystalle von Lactid absetzendes, Destillat, welches, aufser dem (14,9 Proc. des Anhydrids betragenden) Lactid, nur gewöhnliche Milchsäure, Citrakonsäure (V, 499), Aldehyd (12,2 Proc. des Anhydrids), aber weder Aceton, noch Lacton hält, und lässt 1 bis 2 Proc. stark glänzende, leicht verbrennliche Kohle. Das Aldehyd und die Citrakonsäure [?] sind wohl erst ein Zersetzungsproduct des Lactids. $C^{12}H^6O^8 = 2C^4H^4O^2 + 4CO$. Die gewöhnliche Milchsäure wird aus einem Theil des Anhydrids durch das Wasser gebildet, welches bei der Verwandlung des andern Theils in Lactid frei wird. Destillirt man, statt bei 260, bei 300°, so erhält man weniger Milchsäure und Lactid, und mehr Aldehyd. ENGELHARDT. Die Milchsäure liefert beim Erhitzen unter stechenden, zum Husten reizenden Dämpfen ein braunes Brenzöl und eine saure Flüssigkeit, deren Säure weder Milchsäure, noch Essigsäure ist, sondern mit Zinkoxyd ein viscoses, nicht krystallisirendes Salz bildet. BRACONNOT (*Ann. Chim. Phys.* 50, 375). — Sie liefert ein immer saurer werdendes wässriges Destillat, wovon jedoch schon der erste Antheil beim Verdunsten im Vacuum zum Syrup wird und hierauf bei gelindem Erwärmen an der Luft Lactid-Krystalle absetzt; hierauf gibt sie ein Oel, dann eine im Retortenhalse erstarrende Butter, bei deren Ausziehen mit kaltem Aether Schuppen bleiben, und zuletzt weifse rhombische Blättchen, und sie lässt aufgeblähte glänzende Kohle. Auch die bei theilweiser Destillation zurückbleibende Säure hält etwas Lactid, welches beim Auskochen derselben mit Aether und Erkälten desselben krystallisirt. CORRIOL. — Bei sofortigem Erhitzen auf 180 bis 200° wird die Säure viel schneller in das Anhydrid verwandelt und lässt viel mehr unveränderte Säure übergehen, als bei 130 bis 140°, und bei eingetauchtem Platindrath lässt sich die Milchsäure unter förmlichem Kochen vollständig unverändert destilliren. ENGELHARDT. — Hält die Milchsäure etwas Schwefelsäure, so liefert sie blofs Kohlenoxydgas, ohne Kohlensäure. PELOUZE. — Bei der geringsten Verunreinigung, z. B. mit Eiweifs, liefert sie kein sublimirtes Lactid. GAY-LUSSAC u. PELOUZE. — An der Luft erhitzt, kommt die Säure in gelindes Kochen, mit erstickendem Geruch, schwillt auf, schwärzt sich und lässt eine schwammige Kohle. BERZELIUS.

2. Mit der 6fachen Menge *Vitriolöl* gemischte Milchsäure (oder milchsaures Eisenoxydul) entwickelt bei gelindem Erwärmen unter lebhaftem Aufbrausen und dunkelbrauner Färbung ungefähr 1/3 ihres Gewichts reines Kohlenoxydgas und scheidet bei stärkerem Erhitzen ungefähr 1/3 moderartige Materie aus. PELOUZE.

3. Kochende *Salpetersäure* verwandelt die Milchsäure in Oxalsäure. JULES GAY-LUSSAC u. FELOUZE.

4. Bei der Destillation der Milchsäure und ihrer Salze mit weniger *Kochsalz*, *Braunstein*, *Schwefelsäure* und Wasser erhält man vorzüglich Aldehyd und mit mehr vorzüglich Chloral. STÄDELER (*Ann. Pharm.* 69, 332).

5. Mit wässrigen *Chloralkalien* oder chloriger Säure zersetzt sich die Milchsäure erst in Oxalsäure, dann unter Aufbrausen in Kohlensäure. Cap u. Henry.

6. Sie verwandelt sich bei der Behandlung mit *Baryum*- oder *Blei-Hyperoxyd* gröfstentheils in Oxalsäure. Cap u. Henry.

7. Sie liefert bei der Destillation mit verdünnter *Schwefelsäure* und *Braunstein* oder *Bleihyperoxyd* viel Aldehyd nebst Kohlensäure. Liebig.

Verbindungen. Die Milchsäure zieht aus der Luft Wasser an und löst sich darin nach jeder Menge. Scheele u. A.

Milchsaure Salze, Lactates. Die Säure treibt aus essigsaurem Kali bei 100° die Essigsäure aus (auch nach Scheele), und fällt aus der kalt gesättigten Lösung des essigsauren Bittererde- oder Zink-Salzes das schwer lösliche milchsaure Salz. Die halbsauren (neutralen) milchsauren Salze sind $C^{12}H^{10}M^{2}O^{12}$, und die einfach sauren (sauren) sind $C^{12}H^{11}MO^{12}$. Die, häufig vorkommenden, krystallischen Salze verwittern nicht an der Luft, aber alle verlieren im Vacuum Wasser, und alles bei 100°, nur das einfach saure Nickelsalz erst bei 130°. Sie halten 150 bis 170° ohne Zersetzung aus, das Zinksalz sogar 210°. Sie lösen sich, meistens wenig, in kaltem Wasser und Weingeist, und wittern aus den Lösungen stark aus; aber alle sind in Aether unlöslich. Engelhardt u. Maddrell.

Milchsaures Ammoniak. — Lackmus röthende, in der Hitze schmelzende und das Ammoniak entwickelnde Krystalle. Braconnot. Die mit Ammoniak versetzte Säure gibt, wenn man beim Verdunsten das Ammoniak im Ueberschuss erhält, Anzeigen von Krystallisation, lässt aber, wenn man weiter verdunstet, unter Ammoniakverlust einen zerfliefslichen Rückstand, der bei der trocknen Destillation, noch vor der Zersetzung der Säure, das meiste Ammoniak verliert. Berzelius. Nur beim Leiten von Ammoniakgas durch in Aether gelöste Milchsäure zeigen sich anfangs Krystallspuren, die sich jedoch bei mehr Ammoniak als ein Syrup unter den Aether senken. Die mit Ammoniak neutralisirte Säure wird beim Abdampfen unter Ammoniakverlust wieder sauer. Engelhardt u. Maddrell. — Beim Verdunsten im Vacuum bleibt ein Syrup. Dumas (*Ann. Chim. Phys.* 54, 236). Unkrystallisirbar, zerfliefslich. Pelouze.

Milchsaures Kali. — Unkrystallisirbar, zerfliefslich, in Wasser und Weingeist löslich. Scheele, Braconnot. Zerfliefsliche Krystallrinde. Berzelius. Schwer krystallisirbar. Gay-Lussac u. Pelouze. Auf keine Weise krystallisirbarer Syrup. Engelhardt u. Maddrell.

Milchsaures Natron. — Unkrystallisirbar zerfliefsend. Scheele, Braconnot. Wenn man mit kohlensaurem Natron etwas übersättigte Säure abdampft und mit Weingeist auszieht, so lässt dieser, bei 50° verdunstet, Krystalle mit einer wasserhellen, an der Luft feucht werdenden Masse bedeckt. Berzelius. Unkrystallisirbarer Syrup. Engelhardt u. Maddrell.

Milchsaurer Baryt. — a. *Halb.* — Durch Sättigung der kochenden Säure mit kohlensaurem Baryt. Durchsichtiges, nicht zerfliefsliches Gummi. Braconnot, Berzelius. Neutral, löst sich leicht in gewöhnlichem Weingeist, nicht in kaltem und höchst wenig in kochendem absoluten, sich beim Erkalten in zähen Fäden ausscheidend. ENGELHARDT u. MADDRELL.

b. *Einfach.* — Durch Versetzen von 1 Th. durch kohlensauren Baryt gesättigter Säure mit noch 1 Th. Säure erhält man, durch Waschen mit gewöhnlichem Weingeist von beigemengtem Salz a oder von freier Säure zu befreiende Krystalle. Dieselben sind sehr fest, sehr sauer, luftbeständig, verwittern nicht im trocknen Vacuum, verlieren bei 100° unter einigem Zusammensinken 2,99 bis 3,98 Proc. Wasser und lösen sich ziemlich leicht in Wasser, aber wenig in kaltem gewöhnlichen Weingeist. ENGELHARDT u. MADDRELL. Hierher gehören wohl auch die von BRACONNOT (*Ann. Chim. Phys.* 50, 375) beschriebenen blumenkohlartigen, mit Nadeln besetzten, in der Wärme schmelzbaren, und in 21 Th. kaltem Wasser löslichen Krystalle.

	Lufttrockne Krystalle.		ENGELH. u. MADDR.
12 C	72	29,08	28,57
11 H	11	4,44	4,46
BaO	76,6	30,94	30,73
11 O	88	35,54	36,24
$C^{12}H^{11}BaO^{12}$	247,6	100,00	100,00

Milchsaurer Strontian. — *Halb.* — Durch Abdampfen der mit kohlensaurem Strontian gesättigten wässrigen Säure erhält man eine schleimige Masse, die in 24 Stunden zu durchsichtigen, in 8 Th. kaltem Wasser löslichen Krystallkörnern gesteht. BRACONNOT. Die dem Kalksalz ähnlichen Körner zeigen concentrisch strahliges Gefüge; sie verlieren im Wasserbade unter Schmelzung Krystallwasser. BLÜCHER (*Pogg.* 63, 429). Sie sind denen des Kalksalzes sehr ähnlich und verlieren bei 100° 17,70 Proc. (6 At.) Wasser. ENGELHARDT u. MADDRELL.

	Bei 100°.		ENGELH. u. MADDR.	Lufttrockne Krystalle.		
12 C	72	27,07		12 C	72	22,5
10 H	10	3,76		16 H	16	5,0
2 SrO	104	39,10	39,02	2 SrO	104	32,5
10 O	80	30,07		16 O	128	40,0
$C^{12}H^{10}Sr^2O^{12}$	266	100,00		+ 6 Aq	320	100,0

Milchsaurer Kalk. — a. *Halb.* — Wird bei der Darstellung der Milchsäure erhalten (V, 854 bis 856) oder durch Sättigung der kochenden Säure mit kohlensaurem Kalk. — Weiſse undurchsichtige Warzen und Krystallkörner, BRACONNOT, aus feinen concentrisch strahligen Nadeln zusammengesetzt, CORRIOL, ENGELHARDT u. MADDRELL, welche unter dem Mikroskop als gerade rhombische Säulen erscheinen, WACKENRODER, zwischen den Zähnen krachend, etwas bitter, CAP u. HENRY, von geringem Geschmack, CORRIOL. — Die lufttrocknen Krystalle werden bei abgehaltener Luft bei 80° weich, bei 100° zu farblosem Syrup, der in der Kälte erhärtet, und verlieren das meiste Wasser bei 135°, dann noch wenig bis 170°, im Ganzen 29,17 Proc. (10 At.), während eine weiſse schaumige Masse bleibt. Sie verlieren an der Luft bei 80° 20,47 Proc., schmelzen dann bei 100° nicht mehr und verlieren bei dieser Hitze noch 2,54 Proc. (im Ganzen 22,95 Proc. oder 8 At,) Wasser; aber der Verlust steigt bei 130° im Ganzen auf 28,0 und bei 200° (von 150° an entweichen Spuren einer Säure) auf 29,1 Proc. WACKENRODER. — Sie schmelzen beim Erhitzen zu einer harzartigen Masse, die beim Befeuchten krystallisch wird. CAP u. HENRY. Sie verlieren über Vitriolöl sowohl in der Luft, als im Vacuum ihre 29,22 Proc. (10 At.) Wasser völlig. ENGELHARDT u. MADDRELL. — Die Krystalle schmelzen zu einer durchsichtigen Flüssigkeit, schäumen unter Schwärzung auf und entzünden sich. BRACONNOT. — Die Krystalle verlieren bei der trocknen Destillation zuerst ihr Wasser, erstarren dann, entwickeln Kohlensäure und Metaceton, und ein erst bei 160 bis 180° siedendes, 77,42 Proc. C und 10,84 H haltendes Oel. FAVRE (*N. Ann. Chim Phys.* 11, 80; auch *J. pr. Chem.* 32, 370). Das trockne Salz bleibt bei 180° unzersetzt, schmilzt dann bei 220° unter Verlust von 1,17 Proc. brenzlichen Dämpfen. ENGELHARDT u. MADDRELL. Bei 250° ballt es sich zu einem bernsteingelben blasigen Gummi zusammen, und entwickelt dann unter Aufblähen und Verkohlung ein braunes, gewürzhaft brenzlich riechendes Oel und eine saure, jedoch von Essigsäure freie Flüssigkeit, kohlensauren Kalk mit wenig Kohle lassend. WACKENRODER. — Die farblose klare Lösung der Krystalle in kaltem Vitriolöl entwickelt beim Erhitzen (neben dem Geruch nach Reinetten, CAP u. HENRY) Kohlenoxyd und schwefligsaures Gas, wird gelb, dann schwarz und setzt dann bei Zufügen von Wasser viel moderartige Materie und Gyps ab. Die Säure des Salzes wird bei kurzem Schmelzen desselben mit Kalihydrat ohne Verkohlung etwa zur Hälfte in Oxalsäure und aufserdem in Ameisensäure und Essigsäure verwandelt. WACKENRODER.

Die Krystalle sind luftbeständig. ENGELHARDT u. MADDRELL. 1 Th. derselben löst sich in 21 Th. kaltem Wasser, BRACONNOT; in 17,4 Th. Wasser von 24° und in jeder Menge kochendem, in dem sie schmelzen, und die Lösung von 3 Th. Salz in 1 Th. heifsem Wasser ist ein dicker Syrup, der beim Erkalten erhärtet, WACKENRODER. Die wässrige Lösung efflorescirt beim Verdunsten blumenkohlartig. ENGELHARDT u. MADDRELL. Die Krystalle lösen sich in 490 Th. 85procentigem Weingeist von 20°, aber (unter Schmelzung, ENGELHARDT u. MADDRELL) in 1,2 Th. kochendem, bei dessen Erkalten (unter Abscheidung fast allen Salzes, CORRIOL) ein Brei von feinen Krystallen entsteht. WACKENRODER. Die Löslichkeit ist selbst noch bei 50° sehr gering; und steigt erst bei stärkerem Erhitzen. Die aus heifsem Weingeist angeschossenen Krystalle zeigen den früheren Wassergehalt. ENGELHARDT u. MADDRELL. Die weingeistige Lösung wird durch Aether, der nicht lösend wirkt, krystallisch (käsig, WACKENRODER) gefällt. PELOUZE. Das entwässerte Salz löst sich wenig in kochendem 85procentigem Weingeist, WACKENRODER, und das krystallisirte wenig in kochendem absoluten Weingeist, der das Wasser entzieht, und das meiste Salz als eine Harzmasse lässt, CORRIOL. Während Phosphorsäure aus der weingeistigen Lösung des Salzes phosphorsauren Kalk fällt, so löst wässrige Milchsäure (auch verdünnte, leicht, CAP u. HENRY) das letztere Salz. PELOUZE. Auch der oxalsaure Kalk löst sich etwas in Milchsäure. CAP u. HENRY. Der wässrige milchsaure Kalk setzt mit schwefelsauren Salzen erst beim Kochen den Gyps ab. WACKENRODER.

Bei 100° entwässert.			ENGELHARDT u. MADDRELL.	Lufttrockne Krystalle.		
12 C	72	33,03	32,67	12 C	72	23,37
10 H	10	4,59	4,72	20 H	20	6,50
2 CaO	56	25,69	25,56	2 CaO	56	18,18
10 O	80	36,69	37,05	20 O	160	51,95
$C^{12}H^{10}Ca^{2}O^{12}$	218	100,00	100,00	+ 10 Aq	308	100,00

Das krystallisirte Salz, $C^{12}H^{10}Ca^{2}O^{12}$ + 10 Aq, hält 29,17 WACKENRODER, 29,22 ENGELHARDT u. MADDRELL, 29,4 CORRIOL, und 29,5 GAY-LUSSAC u. PELOUZE, Proc. Wasser.

b. *Einfach.* — Man versetzt 1 Th. mit kohlensaurem Kalk gesättigte Säure mit wenigstens noch 1 Th. Säure und dampft zum Syrup ab. Bei zu wenig Säure krystallisirt anfangs Salz a. Concentrisch faserige, dann Wawellit-ähnliche Krystallmassen, die sich aus der Lösung in kochendem absoluten Weingeist als ein, durch Waschen mit Aether von der anhängenden freien Säure zu befreiendes, Krystallgewebe ausscheiden. Nach dem Trocknen an der Luft zart anzufühlen, luftbeständig, verliert bei 80° 8,8 Proc. (2 At.) Krystallwasser, und bei 90° unter schwachen Zusammensinken, und brenzlichem Geruch, noch 0,36 Proc. ENGELHARDT u. MADDRELL.

	Bei 80°.		ENGELH. u. MADDR.
12 C	72	36,18	36,20
11 H	11	5,53	5,81
CaO	28	14,07	14,01
11 O	88	44,22	43,98
$C^{12}H^{11}CaO^{12}$	199	100,00	100,00

Chlorcalcium-milchsaurer Kalk. — Man trocknet die durch Abdampfen von wässrigem milchsauren Kalk mit überschüssigem Chlorcalcium erhaltenen Säulen zwischen Papier und wäscht sie mit kaltem gewöhnlichen Weingeist. Die, von denen des gewässerten Chlorcalciums verschiedenen, Säulen lassen bei jedesmaligem Krystallisiren aus Wasser einen Theil des Chlorcalciums in der Mutterlauge. Sie verlieren bei 110° 22,13 Proc. (etwas über 6 At.) Wasser. Sie lösen sich sehr leicht in kaltem Wasser und in kochendem gewöhnlichen oder absoluten Weingeist, aber schwierig in kaltem. ENGELHARDT u. MADDRELL.

	Bei 110° getrocknet.		ENGELHARDT u. MADDRELL.
12 C	72	20,76	21,14
12 H	12	3,46	3,45
4 CaO	112	32,30	32,55
2 Cl	70,8	20,41	20,75
10 O	80	23,07	22,11
$2CaCl + C^{12}H^{10}Ca^{2}O^{12} + 2Aq$	346,8	100,00	100,00

Milchsaures Kalk-Kali. — Milchsaurer Kalk, nur zur Hälfte durch kohlensaures Kali gefällt, gibt beim Abdampfen und Erkälten des Filtrats farblose harte Krystalle = $C^{12}H^{10}KCaO^{12}$, die sich leicht in Wasser lösen und aus der concentrirten Lösung unverändert anschiefsen, während die verdünnte milchsauren Kalk absetzt. STRECKER (*Ann. Pharm.* 81, 248).

Halb milchsaure Bittererde. — Man sättigt die kochende Säure mit kohlensaurer Bittererde oder fällt Bittersalz durch milchsauren Baryt und dampft das Filtrat ab. Krystallrinden und glänzende Säulen, völlig neutral, nicht verwitternd, aufser im Vacuum über Vitriolöl; und bei 100° 21,12 Proc. (6 At.) Wasser verlierend. ENGELHARDT u. MADDRELL. Bei langsamem Verdunsten körnige Krystalle, bei raschem durchsichtiges Gummi. BERZELIUS. Körnige, etwas verwitternde Krystalle von geringem Geschmack, sich in der Hitze ohne Schmelzung verkohlend. BRACONNOT. Glänzende verwitternde Krystalle. GAY-LUSSAC u. PELOUZE. Beim Verdampfen der Lösung im Wasserbade erhält man ein seidenglänzendes wasserfreies Salz. ENGELHARDT u. MADDRELL. Die gewöhnlichen Krystalle lösen sich in 25 Th. kaltem Wasser, BRACONNOT, in 28 Th. kaltem und in 6 kochendem Wasser, und nicht in selbst heifsem gewöhnlichen oder absoluten Weingeist, ENGELHARDT u. MADDRELL; in 30 Th. kaltem Wasser, GAY-LUSSAC u. PELOUZE.

		Bei 100° getrocknet.	ENGELHARDT u. MADDRELL.
12 C	72	35,64	35,45
10 H	10	4,95	4,98
2 MgO	40	19,81	20,00
10 O	80	39,60	39,57
$C^{12}H^{10}Mg^2O^{12}$	202	100,00	100,00

Milchsaures Bittererde-Ammoniak. — Beim Fällen der milchsauren Bittererde durch überschüssiges Ammoniak und Abdampfen des Filtrats erhält man luftbeständige Nadeln. BERZELIUS.

Milchsaure Alaunerde. — Das Alaunerdehydrat löst sich kaum in der Säure; beim Fällen des milchsauren Baryts mit schwefelsaurer Alaunerde erhält man ein an Alaunerde reiches Filtrat, welches jedoch keine Krystalle liefert. ENGELHARDT u. MADDRELL. — Luftbeständiges Gummi. BRACONNOT.

Milchsaures Chromoxyd. — Chromoxydhydrat löst sich sehr leicht in der Säure zu einer Flüssigkeit, welche beim Abdampfen einen Syrup, aber keine Krystalle gibt. GAY-LUSSAC u. PELOUZE, ENGELHARDT u. MADDRELL.

Milchsaures Uranoxyd. — Die durch Erhitzen des salpetersauren Oxyds und Auskochen mit Wasser erhaltene Basis löst sich leicht in der Säure und liefert dann beim Abdampfen und Erkälten einen Syrup und hierauf hellgelbe, stark Lackmus röthende Krystallrinden. Diese verlieren bei 100° blofs 1,41 Proc. Wasser, wohl hygroskopisches, und verglimmen bei stärkerem Erhitzen an der Luft; sie lösen sich reichlich in Wasser, und ihre Lösung färbt sich an der Sonne grün, und setzt dann ein, von Milchsäure freies, braunes Oxyd ab. ENGELHARDT u. MADDRELL.

		Krystalle bei 100°.	ENGELHARDT u. MADDRELL.
12 C	72	16,00	15,89
10 H	10	2,22	2,27
2 U^2O^3	288	64,00	63,46
10 O	80	17,78	18,38
$C^{12}H^{10}(U^2O^2)^2O^{12}$	450	100,00	100,00

Milchsaures Manganoxydul. — Durch Kochen des kohlensauren Oxyduls mit der Säure. Rectanguläre Säulen, mit 2 auf die schmalen Seitenflächen gesetzten Flächen zugeschärft, etwas verwitternd; in der Wärme im Krystallwasser schmelzend. BRACONNOT.

Bei schnellerem Abdampfen theils farblose, theils blassrosenrothe, stark glänzende Krystallrinden; bei freiwilligem Verdunsten grofse Krystalle des 2- u. 2-gliedrigen Systems, mit denen des Kupfersalzes übereinkommend. ENGELHARDT u. MADDRELL. Vergl. ETTLING (*Ann. Pharm.* 63, 108). Sie sind luftbeständig, verlieren an der Luft über Vitriolöl 9,66 Proc. Wasser, im Vacuum über Vitriolöl, wie es scheint, 4 At., und bei 100° 18,69 Proc. (6 At.). ENGELHARDT u. MADDRELL. Die Krystalle sind farblos oder blassrosenroth, verwittern und halten 10 At. Wasser. GAY-LUSSAC u. PELOUZE. — Sie lösen sich in 12 Th. kaltem Wasser, BRACONNOT; leichter in kochendem, und nicht in kaltem und ziemlich leicht in kochendem gewöhnlichen Weingeist, welcher aus der kalten wässrigen Lösung Krystalle von abweichendem Ansehen, aber gleichem Wassergehalt fällt. ENGELHARDT u. MADDRELL.

	Bei 100°.		ENGELHARDT u. MADDRELL.
12 C	72	30,77	30,61
10 H	10	4,27	4,31
2 MnO	72	30,77	30,56
10 O	80	34,19	34,52
$C^{12}H^{10}Mn^{2}O^{12}$	234	100,00	100,00

Das *Antimonoxyd*, auch das aus Brechweinstein durch Ammoniak gefällte, LEPAGE (*J. Chim. méd.* 20, 8), löst sich kaum in Milchsäure, und zwar ziemlich reichlich in einfach milchsaurem Kali, ohne jedoch Krystalle zu liefern. ENGELHARDT u. MADDRELL. — Zweifach *antimonsaures* Kali löst sich ziemlich in Milchsäure. J. A. BUCHNER.

Milchsaures Wismuthoxyd. — a. *Halb.* — Man tröpfelt in, überschüssig bleibendes, verdünntes milchsaures Natron mit Wismuth gesättigte Salpetersäure, kocht längere Zeit, sammelt den reichlichen Niederschlag auf dem Filter, und wäscht ihn mit Wasser. Er hält, bei 100° getrocknet, wobei er nichts verliert, 74,55 Proc. Oxyd, ist also $2BiO^{3},C^{12}H^{10}O^{10}$. Er wird durch kaltes oder kochendes Wasser weder gelöst, noch zersetzt. ENGELHARDT u. MADDRELL.

b. *Einfach.* — 1. Das gewässerte oder kohlensaure Oxyd löst sich wenig in der Säure und gibt beim Abdampfen kleine Krystalle, welche, durch Waschen mit Weingeist, dann mit Aether von der freien Säure befreit, in mikroskopisch feinen Nadeln erscheinen. — 2. Man fällt mit Wismuth gesättigte Salpetersäure durch schwach überschüssiges concentrirtes milchsaures Natron, löst den sich bildenden Krystallbrei von milchsaurem Wismuthoxyd und salpetersauren Natron in möglichst wenig [warmem?] Wasser, was bei nicht überschüssigem salpetersauren Wismuthoxyd ohne Trübung erfolgt, stellt ruhig hin, versetzt die von den gebildeten Krystallrinden getrennte Mutterlauge mit Weingeist, bis zum anfangenden Milchigwerden, trennt sie nach 2 Tagen von den neugebildeten Rinden und wiederholt den sparsamen Weingeistzusatz, so lange noch Rinden erhalten werden, die man mit einander mit möglichst wenig Wasser abspült und an der Luft trocknet. Bei zu viel Weingeist auf einmal würde salpetersaures Natron mit niederfallen, nicht ohne einige Zersetzung des Wismuthsalzes durch Wasser fortzuwaschen. Die Rinden verlieren nichts bei 100°. Sie theilen kaltem Wasser etwas Säure mit einer Spur Oxyd mit; aber sie lösen sich in kochendem Wasser gröfstentheils, Salz a lassend, und die Lösung gibt beim Erkalten keine Krystalle, dagegen beim Abdampfen Krystallrinden (von einem saureren Salze?), welche sich in wenig Wasser klar, aber in mehr unter starker Trübung lösen. ENGELHARDT (*Ann. Pharm* 651, 367.)

		Bei 100°.	ENGELHARDT.
12 C	72	18,18	19,33
10 H	10	2,53	2,55
BiO^3	234	59,09	59,15
10 O	80	20,20	18,97
$BiO^3,C^{12}H^{10}O^{11}$	396	100,00	100,00

[Die Analyse scheint mit der Kerntheorie nicht vereinbar zu sein.]

Milchsaures Zinkoxyd. — Durch Lösen des kohlensauren Oxyds; oder durch Mischen des milchsauren Kalks mit Chlorzink und Waschen der kleinen Krystalle, BLÜCHER (*Pogg.* 63, 429); oder auch nach WÖHLERS Weise, das Eisensalz darzustellen (V, 867). Leicht krystallisirend. Kleine, schief abgestumpfte, 4seitige Säulen, BRACONNOT, GAY-LUSSAC u. PELOUZE; dem 2- u. 2-gliedrigen System angehörend, K. SCHMIDT (*Ann. Pharm.* 61, 331). Säuerlich styptisch schmeckende Nadeln. CAP u. HENRY. Nadeln, Lackmus röthend. ENGELHARDT u. MADDRELL. Die Krystalle verlieren bei 100° 17,79 Proc. (6 At.) Wasser, MITSCHERLICH u. LIEBIG (*Ann. Pharm.* 7, 47); sie verlieren nichts in Luft über Vitriolöl, aber im Vacuum 18,22 Proc. Wasser, so dass von 120 bis zu 160° nur noch 3,184 Proc. Verlust eintritt, dann bis 310° nichts mehr, ENGELHARDT u. MADDRELL; bei 250° tritt zwar ein neuer Verlust ein, aber unter Bräunung, GAY-LUSSAC u. PELOUZE. Bei stärkerer Hitze erfolgt Verkohlung und Verbrennung, ohne Schmelzung. Hydrothion entzieht ihrer wässrigen Lösung das Zink nicht vollständig [?]. BRACONNOT. Vergl. (V, 855). — Die Krystalle lösen sich in mehr als 50 Th. kaltem Wasser, in weniger heifsem, BRACONNOT; in 58 Th. kaltem, in 6 kochendem, ENGELHARDT u. MADDRELL; es löst sich kaum (gar nicht, GAY-LUSSAC u. PELOUZE) in kaltem und kochendem Weingeist, CAP u. HENRY, ENGELHARDT u. MADDRELL.

		Bei 100° getrocknet.	MITSCHERL. u. LIEBIG.	ENGELHARDT u. MADDRELL.	STRECKER.	HEINTZ.
12 C	72	29,70	29,34	29,55	29,43	29,61
10 H	10	4,13	4,22	4,08	4,18	4,19
2 ZnO	80,4	33,17	33,26	33,48	33,10	33,34
10 O	80	33,00	33,18	32,89	33,29	32,86
$C^{12}H^{10}Zn^2O^{12}$	242,4	100,00	100,00	100,00	100,00	100,00

		Krystalle.	MITSCHERLICH u. LIEBIG.	THOMSON.
12 C	72	24,29	24,04	24,72
16 H	16	5,40	5,49	5,41
2 ZnO	80,4	27,13	27,29	26,89
16 O	128	43,18	43,18	42,98
$C^{12}H^{10}Zn^2O^{12}+6Aq$	296,4	100,00	100,00	100,00

Das von STRECKER analysirte Salz war aus Alanin (V, 852) erhalten; THOMSONS (*Ann. Pharm.* 23, 238) Krystalle aus der Säure des Sauerkrauts.

Milchsaures Kadmiumoxyd. — 1. Durch Lösen des gewässerten oder kohlensauren Oxyds in der kochenden Säure bis zur Sättigung, Filtriren, Abdampfen bis zur Krystallhaut und Erkälten. LEPAGE (*J. Chim. méd.* 20, 8; auch *J. pr. Chem.* 31, 377). ENGELHARDT u. MADDRELL. — 2. Durch kochendes Mischen von milchsaurem Kalk mit schwefelsaurem Kadmiumoxyd genau nach dem richtigen Verhältnisse. Abfiltriren vom Gypse und Abdampfen. LEPAGE. — Schwammige, aus kleinen weißen Nadeln bestehende Masse. LEPAGE; farblose, neutrale Nadeln, die nach dem Trocknen in der Luft, bei 100°, bloß 0,28 Proc. hygroskopisches Wasser verlieren. ENGELHARDT u. MADDRELL. — In 8 bis 9 Th. kaltem, in 4 Th. kochendem Wasser löslich, aber beim Erkalten letzterer Lösung nicht anschießend, wenn nicht vorher zur Krystallhaut abgedampft wird. LEPAGE; in 10 Th. kaltem und 8 Th. kochendem Wasser, aber nicht in, selbst heißem, Weingeist löslich. ENGELHARDT u. MADDRELL.

		Nadeln.	ENGELHARDT u. MADDRELL.
12 C	72	24.83	24.72
10 H	10	3.45	3.43
2 CdO	128	44.14	43.88
10 O	80	27.58	27.97
$C^{12}H^{10}Cd^{2}O^{12}$	290	100.00	100.00

Milchsaures Zinnoxydul. — *Viertel.* — Die saure Lösung des Einfachchlorzinns setzt mit halbmilchsaurem Natron ein, mit Wasser zu waschendes, weißes Krystallmehl ab, welches, nach dem Trocknen an der Luft, bei 100° nur 0,77 Proc. Wasser verliert, welches sich nicht in kaltem Wasser und Weingeist löst, kochendem Wasser viel Säure und eine Spur Zinn mittheilt, sich leicht in Salzsäure, und bei längerem Kochen auch etwas in Essigsäure löst. ENGELHARDT u. MADDRELL. Die Lösung des Zinns in Milchsäure setzt beim Abdampfen etwas Oxyd ab, und lässt dann ein saures Salz in kleinen keilförmigen Oktaedern anschießen. BRACONNOT.

		Krystalle bei 100°.	ENGELHARDT u. MADDRELL.
12 C	72	16.74	17.06
10 H	10	2.33	1.96
4 SnO	268	62.33	63.34
10 O	80	18.60	17.64
$2SnO,C^{12}H^{10}Sn^{2}O^{12}$	430	100.00	100.00

Milchsaures Zinnoxyd. — Zweifachchlorzinn gibt mit milchsaurem Natron weder einen Niederschlag, noch beim Abdampfen zum Syrup, Krystalle. ENGELHARDT u. MADDRELL.

Milchsaures Bleioxyd. — a. *Ueberbasisch.* — Durch Digestion der Lösung b mit Bleioxyd, welches dabei bedeutend aufschwillt, oder durch Fällen derselben mit wenig Ammoniak. Die Masse reagirt in der wässrigen Lösung alkalisch und schmeckt styptisch. Sie trocknet zu einem zarten Pulver aus, verglimmt, an einem Puncte entzündet, wie Zunder, gegen 83 Proc. Blei mit wenig Oxyd lassend, löst sich wenig in kaltem, mehr in heißem Wasser, woraus beim Erkalten ein Theil als hellgelbes Pulver niederfällt, und welche sich durch die Kohlensäure der Luft trübt. BERZELIUS.

b. *Halb?* — Durch Sättigung der kochenden Säure mit kohlensaurem Bleioxyd. Der durch Abdampfen erhaltene, süß und styptisch schmeckende Syrup trocknet zu einem leicht löslichen Gummi aus, SCHEELE, BRACONNOT, und bildet bei längerem Stehen ein luftbeständiges, in Weingeist lösliches, körniges Salz. BERZELIUS. Die mit kohlensaurem Bleioxyd heiß gesättigte Säure ist neutral, wird aber an der Luft durch Bildung einer Haut von kohlensaurem Bleioxyd schwach sauer; sie trocknet über Vitriolöl zu einem Gummi aus, welches sich leicht in gewöhnlichem Weingeist löst, aber nicht in kaltem und sehr wenig in kochendem absoluten Weingeist, aus dem es beim Erkalten völlig in zähen Fäden niederfällt; Aether löst keine Spur. ENGELHARDT u. MADDRELL.

Halbmilchsaures Eisenoxydul. — 1. Man löst Eisenfeile in der heißen wässrigen Säure, so lange sich Wasserstoff entwickelt, und filtrirt heiß. BRACONNOT, GAY-LUSSAC u. PELOUZE. — KOSSMANN (*Repert.* 77, 226) wäscht die beim Erkalten des Filtrats erhaltenen Krystalle auf dem Filter erst mit wenig kaltem Wasser, dann mit Weingeist. Er erhält aus der Mutterlauge durch Kochen mit Eisenfeile noch mehr Krystalle. Vergl. LOURADOUR (*J. Pharm.* 25, 165). — 2. Man löst kohlensaures Eisenoxydul in Milchsäure. — LIPOWITZ (*N. Br. Arch.* 32, 277) fällt den nach BONSDORFF (III, 224) gereinigten Vitriol kochend durch kohlensaures Natron, wäscht den Niederschlag schnell mit kochendem Wasser aus, löst ihn in der zuvor erhitzten Milchsäure und trocknet die beim Erkalten entstandenen Krystalle schnell zwischen Papier. — 3. Man mischt halb milchsaures Ammoniak, Natron, Kalk oder Baryt mit Eisenvitriol oder Einfachchloreisen. — LEPAGE (*J. Chim. méd.* 22, 5): Die Lösung von 100 Th. milchsaurem Kalk in 500 Th. kochendem Wasser mit der von 62 Th. Eisenvitriol in 500 Th. Wasser und etwas Milchsäure im Kolben auf dem Wasserbade unter Schütteln erhitzt, schnell vom Gyps abfiltrirt, mit wenig Eisendrath in Porcellan oder Gusseisen rasch auf die Hälfte eingekocht, filtrirt, die beim Erkalten gebildeten Krystalle mit Weingeist gewaschen, zwischen Papier getrocknet, die Mutterlauge wiederholt zum Krystallisiren abgedampft. — Aehnlich WACKENRODER. — ENGELHARDT u. MADDRELL: Vitriol mit überschüssigem milchsauren Baryt im Kolben gekocht, das Filtrat mit Weingeist versetzt, die Krystalle damit gewaschen. — HAIDLEN (*Jahrb. pr. Pharm.* 9, 20): Weingeistige Lösungen von milchsaurem Kalk und Einfachchloreisen gemischt, die entstandenen Krystalle nach 24 Stunden mit Weingeist gewaschen. — BLÜCHER (*Pogg.* 63, 429): Wässrige Lösungen der 2 Salze. — WACKENRODER: Auf 34 Th. Eisen, womit Salzsäure gesättigt ist, 194 Th. in möglichst wenig kochendem Wasser gelösten milchsauren Kalk; in gefüllter verschlossener Flasche zum Krystallisiren hingestellt, aus der Mutterlauge den Rest der Krystalle durch luftfreien Weingeist geschieden. — PAGENSTECHER (*Repert.* 76, 307): Milchsaures Ammoniak (durch Fällen des milchsauren Kalks mit kohlensaurem Ammoniak und Abdampfen des Filtrats als Syrup erhalten) in 6 Th. Weingeist, von 30° Bm. gelöst, mit concentrirtem Einfachchloreisen gemischt, die in 36 Stunden gebildeten Krystalle auf Leinen gesammelt, mit Weingeist gewaschen und zwischen Papier ausgepresst, und bei gelinder Wärme oder besser im Vacuum über Vitriolöl getrocknet. ENGELHARDT u. MADDRELL lassen diese Krystalle nochmals aus luftfreiem Wasser anschießen. — 4. Man lässt eine Zuckerart unter Zusatz von Eisenfeile in die Milchsäuregährung übergehen. — WÖHLER (*Ann. Pharm.* 48, 149): 2 Pfund saure Milch mit 1 Unze Milchzucker und 1 Unze Eisenfeile mehrere Tage bei 30 bis 40° unter Umschütteln und bisweiliger Erneuerung des Milchzuckers hingestellt, bis sich das milchsaure Eisenoxydul als weißes Krystallmehl absetzt, hierauf zum Sieden erhitzt, heiß in eine zu verschließende Flasche filtrirt, nach einigen Tagen die Mutterlauge von den Nadelrinden abgegossen, diese mit kaltem Wasser gewaschen und schnell auf Fließpapier bei gelinder Wärme getrocknet, oder zuvor noch aus kochendem Wasser umkrystallisirt. Vergl. GOBLEY (*N. J. Pharm.* 6, 57); RODER (*Jahrb. pr. Pharm.* 6, 45).

Gelblichweiße, Lackmus röthende Nadeln, im trocknen Zustande luftbeständig. ENGELHARDT u. MADDRELL. Grünlichweiße, aus feinen rectangulären Nadeln bestehende Rinden und Körner, von süßlich eisenhaftem Geschmack, luftbeständig. WITTSTEIN (*Repert.* 83, 171).

Weifse Tafeln, Lackmus röthend. LOURADOUR. — Die Nadeln verlieren im Vacuum oder bei 100° in einem Strom von Wasserstoffgas alles Wasser, 19,13 Proc. (6 At.) betragend. Sie färben sich bei 60° an der Luft unter Wasserverlust braun, dann allmälig schwarz und sind dann fast ganz in, leicht in Wasser lösliches, Oxydsalz verwandelt, welches dann bei 120° einen brenzlichen Geruch entwickelt. ENGELHARDT u. MADDRELL. Die Nadeln blähen sich beim Erhitzen an der Luft etwas auf, stofsen weifse, nach verbranntem Weinstein riechende, saure Nebel aus, und lassen endlich 27,1 Proc. Eisenoxyd. Die wässrige Lösung oxydirt sich an der Luft schnell unter Bräunung, aber ohne Niederschlag. ENGELHARDT u. MADDRELL. In einem enghalsigen Kolben gekocht, färbt sie sich in wenigen Minuten braungelb, ehe noch Eisenoxydsalz gebildet ist, trübt sich bei längerem Kochen durch niederfallendes Eisenoxydhydrat, zuletzt 7,5 Proc. betragend, während das in der braungelben sehr sauren Lösung gelöst bleibende Eisen ebenfalls zuletzt vollständig zu Oxyd wird, und bei der Digestion mit Eisenfeile zwar etwas Eisen aufnimmt, aber die braungelbe Farbe behält, und beim Kochen wieder Oxyd absetzt. Die Oxydbildung beim Kochen scheint unter Veränderung und Färbung der Säure vor sich zu gehen. In flachen Schalen erhitzt, trocknet die wässrige Lösung der Nadeln ohne alle Trübung zu einer schmutzig gelbgrünen durchsichtigen spröden Harzmasse aus, die Oxydul und Oxyd hält, an der Luft zu einem Syrup zerfliefst, und sich völlig in Wasser löst. WITTSTEIN. — Die Nadeln lösen sich in 48 Th. Wasser von 10° mit blass gelbgrüner Farbe, in 12 kochendem Wasser, sehr wenig in schwachem, nicht in starkem Weingeist, WITTSTEIN, ziemlich in kochendem Weingeist, ENGELHARDT u. MADDRELL. Das Salz kann mit Eisenvitriol (Chlorbaryum), Stärkmehl (Iod) und Milchzucker (Einkochen mit 15 Th. Salpetersäure auf 3 Th. und Krystallisiren der Schleimsäure durch Erkälten) verunreinigt sein. LOURADOUR. — Eisenvitriol, mit genug Milchsäure versetzt, wird durch Ammoniak nicht gefällt, auch nicht nach längerem Aussetzen an die Luft und Erwärmen. WITTSTEIN.

		Bei 100° getrocknet.	ENGELHARDT u. MADDRELL.
12 C	72	30,77	30,46
10 H	10	4,27	4,29
2 FeO	72	30,77	30,45
10 O	80	34,19	34,80
$C^{12}H^{10}FeO^{12}$	234	100,00	100,00

Milchsaures Eisenoxyd. — Nach dem Verdunsten der Lösung: braune, BRACONNOT, GAY-LUSSAC u. PELOUZE, rothbraune, BERZELIUS, gelbe amorphe, ENGELHARDT u. MADDRELL, Masse, zerfliefslich, GAY-LUSSAC u. PELOUZE, nicht in Weingeist löslich, BERZELIUS. — Die dunkelgelbe, durch Ammoniak völlig fällbare Lösung des frisch gefällten Oxydhydrats in der erwärmten Säure, worin sich schon eine Spur auf Kosten der Säure gebildetes Oxydul nachweisen lässt, gibt beim Abdampfen eine gelbgrüne Harzmasse, in welcher sich ungefähr $^1/_7$ des Eisens in Oxydul verwandelt zeigt. — Mit viel Milchsäure versetztes Anderthalbchloreisen färbt sich in der Kälte mit Ammoniak dunkelroth, gibt aber erst in einigen Minuten einen bräunlichen Niederschlag, wobei etwas Eisen gelöst bleibt, setzt aber in der Hitze sogleich das Eisen fast vollständig ab. WITTSTEIN.

Milchsaures Kobaltoxydul. — Durch Kochen des Hydrats mit der Säure. ENGELHARDT u. MADDRELL. Rosenfarbene Krystallkörner, BRACONNOT, GAY-LUSSAC u. PELOUZE, aus Nädelchen bestehend, schwach sauer und luftbeständig, nichts im Vacuum über Vitriolöl, aber alles Wasser (19,58 Proc. = 6 At.) bei 100° verlierend. ENGELH. u. MADDRELL.

Im Feuer erfolgt Verkohlung und Entflammung, ohne Schmelzung. Hydrothion fällt aus der wässrigen Lösung nur einen Theil des Oxyduls, ein blassrothes [das einfachsaure?] Salz lassend. BRACONNOT. Die Körner lösen sich in 38 Th. kaltem Wasser, BRACONNOT, leichter in kochendem Wasser und nicht in Weingeist, der sie aus dem Wasser fällt, ENGELHARDT u. MADDRELL.

		Bei 100° getrocknet.	ENGELHARDT u. MADDRELL.
12 C	72	30,38	30,36
10 H	10	4,22	4,46
2 CoO	75	31,65	31,49
10 O	80	33,75	33,69
$C^{12}H^{10}Co^2O^{12}$	237	100,00	100,00

Milchsaures Nickeloxydul. — Durch Lösen des kohlensauren Oxyduls in der kochenden Säure oder Fällen des schwefelsauren Oxyduls mit milchsaurem Baryt und Filtriren. ENGELHARDT u. MADDRELL. Smaragdgrüne undeutliche Krystalle, von süfsem, dann metallischem Geschmack. BRACONNOT. Aepfelgrüne Nädelchen oder bei gröfserer Concentration Krystallrinden, schwach Lackmus röthend, luftbeständig. Verliert in Luft über Vitriolöl ziemlich viel Wasser, bei 100° 11,12 Proc. (4 At.) und bei 130° im Ganzen 18,39 Proc. (6 At.). ENGELHARDT u. MADDRELL. Verkohlt und entflammt sich im Feuer, ohne Schmelzung, löst sich in 30 Th. kaltem Wasser, BRACONNOT, leichter in kochendem Wasser und nicht in selbst heifsem Weingeist, welcher aus der wässrigen Lösung einen bald krystallisch werdenden Brei fällt. ENGELHARDT u. MADDRELL.

		Bei 100° getrocknet.	ENGELHARDT u. MADDRELL.
12 C	72	28,23	27,56
12 H	12	4,71	4,79
2 NiO	75	29,41	29,18
12 O	96	37,65	38,47
$C^{12}H^{10}Ni^2O^{12}+2Aq$	255	100,00	100,00

Milchsaures Kupferoxyd. — a. *Viertel.* — Die mit kohlensaurem Kupferoxyd kochend gesättigte Milchsäure setzt beim Erkalten ein hellblaues Gemenge von schwerem körnigen Salz a und einem andern breiartigen basischen Salz ab, von welchem sich ersteres Salz durch Schlämmen befreien lässt.

Das letztere Salz löst sich sehr schwer in selbst kochendem Wasser; es lässt sich nicht ungemengt erhalten, und gibt daher bald 45,16 Proc. Kupferoxyd und 13,97 Wasser, bald 45,71 Oxyd und 15,47 Wasser.

Das Salz a erscheint in dunkler blauen, schweren, ebenfalls in kochendem Wasser schwierig löslichen Körnern. ENGELH. u. MADDRELL.

		a, bei 100° getrocknet.	ENGELHARDT u. MADDRELL.
12 C	72	22,36	22,44
10 H	10	3,11	2,96
4 CuO	160	49,69	49,89
10 O	80	24,84	24,71
$2CuO,C^{12}H^{10}Cu^2O^{12}$	322	100,00	100,00

b. *Halb.* — Kupferoxydul zerfällt mit Milchsäure in Metall und milchsaures Oxyd. GAY-LUSSAC u. PELOUZE. 1. Durch Kochen des kohlensauren Kupferoxyds mit mehr Säure. — 2. Durch Fällen des milchsauren Baryts mit Kupfervitriol. — Beim Abdampfen und Erkälten des Filtrats erhält man das Salz in grofsen Krystallen, ENGELHARDT u. MADDRELL, und zwar theils in blauen, gerad rectangulären Säulen, theils seltener in dunkelgrünen dicken Säulen, die beim Umkrystallisiren in die blauen übergehen, und die beide 4 At. Wasser halten. FELOUZE. Die grünen Krystalle sind platte Säulen des 2- u. 1-gliedrigen Systems, dem Gyps ähnlich. Die Krystalle durchlaufen alle Stufen zwischen blau und grün, und die grünen entstehen vorzüglich bei Verfahren (2), und werden durch Umkrystallisiren nicht blau. Weingeist fällt aus der wässrigen Lösung hellblaue seidenglänzende Nadeln von derselben Zusammensetzung. — Die Krystalle verlieren in kalter Luft über Vitriolöl und sehr schnell bei 100° ohne Aenderung des Aussehens alles Wasser, 13,13 Proc. (4 At.) betragend. Das trockne Salz hält sich bis 200° und verglimmt bei 210°. ENGELHARDT u. MADDRELL. Es entwickelt bei der trocknen Destillation unter Schmelzung 26,2 Proc. Kohlenoxyd und Kohlensäure, liefert 41 Proc. eines ähnlichen Destillats, wie die freie Säure (das letzte Drittel, eine Lösung von Lactid in Aceton, erstarrt bei Wasserzusatz auf einmal durch Lactid), und lässt 29,5 Proc. Kupfer mit 3,3 Kohle. FELOUZE. Das trockne Salz liefert zwischen 200 und 210° Kohlensäure, Aldehyd und etwas gewöhnliche Milchsäure (wohl von einem Rest Wasser im Salz herrührend) und lässt Kupfer mit Milchsäure-Anhydrid, welches sich bei 250 bis 260° nach (V, 858) zersetzt. ENGELHARDT (*Ann. Pharm.* 70, 241). — Die wässrige Lösung bildet mit überschüssigem Kali eine dunkelblaue klare Flüssigkeit, und mit überschüssigem Kalk, unter theilweiser Fällung des Oxyds, eine heller blaue. PELOUZE. Hierin kommt die Milchsäure mit den Zuckerarten überein und unterscheidet sich von Essig-, Tarter-, Trauben- und Citron-Säure, welche das Kupferoxyd durch überschüssigen Kalk völlig niederschlagen lassen. PELOUZE. Aber bei genug Kalkmilch wird das im milchsauren Kalk anfangs gelöste Oxydhydrad völlig gefällt, und aus salpetersaurem Kupferoxyd, welches Salmiak, Leimsüfs, Thierleim oder vorzüglich mit Kali gekochten Thierleim, Casein oder Fibrin beigemischt hält, fällt Kalkmilch das Kupferoxyd nicht völlig, und nur unreiner milchsaurer Kalk, nicht milchsaures Zinkoxyd, schützt das salpetersaure Kupferoxyd vor der vollständigen Fällung. Daher ist die, durch diese von PELOUZE angegebene Reaction, nachgewiesene Gegenwart der Milchsäure im Magensaft, Kuhharn und Eigelb (V, 852) noch strenger zu erweisen. STRECKER (*Ann. Pharm.* 62, 216) — Die Krystalle lösen sich in 6 Th. kaltem, in 2,2 kochendem Wasser, und in 115 Th. kaltem, in 26 kochendem Weingeist. ENGELHARDT u. MADDRELL..

	Bei 100° getrocknet.		ENGELHARDT u. MADDRELL.
12 C	72	29,75	29,64
10 H	10	4,14	4,14
2 CuO	80	33,06	32,27
10 O	80	33,05	33,95
$C^{12}H^{10}Cu^{2}O^{12}$	242	100,00	100,00

Milchsaures Quecksilberoxydul. — Nadeln, welche beim Erbitzen im Krystallwasser schmelzen, schäumen, sich olivengrün färben, den Geruch nach Essigsäure entwickeln und Kohle mit Quecksilber lassen. Leicht in Wasser löslich. BRACONNOT. — Ein Gemisch von 1 Maafs warmem, sehr concentrirten milchsauren Natron und 2 M. gesättigtem salpetersauren Quecksilberoxydul setzt bald unter rosenrother oder karminrother Färbung etwas Quecksilber ab, dann nach 24 Stunden rosen- oder karminrothe, zu Röschen vereinigte Blätter. Dieselben verlieren bei 100° unter dunklerer Färbung, aber ohne weitere Zersetzung 5,64 Proc. (4 At.) Wasser. Sie lösen sich schwer in kaltem Wasser zu einer sehr sauren Flüssigkeit, und zerfallen mit kochendem Wasser in Metall und Oxydsalz; sie lösen sich nicht in kaltem Weingeist und setzen aus der Lösung in kochendem ein weifses schweres Pulver ab. ENGELHARDT u. MADDRELL.

	Lufttrockne Krystalle.		ENGELHARDT u. MADDRELL.
12 C	72	12,08	12,49
10 H	10	1,68	
4 Hg	400	67,11	67,44
12 O	96	16,11	
2 HO	18	3,02	
$C^{12}H^{10}Hg^4O^{12}+2Aq$	596	100,00	

Milchsaures Quecksilberoxyd. — Viertel. — Beim Sättigen der kochenden verdünnten Säure mit Quecksilberoxyd, Filtriren, Abdampfen zum Syrup und Erkälten erhält man ein Gemenge von wenigem hellgelben unlöslichen Pulver und viel farblosem, leicht löslichen, welches, mit kochendem Wasser ausgezogen, in glänzenden, Lackmus stark röthenden Nadeln anschiefst. Dieselben verlieren nichts bei 100°, lösen sich sehr leicht in kaltem Wasser, werden beim Kochen damit nicht zersetzt, und lösen sich schwer in selbst heifsem Weingeist. ENGELHARDT u. MADDRELL. — Rothes zerfliefsliches Gummi, welches nach Wochen ein halbkrystallisches Pulver absetzt. BERZELIUS.

	Krystalle.		ENGELHARDT u. MADDRELL.
12 C	72	12,12	12,41
10 H	10	1,68	
4 Hg	400	67,34	67,61
14 O	112	18,86	
$2HgO,C^{12}H^{10}Hg^2O^{12}$	594	100,00	

Milchsaures Silberoxyd. — Halb. — Durch Sättigen der heifsen Säure mit Silberoxyd. Weifse seidenglänzende, zu Büscheln (zu Warzen, ENGELHARDT u. MADDRELL) vereinigte, sehr feine Nadeln. Sie färben sich im Lichte röthlich (schwärzlich, besonders in der Wärme, und verlieren bei 80° 8,34 Proc. (4 At.) Wasser, ENGELHARDT u. MADDRELL); sie schmelzen schnell in der Hitze unter Bräunung und Aufblähen (bei 100° unter Schwärzung und Gasbildung, ENGELHARDT u. MADDRELL), entzünden sich und lassen Silber mit Kohle. BRACONNOT. Ihre wässrige oder weingeistige Lösung entfärbt sich bei längerem Kochen blau und setzt allmälig braune Flocken ab. ENGELHARDT u. MADDRELL. Sie lösen sich in 20 Th. kaltem Wasser, BRACONNOT; sie lösen sich kaum in kaltem, aber so reichlich in heifsem Weingeist, dass die Lösung beim Erkalten zu einem Krystallbrei erstarrt; aus der erkalteten Lösung fällt Aether den Rest des Salzes unter stark blauer Färbung. ENGELHARDT u. MADDRELL. Essigsaures Kali fällt aus der wässrigen Lösung essigsaures Silberoxyd. GAY-LUSSAC u. PELOUZE. — Die Lösung des Oxyds in der wässrigen Säure trocknet zu einem durchscheinenden weichen Gummi von scharfem Metallgeschmack ein, dessen weingeistige Lösung beim Abdampfen grüngelb und beim

Wiederauflösen in Wasser, unter Absatz brauner silberhaltender Flocken, roth wird. Berzelius.

			Engelhardt				Engelhardt
Bei 80° getrocknet.			u. Maddrell.	Lufttrockne Krystalle.			u. Maddrell.
12 C	72	18,27	18,07	12 C	72	16,74	
10 H	10	2,54	2,53	14 H	14	3,26	
2 Ag	216	54,82	54,52	2 Ag	216	50,23	49,94
12 O	96	24,37	24,88	16 O	128	29,77	
$C^{12}H^{10}Ag^{2}O^{12}$	394	100.00	100,00	+ 4 Aq	430	100,00	

Die Milchsäure mischt sich mit jeder Menge *Weingeist* und löst sich wenig in *Aether*. Berzelius, Gay-Lussac u. Pelouze.

Die Behauptung von Cap u. Henry (*J. Pharm.* 27, 355), dass ein *milchsaurer Harnstoff* existire, und sich in dieser Verbindung aller Harnstoff des Menschenharns vorfinde, ist von Lecanu (*Ann. Chim. Phys.* 74, 90) und Pelouze (*N. Ann. Chim. Phys.* 6, 65) widerlegt.

Die Säure coagulirt *Eiweifs* und süfse *Milch*. Gay-Lussac u. Pelouze.

Gepaarte Verbindungen.

1. Milchvinester.

$$C^{20}H^{20}O^{12} = 2(C^{4}H^{5}O),C^{12}H^{10}O^{10}.$$

A. Strecker. *Ann. Pharm.* 81, 247.
Lepage. *J. Chim. méd.* 20, 8; auch *J. pr. Chem.* 31, 377.

Man destillirt trocknen milchsauren Kalk mit weinschwefelsaurem Kali, sättigt das dünne, schwach riechende Destillat mit Chlorcalcium, erkältet die syrupdicke Lösung und erhält durch Destillation der gebildeten Krystalle, welche $CaCl,C^{20}H^{20}O^{12}$ sind, den reinen Ester. Strecker.

Der Ester ist neutral, wird aber mit Wasser, mit dem er sich nach jedem Verhältnisse mischt, so wie mit wässrigem Chlorcalcium, unter Freiwerden von Milchsäure, sogleich sauer. Strecker.

Man destillirt 4 Th. gepulverten milchsauren Kalk mit 5 rectificirtem Weingeist und 3 Vitriolöl bis zu anfangender Bräunung des Retorteninhalts, entwässert das Destillat über Chlorcalcium, decanthirt es nach 24 Stunden und rectificirt es. — Wasserhelle Flüssigkeit von 0,866 spec. Gew., bei 77° kochend, etwas nach Rum riechend. — Der Ester bleibt bei 4wöchentlichem Aufbewahren in lufthaltigen Flaschen neutral. Er zersetzt sich mit fixen Alkalien in Weingeist und milchsaures Alkali, und gesteht namentlich beim Schütteln mit Kalkhydrat über Nacht zu einer weifsen Gallerte von milchsaurem Kalk. — Er mischt sich mit Wasser, Weingeist und Vinäther nach allen Verhältnissen. Lepage.

Bei der Destillation von 4 Th. milchsaurem Kalk mit 5 Holzgeist und 3 Vitriolöl geht blofs Holzgeist, kein Milchformester, über. Lepage.

2. Lacton?

$$C^{20}H^{16}O^{8}.$$

Pelouze. *N. Ann. Chim. Phys.* 13, 262.

Das beim Destilliren der Milchsäure bis zu 130° bleibende Anhydrid liefert bei 250° ein aus Lacton und Lactid bestehendes Destillat, aus welchem sich das Lacton bei 130° überdestilliren lässt, welches man mit wenig Wasser (worin sich ein Theil löst) wäscht, davon abhebt, mit Chlorcalcium zusammenstellt, wodurch die 2 At. anhängendes Hydratwasser nur schwierig entzogen werden, und rectificirt.

Farblose oder blassgelbe Flüssigkeit, auf Wasser schwimmend, gegen 92° kochend, von eigenthümlich gewürzhaftem Geruch und brennendem Geschmack.

Das Lacton verdunkelt sich allmälig an der Luft. Es brennt leicht, mit blauer Flamme, ohne Absatz von Kohle.

Es verbindet sich mit Wasser innig zu einem öligen Hydrat, $C^{20}H^{16}O^{8},2HO$, welches sich ziemlich in Wasser löst. PELOUZE.

[Dieses Product, welches ENGELHARDT bei demselben Verfahren nicht zu erhalten vermochte, ist jedenfalls nicht zu den Ketonen (V, 181) zu rechnen, da die Milchsäure, als 1basisch genommen, $2 C^{6}H^{6}O^{6} - C^{2}H^{2}O^{6} = C^{10}H^{10}O^{6}$, das Keton $C^{10}H^{10}O^{6}$ liefern würde, und da ein Keton einer 2basischen Säure nicht bekannt ist und das der Milchsäure schwerlich $C^{20}H^{16}O^{8}$ sein könnte.]

Anhang zur Milchsäure.

Fleischmilchsäure.

BERZELIUS. *Schw.* 10, 145.
LIEBIG. *Ann. Pharm.* 62, 278 u. 326.
ENGELHARDT. *Ann. Pharm.* 65, 259.
W. HEINTZ. *Pogg.* 75, 391.

BERZELIUS entdeckte 1806 im Muskelfleisch eine Säure, die er mit der Säure der sauren Milch identisch erklärte, die jedoch, obgleich von gleichem Ansehen und gleicher Mischung, in ihren Salzen, wie LIEBIG 1847 fand, auffallende Verschiedenheiten zeigt, und daher, so lange diese Anstände, etwa durch Entdeckung einer in der Säure des Fleisches vorkommenden Verunreinigung, nicht gehoben sind, als Fleischmilchsäure (Paramilchsäure, HEINTZ) zu unterscheiden ist. BERZELIUS glaubte dieselbe auch in vielen andern festen und flüssigen thierischen Stoffen, wie Hirn, Blut, Harn nachgewiesen zu haben, was jedoch durch neuere Untersuchungen (V, 852) als zweifelhaft oder irrig erkannt ist. (Er löste den in Wasser und Weingeist löslichen Theil dieser Stoffe in Weingeist, fügte mit viel Weingeist verdünntes Vitriolöl bis zur Fällung des schwefelsauren Kalis und Natrons hinzu, digerirte das Filtrat mit kohlensaurem Bleioxyd, behandelte das vom schwefel-, salz- und oft auch phosphor-sauren Bleioxyd Abfiltrirte mit Hydrothion, und dampfte das Filtrat zum Syrup ab.) — PERETTI's (*J. Pharm.* 12, 274) Säure aus Fleisch ist nach Dessen späteren Untersuchungen (*J. Pharm.* 14, 536) Milchsäure mit phosphorsaurem Kalk.

Darstellung. 1. Man bringt die aus zerhacktem Fleisch ausgepresste rothe Flüssigkeit durch Erhitzen zum Gerinnen, dampft das Filtrat zum braunen Extract ab, zieht dieses mit Weingeist von 0,833 spec. Gew. aus, schlägt aus dem Filtrat durch weingeistige Tartersäure Kali, Natron und Kalk als tartersaure Salze nieder, filtrirt, digerirt mit feingeriebenem kohlensauren Bleioxyd, bis sich Blei gelöst hat, filtrirt vom Chlorblei und tartersauren Bleioxyd ab, verdunstet den Weingeist, löst den Rückstand in Wasser, fällt das Blei durch Hydrothion, filtrirt und erhält durch Abdampfen einen farblosen sehr sauren Syrup, nur durch einen extractartigen Thierstoff verunreinigt. BERZELIUS (*Lehrb., Ausg.* III, 9, 573). — 2. Nachdem sich aus der Fleischflüssigkeit der inosinsaure Baryt u. s. w. (V, 616 bis 617) abgesetzt hat, dampft man die abgegossene Mutterlauge im Wasserbade weiter ab, behandelt den Rückstand mit Weingeist, welcher alle fleischmilchsaure Salze aufnimmt, decanthirt ihn vom darunter befindlichen Syrup, und dampft ihn zu einem gelben Syrup ab, der nach 10 Tagen zu einer weichen Krystallmasse erstarrt, welche, neben viel, als Mutterlauge beigemengtem fleischmilchsauren Kali, Kreatin, Kratinin und das Kalisalz einer besondern Stickstoff haltenden Säure hält. Man mischt diese Krystallmasse mit einem gleichen Maafs verdünnter Schwefelsäure (aus 1 Maafs Vitriolöl und 2 M. Wasser gebildet), oder mit so viel concentrirter Oxalsäure, dass ein krystallischer Absatz entsteht, fügt zum Gemisch sogleich sein 3- bis 4-faches Maafs Weingeist, welcher das schwefelsaure oder oxalsaure Kali fällt, versetzt das Filtrat mit Aether, bis dieser keine Trübung mehr bewirkt, filtrirt, destillirt und verdunstet im Wasserbade bis zum Syrup. Man wäscht diesen Syrup mit ½ Maafs Weingeist, dann mit 5 M. Aether, verdunstet die ätherische Lösung, versetzt sie mit Kalkmilch bis zur stark alkalischen Reaction, lässt das Filtrat an einem warmen Orte verdunsten, bis es zu einem weifsen Krystallbrei erstarrt, wäscht diesen mit kaltem Weingeist, bis alles Gelbliche entzogen ist, löst die Krystalle in heifsem 60procentigem Weingeist, filtrirt vom Gyps ab (entfärbt die etwa gefärbte Lösung durch etwas Blutlaugenkohle) und erhält durch Abdampfen das reine Kalksalz, aus dem man durch Fällen mit Schwefelsäure, Ausziehen des abgedampften Filtrats mit Aether und Verdunsten desselben die reine Säure darstellt. LIEBIG. — 3. Bei Fischfleisch, namentlich Hechtfleisch, bei dem das Verfahren (2) nicht gelingt, dampft man die nach (V, 365) dargestellte Fleischflüssigkeit zum Syrup ab, mischt sie mit in Wasser gelöstem Gerbstoff, versetzt die vom gelbweifsen dicken, in der Hitze pechartigen Niederschlage getrennte und concentrirte Flüssigkeit mit Schwefelsäure oder Oxalsäure, verfährt wie bei (2), und erhält endlich eine ätherische Lösung von Gallussäure (aus dem Gerbstoff erzeugt) und Fleischmilchsäure, durch deren Abdampfen, Digeriren mit Kalkmilch (ohne die krystallisirende Gallussäure zu trennen), Filtriren (nöthigenfalls Behandeln mit Blutlaugenkohle) und Abdampfen man reinen fleischmilchsauren Kalk erhält. LIEBIG.

Die Fleischmilchsäure kommt mit der Milchsäure in äufserem Ansehen, Unkrystallisirbarkeit und Löslichkeit in Wasser, Weingeist und Aether ganz überein. ENGELHARDT u. MADDRELL.

Kalksalz. — Die aus heifsem Weingeist anschiefsenden Krystalle halten 29,0 Proc. (10 At.) Wasser, aber die aus Wasser durch Erkältung oder durch freiwilliges Verdunsten gewonnenen halten 25,50 bis 25,53 Proc. (8 At.) und auch die aus Weingeist erhaltenen Krystalle mit 10 At. Wasser gehen durch Krystallisiren aus Wasser in die mit 8 At. über; dennoch zeigen sie gleiche Form und Eigenschaften und gleiches Verhalten bei stärkerem Erhitzen, aber sie verlieren bei 100° ihr Wasser viel langsamer, als die Krystalle des milchsauren Kalks ihre 10 At., und sie lösen sich in 10,4 Th. kaltem Wasser (milchsaurer Kalk in 9,5 Th.), und (wie dieser) in jeder Menge kochendem Wasser und Weingeist. ENGELHARDT u. MADDRELL.

	Bei 100°.		LIEBIG.	Lufttrockne Krystalle aus Wasser.			LIEBIG.
12 C	72	33,03	32,83	Trocknes Kalksalz	218	75,17	
10 H	10	4,59	4,68				
2 CaO	56	25,69	25,65	8 Aq	72	24,83	25,55
10 O	80	36,69	36,84				
$C^{12}H^{10}Ca^{2}O^{12}$	218	100,00	100,00	+ 8 Aq	290	100,00	

Bittererdesalz. — Die Krystalle halten 8 At. Wasser (die des milchsauren Salzes blofs 6), und lösen sich viel leichter in Wasser und Weingeist. ENGELHARDT u. MADDRELL.

Zinksalz. — Die mit kohlensaurem Zinkoxyd gesättigte Säure liefert beim Verdunsten Krystalle, die ihre 13,45 Proc. (4 At.), LIEBIG, 12,9, wenn sie durch Erkälten, 13,43, wenn sie durch freiwilliges Verdunsten erhalten sind, ENGELHARDT u. MADDRELL, 13,04, HEINTZ (während die Krystalle des milchsauren Zinkoxyds 6 At. halten), sehr langsam bei 100°, schneller bei 120° verlieren, HEINTZ. Sie lösen sich in 5,7 Th. kaltem, in 2,88 kochendem Wasser in 2,23 kaltem und fast eben so viel kochendem Weingeist, also in Wasser und Weingeist viel reichlicher, als das milchsaure Zinkoxyd. ENGELHARDT u. MADDRELL.

Bei 100 bis 120° getrocknet.			LIEBIG.	HEINTZ.
12 C	72	29,70	29,40	29,44
10 H	10	4,13	4,14	4,24
2 ZnO	80,4	33,17	33,31	33,41
10 O	80	33,00	33,15	32,91
$C^{12}H^{10}Zn^{2}O^{12}$	242,4	100,00	100,00	100,00

Bleisalz. — Die mit überschüssigem Bleioxydhydrat kochend gesättigte Säure setzt bei allmäligem Verdunsten etwas Bleioxyd ab, und lässt, nach dem Filtriren weiter verdunstet, ein klares Gummi, welches, nach längerem Austrocknen bei 120°, in der Kälte hart und rissig erscheint, aber in der Hitze wieder zusammenfliefst. HEINTZ.

		Bei 120° getrocknet.	HEINTZ.
12 C	72	18,65	18,15
10 H	10	2,59	2,62
2 PbO	224	58,03	58,87
10 O	80	20,73	20,36
$C^{12}H^{10}Pb^{2}O^{12}$	386	100,00	100,00

Nickelsalz. — Seine Krystalle halten (wie das milchsaure Nickeloxydul) 6 At. Wasser, die es aber schon bei 100° völlig verliert. ENGELHARDT u. MADDRELL.

Kupfersalz. — Himmelblaue kleine harte Warzen. Sie verlieren, nach dem Trocknen an der Luft, über Vitriolöl in Wochen blofs 3,7 Proc., und unter Zusammensintern und bräunlicher Färbung bei 100° sehr langsam 8,96 Proc. Wasser, wobei sie grünlich werden und jetzt 32,87 Proc. Oxyd halten; bei 140° endlich verlieren sie im Ganzen gegen 14 Proc., aber der Rückstand lässt beim Lösen in Wasser viel Kupferoxydul. Die lufttrocknen Krystalle lösen sich in 1,95 Th. kaltem, 1,24 kochendem Wasser und viel leichter in Weingeist, als das milchsaure Kupferoxyd. ENGELHARDT u. MADDRELL.

Silbersalz. — Die, mit noch feuchtem gefällten Silberoxyd gesättigte, verdünnte Säure, im Dunkeln filtrirt und im Vacuum über Vitriolöl verdunstet, scheidet unter starkem Auswittern erst bei fast völligem Entweichen des Wassers weifse, sich schon im Tageslichte schwärzende Krystalle aus. Diese, im Vacuum getrocknet, werden bei 80° gelblich, unter Verlust von fast 1,5 Proc., aber ohne eigentliche Zersetzung und verdunkeln sich bei 100° unter Zusammenballen. Sie scheiden sich aus der Lösung in warmem Weingeist beim Erkalten fast völlig aus, jedoch nicht krystallisch, wie das milchsaure Silberoxyd, sondern, auch bei viel Weingeist, als durchscheinende Gallerte. HEINTZ.

		Krystalle bei 80° getrocknet.	HEINTZ.
12 C	72	18,27	18,26
10 H	10	2,54	2,59
2 Ag	216	54,82	54,64
12 O	96	24,37	24,51
$C^{12}H^{10}Ag^{2}O^{12}$	394	100,00	100,00

Sauerstoffkern $C^{12}H^{10}O^{8}$.

Milchsäure - Anhydrid.

$$C^{12}H^{10}O^{10} = C^{12}H^{10}O^{8},O^{2}.$$

PELOUZE (1845). *N. Ann. Chim. Phys.* 13, 257; auch *N. J. Pharm.* 7, 1; auch *Ann. Pharm.* 53, 112; auch *J. pr. Chem.* 35, 128.
ENGELHARDT. *Ann. Pharm.* 70, 241.

Acide lactidique, LAURENT.

Darstellung. Man erhitzt Milchsäure in einer Retorte längere Zeit auf 130°, PELOUZE, oder kürzere Zeit auf 180 bis 200°, ENGELHARDT, bis keine wässrige Milchsäure mehr übergeht.

Eigenschaften. Blassgelbe, feste, amorphe Masse, sehr leicht schmelzbar, PELOUZE, unter 100° und beim Erkalten zuerst fadenziehend werdend, ENGELHARDT; von äufserst bitterm Geschmack, PELOUZE, ENGELHARDT.

Nach PELOUZE = $C^{12}H^{10}O^{10}$.

Zersetzungen. 1. Trockne Destillation (V, 858). — 2. Das Anhydrid verwandelt sich langsam an feuchter Luft und augenblicklich mit wässrigen Alkalien in gewöhnliche Milchsäure. PELOUZE. Es zersetzt kohlensauren Baryt oder kohlensauren Kalk selbst beim Kochen mit Wasser nur langsam. ENGELHARDT. — 3. Es absorbirt 2 At. Ammoniakgas (V, 851). PELOUZE.

Verbindungen. Es löst sich bei kurzem Kochen mit Wasser nur äufserst wenig darin und scheidet sich beim Erkalten unter milchiger Trübung fast ganz aus; doch bleibt das Wasser bitter. ENGELHARDT.

Es löst sich in jeder Menge von wässrigem und absolutem *Weingeist*, und wird daraus durch Wasser in Flocken gefällt, die sich allmälig zu Tropfen vereinigen. ENGELHARDT. — Es löst sich leicht in Weingeist und *Aether*. PELOUZE.

Stammkern $C^{12}H^{20}$.

Sauerstoffkern $C^{12}H^{10}O^{10}$.

Schleimsäure.

$$C^{12}H^{10}O^{16} = C^{12}H^{10}O^{10},O^6.$$

SCHEELE (1780). *Opusc* 2, 111.
HERMBSTÄDT. *Crell N. Entd.* 5, 31. — *Crell Ann.* 1784, 2, 509.
TROMMSDORFF. *A. Tr.* 17, 59. — *N. Tr.* 7, 13.
LAUGIER. *Ann. Pharm.* 72, 81; auch *Gilb.* 42, 228.
MALAGUTI. *Ann. Chim. Phys.* 60, 195; 63, 86. — *Compt. rend.* 22, 854.
LIEBIG. *Pogg.* 31, 344. — *Ann. Pharm.* 26, 160.
LIEBIG u. PELOUZE. *Ann. Pharm.* 19, 258.
HAGEN. *Pogg.* 71, 531.

Milchzuckersäure, Acide mucique, Ac. sacchlactique.

Bildung. Neben Oxal- und Zuckersäure bei der Zersetzung von Milchzucker, SCHEELE, Gummiarten, FOURCROY u. VAUQUELIN, und Gallensüfs, THÉNARD, durch heifse Salpetersäure. Je weniger heifs und je verdünnter die Salpetersäure, desto mehr Schleim- und desto weniger Oxal- und Kohlen-Säure (die durch Zersetzung eines Theils der Schleimsäure entstehen) erhält man. LIEBIG (*Pogg.* 31, 348). — Von den Gummiarten liefern Schleimsäure: Arabisch Gummi, Traganth-Gummi, Bassora-Gummi, Leinsamen-Gummi, Weihrauch, Myrrhe, Opopanax und Ammoniak-Gummi. FOURCROY u. VAUQUELIN.

Darstellung. Milchzucker oder Gummi werden in einer Retorte mit 6 Th. verdünnter Salpetersäure so lange erhitzt, bis alle Salpetersäure überdestillirt ist; beim Erkälten des Rückstandes fällt die Schleimsäure nieder; die Mutterlauge liefert beim wiederholten Abdampfen und Erkälten noch mehr. — Die von der Mutterlauge getrennte Säure wird durch Auswaschen mit wenig kaltem Wasser und etwa durch nochmaliges Auflösen in heifsem Wasser, Filtriren und Krystallisiren von der anhängenden Oxal- und Zucker-Säure befreit. Der bei Anwendung von Gummi entstandene oxalsaure Kalk bleibt auf dem Filter; auch kann er durch wiederholte Behandlung mit schwacher Salpetersäure ausgezogen werden. 1 Th. Milchzucker liefert ungefähr 1/4 Schleimsäure. SCHEELE, FOURCROY u. VAUQUELIN, TROMMSDORFF, LAUGIER. — Wenn man 1 Th. Milchzucker mit 2 Th. Salpetersäure von 1,42 spec. Gew. bis zur anfangenden stürmischen Einwirkung erhitzt und dann erst zuletzt noch gelinde erwärmt, so erhält man 60 bis 65 Proc. Säure. GUCKELBERGER (*Ann. Pharm.* 64, 348). — PROUST versetzt die mit Gummi erhaltene unreine Säure mit schwach überschüssigem Ammoniak und kochendem Wasser bis zur Lösung, dampft das Filtrat fast bis zur Trockne ab, wäscht das krystallisirte schleimsaure Ammoniak bis zur Entfärbung mit kaltem Wasser, löst es in kochendem und fällt daraus die Schleimsäure durch kalte verdünnte Salpetersäure.

Eigenschaften. Weifses sandiges Krystallpulver, Lackmus röthend, von schwach säuerlichem Geschmack. SCHEELE. Das Pulver besteht aus mikroskopischen schief rhombischen Säulen, theils mit abgestumpften Seitenkanten, so dass rectanguläre Säulen entstehen. WACKENRODER (*J. pr. Chem.* 23, 208).

	Krystallpulver.		BERZELIUS.	GAY-LUSSAC u. THÉNARD.	PROUT.	LIEBIG.
12 C	72	34,29	33,43	33,69	33,33	33,92
10 H	10	4,76	5,10	3,62	4,94	4,82
16 O	128	60,95	61,47	62,69	61,73	61,26
$C^{12}H^{10}O^{16}$	210	100,00	100,00	100,00	100,00	100,00

Zersetzungen. 1. In einer Retorte erhitzt, schmilzt die Säure, schäumt, schwärzt sich, und liefert kohlensaures und wenig Kohlenwasserstoffgas, ein anfangs farbloses, dann gelbes, dann braunes Wasser, welches Brenzöl, Brenzschleimsäure und wenig Essigsäure enthält, und ein, $^5/_{24}$ betragendes, braunes saures Sublimat von Brenzschleimsäure und lässt fast metallglänzende Kohle. SCHEELE, TROMMSDORFF, HOUTOU-LABILLARDIÈRE. $C^{12}H^{10}O^{16} = C^{10}H^4O^6$ (Brenzschleimsäure) $+ 2CO^2 + 6HO$. LIEBIG. — 2. In einem glühenden Tiegel verbrennt sie wie ein Oel. SCHEELE. — 3. Sie wird durch wässrige *Iodsäure* bei 100° völlig in Kohlensäure und Wasser zersetzt. MILLON (*Compt. rend.* 19, 271). — 4. Sie erzeugt bei der Destillation mit *Braunstein* und *Schwefelsäure* Ameisensäure. C. G. GMELIN (*Pogg.* 16, 55). — 5. Sie zersetzt sich sehr wenig bei 6stündigem Kochen mit starker Salpetersäure, etwas Oxalsäure bildend. HAGEN. — 6. Mit 4 Th. Vitriolöl gelinde erwärmt, färbt sie sich erst rosenroth, dann kermesinroth, dann schwarz, und gibt jetzt beim Verdünnen mit Wasser, Sättigen mit kohlensaurem Baryt und Filtriren die Lösung eines Salzes (von schleimschwefelsaurem Baryt?), die jedoch bald schleimsauren und schwefelsauren Baryt niedersetzt. MALAGUTI. — *Jod, Brom, Chlor* und *Chlorphosphor* zersetzen unter 180° die Säure nicht. MALAGUTI. — 7. Sie bildet beim Schmelzen mit viel Kalihydrat oxalsaures Kali. GAY-LUSSAC (*Pogg.* 17, 171). — 8. Sie wird durch Einkochen mit Wasser in die isomere Paraschleimsäure umgewandelt. LAUGIER, MALAGUTI. — 9. Erhitztes Kalium und Natrium zersetzen sie unter Lichtentwicklung in Alkali und Kohle. GAY-LUSSAC u. THÉNARD.

Verbindungen. Die Säure löst sich in 60 Th., SCHEELE, in 80 Th., HERMBSTÄDT, MORVEAU, TROMMSDORFF, kochendem Wasser; und fällt nach SCHEELE beim Erkalten zu $^1/_4$ daraus nieder.

Die bis jetzt bekannten *schleimsauren Salze, Mucates,* sind fast blofs *halbsaure,* $C^{12}H^8M^2O^{16}$; sie lösen sich schwierig oder nicht in Wasser.

Schleimsaures Ammoniak. — Durch Uebersättigen der in heifsem Wasser gelösten Säure mit kohlensaurem Ammoniak und wiederholtes Krystallisiren der beim Erkalten erzeugten Krystalle erhält man geschmacklose platte 4seitige Säulen = $C^{12}H^8(NH^4)^2O^{16}$. Dieselben werden bei 220° weich und gelb und zerfallen zwischen 220 und 240° in Wasser, Kohlensäure, kohlensaures Ammoniak, Brenzschleimsäure und Bipyromucamid (V, 493), während wenig Kohle und Paracyan bleiben. 1. Bildung der Brenzschleimsäure: $C^{12}N^2H^{16}O^{16} = C^{10}H^4O^6 + 2(NH^3,CO^2) + 6HO$. 2. Bildung des Bipyromucamids: $C^{12}N^2H^{16}O^{16} = C^{10}N^2H^6O^2 + 2CO^2 + 10HO$. Vielleicht verwandelt sich die nach 1 sich bildende Brenzschleimsäure mit kohlensaurem Ammoniak in Bipyromucamid: $C^{10}H^4O^6 + 2(NH^3,CO^2) = C^{10}N^2H^6O^2 + 2CO^2 + 4HO$. MALAGUTI. — Das Salz krystallisirt in Rinden und schmeckt schwach salzig, TROMMSDORFF; es schmeckt schwach säuerlich und entwickelt in der Hitze erst Ammoniak, dann die Zersetzungsproducte der Schleimsäure, SCHEELE. — Das Salz löst sich wenig in kaltem, leichter in heifsem Wasser, TROMMSDORFF, und leichter als das paraschleimsaure Ammoniak, MALAGUTI.

	Krystalle bei 110° getrocknet.		MALAGUTI.
12 C	72	29,51	29,83
2 N	28	11,47	11,39
16 H	16	6,56	6,67
16 O	128	52,46	52,11
$C^{12}H^8(NH^4)^2O^{16}$	244	100,00	100,00

TROMMSDORFF fand darin 14,2 Proc. Ammoniak.

Schleimsaures Kali. — a. *Halb.* — Durch Neutralisiren der Säure mit Kali und Erkälten. — Weifse körnige Krystalle. Sie verlieren bis zu 100° kein Wasser, aber bei 150° unter gelber Färbung 1 At., worauf die Lösung in heifsem Wasser wieder wasserhelle Krystalle des vorigen Salzes und eine bräunliche Mutterlauge liefert, die zwar aus ammoniakalischem salpetersauren Silberoxyd in der Wärme Silberspiegel reducirt, aber keine Zuckersäure enthält. HAGEN. Die Krystalle lösen sich in 8 Th. heifsem Wasser und schiefsen in der Kälte fast ganz an. SCHEELE. Sie lösen sich nicht in Weingeist. TROMMSDORFF.

	Bei 150°.		HAGEN.	Lufttrockne Krystalle.			HAGEN.	TROMMSD.
12 C	72	25,14		12 C	72	24,37		
8 H	8	2,79		9 H	9	3,05		
2 KO	94,4	32,96	32,26	2 KO	94,4	31,96	31,91	31,46
14 O	112	39,11		15 O	120	40,62		
$C^{12}H^8K^2O^{16}$	286,4	100,00		+ Aq	295,4	100,00		

b. *Einfach.* — 1 Th. mit Kali neutralisirte Säure gibt mit noch 1 Th. Säure wasserhelle Krystalle, leichter als Salz a, in Wasser löslich, welche sowohl lufttrocken, als bei 100° $C^{12}H^9KO^{16} + 2Aq$ sind. HAGEN.

	Krystalle.		HAGEN.
12 C	72	27,05	
11 H	11	4,13	
KO	47,2	17,73	17,40
17 O	136	51,09	
$C^{12}H^9KO^{16} + 2Aq$	266,2	100,00	

Halb schleimsaures Natron. — Die mit kohlensaurem Natron neutralisirte Säure gibt bei langsamem Abdampfen grofse wasserhelle verwitternde Krystalle, welche bei 100° 8 At. Wasser verlieren, und 1 At. hartnäckig zurückhalten, wie sich auch bei raschem Einkochen der Lösung ein weifses Pulver mit 1 At. Wasser abscheidet. HAGEN. TROMMSDORFF erhielt eine Krystallrinde [des letzteren Salzes?], die bei 100° kein Wasser verlor. Das Salz löst sich in 122 Th. Wasser von 19°, MALAGUTI, und in 5 Th. kochendem; Kali fällt aus der Lösung schleimsaures Kali. SCHEELE.

	Bei 100°.		HAGEN.	TROMMS-DORFF.		Krystalle.		HAGEN.
12 C	72	27,33			12 C	72	21,47	
9 H	9	3,42			17 H	17	5,07	
2 NaO	62,4	23,69	23,67	22,24	2 NaO	62,4	18,60	18,73
15 O	120	45,56			23 O	184	54,86	
$C^{12}H^8Na^2O^{16}$+Aq	263,4	100,00			+9Aq	335,4	100,00	

Schleimsaures Lithon. — Kleine, weifse, glänzende Spiefse, wenig verwitternd, leicht in Wasser löslich. C. G. GMELIN.

Schleimsaurer Baryt. — Die Säure fällt in der Kälte das Chlorbaryum nach SCHEELE, schwach nach TROMMSDORFF, nicht nach HAGEN. Sie gibt mit Barytwasser einen in überschüssiger Säure löslichen Niederschlag. THÉNARD. Schleimsaures Ammoniak gibt in der Kälte beim Kratzen der Wandungen mit einem Glasstab einen Niederschlag, der beim Kochen stark zunimmt; das Gemisch der Säure mit Chlorbaryum wird durch Ammoniak stark krystallisch gefällt. HAGEN. Schleimsaures Kali fällt aus Chlorbaryum sogleich ein schweres weifses geschmackloses Pulver, nicht in kaltem, und sehr wenig in kochendem Wasser löslich. TROMMSDORFF.

	Bei 100° getrocknet.		HAGEN.	TROMMSDORFF.
12 C	72	19,34		
11 H	11	2,96		
2 BaO	153,2	41,16	41,20	42,1
17 O	136	36,54		
$C^{12}H^8Ba^2O^{16}$ + 3 Aq	372,2	100,00		

Schleimsaurer Strontian. — Die Säure gibt mit Strontianwasser einen sich in deren Ueberschuss lösenden Niederschlag. THÉNARD. Schleimsaures Kali fällt aus Strontianwasser ein weifses, geschmackloses, nicht in kaltem, wenig in kochendem Wasser lösliches Pulver, welches 33 Proc. Strontian hält. TROMMSDORFF.

Schleimsaurer Kalk. — Die Säure fällt das Chlorcalcium, SCHEELE, schwach, TROMMSEORFF, nicht, HAGEN. Sie gibt mit Kalkwasser einen in mehr Säure löslichen Niederschlag. THÉNARD. Schleimsaures Ammoniak gibt mit Chlorcalcium einen in Essigsäure löslichen Niederschlag, HAGEN, und schleimsaures Kali erzeugt damit ein reichliches weifses geschmackloses Pulver, welches beim Erhitzen nach gebranntem Weinstein riechende Dämpfe verbreitet, sich schwärzt und verglimmt, und welches sich kaum in Wasser und wässriger Schleimsäure löst. TROMMSDORFF.

	Bei 100° getrocknet.		HAGEN.	TROMMSDORFF.
12 C	72	26,18		
11 H	11	4,00		
2 CaO	56	20,36	20,49	21,9
17 O	136	49,46		
$C^{12}H^8Ca^2O^{16}+3Aq$	275	100,00		

Schleimsaure Bittererde. — Die Säure fällt nicht das Bittersalz. TROMMSDORFF, HAGEN (gegen SCHEELE). Schleimsaures Kali fällt nicht das Bittersalz. TROMMSDORFF. — 1. Schleimsaures Ammoniak gibt mit Bittersalz bald einen Niederschlag, der beim Kochen stark zunimmt, und nach dem Trocknen bei 100° 15,37 Proc. Bittererde, und also 4 At. Wasser hält. HAGEN. — 2. Die beim Kochen der Säure mit Wasser und überschüssiger kohlensaurer Bittererde sich bildende Lösung setzt, wenn sie neutral zu werden anfängt, viel weifses, sehr wenig in kaltem Wasser lösliches Pulver ab, welches 16,4 Proc. Bittererde hält. TROMMSDORFF.

Schleimsaure Alaunerde. — Schleimsäure und schleimsaures Kali fällen nicht den Alaun. Das Alaunerdehydrat löst sich langsam in kochender wässriger Schleimsäure zu einer herb schmeckenden, lackmusröthenden Flüssigkeit, welche beim Erkalten das *neutrale Salz* als ein in kochendem Wasser fast unlösliches weifses Pulver fallen lässt, welches 14 Proc. Erde hält, und dann beim Abdampfen der Mutterlauge das *saure Salz* in sauer und herb schmeckenden, leicht in kochendem Wasser löslichen Krystallrinden absetzt. TROMMSDORFF.

Schleimsaures Chromoxyd-Kali. — *Chromomucate de Potasse.* — Durch Behandlung des doppelt chromsauren Kalis mit Schleimsäure erhält man $KO,Cr^2O^3,C^{12}H^4O^{14}+7Aq$. MALAGUTI (*Compt. rend.* 16, 457).

Die Schleimsäure fällt nicht das schwefelsaure *Manganoxydul* oder *Zinkoxyd* und das *Einfachchlorzinn*. SCHEELE.

Schleimsaures Bleioxyd. — a. *Sechstel?* — 1. Salz b verwandelt sich bei der Digestion mit Ammoniak in ein schmieriges Salz, welches an der Luft Kohlensäure anzieht. BERZELIUS. — 2. Schleimsaures Ammoniak fällt aus Bleiessig ein schmieriges, ein wenig in Wasser lösliches Salz, welches jedoch ein basisches essigsaures Bleisalz beigemengt hält, daher sein Bleioxydgehalt von 62 bis 79 Proc. wechselt. HAGEN.

b. *Halb.* — Die freie und die an Alkalien gebundene Säure fällt aus salpeter-, salz- oder essig-saurem Bleioxyd ein weifses, nicht in Wasser lösliches Pulver. SCHEELE, BERZELIUS (*Ann. Chim. Phys.* 94, 310), HESS (*Ann. Pharm.* 30, 312).

	Bei 150°.		HAGEN.		Bei 100°.		BERZELIUS.	TROMMSDORFF.	HESS.	HAGEN.
12 C	72	17,31		12 C	72	16,59				
8 H	8	1,92		10 H	10	2,31				
2 PbO	224	53,85	54,10	2 PbO	224	51,61	51,61	51,5	51,37	51,51
14 O	112	26,92		16 O	128	29,49				
$C^{12}H^8Pb^2O^{16}$	416	100,00		+2Aq	434	100,00				

Ammoniakalisches schleimsaures Bleioxyd. — Die kochende wässrige Lösung des Mucamids fällt aus mit Ammoniak versetztem Bleizucker $NH^3,C^{12}H^8Pb^2O^{16}+6Aq$, welches durch Hydrothion in

Schwefelblei und einfach schleimsaures Ammoniak zersetzt wird. MALAGUTI.

Schleimsaures Eisenoxydul. — Schleimsaures Ammoniak oder Natron (nicht die freie Säure, SCHEELE) fällt aus Eisenvitriol ein gelbweifses, in der Kälte an der Luft beständiges Pulver, welches sich daran bei 150 bis 160° bräunt und dann entzündet, und welches bei 100° 23,5 Proc. Oxydul hält, also $C^{12}H^{8}Fe^{2}O^{16}+4Aq$ ist. HAGEN.

Schleimsaures Kupferoxyd. — a. *Viertel?* — Entsteht beim Kochen überschüssigen kohlensauren Oxyds mit der wässrigen Säure als ein äpfelgrünes unlösliches Pulver, welches 42,92 Proc. Oxyd hält. TROMMSDORFF. — b. *Halb.* — Das Ammoniak- oder Kali-Salz, nicht die freie Säure, TROMMSDORFF, fällt aus Kupfervitriol ein blauweifses, nicht in Wasser lösliches Pulver, bei 100° 27,96 Proc. Oxyd haltend, also $C^{12}H^{8}Cu^{2}O^{16}+Aq$. HAGEN.

Schleimsaures Quecksilberoxydul. — Schleimsäure fällt salpetersaures Quecksilberoxydul reichlich weifs. SCHEELE, MALAGUTI. — Der mit schleimsaurem Kali erhaltene Niederschlag, im Dunkeln gewaschen und bei 100° getrocknet, ist ein weifses zartes Pulver von Metallgeschmack, hält 65,08 (63,13, HARFF) Proc. Oxydul, schwärzt sich rasch im Lichte, gibt beim Erhitzen unter Schwärzung Kohlensäure, Kohlenoxyd, Quecksilber und Kohle, und löst sich nicht (kaum, HARFF) in Wasser. BURCKHARDT (*N. Br. Arch.* 11, 269). — Wässriges Ammoniak scheidet aus dem Salze ein schwarzes geschmackloses Pulver, welches 82,11 Proc. Quecksilberoxydul und daneben schleimsaures Ammoniak hält. HARFF (*N. Ar. Arch.* 5, 297).

Schleimsaures Quecksilberoxyd. — Das Oxyd löst sich nicht in Schleimsäure. Durch Fällen des essigsauren Quecksilberoxyds mit schleimsaurem Kali und Waschen erhält man ein weifses zartes, widrig metallisch schmeckendes Pulver, welches bei 100° 48,28 Proc. Oxyd hält, sich nicht im Lichte schwärzt, in der Hitze erst gelb wird, dann in Kohlensäure, Quecksilber und Kohle zerfällt, beim Kochen mit Ammoniak Quecksilber ausscheidet, mit erhitztem Kalium Feuer entwickelt und sich nicht in Wasser, Weingeist und Aether löst. BURCKHARDT (*N. Br. Arch.* 11, 271). — Das Salz wird durch Ammoniak zu einem weifsen metallisch schmeckenden Pulver, welches schleimsaures Ammoniak mit 71,81 Proc. Oxyd hält. HARFF (*N. Br. Arch.* 5, 298).

Schleimsaures Silberoxyd. — Die Schleimsäure fällt das salpetersaure Silberoxyd weifs, SCHEELE, weifs, schleimig, MALAGUTI, gelbweifs, HESS. Schleimsaures Kali fällt es gelber, bei gleicher Zusammensetzung, HESS; schleimsaures Ammoniak fällt es weifs, MALAGUTI. — Der lufttrockne Niederschlag verliert nichts bei 100°, wird jedoch röthlich. MALAGUTI.

	Bei 100°.		MALAGUTI.	LIEBIG u. PELOUZE.	HAGEN.
12 C	72	16,99			
8 H	8	1,88			
2 Ag	216	50,94	50,73	50,55	51,01
16 O	128	30,19			
$C^{12}H^{8}Ag^{2}O^{16}$	424	100,00			

Die Schleimsäure löst sich nicht in *Weingeist.*

Gepaarte Verbindungen der Schleimsäure.

Schleimformester.

$$C^{16}H^{14}O^{16} = 2C^{2}H^{3}O, C^{12}H^{8}O^{14}.$$

MALAGUTI. *Ann. Chim. Phys.* 63, 94.

Mucate de Methylene.

Wird wie der Schleimvinester mit Holzgeist dargestellt.

Farblose geschmacklose, theils rechtwinklige Säulen und Blätter, theils, von rhombischen abzuleitende, 6seitige Säulen.

Die Krystalle aus kochendem Wasser haben 1,53 spec. Gew., die pulverigen aus kochendem Weingeist 1,48 bei 20°.

		Krystalle.	MALAGUTI.
16 C	96	40,34	40,7
14 H	14	5,88	5,9
16 O	128	53,78	53,4
$C^{16}H^{14}O^{16}$	238	100,00	100,0

Der Ester fängt bei 165° an, sich ohne Schmelzung unter Entwicklung eines schwarzen Oels zu zersetzen, schmilzt dann bei 174° zu einer schwarzen Flüssigkeit, und entwickelt unter Aufblähen ein gekohltes Gas.

Er löst sich sehr leicht in kochendem Wasser und in 200 Th. kochendem Weingeist. MALAGUTI.

Schleimvinester.

$$C^{20}H^{18}O^{16} = 2C^4H^5O,C^{12}H^8O^{14}.$$

MALAGUTI (1836). *Ann. Chim. Phys.* 63, 86. — *Compt. rend.* 22, 854.

Ether mucique.

Darstellung. Man erwärmt ein Gemisch von 1 Th. Schleimsäure und 4 Vitriolöl, bis es rosenroth, dann kermesinroth, dann schwarz geworden ist, versetzt es nach 12stündigem Hinstellen im Verschlossenen mit 4 Th. Weingeist von 0,814 spec. Gew., ohne dabei abzukühlen, schüttelt die krystallisirte Masse nach 24 Stunden stark mit Weingeist, bringt sie aufs Filter, trocknet die darauf bleibenden schmutzig weifsen Krystalle und reinigt sie durch Krystallisation aus kochendem Weingeist oder Wasser.

Eigenschaften. a. Aus kochendem Weingeist krystallisirt: Wasserhelle gerade 4seitige Säulen von 1,17 spec. Gew. bei 20°, bei 158° unter Entwicklung von wenig bräunlichem Oel schmelzend, dann bei 135° krystallisch erstarrend, und hierauf, nach dem Abkühlen auf 70°, schon bei 150° schmelzend. Anfangs geschmacklos, hinterher bitter. — b. Aus heifsem Wasser krystallisirt: Gerade rhomboidische Säulen mit 2 breiten und 2 schmalen Seitenflächen, von 1,32 spec. Gew. bei 20°; bei 158° schmelzend, dann bei 122° erstarrend, dann, nach dem Abkühlen auf 70°, schon bei 100° ölartig und bei 132 völlig schmelzend; in allem Uebrigen mit a übereinkommend.

			MALAGUTI.	LIEBIG u. PELOUZE.
20 C	120	45,11	45,58	45,36
18 H	18	6,77	6,87	6,86
16 O	128	48,12	47,55	47,78
$C^{20}H^{18}O^{16}$	266	100,00	100,00	100,00

LIEBIG u. PELOUZE (*Ann. Pharm.* 79, 258) erwähnen noch einer übereinstimmenden Analyse FREMY's.

Zersetzungen. 1. Der Ester schwärzt sich beim *Erhitzen* auf 170°, entwickelt dann Weingeist, Wasser, Kohlensäure, sich zum Theil sublimirende Brenzschleimsäure, einen Kohlenwasserstoff und Essigsäure, und lässt Kohle. — 2. Trocknes *Chlorgas* verändert den geschmolzenen Ester ohne auffallende Wirkung in eine beim Erkalten nicht mehr krystallisch, sondern zu einem bernsteingelben Harz gestehende Masse, welche sich schon in gleich viel mäfsig erwärmtem Weingeist löst und Silberlösung nicht fällt. — 3. Trocknes *Ammoniakgas* wirkt nicht auf den blofs bis zum Schmelzen erhitzten Ester und erzeugt erst bei 170° Weingeist, kohlensaures Ammoniak und ein sehr aromatisches, langsam in Wasser lösliches Oel. Aber in wässrigem Ammoniak wird der Ester sogleich in Mucamid verwandelt. $C^{20}H^{16}O^{16}+2NH^3 = C^{12}N^2H^{12}O^{12}+2C^4H^6O^2$. (*Compt. rend.* 22, 854.) — 4. Der Ester zerfällt bei langem Kochen mit Wasser in Schleimsäure und Weingeist, schneller beim Kochen mit wässrigem Kali oder Natron und sogleich, unter Fällung, mit kaltem Baryt-, Strontian- oder Kalk-Wasser.

Verbindungen. Der Ester b löst sich in 44 Th. *Wasser* von 20°, sehr leicht in heifsem, beim Erkalten schön krystallisirend.

Er löst sich bei 15,5° in 156 Th. *Weingeist* von 0,814 spec. Gew. und sehr leicht in kochendem; nicht in *Aether*. MALAGUTI.

Weinschleimsäure.

$$C^{16}H^{14}O^{16} = C^4H^6O^2,C^{12}H^8O^{14}.$$

MALAGUTI (1846). *Compt. rend.* 22, 857.

Acide mucovinique.

Bei der Bereitung des Schleimvinesters kommt es bisweilen vor, dass dessen noch nicht ganz reine wässrige Lösung auf einmal einen starken Weingeistgeruch entwickelt, sauer wird und beim Abdampfen einen von dem Schleimvinester sehr verschiedenen Rückstand lässt. Dieser wird durch mehrmaliges Waschen mit Weingeist vom beigemengten Schleimvinester befreit und aus Wasser 3mal umkrystallisirt, bis er nicht mehr bei Zusatz von Ammoniak (durch Mucamid) getrübt wird.

Weifs, asbestähnlich, aus rechtwinkligen Säulen bestehend, von stark saurem Geschmack.

Die Säure schmilzt bei 190° unter Zersetzung und gesteht dann beim Erkalten zu einer Glasmasse, die nach einiger Zeit unter Erweichung undurchsichtig wird. — Ihre wässrige Lösung entwickelt beim Kochen mit Silberoxyd Kohlensäure und erzeugt eine bei schwachem Erhitzen verpuffende Silberverbindung.

Sie löst sich ziemlich gut in Wasser.

Sie absorbirt in der Wärme wenig über 1 At. *Ammoniakgas* unter Wärmeentwicklung und unter Bildung des geschmacklosen, schwach Lackmus röthenden, sehr leicht in Wasser löslichen Salzes $NH^3,C^{16}H^{14}O^{16}$.

Die Lösung dieses Salzes gibt mit den Salzen des Baryts, Strontians, Bleis, Kupfers und Silbers in Essigsäure lösliche Niederschläge, mit den Kalksalzen einen geringen, mit den Bittererde- und Zink-Salzen keinen.

Die Säure löst sich sehr wenig in *Weingeist*. MALAGUTI.

Mit der Schleimsäure isomere Säuren.

1. Paraschleimsäure.

$C^{12}H^{10}O^{10},O^{6}$.

LAUGIER (1809). *Ann. Chim.* 72, 81; auch *Gilb.* 42, 228.
MALAGUTI. *Ann. Chim. Phys.* 60, 197; auch *J. Pharm.* 21, 640; auch *Ann. Pharm.* 15, 179; auch *J. pr. Chem.* 7, 85.

Acide paramucique.

Bildung und Darstellung. 1. Man dampft die in kochendem Wasser gelöste Schleimsäure ab, bis eine gelbe und braune zähe, beim Erkalten erhärtende Krystallmasse bleibt. LAUGIER. — 2. Man dampft mit Schleimsäure gesättigtes kochendes Wasser zur Trockne ab, löst den Rückstand in Weingeist, und lässt diesen freiwillig verdunsten. MALAGUTI.

Eigenschaften. Zu Rinden vereinigte rectanguläre Tafeln, saurer (viel saurer, LAUGIER) als Schleimsäure, nach dem Trocknen an der Luft nichts mehr bei 100° verlierend. MALAGUTI.

	Krystalle.		MALAGUTI.
12 C	72	34,29	34,02
10 H	10	4,76	4,86
16 O	128	60,95	60,52
$C^{12}H^{10}O^{16}$	210	100,00	100,00

Zersetzungen. 1. Die Säure liefert bei der trocknen Destillation, gleich der gewöhnlichen Schleimsäure, Brenzschleimsäure. — 2. Ihre Lösung in kochendem Wasser lässt beim Erkalten (nicht mehr in Weingeist und nur schwierig in Wasser lösliche) gewöhnliche Schleimsäure anschiefsen. MALAGUTI.

Verbindungen. Die Säure löst sich in 73,6 Th. kaltem und in 1,73 kochendem Wasser. MALAGUTI. Sie löst sich viel leichter in Wasser, als die Schleimsäure. LAUGIER.

Die *paraschleimsauren Salze*, *Paramucates*, sind löslicher als die schleimsauren. Ihre Lösung in kochendem Wasser lässt beim Erkalten schleimsaure Salze anschiefsen. MALAGUTI.

Mit der Säure kochend gesättigtes Wasser lässt beim Neutralisiren mit Ammoniak schon in der Hitze das *Ammoniaksalz* in feinen weifsen rectangulären Tafeln anschiefsen, die kaum in kochendem Wasser löslich und das einzige schwerer lösliche Salz sind, als das entsprechende schleimsaure.

Durch Neutralisiren der kochend gesättigten wässrigen Säurelösung mit Kali oder Natron erhält man beim Abdampfen Krystalle des paraschleimsauren Kalis oder Natrons, aber beim Erkalten Krystalle des schleimsauren. Das paraschleimsaure Natron löst sich in 81,6 Th. Wasser von 19°.

Die Säure erzeugt mit salpetersaurem *Quecksilberoxydul*, verschieden von der Schleimsäure, erst nach einiger Zeit einen käsigen (nicht schleimigen) Niederschlag.

Das *Silbersalz* hält 48,7 Proc. Silber. MALAGUTI. Dies würde besser der Formel $C^{12}H^{10}Ag^2O^{18}$ entsprechen, als der Formel $C^{12}H^8Ag^2O^{16}$. LIEBIG. Aber dann müsste die Säure für sich $C^{12}H^{12}O^{18}$ sein. GM.

Die Säure ist in *Weingeist* löslich. LAUGIER, MALAGUTI.

2. Zuckersäure.

$$C^{12}H^{10}O^{16} = C^{12}H^{10}O^{10},O^6.$$

SCHEELE. *Opusc.* 2, 203. Ausz. *Ann. Pharm.* 8, 36.
TROMMSDORFF. *N. Tr.* 20, 2, 1.
GUÉRIN-VARRY. *Ann. Chim. Phys.* 49, 280. — *Ann. Chim. Phys.* 52, 318; auch *Schw.* 68, 371; auch *Ann. Pharm.* 8, 24; Ausz. *Pogg.* 29, 44. — *Ann. Chim. Phys.* 65, 332; auch *J. Pharm.* 23, 416.
ERDMANN. *Ann. Pharm.* 21, 1; auch *J. pr. Chem.* 9, 257; 15, 480.
HESS. *Pogg.* 42, 247; auch *Ann. Pharm.* 26, 1; auch *J. pr. Chem.* 15, 463. — *Ann. Pharm.* 30, 302; auch *J. pr. Chem.* 17, 379.
THAULOW. *Ann. Pharm.* 27, 113; auch *Pogg.* 44, 497; auch *J. pr. Chem.* 15, 465.
LIEBIG. *Ann. Pharm.* 30, 313.
HEINTZ. *Pogg.* 61, 315; Ausz. *J. pr. Chem.* 32, 267.

Künstliche Aepfelsäure, *Metaweinsäure*, ERDMANN, *Hydroxalsäure*, *Acide saccharique*, *Ac. oxalhydrique*, VARRY. — SCHEELE erhielt diese Säure bei der Zersetzung des Zuckers und anderer Verbindungen durch Salpetersäure und verglich sie der Aepfelsäure, bis durch HESS ihre eigenthümliche Natur erkannt wurde.

Bildung. Beim Erhitzen von Zucker, Stärkmehl und vieler anderer Verbindungen mit weniger Salpetersäure, als zu deren vollständiger Umwandlung in Oxalsäure nöthig ist. — Bei der Zersetzung des Krümel- oder Schleim-Zuckers durch Alkalien entsteht nach LOWITZ (*Crell Ann.* 1792, 1, 222) dieselbe, oder eine ähnliche Säure.

Darstellung. 1. Man erwärmt 1 Th. Rohrzucker mit 3 Th. Salpetersäure von 1,25 bis 1,3 spec. Gew. in einer geräumigen Schale nur so weit, dass sich die ersten Blasen von Salpetergas zeigen, nimmt sie vom Feuer, bis die heftige Einwirkung vorüber ist, und sie sich auf 50° abgekühlt hat, erhält sie dann durch schwaches Feuer auf dieser Temperatur unter Umrühren (durch Erhitzen über 50° würde, auch bei verdünnterer Salpetersäure, Oxalsäure entstehen), bis die Flüssigkeit nicht mehr grünlich ist und keine salpetrige Dämpfe mehr entwickelt, verdünnt sie nach dem Erkalten mit ihrer halben Wassermenge, neutralisirt sie mit kohlensaurem Kali und übersättigt sie mit so viel Essigsäure, dass deren Geruch deutlich wird, wodurch das halb zuckersaure Kali in einfach saures übergeführt, aber nicht weiter zersetzt wird, welches in Tagen und Wochen langsam anschiefst. Man lässt diese (6 Proc. des Zuckers betragenden) Krystalle nach dem Pressen zwischen Papier wiederholt aus heifsem Wasser anschiefsen, bis sie farblos sind, neutralisirt dann ihre Lösung mit Kali, mischt sie kochend mit schwefelsaurem oder salpetersaurem Kadmiumoxyd, kocht längere Zeit, zersetzt das gefällte gut gewaschene zuckersaure Kadmiumoxyd durch Hydrothion, dampft die filtrirte wässrige Säure im Wasserbade zur Trockne ab und trocknet sie durch

6wöchentliches Hinstellen ins Vacuum über Vitriolöl noch vollends aus. HEINTZ. — Wollte man das Kalisalz in das Barytsalz verwandeln und dieses durch Schwefelsäure zersetzen, so würde die Säure bei einer Spur überschüssiger Schwefelsäure sich beim Abdampfen bräunen und bei mangelnder Schwefelsäure mit, nicht durch Weingeist abzuscheidendem, zuckersaurem Baryt verunreinigt bleiben. Wollte man das Kalisalz durch ein Bleisalz fällen, so würde der Niederschlag etwas von der Säure des angewandten Bleisalzes halten, welche dann bei der Zersetzung durch Hydrothion sich der Zuckersäure beigesellen würde. HEINTZ.

2. Man destillirt Zucker mit gleichviel verdünnter Salpetersäure bis zur braunen Färbung, neutralisirt den Rückstand mit kohlensaurem Kalk, filtrirt vom oxalsauren Kalk ab, schlägt den zuckersauren durch Weingeist nieder, wäscht ihn damit, fällt ihn nach dem Lösen in Wasser durch Bleizucker und zersetzt den Niederschlag durch Hydrothion. SCHEELE. DONOVAN erhielt hierbei je nach dem Grade der Einwirkung der Salpetersäure verschiedene Producte. — 3. Man sättigt die Lösung des Zuckers in erhitzter Salpetersäure von 1,2 spec. Gew. mit Kreide, fällt das Filtrat durch Weingeist, wäscht den Niederschlag mit Weingeist, fällt seine wässrige Lösung durch salpetersaures Bleioxyd, zersetzt den gewaschenen Niederschlag durch verdünnte Schwefelsäure, und entfärbt durch Thierkohle. TROMMSDORFF. — 4. Man erhitzt 1 Th. arabisch Gummi mit 2 Th. Salpetersäure von 1,38 spec. Gew. und 2 Th. Wasser bis zur Entwicklung salpetriger Dämpfe, nimmt vom Feuer, erwärmt, wenn die Flüssigkeit ruhig geworden ist, noch 1 Stunde gelinde, verdünnt mit der 4fachen Wassermenge, neutralisirt genau mit Ammoniak, fällt die Oxalsäure durch salpetersauren Kalk, fällt das rothgelbe Filtrat durch Bleizucker, zersetzt den gewaschenen Niederschlag durch Hydrothion oder Schwefelsäure, dampft das gelbe Filtrat ab, neutralisirt es mit Ammoniak, entfärbt die durch Abdampfen und Erkälten erhaltenen schwarzen Krystalle des zuckersauren Ammoniaks durch Thierkohle, fällt durch Bleizucker, zersetzt den gewaschenen Bleiniederschlag, und verdunstet die wässrige Säure zuletzt im Vacuum. So liefert das Gummi 2,8, der Zucker 3,5 und das Stärkemehl 3,1 Proc. Zuckersäure. GUÉRIN-VARRY. — 5. Man digerirt 1 Th. Zucker oder Gummi mit 1 Th. Salpetersäure und ½ Th. Wasser, bis das stürmische Aufbrausen aufhört, neutralisirt die Flüssigkeit mit Ammoniak (oder erst mit kohlensaurem Kalk und zuletzt mit Ammoniak), fällt sie durch Chlorcalcium, filtrirt sie vom oxalsauren Kalk ab, fällt aus ihr durch Weingeist den zuckersauren Kalk, zersetzt diesen durch kohlensaures Ammoniak, filtrirt vom kohlensauren Kalk und Farbstoff ab, fällt durch Bleizucker, zersetzt den gut gewaschenen, in Wasser vertheilten Niederschlag durch Hydrothion, verjagt dessen Ueberschuss durch Digestion, übersättigt wieder die filtrirte noch gelbe Säure etwas mit Ammoniak, fällt sie durch Bleizucker, zersetzt den gewaschenen Niederschlag durch Hydrothion, und wiederholt diese Behandlung der Säure mit Ammoniak, Bleizucker und Hydrothion so oft (gegen 6mal), bis das Schwefelblei der Säure alle Färbung entzogen hat, und beim Sättigen mit Ammoniak und Erwärmen keine Bräunung mehr eintritt. Hierauf vorsichtiges Verdunsten der Säure, am besten im Vacuum. ERDMANN. Eben so verfährt HESS. — 6. Man sättigt die aus Salpetersäure und Zucker erhaltene Flüssigkeit mit Kreide, fällt das Filtrat durch Bleizucker, zersetzt den gewaschenen und in Wasser vertheilten Niederschlag durch Hydrothion, kocht das Filtrat erst für sich zum Verjagen des Hydrothions, dann einige Zeit mit überschüssigem Kali, filtrirt die braune Flüssigkeit von schwarzem Pulver moderartiger Materie ab, neutralisirt sie mit Essigsäure, fällt sie wieder durch Bleizucker unter Digestion, wodurch der Bleiessig leichter auswaschbar wird, zersetzt durch Hydrothion, dampft das Filtrat ab, neutralisirt es zur Hälfte mit Kali und entfärbt die in Tagen anschiefsenden Krystalle des einfachsauren Kalisalzes durch Kochen mit Thierkohle. THAULOW. Aus dem Kalisalze lässt sich durch Bleizucker und Hydrothion die Säure gewinnen.

Eigenschaften. Nach völligem Trocknen im Vacuum farblose spröde amorphe auf keine Weise krystallisch zu erhaltende Masse. HEINTZ. Farbloses oder gelbliches Gummi. ERDMANN.. Nach dem Trocknen im Vacuum farbloser Syrup, der beim Hinstellen im Verschlossenen bisweilen Krystalle (von Ammoniaksalz? HEINTZ) absetzt. VARRY. Auch ERDMANN erhielt aus der Lösung des zuerst erhaltenen Gummis in wenig Wasser an der Luft allmälig einige Krystalle. Brauner Syrup. TROMMSDORFF. — Vom Geschmack der Oxalsäure, VARRY, angenehm sauer, THAULOW.

		Trocken.
12 C	72	34,29
10 H	10	4,76
16 O	128	60,95
$C^{12}H^{10}O^{16}$	210	100,00

Sofern das Bleisalz $C^{12}H^{6}O^{14}$ hypothetisch trockne Säure hält. HESS. Früher nahm VARRY in Folge seiner Analysen von Zink- und Blei-Salzen für die hypothetisch trockne Säure $C^{4}H^{3}O^{6}$ an.

Die Zuckersäure hat demnach mit der Schleimsäure dieselbe Zusammensetzung, ihrer grofsen Verschiedenheiten ungeachtet. Man kann dieses nicht wohl dadurch beseitigen, dass man das Atomgewicht der einen dieser Säuren halbirt, da diese hierdurch die unpaare Atomzahl $C^{6}H^{5}O^{8}$ erhalten würde. Eben so wenig durch die Annahme, die Schleimsäure sei 2- und die Zuckersäure sei bei gleichem Atomgewichte 5-basisch; denn, selbst wenn ein zuckersaures Salz mit 5 At. Basis erwiesen werden sollte, so würde sich dieses ohne Zweifel als die Verbindung des 2basischen Salzes mit 3 At. Basis weiter berechnen lassen, da schon 2 At. Basis zum völligen Neutralisiren von 1 At. Säure hinreichen. Endlich lässt sich auch die Isomerie von Tarter-, Antitarter- und Trauben-Säure auf keine Weise mit der von Schleim-, Paraschleim- und Zucker-Säure vergleichen. — Es bleibt daher die Aufklärung dieser Schwierigkeit weitern Entdeckungen überlassen.

Zersetzungen. 1. Die Säure wird bei 106° gelb, VARRY; sie färbt sich beim Trocknen im Wasserbade hellbraun, HEINTZ. Sie entwickelt weder für sich, noch in der Verbindung mit Alkalien beim Erhitzen den Geruch nach verbranntem Zucker oder Tartersäure. HEINTZ, VARRY. Sie entwickelt saure, nach gebranntem Zucker riechende Dämpfe, entflammt sich und verkohlt sich schnell. TROMMSDORFF. — 2. Sie wird durch heifse Salpetersäure unter Stickoxydentwicklung leicht in Oxalsäure verwandelt. HEINTZ. — $C^{12}H^{10}O^{16} + 12\,O = 3.C^{4}H^{2}O^{8} + 4HO$. — Die Umwandlung in Oxalsäure erfolgt schon bei Mittelwärme in 4 Wochen, VARRY; sie ist immer von Kohlensäure- und Stickoxyd-Bildung begleitet, VARRY, THAULOW. — 3. Die Säure liefert beim Destilliren mit 1 Th. Wasser, 2 Braunstein und 2½ Vitriolöl unter Aufschäumen Ameisensäure und Kohlensäure. VARRY, THAULOW. — 4. Sie schwärzt sich beim Erhitzen mit Vitriolöl und entwickelt schweflige Säure. HEINTZ. — 5. Ihr klares Gemisch mit salpetersaurem Silberoxyd fällt beim Kochen Silber, ERDMANN, THAULOW; es scheidet beim Uebersättigen mit Ammoniak in der Kälte langsam Silber ab, aber beim Kochen sogleich, unter Versilberung des Gefäfses, THAULOW, HEINTZ. Eben so wirkt das zuckersaure Kali. THAULOW. Das *reine* einfach zuckersaure Kali reducirt selbst bei längerem Kochen nicht das salpetersaure Silber, HESS, LIEBIG, aber bei gelindem Erwärmen des verdünnten Gemisches mit sehr wenig Ammoniak entsteht ein Silberspiegel, LIEBIG. Die Säure reducirt leicht aus der Goldlösung das Metall. ERDMANN. — 6. Sie ändert sich nicht beim Kochen mit wässrigem Kali, zerfällt aber beim Schmelzen mit Kalihydrat bei 250° in essigsaures und oxalsaures Kali. $C^{12}H^{10}O^{16} = 2C^{4}H^{4}O^{4} + C^{4}H^{2}O^{8}$. Doch entwickelt die geschmolzene Masse mit Schwefelsäure neben dem Geruch nach Essigsäure auch den nach Buttersäure. HEINTZ. — 7. Die verdünnte wässrige Säure (nicht die concentrirte, HEINTZ) bedeckt sich bald mit Schimmel. VARRY, HEINTZ. — Nicht der Weingährung fähig. TROMMSDORFF.

Die frühere Angabe ERDMANNS, dass die Zuckersäure mit der geschmolzenen Tartersäure (Metatartersäure) übereinkomme und sich, in Wasser gelöst, langsam, bei Zusatz von etwas Alkali schneller in gewöhnliche Tartersäure verwandle, hat ERDMANN (*J. pr. Chem.* 15, 480) zurückgenommen.

Verbindungen. Die trockne Säure wird an der Luft schnell klebrig und löst sich sehr leicht in Wasser. HEINTZ. Sie bleibt beim Verdunsten im Vacuum als ein dicker farb- und geruch-loser Syrup von 1,416 spec. Gew. bei 10° und verliert beim Trocknen mit überschüssigem Bleioxyd 5,65 Proc. Wasser; durch Anziehen von Wasser aus der Luft geht der Syrup auf 1,375 spec. Gew. mit einem Siedpunct von 105° herunter. VARRY.

Die *zuckersauren Salze, Saccharates,* sind *halbsaure* oder *neutrale,* welche neutral reagiren und sich wenig in Wasser, aber leicht in Zuckersäure lösen = $C^{12}H^{8}M^{2}O^{16}$, und *einfach saure* oder *saure,* welche Lackmus röthen und sich leicht lösen = $C^{12}H^{9}MO^{16}$. Die schwer löslichen Salze scheiden sich aus kochendem Wasser beim Erkalten in Flocken ab, die in der Hitze zu einer zähen, beim Erkalten erhärtenden Masse zusammenbacken. HEINTZ.

Zuckersaures Ammoniak. — a. *Halb* — Die mit Ammoniak übersättigte Säure trocknet im Vacuum über Vitriolöl zu einem Gummi aus, dessen Lösung in kaltem Wasser neutral ist. HEINTZ. Nicht krystallisirbar, leicht löslich. VARRY.

b. *Einfach.* — Die wässrige Lösung von a, so lange erhitzt, als Ammoniak entweicht, gibt beim Erkalten 4seitige Säulen, welche Lackmus röthen und sich schwieriger lösen. HEINTZ. Wasserhelle, schwach saure, luftbeständige, mit 2 Flächen zugeschärfte 4seitige Säulen, welche sich bei 110° unter gelber Färbung zu zersetzen anfangen und sich in 82 Th. Wasser von 15° und in 4 Th. kochendem und nicht in kaltem, aber in heifsem Weingeist lösen. VARRY.

		Krystalle,	THAULOW. von VARRY dargestellt.	HEINTZ.
12 C	72	31,72	32,14	31,80
N	14	6,17	6,20	6,17
13 H	13	5,72	5,82	5,76
16 O	128	56,39	55,84	56,27
$C^{12}H^{9}(NH^{4})O^{16}$	227	100,00	100,00	100,00

Zuckersaures Kali. — a. *Halb.* — Durchsichtige schiefe rhombische Säulen. VARRY. Die mit Kali neutralisirte Säure zum Syrup abgedampft, dann an die Luft gestellt, gibt eine weifse Krystallrinde, nur an sehr feuchter Luft zerfliefsend. HEINTZ.

		Krystallrinde.	HEINTZ.
12 C	72	25,14	25,04
8 H	8	2,79	2,86
2 KO	94,4	32,96	32,74
14 O	112	39,11	39,36
$C^{12}H^{8}K^{2}O^{16}$	286,4	100,00	100,00

b. *Einfach.* — Ueberschüssige Säure schlägt aus Kali und dessen Salzen keine Krystalle nieder. VARRY. Die Säure mit ungenügendem Kali versetzt, gibt in einigen Tagen (anfangs für Weinstein gehaltene)

Krystalle, bis zum Erstarren. ERDMANN. Krystallisirt auch aus einem Gemisch des durch Salpetersäure zersetzten Zuckers mit ungenügendem Kali. HESS. — Durchsichtige schiefe Nadeln, Lackmus röthend. VARRY. 'Die (V, 886) erhaltenen Krystalle sind schneeweifse, gerad 4seitige Säulen, sehr sauer reagirend. THAULOW. Ihre wässrige Lösung darf sich nicht an der Luft bräunen. HESS. Bläht sich beim Erhitzen sehr stark auf, ohne zu schmelzen, verkohlt sich dann und lässt endlich kohlensaures Kali. HEINTZ. Löst sich in 89 Th. Wasser von 7°, leicht in heifsem. HEINTZ.

	Krystalle.		HESS.	THAULOW.	HEINTZ.
12 C	72	29,01	28,52	29,38	28,95
9 H	9	3,62	3,60	3,78	3,74
KO	47,2	19,02	18,66	18,86	18,72
15 O	120	48,35	49,22	47,98	48,59
$C^{12}H^9KO^{16}$	248,2	100,00	100,00	100,00	100,00

Dieses Salz, mit Ammoniak neutralisirt, lässt beim Verdunsten im Vacuum ein Gummi, welches beim Kochen mit Wasser sein Ammoniak verliert. HEINTZ.

Zuckersaures Natron. — a. *Halb.* — Krystallisirt nicht. VARRY. Die mit kohlensaurem Natron neutralisirte Säure lässt im Wasserbade ein an der Luft zerfliefsendes Gummi und bei langsamem Verdunsten einen Syrup mit einigen höchst kleinen Krystallen. HEINTZ.

b. *Einfach.* Krystallisirt nicht. VARRY, HEINTZ.

Beim Neutralisiren des einfach zuckersauren Kalis mit kohlensaurem Natron und freiwilligem Verdunsten erhält man einen Syrup mit sehr kleinen Krystallen, und im Wasserbade allmälig ein an der Luft feucht werdendes Gummi. HEINTZ.

Zuckersaurer Baryt. — a. *Halb.* — Durch Fällen der Säure mit überschüssigem Barytwasser, THAULOW, HEINTZ, oder durch Fällen des halb-, VARRY, ERDMANN, oder des einfach-zuckersauren Kalis, HEINTZ, mit Chlorbaryum. Die freie Säure fällt nicht die Barytsalze. ERDMANN, THAULOW. — Kalt gefällt: Flocken, VARRY, HEINTZ; kochend gefällt: mikroskopische Säulen, HEINTZ. Die Flocken lösen sich etwas in Wasser, VARRY, HEINTZ, die Krystalle kaum, HEINTZ.

			HEINTZ.
12 C	72	20,86	20,51
8 H	8	2,32	2,41
2 BaO	153,2	44,38	43,98
14 O	112	32,44	33,10
$C^{12}H^8Ba^2O^{16}$	345,2	100,00	100,00

b. *Einfach.* — Salz a löst sich in der wässrigen Säure, VARRY, THAULOW, und gibt beim Abdampfen ein Gummi. VARRY.

Zuckersaurer Strontian. — a. *Halb.* — Durch Fällen des halb zuckersauren Kalis mit Chlorstrontium. VARRY.

b. *Einfach.* — Die Lösung von Salz a in der Säure gibt durchsichtige gerade Säulen. VARRY.

Zuckersaurer Kalk. — a. *Halb.* — Die Säure fällt überschüssiges Kalkwasser. VARRY, THAULOW. Halb zuckersaures Kali fällt Chlorcalcium, HEINTZ; bei gröfserer Verdünnung erst nach längerer Zeit. ERDMANN. Die freie Säure fällt nicht die Kalksalze. ERDMANN, THAULOW. — Flocken, oder aus der Lösung in heifsem Wasser, mikroskopische rhombische Säulen, mit 2 auf die stumpfen Seitenkanten gesetzten Flächen zugeschärft. Bläht sich beim Erhitzen sehr stark auf. HEINTZ. Löst sich in flockigem Zustande etwas in Wasser, VARRY, HEINTZ, nach dem Krystallisiren kaum in kochendem, HEINTZ. Aus seiner Lösung in Salzsäure wird das Salz durch Kali, nicht durch Ammoniak gefällt. ERDMANN.

			HEINTZ.
12 C	72	27,07	26,79
10 H	10	3,76	3,66
2 CaO	56	21,05	21,01
16 O	128	48,12	48,54
$C^{12}H^{8}Ca^{2}O^{16} + 2Aq$	266	100,00	100,00

b. *Einfach.* — Salz a löst sich leicht in der Säure. VARRY, THAULOW. Durchsichtige 4seitige Säulen. VARRY.

Zuckersaure Bittererde. — *Halb.* — Beim Kochen der wässrigen Säure oder des einfach zuckersauren Kalis mit nur so viel Bittererde, dass die Flüssigkeit ihre saure Reaction nicht ganz verliert, oder bei starkem Einkochen von halb zuckersaurem Kali mit Bittersalz scheidet sich das Salz als weifses Krystallmehl oder in weifsen zarten Blättchen aus. Es erhält bei 130 bis 160° in 12 Stunden einen Stich ins Gelbliche, hält jetzt 17,74 Proc. Erde (also $= C^{12}H^{8}Mg^{2}O^{16}$) und erhitzt sich stark mit Wasser. Es löst sich sehr schwer in kaltem Wasser, etwas leichter in heifsem. HEINTZ.

		Krystalle.	HEINTZ.
12 C	72	25,17	24,96
14 H	14	4,90	5,03
2 MgO	40	13,99	14,25
20 O	160	55,94	55,76
$C^{12}H^{8}Mg^{2}O^{16} + 6Aq$	286	100,00	100,00

Zuckersaures Chromoxyd. — Farblose, Lackmus röthende, schiefe, rhombische Säulen. VARRY.

Zuckersaures Wismuthoxyd. — Verdünntes Kalisalz fällt aus in viel Wasser gelöstem salpetersauren Wismuthoxyd weifse, durch Kochen nicht krystallisch zu erhaltende Flocken von etwas wechselnder Zusammensetzung, wie die 2 unten mitgetheilten Analysen zeigen. Sie lösen sich nicht in kaltem und heifsem Wasser, und schwierig in Säuren. HEINTZ.

			HEINTZ.	
12 C	72	10,81	10,89	13,01
8 H	8	1,20	1,11	1,46
2 BiO^{3}	474	71,17	70,96	67,51
14 O	112	16,82	17,04	18,02
$C^{12}H^{4}Bi^{2}O^{16} + 4Aq$?	666	100,00	100,00	100,00

Zuckersaures Zinkoxyd. — a. *Halb.* — 1. Man kocht Zink mit der wässrigen Säure, wobei sich Wasserstoff entwickelt, und trocknet die kleinen Krystalle bei 100°. VARRY, HEINTZ. — 2. Man fällt Zinkvitriol kochend durch halb zuckersaures Kali, löst den Niederschlag in viel kochendem Wasser, stellt das Filtrat einige Tage zum Krystallisiren hin und beladet die Mutterlauge durch Kochen wiederholt mit Salz, filtrirt und erkältet. HEINTZ. — Das Salz röthet schwach Lackmus, und löst sich nicht in kaltem, wenig in heifsem Wasser, besser in der Säure. VARRY, THAULOW.

	Bei 100°.		THAULOW.	HEINTZ.		Krystalle.		HEINTZ.
12 C	72	26,43	26,28	25,71	12 C	72	24,79	24,59
8 H	8	2,94	3,06	3,24	19 H	10	3,44	3,58
2 ZnO	80,4	29,51	29,11	28,78	2 ZnO	80,4	27,69	28,14
14 O	112	41,12	41,55	42,27	16 O	128	44,08	43,69
$C^{12}H^{6}Zn^{2}O^{16}$	272,4	100,00	100,00	100,00	+ 2 Aq	290,4	100,00	100,00

Zuckersaures Kadmiumoxyd. — a. *Halb.* — Das halbsaure Kalisalz fällt das schwefel- oder salpeter-saure Kadmiumoxyd in der Kälte in, schwer zu waschenden, weifsen Flocken, welche, dann gekocht, harzartig zusammenkleben und zuletzt erhärten; — aber bei kochendem Mischen und fortgesetztem Kochen als ein leicht zu waschendes, weifses, schweres Krystallpulver, welches unter dem Mikroskop aus Nadeln besteht. Die Flocken lösen sich fast gar nicht in kaltem Wasser, etwas mehr in heifsem. HEINTZ.

			HEINTZ.
12 C	72	22,5	22,20
8 H	8	2,5	2,54
2 CdO	128	40,0	40,49
14 O	112	35,0	34,77
$C^{12}H^{8}Cd^{2}O^{16}$	320	100,0	100,00

Zuckersaures Bleioxyd. — Beim Kochen der Säure (oder ihres Kalisalzes, HESS) mit noch so überschüssigem Bleioxyd verliert diese immer nur 2 At. Wasser, so dass $C^{12}H^{8}O^{14}$ mit dem Oxyd verbunden bleiben. HESS, HEINTZ. Die Bleisalze lassen sich wegen ihrer Geneigtheit, salpetersaures oder essigsaures Bleioxyd aufzunehmen, nicht wohl rein erhalten. HEINTZ.

a. *Ueberbasisches Salz, essigsaures Bleioxyd haltend.* — *α.* Man kocht längere Zeit die freie Säure oder ihr Kalisalz mit überschüssigem Bleizucker, dampft zum Brei ein und wäscht den schweren körnigen Niederschlag. THAULOW. — *β.* Man kocht zuckersaures Kali mit überschüssigem Bleizucker (nicht mit Bleioxyd, wie in *Ann. Pharm.* 30, 306 irrig steht), befreit die Flüssigkeit von niedergefallenem geschmolzenen Bleisalz, dampft sie zum Teig ab, und wäscht diesen aus. HESS. Der Oxydgehalt steigt beim Kochen mit frischem Bleizucker auf 76,66 Proc. Oxyd. HESS. — *γ.* Nach *β* bei geänderten Verhältnissen erhaltenes Salz. HESS. Die Säure in diesen beiden Salzen zeigt sich verändert, HESS (mit Essigsäure gemischt, HEINTZ). — *δ.* Der Niederschlag *α* mit ausgekochtem Wasser gewaschen und über Vitriolöl getrocknet, um alle Kohlensäure abzuhalten. HEINTZ. Es ist ein veränderliches Gemisch von zuckersaurem und essigsaurem Bleioxyd, und hält bei nicht sorgfältig abgehaltener Luft auch kohlensaures Bleioxyd; daher das Kohlenstoffverhältniss nicht zur Zuckersäure passt. HEINTZ. — *ε.* Das sich bei der Darstellung des Thaulow'schen Salzes *α* zuerst abscheidende und harzig zusammenklebende Salz. HEINTZ.

	THAULOW.	HESS.		HEINTZ.	
	α.	*β*.	*γ*.	*δ*.	*ε*.
C	9,99	11,20	9,14	10,86	13,39
H	0,70	1,13	0,61	1,17	1,54
PbO	77,00	72,05	80,13	76,16	66,10
O	12,31	15,62	10,12	11,81	18,97
	100,00	100,00	100,00	100,00	100,00

b. *Dem halbsauren Salze zunächst stehendes Salz, zum Theil salpetersaures Bleioxyd haltend.* — Das durch die Säure aus Bleisalpeter, Bleizucker oder Bleiessig in weifsen Flocken gefällte Salz hält 59,66 Proc. Oxyd und kein Wasser. Es wird bei 120° gelb, gibt, bei 135° geschmolzen, sich bei 140° rothbraun färbende Kugeln, die sich bei 150° zersetzen, dann eine

Kohle lassen, die bei heifsem Ausschütten glühende rauchende Kugeln verbreitet. Das Salz, auch das verkohlte, verzischt beim Erwärmen mit Salpetersäure wie *Schiefspulver*. Es entwickelt mit heifsem Vitriolöl den Geruch nach Weinöl, zuletzt nach schwefliger Säure. Es löst sich nicht in kaltem Wasser, sehr wenig in heifsem, beim Erkalten in Schuppen niederfallend, nicht in Zuckersäure und Weingeist. VARRY. — Die Säure fällt aus Bleizucker ein weifses, nicht krystallisches Pulver, welches sich nicht in kaltem Wasser und wenig in kochendem löst, daraus beim Erkalten in Flocken niederfallend, und welches sich leicht in Zuckersäure und andern Säuren, so wie in Ammoniak löst. ERDMANN.

a. Das Kalisalz mit überschüssigem Bleisalpeter gekocht, die erkaltende Flüssigkeit von den zuerst niederfallenden harzartigen Flocken abgegossen und die hierauf anschiefsenden weifsen feinen 6seitigen Blättchen etwas gewaschen. Sie verpuffen noch vor dem Glühen mit schwachem Feuer und lassen eine kohlige Masse; sie zeigen mit Eisenvitriol und Vitriolöl reichliche Salpetersäure an; sie lösen sich kaum in Wasser. — *β.* Das Kalisalz kalt durch Bleisalpeter gefällt. — *γ.* Eben so kochend, bei überschüssigem Kalisalze. — *δ.* Den Niederschlag *γ* in kochendem Wasser gelöst und aus dem Filtrate durch Erkälten krystallisch erhalten. HEINTZ.

			HEINTZ.			
			a.	*β.*	*γ.*	*δ.*
12 C	72	9,63	10,01	17,01	14,92	16,28
8 H	8	1,07	1,09	2,07	1,84	1,90
4 PbO	448	59,89	59,31	54,92	59,47	55,27
24 O	192	25,67	25,83	26,00	23,77	26,55
2 N	28	3,74	3,76			
$C^{12}H^8Pb^2O^{16}+2(PbO,NO^5)$	748	100,00	100,00	100,00	100,00	100,00

[Die Niederschläge *β* bis *δ* sind vielleicht frei von Bleisalpeter, weil dieser nicht im Ueberschuss angewandt wurde.]

Die nicht völlig mit Ammoniak neutralisirte Säure fällt aus unzureichendem Bleisalpeter in der Hitze ein Salz mit 71,15 bis 62,48 Proc. Oxyd und die völlig mit Ammoniak neutralisirte ein Salz mit 65 bis 68 Proc. Oxyd. ERDMANN.

c. *Salz, dem einfach sauren nahe kommend.* — Die nicht völlig mit Ammoniak neutralisirte Säure gibt mit unzureichendem Bleisalpeter einen weifsen Niederschlag, der 38,8 bis 39,97 Proc. Oxyd hält und sich ein wenig in Wasser löst. ERDMANN. — Die freie Säure fällt aus Bleisalpeter ein Salz mit 35 bis 37 Proc. Oxyd, und mit weingeistigem Bleizucker ein Salz mit 37,8 Proc. Oxyd. ERDMANN. — Beim Kochen mit Wasser schmilzt das einfach saure Salz zu einem Harze zusammen, welches 60 bis 63 Proc. Oxyd hält, und die Flüssigkeit setzt beim Erkalten ein Salz von 37,3 Proc. Oxydgehalt ab. Dieses, in Ammoniak gelöst, setzt beim Kochen ein Salz von 77 Proc. Oxydgehalt ab. ERDMANN.

Zuckersaures Eisenoxydul. — Das Eisen löst sich in der wässrigen Säure unter Wasserstoffentwicklung, VARRY; die erhaltene Lösung lässt beim Abdampfen ein Gummi, HEINTZ.

Zuckersaures Eisenoxyd. — Die gelbe Lösung des Oxydhydrats in der wässrigen Säure setzt allmälig ein basisches Salz ab; die Säure schützt das Oxyd vor der Fällung durch Alkalien. HEINTZ.

Zuckersaures Kupferoxyd. — Das Hydrat gibt mit der kalten Säure eine grüne Lösung, die bei der Sättigung einen weifsen Körper absetzt. Dieser, auf dem Filter gewaschen und in mehr Wasser gelöst, trocknet auf dem Wasserbade zu einer amorphen Masse aus. Einfach zuckersaures Kali fällt auch beim Kochen nicht den Kupfervitriol. HEINTZ. Zuckersaures Alkali fällt Kupfervitriol nach einiger Zeit. Mit Zuckersäure, dann mit überschüssigem Ammoniak versetzter

Kupfervitriol gibt mit Kali beim Kochen blofs dann einen braunen Niederschlag von Kupfer und Kupferoxyd, wenn die Säure von dem sie verunreinigenden braunen Stoffe nicht ganz befreit war. ERDMANN.

Zuckersaures Quecksilberoxyd. — Weifs, Lackmus röthend, kaum löslich. VARRY.

Zuckersaures Silberoxyd. — Die Säure fällt das salpetersaure Silberoxyd auch in der Hitze, nicht nach ERDMANN und HEINTZ, aber nach VARRY. Halb zuckersaures Ammoniak oder Kali fällt die concentrirte Silberlösung als weifse Gallerte, ERDMANN, aus welcher das Waschwasser ein lösliches Salz auszieht, und welche beim Kochen mit der Flüssigkeit unter Bildung von Kohlensäure und Oxalsäure Silber reducirt. ERDMANN. Das reine Kalisalz reducirt Silberlösung selbst beim Kochen nicht, und fällt sie nur bei grofser Concentration, und zwar in weifsen dicken käsigen Flocken, die mit Ammoniak zunehmen und die aus der Lösung in heifsem Wasser krystallisiren. LIEBIG. Es fällt sie in weifsen Flocken, die sich, frisch gefällt, in mehr kaltem Wasser völlig lösen, aber beim Kochen mit Wasser in leicht zu waschenden, schwer in kaltem Wasser löslichen, sich im Lichte schwärzenden Krystallblättchen anschiefsen, und deren Lösung in Ammoniak langsam in der Kälte, sogleich beim Erhitzen einen Silberspiegel absetzt. HEINTZ.

Kalt über Vitriolöl getrocknet.			HEINTZ.
12 C	72	16,99	16,79
8 H	8	1,88	1,93
2 AgO	232	50,94	54,34
14 O	112	30,19	26,94
$C^{12}H^8Ag^2O^{16}$	424	100,00	100,00

Die Zuckersäure mischt sich nach jedem Verhältnisse, VARRY, leicht, HEINTZ, mit *Weingeist,* löst sich schwierig in selbst kochendem *Aether,* VARRY, HEINTZ, und nicht in kaltem, sehr wenig in kochendem *Terpenthinöl,* VARRY.

Sie liefert keinen Ester. HEINTZ.

Sauerstoffamidkern $C^{12}Ad^2H^8O^{10}$.

Mucamid.

$$C^{12}N^2H^{12}O^{12} = C^{12}Ad^2H^8O^{10},O^2.$$

MALAGUTI (1846). *Compt. rend.* 22, 854.

Durch Mischen von Schleimvinester mit wässrigem Ammoniak (V, 883).

Krystallisirt beim Erkalten der wässrigen Lösung in farblosen mikroskopischen rhombischen Oktaedern, die bis zu Tafeln entscheitelt sind; von 1,589 spec. Gew. bei 13,5°; geschmacklos.

Die Krystalle bräunen sich bei 200°, entwickeln bei 208° viel Wasser, erweichen sich bis zur Schmelzung bei 220° und entwickeln von da bis zu 240°, wo Kohle und Paracyan bleibt, Wasser, Bipyromucamid (V, 493), Kohlensäure und kohlensaures Ammoniak. — Mit Wasser in einer zugeschmolzenen Glasröhre auf 130 bis 140° erhitzt, lösen sich die Krystalle als schleimsaures Ammoniak. — Ihre kochende wässrige Lösung fällt aus, mit Ammoniak versetztem Bleizucker ein ammoniakalisches schleimsaures Bleioxyd (V, 880). — Dieselbe gibt mit ammoniakalischem salpetersauren Silberoxyd einen Silberspiegel.

Die Krystalle lösen sich wenig in kochendem *Wasser* und schiefsen daraus beim Erkalten an. — Sie lösen sich nicht in *Weingeist* und *Aether*. MALAGUTI.

Ende des fünften Bandes.

Handbuch

der

CHEMIE

von

Leopold Gmelin,

Geh. Rath und Professor in Heidelberg.

REGISTER

bearbeitet

von **Dr. K. List** in Göttingen.

1) zum I—III. Bande in der 4. u. 5. Auflage, oder zum I—III. Bande des Handbuchs der anorganischen Chemie, S. I—LVI.
2) zum IV. und V. Bande in der 4. Auflage, oder zum I. & II. Bande des Handbuchs der organischen Chemie. S. I—XXVIII.

HEIDELBERG.

UNIVERSITÄTS-BUCHHANDLUNG VON KARL WINTER.

1853.

Verbesserungen

zum I. bis V. Bande von L. Gmelin's Handbuch der Chemie.

Bd.	Seite	Zeile
I.	472	18 v. u. st. Oxyodete l. Oxiodete.
I.	480	26 v. o. nach *Comptes rendus* l. *des travaux de chimie.*
I.	463	17 v. u. streiche: Donarium.
I.	463	2 v. u. st. Vorium l. Norium.
I.	463	1 v. u. st. Metalle l. einfache Stoffe. Zusatz: Obgleich das Donarium aus der Reihe der Metalle zu streichen ist, so würde ihre Anzahl doch dieselbe bleiben, wenn sich Ulgren's Entdeckung eines Aridium bestätigt. (*Ann. Pharm.* 76, 239.)
I.	499	14 v. u. streiche: Donarerde Do^2O^3 (?)
I.	607	16 v. u. st. *hyposulphuricum* l. *hyposulphurosum.*
I.	701	23 v. u. st. Hodriodsäure l. Hydriodsäure.
I.	718	5 v. o. st. *hydromique* l. *hydrobromique.*
I.	888	5 v. o. st. Iodanid l. Iodamid.
I.	888	18 v. u. st. Hydrioth- l. Hydriod-
II.	125	23 v. u. st. ponterosa l. ponderosa.
II.	275	7 v. u. st. A^2O^3 l. Al^2O^3.
II.	352	18 v. o. st. Dauburit l. Danburit.
II.	357	24 v. u st. Serpenthin l. Serpentin.
II.	447	6 v. o. st. Stickstoff, Scheel-Amid, Scheel l. Stickstoffscheel-Amidscheel.
II.	555	22 v. u. st. Schwefelsaures l. Schwefligsaures.
II.	582	10 v. u. l. Fairrie (*Quart. J. of Chem. Soc.* 4, 300).
III.	100	10 v. u. st Massicol l. Massicot.
III.	178	2 v. u. st. Capul l. Caput.
III.	310	13 v. u. st. Oxydkobaltiak l. Oxykobaltiak.
III.	507	17 v. o. st. Aquita l. Aquila.
III.	589	14 v. u. Der hier eingeschaltete Zusatz gehört auf die folgende Seite, Zeile 5 v. o.
III.	794	16 v. u. st. Kieselfluorpallad- l. Fluorsiliciumpallad.
III.	827	1 v. o. st. -schwefelsaures Kali- l. -schwefligsaures Kali-.
III.	847	10 v. u. st. Osmiumsäure l. Osmiamsäure.
III.	855	17 v. u. st. Omalgam l. Amalgam.
IV.	46	5 v. o. st. IV. 614, l. IV. 615.
IV.	734	17 v. u. st. Aethionsäure, l. Isäthionsäure.
IV.	876	16 v. u. st. $2C^4H^5O,C^6O^6$, l. $2C^4H^5O,C^4O^6$.
V.	X	11 v. u. st. 576, l. 567.
V.	2	17 v. o. st. Kali, l. Schwefelsäure.
V.	240	5 v. o. st. wasserhellen, l. wasserhellen.
V.	543	16 v. o. st. Amyloxydhydrat, l. Amyloxyd.
V.	606	22 v. u. l. Natron st. Kali.
V.	796	22 v. o. l. Halbbromkomensaurer st. Halbkomensaurer.

Register

zu L. Gmelin's Handbuch der anorganischen Chemie I. bis III. Band.

Die Zahlen der ersten Spalte bezeichnen die Seitenzahlen der vierten, die Zahlen der zweiten Spalte diejenigen der fünften Auflage.

Ein s. am Ende eines Wortes bedeutet saurer, saure, saures, je nach dem Vorhergehenden.

A.

B.

C.

D.

E.

F.

G.

H.

I.

K.

L.

M.

N.

O.

P.

Q.

R.

T.

U.

V.

W.

X.

Y.

Z.

A.

B.

C.

C.

D.

E.

F.

G.

H.

I.

K.

L.

M.

N.

O.

P.

Q.

R.

S.

T.

U.

V.

W.

X.

Y.

Z.

CPSIA information can be obtained
at www.ICGtesting.com
Printed in the USA
BVHW04*1446140918
527538BV00006B/58/P